DICTIONNAIRE

DE CHIMIE

PURE ET APPLIQUÉE

Maison Quantin Imprimeur
S. Benoît L à Paris

DICTIONNAIRE
DE CHIMIE
PURE ET APPLIQUÉE

COMPRENANT :

LA CHIMIE ORGANIQUE ET INORGANIQUE
LA CHIMIE APPLIQUÉE A L'INDUSTRIE, A L'AGRICULTURE ET AUX ARTS
LA CHIMIE ANALYTIQUE, LA CHIMIE PHYSIQUE ET LA MINÉRALOGIE

PAR AD. WURTZ

Membre de l'Institut (Académie des sciences)

AVEC LA COLLABORATION DE MM.

J. Bouis — E. Caventou — Ph. de Clermont — H. Debray — P.-P. Dehérain
M. Delafontaine — Ch. Friedel — A. Gautier
Ch. Girard et de Laire — E. Grimaux — P. Hautefeuille — A. Henninger — E. Kopp
F. de Lalande — Ch. Lauth — F. Le Blanc — A. Naquet
G. Salet — P. Schutzenberger — Dr Thiercelin — L. Troost — G. Vogt
et Ed. Willm.

TOME PREMIER

PREMIÈRE PARTIE

A — B

PARIS

LIBRAIRIE HACHETTE ET Cie
79, BOULEVARD SAINT-GERMAIN, 79

AVERTISSEMENT DES ÉDITEURS

L'ouvrage que nous offrons aujourd'hui au public n'est pas, à proprement parler, un Dictionnaire, c'est-à-dire un vocabulaire contenant des mots et des définitions. C'est un recueil de monographies plus ou moins étendues, ayant trait aux divers objets dont s'occupe la Chimie et faites par des auteurs spéciaux et compétents, sous une direction unique.

La forme alphabétique, qui facilite si singulièrement les recherches, a permis de confier à chacun des collaborateurs un sujet défini qui lui est familier ; tout article de plus de quinze lignes est signé.

On a cherché à donner à l'ouvrage, à défaut de l'unité de plan qu'un Dictionnaire ne saurait présenter, une grande unité de rédaction. Ainsi les idées générales, aussi bien que le mode de notation et la valeur des symboles, sont uniques : M. WURTZ a exposé, aux articles ATOMIQUE (THÉORIE) et ATOMICITÉ, le système chimique adopté dans le Dictionnaire, et l'on trouvera, à l'article ATOMIQUES (POIDS), une liste des symboles des corps simples avec leurs valeurs relatives ; ce sont celles dont on se sert généralement aujourd'hui.

On a rapporté les dérivés communs de deux substances à l'une ou à l'autre de celles-ci, suivant une règle qui s'est imposée comme la plus commode, sinon comme la plus logique :

Avec chaque MÉTAL se trouvent traités les sels minéraux de ce métal et un seul sel carboné, le carbonate. Si le métal donne des acides métalliques (acides chromiques, antimonieux, etc.), les sels de ces acides sont décrits avec le métal de l'acide ;

Chaque ACIDE INORGANIQUE est accompagné de généralités sur ses sels ;

Avec les Bases organiques et les Alcools (moins ceux qui appartiennent à la série grasse, alcools méthylique, éthylique, etc.), se trouvent
leurs dérivés organiques et inorganiques;

Avec les Alcools de la série grasse, leurs éthers inorganiques seulement;

Avec les Acides organiques, leurs sels métalliques et leurs dérivés
méthylique, éthylique, etc.

Du reste, des *renvois* établissent de nombreux rapprochements entre
les articles. Lorsqu'un même sujet a été traité sous deux points de vue
différents par deux collaborateurs, les deux articles ne sont pas confondus
et le titre est répété.

Enfin l'on emploie, pour désigner les faces cristallines, la notation
française, dont les principes sont exposés à l'article Cristallographie.

Le *Dictionnaire de Chimie*, y compris son Supplément, forme 7 volumes in-8°.

HACHETTE & CIE

LISTE DES COLLABORATEURS

Adolphe WURTZ. . . . . . . A. W.

Jules Bouis.. . . . . . **J. B.**	Émile Kopp. . . . . **E. K.**
Eugène Caventou. . . . **E. C.**	F. de Lalande. . . . . . **F. D.**
Ph. de Clermont. . . . **Ph. de C.**	Charles Lauth. . . . . . **Ch. L.**
Henry Debray. . . . . **H. D.**	J.-A. Le Bel. . . . . . **J.-A. L.**
P.-P. Dehérain. . . . . **P.-P. D.**	Félix Le Blanc. . . . . **Fx. L.**
M. Delafontaine. . . . . **M. D.**	Alfred Naquet.. . . . . . **A. N.**
É. Demarçay. . . . . . **E. D.**	Georges Salet.. . . . . **G. S.**
A. Étard. . . . . . . **A. É.**	P. Schutzenberger . . . **P. S.**
Charles Friedel. . . . . **C. F.**	J. Tcherniag. . . . . . **J. T.**
Armand Gautier. . . . . **A. G.**	Dr Thiercelin. . . . . . **Dr T.**
Ch. Girard et de Laire. . . **G. et L.**	Louis Troost. . . . . . **L. T.**
Édouard Grimaux . . . . **E. G.**	G. Vogt.. . . . . . . **G. V.**
M. Hanriot.. . . . . . **M. H.**	M. Wassermann. . . . . **M. W.**
P. Hautefeuille. . . . . **P. H.**	Edmond Willm. . . . . **E. W.**
A. Henninger. . . . . . **A. H.**	Friedel et Salet. . . . . **F. et S.**
A. Kopp.. . . . . . . **A. K.**	

HISTOIRE

DES

DOCTRINES CHIMIQUES

DEPUIS LAVOISIER

La chimie est une science française. Elle fut constituée par Lavoisier, d'immortelle mémoire. Pendant des siècles elle n'avait été qu'un recueil de recettes obscures, souvent mensongères, à l'usage des alchimistes et, plus tard, des iatrochimistes. Vainement un grand esprit, Georges-Ernest Stahl, avait essayé, au commencement du XVIIIᵉ siècle, de lui donner une base scientifique. Son système ne put résister à l'épreuve des faits et à la puissante critique de Lavoisier.

L'œuvre de Lavoisier est complexe : il fut en même temps l'auteur d'une nouvelle théorie et le créateur de la vraie méthode en chimie. Et la supériorité de la méthode a donné des ailes à la théorie. Née de l'observation rigoureuse des phénomènes de combustion, cette théorie a pu s'étendre à tous les faits importants connus à cette époque. Elle avait en elle la justesse et la portée : elle est devenue un système. Après quinze ans de lutte, son triomphe fut éclatant et demeura incontesté pendant plus d'un demi-siècle : le maître avait trouvé de grands disciples pour consolider et développer son œuvre. Cependant une partie de la science était restée en dehors de leurs efforts et du système, qui s'appliquait plus particulièrement aux composés inorganiques. La chimie organique se bornait alors à la description qualitative des principes extraits des produits d'origine végétale et animale. A la vérité, le génie des découvertes avait amassé de précieux matériaux, mais la science, qui consiste à les coordonner, n'était pas née. Les éléments de cette coordination faisaient encore défaut : ils ne pouvaient être fournis que par l'étude des métamorphoses des composés organiques. Découvrir la constitution atomique de ces composés

et par elle expliquer leurs propriétés et établir leurs relations, tel est le but
de la chimie organique. Déterminer la nature et le nombre de leurs atomes
constituants, étudier leurs modes de formation, leurs métamorphoses, tels
sont les moyens qu'elle met en œuvre.

Ce grand travail ne commença réellement que vers 1830, et, à partir de
cette époque, il fut poursuivi avec vigueur et succès. Il n'est point achevé.
Mais que de faits accumulés durant ce long espace de temps! Nulle mémoire
ne saurait les embrasser aujourd'hui, et l'on peut dire, sans exagération, que
les richesses de la science ont centuplé depuis Lavoisier. Aussi le cadre où ce
grand génie avait enfermé son système est-il devenu trop étroit. Un horizon
élargi fait découvrir de nouveaux points de vue : faut-il s'étonner dès lors que
les théories suggérées par l'étude des composés organiques, et restreintes
d'abord au domaine qui les avait fait naître, aient pris leur essor, essayant
de franchir les limites qui séparent la chimie organique de la chimie minérale?
Elles les ont franchies. Elles embrassent aujourd'hui le champ tout entier de
la science, et, grâce à elles, on peut dire qu'il n'y a qu'une chimie.

Un si grand résultat n'est ni l'œuvre d'un jour, ni la conquête d'une
révolution : c'est le fruit d'un progrès lent et continu. Mais si, oubliant un
moment les étapes, nous nous reportons au point de départ, nous devons
avouer que le progrès est immense. Comparée à la science d'alors, la science
d'aujourd'hui nous apparaît non-seulement agrandie, mais transformée,
rajeunie.

Est-elle achevée en ce qui concerne les doctrines, et les voies nouvelles
où elle marche irrésistiblement sont-elles tout à fait aplanies? Nous ne le
pensons pas. Mais la grandeur du progrès nous permet d'affirmer que les
voies sont bonnes. Nous pouvons donc nous recueillir un moment, et, jetant
un coup d'œil sur la distance parcourue, marquer avec assurance le point que
nous venons d'atteindre. Dans le grand ouvrage que nous offrons au public,
avec le concours de collaborateurs distingués, les nouvelles idées règnent sans
partage. Il convient donc de les affirmer résolûment et de les exposer. Tel est
le but de ce travail.

LAVOISIER.

I.

Le système de Lavoisier a été qualifié d'antiphlogistique, par opposition à la théorie célèbre émise par Stahl dès les dernières années du XVIIe siècle et connue sous le nom de « théorie du phlogistique ». Ce grand chimiste, qui fut aussi un grand médecin, en avait trouvé le germe dans les écrits de Becher[1]. Les métaux renferment un principe combustible, une « terre inflammable », telle est l'idée de ce dernier savant encore dominé par les croyances des alchimistes, dont le rapprochent d'ailleurs un esprit inquiet et une carrière aventureuse. Mais ces croyances commençaient à décliner et l'étiquette attachée aux doctrines de Becher n'était plus une marque de faveur. Aussi son idée fut-elle à peine remarquée à l'origine. Pour la mettre en relief et en vogue, il lui a fallu un puissant commentateur, Stahl. « Becheriana sunt quæ profero, » avait dit celui-ci, et pourtant l'idée devint sienne. Il lui donna une expression claire et une forme générale : il en fit une théorie[2]. La terre inflammable de Becher reçut le nom de phlogistique. C'était, d'après Stahl, un principe subtil répandu dans les métaux et, en général, dans les corps combustibles, qui le perdent lorsqu'ils sont brûlés ou calcinés. Un métal chauffé à l'air abandonne son phlogistique, en se transformant en une poudre terne, en une chaux métallique. Les battitures qui se sont détachées, étincelantes, du fer incandescent, sont du fer déphlogistiqué. Cette poudre jaune, la litharge, qui se forme par une calcination prolongée du plomb, c'est le plomb privé de son phlogistique. Incombustibles, les corps sont dépourvus de ce principe ; inflammables, ils en sont très-riches. Le phénomène du feu est un puissant dégagement de phlogistique. Un corps qui subit l'action du feu se décompose,

---

1. Né à Spire en 1635, Jean-Joachim Becher mourut en Angleterre en 1682. Il émit ses premières idées sur la nature des métaux dans ses *Acta laboratorii chymici Monacensis seu Physica subterranea, 1669.* Il les exposa principalement dans son dernier ouvrage, intitulé : *Alphabetum minerale seu viginti quatuor theses Chymicæ, 1682.*

2. Georges-Ernest Stahl, né à Anspach en 1660, mourut, en 1734, premier médecin du roi de Prusse. Le premier en date de ses écrits chimiques, sa *Zymotechnia fundamentalis, etc.,* publiée en 1697, renferme, avec l'affirmation des idées de Becher, les fondements de la théorie du phlogistique. Après avoir donné, en 1702, une nouvelle édition de la *Physica subterranea* de Becher, il développa ses idées principalement dans les ouvrages suivants : *Specimen Becherianum, fundamenta, documenta et experimenta sistens; — Experimenta, observationes animadversiones, CCC numero, chymicæ et physicæ* (1731).

et ce qui reste après la combustion était d'abord un des éléments du corps combustible. Ainsi, les cendres des métaux ou les chaux métalliques étaient contenues dans les métaux eux-mêmes, en combinaison avec le phlogistique. On peut leur restituer ce dernier en les chauffant avec des substances riches en phlogistique, telles que le charbon, le bois, l'huile. Calcinez la litharge avec la poussière de charbon, vous retrouverez le plomb métallique. Le phlogistique aura abandonné le charbon pour se porter sur la litharge et former avec elle le plomb révivifié.

Le triomphe d'une théorie, c'est d'embrasser les faits les plus nombreux et les plus divers. Celle-ci s'appliquait avec un égal succès à deux ordres de phénomènes opposés, et établissait entre eux un lien théorique. Rapprochant les phénomènes de la combustion des faits relatifs à la calcination des métaux à l'air et à leur transformation en chaux métalliques, elle expliquait les uns et les autres et donnait, en second lieu, une interprétation bien simple des phénomènes de réduction, inverses des premiers.

Mais quel est le rôle de l'air dans la combustion? Sur ce point la théorie était muette, et pourtant l'observation l'avait devancée et avait fait pressentir depuis longtemps l'importance de ce rôle. Jean Rey, médecin du Périgord, l'avait entrevu dès 1630. Celui qui fut le premier président de la Société royale de Londres et aussi le premier, en date, des vrais chimistes, Robert Boyle, avait confirmé ce fait, déjà connu de Rey, que les métaux augmentent de poids par la calcination à l'air. Il y ajouta ce trait important que la conversion du plomb en litharge, dans un espace limité d'air, donne lieu à une diminution du volume de cet air. Il savait que celui-ci renferme un principe qui est consommé pendant la respiration et la combustion. Son contemporain et compatriote le médecin Jean Mayow avait soupçonné dès 1669 que l'air n'est pas formé par une seule et même substance, mais qu'il renferme des particules plus propres que les autres à entretenir la combustion, et que ces particules[1], enlevées à l'air par les corps qui brûlent, sont aussi absorbées par le sang dans les poumons.

Mais toutes ces observations étaient demeurées stériles au point de vue de la théorie. On n'en tenait aucun compte, ou on les écartait par des explications aussi superficielles qu'erronées. L'augmentation du poids des métaux par la calcination, Robert Boyle la met sur le compte de la chaleur absorbée. Stahl lui-même la connait et la mentionne sans l'expliquer. Il la regarde comme un détail secondaire.

A cette époque, les chimistes s'attachaient uniquement à l'apparence extérieure des faits, se bornant à contempler et à décrire ce qu'on pourrait nommer le côté qualitatif des phénomènes. L'étude des relations de quantité, dans les réactions chimiques, était négligée comme un luxe inutile pour la théorie, ou du moins était perdue pour elle.

---

1. *Particulæ nitro-aereæ.*

II.

Une ère nouvelle s'ouvre avec Lavoisier. Les faits relatifs à l'augmentation de poids des métaux pendant la combustion, confirmés par lui, multipliés par une série d'expériences décisives, mis en lumière par une discussion brillante, deviennent, entre ses mains, à la fois une arme victorieuse contre la théorie du phlogistique et la pierre angulaire d'un nouveau système. La combustion n'est pas une décomposition, c'est une combinaison résultant de la fixation d'un certain élément de l'air sur le corps combustible. Celui-ci augmente de poids en se consumant et cette augmentation de poids représente précisément le poids du corps gazeux ajouté.

La découverte du gaz éminemment propre à entretenir la combustion, faite par Priestley en 1774, donne une nouvelle force à cette théorie. Lavoisier montre que ce gaz est un des éléments de l'air et le nomme *oxygène*. Dès lors, le rôle de l'air dans les phénomènes de combustion est clairement établi. En vain les derniers défenseurs du phlogistique, Cavendish, Priestley, le grand Scheele lui-même essayent-ils de sauver la théorie de Stahl en la modifiant et en admettant que le rôle de l'air consiste à enlever le phlogistique aux corps combustibles. Un gaz, disait Priestley, est d'autant plus propre à entretenir la combustion qu'il renferme lui-même moins de phlogistique; l'air en contient peu, le gaz éminemment comburant qu'il renferme n'en contient point, l'autre élément de l'air en est saturé, il est incapable d'entretenir la combustion. Ces raisonnements, en représentant comme riche en phlogistique un gaz incombustible (l'azote), défiguraient la théorie au lieu de la sauver. Lavoisier leur opposa victorieusement un argument tiré des relations pondérales. Le tout, disait-il, est plus grand que la partie; les produits de la combustion, plus pesants que les corps combustibles, ne sauraient donc être un des éléments de ceux-ci; car rien ne se perd dans les réactions chimiques, et rien ne se crée, la matière étant indestructible. Si donc les corps augmentent de poids en brûlant, c'est par le gain ou l'addition d'une nouvelle matière; lorsque, d'un autre côté, les chaux métalliques, les oxydes, sont ramenés à l'état de métal, ce n'est pas par la restitution du phlogistique, c'est par la perte de l'oxygène qu'ils renferment. C'est ainsi que Lavoisier établit le premier la nature élémentaire des métaux et fixa, en général, la notion des corps simples. Il reconnut comme tels les corps dont on ne peut retirer qu'une seule espèce de matière et qui, soumis à l'épreuve de toutes les forces, se retrouvent toujours les mêmes, indestructibles, indécomposables. Ayant ainsi imprimé à un grand nombre de substances primordiales le sceau d'une individualité propre, il réforma définitivement les idées anciennes sur la nature des éléments et mit fin à l'espoir de réaliser des transmutations. Cette illusion séculaire, ni encouragée, ni détruite par les partisans du phlogistique, devait durer, en effet, aussi longtemps que les métaux étaient envisagés comme des corps composés.

Les corps simples ainsi définis, Lavoisier les représente comme doués du pouvoir de s'unir entre eux, de manière à former les corps composés, cette union s'effectuant sans perte de substance, de telle sorte qu'on retrouve dans la combinaison toute la matière pondérable des corps constituants. Ces grands principes forment la base de la chimie. Universellement acceptés, ils nous paraissent si simples, si indiscutables aujourd'hui, qu'ils s'imposent en quelque sorte comme des axiomes. Ils ne l'étaient pas alors, et c'est la gloire durable de Lavoisier de les avoir proclamés, nous dirons mieux, démontrés. Il l'a fait dans une série de travaux fortement enchaînés par l'idée dominante et devenus immortels par la sagacité des expériences, la clarté de l'exposition, la rigueur des déductions. Et si quelque chose pouvait rivaliser d'importance avec les découvertes mêmes du grand maître, ce serait sa méthode, cette méthode qui consiste à appliquer la balance à tous les phénomènes chimiques et qui est sienne parce qu'il en est le vrai promoteur. Cavendish, Bergman, Margraf avaient fait des analyses quantitatives ; aucun d'eux n'avait songé à appliquer l'étude des relations pondérales à la solution d'une question théorique. Lavoisier a eu cette idée et ce mérite. La méthode qu'il a inaugurée est la seule bonne en chimie. Non-seulement elle n'a pas été remplacée, mais on ne comprendrait pas qu'elle pût l'être.

Ayant pris pour point de départ l'étude des phénomènes d'oxydation, Lavoisier a naturellement accordé la plus grande attention à l'oxygène et aux composés qui en renferment. Il a fait connaître le rôle important de ce gaz dans la formation des acides, des oxydes, des sels. Les principes qui l'ont guidé dans l'étude de ces composés oxygénés, les plus importants de tous, ont pu être appliqués facilement à tous les composés chimiques. Il en est résulté une théorie générale qui a été opposée vers 1775 aux idées de Stahl alors dominantes. La lutte a été vive, et ceux-là mêmes qui ont le plus contribué, après Lavoisier, à ébranler la théorie du phlogistique par leurs découvertes, en ont été, à la fin, les champions les plus obstinés. Scheele mourut en 1784, à l'âge de quarante-trois ans, sinon partisan convaincu de l'idée même du phlogistique dans le sens qu'y avait attaché Stahl, du moins défenseur énergique du mot ; tant il est vrai que l'habitude est notre maître. Dans cette même année 1784, alors que la doctrine nouvelle avait subjugué en France tous les esprits éclairés, Berthollet à leur tête, Cavendish publia une exposition détaillée et une défense ingénieuse de la théorie du phlogistique. Plus tard, sans se rendre, il cessa son opposition. Priestley ne la cessa jamais. Il mourut en 1804, près des sources du Susquehannah, ayant emporté dans le nouveau monde son génie inquiet et son obstination. Pour Lavoisier, enlevé dans la vigueur de l'âge et dans la plénitude de l'activité, il eut la satisfaction, rare pour un si grand novateur, d'assister enfin au triomphe de ses idées. En 1794, au jour où la hache révolutionnaire mit fin à son existence, sa théorie était acceptée par le plus grand nombre des hommes compétents, et les rares opposants qui osaient encore élever la voix ne purent retarder la chute d'un système désormais condamné.

III.

Après avoir esquissé à grands traits l'œuvre de Lavoisier dans les pages précédentes, nous devons maintenant aborder quelques détails, et indiquer le développement de ses doctrines par la suite des découvertes qui lui appar-tiennent ou qui sont propres à ses successeurs.

En 1772, Lavoisier dépose à l'Académie un pli cacheté. Il y traite, pour la première fois, de l'augmentation de poids des métaux par la calcination. Il démontre, en outre, que le soufre et le phosphore augmentent de poids lors-qu'ils brûlent à l'air, et que cette augmentation de poids est due à l'absorption d'une certaine quantité d'air. Enfin, il établit que la réduction des chaux métalliques donne lieu à un dégagement d'air.

Quelques-unes de ces expériences sont décrites d'une manière détaillée dans un mémoire publié en 1774. Ayant maintenu de l'étain longtemps en fusion dans un vase clos, Lavoisier observa, comme Black, une diminution du volume de l'air. Mais, plus profond et plus habile que son devancier, il put constater que l'augmentation de poids de l'étain représente précisément le poids de l'air qui rentre dans le vaisseau lorsqu'on ouvre celui-ci après le refroidissement. C'était démontrer que l'étain augmente de poids parce qu'il absorbe de l'air; car l'air qui disparaît du vaisseau par absorption pèse évidemment autant que celui qui le remplace, à volume égal, à la fin de l'expérience.

Peu après la découverte de l'oxygène par Priestley en 1774, Lavoisier fait paraître un nouveau mémoire, où il montre que dans la calcination des métaux et la combustion ce n'est pas l'air tout entier, mais un de ses éléments, l'oxygène, qui est absorbé. Il le nomme d'abord air vital ou air éminemment propre à entretenir la combustion et la respiration. En préparant ce gaz, comme l'avait fait Priestley, par la calcination de la chaux mercurielle, il démontre que celle-ci est une combinaison de mercure et d'oxygène, et admet, par analogie, que toutes les chaux métalliques ont une semblable composition. Il les représente comme formées de métal et d'air vital (oxygène).

Partant de ce fait connu de son temps que les chaux métalliques chauffées avec du charbon se convertissent en métal, tandis qu'il se dégage de l'air fixe (acide carbonique), Lavoisier envisage ce dernier comme une combinaison de charbon et d'air vital. Il admet en outre que cet air vital est un des éléments du salpêtre, qui entretient si vivement la combustion du charbon, en déga-geant de l'air fixe. La composition de ce dernier gaz fut établie un peu plus tard par une brillante synthèse. Ayant effectué la combustion du diamant, pour la première fois depuis la célèbre expérience des académiciens *del Cimento*, Lavoisier montra que l'unique produit de cette combustion est l'air fixe, nommé depuis acide carbonique.

Ainsi inaugurées, ses recherches sur la composition des acides furent continuées en 1777 par l'étude de l'acide phosphorique qui résulte de la combustion du phosphore. Après avoir constaté de nouveau que ce dernier corps augmente de poids en brûlant, Lavoisier précise le rôle de l'air dans le phénomène, en démontrant que le cinquième du volume de cet air est absorbé par le phosphore.

D'autres expériences entreprises dans le cours de la même année le fortifient dans cette conclusion, que des deux éléments de l'air un seul, l'oxygène, est capable d'entretenir la combustion.

Ses travaux sur la composition de l'acide sulfurique se rattachent aux précédents. Il démontre que cet acide diffère du gaz sulfureux par une plus grande proportion d'oxygène. Il indique les mêmes relations de composition entre l'acide nitrique et le gaz oxyde d'azote que Scheele venait de découvrir. Il signale comme un composé intermédiaire entre ces deux corps la vapeur rutilante produit de l'oxydation directe de l'oxyde d'azote. Tous ces travaux mettent en évidence le rôle que joue dans la formation des acides cet « air éminemment propre à entretenir la combustion et la respiration », qu'il nomme pour la première fois *oxygène* dans un mémoire publié en 1778.

Plus tard, il revient aux oxydes et passe aux sels. S'étant efforcé de déterminer les rapports dans lesquels l'oxygène s'unit aux métaux, il représente les oxydes comme les éléments nécessaires de tous les sels. Avant lui la constitution de ces derniers était généralement méconnue. On les représentait tantôt comme formés d'un acide uni à un métal, tantôt comme résultant de l'union d'une chaux métallique avec un acide, les faits alors connus étant invoqués tour à tour à l'appui de l'une ou de l'autre manière de voir. On savait que la litharge est capable de former un sel en se dissolvant dans le vinaigre. Mais on connaissait aussi un grand nombre de sels formés par l'action d'un acide sur un métal. Le vitriol blanc ou sulfate de zinc ne se forme-t-il pas lorsqu'on arrose le métal zinc avec de l'acide sulfurique étendu? Le dégagement d'hydrogène qui accompagne cette dissolution, d'abord passé inaperçu, avait reçu plus tard une fausse interprétation. Lavoisier prouva que cet hydrogène provient de la décomposition de l'eau qui prend part à la réaction et dont l'oxygène se fixe sur le zinc. Ce n'est donc pas le zinc, c'est le zinc oxydé, ou l'oxyde de zinc, qui s'unit à l'acide sulfurique.

L'action est différente, mais les résultats sont analogues lorsque le cuivre se dissout dans l'acide nitrique. Ici le métal exerce une action décomposante non sur l'eau, qui est toujours présente, mais sur une partie de l'acide lui-même qui lui cède de l'oxygène. Le cuivre se convertit ainsi en oxyde qui s'unit à une autre partie de l'acide nitrique pour former un sel. Quant à cette portion de l'acide qui a cédé de l'oxygène au métal, elle est ramenée par cette désoxydation ou réduction à l'état de vapeur rutilante ou d'acide hypoazotique qui se dégage.

Telle est l'interprétation que donna Lavoisier des phénomènes de dissolution des métaux dans les acides, phénomènes dont la diversité avait embarrassé ses prédécesseurs et dont le sens leur avait échappé. Le grand réformateur les ramène à ce double mode d'action : oxydation préalable du métal, union de l'oxyde formé avec l'acide.

Ayant ainsi reconnu le rôle de l'oxygène dans la formation des acides, des

oxydes, des sels, il jeta, par quelques définitions très-simples, les fondements d'un nouveau système de chimie.

Un acide résulte de l'union d'un corps simple, ordinairement non métallique, avec l'oxygène.

Un oxyde est une combinaison de métal et d'oxygène.

Un sel est formé par l'union d'un acide avec un oxyde.

Ces principes, démontrés pour les composés oxygénés, pouvaient s'étendre
immédiatement aux autres combinaisons chimiques.

Un sulfure résulte de la combinaison du soufre avec un métal.

Un phosphure renferme un métal, plus du phosphore.

Seuls les chlorures restaient encore, sinon en dehors du système, du
moins en dehors du groupe des définitions exactes. En effet, le chlore ayant été
envisagé par Berthollet comme un composé d'acide muriatique et d'oxygène,
les chlorures ont passé longtemps pour des sels oxygénés. Mais cette erreur,
qui fut corrigée plus tard, ne put porter atteinte à la nouvelle théorie, qui
représentait les corps simples comme doués du pouvoir de se combiner entre
eux sans perte de substance en formant des composés de divers ordres, suivant leur complication.

Un corps simple s'unit-il à un autre corps simple, il en résulte un composé binaire du premier ordre. Les acides, les oxydes, les sulfures, etc.,
appartiennent à ce genre de combinaisons, les plus simples de toutes.

Mais les acides et les oxydes sont doués eux-mêmes du pouvoir de s'unir
entre eux pour former des composés binaires du second ordre qui sont les sels.

Quel que soit le degré de complication d'un composé, on peut toujours
y discerner deux parties constituantes, deux éléments immédiats, ceux-ci
étant des corps simples ou des corps composés. Le sulfure de fer renferme
deux parties constituantes, le soufre et le fer, tous deux corps simples.
Dans le vitriol vert, un nouveau corps simple vient s'ajouter aux précédents :
ce sel renferme, en effet, du soufre, du fer et de l'oxygène, mais ces éléments
y sont combinés de telle manière que l'oxygène est partagé entre le soufre
et le fer, formant avec le premier l'acide sulfurique, avec le second l'oxyde
de fer. Cet acide et cet oxyde sont les éléments immédiats du sel.

Ainsi, toutes les combinaisons chimiques sont binaires; tel est le trait
caractéristique du système. Dans toutes, l'affinité s'exerce sur deux éléments
simples ou composés. Ceux-ci s'attirent et s'unissent entre eux en vertu d'une
certaine opposition de propriétés qui est précisément neutralisée par le fait de
leur union. Voilà le dualisme.

C'est le fondement de la théorie et le principe de la langue. Et cette langue
chimique, si admirable dans sa précision, n'a pas peu contribué au triomphe
des idées, à la fin du dernier siècle.

IV.

Il y avait alors au parlement de Dijon un avocat général, Guyton de Morveau, qui consacrait noblement ses loisirs à l'étude de la chimie et de la miné-

ralogie. Il avait été frappé, dans ses leçons publiques, des inconvénients de la nomenclature, si l'on peut appeler ainsi une langue sans règles et sans clarté, collection de mots bizarres et de synonymes fatigants. Dès 1782, il proposa de nouvelles dénominations qui ne furent pas acceptées, mais qui portaient en elles le germe d'une vraie nomenclature.

Désigner par le nom même la composition d'une substance, tel était le but de la réforme entreprise par Guyton de Morveau.

Elle trouva un puissant appui en Lavoisier qui, de son côté, réussit à gagner à la nouvelle doctrine l'auteur de la nomenclature. Une entente s'établit ainsi en 1787, et, grâce à l'influence prépondérante de Lavoisier et au concours de Berthollet et de Fourcroy, la nouvelle langue s'adapta à la nouvelle théorie.

Les noms expriment la composition, mais comme celle-ci est binaire, chaque dénomination est formée de deux mots. La classe des combinaisons oxygénées a servi de modèle pour toutes les autres.

Les composés les plus simples de l'oxygène sont les acides et les oxydes. Ces deux mots indiquent l'un et l'autre la présence de l'oxygène; ils marquent le genre de combinaison; l'espèce est indiquée par un autre mot, ordinairement un adjectif, qui fait connaître le nom du corps simple, métalloïde ou métal, combiné avec l'oxygène. Ainsi on dit acide sulfurique, oxyde de plomb ou oxyde plombique.

S'agit-il d'exprimer les divers degrés d'oxydation d'un seul et même corps, la nomenclature est féconde en artifices ingénieux; elle fait précéder l'un ou l'autre mot de prépositions grecques, ou elle ajoute à l'adjectif des terminaisons variables. Ainsi, elle désigne les divers degrés d'oxydation du soufre par les noms : acides hyposulfureux, sulfureux, sulfurique. Elle indique les degrés d'oxydation du plomb et du manganèse par les dénominations suivantes : protoxyde de plomb, bioxyde de plomb, protoxyde de manganèse, peroxyde de manganèse.

Deux mots, de même, pour désigner les sels : l'un marquant le genre, déterminé par l'acide; l'autre l'espèce, déterminée par la base métallique. Ainsi sulfate de plomb veut dire combinaison d'acide sulfurique et d'oxyde de plomb; sulfite de potasse, combinaison d'acide sulfureux et de potasse.

Les mêmes principes ont été appliqués à la nomenclature des composés que le soufre et le phosphore forment avec les métaux.

Mais ce n'est pas ici le lieu d'insister sur ces détails, notre but étant seulement de faire ressortir l'influence des nouveaux noms sur la propagation des nouvelles idées. A partir de 1790, la notion fondamentale du système de Lavoisier, savoir le dualisme dans les combinaisons, s'est introduite dans l'esprit du lecteur, savant ou écolier, avec les mots mêmes de la langue chimique; et l'on sait quelle est, en pareil cas, la puissance des mots.

Ce système, bien que reposant sur des faits, n'était pas exempt d'hypothèses. En considérant les sels comme renfermant deux éléments distincts, et en y admettant le partage de l'oxygène entre l'acide et la base, elle préjugeait un certain groupement des éléments qui n'était pas susceptible d'une démonstration directe. C'était en réalité une hypothèse. Clairement indiquée dans la

langue, elle s'est imposée aux esprits et transmise comme une vérité démontrée, de génération en génération. En effet, elle avait la simplicité et la vraisemblance. Non-seulement elle rendait compte de tous les faits connus, mais
encore elle en fit découvrir de nouveaux et des plus importants ; elle était
bonne, parce qu'elle était féconde.

On savait, à la fin du siècle dernier, que les alcalis, les terres alcalines et
les terres, telles que la potasse, la chaux, l'alumine, possèdent la propriété de
s'unir aux acides pour former des sels, et pourtant ces bases salifiables
n'avaient pas été décomposées. En les assimilant aux oxydes, Lavoisier en
devina la nature ; mais personne n'en avait encore retiré les radicaux métalliques. Depuis 1790, de nombreux essais, tentés pour la réduction des alcalis
et des terres, n'avaient abouti qu'à des insuccès. Tant de déceptions avaient
découragé les chimistes, à ce point que la grande découverte de H. Davy fut
accueillie, en 1807, avec une véritable surprise.

Mais le fait annoncé par le grand chimiste anglais de la réduction des
alcalis par le courant d'une pile puissante fut bientôt confirmé par ceux-là
mêmes qui avaient d'abord émis quelques doutes, Gay-Lussac et Thenard. On
sait que ces chimistes sont parvenus à réduire la potasse et la soude en les soumettant à l'action du fer à une très-haute température. Seules quelques terres,
telles que l'alumine et la magnésie, ont résisté à ces puissants moyens de
décomposition. OErsted ayant appris plus tard à les convertir en chlorures
anhydres par l'action simultanée du chlore et du charbon au rouge, M. Wœhler eut le premier la pensée et la gioire de décomposer ces chlorures anhydres
par les métaux alcalins que Davy avait découverts. Il isola ainsi l'aluminium,
qui est devenu depuis un métal usuel entre les mains de M. H. Sainte-Claire
Deville.

Toutes ces découvertes, qui ont illustré les plus grands noms de la chimie
dans ce siècle, découlent d'une idée, l'idée de la constitution des sels émise
par Lavoisier.

Sur un autre point la théorie s'est trouvée en défaut. Lavoisier avait admis
d'abord que tous les acides renferment un élément commun, qu'il a nommé
oxygène, parce qu'il l'envisageait comme le principe acidifiant, ou générateur
des acides. Cette proposition, exacte dans beaucoup de cas, était trop absolue
dans son énoncé. Berthollet en montra l'exageration dès 1789 par l'analyse
de l'hydrogène sulfuré et de l'acide prussique, tous deux exempts d'oxygène,
et doués de propriétés acides. Mais une des exceptions les plus importantes
à la règle de Lavoisier, c'est l'acide muriatique, dont la composition fut reconnue plus tard[1]. C'est un acide minéral énergique. Il neutralise la potasse
comme l'acide sulfurique, en donnant lieu à des phénomènes analogues, élé
vation notable de la température, formation d'une matière saline, blanche
neutre, qui se précipite en petits cristaux, si les liqueurs sont concentrées
Dans les deux cas un acide est neutralisé par une base, avec formation d'un
sel, et pourtant le premier de ces acides ne renferme point d'oxygène.

Comme il arrive souvent dans les sciences, ces faits, d'abord embarrassants

____
1. Note I, p. LXXXVII.

pour la théorie et regardés comme exceptionnels, sont devenus le point de départ d'une généralisation nouvelle.

H. Davy en fit la base d'une théorie sur les sels, que Dulong appuya, mais qui fut rejetée par leurs contemporains comme contraire aux idées reçues. Aujourd'hui elle est admise et nous aurons soin de l'exposer plus tard. Une seule remarque pour terminer notre sujet. Ce grand progrès qui consiste à confondre dans un même ordre des phénomènes, et à expliquer par la même théorie la neutralisation des bases par les hydracides et par les oxacides, et qui a ébranlé la théorie de Lavoisier sur la constitution des acides, découle des faits découverts par Berthollet, à une époque où cette théorie venait de remporter ses premiers triomphes. Elle portait donc, presque en naissant, le germe de sa destruction.

DALTON ET GAY-LUSSAC.

A l'époque où Lavoisier posait les bases de la nouvelle chimie, un savant allemand, Wenzel, travaillait obscurément à élargir et à préciser, par des analyses exactes, les notions que l'on possédait alors sur la composition des sels. Les chimistes du temps avaient été frappés de ce fait, que deux sels neutres peuvent former, par un échange de bases et d'acides, deux nouveaux sels, neutres comme les premiers. Ainsi, lorsqu'on mêle des solutions concentrées et neutres de sulfate de potasse et de nitrate de chaux, il se forme, par double décomposition, du sulfate de chaux qui se précipite et du nitrate de potasse qui reste en solution. Les deux nouveaux sels sont neutres comme les deux autres, et c'est la permanence de la neutralité qu'il s'agissait d'expliquer. Wenzel fut assez heureux pour trouver cette explication. Il montra que lorsqu'on mêle deux sels neutres en quantités telles, que l'acide du premier est exactement neutralisé par la base du second, il arrive aussi que l'acide du second suffit exactement pour neutraliser la base du premier. En d'autres termes, il fit voir que lorsque deux sels neutres se décomposent réciproquement, la neutralité se maintient par cette raison que les quantités relatives de bases qui neutralisent un poids déterminé d'un certain acide sont précisémei t celles qui neutralisent un poids déterminé d'un autre acide.

De là découle la loi de l'équivalence, qui fut développée vingt ans plus tard par Richter. Les quantités de différentes bases qui neutralisent 1000 grammes d'acide sulfurique sont proportionnelles aux quantités des mêmes bases qui neutralisent 1000 grammes d'acide nitrique. Les premières sont équivalentes entre elles, c'est-à-dire peuvent se remplacer par rapport à un certain poids d'acide sulfurique. Il en est de même des secondes, qui peuvent se remplacer par rapport à un certain poids d'acide nitrique. Si le poids de l'acide ne change pas, le poids de chacune des bases demeure invariable; s'il augmente ou s'il diminue, le poids de chacune des bases augmente ou diminue dans la même proportion.

Les rapports pondéraux suivant lesquels les acides se combinent aux oxydes sont donc absolument fixes : tel est le fait fondamental qui se dégage des recherches qui ont été entreprises à la fin du siècle dernier sur la composition des sels. La loi de l'équivalence implique la loi des proportions définies.

Ces conséquences théoriques, qui se déduisent des travaux de Wenzel et qui leur donnent une si haute importance, furent à peine remarquées, et les découvertes du chimiste de Freiberg, complétées par celles de Richter [1], tombèrent bientôt dans un profond oubli. L'heure de Wenzel et de Richter n'était pas venue. Leurs contemporains agitaient des idées théoriques d'un ordre plus élevé. Les luttes et les triomphes de Lavoisier captivaient alors tous les esprits, et pourtant les faits dont il s'agit, interprétés comme ils devaient l'être vingt ans plus tard, seraient devenus pour le nouveau système une confirmation et un appui.

Mais l'interprétation théorique faisait encore défaut. Elle découle des travaux d'un savant anglais qui a doté la science de la conception à la fois la plus profonde et la plus féconde parmi toutes celles qui ont surgi depuis Lavoisier.

II.

Au commencement de ce siècle, la chimie était professée à Manchester par un homme qui joignait à un amour ardent de la science cette noble fierté du savant qui sait préférer l'indépendance aux honneurs, et à une vaine popularité la gloire des travaux solides. Ce professeur est Dalton; son nom est un des plus grands de la chimie.

Ayant étudié la composition de deux gaz formés d'hydrogène et de charbon, le gaz des marais et le gaz oléfiant, il reconnut que pour la même quantité de charbon ce dernier renferme exactement moitié moins d'hydrogène que le premier. Il fit des remarques analogues concernant la composition de l'acide carbonique et de l'oxyde de carbone et celle des composés oxygénés de l'azote. De ces recherches s'est dégagé un fait général qu'on peut énoncer ainsi : Lorsqu'un corps forme avec un autre plusieurs combinaisons, le poids de l'un d'eux étant considéré comme constant, les poids de l'autre varient suivant des rapports numériques très-simples : 1 à 2, 1 à 3, 2 à 3, 1 à 4, 1 à 5, etc. Telle est la loi des *proportions multiples* formulée par Dalton.

Une si grande découverte complétait heureusement celles de Wenzel et de Richter. Ces chimistes avaient établi que la combinaison entre les acides et les bases a lieu suivant des proportions invariables et définies. Dalton reconnut qu'il en est ainsi pour les combinaisons qui s'effectuent entre les corps simples. Au fait des proportions définies il ajouta le fait des proportions multiples. L'importance de ses travaux eût été peut-être méconnue si l'auteur, esprit élevé et profond, n'avait réussi à interpréter les faits qu'il avait découverts par une hypothèse saisissante et à les exprimer par une formule d'une grande simplicité. Reprenant l'idée de Leucippe et le mot d'Épicure, il supposa que les corps étaient formés de petites particules indivisibles qu'il nomma atomes. A cette notion ancienne et vague il donna un sens précis en admettant, d'une part, que pour chaque espèce de matière les atomes possèdent un poids invariable, et de l'autre, que la combinaison entre diverses espèces de ma-

---

1. Richter a publié quelques analyses inexactes et a eu la mauvaise fortune de les adapter à certaines idées théoriques plus erronées encore. Cette circonstance a discrédité tous ses travaux, dont le mérite n'a été reconnu que vingt ans plus tard par Berzelius.

tière résulte, non pas de la pénétration de leur substance, mais de la juxtaposition de leurs atomes.

Cette hypothèse fondamentale étant admise, le fait des proportions définies et le fait des proportions multiples trouvent une explication simple et
satisfaisante.

Les proportions définies suivant lesquelles les corps se combinent représentent les rapports invariables entre les poids des atomes qui se juxtaposent.

Les proportions multiples indiquent le nombre variable d'atomes de la
même espèce qui peuvent s'unir à un ou à plusieurs atomes d'une autre
espèce, ce dernier cas étant celui où deux corps forment ensemble plusieurs
combinaisons.

De telles combinaisons multiples ne pouvant s'effectuer en effet que par
l'addition de nouveaux atomes entiers, il en résulte évidemment que les rapports numériques entre ces atomes sont nécessairement rationnels et généralement simples. De plus, le rapport entre les atomes d'un élément et ceux
de l'autre demeure invariable dans une quelconque des combinaisons, quel
que soit le poids que l'on considère. Si donc on prend dans des composés
formés par l'union, à divers degrés, de deux éléments, des quantités qui
renferment un poids constant de l'un d'eux, il est clair que les poids variables
du second doivent être multiples les uns des autres comme le sont, dans les
dernières molécules, les atomes de l'un par rapport aux atomes de l'autre.

Les proportions définies, les proportions multiples suivant lesquelles les
corps se combinent, représentent les poids de leurs atomes, non les poids
absolus, mais les poids relatifs. Ce sont des nombres exprimant des rapports
pondéraux. Le terme de comparaison, c'est le poids de l'un des atomes pris
pour unité. Dalton choisit pour unité l'hydrogène. Si l'atome d'hydrogène
pèse 1, quel sera le poids de l'atome d'oxygène? Il sera 7 d'après Dalton, qui
admettait qu'il faut 7 parties d'oxygène pour former de l'eau avec 1 partie
d'hydrogène. Nous savons aujourd'hui que le nombre 7 est inexact et que l'eau
est formée de 8 parties d'oxygène pour 1 partie d'hydrogène. Mais ce qu'il
importe d'établir, c'est que les nombres 1 et 7 que Dalton envisageait comme
les poids atomiques de l'oxygène et de l'hydrogène, représentaient précisément
les proportions suivant lesquelles ces corps se combinent pour former de
l'eau. Ses contradicteurs ne pouvaient nier ce fait; mais, repoussant l'interprétation théorique, ils ne voulaient point accepter le mot. Ces poids atomiques
de Dalton, Wollaston les nomma équivalents, H. Davy, nombres proportionnels, et l'on voit que ces notions de poids atomiques et d'équivalents, qui ont
été séparées plus tard, ont été confondues dans l'origine et ne représentaient
autre chose que les proportions pondérales suivant lesquelles les corps se
combinent. Remarquons d'ailleurs que les déterminations numériques publiées
par Dalton étaient loin d'être exactes, circonstance qui a pu soulever des critiques, mais qui n'enlève rien à la grandeur de sa découverte et à la force de
sa conception.

Voici un point important qu'il a déduit lui-même de l'idée des atomes.
Si une combinaison donnée se forme par la juxtaposition d'atomes de diverse
nature ayant chacun un poids déterminé, il est clair que la somme des poids

de ces atomes doit représenter le poids de cette combinaison, et la plus petite quantité qu'on en puisse concevoir sera celle qui renfermera le plus petit nombre possible d'atomes élémentaires. C'est ce qu'on appelle une molécule d'un corps composé, et le poids de cette molécule sera évidemment formé par la somme des poids de tous les atomes élémentaires qu'elle renferme. Mais les corps composés, en s'unissant entre eux, suivent les mêmes lois que les corps simples. Ils s'attirent et se juxtaposent par molécules entières, c'est-à-dire que tous les atomes qui forment la molécule de l'un des corps composés se transportent intégralement vers tous les atomes qui constituent une ou plusieurs molécules d'un autre corps composé. Ainsi l'acide carbonique s'unit-il à la chaux, tous les atomes élémentaires qui constituent la molécule de l'acide s'ajoutent aux atomes qui constituent la molécule de la chaux et il se forme ainsi une molécule de carbonate de chaux. Il en résulte que de telles combinaisons doivent s'effectuer, comme les autres, en proportions définies et en proportions multiples.

En proportions définies, car on ne saurait concevoir moins d'une molécule s'unissant à une autre molécule, les deux possédant d'ailleurs un poids déterminé.

En proportions multiples, car dans le cas où un corps composé est capable de former plusieurs combinaisons avec un autre corps composé, 1 ou 2 molécules de l'un doivent attirer 1, 2, 3 molécules entières de l'autre.

On voit que la loi des proportions définies, ainsi élargie et interprétée par Dalton, comprenait comme un cas particulier les lois de composition des sels découvertes par Wenzel et Richter. Ainsi l'on peut dire que l'œuvre du grand chimiste anglais se résume en ces trois points :

La loi des proportions définies confirmée et généralisée;

La loi des proportions multiples introduite dans la science ;

Ces deux lois reliées l'une à l'autre et interprétées théoriquement par l'hypothèse des atomes.

Dalton trouva dans son compatriote Thomson un interprète convaincu, mais les contradicteurs ne lui ont pas manqué. Le célèbre *System of Chemistry* où Thomson avait fait connaître en 1807 les découvertes et les idées de Dalton ayant été traduit en français, Berthollet fit précéder cette traduction d'une préface écrite en 1808. Il y attaqua vivement la théorie atomique et même le fait des proportions définies. L'une et l'autre s'accordaient peu avec les opinions qu'il avait émises lui-même sur les rapports pondéraux des éléments dans les combinaisons.

On connaît les recherches profondes de Berthollet sur l'affinité. Tous les corps possèdent à des degrés divers de l'affinité les uns pour les autres, mais cette force chimique subit l'influence de diverses forces physiques, telles que l'élasticité, la cohésion, qui peuvent la modifier profondément. Deux sels sont-ils en présence l'un de l'autre, les deux acides tendent à se partager les deux bases, deux nouveaux sels tendent à se former en vertu d'une double décomposition, c'est-à-dire d'un échange de bases et d'acides. Cependant cet échange est incomplet et la décomposition s'arrête à un certain point, de telle sorte que les deux nouveaux sels restent mélangés avec une certaine portion des sels primitifs non décomposés. Mais dans le cas où l'un des nouveaux sels est insoluble ou volatil, la décomposition s'achève tout entière, car ce sel se dérobe en quelque sorte par son élasticité s'il se volatilise, par sa cohésion s'il se précipite, et ses éléments ne sauraient exercer aucune action au sein du mélange. C'est ainsi que l'affinité, cause des réactions chimiques, est influencée, d'après Berthollet, par l'intervention de certaines forces physiques, et seules ces dernières forces déterminent quelquefois la formation de combinaisons à composition définie. Voici comment.

Deux corps sont en présence; la cohésion de l'un n'est vaincue par l'affinité qu'au moment où une certaine proportion de l'autre corps s'est portée sur le premier. Les éléments des deux corps s'unissent alors suivant un rapport pondéral fixe. Ou encore deux corps peuvent s'unir en proportions variables, mais parmi ces combinaisons l'une se distingue par la prédominance de la cohésion ou de l'élasticité : les éléments de cette dernière sont alors combinés en proportions définies, par la raison qu'elle cristallise, qu'elle est insoluble ou volatile.

Berthollet admet donc les proportions définies, non comme une loi générale, mais comme un fait accidentel se produisant sous l'empire de forces étrangères à l'affinité. Lorsque ces dernières forces, la cohésion, l'élasticité, se balancent, soit dans les corps composants, soit dans les produits de leur combinaison, l'affinité, dégagée de ces entraves, peut s'exercer librement et n'est plus soumise qu'à l'influence des masses. Les combinaisons et en général les actions chimiques peuvent alors s'effectuer en proportions quelconques suivant les masses qui réagissent. On comprend l'accueil que le célèbre auteur de ces propositions a dû faire aux idées de Dalton. Il les a combattues vivement. Mais sa grande autorité ne put prévaloir contre l'autorité des faits. La thèse contraire fut soutenue par Proust, qui a opposé aux raisonnements de son adversaire des analyses exactes d'oxydes et de sulfures. Commencée en 1801, cette discussion se prolongea jusqu'en 1808. Le souvenir en est ineffaçable tant par la grandeur des résultats acquis que par les rares qualités déployées par les champions, tous deux puissants dans la lutte et également animés du respect de la vérité et des convenances.

La loi des proportions fixes, fondamentale en chimie, est sortie triomphante de ce grand débat. Depuis elle a été universellement acceptée, et pourquoi ne pas dire qu'elle a reçu de nos jours une éclatante confirmation? Cette vérité que des analyses approximatives avaient révélée au génie de Wenzel, de Richter, de Proust, de Dalton, de Wollaston, M. Stas l'a établie par des déterminations tellement exactes, qu'elles approchent de la précision absolue. D'après Wenzel, Richter et Proust on pouvait admettre une grande loi de la nature, d'après M. Stas on peut affirmer que cette loi n'est pas soumise à des perturbations sensibles.

III.

Dans les premières années de ce siècle, où la question qui nous occupe était agitée par les maîtres de la science, un jeune savant à peine sorti de l'École polytechnique se préparait par de fortes études et par des travaux exacts aux plus belles découvertes. Joseph-Louis Gay-Lussac, élève ingénieur en 1801, allait devenir un grand maître lui-même. Ses recherches sur les rapports volumétriques suivant lesquels les gaz se combinent entre eux ont conduit à ce double résultat, de fournir un argument nouveau et décisif en faveur des proportions définies, de donner à la théorie atomique un appui solide et une nouvelle expression.

Rappelons d'abord les faits.

Les rapports en volumes suivant lesquels les gaz hydrogène et oxygène se combinent pour former de l'eau n'étaient pas fixés avec certitude. On avait admis tour à tour que cette combinaison s'effectuait dans le rapport de 12 volumes d'oxygène à 23 volumes d'hydrogène, de 100 volumes d'oxygène à 205 volumes d'hydrogène, de 72 volumes d'oxygène à 143 volumes d'hydrogène. Gay-Lussac démontra en 1805, en collaboration avec A. de Humboldt, que les deux gaz se combinent *exactement* dans le rapport de 1 volume de l'un à 2 volumes de l'autre.

Généralisant cette observation, il fit voir, en 1809, qu'il existe un rapport simple non-seulement entre les volumes de deux gaz qui se combinent, mais encore entre la somme des volumes des gaz qui entrent en combinaison et le volume qu'occupe la combinaison elle-même, prise à l'état gazeux.

Ainsi 2 volumes d'hydrogène s'unissent à 1 volume d'oxygène pour former 2 volumes de vapeur d'eau.

2 volumes d'azote sont combinés avec 1 volume d'oxygène dans 2 volumes de protoxyde d'azote.

Dans ces deux cas, 3 volumes des gaz composants se réduisent à 2, par l'effet de la combinaison : le rapport de 3 à 2 est simple. Dans d'autres cas on constate les rapports de 2 à 2 ou de 4 à 2. Ainsi, 1 volume de chlore s'unit à 1 volume d'hydrogène pour former 2 volumes d'acide chlorhydrique ; 3 volumes d'hydrogène s'unissent à 1 volume d'azote pour former 2 volumes d'ammoniaque.

La découverte de Gay-Lussac a une portée immense. Pour saisir les conséquences qui en découlent, rapprochons-la des faits découverts antérieurement.

Les corps se combinent en proportions pondérales définies qui expriment, d'après Dalton, les poids relatifs de leurs atomes.

Les gaz se combinent en proportions volumétriques définies et simples, c'est-à-dire qu'on constate un rapport simple entre les volumes des gaz qui entrent en combinaison.

Si donc on applique aux gaz l'hypothèse de Dalton, n'est-il pas évident que les poids des volumes des gaz qui se combinent doivent représenter les poids de leurs atomes? Prenons un exemple. Si 1 volume de chlore s'unit à 1 volume d'hydrogène, le poids de 1 volume de chlore doit représenter le poids de 1 atome de chlore, et le poids de 1 volume d'hydrogène doit représenter le poids de 1 atome d'hydrogène. Mais les poids de volumes égaux des gaz, rapportés à l'un d'eux, sont ce qu'on nomme leur densité. Il doit donc exister une relation simple entre les densités des gaz et leurs poids atomiques.

Cette relation existe. Nous verrons que les densités des gaz sont proportionnelles aux poids de leurs atomes ou à des multiples simples de ces poids atomiques.

On le voit, la découverte de Gay-Lussac, après avoir apporté une puissante confirmation à la loi des proportions définies, a prêté un appui efficace à la théorie atomique, en montrant que les densités des gaz offraient un moyen de détermination ou de contrôle des poids atomiques. Et pourtant, par un singulier hasard, ces deux corollaires de la découverte dont il s'agit ont été méconnus par ceux-là mêmes qui avaient le plus grand intérêt à les mettre en lumière et à les faire accepter. Dalton a mis en doute l'exactitude des faits avancés par Gay-Lussac. Gay-Lussac, de son côté, estimait que le fait des rapports simples et définis entre les volumes des gaz qui se combinent pouvait se concilier avec l'opinion de Berthollet que les corps s'unissent, en général, en proportions très-variables [1]. Il essayait ainsi de sauver les idées de Berthollet au moment même où il leur portait un coup décisif.

Nous venons de signaler l'existence d'une relation simple entre les densités des gaz et les poids de leurs plus petites particules. Un chimiste italien a essayé de la préciser peu de temps après la découverte de Gay-Lussac. Dans un mémoire publié en 1811, Amedeo Avogadro [2] a émis l'opinion que les gaz sont formés de particules matérielles assez espacées pour être complétement affranchies de toute attraction réciproque, et ne plus obéir qu'à l'action répulsive de la chaleur. Ces petites masses, il les nommait molécules intégrantes ou constituantes. En prenant la forme gazeuse, la matière se résout, d'après lui, en molécules intégrantes dont le nombre est le même pour des volumes égaux. Il en résulte que dans les gaz les poids de ces molécules intégrantes sont proportionnels aux densités.

Avogadro appliquait cette proposition à tous les gaz, simples ou composés. Dans sa pensée, les molécules intégrantes n'étaient donc pas les atomes proprement dits, c'est-à-dire les petites masses indivisibles par la force chimique, c'étaient des groupes d'atomes unis entre eux par l'affinité et mis en mouvement par la chaleur. En un mot, elles constituaient ce qu'on nomme aujourd'hui les molécules. Ces molécules étant contenues en égal nombre dans des volumes égaux de différents gaz, il est évident que la chaleur doit les écarter également. L'hypothèse d'Avogadro, il le fait remarquer lui-même, explique donc ce fait que les mêmes variations de température et de pression font subir à tous les gaz, à peu de chose près, les mêmes variations de volume.

Une conception si juste et si simple semble avoir échappé à l'attention des contemporains, soit que son auteur ait manqué de l'autorité nécessaire pour la faire adopter, soit qu'il l'ait discréditée en essayant d'étendre son hypothèse aux corps non gazeux. Ampère a reproduit cette hypothèse en 1814 [3]. Il nomme

1. *Mémoires de la Société d'Arcueil*, t. I, p. 232.

2. L'essai d'une manière de déterminer les masses relatives des molécules élémentaires des corps et les proportions selon lesquelles elles entrent dans les combinaisons, par A. Avogadro, *Journal de Physique*, t. LXXIII, p. 58 ; juillet 1811.

3. Lettre de M. Ampère à M. le comte Berthollet, sur la détermination des proportions dans lesquelles les corps se combinent, d'après le nombre et la disposition relative des molécules dont leurs particules intégrantes sont composées. (*Annales de Chimie*, 1re sér., t. XC, p. 43 ; 30 avril 1814.)

particules les molécules intégrantes d'Avogadro, molécules les atomes. « Je suis parti, dit-il, de la supposition que, dans le cas où les corps passent à l'état de gaz, leurs particules seules soient séparées par la force expansive du calorique, à des distances beaucoup plus grandes que celles où les forces d'affinité et de cohésion ont une action appréciable, en sorte que ces distances ne dépendent que de la température et de la pression que supporte le gaz, et qu'à des pressions et des températures égales les particules de tous les gaz, soit simples, soit composés, sont placées à la même distance les unes des autres. Le nombre des particules est, dans cette supposition, proportionnel au volume du gaz. »

Ces particules que la chaleur fait mouvoir, Ampère les supposait formées d'un nombre plus ou moins considérable de molécules, c'est-à-dire d'atomes. Ainsi Ampère n'a garde de confondre les particules avec les atomes qui les composent.

Cette confusion a été faite plus tard, car le mot atome a été souvent pris dans le sens qu'Ampère attachait au mot particule. Le grand promoteur de la théorie atomique, Berzelius, admettait plusieurs espèces d'atomes, des atomes simples et des atomes composés. Cette dernière expression, qui était vicieuse, s'appliquait aux particules d'Ampère. On disait donc il y a une trentaine d'années : « Volumes égaux des gaz renfermant un égal nombre d'atomes, dans les mêmes conditions de température et de pression. » Dans le sens que nous attachons aujourd'hui au mot atome, cette proposition n'est vraie que pour un certain nombre de gaz simples, l'oxygène, l'hydrogène, le chlore, l'azote, etc. Elle est inexacte si on l'applique à *tous* les corps simples et aux corps composés pris à l'état de gaz ou de vapeur. Nous savons aujourd'hui, grâce aux recherches de M. Dumas, que la vapeur de phosphore, d'arsenic, de mercure, ne renferme pas sous le même volume le même nombre d'atomes que les gaz hydrogène, oxygène, azote, etc. Pareille remarque s'applique aux gaz composés. Ainsi, le gaz ammoniac renferme 1 atome d'azote et 3 atomes d'hydrogène, c'est-à-dire 4 atomes, alors que le gaz chlorhydrique ne renferme, sous le même volume, que 1 atome d'hydrogène et 1 atome de chlore, en tout 2 atomes. Et pourtant les gaz composés sont soumis aux mêmes lois de dilatation que les gaz simples. Ampère et Avogadro avaient en vue les uns et les autres. Ils supposaient tous les corps gazeux formés, à volume égal, d'un même nombre de particules placées à des distances égales et obéissant de la même manière à l'action de la chaleur. Leur idée était juste. Elle procède des découvertes de Gay-Lussac, elle s'adapte à l'hypothèse de Dalton, elle rend compte des propriétés physiques des gaz, et pourtant elle n'a jamais obtenu l'assentiment unanime des chimistes. Appliquée aux atomes et énoncée dans les termes que nous avons rappelés plus haut, elle était une formule saisissante, mais inexacte, et ce n'est que de nos jours qu'elle a reçu une expression correcte et un développement conséquent. Il en résulte que la belle conception d'Avogadro et d'Ampère est demeurée, pendant quarante ans, presque stérile pour la théorie atomique. Celle-ci a pris son essor néanmoins, mais l'impulsion est venue d'un autre côté.

BERZELIUS.

Berzelius, le grand continuateur de Lavoisier, a complété le système de
la chimie dualistique. Il a donné à la théorie atomique, d'une part, une base
solide par des déterminations de poids atomiques aussi exactes que nombreuses,
et, de l'autre, une expression nouvelle par l'usage de formules adaptées à
l'idée du dualisme. Ce dualisme lui-même, il a cherché à l'expliquer par
l'hypothèse électro-chimique. Telle est en peu de mots la grande part qui lui
revient dans le progrès des idées.

I.

Jacques Berzelius était né en 1779 à Wafnersunda, dans la Gothie occidentale. Il mourut à Stockholm en 1848. Dans le cours d'une longue carrière
entièrement consacrée à la science, il conquit l'autorité la plus incontestée et
épuisa tous les honneurs qui peuvent tomber en partage à un savant. Titres
académiques et titres de noblesse, position élevée dans l'enseignement et dans
l'État, fortune et considération publique, tout cela est venu le combler sans
diminuer chez lui le goût et le culte de la science. Il travailla jusqu'à son dernier jour. Auteur de découvertes nombreuses et importantes, il a dû plus à
la persévérance qu'au génie. Ce qui frappe d'admiration dans ses travaux, c'est
l'exactitude des faits observés et la rigueur conséquente des déductions, plutôt
que l'éclat et la profondeur des idées. Il porta les méthodes d'analyse à un
degré de perfection inconnu auparavant, formant ainsi lui-même l'instrument
de ses plus grandes découvertes.

Il a fait connaître le premier les oxydes de cérium [1], le sélénium (1818),
la thorine (1828); il a isolé le silicium, le zirconium, le tantale. De telles
découvertes frappent par leur importance, mais elles ont porté moins de fruits,
au point de vue du progrès des doctrines, que les recherches poursuivies pendant trente années, par Berzelius, sur la fixation des poids atomiques.

Dalton avait publié en 1808, dans son *New System of chemical Philosophy*, une table de poids atomiques. Il avait choisi pour unité le poids de
l'atome de l'hydrogène. Les nombres qu'il donne pour les poids atomiques de

---

[1]. En commun avec Hisinger, en 1850.

17 autres corps simples, assez exacts pour quelques-uns, s'écartent notablement des chiffres vrais pour le plus grand nombre. Ces écarts sont moins
sensibles dans la table que donna Wollaston en 1814[1] et dans laquelle les
poids atomiques ou plutôt les équivalents (le mot est de Wollaston) sont rapportés à l'équivalent de l'oxygène, qu'il posa égal à 10. Les tables qu'a publiées
Berzelius sont à la fois plus complètes et plus exactes. Il y rapportait les poids
atomiques à celui de l'oxygène, supposé égal à 100. La quantité d'un métal
capable de former avec 100 d'oxygène le premier degré d'oxydation était
prise, généralement, pour le poids atomique de ce métal. Dans certains cas il
s'est écarté de cette règle. Il en a été ainsi pour quelques corps non métalliques et aussi pour divers métaux. Wollaston, s'inspirant des idées de Dalton,
avait pris pour poids atomique de l'hydrogène la quantité pondérale d'hydrogène capable de s'unir à 10 d'oxygène, c'est-à-dire à 1 atome d'oxygène.
En d'autres termes, les poids atomiques de l'hydrogène et de l'oxygène représentaient les proportions relatives suivant lesquelles les deux corps se combinent pour former de l'eau, celle-ci résultant de l'union de 1 atome ou
équivalent d'hydrogène avec 1 atome ou équivalent d'oxygène. Les termes
atome ou équivalent étaient, on le voit, synonymes. Berzelius, au contraire,
s'appuyant sur les découvertes de Gay-Lussac, admettait que l'eau, qui
résulte de l'union de 2 volumes d'hydrogène et de 1 volume d'oxygène, est
formée de 2 atomes d'hydrogène et de 1 atome d'oxygène. Il a donc pris pour
le poids atomique de l'hydrogène le poids de 1 volume de ce gaz, le poids de
1 volume d'oxygène étant représenté par 100.

C'est ainsi que s'est introduite dans la science la distinction entre les
atomes et les équivalents : elle découle des découvertes de Gay-Lussac interprétées par Avogadro et Ampère. Elle apparaît pour la première fois dans les
tables de Berzelius. Pour Dalton, les atomes représentent les proportions suivant lesquelles les corps se combinent, et les poids atomiques se confondent
avec les équivalents. Pour Berzelius, les atomes représentent les volumes
gazeux, et les poids atomiques ne sont autre chose que les poids relatifs de
volumes égaux des gaz. Pour un certain nombre de corps gazeux, un équivalent est formé de 2 atomes. Il en est ainsi non-seulement pour l'hydrogène,
mais pour l'azote, le chlore, le brome et l'iode, ces derniers étant supposés
réduits en vapeur. Les poids atomiques de ces corps représentent les poids
de 1 volume; mais comme il faut 2 volumes d'azote, de chlore, etc., pour former
avec 1 volume d'oxygène le premier degré d'oxydation, il est clair que les poids
de 2 volumes d'azote, de chlore, représentent les équivalents de ces corps par
rapport à l'oxygène. Berzelius admettait que les atomes de l'hydrogène, de
l'azote, du chlore, du brome, de l'iode, étaient unis deux à deux. Il nommait ces couples « atomes doubles » et les supposait unis d'une façon indissoluble, de manière à représenter précisément l'équivalent de ces gaz, c'est-
à-dire la plus petite proportion capable d'entrer en combinaison. Ainsi l'eau
renfermait, selon lui, 1 atome d'oxygène uni à 1 atome double d'hydrogène;
l'acide chlorhydrique renfermait 1 atome double d'hydrogène uni à 1 atome

1. *Annales de Chimie,* t. XC, p. 138.

double de chlore; l'ammoniaque était formée de 1 atome double d'azote uni à 3 atomes doubles d'hydrogène. En un mot, aucune combinaison de l'hydrogène, du chlore et de l'azote ne renfermait moins de 2 atomes de ces éléments, ces 2 atomes étant la proportion la plus petite capable d'exister dans un composé. Cette proportion la plus petite représente un équivalent. Ainsi l'idée des atomes doubles offrait le moyen de concilier les idées antérieures avec les découvertes de Gay-Lussac. Les poids atomiques des éléments gazeux représentaient les poids relatifs de leurs volumes, et pour quelques-uns de ces gaz simples 2 atomes formaient ce que Dalton avait envisagé comme un seul atome, ce que Wollaston avait nommé un équivalent.

Si les principes qui ont guidé Berzelius dans la fixation de ses poids atomiques marquaient un progrès assuré, il faut dire d'un autre côté que l'idée des atomes doubles l'a conduit à des conceptions inexactes sur les grandeurs moléculaires. Une molécule d'eau résulte bien de l'union de 2 atomes d'hydrogène avec 1 atome d'oxygène; mais 2 atomes d'hydrogène, en s'unissant à 2 atomes de chlore, forment-ils 1 molécule d'acide chlorhydrique, comme le voulait Berzelius? Nullement. Une telle molécule serait deux fois trop forte. Nous savons aujourd'hui que la molécule de l'acide chlorhydrique ne renferme que 1 atome de chlore et 1 atome d'hydrogène, que la molécule de l'ammoniaque ne renferme que 1 atome d'azote pour 3 atomes d'hydrogène. Ces molécules occupent le même volume, à l'état gazeux, qu'une molécule de vapeur d'eau. Telle est la conception qui découle du développement conséquent de la théorie des volumes. Berzelius, engagé un des premiers dans cette voie nouvelle, n'est pas allé jusqu'au bout. Cet honneur était réservé à Gerhardt.

Mais le grand chimiste suédois a rendu à la théorie un service d'un autre genre. Il est l'auteur d'une notation propre à indiquer la composition atomique des corps.

Les alchimistes, dans l'intention d'abréger ou d'obscurcir le langage, avaient coutume de substituer aux noms des signes dont on se rappelle la figure bizarre. C'étaient des symboles purement conventionnels qui ne rappelaient que des mots. On doit à Dalton un essai plus rationnel. Les signes dont il avait proposé l'usage représentaient des atomes. C'étaient de petits cercles encadrant des marques caractéristiques pour chaque corps simple : ceux de l'hydrogène encadraient un point au centre, ceux d'azote une barre, ceux de soufre une croix, ceux de l'oxygène n'encadraient rien. Les atomes du charbon étaient noirs, comme de raison; ceux des métaux portaient au centre une lettre, initiale du nom de chacun d'eux. Pour représenter les corps composés, Dalton groupait les atomes de leurs éléments. L'eau étant formée, d'après lui, de 1 atome d'oxygène et de 1 atome d'hydrogène, était représentée par les symboles de ces 2 atomes juxtaposés. L'acide sulfurique formait un groupe de 4 atomes circulaires, 3 atomes d'oxygène disposés symétriquement autour d'un atome de soufre placé au centre. L'acide acétique comprenait 6 atomes, 2 atomes noirs de charbon, formant en quelque sorte l'axe de la molécule, et flanqués chacun par 1 atome d'oxygène et par 1 atome d'hydrogène.

C'était très-ingénieux et très-clair. Pour prendre connaissance de la composition atomique d'un corps, il suffisait, en effet, de compter le nombre de

ces atomes qui s'étalaient, en quelque sorte, les uns à côté des autres. Le
seul inconvénient de cette représentation graphique des molécules, c'était
l'étendue qu'elles prenaient sur le papier dès que la composition des corps
se compliquait. Et puis n'y avait-il pas quelque chose d'arbitraire dans la disposition symétrique que Dalton s'était efforcé de leur donner? Berzelius sut
éviter ces écueils ; il eut l'idée de représenter les atomes par des lettres,
initiales des noms latins de tous les éléments : O signifiait un atome d'oxygène,
H un atome d'hydrogène, K un atome de kalium ou potassium, Sb un atome
de stibium ou d'antimoine, et ainsi de suite. Une combinaison formée de deux
atomes différents était représentée par deux lettres juxtaposées ; renfermait-
elle plusieurs atomes d'un seul et même élément, le symbole de celui-ci était
affecté d'un coefficient qui en indiquait le nombre.

Ainsi, l'acide sulfurique était représenté par la formule SO^3, l'ammoniaque par la formule Az^2H^6. Ce système de notation, si simple dans son
principe, se prêtait dans l'application à toutes les hypothèses sur le groupement des atomes et à l'interprétation des réactions les plus compliquées.

Le dualisme régnait alors dans les idées : Berzelius l'a introduit dans les
formules. Le point de départ était la théorie des sels. Richter avait reconnu
que les quantités de bases qui neutralisent le même poids d'acide renferment
la même quantité d'oxygène, et qu'il existe, par conséquent, un rapport constant, dans une même classe de sels, entre la quantité d'oxygène de la base
et la quantité d'acide. A cette proposition exacte, Berzelius ajoute un trait qui
devait la préciser et la compléter. Il reconnaît que pour chaque genre de sel
il existe un rapport constant et simple entre l'oxygène de la base et celui de
l'acide. Dans les sulfates, l'acide renferme trois fois plus d'oxygène, dans les
carbonates deux fois plus d'oxygène, dans les nitrates cinq fois plus d'oxygène que la base. Ces lois de composition des sels ont été exprimées de la
manière la plus claire. Les proportions différentes d'oxygène représentent des
atomes en nombres différents. Si donc on représente la composition du sel par
la formule de l'acide, juxtaposée à celle de l'oxyde, il est clair que le rapport
entre les quantités d'oxygène de ces deux éléments sera exprimé nécessairement par le nombre des atomes d'oxygène qu'ils renferment l'un et l'autre.
Pour 3 atomes d'oxygène que les sulfates renferment dans l'acide, ils devront
contenir 1 atome d'oxygène dans l'oxyde. Il en résulte que la loi de composition des sels, découverte par Berzelius, se dégage d'elle-même par l'inspection de leurs formules [1].

Par la disposition même de ces formules où l'acide apparaissait d'un côté,
avec le cortége des atomes d'oxygène qui lui appartiennent, la base métallique
de l'autre, avec l'oxygène uni au métal, Berzelius a donné au système dualistique un degré de précision inconnu avant lui. Il y a ajouté un développement
important en prouvant que, de même que les acides peuvent s'unir aux oxydes,
les chlorures, les sulfures peuvent s'unir entre eux. Ainsi le chlorure de platine s'unit au chlorure de potassium. Le chlorure double ainsi formé est une
sorte de sel, un chloro-sel; le chlorure de platine y joue le rôle d'acide, le

____
1. Note 2, p. LXXXVII.

chlorure de potassium le rôle de base. Il existe de même des sulfures capables
de jouer le rôle d'acides, d'autres qui se comportent comme des bases : en
s'unissant entre eux ils forment des sulfo-sels. Dans la notation, la composition de ces sels sans oxygène était exprimée par deux formules juxtaposées,
la première représentant l'élément acide, la seconde l'élément basique. Ainsi
le système grandissait non-seulement par l'expression saisissante que lui donnaient les formules atomiques, mais encore par d'importantes additions.

II.

Un système scientifique n'est vraiment digne de ce nom qu'à la condition
de n'exclure aucun ordre de faits importants. Le dualisme s'appliquait plus
particulièrement aux composés minéraux; il n'était pas facile d'y faire rentrer
les notions que l'on possédait alors sur la constitution des composés organiques.
On savait que les principes immédiats que la nature a répandus dans l'organisme des végétaux et des animaux renferment trois ou quatre éléments, le
carbone, l'hydrogène, l'oxygène, auxquels vient s'ajouter souvent l'azote. On
avait reconnu, parmi tant de substances diverses, des corps jouant le rôle
d'acides, d'autres qui se montraient neutres; enfin on venait de découvrir des
substances douées de propriétés basiques, c'est-à-dire capables de s'unir aux
acides pour former des sels définis. A l'égard des acides organiques, Berzelius
adopta les idées déjà émises par Lavoisier. Les acides végétaux renferment un
radical uni à de l'oxygène, et ce radical est formé de carbone et d'hydrogène,
combinés de manière à ne former qu'une seule et même « base ». Les acides
végétaux diffèrent entre eux par les proportions suivant lesquelles les éléments
sont unis dans le radical et par le degré d'oxygénation. Quant aux acides tirés
du règne animal, leur composition est plus complexe; ils renferment un radical
où l'hydrogène et le carbone sont souvent associés à l'azote, quelquefois
au phosphore. Telles étaient les vues de Lavoisier [1].

La théorie atomique et les progrès de l'analyse ont permis à Berzelius de
les développer et de les préciser; il fixa d'abord les « équivalents » des principaux acides organiques, c'est-à-dire les grandeurs relatives de leurs molécules, en déterminant les quantités respectives de ces acides, qui s'unissent à
un équivalent d'oxyde de plomb ou d'oxyde d'argent. L'analyse organique, dont
le principe avait été indiqué par Gay-Lussac et Thenard et dont les procédés
venaient d'être perfectionnés par M. Chevreul, lui enseigna les proportions
des éléments dans les différents acides, et par conséquent le nombre des
atomes élémentaires dans leurs « équivalents » ou molécules.

Groupant les atomes de carbone et d'hydrogène, ou de carbone, d'hydrogène et d'azote, il en forma les radicaux binaires ou ternaires qui entrent dans
la composition des acides, ou, en général, des composés oxygénés d'origine

---

1. *Traité de Chimie*, t. I, p. 197.

organique. D'après lui, le radical de l'acide formique, qu'il nomme formyle, est formé de 2 atomes de carbone et de 3 atomes d'hydrogène; celui de l'acide acétique, qu'il nomma acétyle, renferme 4 atomes de carbone et 6 atomes d'hydrogène. Mais le formyle et l'acétyle s'unissent à 3 atomes d'oxygène pour former, le premier l'acide formique, le second l'acide acétique. On reconnaît là les idées de Lavoisier, revêtant la forme simple et précise que pouvaient leur donner les progrès accomplis. Berzelius les a étendues à tous les composés oxygénés. « Les substances organiques, disait-il, sont formées d'oxydes à radical composé[1]. »

Parmi ces oxydes, il en est un qui a donné lieu à des travaux importants et à des discussions animées : c'est l'éther, le produit de la réaction de l'acide sulfurique sur l'alcool. Il est connu depuis des siècles et a donné son nom à une classe nombreuse de composés qui ont été désignés sous le nom d'éthers. Les relations de ce corps avec l'alcool avaient été fixées, dès 1816, par Gay-Lussac, qui les avait exprimées de la manière suivante : Les deux substances renferment 2 volumes de gaz oléfiant combinés dans l'alcool avec 2 volumes, dans l'éther avec 1 volume de vapeur d'eau.

MM. Dumas et Boullay ont publié sur les éthers qu'on nomme composés un travail qui fait époque dans la science. Ils reconnurent que ces corps renferment les éléments d'un acide uni précisément à 2 volumes de gaz oléfiant et 1 volume de vapeur d'eau, c'est-à-dire aux éléments de l'éther. Attribuant au gaz oléfiant un rôle analogue, jusqu'à un certain point, à celui de l'ammoniaque, ils ont comparé les éthers aux sels ammoniacaux. C'était la première fois qu'en chimie organique une série de phénomènes analogues était groupée par la théorie et que les faits relatifs à la formation, à la composition, aux métamorphoses d'une classe entière de corps recevait une interprétation simple, à l'aide de formules et d'équations atomiques.

A cette théorie sur les éthers Berzelius en opposa une autre quelques années plus tard. Les comparant aux sels proprement dits, il y admit l'existence d'un oxyde organique qui n'était autre que l'éther. Celui-ci renfermait, d'après lui, un radical formé de 4 atomes de carbone et de 10 atomes d'hydrogène. Dans l'éther, ce radical, que M. Liebig nomma *éthyle*, est uni à 1 atome d'oxygène. Mais cet éthyle peut aussi s'unir au chlore et à d'autres corps simples. Il forme ainsi un chlorure ou d'autres combinaisons binaires. Le chlorure d'éthyle n'est autre que l'éther chlorhydrique qui était connu depuis longtemps. L'éther ordinaire, qui est l'oxyde d'éthyle, peut s'unir, comme les oxydes métalliques, à l'eau pour former un hydrate, qui est l'alcool, aux acides anhydres pour former de véritables sels, qui sont les éthers composés. Toutes ces combinaisons sont binaires[2]. Tels sont les traits principaux de cette belle conception, qui marque la phase la plus brillante de la théorie des radicaux organiques.

---

1. *Traité de Chimie,* édit. française, 1830, t. II, p. 111. L'idée des radicaux organiques a été développée par Berzelius, dès 1817, dans la seconde édition suédoise de son *Traité de Chimie.*

2. Note 3, p. LXXXVII.

Cette théorie a été l'objet de longs débats. Elle admet, disaient ses adversaires, l'existence de nombreux corps hypothétiques, car enfin cet éthyle et tant d'autres radicaux sont des êtres de raison qui n'ont pas d'existence réelle. On les découvrira, répondaient ses partisans. Gay-Lussac n'a-t-il pas isolé le cyanogène? n'a-t-il pas établi que ce corps composé, formé de carbone et d'azote, se comporte comme un corps simple? Ne sait-on pas, d'un autre côté, que l'acide sulfureux s'unit directement à l'oxygène, l'oxyde de carbone au chlore et à l'oxygène? Ces arguments étaient sérieux.

La découverte du cacodyle par M. Bunsen leur a donné plus tard un grand poids. Quel exemple plus concluant à opposer aux adversaires de l'idée des radicaux que ce corps formé de charbon, d'hydrogène et d'arsenic et doué d'une puissance de combinaison si extraordinaire, ce corps capable de s'unir directement et à plusieurs degrés à l'oxygène, au soufre et au chlore, ce corps qui se montre si violent dans ses affinités, qu'il brûle spontanément dans l'air et qu'il s'enflamme dans le chlore comme fait l'arsenic lui-même? Refuser le caractère d'un radical au cyanogène et au cacodyle, ne pas admettre dans ces corps composés une force analogue à celle qui porte un corps simple vers un autre corps simple, n'était-ce pas nier l'évidence? On l'a tenté pourtant, en se plaçant au point de vue exclusif d'une autre théorie célèbre, celle des substitutions, dont nous traiterons plus loin.

Mais la théorie des radicaux est restée debout. Elle s'est même rajeunie depuis, et l'écho de ces premiers débats était à peine éteint lorsque, prenant un développement inattendu en même temps que sa rivale, elle a fait alliance avec elle. Mais revenons à ses débuts et cherchons à apprécier le parti que Berzelius en tira pour couronner l'œuvre qu'il avait entreprise, savoir : l'introduction en chimie organique des idées qui dominaient en chimie minérale. Cette comparaison qu'il avait établie entre l'éther et les oxydes de la chimie minérale était des plus heureuses. En assimilant l'alcool à un hydrate, les éthers composés à des sels, elle permettait de représenter la composition de tous ces corps par des formules dualistiques.

On distinguait alors en chimie des composés du premier ordre, formés par l'union de deux corps simples, et des composés du second ordre, formés par l'union de corps composés binaires. L'oxyde et le chlorure d'éthyle, comparables à l'oxyde et au chlorure de potassium, représentaient ceux du premier ordre; l'hydrate d'oxyde d'éthyle (alcool) et l'acétate d'oxyde d'éthyle (éther acétique) étaient des composés binaires du second ordre, formés, le premier par l'union de l'oxyde d'éthyle avec l'eau, le second par l'union de l'oxyde d'éthyle avec l'acide acétique. Dans toutes ces combinaisons, deux éléments; dans leurs formules, deux termes. Entre ces formules et celles du composé de potassium correspondant, nulle autre différence que la substitution du radical composé éthyle au radical simple de potassium. Des analogies de même nature ont été signalées pour d'autres corps : l'acide acétique renfermant de l'acétyle et 3 atomes d'oxygène était comparé avec l'acide sulfurique qui renferme du soufre et 3 atomes d'oxygène. C'était là une première tentative pour inaugurer cette alliance entre la chimie organique et la chimie minérale qu'il était si désirable de cimenter fortement.

L'édifice de Lavoisier avait de larges bases : il pouvait supporter ce beau couronnement. Au reste, le fondateur lui-même avait prévu cette extension de son œuvre. Son idée sur les radicaux organiques se retrouve, développée et précisée, dans la belle conception de Berzelius.

Mais à l'époque où nous nous sommes arrêté, tous les chimistes n'étaient point d'accord sur la nature des radicaux organiques. Les uns, à l'exemple de Berzelius, en excluaient l'oxygène; d'autres admettaient qu'il peut en faire partie. Cette dernière opinion prenait son point d'appui dans un beau travail publié, en 1828, par deux jeunes chimistes qui débutaient alors dans la science et dont les efforts, tantôt réunis, tantôt isolés, devaient y laisser une profonde empreinte. En étudiant l'essence d'amandes amères, MM. Wœhler et Liebig découvrirent un certain nombre de composés offrant les relations de parenté les plus évidentes avec cette essence d'un côté, et, de l'autre, avec un acide qu'on avait retiré du benjoin et qu'on nommait benzoïque. Ces relations ont été exprimées très-heureusement par l'hypothèse d'un radical commun existant dans tous ces corps, et formé de carbone, d'hydrogène et d'oxygène. C'est le benzoyle. L'essence d'amandes amères était représentée comme une combinaison de ce radical avec l'hydrogène. Ce dernier corps étant remplacé par le chlore, l'hydrure de benzoyle se transforme en chlorure de benzoyle. Au contact de l'eau, celui-ci se décompose en acide chlorhydrique et en oxyde de benzoyle, lequel, restant uni aux éléments de l'eau, forme l'hydrate d'oxyde de benzoyle, et cet hydrate n'est autre que l'acide benzoïque lui-même. D'ailleurs, ce dernier corps prend naissance aussi par la fixation directe de l'oxygène sur l'hydrure de benzoyle, c'est-à-dire sur l'essence d'amandes amères. Toutes ces réactions et d'autres qu'il serait trop long d'énumérer autorisaient cette conclusion, que l'essence d'amandes amères et ses nombreux dérivés renferment, en quelque sorte, un noyau commun qui s'y trouve combiné avec de l'hydrogène, du chlore, du brome, du soufre, de l'oxygène, et qui passe intact, par double décomposition, d'une combinaison dans une autre. Cette double propriété permettait de considérer ce noyau comme un radical, bien qu'on n'eût pas réussi à l'isoler[1].

La théorie du benzoyle a fait fortune. Elle avait le cachet des bonnes hypothèses. Elle enchaînait les faits d'une manière simple et portait en elle le germe de grands progrès. L'ayant d'abord accueillie avec faveur, Berzelius la repoussa plus tard pour revenir à sa première conception des radicaux non oxygénés, qui fut développée à outrance. Vingt ans après, la théorie du benzoyle fut vengée de cet abandon. On en retrouve la trace évidente dans les belles conceptions de Williamson et de Gerhardt sur la constitution des acides.

III.

Les développements qui précèdent font voir comment le dualisme a pénétré en chimie organique, par la théorie des radicaux. Il s'était fortement éta-

---

1. Note 4, p. LXXXVIII.

bli en chimie minérale par la théorie électro-chimique, grâce aux efforts et à l'autorité de Berzelius.

Il n'est point le premier auteur de cette théorie, bien que ses recherches en forment la base expérimentale. Les travaux de Nicholson et Carlisle sur la décomposition de l'eau par la pile, ceux de Cruikshank sur les changements de teinte qu'éprouvent les couleurs végétales par le passage du courant, étaient des faits isolés lorsque Berzelius et Hisinger firent connaître, en 1803, l'influence décomposante de l'électricité galvanique sur un grand nombre de composés chimiques, notamment sur les sels. On sait avec quels succès Davy s'occupa de recherches analogues à partir de 1806. La découverte des métaux alcalins en est le brillant résultat expérimental, une vue nouvelle sur l'affinité en a été la conséquence théorique.

Davy admettait que les corps qui possèdent de l'affinité chimique les uns pour les autres se trouvent dans des états électriques opposés. L'un est électro-positif, l'autre électro-négatif. C'est en vertu de ces tensions électriques opposées qu'ils se combinent, et l'énergie de cette combinaison, qui mesure l'affinité, est proportionnelle au degré des tensions. La force qui préside aux attractions et aux répulsions électriques est donc aussi celle qui gouverne les actions chimiques, avec cette différence que dans le premier cas elle se manifeste dans les corps pris en masse, tandis que dans le second elle est à l'œuvre dans leurs plus petites particules. Volta avait fait voir que deux métaux qui se touchent développent de l'électricité et prennent chacun une tension électrique opposée. Davy fit remarquer que cet état électrique se manifeste au contact de tous les corps doués d'affinités chimiques les uns pour les autres, et que la tension est d'autant plus forte que ces affinités sont plus énergiques. La combinaison, c'est-à-dire le rapprochement intime des particules, est donc le fait d'attractions électriques. Les particules ayant pris au contact des tensions inverses, se juxtaposent, et par leur union s'effectue la neutralisation des deux tensions électriques contraires.

D'après Davy, la chaleur et la lumière que dégagent certains corps en se combinant ne sont qu'une manifestation électrique semblable à la production de l'étincelle : ce sont, en quelque sorte, les témoins de cet échange d'électricités qui s'accomplit pendant la combinaison. Enfin, la décomposition des corps par la pile restitue à leurs éléments les états électriques opposés qui les caractérisaient avant leur union, et les précipite chacun au pôle de nom contraire.

Telle est en peu de mots la première théorie électro-chimique. Berzelius en accepta l'idée fondamentale et lui donna une nouvelle forme.

Reprenant une idée déjà émise par Schweigger, il admet que les atomes de tous les corps ont deux pôles où s'accumulent des quantités d'électricité qui ne sont pas toujours égales. Suivant la prédominance de l'une ou de l'autre électricité à chacun des pôles, l'atome est ou électro-négatif ou électro-positif; et les quantités d'électricité qui prédominent ainsi à l'un des pôles sont loin d'être égales pour les atomes des différents corps. En d'autres termes, les atomes de tous les corps sont polarisés d'une manière différente par l'électricité, et cette polarité peut varier avec la température.

Un corps s'unit-il à un autre, les atomes se juxtaposent par leurs pôles contraires, échangeant ainsi les électricités opposées qui s'y trouvent accumulées. Cet échange produit une neutralisation plus ou moins complète; il donne lieu à des phénomènes de chaleur et de lumière.

Berzelius a donc partagé les corps simples en électro-négatifs et électro-positifs. Dans les premiers, c'est l'électricité négative qui prédomine, dans les seconds c'est l'électricité positive. Ils sont rangés dans les deux séries, suivant le degré de cette prédominance. Mais l'ordre électrique ne marque point l'ordre des affinités. Ainsi l'oxygène, le plus électro-négatif de tous les corps, possède plus d'affinités pour le soufre, son voisin dans la série électrique, que pour l'or, qui est électro-positif. Berzelius expliquait ce fait en admettant que l'affinité dépend de l'intensité de la polarisation, c'est-à-dire de la quantité absolue d'électricité accumulée dans les deux pôles. Pour le soufre, cette quantité est beaucoup plus forte que pour l'or. Le pôle positif de l'atome de soufre renferme une quantité d'électricité positive plus considérable que le pôle positif de l'atome d'or, et, comme les atomes s'attirent par leurs pôles contraires, il est évident que le soufre doit exercer sur l'oxygène une attraction plus forte que l'or.

On voit aussi que, dans le cas du soufre, il ne saurait y avoir neutralisation, puisque d'une part l'électricité positive de l'atome de soufre ne suffit pas pour neutraliser l'électricité négative de l'atome d'oxygène, et que, d'autre part, cet atome de soufre apporte dans la combinaison un excès notable d'électricité négative accumulée à l'un de ses pôles. Il en résulte que le produit de la combinaison doit être électro-négatif lui-même. C'est un acide puissant : c'est l'acide sulfurique. Ainsi, les acides résultent généralement de l'union d'un corps électro-négatif avec l'oxygène, les bases de l'union de l'oxygène avec un corps fortement électro-positif. Ce sont les métaux alcalins qui se trouvent au sommet de l'échelle électro-positive. Leurs combinaisons avec l'oxygène sont les bases les plus puissantes, et l'affinité si forte de ces bases pour les acides est due précisément à l'opposition de leurs états électriques, à l'intensité de leur polarisation.

Il est à peine besoin de faire remarquer sur quelle base solide cette théorie posait le dualisme. Tout corps composé est formé de deux éléments, l'un électro-positif, l'autre électro-négatif. Quelle éclatante confirmation des idées de Lavoisier et particulièrement de la théorie des sels ! Vous voyez bien, disait le maître, que les sels renferment les éléments de l'acide juxtaposés à ceux de l'oxyde et non confondus avec eux, car lorsque nous soumettons à l'action décomposante du courant un sel, tel que le sulfate de soude, l'acide sulfurique, ou l'élément électro-négatif, se rend au pôle positif, et la soude, ou l'élément électro-positif, se rend au pôle négatif. Lorsque le sulfate de cuivre se décompose sous l'influence du courant, ce n'est point l'oxyde de cuivre qui se dépose à ce même pôle, c'est le cuivre lui-même, car l'oxyde se réduit alors en ses deux éléments, oxygène et cuivre, l'oxygène se dégageant avec l'acide au pôle positif. Ainsi, les formules dualistiques des sels semblaient appuyées, non-seulement par les faits relatifs à la synthèse de ces composés et à leur mode de formation le plus ordinaire, mais encore par la décomposition que le courant électrique leur fait subir. Nous savons aujourd'hui que l'argument est mauvais, et qu'il peut être tourné contre l'hypothèse qui a régné si longtemps sur la constitution des sels. Nous savons que dans l'électrolyse du sulfate de soude, comme dans celle du sulfate de cuivre, ce n'est point l'oxyde, c'est le métal, c'est le sodium qui se porte au pôle négatif, et que l'alcali libre n'y apparaît qu'à la suite d'une action secondaire, savoir la décomposition de l'eau par le sodium autour de l'électrode négative. Nous savons que les faits relatifs au travail uniforme du courant dans les solutions salines sont contraires à l'hypothèse dualistique qui admettait dans les sels l'existence d'un oxyde tout formé.

Mais on ne savait pas cela en 1830, et tous les chimistes acceptaient l'hypothèse électro-chimique de Berzelius. L'expérience de la décomposition électrolytique du sulfate de soude était devenue classique. Elle était faite dans tous les cours publics et invoquée en faveur des idées si généralement répandues alors sur la constitution des sels.

Le système dualistique était alors à son apogée. Et, de fait, l'hypothèse de Lavoisier sur la constitution des sels, qui en était le fondement, est si simple, elle représente si bien la plupart des faits concernant le mode de formation et les décompositions des sels, qu'elle avait subjugué tous les esprits. Elle régnait dans les livres, elle était souveraine dans l'enseignement, elle donnait l'essor aux plus grandes découvertes, elle avait une histoire, mieux que cela, elle avait des traditions. « L'habitude d'une opinion engendre souvent la conviction de sa justesse. » Berzelius l'a dit, et ses paroles peuvent s'appliquer à ses propres opinions. Ces dernières ont régné si longtemps, qu'on s'est accoutumé insensiblement à prendre pour vérités démontrées ce qui n'était qu'hypothèse. Nous en voulons pour preuve l'incrédulité générale qui a accueilli l'hypothèse de Davy sur la constitution des sels, hypothèse qui fut adoptée par Dulong et que nous indiquerons plus loin. Quant aux idées de Longchamp, ce n'est point de l'incrédulité qu'elles ont rencontré, c'est du dédain. Et pourtant Davy et Dulong ont été les précurseurs de Laurent et de Gerhardt, et, si l'on examine attentivement les formules par lesquelles on représente aujourd'hui la constitution atomique des sels, on pourrait y retrouver la trace des idées de Longchamp[1].

IV.

A l'époque où Berzelius commençait à conquérir cette autorité qu'il a exercée si longtemps, où la chimie minérale semblait achevée, où tous les efforts tendaient à façonner la chimie organique à l'image de son aînée, un jeune homme préludait à Genève, par des recherches sur divers sujets de physiologie, à des découvertes qui devaient entraîner la chimie dans des voies nouvelles. M. Dumas était né à Alais en 1800; il avait à peine vingt ans lorsqu'il publia avec Bénédict Prévost ces expériences sur le sang qui sont encore classiques aujourd'hui. Arrivé à Paris en 1821, il se voua entièrement à la chimie et fut bientôt en position d'entreprendre et de publier les travaux les plus

1. Note 5, p. LXXXVIII.

importants. Développement indépendant de la chimie organique et réforme de la chimie minérale par les progrès ainsi accomplis, telle est l'ère qui commence avec M. Dumas. Ce programme, il l'a tracé le premier, mais il ne l'a point achevé. De puissants auxiliaires y ont mis la main avec lui et après lui, et parmi eux brillent au premier rang Laurent et Gerhardt qui ont trop tôt disparu de la scène, mais dont les noms demeurent ineffaçables dans l'histoire de la science. Des efforts réunis de ces trois savants est sortie une école, la nouvelle école française. Berzelius en fut l'adversaire dès le premier jour; M. Dumas en fut longtemps le chef et le soutien. On se rappelle cette discussion mémorable où il osait attaquer dans ses idées les plus chères le grand promoteur du dualisme et de la théorie électro-chimique. C'est M. Dumas qui le premier a soutenu le choc et supporté victorieusement le poids d'une lutte qui semblait désespérée. Il est donc juste d'associer son nom au grand nom de Berzelius.

Parmi tant de travaux qu'il a publiés, nous devons nous borner à citer ceux qui ont exercé une influence décisive sur le développement théorique de la science. Signalons, au nombre des plus anciens, ses recherches sur les densités de vapeur, qui ont fourni à la physique une nouvelle méthode et à la chimie de riches matériaux pour la discussion de l'hypothèse d'Avogadro et d'Ampère.

Les découvertes les plus importantes de M. Dumas datent de 1834. Il étudiait à cette époque l'action du chlore sur diverses matières organiques. Ce sujet était presque neuf, car on ne possédait alors sur la matière qu'une observation de Gay-Lussac. En étudiant l'action du chlore sur la cire, ce grand chimiste avait constaté qu'elle perd de l'hydrogène et gagne pour chaque volume de ce gaz qui est enlevé un volume de chlore. M. Dumas fit une observation analogue concernant l'action du chlore sur l'essence de térébenthine, sur la liqueur des Hollandais (1831), et plus tard sur l'alcool. Dans un mémoire lu à l'Académie des sciences le 13 janvier 1834, M. Dumas s'exprimait ainsi :

« Le chlore possède le pouvoir singulier de s'emparer de l'hydrogène de certains corps et de le remplacer atome par atome. »

On ne saurait donner à une pensée neuve un tour plus précis. Mais dans le mémoire même que nous citons, l'auteur a été conduit à formuler une restriction, car il a eu la singulière fortune et le mérite de découvrir les lois de la substitution, en étudiant un cas où, par une exception rare, ces lois ne ressortent pas dans toute leur évidence. On sait, en effet, que le chloral, le dernier produit de l'action du chlore sur l'alcool, n'est pas un produit de substitution de ce corps. Néanmoins M. Dumas a été conduit, en groupant toutes ses observations et en tenant compte de la dernière, à poser les règles suivantes :

« 1° Quand un corps hydrogéné est soumis à l'action déshydrogénante du chlore, du brome, de l'iode, de l'oxygène, etc., par chaque atome d'hydrogène qu'il perd, il gagne un atome de chlore, de brome ou d'iode, ou un demi-atome d'oxygène;

« 2° Quand le corps hydrogéné renferme de l'oxygène, la même règle s'observe sans modification;

« 3° Quand le corps hydrogéné renferme de l'eau, celle-ci perd son hydrogène sans que rien le remplace, et à partir de ce point, si on lui enlève une nouvelle quantité d'hydrogène, celle-ci est remplacée comme précédemment. »

Ces règles sont purement empiriques, M. Dumas le fait remarquer en y insistant. A l'époque où elles ont été posées, il voulait simplement énoncer le fait du remplacement de l'hydrogène par le chlore, sans se préoccuper de la place que prend ce dernier élément dans les nouvelles combinaisons et du rôle qu'il y joue. Laurent, le premier, a osé émettre cette hypothèse, que le chlore y occupe la place de l'hydrogène et y joue le même rôle. Il fondait son opinion sur la comparaison des propriétés du corps chloré avec le corps hydrogéné primitif. C'était là une extension importante des idées de M. Dumas, qui l'a d'abord taxée d'exagération ; plus tard, il s'y est rallié. Aujourd'hui, après plus de trente ans écoulés depuis ces premiers débats, appréciateurs désintéressés et impartiaux, nous pouvons dire que la première idée des substitutions lui appartient tout entière, et qui pourrait méconnaître, en pareil cas, la puissance de l'idée mère, de la pensée créatrice, de la première ébauche? Sans doute quelques détails ont disparu dans le tableau magnifique que nous possédons maintenant. Il n'importe ; les lignes fondamentales sont ineffaçables. Au reste, Laurent lui-même a reconnu la priorité de M. Dumas. En indiquant la composition d'un des dérivés de la naphtaline, il s'exprime ainsi : « Cette composition est assez remarquable, parce qu'elle vient confirmer parfaitement la loi des substitutions, découverte par M. Dumas, et la théorie des radicaux dérivés, dont j'ai déjà donné un léger aperçu. »

Tels ont été les débuts d'une théorie qui devait exercer sur les doctrines chimiques une influence décisive. Elle prit sa place dans la science lentement et avec effort, car elle choquait les idées reçues, et leur représentant le plus autorisé, Berzelius, l'accueillit avec dédain. Comment le défenseur de la théorie électro-chimique pouvait-il accepter, en effet, cette idée de Laurent, que le chlore, élément électro-négatif, est capable de jouer dans un composé le même rôle que l'hydrogène, élément électro-positif? Une telle assertion émise par un jeune chimiste, alors sans autorité, lui paraissait indigne d'une réfutation sérieuse.

Plus tard, quand M. Dumas eut adopté lui-même cette idée et porté les premiers coups à la théorie électro-chimique, Berzelius, mesurant le danger, entra résolûment dans l'arène et engagea, contre les partisans de la théorie des substitutions, une lutte acharnée. Cette théorie venait de recevoir une belle confirmation par la découverte de l'acide trichloracétique.

On sait que cet acide diffère de l'acide acétique par 3 atomes de chlore substitués à 3 atomes d'hydrogène. « C'est du vinaigre chloré, dit M. Dumas, mais, chose remarquable, au moins pour ceux qui répugnent à trouver dans le chlore un corps capable de se substituer à l'hydrogène dans le sens exact et complet du mot, le vinaigre chloré est toujours un acide comme le vinaigre ordinaire. Son pouvoir acide n'a pas changé. Il sature la même quantité de base qu'auparavant ; il la sature également bien, et les sels auxquels il donne naissance, comparés aux acétates, présentent des rapprochements pleins d'intérêt et de généralité.

« Voilà donc un nouvel acide organique dans lequel il entre une quantité de chlore très-considérable et qui n'offre aucune des réactions du chlore, dans lequel l'hydrogène a disparu, rémplacé par du chlore, et qui n'a éprouvé de cette substitution si étrange qu'un léger changement dans ses propriétés physiques. Tous les caractères essentiels de la substance sont demeurés intacts...

« Si les propriétés intérieures se modifient, cette modification n'apparaît qu'autant qu'une force nouvelle intervenant, la molécule elle-même se trouve détruite et transformée en de nouveaux produits... Il est évident qu'en m'arrêtant à ce système d'idées dicté par les faits, je n'ai pris en rien en considération les théories électro-chimiques sur lesquelles M. Berzelius a généralement basé les idées qui dominent dans les opinions que cet illustre chimiste a cherché à faire prévaloir.

« Mais ces idées électro-chimiques, cette polarité spéciale attribuée aux molécules des corps simples, reposent-elles donc sur des faits tellement évidents qu'il faille les ériger en articles de foi? Ou du moins, s'il faut y voir des hypothèses, ont-elles la propriété de se plier aux faits, de les expliquer, de les faire prévoir avec une sûreté si parfaite qu'on en ait tiré un grand secours dans les recherches de la chimie? Il faut bien en convenir, il n'en est rien... »

Ce langage hardi accusait fortement l'opposition qu'allaient rencontrer les théories électro-chimiques et qui, dépassant bientôt son premier objet, devait être dirigée contre le système dualistique.

Berzelius, de son côté, ne se lassa point dans sa vigoureuse défensive. Ne pouvant nier les faits, il les interpréta à sa manière. Ce chlore, qui entre dans les combinaisons organiques à la place de l'hydrogène, y joue le même rôle que l'oxygène. Essentiellement électro-négatif lui-même, il est uni à des radicaux hydrocarbonés positifs. Un corps ne renfermant que du carbone, de l'hydrogène et du chlore, est un chlorure. Ainsi le chloroforme est le trichlorure de formyle. Un composé renferme-t-il, comme quatrième élément, de l'oxygène, c'est à la fois un oxyde et un chlorure, tous deux composés binaires et formant par leur union un composé plus compliqué, mais binaire encore. L'acide acétique est le trioxyde d'acétyle, uni à de l'eau ; l'acide trichloracétique possède une constitution tout à fait différente. C'est un composé de sesquichlorure de carbone et de sesquioxyde de carbone (acide oxalique), le tout uni à de l'eau. Ces deux corps entre lesquels M. Dumas signalait des rapports de composition si simples, des relations de parenté si évidentes, Berzelius les éloigne donc l'un de l'autre.

Il fait de même avec les autres corps organiques et leurs dérivés chlorés. Ces derniers prennent souvent des formules extrêmement compliquées : plusieurs molécules d'un chlorure unies à plusieurs molécules d'un oxyde. Dans la construction de ces formules, Berzelius se montre à la fois ingénieux et arbitraire ; chaque jour il invente des radicaux qu'il unit tantôt au chlore, tantôt à l'oxygène. Aussi fécond en hypothèses qu'il l'avait été autrefois en analyses exactes et en découvertes, il pousse son système jusqu'à ses dernières conséquences et le ruine par son exagération même [1].

Une conception, nouvelle alors et qui a donné lieu à plusieurs reprises

____

[1]. Note 6, p. LXXXIX.

à des débats animés, joue un grand rôle dans ces productions de Berzelius :
c'est l'idée que deux substances, en se combinant l'une à l'autre, peuvent
contracter une union plus intime que celle où se trouvent les acides et les
oxydes dans les sels. On remarque en effet que, dans les combinaisons de
l'acide sulfurique avec divers corps organiques, cet acide n'est plus précipité
par la baryte ; on en avait conclu que l'union entre l'acide et le corps organique est tellement intime, qu'une des propriétés les plus importantes du
premier, celle de former avec la baryte un composé insoluble, est abolie ou
dissimulée.

Gerhardt avait qualifié ce genre d'acides de « copulés » ; le corps organique intimement uni à l'acide était « la copule ». M. Dumas les a désignés plus
tard sous le nom plus convenable de « combinaisons conjuguées ». Après
avoir repoussé l'idée et s'être moqué du mot, Berzelius les a adoptés l'un et
l'autre. Il rangea dans la classe des combinaisons « copulées » un très-grand
nombre de corps organiques dont les formules étaient décomposées en deux
parties intimement rivées l'une à l'autre. L'intimité de cette union rendait
compte de la résistance que de telles combinaisons opposent aux doubles
décompositions. L'acide sulfurique y perd la faculté de précipiter la baryte ; le
chlore n'y est plus décelé par le nitrate d'argent. Cette impossibilité même de
résoudre les combinaisons copulées en leurs éléments prochains donnait beau
jeu à la verve de Berzelius : il multipliait à plaisir le nombre des « copules »
sans prendre la peine superflue d'appuyer leur existence sur des preuves expérimentales.

Et pendant que ce puissant esprit s'épuisait dans un travail si ingrat, que
faisait-on dans le camp opposé ? Des découvertes. De jeunes hommes secon-
daient efficacement M. Dumas. A leur tête nous trouvons Laurent, dont les
admirables recherches sur la naphtaline enrichissent la science d'un grand
nombre de composés formés par substitution. Un égal succès couronne les
beaux mémoires de M. Regnault sur les dérivés chlorés de l'éther chlorhydrique et de la liqueur des Hollandais, et, bientôt après, ceux où M. Malaguti
étudie, avec une exactitude qui n'a pas été surpassée, l'action du chlore sur
les éthers.

Toutes ces recherches font époque dans l'histoire de la science ; les nouveaux faits s'y pressent en foule et viennent corroborer la nouvelle théorie.
Celle-ci s'est à la fois rectifiée et élargie, et, parmi ses développements les
plus importants, nous devons signaler une idée, d'abord émise par M. Dumas,
concernant la substitution de groupes d'atomes, de radicaux composés, à des
corps simples tels que l'hydrogène. Les corps nitrogénés, c'est-à-dire formés
par l'action de l'acide nitrique concentré sur un grand nombre de composés
organiques, ont été envisagés comme renfermant les éléments de l'acide
hyponitrique substitués à de l'hydrogène. C'est l'origine des idées qui ont eu
cours plus tard sur la substitution des radicaux composés à des éléments, et
qui forment un trait dominant dans la théorie des types. Celle-ci est fille de la
théorie des substitutions, qui s'est montrée doublement féconde en mettant
au jour non-seulement un nombre immense de faits, mais encore une nouvelle théorie. Rarement une idée a donné lieu à un si grand mouvement et à

une si grande controverse. Entraînés par Berzelius, les savants étrangers l'ont d'abord accueillie avec défiance, sinon comme une innovation dangereuse, du moins comme un développement superflu d'une doctrine connue. C'est un cas particulier de la théorie des équivalents, disait-on; M. Dumas a répondu victorieusement à cet argument[1]. Peu à peu l'opposition s'est affaiblie devant l'évidence des faits, devant l'autorité des partisans gagnés à la nouvelle théorie. Dès 1839, un homme qui a exercé une grande influence sur les progrès de la chimie, M. Liebig, a déclaré que l'interprétation, proposée par M. Dumas, des faits relatifs aux substitutions lui paraissait donner la clef d'un grand nombre de phénomènes en chimie organique[2]. « Je ne partage point, disait-il, les vues que Berzelius émet au sujet des combinaisons découvertes par M. Malaguti; je crois, au contraire, que ces matières ont pris naissance par une simple substitution[3]. » La cause était gagnée. Berzelius lui-même a fini par faire des concessions. M. Melsens ayant réussi à convertir l'acide trichloracétique en acide acétique par substitution inverse, c'est-à-dire en remplaçant de nouveau le chlore par l'hydrogène, il n'était plus possible d'envisager ces deux acides comme possédant une constitution différente. « Ils sont donc l'un et l'autre des acides oxaliques copulés, a dit alors Berzelius; seulement l'acide trichloracétique renferme dans la copule 3 atomes de chlore substitués à 3 atomes d'hydrogène[4]. » Ainsi la substitution du chlore à l'hydrogène est possible et se fait atome par atome, sinon dans les molécules organiques en général, du moins dans les groupes hydrocarbonés qu'elles renferment à l'état de combinaison intime. Enfin Berzelius se rendait en sauvant les apparences par une restriction insignifiante. Mais, tout en admettant les substitutions qu'il avait d'abord tant combattues, il demeura ferme dans ses autres convictions. Le développement de la théorie des radicaux, doublée maintenant de cette conception d'un mode particulier de combinaison qu'ils peuvent affecter dans les corps copulés, lui permettait de conserver dans la notation ces formules dualistiques, qui étaient l'expression de son système. Aujourd'hui, vingt ans après sa mort, devons-nous regretter pour sa mémoire les débats qui ont agité ses dernières années et dont il n'est point sorti victorieux ? En aucune façon. Cette grande discussion a porté ses fruits, et l'opposition violente de Berzelius a été plus salutaire que n'eussent été le silence et le repos. Ainsi, après avoir tant honoré la science par ses découvertes, ce puissant contradicteur l'a encore servie par ses écarts mêmes. Telle est la vertu bienfaisante du travail.

1. *Comptes rendus*, t. VIII, p. 610. (Voir la note 7, p. xc.)
2. *Annalen der Chemie und Pharmacie*, t. XXXI, p. 119.
3. *Annalen der Chemie und Pharmacie*, t. XXXII, p. 72, 1839.
4. Note 8, p. xc.

LAURENT ET GERHARDT.

Parmi les adversaires les plus convaincus des doctrines dualistiques de Berzelius, l'histoire de la science mentionnera en première ligne Laurent et Gerhardt.

Ces noms sont inséparables et doivent être confondus dans un même hommage, comme les savants qui les ont illustrés ont été rapprochés par leurs travaux, leurs luttes, leur amitié. Laurent et Gerhardt étaient de même race et de même valeur. Esprits éminents, ils se sont attaqués aux questions les plus difficiles et ont porté leur attention plutôt vers les points de théorie que vers les applications. Avec des aptitudes diverses ils ont poursuivi le même but, se prêtant un mutuel appui pour la défense des mêmes idées. L'un d'eux, passé maître dans l'art difficile des expériences, était aussi habile à découvrir les faits qu'il était ingénieux et hardi à les interpréter; l'autre, moins apte à poursuivre les détails, brillait par la faculté d'embrasser les phénomènes dans leur ensemble. Laurent était fort par l'esprit d'analyse et de classification, Gerhardt était supérieur par l'esprit de généralisation. Dans l'exposé que nous allons présenter de leurs travaux, nous essayerons de faire la part de chacun d'eux, bien qu'à tout prendre leur œuvre puisse être considérée comme commune.

I.

Auguste Laurent était né le 14 novembre 1807, à La Folie, près de Langres. À l'âge de dix-neuf ans il entra comme élève externe à l'École des mines, d'où il sortit trois ans plus tard avec le diplôme d'ingénieur. En 1831 il fut nommé répétiteur du cours de chimie à l'École centrale des arts et manufactures. Le professeur était M. Dumas. Il accueillit le jeune Laurent et l'initia aux procédés de l'analyse organique. Laurent s'occupa d'abord de déterminer la composition de la naphtaline, qu'il réussit à extraire du goudron de houille. Ainsi, par une heureuse circonstance, il rencontra, dès le début, cette combinaison à la fois si stable et si plastique dont l'étude devait former plus tard le sujet préféré de ses travaux.

Au point de vue historique les combinaisons chlorées de la naphtaline offrent une véritable importance, et les idées que Laurent avait émises sur leur constitution dans ses premiers travaux méritent d'être rapportées. Il avait avancé que le chlorure de naphtaline solide renferme moins d'hydrogène que la naphtaline, le chlore ayant emporté une portion de cet élément sous la forme d'acide chlorhydrique. En conséquence il envisagea le composé chloré dont il s'agit comme le chlorure d'un nouveau carbure d'hydrogène, moins hydrogéné que la naphtaline elle-même. L'idée qu'une portion du chlore pouvait être subtituée à l'hydrogène enlevé et y jouer le même rôle que cet élément ne se présenta point à son esprit ou du moins n'est pas exprimée dans ce premier mémoire. Le point de vue qui s'y trouve développé est conforme à la théorie des radicaux. La naphtaline, en perdant de l'hydrogène sous l'influence du chlore, se convertit en un radical qui s'unit à du chlore pour former un chlorure. Dans celui-ci le chlore joue le même rôle que dans un chlorure minéral.

Telle paraît avoir été la première idée de Laurent[1]. Mais ses vues se sont bientôt modifiées. Deux ans plus tard, adoptant l'idée des substitutions, il s'est arrêté à une interprétation différente. « En comparant, dit-il, les résultats de l'action du brome, du chlore, de l'oxygène, de l'acide nitrique sur divers hydrogènes carbonés, on arrive à cette conclusion, dont la première partie appartient à M. Dumas :

« 1° Toutes les fois que le chlore, le brome ou l'oxygène, ou l'acide nitrique exercent une action déshydrogénante sur un hydrogène carboné, l'hydrogène enlevé est remplacé par un équivalent de chlore, de brome ou d'oxygène.

« 2° Il se forme en même temps de l'acide hydrochlorique, hydrobromique, de l'eau ou de l'acide nitreux, qui tantôt se dégagent, tantôt restent combinés avec le nouveau radical formé. »

Ces deux propositions contiennent le germe d'une théorie que Laurent a énoncée d'abord en 1836 et développée dans sa dissertation inaugurale soutenue à la Faculté des sciences de Paris en 1837 : je veux parler de la théorie des noyaux, qui mérite ici une courte mention, bien qu'elle n'ait joué qu'un rôle secondaire dans le développement des théories modernes. En voici les traits principaux.

Les molécules des corps organiques sont ou des noyaux ou des combinaisons de ces noyaux avec d'autres substances qui se trouvent placées en dehors.

Les noyaux eux-mêmes sont formés par des groupes d'atomes de carbone unis à d'autres éléments, chaque noyau renfermant un nombre fixe d'atomes de carbone unis à un nombre déterminé d'autres atomes, groupés autour des premiers suivant un ordre invariable ; et généralement le nombre des atomes de carbone se trouve dans un rapport très-simple dans chaque noyau avec le nombre des autres atomes.

Les noyaux ou radicaux sont de deux espèces : fondamentaux ou dérivés. Les premiers ne renferment que du carbone et de l'hydrogène. Lorsqu'ils se modifient par substitution, ils constituent des noyaux ou radicaux dérivés. Les corps simples qui se substituent le plus souvent à l'hydrogène des radicaux sont le chlore, le brome, l'iode, l'oxygène, l'azote. Mais des corps composés faisant

---

1. Note 9, p. XC.

fonction de radicaux peuvent, de même, se substituer à l'hydrogène et entrer dans le noyau. Ainsi l'acide hypoazotique qui est de l'acide azotique anhydre moins un atome d'oxygène, l'amidogène qui est de l'ammoniaque moins un atome d'hydrogène, l'imide qui est de l'ammoniaque moins deux atomes d'hydrogène, l'arside qui est de l'hydrogène arsénié moins un atome d'hydrogène, le cyanogène lui-même, tous ces radicaux peuvent remplacer atome par atome l'hydrogène des noyaux. Il en résulte qu'à chaque noyau ou radical fondamental correspondent un certain nombre de noyaux ou radicaux dérivés. Dans tous le nombre et l'arrangement des atomes demeurent les mêmes, en comptant, bien entendu, pour un seul atome les groupes composés faisant fonction de corps simples.

D'autres éléments, tels que l'hydrogène, le chlore, le brome, l'iode, l'oxygène, le soufre, peuvent se grouper autour de chaque noyau pour former des combinaisons diverses appartenant à la même famille. Ainsi la famille de l'éthylène ou gaz oléfiant comprend, indépendamment de ce corps qui est le radical fondamental, le chlorure, le bromure d'éthylène formés par l'addition de 2 équivalents de chlore ou de brome, un oxyde qui est l'aldéhyde et qui est formé par l'addition de 2 équivalents d'oxygène, un acide monobasique qui est l'acide acétique et qui est formé par la fixation de 4 équivalents d'oxygène[1]. Les corps formés par addition d'oxygène à des noyaux possèdent des propriétés diverses, et ces propriétés sont en rapport avec le nombre des équivalents d'oxygène qui se sont ajoutés. L'aldéhyde qui n'en renferme que 2 est neutre, l'acide acétique qui en contient 4 est un acide monobasique. Un acide tribasique prend naissance par l'adjonction de 6 atomes d'oxygène à un noyau. Remarquons, en passant, l'importance de ce point de vue, qui a fait ressortir pour la première fois l'influence de l'oxygène sur la basicité des acides. L'idée était juste, mais la forme qu'elle a revêtue n'est plus acceptable aujourd'hui.

Laurent fait remarquer que ces additions de chlore, de brome, d'oxygène, ont toujours lieu par nombres pairs d'équivalents. Jamais on ne voit un seul équivalent de ces corps simples s'ajouter à un noyau ; ce sont toujours 2, 4 ou 6 équivalents. Mais, d'après lui, la proportion d'oxygène ou de chlore ne peut augmenter au delà d'une certaine limite soit dans le noyau, soit en dehors, sans déterminer une sorte d'instabilité et une tendance marquée de la molécule à se dédoubler en deux ou plusieurs composés appartenant à des séries inférieures. C'est ainsi que le chloral se dédouble sous l'influence des alcalis en formiate et en chloroforme.

On voit ici, par un nouvel exemple, que Laurent se préoccupait non-seulement de classer les corps d'après leur constitution, c'est-à-dire d'après la nature, le nombre et l'arrangement de leurs atomes, mais qu'il cherchait dans cette constitution même des données pour l'explication de leurs propriétés. Dans la thèse soutenue à la Sorbonne le 20 décembre 1837, il avait essayé de définir par une comparaison ingénieuse son idée des noyaux et des atomes groupés autour d'eux comme des appendices.

---

1. Note 10, p. xc.

« Qu'on imagine, dit-il, un prisme droit à 16 pans, dont chaque base aurait par conséquent 16 angles solides et 16 arêtes. Plaçons à chaque angle une molécule (un atome) de carbone et au milieu de chaque arête des bases une molécule (un atome) d'hydrogène; ce prisme représentera le radical fondamental $C^{32}H^{33}$. Suspendons au-dessus de chaque base des molécules d'eau, nous aurons un prisme terminé par des espèces de pyramides; la formule du nouveau corps sera $C^{32}H^{32} + 2H^{2}O$.

« Par certaines réactions on pourra, comme en cristallographie, cliver ce cristal, c'est-à-dire lui enlever les pyramides ou son eau pour le ramener à la forme primitive ou fondamentale.

« Mettons en présence du radical fondamental de l'oxygène ou du chlore; celui-ci ayant beaucoup d'affinité pour l'hydrogène, en enlèvera une molécule : le prisme privé d'une arête se détruirait si l'on ne mettait à la place de celle-ci une arête équivalente, soit d'oxygène, soit de chlore, d'azote, etc. On aura donc un prisme à 16 pans (radical dérivé), dans lequel le nombre des angles solides (atomes de carbone) sera à celui des arêtes (atomes de chlore et d'hydrogène) comme 32 : 32.

« L'oxygène ou le chlore qui ont enlevé de l'hydrogène ont formé de l'eau ou de l'acide chlorhydrique; ceux-ci peuvent se dégager ou se suspendre en pyramides au-dessus du prisme dérivé. Par le clivage on pourra enlever ces pyramides, c'est-à-dire que par la potasse, par exemple, on pourra enlever la pyramide d'acide chlorhydrique; mais cet alcali ne pourra s'emparer du chlore qui est dans le prisme, ou bien, s'il le peut, il faudra nécessairement remettre à sa place une autre arête ou un autre équivalent.

« Enfin on peut imaginer un prisme (radical) dérivé, qui pour 32 angles de carbone renfermerait 8 arêtes d'hydrogène, 8 d'oxygène, 4 de chlore, 4 de brome, 4 d'iode, 4 de cyanogène. Sa forme et sa formule seraient toujours semblables à celles du radical fondamental. »

Il ne reste plus rien ici de l'idée dualistique. D'après Laurent, la combinaison formée d'un noyau et d'appendices constitue un tout comme un cristal. On voit aussi que la théorie des substitutions est la base du système développé par Laurent, comme elle a servi plus tard de fondement à la théorie des types. Et il n'est pas inutile de faire observer que cette dernière théorie n'est pas sans analogie, dans son idée fondamentale, avec la théorie des noyaux.

Ainsi que Laurent, M. Dumas envisage les combinaisons chimiques comme des édifices simples. D'autre part, par une comparaison plus profonde peut-être que celle qu'avait employée son émule, il les assimilait à des systèmes planétaires, dans lesquels les atomes seraient maintenus par l'affinité.

La théorie des noyaux est la plus large conception de Laurent. Elle offrait le moyen de grouper un grand nombre de composés organiques, et son auteur n'a eu garde de méconnaître et de négliger un aussi précieux moyen de classification. Il rangeait les corps par séries, notion importante qui apparaît ici pour la première fois. Une série embrassait tous les corps qui renferment un certain radical fondamental ou l'un de ses dérivés. Mais parmi tous ces corps il y a des distinctions à établir. Bien qu'ils possèdent un fonds commun dans leur composition, ils peuvent différer par la nature du radical, qui est ou fondamental ou dérivé, et aussi par le nombre et la nature des atomes qui y sont ajoutés. Ils diffèrent donc par le type auquel ils appartiennent et naturellement aussi par les fonctions qu'ils sont aptes à remplir. De là la possibilité d'établir pour chaque série un certain nombre de types qui se reproduisent pour toutes les autres. Dans la création de ces types, Laurent s'est montré à la fois pénétrant et fécond, trop fécond peut-être. Si quelques-uns de ces types, qui marquent des fonctions, sont restés, d'autres sont tombés dans l'oubli. Encore aujourd'hui nous parlons d'anhydrides, d'amides, d'imides, d'acides amidés, d'aldéhydes; mais qui se souvient des analcides, des halydes, des camphides, des protogénides, etc.? Les mots ont disparu du langage scientifique, car les choses ne méritaient point d'être conservées.

La classification de Laurent, dont nous venons de rappeler les bases, n'a donc été qu'un essai ingénieux, comme sa théorie des noyaux n'a été qu'un effort prématuré. A la vérité, un homme qui fut grand par son érudition et par l'indépendance de ses jugements, Léopold Gmelin, en a fait la base de son mémorable *Traité de Chimie*, mais sans réussir à la répandre.

Une autre théorie qui a surgi quelque temps après eut cette fortune. Elle était d'abord restreinte, comme la théorie des noyaux, et en perfectionnant plus tard celle-ci, Laurent a emprunté quelques traits à l'autre. Toutes deux reposaient d'ailleurs sur les mêmes bases, sur la théorie des substitutions, mais l'une portait en elle le germe de développements importants : nous voulons parler de la théorie des types, que nous aurons à exposer bientôt.

Après avoir essayé de retracer la grande part de Laurent dans la théorie des substitutions et sa lutte contre le dualisme où il a été pour M. Dumas un puissant auxiliaire, nous avons rappelé dans ce qui précède les grandes conceptions qui lui sont propres.

Ce ne sont point là les seuls services que Laurent ait rendus à la science. Ses travaux ont formé un élève qui valait à lui seul une école et qui est devenu un grand maître. Le jeune Gerhardt s'était lié d'amitié avec Laurent, dont il avait adopté les idées. Plus tard, il lui a prêté les siennes, les rôles se renversant en quelque sorte. Il serait donc injuste de les subordonner l'un à l'autre.

II.

Charles-Frédéric Gerhardt naquit à Strasbourg le 21 août 1816.

Il donna de bonne heure la preuve d'un esprit distingué et d'un caractère indépendant. Après une jeunesse un peu agitée, il se voua à l'étude de la chimie sous les auspices de M. Liebig. C'était à Giessen, où ce maître, alors dans le premier éclat de sa renommée, attirait de jeunes savants venus de tous les pays du monde et fondait une école justement célèbre.

Dès ses premiers pas dans la carrière, Gerhardt donna la mesure de ses puissantes facultés. Il était plus habile à saisir le côté général d'une question qu'à en poursuivre les détails par la voie de l'expérience. Passé maître dans l'art de grouper et d'interpréter les faits, il en tirait les conséquences les plus élevées et les plus utiles pour la théorie. Si Laurent excellait à approfondir et à trier les phénomènes par la plus fine analyse, Gerhardt possédait à un plus haut degré l'esprit de système et comme une intuition générale des choses. Il dominait son sujet.

Le 5 septembre 1842, il lut à l'Académie un mémoire intitulé : *Recherches sur la classification chimique des substances organiques*, dans lequel il a émis, au sujet des équivalents du carbone, de l'hydrogène et de l'oxygène, des vues nouvelles et importantes. Plus tard il les développa dans un travail plus étendu. Elles sont fondées sur le fait suivant : Lorsqu'une réaction organique donne lieu à la formation de l'eau ou de l'acide carbonique, la proportion de ces corps ne correspond jamais à ce qu'on nommait alors un équivalent, mais toujours à deux équivalents ou à un multiple de cette quantité. Gerhardt fut frappé de ce fait, étrange selon lui, et qui semblait trahir quelque faute commise, soit dans la détermination de la grandeur moléculaire des substances organiques, soit dans celle des équivalents de l'acide carbonique et de l'eau, ou plutôt du carbone et de l'oxygène. En effet, on ne saurait admettre qu'aucune réaction de la chimie organique ne puisse donner naissance à une seule molécule d'eau ou d'acide carbonique. De deux choses l'une, dit-il[1], « ou H^4O^2 et C^2O^4 représentent un seul équivalent, ou ils en expriment deux. » Dans la première supposition, il faudrait doubler les formules de la chimie minérale « afin de les faire accorder avec les formules organiques » : c'est ce qu'il avait d'abord proposé de faire. Dans l'autre hypothèse il faudrait, au contraire, réduire à la moitié toutes les formules organiques. C'est à ce dernier parti qu'il s'est définitivement arrêté.

Ces formules organiques qu'il réduit ainsi sont les formules atomiques de Berzelius. A l'exemple de ce chimiste, il considère l'eau comme formée de 2 atomes d'hydrogène et de 1 atome d'oxygène. Il revient donc, pour l'hydrogène et l'oxygène, aux poids atomiques de Berzelius, comme aussi pour le carbone et l'azote, c'est-à-dire pour les éléments ordinaires des composés organiques. Avec les chimistes anglais, il rapporte ces poids atomiques à celui de l'hydrogène, pris pour unité.

Il fait voir ensuite comment Berzelius a été conduit à attribuer à la plupart des corps organiques des formules doubles de celles qui expriment en réalité la composition de leurs molécules. Il rappelle que ce sont les acides dont « l'équivalent », c'est-à-dire le poids moléculaire, a été déterminé en premier lieu. Pour cette détermination, le grand chimiste suédois avait prescrit d'analyser des sels, ceux de plomb ou d'argent par exemple. L'équivalent d'un acide organique était pour lui la quantité de l'acide unie à une quantité d'oxyde d'argent renfermant 1 équivalent d'argent. Or Berzelius avait pris pour l'équivalent de l'argent un nombre double de celui qu'il convient de lui attribuer. Il en résulte que l'équivalent, c'est-à-dire le poids moléculaire de l'acide organique, était deux fois trop fort. Ceci s'applique particulièrement aux acides monobasiques tels que l'acide acétique. Mais on voit immédiatement que les formules

---

1. *Précis de Chimie organique*, t I, p. 49.

des composés organiques les plus divers ont dû être affectées de la même irrégularité. Ainsi, la formule de l'acide acétique étant double, il a fallu doubler
celle de l'alcool et de la plupart des composés qui s'y rattachent.

Mais sur quel argument se fondait Gerhardt pour admettre que le poids
atomique de l'argent, tel que l'admettait Berzelius, était deux fois trop élevé?

Il se laissait guider par l'analogie que l'on a souvent invoquée entre les
protoxydes et l'eau. Si l'eau, disait-il, renferme 2 atomes d'hydrogène et
1 atome d'oxygène, l'oxyde d'argent doit avoir une constitution semblable. Pour
1 atome d'oxygène, il doit renfermer 2 atomes d'argent, et le poids de l'un
d'eux doit être la moitié de celui que Berzelius attribuait à l'équivalent de l'argent, dans l'oxyde formé, selon lui, de 1 équivalent d'argent et de 1 équivalent
d'oxygène. Ce point de vue a été étendu par Gerhardt non-seulement aux
oxydes alcalins, mais à tous les protoxydes en général. Les poids atomiques
des métaux correspondants ont donc été réduits de moitié.

La notation fondée sur ce nouveau système de poids atomiques conduisait
à des formules rigoureusement comparables entre elles. Gerhardt a fait remarquer avec raison que les formules doubles des composés organiques telles
que les avait construites Berzelius sont loin de correspondre aux formules de
la plupart des composés minéraux. Celles de l'acide acétique et de l'alcool, qui
correspondent à 4 volumes de vapeur, n'étaient point comparables à celles de
l'eau, qui correspond à 2 volumes. Réduisez donc les premières à la moitié,
elles vont exprimer 2 volumes de vapeur comme la formule de l'eau. Et l'on
comprend le sens de ce langage. Si l'on dit qu'une molécule d'eau occupe
2 volumes, on n'exprime, à proprement parler, que le rapport du volume de
cette molécule d'eau à celui d'un atome d'hydrogène qu'on suppose occuper un
seul volume, ou l'unité du volume.

Laurent et Gerhardt ont beaucoup insisté sur ce point. Les molécules des
corps composés sont formées par les atomes des corps simples, que l'affinité
maintient unis; elles diffèrent en grandeur et en poids, suivant le nombre et
la nature de ces atomes juxtaposés. Pour chaque corps composé, une molécule unique est la plus petite quantité de ce corps qui puisse exister à l'état
libre, qui puisse entrer dans une réaction ou en sortir. Toutes les autres
molécules de ce corps composé sont semblables à celles-là. Les molécules des
autres corps en diffèrent par le nombre et la nature de leurs atomes élémentaires, ou, pour choisir un terme plus général, par leur grandeur. Les grandeurs des molécules ne pouvant être déterminées que d'une manière relative,
il est nécessaire de choisir une *unité* de molécule à laquelle on rapporte toutes
les molécules des corps composés, comme on a choisi une unité d'atome,
celui de l'hydrogène, auquel on a comparé tous les autres. Tous les corps et
toutes les réactions doivent avoir, selon lui, une commune mesure. A cette
condition seulement les grandeurs relatives de leurs molécules peuvent être
fixées d'une manière rigoureuse.

Cette commune mesure pour la détermination des grandeurs moléculaires
est la molécule d'eau. A celle-là il convient de comparer les molécules de tous
les autres corps qui doivent occuper comme elle, à l'état de gaz ou de vapeur,
2 volumes.

C'est là un des points les plus importants de la doctrine de Gerhardt, qui repose, d'une manière générale, sur un développement très-conséquent de la théorie des volumes : les grandeurs moléculaires déduites rigoureusement de la considération des volumes, les poids moléculaires déterminés par la comparaison du poids de volumes égaux des gaz ou des vapeurs, c'est-à-dire des densités de ces gaz ou de ces vapeurs. Ce point de vue ne s'appliquait pas seulement aux composés organiques. Gerhardt l'a étendu aux composés minéraux les plus divers. Ainsi la molécule de l'ammoniaque ne renferme plus, comme Berzelius l'avait admis, 2 atomes d'azote et 6 atomes d'hydrogène, de manière à occuper 4 volumes; elle est formée de 1 atome d'azote et de 3 atomes d'hydrogène et n'occupe que 2 volumes. De même, la molécule de l'acide chlorhydrique, qui n'est formée que d'un seul atome d'hydrogène et d'un seul atome de chlore, n'occupe que 2 volumes. C'est là la quantité comparable à une molécule d'eau et non pas la quantité double, comme l'avait admis Berzelius. Les chlorures métalliques répondent aux protoxydes métalliques de la même façon que l'acide chlorhydrique répond à l'eau. Ils ne renferment qu'un seul atome de chlore uni à un seul atome de métal.

De ces considérations est déduit un système de formules qui différait à la fois de celui de Berzelius et de la notation en équivalents qui a été usitée depuis. Et cette nouvelle manière de formuler ne pouvait se concilier, pour un grand nombre de composés, avec les idées dualistiques. C'est là un point important qu'il est utile de mettre en lumière.

Dans le sulfate d'argent Gerhardt admet 2 atomes d'argent. L'acide sulfurique hydraté, étant en effet bibasique, renferme 2 atomes d'hydrogène capables d'être remplacés par 2 atomes de métal, ou, selon la théorie du dualisme, une molécule d'acide sulfurique anhydre unie à une molécule d'eau. Dans les sulfates cette molécule d'eau est remplacée par une molécule de base. Celui d'argent renferme donc les éléments de l'acide sulfurique anhydre, plus ceux de l'oxyde d'argent. Gerhardt admet dans cet oxyde 2 atomes d'argent : ils se retrouvent dans le sulfate, et la formule qu'il attribue à ce dernier répond, pour la grandeur moléculaire, à la formule dualistique, en ce sens qu'elle renferme, comme celle-ci, mais sans groupement déterminé, tous les éléments nécessaires pour constituer une molécule d'acide anhydre et une molécule d'oxyde.

Mais il n'en est point ainsi de l'acétate d'argent. La formule que Berzelius avait attribuée à ce sel représentait 1 équivalent d'acide et 1 équivalent d'oxyde. La formule dédoublée de Gerhardt, ne contenant que 1 atome de métal, ne permettait plus d'envisager l'acétate d'argent comme renfermant de l'oxyde d'argent; car 1 « équivalent [1] » de cet oxyde renferme, d'après Gerhardt, 2 atomes d'argent. En d'autres termes, l'unique atome d'argent de l'acétate ne prendrait, pour former de l'oxyde, qu'un demi-atome d'oxygène et ne donnerait qu'un demi-équivalent d'oxyde d'argent, résultat inadmissible et inconciliable avec la théorie dualistique des sels. Cette théorie admet, en effet,

____

1. Gerhardt se servait de ce mot, qui signifie ici molécule et qu'il prenait alors dans ce sens.

que chaque molécule d'un sel renferme un équivalent entier de l'acide et un équivalent entier de la base. La même remarque s'appliquerait à tous les sels formés par les acides monobasiques, tels que les nitrates, les chlorates. Gerhardt ne pouvait plus les envisager comme constituant des molécules binaires, des édifices doubles en quelque sorte.

Généralisant les vues que MM. Dumas et Laurent avaient émises au sujet des combinaisons organiques, Gerhardt envisagea les sels dont il s'agit, et en général tous les sels, tous les acides, tous les oxydes de la chimie minérale, comme constituant des molécules uniques formées d'atomes dont quelques-uns peuvent être échangés par voie de double décomposition. Au point de vue dualistique il opposa donc le point de vue *unitaire*, à l'idée de combinaisons résultant d'une *addition* d'éléments, celle de composés formés par *substitution*. Un acide est un corps hydrogéné dont l'hydrogène peut être échangé facilement, par double décomposition, contre une quantité équivalente de métal. De cet échange résulte un sel. Comment les choses se passent-elles lorsque l'acide nitrique réagit sur la potasse? L'atome de potassium de cette base, qui est un hydrate, va prendre la place de l'atome d'hydrogène de l'acide nitrique : il se forme du nitrate de potassium et de l'eau, car l'hydrogène qui a abandonné l'acide nitrique est nécessaire et suffit exactement pour former de l'eau avec les éléments de l'hydrate de potassium dont s'est séparé le potassium. C'est donc une double décomposition qui s'est accomplie; 2 molécules sont entrées en réaction : l'acide nitrique et l'hydrate de potassium; 2 nouvelles molécules en sont sorties : le nitrate de potassium et l'eau. Le cas est un peu différent pour l'acide acétique et pour l'oxyde d'argent; celui-ci renferme 2 atomes d'argent et 1 seul atome d'oxygène. 2 molécules d'acide acétique doivent donc intervenir dans la formation de l'acétate d'argent. Chacune d'elles cède 1 atome d'hydrogène à l'oxygène de l'oxyde d'argent pour former de l'eau, et les 2 atomes d'argent, se séparant l'un de l'autre, vont se substituer à l'hydrogène dans les 2 molécules d'acide acétique; il se forme ainsi 2 molécules d'acétate d'argent. Il résulte de tout cela que les acides et les sels offrent la même constitution, les premiers étant des sels d'hydrogène, les autres des sels de métal.

Telle est la théorie de Gerhardt sur la formation et la constitution des sels. On y voit la trace des idées autrefois émises par Davy et par Dulong et qui offrent une telle importance qu'il convient de les rappeler ici.

En 1815, le grand chimiste anglais avait fait paraître un mémoire sur l'acide iodique, où il émettait l'opinion que les propriétés acides de ce corps étaient en rapport avec l'hydrogène qu'il renferme, en ce sens que cet hydrogène peut être remplacé par un métal. « L'hydrogène, disait-il, joue un rôle essentiel dans la constitution et la formation des acides; c'est lui qui convertit l'iode en un acide, en s'unissant à cet élément pour former l'acide iodhydrique; c'est encore lui qui constitue à l'état d'acide 1 équivalent d'iode et 6 équivalents d'oxygène, unis dans l'acide iodique à un équivalent d'hydrogène. Dans l'acide chlorique, il joue un rôle analogue. »

Dans un mémoire sur les chlorates, Davy avait relevé ce fait que le chlorate de potasse est un sel neutre et qu'en perdant tout son oxygène il se convertit en un autre sel neutre, le chlorure de potassium. D'après lui, l'oxygène n'est point partagé, dans le chlorate, entre le chlore et le potassium, de manière à constituer un acide anhydre et un oxyde. Le chlorate de potassium ne renferme pas 2 constituants immédiats, il renferme 3 éléments : le potassium, le chlore, l'oxygène. Ces éléments y sont groupés de telle sorte que le potassium y prend la place que l'hydrogène occupe dans l'acide chlorique lui-même.

Dulong avait adopté ces idées émises par Davy : il y ajouta ce trait que les oxacides possèdent une constitution binaire comme les hydracides. Ainsi que ces derniers, ils renferment de l'hydrogène, mais cet élément y est uni non pas à un corps simple, mais à un radical oxygéné faisant fonction de corps simple. Cette opinion a été exposée, en 1816, dans un mémoire sur l'acide oxalique. On sait que l'oxalate d'argent, soumis à une chaleur modérée, se dédouble brusquement en acide carbonique et en métal, et que la composition de tous les oxalates neutres et secs est telle, qu'elle représente de l'acide carbonique auquel serait ajouté un métal. Dulong admettait que l'acide oxalique est de l'acide carbonique auquel serait ajouté de l'hydrogène, et que, dans la formation des oxalates, cet hydrogène s'unit à l'oxygène des oxydes pour former de l'eau et est remplacé par le métal. Il a fait remarquer qu'on pouvait appliquer ce point de vue à tous les acides oxygénés, qu'il assimile à des hydracides. Si ceux-ci renferment un corps simple fortement électro-négatif, uni à de l'hydrogène, les autres contiennent un groupe oxygéné faisant fonction de radical uni à l'hydrogène. Dans son remarquable mémoire sur les acides polybasiques, M. Liebig a développé le même point de vue et a fait remarquer que l'affinité des acides pour les oxydes peut trouver sa raison d'être et son explication dans l'affinité puissante de l'hydrogène des acides pour l'oxygène des oxydes, la formation de l'eau accompagnant toujours la formation des sels, dans les cas dont il s'agit.

Gerhardt est donc entré dans des idées qui avaient été énoncées avant lui, mais il les a faites siennes, non-seulement par les modifications introduites dans la notation, mais encore par le caractère même de ses définitions et de ses formules unitaires. Un sel n'est plus un composé binaire, renfermant d'un côté un radical oxygéné, de l'autre un métal; c'est un tout, c'est un groupement unique d'atomes divers, parmi lesquels un ou plusieurs atomes de métaux capables d'être échangés contre d'autres atomes métalliques ou contre de l'hydrogène.

Comment ces atomes sont-ils groupés dans la molécule du sel? Gerhardt n'aborde pas cette question, car il ne croit pas qu'on puisse la résoudre. « On admet, disait-il, que les sels renferment tout formés les éléments d'un acide et ceux d'un oxyde, et on fonde cette opinion sur ce fait que beaucoup de sels se forment par l'union directe d'un acide anhydre avec un oxyde. L'argument est mauvais, car rien ne prouve que le groupement atomique des éléments qui s'unissent persiste après la combinaison; c'est là une pure hypothèse. » D'après Gerhardt, l'arrangement qu'affectent les atomes dans un composé complexe est inaccessible à l'expérience et défie le raisonnement. C'est donc une vaine entreprise que de définir les corps d'après leur constitution; tout ce qu'on peut tenter, c'est de les classer d'après leurs fonctions et leurs métamorphoses. Pour exprimer ces dernières d'une manière correcte, il suffit de représenter la composition des corps par des formules unitaires, rigoureusement comparables et donnant une idée exacte de la grandeur moléculaire. Le mouvement atomique qui détermine les métamorphoses des corps peut alors s'exprimer par des équations, où interviennent de telles formules.

Sans méconnaître les services que peuvent rendre les formules rationnelles, Gerhardt en signale les inconvénients et en proscrit l'usage. Selon lui, de telles formules n'expriment que des réactions, mais nullement le groupement atomique. Une seule et même substance peut éprouver diverses métamorphoses : il en résulte qu'on peut lui attribuer plusieurs formules rationnelles. C'est ce qui arrive souvent, notamment pour l'alcool, pour lequel on a proposé six ou sept formules différentes, chaque auteur cherchant, par de nombreuses réactions, à appuyer la sienne qu'il croyait la meilleure, comme si l'on pouvait donner la moindre idée du groupement des molécules en disposant sur le papier, un peu plus à gauche ou à droite, tel ou tel symbole[1]. Pour Gerhardt les formules rationnelles sont donc des hypothèses et il s'élève avec force contre l'abus qu'en a fait Berzelius en chimie organique. Ces expressions compliquées, où l'on voit des radicaux hypothétiques sans nombre unis à de l'oxygène ou à du chlore, selon la règle électro-chimique, lui paraissent dénuées de fondement et de vraisemblance. « Qu'on nous montre un seul de ces radicaux, » s'écrie-t-il, niant, avec conviction, la possibilité de leur existence. Dans son ardeur il va même jusqu'à dépouiller le cyanogène, le cacodyle de leur caractère de radicaux composés. Au reste, il conforme sa nomenclature à ses idées. Le corps qui résulte de l'action du chlore sur l'essence d'amandes amères n'est point le chlorure de benzoyle, c'est le benzoïlol chloré, nom qui se borne à rappeler, ainsi que la formule unitaire, les rapports de composition du corps chloré avec l'essence d'amandes amères ou benzoïlol dont il dérive par substitution.

Ainsi, dans cette première période de son activité scientifique, Gerhardt n'admet ni formules rationnelles ni radicaux, ce dernier mot étant pris dans le sens de groupe d'atomes possédant une existence indépendante et la faculté d'entrer directement en combinaison. Mais le promoteur des idées unitaires était trop clairvoyant pour ne point s'apercevoir que, dans une foule de réactions, lorsque des corps composés ont perdu l'un ou l'autre de leurs éléments, les restes, qui sont comme les débris de la molécule, peuvent entrer en combinaison. C'est ce qu'il appelle *substitutions par résidus*. L'idée avait été énoncée par Laurent (page XXXIX), Gerhardt l'a adoptée. Plus tard elle a reçu de beaux développements et est devenue en quelque sorte le trait d'union entre la théorie des substitutions et la théorie des radicaux, développée elle-même et rajeunie. Ces résidus que Gerhardt admettait ne sont, en effet, que les radicaux dans le sens moderne du mot.

Mais en 1842 Gerhardt n'en était pas là. Entraîné par son opposition aux

1. *Précis de Chimie organique,* t. I, p. 12.

doctrines qui régnaient alors et par la confiance que lui inspiraient ses propres idées, il n'a pas échappé au péril d'en exagérer les conséquences. Dans son *Précis de Chimie organique*, qui est le premier jet de ses idées et le premier témoin de sa puissante originalité, il prend les formules empiriques pour base unique d'une nouvelle classification. Il range tous les corps en progression ascendante, suivant le nombre d'atomes de carbone que renferme leur molécule, les composés plus simples formant la base, les plus compliqués le sommet de cette immense échelle. Il la nomme échelle de combustion par la raison que les procédés d'oxydation font descendre les corps de un ou de plusieurs rangs dans la série, en emportant un ou plusieurs atomes de carbone.

Ce principe de classification est excellent, mais il a été appliqué d'une manière trop absolue dans ce premier essai. En s'appuyant uniquement sur les formules empiriques, Gerhardt a été amené à faire des rapprochements malheureux. L'acétate d'éthyle accompagne l'acide butyrique, les acides succinique, éthyloxalique et l'oxalate de méthyle se suivent de près, et l'acide adipique coudoie l'éther oxalique.

Un ordre trop rigoureux a donc produit une certaine confusion que Gerhardt a su éviter plus tard. Mais l'habitude qu'il avait prise de grouper les corps d'après leur composition et de comparer leurs formules empiriques a néanmoins porté des fruits. Elle a contribué à introduire dans la science une idée nouvelle et féconde, celle de la *série homologue*.

Un chimiste allemand, M. Schiel, avait fait observer le premier les relations de composition qui existent entre les alcools. Après lui, M. Dumas avait construit la série des acides gras qui commence avec le plus simple des acides organiques, l'acide formique, pour s'élever, par une gradation régulière, jusqu'aux acides complexes qu'on retire du suif et de la cire. Gerhardt développa cette idée et la fortifia par de nouveaux exemples. Dans ces séries qu'il nomma homologues, les corps sont rangés suivant la progression régulière des atomes de carbone et d'hydrogène, les autres atomes demeurant invariables et chaque terme différant de celui qui le précède ou le suit immédiatement par CH^2 en plus ou en moins. Gerhardt ajoute que l'homologie découle non-seulement des relations de composition, mais encore de la similitude des fonctions chimiques. Ainsi il a fixé l'idée et créé le mot. Par ses efforts, la doctrine des homologues est devenue une des bases les plus solides de la classification des substances organiques.

Les travaux que nous venons d'esquisser à grands traits ont laissé dans la science des traces profondes et constituent en grande partie la base de nos idées modernes. Un système de poids atomiques nouveau, fondé sur un développement conséquent de la théorie des volumes et sur une appréciation saine des analogies, une notation où toutes les formules et toutes les réactions sont rendues comparables par une détermination plus exacte des grandeurs relatives des molécules, les combinaisons chimiques considérées comme des groupements d'atomes formant un seul tout, un édifice simple en quelque sorte, et capable de se modifier par voie d'échange d'un élément contre un autre : tels sont les principaux traits d'une doctrine qui faisait corps déjà et qui commen-

çait à s'affirmer. Mais entre cette première affirmation et le triomphe, il devait
s'écouler un long intervalle et la doctrine elle-même devait subir des modifications sérieuses.

III.

Berzelius n'était plus. La théorie des substitutions avait prévalu, mais les
développements qu'en avaient fait sortir Laurent et Gerhardt rencontraient
une vive opposition. Les partisans de la doctrine des radicaux avaient accepté
le fait des substitutions, mais gardaient une attitude hostile. Le dualisme était
toujours en face de l'idée unitaire. De fait, celle-ci avait été entre les mains
de Laurent et de Gerhardt un instrument plus propre à redresser des erreurs
qu'à susciter de grandes découvertes. La théorie fleurissait, mais l'expérience
languissait quelque peu. Or dans les sciences expérimentales une nouvelle
doctrine ne s'impose point par la critique seule. Il lui faut, pour triompher,
une auréole de découvertes. Cette sanction n'a pas manqué dans le cas présent.
A partir de 1849 se sont succédé divers travaux qui ont vivement excité
l'attention des chimistes et ont poussé Gerhardt lui-même dans des voies
nouvelles : nous voulons parler de la découverte des ammoniaques composées
par M. Wurtz, et de celle des éthers mixtes qu'on doit à M. Williamson.

Ces travaux ont amené une conciliation entre la théorie des radicaux et
celle des substitutions. Jusque-là rivales, elles se sont fondues dans une
théorie nouvelle, celle des types. Mais pour bien faire ressortir les origines et
la portée de cette théorie, il est nécessaire de prendre les choses de plus haut.

En 1839 M. Dumas avait découvert l'acide chloracétique. Cet acide dérive
de l'acide acétique par la substitution de 3 équivalents de chlore à 3 équivalents d'hydrogène, tous les autres éléments demeurant les mêmes. Mais, chose
remarquable, cette introduction du chlore dans la molécule n'a pas imprimé
une modification profonde aux propriétés fondamentales de l'acide acétique.
Son dérivé chloré est, comme lui, un acide monobasique et peut subir par
l'action de certains réactifs des dédoublements analogues. Ces faits n'admettent,
d'après M. Dumas, qu'une seule explication : en se substituant à l'hydrogène
dans l'acide acétique le chlore prend la place de cet élément et *joue le même
rôle* dans le nouveau composé. Il exprime cela en disant que l'acide acétique et
l'acide chloracétique appartiennent au même *type chimique*. Il admet d'ailleurs que les propriétés d'une combinaison dépendent moins de la nature
des atomes qu'elle renferme que de leur groupement et de leur position dans
la molécule.

Ces idées sont conformes à celles que Laurent avait émises lui-même,
mais, s'appuyant sur des faits nouveaux et importants, elles ont eu plus d'autorité. En outre, l'idée de la conservation du type, après la substitution d'un
élément à un autre, dans un composé donné, a été énoncée plus clairement que
Laurent ne l'avait fait dans sa théorie des noyaux.

M. Dumas a donc rangé dans le même *type chimique* tous les corps qui
renferment le même nombre « d'équivalents » groupés de la même manière, et

qui possèdent, en outre, les mêmes propriétés fondamentales. Mais il fait remarquer aussi que ces propriétés peuvent se modifier par le fait des substitutions.

Des corps renfermant le même nombre d'équivalents, mais qui diffèrent par leurs propriétés fondamentales, peuvent être réunis dans le même *type mécanique*. Il est juste d'ajouter que M. Regnault, dans ses travaux remarquables concernant l'action du chlore sur la liqueur des Hollandais et sur l'éther chlorhydrique, avait déjà appelé l'attention sur la conservation du groupement atomique par le fait de telles substitutions.

C'est ainsi que l'idée des types a été introduite dans la science; mais sous cette première forme elle n'était pas susceptible de grands développements. Se bornant à exprimer, d'une façon élégante et précise, les rapports que les substitutions créent entre un composé donné et ses dérivés, elle admettait autant de types qu'il existe de composés capables de se modifier par substitution et elle laissait ces derniers sans aucun lien. C'était donc une idée ingénieuse et vraie; mais elle ne semblait pas destinée à devenir une théorie générale. Elle l'est devenue pourtant en se modifiant.

Depuis longtemps les chimistes, frappés de ce fait que les alcaloïdes naturels renferment tous de l'azote et donnent de l'ammoniaque par la distillation sèche, pressentaient l'existence de rapports intimes entre « l'alcali volatil » et les alcalis organiques. Berzelius avait admis que ces derniers doivent leurs propriétés alcalines à de l'ammoniaque toute formée et intimement conjuguée à leurs éléments. Plus tard, la grande découverte des amides, que l'on doit à M. Dumas, a fait surgir un autre point de vue. On pensait que les alcaloïdes renferment, comme élément commun, le principe générateur des amides qu'on a nommé amidogène, et qui est de l'ammoniaque, moins un atome d'hydrogène.

Cette question importante de la constitution des bases organiques a été éclaircie par la découverte d'une classe de corps qui offrent avec l'ammoniaque les relations de composition et de propriétés les plus frappantes : même tendance à s'unir aux acides, même causticité, même solubilité dans l'eau, même odeur. En annonçant l'existence de ces « ammoniaques composées », l'auteur a exprimé l'opinion qu'on pouvait les envisager, soit comme de l'éther dans lequel l'oxygène était remplacé par de l'amidogène, soit comme de l'ammoniaque dans laquelle 1 équivalent d'hydrogène était remplacé par 1 équivalent d'un radical alcoolique[1]. L'idée de les comparer à l'ammoniaque prise comme type était donc énoncée dans cette première communication, et, de fait, s'imposait à l'esprit par une surprenante analogie de propriétés. Quelques mois plus tard, M. Hofmann, guidé par sa brillante découverte de la diéthylamine et de la triéthylamine, a accentué davantage l'idée typique et l'a fait triompher en envisageant toutes ces bases comme de l'ammoniaque dans laquelle 1, 2 ou 3 atomes d'hydrogène sont remplacés par 1, 2 ou 3 groupes ou radicaux alcooliques[2].

Ainsi le type ammoniaque était créé, car il était facile d'étendre aux autres alcaloïdes et principalement aux bases volatiles, qu'on savait déjà préparer par

---

1. *Comptes rendus,* t. XXVIII, p. 224; février 1849.
2. Voir note 10, p. xc.

les voïes synthétiques, le point de vue qui s'adaptait si bien aux bases éthylées. Remarquons aussi que la théorie des substitutions s'emparait des radicaux. L'éthylamine n'est plus une combinaison binaire d'éthyle et d'amidogène, c'est de l'éther dont l'oxygène est remplacé par de l'amidogène, ou de l'ammoniaque dans laquelle le radical éthyle s'est substitué à de l'hydrogène. Ici le mot radical est pris dans le sens de groupe d'atomes capables de se combiner à d'autres atomes par voie de substitution. Il n'est plus question de radicaux tout isolés, tout prêts à former des combinaisons binaires par voie d'addition, affectant, en un mot, les allures des corps simples; ce sont plutôt les résidus de Gerhardt qui passent intacts d'une combinaison dans une autre. Mais ils ne vont point s'y confondre dans la masse des éléments; ils gardent dans la molécule une place déterminée et une individualité distincte marquée par la formule même. Celle-ci n'est plus une expression unique. C'est une formule rationnelle indiquant clairement les rapports de composition des bases nouvelles avec l'ammoniaque. Ainsi, au moment même où la théorie des radicaux et celle des substitutions allaient se fondre dans la théorie des types, les formules rationnelles sont remises en honneur comme un moyen d'exprimer les liens de parenté des corps.

Une nouvelle impulsion est ainsi donnée et une nouvelle découverte va accélérer le mouvement. En 1851, M. Williamson a publié ses belles recherches sur l'éthérification et sur l'existence d'éthers mixtes, recherches qui ont introduit dans la science le type eau.

Laurent avait déjà comparé à l'eau l'oxyde de potassium anhydre et la potasse caustique. Il avait indiqué, par des formules abrégées et ingénieuses, les relations de composition qui existent entre l'alcool et l'éther [1]. Ses idées ont été développées avec talent par un chimiste américain, M. Sterry Hunt.

M. Williamson est allé plus loin : il a comparé à l'eau non-seulement l'alcool et les éthers, mais encore les acides, les oxydes et les sels de la chimie minérale. L'eau étant formée de 1 atome d'oxygène et de 2 atomes d'hydrogène, on peut remplacer ces derniers, soit par les atomes d'autres corps simples, soit par des groupes faisant fonction de radicaux. Remplacez dans une molécule d'eau 1 atome d'hydrogène par un groupe éthylique, vous aurez de l'alcool; le second atome d'hydrogène étant lui-même remplacé par de l'éthyle, il en résultera de l'éther. La potasse représente de l'eau dont 1 atome d'hydrogène a été remplacé par le potassium ; qu'on remplace l'autre atome d'hydrogène par un radical d'acide, cette double substitution donnera naissance à un sel. Ainsi, l'acétate de potassium dérive d'une molécule d'eau par la substitution de 1 atome de potassium à 1 atome d'hydrogène, l'autre atome d'hydrogène étant remplacé par le radical acétyle. M. Williamson a même prévu l'existence d'un corps qui dériverait de l'eau par la substitution de deux groupes acétyle aux 2 atomes d'hydrogène et qui serait à l'acide acétique ce que l'éther est à l'alcool. C'est l'anhydride acétique, qui a été découvert plus tard par Gerhardt [2].

1. Note 14, p. xci.
2. Note 11, p. xci.

Tous ces corps appartiennent au même type. Ils renferment tous 1 atome d'oxygène et 2 autres éléments simples ou composés représentant les 2 atomes d'hydrogène de l'eau. A travers toutes les substitutions que peut éprouver la molécule, son squelette demeure en quelque sorte le même et offre la structure relativement simple d'une molécule d'eau.

Telles sont les idées émises par M. Williamson. A l'époque où Gerhardt a été amené à les adopter, le type eau était donc tout fait, ainsi que le type ammoniaque. Gerhardt, faisant fructifier une idée qui avait germé avant lui, y ajouta le type hydrogène et le type acide chlorhydrique. En outre, il donna une nouvelle extension au type eau par sa belle découverte des acides organiques anhydres.

Il avait nié autrefois l'existence d'anhydrides dérivant d'acides monobasiques et a eu la singulière fortune de les découvrir lui-même. En faisant réagir le chlorure du radical acétyle sur l'acétate de sodium, il a obtenu cet anhydride acétique dont M. Williamson avait prédit l'existence. Ce corps renferme 2 groupes acétyle unis à 1 seul atome d'oxygène, comme l'eau renferme 2 atomes d'hydrogène unis à 1 seul atome d'oxygène. Les 2 groupes acétyle, ou radicaux de l'acide acétique, jouent dans l'anhydride acétique le rôle de corps simple et y occupent en quelque sorte la place qu'occupent les 2 atomes d'hydrogène dans la molécule d'eau. C'est ainsi que le type eau, créé par M. Williamson, fut élargi par Gerhardt, qui a généralisé l'idée des types.

Avec Laurent il envisagea la molécule d'hydrogène comme formée de 2 atomes. A l'état libre, disait-il, ce gaz constitue l'hydrure d'hydrogène, le chlore libre est du chlorure de chlore, le cyanogène libre du cyanure de cyanogène. Et puisque les oxydes offrent une constitution analogue à celle de l'eau, les molécules de métaux sont comparables à celle de l'hydrogène : elles sont formées de 2 atomes. Le type hydrogène comprend donc tous les métaux. En chimie organique beaucoup de composés offrent la même constitution binaire. Leur molécule est double, c'est-à-dire formée de deux éléments distincts soit simples, soit composés, et qui équivalent chacun à 1 atome d'hydrogène.

Gerhardt rangeait donc dans le type hydrogène les aldéhydes, les acétones et un grand nombre d'hydrocarbures, entre autres les radicaux alcooliques éthyle, méthyle, découverts par MM. Kolbe et Frankland et qui avaient été objet de si vives discussions. Chose curieuse, les partisans du dualisme les avaient envisagés comme des groupes uniques, le défenseur de l'idée unitaire a fait voir qu'ils résultent de l'union de deux radicaux alcooliques et leur a attribué une constitution binaire, une formule double.

Le type acide chlorhydrique comprenait les chlorures, bromures, iodures minéraux et organiques. A vrai dire, il se confondait avec le type hydrogène.

C'étaient là des idées nouvelles. Voici un développement important. Les bases organiques volatiles constituaient à elles seules le type ammoniaque. Gerhardt y rangea toutes les amides. L'acétamide, d'après lui, offre la même constitution moléculaire que l'éthylamine. Elle n'en diffère que par la nature oxygénée de son radical. Si l'éthyle est un radical neutre, l'acétyle est un radical acide, parce qu'il renferme de l'oxygène. Comme l'éthyle, il peut se substituer à l'hydrogène de l'ammoniaque ; mais le corps qui résulte de cette substitution est neutre, par la raison que les propriétés acides de l'ammoniaque sont neutralisées par l'introduction d'un radical acide dans sa molécule.

Ainsi des corps qui offrent une constitution moléculaire tout à fait semblable, et qui appartiennent par conséquent au même type, peuvent différer notablement par leurs propriétés, suivant la nature des éléments qui occupent dans la molécule une place donnée. Proposition importante, qui marque un retour vers des idées qu'on avait d'abord combattues, lorsqu'on attribuait une influence prédominante au groupement atomique, dans la manifestation des propriétés.

Pour exprimer d'une manière saisissante cette influence de la nature des éléments sur les propriétés de corps offrant d'ailleurs la même constitution, on peut, à l'exemple de Gerhardt, ranger sur la même horizontale tous les corps appartenant au même type, les corps basiques occupant l'extrémité de gauche, les neutres le milieu, les acides l'extrémité de droite. Prenons pour exemple le type eau. La potasse, qui est un alcali puissant, sera placée d'un côté, les acides nitrique et acétique de l'autre côté, l'eau et l'alcool au milieu. Pourquoi les corps qui occupent la gauche sont-ils fortement basiques ? Parce qu'ils renferment un atome d'un métal fortement électro-négatif, tel que le potassium.

Ceux qui occupent le milieu sont neutres parce qu'ils renferment des éléments ou des radicaux indifférents ; mais les corps qui sont placés à droite sont acides, en raison de la nature des radicaux oxygénés qu'ils renferment [1].

D'après la théorie des types l'alcool est de l'eau dans laquelle 1 atome d'hydrogène est remplacé par le groupe hydrocarboné éthyle ; ce groupe est basique, mais son pouvoir basique ne dépasse guère celui de l'hydrogène : aussi l'alcool est-il un liquide neutre comme l'eau elle-même. Mais que 1 atome d'oxygène vienne à s'introduire dans la molécule de l'alcool et prenne dans le radical éthyle la place de 2 atomes d'hydrogène, le radical ainsi modifié par substitution prendra un caractère acide et imprimera ce caractère à la molécule tout entière. Par le fait de cette substitution rien n'est changé dans le groupement moléculaire. Les deux corps offrent la même constitution : l'un est l'hydrate d'éthyle, l'autre est l'hydrate d'acétyle. Mais tandis que l'alcool est neutre, l'acide acétique qui résulte de son oxydation est un acide énergique. Telle est l'influence que la nature des atomes exerce sur les propriétés de molécules d'ailleurs semblables par le groupement des atomes.

Cette influence apparait de la manière la plus évidente dans les corps qui appartiennent au type ammoniaque. L'ammoniaque est un corps fortement basique. Que dans cette molécule formée d'azote et d'hydrogène l'hydrogène soit remplacé par des groupes hydrocarbonés neutres tels que le méthyle ou l'éthyle, le pouvoir basique sera conservé. On sait que les ammoniaques composées qui résultent d'une telle substitution sont des bases aussi puissantes que l'ammoniaque elle-même. Mais l'hydrogène de ce dernier corps peut être

____

1. Note 13, p. xci.

remplacé, en totalité ou en partie, soit par un élément électro-négatif tel que le chlore ou le brome, soit par un radical d'acide; les dérivés de l'ammoniaque ainsi formés seront neutres ou même acides. En voici des exemples :

L'aniline est une base énergique; la trichloraniline ou aniline trichlorée est, d'après M. Hofmann, un corps neutre, c'est-à-dire incapable de se combiner avec les acides. De même, nous l'avons fait remarquer plus haut, le caractère basique de la molécule ammoniacale est effacé dans l'acétamide par la nature acide du radical oxygéné qui y est substitué à de l'hydrogène.

La plupart des amides sont neutres comme l'acétamide. On en connaît un petit nombre qui sont franchement acides. Dans un de ses plus beaux mémoires, Gerhardt a décrit des amides résultant de la substitution de 2 radicaux oxygénés à 2 atomes d'hydrogène de l'ammoniaque et dans lesquelles, grâce à l'influence prépondérante de ces groupes oxygénés, le caractère de la molécule ammoniacale est modifié à ce point qu'elle forme des sels, non pas avec les acides, mais avec les bases[1].

Les développements qui précèdent répondent à une des objections qui ont été dirigées contre la théorie des types. Lavoisier, disait-on, avait tant insisté sur les différences fondamentales qui séparent les acides, les oxydes et les sels. Est-il permis de les confondre comme fait la théorie des types? Quoi! la potasse caustique et l'acide hypochloreux, si dissemblables par leurs propriétés, pourraient être jetés dans le même moule, et, chose plus grave, comparés avec le produit de leur combinaison, l'hypochlorite de potasse!

On peut les comparer sans les confondre[2]. On les distingue par leurs propriétés; on les rapproche par leur constitution atomique. Ce sont là deux points de vue tout à fait différents. Lavoisier avait insisté sur le premier lorsqu'il opposait les oxydes aux acides. Le second ne pouvait le toucher. De son temps la théorie atomique n'était pas née : il ne pouvait donc s'occuper du groupement des atomes. Tout le monde accordera que des corps composés renfermant des atomes groupés de la même manière peuvent posséder des propriétés différentes si ces atomes sont différents eux-mêmes.

Est-ce confondre l'acide hypochloreux avec la potasse caustique que de dire : ces deux corps renferment un égal nombre d'atomes groupés de la même manière, mais l'un renferme du chlore là où l'autre renferme du potassium? Cette différence fondamentale dans leur composition n'explique-t-elle pas l'opposition de leurs propriétés? De fait ils ne diffèrent pas plus l'un de l'autre que le chlore ne diffère du potassium.

L'objection que nous venons de discuter est donc sans portée. M. Kolbe en a élevé une autre qui est plus sérieuse, car elle semble aller au fond des choses. Vos trois ou quatre types, disait ce chimiste, ne sont qu'un vain artifice. Pourquoi admettre que la nature se soit astreinte à façonner tous les corps sur le modèle de l'acide chlorhydrique, de l'eau, de l'ammoniaque? Pourquoi ceux-là plutôt que d'autres? A ne considérer que les composés organiques, ne serait-il pas plus rationnel de les rapporter à l'acide carbonique?

_____

1. Note 12, p. XCI.
2. Note 13, p. XCI

C'est avec ce gaz, en effet, que le règne végétal les forme. Le type acide carbonique aurait donc sa raison d'être dans la nature même des choses, et il semble logique d'y rapporter tous les composés organiques, puisque tous en dérivent de fait.

À cela on peut répondre d'abord que l'eau et l'ammoniaque sont des agents aussi indispensables que le gaz carbonique dans les procédés de la vie végétale. Pour assimiler de l'hydrogène et de l'azote, les plantes ont besoin de décomposer l'eau et l'ammoniaque comme elles décomposent l'acide carbonique pour assimiler le carbone. Ce grand travail de l'élaboration de la matière organique exige donc le concours de trois composés minéraux, et si l'on veut fonder l'idée typique sur la question d'origine, il n'y a pas de raison d'exclure l'eau et l'ammoniaque au profit de l'acide carbonique. D'ailleurs, il est facile de montrer que le type acide carbonique peut être ramené au type eau. Si l'eau est l'oxyde d'hydrogène, le gaz carbonique est l'oxyde de carbonyle, c'est-à-dire l'oxyde du radical oxyde de carbone.

On peut donc rapporter indifféremment à l'un ou l'autre corps les oxydes qui présentent une constitution semblable. Il faut ajouter pourtant qu'il est plus commode de les comparer à l'eau, car celle-ci renfermant 2 atomes d'hydrogène, on peut remplacer chacun d'eux par un autre corps simple ou par un radical. Le nombre des éléments et des radicaux étant très-considérable, les cas de substitution peuvent varier jusqu'à l'infini. Il existe donc un nombre immense de composés qu'on peut comparer à l'eau, si l'on admet que l'hydrogène y soit remplacé en totalité ou en partie.

Mais quoi! cette hypothèse d'éléments ou de radicaux substitués, dans un si grand nombre de cas, à l'hydrogène de l'eau offre-t-elle une base solide? Est-elle fondée sur des faits ou n'est-elle qu'une vaine supposition? Il est temps de répondre à cette question.

Qu'on jette un morceau de potassium sur l'eau, il va la décomposer avec une telle violence que l'hydrogène dégagé s'enflammera au contact du globule de métal porté au rouge. Dans la molécule d'eau décomposée, l'hydrogène sera remplacé par le potassium, et il se formera de la potasse caustique. C'est ce fait que la théorie des types exprime en disant que l'hydrate de potassium est de l'eau dans laquelle 1 atome d'hydrogène a été remplacé par 1 atome de potassium.

Prenons maintenant ce chlorure organique que Gerhardt a obtenu en distillant l'acétate de soude avec du perchlorure de phosphore et qu'il a nommé chlorure d'acétyle. Mis en contact avec l'eau, ce corps va se décomposer sur-le-champ. Son chlore, s'emparant de 1 atome d'hydrogène, formera de l'acide chlorhydrique, et le radical acétyle, qui vient d'abandonner le chlore, va se substituer à cet atome d'hydrogène, qui vient d'abandonner l'eau. L'acide acétique se forme ainsi par un échange d'éléments entre le chlorure d'acétyle et l'eau; celle-ci s'est donc transformée réellement en acide acétique par la substitution du radical acétyle à 1 atome d'hydrogène. La théorie des types exprime précisément ce fait en attribuant à l'acide acétique, c'est-à-dire à l'hydrate d'acétyle, une formule d'une simplicité extrême et écrite en quelque sorte sur le modèle de celle de l'eau [1].

---

1. Note 44, p. XCI.

Cette formule n'exprime pas autre chose que la réaction que l'on vient de rappeler; elle représente un des modes de formation de l'acide acétique, elle admet dans cet acide l'existence d'un radical capable de passer intact d'une combinaison dans une autre par voie de double décomposition; elle rappelle de la manière la plus simple les relations qui existent entre l'acide acétique, le chlorure d'acétyle, l'aldéhyde ou hydrure d'acétyle, l'acétone ou le méthylure d'acétyle, l'acétamide, l'anhydride acétique et, en général, entre tous les composés qui renferment le radical acétyle. Voilà une nombreuse parenté, une grande famille dont tous les membres offrent un trait de ressemblance et possèdent un fonds commun, savoir le radical oxygéné de l'acide acétique.

Il en est ainsi de toutes les formules typiques. Fondées sur l'étude attentive des réactions, elles en reflètent fidèlement l'image et représentent avec clarté les rapports de dérivation que ces réactions créent entre ces corps. Et ces réactions sont en général des doubles décompositions qui ne portent pas atteinte à l'existence des radicaux; ceux-ci demeurent inaltérés et se transportent par voie d'échange d'un composé dans un autre. Rien de plus simple, de plus clair que la représentation de ces métamorphoses dans la notation typique. C'était là le principal avantage de cette belle conception des types. Pour en marquer le vrai caractère, Gerhardt les avait nommés types de double décomposition.

Les formules typiques expriment donc des réactions, et c'est dans les faits eux-mêmes que l'idée des types puise son origine et sa raison d'être. Est-ce à dire que cette théorie puisse rendre compte de tous les faits, que les symboles et les équations typiques soient propres à exprimer toutes les réactions? Il ne pouvait en être ainsi. Parmi tant de métamorphoses que peuvent subir les corps d'origine organique, la théorie des types s'était bornée à choisir les plus simples, celles qui, modifiant la forme extérieure de la molécule chimique et la nature de ses appendices, ne portent aucune atteinte au corps de la substance, c'est-à-dire à son radical composé. Mais il est des réactions où celui-ci se modifie lui-même, où il se dédouble. Au lieu de passer intact dans un autre composé, il succombe. Ces métamorphoses profondes ne sont pas, en général, des doubles décompositions et ne peuvent plus être représentées par les formules relativement simples qui expriment ces dernières.

Après avoir suivi la théorie des types dans son origine et dans ses développements, nous voici donc arrivés à ses limites. Elle avait pris à la théorie des radicaux l'idée de ces groupes d'atomes faisant fonction de corps simples; mais, au lieu de les représenter comme des corps doués d'une existence réelle et de la force de combinaison qui caractérise les éléments, elle les envisageait comme des restes, des résidus, capables de se substituer à des corps simples et de former ainsi une multitude de combinaisons appartenant à un petit nombre de types. Berzelius avait imaginé une foule de radicaux, en disant : On les isolera un jour. Gerhardt avait dit : Ce sont des débris de molécules qui ne peuvent exister à l'état libre, mais qui, dans les composés où ils existent, sont aptes à se substituer à des corps simples. C'est ainsi que la théorie des types s'est approprié l'idée des radicaux, en la rajeunissant par l'idée de substitution. En adaptant ces deux notions à des théories hostiles jusque-là, elle a fait disparaître cette opposition.

Mais tout en admettant les radicaux elle n'a point cherché à pénétrer leur constitution. Elle les représente, dans une formule unique, comme des groupes d'atomes intimement unis entre eux, elle montre leurs évolutions lorsqu'ils passent d'un composé dans un autre; mais lorsqu'ils se dédoublent eux-mêmes, elle est impuissante, dans la plupart des cas, à peindre cette transformation profonde qui atteint le corps même de la molécule organique, car elle ignore comment les radicaux sont faits.

Une théorie est bonne lorsqu'elle parvient à grouper les faits dans un ordre logique. Elle est féconde lorsqu'elle provoque des découvertes et qu'elle porte en elle le germe de progrès importants. Aucun de ces avantages n'a manqué à la théorie des types. De ses derniers développements est sortie une conception nouvelle, plus générale et qui supplée à l'insuffisance que nous venons de signaler. Nous voulons parler de la théorie de l'atomicité. Mais ce n'est point ici le lieu de l'exposer, et nous devons nous borner à cette seule indication, qu'elle a ses racines dans la théorie des types. Celle-ci, par une dernière évolution, avait établi des types condensés et des types mixtes. M. Williamson avait rapporté l'acide sulfurique à 2 molécules d'eau dans lesquelles 2 atomes d'hydrogène sont remplacés par le radical bibasique sulfuryle. Ce radical, pouvant ainsi se substituer à 2 atomes d'hydrogène pris dans 2 molécules d'eau, joint ensemble les restes de celles-ci et les rive en une seule molécule *condensée* [1]. Telle est l'origine de la doctrine des radicaux polyatomiques, telle est aussi l'idée de ces types condensés, auxquels Gerhardt, à l'exemple de M. Williamson, avait rapporté les acides analogues à l'acide sulfurique et saturant comme lui plusieurs molécules de base.

Ces radicaux polyatomiques jouent un rôle analogue dans les types mixtes. Considérez une molécule d'eau juxtaposée à une molécule d'acide chlorhydrique. Vous pourrez imaginer l'atome d'hydrogène de celui-ci, ainsi que 1 atome d'hydrogène de la molécule d'eau voisine, remplacés tous deux par un radical bibasique, le sulfuryle par exemple. Ce radical joindra alors la molécule d'eau qui aura perdu un atome d'hydrogène à la molécule d'acide chlorhydrique ayant perdu de même son hydrogène, et voilà ces deux molécules rivées en une seule par la vertu de ce radical bibasique. C'est ce que M. Odling a nommé un type mixte [1].

Tels sont les derniers développements de la théorie des types. Ils marquent l'origine d'une nouvelle période dans laquelle la science va entrer et qu'elle parcourt en ce moment. Nous aurons donc occasion d'y revenir en exposant les doctrines actuelles.

S'il a eu la satisfaction d'assister au triomphe de la plupart de ses idées, Gerhardt ne fut point témoin de la transformation féconde qu'elles ont subie dans ces derniers temps. Il a succombé à quarante ans, suivant de près dans le tombeau son ami et son prédécesseur Laurent.

Tous deux sont morts jeunes, épuisés par un travail immense et sans avoir rencontré cette faveur populaire qui mène aux honneurs. Ils ne l'ont point cherchée. Aimant la science pour elle-même, ils l'ont abordée par des voies

----

1. Note 14, p. xcii.

inaccessibles au plus grand nombre. Esprits indépendants, ils ont secoué la poussière de l'école; cœurs ardents, ils n'ont point dédaigné la lutte, trouvant plus d'opposants que de contradicteurs sérieux et résistant avec fermeté au plus puissant de ces contradicteurs, à Berzelius. En dépit de l'insuffisance de quelques idées et de certaines exagérations de langage, ils sont sortis victorieux de ces débats, léguant à leurs successeurs un grand exemple et à l'histoire deux noms inséparables.

DOCTRINES ACTUELLES.

La théorie des types avait embrassé un nombre immense de composés minéraux et organiques qu'elle avait classés en les comparant à un petit nombre de combinaisons très-simples. Elle avait renversé les barrières que l'usage avait établies entre la chimie minérale et la chimie organique; elle avait classé et comparé une multitude de corps très-divers, sans distinction d'origine. Renonçant à dévoiler la constitution des corps, elle les avait groupés d'après leurs métamorphoses. Elle avait créé une notation incomparable pour la clarté de l'exposition et qui a été l'instrument de nombreuses découvertes, en permettant de saisir du premier coup des analogies ou des liens de parenté. Elle avait, en un mot, tous les caractères et tous les avantages d'une bonne théorie. Mais elle n'allait pas au fond des choses, et son principe même semblait avoir quelque chose d'artificiel. Elle admettait des combinaisons-types, sans en donner la raison d'être. Que représentent les types hydrogène, eau, ammoniaque, et pourquoi choisir ceux-là plutôt que d'autres? Question importante que la théorie des types n'a point posée d'abord, mais qui est résolue aujourd'hui. Ces types représentent diverses formes de combinaison, qui sont en rapport avec une propriété fondamentale des atomes, l'atomicité. Voilà une idée nouvelle qui est aujourd'hui à la base même de la science. Nous allons exposer son origine et ses progrès.

I.

Dans ses recherches mémorables sur la composition des sels, Berzelius avait été amené à confirmer et à préciser une proposition importante, d'abord émise par Richter, savoir : que la capacité de saturation d'un oxyde dépend de la quantité d'oxygène qu'il renferme. Il existe dans tous les sels neutres un rapport constant entre la quantité d'oxygène de l'oxyde et la quantité d'oxygène de l'acide. Telle est la formule de Berzelius.

Énoncée en 1811, elle a fourni un nouveau point d'appui à la théorie atomique qui commençait à se répandre à cette époque. On peut dire qu'elle se présente comme une conséquence de cette théorie. En effet, la combinaison entre un oxyde et un acide s'effectuant toujours selon les mêmes proportions, et les plus faibles quantités de cet oxyde, de cet acide, qui soient aptes à se combiner, renfermant un nombre déterminé d'atomes d'oxygène, il est clair que le rapport entre l'oxygène de l'oxyde et celui de l'acide doit être invariable.

La plus petite quantité d'oxyde de calcium qui puisse exister renferme 1 atome d'oxygène ; la plus petite quantité d'acide sulfurique anhydre que l'on puisse concevoir renferme 3 atomes d'oxygène. C'est ce qu'on nommait alors un équivalent de cet oxyde ou de cet acide. Ce sont « ces équivalents » qui se combinent.

Le sulfate de chaux renferme donc 1 équivalent d'acide sulfurique et 1 équivalent d'oxyde de calcium, et tous les sulfates dont l'oxyde contient, comme la chaux, 1 atome d'oxygène, possèdent une composition analogue.

Or Berzelius avait reconnu le premier que l'oxyde d'aluminium ou l'alumine, cette terre qui existe dans l'argile et qu'on peut retirer de l'alun, renferme 3 atomes d'oxygène pour 2 atomes de métal[1]. Appliquant au sulfate d'alumine la loi de composition qu'il avait découverte pour les sulfates, il a admis que ce sel renferme, pour 1 équivalent d'alumine, 3 équivalents d'acide sulfurique. En effet, pour que le rapport de 1 à 3 soit conservé dans un tel sulfate, il est nécessaire que l'oxyde qui renferme 3 atomes d'oxygène en trouve 9 dans l'acide ; il faut donc qu'il prenne 3 équivalents d'acide sulfurique. Les oxydes ferrique, chromique, manganique possèdent une composition analogue à celle de l'oxyde d'aluminium et se combinent, comme lui, avec 3 équivalents d'acide sulfurique.

La composition des divers sulfates marque donc une différence fondamentale dans les propriétés des deux classes d'oxydes dont la chaux et l'alumine sont les représentants.

Tandis que 1 molécule des uns ne se combine qu'à 1 molécule d'acide sulfurique, 1 molécule des autres s'unit à 3 molécules du même acide. Et pourtant, par une singulière confusion d'idées, on considérait la molécule de la chaux comme *équivalente* à la molécule d'alumine, bien que cette dernière se combinât avec une proportion d'acide sulfurique trois fois plus forte. Cette inconséquence n'avait pas échappé à l'esprit pénétrant de Gay-Lussac, et les personnes qui ont suivi il y a quarante ans le cours de l'École polytechnique se rappellent qu'il l'avait relevée et corrigée. Pour mettre en harmonie la formule du sulfate d'alumine avec celle du sulfate de chaux, il coupait en trois la molécule de l'alumine, il y admettait 1 atome d'oxygène et $\frac{2}{3}$ d'atome d'aluminium, cette proportion d'oxyde étant unie, dans le sulfate, à une seule molécule d'acide sulfurique. Par cette proportion d'oxyde il marquait le véritable équivalent de l'alumine par rapport à la chaux, car il est clair qu'on ne peut considérer comme équivalentes que les quantités d'oxyde qui s'unissent à la même quantité d'acide.

Mais les formules de Gay-Lussac n'ont pas été admises et les chimistes ont conservé, comme instinctivement, celles de Berzelius qui exprimaient, en effet, les vraies grandeurs moléculaires et qui marquaient une différence si tranchée dans la capacité de combinaison de deux classes d'oxydes dont les uns sont *monacides* et les autres *triacides*, si l'on peut s'exprimer ainsi.

----

1. Note 15, p. xcii.

Une différence du même ordre a été signalée plus tard pour les acides. On connaît les belles découvertes de M. Graham, qui a introduit dans la science la notion des acides polybasiques, parallèle en quelque sorte à celle des bases polyacides que nous venons de mentionner.

Les chimistes avaient été frappés de certaines différences de propriétés que présente l'acide phosphorique en solution, suivant que cette solution vient d'être préparée avec l'acide anhydre ou l'acide vitreux, ou qu'elle a été conservée pendant quelque temps. Berzelius, considérant que la combinaison d'oxygène et de phosphore qui existe dans ces solutions est toujours la même, avait cherché la cause de ces différences dans un état particulier de la matière, dans un arrangement variable des atomes. Il a admis le premier que des corps qui offrent la même composition peuvent présenter des propriétés différentes si les mêmes éléments y sont combinés d'une autre façon. Ce sont ces faits et d'autres qu'il est inutile de mentionner ici qui ont introduit dans la science cette notion de l'isomérie, qui y tient aujourd'hui une place si importante et qui a tant exercé la sagacité des chimistes. Mais, par un singulier hasard, il s'est trouvé que les différents acides phosphoriques ne rentrent pas dans la classe des corps isomériques : ils ne présentent pas la même composition. Sans doute ils renferment tous ce composé d'oxygène et de phosphore que Berzelius y admettait. Mais ce corps oxygéné, cet acide anhydre y est uni à diverses proportions d'eau. Dans son classique mémoire, M. Graham a fait connaître trois combinaisons d'eau et d'acide phosphorique anhydre. Pour 1 molécule de cet acide anhydre elles renferment, la première 1 équivalent d'eau, la seconde 2 équivalents, la troisième 3 équivalents [1]. Ce sont là les vrais acides phosphoriques, et l'on voit qu'ils diffèrent par leur composition. Aussi M. Graham les a-t-il désignés sous des noms différents qui leur sont restés, et personne ne songe plus aujourd'hui à les envisager comme isomériques.

Leurs sels possèdent une composition analogue à celle des acides eux-mêmes. L'acide monohydraté prend 1 équivalent d'oxyde, l'acide trihydraté en prend 3. Le premier précipite le nitrate d'argent en blanc, le dernier y forme un précipité jaune. Ces différences, qui avaient frappé les premiers observateurs, ne présentent rien d'anormal, car elles sont dues à des différences de composition. Le précipité blanc, ou métaphosphate d'argent, renferme 1 atome d'argent; le précipité jaune, ou phosphate ordinaire, en renferme 3. On exprime cela en disant que l'acide métaphosphorique est monobasique, que l'acide phosphorique ordinaire est tribasique.

Nous voici arrivés au point que nous voulions mettre en lumière. Il y a des acides dont la molécule est ainsi faite qu'elle se contente, pour se saturer, d'un seul « équivalent » d'une certaine base; d'autres acides en prennent 2; d'autres enfin en exigent 3. Les molécules de ces acides ont-elles la même valeur et sont-elles « équivalentes » entre elles? En aucune façon, puisque leur capacité de combinaison, qui est exprimée par les proportions de base qu'elles saturent, varie comme 1, 2, 3.

---

1. Note 16, p. xciii.

Comparons les acides nitrique, sulfurique, phosphorique. Pour former un sel complétement saturé, le premier s'unit à 1 molécule de potasse, le second à 2, le troisième à 3. Et si nous considérons comme équivalentes les molécules des acides qui saturent la même quantité de base, il faudra bien admettre que 1 molécule d'acide sulfurique vaut 2 molécules d'acide nitrique, que 1 molécule d'acide phosphorique vaut 3 molécules d'acide nitrique.

Telle est la notion importante des acides polybasiques.

Elle offre la même signification et la même portée que le fait des bases polyacides, sans qu'on ait songé à faire un tel rapprochement pendant vingt ans. Les deux notions sont demeurées isolées dans la science et comme perdues pour la théorie; cependant leur enchaînement a été mis en lumière par de nouvelles découvertes.

Ce que Berzelius avait admis pour l'alumine et l'oxyde ferrique, qu'il représentait comme saturant 3 molécules d'acide, M. Berthelot l'a démontré pour la glycérine, qu'il a envisagée comme exigeant 3 molécules d'un acide pour former un corps gras neutre complétement saturé. On avait reconnu avant lui que la glycérine joue le rôle d'un alcool, c'est-à-dire d'un hydrate organique capable de former des éthers composés en s'unissant aux acides. Il y a cinquante ans, à une époque où la chimie organique était à peine née, M. Chevreul, dans ses admirables travaux sur les corps gras, avait rapproché des éthers composés les principes immédiats neutres contenus dans les graisses et les huiles. C'était là une grande et forte idée, un trait de lumière au milieu d'une nuit profonde. Cette idée fut mise au jour par l'étude attentive des phénomènes de la saponification, et avait permis de faire le rapprochement suivant : de même que les éthers composés se dédoublent, sous l'influence des alcalis, en alcool et en sels alcalins, de même les corps gras neutres se décomposent, sous l'influence des bases, en glycérine et en sels, qui sont les savons. La glycérine joue donc, dans les corps gras neutres, le même rôle que l'alcool dans les éthers. C'est un alcool.

Mais tandis que l'alcool ordinaire ne s'unit qu'à 1 molécule d'un acide monobasique pour former un éther composé, la glycérine prend jusqu'à 3 molécules d'un tel acide pour former un corps gras neutre. Ainsi la stéarine, qui entre dans la composition de la plupart des graisses animales, renferme les éléments de 3 molécules d'acide stéarique unis à une seule molécule de glycérine, et cette union s'accomplit avec élimination de 3 molécules d'eau. Cet éther tristéarique n'est cependant pas la seule combinaison que la glycérine puisse former avec l'acide stéarique; au lieu de s'unir à 3 molécules de cet acide, la glycérine peut n'en prendre que 2, en éliminant 2 molécules d'eau; elle peut n'en fixer qu'un seul avec élimination d'une seule molécule d'eau. Il existe donc trois composés définis d'acide stéarique et de glycérine; ils renferment 1, 2 ou 3 molécules d'acide stéarique. Tous sont neutres au papier, un seul peut être considéré comme saturé d'acide, c'est celui qui en renferme 3 molécules. Ces faits ont été découverts par M. Berthelot et exposés dans un mémoire justement célèbre, publié en 1854. Leur importance théorique n'a pas échappé à l'auteur, qui s'est exprimé ainsi : « Ces faits nous montrent que la glycérine présente vis-à-vis de l'alcool précisément la même relation que l'acide phosphorique vis-à-vis de l'acide azotique. En effet, tandis que l'acide azotique ne produit qu'une seule série de sels neutres, l'acide phosphorique donne naissance à trois séries de sels neutres, les phosphates ordinaires, les pyrophosphates, les métaphosphates. Ces trois séries de sels, décomposés par les acides énergiques en présence de l'eau, reproduisent un seul et même acide phosphorique.

« De même, tandis que l'alcool ne produit qu'une seule série d'éthers neutres, la glycérine donne naissance à trois séries distinctes de combinaisons neutres. Ces trois séries, par leur décomposition totale, en présence de l'eau, reproduisent un seul et même corps, la glycérine [1]. »

Le double rapprochement que M. Berthelot établit entre l'alcool et l'acide nitrique, la glycérine et l'acide phosphorique, n'est exact qu'à condition que l'acide comparé à la glycérine soit l'acide phosphorique tribasique. Pour se saturer, cet acide prend 3 molécules d'une base telle que la potasse caustique, mais il peut n'en prendre que 2, ou même une seule; de là trois séries de phosphates, à 1, 2 ou 3 équivalents de base, qui correspondent aux trois séries de combinaisons glycériques, à 1, 2 ou 3 équivalents d'acide. De même que ces trois séries de phosphates ne renferment qu'un seul acide, l'acide phosphorique tribasique, de même les trois séries de combinaisons glycériques ne renferment qu'une seule base, la glycérine triatomique. Il était donc inexact de comparer aux pyrophosphates les combinaisons glycériques à 2 équivalents d'acide et aux métaphosphates les combinaisons glycériques à 1 équivalent d'acide. Ces trois acides présentent, quant à leur capacité de saturation, des différences fondamentales. Si la glycérine triatomique, comme on dit aujourd'hui, ressemble à l'acide phosphorique tribasique, elle ne saurait être rapprochée, quant à sa capacité de combinaison, de l'acide pyrophosphorique bibasique et de l'acide métaphosphorique monobasique. Comparer la glycérine à la fois à un acide tribasique, à un acide bibasique et à un acide monobasique, c'était lui attribuer à la fois le caractère d'un alcool triatomique, d'un alcool diatomique, d'un alcool monatomique. Il y avait là une confusion dans les idées qui n'existait pas dans les faits, car les expériences de M. Berthelot étaient exactes et marquent un progrès très-important : la découverte d'alcools polyatomiques.

La véritable interprétation de tous ces faits a été donnée quelques mois plus tard par M. Wurtz, dans une note intitulée : *Théorie des combinaisons glycériques*. La glycérine y est représentée comme un *alcool tribasique* renfermant 3 équivalents d'hydrogène pouvant être remplacés par 3 groupes ou radicaux composés. Les trois séries de combinaisons glycériques obtenues par M. Berthelot sont envisagées comme dérivant de cet alcool tribasique par la substitution de 1, de 2 ou de 3 radicaux à 1, 2 ou 3 atomes d'hydrogène. Ainsi la tristéarine apparaît comme de la glycérine dans laquelle 3 atomes d'hydrogène ont été remplacés par 3 radicaux de l'acide stéarique (radicaux stéaryle).

Il serait inutile de mentionner cette interprétation, si la formule de la

1. *Annales de Chimie et de Physique,* 3e série, t. XLI, p. 319.

glycérine qui a été proposée à cette occasion n'avait donné lieu à un développement important de la théorie des radicaux. C'est ce qu'il importe d'exposer
maintenant.

II.

La théorie des types venait d'être rajeunie par MM. Williamson et Gerhardt. Les corps minéraux et organiques étaient représentés comme dérivant d'un petit nombre de composés-types par la substitution de radicaux à
l'hydrogène de ces types. M. Williamson avait dit le premier que l'acide
sulfurique pouvait être représenté comme dérivant de 2 molécules d'eau par
la substitution du radical bibasique de l'acide sulfurique (radical sulfuryle) à
2 atomes d'hydrogène. Appliquant cette idée à la glycérine, l'auteur a représenté ce corps comme dérivant de 3 molécules d'eau par la substitution du
radical *tribasique* glycéryle à 3 atomes d'hydrogène, enlevés aux 3 molécules
d'eau. Il ne s'est point arrêté là. Faisant un nouveau pas, il a essayé de donner
la raison théorique de cette propriété remarquable du radical de la glycérine,
d'empiéter en quelque sorte sur 3 molécules d'eau, en se substituant dans
chacune d'elles à 1 atome d'hydrogène. Il a fait observer que le radical glycéryle, formé de 3 atomes de carbone et de 5 atomes d'hydrogène, diffère par
2 atomes d'hydrogène en moins du radical propyle qui ne peut se substituer qu'à
un seul atome d'hydrogène. En effet, dans l'alcool propylique, le propyle tient
la place de 1 atome d'hydrogène et d'une molécule d'eau. La perte de 2 atomes
d'hydrogène, qui a transformé le propyle en glycéryle, a donc augmenté de
deux unités la capacité de substitution du premier radical, en d'autres termes,
le radical *monobasique* est devenu *tribasique* en perdant 2 atomes d'hydrogène.
Ce point de vue était nouveau et a conduit à des conséquences importantes
concernant la capacité de saturation des radicaux : cette capacité de saturation, qu'on a nommée *atomicité*, était rattachée à leur composition même.
Elle dépend du nombre d'atomes d'hydrogène qu'ils renferment, augmentant
d'une unité pour chacun de ces atomes qui est enlevé à un carbure d'hydrogène. Ces idées ne tardèrent point à recevoir une confirmation expérimentale
qui a contribué à les répandre.

Pour former un éther neutre, l'alcool ne prend que 1 molécule d'un acide
monobasique; la glycérine peut en prendre jusqu'à 3. Il doit donc exister
des corps intermédiaires entre l'alcool et la glycérine, capables d'éthérifier
2 molécules d'un acide. Tel est le raisonnement qui a conduit à la découverte
des glycols ou alcools *diatomiques*. Aucun corps connu n'offrait les propriétés
de ce genre d'alcools et, après en avoir conçu l'existence théoriquement, il a
fallu songer aux moyens de les créer. On y a été conduit par les considérations développées plus haut sur les fonctions du radical glycéryle.

Les alcools diatomiques devaient renfermer un radical diatomique, et le
gaz oléfiant ou éthylène a paru remplir les conditions d'un tel radical. Il renferme en effet 1 atome d'hydrogène de moins que le radical monatomique
éthyle. Il doit donc être diatomique. De fait, il se combine avec 2 atomes

de chlore, pour former le dichlorure d'éthylène ou gaz oléfiant. Si au chlorure
d'éthyle ou éther chlorhydrique il correspond un hydrate d'éthyle qui est l'alcool,
au dichlorure d'éthylène il doit correspondre un dihydrate d'éthylène. Ce dihydrate est le glycol. M. Wurtz en a réalisé la formation en faisant réagir le
diiodure ou le dibromure d'éthylène sur 2 molécules d'acétate d'argent et en
décomposant par la potasse le diacétate d'éthylène qui prend naissance par
double décomposition, en même temps que le bromure d'argent.

Le procédé synthétique qui vient d'être indiqué offre le caractère d'une
méthode générale et a pu s'appliquer sans peine à la préparation de corps analogues au glycol par leur composition et par leurs propriétés. L'auteur les a
nommés *glycols*, les qualifiant d'alcools *diatomiques*[1], pour marquer leur
pouvoir de combinaison qui est double de celui de l'alcool ordinaire et qui est
en rapport d'ailleurs avec la complication plus grande de leur molécule.

A cette époque la théorie des types régnait dans la science. Nous avons
déjà fait remarquer comment elle avait conduit l'auteur à donner la vraie
interprétation des faits concernant la glycérine. Cette même théorie a été le
fil conducteur qui a permis de réaliser la découverte du glycol.

Ce corps a été rapporté, comme tous ses congénères, au type de l'eau,
mais à un type condensé formé de 2 molécules. Le radical éthylène qui s'unit
à 2 atomes de chlore ou de brome peut aussi se substituer à 2 atomes d'hydrogène, pris dans 2 molécules d'eau, qu'il rive ainsi l'une à l'autre par la raison
qu'il est indivisible. Telle est l'idée énoncée par l'auteur sur la fonction du
radical éthylène dans le glycol, et exprimée par la formule rationnelle typique
qu'il a attribuée à ce corps[2].

Mais voici un développement important. Aux glycols ainsi constitués,
l'auteur a pu rattacher, non-seulement les combinaisons neutres qu'ils forment
avec les acides et dans lesquelles leur radical diatomique demeure intact, mais
encore les acides qui résultent de leur oxydation et dans lesquels leur radical
diatomique se modifie par substitution.

En s'oxydant, sous l'influence du noir de platine, l'alcool échange
2 atomes d'hydrogène contre 1 atome d'oxygène et devient acide acétique. Le
radical s'est modifié par substitution et est devenu radical acétyle.

Dans les mêmes circonstances, et par une réaction toute semblable, le
glycol se convertit en acide glycolique; mais, tandis que l'alcool ne forme en
s'oxydant qu'un seul acide, le glycol peut en former deux. Sous l'influence des
oxydants énergiques, il échange 4 atomes d'hydrogène contre 2 atomes d'oxygène et devient acide oxalique. Deux acides dérivent donc, par oxydation, du
glycol, dont le radical peut se modifier deux fois par substitution en échangeant 2 ou 4 atomes d'hydrogène contre 1 ou 2 atomes d'oxygène. Cette
substitution s'accomplit dans le radical éthylène, qui devient successivement
radical glycolyle dans l'acide glycolique, radical oxalyle dans l'acide oxalique.
L'un et l'autre acide sont diatomiques, car ils se rattachent à un alcool diatomique; mais tandis que l'un, l'acide oxalique, est bibasique, l'autre, l'acide

---

1. Note 17, p. xciii.
2 Note 18, p. xciii.

glycolique, n'est que monobasique [1]. L'auteur, à qui l'on doit la connaissance
de ces réactions, a fait remarquer le premier que la basicité des acides augmente avec le nombre des atomes d'oxygène qui sont contenus dans leur
radical, et que les termes polyatomique et polybasique ne sont pas rigoureusement synonymes lorsqu'il s'agit des acides. Il a immédiatement étendu ces
réactions à d'autres glycols, homologues supérieurs du glycol ordinaire, qu'il
avait obtenus à l'aide de carbures d'hydrogène, homologues supérieurs de
l'éthylène, et parmi lesquels il a étudié particulièrement le propylglycol et
l'amylglycol. En s'oxydant, le premier a donné l'acide lactique, le second un
nouvel acide de la série lactique.

C'est ainsi que les acides polyatomiques et polybasiques ont été rattachés
à des alcools polyatomiques, comme les acides monobasiques, analogues à
l'acide acétique, avaient été rattachés auparavant à des alcools monatomiques.

Au point de vue de la classification des substances organiques, ces faits
semblent offrir une haute importance ; on peut soutenir à bon droit qu'ils ont
été l'occasion et l'origine d'une nouvelle méthode d'exposition en chimie organique. Ils ont permis, en effet, de grouper à part les alcools polyatomiques
avec tout le cortége des combinaisons qui s'y rattachent, telles que les carbures
d'hydrogène, qui leur servent de radical, les acides polyatomiques, qui résultent de leur oxydation et auxquels on pourrait joindre des aldéhydes. Tous ces
corps peuvent être réunis sous le nom de composés polyatomiques et définitivement séparés des alcools et des acides monatomiques et de tous les corps
qui s'y rattachent. On le voit, les alcools d'atomicité diverse sont devenus en
quelque sorte la base de la classification, et cette base a été singulièrement
élargie par les belles expériences de M. Berthelot sur la mannite et les matières
sucrées. On sait que ces corps ont été caractérisés comme alcools hexatomiques. Ils exigent pour se saturer 6 molécules d'un acide monobasique, alors
que la glycérine n'en exige que 3, que le glycol n'en prend que 2, que l'alcool
ordinaire se contente d'une seule.

Pour apprécier la valeur de ce service rendu à la classification, il suffit
de rappeler la méthode d'exposition usitée dans les cours de chimie organique
il y a vingt ans. Après quelques prolégomènes sur la composition des matières
organiques et sur l'analyse, on avait coutume de placer la description des
principes immédiats neutres fournis par le règne végétal, tels que la cellulose,
l'amidon, les matières sucrées. On y rattachait souvent les matières neutres
de l'organisation animale, l'albumine et ses congénères. Ainsi on commençait
par les substances les plus compliquées, dont on ignorait absolument la constitution, pour passer ensuite à la description des matières plus simples qui
résultent de leur dédoublement ; et l'ordre de cette exposition était déterminé
uniquement par la coïncidence fortuite de certaines propriétés générales, la
neutralité, l'acidité, l'alcalinité, nullement par la considération des liens de
parenté et de dérivation. Tous les acides étaient groupés ensemble par cela
seul qu'ils rougissent la teinture de tournesol ; tous les alcalis étaient
réunis par la raison qu'ils la ramènent au bleu. C'était l'enfance de l'art.

____

1. Note 49, p. XCIII.

Aujourd'hui on groupe les corps d'après l'ordre croissant de leur complication moléculaire, en commençant par les plus simples, pour s'élever progressivement dans la série à mesure que les molécules se compliquent.

Mais quoi! cette complication de la molécule sera-t-elle déterminée strictement et uniquement par le nombre d'atomes de carbone qu'elle renferme? et convient-il d'adopter de nouveau, pour le principe de la classification, l'échelle de combustion de Gerhardt (p. XLVIII)? En aucune façon. Un nouvel élément intervient dans les considérations à l'aide desquelles on détermine la complication moléculaire, c'est l'atomicité de la molécule, sa capacité de combinaison, qu'on peut exprimer en rapportant la molécule à un type plus ou moins compliqué et qui est en rapport avec l'atomicité ou la saturation du radical que renferme cette molécule. A ce point de vue, l'acide oxalique, bien qu'il ne renferme que 2 atomes de carbone, appartient à un type de combinaison plus élevé que l'acide stéarique, qui renferme 18 atomes de carbone. Le premier est diatomique et se rattache à un alcool diatomique; le second est monatomique et se rattache à un alcool monatomique. Il en résulte que le principe de classification générale qui prévaut aujourd'hui est tiré de l'atomicité. On réunit, comme formant de grandes classes, les corps d'atomicité égale. Les propriétés de tous ces corps diffèrent suivant la nature, le nombre et l'arrangement des éléments qu'ils renferment. De là la facilité d'établir des sous-divisions dans ces grandes classes, de grouper les corps d'une même classe par séries, par familles.

La *série* comprend ceux qui, possédant une structure moléculaire semblable et des propriétés analogues, présentent dans leur composition des variations régulières, de telle sorte que la différence que l'on constate entre deux molécules voisines se reproduise de la même façon pour toutes les autres. Tous les corps d'une même série appartiennent au même type.

La *famille* comprend tous les corps qui offrent dans leur composition un élément commun, qui est le radical; celui-ci peut être engagé dans les combinaisons les plus diverses. De là des composés appartenant à des types différents et doués de propriétés dissemblables, encore bien que tous renferment le même noyau.

On range dans la série de l'alcool tous les corps qui présentent avec l'alcool certains rapports de composition et de propriétés.

On groupe dans une même famille l'alcool et tous les corps qui présentent le radical de l'alcool, savoir l'éthyle.

Tels sont, en peu de mots, les principes de la classification aujourd'hui en usage en chimie organique. On voit que l'atomicité, c'est-à-dire la capacité de combinaison des corps, intervient, comme élément dominant, dans ces considérations. Elle est en rapport, comme nous l'avons vu plus haut, avec l'atomicité des radicaux que renferment les combinaisons. Il nous reste à exposer les idées qui ont été émises concernant le mode de génération de ces radicaux.

La découverte des acides polybasiques avait signalé des différences dans la capacité de saturation des acides; celle des alcools polyatomiques avait indiqué des différences du même ordre dans la capacité de combinaison des alcools. Il est douteux qu'on eût réussi à tirer de ces faits quelque notion générale, si la théorie des types n'eût cherché à rattacher les variations dans la capacité de combinaison des acides et des alcools à des différences correspondantes dans la saturation des radicaux qu'ils renferment.

On a dit : La glycérine triatomique renferme un radical qui est triatomique parce qu'il lui manque 3 atomes d'hydrogène pour arriver à l'état de saturation. Le glycol diatomique renferme un radical qui est diatomique parce qu'il lui manque 2 atomes d'hydrogène pour arriver à l'état de saturation.

L'atomicité des radicaux renfermant de l'hydrogène et du carbone était ainsi rattachée à leur richesse en hydrogène, à leur état de saturation en ce qui concerne cet élément. Cette proposition, qui a été énoncée pour la première fois par l'auteur dans la note mentionnée page LXIII, a été développée par divers chimistes. Il convient de l'exposer avec quelques détails.

1 atome de carbone est uni dans le gaz des marais ou hydrogène protocarboné à 4 atomes d'hydrogène, et on n'a point réussi jusqu'ici à obtenir un composé de charbon et d'hydrogène qui soit plus riche en hydrogène. Ce gaz des marais n'est pas le seul de son espèce. C'est le premier terme d'une série d'hydrocarbures qui sont tous saturés d'hydrogène et qui montrent dans leur composition une progression régulière d'atomes de carbone et d'hydrogène, de telle sorte que chacun diffère de son voisin par 1 atome de carbone et par 2 atomes d'hydrogène.

C'est ce qu'on nomme la *série homologue* du gaz des marais. Parmi tant d'hydrogènes carbonés, ce sont les plus riches en hydrogène. Ils en sont saturés et ne sauraient en prendre davantage. Mais, chose curieuse, ils sont aussi incapables de fixer directement un autre élément que de fixer de l'hydrogène, et pour qu'un autre corps simple, tel que le chlore, puisse trouver place dans leur molécule, il faut qu'il commence par chasser de l'hydrogène. En un mot, ces carbures d'hydrogène saturés se montrent incapables d'entrer directement en combinaison : ils ne peuvent se modifier que par substitution. Il semble que toutes les affinités qui résident dans le carbone soient satisfaites par celles qui résident dans les atomes d'hydrogène, le tout formant en quelque sorte un système neutre. C'est ce qu'on nomme un carbure d'hydrogène saturé.

Qu'on enlève à un tel carbure d'hydrogène 1 atome d'hydrogène, les affinités qui résident dans les atomes de carbone ne seront plus satisfaites, et il arrivera que le reste, ou la molécule incomplète, différant de la combinaison saturée par 1 atome d'hydrogène, manifestera précisément la capacité de combinaison qui réside dans cet atome d'hydrogène. Ce reste est capable de s'unir à 1 atome de chlore, de se substituer à 1 atome d'hydrogène. Il joue, en un mot, le rôle d'un radical monatomique.

Enlevez 2 atomes d'hydrogène à un carbure d'hydrogène saturé, ce qui reste de la molécule tend à regagner les affinités qui résidaient dans ces 2 atomes d'hydrogène. La molécule incomplète pourra fixer 2 atomes d'hydrogène ou 2 atomes de chlore, ou encore se substituer à 2 atomes d'hydrogène ou de chlore. Ce sont là les attributs d'un radical diatomique.

Enfin, la soustraction de 3 atomes d'hydrogène d'un carbure d'hydrogène saturé convertira ce carbure en un radical triatomique, et ainsi de suite.

Ces principes étant posés, en ce qui concerne la génération des radicaux hydrocarbonés dérivant des carbures d'hydrogène saturés, il devenait facile de les appliquer à tous les radicaux composés, de quelque nature qu'ils fussent. En effet, un radical quelconque peut toujours se rattacher à une combinaison saturée dont il dérive par la perte d'un ou de plusieurs éléments, et le degré de son atomicité est marqué précisément par la grandeur de cette perte, qui correspond à un nombre plus ou moins grand d'atomes d'hydrogène. C'est ainsi que l'atomicité des radicaux a été rapportée à leur état de saturation. Progrès important, qui a établi une relation entre les fonctions des radicaux et leur composition même. Pour étendre cette notion de la saturation aux éléments eux-mêmes, il n'y avait qu'un pas à faire.

On le voit, dans l'ordre historique, la notion de l'atomicité s'est introduite dans la science par degrés, et en trois étapes pour ainsi dire.

Premièrement, on a découvert des combinaisons polyatomiques;

Deuxièmement, on a rattaché leur polyatomicité à l'état de saturation de leurs radicaux;

Troisièmement, on a étendu aux éléments eux-mêmes la notion de la saturation qu'on avait d'abord appliquée aux radicaux, et d'où découle leur atomicité.

En effet, de même que les radicaux composés diffèrent par leur capacité de saturation, de même les atomes des corps simples ne sont pas tous semblables en ce qui concerne leur capacité de combinaison. Il y a des degrés dans cette propriété fondamentale des atomes, et ces degrés sont marqués par l'atomicité. Tel métal est incapable de s'unir à plus de 1 atome de chlore, tel autre en prend 2, celui-ci se combine à 3 atomes de chlore, celui-là en prend 4 pour former un chlorure *saturé*. De telles inégalités dans la capacité de combinaison des métaux pour le chlore sont inhérentes à la nature de leurs atomes; c'est pour cette raison qu'on les désigne sous le nom d'*atomicité*.

Cette notion théorique domine aujourd'hui la science tout entière et il importe d'en rechercher avec soin l'origine et d'en suivre le développement.

III.

Reportons-nous un instant à la théorie des types. Laurent ayant comparé avec l'eau les protoxydes métalliques et leurs hydrates, M. Odling a fait dériver les trioxydes et leurs hydrates de plusieurs molécules d'eau. Se souvenant que l'acide sulfurique hydraté avait été envisagé comme dérivant de 2 molécules d'eau par la substitution du radical sulfuryle à 2 atomes d'hydrogène, le savant et ingénieux ami de M. Williamson avait fait dériver l'hydrate de bismuth de 3 molécules d'eau, par la substitution du métal bismuth à 3 atomes d'hydrogène. Un seul atome de ce métal était donc jugé équivalent à 3 atomes d'hydrogène, et cette valeur de substitution ou de combinaison était marquée par 3 accents superposés au symbole. Cette notation de M. Odling est restée, et le principe qu'elle a consacré, la non-équivalence des atomes des corps simples, s'est généralisé depuis.

Les atomes ne sont pas équivalents et montrent entre eux des différences du même ordre que les acides monobasiques, bibasiques, tribasiques. Dans un mémoire publié en 1855, l'auteur a qualifié l'azote et le phosphore d'éléments *tribasiques*[1]. Il a essayé même de rendre compte de cette capacité de combinaison, en supposant que chaque atome de ces éléments était formé de 3 sous-atomes unis d'une manière indissoluble et pouvant se substituer chacun à 1 atome d'hydrogène. Cette substitution ayant lieu dans 3 molécules d'eau, l'atome de phosphore formait ainsi le lien entre ces 3 molécules d'eau, qu'il rivait l'une à l'autre de manière à former l'acide phosphoreux. Ainsi non-seulement l'atomicité du phosphore et de l'azote était nettement accusée, mais on essayait même d'en rendre compte par une hypothèse qui a été reproduite depuis.

Ce sont là les origines de la théorie de l'atomicité des éléments. En 1858 cette théorie a fait un progrès décisif.

Dans un mémoire important sur les radicaux[2], M. Kekulé a énoncé l'idée que le carbone est un élément tétratomique : il y a été amené par cette considération que dans les composés organiques les plus simples 1 atome de carbone est toujours uni à une somme d'éléments équivalente à 4 atomes d'hydrogène. Il en est ainsi dans le gaz des marais, dans le perchlorure de carbone, dans tous les composés intermédiaires renfermant à la fois de l'hydrogène et du chlore. Ces 2 éléments se valent, puisqu'ils se remplacent atome par atome. Dans les composés dont il s'agit, leur somme est toujours égale à 4. De même dans l'acide carbonique les 2 atomes d'oxygène unis à un seul atome de carbone valent 4 atomes d'hydrogène : chacun d'eux n'a-t-il pas le pouvoir de s'unir à 2 atomes d'hydrogène ou de s'y substituer? Mais, dira-t-on, 1 atome de carbone peut se contenter d'un seul atome d'oxygène, et il le fait dans l'oxyde de carbone. Il est vrai que ce corps ne renferme qu'un seul atome d'oxygène, mais il n'est point saturé. L'affinité qui réside dans l'atome de carbone n'est point satisfaite par son union avec l'atome d'oxygène. Voilà pourquoi l'oxyde de carbone peut fixer directement soit un second atome d'oxygène, lorsqu'il se transforme en gaz carbonique, soit 2 atomes de chlore, lorsqu'il se convertit en gaz chloroxycarbonique.

Dans l'un et l'autre composé le carbone a épuisé son affinité en fixant une somme d'éléments équivalant à 4 atomes d'hydrogène. Saturé, il est devenu tétratomique. C'est ainsi que la notion de saturation intervient dans la fixation de l'atomicité.

Elle est intervenue, de même, dans une autre considération fort importante que M. Kekulé a développée dans le mémoire cité plus haut.

Dans la série des hydrocarbures saturés, le nombre des atomes d'hydrogène n'est quadruple du nombre d'atomes de carbone que dans le premier terme ou gaz des marais, qui ne renferme qu'un seul atome de carbone. Comment se fait-il

---

1. *Annales de Chimie et de Physique,* 3e série, t. XLIV, p. 306.
2. *Annalen der Chemie und Pharmacie,* t. CVI, p. 129, 1858.

que dans le terme suivant 2 atomes de carbone ne soient unis qu'à 6 atomes
d'oxygène au lieu de 8? M. Kekulé rend compte de ce fait en admettant que les
2 atomes de carbone perdent chacun 1 atomicité en se soudant l'un à l'autre,
en se combinant, pour mieux dire. Ayant ainsi échangé 2 atomicités, ils n'en
gardent que 6 sur les 8 qu'ils renfermaient et ne sauraient fixer plus de
6 atomes d'hydrogène. Il en est de même pour les termes suivants de cette
série qui renferment 3, 4, 5 atomes de carbone. Ceux-ci sont soudés entre eux,
formant comme une chaîne dont les anneaux sont rivés par une partie de la
force de combinaison. Une autre partie reste en quelque sorte disponible et
sert à attirer et à fixer d'autres éléments qui se groupent autour des atomes
de carbone. Ceux-ci constituent le noyau de la combinaison, sa charpente
solide; les atomes d'hydrogène, de chlore, d'oxygène, qui s'y attachent, en
forment comme les appendices [1].

C'est là une grande idée, car elle explique le fait de la complication des
molécules organiques et permet de rendre compte de leur structure [2]. Pourquoi
donc les atomes de carbone montrent-ils cette singulière tendance à s'accumuler en grand nombre dans les molécules organiques? Parce qu'ils possèdent
la propriété de se combiner entre eux, de se souder les uns aux autres. Cette
propriété importante donne aux innombrables combinaisons du carbone un
cachet particulier et à la chimie organique sa physionomie, sa raison d'être.
Aucun autre élément ne la possède au même degré. Sans doute l'hydrogène peut
s'unir à lui-même, ainsi que Gerhardt l'avait reconnu; mais un atome de ce
corps épuisant sa capacité de combinaison par son union avec un second atome,
nul autre élément ne s'ajoutera à ce couple dont la molécule saturée est réduite
en quelque sorte à sa plus simple expression, étant formée par deux atomes.

Seuls, les éléments polyatomiques, après avoir employé une partie de la
capacité de combinaison qui réside en eux pour se souder les uns aux autres,
peuvent en garder une autre partie pour fixer d'autres éléments. Ainsi font
les atomes de carbone, ainsi peuvent faire les atomes d'oxygène. Ceux-ci sont
diatomiques et peuvent échanger deux à deux toutes leurs atomicités. On
admet qu'il en est ainsi dans l'oxygène libre, qui est formé de 2 atomes occupant 2 volumes, si 1 atome d'hydrogène occupe 1 volume. Ces 2 atomes possédant 4 atomicités, les ont échangées en se fixant l'un sur l'autre. Mais s'ils
peuvent perdre, par un échange complet, chacun 2 atomicités, ils peuvent, par
un échange simple, n'en perdre qu'une seule, gardant chacun une atomicité
disponible en quelque sorte, et qui peut servir à fixer 1 atome d'hydrogène
ou de chlore.

Que 2 atomes d'hydrogène viennent se fixer ainsi sur un couple de
2 atomes d'oxygène unis par l'échange d'une seule atomicité, le résultat de
cette combinaison sera le peroxyde d'hydrogène, formé de 2 atomes d'oxygène et de 2 atomes d'hydrogène. La fixation de 2 atomes de chlore sur ce

---

1. Voyez la fin de la note 20, p. xciv.

2. Il est juste de rappeler que M. Couper a développé des idées analogues sans avoir
eu connaissance des propositions qui ont été énoncées par M. Kekulé et qui ont exercé une
si grande influence sur les derniers développements de la chimie organique.

couple d'atomes d'oxygène fera naître le peroxyde de chlore, celle de 1 atome
d'hydrogène et de 1 atome de chlore, l'acide chloreux[1].

Des considérations que nous venons de présenter, il est facile de déduire
la structure moléculaire des composés oxygénés dont il s'agit. Il est évident
que les atomes d'oxygène, du peroxyde d'hydrogène ou de chlore, étant rivés
l'un à l'autre, chacun d'eux est uni avec 1 atome d'hydrogène ou de chlore.
Tels sont les rapports qui existent entre les atomes dans ces composés relativement simples. Ces rapports marquent la structure de la molécule. On les
découvre par induction, en se fondant sur cette double notion que les atomes
d'oxygène sont diatomiques et qu'ils peuvent se souder entre eux.

Des données et des raisonnements du même genre peuvent être invoqués
lorsqu'il s'agit de déterminer le groupement des atomes dans des combinaisons
plus complexes, notamment dans les combinaisons du carbone, c'est-à-dire les
composés organiques.

Les éléments ordinaires de ces combinaisons sont le carbone, l'hydrogène, l'oxygène, l'azote. Les atomes de carbone tétratomiques étant soudés
entre eux et formant, comme nous l'avons dit plus haut, le noyau de la combinaison, les autres éléments, d'atomicité diverse, viennent se grouper autour
des premiers, saturant par leurs atomicités celles qui sont demeurées libres
dans la chaîne d'atomes de carbone. Or, dans un système de ce genre, le groupement des atomes est souvent déterminé d'une manière nécessaire par leur
nombre et leur nature. En effet, dans les combinaisons organiques dites saturées, toutes les atomicités sont satisfaites, et elles ne peuvent l'être qu'à la
condition que les atomes soient groupés d'une certaine façon. Prenons un
exemple pour préciser le sens de cette proposition et pour en montrer l'importance.

On connaît un gaz formé de 2 atomes de carbone et de 6 atomes d'hydrogène. Il appartient à la série des carbures d'hydrogène les plus riches en
hydrogène que l'on connaisse. Les 2 atomes de carbone y sont soudés l'un à
l'autre, et en se soudant ils ont échangé et perdu chacun une atomicité.
Chacun en garde donc 3 et fixe 3 atomes d'hydrogène. Voilà donc un système
très-simple dans lequel les 6 atomes d'hydrogène sont groupés symétriquement
autour des 2 atomes de carbone. C'est le gaz qu'on nomme hydrure d'éthyle.
La combinaison est saturée, car toutes les atomicités sont satisfaites. Elle ne
peut donc plus fixer d'autres atomes, mais elle peut se modifier par substitution. Ainsi, elle peut perdre 1 atome d'hydrogène et gagner un autre atome
qui se met à la place du premier. Que ce soit 1 atome de chlore qui se présente, il se formera un composé chloré, le chlorure d'éthyle, qui est saturé
comme le corps hydrogéné dont il dérive; car l'atome de chlore qui s'est fixé
vaut l'atome d'hydrogène qui est parti[2].

Que 1 atome d'hydrogène de l'hydrure d'éthyle soit chassé par 1 atome
d'oxygène, il est clair que celui-ci se fixera par une de ses atomicités sur
l'atome de carbone auquel était attaché cet atome d'hydrogène qu'il rem-

1. Note 20, p. xciv.
2. Note 21, p. xciv.

place; mais étant en possession de deux atomicités, il en garde une disponible. Il tend donc à se saturer en fixant un autre atome, par exemple un atome d'hydrogène, qu'il entraîne, en quelque sorte, dans la combinaison. Les choses se passent donc comme si 1 atome d'hydrogène de l'hydrure d'éthyle était remplacé par un groupe formé de 1 atome d'oxygène et de 1 atome d'hydrogène, et ce groupe, qu'on nomme aujourd'hui oxhydryle, n'est autre chose que de l'eau ayant perdu 1 atome d'hydrogène. Un tel reste est monatomique et peut se substituer à 1 atome d'hydrogène.

C'est ainsi que l'hydrure d'éthyle se convertit en hydrate d'éthyle, qui est l'alcool. On comprend ici le rôle de l'oxygène : il est attaché par une de ses atomicités à un certain atome de carbone, par l'autre à 1 atome d'hydrogène qu'il joint à la molécule éthylée. Celle-ci est le noyau; l'atome d'hydrogène entraîné est l'annexe, l'atome d'oxygène diatomique est l'intermédiaire, qui tient d'un côté au noyau, de l'autre à l'annexe[1]. Tel est le rôle de l'oxygène dans la molécule d'alcool, et telle est la distribution des atomes dans cette molécule peu compliquée.

On découvrira par des raisonnements analogues les rapports entre les atomes dans des dérivés plus complexes, qui se rattachent à l'hydrure d'éthyle. Que 1 atome d'hydrogène de celui-ci soit remplacé par 1 atome d'azote, ce dernier se fixera par une de ses atomicités sur l'atome de carbone auquel était attaché cet atome de l'hydrogène. Mais comme l'atome d'azote est en possession de 3 atomicités, il tend à entraîner dans la combinaison d'autres éléments qui puissent les satisfaire, 2 atomes d'hydrogène par exemple. Ainsi, dans le composé azoté qu'on nomme éthylamine, l'azote est devenu l'intermédiaire entre le reste éthyle et les 2 atomes d'hydrogène annexés[2].

Tel est, en général, le rôle des éléments polyatomiques dans les combinaisons organiques. Unis, dans une chaîne d'atomes de carbone, à l'un d'eux, ils entraînent à leur suite d'autres éléments propres à saturer des atomicités demeurées libres. C'est ainsi que l'oxygène, l'azote, le carbone lui-même peuvent servir de liens entre un reste de molécule tel que l'éthyle et des atomes annexés ou entre deux restes, entre deux débris de molécules qu'ils soudent l'un à l'autre. C'est ainsi que les molécules organiques s'accroissent, non-seulement par du carbone qui se soude à du carbone, mais aussi par de l'oxygène ou par de l'azote qui se soudent entre eux ou à du carbone, tous ces éléments polyatomiques entraînant à leur suite un cortége d'atomes plus ou moins considérable.

Je m'arrête dans ces développements. Ils suffisent pour démontrer l'importance de la notion de l'atomicité des éléments pour la solution d'une des questions les plus importantes qui aient préoccupé les chimistes, la constitution des composés organiques.

Partant de cette donnée que les quatre éléments, carbone, azote, oxygène, hydrogène, diffèrent par leur capacité de combinaison, comme les nombres 4, 3, 2, 1, nous pouvons déterminer, dans un grand nombre de cas, leur

1. Note 21, p. xciv.
2. Note 21, p. xciv.

groupement dans un composé donné, si nous combinons ces notions avec celles que fournissent les réactions de ce composé.

Que faisait-on naguère pour fixer la constitution d'un corps composé et pour construire la formule rationnelle propre à l'exprimer? On étudiait ses métamorphoses et on tâchait de pénétrer le groupement des atomes par les diverses évolutions que leur font éprouver les transformations de la molécule. La tâche était difficile, car le moyen semble insuffisant. Faut-il rappeler à cet égard l'opinion de Gerhardt? C'est une tentative vaine, disait-il, que de construire des formules rationnelles, car il en existe autant, pour un corps donné, que de réactions. Proposition trop absolue, que son auteur a corrigée lui-même à la fin de sa courte et brillante carrière. N'a-t-il pas construit les plus élégantes de toutes les formules rationnelles, les formules typiques?

Il les a fondées sur l'étude des métamorphoses. A ce moyen il ajouterait aujourd'hui les inductions tirées de l'atomicité des éléments. En effet, si l'étude des réactions fournit des données pour la dynamique des atomes, les considérations relatives à leur capacité de combinaison donnent les éléments de la statique moléculaire. Ce sont là deux méthodes dont l'une sert de complément et de contrôle à l'autre.

Que peut-on faire aujourd'hui et qu'avons-nous fait plus haut? Voulant déterminer les rapports qui existent entre les atomes dans quelques combinaisons éthylées, nous avons recherché les points d'attache de l'affinité pour les éléments polyatomiques, carbone, azote, oxygène.

La présence de ces éléments dans une combinaison organique saturée comporte, en effet, sur l'arrangement moléculaire des vues que viennent corroborer ensuite les considérations tirées du mode de formation et des métamorphoses de cette combinaison. Le procédé synthétique que nous avons employé est applicable dans un grand nombre de cas, et conduit à des résultats dignes de confiance lorsqu'il est combiné avec les données analytiques que fournit l'étude des réactions.

C'est là un progrès important qui découle de la grande idée énoncée par MM. Kekulé et Couper[1]. Les considérations sur l'atomicité étant ainsi appliquées à l'étude de la constitution atomique, de la structure intérieure des molécules, les chimistes ont pu aborder, dans un grand nombre de cas, l'explication de phénomènes qui échappaient autrefois à toute interprétation : nous voulons parler des cas si nombreux d'isomérie. Voilà deux corps qui présentent la même composition, mais des propriétés différentes. On a toujours supposé que cette dissemblance était due à l'arrangement différent des atomes, sans pouvoir rien préciser à cet égard. On va plus loin aujourd'hui, et, sans chercher à assigner à chaque atome sa position absolue dans l'espace, on parvient souvent à déterminer ses rapports avec les autres atomes, et par conséquent à découvrir la structure de la molécule. Étant donnés deux corps qui, différant par leurs propriétés, renferment les mêmes atomes et en égal nombre, on

---

1. Parmi les chimistes qui ont le plus contribué à développer les principes invoqués aujourd'hui lorsqu'il s'agit de déterminer la constitution des composés organiques, il convient de nommer MM. Boutlerow et Erlenmeyer. L'expression si juste de structure moléculaire est de M. Boutlerow.

peut arriver, en groupant les atomes diversement, à construire avec des matériaux identiques deux molécules distinctes par leur forme. Ces différences de structure rendent compte des différences de propriétés : ainsi on ne se borne plus à constater l'isomérie, on en trouve la raison d'être, on en donne l'explication.

IV.

Arrêtons-nous un instant et marquons le point de vue que nous venons d'atteindre.

L'expérience avait établi ce fait que les molécules des bases, des acides, des alcools, ne sont pas toutes équivalentes par rapport à leur capacité de combinaison. La théorie, après avoir cherché l'explication de ce fait dans l'état de saturation des radicaux, a transporté la notion de la saturation des radicaux aux éléments eux-mêmes.

Les atomes des corps simples apportent dans les composés où ils entrent la tendance à épuiser la capacité de combinaison qui réside en eux et qu'ils possèdent à divers degrés. Le plus souvent l'affinité s'exerce entre des atomes divers, mais elle peut se manifester aussi entre des atomes de même nature. C'est ainsi que ceux du carbone possèdent les uns pour les autres une certaine affinité, et cette propriété, qu'ils partagent d'ailleurs avec d'autres éléments, rend compte de la complication des molécules organiques, comme les inégalités dans la capacité de saturation des éléments rendent compte de la structure de ces molécules. Telle est l'évolution de la théorie de l'atomicité. La constitution des combinaisons organiques dévoilée, l'isomérie interprétée dans un grand nombre de cas, un système de formules rationnelles fondé à la fois sur les réactions des composés et sur une propriété fondamentale de leurs atomes, voilà les grands résultats acquis.

Ce n'est pas tout : cet horizon si vaste s'est encore élargi. En se développant, la nouvelle théorie a cimenté l'alliance entre la chimie organique et la chimie minérale, cette alliance que les bons esprits avaient pressentie et proclamée et que la notion de l'atomicité a permis de nouer d'une manière solide. Il est temps de démontrer comment elle a pénétré en chimie minérale.

Cette propriété fondamentale de manifester une capacité de combinaison multiple serait-elle dévolue seulement aux atomes du carbone, de l'azote, de l'oxygène, qui constituent, avec l'hydrogène, les éléments ordinaires des combinaisons organiques ? En aucune façon. Elle se retrouve dans d'autres atomes.

On sait que les corps simples, qu'on a désignés sous le nom de métalloïdes pour les distinguer des métaux, ont été groupés en familles. Dans cet essai de classification, M. Dumas a tenu compte des affinités naturelles qui nous sont révélées par la formule atomique des composés. Il a réuni en une famille le chlore, le brome, l'iode, parce qu'ils s'unissent avec l'hydrogène atome à atome. L'oxygène, le soufre, le sélénium, le tellure, ont formé une autre famille : pour se combiner avec l'hydrogène, ils prennent, pour chacun de leurs atomes, 2 atomes d'hydrogène. L'azote est devenu le chef d'une troi-sième famille qui comprend le phosphore, l'arsenic, l'antimoine, et dont tous les membres s'unissent à l'hydrogène dans la proportion de 1 atome à 3, à l'oxygène dans la proportion de 2 atomes à 1, 3 ou 5 atomes de ce gaz. On le voit, cet essai de classification était fondé sur la capacité de combinaison des éléments. En réalité, M. Dumas groupait les métalloïdes suivant leur ato-micité.

Mais quoi! les métaux eux-mêmes seraient-ils tous jetés dans le même moule, en ce qui concerne leur capacité de combinaison? Faut-il encore admettre, avec Gerhardt, que tous peuvent se substituer à l'hydrogène atome par atome, que leurs protoxydes possèdent la constitution de l'eau, c'est-à-dire qu'ils renferment 2 atomes de métal pour 1 atome d'oxygène? Une telle supposition n'est plus admissible.

Les métaux diffèrent autant par leur capacité de combinaison que les métalloïdes eux-mêmes et l'on peut les grouper suivant les degrés de leur atomicité.

Les métaux alcalins, tels que le potassium, le sodium, auxquels on joint l'argent, font preuve de la même capacité de combinaison que l'hydrogène lui-même : ils sont incapables, comme lui, de fixer plus d'un atome de chlore ou de brome. Un atome d'oxygène est trop pour eux, ils se mettent à deux pour le saturer; leurs protoxydes et leurs hydrates ressemblent donc à l'eau, dont ils offrent la constitution atomique. Ces métaux sont monatomiques.

Mais le calcium, le baryum, le strontium, le plomb et beaucoup d'autres fixent 2 atomes de chlore pour se saturer et ne sauraient en prendre moins. Ils sont diatomiques parmi les métaux, comme l'oxygène parmi les métal-loïdes. Cette idée de métaux diatomiques a été énoncée pour la première fois en 1858 par M. Cannizzaro, qui l'a fondée sur des données physiques; elle a été soutenue et propagée par l'auteur, qui a cherché à l'appuyer d'argu-ments chimiques. Parmi ces derniers, nous citerons principalement ceux qui sont tirés de l'analogie de ces métaux avec les radicaux diatomiques tels que l'éthylène, les fonctions que les uns et les autres remplissent dans les combi-naisons étant les mêmes. Sans nous étendre sur ce sujet, nous dirons que M. Cannizzaro a attribué aux métaux dont il s'agit un poids atomique double de celui que leur assignait Gerhardt, innovation qui a introduit des changements importants dans la notation de ce dernier chimiste. De fait, il en est résulté un nouveau système de poids atomiques qui est en harmonie parfaite avec les données physiques que nous avons mentionnées. Ces dernières sont tirées des lois autrefois découvertes par Dulong et Petit et par Avogadro et Ampère.

La loi de Dulong et Petit peut être énoncée ainsi : Les atomes des corps simples possèdent la même chaleur spécifique. Elle ne se vérifie qu'à la condi-tion que l'on double les poids atomiques d'un certain nombre d'entre eux. Il semble qu'on soit autorisé à adopter ces poids atomiques doubles pour faire rentrer une partie des métaux dans une loi si simple et si générale. Elle offre, en effet, ce caractère de généralité, car les trois ou quatre exceptions que l'on a signalées se rapportent à des éléments qui présentent de singuliers phé-nomènes d'allotropie, c'est-à-dire dont les particules peuvent présenter plusieurs modifications, traverser différents états physiques, se prêter à divers groupements. Il en est ainsi du carbone, du bore, du silicium. N'est-on pas autorisé à admettre que dans le diamant, par exemple, les particules du carbone présentent un autre groupement que dans le charbon de bois? Et lorsqu'un tel corps est soumis à l'action de la chaleur, ne peut-il pas se faire un mouvement dans les particules, un travail intérieur propre à dégager ou à absorber de la chaleur? C'est précisément cette quantité de chaleur dégagée ou absorbée par le travail intérieur qui rend compte des exceptions et des inexactitudes légères que présente la loi de Dulong et Petit.

Nous pouvons donc conclure que celle-ci offre une grande généralité et fournit un contrôle efficace à la détermination des poids atomiques; car il est évident que de deux nombres multiples l'un de l'autre et satisfaisant également aux données chimiques, on devra préférer celui qui est en harmonie avec la loi des chaleurs spécifiques. C'est ce qu'on a fait pour les métaux dont il s'agit.

Il faut ajouter que les poids atomiques ainsi déduits de la loi de Dulong et Petit se confondent avec les « équivalents thermiques » de M. V. Regnault. Ce sont, en effet, les quantités pondérables qui, absorbant la même quantité de chaleur, éprouvent la même élévation de température, et qui, par conséquent, sont équivalentes par rapport à cet effet thermique.

Nous avons déjà exposé l'hypothèse d'Avogadro et d'Ampère. Elle est fondée sur les relations découvertes par Gay-Lussac entre les densités et des gaz et des vapeurs, et leurs poids moléculaires. On peut l'exprimer ainsi : Si 1 atome d'hydrogène occupe 1 volume, les molécules de tous les corps occupent à l'état de gaz 2 volumes. Le poids de ces 2 volumes exprimera donc le poids de la molécule par rapport au poids de 1 volume d'hydrogène pris pour unité. Mais ces poids relatifs ne sont autre chose que les densités, à la condition que celle de l'hydrogène soit prise pour unité. En d'autres termes, si l'on rapporte à l'hydrogène les densités de tous les gaz et de toutes les vapeurs, les doubles densités de ces gaz ou de ces vapeurs exprimeront les poids de leur molécule. De là un moyen très-simple de déterminer ou de contrôler les poids relatifs des atomes. Or le système des poids atomiques qui tend à prévaloir aujourd'hui est en harmonie avec cette loi si simple. On peut dire en particulier que les poids atomiques doubles, appliqués aux métaux d'après leur chaleur spécifique, se déduisent aussi des poids moléculaires de leurs combinaisons volatiles.

Au sujet de la loi d'Avogadro et d'Ampère, il est nécessaire de faire une restriction qui conduit à des conséquences importantes. On connaît un certain nombre de corps qui semblent faire exception à cette loi. Leurs molécules occupent, à l'état de vapeur, non pas 2, mais 4 volumes, de telle sorte que la double densité de vapeur donnerait, pour ces molécules, un poids qui ne serait que la moitié du poids moléculaire réel. Prenons un exemple :

Tout conduit à admettre que 1 molécule de sel ammoniac est formée de 1 molécule d'acide chlorhydrique et de 1 molécule de gaz ammoniac. Les deux corps composants ont uni tous leurs éléments dans une molécule plus complexe. Et si la combinaison est stable, si elle peut se maintenir à la température où le sel ammoniac entre en vapeur, cette vapeur doit occuper 2 volumes par molécule. Elle en occupe 4. Il en est ainsi non-seulement pour tous les composés analogues au chlorhydrate d'ammoniaque, mais encore pour l'iodhydrate d'hydrogène phosphoré, le perchlorure de phosphore, l'acide sulfurique hydraté et d'autres composés.

Voilà des exceptions assez nombreuses à la loi d'Avogadro et d'Ampère. On les a souvent citées comme arguments propres à ébranler cette loi, et elles seraient de nature à embarrasser ses partisans si elles ne comportaient pas une interprétation très-simple qui leur enlève toute force démonstrative dans la question. Rien ne prouve, en effet, que les combinaisons dont il s'agit puissent exister réellement à l'état de vapeur, sans subir une décomposition plus ou moins complète. Leur point d'ébullition est généralement assez élevé pour rendre une telle supposition très-probable.

Pour reprendre un des exemples précédemment cités, considérons le sel ammoniac. Sans doute, lorsqu'on met en présence à la température ordinaire les éléments de ce sel, ils s'unissent avec un vif dégagement de chaleur; dans ces conditions, l'affinité du gaz chlorhydrique pour le gaz ammoniac est considérable; elle est beaucoup moindre, et les gaz ne s'unissent que très-partiellement et avec un faible dégagement de chaleur, lorsque, comme l'a fait M. H. Sainte-Claire Deville, on les met en présence à la température élevée où le mercure entre en ébullition. A cette température, la plus grande partie des gaz mis en présence demeure non combinée à l'état de simple mélange. Or on ne peut réduire le sel ammoniac en vapeur et prendre la densité de sa vapeur qu'à des températures élevées où précisément l'affinité des deux gaz qui la composent est très-affaiblie, et où ces gaz, combinés dans le sel ammoniac solide, se séparent l'un de l'autre, reprenant chacun leur existence individuelle. Dans ces conditions, 1 molécule de sel ammoniac, qui devrait occuper 2 volumes de vapeur si elle était intacte, se dédouble entièrement ou presque entièrement en 2 autres molécules qui demeurent simplement mélangées, occupant chacune 2 volumes de vapeur. Ce n'est donc pas la molécule du sel ammoniac qui occupe 4 volumes de vapeur, ce sont les produits de sa décomposition par la chaleur. Tout porte à croire que les molécules des autres corps, que nous avons mentionnés plus haut comme faisant exception à la loi d'Avogadro et d'Ampère, éprouvent de la part de la chaleur des décompositions analogues à celles que subit la molécule du sel ammoniac. Elles se résolvent d'une manière plus ou moins complète, suivant la température, en leurs molécules composantes, qui occupent alors un volume double de celui que devrait occuper la molécule plus complexe, si elle n'était pas décomposée.

Mais, dira-t-on, comment se fait-il qu'on ne retrouve pas la trace de cette décomposition lorsque la vapeur s'est condensée de nouveau et que le corps est revenu à la température ordinaire? Dans ce ballon où vous avez réduit le sel ammoniac en vapeur et où cette vapeur s'est décomposée, vous retrouvez, après la condensation, du sel ammoniac non altéré. Il n'en peut être autrement. Lorsque la température s'abaisse, les éléments décomposés du chlorhydrate d'ammoniaque exercent de nouveau leurs affinités et reconstituent intégralement la molécule de ce sel, de telle sorte qu'il ne reste aucune trace de la décomposition passagère qu'elle avait subie.

Un des meilleurs arguments qu'on puisse invoquer en faveur de cette interprétation est celui qui est tiré de la densité de vapeur du bromhydrate d'amylène. C'est une combinaison liquide du carbure d'hydrogène amylène avec l'acide bromhydrique. Portée à une température peu supérieure à son point d'ébullition, cette combinaison montre une densité de vapeur qu'on peut appeler normale, parce qu'elle répond à 2 volumes de vapeur pour 1 molécule. La vapeur est intacte à cette température; mais qu'on la chauffe, elle va éprouver une décomposition plus ou moins complète, suivant que la chaleur fournie aura été plus ou moins considérable. Comme le sel ammoniac, elle va se résoudre en ses éléments, acide bromhydrique et amylène. Mais cette décomposition est graduelle; elle ne s'achève pas à un degré fixe, mais entre des limites de température assez étendues, de telle sorte que la vapeur, intacte à un certain degré, se trouve mélangée, à des degrés plus élevés, avec des portions de plus en plus notables de ses produits de décomposition, jusqu'à ce qu'enfin, la température s'étant élevée encore, la décomposition se trouve achevée. A ce moment, la densité de vapeur est descendue à la moitié de ce qu'elle était d'abord. Peut-on en conclure que le bromhydrate d'amylène offre deux densités de vapeur? Il est évident qu'il ne saurait en être ainsi, et il est naturel de penser que la vraie densité de vapeur est celle qui a été déterminée à une température assez basse pour qu'on soit en droit de supposer que la molécule est encore intacte. Que si cette densité décroît avec la température, cette circonstance est due à l'action décomposante que la chaleur exerce sur la vapeur.

Il y a donc lieu de croire que les autres exceptions que l'on a signalées à la loi d'Avogadro et d'Ampère sont dues à des causes analogues, et que cette loi, un des fondements de la chimie moderne, subsiste dans toute sa généralité. N'oublions pas qu'elle a été vérifiée dans des cas tellement nombreux, que les faits contraires prennent incontestablement le caractère d'exceptions et réclament par cela même un examen sérieux. Au reste, l'interprétation qu'ils ont reçue, et qui est aujourd'hui acceptée par la plupart des chimistes, est entièrement conforme aux idées qui ont cours sur l'affinité. Deux molécules, capables de prendre chacune la forme gazeuse, sont réunies par l'affinité en une molécule plus complexe. Il peut se faire que le point d'ébullition de celle-ci soit situé assez bas pour que la chaleur fournie pour la mettre en vapeur ne restitue pas aux deux molécules primitives la chaleur qu'elles avaient perdue en s'unissant ; elles demeurent alors en combinaison. Mais peut-on s'attendre à ce qu'il en soit toujours ainsi? et l'affinité de deux corps l'un pour l'autre ne peut-elle pas être assez faible, ou le composé qu'ils forment assez peu volatil, pour que le point de décomposition soit situé au-dessous du point d'ébullition? C'est précisément ce qui arrive dans la plupart des cas que nous avons indiqués. Il est certain qu'un grand nombre de molécules chimiques sont incapables de prendre la forme gazeuse sans éprouver une décomposition plus ou moins complète.

Il est très-important d'étudier la marche de cette décomposition.

Le phénomène est assez simple lorsque les produits, une fois dégagés et séparés les uns des autres, ne peuvent plus s'unir directement de manière à reconstituer, par une réaction inverse, le composé qui vient de se défaire. Supposons qu'il s'agisse d'un corps solide et que les produits de la décomposition puissent se dégager librement. Toutes les molécules qui constituent la masse du corps qui se décompose se trouvent alors dans les mêmes conditions pendant toute la durée du phénomène, toutes sont influencées de la même manière par la chaleur, toutes se décomposent à la même température, dès que la quantité de chaleur qui leur est ajoutée a restitué à leurs éléments la force vive que ceux-ci avaient perdue en se combinant. Dans ces conditions la décomposition s'accomplit à une température déterminée et fixe.

Il n'en est pas de même lorsque les produits de la décomposition, mélangés au composé qui les fournit en se dédoublant, peuvent s'unir de nouveau les uns aux autres de manière à reconstituer ce composé. La tendance de celui-ci à se dédoubler sous l'influence de la chaleur ou à se dissocier, selon l'heureuse expression de M. Henri Sainte-Claire Deville, est alors contre-balancée par la tendance contraire des éléments mis en liberté à s'unir de nouveau sous l'influence de l'affinité. Il s'établit donc une sorte d'équilibre mobile entre les molécules du composé primitif, qui demeurent intactes, et les produits de sa décomposition, qui tendent à s'unir de nouveau. A mesure que la masse de ceux-ci augmente dans le mélange, la somme des affinités augmente de même, et, pour combattre les tendances croissantes à la « recomposition », il faudra fournir aux molécules encore intactes, qui doivent se dédoubler, des quantités croissantes de chaleur. La décomposition est alors un phénomène continu qui, loin de s'achever à un point fixe, s'accomplit entre certaines limites de température. C'est ce qu'on nomme aujourd'hui la *dissociation*. On connaît les belles expériences de M. Henri Sainte-Claire Deville sur ce sujet, que nous nous bornons à indiquer ici. Remarquons seulement que les faits dont il s'agit ne sont point isolés dans la science et qu'ils sont en rapport avec d'autres manifestations de l'affinité, particulièrement avec ces actions inverses qui se produisent sous l'influence des masses et qui ont été autrefois étudiées par Berthollet.

C'est l'affinité qui est en jeu dans tous ces phénomènes, et sans connaître la nature intime de cette force, on connaît au moins ses relations avec la chaleur. On sait que l'affinité ne peut être abolie sans dégagement de chaleur, qu'elle ne peut être restituée sans absorption de chaleur : il y a une corrélation entre ces deux forces, et l'on peut mesurer l'une par l'autre. La force chimique réside, on le suppose, dans les atomes des corps. Elle consiste peut-être en un mode de mouvement particulier de ces atomes : on l'ignore. Mais on sait que cette force n'est pas détruite lorsque les atomes où elle réside se sont rencontrés et unis. Par le fait de cette union, l'affinité s'éteint; elle est satisfaite, au moins en partie, mais la portion d'énergie qui est ainsi enlevée aux atomes n'est pas détruite, car elle apparaît comme chaleur au moment même de la combinaison. Et l'intensité de la chaleur dégagée mesure l'énergie de l'affinité.

Mais quoi! n'y a-t-il rien autre chose dans cette force que l'énergie avec laquelle elle s'accomplit? S'exerce-t-elle uniformément sur tous les atomes avec la seule différence de son intensité, comme la pesanteur sollicite indistinctement tous les corps, suivant les mêmes lois? Non, la force chimique est de nature plus complexe. Il y a quelque chose en elle qui semble indépendant de son intensité même. Il y a cette action élective que Bergman a étudiée et définie longtemps avant que les chimistes aient admis l'existence de ces atomes, dont elle est un attribut. Comment donc se fait-il que le chlore, qui possède une si puissante affinité pour l'hydrogène, ne puisse annexer à chacun de ses atomes qu'un seul atome de ce corps, alors que l'azote peut se combiner à 3 atomes d'hydrogène? Pourquoi le phosphore, si voisin de l'arsenic, et qui peut s'unir comme lui à 3 atomes d'hydrogène, ou à 3 atomes de chlore, parvient-il à fixer jusqu'à 5 atomes de chlore dans le perchlorure de phosphore? C'est que les atomes des corps simples ne sont pas faits les uns comme les autres. Indépendamment des différences dans leurs masses relatives et dans leurs énergies, on peut soupçonner en eux des différences de forme, de mouvement, de structure, qui font qu'ils ne sont pas aptes à s'accommoder également entre eux. C'est là sans doute une des conditions qui gouvernent cette action élective des atomes et leurs capacités inégales de combinaison.

Nous voici revenus à la notion de l'atomicité.

Nous la rencontrons de nouveau à la base même de la science, comme une des manifestations de la force chimique. Chaque atome apporte dans ses combinaisons deux choses : d'abord son énergie propre, et puis la faculté de la dépenser à sa manière, en fixant d'autres atomes, pas tous indistinctement, mais de certains atomes et en nombre déterminé.

Les atomes diffèrent donc non-seulement par la force de leurs affinités, mais par leur capacité de combinaison, par cette faculté qu'ils possèdent de choisir, pour former ces unions qu'on nomme combinaisons, un certain nombre d'autres atomes appropriés à la nature spéciale de chacun d'eux. C'est là l'atomicité.

Cette propriété fondamentale gouverne la forme des combinaisons, elle en marque les degrés et les limites. Elle apparaît dans la loi des proportions multiples, elle se manifeste dans le fait de la saturation, elle explique les fonctions de ces groupes incomplétement saturés qu'on nomme radicaux, elle montre le sens profond de l'idée des types.

Pourquoi donc a-t-on admis un type eau? Parce qu'il existe un élément diatomique oxygène; et quelle est la raison d'être du type ammoniaque? C'est l'existence de l'élément triatomique azote.

Nous avons vu plus haut comment cette propriété fondamentale des atomes est invoquée dans les considérations relatives à la constitution atomique des corps; comment la tendance des atomes à se saturer marque, en quelque sorte, les points d'attache de l'affinité, et indique les rapports mutuels des atomes dans les composés. Pour faire ressortir, par un dernier développement, la grandeur et la portée féconde de cette notion de l'atomicité, il nous reste à montrer comment elle éclaire les réactions chimiques.

V.

Considérées à un point de vue général et abstraction faite des phénomènes d'isomérie, ces réactions rentrent dans l'un ou l'autre des trois cas suivants :

Formation de combinaisons par addition d'atomes ou de molécules;

Dédoublement de molécules complexes en éléments plus simples;

Substitution dans un composé de certains éléments à d'autres.

Le système dualistique s'appuyait principalement sur les deux premiers ordres de phénomènes chimiques. Prenant pour point de départ les idées de Lavoisier sur les sels, il représentait tous les composés formés par l'addition de deux éléments tout prêts à se séparer de nouveau. M. Dumas, s'appuyant sur les phénomènes de substitution, a envisagé le premier les molécules chimiques comme formant un seul tout, dont les différentes parties sont unies par l'affinité. Gerhardt avait adopté cette idée. Il admettait, de plus, que toutes les réactions chimiques s'accomplissent entre ces molécules entières par voie d'échange entre leurs éléments. Tout est double décomposition : voilà la formule par laquelle il exprimait toutes les métamorphoses chimiques, exagérant le point de vue mis en lumière par la théorie des substitutions. Nous savons aujourd'hui qu'il est allé trop loin dans sa réaction contre des idées que Berzelius avait exagérées lui-même.

Tout n'est pas double décomposition : il y a des fixations et des soustractions d'éléments; il y a des molécules susceptibles de grandir par une addition directe d'atomes, il y en a d'autres qui peuvent se rompre et se résoudre en fragments indépendants.

Toutes ces réactions sont éclairées par la notion de l'atomicité.

Nous connaissons, en effet, la tendance des atomes à satisfaire leur capacité de combinaison et la loi des proportions multiples nous montre qu'elle peut être satisfaite par degrés. Toutes les fois donc qu'un composé donné renferme un élément polyatomique incomplétement saturé, ce composé tend à fixer de nouveaux atomes pour arriver à cet état de saturation caractérisé par l'échange de toutes les atomicités.

Ainsi nous pouvons distinguer dans les composés chimiques deux états différents : dans les molécules saturées, l'équilibre des atomicités; dans les molécules incomplètes, avec un équilibre instable, un déficit qui veut être comblé.

Pourquoi le gaz oléfiant peut-il fixer 2 atomes de chlore, comme le mercure ou comme le zinc, jouant ainsi le rôle de radical? Par la raison que les 2 atomes de carbone qu'il renferme, sans cesser d'être unis, peuvent fixer chacun 3 éléments monatomiques alors que dans le gaz lui-même ils ne fixent chacun que 2 atomes d'hydrogène. Ainsi, par cette addition de 2 atomes de chlore, la molécule a grandi. La voilà arrivée dans un état où elle est impuissante à fixer d'autres atomes par union directe. Est-ce à dire que la nouvelle molécule qui constitue maintenant le chlorure d'éthylène soit désormais incapable de se modifier, qu'elle soit devenue indifférente et comme insensible à l'action d'autres molécules? En aucune façon. Le chlorure d'éthylène peut ou se rompre, ou échanger quelques-uns de ses éléments contre d'autres éléments. Mettez le chlore qu'il renferme aux prises avec des affinités puissantes, il pourra, ou se séparer purement et simplement, ou être remplacé par d'autres atomes. Il est à remarquer que, dans ce dernier cas, chaque atome de chlore aura été remplacé par un élément, qui remplira exactement le même rôle que lui dans le nouveau composé formé par substitution. Cela veut dire que ce nouvel élément sera uni par une atomicité à l'atome de carbone qui avait fixé auparavant cet atome de chlore dans le chlorure d'éthylène. Si le nouvel élément est monatomique comme le chlore, la substitution se fera atome par atome, et la nouvelle combinaison aura la même structure moléculaire que le chlorure d'éthylène. Dans le cas contraire, si l'élément substitué au chlore est polyatomique, il apportera dans le nouveau composé plus d'atomicités qu'il n'en faut pour satisfaire ceux d'un des atomes de carbone, comme faisait le chlore. Prenant donc la place de celui-ci, il entraînera donc dans la combinaison d'autres atomes capables de satisfaire ses atomicités demeurées libres. La molécule grandira encore, non plus par addition directe de nouveaux éléments, mais par substitution d'un groupe d'atomes, d'un radical composé à un corps simple.

C'est ainsi que la théorie de l'atomicité rend compte des fonctions des radicaux qui, dans un si grand nombre de réactions, se substituent à des corps simples; c'est ainsi qu'elle éclaire et qu'elle élargit cette proposition célèbre énoncée par les premiers auteurs de la théorie des substitutions, et appliquée d'abord au chlore, à savoir que les éléments qui, dans des combinaisons toutes formées, se substituent à d'autres éléments, prennent la place et jouent le rôle de ces derniers.

Ils les remplacent par leur capacité de combinaison, ils se mettent en rapport, dans le nouveau composé, précisément avec l'atome que saturaient, dans l'ancien, les éléments qui devaient disparaître. Est-ce à dire que par l'effet de telles substitutions les propriétés des corps ne doivent subir aucune atteinte? que les éléments entrés par substitution doivent remplacer ceux qui ont quitté la place, dans tous leurs attributs? qu'il est indifférent dès lors, au point de vue des propriétés, qu'un corps renferme de l'hydrogène, du chlore ou de l'oxygène substitués l'un à l'autre, pourvu que cette substitution s'accomplisse en quantités équivalentes, suivant la règle de l'atomicité? Non. Ce n'est pas ainsi qu'il faut entendre le rôle des éléments dans les cas de substitution. Si ceux d'atomicité semblable peuvent se remplacer, avec une égale valeur, quant à leur capacité de combinaison, ils ne sauraient se remplacer et équivaloir quant aux propriétés, car chacun d'eux apporte dans la combinaison sa nature propre, son énergie, ses affinités spéciales.

Pour rendre compte des propriétés des corps composés, on a tour à tour attribué une influence prépondérante, soit à la nature des éléments, soit à leur groupement. Il est plus vrai de dire que les propriétés des corps dépendent à la fois de ces deux conditions, qui exercent l'une et l'autre une influence considérable.

Ce sont des considérations de ce genre qu'il faut invoquer pour rendre compte des propriétés, ou, pour mieux dire, des fonctions qui ont le plus attiré l'attention des chimistes : nous voulons parler de la fonction acide et de la fonction basique, qui se manifestent par la neutralisation des acides par les bases, dans la formation des sels. Pourquoi certains corps sont-ils doués de la propriété acide? Parce qu'ils renferment beaucoup d'oxygène, disait Lavoisier. La réponse est bonne, mais elle n'est pas suffisante. Nous savons aujourd'hui que la neutralisation des acides par les bases s'accomplit par l'échange de l'hydrogène des uns contre le métal des autres, et que cet hydrogène ne devient apte à un tel échange qu'à la condition d'être en rapport avec un ou plusieurs éléments doués d'une forte énergie électro-négative. Un atome de chlore, de brome, d'iode, de soufre même, suffit pour mettre l'hydrogène dans cette condition particulière. Les acides chlorhydrique, bromhydrique, iodhydrique, sont des acides puissants; l'acide sulfhydrique est un acide faible. Un seul atome d'oxygène ne suffit pas pour placer l'hydrogène dans les conditions favorables à l'échange dont il s'agit. Il faut qu'à cet oxygène se joignent d'autres éléments et quelquefois d'autres atomes d'oxygène, pour communiquer la propriété basique, c'est-à-dire la faculté de s'échanger contre un métal à l'hydrogène placé dans le voisinage de tous ces atomes. C'est ici que la notion de l'atomicité intervient dans l'explication de ces réactions fondamentales. Les atomes prennent des propriétés particulières par le contact et le voisinage d'autres atomes, et leurs relations mutuelles, déterminées par des considérations tirées de l'atomicité, exercent une influence manifeste sur les propriétés des corps. Un seul exemple pour préciser cette pensée.

Les carbures d'hydrogène sont formés, comme nous l'avons dit, par une chaîne d'atomes de carbone, entourés d'atomes d'hydrogène; qu'un des atomes d'hydrogène, appartenant à un certain atome de carbone, soit remplacé par ce reste qu'on nomme oxhydryle et qui est de l'eau moins 1 atome d'hydrogène, il résulte de cette substitution un alcool, c'est-à-dire un corps neutre. L'hydrogène de ce reste ne possède aucune tendance à s'échanger contre un métal. Mais qu'un autre atome d'oxygène vienne se joindre à ce reste, uni comme lui au même atome de carbone, il arrivera que l'hydrogène de l'oxhydryle, se trouvant maintenant dans le voisinage de 2 atomes d'oxygène unis au même atome de carbone, aura changé de caractère ou de fonction. En rapport avec un seul atome d'oxygène, il était neutre; dans le voisinage de 2 atomes d'oxygène, il devient basique[1]. De fait, tous les corps organiques dans lesquels un des atomes de carbone se trouve en rapport avec un atome d'oxygène et un groupe oxhydryle sont des acides, et l'on voit que la fonction acide est déterminée ici non-seulement par la nature des atomes qui sont unis, mais encore par leur nombre et par leurs rapports mutuels, par ces rapports que nous dévoile la notion de l'atomicité. Que si, pour aller au fond des choses, on voulait demander de quelle façon les propriétés des atomes sont ainsi influencées par leur contact réciproque, et par quelle raison ces échanges d'hydrogène contre un métal sont rendus si faciles dans des composés où cet hydrogène est en rapport avec 1 ou plusieurs atomes doués d'une grande énergie électro-négative, il faudrait sans doute se contenter de cette réponse, qu'en réalité ces réactions,

1. Note 22, p. xciv.

ces saturations des acides par les bases, ces échanges d'éléments sont liés à des phénomènes thermiques.

En réagissant les uns sur les autres, les corps dépensent, sous forme de chaleur, une partie de leur énergie chimique, et les réactions dont nous parlons, comme beaucoup d'autres, marchent dans un sens déterminé par la plus grande somme de chaleur mise en liberté. C'est l'énergie propre des atomes, telle qu'elle se manifeste par leur chaleur de combinaison, qui est en jeu dans toutes ces actions, et, lorsqu'elles sont accomplies, la plus grande somme d'énergie a quitté les atomes sous forme de chaleur, ou, en d'autres termes, les affinités ont reçu la plus grande satisfaction.

Est-ce tout? Ces actions réciproques des acides et des bases que Lavoisier avait tant approfondies et dont il avait fait le fondement de son système rentrent-elles toutes dans l'ordre de faits que nous venons de définir, et ne sont-elles au fond que des cas particuliers de la théorie des substitutions? Ce serait une erreur de le croire, et il convient d'indiquer un autre cas qui peut se présenter, et dont les partisans des idées dualistiques pourraient se prévaloir contre la nouvelle théorie.

Les acides anhydres peuvent se fixer directement sur des oxydes anhydres pour former des sels. Le gaz carbonique ne s'unit-il pas directement à la chaux et l'anhydride sulfurique ne se combine-t-il pas à l'oxyde de baryum avec une violence telle, qu'il en résulte une vive incandescence? Ici point d'échange d'éléments, point de substitution d'un métal à l'hydrogène, l'acide est anhydre et n'en renferme pas. Cela est vrai, mais il faut remarquer que la saturation de l'oxyde de baryum par l'anhydride sulfurique est un phénomène d'un autre ordre que la neutralisation de l'hydrate de baryte par l'acide sulfurique. Cette dernière réaction est une double décomposition ou une substitution, ainsi que nous venons de l'expliquer; l'autre résulte d'une addition d'éléments; 2 molécules, saturées l'une et l'autre, mais formées par l'union d'éléments polyatomiques, sont rivées ensemble par suite d'un échange d'atomicités. Dans l'oxyde de baryum, l'atome de baryum et l'atome d'oxygène échangent toutes leurs atomicités; dans le sulfate de baryum, ils n'en échangent plus que la moitié; les 2 atomicités qui sont devenues disponibles, en quelque sorte, servent à fixer les éléments de l'anhydride sulfurique[1]. Il y a donc eu addition d'atomes par déplacement d'atomicités; en d'autres termes, pour entrer en combinaison, les atomes des deux corps se sont orientés, puis soudés d'une certaine façon, et cette orientation, suivie d'un échange d'atomicités, leur a fait perdre une partie de leur énergie. De là un dégagement de chaleur. Ainsi, ce cas particulier de la saturation des acides par les oxydes rentre dans les réactions générales que nous avons prévues et qui sont éclairées par la théorie de l'atomicité.

Nous voici arrivés au terme de cette longue exposition. Ayant pris les doctrines chimiques à leur naissance même, nous les avons suivies dans leurs

----

[1]. Note 20, p. xciv.

évolutions successives. Nous avons vu des théories partielles surgir et s'élever l'une contre l'autre, puis, après s'être combattues, se prêter un mutuel appui et se subordonner à une théorie plus générale. Nous avons vu le progrès des idées suivre de près la marche des découvertes et aboutir, à travers bien des variations, à une même idée fondamentale, celle qui consiste à chercher la cause première des phénomènes chimiques dans la diversité de la matière, chaque substance primordiale étant formée par des atomes doués d'une énergie propre et d'une aptitude particulière à la dépenser. Ces deux propriétés des atomes, distinctes l'une de l'autre, rendent compte de tous les phénomènes chimiques, la première mesurant leur intensité, la seconde gouvernant leur mode. Ainsi affinité et atomicité, telles sont les deux manifestations de la force qui réside dans les atomes, et cette hypothèse des atomes forme aujourd'hui le fonds commun de toutes nos théories, la base assurée de notre système de connaissances chimiques. Elle prête une simplicité saisissante aux lois concernant la composition des corps, elle donne des aperçus sur leur structure intime, elle intervient dans l'interprétation de leurs propriétés, de leurs réactions, de leurs métamorphoses, elle fournira sans doute, plus tard, des points d'appui à la mécanique moléculaire.

C'était donc une grande idée que celle de Dalton, et l'on peut dire à bon droit que, parmi tous les progrès que les doctrines chimiques ont accomplis depuis Lavoisier, celui-là est le plus important. Il a changé la face de la science, car les derniers développements qui en sont sortis ont substitué aux idées anciennes sur le mode d'action de l'affinité et sur le dualisme dans les combinaisons une conception plus large, qui embrasse aujourd'hui, comme des cas particuliers, ces phénomènes de l'action réciproque des acides et des bases sur lesquels Lavoisier avait fondé son système. L'idée dominante de ce système, la constitution dualistique des sels, déjà attaquée il y a cinquante ans par de grands esprits, n'est plus acceptable aujourd'hui, et c'est en vain qu'on essayerait de la maintenir. Faut-il le regretter au point de vue de l'enseignement, où cette théorie, si belle dans sa simplicité, a régné sans partage pendant soixante ans? Nous ne le pensons pas. L'hypothèse contraire, proposée par Davy et Dulong et rendue triomphante par Laurent et par Gerhardt, rend compte des faits avec justesse et clarté et en embrasse un plus grand nombre. Pour Lavoisier, sa gloire demeure dans tout son éclat. Son œuvre est dans ses immortelles découvertes, dans sa méthode, dans les principes éternellement vrais qu'il a posés sur la nature des corps simples et sur la combinaison chimique, et non dans une formule sur la constitution des sels. L'hypothèse dualistique par laquelle il avait exprimé cette constitution et que ses successeurs avaient étendue à la chimie tout entière, a fait son temps. A ceux qui, par système ou par habitude, voudraient la retenir encore, essayant de l'abriter sous le grand nom de Lavoisier, nous serions tenté de rappeler ce mot de Bacon : « La vérité est fille du temps et non pas de l'autorité. »

AD. WURTZ.

Paris, 1er mai 1863.

NOTES.

NOTE 1, PAGE XI.

Lavoisier et Berthollet envisageaient l'acide chlorhydrique (muriatique) comme renfermant un radical inconnu uni à l'oxygène. On sait que le chlore décompose l'eau à la lumière, avec formation d'acide chlorhydrique et dégagement d'oxygène. Ce fait a porté Berthollet à admettre que le chlore est un composé d'acide muriatique et d'oxygène. Il admettait que le radical inconnu de l'acide muriatique peut former avec l'oxygène diverses combinaisons, savoir :

Avec une petite quantité d'oxygène, l'acide muriatique;

Avec une proportion plus grande, l'acide muriatique oxygéné (le chlore);

Avec la proportion la plus forte, l'acide hyperoxymuriatique (l'acide du chlorate de potasse).

Cette théorie était conforme aux idées de Lavoisier. Elle faisait rentrer les chlorures (muriates) dans la classe des sels oxygénés. Elle a régné jusqu'en 1810, époque à laquelle Davy a démontré que l'interprétation la plus simple des faits relatifs au gaz jaune découvert par Scheele était d'envisager ce corps comme un corps simple, auquel il donna le nom do chlore.

NOTE 2, PAGE XXIV.

Dans les formules des composés oxygénés, Berzelius se contentait d'exprimer les atomes d'oxygène par des points superposés. Ainsi il écrivait :

Sulfate de plomb. . . . . $SO^3 + PbO$ ou $\overset{..}{S}\,\overset{.}{Pb}$.
Nitrate de potasse. . . . . $NO^5 + KO$ ou $\overset{..}{N}\,\overset{.}{K}$.

Dans cette notation on voit clairement qu'un sulfate renferme les éléments d'un sulfure, plus 4 atomes d'oxygène, dont 3 se sont fixés sur le soufre et 1 sur le métal.

Les rapports pondéraux entre un métal et le soufre sont donc les mêmes dans un sulfure ou dans un sulfate; cela doit être, puisque ces rapports pondéraux représentent des atomes dont le poids est invariable. Berzelius le démontra, vérifiant ainsi par l'expérience une des conséquences de la théorie atomique, et donnant à celle-ci une base solide par les analyses es plus nombreuses et les plus exactes.

NOTE 3, PAGE XXVI.

Pour faire comprendre le rôle de l'éthyle comme radical, nous donnons ici les ormules que Berzelius attribuait à quelques-uns des composés éthylés, en plaçant en regard celles

des composés correspondants d'un métal tel que le potassium. Dans ces formules les lettres
barrées représentent des atomes doubles (p. XXII).

<table>
<tr><td colspan="2" align="center">Composés de l'éthyle.</td><td colspan="2" align="center">Composés du potassium.</td></tr>
</table>

Composés de l'éthyle.

$C^4 H^5$, radical éthyle.

$C^4 H^5 . Cl$, chlorure d'éthyle.

$C^4 H^5 . O$, oxyde d'éthyle (éther).

$C^4 H^5 . O + HO$, hydrate d'oxyde d'éthyle
(alcool).

$C^4 H^5 . O + C^4 H^3 O^3$, acétate d'oxyde d'é-
thyle (éther acétique).

Composés du potassium.

K, radical potassium.

KCl, chlorure de potassium.

KO, oxyde de potassium.

$KO + HO$, hydrate d'oxyde de potassium
(potasse caustique).

$KO + C^4 H^3 O^3$, acétate d'oxyde de potassium.

NOTE 4, PAGE XXVIII.

La célèbre hypothèse du benzoyle, due à MM. Wœhler et Liebig, marque un progrès considérable dans la théorie des radicaux. Les formules suivantes, empruntées à la notation de
Berzelius, la mettent en lumière :

$C^{14} H^5 O^2$, benzoyle.

$C^{14} H^5 O^2 . H$, hydrure de benzoyle (essence d'amandes amères).

$C^{14} H^5 O^2 . Cl$, chlorure de benzoyle.

$C^{14} H^5 O^2 . O$, oxyde de benzoyle (acide benzoïque anhydre).

$C^{14} H^5 O^2 . S$, sulfure de benzoyle.

$C^{14} H^5 O^2 . O + HO$, hydrate d'oxyde de benzoyle (acide benzoïque hydraté).

$C^{14} H^5 O^2 . O + KO$, benzoate de potasse.

NOTE 5, PAGE XXXI.

Berzelius et tous les partisans de la théorie de Lavoisier sur les sels admettaient que les
acides hydratés renferment les éléments des acides anhydres, plus les éléments de l'eau; que
les sels renferment les éléments d'un acide anhydre, plus les éléments d'un oxyde. Ainsi, dans
la notation de Berzelius, l'acide sulfurique et les sulfates de potasse et de plomb étaient représentés par les formules suivantes :

Acide sulfurique ou sulfate d'eau. . . . . $SO^3 + H^2 O$.

Sulfate de potasse. . . . . $SO^3 + KO$.

Sulfate de plomb . . . . $SO^3 + PbO$.

Cette notation fait voir que les éléments de l'eau, de l'oxyde de potassium et de l'oxyde
de plomb s'ajoutent simplement aux éléments de l'acide anhydre sans se confondre avec lui.

Longchamp supposait, au contraire, que l'oxyde enlève à l'acide anhydre un atome
d'oxygène pour se transformer en un peroxyde demeurant uni à l'acide désoxygéné. Ainsi,
il représentait la constitution des composés précédents par les formules suivantes :

Acide sulfurique. . . . . $SO^2 + H^2 O^2$.

Sulfate de potasse. . . . . $SO^2 + KO^2$.

Sulfate de plomb . . . . $SO^2 + PbO^2$.

La formule $SO^2 + PbO^2$ était appuyée sur le fait de la formation du sulfate de plomb par
l'action du gaz sulfureux sur le eroxyde de plomb.

Nous savons aujourd'hui que les 2 atomes d'hydrogène de l'acide sulfurique

$$SO^4 H^2 = SO^2 . O^2 H^2$$

sont en rapport chacun avec 1 atome d'oxygène, et que ces 2 atomes d'oxygène jouent un rôle différent des deux autres, qui sont contenus dans le sulfuryle SO^2. Ce radical est diatomique : il s'unit à 2 atomes de chlore, et le chlorure de sulfuryle, en réagissant sur l'eau, forme l'acide sulfurique :

$$SO^2 \begin{cases} Cl \\ Cl \end{cases} \qquad SO^2 \begin{cases} OH \\ OH \end{cases}$$

Chlorure de sulfuryle.   Acide sulfurique.

L'acide sulfurique apparaît donc comme du sulfuryle uni à 2 groupes OH ou oxhydryle. Longchamp l'envisageait comme du gaz sulfureux (sulfuryle) uni à de l'eau oxygénée $O^2 H^2$. Assurément ces deux manières de voir sont différentes, mais on conviendra qu'elles ont un point de contact. Il suffit, pour s'en convaincre, de jeter les yeux sur les formules atomiques des sulfates presque identiques avec les formules de Longchamp :

Acide sulfurique. . . . . $SO^2 . O^2 H^2$.
Sulfate potassique. . . . . $SO^2 . O^2 K^2$.
Sulfate plombique . . . . $SO^2 . O^2 Pb''$.

NOTE 6, PAGE XXXIV.

Nous avons fait remarquer que Berzelius envisageait l'acide acétique et ses analogues comme des oxydes de radicaux hydrocarbonés, unis aux éléments de l'eau. L'acide acétique était l'hydrate de trioxyde d'acétyle. Quant à l'acide trichloracétique, il l'envisageait comme une combinaison conjuguée d'acide oxalique et de chlorure de carbone, unie aux éléments de l'eau. On voit que les acides entre lesquels la théorie de substitution signalait des rapports si simples étaient pour Berzelius des composés d'un ordre très-différent. Les formules suivantes font voir ces divergences :

	Formules de substitution.	Formules de Berzelius.
Acide acétique.	$C^4 H^3 O^3 . HO$,	$C^4 H^3 . O^3 + HO$.
Acide trichloracétique.	$C^4 Cl^3 O^3 . HO$,	$C^2 O^3 . C^2 Cl^3 + HO$.

Citons d'autres exemples pour donner une idée de la complication des formules dualistiques. L'éther perchloré de M. Malaguti était envisagé comme une combinaison double de 1 molécule d'acide oxalique anhydre avec 5 molécules de chlorure oxalique (sesquichlorure de carbone). Berzelius nomme cette combinaison oxal-aci-quintichloride. L'éther oxalique perchloré de M. Malaguti devient un composé de 4 atomes d'acide oxalique et de 5 atomes de sesquichlorure de carbone ; Berzelius le nomme oxal-quadraci-quintichloride, et pense qu'on peut l'envisager comme renfermant 3 atomes d'oxal-acichloride unis à 1 atome d'oxal-aci-bichloride. Les formules suivantes expriment ces singulières conceptions :

	Formules de substitution.	Formules de Berzelius.
Éther.	$C^4 H^5 O$,	$C^4 H^5 O$.
Éther perchloré.	$C^4 Cl^5 O$,	$C^2 O^3 + 5 C^2 Cl^3$, oxal-aci-quintichloride.
Éther oxalique.	$C^2 O^3 . C^4 H^5 O$,	$C^2 O^3 + C^4 H^5 . O$.
Éther oxalique perchloré.	$C^2 O^3 . C^4 Cl^5 O$	$\begin{cases} 4 C^2 O^3 + 5 C^2 Cl^3, \text{ oxal-quadraci-quintichloride.} \\ = 3 [C^2 O^3 + C^2 Cl^3] \quad [C^2 O^3 + 2 C^2 Cl^3]. \end{cases}$

NOTE 7, PAGE XXXVI.

Voici en quels termes M. Dumas discute l'opinion qui consistait à envisager la théorie des substitutions comme un cas particulier de la théorie des équivalents :

« M. Berzelius veut bien accepter ces faits comme un cas particulier sans doute de la théorie des substitutions. Il partage à cet égard une opinion souvent reproduite en Allemagne et que je n'avais jamais cru nécessaire de réfuter, savoir, que la théorie des équivalents suffisait pour apprendre que l'hydrogène serait remplacé par son équivalent de chlore ou d'oxygène. Je ne saurais dire qui le premier s'est servi de cette objection contre la théorie des substitutions, mais je n'ai jamais pu croire qu'elle fît quelque impression sur l'esprit des chimistes. N'est-il pas évident, en effet, que si un corps renferme 8 volumes d'hydrogène, par exemple, la théorie des équivalents sera satisfaite si le chlore les a enlevés sans les remplacer; qu'elle ne le sera pas moins si l'on trouve qu'ils ont disparu et qu'il est resté à leur place 2, 4, 6 ou 8 volumes de chlore, ou bien encore 10, 12 ou 20 volumes de ce gaz? En un mot, pourvu que les quantités de chlore et d'hydrogène que le chlore perd ou retient puissent s'exprimer par des équivalents quelconques, la théorie des équivalents s'en contenterait. Il n'en est pas ainsi de la métalepsie... »

NOTE 8, PAGE XXXVI.

Berzelius, ayant d'abord envisagé l'acide trichloracétique comme une combinaison copulée d'acide oxalique et de sesquichlorure de carbone, a étendu plus tard cette hypothèse à l'acide acétique lui-même, en admettant que cet acide renferme comme copule le groupe $C^2 H^3$:

Acide trichloracétique. . . . . $C^2 Cl^3 . C^2 O^3 + HO.$

Acide acétique. . . . . $C^2 H^3 . C^2 O^3 + HO.$

NOTE 9, PAGE XXXVIII.

Dans son mémoire sur les chlorures de naphtaline (*Annales de Chimie et de Physique,* 2ᵉ sér., t. LII, p. 275, 1833), Laurent décrit deux composés de la naphtaline, un chlorure solide, $Ch^2 + C^{10} H^3$, et un chlorure huileux, auquel il attribue une composition plus compliquée. Voici comment il s'exprime à l'égard du chlorure solide (p. 284) : « Par la formule $Ch^2 + C^{10} H^3$, on pourrait donner la théorie de la formation de ce composé, en disant que 3 volumes de chlore, en agissant sur un volume de naphtaline $C^{10} H^4$, le transforment en un chlorure particulier, $Ch^2 + C^{10} H^3$, et dégagent 2 volumes d'acide chlorhydrique. Le corps $Ch^2 + C^{10} H^3$ est donc « le chlorure solide d'un hydrogène carboné particulier ».

NOTE 10, PAGES XXXIX ET L.

Les formules suivantes expriment les relations de composition qui existent entre l'ammoniaque et les ammoniaques éthylées :

$$Az \begin{cases} H \\ H \\ H \end{cases} \qquad Az \begin{cases} C^2 H^5 \\ H \\ H \end{cases} \qquad Az \begin{cases} C^2 H^5 \\ C^2 H^5 \\ H \end{cases} \qquad Az \begin{cases} C^2 H^5 \\ C^2 H^5 \\ C^2 H^5 \end{cases}$$

Ammoniaque.   Éthylamine.   Diéthylamine.   Triéthylamine.

NOTE 11, PAGES LI ET LV.

Les formules suivantes expriment les idées de M. Williamson sur la constitution des acides, des oxydes et des sels, rapportée à celle de l'eau :

$$\left.\begin{array}{l}H\\H\end{array}\right\}O,\ \text{eau.} \qquad \left.\begin{array}{l}H\\H\end{array}\right\}O,\ \text{eau.} \qquad \left.\begin{array}{l}H\\H\end{array}\right\}O,\ \text{eau.}$$

$$\left.\begin{array}{l}H\\K\end{array}\right\}O,\ \text{hydrate de potassium.} \qquad \left.\begin{array}{l}(C^2H^5)\\H\end{array}\right\}O,\ \text{alcool.} \qquad \left.\begin{array}{l}(C^2H^3O)\\H\end{array}\right\}O,\ \text{acide acétique.}$$

$$\left.\begin{array}{l}K\\K\end{array}\right\}O,\ \text{oxyde de potassium.} \qquad \left.\begin{array}{l}(C^2H^5)\\(C^2H^5)\end{array}\right\}O,\ \text{éther.} \qquad \left.\begin{array}{l}(C^2H^3O)\\K\end{array}\right\}O,\ \text{acétate de potassium.}$$

$$\left.\begin{array}{l}(AzO^2)\\K\end{array}\right\}O,\ \text{nitrate de potassium.} \qquad \left.\begin{array}{l}(C^2H^5)\\(C^2H^3O)\end{array}\right\}O,\ \text{éther acétique.} \qquad \left.\begin{array}{l}(C^2H^3O)\\(C^2H^3O)\end{array}\right\}O,\ \text{acide acétique anhydre.}$$

NOTE 12, PAGE LIV.

Dans leur mémoire sur les amides (*Comptes rendus,* t. XXXVII, p. 86), MM. Gerhardt et Chiozza ont décrit des amides primaires, secondaires et tertiaires, formées par la substitution de 1, de 2, de 3 radicaux d'acide à 1, 2 ou 3 atomes d'hydrogène de l'ammoniaque :

<table>
<tr><td align="center">Amide primaire.</td><td align="center">Amide secondaire.</td><td align="center">Amide tertiaire.</td></tr>
<tr>
<td>$\left.\begin{array}{l}C^7H^5O\\H\\H\end{array}\right\}Az.$</td>
<td>$\left.\begin{array}{l}C^7H^5O\\C^7H^5O^2\\H\end{array}\right\}Az$</td>
<td>$\left.\begin{array}{l}C^6H^5SO^2\\C^7H^5O\\C^7H^5O\end{array}\right\}Az.$</td>
</tr>
<tr><td align="center">Benzamide.</td><td align="center">Benzoyl-salicylamide.</td><td align="center">Dibenzoyl sulfophénylamide.</td></tr>
</table>

Ils font remarquer que l'amide secondaire benzoyl-salicylamide, en solution alcoolique, rougit le tournesol et échange facilement 1 atome d'hydrogène contre 1 atome de métal, comme un acide proprement dit.

NOTE 13, PAGES LIII ET LIV.

Les corps doués d'une constitution semblable sont rapprochés, mais non confondus, par la théorie des types. Les propriétés de ces corps doivent nécessairement varier suivant la nature des éléments qu'ils renferment, et peuvent même passer d'un extrême à l'autre. Ce contraste est pleinement justifié par l'antagonisme des éléments eux-mêmes. C'est ce que montre le tableau suivant.

EXTRÉMITÉ GAUCHE OU POSITIVE.	TERMES INTERMÉDIAIRES.	EXTRÉMITÉ DROITE OU NÉGATIVE.
$\left.\begin{array}{l}K\\H\end{array}\right\}O,$ hydrate de potassium. $\left.\begin{array}{l}Na\\H\end{array}\right\}O,$ hydrate de sodium.	$\left.\begin{array}{l}H\\H\end{array}\right\}O,$ hydrate d'hydrogène (eau). $\left.\begin{array}{l}C^2H^5\\H\end{array}\right\}O,$ hydrate d'éthyle (alcool).	$\left.\begin{array}{l}Cl\\H\end{array}\right\}O,$ hydrate de chlore ou acide hypochloreux. $\left.\begin{array}{l}C^2H^3O\\H\end{array}\right\}O,$ hydrate d'acétyle (acide acétique).

Suivant l'idée de Gerhardt, les corps constitués d'une manière semblable y sont disposés sur la même ligne horizontale. On y considère l'alcool non comme alcalin et analogue à l'hydrate de potassium, mais plutôt comme analogue à l'eau, en ce qui concerne sa neutralité.

NOTES.

Dans un tableau publié en 1852 et reproduit dans le mémoire sur les acides organiques anhydres, Gerhardt avait placé l'alcool à l'extrémité gauche ou positive. En raison de son importance historique nous croyons devoir reproduire ce tableau :

	EXTRÉMITÉ GAUCHE OU POSITIVE.	TERMES INTERMÉDIAIRES.	EXTRÉMITÉ DROITE OU NÉGATIVE.
Type eau, H H } O	C^2H^5 H } O, alcool.........		C^2H^3O H } O, ac. acétique.
	C^2H^5 C^2H^5 } O, éther		C^2H^3O C^2H^3O } O, ac. acétique anhydre.
	CH^3 C^2H^5 } O, éther méthyliq.		C^2H^3O C^7H^5O } O, acétate benzoïque.
		C^2H^5 C^2H^3O } O, éther acétique	
Type hydrogène, H } H }	C^2H^5 H } hydrure d'éthyle..		C^2H^3O H } aldéhyde.
	C^2H^5 C^2H^5 } éthyle		C^2H^3O C^2H^3O } acétyle.
		CH^3 C^2H^3O } acétone.........	
Type ac. chlorhydrique, H Cl	C^2H^5 Cl } Éther chlorhydriq.		C^2H^3O Cl } chlorur. d'acétyle.
Type ammoniaque, H } H } Az H }	C^2H^5 H H } Az, éthylamine ...		C^2H^3O H H } Az, acétamide.
	C^2H^5 C^2H^5 H } Az, diéthylamine..		
	C^2H^5 C^2H^5 C^2H^5 } Az, triéthylamine..		

NOTE 14, PAGE LVII.

Les formules suivantes font comprendre l'idée des types condensés et des types mixtes et le rôle des radicaux polyatomiques dans les combinaisons rapportées à ces types :

$$\left.\begin{array}{c}H\\H\\H\\H\end{array}\right\}\begin{array}{c}O\\O\end{array} \qquad (SO^2)''\left.\begin{array}{c}H\\H\end{array}\right\}O^2 = (SO^2)''\,H^2\,\}\,O^2 \qquad \left.\begin{array}{c}H\\H\\H\\Cl\end{array}\right\}\begin{array}{c}O\\\\\end{array} \qquad (SO^2)''\left.\begin{array}{c}H\\Cl\end{array}\right\}O$$

2 molécules d'eau (type condensé).   1 molécule d'acide sulfurique.   1 molécule d'eau et 1 molécule d'acide chlorhydrique (type mixte).   Acide chlorosulfurique.

NOTE 15, PAGE LX.

D'après le système des poids atomiques qu'il avait adopté en 1815, Berzelius a d'abord envisagé l'oxyde ferrique et l'alumine comme renfermant 1 atome de métal et 3 atomes d'oxygène. Il modifia cette opinion plus tard (1826), attribuant au fer et à l'aluminium des poids atomiques moitié moins grands, et à leurs oxydes les formules Fe^2O^3 et Al^2O^3 encore usitées aujourd'hui.

NOTE 16, PAGE LXI.

Voici la composition des acides phosphoriques dans la notation en équivalents. Nous avons placé en regard les formules atomiques.

	Formules équivalentes.	Formules atomiques.
Acide phosphorique.	$PhO^5, 3HO,$	$H^3 PhO^4.$
Acide pyrophosphorique.	$PhO^5, 2HO,$	$H^4 Ph^2 O^7.$
Acide métaphosphorique.	$PhO^5, HO,$	$H PhO^3.$

NOTE 17, PAGE LXV.

Le mot *polyatomique* n'était guère en usage avant l'époque où a été publiée la première note de M. Wurtz « sur le glycol ou alcool diatomique », bien qu'il ne fût pas absolument nouveau. Dans un mémoire publié en 1845 (*Annales de Chim. et de Phys.*, 3e série, t. XIII, p. 142), M. Millon avait établi une distinction, d'une part entre les bases monatomiques et les bases polyatomiques, qu'il représentait comme formées de plusieurs molécules d'une base monatomique, d'autre part entre les acides monatomiques et les acides polyatomiques, ces derniers résultant de même de l'union de plusieurs molécules plus simples. J'ajoute que dans ses excellentes *Leçons élémentaires de Chimie*, 1853, p. 331, M. Malaguti avait substitué la dénomination d'acides monatomiques, diatomiques, triatomiques aux termes plus généralement usités d'acides monobasiques, bibasiques, tribasiques.

NOTE 18, PAGE LXV.

Les formules suivantes rendent compte de la formation du glycol et de l'idée énoncée par M. Wurtz concernant les fonctions du radical éthylène :

$$(C^2H^4)''I^2 + \begin{matrix} C^2H^3O \\ Ag \\ Ag \\ C^2H^3O \end{matrix} \Big\} O = 2\,AgI + \begin{matrix} C^2H^3O \\ (C^2H^4)'' \\ C^2H^3O \end{matrix} \Big\} O^2.$$

Iodure d'éthylène. — 2 molécules d'acétate d'argent. — Iodure d'oxygène. — 1 molécule d'acétate d'éthylène.

On voit que les 2 molécules d'acétate d'argent, perdant 2 atomes d'argent auxquels se substitue le radical diatomique et indivisible éthylène, sont rivées en une seule molécule de diacétate éthylénique.

Celle-ci donne le glycol par l'action de la potasse :

$$\begin{matrix} C^2H^3O \\ (C^2H^4)'' \\ C^2H^3O \end{matrix} \Big\} O^2 + \begin{matrix} H \\ K \\ H \\ K \end{matrix} \Big\} O = (C^2H^4)'' \begin{matrix} H \\ H \end{matrix} \Big\} O^2 + 2 \left[\begin{matrix} C^2H^3O \\ K \end{matrix} \Big\} O \right].$$

Diacétate éthylénique. — 2 molécules de potasse. — Dihydrate éthylénique (glycol). — 2 molécules d'acétate de potassium.

NOTE 19, PAGE LXVI.

Les formules suivantes expriment les relations entre l'alcool et le glycol et les acides qui résultent de leur oxydation :

$$\begin{matrix} C^2H^5 \\ H \end{matrix} \Big\} O, \qquad \begin{matrix} C^2H^3O \\ H \end{matrix} \Big\} O, \qquad (C^2H^4)'' \begin{matrix} \\ H^2 \end{matrix} \Big\} O^2, \qquad (C^2H^2O)'' \begin{matrix} \\ H^2 \end{matrix} \Big\} O^3, \qquad (C^2O^2)'' \begin{matrix} \\ H^2 \end{matrix} \Big\} O^2.$$

Alcool. — Acide acétique. — Glycol. — Acide glycolique. — Acide oxalique.

NOTE 20, PAGES LXXI, LXXII ET LXXXV.

L'oxygène libre est formé de 2 atomes d'oxygène qu'on suppose rivés l'un à l'autre par l'échange de 2 atomicités. Cet échange est marqué dans les formules suivantes par des traits d'union simples ou doubles.

$$O=O, \quad H-O-H, \quad H-O-O-H, \quad Cl-O-O-Cl, \quad Cl-O-O-H, \quad Cl-O-O-O-H.$$

Oxygène libre. — Eau. — Peroxyde d'hydrogène. — Peroxyde de chlore. — Acide chloreux. — Acide chlorique.

On voit comment les atomes d'oxygène peuvent se souder les uns aux autres pour former une chaîne aux extrémités de laquelle une seule atomicité libre est satisfaite par un élément monatomique tel que le chlore ou l'hydrogène. C'est ce qu'on nomme une chaîne ouverte.

La chaîne peut être fermée lorsque tous les éléments polyatomiques qui la forment sont soudés entre eux. Il en est ainsi dans certains peroxydes, et, selon toute probabilité, dans l'acide sulfurique anhydre, dans le sulfate de baryum, etc.

$$Ba=O \qquad \begin{matrix} & Ba & \\ O & - & O \end{matrix} \qquad \begin{matrix} S & - & O \\ O & - & O \end{matrix} \qquad \begin{matrix} O & - & S & - & O \\ O & - & Ba & - & O \end{matrix}$$

Oxyde de baryum. — Peroxyde de baryum. — Anhydride sulfurique. — Sulfate de baryum.

Dans ce genre de notation l'atomicité d'un élément se compte par le nombre de traits d'union qui entourent son symbole dans la formule.

Les formules suivantes, où le carbone apparaît comme tétratomique, indiquent la constitution des carbures d'hydrogène saturés, homologues avec le gaz des marais :

$$\begin{matrix} & H & \\ H & - & C & - & H \\ & H & \end{matrix} \quad \begin{matrix} H & & H \\ H-C&-&C-H \\ H & & H \end{matrix} \quad \begin{matrix} H & H & H \\ H-C&-C&-C-H \\ H & H & H \end{matrix} \quad \begin{matrix} H & H & H & H \\ H-C&-C&-C&-C-H \\ H & H & H & H \end{matrix}, \text{ etc.}$$

Gaz des marais. — Hydrure d'éthyle. — Hydrure de propyle. — Hydrure de butyle.

NOTE 21, PAGES LXXII ET LXXIII.

Les formules suivantes indiquent les rapports entre les atomes dans les dérivés de l'hydrure d'éthyle :

$$\begin{matrix} H & H \\ H-C&-C-H \\ H & H \end{matrix} \quad \begin{matrix} H & H \\ H-C&-C-Cl \\ H & H \end{matrix} \quad \begin{matrix} H & H \\ H-C&-C-OH \\ H & H \end{matrix} \quad \begin{matrix} H & H \\ H-C&-C-AzH^2 \\ H & H \end{matrix}$$

Hydrure d'éthyle (hydrocarbure saturé). — Chlorure d'éthyle. — Hydrate d'éthyle (alcool). — Éthylamine.

NOTE 22, PAGE LXXXIV.

La substitution d'un groupe OH (oxhydryle) à un atome d'hydrogène d'un carbure d'hydrogène engendre un alcool. Celle d'un atome d'oxygène et d'un groupe oxhydryle à 3 atomes d'hydrogène engendre un acide. Un acide est donc un corps qui renferme un ou plusieurs groupes CO^2H (carboxyle) :

$$H^3C-CH^3, \qquad H^3C-CH^2.OH, \qquad H^3C-CO.OH.$$

Hydrure d'éthyle. — Hydrate d'éthyle (alcool). — Acide acétique.

Coulommiers. — Typ. P. BRODARD et GALLOIS.

DICTIONNAIRE
DE CHIMIE
PURE ET APPLIQUÉE

A

ABICHITE.

ABICHITE. — Voyez Aphanèse.

ABIÉTINE (du mot *abies*, sapin). [Cailliot, *Journ. de Pharm.*, juillet 1830, t. XVI, p. 436.] — Cailliot désigne sous ce nom un corps cristallin, neutre, qu'il prépare en traitant par l'alcool absolu le résidu de la distillation de la térébenthine de Strasbourg ou du Canada, avec de l'eau. Par l'évaporation spontanée, il se dépose un mélange d'abiétine et d'acide abiétique; le mélange sec est traité par une solution bouillante de carbonate de potassium; on décante le liquide, et le résidu, délayé dans 30 fois son poids d'eau, abandonne à ce véhicule l'abiétate de potassium, tandis que l'abiétine reste insoluble.

Elle se présente en pyramides allongées, à base rectangulaire, inodores, insipides, insolubles dans l'eau, solubles dans l'alcool surtout à chaud, dans l'éther, l'huile de naphte, l'acide acétique cristallisable; elle se dépose cristallisée de ces solutions. — Sous l'influence de la chaleur, elle fond en un liquide incolore, de consistance huileuse, et se prend par refroidissement en une masse blanche, opaque, non cristallisée. — Les alcalis caustiques ne l'attaquent pas.　　　　　　　　　Ch. L.

ABIÉTIQUE (ACIDE). — On connaît sous ce nom plusieurs corps, l'un décrit par Baup [*Ann. de Chim. et de Phys.*, t. XXXI, p. 108], qui l'extrait du *Pinus abies :* ce sont des tables carrées solubles dans 7,5 p. d'alcool de 88 cent. à 14°; un autre obtenu par Cailliot en décomposant l'abiétate de potassium par un acide; le précipité recueilli est purifié par l'ammoniaque bouillante [Cailliot, *loc. cit.* — Voyez Abiétine]. C'est un corps cristallisé, soluble dans l'alcool, l'éther, les huiles grasses; ces solutions sont acides. A 55° cet acide devient mou et transparent : il forme avec les bases des sels qui se comportent comme les autres sels des acides résineux. — Le sel de baryum renferme pour 153,2 de baryte (une molécule), 382 d'acide abiétique.

Enfin, récemment, L. Maly a publié un travail complet sur l'acide abiétique et a fait connaître exactement sa nature. [*Journ. für prakt.*

ABIÉTIQUE.

Chem., t. XCVI, p. 145. — *Ann. der Chem. u. Pharm.*, t. CXXIX, p. 94, et t. CXXXII, p. 249. — *Rept. de Chim. pure*, 1862, p. 443. — *Bull. de la Soc. chim.*, 1864, t. I, p. 380, 1865, t. III, p. 297, et 1866, t. VI, p. 143.] On le prépare aisément en faisant digérer pendant quelque temps de la colophane concassée avec de l'alcool à 70° centésimaux, et épuisant le résidu avec de l'alcool à 90° : la solution alcoolique est précipitée par l'eau, et la masse résineuse que l'on obtient ainsi est abandonnée à elle-même jusqu'à ce qu'elle se soit transformée partiellement en cristaux : on purifie ceux-ci par des lavages à l'alcool froid et par une nouvelle cristallisation dans l'alcool.

L'acide abiétique a pour composition $C^{44}H^{64}O^5$; la colophane est l'anhydride de cet acide : aussi l'emploi d'un alcool faible est-il indispensable dans sa préparation.

Propriétés. — L'acide abiétique cristallise facilement en cristaux assez beaux (lamelles pyramidales à 5 facettes), lorsqu'on le précipite incomplétement par l'eau, de ses solutions alcooliques. Il est soluble dans l'alcool, l'éther, la benzine, le chloroforme, le sulfure de carbone, l'alcool méthylique. Il fond à 165°, sans perdre d'eau : à une température plus élevée il se colore en se décomposant.

C'est un acide bibasique : Maly a fait connaître la plupart de ses sels, qu'il prépare soit directement au moyen de l'acide en solution alcoolique et des carbonates métalliques, soit par double décomposition. Ce sont des corps amorphes, généralement floconneux, peu ou point solubles dans l'eau, plus solubles dans l'alcool. — L'acide chlorhydrique gazeux, réagissant sur une solution alcoolique de cet acide, donne naissance à l'acide *sylvique* et à l'acide *sylvinolique*. — L'acide sulfurique concentré dissout l'acide abiétique et forme avec lui, après un contact de 24 heures, un acide conjugué; les sels de ce nouvel acide sont incristallisables; le sel de baryum est insoluble dans l'alcool. — Le chlore sec transforme à froid l'acide abiétique en acide *dichlorabiétique*, fusible à 124°. — La potasse caustique le transforme en propionate de potassium. — L'amalgame de sodium attaque, à chaud, sa solution alcoolique et produit un nouvel acide, qui ne diffère de l'acide abiétique que par deux molécules d'hydrogène en plus : c'est l'acide *hydrabiétique* $C^{44}H^{68}O^5$ (voyez ce mot). — L'*éther abiétique* peut être obtenu par l'action de l'iodure d'éthyle sur l'abiétate d'argent; insoluble dans l'eau, peu soluble dans l'alcool, facilement soluble dans l'éther. — Un mélange de glycérine et d'une solution alcoolique d'acide abiétique abandonne, après quinze jours, des gouttelettes huileuses qui se prennent en cristaux et qui ont pour composition $C^{53}H^{76}O^8$ (glycérine abiétique?). — Le perchlorure de phosphore réagit déjà à froid sur l'acide abiétique : si l'on distille le produit de la réaction, il passe d'abord de l'oxychlorure de phosphore, puis des hydrocarbures dont le point d'ébullition varie de 295° à 350°, qui renferment tous 44 atomes de carbone et 60, 58, 56... atomes d'hydrogène, et auxquels Maly a donné le nom d'*abiétènes*.

Les travaux de Maly établissent que l'acide abiétique est différent des acides *pinique* et *pimarique*, ainsi que de l'*acide sylvique* de Siwert : ils prouvent, de plus, qu'il est identique avec l'*acide sylvique* de Unverdorben, Trommsdorff, Rose, etc. Ch. L.

ABRAZITE. — Voyez Gismondine.

ABSINTHE (ESSENCE D'). — $C^{10}H^{16}O$.

L'essence d'absinthe brute est un liquide d'un vert foncé, qu'on peut, suivant Gladstone, séparer en trois produits : un hydrocarbure analogue à l'essence de térébenthine, une huile bleue qui se rencontre dans plusieurs autres essences, enfin une huile oxygénée; on obtient cette dernière pure et incolore en rectifiant l'huile brute à plusieurs reprises sur de la chaux vive.

C'est une substance d'une odeur pénétrante, d'une saveur brûlante.

Sa densité = 0,973 à 24°. Densité de vapeur = 5,3.

Point d'ébullition : 205°.

Elle dévie à droite le plan de polarisation.

Les lessives alcalines ne l'attaquent pas; la chaux potassée l'altère profondément, par voie sèche : la masse noircit; une partie de l'essence distille inaltérée.

L'acide sulfurique la dissout à froid avec coloration; il ne se forme pas de corps conjugué.

L'acide nitrique la résinifie.

Distillée plusieurs fois sur l'acide phosphorique anhydre, et traitée à la fin par du potassium, l'essence perd les éléments de l'eau et donne naissance à un carbure d'hydrogène $C^{10}H^{14}$, dont l'odeur rappelle celle du camphogène. Il est possible que ces deux corps soient identiques.

[F. Leblanc. — *Ann. de Chim. et de Phys.* (3), t. XVI, p. 333. — Gladstone, *Journ. of the Chem. Soc.*, janv. 1864, 2ᵉ sér., t. II, p. 1, et *Bull. de la Soc. chim.*, 1864, t. II, p. 288.]

C'est en partie à l'essence d'absinthe que la liqueur connue sous le nom d'absinthe doit son parfum. L'action qu'exerce cette liqueur sur l'économie, a été l'objet de récentes discussions devant l'Académie. Suivant Marcé et Decaisne, l'absinthe est un poison énergique, agissant spécialement sur le système nerveux.

Suivant Deschamps et Pécholier, elle n'exerce sur l'économie d'autre action que celle qu'exercerait tout autre alcoolique. Ch. L.

ABSINTHINE (amer d'absinthe). — On prépare cette substance en épuisant les feuilles d'absinthe desséchée par de l'alcool à 85°, évaporant l'extrait à consistance de sirop et reprenant par l'éther; on traite par l'éther tant que ce solvant présente une saveur amère.

Après évaporation de l'éther, on lave le résidu avec une eau légèrement ammoniacale, qui enlève une certaine quantité de résine; on fait digérer l'absinthine non dissoute avec de l'acide chlorhydrique faible, on lave à l'eau; on reprend par l'alcool, on ajoute de l'acétate de plomb tant qu'il se forme un précipité; puis après filtration et séparation de l'excès de plomb au moyen de l'hydrogène sulfuré, on abandonne dans un lieu chaud la solution alcoolique préalablement étendue d'un peu d'eau. L'absinthine se dépose alors sous forme de gouttes résineuses, qui se transforment à la longue en une masse cristalline.

Légère odeur d'absinthe; saveur très-amère; peu-soluble dans l'eau, un peu plus dans l'éther, très-soluble dans l'alcool; elle se dissout aussi dans l'acide acétique, l'ammoniaque, la potasse. Elle se charbonne par l'action de la chaleur, en répandant des vapeurs âcres. L'acide sulfurique concentré la dissout avec une couleur jaune rougeâtre, devenant promptement bleue; l'eau précipite alors une substance verte, sans amertume, soluble dans l'alcool avec une couleur jaune, et se déposant de la solution alcoolique avec une couleur bleue.

Luck donne à l'absinthine la formule

$$C^{16}H^{22}O^5.$$

[Mein., *Ann. der Chem. u. Pharm.*, t. VIII, p. 61. — Luck, *ibid.*, t. LXXVIII, p. 87.] — Ch. L.

ABSORPTION des gaz par les liquides. — Lorsqu'un gaz est en contact avec un liquide, il peut se combiner avec lui ou s'y dissoudre : dans les deux cas il y a *absorption*.

La quantité de gaz absorbé par dissolution simple varie avec la nature du liquide et du gaz, la pression de celui-ci et la température. On peut le calculer facilement à l'aide de ces deux dernières données expérimentales, et d'un coefficient variable avec la température, particulier à chaque gaz et à chaque liquide, qu'on appelle coefficient d'absorption et qui exprime *le rapport du volume du gaz dissous* (^{1}) *à celui du liquide.*

Henry de Manchester a remarqué le premier (1803) que lorsqu'on augmente ou qu'on diminue la pression, les quantités *pondérables* de gaz dissous augmentent ou diminuent proportionnellement; ce qu'on peut exprimer d'une autre façon, en disant que le *volume* du gaz absorbé — évalué à la pression du gaz restant — est indépendant de cette pression. Il résulte de cette loi, qui est vérifiée dans tous les cas de dissolution *simple*, et pour tous les gaz qui suivent la loi de Mariotte, que le coefficient d'absorption est lui-même indépendant de la pression.

Lorsque plusieurs gaz sont en contact avec un même liquide, chaque gaz est absorbé comme s'il était seul, son volume étant évalué à la pression qui appartient à ce gaz dans le mélange. Cette *pression partielle* est à la pression totale comme le volume du gaz considéré est à celui du mélange dans les mêmes conditions (Dalton, 1805).

Les lois de Henry et de Dalton conduisent aux expressions suivantes :

Cas d'un seul gaz. α coefficient d'absorption. P pression du gaz resté en contact avec le liquide (^{2}). Δ poids du litre de ce gaz. h volume du liquide. x volume du gaz dissous, ramené à la pression P et à la température de zéro. p poids de ce volume.

$$x = h\alpha, \qquad p = h\alpha\,\frac{\Delta P}{760}.$$

Cas de plusieurs gaz. α, α', α''... coefficients d'absorption. P pression totale après l'absorption (^{2}). n, n', n''... proportion volumétrique de chaque

(1) Volume réduit à zéro.
(2) Corrigée de la tension du liquide.

gaz dans le mélange, *après l'absorption*. $\Delta, \Delta', \Delta'',\dots$ poids du litre de ces gaz. $x, x', x'',\dots$ volumes des gaz dissous, ramenés à la pression P et à la température de zéro. $p, p', p'',\dots$ poids de ces volumes.

$$x = han, \quad x' = ha'n',\dots \quad p = han\frac{\Delta P}{760},$$

$$p' = ha'n'\frac{\Delta' P}{760},\dots$$

Voici les coefficients d'absorption des différents gaz dans l'eau et dans l'alcool, d'après les travaux de Bunsen et de Carius [*Méthodes Gazom.*, par R. Bunsen, trad. franç., 1858].

COEFFICIENTS D'ABSORPTION

Calculés pour 0, + 10°, + 15°, + 20°, d'après les expériences de Bunsen.

Azote dans l'eau	0	0,020
	+ 10	0,016
	+ 15	0,015
	+ 20	0,014
Azote dans l'alcool	0	0,126
	+ 10	0,123
	+ 15	0,121
	+ 20	0,120
Hydrogène dans l'eau	0	0,0193
	+ 10	0,0193
	+ 15	0,0193
	+ 20	0,0193
Hydrogène dans l'alcool	0	0,069
	+ 10	0,068
	+ 15	0,067
	+ 20	0,0667
Éthyle dans l'eau	0	0,0315
	+ 10	0,0235
	+ 15	0,0215
	+ 20	0,021
Oxyde de carbone dans l'eau	0	0,033
	+ 10	0,026
	+ 15	0,024
	+ 20	0,023
Oxyde de carbone dans l'alcool	0	0,2044
	+ 10	0,2044
	+ 15	0,2044
	+ 20	0,2044
Gaz des marais dans l'eau	0	0,0545
	+ 10	0,044
	+ 15	0,039
	+ 20	0,035
Gaz des marais dans l'alcool	0	0,5226
	+ 10	0,495
	+ 15	0,483
	+ 20	0,471
Méthyle dans l'eau	0	0,087
	+ 10	0,060
	+ 15	0,051
	+ 20	0,045
Éthylène dans l'eau	0	0,236
	+ 10	0,184
	+ 15	0,1615
	+ 20	0,149
Éthylène dans l'alcool	0	3,595
	+ 10	3,086
	+ 15	2,8825
	+ 20	2,713
Acide carbonique dans l'eau	0	1,797
	+ 10	1,185
	+ 15	1,002
	+ 20	0,901
Acide carbonique dans l'alcool	0	4,329
	+ 10	3,514
	+ 15	3,199
	+ 20	2,9465
Oxygène dans l'eau [d'après l'analyse de l'air dissous dans l'eau]	0	0,041
	+ 10	0,0325
	+ 15	0,030
	+ 20	0,028
Oxygène dans l'alcool [Carius]	0	0,284
	+ 10	0,284
	+ 15	0,284
	+ 20	0,284
Protoxyde d'azote dans l'eau	0	1,001
	+ 10	0,920
	+ 15	0,778
	+ 20	0,670
Protoxyde d'azote dans l'alcool	0	4,178
	+ 10	3,541
	+ 15	3,268
	+ 20	3,025
Bioxyde d'azote dans l'alcool	0	0,316
	+ 10	0,286
	+ 15	0,275
	+ 20	0,266
Hydrogène sulfuré dans l'alcool [Schonfeld et Carius]	0	17,9
	+ 10	12,0
	+ 15	9,5
	+ 20	7,4
Hydrogène sulfuré dans l'eau [Schonfeld et Carius]	0	4,37
	+ 10	3,6
	+ 15	3,2
	+ 20	2,9
Acide sulfureux dans l'alcool [Schonfeld et Carius]	0	328
	+ 10	100
	+ 15	144
	+ 20	114
Acide sulfureux dans l'eau [Schonfeld et Carius]	0	80
	+ 10	57
	+ 15	47
	+ 20	39
Ammoniaque dans l'eau [Carius]	0	1050
	+ 10	812
	+ 15	727
	+ 20	654
Air atmosphérique [en quantité illimitée]	0	0,025
	+ 10	0,0195
	+ 15	0,018
	+ 20	0,017

ANALYSE ABSORPTIOMÉTRIQUE. — On peut parfois déterminer la composition quantitative d'un mélange gazeux à l'aide de simples opérations absorptiométriques. Si l'on connaît, par exemple, les coefficients d'absorption de deux gaz en présence, il suffit de mesurer un certain volume du mélange, et de le mettre en contact avec une quantité de liquide insuffisante pour en absorber tout entier l'un des éléments; en lisant le résidu gazeux après l'absorption, on aura toutes les données nécessaires pour calculer la composition du mélange primitif.

Soit V le volume du gaz avant l'absorption, réduit à zéro et à la pression 1 [1];

Soit V' le volume du résidu réduit aussi à zéro et à la pression 1;

Soient α et α' les coefficients d'absorption et x et y les proportions en volume des deux gaz en présence;

Soit h le volume du liquide. Posons $V' + \alpha h = A$ et $V' + \alpha' h = B$; le rapport $\frac{x}{y}$ sera donné par la formule

$$\frac{x}{y} = \frac{V - B}{A - V} \cdot \frac{A}{B} \quad [2].$$

[1] On l'obtient en multipliant le volume à $t°$ et à la pression P par $P\dfrac{273}{273 + t}$.

[2] En effet, soient x' et y' les volumes réduits de la partie non absorbée de chacun des deux gaz, V' est égal à $x' + y'$, et les *pressions partielles* des deux gaz sont $\dfrac{x'}{V'}$, $\dfrac{y'}{V'}$, pour une pression totale $= 1$. La partie absorbée du premier gaz possède le volume αh à la pression $\dfrac{x'}{V'}$, c'est-à-dire $\dfrac{x'}{V'}\alpha h$ à la pression 1; le volume total du premier gaz, réduit à zéro et à la pression 1, est donc $x = x' + \dfrac{x'}{V'}\alpha h$; égalité dont on tire $\dfrac{x'}{V'} = \dfrac{x}{V' + \alpha h}$.

On a de même $\dfrac{y'}{V'} = \dfrac{y}{V' + \alpha' h}$ pour la pression partielle du second gaz; et comme ces deux pressions en s'ajoutant donnent la pression 1, $1 = \dfrac{x}{V' + \alpha h} + \dfrac{y}{V' + \alpha' h}$;

On remarque, à la seule inspection de cette formule, que l'absorption des mélanges gazeux n'a pas lieu selon une loi simple; ceux-ci en effet n'ont pas, à proprement parler, de *coefficient* d'absorption, puisque le volume relatif du liquide absorbant intervient pour modifier la quantité dont ce coefficient est l'expression; de là une des applications les plus importantes de l'analyse absorptiométrique. Supposons qu'on mette en contact avec une même quantité de liquide, et à la même température, des quantités très-diverses d'un gaz composé, et qu'on calcule à chaque opération le coefficient d'absorption comme pour un gaz unique. Si le gaz n'est pas un mélange, on trouvera des nombres identiques; dans le cas contraire, et à moins que les gaz mélangés n'aient, à la température donnée, le même coefficient, les nombres différeront avec la quantité de gaz employée. L'on peut ainsi trancher une question que l'analyse eudiométrique laisse souvent irrésolue, à savoir : si un gaz donné est un mélange ou une combinaison. Lorsque les gaz mélangés ont des coefficients connus, on peut calculer l'égalité

$$\frac{V - B}{A - V} \cdot \frac{A}{B} = \frac{x}{y} = \text{const.}$$

à laquelle leur absorption doit satisfaire.

Les déterminations absorptiométriques se font dans les appareils spéciaux de Bunsen, de Carius, etc., ou plus simplement et avec une approximation suffisante, dans un large tube barométrique retourné sur le mercure et dans lequel on introduit le gaz et le liquide. On recouvre la surface du bain de mercure d'une très-légère couche d'acide sulfurique pour empêcher toute rentrée d'air par capillarité, puis on abandonne l'appareil, dans une pièce où la température varie peu, pendant une journée ou deux; il ne reste plus qu'à lire le résidu gazeux à la façon ordinaire. — Voyez ANALYSE EUDIOMÉTRIQUE. G. S.

ABSORPTION (SPECTRE D'). — Voir ANALYSE SPECTRALE.

ACACINE. — On donne quelquefois ce nom à la gomme arabique pure, provenant de certaines sortes d'acacia.

ACADIOLITHE. — Voyez CHABASIE.

ACAJOU (gomme). — C'est la gomme qui s'écoule du tronc de l'*Anacardium occidentale*. — Substance jaunâtre, à reflets irisés, souvent remplie de bulles d'air; elle s'attache aux dents quand on la mastique; très-difficilement soluble dans l'eau; la solution n'est précipitée ni par le borax ni par le sulfate de fer. D'après Trommsdorff, c'est un mélange de gomme ordinaire et de bassorine.

On a donné le même nom à la gomme du bois d'acajou, et enfin à une substance contenue dans les noix du *Phytelephas macrocarpa*.

ACAJOU (RÉSINE D'). — Se trouve dans le péricarpe des noix d'acajou, d'où elle a été extraite par Stædeler; cette résine paraît être un mélange d'acide anacardique, de cardol et de quelques autres substances.

ACAROÏDE (RÉSINE). [Laugier, *Ann. de Chim.*, t. LXXIV, p. 265.] — C'est la gomme qui s'écoule du *Xantorrhea hastilis* (famille des Liliacées). — Résine jaune-rougeâtre, très-friable, d'une odeur balsamique et d'un goût astringent; elle fond à une basse température, en répandant une odeur analogue à celle du baume de Tolu; chauffée sur une lame de platine, elle brûle avec une flamme fuligineuse; soumise à la distillation,

elle se décompose en donnant naissance à de la benzine, du cinnamène, du phénol, de l'acide benzoïque et de l'acide cinnamique. — Insoluble dans l'eau, soluble dans l'alcool et les alcalis avec une couleur brune; la solution alcaline renferme du cinnamate et du benzoate. — L'acide nitrique l'attaque déjà à froid, et la transforme en acide picrique; selon Stenhouse, ce moyen de préparer l'acide picrique est très-avantageux. [Stenhouse, *Ann. der Chem. u. Pharm.*, t. LVII, p. 84.] CH. L.

ACÉCONITIQUE (ACIDE). [Ad. Baeyer, *Journ. für prakt. Chem.*, t. XCIII, p. 223 (1864). — *Bull. de la Soc. chim.*, 1865, t. IV, p. 193.]

$$C^6 H^8 O^6 = C^6 H^5 O^3 (O H)^3.$$

Lorsqu'on fait agir à chaud le sodium sur l'éther bromacétique, il se forme une masse visqueuse, brune, qui noircit à l'air et se décompose; en la distillant dans le vide, il passe vers 200° un liquide composé des éthers de l'acide acéconitique, et de l'acide citracétique. En saponifiant ce mélange par l'eau de baryte, et traitant les sels par l'eau, on sépare l'acéconitate de baryum, fort peu soluble, du citracétate qui se dissout aisément. M. Baeyer représente la formation de l'acide acéconitique par l'équation

$$3 \left(\begin{matrix} C^2 H^2 Br O \\ C^2 H^5 \end{matrix} \right\} O \right) + 3\,Na$$

Bromacétate d'éthyle.

$$= \left. \begin{matrix} C^6 H^5 O^3 \\ 3\,C^2 H^5 \end{matrix} \right\} O^3 + 3\,Na\,Br + H.$$

L'acide acéconitique cristallise en mamelons; il est soluble dans l'éther; soumis à l'action de la chaleur, il fond et brûle en laissant un résidu charbonneux; chauffé dans un tube, il donne un sublimé cristallin; il est tribasique; il donne un précipité grenu avec l'azotate d'argent, et des précipités blancs avec l'azotate mercureux et avec l'acétate de plomb. Cet acide présente la même composition que l'acide carballylique, obtenu à l'aide du tricyanure d'allyle par M. Simpson, et par l'action de l'hydrogène naissant sur l'acide aconitique. (Dessaignes, Kekulé.) Peut-être l'acide acéconitique et l'acide carballylique sont-ils identiques. E. G.

ACÉDIAMINE. [Strecker, *Ann. der Chem. u. Pharm.*, nouv. série, t. XXVII, p. 321 (1858), *Ann. de Chim. et de Phys.* (3), t. LII, p. 507.]

$$C^2 H^6 Az^2 = \left. \begin{matrix} (C^2 H^3)''' \\ H^3 \end{matrix} \right\} Az^2.$$

On ne connaît que deux sels de cette amine : M. Strecker a obtenu le chlorhydrate, en chauffant l'acétamide dans un courant de gaz chlorhydrique sec; il reste dans la cornue un mélange de sel ammoniac et de chlorhydrate d'acédiamine. — Le chloroplatinate d'acédiamine est représenté par la formule

$$(C^2 H^6 Az^2, H Cl)^2 Pt Cl^4.$$

Le sulfate d'acédiamine forme à l'état de pureté des paillettes nacrées qui renferment

$$(C^2 H^6 Az^2)^2, H^2 SO^4.$$

Lorsqu'on veut déplacer cette amine de ses sels par une base plus forte, elle se dédouble en ammoniaque et acide acétique :

$$C^2 H^6 Az^2 + H^2 O = C^2 H^4 O^2 + 2\,Az\,H^3.$$

M. W. Hofmann appelle l'acédiamine *éthényldiamine*. Il a obtenu le dérivé diphénylé

$$\left. \begin{matrix} (C^2 H^3)''' \\ (C^6 H^5)^2 \\ H \end{matrix} \right\} Az^2$$

en chauffant de l'aniline, de l'acide acétique et du perchlorure de phosphore. [*Compt. rend.*,

d'autre part on avait avant l'absorption $1 = \frac{x}{V} + \frac{y}{V'}$; en réunissant les deux équations, il vient

$$\frac{x}{y} = \frac{[(V' + \alpha' h) - V]}{[V - (V' + \alpha h)]} \cdot \frac{(V' + \alpha h)}{(V' + \alpha' h)}.$$

t. LXII, p. 729; *Bull. de la Soc. chim.*, 1866, t. VI, p. 163-165]   E. G.

ACERDÈSE (Min.) [Syn. *Manganite*]. — **Oxyde manganique hydraté,**

$$(Mn^2) O^4 H^2 = Mn^2 O^3. H^2 O.$$

L'acerdèse se présente à l'état cristallisé, fibreux ou massif. Elle est d'un gris foncé, presque noir et possède quelquefois un aspect très-brillant. *Formes habituelles* : Prismes cannelés à 4 ou à 8 faces appartenant au type orthorhombique et terminés par la base, par un biseau [a^2] ou par des pyramides surbaissées. *Caractères* : L'acerdèse dégage de l'eau dans le tube fermé ; chauffée avec l'acide chlorhydrique, elle met du chlore

Fig. 1.

en liberté ; elle ne fond pas au chalumeau ; donne avec la soude une masse verte qui bleuit par le refroidissement, et avec le borax, à la flamme d'oxydation, un verre violet-améthyste. Dureté 4. Fragile. Poussière brune. Densité 4,2 — 4,4.

$$m : m = 99^o 40,$$
$$a^2 : a^2 = 114^o 19.$$

Clivages g^1 très-facile, m facile. *Différences* : Le dégagement d'eau et la couleur de la poussière la distinguent de la *pyrolusite*. — Voyez MANGANÈSE.

F. et S.

ACÉTAL,

$$C^6 H^{14} O^2 = \left. \begin{array}{c} C^2 H^{4''} \\ 2 C^2 H^5 \end{array} \right\} O^2.$$

Produit d'oxydation de l'alcool.

Découvert par Dœbereiner [*Journ. de Pharm.*, 1833, t. XIX, p. 513], étudié par Liebig [*Traité de Chim. org. de Liebig*, Paris, 1840, t. I, p. 380], Stas [*Ann. de Chim. et de Phys.*, (3), t. XIX, p. 146], Wurtz [*Ann. de Chim. et de Phys.*, (3), t. XLVIII, p. 370], Lieben [*Ann. de Chim. et de Phys.*, (3), t. LII, p. 313], Wurtz et Frapolli [*Ann. de Chim. et de Phys.*, t. LVI, p. 139], Beilstein [*Ann. der Chem. u. Pharm.*, t. CXII, p. 260 et *Bull. de la Soc. chim.*, 25 février 1859 et 25 mai 1859].

On le prépare soit avec l'alcool, soit avec l'aldéhyde.

Préparation au moyen de l'alcool. — 1. On dispose dans un ballon de 50 litres des fragments de pierre ponce (lavée et calcinée) humectée d'alcool à 95° ; on pose sur cette ponce des capsules plates renfermant du noir de platine ; puis on couvre le col du ballon d'une plaque de verre dressée, et on abandonne le tout à lui-même jusqu'à ce que l'alcool soit transformé en acide acétique. A ce moment, on fait arriver au fond du ballon 1 à 2 litres d'alcool à 60°. Après quinze à vingt jours, et si l'on donne de temps en temps accès à l'air, ce liquide est devenu sirupeux ; on l'extrait alors du ballon et on le remplace par une égale quantité d'alcool. On répète cette opération jusqu'à ce qu'on en ait obtenu quelques litres.

On neutralise le tout par du carbonate de potassium et on le sèche sur du chlorure de calcium ou de l'acétate de potassium. On le soumet alors à la distillation, en ne recueillant que le premier quart du liquide ; on ajoute au produit distillé du chlorure de calcium qui en sépare un liquide doué d'une très-forte odeur ; on l'enlève avec une pipette ; en ajoutant avec précaution de l'eau au mélange salin, on en sépare une nouvelle portion.

Le liquide ainsi obtenu est un mélange d'aldéhyde, d'éther acétique, d'alcool et d'acétal. On le sursature de chlorure de calcium ; après décantation, on le distille avec soin tant que le liquide

qui passe réduit le nitrate d'argent. Le résidu est traité pendant quelques jours par une solution très-concentrée de potasse caustique qui décompose l'éther acétique. On lave à l'eau, puis on sèche sur du chlorure de calcium et on rectifie en recueillant ce qui passe au-dessus de 100°. (Stas.)

2. On peut aussi préparer l'acétal au moyen du *chlore*. On fait passer ce gaz dans de l'alcool à 80 centièmes et refroidi à 10°, jusqu'à ce que l'eau y détermine un trouble. On distille le premier quart, neutralise, redistille un quart du liquide ; puis par un traitement au chlorure de calcium et à la potasse, analogue à celui qui a été indiqué plus haut, on obtient le produit pur. (Stas.)

3. On oxyde l'alcool avec le *peroxyde de manganèse* et l'acide sulfurique dans les proportions indiquées par Liebig pour la préparation de l'aldéhyde. On recueille à part les portions bouillant de 60 à 90°. En ajoutant à ce liquide une solution concentrée de $Cl^2 Ca$, on sépare une huile légère qui, rectifiée, puis traitée de nouveau par $Cl^2 Ca$, ne renferme plus que peu d'aldéhyde et d'éther acétique. Par un traitement à la potasse caustique à 100°, on détruit ces deux produits et l'on n'a plus qu'à rectifier pour obtenir l'acétal pur. (Wurtz.)

Préparation de l'acétal au moyen de l'aldéhyde. — 1. Lorsqu'on ajoute du bromure d'éthylidène $C^2 H^4 Br^2$ à de l'éthylate de sodium sec et enfermé dans un ballon refroidi à — 12°, une vive réaction se manifeste. Du produit de cette réaction, on peut, par distillation, séparer de l'acétal :

$$C^2 H^4 Br^2 + 2 (C^2 H^5 O Na)$$
$$= 2(Br Na) + (C^2 H^4)'' \left\{ \begin{array}{c} O C^2 H^5 \\ O C^2 H^5. \end{array} \right.$$
Acétal.

Si l'on remplace le bromure par le chlorure d'éthylidène, il se forme de l'éthylène chloré et des traces d'acétal :

$$C^2 H^4 Cl^2 + C^2 H^5 O Na$$
$$= Cl Na + C^2 H^6 O + C^2 H^3 Cl.$$

(Wurtz et Frapolli.)

2. Lorsqu'on chauffe en vase clos, pendant quatre heures, au bain-marie, le chlorure

$$C^4 H^9 Cl O = (C^2 H^4)'' \left\{ \begin{array}{c} Cl \\ O C^2 H^5 \end{array} \right.$$

(obtenu par l'action de l'acide chlorhydrique sur un mélange d'alcool absolu et d'aldéhyde), avec de l'éthylate de sodium et qu'on distille, on obtient un produit qui, traité par $Cl^2 Ca$, puis par Na^2, présente les propriétés et la composition de l'acétal :

$$(C^2 H^4)'' \left\{ \begin{array}{c} Cl \\ O C^2 H^5 \end{array} \right. + C^2 H^5 O Na$$
$$= Cl Na + (C^2 H^4)'' \left\{ \begin{array}{c} O C^2 H^5 \\ O C^2 H^5. \end{array} \right.$$

(Wurtz et Frapolli.)

3. En chauffant de l'aldéhyde avec de l'alcool, dans des tubes fermés, Geuther a obtenu de l'acétal :

$$2 C^2 H^6 O + C^2 H^4 O = C^6 H^{14} O^2 + H^2 O.$$

Propriétés. — Liquide éthéré, incolore, d'une mobilité moindre que celle de l'éther, d'une odeur suave particulière ; saveur fraîche, avec arrière-goût de noisette.

$$D \text{ à } 22^o,4 = 0,821. \ D^v = 4,0817.$$

Point d'ébullition : 104°.

Peu soluble dans l'eau, surtout à chaud ; à 23°, l'eau en dissout environ la dix-huitième partie de son volume ; les sels très-solubles comme $Cl^2 Ca$ le séparent de cette solution. Très-soluble dans l'éther et dans l'alcool.

Il se conserve sans altération dans l'air sec ou humide; mais sous des influences oxydantes, noir de platine, acide nitrique faible, acide chromique, il donne de l'aldéhyde ou de l'acide acétique.

Il ne réduit pas l'acétate d'argent ammoniacal.

Les alcalis, hors du contact de l'air, sont sans action sur lui. L'acide sulfurique le dissout, puis le décompose en le noircissant.

Le chlore donne avec lui divers dérivés de substitution. (Voir plus loin.)

L'acide chlorhydrique concentré le dissout; au bout de quelques jours, le mélange noircit et renferme alors de l'éther chlorhydrique.

Le perchlorure de phosphore réagit énergiquement sur lui en produisant de l'éther chlorhydrique. Beilstein croit avoir observé dans la même réaction la formation du chlorure C^4H^3ClO: et en prenant deux molécules de perchlorure pour une d'acétal, la formation d'un autre chlorure $C^4H^3Cl^3$.

Lorsqu'on chauffe l'acétal au bain d'huile, dans des tubes scellés, avec de l'acide acétique cristallisable (Wurtz) ou de l'acide acétique anhydre (Beilstein), il se forme de l'éther acétique et de l'aldéhyde. Wurtz a observé qu'il se forme pour une molécule d'acétal, plus d'une molécule d'éther acétique; on a, en effet :

$$C^2H^4(OC^2H^5)^2 + 2(C^2H^3O^2.H)$$
$$= 2(C^2H^3O^2.C^2H^5) + C^2H^4O + H^2O.$$

Constitution. — La composition et l'équivalent de l'acétal ont été déterminés par Stas. Quant à sa constitution, ce chimiste établit que l'acétal pourrait être représenté par une combinaison de deux molécules d'éther avec une molécule d'aldéhyde : mais, voyant l'acétal résister à la plupart des agents modificateurs de l'aldéhyde, il est plutôt porté à le considérer comme une molécule unique, dérivant directement de la condensation de trois molécules d'alcool en une seule qui perdrait 2H et H^2O :

$$3(C^2H^6O) = C^6H^{18}O^3 = C^6H^{14}O^2 + H^2 + H^2O.$$

Plus tard, Wurtz considéra l'acétal comme la diéthyline du glycol

$$\begin{matrix} C^2H^4 \\ 2\,C^2H^5 \end{matrix} \Big\} O^2 ;$$

mais la découverte qu'il fit ultérieurement de ce composé prouva que ces deux corps sont isomériques et non identiques.

Les travaux de Wurtz et Frapolli établissent les relations qui existent entre l'aldéhyde et l'acétal, et prouvent que ce corps est une combinaison d'aldéhyde avec l'éther ordinaire. Cette manière d'envisager la constitution de l'acétal rend parfaitement compte de son mode de formation au moyen de l'aldéhyde, et de ses décompositions sous l'influence des divers agents chimiques. Le groupe C^2H^4 qui figure dans la formule est donc le radical de l'aldéhyde et non celui de l'oxyde d'éthylène, — c'est l'*éthylidène*.

MÉTHYL-ACÉTAL ET DIMÉTHYL-ACÉTAL. — Wurtz [*Ann. de Chim. et de Phys.*, t. XLVIII, p. 373] indique le procédé suivant pour la préparation de ces deux corps.

On mélange dans une cornue spacieuse 300 parties d'acide sulfurique, 300 parties d'eau, 200 parties de peroxyde de manganèse et on y ajoute un mélange de 110 parties d'alcool et de 90 parties d'esprit de bois. La première réaction passée, on distille jusqu'à ce qu'on ait recueilli une quantité de liquide égale à celle du mélange spiritueux employé; puis on rectifie en séparant les portions distillant au-dessus et au-dessous de 68°; on arrête la distillation à 85°.

On purifie chacun des deux produits de la manière que nous avons indiquée pour l'acétal lui-même (Cl^2Ca, puis KHO), et on les rectifie en recueillant ce qui passe vers 65° d'une part et vers 85° de l'autre.

Le *méthyl-acétal*

$$C^5H^{12}O^2 = C^2H^4 \begin{cases} OC^2H^5 \\ OCH^3 \end{cases}$$

est un liquide très-mobile, incolore, d'une odeur analogue à celle de l'acétal $D = 0,8535.$ — $D^v = 3,475.$ Il bout vers 85°. — Il est inflammable et brûle avec une flamme éclairante. — Soluble dans l'alcool en toutes proportions, et dans 15 parties d'eau. L'eau le précipite de sa solution alcoolique.

Il est indécomposable par la potasse caustique

Le *diméthyl-acétal*

$$C^4H^{10}O^2 = C^2H^4 \begin{cases} OCH^3 \\ OCH^3 \end{cases}$$

est un liquide mobile, incolore, d'une odeur éthérée rappelant celle des composés méthyliques.

$D = 0,8555.$ Il bout vers 65° et brûle avec une flamme blanche, bordée de bleu et assez éclairante.

DÉRIVÉS CHLORÉS DE L'ACÉTAL. [Lieben, *Ann. de Chim. et de Phys.*, (3), t. LII, p. 313.] — Lieben a obtenu trois dérivés chlorés de l'acétal, en faisant réagir le chlore sur l'alcool; dans ces conditions, il se forme d'abord de l'acétal et par substitution le mono, le bi et le trichloracétal.

Monochloracétal,

$$C^6H^{13}ClO^2 = C^2H^3Cl \begin{cases} OC^2H^5 \\ OC^2H^5 \end{cases}.$$

Lieben le prépare en faisant passer un courant de chlore dans de l'alcool à 44 degrés centésimaux, et maintenant le mélange en ébullition; on cohobe et l'on continue l'opération tant que le chlore est absorbé; puis on distille. On obtient ainsi de l'aldéhyde et divers éthers; on fractionne pour séparer l'aldéhyde; puis, après un traitement alcalin qui décompose ces éthers, on rectifie et on recueille finalement un produit bouillant à 150° et qui constitue le monochloracétal.

On obtient aussi ce produit dans la préparation du bichloracétal en recueillant les portions bouillant vers 150°, les chauffant pendant plusieurs jours à 100° avec de la potasse caustique aqueuse et rectifiant.

C'est un liquide incolore, doué d'une odeur éthérée et aromatique. $D = 1,0195.$ $D^v = 5,38.$ Point d'ébullition : 155°.

Neutre, insoluble dans l'eau, soluble dans l'alcool, inattaquable par la potasse caustique, inattaquable par le nitrate d'argent.

Bichloracétal,

$$C^6H^{12}Cl^2O^2 = C^2H^2Cl^2 \begin{cases} OC^2H^5 \\ OC^2H^5 \end{cases}.$$

On le prépare en faisant passer un courant de chlore dans de l'alcool à 80° centésimaux, et ajoutant au produit de la réaction, de l'eau qui précipite une huile lourde; cette huile, desséchée avec Cl^2Ca, est soumise à la distillation. Les portions les moins volatiles, et bouillant entre 170 et 185°, renferment le bichloracétal; celles qui distillent vers 150° renferment du monochloracétal.

Le bichloracétal est un liquide incolore, doué de la même odeur que le monochloracétal. — $D = 1,1383$ à 13°. $D^v = 6,45.$ Point d'ébullition : 180°.

Corps neutre insoluble dans l'eau, soluble dans l'alcool d'où l'eau le reprécipite. Il est inattaquable par la potasse. Chauffé avec du nitrate d'argent, il donne lieu à un abondant précipité de chlorure d'argent.

Trichloracétal,

$$C^6H^{11}Cl^3O^2 = C^2HCl^3 \begin{cases} OC^2H^5 \\ OC^2H^5 \end{cases}.$$

Ce corps paraît avoir été obtenu par l'action du chlore sur l'alcool très-concentré. — Point d'ébullition : 186°. (Dumas, Lieben.) Ch. L.

ACÉTAMIDE. — *Syn.* Azoture d'acétyle,

$$C^2H^3O.AzH^2 = \left. \begin{matrix} C^2H^3O \\ H^2 \end{matrix} \right\} Az.$$

On obtient l'acétamide en chauffant en vases clos à 130° de l'ammoniaque aqueuse avec de l'acétate d'éthyle (éther acétique) :

$$\left. \begin{matrix} C^2H^3O \\ C^2H^5 \end{matrix} \right\} O + AzH^3 = \left. \begin{matrix} C^2H^3O \\ H^2 \end{matrix} \right\} Az + \left. \begin{matrix} C^2H^5 \\ H \end{matrix} \right\} O.$$

Acétate Ammoniaque. Acétamide.   Hydrate
d'éthyle.   d'éthyle.

[Dumas, Malaguti et Leblanc (1847), *Compt. rend. de l'Acad.*, XX, 5, 657.] Après avoir chassé par la distillation l'excès d'ammoniaque, l'eau et l'alcool, on recueille au-dessus de 200° l'acétamide qui passe sous forme d'une huile incolore et qui se concrète par le refroidissement.

Il se produit aussi de l'acétamide lorsqu'on chauffe en tubes scellés le chlorure d'acétyle, saturé de gaz ammoniac :

$$\left. \begin{matrix} C^2H^3O \\ Cl \end{matrix} \right\} + AzH^3 = \left. \begin{matrix} C^2H^3O \\ H^2 \end{matrix} \right\} Az + HCl.$$

Chlorure d'acétyle.

L'acétamide se forme aussi dans la distillation de l'acétate d'ammonium, dont elle diffère par une molécule d'eau, qu'elle renferme en moins.

L'acétamide est solide, blanche, cristalline ; elle fond à 78° et bout à 221° ; elle est très-soluble dans l'eau, l'alcool et l'éther ; sa saveur est fraîche et sucrée. La potasse bouillante la dédouble en acétate et en ammoniaque. Distillée avec de l'anhydride phosphorique, l'acétamide perd H²O, et se convertit en acétonitrile ou cyanure de méthyle C²H³Az.

Elle donne avec les acides des combinaisons définies. [Strecker (1858), *Ann. de Chim. et de Phys.*, (3), t. LII, p. 506.]

Le chlorhydrate d'acétamide

$$\left[\left. \begin{matrix} C^2H^3O \\ H^2 \end{matrix} \right\} Az \right]^2 HCl$$

s'obtient par l'action d'un courant de gaz chlorhydrique dans une solution éthérée d'acétamide ; il est soluble dans l'alcool, insoluble dans l'éther, et cristallise en aiguilles lancéolées. Lorsqu'on ajoute du chloroxyde de phosphore à de l'acétamide fondue, il se forme une combinaison que l'alcool décompose en éther phosphorique et en chlorhydrate d'acétamide ; dissoute dans l'acide azotique froid et concentré, elle s'y combine et donne l'azotate d'acétamide :

$$\left. \begin{matrix} C^2H^3O \\ H^2 \end{matrix} \right\} Az, AzHO^3.$$

Elle se combine à l'oxyde de mercure et à l'oxyde d'argent. La combinaison mercurique est :

$$\left. \begin{matrix} (C^2H^3O)^2 \\ Hg'' \\ H^2 \end{matrix} \right\} Az^2.$$

Si on la distille dans un courant d'acide chlorhydrique sec, il passe à la distillation du chlorure d'acétyle, de l'anhydride acétique, du chlorhydrate d'acétamide, un mélange d'acétamide et de diacétamide, et il reste dans la cornue un mélange de sel ammoniac et du chlorhydrate d'une nouvelle base, l'acédiamine, C²H⁶Az². (Voyez ce mot.)

L'acétamide chauffée avec l'acide sulfurique fumant se décompose. [Buckton et W. Hofmann (1857), *Ann. de Chim. et de Phys.*, (3), t. XLVI, p. 366.] Il se dégage de l'acide carbonique, et le résidu traité par l'eau, puis par le carbonate de baryum, fournit une magnifique cristallisation de disulfométhylate de baryum :

$$\left. \begin{matrix} C^2H^3O \\ H^2 \end{matrix} \right\} Az + 3SO^4H^2 = CH^4S^2O^6$$

A. disulfométhylique.

$$+ SO^4H.AzH^4 + CO^2 + H^2O.$$

Sulfate acide
d'ammonium.

On obtient en même temps de l'acide sulfacétique :

$$\left. \begin{matrix} C^2H^3O \\ H^2 \end{matrix} \right\} Az + 2SO^4H^2 = C^2H^4SO^5$$

A. sulfacétique.

$$+ SO^4HAzH^4.$$

Sulfate acide d'ammonium.

La même réaction a lieu avec l'acétonitrile. [Dumas, Malaguti et Leblanc (1847), *Compt. rend. de l'Acad.*, t. XXV, p. 657.]

ÉTHYL-ACÉTAMIDE. — L'éther acétique se dissout facilement dans l'éthylamine aqueuse : la solution concentrée au bain-marie, puis dans le vide sec, laisse un résidu sirupeux, incristallisable. C'est l'éthyl-acétamide :

$$\left. \begin{matrix} C^2H^3O \\ C^2H^5 \\ H \end{matrix} \right\} Az.$$

Elle s'obtient aussi lorsqu'on mélange volumes égaux d'éther cyanique (cyanate d'éthyle) et d'acide acétique monohydraté ; la réaction a lieu à la température ordinaire, il se dégage du gaz carbonique pur :

$$C^2H^5.COAz + \left. \begin{matrix} C^2H^3O \\ H \end{matrix} \right\} O = \left. \begin{matrix} C^2H^3O \\ C^2H^5 \\ H \end{matrix} \right\} Az + CO^2.$$

Cyanate   Acide acétique.   Éthyl-   Gaz
d'éthyle.   acétamide. carbonique.

En soumettant ce mélange à la distillation, on recueille l'éthyl-acétamide vers 200°. [Wurtz, 1850, *Ann. de Chim. et de Phys.*, 3e sér., t. XXX, p. 491 ; 1854, même recueil, t. XLII, p. 53.]

Ce corps purifié bout à 205°. Densité à + 4° = 0,942 ; il est soluble dans l'eau, l'alcool ; la potasse le sépare sous forme d'une huile de sa solution aqueuse.

La potasse bouillante le dédouble en acétate et en éthylamine.

L'acide phosphorique anhydre le charbonne.

ÉTHYL-DIACÉTAMIDE. — [Wurtz (1854), *Ann. de Chim. et de Phys.*, (3), t. XLIII, p. 54.]

$$C^6H^{11}AzO^2 = \left. \begin{matrix} 2\,(C^2H^3O) \\ C^2H^5 \end{matrix} \right\} Az.$$

Le cyanate d'éthyle et l'anhydride acétique réagissent en tubes scellés à la température de 180 à 200° ; il se forme de l'éthyl-diacétamide et du gaz carbonique

$$C^2H^5CAzO + \left. \begin{matrix} C^2H^3O \\ C^2H^3O \end{matrix} \right\} O = CO^2 + \left. \begin{matrix} 2\,C^2H^3O \\ C^2H^5 \end{matrix} \right\} Az.$$

Cyanate   Anhydride
d'éthyle.   acétique.

L'éthyl-diacétamide étant rectifiée bout à 192°, et constitue un liquide incolore, neutre, que la potasse dédouble en acétate et éthylamine.

ACÉTAMIDES CHLORÉES. — Aux dérivés chlorés de l'acide acétique correspondent des amides.

MONOCHLORACÉTAMIDE. — [E. Willm (1857), *Ann. de Chim. et de Phys.*, (3), t. XLIX, p. 99.]

$$C^2H^4ClOAz = \left. \begin{matrix} C^2H^2ClO \\ H^2 \end{matrix} \right\} Az.$$

La monochloracétamide a été obtenue par M. E. Willm, en faisant réagir l'ammoniaque sur le monochloracétate d'éthyle (éther monochloracétique). Le même corps prend naissance lorsqu'on dirige un courant de gaz ammoniac sec à la surface du chlorure d'acétyle monochloré : — les équations qui en rendent compte sont analogues à celles qui représentent la formation de l'acétamide.

La monochloracétamide est soluble dans l'eau et dans l'alcool; elle cristallise de la solution alcoolique en larges lames brillantes; elle est fort peu soluble dans l'éther. Traitée par une solution alcoolique de sulfure d'ammonium, elle fournit la sulfacétamide $C^4 H^8 Az^2 S O^2$. [Schultze, *Zeitschrift für Chem.*, nouv. sér., t. I, p. 73. — *Bull. de la Soc. chim.*, 1866, t. I, p. 130.]

Trichloracétamide. — [Malaguti (1845), *Ann. de Chim. et de Phys.*, (3), t. XVI, p. 5. — Cloëz (1846), *Ann. de Chim. et de Phys.*, (3), t. XVII, p. 305. — Cahours, même recueil, (3), t. XIX, p. 352. — Gerhardt, *Compt. rend. des trav. de Chim.*, 1848, p. 277.]

$$C^2 H^2 Cl^3 Az O = \left. \begin{matrix} C^2 Cl^3 O \\ H^2 \end{matrix} \right\} Az.$$

Elle résulte de l'action de l'ammoniaque sèche sur le chlorure de trichloracétyle $C^2 Cl^3 O . Cl$.

L'ammoniaque, en réagissant sur le formiate de méthyle perchloré, sur le formiate, l'acétate, le carbonate, l'oxalate, le succinate de méthyle perchlorés, donne également la trichloracétamide.

Elle se présente sous la forme de paillettes cristallisées, nacrées, d'une grande blancheur. Par évaporation lente de la solution éthérée, elle cristallise en prismes droits à base rectangulaire. — Son odeur est assez agréable, sa saveur sucrée; elle est peu soluble dans l'eau froide, très-soluble dans l'alcool et l'éther; elle fond à 135°, brunit à 200° et distille entre 238° et 240° sans altération sensible. Elle dégage de l'ammoniaque par la potasse bouillante en donnant du chloracétate que l'ébullition prolongée décompose en formiate et en chlorure.

L'ammoniaque liquide la dissout, en donnant des cristaux volumineux de chloracétate d'ammoniaque.

L'acide phosphorique anhydre enlève à la trichloracétamide une molécule d'eau; il se produit du cyanure de trichlorométhyle (chloracétonitrile) $C^2 Cl^3 Az$.

En humectant d'eau la trichloracétamide et l'exposant dans un flacon à l'action du chlore, on voit au bout de deux ou trois jours les parois du verre se couvrir de longs prismes aciculaires de tétrachloracétamide.

Tétrachloracétamide ou acide chloracétamique. — [Cloëz (1846), *Ann. de Chim. et de Phys.*, (3), t. XVII, p. 309.]

$$C^2 H Cl^4 Az O = (C^2 Cl^3 O) H Cl Az.$$

Obtenue par le procédé que nous venons d'indiquer, elle constitue de longues aiguilles prismatiques incolores, inodores, d'une saveur désagréable. Elle fond par la chaleur et distille en partie sans décomposition; elle est insoluble dans l'eau, soluble dans l'alcool et l'esprit de bois, très-soluble dans l'éther. Elle donne des combinaisons cristallisées quand on la dissout à froid dans l'ammoniaque et dans la potasse; par l'ébullition avec cette dernière substance, elle se décompose en ammoniaque et en carbonate et chlorure de potassium.

Bibromacétamide. — $C^2 H Br^2 O . H^2 Az$. [Cloëz, *Compt. rend.*, t. LIII, p. 1120.] Prismes incolores, fusibles 154°, résultant de l'action de l'ammoniaque sur l'acétate de méthyle pentabromé.

Biiodacétamide. — [Perkin et Duppa (1860), *Comptes rendus de l'Académie*, t. L, p. 1155.] $C^2 HI^2 O . H^2 Az$. Quand on mêle l'éther biiodacétique avec une solution concentrée d'ammoniaque, il se forme de la biiodacétamide, en cristaux d'un jaune pâle, insolubles dans l'eau, solubles dans l'alcool.   E. G.

ACÉTAMIQUE (ACIDE).—Voyez Glycocolle.

ACÉTANILIDE. [Gerhardt, *Ann. de Chim. et de Phys.*, (3), t. XXXVII, p. 328. — Ulrich, *Ann. der Chem. u. Pharm.*, 1859, t. CIX, p. 272, et *Ann. de Chim. et de Phys.*, (3), t. LVI, p. 338. — Greville Williams, *Journ. of the Chem. Soc.*, nouv. série, t. II, p. 100, mars 1864, et *Bull. de la Soc. chim.*, 1864, t. II, p. 207. — Ch. Lauth, *Bull. de la Soc. chim.*, 1865, t. III, p. 164.]

$$C^8 H^9 Az O = \left. \begin{matrix} C^6 H^5 \\ C^2 H^3 O \\ H \end{matrix} \right\} Az.$$

L'acétanilide représente de l'ammoniaque dans laquelle un hydrogène est remplacé par du phényle et un autre hydrogène par de l'acétyle.

On l'obtient suivant Gerhardt, en faisant réagir le chlorure d'acétyle ou l'acide acétique anhydre sur la phénylamine; la réaction est très-vive; par refroidissement, le mélange se prend en une masse cristalline que l'on purifie par une ou deux cristallisations dans l'eau bouillante.

On la prépare facilement en faisant bouillir, pendant une heure, équivalents égaux de phénylamine et d'acide acétique cristallisable; en soumettant le produit de la réaction à la distillation, on obtient en acétanilide sublimée le poids de l'acide employé (Greville Williams) :

$$\left. \begin{matrix} C^2 H^3 O \\ H \end{matrix} \right\} O + \left. \begin{matrix} C^6 H^5 \\ H \\ H \end{matrix} \right\} Az = \left. \begin{matrix} H \\ H \end{matrix} \right\} O + \left. \begin{matrix} C^6 H^5 \\ C^2 H^3 O \\ H \end{matrix} \right\} Az.$$

En chauffant ensemble, pendant quelques heures, équivalents égaux d'acétate de phényle et de phénylamine, et faisant refluer les vapeurs, il se produit une grande quantité d'acétanilide :

$$\left. \begin{matrix} C^2 H^3 O \\ C^6 H^5 \end{matrix} \right\} O + \left. \begin{matrix} C^6 H^5 \\ H \\ H \end{matrix} \right\} Az = \left. \begin{matrix} C^6 H^5 \\ H \end{matrix} \right\} O + \left. \begin{matrix} C^6 H^5 \\ C^2 H^3 O \\ H \end{matrix} \right\} Az.$$

On purifie le produit par distillation ou par un lavage alcalin et recristallisation. (Ch. Lauth.) Suivant Ulrich, l'acétanilide se produit par l'action de l'aniline sur l'acide thiacétique :

$$C^2 H^3 O S H + C^6 H^7 Az = C^8 H^9 Az O + H^2 S.$$

L'acétanilide s'obtient quelquefois comme produit accessoire de la fabrication de l'aniline.

Propriétés. — L'acétanilide est un corps blanc, cristallisé en lames magnifiques, $D = 1,099$ à $10°,5$. $D^v = 4,847$. Fusible à 101 (Greville Williams), à 112 (Gerhardt); volatile sans décomposition à 205°; peu soluble dans l'eau froide; assez soluble dans l'eau bouillante, l'alcool, l'éther, la benzine et les huiles essentielles.

La potasse bouillante l'attaque à peine; la potasse en fusion en dégage de la phénylamine.   Ch. L.

ACÉTATES. — L'acide acétique est un acide monobasique; il renferme 1 atome d'hydrogène capable d'être remplacé par un métal :

$$C^2 H^3 O^2 . H = \left. \begin{matrix} C^2 H^3 O \\ H \end{matrix} \right\} O.$$

Un métal monoatomique se substituant à cet hydrogène, il en résulte un acétate de la forme

$$C^2 H^3 O^2 . R' = \left. \begin{matrix} C^2 H^3 O \\ R' \end{matrix} \right\} O.$$

La formule $C^2 H^3 O^2 . R'$ montre que les acétates à métaux monoatomiques renferment 1 atome d'un tel métal uni à un groupe *Oxacétyle* ($C^2 H^3 O^2 = C^2 H^4 O^2 - H$).

Un métal diatomique se substituant à 2 atomes d'hydrogène dans 2 molécules d'acide acétique, il en résulte un acétate de la forme

$$(C^2 H^3 O^2)^2 R'' = \left. \begin{matrix} (C^2 H^3 O)^2 \\ R'' \end{matrix} \right\} O^2.$$

La formule $(C^2 H^3 O^2)^2 R''$ montre que le métal diatomique R'' joint les deux restes monoatomiques oxacétyles, $C^2 H^3 O^2$.

Un couple métallique hexatomique $\overset{VI}{R^2}$, se substituant à 6 atomes d'hydrogène dans 6 molécules d'acide acétique, il en résulte un acétate de la forme

$$(C^2 H^3 O^2)^6 \overset{VI}{R^2} = \left. \begin{matrix} (C^2 H^3 O)^6 \\ \overset{VI}{R^2} \end{matrix} \right\} O^6.$$

La formule $(C^2H^3O^2)^6\overset{VI}{R^2}$ montre que le couple métallique $\overset{VI}{R^2}$ joint les six restes monoatomiques oxacétyles.

Mais il peut arriver : 1° qu'une ou plusieurs des atomicités qui résident dans $\overset{VI}{R^2}$ soient saturées par le chlore ou le brome; de là la formation de chlorhydrines ou de bromhydrines acétométalliques de la forme suivante :

$$(C^2H^3O^2)^2 \left.\begin{matrix} \\ \end{matrix}\right\} \overset{VI}{Cr^2} = \begin{matrix} (C^2H^3O)^2 \\ \overset{VI}{Cr^2} \\ Cl^4 \end{matrix} \left.\begin{matrix} \\ \\ \end{matrix}\right\} O^2.$$

2° que le radical $\overset{VI}{R^2}$, se substituant à l'hydrogène de plusieurs acides, joigne les restes de ces acides de manière à former des sels à plusieurs acides, comme, par exemple :

$$(C^2H^3O^2)^4 \left.\begin{matrix} \\ \end{matrix}\right\} \overset{VI}{Fe^2} = \begin{matrix} (C^2H^3O)^4 \\ (AzO^2)^2 \\ \overset{VI}{Fe^2} \end{matrix} \left.\begin{matrix} \\ \\ \end{matrix}\right\} O^6.$$

Nous divisons les acétates en deux classes :
1° Les acétates métalliques, dans lesquels l'hydrogène basique de l'acide acétique est remplacé par un métal ou un couple métallique.
2° Les éthers acétiques ou acétates organiques, dans lesquels cet hydrogène est remplacé par un radical alcoolique.

ACÉTATES MÉTALLIQUES.

L'acide acétique peut produire des sels neutres, des sels acides, des sels basiques. Les acétates neutres sont ceux dans lesquels tout l'hydrogène basique est remplacé par un métal.

Les acétates acides peuvent être considérés comme des acétates neutres renfermant de l'acide acétique de cristallisation :

$$C^2H^3MO^2 . C^2H^4O^2.$$

Les acétates basiques peuvent être considérés comme des acétates neutres combinés avec des hydrates ou des oxydes. Exemple :

$$(C^2H^3O^2)^2Cu, H^3CuO^2.$$

Propriétés générales. — Les acétates sont généralement solubles dans l'eau et l'alcool; quelques-uns d'entre eux sont déliquescents. Ceux de mercure, d'argent, de molybdène et de tungstène, seuls, sont peu solubles. — On les prépare directement par l'action de l'acide acétique concentré sur les oxydes ou les carbonates. Dans le cas de la baryte et de la chaux, la solution ne s'effectue bien qu'en présence d'une assez grande quantité d'eau. — Tous les acétates sont décomposés par une chaleur rouge. — Quand le carbonate du métal auquel est combiné l'acide acétique est stable et que l'acétate se décompose assez facilement, il se forme de l'acétone et le métal se carbonate :

$$(C^2H^3O^2)^2Ba'' = C^3H^6O + CO^3Ba''.$$
Acétate Acétone. Carbonate
de baryum.   de baryum.

Dans cette réaction, il se forme aussi de la méthylacétone, de l'éthylacétone, de la dumasine [Fittig, *Ann. de Chim. et de Phys.*, (3), t. LXI, p. 238, et *Rép. de Chim. pure*, 1859, t. 1, p. 380]. Quand le métal est facilement réductible, il distille de l'acide acétique et il se produit de l'oxyde ou du métal.

Quand l'acétate, comme par exemple l'acétate de sodium, ne se décompose qu'à une température élevée, il se forme du gaz des marais [Persoz et Dumas, *Ann. de Chim. et de Phys.*, (2), t. LXXIII, p. 93]; la réaction réussit surtout en présence d'un excès d'alcali.

$$C^2H^3O^2Na + NaHO = CO^3Na^2 + CH^4.$$
Acétate   Gaz
de sodium.   des marais.

Il se forme aussi, dans ces conditions, de l'éthylène C^2H^4, du propylène C^3H^6, du butylène C^4H^8, de l'amylène C^5H^{10} [Berthelot, *Ann. de Chim. et de Phys.*, (3), t. LIII, p. 161].

Dans toutes ces réactions le radical acétyle fonctionne comme du méthyl-carbonyle $C^2H^3O = CH^3$-CO. On s'explique aisément que sous l'influence d'une haute température le méthyl-carbonyle se scinde et que l'on obtient ainsi

$$\text{soit de l'hydrure de méthyle } \begin{matrix} CH^3 \\ H \end{matrix} \left.\begin{matrix} \\ \end{matrix}\right\},$$

$$\text{soit de l'acétone } \begin{matrix} CH^3 \\ CO \\ CH^3 \end{matrix} ,$$

soit d'autres dérivés de la série méthylique.

Les acétates traités par l'acide sulfurique sont décomposés et mettent en liberté l'acide acétique, facile à reconnaître à son odeur piquante. Chauffés avec un mélange d'acide sulfurique et d'alcool, ils donnent naissance à de l'éther acétique. Chauffés vers 200° avec un alcali en poudre et de l'acide arsénieux, ils répandent l'odeur caractéristique du cacodyle. — Ils donnent avec le chlorure ferrique une coloration rouge foncé, que ne donne pas l'acide acétique libre. — L'azotate d'argent donne dans les solutions pas trop étendues des acétates un précipité d'acétate d'argent peu soluble à froid, soluble à chaud. — L'azotate mercureux donne dans les solutions des acétates un précipité blanc, cristallisé, décomposable par la chaleur, avec production de mercure métallique.

L'oxychlorure de phosphore attaque les acétates en donnant du chlorure d'acétyle et un phosphate tribasique :

$$3(C^2H^3O^2Na) + PCl^3O = 3(C^2H^3O Cl) + PO^4Na^3.$$

Le chlorure de soufre réagit sur les acétates, et produit de l'acide acétique anhydre, du soufre, du chlorure et du sulfate métallique :

$$4(C^4H^6O^4Pb'') + 3(SCl^2)$$
$$= 4\begin{pmatrix} C^2H^3O \\ C^2H^3O \end{pmatrix}\!O + 3(Cl^2Pb'') + S^2 + SO^4Pb''.$$

[Heintz, *Ann. de Chim. et de Phys.*, (3), t. LI, p. 487. — Schlagdenhaufen, *Ann. de Chim. et de Phys.*, (3), t. LVI, p. 299.]

ACÉTATES D'ALUMINIUM. — L'ACÉTATE NEUTRE D'ALUMINIUM a pour composition

$$(C^2H^3O^2)^6\overset{II}{Al^2} :$$

on ne l'a obtenu qu'en solution. On le prépare soit en décomposant à froid une solution concentrée de sulfate d'aluminium par une solution concentrée d'acétate de plomb, soit en dissolvant l'hydrate d'aluminium dans de l'acide acétique concentré. Dans l'industrie des toiles peintes, on le prépare par double décomposition avec l'alun et l'acétate de plomb.

C'est un liquide incristallisable, déliquescent, d'une saveur styptique. — Quand on chauffe une solution concentrée de ce sel, additionnée de sulfate de potassium ou de sodium, elle se prend en une masse gélatineuse qui se redissout par le refroidissement. L'acétate pur ne présente pas ce caractère (Guy-Lussac). — Le sulfate de plomb se dissout très-sensiblement dans l'acétate d'aluminium; une certaine quantité de sulfate de sodium empêche cette solubilité [Lenssen, *Rép. Chim. appl.*, 1862, p. 242].

ACÉTATES BASIQUES. — 1. Quand on abandonne à elle-même une solution d'acétate d'aluminium à 8 ou 9°, il se dépose au bout de quelques jours une croûte blanche, porcelainée, dont l'épaisseur augmente peu à peu. C'est un acétate basique renfermant

$$\left.\begin{array}{c}(C^2H^3O^2)^4 \\ O\end{array}\right\}\overset{\text{VI}}{Al^2} + 5\,H^2O :$$

en équiv. : $(Al^2O^3, 2\overline{Ac} + 5HO)$

[Walter Crum, *Ann. de Chim. et de Phys.*, (3), t. XLI, p. 186]; d'après Ch. Tissier [*Rép. de Chim. pure*, 1858-1859, p. 165], il est représenté par la formule (*en équiv.*) :

$$Al^2O^3,\ 2\,C^4H^3O^3 + 6\,HO;$$

il est insoluble dans l'eau, peu soluble dans les acides faibles, très-soluble dans les alcalis caustiques.

2. On obtient un autre acétate basique en chauffant la solution de l'acétate neutre : la décomposition, lente à 40°, se fait plus promptement à 80°, et presque instantanément à 100°; il ne reste en dissolution que des traces d'alumine. Le sel ainsi obtenu est cristallin, très-peu soluble dans l'eau et les acides étendus : il se dissout très-facilement dans les alcalis caustiques. Il a pour composition

$$\left.\begin{array}{c}(C^2H^3O^2)^4 \\ O\end{array}\right\}\overset{\text{VI}}{Al^2} + 2\,H^2O :$$

en équiv. : $(Al^2O^3.\ 2\overline{Ac} + 2HO)$.

(Walter Crum.)

3. En évaporant l'acétate neutre, à 37°, dans des vases plats, et remuant fréquemment la masse, on obtient un résidu cristallin, présentant l'aspect de la gomme, quand on le mouille. C'est un autre sel basique, le biacétate d'aluminium de Walter Crum :

$$\left.\begin{array}{c}(C^2H^3O^2)^4 \\ O\end{array}\right\}\overset{\text{VI}}{Al^2} + 4\,H^2O :$$

en équiv. : $(Al^2O^3.\ 2\overline{Ac} + 4HO)$.

Ce sel est soluble dans l'eau; mais il se transforme facilement en un acétate basique insoluble : le froid ou l'ébullition produisent ce changement; l'alumine se précipite alors, entraînant avec elle les 2/3 de l'acide acétique. — Quand on chauffe sa solution très-étendue, pendant 48 heures, à 100° et en vase clos, il se forme de l'acide acétique et en même temps de l'hydrate d'aluminium soluble (Walter Crum).

L'acétate neutre et les acétates basiques d'aluminium jouent un rôle très-important dans la teinture et l'impression des tissus.

ACÉTATE D'AMMONIUM [Kraut, Kündig, *Jahresbericht*, 1863, p. 313].

$$C^2H^3O^2AzH^4.$$

On l'obtient en saturant l'acide acétique cristallisable de gaz ammoniac : c'est un sel blanc, inodore, très-soluble dans l'eau et l'alcool. Lorsqu'on le chauffe, il se dégage d'abord de l'ammoniaque, puis de l'acide acétique, enfin de l'acétamide; il fond à 89°; exposé au-dessus de l'acide sulfurique il perd 9°/₀ de son poids et se transforme alors en sel acide. La solution de l'acétate d'ammonium est employée en pharmacie sous le nom d'Esprit de Minderer.

Le BIACÉTATE se prépare en traitant l'ammoniaque par un excès d'acide acétique, ou en évaporant la solution du sel neutre, ou enfin en distillant équivalents égaux de sel ammoniac et d'acétate de sodium : dans les deux derniers cas, la moitié de l'ammoniaque s'élimine, et le sel acide se forme. — Dans ces conditions, très-souvent il ne cristallise pas, mais il suffit C² projeter dans le liquide un cristal du sel neutre ou acide, pour que le tout se prenne en masse. Ce sont des aiguilles déliquescentes, fusibles à 76°, et pouvant se sublimer à 121°.

ACÉTATE D'ANTIMOINE. — L'acide acétique ne dissout que très-peu d'oxyde d'antimoine : par évaporation on obtient une pellicule jaunâtre.

ACÉTATE D'ARGENT. — On le prépare facilement par double décomposition avec l'acétate de sodium et le nitrate d'argent : par une nouvelle cristallisation dans une grande quantité d'eau on l'obtient sous forme de lames nacrées flexibles, peu solubles dans l'eau froide, assez solubles dans l'eau chaude, noircissant à la lumière. L'acétate d'argent est décomposé par la vapeur de brome, avec formation de bromure d'argent, d'acide carbonique et d'un gaz bromé renfermant probablement CH^3Br :

$$CH^3.CO^2.Ag + Br^2 = AgBr + CH^3Br + CO^2.$$

[Borodine, *Jahresber.*, 1861, 439.] — On l'emploie fréquemment comme agent de double décomposition.

ACÉTATE DE BARYUM.

$$(C^2H^3O^2)^2Ba''.$$

On l'obtient en dissolvant dans l'acide acétique le carbonate ou le sulfure de baryum. — En évaporant la solution à une douce température, il se dépose des cristaux renfermant 1 molécule d'eau : quand la cristallisation se fait à 0°, les cristaux renferment $3\,H^2O$: ceux-ci sont isomorphes avec l'acétate de plomb. — Les cristaux s'effleurissent à l'air : ils ont une réaction alcaline. Solubles dans 1,2 p. d'eau froide et 1,1 p. d'eau bouillante, — dans 100 p. d'alcool froid et 67 p. d'alcool bouillant. Insolubles dans l'alcool absolu. — Soumis à l'action de la chaleur, ce sel donne de l'acétone et du carbonate de baryum.

On l'emploie depuis peu de temps dans la fabrication de l'acide acétique, en remplacement de l'acétate de calcium [*Dingler's polytechn. Journ.*, t. CLXXXII, p. 174, et *Bull. de la Soc. chim.*, 1866, t. VI, p. 493].

ACÉTONITRATE DE BARYUM. — E. Lucius prépare ce composé, très-remarquable au point de vue du rôle qu'y joue le baryum comme élément diatomique, en dissolvant un excès de nitrate de baryum dans une solution chaude et concentrée d'acétate de baryum. Par refroidissement, il se dépose d'abord du nitrate de baryum, puis des cristaux longs de plusieurs centimètres, de la nouvelle combinaison, qui a pour composition

$$\left.\begin{array}{c}C^2H^3O^2 \\ AzO^3\end{array}\right\}Ba'' + 4\,H^2O$$

[Lucius, *Ann. der Chem. u. Pharm.*, t. CIII, p. 113, et *Jahresber.*, 1857, p. 340].

H. Schiff a tenté la préparation de l'acétochlorhydrine de baryum; mais l'acétate et le chlorure de baryum n'ont pas formé de combinaison : aussi, si l'on distille de l'acide acétique sur du chlorure de baryum, le produit distillé ne renferme pas de chlore [*Ann. de Chim. et de Phys.*, (3), t. LXVI, p. 135].

ACÉTATE DE BISMUTH. — On l'obtient sous forme d'aiguilles en mêlant deux solutions chaudes de nitrate de bismuth et d'acétate de potassium. — L'acide acétique empêche la précipitaiton du nitrate de bismuth par l'eau.

ACÉTATE DE CALCIUM.

$$(C^2H^3O^2)^2\,Ca'' + H^2O.$$

On prépare ce sel, industriellement, pour les besoins de la fabrication de l'acide acétique. L'acide pyroligneux brut est saturé par de la chaux et le pyrolignite de calcium ainsi obtenu est soumis à une calcination modérée, qui détruit la majeure partie des impuretés renfermées dans l'acide : on dissout dans l'eau, et la solution clarifiée au moyen du sang, ou mieux de l'albumine, est soumise à l'évaporation.

Pour l'obtenir cristallisé, il faut ajouter à 1 volume d'une solution d'acétate de calcium renfermant 27 °/₀ de sel sec, 5 à 10 volumes d'alcool à 88 °/₀ : le mélange dépose des cristaux après 24 heures. [Vogel, *J. Pharm.*, (3), XXXVIII, 75.]

Aiguilles prismatiques brillantes, peu solubles dans l'alcool, très-solubles dans l'eau : elles s'effleurissent dans l'air sec.

Ce sel forme avec le chlorure de calcium une combinaison bien cristallisée, décrite par Fritzsche [*Ann. de Poggend.*, t. XXVIII, p. 123], qui lui a donné pour formule

$$C^4 H^3 Ca O^4, Ca Cl + 10 \text{ aq.} \quad (1)$$

C'est, en réalité, une acétochlorhydrine de calcium

$$\left. \begin{matrix} C^2 H^3 O^2 \\ Cl \end{matrix} \right\} Ca'' + 5 H^2 O.$$

Elle perd son eau à 100°.

Quand on distille l'acétate de calcium avec de l'oxalate de potassium, il se dégage du propylène, l'acétone mis en liberté étant réduit par l'oxyde de carbone de l'oxalate :

$$\underset{\text{Acétone}}{C^3 H^6 O} + CO = \underset{\text{Propylène}}{C^3 H^6} + CO^2.$$

[Dusart, *Ann. de Chim. et de Phys.* (3) t. XLV, p. 339.] — Par la distillation d'un mélange d'acétate et d'œnanthylate de calcium, il se forme du méthyl-œnanthol. (Stœdeler.) — Un mélange d'acétate de calcium sec et de cyanure de mercure donne, à la distillation, de l'acétone, de l'acétonitrile et du cyanoforme (Voir ce mot). [Nachbaur, *Répert. de Chim. pure*, 1858-1859, p. 517.] L'acétate de calcium dissout le sulfate de plomb : 12 p. 2 d'acétate peuvent dissoudre, jusqu'à 1 p. de sulfate de plomb [Staedel, *Zeitschr. für anal. Chem.*, t. II, p. 180; *Jahresber.*, 1863, p. 245].

ACÉTATE DE CADMIUM. — Prismes très-solubles dans l'eau (Stromeyer.) : sel incristallisable (John et Meissner).

ACÉTATES DE CÉRIUM.

ACÉTATE CÉREUX. — On le prépare avec l'acétate de baryum et le sulfate céreux ou avec l'acide acétique et l'oxyde. Petites aiguilles peu solubles dans l'alcool, plus solubles dans l'eau froide que dans l'eau chaude [Lange, *Journ. f. Prakt. Chem.* t. LXXXII, p. 129, 1861, et *Répert. de Chim. pure*, t. III, 1861, p. 473].

ACÉTATE CÉROSO-CÉRIQUE. — Le sulfate céroso-cérique décomposé par l'acétate de baryum donne une liqueur jaune qui ne peut être évaporée sans réduction de l'oxyde [Lange, *loc. cit.*].

ACÉTATES DE CHROME.

1. ACÉTATE CHROMEUX,

$$(C^2 H^3 O^2)^2 Cr'' + H^2 O.$$

On le prépare en ajoutant à une dissolution de protochlorure de chrome, une dissolution assez étendue d'acétate de sodium [Peligot, *Ann. de Chim. et de Phys.*, (3), t. XII, p. 541]. H. Lœwel le prépare en versant dans une dissolution d'acétate de sodium les liqueurs bleues qu'il obtient par l'action du zinc sur les solutions de l'alun de chrome ou du sesquichlorure de chrome [*Ann. de Chim. et de Phys.*, (3), t. XL, p. 52]. — Petits cristaux rouges, grenus, brillants : leur préparation exige une foule de précautions destinées à les préserver de tout contact avec l'air, qui les transforme promptement en acétate chromique : cette transformation est si énergique qu'en présence de l'air humide, elle donne lieu à une véritable combustion. Il ne peut être conservé que dans des flacons pleins d'azote ou d'acide carbonique. — Il est peu soluble dans l'alcool et l'eau froide : l'eau chaude le dissout mieux, la solution

(1) C = 6, H = 1, O = 8.

rouge prend promptement au contact de l'air la couleur caractéristique des sels chromiques.

2. ACÉTATES CHROMIQUES. [H. Schiff, *Ann. de Chim. et de Phys.*, (3), t. LXVI, p. 140.]

ACÉTATE NEUTRE. — L'acide acétique forme avec l'hydrate chromique une solution verte qui, par évaporation, donne une masse cristalline ressemblant au vert-de-gris. Séché à 80°, ce corps renferme

$$(C^2 H^3 O^2)^6 \overset{vi}{Cr^2} + 2 H^2 O.$$

Il est insoluble dans l'alcool. Sa solution aqueuse, verte par réflexion, rouge par transparence, n'est décomposée ni par l'ébullition, ni par l'eau de chaux; mais l'ammoniaque en précipite de l'hydrate de chrome soluble dans un excès de réactif.

ACÉTATES BASIQUES. — Chauffée avec un excès d'hydrate de chrome, pendant plusieurs jours, la solution de l'acétate neutre prend une teinte plus foncée, perd sa réaction acide et donne, par évaporation, une poudre verte, soluble dans l'eau, et qui renferme

$$\left. \begin{matrix} (C^2 H^3 O^2)^4 \\ (HO)^2 \end{matrix} \right\} \overset{vi}{Cr^2}.$$

Ordway [*Rapport annuel de Kopp et Will*, 1858, p. 113] paraît avoir obtenu un *acétate tribasique rouge;* Schiff n'a pu l'obtenir même après une digestion de dix jours au bain-marie, de l'acétate neutre avec un excès d'hydrate de chrome.

H. Schiff [*Ann. de Chim. et de Phys.*, (3), t. LXVI, p. 147] et Schützenberger [*Bull. de la Soc. chim.*, 1865, t. IV, p. 86] ont fait connaître récemment les composés suivants :

1. ACÉTOTÉTRACHLORIDE DE CHROME,

$$\left. \begin{matrix} (C^2 H^3 O^2)^2 \\ Cl^4 \end{matrix} \right\} \overset{vi}{Cr^2} + 4 H^2 O.$$

On l'obtient en dissolvant le tétrachlorure basique de chrome dans l'acide acétique concentré : c'est un sel altérable, dégageant de l'acide acétique au-dessus de 100°. — Le nitrate d'argent ne le précipite que très-lentement à froid. Quant à l'acide acétique, il n'est pas masqué dans ce sel, car on obtient facilement de l'éther acétique en le chauffant avec de l'acide sulfurique et de l'alcool. (Schiff.)

2. DIACÉTOSULFATE DE CHROME,

$$\left. \begin{matrix} (C^2 H^3 O^2)''^2 \\ (S O^4)^2 \end{matrix} \right\} \overset{vi}{Cr^2},$$

obtenu par la solution du disulfate basique de chrome dans l'acide acétique. — Sel cristallin, exempt d'eau à 100°, et perdant de l'acide acétique au-dessus de cette température. (Schiff.)

3. PENTACÉTONITRATE,

$$\left. \begin{matrix} (C^2 H^3 O^2)^5 \\ Az O^3 \end{matrix} \right\} \overset{vi}{Cr^2} + 2 H^2 O.$$

— Schützenberger l'obtient en mélangeant deux solutions faites, l'une avec de l'hydrate de chrome dans un léger excès d'acide acétique, l'autre avec la même quantité d'hydrate de chrome dans la proportion strictement nécessaire d'acide azotique. Après concentration, le mélange est abandonné à lui-même : il dépose bientôt une abondante cristallisation d'un sel que qu'on purifie par redissolution dans l'eau ou l'acide acétique cristallisable. Ce sel forme de volumineux feuillets verts foncés : chauffés à 300°, ils dégagent des vapeurs nitreuses; en même temps le chrome se transforme en acide chromique.

ACÉTATES DE COBALT. — On obtient l'acétate neutre en solution par l'action de l'acide acétique sur le carbonate de cobalt; cette solution évaporée donne une masse déliquescente rouge, et qui par la chaleur devient bleue. On s'en sert comme d'encre sympathique. — Le sesquioxyde Co^2O^3 et l'oxyde salin Co^3O^4 se dissolvent dans l'acide acétique en donnant des dissolutions brunes : la solution de sesquioxyde supporte l'ébullition sans se décomposer.

ACÉTATES DE CUIVRE.

1. ACÉTATE CUIVREUX OU DE CUPROSUM,

$$(C^2 H^3 O^2)^2 \overset{''}{Cu}^2.$$

Il se produit par l'action de la chaleur sur l'acétate de cupricum (voir plus bas). C'est un corps blanc, cristallisé en belles aiguilles que l'eau décompose en oxyde de cuivre jaune et en acétate de cuivre normal.

2. ACÉTATES CUIVRIQUES OU DE CUPRICUM.

A. ACÉTATE NEUTRE ou DIACÉTATE DE CUIVRE,

$$(C^2 H^3 O^2)^2 Cu'' + H^2 O.$$

(*Verdet cristallisé, cristaux de Vénus.*) — On le prépare directement en dissolvant l'oxyde de cuivre ou le vert-de-gris dans l'acide acétique, ou bien par double décomposition en mêlant des solutions chaudes de sulfate de cuivre et d'acétate de sodium ou de plomb. — L'acétate cuivrique se dépose par refroidissement en cristaux qu'on purifie par une nouvelle cristallisation.

Les cristaux du verdet appartiennent au type clinorhombique. Combinaison ordinaire,

$$p, \ m, \ b^{1/2}, \ a^{1,2}.$$

On rencontre quelquefois des hémitropies. Angles

$$p : m = 105°30'; \ m : m = 72°; \ p : a^{1/2} = 110°4'.$$

Clivages selon p et m. Ce sont de beaux cristaux d'un vert bleuâtre foncé, d'une saveur métallique très-désagréable. — Ils renferment 1 molécule d'eau de cristallisation ; mais, dans de certaines conditions, en exposant au froid (+ 8°) une solution de verdet dans de l'eau contenant de l'acide acétique, Wœhler a obtenu de gros prismes droits rhomboïdaux, bleus comme le sulfate de cuivre et qui renfermaient 5 molécules d'eau ; à 30 ou 35°, ces cristaux se transforment en verdet ordinaire [Wœhler, *Ann. de Poggend.*, t. XXXVII, p. 160]. Le verdet est soluble dans 5 fois son poids d'eau bouillante, et en petite quantité dans l'alcool ; la solution aqueuse étendue se décompose par l'ébullition en dégageant de l'acide acétique et en laissant déposer un sous-sel tribasique.

Les cristaux de verdet ne perdent pas d'eau à 100° ; leur déshydratation n'a lieu que vers 140° ; entre 140° et 240°, il ne se dégage plus rien ; mais entre 240° et 260° il se développe de l'acide acétique cristallisable. A 270° apparaissent des vapeurs blanches d'acétate cuivreux ; en même temps il se produit de l'acétone, de l'acide carbonique et des gaz combustibles. — La décomposition du verdet est complète à 330°, il ne reste dans la cornue que du cuivre métallique [B. Roux, *Revue scientif.*, t. XXIV]. — Quand on chauffe brusquement, à l'air, les cristaux de verdet, ils s'enflamment et brûlent avec une flamme verte.

Si l'on dissout à chaud dans l'acide acétique cristallisable le verdet, préalablement chauffé à 160°, il se dépose par refroidissement des cristaux verdâtres, très-instables, et qui perdent de l'acide acétique à l'air ; c'est probablement un composé analogue à

$$(C^2 H^3 O^2)^2 Cu, \ x \ C^2 H^4 O^2.$$

La dissolution du verdet bouillie avec du sucre laisse déposer de l'oxyde cuivreux sous la forme d'une poudre rouge cristalline. — Lorsqu'on fait passer un courant d'acide sulfureux dans une dissolution d'acétate cuivrique, la liqueur se colore en vert émeraude et contient alors du sulfite de cuivre. [Péan de Saint-Gilles, *Ann. de Chim. et de Phys.*, (3), t. XLII, p. 24. — Parkmann, *Jahresber.*, 1861, p. 312.]

Le verdet est employé en médecine, surtout pour l'usage externe ; on s'en sert beaucoup dans l'industrie de la teinture et de l'impression.

B. ACÉTATES BASIQUES. — Plusieurs de ces sels sont renfermés dans le *vert-de-gris* ou *verdet de Montpellier*. On obtient ce produit en abandonnant à l'air des lames de cuivre empilées avec du marc de raisin ; l'alcool, s'oxydant à l'air, se transforme en acide acétique sous l'influence duquel le cuivre lui-même s'oxyde et se combine à l'acide formé. Au bout de quelques semaines le métal se recouvre de croûtes bleuâtres de vert-de-gris, qu'on détache et qu'on façonne en boules avec une petite quantité de vinasse. — A Grenoble, on prépare le même vert-de-gris en arrosant le cuivre avec du vinaigre chaud et, en Suède, en empilant les lames de cuivre avec des morceaux de drap imprégnés de vinaigre ; quand le tout est devenu vert, on l'abandonne encore pendant un certain temps à l'air, en ayant soin de l'arroser d'eau fréquemment.

Le vert-de-gris est un mélange de trois sous-acétates :

1. L'ACÉTATE BIBASIQUE ou MONOACÉTATE CUIVRIQUE,

$$(C^2 H^3 O^2)^2 Cu, H^2 Cu O^2 + 5 H^2 O.$$

2. L'ACÉTATE SESQUIBASIQUE,

$$[(C^2 H^3 O^2)^2 Cu]^2, H^2 Cu O^2 + 5 H^2 O.$$

3. L'ACÉTATE TRIBASIQUE ou DIACÉTATE TRICUIVRIQUE,

$$(C^2 H^3 O^2)^2 Cu, 2 (H^2 Cu O).$$

Voici les analyses de plusieurs verts-de-gris, faites par Phillips [*Annal. of Philosoph.*, XX, 161] et qui, on le voit, rapprochent beaucoup ces corps du monoacétate cuivrique.

	Calcul.	Vert-de-gris français.	Vert-de-gris anglais cristall.	Vert-de-gris anglais comprim.
Acide acétique supposé anhydre.....	27,5	29,3	28,30	29,62
Oxyde de cuivre....	43,2	43,5	43,25	44,25
Eau..................	29,3	25,2	28,45	25,51
Impuretés..........	»	2,0	»	0,62
	100,0	100,0	100,00	100,00

L'acétate bibasique constitue en grande partie le vert-de-gris de nuance bleue : ce sont des paillettes ou des aiguilles, qui, chauffées à 60°, perdent 23,45 °/₀ d'eau et se transforment en un beau mélange vert composé de sel neutre et de sel tribasique.

L'acétate sesquibasique se trouve, suivant Berzelius [*Ann. de Poggend*, t. II, p. 233], dans les sortes vertes du *vert-de-gris* du commerce. On le prépare en lessivant ces verts-de-gris avec de l'eau tiède, et en abandonnant la solution à l'évaporation spontanée. On l'obtient aussi en versant de l'ammoniaque par petites portions dans une dissolution concentrée et bouillante d'acétate neutre, jusqu'à ce que le précipité qu'elle forme se dissolve : le nouveau sel se dépose en masse par le refroidissement de la liqueur. — Ce sont de petites paillettes bleuâtres, qui dégagent 10,8 °/₀ d'eau à 100°, et dont la solution se décompose par l'ébullition, en déposant de l'oxyde de cuivre noir.

L'acétate tribasique se trouve également dans le vert-de-gris. On le prépare directement soit en faisant bouillir la solution de l'acétate neutre ou la chauffant avec de l'alcool, soit en mettant l'hydrate de cuivre en digestion avec une solution d'acétate neutre. Dans le premier cas, on l'obtient sous la forme d'un précipité gris bleuâtre ; dans le second, sous la forme d'une poudre verte.

L'acétate tribasique perd 9 °/₀ d'eau à 160° ; il se transforme alors en

$$\left. \begin{array}{l} 2(C^2 H^3 O) \\ 3 \, Cu \end{array} \right\} O^4 :$$

à une température plus élevée, il dégage de

l'acide acétique. — L'eau bouillante le décompose en le brunissant : la substance brune, à laquelle Berzelius a donné pour composition

$$C^4H^6O^3, 48\ Cu^2O,$$

est probablement un mélange d'acétate tribasique et d'oxyde de cuivre.

Usage des acétates de cuivre. — Les différents acétates de cuivre que nous venons de décrire sont employés dans la peinture à l'huile : ils servent aussi dans la teinture et l'impression, où ils jouent le rôle de mordants et plus fréquemment d'oxydants. — On les emploie enfin en médecine, où ils servent comme escharotiques. Ils sont tous très-vénéneux : leur fabrication ne paraît pourtant pas donner lieu à des inconvénients sérieux. (Pécholier et C. Saint-Pierre.)

C. Combinaisons d'acétate de cuivre et d'acétate de chaux. — On trouve souvent dans le verdet des cristaux bleus dont les caractères optiques diffèrent de ceux de l'acétate neutre : selon Ure, ils constituent une combinaison d'acétate bibasique de cuivre et d'acétate de chaux : ils renferment

$$(C^2H^3O^2)^2\,Ca, (C^2H^3O^2)^2\,Cu, H^2\,Cu\,O^2 + 2\,H^2O,$$

leur constitution est analogue à celle de l'acétate sesquibasique. — Suivant Etling [*Ann. der Chem. u. Pharm.*, t. I, p. 206.], en chauffant une molécule d'acétate neutre avec une molécule d'hydrate de calcium dans huit fois son poids d'eau, on obtient un précipité qui, redissous dans l'acide acétique, donne par évaporation à 30°, de gros cristaux bleus, très-solubles dans l'eau, et se décomposant déjà vers 75° en dégageant de l'acide acétique. Ces cristaux renferment

$$(C^2H^3O^2)^2\,Ca, (C^2H^3O^2)^2\,Cu + 8\,H^2O;$$

on voit qu'ils se rapprochent, par leur constitution, de l'acétate neutre.

D. Combinaison d'acétate de cuivre et d'arsénite de cuivre (*vert de Schweinfurt*) [Ehrmann, *Ann. der Chem. u. Pharm.*, t. XII, p. 92]. — On produit cette belle couleur en ajoutant à une solution bouillante de 4 p. d'acide arsénieux dans 50 p. d'eau, une bouillie claire faite avec 5 p. de verdet délayé dans de l'eau tiède : le précipité qui se forme ainsi est vert jaunâtre et ne renferme que de l'arsénite de cuivre; mais si l'on prolonge l'ébullition en ayant soin d'ajouter au mélange de l'acide acétique, il devient peu à peu cristallin et prend une belle teinte verte.

L'arsénite de cuivre est alors transformé en sel double auquel Ehrmann assigne la composition

$$(C^2H^3O^2)^2\,Cu + 3\,(As^2O^4Cu).$$

Le vert de Schweinfurt est insoluble dans l'eau; soumis à une longue ébullition, il se décompose en brunissant; les alcalis aqueux l'attaquent aisément; ils en séparent de l'hydrate de cupricum qui, bouilli avec le mélange, se transforme d'abord en oxyde noir, puis est réduit et passe à l'état d'oxyde de cuprosum. La liqueur renferme alors de l'arséniate alcalin. — Les acides minéraux énergiques ou l'acide acétique concentré le décomposent complétement, en enlèvent tout le cuivre et mettent de l'acide arsénieux en liberté.

Le vert de Schweinfurt est fréquemment employé dans l'industrie à cause de sa belle couleur. Les papiers peints, les étoffes légères, les fleurs artificielles, etc., en consomment de grandes quantités, et comme ce vert est un poison énergique, son emploi a souvent donné lieu à de graves accidents.

E. Combinaison d'acétate de cuivre et de bichlorure de mercure. — Le mélange de solutions, saturées à froid, d'acétate de cuivre bibasique et de sublimé corrosif dépose peu à peu des cristaux bleus, peu solubles dans l'eau froide et décomposables par l'eau bouillante en une poudre vert clair insoluble et en bichlorure de mercure. Ces cristaux renferment

$$\left.\begin{array}{l}2\,(C^2H^3O)\\2\,Cu\end{array}\right\}\,O^3, Hg\,Cl^2.$$

[Wœhler et Hütteroth, *Ann. der Chem. u. Pharm.*, t. LIII, p. 142.]

Acétates d'étain. — On obtient l'Acétate de stannosum en dissolvant dans l'acide acétique le protoxyde d'étain ou l'étain métallique; dans ce dernier cas, il se dégage de l'hydrogène; la solution évaporée donne un sirop qui dépose des cristaux quand on l'additionne d'alcool.

L'Acétate stannique est préparé par la dissolution de l'oxyde stannique dans l'acide acétique. C'est une masse gommeuse, incristallisable.

Le bichlorure d'étain donne avec l'acide acétique monohydraté un composé cristallisé.

Acétates de fer.

1. Acétate ferreux (acétate de ferrosum),

$$(C^2H^3O^2)^2\,Fe''.$$

On le prépare en dissolvant du fer métallique ou du sulfure de fer dans de l'acide acétique concentré et chaud, ou en décomposant le sulfate ferreux par l'acétate de plomb ou l'acétate de calcium. Pour 1615 p. de sulfate ferreux, il faut 2575 p. d'acétate de plomb ou 999 p. d'acétate de calcium. Par le refroidissement de la liqueur, on obtient des aiguilles soyeuses, incolores, très-solubles et qui constituent l'acétate de ferrosum. Ce sel attire l'oxygène de l'air avec avidité et se transforme alors en acétate de ferricum; la facilité avec laquelle il s'oxyde le fait employer avec succès comme agent réducteur, spécialement dans les réductions des corps nitrés.

On s'en sert en quantités considérables comme mordant dans la teinture et l'impression. Le *pyrolignite de fer* est un mélange d'acétate ferreux et d'acétate ferrique dans lequel, sous l'influence des matières empyreumatiques qui accompagnent l'acide pyroligneux, l'acétate ferreux se conserve assez longtemps inaltéré. On prépare ce pyrolignite de fer en mettant en digestion pendant quelques semaines l'acide pyroligneux avec des rognures de tôle ou de la vieille ferraille; on accélère la dissolution du fer en soutirant le liquide de temps à autre; on obtient finalement une liqueur d'une densité de 1,120, et qui constitue le pyrolignite de fer.

Les acétates ferreux et ferriques sont précipités par l'hydrogène sulfuré.

2. Acétates ferriques (acétates de ferricum). *A.* Acétate neutre,

$$(C^2H^3O^2)^6\,Fe^2.$$

Ce sel peut être préparé à l'état de pureté lorsqu'on décompose l'acétate de plomb par le sulfate ferrique maintenu en léger excès : du jour au lendemain, l'excès de sulfate que renferme la liqueur se précipite à l'état de sel basique, et la liqueur ne doit plus renfermer ni acide sulfurique, ni plomb. — On le prépare plus aisément, mais aussi plus lentement, en dissolvant dans l'acide acétique l'hydrate ou le carbonate de ferricum : après une digestion de quelques jours, on obtient de l'acétate ferrique assez concentré. — L'acétate ferrique neutre se produit également quand on laisse une solution d'acétate ferreux exposée à l'air : il se dépose en même temps du diacétate triferrique.

C'est un sel rouge foncé, incristallisable, très-soluble dans l'eau et dans l'alcool.

La solution, d'un rouge vineux, présente des phénomènes remarquables, lorsqu'elle est soumise à l'action de la chaleur. — Chauffée jusqu'à un degré voisin de l'ébullition, elle devient tout à coup beaucoup plus foncée, dégage de l'acide acétique et renferme alors un sous-acétate; une petite quantité d'un sulfate soluble ou d'acide sulfurique, ajoutée à la liqueur, en précipite tout le fer à l'état de sous-sulfate ferrique jaune. Ce sous-acétate persiste même en présence d'un excès d'acide acétique, pendant assez longtemps. Ce n'est qu'après plusieurs jours qu'il est transformé en acétate neutre. — Chauffée à l'ébullition, la solution perd rapidement tout son acide acétique et laisse déposer tout le fer à l'état d'hydrate : ce dépôt se fait instantanément à l'ébullition, en présence d'une très-petite quantité d'un sel étranger. (Le nitrate de baryum, les acétates, nitrates, chlorures de ferricum, de plomb, de cuivre, de chrome et d'aluminium empêchent cette précipitation, peut-être à cause de la formation de sels doubles.) — Quand on chauffe la solution de l'acétate ferrique, aux environs de 100°, *dans un vase fermé*, pendant quelques heures, on voit sa couleur passer peu à peu au rouge, et il arrive un moment où, la transformation étant complète, la liqueur ne précipite plus le ferrocyanure de potassium. — Elle présente alors les caractères suivants : elle est d'une couleur rouge brique, trouble et opaque par réflexion, quoique parfaitement limpide en réalité : sa saveur n'est plus du tout astringente. Une trace d'acide sulfurique ou d'un sel alcalin, l'acide nitrique et l'acide chlorhydrique concentrés en précipitent immédiatement l'hydrate ferrique, *modifié*, c'est-à-dire dans cet état particulier où il est devenu presque insoluble dans les acides concentrés, et soluble dans l'eau pure, l'acide acétique et les acides nitriques et chlorhydriques étendus. — (Voir hydrate de fer.) — [Péan de Saint-Gilles [*Ann. de Chim. et de Phys.*, (3), t. XLVI, p. 53.]

Scheurer-Kestner [*Ann. de Chim. et de Phys.*, (3), t. LXIII, p. 422, et t. LXVIII, p. 472] a découvert récemment une nouvelle classe de sels de fer, dont nous donnons ici la description et qui ont puissamment contribué à affirmer l'hexatomicité du ferricum. Celui-ci étant formé par l'union de 2 atomes de fer tétratomique $(Fe = 56)$, le couple $(\overset{IV}{Fe}-\overset{IV}{Fe})$ devient hexatomique. $\overset{VI}{Fe^2}$ peut donc se substituer à 6 atomes d'hydrogène dans 6 molécules d'un ou plusieurs acides monobasiques :

NOTATION TYPIQUE.

$$6\ [C^2H^3O^2.H] \qquad (C^2H^3O^2)^6.\overset{VI}{Fe^2} \qquad \left.\begin{array}{l}\overset{VI}{Fe^2}\\(C^2H^3O)^6\end{array}\right\}O^6.$$

6 molécules d'acide acétique. — Acétate ferrique.

$$\begin{array}{l}4\ [C^2H^3O^2.H]\\2\ [AzO^3.H]\end{array} \qquad \left.\begin{array}{l}(C^2H^3O^2)^4\\(AzO^3)^2\end{array}\right\}\overset{VI}{Fe^2} \qquad \left.\begin{array}{l}\overset{VI}{Fe^2}\\(C^2H^3O)^4\\(AzO^2)^2\end{array}\right\}O^6.$$

4 molécules d'acide acétique. 2 molécules d'acide azotique. — Tétracéto-diazotate ferrique.

$$\begin{array}{l}3\ [C^2H^3O^2.H]\\2\ [ClH]\\1\ [HO.H]\end{array} \qquad \left.\begin{array}{l}(C^2H^3O^2)^3\\Cl^2\\HO\end{array}\right\}\overset{VI}{Fe^2} \qquad \left.\begin{array}{l}\overset{VI}{Fe^2}\\(C^2H^3O)^3\\H\end{array}\right\}O^4.\ Cl^2$$

3 molécules d'acide acétique. 2 molécules d'acide chlorhydrique. 1 molécule d'eau — Dichloro-triacétate ferrique.

La théorie dualistique considère ces sels comme des sels doubles.

Ces sels sont en général très-instables : l'ébullition avec l'eau en précipite de l'oxyde de fer, en même temps que les acides sont mis en liberté.

Tétracéto-diazotate ferrique,

$$\left.\begin{array}{l}(C^2H^3O^2)^4\\(AzO^3)^2\end{array}\right\}\overset{VI}{Fe^2} + 6\,H^2O.$$

α. On prépare une solution d'acétate ferreux $(D = 1,250)$; après lui avoir ajouté un excès d'acide acétique, on la chauffe à 80°, puis on y verse goutte à goutte de l'acide nitrique ordinaire, non fumant : une vive réaction a lieu et, quand l'opération a été bien conduite, on obtient par refroidissement de belles aiguilles, qu'on peut purifier par redissolution dans l'eau bouillante :

$$6\left(\overset{Fe''}{\underset{2\,C^2H^3O}{}}\Big\}O^2\right) + 8\left(\overset{AzO^3}{\underset{H}{}}\Big\}O\right)$$
$$= 3\left(\begin{array}{l}\overset{VI}{(Fe^2)}\\4\,(C^2H^3O)\\2\,(AzO^2)\end{array}\Big\}O^6\right) + 2AzO + 4\,(H^2O).$$

β. On dissout dans l'acide acétique le diazotate ferrique :

$$\left.\begin{array}{l}(AzO^3)^2\\(HO)^4\end{array}\right\}\overset{VI}{Fe^2} + (C^2H^4O^2)^4$$
$$= \left.\begin{array}{l}(C^2H^3O^2)^4\\(AzO^3)^2\end{array}\right\}\overset{VI}{Fe^2} + 4\,H^2O.$$

La réaction est lente : elle est terminée quand le mélange ne précipite plus par l'acide nitrique; on sait que les azotates ferriques basiques sont insolubles dans l'acide azotique.

γ. On dissout 1 molécule d'hydrate ferrique dans 4 molécules d'acide acétique et 2 molécules d'acide azotique.

δ. On mélange 1 molécule d'azotate ferrique avec 2 molécules d'acétate ferrique.

ε. On traite le dichloro-tétracétate ferrique (voir plus loin) par l'azotate d'argent : il se forme du chlorure d'argent et du tétracéto-diazotate ferrique.

Ce sel est très-bien cristallisé, en prismes rhomboïdaux droits, d'un rouge de sang. Son odeur rappelle à la fois l'acide acétique et la vapeur nitreuse. — Il est très-soluble dans l'eau, soluble en toutes proportions dans l'alcool : insoluble dans l'éther, dont on peut en conséquence se servir pour laver les cristaux. — Il est décomposable par la plus faible élévation de température. — Traité par l'acide azotique, il donne du tétracéto-azotate ferrique.

Diacéto-tétrazotate ferrique,

$$\left.\begin{array}{l}(C^2H^3O^2)^2\\(AzO^3)^4\end{array}\right\}\overset{VI}{Fe^2} + 8\,(H^2O).$$

α. On fait une solution $(D = 1,250)$ de tétrazotate ferrique, on y ajoute un excès d'acide acétique concentré et on fait cristalliser dans le vide : on lave avec de l'éther alcoolisé.

β. On dissout 1 molécule d'hydrate ferrique dans 2 molécules d'acide acétique et 4 molécules d'acide nitrique.

γ. On mélange 1 molécule d'acétate ferrique neutre avec 2 molécules d'azotate ferrique. — Petits prismes rhomboïdaux obliques, souvent accolés en croix.

B. ACÉTATES BASIQUES.

1. *Tétracétate ferrique,*

$$\left.\begin{array}{l}(C^2H^3O^2)^4\\(HO)^2\end{array}\right\}\overset{VI}{Fe^2}.$$

On l'obtient en dissolvant à 50°, dans 10 p. d'acide acétique à 30 p. %, l'hydrate ferrique provenant d'une partie de fer, et évaporant cette solution à 70°. C'est une masse amorphe, soluble dans l'alcool et dans l'eau. [Oudemans, *Jahresber.*, 1858, p. 282.]

2. *Triacétate ferrique,*

$$\left.\begin{array}{l}(C^2H^3O^2)^3\\(HO)^3\end{array}\right\}\overset{vi}{Fe^2}.$$

Ce sel est très-probablement renfermé dans la solution rouge que l'on obtient en traitant par l'oxyde d'argent le dichloro-triacétate ferrique (voir plus bas); évaporée dans le vide, cette solution devient sirupeuse, mais elle ne cristallise pas; elle se décompose promptement à la température ordinaire en formant une gelée ocreuse. (Scheurer.)

3. *Diacétate triferrique,*

$$\left.\begin{array}{l}(C^2H^3O^2)^2\\(HO)^4\end{array}\right\}\overset{vi}{Fe^2},\ 2\,Fe^2O^3.$$

C'est le dépôt ocreux qui se forme quand on laisse une solution d'acétate de ferricum exposée à l'air.

Ces trois acétates basiques sont les seuls dont on connaisse la composition; les autres sels qui se forment par la décomposition de l'acétate neutre sous l'influence de la chaleur, ou dans d'autres circonstances, n'ont pas été analysés. — Mais plusieurs des corps décrits par Scheurer-Kestner présentent la composition de sels basiques de ferricum.

4. *Triacéto-diazotate ferrique,*

$$\left.\begin{array}{l}(C^2H^3O^2)^3\\(AzO^3)^2\\HO\end{array}\right\}\overset{vi}{Fe^2}+8\,H^2O.$$

On le prépare directement en mettant en présence les quantités équivalentes d'hydrate et des deux acides. — On l'obtient aussi en traitant par l'azotate d'argent le dichloro-triacétate ferrique (voir plus bas).

$$\left.\begin{array}{l}(C^2H^3O^2)^3\\Cl^2\\HO\end{array}\right\}\overset{vi}{Fe^2}+2\,(AzO^3Ag)$$

$$=2\,ClAg+\left.\begin{array}{l}(C^2H^3O^2)^3\\(AzO^3)^2\\HO\end{array}\right\}\overset{vi}{Fe^2}.$$

Cristaux rhomboïdaux, ou plaques cristallines, foncées, presque noires, solubles dans l'alcool.

5. *Diformio-diacéto-azotate ferrique,*

$$\left.\begin{array}{l}(CHO^2)^2\\(C^2H^3O^2)^2\\AzO^3\\HO\end{array}\right\}\overset{vi}{Fe^2}+5\,H^2O.$$

Ce composé peut être obtenu par l'action directe des trois acides, en proportions convenables, sur l'hydrate ferrique; mais il est plus avantageux de faire réagir lentement et au bain-marie l'acide nitrique $(D=1{,}38)$ sur un mélange d'acétate et de formiate ferreux. — Lorsque l'oxydation est terminée, on obtient un liquide rouge, très-altérable, mais qui cristallise quand on l'évapore sur l'acide sulfurique; les cristaux ne commencent à se montrer que lorsque le liquide est devenu sirupeux; à ce moment on peut favoriser la cristallisation en chauffant vers 50°, ou en refroidissant brusquement.

Ce corps est très-soluble dans l'eau et l'alcool; il est insoluble dans l'éther.

Il est extrêmement altérable; l'ébullition en précipite de l'oxyde de fer; si l'on pousse trop loin l'évaporation, même dans le vide, le sel se décompose.

Si, dans la préparation de ce corps, on pèse la quantité d'acide nitrique nécessaire à l'oxydation, on constate que cette quantité est double de celle qu'exige la formule ci-dessus; il est donc probable qu'il commence par se former le sel suivant:

$$\left.\begin{array}{l}(CHO^2)^2\\(C^2H^3O^2)^2\\(AzO^3)^2\end{array}\right\}\overset{vi}{Fe^2},$$

et que ce sel neutre se transforme en sel basique par la perte de AzO^2. Scheurer a constaté, en effet, qu'il se dégage des vapeurs rutilantes pendant l'évaporation du mélange.

6. *Tétracéto-azotate ferrique,*

$$\left.\begin{array}{l}(C^2H^3O^2)^4\\AzO^3\\HO\end{array}\right\}\overset{vi}{Fe^2}+4\,H^2O.$$

On l'obtient par l'action de l'acide azotique sur le tétracéto-diazotate ferrique. — On le prépare plus facilement en laissant digérer pendant plusieurs jours, à 40° environ, un mélange de 1 molécule d'hydrate ferrique, 4 molécules d'acide acétique, 1 molécule d'acide azotique, et évaporant dans le vide. — 1 molécule d'acétate ferrique neutre, 1 molécule de diazotate ferrique et 1 molécule d'acide acétique donnent le même résultat.

Ce sont des cristaux rhomboïdaux droits, rouge-brun, durs, brillants, moins déliquescents que les autres composés de Scheurer; très-solubles dans l'eau et l'alcool, décomposables par une faible élévation de température.

7. *Triacéto-azotate ferrique,*

$$\left.\begin{array}{l}(C^2H^3O^2)^3\\AzO^3\\(HO)^2\end{array}\right\}\overset{vi}{Fe^2}+H^2O.$$

On le prépare en laissant digérer à 32° environ un mélange en proportions convenables d'hydrate ferrique, d'acide acétique et d'acide azotique. — On l'obtient encore en agitant fréquemment un mélange formé de deux molécules d'acide acétique et d'une molécule de diazotate ferrique; il se produit, dans ce cas, un mélange de triacéto-azotate et de tétrazotate ferrique.

Ce sont des prismes rhomboïdaux obliques, aplatis, d'un rouge foncé, très-solubles dans l'alcool et l'eau, insolubles dans l'éther.

ACÉTO-CHLORHYDRINES DE FERRICUM.

1. *Dichloro-triacétate ferrique,*

$$\left.\begin{array}{l}(C^2H^3O^2)^3\\Cl^2\\HO\end{array}\right\}\overset{vi}{Fe^2}+3\,H^2O.$$

On obtient ce corps en traitant avec précaution par de l'acide nitrique une dissolution chauffée à 80°, de chlorure ferreux dans l'acide acétique : la liqueur concentrée abandonne par refroidissement de petits cristaux rhomboïdaux (obliques?): les eaux mères décantées fournissent après quelques jours une nouvelle quantité du même corps, en cristaux volumineux; il se forme en même temps du chlorure ferrique :

$$12\,Fe''Cl^2+9\,C^2H^4O^2+4\,AzO^3H$$
$$=3\left[\left.\begin{array}{l}(C^2H^3O^2)^3\\Cl^2\\HO\end{array}\right\}\overset{vi}{Fe^2}\right]+3\,\overset{vi}{Fe^2}Cl^6$$
$$+4\,(AzO)+3\,(H^2O).$$

Le même sel se forme quand on laisse digérer à une température de 40°, pendant deux à trois jours, un mélange de 1 molécule d'hydrate ferrique, 2 molécules d'acide acétique et 1 molécule d'acide chlorhydrique.

Ce sont des cristaux très-durs, noirs par réflexion, rouges par transparence, très-solubles dans l'alcool et l'eau. — Traités par l'oxyde d'argent, ils donnent le triacétate ferrique.

Scheurer, qui a fait connaître ce corps, l'envisagea d'abord comme le dichlorure de triacétate ferrique. — Hugo Schiff [*Ann. de Chim. et de Phys.*, (3), t. LXVI, p. 136] fit voir plus tard qu'il devait être considéré comme une acétochlorhydrine. Il dérive de l'acétate

$$\left.\begin{array}{l}(C^2H^3O^2)^3\\(HO)^3\end{array}\right\}\overset{vi}{Fe^2}$$

dans lequel $2\,HO$ sont remplacés par $2\,Cl$.

2. *Dichloro-tétracétate ferrique*,

$$\left.\begin{array}{l}(C^2H^3O^2)^4\\ Cl^2\end{array}\right\} \overset{\text{VI}}{Fe^2} + 3\,H^2O.$$

On l'obtient en dissolvant 1 molécule d'hydrate ferrique dans un mélange formé de 2 molécules d'acide chlorhydrique et de 4 d'acide acétique, ou en oxydant, par l'acide nitrique, le chlorure ferreux dissous dans de l'acide acétique très-concentré.

Ce sont des cristaux d'un rouge jaune, solubles dans l'alcool et dans l'eau, facilement décomposables en acide acétique et en dichloro-triacétate ferrique. — Traité par l'azotate d'argent, ce sel est décomposé au bout de 12 heures, à la température de 50° : il se forme alors du tétracéto-diazotate de ferricum :

$$\left.\begin{array}{l}(C^2H^3O^2)^4\\ Cl^2\end{array}\right\} \overset{\text{VI}}{Fe^2} + 2\,(AzO^3Ag)$$

$$= 2\,(ClAg) + \left.\begin{array}{l}(C^2H^3O^2)^4\\ (AzO^3)^2\end{array}\right\} \overset{\text{VI}}{Fe^2}.$$

ACÉTATE DE LITHIUM. [Rammelsberg, *Ann. der Chem. u. Pharm.*, t. LXVI, p. 79. — Pleischl, *Zeitschr. f. Phys. u. verw. Wissensch.*, t. IV, p. 108. — Troost, *Ann. de Chim. et de Phys.*, (3), t. LI, p. 143.]

$$C^2H^3O^2.Li + H^2O.$$

On le prépare en saturant l'acide acétique par du carbonate de lithium : par évaporation, on obtient une liqueur sirupeuse, au sein de laquelle il se forme bientôt des prismes droits rhomboïdaux d'acétate de lithium. (Pleischl.)

Sel déliquescent, soluble dans moins d'un tiers de son poids d'eau à 15° : dans 4,64 p. d'alcool à 14° (D=0,81). — Sous l'influence de la chaleur, il fond dans son eau de cristallisation, puis perd son eau, subit la fusion ignée et se décompose finalement en donnant naissance à du carbonate de lithium et à du charbon. (Troost.)

ACÉTATE DE MAGNÉSIUM. — Sel amer, gommeux, déliquescent, très-soluble dans l'alcool et dans l'eau.

ACÉTATE DE MANGANÈSE. — On le prépare par dissolution du carbonate de manganèse dans l'acide acétique bouillant : par refroidissement il se dépose tantôt sous forme de tables rhombes, tantôt sous forme de prismes réunis par groupes. — Sel rose pâle, soluble dans 3 p. d'eau.

ACÉTATES DE MERCURE.

1. *Acétate mercureux ou de mercurosum* (*terre foliée mercurielle*),

$$(C^2H^3O^2)^2Hg^2.$$

On l'obtient par double décomposition en mêlant des solutions d'acétate de sodium et de nitrate de mercurosum. — Paillettes nacrées ou lames micacées d'un blanc argentin, solubles dans 333 p. d'eau froide, insolubles dans l'alcool, décomposables par l'eau bouillante en mercure métallique et en acétate mercurique. — Quand on chauffe le sel sec, il se décompose promptement en dégageant de l'acide acétique et de l'acide carbonique : le mercure métallique est régénéré. — On l'emploie en médecine comme antisyphilitique.

2. *Acétate mercurique ou de mercuricum*,

$$(C^2H^3O^2)^2Hg''.$$

On le prépare en dissolvant l'oxyde rouge de mercure dans l'acide acétique. — Lames nacrées brillantes, demi-transparentes. Solubles dans 4 p. d'eau à 10° et dans 1 p. à 100°. — L'alcool et l'éther en séparent de l'oxyde de mercure.

Lorsqu'on ajoute de l'hydrogène sulfuré à une solution d'acétate de mercure, il se forme un précipité qui disparait par l'agitation : si la solution d'acétate de mercure est suffisamment concentrée, la combinaison qui s'est formée se dépose bientôt à l'état cristallisé. On l'obtient facilement en ajoutant à une solution chaude et concentrée d'acétate de mercure, du sulfure de mercure récemment précipité, tant que le précipité formé se dissout, étendant la solution d'un égal volume d'alcool à 90°, et abandonnant à l'air pendant quelques jours.

Il se dépose ainsi des tables brillantes, formées par la combinaison du sulfure et de l'acétate de mercure : elles ont pour composition

$$(C^2H^3O^2)^2Hg + SHg.$$

(Voyez SULFURE DE MERCURE.) [R. Palm, *Jahresber.*, 1862, p. 220.]

3. **ACÉTATE DE MERCURAMMONIUM.** [Hirzel, *Ann. der Chem. u. Pharm.*, t. LXXXVI, p. 262.]

$$(C^2H^3O^2)^2Az^2H^6Hg + H^2O.$$

(*En équiv.* : $C^4H^3AzH^4O^4.HgO.$)

Lorsqu'on agite une solution d'acétate d'ammoniaque avec de l'oxyde de mercuricum récemment précipité, on obtient des cristaux qui, purifiés par redissolution dans l'eau, présentent la composition ci-dessus. Ce sont des tables rhombes solubles dans l'eau, insolubles dans l'alcool, facilement décomposables. — Chauffés à 100°, ils se transforment en une poudre jaune qui renferme

$$\left.\begin{array}{l}2\,C^2H^3O\\ Az^2Hg^4\end{array}\right\} O^2 + 4\,H^2O.$$

(Acétate de tétramercurammonium.)

ACÉTATE DE NICKEL. — Cristaux vert pomme, légèrement efflorescents, solubles dans 6 p. d'eau froide, insolubles dans l'alcool.

ACÉTATES DE PLOMB. [Berzelius, *Ann. de Chim.*, t. XCIV, p. 298; Payen, *Ann. de Chim. et de Phys.*, (3), t. LXV, p. 239, et t. LXVI, p. 37; Schindler, *Archiv. de Brandes*, t. XLI, p. 129; Wittstein, *Rép. de Buchner*, t. LXXXIV, p. 170; Brooke, *Ann. of Philos.*, t. XXII, p. 374; H. Kopp, *Einleit. in die Krystall.*, p. 310; Carius, *Ann. de Chim. et de Phys.*, (3), t. LXVIII, p. 207; Capeccioni, *Mon. scient. Quesneville*, t. I, p. 314.]

ACÉTATE NEUTRE OU DIACÉTATE DE PLOMB (*sel de Saturne, sucre de Saturne*),

$$(C^2H^3O^2)^2Pb'' + 3\,H^2O.$$

Ce sel est préparé industriellement en dissolvant la litharge dans l'acide acétique, ou en exposant à l'air un mélange d'acide acétique et de plomb : le métal dans ces conditions s'oxyde promptement aux dépens de l'air, et l'oxyde ainsi formé se dissout dans l'acide acétique : les liqueurs évaporées jusqu'à ce qu'elles aient atteint une densité de 2,2, déposent des cristaux d'acétate de plomb. On le prépare aussi en traitant le sulfate de plomb (100 p.) par une solution concentrée d'acétate de baryum (84 p.), ou d'acétate de calcium (52 p.) : la réaction est complète à froid, elle est instantanée à chaud. [Kraft, *Rép. de Chim. appl.*, I, 324.] — L'acétate de plomb cristallise en prismes clinorhombiques. Combinaison ordinaire (Brooke et H. Kopp), m, p, h^1; quelquefois p domine, de manière à donner aux cristaux la forme de tables. Inclinaison des faces, $m : m = 128°; p : m = 98°30'; p : h^1 = 100°32$. Clivages parallèles à p et à h^1. — Ces cristaux sont transparents, légèrement efflorescents : ils ont une saveur sucrée et en même temps astringente : ils laissent un arrière-goût métallique et désagréable. $D = 2,496$, Buignet [*J. Pharm.*, (3), XL, 161,337]. — Solubles dans 1 1/2 p. d'eau froide et 8 p. d'alcool. — La solution rougit le papier de tournesol. Elle est très-légèrement décomposée par l'acide carbonique de l'air avec formation de carbonate de plomb. L'acide acétique, mis en liberté, s'oppose à une décomposition bien avancée ; mais le sel sec effleuri est quelquefois assez profondément altéré. — Sous l'influence de la chaleur, l'acétate de plomb fond dans son eau de cristallisation, vers 75°; au-dessus de 100°, il perd de l'eau et un peu d'acide : il se transforme alors en une masse blanche et poreuse d'acétate sesquibasique. Vers 280°, il fond de nouveau; à une température un peu supérieure il est complètement décomposé : il se dégage de l'acide carbonique et de l'acétone; comme résidu on obtient du plomb extrêmement divisé.

L'ammoniaque ne précipite pas l'acétate de plomb : cependant, si l'on en ajoute un excès, il se dépose de l'acétate sexbasique; si l'on fait bouillir ce précipité avec un excès d'ammoniaque, il se forme de l'oxyde cristallisé.

La solution aqueuse d'acétate de plomb dissout la litharge en produisant des acétates basiques : cette dissolution est presque instantanée, lorsqu'on opère à 100°, dans une capsule d'argent (Rochleder).

L'acétate neutre est employé dans l'industrie de la toile peinte pour fixer l'acide chromique (jaune de chrome), et pour la préparation de l'acétate d'aluminium.

Capeccioni s'en sert pour donner au suif une consistance plus ferme.

En médecine, on l'utilise comme astringent et résolutif.

ACÉTATES BASIQUES.

1. *Tétracétate triplombique* (*Acétate sesquibasique*),

$$2 \, [(C^2 H^3 O^2)^2 Pb], (HO)^2 Pb.$$

Préparation. — On chauffe le diacétate dans une capsule jusqu'à ce que la masse fondue soit devenue solide, poreuse. On reprend par l'eau bouillante et l'on évapore à cristallisation. — On obtient ainsi des lames nacrées solubles dans l'eau et l'alcool.

2. *Monoacétate plombique* (*acétate bibasique*),

$$2 \, [(C^2 H^3 O^2)(HO) Pb] + H^2 O.$$

Préparation. — On fait bouillir du diacétate de plomb (une molécule) avec de l'oxyde de plomb (une molécule) :

$$(C^2 H^3 O^2)^2 Pb + Pb O + H^2 O$$
$$= 2 \, [(C^2 H^3 O^2)(HO) Pb].$$

Le sel cristallise par refroidissement (Schindler).

3. *Diacétate triplombique* (*acétate tribasique*),

$$(C^2 H^3 O^2)^2 Pb, 2 Pb O, H^2 O.$$

Préparation. — 1° On fait digérer 7 p. de massicot dans une solution aqueuse de 6 p. de diacétate cristallisé.

2° Dans 100 volumes d'eau bouillante et préalablement bouillie pendant 30 minutes, on verse 100 volumes d'une solution aqueuse de diacétate de plomb, saturée à 30°; puis on ajoute dans le liquide 100 volumes d'un mélange de 80 volumes d'eau pure à 60° avec 20 volumes d'ammoniaque exempte de carbonate. Le flacon étant immédiatement clos, on voit peu à peu se former une abondante cristallisation de diacétate tribasique [Payen, *Ann. de Chim. et de Phys.*, (3), t. VIII, p. 302].

Ce sel se présente sous la forme de longues aiguilles soyeuses, brillantes, d'un blanc satiné, insolubles dans l'alcool, très-solubles dans l'eau, à laquelle elles communiquent une réaction alcaline. — Quand on ajoute à 100 volumes d'une solution aqueuse froide de diacétate tribasique saturée à 15°, 50 volumes d'eau et, ensuite, en agitant, un mélange de 20 volumes d'eau et 30 volumes d'ammoniaque, on voit se former au bout de quelques heures une belle cristallisation d'hydrate de plomb $Pb^3 H^2 O^4$.

En opérant dans des conditions analogues, mais à la température de 100°, on obtient de l'oxyde de plomb anhydre, cristallisé en lamelles translucides et brillantes (Payen).

L'acétate tribasique est le plus stable des sous-acétates de plomb. — Il joue un grand rôle dans la fabrication du blanc de céruse (procédé de Clichy) : c'est lui en effet dont la solution, décomposée par l'acide carbonique, donne naissance au carbonate de plomb; il se forme en même temps du diacétate.

Dans le procédé hollandais, la formation du carbonate de plomb est due également, selon Pelouze, à la production du diacétate triplombique qui se forme à la surface des plaques de plomb et qui est ultérieurement décomposé par l'acide carbonique.

4. *Monoacétate triplombique* (*acétate sexbasique*),

$$(C^2 H^3 O^2)(HO) Pb, 2 Pb O.$$

Préparation. — On met la solution des sels précédents en digestion avec de l'oxyde de plomb.

Le monoacétate triplombique est une poudre blanche, peu soluble dans l'eau chaude, d'où elle se dépose en aiguilles brillantes (Berzelius).

Le produit connu sous le nom d'*extrait de Saturne* est constitué en majeure partie par une dissolution de monoacétate triplombique; on la prépare en faisant bouillir dans une bassine de cuivre (où l'on introduit, par précaution, une lame de plomb) 9 parties d'eau avec 3 parties de diacétate de plomb et 1 partie de litharge.

L'*eau de Goulard* est préparée en versant dans 1 litre d'eau de rivière 8 à 30 grammes d'extrait de Saturne. — On se sert de ces préparations pour l'usage externe comme astringent et résolutif.

On se sert souvent, en chimie, des dissolutions de sous-acétates de plomb pour précipiter des matières colorantes, des tannins, des gommes, etc. Guignet a observé que la solution d'acétate basique de plomb donne dans une liqueur renfermant un azotate soluble, ne fût-ce que 1 °/₀, un précipité caillebotté d'*azotate bibasique de plomb* très-peu soluble dans l'eau froide, mais soluble à chaud, et cristallisant par refroidissement : il est également soluble dans un excès d'acétate basique [*Bull. de la Soc. chim.*, 1863, p. 114].

ACÉTOCHLORHYDRINES, ACÉTOIODHYDRINES, ACÉTOBROMHYDRINES PLOMBIQUES,

$$\begin{matrix} C^2 H^3 O^2 \\ Cl \end{matrix} \Big\} Pb'' \quad \begin{matrix} C^2 H^3 O^2 \\ I \end{matrix} \Big\} Pb'' \quad \begin{matrix} C^2 H^3 O^2 \\ Br \end{matrix} \Big\} Pb''.$$

Ces corps très-intéressants ont été décrits par Carius [*Ann. de Chim. et de Phys.*, (3), t. LXVIII, p. 207. — *Ann. der Chem. u. Pharm.*, t. CXXV, p. 87, 1863], qui indique pour leur préparation les deux procédés suivants :

1. On ajoute de l'acide acétique à un mélange intime de chlorure de plomb récemment précipité et de diacétate de plomb anhydre, de manière à former, avec le tout, une bouillie épaisse. La masse s'échauffe et se transforme promptement en un corps solide non cristallin qu'il suffit d'exprimer entre des feuilles de papier pour le débarrasser d'acide acétique. Un tel mélange chauffé en vase clos à 135° donne la combinaison cristallisée.

2. On fait réagir sur le diacétate de plomb les chlorures, bromures, iodures de radicaux alcooliques, éthyle, éthylène, etc. Pour obtenir les composés chlorés ou bromés bien cristallisés, il faut opérer en vase clos à 180° (pour les composés iodés à 140° seulement) et en présence d'acide acétique (1 molécule d'acide pour 1 molécule de diacétate de plomb).

La réaction par laquelle l'acétochlorhydrine de plomb prend naissance est la suivante :

$$C^2 H^5 Cl + (C^2 H^3 O^2)^2 Pb''$$

Chlorure d'éthyle.

$$= C^2 H^3 O^2 . C^2 H^5 + \left. \begin{matrix} C^2 H^3 O^2 \\ Cl \end{matrix} \right\} Pb''.$$

Acétate d'éthyle.   Acétochlorhydrine
de plomb.

Il est évident qu'il ne faudrait pas prendre 2 molécules de chlorure d'éthyle, car on aurait

$$2 (C^2 H^5 Cl) + (C^2 H^3 O^2)^2 Pb''$$
$$= Cl^2 Pb'' + (C^2 H^3 O^2 . C^2 H^5)^2.$$

Propriétés. — Ces composés sont généralement bien cristallisés, dans le type clinorhombique. Ils sont solubles en faible quantité dans l'acide acétique. L'alcool et l'eau les décomposent lentement en diacétate et en chlorure, bromure, iodure de plomb.

COMBINAISON D'ACÉTOCHLORHYDRINE ET DE DIACÉTATE DE PLOMB. — Quand on chauffe une dissolution de 3 molécules de diacétate de plomb avec une molécule de chlorure de plomb récemment précipité, celui-ci se dissout et l'on obtient, par évaporation, de beaux cristaux qui présentent la composition

$$(C^2 H^3 O^2)^2 Pb'' + \left. \begin{matrix} C^2 H^3 O^2 \\ Cl \end{matrix} \right\} Pb'' + 3 H^2 O.$$

Diacétate de plomb.   Acétochlorhydrine
de plomb.

Ce sont des prismes, longs souvent d'un centimètre, qui sans décomposition dans l'eau et qui, traités par l'acide acétique, lui abandonnent du diacétate de plomb, en même temps que l'acétochlorhydrine est mise en liberté.

Ce même corps paraît avoir été obtenu, à l'état impur, par Poggiale, en traitant à chaud le chlorure de plomb par le monoacétate tribasique de plomb et ajoutant ensuite un léger excès d'acide acétique.

COMBINAISON D'ACIDE ACÉTIQUE ET DE MINIUM. [Fischer, *Journ. f. Chem. u. Phys. von Schweigger*, LIII, 124.] — En chauffant à 40° un excès de minium avec de l'acide acétique cristallisable, on obtient une dissolution qui dépose, par refroidissement, de beaux prismes rhomboïdaux obliques. Ces cristaux sont très-altérables; si l'on essaye de les sécher, ils se décomposent en acide acétique et en bioxyde de plomb. Leur solution même se décompose au contact de l'air ou par l'addition de l'eau. Les cristaux chauffés à 160° entrent en fusion et se décomposent presque immédiatement en plomb métallique, acétone, acide acétique; ils répandent en même temps l'odeur de la fève de Tonka. D'après Jacquelain [*Compt. rend. des trav. de Chim.*, 1851, p. 1], ces cristaux sont représentés par les rapports

$$3 (C^4 H^3 O^3), Pb O^2 (?). \quad (1)$$

ACÉTATES DE POTASSIUM.

MONOACÉTATE DE POTASSIUM. (ACÉTATE NEUTRE. *Arcanum tartari*, *Tartarus regeneratus*, *Terra foliata*. *Blættererde, Geblætterde, Weinsteinerde*.)

Il existe en abondance dans la séve des végétaux : c'est lui qui dans la calcination du bois donne naissance à la majeure partie du carbonate de potassium qu'on retrouve dans les cendres. — On le prépare, en dissolvant dans l'acide acétique le carbonate de potassium; quand, dans cette préparation, on emploie le vinaigre brut, il faut avoir soin de n'ajouter le carbonate que par petites portions, et de maintenir la liqueur toujours acide : on évitera ainsi la formation de matières colorantes que l'action alcaline du carbonate développerait promptement (Fremy père).

L'acétate de potassium est blanc, cristallisé en aiguilles ou en paillettes blanches et grasses au toucher. — Il est très-soluble dans l'eau, et déliquescent :

1 p. de sel se dissout dans	0,531	p. d'eau à	2°	
— — —	0,487	—	13°9	Osann.
— — —	0,321	—	28°5	
— — —	0,203	—	62°	

Une solution, saturée à l'ébullition, contient 1 partie de sel pour 0,125 p. d'eau; cette solution bout à 169° (Berzelius).

Il est soluble dans l'alcool, mais moins que dans l'eau : il se dissout, en effet, dans 2 p. d'alcool absolu bouillant et dans 3 p. d'alcool ordinaire (Destouches).

La solution bouillante dépose par refroidissement l'acétate en beaux cristaux. Sa dissolution alcoolique est précipitée par l'éther. — Elle est décomposée par l'acide carbonique avec formation de carbonate de potassium et d'une notable quantité d'éther acétique.

L'acétate de potassium est soluble dans l'acide acétique qui le transforme en acétate acide de potassium (voir plus loin), et dans l'acide acétique anhydre avec lequel il forme une combinaison spéciale.

La solution aqueuse de l'acétate de potassium évaporée à siccité se transforme en une masse lamellaire (*terre foliée du tartre* des anciens), qui fond à une température plus élevée (292° environ) et se prend par refroidissement en cristaux feuilletés, tellement déliquescents qu'ils se recouvrent presque à l'instant même de petites gouttelettes d'eau : à cet état, l'acétate de potassium est employé fréquemment dans les recherches chimiques, comme déshydratant, et comme puissant agent de double décomposition. — Au rouge, il est détruit, en donnant de l'acétone, des gaz inflammables, des produits empyreumatiques et en laissant du carbonate mêlé de charbon.

Chauffé avec un excès de potasse, il se transforme en carbonate de potassium et en hydrogène protocarboné :

$$C^2 H^3 O^2 K + K H O = C O^3 K^2 + C H^4.$$

[Persoz et Dumas, *Ann. de Chim. et de Phys.*, t. LXXIII, p. 93.]

Distillé avec de l'acide arsénieux, il produit de l'oxyde de diméthylarsine (liqueur fumante de Cadet). Cette réaction est si sensible qu'elle sert généralement à constater la présence de l'acide acétique : la plus petite quantité d'acétate de potassium chauffée avec un excès d'acide arsénieux donne naissance à des vapeurs blanches, douées d'une odeur alliacée très-prononcée. — Lorsqu'on soumet à l'électrolyse une solution concentrée d'acétate de potassium, on obtient des produits gazeux formés en majeure partie de méthyle, d'acide carbonique et d'hydrogène [Kolbe, *Ann. der Chem. u. Pharm.*, t. LXIX, p. 257].

C'est le procédé qui a servi à Kolbe pour obtenir le méthyle libre.

Lorsqu'on électrolyse un mélange d'acétate et d'œnanthylate de potassium, il se forme, en très-petite quantité à la vérité, du méthyle-caproyle [Wurtz, *Ann. de Chim. et de Phys.*, (3), t. XLIV, p. 296].

Lorsqu'on fait passer un courant de chlore dans une solution d'acétate de potassium, la liqueur acquiert des propriétés décolorantes énergiques, qu'elle perd par le séjour à l'air.

Pendant le passage du chlore, il se dégage de l'acide carbonique.

L'acétate de potassium distillé avec de l'acide butyrique ou valérique se transforme en acétate acide de potassium.

Il est employé en médecine comme fondant et diurétique; on l'a employé avec succès dans le traitement de la gonorrhée.

(1) C = 6, O = 8, Pb = 103,5.

ACÉTATE ACIDE DE POTASSIUM,

$$C^2H^3O^2K, \quad C^2H^3O^2H.$$

Thomson l'obtint en évaporant, dans le vide, un mélange d'une molécule d'acétate de potassium et d'une molécule d'acide acétique.

Melsens l'étudia avec soin et constata que, pour le produire, il suffit d'évaporer une solution d'acétate avec un excès d'acide acétique; par refroidissement, on obtient une masse cristalline de diacétate [*Journ. de Pharm.*, (3), t. VI, p. 415, et *Compt. rend. de l'Acad.*, t. XIX, p. 611]. On peut également le préparer en chauffant le monoacétate avec de l'acide butyrique ou valérique.

Ce sont tantôt des lamelles nacrées, tantôt de longs prismes aplatis, très-flexibles, déliquescents, solubles dans l'alcool. On peut les chauffer dans le vide à 120° sans qu'ils perdent de leur poids ou qu'ils soient altérés.

Le sel, soumis à l'action de la chaleur, fond vers 148° en dégageant un peu d'acide acétique; à 200°, il entre en ébullition en se décomposant et en produisant de l'acide acétique cristallisable. La température monte progressivement jusqu'à 300°; à ce moment, la cornue ne renferme plus que du monoacétate de potassium. On utilise ces propriétés du diacétate de potassium, dans la préparation de l'acide acétique monohydraté. En distillant, en effet, de l'acétate neutre avec de l'acide acétique très-étendu, le sel fixe une molécule d'acide, et quand la concentration est arrivée à un point suffisant, le sel acide est décomposé et produit de l'acide cristallisable. Dans cette distillation, il faut maintenir la température au-dessous de 300° pour éviter la formation de produits empyreumatiques. L'acétate acide de potassium est décomposé sous l'influence d'un courant de vapeur d'eau.

Combinaison d'acétate de potassium et d'acide acétique anhydre,

$$2\,(C^2H^3O^2K) + (C^2H^3O)^2O.$$

Ce corps a été découvert par Gerhardt, qui lui donna le nom de *biacétate de potasse anhydre* [*Ann. de Chim. et de Phys.*, (3), t. XXXVII, p. 317]. Si le diacétate de potassium est de l'acétate neutre + 1 molécule d'acide acétique monohydraté de cristallisation, le corps de Gerhardt peut être considéré comme l'acétate neutre + 1/2 molécule d'acide acétique anhydre, de cristallisation.

Il se forme dans l'action du potassium sur l'acide acétique anhydre, ou par la dissolution du monoacétate dans l'acide acétique anhydre bouillant; il se dépose par refroidissement des aiguilles incolores, très-déliquescentes, moins cependant que le monoacétate. Le sel sec chauffé dégage de l'acide acétique anhydre, et laisse comme résidu du monoacétate pur.

ACÉTATE DE RUBIDIUM. [Grandeau, *Ann. de Chim. et de Phys.*, (3), t. LXVII, p. 234.]

$$C^2H^3O^2Rb.$$

Paillettes nacrées, grasses au toucher, que l'on obtient en soumettant à une lente évaporation la dissolution du carbonate de rubidium dans l'acide acétique concentré. Il est soluble dans l'alcool et dans l'eau.

ACÉTATE DE SODIUM (*terre foliée minérale*),

$$C^2H^3O^2Na + 3\,(H^2O).$$

On peut le préparer directement en saturant l'acide acétique par du carbonate de sodium. Industriellement, on le préparait jusqu'à ces dernières années par double décomposition avec le pyrolignite de calcium et le sulfate de sodium, mais ce procédé n'est pas avantageux à cause des pertes qui résultent de la formation facile du sulfate de calcium et de sodium

$$(SO^4)^2Na^2Ca''.$$

On le prépare généralement aujourd'hui en distillant le pyrolignite de calcium purifié, avec de l'acide sulfurique et saturant le liquide distillé par du carbonate de sodium. On peut aussi saturer directement l'acide pyroligneux préalablement purifié par distillation, avec du carbonate de sodium; on évapore et l'on obtient par cristallisation de l'acétate impur, brun, que l'on soumet, dans des vases peu profonds en tôle, à la température du rouge sombre. Les matières goudronneuses sont ainsi détruites; il ne reste plus qu'à reprendre par l'eau pour obtenir un sel complétement blanc.

Ce sont de gros prismes clinorhombiques. Combinaison ordinaire : [Kopp, *Einleit. in die Cristal.*, p. 310. — Brooke, *Annals of Philosophy*, t. XXII, p. 39] $p, m, h^1, d^{1/2}$, plus rarement avec $h^1, b^{1/2}, b^{1/4}, a^{1/2}$; $m : m$ par-dessus $g^1 = 95°30'$; $p : m = 75°35'$; $b^{1/2} : d^{1/2} = 117°32'$. Clivage parallèle à p et à m.

Ce sel possède une saveur amère et piquante sans être désagréable. Il est soluble dans 3,9 parties d'eau à 6°, dans 2,4 parties à 37° et dans 1,7 à 48° (Ozann). D'après Gerardin, 100 parties d'alcool à 0,9904 dissolvent 38 parties de sel cristallisé, à 18°; cette solubilité diminue avec la concentration de l'alcool qui, à 0,832, n'en dissout plus que 2,1 p. La solution aqueuse saturée à l'ébullition renferme 0,48 p. d'eau pour 1 de sel et bout à 124°4 (Berzelius). Quand on expose le sel cristallisé à l'air sec, il perd peu à peu ses 3 molécules d'eau qu'il reprend facilement dans l'air humide. Si on le fond, il perd également ses 3 molécules d'eau, mais il est alors devenu déliquescent et il peut attirer jusqu'à 7 molécules d'eau; il forme alors un liquide assez mobile, solution sursaturée qui cristallise avec un vif dégagement de chaleur quand on l'ébranle avec un corps dur, ou quand on y projette une parcelle d'acétate de sodium desséché ou cristallisé; un fragment d'acétate fondu ou d'autres sels ne produirait pas le même effet [Reischauer, *Ann. der Chem. u. Pharm.*, t. CXV, p. 116, juillet 1860, et *Répert. de Chim. pure*, 1861, p. 66].

L'acétate de sodium subit la fusion ignée vers 319°. Lorsqu'on soumet à l'action de la chaleur un mélange à poids équivalents d'acétate de sodium et d'acétate de potassium (dont le point de fusion est à 292°), il fond à 224° [Schaffgotsch, *Poggend. Ann.*, t. CII, p. 293].

Le chlorure de soufre brun attaque l'acétate de sodium fondu, et produit de l'acide acétique anhydre, du sulfate et du chlorure de sodium (Heintz).

L'acétate de sodium est employé en médecine à la dose de 2 à 8 grammes comme fondant et diurétique; à plus haute dose il est purgatif.

ACÉTATE DE STRONTIUM. — Prismes clinorhombiques. Inclinaison des faces : $m = 124°54'$; $p : h^1 = 96°10'$. Clivage peu marqué parallèlement à h^1. Ces cristaux sont ceux que l'on obtient en soumettant la solution d'acétate de strontium au froid; ils renferment 26 % d'eau, soit environ 5 molécules d'eau (5 molécules d'eau = 26.8). — Quand le sel cristallise à 15°, il renferme 4,23 % d'eau (Mitscherlich). Ce rapport nous paraît peu probable, 4 molécule d'eau exigeant 6,8 %.

ACÉTONITRATE DE STRONTIUM,

$$\left.\begin{array}{l} C^2H^3O^2 \\ AzO^3 \end{array}\right\} Sr''.$$

[*Journ. für prakt. Chem.*, t. LXXIV, p. 431, et *Répert. de Chim. pure*, 1858-59, p. 125.] On l'obtient en laissant évaporer une solution qui renferme 1 molécule d'acétate et 1 molécule de nitrate de strontium : quand la solution est un peu acide, le sel se dépose en belles tables, inaltérables à l'air. — Chauffé à 100°, il perd toute son eau de cristallisation;

chauffé davantage, il détone en produisant une belle flamme pourpre. — D'après de Hauer, qui l'a découvert, ce sel, très-intéressant au point de vue du rôle qu'y joue le strontium comme élément diatomique, renfermerait 3 molécules d'eau de cristallisation; sa composition est représentée par la formule

$$2 \begin{Bmatrix} (C^2 H^3 O^2) \\ (Az O^3) \end{Bmatrix} Sr'' + 3 H^2O.$$

ACÉTATES DE THALLIUM. [Kuhlmann fils, *Ann. de Chim. et de Phys.*, (3), t. LXXVII, p. 433. — E. Willm, *Ann. de Chim. et de Phys.*, (4), t. V, p. 76.]

ACÉTATE DE PROTOXYDE DE THALLIUM,

$$C^2 H^3 O^2 \, Tl.$$

Il s'obtient par la dissolution du carbonate dans l'acide acétique : sel déliquescent, conservant toujours l'odeur de l'acide acétique; très-soluble à chaud dans l'alcool, qui le dépose par refroidissement, en beaux mamelons soyeux (Kuhlmann fils).

ACÉTATE DE PEROXYDE DE THALLIUM,

$$(C^2 H^3 O^2)^3 \, Tl''' + 3 H^2O.$$

On le prépare en dissolvant à l'ébullition du peroxyde de thallium dans l'acide acétique. Par évaporation spontanée, on obtient de belles tables appartenant au système du prisme rhomboïdal oblique. — Ce sel est décomposé par l'eau en acide acétique et peroxyde de thallium. Il se décompose de même quand on le laisse exposé à l'air, et d'autant plus vite que la température est plus élevée; à 100° elle est très-rapide et complète (Ed. Willm.)

ACÉTATE DE THORIUM. — Petits cristaux aciculaires, très-peu solubles dans l'acide acétique étendu; insolubles dans l'eau [Chydenius, *Jour. für prakt. Chem.*, t. LXXXIX, p. 464, 1863 et *Bull. de la Soc. chim.*, 1864, t. I, p. 133].

ACÉTATE D'URANIUM. [Rammelsberg, *Ann. de Poggend.*, t. LVIII, p. 34; Peligot, *Ann. de Chim. et de Phys.*, (3), t. V, p. 13; Wertheim, *id.*, (3), t. XI, p. 49; Weselsky, *Journ. für prakt. Chem.*, t. LXXV, p. 55, 1858 et *Répert. de Chim. pure*, 1858-59, p. 177].

ACÉTATE URANEUX,

$$(C^2 H^3 O^2)^4 \, Ur^2 = \begin{Bmatrix} 4\, C^2 H^3 O \\ 2\, Ur \end{Bmatrix} O^4.$$

On le prépare en laissant évaporer spontanément une solution d'hydrate uraneux dans l'acide acétique; ce sont de fines aiguilles, d'un vert foncé, groupées en mamelons.

ACÉTATES URANIQUES. — Le sel neutre a pour composition

$$C^2 H^3 O^2 \, (Ur\, O)' = \begin{Bmatrix} C^2 H^3 O \\ Ur\, O' \end{Bmatrix} O.$$

Il forme avec les autres acétates des composés répondant à la formule générale :

$$\begin{Bmatrix} 2\, C^2 H^3 O' \\ Ur\, O' \\ R \end{Bmatrix} O^2 + x\, \text{aq.} = \begin{Bmatrix} (C^2 H^3 O^2)^2 \\ R' \end{Bmatrix} Ur''' + x\, \text{aq.}$$

Pour l'obtenir on calcine légèrement les cristaux de nitrate d'uranium, jusqu'à commencement de réduction : on traite le résidu par l'acide acétique; la solution abandonne de très-beaux cristaux d'acétate pur : le nitrate non décomposé étant beaucoup plus soluble reste dans les eaux mères. Si la cristallisation a lieu à la température ordinaire, le sel renferme $2 H^2O$; si elle a lieu au-dessous de 15°, il renferme $3 H^2O$. — Dans le premier cas, ce sont des prismes rhomboïdaux obliques, jaunes et transparents, décomposables par l'eau bouillante. — Dans le second, ce sont des octaèdres à base carrée, dont le sommet tronqué est remplacé par

une face bien nette; ces cristaux perdent H^2O à 100°, mais le reste de l'eau ne s'en va qu'à 275°, en même temps le sel devient rouge.

Pincus a proposé l'emploi de l'acétate d'uranium pour le dosage de l'acide phosphorique [*Répert. de Chim. pure*, 1859, p. 300].

Combinaisons doubles. — On peut les préparer par trois procédés :

1° Quand le carbonate du métal qu'on veut combiner à l'acétate d'uranium est soluble, on ajoute la solution à la solution chaude de l'acétate, jusqu'à ce qu'il commence à se former un précipité d'uranate; on ajoute de l'acide acétique qui dissout ce précipité et on abandonne à l'évaporation.

2° Quand le carbonate est insoluble, on en ajoute à la solution bouillante de l'azotate d'uranium jusqu'à ce que tout l'oxyde uranique soit précipité : on dissout ce précipité dans l'acide acétique et on fait cristalliser.

3° On mélange deux molécules des acétates simples et on fait cristalliser à plusieurs reprises dans une liqueur acidulée par l'acide acétique.

Ces sels sont généralement bien cristallisés, jaunes, solubles dans l'eau. L'acétate d'uranium et de sodium possède la propriété de faire tourner le plan de polarisation [Marbach, *Ann. de Chim. et de Phys.*, (3), t. XLIV, p. 45].

ACÉTATE DE ZINC,

$$(C^2 H^3 O^2)^2 \, Zn'' + 3 H^2O.$$

On le prépare en dissolvant dans l'acide acétique le zinc métallique, l'oxyde ou le carbonate de zinc. — Par évaporation on obtient des lames nacrées, onctueuses au toucher. — Type clinorhombique. Combinaison ordinaire : [Brooke, *loc. cit.*] p, m, h^1, $b^{1/2}$, $a^{1/2}$. Les cristaux ont la forme de tables par suite de la prédominance de la face p. Inclinaison des faces : $m:m$ au-dessus de $g^1 = 112°36'$; $p:m = 112°28'$; $p:h^1 = 133°30$; $p:b^{1/2} = 75°35'$. Clivage parallèle à p.

Cristaux très-solubles, fusibles à 100° dans leur eau de cristallisation et subissant à 195° la fusion ignée : il se sublime à cette température de l'acétate de zinc anhydre. En augmentant la température, il distille de l'acétone, puis la décomposition est complète et il ne reste plus dans la cornue que de l'oxyde de zinc mêlé de charbon et de zinc métallique. — Selon Larocque [*Recueil des trav. de la Soc. d'Émul. p. l. sc. pharm.*, janvier 1847, p. 54], il se forme, à un certain moment, un acétate basique de zinc.

ACÉTATE D'YTTRIA. [Berlin, *Gmelin's Handbuch*, 4° édition, t. II, p. 273, et Popp, *Ann. der Chem. u. Pharm.*, t. CXXXI, p. 179.] — Prismes roses, rhomboïdaux, terminés par des sommets trièdres. Inaltérables à l'air, solubles dans 9 p. d'eau froide, insolubles dans l'alcool concentré. Ils perdent leur eau de cristallisation (H^2O) à 100° et deviennent opaques.

ÉTHERS ACÉTIQUES.

Nous ne décrirons ici que les éthers dérivés des principaux alcools monoatomiques de la série grasse : les autres éthers seront décrits avec leurs alcools respectifs.

Ceux dont on trouvera ci-dessous la description dérivent de l'acide acétique par la substitution d'un radical d'alcool monoatomique à l'hydrogène basique de l'acide acétique :

$$C^2 H^3 O^2 . H. \qquad C^2 H^3 O^2 . C^n H^m.$$

Acide acétique.   Acétate alcoolique.

Dans la théorie des types on les envisage comme dérivant d'une molécule d'eau dans laquelle un hydrogène est remplacé par un acétyle, et l'autre hydrogène par un radical alcoolique monoatomique : ils représentent donc des acétates alcooliques.

$$\left.\begin{array}{c}\text{H}\\\text{H}\end{array}\right\rbrace \text{O} \qquad \left.\begin{array}{c}\text{C}^2\text{H}^3\text{O}\\\text{H}\end{array}\right\rbrace \text{O} \qquad \left.\begin{array}{c}\text{C}^2\text{H}^3\text{O}\\\text{C}^2\text{H}^5\end{array}\right\rbrace \text{O}.$$

Eau.   Acide acétique.   Éther acétique.

ACÉTATE D'AMYLE. [Cahours, *Ann. de Chim. et de Phys.*, (2), t. LXXV, p. 197. — Hofmann, *id.*, (3), t. XXXIV, p. 325.]

$$\text{C}^2\text{H}^3\text{O}^2.\text{C}^5\text{H}^{11}.$$

On le prépare en distillant un mélange de 1 p. d'acide sulfurique, 1 p. d'alcool amylique et 2 p. d'acétate de potassium : le produit distillé est lavé à l'eau, séché sur du chlorure de calcium et rectifié sur du massicot (Cahours). On le prépare plus pur en chauffant en vase clos, à 120°, de l'iodure d'amyle avec de l'acétate d'argent (Wurtz). Pour lui enlever des traces d'alcool amylique, qu'il retient assez opiniâtrément, Berthelot recommande de le laver avec de l'acide acétique étendu de son poids d'eau : on enlève ainsi l'alcool amylique, sans dissoudre d'éther en quantité appréciable. — Liquide incolore, limpide, d'une odeur très-agréable de poire jargonelle, quand on l'étend d'alcool. — D=0,8762 (Mendelejef), suivant d'autres 0,8837. Point d'ébullition : 125° (Cahours), 138,5 (H. Kopp). D^v=4.458. Insoluble dans l'eau, soluble dans l'alcool et l'éther, décomposable par la potasse alcoolique en acétate de potassium et alcool amylique. Chauffé au bain d'huile, en vase clos, avec du protochlorure de phosphore, il donne de l'acide phosphoreux, du chlorure d'acétyle et du chlorure d'amyle :

$$3\,(\text{C}^2\text{H}^3\text{O}^2.\text{C}^5\text{H}^{11}) + 2\,(\text{P Cl}^3)$$
$$= 3\,(\text{C}^5\text{H}^{11}\text{Cl}) + 3\,(\text{C}^2\text{H}^3\text{O}.\text{Cl}) + \text{P}^2\text{O}^3.$$

[Schlagdenhaufen, *Journ. de Pharm. et de Chim.*, décembre 1856.] Lorsqu'on chauffe l'acétate d'amyle à 240° pendant 4 heures avec de l'alcool absolu, il se forme beaucoup d'acétate d'éthyle, sans trace d'acide libre [Friedel et Crafts, *Bull. de la Soc. chim.*, 1864, t. II, p. 100]. On le fabrique sur une certaine échelle pour les besoins de la parfumerie, qui le consomme étendu de 6 fois son volume d'alcool, et le désigne sous le nom d'essence de poires.

ACÉTATE D'AMYLE BICHLORÉ,

$$\text{C}^2\text{H}^3\text{O}^2.\text{C}^5\text{H}^9\text{Cl}^2 = \left.\begin{array}{c}\text{C}^2\text{H}^3\text{O}\\\text{C}^5\text{H}^9\text{Cl}^2\end{array}\right\rbrace \text{O}.$$

On le prépare en faisant passer un courant de chlore sec dans l'acétate d'amyle chauffé au bain-marie. — C'est une huile incolore, mobile, d'une odeur agréable, plus lourde que l'eau, dans laquelle elle est insoluble; soluble dans l'alcool et l'éther; décomposée par la distillation. — On obtient des produits de substitution plus avancés quand on l'expose au soleil dans des flacons remplis de chlore.

ACÉTATE DE BUTYLE. — [Wurtz, *Ann. de Chim. et de Phys.*, (3), t. XLII, p. 150.]

$$\text{C}^2\text{H}^3\text{O}^2.\text{C}^4\text{H}^9.$$

On chauffe pendant quelques heures au bain-marie quantités équivalentes d'acétate d'argent et d'iodure de butyle, enfermées dans un matras d'essayeur : on réussit également avec le chlorure de butyle et l'acétate de potassium, ou enfin en distillant au bain d'huile un mélange de sulfobutylate et d'acétate de potassium. — Liquide, incolore, éthéré, d'une odeur très-agréable. D à 16° = 0.8845. — D^v = 4.073. — Point d'ébullition : 114°.

Il est décomposé par une longue ébullition avec la potasse caustique en acétate de potassium et alcool butylique.

ACÉTATE DE CAPRYLE. — [Bouis, *Ann. de Chim. et de Phys.*, (3), t. XLIV, t. 135.]

$$\text{C}^2\text{H}^3\text{O}^2.\text{C}^8\text{H}^{17}.$$

Bouis le prépare par la distillation d'un mélange d'alcool caprylique et d'acide acétique, ou par l'action d'un courant d'acide chlorhydrique sur ce même mélange, ou par l'ébullition d'une solution alcoolique d'iodure de capryle avec de l'acétate d'argent cristallisé : le meilleur procédé de préparation consiste à verser sur l'acétate de sodium une dissolution d'alcool caprylique dans l'acide sulfurique, et à distiller. — Pelouze et Cahours l'ont préparé récemment avec le chlorure de capryle et l'acétate de potassium [*Ann. de Chim. et de Phys.*, (4), t. I, p. 55]. — Liquide plus léger que l'eau, d'une odeur de fruit très-agréable: insoluble dans l'eau, soluble dans l'alcool, et dans l'acide sulfurique, d'où il est reprécipité par l'eau. Point d'ébullition : 193°. Décomposé par la potasse bouillante avec formation d'acétate et d'alcool.

ACÉTATE DE CAPROYLE ou D'HEXYLE,

$$\text{C}^2\text{H}^3\text{O}^2.\text{C}^6\text{H}^{13}.$$

Obtenu par l'action de l'iodure de caproyle sur l'acétate d'argent ou de potassium [Pelouze et Cahours, *Ann. de Chim. et de Phys.*, (4), t. I, p. 38]; ou par la distillation d'un mélange d'alcool hexylique, d'acide sulfurique et un excès d'acide acétique [Wanklyn et Erlenmeyer, *Zeitschr. Chem. Pharm.*, 1864, p. 101, et *Jahresber.*, 1864, p. 509].

Liquide, incolore, D = 0.8778 à 0° et 0.8310 à 50°, bouillant à 145° (158, Wanklyn); décomposé par la potasse alcoolique en acétate et en alcool.

ACÉTATE DE CÉTYLE. — [E. Dollfus, *Ann. der Chem. u. Pharm.*, t. CXXXI, p. 283, sept. 1864 et *Bull. de la Soc. chim.*, 1865, t. III, p. 432.] — On le prépare en faisant passer un courant d'acide chlorhydrique dans une solution acétique chaude d'alcool cétylique. On précipite par l'eau, et on lave avec une liqueur alcaline.

Liquide, incolore, oléagineux, d'une odeur acétique. — En l'exposant à une basse température, Becker l'a obtenu en cristaux prismatiques, fusibles à 18°5 [*Ann. der Chem. u. Pharm.*, t. CII, p. 541]. — D = 0, 858 à 20°. Point d'ébullition : 220° sous une pression de 202ᵐᵐ de mercure. — A 14°, il se prend en une masse cristalline, fusible à 18°.

ACÉTATE D'ÉTHYLE (*éther acétique*). — [Lauraguais, *Journ. des Savants*, 1759, p. 324; Dumas et Boullay, *Journ. de Pharm.*, t. XIV, p. 113; Liebig, *Ann. der Chem. u. Pharm.*, t. V, p. 34; t. XXX, p. 144; Berthelot, *Ann. de Chim. et de Phys.*, (3), t. LXVI, p. 6; Frankland et Duppa, *Comp. rend.*, 1865, t. IX, p. 853, et *Bull. de la Soc. chim.*, 1865, t. IV, p. 209.]

$$\text{C}^2\text{H}^3\text{O}^2.\text{C}^2\text{H}^5.$$

Découvert en 1759 par Lauraguais, qui l'obtint en chauffant un mélange d'alcool et d'acide acétique. — Il existe en quantités notables dans le vinaigre de vin et même dans certains vins.

Préparation. — On fait un mélange d'acide sulfurique et d'alcool, et on le verse sur un acétate bien desséché ; on chauffe avec précaution en commençant, puis on pousse le feu jusqu'à ce qu'il ne distille plus rien. — Les proportions les plus convenables sont :

3 p. acétate de potassium, 3 p. alcool absolu, 2 p. acide sulfurique, ou bien 10 p. acétate de plomb, 4 1/2 p. alcool, 6 p. acide sulfurique, ou bien encore 10 p. acétate de sodium, 6 p. alcool, 15 p. acide sulfurique.

Le produit distillé est lavé, desséché sur du chlorure de calcium et rectifié.

On obtient également de l'éther acétique en chauffant, en vase clos, à 200°, un mélange d'iodure d'éthyle et d'acétate de potassium [Schlagdenhaufen, *Compt. rend. de l'Acad.*, t. XLVIII, p. 576], ou bien encore en distillant un mélange de

10 p. oxyde d'éthyle, 25 p. acide acétique, 70 p. acide sulfurique : on produit ainsi 4 p. d'acétate d'éthyle [Duflos, *Gmelin's Handb. d. Chem.*, t. IV, p. 778 (1848)]; Berthelot [*Ann. de Chim. et de Phys.*, (3), t. XLI, p. 436]. — Pour obtenir l'acétate d'éthyle complétement pur, Engelhardt [*Journ. de Pharm.*, (3), t. XXXIX, p. 159], et plus tard Berthelot [*Ann. de Chim. et de Phys.*, t. LXV, p. 398], ont proposé de laver le produit brut avec une solution alcaline faible, puis, après rectification, de l'agiter à plusieurs reprises avec une dissolution saturée de sel marin : on dessèche sur du carbonate de potassium pulvérulent (et non pas sur du chlorure de calcium, qui, soluble dans l'éther, donne des soubresauts quand on rectifie) et on distille à point fixe.

L'acétate d'éthyle est un liquide incolore, d'une odeur éthérée suave. $D = 0,9146$ à 0° (Kopp), 0,8081 (Mendelejef), 0,032 à 20° (Gossmann). $D^v = 3,067$. — Point d'ébullition : 74°; 72,78 (Geuther). — Chaleur spécifique $= 0,48344$. — Chaleur latente $= 105,796$ unités [Favre et Silbermann, *Ann. de Chim. et de Phys.*, t. XXXVII, p. 469].

Il brûle avec une flamme blanc jaunâtre.

Il est soluble en toutes proportions dans l'alcool et l'éther, soluble dans 11 à 12 p. d'eau, d'où il est précipité par le chlorure de calcium. Il forme avec ce sel une combinaison, qui se détruit à 100°. — Il est inaltérable dans l'air sec : l'air humide le transforme à la longue en alcool et en acide acétique ; l'eau à 240°, surtout en présence d'un acide libre, détermine la même décomposition [Berthelot et de Fleurieu, *Ann. de Chim. et de Phys.*, (3), t. XLI, p. 443]. — Les alcalis favorisent ce dédoublement. — Quand ils sont employés à l'état anhydre, il se forme de l'acétate et un alcoolate :

$$2\,(C^2H^3O^2.\,C^2H^5) + 2\,(Ba''O)$$
$$= (C^2H^3O^2)^2\,Ba'' + (2\,C^2H^5)\,Ba''\,O^2.$$

[Berthelot et de Fleurieu, *Ann. de Chim. et de Phys.*, (3), t. LXVII, p. 80.]

L'acide sulfurique concentré le transforme à chaud en oxyde d'éthyle et en acide acétique. — L'acide chlorhydrique ou bromhydrique en chlorure ou bromure d'éthyle et en acide acétique. — Le protochlorure de phosphore chauffé avec l'éther acétique à 170° produit du chlorure d'acétyle, du chlorure d'éthyle et de l'acide phosphoreux anhydre.

On peut chauffer l'éther acétique avec une solution alcoolique de sulfhydrate de potassium HKS jusqu'à 200°, sans qu'il y ait formation de mercaptan [Wanklyn, *Chem. Soc. Journ.* (2), t. II, p. 418, et *Jahresber.*, 1864, p. 463].

L'éther acétique traité par le sodium donne naissance à de l'éther sodacétique :

$$\left[\begin{matrix}CH^3CO\\C^2H^5\end{matrix}\right\}O^2\right]^2 + Na^2 = \left[\begin{matrix}CH^2Na.CO\\C^2H^5\end{matrix}\right\}O^2\right]^2 + H^2.$$

[Geuther, *Arch. pharm.* (2), t. CXVI, p. 97; *Jahresber.*, 1863, p. 323; Frankland et Duppa, *loc. cit.*] L'éther sodacétique mis en contact avec l'iodure d'éthyle produit de l'éther butyrique (éther éthacétique) :

$$\begin{matrix}CH^2Na.CO\\C^2H^5\end{matrix}\right\}O + IC^2H^5$$
$$= INa + \begin{matrix}C^4H^7O\\C^2H^5\end{matrix}\right\}O \ \text{ou} \ \begin{matrix}CH^2C^2H^5.CO\\C^2H^5\end{matrix}\right\}O.$$

En faisant réagir sur une molécule d'éther acétique, une molécule (2 atomes) de sodium, on obtient de l'éther disodacétique qui, traité par l'iodure de méthyle, donne un isomère de l'éther butyrique, éther diméthacétique :

$$\begin{matrix}CH^2.C^2H^5.CO\\C^2H^5\end{matrix}\right\}O^2$$

et qu'on peut représenter par

$$\begin{matrix}CH.CH^3CH^3.CO\\C^2H^5\end{matrix}\right\}O.$$

L'éther disodacétique, traité par l'iodure d'éthyle, donne l'éther caproïque (éther diéthacétique) ou un isomère de cet éther :

$$\begin{matrix}CH.C^2H^5.C^2H^5.CO\\C^2H^5\end{matrix}\right\}O.$$

Traité par le sodium en présence de l'iodure de méthyle, l'éther acétique produit deux corps éthérés

$$\begin{matrix}CO''\\C^4H^7\\C^2H^5\end{matrix}\right\}O^2 \quad \text{et} \quad \begin{matrix}CO''\\C^5H^9\\C^2H^5\end{matrix}\right\}O^2,$$

lesquels sous l'influence de la baryte forment du carbonate de baryum, de l'alcool et deux nouveaux produits

$$\begin{matrix}C^4H^7\\H\end{matrix}\right\}O \quad \text{et} \quad \begin{matrix}C^5H^9\\H\end{matrix}\right\}O.$$

On obtient des résultats analogues avec l'iodure d'éthyle et le sodium (Frankland et Duppa).

L'acétate d'éthyle forme avec l'éthylate de sodium une combinaison décomposable par l'eau, avec production d'alcool et d'acétate de sodium. [Beilstein, *Bull. de la Soc. chim.*, 8 fév. 1859, et *Ann. der Chem. u. Pharm.*, t. CXII, p. 121.]

$$C^2H^3O^2.\,C^2H^5 + C^2H^5ONa + H^2O$$
$$= C^2H^3O^2Na + 2\,(C^2H^6O).$$

Quand on chauffe à 150°, en vase clos, une molécule d'acétate d'éthyle et deux atomes de brome, il se forme du bromure d'éthyle et de l'acide bromacétique

$$C^2H^3O^2.\,C^2H^5 + Br^2 = C^2H^5Br + C^2H^2BrO^2.H.$$

L'acétate d'éthyle ne forme pas de produits de substitution bromés.

L'acide bromacétique chauffé à 180°, en vase clos, pendant trois heures, avec de l'acétate d'éthyle, donne de l'acide acétique et du bromacétate d'éthyle [Crafts, *Bull. de la Soc. chim.*, 1863, p. 117].

Un mélange d'eau de chaux et de chlorure de chaux donne, avec l'acétate d'éthyle, du chloroforme [Schlagdenhaufen, *J. Pharm.*, (3), t. XXXVI, p. 199].

DÉRIVÉS CHLORÉS DE L'ACÉTATE D'ÉTHYLE.

[Malaguti, *Ann. de Chim. et de Phys.*, (2), t. LXX, p. 367, et (3), t. XVI, p. 57; Leblanc, *id.*, (3), t. X, p. 197; Cloëz, *id.*, (3), t. XVII, p. 304.] — L'acétate d'éthyle est vivement attaqué par le chlore : exposé au soleil dans des flacons pleins de chlore, il peut détoner. — Quand la réaction est modérée, on obtient divers produits chlorés.

ACÉTATE D'ÉTHYLE BICHLORÉ,

$$C^4H^6Cl^2O.$$

Le chlore attaque très-énergiquement l'acétate d'éthyle, à la lumière diffuse; il est bon de refroidir le liquide. Quand la réaction est terminée, on distille jusqu'à 110°, de manière à séparer les portions les plus volatiles. Le résidu bien lavé est séché au-dessus de la chaux vive et de l'acide sulfurique. Il constitue l'acétate d'éthyle bichloré; liquide, incolore, doué d'une odeur de menthe poivrée. $D = 1,344$ [Schillerup, *Ann. der Chim. u. Pharm.*, t. CXI, p. 129 (1859) et *Répert. de Chim. pure*, 1858-1859, p. 590]. Il bout, mais non sans décomposition, de 120 à 125°. Il est décomposé à la longue par l'eau, qui le transforme en acide acétique et en acide chlorhydrique. — La potasse aqueuse ne l'attaque que lentement; mais la potasse alcoolique le décompose immédiatement en acétate et en chlorure (Malaguti).

ACÉTATE D'ÉTHYLE TRICHLORÉ,

$$C^4H^5Cl^3O = \left. \begin{matrix} C^2H^2ClO \\ C^2H^3Cl^2 \end{matrix} \right\} O$$

$$\left(\text{isomère du trichloracétate d'éthyle } \left. \begin{matrix} C^2Cl^3O \\ C^2H^5 \end{matrix} \right| O \right).$$

On le prépare en soumettant le corps précédent à l'action d'un courant de chlore, pendant plusieurs heures, en ayant soin de garantir le dôme de la cornue des rayons lumineux.

C'est un liquide analogue à l'acétate d'éthyle bichloré, décomposable par la distillation, et attaqué par les alcalis avec formation de chlorure, d'acétate et probablement de chloracétate (il ne se forme pas de trichloracétate) : il se produit de plus une huile chlorée, d'une saveur sucrée, et qui résiste à l'action de la potasse.

ACÉTATE D'ÉTHYLE TÉTRACHLORÉ,

$$\left. \begin{matrix} C^2Cl^3O \\ C^2H^4Cl \end{matrix} \right\} O.$$

Obtenu en abandonnant longtemps au soleil l'acétate bichloré, dans des flacons remplis de chlore. Huile lourde. D=1,485 à 25°. Décomposable par la potasse en chlorure de potassium, en une huile chlorée et en divers sels parmi lesquels se trouve le trichloracétate.

Ces trois premiers dérivés chlorés de l'acétate d'éthyle sont décomposés par la baryte. Quand on distille, il passe du chloroforme, et l'on trouve dans le résidu du formiate de baryum (Schillerup).

ACÉTATE D'ÉTHYLE PENTACHLORÉ,

$$\left. \begin{matrix} C^2Cl^3O \\ C^2H^3Cl^2 \end{matrix} \right\} O.$$

On l'obtient en faisant passer un courant de chlore dans l'acétate tétrachloré, chaud et exposé au soleil. — La potasse le décompose en donnant naissance à beaucoup de trichloracétate.

ACÉTATE D'ÉTHYLE SEXCHLORÉ,

$$\left. \begin{matrix} C^2Cl^3O \\ C^2H^2Cl^3 \end{matrix} \right\} O.$$

Obtenu en exposant le précédent au soleil dans des flacons pleins de chlore. — Huile lourde, D=1,698 à 23°,5.

ACÉTATE D'ÉTHYLE HEPTACHLORÉ,

$$\left. \begin{matrix} C^2Cl^3O \\ C^2HCl^4 \end{matrix} \right\} O.$$

M. Leblanc a réussi une seule fois à le préparer en exposant au soleil pendant plusieurs mois d'hiver l'acétate bichloré, dans des flacons pleins de chlore. — Cristaux mous, insolubles dans l'eau, solubles dans l'alcool et l'éther, fusibles au-dessous de 100°, décomposés par la distillation.

ACÉTATE D'ÉTHYLE PERCHLORÉ,

$$\left. \begin{matrix} C^2Cl^3O \\ C^2Cl^5 \end{matrix} \right\} O.$$

On ne peut le préparer que sous l'influence des rayons solaires de l'été. Dans ces conditions même, il faut, pour 100 grammes d'acétate d'éthyle bichloré, à l'aide duquel on le prépare, faire agir le chlore pendant 8 jours au moins, à 120° environ. La réaction ne se passe pas sans décomposition, et formation de sesquichlorure de carbone : il faut, pour s'assurer du moment où elle est terminée, constater par l'analyse l'absence d'hydrogène. — A ce moment, qu'il ne faut pas dépasser, sinon l'on produirait beaucoup de sesquichlorure de carbone, on dirige dans la masse un courant d'acide carbonique sec, on lave à l'eau, puis on sèche à 100°, on porte dans le vide et on chauffe finalement à 200° pour chasser le sesquichlorure de carbone.

Liquide oléagineux, d'une saveur brûlante, d'une odeur pénétrante. D à 25°=1,79. Insoluble dans l'eau et dans l'acide sulfurique concentré qui ne l'attaque nullement. — Il distille à 245° en se transformant en chlorure de trichloracétyle :

$$2(C^2Cl^3OCl) = C^4Cl^3O^2.$$

Il se décompose lentement sous l'influence de l'humidité, instantanément en présence des alcalis ; dans ces conditions il donne naissance à de l'acide trichloracétique. — L'ammoniaque l'attaque vivement et produit du sel ammoniac et de la trichloracétamide. — L'alcool absolu donne du trichloracétate d'éthyle et de l'acide chlorhydrique. — Le chlore, sous l'influence d'une température de 120° et d'une vive radiation solaire, le transforme en sesquichlorure de carbone, C^2Cl^6.

ACÉTATE DE MÉTHYLE (*œther lignosus, spiritus pyroaceticus*). [Dumas et Peligot, *Ann. de Chim. et de Phys.*, (2), t. LXVIII, p. 46; H. Kopp, *Ann. der Chem. u. Pharm.*, t. LV, p. 180.]

$$C^2H^3O^2 . CH^3.$$

L'esprit de bois brut en contient beaucoup.

Pour le préparer, on distille un mélange de 2 p. d'esprit de bois, 1 p. d'acide acétique et 1 p. d'acide sulfurique ; ou bien, 3 p. d'esprit de bois, 14 1/2 p. d'acétate de plomb desséché, 5 p. d'acide sulfurique ; ou bien encore 1 p. d'esprit de bois, 1 p. d'acétate de potassium et 2 p. d'acide sulfurique (Weidmann et Schweizer).

On arrête la distillation aussitôt qu'il se dégage de l'acide sulfureux, puis on traite le produit distillé par le chlorure de calcium qui se combine à l'esprit de bois non attaqué, et l'on rectifie sur le carbonate de sodium. Pour l'avoir complétement pur, on emploie le procédé d'Engelhardt. Voyez ACÉTATE D'ÉTHYLE.

Liquide incolore, d'une odeur éthérée agréable. D = 0,9562 à 0°; 0,9328; 0,919 à + 22. — Point d'ébullition : 58° à 762ᵐᵐ; 56,3 à 760 (H. Kopp); 55° à 762 (Andrews). D^v = 2,563. — Indice de réfraction = 1,3576. — Soluble dans l'eau et en toutes proportions dans l'alcool, l'éther et l'esprit de bois. Sa solution aqueuse n'est guère décomposée par l'ébullition. Les alcalis le transforment en acétate et alcool méthylique, la chaux potassée en acétate et formiate avec dégagement d'hydrogène, l'acide sulfurique en acide acétique et acide méthylsulfurique. L'acétate de méthyle est isomérique avec le formiate d'éthyle ; contrairement à ce qui se passe toujours pour les liquides isomères, ces deux corps suivent la même loi de contraction pour des variations égales de température, comptées à partir de leurs points d'ébullition [Is. Pierre, *Ann. de Chim. et de Phys.*, (3), t. XXXI, p. 147].

DÉRIVÉS CHLORÉS DE L'ACÉTATE DE MÉTHYLE.

ACÉTATE DE MÉTHYLE BICHLORÉ. [Malaguti, *Ann. de Chim. et de Phys.*, t. LXX, p. 369.]

$$C^3H^4Cl^2O^2.$$

On fait passer un courant de chlore sec dans l'acétate de méthyle chauffé au bain-marie ; quand la réaction est terminée, on distille jusqu'à ce que la masse noircisse ; ou lave au carbonate de sodium, puis à l'eau, et l'on sèche dans le vide. — Huile limpide, incolore, d'une saveur alliacée et brûlante. D = 1,25. Il bout à 148° en se décomposant. L'eau le décompose lentement, les alcalis immédiatement, avec formation d'acides chlorhydrique, acétique et formique (Malaguti).

ACÉTATE DE MÉTHYLE TRICHLORÉ. [Laurent, *Ann. de Chim. et de Phys.*, (2), t. LXIII, p. 382.]

$$C^3H^3Cl^3O^2.$$

Pour le préparer, on fait passer lentement du chlore dans de l'acétate de méthyle, jusqu'à ce qu'il n'y ait plus d'attaque. On distille en rejetant les premières portions ; les dernières parties, rectifiées à plusieurs reprises, constituent le produit cherché, liquide, incolore, plus lourd que l'eau, distillant sans altération à 145°, décomposé par la potasse avec formation d'un corps dont la vapeur irrite fortement les yeux, et d'une huile

$$C^2 H^2 Cl^2$$

(Chlorométhylase. Voyez ce mot); il se produit en même temps du chlorure et du formiate (Laurent). Le point d'ébullition et les propriétés de cet éther le rapprochent singulièrement de l'acétate de méthyle bichloré.

Acétate de méthyle pentachloré. [Cloëz, *Compt. rend.*, t. LIII, p. 1120; *Répert. de Chim. pure*, 1862, p. 127.]

$$C^3 HCl^5 O^2.$$

Produit de l'action du chlore sur les citrates alcalins, ou sur l'alcool méthylique à l'abri des rayons solaires. Décomposable par la potasse en dichloracétate, chlorure et carbonate : l'ammoniaque l'attaque en donnant naissance à de la dichloracétamide.

Acétate de méthyle perchloré. [Cloëz, *Ann. de Chim. et de Phys.*, (3), t. XVII, p. 297 et 311; *Compt. rend.*, t. LIII, p. 1120; et *Répert. de Chim. pure*, 1862, p. 127.]

$$\left.\begin{array}{l} C^2 Cl^3 O \\ C Cl^3 \end{array}\right\} O,$$

identique avec le formiate d'éthyle perchloré (Cloëz). On l'obtient en traitant l'éther méthylacétique ou l'éther éthylformique par le chlore, au soleil, aussi longtemps que le gaz est absorbé, ou en soumettant l'acide citrique à l'action du chlore :

$$C^6 H^8 O^7 + 16 Cl + H^2 O$$
$$= C^3 Cl^6 O^2 + 10 Cl H + 3 CO^2.$$

Liquide incolore, d'une odeur suffocante, d'un goût désagréable, devenant bientôt très-acide. — D = 1,705 à 18°. D^v = 9,615. — Point d'ébullition : 204°; il se décompose légèrement à cette température. — L'air humide, l'eau, les alcalis, le transforment en acide chlorhydrique, acide carbonique et acide trichloracétique. — L'ammoniaque gazeuse ou en dissolution donne de la trichloracétamide ; l'alcool le décompose en produisant de l'acide chlorhydrique, du trichloracétate d'éthyle et du chlorocarbonate d'éthyle. — La vapeur de l'acétate de méthyle perchloré, décomposée au travers d'un tube de porcelaine rougi, donne du chlorure de trichloracétyle,

$$C^2 Cl^4 O = C^2 Cl^3 O Cl,$$

et du chlorure de carbonyle,

$$CO Cl^2.$$

Acétate de méthyle pentabromé,

$$C^3 H Br^5 O^2.$$

Ce corps a été obtenu par M. Cahours dans l'action du brome sur les citrates de potassium, de sodium ou de baryum, et appelé *bromoxaforme*. En ajoutant du brome par petites portions à une solution concentrée de citrate de potassium, on observe un vif échauffement du liquide et un abondant dégagement d'acide carbonique; quand la réaction est terminée, on enlève l'excès de brome par de la potasse étendue d'eau : il se précipite alors une huile incolore, mélange de bromoforme, de bromoxaforme et d'une troisième substance qui ne se produit qu'en petite quantité. On sépare le bromoforme d'avec le bromoxaforme par distillation [Cahours, *Ann. de Chim. et de Phys.*, 1847, (3), t. XIX, p. 488]. — M. Cloëz obtient également le bromoxaforme par l'action du brome sur l'alcool méthylique et l'acétate de méthyle; il a reconnu son identité avec l'acétate de méthyle pentabromé [Cloëz, *Compt. rend. de l'Acad.*, t. LIII, p. 1120; *Répert. de Chim. pure*, 1862, p. 127]. C'est un corps solide, insoluble dans l'eau, soluble dans l'alcool, qui le dépose par évaporation spontanée, en belles tables, fusibles à 75°, décomposées par la distillation, et transformées par la potasse concentrée et chaude en bromure de potassium, bromoforme et oxalate de potassium (Cahours). — D'après Cloëz, la potasse et l'ammoniaque aqueuses l'attaquent en donnant naissance à du carbonate et à du formiate, tandis que l'ammoniaque alcoolique produit de la dibromacétamide.

Acétate d'œnanthyle. [Bouis et Carlet, *Compt rend.*, t. LV, p. 140 et *Répert. de Chim. pure* 1862, p. 353.]

$$C^2 H^2 O^2 . C^7 H^{15}.$$

On le prépare en chauffant sous pression un mélange d'aldéhyde œnanthylique, d'acide acétique cristallisable et de zinc. Suivant H. Muller [*Jahresber.*, 1863, p. 532], on le prépare plus facilement en chauffant pendant 12 heures à 150° du chlorure d'œnanthyle avec de l'acétate de potassium et de l'acide acétique. — Liquide oléagineux, plus léger que l'eau (D = 0, 8707. Schorlemmer), d'une odeur de fruits. Bouillant vers 180°. — Insoluble dans l'eau : décomposé par la potasse.

Acétate de propyle (ou de trityle),

$$C^2 H^3 O^2 . C^3 H^7.$$

Berthelot le prépare par la distillation d'un mélange d'alcool propylique, d'acide sulfurique et d'acide acétique. — Point d'ébullition : 90°.

Ch. L.

Acétène. — Le nom d'acétène a été donné par M. Berthelot à l'hydrure d'éthyle $C^2 H^6$. D'autres chimistes ont appelé acétène le radical $C^2 H^3$, nommé aussi vinyle, et qui paraît fonctionner comme tel dans certains dérivés de l'aldéhyde; ce radical $C^2 H^3$ diffère de l'aldéhydène, on peut représenter cette isomérie par les formules suivantes : C.CH³ acétène. CH.CH² aldéhydène.

M. Harnitz Harnitzki a donné le nom de chloracétène au corps $C^2 H^3 Cl$, résultant de l'action du gaz chloroxycarbonique sur les vapeurs d'aldéhyde. Pour lui l'acétène serait donc l'éthylidène $C^2 H^4$.

Acétines. — Voyez Glycérine.

Acétique (acide),

$$C^2 H^4 O^2 = C H^3 . CO . OH.$$

L'acide acétique étendu d'eau, et constituant le vinaigre, est connu depuis la plus haute antiquité. Au siècle dernier seulement on est parvenu à obtenir l'acide acétique pur et cristallisable (Wertendorf et Lowitz) ; cependant Basile Valentin avait décrit la préparation du vinaigre radical par la distillation du vert-de-gris.

Une foule de réactions donnent naissance à l'acide acétique; on l'obtient en traitant l'aldéhyde, l'alcool, les éthers éthyliques par les agents oxygénants, en faisant fondre avec la potasse, le sucre, la fécule, les acides oxalique, tartrique, citrique, etc., en soumettant à la distillation sèche le bois, le sucre, la gomme, etc. La gélatine, la caséine ou la fibrine, distillées avec un mélange d'acide sulfurique et de peroxyde de manganèse, fournissent également de l'acide acétique.

Le cyanure de méthyle, sous l'influence de la potasse, se transforme en acide acétique et en ammoniaque (Dumas, Malaguti et Leblanc).

$$CH^3 . C Az + KHO + H^2 O = CH^3 . CO^2 K + Az H^3.$$

Cyanure de méthyle.   Acétate de potassium.

M. Wanklyn a fait aussi la synthèse de l'acide acétique en dirigeant un courant d'acide carbonique dans une solution de sodium-méthyle [*Ann. der Chem. u. Pharm.*, 1859, t. CXI, p. 234 (nouv. série, t. XXXV). — *Répert. de Chim. pure*, 1860, p. 27]. Pour préparer le sodium-méthyle, on a ajouté du sodium à une solution de zinc-méthyle dans l'éther.

$$CO^2 + Na CH^3 = C^2 H^3 O^2 Na.$$

Sod-méthyle.   Acétate de sodium.

M. Kolbe, ayant préparé l'acide trichloracétique par l'action de l'eau et du chlore sur le chlorure de carbone C^2Cl^4, et l'acide trichloracétique pouvant être transformé en acide acétique par l'hydrogène naissant, a réalisé ainsi la synthèse de cet acide [Kolbe, *Ann. der Chem. u. Pharm.*, t. LIV, p. 181].

L'oxychlorure de carbone et le gaz des marais étant dirigés dans une cornue chauffée à 120° se combinent avec dégagement d'acide chlorhydrique et donnent du chlorure d'acétyle que l'eau décompose en acide acétique et en acide chlorhydrique. Cette méthode est générale [Harnitz-Harnitzki *Bull. de la Soc. chim.*, 1865, t. III, p. 363].

Le produit de la fermentation acide du vin et des autres liquides spiritueux constitue le vinaigre, formé essentiellement d'acide acétique étendu d'eau. — Voyez VINAIGRE.

L'acide acétique consommé dans les arts provient de la distillation sèche du bois : les produits acides de la distillation sont saturés par la chaux et l'acétate de chaux est converti par double décomposition avec le sulfate de sodium en acétate de sodium. Ce sel purifié est distillé avec de l'acide sulfurique concentré; le liquide qui passe est soumis à la congélation, et la masse solide séparée par décantation des produits liquides constitue l'acide acétique cristallisable $C^2H^4O^2$. —Voyez pour les détails : PYROLIGNEUX (ACIDE).

L'acétate de cuivre soumis à la distillation sèche donne le vinaigre radical, mélange d'acide acétique concentré et d'acétone.

M. Roux emploie le verdet pour la préparation de l'acide acétique cristallisable; il dessèche d'abord le sel entre 160° et 180°, et obtient par la distillation un acide mélangé d'acétone et de sel de cuivre qu'il suffit de rectifier pour l'avoir entièrement pur. 100 p. d'acétate de cuivre ont fourni 32 p. d'acide acétique cristallisable [B. Roux, *Revue scientif.*, t. XXIV, p. 5].

En évaporant de l'acétate de potassium neutre avec de l'acide acétique concentré, on obtient du biacétate de potasse, qui, distillé avec précaution jusqu'à 300° environ, fournit de l'acide acétique cristallisable parfaitement pur. Il ne faut pas dépasser la température de 300°, à laquelle l'acide qui distille commence à se colorer [Mohr, *Ann. der Chem. u. Pharm.*, t. XXXI, p. 277].

L'acide acétique cristallise au-dessous de 17° en grandes lames : sa densité à 0°=1,0801 : liquide, il est incolore et d'une densité égale à 1,064 ; il bout à 120° (116° Kopp); son odeur est suffocante; étendue, elle est assez agréable; il rougit fortement le tournesol; mis sur la peau, il détruit l'épiderme et produit la vésication. Il attire l'humidité de l'air; il se mêle en toutes proportions à l'eau et à l'alcool. Mélangé avec l'eau, il augmente de densité jusqu'à une certaine proportion, laquelle étant dépassée, la densité diminue. Le maximum de densité est de 1,073, et correspond à un mélange de 77,2 p. d'acide et de 22,8 d'eau : $C^2H^4O^2$, H^2O, mais ce n'est pas un hydrate défini.

M. Mohr a construit la table suivante qui indique la densité des mélanges d'acide acétique et d'eau.

Acide acétique cristallisable.	Densité à 20°.	Acide acétique cristallisable.	Densité à 20°.	Acide acétique cristallisable.	Densité à 20°.
100	1,0635	88	1,0730	76	1,073
99	1,0655	87	1,0730	75	1,072
98	1,067	86	1,0730	74	1,072
97	1,068	85	1,0730	73	1,071
96	1,069	84	1,0730	72	1,071
95	1,070	83	1,0730	71	1,071
94	1,0706	82	1,0730	70	1,070
93	1,0708	81	1,0732	69	1,070
92	1,0716	80	1,0735	68	1,070
91	1,0721	79	1,0735	67	1,069
90	1,0730	78	1,0732	64	1,069
89	1,0730	77	1,0732	65	1,068

Acide acétique cristallisable.	Densité à 20°.	Acide acétique cristallisable.	Densité à 20°.	Acide acétique cristallisable.	Densité à 20°.
64	1,068	42	1,052	20	1,027
63	1,068	41	1,0515	19	1,026
62	1,067	40	1,0513	18	1,025
61	1,067	39	1,050	17	1,024
60	1,067	38	1,049	16	1,023
59	1,066	37	1,048	15	1,022
58	1,066	36	1,047	14	1,020
57	1,065	35	1,046	13	1,018
56	1,064	34	1,045	12	1,017
55	1,004	33	1.044	11	1,016
54	1,063	32	1,042	10	1,015
53	1,063	31	1,041	9	1,013
52	1,062	30	1,040	8	1,012
51	1,061	29	1,039	7	1,010
50	1,060	28	1,0384	6	1,008
49	1,059	27	1,036	5	1,0067
48	1,058	26	1,035	4	1,0055
47	1,036	25	1,034	3	1,004
46	1,055	24	1,033	2	1,002
45	1,055	23	1,032	1	1,001
44	1,054	22	1,031	0	1,000
43	1,053	21	1,029		

Sa densité de vapeur prise entre 219° et 231° est égale à 2,12 (2,17 Cahours).

La vapeur de l'acide acétique est inflammable, et brûle avec une flamme bleue; la tension de cette vapeur est de $7^{mm},7$ à 15°, de $14^{mm},5$ à 22°, et de 32^{mm} à 32° [F. Bineau, *Ann. de Chim. et de Phys.*, (3), t. XVIII, p. 226].

L'acide acétique cristallisable ne décompose pas le carbonate de chaux; il doit être étendu d'eau pour réagir sur ce sel. Un mélange d'alcool et d'acide acétique ne rougit plus le papier de tournesol et n'attaque pas certains carbonates (Pelouze).

Si l'on fait passer la vapeur d'acide acétique à travers un tube chauffé au rouge, une partie échappe à la décomposition, l'autre se détruit avec production de gaz combustibles d'acétone, de naphtaline, etc., et laisse un abondant résidu de charbon [Berthelot, *Compt. rend. de l'Acad.*, t. XXXIII, p. 210].

Le chlore l'attaque très-lentement à la lumière diffuse; au soleil l'action est rapide; il se forme de l'acide chloracétique et de l'acide trichloracétique (Leblanc, Dumas, Hofmann et Kekulé). Avec le brome, il y a production d'acide bromacétique (Perkin et Duppa).

Le protochlorure de phosphore et l'acide acétique cristallisable réagissent en tubes scellés, à 30° ou 40°; il se produit de l'acide phosphoreux hydraté et du chlorure d'acétyle. Le perchlorure de phosphore agit de même; l'oxychlorure de phosphore n'attaque pas l'acide acétique à la pression ordinaire. Le perbromure de phosphore le convertit en bromure d'acétyle. Avec l'iode et le phosphore, on obtient un liquide coloré en brun par de l'iode libre, et qui paraît être l'iodure d'acétyle, mais l'ébullition le décompose [Gerhardt, *Traité de Chimie*, t. IV, p. 907]. On obtient l'iodure d'acétyle en employant l'anhydride acétique (Cahours, Guthrie).

Si l'on chauffe un mélange d'acide sulfurique concentré et d'acide acétique, il se colore et dégage du gaz sulfureux et du gaz carbonique : l'acide sulfurique anhydre se dissout dans l'acide acétique, et si l'on maintient plusieurs jours le mélange à une température de 60° à 75°, on obtient de l'acide sulfacétique [Melsens, *Mém. de l'Acad. roy. de Bruxelles*, XVI. — *Ann. de Chim. et de Phys.*, (3), t. V, p. 392; t. X, p. 370].

Le cyanate d'éthyle et l'acide acétique réagissent à la température ordinaire, avec dégagement de gaz carbonique et production d'éthyl-acétamide (Wurtz):

$$\left.\begin{array}{l} C^2H^5 \\ C\ Az \end{array}\right\} O + C^2H^4O^2 = CO^2 + \left.\begin{array}{l} C^2H^3O \\ C^2H^5 \\ H \end{array}\right\} Az.$$

Cyanate d'éthyle.   Acide acétique   Éthyl-acétamide.

En distillant l'acide acétique cristallisable avec le pentasulfure de phosphore, M. Kékulé a obtenu l'acide thiacétique C^2H^4OS [Kekulé, *Ann. de Chim. et de Phys.*, (3), t. XLII, p. 240, t. LVI, p. 236.] Pour reconnaître de petites quantités d'acide acétique, on sature l'acide par la potasse, et on chauffe le sel avec de l'acide arsénieux : il se dégage l'odeur caractéristique du cacodyle.

PRODUITS DE SUBSTITUTION CHLORÉS, BROMÉS DE L'ACIDE ACÉTIQUE.

ACIDES BROMACÉTIQUES. — [Perkin et Duppa, *Chem. Soc. quat. Journ.*, t. XI, p. 122, et t. XII, p. 1. — *Compt. rend. de l'Acad.*, 1858, t. XLVII, p. 1017 et t. XLIX, p. 95, t. L, p. 1155.]

ACIDE MONOBROMACÉTIQUE, $C^2H^3BrO^2$. — Il se produit par l'action du brome sur l'acide acétique cristallisable : il se forme en même temps de l'acide dibromacétique. Pour le préparer, on introduit un mélange équimoléculaire d'acide acétique cristallisable et de brome dans des tubes scellés et résistants, et on le chauffe graduellement au bain d'huile jusqu'à 150°. Il est bon d'employer un léger excès d'acide acétique pour absorber les vapeurs d'acide bromhydrique et diminuer la pression. Lorsque le bain est à 146°, le liquide est à peu près sans couleur ou d'un jaune ambré clair, et les tubes paraissent près d'éclater, quoique la température du bain puisse être portée à 155°. Après refroidissement, on ouvre les tubes; il se dégage des torrents d'acide bromhydrique. Le contenu est chauffé jusqu'à 200°, et se prend, en se refroidissant, en une masse cristalline composée d'acide mono- et d'acide dibromacétique, mélangée d'un peu d'acide bromhydrique. On chasse les dernières traces de cet acide en chauffant à 130° le mélange pendant qu'on y fait passer un courant de gaz carbonique sec. On sature par un excès de carbonate de plomb et on porte à l'ébullition avec un volume d'eau égal à celui de l'acide. Après quelques heures de repos, le bromacétate de plomb cristallise, tandis que le dibromacétate reste en solution. Les cristaux sont lavés avec une petite quantité d'eau froide, mis en suspension dans l'eau et décomposés par l'hydrogène sulfuré. La liqueur filtrée est évaporée jusqu'à cristallisation.

L'acide monobromacétique forme des rhomboèdres très-déliquescents, très-solubles dans l'eau et dans l'alcool. Il fond au-dessous de 100° et bout à 208°. — Il se produit aussi dans la décomposition du bromure ou du chlorure de bromacétyle par l'eau (Gal); avec l'ammoniaque, il donne du glycocolle.

Cet acide est monobasique; plusieurs de ses sels sont cristallisables; ils se décomposent facilement. Leur formule générale est

$$C^2H^2BrO^2M.$$

Bromacétate d'ammonium. — Presque incristallisable, très-soluble dans l'eau; la chaleur le décompose avec formation de bromure d'ammonium.

Bromacétate de baryum. — Cristallise difficilement en petites étoiles qui renferment de l'eau de cristallisation; il est assez soluble dans l'alcool.

Bromacétate de calcium. — Très-soluble dans l'eau; il cristallise difficilement.

Bromacétate de cuivre. — Sel cristallin vert, très-soluble dans l'eau; il paraît se décomposer par l'ébullition.

Bromacétate de plomb. — Cristallise en aiguilles presque insolubles dans l'eau froide, modérément solubles à chaud.

Bromacétate de potassium. — Cristallin, très-soluble dans l'eau et dans l'alcool.

Bromacétate de sodium. — Très-soluble dans l'eau, insoluble dans l'alcool.

Bromacétate d'argent. — Obtenu par l'addition d'une solution d'acide bromacétique à une solution d'azotate d'argent, il constitue un précipité cristallisé qu'on lave à l'eau froide et qu'on sèche dans le vide en présence de l'acide sulfurique. Il est très-peu stable; à 90°, il se décompose avec une sorte d'explosion; la lumière l'altère rapidement. Soumis à l'ébullition avec de l'eau, il donne du bromure d'argent et de l'acide glycolique.

Éthers bromacétiques. — On les prépare en chauffant l'acide bromacétique avec un alcool, à 100°, en vases clos et pendant une heure. Ils se décomposent partiellement par la distillation; leur odeur est irritante; ils piquent vivement les yeux. L'ammoniaque décompose rapidement à froid l'éther méthylique et l'éther éthylique, mais réagit lentement sur le bromacétate d'amyle.

Le *bromacétate de méthyle*, $C^2H^2BrO^2.CH^3$, est liquide, incolore, mobile, plus dense que l'eau. Il bout à 144° environ.

Le *bromacétate d'éthyle*, $C^2H^2BrO^2.C^2H^5$, est un liquide incolore, plus dense que l'eau, dont les vapeurs irritent les yeux; il bout à 159° et prend naissance aussi dans l'action de l'alcool sur le bromure ou le chlorure de bromacétyle; mis en contact avec l'iodure de potassium, il échange son brome pour de l'iode, et il se forme de l'éther iodacétique, $C^2H^2IO^2.C^2H^5$. Traité à chaud par le sodium, il donne un mélange d'acéconitate et de citracétate d'éthyle. — Voyez ACÉCONITIQUE (ACIDE).

Le *bromacétate d'amyle*, $C^2H^2BrO^2.C^5H^{11}$, est oléagineux; il bout à 207° avec une décomposition partielle.

ACIDE BIBROMACÉTIQUE, $C^2HBr^2O^2$. — On l'obtient par l'action du brome sur l'acide bromacétique, à la température de l'ébullition et sous l'influence des rayons solaires. — Liquide incolore, inodore, très-caustique, soluble dans l'eau, l'alcool et l'éther. Il bout en se décomposant entre 225° et 230°.

Bibromacétate d'ammonium. — Il forme de magnifiques cristaux qui perdent de l'eau à 100°, en devenant blancs et opaques; il est facilement soluble dans l'eau, l'alcool et l'éther.

Bibromacétate de potassium. — Longs cristaux très-brillants, renfermant de l'eau de cristallisation, très-solubles dans l'eau et dans l'alcool, mais non déliquescents.

Bibromacétate de plomb. — Très-soluble, incristallisable.

Bibromacétate mercureux. — Il ressemble au sel d'argent et se décompose comme lui par l'ébullition.

Bibromacétate d'argent. — Il cristallise en petites aiguilles souvent groupées en étoiles. Il se décompose facilement à 100°, avec formation de bromure d'argent et d'acide bromoglycolique.

Le *bibromacétate d'éthyle* s'obtient soit en chauffant en tubes scellés durant une heure ou deux une solution alcoolique d'acide bibromacétique, soit en décomposant par l'eau le bromure de bibromacétyle.

C'est un liquide très-dense, ses vapeurs sont irritantes. Suivant Perkin et Duppa, la distillation le décompose : suivant Gal [*Bull. de la Soc. chim.*, 1863, p. 388], il bout à 194°. — Avec l'iodure de potassium, il se comporte comme l'éther monobromacétique et on obtient l'éther biiodacétique, $C^2HI^2O^2C^2H^5$.

ACIDE TRIBROMACÉTIQUE. — [H. Gal, *loc. cit.*] $C^2HBr^3O^2$.

En traitant par l'eau le bromure d'acétyle tribromé, on obtient des cristaux d'acide tribromacétique, qui fond à 135° et bout à 250°. — Avec la potasse bouillante il donne du formiate et du bromoforme.

Le *tribromacétate d'éthyle* est liquide, bout à 225° et possède une odeur agréable. Il résulte de l'action de l'alcool sur le bromure de tribromacétyle.

ACIDES CHLORACÉTIQUES.

ACIDE MONOCHLORACÉTIQUE, $C^2 H^3 Cl O^2$. — Il a été découvert par M. Leblanc, qui l'obtint en faisant réagir, à l'ombre, du chlore sec sur l'acide acétique. L'action est très-lente à l'ombre, même en l'aidant d'une température de 100°. Quand elle paraît épuisée, on fait passer dans le liquide un courant longtemps continué de gaz carbonique sec [*Ann. de Chim. et de Phys.*, (3), 1844, t. X, p. 212 (en note)]. On l'obtient facilement en faisant arriver du chlore dans de l'acide acétique cristallisable, chauffé à 120° et exposé à l'action des rayons solaires; on arrête l'opération lorsque le chlore paraît ne plus être absorbé : on le sépare par distillation [Hofmann, 1857, *Ann. der Chem. u. Pharm.* (nouv. sér.), t. XXVI, p. 1. — 1858, *Ann. de Chim. et de Phys.*, (3), t. LII, p. 215]. — L'opération marche mieux avec l'acide acétique étendu d'un peu d'eau [Maumené, *Bull. de la Soc. chim.*, 1864, t. I, p. 417]. — En ajoutant de l'iode à l'acide acétique (environ 40 ou 60 gr. d'iode par 1/2 lit. d'acide acétique), la préparation de l'acide monochloracétique est facile, et l'on peut se passer de l'influence de la lumière solaire [H. Müller, *même recueil*, 1864, t. II, p. 126]. — L'acide monochloracétique prend naissance aussi 1° dans la décomposition par l'eau du chlorure d'acétyle chloré [Wurtz, 1857, *Ann. de Chim. et de Phys.*, (3), t. XLIX, p. 61] et du bromure d'acétyle chloré [H. Gal, *Bull. de la Soc. chim.*, 1863, p. 386]; 2° dans l'action du chlore sur l'anhydride acétique [Gal, 1862, *Ann. de Chim. et de Phys.*, (3), t. LXVI, p. 188].

Cet acide est solide, cristallisable en tables rhomboïdales, fusibles entre 45° et 47°; il distille entre 185° et 187°. Densité à 73° = 1,3947. Il est sans odeur à froid, ses vapeurs sont irritantes. Il se dissout dans l'eau en produisant un abaissement de température; il est déliquescent (Hofmann). — Traité par le perchlorure de phosphore, il donne du chlorure d'acétyle chloré [De Willde, *Bull. de la Soc. chim.*, 1864, t. I, p. 423].

L'acide monochloracétique $CH^2 Cl . CO^2 H$, en échangeant son atome de chlore pour l'oxhydrile, se transforme en acide glycolique

$$C H^2 \begin{cases} CO.OH \\ OH. \end{cases}$$

Cette transformation a lieu lorsqu'on chauffe pendant longtemps le monochloracétate de potassium à 100° ou 120° [Hofmann, *loc. cit.* — Kekulé, *Ann. der Chem. u. Pharm.* (nouv. sér.), t. XXIX, p. 286].

Chauffé avec une solution d'ammoniaque dans l'alcool faible, cet acide se transforme en glycocolle ou sucre de gélatine [Cahours, 1858, *Ann. de Chim. et de Phys.*, (3), t. LIII, p. 355] :

$$\begin{matrix} C^2 H^2 Cl\,O \\ H \end{matrix} \Big\} O + 2 Az H^3 = \begin{matrix} C^2 H^2 O.OH \\ H^2 \end{matrix} \Big\} Az$$

A. chloracétique. Glycocolle.

$$+ Az H^4 Cl.$$

Dans ces deux réactions, l'acide chloracétique se comporte comme une chlorhydrine de glycolyle

$$C H^2 \begin{cases} CO.OH \\ Cl. \end{cases}$$

M. Heintz a montré que, dans la réaction de l'acide monochloracétique sur l'ammoniaque, il se forme, outre le glycocolle, de l'acide glycolique, de l'acide diglycolamidique :

$$\begin{matrix} 2\,C^2 H^2 O.OH \\ H \end{matrix} \Big\} Az,$$

et de l'acide triglycolamidique

$$(C^2 H^2 O.OH)^3 Az$$

[*Annal. der Chem. u. Pharm.*, 1862 (nouv. sér.), t. XLVI, p. 257].

D'après le même chimiste, il se forme de nouveaux acides dans la réaction de l'acide monochloracétique sur le méthylate, l'éthylate, l'amylate et le phénate de sodium [Heintz, *Monatsberich der koniglichen Preuss. Akademie der Wissenschaften zu Berlin*, p. 554, août 1859. — *Répert de Chim. pure*, 1860, p. 95. — *Ann. de Chim. et de Phys.*, 1860, (3), t. LVIII, p. 247]. — Ces acides que M. Heintz appelle méthoxacétique, éthoxacétique, etc., sont des éthers acides de l'acide glycolique : ainsi l'acide méthoxacétique est l'acide glycolique monométhylé.

Le cyanure de potassium et l'acide monochloracétique réagissent en donnant naissance à l'acide cyanacétique [Kolbe, *Journ. of the Chem. Soc.*, août 1864, p. 109].

Les monochloracétates sont tous solubles [Kekulé, *loc. cit.*; Wurtz, *loc. cit.*]; ils se préparent facilement par l'action de l'acide dissous dans l'eau sur les oxydes et les carbonates. On connaît le sel de potassium : il cristallise en petites lamelles. Il existe un sel acide

$$\left(\begin{matrix} C^2 H^2 Cl\,O \\ H \end{matrix} \Big\} O, \quad \begin{matrix} C^2 H^2 Cl\,O \\ K \end{matrix} \Big\} O \right),$$

qui cristallise en petites paillettes nacrées. Le sel de baryum est en prismes rhomboïdaux. Le sel d'argent est anhydre.

Monochloracétate d'éthyle ou *éther monochloracétique*, $C^2 H^2 Cl O^2 . C^2 H^5$ [Willm, *Ann. de Chim. et de Phys.*, (3), 1857, t. XLIX, p. 98]. — La réaction est très-vive entre le chlorure d'acétyle chloré et l'alcool : quand elle est terminée, on lave, on sèche et on distille le produit de la réaction. C'est l'éther monochloracétique, liquide incolore doué d'une odeur éthérée et d'une saveur brûlante, plus dense que l'eau dans laquelle il est insoluble. Il bout à 143°5 sous la pression de 758 millimètres. L'ammoniaque le transforme en monochloracétamide. La potasse le dédouble en alcool et en acide monochloracétique. Chauffé avec du cyanate de potasse, il donne de l'éther allophanique, et un nouvel acide $C^6 H^9 K Az^2 O^8$, que M. Saytzeff appelle *oxéthylglycolyl - allophanique* [Saytzeff, *Bull. de la Soc. chim.*, 1865, t. III, p. 350].

ACIDE BICHLORACÉTIQUE, $C^2 H^2 Cl^2 O^2$. [Maumené, *Bull. de la Soc. chim.*, 1864, t. I, p. 418. — H. Müller, *même recueil*, 1864, t. II, p. 128.] — Il s'obtient soit en même temps que l'acide monochloracétique, par l'action du chlore sur l'acide acétique en présence de l'iode (H. Müller), soit par un mélange de chlore sec et d'acide monochloracétique exposé au soleil dans de grands flacons (Maumené). M. Maumené a réussi à l'obtenir cristallisé, mais en employant les précautions suivantes : il l'a maintenu d'abord pendant une heure au bain-marie pour chasser la plus grande partie de l'acide chlorhydrique, puis il l'a distillé en rejetant les premières portions qui renferment encore ce gaz; enfin il a dû le placer sous une cloche auprès d'une solution concentrée de potasse. Celle-ci absorbe les dernières traces de gaz chlorhydrique qui s'opposent à la solidification de l'acide bichloracétique; et enfin celui-ci finit par cristalliser au bout de quelques jours, si l'on prend soin d'agiter fréquemment les tubes qui le contiennent.

Cet acide, à l'état liquide, présente une densité de 1,5216 à 15°; cristallisé, il forme des tables rhomboédriques. Il bout à 195°. Il est excessivement corrosif. Il se décompose facilement au contact de l'eau.

Les bichloracétates sont, pour la plupart, très-solubles dans l'eau; ils cristallisent difficilement. Le bichloracétate d'argent $C^2HCl^2O^2$ Ag cristallise en masses mamelonnées; il est anhydre, presque blanc et peu altérable à la lumière. Il est peu soluble dans l'eau.

Le *bichloracétate d'éthyle* ou éther bichloracétique s'obtient en faisant passer un courant de gaz chlorhydrique sec dans de l'alcool absolu tenant en dissolution de l'acide bichloracétique. C'est un liquide dense, d'une odeur agréable, aromatique, d'une saveur sucrée; il bout à 156° avec décomposition partielle. L'eau le décompose complétement.

Le *bichloracétate de méthyle* s'obtient par un procédé analogue; il ressemble au composé éthylique.

ACIDE TRICHLORACÉTIQUE, $C^2H Cl^3O^2$. — Il a été découvert par M. Dumas; il se produit dans différentes circonstances : par l'action du chlore sur l'acide acétique cristallisable [Dumas, *Ann. de Chim. et de Phys.*, 1840, t. LXXIII, p. 77.], par celle de l'eau sur le chlorure de trichloracétyle [Malaguti, *Ann. de Chim. et de Phys.*, (3), 1846, t. XVI, p. 10], par celle du chlore et de l'eau sur l'éthylène perchloré (protochlorure de carbone) C^2Cl^4, par l'oxydation du chloral [Kolbe, *Ann. der Chem. u. Pharm.*, t. LIV; p. 182.], enfin par l'action de l'eau ou des alcalis sur les dérivés perchlorés des éthers éthyliques [Leblanc, *Ann. de Chim. et de Phys.* (3), 1844, t. X, p. 204].

M. Dumas remplit de chlore sec des flacons à l'émeri de cinq ou six litres; il y introduit 9 décigrammes d'acide acétique cristallisable par litre de chlore. Les bouchons étant fixés, les flacons sont placés de manière à recevoir directement les rayons solaires. Quand l'exposition au soleil a duré une journée, on trouve le lendemain les flacons tapissés d'une substance cristallisée. En ouvrant les flacons, il se dégage de l'acide chlorhydrique, du gaz carbonique, du gaz chloroxycarbonique; ces gaz étant dégagés, on reprend par l'eau les cristaux qui constituent un mélange d'acide oxalique et d'acide trichloracétique. L'acide oxalique cristallise le premier, puis l'acide chloracétique se sépare en beaux cristaux rhomboédriques. Quelquefois la liqueur concentrée refuse de cristalliser. M. Dumas alors la distille avec un peu d'acide phosphorique, anhydre, qui décompose l'acide oxalique sans attaquer l'acide trichloracétique. La liqueur distillée, séparée des premières portions, se prend en masse cristalline dans le vide. On débarrasse les cristaux d'acide trichloracétique des dernières traces d'acide acétique dont ils sont imprégnés en les abandonnant 24 heures dans le vide sur quelques doubles de papier Joseph [Dumas, *Mémoire cité*, p. 17].

Comme l'éther perchloré

$$\left. \begin{array}{l} C^2Cl^5 \\ C^2Cl^5 \end{array} \right\} O$$

se dédouble par la distillation en sesquichlorure de carbone C^2Cl^6 et en chlorure de trichloracétyle

$$C^2Cl^3O.Cl,$$

et que ce dernier est décomposé par l'eau, M. Malaguti [*Mémoire cité*, p. 17] conseille de préparer l'éther perchloré et de recevoir dans l'eau les produits de sa distillation.

Le chloral (hydrure de trichloracétyle),

$$C^2Cl^3O.H,$$

traité par les oxydants, se transforme en acide trichloracétique

$$C^2Cl^3O.H + O = C^2H Cl^3O^2.$$
$$\text{Chloral.} \qquad \text{A. trichloracétique.}$$

[Kolbe, *Mémoire cité*.]

Lorsqu'on verse de l'acide azotique fumant sur le chloral, il y a d'abord une vive réaction, production de chaleur et dégagement de vapeurs nitreuses; plus tard l'oxydation est lente, et il est nécessaire de chauffer le mélange. On peut aussi employer comme oxydant le mélange de chlorate de potasse et d'acide chlorhydrique, mais il n'agit que sur le chloral liquide, il n'attaque pas le chloral solide.

En distillant le produit de l'action de l'acide azotique sur le chloral, on enlève l'acide azotique, puis on fait cristalliser l'acide trichloracétique dans le vide en présence de la chaux et de l'acide sulfurique. Ainsi obtenu, cet acide est assez pur; il renferme cependant quelques traces de chloral. Il est préférable pour cette préparation d'employer la modification insoluble du chloral.

L'acide trichloracétique est inodore, cristallisé en rhomboèdres; son odeur est faible à froid; sa saveur est caustique. Il blanchit les muqueuses; mis en contact avec la peau, il détermine la vésication. Sa vapeur est suffocante. Il est très-soluble dans l'eau et même déliquescent; il fond à 46°, distille sans altération entre 195° et 200°. Sa densité à 40° égale 1,617; celle de la vapeur égale 5,3. Il est fortement acide, et rougit la teinture de tournesol sans la décolorer. Chauffé avec l'acide sulfurique concentré, il échappe en partie à la décomposition; les portions altérées fournissent des gaz chlorhydrique, carbonique et oxyde de carbone.

Mis en ébullition avec un excès de potasse, il se détruit, et on obtient du chloroforme, du carbonate, du formiate et du chlorure de potassium. Ces deux derniers corps sont secondaires, et proviennent de l'action de la potasse sur le chloroforme. En effet, avec l'ammoniaque, la réaction est nette, il se dégage du chloroforme et du carbonate d'ammonium,

$$C^2H Cl^3O^2 + AzH^3 + H^2O$$
$$\text{A. trichloracétique.}$$
$$= CH Cl^3 + H(AzH^4)C O^3.$$
$$\text{Chloroforme.} \qquad \text{Bicarbonate d'ammonium.}$$

L'acide trichloracétique, sous l'influence de l'hydrogène naissant dégagé par un amalgame de potassium, se transforme en acide acétique :

$$C^2H Cl^3O^2 + 6 H = C^2H^4O^2 + 3 H Cl.$$

Cette réaction est due à M. Melsens : c'est la première substitution inverse qui ait été opérée [Melsens (1844), *Ann. de Chim. et Phys.*, (3), X, 233].

Les *trichloracétates* [Dumas, *Mémoire cité*, p. 83 et suiv.] sont solubles dans l'eau; à la distillation sèche, ils se décomposent en chlorures, oxyde de carbone et gaz chloroxycarbonique [Kolbe, *Mémoire cité*].

Le *trichloracétate d'ammonium*,

$$C^2 Cl^3O^2 (AzH^4), H^2O,$$

est en prismes très-solubles dans l'eau; ils fondent à 80° et se décomposent entre 110° et 115° en sel ammoniac, chloroforme, gaz chloroxycarbonique et oxyde de carbone [Malaguti, *Mémoire cité*, p. 60].

L'acide phosphorique anhydre le transforme en trichloracétonitrile.

Le *trichloracétate de potassium*, $C^2 Cl^3O (OK)$, cristallise avec une demi-molécule d'eau en fibres soyeuses, très-solubles dans l'eau, mais non déliquescentes. Les trichloracétates de calcium et de baryum sont très-solubles dans l'eau.

Le *trichloracétate d'argent*, $C^2 Cl^3 O (OAg)$, est anhydre; il est peu soluble dans l'eau et se dépose de ses solutions en petits cristaux grenus ou en plaques cristallisées. Il est anhydre, très-altérable à la lumière. Chauffé, il se décompose brusquement en répandant des vapeurs douées de l'odeur de l'acide et en laissant un résidu de chlorure d'argent.

Le *trichloracétate de méthyle*, $C^2 Cl^3 O^2 . C^2 H^3$, se prépare par la distillation d'un mélange d'esprit de bois, d'acide trichloracétique et d'un peu d'acide sulfurique; on recueille la quantité théorique de cet éther qui est incolore, huileux, plus dense que l'eau, insoluble dans ce véhicule et doué d'une odeur agréable de menthe; il est isomère de l'acétate de méthyle trichloré.

Le *trichloracétate d'éthyle*, $C^2 Cl^3 O^2 . C^2 H^5$, s'obtient facilement lorsqu'on distille un mélange d'alcool, d'acide trichloracétique et d'acide sulfurique. Il se forme aussi dans l'action de l'alcool sur le chlorure de trichloracétyle [Malaguti, *Mémoire cité*, p. 12 et 58] :

$$C^2 Cl^3 O . Cl + C^2 H^6 O = C^2 Cl^3 O^2 . CH^5.$$
Chlorure de   Alcool.   Éther trichloracétique.
trichloracétyle.

Le produit lavé à l'eau et séché distille à 164°. Sa densité de vapeur = 6,64. Il est oléagineux, incolore, d'une odeur de menthe. L'ammoniaque le transforme en trichloracétamide; la potasse le dédouble en trichloracétate de potassium et en alcool. Il est isomère avec l'acétate d'éthyle trichloré :

$$\left. \begin{array}{c} C^2 H^2 Cl O \\ C^2 H^3 Cl^2 \end{array} \right\} O;$$

l'action prolongée du chlore transforme les isomères en un produit identique, l'éther acétique perchloré :

$$\left. \begin{array}{c} C^2 Cl^3 O \\ C^2 Cl^5 \end{array} \right\} O$$

[Malaguti, *Mémoire cité*, p. 12 et 58].

ACIDE CYANACÉTIQUE. [H. Müller, *Bull. de la Soc. chim.*, 1864, t. I, p. 167. — Kolbe, *Journ. of the Chem. Soc.*, août 1864, p. 109. — *Bull. de la Soc. chim.*, 1864, t. II, p. 3.] — Cet acide n'a pas été isolé à l'état de pureté : il se trouve dans la solution aqueuse qu'on obtient après la réaction de l'acide chloracétique et du cyanure de potassium. Son mode de décomposition par la potasse ne laisse aucun doute sur sa formule, qui doit être $C^2 H^2 (C Az) O . O H$. En effet il se convertit dans ces conditions en acide malonique :

$$C^2 H^3 (C Az) O^2 K + K H O + H^2 O$$
Cyanacétate de
potassium.

$$= C^3 H^2 O^2 . O^2 K^2 + Az H^3.$$
Malonate de
potassium.

L'*éther cyanacétique* résulte de la réaction de l'éther chloracétique ou iodacétique sur le cyanure de potassium : c'est une huile lourde, visqueuse, presque inodore à la température ordinaire : avec la potasse, il donne du malonate de potassium.

ACIDES IODACÉTIQUES. [Perkin et Duppa, 1859, *Compt. rend. de l'Acad.*, t. XLIX, p. 93; t. L, p. 1155.]

ACIDE MONOIODACÉTIQUE, $C^2 H^3 I O^2$. — On met en contact avec l'iodure de potassium en poudre fine du bromacétate d'éthyle étendu de trois fois son volume d'alcool; le mélange s'échauffe, et le bromure de potassium produit ayant été séparé par le filtre, la liqueur alcoolique renferme de l'iodacétate d'éthyle. Celui-ci étant décomposé par la baryte, on isole l'acide iodacétique. Cet acide cristallise en lames rhomboïdales, incolores, élastiques; il fond à 82° et se décompose à une température élevée. Il est décomposé à froid par l'acide iodhydrique avec formation d'iode et d'acide acétique [Kekulé, *Journ. of the Chem. Soc.*,

2e série, t. II, p. 206, juin 1864. *Bull. de la Soc. chim.*, 1864, t. II, p. 365] :

$$C^2 H^3 I O^2 + H I = I^2 + C^2 H^4 O^2.$$

On a préparé les iodacétates de potassium, d'ammonium, de baryum et de plomb. Ce dernier se décompose par l'ébullition en iodure de plomb et acide glycolique. L'acide iodacétique se décompose de la même manière lorsqu'on chauffe sa solution aqueuse avec de l'oxyde d'argent.

L'*iodacétate d'éthyle* est huileux, plus dense que l'eau, d'une odeur très-irritante; la lumière le décompose; il réagit sur le cyanure de potassium en donnant l'éther cyanacétique [H. Müller, *Bull. de la Soc. chim.*, 1864, t. II, p. 168].

ACIDE BIIODACÉTIQUE, $C^2 H^2 I^2 O^2$. — On prépare du biiodacétate d'éthyle en faisant réagir l'éther bibromacétique sur l'iodure de potassium, et l'on saponifie cet éther à froid par un lait de chaux.

L'acide biiodacétique séparé de sa combinaison calcique par l'acide chlorhydrique se sépare sous la forme d'une huile lourde qui se concrète ultérieurement en une masse cristalline d'un jaune citron. Il est peu soluble dans l'eau, très-soluble dans l'alcool et l'éther; il cristallise très-bien de sa solution éthérée. Il se volatilise lentement à l'air; chauffé, il se sublime en partie; une autre portion se décompose et émet des vapeurs d'iode. Les sels de baryum, de plomb, d'argent, ont été préparés; ils sont jaunes et cristallins; le sel d'argent bouilli avec de l'eau donne de l'iodure d'argent et l'acide iodo-glycolique.

Le *biiodacétate d'éthyle* s'obtient dans la réaction de l'éther bibromacétique sur l'iodure de potassium; avec l'ammoniaque, il donne la biiodacétamide. — Voyez ACÉTAMIDE.   E. G.

ACÉTIQUES (ANHYDRIDES).

ANHYDRIDE ACÉTIQUE OU ACIDE ACÉTIQUE ANHYDRE. [Gerhardt, *Ann. de Chim. et de Phys.*, 1853, (3), t. XXXVII, 311.]

$$\left. \begin{array}{c} C^2 H^3 O \\ C^2 H^3 O \end{array} \right\} O.$$

Ce composé et ses analogues ont été découverts par Gerhardt.

On prépare l'anhydride acétique en faisant arriver de l'oxychlorure de phosphore goutte à goutte sur l'acétate de potassium fondu, introduit dans une cornue tubulée; la réaction est très-vive, elle se fait à froid, et une partie du liquide distille. On le rectifie trois ou quatre fois sur de l'acétate de potassium, puis on rectifie le produit seul en rejetant ce qui passe avant 137°5. La réaction se passe en deux phases : dans la première il se forme du chlorure d'acétyle :

$$3 C^2 H^3 O^2 K + Ph O Cl^3$$
Acétate de potassium.   Oxychlorure
de phosphore.

$$= 3 C^2 H^3 O Cl + Ph O^4 K^3;$$
Chlorure d'acétyle.   Phosphate tripotassique.

dans la seconde, le chlorure d'acétyle réagit sur l'acétate de potassium :

$$C^2 H^3 O Cl + C^2 H^3 O^2 K = \left. \begin{array}{c} C^2 H^3 O \\ C^2 H^3 O \end{array} \right\} O + KCl.$$
Chlorure   Acétate   Anhydride
d'acétyle.   de potassium.   acétique.

L'anhydride acétique se prépare aussi par le protochlorure de phosphore. On fait arriver ce chlorure goutte à goutte sur l'acétate de potassium fondu (1 partie de chlorure pour un peu plus du double de l'acétate). La réaction commence à froid, il se distille du chlorure d'acétyle : on est ensuite obligé de chauffer pour recueillir l'anhydride acétique, qu'on a parfaitement pur en le rectifiant sur l'acétate de potassium.

On obtient en chlorure d'acétyle environ la moitié du chlorure phosphoreux employé, et le tiers de celui-ci en acide acétique anhydre.

Dans la réaction du chlorure de benzoïle sur l'acétate de potassium, il y a formation de chlorure de potassium et d'anhydride acéto-benzoïque :

$$\left.\begin{array}{c} C^2 H^3 O \\ C^7 H^5 O \end{array}\right\} O;$$

mais à la température où a lieu cette double décomposition, une partie de l'anhydride acéto-benzoïque se partage en anhydride acétique et anhydride benzoïque :

$$2\left(\left.\begin{array}{c} C^2 H^3 O \\ C^7 H^5 O \end{array}\right\} O\right) = \left.\begin{array}{c} C^2 H^3 O \\ C^2 H^3 O \end{array}\right\} O + \left.\begin{array}{c} C^7 H^5 O \\ C^7 H^5 O \end{array}\right\} O.$$

Anhydride acéto-benzoïque.   Anhydride acétique.   Anhydride benzoïque.

M. Heintz a constaté que le chlorure de soufre en réagissant sur l'acétate de sodium en dégage de l'acide acétique anhydre, et forme du chlorure et du sulfate avec dépôt de soufre [*Ann. der Chem. u. Pharm.*, t. C, p. 370 (nouv. sér., t. XXIV). — *Poggend. Ann.*, t. XCVIII, p. 458. — *Ann. de Chim. et de Phys.*, 1857, (3), t. LI, p. 487]. M. Schlagdenhaufen a étudié cette réaction; il emploie 164 gr. d'acétate de sodium, et y verse par petites portions 108 gr. de chlorure de soufre $Cl^2 S$. La réaction, vive d'abord, se calme à la fin de l'opération, et en chauffant la cornue on recueille d'abord du chlorure de soufre, puis de l'anhydride acétique, en même temps qu'il se dégage du gaz sulfureux [1859, *Ann. de Chim. et de Phys.*, (3), t. LVI, p. 299].

L'anhydride acétique est un liquide parfaitement incolore, très-mobile, très-réfringent, d'une odeur extrêmement forte, analogue à celle de l'acide acétique hydraté, mais plus vive, rappelant celle des fleurs d'aubépine. Sa densité à 20° 5 = 1,073; il bout à 137° 5 sous la pression de 750^mm. Sa vapeur irrite les yeux; la densité de cette vapeur = 3,47.

Il s'hydrate au contact de l'air humide; il ne se mélange pas immédiatement à l'eau; versé dans ce liquide, il se rassemble au fond du vase en gouttes oléagineuses qui se dissolvent, si l'on agite ou si l'on chauffe légèrement le mélange.

Traité par le chlore, il donne du chlorure d'acétyle et de l'acide monochloracétique. Le brome agit d'une manière analogue; avec l'acide chlorhydrique on obtient du chlorure d'acétyle et de l'acide acétique [Gal, *Ann. de Chim. et de Phys.*, 1862, (3), t. LXVI, p. 87]. — Chauffé avec de l'iode et du phosphore, il donne de l'iodure d'acétyle [Guthrie, *Ann. der Chem. u. Pharm.*, t. CIII, p. 335 (nouv. sér., 1857, t. XXVII). — *Ann. de Chim. et de Phys.*, 1858, (3), t. LIII, p. 250]. — Il se forme l'acide thiacétique anhydre

$$\left.\begin{array}{c} C^2 H^3 O \\ C^2 H^3 O \end{array}\right\} S,$$

lorsqu'on fait réagir à une douce chaleur le pentasulfure de phosphore sur l'acide acétique anhydre [Kekulé, *Ann. der Chem. u. Pharm.*, nouvelle série, t. XIV, p. 309. — *Ann. de Chim. et de Phys.*, 1854, (3), t. XLII, p. 240].

L'acide sulfurique fumant s'échauffe avec l'anhydride acétique, et dégage de l'acide carbonique; il se produit une combinaison sulfo-conjuguée dont le sel de plomb est gommeux. L'anhydride acétique s'échauffe considérablement avec l'aniline et par le refroidissement le mélange se concrète en une masse cristallisée d'acétanilide. Mêlé à du peroxyde de baryum, il fixe un atome d'oxygène et donne du peroxyde d'acétyle

$$\left.\begin{array}{c} C^2 H^3 O \\ C^2 H^3 O \end{array}\right\} O^2$$

[Brodie, *Ann. der Chem. u. Pharm.*, 1858, nouv. sér., t. XXXII, p. 79. — *Ann. de Chim., et de Phys.*, 1859, (3), t. LV, p. 224].

L'action du potassium est très-vive; il y a dégagement d'hydrogène, production de biacétate de potassium, et d'un liquide éthéré dont la nature n'est pas connue; le zinc en grenaille très-fine se comporte de même, mais avec moins d'énergie.

L'anhydride acétique dissout à chaud l'acétate de potassium : par le refroidissement il se sépare des aiguilles de biacétate de potassium.

Le chlorure de zinc fondu, pulvérisé, chauffé à 100° en vase clos avec l'anhydride acétique le transforme en eau, en acide acétique hydraté, et en une matière ulmique brun-noirâtre, pulvérulente, dont la composition correspond à la formule $C^4 H^2 O$ ou à un multiple [A. Bauer, 1862, *Ann. der Chem. u. Pharm.*, nouv. sér., t. XLV, p. 370. — *Répert. de Chim. pure*, 1862, p. 231]. Chauffés en vase clos entre 180° et 200° l'anhydride acétique et le cyanate d'éthyle réagissent et donnent naissance à du gaz carbonique et à de la diéthyl-acétamide [Wurtz, *Ann. de Chim. et de Phys.*, 1854, (3), t. XLII, p. 54.]

$$\left.\begin{array}{c} C^2 H^3 O \\ C^2 H^3 O \end{array}\right\} O + \left.\begin{array}{c} CO'' \\ C^2 H^5 \end{array}\right\} Az = CO^2 + \left.\begin{array}{c} C^2 H^3 O \\ C^2 H^3 O \\ C^2 H^5 \end{array}\right\} Az$$

Anhyd.-acétique.   Cyanate d'éthyle.   Gaz carbon.   Diéthyl-acétamide.

En tubes scellés, et à la température de 180°, l'aldéhyde et l'anhydride acétique se combinent; la combinaison

$$C^2 H^4 O''. \left.\begin{array}{c} C^2 H^3 O \\ C^2 H^3 O \end{array}\right\} O$$

est isomérique du glycol diacétique. On obtient des composés du même genre avec l'hydrure de benzoïle [Geuther, *Ann. der Chem. u. Pharm.*, nouv. sér., 1857, t. XXX, p. 251. — *Ann. de Chim. et de Phys.*, 1858, (3), t. LIV, p. 231], et l'aldéhyde valérique.

Avec le glycol, à 170°, l'anhydride acétique donne du glycol monoacétique et de l'acide acétique cristallisable [Maxwell Simpson, *Ann. de Chim. et de Phys.*, 1859, (3), t. XLVII, p. 485].

Quant à ce qui concerne la constitution de l'anhydride acétique ou oxyde d'acétyle, nous renvoyons le lecteur au mot ANHYDRIDES.

ANHYDRIDES MIXTES.

ACÉTO-BENZOÏQUE (ANHYDRIDE),

$$\left.\begin{array}{c} C^2 H^3 O \\ C^7 H^5 O \end{array}\right\} O.$$

Le chlorure d'acétyle réagit à la température ordinaire sur le benzoate de sodium desséché. Il se forme un produit sirupeux, qu'on lave à l'eau et au carbonate de soude; et qu'on purifie de l'eau et des matières étrangères en l'agitant avec de l'éther exempt d'alcool et chassant l'éther à une douce chaleur.

L'anhydride acéto-benzoïque est une huile aussi pesante que l'eau, neutre aux papiers réactifs, d'une agréable odeur de vin d'Espagne. L'eau bouillante ne l'attaque que très-lentement, en prenant une réaction acide; mais les alcalis caustiques ou carbonatés déterminent promptement sa transformation en acétate et en benzoate.

Il entre en ébullition à 150°, mais on se décomposant; il distille de l'anhydride acétique; le thermomètre monte jusqu'à 280°; si on arrête à ce point la distillation, le résidu se prend en une masse cristalline d'anhydride benzoïque [Gerhardt, *Ann. de Chim. et de Phys.*, 1853, (3), t. XXXVII, p. 308].

ACÉTO-CINNAMIQUE (Anhydride). — Le chlorure d'acétyle et le cinnamate de sodium réagissent très-vivement, en donnant un composé peu stable. Le produit de la réaction ayant été lavé au carbonate de soude, l'éther n'extrait de la masse

pâteuse qu'une huile mélangée d'acide cinnamique. Cette huile, plus pesante que l'eau, ressemble à l'anhydride acéto-benzoïque dont elle possède l'odeur. Il n'a pas été possible de la purifier et d'en faire l'analyse [Gerhardt, *Ann. de Chim. et de Phys.*, 1853, (3), t. XXXVII, p. 318].

ACÉTO-CUMINIQUE (ANHYDRIDE),

$$\left. \begin{array}{l} C^2H^3O \\ C^{10}H^{11}O \end{array} \right\} O.$$

Il se produit par l'action du chlorure d'acétyle sur le cuminate de sodium. Il constitue une huile neutre, plus lourde que l'eau, d'une odeur agréable; ses caractères sont ceux de l'anhydride acéto-benzoïque.

A l'état humide, elle se transforme promptement en acide cuminique et acide acétique; les alcalis déterminent le même dédoublement.

La distillation la décompose [Gerhardt, *Ann. de Chim. et de Phys.*, 1853, (3), t. XXXVII, p. 309].

ACÉTO-SALICYLIQUE (ANHYDRIDE). — Gerhardt donnait ce nom au composé $C^9H^8O^4$, qui résulte de l'action du chlorure d'acétyle sur le salicylate de sodium; l'acide salicylique étant diatomique, ce composé devient

$$\left. \begin{array}{l} C^7H^4O'' \\ C^2H^3O \\ H \end{array} \right\} O^2,$$

et n'est pas entièrement comparable aux anhydrides acétique, acéto-benzoïque, etc. Du reste lorsqu'on ajoute le chlorure d'acétyle au salicylate de sodium, il y a réaction, et la masse durcit; mais si l'on veut purifier le composé par le carbonate de soude, l'hydrate d'acéto-salicyle se détruit, en donnant naissance à de l'acide salicylique et à de l'acide acétique. — Sa composition ne peut être que prévue par la théorie, l'analyse n'en ayant pas été faite [Gerhardt, *Ann. de Chim. et de Phys.*, 1853, (3), t. XXXVII, p. 326].

ACÉTO-SALICYLE, $C^9H^8O^3$. — Composé obtenu par Cahours dans l'action du chlorure d'acétyle sur l'hydrure de salicyle. [Voir SALICYLE (HYDRURE DE).]

ACÉTATE DE BROME (ANHYDRIDE HYPOBROMACÉTIQUE). — Ce composé paraît se former dans l'action du brome sur l'acétate de chlore; au bout de quelques heures, le produit détone spontanément.

ACÉTATE DE CHLORE (ANHYDRIDE HYPOCHLORACÉTIQUE). [Schützenberger, 1861, *Compt. rend. de l'Acad.*, t. LII, p. 359. — *Thèse de la Faculté des sciences de Paris*, 1863, n° 249.]

$$\left. \begin{array}{l} C^2H^3O \\ Cl \end{array} \right\} O.$$

Lorsqu'on dirige un courant d'anhydride hypochloreux dans de l'anhydride acétique refroidi, le gaz est bien absorbé, et se combine immédiatement; dès que le liquide a pris une couleur jaune prononcée, on chauffe à 30° pour chasser l'excès de gaz hypochloreux :

$$\left. \begin{array}{l} C^2H^3O \\ C^2H^3O \end{array} \right\} O + \left. \begin{array}{l} Cl \\ Cl \end{array} \right\} O = 2 \left(\left. \begin{array}{l} C^2H^3O \\ Cl \end{array} \right\} O \right).$$

L'acétate de chlore ainsi obtenu est un liquide jaune clair très-pâle, d'une odeur forte et irritante. Il est peu stable; à 100°, il détone avec violence : il ne se conserve assez bien que dans l'obscurité et à une basse température. A la température ordinaire, et à la lumière diffuse ou directe, il se détruit peu à peu. Avec l'eau, il se dédouble en acide acétique et acide hypochloreux; la plupart des métaux et des métalloïdes le décomposent. L'iode et le brome en dégagent du chlore, mais il n'est pas possible d'isoler l'acétate d'iode et l'acétate de brome qui paraissent s'être formés : souvent le produit de la réaction détone spontanément.

ACÉTATE DE CYANOGÈNE. — Entrevu par M. Schützenberger dans l'action du chlorure d'acétyle sur

le cyanate d'argent, ce corps n'a pas été obtenu à l'état de pureté.

ACÉTATE D'IODE [Schützenberger, *loc. cit.*],

$$\left. \begin{array}{l} 3(C^2H^3O) \\ I''' \end{array} \right\} O^3.$$

Par l'action du protochlorure d'iode sur l'acétate de sodium, il se forme de l'acétate d'iode, mais on ne peut séparer ce composé des autres produits de la réaction.

Si l'on ajoute peu à peu de l'iode à de l'acétate de chlore bien refroidi, il disparaît en mettant du chlore en liberté; et il se forme bientôt des cristaux incolores qui se comportent sous l'influence de la chaleur, de l'eau, de l'alcool, comme le produit de la réaction précédente. Souvent le mélange fait violemment explosion dès l'addition des premières portions d'iode.

Pour préparer l'acétate d'iode pur, on met en suspension dans 30 grammes d'anhydride acétique environ 15 grammes d'iode pur et sec, et on dirige dans ce mélange refroidi un courant d'anhydride hypochloreux. Il se forme d'abord des cristaux blancs jaunâtres en aiguilles, qui disparaissent ensuite, et quand le liquide est entièrement décoloré, il se précipite de nouveaux cristaux grenus, incolores, d'acétate d'iode, qu'on fait égoutter sur une brique en plâtre, et qu'on prive des dernières traces d'anhydride acétique par un courant d'air sec à 50°.

L'acétate d'iode est représenté par la formule

$$\left. \begin{array}{l} 3(C^2H^3O) \\ I''' \end{array} \right\} O^3,$$

dans laquelle l'iode joue le rôle d'un élément triatomique.

Il constitue des cristaux grenus, se colorant rapidement à l'air en rose, puis en brun; ils sont déliquescents; l'eau et l'alcool les décompose instantanément. A 100°, ils se détruisent brusquement; chauffés avec de l'anhydride acétique, ils fournissent comme produits de décomposition de l'iode, du gaz carbonique et de l'acétate de méthyle : la formation de ce dernier est représentée par l'équation :

$$2\left(\left. \begin{array}{l} 3(C^2H^3O) \\ I''' \end{array} \right\} O^3 \right) = 3CO^2 + I^2 + 3\left(\left. \begin{array}{l} (C^2H^3O) \\ CH^3 \end{array} \right\} O \right).$$

Acétate de méthyle.
E. G.

ACÉTIQUES (Éthers monoatomiques). — Voyez ACÉTATES.

ACÉTIQUES (Éthers diatomiques). — Voyez les divers GLYCOLS.

ACÉTIQUES (Éthers triatomiques). — Voyez GLYCÉRINE.

ACÉTONE, C^3H^6O. — On appelle acétone un liquide limpide, incolore, inflammable, volatil, d'une odeur éthérée, et qui se produit dans la distillation sèche des acétates. Remarqué, dès 1754, par Courtenvaux, il fut nommé *éther pyroacétique* par les frères Derosne, qui étudièrent ses propriétés [*Ann. de Chim.*, t. LXIII, p. 267]. Chenevix, après avoir cherché quelles sont les conditions les plus favorables à sa production, essaya sans succès de le dédoubler par l'action de la potasse, comme l'éther acétique; il conclut de là que ce n'est pas un éther, et il changea son nom en celui d'*esprit pyroacétique* [*Ann. de Chim.*, t. LXIX, p. 5].

La composition centésimale de l'acétone a été établie définitivement par M. Dumas [*Ann. de Chim. et de Phys.*, t. XLIX, p. 208] et par M. Liebig [*Ann. de Chim. et de Phys.*, t. XLIX, p. 193]. M. R. Kane, qui l'a étudiée ensuite, en a décrit un grand nombre de dérivés; mais, parti de l'idée que c'était une sorte d'alcool, il a quelquefois méconnu le sens des réactions [*Poggend. Ann.*, t. XLIV, p. 473]. Il attribuait à l'acétone, qu'il appelait *alcool mésitique*, la formule $C^6H^{12}O^2$. En traitant cet alcool par l'acide chlorhydrique ou par le perchlorure de phosphore, il en dérivait un chlorure de mésityle décomposable par la potasse et fournissant de l'oxyde de mésityle ; ces réactions n'ont pas pu être reproduites : au moins n'a-t-on jamais isolé le chlorure de mésityle. Il n'en est pas de même de celles par lesquelles M. Kane a obtenu le mésitylène et divers autres composés qui, bien que dérivés de l'acétone, s'y rattachent d'une manière moins directe et sont peu propres à jeter quelque lumière sur sa nature et sur sa constitution.

L'acétone étant devenue, par suite de la découverte de la butyrone, de la valérone, etc., le type d'une classe étendue de composés, M. Chancel l'a étudiée en même temps que ses congénères ; c'est lui et non M. Lœwig, comme l'a dit M. Stœdeler [*Ann. der Chem. u. Pharm.*, t. CXI, p. 277 (nouv. série, t. XXXV), sept. 1859], qui a le premier rapproché les acétones des aldéhydes, en énonçant la supposition que les premières sont une combinaison des secondes avec l'hydrocarbure simple de la série immédiatement antérieure. Il appelait hydrocarbures simples les hydrocarbures homologues de l'éthylène [*Compt. rend. de l'Acad.*, t. XX, p. 1580, et *Journ. de Pharm.*, (3), t. XIII, p. 268].

Cette opinion, admise d'abord par Gerhardt, a été traduite par lui dans le langage de la théorie des substitutions, lorsqu'il appelait l'acétone aldéhyde méthylée [*Traité de Chim. org.*, t. I, p. 700]. Elle s'appuie maintenant sur un grand nombre de réactions analytiques et synthétiques. Il faut toutefois faire quelques réserves sur l'existence distincte du méthyle (et de ses homologues) dans l'acétone (et dans ses homologues). Les travaux qui ont particulièrement fait ressortir l'analogie qui existe entre les acétones et les aldéhydes sont, après les mémoires de M. Chancel [*Journ. de Pharm.*, (3), t. VII, p. 113. — *Compt. rend. de l'Acad.*, t. XXI, p. 905], dans lesquels il a montré que la distillation sèche des butyrates et des valérates fournit le butyral et le valéral en même temps que la butyrone et la valérone ; ceux de M. Williamson [*Ann. der Chem. u Pharm.*, t. LXXXI, p. 86] sur les acétones mixtes ; de M. Stœdeler [*Journ. fur prakt. Chem.*, t. LXXII, p. 246] sur la combinaison de l'acétone avec les bisulfites alcalins, analogue avec les combinaisons des aldéhydes et des mêmes bisulfites découvertes par Bertagnini ; de M. Friedel [*Compt. rend.*, t. XLV, p. 1013] sur l'action du perchlorure de phosphore sur les acétones et sur la transformation de ces corps en alcools ; de MM. Pebal et Freund [*Ann. der Chem. u. Pharm.*, t. CXV, p. 21, et *Répert. de Chim. pure* (1861), p. 11 et 193].

Modes de production et préparation. 1° L'acétone prend naissance dans la distillation sèche des acétates, et surtout ainsi que l'avait déjà demontré Chenevix, de ceux qui renferment des oxydes difficilement réductibles. Les acétates de plomb, de chaux, de baryte, sont ceux qui en fournissent la plus grande proportion.

L'équation suivante rend compte de la réaction :

$$(C^2H^3O.O)^2Ba = CO^3Ba + C^2H^3O.CH^3.$$

En même temps que l'acétone, il se forme toujours des hydrocarbures, dont les uns se dégagent, et les autres, moins volatils, restent mêlés au liquide distillé ; il se produit également un corps découvert par M. Kane et appelé par lui DOMASINE (voir ce mot) ; et, d'après M. Fittig, deux acétones mixtes (voyez ACÉTONES), la méthylacétone et l'éthylacétone [*Ann. der Chem. u. Pharm.*, t. CX, p. 17, et *Répert. de Chim. pure* (1858-1859), p. 380].

La préparation se fait en distillant l'acétate à une chaleur allant jusqu'au rouge sombre dans une cornue de verre lutée ou de grès, ou dans une bouteille à mercure. Il faut refroidir soigneusement le récipient. Le produit brut est additionné de chlorure de calcium qui sert à séparer l'acétone de l'eau et à la dessécher, puis simplement distillé en ne recueillant que les parties passant avant 60°. Quelquefois on abandonne le produit brut, pendant plusieurs jours, sur de la chaux grossièrement concassée, pour le rectifier ensuite. On l'obtient encore plus pur en le combinant au bisulfite de soude et en distillant la combinaison, lavée à l'éther, avec de l'eau et du carbonate de soude.

On obtient dans l'industrie des quantités considérables d'acétone dans la préparation de l'aniline, lorsqu'on distille le mélange d'acétate de fer et d'aniline provenant de l'action du fer et de l'acide acétique sur la nitrobenzine.

2° L'acétone se produit encore lorsqu'on fait passer des vapeurs d'acide acétique dans un tube de porcelaine chauffé au rouge sombre. L'acide acétique est décomposé suivant l'équation :

$$2C^2H^4O^2 = CO^2 + H^2O + C^3H^6O.$$

3° Elle prend également naissance dans la distillation sèche du sucre, des acides tartrique, citrique, lactique, etc. L'acide citrique, chauffé avec du permanganate de potasse ou avec du peroxyde de manganèse et de l'acide sulfurique étendu, fournit également de l'acétone [Péan de Saint-Gilles, *Compt. rend.*, t. XLVII, p. 555].

4° MM. Pebal et Freund ont montré qu'on peut l'obtenir par l'action du chlorure d'acétyle sur le zinc-méthyle.

5° M. Friedel en a également réalisé la synthèse en mettant en présence le chloracétène (voyez ce mot) et l'alcool méthylique sodé [*Compt. rend.*, t. LX, p. 930].

6° M. Linnemann a réussi à régénérer l'acétone par l'action de l'acide hypochloreux aqueux et de l'oxyde de mercure sur le propylène monobromé et sur le propylène monochloré. Il se forme de l'acétone monochlorée que l'on peut transformer en acétone par l'action du zinc et de l'acide chlorhydrique :

$$2C^3H^5Cl + HgCl^2O^2 = HgCl^2 + 2C^3H^5ClO.$$

Le propylène monobromé peut encore être transformé en acétone d'une manière plus simple. Il suffit de le chauffer pendant plusieurs jours à 100° avec de l'acétate de mercure et de l'acide acétique cristallisable [*Ann. der Chem. u. Pharm.*, t. CXXXVIII, p. 122, avril 1866, et *Bull. de la Soc. chim.*, t. VI, p. 280 (1866)].

Propriétés. L'acétone est un liquide limpide, très-fluide, d'une densité de 0,7921 à 18° (Liebig) et de 0,814 à 0' (Kopp). Sa densité de vapeur est de 2,0025 (Dumas). Son point d'ébullition est situé à 56° (Dumas), à 56,3 (Kopp) pour la pression de 760^{mm}. — Un froid de 15° ne la solidifie pas. Elle est facilement inflammable et brûle avec une flamme éclairante. Elle possède une odeur éthérée particulière et une saveur brûlante. Soluble en toutes proportions dans l'eau, dans l'alcool et dans l'éther, elle ne dissout ni le chlorure de calcium, ni la potasse, mais la plupart des résines, des matières grasses, des camphres ; le coton-poudre y est aussi facilement soluble.

Elle forme, avec les bisulfites alcalins, une combinaison cristallisée insoluble dans un excès de bisulfite ainsi que dans l'éther, mais soluble dans l'alcool bouillant et cristallisable par refroidissement ; soluble aussi dans l'eau et facilement décomposable par l'ébullition avec un carbonate alcalin ou avec un acide. Dans beaucoup de circonstances, on réussit à isoler l'acétone, ou à la purifier en l'engageant dans cette combinaison. Il est nécessaire d'employer la solution de bisulfite aussi concentrée que possible ; la combinaison se produit alors plus rapidement et a lieu avec dégagement de chaleur.

Modes de décomposition. Lorsque l'acétone traverse un tube chauffé au rouge, elle laisse déposer du charbon et donne de la dumasine.

Lorsqu'on la fait passer en vapeurs sur l'hydrate de potasse, elle se décompose, suivant la température, en carbonate de potasse et hydrure de méthyle,

$$C^3H^6O + 2KHO = CO.O^2K^2 + 2CH^4,$$

ou en acétate et formiate de potasse avec dégagement d'hydrogène :

$$C^3H^6O + 2KHO + H^2O$$
$$= C^2H^3O.OK + CHO.OK + 3H^2.$$

Lorsqu'on l'abandonne longtemps avec de la chaux, le mélange se solidifie et le produit de la distillation renferme deux liquides, dont l'un, bouillant à 131°, insoluble dans l'eau, ayant une odeur de menthe, ne se combine pas aux bisulfites alcalins et renferme $C^6H^{10}O$ [Fittig, *Ann. der Chem. u. Pharm.*, t. CX, p. 23, et *Répert. de Chim. pure*, 1858-1859, p. 381]. Ce corps paraît être identique avec l'*oxyde de mésityle* de M. Kane. L'autre liquide est la *phorone*, $C^9H^{14}O$, bouillant de 200° à 205° et identique avec celle qui provient de l'acide camphorique [Fittig., *Ann. der Chem. u. Pharm.*, t. CX, p. 23, et t. CXII, p. 309, et *Répert. de Chim. pure*, 1860, p. 124]. D'après les expériences récentes de M. Baeyer, cette identité ne serait pas encore entièrement certaine [*Ann. der Chem. u. Pharm.*, t. CXL, p. 207].

Les *actions oxydantes* ne transforment pas l'acétone en un acide renfermant le même nombre d'atomes de carbone qu'elle ; c'est là ce qui la distingue essentiellement, ainsi que ses congénères, des aldéhydes. Son oxydation par le bichromate de potasse et l'acide sulfurique (Dumas et Stas), ou par l'oxyde d'argent à 100° en présence de l'eau (Linnemann), donne de l'acide acétique. Par l'action de l'oxygène électrolytique, c'est-à-dire en décomposant par la pile un mélange d'acétone, d'eau et d'acide sulfurique, on a obtenu de l'acide acétique et de l'acide formique [Friedel, *Bull. de la Soc. chim.*, 1859, p. 59]. Par l'acide azotique fumant, l'acétone est transformée en acide oxalique [Mulder, *Journ. für prakt. Chem.*, t. CXI, p. 472, et *Bull. de la Soc. chim.*, 1864, t. II, p. 211].

Le *chlore*, en présence des alcalis, et le chlorure de chaux la transforment en chloroforme ; le *brome*, en présence des mêmes alcalis, en bromoforme.

Le *chlore*, agissant seul, fournit des produits de substitution chlorés, savoir la monochloracétone et la bichloracétone. L'acide chlorhydrique et le chlorate de potasse donnent naissance à des produits plus chlorés. Quant au *brome*, il agit d'une manière particulière. Lorsqu'on met les deux corps en présence, en refroidissant le mélange avec de la glace, l'acétone étant, comme l'aldéhyde, un corps non saturé, fixe deux atomes de brome et donne un bromure très-instable qui se décompose déjà à la température ordinaire, et brunit avec dégagement d'acide bromhydrique et en répandant l'odeur de l'acroléine. Les produits de la décomposition sont de l'épibromhydrine C^3H^5BrO et de l'acroléine C^3H^4O [Linnemann, *Ann. der Chem. u. Pharm.*, t. CXXV, p. 307, et *Bull. de la Soc. chim.*, 1863, p. 476].

Toutefois M. Mulder décrit une acétone monobromée obtenue par l'action directe du brome en quantité insuffisante sur l'acétone ; une acétone tétrabromée qui se forme lorsqu'on chauffe le mélange et qui donne un hydrate cristallisable,

$$C^3H^2Br^4O + 2H^2O,$$

fusible à 48°, insoluble dans l'eau, soluble dans l'alcool, et enfin une acétone pentabromée en aiguilles incolores, insoluble dans l'eau, soluble dans l'alcool et dans l'éther, inattaquable par l'acide sulfurique concentré et par l'acide azotique fumant. Elle fond à 75°, et la potasse la décompose à chaud en bromoforme et oxyde de carbone [*Journ. für prakt. Chem.*, t. CXI, p. 472].

L'action de l'*iode* est moins nette et n'a pas encore été élucidée. Celle de l'acide *chlorhydrique*, d'après M. Kane, fournirait du chlorure de mésityle, C^3H^5Cl. Récemment, M. Baeyer a montré que le produit de cette réaction traité par la potasse alcoolique fournit principalement de l'oxyde de mésityle, bouillant à 130°, $C^6H^{10}O$, de la phorone, cristallisable, bouillant vers 190°, et ne donnant pas de cumène. — Voyez oxyde de MÉSITYLE et PHORONE. — [*Ann. der Chem. u. Pharm.*, t. CXL, p. 297.] L'acide *iodhydrique* donnerait, suivant M. Kane, de l'iodure de mésityle, C^3H^5I.

Le *perchlorure de phosphore* agit sur l'acétone comme sur l'aldéhyde :

$$C^3H^6O + PhCl^5 = C^3H^6Cl^2 + PhOCl^3.$$

Le chlorure formé est isomérique avec le chlorure de propylène ; on l'a appelé *méthylchloracétol*. Il bout à 70°. Densité à 0° égale 1,117. Densité de vapeur 4,08. Th. 3,92. La potasse alcoolique, l'acétate d'argent, l'ammoniaque le décomposent en lui enlevant HCl. Le chlorure restant C^3H^5Cl est identique avec le propylène chloré. Le même chlorure C^3H^5Cl prend naissance en quantité notable dans la réaction même du perchlorure de phosphore sur l'acétone. Il se sépare facilement du méthylchloracétol par distillation. Son point d'ébullition est situé à 26° [Friedel, *Compt. rend.*, t. XLV, p. 1013, et *Bull. de la Soc. chim.*, 1858, p. 3, 27].

Le *perbromure de phosphore* réagit à la façon du perchlorure et fournit un méthylbromacétol $C^3H^6Br^2$, isomérique avec le bromure de propylène et bouillant de 115 à 118°. Densité = 1,39 [Linnemann, *Ann. der Chem. u. Pharm.*, t. CXXXVIII, p. 125].

L'*acide azotique* réagit à chaud avec violence sur l'acétone ; il se dégage des vapeurs rouges, il se forme un liquide insoluble dans l'eau, qui est, d'après M. Kane, un mélange d'aldéhyde mésitique (?), C^3H^4O, et de nitrite de ptéléyle, $C^3H^3AzO^2$ (ptéléyle = C^3H^3). Gerhardt fait remarquer que l'aldéhyde mésitique pourrait être le nitromésitylène ; le nitrite de ptéléyle pourrait être de même le trinitromésitylène impur.

L'*acide sulfurique* mélangé avec de l'acétone s'échauffe et donne, lorsqu'on distille, du mésitylène, et lorsqu'on se contente d'ajouter de l'eau, un mélange de mésitylène C^6H^{12} et d'oxyde de mésityle $C^6H^{10}O$ identique, d'après M. Heintz, avec la dumasine [*Poggend. Ann.*, t. LXVIII, p. 277]. Il se produit en même temps de l'acide mésitylsulfurique ; M. Kane a obtenu, dans cette réaction, plusieurs sels de chaux solubles, mais les formules de ces composés ne sont pas encore bien établies.

L'*acide phosphorique* vitreux donne également un acide conjugué, dont le sel de soude paraît avoir pour formule $PhO.(C^3H^5O)(HO)(NaO) + 2H^2O$ (Kane). M. Zeise [*Ann. der Chem. u. Pharm.*, t. XLI, p. 27, et t. XLIII, p. 69] et M. Kane ont encore indiqué divers autres acides phosphorés dérivés de l'acétone et obtenus soit par l'action du phosphore sur ce composé, soit comme résidu de l'action de l'iode et du phosphore. Le sel de baryte de l'acide qui se produit dans cette dernière réaction est, d'après M. Mulder [*Journ. für prakt. Chem.*, t. XCI, p. 472],

$$(C^3H^6PhO^2)^2Ba.$$

Le *bichlorure de platine* sec se dissout dans l'acétone, avec dégagement de chaleur; lorsqu'on distille la solution, on voit se dégager beaucoup d'acide chlorhydrique, et l'on obtient comme résidu une masse poisseuse qui renferme un corps cristallin. Ce même corps cristallin se produit lorsqu'on abandonne en vase clos une bouillie épaisse d'acétone et de bichlorure de platine. Il se produit un corps qui irrite vivement les yeux et de l'acide chlorhydrique. En même temps, la masse se prend en cristaux. On lave les cristaux sur un filtre avec de l'acétone, et on les fait cristalliser dans le même dissolvant bouillant. Ainsi purifiés, ils sont jaunes, peu solubles dans l'eau, dans l'alcool et dans l'éther. Leur solution aqueuse rougit le tournesol. Ils laissent après calcination un résidu de carbure de platine, PtC^2. Ils renferment, d'après M. Zeise, $C^9H^{10}Cl^2PtO$. Ce composé a reçu le nom d'*acéchlorplatine* [*Ann. der Chem. u. Pharm.*, t. XXXIII, p. 29].

Abandonnée avec un mélange d'*acide cyanhydrique* et d'*acide chlorhydrique* aqueux, l'acétone donne de l'*acide acétonique*, comme l'aldéhyde benzoïque dans les mêmes circonstances donne de l'acide formobenzoïlique (Stædeler) :

$$C^3H^6O + CAzH + 2H^2O + HCl$$
$$= C^4H^8O^3 + AzH^4Cl.$$

L'ammoniaque mélangée à l'acétone et abandonnée à l'évaporation spontanée laisse un résidu sirupeux réduisant l'azotate d'argent; ce résidu se transforme peu à peu à froid et plus rapidement par l'action de la chaleur en une base, l'*acétonine* $C^9H^{18}Az^2$, ayant avec l'acétone les mêmes relations que présente l'amarine avec l'hydrure de benzoïle [Stædeler, *Ann. der Chem. u. Pharm.*, t. CXI, p. 277, et *Répert. de Chim. pure.*, 1860, p. 22].

L'ammoniaque et l'hydrogène sulfuré, réagissant simultanément sur l'acétone, fournissent une base sulfurée, la *thiacétonine*, à laquelle M. Stædeler attribue la formule $C^9H^{18}Az^2S^2$. Elle est soluble dans l'éther et dans l'alcool, cristallisable en petits prismes incolores, et forme des sels cristallins avec les acides chlorhydrique, azotique, sulfurique, acétique. L'*akcéthine* de Zeise, obtenue, en même temps qu'un certain nombre de corps mal définis, dans l'action de l'ammoniaque et du soufre sur l'acétone, pourrait être identique avec la thiacétonine [*Ann. der Chem. u. Pharm.*, t. XLVII, p. 24].

Le sulfure de carbone, l'ammoniaque aqueuse et l'acétone donnent par leur action réciproque, à la température ordinaire, des cristaux jaunes, insolubles dans l'eau, peu solubles dans l'éther, auxquels M. Hlasiwetz attribue la formule compliquée $C^{30}H^{53}Az^6S^9$ [*Journ. für prakt. Chem.*, t. LI, p. 357]. D'après M. Stædeler, c'est le sulfhydrate d'une base faible qu'il a appelée *carbothiacétonine*, et qu'il formule

$$C^{10}H^{19}Az^2S^2SH.$$

La solution alcoolique de ce composé, mélangée avec du bichlorure de platine, donne un précipité amorphe brun jaunâtre, qui renferme

$$C^{10}H^{18}Az^2S^3PtCl^2.$$

Le *sodium* attaque vivement l'acétone, mais sans dégagement d'un gaz permanent. Il se sépare des flocons d'une matière blanche, le produit devient gélatineux et l'action s'arrête bientôt. En distillant, on recueille de l'acétone non altérée, puis un liquide aqueux au-dessus duquel nage une couche huileuse. L'évaporation spontanée transforme le tout en cristaux baignés dans une huile. Les cristaux sont l'*hydrate de pinakone* et l'huile est de la *phorone*. Ce dernier produit est formé par enlèvement des éléments de l'eau à 3 molécules d'acétone :

$$3C^3H^6O - 2H^2O = C^9H^{14}O$$

[Fittig, *Ann. der Chem. u. Pharm.*, t. CX, p. 23. — *Répert. de Chim. pure*, 1859, p. 381. — Stædeler, *Ann. der Chem. u. Pharm.*, t. CXI, p. 277. — *Répert. de Chim. pure*, 1860, p. 22].

L'eau éliminée, décomposée par le sodium, donne de l'hydrogène naissant qui se porte sur 2 molécules d'acétone et forme la pinakone, qui elle-même cristallise en fixant $6H^2O$:

$$2C^3H^6O + 2H = C^6H^{14}O^2.$$

L'*hydrogène naissant* dégagé par l'amalgame de sodium en présence de l'eau, et celui développé par l'action du zinc sur l'ammoniaque [Lorin, *Bull. de la Soc. chim.*, 1863, p. 616], se fixent sur l'acétone et donnent naissance en même temps à un alcool, l'*alcool isopropylique* et à la pinakone. La formation de la pinakone dans ces circonstances permet d'interpréter ainsi qu'on l'a fait plus haut la réaction du sodium sur l'acétone. La pinakone paraît se comporter comme une sorte de glycol.

L'alcool isopropylique

$$(C^3H^8O = C^3H^6O + H^2)$$

peut être séparé de l'acétone en excès à l'aide du bisulfite de soude, ou encore mieux en le transformant en iodure, par l'action de l'iode et du phosphore. On le régénère de l'iodure en passant par l'acétate d'isopropyle et en saponifiant ce dernier par la potasse. Ainsi purifié et distillé sur le sodium, l'alcool isopropylique bout vers 86°. Son iodure bout entre 90° et 95°. Il paraît identique avec l'alcool propylique qui a été obtenu par M. Berthelot en faisant absorber le propylène par l'acide sulfurique. Ce dernier alcool, de même que l'alcool isopropylique, régénère l'acétone par l'action des réactifs oxydants. On peut dire que les acétones sont les aldéhydes de la série particulière d'alcools dont l'alcool isopropylique est le type [Friedel, *Compt. rend.*, t. LV, p. 53, et *Bull. de la Soc. chim.*, 1863, p. 247].

Le *zinc-éthyle* réagit vivement sur l'acétone; il se produit des gaz non absorbables par le brome et de la phorone, qui prend naissance par déshydratation de l'acétone [Beilstein et Rieth., *Bull. de la Soc. chim.*, 1863, p. 246].

Constitution de l'acétone. — Toutes les réactions qui viennent d'être signalées s'expliquent de la manière la plus simple en considérant l'acétone comme formée de deux groupes méthyle saturant les atomicités libres du carbonyle :

$$CH^3$$
$$CO$$
$$CH^3,$$

hypothèse qui n'est en définitive autre chose que celle de M. Chancel.

Le carbone du méthyle étant lié sans intermédiaire à celui du carbonyle, on comprend la stabilité relative du groupement acétone, et l'on voit ses relations avec le groupement hydrure de propyle :

$$CH^3$$
$$CH^2$$
$$CH^3.$$

L'isomérie du chlorure de propylène et du méthylchloracétol peut être exprimée par les formules

CH^3		CH^2Cl		CH^2Cl
CCl^2	et	CH^2	ou	$CHCl$
CH^3		CH^2Cl		CH^3

Méthylchloracétol.	Chlorure de propylène.

cette dernière formule permettant d'expliquer comment les produits obtenus par l'action de la potasse alcoolique sur les deux chlorures isomériques sont identiques.

L'isomérie de l'alcool isopropylique et de l'alcool propylique normal se représente ainsi :

$$\begin{matrix} CH^3 \\ \dot{C}H.OH \\ \dot{C}H^3 \end{matrix} \qquad \begin{matrix} CH^2.OH \\ \dot{C}H^2 \\ \dot{C}H^3 \end{matrix}$$

Alcool isopropylique. — Alcool propylique.

La synthèse de MM. Pebal et Freund a lieu en vertu de l'équation :

$$2\begin{Bmatrix} CH^3 \\ \dot{C}O \\ \dot{C}l \end{Bmatrix} + Zn\begin{Bmatrix} CH^3 \\ CH^3 \end{Bmatrix} = ZnCl^2 + 2\begin{Bmatrix} CH^3 \\ \dot{C}O \\ \dot{C}H^3 \end{Bmatrix}$$

Chlorure d'acétyle. — Acétone.

Celle de M. Friedel, si l'on admet que le chloracétène a pour formule

$$\begin{matrix} CCl \\ \dot{C}H^3, \end{matrix}$$

ce qui rend compte de son isomérie avec l'éthylène chloré et de sa transformation en aldéhyde par l'action de l'eau :

$$H^2O + \begin{Bmatrix} CCl \\ \dot{C}H^3 \end{Bmatrix} = HCl + \begin{Bmatrix} H \\ \dot{C}O \\ \dot{C}H^3 \end{Bmatrix}$$

cette synthèse, disons-nous, peut être exprimée par l'équation :

$$\begin{Bmatrix} CH^3 \\ Na \end{Bmatrix} O + \begin{Bmatrix} CCl \\ \dot{C}H^3 \end{Bmatrix} = NaCl + \begin{Bmatrix} CH^3 \\ \dot{C}O \\ \dot{C}H^3 \end{Bmatrix}$$

Alcool méth. sodé. — Chloracétène. — Acétone.

Enfin il faut encore mentionner la synthèse de la propione que M. Wanklyn vient de réaliser avec le sodium-éthyle et l'oxyde de carbone; on pourra sans doute obtenir d'une manière analogue l'acétone en employant le sodium-méthyle au lieu du sodium-éthyle :

$$2\,Na\,C^2H^5 + CO = Na^2 + \begin{Bmatrix} C^2H^5 \\ \dot{C}O \\ \dot{C}^3H^5 \end{Bmatrix}$$

[*Ann. der Chem. u. Pharm.*, t. CXXXVII, p. 256, février 1866, et *Bull. de la Soc. chim.*, 1866, t. VI, p. 206].

ACÉTONES CHLORÉES ET BROMÉES.

La *monochloracétone* $C^3H^5Cl\,O$ a été obtenue par M. Riche en électrolysant un mélange d'acide chlorhydrique aqueux et d'acétone. C'est un liquide huileux, qui agit d'une manière extrêmement vive sur les yeux et sur la muqueuse nasale. Il bout à 117°. Dens. à 14° $= 1,14$. Dens. de vapeur 3,40 [*Compt. rend.*, t. XLIX, p. 176]. — L'hydrogène naissant la transforme en acétone. — Chauffée avec de l'oxyde d'argent humide, elle donne un mélange renfermant de l'acide glycolique, de l'acide acétique et de l'acide formique. Il se produit en même temps des matières noires. La monochloracétone est donc isomérique et non identique avec l'épichlorhydrine [Linnemann, *Ann. der Chem. u. Pharm.*, t. CXXXIV, p. 170].

La *dichloracétone*, chloral mésitique de Kane, prend naissance par l'action du chlore ou par celle du chlorate de potasse et de l'acide chlorhydrique sur l'acétone. C'est un liquide limpide, huileux, très-caustique, d'une odeur qui provoque le larmoiement; il bout à 116°,5 (Stædeler), à 121,5 (Fittig). Densité $= 1,331$ (Kane) — 1,236 à 21° (Fittig). Densité de vapeur 4,32 (Th. 4,39). Insoluble dans l'eau. Il se combine avec les bisulfites alcalins. Les alcalis caustiques et même l'ammoniaque le décomposent avec formation de produits bruns.

Le perchlorure de phosphore le transforme en un chlorure $C^3H^4Cl^4$ bouillant à 153° et différent du chlorure de propylène bichloré [Borsche et Fittig, *Ann. der Chem. u. Pharm.*, t. CXXXIII, p. 111, et *Bull. de la Soc. chim.*, 1865, t. IV, p. 362].

La *trichloracétone* se produit par l'action du chlore sur l'esprit de bois brut qui renferme de l'acétone. Les cristaux qui se forment d'abord renferment $C^6H^{10}Cl^2O^2$; l'action continuée du chlore les transforme en un liquide huileux, plus dense que l'eau et ayant la composition de l'acétone trichlorée. Il n'est pas distillable sans décomposition. L'action ultérieure du chlore sur les cristaux fournit la *tétrachloracétone* $C^6H^2Cl^4O$, liquide huileux très-caustique et vésicant. Il attire l'humidité de l'air et cristallise avec l'eau qu'il absorbe; les cristaux renferment $C^3H^2Cl^4O + 4H^2O$, fondent à 35°, et se dissolvent dans l'eau, dans l'alcool et dans l'éther. En les distillant avec l'acide phosphorique anhydre, on régénère le composé primitif [Bouis, *Ann. de Chim. et de Phys.*, (3), t. XXI, p. 111].

La *pentachloracétone* prend naissance par l'action de l'acide chlorhydrique et du chlorate de potasse sur les acides quinique, citrique, gallique, pyrogallique, catéchique, sur la quinone, la chair musculaire, l'albumine, l'acide salicylique, l'indigo, la tyrosine. L'acide quinique est le corps qui se prête le mieux à sa préparation. L'huile distillée, séparée d'une partie de l'eau, par des rectifications avec du chlorure de calcium, si elle est assez pure, se prend en une masse cristalline lorsqu'on abaisse sa température à — 4 ou — 5°, en présence d'une certaine quantité d'eau. Si elle ne se comportait pas ainsi, on la dissoudrait dans l'eau et on la séparerait en chauffant la solution à 60° environ. L'huile devient insoluble à cette température. Elle se sépare également de son eau de cristallisation lorsqu'on la chauffe. On achève de la sécher en l'exposant dans une cloche sur l'acide sulfurique. L'hydrate renferme $C^3HCl^5O + 4H^2O$; il fond à 15-17°.

La pentachloracétone est un liquide mobile, incolore, d'une saveur brûlante et d'une odeur qui rappelle celle du chloral. Elle ne se solidifie pas à — 20°, se volatilise lentement à l'air à la température ordinaire, et bout vers 190°. Densité, 1,6-1,7. Soluble dans l'alcool et dans l'éther. L'eau en dissout 10 % de son volume à 0°.

La potasse alcoolique la décompose avec formation de *chlorure* et de *formiate* de potassium en même temps que d'un sel de potasse en écailles cristallines, peut-être du *bichloracétate*. On aurait alors, pour expliquer la réaction, l'équation :

$$CHCl^2.CO.CCl^3 + H^2O$$

Acétone pentachlorée.

$$= CCl^3H + CHCl^2.CO.OH$$

Chloroforme. Acide bichloracétique.

On sait d'ailleurs que le chloroforme en présence de la potasse donne du chlorure et du formiate [Stædeler, *Ann. der Chem. u. Pharm.*, t. CXI, p. 293, et *Répert. de Chim. pure*, 1860, p. 22].

L'*hexachloracétone* se forme par l'action du chlore à la lumière solaire sur une solution aqueuse d'acide citrique. C'est un liquide huileux, d'une odeur irritante, dont le point d'ébullition est situé entre 200 et 201° et dont la densité est de 1,75 à 10°. A 6°, il forme avec l'eau un hydrate cristallin $C^3Cl^6O + H^2O$, qui se décompose à 15° avec séparation du produit (Plantamour).

La *monobromacétone* a été obtenue par M. Riche par le même procédé qui lui avait fourni la monochloracétone. D'abord incolore, elle brunit rapidement; elle passe en partie à la distillation, entre 140 et 145°, en se décomposant. Ses vapeurs irritent fortement les yeux.

Nous avons signalé à l'article ACÉTONE les acétones monobromée, tétrabromée et pentabromée, décrites par M. Mulder.

L'*iodacétone* paraît se former en petite quantité par l'électrolyse d'un mélange d'acétone et d'acide iodhydrique aqueux.　　　　　　　　　　　C. F.

ACÉTONES. — On donne ce nom à une classe de corps dont l'acétone proprement dite est le type, et qui renferment, comme elle, un radical d'acide monobasique uni à un radical d'alcool monoatomique, ou, ce qui revient au même, deux radicaux hydrocarbonés monoatomiques combinés avec du carbonyle CO. Elles prennent naissance dans la distillation sèche des sels des acides monobasiques et principalement des sels de chaux, de baryte et de plomb. L'équation générale qui exprime le mode de production de l'acétone d'un acide gras quelconque est la suivante :

$$(C^n H^{2n-1} O)^2 O^2 Ca \text{ ou } (CO . C^{n-1} H^{2n-1})^2 O^2 Ca$$

$$= \left. \begin{matrix} CO \\ Ca \end{matrix} \right\} O^2 + \left\{ \begin{matrix} C^{n-1} H^{2n-1} \\ \overset{|}{C}O \\ C^{n-1} H^{2n-1}. \end{matrix} \right.$$

On voit que cette acétone

$$C^{2n-1} H^{4n-2} O$$

renferme le carbonyle uni à deux fois le radical alcoolique renfermant un atome de carbone de moins que l'acide, ou encore le radical de l'acide uni à ce même radical alcoolique.

Les acétones ne se dérivent pas toutes des acides de la série grasse. On en connaît qui proviennent d'acides de la série aromatique.

L'acétone dont nous venons d'indiquer la formule générale et qu'on peut appeler normale n'est pas la seule à se produire dans la distillation des sels d'un acide gras. Il se forme en même temps d'autres corps analogues, mais dans lesquels les deux radicaux hydrocarbonés ne sont pas semblables : on les appelle *acétones mixtes* [Friedel, *Compt. rend.*, t. XLVII, p. 552. — Limpricht, *Ann.*, t. CVIII, p. 183, et *Répert. de Chim. pure*, 1858-1859, p. 181. — Fittig, *Ann.*, t. CX, p. 18, et *Répert. de Chim. pure*, 1858-1859, p. 380]. Les acétones mixtes ont été découvertes par M. Williamson, qui les a obtenues en distillant un mélange intime des sels de deux acides gras [*Ann. der Chem. u. Pharm.*, t. LXXXI, p. 86]. La distillation du valérianate et de l'acétate de potasse lui a fourni le *méthyle-valéryle*

$$\begin{matrix} CH^3 \\ \overset{|}{C}O \\ C^4 H^9, \end{matrix}$$

dans lequel les deux radicaux hydrocarbonés unis au carbonyle sont différents. On a obtenu par le même procédé d'autres acétones mixtes, entre autres le *méthyle-benzoyle*,

$$\begin{matrix} CH^3 \\ \overset{|}{C}O \\ C^6 H^5, \end{matrix}$$

qui contient unis au carbonyle un radical de la série grasse et un radical de la série aromatique [Friedel, *Compt. rend.*, t. XLV, p. 1013]. Enfin M. Piria a réalisé la synthèse d'aldéhydes des divers acides en distillant leurs sels de chaux mélangés intimement avec du formiate de chaux [*Ann. de Chim. et de Phys.*, (3), t. XLVIII, p. 113]. Dans cette réaction les aldéhydes apparaissent comme des acétones mixtes dans lesquelles l'un des radicaux serait réduit à 1 atome d'hydrogène ; elle nous donne en même temps la clef de la production des aldéhydes dans la simple distillation sèche du sel de chaux d'un acide gras, production qui a été signalée par M. Chancel [*Compt. rend.*, t. XX, p. 1590]. Il résulte de ces faits, ainsi que des observations directes de M. Berthelot, que dans la distillation du sel de chaux d'un acide monobasique, il se produit un grand nombre d'hydrocarbures plus ou moins condensés; une partie de ces hydrocarbures, à l'état naissant, se fixe sur le radical mis en liberté de l'acide [*Ann. de Chim. et de Phys.*, (3), t. LIII, p. 158]. Il paraît probable que le radical de l'acide est conservé dans l'acétone qui en dérive : c'est au moins ce que tendent à prouver certaines expériences faites sur l'oxydation des acétones; cependant ce point aurait besoin d'être étudié plus complétement.

On connaît maintenant un assez grand nombre d'acétones normales ou mixtes dérivées des acides gras. Dans la série aromatique, la plus anciennement et la mieux connue est la benzophénone ou phényle-benzoyle. A côté d'elle se place le méthyle-benzoyle, appartenant à la fois aux séries grasse et aromatique.

Nous n'avons parlé jusqu'ici que des acétones dérivées d'acides monobasiques : on connaît un corps, la phorone, analogue aux acétones et dérivée, par distillation sèche, du sel de chaux d'un acide bibasique, l'acide camphorique [Gerhardt et Liès-Bodart, *Compt. rend. des trav. de Chim.* (1849), p. 385]. Dans cette réaction une seule molécule de sel de chaux entre en jeu, et la phorone prend naissance par simple soustraction de carbonate de chaux :

$$C^{10} H^{14} Ca O^4 = C Ca O^3 + C^9 H^{14} O.$$

On cite encore la subérone et la succinone dérivées des acides subérique et succinique, mais la nature et même la composition de ces corps ne sont pas encore suffisamment établies.　　C. F.

ACÉTONINE, $C^9 H^{18} Az^2 = 3 (C^3 H^6)'' Az^2$. — La masse sirupeuse qui se produit par l'action de l'ammoniaque sur l'acétone étant abandonnée à elle-même, ou bien traitée par la potasse étendue, ou encore chauffée pendant longtemps à 100° en vase clos, se transforme en une base ayant avec l'acétone les mêmes relations que l'amarine avec l'hydrure de benzoyle. L'acétonine forme avec l'acide oxalique un sel cristallisable

$$\left. \begin{matrix} C^9 H^{18} Az^2 . H^2 \\ C^2 O^2 \end{matrix} \right\} O^2 + H^2 O,$$

insoluble dans l'éther; son chlorhydrate se combine avec le bichlorure de platine; le sel cristallise en petits prismes quadrangulaires obliques d'un jaune orange, solubles dans l'eau et dans l'alcool chaud additionné d'acide chlorhydrique. Ils renferment $(C^9 H^{18} Az^2 . H Cl)^2, Pt Cl^4$. La base est précipitée de ses sels par la potasse sous la forme d'une huile incolore, d'une odeur urineuse, distillable avec l'eau, soluble dans l'eau, dans l'alcool et dans l'éther, et brunissant à la longue, même en vase clos [Stædeler, *Ann. der Chem. u. Pharm.*, t. CXI, p. 305, et *Répert. de Chim. pure*, 1860, p. 25].　　　　　　　　　　　C. F.

ACÉTONITRILE. — Voyez CYANURE DE MÉTHYLE.

ACÉTONIQUE (ACIDE), $C^4 H^6 O^3$. — Cet acide a été obtenu par M. Stædeler en abandonnant un mélange d'acétone, d'acide cyanhydrique et d'acide chlorhydrique aqueux, évaporant et reprenant par l'éther. Sa préparation ne paraît pas réussir facilement :

$$C^3 H^6 O + C Az H + 2 H^2 O + H Cl$$
$$= C^4 H^6 O^3 + Az H^4 Cl.$$

Son mode de formation est l'analogue de celui de l'acide formobenzoylique. Il se présente en petits prismes incolores, sans odeur, solubles dans l'eau, dans l'alcool et dans l'éther. Il est entraîné par les vapeurs d'eau. L'acide sulfurique ne l'altère pas à froid, mais le décompose à chaud sans brunir, avec dégagement de gaz. La potasse caustique l'attaque à chaud; dans la réaction, il paraît se produire de l'acétone. L'acétonate d'ammoniaque réduit à la longue l'azotate d'argent.

Le sel de zinc ($C^4H^7O^3$)$^2Zn + 2H^2O$ cristallise en petites tables hexagonales ressemblant à celles du lactate de zinc; il est peu soluble dans l'eau.

Le sel de baryte est soluble dans l'eau et dans l'alcool, insoluble dans l'éther et cristallisable [*Ann. der Chem. u. Pharm.*, t. CXI, p. 320. — *Répert. de Chim. pure*, 1860, p. 26].

D'après sa composition et d'après toutes ses propriétés, l'acide acétonique appartient à la série de l'acide glycolique et de l'acide lactique. Il est isomérique et peut-être identique avec l'acide butylactique de M. Wurtz [*Mémoire sur les glycols*, 1859, p. 54. — *Ann. de Chim. et de Phys.*, (3), t. LV, p. 400]. Il paraît différer de l'acide oxybutyrique de MM. Friedel et Machuca [*Compt. rend.*, t. LII, p. 1027].   C. F.

ACÉTULMIQUE (ACIDE). [Hardy, *Ann. de Chim. et de Phys.*, (3), 1863, t. LXIX, p. 291.] — Poudre jaune, soluble dans l'éther, incristallisable, non volatile; il n'existe par conséquent aucune preuve qui puisse faire admettre la formule $C^7H^{12}O^2$ donnée par M. Hardy. Cette matière s'obtient par l'ébullition avec la soude de l'acide chloracétulmique, pulvérulent, amorphe; celui-ci provient de l'action du sodium sur un mélange de chloroforme et d'acétone. La formule proposée $C^7H^{11}ClO$ manque entièrement de contrôle. Il en est de même de l'acide oxyacétulmique, des dérivés bromés et nitrés, etc., tous ces corps étant bruns, amorphes et non volatils.

ACÉTYL - AMMONIUM (SULFITE D'), $C^2H^3.AzH^4O.SO^2$ [Redtenbacher, *Ann. der Chem. u. Pharm.*, 1848, t. LXV, p. 37]. — Un courant de gaz sulfureux dirigé à travers une solution d'aldéhydate d'ammoniaque dans l'alcool absolu est rapidement absorbé, avec élévation de température; en refroidissant le liquide, on obtient de petits prismes blancs, qui sont lavés à l'alcool et séchés dans le vide.

Le sulfite d'acétyl-ammonium, isomère de la taurine, a une réaction acide, une saveur faible, et s'altère lentement à l'air; il se dissout dans l'eau et dans l'alcool ordinaire, mais ne peut cristalliser de ses solutions. Les acides et les alcalis le décomposent en mettant en liberté de l'aldéhyde. Chauffé avec de la chaux, il donne de l'éthylamine et du sulfate de chaux [Güssmann, *Ann. der Chem. u. Pharm.* (nouv. sér.), t. XV, p. 122. — *Ann. de Chim. et de Phys.*, (3), t. XLII, p. 246]. Ce composé s'obtiendrait sans nul doute en agitant l'aldéhyde avec une solution de bisulfite d'ammoniaque.   E. G.

ACÉTYLE, C^2H^3O. — Radical acide, monoatomique, dérivé de l'éthyle C^2H^5, par substitution de 1 atome d'oxygène à 2 atomes d'hydrogène. Comme tous les radicaux monoatomiques, l'acétyle C^2H^3O ne peut exister à l'état de liberté. Séparé des combinaisons où il est entré, il se doublerait pour donner l'acétylure d'acétyle

$$\left.\begin{array}{l}C^2H^3O\\C^2H^3O\end{array}\right\}.$$

Ce composé n'a pas encore été obtenu. M. Freund n'a pu réussir à le préparer par l'action du sodium sur le chlorure d'acétyle, action qui permet cependant, avec le chlorure de butyryle, d'isoler le butyrure de butyryle.

Le radical acétyle substitué dans les types de Gerhardt donne naissance aux composés acétyliques; l'oxyde d'acétyle est l'anhydride acétique; l'hydrate est l'acide acétique; l'azoture est l'acétamide, etc. On connaît les combinaisons de l'acétyle avec les corps halogènes, ainsi qu'un grand nombre de composés où l'acétyle est modifié soit par substitution du chlore, du brome ou de l'iode à l'hydrogène, soit par substitution du soufre à l'oxygène. Le remplacement de l'hydrogène basique de l'hydrate d'acétyle par un radical alcoolique fournit les éthers acétiques.

La synthèse de l'acide acétique par le méthylsodium et l'acide carbonique [Wanklyn], la décomposition des acétates en carbonates et hydrure de méthyle (Persoz) permettent de considérer l'acétyle comme le méthyl-formyle CH^3,CO, c'est-à-dire le radical formyle CHO dont l'hydrogène est remplacé par le méthyle (Kolbe, Gerhardt). Cette formule explique aussi la monoatomicité de l'acétyle, qui est du carbonyle diatomique [CO'', oxyde de carbone] dont une atomicité est satisfaite par l'adjonction du méthyle CH^3.   E. G.

ACÉTYLE (BROMURE D'), $C^2H^3O.Br$. [*Ann. der Chem. u. Pharm.*, t. XCV, p. 268.] — M. Ritter l'a préparé par l'action du perbromure de phosphore sur l'acide acétique cristallisable. Il se forme en même temps du bromoxyde de phosphore et de l'acide bromhydrique. Suivant M. Gal, il est plus avantageux d'employer 3 molécules d'acide acétique avec les quantités de brome et de phosphore rouge nécessaires pour la formation de 2 molécules de protobromure de phosphore [*Bull. de la Soc. chim.*, 1863, p. 386]. Outre l'acide bromhydrique, et le bromure d'acétyle, il se produit de l'acide phosphoreux.

C'est un liquide incolore, fumant; il bout à 81°; il est décomposé par l'eau en acide bromhydrique et acide acétique. Son caractère de bromure d'un radical acide fait prévoir ses réactions, qui seraient analogues à celles du chlorure d'acétyle.

BROMURE D'ACÉTYLE MONOCHLORÉ ou bromure de chloracétyle, C^2H^2ClO Br [P. de Wilde, *Bull. de la Soc. chim.*, 1864, t. I, p. 424. — H. Gal, *même recueil*, 1864, t. I, p. 420.] — On le prépare par la réaction de l'acide chloracétique, du brome et du phosphore. C'est un liquide incolore, fumant à l'air, dont les vapeurs irritent vivement les yeux. Il bout à 127° (de Wilde), à 133°, 135° (H. Gal). L'eau le décompose en acide monochloracétique et en acide bromhydrique; avec l'alcool, il donne du monochloracétate d'éthyle. Il est isomérique avec le chlorure de bromacétyle

$$C^2H^2BrO.Cl.$$

BROMURE DE BROMACÉTYLE, $C^2H^2BrO.Br$. [H. Gal., *Bull. de la Soc. chim.*, 1863, p. 386.] — Il prend naissance lorsqu'on chauffe au bain-marie et en vase clos pendant quelques heures un mélange de brome et de bromure d'acétyle. Liquide incolore, fumant; bout à 152°; il est décomposé par l'eau en acide bromhydrique et acide bromacétique; avec l'alcool, il forme de l'éther bromacétique. Chauffé avec de l'acétate de soude, il donne de la glycolide $C^2H^2O^2$ entre autres produits [Nauman, *même recueil*, 1864, t. I, p. 464]; il se comporte dans cette réaction comme le bromure de glycolyle $C^2H^2O''.Br^2$, avec lequel il serait identique.

BROMURE DE BIBROMACÉTYLE , $C^2HBr^2O.Br$. [H. Gal, *loc. cit.*] — Il est isomère avec le bromal; il résulte de l'action du brome sur le composé précédent; la combinaison se fait lentement à 150° en tubes scellés; elle n'est terminée qu'après quelques jours. — C'est un liquide incolore, fumant, passant à la distillation à 194°. L'eau ne le dissout que lentement; avec l'alcool, il dégage du gaz bromhydrique et l'on obtient un liquide dense, aromatique, qui, d'après l'analyse, paraît être l'éther bibromacétique.

BROMURE DE TRIBROMACÉTYLE , $C^2Br^3O.Br$. [H. Gal, *loc. cit.*] — Il se produit à 200° par l'action du brome en excès sur le composé précédent; il distille entre 220° et 225°. Il est liquide, incolore, fumant, attaqué difficilement par l'eau qui finit par le convertir en acide tribromacétique.

Avec l'alcool, on obtient l'éther tribromacétique.

BROMURE DE CYANACÉTYLE, $C^2H^2(CAz)O.Br$. [Hübner, 1864, *Ann. der Chem. u. Pharm.* (nouv. sér.), t. LV, p. 66. — *Bull. de la Soc. chim.*, 1865, t. III, p. 137.] — On chauffe le bromure de bromacétyle étendu de chloroforme avec du cyanure d'argent en vase clos et à 100° pendant une heure; on épuise le mélange par l'éther bouillant; la liqueur éthérée dépose des aiguilles peu solubles de bromure de cyanacétyle et de grandes tables transparentes, très-solubles, de cyanure de bromacétyle. Le bromure de cyanacétyle, cristallisé dans un mélange de chloroforme et d'acide acétique cristallisable, fournit de petits cristaux presque cubiques, appartenant au système du prisme à base carrée. Sous l'influence de la potasse ce bromure dégage de l'ammoniaque et fournit des acides qui sont, d'après M. Kolbe, l'acide cyanacétique et l'acide malonique.   E. G.

ACÉTYLE (CHLORURE D'), C^2H^3OCl. — Il a été découvert par Gerhardt [*Ann. de Chim. et de Phys.*, (3), t. XXXVII, p. 294, 1852]. Le chlorure d'acétyle s'obtient en faisant arriver de l'oxychlorure de phosphore sur de l'acétate de potassium fondu et pulvérisé placé dans une cornue tubulée. L'oxychlorure de phosphore y est introduit par un tube effilé, et doit tomber goutte à goutte. La réaction est très-vive, et le mélange s'échauffe assez pour que le produit distille. On le purifie par une ou deux rectifications sur de nouvel acétate de potassium, pour le débarrasser de l'oxychlorure de phosphore qu'il aurait entraîné. Finalement, on le distille en ne recueillant que ce qui passe entre 55° et 60°.

$$3\,(C^2H^3O^2.K) + PhOCl^3$$
Acétate   Oxychl. de
de potassium.   phosphore.

$$= PhO^4K^3 + 3\,(C^2H^3O.Cl).$$
Phosphate   Chlorure
tripotassique.   d'acétyle.

L'emploi du protochlorure de phosphore est moins avantageux; il se dépose alors dans le produit distillé une matière cristalline blanc jaunâtre, très-déliquescente et qui paraît être une combinaison de chlorure phosphoreux et de chlorure d'acétyle (Gerhardt).

On peut remplacer l'oxychlorure de phosphore par le perchlorure, mais alors la réaction est très-violente et difficile à régler.

On peut aussi préparer le chlorure d'acétyle en versant peu à peu de l'acide acétique cristallisable sur du perchlorure de phosphore; celui-ci transforme également en chlorure d'acétyle l'anhydride acétique [Gerhardt, *Traité de Chimie*, t. IV, p. 912].

Le même composé se forme par l'action du chlore sur l'anhydride acétique :

$$\left.\begin{matrix} C^2H^3O \\ C^2H^3O \end{matrix}\right\} O + Cl^2 = C^2H^3O.Cl + \left.\begin{matrix} C^2H^2ClO \\ H \end{matrix}\right\} O$$

[Gal, *Compt. rend.*, t. LIV, p. 570. — *Répert. de Chim. pure*, 1862, p. 178].

Le chlorure d'acétyle est un liquide incolore, fort mobile, très-réfringent, plus pesant que l'eau, fumant à l'air humide. Son odeur est suffocante; ses vapeurs irritent les poumons et les yeux. Point d'ébullition : 55°. — Densité = 1,125 à 11°.

Versé dans l'eau, le chlorure d'acétyle se dissout peu à peu en donnant de l'acide acétique et de l'acide chlorhydrique :

$$C^2H^3O.Cl + H^2O = C^2H^4O^2 + HCl.$$

Avec l'ammoniaque, il donne de l'acétamide; avec l'aniline, de l'acétanilide :

$$C^2H^3O.Cl + AzH^3 = \left.\begin{matrix} C^2H^3O \\ H^2 \end{matrix}\right\} Az + HCl.$$
Acétamide.

$$C^2H^3O.Cl + C^6H^7Az = \left.\begin{matrix} C^2H^3O \\ C^6H^5 \\ H \end{matrix}\right\} Az + HCl.$$
Acétanilide.

Il se décompose au contact de l'alcool avec formation d'éther acétique et d'acide chlorhydrique :

$$C^2H^3O.Cl + C^2H^6O = \left.\begin{matrix} C^2H^3O \\ C^2H^5 \end{matrix}\right\} O + HCl.$$
Éther acétique.

En réagissant sur les acétates, il forme l'anhydride acétique :

$$C^2H^3O.Cl + C^2H^3O^2Na = \left.\begin{matrix} C^2H^3O \\ C^2H^3O \end{matrix}\right\} O + NaCl.$$
Anhydride acétique.

Ces réactions sont générales; avec les alcools, le chlorure d'acétyle donne naissance à l'éther acétique de ces alcools; avec les sels des acides monoatomiques, il forme les anhydrides mixtes. Ainsi, avec le benzoate sodique, il donne l'anhydride acétobenzoïque :

$$\left.\begin{matrix} C^3H^3O \\ C^3H^5O \end{matrix}\right\} O;$$

avec le valérate sodique, l'anhydride acétovalérique :

$$\left.\begin{matrix} C^2H^3O \\ C^5H^9O \end{matrix}\right\} O,$$

etc., etc. (Gerhardt).

Le chlorure d'acétyle faisant la double décomposition avec les alcools, les acides, les amines, et le radical acétyle se substituant à l'hydrogène typique de ces composés, ce réactif permet de connaître combien d'atomes d'hydrogène sont en dehors du radical.

Ainsi le glycol $C^2H^6O^2$, traité à la température ordinaire par le chlorure d'acétyle, se transforme en glycol monoacétique

$$C^2H^4 \left\{\begin{matrix} C^2H^3O^2 \\ OH, \end{matrix}\right.$$

et celui-ci, traité à son tour par le même agent, donne le glycol diacétique

$$C^2H^4 \left\{\begin{matrix} C^2H^3O^2 \\ C^2H^3O^2. \end{matrix}\right.$$

Si le chlorure d'acétyle et le glycol sont chauffés au bain-marie en tubes scellés, il y a formation d'eau et de glycol acétochlorhydrique :

$$C^2H^4 \left\{\begin{matrix} OH \\ OH \end{matrix}\right. + C^2H^3OCl$$
$$= H^2O + C^2H^4 \left\{\begin{matrix} C^2H^3O^2 \\ Cl \end{matrix}\right.$$

[Lourenço, *Compt. rend.*, t. L, p. 88. — *Répert. de Chim. pure*, 1860, p. 94. — *Ann. de Chim. et Phys.*, 3e série, t. LXVII].

Avec l'oxyphénol $C^6H^6O^2$ ou pyrocatéchine, le chlorure d'acétyle fait la double décomposition, et le nouveau produit représente l'oxyphénol où 2 atomes d'hydrogène ont été remplacés par le radical acétyle

$$C^6H^4 \left\{\begin{matrix} C^2H^3O^2 \\ C^2H^3O^2 \end{matrix}\right.$$

[Nachbaur (1858), *Ann. der Chem. u. Pharm.*, t. CVII, p. 243 (nouv. sér., t. XXI). — *Répert. de Chim. pure*, 1859, p. 107].

Les réactions de ce genre ont été essayées avec un grand nombre de composés. Plus récemment, M. Wislicenus a déterminé l'atomicité de certains acides polybasiques (acides tartrique, malique, citrique, mucique) par l'action du chlorure d'acétyle sur les éthers neutres de ces acides; c'est ainsi que dans l'éther tartrique neutre

$$C^4H^2O \left\{\begin{matrix} 2\,C^2H^5O \\ 2\,OH \end{matrix}\right.$$

2 atomes d'hydrogène ont été remplacés par le radical acétyle; la tétratomicité de l'acide tartrique

était donc mise hors de doute [Wislicenus (1864), *Ann. der Chem. u. Pharm.*, t. CXXIX, p. 175 (nouv. sér., t. LIII)].

Le chlore transforme le chlorure d'acétyle en chlorure d'acétyle monochloré [Wurtz, 1857, *Ann. de Chim. et Phys.*, 3ᵉ sér., t. XLIX, p. 58]. En le chauffant avec du brome, en tubes scellés, on n'obtient que le bromure de bromacétyle [Gal, *Bull. de la Soc. chim.*, 1864, t. I, p. 264]. En employant un appareil à reflux de Liebig au bain-marie, et exposant le tout aux rayons du soleil, M. Nauman a obtenu un mélange de chlorure d'acétyle bromé et de bromure de bromacétyle; ce dernier en constituait la partie principale [Nauman, 1864, *Ann. der Chem. u. Pharm.*, t. CXXIX, p. 257 (nouv. sér., t. LIII). — *Bull. de la Soc. chim.*, 1864, t. I, p. 464]. Avec le perchlorure de phosphore, le chlorure d'acétyle donne du chlorure d'acétyle trichloré C^2Cl^3OCl, un composé $C^2H^3Cl^3$ paraissant bouillir à 60° et des cristaux incolores passant de 180° à 181° et correspondant à la formule C^2HCl^5 [Hübner, 1861, *Ann. der Chem. u. Pharm.*, t. CXX, p. 330 (nouv. sér., t. XLIV). — *Répert. de Chim. pure*, 1862, p. 177]. Traité par le cyanure d'argent, il se transforme en cyanure d'acétyle (Hübner).

Versé sur de l'amalgame de sodium, le chlorure d'acétyle se détruit; il y a une réaction violente et production de matières résineuses [Freund, 1860, *Ann. der Chem. u. Pharm.*, t. CXVIII, p. 33 (nouv. sér., t. XLII). — *Répert. de Chim. pure*, 1861, p. 301]. Avec le zinc-méthyle, il fournit de l'acétone

$$2\,C^2H^3OCl + Zn(CH^3)^2 = {C^2H^3O \atop CH^3} + ZnCl^2$$

Acétone.

et avec le zinc éthyle une acétone de la formule

$$\left.{C^2H^3O \atop C^2H^5}\right\}$$

[Pebal et Freund, 1860, *Ann. der Chem. u. Pharm.*, t. CXV, p. 21 (nouv. sér., t. XXIX). *Répert. de Chim. pure*, 1861, p. 11. — Freund, *Sitzungsberichte der K. Akad. der Wissenschaften zu Wien*, t. XXIX, p. 845, et t. XLI, p. 499. *Ann. de Chim. et Phys.*, t. LXI, p. 493. *Répert. de Chim. pure*, 1861, p. 193].

En chauffant pendant six à huit heures à 120° et en tubes scellés un mélange de chlorure d'acétyle et d'aldéhyde benzoïque, Bertagnini a opéré la synthèse de l'acide cinnamique :

$$C^7H^6O + C^2H^3ClO = C^9H^8O^2 + HCl$$

[Bertagnini, 1857, *Ann. de Chim. et de Phys.*, 3ᵉ sér., t. XLIX, p. 376. — *Il nuovo Cimento*, t. IV, p. 46]. Avec l'aldéhyde acétique, la réaction est différente; il y a formation d'un composé bouillant de 120 à 124°, $C^4H^7ClO^2$; l'eau le décompose en acide chlorhydrique et acide acétique. M. Wurtz l'avait déjà obtenu parmi les produits de l'action du chlore sur l'aldéhyde [Maxwell Simpson, 1858. *Compt. rend.*, t. XLVII, p. 874. — *Répert. de Chim. pure*, 1859, p. 181].

L'action du chlorure d'acétyle sur l'hydrure de salicyle donne naissance à l'acétosalicyle $C^9H^8O^3$, isomère de l'acide coumarique [Cahours, 1858, *Ann. de Chim. et Phys.*, 3ᵉ sér., t. LII, p. 192].

Si l'on verse du chlorure d'acétyle sur de l'urée sèche, il y a remplacement d'un atome d'hydrogène par le radical acétyle et formation d'acétylurée (Zinin). — Voyez Urées composées.

En traitant à 120°, en tube fermé, l'acide phosphoreux hydraté par le chlorure d'acétyle, M. Menschutkin a obtenu l'acide acétopyrophosphoreux :

$$\left.{C^2H^3O \atop H^3}\,{Ph^2 \atop }\right\}O^5$$

[*Bull. de la Soc. chim.*, 1864, t. II, p. 221 et 241].

Avec l'épichlorhydrine, on a l'acétodichlorhydrine :

$$C^3H^{5'''}\left\{{C^2H^3O^2 \atop Cl^2}\right.$$

[Truchot, 1865, *Compt. rend.*, t. LXI, p. 1170. — *Bull. de la Soc. chim.*, 1866, t. V, p. 447].

Le chlorure d'acétyle et le sulfure de plomb réagissent vivement; il distille un liquide incolore, doué d'une odeur désagréable; ce liquide soluble dans l'eau paraît être le sulfure d'acétyle (Gerhardt).

Chlorure de bromacétyle, $C^2H^2BrO.Cl$. [P. de Wilde, *Bull. de la Soc. chim.*, 1864, t. I, p. 424. — H. Gal, *ibid.*, 1864, t. I, p. 426.] — Il s'obtient par l'action du protochlorure de phosphore sur l'acide monobromacétique. Liquide incolore, fumant, d'une odeur irritante; il bout à 127° (P. de Wilde); entre 133° et 135° (H. Gal); l'eau le transforme en acide monobromacétique, et l'alcool en éther monobromacétique. Il présente les mêmes points d'ébullition que son isomère, le bromure de chloracétyle.

Chlorure de chloracétyle, $C^2H^2ClO.Cl$. [Wurtz, 1857. *Ann. de Chim. et de Phys.*, (3), t. XLIV, p. 60. — P. de Wilde, *Bull. de la Soc. chim.*, 1864, t. I, p. 423. — H. Gal, *mém. cité*.] Il a d'abord été obtenu par l'action du chlore sec sur le chlorure d'acétyle. On le prépare aussi en traitant l'acide monochloracétique par le protochlorure de phosphore. — Liquide incolore, d'une odeur irritante, fumant à l'air; il bout à 105°. L'eau le décompose avec production d'acide monochloracétique; avec l'ammoniaque, il donne la chloracétamide, et avec l'alcool, l'éther chloracétique. La potasse bouillante le transforme en acide glycolique. Le chlorure de chloracétyle représente en effet le chlorure de glycolyle.

Chlorure de trichloracétyle, $C^2Cl^3O.Cl$. [Malaguti, 1844, *Ann. de Chim. et de Phys.*, (3), t. XVI, p. 8. — Cloëz, *ibid.* t. XVI, p. 300.] — Ce composé, appelé aussi aldéhyde perchlorée, a été découvert par M. Malaguti dans la distillation de l'éther perchloré, qui se dédouble alors en chlorure de trichloracétyle et en sesquichlorure de carbone, $C^4Cl^{10}O = C^2Cl^3O.Cl + C^2Cl^6$. Ce dédoublement s'effectue même quelquefois dans la préparation de l'éther perchloré. Tous les éthers éthyliques perchlorés fournissent du chlorure de trichloracétyle à la distillation. On le prépare en distillant l'éther perchloré, cohobant le liquide fumant, recueillant les premières portions et les rectifiant jusqu'à ce qu'une petite quantité ne se trouble pas par l'addition de l'eau, ce qui indiquerait la présence du sesquichlorure de carbone. — C'est un liquide incolore, limpide, fumant; il bout à 118°; sa densité est de 1,600 à 18°. La densité de sa vapeur a été trouvée égale à 6,320. Il se comporte avec l'eau, avec l'alcool, avec l'ammoniaque comme un chlorure d'acide, en fournissant l'acide trichloracétique, ou l'éther de cet acide, ou la trichloracétamide.

Traité par l'hydrogène phosphoré, il s'y combine, et l'on obtient le phosphure de trichloracétyle ou *chloracéthyphide*, $C^2Cl^3O.PhH^2$:

$$C^2Cl^3O.Cl + PhH^3 = C^2Cl^3O.PhH^2 + HCl.$$

Ce composé se forme également quand on fait passer l'hydrogène phosphoré dans l'éther formique perchloré (Cloëz). C'est une matière blanche, en petites paillettes cristallines très-légères. d'une odeur alliacée, d'une saveur amère. Elle est insoluble dans l'eau, se dissout en petite quantité dans l'alcool, l'éther et l'esprit de bois. Chauffée au contact de l'air, elle se décompose. Elle représente la trichloracétamide dont l'azote est remplacé par du phosphore. **E. G.**

ACÉTYLE (CYANURE D'), $C^2H^3O.CAz$. [Hübner, 1861, *Ann. der Chem. u. Pharm.*,

t. CXX, p. 330 (nouv. sér., t. XLIV). — *Répert. de Chim. pure*, 1862, p. 177.] — Le chlorure d'acétyle, chauffé avec du cyanure d'argent dans des tubes scellés et à 100°, se transforme au bout de deux heures en cyanure d'acétyle.

Le cyanure d'acétyle bout à 93°; il est moins dense que l'eau et s'y dissout peu à peu en se décomposant en acide cyanhydrique et en acide acétique. Traité par la potasse, il donne un isomère cristallisé fusible vers 69° et bouillant vers 170°.

CYANURE DE BROMACÉTYLE, $C^2H^2BrO.CAz$. [Hübner, *loc. cit.*] — Ce corps s'obtient en même temps que le bromure de cyanacétyle (voyez plus haut). Il constitue des cristaux appartenant au système du prisme rhomboïdal oblique, très-solubles dans l'alcool, l'éther, le chloroforme; fusibles de 77° à 79°, décomposés par l'air humide. L'ébullition, avec les alcalis, l'eau ou l'alcool, le décompose en acide cyanhydrique et en acide ou éther bromacétique. E. G.

ACÉTYLE (HYDRURE D') — Syn. *Aldéhyde acétique, aldéhyde, hydrate de vinyle, oxyde d'éthylidène, acide aldéhydique.*

$$C^2H^4O = CH^3.CO.H.$$

Ce composé a été obtenu à l'état impur par Dœbereiner (1821), étudié et analysé par Liebig [*Ann. der Chem. u. Pharm.*, t. XIV, p. 133; t. XXII, p. 273. — *Ann. de Chim. et de Phys.*, 1835, t. LIX, p. 239]. Il se produit par la déshydrogénation de l'alcool : de là, par abréviation, son nom d'aldéhyde, *alcool dehydrogenatum*.

Il prend naissance lorsque l'alcool est soumis à l'action des agents oxydants; il se forme aussi dans la décomposition au rouge des vapeurs d'alcool et d'éther. Suivant Stœdeler, il se produit de l'aldéhyde mélangée de chloral quand on traite l'acide lactique et les lactates par l'acide sulfurique, le peroxyde de manganèse et le chlorure de sodium. Engelhardt conseille de préparer l'aldéhyde par la distillation sèche de l'acide lactique ou du lactate de cuivre [*Ann. der Chem. u. Pharm.* t. LXV, p. 359 et 367, t. LXX, p. 241]. D'autres expérimentateurs n'ont pas observé dans cette distillation la production de l'aldéhyde. Traitées par les agents d'oxydation, la fibrine, la caséine, donnent de l'aldéhyde entre autres produits (Guckelberger).

Il s'en forme aussi lorsqu'on arrose des cristaux de permanganate de potasse avec une solution aqueuse d'éthylamine [Carstangen, *Journ. für prakt. Chem.*, 1865, t. LXXXIX, p. 486. — *Bull. de la Soc. chim.*, 1863. p. 616].

La déshydratation du glycol par le chlorure de zinc fournit de l'aldéhyde C^2H^4O, et non son isomère, l'oxyde d'éthylène [Wurtz, *Compt. rend.*, 1858, t. XLVII, p. 346. — *Rép. de Chim. pure*, 1859, p. 65. — *Ann. de Chim. et de Phys.*, (3), t. LV, p. 423].

Enfin ce composé se produit par la distillation sèche d'un mélange équimoléculaire de formiate et d'acétate calcique (Limpricht) :

$$(CHO^2)^2Ca'' + (C^2H^3O^2)^2Ca''$$

Formiate de calcium.   Acétate de calcium.

$$= 2C^2H^4O + 2(CO^3Ca).$$

Aldéhyde.   Carbonate de chaux.

On prépare l'aldéhyde en oxydant l'alcool par le peroxyde de manganèse ou le bichromate de potasse.

1° *Procédé de Liebig.* On distille dans une cornue assez spacieuse pour contenir trois fois le mélange qu'on y introduit, 2 p. d'alcool, 2 p. d'eau, 3 p. de peroxyde de manganèse et 3 p. d'acide sulfurique. Quand on a recueilli dans le récipient

entouré de glace 3 p. de liquide environ, on arrête l'opération et on rectifie le produit sur du chlorure de calcium en rejetant ce qui passe au-dessus de 60°. Le liquide recueilli est mêlé à deux fois son volume d'éther et saturé de gaz ammoniac sec. Les cristaux d'aldéhydate d'ammoniaque obtenus sont introduits dans un ballon, mélangés avec de l'acide sulfurique étendu, et l'on distille à une température de 25° ou 30°. Les vapeurs d'aldéhyde se condensent dans un ballon fortement refroidi, après s'être déshydratées en passant sur du chlorure de calcium.

2° *Procédé de Stœdeler.* Un mélange de 100 p. d'alcool, 200 p. d'acide sulfurique étendu de trois fois son volume d'eau, après avoir été préalablement refroidi, est introduit dans une cornue placée dans un mélange réfrigérant, et qui contient 150 p. de bichromate de potasse en fragments de la grosseur d'un pois. La cornue communique avec un récipient surmonté d'un réfrigérant en serpentin, et celui-ci est lui-même en communication avec deux éprouvettes dont la dernière renferme de l'éther anhydre; elles sont l'une et l'autre placées dans un mélange réfrigérant.

Les matières premières étant introduites dans la cornue, la réaction commence à se produire. Quand l'ébullition cesse, on chauffe très-légèrement la cornue. Dès que le liquide s'est condensé dans le récipient, on chauffe légèrement celui-ci, et on maintient l'eau du réfrigérant en serpentin à 50°. De cette manière, l'eau, l'alcool, l'acétal, l'éther acétique, refluent dans le serpentin, tandis que l'aldéhyde presque pure passe dans les éprouvettes où elle se condense. Le contenu des deux éprouvettes étant mélangé et saturé de gaz ammoniac sec, on obtient des cristaux d'aldéhydate d'ammoniaque. Ce procédé fournit environ 40 p. d'aldéhydate pour 100 d'alcool employé [Stœdeler, *Journ. für prakt. Chem.*, t. XXVI, p. 54. — *Répert. de Chim. pure*, 1859, p. 306].

Il est une modification du procédé de W. et R. Rogers, qui conseillent d'ajouter goutte à goutte de l'acide sulfurique à un mélange en parties égales de bichromate et d'alcool de 0,812. La quantité d'acide sulfurique ajoutée doit être le 1/13 du bichromate employé [W. et R. Rogers, *Journ. für prakt. Chem*, t. XL, p. 248].

L'aldéhyde est un liquide incolore, mobile, d'une odeur pénétrante. Densité $= 0,80551$ à 0° [Isid. Pierre, *Ann. de Chim. et de Phys.*, (3), t. XXI, p. 123]. Elle bout à 20°,8 sous la pression de 760^{mm} [Kopp], à 22° sous la pression de 758,2 [I. Pierre]. Se mêle en toutes proportions à l'eau, à l'alcool, à l'éther. Elle brûle aisément avec une flamme pâle.

Elle s'altère à l'air en s'oxydant et finit par se convertir en acide acétique; le noir de platine favorise cette réaction, qui est très-rapide avec les agents oxydants (acide chromique, acide azotique, eau de chlore, etc.). Il y a fixation d'un atome d'oxygène :

$$C^2H^4O + O = C^2H^4O^2.$$

Aldéhyde.   Acide acétique.

Maintenue à 160° pendant 100 heures, l'aldéhyde pure se détruit complètement. Il se forme de l'eau, un produit résineux et en même temps une petite quantité d'alcool et d'acide acétique [Berthelot, *Ann. de Chim. et de Phys.*, 1863, t. LXVIII, p. 368. — *Bull. de la Soc. chim.*, 1863, p. 563].

L'aldéhyde subit avec facilité des transformations moléculaires; conservée dans des tubes scellés, elle finit par se transformer en métaldéhyde; sous l'influence de l'eau et de traces d'acide sulfurique ou d'acide nitrique, elle fournit de la métaldéhyde et de la paraldéhyde, $3(C^2H^4O)$. En outre, sous des influences mal connues, elle donne un autre polymère, l'élaldéhyde (voir plus bas).

Avec la potasse, l'aldéhyde se résinifie, en même temps qu'il se produit du formiate et de l'acétate de potassium. Si l'on dirige les vapeurs d'aldéhyde sur de la chaux potassée, dans un tube chauffé, il se dégage de l'hydrogène, et le résidu est entièrement composé d'acétate [Dumas et Stas, *Ann. de Chim. et de Phys.*, t. LXXXIII, p. 151] :

$$C^2H^4O + KHO = C^2H^3KO^2 + H^2.$$

L'aldéhyde mélangée d'ammoniaque réduit l'azotate d'argent à une douce chaleur, et les parois du vase où l'on opère se couvrent d'une couche miroitante d'argent métallique. L'ammoniaque se combine avec l'aldéhyde, en formant de l'aldéhydate d'ammoniaque ou acétylure d'ammonium.

L'acide sulfurique concentré et l'acide phosphorique anhydre charbonnent l'aldéhyde.

L'aldéhyde fixe directement deux atomes d'hydrogène et se transforme en alcool ; cette réaction n'a pas lieu si l'on emploie, pour dégager l'hydrogène naissant, un mélange d'acide sulfurique et de zinc. Il faut se servir de l'amalgame de sodium, mais la soude formée résinifiant l'aldéhyde, il est bon de maintenir les liqueurs acides avec l'acide chlorhydrique [Wurtz, *Compt. rend.*, 1862, t. LIV, p. 915. — *Répert. de Chim. pure*, 1862, p. 230].

On obtient de même de l'alcool en mettant en contact de l'aldéhydate d'ammoniaque avec l'ammoniaque aqueuse, et des fragments de zinc à la température de 30° à 40° et sous une légère pression [Lorin, *Bull. de la Soc. chim.*, 1863, p. 616. — *Compt. rend.*, t. LVI, p. 845].

Traitée par un courant de chlore, l'aldéhyde donne du chlorure d'acétyle [Wurtz, *Ann. de Chim. et de Phys.*, 1857, (3), t. XLIX, p. 58] ; il se forme en même temps un composé $C^4H^7ClO^2$ qui distille entre 120° et 130°, identique avec le produit de l'action du chlorure d'acétyle sur l'aldéhyde découvert par Maxwell Simpson.

Parmi les réactions que nous venons de citer, la transformation de l'aldéhyde en acide acétique et la production du chlorure d'acétyle font considérer l'aldéhyde comme l'hydrure d'acétyle, représenté par la formule

$$C^2H^3O.H. = CH^3.CO.H.$$

L'aldéhyde se combine directement aux bisulfites alcalins. Il suffit d'agiter une solution aqueuse d'aldéhyde avec une solution concentrée de bisulfite de sodium, et bientôt se forment les cristaux de la combinaison de sulfite d'acétyl-sodium.

Le perchlorure de phosphore agissant sur l'aldéhyde la transforme en un chlorure $C^2H^4Cl^2$ $= CH^3.CCl^2.H$, isomérique avec la liqueur des Hollandais. C'est le chlorure d'éthylidène, formé en vertu de la réaction suivante :

$$C^2H^4O + PCl^5 = C^2H^4Cl^2 + POCl^3$$

[Wurtz, *Compt. rend.*, t. XLV, p. 1015. — *Ann. de Chim. et de Phys.*, 1857, t. LIV, p. 104. — Geuther, *Ann. der. Chem. u. Pharm.*, t. CVII, p. 233 (nouv. sér.), t. XXXI. — *Ann. de Chim. et de Phys.*, (3), t. LIV, p. 103. — Wurtz, *même recueil*, (3), t. LVI, p. 103].

Le bromure de phosphore fournit avec l'aldéhyde d'éthylidène, peu stable [Wurtz et Frapolli, *Compt. rend.*, t. XLVII, p. 418. — *Ann. de Chim. et de Phys.*, (3), t. LVI, p. 144. — *Répert. de Chim. pure*, 1859, p. 184]. Suivant Beilstein, le chlorure d'éthylidène est identique au chlorure d'éthyle chloré [*Compt. rend.*, t. XLIX, p. 134]. — Voyez Ethylidène (Chlorure d')

Chauffé à 180° en tubes scellés avec de l'anhydride acétique, l'aldéhyde s'y combine directement en fournissant un liquide isomérique avec le glycol diacétique, le diacétate d'éthylidène

$$(C^2H^4)\left\{\begin{matrix} O.C^2H^3O \\ O.C^2H^3O \end{matrix}\right. = 2(C^2H^3O)\left\{\begin{matrix} C^2H^4 \\ \end{matrix}\right\}O^2 ;$$

il bout à 168°, les alcalis le décomposent en aldéhyde et acide acétique [Geuther, *Ann. der Chem. u. Pharm.*, t. CVII, p. 249 (nouv. sér.), t. XXX. — *Ann. de Chim. et de Phys.*, (3), t. LIV, p. 231. — *Répert. de Chim. pure*, 1859, p. 33].

Le chlorure d'acétyle et l'aldéhyde chauffés à 100° dans des tubes scellés se combinent directement ; il se produit un liquide $C^4H^7ClO^2$, bouillant de 120° à 124°, décomposé par l'eau en acide chlorhydrique et acide acétique ; M. Wurtz l'avait rencontré dans les produits de l'action du chlore sur l'aldéhyde [M. Simpson, *Compt. rend.*, 1858, t. XLVII, p. 874. — *Répert. de Chim. pure*, 1859, p. 181]. Il paraît être l'acétochlorhydrine d'éthylidène

$$(C^2H^4)''\left\{\begin{matrix} O.C^2H^3O \\ Cl. \end{matrix}\right.$$

Le gaz chlorhydrique est absorbé par l'aldéhyde ; on obtient de l'eau, et un liquide bouillant à 110°-117° :

$$\begin{matrix} (C^2H^4)'' \\ (C^2H^4)'' \end{matrix}\left\{\begin{matrix} O \\ Cl^2, \end{matrix}\right.$$

oxychlorure d'éthylidène [Lieben, *Compt. rend. de l'Acad.*, t. XLVI, p. 662].

D'après Geuther et Cartmell, le premier produit de l'action serait le composé $C^6H^{12}Cl^2O^2$, qui, doucement chauffé dans une atmosphère de gaz carbonique, se dédouble en aldéhyde et en oxychlorure d'éthylidène. Le composé $C^6H^{12}Cl^2O^2$ peut être considéré comme une triple molécule d'aldéhyde où O est remplacé par Cl^2 [*Ann. der Chem. u. Pharm.*, t. CXII, p. 13. — *Proceed. of the Royal Soc.*, t. X, p. 110].

En faisant passer un courant de gaz chlorhydrique dans un mélange d'alcool absolu et d'aldéhyde, on obtient un liquide bouillant entre 95° et 100° : C^4H^9ClO, chloréthyline d'éthylidène :

$$(C^2H^4)''\left\{\begin{matrix} O.C^2H^5 \\ Cl. \end{matrix}\right.$$

Ce composé en réagissant sur l'alcool sodé fournit de l'acétal [Wurtz et Frapolli, *loc. cit.*]. Ce dernier corps se forme aussi quand on fait réagir du zinc-éthyle sur de l'aldéhyde, à la température d'ébullition de celle-ci, et qu'on reprend le produit par l'eau [Beilstein et Rieth, *Bull. de la Soc. chim.*, 1861, p. 245] :

$$2(C^2H^4O) + (C^2H^5)^2Zn + H^2O$$
$$= (C^6H^{14}O^2) + C^2H^6 + ZnO.$$
Acétal.

Chauffée pendant 8 jours au bain-marie avec un excès de glycol, l'aldéhyde s'y combine ; on recueille par la distillation un liquide bouillant à 82°, qui constitue l'oxyde mixte d'éthylène-éthylidène :

$$\begin{matrix} C^2H^4'' \\ C^2H^4'' \end{matrix}\right\} O^2,$$

combinaison d'aldéhyde et d'oxyde d'éthylène [Wurtz, *Compt. rend.*, 1862, t. LIII, p. 378. — *Répert. de Chim. pure*, 1861, p. 16].

L'aldéhyde aqueuse traitée par un courant de gaz sulfhydrique fournit l'aldéhyde sulfurée, hydrure de sulfacétyle ou sulfure d'éthylidène, C^2H^4S. — Voyez Ethylidène (Sulfure d').

Avec l'aniline, l'aldéhyde donne naissance à une matière colorante violette (Charles Lauth). — Voyez Aniline (couleurs d').

M. Hugo Schiff, en faisant réagir l'aldéhyde sur l'aniline, a obtenu des diamines isomériques avec celles qui dérivent des glycols [H. Schiff, *Compt.*

rend., 1864, t. LVIII, p. 637. — *Bull. de la Soc. chim.*, 1864, t. I, p. 469] :

$$2\,C^2H^4O + 2\,\left.\begin{matrix} C^6H^5 \\ H^2 \end{matrix}\right\}Az = \left.\begin{matrix} C^2H^{4''} \\ C^2H^{4''} \\ (C^6H^5)^2 \end{matrix}\right\}Az^2 + 2\,HO.$$

Cette amine est la diphényle-diéthylidène amine.

Dans ces différentes réactions le radical C^2H^4 est conservé; M. Lieben l'a nommé éthylidène pour le distinguer de son isomère l'éthylène; le nom d'oxyde d'éthylidène et la formule C^2H^4O rappellent tout un ordre de réactions de l'aldéhyde. L'éthylidène étant $\begin{matrix}CH^3\\\dot{C}H\end{matrix}$ et l'éthylène $\begin{matrix}CH^2\\\dot{C}H^2\end{matrix}$, on se rend compte de l'isomérie de certains dérivés de l'aldéhyde avec ceux de l'éthylène. — Voyez ÉTHYLIDÈNE.

Le gaz chloroxycarbonique, agissant sur les vapeurs d'aldéhyde, fournit un liquide bouillant à 45°, solide au-dessous de 0°, le *chloracétène* $C^2H^3Cl = CH^3.CCl$, isomère avec l'éthylène chloré. — Voyez CHLORACÉTÈNE. [Harnitz Harnitzki, *Compt. rend.*, 1859, t. XLVIII, p. 649. — *Répert. de Chim. pure*, 1859, p. 308.]

M. Lieben, en chauffant au bain-marie l'aldéhyde avec des solutions aqueuses et concentrées de certains sels neutres, formiate de potassium, acétate de sodium, a obtenu un composé C^4H^6O qui présente avec l'aldéhyde les mêmes relations que l'éther avec l'alcool. C'est un liquide incolore, neutre; la distillation l'altère; il s'épaissit à l'air, se résinifie avec la potasse et avec l'acide sulfurique [Lieben, *Sitzunsberichte der K. Akademie der Wissenschaften zu Wien*, 1860, t. XLI, p. 649. — *Répert. de Chim. pure*, 1861, p. 190. — *Ann. de Chim. et de Phys.*, (3), t. LXI, p. 489]. Ces deux réactions représentent l'aldéhyde comme de l'hydrate de vinyle

$$C^2H^3.OH.$$

Le chloracétène devient le chlorure de vinyle

$$C^2H^3.Cl,$$

et le composé découvert par M. Lieben serait l'oxyde de vinyle

$$(C^2H^3)^2O.$$

Cependant ce pourrait être un polymère de la formule C^4H^6O.

Chauffée à 100° avec l'iodure d'éthyle, l'aldéhyde se transforme en paraldéhyde; le cyanogène lui fait subir la même transformation. Dans ces deux réactions, l'iodure d'éthyle et le cyanogène ne sont pas altérés [Lieben, *loc. cit.*].

D'après Liebig [*Ann. der Chem. u. Pharm.*, 1860, t. CXIII, p. 360 (nouv. sér., t. XXXVII). — *Répert. de Chim. pure*, 1860, p. 181], l'aldéhyde mélangée d'eau et saturée de cyanogène laisse déposer des croûtes cristallines d'oxamide : l'eau mère qui reste après la séparation de l'oxamide se comporte comme une combinaison d'aldéhyde et d'oxamide. L'ébullition décompose cette combinaison ; l'aldéhyde distille lentement, et il se dépose une masse de cristaux d'oxamide.

Si l'on fait passer du cyanogène à travers l'aldéhyde brute, il se forme un précipité blanc $C^6H^{10}Az^4O^4$, et qui représente les éléments du cyanogène unis à ceux de l'eau et de l'aldéhyde [Berthelot et Péan de Saint-Gilles, *Compt. rend.*, 1863, t. LVI, p. 1179. — *Bull. de la Soc. chim.*, 1863, p. 502]. Ce précipité serait une combinaison d'aldéhyde et d'oxamide avec élimination de H^2O.

L'acide cyanique étant dirigé sur l'aldéhyde refroidie, on obtient de la cyamélide, de l'aldéhydate d'ammoniaque, et de l'acide trigénique (voyez ce mot).

L'aldéhyde dissout la cyanamide; le mélange, au bout de 24 heures, se transforme en un corps ressemblant à la résine copal, soluble dans l'al-

cool, d'où l'éther le précipite en flocons blancs. Les analyses répondent à la formule $Az^6C^9H^{14}O$ [Knop, *Ann. der Chem. u. Pharm.*, t. CXXX, p. 253. (nouv. sér., t. LV). — *Bull. de la Soc. chim.*, 1865, t. I, p. 212].

Lorsqu'on abandonne à lui-même un mélange d'aldéhyde, d'acide cyanhydrique et d'acide chlorhydrique, on obtient de l'acide lactique

$$C^2H^4O + CAzH + HCl + 2\,H^2O$$
$$\text{Aldéhyde.}\quad \underset{\text{cyanhydrique.}}{\text{Acide}}$$
$$= AzH_4Cl + C^2H^4\left\{\begin{matrix}CO.OH\\OH\end{matrix}\right.$$
$$\underset{\text{d'ammonium.}}{\text{Chlorure}}\qquad \text{Acide lactique.}$$

Il se forme en même temps de l'acide formique [Wislicenus, *Ann. der Chem. u. Pharm.*, 1863, t. CXXVIII, p. 1 (nouv. sér., t. LII). — *Bull. de la Soc. chim.*, 1864, t. I, p. 308].

Additionné d'ammoniaque, l'hydrure d'acétyle fournit avec l'hydrogène sulfuré la *thialdine*, avec l'hydrogène sélénié la *sélénaldine*, avec le sulfure de carbone la *carbo-thialdine* (voyez ces mots). Avec l'acide cyanhydrique l'aldéhydate d'ammoniaque fournit, si l'on ajoute de l'acide chlorhydrique, de l'acide lactamidique ou *alanine* (Strecker). L'acide cyanhydrique aqueux et l'aldéhyde réagissent promptement à la température ordinaire; l'acide cyanhydrique est détruit, et il se dépose du paracyanogène [Strecker, *Ann. der Chem. u. Pharm.*, t. LXXV, p. 27].

L'industrie prépare l'aldéhyde impure; elle sert à l'obtention de la matière colorante violette, découverte par M. Ch. Lauth.

Constitution. — L'aldéhyde est du carbonyle saturé par un atome d'hydrogène et un groupe méthyle :

$$CO\left\{\begin{matrix}CH^3\\H.\end{matrix}\right.$$

Cette formule rend compte de ses réactions comme oxyde d'éthylidène, hydrure d'acétyle ou hydrate de vinyle.

MODIFICATIONS POLYMÈRES DE L'ALDÉHYDE.

ACRALDÉHYDE. [Bauer, *Compt. rend.*, 1860, t. LI, p. 55. — *Bull. de la Soc. chim.*, 1860, p. 175. — *Répert. de Chim. pure*, 1860, p. 204.] — M. Wurtz avait remarqué, dans l'action du chlorure de zinc sur le glycol, la production d'une matière âcre isomérique avec l'aldéhyde. Cette substance a été étudiée par M. Bauer, qui l'a nommée acraldéhyde. Lorsqu'on traite par quelques fragments de chlorure de calcium la liqueur aqueuse produite dans l'action du chlorure de zinc sur le glycol, on sépare un liquide plus léger que l'eau.

Il bout à 110°, sa densité de vapeur $= 2,877$ et répond à la formule $C^4H^8O^2$; il se mêle en toutes proportions à l'eau, à l'alcool, à l'éther. Il réduit le nitrate d'argent ammoniacal. Son odeur est pénétrante.

L'acraldéhyde se forme aussi dans l'action du chlorure de zinc sur l'aldéhyde.

ÉLALDÉHYDE, $3\,(C^2H^4O)$ [Fehling, *Ann. der Chem. u. Pharm.*, t. XXVII, p. 319]. — L'élaldéhyde se produit sous des influences inconnues; elle se dépose quelquefois de l'aldéhyde sous forme de longues aiguilles transparentes fusibles à $+2$°. Elle bout à 94° : elle ne se combine pas avec l'ammoniaque, ne brunit pas par la potasse, et n'agit pas sur les sels d'argent. Sa densité de vapeur $= 4,457$, et répond à la formule $C^6H^{12}O^3$, qui représente 3 molécules d'aldéhyde condensées.

Suivant Geuther et Cartmell, et Lieben, il n'y aurait pas lieu de distinguer l'élaldéhyde de la paraldéhyde.

MÉTALDÉHYDE. — La métaldéhyde se dépose de l'aldéhyde, surtout pendant les froids de l'hiver, en cristaux prismatiques, allongés, transparents, sans odeur ni saveur, insolubles dans l'eau, fort solubles dans l'alcool. Ils se subliment à 120° sans fondre (Liebig).

Lorsqu'on met de l'aldéhyde pure, étendue de la moitié de son poids d'eau, en contact avec une trace d'acide azotique ou sulfurique, et qu'on maintient la température au-dessous de 0°, il se dépose des aiguilles qui ont les caractères de la métaldéhyde [Weidenbusch, *Ann. der Chem. u. Pharm.*, t. XXVII, p. 319]; chauffée pendant quelque temps à 180° dans un tube scellé, elle se transforme en aldéhyde [Geuther et Cartmell, *Ann. der Chem. u. Pharm.*, t. CXI, p. 16].

PARALDÉHYDE, $3(C^2H^4O)$. — Dans la préparation de la métaldéhyde par l'acide azotique ou sulfurique, il surnage un liquide qui n'est autre que la paraldéhyde (Weidenbusch).

La paraldéhyde est fluide, limpide, d'une odeur aromatique, d'une saveur âcre. Elle se dissout dans l'alcool et l'éther, elle est peu soluble dans l'eau. Elle bout à 125°, se solidifie à $+12°$: sa densité de vapeur $= 4,583$. Elle se transforme rapidement en un acide particulier non encore étudié. La potasse ne l'altère pas : chauffée avec une trace d'acide sulfurique, elle se convertit en aldéhyde. — En chauffant à 100° un mélange d'aldéhyde et d'iodure d'éthyle, on obtient la paraldéhyde; elle se forme aussi quand on fait passer un courant de cyanogène gazeux dans de l'aldéhyde refroidie [Lieben, *Répert. de Chim. pure*, 1861, p. 190]. Suivant M. Lieben, la paraldéhyde et l'élaldéhyde seraient l'éthylo-acétate d'éthylidène :

$$(C^2H^4)'' \begin{cases} O.C^2H^5 \\ O.C^2H^3O. \end{cases}$$

HYDRURE DE SULFACÉTYLE. — Voyez ETHYLIDÈNE (Sulfure de). E. G.

ACÉTYLE (IODURE D'), $C^2H^3O.I$. [Cahours, *Compt. rend. de l'Acad.*, t. XLIV, p. 253. — Guthrie, 1857, *Ann. der Chem. u. Pharm.*, nouv. sér., t. XXVII, p. 335.] — Pour préparer ce corps, on traite l'anhydride acétique par le phosphore et l'iode, qu'on ajoute peu à peu. On chauffe, et lorsque la réaction est terminée, on distille le liquide sur du phosphore sec. On recueille les parties qui passent vers 108° et on les rectifie après les avoir agitées avec du mercure. L'iodure d'acétyle est liquide, brun; il bout à 108° (C. Guthrie), entre 104° et 105° (Cahours). La distillation le décompose partiellement. — Sa densité $= 1,98$. — Il est fumant; son odeur est suffocante. L'eau le décompose. E. G.

ACÉTYLE (PEROXYDE D'),

$$C^4H^6O^4 = (C^2H^3O)^2O^2.$$

[Brodie, *Proceed. of the Royal Soc.*, t. IX, p. 361. — 1858, *Ann. der Chem. u. Pharm.*, nouv. sér., t. XXXII. — 1859, *Ann. de Chim. et de Phys.*, (3), t. LV, p. 224. — *Répert. de Chim. pure*, 1858-59, p. 225.]

Cette combinaison, découverte par M. Brodie, présente les mêmes rapports avec l'anhydride acétique, que l'eau oxygénée avec l'eau. On mélange peu à peu 1 molécule d'anhydride acétique et 1 molécule de peroxyde de baryum délayé dans l'éther anhydre. Il se forme de l'acétate de baryum, qui est séparé par le filtre, et la liqueur éthérée, étant distillée au bain-marie, laisse un résidu de peroxyde d'acétyle qu'on lave à l'eau.

Le peroxyde d'acétyle est liquide, visqueux, doué d'une saveur très-âcre. Délayé dans l'eau, il décolore le sulfate d'indigo; il agit comme un oxydant énergique. L'eau de baryte le décompose; il se produit de l'acétate et du bioxyde de baryum. — Chauffé, même en très-petite quantité, il se détruit avec une violente explosion. E. G.

ACÉTYLE. — Dérivés sulfurés. — Voyez Acides THIACÉTIQUE et SULFACÉTIQUE.

ACÉTYLÈNE. — On donne le nom d'acétylène à une combinaison de carbone et d'hydrogène représentée par la formule C^2H^2. C'est le prototype d'une série parallèle à la série éthylénique, et isologue avec elle. L'acétylène est ainsi nommé parce qu'il existe entre cet hydrocarbure C^2H^2 et le radical simple C^2H^3 (acétyle de Berzelius) le même rapport qu'entre l'éthylène C^2H^4 et le radical éthyle C^2H^5.

L'acétylène dérive de l'hydrocarbure saturé C^2H^6 (hydrure d'éthyle); il en diffère par H^4 en moins, c'est-à-dire que, pour se saturer, il a besoin de se combiner avec quatre atomes monoatomiques quelconques ou avec leur équivalent : il est donc tétratomique. Cependant, quoique la tétratomicité de l'acétylène soit manifeste, cet hydrocarbure semble jouer de préférence le rôle d'un corps diatomique.

Découvert en 1836 par Ed. Davy, l'acétylène a surtout été étudié par M. Berthelot [*Ann. de Phys. et de Chim.*, t. LXVII, p. 52, 3e sér.].

L'acétylène est un gaz incolore, assez soluble dans l'eau, doué d'une odeur particulière et désagréable; il est inflammable et brûle avec une flamme très-éclairante et fuligineuse. L'acétylène peut être considéré comme un gaz permanent; jusqu'à présent on n'a pu le liquéfier ni par le froid, ni par la pression.

Un volume d'acétylène exige pour sa combustion complète 2 volumes 1/2 d'oxygène, et forme deux volumes d'acide carbonique.

L'étincelle d'induction le décompose.

Chauffé à 240° avec le chlorure de zinc, l'acétylène se transforme en un corps polymère qui rappelle par son aspect le goudron de houille.

Sa densité est égale à 0,92.

L'acétylène est le moins hydrogéné de tous les carbures gazeux. Il est le seul qui renferme son propre volume d'hydrogène sans condensation.

$$C^2H^2 = 2 \text{ volumes}; \quad H^2 = 2 \text{ volumes}.$$

Le caractère distinctif de l'acétylène est de former dans la solution ammoniacale de protochlorure de cuivre un précipité rouge marron, qui contient du cuivre uni à un radical carboné, et toujours aussi à de l'oxygène. Cette substance a été appelée par Berthelot *acétylure de cuivre*.

Solubilité de l'acétylène. — L'eau, le sulfure de carbone, l'hydrure d'amyle dissolvent environ leur volume de gaz acétylène; le pétrole d'éclairage 1 1/2 volume, l'essence de térébenthine et le perchlorure de carbone 2 volumes; le chloroforme, la benzine, 4 volumes; l'acide acétique cristallisable et l'alcool absolu près de 6 volumes [Berthelot, *Ann. de Chim. et de Phys.*, (4), t. IX, p. 424].

Action de la chaleur. — L'acétylène chauffé dans une cloche courbe, jusqu'au ramollissement du verre, pendant une demi-heure, est décomposé : la majeure partie de ce carbure est transformée en produits liquides et fixes, qui paraissent contenir principalement du styrol, du métastyrol, des traces de naphtaline et un peu de charbon. Quant aux produits gazeux, ils renferment un peu d'hydrogène, d'éthylène, d'hydrure d'éthyle et d'acétylène non décomposé [Berthelot, *Compt. rend.*, t. LXII, p. 905].

L'action que la chaleur exerce sur l'acétylène diffère dans ses résultats, lorsqu'elle a lieu en présence de corps divers : ainsi, en présence du charbon (coke éteint dans le mercure) l'acétylène se résout en ses éléments, l'hydrogène se dégage et le carbone se dépose.

En présence de l'azote ou de l'oxyde de carbone, l'acétylène éprouve des transformations analogues, mais ne donne pas de produits particuliers.

L'hydrogène retarde la transformation de l'acétylène; les produits sont les mêmes, sauf une plus grande production d'éthylène : l'hydrogène, dans cette expérience, semblerait se combiner directement avec l'acétylène :

$$C^2H^3 + H^2 = C^2H^4.$$

L'action la plus remarquable de la chaleur sur l'acétylène est celle qu'elle exerce sur cet hydrogène carboné en présence d'hydrocarbures non saturés. M. Berthelot chauffe des volumes égaux d'acétylène et d'éthylène, à la température du ramollissement du verre ; au bout d'une demi-heure environ les 2 tiers du mélange ont disparu, et parmi les produits divers qui se forment, le principal est un liquide très-volatil, facilement absorbable par le brome, par l'acide sulfurique monohydraté, peu soluble dans la solution ammoniacale de protochlorure de cuivre et répondant à la formule C^4H^6 ; c'est le crotonylène ou son isomère [*Compt. rend. de l'Inst.*, t. LXII, p. 947].

Dans cette expérience, l'acétylène et l'éthylène se sont combinés à volumes égaux avec une condensation de moitié.

C^2H^2 (2 volumes) $+ C^2H^4$ (2 volumes) $= C^4H^6$ (2 volumes).

Chauffé dans les mêmes conditions avec un excès de benzine, l'acétylène est promptement absorbé, il reste à peine le cinquième du volume gazeux primitif, et par l'évaporation spontanée de la benzine on obtient un carbure cristallisé, distinct de tous les carbures connus.

La naphtaline absorbe aussi l'acétylène, mais plus promptement que la benzine. Le résidu gazeux dans ces deux réactions est formé d'hydrogène mélangé d'un peu de gaz éthylène et d'hydrure d'éthyle.

Action de l'hydrogène. [*Ann. de Chim. et de Phys.*, t. LXVII, p. 57, 3e sér.] — Le gaz hydrogène mis en contact avec l'acétylène à la température ordinaire n'a pas d'action sur lui ; mais à une température élevée, il se forme de petites quantités de gaz éthylène et des produits polymères, tels que la benzine, $C^6H^6 = 3 (C^2H^2)$. Soumis à l'action de l'hydrogène naissant, cet hydrocarbure se transforme en gaz éthylène :

$$C^2H^2 + H^2 = C^2H^4.$$

Cependant cette combinaison ne peut se former dans un milieu acide, elle ne se produit qu'au sein d'une liqueur alcaline. Ce résultat s'obtient facilement en faisant réagir sur l'acétylure de cuivre un mélange de zinc et d'ammoniaque, qui dégage, comme on sait, de l'hydrogène. On recueille ainsi une grande quantité d'éthylène, de l'acétylène non attaqué et un peu d'hydrogène. On purifie le gaz éthylène en faisant passer le mélange gazeux à travers une solution ammoniacale de protochlorure de cuivre, qui laisse dégager l'hydrogène, absorbe l'éthylène, et forme de nouveau avec l'acétylène un composé insoluble d'acétylure de cuivre. On porte alors la liqueur cuivreuse jusqu'à l'ébullition ; comme l'acétylure cuivreux ne se décompose pas à cette température, le gaz oléfiant se dégage à l'état de pureté.

M. de Wilde a constaté que l'hydrogène pouvait se combiner directement à l'acétylène dans les conditions suivantes :

Dans une cloche graduée placée sur la cuve à mercure, on introduit un volume d'hydrogène, puis un peu de noir de platine comprimé, et soutenu au-dessus du mercure à l'aide d'un fil de platine contourné en spirale. On introduit ensuite un volume d'acétylène, l'absorption se manifeste aussitôt, et si l'hydrogène a été ajouté en excès, l'expérience prouve qu'un volume d'acétylène absorbe exactement deux volumes d'hydrogène :

$$C^2H^2 + 2 H^2 = C^2H^6.$$
2 vol.   4 vol.   2 vol.

Dans cette expérience l'action est plus énergique que dans la précédente : aussi l'acétylène tend à reprendre son état complet de saturation. Ce n'est plus l'éthylène C^2H^4, mais bien l'hydrure d'éthyle C^2H^6 qui paraît se former. Le gaz obtenu n'a pas d'odeur, il n'est absorbable ni par l'acide sulfurique fumant, ni par le brome, et brûle avec une flamme éclairante [*Bull. de la Soc. chim.*, p. 175 (mars 1866), et *Bull. de l'Acad. roy. de Belgique*, 2e sér., t. XXI, n° 1 (1865)].

En résumé 1° un mélange d'hydrogène et d'acétylène chauffé à une température que M. Berthelot estime entre 600 et 700° donne naissance à de l'éthylène et à des carbures polymériques.

2° L'hydrogène naissant produit au sein d'un liquide alcalin se combine à l'acétylène et forme de l'éthylène.

3° L'hydrogène et l'acétylène en présence du noir de platine donnent de l'hydrure d'éthyle.

Action du chlore. — Le chlore mélangé avec l'acétylène détone même à la lumière diffuse. Il se forme de l'acide chlorhydrique et un dépôt de charbon $C^2H^2 + Cl^2 = C^2 + 2 HCl$.

Cependant le chlore peut s'unir avec l'acétylène à volumes égaux pour former du chlorure d'acétylène, c'est un liquide oléagineux analogue à la liqueur des Hollandais [Berthelot, *Ann. de Chim. et de Phys.*, t. LXVII, p. 54, 3e sér.].

Le chlore se combine encore à l'acétylène dans d'autres proportions, lorsqu'on prépare cet hydrocarbure à l'aide de l'acétylure de cuivre et d'un grand excès d'acide chlorhydrique. M. Berthelot a observé la formation constante d'un corps chloré qui répondrait à la formule $C^2H^2.HCl$ [*Compt. rend.*, t. LVIII, p. 978].

Action de l'iode et de l'acide iodhydrique. — L'iode ne paraît pas se combiner avec l'acétylène à la température ordinaire même sous l'influence des rayons solaires, mais si l'on chauffe ces deux corps dans un ballon scellé, pendant 15 à 20 heures à la température de 100°, la combinaison s'opère et l'on obtient des cristaux d'iodure d'acétylène $C^2H^2I^2$. Ces cristaux sont fusibles vers 70°.

Si l'on met en contact une solution concentrée d'acide iodhydrique et d'acétylène, l'hydrocarbure est absorbé, et il se forme un diiodhydrate d'acétylène $C^2H^2(HI)^2$. Ce composé est liquide, il distille vers 182° sans qu'il y ait de décomposition notable.

Sa densité est environ le double de celle de l'eau. Isomérique avec l'iodure d'éthylène, il est plus stable que ce dernier. Traités par la potasse alcoolique, l'iodure et l'iodhydrate d'acétylène reproduisent le gaz acétylène. L'iodure d'éthylène produit aussi de l'acétylène dans les mêmes circonstances [*Compt. rend.*, t. LVIII, p. 977].

M. Max Berend a réussi à former avec l'iode et l'acétylène un composé qui répond à la formule $C^4H^2I^4$; on l'obtient en agitant l'acétylénure d'argent avec une solution éthérée d'iode, tant que celle-ci est décolorée. Par l'évaporation, l'éther abandonne des cristaux jaunâtres doués d'une odeur très-irritante, qui fondent vers 74° en se décomposant en partie, et peu volatils à la température ordinaire. Ils sont très-solubles dans l'alcool, l'éther, le sulfure de carbone, la benzine, le chloroforme.

Lorsqu'on les chauffe avec de la potasse alcoolique, il se dégage de grandes quantités d'acétylène, et il se forme en même temps des traces d'une huile iodée qui constitue probablement l'acétylène iodé C^2HI.

Traité par le brome, ce tétraiodure est converti en bromoiodure de carbone $C^4Br^3I^3$. Il se dégage de l'acide bromhydrique, et il se dépose de l'iode.

Le bromoiodure de carbone forme de beaux cristaux blancs, fondant vers 100°, et se décomposant à une température plus élevée, en émettant des vapeurs d'iode :

$$\left.\begin{array}{l}C^2HI\\C^2HI\end{array}\right\}\ I^2 + Br^6 = \left.\begin{array}{l}C^2BrI\\C^2BrI\end{array}\right\}\ IBr + 2HBr + IBr.$$

Tétraiodure Bromoiodure
d'acétylène. de carbone.

Lorsqu'on traite par un courant de gaz nitreux une dissolution éthérée de tétraiodure d'acétylène, de l'iode mis en liberté colore d'abord la liqueur, qui s'éclaircit ensuite de nouveau. Par l'évaporation, l'éther abandonne un corps très-peu stable qui cristallise en aiguilles brillantes répondant à la formule

$$\left.\begin{array}{l}C^2H(AzO^2)\\C^2HI\end{array}\right\}\ I^2.$$

[Berend, *Ann. de Chim. et de Phys.*, t. VI, p. 409, 4ᵉ sér. et *Ann. der Chem. u. Pharm.*, t. CXXXV, p. 257 (nouv. sér., t. LIX), septembre 1865.]

Action du brome. — Le brome se combine en plusieurs proportions avec l'acétylène; on connaît le dibromure $C^2H^2Br^2$ et le tétrabromure d'acétylène $C^2H^2Br^4$, l'acétylène bromé C^2HBr, un composé C^2H^3Br isomérique avec l'éthylène bromé, le corps C^2HBr^3, etc.

M. Berthelot a obtenu le dibromure d'acétylène en faisant passer un courant de ce gaz à travers du brome placé sous une couche d'eau. L'acétylène est absorbé et, après avoir purifié convenablement le produit, on obtient un corps neutre, incolore, oléagineux, et possédant une odeur analogue à celle du bromure d'éthylène.

Ce bromure ne peut être distillé, la chaleur lui fait éprouver une transformation polymérique donnant un produit qui ne peut se réduire en vapeurs sans décomposition. Cependant les premières gouttes qui passent à peu près incolores vers 130° répondent assez bien à la formule $C^2H^2Br^2$. Il est isomérique avec l'éthylène bibromé $C^2H^2Br^2$ [*Ann. de Chim. et de Phys.*, (3), t. LXVII, p. 72].

En 1858, M. A. Perrot avait déjà obtenu deux bromures $C^2H^2Br^2$ et $C^2H^2Br^4$ en combinant avec le brome les gaz formés par la décomposition de la vapeur d'alcool par l'étincelle électrique [*Compt. rend.*, t. XLVII, p. 350].

M. Reboul a étudié la réaction qui se produit lorsqu'on fait tomber goutte à goutte du bromure d'éthylène bromé $C^2H^3Br.Br^2$ dans une solution de potasse alcoolique bouillante en excès, et dont l'air du flacon a été chassé par une ébullition de quelques instants [*Compt. rend.*, t. LIV, p. 1229, et t. LV, p. 136, et *Compt. rend. de la Société philomat.*, séance 22 juin 1862. — *Journ. l'Institut*, n° du 2 juillet 1862]. Il se forme de l'éthylène bibromé, et il se dégage une grande quantité de gaz; on le recueille sous le mercure après l'avoir fait passer à travers deux ou trois flacons laveurs à moitié remplis d'eau, et dont l'air a été remplacé par de l'acide carbonique, ce gaz s'enflammant spontanément à l'air. On enlève ensuite l'acide carbonique auquel il est mélangé à l'aide d'un peu de potasse : l'éthylène bibromé se condense dans le premier flacon laveur. Ce gaz, entièrement absorbable par une solution ammoniacale de protochlorure de cuivre ou de nitrate d'argent, est un mélange d'acétylène et d'un corps nouveau, l'acétylène bromé C^2HBr, gazeux à la température ordinaire, et spontanément inflammable à l'air.

Lorsqu'on fait passer ce mélange gazeux à travers du brome placé sous une couche d'eau, dans un tube entouré d'eau froide, le gaz est entièrement absorbé, et si la température est assez basse, on voit bientôt se déposer un abondant précipité cristallin. C'est le bromure d'éthylène tribromé, $C^2HBr^3.Br^2$. Il se forme ainsi deux combinaisons bromées : 1° du bromure d'éthylène bibromé $C^2H^2Br^2.Br^2$, qui est un corps liquide; 2° du bromure d'éthylène tribromé $C^2HBr^3.Br^2$, qui reste en partie dissous dans le composé précédent.

Ce corps est doué d'une odeur camphrée; il est fusible vers 48 à 50° comme le protobromure de carbone, mais il en diffère par sa forme cristalline, le protobromure de carbone cristallisant en plaques nacrées; déposé de sa solution alcoolique bouillante, le bromure d'éthylène tribromé donne des aiguilles soyeuses enchevêtrées. Par l'évaporation spontanée, on peut obtenir de beaux prismes qui atteignent presque 1 centimètre de longueur. La chaleur le décompose, il est insoluble dans l'eau, et soluble dans l'alcool et dans l'éther, surtout bouillants.

Si l'on fait passer de l'acétylène pur dans du brome, il ne se forme que du bromure d'éthylène bibromé et pas trace de cristaux. Ainsi, lorsqu'on fait réagir du brome en excès sur l'acétylène et sur son dérivé bromé C^2HBr, quatre atomes de brome se fixent immédiatement sur une molécule de chacun de ces corps qui repassent alors dans la série éthylénique : l'action ne va pas plus loin, car il ne se forme pas de produit de substitution.

M. Reboul signale aussi la formation d'une petite quantité d'un composé bromé qui serait représenté par la formule C^2HBr^3, composé qu'on peut considérer comme de l'éthylène tribromé ou du dibromure d'acétylène bromé $C^2HBr.Br^2$.

L'acétylène joue cette fois le rôle d'un corps tétratomique : or, M. Berthelot ayant prouvé que celui qu'il obtient par ses procédés ne fixe que 2 atomes de brome, on doit admettre que le gaz acétylène produit dans ces conditions différentes n'est pas tout à fait identique.

L'acétylène bromé ne peut être obtenu à l'état de pureté complète, il est toujours accompagné d'un peu d'acétylène. En opérant de la manière suivante, M. Reboul a pu obtenir un mélange gazeux qui en contenait jusqu'à 80 et 85 %. Dans la réaction qui produit ce mélange gazeux, on a vu que l'éthylène bibromé se condensait dans le premier flacon laveur ; ce liquide bromé retient en dissolution une grande quantité d'acétylène bromé mélangé d'acétylène. On le recueille avec beaucoup de précaution, car il s'enflamme à l'air ; puis, après avoir remplacé l'air de l'appareil par de l'acide carbonique, on chauffe doucement jusque vers 80°, point d'ébullition de l'éthylène bibromé. Le gaz qui se dégage alors, débarrassé de l'acide carbonique au moyen de la potasse, contient environ 80 % d'acétylène bromé; il s'enflamme spontanément à l'air, brûle avec une flamme pourpre en produisant de l'acide bromhydrique, de l'eau, de l'acide carbonique et du charbon.

On peut arriver à l'obtenir encore plus pur en faisant tomber dans de la potasse alcoolique bouillante du bromure d'éthylène bibromé $C^2H^2Br^2.Br^2$, l'acétylène bromé étant le seul corps gazeux qui se forme dans ce cas. Cependant il contient encore de petites quantités d'acétylène :

$$C^2H^2Br^4 - Br^4 = C^2H^2.$$

L'acétylène bromé, gazeux à la température ordinaire, se liquéfie sous une pression de près de trois atmosphères; il est assez soluble dans l'eau, très-soluble dans l'éthylène bibromé qui, à 15°, en dissout environ 50 à 60 fois son volume, tandis qu'il ne dissout que 2 volumes d'acétylène.

M. Reboul explique la propriété curieuse que possède l'acétylène bromé de prendre feu à l'air, tandis que l'hydrocarbure lui-même ne la possède pas, en supposant qu'à la double affinité de l'oxygène pour le carbone et l'hydrogène vient s'en joindre une troisième, celle du brome pour l'hydrogène. Ces trois affinités puissantes concourraient à la destruction du corps gazeux lorsqu'il est mis en contact avec l'oxygène de l'air. M. Reboul fait remarquer que, dans la production de l'acétylène par l'action de la potasse alcoolique sur le bromure d'éthylène bromé, le brome éliminé ne forme pas de bromate, il se produit simplement du bromure de potassium, et l'oxygène mis en liberté se portant sur l'alcool, l'oxyde pour former de l'acide formique. En effet, dans les résidus, on trouve du formiate de potasse et pas trace de bromate.

L'acétylène chauffé avec l'acide bromhydrique concentré à 100° donne naissance à un composé bromé gazeux ou très-volatil, entièrement absorbé par la solution cuivreuse ammoniacale. M. Berthelot pense que ce composé doit être le monobromhydrate d'acétylène C^2H^2HBr, isomérique avec l'éthylène bromé C^2H^3Br [*Compt. rend.,* t. LVIII, p. 977].

Action des métaux. — Le sodium forme deux combinaisons avec l'acétylène.

1° Chauffé à une douce chaleur en présence d'un excès d'acétylène, le carbure est attaqué : le sodium fond, se gonfle et se couvre d'une couche blanchâtre qui noircit sur les bords. Il y a absorption d'environ la moitié du volume gazeux primitif, formation d'acétylène sodé (acétylure de sodium) et d'hydrogène

$$C^2H^2 + Na = C^2HNa + H.$$

2° Chauffé au rouge sombre, 2 atomes de sodium mettent en liberté les 2 atomes d'hydrogène et se substituent à leur place; on obtient ainsi de l'acétylène disodé : le volume gazeux, dans ce cas, ne change pas sensiblement :

$$C^2H^2 + Na^2 = C^2Na^2 + H^2,$$
$$C^2H^2 = 2\,vol.\ H^2 = 2\,vol.$$

L'eau attaque violemment ces deux acétylures en reproduisant de l'acétylène.

Le potassium exerce une action beaucoup plus énergique. Fondu en présence de l'acétylène, il s'enflamme avec explosion et production d'un acétylure. L'eau l'attaque aussi violemment, en reproduisant de l'acétylène. Le potassium, en réagissant sur l'éthylène à la température du rouge sombre, donne naissance au même composé :

$$C^2H^4 + K^2 = C^2K^2 + 2\,H^2.$$

Il en existe des traces dans le potassium du commerce.

La plupart des métaux, tels que l'aluminium, le cadmium, le cuivre, le thallium, le platine, etc., n'exercent pas d'action spéciale sur l'acétylène; les produits qui se forment sont sensiblement les mêmes que ceux qu'on observe par l'action de la chaleur seule. Il n'en est pas de même du fer : au rouge sombre, il détermine la décomposition de l'acétylène en charbon, hydrogène et hydrocarbures liquides, qui ne paraissent pas être les mêmes que ceux que l'on obtient à l'aide de la chaleur seule; et, d'après la proportion de charbon déposé, ces carbures doivent être plus riches en hydrogène que l'acétylène et ses polymères.

Le fer ne se combine pas à l'acétylène, car, traité par un acide après l'opération, il ne dégage pas d'hydrocarbure [Berthelot, *Compt. rend.,* t. LXII, p. 630. — *Bull. de la Soc. chim.,* 1866, t. V, p. 187].

Action du permanganate de potasse. — Lorsqu'on fait réagir à la température ordinaire, en prenant les précautions convenables, une solution aqueuse de permanganate de potasse sur le gaz acétylène, de l'oxygène se fixe directement sur ce dernier pour donner naissance à de l'acide oxalique :

$$C^2H^2 + 4O = C^2H^2O^4.$$

Il se forme en même temps de l'acide formique et de l'acide carbonique, mais ces derniers sont en plus faible proportion, et proviennent d'une réaction secondaire [Berthelot, *Compt. rend.,* t. LXIV, p. 35].

Action du bioxyde de cuivre ammoniacal. — Lorsqu'on fait passer un courant de gaz acétylène à travers une solution de bioxyde de cuivre dans l'ammoniaque, le gaz est lentement absorbé, la plus grande partie est brûlée, et il se dépose sur les parois du vase une matière charbonneuse mélangée d'une petite quantité d'acétylure de cuivre [Berthelot, *Ann. de Chim. et de Phys.,* (4), t. IX, p. 422].

Action de la liqueur ammoniacale de protochlorure de cuivre sur l'acétylène. — L'acétylène forme dans la solution ammoniacale de protochlorure de cuivre un précipité rouge marron. Cette réaction est caractéristique. Ce précipité est identique avec la matière détonante que M. Quet a obtenu en faisant passer à travers une solution ammoniacale de protochlorure de cuivre les gaz qui se produisent en décomposant la vapeur d'alcool amylique par la chaleur ou l'étincelle électrique [*Compt. rend.,* t. XLVI, 1858, p. 905]. M. Bœttger a étudié aussi ce même composé qu'il a obtenu en faisant passer le gaz de l'éclairage à travers des solutions salines, et principalement la solution de protochlorure de cuivre ammoniacal [*Ann. der Chem. u. Pharm.,* t. CIX, p. 351. — *Journ. de Chim. et de Pharm.,* t. XXXV, p. 388, 3° sér.]. MM. Vogel et Reischauer avaient aussi obtenu une matière détonante en faisant passer le gaz de l'éclairage à travers une solution neutre de nitrate d'argent [*Neu. Repert. der Pharm.,* t. VII, p. 207].

Le précipité rouge marron se forme encore en faisant passer l'acétylène dans une solution ammoniacale de sulfite cuivreux, ou dans une solution de protochlorure de cuivre dissous à l'aide du chlorure de potassium; mais, dans cette dernière expérience, il faut ajouter un petit fragment de potasse caustique pour que la formation de l'acétylure cuivreux soit continue; sans cette précaution, la réaction s'arrête presque aussitôt qu'elle est commencée.

Quelques expériences faites par M. Berthelot pour reconnaître la limite de sensibilité du chlorure cuivreux ammoniacal à l'égard de l'acétylène prouvent que ce réactif peut accuser encore la présence d'un 200° de milligramme d'acétylène mélangé à de l'hydrogène [*Bull. de la Soc. chim.,* 1866, t. I, p. 191].

En présence de l'air, la réaction peut être manifestée jusqu'à 1 centième de milligramme : ce qui prouve que ce réactif absorbe l'acétylène plus rapidement que l'oxygène de l'air. Du reste, le précipité formé disparaît promptement par suite de l'oxydation consécutive.

L'acétylure cuivreux répond à la formule

$$\left.\begin{array}{l} C^2HCu'' \\ C^2HCu'' \end{array}\right\}O.$$

Il est variable dans sa composition, il est peu stable et s'oxyde avec une grande facilité; lorsqu'il se forme, il se dépose en même temps des sels basiques dont il est difficile de le débarrasser.

L'acétylure de cuivre fait explosion par le choc; chauffé, il détone entre 95° et 120° en produisant de l'eau, du cuivre, du carbone, de l'acide carbonique et des traces d'oxyde de carbone. L'acide chlorhydrique dilué attaque l'acétylure cuivreux, il se forme un sel de cuivre, et l'acétylène régénéré se dégage à l'état de pureté. C'est même le seul moyen d'obtenir ce gaz dans un tel état. Les acides acétique et sulfurique, la potasse, la soude, n'ont pas d'action sur le précipité cuivreux : une dissolution concentrée de cyanure de potassium attaque l'acétylure, il se dégage un gaz et il se forme du cyanure double de cuivre et de potassium.

En présence du chlore, du brome ou de l'iode, l'acétylure cuivreux détone en laissant un résidu de charbon. Un mélange d'acétylure cuivreux et de chlorite de plomb détone au moindre frottement.

M. Berend a étudié l'action que le brome exerce sur l'acétylure d'argent délayé dans l'eau ; il se forme du bromure d'argent, et à la distillation sous l'eau les deux produits suivants prennent naissance : 1° une huile C^2HBr^3 ; 2° de beaux cristaux blancs $C^2Br^3.HBr$, fusibles vers 42°, doués d'une odeur agréable, se dissolvant dans l'éther, l'alcool, le sulfure de carbone, le chloroforme, la benzine. De l'acétylène est régénéré lorsqu'on traite ce corps par les agents réducteurs [*Ann. de Chim. et de Phys.*, (4), t. VI, p. 501, et *Ann. der Chem. u. Pharm.*, t. CXXXV, p. 257 (nouv. sér., t. LIX].

Ces composés sont isomères avec deux des corps bromés obtenus par M. Reboul, dans des conditions différentes, et ils offrent cette particularité singulière qu'ils sont inversement liquides ou cristallisés ; ainsi :

Berend C^2HBr^3 liquide. $C^2Br^3.HBr$ cristallisé.
Reboul C^2HBr^3 cristall. $C^2H^2Br^4$ liquide.

M. Berend a réussi à obtenir de l'acétylure d'argent bromé en opérant de la manière suivante. On dirige dans de l'alcool froid les vapeurs qui se dégagent lorsqu'on traite, comme on l'a vu plus haut, le bromure d'éthylène bibromé par la potasse alcoolique bouillante ; l'alcool retient ainsi en dissolution de l'éthylène bibromé, de l'acétylène bromé et de faibles quantités d'acétylène. On étend la solution avec de l'alcool et de l'ammoniaque, puis on fait tomber goutte à goutte une solution ammoniacale de nitrate d'argent ; un premier précipité amorphe explosif se forme d'abord, puis vient ensuite un précipité cristallin. Dès qu'il apparaît, on filtre la liqueur, puis on achève la précipitation. Le corps cristallin qui se dépose est du bromacétylure d'argent :

$$C^2BrAg \atop C^2BrAg \Big\} + AgBr + 4H^2O.$$

Ce composé cristallise en aiguilles d'un blanc d'argent, et détone avec violence par le frottement ou au contact d'acides concentrés. Agité avec une solution éthérée d'iode, l'éther tient en dissolution un corps bromoiodé probablement identique avec le bromoiodure de carbone $C^4Br^3I^3$ précédemment décrit.

Les propriétés de l'acétylure cuivreux, et la présence de l'acétylène dans le gaz de l'éclairage donnent l'explication des explosions qui ont eu lieu quelquefois en nettoyant des tubes en cuivre qui avaient servi à la conduite du gaz. Ces explosions proviennent de la formation d'acétylure cuivreux, et les expériences de M. Crova, qui consistent à mettre en contact de l'acétylène, de la tournure de cuivre et des traces d'ammoniaque, sont venues confirmer cette manière de voir [*Compt. rend.*, t. LV, p. 435].

La propriété que possède l'acétylène de se combiner avec quelques métaux établit un certain rapprochement entre celui-ci et quelques combinaisons de l'hydrogène, telles que l'hydrogène phosphoré, l'hydrogène arsenié, l'hydrogène antimonié, qui, comme lui, peuvent échanger un atome d'hydrogène contre celui d'un autre métal.

Récemment, M. Berthelot a cherché à expliquer les réactions qui se produisent lorsqu'on fait passer un courant d'acétylène à travers des solutions ammoniacales de protochlorure de cuivre ou de nitrate d'argent, d'hyposulfite double de soude et d'or, additionnées d'ammoniaque, de sulfate chromeux dissous dans un mélange de chlorhydrate d'ammoniaque, d'iodure de mercure rouge dans l'iodure de potassium, etc. Il se forme des précipités, amorphes pour la plupart, faisant explosion par le choc ou

l'élévation de la température, et qui reproduisent l'acétylène lorsqu'on les traite par l'acide chlorhydrique.

M. Berthelot admet, dans ces composés, l'existence de radicaux organométalliques, auxquels il donne les noms de cuprosacétyle, argentacétyle, etc., qui se combineraient avec l'oxygène, le chlore, le brome, pour former soit des oxydes, soit des chlorures, bromures, etc. Mais l'étude de ces composés étant loin d'être complète, il suffit de les indiquer sans entrer dans de plus grands détails [*Compt. rend.*, t. LXII, p. 455, 628, 909].

Combinaison de l'acétylène avec l'acide sulfurique [Berthelot, *Ann. de Chim. et de Phys.*, (3), t. LXVII, p. 56]. — L'acétylène se combine avec l'acide sulfurique pour former l'acide vinylsulfurique :

$$SO^2 \Big\{ {O.C^2H^3 \atop OH.}$$

L'opération se fait en mettant dans un grand ballon de l'acétylène, de l'acide sulfurique et du mercure. La combinaison n'a lieu qu'après une longue et vive agitation. D'après M. Berthelot, il faut au moins une heure, et environ 4000 secousses pour obtenir l'absorption d'un litre d'acétylène. On sépare l'acide vinylsulfurique formé de l'acide sulfurique en excès, en ajoutant avec précaution de l'eau au mélange des deux acides, puis en saturant par le carbonate de baryte. On filtre, et par l'évaporation on obtient tantôt un sel bien cristallisé, le vinylsulfate de baryte,

$$(SO^4.C^2H^3)^2Ba,$$

tantôt un sel incristallisable et moins stable. M. Berthelot pense que cette différence provient de l'altérabilité de l'acétylène au moment où ce gaz entre en combinaison.

L'acide vinylsulfurique étendu d'eau, puis soumis à des distillations fractionnées, se décompose ; l'acide sulfurique est régénéré, et dans les parties les plus volatiles on trouve un liquide très-altérable, plus volatil que l'eau, possédant une odeur très-irritante, soluble dans 10 à 15 parties d'eau. Pour le séparer complétement de l'eau qui l'accompagne, il faut employer le carbonate de potasse, le chlorure de calcium ne produisant pas cet effet.

Ce liquide est un alcool qu'on pourrait appeler vinylique (ou hydrate d'acétylène)

$$C^2H^3.OH$$

et qui serait l'isologue inférieur de l'alcool ordinaire.

Mais l'étude de ce corps n'ayant pas encore été poussée plus loin, on ne peut qu'en signaler l'existence.

Production de l'acétylène. — Les expériences de M. Berthelot ayant démontré que la formation de l'acétylène était un phénomène général dans les combustions incomplètes, il existe un grand nombre de procédés à l'aide desquels on peut produire l'acétylène.

Voici les plus importants :

1° Lorsqu'on traite par l'eau les matières noires qui proviennent de la préparation du potassium. Ce procédé est surtout intéressant au point de vue historique, car c'est par ce moyen que l'acétylène a été produit pour la première fois par Edmond Davy.

2° L'acétylène se forme toutes les fois que l'on fait passer dans un tube chauffé au rouge le gaz oléfiant, la vapeur de l'éther, de l'alcool, de l'aldéhyde et même celle de l'esprit de bois. C'est la vapeur de l'éther qui fournit l'acétylène en plus grande quantité.

3° *Combinaison directe du carbone avec l'hydrogène.* — Le carbone et l'hydrogène peuvent s'unir directement pour donner naissance à un hydrocarbure, mais seulement dans des conditions spéciales. C'est en faisant jaillir l'arc voltaïque qui se produit à l'aide de la pile entre deux pointes de charbon, au sein d'un courant d'hydrogène pur et sec, que M. Berthelot est parvenu à former cette combinaison d'une manière continue. Ce chimiste a fait varier les conditions de l'expérience : il a mis en présence de l'hydrogène les diverses espèces de charbon, soit calciné, soit à l'état de division extrême, puis leur mélange a été soumis à la plus haute température possible ; à la chaleur solaire concentrée à l'aide d'une lentille à échelons ; à l'étincelle d'induction, en opérant avec des étincelles tantôt longues et déliées, tantôt larges et courtes ; il ne s'est formé d'hydrocarbure dans aucun cas. Jusqu'à présent, la combinaison ne s'est opérée que sous l'influence de l'arc voltaïque ; elle est instantanée, et l'acétylène est le seul hydrocarbure produit. Entraîné par le courant d'hydrogène à mesure qu'il se forme, l'acétylène est recueilli dans une solution ammoniacale de protochlorure de cuivre. Pour que l'expérience marche convenablement, il faut employer 40 à 50 éléments Bunsen. Dans ces conditions, on peut obtenir environ 10cc d'acétylène par minute.

Afin de recueillir le gaz pur de tout mélange, il est nécessaire que le charbon qui sert d'électrode soit purifié avec le plus grand soin. On y parvient en le chauffant au rouge presque blanc, dans un courant de chlore sec. On élimine ainsi de l'hydrogène que le charbon retient constamment dans ses pores, des traces de matières goudronneuses, du soufre, du fer, de l'aluminium, du silicium, etc.

Le charbon de cornue ainsi purifié est celui qui présente le plus d'avantages [*Ann. de Chim. et de Phys.*, (3), t. LXVII, p. 64].

4° M. Sawitsch a indiqué un procédé fort élégant pour produire le gaz acétylène ; il consiste à traiter l'éthylène bromé C^2H^3Br par l'amylate de sodium :

$$C^2H^3Br + C^5H^{11}.ONa$$
$$= NaBr + C^5H^{11}.OH + C^2H^2.$$

On met équivalents égaux d'amylate de sodium et d'éthylène bromé dans un grand matras en verre vert, qui est ensuite fermé à la lampe ; puis on chauffe au bain-marie pendant une heure environ. Le bromure de sodium formé se dépose et le contenu du ballon redevient liquide, à cause de l'alcool amylique qui est régénéré. Après avoir plongé le matras pendant un certain temps dans un mélange réfrigérant, on en brise la pointe avec précaution, et, à l'aide d'un tube en caoutchouc, on recueille sous l'eau le gaz qui s'est formé [*Compt. rend.*, t. LII, p. 157, 1861].

5° Pour mémoire, on doit rappeler le procédé de M. Reboul, qui a été décrit plus haut.

L'acétylène se produit encore dans une foule de circonstances. En voici quelques-unes :

Quand on fait agir la vapeur du chloroforme sur le cuivre métallique ; dans la distillation de la houille ; il existe dans le gaz de l'éclairage

Quand on soumet à l'action de la chaleur, ou à celle d'une puissante machine d'induction du gaz des marais, il se produit de l'hydrogène et de l'acétylène :

$$2CH^4 = C^2H^2 + 3(H^2).$$

L'acétylène prend naissance en faisant passer l'éther méthylchlorhydrique dans un tube chauffé à une température inférieure au rouge sombre.

En faisant passer l'oxyde de carbone mêlé de vapeurs chlorhydriques sur du siliciure de magnésium chauffé au rouge.

L'acétylène se produit encore, d'après Odling, quand on fait passer à travers un tube chauffé au rouge un mélange d'oxyde de carbone et de gaz des marais :

$$CO + CH^4 = C^2H^2 + H^2O.$$

Lorsqu'on fait passer un courant d'éthylène bromé, C^2H^3Br, dans une solution ammoniacale de nitrate d'argent, il se forme un précipité qui, traité par l'acide chlorhydrique dilué, dégage de l'acétylène [Miasnikoff, *Ann. der Chem. u. Pharm.*, t. CXVIII, p. 330].

M. Berthelot a constaté la production de l'acétylène dans la combustion incomplète d'un mélange d'hydrogène pur et de gaz ou vapeurs carbonés ne contenant pas d'hydrogène, tels que le cyanogène, l'oxyde de carbone, le sulfure de carbone. La chaleur n'a pas d'action sur ces mélanges ; mais si l'on y fait passer l'étincelle électrique, il y a formation immédiate d'acétylène. Ainsi :

1° *Avec le cyanogène*, il y a formation d'acétylène, mais il faut employer un appareil à forte tension, parce que le cyanogène oppose une grande résistance au passage de l'étincelle.

2° *Avec le sulfure de carbone*, il y a production d'acétylène, en même temps il se fait un dépôt de soufre, dont une partie sulfure les fils de platine.

3° Un mélange d'hydrogène et d'oxyde de carbone donne aussi de l'acétylène, mais il se produit en même temps de l'acide carbonique qui s'oppose à la formation de l'hydrocarbure ; pour que l'opération réussisse, il faut avoir le soin d'introduire dans l'éprouvette un fragment de potasse caustique, très-légèrement humectée à la surface, afin que l'acide soit absorbé à mesure qu'il se forme [*Bull. de la Soc. chim.*, 1866, t. I, p. 169].

M. de Wilde a réussi à reproduire l'acétylène en faisant passer la vapeur du chlorure d'éthylène à travers un tube en porcelaine chauffé au rouge vif. La liqueur des Hollandais subit dans cette décomposition une altération profonde : il se forme de l'acétylène, du charbon qui se dépose, de l'hydrogène, du gaz des marais, etc.

L'acétylène se forme encore dans la combustion incomplète d'un mélange d'un volume de gaz oléfiant et de deux volumes de chlore.

En puisant, à l'aide d'un tuyau en terre de pipe relié à un appareil aspirateur, les gaz qui se forment à l'intérieur d'un jet de gaz éthylène pur et enflammé, M. de Wilde a prouvé qu'il se formait de l'acétylène. Il a obtenu le même résultat en répétant l'expérience avec le gaz de l'éclairage privé préalablement d'acétylène par son passage à travers le réactif cuproammoniacal [*Bull. de la Soc. chim.*, 1866, t. V, p. 172, et *Bull. de l'Acad. royale de Belgique*, 2e sér., 1865, t. XIX, n° 1, p. 90].

M. Berthelot a fait voir par de nombreuses expériences que l'acétylène se formait dans toutes les combustions incomplètes ; il a institué à ce sujet une expérience élégante, qui peut être reproduite dans les cours. Voici la manière d'opérer :

On verse dans une éprouvette de la solution ammoniacale de protochlorure de cuivre, qu'on étale sur toute la surface interne du vase, puis on y ajoute un peu d'éther ou un liquide organique inflammable quelconque, qu'on allume aussitôt. On incline alors l'éprouvette en la faisant tourner lentement dans la main, de manière à mettre le plus possible en contact l'éther enflammé et le réactif cuivreux : on voit se produire immédiatement le précipité rouge caractéristique d'acétylure cuivreux.

Enfin, l'acétylène se produit toutes les fois qu'un composé organique brûle au contact de l'air, avec production de noir de fumée. E. C.

ACÉTYLURES ou **ALDÉHYDATES.** — On a donné le nom d'acétylures à des corps qu'on regardait comme dérivés de l'aldéhyde par substitution d'un atome de métal à un atome d'hydrogène; mais l'existence des acétylures d'argent et de potassium est douteuse : on ne connaît avec certitude que l'acétylure d'ammonium.

ACÉTYLURE D'AMMONIUM. — [Syn. *Aldéhydate d'ammoniaque, aldéhyde ammoniaque*],

$$C^2H^3O, AzH^4 \text{ ou } C^2H^4O, AzH^3.$$

Découvert par Dœbereiner, cet acétylure est produit par la combinaison directe de l'ammoniaque avec l'aldéhyde. Il constitue des rhomboèdres de 85°, volumineux, incolores, transparents et très-réfringents. Il est très-soluble dans l'eau, assez soluble dans l'alcool, très-peu soluble dans l'éther. Sa solution possède une réaction alcaline. Il fond entre 70° et 80°, distille sans altération à 100°. Sa vapeur est inflammable. Il s'altère à l'air en brunissant.

Distillé avec l'acide sulfurique étendu, il laisse dégager l'aldéhyde; une solution concentrée de potasse caustique ne l'attaque pas : distillé avec de la chaux, il fournit de l'éthylamine [Diez, *Ann. der Chem. u. Pharm.*, t. XC, p. 301].

Lorsqu'on mêle des solutions aqueuses et concentrées d'azotate d'argent et d'aldéhydate d'ammoniaque, il se précipite une substance blanche qui paraît être une combinaison des deux corps. Quand on chauffe le mélange, les parois du ballon se recouvrent d'une couche miroitante d'argent métallique.

Chauffé avec l'acide cyanhydrique et l'acide chlorhydrique, l'aldéhydate d'ammoniaque fournit l'acide lactamidique ou alanine (Strecker) :

$$CAzH + C^2H^4O, AzH^3 + H^2O = C^3H^7AzO^2.$$
Alanine.

Si le mélange n'est pas chauffé, il se forme, au bout de quelques jours, des cristaux incolores d'un composé $C^9H^{12}Az^4$, l'hydrocyanaldine (Strecker).

L'acétylure d'ammonium dissous dans l'alcool absolu absorbe le gaz sulfureux; il se forme du sulfite d'acétyl-ammonium C^2H^3O, AzH^4SO^2; isomérique avec la taurine [Redtenbacher, 1848, *Ann. der Chem. u. Pharm.*, t. LXV, p. 37].

En dirigeant dans une solution aqueuse d'aldéhydate d'ammoniaque un courant d'hydrogène sulfuré, on obtient la thialdine (Wœhler et Liebig) :

$$3C^2H^3(AzH^4)O + 2H^2S$$
$$= C^6H^{13}AzS^2 + 2AzH^3 + 3H^2O;$$
Thialdine.

avec le sulfure de carbone, il se forme la carbothialdine (Redtenbacher et Liebig) :

$$2C^2H^3(AzH^4)O + CS^2 = C^5H^{10}Az^2S^2 + 2H^2O.$$
Carbothialdine.

Chauffé à 120° en tubes scellés, l'acétylure d'ammonium se décompose; il se forme deux couches de liquide; la supérieure est de l'ammoniaque aqueuse, avec une petite quantité de bases volatiles; l'inférieure, distillée à 200°, laisse pour résidu une substance, $C^{10}H^{15}AzO$, considérée comme un aldéhydate de tétravinylium :

$$C^2H^3O.Az(C^2H^3)^4.$$

L'eau de baryte transforme ce composé en hydrate de tétravinylium :

$$Az(C^2H^3)^4. HO$$

[Babo, *Journ. für prakt. Chem.*, t. LXXII, p. 88. — *Chemic. Gaz.*, 1858, p. 136]. E. G.

ACHILLÉINE. [Zanon, *Mem. dell' Imp. R. Ist. veneto di Sc. ed Arti*, t. V, p. 11.] — Matière amère de la millefeuille (*Achillea millefolium*). C'est une substance amorphe d'un jaune brun; elle est soluble dans l'eau et l'alcool bouillant; elle est insoluble dans l'éther : cependant lorsqu'on l'additionne de très-peu d'acide, elle s'y dissout. Elle est soluble dans l'ammoniaque.

ACHILLÉIQUE (ACIDE). [Zanon, *Ann. der Chem. u. Pharm.*, t. LVIII, p. 31.] — Cet acide se trouve dans la millefeuille : il constitue de petits prismes incolores, solubles dans deux parties d'eau à 12°. Il forme avec les alcalis des sels solubles dans l'eau, mais insolubles dans l'alcool. Les sels de potassium, de sodium et de calcium sont cristallisables : ceux d'ammonium et de magnésium sont incristallisables. Le sel de quinine s'obtient cristallisé, quand la solution aqueuse est étendue d'alcool, bouillie, puis abandonnée au froid.

Les solutions des achilléates sont précipitées par l'acétate neutre de plomb; l'acide lui-même n'est précipité que par l'acétate de plomb basique.

Suivant Gmelin, l'acide achilléique ne serait que de l'acide malique impur. — D'après Hlasiwetz, ce serait de l'acide aconitique.

ACHIRITE. — Voyez DIOPTASE.

ACHMATITE (Min.). — Variété d'épidote verte et riche en oxyde ferrique.

ACHMITE (Min.). — Silicate de fer et de sodium renfermant un peu de manganèse, d'acide titanique et de chaux. Rapports de l'oxygène dans les protoxydes, les sesquioxydes et la silice

$$= 1 : 2 : 6.$$

[Rammelsberg, *Poggendorff's Ann.*, t. LXVIII, p. 565 et t. CIII, p. 286 et 300.]

Cristaux d'un brun noir, opaques, allongés, engagés dans un granite de Rundemyr, paroissed'Eger (Norwége). Éclat vitreux.

Caract. Faiblement attaqué par les acides avant ou après calcination. Fusible au chalumeau en un globule noir attirable à l'aimant. Avec le carbonate de soude, sur la lame de platine, donne une fritte vert bleuâtre.

Dureté 6. Poussière gris jaunâtre clair. Densité 3,2 à 3,55.

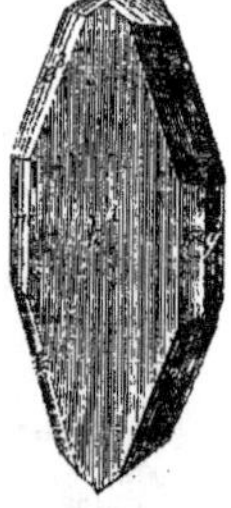
Fig. 2.

Forme cristalline. — Géométriquement isomorphe avec le pyroxène. Prisme clinorhombique $mm = 86° 56'$, $e^1e^1 = 119°30'$, $e^1h^1 = 103°47'$.

Clivages : m faciles, h^1 et g^1 moins faciles. Plan d'hémitropie : h^1. F. et S.

ACHROÏTE (Min.). — Variété incolore de tourmaline.

ACHTARAGDITE (Min.). — Cristaux tétraédriques pyramidés, d'un blanc grisâtre terreux, pseudomorphiques, qu'on ne sait encore à quelle substance rapporter. Venant de la rivière d'Achtaragda, Sibérie.

ACICULITE. — Voyez AIKINITE.

ACIDES. — Jadis le mot acide était synonyme de *aigre*. Ce nom était appliqué à tous les corps jouissant de cette saveur. Plus tard, lorsque Lavoisier fonda vraiment la science chimique, on crut les acides des composés binaires oxygénés, l'eau ne paraissant jouer dans ces corps qu'un rôle de dissolvant [Lavoisier, *Traité élémentaire de Chimie*]. On distinguait d'ailleurs les acides des bases (oxydes basiques) par la propriété qu'ont les premiers de rougir la teinture de tournesol et les secondes de rendre au tournesol rougi sa nuance première. Berzelius compléta la théorie de Lavoisier. Suivant lui, certains oxydes étaient susceptibles de s'unir entre eux pour former des composés ternaires, des *sels* capables par l'électrolyse, de se scinder dans les deux oxydes primitifs. Berzelius appela électro-négatif l'oxyde qu'il supposa se rendre dans ce cas au pôle positif et électro-positif celui qu'il supposa se rendre au pôle négatif. Les oxydes négatifs furent pour lui des acides et les oxydes positifs des bases.

La théorie dualistique de Lavoisier et de Berzelius ne tenait pas compte de l'eau contenue dans les acides. De plus elle ne montrait pas les rapports qui existent entre les hydracides du chlore, du brome et de l'iode et les acides oxygénés. Davy fut le premier à reconnaître cette lacune. Il s'efforça de la combler. A cet effet, il proposa une théorie qui consistait à ne plus considérer comme des acides les acides oxygénés anhydres, mais seulement les acides hydratés ; et il admit que tous ces corps sont analogues aux hydracides et forment des sels par la substitution d'un métal à l'hydrogène. Dulong alla plus loin et admit que les acides dérivent de l'union de l'hydrogène avec un radical composé. Mais à cette époque on croyait qu'un radical composé est nécessairement un corps isolable ayant une existence propre. L'hypothèse de Dulong, faisant prévoir une multitude de radicaux jusque-là inconnus, fut considérée comme devançant par trop l'expérience et abandonnée, sans qu'il fût cependant possible de la démontrer fausse. C'est par ces considérations que M. Dumas l'écartait en 1836 dans son cours de Philosophie chimique professé au Collège de France.

Les choses en restèrent là jusqu'à Gerhardt. Ce chimiste, ayant été conduit par des considérations tirées de la chimie organique à doubler le poids atomique de l'oxygène et à rapporter tous les corps à 2 volumes de vapeur, reconnut que les acides monoatomiques ne renferment point les éléments d'une molécule d'eau. Dès lors il fallait nécessairement les considérer comme un tout renfermant de l'hydrogène remplaçable par les métaux. C'est la définition qui règne encore aujourd'hui.

Pour nous, les acides sont des composés hydrogénés dans lesquels l'hydrogène est uni à un radical électro-négatif. On les reconnaît surtout à l'action qu'ils exercent sur les hydrates basiques, action qui consiste en une double décomposition ayant pour résultat une production d'eau et la substitution d'un métal à l'hydrogène :

$$C^2H^3O^2.H + KHO = C^2H^3O^2.K + H^2O.$$

Acide   Hydrate   Acétate   Eau.
acétique.   de potassium.   de potassium.

Cette réaction cependant à elle seule ne suffirait point à caractériser les acides. D'autres corps la possèdent également, les phénols par exemple. Nous y joindrons ce caractère de pouvoir fournir un chlorure qui en dérive par la substitution de Cl à OH et qui est susceptible, lorsqu'on le traite par l'eau, de reproduire l'acide primitif en même temps que de l'acide chlorhydrique se dégage :

$$AzOCl + H^2O = HCl + AzO.OH.$$

Chlorure   Eau.   Acide   Acide
de nitrosyle.   chlorhydrique.   azoteux.

On explique la propriété qu'ont les acides d'échanger leur hydrogène contre un métal par voie de double décomposition, par les propriétés électro-négatives de leur radical et par les propriétés électro-positives du radical contenu dans l'hydrate, propriétés qui communiquent à ces deux radicaux une puissante affinité l'un pour l'autre. Or, ainsi que M. Dumas l'établissait il y a vingt ans, dans un mélange quelconque, les affinités fortes se satisfont d'abord et laissent les affinités faibles se satisfaire comme elles peuvent. Appliquant cette règle à l'exemple ci-dessus, on se rend très-bien compte de la réaction. Le résidu

électro-négatif $C^2H^3O^2$ de l'acide acétique et le radical positif K de l'hydrate potassique représentent des affinités puissantes. Les radicaux H et OH représentent au contraire des affinités faibles. Dans ces conditions, les deux premiers radicaux s'unissent pour former de l'acétate de potassium $C^2H^3O^2K$, et les deux autres se combinent pour former de l'eau.

Un fait démontre qu'en effet c'est le caractère électro-négatif du radical qui donne ses propriétés spéciales à l'hydrogène des acides : lorsqu'on ajoute un élément fortement négatif comme l'oxygène à un composé hydrogéné neutre ou déjà acide, l'acidité du composé se détermine ou s'accroît considérablement par cette addition.

Ainsi l'hydrogène sulfuré H^2S est faiblement acide. Y ajoute-t-on O^3, on obtient l'acide sulfureux, H^2SO^3, dont les propriétés acides sont déjà bien plus prononcées que celles de l'hydrogène sulfuré. Y ajoute-t-on un quatrième O, il se produit un acide puissant : l'acide sulfurique H^2SO^4.

Un fait du même ordre, mais plus frappant encore, s'observe avec l'hydrogène phosphoré PH^3. Non-seulement ce corps n'est pas acide, mais encore il est légèrement basique à la manière de l'ammoniaque. Y ajoute-t-on O^2, un de ses trois atomes d'hydrogène devient remplaçable par les métaux, on a l'acide hypophosphoreux, PH^3O^2. Lorsqu'on y ajoute un troisième O, deux atomes d'hydrogène deviennent remplaçables par les métaux, on a l'acide phosphoreux, PH^3O^3. Enfin, avec O^4, les trois atomes d'hydrogène deviennent remplaçables. On a l'acide phosphorique, PH^3O^4.

Dans l'acide acétique que nous avons cité plus haut comme exemple, un seul atome d'hydrogène était remplaçable ; dans l'acide sulfurique, il y en avait deux ; dans l'acide phosphorique il y en a trois. On a donné le nom de basicité à cette propriété qu'ont les acides de renfermer un, deux, trois... atomes d'hydrogène remplaçables par les métaux.

Outre l'hydrogène remplaçable par les métaux, les acides peuvent contenir de l'hydrogène qui, tout en étant en dehors du radical, ne soit pas remplaçable par les métaux, mais seulement par les radicaux négatifs ; l'acide phosphoreux en offre un exemple. Le potassium ne peut se substituer qu'à deux seulement de ses atomes d'hydrogène, mais le troisième atome d'hydrogène peut être facilement remplacé par l'éthyle. Cet hydrogène remplaçable par des radicaux négatifs ou faiblement positifs a reçu le nom d'hydrogène typique non basique des acides.

Tout acide qui renferme plusieurs H typiques est dit polyatomique (mono, di, tri, tétra,... atomique). Tout acide qui renferme plusieurs H basiques est dit polybasique (mono, bi, tri, tétra,... basique). Lorsque le nombre des hydrogènes typiques des acides est le même que celui de leurs hydrogènes basiques, on dit que leur basicité égale leur atomicité. Ainsi l'acide phosphorique PH^3O^4 est à la fois triatomique et tribasique. Dans le cas contraire, on dit que l'atomicité dépasse la basicité ; l'acide phosphoreux, par exemple, PH^3O^3, est triatomique et bibasique.

Les acides qui renferment les éléments d'une ou de plusieurs molécules d'eau peuvent, sous certaines influences, se déshydrater et donner de nouveaux corps appelés *anhydrides*. Quand ces anhydrides renferment encore de l'hydrogène typique, ils fonctionnent comme acides, mais leur atomicité diffère de celle de l'acide primitif par $2n$, n étant le nombre des molécules d'eau éliminées. Il y a cependant quelques exceptions à cette règle. Lorsque le radical d'un acide est lui-même hydrogéné, l'hydrogène peut lui être partiellement emprunté, et les acides obtenus par déshydratation ne sont inférieurs que d'une unité aux acides générateurs au point de vue de l'atomicité. Ainsi, l'acide citrique $C^6H^8O^7$ tétratomique donne, en perdant H^2O, l'acide aconitique $C^6H^6O^6$ qui, au lieu d'être diatomique, est encore triatomique.

Les acides organiques peuvent, sous certaines influences, perdre de l'anhydride carbonique CO^2. On observe dans ce cas qu'ils perdent une atomicité basique. Ainsi, lorsqu'on enlève CO^2 à l'acide aconitique qui est triatomique et tribasique, on a l'acide itaconique $C^5H^6O^4$, qui est seulement diatomique et bibasique. De même lorsqu'on enlève CO^2 à l'acide salicylique $C^7H^6O^3$, qui est diatomique et monobasique, on obtient le phénol C^6H^6O, corps qui est encore monoatomique, mais qui ne renferme plus d'hydrogène basique, qui n'est plus acide en un mot.

On connaît actuellement des acides monoatomiques; des acides diatomiques, les uns monobasiques, les autres bibasiques; des acides triatomiques mono, bi ou tribasiques; des acides tétratomiques de basicités diverses, et quelques acides d'une atomicité supérieure à 4. Nous passerons en revue les caractères distinctifs de ces principaux groupes d'acides.

ACIDES MONOATOMIQUES. — Ils sont nécessairement monobasiques, l'atomicité pouvant dépasser la basicité sans que jamais l'inverse puisse avoir lieu, ainsi que cela ressort de la définition même de l'atomicité et de la basicité. Les caractères de ces acides sont les suivants :

1. Ils forment une seule série de vrais sels, produits de la substitution d'un atome de métal à H. Ainsi, l'on ne connaît qu'un seul groupe d'azotates, AzO^3M, etc. Il existe, il est vrai, des sels acides dérivés d'acides monoatomiques, comme les biacétates $C^2H^8MO^2$, $C^2H^4O^2$; mais ces corps ne peuvent pas être envisagés comme de vraies combinaisons atomiques; ce sont plutôt des sels neutres qui renferment une molécule d'acide combinée avec eux probablement au même titre que l'eau de cristallisation avec les sels.

2. A chacun de ces acides correspond un chlorure qui peut le régénérer sous l'influence de l'eau, et qui renferme un seul atome de chlore. Ce chlorure dérive de l'acide générateur par substitution de Cl à OH :

$$C^2H^4O^2 - OH + Cl = C^2H^3O.Cl.$$
Acide acétique. Chlore. Chlorure d'acétyle.

3. Ces acides ne peuvent donner qu'une seule amide et ne forment avec les radicaux alcooliques qu'une seule classe d'éthers.

4. Ne renfermant pas les éléments d'une molécule d'eau, ils ne peuvent former d'anhydride qu'en se doublant eux-mêmes :

$$2\left(\begin{matrix}C^2H^3O\\H\end{matrix}\right\}O\right) = H^2O + \begin{matrix}C^2H^3O\\C^2H^3O\end{matrix}\right\}O.$$
Acide acétique. Eau. Anhydride acétique.

Il en résulte que les deux molécules qui s'unissent en perdant H^2O peuvent appartenir à deux acides différents, ce qui donne des anhydrides mixtes :

$$\begin{matrix}C^2H^3O\\H\end{matrix}\right\}O + \begin{matrix}C^4H^7O\\H\end{matrix}\right\}O = \begin{matrix}C^2H^3O\\C^4H^7O\end{matrix}\right\}O + H^2O.$$
Acide acétique. Acide butyrique. Anhydride acétobutyrique. Eau.

Ces anhydrides ne peuvent jamais s'obtenir par le seul effet des agents déshydratants, mais seulement par des réactions détournées qui consistent à faire agir les chlorures acides sur les sels des mêmes acides :

$$\begin{matrix}C^2H^3O\\Cl\end{matrix}\right\} + \begin{matrix}C^2H^3O\\K\end{matrix}\right\}O = KCl + \begin{matrix}C^2H^3O\\C^2H^3O\end{matrix}\right\}O.$$
Chlorure d'acétyle. Acétate de potassium. Chlorure de potassium. Anhydride acétique.

5. Lorsqu'on leur fait perdre CO^2, ils perdent par cela même la seule atomicité qu'ils possèdent et donnent un hydrocarbure :

$$C^2H^4O^2 = CO^2 + CH^4.$$
Acide acétique. Anhydride carbonique. Gaz des marais.

Les principaux acides monoatomiques connus, en chimie inorganique, sont les acides chlorhydrique, bromhydrique, iodhydrique, cyanhydrique, hypochloreux, chloreux, chlorique, perchlorique, hypobromeux, bromique, perbromique, iodique, periodique, azoteux, azotique, métaphosphorique, métaarsénique et antimonique. Les acides organiques à 2 atomes d'oxygène appartiennent également à cette catégorie.

ACIDES DIATOMIQUES. — Ils peuvent être mono ou bibasiques.

Acides diatomiques et monobasiques. — 1. En qualité de monobasiques, ces acides forment une seule série de sels. Ainsi, il n'existe qu'une classe de lactates : les lactates neutres, $C^3H^5O^3M$.

2. Par substitution de $2Cl$ à $2OH$, ils peuvent donner un chlorure qui, lorsqu'on le traite par l'eau, échange un seul Cl contre un OH, et fournit ainsi un acide monoatomique chloré. La molécule de ce chlorure renferme toujours deux atomes de chlore :

$$C^3H^6O^3 - 2OH + 2Cl = C^3H^4OCl^2.$$
Acide lactique. Chlorure de lactyle.

$$C^3H^4OCl^2 + H^2O = C^3H^4ClO.OH + HCl.$$
Chlorure de lactyle. Eau. Acide chloropropionique. Acide chlorhydr.

3. A ces acides correspondent deux monamides isomères : l'une acide, l'autre neutre (voyez AMIDES). On conçoit aussi qu'ils puissent fournir des diamides, mais aucun de ces corps n'est connu jusqu'à ce jour.

4. Ils fournissent trois éthers : l'un dialcoolique résultant de la substitution de deux radicaux alcooliques à l'hydrogène, le second monoalcoolique acide résultant du remplacement de l'hydrogène non basique par un radical d'alcool; le dernier monoalcoolique neutre provenant d'une substitution analogue opérée sur l'hydrogène basique.

5. On connaît aussi des composés dérivés de ces acides par la substitution d'un radical d'alcool à l'hydrogène basique et d'un radical d'acide à l'hydrogène typique non basique. Exemple, le lactobutyrate d'éthyle :

$$(C^2H^4)''\left\{\begin{matrix}CO.OC^2H^5\\OC^4H^7O.\end{matrix}\right.$$

6. Ils forment un seul anhydride qui ne renferme plus d'hydrogène typique et qui peut être obtenu directement par l'action des agents déshydratants. La molécule ne se double pas dans la formation de cet anhydride :

$$C^3H^6O^3 = H^2O + C^3H^4O^2.$$
Acide lactique. Eau. Anhydride lactique (Lactide).

7. Par élimination de CO^2, toutes les fois qu'une telle élimination est possible, ils fournissent des corps qui renferment encore de l'hydrogène typique, mais qui ne renferment plus d'hydrogène basique. Ainsi, en perdant CO^2, l'acide salicylique se convertit en phénol.

8. Dans des conditions favorables, plusieurs molécules de ces acides s'unissent en éliminant de l'eau et donnent des acides condensés. Tel est l'acide dilactique $C^6H^{10}O^5$ que M. Pelouze a obtenu par l'action de la chaleur sur l'acide lactique.

On ne connaît aucun acide minéral qui appartienne à ce groupe. Tous ceux qui, en chimie organique, dérivent des glycols par substitution de O à H^2, en font partie. Il en est de même de ceux qui dérivent de corps moitié alcools moitié phénols, comme la saligénine.

Acides diatomiques et bibasiques. — 1. Ces acides forment deux séries de sels avec les métaux monoatomiques, les uns neutres répondant à la formule générale

$$A'' \left\{ \begin{matrix} OM' \\ OM', \end{matrix} \right.$$

les autres acides ayant pour formule

$$A'' \left\{ \begin{matrix} OM' \\ OH. \end{matrix} \right.$$

Les sels neutres peuvent renfermer deux métaux différents. On a alors des sels doubles. Quelquefois les acides de ce groupe forment des sels tétracides résultant de l'union d'une molécule d'un sel acide et d'une molécule d'acide libre; tel est le quadroxalate de potassium :

$$(C^2O^2)'' \left\{ \begin{matrix} OK \\ OH. \end{matrix} \right. \quad (C^2O^2)'' \left\{ \begin{matrix} OH \\ OH. \end{matrix} \right.$$

Ces sels ne peuvent point être considérés comme de vraies combinaisons atomiques. Ils sont aux acides bibasiques ce que les sels acides sont aux acides monobasiques.

2. Ces acides peuvent subir la substitution de deux Cl à deux OH. Ils donnent ainsi des chlorures qui régénèrent l'acide primitif sous l'influence de l'eau :

$$(C^4H^4O^2)'' \left\{ \begin{matrix} Cl \\ Cl \end{matrix} \right. + 2H^2O$$

Chlorure
de succinyle.   Eau.

$$= 2HCl + (C^4H^4O^2)'' \left\{ \begin{matrix} OH \\ OH. \end{matrix} \right.$$

Acide   Acide succinique.
chlorhydrique,

La molécule de ces chlorures renferme toujours deux atomes de chlore.

Quelques acides fournissent en outre un chlorure où un seul atome de chlore est substitué à l'oxhydryle. Ces derniers chlorures peuvent former des sels en échangeant H contre un métal. Ainsi, il existe des sels qui dérivent d'une chlorhydrine chromique

$$(Cr\,O^2)'' \left\{ \begin{matrix} OH \\ Cl. \end{matrix} \right.$$

Tel est le corps connu sous le nom impropre de chromate de chlorure de potassium :

$$(Cr\,O^2)'' \left\{ \begin{matrix} OK \\ Cl. \end{matrix} \right.$$

3. Ils donnent naissance à une monamide qui dérive de leur sel ammoniacal acide par élimination de H^2O et qui est acide (voyez AMIDES), et une diamide neutre qui dérive du sel neutre d'ammonium par perte de deux molécules d'eau.

4. Ils fournissent deux éthers avec chaque alcool monoatomique. L'un est acide et résulte de la substitution d'un radical d'alcool à un H; l'autre est neutre et résulte de la substitution de deux radicaux d'alcool à deux H. Ainsi, l'on connaît le sulfate acide d'éthyle

$$(SO^2)'' \left\{ \begin{matrix} OC^2H^5 \\ OH \end{matrix} \right.$$

et le sulfate neutre d'éthyle

$$(SO^2)'' \left\{ \begin{matrix} OC^2H^5 \\ OC^2H^5. \end{matrix} \right.$$

Ils peuvent encore former des éthers mixtes contenant les radicaux de deux alcools différents.

5. Ils donnent un anhydride par l'action directe des agents déshydratants, au moins dans la plupart des cas. Cet anhydride se produit par simple élimination d'eau et sans que la molécule se double :

$$(C^4H^4O^2)'' \left\{ \begin{matrix} OH \\ OH \end{matrix} \right. = H^2O + (C^4H^4O^2)''O.$$

Acide succinique.   Eau.   Anhydride succiniq.

Quand ils sont de nature organique et qu'ils perdent CO^2, ils se convertissent en un acide monoatomique et monobasique. S'ils perdent deux CO^2, ils se transforment en un hydrocarbure :

$$C^6H^4 \left\{ \begin{matrix} CO.OH \\ CO.OH \end{matrix} \right. = CO^2 + C^6H^5,CO.OH$$

Acide phtalique.   Anhydride   Acide benzoïque.
carbonique.

$$C^6H^4 \left\{ \begin{matrix} CO.OH \\ CO.OH \end{matrix} \right. = 2CO^2 + C^6H^6.$$

Acide phtalique.   Anhydride   Benzine.
carbonique.

6. Ils peuvent s'unir soit à eux-mêmes, soit à d'autres acides du même groupe ou d'un groupe différent, en perdant H^2O et en donnant naissance à des acides condensés.

Les acides sulfurique, sulfureux, hyposulfureux, dithionique, trithionique, tétrathionique, sélénieux, sélénique, tellureux, tellurique, diméta-phosphorique $P^2H^2O^6$, chromique, stannique SnH^2O^3, et tous les acides qui, en chimie organique, dérivent des glycols par substitution de O^2 à H^4, appartiennent à cette classe.

ACIDES TRIATOMIQUES. — Les acides triatomiques peuvent être mono, bi ou tribasiques. Les propriétés générales de chacune de ces classes peuvent être prévues, d'après ce qui précède.

1. Tous les acides triatomiques, lorsque leur molécule est assez stable, fournissent un chlorure qui en dérive par substitution de trois atomes de chlore à trois atomes d'oxhydryle. Seulement lorsqu'on traite ce chlorure par l'eau, il régénère l'acide primitif si celui-ci est tribasique. Il échange seulement deux Cl contre deux OH et donne un acide diatomique monochloré s'il dérive d'un acide triatomique et bibasique. Il ne subit qu'une seule fois cette substitution s'il correspond à un acide triatomique et monobasique :

$$PO'''Cl^3 + 3H^2O = (PO)'''(OH)^3 + 3HCl.$$

Chlorure   Eau.   Acide   Acide
de phosphoryle.   phosphorique. chlorhydrique.

$$(C^3H^3O)'''Cl^3 + H^2O = (C^3H^3O)''' \left\{ \begin{matrix} Cl^2 \\ OH \end{matrix} \right. + HCl.$$

Chlorure   Eau.   Acide   Acide
de glycéryle.   bichloropropionique. chlorhydr.

L'acide phosphoreux fait pourtant exception à cette règle. Son trichlorure échange tout son chlore contre de l'oxhydryle, bien que cet acide ne soit que bibasique. Mais en chimie organique cette règle est absolue.

2. Ces acides peuvent tous donner trois séries d'éthers provenant du remplacement de un, deux ou trois atomes d'hydrogène typique par des radicaux d'alcool. Les éthers trialcooliques sont toujours neutres, et les éthers di ou monoalcooliques toujours acides, lorsqu'ils dérivent d'acides tribasiques. Dans le cas, au contraire, où ils proviennent d'acides dont la basicité est inférieure à trois, ils peuvent être neutres ou acides selon que le radical d'alcool y est substitué à de l'hydrogène basique ou à de l'hydrogène non basique. Ainsi l'on connaît un malate diéthylique neutre, bien que l'acide malique soit triatomique.

3. Les acides tribasiques donnent trois amides, dont une neutre et deux acides (voyez AMIDES). Les acides mono et bibasiques de cette série ne donnent jamais de triamide comme leur triatomicité le ferait supposer, mais seulement des diamides neutres et des monamides acides s'ils sont bibasiques, des monamides neutres s'ils sont monobasiques. Au moins jusqu'à ce jour n'a-t-on ob-

tenu aucune triamide avec des acides triatomiques d'une basicité inférieure à trois.

4. Les acides triatomiques forment deux anhydrides : l'un directement et sans se doubler, l'autre par doublement de leur molécule :

$$(PO)''' \begin{cases} OH \\ OH \\ OH \end{cases} = H^2O + (PO)''' \begin{cases} O'' \\ OH. \end{cases}$$

Acide phosphorique.   Eau.   Acide métaphosphorique (1er anhydride phosphorique).

$$2 \left(P'''O \begin{cases} O'' \\ OH \end{cases} \right) = H^2O + P^2O^5.$$

Acide métaphosphorique.   Eau.   2e anhydride phosphorique.

Leurs premiers anhydrides fonctionnent toujours comme acides dans le cas où les acides sont tribasiques. Si leur basicité est moindre, ces anhydrides peuvent être acides ou neutres selon que c'est l'hydrogène basique ou l'hydrogène non basique qui est éliminé. Toutefois cette dernière propriété n'est encore que théorique. On ne connaît jusqu'à ce jour aucun premier anhydride neutre d'acide triatomique.

5. Les acides triatomiques forment trois séries de sels s'ils sont tribasiques, deux s'ils sont bibasiques, une s'ils sont monobasiques.

6. Plusieurs molécules de ces acides s'unissent avec élimination d'eau et donnent des acides condensés :

$$2 \left(P'''O \begin{cases} OH \\ OH \\ OH \end{cases} \right) = H^2O + \begin{array}{l} P'''O \begin{cases} OH \\ OH \\ O'' \end{cases} \\ P'''O \begin{cases} OH \\ OH. \end{cases} \end{array}$$

Acide phosphorique.   Eau.   Acide diphosphorique (pyrophosphorique).

L'acide phosphoreux, l'acide phosphorique, l'acide borique, et en chimie organique tous les acides dérivés des glycérines par substitution de O, O^2 ou O^3 à H^2, H^4 ou H^6 sont triatomiques. Les anhydrides des acides dont l'atomicité est impaire et supérieure à cinq pourraient être aussi triatomiques.

ACIDES TÉTRATOMIQUES. — On en connaît de tétrabasiques, comme l'acide silicique,

$$Si^{iv} \begin{cases} OH \\ OH \\ OH \\ OH, \end{cases}$$

de tribasiques comme l'acide citrique

$$(C^3H^4)^{iv} \begin{cases} CO.OH \\ CO.OH \\ CO.OH \\ OH, \end{cases}$$

de bibasiques comme l'acide tartrique

$$(C^2H^2)^{iv} \begin{cases} CO.OH \\ CO.OH \\ OH \\ OH, \end{cases}$$

et de monobasiques comme l'acide gallique

$$(C^6H^2)^{iv} \begin{cases} CO.OH \\ OH \\ OH \\ OH, \end{cases}$$

On pourrait répéter, au sujet des propriétés de ces acides, des remarques semblables à celles que nous avons faites sur les classes précédentes. Nous ne le ferons cependant pas, parce que, vu la complication de leur molécule, ces acides sont moins stables et donnent des réactions moins

nettes. Ainsi l'acide tartrique devrait pouvoir donner un tétrachlorure $C^4H^2O^2Cl^4$, tandis qu'aucun corps de cette composition n'est connu.

ACIDES DONT L'ATOMICITÉ EST SUPÉRIEURE A QUATRE. — Certains acides triatomiques actuellement connus ne sont que les anhydrides d'acides normaux pentatomiques qui n'existent pas. Ainsi l'acide phosphorique

$$(PO)''' \begin{cases} OH \\ OH \\ OH \end{cases}$$

n'est que l'anhydride de l'acide normal inconnu

$$\overset{v}{P} \begin{cases} OH \\ OH \\ OH \\ OH \\ OH. \end{cases}$$

On ne connaît jusqu'à ce jour aucun acide pentatomique, et les acides saccharique et malique sont les seuls acides hexatomiques connus.

ACIDES CONDENSÉS. — Lorsque deux molécules d'un acide monoatomique s'unissent en éliminant de l'eau, le produit est un anhydride qui ne renferme plus d'hydrogène typique. Aussi ce corps est-il incapable de perdre une seconde fois de l'hydrogène pour se combiner avec une nouvelle molécule d'acide, et la condensation s'arrête-t-elle là.

Lorsque, au contraire, ce sont des acides polyatomiques qui s'unissent de la sorte, le produit d'une première condensation renferme encore de l'hydrogène typique et fait fonction d'acide comme ses générateurs. Le produit est alors capable de perdre encore H et conséquemment de s'adjoindre de nouvelles molécules de l'acide simple en éliminant H^2O pour chacune d'elles. Il en résulte que la condensation n'a aucune limite ailleurs que dans la stabilité des corps formés. La théorie de la saturation n'en laisse pas prévoir.

Les acides condensés qui proviennent d'acides diatomiques renferment autant d'hydrogène typique que les corps générateurs. Ceux qui proviennent d'acides d'une atomicité supérieure à deux en renferment un nombre qui va eu croissant avec chaque condensation suivant une progression régulière. Ex. :

$$(\overset{''}{S}O^2)(OH)^2 \qquad (\overset{'''}{P}O)(OH)^3 \qquad \overset{iv}{Si}(OH)^4$$

Acide sulfurique.   Acide phosphorique.   Acide silicique.

$$(\overset{''}{S}O^2)^2(OH)^2 \qquad (\overset{'''}{P}O)^2(OH)^4 \qquad \overset{iv}{Si}{}^2(OH)^6$$

Acide disulfurique.   Acide diphosphorique.   Acide disilicique (hypothét.que).

$$(\overset{''}{S}O^2)^3(OH)^2 \qquad (\overset{'''}{P}O)^3(OH)^5 \qquad (\overset{iv}{Si})^3(OH)^8$$

Acide trisulfurique (hypothétique). L'hydrogène reste constant.   Acide triphosphorique (hypothétique). L'hydrogène croît d'une unité à chaque condensation.   Acide trisilicique (hypothétique) L'hydrogène croît de deux unités à chaque condensation.

THÉORIE DES ACIDES. — Nous l'avons déjà dit, les acides résultent de l'union de l'hydrogène avec un radical fortement électro-négatif. Il résulte de cette définition même que les conditions qui peuvent donner naissance à des acides varient avec la nature des éléments que ces acides contiennent.

Les éléments sont-ils assez fortement négatifs, leur simple union avec l'hydrogène peut communiquer à ce dernier des propriétés acides. C'est ce que nous voyons se produire avec le chlore, le brome et l'iode qui, en s'unissant à l'hydrogène, forment les acides chlorhydrique, bromhydrique et iodhydrique.

D'autres fois, les éléments ne sont point assez négatifs pour rendre directement l'hydrogène basique. Dans ce cas, il faut, pour qu'un acide se produise, qu'un nouvel élément intervienne et que l'hydrogène soit attaché à l'élément fondamental par l'intermédiaire de l'oxygène ou d'un de ses congénères comme dans l'acide silicique

$$Si \begin{cases} OH \\ OH \\ OH \\ OH. \end{cases}$$

D'autres fois encore, il faut, pour acidifier l'hydrogène, que la molécule du composé renferme plus d'atomes d'oxygène ou d'un de ses congénères qu'elle ne contient d'hydrogène basique. Ainsi, avec le phosphore, l'addition de 3 O à l'hydrogène phosphoré PH^3 ne fournit qu'un acide bibasique, et il faut un quatrième atome d'oxygène pour rendre basique le troisième atome d'hydrogène. Les acides ont donc une constitution variable suivant l'élément qui les donne. On a surtout bien étudié les lois qui président à la constitution des acides organiques, c'est-à-dire des acides du carbone.

Dans les carbures d'hydrogène, l'hydrogène est directement uni au carbone. Lorsqu'un atome d'hydrogène s'élimine, il peut être remplacé par de l'oxygène qui se fixe sur le carbone par une de ses atomicités, tandis que par l'autre il se soude à l'hydrogène éliminé, comme l'exprime la formule

$$C \begin{cases} H^3 \\ OH. \end{cases}$$
Alcool méthylique.

L'hydrogène ainsi uni au carbone par l'intermédiaire de l'oxygène est déjà plus facile à remplacer que celui qui tient au carbone. C'est lui que nous avons appelé jusqu'ici hydrogène typique non basique, ou hydrogène alcoolique. Les corps qui contiennent de l'hydrogène rendu typique par un tel mécanisme sont des alcools. Ainsi le propyl-glycol et le propyl-alcool peuvent être représentés par les formules :

$$\begin{array}{cc} & H \\ & | \\ H-C-H & H-C-H \\ | & | \\ H-C-H & H-C-H \\ | & | \\ H-C-H & H-C-H \\ | & | \\ O & O \\ | & | \\ H & H \end{array}$$

Propyl-alcool.   Propyl-glycol.

Pour que l'hydrogène typique devienne basique, il faut que, dans son voisinage le plus prochain, un second atome d'oxygène vienne se substituer à deux atomes d'hydrogène directement unis au carbone. On conçoit, d'après cela, que si, dans un alcool polyatomique, la substitution se fait seulement dans le voisinage d'un hydrogène typique et non dans le voisinage des autres, celui-là seul, dans le voisinage duquel cette substitution s'opère, acquiert des propriétés basiques. Pour transformer tous les hydrogènes typiques en hydrogènes basiques, il faut donc introduire autant d'atomes d'oxygène de substitution qu'il y a d'atomes d'hydrogène typique.

Lorsqu'on introduit une quantité moindre d'oxygène de substitution dans la molécule, l'atomicité de l'acide reste égale à celle de l'alcool, mais le degré de sa basicité est déterminé par le nombre des atomes d'oxygène substitués. Cela explique comment un alcool polyatomique peut donner naissance à plusieurs acides, tous de même atomicité que lui, mais d'une basicité variable suivant la quantité d'oxygène de substitution qu'ils contiennent.

Les figures suivantes représentent la constitution de l'hydrure de propyle, de l'alcool propylique, du propyl-glycol, de l'acide propionique, de l'acide lactique et de l'acide malonique. L'hydrogène basique y est marqué du signe + et l'hydrogène alcoolique du signe — :

$$\begin{array}{ccc} & & H- \\ & & | \\ & H & O \\ & | & | \\ H & H-C-H & H-C-H \\ | & | & | \\ H-C-H & H-C-H & H-C-H \\ | & | & | \\ H-C-H & H-C-H & H-C-H \\ | & | & | \\ H-C-H & O & O \\ | & | & | \\ H & H- & H- \end{array}$$

Hydrure   Alcool   Propyl-
de propyle. propylique. glycol.

$$C \begin{cases} OH+ \\ O'' \end{cases} \quad C \begin{cases} OH+ \\ O'' \end{cases} \quad C \begin{cases} OH+ \\ O'' \end{cases}$$
$$CH^2 \qquad\qquad CH^2 \qquad\qquad CH^2$$
$$C \begin{cases} O'' \\ OH+ \end{cases} \quad C \begin{cases} H^2 \\ OH- \end{cases} \quad CH^3$$

Acide   Acide   Acide
malonique. lactique. propionique.

On y voit comment il se fait que l'acide lactique est diatomique et monobasique, tandis que l'acide malonique est à la fois diatomique et bibasique.

Cette théorie se vérifie dans tous les cas, à l'exception d'un seul, celui de l'acide carbonique. Mais, chose remarquable, cette exception tourne encore à l'avantage de la théorie.

L'acide carbonique CH^2O^3 est bibasique. Or cet acide dérive du méthyl-glycol inconnu CH^4O^2 par substitution de O'' à H^2. Il devrait donc être seulement monobasique comme ses homologues, les acides glycolique et lactique. L'anomalie s'explique cependant aisément.

En effet, d'après la loi, pour qu'un acide soit bibasique, il faut que chaque oxhydryle ait un oxygène dans son voisinage. En fait, cela conduit, dans tous les cas, moins celui de l'acide carbonique, à dire qu'il faut autant d'oxygènes de substitution qu'il y a d'hydrogènes basiques, puisque, par ce moyen seulement, la première condition peut être remplie.

Avec l'acide carbonique le cas est différent. Le méthyl-glycol

$$C \begin{cases} OH \\ H^2 \\ OH \end{cases}$$

a ses deux oxhydryles attachés à un seul et même atome de carbone. Il en résulte que si l'on y remplace H^2 par O'', les deux (OH) sont tous deux voisins de cet oxygène et par conséquent rendus basiques. On a en effet

$$C \begin{cases} OH \\ O'' \\ OH. \end{cases}$$

En un mot, si dans l'acide carbonique, et dans cet acide seulement, un seul atome d'oxygène de substitution rend deux hydrogènes basiques, c'est que c'est le seul corps carboné où un seul atome d'oxygène substitué se trouve dans le voisinage de deux groupes (OH).

La théorie que nous venons d'esquisser relativement à la constitution des acides organiques a été pour la première fois exprimée par M. Wurtz, lequel a reconnu que les propriétés basiques de l'hydrogène des acides croissaient avec l'oxygène renfermé dans leur radical. M. Kekulé l'a systématisée, en ajoutant que la basicité est égale au nombre d'atomes d'oxygène substitué (voyez Basicité).

A. N.

ACIDIMÉTRIE. — Voyez Analyse volumétrique.

ACIER. — L'acier est un composé de fer et de carbone, durcissant par la trempe et susceptible d'acquérir par un recuit convenable de l'élasticité et de la souplesse sans perdre toute sa dureté. L'acier, moins carburé que la fonte, l'est plus que le fer; en effet, l'acier le plus fusible renferme 1,9 pour 100 de poids de carbone et l'acier le plus doux en contient 0,6 pour 100. Les corps étrangers que l'on rencontre le plus souvent dans l'acier sont, comme pour la fonte et le fer, le silicium, l'azote, le soufre, le phosphore, l'arsenic et le manganèse. Ces corps, en l'absence du carbone, ne forment pas avec le fer de véritables aciers; un fer riche en silicium est malléable et la trempe ne le durcit pas; un fer azoté est cassant et même friable; un fer combiné à une petite quantité de soufre, de phosphore ou d'arsenic, est dur et cassant, la trempe et le recuit n'en modifient pas la dureté; enfin le manganèse communique au fer pur les qualités des meilleurs fers doux. Les propriétés de l'acier sont profondément altérées par des quantités très-faibles de ces corps lorsque, comme le silicium et le soufre, ils peuvent presque entièrement déplacer le carbone sous l'influence de la chaleur. Ces deux métalloïdes rendent les aciers cassants soit à froid, soit à chaud; mais ils ne décèlent pas immédiatement leurs défauts lorsqu'ils ont été travaillés avec habileté : plusieurs chaudes successives les altèrent toujours en déterminant le départ d'une partie du carbone que la présence du silicium ou du soufre empêche de rentrer en dissolution par un martelage énergique, opération qui contre-balance les effets destructeurs de la chaleur sur un acier exempt de ces impuretés. Au contraire, les corps qui s'allient au fer et au carbone peuvent exister dans un acier de qualité supérieure. Le manganèse surtout, par sa grande affinité pour le carbone, retient ce corps à l'état de combinaison et donne par suite au métal des qualités qui le font rechercher. Cette affinité du manganèse, jointe à la propriété fort intéressante qu'il possède à un haut degré d'entraîner, en se scorifiant, le soufre et le silicium qui souillent les minerais et les fontes, explique comment les minerais et les fontes manganésifères donnent de bons aciers. L'affinité du fer pour le charbon est donc assez faible et peut être puissamment modifiée par l'introduction d'une substance étrangère.

Le carbone de l'acier est plus ou moins intimement combiné au fer, car tantôt les acides dissolvent en même temps les deux corps, tantôt ces mêmes réactifs laissent un résidu charbonneux insoluble. Les qualités qui constituent l'acier croissent en même temps qu'augmente la proportion de carbone combiné soluble dans les acides. Le martelage et surtout la trempe favorisent cette combinaison intime des deux éléments.

Les effets de la trempe et du recuit sont en rapport avec le degré de carburation du métal. Un métal que la trempe durcit assez pour étinceler sous le briquet renferme au moins 6 millièmes de carbone, et l'acier qui acquiert par la trempe le maximum de dureté et de ténacité en renferme 10 à 15 millièmes. Lorsque la proportion de carbone excède cette dernière limite, le métal gagne en dureté, mais aux dépens de la ténacité et de la soudabilité. Avec 18 millièmes de carbone, l'acier peut encore être travaillé et martelé; il est très-dur, très-tenace, mais il ne peut plus se souder. Enfin le métal qui renferme plus de 19 millièmes de carbone n'est plus malléable à chaud.

La trempe communique toujours un peu d'aigreur à l'acier; le recuit lui enlève cette fâcheuse propriété tout en lui conservant de la dureté; le meilleur acier est d'ailleurs celui qui ne perd sa dureté que par un recuit très-intense. Pour proportionner la dureté de l'acier aux usages auxquels on le destine, on le polit après l'avoir trempé, puis on lui fait subir un recuit partiel. On utilise, pour apprécier la température du recuit, la propriété que possède le métal de se colorer par suite d'une oxydation superficielle. L'acier chauffé successivement devient d'abord d'un jaune paille, passe au jaune doré, puis au pourpre, au violet, au bleu clair, au bleu foncé et enfin au bleu noir. D'après la qualité de l'acier et la nature des objets, on recuit jusqu'à telle ou telle couleur. Les instruments destinés à travailler le fer se recuisent au jaune; ceux destinés à mordre sur les métaux moins durs se recuisent au jaune doré; on doit aller jusqu'au pourpre pour les couteaux, au violet et au bleu pour les ressorts de montre, et au bleu noir pour les scies fines et les forets.

La densité de l'acier oscille entre 7,2 et 7,9. Le durcissement de l'acier par la trempe est accompagné, ainsi que l'a reconnu Réaumur, d'une diminution notable de sa densité. M. Caron a constaté que la densité de l'acier diminue avec le nombre des trempes qu'on lui fait subir. La cassure de l'acier est unie, grenue et d'une couleur plus claire que celle du fer. Le grain de l'acier devient plus fin par le martelage et la trempe.

L'importance de l'industrie qui a pour objet la fabrication des aciers s'accroît chaque jour. L'amélioration de la qualité des aciers produits et l'abaissement du prix pour une qualité égale témoignent des progrès de cette branche importante de la métallurgie dont les origines se perdent dans l'Inde, où se fabrique aujourd'hui, par les procédés d'autrefois, l'acier Wootz, véritable type des aciers fins. L'avancement de l'industrie de l'acier est dû au génie inventif des peuples européens, et la France y concourut la première par des recherches scientifiques; car ce sont les remarquables travaux de Réaumur qui établirent que le principe aciérant est le charbon pur et que l'acier est simplement un intermédiaire entre le fer et la fonte.

Depuis une longue suite de siècles, on fabrique de l'acier dit *naturel* par des procédés identiques à ceux usités pour la fabrication du fer au bois, et depuis 1630 on convertit en acier le fer en barres en le chauffant à la température de la fusion du cuivre dans un lit de charbon. L'acier obtenu par ce procédé est appelé acier de *cémentation*. La phase suivante de cette industrie est celle de l'acier *fondu*, inaugurée en 1740 à Sheffield par Benjamin Huntsman, le créateur des aciéries du Yorkshire. L'emploi des combustibles minéraux dans l'affinage de la fonte pour acier, mis à l'étude en 1838 par le célèbre métallurgiste Karsten, fournit aujourd'hui d'une manière courante l'acier dit *puddlé*. Enfin, depuis quelques années, la conversion de la fonte en acier se fait aussi par le procédé de M. Bessemer, qui permet d'élaborer en quelques minutes plusieurs tonnes d'un acier connu sous le nom d'acier ou de métal *Bessemer*.

FABRICATION DE L'ACIER NATUREL. — 1° *Affinage de la fonte pour acier au charbon de bois.* — Les fontes qu'on traite pour acier au bas foyer sont les fontes blanches grenues très-pures ou les fontes spéculaires; ces dernières, toujours très-cristallines, possèdent une forte teneur en carbone et en manganèse. La fonte s'affine sous le vent de la tuyère en restant couverte d'une couche d'environ 6 centimètres de scories moins riches en oxyde de fer que dans l'affinage pour fer. On se règle pour la rapidité et le poids des charges sur la consistance du métal et sur la nature des scories. La masse métallique doit conserver pendant toute la durée de l'affinage la consistance du beurre; elle ne subit aucun brassage, ni aucun soulèvement. La loupe extraite du four est martelée en forme de plaque et divisée en huit morceaux. Le réchauffage des morceaux se fait pendant l'opération suivante dans le foyer même, ou mieux dans un foyer spécial, et chacun de ces fragments est étiré en forme de barre.

2° *Extraction directe de l'acier d'un minerai de fer par la méthode catalane.* — La fabrication de l'acier naturel s'effectue également dans les forges catalanes. Le travail en acier naturel exige qu'on favorise la carburation du fer et qu'on en prévienne ensuite la décarburation. On satisfait à ces deux conditions en employant une forte proportion de charbon de bois dense, en faisant constamment écouler les scories basiques qui s'accumulent au fond du foyer et en donnant peu de vent à la fin de l'opération. Parmi les circonstances qui facilitent la production de l'acier dans

le foyer catalan, on doit mentionner la présence d'une forte proportion de manganèse dans le minerai. L'oxyde de manganèse forme une scorie très-fluide qui garantit de l'oxydation l'acier déjà formé. Le fer aciéreux se trouve ordinairement à la partie supérieure du massé. Le cinglage se fait comme pour le fer. Les barres d'acier obtenues par le cinglage sont trempées; elles doivent être triées et affinées.

3° *Affinage de la fonte au feu Rivois.* — Dans la méthode rivoise appliquée aux fontes de l'Isère, on décarbure la surface d'un bain de fonte liquide contenu dans un creuset brasqué, en dirigeant sur le métal le vent d'une tuyère à axe mobile et en ajoutant des scories riches en oxyde de fer. De temps en temps on peut retirer du bain le métal qui se solidifie sous la forme de boules de 20 à 30 kilogrammes. Ces boules sont souvent ferrugineuses et quelquefois incomplétement décarburées. En allure ordinaire, la méthode rivoise ne donne pas plus de 40 pour 100 d'acier moyennement dur. La majeure partie des produits se compose d'aciers doux, qui ne conviennent qu'à la fabrication des instruments agricoles. Le réchauffage des boules se fait dans un four soufflé, voûté et alimenté par de la houille.

FABRICATION DE L'ACIER PUDDLÉ. — Les fontes

Fig. 3. — Four bouillant pour le puddlage de l'acier.

destinées au puddlage pour acier doivent être manganésifères et très-riches en carbone. Le puddlage se fait dans un four bouillant sur une sole formée avec des scories riches et des crasses de marteau. La conservation du four exige l'emploi de parois en fonte refroidies par un courant d'eau pour le pourtour de la sole, qui doit être assez mince pour que les scories qui la forment ne se liquéfient pas, et assez profonde pour que les flammes n'agissent pas avec trop d'énergie sur le bain métallique. On commence la charge du four dès que la sole a acquis assez de cohésion pour résister au frottement d'un ringard. La fusion de la charge effectuée, on brasse le bain avec un crochet introduit par une petite ouverture ménagée à la porte de travail, tandis qu'on projette dans le four des scories riches en oxyde de fer, du bioxyde de manganèse et du sel marin ou du spath fluor : la fonte s'épure, puis se décarbure partiellement sous la nappe des scories ferrugineuses et manganésifères. D'après M. Gruner, ces scories

sont toujours bibasiques. Dans le puddlage pour acier, le brassage favorise la formation et la réunion de grains solides d'acier en grumeaux blancs ressemblant à des choux-fleurs. On commence la formation des loupes dans une atmosphère réductrice plutôt qu'oxydante, dès que les scories deviennent d'un blanc jaunâtre, se collent au ringard, présentent à l'air des points étincelants nombreux, et que le crochet du puddleur trouve une grande résistance à se mouvoir dans le four. Les 180 kilogrammes d'acier formés à chaque puddlage sont divisés en 6 loupes du poids de 30 kilogrammes qu'on cingle immédiatement. Les loupes sont réchauffées dans un four de chaufferie à la houille ou mieux sur la sole du four à puddler pendant la fusion d'une charge, ainsi que nous l'avons vu pratiquer dans la magnifique aciérie de M. Holtzer, à Firminy-Unieux. Au sortir du four les loupes réchauffées sont étirées au marteau.

FABRICATION DE L'ACIER CÉMENTÉ. — La cémentation du fer s'effectue dans des caisses en briques disposées dans un four particulier consacré à cet usage. Les barres de fer y sont rangées par lits avec le cément. Le fer que l'on soumet à la cémentation doit être en barres plates, de 4 à 6 cent. de large sur 1 à 1,5 cent. d'épaisseur. Un bon acier de cémentation ne s'obtient qu'avec des fers purs et bien corroyés : les aciers des premières marques, tant en France qu'en Angleterre, ne sont guère obtenus qu'avec les meilleurs fers de Suède. Le cément est formé par du charbon de bois en poudre grossière. On a longtemps, d'après les conseils de Réaumur, fait entrer le sel marin dans la composition du cément. La suie, le cuir, le carbonate de baryte, associés au charbon, constituent un cément puissant. Le charbon qui a déjà servi à une cémentation n'acière plus le fer que lentement : toutes choses égales, d'ailleurs le charbon de bois le plus dense est celui qui acière avec le plus de rapidité. Enfin, le charbon animal est un des céments les plus énergiques.

Les barres de fer, après une cémentation de 10 à 20 jours, présentent à leur surface de petites soufflures ou ampoules dépendant de la présence d'une petite quantité de scories dans le fer. Cet acier ne peut être employé qu'après fusion ou corroyage.

La cémentation des objets confectionnés en fer, connue depuis longtemps, sous le nom de trempe en paquet, s'effectue toujours avec des céments renfermant soit des matières animales, soit des cyanures.

Le fer en lames minces, chauffé 20 heures en vase clos à la température de la fusion de l'or en contact avec de la tournure grossière de fonte grise, se transforme en un acier d'un grain magnifique, d'après M. Cailletet. Le fer poli et cémenté par ce procédé conserverait son éclat et n'offrirait pas une seule soufflure.

On peut également enlever du carbone à un acier ou à une fonte solide. Ainsi, en chauffant de l'acier avec de la limaille de fer, on désacière assez pour faire acquérir à des instruments en acier fondu la propriété de couper le fer sans se grener.

Ainsi, la fonte chauffée au rouge vif dans de la poussière d'hématite rouge, dans de la craie ou dans des rognures de fer, perd du carbone et acquiert de la malléabilité : elle se convertit en fonte malléable. La découverte de la fonte malléable est due à Réaumur, et c'est lui aussi qui apprit à brûler, par l'acide carbonique, l'excès de carbone des aciers intraitables.

La cémentation, telle qu'elle se pratique industriellement, paraît nécessiter non-seulement la présence du charbon et de l'azote, mais encore celle d'un alcali. Or, ces trois corps mis en présence un rouge forment au cyanure, et les cyanures sont, de tous les corps, ceux qui cémentent le fer avec le plus de régularité et de promptitude. Les cyanures n'agissent pas dans l'aciération en raison de l'azote qu'ils contiennent, mais seulement comme véhicules du carbone. Cette propriété remarquable des cyanures serait due à une fixité qui leur permettrait de ne céder le carbone qu'ils contiennent qu'à la température convenable à la carburation. Ces corps partagent d'ailleurs cette propriété avec les autres corps carburés qui résistent au rouge : le gaz des marais donne, lorsqu'on ménage la température, des cémentations très-belles ; l'oxyde de carbone même cède du charbon au fer. Le rôle du charbon lui-même n'est pas négligeable dans une longue cémentation : le charbon de sucre et le diamant peuvent cémenter, d'après M. Margueritte. Seul, le charbon, devenu très-cohésif par une forte calcination, a perdu la faculté de cémenter : il ne se combine

plus au fer qu'à une température voisine de la fusion de ce métal.

La présence constante d'une très-petite quantité d'azote soit dans le fer soumis à la cémentation, soit dans la fonte soumise à l'affinage, n'est pas nécessaire à la constitution de l'acier, et n'est pas même indispensable à l'aciération, ainsi qu'une belle expérience de M. Fremy a permis de le prouver. En effet, ce chimiste ayant fait voir que l'hydrogène pur et sec chasse complétement l'azote du fer, de la fonte et de l'acier à l'état d'ammoniaque, M. Caron a pu constater que l'acier, débarrassé des traces d'azote qu'on y rencontre presque toujours, ne perd aucune de ses propriétés caractéristiques, et que le fer privé d'azote se cémente dans un courant d'hydrogène protocarboné pur. Enfin, M. Margueritte a réalisé des cémentations également sans azote par le carbone pur et par l'oxyde de carbone. La théorie qui fait de l'acier un azoto-carbure, introduite dans la

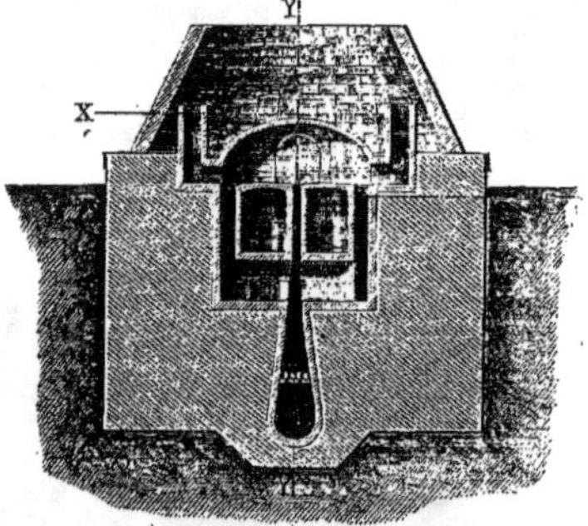

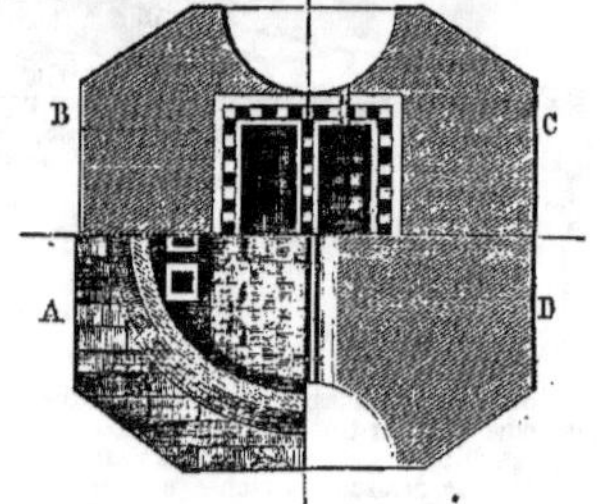

Fig. 4. — Four de cémentation.

science par Schaffhaütl, de Munich, ne résiste donc pas à l'épreuve des faits : elle fut d'ailleurs abandonnée par son auteur lui-même. Il reste à demander à l'expérience la solution de la question suivante : Les fontes et les fers aciéreux sont-ils plus riches en azote que les fers et les fontes avec lesquels on ne peut faire de bons aciers ? L'azote constaté qualitativement dans ces produits par la belle expérience de M. Fremy a été dosé par MM. Marchand, Caron, Bouis, Boussingault, Rammelsberg. Les recherches docimasiques de ces savants montrent que la fonte contient plus d'azote que le fer et le fer plus que l'acier ; que les fontes et les fers français en contiennent plus que les fontes à acier et les fers de

Suède, et que les fontes lamelleuses les plus propres à la fabrication de l'acier n'en contiennent pas. Il est donc certain que l'azote n'est ni aciérant, ni indispensable pour transporter le carbone dans l'intérieur des barreaux de fer soumis à la cémentation.

Les beaux travaux de M. Caron sur l'aciération permettent d'apprécier l'importance relative des différents agents de la carburation du fer dans la trempe en paquet et même dans les caisses de cémentation. En effet, en mettant hors de doute que le fer chauffé avec du charbon sans alcali et sans azote, ou sans l'un de ces deux corps, ne s'assimile que des quantités très-faibles de carbone, et en restituant au cément épuisé toute son énergie primitive en y ajoutant l'alcali qu'il a perdu, M. Caron montre que les circonstances d'une bonne cémentation industrielle se trouvent être celles qui permettent la formation des cyanures. D'après le même expérimentateur, la baryte et la strontiane peuvent suppléer les alcalis; mais la chaux ne régénère pas un cément épuisé: la chaux, comme on sait, ne forme pas de cyanure au rouge en présence du charbon et de l'azote. Le cément doit donc vraisemblablement son activité aux cyanures alcalins ou terreux qui ne peuvent manquer de s'y produire, et partant, si ces cyanures ne sont pas les agents exclusifs de la cémentation industrielle, ils sont certainement de beaucoup les plus énergiques.

La nature des cyanures n'est pas sans influence sur le temps et la profondeur de la cémentation. Les cémentations superficielles et rapides s'obtiennent en employant pour cément un mélange de charbon et de savate brûlée : ici c'est le cyanhydrate d'ammoniaque qui cémente. Ce cyanhydrate, ainsi que le constate l'expérience directe, est un des agents les plus puissants de la carburation du fer, mais sa grande volatilité rendant son action un peu éphémère, le carbone ne pénètre pas profondément. Le cyanhydrate d'ammoniaque joue un rôle, concurremment avec les carbures d'hydrogène, dans les cémentations réalisées dans le gaz de l'éclairage par Mac Intosch. Les cémentations rapides n'ont trouvé jusqu'ici qu'une application restreinte, bornée aux objets que l'on acière superficiellement. Les cémentations profondes s'obtiennent par le cyanure alcalin formé aux dépens de la potasse d'un cément formé de charbon de bois et de suie(1). Les cémentations à cœur se réalisent rapidement avec un cément formé de 3 p. de charbon et 1 p. de carbonate de baryte, parce que la faible volatilité du cyanure de baryum permet d'opérer à une température sensiblement plus élevée qu'avec le cément à base de potasse ou de soude. Ces mélanges ont le grave inconvénient d'exposer à sacrifier la régularité du travail à sa rapidité.

FABRICATION DE L'ACIER BESSEMER. — Le procédé de M. Bessemer est une méthode d'affinage fournissant directement et en quelques minutes de l'acier fondu par grandes masses. L'affinage s'exécute dans un appareil spécial, qui a reçu le nom de *convertisseur*, espèce de cornue à col très-court en tôle de fer garnie intérieurement d'un lut réfractaire a, b, c, d. Le fond de la cornue est occupé par une sorte de bouchon mobile xx' logeant dans son intérieur des tuyères ou canaux en terre réfractaire de 1 centimètre de diamètre qui amènent le vent d'une bonne soufflerie sous une pression

(1) Le cément de Réaumur (charbon de bois et sel marin) porté à une haute température dans des caisses perméables aux gaz du foyer toujours chargés de vapeur d'eau, sera un cément riche en soude, M. Fouqué ayant prouvé que le gaz aqueux décompose des quantités notables de sel marin en soude et acide chlorhydrique.

d'une atmosphère. Pour faciliter les manœuvres du chargement et de la coulée, cet appareil est mobile autour d'un axe Z passant par son centre de gravité. Le convertisseur, après avoir été porté au blanc, est rempli de fonte grise liquide et sa gueule est amenée sous une hotte en communication avec une cheminée pendant qu'on donne

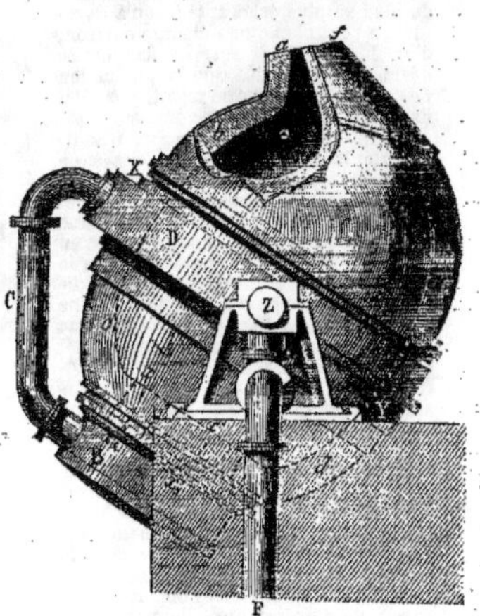

Fig. 5. — Convertisseur Bessemer.

le vent. Le bain de fonte, traversé alors sur une épaisseur de 50 à 60 centimètres par de nombreux filets d'air, fait entendre un clapotement sec qui se transforme en quelques minutes en un bouillonnement sourd, pendant que l'appareil émet une flamme dont l'aspect indique à un œil exercé les phases de la décarburation et le moment précis où la fonte est transformée en un fer suraffiné et brûlé. Ce produit transitoire obtenu, on supprime le vent et on ajoute au métal brûlé 7 °/₀ de son poids de fonte manganésifère préalablement fondue(1). Cette addition de fonte produit un bouillonnement tumultueux de toute la masse liquide. On coule, au bout de quelques secondes, le mélange dans une poche de fonderie qui sert à distribuer le métal dans des moules.

Les fontes grises qu'on affine par ce procédé doivent renfermer 5 °/₀ environ de carbone et 2 °/₀ de silicium et, au maximum, 0,04 °/₀ de soufre. Leur teneur en manganèse ne doit pas dépasser 1 °/₀ si l'on veut éviter les explosions qui accompagnent souvent un affinage tumultueux. La fonte d'addition est une fonte blanche miroitante renfermant 5 °/₀ de carbone, 0,5 °/₀ de silicium et de 5 à 10 °/₀ de manganèse. Ces fontes, au prix moyen de 18 fr. les 100 kilog., fournissent un acier Bessemer brut à 30 fr. les 100 kilog. Le déchet est d'environ 15 °/₀ et chaque 1000 kilog. de fonte exige, par minute, l'injection de 14 mètres cubes d'air pris à 15° et à la pression normale de 0,760.

Au début de l'affinage Bessemer le silicium et le manganèse sont les principaux aliments de la combustion qui s'établit au sein de la masse de

(1) En Suède on arrête l'affinage lorsque la fonte est arrivée au degré voulu de décarburation.

fonte grise incandescente; mais, après quelques minutes, le carbone et le fer sont en pleine combustion, soit directement, soit indirectement, comme dans toutes les méthodes d'affinage. La température s'élève rapidement et l'oxyde de carbone, produit en abondance, vient brûler à la gueule du convertisseur, d'abord avec une flamme rougeâtre, puis de plus en plus éclairante jusqu'à devenir, au bout d'un quart d'heure environ, d'un blanc éblouissant. La flamme se déchire et tombe dès que la production de l'oxyde de carbone se ralentit: cet état de la flamme coïncide avec un métal très-chaud et chargé d'oxyde de fer. L'addition de la fonte miroitante faite à ce moment réduit l'oxyde de fer, recarbure le fer dans une proportion connue, et par son manganèse donne au laitier une grande fluidité et entraîne le soufre en se scorifiant. Malgré l'abaissement de la température déterminé par cette addition, nous avons pu constater dans l'usine de MM. Petin et Gaudet, à Assailly, que le métal Bessemer, au moment où il sort du convertisseur, est à une température bien supérieure à celle de la fusion des aciers doux : le jet métallique apporte à la rétine l'impression d'un blanc éblouissant possédant cette nuance violette que M. H. Sainte-Claire Deville a signalée comme le caractère des températures supérieures à 1800°.

L'affinage pneumatique de Bessemer, installé comme à Assailly, permet de couler des pièces de 1 mètre cube d'une manière courante. L'acier obtenu est de composition constante, homogène et exempt de soufflures; il tient bien au feu et présente une soudabilité plus grande que les aciers fondus ordinaires.

FABRICATION DE L'ACIER WOOTZ. — On le fabrique par fusion dans les Indes orientales : il possède des qualités qui le rendent préférable à tout autre acier. Le tungstène et le chrome seraient, d'après quelques savants, les métaux auxquels cet acier devrait ses propriétés. Faraday a constaté que lorsqu'on chauffe de la fonte très-carburée intimement mélangée avec de l'alumine, pendant longtemps, à la température de la fusion du fer, l'on obtient un culot renfermant de l'aluminium qui ressemble au wootz et se damasquine sous l'influence des acides, comme l'acier indou. On se procure également cet acier en fondant 100 p. de fer doux avec 2 p. de noir de fumée. Cette fusion du fer et du charbon est pratiquée dans quelques usines pour fabriquer des aciers fondus : le fer est alors chauffé avec 1 à 2 °/₀ de charbon de bois et 1 °/₀ de bioxyde de manganèse. Dans cette fabrication de l'acier fondu, on a remplacé avec avantage le charbon et le bioxyde de manganèse par de la fonte miroitante manganésifère. Depuis que l'on fond des aciers doux d'une manière courante, ce dernier mode de génération de l'acier s'est beaucoup répandu.

DE LA FUSION DE L'ACIER. — La fusion de l'acier s'effectue dans des creusets ou au four à réverbère.

Les creusets à fondre l'acier exigent des soins extrêmes dans leur fabrication : ils ne doivent être recuits qu'après avoir séjourné au moins six semaines dans un séchoir. Ces creusets ont 20 cent. de diamètre et 50 à 60 cent. de hauteur; ils peuvent contenir de 20 à 40 kilog. d'acier. On les chauffe à la houille ou au coke : à la houille ils font 5 à 6 coulées, au coke ils ne font que 3 coulées. La charge formée de 20 kilog. d'acier cassé en fragments est introduite dans les creu-

sets (¹) lorsqu'ils commencent à se ramollir par la haute température développée dans le four. Un four chauffé au coke, contenant 2 ou 4 creusets, peut faire 3 coulées en 12 heures. Un four chauffé

Fig. 6. — Fusion de l'acier au coke.

à la houille, contenant 9 creusets, peut, avec un chauffeur habile, faire 5 coulées en 24 heures.

La fusion de l'acier est amenée au point convenable pour la coulée lorsqu'une baguette d'acier, plongée rapidement dans le creuset, en sort sans étinceler. La coulée se fait en lingotières huilées ou mieux flambées à la flamme du goudron. Le poids des lingots peut varier depuis celui de l'acier contenu dans un creuset jusqu'à celui de l'acier fondu au même moment. On coule directement l'acier fondu des creusets dans la lingotière à moins que le lingot ne doive peser plus de 400 kilog.; lorsqu'on atteint ce poids, il est presque toujours préférable de se servir de la poche des fonderies de fonte. Dès que le lingot est coulé, on pose dessus un morceau de fonte qui entre exactement dans la lingotière. L'effet de cet obturateur est de solidifier la surface qu'il touche et d'empêcher par là les gaz de s'échapper en produisant un acier bulleux. Ce sont d'ailleurs les aciers doux dont la trempe modifie peu la dureté qui sont les plus sujets à être dépréciés par des cavités nombreuses. Les aciers bulleux sont, d'après M. Caron, ceux qui, comme les aciers doux, se solidifient à la température à laquelle l'oxyde de fer dissous dans l'acier peut produire de l'oxyde de carbone aux dépens du charbon de l'alliage. L'acier très-carburé et les fontes qui sont plus fusibles rochent avant la solidification et, par conséquent, ne présentent pas de soufflures.

La fusion de l'acier au four à réverbère s'ef-

<hr>

(1) Dans les usines du bassin de la Loire on fabrique un acier recherché pour les limes et les outils tranchants en fondant l'acier dans des creusets avec 1 à 8 °/₀ de wolfram réduit.

fectue parfaitement, comme l'a montré M. Sudre, en préservant l'acier du contact de l'air par un laitier formé par du verre à bouteille ou des scories de haut fourneau au bois. La fusion de plusieurs tonnes d'acier s'opère sous ce laitier sans faire perdre au métal aucune de ses qualités.

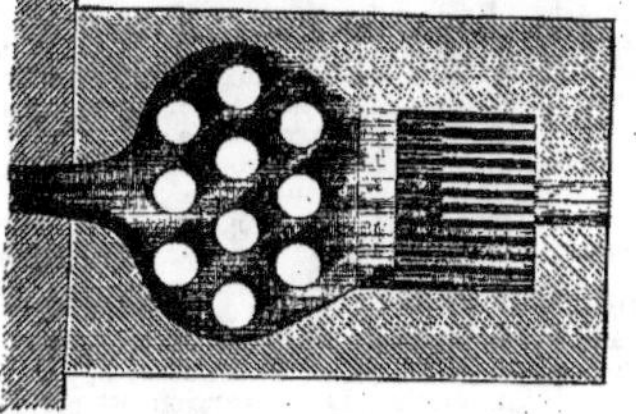

Fig. 7. — Fusion de l'acier à la houille.

L'acier fondu l'emporte sur les autres aciers en homogénéité, en dureté et en finesse; mais il ne peut être travaillé sans se détériorer que par des ouvriers exercés, et encore aujourd'hui son prix est fort élevé. Les aciers naturels, puddlés et cémentés, sont indistinctement soumis à la fusion. Les lingots d'acier sont étirés en barres minces au moyen du marteau; un ou deux étirages successifs suffisent pour faire acquérir à l'acier fondu la finesse de grain requise pour toutes les applications : il porte, ainsi préparé, le nom d'acier fondu étiré.   P. H.

ACONIQUE (ACIDE), $C^5H^4O^4$. — Lorsqu'on neutralise par la soude une solution d'acide bibromopyrotartrique, et qu'on porte la liqueur à l'ébullition, elle prend une réaction acide. En saturant pendant l'ébullition par le carbonate de sodium, de manière à avoir 3 molécules d'hydrate de sodium pour 1 molécule d'acide bibromopyrotartrique, on obtient, par le refroidissement de la solution concentrée, des cristaux d'aconate de sodium.

On sépare l'acide aconique par l'addition de l'acide chlorhydrique au sel de sodium. Il est cristallisable et très-soluble dans l'eau. Il prend naissance en vertu de la réaction suivante :

$$C^5H^6Br^2O^4 = C^5H^4O^4 + 2HBr.$$

L'aconate de sodium est très-soluble dans l'eau;

il cristallise en tables rhomboïdales; il s'effleurit lentement à l'air sec. Il renferme

$$C^5H^3NaO^4 + 3H^2O$$

[Kekulé, 1861, *Ann. der Chem. u. Pharm.*, supplém., t. I, n° 3. — *Répert. de Chim. pure*, 1862, p. 305].

ACONITINE, $C^{30}H^{47}AzO^7$. — M. Hep, le premier, a retiré de l'aconit napel (*Aconitum napellus*, famille des Renonculacées) un alcaloïde d'apparence cristalline, doué de propriétés vénéneuses énergiques et auquel il a donné le nom d'*aconitine* [*Ann. der Chem. u. Pharm.*, t. VII, p. 269]. D'autres chimistes, tels que Vauquelin, Braconnot, Marson, Hottot, T. et H. Smith, etc., ont fait aussi des recherches chimiques sur cette plante. Ainsi, M. Marson en a extrait une substance cristallisée pour laquelle il a proposé le nom de napelline [*Ann. de Poggend.*, t. XLII, p. 175]. Plus tard, par des études chimiques et physiologiques sur le même sujet, le docteur Hottot fit voir : 1° que l'aconitine de M. Hep possède toutes les propriétés toxiques de l'aconit, mais qu'elle est une substance incristallisable; 2° que la napelline de M. Marson est un principe bien cristallisé, jouissant aussi de propriétés toxiques, mais à un degré bien moindre que l'aconitine [*Journ. de Pharm. et de Chim.*, t. XLIV, p. 130, et t. XLV, p. 304, 3e sér.]

Enfin, MM. T. et H. Smith ont retiré de l'aconit un principe cristallin qu'ils ont fait connaître sous le nom d'*aconelline*, et qui, par ses propriétés, se rapprocherait de la narcotine [*Journ. de Pharm. et de Chim.*, t. I, p. 142, 4e sér.]. Comme elle, en effet, elle se colore en rouge lorsqu'on la met en contact avec de l'acide sulfurique contenant de petites quantités d'acide azotique. Elle paraîtrait privée de propriétés toxiques. 0,30 centig. donnés à un chat ont été sans effet sur lui. — Pour la préparation de l'aconelline, voir à la fin de l'article.

En résumé, l'aconit napel contiendrait :

1° L'ACONITINE, matière pulvérulente et incristallisable douée des propriétés les plus énergiques de la plante.

2° La NAPELLINE, substance cristalline possédant aussi des propriétés toxiques, mais moins énergiques que celles de l'aconitine.

3° L'ACONELLINE, matière cristallisée, paraissant privée de l'action toxique de l'aconit.

L'aconitine pure se présente sous la forme d'une poudre blanche très-légère, contenant 20 pour 100 d'eau; chauffée à 85°, elle perd son eau d'hydratation et devient anhydre; dans cet état, elle offre alors l'aspect d'une masse résineuse de couleur ambrée; à 120°, elle brunit; à 140°, elle se volatilise en se décomposant en grande partie. Elle n'a pas d'odeur, mais elle possède une amertume et une âcreté persistantes.

L'aconitine est peu soluble dans l'eau froide, plus soluble dans l'eau bouillante, dont elle exige environ 50 parties pour se dissoudre; cette solution ramène au bleu le papier de tournesol rougi par un acide. Elle est soluble dans l'alcool et dans l'éther.

L'acide azotique dissout l'aconitine sans la colorer.

L'acide sulfurique à chaud la colore d'abord en jaune, puis en rouge violacé.

Cet alcaloïde sature les acides et forme avec eux des sels incristallisables, non déliquescents, solubles dans l'eau et dans l'alcool, et peu étudiés jusqu'à présent.

Le tannin donne avec leur solution un précipité abondant.

La teinture d'iode, l'iodure ioduré de potassium forment un précipité couleur kermès ; ce dernier réactif, d'après le docteur Hottot, paraît être son meilleur antidote.

Le bichlorure de mercure donne un précipité blanc caillebotté assez soluble dans le chlorhydrate d'ammoniaque et l'acide chlorhydrique.

Le chlorure d'or, un précipité jaunâtre, insoluble dans l'acide chlorhydrique.

Le sulfocyanure de potassium, un précipité blanc.

L'acide picrique, un précipité jaune insoluble dans l'ammoniaque.

Le chlorhydrate d'aconitine s'obtient en faisant passer un courant de gaz chlorhydrique sur la base chauffée à 100° ; d'après le dosage du chlore, ce sel semble renfermer $C^{30} H^{47} Az O^7$ (2 HCl).

L'iodure double de mercure et de potassium forme un précipité blanc jaunâtre caillebotté.

Le bichlorure de platine, le phosphate de soude ne forment pas de précipité dans la solution des sels d'aconitine.

Différents procédés ont été indiqués pour isoler l'aconitine. Voici celui que M. le docteur Hottot a employé, et qui doit être suivi de préférence, parce qu'on isole par ce moyen un principe qui renferme les propriétés les plus énergiques de l'aconit.

On prend la racine d'aconit réduite en poudre et on la fait macérer pendant huit jours dans l'alcool à 85° ; la teinture filtrée est ensuite distillée au bain-marie. Le solutum aqueux est alors mélangé avec une quantité suffisante de chaux éteinte et agitée de temps en temps ; la solution filtrée de nouveau et précipitée par un très-léger excès d'acide sulfurique est évaporée en consistance sirupeuse. On ajoute enfin au produit de l'évaporation deux ou trois fois son poids d'eau ; on laisse reposer afin d'enlever une huile verte solidifiable à 20° qui vient surnager sur le liquide, puis on se débarrasse des dernières portions de cette huile en versant le tout sur un filtre mouillé. On ajoute de l'ammoniaque dans la liqueur filtrée, et on la porte à l'ébullition pour chasser l'excès d'alcali volatil et rassembler le précipité qui est recueilli sur un filtre ; enfin ce précipité est lavé, séché et traité par de l'éther pur.

Ce précipité est un mélange d'aconitine et de matière résinoïde, peu soluble dans l'éther. La solution éthérée, filtrée, abandonnée à l'évaporation spontanée, laisse l'aconitine encore impure. Pour obtenir l'alcaloïde à l'état de pureté parfaite, il faut le dissoudre de nouveau dans l'acide sulfurique dilué, le précipiter par l'ammoniaque, faire bouillir, recueillir le précipité, le laver, le sécher et le traiter encore par l'éther. En répétant ce traitement deux ou trois fois, et en ayant la précaution au dernier traitement de ne verser l'ammoniaque que goutte à goutte, afin de pouvoir séparer le premier précipité encore coloré, on finit par obtenir de l'aconitine blanche, amorphe et très-pure. Par ce procédé, 10 kilog. de racine d'aconit donnent en moyenne 4 à 6 grammes d'aconitine.

L'aconelline de MM. T. et H. Smith s'obtient en suivant le procédé qui vient d'être indiqué plus haut, seulement au lieu d'employer l'ammoniaque pour neutraliser la liqueur acide, on se sert de carbonate de sodium, en ayant soin de ne pas neutraliser complétement la liqueur ; il faut qu'elle ait une légère réaction acide. Dans ces conditions, l'aconitine reste en solution et l'aconelline cristallise au bout d'un jour ou deux sur les parois du vase.

L'aconitine est un poison violent ; elle irrite fortement les muqueuses et détermine la dilatation de la pupille. Prise à doses convenables, elle agit comme un sédatif puissant ; on l'emploie pour combattre les douleurs nerveuses, le rhu-matisme articulaire aigu. Elle rend encore des services dans certaines maladies des oreilles, en rétablissant promptement la sécrétion du cérumen. Elle est ordinairement prescrite sous forme de granules, qui contiennent 0,0002 d'aconitine. D'après le docteur Hottot, la dose peut être élevée progressivement jusqu'à 0,003 au maximum dans les vingt-quatre heures. E. C.

ACONITIQUE (ACIDE) [Syn. *Acide équisétique, citridique, paracitrique*],

$$C^6 H^6 O^6 = (C^6 H^3 O^3)''' . O^3 H^3.$$

[Peschier, 1820, *Journ. der Pharm. v. Trommsdorff*, t. V, 1, 93 ; t. VIII, p. 266. — Braconnot, *Ann. de Chim. et de Phys.*, (2), t. XIX, p. 10. — Buchner, *Repert. f. d. Pharm. v. Buchner*, t. LXIII, p. 145. — Regnault, *Ann. de Chim. et de Phys.*, (2), t. LXII, p. 268. — Crasso, *Ann. de Chim. et de Phys.*, (3), t. I, p. 311. — Baup., *Ann. de Chim. et de Phys.*, (3), t. XXX, p. 312. — Pebal, *Ann. de Chim. et de Phys.*, (3), t. XLVII, p. 379. — Wichelhaus, *Ann. der Chem. u. Pharm.*, t. CXXXII, p. 61, oct. 64, et *Bull. de la Soc. chim.*, 1865, t. III, p. 72. — Marchand, *Journ. für prakt. Chem.*, t. XX, p. 319. — Wicke, *Ann. der Chem. u. Pharm.*, t. XC, p. 98.] Cet acide a été trouvé dans le suc d'Aconitum napellus, dans certaines espèces de prêles (*equisetum*), et dans les parties herbacées du pied-d'alouette des champs (*Delphinium consolida*). On le prépare facilement par l'action de la chaleur sur l'acide citrique.

Préparation. — 1. *Avec l'aconit.* — Le suc de la plante, concentré au bain-marie, abandonne de l'aconitate de chaux. Ce sel bien lavé à l'eau froide est décomposé par un carbonate alcalin. On sature l'excès de carbonate par de l'acide acétique, puis on précipite l'aconitate alcalin par l'acétate de plomb. L'aconitate de plomb ainsi formé est décomposé par l'hydrogène sulfuré ; la solution est évaporée, reprise par l'éther et filtrée ; puis on chasse l'éther et l'on reprend par l'eau ; la solution aqueuse est évaporée dans le vide (Buchner).

2. *Avec les prêles.* — Les prêles cueillies au moment de la floraison sont hachées, puis pilées dans un mortier. Le suc exprimé est porté à l'ébullition, filtré, saturé par un alcali, puis traité par l'acétate de baryum qui enlève les phosphates et sulfates, filtré et précipité par l'acétate de plomb ; puis comme ci-dessus (Regnault).

3. *Avec l'acide citrique.* — On introduit dans une cornue de verre 70 à 80 grammes d'acide citrique cristallisé, et on chauffe en poussant la température très-vivement ; il commence par se dégager de l'eau, puis on voit apparaître des nuages blancs formés en majeure partie d'acétone, et, peu après, on observe la formation de gouttes oléagineuses se condensant le long du col de la cornue ; à ce moment, on arrête l'opération ; on reprend le résidu par l'éther qui dissout l'acide aconitique. Par évaporation, on obtient l'acide assez pur. On l'obtient dans un état de pureté complet en reprenant le résidu huileux par cinq fois son poids d'alcool absolu et faisant passer dans la solution un courant d'acide chlorhydrique ; dans ces conditions, il se forme un éther aconitique (il ne se forme pas d'éther citrique) qu'il suffit de précipiter par l'eau et de décomposer ensuite par une solution alcoolique de potasse. L'aconitate de potassium est transformé en sel de plomb, qui, décomposé par l'hydrogène sulfuré, donne une solution d'acide aconitique. Cette solution évaporée se prend en une masse cristalline feuilletée (Crasso).

Propriétés. — L'acide aconitique se dépose de sa solution éthérée à l'état d'une croûte mamelonnée ; on n'en a pu déterminer la forme cristalline.

Il est facilement soluble dans l'eau, l'éther,

l'alcool; sa solution s'effleurit beaucoup pendant l'évaporation.

Soumis à l'action de la chaleur, il se liquéfie à 140° en se colorant, mais sans s'altérer sensiblement tant qu'on n'atteint pas 160°. A cette température, il se décompose en un produit huileux qui distille et qui est l'acide itaconique.

Pebal a observé la même réaction en chauffant à 180°, dans un tube fermé, une solution d'acide aconitique; en même temps le tube se remplit d'acide carbonique.

Le perchlorure de phosphore transforme l'acide aconitique en chlorure d'aconityle. L'aniline chauffée à 130° avec l'acide aconitique détermine la formation de phényl-aconitimide (Pebal). Kekulé, Dessaignes et, plus récemment, Wichelhaus ont constaté que l'hydrogène naissant réagit sur l'acide aconitique et donne naissance à l'acide carballylique $C^6H^8O^6$. L'expérience se fait facilement en mettant l'amalgame de sodium en contact avec une solution d'acide aconitique. — L'acide aconitique, à l'état de sel de chaux, se transforme, par la fermentation avec du fromage, en acide succinique (Dessaignes).

Cet acide, isomérique avec l'acide fumarique et avec l'acide maléique se distingue du premier par sa solubilité beaucoup plus grande dans l'eau, et sa fusibilité (140°) (l'acide fumarique fond très-difficilement); il se distingue du second par sa propriété, à l'état de sel ammoniacal, de précipiter le chlorure ferrique; en outre, l'acide maléique est volatil, tandis que l'acide aconitique se décompose par l'action de la chaleur.

Constitution. — L'acide aconitique a pour composition $C^6H^6O^6$; il est tribasique et triatomique; sa formule rationnelle est

$$\left.\begin{array}{r}(C^6H^3O^3)''''\\H^3\end{array}\right\} O^3 = C^3H^3(CO.OH)^3;$$

il dérive de l'acide citrique par élimination d'une molécule d'eau, mais l'acide citrique étant

$$\left.\begin{array}{r}(C^6H^4O^3)^{IV}\\H^4\end{array}\right\} O^4 = C^3H^4(OH)(CO.OH)^3,$$

on voit que l'hydrogène de cette molécule d'eau provient à la fois du radical et de l'hydrogène typique.

ACONITATES.

Il existe trois espèces d'aconitates, puisque l'acide aconitique est tribasique; ils sont représentés par les formules suivantes :

$$\left.\begin{array}{r}C^6H^3O^3\\M^3\end{array}\right\} O^3 \qquad \left.\begin{array}{r}C^6H^3O^3\\M^2H\end{array}\right\} O^3 \qquad \left.\begin{array}{r}C^6H^3O^3\\MH^2\end{array}\right\} O^3.$$

ou $C^6H^3O^6.M^3$ $C^6H^4O^6.M^2$ $C^6H^5O^6.M$

Aconitates neutres.   Aconitates bimétalliques.   Aconitates monométalliques.

ACONITATES D'AMMONIAQUE. — *Sel neutre.* — Incristallisable.

Sel bimétallique. — S'obtient en ajoutant 1/2 partie d'acide à 1 partie d'acide neutralisé. Croûtes cristallines, très-facilement décomposables par l'eau.

Sel monométallique. — Se prépare avec 2 parties d'acide et 1 partie d'acide neutralisé. Cristaux distribués en amas hémisphériques, solubles dans 6 parties 1/2 d'eau à 15°.

ACONITATE D'ARGENT. — Se précipite quand on ajoute du nitrate d'argent à un aconitate; il est facilement décomposable. L'ébullition déjà met de l'argent métallique en liberté; il se forme en même temps un autre sel d'argent dont on peut isoler l'acide, au moyen de l'hydrogène sulfuré. Chauffé à 148°, l'aconitate d'argent brûle avec déflagration.

ACONITATE DE CALCIUM. — Le sel monométallique, seul connu, se prépare par double décompo-

sition ou directement. Il cristallise difficilement. Soluble dans quelques parties d'eau.

ACONITATE DE FER. — L'aconitate de ferricum se précipite quand on ajoute à une solution de chlorure ferrique une solution d'aconitate neutre d'ammoniaque.

ACONITATE DE MANGANÈSE. — S'obtient directement. Petits cristaux rosés, octaédriques, inaltérables à l'air et peu solubles dans l'eau froide; décomposés par l'eau bouillante.

ACONITATE MERCUREUX. — Précipité blanc, grenu.

ACONITATE MERCURIQUE. — On ne l'obtient pas par double décomposition, mais en saturant à une douce chaleur l'acide aconitique par l'oxyde de mercure. Poudre blanche insoluble, altérable.

ACONITATE DE PLOMB. — Précipité blanc, non cristallin; s'obtient quand on ajoute de l'acétate neutre de plomb à l'acide aconitique ou à un de ses sels. Il perd 5,29 pour 100 d'eau à 140°.

ACONITATE DE POTASSIUM. — *Neutre.* Incristallisable; masse gommeuse, hygroscopique.

Bimétallique. S'obtient en ajoutant 1 partie d'acide aconitique à 1 partie d'acide aconitique neutralisé par la potasse, et faisant cristalliser. La première cristallisation donne de l'aconitate monopotassique; il se dépose ensuite un sel qui paraît être le bimétallique. — Lamelles quadrangulaires ou prismes aplatis, transparents, inaltérables à l'air, décomposables par l'eau en sel mono- et trimétallique.

Monométallique. — A 1 partie d'acide neutralisé par la potasse, on ajoute 2 parties d'acide libre. Petites lames triangulaires, superposées. Transparentes d'abord, elles deviennent opaques. Moins soluble que le sel précédent.

ACONITATES DE SODIUM. — *Neutre.* — Hygroscopique, incristallisable, insoluble dans l'alcool.

Bimétallique. — S'obtient comme le sel correspondant de potassium; il cristallise très-bien, si l'on ajoute de l'alcool à sa solution aqueuse saturée. Soluble 2 parties d'eau à 15°.

ACONITATE D'ÉTHYLE, $C^6H^6O^6 (C^2H^5)^3$. — On le prépare en dissolvant l'acide aconitique dans cinq fois son poids d'alcool absolu, et saturant la solution par l'acide chlorhydrique. En étendant d'eau, l'éther se précipite (Crasso).

Marchand l'a obtenu également en distillant un mélange d'alcool, d'acide aconitique et d'acide sulfurique, et cohobant plusieurs fois.

Liquide incolore, possédant une odeur aromatique, et une saveur extrêmement amère. $D = 1,074$ à 14°. Point d'ébullition : 236°. Il se décompose facilement si on le chauffe au-dessus de son point d'ébullition. Malaguti a observé que le chlore l'attaque en donnant une masse poisseuse [*Ann. de Chim. et de Phys.*, (3), t. XVI, p. 84]. CH. L.

ACONITIQUES (AMIDES). [Pebal, *Ann. de Chim. et de Phys.*, (3), t. XLVII, p. 379.] — On ne connaît pas les dérivés amidés proprement dits de l'acide aconitique, mais Pebal a fait connaître deux phénylamides de cet acide.

ACIDE ACONITOMONANILIQUE (acide phénylaconitamique ou aconitanilique),

$$C^{12}H^9AzO^4 = \left.\begin{array}{r}(C^6H^3O^3)'''\\(C^6H^5Az)''\end{array}\right\} OH.$$

On prépare cet acide en faisant réagir le perchlorure de phosphore sur l'acide citromonanilique (phényl-citramique). En exposant le tout à une douce chaleur, on obtient un liquide jaune, décomposable par l'eau, avec formation d'acide chlorhydrique, d'acide phosphorique et d'une nouvelle substance molle, peu soluble dans l'eau, soluble dans l'alcool. On la redissout dans l'eau chaude et l'on obtient ainsi de petites aiguilles jaunes d'acide aconitomonanilique. La réaction se fait sans doute en deux temps; il se forme d'abord un *chlorure d'anilaconityle*, lequel, décomposé par l'eau, donne naissance à l'acide aconitomonanilique :

$$Az \left\{ \left[\begin{matrix} C^6H^5 \\ (C^6H^4O^3)^{iv} \\ H^2 \end{matrix} \right\} O^2 \right]'' + Ph\,Cl^5$$

Acide citromonanilique.

$$= Ph\,O\,Cl^3 + \left[\begin{matrix} (C^6H^3O^3)''' \\ (C^6H^5Az)'' \end{matrix} \right]' Cl + Cl\,H + H^2O.$$

Chlorure d'anilaconityle.

$$\left[\begin{matrix} (C^6H^3O^3)''' \\ (C^6H^5Az)'' \end{matrix} \right]' Cl + H^2O$$

Chlorure
d'anilaconityle.

$$= H\,Cl + \left[\begin{matrix} (C^6H^3O^3)''' \\ (C^6H^5Az)'' \end{matrix} \right]' O\,H.$$

Acide aconito-
monanilique.

Le sel d'argent de l'acide aconitomonanilique se précipite à l'état de flocons rosés quand on ajoute du nitrate d'argent à de l'aconitomonanilate d'ammoniaque.

L'acide aconitomonanilique représente 1 molécule d'acide aconitique, plus 1 molécule de phénylamine, moins 2 molécules d'eau :

$$C^6H^3O^3.(OH)^3 + C^6H^5.H^2Az$$

Ac. aconitique.   Phénylamine.

$$= \left[\begin{matrix} (C^6H^3O^3)''' \\ (C^6H^5Az)'' \end{matrix} \right]' OH + 2\,H^2O.$$

ACONITOBIANILE (phényl aconitimide) :

$$C^{18}H^{14}Az^2O^3 = \begin{matrix} (C^6H^3O^3)''' \\ 2\,(C^6H^5) \\ H \end{matrix} \right\} Az^2.$$

— On l'obtient en traitant le chlorure d'anilaconityle par l'aniline ou en chauffant l'acide aconitique à 130° avec de l'aniline, ou enfin en faisant réagir l'acide oxychlorocitrique sur l'aniline :

$$\left[\begin{matrix} (C^6H^3O^3)''' \\ (C^6H^5Az)'' \end{matrix} \right]' Cl + \begin{matrix} C^6H^5 \\ H \\ H \end{matrix} \right\} Az$$

Chlorure   Aniline.
d'anilaconityle.

$$= H\,Cl + \begin{matrix} (C^6H^3O^3)''' \\ 2\,C^6H^5 \\ H \end{matrix} \right\} Az^2.$$

Aconitobianile.

C'est un corps cristallisé en fines aiguilles d'un jaune clair, insolubles dans l'eau, peu solubles dans l'alcool.

Traité par l'ammoniaque en vase clos, l'aconitobianile se dissout et est décomposé. L'acide chlorhydrique précipite de la solution des flocons incristallisables, insolubles dans l'eau, fort solubles dans l'alcool et l'ammoniaque.

ACONITANILIDE. — Dans la préparation de l'aconitobianile par l'acide aconitique, on observe généralement la production d'un corps amorphe, insoluble dans l'eau, fort soluble dans l'alcool et qui paraît être l'aconitanilide.   CH. L.

ACONITYLE (CHLORURE D'). — Ce chlorure est probablement constitué par le liquide cerise foncé qu'a obtenu Pebal en traitant l'acide aconitique par le perchlorure de phosphore [*Ann. der Chem. u. Pharm.*, t. XCVIII, p. 67]. Ce liquide, en effet, régénère l'acide aconitique quand on l'additionne d'eau.

On obtient ce même chlorure en traitant l'acide citrique par le perchlorure de phosphore et maintenant longtemps la chaleur.

ACROLÉINE, C^3H^4O. [Syn. *Aldéhyde acrylique*.] — On a donné ce nom au corps qui se produit lorsqu'on soumet à l'action de la chaleur la glycérine et les corps gras qui en dépendent. Il a été obtenu pour la première fois par Brandes en 1838 [*N. Archiv. de Brandes*, t. XV, p. 129];

c'est seulement en 1843 que Redtenbacher l'a préparé à l'état de pureté et analysé [*Ann. der Chem. u. Pharm.*, t. XLVII, p. 114]. L'aldéhyde acrylique se forme soit par la déshydratation de la glycérine :

$$C^6H^8O^6 = 2\,H^2O + C^3H^4O,$$

Glycérine.   Eau.   Acroléine.

soit par l'oxydation de l'alcool allylique au moyen du noir de platine ou d'un mélange d'acide sulfurique et de dichromate de potasse [Cahours et Hofmann, *Ann. de Chim. et de Phys.*, (3), t. L, p. 438] :

$$C^3H^6O + O = C^3H^4O + H^2O.$$

Alcool Oxygène. Acroléine. Eau.
allylique.

On a généralement recours, pour la préparer, à la déshydratation de la glycérine. A cet effet, on distille ce dernier corps dans une cornue très-spacieuse avec du bisulfate de potassium ou avec de l'anhydride phosphorique. L'anhydride phosphorique donne un produit plus pur, mais avec le bisulfate potassique il y a moins de mousse et la distillation est plus facile à conduire. Le produit distillé et recueilli dans un récipient bien refroidi contient, outre l'acroléine, des acides acrylique et sulfureux. On le fait digérer sur de l'oxyde de plomb. On le rectifie ensuite au bain-marie, puis on le dessèche sur du chlorure de calcium fondu, et on le distille de nouveau. Toutes ces distillations doivent être faites dans un courant d'anhydride carbonique pour éviter l'oxydation de l'aldéhyde acrylique. Il faut aussi conduire, dans une bonne cheminée, les vapeurs qui échappent à la condensation, parce qu'elles sont fort incommodes pour l'opérateur.

Hübner et Geuther, qui se sont occupés de la préparation de l'aldéhyde acrylique, admettent que, lorsqu'on opère au moyen du bisulfate potassique, la réaction s'exécute en deux phases [*Ann. der Chem. u. Pharm.*, t. CXIV, p. 35. — *Répert. de Chim. pure*, 1860, p. 226]. Dans l'une il se formerait du sulfoglycérate de potassium et de l'eau, puis dans la seconde le glycérosulfate se décomposerait avec production d'acroléine.

L'acroléine pure est un liquide incolore, limpide et très-réfringent. Sa vapeur irrite si fortement les yeux et les organes respiratoires, qu'il suffit d'en répandre quelques gouttes dans un appartement pour en rendre l'atmosphère insupportable. Sa saveur est brûlante.

L'acroléine est plus légère que l'eau. Elle bout à 52°,4 suivant Hübner et Geuther. Sa densité de vapeur est 1,897. Elle est soluble dans 40 p. d'eau environ et beaucoup plus soluble dans l'alcool. Neutre au moment où elle vient d'être préparée, sa solution s'acidifie promptement au contact de l'air. L'acroléine brûle aisément avec une flamme blanche et lumineuse.

L'acroléine se conserve difficilement, même dans des vases fermés. Elle se transforme en une matière floconneuse nommée par Redtenbacher disacryle. Quelquefois aussi il se produit une substance résineuse, la résine disacrylique. Il arrive que l'acroléine se concrète immédiatement après avoir été préparée, et l'on n'évite même pas cette métamorphose en l'enfermant dans des tubes scellés à la lampe. La même transformation s'opère sous l'eau, mais alors le liquide se charge d'acide acrylique, d'acide formique et de beaucoup d'acide acétique.

Les alcalis caustiques transforment l'acroléine en substances résineuses analogues aux corps qui se forment lorsqu'on fait agir les mêmes agents sur l'aldéhyde ordinaire. Suivant Gerhardt, l'air intervient probablement dans leur production [*Traité de Chim. organique*, t. I, p. 781].

L'acroléine, comme l'aldéhyde, se combine directement avec l'ammoniaque en formant une substance blanche, cristalline, sans odeur.

Le chlore et le brome attaquent vivement l'acroléine. Il se produit des huiles pesantes ainsi que de l'acide chlorhydrique ou bromhydrique. À travers un tube chauffé au rouge l'acroléine se détruit avec formation d'hydrogènes carbonés et dépôt de charbon. Le perchlorure de phosphore la convertit en dichlorure d'allylène et en un autre chlorure huileux qui paraît être isomérique avec ce dernier [Hübner et Geuther, *loc. cit.*]. L'acide sulfurique concentré la noircit en dégageant de l'anhydride sulfureux.

Les agents oxydants énergiques convertissent l'aldéhyde acrylique en un mélange d'acides formique et acétique. Mais, sous l'influence des oxydants moins énergiques, cette aldéhyde fixe seulement de l'oxygène et se convertit en acide acrylique. Elle réduit facilement l'oxyde d'argent. En présence de l'azotate de ce métal elle donne un précipité blanc qui paraît correspondre à la formule C^2H^3AgO [Gerhardt, *loc. cit.*]. Ce précipité se réduit à la longue et se transforme en acrylate argentique. On favorise cette dernière réaction par l'addition de quelques gouttes d'ammoniaque. L'argent devenu libre n'a pas l'aspect miroitant comme lorsque la réduction a lieu au moyen de l'aldéhyde ordinaire.

L'anhydride acétique se combine facilement avec l'acroléine en formant un diacétate

$$(C^2H^3O^2)^2.(C^3H^4)''$$

que Geuther et Hübner considèrent comme identique à tous les points de vue avec celui qui se forme lorsqu'on traite le bichlorure d'allylène par l'acétate d'argent. L'acroléine se combine avec le bisulfite de sodium.

ACROLÉINE-AMMONIAQUE. [Hübner et Geuther, *loc. cit.* — Claus, *Ann. der Chem. u. Pharm.*, t. CXXX (nouv. sér., t. LIV), p. 185, et *Bull. de la Soc. chim.*, 1864, t. II, p. 458.]

Préparation. — Hübner et Geuther obtiennent ce corps en faisant agir directement le gaz ammoniac sur l'acroléine dissoute dans l'alcool, et précipitant par l'éther. Claus préfère diriger les vapeurs d'acroléine produite par l'action du bisulfate de potassium sur la glycérine, dans de l'ammoniaque aqueuse. Il chasse ensuite l'excès d'ammoniaque par l'ébullition et précipite par l'alcool et l'éther.

L'acroléine-ammoniaque a pour formule

$$C^{12}H^{20}Az^2O^3 \text{ ou } C^{12}H^{22}Az^2O^4,$$

si on la considère à l'état d'hydrate d'ammonium. Elle se forme d'après l'équation :

$$4\,C^3H^4O + 2\,AzH^3 = H^2O + C^{12}H^{20}Az^2O^3.$$
Acroléine.　Ammoniaque.　Eau.　　Acroléine-ammoniaque.

C'est un composé amorphe, blanc ou légèrement jaunâtre (Hübner et Geuther), jaune rougeâtre (Claus), soluble dans l'eau froide et l'alcool chaud, insoluble dans l'éther et peu soluble dans l'eau même bouillante. Il commence à se décomposer vers 100°. Les acides le transforment d'abord en une masse gélatineuse et le dissolvent ensuite en donnant des sels incristallisables; les alcalis le précipitent de ces solutions salines.

L'acroléine-ammoniaque se comporte donc comme une base. Son chlorhydrate aurait pour formule, d'après Claus, $C^{12}H^{20}Az^2O^2Cl^2$. Il dériverait de l'hydrate par la substitution de $2\,Cl$ à $2\,OH$. Suivant Hübner et Geuther, le bichlorure de platine donnerait dans la solution chlorhydrique de l'acroléine-ammoniaque un précipité jaune qui, après dessiccation à 100°, répondrait à la formule $C^{12}H^{22}Az^2O^3Cl^2,PtCl^4$. Cette formule est peu probable. On ne voit pas, en effet, comment un tel corps pourrait se former au moyen de l'acroléine-ammoniaque

$$C^{12}H^{20}Az^2O^3 \text{ ou } C^{12}H^{22}Az^2O^4.$$

Le chloroplatinate doit répondre plutôt à la formule $C^{12}H^{20}Az^2O^2Cl^2,PtCl^4$.

Soumise à la distillation, l'acroléine-ammoniaque se décompose. Parmi ses produits de décomposition, on trouve une base liquide dont les sels sont cristallisables. Le chloroplatinate de cette base serait $C^{12}H^{16}Az^2O^2Cl^2,PtCl^4$. La base libre supposée à l'état d'hydrate serait $C^{12}H^{18}Az^2O^2$ et dériverait de l'acroléine-ammoniaque considérée elle-même à l'état d'hydrate par perte de 2 molécules d'eau (Claus) :

$$C^{12}H^{22}Az^2O^4 = 2\,H^2O + C^{12}H^{18}Az^2O^2.$$
Acroléine-ammoniaque.　　Eau.　　Nouvelle base.

BISULFITE DE SODIUM ET D'ACROLÉINE. — On prépare ce corps en évaporant au bain-marie un mélange de bisulfite de sodium et d'aldéhyde acrylique dissous dans l'eau. C'est un liquide sirupeux d'où l'on ne peut ni séparer l'acroléine au moyen des carbonates alcalins, ni séparer l'acide sulfureux au moyen de l'acide sulfurique. Ce bisulfite ne ressemble donc en rien à ceux que fournissent les aldéhydes grasses ou les aldéhydes aromatiques.

CHLORHYDRATE D'ACROLÉINE, C^3H^4O,HCl. — Lorsqu'on fait passer un courant d'acide chlorhydrique gazeux sec à travers de l'acroléine chauffée au bain-marie, qu'on lave ensuite le produit avec de l'eau et qu'on le dessèche dans le vide en présence de l'acide sulfurique, il se forme de petits cristaux veloutés qui fondent à 32° en une huile épaisse dont l'odeur rappelle celle de la graisse rance. Ces cristaux consistent en chlorhydrate d'acroléine. Ce corps ne se dissout pas dans l'eau; l'alcool et l'éther le dissolvent et l'abandonnent sous la forme d'une huile; la chaleur le transforme en acide chlorhydrique et acroléine; l'eau bouillante et les solutions alcalines étendues ne paraissent pas l'altérer. Chauffé à 100° avec de l'ammoniaque dans un tube scellé à la lampe, il donne du chlorure d'ammonium et de l'acroléine-ammoniaque.

L'acide chlorhydrique concentré, ainsi que les acides sulfurique et azotique, le décomposent en mettant l'acroléine en liberté. La solution alcoolique de chlorhydrate d'acroléine ne donne pas de combinaison avec le perchlorure de platine et ne réduit pas sensiblement l'azotate d'argent en présence de l'ammoniaque.

L'acide iodhydrique se combine aussi avec l'acroléine. La combinaison s'accompagne même d'un sifflement comme lorsqu'on plonge du fer rouge dans l'eau. Le corps qui se produit est une résine insoluble dans l'eau, l'alcool et l'éther, qui perd de l'iode quand on la chauffe et qui abandonne un peu d'iode au sulfure de carbone [Geuther et Cartmell, *Ann. der Chem. u. Pharm.*, t. CXII, p. 1. *Répert. de Chim. pure*, 1860, p. 13].

MÉTACROLÉINE. — Lorsqu'on décompose le chlorhydrate d'acroléine par l'hydrate de potassium et qu'on distille, il se produit une huile qui cristallise en petites aiguilles déliées et incolores isomériques et probablement polymériques avec l'acroléine; c'est à ce corps qu'on a donné le nom de métacroléine. La métacroléine a une saveur fraîche et une arrière-saveur brûlante. Elle fond à 50° et se solidifie à 45°. Elle émet déjà des vapeurs avant de fondre, aussi peut-on facilement la distiller avec l'eau. La chaleur la convertit en acroléine; avec l'acide chlorhydrique elle régénère le chlorhydrate qui a servi à la préparer; avec l'acide iodhydrique elle fournit un iodhydrate qui cristallise à la température ordinaire après avoir été bien lavé, et qui ressemble au chlorhydrate comme goût et comme aspect extérieur. Cet iodhydrate se décompose en abandonnant de l'iode, lorsqu'on essaye de le dessécher sous une cloche au-dessus de l'acide sulfurique (Geuther et Cartmell).

DISACRYLE. — Le disacryle est une poudre blanche, amorphe, sans odeur ni saveur, qui devient électrique par le frottement. Il est insoluble dans l'eau, les acides, les alcalis, le sulfure de carbone, les essences et les huiles grasses. Il se dissout lentement dans la potasse en fusion, mais les acides le reprécipitent de la solution aqueuse de ce produit. Redtenbacher attribuait au disacryle la formule $C^8H^7O^2$, mais il est plus probable que le disacryle n'est qu'un polymère de l'acroléine.

La RÉSINE D'ACROLÉINE (Disacryl-Harz) présente des caractères différents du disacryle. C'est une poudre blanche, qui fond à 100°, et se prend, par le refroidissement, en une masse cassante et diaphane. Elle est insoluble dans l'eau, mais soluble dans l'alcool et dans l'éther. La solution alcoolique rougit le tournesol et est précipitée par l'eau. Les alcalis aqueux dissolvent aussi la résine d'acroléine que les acides reprécipitent de ces dissolutions. La solution alcoolique précipite plusieurs solutions métalliques telles que celles de plomb et de cuivre. Redtenbacher attribue à ce corps la formule $C^{20}H^{26}O^3$ qui manque de contrôle.

Les résines qui se produisent lorsqu'on fait agir l'acroléine sur les alcalis ont une composition moins bien établie encore.   A. N.

ACRYLIQUE (ACIDE), $C^3H^4O^2$. — On obtient l'acide acrylique en oxydant l'acroléine par l'oxyde d'argent [Redtenbacher, *loc. cit.* (voyez ACROLÉINE.) — Claus, *Ann. der Chem. u. Pharm.*, 1862, t. II supplém., p.117; *Bull. de la Soc. chim.*, 1863, p. 213]. Suivant M. Claus, les meilleures conditions sont les suivantes : On mélange de l'oxyde d'argent récemment précipité et mis en suspension dans l'eau avec de l'acroléine étendue de 3 fois son volume d'eau, et l'on abandonne le tout pendant 2 jours à l'abri de la lumière. Le liquide est ensuite porté à l'ébullition et l'on y ajoute assez de carbonate de soude pour lui communiquer une réaction alcaline. La liqueur filtrée est ensuite évaporée à siccité et traitée par de l'acide sulfurique étendu, puis distillée après filtration. Elle fournit de l'acide acrylique, tandis que le filtre retient de l'acide hexacrolique.

L'acide acrylique constitue un liquide incolore, d'odeur piquante, très-acide, miscible à l'eau en toute proportion et passant à la distillation avec la vapeur d'eau.

On peut obtenir l'acide acrylique privé d'eau en décomposant l'acrylate d'argent par l'hydrogène sulfuré; il faut modérer la réaction au moyen de la glace. L'acide recueilli après rectification se présente à l'état d'un liquide limpide, d'une odeur qui rappelle un peu celle du vinaigre. Il ne se solidifie pas à 0° et bout au-dessus de 100°. Son point d'ébullition étant à peu près intermédiaire entre celui de l'acide formique et celui de l'acide acétique, il ne s'altère pas par la distillation.

L'acide chlorhydrique et l'acide sulfurique ne l'altèrent pas; mais les oxydants énergiques le détruisent avec formation d'acide acétique et d'acide formique. Le même dédoublement s'accomplit sous l'influence des alcalis hydratés. Dans ce cas de l'hydrogène se dégage :

$$C^3H^4O^2 + H^2O + O = CH^2O^2 + C^2H^4O^2,$$

| Acide acrylique. | Eau. | Oxygène. | Acide formique. | Acide acétique. |

$$C^3H^4O^2 + 2\,KHO = CHO^2K + C^2H^3O^2K + H^2.$$

| Acide acrylique. | Potasse. | Formiate de potassium. | Acétate de potassium. | Hydrogène. |

On n'a pas encore fait agir le chlore sur l'acide acrylique, mais, sous le nom d'acide chlorosuccique, M. Malaguti a décrit un corps dérivé de l'acide chlorosuccinique et qui paraît être l'acide trichloracrylique $C^3HCl^3O^2$. Le chlorosuccide, également décrit par Malaguti, serait dans cette hypothèse le chlorure trichloracrylique C^3Cl^3OCl.

ACRYLATES MÉTALLIQUES. — L'acide acrylique est monobasique. Ceux de ses sels qui renferment des métaux monoatomiques se représentent par la formule $C^3H^3O^2M = C^3H^3O.OM$. Presque tous les acrylates sont très-solubles dans l'eau. Ceux d'argent et de plomb font seuls exception. A 100° tous subissent un commencement de décomposition et cessent alors d'être entièrement solubles dans l'eau. Pour obtenir les acrylates purs, il faut les décolorer par le noir animal, car il se produit toujours une coloration jaune lorsqu'on sature l'acide acrylique par une base. A la longue les acrylates se décomposent et se transforment en acétates.

Acrylate d'argent, $C^3H^3O^2Ag$. — On l'obtient par l'action de l'oxyde d'argent sur l'acroléine brute. Il est très-soluble dans l'eau et cristallise en aiguilles blanches qui ont un éclat soyeux.

Acrylate de baryum, $(C^3H^3O^2)^2Ba''$. — Ce sel est anhydre; il se prend, par l'évaporation de sa solution aqueuse, en une masse gommeuse qui cristallise à la longue lorsque le sel a été décoloré par le charbon animal. A 100° le sel se transforme en acrylate basique insoluble dans l'eau.

Acrylate de calcium, $(C^3H^3O^2)^2Ca''$. — Sel soluble dans l'eau, cristallisé en groupes d'aiguilles; il se transforme en acrylate basique lorsqu'on le chauffe à 100°.

Acrylate de plomb, $(C^3H^3O^2)^2Pb''$. — Ce sel cristallise en belles aiguilles lorsqu'on laisse refroidir sa solution concentrée et bouillante. Par l'évaporation de sa solution dans le vide il se dépose en prismes plus volumineux, qui fondent à 100° en se décomposant.

Acrylate de sodium, $C^3H^3O^2Na$. — Ce sel cristallise en lamelles, presque en dendrites. Il est anhydre d'après Claus. D'après Redtenbacher au contraire il renfermerait 2 1/2 molécules d'eau de cristallisation. On l'obtient en dissolvant le carbonate sodique dans l'acide acrylique.

ÉTHERS ACRYLIQUES. — On n'a décrit jusqu'à ce jour que l'acrylate d'éthyle. Redtenbacher l'a préparé en distillant un mélange d'alcool, d'acide acrylique et d'acide sulfurique, lavant le produit distillé avec une solution de carbonate de soude et le distillant après l'avoir desséché sur du chlorure de calcium. Le liquide ainsi préparé n'est cependant pas de l'acrylate d'éthyle pur. On n'a pas réussi à l'obtenir plus pur en substituant les acrylates métalliques à l'acide acrylique dans la préparation précédente.   A. N.

ACRYLIQUE (ALDÉHYDE). — Voyez ACROLÉINE.

ACRYLIQUE (SÉRIE). — On a donné ce nom à la série qui renferme l'acide acrylique et ses homologues tant naturels qu'artificiels. Les acides naturels sont, outre l'acide acrylique, l'acide crotonique $C^4H^6O^2$, l'acide angélique $C^5H^8O^2$, l'acide pyrotérébique $C^6H^{10}O^2$, et l'acide oléique $C^{18}H^{34}O^2$.

Quant aux acides artificiels, ils sont isomériques avec les précédents. MM. Frankland et Duppa les ont préparés par une méthode synthétique qui consiste à déshydrater les homologues de l'acide lactique [*Journ. of the Chem. Soc.*, (2), t. III, p. 133, juin 1865. — *Ann. de Chim. et de Phys.*, (4), t. V, p. 802]. On sait qu'ils ont obtenu ces derniers en substituant deux radicaux d'alcools à un atome d'oxygène dans l'acide ou plutôt dans l'éther oxalique : la déshydratation se produit soit par l'action du protochlorure de phosphore, soit par l'action de l'anhydride sulfurique :

$$C\begin{cases}O\,H\\ O''\end{cases}\quad C\begin{cases}O\,H\\ O''\end{cases}$$
$$C\begin{cases}O''\\ O\,H\end{cases}\quad C\begin{cases}(C^2H^5)^2\\ O\,H\end{cases}$$

Acide oxalique. Ac. leucique ou diéthoxalique.

qui devient en perdant H^2O

$$C\begin{cases}O\,H\\ O''\end{cases}$$
$$C\begin{cases}C^2H^{4''}\\ C^2H^5\end{cases}$$

Acide isopyrotérébique.

Ajoutons qu'en faisant bouillir le cyanure d'allyle avec la potasse alcoolique, M. Claus a réussi à préparer un acide isomère ou identique avec l'acide crotonique.

Les acides naturels de cette série sont susceptibles de s'unir à l'hydrogène naissant et de se transformer en acides saturés $C^nH^{2n}O^2$. Il est probable que les acides artificiels se comporteraient de même.

Lorsqu'on les traite par la potasse fondue, les acides de cette série tant naturels qu'artificiels se décomposent avec dégagement d'hydrogène et se transforment en sels potassiques de deux acides de la série grasse :

$$C^{18}H^{34}O^2 + 2\,(KHO)$$

Acide oléique.   Potasse.

$$= C^{16}H^{31}O^2K + C^2H^3O^2K + H^2.$$

Palmitate de potasse.   Acétate de potasse.   Hydrogène.

CONSTITUTION DES ACIDES DE LA SÉRIE ACRYLIQUE.

M. Frankland admet que ces acides renferment comme noyau une chaîne de deux atomes de carbone qui ont échangé entre eux une atomicité. Chacun d'eux conserve donc 3 atomicités libres qui sont saturées soit par de l'oxygène, soit par des groupes hydrocarbonés, soit par de l'oxhydryle. L'acide le plus simple de la série est l'acide acrylique :

$$C\begin{cases}(C\,H^2)''\\ H\end{cases}$$
$$C\begin{cases}O''\\ O\,H\end{cases}$$

En se dédoublant, sous l'influence de la potasse fondue, il se convertit en acide acétique et en acide formique, réaction qui s'opère par l'oxydation de la chaîne latérale $C\,H^2$ qui devient formique, et par le remplacement de $C\,H^2$ par H^2 dans la chaîne principale qui devient ainsi acide acétique :

$$C\begin{cases}(C\,H^2)''\\ H\end{cases}\!\!C\begin{cases}O''\\ O\,H\end{cases} + 2\,H^2O = C\begin{cases}H^2\\ H\\ O\,H\end{cases} + C\begin{cases}H\\ O''\\ O\,H\end{cases} + H^2.\ (1)$$

Acide acrylique.   Acide acétique.   Acide formique.

Dans les homologues supérieurs de l'acide acrylique, la chaîne latérale $C\,H^2$ est remplacée par les groupes C^2H^4, C^3H^6, C^4H^8 :

$$C\begin{cases}(C^2H^4)''\\ H\end{cases}\!\!C\begin{cases}O''\\ O\,H\end{cases}\qquad C\begin{cases}(C^3H^6)''\\ H\end{cases}\!\!C\begin{cases}O''\\ O\,H\end{cases}\qquad C\begin{cases}(C^4H^8)''\\ H\end{cases}\!\!C\begin{cases}O''\\ H\end{cases}$$

Acide crotonique.   Acide angélique.   A. pyrotérébique.

(1) Il est bien entendu que l'eau représente ici théoriquement l'hydrate de potassium, et les acides les sels de potassium.

Ce sont là les acides naturels. En se dédoublant sous l'influence de la potasse tous donnent de l'acide acétique, qui est produit comme dans le cas précédent par la substitution de H^2 à la chaîne latérale, tandis que celle-ci en s'annexant O^2 donne de l'acide acétique dans le cas de l'acide crotonique, de l'acide propionique dans le cas de l'acide angélique, et de l'acide valérique dans le cas de l'acide pyrotérébique.

Indépendamment de cette série d'acides naturels, M. Frankland en a d'artificiels, isomériques avec les précédents et qui se rattachent à ceux-ci par la substitution d'un radical C^nH^{2n-1} à l'hydrogène du premier atome de carbone. Les formules suivantes font comprendre quelques cas d'isomérie qui peuvent se présenter :

$$C\begin{cases}(C^4H^8)''\\ H\end{cases}\!\!C\begin{cases}O''\\ O\,H\end{cases}\ \ C\begin{cases}(C^3H^6)''\\ C\,H^3\end{cases}\!\!C\begin{cases}O''\\ O\,H\end{cases}\ \ C\begin{cases}(C^2H^4)''\\ C^2H^5\end{cases}\!\!C\begin{cases}O''\\ O\,H\end{cases}\ \ C\begin{cases}(C\,H^2)''\\ C^3H^7\end{cases}\!\!C\begin{cases}O''\\ O\,H\end{cases}$$

Acide pyrotérébique.   Acide méthylangélique.   Acide éthylcrotonique.   Acide propyl-acrylique. (isopyrotérébique.)

A. N.

ACTINOTE. — Voyez AMPHIBOLE.

ADAMINE (Min.). — Arséniate de zinc hydraté renfermant un peu de fer :

$$As\,Zn^2\,H\,O^5 = \begin{cases}AsO\\ Zn''\\ Zn''\\ H\end{cases}\!\!\!\begin{cases}O^3\\[1.2em] O.\end{cases}$$

Cristaux violacés, ou grains cristallins d'un jaune de miel et d'un éclat vitreux, accompagnés d'embolite, d'argent natif et de calcite, et venant de Chañarcillo (Chili).

Caractères. — Soluble dans les acides. Sur le charbon, fond en émettant une légère odeur arsenicale et en s'entourant d'une auréole blanche. Le globule devient cristallin en se solidifiant. Avec le borax, perle jaune à chaud, incolore à froid. Sur la lame de platine, avec de la soude, donne une fritte verdâtre.

Dureté 3.5. Poussière blanche. Densité 4.33.

Forme crist. — Prismes rhomboïdaux droits de 91° 33'; $a^1\,a^1 = 107°\,20'$.

Clivages faciles a^1.

Isomorphe avec l'olivénite et avec la libethénite.   F. et S.

ADAMSITE (Min.). — Variété de mica à deux axes écartés, de Derby en Vermont (États-Unis).

ADINOLE (Min.). — Pétrosilex rouge de chair et translucide.

ADIPIQUE (ACIDE), $C^6H^{10}O^4$. — [Laurent (1837), *Ann. de Chim. et de Phys.*, (2), t. LXVI, p. 166. — *Revue scientif.*, t. X, p. 126. — Bromeis, *Ann. der Chem. u. Pharm.*, t. XXXV, p. 105. — Smith, *ibid.*, t. XLII, p. 252. — Gerhardt, *Revue scientif.*, t. XIII, p. 302. — Malaguti, *Ann. de Chim. et de Phys.*, (3), t. XVI, p. 84. — Wirz, *Ann. der Chem. u. Pharm.*, t. CIV, p. 257. — Crum-Brown, *ibid.*, t. CXXV, p. 19; *Bull. de la Soc. chim.*, 1863, p. 372.] — Cet acide est le cinquième terme de la série d'acides diatomiques et bibasiques dont l'acide oxalique est le premier terme. On l'obtient par l'oxydation de diverses matières grasses, telles que les graisses, le suif, la cire ou le blanc de baleine, et par la réduction de l'acide mucique.

Préparation. — 1° Laurent et plus tard Malaguti ont obtenu l'acide adipique par l'oxydation des matières grasses citées plus haut. Malaguti conseille de faire bouillir du suif avec de l'acide azotique de concentration ordinaire, en cohobant le produit distillé jusqu'à ce qu'il ne reste plus de substance grasse dans l'appareil distillatoire et que le liquide donne des cristaux par le refroidissement. On évapore alors le liquide au bain-marie. La liqueur concentrée se prend en une masse cristalline. Cette masse est jetée sur un entonnoir, lavée d'abord avec de l'acide azotique concentré, ensuite avec de l'acide azotique étendu, et finalement avec de l'eau froide. On achève la purification du produit en le faisant cristalliser dans l'eau bouillante.

2° Wirz traite d'une manière analogue les acides gras de l'huile de noix de coco. Il se produit en même temps que l'acide adipique d'autres corps de la même série dont on le sépare par des cristallisations fractionnées.

3° M. Crum-Brown a obtenu l'acide adipique en chauffant pendant 20 heures à 140° dans un tube scellé à la lampe, un mélange d'acide mucique, d'acide iodhydrique et de phosphore. En ouvrant les tubes il s'est dégagé de l'anhydride carbonique. Le liquide a été saturé par le carbonate de plomb, puis filtré; on a ensuite décomposé les liqueurs par l'acide sulfhydrique, filtré et évaporé. Il s'est déposé, dans ces conditions, une petite quantité de cristaux que l'on a reconnus être de l'acide adipique :

$$C^6 H^{10} O^8 + 8 HI$$

Acide mucique.   Acide iodhydrique.

$$= 4 I^2 + 4 H^2 O + C^6 H^{10} O^4.$$

Iode.   Eau.   Acide adipique.

Propriétés. — L'acide adipique forme des tubercules radiés agglomérés. Ces cristaux sont souvent hémisphériques parce que, le plus souvent cet acide cristallisant à la surface de la solution, la surface de chaque cristal reste aplatie, tandis que la partie inférieure s'arrondit. Desséchés à 100°, ils renferment suivant Wirz de l'eau de cristallisation et ont pour formule :

$$(C^6 H^{10} O^4)^2 H^2 O.$$

L'acide adipique se dissout très-bien à chaud dans l'alcool, l'éther et l'eau. Ce dernier liquide à 18° dissout 7,73 p. d'acide cristallisé. Mais si on le sature à l'ébullition et qu'on le laisse ensuite refroidir, il en retient 8,61 p. à la même température de 18° (Wirz).

Le point de fusion de l'acide adipique est mal connu. Suivant Laurent et Malaguti, il serait situé à 130°, suivant Wirz à 140°, et suivant Bromeis et Crum-Brown, à 145°. — L'acide adipique distille sans altération et se sublime sous forme de barbes de plumes. Fondu avec de la potasse, il dégage de l'hydrogène sans se colorer et donne un sel d'où l'acide sulfurique expulse un acide volatil qui a l'odeur de la sueur (Gerhardt).

Adipates métalliques. — *L'adipate ammonique* cristallise en aiguilles. Les chlorures de baryum, de strontium et de calcium; les sulfates de magnésium, de manganèse, de nickel et de cadmium et l'azotate de cuivre et de plomb ne troublent pas la dissolution de ce sel. Ce caractère permet de distinguer l'acide adipique de l'acide pimélique, ce dernier étant précipité par les sels solubles de cuivre et de plomb. L'adipate d'ammonium précipite le perchlorure de fer en rouge briqueté.

L'adipate de baryum desséché avec de l'acide sulfurique se présente en masses blanches, opaques et anhydres.

L'adipate de strontium, $C^6H^8 O^4 Sr'' + 3$ aq., se précipite en aiguilles microscopiques, par l'addition de l'alcool à un mélange d'adipate ammonique et de chlorure de strontium.

L'adipate de calcium, $C^6 H^8 O^4 Ca'' + 2$ aq., se prépare comme le sel de strontium.

Le *sel de plomb* renferme 56,16 de plomb métallique.

Le *sel d'argent* est un précipité blanc.

Ether adipique. — *L'adipate d'éthyle*,

$$C^6 H^8 O^4 (C^2 H^5)^2,$$

le seul éther adipique connu, a été préparé par Malaguti par l'action d'un courant d'acide chlorhydrique sec sur une solution d'acide adipique dans l'alcool concentré. C'est une matière huileuse un peu ambrée dont l'odeur rappelle la pomme de reinette et dont la saveur est amère et caustique. Sa densité est de 1,001 à 20° 5; il bout à 230° en s'altérant. Les alcalis le saponifient aisément. Le chlore l'attaque avec dégagement d'acide chlorhydrique et le transforme à la longue en une masse qui présente la consistance de la térébenthine (Malaguti).

A. N.

ADIPOCIRE. — On a donné ce nom à une substance blanche qui se forme lorsque des matières animales se décomposent sous l'influence de l'humidité et à l'abri de l'air. L'analyse a montré que l'adipocire est un mélange de margarates d'ammonium, de potassium et de calcium.

ADULAIRE. — Voyez Orthose.

ÆDELFORSE. (Min.) [Syn. *Ædelforsite*, Kobell.] — Silicate de chaux renfermant un peu de magnésie, d'alumine et d'oxyde de fer $Ca^2 Si^3 O^8 (?)$. Masses compactes ou fibreuses, translucides, blanches et brillantes.

Caractères. — Fait gelée avec les acides. Fond au chalumeau en un verre incolore. Dureté 5,5. Densité 2,58.

ÆDELFORSITE. (Retzius.) — Substance rouge d'Ædelforss (Suède), se rapportant probablement à la stilbite ou à la Laumonite.

ÆGIRINE (Min.), ou plus correctement OEgirine. — Variété de pyroxène.

AÉROLITHES. — Voyez Météorites.

ÆSCHYNITE (Min.). [Berzelius, *Jahresb.*, t. IX, p. 195.] — Substance de composition encore mal déterminée, analysée par Hartwall [Berzelius, *Jahresb.*, t. XXV, p. 371] et par Hermann [*Journ. für prakt. Chem.*, t. XXXI, p. 89, t. XXXVIII, p. 110, t. L, p. 170-193, t. LXVIII, p. 97]. Renferme les oxydes de titane, niobium, zirconium (?), cerium, fer, yttria, lanthane, calcium et une petite quantité d'eau et de fluor. Cristaux en prismes orthorhombiques presque noirs; translucides et d'un jaune foncé sous une faible épaisseur; d'un éclat résineux. Se trouve dans une roche granitoïde de Miask (Oural) accompagnée de zircon.

Caractères. — Dans le matras, donne de l'eau; dans le tube ouvert, des traces de fluor. Sur le charbon, se gonfle et prend une couleur jaune sans fondre. Avec le borax, forme un verre jaune foncé qui devient incolore à froid et rouge au feu de réduction en présence de l'étain.

Dureté 5-6. Poussière grise ou brun jaunâtre. Densité 4,9 à 5,14.

Forme crist. — Prisme orthorhombique : $mm = 127° 19'$; $e^1 e^1 = 73° 34$. Cliv. h^1 traces.

F. et S.

AFFINAGE. — Généralement *affinage* signifie *purification,* et l'on dit affinage du cuivre, affinage de la fonte, etc.; mais lorsque le mot affinage est employé seul, il s'applique principalement aux métaux précieux. C'est à ce dernier point de vue que nous consacrerons cet article, renvoyant aux mots cuivre, fonte, etc., la description des procédés à l'aide desquels on purifie ces divers corps.

L'affinage a essentiellement pour but de séparer l'or et l'argent des alliages, ou bien d'isoler l'or contenu en minime proportion dans l'argent ou réciproquement. Ainsi, la loi fixe le titre des matières d'or et d'argent en n'indiquant que le métal qui entre en plus forte proportion dans l'alliage. Les monnaies d'or, par exemple, étant à 0,900, les 0,100 restant peuvent ne pas contenir d'argent; de même les monnaies ou les ouvrages d'argent, à un titre déterminé, peuvent ne renfermer aucune trace d'or. Il y a donc tout intérêt à retirer des monnaies ou ouvrages d'or et d'argent les faibles proportions d'argent ou d'or qui, dans ces alliages, ne sont comptés que comme ayant la valeur du cuivre. L'analyse des monnaies et médailles égyptiennes et même romaines prouve que les procédés d'affinage étaient inconnus des anciens ; on employait souvent l'or et l'argent natifs à leur fabrication. A mesure qu'on s'éloigne de notre époque, on constate que les objets en argent renferment plus d'or et les objets en or plus d'argent. La séparation de ces métaux s'est d'autant mieux effectuée que les arts chimiques ont progressé. L'oxydation par la fusion prolongée au contact de l'air, la cémentation, le salpêtre, le soufre, le sulfure d'antimoine, le sublimé corrosif, etc., ont été mis en pratique pour séparer l'or de ses alliages avec les métaux oxydables. Quant à l'argent, on l'extrayait au moyen du salpêtre ou de la coupellation ; plus tard ces divers modes ont été remplacés par le *départ* au moyen de l'acide azotique ; mais ce procédé, encore suivi de nos jours dans les laboratoires, ne pouvait utilement et économiquement être appliqué dans l'industrie lorsque les alliages ne contenaient pas plus de 2 à 3 millièmes d'or. En 1820 Dizé a proposé l'emploi de l'acide sulfurique pour l'affinage des métaux précieux.

L'art de l'affineur dépendait autrefois des hôtels monétaires et était une des prérogatives de la couronne. Divers édits, de 1689, 1692, 1721, 1757, etc., réglaient que les opérations de l'affinage ne pouvaient se pratiquer qu'en présence et sous l'inspection des officiers des hôtels monétaires, et cet état de choses dura jusqu'au moment où la loi du 19 brumaire an VI supprima la ferme des affinages et rendit libre l'exercice de cette profession.

Dans l'ancien procédé d'affinage, les alliages, amenés au titre convenable pour le *départ*, étaient grenaillés et traités par l'acide azotique dans des vases en platine, en grès, ou dans des cornues en verre, lutées et chauffées au bain de sable ; l'argent et le cuivre étaient dissous, l'or n'était pas attaqué ; l'argent était ensuite réduit à l'état métallique par des lames de cuivre. Le prix élevé de l'acide azotique, sa perte inévitable, ont fait abandonner ce procédé, qui n'était adopté, il y a quelques années, que dans une seule usine en Angleterre.

Le procédé actuel, par l'acide sulfurique, a permis d'affiner avec avantage les anciennes matières d'or et d'argent qui se trouvent dans le commerce ; car il suffit qu'un alliage d'or contienne 0,020 d'argent ou qu'un alliage d'argent et de cuivre renferme 0,0004 d'or pour affiner avec bénéfice.

Depuis la création des grands ateliers d'affinage, c'est-à-dire depuis 1825, on peut évaluer à plusieurs milliards l'argent aurifère qui a passé dans les affinages, et comme les anciennes monnaies d'argent renfermaient 0,001, 0,002 et jusqu'à 0,003 d'or, on voit que cette industrie chimique a accru la fortune publique de plusieurs centaines de millions. De nos jours on affine annuellement pour une somme de 400 à 500 millions provenant des piastres du Mexique ou du Pérou, des lingots arrivant de la Chine ou de la Cochinchine, des anciennes monnaies, de l'argent des mines d'Amérique ou des déchets d'orfèvrerie.

Le procédé d'affinage employé aujourd'hui repose sur ces faits : 1° que l'acide sulfurique concentré et chaud transforme l'argent et le cuivre en sulfates solubles, sans attaquer l'or ; 2° que le sulfate d'argent est réduit par le cuivre à l'état d'argent métallique, en produisant du sulfate de cuivre.

L'alliage, avant de passer à l'affinage, est soumis à un essai indiquant sa composition ; car s'il renferme trop d'or, tout l'argent n'est pas attaqué ; s'il contient trop de cuivre, il produit du sulfate de cuivre très-peu soluble dans l'acide sulfurique concentré. L'alliage le plus convenable pour ce traitement doit contenir de 0,800 à 0,950 d'argent et de 0,050 à 0,200 de cuivre et d'or. La proportion d'or ne peut dépasser sans inconvénient 0,200.

La première opération consiste donc à ramener, autant que possible, l'alliage dans les conditions que nous venons d'énoncer. Si l'alliage renferme trop de cuivre, on le grille au rouge sombre dans des fours particuliers et on le traite par de l'acide sulfurique étendu qui ne dissout que l'oxyde de cuivre ; on l'enrichit ainsi de manière à élever le titre à 0,700 ou 0,800. Autrefois on fondait les alliages avec du salpêtre et on donnait à cette opération le nom de *poussée*.

L'alliage, obtenu dans des proportions convenables, est fondu et grenaillé en le projetant dans des tonneaux remplis d'eau froide, au fond desquels se trouvent des vases en cuivre. Les grenailles égouttées sont desséchées et traitées par l'acide sulfurique concentré à 66°. Ajoutons, avant d'aller plus loin, que certains affineurs ne grenaillent pas l'alliage et qu'ils traitent directement des lingots du poids de 30 à 35 kilogr. On emploie de 2 à 2 1/2 son poids d'acide sulfurique et l'opération se fait dans des vases en fonte. On fait bouillir jusqu'à ce que la dissolution de l'argent et du cuivre soit complète. Pendant la réaction il se forme du sulfate d'argent, du sulfate de cuivre, il se dégage de l'acide sulfureux et il distille de l'acide sulfurique. Ces acides sont recueillis dans des chambres de plomb de petite dimension ; l'acide sulfurique se condense d'abord et l'acide sulfureux est transformé de nouveau en acide sulfurique par les procédés ordinaires ; c'est du moins ce qui se pratique dans les usines bien installées.

Les vases en platine, qu'on avait substitués aux vases de fonte, sont maintenant abandonnés et exclusivement remplacés par la fonte.

Après la dissolution de l'argent et du cuivre on fait bouillir quelques instants le contenu de la chaudière avec de l'acide sulfurique à 58° et on laisse reposer. On décante dans des chaudières en plomb et, par l'addition d'eau, on amène la dissolution à 20° Baumé environ.

L'or est resté dans le vase sous forme de poudre noire ; il est à l'état spongieux dans le cas où l'on agit directement sur les lingots sans les grenailler. Cet or, recueilli et lavé, est traité comme nous le verrons plus loin.

Dans la dissolution des sulfates on plonge des lames de cuivre on fait circuler, dans des tubes en plomb, de la vapeur pour élever la température. L'argent se dépose à l'état métallique et il se forme du sulfate de cuivre ; lorsque l'on a constaté, au moyen du chlorure de sodium, qu'il ne reste plus d'argent en dissolution, on détache l'argent métallique (appelé chaux d'argent), on le lave, on le sèche rapidement et on le comprime par la presse hydraulique ; après l'avoir séché graduellement, on le fond et on le coule en lingots.

L'argent d'affinage ne contient que des traces impondérables d'or et 0,003 à 0,004 de cuivre ; beaucoup de lingots d'affinage sont à 0,996 ou 0,998.

L'or en poudre, ou à l'état d'éponge, est ordinairement traité à deux reprises par de l'acide sulfurique concentré afin de lui enlever les dernières traces d'argent ou de cuivre ; il est ensuite fondu seul ou avec l'addition de salpêtre. L'or d'affinage est habituellement au titre de 0,998, et on trouve beaucoup de lingots à 0,999.

La dissolution acide de sulfate de cuivre est évaporée dans des chaudières en plomb jusqu'à ce qu'elle marque 40° B. Il se dépose des cristaux de sulfate de cuivre anhydre qu'on enlève ; une nouvelle concentration fournit de nouveaux cristaux qu'on réunit aux premiers et qu'on fait recristalliser dans des vases revêtus de plomb.

Les cristaux ainsi purifiés et égouttés sont livrés au commerce. Dans le traitement des alliages par l'acide sulfurique on observe quelquefois la formation d'une poudre rouge qui n'est autre chose que du sulfite de protoxyde et de bioxyde de cuivre.

Des tarifs, déterminés par le gouvernement, indiquent les droits que l'on doit acquitter pour les frais d'affinage, lorsqu'on présente des alliages aux hôtels de monnaie ; mais, dans l'industrie, ces droits sont discutés avec l'affineur et varient selon les circonstances et la concurrence. On peut cependant prendre pour point de départ que l'affinage de 1 kilog. d'argent revient environ à 0f,90 ou 1 franc. J. B.

AFFINITÉ (*Hist.*). — On appelle *affinité* la cause quelle qu'elle soit des combinaisons chimiques. Quand un mélange de chlore et d'hydrogène se transforme en acide chlorhydrique, il y a un phénomène chimique, et l'on dit que l'*affinité* a réuni les deux corps primitifs en un composé unique ; quand on plonge une lame de zinc dans du chlorure de cuivre, et quand celui-ci se transforme en chlorure de zinc pendant que le cuivre se dépose, on dit que l'*affinité* du zinc pour le chlore a vaincu l'affinité plus faible du cuivre pour ce métalloïde. L'affinité est donc pour le chimiste quelque chose de déterminé et, jusqu'à un certain point, de susceptible de mesure ; il sait, à la vérité, que dans les phénomènes chimiques les forces physiques interviennent d'une façon non douteuse, qu'il y a une grande part à faire, dans la réaction du chlore sur l'hydrogène, à la chaleur et à la lumière, ou dans la réduction du chlorure de cuivre par le zinc, à l'électricité ; mais toujours est-il qu'il se croit en droit de distinguer dans ces différents cas *ce qui* porte l'hydrogène ou le cuivre sur le chlore de tout autre agent naturel, et c'est *cela* qu'il désigne sous le nom d'affinité.

Le mot a été introduit dans la science par les alchimistes. On le trouve pour la première fois dans la *Pyrosophia* de Barchusen, mais dans un sens plus rapproché de sa signification étymologique et par conséquent assez différent de celui qu'on lui attribue aujourd'hui. Voulant expliquer l'impossibilité où l'on se trouve d'isoler les quatre premiers principes qu'on admettait alors dans la constitution de tous les corps, Barchusen disait que ceux-ci se trouvaient toujours mélangés de quelque chose de terrestre ou d'une autre nature ; « car ils ont entre eux une affinité étroite et réciproque qui fait que tel qu'on croyait avoir entièrement purgé de tel autre, finit par reprendre celui-ci sous l'influence d'une exposition prolongée à l'air, toujours riche en particules de tous genres (1). »

Affinitas était donc pour Barchusen ce *commun lien de parenté* qui existe entre les éléments et qui fait qu'ils se recherchent ; et il n'y a pas aussi loin qu'on pourrait le croire de cette opinion à celle que se sont faite de l'affinité les chimistes du siècle suivant. On a admis pendant longtemps que la similitude de nature ou de propriétés des composants était une des conditions les plus favorables de la combinaison ; Becher traduisant

(1) Restat et insuper admonendum, hæc quatuor a nobis jamjam recensita Principia, non esse tam simplicia neque tam pura, quantumvis optime depurata, quin non aliquid terrestre vel aliquid aliud ab eo possit separari ; arctam enim et reciprocam inter se habent affinitatem, quod illud, quod a se separatum modo videbatur, tractu temporis ab aere ambiente, omnis generis particulis abundante, id sibi demum adsciscat ; quapropter impossibile quid arbitror, inveniendum elementum quodpiam simplicissimum, quod non peregrinis heterogeneisve gaudeat particulis.

la phrase d'Hippocrate, ὅμοῖον ἔρχεται πρὸς τό ὅμοῖον, disait que *les semblables saisissent plus volontiers leurs semblables ;* l'école de Stahl soutenait ce principe à outrance, et Lavoisier lui-même dans son *Traité de Chimie* dit que les métaux, ayant de l'affinité pour l'oxygène, doivent s'unir entre eux, en vertu du principe, *quæ sunt eadem uni tertio sunt eadem inter se.* Nous n'avons pas besoin de démontrer le peu de généralité de ce principe qui, pour être applicable, suppose précisément que l'affinité soit un fait de similitude ; car s'il est vrai que deux choses semblables à une troisième soient semblables entre elles, il n'est pas dit pour cela que deux choses différentes d'une troisième diffèrent entre elles de la même façon. Du reste, Bergman a fait justice de cette opinion bizarre en montrant que l'expérience lui donnait à chaque instant un démenti ; l'on sait, en effet, que les sels ont moins d'affinité pour un excès de base ou d'acide que la base libre n'en a pour l'acide libre ; et cependant, dans le premier cas, on est sûr, expérimentalement, d'avoir mis en présence des corps ayant un principe commun.

Mais revenons à Barchusen et à sa *Pyrosophia ;* si nous n'y trouvons pas une définition satisfaisante de l'affinité, ce dont nous ne devons pas être surpris en lisant la date de l'ouvrage (1698), du milieu y rencontrons-nous, au milieu des vues alchimiques du temps, quelques expériences bien faites et quelques idées justes qui nous éclairent sur la valeur scientifique de l'homme. L'axiome premier, notamment, contient une explication très-nette et très-philosophique des phénomènes chimiques qui se manifestent par la voie sèche ; le voici : Axioma I. *Non novas antehac non existentes producit ignis substantias ; sed Principia corporum, mire inter se intricata, ab igne a se invicem separantur, vel separata, eodem auxiliante, variis modis tantum conjunguntur.* « Le feu ne crée rien, il ne produit pas de substances nouvelles ; mais sous son influence le merveilleux assemblage d'éléments qui constitue les corps se détruit et ces éléments se *séparent* les uns des autres, ou simplement se *groupent* entre eux de diverses manières. »

Boerhaave, le célèbre médecin de Leyde, est le premier qui ait attribué la cause de la combinaison des corps à une force spéciale, c'est donc à lui qu'on doit réellement l'idée d'affinité. Voici ce qu'il dit à ce sujet. « Une observation journalière nous apprend que dans beaucoup de cas les particules du menstrue, après avoir agi comme dissolvant, s'unissent aux particules du corps dissous et forment ainsi un composé très-différent par ses propriétés des corps dont il dérive ; telle est l'action de l'esprit de nitre sur le fer, de l'eau régale sur l'or. Dans ce dernier cas pourquoi les particules d'or, dix-huit fois plus denses que l'eau régale, ne se réunissent-elles pas au fond du vase ? Ne voyez-vous pas clairement qu'il y a entre chaque particule d'or et chaque particule d'eau régale une force en vertu de laquelle elles se recherchent, s'unissent et se retiennent ? Ne faut-il pas qu'il y ait une cause pour que les particules du menstrue, se séparant les unes des autres, aillent chercher les particules du corps à dissoudre plutôt que de rester dans leur état primitif ? Et, la désagrégation une fois opérée par l'action dissolvante du menstrue, ne faut-il pas admettre une raison semblable, pour que les particules de ce menstrue et celles du corps dissous restent unies ensemble, plutôt que de se rechercher à leur tour entre elles, et de se réunir de nouveau selon l'affinité de leur nature en corps homogènes ? (1) » Comme on le voit,

(1) Igitur causa certa hic requiritur, quæ efficit, ut particulæ dissolventis a se mutuo recedentes potius pe-

si l'*idée* d'affinité a été clairement définie par Boerhaave, le sens dans lequel il emploie le *mot* est singulièrement différent de celui qu'on lui donne à présent ; l'*affinité* de Boerhaave fonctionne comme la *cohésion* de Berthollet. Voici en effet une phrase de la *Statique chimique* : « Le premier effet de l'affinité sur lequel je fixe l'attention, est celui qui produit la cohérence des parties qui entrent dans la composition d'un corps. C'est l'*effet de l'affinité réciproque de ces parties* que je distingue par le nom de force de *cohésion* et qui devient *une force opposée à toutes celles qui tendent à faire entrer dans une autre combinaison les parties qu'elle tend au contraire à unir*. » Berthollet procède plutôt de Boerhaave que de Lavoisier : ses idées et son style le montrent.

Pour Boerhaave, l'union des corps dissemblables, la véritable combinaison chimique est une espèce de mariage ; lorsque l'acide nitrique dissout le fer, c'est moins une désagrégation violente qu'une union intime, cela provient plutôt de l'amour que de la haine : « *magis ex amore quam ex odio.* » Les circonstances mêmes qui accompagnent le phénomène servent à Boerhaave à continuer sa métaphore ; l'effervescence, la chaleur, le bruit, la lumière qui se manifestent pendant les combinaisons sont comparables aux fêtes et à la joie qui accompagnent les noces. Il faut convenir avec M. Dumas qu'il y a quelque vérité dans cette image poétique, qui a le mérite de résumer les principaux caractères du phénomène chimique,— dissemblance des composants, manifestation de forces physiques au moment de la combinaison, union intime après celle-ci.

En même temps que Boerhaave développait ces idées dans son cours de Leyde, Geoffroy l'aîné publiait à Paris, la première table d'affinité sous le titre de : *Table des rapports observés entre les différentes substances.* C'est un recueil de listes comprenant les noms de divers corps, classés dans un ordre tel que le premier — celui qui occupe le haut de chaque colonne — est considéré comme ayant plus d'affinité pour le second que pour le troisième, pour celui-ci que pour le quatrième, et ainsi de suite. Il y a donc une idée nouvelle dans l'œuvre de Geoffroy. C'est l'idée de *plus* ou de *moins* appliquée à l'affinité ; l'affinité est déjà une quantité, tous les efforts du xviiie siècle vont tendre à lui trouver une mesure.

Mais en réalité que représentent ces tables ? L'ordre de décomposition des sels d'un même acide par les différentes bases ou inversement ; or cet ordre n'est constant que dans des circonstances identiques : il faut donc une infinité de tables,—une

---

tant illas materiæ dissolvendæ particulas, quam ut in antiqua statione maneant,

An non similis ratio exigitur, quum particulæ solvendi, jam divulsæ per virtutem solventis, sicque jam separatæ, potius maneant nunc unitæ illis menstrui partibus, per quas solutio facta fuit, quam ut iterum, post solutionem peractam, particulæ solventes et solutæ denuo se affinitate suæ naturæ colligant in corpora homogenea? Oro vos, auditores, cum cura perpendite id quod dico, dignissima est cogitatione et memoria observatio...

Quotidianum habetur observatum quod particulæ menstrui, postquam actione sua jam dissolverunt suum solvendum, tunc statim ita nectant suas particulas solventes ad particulas soluti, ut mox oriatur ex concretis his novum coalescens compositum, multum sæpe distans a natura simplicis, resoluti, corporis.

Dum aqua regia solvit subtipulum auri in liquorem flavum, partes auri dissolutæ manent unitæ partibus aquæ regiæ dissolventis, ut auri particulæ, aqua regia decies et octies graviores, maneant suspensæ in aqua regia, neque in fundum delapsæ se colligant sub leviore aqua. Nonne evidenter cernitis hinc inter unamquamque auri et aquæ regiæ particulam, virtutem quamdam mutuam, qua auri pars illam, hæc vero auri particulam amat, unit, retinet? (Boerhaave, *Elem. chymiæ*, 1733.)

---

pour chaque circonstance particulière, si on veut qu'elles soient bonnes, ou sinon elles seront d'autant plus fautives qu'elles seront moins nombreuses.

C'est ce qui fait l'inexactitude flagrante des tables de Bergman ; il voulut identifier les tables d'affinité correspondant à plus de six acides différents et ne réussit qu'à donner une liste également mauvaise pour les divers acides considérés. — Voici quelques colonnes de rapports prises dans les ouvrages qui eurent le plus de renommée.

TABLES DES RAPPORTS (GEOFFROY).

Acide vitriolique.

Principe huileux du soufre primitif.
Sel alcali fixe.
Sel alcali volatil.
Terres.
Fer.
Cuivre.
Argent.

TABLES SYMBOLIQUES.

Acide vitriolique.		Eau.
Phlogistique.		Esprit de vin.
Sel alcali fixe.		Sel.
Sel alcali volatil.		
Terre absorbante.		
Fer.		
Cuivre.		
Argent.		

TABLES DE BERGMAN, éd. française, 1780.

Acide aérien (carbonique).	*Acide du sucre* [1] *(oxalique).*
La terre pesante pure.	La chaux.
La chaux pure.	La terre pesante.
L'alcali fixe végétal pur.	La magnésie.
L'alcali fixe minéral pur.	L'alcali fixe végétal,
La magnésie pure.	L'alcali fixe minéral.
L'alcali volatil pur.	L'alcali volatil.
Le zinc.	L'argile.
La manganèse.	
Le fer.	

ATTRACTIONS ÉLECTIVES SIMPLES (BERGMAN).
(1788.)

Voie humide.

Acide vitriolique.	Liste exactement pareille
Baryte pure.	pour les acides sulfu-
Potasse pure.	reux, nitreux(nitrique),
Soude pure.	nitreux phlogistiqué
Chaux vive.	(nitreux), marin (chlor-
Alcali volatil pur?	hydrique), marin dé-
Magnésie pure?	phlogistiqué (chlore),
Argile pure.	et pour l'eau régale.
Chaux de zinc.	
— fer.	
— ...	
— cuivre.	
— ...	
— antimoine.	
— ...	
— mercure.	
— argent.	
— or.	
— platine.	
Eau.	
Esprit de vin.	

[1] « Il cède les *alcalis* aux acides vitriolique, nitreux marin, arsenical et phosphorique, la chaux à aucun, la terre pesante à l'acide vitriolique, la magnesie à l'acide spathique, l'argile aux acides vitriolique, nitreux et marin, l'argent et l'antimoine à l'acide marin, etc. »

ATTRACTIONS ÉLECTIVES DOUBLES (YOUNG).

Les dissolutions de deux sels étant mélangées, chaque base reste unie à l'acide qui s'en rapproche le plus dans la table.

Acide sulfurique.	*Acide sulfurique.*
Baryte.	Baryte.
Strontiane.	Potasse.
Chaux.	Soude.
Potasse.	Strontiane.
Soude.	Ammoniaque.
Mercure?	Magnésie (1).
Fer?	Alumine.
Magnésie.	Chaux.
Ammoniaque.	
Alumine.	*Acide sulfureux.*
Cuivre?	

Acide muriatique.

TABLE NUMÉRIQUE D'ATTRACTION (YOUNG).

Acide oxalique.

Chaux..............	9,60
Baryte..............	9,30
Strontiane..........	8,25
Magnésie...........	8,20
Potasse............	6,50
Soude..............	6,45
Ammoniaque.......	6,11
Etc.	

Nous voyons par ces exemples le peu de portée scientifique de ces tables. Au point de vue de la théorie, elles ne nous apprennent rien sur l'affinité, puisque Berthollet a démontré qu'un acide faible déplaçait un acide fort, pourvu que l'insolubilité ou la volatilité du sel qu'il produit le mît à l'abri d'une réaction inverse. Au point de vue de la pratique, elles donnent des indications vagues et trop souvent fautives; l'on sait qu'une usine s'est montée pendant la Révolution pour fabriquer industriellement de la baryte afin de précipiter avec elle la soude du sel marin; réaction impossible, et qui pourtant était manifestement indiquée par la place que Bergman donnait à la baryte dans la liste correspondant à l'acide muriatique.

Cependant les tables d'affinité eurent le plus grand succès, chaque chimiste faisait la sienne; l'Académie des sciences ne leur reprochait guère que de supposer l'intervention d'une force attractive, singulière raison, au milieu de tant de bonnes, pour ne pas les adopter; on les modifiait de toutes les manières, on cherchait à y introduire l'élément numérique qui les aurait rendues parfaites; Lavoisier même donnait une table des affinités du principe oxigène, mais sans y attacher une grande importance et en faisant fort bien ressortir ce qu'il y avait d'illogique dans la plupart de ces listes. « Une telle table, dit-il, ne peut représenter des résultats vrais qu'à un certain degré de chaleur... Il en faudrait une pour chaque degré de thermomètre. Un second défaut est de ne faire entrer pour rien les effets de l'attraction de l'eau et *peut-être de sa décomposition*, dans les combinaisons par la voie humide. Une troisième imperfection est de ne pouvoir exprimer les variations qui surviennent dans la force attractive des molécules des corps, en raison des *différents degrés de saturation;* il y a certaines combinaisons pour lesquelles il y a deux ou trois degrés de saturation

marqués, d'autres pour lesquelles il y en a un plus grand nombre... » Remarquons en passant combien d'aperçus profonds l'on trouve dans cette phrase, comme dans presque toutes celles de son illustre auteur; qui donc, en 1782, pensait qu'une solution pût contenir de l'eau décomposée?

Bergman, l'auteur des tables qui furent le plus consultées, apporta dans la chimie les idées d'un astronome. En tant qu'observateur, il nous apparaît comme un des meilleurs chimistes de son temps, mais ses théories le mènent aux plus étranges conséquences. Frappé de ce fait que Newton avait pu résumer en une formule unique le mouvement de tous les corps célestes, il crut pouvoir ramener les attractions chimiques à un même degré de simplicité. Malheureusement, s'il est vrai que le plan de la nature est toujours simple, ce plan ne nous apparaît souvent que derrière des perturbations nombreuses qu'il faut savoir éliminer. Celui qui veut trouver la simplicité dès l'abord, qui cherche une loi approchée pour résumer les faits bruts et non débarrassés des circonstances accessoires, celui-là risque beaucoup de se laisser tromper par quelque rapprochement fortuit, de généraliser des idées qui ne sont pas susceptibles de généralisation, et de donner, en résumé, des phénomènes une explication peut-être simple mais inexacte. Tel est le sort de Bergman. Ce chimiste admettait qu'en général l'ordre des affinités est constant; c'est une opinion qui a pu se soutenir le jour où l'on a considéré l'affinité comme n'ayant qu'une part accessoire dans le phénomène du déplacement des différents corps les uns par les autres; mais, du temps de Bergman, alors qu'on attribuait ce déplacement à l'attraction élective seule, c'était une grave et déplorable erreur : déplorable surtout à ce point de vue qu'elle introduisait dans la science chimique une simplicité illusoire au mépris des faits les mieux observés, car s'il est vrai que l'ordre des affinités de bases pour l'acide sulfurique soit celui-ci : *baryte, potasse, argent,* il est impossible que ce tableau puisse servir à l'acide chlorhydrique, nitrique, etc. L'on voit que Bergman réagissait contre l'expérience lorsqu'elle lui donnait tort; il aurait fallu, disait-il, éviter certaines causes perturbatrices, comme l'élévation de température, etc., et il regardait les exceptions trop nombreuses à ses lois comme des irrégularités dont on aurait la cause dans la suite. Lorsque Berthollet découvrit cette cause, il s'aperçut qu'elle expliquait également bien non-seulement les exceptions, mais la règle elle-même.

Les imitateurs de Bergman voulurent couronner son œuvre en lui ajoutant l'élément numérique qui lui manquait; or, c'est la marque des théories fausses de ne pouvoir supporter l'introduction du calcul, et l'inconséquence des tables éclata bientôt dans tout son jour. Voici comment on s'y prit pour exprimer les affinités par des nombres.

Bergman figurait ainsi les décompositions :

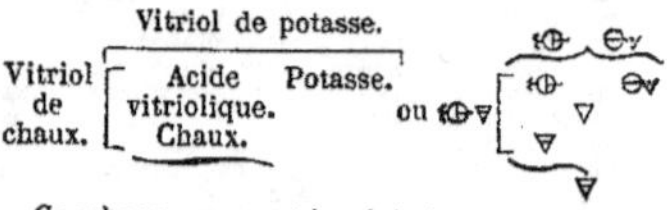

Ce schema revenant à celui-ci :

Avant : Vitriol de chaux et potasse en solution.
Après : Vitriol de potasse en solution et chaux précipitée.

Il exprimait donc que la potasse avait plus d'affinité pour l'acide vitriolique que la chaux. Elliot fut conduit à représenter ces affinités par des nombres tels que 62 et 54. Ex. :

Vitriol de potasse.

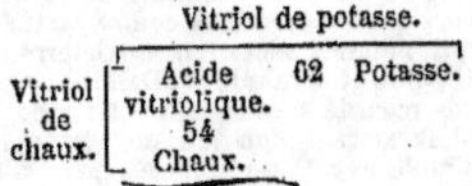

Comme 62 > 54, la décomposition s'effectue. Elliot s'occupa de même des doubles décompositions et représenta ainsi l'action du nitrate d'argent sur le sulfate de potasse :

Nitre de potasse.

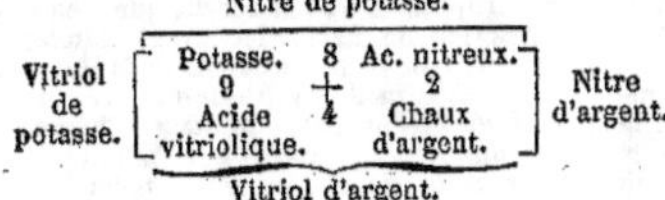

Comme la somme des affinités des bases pour les acides avec lesquels elles sont combinées actuellement, (9 + 2), est inférieure à la somme des affinités de ces bases pour les acides avec lesquels elles seraient combinées après la double décomposition (8 + 4), cet échange s'effectue. Les affinités qui tendent à laisser le système dans l'état primitif furent dites quiescentes (Kirwan), les autres divellentes. La somme de ces dernières est-elle plus grande que la somme des premières, la double décomposition se fait. Mais comment déterminer ces différents nombres? Par la méthode des approximations successives. L'acide sulfurique a plus d'affinité pour la potasse que l'acide nitrique, puisqu'il le déplace ; figurons ces affinités par 9 et 8 ; la potasse a plus d'affinité pour l'acide sulfurique que l'oxyde d'argent, puisqu'elle le précipite : l'affinité de l'oxyde d'argent pour cet acide est donc < 9; faisons-la = 4. L'affinité de l'acide nitrique pour l'oxyde d'argent doit être moindre que 8, et que 4; de plus, ajoutée à 9, elle doit faire un total inférieur à 8 + 4 : nous la supposerons égale à 2.

Le choix des nombres est donc de plus en plus restreint et de moins en moins indéterminé puisqu'il doit satisfaire à une multitude d'inégalités tirées de toutes les décompositions connues : la méthode n'est donc pas tout à fait dépourvue d'esprit scientifique. — Mais il arrive ceci : l'affinité de A pour B, d'après un groupe de réactions, doit être comprise entre 28 et 32; or un autre groupe de réactions assigne à cette affinité une valeur intermédiaire, entre 4 et 11 par exemple. Il y a donc impossibilité complète de faire concorder les faits avec la théorie.

Cependant l'idée de *mesurer* l'affinité était si naturelle et si séduisante que la plupart des chimistes du temps s'en occupèrent. Guyton de Morveau chercha à déterminer par des moyens physiques l'attraction au contact du mercure pour les métaux : c'étaient suivant lui autant de données numériques dont la théorie future de l'affinité ferait son profit. Kirwan, d'après des expériences incorrectes, posa d'abord ce principe singulier que les affinités des bases pour un acide sont en raison inverse des quantités d'acide réel nécessaire pour en saturer une même quantité, et les affinités des acides en raison directe des quantités de base qui les saturent; Wenzel, au contraire, adoptait cette opinion d'une certaine valeur, que l'affinité des métaux pour un dissolvant commun (l'acide nitrique) était en raison inverse du temps nécessaire à la solution, les surfaces attaquées étant égales et invariables. — L'expérience se faisait avec de petits cylindres enduits de cire ex-

cepté sur l'une de leurs bases. — Voyez plus loin Affinité et électricité.

Fourcroy, voyant l'acide nitrique et le mercure s'unir avec violence et former un sel qui se décompose très-aisément, tandis que l'acide chlorhydrique donne avec plus de difficulté un composé sur lequel la chaleur est sans action, disait que l'affinité devait plutôt se mesurer par les difficultés qu'on a à séparer un composé en ses principes que par la vivacité de leur union.

Lavoisier entrevoyait un moyen tout à fait nouveau de mesurer les affinités. Il se proposait de l'employer à la suite de ses recherches calorimétriques. Voici le passage du mémoire sur la chaleur dans lequel, avec Laplace, il développa ses vues à ce sujet. « ... L'équilibre entre la chaleur qui tend à écarter les molécules et leurs affinités réciproques qui tendent à les réunir peut fournir un moyen très-précis de comparer entre elles les affinités ; si l'on mêle par exemple, à une température quelconque au-dessous de zéro, un acide avec de la glace, il la fondra jusqu'à ce qu'il soit assez affaibli pour que sa force attractive sur les molécules de glace soit égale à la force qui fait adhérer ces molécules les unes aux autres, et qui est d'autant plus grande que le froid est plus considérable; ainsi le degré de concentration auquel l'acide cessera de dissoudre la glace sera d'autant plus fort que la température du mélange sera plus abaissée au-dessous de zéro, et l'on pourra rapporter aux degrés du thermomètre les affinités des acides avec l'eau, suivant ces divers degrés de concentration. Réciproquement un acide affaibli soumis à un froid donné devra perdre de l'eau à l'état de glace jusqu'à ce qu'il ait acquis le degré de concentration correspondant à cette température. » — Lavoisier concevait de même toutes les dissolutions, il espérait généraliser ce procédé de mesure.

Séguin pensait que le degré de température (compté à partir du zéro réel), auquel deux corps s'unissent, est inversement proportionnel à leur affinité.

Les recherches de Berthollet sur l'affinité vinrent modifier profondément les idées des chimistes sur ce sujet si controversé. Avec lui les forces de *cohésion* et d'*expansibilité* prennent une part considérable et même prédominante dans les phénomènes chimiques. L'attraction élective, celle qui suppose l'union entière d'une substance avec une autre de préférence à une troisième qui est en présence, est définitivement rayée de la science. L'affinité, dans l'action des corps les uns sur les autres, n'intervient plus seule: un facteur nouveau est introduit dans l'expression de cette action, les *quantités pondérales* des corps en présence. Enfin cette même *affinité* est définie à nouveau, elle devient fixe et inversement proportionnelle à la *quantité saturante*, c'est-à-dire à l'équivalent. L'objection faite par Lavoisier aux tables d'affinité s'était présentée à tous les bons esprits : aussi donnait-on pour chaque corps deux listes différentes représentant les affinités dans deux circonstances bien définies, la voie humide et la voie sèche. On admettait donc que l'affinité était *variable* selon que les circonstances ou l'état physique variaient: Berthollet établit ce principe nouveau et fécond que l'on pouvait expliquer toutes les réactions en admettant une affinité *fixe* et une force antagoniste *variable*, la cohésion ou l'expansibilité. Il est clair que l'inégalité entre ces deux forces n'étant donnée que par l'expérience, et pour chaque cas particulier, la nouvelle règle ne devait pas avoir d'exceptions; c'est ce qui fit son succès. Mais les idées théoriques qui lui donnèrent naissance méritent d'être rapportées : en voici un aperçu. La force chimique agit en raison de l'affinité et de la quantité pondérale des corps en présence, c'est-à-dire proportionnellement à la *masse chimique* ainsi définie, ou bien, pour les chimistes modernes, au nombre d'équivalents [1]. Il y a combinaison chimique dans toutes les proportions possibles entre deux limites déterminées par la cohésion ou l'expansibilité. La cohésion ou l'expansibilité des composants existe en tant que force vaincue, comme un ressort comprimé mais agissant, dans des combinaisons chimiques. La cohésion tend à ramener le corps à l'état solide, l'expansibilité à l'état gazeux; — ces deux forces sont fonctions de la température. La force chimique, en mettant ces corps en contact intime, a le plus souvent à vaincre une de ces forces, mais elle développe la cohésion par le rapprochement des parties; lorsqu'on la fait varier en faisant varier continûment les proportions des corps en présence, on voit qu'il y a certains points pour lesquels la condensation est la plus grande; il est naturel qu'à ce point, qui correspond à une composition chimique constante, corresponde aussi la plupart du temps la plus grande tendance à la précipitation. Ce sera le plus souvent le point où les affinités sont le mieux satisfaites (masses égales). C'est ainsi qu'on peut expliquer la fixité à peu près absolue des espèces chimiques. L'on conçoit qu'une pareille théorie devient infiniment peu probable lorsqu'elle arrive à expliquer la formation de l'eau et qu'elle est radicalement renversée par le fait de la combinaison sans condensation du chlore et de l'hydrogène. Ajoutons que, pour Berthollet, la cohésion joue un si grand rôle, que c'est elle qui provoque la double décomposition, lorsqu'on précipite un sel neutre par un autre sel neutre : elle agit donc chimiquement. Voici ce qu'il dit à ce sujet : « La force de cohésion est souvent une cause qui détermine des combinaisons... Toutes les fois qu'il se produit quelque substance solide soit par une séparation soit par une *combinaison*, il faut chercher dans l'action réciproque (cohésion) des parties qui acquièrent la solidité, la cause même qui la produit quoiqu'elle ne se manifestât pas auparavant. L'alcalinité et l'acidité n'ont aucune influence sur l'action réciproque des sels qui sont à l'état neutre; mais tous les phénomènes qu'elle produit doivent dépendre des propriétés qui émanent de l'action réciproque de leurs parties intégrantes... Dans le mélange de substances liquides (neutres), des combinaisons qui doivent jouir d'une force de cohésion capable de les séparer doivent se former et se séparer en effet. » (*Stat. chim.*, passim).

En somme, Berthollet a changé totalement le sens du mot *affinité*. Il *prouve* que les phénomènes qui ont été jusqu'à lui considérés comme dépendant uniquement de l'affinité ou de la force chimique, en dépendent en réalité très-peu; puis il *définit* l'affinité à nouveau et d'après une notion qui en fait quelque chose de fixe, d'après la quantité saturante, c'est-à-dire celle qui produit la neutralisation. Enfin il *suppose* que l'action chimique est en raison composée des quantités en poids et des affinités (ainsi définies) des corps en présence; ce qui l'amène à penser que les combinaisons s'effectuent en proportions indéfinies [2], tant que la cohésion ou l'expansibilité ne leur prescrivent pas de limite. Voilà à quelles conséquences la considération unique des *forces* en chimie mena

un des plus illustres savants de ce siècle. Il ne serait pas tombé dans de telles erreurs si son esprit se fût plus préoccupé de la constitution des corps, s'il eût mieux connu la théorie atomique qui naissait alors en Angleterre, ébauchée par Higgins et agrandie par Dalton; ou plutôt s'il n'eût pas regardé avec dédain cette théorie qui ne semblait alors qu'un jeu de l'imagination, qu'une simple hypothèse proposée par Dalton pour rendre compte de ses lois. L'imagination n'est pas aussi contraire qu'on le pense au véritable esprit scientifique; pourvu que celui-ci commande, elle lui fait gagner en pénétration beaucoup plus qu'elle ne lui enlève en rigueur; et si c'est un instrument souvent trompeur, on peut dire qu'il vaut mieux apprendre à s'en servir, que d'en être privé.

Les lois de Berthollet furent admises comme représentant bien des faits, mais leur interprétation fut modifiée à mesure que la théorie atomique se précisa davantage. Thenard disait : « 1° que rien ne prouve que l'affinité d'un acide pour un oxyde soit proportionnelle à sa capacité de saturation; 2° qu'il paraît même que cela n'est pas; 3° qu'on suppose que la cohésion peut s'exercer entre les particules d'un corps qui n'est pas formé et qu'il est difficile d'admettre cette supposition. Mais on peut répondre, ajoute-t-il, que, quand deux dissolutions salines sont mêlées, la distance des molécules change probablement par l'agitation; que ce changement faisant varier l'affinité, il doit en résulter çà et là des portions de sels insolubles et des portions de sels solubles; qu'en vertu de la cohésion ces premières portions ne peuvent point se désunir, tandis que les autres peuvent se décomposer, par cela même qu'elles se sont formées; et que par conséquent il doit arriver une époque où toutes celles qui sont insolubles doivent être précipitées. »

Plus tard les illustres disciples de Berthollet et enfin M. Dumas donnèrent à ces lois la forme suivante sous laquelle elles devaient rester : Dans un mélange de deux sels « il y a partage de chaque acide entre les bases et de chaque base entre les acides. » Ce partage est un fait d'affinité. Il se forme donc quatre sels qui, si rien ne vient troubler l'équilibre, subsisteront indéfiniment. Mais il n'en est plus de même si l'un d'eux, par une cause quelconque, insolubilité ou volatilité, est écarté de la sphère d'activité des autres... La portion de ce sel existant dans le mélange s'élimine, mais l'équilibre se rétablit par la formation d'une quantité nouvelle du sel éliminé; celui-ci se soustrayant encore à l'action réciproque, un nouveau partage a lieu, et ainsi de suite jusqu'à l'élimination totale du sel insoluble ou volatil.

La différence capitale entre cette explication et celle de Berthollet est que l'insolubilité ou la volatilité du corps qui s'élimine n'intervient plus que parce que le corps *existe* dans le mélange, tandis que Berthollet voyait dans son insolubilité ou dans sa volatilité la cause même de sa formation. De plus on admet que c'est l'affinité qui décide du partage entre les sels neutres. Il est clair que dans le cas de la précipitation des bases par les bases ou des acides par les acides on n'admet pas non plus que « la force chimique de l'acide, se partageant entre les deux bases, n'est plus suffisante pour vaincre la cohésion de la base insoluble, laquelle s'isole avec une quantité d'acide proportionnelle à la force que l'acide total manifestait à son endroit à l'instant de la précipitation. » (*Stat. chim.*) On suppose simplement le partage, la mise en liberté de la base en nature, et sa précipitation en vertu de son insolubilité comme dans le cas des sels neutres. Ainsi modifiées, les lois de Berthollet apparaissent comme très-logiques et comme très-générales; l'existence du partage sur lequel elles

----

(1) La quantité en poids P est égale à $n\,E$, E étant le poids de l'équivalent. L'affinité est inversement proportionnelle à l'équivalent : d'où $\dfrac{a}{E} = A$. La force chimique est proportionnelle à la *masse chimique* A P, c'est-à-dire à n.

(2) « Les chimistes ont souvent regardé comme une propriété générale des combinaisons de se constituer dans des proportions constantes. C'est une hypothèse qui n'a d'autre fondement que la distinction entre la combinaison et la dissolution. »

se fondent a été d'ailleurs mise hors de doute par une foule d'expériences, parmi lesquelles nous citerons celles de Margueritte, de Malaguti, etc.

Qu'on prenne une solution de chlorate de potasse assez concentrée pour qu'elle soit légèrement louche, et qu'on y jette un cristal de chlorure de sodium ou d'ammonium; le louche disparaîtra, parce qu'il se forme ainsi quatre sels dont aucun n'est à sa limite de saturation. (Margueritte.)

Le sulfate de baryte n'est pas absolument insoluble dans l'eau; il se dissout dans environ 200,000 parties de ce liquide. L'on conçoit que dans la plupart des cas cette solubilité est absolument négligeable; mais si l'on ajoute une liqueur saline à l'eau, le sulfate paraîtra devenir plus soluble, parce qu'il y aura partage et que la portion de baryte et d'acide sulfurique dissoute ne sera pas tout entière à l'état de sulfate de baryte. Une expérience peut se faire à ce sujet. On jette une goutte de chlorure de baryum dans un verre d'eau, puis on étend la moitié de cette solution, déjà si faible, d'eau distillée et l'autre d'un volume égal de solution de sel ammoniac. Si l'on ajoute du sulfate de soude dans ces deux liqueurs qui contiennent de la baryte en égale proportion, on obtiendra un précipité dans la première et non pas dans la seconde.

Qu'on mêle enfin équivalent à équivalent deux sels dissous dans l'eau qui puissent par le partage en donner deux solubles et deux insolubles dans l'alcool; puis qu'on projette la solution dans l'alcool en grand excès. On doit admettre que la composition du précipité représentera celle de la partie insoluble dans l'alcool qui existait dans le mélange au moment de la précipitation; or voici ce qu'on trouve dans ce cas :

MÉLANGES PRIMITIFS.	APRÈS LE PARTAGE.	
1 éq. azotate de plomb et 1 éq. acétate de pot.	0,92 Azotate de potasse.	0,92 Acétate de plomb.
	0,08 Azotate de plomb.	0,08 Acétate de potasse.
1 éq. acétate de plomb et 1 éq. azotate de pot.	0,91 Azotate de potasse.	0,91 Acétate de plomb.
	0,09 Azotate de plomb.	0,09 Acétate de potasse.
1 éq. sulfate de zinc et 1 éq. chlorure de potass.	0,84 Sulfate de potasse.	0,84 Chlorure de zinc.
	0,16 Sulfate de zinc.	0,16 Chlorure de pot.
1 éq. sulfate de pot. et un éq. chlorure de zinc.	0,83 Sulfate de potasse.	0,83 Chlorure de zinc.
	0,17 Sulfate de zinc.	0,17 Chlorure de pot.

L'on voit par ce tableau que l'état du système présente un équilibre auquel on parvient quelle que soit la façon dont les éléments mis en présence ont été groupés au début; les bases fortes s'unissent aux acides forts en une plus grande proportion que les bases faibles aux acides forts et inversement; lorsque les acides et les bases sont à peu près égaux en énergie, ils se partagent à peu près également entre eux, de façon que si on appelle coefficient de décomposition d'un couple de sels la portion d'équivalent qui fait la double décomposition, ce coefficient se rapproche de 0,50.

Voici un tableau qui nous éclairera à ce sujet, il est dû à Malaguti [*Ann. de Chim. et de Phys.*, (3), t. XXXVII, p. 198].

COEFFICIENTS DE DÉCOMPOSITION :

Azotate de plomb et acétate de potassium . .	0,92
Sulfate de zinc et chlorure de potassium . . .	0,84
Azotate de plomb et acétate de baryum . . .	0,77
Sulfate de zinc et chlorure de sodium	0,72
Azotate de strontium et acétate de potassium.	0,67
Azotate de plomb et acétate de strontium . .	0,66
Sulfate de sodium et acétate de potassium . .	0,62
Sulfate de manganèse et chlor. de potassium.	0,58
Sulfate de magnésium et chlor. de potassium.	0,56
Sulfate de magnésium et chlorure de sodium.	0,54

Lorsqu'un des deux sels mis en présence est solide, il y a lieu de distinguer la façon dont les éléments ont été groupés au début. L'état final du système sulfate de baryte et carbonate de soude ne sera pas le même, par exemple, que celui du système carbonate de baryte et sulfate de soude. Il y a bien dans les deux cas échange partiel de bases et d'acides, comme le prouvent les expériences de Dulong [*Annal. de Chim.*, t. LXXXII, p. 273]; — mais dans le premier cas (et dans la supposition d'équivalents égaux mis en présence) 1/5 de la baryte se transforme en carbonate à l'ébullition, et dans le second 1/3 du carbonate de baryte reste non attaqué. Ces fractions sont loin d'être identiques. On peut expliquer ces faits en admettant que les sels dits insolubles agissent comme des sels *très-peu* solubles et qu'en réalité à cause de leur différence de solubilité, le sulfate de baryte étant bien moins soluble que le carbonate de baryte, on ne fait pas entrer en réaction le même nombre d'équivalents de sulfate ou de carbonate. Un excès de carbonate de soude décompose une plus grande portion de sulfate de baryte; il suffit de 5 équivalents du premier sel pour 1 du second pour que la décomposition soit à très-peu près complète. Mais si l'on veut tirer des conséquences théoriques de ces expériences, on doit prendre dans de telles déterminations la masse du *liquide* en sérieuse considération.

Tout le monde sait que le sulfate de cuivre, qui est bleu, devient vert par l'addition de chlorure de sodium. Il y a donc formation d'une portion de chlorure de cuivre. Gladstone a étudié avec soin de semblables phénomènes au moyen de solutions de couleurs très-riches [*Phil. Trans.*, 1855, p. 179]. Il a pris du sulfocyanate de potassium et y a ajouté divers sels ferriques. Il se forme par double décomposition un sel rouge très-colorant et il est facile, d'après l'intensité de la coloration, d'évaluer les proportions dans lesquelles il s'est produit. Or on trouve ainsi que cette proportion croît continûment lorsqu'on ajoute à 1 équivalent de nitrate ferrique de 1 à 375 équivalents de sulfocyanate. Un équivalent de nitrate ferrique ne donne avec 3 équivalents de sulfocyanate de potassium que 0,194 équivalent du composé rouge, et avec 375 équivalents de sulfocyanate il y a encore du nitrate ferrique non décomposé. L'influence de la quantité est donc ici évidente; lorsqu'elle augmente progressivement, la proportion de sel décomposé varie continûment : il n'y a de saut brusque que lorsque les substances en présence peuvent s'unir en plusieurs proportions; l'on remarque en outre que l'équilibre s'établit la plupart du temps dans un instant très-court, mais que dans certains cas l'état final n'est atteint qu'au bout de quelques heures. Cette question de la vitesse des réactions a été étudiée avec grand soin par Berthelot et Péan de Saint-Gilles au sujet de la formation des éthers, c'est-à-dire de ce cas particulier de double décomposition où l'on met en présence, au lieu de sels métalliques, un alcool et un acide. — Voyez ÉTHÉRIFICATION.

Bunsen a prouvé que lorsqu'il s'agit de gaz, corps sur lesquels la combinaison s'effectue avec une égale facilité et simultanément dans un intervalle de temps également court, l'influence de la quantité est singulièrement modifiée [*Ann. de Phys. et de Chim.*, (3), t. XXXVIII, p. 344]. « Lorsqu'on offre, dit-il, au corps A, dans des circonstances qui permettent la combinaison, deux ou plusieurs corps B, B',... qui se trouvent en excès, le corps A choisit de chacun des corps B, B',... des quantités qui se trouvent entre elles dans des rapports atomiques simples, de sorte qu'il se forme 1, 2, 3,... équivalents d'une des combinaisons pour 1, 2, 3, 4,... équivalents de l'autre. Dans le cas où il se forme ainsi, avec 1 équivalent du corps AB, 1 équivalent du corps AB', on peut augmenter jusqu'à une certaine limite la masse du corps B par rapport à celle du corps B' sans que le rapport atomique des combinaisons qui se forment soit modifié. Mais dès que cette limite est dépassée, ce rapport change brusquement; de 1 à 1 il devient 1 à 2 ou 1 à 3, etc. Dans ces conditions, la masse du corps B peut être augmentée de nouveau sans que ce nouveau rapport change, et cela jusqu'à ce qu'on ait atteint une certaine limite au delà de laquelle il éprouve une nouvelle modification. Enfin lorsqu'un corps A exerce une action réductrice sur un corps BC qui se trouve en excès, de telle sorte que C soit mis en liberté avec formation du composé AB, et dans le cas où C peut réduire à son tour le composé AB, le résultat final de la décomposition est tel que la portion de la combinaison qui est réduite se trouve dans un rapport simple avec la portion qui ne l'est pas. La masse d'un des corps variant, on observe des sauts brusques dans ce rapport. »

Voici les expériences qui ont permis d'établir ces lois :

Volume des gaz mélangés avant la combustion eudiométrique.				Volume de gaz combustibles ayant subi la combustion.	
CO	H	O		CO	H
72,57	18,29	9,14	.	2,18 : 6,10 $= 2 : 1$	
59,93	26,71	13,36	.	13,06 : 13,66 $= 1 : 1$	
36,70	42,17	21,13	.	10,79 : 31,47 $= 1 : 3$	
40,12	47,15	12,73	.	14,97 : 20,49 $= 1 : 4$	

				Rapports des volumes après la combustion.		
CAz	Az	O		CO	CO^2	Az
18,05 (1)	58,08	28,87	.	11,93 :	22,90 :	17,42 $=$
				2 :	4 :	3

				Rapports des volumes après la combustion.	
CO^2	H	O		CO	CO^2
8,52	70,33	21,15	.	18,61 : 12,48 $= 3 : 2$	
CO^2	CO	H		CO brûlé 4,59 : CO restant	
2,96	4,41	68,37	.	14,02 $= 1 : 3$	
	O				
	24,26				

Produit de la décomposition de la vapeur d'eau par le charbon chauffé au rouge.

1 vol. CO^2; 2 vol. CO ; 4 vol. H.

Bunsen fait remarquer avec raison que ces lois ne peuvent pas s'appliquer aux cas où les réactions simultanées s'établissent avec plus de difficulté ou de lenteur l'une que l'autre. En effet, soient les corps B et B' agissant sur A, de telle sorte que la combinaison AB s'effectue en moins de temps que la combinaison AB'; on peut admettre que dans le principe le rapport atomique de AB à AB' est un rapport simple; mais la composition du mélange qui reste à décomposer se modifie constamment à cause de la plus grande rapidité de la réaction AB; le rapport change donc bientôt; il peut changer ainsi plusieurs fois; et le résultat final sera un rapport compliqué.

Il faut rapprocher de ces faits si bien étudiés par Bunsen, ceux qui ont été observés par Debus dans la précipitation de mélanges d'eau de chaux

____

(1) CAz (1 vol.) $+ O^2$ (2 vol.) $= CO^2$ (2 vol.) $+$ Az (1 vol.). Il n'y a donc pas de changement de volume pour une combustion complète du carbone; mais CAz (1 vol.) $+ O$ (1 vol.) $=$ CO (2 vol.) $+$ Az (1 vol.). Il y a donc augmentation d'un volume par chaque double volume d'oxyde de carbone formé. On n'a par conséquent qu'à faire une lecture pour évaluer la proportion de CO qui existe après la détonation.

et d'eau de baryte par une solution d'acide carbonique, ou de chlorures de calcium et de baryum par du carbonate de soude très-étendu. Dans des solutions très-faibles, les molécules jouissent d'un état chimique qu'on a souvent rapproché de l'état gazeux, et l'analogie que Debus a signalée dévoile entre ces deux états un nouveau trait de ressemblance. Si le chlorure de calcium est mélangé de 5 parties de chlorure de baryum, une petite quantité de la solution étendue de carbonate de soude précipitera du carbonate de chaux presque pur; si la proportion eût été de 1 à 5,7, le carbonate eût précipité deux ou trois fois plus de chlorure de baryum que de chlorure de calcium [*Ann. der Chem. u. Pharm.*, t. LXXXV, LXXXVI, LXXXVII]. On savait depuis longtemps que l'acide borique ne met pas en liberté une quantité appréciable d'acide sulfurique lorsqu'on le mélange avec du sulfate de soude (Thenard). Il semble donc, en résumé, que dans certains cas il n'y a nullement partage, celui-ci pouvant peut-être s'effectuer lorsqu'on fait varier les proportions : mais ces cas sont assez peu nombreux, et l'on peut dire que l'interprétation actuelle des lois de Berthollet est suffisamment d'accord avec l'expérience.

Nous nous sommes sans doute trop étendu sur toutes ces questions de statique chimique, mais nous nous y croyions forcé par l'importance du sujet et par cette considération que le mot *affinité* rappelle inévitablement à l'esprit les lois de Berthollet. Nous pensons qu'il fallait, pour montrer les modifications progressives qu'elles ont subies dans leur énoncé et dans leur interprétation, réunir tous les travaux auxquels elles ont donné lieu, mais nous regrettons d'avoir eu, à ce sujet, à abandonner un instant l'ordre chronologique; nous devons maintenant y revenir.

Higgins, le précurseur de Dalton dans la théorie atomique, semble s'être beaucoup plus occupé que celui-ci des forces qui unissent entre eux les atomes, c'est-à-dire de l'affinité. Il avait des idées très-nettes sur la manière dont les « dernières particules » se groupent pour faire des composés et sur la valeur des forces qui les retiennent. Voici un passage de son ouvrage [*A comparative view of the phlogistic and antiphlogistic theories*] qui montrera l'état de la chimie moléculaire avant le XIXe siècle.

« L'air nitreux, selon Kirwan, contient 2 parties d'air déphlogistiqué pour 1 d'air phlogistiqué... Je pense que chaque particule primaire d'air phlogistiqué (*azote*) est unie à deux particules d'air déphlogistiqué (*oxygène*) et que ces molécules sont entourées d'une commune atmosphère de calorique.

« Pour faire mieux saisir ma pensée, supposons que P soit une particule ultime d'air phlogistiqué (dans le langage actuel, *un atome d'azote*) qui attire l'*oxygène* avec une force égale à 3; soit *a* un *atome d'oxygène* dont l'attraction pour l'*azote* est supposée aussi égale à 3; la force qui les unit est égale à 6.

$$\overset{3 \qquad 6 \qquad 3}{\text{P.}\rule{2cm}{0.4pt}.a}$$

« Considérons ce nombre comme la valeur maximum de la force qui peut exister entre l'*oxygène* et l'*azote*. Supposons maintenant qu'un second atome d'*oxygène* b s'unisse à l'azote, il ne pourra être retenu par une force égale à 6, mais seulement à 4 1/2; c'est-à-dire que la force de P qui est de 3 se divisera également et sera dirigée vers les deux points *a* et *b*, de telle sorte que les atomes P et *a, b* seront unis entre eux avec les forces qui leur sont attribuées, *a* et *b* agissant sur P avec leur attraction entière, et P partageant son action entre *a* et *b*. Telle est, à mon sens, la véritable structure du gaz nitreux. Supposons maintenant qu'un autre *atome d'oxygène* s'unisse à P; il ne pourra s'y combiner qu'avec une force = 4; ce sera la force d'attraction avec laquelle *a, b, c* et P graviteront les uns vers les autres. Telle est la structure des vapeurs nitreuses ou de l'acide nitreux rouge...

« En dernier lieu qu'un cinquième *atome d'oxygène* s'unisse à P, il se combinera avec une force égale à 3 3/5, de sorte que *a, b, c, d, e* graviteront chacun vers P, comme vers leur commun centre de gravité. C'est l'acide nitreux (*azotique*) à l'état de pureté. Selon moi, l'*azote* ayant dépensé toute sa force d'attraction sur les atomes *a, b, c, d, e* ne peut plus s'unir à l'*oxygène*.

« Nous apercevons donc pourquoi l'*oxygène* est moins retenu dans l'acide nitreux (*azotique*) que dans les vapeurs rouges ou dans l'air nitreux; ce qui nous explique la séparation facile de cet *oxygène* et la conversion de l'acide nitreux en vapeurs nitreuses, etc. (1) »

La phrase suivante contient une idée excessivement remarquable sur la constitution des sels :

« Soit I du fer, D de l'*oxygène* uni au fer avec une force égale à 7; supposons que D soit la quantité nécessaire pour saturer I, de façon à former une chaux parfaite (*un oxyde parfait*); soit S du soufre, *d* de l'*oxygène* attaché au soufre par une force de 6.7/8. Supposons que S ait une tendance à s'unir à plus d'oxygène, et supposons de même qu'il y ait une attraction entre le soufre et le fer, ce qui existe en réalité. Faisons la somme des forces développées entre S, D et I, égale à 2. Cette force totale ne pourra pas séparer I (le fer) de D (l'*oxygène*) ou *d* (l'*oxygène*) de S (du soufre), mais elle sera capable de combiner I-D (l'*oxyde de fer*) à S-*d* (l'*acide sulfurique*), lorsque ces corps se trouveront en contact et qu'il n'y aura pas de force antagoniste en jeu. »

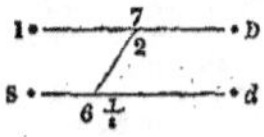

Certes, il y a beaucoup à dire sur cette conception du chimiste anglais; mais ne retrouvons-nous pas des idées analogues soutenues avec

---

(1) Nitrous air, according to Kirwan, countains 2 of dephlogisticated to 1 of phlogisticated air...

I am of opinion, that every primary particle of phlogisticated air is united to two of dephlogisticated air, and that these molecules are surrounded with one common atmosphere of fire.

To render this more explicable, let us suppose P to be an ultimate particle of phlogisticated air, which attracts dephlogisticated air with the force of 3; let *a* be a particle of dephlogisticated air, whose attraction to P we will suppose to be 3 more, by which they unite with the force of 6 : the nature of this compound will be here after explained.

Let us consider this to be the utmost force that can subsist between deph. and phl. air. Let us suppose another particle of dephl. air *b* to unite to P, they will not unite with the force of 6, but with the force of 4 1/2; that is the whole power of P, which is but 3, will be equally divided and directed in two points toward *a* and *b*, so that P and *a, b*, will unite with the forces annexed to them; for the attraction of *a* and *b* to P meeting with no interruption, will suffer no diminution. — This I consider to be the true state of nitrous air.....

Lastly, let us suppose a fifth particle of deph. air *e* to unite to P, it will combine with the force of 3 3/5, so that *a, b, c, d* and *e* will each gravitate toward P as their common centre of gravity. This is the most perfect state of colourless nitrous acid; and in my opinion no more dephlogisticated air can unite to the phlogisticated air, as having its whole force of attraction expended on the particles of dephlogisticated air *a, b, c, d, e.*

---

succès de notre temps? N'est-ce pas là en un mot l'image de nos combinaisons moléculaires?

Dalton s'occupa presque uniquement de la constitution moléculaire et laissa de côté les forces qui menaient Berthollet à un système radicalement opposé au sien. Depuis, cette scission entre les dynamistes et les atomistes semble s'être perpétuée, au grand détriment de la science, pour laquelle l'heure où un rapprochement s'effectue entre deux branches de connaissances jusqu'alors distinctes est toujours marquée par quelque découverte importante.

On put croire un instant que Berzelius était destiné à opérer ce rapprochement; malheureusement le fait physique sur lequel il fonda sa théorie, — la décomposition par la pile, — ne pouvait mener et ne mena effectivement qu'au dualisme; on n'avait pas encore posé les lois de nombre qui régissent l'électrolyse; la notion électrochimique se réduisait donc à une classification linéaire des corps (1) et à la subdivision dichotomique des formules. Pour Berzelius, l'affinité n'est autre que l'électricité, et il fait remarquer que la théorie dualistique, qui est la conséquence de ce principe, explique fort bien tous les faits observés. « Si les vues électrochimiques sont justes, il s'ensuit que toute combinaison chimique dépend uniquement de deux forces, qui sont l'électricité positive et la négative, et qu'ainsi chaque combinaison doit être composée de deux parties constituantes réunies par l'effet de leur réaction électrochimique, attendu qu'il n'existe pas une troisième force. De là découle que tout corps composé, quel que soit d'ailleurs le nombre de ses principes constituants, peut être divisé en deux parties, dont l'une est positivement et l'autre négativement électrique... qui l'une et l'autre peuvent être encore divisées en deux éléments, l'un positif et l'autre négatif, etc. (*Prop. chimiques*, 1835). »

Dans cette manière de voir, la dissolution n'est pas une combinaison ou plutôt c'est une combinaison *d'un autre ordre*, comme Berzelius le dit très-explicitement. « Il est une combinaison d'une nature tout à fait différente de celles dont nous avons parlé jusqu'ici; c'est lorsqu'un corps solide, en contact avec un liquide, se fond, rend latente une portion de calorique et se mêle avec

---

(1) Voici les raisonnements de Berzelius à ce sujet et la liste électrochimique des corps simples qui remplaça les tables d'affinité du siècle précédent ; les corps les plus éloignés dans la série ont entre eux le plus d'affinités. « Les expériences faites sur les rapports électriques mutuels des corps nous ont appris qu'ils peuvent être partagés en deux classes : les électropositifs et les électronégatifs. Les corps simples qui appartiennent à la première classe, ainsi que leurs oxydes, prennent toujours l'électricité positive lorsqu'ils rencontrent des corps simples ou des oxydes appartenant à la seconde ; et les oxydes de la première classe se comportent toujours avec les oxydes de l'autre, comme les bases salifiables avec les acides.

« On a cru que la série électrique des corps combustibles différait de celle de leurs oxydes; mais, quoique les différents degrés d'oxydation de quelques composés présentent des exceptions, l'ordre électrique des corps combustibles s'accorde en général avec celui des oxydes, de telle manière que les degrés d'oxydation des divers radicaux, qui sont doués des affinités les plus fortes, sont entre eux comme les radicaux eux-mêmes.

« En rangeant les corps dans l'ordre de leurs dispositions électriques, on forme un système électrochimique qui, à mon avis, est plus propre qu'aucun autre à donner une idée de la chimie...

« Voici à peu près l'ordre dans lequel les corps simples se suivent, relativement à leurs propriétés électrochimiques générales et à celles de leurs plus forts oxydes :

« O.S.Az.Fl.Cl.Br.I.Se.Ph.As.Cr.Va.Mo.W.Bo. C.Sb.Te.Ta.Ti.Si.H.Au.Os.Ir.Pt.Rh.Pd.Hg.Ag.Cu. Ur.Bi.Sn.Pb.Cd.Cb.Ni.Fe.Zn.Mn.Cé.Th.Zr.Al.Yt. Gl.Mg.Ca.Sr.Ba.Li.Na.K. »

le corps liquide, ce que nous appelons se dissoudre. Ce phénomène n'est pas accompagné d'une neutralisation électrique et chimique; le corps conserve sa réaction électrique sans diminution et l'exerce plus vivement par la mobilité de ses particules que lorsqu'il était à l'état solide; aussi ne se dégage-t-il pas de calorique; au contraire, il y en a d'absorbé, et les expériences nous portent à croire que cette absorption augmente en raison de la distance qui sépare les molécules du corps qui était solide. C'est pourquoi, si l'on verse de l'eau sur un sel qui n'est pas susceptible d'absorber de l'eau combinée ou qui en contient déjà la quantité qu'il peut en retenir, la température baisse pendant la *dissolution* du sel et la *dissémination* de ses atomes dans l'eau; mais si le sel peut prendre de l'eau combinée, il se dégage premièrement du calorique dû à la combinaison de l'eau avec le sel, et ensuite, lorsque le sel contenant de l'eau combinée commence à se dissoudre, la température baisse... L'action intime d'une dissolution est tout à fait différente d'une combinaison chimique et ne peut être envisagée comme un degré différent du même phénomène. »

L'idée de Berzelius est tout à fait conforme aux nôtres, car nous définissons aujourd'hui la dissolution simple une *fusion* suivie d'une *diffusion* (voyez ces mots); nous sommes cependant amenés à faire en outre une seconde distinction entre la combinaison atomique (la vraie combinaison chimique) et la combinaison moléculaire, combinaison qui dégage aussi de la chaleur — celle, par exemple, qui unit un sel à son eau de cristallisation.

On voit que l'*affinité* occupe de moins en moins de place dans la chimie à mesure qu'on avance vers notre époque. Le problème semble abandonné aux physiciens, et tandis que Gay-Lussac, Dumas, Gerhardt font faire à la théorie chimique des progrès considérables, c'est à peine si l'on trouve dans leurs ouvrages un chapitre sur l'*affinité*. Pendant ce temps, Faraday, De la Rive, Joule, et enfin Favre et Silbermann préparaient les éléments d'une future théorie mécanique de la chimie, et l'on peut dire que leurs travaux ont plus fait pour la théorie de l'affinité que ceux de tous les chimistes qui les ont précédés. On en trouvera un peu plus loin le résumé, sous le titre de Thermochimie et d'Électrochimie.

Ce qui n'a pas peu contribué à l'amoindrissement de la notion d'affinité entre les mains des chimistes, c'est la théorie des substitutions; il semblait, en effet, que le dualisme électrochimique, qui représentait en 1840 l'opinion générale sur l'affinité, était manifestement contraire à la notion nouvelle. Nous savons aujourd'hui que cette contradiction ne prouve que l'insuffisance du premier système. Voici ce que dit à ce sujet l'illustre inventeur de l'isomorphisme :

« Si tous les atomes d'une combinaison pouvaient être remplacés par d'autres de n'importe quelle nature, cela serait en contradiction flagrante avec la loi d'affinité chimique qu'on considère comme fondamentale dans les combinaisons minérales. Mais ce point n'a encore été prouvé par aucun fait, et l'on n'est pas encore parvenu à remplacer le carbone par du chlore ou d'autres corps analogues. Ainsi, si cela était vrai, on obtiendrait pour chaque type une combinaison composée d'atomes similaires, *par conséquent composée uniquement d'atomes de chlore, qui tiendraient ensemble par leur groupement.* » [Mitscherlich, *Compt. rend. de l'Acad. de Berlin*, fév. 1841.]

On répondrait aujourd'hui que le fait existe pour le premier type, le chlore n'étant que de l'acide chlorhydrique chloré, et qu'il ne peut exister pour les autres types, précisément parce que les atomes *ne tiendraient pas ensemble*.

Chevreul a introduit dans la science le mot *affinité capillaire* pour exprimer le caractère électif de la force qui fixe les couleurs sur les tissus. — Voyez à ce sujet l'article TEINTURE.

Avogadro a trouvé une relation très-inattendue entre le volume atomique et l'ordre électrochimique; cette relation l'a conduit à des nombres dits *affinitaires*, qui devaient représenter l'énergie chimique des corps simples [*Ann. de Chim. et de Phys.*, (3), t. XXIX, 1850]. Nous renvoyons aux sources, parce que les vues qui y sont développées sont singulièrement hypothétiques [1]; toujours est-il que le volume de la molécule intégrante paraît être d'autant plus grand, que le corps est plus électropositif.

Williamson a formulé sur la nature du phénomène de la combinaison une hypothèse qui laisse peu de place à l'affinité, ou plutôt qui en modifie considérablement la notion. Selon lui, les atomes changent continuellement de place dans les combinaisons fluides; dans l'acide chlorhydrique, par exemple, le même atome de chlore est successivement en rapport avec les divers atomes d'hydrogène; l'échange s'effectue de même entre les atomes non similaires, mais alors il est d'autant moins rapide que ces atomes se ressemblent moins [*Chem. Soc. Q. J.*, VI, 110. — *Ann. der Chem. u. Pharm.*, t. LXXVII]. Ainsi le sulfate de cuivre étant mis en contact avec l'acide chlorhydrique, le cuivre et l'hydrogène changent de place entre eux, et l'on admet que l'échange est d'autant moins rapide que les corps sont moins semblables; ce qui explique pourquoi dans les mélanges de sels il se forme une plus grande quantité des composés AB et *ab* que des composés A*b* et *a*B (A et B étant les acides et les bases énergiques et *a* et *b* les acides et les bases faibles). C'est, comme on le voit, une forme rajeunie des lois de Berthollet destinée à mettre la théorie chimique en harmonie avec les idées de mouvement qui tendent à prévaloir aujourd'hui en physique. Elle est conforme à la théorie de l'éthérification telle que la conçoit Williamson. — Voyez ÉTHÉRIFICATION.

Clausius a adopté une manière de voir analogue pour expliquer le phénomène de l'électrolyse; mais l'une et l'autre de ces théories, qui expliquent fort bien ce qu'explique le dualisme de Davy, deviennent très-difficiles à concilier avec les réactions d'un autre ordre [*Ann. de Chim. et de Phys.*, (3), t. LIII].

Plus récemment, Deville a introduit dans l'étude de l'affinité un élément expérimental nouveau, la Dissociation (voyez ce mot), qui est appelé à servir à l'éclaircissement de plusieurs questions importantes. Enfin Berthelot a appelé l'attention des savants sur la thermochimie, qui, considérée au point de vue purement mécanique, peut singulièrement élucider certains problèmes du domaine de l'affinité. — Voyez plus loin THERMOCHIMIE et l'article CHALEUR.

HYPOTHÈSE SUR LA NATURE DE L'AFFINITÉ. — Newton est le premier qui ait fait une hypothèse sur la nature de l'affinité. Selon lui, elle procède de l'attraction universelle. Il est vrai que devant la grande diversité des phénomènes chimiques dont il était bien instruit, car on sait qu'il s'occupait de chimie, il est tenté d'admettre aussi des forces différentes. « ...La nature, dit-il à la fin du troisième livre de son *Optique*, produit presque tous les petits mouvements des particules des corps par d'*autres* forces attractives et répulsives entre ces particules. » Clairaut soutenait contre

---

[1] Le nombre affinitaire est donné par la formule $\sqrt[3]{\dfrac{V}{K}}$, V étant le volume atomique et K une constante.

Buffon, à l'Académie des sciences (1745), que la loi du carré des distances ne devait pas intervenir seule dans l'attraction au contact. Buffon faisait remarquer avec beaucoup de sens que la figure des molécules devait modifier la loi de l'attraction newtonienne, de telle sorte qu'il était inutile de chercher une autre cause pour expliquer les anomalies apparentes de l'attraction moléculaire. Voici un passage de sa *Seconde vue sur la nature :* « La figure qui, dans les corps célestes, ne fait rien ou presque rien à la loi de l'action des parties les unes sur les autres, parce que la distance est très-grande, fait tout ou presque tout quand la distance est petite ou nulle. » Bergman donne à l'affinité le nom d'*attraction* élective et la dérive de l'attraction universelle modifiée seulement par la configuration des corps entre lesquels elle s'exerce, « et enim non solum totius sed partium quoque figura et situs attractionum effectus magnopere variant. » (*Opuscul.*) C'est aussi l'avis de Macquer et de de Morveau. Celui-ci démontre que l'attraction newtonienne de deux tétraèdres formés chacun de dix sphères matérielles que l'on oppose par la base ou par le sommet est pour des distances 1, 2 et 3 comme 9,80 : 5,95 : 4,07 dans le premier cas, et comme 25 : 10 : 6 dans le second. Berthollet admet aussi l'affinité comme une attraction particulière.

Plus tard, lorsque les idées atomiques eurent pénétré dans la science et que l'on considéra les molécules comme des solides formés d'atomes séparés et tenus à des distances déterminées, on admit une force attractive variant avec une puissance quelconque de la distance et une force répulsive variant avec une puissance plus élevée que celle-ci, ou bien on compara la molécule à un système planétaire, et alors le mouvement des atomes était suffisant pour contre-balancer la force attractive.

Les vues électrochimiques donnèrent un autre tour aux idées. Davy, OErstedt, Grotthuss, Ampère, Becquerel et surtout Berzelius firent des hypothèses nombreuses sur la manière dont les atomes s'attiraient électriquement.

Davy pensait que les attractions chimiques et électriques étaient produites par une même cause agissant dans un cas sur les molécules et dans l'autre sur les masses.

Selon Ampère, chaque atome est doué d'une électricité spéciale neutralisée temporairement par une couche, une sorte d'atmosphère d'électricité inverse. La combinaison était la neutralisation des atmosphères de deux atomes inversement électrisés et le groupement de ceux-ci en vertu de l'attraction de leurs deux fluides. La décomposition consistait à restituer aux atomes leurs atmosphères. Selon Berzelius, les atomes étaient plus ou moins chargés d'électricité. Ils avaient deux pôles et contenaient les deux fluides, mais avec une tendance à abandonner l'un plus facilement que l'autre. « L'affinité n'est que l'effet de la polarité électrique des particules; l'électricité est la cause première de leur action chimique; elle est la source de la lumière et de la chaleur (*dégagées dans les combinaisons*) qui n'en sont peut-être que des modifications... » Faraday alla plus loin; selon lui, l'électricité *est* l'affinité transportée à distance : « The forces called electricity and chemical affinity are one and the same. »

Enfin, pour une troisième classe de savants, l'affinité est une force spéciale, convertible en forces physiques, mais différant de celles-ci au même titre qu'elles diffèrent entre elles. C'est l'opinion la plus prudente, celle qui peut le mieux expliquer ce qu'il y a de caractéristique dans son mode d'action.

Aujourd'hui toute théorie de l'affinité serait prématurée; on est cependant assez avancé pour préciser l'étendue et les difficultés du problème, ce qui est un premier pas fait vers sa solution. Il est clair, par exemple, que la théorie de l'électricité y conduira tôt ou tard, car l'action chimique est intimement liée aux phénomènes électriques qui, nous le ferons voir, en reproduisent fidèlement les diverses particularités. Mais la théorie de l'électricité est elle-même à établir.

Le fait de la production indéfinie de chaleur sans perte ni transformation de matière, mais avec dépense correspondante d'activité dynamique (frottement, etc.), semble imposer à l'esprit l'idée de la nature dynamique de la chaleur. Or la chaleur peut se transformer, presque sans complication étrangère, en courant électrique (piles thermo-électriques) ou en force chimique (décomposition, restitution aux éléments de leur activité chimique). Les mêmes raisons qui ont milité en faveur de la théorie mécanique de la chaleur, doivent donc être invoquées pour l'établissement de la théorie mécanique de l'électricité et de l'affinité. Mais en même temps on voit quelle sera la première difficulté à résoudre : c'est le fait de l'*attraction*, qui n'intervenait pas dans la théorie de la lumière et de la chaleur et qui serait inexplicable par un mouvement selon la surface de l'onde, c'est-à-dire sans résultante dans le sens du rayon. Il est probable que l'étude de l'attraction électrique nous forcera à admettre l'intervention active de *l'espace qui entoure les corps attirés* dans le phénomène de l'attraction; mais jusqu'ici les hypothèses manquent du degré de netteté qui indique la marche d'une vérification expérimentale, et une étude raisonnée des rapports qui existent entre les forces ou, si l'on veut, les manifestations du mouvement qu'on appelle chaleur et électricité d'une part, et la force chimique, doit tenir lieu aujourd'hui de théorie mécanique de l'affinité.

AFFINITÉ ET CHALEUR. THERMOCHIMIE (*Théor.*). (Voyez aussi CHALEUR.)

1° INFLUENCE DE LA TEMPÉRATURE. — α. *Gaz.* — Supposons tous les corps de la nature portés à une température excessivement élevée. On peut imaginer qu'ils se présentent tous alors à l'état gazeux et se mêlent sans se combiner. Leurs atomes sont libres, doués de mouvements extrêmement rapides dans toutes les directions, et leur écartement est assez considérable pour que, dans leurs trajets, la portion d'espace où ils s'influencent l'un l'autre soit négligeable. C'est l'état gazeux parfait. Dans cet état une paroi idéale qui serait choquée par les atomes d'un gaz subirait de leur part une certaine *pression* proportionnelle au nombre N des atomes qui la viendraient frapper dans un temps donné, à la vitesse V de ceux-ci et à leur masse M; or le nombre N est lui-même proportionnel au nombre D d'atomes contenus dans l'unité de volume et à la vitesse V de ces atomes. La pression est donc, en définitive, proportionnelle à DMV^2. Dans ce cas, la loi de Mariotte et celle de Gay-Lussac seraient exactes, c'est-à-dire que, pour un accroissement de pression donné, la densité recevrait un accroissement proportionnel (puisque D, pour un même gaz, est proportionnel à la densité), et que la pression varierait elle-même proportionnellement à la température, celle-ci étant comptée à partir du zéro absolu et représentant la force vive atomique MV^2. La loi de Dulong et Petit serait aussi vérifiée très-vraisemblablement, car les atomes seraient dans un état strictement comparable.

Faisons décroître maintenant la température. Les atomes vont s'influencer, et leur action réciproque aura pour effet de les réunir en *molécules* formées de différents nombres d'atomes similaires ou non similaires. En un mot, l'*affinité* commencera à agir; mais par une réaction des molécules entre elles il s'établira communément, au bout d'un certain temps, un rapport fixe entre le nombre des atomes combinés d'une certaine façon et celui des atomes combinés différemment ou restés libres, et cet équilibre variera avec la température et aussi avec d'autres conditions, pression, dilution, etc. Au sein d'un tel mélange, qui représente dans les idées atomistiques le pêle-mêle des bases et des acides de Gay-Lussac, des corps qui ont entre eux une grande affinité peuvent coexister en petites quantités sans se combiner; la présence d'un excès des produits de la réaction est un obstacle suffisant à sa continuation ultérieure. Ce point important a été acquis à la science par H. Deville. C'est la base de la théorie que nous développons. Si la température baisse encore, on atteindra un certain point de l'échelle thermométrique au-dessous duquel les molécules n'auront plus d'action les unes sur les autres. Ce point est variable pour les différents corps; il est influencé par la pression, l'état de dilution, la présence de corps poreux, etc.; c'est ce point que la température doit atteindre lorsque l'on provoque la réaction en chauffant. Nous l'appellerons *point de réaction*. L'existence d'un pareil point est bien connue. L'hydrogène et l'oxygène mêlés à 200° ne détonent pas; à 500° ils se combinent immédiatement. Si ce degré de température varie avec l'état de dilution des corps, on peut concevoir que ce que nous avons d'abord appelé point de réaction occupe un certain espace sur l'échelle thermométrique; car, en supposant qu'une réaction commence à 200°, elle ne pourra se compléter si elle a besoin de 205° pour s'effectuer lorsque les corps réagissants sont dilués dans le double de leur volume des produits de la réaction (nous négligeons à dessein l'influence thermométrique de la chaleur produite par la réaction). Mais cela importe peu dans l'éclaircissement de la question que nous allons traiter.

Supposons, pour simplifier, que nous ayons affaire à un mélange de deux corps susceptibles de se combiner intégralement et d'une façon unique. A la température T, il n'y a pas du tout de combinaison formée; à une température un peu inférieure, une petite portion de mélange s'est combinée; cette portion augmente à mesure que la température baisse; à T' et au-dessous, nous n'avons plus qu'une combinaison sans trace de mélange.

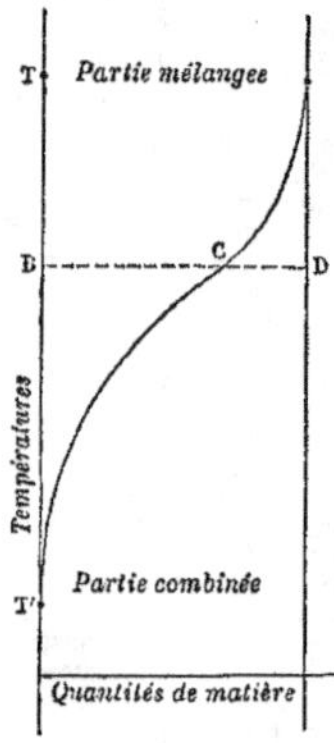

La figure ci-contre représente graphiquement cette réaction progressive; elle n'a pas besoin d'explication.

Faisons maintenant intervenir la considération du point de réaction. Ce point peut tomber au-dessus de T, au-dessous de T' ou entre les deux, et, selon le cas, on dit qu'on a un exemple de décomposition, de dissociation ou de décomposition partielle. Expliquons ces distinctions : 1° Le point de réaction A tombe au-dessous de T', c'est-à-dire qu'entre T' et A il ne peut pas exister de mélange et que, la température baissant depuis T, tout se combinera suc-

cessivement, à moins que le refroidissement ne soit assez rapide pour que la combinaison n'ait pas le temps de s'effectuer en totalité lorsqu'on atteindra A; à ce point, l'action cessant, le mélange présentera au-dessous et à partir de A une composition identique. Si donc on est parti d'une combinaison existante qu'on a chauffée à T degrés, on dit qu'elle s'est *dissociée* par la chaleur et que ses éléments se sont réunis intégralement par le refroidissement, circonstance qu'on peut éviter en rendant l'abaissement de température depuis celle de la dissociation jusqu'au-dessous de A très-rapide et presque instantané, comme H. Deville nous a appris à le faire. — Voyez DISSOCIATION.

2° Le point A tombe au-dessus de T. Dans ce cas, il n'y a pas de combinaison par le refroidissement, et si l'on est parti d'un corps existant, on dit qu'on l'a *décomposé*.

3° Le point A tombe entre T et T'. En refroidissant le gaz au-dessous de A, il présentera toujours la composition qu'il offrait en ce point, et si l'on est parti d'un mélange, on dira qu'il s'est combiné partiellement, tandis que, si l'on est parti d'une combinaison, on dira qu'elle a subi une décomposition incomplète.

Si, dans le cas de dissociation (1°), on réussit à abaisser instantanément la température depuis un point intermédiaire entre T et T' jusqu'au-dessous de A, on pourra juger par l'analyse du rapport de la partie mélangée à la somme du mélange et de la combinaison pour la température donnée. Ce rapport BC : DB prend le nom de *tension de dissociation*, si l'on convient d'exprimer les quantités de gaz en *volumes* et d'introduire le facteur 760. Il peut être facilement déterminé par la densité du gaz dans le cas fréquent où la partie combinée a une densité différente de celle de la partie mélangée. — Voyez DENSITÉS DE VAPEUR.

Nous ne développerons pas la série de raisonnements qu'on peut faire sur l'état des gaz lorsque leur température croît; ils seraient analogues à ceux que nous venons d'exposer.

β. *Liquides.* — Lorsqu'on refroidit suffisamment un gaz, il se liquéfie. Que se passe-t-il alors? C'est un problème qu'il n'est pas de notre ressort de poser. Toujours est-il que les distances moléculaires étant excessivement diminuées et rendues comparables à celles qui séparent les atomes dans les molécules, l'exercice de l'affinité est fortement modifié par ce changement. En général, on peut dire que les combinaisons plus compliquées et les surcompositions deviennent possibles.

On connaît chez les liquides comme chez les gaz des exemples de points de réaction; on en connaît même pour des systèmes composés d'un liquide et d'un solide.

L'existence des phénomènes de dissociation est beaucoup plus difficile à constater. En effet, s'il est vrai que des chlorhydrates d'hydrocarbures se décomposent même en vase clos et se reproduisent peu à peu par un abaissement de température, l'acide chlorhydrique étant gazeux, on ne peut pas identifier son action à celle d'un corps liquide qui resterait en contact avec la partie non décomposée; mais toujours est-il qu'il y a décomposition provoquée par la chaleur et recombinaison par le refroidissement.

La décomposition par la chaleur est du reste fréquente dans les liquides; on sait qu'elle donne des résulats différents suivant la température.

D'autres actions de la chaleur ont été étudiées par Berthelot : ce sont la transformation en isomères et l'accélération donnée aux réactions. Celle-ci est très-sensible dans l'éthérification, dont la vitesse dépend, par exemple pour le système d'équivalents égaux d'acide acétique et alcool, d'un coefficient 22,000 fois plus grand à 170° qu'à 8°. — Voyez ISOMÉRIE et ÉTHÉRIFICATION.

γ. *Solides.* — La chaleur provoque la décomposition des corps solides : il y a aussi un point de réaction. La vitesse de décomposition croît avec la température comme pour les autres états physiques. Elle s'accroît d'elle-même et la décomposition peut être explosive lorsque la chaleur qu'elle dégage en un point est suffisante pour élever la température des particules voisines au-dessus du point de réaction.

Il y a encore un point de réaction entre solide et liquide ou entre solide et gaz. L'antimoine ne se combine pas au chlore à — 80°, et la plupart des métaux ne s'unissent pas à l'oxygène à la température ordinaire.

Enfin des phénomènes de dissociation peuvent être mis en évidence dans la décomposition de l'oxyde de mercure ou du carbonate de chaux par la chaleur.

2° INFLUENCE DE LA QUANTITÉ DE CHALEUR. — La formation des molécules avec les atomes doit être toujours accompagnée d'un dégagement de chaleur. S'il y a des décompositions qui en dégagent, c'est que ce sont des réactions complexes où il y a destruction et formation de molécules, la seconde partie du phénomène rendant libre plus de chaleur que la décomposition elle-même n'en absorbe. Exemple :

$$H^2OO + H^2OO = H^2O + H^2O + OO$$
$$\text{ou}\quad Az^2O + Az^2O = Az^2 + Az^2 + OO.$$

On peut admettre que les affinités satisfaites dans des groupes H^2O, Az^2, O^2 sont supérieures à celles qui agissent dans les molécules H^2O^2, Az^2O. La transformation d'un système dans l'autre sera donc accompagnée d'une évolution de chaleur représentant la différence de ces affinités.

La chaleur dégagée par la formation d'une molécule mesure le travail de l'affinité : c'est l'équivalent de l'énergie perdue par les atomes dans le fait de la combinaison. Sa détermination est donc fort importante ; malheureusement elle est aussi fort difficile, car il y a par exemple pour le cas peu compliqué d'une réaction entre deux corps simples, l'un liquide et l'autre solide, à tenir compte 1° de la chaleur totale absorbée pour porter le solide au point de fusion ; 2° pour le fondre ; 3° pour porter les deux liquides à l'ébullition ; 4° pour les vaporiser ; 5° pour porter les vapeurs au point où les molécules se séparent en atomes ; 6° pour effectuer cette séparation ; puis, la combinaison une fois effectuée, de la chaleur dégagée par le retour du système à la température initiale. Il faut en outre que toutes ces transformations ne donnent lieu à aucun phénomène étranger, mécanique ou autre. Un problème aussi compliqué est donc à peu près impossible à résoudre complétement dans l'état actuel de la science ; l'expérience ne donne que des résultats bruts, et les conclusions qu'on ne peut en tirer qu'à l'aide de nombreuses hypothèses, sont par ce fait dénuées de rigueur. Mais on peut comparer avec plus de sûreté entre elles des actions chimiques qui s'effectuent dans les mêmes conditions ; ainsi la précipitation d'un métal d'un de ses sels en solution étendue, avec dissolution d'un autre métal et formation d'un autre sel soluble, est un phénomène où la chaleur dégagée peut être prise presque rigoureusement pour la différence des affinités des deux métaux à l'égard de l'acide considéré, etc.

La détermination même de la quantité brute de chaleur développée par une réaction est une opération très-difficile. On peut dans une foule de cas se servir avec avantage de la méthode suivante fondée sur le principe de la conservation des forces vives. On transforme des substances réagissantes et les produits de la réaction en substances identiques. La différence de chaleur dé-
gagée dans ces deux cas est la mesure de la chaleur qui est absorbée ou dégagée par le fait de la réaction, les produits étant ramenés à la température ambiante. Cette méthode, appliquée d'abord par Favre et Silbermann à la transformation de l'aragonite en spath et du carbone en oxyde de carbone, a été employée avec fruit par Berthelot à l'étude des réactions organiques : ce chimiste brûle complétement les substances agissantes et les produits de la réaction et prend la différence des chaleurs dégagées ; c'est donc une importance nouvelle donnée aux chaleurs de combustion. — Voyez CHALEUR.

Il est extrêmement probable que les réactions qui s'effectuent avec dégagement de chaleur sont les seules qui aient lieu directement ; mais il faut évidemment distinguer la chaleur dégagée par la combinaison elle-même, de celle qui peut être dégagée ou absorbée par des phénomènes physiques accessoires. Ainsi l'alcool traité par le chlorure de silicium réagit avec une énergie considérable ; cependant la température s'abaisse, mais cet abaissement est intimement lié à la gazéification de l'acide chlorhydrique (Ebelmen). On ne connaît guère que la réaction de l'oxyde de carbone sur la potasse qui s'effectue directement à une température peu élevée et pour laquelle cependant on ait remarqué une absorption réelle de chaleur (Berthelot) ; mais encore faut-il faire observer avec Deville qu'elle ne s'effectue qu'avec la solution d'oxyde de carbone, solution très-étendue dans laquelle une diffusion énorme paraît avoir opéré le même effet que l'élévation de température, un relâchement de l'affinité entre les constituants ou un accroissement donné à leur énergie. De la sorte, la réaction peut fort bien s'opérer avec dégagement de chaleur, mais il faut en fournir à l'oxyde de carbone, pour sa diffusion, une quantité qui entre en déduction et qui rend la somme négative[1].

Nous venons de dire que l'action générale d'une addition de chaleur était l'exaltation de l'énergie des éléments ; on peut supposer en effet que cette énergie n'est qu'une portion de la force vive affectée à la molécule et dont une partie seulement manifeste une action thermométrique. Ainsi pour nous une molécule sera un système d'atomes ayant perdu par le fait de leur réunion une certaine portion de leur force vive. Cette perte a été compensée par un dégagement équivalent de chaleur ; et une restitution correspondante de chaleur, en rendant aux atomes l'intégralité de leur force vive, détruira la combinaison. Quelle loi préside à la répartition de la chaleur en chaleur thermométrique (force vive due aux mouvements moléculaires) et chaleur latente de décomposition (fonction de la force vive atomique)? Peu nous importe en ce moment : toujours est-il que ces deux quantités croissent ensemble.

Les doubles décompositions sont aussi très-généralement accompagnées de phénomènes calorifiques, les deux actions inverses et corrélatives

[1] C'est ainsi qu'il faut entendre la phrase suivante du mémoire sur la chaleur de Lavoisier et de Laplace : « Dans les changements causés par la chaleur à l'état d'un système, il y a toujours absorption de chaleur... Par exemple, dans le changement d'eau en vapeur, il y a sans cesse de la chaleur absorbée, et le thermomètre, placé dans l'eau bouillante ou dans les vapeurs qui s'en élèvent, reste constamment au même degré ; la même chose doit avoir lieu dans toutes les *décompositions* qui sont *uniquement* l'effet de la chaleur ; et, si quelques-unes en développent, ce développement est dû à des causes particulières. Ainsi, dans la détonation du nitre avec le charbon, le nitre, en se décomposant, absorbe de la chaleur ; mais, comme au même instant la base de l'air fixe (carbone) contenue dans le charbon s'empare de l'air pur (oxygène) du nitre, cette combinaison produit une chaleur considérable. »

absorbant et dégageant des quantités inégales de chaleur. Berthelot a montré qu'on ne pouvait obtenir que par ce moyen, du reste extrêmement fécond, certains corps dont la décomposition a lieu avec dégagement — et par conséquent la production avec absorption — de chaleur. Dans ce cas d'affinité *par intermède* ou *disposée*, comme disaient les anciens chimistes, la réaction concomitante dégage une quantité de chaleur qui suffit et au delà pour compenser cette absorption. Exemple : la formation du chlorure de baryum accompagnant la destruction du bioxyde de baryum et la formation de l'eau oxygénée.

Les substances explosives doivent leur naissance, soit à de semblables réactions, soit, au point de vue général, à une telle suite d'actions chimiques que les éléments qui ont entre eux une grande affinité sont amenés à coexister l'un près de l'autre sans que ces affinités soient satisfaites. Il suffit de porter un point de ces substances à la température de réaction pour que celle-ci commence ; elle s'accélère sans cesse, si la décomposition d'une partie de la masse suffit à élever la température d'une portion plus grande au-dessus du point de réaction.

Mais nous voyons ici la différence qu'il y a à établir entre la chaleur qui sert à décider la réaction et celle que la réaction dégage : la première, qu'on peut rendre aussi petite qu'on veut, a disposé les conditions d'exercice de la force chimique ; la seconde est de la force chimique transformée. La première, pour nous servir d'une comparaison de Tyndall, est la force qui précipite les atomes penchés sur le bord de l'abîme ; l'autre est la force développée par leur chute. Lorsque la décomposition continue d'elle-même, c'est, pour ainsi dire, que les atomes s'entraînent réciproquement, et que la chute des uns sert à précipiter les autres.

Appendice. PHOTOCHIMIE.

La lumière joue un rôle semblable à celui de la chaleur dans la combinaison du chlore avec l'hydrogène. Seulement, à cause de la nature gazeuse des composants et du peu de chaleur développé par le phénomène chimique, il peut se faire que la combustion ne se propage pas, la chaleur étant absorbée au dehors : c'est comme si les atomes de tout à l'heure ne s'entraînaient pas l'un l'autre ; à la chute de chaque atome correspond une force donnée qui le précipite. De là le rôle photométrique du mélange hydrogène et chlore. — Voyez LUMIÈRE.

La lumière paraît agir plus directement dans le cas de la fixation du carbone dans les tissus végétaux, puisque cette réduction exige une addition de force vive. La lumière alors, qui n'est que de la chaleur rayonnante de faible longueur d'onde, agit comme une élévation de température. Les curieuses observations de Boussingault prouvent qu'il faut encore satisfaire à une condition pour que le phénomène s'accomplisse : c'est que le gaz acide carbonique soit *dilué* ou *raréfié* par un abaissement de pression, toutes causes qui contribuent à augmenter sa force vive atomique, c'est-à-dire à faciliter sa décomposition.

AFFINITÉ ET ÉLECTRICITÉ. ÉLECTROCHIMIE [*Théor.*] Voyez aussi ÉLECTRICITÉ.

1° INFLUENCE DE LA QUANTITÉ D'ÉLECTRICITÉ. — Lorsqu'un courant électrique traverse un liquide composé, il le décompose. Certains éléments se rendent à l'électrode positive, les autres à l'électrode négative. On n'est pas maître de modifier ce départ, mais on constate que dans tous les cas il y a une relation simple entre l'action chimique et la quantité d'électricité qui a traversé l'électrolyte. Cette relation peut se formuler ainsi : Quantités égales d'électricité mettent en liberté, dans tous les cas et à chaque électrode, des quantités de matière chimiquement équivalentes.

Cela ne veut pas dire que ces quantités soient entre elles comme les *équivalents*, à moins qu'on ne donne à ce mot une signification rationnelle et qu'on ne lui fasse exprimer des *quantités de matière qui fonctionnent avec la même atomicité*. Ainsi l'acide sulfurique, l'acide chlorhydrique et l'ammoniaque étant décomposés par le même courant, les quantités des différents corps qui se rendront aux électrodes seront représentées par H ; Cl. 1/2 (H^2 ; S O^4). 1/3(H^3 ; Az), parce que les quantités de matière proportionnelles aux nombres qu'expriment des symboles H, Cl, (SO^4) $^{1/2}$ Az $^{1/3}$, sont chimiquement équivalentes, c'est-à-dire manifestent le même nombre d'atomicités. On a en effet H', Cl', SO^{4}'', Az'''.

Selon cette loi, les quantités de chlore dégagées par l'électrolyse des différents chlorures doivent être égales, à cause de la monoatomicité du chlore : c'est ce qui a lieu en effet, car le même courant décomposant les chlorures cuivriques, cuivreux et antimonieux, met en liberté aux électrodes des quantités de matière représentées par

$$1/2(\text{Cu} ; \text{Cl}^2). \quad 1/2(\text{Cu}^2 ; \text{Cl}^2). \quad 1/3 (\text{Sb} ; \text{Cl}^3).$$

On voit que notre définition du mot équivalent exige deux équivalents pour le cuivre ; on est arrivé à la même conclusion toutes les fois qu'on a cherché à rendre logique la notion d'équivalence.

La même raison s'applique aux composés où l'hydrogène est mis en liberté ; dans tous les cas les quantités d'hydrogène dégagé sont égales. Exemple :

$$H ; Cl. \quad 1/2(H^2 ; O). \quad 1/2(H^2 ; O^2). \quad 1/3(H^3 ; Az).$$

Le groupe O^2 est diatomique comme O, de même que Cu^2 était diatomique comme Cu.

Cette loi doit être étendue au travail chimique intérieur de la pile qui fonctionne comme un voltamètre.

Il est bien entendu qu'elle n'est strictement applicable que lorsque le courant est uniquement employé dans l'électrolyte à la décomposition. En un mot, s'il arrivait que les liquides eussent une conductibilité indépendante de l'électrolyse, tout se passerait comme si le voltamètre n'était pas traversé par la totalité du courant, et comme si une partie de celui-ci passait dans un circuit dérivé.

2° INFLUENCE DE LA TENSION. — Si, avec la quantité d'électricité produite par la dissolution d'un équivalent de fer dans l'acide chlorhydrique, on pouvait mettre en liberté un équivalent d'hydrogène dans chaque cellule d'une suite de voltamètres aussi longue qu'on voudrait, on obtiendrait une assez grande quantité de ce gaz pour pouvoir s'en servir à évaporer le chlorure de fer, à le réduire, à produire encore par sa combustion un travail mécanique et reconstituer ainsi le système primitif, fer, acide chlorhydrique et eau, avec un gain, ou pour employer le mot vulgaire, un bénéfice net de travail. Cette création de force vive est mécaniquement impossible. Aussi existe-t-il une loi physique complémentaire de celle de Faraday, qui, dans tous les cas où, en vertu de celle-ci, il y aurait production de force vive, rend le courant impossible. La voici : Tout travail chimique (ou mécanique) effectué par le courant suscite une force électromotrice inverse à celle de la pile et qui, dans le cas de l'égalité, annulerait le courant. Cette force électromotrice est proportionnelle à la *fraction de l'énergie de la pile qui s'est transformée en force chimique* (ou mécanique).

Éclaircissons cette notion par une construction graphique. Soit la ligne BB' représentant un circuit fermé d'une résistance égale en tous ses points : ce sera, par exemple, le développement selon une droite du courant d'une pile, avec cette convention que les longueurs figurées sont proportionnelles aux résistances. Au point B qui coïncide avec B' est le siège de la force électromotrice : c'est la surface du zinc. Il s'établit en ce point une différence constante de tension, et c'est cette différence qui mesure la force électromotrice. Nous la figurerons par la perpendiculaire

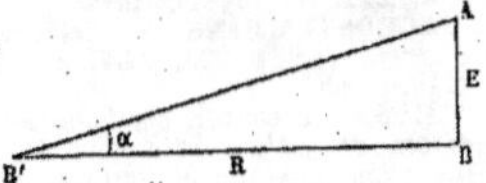

AB. On sait que la tension diminue régulièrement le long d'un conducteur de résistance égale en tous points ; elle sera donc représentée par la ligne AB'. L'angle α sera d'autant plus grand que la force électromotrice sera plus grande, la résistance étant la même. Il sera d'autant plus petit que cette résistance sera plus petite, la force électromotrice étant constante. En somme on a $\tan\alpha = \dfrac{AB}{BB'} = \dfrac{E}{R}$, si l'on appelle E la force électromotrice, et R la résistance. Cette expression $\tan\alpha$ est l'*intensité* I du courant, $I = \dfrac{E}{R}$. Supposons qu'en un point F du circuit s'établisse une force électromotrice directe ou inverse, — inverse, par exemple ; nous la représenterons par la ligne DG, et elle devra être prise de façon que les lignes AD, GB', soient parallèles, l'intensité du courant étant la même dans toutes ses parties. L'angle GB'B ne sera pas changé si l'on porte AC = DG sur la ligne AB. L'on voit donc clairement que, dans ce cas, $I = \dfrac{CB}{BB'} = \dfrac{\Sigma E}{R}$, ΣE étant la somme algébrique des forces électromotrices. Si $\Sigma E = 0$ l'intensité est nulle, il n'y a pas de courant.

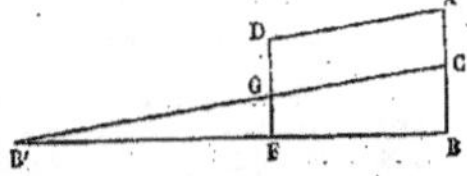

Ceci posé, on a trouvé que la chaleur W, dégagée par une pile tant dans le circuit extérieur que dans la pile elle-même, est proportionnelle au produit de la force électromotrice par la quantité d'électricité développée, de sorte qu'en choisissant convenablement l'unité de force électromotrice, $w = EQ$. Cette quantité peut être re-

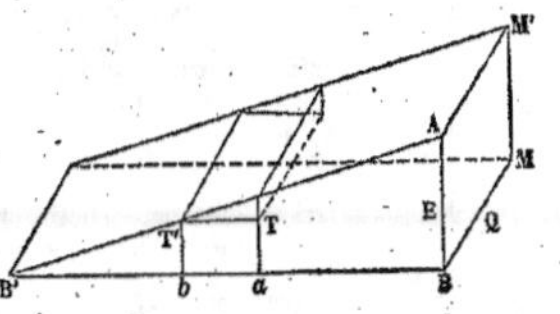

présentée par le rectangle ABMM'. C'est le produit de Q par la différence de tension qui existe entre B et B'. Or, cette définition est générale, et entre deux points quelconques, a et b, du circuit, la chaleur développée est égale au produit de Q

par la différence de tension qui existe entre ces deux points : $w = (T - T')\,Q$. Supposons maintenant qu'il existe en F une force électromotrice inverse, un voltamètre par exemple. Il y aura une brusque différence de tension $T - T' = e$, qui mesurera cette force électromotrice, et là, entre deux points contigus, nous pouvons admettre qu'il

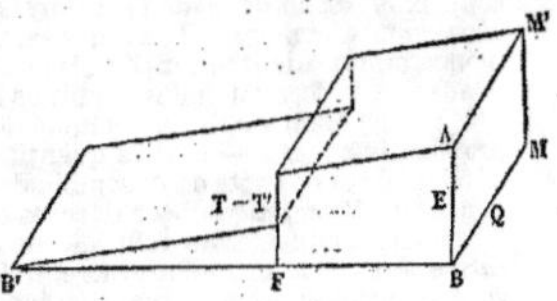

y a aussi dégagement de la chaleur $(T - T')\,Q$. *Cette chaleur sera employée en totalité au travail électrolytique, elle disparaîtra en tant que chaleur thermométrique;* en sorte que celle-ci sera réduite à $EQ - eQ = \Sigma EQ$.

On verra à l'article Électricité qu'un moteur électromagnétique absorbant la même quantité de chaleur $(T - T')\,Q$, produirait un travail mécanique qui serait évidemment équivalent à la fois : 1° à la chaleur disparue, 2° au travail chimique qu'elle aurait pu produire. De là la faculté d'exprimer ce travail en calories ou en kilogrammètres.

En réalité, le rectangle ABMM' = EQ représente ce que nous avons appelé l'*énergie* de la pile ; notre construction exprime ce fait qu'elle se dépense en chaleur, travail chimique ou mécanique, dans les divers points du circuit. Cette *énergie*, dans les piles hydroélectriques, est empruntée à une réaction chimique, elle exécute un travail chimique dans l'électrolyte : la mesure des forces électromotrices offre donc identiquement le même intérêt et la même valeur que la mesure des chaleurs de combinaison, puisque ces deux éléments nous permettent d'évaluer l'énergie perdue ou gagnée par le fait de la réaction, c'est-à-dire le travail positif ou négatif de l'affinité.

On peut ainsi mesurer indifféremment des quantités de chaleur, ou des forces électromotrices. On peut combiner ces deux moyens et apprécier au calorimètre la chaleur empruntée par le fait d'une électrolyse à celle fournie par une pile donnée, enfermée aussi dans le calorimètre. Tous les résultats numériques ainsi obtenus concordent autant qu'on doit l'espérer.

On pourrait enfin, comme l'a fait Wenzel, mesurer le temps que met un équivalent de métal à se dissoudre dans une pile : ce temps est en raison inverse de l'intensité et, pour une même résistance, de la force électromotrice.

Appendice. — Il n'est peut-être pas inutile de faire remarquer, en terminant, le lien étroit qui existe entre la quantité et la tension électrique d'une part et ce que nous appelons en chimie l'atomicité et l'affinité. Ceci nous aidera à préciser entre ces notions une distinction qu'on a souvent méconnue. Les composés représentés par les formules HCl et KCl sont tout à fait analogues au point de vue de l'*atomicité* : deux atomes monoatomiques se saturent réciproquement, ou, si l'on veut, échangent deux *atomicités*, en prenant ce mot pour celui-ci : *unité d'atomicité*. Ils seront décomposés en (H ; Cl), (K ; Cl) par le même courant. Les composés H Cl et Zn Cl^2 ne sont pas analogues à ce même point de vue ; mais il y a autant d'*atomicités* échangées dans 2(H Cl) que dans Zn Cl^2 :

$$\left(\text{Formule de constitution} \quad \begin{array}{l} \text{H} - \text{Cl} \\ \text{H} - \text{Cl} \end{array} \quad \text{Zn}'' \genfrac{}{}{0pt}{}{-\ \text{Cl}}{-\ \text{Cl}} \right).$$

Les quantités électrolysées par un même courant seront donc entre elles comme $2(H;Cl)$ et $(Zn;Cl^2)$, et, pour la quantité 1 d'électricité $(H;Cl)$, et $1/2$ $(Zn;Cl^2)$. Mais les quantités de matière qui correspondent à des atomicités égales ne sont pas du tout égales au point de vue de l'*affinité*. En effet, le potassium monoatomique (K) a beaucoup plus d'affinité pour le chlore que l'hydrogène monoatomique (H) et que son équivalent monoatomique de zinc $1/2(Zn)$, les travaux correspondant à la formation des quantités KCl, HCl, et $1/2(ZnCl^2)$ étant entre eux comme 4, 1 et 2 approximativement : — c'est la quantité de chaleur développée dans l'acte de la combinaison. Il suit de là que le *rôle chimique* des chlorures de K et de H, tout à fait semblables au point de vue de la *constitution*, est essentiellement différent. Dans le chlorure de potassium, une quantité énorme de force vive atomique a disparu, le composé a ses atomicités saturées et ses *affinités* satisfaites : en d'autres termes, il est fort difficile à décomposer parce qu'il faut dépenser un *travail* considérable pour restituer à ses éléments l'énergie qui les constitue à l'état de liberté. Dans l'acide chlorhydrique, la saturation atomique est la même, mais la combinaison est moins intime, la perte d'énergie des éléments est bien différente, le résultat est encore un corps actif. Les métaux en chasseront l'hydrogène avec facilité, et la réaction sera accompagnée d'un grand dégagement de chaleur; même sans se détruire, le groupement HCl pourra former des combinaisons moléculaires, où il fonctionnera par ce qui lui reste de l'énergie de ses éléments. Berthollet semble avoir entrevu cette idée que nous croyons féconde, lorsqu'il dit : « Il faut distinguer deux espèces de saturation : l'une est la limite de l'action chimique qu'une substance peut exercer sur une autre dans des circonstances données..., l'autre est le terme où les propriétés antagonistes d'une substance sont déguisées par celles d'une autre...; cette seconde saturation se rencontre rarement en même temps que la première. »   G. S.

BIBLIOGRAPHIE. Barchusen, *Pyrosophia* (1698).— Boerhaave, *Elementa Chymiœ* (1733).— *Tables* de Geoffroy (1718) ; de Grosse (1730); de Gellert (1750); de Rudiger (1756); de Limbourg (1758).— Bergman, *Attractions électives* (1775) (édit. franç., 1788).— Wenzel, *Lehre von den Verwandtschaften* (1777). — Macquer, *Éléments de Chimie* (1756).— Kirwan, *Sur le phlogistique et les acides* (1787).— De Morveau, *Articles de Chimie dans l'Encyclopédie méthodique* (1789). — Higgins, *A comparative view of the phlogistic and antiphlogistic theories* (1789).— Berthollet, *Statique chimique* (1803). — Fourcroy, *Système des connaissances chimiques* (1801).— H. Davy, *Philosophie chimique* (éd. française, 1813).— Thenard, *Chimie*, 4e éd., t: III (1824).—Grotthuss, *Ann. de Chim.*, LVIII.—Ampère, *Ann. de Chim.*, t. XC, et *Ann. de Chim. et de Phys.*, (2), t. XV.—Berzelius, *Proportions multiples* (éd. franç., 1819).— Faraday, *Experimental researches in Electricity* (1839... 1855). — Becquerel, *Traité expérimental d'Electricité et de Magnétisme* (1834-1840). — De la Rive, *Traité d'Electricité* (1854-1858).— Avogadro, *Ann. de Chim. et de Phys.*, (3), t. XIV et t. XXIX. — Dumas, *Philosophie chimique* (1836). — Margueritte, *Compt. rend. de l'Acad.*, t. XXXVIII. — Malaguti, *Ann. de Chim. et de Phys.*, (3), t. XXXVII. — Williamson, *Chem. Society Qu. Journal*, t. VI (1852).— Clausius, *Ann. de Chim. et de Phys.*, (3), t. L et LIII. — Bunsen, *Ann. de Chim. et de Phys.*, (3), t. XXXVIII. — Joule, *Ann. de Chim. et de Phys.*, (3), t. L. — Favre et Silbermann, *Ann. de Chim. et de Phys.*, (3), t. XXXIV et XXXVI.—Gladstone, *Phil. Transact.* (1855). — Marié-Davy et Troost, *Ann. de Chim. et de Phys.*, (3), LIII. — H. Sainte-
Claire Deville, *Compt. rend. de l'Acad.*, t. XLV, LII, LVI, etc., et *Leçon faite à la Société chimique en 1864.*— Berthelot et Péan de Saint-Gilles, *Ann. de Chim. et de Phys.*, (3), t. LXVI et LXVIII. — Berthelot, *Ann. de Chim. et de Phys.*, (4), t. VI, et *Revue des cours scientifiques*, t. II.

AGALMATOLITHE. (Min.) [Syn. *Pagodite*, *lardite*.] — Variété de stéatite ou de pyrophyllite venant de Chine sous forme d'objets taillés.

AGATE. — Voyez Quartz.

AGROSTEMMINE. — Schulze [*Archiv. der Pharm.*, t. LV, p. 298, t. LVI, p. 163, et Gerhardt, t. IV, p. 200].

Alcaloïde découvert par Schulze dans la partie externe des graines de la nielle des champs (*Lychnis githago*, *Githago segetum*, famille des Silénées). — On n'en connaît pas la composition; et d'après les recherches de Crawfurd, l'existence même de l'agrostemmine paraît douteuse [*Vierteljahrsschr. pr. Pharm.*, t. VI, p. 361].

Quoi qu'il en soit, voici le procédé indiqué par Schulze pour sa préparation : on traite les semences entières par de l'alcool faible, aiguisé d'acide acétique : la solution concentrée est précipitée par de la magnésie, et le précipité desséché est épuisé par de l'alcool. Par évaporation, l'agrostemmine se dépose cristallisée. Après une nouvelle cristallisation, on l'obtient pure. — Elle se présente sous forme de paillettes d'un blanc jaunâtre, très-fusibles, insolubles dans l'eau, très-solubles dans l'alcool auquel elle communique une réaction alcaline.

Quand on la traite par une solution bouillante de potasse, elle est décomposée avec dégagement d'ammoniaque : la solution donne, après ce traitement, un précipité blanc avec l'acide chlorhydrique.— L'acide sulfurique concentré colore l'agrostemmine d'abord en rouge, ensuite en noir.

Les *sels d'agrostemmine* s'obtiennent par la saturation directe de l'alcaloïde au moyen d'acides faibles : ils sont généralement cristallisés. — Le *sulfate* est soluble dans l'alcool et l'eau chaude.— Le *chloroplatinate* est un précipité rouge brun, cristallin, qu'on obtient en ajoutant du bichlorure de platine à une solution alcoolique de la base.—Le chloraurate se dépose lentement de sa solution alcoolique sous forme de cristaux jaunes, granuleux. —Le phosphate est un précipité volumineux qu'on obtient par double décomposition.   CH. L.

AIGUE-MARINE. — Voyez Émeraude.

AIKINITE. (Min.) —[Syn. *Aciculite*, *nadelerz*, *patrinite*, *bismuth sulfuré plumbo-cuprifère*.] Sulfure de bismuth, de plomb et de cuivre, $Pb^2Cu^2Bi^2S^6$. — Aiguilles d'un gris de plomb, contenues dans un quartz blanc, avec or natif, malachite et galène, à Bérésof (Sibérie).

Caractères. Soluble en partie dans l'acide azotique, en laissant un résidu blanc. Sur le charbon fond très-facilement en exhalant une odeur sulfureuse avec formation d'une auréole blanche, jaune sur les bords, et laisse un globule métallique renfermant du cuivre. Dans le tube ouvert, il donne de l'acide sulfureux et une fumée blanche qui se condense en gouttelettes transparentes (tellure).

Dureté 2 à 2,5. Poussière gris-noir. Densité: 6,1 à 6,8.

Forme crist. Prisme orthorhombique d'environ 110°. Clivage facile parallèle à l'axe du prisme.

AIR.

AIR ATMOSPHÉRIQUE. — L'enveloppe gazeuse qui entoure le sphéroïde terrestre, enveloppe à laquelle les physiciens et les astronomes assignent une hauteur limitée qui n'est qu'une faible fraction du rayon de notre globe, l'ATMOSPHÈRE ou l'AIR ATMOSPHÉRIQUE, dont nous avons à traiter, semblerait, de prime abord, devoir présenter une composition assez complexe et variable avec le temps.

En effet, toutes les émanations gazeuses continues ou intermittentes produites à la surface du sol terrestre sont versées dans l'immense réservoir atmosphérique.

Malgré des sources nombreuses d'altérations, nous verrons cependant qu'abstraction faite de très-petites quantités de principes existant, soit normalement, soit accidentellement, dans l'air, la composition chimique de l'atmosphère présente, dans ses éléments essentiels, une constance de composition remarquable.

Nous aurons à indiquer les causes, disons de suite les grandes harmonies naturelles, qui interviennent pour assurer pendant la durée des siècles l'équilibre de composition chimique de l'atmosphère.

L'air est essentiellement un *mélange* d'oxygène et d'azote dans les proportions de 20,93 d'oxygène et de 79,07 d'azote en volume, ou en nombres ronds 21 d'oxygène et 79 % d'azote. En poids, ces proportions sont représentées sensiblement par 23 d'oxygène et 77 % d'azote.

C'est à Lavoisier qu'est due la démonstration de la composition de l'air atmosphérique. La méthode employée en 1775 par cet illustre chimiste consistait à chauffer un volume déterminé d'air au contact du mercure à une température voisine de l'ébullition de ce métal.

Le mercure se recouvre alors de paillettes cristallines rouges que les alchimistes appelaient le précipité *per se* et qui est un oxyde de mercure. Le gaz qui reste lorsque l'action est épuisée a perdu la propriété d'entretenir la respiration et la combustion. C'est de l'*azote*. Lavoisier détermina après le refroidissement de l'appareil le volume du gaz, qu'il trouva être approximativement les 5/6 du volume primitif.

Ayant chauffé les particules rouges produites à chaud au contact de l'air et du mercure, il en dégagea un gaz, l'*air vital*, appelé ensuite *oxygène*, possédant au plus haut degré la propriété d'entretenir la combustion et la respiration. Le volume du gaz ainsi dégagé représentait sensiblement le volume gazeux disparu au contact du mercure chauffé; en mêlant ce gaz au résidu gazeux obtenu, Lavoisier reconstitua un mélange qui présentait toutes les propriétés de l'air atmosphérique.

Ainsi, en se fondant sur la propriété que possède le mercure d'absorber l'oxygène à une température voisine de son ébullition et sur la propriété de l'oxyde formé de se décomposer à une température un peu plus élevée en mercure et oxygène, Lavoisier réalisa, il y a près d'un siècle, l'analyse et la synthèse de l'air atmosphérique avec une approximation remarquable pour l'époque à laquelle il opérait.

Depuis ces méthodes ont été perfectionnées par plusieurs chimistes. Gay-Lussac et de Humboldt publièrent en 1804 leurs beaux travaux sur l'eudiométrie; plus récemment, MM. Dumas et Boussingault d'une part, et M. Regnault d'autre part, ont fait acquérir aux méthodes d'analyse de l'air par les pesées et par les volumes un rare degré de précision. — Voyez ANALYSE DE L'AIR.

Propriétés de l'air. — L'air atmosphérique est transparent, invisible, sans odeur, sans saveur, pesant, compressible et parfaitement élastique. Lorsqu'il est pur et sec, il pèse, sous le volume de 1 litre à 0° et à 0m,760 de pression, 1gr,2932 (M. Regnault). Les physiciens rapportent à la densité de l'air, prise pour unité, la densité des divers gaz. Les températures les plus basses et les pressions les plus élevées n'ont pu réaliser la liquéfaction de l'oxygène ou de l'azote de l'air. Le coefficient de dilatation de l'air par la chaleur est uniforme et égal à 0,003665 (M. Regnault).

Nous avons dit que l'air atmosphérique constituait un mélange et non une combinaison chimique; cette dernière opinion, qui a encore été soutenue il y a un certain nombre d'années, et surtout par quelques chimistes anglais, ne peut plus être acceptée aujourd'hui par aucun savant.

Pour démontrer que l'air est un mélange, on peut s'appuyer sur plusieurs ordres de considérations :

D'abord l'ensemble des propriétés chimiques de l'air représente sensiblement celles d'un mélange artificiel d'oxygène et d'azote; remarquons d'ailleurs que lorsqu'on mêle de l'oxygène et de l'azote dans les circonstances ordinaires, on ne voit apparaître aucun des phénomènes qui décèlent une action chimique; ainsi, il ne se produit aucun effet thermique.

Le pouvoir réfringent de l'air est sensiblement la moyenne des pouvoirs réfringents de l'oxygène et de l'azote, eu égard aux proportions relatives de ces gaz.

Si l'air était un composé chimique, il devrait présenter la simplicité de rapports que l'on observe constamment pour les volumes gazeux qui se combinent, conformément à la loi de Gay-Lussac; or le rapport en volume de l'oxygène à l'azote dans l'air n'est pas un rapport simple.

Enfin lorsqu'on met l'air au contact de l'eau parfaitement pure et exempte de gaz en dissolution, il se dissout proportionnellement plus d'oxygène que d'azote, et l'air extrait de cette eau saturée contient environ 33 % d'oxygène en volume, au lieu de 21. Chacun des gaz s'est donc dissous dans l'eau en raison de son coefficient de solubilité propre, conformément à la loi de Dalton. Donc l'oxygène et l'azote sont simplement mélangés et non combinés dans l'air; ajoutons qu'on ne saurait d'ailleurs admettre la possibilité d'une décomposition chimique, opérée au contact de l'eau, d'après les circonstances que présente le phénomène.

EAU CONTENUE DANS L'AIR. — L'air atmosphérique contient en tout temps, en tous lieux, une certaine proportion de vapeur aqueuse en dissolution, à l'état invisible; lorsque cette eau passe à l'état particulier que l'on appelle vésiculaire, elle constitue les nuages ou les brouillards; c'est là un état semblable à celui que prend la vapeur en dissolution dans l'air, lorsqu'on répand dans l'atmosphère certains gaz très-avides d'eau, tels que l'acide chlorhydrique, etc., qui donnent naissance à des fumées.

Cette quantité de vapeur aqueuse est variable, suivant les saisons, la température, l'altitude, la situation géographique, etc. Pour une même température et une même pression, la quantité maximum de vapeur aqueuse tenue en dissolution dans l'air, est invariable. Des tables donnent, dans les ouvrages de physique, la quantité de vapeur aqueuse à saturation contenue dans un volume déterminé d'air pour les diverses températures. L'état hygrométrique de l'air, pour une température déterminée, n'est autre chose que le rapport entre la quantité d'humidité existant réellement dans l'air et celle qui y existerait si l'air était saturé à cette même température.

L'emploi des hygromètres de condensation a pour objet de déterminer ce rapport, en amenant artificiellement l'air à l'état de saturation, par un abaissement convenable de température pour laquelle les tables donnent alors la force élastique maximum, ce qui permet de calculer en poids la quantité de vapeur aqueuse contenue dans l'unité de volume d'air.

C'est par des moyens de réfrigération que l'on constate la présence de la vapeur d'eau dans l'air.

Si dans un ballon en verre, par exemple, on place des corps à une basse température, il arrivera un moment où la température de l'air en contact avec les parois du ballon sera suffisamment abaissée pour que cet air se trouve saturé; la température continuant à baisser, il y aura précipitation de rosée ou de givre à la surface extérieure du ballon.

Plusieurs chimistes et physiologistes ont eu recours à cette méthode de condensation de la vapeur aqueuse atmosphérique, dans le but de rechercher, dans le liquide condensé, les petites quantités de matières organiques volatiles en dissolution dans l'air, ou les corpuscules en suspension, substances qui, répandues dans l'air des marécages, ou des lieux infectés pendant les épidémies, jouent peut-être un rôle important dans le développement de certaines maladies.

MATIÈRES DIVERSES CONTENUES DANS L'AIR ATMOSPHÉRIQUE.

Acide carbonique. — L'air atmosphérique contient constamment une petite quantité d'acide carbonique, variant ordinairement entre 4 et 6 dix-millièmes en volume.

Rien de plus facile que de constater la présence de ce gaz, en exposant à l'air un vase renfermant de l'eau de chaux; celle-ci se recouvre bientôt d'une pellicule formée de petits cristaux de carbonate de chaux et dont il est facile d'extraire l'acide carbonique.

Th. de Saussure, puis Thenard ont indiqué des méthodes pour doser l'acide carbonique dans l'air. Dans ces dernières années, M. Boussingault, qui s'est occupé de ces déterminations, a indiqué des méthodes de dosage à la fois simples et précises. Récemment M. Pettenkoffer s'est servi, pour ces déterminations, de liqueurs titrées. — Voyez *Analyse des gaz et de l'air en particulier.*

La quantité d'acide carbonique contenue dans l'atmosphère, toujours faible, malgré les sources nombreuses de cette production, en raison de la diffusion des gaz, varie ainsi que nous l'avons dit. Elle est plus forte la nuit que le jour; elle diminue après la pluie, elle est moindre au-dessus des grands lacs et des mers que sur les continents.

Elle paraît plus forte dans les grandes villes que dans la campagne; elle doit être plus forte aussi au voisinage des évents volcaniques, qui versent dans l'atmosphère d'énormes quantités d'acide carbonique.

On sait que l'acide carbonique est le produit de la respiration des animaux. Ainsi un homme peut verser dans l'air 18 à 22 litres d'acide carbonique par heure. La combustion du bois, du charbon, des combustibles minéraux, des corps destinés à la production de la lumière, engendre journellement d'énormes quantités d'acide carbonique, surtout dans les grands centres de population.

M. Boussingault s'est proposé de rechercher la quantité d'acide carbonique contenue dans l'air d'une grande ville, telle que Paris, et de comparer sa proportion à celle qui existerait, au même moment, à la campagne et à distance des habitations.

Ce savant a calculé, en 1844, pour Paris (avec les limites de la ville à cette époque) une production d'acide carbonique de 2,944,600 mètres cubes, tant par la respiration que par la combustion. Sans la diffusion des gaz, ce volume aurait formé, à la surface du sol de Paris (avec son ancienne enceinte), une couche de 0^m085 d'épaisseur.

Les observations de M. Boussingault, faites à Paris, lui ont donné en moyenne 4,2 d'acide carbonique pour 10 000 parties d'air en volume pour la nuit et 3,9 d'acide carbonique pour 10 000 parties d'air en volume, pour le jour.

MM. Boussingault et Léwy ont trouvé, dans une série d'expériences simultanées, qu'en moyenne la proportion d'acide carbonique, à Paris, le jour, étant représentée par 100, elle était au même moment représentée par 92 à la campagne, à Andilly, à quelques lieues de Paris.

Principe hydrogéné. — Plusieurs observateurs ont démontré, surtout dans les grandes villes, la présence d'une petite quantité d'un principe hydrogéné et probablement carburé. M. Boussingault a le premier constaté par des expériences précises, dans l'air de Lyon, la présence d'un gaz ou d'une vapeur hydrogénée dont la teneur en hydrogène atteignait au maximum 0,0001 dans une partie d'air en volume. M. Verver, à Groningue, analysant l'air des contrées marécageuses, a trouvé que le principe hydrogéné y atteignait une proportion un peu plus forte, et que ce principe était le gaz des marais ou protocarbure d'hydrogène, CH^4.

Ammoniaque. — L'air contient incontestablement de petites quantités d'ammoniaque, certainement en partie à l'état de carbonate d'ammoniaque, en partie peut-être aussi à l'état d'azotate ou même d'azotite d'ammoniaque, ainsi que l'a admis récemment M. Schoenbein. L'origine de cette ammoniaque doit être évidemment attribuée surtout à la décomposition des matières végétales et animales. La présence de cette ammoniaque dans l'air a certainement de l'importance au point de vue des phénomènes de la végétation et de la statique chimique des plantes.

Plusieurs chimistes se sont occupés de déterminer la proportion de cette ammoniaque dans l'air. Elle ne paraît pas dépasser quelques millionièmes du volume de l'air.

Ozone. — On sait que l'on doit à M. Schoenbein la découverte d'un principe particulier qui se produit dans un grand nombre de circonstances et notamment sous l'influence de l'électricité exerçant ses effets en présence de l'air, principe auquel le savant précité a donné le nom d'*ozone,* en raison de ses propriétés odorantes.

M. Marignac d'abord, MM. Fremy et Edmond Becquerel ensuite, par une série d'expériences très-concluantes, ont démontré que l'ozone n'était autre chose qu'une modification de l'oxygène de l'ordre de celle du phosphore rouge comparé au phosphore ordinaire, etc. Les dénominations d'*oxygène électrisé, oxygène allotropique, oxygène naissant, oxygène actif,* proposées depuis, s'appliquent à ce même principe.

Plusieurs circonstances dans lesquelles l'ozone prend naissance ont conduit à admettre que ce corps peut se rencontrer dans l'air, sinon d'une manière permanente, au moins d'une manière temporaire ou accidentelle; ainsi, sous l'influence de l'électricité atmosphérique, sous l'influence d'une foule d'actions oxydantes à la surface du globe, une petite quantité d'oxygène atmosphérique passerait à l'état d'ozone. M. Schoenbein et plusieurs autres chimistes ont même cherché à évaluer les variations de proportions de l'ozone, dans une localité donnée, au moyen de la réaction du papier ioduré amidonné dit *ozonométrique,* lequel bleuit plus ou moins, suivant la proportion d'ozone, ce corps ayant la propriété de mettre en liberté l'iode de l'iodure de potassium, réaction qui n'est pas réalisée par l'oxygène ordinaire. M. Schoenbein a émis le premier l'opinion que l'ozone est un agent destructeur des miasmes putrides qui peuvent exister dans l'air, de sorte que la présence de l'ozone libre dans l'air serait jusqu'à un certain point un gage de la salubrité de l'atmosphère, tandis que son absence pourrait coïncider avec l'existence de miasmes toxiques engendrant des épidémies. Cette opinion a trouvé quelque créance auprès de certains médecins et observateurs.

Le docteur Cook qui a fait des observations ozonométriques suivies dans l'Inde, sur les bords du

Gange, croit à une relation entre la proportion croissante ou décroissante de l'ozone et le développement du choléra, des dyssenteries ou des fièvres intermittentes.

On voit que la question de la présence de l'ozone dans l'air a acquis de l'importance; cependant la prudence commande peut-être encore beaucoup de réserve dans des conclusions de ce genre, surtout en présence des objections qui ont été soulevées à l'égard des méthodes employées pour déceler la présence de l'ozone.

Acide azotique. — Cet acide peut être contenu dans l'air et dans la vapeur d'eau, surtout à l'état d'azotate d'ammoniaque. M. Liebig a constaté, il y a longtemps, que l'eau des pluies d'orage contient de l'azotate d'ammoniaque.

Acide azoteux. — Suivant M. Schœnbein, cet acide existerait dans l'air à l'état d'azotite d'ammoniaque; ce savant admet qu'il peut se former par la réaction de l'azote et de l'eau, sous l'influence de l'oxydation vive ou lente des matières combustibles par l'air. A cet égard nous pouvons faire remarquer que la formation de l'acide azoteux et de l'acide azotique a été constatée comme coïncidant avec certains phénomènes d'oxydation. Ainsi, dans la préparation de la liqueur bleue *cupro-ammonique* de Schweitzer (réactif de la cellulose) obtenue par l'action de l'ammoniaque sur le cuivre au contact de l'air, il se forme, outre une combinaison ammoniacale d'oxyde de cuivre, de l'azotite et de l'azotate, ainsi que M. E. Peligot l'a démontré. On peut expliquer de la même manière (*oxydation par voie d'entraînement*) la présence de l'azotate et de l'azotite de cuivre, constatée par M. Cloëz dans la patine des statues de bronze exposées à l'air.

Iode. — La question de la présence ou de l'absence de l'iode dans l'air a donné naissance à de nombreux travaux contradictoires.

Suivant M. Chatin, l'air atmosphérique contiendrait habituellement une petite quantité d'iode. La disparition ou la presque disparition de l'iode dans l'air ou dans les eaux de certains pays montagneux serait, suivant M. Chatin, liée avec l'existence du goître chez les habitants de ces contrées. Les conclusions de M. Chatin ont été généralement accueillies avec une certaine incrédulité par les chimistes. Cependant si l'on considère, comme le fait remarquer M. E. Peligot, que les eaux pluviales recueillies dans les *pluviomètres* contiennent des sels assez variés provenant du lavage des poussières en suspension dans l'atmosphère, et que des chimistes exercés, M. Bouis notamment, ont souvent constaté la présence de l'iode dans les eaux pluviales, on pourra accorder sans difficulté que la présence de l'iode libre ou combiné peut être admise, sinon comme normale, au moins comme accidentelle dans l'air.

Diverses particules salines. — L'air contient des particules salines en suspension. On doit à M. Gernez, entre autres chimistes, des observations très-curieuses sur les dissolutions salines sursaturées. Or M. Gernez admet, d'après ses expériences, que les dissolutions salines sursaturées ne cristallisent au contact de l'air que lorsque celui-ci contient en suspension des traces du sel même contenu dans la dissolution ou d'un sel isomorphe. L'auteur est amené à conclure qu'il existe dans l'air du sulfate de soude, par exemple, et il explique les résultats obtenus avec les dissolutions sursaturées de sulfate de soude (qui ne cristallisent pas, ou qui cristallisent, suivant que l'air qui les traverse a passé ou non sur un tampon de coton ou d'amiante), par la présence du sulfate de soude très-répandu dans l'air ainsi que le chlorure de sodium. Certaines dissolutions sursaturées, telles que l'acétate de potasse ou l'acétate de soude, au contraire, ne cristallisent pas dans les mêmes circonstances que le sulfate de soude, parce que l'air est ordinairement exempt de particules de ces sels en suspension.

Miasmes. — Nous avons dit plus haut qu'on avait cherché à manifester leur présence dans l'eau provenant de la condensation de la vapeur aqueuse contenue dans l'atmosphère libre ou dans une atmosphère confinée; on a souvent trouvé dans une pareille eau des matières organiques, susceptibles d'entrer en fermentation putride.

Qu'il puisse y avoir dans l'air des matières organiques volatiles ou solides en suspension, cela ne paraît pas contestable; mais, ainsi que le fait observer M. Wurtz, cette constatation ne saurait, dans l'état actuel de la science, entraîner la conclusion que cette présence soit la cause de maladies contagieuses ou d'une épidémie régnante, jusqu'à ce que ces principes aient été isolés et leurs propriétés bien définies.

Germes contenus dans l'air. — La question de la présence ou de l'absence de germes ou de spores en suspension dans l'air atmosphérique se lie à la doctrine des *générations dites spontanées.* On doit à M. Pasteur des expériences remarquablement instituées pour démontrer l'existence des germes ou spores en suspension dans l'air avec d'autres poussières. En faisant passer de l'air atmosphérique à travers une bourre de coton-poudre, cet air abandonne les particules solides en suspension, et en dissolvant ensuite le coton-poudre dans l'alcool éthéré, on obtient pour résidu ces poussières de l'atmosphère qu'un rayon de lumière rend visibles lorsqu'il pénètre dans une chambre obscure.

Parmi ces poussières l'examen microscopique fait découvrir des germes, des spores de mucédinées.

Des liquides, des matières putrescibles peuvent se conserver indéfiniment au contact de l'air et à la température de l'étuve, lorsque cet air a été privé de tout germe ou spore; la fermentation ou la putréfaction s'établit au contraire par l'introduction de ces poussières, recueillies comme on l'a dit. A mesure que l'on s'élève dans l'atmosphère, les germes deviennent plus rares; ainsi, par exemple, sur 20 prises d'air faites par M. Pasteur au Montanvert à 2000^m au-dessus du niveau de la mer, une seule a constaté la présence de germes.

Constance de proportions des éléments constitutifs essentiels de l'air atmosphérique. — Nous avons dit que l'air atmosphérique, pris sur tous les points de la surface du globe et à diverses altitudes, présentait sensiblement les mêmes proportions relatives d'oxygène et d'azote; on peut dire que les différences constatées d'une part dans les expériences de MM. Dumas et Boussingault en opérant par les pesées, d'autre part dans les expériences de M. Regnault en opérant sur les volumes à l'aide de sa méthode eudiométrique perfectionnée, sont habituellement de l'ordre des erreurs possibles d'observation.

Cependant les phénomènes de la respiration, les effets de la combustion produisent continuellement une grande masse d'acide carbonique aux dépens de l'oxygène atmosphérique; on serait donc tenté de supposer que cet oxygène doit éprouver une diminution par suite de la continuité de ces effets.

Mais, en vertu d'une de ces grandes harmonies naturelles qui lient le règne animal et le règne végétal, tandis que les animaux fonctionnent comme des appareils de combustion, fixent l'oxygène de l'air et le rejettent à l'état d'acide carbonique dans l'atmosphère, les végétaux jouent un rôle inverse; ils fonctionnent, en effet, comme des appareils de réduction: sous l'influence des rayons solaires, les parties vertes des plantes réagissent sur l'acide carbonique, le décomposent, fixent le carbone et restituent l'oxygène à l'air. L'atmosphère que les animaux tendent à vicier est purifiée par l'action des végétaux. L'équilibre chimique de composition de l'air tend donc à se conserver en vertu de ces actions inverses exercées sur les éléments constituants de l'atmosphère.

Certains phénomènes, dus à la décomposition des roches par oxydation, sembleraient d'abord de nature à modifier à la longue la composition de l'air; mais une série d'actions inverses, de réduction, tend à restituer à l'atmosphère, sous la forme d'acide carbonique, l'oxygène disparu.

Ainsi que le fait observer Ebelmen, dans son beau mémoire sur les altérations des roches, le jeu des réactions de la matière minérale à la surface du globe semble aussi de nature à établir une compensation pour maintenir la constance de composition chimique de l'atmosphère.

Cette compensation s'établit-elle d'une manière exacte? En supposant qu'elle n'ait pas lieu, ce qui est possible, la quantité d'oxygène ira-t-elle en diminuant? « C'est une grande question, disait Thenard, dont on ne pourra avoir la solution qu'au bout de plusieurs siècles, en raison de l'énorme volume d'air dont notre planète est entourée. »

Dans leur beau mémoire sur la véritable constitution de l'air atmosphérique, MM. Dumas et Boussingault s'exprimaient ainsi en 1841 :

« Quelques calculs qui ne peuvent avoir une précision bien absolue, sans doute, mais qui reposent néanmoins sur un ensemble de données suffisamment certaines, vont montrer jusqu'où il conviendrait de pousser l'approximation de l'analyse pour atteindre la limite où les variations d'oxygène pourraient se manifester d'une manière sensible. L'atmosphère est sans cesse agitée; les courants excités par la chaleur, par les vents, par les phénomènes électriques, en mêlent et en confondent sans cesse les diverses couches. C'est donc la masse générale qui devrait être altérée pour que l'analyse pût indiquer des différences d'une époque à l'autre.

« Mais cette masse est énorme. Si nous pouvions mettre l'atmosphère tout entière dans un ballon et suspendre celui-ci au plateau d'une balance, il faudrait pour lui faire équilibre dans le plateau opposé, 581,000 cubes de cuivre de 1 kilomètre de côté.

« Supposons maintenant avec B. Prévost que chaque homme consomme 1 kil. d'oxygène par jour, qu'il y ait mille millions d'hommes sur la terre et que, par l'effet de la respiration des animaux et la putréfaction des matières organiques, cette consommation attribuée aux hommes soit quadruplée.

« Supposons de plus que l'oxygène dégagé par les plantes vienne seulement compenser l'effet des causes d'absorption d'oxygène oubliées dans notre estimation; ce sera mettre bien haut, à coup sûr, les chances d'altération de l'air. Eh bien! dans cette hypothèse exagérée, au bout d'un siècle, tout le genre humain et trois fois son équivalent n'auraient absorbé qu'une quantité d'oxygène égale à 15 ou 16 cubes de cuivre de 1 kilomètre de côté, tandis que l'air en renferme près de 134,000.

« Ainsi, prétendre qu'en y employant tous leurs efforts, les animaux qui peuplent la surface de la terre pourraient en un siècle souiller l'air qu'ils respirent, au point de lui ôter la huit-millième partie de l'oxygène que la nature y a déposé, c'est faire une supposition infiniment supérieure à la réalité. »

Ces considérations montrent combien la précision des méthodes d'analyse doit être reculée, ou combien la masse d'air mise en expérience doit être augmentée, pour arriver à constater, par des analyses en poids, de faibles différences de composition à des époques éloignées, et MM. Dumas

et Boussingault arrivaient à conclure qu'il faudrait opérer sur 1000^{gr} d'air pour que les analyses pussent réellement devenir de quelque utilité dans la discussion des lois générales de la physique du globe.

Les nouvelles méthodes eudiométriques perfectionnées, en opérant sur un volume d'air très-limité, ne permettent de reconnaître que des variations de quelques dix-millièmes dans les proportions de l'oxygène.

L'emploi de méthodes de plus en plus perfectionnées permettra peut-être de résoudre, avec le temps, des questions d'un haut intérêt pour la physique du globe.

AIR CONFINÉ. — Lorsque l'air atmosphérique est soumis à certaines causes d'altérations et que sa communication avec l'atmosphère est interdite ou que le renouvellement de cet air ne peut se faire avec une activité suffisante, on donne habituellement à l'air placé dans ces conditions le nom d'*air confiné*.

Les causes d'altération de l'air sont diverses; nous en passerons quelques-unes en revue, et nous citerons quelques analyses qui donneront une idée du degré d'altération que l'air peut éprouver dans ces conditions.

Certains phénomènes, tels que les dégagements d'acide carbonique dans divers lieux (mines, grottes), l'absorption de l'oxygène par certaines roches, par les matières organiques en décomposition (mines, puits, caves, fosses d'aisances), peuvent exercer une influence plus ou moins marquée sur la composition de l'air.

Dans les lieux habités, fermés ou mal ventilés, les effets de la respiration des hommes ou des animaux, les phénomènes de la combustion du charbon ou des matières combustibles peuvent amener l'air à un degré d'altération notable. Aussi dans les appartements, casernes, salles d'hôpitaux, amphithéâtres, dans les puits et galeries de mines, etc., l'analyse chimique, lorsqu'elle est suffisamment précise, indique-t-elle toujours une composition différente de celle qui correspond à l'air libre.

En outre, dans les lieux habités et même en dehors de l'influence de la présence de malades, les émanations animales qui s'échappent avec la vapeur aqueuse par la transpiration pulmonaire et cutanée peuvent exercer une influence physiologique incontestable et souvent plus fâcheuse que celle de la production de l'acide carbonique ou de la disparition de l'oxygène en faible quantité.

Il est presque impossible d'arriver à doser ces matières, dont la présence se révèle souvent par une odeur repoussante.

C'est surtout lorsque l'air arrive à l'état de saturation par les causes précitées qu'on est porté à considérer l'atmosphère comme nuisible. Aussi M. Péclet a-t-il cru pouvoir fixer à 6me la quantité d'air à renouveler, dans une enceinte habitée, par heure et par individu adulte, attendu que ce volume représente celui qui est nécessaire pour tenir en dissolution à 15e la vapeur aqueuse provenant de l'exhalation pulmonaire et cutanée.

Ce volume est considéré aujourd'hui comme insuffisant pour les salles d'hôpitaux ventilées artificiellement lorsqu'on veut arriver à expulser les odeurs qui se développent dans ces enceintes. Soit qu'on ventile par aspiration, soit qu'on procède par injection d'air, on donne aujourd'hui souvent 60me d'air pur par heure et par individu. (Hôpitaux de Necker et de Lariboisière à Paris.)

Influence de la respiration. — D'après les expériences de MM. Andral et Gavarret, un homme adulte brûle environ 12^{gr} de carbone par heure pendant le jour et à l'état de repos. (Cette quantité est plus faible la nuit, pendant le sommeil, ainsi que le démontrent les expériences de

M. Scharling.) Cette proportion de carbone équivaut sensiblement à 445^{gr} ou 22^{lit} d'acide carbonique produit aux dépens de l'oxygène atmosphérique, lequel disparaît en quantité à peu près égale en volume à celle de l'acide carbonique formé.

Les gaz expirés par les poumons contiennent environ 4 °/₀ d'acide carbonique, en volume, et à peu près autant d'oxygène en moins, comparativement à la proportion normale de ce dernier gaz dans l'air libre. On pourrait donc calculer, avec assez d'exactitude, le degré d'altération auquel un homme amènerait un volume donné d'air au bout d'un temps déterminé, dans l'hypothèse où le renouvellement de l'air serait nul.

L'expérience apprend que l'air arrivé au même degré d'altération que l'air expiré est incapable de soutenir la combustion des lampes à simple courant d'air et des bougies. A la vérité, ainsi que l'expérience des mineurs l'apprend, l'homme peut encore vivre dans une semblable atmosphère, mais la sensation de malaise devient bientôt prononcée, et le séjour dans un pareil milieu ne pourrait se prolonger sans inconvénients.

Il faut remarquer que lorsque l'acide carbonique est simplement ajouté à l'air au lieu d'être produit aux dépens de l'oxygène atmosphérique, l'homme peut supporter alors plus facilement des doses supérieures d'acide carbonique ; ce fait est démontré par l'analyse de l'air dans quelques mines, par exemple, où il existe des sources de dégagement d'acide carbonique par les fissures des roches.

Dans une expérience faite pour juger de l'action toxique due à l'acide carbonique seul, l'auteur d'un mémoire sur la composition de l'air confiné a constaté que dans des atmosphères artificielles d'air normal et d'acide carbonique pur (ce dernier étant ajouté successivement), un chien de forte taille avait pu supporter, sans asphyxie immédiate, une proportion de 30 °/₀ d'acide carbonique en volume; le complément, c'est-à-dire 70 °/₀, était de l'oxygène et de l'azote dans les proportions qui constituent l'air atmosphérique. 100 p. de cette atmosphère contenaient donc encore 16 °/₀ d'oxygène en volume, c'est-à-dire à peu près la proportion contenue dans l'air expiré par l'homme [Félix Le Blanc, *Ann. de Chim. et de Phys.*, 1842, (3), t. V, p. 223]. Ainsi la diminution du volume de l'oxygène dans l'air exerce une influence nuisible et plus prononcée encore que l'addition d'un volume égal d'acide carbonique. Toujours est-il que l'énergie toxique de l'acide carbonique ne se manifeste que pour des doses beaucoup plus fortes que celles que l'on considérait autrefois comme immédiatement mortelles.

Dans le mémoire précité, il a été démontré que les atmosphères rendues asphyxiantes par la combustion du charbon devaient leurs propriétés délétères, non à l'acide carbonique, mais à une faible proportion d'oxyde de carbone. C'est là véritablement le gaz qui produit l'asphyxie lors de la combustion du charbon, en l'absence d'appareils de tirage pour l'expulsion des gaz brûlés. Une atmosphère devenue mortelle pour un chien par suite de la combustion du charbon dans un espace clos contenait en poids :

Acide carbonique................	4,61
Oxygène.....................	19,19
Azote....................	75,62
Oxyde de carbone.............	0,54
Hydrogène carboné..........	0,04
	100,00

L'influence toxique de l'oxyde de carbone est démontrée par la mort presque immédiate des animaux à sang chaud portés dans un air auquel on a ajouté 1 °/₀ en volume d'oxyde de carbone pur.

Analyse de l'air des enceintes habitées.

Voici quelques résultats d'analyses d'air confiné sur 100 parties d'air en poids :

	I.	II.	III.	IV.	V.	VI.	VII.
Acide carbonique.....	0,01	1,03	0,04	0,08	0,80	0,58	0,47
Oxygène....	22,98	21,96	22,94	22,91	22,52	22,00	»

	VIII.	IX.	X.	XI.	XII.	XIII.	XIV. En vol.
Acide carbonique.....	0,87	0,25	0,23	0,43	1,03	0,22	0,13
Oxygène....	»	»	»	»	22,20	22,90	20,97

Azote (est partout le complément).

I. Serre du Jardin des Plantes.
II. Amphithéâtre de chimie non ventilé après le séjour de 900 personnes pendant 1 heure 1/2 environ.
III. Chambre à coucher ventilée (à la fin de la nuit).
IV. Salle d'hôpital ventilée (id.).
V et VI. Salles d'hôpital non ventilées et encombrées (id.).
VII. Salle d'école primaire avec ventilation imparfaite.
VIII. La même salle, complétement close; à cela près, mêmes conditions.
IX. Air pris dans la cheminée d'appel de la Chambre des députés, à Paris (1842), à la fin d'une séance.
X. Salle de spectacle à la fin de la représentation (parterre).
XI. Même salle, même moment, près du plafond.
XII. Écurie fermée, à la fin de la nuit.
XIII. La même, ventilée, mêmes conditions.
XIV. Cellule de la prison Mazas habitée par un détenu. Le renouvellement d'air était de 45me par heure.

Une chambre de caserne à l'École militaire, à Paris, fut affectée en 1847 à des expériences sur divers modes de ventilation. La capacité de cette *chambre type* était de 128me. Onze soldats y passaient la nuit. Lorsque les fenêtres de cette chambre avaient été ouvertes pendant 2 ou 3 heures, l'analyse indiquait toujours la composition de l'air normal. On ramenait constamment l'air à cet état au commencement de chaque expérience. Les nombres qui suivent se rapportent à des analyses faites dans l'intérieur de la chambre avec l'aspirateur de M. Boussingault, au bout de 9 heures de séjour des hommes et de l'expérimentateur. Les seules conditions qui variaient étaient celles de la fermeture ou du renouvellement de l'air. Les résultats étaient contrôlés par des analyses faites sur des prises d'air recueilli dans des tubes scellés ensuite à la lampe. On opérait soit par la méthode de M. Regnault, soit par celle de Doyère. Voici quelques nombres afférents à l'acide carbonique sur 1000 parties d'air en *volume.*

	I.	II.	III.	IV.	V.
Acide carbonique	12	7	5,6	4,4	2,2

I. Portes et fenêtres fermées et calfeutrées
II. — — fermées, non calfeutrées.
III, IV. Portes et fenêtres fermées; divers systèmes de renouvellement d'air.
V. Ventilation par appel dans un tuyau vertical débouchant au-dessus du toit sous l'influence d'un excès de température de 8° entre l'intérieur et l'extérieur (120me d'air par heure appelé vers la fin du séjour).

Il semble naturel de conclure de nombreuses expériences de ce genre, que la proportion d'acide carbonique accumulée dans une enceinte par les effets de la respiration peut, jusqu'à un certain point, servir de mesure du degré d'insalubrité et indiquer l'utilité d'un renouvellement d'air plus ou moins actif, sans entendre cependant attribuer pour cela *à l'acide carbonique seul* les effets nuisibles d'un séjour prolongé dans un air confiné (Félix Leblanc, Extrait d'un rapport sur les casernes de Paris.)

Influence de la combustion. — La combustion du charbon ou des matières combustibles destinées à l'éclairage est encore une source d'altération de l'air. Une bougie stéarique, brûlant 10^{gr}

de matière combustible par heure, consomme environ 20 litres d'oxygène et produit environ 15 litres d'acide carbonique. Un bec de gaz de houille qui débite par heure 140 litres de gaz (bec des lanternes de l'éclairage public à Paris) consomme environ 230 litres d'oxygène et produit environ 112 litres d'acide carbonique. Une lampe *Carcel*, brûlant 42^{gr} d'huile de colza épurée à l'heure, consomme un peu plus de 80 litres d'oxygène, en produisant près de 60 litres d'acide carbonique.

Air brûlé. — On appelle ainsi dans les usines l'air qui a passé sur les foyers de combustion et qui est expulsé dans l'atmosphère par les cheminées d'appel.

Cet air contient essentiellement de l'acide carbonique, de l'oxyde de carbone, de l'oxygène et de l'azote. La connaissance de la proportion de l'oxyde de carbone a de l'intérêt pour constater le bon emploi du combustible brûlé; en effet, l'oxyde de carbone est un produit de combustion incomplète qui aurait fourni beaucoup de chaleur par sa conversion en acide carbonique. On estime que, pour brûler utilement 1^{kgr} de houille, il faut environ 8^{mc} d'air. On trouve très-souvent 10 °/₀ d'oxygène dans l'air brûlé.

Air des fosses d'aisances. — La production de l'acide sulfhydrique, gaz énergiquement toxique, est souvent une cause d'asphyxie par le gaz des fosses. Mais il est à remarquer, ainsi que l'a constaté depuis longtemps M. Chevreul par l'analyse, que la grande proportion d'azote dans le gaz précité, en raison de la putréfaction des matières des fosses, qui amène la disparition de l'oxygène, joue souvent le principal rôle dans l'asphyxie par les gaz de ces fosses.

Nous terminerons en citant quelques résultats d'analyses d'air puisé dans certaines grottes et dans diverses mines.

Air de la grotte du Chien, près Pouzzoles (Italie). — On sait qu'il se dégage à la surface du sol de cette grotte et d'une manière continue de l'acide carbonique qui, en raison de sa densité, ne se mêle pas immédiatement à l'air. En conséquence, une couche gazeuse d'une faible hauteur, à partir du sol, se trouve assez chargée d'acide carbonique pour produire l'asphyxie chez un chien que l'on introduit dans cette couche, tandis qu'à une hauteur un peu plus grande, la diffusion de l'acide carbonique s'est opérée d'une manière assez prononcée pour qu'un homme debout puisse respirer sans danger d'asphyxie.

Deux analyses de l'air de cette grotte, recueilli à deux époques différentes, ont donné en volume (Ch. Sainte-Claire Deville et Félix Le Blanc) :

Acide carbonique........	67,1	73,6
Oxygène.................	6,5	5,3
Azote	26,4	21,1
	100,0	100,0

Air des mines. — La respiration et la combustion des lampes sont évidemment des causes d'altération de l'air dans les mines et exercent une influence d'autant plus grande que la ventilation est moins parfaite. Dans les mines de houille, l'air peut être en outre altéré par le dégagement du gaz hydrogène protocarboné (*grisou*) qui se mêle à l'air; dans les houillères, c'est ce dernier gaz qui, en certaines proportions, rend l'air explosif et produit ces formidables détonations, malheureusement trop fréquentes encore. On sait que, pour les éviter, on fait généralement usage, dans ces mines, de la lampe de sûreté, inventée d'abord par Davy.

L'air peut contenir 2, 3 et 4 °/₀ d'hydrogène protocarboné sans que l'on ait à craindre de détonation; la lampe continue à brûler tranquillement; mais un air contenant 1/8 de son volume de ce carbure détone immédiatement et avec violence. Nous renvoyons aux analyses de M. Bischof, qui a recueilli et analysé l'air des mines de houille à grisou. A la dose même de quelques centièmes, l'hydrogène protocarboné ne paraît exercer aucune influence délétère; ce gaz est donc surtout redoutable en raison de son inflammabilité.

L'expérience prouve que, dans certaines circonstances, l'air non renouvelé des mines peut être asphyxiable par défaut d'oxygène sans avoir été altéré par l'effet de la respiration et de la combustion; cela peut arriver par exemple par l'influence de certaines roches contenant des pyrites qui se vitriolisent, ainsi qu'on le verra plus bas (Félix Le Blanc). C'est ce qui paraît aussi résulter des analyses de M. Moyle sur l'air des mines du Cornouailles qui indiquent souvent une altération du même genre, puisque l'oxygène varie de 18 à 15 °/₀ en volume, tandis que l'acide carbonique ne dépasse pas au maximum 1 °/₀.

Analyse de l'air des mines (sur 100 en volume).

	I.	II.	III.	IV.	V.	VI.	VII.	VIII.
Acide carbonique.	0,06	»	0,8	3,9	3,6	2,3	0,0	0,3
Oxygène..	18,44	20,4	19,5	15,8	17,1	18,5	9,6	17,8
Azote.....	81,50	79,6	79,7	80,3	79,3	79,2	90,4	81,9

I. Galerie de mine en Cornouailles (Moyle).

II. Galerie de mine ventilée à Poullaouen (Finistère), à 60^m au-dessous du sol. Travail des ouvriers suspendu depuis 12 heures (F. Leblanc).

III. Galerie à Poullaouen après un coup de mine (les lampes brûlent bien).

IV. Prise d'air dans une taille montante (Poullaouen). La lampe s'y éteint. Air un peu lourd à la respiration (température 20°).

V. Prise d'air sur un autre point de la même galerie; la respiration y est peu gênée; il y a plus de fraîcheur par suite d'infiltrations d'eau (température 18°).

VI. Galerie de roulage à 300^m d'un puits. La lampe peut brûler. Les mineurs trouvent l'*air faible*.

VII. Air recueilli dans une taille ascendante dans une partie de la mine abandonnée. L'air y était asphyxiant au moment de la prise d'air. Les roches contenaient une grande quantité de pyrite disséminée.

VIII. A la naissance de l'entaille contenant l'air n° VII, à la couronne de la galerie, à 2^m de distance de la prise d'air précédente. Fx. L.

AKANTHITE (Min.).— Sulfure d'argent (Ag^{2}S) cristallisant, d'après Kenngott [*Poggend. Ann.*, t. XCV, p. 462], dans le type orthorhombique, et se trouvant souvent implanté sur les cristaux d'argyrose (argent sulfuré cubique).

Dureté = 2,5. Densité = 7.31 — 7.36.

On a souvent pris pour l'akanthite des déformations de cristaux d'argyrose très-fréquentes dans cette espèce.

AKANTICONE. — Voyez Épidote.

AKMITE. — Voyez Achmite.

ALABANDINE. (Min.) [Syn . *Manganèse sulfuré, manganblende.*] Sulfure manganeux, Mn S. — Ce minéral se trouve en masses irrégulières, à structure cristalline et souvent lamelleuse, d'un éclat imparfaitement métallique et d'un noir brunâtre : rarement en octaèdres et en cubes.

Caract. — L'alabandine se dissout dans l'acide chlorhydrique en dégageant de l'hydrogène sulfuré; elle donne avec le borax, à la flamme d'oxydation, une perle violet améthyste; et, après grillage avec la soude, une masse verte, bleuissant par le refroidissement. Dureté : 3,5 — 4. Râclure verdâtre. Densité : 3,95 — 4,014. Clivage cubique.

ALALITE. — Voyez Pyroxène diopside.

ALANINE. [Syn. *Acide lactamidique.*]

$$C^3 H^7 Az O^2 = \left. \begin{matrix} C^3 H^4 O.O H \\ H^2 \end{matrix} \right\} Az.$$

[Strecker, *Ann. der Chem. u. Pharm.*, t. LXXV,

p. 27. *Compt. rend. de l'Acad.*, t. XXXIX, p. 55. — Gerhardt, t. Iᵉʳ, p. 678 et t. III, p. 942. — Kolbe, *Ann. der Chem. u. Pharm.*, t. CXIII, p. 220 et *Ann. de Chim. et de Phys.*, t. LIX, p. 201. — Kekulé, *Ann. der Chem. u. Pharm.*, t. CXXX, p. 11 et *Bull. de la Soc. chim.*, 1864, t. II, p. 371. — Limpricht, *Ann. der Chem. u. Phys.*, t. CI, p. 295 et *Ann. de Chim. et de Phys.*, (3), t. LII, p. 111. — Preux, *Ann. der Chem. u. Pharm.*, t. CXXXIV, p. 372 (1865), et *Bull. de la Soc. chim.*, 1866, t. V, p. 387.]

Préparation. — On mélange la solution aqueuse de deux parties d'aldéhydate d'ammoniaque avec une partie d'acide cyanhydrique anhydre et l'on ajoute un grand excès d'acide chlorhydrique : puis on chauffe au bain-marie jusqu'à ce que le mélange soit réduit de moitié. On laisse refroidir, il se dépose ainsi du sel ammoniac : les eaux mères (renfermant le chlorhydrate d'alanine) sont traitées à l'ébullition par de l'hydrate de plomb tant qu'il se dégage de l'ammoniaque : on filtre et l'on traite le liquide filtré par de l'hydrogène sulfuré, pour séparer le plomb. Le liquide séparé du précipité donne, par évaporation, des cristaux d'alanine : les eaux mères de ces cristaux en donnent une nouvelle quantité si on les additionne d'alcool. — On peut simplifier cette préparation en traitant le mélange de sel ammoniac et de chlorhydrate d'alanine par de l'alcool éthéré qui précipite la plus grande partie du sel ammoniac tenu en dissolution : on opère ensuite comme ci-dessus (Strecker).

L'équation suivante rend compte de la formation de l'alanine :

$$C^2H^4O.AzH^3 + CAzH + ClH + H^2O$$

Aldéhydate d'ammoniaque.

$$= C^3H^7AzO^2 + AzH^4Cl.$$

Alanine.

Dans cette préparation, il est indispensable de chauffer le mélange d'aldéhydate, d'acide cyanhydrique et d'acide chlorhydrique ; car si on abandonne ce même mélange à la température ordinaire, il s'y dépose au bout de quelques jours des cristaux qui constituent l'hydrocyanaldine $C^9H^{12}Az^4$:

$$3(C^2H^4O.AzH^3) + 3(CAzH) + 2ClH$$
$$= C^9H^{12}Az^4 + 2AzH^4Cl + 3H^2O.$$

On obtient aussi l'alanine en partant de l'acide lactique : on transforme cet acide en chlorure de lactyle ; le chlorure de lactyle est traité par l'alcool pour donner naissance à l'éther chlorolactique :

$$\left.\begin{matrix} C^3H^4O \\ C^2H^5 \\ Cl \end{matrix}\right\} O = (C^3H^4O)'' \left\{\begin{matrix} O.C^2H^5 \\ Cl. \end{matrix}\right.$$

Cet éther, mis en contact avec une solution concentrée d'ammoniaque, est chauffé en vase clos à 100° pendant plusieurs heures ; le tout se transforme en un liquide homogène qu'on évapore au bain-marie : le résidu, mélange de sel ammoniac et de chlorhydrate d'alanine, est traité comme nous l'avons indiqué plus haut (Kolbe).

Il est facile de se rendre compte de la formation de l'alanine dans ces circonstances :

$$(C^3H^4O)'' \left\{\begin{matrix} O.C^2H^5 \\ Cl \end{matrix}\right. + 2(AzH^3) + H^2O$$

Éther chlorolactique.

$$= \left.\begin{matrix} (C^3H^4O.OH)' \\ H^2 \end{matrix}\right\} Az + AzH^4Cl + C^2H^6O.$$

Alanine

Le chlorure de lactyle est identique avec le chlorure de propionyle chloré $C^3H^4ClO.Cl$: la formation de l'alanine (amide de l'acide lactique *diato-*

mique) au moyen du dérivé chloré d'un acide monoatomique est donc analogue à celle du glycocolle par l'acide chloracétique (Cahours).

Kekulé a réalisé cette transformation plus directement en partant de l'acide bromopropionique : en chauffant cet acide avec une solution alcoolique d'ammoniaque, il a constaté qu'il se formait du bromure d'ammonium et de l'alanine :

$$C^3H^5BrO^2 + 2AzH^3 = C^3H^7AzO^2 + BrAzH^4.$$

Propriétés. — L'alanine est un corps solide, cristallisant en prismes obliques à base rhombe, durs, craquant sous la dent, d'un éclat nacré ; sa solution est fortement sucrée.

Elle n'agit pas sur les papiers réactifs.

L'alanine, soluble dans 4,6 parties d'eau à 17°, plus soluble à chaud, est insoluble dans l'éther et exige 500 parties d'alcool à 80 centièmes pour se dissoudre. — Sous l'influence d'une température élevée (200°), elle se sublime en petits cristaux neigeux ; si la chaleur a été appliquée brusquement, l'alanine est décomposée en acide carbonique et éthylamine (Limpricht) :

$$C^3H^7AzO^2 = CO^2 + C^2H^7Az.$$

Chauffée sur une lame de platine, elle brûle avec une flamme violette. — Les acides les plus énergiques ne la décomposent pas, même sous l'influence de la chaleur. — L'acide sulfurique fumant la noircit : il se dégage de l'acide sulfureux ; mais la décomposition de l'alanine n'est pas complète [Strecker, *Ann. der Chem. u. Pharm.*, t. CXVIII, p. 290]. — La potasse très-concentrée en dégage, à chaud, de l'ammoniaque et de l'hydrogène : il se forme en même temps du cyanure et de l'acétate de potassium. — Sous l'influence des agents oxydants (oxyde puce de plomb avec ou sans acide sulfurique), elle donne de l'acide carbonique, de l'aldéhyde et de l'ammoniaque :

$$\left.\begin{matrix} (C^3H^4O.OH) \\ H^2 \end{matrix}\right\} Az + O = CO^2 + C^2H^4O + AzH^3.$$

Lorsqu'on fait passer un courant d'acide nitreux dans une solution aqueuse d'alanine, il se dégage de l'azote ; la solution acide concentrée à une douce chaleur et reprise par l'éther abandonne à ce véhicule de l'acide lactique (Strecker) :

$$\left.\begin{matrix} (C^3H^4O.OH)' \\ H^2 \end{matrix}\right\} Az + AzO.OH$$
$$= C^3H^4O.(OH)^2 + 2Az + H^2O.$$

Acide lactique.

L'alanine, chauffée entre 180 et 200° dans un courant d'acide chlorhydrique sec, perd de l'eau et se transforme en lactimide :

$$C^3H^7AzO^2 = C^3H^4O''.HAz + H^2O$$

Alanine.   Lactimide.

(Preux).

L'alanine forme avec la cyanamide une combinaison découverte par Strecker, mais qui n'a pas encore été étudiée.

COMBINAISONS DE L'ALANINE AVEC LES ACIDES. — L'alanine se dissout plus facilement dans les acides que dans l'eau ; quoique les acides ne soient pas neutralisés, il n'y a pas simple dissolution, il y a véritable combinaison : en effet, l'alcool et l'éther ne précipitent plus d'alanine de cette dissolution.

Avec l'acide chlorhydrique, l'alanine forme les deux combinaisons suivantes :

$$2C^3H^7AzO^2.HCl \text{ et } C^3H^7AzO^2.HCl.$$

Le premier composé s'obtient soit en traitant l'alanine sèche par le gaz acide chlorhydrique, soit en la dissolvant dans une quantité d'acide chlorhydrique correspondante à la formule précédente. — Ce sont des cristaux prismatiques, très-solubles dans l'eau, peu solubles dans l'alcool.

Le second chlorhydrate s'obtient en dissolvant l'alanine dans un excès d'acide chlorhydrique : composé déliquescent, très-soluble dans l'alcool.

Ces chlorhydrates ne précipitent pas par le bichlorure de platine; mais on obtient une combinaison (renfermant 35,4 % de platine) en reprenant par l'alcool éthéré le mélange de chlorhydrate d'alanine et de chlorure de platine et laissant évaporer la solution.

Le *sulfate d'alanine* se prépare directement : c'est une masse sirupeuse, peu soluble dans l'alcool éthéré, très-soluble dans l'eau.

Le *nitrate d'alanine* se produit directement. Longues aiguilles, incolores, déliquescentes, peu solubles dans l'alcool : elles jaunissent par la dessiccation à 100°. Leur forme cristalline a été récemment établie par Loschmidt [*Jahresber.*, 1865, p. 365].

COMBINAISONS DE L'ALANINE AVEC LES MÉTAUX.

Sel de baryum. — On le prépare en faisant bouillir la solution aqueuse de l'alanine avec du carbonate de baryum. — Sel cristallisable, très-soluble, il a une réaction alcaline. Quand on fait passer un courant d'acide carbonique dans sa solution ; il se dépose à la longue du carbonate de baryum, mais ce carbonate se redissout quand on le fait bouillir avec la liqueur d'où il s'est déposé.

Le *sel de plomb* s'obtient en faisant bouillir une solution aqueuse d'alanine avec de l'oxyde de plomb : aiguilles incolores, d'un éclat vitreux.

Le *sel de cuivre* se prépare par la même méthode : il se présente sous la forme de tables hexagonales allongées ou d'assez gros prismes rhomboïdaux, bleus, solubles dans l'eau avec une nuance bleu foncé que l'acide nitrique fait disparaître immédiatement; ils sont presque insolubles dans l'alcool. Ces cristaux renferment $C^6H^{12}CuAz^2O^4 + H^2O$: ils perdent 6,5 % d'eau à 120°.

Le *sel d'argent* se présente sous la forme de petites aiguilles jaunâtres, très-solubles dans l'eau, et non décomposables par l'ébullition; on le prépare en faisant bouillir de l'oxyde d'argent avec une solution aqueuse d'alanine.

Kraut et Hartmann ont constaté que, par l'action de l'iodure d'éthyle sur l'alanine argentique, l'éthyle se substitue à l'hydrogène; mais ce composé est peu stable et régénère de l'alanine par l'action de l'oxyde d'argent [*Ann. der Chem. u. Pharm.*, t. CXXXIII, p. 99. — *Bull. de la Soc. chim.*, 1865, t. IV, p. 283].

On obtient une combinaison *d'alanine et de nitrate d'argent*, sous forme de tables rhomboïdales, en reprenant par l'alcool le résidu de l'évaporation d'une solution aqueuse de nitrate d'argent et d'un excès d'alanine, et laissant cristalliser cette solution alcoolique.

L'alanine ne donne de précipité avec aucun des réactifs usuels.

L'alanine se distingue de ses isomères, l'uréthane et la lactamide, par le point de fusion de ces deux derniers corps, lequel est au-dessous de 100° : elle se distingue d'un autre isomère, la sarcosine, par ce fait que celle-ci se volatilise déjà à 100°.

CONSTITUTION. — L'alanine est une amide acide dérivée de l'acide lactique. C'est l'acide lactamidique : elle est isomérique avec la lactamide, laquelle est l'amide neutre dérivée de l'acide lactique.

Les considérations suivantes permettent d'interpréter ce cas d'isomérie.

L'acide lactique étant représenté par la formule

$$C^2H^4\begin{cases} CO.OH \\ OH, \end{cases}$$

le remplacement par AzH^2 de l'oxhydrile attaché directement au radical C^2H^4 donnera naissance à une amide acide, tandis que le remplacement de l'oxhydrile attaché au carbonyle donnera l'amide neutre; on a donc :

$$C^2H^4\begin{cases} CO.OH \\ AzH^2, \end{cases} \qquad C^2H^4\begin{cases} CO.AzH^2 \\ OH. \end{cases}$$
Alanine. Lactamide.

La diamide lactique encore inconnue serait :

$$C^2H^4\begin{cases} CO.AzH^2 \\ AzH^2. \end{cases}$$

L'alanine fait partie de la série homologue dont les termes sont :

1. Le glycocolle, ou acide acétamique :

$$CH^2\begin{cases} CO.OH \\ AzH^2. \end{cases}$$

2. L'alanine, ou acide lactamidique :

$$C^2H^4\begin{cases} CO.OH \\ AzH^2. \end{cases}$$

3. L'acide oxybutyramidique :

$$C^3H^6\begin{cases} CO.OH \\ AzH^2. \end{cases}$$

4. L'acide oxyvaléramidique ou amidovalérique :

$$C^4H^8\begin{cases} CO.OH \\ AzH^2. \end{cases}$$

5. La leucine, ou acide oxycaproamidique :

$$C^5H^{10}\begin{cases} CO.OH \\ AzH^2. \end{cases} \qquad \text{Ch. L.}$$

ALBÂTRE CALCAIRE. — Voyez CALCITE CONCRÉTIONNÉE.

ALBÂTRE GYPSEUX. — Voyez GYPSE SACCHAROÏDE.

ALBINE. — Voyez APOPHYLLITE.

ALBITE. — Voyez FELDSPATH.

ALBUMINE. — On en connaît deux modifications, l'une soluble, l'autre insoluble.

A. ALBUMINE SOLUBLE. — Jusqu'à ces derniers temps, on a confondu sous le nom d'albumine les principes solubles et coagulables par la chaleur, contenus dans le blanc d'œuf, dans le sérum du sang, la lymphe, le chyle, les sucs parenchymateux, les liquides séreux, les transsudations, les kystes, le colostrum, le lait, l'urine albuminurique, et enfin dans la plupart des sucs végétaux.

Des recherches récentes [Denis, *Mémoire sur le sang.* Paris, 1859. — Hoppe-Seyler, *Chem. centr.*, 1865, p. 785] ont révélé des différences très-sensibles entre l'albumine d'œufs d'oiseaux et celle que l'on rencontre dans les diverses parties de l'économie animale. Quant à l'albumine végétale, elle n'a pas encore été isolée à l'état de pureté; et l'on ignore, par conséquent, si elle constitue ou non une espèce particulière. A moins d'une indication spéciale, les propriétés suivantes s'appliquent aux deux variétés d'albumine.

Composition. — Voyez ALBUMINOÏDES (SUBSTANCES).

Propriétés physiques. — A l'état sec, elle forme une masse amorphe, transparente, jaunâtre. Saveur fade; odeur nulle ; densité = 1,2617 (C. Schmidt). Soluble en toutes proportions dans l'eau, avec laquelle elle donne des liquides d'autant plus visqueux qu'ils sont plus concentrés. Les solutions dévient à gauche le plan de la lumière polarisée.

Pouvoir spécifique pour la raie D de Frauenhofer :

Albumine pure des œufs.....	35° 5
Sérine pure du sérum.......	56°

(Hoppe-Seyler).

Le pouvoir rotatoire se modifie sous l'influence

des acides ou des alcalis, par suite d'une altération plus ou moins profonde. Ainsi avec l'albumine d'œufs, l'acide chlorhydrique ajouté jusqu'au moment où un excès déterminerait la précipitation l'élève à 37°,7. La potasse conduit à un maximum d'effet représenté par 47°; mais, par un contact prolongé, la rotation décroît de nouveau. L'acide acétique élève le pouvoir rotatoire de la sérine de 56° à 71°.

L'albumine est insoluble dans l'alcool, l'éther, les huiles essentielles. Agitée avec de l'éther, la solution d'albumine d'œuf se précipite complétement; celle de la sérine n'est pas modifiée.

Son pouvoir diffusif est faible. Ainsi, au bout de 14 jours, une solution au dixième n'a perdu que 32,75 °/₀ d'albumine, et celle-ci ne s'est pas répandue au delà du tiers de la hauteur du liquide [Graham, *Ann. de Chim. et de Phys.*, 3ᵉ sér., t. LXV, p. 192; 1862].

Propriétés chimiques. — Gonflée ou dissoute dans l'eau, l'albumine se coagule sous l'influence de la chaleur, c'est-à-dire qu'elle passe de l'état soluble à l'état insoluble. Température de coagulation, 73°. Le changement s'accuse déjà à 59°,5 par un léger trouble.

L'apparence du phénomène et les conditions de température dans lesquelles il se produit varient avec la nature et les proportions des matières étrangères mélangées (sels, acides, alcalis, alcool, etc.).

L'addition successive de doses croissantes de sels alcalins ou d'alcool abaisse progressivement la limite de coagulation. Avec l'alcool, il arrive même un moment où la précipitation se fait à froid. Dans ce cas l'albumine d'œuf est instantanément coagulée, celle de sérum garde encore pendant quelques minutes sa solubilité.

En présence des alcalis caustiques ou carbonatés, la séparation de l'albumine, sous forme de précipité et par l'action de la chaleur, n'est plus complète. Une partie de la matière protéique reste en solution à la faveur de l'alcali; mais elle n'en est pas moins modifiée, vu qu'elle se sépare par la neutralisation du liquide. En augmentant la dose de potasse ou de soude, on arrive à une limite où l'ébullition ne trouble plus la solution.

Action des bases. — L'albumine possède des tendances faiblement acides; elle s'unit aux bases pour former des sels peu définis, mais dont l'existence est certaine. Les composés alcalins sont solubles. C'est même sous cette forme que l'albumine se rencontre dans les liquides de l'économie animale, tandis que dans les sucs des végétaux la réaction est acide (Dumas).

Les bases alcalino-terreuses, terreuses et métalliques, donnent des sels insolubles que l'on prépare directement, ou par voie de double décomposition effectuée entre un sel métallique et l'albumine alcaline.

Gerhardt considère l'albumine comme un acide bibasique. Cette opinion semble corroborée par les expériences de Lassaigne, qui a obtenu des sels à deux métaux.

Une lessive caustique concentrée, versée dans une solution concentrée d'albumine, y détermine un précipité épais, gélatineux, insoluble dans l'eau froide. Ce dépôt, débarrassé, par lavage, de l'excès d'alcali, se dissout dans l'eau bouillante. Les acides séparent de cette solution de l'albumine coagulée.

Action des acides. — La plupart des acides minéraux font passer l'albumine à sa modification insoluble. Quelques-uns (ClH) ne précipitent que s'ils sont concentrés et employés en masses assez considérables, mais l'altération n'en existe pas moins : elle se révèle par le changement du pouvoir rotatoire; de plus, en neutralisant par un alcali, l'albumine coagulée se sépare. Celle-ci était

maintenue dissoute par suite d'une combinaison avec l'acide, combinaison soluble dans une eau peu chargée d'acide.

Les acides acétique, tartrique, phosphorique normal et carbonique, qui semblent être sans effet, provoquent des modifications analogues.

Action des sels. — Une solution d'albumine, aiguisée avec quelques gouttes d'acide acétique, est complétement précipitée par le cyanure jaune. Beaucoup de sels métalliques (sulfate de cuivre, bichlorure de mercure, sous-acétate de plomb, azotate d'argent, etc.) précipitent les solutions d'albumine pure ou alcaline (solutions naturelles), tantôt en la coagulant (sublimé corrosif), tantôt en lui conservant sa solubilité (sous-acétate de plomb). Dans le premier cas, le dépôt renferme l'albumine insoluble combinée tant à l'acide qu'à la base du sel.

Action de la chaleur sèche, des alcalis caustiques concentrés et à chaud, des oxydants, des agents de putréfaction. — Voyez ALBUMINOÏDES.

Préparation. — Pour obtenir l'albumine et la sérine pures, on étend le blanc d'œuf battu, ou le sérum, d'une quantité convenable d'eau; on précipite les autres substances albuminoïdes qui l'accompagnent, soit par l'acide acétique (quelque peu), soit par un courant soutenu d'acide carboque. Le liquide filtré, après dépôt, est concentré à une douce chaleur et soumis à la dialyse (procédé de Graham), ou précipité par l'acétate basique de plomb (procédé de Wurtz). L'albuminate de plomb, bien lavé, est délayé dans l'eau et décomposé par un courant d'acide carbonique; on filtre et on précipite le plomb dissous par l'hydrogène sulfuré. Comme il serait difficile d'écarter par filtration le sulfure de plomb tenu en suspension dans le liquide visqueux, on détermine un commencement de coagulation par la chaleur. Les premiers flocons formés emprisonnent le sulfure métallique.

Recherche et dosage. — Pour l'analyse qualitative, on utilise le plus souvent la propriété que possède l'albumine de se précipiter par l'ébullition; mais il convient de tenir compte des observations de Scherer et de neutraliser exactement les alcalis naturels par de l'acide acétique.

La coagulation, à froid, par l'acide nitrique est aussi un bon caractère. Dans tous les cas, on doit, en outre, rechercher sur les précipités les caractères généraux des substances albuminoïdes.

On dose l'albumine en recueillant sur un filtre taré l'albumine coagulée avec les précautions ci-dessus indiquées; on lave à l'eau, à l'alcool et à l'éther; on sèche à 120° et on pèse après refroidissement dans un exsiccateur. Il ne reste plus qu'à retrancher les parties minérales déterminées par incinération.

En l'absence de toute autre substance active, le saccharimètre de Soleil peut servir à déceler et à doser l'albumine.

Usages. — L'albumine soluble sert comme substance nutritive; la photographie et surtout la fixation des couleurs sur étoffes en consomment de grandes quantités.

B. ALBUMINE COAGULÉE, INSOLUBLE. — Humide, elle est blanche, opaque, élastique; elle rougit le tournesol. Après dessiccation, elle est jaune, cassante, susceptible d'absorber l'eau et de se gonfler. Par une ébullition prolongée au contact de l'air, elle se dissout en s'altérant. Sous l'influence de la surchauffe avec l'eau, elle se liquéfie aussi. Le liquide ainsi obtenu n'est pas coagulable par la chaleur. En contact avec les alcalis ou les carbonates alcalins, elle s'unit à la base en chassant l'acide carbonique et donne un albuminate (Wurtz) soluble dans l'eau, d'où les acides reprécipitent la matière organique insoluble. Elle s'unit à certains acides; les composés résultants sont insolubles dans une eau acide, solubles dans l'eau pure. Les solutions d'albuminates alcalins sans excès de base et les solutions d'acides d'albumine sans excès d'acide se décomposent par le courant électrique. Dans le premier cas, l'albumine se rend au pôle positif en formant un liquide trouble ; dans le second, elle se dépose au pôle négatif sous forme d'un coagulum [Witich, *Erdmann's Journal*, t. LXXIII, p. 18].

La précipitation par la chaleur ne fournit pas l'albumine coagulée pure, celle-ci retient toujours des sels minéraux (phosphates). Pour atteindre ce but, il vaut mieux coaguler la solution albumineuse par un excès de soude, à froid, laver le dépôt gélatineux, le dissoudre dans l'eau chaude et précipiter en neutralisant par l'acide acétique. Ce précipité dissous dans un excès d'acide acétique, et le liquide étant soumis à la dialyse, on obtient, lorsque tout l'acide a passé à travers le septum, une solution opalescente, coagulable par la chaleur et précipitant par la plus petite quantité d'alcali ou de sel alcalin. Cette solution correspond à la silice et à l'alumine soluble de Graham [Schützenberger, *Compt. rend. de l'Acad.*, t. LVIII, p. 86].

Paralbumine. — On ne l'a trouvée jusqu'à présent que dans les kystes de l'ovaire. Les solutions sont très-visqueuses ; elles ne précipitent pas par le sulfate de magnésium (distinction d'avec la caséine). L'alcool la précipite, mais sans lui faire perdre sa solubilité dans l'eau. L'acide acétique et l'acide carbonique la déplacent également, surtout à chaud. L'acide azotique, le cyanure jaune, l'acide chromique, le sublimé corrosif, le sous-acétate de plomb et le tannin la précipitent abondamment.

Métalbumine. — Trouvée par Scherer dans les exsudations hydropiques, elle se rapproche de la paralbumine par la plupart de ses caractères. Elle s'en distingue, parce qu'elle ne précipite pas par l'acide acétique et le cyanure jaune, et ne donne qu'un léger trouble, à chaud, par l'acide acétique.

L'hydropisine de M. Robin, découverte dans le liquide des exsudations péritonéales, se coagule par la chaleur et précipite par le sulfate de magnésie.

La *pancréatine* se comporte comme l'hydropisine et, de plus, se colore en rouge par l'eau de chlore. **P. S.**

BIBLIOGRAPHIE. — Becquerel, *Compt. rend.*, t. XXVIII, p. 89. — Gannal, *Thèse pour le doctorat*, Paris, 1858. — Hoppe, *Archiv. fur Patholog. Anat.*, t. V, p. 171. — Lebonte et de Goumoens, *Journ. de Pharm.*, 3e série, t. XXIV, p. 17. — Lehmann, *Archiv. der Physiol., Heilk.*, t. I, p. 234. — Lieberkühn, *Poggend. Ann.*, t. LXXXVI, p. 117. — Marchand et Colberg, *Poggend. Ann.*, t. XLIII, p. 625. — Mialhe et Pressat, *Compt. rend. de l'Acad.*, t. XXXIII, p. 450 et t. XXXIV, p. 754. — Mulder, *Journ. für prakt. Chem.*, t. XXII, p. 340, et *Ann. der Chem. u. Pharm.*, t. XLVII, p. 300. — Rochleder, *Erdmann's Journal*, t. LXII, p. 320. — C. Schmidt, *Ann. der Chem. u. Pharm.*, t. LXI, p. 156. — Wurtz, *Compt. rend.*, t. XVIII, p. 700 et t. XXX, p. 9.

ALBUMINOÏDES (SUBSTANCES). — Autour de l'albumine se rangent un certain nombre de composés très-voisins du principe immédiat du blanc d'œuf par leur composition, les caractères physico-chimiques et le rôle physiologique. De là le nom de substances albuminoïdes donné à ces corps.

Toutes les matières azotées de l'économie animale appartiennent à cette classe, ou en dérivent par des altérations graduelles et plus ou moins profondes ; aussi est-il difficile de fixer une limite absolue, devant laquelle doivent s'arrêter les substances albuminoïdes. Cependant, comme les productions épidermiques et les parties constituantes des tissus à gélatine et à chondrine contiennent moins de carbone et plus d'azote que les congénères immédiats de l'albumine, nous pouvons les exclure de ce groupe.

Malgré cette limite un peu arbitraire, le nombre des substances albuminoïdes est considérable, si l'on admet toutes les espèces établies par les auteurs. En voici la nomenclature : Albumine du blanc d'œuf, albumine du sérum ou sérine, albumine des exsudations hydropiques (paralbumine, métalbumine, hydropisine) ; globuline du cristallin, matière protéique des globules du sang et hémoglobine ; substances protéiques du jaune d'œuf des oiseaux, des poissons cartilagineux et cyprinoïdes, des tortues (vitelline, ichthine, ichthuline, ichthidine, émydine) ; caséine ; légumine ; gluten insoluble dans l'alcool ; fibrines du sang veineux et artériel ; fibrine musculaire ou syntonine ; gluten soluble dans l'alcool ou glutine ; matières albuminoïdes jouant le rôle de ferments solubles (pancréatine, ptyaline, pepsine, entérine, diastase, amandine ou émulsine, matière azotée de la levûre alcoolique, etc.).

Les différences signalées, tant au point de vue de la composition qu'à celui des propriétés, sont souvent si faibles, qu'on est vraiment embarrassé pour se faire une opinion arrêtée sur la valeur réelle de ces divisions.

Les expériences récentes tendent à diminuer le nombre de ces corps. Ainsi, M. Vintschgau a démontré l'identité de la globuline du cristallin et de l'albumine. La distinction entre la caséine et la légumine ne repose que sur de petits écarts dans les résultats analytiques. De nombreuses recherches montrent l'analogie presque complète qui existe entre les solutions naturelles de caséine du lait et celles des albuminates alcalins [Rollet, *Sitzungsberichte der Kaiserl. Acad. in Wien*, t. XXXIX, p. 347, 1860].

Composition et constitution chimique. — Les éléments constitutifs de ces corps sont : le carbone, l'hydrogène, l'azote, l'oxygène et le soufre.

L'impossibilité d'amener la plupart d'entre eux à la forme cristalline, et la difficulté souvent insurmontable que l'on éprouve à les débarrasser des matières minérales (phosphates) qui les accompagnent naturellement, jettent quelque incertitude sur l'interprétation des nombres fournis par l'analyse. Aussi beaucoup de chimistes négligent-ils les différences peu marquées de l'analyse, et considèrent-ils ces corps comme des modifications allotropiques, des états moléculaires distincts, d'un seul et même produit.

En suivant cet exemple, nous prendrons comme type de composition celle de l'albumine du blanc d'œuf, donnée par MM. Dumas et Cahours :

Carbone	54,3
Hydrogène	7,1
Azote	15,8
Soufre	1,8
Oxygène	21,0
	100,0

[*Ann. de Chim. et de Phys.*, (3), t. VI, p. 400].

La traduction de ces nombres en formule conduit à des expressions très-complexes, si l'on veut y faire figurer le soufre avec un nombre entier d'atomes.

Telle est la formule de Lieberkühn :

$$C^{72} H^{112} Az^{18} S O^{22}$$

[*Poggend. Ann. der Phys. u. Chem.*, t. LXXXVI, p. 117], qui, ainsi que d'autres semblables, n'est pas suffisamment contrôlée, pour passer définitivement dans la science. Quant à la constitution moléculaire, elle reste tout à fait indécise, faute de réactions et de dédoublements nettement observés.

Sterry-Hunt considère depuis longtemps les substances albuminoïdes comme des nitriles de la cellulose ou de ses congénères :

Albuminoïde = Cellulose + Ammoniaque — Eau.

Cette opinion a été confirmée, jusqu'à un certain point, par les expériences de MM. Dusart, Schoonbrodt, P. Thenard, Schützenberger et Guignet. En effet, en chauffant des composés hydrocarbonés neutres (sucre, cellulose, etc.) avec de l'ammoniaque caustique, ces chimistes ont obtenu des produits azotés se rapprochant des albuminoïdes.

L'ancienne hypothèse de Mulder, qui considérait ces corps comme formés par l'union d'un radical (protéine) avec plus ou moins de soufre, de phosphore et d'hydrogène, est complétement abandonnée.

État naturel et rôle physiologique. — Les matières albuminoïdes se rencontrent en fortes proportions dans l'économie animale. Elles représentent les éléments nutritifs, immédiats, aux dépens desquels se forment les tissus ; de là le nom de substances protéiques (prototypes, génératrices des composés susceptibles d'organisation), souvent employé comme synonyme.

Si dans les végétaux leur masse, par rapport aux autres principes, n'est pas aussi prédominante, elles n'y jouent pas moins un rôle important et essentiel.

Propriétés physiques. — Elles sont solides, généralement amorphes. On a cependant observé la cristallisation de quelques-unes d'entre elles : hématocristalline et hémoglobine, combinaison cristallisée de caséine dans la noix de para (*Bertholletia excelsa*), cristaux cubiques de protéine trouvés par Cohn dans la partie corticale des tubercules de pommes de terre [*Erdmann's Journal*, t. LXXX, p. 129, 1860; t. LXXIV, p. 487, 1858].

Desséchées, elles forment des masses blanches ou jaunâtres, friables ou cornées, élastiques, demi-transparentes et susceptibles de se gonfler dans l'eau. L'eau dissout les unes et reste sans action sur les autres. Souvent la solubilité n'est qu'apparente et dépend de la présence de substances étrangères (acides, alcalis, sels). L'alcool, l'éther, les huiles essentielles et en général les liquides organiques neutres ne les dissolvent pas.

Les albuminoïdes solubles possèdent un faible pouvoir diffusif et appartiennent à la classe des colloïdes. Ils sont optiquement actifs et dévient généralement vers la gauche le plan de polarisation de la lumière.

Odeur nulle, saveur nulle ou très-faible. On ne parvient à les fondre qu'en les altérant profondément; à plus forte raison ne peut-on les volatiliser.

Propriétés chimiques. — Un certain nombre de ces corps subissent, sous l'influence de la chaleur ou d'agents chimiques variés et en présence de l'eau, des modifications moléculaires qui les font passer de l'état soluble à l'état insoluble. La chaleur sèche les décompose. Ils fondent, se boursouflent, dégagent une odeur particulière de corne brûlée. Les principaux produits de leur distillation sont : l'eau, l'acide carbonique, l'hydrogène sulfuré, l'ammoniaque, diverses ammoniaques composées (aniline, picoline, pyridine, lutidine, pyrrol, méthylamine, propylamine, butylamine, etc.), des carbures d'hydrogène, des produits oxygénés mal connus. Il reste un charbon volumineux et riche en azote.

Les *alcalis* dissolvent plus ou moins facilement les matières protéiques, en se combinant avec elles. Par l'ébullition de ces liquides, une partie du soufre se sépare sous forme de sulfure et d'hyposulfite. La molécule organique précipitée de cette liqueur par les acides, en flocons blancs, retient encore du soufre reconnaissable par voie sèche (protéine de Mulder).

A chaud les alcalis caustiques concentrés dégagent de l'ammoniaque et des ammoniaques composées; il se forme, en même temps, de l'acide carbonique, de l'acide formique, de la leucine, de la tyrosine et du glycocolle.

Avec les hydrates de potasse ou de soude fondus, on obtient, en outre, du cyanure de potassium. Les matières protéiques insolubles, ou rendues telles, peuvent former avec la plupart des acides des combinaisons insolubles dans une eau acide, mais solubles dans l'eau pure.

L'acide acétique concentré et l'acide phosphorique normal (PhO^4H^3) les dissolvent; la liqueur précipite par le cyanure jaune (distinction entre les substances albuminoïdes et les tissus à gélatine).

L'acide sulfurique concentré les gonfle et les transforme en produits ulmiques. Avec l'acide sulfurique plus étendu (1 partie SO^4H^2, 1,5 partie H^2O) et à l'ébullition on voit se former de la leucine et de la tyrosine [Erlenmeyer et Schæffer, *Erdmann's Journal*, t. LXXX, p. 357, 1860].

L'acide chlorhydrique fumant les dissout à chaud, en même temps le liquide se colore en bleu violacé intense, surtout au contact de l'air.

L'acide nitrique fumant ou ordinaire les colore en jaune par la formation d'un corps nitré, insoluble (acide xanthoprotéique); la teinte passe à l'orangé, sous l'influence de l'ammoniaque. Une dissolution acide de nitrate mercurique développe par la chaleur une couleur rouge foncé (réactif de Millon). [*Compt. rend. de l'Acad. des sciences*, t. XXVIII, p. 40.]

L'iode teint en brun les matières albuminoïdes.

Sous l'influence des *oxydants* énergiques, tels qu'acide chromique, mélange d'acide sulfurique et de bioxyde de manganèse, les albuminoïdes donnent des dérivés multiples.

On a signalé :

1° Tous les acides volatils de la série homologue des acides gras ($C^nH^{2n}O^2$), depuis l'acide formique jusqu'à l'acide caproïque inclusivement et peut-être l'acide caprylique;

2° Les hydrures et les nitriles correspondants;

3° L'acide benzoïque et l'hydrure de benzoïle;

4° Un nouvel acide volatil, cristallisable, l'acide collinique ($C^6H^4O^2$) et son hydrure ($C^6H^2O^2$);

5° Enfin un acide aromatique très-voisin de l'acide toluique [Froehde, *Erdmann's Journal*, t. LXXVII, p. 290, 1859].

L'ozone est absorbé par les congénères de l'albumine et les modifie profondément, mais on n'a pas encore isolé de principes définis formés dans cette réaction [Gorup-Besanez, *Ann. der Chem. u. Pharm.*, t. CX, p. 86, 1859].

Sous l'influence du *suc gastrique*, naturel ou artificiel, dans la cavité stomacale ou au dehors, toutes les substances protéiques sont converties en un produit soluble et diffusible (peptone ou albuminose).

Les matières albuminoïdes subissent, à une douce température, en présence de l'eau, et après un accès d'air plus ou moins prolongé, une altération progressive et profonde, accompagnée d'une combustion lente et d'un dégagement de gaz fétides.

Ces phénomènes, attribués pendant longtemps à une instabilité propre aux corps de cette classe, sont le résultat, d'après M. Pasteur [*Compt. rend. de l'Acad.*, t. LVI, p. 1189, 1856], du développement d'infusoires dont les germes seraient apportés par l'air. — Voyez PUTRÉFACTION.

Le tableau ci-joint résume les propriétés différentielles les plus caractéristiques des albuminoïdes. Sauf avis contraire, il se rapporte aux produits tels qu'on les trouve dans l'organisme. (Pour plus de détails, voir les articles spéciaux consacrés à chaque corps en particulier.)

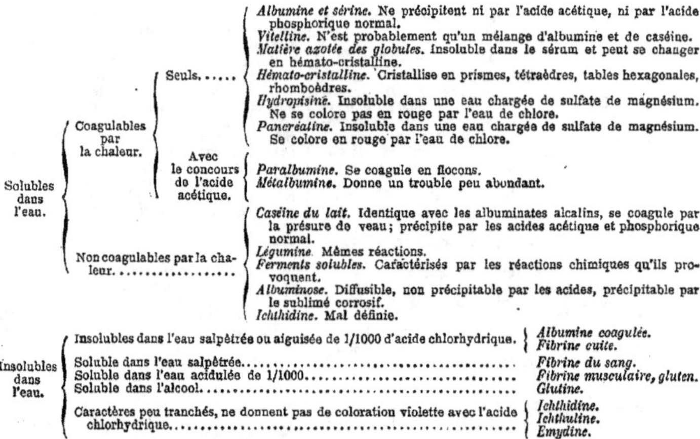

Solubles dans l'eau.	Coagulables par la chaleur.	Seuls......	*Albumine et sérine.* Ne précipitent ni par l'acide acétique, ni par l'acide phosphorique normal. *Vitelline.* N'est probablement qu'un mélange d'albumine et de caséine. *Matière azotée des globules.* Insoluble dans le sérum et peut se changer en hémato-cristalline. *Hémato-cristalline.* Cristallise en prismes, tétraèdres, tables hexagonales, rhomboèdres. *Hydropisine.* Insoluble dans une eau chargée de sulfate de magnésium. Ne se colore pas en rouge par l'eau de chlore. *Pancréatine.* Insoluble dans une eau chargée de sulfate de magnésium. Se colore en rouge par l'eau de chlore.
		Avec le concours de l'acide acétique.	*Paralbumine.* Se coagule en flocons. *Métalbumine.* Donne un trouble peu abondant.
	Non coagulables par la chaleur..............		*Caséine du lait.* Identique avec les albuminates alcalins, se coagule par la présure de veau; précipite par les acides acétique et phosphorique normal. *Légumine.* Mêmes réactions. *Ferments solubles.* Caractérisés par les réactions chimiques qu'ils provoquent. *Albuminose.* Diffusible, non précipitable par les acides, précipitable par le sublimé corrosif. *Ichthidine.* Mal définie.
Insolubles dans l'eau.	Insolubles dans l'eau salpêtrée ou aiguisée de 1/1000 d'acide chlorhydrique.		*Albumine coagulée.* *Fibrine cuite.*
	Soluble dans l'eau salpêtrée............		*Fibrine du sang.*
	Soluble dans l'eau acidulée de 1/1000............		*Fibrine musculaire, gluten.*
	Soluble dans l'alcool............		*Glutine.*
	Caractères peu tranchés, ne donnent pas de coloration violette avec l'acide chlorhydrique............		*Ichthidine.* *Ichthuline.* *Emydine.*

BIBLIOGRAPHIE. — Denis (P.-S.), *Nouvelles études chimiques, physiologiques et médicales sur les substances albuminoïdes qui entrent comme principes immédiats, etc.*, Paris, 1856, in-8. — Ducom, Recherches sur les matières albuminoïdes, *Th. de Paris*, 1855, n° 78, in-4.— Melsens, Note sur les matières albuminoïdes, *Bull. de l'Acad. royale de Belgique*, t. XXIV, n° 2, 1857. — Skrzeczka (C.-F.), Quæritur quomodo caseinum et natrum albuminatum pepsino officiantur, *Diss. inaug. Regimonti*, 1855. — Weber, Ein eigenthümliches Verhalten albuminöser Flüssigkeiten bei Zusatz von Salzen, *Virchow's Archiv.*, t. VI, p. 257, 1854. P. S.

ALCALAMIDES. — Ce sont des corps qui dérivent de l'ammoniaque par la substitution, à l'hydrogène, de plusieurs radicaux, dont les uns sont négatifs et les autres positifs. On les divise comme les amines et les amides (voyez ces mots), c'est-à-dire en monalcalamides, dialcalamides, trialcalamides, etc., suivant qu'ils dérivent d'une, de deux, de trois ou d'un plus grand nombre encore de molécules d'ammoniaque.

MONALCALAMIDES.

Comme le caractère fondamental des alcalamides est le remplacement d'une partie de l'hydrogène par un radical positif et d'une autre partie de l'hydrogène par un radical négatif, il est évident qu'il ne saurait y avoir d'alcalamides sans que deux atomes d'hydrogène au moins soient remplacés. Il n'y a donc pas d'alcalamides primaires. Comme d'un autre côté les ammoniaques composées qui renferment des radicaux acides ne fournissent jamais de dérivés analogues aux ammoniums quaternaires, il n'existe pas non plus d'alcalammoniums quaternaires. Nous n'avons donc à étudier ici que des monalcalamides secondaires et tertiaires.

MONALCALAMIDES SECONDAIRES. — Ils représentent de l'ammoniaque Az H³ dans laquelle deux atomes d'hydrogène sont remplacés l'un par un radical positif, l'autre par un radical négatif. Le radical positif peut être un métal ou un hydrocarbure alcoolique, d'où deux classes de monalcalamides secondaires. On conçoit aussi la possibilité d'une troisième classe dans laquelle le radical positif serait oxygéné et dériverait d'un alcool d'une atomicité supérieure à 1 par élimination de O H, mais aucun corps de cette espèce n'a été découvert jusqu'ici.

MONALCALAMIDES SECONDAIRES MÉTALLIQUES. — Ces corps résultent de la substitution d'un atome de métal à un atome d'hydrogène dans une monamide primaire. Tel est le sulfophénylamidate d'argent ou azoture de sulfophényle, d'hydrogène et d'argent :

$$\left. \begin{array}{r} (C^6 H^5 S O^2)' \\ Ag \\ H \end{array} \right\} Az.$$

Gerhardt désignait ces corps sous le nom de sels d'amides. La plupart des amides primaires donnent de semblables sels. On les obtient en faisant agir directement les monamides primaires sur des oxydes métalliques. Les acides les décomposent en s'emparant de leur métal et en leur cédant leur hydrogène basique pour reconstituer l'amide primaire. Les chlorures acides réagissent énergiquement sur les sels d'amides primaires à base d'argent, et donnent, par double décomposition, des amides secondaires et du chlorure d'argent :

$$\left. \begin{array}{r} (C^6 H^5 S O^2)' \\ Ag \\ H \end{array} \right\} Az + \left. \begin{array}{r} C^7 H^5 O \\ Cl \end{array} \right\}$$

Sulfophénylamidate d'argent.   Chlorure de benzoïle.

$$= \left. \begin{array}{r} Ag \\ Cl \end{array} \right\} + \left. \begin{array}{r} (C^6 H^5 S O^2)' \\ C^7 H^5 O \\ H \end{array} \right\} Az.$$

Chlorure d'argent.   Azoture de sulfophényle, de benzoïle et d'hydrogène.

MONALCALAMIDES SECONDAIRES A RADICAUX D'ALCOOLS. — *Préparation.* — On prépare ces corps au moyen de réactions tout à fait analogues à celles qui fournissent les amides primaires, en remplaçant toutefois, dans ces réactions, l'ammoniaque par une monamide primaire.

1° On soumet à l'action de la chaleur un sel de monamine primaire et d'acide monobasique :

$$\left.\begin{matrix} C^7H^5O \\ C^6H^5.H^3Az \end{matrix}\right\} O = H^2O + \left.\begin{matrix} C^7H^5O \\ C^6H^5 \\ H \end{matrix}\right\} Az.$$

Benzoate de phénylammonium. Eau. Phényl-benzamide (benzanilide).

2° On fait agir une monamine primaire sur un éther composé d'acide monoatomique :

$$\left.\begin{matrix} C^2H^3O \\ C^2H^5 \end{matrix}\right\} O + C^2H^5.H^2Az$$

Acétate d'éthyle. Éthylamine.

$$= C^2H^3O.C^2H^5.HAz + C^2H^5OH.$$

Éthyl-acétamide. Alcool.

3° On traite une monamine primaire par un chlorure d'acide monoatomique :

$$2(CH^3.H^3Az) + C^2H^3O.C^l$$

Méthylamine. Chlorure d'acétyle.

$$= C^2H^3O.CH^3HAz + CH^3.H^3AzCl.$$

Méthyl-acétamide. Chlorure de méthyl-ammonium.

4° On soumet un anhydride d'acide monobasique à l'action d'une monamine primaire :

$$2C^6H^5.H^2Az + \left.\begin{matrix} C^7H^5O \\ C^7H^5O \end{matrix}\right\} O$$

Phénylamine (aniline). Anhydride benzoïque.

$$= C^7H^5O.C^6H^5.HAz + \left.\begin{matrix} C^7H^5O \\ C^6H^5.H^3Az \end{matrix}\right\} O.$$

Phényl-benzamide. Benzoate d'aniline.

En outre on obtient encore des monalcalamides secondaires :

5° Par l'action des acides monobasiques sur les éthers cyaniques :

$$\left.\begin{matrix} CHO \\ H \end{matrix}\right\} O + \left.\begin{matrix} (CO)'' \\ C^2H^5 \end{matrix}\right\} Az = \left.\begin{matrix} C^2H^5 \\ CHO \\ H \end{matrix}\right\} Az + (CO)''O.$$

Acide formique. Cyanate d'éthyle. Éthyl-formiamide. Anhydride carbonique.

6° Par la distillation d'une monamine primaire avec de l'acide oxalique :

$$C^6H^5.H^2Az + (C^2O^2)'' \left\{\begin{matrix} OH \\ OH \end{matrix}\right.$$

Aniline. Acide oxalique.

$$= C^6H^5.COH.HAz + CO^2 + H^2O.$$

Phényl formiamide. Anhydride carbonique. Eau.

Propriétés. — Les alcalamides secondaires sont des corps cristallisables, peu solubles dans l'eau, et incapables de se combiner avec les acides. Traitées par les acides ou par les hydrates alcalins en solution concentrée, elles fixent de l'eau et se transforment en acide monoatomique et en monamine primaire :

$$C^2H^3O.C^6H^5.H\,Az + HOK$$

Phényl-acétamide (acétanilide). Potasse.

$$= C^6H^5.H^2Az + C^2H^3O.OK.$$

Aniline. Acétate de potasse.

Les alcalamides secondaires qui renferment le radical cyanogène CAz jouissent de propriétés spéciales :

1° Ce sont des bases faibles capables de former avec les acides concentrés des sels que l'eau décompose.

2° La chaleur les décompose en produisant une alcalamide tertiaire et une dialcalamide intermé-

diaire qui ne contient qu'un seul radical monoatomique :

$$3\left(\left.\begin{matrix} CAz \\ C^2H^5 \\ H \end{matrix}\right\} Az\right) = \left.\begin{matrix} CAz \\ (C^2H^5)^2 \end{matrix}\right\} Az + \left.\begin{matrix} (CAz)^2 \\ C^2H^5 \\ H^3 \end{matrix}\right\} Az^2.$$

Éthyl-cyanamide. Diéthyl-cyanamide. Éthyl-dicyan-diamide.

Les alcalamides secondaires sont attaquées, suivant Gerhardt, par le perchlorure de phosphore de la même manière que les amides primaires et secondaires :

$$C^7H^5O.C^6H^5.HAz + PCl^5$$

Phényl-benzamide. Perchlorure de phosphore.

$$= \left.\begin{matrix} (C^7H^5)''' \\ C^6H^5 \end{matrix}\right\} Az.Cl + POCl^3 + HCl.$$

Chlorure de phényl-benzamidyle. Oxychlorure de phosphore. Acide chlorhydrique.

MONALCAMIDES TERTIAIRES. — Elles représentent une molécule d'ammoniaque AzH³ dans laquelle H³ sont remplacés : α. H² par deux radicaux négatifs monoatomiques ou par un radical négatif diatomique, et H par un radical positif monoatomique; β. H² par des radicaux positifs, et H par un radical négatif.

MONALCALAMIDES TERTIAIRES RÉSULTANT DU REMPLACEMENT DE H² PAR DES RADICAUX NÉGATIFS ET DE H PAR UN RADICAL POSITIF. — Le radical positif peut être un métal ou un radical d'alcool monoatomique.

I. LE RADICAL POSITIF EST UN MÉTAL. — On prépare ces alcalamides comme les sels d'amides secondaires, c'est-à-dire en faisant réagir une amide sur un oxyde métallique : seulement on prend une amide secondaire au lieu d'une amide primaire. La préparation de ces corps est même plus facile que celle des alcalamides métalliques secondaires :

$$2\left[\left.\begin{matrix} (C^4H^4O^2)'' \\ H \end{matrix}\right\} Az\right] + Ag^2O$$

Succinimide. Oxyde d'argent.

$$= H^2O + 2\left[\left.\begin{matrix} (C^4H^4O^2)'' \\ Ag \end{matrix}\right\} Az\right].$$

Eau. Succinimide argentique.

Ces composés sont détruits par les acides qui s'emparent de leur métal et régénèrent l'amide primitive. Les chlorures acides réagissent sur eux avec énergie en donnant naissance à un chlorure métallique et à des amides tertiaires :

$$\left.\begin{matrix} (C^4H^4O^2)'' \\ Ag \end{matrix}\right\} Az + \left.\begin{matrix} C^7H^5O \\ Cl \end{matrix}\right\}$$

Succinimide argentique. Chlorure de benzoïle.

$$= \left.\begin{matrix} (C^4H^4O^2)'' \\ C^7H^5O \end{matrix}\right\} Az + AgCl.$$

Azoture de succinyle et de benzoïle. Chlorure d'argent.

II. LE RADICAL POSITIF EST UN HYDROCARBURE ALCOOLIQUE. — *Préparation.* — On obtient ces composés :

1° Par l'action des chlorures acides sur les alcalamides secondaires :

$$C^7H^5O.C^6H^5.HAz + C^7H^5O.Cl$$

Phényl-benzamide. Chlorure de benzoïle.

$$= (C^7H^5O)^2C^6H^5Az + HCl.$$

Phényl-dibenzamide. Acide chlorhydrique.

2° Par l'action des anhydrides des acides mono-atomiques sur les éthers cyaniques :

$$\left.\begin{array}{l}C^2H^3O\\C^2H^3O\end{array}\right\}O + \left.\begin{array}{l}(CO)''\\C^2H^5\end{array}\right\}Az$$

Anhydride acétique.   Cyanate d'éthyle.

$$= \left.\begin{array}{l}C^2H^5\\C^2H^3O\\C^2H^3O\end{array}\right\}Az + (CO)''O.$$

Éthyl-diacétamide.   Anhydride carbonique.

3° Par l'action des monamines primaires sur les anhydrides des acides bibasiques ou sur ces acides eux-mêmes et probablement aussi sur les chlorures correspondants :

$$C^6H^5.H^2Az + C^{10}H^{14}O^2.O$$

Aniline.   Anhydride camphorique.

$$= H^2O + \left.\begin{array}{l}C^6H^5\\(C^{10}H^{14}O^2)''\end{array}\right\}Az\ ;$$

Eau.   Phényl-camphorimide.

$$C^6H^5.H^2Az + C^{10}H^{14}O^2.(OH)^2$$

Aniline.   Acide camphorique.

$$= 2H^2O + \left.\begin{array}{l}C^6H^5\\(C^{10}H^{14}O^2)''\end{array}\right\}Az.$$

Eau.   Phényl-camphorimide.

Propriétés. — 1° Ce sont des corps neutres qui n'entrent en réaction ni avec les acides ni avec les bases.

2° Ceux qui renferment un radical diatomique, au moins ceux d'entre eux dont le radical mono-atomique est le phényle, les seuls connus jusqu'à ce jour, donnent le sel ammoniacal d'un acide amidé lorsqu'on les fait bouillir avec de l'ammoniaque étendue :

$$\left.\begin{array}{l}(C^4H^4O^2)''\\C^6H^5\end{array}\right\}Az + \left.\begin{array}{l}AzH^4\\H\end{array}\right\}O$$

Phényl-succinimide.   Hydrate ammonique.

$$= \left.\begin{array}{l}(C^4H^4O^2.OAzH^4)'\\C^6H^5\\H\end{array}\right\}Az.$$

Phényl-succinamate d'ammonium.

3° Ils dégagent de l'aniline et donnent un sel alcalin de l'acide dont ils renferment le radical lorsqu'on les soumet à l'action de la potasse ou de la soude. — Voyez ANILIDES.

$$\left.\begin{array}{l}(C^4H^4O^2)''\\C^6H^5\end{array}\right\}Az + 2HOK$$

Phényl-succinimide.   Potasse.

$$= (C^4H^4O^2)''\left.\begin{array}{l}OK\\OK\end{array}\right. + C^6H^5.H^2Az.$$

Succinate potassique.   Aniline.

Comme l'acide cyanique

$$\left.\begin{array}{l}CAz\\H\end{array}\right\}O$$

peut être considéré comme l'imide carbonique

$$\left.\begin{array}{l}(CO)''\\H\end{array}\right\}O,$$

les éthers cyaniques peuvent être envisagés comme des alcalamides de cette classe. Les propriétés de ces corps sont les suivantes :

1° Avec les alcalis, ils donnent un carbonate alcalin et une monamine primaire :

$$\left.\begin{array}{l}(CO)''\\C^2H^5\end{array}\right\}Az + 2HOK$$

Éthyl-carbimide.   Hydrate potassique.

$$= (CO)''\left.\begin{array}{l}OK\\OK\end{array}\right. + C^2H^5.H^2Az.$$

Carbonate potassique.   Éthylamine.

2° L'ammoniaque les convertit en dialcalamides (urées) :

$$\left.\begin{array}{l}(CO)''\\C^2H^5\end{array}\right\}Az + AzH^3 = \left.\begin{array}{l}(CO)''\\C^2H^5\\H^3\end{array}\right\}Az^2.$$

Éthyl-carbimide.   Ammo-niaque.   Éthylurée (éthyl-carbodiamide).

MONALCALAMIDES TERTIAIRES RÉSULTANT DU REMPLACEMENT DE H^2 PAR DES RADICAUX POSITIFS ET DE H PAR UN RADICAL NÉGATIF. — Les seuls corps de ce groupe connus jusqu'à ce jour sont des composés qui contiennent du cyanogène comme radical acide. MM. Cahours et Cloëz les ont préparés en faisant agir le chlorure de cyanogène sur les monamines secondaires [Cahours et Cloëz, *Compt. rend. de l'Acad.*, t. XXXVIII, p. 354; *Quart. J. of the Chem. Soc.*, t. VII, p. 184; *Ann. der Chem. u. Pharm.*, t. XC, p. 97]:

$$\left.\begin{array}{l}C^2H^5\\C^6H^5\\H\end{array}\right\}Az + CAz.Cl = \left.\begin{array}{l}CAz\\C^6H^5\\C^2H^5\end{array}\right\}Az + HCl.$$

Éthyl-phénylamine.   Chlorure de cyanogène.   Éthyl-phényl-cyanamide.   Acide chlorhydrique.

Ce sont des corps liquides volatils sans décomposition. Lorsqu'on les chauffe avec des acides ou des alcalis, ils régénèrent une amine secondaire et donnent en même temps de l'acide cyanique qui se dédouble à son tour en anhydride carbonique et en ammoniaque :

$$\left.\begin{array}{l}CAz\\C^2H^5\\C^2H^5\end{array}\right\}Az + \left.\begin{array}{l}H\\H\end{array}\right\}O = \left.\begin{array}{l}C^2H^5\\C^2H^5\\H\end{array}\right\}Az + \left.\begin{array}{l}CAz\\H\end{array}\right\}O.$$

Diéthyl-cyanamide.   Eau.   Diéthylamine.   Acide cyanique.

$$CAz.OH + H^2O = H^3Az + CO^2.$$

Acide cyanique.   Eau.   Ammoniaque.   Anhydride carbonique.

DIALCALAMIDES.

Ce sont des alcalamides qui dérivent du type condensé Az^2H^6. Il n'existe pas de dialcalamides primaires, parce que de tels corps résulteraient du remplacement de H^2 dans Az^2H^6, par un radical acide et un radical basique, tous deux mono-atomiques, et que de tels radicaux ne pourraient jamais souder deux molécules d'ammoniaque. Mais on conçoit l'existence de dialcalamides dans lesquelles 3H seulement soient remplacés et que nous appellerons semi-secondaires ; de dialcalamides secondaires où 4H soient remplacés ; de dialcalamides semi-tertiaires où 5H soient remplacés et de dialcalamides tertiaires où la substitution porte sur la totalité de l'hydrogène.

DIALCALAMIDES SEMI-SECONDAIRES. — Dans ces corps H^2 sont remplacés par un radical acide diatomique et H par un radical d'alcool. On n'en connaît pas où le radical alcoolique soit diatomique et le radical acide monatomique.

À l'exception de l'éthyl-oxamide

$$\left.\begin{array}{l}(C^2O^3)''\\C^2H^5\\H^3\end{array}\right\}Az^2,$$

les seuls corps connus de cette classe sont les urées composées primaires qui résultent de l'action de l'ammoniaque sur un éther cyanique ou de l'acide cyanique sur une monamine primaire. — Voyez URÉES.

DIALCALAMIDES SECONDAIRES. — Le nombre des composés de cette classe, théoriquement possibles, est considérable. On conçoit en effet l'existence possible : 1° de dialcalamides secondaires dans lesquelles H^4 soient remplacés par deux radicaux diatomiques, l'un négatif, l'autre positif ; 2° de dialcalamides dans lesquelles H^2 soient remplacés par un radical négatif diatomique et deux autres H par deux radicaux positifs monoatomiques ; 3° de dialcalamides résultant de la substitution d'un radical positif diatomique à H^2 et de deux radicaux négatifs monoatomiques aux deux autres H ; un petit nombre de ces divers corps sont connus ; on n'a même préparé jusqu'ici aucun de ceux du premier groupe.

DIALCALAMIDES SECONDAIRES RENFERMANT UN RADICAL DIATOMIQUE NÉGATIF ET DEUX RADICAUX MONOATOMIQUES POSITIFS. — *Préparation*. — On les obtient : 1° En chauffant le sel neutre d'un acide bibasique et d'un alcaloïde primaire :

$$\left. \begin{array}{l}(C^2O^2)'' \\ (C^2H^5.H^3Az)^2\end{array}\right\} O^2 = 2\,H^2O + \left. \begin{array}{l}(C^2O^2)'' \\ (C^2H^5)^2 \\ H^2\end{array}\right\} Az^2.$$

Oxalate d'éthyl-ammonium.   Eau.   Diéthyl-oxamide.

2° Par l'action des monamines primaires sur les éthers dialcooliques des acides bibasiques :

$$\left. \begin{array}{l}(C^2O^2)'' \\ (C^2H^5)^2\end{array}\right\} O^2 + 2\,C^2H^5.H^2Az$$

Oxalate diéthylique.   Éthylamine.

$$= \left. \begin{array}{l}(C^2O^2)'' \\ (C^2H^5)^2 \\ H^2\end{array}\right\} Az^2 + 2\,C^2H^5.OH.$$

Diéthyl-oxamide.   Alcool.

3° Par l'action des monamines primaires sur les chlorures des radicaux acides diatomiques :

$$4\,(C^6H^5.H^2Az) + (CO)''.Cl^2$$

Phénylamine (aniline).   Chlorure de carbonyle.

$$= 2\,[(C^6H^5.H^3.Az).Cl] + \left. \begin{array}{l}(CO)'' \\ (C^6H^5)^2 \\ H^2\end{array}\right\} Az^2.$$

Chlorure de phényl-ammonium.   Diphényl-carbamide (urée diphénylique).

Les urées composées secondaires (voir URÉES) qui font partie de ce groupe se produisent aussi dans la réaction de l'eau sur les éthers cyaniques et dans quelques autres réactions qui seront exposées à l'article URÉES.

Propriétés. — Les dialcalamides secondaires de cette classe sont décomposées par les alcalis bouillants, avec formation d'une amide primaire et d'un sel de potasse de l'acide dont elles dérivent :

$$\left. \begin{array}{l}(C^2O^2)'' \\ (C^2H^5)^2 \\ H^2\end{array}\right\} Az^2 + 2\,HOK$$

Diéthyl-oxamide.   Potasse.

$$= (C^2O^2)'' \left\{ \begin{array}{l}OK \\ OK\end{array}\right. + 2\,(C^2H^5.H^2Az).$$

Carbonate de potasse.   Éthylamine.

DIALCALAMIDES SECONDAIRES RENFERMANT UN RADICAL DIATOMIQUE BASIQUE ET DEUX RADICAUX MONOATOMIQUES ACIDES. — On ne connaît jusqu'ici, dans cette classe, que des alcalamides dont le radical positif est un métal diatomique. Tel est l'azoture de benzoïle, de mercure et d'hydrogène :

$$\left. \begin{array}{l}(C^7H^5O)^2 \\ Hg'' \\ H^2\end{array}\right\} Az^2.$$

Ces corps résultent de l'action d'une monamide primaire sur l'oxyde d'un métal diatomique :

$$2\,(C^7H^5O.H^2Az) + Hg''O$$

Benzamide.   Oxyde de mercure.

$$= \left. \begin{array}{l}Hg'' \\ (C^7H^5O)^2 \\ H^2\end{array}\right\} Az^2 + H^2O.$$

Mercur-benzamide.   Eau.

Ils sont décomposés par les acides qui donnent un sel du métal et régénèrent la monamine primaire.

DIALCALAMIDES SEMI-TERTIAIRES. — On n'a préparé jusqu'à ce jour aucun composé de cet ordre.

DIALCALAMIDES TERTIAIRES. — Elles représentent une double molécule d'ammoniaque dans laquelle tout l'hydrogène est remplacé par des radicaux négatifs ou positifs dont un au moins doit être diatomique. On ne connaît jusqu'à ce jour qu'un très-petit nombre de ces alcalamides. Ce sont : la tétréthyl-urée,

$$\left. \begin{array}{l}(C^2H^5)^4 \\ (CO)''\end{array}\right\} Az^2,$$

obtenue au moyen de l'acide cyanique et de l'hydrate de tétréthylammonium ; l'éthylène disulfocarbamide,

$$\left. \begin{array}{l}(C S)^2 \\ (C^2H^4)''\end{array}\right\} Az^2,$$

qui prend naissance lorsqu'on fait bouillir le chlorure d'éthylène avec une solution alcoolique de sulfocyanate potassique ; enfin la diphényl-carboxamide. Hofmann a préparé ce dernier corps en soumettant la dicyanmélaniline à l'action de l'acide chlorhydrique étendu :

$$C^{15}H^{13}Az^5 + 3\,HCl + 3\,H^2O$$

Dicyan-mélaniline.   Acide chlorhydr.   Eau.

$$= 3\left(\begin{array}{l}AzH^4 \\ Cl\end{array}\right) + \left. \begin{array}{l}(C^2O^2)'' \\ (CO) \\ (C^6H^5)^2\end{array}\right\} Az^2.$$

Chlorure ammonique.   Diphényl-carboxamide.

TRIALCALAMIDES.

Ce sont des alcalamides qui dérivent de 3 molécules d'ammoniaque. On n'en connaît qu'un fort petit nombre. Parmi celles que l'on connaît, les unes sont secondaires, c'est-à-dire résultent du remplacement de $2\,H^3$; les autres, intermédiaires entre les secondaires et les tertiaires, dérivent de Az^3H^9 par le remplacement de H^7. Les autres enfin sont tertiaires et ne contiennent plus d'hydrogène typique.

Au nombre des *trialcalamides secondaires*, nous citerons : 1° La triphényl-citramide, que M. Pebal a obtenue en faisant agir l'aniline sur l'acide citrique et qui représente le citrate neutre d'aniline privé de 3 molécules d'eau [Pebal, 1852, *Ann. der Chem. u. Pharm.*, t. LXXXII, p. 78] :

$$\left. \begin{array}{l}(C^6H^4O^3.OH)''' \\ (C^6H^5.H^3Az)^3\end{array}\right\} O^3$$

Citrate d'aniline.

$$= 3\left(\begin{array}{l}H \\ H\end{array}\right\} O\right) + \left. \begin{array}{l}(C^6H^4O^3.OH)''' \\ (C^6H^5)^3 \\ H^3\end{array}\right\} Az^3.$$

Eau.   Triphényl-citramide.

2° La triphényl-phosphamide

$$\left. \begin{array}{l}(PO)''' \\ (C^6H^5)^3 \\ H^3\end{array}\right\} Az^3$$

et la trinaphtyl-phosphamide

$$\left. \begin{array}{l}(PO)''' \\ (C^{10}H^7)^3 \\ H^3\end{array}\right\} Az^3,$$

que Hugo Schiff a préparées en traitant l'oxychlorure de phosphore par l'aniline ou par la naphtylamine.

3° La mélaniline

$$C^{13} H^{13} Az^3 = \left.\begin{array}{l} C^{IV} \\ (C^6 H^5)^2 \\ H^3 \end{array}\right\} Az^3$$

que M. Hofmann considère comme de la diphényl-cyan-diamine

$$\left.\begin{array}{l} C\,Az \\ (C^6 H^5)^2 \\ H^3 \end{array}\right\} Az^2,$$

mais que nous préférons envisager comme une trialcalamide, parce que, dans la formule de M. Hofmann, tout l'hydrogène est remplacé par des radicaux monoatomiques qui ne peuvent souder ensemble 2 molécules d'ammoniaque.

Comme *trialcalamides intermédiaires*, nous citerons la triphényl-cyan-diamide de M. Hofmann

$$\left.\begin{array}{l} C\,Az \\ (C^6 H^5)^3 \\ H^2 \end{array}\right\} Az^2 = C^{19} H^{17} Az^3,$$

qui provient de l'action du perchlorure de carbone sur la phénylamine, et que nous préférons écrire

$$\left.\begin{array}{l} C^{IV} \\ (C^6 H^5)^3 \\ H^2 \end{array}\right\} Az^3,$$

par des raisons analogues à celles qui nous ont fait considérer la mélaniline comme une trialcalamide.

Enfin l'acide cyanurique

$$\left.\begin{array}{l} (C\,Az)^3 \\ H^3 \end{array}\right\} O^3 = \left.\begin{array}{l} (C''O)^3 \\ H^3 \end{array}\right\} Az^3$$

est une triamide secondaire, et les cyanurates sont des trialcalamides tertiaires. Tel est le cyanurate éthylique

$$\left.\begin{array}{l} (C\,O)^3 \\ (C^2 H^5)^3 \end{array}\right\} Az^3.$$
A. N.

ALCALIMÉTRIE. — Voyez ANALYSE VOLUMÉTRIQUE.

ALCALOÏDES NATURELS (Alcalis végétaux, alcalis organiques, bases végétales, bases naturelles).

On donne le nom d'alcaloïdes naturels à une classe de composés extraits des végétaux, jouissant de propriétés spéciales et dont la principale est de s'unir aux acides à la façon de l'ammoniaque pour former des sels.

Historique. — La découverte du premier alcaloïde naturel remonte au commencement de ce siècle : Séguin, Derosne vers 1803, Sertuerner en 1804, retirèrent presque simultanément de l'opium des principes cristallisés auxquels ils reconnurent des propriétés alcalines. Mais l'idée que l'alcalinité de ces substances devait être attribuée aux réactifs employés pour les extraire empêcha d'attacher à cette découverte toute l'importance qu'elle méritait. On croyait alors que les végétaux ne contenaient que des principes neutres ou des acides; aussi ces premiers travaux passèrent-ils inaperçus. Ce ne fut qu'une douzaine d'années plus tard, vers 1817, que Sertuerner attira l'attention des chimistes sur ce fait remarquable, en publiant sur la morphine un important mémoire dans lequel il démontrait la nature réellement alcaline de cette substance.

La découverte du premier alcaloïde végétal appartient donc de droit, sinon de fait, à Sertuerner.

Dès ce moment, la recherche des alcaloïdes naturels marche avec rapidité; les plus remarquables par leurs propriétés actives sont isolés, et la découverte de la quinine, le plus important de tous par ses nombreuses applications médicales, vient jeter un nouvel éclat sur ce genre d'études.

Parmi les savants qui ont le plus contribué à enrichir la science de ces principes nouveaux, il faut citer en première ligne MM. Pelletier et Caventou; puis Robiquet, Laurent, MM. Dumas, Liebig, Regnault, Bouchardat, Pasteur, etc., dont les travaux importants ont ajouté des faits nombreux et intéressants à l'histoire des alcaloïdes et de leurs sels, ou qui en ont fait connaître de nouveaux.

Propriétés. — Les alcaloïdes naturels sont liquides et volatils ou fixes et solides; de là deux divisions qui ont servi à les classer. Dans la première, on place les alcaloïdes liquides et volatils sans décomposition; ils ne contiennent pas d'oxygène et sont formés des éléments carbone, hydrogène et azote; trois seulement sont connus jusqu'à présent : la cicutine, la nicotine et la spartéine.

Dans la seconde division sont placés les alcaloïdes solides et fixes, à l'exception de la cinchonine, volatile à une température peu élevée. Tous renferment les éléments carbone, hydrogène, azote et oxygène.

Les alcaloïdes naturels possèdent, comme les bases minérales, la propriété de ramener au bleu le papier de tournesol, et verdissent le sirop de violettes. Il en est toutefois (comme la narcotine) dont les propriétés alcalines sont si faibles, qu'ils n'exercent aucune action sur les couleurs végétales. Leur propriété la plus importante est de s'unir aux acides pour former des sels. Cette combinaison a lieu sans élimination d'eau, c'est une simple addition de tous les éléments de l'alcaloïde à tous les éléments de l'acide, comme on le remarque avec l'ammoniaque.

$$Az\,H^3 + H\,Cl = H^4\,Az\,Cl.$$
Ammoniaque.   Acide   Chlorure
chlorhydriq. d'ammonium.

$$C^{17} H^{19} Az\,O^3 + H\,Cl = C^{17} H^{20} Az\,O^3 Cl.$$
Morphine.   Chlorure de morphonium.

$$(Az\,H^3)^2 + SO^4 H^2 = SO^4 (Az\,H^4)^2.$$
Ammoniaque.   Acide   Sulfate
sulfurique.   d'ammonium.

$$(C^{17} H^{19} Az\,O^3)^2 + SO^4 H^2 = SO^4 . (C^{17} H^{20} Az\,O^3)^2.$$
Morphine.   Acide   Sulfate de morphonium.
sulfurique.

Les bases organiques, solides et fixes, sont incolores; quelques-unes ne s'obtiennent qu'à l'état amorphe: la plupart cristallisent avec une grande régularité. Elles sont douées généralement d'une saveur amère, qui passe même dans leurs sels. Elles sont insolubles ou peu solubles dans l'eau, leur vrai dissolvant est l'alcool. Quelques-unes sont solubles dans l'éther, telles sont la quinine et la codéine; d'autres sont insolubles ou très-peu solubles dans l'éther : il en est ainsi de la cinchonine, de la morphine, de la strychnine, de la brucine. Quelques-unes, telles que la quinine, la strychnine, la brucine, se dissolvent abondamment dans le chloroforme. Enfin certains carbures d'hydrogène liquides et même des huiles grasses peuvent dissoudre les alcaloïdes.

M. Pettenkofer a déterminé la solubilité d'un certain nombre d'alcaloïdes dans le chloroforme et l'huile d'olive; le tableau suivant représente les quantités pour cent d'alcaloïdes dissous [*Répert. de Chim. pure*, 1860, p. 432] :

	Chloroforme.	Huile d'olive.
Morphine	0,57	0,00
Narcotine	34,17	1,25
Cinchonine	4,31	1,00
Quinine	57,47	4,20
Strychnine	20.09	1,00
Brucine	56,70	1,78
Atropine	51,19	2,62
Vératrine	58,49	1,78

On voit par le tableau qui précède que les alcaloïdes sont peu solubles dans les huiles, mais
cette difficulté peut être tournée facilement en
combinant les alcaloïdes avec l'acide oléique. Pour
obtenir ces composés, d'après M. Atfield, il suffit
de triturer les alcaloïdes bien desséchés avec de
l'acide oléique, et de laisser digérer le mélange
à une douce chaleur pendant quelque temps.
Il se forme des oléates insolubles dans l'eau,
solubles dans l'alcool, et miscibles en toute
proportion dans les huiles. M. Atfield a constaté
en outre que les sels des alcaloïdes naturels ne
se dissolvaient pas mieux dans les huiles que
les alcaloïdes eux-mêmes [*Pharmaceutical Journ.*,
t. IV, p. 388. — *Répert. de Chim. appliq.*, 1863,
p. 136].

La potasse, la soude, l'ammoniaque, les terres
alcalines précipitent en général les alcaloïdes naturels de leurs dissolutions salines en s'emparant
de l'acide.

L'infusion de noix de galle, l'iodure de potassium ioduré, la solution de l'iodure double de
potassium et de mercure, le phosphomolybdate
de soude, précipitent tous les alcaloïdes, même
en solution étendue. Ces deux derniers réactifs
sont surtout précieux dans l'analyse, parce qu'ils
précipitent tous les alcaloïdes et seulement les
alcaloïdes.

L'iodure double de mercure et de potassium a
été proposé pour le dosage des alcaloïdes naturels.
M. Winckler a indiqué le premier ce procédé
[Buchner, *Rép. de Pharm.*, t. XXXV, p. 57]; plus
tard il fût recommandé de nouveau par M. de
Planta Reichenau [*Das Verhalten der alcaloïde
gegen reagentien*, Heidelberg, bei J. C. Mohr,
1846]. Dans ces dernières années, M. Mayer a
repris l'étude de ce réactif; il en a fait ressortir
l'emploi avantageux et l'extrême sensibilité [*Amer.
Journ. of Pharm.*, janv. 1863, t. XXXV, p. 20. —
Répert. de Chim. appliq., 1863, p. 102].

On l'obtient en faisant dissoudre 13gr,546 de
sublimé corrosif et 40gr,0 d'iodure de potassium
dans un litre d'eau distillée.

Un centimètre cube de cette solution précipite :

			Grammes.
1/10000	d'équivalent	d'aconitene	= 0,0267
1/20000	—	d'atropine	= 0,0145
1/20000	—	de narcotine	= 0.0213
1/20000	—	de strychnine	= 0,0167
1/20000	—	de brucine	= 0,0233
1/20000	—	de vératrine	= 0,0269
1/30000	d'équival. double	de morphine	= 0,0200
1/20000	—	— de conicine	= 0,00416
1/40000	—	— de nicotine	= 0,00405
1/60000	—	— de quinine	= 0,0108.
1/60000	—	— de cinchonine	= 0,0102
1/60000	—	— de quinidine	= 0,0120

Pour que ce réactif donne de bons résultats, il
faut avoir soin de verser la liqueur normale dans
la solution qui renferme l'alcaloïde. La réaction
se fait aussi bien dans des solutions acides, neutres ou légèrement alcalines. D'après M. Ressler,
ce moyen permettrait de séparer les alcaloïdes de
l'ammoniaque [*Chem. centralbl.*, 1856, n° 34].
La présence de l'amidon, de la gomme, de l'albumine, du tannin, etc., n'empêche pas la réaction
de se produire. La sensibilité de l'iodure double
de mercure et de potassium est si grande qu'il
donne encore des réactions distinctes avec des
solutions qui ne renferment que 1/60000 de narcotine, 1/25000 de nicotine, 1/150000 de strychnine, 1/150000 de brucine, etc.

M. Schulze a indiqué un réactif qui précipite
la plupart des alcaloïdes naturels, et dont la
sensibilité est telle, qu'il peut faire naître de
légers précipités dans des solutions qui ne contiennent que 1/5000 de brucine, de quinine,

de cinchonine, de veratrine ou d'atropine [*Ann.
der Chem. u. Pharm.*, t. CIX, p. 177, nouv. sér.,
t. XXXIII].

Avec la strychnine, la nicotine, l'aconitine,
cette sensibilité est encore plus grande; car le
réactif peut accuser leur présence en produisant
un trouble sensible dans des solutions qui ne
contiennent que 1/25000 d'alcaloïde.

On obtient ce réactif en faisant tomber goutte
à goutte du perchlorure d'antimoine dans une
solution d'acide phosphorique. Plusieurs matières
organiques, telles que l'acide tartrique, le sucre,
l'albumine, masquent beaucoup d'alcaloïdes et
empêchent leur précipitation par un certain nombre de réactifs.

Des expériences dues à M. Oppermann prouvent que, malgré la présence de l'acide tartrique,
le bicarbonate de soude précipite la cinchonine,
la narcotine, la strychnine et la vératrine, tandis
que la quinine, la morphine et la brucine restent
en dissolution [*Compt. rend. de l'Acad.*, t. XXI,
p. 814].

L'acide tartrique masque encore la réaction de
l'infusion de noix de galle pour tous ces alcalis
à l'exception de la cinchonine et de la strychnine,
mais elle les précipite si on neutralise l'acide
par l'ammoniaque; cependant un excès de ce
dernier redissout le tannate de brucine.

Les alcaloïdes forment avec le bichlorure de
platine des combinaisons doubles de chlorhydrate
de la base et de bichlorure de platine qui sont
généralement très-peu solubles, et souvent cristallines; les chlorures d'or, de mercure, de zinc,
forment des combinaisons analogues.

Les alcaloïdes forment, avec l'iodure ou le bromure de mercure, des composés pour la plupart
cristallisés [Groves, *Quart. Journ. of the Chem.
Soc.*, t. XI, n° 11, p. 97. — *Répert. de Chim.
pure*, 1859, p. 38]. On les prépare d'une manière
générale en mélangeant des solutions de chlorhydrate de la base, et d'iodure double de potassium
et de mercure : il se forme un précipité blanc
qu'on redissout dans l'eau ou l'alcool bouillant, il
se dépose alors par le refroidissement des cristaux bien définis. Tel est le cas principalement
des composés de quinine, de cinchonine, de
strychnine et de morphine.

Quelques alcaloïdes naturels, tels que la quinine, exigent pour se saturer deux molécules d'un
acide monobasique, ils sont diacides. Il est à remarquer que ces alcaloïdes renferment deux atomes
d'azote, ils paraissent donc dériver de deux molécules d'ammoniaque. Cette remarque cependant
ne peut s'appliquer à toutes les bases naturelles
contenant deux atomes d'azote, car la strychnine
et la brucine, qui sont dans ce cas, n'exigent
qu'une seule molécule d'un acide monobasique
pour se saturer.

Pouvoir rotatoire. — Les alcaloïdes naturels
exercent le pouvoir rotatoire : tous dévient à gauche le plan de polarisation, à l'exception de la cinchonine et de la quinidine qui le dévient à droite.
Lorsque ces bases sont en dissolution dans un
acide, employé seulement en proportion suffisante
pour les saturer, leur pouvoir propre s'affaiblit
généralement : la quinine cependant fait exception, son pouvoir rotatoire augmente sous l'influence des acides. La narcotine présente cette
particularité intéressante qu'elle dévie à gauche
les rayons de la lumière polarisée lorsqu'elle est
pure, et qu'elle exerce la déviation à droite lorsqu'elle est combinée aux acides. M. Bouchardat,
qui a le premier fait connaître l'action que les
alcaloïdes naturels exercent sur la lumière polarisée, et auquel sont empruntés ces détails,
donne les nombres suivants pour le pouvoir rotatoire spécifique d'un certain nombre d'entre
eux.

TABLEAU DU POUVOIR ROTATOIRE DES ALCALOÏDES NATURELS.

	Dissolvant.	Températ.	Pouvoir rotat. spécifique.
Quinine	Alcool	22°	$[\alpha] = -126°,7$
Quinidine [Pasteur, *Compt. rend. de l'Inst.*, t. XXXVI, p. 26 et t. XXXVII, p. 110]			$[\alpha] = +250°,75$
Cinchonine	Alcool étendu d'acide chlorhydrique.	?	$[\alpha] = +190°,4$
Cinchonidine (d'après M. Pasteur)	Alcool.	13°	$[\alpha] = -144°,61$
Morphine	Alcool étendu d'acide chlorhydrique.	?	$[\alpha] = -88°,04$
Narcotine	Alcool	?	$[\alpha] = -130°,5$
Codéine	—	?	$[\alpha] = -118°,2$
Narcéine	—	?	$[\alpha] = -6°,7$
Strychnine	—	?	$[\alpha] = -132°,07$
Brucine	—	?	$[\alpha] = -61°,27$
Igasurine			$[\alpha] = -62°,9$
Nicotine [Laurent, *Compt. rend. des trav. de Chim.*, 1845, p. 110]			$[\alpha] = -93°,5$

Action de la potasse. — Lorsqu'on distille les alcaloïdes naturels fixes avec de la potasse, ils se décomposent, et la plupart dégagent des bases volatiles, telles que la méthylamine, la quinoléine, la lépidine, la pyrridine, etc.

Action du chlore et du brome. — Le chlore et le brome exercent une action très-énergique sur les alcaloïdes naturels. Il se forme dans cette réaction de l'acide chlorhydrique ou bromhydrique et des produits de substitution dans lesquels 1, 2 et même 3 atomes d'hydrogène peuvent être remplacés par un nombre égal d'atomes de chlore ou de brome : ainsi, le chlore, en réagissant sur la codéine $C^{18}H^{21}AzO^3$, donne la chlorocodéine $C^{18}H^{20}Cl\,AzO^3$; le brome, par son action sur la cinchonine $C^{20}H^{24}Az^2O$, donne la monobromocinchonine $C^{20}H^{23}Br\,Az^2O$, et la bibromocinchonine $C^{20}H^{22}Br^2Az^2O$. Quant à la substitution de 3 atomes de chlore ou de brome à 3 atomes d'hydrogène, on n'en connaît jusqu'à présent que deux exemples, la trichlorostrychnine $C^{21}H^{19}Cl^3Az^2O^2$ et la tribromocodéine $C^{18}H^{18}Br^3AzO^3$.

Ces bases cristallisent, elles forment avec les acides des sels cristallisés bien définis, peu solubles dans l'eau pour la plupart, mais plus solubles dans l'alcool, surtout à chaud. Leur constitution est identique à celle des alcaloïdes naturels qui leur correspondent. On doit la connaissance de ces faits principalement aux travaux de Laurent [*Ann. de Chim. et de Phys.*, (3), t. XXIV, p. 303] et de M. Dollfus [*Ann. de Chim. et de Pharm.*, t. LXV, p. 217].

Action de l'iode. — L'iode exerce aussi une action énergique sur les alcaloïdes naturels; il ne paraît pas former de produits de substitution comme le chlore et le brome, mais simplement des combinaisons. Les alcaloïdes semblent jouer dans cette réaction le rôle d'un métal et s'unir à l'iode, comme le potassium ou le plomb. Le fait suivant, observé par Pelletier, vient à l'appui de cette manière de voir [*Ann. de Chim. et de Phys.*, (2), t. LXIII, p. 164].

Lorsqu'on verse dans une solution d'iodhydrate de strychnine une solution d'iodate acide de la même base, il se fait immédiatement un précipité brun, formé d'iodostrychnine et d'iode, que l'on peut séparer. Cependant dans presque toutes les réactions de l'iode sur les alcaloïdes, Pelletier a observé la production d'iodhydrate de la base non attaquée ; il attribue, du reste, cette formation d'acide iodhydrique à l'action de l'iode sur l'alcool bouillant, les quantités d'acides qui se reproduisent étant relativement faibles.

Les produits de la réaction de l'iode sur les bases organiques sont amorphes pour la plupart, et peu étudiés.

Cependant la strychnine, la codéine, la cicutine, la nicotine, font exception, et forment des combinaisons très-bien cristallisées.

Les iodobases sont en général peu solubles dans l'eau et l'éther; l'alcool est leur vrai dissolvant. La potasse et la soude les attaquent vivement, il se forme de l'iodate et de l'iodure de potassium, et la base est mise en liberté.

Quoique les acides altèrent les iodobases, l'iodonicotine forme, avec l'acide chlorhydrique, de beaux cristaux d'un *rouge de rubis clair*; et sous le nom d'iodo-sulfates des alcaloïdes cinchoniques, M. Herapath a fait connaître des sels provenant de l'action de l'iode sur les sulfates de ces alcaloïdes, et qu'il considère comme des sulfates d'iodobases [*Quart. Journ. of the Chem. Soc.*, t. XI, p. 180, july, 1858. — *Répert. de Chim. pure*, 1859, p. 39. — *Ann. de Chim. et de Phys.*, (3), t. XL, p. 247].

Ces sels sont remarquables par leurs propriétés optiques et leurs magnifiques couleurs ; l'un d'eux, le bisulfate d'iodoquinine, rappelle par la couleur verte de ses cristaux l'éclat des élytres des cantharides. Ils renferment tous de l'acide sulfurique, de l'iode et une base organique plus ou moins modifiée dans ses caractères. Ils sont très-solubles dans l'alcool, et cristallisent par le refroidissement.

Le procédé employé ordinairement pour obtenir les iodobases consiste à broyer les alcaloïdes humides avec la moitié de leur poids d'iode, et à traiter ensuite la masse par l'alcool bouillant, qui laisse déposer l'iodobase par le refroidissement. Dans cette réaction il se forme constamment de l'iodhydrate de la base employée qu'on sépare facilement par l'eau bouillante, les iodobases y étant à peu près insolubles.— On obtient encore des iodobases en mélangeant des dissolutions alcooliques, aussi concentrées que possible, d'iode et d'alcaloïde ; par l'évaporation spontanée l'iodobase se dépose. Il n'est pas possible d'exprimer par une formule générale les combinaisons de l'iode avec les alcaloïdes naturels, voici les mieux connues : 1 molécule d'alcaloïde avec 2 atomes d'iode (quinine dans le bisulfate) ; 2 molécules d'alcaloïde avec I^2 (cinchonine), avec $3I^2$ (nicotine, codéine, papavérine, brucine) ; 4 molécules d'alcaloïdes avec $3I^2$ (strychnine, brucine, morphine).

Action des iodures de méthyle et d'éthyle. — Lorsqu'on fait réagir les iodures de méthyle et d'éthyle sur les alcaloïdes naturels, il y a combinaison et formation d'iodures cristallisés, comme on le remarque avec l'ammoniaque. Ces iodures, traités par l'oxyde d'argent et l'eau, donnent de l'iodure d'argent et des bases nouvelles douées de propriétés alcalines fort énergiques :

$$2\,(C^{21}H^{22}(CH^3)Az^2O^3,I) \; + \; Ag^2O \; + \; H^2O$$
Iodure de méthylstrychnium.   Oxyde d'argent.   Eau.

$$= 2\,(AgI) \; + \; 2\left[(C^{21}H^{22}(CH^3)Az^2O^2)\left.{H}\right\}O\right].$$
Iodure d'argent.   Hydrate de méthylstrychnium.

Ces composés méthylés et éthylés sont très-solubles dans l'eau ; quelques-uns, tels que l'éthylquinine, la méthylcinchonine, la méthylstrychnine, la méthylbrucine, donnent des cristaux par l'évaporation de leurs solutions aqueuses, d'autres donnent des produits amorphes. En général, tous forment avec les acides des sels bien cristallisés. — Jusqu'à présent on n'a pu faire entrer dans la molécule des bases naturelles qu'un seul groupe alcoolique, à l'exception toutefois de la conicine, qui peut en prendre deux ; cette base, en effet, renferme un atome d'hydrogène remplaçable par un groupe alcoolique. Dans cette condition, elle devient une base tertiaire qui peut alors se combiner avec une nouvelle molécule d'iodure de méthyle ou de ses homologues, et donner des iodures d'ammonium quaternaires.

Action de l'acide azoteux. — L'action de l'acide azoteux a été étudiée sur quelques alcaloïdes naturels. Cette réaction s'obtient en chauffant jusqu'à l'ébullition l'azotite de potasse, dissous dans l'eau, avec le sulfate d'une base naturelle. L'acide azoteux est détruit, l'azote se dégage et l'oxygène se porte sur l'alcaloïde. M. Schützenberger a pu obtenir ainsi d'oxystrychnine, l'oxycinchonine, substance isomérique avec la quinine, la bioxystrychnine, l'oxyquinine, etc. [*Compt. rend.*, t. XLVII, p. 79. — *Répert. de Chim. pure*, 1859, p. 37].

Les alcaloïdes naturels représentent généralement la partie active des végétaux dont ils proviennent. Ils exercent sur l'économie une réaction énergique, la plupart sont même de redoutables poisons ; et pourtant, par leur composition toujours constante et par la sûreté de leur action, ils sont devenus de précieux auxiliaires de la thérapeutique. C'est là un immense service que la chimie a rendu à l'art de guérir.

Extraction. — Les alcaloïdes naturels n'existent pas ordinairement dans les plantes à l'état libre ; on les trouve combinés, soit avec des acides, comme l'acide malique ou l'acide acétique ; soit avec certains acides particuliers, comme l'acide méconique ou l'acide quinique, qui se rencontrent dans l'opium ou dans les quinquinas ; soit encore avec des matières tannantes, comme le rouge cinchonique.

Il existe des procédés généraux applicables à l'extraction des alcaloïdes naturels, mais qui varient selon que la base est fixe ou volatile, ou suivant les mélanges dans lesquels elle se trouve engagée.

Toutefois le procédé que MM. Pelletier et Caventou ont indiqué, dans leurs recherches sur les alcaloïdes naturels, est demeuré classique, malgré quelques modifications suggérées par l'expérience.

Ce procédé consiste à épuiser les végétaux réduits en poudre grossière par des décoctions successives faites avec de l'eau acidulée par de l'acide sulfurique ou par de l'acide chlorhydrique ; après le refroidissement des liqueurs, qu'on a eu le soin de passer sur une toile, on ajoute un lait de chaux ou de magnésie par petites portions et en léger excès. On précipite ainsi l'alcaloïde et les matières colorantes qui forment des laques insolubles avec la chaux ou la magnésie. Quand on emploie l'acide sulfurique et la chaux, ce précipité contient en même temps l'excès de chaux et du sulfate de chaux. Il est recueilli sur une toile afin d'égoutter, puis on le soumet à une pression graduée. Le tourteau, séché à l'étuve et pulvérisé, est ensuite épuisé par l'alcool en vase clos et au bain-marie.

La solution alcoolique, filtrée et concentrée par la distillation, laisse cristalliser l'alcaloïde ; mais dans cet état l'alcaloïde est loin d'être pur : pour l'obtenir tel, on le redissout dans l'eau à l'aide d'un acide, et on décolore cette dissolution par le charbon animal. On filtre la liqueur, et l'alcaloïde est précipité de nouveau par un alcali. — En le redissolvant dans l'alcool et abandonnant celui-ci à l'évaporation spontanée, on obtient l'alcaloïde cristallisé et dans un état assez voisin de la pureté.

Quelquefois on se contente de décolorer convenablement par le charbon la solution alcoolique qui a servi à enlever l'alcaloïde au tourteau ; dans ce cas, on filtre la solution avant de distiller l'alcool.

On remplace quelquefois la magnésie ou la chaux par le carbonate de soude, la potasse ou l'ammoniaque.

Un autre procédé, indiqué aussi par MM. Pelletier et Caventou, consiste à précipiter par le sous-acétate de plomb les solutions aqueuses qui ont servi à épuiser les végétaux de leurs parties actives ; il se forme un dépôt abondant, qui est une combinaison de plomb avec l'acide employé pour dissoudre la base, et avec les matières colorantes, gommeuses, etc. Il reste dans la liqueur décolorée la base combinée à l'acide acétique, et l'excès de sous-acétate de plomb employé. On se débarrasse du plomb en faisant passer dans la liqueur un courant d'hydrogène sulfuré ; on filtre, et la liqueur évaporée au bain-marie laisse cristalliser l'alcaloïde impur à l'état d'acétate. Pour l'obtenir à l'état de pureté, il suffit de précipiter la dissolution de l'acétate par la potasse ou l'ammoniaque : la base recueillie et dissoute dans l'alcool cristallise par l'évaporation.

Un autre procédé consiste à mélanger les produits végétaux avec de la chaux, le tout réduit en poudre grossière ; on traite ce mélange par l'alcool bouillant qui enlève l'alcaloïde et le laisse cristalliser à l'état impur par l'évaporation.

On a aussi proposé, pour certains alcaloïdes, l'emploi de l'ammoniaque aqueuse. On met les produits végétaux pulvérisés dans des appareils à déplacement, puis on les traite par des solutions ammoniacales jusqu'à ce que ces dernières passent incolores. Les parties non dissoutes sont ensuite traitées par de l'eau acidulée d'acide sulfurique, qui enlève l'alcaloïde qu'on obtient presque pur, et cristallisé à l'état de sulfate, par une évaporation ménagée.

Certaines bases alcalines s'altèrent facilement sous l'influence de l'air, de la chaleur et des réactifs employés à les extraire. Pour les obtenir on a proposé l'emploi du chloroforme, du tannin, et voici en quoi consistent ces opérations. — On fait une décoction de la plante, qu'on filtre lorsqu'elle est refroidie ; après avoir ajouté au liquide filtré du chloroforme et un excès de potasse caustique, on agite vivement le tout à plusieurs reprises. Lorsque le liquide est reposé, le chloroforme chargé d'alcaloïde se sépare ; on décante alors, et le chloroforme, évaporé à l'air libre ou distillé, abandonne la base assez pure et cristallisée. On peut encore séparer l'alcaloïde en agitant la solution de chloroforme avec un peu d'eau acidulée qui enlève la base.

Le procédé par le tannin consiste à précipiter la décoction aqueuse de la plante par une solution de tannin ; le tannate d'alcaloïde, lavé, égoutté et mêlé avec de la potasse caustique, est ensuite agité avec de l'éther qui enlève la base. Au lieu de potasse, on emploie quelquefois l'oxyde de plomb humide, dont l'action sur les matières organiques est bien moins énergique que celle de la potasse. Le mélange, séché à l'étuve après un certain temps de contact, est pulvérisé et traité par de l'éther ou du chloroforme qui enlève l'alcali organique.

Quand la base végétale est volatile, on la sépare par une base minérale puissante, telle que la potasse ou la soude ; on réduit la plante en poudre grossière, on la mêle dans une grande cornue avec un excès de potasse ou de soude en solution concentrée; on distille au bain de sable tant que le liquide qui passe est alcalin; on le neutralise par de l'acide sulfurique ou de l'acide oxalique étendu, et on évapore en consistance sirupeuse. Le tout est repris par de l'alcool qui ne dissout que le sulfate ou l'oxalate de la base organique; on filtre, et par l'évaporation de l'alcool on obtient le sel cristallisé. Ce sel est mélangé avec une solution concentrée de potasse et un volume égal d'éther : après avoir agité, on laisse reposer; il se forme deux couches, on décante la couche supérieure qui contient l'alcaloïde dissous dans l'éther, et on chasse ce dernier ainsi que quelques traces d'ammoniaque en distillant au bain-marie. Enfin la base, complétement déshydratée sur des fragments de potasse caustique, est rectifiée dans un courant d'hydrogène, ou, ce qui est préférable, dans le vide.

Recherche des alcaloïdes naturels dans les cas d'empoisonnement. — M. Stas, à qui l'on doit d'intéressantes recherches sur ce sujet, a indiqué une méthode générale à l'aide de laquelle on peut retirer les bases naturelles des matières suspectes qui les renferment.

Cette méthode est à peu près la même que celle qu'on suit pour l'extraction des alcalis végétaux; la seule différence consiste dans la manière d'isoler ces bases énergiques, et de les présenter au dissolvant. Le procédé repose sur les faits suivants : 1° la solubilité dans l'eau et l'alcool des sels acides formés par les alcaloïdes naturels avec l'acide tartrique ou l'acide oxalique; 2° la décomposition de ces sels acides en solution, par le bicarbonate de potasse ou de soude (ou par les alcalis à l'état caustique) et la solubilité des bases organiques au sein du liquide; 3° la faculté que possède l'éther employé en suffisante quantité de s'emparer des bases végétales mises ainsi en liberté.

L'application des réactions précédentes nécessite tout d'abord la séparation des matières étrangères; l'intervention successive de l'eau et de l'alcool à différents degrés de concentration donne d'excellents résultats et permet d'obtenir, sous un petit volume, une solution dans laquelle l'alcaloïde cherché doit être contenu. Le sous-acétate de plomb a été indiqué pour la séparation des substances étrangères, mais, quoique ajouté en grand excès, ce réactif ne précipite pas complétement ces substances; de plus, il a l'inconvénient d'introduire dans les matières suspectes un métal étranger, et de nécessiter, pour enlever l'excès de plomb, l'emploi de l'hydrogène sulfuré.

On doit éviter aussi l'emploi du charbon animal pour décolorer les liquides : le charbon pouvant absorber tout l'alcaloïde aussi bien qu'il s'empare des matières colorantes et odorantes.

Voici le procédé que l'on doit suivre pour rechercher une base végétale dans le contenu de l'estomac ou des intestins. Quand les recherches doivent être dirigées sur les organes, comme le foie, le cœur, les poumons, etc., il faut d'abord diviser ces organes en très-petits fragments, mouiller la masse avec de l'alcool pur et concentré, et, par des lavages successifs à l'alcool, l'épuiser complétement de toutes ses parties solubles. C'est sur le liquide ainsi obtenu qu'on opère comme pour un mélange de matières suspectes et d'alcool, d'après la marche suivante :

On commence par additionner la matière avec de l'alcool pur et le plus concentré possible. On y ajoute ensuite 1/2 à 2 grammes d'acide tartrique, suivant la quantité et l'état de la matière suspecte; le mélange est introduit dans un ballon et chauffé entre 60° et 75°. Après le refroidissement complet, le tout est jeté sur un filtre, et la partie insoluble lavée avec de l'alcool concentré.

On abandonne dans le vide la liqueur filtrée, ou on l'expose à un courant d'air chauffé tout au plus à 35°, si l'on n'a pas de machine pneumatique à sa disposition.

Si, après la volatilisation de l'alcool, le solutum aqueux renferme des corps gras ou des matières insolubles, on le jette sur un filtre mouillé par de l'eau distillée; on réunit les eaux de lavage à la liqueur filtrée, et le tout est évaporé dans le vide presque à siccité ou sous une cloche, sur de l'acide sulfurique concentré. On épuise ensuite ce nouveau résidu par de l'alcool absolu et froid, puis on évapore l'alcool à l'air libre, à la température ordinaire, ou, ce qui est préférable, dans le vide. On dissout dans la plus petite quantité d'eau le résidu acide ainsi obtenu, et la solution introduite dans un petit flacon éprouvette est additionnée peu à peu de bicarbonate de soude ou de bicarbonate de potasse pur et en poudre, jusqu'à ce qu'il n'y ait plus d'effervescence. On ajoute alors 4 ou 5 fois son volume d'éther pur, on agite le tout et l'on abandonne au repos. Quand les deux liquides sont séparés de nouveau et que la solution éthérée s'est éclaircie, on en décante une petite partie dans une capsule de verre, et on l'abandonne dans un lieu bien sec à l'évaporation spontanée. Le résidu constitue l'alcaloïde cherché, mais l'alcaloïde peut être solide et fixe ou liquide et volatil.

L'alcali est solide et fixe. — Dans ce cas on peut ne pas obtenir de suite un résidu alcalin après l'évaporation de l'éther; quand cette circonstance se présente, on ajoute au liquide une solution de potasse ou de soude caustique, et on agite vivement avec l'éther. Celui-ci enlève à la solution de potasse ou de soude l'alcaloïde naturel devenu libre, on laisse alors évaporer la solution éthérée. Après l'évaporation il reste quelquefois autour de la capsule un corps solide, cependant le résidu est ordinairement composé d'une liqueur incolore laiteuse, et qui tient un corps solide en suspension. Ce résidu bleuit constamment le papier de tournesol; il possède une odeur animale désagréable, mais nullement âcre ou piquante comme cela a lieu avec un alcaloïde volatil.

Quand on s'est ainsi assuré de la présence d'une base fixe, on doit chercher à la faire cristalliser afin de pouvoir faire l'étude de ses caractères et de ses réactions. Mais les opérations que l'on vient d'indiquer ne suffisent pas encore pour l'obtenir dans cet état; l'alcaloïde est encore souillé par des impuretés. Pour l'en débarrasser, on projette dans la capsule quelques gouttes d'eau faiblement aiguisée d'acide sulfurique, et on les promène sur les parois pour mouiller la matière et dissoudre la base. Comme le contenu de la capsule est un mélange de matière grasse et d'alcaloïde, l'eau acidulée n'en mouille pas les parois, elle dissout la base à l'état de sulfate acide et abandonne le corps gras. Si l'opération est bien faite, le liquide aqueux doit être limpide; on le décante doucement. On lave de nouveau avec de l'eau acidulée, on réunit les eaux de lavage au premier liquide, puis on évapore dans le vide ou sous une cloche sur l'acide sulfurique concentré. On mêle ensuite le résidu avec une solution très-concentrée de carbonate de potasse pur, et on reprend le tout par de l'alcool absolu. L'alcaloïde seul est dissous, et par l'évaporation de l'alcool on l'obtient cristallisé. On en détermine ensuite la nature par l'étude de ses caractères physiques et de ses propriétés chimiques.

L'alcali est liquide et volatil. — Quand l'alcali est liquide et volatil, on remarque sur les parois de la capsule, après l'évaporation de la petite quantité d'éther, des stries liquides qui se réunissent au fond du vase. Il se développe alors.

sous la moindre influence de chaleur, une odeur désagréable, âcre ou irritante, et qui varie suivant la nature de l'alcaloïde.

Dans ce cas on ajoute 1 ou 2 centimètres cubes de solution concentrée de potasse ou de soude au restant de la solution éthérée, et l'on agite vivement. Ce traitement par l'éther est réitéré trois ou quatre fois, puis toutes ces liqueurs tenant l'alcaloïde en dissolution sont réunies dans le même flacon; on y ajoute 3 ou 4 centimètres cubes d'eau distillée, additionnée d'un cinquième de son poids d'acide sulfurique pur, puis on agite vivement. Par le repos l'éther surnage, on le décante, et la solution aqueuse qui renferme l'alcaloïde à l'état de sulfate acide est lavée de nouveau par un peu d'éther. Cette seconde opération a pour but de débarrasser complétement la solution aqueuse des matières animales que l'éther avait enlevées précédemment à la solution alcaline. Il ne faut pas oublier que le sulfate de conicine étant soluble dans l'éther, ce dernier en retient toujours en dissolution. Cependant la plus grande partie de l'alcaloïde se retrouve dans l'eau acidulée; l'alcaloïde cherché est ainsi réuni sous un petit volume et dans un assez grand état de pureté. Pour l'isoler, il suffit d'ajouter une solution concentrée de potasse ou de soude caustique, puis d'épuiser par l'éther; on abandonne la solution éthérée à l'évaporation spontanée, à la plus basse température possible. L'ammoniaque se volatilise presque entièrement avec l'éther, et pour en chasser les dernières traces, on place la capsule sous la machine pneumatique sur de l'acide sulfurique. L'alcaloïde se trouve alors dans des conditions de pureté suffisante pour que l'on puisse déterminer sa nature à l'aide de ses caractères physiques et de ses réactions chimiques.

MM. Uslar et J. Erdmann ont proposé l'emploi de l'alcool amylique pour la recherche des alcaloïdes naturels dans les cas d'empoisonnement [*Ann. der Chem. u. Pharm.*, t. CXX, p. 121.—*Répert. de Chim. pure*, 1862, p. 156. — *Journ. de Pharm.*, t. XLI (3e série), p. 107]. Ce procédé a de l'analogie avec le précédent, il repose sur les faits suivants :

1° Solubilité des alcalis végétaux à l'état libre dans l'alcool amylique ;

2° Insolubilité des combinaisons salines des alcaloïdes naturels dans cet alcool.

Voici la manière d'opérer :

On ajoute aux matières suspectes de l'eau acidulée par de l'acide chlorhydrique, et le contact est prolongé pendant deux heures environ à une chaleur de 60 à 75°. On passe à travers un linge, le résidu est repris par une nouvelle quantité d'eau acidulée chaude : les liquides sont réunis et filtrés, puis on y verse un léger excès d'ammoniaque. Le tout est ensuite évaporé à siccité à une douce chaleur et au bain-marie. Le résidu sec est épuisé par de l'alcool amylique chaud, qui dissout l'alcaloïde; on filtre la solution chaude, puis on l'agite avec de l'eau bouillante acidulée d'acide chlorhydrique qui enlève l'alcaloïde; les matières grasses et colorantes, qui accompagnent ordinairement ce dernier, restent dans l'alcool amylique. Afin de débarrasser complétement la solution aqueuse de ces matières étrangères, on l'agite à plusieurs reprises avec de nouvelles quantités d'alcool amylique; dans cette opération il faut avoir le soin de décanter avec une pipette l'alcool amylique, afin de n'en pas respirer les vapeurs. Lorsque la solution est incolore, on la concentre un peu, on y verse un léger excès d'ammoniaque, puis on l'agite de nouveau avec de l'alcool amylique : par le repos la solution alcoolique surnage, on la décante, et on obtient l'alcaloïde par l'évaporation au bain-marie.

Si l'alcaloïde n'était pas suffisamment pur par ce traitement, il faudrait le renouveler jusqu'à ce que la base se présentât dans une assez grande pureté, pour qu'on pût l'étudier et en déterminer la nature.

Les auteurs de ce procédé pensent qu'on peut aussi l'appliquer à l'extraction des alcaloïdes naturels.

L'acide phosphomolybdique a été proposé pour extraire des matières suspectes les alcaloïdes naturels dans des cas d'empoisonnement.

Voici le procédé généralement suivi : Les matières suspectes sont épuisées à plusieurs reprises par de l'eau acidulée d'acide chlorhydrique ; les liquides réunis, on les fait évaporer en consistance sirupeuse, en prenant soin que la température ne dépasse pas 30°; on filtre, puis la solution est précipitée par l'acide phosphomolybdique; le précipité recueilli, lavé avec de l'eau aiguisée d'acide phosphomolybdique et d'acide azotique, est traité par de la baryte caustique. Le tout est placé dans un ballon muni d'un tube abducteur qui communique avec un appareil à boules contenant de l'acide chlorhydrique étendu d'eau. On chauffe, la baryte déplace la base organique combinée avec l'acide; si elle est volatile, elle se rend dans l'appareil à boules où elle se combine avec l'acide chlorhydrique; si la base est fixe, elle reste dans le ballon; on neutralise alors la baryte par un courant d'acide carbonique, on évapore à siccité et l'on reprend par l'alcool concentré qui enlève la base et l'abandonne par l'évaporation spontanée. Si dans ces conditions elle n'était pas encore pure, on emploierait pour la rendre telle les procédés indiqués précédemment.

Il faut encore signaler la dialyse comme moyen propre à séparer les alcaloïdes naturels des matières suspectes. On sait que M. Graham a fait connaître le premier la faculté que possèdent les cristalloïdes de traverser les corps poreux [*Proceed. of the Royal Soc.*, t. XI, p. 243, juin 1861. — *Répert. de Chim. pure*, 1862, p. 102]. Les alcalis végétaux appartenant à cette classe, on peut par ce moyen les séparer assez promptement des matières suspectes, et dans un état de pureté presque suffisant pour pouvoir les reconnaître par les réactifs ordinaires. D'ailleurs, par ce procédé on a l'avantage de ne pas altérer les matières suspectes, de n'y introduire aucune substance étrangère, et, en cas d'insuccès, de pouvoir les traiter par les méthodes ordinaires.

LISTE DES PRINCIPAUX ALCALOÏDES

AVEC LEUR COMPOSITION ET LE NOM DE LA FAMILLE
A LAQUELLE APPARTIENT
LE VÉGÉTAL DONT ON LES EXTRAIT.

ALCALOÏDE DES BERBÉRIDÉES.

Berbérine.................. $C^{21}H^{19}AzO^5$ —?

ALCALOÏDE DES BYTTNÉRIACÉES.

Théobromine.............. $C^7H^8Az^4O^2$.

ALCALOÏDES DES COLCHICACÉES.

Jervine................... $C^{30}H^{46}Az^2O^3$ — ?
Vératrine................. $C^{32}H^{52}Az^2O^8$.

ALCALOÏDE DES LAURINÉES.

Bébirine.................. $C^{10}H^{21}AzO^3$.

ALCALOÏDE DES LÉGUMINEUSES.

Spartéine................. $C^8H^{13}Az$ — ?

ALCALOÏDE DES MÉNISPERMÉES.

Pélosine.................. $C^{18}H^{21}AzO^3$,

ALCALOÏDE DES OMBELLIFÈRES.

Conicine.................... $C^8H^{15}Az$.

ALCALOÏDES DES PAPAVÉRACÉES.

Codéine..................... $C^{18}H^{21}AzO^3$.
Morphine.................... $C^{17}H^{19}AzO^3$.
Narcéine.................... $C^{23}H^{29}AzO^9$.
Narcotine................... $C^{22}H^{23}AzO^7$.
Papavérine.................. $C^{20}H^{21}AzO^4$.
Thébaïne................... $C^{19}H^{21}AzO^3$.
Chélidonine................ $C^{20}H^{19}Az^3O^3$ — ?

ALCALOÏDES DES PEGANUMS.

Harmaline.................. $C^{13}H^{14}Az^2O$.
Harmine.................... $C^{13}H^{12}Az^2O$.

ALCALOÏDE DES PIPÉRITÉES.

Pipérine................... $C^{34}H^{38}Az^2O^3$ — ?

ALCALOÏDE DES RENONCULACÉES.

Aconitine.................. $C^{30}H^{47}AzO^7$.

ALCALOÏDES DES RUBIACÉES.

Aricine.................... $C^{23}H^{26}Az^2O^4$.
Cinchonine... }
Cinchonidine . } .... $C^{20}H^{24}Az^2O$.
Quinine...... }
Quinidine.... } .... $C^{20}H^{24}Az^2O^2$.
Caféine.................... $C^8H^{10}Az^4O^2$.

ALCALOÏDES DES SOLANÉES.

Atropine................... $C^{17}H^{23}AzO^3$.
Nicotine................... $C^{10}H^{14}Az^2$.
Solanine................... $C^{43}H^{71}AzO^{16}$ — ?

ALCALOÏDES DES STRYCHNÉES.

Brucine.................... $C^{23}H^{26}Az^2O^4$.
Strychnine................. $C^{21}H^{22}Az^2O^2$.
Igasurine.................. ?

ALCALOÏDES DIVERS.

(Douteux et peu connus.)

Anthemine (*Anthemis arvensis*).
Apirine (*Coccos lapidea*).
Asarine (*Asarum Europœum*).
Azadirine (*Melia Azedarach*).
Belladonine (dans les feuilles et les tiges de la belladone).
Buxine (*Buxus semper virens*).
Capsicine (*Capsicum annuum*).
Carapine (*Carapa* de la Guyane).
Castine (*Vitex agnus castus*).
Chærophylline (*Chærophyllum bulbosum*).
Chélérythrine (*Chelidonum majus*).
Chélidonine (*Chelidonum majus*).
Chiococcine (*Chiococca racemosa*).
Cocaïne (*Erythroxylon coca*).
Colchicine (*Colchicum autumnale*).
Convolvuline (*Convolvulus scammonia*).
Corydaline (*Corydalis bulbosa et aristolochia serpentaria*).
Crotonine (*Croton tiglium*).
Curarine (*Curare*).
Cusparine (*Cusparia febrifuga*).
Cynapine (*Æthusa cynapium*).
Daphnine (*Daphné Gnidium et Mezereum*).
Delphine (*Delphinium staphisagria*).
Emétine (*Cephaelis Ipecacuanha*).
Esenbeckine (*Esenbeckia febrifuga*).
Eupatorine (*Eupatorium cannabium*).
Euphorbine (dans les euphorbes).
Fagine (*Fagus sylvatica*).
Fumarine (*Fumaria officinalis*).
Glaucine (*Glaucium luteum*).
Glaucopicrine (dans la racine de *Glaucium luteum*).

Hédérine (*Hedera helix*).
Helléborine (racine d'hellébore noir).
Hyoscyamine (*Hyoscyamus niger*).
Jamaïcine (*Geoffroya inermis*).
Lobeline (*Lobelia inflata*).
Ménispermine (*Menispermum cocculus*).
Oxyacanthine (dans l'épine-vinette).
Paraménispermine (*Menispermum cocculus*).
Péreirine (écorce de *pao pereira*) (*Vallesia inodita*).
Picrotoxine (coque du Levant, *Menispermum cocculus*).
Sabadilline (*Veratrum sabadilla*).
Sanguinarine (*Sanguinaria canadensis*).
Sépirine (écorce de bébeeru).
Surinamine (*Geoffræa surinamensis*).
Violine (dans les violettes).   E. C.

ALCOOL, C^2H^6O [Syn. *Hydrate d'éthyle*]. — L'alcool est le produit principal d'une fermentation particulière du glucose. Les beaux travaux de M. Pasteur ont démontré que la production de l'alcool, ainsi que celle de l'acide carbonique, de la glycérine et de l'acide succinique qui l'accompagnent toujours, sont corrélatives du développement vital du ferment alcoolique (voyez FERMENTATION). [*Compt. rend.*, t. XLI, p. 85, t. XLVII, p. 224 et 1011, t. XLVIII, p. 735 et 1149, etc. — *Ann. de Chim. et de Phys.*, (3), t. LVIII, p. 323.] Lavoisier et Gay-Lussac, croyant à un simple dédoublement catalytique du glucose en présence de la levûre, avaient établi pour la réaction génératrice de l'alcool l'équation suivante :

$$C^6H^{12}O^6 = 2\,CO^2 + 2\,C^2H^6O.$$

Cette équation néglige les produits accessoires de la fermentation, produits qui avaient passé inaperçus avant les recherches de M. Pasteur; elle reste néanmoins vraie à 5 ou 6 %, près, car c'est à ce chiffre que monte la proportion du sucre transformée en acide succinique et en glycérine, ou dont les éléments sont fixés sur la levûre à l'état de cellulose et de matières grasses.

Les liqueurs fermentées sont connues depuis les temps les plus anciens, mais c'est seulement au moyen âge qu'on en a retiré par distillation l'esprit-de-vin ou alcool encore étendu d'eau. Cette découverte est souvent attribuée à Aboucasis et à Arnauld de Villeneuve; mais elle paraît être plus ancienne. Le nom d'alcool était donné par les alchimistes à une substance réduite en particules excessivement ténues par des moyens mécaniques ou chimiques : le nouveau produit était pour eux le vin dépouillé de sa partie grossière, *alcool vini*.

Raymond Lulle a découvert le moyen de le concentrer au moyen du carbonate de potasse. Lowitz et Richter sont parvenus à le déshydrater entièrement par l'action de la chaux vive. Son analyse a été faite pour la première fois par Th. de Saussure qui l'a trouvé formé de gaz oléfiant et d'eau dans les proportions de 100 : 63,58 en poids, c'est-à-dire à très-peu près celles qui correspondent à volumes égaux de gaz oléfiant et de vapeur d'eau [*Ann. de Chim.*, t. LXII, p. 226, et t. LXXXIX, p. 273]. Gay-Lussac a fait voir que la densité de la vapeur d'alcool s'accorde avec la composition trouvée par Saussure [*Ann. de Chim.*, t. XCV, p. 311].

Si l'alcool peut se dédoubler en éthylène et eau, il peut inversement être reconstitué par l'union de ces deux corps, non pas directement, mais par l'intermédiaire de l'acide sulfurique. Hennel a obtenu de l'acide sulfovinique par l'action de l'acide sulfurique sur l'éthylène [*Philos. transactions*, 1856, p. 240. — *Ann. de Chim. et de Phys.*, t. XXXV, p. 154. — *Poggend. Ann.*, 1827, t. IX, p. 12]. Le même chimiste a reconnu que l'acide sulfovinique chauffé avec de l'eau se dédouble en alcool et acide sulfurique. Il a négligé toutefois de tirer la conclusion de ces faits remarquables et c'est à M. Berthelot qu'on doit de les avoir rapprochés et étudiés d'une manière complète [*Ann. de Chim. et de Phys.*, (3), t. XLIII, p. 385]. Ce mode de production de l'alcool peut être exprimé par la formule théorique :

$$C^2H^4 + H^2O = C^2H^6O.$$

M. Berthelot a fait voir aussi qu'on peut obtenir l'alcool par l'union directe de l'éthylène avec l'acide iodhydrique et la transformation de l'iodure d'éthyle, qui prend naissance, en alcool sous l'influence de la potasse caustique :

$$C^2H^4 + HI = C^2H^5I,$$
$$C^2H^5I + KHO = C^2H^6O + KI.$$

Propriétés. — L'alcool est un liquide limpide, mobile, fortement réfringent, d'une densité de 0,792 à 20°, de 0,7939 à 15°5 et de 0,8095 à 0° [Kopp., *Poggend. Ann.*, t. LXXII, p. 1]. Il bout sous la pression de 760^{mm} à 78°4 (Gay-Lussac). Sa densité de vapeur est de 1,613 (Gay-Lussac) par rapport à l'air et de 23,27 par rapport à l'hydrogène. Théorie 23. Il n'a pas encore été solidifié; mais il devient visqueux lorsqu'on l'expose à la température produite par un mélange d'éther et d'acide carbonique en neige. Sa saveur est brûlante; son odeur est faible. Il brûle facilement avec une flamme peu éclairante. Il a une grande tendance à s'unir à l'eau, et s'échauffe quelque peu lorsqu'on le mélange avec elle. Il se produit en même temps une contraction qui est maximum pour un mélange de 52,3 volumes d'alcool et de 47,7 volumes d'eau répondant à peu près à $C^2H^6O + 3H^2O$. Le volume du mélange se réduit à 96,35. En raison de cette grande affinité de l'alcool pour l'eau, il est très-difficile de le déshydrater entièrement. Par des distillations répétées, on peut le concentrer jusqu'à ne plus renfermer que 9 % d'eau.

Une première distillation des liqueurs fermentées fournit de l'eau-de-vie, renfermant environ moitié d'alcool; dans une deuxième rectification, les premières parties qui passent à la distillation renferment de 75 à 80 % d'alcool. Si l'on prend de l'alcool à 60 % et qu'on le distille en ne recueillant que les premières portions, celles-ci ne contiendront plus que 10 à 15 parties d'eau. A l'aide des appareils distillatoires perfectionnés construits de ces derniers temps, on peut obtenir du premier jet de l'alcool à 90°. — Voyez plus bas INDUSTRIE DE L'ALCOOL.

L'alcool en distillant entraîne souvent avec lui des matières odorantes qui le souillent (fusel-oil ou alcool amylique, etc.); on le purifie en le laissant digérer avec du charbon de bois en poudre fine (Lowitz) ou du charbon animal, décantant et distillant. On peut aussi se servir de potasse caustique; les résultats sont excellents, mais trop coûteux dans la pratique.

Déshydratation de l'alcool. — Quand on veut avoir de l'alcool renfermant moins de 9 % d'eau et surtout de l'alcool *absolu* ou pur, il faut avoir recours à des substances plus avides d'eau que l'alcool lui-même.

Le corps le plus anciennement employé pour cet usage est, comme nous l'avons dit plus haut, le *carbonate de potasse* calciné. Ce sel est insoluble dans l'alcool; lorsqu'on le met en contact avec de l'alcool faible, il lui enlève une partie de son eau et forme au fond du vase une couche liquide ou pâteuse. On enlève l'alcool qui surnage et on le met en contact avec une nouvelle portion de carbonate, jusqu'à ce que ce sel reste solide, après quoi l'on distille. L'alcool ainsi rectifié renferme encore une petite proportion d'eau. Aussi emploie-t-on de préférence la *chaux* et la *baryte*

caustiques. On remplit aux deux tiers une cornue de fragments de moyenne grosseur de chaux ou de baryte et on y verse de l'alcool déjà rectifié (à 90 % environ), de manière à couvrir à peu près la chaux. Au bout d'un certain temps le mélange s'échauffe. On le laisse digérer pendant quelques heures, puis on distille au bain-marie. Quelquefois une seconde distillation sur la chaux ou sur la baryte est nécessaire pour avoir un produit suffisamment pur. On peut aussi se servir du *chlorure de calcium* fondu qu'on laisse pendant plusieurs jours en contact avec de l'alcool à 90°; après quoi l'on distille au bain de sable. Il faut avoir soin de ne pas employer une proportion trop forte de chlorure de calcium, ce sel ayant la propriété de former avec l'alcool une combinaison qui se détruit seulement à une température assez élevée et en donnant de l'hydrogène bicarboné. Le chlorure de calcium se prête donc beaucoup moins bien à la déshydratation de l'alcool qu'à celle des acétones, de la plupart des éthers, des hydrocarbures, etc.

On a proposé encore l'emploi de l'*acétate de potasse* et celui de l'*hydrate de potasse* fondus.

Sömmering a remarqué qu'en enfermant de l'alcool étendu dans une vessie, on peut le concentrer, l'eau traversant peu à peu la membrane et s'évaporant à sa surface. L'alcool peut arriver de la sorte à ne plus contenir que 3 % d'eau. [*Denkschriften der K. Acad. der Wiss. zu München*, 1811, 1814, 1820 et 1824.]

On peut aussi chauffer l'alcool pendant quelque temps en vase clos avec du silicate d'éthyle et le distiller ensuite. On lui enlève ainsi les dernières traces d'eau, par la formation de polysilicates éthyliques [Friedel et Crafts, *Ann. de Chim. et de Phys.*, (4), t. IX, p. 5].

Lorsque l'alcool est voisin de la pureté, la manière la plus sûre et la plus commode de l'obtenir absolu consiste à y dissoudre une quantité de *sodium* dépassant un peu celle qui est nécessaire pour transformer en soude l'eau que contient l'alcool. On distille ensuite au bain-marie, ou même à feu nu lorsqu'on n'opère que sur de petites quantités, en ayant soin de s'arrêter dès que le mélange de soude et d'alcoolate de soude qui reste dans le ballon ou dans la cornue commence à jaunir. Il est nécessaire d'éviter autant que possible, dans ces opérations, l'accès de l'air humide.

M. Casoria a indiqué le sulfate de cuivre desséché comme pouvant servir à reconnaître si l'alcool est parfaitement privé d'eau. Enfermé dans un flacon avec de l'alcool absolu, le sel reste blanc; il devient au contraire bleu lorsqu'il existe encore de l'eau dans le mélange [*Journ. de Chim. médicale*, juillet 1846].

D'après M. Gorgeu, on peut constater la présence de l'eau dans l'alcool au moyen de la benzine saturée d'eau. Lorsqu'on verse sur 3 ou 4 centimètres cubes de cet hydrocarbure contenus dans un tube bouché, une goutte d'alcool aqueux (de 65 à 93 %), on le voit se troubler, avec dépôt de gouttelettes, au fond du tube. Si l'alcool renferme moins de 7 % d'eau, il se produit seulement un nuage qui disparaît lorsqu'on ajoute un excès d'alcool.

Ces procédés ne paraissent pas très-sûrs lorsqu'il s'agit de découvrir des traces seulement d'eau. M. Berthelot en a indiqué un autre qu'il regarde comme beaucoup plus sensible. La solution d'alcoolate de baryte $(C^2H^5O)^2BaO$ préparée par dissolution de la baryte caustique dans l'alcool absolu, filtration et dissolution dans le liquide d'une nouvelle proportion de baryte, se trouble et donne lieu à un précipité d'hydrate de baryte quand on le mélange avec un alcool renfermant un peu d'eau. Pour obtenir un précipité abondant, il suffit de diriger l'haleine dans un verre à pied renfermant une petite quantité d'alcoolate [Berthelot, *Ann. de Chim. et de Phys.*, (3), t. XLVI, p. 180].

L'alcool dissout les résines, les matières grasses, les huiles essentielles, les éthers, les alcaloïdes, la plupart des acides organiques, et certains de leurs sels. L'iode le brome, le phosphore, le soufre s'y dissolvent aussi, ces deux derniers corps en petite quantité seulement. Les carbonates et les sulfates y sont insolubles, mais non pas les chlorures. L'alcool absorbe

        68 volumes d'acide chlorhydrique,
        12   —   d'oxychlorure de carbone,
        23   —   de cyanogène,

ainsi que des proportions considérables d'ammoniaque et de bioxyde d'azote.
L'alcool de 0,84 de densité, privé d'air, dissout :

Acide sulfureux..........	115,77 vol.
Hydrogène sulfuré.......	6,06 —
Acide carbonique........	1,86 —
Protoxyde d'azote........	1,53 —
Éthylène.................	1,27 —
Oxygène.................	0,1625 —
Oxyde de carbone.......	0,145 —
Hydrogène...............	0,051 —
Azote...................	0,042 —

M. Pelouze a remarqué que divers acides forts en dissolution dans l'alcool ne sont plus capables de décomposer certains carbonates. Ainsi l'acide chlorhydrique dissous dans l'alcool absolu ne décompose pas le carbonate de potasse; il agit néanmoins sur les carbonates de baryte, de soude et de magnésie.

Modes de décomposition. — Lorsqu'on fait passer la vapeur d'alcool à travers un tube de porcelaine chauffé au rouge, on obtient un dépôt de charbon, et il se forme de l'aldéhyde, de la naphtaline, de la benzine, de l'acide phénique, de l'acide carbonique, de l'hydrogène, de l'hydrure de méthyle, de l'éthylène, de l'eau [Marchand, *Journ. für prakt. Chem.*, t. XV, p. 7. — Reichenbach, *Journ. für Chem. u. Phys.*, *v. Schweigger*, t. LXI, p. 493. — Berthelot, *Ann. de Chim. et de Phys.*, (3) t. XXXIII, p. 295]. La vapeur d'alcool ne se décompose pas en passant à 300° dans un tube rempli de fragments de porcelaine; si, au contraire, le tube renferme de l'éponge de platine, la décomposition a lieu avec dégagement de gaz dès 220° [Reiset et Millon, *Ann. de Chim. et de Phys.*, (3), t. VIII, p. 280].

L'étincelle électrique de l'appareil d'induction agit sur la vapeur d'alcool d'une manière analogue [Ad. Perrot, *Compt. rend.*, t. XLVII, p. 350]. Il se forme divers hydrocarbures parmi lesquels on remarque surtout l'acétylène.

Quant au courant de la pile, il ne traverse pas l'alcool pur. L'alcool tenant en dissolution du potassium ou de la potasse laisse passer le courant; il se dégage de l'hydrogène au pôle négatif, et il se forme de la résine d'aldéhyde au pôle positif.

Actions oxydantes. — L'alcool brûle facilement à l'air avec une flamme très-peu éclairante, en fournissant de l'eau et de l'acide carbonique. Mélangé en vapeur avec l'oxygène, il détone en présence d'un corps incandescent. Lorsque sa vapeur arrive en contact, mêlée d'oxygène, avec du platine ou d'autres métaux, il subit, avec formation d'eau, d'acide carbonique, d'aldéhyde, d'acide acétique, d'acide formique, d'acétal, une combustion incomplète; l'action est d'autant plus énergique que le métal est plus divisé; le noir de platine la favorise particulièrement. Lorsqu'on verse de l'alcool en petite quantité sur du noir de platine, celui-ci rougit et souvent l'alcool

s'enflamme. Si le noir de platine est préalablement humecté d'eau, l'action est modérée et fournit les produits que nous avons énumérés. Si l'on suspend dans la flamme d'une lampe à alcool, au-dessus et assez près de la mèche, une spirale de fil de platine et que l'on éteigne la lampe quand le fil est porté au rouge, il continuera à rester incandescent à la faveur de la combustion lente des vapeurs d'alcool (lampe sans flamme de Davy).

Dans la fermentation acétique, l'alcool éprouve une combustion lente analogue, sous l'influence d'un ferment particulier. — Voyez Vinaigre.

L'*acide chlorique* concentré provoque l'inflammation de l'alcool; étendu, il donne naissance à de l'acide acétique.

L'*acide chromique* agit de même; étendu, il donne assez d'aldéhyde pour pouvoir servir avantageusement à la préparation de ce corps. Souvent pourtant on préfère employer pour cette préparation un mélange d'acide sulfurique et de peroxyde de manganèse.

Le *chlorure de chaux*, ou, ce qui revient au même, le chlore en présence des alcalis décompose l'alcool avec production de chloroforme et dégagement d'acide carbonique. Une solution alcoolique de potasse étant additionnée d'*iode* fournit de l'iodoforme et de l'iodure de potassium.

Chauffé avec la *chaux potassée* l'alcool se transforme en acétate avec dégagement d'hydrogène [Dumas et Stas, *Ann. de Chim. et de Phys.*, t. LXXIII, p. 118 et 158] :

$$C^2H^6O + KHO = C^2H^3KO^2 + 4H.$$

Il se forme également de l'acétate de potasse et des matières résineuses, lorsqu'on abandonne longtemps à l'air une solution alcoolique de potasse.

L'*acide azotique* concentré agit fortement sur l'alcool, avec production de chaleur et dégagement de gaz. Étendu, il exige l'aide d'une certaine chaleur. La réaction est très-complexe; il se produit de l'éther azotique et de l'éther azoteux, en même temps qu'une partie de l'alcool est oxydée à divers degrés en fournissant de l'aldéhyde, de l'acide acétique, de l'acide formique, de l'acide oxalique, de l'acide saccharique, du glyoxal, de l'acide glyoxylique, de l'acide glycolique, de l'acide carbonique. Cette oxydation de l'alcool s'opère très-bien en superposant dans un vase étroit et profond des couches successives d'acide azotique fumant, d'eau et d'alcool à 80°, et abandonnant pendant quelques jours à une température de 20° [Debus, *Ann. der Chem. u. Pharm.*, t. C, p. 1, et t. CII, p. 20. — *Ann. de Chim. et de Phys.*, (3), t. XLIX, p. 216, et t. LII, p. 114].

En comparant les formules de l'alcool avec celles du glyoxal, de l'acide glycolique et de l'acide glyoxylique, on comprend aisément comment on passe par oxydation du premier corps aux trois autres :

C^2H^6O	$C^2H^2O^2$	$C^2H^4O^3$	$C^2H^4O^4$.
Alcool.	Glyoxal.	Ac. glycolique.	Acide glyoxylique.

Lorsqu'on ajoute de l'urée au mélange d'acide azotique ou d'alcool, les produits nitreux sont décomposés par l'urée au moment de leur formation, et de l'éther azotique se forme seul ou à peu près seul.

Lorsqu'on chauffe l'alcool avec de l'acide azotique et de l'argent ou du mercure, ou bien lorsqu'on fait passer des vapeurs nitreuses dans une solution alcoolique d'azotate d'argent, on obtient du fulminate d'argent ou de mercure :

$$C^2H^6O + 2AzO^2Hg = C^2Az^2Hg^2O^2 + 3H^2O.$$

Azotite	Fulminate
de mercure.	de mercure.

Le *nitrate mercurique* transforme l'alcool en nitrate d'éthyle et de mercure [Sobrero et Selmi, *Compt. rend.*, t. XXXIII, p. 67. — Gerhardt, *Revue scientif.*, 1852, p. 29] :

$$2\,C^2H^5AzO^3 + Az^2Hg^3O^8.$$

L'*acide sulfurique* donne, suivant les proportions, l'état de concentration et la température, de l'acide éthyl-sulfurique, de l'oxyde d'éthyle, du sulfate d'éthyle, du gaz oléfiant et d'autres hydrocarbures.

L'acide sulfurique concentré se mélange avec l'alcool, en donnant lieu à un vif dégagement de chaleur et en formant de l'acide éthyl-sulfurique :

$$SO^4H^2 + C^2H^6O = {}_{C^2H^5.H}^{\quad SO^2} \Big\} O^2 + H^2O.$$

L'acide étendu d'une molécule d'eau n'agit plus qu'avec l'aide d'une chaleur extérieure. Il reste toujours une partie de l'acide non combinée avec l'alcool, et cela se conçoit, l'acide étant de plus en plus dilué par l'eau qui se produit dans la réaction.

Quand on distille un mélange de 1 p. d'alcool avec 1 ou 2 p. d'acide sulfurique concentré, la température s'élève d'abord à 120°. A ce moment il passe un peu d'alcool mélangé d'éther. A 140° on ne recueille que de l'éther ; à 160°, de l'éther et de l'eau. Plus tard, la température s'élève encore, le mélange noircit et laisse dégager de l'éthylène mélangé d'acide sulfureux. Boullay a fait voir qu'en maintenant l'acide sulfurique à 140° et en y faisant arriver d'une manière continue un mince filet d'alcool, on ne recueille dans le récipient que de l'eau et de l'éther, sans dégagement d'acide sulfureux. La théorie de cette belle opération a donné lieu à de longues controverses ; elle a été regardée d'abord comme une simple déshydratation de l'alcool, l'alcool $C^4H^6O^2$ ($C = 6$, $H = 1$, $O = 8$) perdant HO pour former l'éther C^4H^5O ; on s'est ensuite contenté de la classer parmi celles qui sont provoquées par les *actions de contact*, ou actions *catalytiques*, ce qui revenait à dire qu'on en ignorait la cause, jusqu'au moment où M. Williamson est parvenu à l'établir sur des bases expérimentales, en montrant que l'éther renferme deux fois le radical éthyle dont on peut admettre l'existence dans l'alcool, et que deux molécules d'alcool concourent à sa formation. Selon lui, l'acide sulfurique réagissant sur l'alcool, l'acide éthyl-sulfurique se forme tout d'abord, et à la température de 140° environ, l'alcool encore libre réagit sur l'acide éthyl-sulfurique et le transforme en acide sulfurique par une réaction inverse, avec production d'oxyde d'éthyle :

$$
{}_{C^2H^5.H}^{\;SO^2}\Big\} O^2 + {}_{H}^{C^2H^5}\Big\} O = {}_{H^2}^{SO^2}\Big\} O^2 + {}_{C^2H^5}^{C^2H^5}\Big\} O.
$$

L'acide sulfurique régénéré est susceptible d'agir sur une nouvelle molécule d'alcool, pour former de l'acide éthyl-sulfurique, qui est décomposé à son tour, et ainsi de suite indéfiniment. Une quantité limitée d'acide sulfurique peut donc servir à éthérifier une proportion considérable d'alcool [*Journ. of the Chem. Soc.*, t. IV, p. 100, 229, 350. — *Philosophical Magazine*, t. XXXVIII, p. 350. — *Chemical Gazette*, 1851. — *Ann. de Chim. et de Phys.*, (3), t. XL, p. 98].

Un fait qui donne un appui solide à la théorie de M. Williamson, c'est qu'en préparant de l'acide amyl-sulfurique et en y faisant passer, à une température convenable, un courant d'alcool ordinaire, on recueille d'abord de l'oxyde d'éthyle-amyle ou éther mixte éthyl-amylique ; plus tard, il ne distille plus que de l'oxyde d'éthyle, et à ce moment la cornue ne renferme plus d'acide amyl-sulfurique, mais bien de l'acide éthyl-sulfurique.

On est bien forcé d'admettre que l'alcool vinique a réagi sur l'acide amyl-sulfurique :

$$
{}_{H}^{C^2H^5}\Big\} O + {}_{C^5H^{11}H}\Big\} O^2 = {}_{H^2}^{SO^2}\Big\} O^2 + {}_{C^5H^{11}}^{C^2H^5}\Big\} O,
$$

et la deuxième réaction étant tout à fait analogue à la première, il est clair que deux molécules d'alcool interviennent dans la formation de l'éther, et que l'une commence par entrer en combinaison avec l'acide sulfurique pour réagir ensuite sur l'autre molécule encore libre.

La présence de l'alcool libre est nécessaire, car en chauffant de l'acide éthyl-sulfurique seul, à une température qui dépasse même celle de l'éthérification, on n'obtient pas d'éther. Lorsqu'on chauffe dans un tube scellé de l'acide sulfurique avec un excès d'alcool, il se produit de l'éther qui forme une couche dans la partie supérieure du tube. Si, au contraire, l'acide est en excès, il ne se forme pas d'éther.

Les sulfates, chauffés en vase clos avec de l'alcool, l'éthérifient d'une manière plus ou moins complète. Dans quelques cas, il se produit un sulfate basique ; mais toujours une petite partie de l'acide sulfurique parait être mise en liberté, pour agir alors à la manière ordinaire [Graham, *Chem. Soc. quart. Journ.*, t. III, p. 24. — Alvaro Reynoso, *Ann. de Chim. et de Phys.*, (3), t. XXVIII, p. 385.]

Nous avons déjà dit qu'en chauffant le mélange d'acide sulfurique et d'alcool à une température plus élevée que celle de l'éthérification, au moment où l'alcool n'est plus en excès, on obtient de l'éthylène. Quand on veut préparer ce gaz, on mélange 1 p. d'alcool avec 4 ou 6 p. d'acide sulfurique concentré, et l'on chauffe à 160 ou 180°. A cette température, le mélange noircit et dégage de l'éthylène mélangé d'acide sulfureux, d'acide carbonique, d'oxyde de carbone, d'acide acétique, d'éther acétique, d'acide formique, d'huile de vin. On recueille le gaz après l'avoir fait passer par des flacons à trois tubulures renfermant de la potasse, de l'acide sulfurique et enfin de l'eau.

Lorsqu'on fait passer de la vapeur d'alcool à 80° dans un ballon où l'on fait bouillir un mélange de 10 p. d'acide sulfurique concentré et de 3 p. d'eau, l'alcool est simplement dédoublé en éthylène et eau, et le mélange ne noircit pas. Il faut toutefois laver le gaz pour retenir les vapeurs d'alcool et d'éther qu'il peut entraîner [Mitscherlich, *Ann. de Chim. et de Phys.*, (3), t. VII, p. 12].

L'*acide sulfurique anhydre* se combine avec l'alcool absolu, en donnant naissance à du sulfate d'éthyle : $SO^2.\,2\,C^2H^5O^2$.

Lorsqu'on place un petit tube contenant de l'alcool absolu dans un vase renfermant de l'acide sulfurique anhydre, on voit, au bout d'un certain temps, se former dans le tube des cristaux d'*acide éthionique anhydre*, ou sulfate de carbyle :

$$C^2H^4.\,2\,SO^3;$$

il s'en produit également dans le vase, mais mélangés d'acide sulfurique anhydre, dont il est difficile de les séparer. En même temps que les cristaux, il se produit des acides éthionique, iséthionique, éthyl-sulfurique et sulfurique, aux dépens de l'eau enlevée à l'alcool.

L'*acide perchlorique* n'agit pas sur l'alcool comme oxydant, mais bien à la façon de l'acide sulfurique, en l'éthérifiant.

L'*acide phosphorique* est aussi susceptible d'éthérifier l'alcool. Mélangé avec lui à la température ordinaire, il s'y combine en partie pour former l'acide éthyl-phosphorique ; lorsque l'alcool est en excès et que la température s'élève, il se dégage d'abord de l'éther, puis de l'éthylène. L'acide phosphorique anhydre en contact avec les vapeurs d'alcool absolu, se transforme en un mélange d'acides éthyl et diéthyl-phosphorique.

L'acide arsénique se comporte d'une manière analogue.

Le *chlore* se dissout dans l'alcool et réagit assez vivement sur lui pour qu'il puisse y avoir inflammation à la lumière solaire directe. Lorsqu'on modère l'action au commencement, il se forme, avec dégagement d'acide chlorhydrique, d'abord un produit de déshydrogénation de l'alcool, l'aldéhyde et son dérivé l'acétal, en même temps du chlorure d'éthyle, de l'acide acétique, de l'acétate d'éthyle, et lorsqu'on continue la réaction assez longtemps, en chauffant légèrement à la fin, du *chloral* ou hydrure d'acétyle trichloré C^2HCl^3O :

$$C^2H^6O + Cl^2 = C^2H^4O + 2HCl.$$
$$C^2H^6O + H^2O + 2Cl^2 = C^2H^4O^2 + 4HCl.$$
$$C^2H^4O + 3Cl^2 = C^2HCl^3O + 3HCl.$$

Le *brome* fournit des produits analogues : bromal, bromure d'éthyle, bromure de carbone, acide formique, etc.

L'alcool dissout l'*iode* sans s'altérer d'abord ; à la longue, il se produit de l'acide iodhydrique et de l'iodure d'éthyle.

L'*acide chlorhydrique gazeux* se dissout en grande quantité dans l'alcool. Lorsque la solution est portée à l'ébullition, elle dégage du chlorure d'éthyle. Le même produit se forme lorsqu'on distille un mélange d'alcool et d'acide chlorhydrique concentré, ou lorsqu'on chauffe ce mélange dans un tube scellé. Si l'alcool est en excès, il se produit de l'éther en même temps que du chlorure d'éthyle [Al. Reynoso, *Ann. de Chim. et de Phys.*, (3), t. XLVIII, p. 385]. Il y a entre le chlorure d'éthyle et l'alcool une réaction analogue à celle qui se passe dans l'éthérification par l'acide sulfurique entre l'acide sulfovinique et l'alcool libre :

$$C^2H^5Cl + C^2H^6OH = C^2H^5.O.C^2H^5 + HCl.$$

La plupart des chlorures métalliques agissent d'une manière analogue et sont capables d'éthérifier l'alcool à des températures plus ou moins élevées. C'est ce qui arrive pour les *chlorures de zinc, de cadmium, de nickel, de cobalt, de calcium, de strontium,* les *protochlorures de fer et de manganèse,* etc. La réaction peut être interprétée par les équations suivantes :

$$2C^2H^5OH + ZnCl^2 = (C^2H^5O)^2Zn + 2HCl.$$
$$C^2H^5OH + HCl = C^2H^5Cl + H^2O.$$
$$2C^2H^5Cl + (C^2H^5O)^2Zn = 2C^2H^5OC^2H^5 + 4HCl.$$

Comme pour l'acide sulfurique, la réaction n'est pas la même lorsque l'alcool est en excès, ou lorsqu'il n'y en a que ce qui peut se combiner avec le chlorure : dans ce dernier cas, par exemple, avec le chlorure de zinc, la combinaison cristallisée que forme ce sel anhydre avec l'alcool absolu $(C^2H^6O)^2ZnCl^2$ se détruit par la distillation sèche, en fournissant de l'alcool, du chlorure d'éthyle, de l'acide chlorhydrique et de l'oxyde de zinc. La combinaison de *chlorure de calcium* et d'alcool $(C^2H^6O)^4CaCl^2$, également cristallisée, ne donne, quand on la distille, que de l'hydrogène carboné.

Quant aux chlorures susceptibles de perdre une partie du chlore qu'ils renferment, ils agissent d'une double manière, étant d'abord réduits par l'alcool et pouvant ensuite se comporter comme les protochlorures.

Le *bichlorure d'étain* distillé avec de l'alcool en excès donne de l'éther, du chlorure d'éthyle et de l'acide chlorhydrique. Mélangé à 0° avec l'alcool absolu, il entre en combinaison avec lui et donne des cristaux qu'on peut purifier en les desséchant dans le vide et en les faisant cristalliser dans un excès d'alcool. Ils renferment, d'après M. Leroy, $(C^2H^6Cl)^2HCl,SnO^2 + 1/2H^2O$, et sont distillables presque sans décomposition quand ils sont isolés de l'excès d'alcool [Kuhlmann, *Compt. rend.*, t. IX, p. 496. — Leroy, *Compt. rend.*, t. XXI, p. 371].

Le *perchlorure de fer* se dissout dans l'alcool en s'échauffant ; quand on distille, il passe beaucoup d'acide chlorhydrique, du chlorure d'éthyle, de l'oxyde d'éthyle. Le résidu renferme du peroxyde de fer.

Le *bichlorure de mercure* est aussi réduit par l'alcool.

Les *chlorures de silicium, de titane et de bore* se transforment en éthers silicique, titanique, borique, avec dégagement d'acide chlorhydrique.

Le *fluorure de bore*, celui de *silicium* se combinent aussi avec l'alcool, et donnent des liquides qui fournissent à la distillation de l'oxyde d'éthyle.

Le *chlorure d'aluminium* fournit, vers 180°, du chlorure d'éthyle, puis de l'acide chlorhydrique ; il reste de l'alumine.

Les *chlorures d'antimoine* donnent du chlorure d'éthyle, un peu d'éther ; le résidu est formé d'oxychlorure d'antimoine.

Le *protochlorure de platine* porté à l'ébullition avec l'alcool de 0,813 à 0,893 de densité, se transforme en une poudre noire détonante qui renferme, d'après Zeise, $C^2H^4PtCl^2$. La liqueur devient en même temps acide et répand l'odeur du chlorure d'éthyle.

Le *bichlorure de platine* distillé avec de l'alcool de 0,823 de densité (1 p. pour 100), de manière à réduire le liquide à 1/6e de son volume, fournit de l'aldéhyde, de l'éther chlorhydrique et de l'acide chlorhydrique. Le résidu laisse déposer une matière noire détonante et renferme en dissolution une combinaison particulière, le *chlorure de platine inflammable* de Zeise, auquel Gerhardt a donné le nom d'*acide éthylchloroplatinique*. C'est une matière gommeuse, d'un jaune de miel, soluble dans l'eau et dans l'alcool, mais non déliquescente, noircissant à la lumière. Ses dissolutions sont acides et se décomposent facilement. D'après l'analyse du sel d'ammonium, on lui attribue la formule $C^2H^4PtCl^2$, et la réaction qui lui donne naissance peut être exprimée par l'équation :

$$2C^2H^6O + PtCl^4$$
$$= C^2H^4PtCl^2 + C^2H^4O + H^2O + 2HCl$$

[Zeise, *Poggend. Ann.*, t. XXI, p. 497 et 542, et t. XL, p. 234].

D'après sa composition, l'acide éthylchloroplatinique paraît être une combinaison d'éthylène diatomique avec du protochlorure de platine également diatomique.

Le *protochlorure de phosphore* réagit vivement sur l'alcool, avec formation de phosphite triéthylique, de chlorure d'éthyle, d'acide chlorhydrique et d'acide phosphoreux [Béchamp, *Compt. rend.*, t. XL, p. 944] :

$$6C^2H^6O + 2PhCl^3$$
$$= 3C^2H^5Cl + 3HCl + PhO^3(C^2H^5)^3 + PhO^3H^3.$$

Le *perchlorure de phosphore* donne du chlorure d'éthyle, de l'acide chlorhydrique et de l'oxychlorure de phosphore. L'*oxychlorure* lui-même se transforme en phosphate triéthylique.

Les *bromures* et l'*iodure* de phosphore agissent d'une manière analogue.

Le *pentasulfure de phosphore* transforme l'alcool en *mercaptan* ou alcool sulfuré, en passant à l'état d'acide phosphorique ou plutôt de phosphate d'éthyle :

$$5(C^2H^5OH) + Ph^2S^5 = 5(C^2H^5SH) + Ph^2O^5.$$

Le *chlorure de cyanogène* se dissout d'abord dans l'alcool sans décomposition. Après quelques jours, et plus rapidement si l'alcool n'est pas absolu, ou si l'on chauffe le mélange à 80°, du chlorhydrate d'ammoniaque se dépose, et la liqueur renferme du chlorure d'éthyle, de l'uréthane et du carbonate d'éthyle :

$$C^2H^6O + CAzCl + H^2O$$
$$= AzH^2.CO.OC^2H^5 + HCl.$$

Uréthane.

$$2C^2H^6O + CAzCl + H^2O$$
$$= CO^3(C^2H^5)^2 + AzH^4Cl.$$

Carbonate d'éthyle.

$$2C^2H^6O + CAzCl = AzH^2.CO.OC^2H^5 + C^2H^5Cl$$

[Wurtz, *Compt. rend.*, t. XXII, p. 503].

Le *potassium* et le *sodium* se dissolvent dans l'alcool avec dégagement de chaleur et mise en liberté d'hydrogène. Un atome de métal prend la place de l'atome d'hydrogène typique de l'alcool :

$$2C^2H^5OH + K^2 = 2C^2H^5OK + H^2.$$

L'éthylate de potassium ou de sodium formé cristallise en lamelles blanches par le refroidissement de la dissolution. La solution alcoolique de potasse paraît agir dans beaucoup de cas comme si elle renfermait de l'éthylate de potasse.

Nous avons déjà mentionné en passant les combinaisons cristallisées que l'alcool forme avec les chlorures de zinc et de calcium. Plusieurs autres sels, tels que le *perchlorure* et le *protochlorure de fer*, le *protochlorure de manganèse*, l'*azotate de chaux*, l'*azotate de magnésie*, donnent également avec l'alcool des combinaisons définies et cristallisables dans lesquelles l'alcool paraît jouer un rôle analogue à celui de l'eau de cristallisation. Ces combinaisons sont détruites par l'eau.

Lorsqu'on chauffe avec l'alcool la plupart des acides organiques, ils sont susceptibles de se combiner avec lui en formant des éthers, avec élimination d'eau. Quelquefois il suffit de distiller ensemble le mélange d'alcool et d'acide ; d'autres fois, il est nécessaire de le chauffer en vase clos à une température plus ou moins élevée et pendant un temps variable. MM. Berthelot et Péan de Saint-Gilles ont montré que, dans ces conditions, la proportion d'éther formé atteint, après un temps suffisant, quelle que soit la température, une limite qui ne peut pas être dépassée et qui est déterminée sans doute par l'action décomposante que l'eau éliminée exerce à son tour sur l'éther déjà produit. En effet, en chauffant d'une part un mélange d'alcool et d'acide acétique, par exemple, de l'autre un mélange d'eau et d'éther acétique ayant même composition centésimale, on trouve exactement dans chacun des tubes les mêmes proportions d'alcool, d'acide, d'eau et d'éther, lorsque les deux mélanges ont été chauffés assez longtemps. Nous ne nous arrêterons pas davantage sur ces propriétés, qui n'appartiennent pas en propre à l'alcool vinique, et dont il sera parlé plus en détail à propos des alcools en général.

Pour déterminer la combinaison de l'alcool avec un acide, il est souvent nécessaire de faire intervenir l'acide chlorhydrique ou l'acide sulfurique. Cette action de présence peut s'interpréter peut-être par la formation transitoire, dans le cas de l'acide chlorhydrique, d'un chlorure du radical acide, capable de réagir facilement sur l'alcool, pour donner naissance à l'éther que l'on cherche à produire. Mais c'est encore là une réaction générale des alcools sur laquelle il n'y a pas lieu de s'étendre ici.

Constitution. — Lorsqu'on eut appris, par les analyses de Saussure, que l'alcool renfermait les éléments de volumes égaux d'éthylène et de vapeur d'eau $C^2H^4 + H^2O$, on devait être naturel-

lement conduit à le regarder comme formé par l'union de ces deux corps et à le formuler

$$C^2H^4.H^2O.$$

C'est ce qui fut fait et poursuivi avec une grande rigueur de logique par MM. Dumas et Boullay, pour tous les dérivés de l'alcool. L'hydrogène bicarboné ou *éthérène* était pour eux de tous points comparable à l'ammoniaque, et c'est bien aussi ce qu'il est en sa qualité de radical diatomique.

On avait ainsi :

L'alcool.............. $C^2H^4.H^2O.$
L'éther.............. $C^2H^4.HO^{1/2}.$
L'éther chlorhydrique $C^2H^4.HCl.$
L'éther acétique...... $C^2H^4.C^2H^4O^2.$

Cette théorie eut le grand mérite d'être la première à réunir systématiquement les faits connus relativement à l'alcool. Elle fut assez rapidement délaissée pour être remplacée par celle de l'*éthyle*, née principalement des recherches de MM. Wœhler et Liebig sur l'essence d'amandes amères. Mais elle a eu, dans ces derniers temps, la bonne fortune de voir une classe particulière de composés, les pseudo-alcools, venir la rétablir sur un fondement expérimental nouveau et donner ainsi raison à la sagacité de ses illustres auteurs.

La théorie de l'éthyle est celle qui a généralement cours maintenant et à laquelle est empruntée la nomenclature la plus usuelle. Si MM. Dumas et Boullay avaient comparé leur éthérène à l'ammoniaque, M. Liebig a fait voir que l'éthyle C^2H^5 peut être assimilé jusqu'à un certain point à un métal : l'alcool est l'hydrate d'oxyde de ce métal composé ; l'éther, son oxyde anhydre ; les éthers composés sont ses sels.

Alcool........ $C^2H^5O'^{/4}.O'^{/4}H.$
Éther.......... $C^2H^5O'^{/4}.$
Acétate d'éthyle $C^2H^5O'^{/4}.C^2H^3O'^{/4}.$

Les théories modernes n'ont fait que mettre davantage en lumière cette analogie ; elles n'ont modifié les idées reçues sur les oxydes, sur les hydrates, sur les sels métalliques que pour modifier de la même manière celles que l'on avait sur les éthers, les alcools et les éthers composés ; ou plutôt on peut dire que ce sont les changements nécessités par l'étude plus complète de ces derniers corps, qui ont réagi sur les théories de la chimie minérale et ont fait faire à celles-ci un progrès considérable.

Quant à la théorie de l'atomicité, loin d'ébranler la notion des radicaux née avant elle et dont elle a fini par sortir, elle a plutôt éclairé pour nous cette notion en nous montrant comment le groupement de plusieurs atomes se saturant réciproquement, mais d'une manière incomplète, peut équivaloir à un atome unique possédant une capacité de saturation de 1, 2, 3 unités ou plus.

Nous terminons en donnant les formules typiques de Gerhardt pour l'alcool, l'éther, le chlorure et l'acétate d'éthyle, et à la suite les formules analogues de l'hydrate de potasse, de l'oxyde de potassium, du chlorure et de l'acétate de potasse.

Alcool ou hydrate d'éthyle...... $\left.\begin{array}{l}C^2H^5\\H\end{array}\right\}O.$

Éther ou oxyde d'éthyle........ $\left.\begin{array}{l}C^2H^5\\C^2H^5\end{array}\right\}O.$

Éther chlorhydrique ou chlorure d'éthyle .... $C^2H^5Cl.$

Éther acétique ou acétate d'éthyle $\left.\begin{array}{l}C^2H^3O\\C^2H^3\end{array}\right\}O.$

Hydrate de potasse............ $\left.\begin{array}{l}K\\H\end{array}\right\}O.$

Oxyde de potassium............ $\left.\begin{array}{l}K\\K\end{array}\right\}O.$

Chlorure de potassium.......... $KCl.$

Acétate de potasse............. $\left.\begin{array}{l}C^2H^3O\\K\end{array}\right\}O.$

C. F.

ALCOOLS. — On appelle *alcools* une classe de composés organiques non azotés caractérisés principalement par la propriété de former avec les acides des combinaisons neutres qu'on appelle *éthers* : ces combinaisons se produisent toujours avec élimination d'eau. En employant la notation typique, on voit que l'acide comme l'alcool concourt à la formation de cette eau, et que la réaction peut être représentée comme l'échange, dans l'alcool ou dans l'acide, de l'hydrogène typique par le radical de l'acide ou de l'alcool. Prenons, par exemple, l'alcool vinique et l'acide acétique :

$$\left.\begin{array}{l}C^2H^5\\H\end{array}\right\}O + \left.\begin{array}{l}C^2H^3O\\H\end{array}\right\}O = \left.\begin{array}{l}C^2H^3O\\C^2H^5\end{array}\right\}O + \left.\begin{array}{l}H\\H\end{array}\right\}O.$$

La combinaison formée est susceptible de se dédoubler sous l'influence des alcalis hydratés, en régénérant l'alcool et en formant un sel alcalin.

Au lieu de rapporter, avec Gerhardt, les alcools au type eau, on peut encore, ce qui revient exactement au même, les considérer comme des hydrocarbures dans lesquels un ou plusieurs atomes d'hydrogène sont remplacés par une ou plusieurs molécules d'oxhydryle O H, résidu monoatomique de l'eau dont on a détaché un atome d'hydrogène :

$$C^2H^5.H, \qquad C^2H^5.OH.$$

Hydrure d'éthyle.   Hydrate d'éthyle.

D'une manière comme de l'autre, on voit le groupe hydrocarburé jouer le rôle d'un radical, c'est-à-dire remplacer un corps simple, si nous nous rapportons à la notion typique, ou former le noyau susceptible de donner naissance, par substitution d'un de ses atomes d'hydrogène, aux divers corps de la série.

Le type de cette classe, l'alcool vinique ou simplement alcool (voyez ce mot), a été longtemps le seul connu. La notion générale d'alcool a été introduite dans la science par MM. Dumas et Peligot [*Ann. de Chim. et de Phys.*, t. LVIII, p. 5, t. LXI, p. 193, et t. LXII, p. 5]. Ces illustres savants ont fait voir dans leur beau travail sur l'esprit de bois, que l'alcool vinique n'est pas un corps isolé et sans analogue, mais que la plupart de ses propriétés se retrouvent dans l'esprit de bois, qu'ils ont appelé en conséquence alcool méthylique. Bientôt après, l'éthal, découvert en 1823 par M. Chevreul et étudié par les mêmes chimistes, vint à son tour se ranger à côté de l'alcool vinique et de l'alcool méthylique. M. Cahours reconnut ensuite dans l'huile de pommes de terre les propriétés caractéristiques de la nouvelle classe de corps [*Ann. de Chim. et de Phys.*, t. LXX, p. 81, t. LXXV, p. 191]. A partir de ce moment, les alcools nouveaux se multiplièrent de plus en plus; en même temps, les caractères de ces composés se diversifièrent. M. Cannizzaro, par la découverte de l'alcool benzylique, montra que la fonction alcoolique, suivant l'expression de Gerhardt, n'appartient pas exclusivement aux corps de la série grasse. D'un autre côté, la glycérine, étudiée d'une manière plus complète, vint élargir singulièrement le cadre dans lequel on rangeait les alcools. M. Chevreul [*Recherches sur les corps gras*, p. 320, 445, etc.], MM. Dumas et Stas [*Ann. de Chim. et de Phys.*, t. LXXIII, p. 113], MM. Pelouze et Gélis [*Ann. de Chim. et de Phys.*, (3), t. X, p. 455] avaient déjà fait ressortir certaines analogies de la glycérine avec l'alcool. Mais c'est au beau mémoire de M. Berthelot que l'on doit une idée nette sur le rôle de ce corps [*Ann. de Chim. et de Phys.*, (3), t. XLI, p. 216]. Il s'y présente comme entièrement comparable à l'alcool, avec cette différence que l'alcool étant susceptible de se combiner avec une molécule d'acide acétique, une molécule d'eau étant éliminée dans la réaction, la glycérine peut se combiner à 3 molécules du même acide, 3 molécules d'eau étant éliminées. La glycérine est donc à l'alcool, au point de vue de la saturation par les acides, ce que l'acide phosphorique, par exemple, est, comme basicité, à l'acide acétique ou à l'acide azotique. Elle contient 3 atomes d'hydrogène typique, remplaçables par 3 radicaux monoatomiques, et c'est ce qu'on exprime dans la notation typique en la rapportant au type eau trois fois condensé, les 3 molécules d'eau étant réunies par la substitution du radical allyle C^3H^5 à 3 H :

$$\left.\begin{array}{l}H^3\\H^3\end{array}\right\}O^3, \qquad \left.\begin{array}{l}C^3H^5\\H^3\end{array}\right\}O^3 \quad ou \quad C^3H^5\left\{\begin{array}{l}OH\\OH\\OH\end{array}\right.$$

Les glycols vinrent bientôt se placer entre la glycérine et l'alcool, et montrer d'une manière éclatante l'exactitude et la généralité des considérations qui viennent d'être énoncées [Wurtz, *Ann. de Chim. et de Phys.*, (3), t. LV, p. 400]. Outre les alcools appelés désormais *monoatomiques*, et la glycérine, alcool *triatomique*, on avait la série des alcools *diatomiques* comparables, pour leur capacité de saturation, à l'acide sulfurique, et susceptibles de se combiner avec 2 molécules d'acide acétique, avec élimination de 2 molécules d'eau. Mais les glycols et la glycérine ne sont pas les seuls types d'alcools polyatomiques : M. Berthelot a montré que la mannite et probablement plusieurs autres sucres se comportent comme des alcools *hexatomiques*. Enfin M. V. de Luynes, en étudiant l'érythrite, lui a trouvé les propriétés d'un alcool *tétratomique*. Nous ajouterons ici, pour mémoire, les alcools *polyéthyléniques* et *polyglycériques*, qui ne sont autre chose que des anhydrides ou une sorte d'éther résultant de la condensation de plusieurs molécules de glycol ou glycérine avec élimination d'eau (Wurtz, *Bull. de la Soc. chim.*, déc. 1859; *Ann. de Chim. et de Phys.*, (3), t. LXIX, p. 317; Lourenço, *Ann. de Chim. et de Phys.*, (3), t. LXVII, p. 257).

Mais la complication ne s'arrête pas là dans la classe des alcools. Il faut mentionner d'abord les alcools non saturés, c'est-à-dire susceptibles de fixer par addition directe 2 atomes monoatomiques; le type en est l'*alcool allylique*, qui renferme le radical allyle C^3H^5 fonctionnant comme monoatomique, quoiqu'il soit triatomique dans d'autres combinaisons (glycérine, etc.). L'alcool allylique, en fixant 2 atomes d'hydrogène, se transforme en alcool propylique.

Une autre catégorie distincte d'alcools est celle qui a été découverte par M. Wurtz en étudiant le produit de la combinaison directe de l'amylène et de l'acide iodhydrique, et désignée par le nom de *pseudo-alcools*. Ces corps prennent naissance par l'union directe des hydrocarbures C^nH^{2n} (sauf l'éthylène et le propylène) avec l'acide iodhydrique, l'acide bromhydrique ou l'acide chlorhydrique, et par le traitement des iodures, bromures et chlorures par l'oxyde d'argent humide. Les pseudo-alcools se distinguent des alcools vrais par la grande tendance qu'ils ont à se dédoubler en hydrocarbure C^nH^{2n} et en eau, sous l'influence de la chaleur et sous celle de la plupart des réactifs, c'est ainsi que le brome, au lieu de fournir avec eux des corps analogues au chloral, les transforme en bromure d'hydrocarbure et en eau. Ils réalisent donc d'une manière frappante la théorie anciennement émise, par MM. Dumas et Boullay pour les alcools proprement dits, théorie d'après laquelle ces derniers seraient des hydrates d'hydrocarbures. Une autre différence entre les alcools et les pseudo-alcools consiste en ce que ces derniers ne fournissent pas par oxydation d'acide renfermant un même nombre qu'eux d'atomes de carbone. Les produits d'oxydation sont les mêmes que ceux fournis par l'hydrocarbure lui-même.

Ce n'est pas seulement parmi les alcools mono-atomiques que l'on constate des cas d'isomérie pareils à ceux de l'alcool amylique et de l'hydrate d'amylène. M. Wurtz en a démontré l'existence parmi les glycols : il a réussi à dériver du diallyle

$$\left.\begin{array}{l} C^3 H^5 \\ C^3 H^5 \end{array}\right\}$$

un pseudo-glycol hexylique susceptible de se transformer par l'action de l'acide chlorhydrique ou de l'acide iodhydrique en dichlorhydrate et diiodhydrate. Il est probable que, parmi les alcools polyatomiques que nous connaissons, plusieurs, au lieu d'appartenir à la série normale, font partie de ces séries parallèles dont quelques termes sont déjà connus.

Par l'action de l'hydrogène naissant sur les acétones, M. Friedel a obtenu une série d'alcools venant se placer entre les alcools proprement dits et les pseudo-alcools. On peut les désigner par le nom d'*isoalcools*. Les isoalcools se rapprochent des alcools vrais en ce qu'ils ne donnent pas par l'action du brome de bromure d'hydrocarbure $C^n H^{2n}$, mais bien des produits bromés répondant au bromal. D'un autre côté, ils ne donnent pas par oxydation un acide renfermant le même nombre d'atomes de carbone qu'eux; ils régénèrent simplement l'acétone à l'aide de laquelle ils ont été préparés. On peut dire que les acétones sont les aldéhydes de ces alcools.

Il est facile, dans la théorie atomique, de se représenter par des formules les différences qui existent entre les alcools et les isoalcools. Prenons, par exemple, l'alcool vinique et l'alcool isopropylique. Le premier, d'après ce que nous avons dit plus haut, est

$$C^2 H^5 OH \quad \text{ou} \quad \begin{array}{c} H \\ | \\ O \\ | \\ H\text{-}C\text{-}H \\ | \\ H\text{-}C\text{-}H \\ | \\ H \end{array}$$

Quant au second, l'acétone étant, d'après ses divers modes de synthèse et d'après ses réactions,

$$CH^3.CO.CH^3 \quad \text{ou} \quad \begin{array}{c} H \\ | \\ H\text{-}C\text{-}H \\ | \\ C{=}O \\ | \\ H\text{-}C\text{-}H \\ | \\ H \end{array}$$

il est extrêmement probable que la constitution de l'alcool isopropylique qui en est dérivé, et qui est susceptible de la régénérer par oxydation, est

$$\begin{array}{c} H \\ | \\ H\text{-}C\text{-}H \\ | \\ H\text{-}C\text{-}O\text{-}H \\ | \\ H\text{-}C\text{-}H \\ | \\ H \end{array}$$

L'inspection de cette formule permet d'entrevoir pourquoi les isoalcools ne donnent pas d'acide et régénèrent simplement l'acétone. On voit que, dans l'alcool vinique, il existe un groupe $H^2 COH$ qui renferme l'hydrogène typique. C'est dans ce groupe que, par oxydation, 2 atomes d'hydrogène

peuvent être remplacés par 1 atome d'oxygène, l'hydrogène typique perdant alors son caractère alcoolique et prenant le caractère acide. Dans l'alcool isopropylique, le groupe qui renferme l'hydrogène typique, pris entre deux autres groupes carbonés, ne renferme que $HCOH$; l'oxygène ne peut donc pas venir s'y substituer à l'hydrogène, et l'oxydation borne son action à l'élimination des deux hydrogènes, celui qui est typique en même temps que celui qui appartient au radical.

Quoi qu'il en soit de ces considérations, on voit qu'il est assez facile de se faire une idée des différences de constitution d'où résultent les différences de propriétés des alcools proprement dits et des isoalcools. Il n'en est pas de même pour les pseudo-alcools. Nous voyons bien que l'hydrocarbure et l'eau sont liés d'une manière beaucoup moins intime que dans les autres alcools; que les deux groupes paraissent coexister presque sans pénétration; mais nous n'avons jusqu'ici, dans la théorie atomique, rien qui nous fasse entrevoir comment cette liaison plus lâche peut s'opérer. Peut-être faut-il chercher simplement dans la nature même des divers hydrocarbures isomériques la raison de ces différences. C'est un problème qui ne tardera sans doute pas à être résolu.

Enfin il reste une dernière série, celle des *alcools tertiaires*, ainsi nommés par M. Kolbe, et, après lui, par M. Boutlerow, à qui leur découverte est due [*Bull. de la Soc. chim.*, 1863, p. 587; 1864, t. II, p. 106; t. V, p. 17]. Ces chimistes distinguent les alcools en primaires, secondaires et tertiaires suivant le nombre d'atomes d'hydrogène combinés directement à l'atome de carbone uni au résidu OH. Il en résulte que les isoalcools seront pour eux des alcools secondaires. Les alcools tertiaires se produisent par l'action des combinaisons organo-métalliques du zinc sur les chlorures des radicaux des acides organiques monobasiques et par l'action de l'eau sur le produit formé. M. Boutlerow admet que le zinc enlevant au radical $C^n H^{2n-1} O$ son oxygène, les deux molécules de radical alcoolique unies au zinc se substituent à l'atome d'oxygène. Il se forme ainsi, par exemple, par l'action du zinc-méthyle sur le chlorure d'acétyle, l'alcool *pseudo-butylique tertiaire* ou *alcool méthylique triméthylé* :

$$\left(C \left\{ \begin{array}{l} CH^3 \\ CH^3 \\ CH^3 \end{array} \right. \right)' OH.$$

On voit que les alcools tertiaires ne diffèrent des alcools ordinaires, au moins d'après ces formules, que par la nature de l'hydrocarbure qu'ils renferment, hydrocarbure qui, au lieu d'appartenir à la série normale, dans laquelle un atome de carbone n'est jamais saturé par plus de deux autres, renferme, au contraire, 1 atome de carbone saturé par 3 atomes de carbone. Par oxydation, ils se scindent en produisant des molécules dont la teneur en carbone est moindre que celle de l'alcool.

On a souvent réuni aux alcools des corps qui méritent peut-être plutôt de former une classe à part : ce sont les *phénols*, dont le type est le corps qui a été appelé acide phénique et alcool phénique. Ce double nom suffit déjà pour montrer le caractère indécis de ces composés. Ils appartiennent à la série aromatique et renferment tous le noyau hydrocarboné $C^6 H^6$ qui, d'après la belle théorie de M. Kekulé, fournit par substitution tous les termes de cette série [*Bull. de la Soc. chim.*, 1865, t. III, p. 98, etc.]. On peut admettre que c'est ce même noyau qui imprime, par sa liaison immédiate avec l'oxhydryle OH, à l'hydrogène typique des phénols, ses propriétés particulières. On comprend ainsi la différence complète qui existe entre l'alcool benzylique et le crésol ou phénol crésylique, dont le premier est un véritable alcool :

$$C^6H^6$$
Benzine.

$$C^6H^5\,OH$$
Phénol.

$$C^6H^5.C\begin{cases}H^2\\OH\end{cases}$$
Alcool benzylique.

$$C^6H^4\begin{cases}OH\\CH^3\end{cases}$$
Crésol.

Ces formules expriment que dans l'alcool benzylique, l'oxhydryle est lié à la chaîne latérale méthyle qui se rattache elle-même au noyau benzine, au lieu d'être immédiatement en contact avec ce noyau.

Les phénols, ainsi que le rendent évident les formules que nous venons d'indiquer, ne sont pas susceptibles de donner par oxydation un acide qui leur corresponde, comme l'acide acétique correspond à l'alcool vinique. Ils n'ont pas non plus d'aldéhydes.

Après ce rapide aperçu, nous allons revenir en quelques mots sur un certain nombre de réactions générales des alcools. Avant la découverte des pseudo et des iso-alcools, nous aurions pu ajouter à la caractéristique de la fonction alcoolique la transformation par oxydation en un acide renfermant un atome d'oxygène à la place de deux atomes d'hydrogène de l'alcool. Cette transformation s'effectue d'ordinaire en deux temps : d'abord, deux atomes d'hydrogène sont enlevés, et il se produit une aldéhyde; puis l'aldéhyde elle-même fixe un atome d'oxygène pour se transformer en acide. Il est clair que, pour les alcools polyatomiques, l'oxydation pourra aller plus ou moins loin et fournir autant d'acides différents que l'alcool renferme d'atomes d'hydrogène typique :

$$C^2H^5OH + O = C^2H^3O.H + H^2O.$$
Alcool.   Aldéhyde.

$$C^2H^3O.H + O = C^2H^3O.OH.$$
Aldéhyde.   Ac. acétique.

$$C^2H^4O^2H^2 + O^2 = C^2H^2O.O^2H^2 + H^2O.$$
Glycol.   Ac. glycolique.

$$C^2H^4O^2H^2 + O^4 = C^2O^2.O^2H^2 + 2H^2O.$$
Glycol.   Ac. oxalique.

$$C^3H^5O^3H^3 + O^2 = C^3H^3O.O^3H^3 + H^2O.$$
Glycérine.   Ac. glycérique.

. . . .

Par une réaction inverse, les alcools peuvent être dérivés des aldéhydes, soit par l'action de la potasse (Cannizzaro),

$$2C^7H^5O.H + KHO = C^7H^5O.OK + C^7H^7OH,$$
Hydrure de   Benzoate de   Alcool
benzoïle.   potasse.   benzylique.

soit par celle de l'hydrogène naissant dégagé par l'action de l'eau sur un amalgame de sodium (Wurtz et Friedel) :

$$C^2H^3O.H + H^2 = C^2H^5OH.$$
Aldéhyde.   Alcool.

Nous avons déjà dit que les pseudo et les iso-alcools, de même que les phénols, ne fournissent pas d'acides dérivés d'une manière aussi simple.

Les alcools proprement dits, ou plutôt leurs azotites, et les phénols peuvent être obtenus par l'action de l'acide azoteux sur les amines correspondantes :

$$C^2H^7Az + Az^2O^3 = C^2H^5AzO^2 + H^2O + 2Az.$$
Éthylamine.   Azotite d'éthyle.

$$2C^6H^7Az + Az^2O^3 = 2C^6H^6O + H^2O + 4Az.$$
Aniline.   Phénol.

[S. W. Hoffmann, *Ann. der Chem. u. Phys.*, t. LXXV, p. 356; T. S. Hunt, *Sill. Am. Journ.*, nov. 1849].

Tous les alcools, de même que les phénols, peuvent échanger leur hydrogène typique contre certains métaux ; c'est ce qui a lieu, avec dégagement d'hydrogène, lorsqu'on met en contact un alcool avec du potassium ou du sodium :

$$2C^2H^5OH + K^2 = 2C^2H^5OK + H^2.$$

Le composé formé est généralement cristallin et médiocrement soluble dans l'alcool qui reste en excès. On ne parvient pas à dissoudre un équivalent de sodium dans un équivalent d'alcool. Il est indispensable d'ajouter un excès d'alcool assez considérable et souvent encore de chauffer à la fin. Lorsqu'on veut avoir la combinaison (*alcoolate*) sèche, on chasse l'excès d'alcool par distillation.

Lorsqu'on opère sur un glycol, le premier atome d'hydrogène typique est assez facilement remplaçable ; quant au second, il est nécessaire, pour arriver à l'éliminer, de chauffer fortement le vase dans lequel se fait la réaction :

$$C^2H^4.O^2H^2 + Na^2 = C^2H^4.O^2Na^2 + H^2.$$
Glycol.   Glycol disodé.

Ces combinaisons métalliques des alcools sont employées dans beaucoup de réactions : ce sont elles qui ont permis à M. Williamson de préparer pour la première fois les éthers mixtes, par la réaction de l'iodure d'un radical alcoolique, sur la combinaison sodée d'un autre :

$$C^2H^5I + C^5H^{11}.ONa = NaI + C^2H^5OC^5H^{11}.$$
Iodure   Amylate de   Oxyde
d'éthyle.   soude.   d'éthylamyle.

Il nous reste à parler des combinaisons des alcools avec les radicaux d'acides, ou *éthers*, combinaisons que nous avons déjà mentionnées comme caractéristiques pour cette classe de corps.

Les éthers simples, comme on les a appelés longtemps, ou combinaisons des radicaux alcooliques avec le chlore, le brome, l'iode, se préparent par l'un des procédés suivants : pour le chlore, la saturation de l'alcool par l'acide chlorhydrique et la distillation du mélange ; quelquefois la simple distillation avec l'acide chlorhydrique aqueux ; quelquefois encore une digestion prolongée en vase clos à une température élevée du mélange d'alcool et d'acide en dissolution concentrée :

$$C^2H^5OH + HCl = C^2H^5Cl + H^2O.$$
Alcool.   Chlorure
d'éthyle.

Quand il s'agit d'alcools polyatomiques, l'acide chlorhydrique ne suffit pas pour enlever tout l'hydrogène typique (à l'état d'oxhydryle) ; pour le glycol, par exemple, on obtient simplement la monochlorhydrine :

$$C^2H^4.O^2H^2 + HCl = C^2H^4OHCl + H^2O.$$
Glycol.   Chlorhydrine
du glycol.

Si l'on veut obtenir la dichlorhydrine, ou chlorure d'éthylène, il faut avoir recours au perchlorure de phosphore :

$$C^2H^4.O^2H^2 + 2PhCl^5$$
Glycol.

$$= C^2H^4Cl^2 + 2PhOCl^3 + 2HCl.$$
Chlorure
d'éthylène.

Pour les éthers bromhydriques et iodhydriques, on les obtient d'ordinaire par l'action du bromure ou de l'iodure de phosphore sur les alcools. La manière la plus simple de les préparer consiste à ajouter successivement par petites portions dans l'alcool le brome ou l'iode et le phosphore, en ayant soin de chauffer ou de refroidir suivant l'intensité de la réaction. Lorsque le mélange ne se décolore plus, ou lorsqu'on lui voit émettre des fumées intenses bromhydriques ou iodhydriques, on distille, on ajoute un peu de brome ou d'iode s'il y a du phosphore dans le produit, on lave et on rectifie. M. Personne a conseillé de remplacer le phosphore ordinaire par le phosphore rouge, dont l'emploi est surtout avantageux pour les éthers bromhydriques.

Les éthers simples régénèrent les alcools auxquels ils correspondent, lorsqu'on les traite par la potasse aqueuse ou par l'oxyde d'argent hydraté ; mais quelquefois la réaction est ou difficile ou trop vive, et au lieu d'employer la voie directe, il est préférable de transformer d'abord l'éther iodhydrique ou bromhydrique en un éther organique, l'acétate par exemple, ce qui se fait par l'intermédiaire de l'acétate d'argent ou de l'acétate de potasse :

$$C^2H^4Br^2 + 2C^2H^3O \cdot OK$$

Bromure   Acétate
d'éthylène.   de potasse.

$$= 2KBr + C^2H^4 \cdot O^2(C^2H^3O)^2.$$

Glycol diacétique.

L'acétate se saponifie mieux que le bromure. Cette réaction donne en même temps le moyen de passer d'un éther simple à un éther composé.

Les éthers composés peuvent être obtenus par diverses réactions, outre celle que nous venons de mentionner :

1. Action du chlorure du radical acide sur l'alcool :

$$C^2H^3O \cdot Cl + C^2H^5OH = HCl + C^2H^5O(C^2H^3O).$$

Chlorure   Alcool.   Acétate d'éthyle.
d'acétyle.

2. Distillation du mélange d'un sel de l'acide avec un sel de l'acide sulfoconjugué de l'alcool :

$$C^2H^3O \cdot OK + SO^2 \cdot O^2C^2H^5K$$

Acétate   Éthylsulfate de
de potasse.   potasse.

$$= C^2H^3O \cdot OC^2H^5 + SO^2 \cdot O^2K^2.$$

Acétate d'éthyle.

3. Action de l'acide chlorhydrique gazeux sur un mélange d'alcool et d'acide ; on peut admettre qu'il y a, dans ce cas, formation transitoire par l'action de l'acide chlorhydrique sur l'acide organique du chlorure du radical acide et réaction de ce dernier sur l'alcool.

4. Distillation d'un mélange d'alcool et d'acide avec addition d'acide sulfurique, ou encore d'alcool, d'un sel de l'acide organique et d'acide sulfurique.

5. Enfin, la plupart des acides chauffés avec les alcools à des températures plus ou moins élevées se combinent avec eux, avec élimination d'eau.

L'éthérification directe a été étudiée d'une manière approfondie, dans ses diverses circonstances, par MM. Berthelot et Péan de Saint-Gilles [*Ann. de Chim. et de Phys.*, (3), t. LV, p. 385, t. LVI, p. 1, t. LVIII, p. 225, 360, etc.]. Nous ne pouvons pas ici nous étendre sur ces recherches dont il sera fait une mention plus étendue à l'article ÉTHÉRIFICATION. Il est nécessaire cependant d'indiquer ici les principaux résultats de ce travail.

Lorsqu'on met en présence un acide et un alcool, la combinaison s'effectue avec une rapidité plus ou moins grande qui dépend de la température. Elle n'est d'ailleurs jamais complète. En effet, en même temps qu'il se produit un éther, il y a de l'eau éliminée. Cette eau exerce une action décomposante sur l'éther déjà formé. Il y a donc à chaque instant deux actions contraires ; lorsque l'éthérification a atteint un certain point, ces deux actions se balancent. Il y a

donc une limite à l'éthérification d'un mélange d'alcool et d'acide. MM. Berthelot et Péan de Saint-Gilles ont reconnu que cette limite est constante, ou à peu près, pour un mélange à équivalents égaux d'alcool et d'acide, et qu'elle est comprise entre 66 et 72 % ; elle a été trouvée de 60 pour l'alcool mentholique $C^{10}H^{20}O$, de 71,4 pour l'alcool campholique $C^{10}H^{18}O$, de 63,3 pour l'alcool benzylique $C^nH^{2n-6}O$, de 61,3 pour l'alcool cholestérique. Quant aux alcools polyatomiques, leurs limites d'éthérification ne s'éloignent pas sensiblement de celles des alcools monoatomiques : la glycérine a donné comme limite 69,3, le glycol 68,8, l'érythrite 69,5. La limite ne change pas non plus quand, au lieu d'un acide monobasique, on emploie un acide polybasique, pourvu que l'on compte l'acide bibasique, par exemple, comme équivalent à deux molécules d'acide monobasique.

Quand, au lieu de s'en tenir aux mélanges à équivalents égaux, on augmente le nombre de molécules d'alcool, par exemple, la limite change et s'élève ; elle croît ainsi avec le rapport du nombre des équivalents d'alcool à celui des équivalents d'acide, et tend vers la combinaison totale. Il en est de même quand la proportion d'acide croît par rapport à celle de l'alcool ; la limite d'éthérification s'élève en même temps.

La présence de l'eau, au contraire, abaisse la limite, comme on pouvait s'y attendre, puisqu'elle est le corps décomposant.

Lorsque le mélange, au lieu d'être liquide, peut prendre la forme gazeuse à la température à laquelle on opère, la limite n'est pas la même que pour l'état liquide : la combinaison entre l'alcool et l'acide va d'autant plus loin que l'état de dilatation est plus considérable.

Une conséquence qui résulte de l'existence même de la limite, et qui a été vérifiée par l'expérience, c'est qu'un mélange d'éther et d'eau est *réciproque* d'un mélange d'alcool et d'acide de même composition centésimale ; les deux tendent vers la même limite.

M. Berthelot a tiré de ce long travail une conséquence remarquable au point de vue de la diagnose des alcools. Étant donné un corps ayant le caractère alcoolique, pour déterminer son équivalent, on peut le chauffer avec un poids connu d'acide : si l'on a employé des quantités d'alcool et d'acide réellement équivalentes, c'est-à-dire deux molécules d'acide monobasique pour un glycol, etc., on trouvera de 60 à 70 % d'acide éthérifié. Dans le cas contraire, on se serait trompé sur la valeur de la molécule alcoolique.

Malheureusement ce genre d'essai ne peut s'appliquer aux alcools qui présentent des phénomènes spéciaux de déshydratation ou d'hydratation, comme la plupart des principes sucrés.

Quant aux phénols, ils n'obéissent pas aux mêmes lois que les alcools. L'éthérification directe a lieu, mais la limite est beaucoup moins élevée que pour les alcools (phénol et acide acétique, de 7 à 9 %) ; de plus elle varie avec les acides employés.

MM. Friedel et Crafts ont montré que les alcools chauffés en présence d'un éther composé peuvent échanger avec ce dernier le radical qu'ils renferment : ainsi, par exemple, l'acétate d'éthyle, chauffé avec l'alcool amylique, se transforme partiellement en acétate d'amyle [*Bull. de la Soc. chim.*, 1864, t. II, p. 100]. Réciproquement, l'acétate d'amyle, chauffé avec de l'alcool vinique, fournit une certaine quantité d'acétate d'éthyle. Cette action est surtout marquée pour les éthers facilement décomposables par l'eau, comme les éthers oxaliques.

Il ne nous reste plus qu'à énumérer les principaux alcools connus.

I. ALCOOLS APPARTENANT A LA SÉRIE NORMALE.

Monoatomiques.

1. Série $C^n H^{2n+2} O$ (série grasse).

Alcool méthylique ou hydrate de méthyle CH^4O (Taylor, 1812, Dumas et Peligot, 1835).
Alcool vinique, hydrate d'éthyle... C^2H^6O.
Alcool propylique, hydrate de trityle C^3H^8O (Chancel, 1852).
Alcool butylique, hydrate de tétryle $C^4H^{10}O$ (Wurtz, 1852).
Alcool amylique, hydrate de pentyle $C^5H^{12}O$ (Scheele, 1785, Cahours et Balard, 1830).
Alcool caproïque, hydrate d'hexyle $C^6H^{14}O$ (Faget, 1852).
Alcool œnanthylique, hydrate d'heptyle... $C^7H^{16}O$ (Faget, 1862).
Alcool caprylique, hydrate d'octyle $C^8H^{18}O$ (Bouis, 1851).
Alcool rutique ou caprique, hydrate de décyle... $C^{10}H^{22}O$.
Alcool cétylique, éthal, hydrate de cétyle... $C^{16}H^{24}O$ (Chevreul, 1823, Dumas et Peligot, 1836).
Alcool cérotique ou cérique, hydrate de céryle... $C^{27}H^{56}O$ (Brodie, 1848).
Alcool myricique, hydrate de myricyle... $C^{30}H^{62}O$ (Brodie, 1848).

2. Série $C^n H^{2n} O$.

Alcool acétylénique... C^2H^4O (Berthelot, 1860).
Alcool allylique, hydrate d'allyle C^3H^6O (Cahours et Hofmann, 1856).

3. Série $C^n H^{2n-2} O$.

Alcool campholique, camphre de Bornéo... $C^{10}H^{18}O$ (Pelouze, 1840).

4. Série $C^n H^{2n-6} O$ (série aromatique).

Alcool benzylique, hydrate de benzyle... C^7H^8O (Cannizzaro, 1853).
Alcool toluique ou tollylique... $C^8H^{10}O$ (Cannizzaro, 1853).
Alcool cuminique, hydrate de cumyle... $C^{10}H^{14}O$ (Kraut, 1854).
Alcool sycocérique, hydrate de sycocéryle... $C^{18}H^{30}O$ (Warren de la Rue et H. Muller, 1859).

5. Série $C^n H^{2n-8} O$.

Alcool cinnamique, styrone, hydrate de cinnamyle (Simon, 1839)... $C^9H^{10}O$
Cholestérine... $C^{26}H^{44}O$ (Conradi, 1775).

A la suite de ces alcools, on peut placer les phénols, qui sont, à partir du deuxième, isomériques avec les alcools de la série 4, $C^n H^{2n-6} O$:

6. Phénols $C^n H^{2n-6} O$.

Phénol ou hydrate de phényle... C^6H^6O (Laurent, 1841).
Crésol ou hydrate de crésyle... C^8H^8O (Williamson et Fairlie, 1854).
Phlorol... $C^8H^{10}O$ (Hlasiwetz, 1857).
Thymol ou hydrate de thymyle... $C^{10}H^{14}O$ (Arppe, 1846).

Phénol? $C^n H^{2n-12} O$.

Alcool naphtylique... $C^{10}H^8O$ (Griess, 1863; Dusart, Wurtz, 1867).

Alcools diatomiques ou glycols.

1. Glycols $C^n H^{2n+2} O^2$.

Ethylglycol, hydrate d'oxyde d'éthylène... $C^2H^6O^2$ (Wurtz, 1856).
Propylglycol, hydrate d'oxyde de propylène... $C^3H^8O^2$ (Wurtz, 1856).
Butylglycol, hydrate d'oxyde de butylène... $C^4H^{10}O^2$ (Wurtz, 1856).
Amylglycol, hydrate d'oxyde d'amylène... $C^5H^{12}O^2$ (Wurtz, 1856).
Hexylglycol, hydrate d'oxyde d'hexylène... $C^6H^{14}O^2$ (Wurtz, 1864).
Caprylglycol, hydrate d'oxyde d'octylène... $C^8H^{18}O^2$ (de Clermont, 1865).

La saligénine peut être classée à la suite des glycols, auxquels elle se rattache en sa qualité de composé diatomique. Sa nature n'est pas encore parfaitement connue ; toutefois il paraît assez probable qu'elle contient un atome d'hydrogène alcoolique et un autre atome d'hydrogène phénolique. Elle serait l'alcool correspondant à l'un des acides oxybenzoïques et ferait partie d'une classe de composés intermédiaires entre les glycols et les phénols diatomiques.

L'alcool anisique s'y rattache de près, en sa qualité d'éther méthylique d'un alcool correspondant également à un acide oxybenzoïque.

Saligénine... $C^7H^8O^2$ (Piria, 1845).
Alcool anisique... $C^8H^{10}O^2$ (Cannizzaro et Bertagnini, 1855).

2. Phénols diatomiques : $C^n H^{2n-6} O^2$.

Pyrocatéchine et ses isomères, résorcine (Hlasiwetz et Barth, 1865) et hydroquinone (?)... $C^6H^6O^2$.
Orcine (Robiquet, 1829) et son isomère, l'hydrure de gaïacyle (Pelletier et Deville)(?)... $C^7H^8O^3$
β Orcine (Stenhouse, 1848) et son isomère la créosote (Hlasiwetz, 1858)... $C^8H^{10}O^2$

Alcools triatomiques.

Série $C^n H^{2n+2} O^3$.

Glycérine... $C^3H^8O^3$ (Scheele 1779; Berthelot).
Amylglycérine... $C^5H^{10}O^3$ (Bauer).

Phénols triatomiques :

Série $C^n H^{2n-6} O^3$.

Phloroglucine (Hlasiwetz), pyrogallol ou phénol pyrogallique... $C^6H^6O^3$

Série $C^n H^{2n-14} O^3$.

Alizarine ou phénol alizarique (Colin et Robiquet)... $C^{10}H^6O^3$.

Alcools tétratomiques. $C^n H^{2n+2} O^4$.

Propylphycite.................... $C^3 H^8 O^4$
 (Carius, 1865).
Érythrite .... $C^4 H^{10} O^4$
 (V. de Luynes, 1802).

Alcools hexatomiques. $C^n H^{2n+2} O^6$.

Mannite (Prout, 1806) et dulcite ou mélampyrine (Hunefeld, 1836, Berthelot)... $C^6 H^{14} O^6$.
On peut ranger à la suite de ces corps la glucose (Lowitz, 1792; Prout, 1802) et l'inosite ou phaséomannite (Scheerer, 1850) $C^6 H^{12} O^6$, qui paraissent également hexatomiques, la pinite (Berthelot, 1855) et la quercite (Braconnot, 1840) $C^6 H^{14} O^5$, dont l'atomicité est encore moins bien établie, etc.
Ces composés appartiennent peut-être à la série des pseudo-alcools.

II. PSEUDO-ALCOOLS.

Monoatomiques. $C^n H^{2n+2} O$.

Hydrate de butylène.............. $C^4 H^{10} O$
 (de Luynes, 1863).
Hydrate d'amylène.............. $C^5 H^{12} O$
 (Wurtz, 1862).
Hydrate d'hexylène.............. $C^6 H^{14} O$
 (Wanklyn et Erlenmeyer, 1863).

$C^n H^{2n} O$.

Pseudo-alcool diallylénique .... $C^6 H^{12} O$
 (Wurtz, 1864).
Menthol................. $C^{10} H^{20} O$
 (Walter, 1839; Oppenheim).

Diatomiques. $C^n H^{2n+2} O^2$.

Pseudoglycol hexylique ou dihydrate de diallyle.............. $C^6 H^{14} O^2$
 (Wurtz, 1864).

III. ISO-ALCOOLS OU ALCOOLS SECONDAIRES.

Monoatomiques. $C^n H^{2n+2} O$.

Alcool isopropylique.............. $C^3 H^8 O$
 (Berthelot, 1860; Friedel, 1862; Erlenmeyer, 1863).
Alcool isoamylique.............. $C^5 H^{12} O$
 (Friedel, 1866).

$C^n H^{2n-14} O$.

Benzhydrol .... $C^{13} H^{12} O$
 (Linnemann, 1863).

Diatomiques. $C^n H^{2n+2} O^2$.

Pinakone................. $C^6 H^{14} O^2$
 (Fittig, Staedeler, Friedel).

$C^n H^{2n-30} O^2$.

Benzo-pinakone................. $C^{26} H^{22} O^2$
 (Linnemann, 1863).

On peut ajouter ici l'hydrobenzoïne, obtenue par M. Zinin, par l'action de l'hydrogène naissant sur l'hydrure de benzoïle et qui possède probablement les mêmes caractères que les précédents...... $C^{14} H^{14} O^2$

IV. ALCOOLS TERTIAIRES.

$C^n H^{2n+2} O$.

Alcool pseudobutylique tertiaire.... $C^4 H^{10} O$
 (Boutlerow, 1864).

Alcool pseudohexylique........... $C^6 H^{14} O$
 (Boutlerow, 1866).
Alcool pseudoctylique............ $C^8 H^{18} O$
 (Boutlerow, 1866).

V. ALCOOL SILICÉ.

Hydrate de silicononyle......... $Si\, C^8 H^{20} O$.
 (Friedel et Crafts, 1865). C. F.

ALCOOLS (FABRICATION INDUSTRIELLE DES).— Les applications de l'alcool, soit concentré, soit plus ou moins étendu d'eau, étant très-nombreuses et variées (par exemple, dans l'économie domestique, pour la fabrication des liqueurs, des parfumeries, des vernis, pour la préparation du vinaigre et d'une multitude de produits chimiques et pharmaceutiques), la fabrication de l'alcool en grand constitue une industrie considérable et importante.

Pendant longtemps l'alcool n'était obtenu que par la distillation des boissons fermentées, et principalement du vin, soumis à une distillation ménagée; l'alcool ayant un point d'ébullition inférieur à celui de l'eau distille d'abord et l'on recueille des *eaux-de-vie* renfermant de 40 à 50 % d'alcool. La rectification ou distillation répétée des eaux-de-vie produit des *esprits* contenant une bien plus forte proportion d'alcool (jusqu'au delà de 90 %). Mais, même dans les appareils les plus perfectionnés, il est difficile d'obtenir un alcool de plus de 92 %, puisqu'à la température d'ébullition de l'alcool absolu, 78°, l'eau se vaporise en quantité notable et se condense avec les vapeurs alcooliques. Aussi un alcool de 95 % distille-t-il sans aucune modification. Pour enlever les dernières proportions d'eau, il faut avoir recours à des substances telles que la chaux vive, le carbonate potassique, qui se combinent à l'eau et la retiennent à la température de distillation.

Presque tous les liquides sucrés que la nature nous offre dans les racines, les tiges ou les fruits des végétaux, sont susceptibles de fermentation alcoolique, dans les conditions convenables de température et de dilution avec de l'eau. Un sirop sucré concentré ne peut guère fermenter, et d'ailleurs l'alcool, une fois produit en certaine quantité, agissant comme substance antiseptique, arrêterait toute espèce de fermentation. Dans une liqueur fermentée, l'alcool se trouve donc toujours délayé dans une grande quantité d'eau, et, pour l'en isoler, il est indispensable d'avoir recours à la distillation.

Mais l'industrie de l'alcool n'est pas réduite à utiliser comme matière première simplement les produits sucrés naturels. La fécule, l'amidon et même la cellulose peuvent être convertis en glucose, soit par l'action des acides minéraux, soit par l'influence de la diastase (orge germée); il en résulte que la plupart des substances végétales amylacées ou féculacées peuvent également servir comme matières premières à la fabrication de l'alcool.

Cette fabrication présentera donc, dans la majorité des cas, trois phases très-distinctes :
I. *Préparation d'une liqueur sucrée fermentescible;*
II. *Fermentation de cette liqueur ;*
III. *Séparation de l'alcool de la liqueur fermentée au moyen de la distillation.*

Nous nous occuperons d'abord des deux premières phases, que nous examinerons ensemble, puisqu'elles reposent principalement sur des transformations chimiques proprement dites, tandis que la troisième phase est plutôt une question d'appareils et d'applications de principes physiques.

A. PRÉPARATION D'UNE LIQUEUR FERMENTESCIBLE ET FERMENTATION.
1° EMPLOI DES CÉRÉALES. — Les céréales qu'on

utilise le plus fréquemment sont le froment et le seigle, associés à l'orge germée. Là où l'on cultive beaucoup d'épeautre ou de maïs, ces derniers remplacent le blé. Les grains non germés doivent être concassés et même moulus d'autant plus fins qu'ils sont plus durs ou d'une texture plus serrée. L'orge maltée, qu'on peut employer verte et humide ou aussi préalablement desséchée, est simplement écrasée. Il est utile de laisser la germination se développer un peu plus que cela n'a lieu ordinairement pour la fabrication de la bière. L'orge maltée perd à la vérité un peu plus de poids, mais il se forme par contre une plus forte proportion de diastase et la saccharification devient plus facile et plus complète. Sur 100 p. de farines de céréales, on ajoute 15 à 25 % d'orge maltée, séchée à une température entre 40° à 60° c. Suivant qu'on opère à l'eau chaude on à la vapeur, ce qui est bien préférable, on procède de deux manières différentes.

Saccharification à l'eau chaude. — Pour ne pas obtenir des liqueurs sucrées trop étendues, il est indispensable de procéder au mouillage ou trempage des matières en employant le moins d'eau possible, d'une température de 50° à 60°, tout en obtenant un empâtement très-homogène. Le brassage, qui exige beaucoup de force, se fait dans de grandes cuves en bois, dites *cuves matières*, soit à bras d'homme au moyen d'ustensiles appelés *fourquets*, soit par des moyens mécaniques. On couvre la cuve et on laisse reposer pendant une demi-heure, pour que l'hydratation puisse devenir complète. Dans cette opération le poids de l'eau représente environ une fois à une fois et demie celui des céréales employées.

On ajoute ensuite graduellement et par portions successives en brassant continuellement avec le plus grand soin, pour délayer la matière d'une manière bien uniforme, suffisamment d'eau bouillante pour que le tout arrive à la température de 65° à 70°. On couvre ensuite la cuve et on laisse la réaction s'accomplir, ce qui exige 2 à 3 heures. La diastase réagissant sur la matière amylacée la transforme rapidement en glucose et en dextrine. La matière, de blanchâtre, mucilagineuse et d'un goût fade qu'elle était, devient promptement fluide, translucide, d'une nuance plus foncée, d'une saveur sucrée et d'une odeur de pain agréable. Le liquide sucré ainsi obtenu constitue le *moût*, et, si l'on a bien opéré, la proportion d'eau employée ne dépasse pas trois fois et demie à quatre fois le poids des matières sèches.

La saccharification ayant été achevée, on ramène le moût à la température favorable à la fermentation en le rafraîchissant, soit par le passage sur des bacs réfrigérants, soit par l'addition d'une certaine quantité d'eau la plus froide possible.

Saccharification à la vapeur. — La saccharification à la vapeur présente de notables avantages. On peut mieux régler les proportions d'eau et les températures convenables. En France et en Belgique, on se sert fréquemment du *macérateur* de Lacombe, dont la figure 8 donne une idée suffisante.

On introduit dans A les farines de céréales, l'orge germée et l'eau tiède, et l'on fait fonctionner l'agitateur.

Au bout de 15 à 20 minutes, on fait entrer la vapeur par F dans le double fond B, et l'on élève graduellement la température vers 65° tout en continuant à brasser. L'eau de condensation s'écoule en D. On laisse reposer une demi-heure à trois quarts d'heure, on agite de nouveau et l'on admet au besoin encore un peu de vapeur. On continue ainsi pendant 2 1/2, 3 et même 4 heures. La saccharification étant terminée, on fait entrer dans le double fond un courant continu d'eau froide, qui

entre par D et ressort en E, pour rafraîchir le moût. On fait enfin écouler ce dernier par le grand robinet C; on rince le macérateur avec de l'eau tiède et l'on ajoute les eaux de lavage au moût.

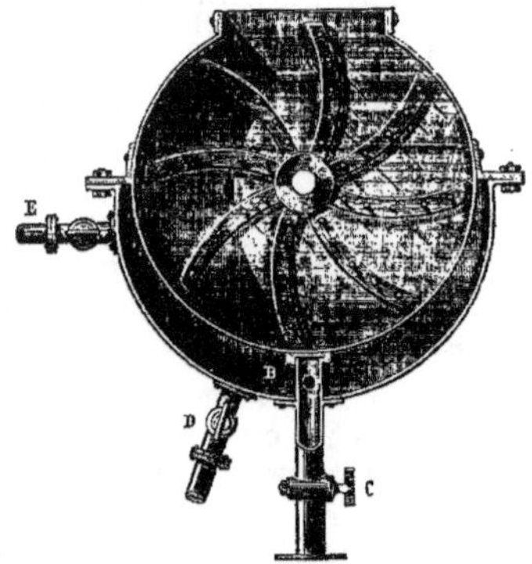

Fig. 8. Macérateur de Lacombe.

La formation d'une petite quantité d'acide lactique pendant la macération paraît plutôt favorable que nuisible; on a de même préconisé l'addition d'un peu d'acide phosphorique et de 1/50 de levûre de bière. Cette dernière en se délayant dans la masse paraît provoquer plus tard une fermentation plus énergique et plus complète et la production d'une plus forte proportion d'alcool.

Le moût ou *métier* obtenu d'après l'un ou l'autre procédé peut être soutiré avant la fermentation du marc, qui, renfermant la majeure partie des principes azotés, des matières grasses, des phosphates terreux et grains, constitue, après expression, un aliment très-favorable à l'élève des bestiaux. Mais souvent aussi on laisse le marc dans le moût pendant la fermentation.

Quoique la diastase ne transforme jamais la matière amylacée intégralement en sucre, et que le moût contienne toujours une quantité notable de dextrine, il paraît cependant que pendant la fermentation, et à mesure que le glucose se dédouble en acide carbonique et alcool, la dextrine se transforme à son tour en sucre et subit la fermentation alcoolique. Il en résulte que dans les opérations bien conduites, la proportion d'alcool obtenue doit correspondre approximativement à celle de la matière amylacée.

Fermentation. — Les moûts sont souvent mélangés avec les vinasses d'une opération précédente de manière à ce que 100 kil. de matière farineuse fournissent environ 7 à 8 hectolitres de liquide.

On a ordinairement recours à la levûre de bière pour faire partir les fermentations; une fois en train, on les entretient soit par le ferment engendré dans l'acte même de la fermentation, soit par des liquides en train de fermenter; on ajoute cependant de nouveau de la levûre lorsque les opérations ne paraissent pas présenter une marche assez régulière. Les mousses trop abondantes sont quelquefois rabattues par l'addition d'un peu d'huile ou d'eau de savon. La température des celliers doit pouvoir être élevée et abaissée à volonté.

On couvre généralement les cuves à fermentation jusqu'à ce que cette dernière se soit bien établie; on les découvre ensuite pour éviter une trop forte élévation de température du liquide. Une bonne fermentation est caractérisée par les phénomènes suivants :

La liqueur est couverte d'écumes renfermant les principes insolubles et présentant un mouvement ondulatoire particulier. Tantôt elles descendent d'un côté de la cuve et remontent de l'autre, en même temps qu'il se dégage des bulles de la grosseur d'un pois; tantôt les écumes sont soulevées en masse et collapsent ensuite subitement lorsque le gaz carbonique s'est frayé une issue; il y a alors souvent projection de petites quantités de moût.

Une fermentation sans écumes recouvrant le liquide est toujours défectueuse et donne de mauvais résultats. Lorsque la fermentation touche à sa fin ou même se ralentit, il est souvent utile de couvrir de nouveau les cuves. On évite ainsi un abaissement de température et en même temps une trop forte acidification par suite de la formation de vinaigre.

L'emploi de moûts liquides et décantés de la drèche est avantageux en ce sens qu'il est plus facile d'obtenir une fermentation régulière, que les écumes ne présentent pas une si grande tendance à monter démesurément, et qu'il est plus aisé de recueillir la levûre nécessaire pour des fermentations ultérieures.

100 kil. des substances suivantes fournissent, par une bonne saccharification, les quantités suivantes d'extrait solide de moût et de drèche :

	kil.		kil.		kil.	
100 de froment et de maïs.	70	d'extrait et	30	de drèche.
100 de seigle..............	65	—	35	—
100 d'orge................	60	—	40	—
100 d'avoine..............	42	—	58	—

Un mélange de farines de seigle et d'orge donne environ 63,25 % d'extrait et 26,75 de drèche. D'un autre côté on admet généralement que 100 kil. de blé peuvent produire 42 à 44 litres d'alcool à 33°; le seigle, 38 à 40 litres; l'orge, l'avoine, le sarrazin, le maïs, 33 à 36 litres.

La quantité plus ou moins grande d'extrait (dextrine et sucre) renfermée dans un moût non fermenté est indiquée par les degrés du saccharimètre. Après la fermentation, le nombre de ces degrés se trouve naturellement très-fortement diminué. C'est ainsi, par exemple, qu'un moût qui marquait 15° avant la fermentation, pourra ne plus en marquer que 2 après que la liqueur aura fermenté. La différence, 15° — 2° = 13°, constitue ce qu'on appelle l'atténuation apparente. On a établi des tables qui indiquent les proportions d'alcool correspondant aux différentes atténuations apparentes des moûts et permettant de calculer rapidement la quantité d'alcool renfermée dans un moût fermenté.

2° Emploi des pommes de terre. — Les bonnes pommes de terre présentent en moyenne la composition suivante :

Fécule....	21	} Matières insolubles. 23		
Cellulose..	2		} Extrait solide.. 28	
Albumine.	1	} Matières solubles... 5		
Gomme et sels.....	4			
Eau.......	72			
	100			

Dans la cellulose est comprise la pelure.

La proportion d'eau peut cependant varier de 65 à 80 %, suivant l'espèce des tubercules, le sol dans lequel ils ont été cultivés, leur maturité,

la saison plus ou moins pluvieuse, le temps pendant lequel ils ont été conservés. Les pommes de terre les plus mûres sont les plus riches en fécule; à maturité égale, les plus petites et celles qui ont été récoltées dans un sol léger, pas trop fumé.

MM. Fresenius et Schultze ont indiqué un moyen très-simple pour reconnaître la richesse des pommes de terre en fécule. C'est de déterminer leur densité.

A cet effet on dépose des pommes de terre dans un vase à moitié rempli d'eau, où elles tombent de suite au fond. On agite bien pour faire dégager toutes les bulles d'air adhérentes. On verse ensuite dans l'eau, en remuant, une solution concentrée de sel de cuisine, jusqu'à ce que les tubercules restent suspendus dans le liquide. Au moyen d'un aréomètre ou densimètre, on prend alors la densité de la solution saline, qui évidemment correspond à la densité de la pomme de terre.

Les nombres suivants sont extraits d'une table assez complète indiquant les proportions de fécule et de matière solide correspondant à une densité donnée de la pomme de terre.

Densité.	RICHESSE EN	
	Fécule.	Matières solides.
1,070	11,77	19,26
1,075	12,90	20.42
1,080	14,04	21,60
1,085	15,19	22,78
1,090	16,35	23,98
1,095	17,52	25,18
1,100	18,70	26,40
1,105	19,89	27,62
1,110	21,09	28,86
1,115	22,30	30,10
1,120	23,52	31,36
1,125	24,75	32,62
1,130	26,00	33,90

Les différentes manipulations auxquelles sont soumises les pommes de terre sont les suivantes :
1° Lavage et cuisson ;
2° Écrasage et mélange avec l'orge germée ;
3° Saccharification et rafraîchissement du moût ;
4° Fermentation.

1° *Lavage et cuisson.* — Le lavage s'exécute mécaniquement au moyen d'un tambour laveur à cylindre creux, formé de tringles en fer ou en bois de 1 à 4 centimètres d'épaisseur et distantes d'environ 15 centimètres.

Le tambour, un peu incliné, plonge à moitié dans de l'eau et est animé d'un mouvement de rotation de dix à quinze tours par minute, qui fait frotter les pommes de terre entre elles et contre les tringles. La terre et les petites pierres sont ainsi détachées et tombent à travers les intervalles au fond de l'eau. Une grille en hélice adaptée sur l'axe et sur les parois pousse les tubercules qui, chargés par l'une des extrémités, sortent par l'autre et, tombant sur un plan incliné présentant la forme d'une grille, roulent dans le tonneau ou la cuve où s'opère la cuisson.

Cette cuve est généralement cylindrique, en bois très-épais, à double fond et munie de deux ouvertures carrées assez larges, qui peuvent être fermées hermétiquement. L'une, pratiquée dans le couvercle de la cuve, sert à l'introduction des pommes de terre; par l'autre, placée immédiatement au-dessus du double fond, a lieu leur sortie après la cuisson. Sous le double fond débouche le tuyau à vapeur; une petite ouverture près du fond inférieur permet l'écoulement de l'eau de condensation et de l'excès de vapeur; enfin une autre petite ouverture pratiquée au-dessus du double fond, et ordinairement bouchée, sert à l'introduction d'une tige en fer au moyen de laquelle on s'assure si les tubercules sont cuits à point.

La cuve étant remplie de pommes de terre et ensuite hermétiquement fermée, on y admet la vapeur d'eau; au début, cette dernière est com-plétement condensée et l'eau s'écoule presque froide; mais à mesure que la cuisson avance, l'eau de condensation devient plus chaude, d'une couleur brune, sale et fortement mousseuse. Elle renferme de l'albumine, des matières extractives

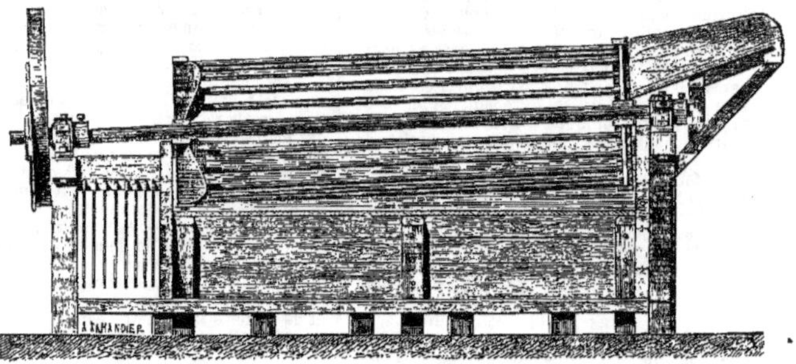

Fig. 9. Appareil pour le lavage des pommes de terre.

et colorantes. En poids, elle représente environ le quart du poids des pommes de terre; la vapeur

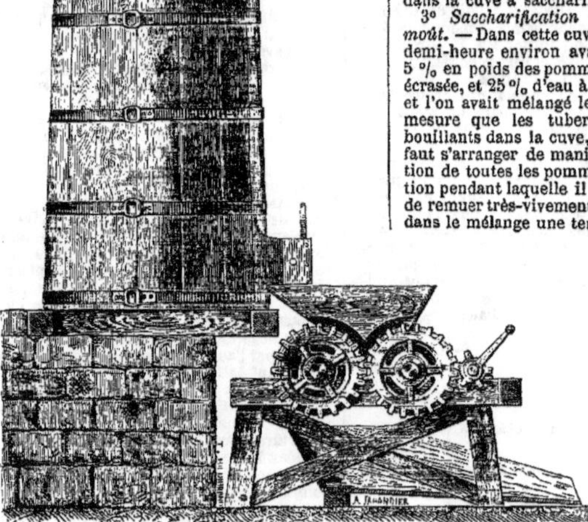

Fig. 10. Appareil pour la cuisson des pommes de terre.

ayant une tendance à s'élever, ce sont les pommes de terre supérieures qui sont cuites les premières.

Vers la fin la vapeur s'échappe abondamment; on en interrompt le courant, lorsque la tige en fer pénètre les pommes de terre inférieures sans rencontrer de résistance sensible.

2° *Écrasage et mélange avec l'orge germée.* — Après la cuisson et dès qu'il n'existe plus de pression dans la cuve, on procède à l'écrasage des pommes de terre toutes bouillantes encore, suivi immédiatement du maltage.

Les tubercules sont broyés par le passage entre deux cylindres en fonte ayant un diamètre d'au moins 50 à 60 centimètres. Elles tombent écrasées dans la cuve à saccharification.

3° *Saccharification et rafraîchissement du moût.* — Dans cette cuve, on avait introduit, une demi-heure environ avant la fin de la cuisson, 5 % en poids des pommes de terre, d'orge germée écrasée, et 25 % d'eau à la température ordinaire, et l'on avait mélangé le tout très-intimement. A mesure que les tubercules tombent broyés et bouillants dans la cuve, la température s'élève. Il faut s'arranger de manière que, après l'introduction de toutes les pommes de terre cuites, opération pendant laquelle il ne faut pas discontinuer de remuer très-vivement, pour maintenir toujours dans le mélange une température uniforme, cette dernière soit montée à 62°-65°, mais sans jamais les dépasser. On couvre alors la cuve et laisse macérer le moût pendant deux à trois heures, laps de temps suffisant pour la saccharification.

Pour le cas où la pâte ou purée de pommes de terre serait trop compacte et tenace pour bien se délayer, on adapte souvent au mécanisme qui opère le mélange, de petits rouleaux cylindriques ou coniques qui, roulant sur le fond de la cuve, écrasent et divisent la pâte et permettent à la diastase de réagir sur toute la masse féculacée.

4° *Fermentation*. — La saccharification étant complète, on fait écouler le moût, à travers des tamis qui retiennent les pelures et les parties insolubles, dans des bacs ou autres appareils réfrigérants, et on l'amène à la température convenable pour la fermentation, 21° à 32°.

Cette dernière est provoquée par l'addition de levûre de bière ou de levûre artificielle et présente des phénomènes semblables à la fermentation du moût obtenu par les céréales.

Dans quelques pays, où l'impôt est prélevé dans les distilleries proportionnellement à la quantité d'orge germée employée, on procède quelquefois à la saccharification de la fécule par l'action d'acides minéraux (voyez FABRICATION DU SUCRE DE FÉCULE). Mais au point de vue économique, cette méthode est moins avantageuse que celle qui repose sur l'emploi de l'orge germée, à moins qu'il ne s'agisse de résidus de féculeries et de produits féculents très-avariés.

Fig. 11. Appareil pour l'écrasage des pommes de terre.

3° EMPLOI DE MAÏS, RIZ, CHATAIGNES, LÉGUMINEUSES ET AUTRES SUBSTANCES FÉCULACÉES. — La nature cornée du maïs exige impérieusement sa mouture préalable et la séparation de la farine d'avec le son. La farine doit être empâtée avec de l'eau plus que tiède et il faut la laisser s'hydrater un temps suffisant avant l'introduction de 15 à 25 % d'orge germée. Le mode d'opération est d'ailleurs analogue à celui appliqué aux céréales, le maïs renfermant comme elles 70 % de fécule, mais en outre encore de 5 à 8 % d'huile grasse.

Le riz, surtout les qualités inférieures, est souvent une matière première avantageuse pour la fabrication de l'alcool. Présentant également une texture très-serrée et presque cornée, il demande, comme le maïs, à être réduit préalablement en farine, et cette dernière doit être hydratée avec soin pour la saccharification.

Les châtaignes exigent un traitement analogue à celui des pommes de terre. Il faut avoir la précaution d'éliminer les écorces et enveloppes brunes qui, renfermant une proportion notable de tannin, pourraient affaiblir l'action saccharifiante de la diastase.

Les topinambours ne renferment point de fécule proprement dite, mais un sucre incristallisable et de l'inuline; mais cette dernière peut être transformée en sucre sous l'influence de diastases ou d'acides.

Les légumineuses, qui ne renferment, en moyenne, que 30 à 40 % de fécule et par contre jusqu'à 25 % de substances protéiques, ne sont point en général une matière première favorable pour la production de l'alcool. Leur traitement serait analogue à celui des céréales.

4° EMPLOI DES SUCRES DE CANNE ET DE RAISIN, DU GLUCOSE, DES MÉLASSES. — Rien de plus simple que l'emploi des différentes espèces de sucre. On les dissout dans l'eau de manière à avoir une solution de 8° à 10° Baumé, on ajoute 1/2 à 1 % du poids du sucre en acide sulfurique, une liqueur sucrée acide fermentant beaucoup plus facilement qu'une liqueur neutre et surtout qu'une liqueur alcaline; on porte la température à 25° environ et l'on ajoute le ferment bien délayé (2 1/2 à 3 % de levûre pressée des brasseries). Au lieu de dissoudre le sucre dans de l'eau, il est préférable d'employer des vinasses d'une distillation achevée. 100 kilog. de sucre fournissent en moyenne 88 à 90 litres d'alcool à 50 % de l'alcoomètre de Gay-Lussac.

Le traitement des mélasses de bonne qualité, des eaux de lavage des formes, bacs, tonneaux et autres ustensiles des raffineries, est tout aussi simple. Les mélasses de betteraves, d'une odeur et d'une saveur désagréables, à réaction alcaline, renferment en général une forte proportion de sels, parmi lesquels du nitrate de potasse. On les délaye avec de l'eau chaude ou des vinasses à 60°, puis on ajoute de l'eau froide pour que le mélange marque 22° et une densité de 11° Baumé. On y verse ensuite de l'acide sulfurique préalablement étendu de quatre à cinq fois son volume d'eau, jusqu'à ce que le papier de tournesol indique une réaction acide. On remarque alors quelquefois un dégagement de vapeurs nitreuses. La liqueur sucrée ainsi préparée est dirigée dans de grandes cuves à fermentation de 200 à 250 hectolitres de capacité et l'on y mélange la levûre de bière préalablement délayée dans six à huit fois son poids d'eau tiède. La fermentation ne tarde pas à s'établir. Si les bulles d'acide carbonique provoquent la formation d'une mousse trop abondante, on abat cette dernière par un peu d'huile ou de savon vert. La température s'élève à mesure que la densité du moût diminue. Il faut éviter qu'elle dépasse 36° à 37°. A cet effet, il est utile que la cuve à fermentation renferme un serpentin dans lequel on peut faire circuler à volonté de l'eau froide ou chaude et rester ainsi maître de régler la température à volonté. A défaut, on peut refroidir le moût par des transvasements.

La levûre doit toujours être de bonne qualité pour éviter des fermentations anormales (visqueuses, lactiques).

La fermentation étant achevée, il est bon de procéder le plus rapidement possible à la distillation, pour éviter la formation d'acide acétique; si cela ne pouvait avoir lieu tout de suite, il faudrait laisser la cuve pleine et recouverte d'un couvercle fermant exactement.

Les vinasses des mélasses sont employées pour la fabrication des salins de betteraves; elles constituent du reste un engrais excellent, à cause de leur richesse en sels de potasse.

5° EMPLOI DE PLANTES SUCRÉES. — Un grand nombre de plantes renferment des sucs sucrés susceptibles de fermentation et fournissent ensuite, par la distillation, des eaux-de-vie plus ou moins aromatisées ou des alcools d'un goût plus ou moins agréable. Nous n'en citerons que quelques exemples :

Parmi les fruits, les raisins, les pommes, les poires, les prunes, les couetches, les cerises, les framboises, mûres, groseilles rouges et à maquereau, myrtilles, les figues, les fruits du sorbier, du genévrier, etc.;

Parmi les tiges, la canne à sucre, le palmier, le sorgho, le maïs, etc.;

Parmi les racines, les betteraves, l'asphodèle, la garance, le chiendent, etc.

Le rendement en alcool est évidemment proportionnel à la richesse des sucs en sucre. D'après M. Fresenius, la proportion moyenne de sucre est la suivante dans divers fruits :

Prunes, 2,1 ; reines-claudes, 3,1 ; framboises, 4 ; myrtilles, 5,8 ; groseilles rouges ou blanches, 6,1 ; couetches, 6,3 ; groseilles à maquereau, 7,1 ; pommes, 6-8 ; cerises et poires, 8-11 ; raisins, 14-16 %.

Pour la préparation du moût qui doit subir la fermentation, on opère de différentes manières.

a. On transforme, par écrasement, broyage, râpage, les produits végétaux sucrés en une masse pulpeuse qu'on soumet tout entière à la fermentation. Cette dernière est alors souvent très-lente et peut se prolonger pendant des semaines. On l'accélère par l'addition d'eau chaude soit pure, soit, ce qui est plus avantageux, tenant en solution une certaine quantité de glucose.

b. On soumet la masse pulpeuse à la presse et on en extrait le jus, qu'on fait fermenter à part. Le marc exprimé renfermant encore du liquide sucré peut lui-même aussi subir la fermentation alcoolique; mais la plupart du temps il est préférable, ou bien de l'épuiser avec de l'eau au moyen d'un lavage méthodique (c'est ainsi que le marc de raisin peut être épuisé presque complétement avec une quantité d'eau égale à 12 % du poids total de la vendange), ou bien d'ajouter de l'eau sucrée et de laisser fermenter le mélange. Le marc contient généralement encore assez de principes azotés pour que la fermentation s'établisse spontanément et s'active sous l'influence de ces principes graduellement transformés en ferments.

c. Enfin on peut se dispenser de la presse, en lavant méthodiquement la masse pulpeuse avec de l'eau froide ou chaude ou avec des vinasses.

d. Quelquefois ce lavage méthodique ne s'exécute point sur la pulpe, mais sur les produits végétaux sucrés simplement divisés ou découpés en fragments minces et perméables.

De quelque manière qu'on opère, l'expérience a démontré que l'addition de 1 à 2 millièmes d'acide sulfurique ou d'acide chlorhydrique exerce une influence favorable sur la marche régulière de la fermentation.

Passons en revue les méthodes de fermentation qui présentent industriellement le plus d'importance. Pour ce qui concerne *les raisins*, les procédés employés sont tellement connus, qu'il est inutile de s'y arrêter. Disons seulement quelques mots de la marche suivie dans les Charentes pour la fabrication des eaux-de-vie de Cognac.

La vendange est écrasée et jetée sur des égouttoirs. On obtient environ 50 % de moût de goutte; l'égouttage terminé, on soumet la masse à une pression énergique; le gâteau de marc est démoli et effritté une ou même deux fois pour être pressé de nouveau : dans ce dernier cas on l'arrose souvent avec un peu d'eau; la pression est de plus en plus énergique et prolongée. Il en résulte 24 % de moût de pressis. Le marc exprimé constitue environ 26 % de la vendange.

On obtient ordinairement 12 litres d'eau-de-vie à 60° centésimaux par hectolitre de moût et l'on estime que 100 kilog. de marc en retiennent autant, puisqu'on ne parvient à en extraire que 6 litres d'eau-de-vie à 60°.

MM. Petit et Robert ont avantageusement modifié ce procédé en ayant recours aux méthodes de macération et de déplacement. La vendange écrasée avec soin est introduite dans trois cuviers macérateurs reliés entre eux de bas en haut par des tuyaux de communication qui permettent de faire passer le liquide de l'un dans le suivant. Chaque macérateur est muni de deux fonds percés de trous; celui du bas porte à son centre une tige qui sert à le sortir au moyen de cordes et d'un treuil, avec toute la charge de marc épuisé par trois macérations successives; celui du haut empêche le marc de remonter à la surface pendant la durée de l'opération.

On commence par laisser écouler du macérateur n° 1 le moût de goutte; on remplace le liquide écoulé par de l'eau. On laisse ensuite écouler le moût du macérateur n° 2 et au bout de 3 heures on y fait arriver la liqueur du macérateur n° 1, en laissant simplement couler de l'eau sur le cuvier. On fait ensuite écouler le moût du macérateur n° 3 et en faisant de nouveau couler de l'eau sur le macérateur n° 1; on fait passer sa liqueur faible dans le n° 2 et la liqueur plus forte de ce dernier dans le cuvier n° 3. Ce dernier étant rempli, on attend 2 heures, et l'on fait écouler son moût. Cet écoulement achevé, on soutire au moyen d'une pompe le liquide très-faible du cuvier n° 1, on l'envoie sur le n° 2 et par là même on oblige le liquide du n° 2 à se rendre dans le cuvier n° 3. Après assèchement du marc du n° 1, on fait fonctionner le treuil, on enlève le faux fond inférieur avec sa charge de marc, qui est jetée sur un petit pressoir spécial. Le liquide qui s'en écoule encore est employé à la place d'eau pure. On remplit le n° 1 d'une nouvelle quantité de vendange et après son égouttage on y fait arriver les liqueurs du cuvier n° 3. La rotation est alors établie et continuée systématiquement. Cette méthode de macération paraît donner dans la pratique un excédent de production d'alcool d'environ 1/8, avec une supériorité notable dans la qualité des produits.

Pour la fabrication du *kirsch* on fait ordinairement usage de merises (espèce de petites cerises très-sucrées). Après en avoir enlevé les tiges, on les introduit dans un tonneau, on les y foule et l'on y ajoute environ 1/6 de noyaux des cerises écrasés; le tonneau est fermé (mais non hermétiquement) et le tout est abandonné pendant 12 à 15 jours. Dès que la fermentation, qui s'établit d'elle-même, est terminée, on procède à la distillation dans des alambics ordinaires, mais qui souvent présentent un double fond, pour éviter que la masse ne s'attache aux parois et que le produit ne prenne un goût de brûlé.

Les *prunes* et les *couetches* sont traitées d'une manière analogue, mais leur fermentation est beaucoup plus lente que celle des cerises. Il en est de même des *myrtilles*, des *mûres*, des *framboises*, des baies de *sorbier*, d'*arbutus unedo*, de *genièvre*, etc. Les eaux-de-vie qui en résultent sont recherchées pour leur parfum agréable.

Les tiges de *sorgho*, les tiges vertes du *maïs* sont traitées comme la canne à sucre; on les écrase entre des cylindres cannelés, on en exprime le jus par des presses hydrauliques ou on le déplace par macération méthodique. Le suc de sorgho contient moins de principes salins que le jus de betteraves. Les racines de garance desséchées renferment assez de sucre pour pouvoir fournir 6 °/₀ d'alcool absolu. La préparation de la fleur de garance exigeant le lavage des racines moulues, on s'arrange de manière à opérer ce lavage méthodiquement, afin d'obtenir des liqueurs suffisamment concentrées. Elles entrent spontanément en fermentation, qui est terminée en 18 à 22 heures. L'alcool de garance présente une odeur désagréable *sui generis*, due principalement à la présence d'une substance camphrée et d'un hydrocarbure isomère avec l'essence de térébenthine.

6° Utilisation des betteraves. — a. *Système des sucreries.* — Dans ce système, il suffit d'ajouter au matériel d'une sucrerie indigène des cuves à fermentation et des appareils distillatoires pour transformer la sucrerie en distillerie. On opère de la manière suivante :

Le jus au sortir des presses est chauffé à 20°-21° et conduit dans une cuve à fermentation, où l'on ajoute environ 1 1/2 millième d'acide sulfurique concentré, préalablement délayé avec six à sept fois son poids d'eau. Pour les premières fermentations, il faut ajouter à 150 hectolitres de jus environ 7 à 8 kilog. de levure de bière, délayés avec soin dans 50 litres d'eau.

Chacune des cuves à fermentation est munie d'un couvercle portant une trappe qui permet de surveiller l'opération. Elle peut durer de trois à quatre jours. Si l'on remplit deux cuves par jour, il faut en établir huit à dix pour en avoir toujours une prête à recevoir le jus sucré, et une de rechange en cas d'accident. Lorsque la fermentation est terminée (la densité du jus qui marquait 5°-6° B. tombe à 1° B. environ), on procède le plus vite possible à la distillation.

On soutire le liquide, laissant au fond le dépôt, qui sert de levain pour le jus sucré sortant des presses, dont on remplit de nouveau la cuve.

Il faut veiller avec soin que la fermentation ne change pas de nature (ne devienne lactique, visqueuse, putride ou acétique) et n'ait lieu d'une manière trop tumultueuse.

On conseille pour cela d'employer des vinasses au lieu d'eau sur la râpe, de partager en deux une cuvée de jus parvenu presque au terme de sa fermentation, de faire arriver dans les deux demi-cuvées, en un filet mince, le liquide chauffé à 16° sortant des presses : la fermentation devient ainsi plus régulière; enfin, de temps à autre, de nettoyer à fond les cuves vidées, et de renouveler le ferment lourd, partiellement altéré, qui constitue le dépôt des cuves.

b. *Système des matières pâteuses.* — On découpe la betterave lavée au moyen d'un coupe-racines; on la fait cuire à la vapeur dans un cuvier; on l'écrase mécaniquement, et, après avoir ajouté à la masse pâteuse environ son volume d'eau ou de vinasse, préalablement additionnée d'acide sulfurique (1 1/2 à 2 millièmes du poids des racines), on introduit le tout dans les cuves à fermentation.

Une variante de ce système consiste à épuiser méthodiquement les cossettes de betteraves échaudées au moyen de vinasse, en se servant de cuviers macérateurs (semblables à ceux décrits plus haut pour le traitement des raisins; mais, au lieu d'une rotation dans seulement trois cuviers, on en emploie huit à dix). La macération a lieu par une double charge de jus bouillant arrivant sur des cossettes neuves, tandis qu'on enlève les cossettes du cuvier voisin pour les remplacer par des cossettes neuves. La première des deux charges est versée bouillante ou à une chaleur inférieure (suivant la température extérieure); mais il faut toujours s'arranger de manière que le jus déplacé des cossettes neuves arrive avec 22° à 24° de température aux cuves à fermentation.

c. *Système Champonnois.* — Ce système, employé aujourd'hui dans les exploitations agricoles et dans les fermes, permet de transformer le sucre en alcool, tout en conservant à la pulpe la majeure partie de ses principes alimentaires, et en la mettant sous une forme convenable pour la nourriture du bétail.

Les betteraves, nettoyées au moyen d'un laveur mécanique, après avoir été incisées par des lames perpendiculaires, sont découpées par le coupe-racines en tranches ou rubans minces appelés *cossettes*, d'une épaisseur de 2 à 3 millim., d'une largeur de 5 à 8 millim., et d'une longueur variable. Ces cossettes sont recueillies et aspergées avec de l'eau acidulée d'acide sulfurique (2 litres d'acide sur 1,000 kilog. de betteraves). On les porte ensuite dans des cuviers macérateurs, au moins au nombre de trois, et qui, même pour de petites exploitations, doivent en contenir au moins 250 kilog. Les cossettes y sont déposées entre deux doubles fonds en bois ou en tôle, perforés de beaucoup de petites ouvertures, et l'on y fait arriver, sur 250 kilog. de cossettes environ, 200 litres de vinasses encore bouillantes, provenant d'un jus déjà distillé. Au bout d'une heure, pendant laquelle le second cuvier a été rempli de cossettes, on fait passer le liquide du n° 1 dans le n° 2, en versant une deuxième charge de vinasse sur les cossettes déjà en partie épuisées du n° 1, et on laisse cette deuxième macération s'effectuer pendant une heure. Le troisième cuvier est rempli de cossettes et par une nouvelle charge de vinasse sur le n° 1, son liquide passe dans le n° 2, et celui du n° 2 dans le n° 3, et ainsi de suite. Une nouvelle charge de vinasse sur le n° 1 achève de l'épuiser et fait écouler le liquide du n° 3 dans la cuve à fermentation. On extrait le liquide du n° 1, qui n'est guère que de la vinasse, au moyen d'une pompe, et on l'envoie dans la chaudière à réchauffer (à l'ébullition). On laisse égoutter les cossettes, qui se sont fortement tassées, on les extrait du cuvier et on les conduit dans un local où on les mélange avec environ trois fois leur volume de menue paille, de balles de blé et d'avoine, de foin, de paille et autres fourrages hachés. On abandonne le mélange à la fermentation dans des fosses pendant deux à cinq jours, et l'on compose ainsi une excellente nourriture pour l'engraissement du bétail.

Le cuvier n° 1 ainsi vidé est rempli de cossettes fraîches et entre dans la série des opérations, recevant le liquide du n° 3, tandis que le n° 2 est épuisé par les vinasses. On voit que, par ce procédé, on rend au résidu solide du lavage par macération, c'est-à-dire à la cossette épuisée, le résidu liquide de l'alambic avec toutes ses matières albumineuses, mucilagineuses, grasses et salines; de sorte que le résidu final représente (hors le sucre converti en alcool) à peu près tous les principes alimentaires de la betterave.

Le jus sucré s'écoulant des cuviers macérateurs dans les cuves à fermentation doit être à une température moyenne de 17°. On détermine, une fois pour toutes, la fermentation, en ajoutant à la première cuve de fermentation (d'une contenance de 2,500 litres), dès qu'elle a reçu 250 litres de jus, 4 kilog. de levûre de bière préalablement bien délayée dans 6 à 8 litres de jus. On remplit ensuite graduellement la cuve.

Au bout de vingt-quatre heures, on met en communication cette cuve avec une autre cuve vide, pour que le jus en fermentation s'y répartisse par portions égales. On recommence alors à remplir simultanément ces deux cuves à moitié pleines, comme on avait rempli la première, en y faisant arriver en un petit filet le jus provenant des lessivages méthodiques. Au bout de 12 heures, les deux cuves étant remplies, la fermentation s'y continue, et 12 heures plus tard la fermentation est à peu près terminée. On laisse refroidir l'une des deux cuvées, qui sera distillée vingt-quatre heures plus tard, tandis que l'autre cuvée, partagée en deux à son tour, remplit à moitié une nouvelle cuve vide. A leur tour aussi ces deux cuves à demi pleines reçoivent du jus frais; la fermentation y redevient active à l'aide du ferment en suspension, qui agit sur le sucre du nouveau jus.

Les deux cuves sont remplies à la fin de la journée; la fermentation continue pendant la nuit sans addition, se trouve à peu près terminée après vingt-quatre heures, et alors l'une des cuves est de nouveau divisée en deux, et ainsi de suite.

On a soin de soumettre à la distillation, dans une chaudière à part, le dépôt boueux de substances fortement azotées et phosphatées qu'on trouve à la fin de la décantation du liquide vineux au fond des cuves.

Les cuves doivent être bien nettoyées et rincées chaque fois qu'elles auront été vidées, et il est même très-utile de nettoyer également, le plus souvent possible, les cuves à macération, pour éviter l'établissement de fermentations anormales, visqueuses, lactiques et autres.

d. *Système Kessler.* — Dans le système Kessler, la betterave est réduite en pulpe fine par l'action de râpes implantées sur un tambour. Pendant le râpage, on fait tomber sur le tambour, pour 1,000 kilog. de pulpe environ, 200 litres de vinasse ou de jus faible acidulés par 2 à 3 kilog. d'acide sulfurique concentré.

La pulpe ainsi arrosée tombe dans un bac à charger dont la contenance correspond au chargement d'une table de déplacement. Cette dernière se compose d'une surface filtrante, ordinairement en bois, recouverte d'une toile qui reçoit la pulpe.

Le bac à charger peut être amené sur des rails au-dessus de la table, et au moyen de deux registres, faciles à ouvrir et à fermer, on en opère la vidange à volonté et avec une grande rapidité. Une règle en tôle fixée au bac sert à niveler la pulpe déversée sur les tables. La hauteur de la couche de pulpe étalée sur la toile ne doit pas excéder $0^m,12$. La pulpe s'étant égouttée, on déplace le jus restant en promenant de temps à autre sur la couche de pulpe un tuyau d'arrosage, alimenté par les vinasses qui de l'alambic ont été pompées dans un réservoir supérieur.

La filtration marche rapidement et l'on arrête l'aspersion lorsque le liquide ne marque plus que $1/2°$ à $1°$ B. Rien n'empêche de se servir du liquide le plus faible pour commencer le lavage par déplacement d'une couche de pulpe fraîche étalée sur une seconde table à déplacement.

Le jus obtenu est conduit dans les cuves à fermentation.

La pulpe épuisée et égouttée, mais qui s'est enrichie des matières insolubles des vinasses, est poussée dans des bacs à décharger et conduite dans un magasin où on la prend soit pour la mettre en silos, soit pour en préparer la nourriture du bétail.

e. *Système Le Play.* — Ce système repose sur la fermentation directe des cossettes de betteraves, dans lesquelles restent toutes les matières albumineuses et autres insolubles dans le jus fermenté.

Les betteraves sont nettoyées et lavées avec les vinasses chaudes, ce qui les réchauffe. Elles sont ensuite débitées en cossettes ou en tranches d'un volume tel, que dans la cuve à fermentation il ne nage point de fragment et que néanmoins la fermentation puisse pénétrer jusqu'au centre de chaque fragment. On opère la mise en train en se procurant d'abord soit par râpage et pression, soit par macération, une quantité de jus double du poids des betteraves. Ce jus additionné de 2 millièmes d'acide sulfurique est chauffé à 20° et mis en fermentation avec de la levûre.

Lorsque la fermentation est très-active, on jette dans la cuve les cossettes de betteraves (les rubans ont environ 4 cent. de large et 4 à 5 millim. d'épaisseur) préalablement acidulées avec 3 kilog. d'acide sulfurique sur 1000 kilog. de betteraves. La fermentation, favorisée par la présence de l'acide, se propage dans les tissus saccharifères avec une rapidité telle, qu'en 12 à 24 heures la transformation du sucre en alcool est opérée. On enlève alors les cossettes fermentées et on les remplace par des cossettes fraîches, en quantité égale, sans changer le liquide et en ajoutant la même dose d'acide que la première fois. On fait ainsi successivement quatre charges de cossettes dans le même bain·, en diminuant chaque fois la quantité de levûre ajoutée.

Le bain est alors complet et peut servir indéfiniment. On n'a plus qu'à en maintenir la température entre 20° et 28° et à conserver le rapport entre le volume du bain et celui des cossettes, qui doit être de 2 litres du premier par chaque kilog. des seconds. La proportion d'acide varie de 1 à 2 kilog. par 1000 kilog. de betteraves. Les cossettes fermentées sont distillées à la vapeur dans des appareils spéciaux.

La pulpe qui en résulte peut également être utilisée avec quelque précaution pour la nourriture des bestiaux. Elle est assez aqueuse et il est bon de la mettre en silos, où elle se conserve assez bien tout en s'égouttant.

7° EMPLOI DE CELLULOSE, LIGNEUX, SCIURE DE BOIS. — On a proposé de saccharifier la sciure de bois blancs au moyen de l'acide sulfurique et d'employer le sucre ainsi produit à la fabrication de l'alcool. Mais l'application industrielle de ce procédé a toujours échoué, par suite de la grande quantité d'acide sulfurique exigée pour opérer la transformation et qu'il faut nécessairement saturer par du calcaire.

Récemment on a proposé de combiner la fabrication de l'alcool au moyen du bois avec celle de la pâte à papier, en ne désagrégeant le bois que partiellement.

Mais, quoique les expériences sur une petite échelle aient paru fournir des résultats assez satisfaisants, l'exploitation en grand a présenté des difficultés telles, qu'on a été obligé d'y renoncer.

B. DISTILLATION DES LIQUEURS FERMENTÉES ET RECTIFICATION DE L'ALCOOL. — La fermentation ayant transformé le sucre en alcool, il s'agit maintenant d'extraire ce dernier du moût plus ou moins limpide et plus ou moins riche (il peut renfermer de 3 à 15 % d'alcool). On y arrive par la distillation.

En portant le moût à l'ébullition, il se forme des vapeurs de tous les principes volatils en présence. Mais l'alcool se vaporise proportionnellement en plus grande quantité que l'eau, tant à cause de son point d'ébullition moins élevé que pour d'autres raisons qu'on trouvera développées aux articles DISTILLATION et ÉBULLITION.

La proportion d'alcool contenue dans les vapeurs est donc plus forte que celle qui existe dans le moût.

En condensant les vapeurs qui s'élèvent de celui-ci, on obtient donc un liquide plus riche en alcool, mais qui cependant est toujours encore très-aqueux; les premières portions sont néanmoins plus alcooliques que les dernières et finalement il ne passe plus que de la vapeur d'eau.

Pour la pratique il est assez important de connaître la quantité de liquide qu'il faut évaporer pour être certain d'avoir volatilisé tout l'alcool; cette quantité dépend de la richesse du moût. Sur 100 kilog. de moût renfermant 3 % d'alcool, il faut distiller 20 kilog.; pour 4 %, 25 kilog.; pour 5 %, 29 kilog., et pour 6 %, 33 kilog. Une première distillation ne fournit donc que des flegmes ou alcools faibles, dont la richesse ne peut guère dépasser 20 %.

Pour obtenir un liquide plus riche en alcool, on peut recourir, soit à des *distillations répétées*, soit à l'*enrichissement des vapeurs* par les déflegmateurs, avant qu'elles arrivent à l'appareil condensateur, soit à la *rectification*. Les *redistillations* ont l'inconvénient d'exiger une grande

dépense de combustible, de temps et de main-d'œuvre, mais elles peuvent être réalisées avec les appareils les plus simples.

L'inverse a lieu pour les *déflegmateurs*, dont la construction repose sur les principes suivants: les vapeurs qui s'élèvent d'une liqueur alcoolique bouillante sont toujours plus riches en alcool que le liquide en ébullition, et en thèse générale le point d'ébullition est d'autant plus élevé que la liqueur est moins alcoolique, et les vapeurs d'autant plus riches en alcool que le point d'ébullition est plus bas. Dans le cours d'une distillation, la richesse en alcool du liquide bouillant diminue continuellement, les vapeurs deviennent de plus en plus aqueuses et le point d'ébullition s'élève.

La richesse alcoolique des vapeurs est donc dépendante de la température à laquelle le liquide bout et par suite aussi de la température de ces vapeurs. En refroidissant une pareille vapeur, mais sans produire une condensation complète, on doit donc produire une décomposition ou analyse de la vapeur; il se condensera une partie qui sera bien plus aqueuse, tandis qu'une autre partie bien plus riche en alcool restera à l'état de vapeur; si les choses sont arrangées de manière à ce que cette dernière se rende seule au réfrigérant condensateur, tandis que la première retourne dans l'alambic, on obtiendra un produit bien plus riche en alcool que ne l'étaient les vapeurs originairement dégagées par le liquide en ébullition.

Supposons, par exemple, qu'un moût en ébullition dégage des vapeurs renfermant de 15 à 20 % d'alcool; en faisant passer ces vapeurs à travers un déflegmateur dont la température reste constante à 94°, elles ne peuvent plus se maintenir intégralement, puisqu'elles exigeraient pour cela une température d'au moins 98°; 100 p. de ces vapeurs se décomposeront donc en 70 p. d'un liquide condensé renfermant 7 % d'alcool, lequel liquide retourne dans l'alambic, et en 30 p. de vapeurs non condensées renfermant 50 % d'alcool, qui, dans le réfrigérant, fourniront une eau-de-vie de cette force.

Si maintenant l'on faisait passer les vapeurs de 50 % d'alcool à travers un autre déflegmateur dont la température serait maintenue à 85°, on obtiendrait 41,6 % d'un liquide condensé à 30 % d'alcool et 58,4 % de vapeurs alcooliques d'une richesse de 78 %.

Il est facile de comprendre, d'après ce qui précède, qu'à l'aide des déflegmateurs on peut produire un esprit-de-vin d'une force donnée par une seule distillation; seulement on obtiendra d'autant moins d'alcool que son degré devra être plus élevé.

On peut faire varier à l'infini la forme et le mode d'action des déflegmateurs; les parois d'un chapiteau, le col d'une cornue, refroidis par l'air ambiant, agissent comme déflegma.eurs, si toutefois ils sont disposés de manière que le liquide condensé recoule de nouveau dans la liqueur en ébullition; si, au contraire, le liquide condensé coulait dans le réfrigérant, alors il n'y aurait plus analyse des vapeurs et les choses se passeraient comme dans la distillation simple.

La *rectification* ne diffère de l'opération précédente que par l'emploi d'une liqueur alcoolique condensatrice des vapeurs au lieu de parois condensantes. Supposons que les vapeurs alcooliques dégagées d'un moût en ébullition soient amenées par un tube plongeant au fond d'un vase en partie rempli par ce même moût, les vapeurs s'y condenseront d'abord en fournissant un liquide plus riche en alcool; mais peu à peu la température s'élèvera par suite de cette condensation, et au bout de peu de temps la liqueur entrera en ébullition, mais à une température inférieure à celle du moût primitif. Il se dégagera donc des vapeurs plus riches en alcool; si celles-ci sont à leur tour condensées dans un second vase semblable, il s'y formera une liqueur encore plus riche, qui, arrivée à son tour à l'ébullition, fournira des vapeurs plus riches encore, et ainsi de suite.

Les rectificateurs ne constituent en définitive que des alambics redistillateurs, seulement les seconde, troisième, etc., distillations, au lieu d'être opérées par un chauffage direct, sont provoquées par la chaleur latente des vapeurs dégagées de l'alambic principal.

La différence entre la richesse alcoolique du liquide et des vapeurs étant la plus grande pour des liquides peu riches, ces derniers réclameront de préférence l'emploi des rectificateurs; au contraire, les déflegmateurs sont indiqués lorsqu'il s'agit de liquides déjà suffisamment alcooliques. Il en résulte que dans tous les appareils rationnellement construits, les rectificateurs doivent précéder les déflegmateurs.

Quelle que soit la manière dont les vapeurs très-alcooliques auront été produites, il faut les condenser finalement pour les obtenir à l'état liquide. Les dispositions des réfrigérants condensateurs peuvent aussi varier à l'infini, pourvu qu'on observe le principe d'offrir à la vapeur une grande surface de condensation. Le liquide condensateur peut être l'eau froide; mais, par des motifs d'économie, il vaut mieux employer le liquide même qui doit être soumis à la distillation. Ce liquide entre froid à la partie inférieure du réfrigérant; il s'y élève graduellement en s'échauffant par suite de la condensation des vapeurs, et lorsqu'il a acquis la température la plus élevée possible, qui doit se rapprocher de celle des vapeurs à condenser, il est conduit, en passant par le rectificateur, dans l'alambic, où il est soumis à l'ébullition pendant le temps juste suffisant pour le débarrasser de tout l'alcool qu'il peut encore contenir.

Lorsqu'il s'agit de porter à l'ébullition des moûts épais, qui s'attachent facilement au fond des alambics, il peut devenir nécessaire de munir ces derniers d'appareils mécaniques, au moyen desquels le moût peut être maintenu en circulation continuelle. Dans de pareils cas, on substitue aussi quelquefois au chauffage direct le chauffage à la vapeur. Enfin les appareils distillatoires peuvent être à distillation continue ou intermittente.

Argand fut le premier qui appliqua le principe des déflegmateurs en faisant passer de bas en haut la vapeur dans un serpentin fixé dans un vase cylindrique rempli de vin : l'eau condensée retombait dans l'alambic, tandis que la vapeur, plus alcoolique, se rendait dans un second serpentin ordinaire, refroidi par de l'eau froide.

Adam fit l'application du principe des rectifica-

teurs en faisant barboter la vapeur dégagée de l'alambic dans une série de vases de forme ovale; l'alcool fort arrivait seul aux derniers vases ; les intermédiaires retenaient les liquides alcooliques de plus en plus faibles, les déversaient les uns dans les autres et finalement les écoulaient dans l'alambic au moyen d'une série de tubes et de robinets rationnellement disposés.

Cellier Blumenthal perfectionna cette opération en la rendant continue : il fit servir le vin exclusivement à la condensation, utilisant la chaleur latente de la vapeur d'eau pour la volatilisation de l'alcool.

Derosne rendit intermittent l'écoulement de la vinasse, l'obligeant ainsi à subir une ébullition de trois quarts d'heure à une heure pour la débarrasser entièrement des dernières traces de l'alcool que la vinasse pouvait encore contenir.

Aujourd'hui, les appareils de distillation les plus répandus et les plus parfaits présentent les dispositions suivantes :

Une chaudière inférieure fournit la vapeur à une chaudière supérieure; au-dessus de celle-ci se trouve une colonne munie d'une série de plateaux superposés, au moyen desquels le liquide

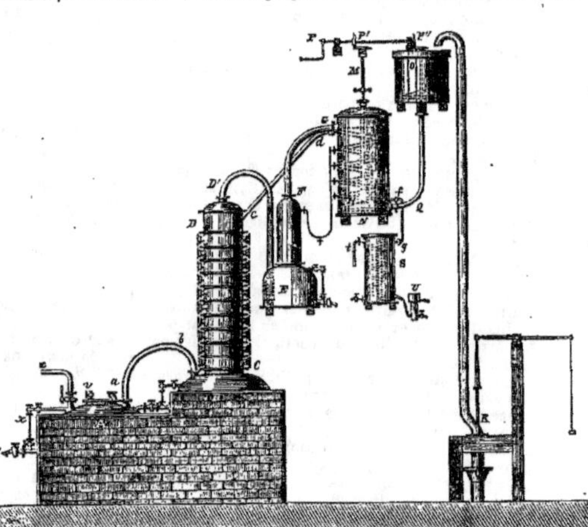

Fig. 12. Appareil Cail pour la distillation de l'alcool.

alcoolique descendant est mis en contact avec les vapeurs ascendantes sur une très-large surface. Au-dessus enfin est placée une seconde colonne, munie d'une autre série de plateaux formant des cuvettes dans lesquelles le vin ou le moût fermenté est traversé en barbotage par les vapeurs : ce sont les rectificateurs.

Le produit de la condensation des vapeurs dans cette partie de l'appareil est envoyé directement au réfrigérant, si son titre est assez élevé; dans le cas contraire, il est ramené par la rétrogradation dans cette même colonne, où il est analysé de nouveau par les vapeurs déjà enrichies pendant leur ascension à travers les plateaux de la colonne inférieure; il y entre avec une richesse supérieure à celle du liquide alcoolique qu'il y rencontre, et, après s'être dépouillé à mesure de sa descente, il sort avec une richesse à peu près égale à celle du même liquide, avec lequel il arrive dans la colonne inférieure, où ils achèvent ensemble de se dépouiller complétement d'alcool. Les vapeurs alcooliques concentrées se rendent au réfrigérant et s'y condensent finalement en alcool liquide commercial, qui, après avoir passé par l'éprouvette munie de l'alcoomètre, pour pouvoir vérifier à tout instant son titre, se déverse, toujours à l'abri du contact de l'air, dans des réservoirs spéciaux.

Les appareils principaux employés en Allemagne sont les suivants :

Appareil de Dorn. — Il se compose d'un alambic avec chapiteau, d'un avant-chauffeur dont la partie inférieure, séparée par une cloison en cuivre, renferme le rectificateur, enfin d'un serpentin condensateur. Le moût fermenté passe d'abord dans ce réfrigérant, où il s'échauffe ; de là, dans l'avant-chauffeur où il est chauffé plus fortement par les vapeurs provenant de l'alambic (qui, à travers un petit serpentin, arrivent au rectificateur) ; il se rend finalement presque bouillant dans l'alambic.

Appareil de Pistorius. — Cet appareil, l'un des plus répandus en Prusse. présence, suivant les localités ou suivant l'importance de la fabrication, des modifications assez nombreuses. Il se compose généralement de deux alambics, dont le second, placé à un niveau supérieur, alimente le premier et est chauffé tant par les vapeurs que par la flamme perdue ; les vapeurs alcooliques traversent ensuite un avant-chauffeur renfermant un rectificateur ; elles passent enfin par un ou plusieurs bassins ou déflegmateurs avant d'arriver au réfrigérant condensateur.

Le bassin ou déflegmateur de Pistorius mérite une mention spéciale.

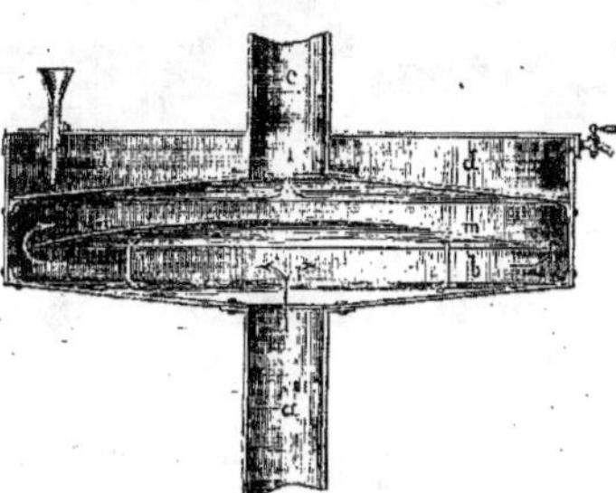

Fig. 13. Déflegmateur de Pistorius.

Les vapeurs alcooliques arrivant par *a* sont obligées, par la feuille métallique *mm*, de se diviser et de se mouvoir le long des parois inférieures et supérieures du déflegmateur. La paroi inférieure est refroidie par l'air extérieur, la paroi supérieure par le liquide *d*. Les vapeurs pauvres condensées s'écoulent de nouveau par *a* ou par un tuyau spécial. [Si l'on prolonge un peu le tuyau A, et si on le recouvre d'une calotte, le déflegmateur devient en même temps un rectificateur, mais dans ce cas le tuyau d'écoulement spécial est indispensable.]

Les vapeurs alcooliques riches sont dirigées par le tuyau C, soit directement vers le réfrigérant condensateur, soit à travers un nouveau déflegmateur si l'on veut obtenir de l'alcool de plus en plus concentré. Il est évident que les déflegmateurs doivent être superposés et que le supérieur sera toujours plus fortement refroidi que l'inférieur. L'analyse des vapeurs sera d'autant plus énergique qu'elles seront obligées de s'étaler en couches plus minces et de lécher des surfaces réfrigérantes plus étendues. Dans beaucoup d'appareils de Pistorius, surtout dans ceux chauffés à la vapeur, les deux alambics, le rectificateur avec avant-chauffeur, le rectificateur déflegmateur et deux déflegmateurs, sont superposés et constituent un véritable appareil à colonne ; dans d'autres, les appareils alternants, il y a deux premiers alambics placés au même niveau et alimentés par un seul second alambic supérieur. Dans ces cas, on chauffe alternativement l'un des premiers alambics, tandis que l'autre est vidé. Enfin, dans les appareils dits bains-marie, la vapeur d'une chaudière à vapeur ne se rend pas seulement dans l'intérieur de l'alambic, mais circule aussi autour des parois extérieures, pour prévenir tout refroidissement par le contact de l'air avec les parois.

Appareils de Gall. — Ces appareils, très-répandus dans la vallée du Rhin, sont construits à peu près d'après le même principe que ceux de Pistorius ; mais comme ils sont généralement chauffés à la vapeur, Gall a substitué partout où cela était possible le bois au cuivre. ·

Ces appareils sont presque toujours alternants, c'est-à-dire qu'il y a deux premiers alambics fonctionnant à tour de rôle. Le moût fermenté y est porté à l'ébullition par l'introduction de vapeur plus ou moins comprimée ; les vapeurs alcooliques traversent le moût fermenté du second alambic dont le contenu arrive bientôt aussi à l'ébullition. Les vapeurs plus alcooliques se rendent alors dans un organe spécial, le séparateur (une espèce de tonneau étroit, mais profond, placé sur l'un des fonds), où elles se condensent d'abord ; mais, s'échauffant bientôt, elles arrivent à distillation et produisent la rectification ; du séparateur les vapeurs alcooliques, marquant de 60° à 70°, arrivent au déflegmateur rectificateur de l'avant-chauffeur, de là au déflegmateur proprement dit, et enfin au réfrigérant condensateur.

Appareil de Siemens. — Depuis quelques années, on substitue de plus en plus aux bassins de Pistorius et de Gall le déflegmateur de Hohenheim, dû à M. Siemens. Ce déflegmateur consiste en cavités cylindriques concentriques très-étroites, dans lesquelles circulent les vapeurs et l'eau réfrigérante, allant en sens contraire et obligées par des cloisons à descendre et à remonter dans chacune de ces cavités. Les cavités de rang impair reçoivent les vapeurs et celles de rang pair, l'eau. C'est ainsi, par exemple, que les vapeurs alcooliques s'élèvent dans le cylindre central n° 1 (une calotte, qui produit le barbotage de la vapeur à travers le liquide condensé, ajoute à l'appareil l'effet d'un rectificateur), redescendent et remontent dans la cavité cylindrique n° 3, puis redescendent et remontent dans la cavité ou le manchon n° 5 et passent finalement dans le serpentin condensateur. L'eau ou le liquide réfrigérant se déverse d'abord dans la cavité n° 6, passe ensuite, toujours en descendant et remontant, dans la cavité n° 4, finalement dans la cavité n° 2 et s'écoule ensuite. Les manchons n° 3 et 5 sont également arrangés pour le barbotage des vapeurs dans le liquide condensé et ils agissent à la fois comme déflegmateurs et rectificateurs ; mais on peut à volonté faire écouler le liquide condensé (s'il est assez alcoolique) dans le réfrigérant condensateur, ou bien le ramener dans la colonne ou dans les rectificateurs inférieurs.

Cette disposition est très-rationnelle ; les vapeurs alcooliques en couches minces rencontrent, à mesure qu'elles avancent, des parois de moins en moins échauffées et qui les analysent très-énergiquement. Aussi le déflegmateur de Siemens fournit-il facilement des alcools très-concentrés.

Les appareils les plus usités en France et en Belgique sont ceux de MM. Laugier, Champonnois, Cellier-Blumenthal, Dubrunfaut et Derosne et ceux livrés à l'industrie par MM. Cail et Cie.

On pourrait à la rigueur distinguer les appareils distillatoires proprement dits, qui distillent les moûts fermentés, les vins et autres liquides alcooliques et produisent les flegmes ou des eaux-de-vie, et les appareils rectificateurs qui distillent les alcools faibles de toute provenance pour les convertir en esprits ou alcools concentrés. Mais les principes sont les mêmes, seulement les appareils rectificateurs présentent ordinaire-

ment des chaudières d'une plus forte capacité et la conduite de l'opération est un peu différente.

Appareil Laugier. — Il se compose de deux chaudières superposées, d'un déflegmateur ou analyseur et d'un serpentin condensateur. Le déflegmateur est formé de sept tronçons d'hélices, dans chacun desquels le liquide condensé coule dans la partie la plus déclive et se rend dans un tube commun qui le ramène dans la seconde chaudière : la vapeur non condensée s'élève successivement par les tuyaux de communication d'un tronçon d'hélice inférieur au tronçon supérieur et se rend finalement dans le serpentin condensateur. Cet appareil sert principalement à la distillation du vin, qui y suit une marche inverse à celle de la vapeur.

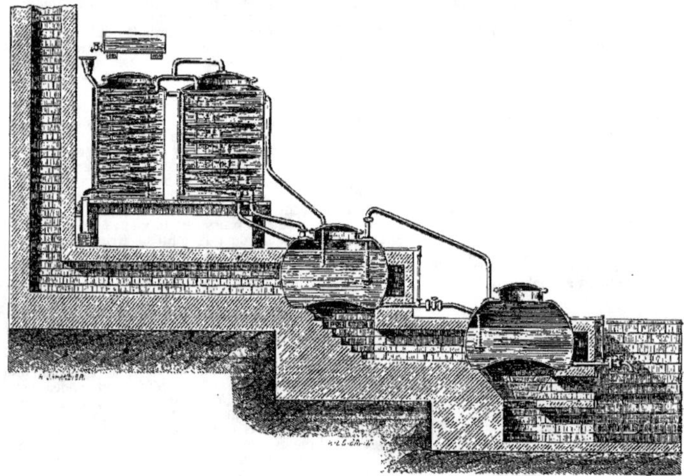

Fig. 14. — Appareil Laugier.

Appareil Champonnois. — Il se compose d'une chaudière (mieux vaudrait deux chaudières superposées), d'une colonne placée au-dessus de la chaudière et contenant dix-sept rectificateurs à calottes hémisphériques, d'un analyseur, enfin du réfrigérant condensateur. La colonne est formée de tronçons cylindriques, ayant les mêmes dimensions et dispositions. Chaque tronçon porte, engagé dans une rainure circulaire interne, les disques percée d'une large ouverture centrale, garnie d'un ajutage un peu plus élevé que les tubes trop-pleins verticaux, alternativement placés aux deux bouts d'un diamètre du cercle; le large ajutage central est recouvert d'une capsule renversée, dont les bords descendent de 1 cent. au dessous du niveau du bord de l'ajutage et forcent la vapeur qui s'élève à barboter dans le liquide.

L'analyseur, analogue à peu près par sa forme à l'analyseur Siemens, est formé de lames contournées en spirale, distantes d'environ 1 cent. La vapeur, arrivant par le tube central, suit les contours du serpentin réfrigérant plat, en spirale, et, parvenue à la circonférence extérieure, se dégage dans le tube qui la conduit au condensateur. Le liquide

réfrigérant, par contre, entre à la circonférence et, circulant dans les contours spiraux, se rapproche du centre et est conduit par un trop-plein dans un tube qui le déverse (s'il est lui-même le liquide alcoolique à distiller) dans la colonne rectificatrice, non au sommet, mais aux deux tiers environ de la colonne. Un des tronçons y est percé latéralement pour recevoir le tube en question. Le liquide à distiller suit une marche inverse à celle de la vapeur, c'est-à-dire qu'il entre avec pression au bas du réfrigérant condensateur (lequel est formé non d'un serpentin, mais de doubles cylindres, laissant entre eux un intervalle libre, dans lequel la vapeur se répand et se trouve en couche mince en contact avec toute l'étendue de la double paroi), s'y élève, monte par un tube à l'analyseur, le parcourt et tombe enfin dans la colonne, descend de plateau en plateau par les tubes trop-pleins verticaux, s'y dépouille graduellement de l'alcool en s'échauffant de plus en plus et arrive enfin bouillant dans la chaudière en ébullition. Il s'en écoule continuellement par un trop-plein, si l'appareil fonctionne de manière à ce que le moût fermenté soit à peu près entièrement dépouillé d'alcool par son passage à travers la colonne. Il est avantageux d'utiliser la chaleur du liquide bouillant pour chauffer le moût fermenté à son très-fréquemment employé dans l'industrie agricole pour la distillation des vins, des jus de betteraves, mélasses et autres moûts fermentés.

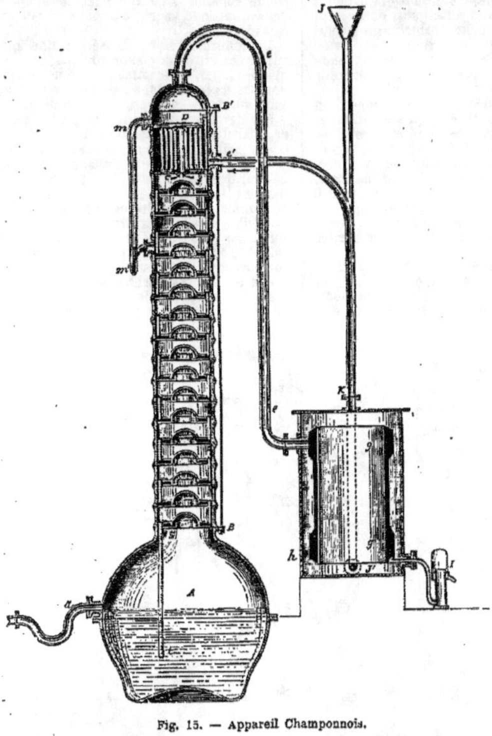

Appareil de MM. Cail et Cie (voyez fig. 12). — Il se compose de deux chaudières étagées, A, B, chauffées soit à feu nu par le même foyer, soit par un tube barboteur ou mieux encore à l'aide d'un double fond, pour ne pas délayer le moût fermenté, si le résidu est destiné à la nourriture des bestiaux. La première chaudière est munie d'un robinet de vidange, d'un tube indicateur, d'un robinet d'issue pour constater si les vapeurs sont débarrassées d'alcool, et d'une soupape de sûreté. Un tube recourbé, partant du dôme de la première chaudière A, plonge au fond de la seconde chaudière, s'y termine en pomme d'arrosoir et distribue ainsi la vapeur, déjà un peu alcoolique, venant de A, dans toute la masse de B. La vapeur enrichie en B s'élève dans une colonne, passe de plateau en plateau sous les calottes renversées, qui font de chacun des dix tronçons de colonne des rectificateurs, arrive très-chargée d'alcool au sommet de la colonne, d'où un tube en siphon la conduit dans un déflegmateur rectificateur. Après y avoir déposé les parties les plus aqueuses, la vapeur d'alcool arrive dans un serpentin rectificateur et analyseur; quatre tours d'hélice de ce serpentin sont munis de robinets, au moyen desquels on peut faire retourner à volonté le liquide condensé dans le déflegmateur rectificateur. Enfin la vapeur la plus alcoolique s'échappe au sommet du serpentin pour se rendre finalement dans le serpentin condensateur. L'alcool condensé s'écoule par l'éprouvette dans les réservoirs.

La marche de la matière à distiller est inverse de celle des vapeurs. Pompée à la partie supérieure de l'appareil, elle traverse d'abord le vase contenant le serpentin rectificateur, s'y échauffe, coule de là sur les plateaux de la colonne, qu'elle descend successivement pour s'écouler dans la chaudière B et de là dans la chaudière A, lorsque celle-ci a été vidée.

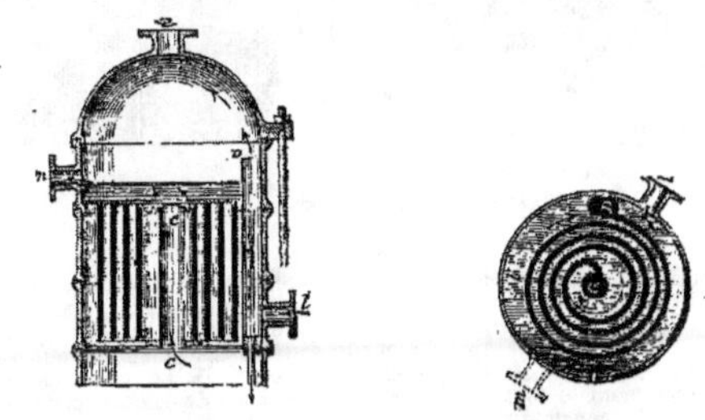

Fig. 15. — Appareil Champonnois.

Fig. 16. — Analyseur Champonnois.

passage du réfrigérant condensateur à l'analyseur, et en porter la température à 60°-70°.

Cet appareil, à la fois simple et ingénieux, est

Si la matière à distiller est épaisse, on munit d'agitateurs les vases qu'elle traverse; 100 hectolitres de substances farineuses peuvent fournir de 25 à 26 hectolitres d'alcool à 95°.

Tels sont les appareils les plus usités en France. En Angleterre, où la consommation des eaux-de-vie et esprits est énorme, les grands distillateurs ont établi des appareils gigantesques, dont celui de Coffey, basé sur le même principe que celui de Derosne, a le plus d'importance. Sa forme extérieure, qui ressemble à une armoire colossale, diffère complétement de celle des appareils employés sur le continent.

Pour donner une idée des dimensions d'un appareil de Coffey, nous n'avons qu'à mentionner que MM. Currie, à Bow, près Londres, y obtiennent annuellement plus de 4,675,000 litres d'alcool à 65° (*overproof*) par la distillation du moût fermenté d'orge et d'avoine avec addition de malt. Cette seule maison paye à l'État plus de 400,000 livr. st. (10,000,000 fr.) de droits par an.

L'appareil construit en forts madriers, garnis de feuilles de cuivre, se compose de trois parties principales.

Le collecteur de moût AA est surmonté de deux colonnes prismatiques, dont l'une DD fait fonction d'analyseur et sert à la rectification du moût, tandis que la seconde FF, le rectificateur, sert à la fois comme avant-chauffeur du moût et comme déflegmateur et rectificateur des vapeurs alcooliques. La partie supérieure EE de cette seconde colonne produit en même temps la condensation de la vapeur d'alcool suffisamment concentrée.

Le collecteur A est divisé par une plaque de cuivre *cc* en deux compartiments B et C. Cette plaque est perforée comme une écumoire d'un grand nombre de trous, dont plusieurs, plus grands, *oo* sont munis de soupapes en forme de T.

Par des plaques en cuivre tout à fait semblables *rr*, l'analyseur ou rectificateur D est divisé en douze chambres, et le rectificateur d'alcool faible F en dix chambres par les plaques *ss*. Les trous des plaques sont d'un diamètre tel, qu'ils permettent le passage de la vapeur, mais non celui du liquide étalé au-dessus des plaques. Ce liquide est obligé de s'écouler par des tuyaux (*d* dans le collecteur, *vv* dans les deux colonnes) de la chambre ou d'un compartiment supérieur dans le compartiment inférieur.

Les ouvertures garnies de soupapes *oo* permettent à la vapeur de s'échapper, si par accident elle présentait une trop forte tension.

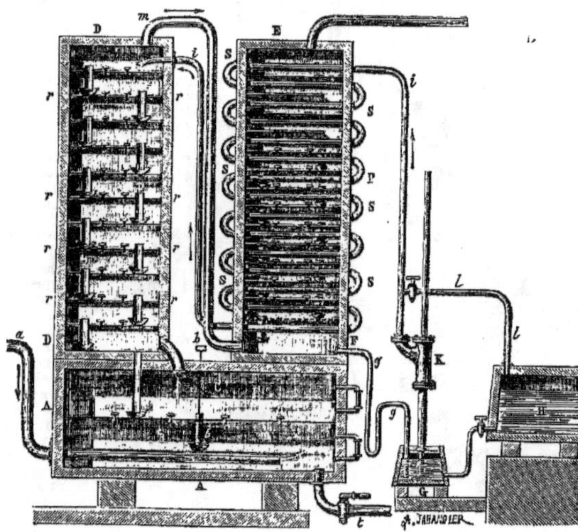

Fig. 17. — Appareil de Coffey.

Voici la marche de l'appareil. Un courant continu de moût s'écoule d'un grand réservoir H dans un réservoir plus petit G, d'où une pompe K le puise pour le déverser par le tuyau I au haut de la seconde colonne E. Comme il est nécessaire de pouvoir régler exactement le courant de moût fermenté, la pompe en puise constamment plus qu'il n'en faut, et l'excédant rentre par le robinet régulateur *x* et le tube *l* dans le grand réservoir H.

Le tuyau *i* contenant le moût fermenté parcourt en zigzags (le tuyau se recourbe plusieurs fois horizontalement avant de descendre dans le sens vertical) d'abord le condensateur E, puis le rectificateur F; arrivé au bas de la seconde colonne, il se relève pour déverser le moût dans le compartiment supérieur de la première colonne D. Le moût descend ensuite par les tuyaux *vv* de compartiment en compartiment, et arrive enfin par *d* dans la chambre supérieure C du collecteur A, et enfin dans la chambre inférieure B, d'où, après avoir perdu les dernières traces d'alcool, on le fait écouler au dehors d'une manière intermittente par le tuyau de sortie *t*.

En parcourant ce chemin de D en B, le moût

ne doit former sur chaque plaque de cuivre perforée *rr* qu'une couche d'environ 2 1/2 à 3 centimètres d'épaisseur. A cet effet, les tuyaux d'écoulement du moût *vv* dépassent les plaques de cette même hauteur, et, pour empêcher la vapeur de suivre le même chemin, les tuyaux plongent par la partie inférieure dans des espèces de capsules qui produisent une fermeture hydraulique. La même disposition est réalisée pour le tuyau *d*, qui conduit le moût sur la plaque *cc* en C. Dès qu'il s'y est accumulé au point de remplir le tube indicateur extérieur *y*, on tire la soupape *b*, ce qui permet au moût de s'écouler par le tuyau *b*, fermé par cette soupape, et de se rendre dans la chambre inférieure B du collecteur A.

Voyons maintenant la marche inverse des vapeurs. En B, le moût, déjà presque entièrement privé d'alcool, se trouve soumis à l'action d'un courant de vapeur d'eau venant d'un générateur par le tube *aa*. Les vapeurs aqueuses arrivant sous une certaine pression traversent le moût, le dépouillent des derniers restes d'alcool, passent à travers les trous de la plaque *cc*, traversent en C le moût accumulé sur cette plaque sur une multitude de points, lui enlèvent l'alcool et arrivent par le tuyau *e* dans le compartiment inférieur de la première colonne D. De là les vapeurs, en traversant toujours les trous des plaques *rr*, s'élèvent de compartiment en compartiment jusqu'à la chambre supérieure de D.

Pendant ce trajet, les vapeurs, à mesure qu'elles s'élèvent, rencontrent un moût de plus en plus alcoolique, mais aussi de moins en moins chaud; elles abandonnent donc de la vapeur d'eau qui se condense dans le moût, et s'enrichissent par contre des vapeurs alcooliques. Après ces rectifications répétées, les vapeurs, déjà passablement riches, se rendent par le tuyau *mm* dans le compartiment inférieur de la seconde colonne FF (faisant fonction d'avant-chauffeur). En F, les vapeurs s'élèvent d'une manière analogue à travers les plaques perforées *ss*, en rectifiant l'eau-de-vie ou les flegmes condensés dans le déflegmateur E. Ces flegmes coulent de E au bas de F en passant sur les plaques perforées et par les tuyaux plongeurs *v* (exactement comme le fait le moût dans la première colonne) s'étalant sur chaque plaque en couche de 2 1/2 centimètres d'épaisseur, que la vapeur traverse sur une multitude de points. Les flegmes abandonnent rapidement la majeure partie de leur alcool et arrivent au bas de F; le résidu liquide très-aqueux s'écoule par le tuyau *gg* dans le petit réservoir de moût G, où il se délaye le moût et est pompé avec lui par le tuyau *i* pour suivre la circulation du moût à travers tout l'appareil.

Les vapeurs alcooliques, encore enrichies par tout l'alcool enlevé ainsi aux flegmes, arrivent enfin en E. La plaque qui sépare E de F n'est point percée de trous; elle laisse passer les vapeurs par le tuyau court et large *u* dans le déflegmateur condensateur E; là des plaques non perforées obligent les vapeurs de suivre les zigzags du tuyau *i* rempli de moût froid. Il s'y condense de l'eau-de-vie, et seules les vapeurs les plus alcooliques, se dégageant par le tuyau *n*, se rendent au serpentin condensateur.

Si les vapeurs alcooliques condensées en E fournissent un alcool déjà assez concentré, et c'est le cas ordinaire, on laisse écouler celui-ci par une ouverture pratiquée en *p*, d'où un tuyau l'amène au réfrigérant, et de là aux réservoirs. Dans ce cas, les flegmes rectifiés par les vapeurs ne sont fournis que par la condensation partielle de ces dernières dans les compartiments déflegmateurs et rectificateurs de FF.

Cet appareil, très-bien raisonné et d'un effet si puissant, est relativement d'un prix beaucoup moins élevé que les appareils employés sur le continent.

Ayant ainsi passé en revue les principaux appareils distillatoires, nous pouvons résumer en quelques mots les observations se rapportant aux diverses matières premières fermentées soumises à la distillation.

Différentes circonstances doivent être prises en considération, lorsqu'il s'agit de faire un choix parmi les divers appareils distillatoires qui viennent d'être décrits; tels sont, par exemple, la consistance plus ou moins épaisse du moût fermenté, la pureté et la concentration de l'alcool qu'on veut obtenir, le goût particulier que doit présenter le liquide alcoolique, l'utilisation des résidus de la distillation, etc. Le chauffage à la vapeur est surtout avantageux lorsqu'on doit distiller des matières fermentées, épaisses et glutineuses, qui s'attachent facilement aux parois des vases chauffés à feu nu, lorsque la dilution plus ou moins considérable des résidus ou vinasses ne présente point d'inconvénients et lorsque l'alcool doit être pur, concentré et aussi exempt que possible de tout goût particulier.

On préférera, au contraire, le chauffage à feu nu, lorsque le moût est très-liquide, fluide, peu visqueux, ou bien même dans le cas de moûts épais, lorsque les résidus doivent être le moins aqueux possible, ou que l'alcool doit présenter une saveur et une odeur spéciales.

Dans ces derniers cas, il faut même souvent donner la préférence aux appareils distillatoires plus simples et moins économiques, comme, par exemple, pour la fabrication des eaux de cerises, de prunes, de myrtilles, etc.

Passons rapidement en revue la distillation des différents moûts fermentés.

1° *Distillation des trempes de céréales et de pommes de terre.* — Pour obtenir des eaux-de-vie de bon goût, on ne distille que des moûts provenant de blé, d'orge, d'avoine ou de riz, ou d'un mélange de ces céréales. Le wiskey, produit en si grande quantité en Angleterre, est préparé avec du froment ou avec de l'orge additionnés d'une petite quantité d'avoine, dont la présence facilite l'opération de la trempe. Les trempes de pommes de terre fournissent toujours des alcools très-chargés d'huiles essentielles et de très-mauvais goût; mais par contre la pomme de terre saccharifiée, soit par l'orge germée, soit par les acides, est une des matières les plus économiques pour la fabrication de l'alcool, surtout dans les distilleries agricoles.

Quantité d'alcool fournie.

	d'après la théorie.	dans la pratique.
100 kilog. de blé..............	38 à 40 lit.	26 à 30 lit.
100 » de seigle.........	34 35	24 28
100 » d'orge.............	35 36	24 28
100 » de pommes de terre..........	10 13	8 11

On admet généralement pour 100 kilog. de pommes de terre, saccharifiées avec 7 kilog. d'orge germée, un rendement de 8 kilog. 24 d'alcool absolu; en en retranchant 1 kilog. 68 comme provenant de l'orge, il reste pour le rendement moyen de la pomme de terre seule 6 kilog. 56 = 8 lit. 08 d'alcool absolu.

25 ares de terre labourable produisant de 500 à 700 kilog. de blé, 405 à 585 kilog. de seigle, 480 à 640 kilog. d'orge, et 4,500 à 6,000 kilog. de pommes de terre, il en résulte que ce même terrain pourra fournir, au moyen du blé, 152 à 213 lit.; au moyen du seigle, 119 à 172 lit.; au moyen de l'orge, 134 à 179 lit., et au moyen des pommes de terre, 400 à 660 lit. d'alcool.

C'est donc bien la pomme de terre qui permet à une surface donnée de terrain de fournir la plus forte quantité d'alcool.

Dans l'industrie agricole, il ne faut point considérer l'alcool comme le produit principal de la distillerie, mais plutôt comme le produit accessoire; ce sont les résidus ou vinasses, utilisés pour la nourriture du bétail et comme conséquence pour a production de viande et d'engrais, qui doivent constituer le produit principal. C'est pour cette raison qu'il faut éviter le plus possible de rendre ces résidus trop aqueux; on admet ordinairement, pour la valeur nutritive des résidus, la moitié de celle des pommes de terre employées; les résidus des céréales possèdent naturellement une valeur nutritive comparativement beaucoup plus élevée. Le meilleur mode d'utilisation de ces résidus est de les mélanger avec des fourrages secs (de la paille hachée, par exemple), ou mieux encore d'y faire cuire ces derniers.

Il est essentiel de faire consommer les vinasses au fur et à mesure de leur production, puisqu'il est difficile de les conserver sans altération.

2° *Distillation des vins et liquides alcooliques non glutineux.* — La distillation des vins, qui fournit les eaux-de-vie les plus fines, est des plus faciles et ne donne lieu à aucune observation particulière. Les vinasses sont malheureusement trop souvent jetées, tandis qu'elles devraient toujours être rendues aux vignes, puisqu'elles renferment des quantités notables de matières fertilisantes et de sels, entre autres du tartre.

3° *Distillation des trempes de betteraves.* — Les modes de distillation dépendent naturellement du traitement qu'on avait fait subir à la betterave avant la fermentation. Pour la betterave, comme pour les pommes de terre et les céréales, l'utilisation des résidus pour la nourriture des bestiaux constitue un des points les plus essentiels, mais souvent aussi des plus difficiles de cette industrie agricole. La plupart des observations concernant la distillation des trempes de céréales et de pommes de terre s'appliquent également à la distillation des trempes de betteraves.

Nous devons seulement mentionner plus spécialement la distillation des cossettes de betteraves d'après le système de M. Leplay, qui n'extrait point le jus des cossettes, mais obtient la transformation du sucre en alcool en plongeant les cossettes dans une liqueur en fermentation active, additionnée d'une certaine quantité d'acide sulfurique (3 à 4 millièmes du poids des betteraves) et dont la température est maintenue entre 25° et 28° centigr. Les cossettes restent de 10 à 24 heures dans la liqueur, et sont alors enlevées à la pelle et introduites dans l'appareil distillatoire.

Ce dernier se compose de trois cylindres placés verticalement. Dans l'axe de chaque cylindre se trouve fixé, sur le fond inférieur, une tige en cuivre ; c'est le long de cette tige qu'on fait glisser des plateaux en cuivre mince perforés de nombreuses ouvertures, chargés de cossettes. Les plateaux sont distants d'environ 20 à 25 cent. et doivent s'appliquer très-exactement contre les parois des cylindres.

On remplit les cylindres de plateaux jusqu'en haut et on les ferme ensuite hermétiquement. Les cylindres renfermant donc alors une couche perméable de cossettes fermentées, il faut laisser un intervalle assez notable (30 à 60 cent. suivant la hauteur du cylindre) entre le plateau inférieur et le fond du cylindre pour que le liquide puisse s'y accumuler.

Désignons les trois cylindres par les lettres A, B, C. Supposons A et B remplis de cossettes. On fait arriver au fond de A un courant de vapeur provenant d'un générateur. La vapeur, en s'élevant entre les cossettes, les échauffe, volatilise l'alcool

tandis que la vapeur d'eau s'y condense. Le liquide aqueux ne tarde pas à se rassembler au-dessous du plateau perforé inférieur et y est porté à l'ébullition par le courant de vapeur d'eau. Les vapeurs alcooliques chassées de bas en haut de plateau en plateau arrivent au couvercle du cylindre A et y trouvent un tuyau qui les mène au fond du cylindre B; en y traversant les plateaux et les cossettes, elles s'enrichissent de plus en plus, et, arrivées enfin au haut de B, sont conduites par un tuyau spécial vers un réfrigérant condensateur. Mais bientôt, par suite du courant continu de vapeur d'eau en A, les cossettes y sont entièrement dépouillées d'alcool; on arrête alors la vapeur en A, et par un tuyau semblable, on la fait arriver au fond de B; à ce moment, C étant également rempli de cossettes fermentées fraîches, on interrompt la communication entre B et le réfrigérant condensateur, et par contre on l'établit entre B et C par un tuyau qui part du haut de B pour déboucher au bas de C, dont le haut communique actuellement avec le réfrigérant condensateur. Les choses se passent donc entre B et C comme antérieurement entre A et B.

La distillation continuant ainsi, on vide A, on le charge de cossettes fraîches, et lorsque B est épuisé d'alcool, on met C en communication avec A, dont le haut communique à son tour avec le réfrigérant condensateur, et ainsi de suite.

Les cossettes épuisées dont le poids équivaut à peu près à la moitié du poids des betteraves constituent une bonne substance alimentaire lorsqu'on l'associe à des fourrages secs.

Le système de M. Leplay est très-rationnel et pratique, et est surtout applicable aux distilleries agricoles dans les fermes. 100 kilog. de betteraves peuvent fournir de 4 1/2 à 5 1/2 lit. d'alcool absolu.

L'alcool de betterave renferme passablement d'huiles qui lui communiquent un goût peu agréable.

4° *Distillation des fruits fermentés.* — Quoique le moût provenant de la fermentation des fruits (à l'exception du cidre et du poiré) soit généralement assez épais et mucilagineux, la distillation s'opère ordinairement sur une petite échelle et avec les appareils distillatoires les plus simples et les plus imparfaits. Aussi l'opération, pour éviter que la matière ne s'attache aux parois de l'alambic et ne s'y carbonise, en communiquant au produit distillé une saveur empyreumatique désagréable, doit être conduite très-doucement et avec un feu très-ménagé.

Les poires fournissent un peu plus d'alcool que les pommes. On compte que 100 kilog. de ces dernières peuvent produire en moyenne 80 lit. de bon cidre, renfermant 6 °/₀ en volume d'alcool à 20° ou 21° Cartier ou 2 1/2 lit. d'alcool absolu.

Pour l'obtention des eaux-de-vie de cerises, prunes, couetches (ces dernières constituent le sliwowitz, si apprécié en Bohême), on fait fermenter les fruits en présence d'environ 1/6 des noyaux écrasés, pour obtenir un alcool plus parfumé. L'huile des noyaux retarde un peu la fermentation, mais protége en même temps le moût contre l'acidification. Le moût provenant des cerises ou merises fermentées doit être distillé aussitôt la fermentation achevée; au contraire celui des prunes, couetches, etc., peut rester sans inconvénient abandonné à lui-même pendant des semaines sans que le produit distillé en soit altéré.

On a préconisé pendant quelque temps l'emploi des tiges de sorgho (*sorghum saccharatum*), qui renferment un suc sucré (34-56 °/₀) pour la fabrication de l'alcool; mais l'exploitation en grand ne paraît pas avoir fourni les avantages qu'on en attendait. Il en est de même des tubercules de l'asphodèle.

Le marc de raisin et la lie de vin sont aussi généralement soumis à la distillation pour en retirer l'alcool qu'ils renferment. Il est avantageux d'ajouter un peu d'acide sulfurique au moment de la distillation. Pour le marc de raisin, comme pour les fruits fermentés, on emploie fréquemment des alambics à double fond perforé en écumoire. L'alcool retiré des marcs et de la lie est chargé d'une quantité notable d'huile de vin, qui, à la fin de la distillation, apparaît même sous forme de gouttelettes huileuses.

L'alcool de garance se distingue par une odeur et une saveur *sui generis*. On y rencontre, outre des principes huileux, une substance camphrée particulière, dont il est difficile de le débarrasser complétement.

5° *Alcool de bois.* — MM. Bachod et Machard ont fait breveter un procédé particulier (reposant d'ailleurs sur des réactions bien connues) de préparation de pâte de papier au moyen du bois. Ce dernier est scié en rondelles, qu'on fait bouillir avec de l'acide chlorhydrique ou de l'acide sulfurique étendu d'eau. Le ligneux devient brun, et la matière incrustante se transforme en sucre. On sature l'acide en majeure partie par du calcaire; on fait fermenter et on distille. On doit obtenir d'un stère de bois environ 15 à 17 litres d'alcool concentré.

Mais les frais d'acide et de main-d'œuvre paraissent être trop considérables pour rendre ce procédé pratique et avantageux.

La même observation s'applique, à plus forte raison, à l'alcool préparé au moyen du gaz d'éclairage ou plutôt au moyen de l'hydrogène bicarboné qu'il contient. Il faut, après avoir fait absorber ce gaz par de l'acide sulfurique concentré, ce qui donne naissance à de l'acide sulfovinique, saturer l'excès d'acide sulfurique par de la chaux et décomposer l'acide copulé par ébullition avec de l'eau ou par distillation en acide sulfurique et alcool. Ce procédé est intéressant comme théorie, mais n'est susceptible d'aucune application.

PURIFICATION DES EAUX-DE-VIE ET ALCOOLS.— Les eaux-de-vie et alcools obtenus par la distillation des diverses liqueurs fermentées renferment toujours, outre l'alcool pur, de l'eau, des acides organiques appartenant la plupart à la série acétique, d'autres alcools, tels que les alcools propylique, butylique, amylique, œnanthylique, des éthers provenant de la réaction des acides sur les alcools, et enfin quelquefois des matières grasses, huileuses, analogues aux huiles essentielles et aux camphres dont la nature n'a pas encore été bien déterminée.

Toute fermentation sucrée donnant naissance, outre l'acide carbonique et l'alcool, à de la glycérine et à de l'acide succinique, indépendamment d'autres acides fixes ou volatils, tels que les acides tartrique, paratartrique, citrique, malique, etc., qui se rencontrent dans les fruits sucrés, on comprend que malgré la distillation l'alcool obtenu puisse contenir en quantité plus ou moins notable une foule de produits accessoires; il leur doit cette saveur et cette odeur caractéristiques, qui, dans une foule de cas, permettent à nos sens de décider et reconnaître son origine.

Il est à remarquer que des acides et des alcools qui, chacun isolément, présentent une odeur très-désagréable, peuvent cependant donner naissance à des éthers d'une odeur agréable et aromatique; c'est ainsi que l'alcool amylique fournit un éther acétique offrant l'arome des poires de bergamote; l'acide butyrique fournit avec l'alcool ordinaire un éther butyrique offrant l'arome de l'ananas; la plupart des essences de fruits artificielles sont de pareils éthers; par l'ébullition avec les alcalis caustiques hydratés, ces éthers sont de nouveau décomposés en alcools et en sels alcalins.

L'eau-de-vie de pommes de terre renferme surtout de l'alcool amylique $C^5 H^{12} O$, puis des alcools plus hydrocarburés, des acides gras volatils, des éthers et des produits huileux.

L'eau-de-vie de marc de raisin ou de lie de vin contient de l'acide et de l'éther œnanthique, plus des alcools amylique, propylique, etc.

L'eau-de-vie de grains renferme, d'après MM. Mulder, Kolbe, Glassfort et Rowney, de l'éther œnanthique, une huile très-odorante ($C^{24} H^{34} O$, Mulder), des acides œnanthique et margarique, caprylique et caprique libres, de l'alcool amylique et les éthers de ces acides et alcools.

Dans l'alcool de mélasse de betteraves, on a rencontré, outre les alcools supérieurs de la série, des acides gras libres, pélargonique, caprylique, caprique et les éthers correspondants. Il est possible qu'une partie des acides gras signalés dans ces eaux-de-vie provienne des matières grasses employées fréquemment dans les raffineries de sucre pour rabattre la mousse pendant l'ébullition et la concentration des liquides sucrés.

Presque tous les principes odorants des eaux-de-vie étant moins volatils que l'alcool, on les met en évidence en versant l'alcool sur la main ou sur une soucoupe, et saisissant l'instant où, par l'évaporation, son volume s'est réduit à une fraction minime. L'odeur des principes étrangers apparaît alors bien plus fortement et peut être facilement distinguée.

On peut aussi mélanger l'eau-de-vie avec son volume d'éther pur, qui se charge des huiles odorantes, ajouter ensuite de l'eau pour obtenir la séparation de l'éther, décanter celui-ci, le laisser évaporer sur une petite soucoupe jusqu'à ce qu'il ne reste que quelques gouttes d'une liqueur aqueuse mélangée de gouttelettes huileuses. L'odeur des principes odorants peut alors aussi être perçue et distinguée facilement.

La transformation de l'eau-de-vie mauvais goût en alcool bon goût, ou plutôt en alcool ne présentant aucune saveur et odeur étrangères, peut être opérée de trois manières différentes : par rectification et concentration; par des dissolvants et absorbants; par des réactifs chimiques. La rectification et surtout la concentration des eaux-de-vie et alcools, de manière à obtenir un alcool d'au moins 92 %, constitue le moyen le plus efficace et le plus rationnel de purification. Aussi les appareils les plus perfectionnés, bien munis d'analyseurs, de rectificateurs et de déflegmateurs, fournissent-ils toujours un alcool presque pur. Lorsqu'on fractionne les produits d'une rectification, l'alcool le plus concentré qui distille d'abord est généralement de bon goût, et ce sont surtout les queues, plus faibles et plus aqueuses, qui sont les plus souillées de principes odorants. Bien souvent les alcools amylique, butylique, etc., et les éthers s'y séparent en gouttes huileuses distinctes, qui se rassemblent et peuvent être enlevées et recueillies à part. C'est même ainsi qu'on les obtient dans la plupart des cas.

Bien des procédés, avec emploi de substances soi-disant désinfectantes, anciennement préconisés ne devaient en réalité leur efficacité qu'à la rectification et concentration de l'alcool formant une partie essentielle du procédé, et les substances elles-mêmes n'y jouaient qu'un rôle bien secondaire.

Le charbon de bois, granulé en petits fragments uniformes, récemment calciné et refroidi à l'abri du contact de l'air, pour l'empêcher d'absorber des gaz et vapeurs et de se charger d'humidité, est une des matières désinfectantes de l'eau-de-vie les plus employées. Son efficacité est cependant moins grande qu'on ne le suppose généra-

ALCOOMÉTRIE. — 133 — ALCOOMÉTRIE.

lement, surtout si l'alcool à désinfecter est assez concentré. Dans ce dernier cas, il convient de l'étendre d'une certaine quantité d'eau. On peut opérer soit à froid, soit à chaud : dans le premier cas, on fait couler l'alcool à travers une couche de charbon un peu haute; dans le second cas, on l'y fait passer en vapeurs. Le charbon chargé d'huiles odorantes et qui ne désinfecte plus est révivifié par calcination, après qu'on a préalablement expulsé les principes alcooliques et volatils au moyen d'un courant de vapeur d'eau surchauffée. Si l'on traite un pareil charbon chargé de principes huileux par de l'alcool déjà purifié et concentré, celui-ci dissout ces principes, au moins en partie, et devient infect. Les huiles grasses agitées avec de l'alcool lui enlèvent assez facilement les principes odorants; on peut aussi filtrer l'alcool à travers un corps poreux (de la pierre ponce, du charbon de bois, etc.) imprégné d'huile. En soumettant ensuite à un courant de vapeur énergique d'huile chargée de principes odorants, ces derniers en sont chassés et peuvent être condensés et recueillis. L'alcool retient facilement un goût et une odeur rappelant distinctement l'huile employée. Le savon a également été recommandé par M. Kletzinsky comme moyen désinfectant (sur 20 litres d'alcool mauvais goût on emploie 1 kilog. de savon de Marseille), puisque le savon peut se charger d'environ 20 % de son poids de principes huileux odorants. L'alcool qui distille n'a presque plus d'odeur et est plus concentré que l'alcool primitif, le savon retenant de l'eau. Le même savon peut servir de nouveau, après qu'on en a chassé les principes odorants par un courant de vapeur d'eau aidé d'une température élevée.

Parmi les agents chimiques, il faut citer : 1° les alcalis caustiques (chaux hydratée, soude caustique) et leurs carbonates; ils saturent surtout les acides gras libres; lorsque l'alcool contient de l'aldéhyde, les alcalis réagissent sur lui, le colorent d'abord en jaune, le décomposent et donnent naissance à un produit ayant une odeur de cannelle qui passe à la distillation ; les carbonates alcalins n'agissant point ainsi sur l'aldéhyde méritent la préférence; 2° le chlorure de chaux, le manganate et le chromate de potasse.

Ces agents ne sont pas à proprement parler des désinfectants ; ils réagissent tout aussi bien sur l'alcool que sur les principes odorants qui l'accompagnent. Ils masquent plutôt ces derniers en donnant naissance à d'autres produits d'une saveur et odeur moins désagréables, parmi lesquels il faut citer l'aldéhyde.

En général, les désinfectants chimiques ne sont pas à recommander, et il vaut mieux s'en tenir à la rectification et à l'emploi du charbon de bois.   E. K.

ALCOOMÉTRIE. — Les mélanges d'eau et d'alcool (eaux-de-vie, esprits-de-vin) formant l'objet d'une branche importante de commerce, on a depuis longtemps éprouvé le besoin de fixer la proportion d'alcool et d'eau qu'ils renferment.

Anciennement on se contentait de brûler l'alcool dans un tube cylindrique et d'apprécier la valeur de la liqueur d'après la quantité d'eau restante. On a employé pour le même usage le carbonate de potasse sec, qui, comme on sait, s'empare de l'eau et en sépare l'alcool quand on l'ajoute en quantité suffisante dans un liquide alcoolique. Cet essai donne des résultats meilleurs que la preuve de Hollande, ou l'épreuve à la poudre ; mais tous ces moyens ont été remplacés par d'autres beaucoup plus rigoureux.

Le plus commode de beaucoup et le plus employé consiste à mesurer, au moyen d'un aréomètre à poids constant, construit spécialement pour cet usage, la densité du mélange, que l'on suppose ne contenir que de l'alcool et de l'eau. De la densité il est facile de conclure la composition. Si l'alcool et l'eau en se mélangeant n'éprouvaient aucune contraction, un simple calcul de proportions donnerait cette composition. Mais il en est autrement : la contraction du mélange est très-sensible, et il a fallu construire des tables spéciales donnant les densités des divers mélanges d'alcool et d'eau.

Les tables les plus étendues et celles qui ont été construites avec le plus de soin sont celles faites par Gilpin, de 1790-1794, sous la direction de Blagden [*Philosophical Transactions*, 1794]. On a déterminé la densité à des températures variant de cinq en cinq degrés Fahrenheit, depuis 30° jusqu'à 100°, de quarante mélanges différents d'eau et d'alcool. L'alcool employé n'était pas absolu, mais avait une densité de 0,825 à 60° Fahrenheit. C'est pour ce motif que nous ne reproduisons pas ici ces tables, mais bien celles qui en ont été déduites par Tralles [*Gilberts Annalen*, t. XXXVIII, p. 386].

Ce savant a déterminé la densité de l'alcool absolu déshydraté à l'aide du chlorure de calcium, et l'a fixée à 0,7939 par rapport à l'eau prise au maximum de densité, et à 0,7946 par rapport à l'eau à 60° F. D'un autre côté, il a trouvé que l'alcool employé par Gilpin (D = 0,825) renferme 89,2 p. en poids d'alcool absolu pour 10,8 p. d'eau. Avec ces données, il a pu transformer les tables de Gilpin, de manière qu'en connaissant la densité d'un mélange à la température à laquelle les tables ont été construites, on trouve immédiatement en regard la proportion d'alcool en poids ou en volume qu'il renferme. (Voyez ces tables, p. 134.)

Gay-Lussac a déterminé, par des expériences directes, dont les résultats diffèrent très-peu de ceux de Gilpin, les densités de divers mélanges d'eau et d'alcool à la température de 15°, rapportées à l'eau prise à la même température (*Instruction pour l'usage de l'alcoomètre*, etc., 1824).

Les tables de Gay-Lussac n'ont pas été publiées; mais M. Collardeau en a donné un extrait que voici [*Rev. de Chim. app.*, 1862, p. 30] :

ALCOOL % EN VOL. A 15°.	DENSITÉS.	ALCOOL % EN VOL. A 15°.	DENSITÉS.	ALCOOL % EN VOL. A 15°.	DENSITÉS.	ALCOOL % EN VOL. A 15°.	DENSITÉS.
0	10,000	26	9 700	52	9,309	78	8,699
1	9,985	27	9,690	53	9,289	79	8,672
2	9,970	28	9,679	54	9,269	80	8,645
3	9,956	29	9,668	55	9,248	81	8,617
4	9,942	30	9,657	56	9,227	82	8,589
5	9,929	31	9,645	57	9,206	83	8,560
6	9,916	32	9,633	58	9,185	84	8,531
7	9,903	33	9,621	59	9,163	85	8,502
8	9,891	34	9,608	60	9,141	86	8,472
9	9,878	35	9,594	61	9,119	87	8,442
10	9,867	36	9,581	62	9,096	88	8,411
11	9,855	37	9,567	63	9,073	89	8,379
12	9,844	38	9,553	64	9,050	90	8,346
13	9,833	39	9,538	65	9,027	91	8,312
14	9,822	40	9,523	66	9,004	92	8,278
15	9,812	41	9,507	67	8,980	93	8,242
16	9,802	42	9,491	68	8,956	94	8,206
17	9,792	43	9,474	69	8,932	95	8,168
18	9,782	44	9,457	70	8,907	96	8,128
19	9,773	45	9,440	71	8,882	97	8,086
20	9,763	46	9,422	72	8,857	98	8,042
21	9,753	47	9,404	73	8,831	99	8,096
22	9,742	48	9,386	74	8,805	100	7,947
23	9,732	49	9,367	75	8,779		
24	9,721	50	9,348	76	8,753		
25	9,711	51	9,329	77	8,726		

En comparant les nombres précédents avec ceux des tables de Tralles, que nous donnons ci-dessous, on trouve entre eux une coïncidence complète. M. Pouillet, ayant depuis vérifié la densité de l'alcool absolu, a retrouvé les nombres indiqués anciennement par Lowitz, puis par Gay-Lussac [*Compt. rend.*, 1859, t. XLVIII, p. 929]. On peut donc considérer les densités des mélanges d'alcool et d'eau comme connues d'une manière certaine.

ALCOOL % EN VOL.	ALCOOL % EN POIDS.	DENSITÉ A 15° 5/9.	ALCOOL % EN VOL.	ALCOOL % EN POIDS.	DENSITÉ A 15° 5/9.	ALCOOL % EN VOL.	ALCOOL % EN POIDS.	DENSITÉ A 15° 5/9.
0	0	1,000	34	28,13	0,9605	68	60,38	0,8949
1	0,80	0,9985	35	28,99	0,9592	69	61,42	0,8925
2	1,60	0,9970	36	29,86	0,9579	70	62,50	0,8900
3	2,40	0,9956	37	30,74	0,9565	71	63,58	0,8875
4	3,20	0,9942	38	31,62	0,9550	72	64,66	0,8850
5	4,00	0,9928	39	32,50	0,9535	73	65,74	0,8824
6	4,81	0,9915	40	33,39	0,9519	74	66,83	0,8799
7	5,62	0,9902	41	34,28	0,9503	75	67,93	0,8773
8	6,43	0,9890	42	35,18	0,9487	76	69,05	0,8747
9	7,24	0,9878	43	36,08	0,9470	77	70,18	0,8720
10	8,05	0,9866	44	36,99	0,9452	78	71,31	0,8693
11	8,87	0,9854	45	37,90	0,9435	79	72,45	0,8664
12	9,69	0,9844	46	38,82	0,9417	80	73,59	0,8639
13	10,51	0,9832	47	39,75	0,9399	81	74,74	0,8611
14	11,33	0,9821	48	40,66	0,9381	82	75,91	0,8583
15	12,15	0,9811	49	41,59	0,9362	83	77,09	0,8555
16	12,93	0,9800	50	42,52	0,9343	84	78,29	0,8526
17	13,80	0,9790	51	43,47	0,9323	85	79,50	0,8496
18	14,63	0,9780	52	44,42	0,9303	86	80,71	0,8466
19	15,46	0,9770	53	45,36	0,9283	87	81,94	0,8436
20	16,28	0,9760	54	46,32	0,9262	88	83,19	0,8405
21	17,11	0,9750	55	47,29	0,9242	89	84,46	0,8373
22	17,95	0,9740	56	48,26	0,9221	90	85,75	0,8340
23	18,78	0,9729	57	49,23	0,9200	91	87,09	0,8306
24	19,62	0,9719	58	50,21	0,9178	92	88,37	0,8272
25	20,46	0,9709	59	51,20	0,9156	93	89,71	0,8237
26	21,30	0,9698	60	52,20	0,9134	94	91,07	0,8201
27	22,14	0,9688	61	53,20	0,9112	95	92,46	0,8164
28	22,99	0,9677	62	54,21	0,9090	96	93,89	0,8125
29	23,84	0,9666	63	55,21	0,9067	97	95,34	0,8084
30	24,69	0,9655	64	56,22	0,9044	98	96,84	0,8041
31	25,55	0,9643	65	57,24	0,9021	99	98,39	0,7995
32	26,41	0,9631	66	58,27	0,8997	100	100,00	0,7946
33	27,27	0,9618	67	59,32	0,8973			

Les instruments employés pour mesurer la densité de l'alcool sont d'ordinaire gradués de façon à donner directement la proportion en volumes d'alcool contenue dans le mélange. C'est ainsi que sont construits l'alcoomètre centésimal de Gay-Lussac, employé en France, et celui de Tralles, employé en Allemagne. Ces deux instruments ne diffèrent que par la température de graduation. Quelquefois on se sert encore des alcoomètres de Baumé et de Cartier, à graduation arbitraire.

On trouvera à l'article ARÉOMÉTRIE la correspondance des aréomètres de Cartier et de Baumé avec l'alcoomètre centésimal.

Les alcoomètres donnent en général la proportion en volumes de l'alcool contenu dans le mélange. Il est quelquefois utile de transformer cette donnée en proportion relative au poids d'alcool; c'est ce qu'il est facile de faire. Supposons, en effet, que 100 volumes d'alcool d'une densité D renferment v volumes d'alcool absolu, la densité de l'alcool pur étant d, le poids du mélange sera

$$100\,\mathrm{D} = vd + 100 - v,$$

$100 - v$ étant le volume et en même temps le poids de l'eau exprimés en centimètres cubes et en grammes. Le poids 100 D renfermant un poids vd d'alcool, 100 p. en poids du mélange en renferment une quantité donnée par la proportion

$$\frac{100\,\mathrm{D}}{100} = \frac{vd}{x},\ \text{d'où}\ x = v\frac{d}{\mathrm{D}}.$$

On peut aussi se poser le problème inverse, et, étant donnée la proportion d'alcool en poids, chercher celle en volumes. Supposons que l'on ait 100 p. en poids d'un mélange d'une densité D,

qui renferme p parties en poids d'alcool, le volume du mélange $\frac{100}{\mathrm{D}}$ renferme un volume d'alcool $\frac{p}{d}$, et un volume d'eau $100 - p$. Le volume étant réduit à 100 renfermera un volume d'alcool x, donné par la proportion

$$\frac{100}{\mathrm{D}}\bigg/100 = \frac{\frac{p}{d}}{x};\ \text{d'où}\ x = p\frac{\mathrm{D}}{d}.$$

Quant au volume d'eau, un calcul analogue montre qu'il sera $(100 - p)\,\mathrm{D}$. Il est bon de remarquer que le volume d'eau additionné à celui d'alcool donnera un nombre plus grand que 100, à cause de la contraction qui a toujours lieu lorsqu'on mélange de l'alcool et de l'eau.

Un autre problème qui se présente assez souvent est celui qui consiste, étant donné un certain volume d'alcool 100, par exemple, d'une densité D (ou d'un titre v), à chercher la quantité d'eau nécessaire pour l'amener à une densité D' (ou, ce qui revient au même, à un titre v'). Si nous appelons V le volume qui sera occupé par le nouveau mélange, nous aurons la relation

$$\frac{100}{\mathrm{V}} = \frac{v'}{v};$$

en effet, le volume v sera dilué dans le rapport de $\frac{100}{\mathrm{V}}$.

D'un autre côté, le volume V est égal au poids du

nouveau mélange $100\,D + x$, divisé par sa densité D' :

$$V = \frac{100\,D + x}{D'}.$$

En éliminant V entre ces deux équations, on trouve

$$100\,\frac{v}{v'} = \frac{100\,D + x}{D'}, \quad \text{d'où} \quad x = 100\left(D'\frac{v}{v'} - D\right).$$

Nous n'avons pas tenu compte jusqu'ici des variations de température, et nous avons supposé que les mesures alcoométriques avaient été faites à la température normale de 15° 5/9 (60° Fahr.) pour les tables de Tralles, et à celle de 15° pour les tables de Gay-Lussac. Lorsque les mesures se font à une température différente, il faut introduire une correction que l'on trouve dans des tables toutes construites, ou que l'on calcule par une formule due à Francœur. L'alcool étant à la température de $t°$ au-dessus ou au-dessous de 15°, le degré alcoométrique étant a, le degré véritable x, c'est-à-dire le volume pour cent d'alcool absolu à la température de 15° contenus dans le liquide, sera : $x = a \mp 0,4\,t$.

Le signe — ou le signe + sont employés suivant que la température dépasse 15° ou lui est inférieure.

Voici une table de correction donnée par Tralles, dans laquelle on trouve les densités apparentes, c'est-à-dire telles que les donne l'aréomètre, de divers mélanges d'alcool et d'eau à diverses températures. Pour s'en servir, étant donné un alcool à l'une ou l'autre des températures indiquées, on cherche dans la colonne correspondant à cette température le chiffre que l'on trouve dans la table de Tralles en regard du nombre de volumes pour cent lu sur l'alcoomètre. En regard de ce chiffre, on trouvera dans la première colonne le volume pour cent corrigé d'alcool absolu. Si l'on ne trouve pas la densité exactement dans la colonne appartenant à la température, on calculera le nombre correspondant au moyen de la différence des deux densités qui comprennent celle qui est observée. On fera une correction analogue pour la température, si la température observée ne correspond à aucune de celles de la table.

	DENSITÉS AUX TEMPÉRATURES DE											
	− 1°1	+ 1°7	+ 4°4	+ 7°2	+ 10°	+ 12°8	+ 15°6	+ 18°3	+ 21°1	+ 23°9	+ 26°7	+ 29°4
0	0,9994	0,9997	0,9997	0,9998	0,9997	0,9994	0,9991	0,9987	0,9981	0,9976	0,9970	0,9962
5	0,9924	0,9926	0,9926	0,9926	0,9925	0,9922	0,9919	0,9915	0,9909	0,9903	0,9897	0,9889
10	0,9868	0,9869	0,9868	0,9867	0,9865	0,9861	0,9857	0,9852	0,9845	0,9839	0,9831	0,9823
15	0,9823	0,9822	0,9820	0,9817	0,9813	0,9807	0,9802	0,9796	0,9788	0,9779	0,9771	0,9761
20	0,9786	0,9782	0,9777	0,9772	0,9766	0,9759	0,9751	0,9743	0,9733	0,9722	0,9711	0,9700
25	0,9753	0,9746	0,9738	0,9729	0,9720	0,9709	0,9700	0,9690	0,9678	0,9665	0,9652	0,9638
30	0,9717	0,9707	0,9695	0,9684	0,9672	0,9659	0,9646	0,9632	0,9618	0,9603	0,9588	0,9572
35	0,9671	0,9658	0,9644	0,9629	0,9614	0,9599	0,9583	0,9566	0,9549	0,9532	0,9514	0,9495
40	0,9615	0,9598	0,9581	0,9563	0,9546	0,9528	0,9510	0,9471	0,9472	0,9452	0,9433	0,9412
45	0,9544	0,9525	0,9506	0,9486	0,9467	0,9447	0,9427	0,9406	0,9385	0,9364	0,9342	0,9320
50	0,9460	0,9440	0,9420	0,9399	0,9378	0,9356	0,9335	0,9313	0,9290	0,9267	0,9244	0,9221
55	0,9368	0,9347	0,9325	0,9302	0,9279	0,9256	0,9234	0,9211	0,9187	0,9163	0,9139	0,9114
60	0,9267	0,9245	0,9222	0,9198	0,9174	0,9150	0,9126	0,9102	0,9076	0,9051	0,9026	0,9000
65	0,9162	0,9188	0,9113	0,9088	0,9063	0,9038	0,9013	0,8988	0,8962	0,8936	0,8909	0,8882
70	0,9046	0,9021	0,8996	0,8970	0,8944	0,8917	0,8892	0,8866	0,8839	0,8812	0,8784	0,8756
75	0,8925	0,8899	0,8873	0,8847	0,8820	0,8792	0,8765	0,8738	0,8710	0,8681	0,8652	0,8622
80	0,8798	0,8771	0,8744	0,8716	0,8688	0,8659	0,8631	0,8602	0,8573	0,8544	0,8514	0,8483
85	0,8663	0,8635	0,8606	0,8577	0,8547	0,8517	0,8488	0,8458	0,8427	0,8396	0,8365	0,8333
90	0,8517	0,8486	0,8455	0,8425	0,8395	0,8363	0,8332	0,8300	0,8268	0,8236	0,8204	0,8171

Cette table donne le volume d'alcool absolu à 15° 5/9 en centièmes du volume du mélange alcoolique à la température à laquelle la mesure a été faite. Il est plus naturel de faire la comparaison en ramenant le volume de l'alcool lui-même à cette température normale de 15° 5/9, et c'est ce qui est fait dans la table suivante :

	DENSITÉS AUX TEMPÉRATURES DE											
	− 1°1	+ 1°7	+ 4°4	+ 7°2	+ 10°	+ 12°8	+ 15°5/9	+ 18°3	+ 21°1	+ 23°9	+ 26°7	+ 29°4
0	0,9994	0,9997	0,9997	0,9998	0,9997	0,9994	0,9991	0,9987	0,9981	0,9976	0,9970	0,9962
5	0,9924	0,9926	0,9926	0,9926	0,9925	0,9922	0,9919	0,9915	0,9909	0,9903	0,9897	0,9889
10	0,9868	0,9868	0,9868	0,9867	0,9865	0,9861	0,9857	0,9852	0,9845	0,9839	0,9831	0,9823
15	0,9823	0,9822	0,9820	0,9817	0,9813	0,9807	0,9802	0,9796	0,9788	0,9779	0,9771	0,9761
20	0,9786	0,9782	0,9777	0,9772	0,9766	0,9759	0,9751	0,9748	0,9733	0,9723	0,9713	0,9700
25	0,9752	0,9745	0,9737	0,9729	0,9720	0,9709	0,9700	0,9690	0,9678	0,9666	0,9653	0,9640
30	0,9715	0,9705	0,9694	0,9683	0,9671	0,9658	0,9646	0,9633	0,9619	0,9605	0,9540	0,9574
35	0,9668	0,9655	0,9641	0,9627	0,9612	0,9598	0,9583	0,9567	0,9551	0,9535	0,9518	0,9500
40	0,9609	0,9594	0,9577	0,9560	0,9544	0,9527	0,9510	0,9493	0,9474	0,9456	0,9438	0,9419
45	0,9535	0,9518	0,9560	0,9482	0,9464	0,9445	0,9427	0,9408	0,9388	0,9369	0,9350	0,9329
50	0,9449	0,9431	0,9413	0,9393	0,9374	0,9354	0,9335	0,9315	0,9294	0,9274	0,9253	0,9232
55	0,9354	0,9335	0,9316	0,9295	0,9275	0,9254	0,9234	0,9213	0,9192	0,9171	0,9150	0,9128
60	0,9249	0,9230	0,9210	0,9189	0,9168	0,9147	0,9126	0,9105	0,9083	0,9061	0,9039	0,9016
65	0,9140	0,9120	0,9099	0,9078	0,9056	0,9034	0,9013	0,8992	0,8969	0,8947	0,8924	0,8901
70	0,9021	0,9001	0,8980	0,8958	0,8936	0,8913	0,8892	0,8870	0,8847	0,8825	0,8801	0,8778
75	0,8896	0,8875	0,8854	0,8832	0,8810	0,8787	0,8765	0,8743	0,8720	0,8697	0,8673	0,8649
80	0,8764	0,8743	0,8721	0,8699	0,8676	0,8653	0,8631	0,8609	0,8585	0,8562	0,8538	0,8514
85	0,8623	0,8601	0,8579	0,8556	0,8533	0,8510	0,8488	0,8465	0,8441	0,8418	0,8394	0,8370
90	0,8469	0,8446	0,8423	0,8401	0,8379	0,8355	0,8332	0,8309	0,8285	0,8262	0,8238	0,8214

En Angleterre, on emploie encore, pour la perception des droits sur les liquides alcooliques, l'hydromètre de Clarke ou de Sike, petit instrument de métal, dont la tige est graduée de manière que son zéro se trouve au point jusqu'auquel s'enfonce l'instrument dans l'alcool d'une densité de 0,825 à 60° Fahr. Il est muni d'un certain nombre de poids additionnels dont on charge l'instrument pour le faire enfoncer dans les liquides plus denses. En ajoutant les chiffres inscrits sur les poids avec celui qui se lit sur la tige, au point où l'instrument affleure le niveau du liquide, on trouve un nombre auquel correspond, dans une table construite spécialement pour cela, la proportion en alcool d'épreuve (alcool à 0,92307 à 51°, ou à 0,919 à 60° Fahr.) qui est contenue dans le mélange.

On a proposé divers autres procédés pour apprécier la proportion d'alcool contenue dans des mélanges aqueux.

MM. Brossard-Vidal et Conaty [*Compt. rend.*, t. XXVII, p. 374; *Journ. de Pharm.*, (3), t. XX, p. 332] ont mesuré le point d'ébullition de ces mélanges. L'alcool bouillant à 78°,4 et l'eau à 100°, un mélange des deux entrera en ébullition à une température intermédiaire, d'autant plus élevée que la liqueur sera plus pauvre en alcool. Ce procédé a l'avantage de s'appliquer à des liquides renfermant autre chose que de l'eau et de l'alcool. L'expérience a montré que la présence du sucre et des sels n'influe pas sensiblement sur la température d'ébullition.

L'opération peut se faire dans un petit vase distillateur en cuivre dans lequel on introduit un thermomètre à échelle mobile, gradué de manière à donner directement les degrés alcoométriques. L'échelle mobile est à chaque opération mise d'abord au zéro, au moyen d'une expérience faite sur l'eau pure, pour éliminer l'influence de la pression barométrique.

M. Tabarié apprécie la richesse des liqueurs alcooliques, vins, bières, etc., en prenant la densité du mélange, puis chassant l'alcool par l'ébullition d'un volume connu de liquide, ajoutant de l'eau pour ramener au volume primitif, et prenant ensuite la densité [*Ann. de Chim. et de Phys.*, t. XLV, p. 222, 1830]. De la comparaison des deux densités, on peut conclure la quantité d'alcool.

Enfin, M. Silbermann se sert de la dilatation des mélanges alcooliques pour apprécier leur richesse [*Compt. rend.*, t. XXVII, p. 418]. Ici encore, la présence du sucre et des sels n'influe pas sensiblement sur le résultat. L'appareil consiste en deux thermomètres, dont l'un, à mercure, est destiné à indiquer les températures de 25° et de 50°; l'autre est une sorte de pipette qui peut être fermée par en bas et qu'on remplit, jusqu'à une certaine division, de la liqueur alcoolique portée à la température de 25°. On l'introduit dans un vase renfermant de l'eau à 50°, et l'on note la division où s'arrête la colonne de liquide alcoolique. La graduation donne immédiatement le titre en alcool; on l'a faite préalablement en opérant sur des mélanges d'alcool et d'eau de composition connue.

Lorsqu'on veut déterminer la teneur en alcool d'une liqueur fermentée, vin, bière, etc., au moyen de l'alcoomètre centésimal, ce qui est toujours le procédé le plus rigoureux, il faut commencer par faire subir au liquide une distillation. L'opération se fait dans un petit alambic muni d'un serpentin; on recueille dans le récipient un tiers du liquide employé et l'on est sûr que cette proportion renferme tout l'alcool contenu primitivement dans la liqueur. On mesure le titre du produit distillé, et, en le divisant par 3, on a la richesse de la liqueur.　　　C. F.

ALCORNINE. — Substance grasse cristallisable que Freuzel a retirée de l'écorce d'alcornoque et dont la formule n'est pas connue [Freuzel, *Archiv. de Pharm.*, t. XXIII, p. 173].

ALCOSOL et **ALCOGEL.** — Noms donnés par M. Graham à des combinaisons liquides ou gélatineuses d'alcool et d'acide silicique obtenues en mélangeant d'alcool, de l'acide silicique aqueux et en éliminant l'eau par l'action du carbonate de potasse sous une cloche ou par la dialyse.

ALDÉHYDE. — Voyez ACÉTYLE (HYDRURE D').

ALDÉHYDÈNE. — Nom donné au radical C^2H^3 dérivé de l'éthylène par enlèvement d'un atome d'hydrogène. Ce radical existe dans l'éthylène chloré, l'éthylène bromé et iodé, appelés aussi chlorure, bromure, iodure d'aldéhydène. (Voyez ÉTHYLÈNE.)

L'éthylène étant $\begin{matrix}CH^2\\ CH^2\end{matrix}$, l'aldéhydène est $\begin{matrix}CH\\ CH^2\end{matrix}$.

ALDÉHYDES. — Liebig étudia et analysa le premier un composé dérivant de l'alcool par soustraction d'hydrogène, et que Dœbereiner avait obtenu à l'état impur. Il lui donna le nom d'*aldéhyde*, de *alcool dehydrogenatum*.

Depuis on trouva de nombreux composés présentant des propriétés semblables, se formant dans les mêmes circonstances, et on désigna les corps jouissant de cette nouvelle fonction sous le nom générique d'*aldéhydes;* on les considère aussi comme des hydrures de radicaux acides : de là les noms d'hydrure d'acétyle (aldéhyde acétique), d'hydrure de benzoyle, etc.

Lorsqu'une action oxydante transforme un alcool en l'acide correspondant, il y a deux phases dans la réaction. D'abord 1 atome d'oxygène enlève 2 atomes d'hydrogène à l'état d'eau, puis un second atome d'oxygène se substitue aux 2 atomes d'hydrogène. Si la réaction s'arrête à la première phase, le corps obtenu est une aldéhyde. Les aldéhydes renferment donc moins d'hydrogène que l'alcool, et moins d'oxygène que l'acide.

$$C^2H^4O + H^2 = C^2H^6O.$$
Aldéhyde.　　　　　Alcool.

$$C^2H^4O + O = C^2H^4O^2.$$
Aldéhyde.　　　Acide acétique.

Modes de formation. — Plusieurs aldéhydes existent à l'état de liberté dans la nature : l'essence de cumin renferme l'aldéhyde cuminique; les essences de cannelle et de cassia fournissent l'aldéhyde cinnamique; l'essence d'amandes amères s'obtient par la distillation des tourteaux d'amandes avec de l'eau, mais elle ne préexiste pas dans les amandes; elle prend naissance par le dédoublement d'un glucoside, l'amygdaline, sous l'influence d'un ferment particulier. L'oxydation des matières albuminoïdes, de la gélatine, par le peroxyde de manganèse et l'acide sulfurique, fournit plusieurs aldéhydes, hydrures d'acétyle, de propionyle, de benzoyle. La distillation sèche de quelques composés en produit aussi : l'huile de ricin dans ces circonstances donne l'aldéhyde œnanthylique, l'acide lactique donne l'aldéhyde ordinaire. Dans la formation des acétones par la distillation des sels de chaux, il se rencontre aussi des aldéhydes. Ainsi, M. Chancel a obtenu la butyraldéhyde en même temps que la butyrone.

Par la déshydratation d'alcools polyatomiques, on a préparé des aldéhydes :

$$C^3H^8O^3 - 2H^2O = C^3H^4O.$$
Glycérine.　　　　　Acroléine
ou aldéhyde acrylique.

$$C^2H^6O^2 - H^2O = C^2H^4O.$$
Glycol.　　　　　Aldéhyde
acétique.

M. Kolbe a préparé l'aldéhyde benzoïque par l'action de l'hydrogène naissant sur le cyanure de benzoyle $C^7H^5O.CAz + H^2 = C^7H^6O + CAzH.$

L'oxydation de l'éthylamine par le permanganate de potasse a fourni l'aldéhyde ordinaire à M. Carstanjen.

Le chlore, en agissant sur l'alcool ordinaire hydraté, agit comme oxydant ; en enlevant de l'hydrogène à l'eau, il met en liberté de l'oxygène qui transforme l'alcool en aldéhyde.

Les modes généraux de préparation des aldéhydes sont les suivants : 1° L'action ménagée des oxydants sur les alcools : on emploie soit le peroxyde de manganèse, soit le bichromate de potasse avec l'acide sulfurique :

$$C^5H^{12}O + O = C^5H^{10}O + H^2O.$$

Alcool　　　　Aldéhyde
amylique.　　　valérique.

2° La distillation d'un mélange de formiate de chaux et du sel calcaire de l'acide dont on veut se procurer l'aldéhyde :

$$(C^4H^7O^2)^2Ca + (CHO^2)^2Ca$$

Butyrate de chaux.

$$= 2C^4H^8O + 2CO^3Ca.$$

Butyr-　　　　Carbonate
aldéhyde.　　　de chaux.

Ce procédé est général et permet de préparer les aldéhydes dont les alcools sont inconnus. Indiqué par Williamson, ce mode de production des aldéhydes a été réalisé par Piria dans la série aromatique et par Limpricht dans la série grasse.

Propriétés. — Les aldéhydes, soumises à l'action des oxydants, fixent un atome d'oxygène et se transforment en acides. Cette transformation a lieu souvent par la simple exposition de l'aldéhyde à l'air :

$$C^7H^6O + O = C^7H^6O^2.$$

Aldéhyde　　　　Acide benzoïque.
benzoïque.

Sous l'influence de la potasse en fusion ou de la chaux potassée et d'une température élevée, les aldéhydes donnent le sel de potasse de l'acide monoatomique correspondant. Il y a en même temps dégagement d'hydrogène :

$$C^2H^4O + KHO = C^2H^3O^2K + H^2.$$

Aldéhyde　　　　Acétate de
acétique.　　　potasse.

$$C^7H^6O^2 + KHO = C^7H^5O^3K + H^2.$$

Aldéhyde　　　　Salycilate de
salycilique.　　potasse.

Soumises à l'action de l'hydrogène naissant dégagé par l'amalgame de sodium dans une liqueur acide, elles régénèrent l'alcool dont elles sont dérivées :

$$C^7H^6O + H^2 = C^7H^8O.$$

Aldéhyde　　　　Alcool
benzoïque.　　　benzylique.

Si cet alcool n'est pas saturé, il fixe lui-même de l'hydrogène, et l'on obtient l'alcool saturé de la série. On peut considérer deux temps à la réaction :

1°　　$$C^3H^4O + H^2 = C^3H^6O.$$

Acroléine　　　　Alcool
(ald. acrylique).　allylique.

2°　　$$C^3H^6O + H^2 = C^3H^8O.$$

Alcool propylique.

L'aldéhyde benzoïque traitée par l'hydrogène naissant que dégage l'acide chlorhydrique en présence du zinc se comporte différemment : elle double sa molécule en fixant H² :

$$2C^7H^6O + H^2 = C^{14}H^{14}O^2.$$

Hydrobenzoïne.

Les aldéhydes possèdent toutes la propriété de se combiner avec les bisulfites alcalins ; mais elles ne la possèdent pas seules. Plusieurs acétones se combinent de même avec les bisulfites. Ces composés sont cristallisables, solubles dans l'eau, peu solubles dans les solutions concentrées des bisulfites : les acides et les alcalis mettent l'aldéhyde en liberté. Cette réaction permet de purifier les aldéhydes et de les séparer des hydrocarbures et des alcools auxquels elles peuvent être mélangées :

$$C^7H^6O + SO^3NaH = SO^3NaC^7H^5 + H^2O.$$

Aldéhyde　　　Bisulfite　　Sulfite de benzoyle
benzoïque.　　de soude.　　sodium.

Les formules rationnelles de ces composés ne sont pas établies avec certitude.

Enfin les aldéhydes se combinent avec l'aniline : la réaction a lieu entre 2 molécules d'aniline et 2 molécules d'aldéhyde avec élimination de deux H²O :

$$2C^5H^{10}O + 2C^6H^7Az = \frac{2C^6H^5}{2C^5H^{10}} \Big\} Az^2 + 2H^2O.$$

Aldéhyde　　　　Aniline.
valérique.

Ces composés sont isomères des diamines dérivées des glycols. Suivant Schiff, qui a préparé ces dérivés, la réaction de l'aniline sur les aldéhydes serait aussi générale que celle des bisulfites.

Avec le perchlorure de phosphore, les aldéhydes échangent 1 atome d'oxygène pour 2 atomes de chlore ; il se forme un chlorure isomère des éthers chlorhydriques des glycols, et des éthers chlorhydriques chlorés des alcools monoatomiques :

$$C^2H^4O + PCl^5 = C^2H^4Cl^2 + POCl^3.$$

Aldéhyde　　　　Chlorure
acétique.　　　d'éthylidène.

Le chlorure d'éthylidène est isomérique avec le chlorure d'éthylène et, suivant Beilstein, identique avec le chlorure d'éthyle chloré.

Ces chlorures réagissent sur l'acétate d'argent, suivant l'équation

$$C^2H^4Cl^2 + 2C^2H^3O^2Ag$$
$$= (C^2H^3O^2)^2C^2H^4 + 2AgCl.$$

Acétate d'éthylidène.

Ce composé, qui représente une combinaison d'anhydride acétique et d'aldéhyde, a été obtenu directement par M. Geuther :

$$C^2H^4O + (C^2H^3O)^2O = (C^2H^3O^2)^2C^2H^4.$$

Toutes ces métamorphoses, action de l'oxygène, de la potasse en fusion, de l'hydrogène naissant, des bisulfites, de l'aniline et du perchlorure de phosphore, sont caractéristiques des aldéhydes et communes à tous ces composés. Celles qu'il nous reste à considérer présentent certaines différences suivant les séries auxquelles elles appartiennent, ou bien n'ont pas été constatées sur un nombre assez grand d'aldéhydes pour assurer leur caractère absolu de généralité.

Lorsqu'on fait agir le chlore ou le brome sur une aldéhyde, la substitution a lieu de différentes manières. Si nous considérons les aldéhydes comme des hydrures de radicaux acides, et, en effet, C^2H^4O égale $C^2H^3O.H$, l'action du chlore peut se porter d'abord sur l'hydrogène typique ou sur l'hydrogène du radical. Dans le premier cas, le premier corps formé est un chlorure de radical acide :

$$C^2H^4O + Cl^2 = C^2H^3O.Cl + HCl,$$

Aldéhyde　　　　Chlorure
ou hydr. d'acétyle.　d'acétyle.

et le chlore ensuite, portant son action sur l'hydrogène du radical acide, donne des dérivés chlorés de ce chlorure :

$$C^2H^3O.Cl + Cl^2 = C^2H^2ClO.Cl + HCl.$$

Chlorure d'acétyle
chloré.

M. Wurtz a montré qu'il en est ainsi de l'aldéhyde

acétique et que le chlorure d'acétyle bichloré $C^2H Cl^2 O. Cl$ est différent du chloral qu'on obtient en traitant l'alcool absolu par le chlore; le chloral serait l'hydrure de trichloracétyle $C^2Cl^3 O.H$.

Avec l'aldéhyde benzoïque, le chlore donne du chlorure de benzoyle; mais avec l'aldéhyde butyrique, il fournit de l'hydrure de chlorobutyryle différent du chlorure de butyryle.

Les métaux alcalins dégagent de l'hydrogène et s'y substituent : le potassium forme avec l'hydrure d'acétyle un sel blanc qu'on a considéré comme une aldéhyde dont un atome d'hydrogène serait remplacé par du potassium; mais cette réaction est encore mal connue. Avec l'aldéhyde valérique et le sodium, M. Borodine a eu une réaction très-complexe dans laquelle il ne paraît pas s'être formé de valérylure de sodium.

La potasse alcoolique résinifie certaines aldéhydes de la série grasse, en même temps qu'il se forme le sel de potasse de l'acide correspondant. Dans la série aromatique, il y a production de l'acide et de l'alcool correspondant :

$$2 C^7 H^6 O + KHO = C^7 H^5 O^2 K + C^7 H^8 O.$$

Aldéhyde   Benzoate de   Alcool
benzoïque.   potasse.   benzylique.

Les aldéhydes de la série grasse se comportent de la même manière quand on les chauffe avec de la chaux éteinte :

$$4 C^5 H^{10} O + Ca H^2 O^2 = (C^5 H^9 O^2)^2 Ca + 2 C^5 H^{12} O^2.$$

Aldéhyde   Valérate de chaux.   Alcool
valérique.   amylique.

Avec l'ammoniaque, elles se combinent en donnant un aldéhydure d'ammonium :

$$C^4 H^8 O + Az H^3 = C^4 H^7 (Az H^4) O.$$

Aldéhyde
butyrique.

Dans la série aromatique, la réaction est différente; elle a lieu entre 3 molécules de l'aldéhyde et 2 d'ammoniaque, et il s'élimine 3 atomes d'eau :

$$3 C^7 H^6 O + 2 Az H^3 = Az^2 (C^7 H^6)^3 + 3 H^2 O.$$

Aldéhyde   Hydrobenzamide.
benzoïque.

Avec les acides étendus, ces dérivés s'hydratent et régénèrent les aldéhydes; avec les alcalis, ils subissent une transformation moléculaire qui les change en alcalis isomères.

L'action de l'acide nitrique est également différente dans la série grasse et la série aromatique. Il change les aldéhydes de la première série en acides, en leur cédant un atome d'oxygène; avec les aldéhydes aromatiques, il donne des produits de substitution nitrés :

$$C^7 H^6 O + Az H O^3 = C^7 H^5 (Az O^2) O + H^2 O.$$

Aldéhyde nitro-
benzoïque.

L'acide sulfhydrique enlève l'oxygène des aldéhydes et le remplace par du soufre :

$$C^2 H^4 O + H^2 S = C^2 H^4 S + H^2 O.$$

Quand on fait réagir l'acide cyanhydrique et l'eau sur une aldéhyde en présence de l'acide chlorhydrique, il y a fixation des deux premiers, et il se forme, soit une amide d'un acide biatomique et monobasique appartenant à la série supérieure,

$$C^2 H^4 O + C Az H + H^2 O = C^3 H^5 (Az H^2) O^3,$$

Alanine ou acide
lactamique.

soit le sel ammoniacal de cet acide,

$$C^7 H^6 O + C Az H + 2 H^2 O = C^8 H^7 (Az H^4) O^3.$$

Formobenzoylate
d'ammoniaque.

Dans la série $C^n H^{2n} O$, on obtient l'amide; dans

la série aromatique, c'est le sel ammoniacal qui se forme.

Lorsqu'on traite un mélange d'alcool absolu et d'aldéhyde par un courant d'acide chlorhydrique, on obtient un corps qui représente un composé de chlorure d'éthyle et d'aldéhyde :

$$C^2 H^4 O, C^2 H^5 Cl.$$

En le chauffant avec l'éthylate de soude, le groupe $C^2 H^5 O$ se substitue au chlore :

$$\left. \begin{matrix} C^2 H^5 \\ Na \end{matrix} \right\} O + \left. \begin{matrix} C^2 H^4 O \\ C^2 H^5 Cl \end{matrix} \right\} = C^2 H^4 O . \left. \begin{matrix} C^2 H^5 \\ C^2 H^5 \end{matrix} \right\} O,$$

et reproduit le composé connu sous le nom d'acétal : combinaison d'éther éthylique et d'aldéhyde, analogue à la combinaison que celle-ci forme avec l'acide acétique anhydre. Les acétals ne se forment que dans la série grasse; les aldéhydes de la série aromatique ne se combinent pas dans les mêmes circonstances.

Tout ce que nous venons de dire s'applique aux aldéhydes dérivées des alcools monoatomiques. Celles qui sont dérivées des alcools polyatomiques sont peu nombreuses et leur histoire laisse encore beaucoup de points à éclaircir. Ce sont l'aldéhyde salicylique $C^7 H^6 O^2$, l'aldéhyde anisique $C^8 H^8 O^2$, le furfurol $C^5 H^4 O^2$ et l'aldéhyde phtalique $C^8 H^6 O^2$. Toutes les trois fixent de l'oxygène pour se transformer en leurs acides correspondants. Les deux premières s'obtiennent soit par la méthode de Piria, soit par l'oxydation de leurs alcools. Elles régénèrent ceux-ci par l'action de l'hydrogène naissant; elles se combinent avec les bisulfites. Le furfurol, qu'on obtient en oxydant le son par le peroxyde de manganèse et l'acide sulfurique, est mal connu; il n'a pas été reproduit par la distillation d'un mélange de pyromucate et de formiate de chaux, et on n'a pu préparer son alcool par l'hydrogène naissant; on ne sait s'il se combine avec les bisulfites. Ces trois aldéhydes se comportent avec l'ammoniaque comme les aldéhydes de la série aromatique. La réaction a lieu entre 3 molécules de l'aldéhyde, 2 molécules d'ammoniaque; il s'élimine trois $H^2 O$:

$$3 C^5 H^4 O^2 + 2 Az H^3 = C^{15} H^{12} O^3 Az^2 + 3 H^2 O.$$

Furfurol.   Furfuramide.

De plus, l'aldéhyde salicylique la mieux étudiée des trois fait la double décomposition avec les bases :

$$C^7 H^6 O^2 + KHO = C^7 H^5 K O^2 + H^2 O.$$

Salicylite
de potasse.

Enfin, on a considéré le glyoxal $C^2 H^2 O^2$ comme une aldéhyde dérivant du glycol par enlèvement de H^4. Il est évident qu'on n'en peut rien conclure pour l'histoire générale des aldéhydes de glycols, puisque ce composé a été obtenu non avec le glycol, mais avec l'alcool ordinaire. Quant à l'aldéhyde phtalique, son histoire n'est pas encore connue.

CONSTITUTION DES ALDÉHYDES ET FORMULES RATIONNELLES. — On a employé diverses formules rationnelles pour représenter tel ou tel ordre de réactions des aldéhydes.

On les a considérées comme des hydrures de radicaux acides; l'aldéhyde acétique est l'hydrure d'acétyle

$$C^2 H^4 O = C^2 H^3 O . H;$$

l'aldéhyde benzoïque $C^7 H^6 O$ est l'hydrure de benzoyle

$$C^7 H^5 O . H.$$

A l'appui de ces formules, on a un grand nombre de réactions : 1° Transformation des aldéhyde en acides par oxydation directe ou action de la potasse fondue :

$$C^5 H^9 O H + O = C^5 H^9 O^2 . H;$$

Hydrure   Acide
de valéryle.   valérique.

$$C^2 H^3 O . H + K H O = C^2 H^3 O^2 . K + H^2.$$

Hydrure
d'acétyle.   Acétate
de potasse.

2° Action du chlore sur l'aldéhyde ordinaire :

$$C^2 H^3 O . H + Cl^2 = C^2 H^3 O . Cl + H Cl.$$

Chlorure
d'acétyle.

L'action de l'acide sulfhydrique se représente aussi bien avec cette formule qu'avec toute autre, l'aldéhyde sulfurée $C^2 H^4 S$ étant l'hydrure de sulfacétyle

$$C^2 H^3 S . H.$$

Pour la fixation de l'hydrogène naissant sur les aldéhydes, on les a représentées comme les hydrates d'un radical non saturé ; l'aldéhyde acétique devient

$$\left.{C^2 H^3 \atop H}\right\} O,$$

l'aldéhyde butyrique

$$\left.{C^4 H^7 \atop H}\right\} O,$$

l'aldéhyde benzoïque

$$\left.{C^7 H^5 \atop H}\right\} O.$$

Cette formule explique des réactions observées seulement avec l'aldéhyde acétique : 1° Action du chloroxyde de carbone :

$$\left.{C^2 H^3 \atop H}\right\} O + CO Cl^2 = \left.{C^2 H^3 \atop Cl}\right\} + CO^2 + H Cl.$$

Hydrate de
vinyle ou
d'acétène.   Chloracé-
tène.

2° Élimination de 1 molécule d'eau par 2 molécules d'aldéhyde, sous l'influence de certaines solutions salines :

$$2 C^2 H^3 . O H = (C^2 H^3)^2 O + H^2 O.$$

Oxyde de
vinyle.

On remarque en effet entre l'aldéhyde, le chloracétène et cet oxyde de vinyle, les mêmes relations qu'entre l'alcool, le chlorure d'éthyle et l'éther :

$$C^2 H^3 . O H, \quad C^2 H^3 . Cl, \quad (C^2 H^3)^2 O.$$

Enfin, en considérant les aldéhydes comme l'oxyde d'un radical diatomique, non isolé, tel est

$$(C^5 H^{10})'' O,$$

oxyde d'amylidène ou aldéhyde valérique, isomère de l'oxyde d'amylène, on conçoit :

1° L'action du perchlorure de phosphore.

$$C^7 H^6 O + P Cl^5 = C^7 H^6 Cl^2 + P O Cl^3 ;$$

Oxyde
de benzylidène.   Chlorure
de benzylidène
(chloro-benzol).

2° L'action de l'aniline, où le carbone et l'hydrogène des aldéhydes se substituent à H^2 :

$$2 C^5 H^{10} O + 2 C^6 H^5 Az = \left.{C^5 H^{10}{''} \atop {C^5 H^{10}{''} \atop 2 C^6 H^5}}\right\} Az^2 ;$$

Oxyde
d'amylidène
(aldéhyde valérique).

3° L'action de l'ammoniaque sur les aldéhydes aromatiques :

$$3 C^7 H^6 O + 2 Az H^3 = \left.{C^7 H^6{''} \atop {C^7 H^6{''} \atop C^7 H^6{''}}}\right\} Az^2 + 3 H^2 O.$$

Hydrobenzamide.

En résumé, suivant l'ordre de dédoublements que l'on considère, on peut écrire les aldéhydes avec trois formules, soit l'aldéhyde ordinaire :

$$C^2 H^3 O . H, \quad C^2 H^3 . O H, \quad C^2 H^4 O.$$

Hydrure d'acétyle.   Hydrate d'acétène.   Oxyde
d'éthylidène.

Ces formules ne servent qu'à montrer comment tendent à se séparer les atomes dans les dédoublements de la molécule.

Quant à leur constitution, elle est la même que celle des acides. Un acide monobasique représente du carbonyle, CO diatomique, dont les deux atomicités vacantes sont saturées, l'une par un radical hydrocarburé, l'autre par de l'oxhydrile, $O H$. Remplaçons l'oxhydrile par un atome d'hydrogène, nous aurons la formule de constitution des aldéhydes :

$$C O'' \left\{ {C H^3 \atop O H} \right. \qquad C O'' \left\{ {C H^3 \atop H} \right.$$

Acide acétique.   Aldéhyde acétique.

Rapportée au type du carbone tétratomique, les aldéhydes sont représentées par la formule suivante

$$C^{\prime v} \left\{ {R' \atop {O \atop H,}} \right.$$

R' étant un radical alcoolique quelconque. On voit que dans les aldéhydes comme dans les acides l'oxygène est attaché au carbone par ses deux centres d'attraction. Cette formule, proposée par M. Lieben, suffit à différencier les aldéhydes de leurs isomères, et rend compte de toutes leurs réactions.

Quant aux aldéhydes d'acides diatomiques, une formule analogue leur convient. L'acide salicylique est

$$C^6 H^4 \left\{ {C O . O H \atop O H} \right. \qquad ou \qquad C \left\{ {C^6 H^4 . O H \atop {O \atop O H.}} \right.$$

Il est moitié acide, moitié phénol, de même que l'acide lactique est moitié acide, moitié alcool. Si l'on remplace l'oxhydrile acide $O H$ de l'acide salicylique par H, on a l'aldéhyde salicylique

$$C \left\{ {C^6 H^4 . O H \atop {O \atop H.}} \right.$$

Elle renferme encore un oxhydryle, mais un oxhydryle phénique. Elle remplit donc une fonction mixte, elle est moitié phénol et moitié aldéhyde ; dans la plupart de ses réactions, elle se comporte comme une aldéhyde ; mais l'oxhydryle phénique pouvant se combiner avec les bases, l'aldéhyde salicylique fait la double décomposition avec celles-ci pour donner naissance aux salicylures. Cette réaction n'est pas celle d'une aldéhyde ; elle lui appartient en vertu de l'oxhydryle phénique qu'elle renferme. Cette aldéhyde ne diffère des aldéhydes ordinaires que par la substitution d'un oxhydryle à un atome d'hydrogène du radical hydrocarboné.

L'aldéhyde anisique est un dérivé méthylé de l'aldéhyde paraoxybenzoïque, isomère de la précédente et encore inconnue.

Une seule aldéhyde d'acide dibasique a été découverte ; c'est l'aldéhyde phtalique

$$C^6 H^4 \left\{ {C O . H \atop C O . H,} \right.$$

dérivant de l'acide phtalique par substitution de deux atomes d'hydrogène aux deux oxhydryles. La formule précédente montre la constitution de ces sortes d'aldéhydes : le glyoxal produit d'oxydation de l'alcool paraît avoir la même constitution et correspondre à l'acide oxalique :

$$C \left\{ {O H \atop {O \atop {O \atop O H}}} \right. \qquad C \left\{ {H \atop {O \atop {O \atop H.}}} \right.$$

Acide oxalique.   Glyoxal.

LISTE DES ALDÉHYDES CONNUES.

ALDÉHYDES D'ACIDES MONOBASIQUES.

Série des acides gras.

Aldéhyde acétique	C^2H^4O
— propionique	C^3H^6O
— butyrique	C^4H^8O
— valérique	$C^5H^{10}O$
— caproïque	$C^6H^{12}O$
— œnanthylique	$C^7H^{14}O$
— caprylique	$C^8H^{16}O$

Série de l'acide acrylique.

Aldéhyde acrylique ou acroléine	C^3H^4O

Série de l'acide benzoïque et de ses homologues.

Aldéhyde benzoïque	$C^7H^6O^2$
— toluique	C^8H^8O
— cuminique	$C^{10}H^{12}O$
— sycocérylique	$C^{18}H^{28}O$

ALDÉHYDES D'ACIDES DIATOMIQUES ET MONOBASIQUES.

Furfurol ou aldéhyde pyromucique	$C^5H^4O^2$
Aldéhyde salicylique	$C^7H^6O^2$
— anisique ou aldéhyde pa-raoxybenzoïque mé-thylée	$C^7H^5(CH^3)O^2$

ALDÉHYDES D'ACIDES DIBASIQUES.

Glyoxal ?	$C^2H^2O^2$
Aldéhyde phtalique	$C^8H^6O^2$

E. G.

ALEMBROTH (SEL). — Le sel alembroth, sel de science ou de sagesse, est un chlorure double de mercure et d'ammonium. On l'obtient en mélangeant exactement parties égales de chlorure d'ammonium et de chlorure mercurique, tous deux porphyrisés : il se forme le chlorure $HgCl^2$, AzH^4Cl, avec un excès de sel ammoniac. Le sel alembroth s'emploie pour bains, de préférence au sublimé, parce qu'il est beaucoup plus soluble dans l'eau.

ALEXANDRITE (Min.). — Variété de cymophane d'un beau vert, colorée par un peu d'oxyde de chrome; venant des monts Ourals.

ALGAROTH (POUDRE D'). — On donne ce nom à l'oxychlorure d'antimoine. Employée autrefois comme vomitive, la poudre d'algaroth n'est plus usitée que pour la préparation de l'émétique.

ALGÉRITE (Min.). — Silicate d'alumine et de potasse, espèce probablement altérée que sa forme rapproche de la Wernerite.

ALGODONITE (Min.). [Field, *Chem. Soc.*, 289]. — Arséniure de cuivre argentifère $Cu^{12}As^2$, renfermant moitié moins d'arsenic que la Domeykite, des mines d'argent d'Algodon près de Coquimbo (Chili). Petites masses d'un blanc d'argent, recouvertes de cuivre oxydulé. Cassure granulaire.

ALISONITE (Min.). — M. Field a donné ce nom à un minerai compacte d'un bleu d'indigo, trouvé dans la mine de Nusia-Grande, près de Coquimbo. Dureté = 2,5-3. Densité = 6,10. Cette substance renferme, d'après lui : Cuivre 53,6. Plomb 28,2. Soufre 17,1. = 98,8.

ALIZARINE. [Syn. *Acide alizarique.*] — Matière colorante de la garance. Elle a été découverte en 1826 par Robiquet et Colin [*Ann. de Chim. et de Phys.*, t. XXXIV, p. 225].

Propriétés physiques. — L'alizarine cristallise très-facilement, soit par voie de dissolution, soit par sublimation. Les cristaux offrent deux formes distinctes suivant qu'ils sont ou non hydratés. Les premiers s'obtiennent par l'évaporation lente d'une solution éthérée; ils ont l'apparence de plaques ou d'écailles micacées d'un jaune doré, assez semblables à l'or mussif. Les cristaux anhydres ont la forme d'aiguilles brillantes, prismatiques, terminées par des biseaux aigus; elles sont longues et minces, d'une couleur rouge tirant plus ou moins sur le jaune, suivant leur épaisseur et les conditions dans lesquelles la cristallisation est effectuée. Ainsi l'alizarine déposée pendant le refroidissement d'une solution acétique bouillante est tout à fait jaune. On produit les aiguilles anhydres : 1° par sublimation; 2° par cristallisation dans l'alcool à 86° centésimaux, ou dans l'eau surchauffée à 250°.

L'alizarine fond vers 215°, et se sublime à une température comprise entre 215° et 240°; mais elle peut déjà se vaporiser et se condenser en cristaux à 100°, lorsqu'elle est maintenue longtemps à cette température. Un courant d'air ou de vapeur d'eau favorise le phénomène.

Pour sublimer l'alizarine sans en décomposer de trop fortes proportions, il convient d'éviter l'emploi de grandes masses. La méthode la plus avantageuse, à mon avis, consiste à étaler quelques décigrammes de produit (alizarine impure, extrait alcoolique de garancine, ou toute autre substance riche en matière colorante), au fond d'un creuset en porcelaine de la contenance de 50 grammes. On recouvre le creuset d'une feuille de papier à filtrer et de son couvercle, et l'on en chauffe le fond à 250°, au bain de sable. Au bout d'une demi-heure, et, après refroidissement, on trouve l'intérieur du vase rempli d'un lacis de longues et belles aiguilles.

L'eau froide ne dissout que des quantités insignifiantes d'alizarine, en se colorant en jaune; à partir de 150° la solubilité augmente rapidement. D'après les déterminations approximatives de MM. E. Mathieu-Plessy et P. Schützenberger, 100 grammes d'eau dissolvent :

A 100°	0gr 034	d'alizarine.
A 150°	0 035	—
A 200°	0 820	—
A 225°	1 700	—
A 250°	3 160	—

[*Compt. rend. de l'Acad.*, t. XLIII, p. 167.]

Par le refroidissement, l'alizarine dissoute se sépare sous forme d'aiguilles anhydres. La solubilité dans l'alcool n'est pas exactement déterminée; elle n'est pas considérable à la température ordinaire. Les solutions faites à l'ébullition sont jaunes, si le produit est pur, et laissent déposer des aiguilles anhydres souvent très-belles. L'alizarine se dissout facilement, surtout à chaud, dans l'éther, l'esprit de bois, la benzine, les huiles de goudron, l'huile de pétrole, l'essence de térébenthine, le sulfure de carbone (peu), la glycérine, les acides acétiques anhydre et monohydraté. L'acide sulfurique à 66° Baumé la dissout sans modification, le liquide supporte même une température de 200°; l'eau reprécipite la matière colorante intacte. Une solution bouillante d'alun dissout l'alizarine en petites proportions; par le refroidissement presque tout se sépare de nouveau en flocons jaune rougeâtre.

Composition. — On adopte généralement l'expression de Wolff et Strecker : $C^{10}H^6O^5$. Cette formule rend compte, jusqu'à un certain point, des rapports qui lient l'alizarine au groupe naphtalique. Comme les agents oxydants la transforment en un mélange d'acides phtalique et oxalique, Laurent avait supposé que l'alizarine représente l'acide oxynaphtalique, dont il avait obtenu le dérivé chloré ($C^{10}H^5ClO^5$). — L'expérience n'a pas donné raison à cette manière de voir. L'expression $C^{10}H^6O^5$, qui concorde très-bien avec les résultats analytiques, devra probablement être doublée, pour représenter le véritable poids moléculaire de ce corps. En effet, d'après les recherches de M. Schützenberger, la purpurine, si voisine de l'alizarine, a pour formule $C^{20}H^{12}O^7$ [*Bull. de la Soc. industr. de Mulhouse*, t. XXXIV, p. 70]; il est assez naturel d'admettre que l'alizarine contient la même quantité de carbone $C^{20}H^{12}O^6$. D'un autre côté, l'analyse d'un dérivé benzoïque et d'un dérivé éthylique conduit aux expressions :

$$C^{20}H^9(C^7H^5O)^3O^6, \quad C^{20}H^9(C^2H^5)^3O^6.$$

Enfin l'étude de divers alizarates tend à leur faire attribuer la formule générale $C^{20}H^9M^3O^6$.

Propriétés chimiques. — L'alizarine se décompose à une température peu élevée au-dessus de son point de sublimation, vers 300°. Elle se comporte avec les bases comme un acide faible, susceptible de se combiner avec elles. Avec les alcalis elle forme des sels très-solubles dans l'eau, moins solubles dans l'alcool, insolubles dans l'éther. La teinte des solutions aqueuses des alizarates alcalins est d'un très-beau bleu violacé (distinction d'avec la purpurine qui fournit des solutions alcalines pourpres).

On obtient facilement un alizarate de soude cristallisé, en versant une solution alcoolique de soude dans une solution alcoolique d'alizarine et en ajoutant de l'éther. Le sel se sépare en fines aiguilles très-foncées, presque noires. Les terres alcalines, les terres et les oxydes métalliques donnent des combinaisons insolubles diversement colorées, soit en violet, soit en rouge, en rose, ou en noir. Ainsi les laques d'alumine sont rouges ou roses, celles de peroxyde hydraté de fer sont violettes, lilas ou noires. On les prépare par combinaison directe ou par voie de double échange. MM. Wolff et Strecker ont analysé les précipités obtenus par les chlorures de baryum et de calcium dans une solution ammoniacale d'alizarine, et leur assignent les formules :

$$C^{40}H^{18}Ba^3O^{12} + 6H^2O,$$
$$C^{40}H^{18}Ca^3O^{12} + 6H^2O.$$

En saturant une solution alcoolique d'alizarine par l'eau de baryte et en enlevant l'excès de baryte par des lavages faits à l'abri de l'air, puis l'excès d'alizarine par de l'alcool bouillant, ces chimistes ont obtenu un composé de la formule

$$C^{20}H^{10}BaO^6 + 2H^2O.$$

Le composé plombique, étudié par Schunck (précipité violet formé par l'acétate neutre de plomb dans une solution ammoniacale d'alizarine), contient $C^{40}H^{18}Pb^3O^{12} + H^2O$.

Les carbonates, phosphates, pyrophosphates, borates, silicates, oléates alcalins, et en général tous les sels qui exercent sur le papier de tournesol une réaction alcaline, dissolvent l'alizarine, surtout à chaud, avec une coloration rouge violacé, en lui cédant une partie de leur base.

L'ammoniaque caustique, en solution aqueuse, exerce sur l'alizarine une action remarquable. Au début, la solution est bleu violacé et précipite, par les acides, des flocons jaunes d'alizarine intacte; mais si l'on conserve pendant quelques semaines la liqueur à l'abri de l'air, ou si on la chauffe en vase clos, à 100°, durant quelques heures, les acides en séparent des flocons violet foncé, renfermant les éléments de l'alizarine et de l'ammoniaque unis d'une manière stable. *L'alizaramide* ou *alizaréine* ainsi formée est violet rougeâtre en pâte humide, et presque noire à l'état sec. Elle est sensiblement soluble dans l'eau bouillante, soluble à froid dans l'alcool même étendu, qu'elle colore en rouge violacé, soluble dans l'éther. Par l'évaporation spontanée de ses solutions alcooliques, elle se dépose sous forme d'une poudre cristalline. Chauffée sur une lame de platine, elle brûle sans donner de sublimé. Elle teint la laine en lilas, sans mordant; le coton mordancé en alumine se colore en rouge violacé. La composition de ce corps paraît être représentée par les formules :

$$C^{20}H^{12}O^6.\,AzH^3 \quad \text{ou} \quad 2C^{20}H^{12}O^6.\,3AzH^3.$$

Dérivé éthylique. — L'alizarate de soude cristallisé, chauffé en vase clos, à 120°, avec un excès d'iodure d'éthyle, donne de l'iodure de sodium, et un dérivé éthylique jaune clair, insoluble dans l'eau, soluble dans l'alcool, dont la formule probable est $C^{20}H^9(C^2H^5)^3O^6$.

Dérivé benzoïque. — Le chlorure de benzoïle réagit à 190° sur l'alizarine, avec dégagement d'acide chlorhydrique. Il se forme un composé jaune, insoluble dans l'eau, soluble et cristallisable dans l'alcool; insoluble à froid dans l'ammoniaque et les alcalis caustiques, mais saponifiable à 100°. La composition de l'alizarine benzoïque est exprimée par la formule

$$C^{20}H^9(C^7H^5O)^3O^6.$$

L'alizarine est assez sensible à l'action des *oxydants*. L'acide nitrique, le perchlorure de fer, etc., la convertissent en acides phtalique et oxalique :

$$\underset{\text{Alizarine.}}{C^{20}H^{12}O^6} + 4H^2O + O^8$$
$$= \underset{\text{Ac. oxalique.}}{2C^2H^2O^4} + \underset{\text{Ac. phtalique.}}{2C^8H^6O^4}.$$

Cette réaction constitue le seul lien de parenté réel qui relie l'alizarine au groupe naphtalique.

Action des réducteurs. — L'hydrogène naissant décolore une solution alcoolique d'alizarine. Une solution alcaline de matière colorante chauffée avec du protoxyde d'étain ou de l'aldéhyde perd sa belle teinte bleue et passe au rouge orangé; les acides séparent ensuite des flocons jaunes. On n'a pas encore étudié les produits de cette réaction.

L'étude chimique de l'alizarine est encore trop incomplète pour qu'il soit possible de se prononcer sur sa constitution moléculaire. Son action sur les bases et la composition des dérivés benzoïques et éthyliques tendent à en faire un acide faible tribasique ou triatomique :

$$\left.\begin{array}{l} C^{20}H^9O^3 \\ H^3 \end{array}\right\} O^3.$$

Comme elle n'est nullement modifiée, même à 200°, par l'anhydride acétique, mais par les chlorures d'acides, on peut la considérer comme faisant fonction de phénol.

État naturel. — L'alizarine n'a pu encore être obtenue par voie de synthèse. Elle se trouve toute formée dans la racine de garance et de quelques autres rubiacées exotiques (Chayaver-Munget-Nona-Hatchrout-Ouongkoudou). D'après Anderson, l'acide opianique (formé aux dépens de la narcotine) se transforme en alizarine, en perdant les éléments de l'eau, sous l'influence de l'anhydride phosphorique.

$$\underset{\text{Ac. opianique.}}{C^{20}H^{20}O^{10}} - 4H^2O = \underset{\text{Alizarine.}}{C^{20}H^{12}O^6}.$$

Suivant Rochleder, la morindone dérivée de la morindine, par distillation sèche, est identique avec l'alizarine. Stenhouse a confirmé cette manière de voir. D'après lui, l'alizarine extraite du *Morinda acutifolia* n'est pas accompagnée de purpurine, et la racine du *morinda* est la meilleure source pour se procurer de l'alizarine pure [*Journ. of the Chem. Soc.*, 2e série, t. II, p. 233; et *Bull. de la Soc. chim.*, 1866, t. VI, p. 137]. Stein n'admet pas cette identité de l'alizarine et de la morindone [*Journ. für prakt. Chem.*, t. XCVII, p. 234, et *Bull. de la Soc. chim.*, 1867, t. VII, p. 434].

Dans la racine fraîche de garance, l'alizarine ne préexiste pas en liberté; elle se trouve engagée dans une combinaison glucosique, soluble dans l'eau (*rubian* de Schunck, acide *rubérythrique* de Rochleder), facile à dédoubler par l'action des acides, des alcalis ou de certains ferments solubles contenus dans la garance (érythrozyme). Dans la garance moulue et ancienne du commerce, cette décomposition du glucoside colorant est déjà en grande partie effectuée.

Préparation. — Le procédé le plus avantageux pour la préparation de l'alizarine est celui qu'a publié M. E. Kopp. La garance d'Alsace récemment récoltée est grossièrement moulue, puis épuisée par de l'eau chargée d'acide sulfureux. On dissout ainsi les glucosides colorants. L'acide sulfureux a pour but d'empêcher leur prompt dédoublement, sous l'influence des ferments de la garance. Le liquide jaune-orangé, additionné d'acide chlorhydrique, est porté à 50° ou 60°; à cette température, il se sépare des flocons rouges de purpurine (mélange de purpurine avec deux autres principes analogues). Le liquide clair, filtré ou décanté, étant porté à l'ébullition, se trouble de nouveau et fournit un dépôt vert foncé (alizarine verte du commerce); celui-ci est un mélange d'alizarine et d'une substance verte spéciale. Pour extraire l'alizarine jaune de ce mélange, on peut se servir de l'action dissolvante de l'alcool, de l'esprit de bois, de l'éther, ou mieux des huiles minérales bouillant à 150° environ. Ces liquides ne se chargent pas du principe vert.

M. Kopp fait bouillir l'alizarine verte avec de l'huile de schiste dans des vases métalliques hauts et étroits. La matière verte se réunit rapidement au fond; le liquide rouge décanté est agité, après refroidissement, avec une lessive de soude qui lui enlève toute l'alizarine en se colorant en bleu violacé. On sépare la couche aqueuse de l'huile surnageante, et on la précipite par un acide (chlorhydrique ou sulfurique); l'alizarine se dépose sous forme de flocons cristallins jaunes, qu'une simple sublimation faite avec les précautions indiquées ci-dessus purifie complétement.

La sublimation suivie d'une cristallisation dans l'alcool fort permet de se procurer assez facilement de l'alizarine, si l'on a soin d'opérer sur des produits déjà concentrés, tels qu'extraits alcooliques ou méthyliques de garancine. Dans ce cas, la surchauffe avec l'eau à 250° fournit aussi un moyen commode de préparation. On introduit une dizaine de grammes d'extrait de garancine dans un cylindre en cuivre assez résistant et susceptible d'être hermétiquement fermé, on ajoute 100 à 200 grammes d'eau et l'on chauffe au bain d'huile à 260°, pendant un quart d'heure. Après refroidissement, on trouve l'intérieur du liquide rempli de longues et belles aiguilles jaune rougeâtre.

Les procédés de Robiquet et Colin [*Ann. de Chim. et de Phys.*, t. XXXIX, p. 225], de Runge [*Journ. für prakt. Chem.*, t. V, p. 373], de Debus [*Ann. der Chem. u. Pharm.*, t. LXVI, p. 351], de Higgin [*Journ. für prakt. Chem.*, t. XLVI, p. 1], de Schunck [*Ann. der Chem. u. Pharm.*, t. LXVI, p. 175], de Rochleder [*Journ. für prakt. Chem.*, t. LVI, p. 85], de Wolff et Strecker [*Ann. der Chem. u. Pharm.*, t. LXXV, p. 1], sont beaucoup moins avantageux et ne méritent plus d'être recommandés.

Usages. — L'alizarine représente la principale matière colorante de la garance. En raison de ses tendances acides et de la propriété de s'unir à divers oxydes, pour donner des laques colorées, notamment avec l'alumine et l'hydrate de peroxyde de fer, elle entre dans la composition des couleurs garancées et des laques de garance. En épuisant un tissu teint en garance et avivé (rouge d'Andrinople, rouges et roses garancés ordinaires) par de l'alcool bouillant aiguisé avec de l'acide sulfurique, il est facile de s'assurer que la laque colorée est presque essentiellement formée d'une combinaison d'alizarine avec le mordant minéral.

L'alizarine pure teint les mordants d'alumine en rouge et en rose; ces nuances sont très-solides à la lumière; elles résistent au savon bouillant et à un passage en acide nitrique faible. Après ces opérations, dont l'ensemble constitue l'avivage des tissus garancés, les couleurs fournies par l'alizarine offrent une teinte rouge très-vive, ou rose légèrement pourprée. Les mordants de fer se teignent en noir et en violet, également très-solides. L'alizarine pure a un pouvoir tinctorial égal à environ 90 fois celui d'une bonne garance. La teinture ne devient sensible que vers 70°, température à laquelle la matière colorante commence à se dissoudre en proportions sensibles.

Les formes sous lesquelles l'alizarine est employée dans l'industrie des toiles peintes sont : la garance moulue, la garance lavée ou fleur, la garancine, l'alizarine commerciale, l'alizarine verte et l'alizarine jaune de M. Kopp, divers extraits. On la fixe généralement par voie de teinture sur tissus mordancés, quelquefois par impression, en employant des produits riches.

Caractères distinctifs. — L'alizarine libre se reconnaît le mieux : 1° aux fumées jaunes, avec formation d'un sublimé d'aiguilles jaunes, qu'elle donne lorsqu'on la chauffe avec précaution sur une lame de platine; 2° à la couleur bleu violacé de sa solution ammoniacale; 3° à la manière dont elle teint un tissu imprimé en oxydes de fer et d'aluminium; 4° à son inaltérabilité sous l'influence de l'acide sulfurique concentré.

Voir, pour plus de détails, l'article GARANCE (matières colorantes de la).   P. S.

ALIZITE (Min.). — Silicate hydraté de nickel avec un peu de magnésie et de fer, d'un vert pomme, happant à la langue. Rapports d'oxygène dans : H^2O, RO, $SiO^2 = 1 : 2 : 6$ (Schmidt). Densité, 1,45. Infusible au chalumeau; avec le carbonate de soude sur le charbon, elle donne du nickel métallique.

ALLAGITE. — Variété altérée de Rhodonite.

ALLANITE (Min.). [Syn. *Cérine, Orthite, Bagrationite, Uralorthite, Bucklandite.*] Silicate d'alumine, de fer, de cérium (et des autres métaux congénères) et de chaux. Quelques-uns (orthites) renferment de l'eau et des matières volatiles en quantité plus ou moins considérable. Les rapports les plus probables de l'oxygène dans : RO, R^2O^3, SiO^2, sont $1 : 1 : 2$.

Prismes clinorhombiques, ou masses noires d'un éclat vitreux, se trouvant dans les roches feldspathiques du Groënland, de Norvége et de l'Oural.

Caractères. — Quelques variétés font gelée avec les acides; d'autres sont imparfaitement décomposées. Au chalumeau, fond en verre noir. Avec la soude, donne la réaction du manganèse. Dureté, 4-6. Poussière d'un gris-brun ou verdâtre. Densité, 3,4-4,2.

Une partie des cristaux est sans action sur la lumière polarisée et, par suite, probablement pseudomorphique.

Forme cristalline très-voisine de celle de l'épidote. Prisme clinorhombique $mm = 70°$ environ, $ph^1 = 116°$, $d^{1/2}m = 156°,45$.

Clivage indistinct p et h^1.   F. et S.

ALLANTOÏNE [Syn. *Acide allantoïque*],

$$C^4 H^6 Az^4 O^3.$$

L'allantoïne a été découverte par Vauquelin et Buniva dans l'eau de l'amnios de la vache [Vauquelin et Buniva, *Ann. de Chim.*, t. XXXIII, p. 269]. Plus tard, Lassaigne l'a retirée du liquide allantoïque de la vache et en a décrit quelques propriétés [Lassaigne, *Ann. de Chim. et de Phys.*, (2), t. XVII, p. 301]. Plus tard enfin, Wöhler l'a retirée de l'urine des veaux [Wöhler, *Ann. der Chem. u. Pharm.*, t. LXX, p. 220]. L'allantoïne se forme artificiellement lorsqu'on chauffe de l'acide urique avec de l'eau et du peroxyde de plomb [Liebig et Wöhler, *Ann. der Chem. u. Pharm.*, t. XXVI, p. 244] ou lorsqu'on fait agir sur cet acide un mélange de ferricyanure de potassium et de potasse caustique [Schlieper, *Ann. der Chem. u. Pharm.*, t. LXVII, p. 216].

$$C^5 H^4 Az^4 O^3 + H^2 O + Pb O^2$$
Acide urique.   Eau.   Bioxyde de plomb.

$$= CO^3 Pb + C^4 H^6 Az^4 O^3,$$
Carbonate de plomb.   Allantoïne.

$$C^5 H^4 Az^4 O^3 + C^{12} Az^{12} Fe^2 K^6 + 4 KHO$$
Acide urique.   Ferricyanure de potassium.   Potasse.

$$= C^4 H^6 Az^4 O^3 + CO^3, K^2 + 2 Fe C^6 Az^6 K^4$$
Allantoïne.   Carbonate de potassium.   Ferrocyanure de potassium.

$$+ H^2 O.$$
Eau.

Préparation. — 1° Pour préparer l'allantoïne, au moyen de l'acide urique, on délaye cet acide dans l'eau de manière à en faire une bouillie claire, qu'on porte à l'ébullition, et à laquelle on ajoute ensuite du peroxyde de plomb par petites portions successives. Il se produit aussitôt une vive réaction qui s'accompagne d'un abondant dégagement d'anhydride carbonique, la masse s'épaissit et le peroxyde de plomb se décolore. On continue les additions de cet oxyde jusqu'à ce que la masse en conserve légèrement la couleur, et l'on renouvelle l'eau à mesure qu'elle s'évapore. On filtre ensuite à chaud et on abandonne la liqueur au refroidissement ; il s'y dépose alors une grande quantité de cristaux d'allantoïne que l'on recueille sur un filtre. L'eau mère donne, si on la concentre, de nouveaux cristaux d'allantoïne, et finalement des cristaux d'urée. Le précipité blanc, resté sur le filtre, est en grande partie composé d'oxalate de plomb. Cet oxalate est le résultat d'une réaction secondaire. On a, en effet :

$$C^4 H^6 Az^4 O^3 + H^2 O + PbO^2$$
Allantoïne.   Eau.   Anhydride plombique.

$$= 2 C H^4 Az^2 O + C^2 O^4 Pb.$$
Urée.   Oxalate de plomb.

C'est probablement à une décomposition de l'oxalate de plomb qu'il faut attribuer l'abondant dégagement d'anhydride carbonique que l'on observe dans la préparation de l'allantoïne et dont les équations précédentes ne rendent pas compte.

2° Pour extraire l'allantoïne des eaux de l'amnios ou de l'allantoïde, on les évapore jusqu'au quart de leur volume, puis on les abandonne à elles-mêmes ; par le refroidissement elles déposent des cristaux que l'on purifie en les redissolvant dans l'eau bouillante et décolorant leur solution par du charbon animal.

3° L'extraction de l'allantoïne de l'urine de veau se fait d'une manière analogue. On évapore cette urine à consistance sirupeuse. Après plusieurs jours on recueille sur un filtre le précipité cristallin qui s'est formé et qui renferme un mélange de phosphate de magnésium et d'urate de magnésium, le tout souillé par une substance gélatineuse. Ce précipité est lavé avec un peu d'eau froide, puis traité par l'eau bouillante et le noir animal. La liqueur filtrée abandonne des cristaux d'allantoïne en se refroidissant. Il est bon de l'additionner, pendant qu'elle est chaude, de quelques gouttes d'acide chlorhydrique, pour éviter que du phosphate magnésique ne se dépose avec l'allantoïne.

Propriétés. — L'allantoïne cristallise en prismes brillants, incolores et d'un aspect vitreux, qui appartiennent au système clinorhombique (forme dominante) : m, p, h^1, a^1. Inclinaison des faces, $m : m$, dans le plan de la diagonale oblique et de l'axe principal, $= 65° 27'$; $p : m = 88° 14'$; $a^1 : m = 69°17$; clivage parallèle à a^1 [Dauber, *Ann. der Chem. u. Pharm.*, t. LXXI, p. 68].

L'eau dissout 1/160 de son poids d'allantoïne à froid et une proportion beaucoup plus considérable à chaud. Ces solutions sont insipides et sans action sur les couleurs végétales.

Chauffée dans une petite cornue, l'allantoïne ne fond pas, mais noircit et se décompose en fournissant beaucoup de carbonate et de cyanure d'ammonium, une huile particulière et un charbon léger.

Bouillie avec de *l'eau de baryte*, l'allantoïne donne lieu à un dégagement d'ammoniaque et à une précipitation d'oxalate de baryum :

$$C^4 H^6 Az^4 O^3 + 2 [Ba. O^2 H^2.] + H^2 O$$
Allantoïne.   Hydrate de baryum.   Eau.

$$= 4 Az H^3. + 2 C^2 O^4 Ba.$$
Ammoniaque.   Oxalate de baryum.

Dissoute dans une solution concentrée de *potasse caustique*, l'allantoïne donne une liqueur qui, au bout de quelques jours, renferme le sel d'un acide particulier répondant à la formule $C^4 H^8 Az^4 O^4$, que MM. Liebig et Wöhler ont appelé acide hydantoïque, mais qui diffère, par sa composition, du véritable acide hydantoïque étudié par Bæyer :

$$C^4 H^6 Az^4 O^3 + KHO = C^4 H^7 Az^4 O^4 K.$$
Allantoïne.   Potasse.   Hydantoate de Liebig et Wöhler.

Par une action ultérieure de la potasse, l'hydantoate formé d'abord se résout en urée et allanturate de potassium :

$$C^4 H^7 K Az^4 O^4 = CH^4 Az^2 O + C^3 H^3 Az^2 O^3 K.$$
Hydantoate de potassium.   Urée.   Allanturate de potassium.

Soumise à l'action réductrice de *l'acide iodhydrique*, l'allantoïne se transforme en un corps qui renferme un atome d'oxygène de moins que l'acide allanturique, l'hydantoïne :

$$C^4 H^6 Az^4 O^3 + 2 HI$$
Allantoïne.   Acide iodhydrique.

$$= CH^4 Az^2 O + C^3 H^4 Az^2 O^2 + I^2.$$
Urée.   Hydantoïne.   Iode.

[Bæyer, *Ann. der Chem. u. Pharm.*, t. CXVIII, p. 178 (nouv. sér. t. XLI). — *Répert. de Chim. pure*, 1861, p. 406]. Traitée par l'eau et l'amalgame de sodium, elle se transforme en un corps nouveau $C^4 H^6 Az^4 O^2$, qui en diffère par un atome d'oxygène de moins. Ce corps donne, avec l'azotate d'argent, un précipité de la formule

$$C^4 H^2 Ag^2 Az^4 O^2 ? ;$$

chauffé avec l'eau de baryte, il se détruit avec dégagement d'ammoniaque, formation de carbonate barytique et d'un nouvel acide $C^3 H^6 Az^2 O^3$

[Strecker et Rheineck, *Ann. der Chem. u. Pharm.*, t. CXXXI, p. 119 (nouv. sér., t. LV); *Bull. de la Soc. chim.*, 1865, t. III, p. 304].

La solution aqueuse de l'allantoïne, chauffée avec de l'acide *chlorhydrique* ou *azotique*, se transforme en urée et en acide allanturique :

$$C^4 H^6 Az^4 O^3 + H^2 O = CH^4 Az^2 O + C^3 H^4 Az^2 O^3.$$

Allantoïne.   Eau.   Urée.   Acide allanturique.

Une transformation analogue se produit sous la seule influence de l'eau à 140° ; seulement alors au lieu d'urée on obtient les produits de sa décomposition, c'est-à-dire les éléments du carbonate d'ammonium.

L'*acide sulfurique* décompose à chaud l'allantoïne en anhydride carbonique, oxyde de carbone et ammoniaque :

$$C^4 H^6 Az^4 O^3 + 3 H^2 O = 2 CO^2 + 2 CO + 4 Az H^3.$$

Allantoïne.   Eau.   Anhydride carbonique.   Oxyde de carbone.   Ammoniaque.

Les solutions aqueuses d'allantoïne font, à l'ébullition, la double décomposition avec les oxydes métalliques et donnent naissance à de véritables sels résultant du remplacement d'un atome d'hydrogène par une quantité équivalente de métal. On connaît les allantoates d'argent, de cadmium, de zinc, de plomb et de mercure.

Allantoate d'argent. — Ce sel se dépose sous la forme d'un précipité blanc lorsqu'on mêle une solution bouillante d'allantoïne avec de l'azotate d'argent et qu'on y ajoute goutte à goutte de l'ammoniaque. Il répond à la formule

$$C^4 H^5 Az^4 O^3 Ag.$$

Allantoate de cadmium, $(C^4 H^5 Az^4 O^3)^2$ Cd. — Il se produit par l'action d'une solution bouillante d'allantoïne sur l'oxyde de cadmium. Il est insoluble dans l'eau et se décompose vers 100°.

Allantoate de zinc. — C'est un sel basique dont la formule est $(C^4 H^5 Az^4 O^3)^2$ Zn, Zn O.

Allantoate de plomb, $[(C^4 H^5 Az^4 O^3)^2 Pb]^2$ Pb O. — C'est également un sel basique insoluble dans l'eau [Limpricht, *Ann. der Chem. u. Pharm.*, t. LXXXVIII, p. 94]

Allantoates mercuriques. — L'allantoïne ne précipite pas les solutions du sublimé corrosif ; mais dans une solution froide et très-étendue d'azotate mercurique, elle donne un précipité qui renferme $[(C^4 H^5 Az^4 O^3)^2 Hg]^2$ 3 Hg O. — On obtient un autre allantoate mercurique répondant à la formule $[(C^4 H^5 Az^4 O^3)^2 Hg]^3$ 2 HgO, en faisant bouillir une solution aqueuse d'allantoïne avec un excès d'oxyde de mercure, filtrant et abandonnant la liqueur au refroidissement. Cette dernière devient laiteuse et laisse bientôt déposer le sel qu'elle renferme sous forme d'une poussière blanche. On a prétendu avoir retiré d'autres composés des eaux mères.

Dosage de l'allantoïne. — La facilité avec laquelle l'azotate mercurique est précipité par l'allantoïne fournit un moyen de doser ce dernier corps dans les liquides qui ne renferment pas d'urée. Le procédé est identique à celui dont Liebig fait usage pour doser l'urée (voyez Urée). On a reconnu par l'expérience que 100^{gr} d'allantoïne pure et desséchée exigent pour leur précipitation 172^{gr} d'oxyde mercurique, c'est-à-dire que 10^{cc} d'une solution filtrée d'azotate mercurique renfermant 770^{gr} d'azotate mercurique précipitent 448^{gr} d'allantoïne.

Constitution de l'allantoïne. — M. Bæyer considère l'allantoïne comme un biuréide glyoxylique et lui attribue la formule

$$\left.\begin{array}{c}(CO'')^2 \\ (C^2 HO)''' \\ H^5\end{array}\right\} Az^4.$$

[Bæyer. *Ann. der Chem. u. Pharm.*, t. CXXX, p. 129 (nouv. sér., t. LIV), mai 1864. — *Ann. de Phys. et de Chim.*, (4), t. IV, p. 488.]   A. N.

Voyez Acide urique (dérivés de l').

ALLANTOÏQUE (ACIDE). — Nom que l'on avait donné d'abord à l'allantoïne. — Voyez ALLANTOÏNE.

ALLANTURIQUE (ACIDE), $C^3 H^4 Az^2 O^3$. — Cet acide prend naissance lorsqu'on fait agir l'acide azotique ou l'acide chlorhydrique dilué sur l'allantoïne ou même lorsqu'on soumet l'allantoïne à la simple action de l'eau à 140° (voyez ALLANTOÏNE); il se produit aussi lorsqu'on oxyde l'acide urique ou l'allantoïne par le peroxyde de plomb.

L'acide allanturique est un corps blanc déliquescent, légèrement acide et presque insoluble dans l'alcool. A la distillation sèche, il donne un produit cyanogéné en même temps qu'un résidu volumineux de charbon.

L'acide allanturique précipite en blanc l'acétate de plomb et l'azotate d'argent. Ces précipités sont solubles dans un excès de l'un ou de l'autre précipitant. L'azotate d'argent ammoniacal est précipité beaucoup plus abondamment que l'azotate neutre du même métal [Pelouze, *Ann. de Chim. et de Phys.*, (3), t. VI, 71].

Contitution de l'acide allanturique. — Bæyer (*loc. cit.*) considère l'acide allanturique commé étant à l'acide parabanique ce que l'acide dialurique est à l'alloxane. La formule rationnelle de cet acide serait, d'après ce chimiste, celle d'un acide uramique (type urée + eau), dans lequel 3H seraient remplacés par le radical glyoxylyle $(C^2 HO)'''$:

$$\left.\begin{array}{c}(CO)'' \\ H^2 \\ (C^2 HO)''' \\ H\end{array}\right\} \begin{array}{c}Az^2 \\ \\ O\end{array}$$

Voyez Acide urique (dérivés de l').   A. N.

ALLIAGES. — On donne ce nom aux produits de l'union (mélange ou combinaison) des métaux entre eux. Les alliages dont le mercure est l'un des constituants s'appellent des *amalgames* (voyez ce mot); il n'en sera pas question ici.

Les métaux eux-mêmes jouent un rôle immense dans l'industrie, mais leur utilité est considérablement accrue par la faculté qu'ils ont de former, en s'unissant les uns aux autres, des composés doués de propriétés spéciales dont ils étaient dénués auparavant. Il y a plus : tel métal sans emploi à l'état isolé devient tout à fait usuel quand on l'allie avec un autre; c'est le cas de l'antimoine.

On change les propriétés des métaux, non-seulement en les alliant, mais encore en variant les proportions de l'alliage; ainsi, en fondant des quantités de plus en plus fortes d'étain avec une même quantité de cuivre, on obtiendra successivement le bronze, le métal des cloches, celui des tam-tams et celui des miroirs. Chaque alliage est donc pour les arts un métal nouveau, qui pourra être utile ou inutile suivant ses propriétés physiques ou chimiques. Malheureusement, on ne peut pas déduire à priori de leur composition les qualités dont ils seront doués. Leur nombre possible est illimité, mais il y en a relativement peu qui soient bien connus et employés industriellement.

Propriétés physiques. — Les alliages ont les plus grands rapports avec les métaux : comme eux, ils sont brillants, doués de l'éclat métallique, opaques, très-bons conducteurs de la chaleur et de l'électricité. Ils sont solides, excepté l'alliage de 3 p. de sodium et 1 p. de potassium. Ils ont une couleur propre : ainsi, quoique le cuivre soit rouge et le zinc blanc-bleuâtre, le laiton est jaune; le bronze d'aluminium est jaune-vermeil, tandis que ses constituants sont l'un rouge et l'autre blanc.

Regnault a déterminé la chaleur spécifique de 12 alliages, dont 7 se sont trouvés obéir à la loi de Dulong et Petit. — La densité des alliages est tantôt plus grande tantôt plus petite que la densité moyenne des métaux employés. Ce fait montre qu'il y a des métaux qui se dilatent en s'alliant, tandis que d'autres se contractent. Il y a contraction quand on unit le or avec le zinc, l'étain, le bismuth, l'antimoine ou le cobalt; l'argent avec le zinc, le plomb, l'étain, le bismuth ou l'antimoine; le cuivre avec le zinc, l'étain, le palladium, le bismuth ou l'antimoine; le plomb et le bismuth ou l'antimoine; le palladium et le bismuth. Il y a dilatation dans les cas suivants : or et argent, fer, plomb, cuivre, iridium ou nickel; cuivre et plomb ou argent; fer et bismuth, antimoine ou plomb; étain et antimoine, plomb ou palladium; zinc et antimoine.

Les alliages formés de métaux cassants sont toujours cassants; ceux des métaux ductiles entre eux sont ou ductiles ou cassants; toutefois lorsqu'un des deux métaux est très-prédominant, ils sont le plus souvent ductiles. En combinant les métaux ductiles avec ceux qui sont cassants, on obtient des alliages cassants, à moins que le métal ductile ne soit très-prédominant.

Les alliages sont en général moins ductiles, plus durs, plus aigres et plus tenaces que le plus ductile des métaux qui en font partie.

Quelques alliages sont sonores à un très-haut degré.

Les alliages sont fusibles, et l'on a trouvé que leur point de fusion est inférieur à celui du métal le moins fusible qui entre dans leur composition; quelquefois même il est beaucoup moins élevé que celui du métal le plus fusible; ainsi, 8 p. de bismuth, 5 p. de plomb et 3 p. d'étain donnent un alliage qui devient liquide à 94°C.

Un alliage fondu, abandonné au refroidissement tranquille, peut cristalliser confusément; très-souvent aussi il se sépare en couches différentes dont la composition et la densité ne sont pas les mêmes; ce phénomène a reçu le nom de *liquation*. Pour obtenir un alliage à peu près homogène, il est donc nécessaire d'accélérer autant que possible le refroidissement ou de troubler la masse pendant qu'il a lieu. Rudberg, L. A. A. Svanberg, Riche, ont observé la marche du refroidissement dans un alliage en fusion au moyen d'un thermomètre qu'ils y plongeaient. En prenant du plomb et de l'étain en proportions diverses, Rudberg a trouvé que le thermomètre, après s'être abaissé d'une certaine quantité, restait stationnaire pendant quelque temps, quoique l'alliage n'eût pas commencé à se solidifier d'une manière visible; après cet arrêt, il descendait de nouveau, pour redevenir stationnaire au moment où toute la masse se solidifiait. Le premier point d'arrêt variait avec les proportions des éléments de l'alliage, tandis que le second était toujours fixe à 187°, et correspondait à la composition Pb Sn³. Ces observations ont été étendues aux alliages de zinc et étain, bismuth et étain, plomb et bismuth, plomb, zinc et étain.

On peut obtenir des alliages en cristaux bien déterminés; généralement ceux-ci appartiennent à des composés définis. Toutefois Rammelsberg, considérant que la composition des cristaux peut varier sans que leur forme change, a émis l'opinion que les alliages cristallisés sont des mélanges de métaux isomorphes [*Bull. de la Soc. chim.*, 1864, t. II, p. 353]. Cette manière de voir conduirait à admettre que les métaux sont dimorphes et quelquefois même trimorphes ou tétramorphes; elle doit être vraie dans plusieurs cas, mais il est tout à fait improbable qu'elle ait la généralité que lui prête son auteur.

En chauffant un alliage qui contient un métal volatil, à un point plus ou moins supérieur à celui où il fond, une partie du métal volatil se dégage; mais les dernières portions restent dans l'alliage. Cette décomposition par la chaleur sera d'autant moins complète que les deux métaux auront plus d'affinité l'un pour l'autre; les limites auxquelles s'arrête l'action du feu sont déterminées par des combinaisons en proportions définies.

Gérardin a soumis des alliages fondus à l'électrolyse, et il a reconnu qu'ils perdent leur homogénéité quand le courant les traverse [*Compt. rend. de l'Acad. des sciences*, t. XLIII, p. 727, 1861]. Ainsi, d'après lui, la soudure des plombiers deviendrait aigre et cassante au pôle positif et malléable au pôle négatif.

Quand on refroidit brusquement les vapeurs d'un alliage volatilisé dans l'arc voltaïque, chacun des métaux se condense séparément et par conséquent l'alliage est détruit. A de la Rive, à qui l'on doit la découverte de ce fait, l'a constaté sur le bronze d'aluminium [*Compt. rend. de l'Acad. des sciences*, t. XLIII, p. 727, 1865].

Propriétés chimiques. — On s'est beaucoup préoccupé de la question de savoir si les alliages sont des mélanges ou des combinaisons. La faculté d'obtenir de ces corps à l'état cristallisé et avec une composition définie, le phénomène de la liquation, la marche du refroidissement dans leur masse, etc., montrent que les alliages sont des composés ou des mélanges de composés avec un excès de l'un ou de l'autre de leurs constituants.

Dans le plus grand nombre des cas les alliages se comportent à l'égard des réactifs comme le feraient les métaux pris isolément; cependant ils offrent quelquefois une résistance plus grande à l'action chimique; dans d'autres cas, au contraire, ils ont une propension plus grande à entrer dans des combinaisons. Le bronze d'aluminium est moins attaquable par l'acide chlorhydrique que l'aluminium pur. Le platine contenant 5 à 10 % d'iridium, demeure presque intact dans l'eau régale même chaude, tandis que le platine pur s'y dissout rapidement. Par contre, 3 p. de plomb et 1 d'étain, par exemple, donnent un composé brûlant avec lumière dans l'air quand on le chauffe au rouge-brun. On attribue cet effet à la combinaison qui se forme entre les deux oxydes (stannate de plomb); ce qui vient à l'appui de cette manière de voir, c'est que ces phénomènes d'ignition ont lieu de préférence et d'une manière plus énergique dans les alliages formés par un métal acidifiable et un métal basigène (chrome et plomb, antimoine et potassium, antimoine et fer, par exemple; les deux premiers à l'état divisé sont spontanément inflammables dans l'air).

Quand un alliage est formé d'un métal capable d'absorber l'oxygène et d'un métal noble, on peut oxyder le premier, tandis que le second reste pur; ce fait est la base de la séparation de l'argent et du plomb.

Dans le cas où l'on a deux métaux très-inégalement oxydables, on pourra séparer une grande partie de celui qui l'est le moins en arrêtant l'action de l'air à un certain moment.

Les acides se comportent ordinairement à l'égard des alliages comme avec le métal prédominant.

Préparation. — Elle se fait par fusion directe et est souvent accompagnée d'un dégagement de chaleur très-vif (bronze d'aluminium, par exemple).

Pour l'histoire particulière des alliages, voyez les différents métaux. M. D.

ALLITURIQUE (ACIDE), $C^6 H^6 Az^4 O^5$. — Pour

préparer cet acide, on mêle une solution aqueuse d'alloxantine avec un excès d'acide chlorhydrique. Par l'ébullition du liquide, il se forme un mélange d'acide alliturique et d'alloxantine indécomposée qui se dépose sous la forme d'une masse pulvérulente par le refroidissement de la liqueur. On traite le mélange solide par l'acide azotique, qui dissout l'alloxantine et laisse l'acide alliturique. Ce dernier, dissous dans l'eau bouillante, se dépose lorsque le liquide se refroidit. C'est une poudre d'un blanc jaunâtre très-volumineuse. L'acide sulfurique concentré le dissout, mais l'eau le précipite de cette dissolution. L'ammoniaque le transforme en alliturate d'ammonium soluble qui, par l'évaporation spontanée, se dépose en aiguilles incolores et brillantes. La potasse caustique décompose l'acide alliturique avec dégagement d'ammoniaque [Schlieper, *Ann. der Chem. u. Pharm.*, t. LVI, p. 20].

CONSTITUTION DE L'ACIDE ALLITURIQUE [Bœyer, *Ann. der Chem. u. Pharm.*, t. CXIX, p. 126]. — L'acide alliturique paraît représenter une double molécule d'hydantoïne moins une molécule d'hydrogène; le corps auquel il correspondrait dans la série de l'alloxane est encore inconnu. Bœyer considère cet acide comme un biuréide glyoxyglycolique :

$$\left.\begin{array}{l}(C'O)^2 \\ (C^3HO)''' \\ (C^2H^2O)'' \\ H^3\end{array}\right\} Az^4.$$

— Voyez ACIDE UNIQUE (dérivés de l'). A. N.

ALLOCHROÏTE (Min.). — Grenat verdâtre ferrico-calcaire (mélanite) de Drammen (Norvége).

ALLOCLASE (Min.). — M. Tschermak a donné ce nom à un minéral d'Orawicea qu'on avait considéré jusqu'ici comme identique avec le glaucodot (cobalt arsénio-sulfuré rhombique). [*Sitzungsberichte der Kais. Akad. d. Wissenschaften zu Wien*, t. LIII, février 1866.] D'après une analyse de M. Hein, il lui attribue la formule $Co^6As^{10}S^9$, l'arsenic étant partiellement remplacé par du bismuth et le cobalt par du fer, du zinc, du nickel et par une trace de cuivre. L'analyse indique aussi la présence de 0,68 p. 100 d'or. L'alloclase est gris d'acier, bacillaire, engagé dans un calcaire saccharoïde. Les cristaux isolés sont rares. Les clivages sont caractéristiques, très-faciles et parallèles aux faces (m, p) d'un prisme orthorhombique.

Caractères. — Soluble dans l'acide azotique en donnant une liqueur rose qui, étendue d'eau, laisse précipiter une poudre blanche. Dans le tube fermé, sublimé d'acide arsénieux. Sur le charbon, fond en donnant des fumées d'arsenic et un enduit de bismuth. Certaines parties sont plus fusibles; on y reconnaît la présence du bismuth sulfuré.

Dureté = 4,5. Poussière gris foncé. Densité = 6,65.

Forme cristalline. — Prisme orthorhombique $mm = 106°$, $a^1 a^1$ sur $p = 58°$. C. F.

ALLOPHANE (Min.). [Syn. *Riemannite*]. — Silicate d'alumine hydraté

$$Al^2O^3SiO^2 + 5 \text{ ou } 6H^2O = Al^2SiO^3 + 5 \text{ ou } 6H^2.O,$$

Substance amorphe, en rognons ou en masses mamelonnées, de couleur bleue, bleu pâle, vert-de-gris, jaune, rouge, blanche, translucide, d'un éclat cireux.

Caractères. — Donne de l'eau dans le matras; infusible; colore souvent la flamme en vert. Bleuit avec l'azotate de cobalt. Attaquable par les acides en donnant de la silice gélatineuse ou pulvérulente. Dureté, 3. Cassure conchoïdale; très-fragile. Densité, 1,85-2,02.

ALLOPHANIQUE (ACIDE), $C^2H^4Az^2O^3$. [Liebig et Wöhler, 1846, *Ann. der Chem. u. Pharm.*, t. LIX, p. 201. — Gmelin, t. IX, p. 266. — Gerhardt, *Traité de Chim. organique*, t. I, p. 416. — Bœyer, *Ann. der Chem. u. Pharm.*, t. CXIV, p. 156 [nouv. sér., t. XXXVIII], mai 1860; *Répert. de Chim. pure*, 1860, p. 369; *Ann. de Chim. et de Phys.*, (3), t. LIX, p. 472.]—Lorsqu'on dirige des vapeurs d'acide cyanique dans un alcool, 2 molécules d'acide cyanique se fixent sur une seule molécule de l'alcool employé, quelle que soit l'atomicité de ce dernier (on a fait des expériences avec des alcools mono, di et triatomiques). Les corps qui se forment ainsi sont de véritables éthers qui sont saponifiés par les bases, et qui dérivent, ainsi que les sels résultant de cette saponification, d'un acide particulier auquel on a donné le nom d'acide *allophanique*. Cet acide n'existe pas à l'état de liberté. Toutes les fois qu'on cherche à l'obtenir au moyen de l'un de ses sels, il se dédouble en urée et en anhydride carbonique. Il représente en effet 1 molécule d'anhydride carbonique unie à 1 molécule d'urée, et sa décomposition peut être exprimée par l'équation :

$$C^2H^4Az^2O^3 = CO^2 + CH^4Az^2O.$$

Acide   Anhydride   Urée.
allophanique.   carbonique.

DÉRIVÉS MÉTALLIQUES DE L'ACIDE ALLOPHANIQUE. — *Allophanate de baryum*, $(C^2H^3Az^2O^3)^2.Ba$. — Pour préparer ce corps, on dissout l'allophanate d'éthyle ou de méthyle dans l'eau de baryte. La liqueur se charge d'alcool et il s'y dépose peu à peu des mamelons cristallins d'allophanate de baryum qui présentent une certaine dureté. Le meilleur procédé consiste à broyer de l'hydrate de baryum dans un mélange d'éther allophanique et d'eau de baryte. On abandonne le mélange pendant plusieurs jours dans un flacon bien bouché, en évitant d'employer la chaleur.

L'allophanate de baryum se dissout dans l'eau complétement, mais avec difficulté. Les solutions présentent toujours une réaction alcaline; si on les chauffe, elles se troublent déjà au-dessus de 100° et laissent tout leur baryum se précipiter à l'état de carbonate, en même temps qu'il se dégage de l'anhydride carbonique avec une vive effervescence, et que la liqueur retient de l'urée entièrement pure :

$$(C^2H^3Az^2O^3)^2Ba + H^2O$$

Allophanate de baryum.   Eau.

$$= CO^2 + CO^3Ba + 2CH^4Az^2O.$$

Anhydride   Carbonate   Urée.
carbonique.   de baryum.

Lorsqu'on verse de l'acide sulfurique sur l'allophanate de baryum, il se produit une vive effervescence due à un dégagement d'anhydride carbonique, sans que la moindre odeur d'acide cyanique se manifeste; la liqueur ne renferme pas d'ammoniaque, mais contient de l'urée.

Soumis à la distillation sèche, l'allophanate barytique perd du carbonate d'ammoniaque sans aucune trace d'eau, et laisse un résidu de cyanate de baryum fondu. La solution aqueuse d'allophanate de baryum n'est précipitée immédiatement ni par l'azotate d'argent, ni par l'azotate de plomb, ni par l'acétate de plomb. Toutefois, avec ce dernier sel, il se produit, au bout d'une demi-heure, un précipité de carbonate de plomb.

Allophanate de calcium. — Ce sel peut être obtenu par la même méthode que l'allophanate de baryum. Il est cristallisable et peu soluble dans l'eau.

Allophanate de sodium. — On peut préparer ce sel en décomposant l'éther allophanique par une lessive de soude; mais il est plus commode de broyer à la température ordinaire l'allophanate de baryum, avec une solution aqueuse de sulfate sodique. Lorsque la réaction est complète, on filtre et l'on ajoute de l'alcool au liquide filtré pour en précipiter l'allophanate de sodium. La solution de ce corps est alcaline; elle ne précipite pas par le chlorure de baryum, mais lorsqu'on la chauffe après l'avoir mêlée à ce réactif, elle donne lieu à un dépôt de carbonate de baryum. Traité par l'acide azotique, l'allophanate sodique dégage de l'anhydride carbonique et dépose de l'azotate d'urée en paillettes.

Allophanate de potassium. — Ce sel se dépose rapidement en lames cristallines qui rappellent, par leur aspect, le chlorate potassique, lorsqu'on traite l'allophanate d'éthyle par une solution alcoolique concentrée de potasse.

ÉTHERS ALLOPHANIQUES. — *Allophanate de méthyle,*

$$C^2H^3(CH^3)Az^2O^3 = C^3H^6Az^2O^3.$$

[Richardson, 1837, *Ann. der Chem. u. Pharm.,* t. XXIII, p. 138.] — On obtient ce corps en dirigeant, à travers l'alcool méthylique absolu, les vapeurs de la distillation sèche de l'acide cyanurique; il ne tarde pas à se déposer de longues aiguilles incolores d'allophanate de méthyle. Ce corps se dissout dans l'eau, l'alcool et l'éther plus à chaud qu'à froid; ses solutions sont neutres. L'hydrate de potassium le décompose à la température de l'ébullition en cyanurate et alcool méthylique; mais à froid la potasse et la baryte le convertissent en allophanate de potassium ou de baryum.

Allophanate d'éthyle,

$$C^2H^3(C^2H^5)Az^2O^3 = C^4H^8Az^2O^3.$$

[Liebig et Wöhler, 1830, *Ann. de Poggendorf,* t. XX, p. 305. *Ann. der Chem. u. Pharm.,* t. LVIII, p. 260, et t. LIX, p. 291. — Liebig, *Ann. der Chem. u. Pharm.,* t. XXI, p. 125.] — Ce corps, autrefois confondu avec l'éther cyanique, prend naissance lorsqu'on dirige des vapeurs d'acide cyanique à travers l'alcool absolu :

$$2\,CHAzO + C^2H^6O = C^4H^8Az^2O^3.$$

Acide cyanique   Alcool.   Allophanate d'éthyle.

On opère comme il suit : De l'acide cyanurique est chauffé dans une petite cornue, et les vapeurs d'acide cyanique qui se dégagent sont conduites dans un vase renfermant de l'alcool absolu. Le mélange s'échauffe considérablement et dépose peu à peu des cristaux d'éther allophanique. On comprime ces cristaux entre plusieurs doubles de papier buvard, on les lave avec un peu d'alcool froid et on les fait cristalliser dans un mélange d'alcool et d'éther.

L'allophanate d'éthyle se présente en aiguilles transparentes incolores très-éclatantes; il est insoluble dans l'eau froide, mais l'eau et l'alcool bouillants le dissolvent. Ses dissolutions sont neutres, insipides et sans action sur les solutions des sels métalliques.

Chauffés à l'air libre, les cristaux d'allophanate d'éthyle fondent, se volatilisent et se condensent dans l'air sous forme de flocons lanugineux. Soumis à la distillation sèche, ils donnent de l'alcool et de l'acide cyanurique.

Sous l'influence d'une solution alcoolique de potasse ou d'une solution aqueuse de baryte, l'allophanate se saponifie à froid avec production d'un allophanate métallique et d'alcool. A chaud, la solution potassique se transforme en alcool et cyanurate alcalin. L'ammoniaque dissout l'éther allophanique mieux que l'eau et l'abandonne inaltéré par l'évaporation. Suivant M. Debus, l'allophanate d'éthyle prend naissance dans l'action spontanée de l'ammoniaque sur le sulfocarbonate d'éthyle [Debus, 1850, *Ann. der Chem. u. Pharm.,* t. LXXV, p. 136].

Allophanate d'amyle,

$$C^2H^3(C^5H^{11})Az^2O^3 = C^7H^{14}Az^2O^3.$$

[Schlieper, *Ann. der Chem. u. Pharm.,* t. LIX, p. 23.] — On l'obtient par le même procédé que les éthers méthylique et éthylique correspondants, en substituant l'alcool amylique aux alcools méthylique ou éthylique. Le liquide se prend en une masse de cristaux que l'on purifie en les faisant cristalliser dans l'eau bouillante.

L'allophanate d'amyle est incolore et insipide : il se présente en écailles nacrées grasses au toucher. L'eau froide ne le dissout pas, mais il se dissout dans ce liquide bouillant en donnant une liqueur qui n'agit pas sur les couleurs végétales et ne précipite pas les solutions métalliques. L'alcool et l'éther le dissolvent facilement, mais l'eau le précipite de ces solutions.

L'ammoniaque, l'acide sulfhydrique, l'acide azotique, le chlore et le brome sont sans action sur cet éther.

L'allophanate d'amyle est susceptible de fondre et même de se sublimer sans altération. Toutefois, si on le chauffe un peu au-dessus de son point de fusion, il perd de l'alcool amylique et laisse un résidu d'acide cyanurique. Cette décomposition est identique à celle que subissent les allophanates de méthyle et d'éthyle. Les alcalis caustiques en solution alcoolique dégagent d'ailleurs de l'alcool amylique lorsqu'on les fait agir à chaud sur l'éther amyl-allophanique.

D'après les expériences de M. Wurtz, la lessive de potasse convertit ce corps en carbonate potassique, amylamine et ammoniaque, sous l'influence de la chaleur :

$$C^7H^{14}Az^2O^3 + 4\,KHO$$

Éther amylallophanique.   Potasse.

$$= 2\,CO^3K^2 + AzH^3 + H^2O + C^5H^{13}Az.$$

Carbonate potassique.   Ammoniaque.   Eau.   Amylamine.

[Wurtz, *Compt. rend. de l'Acad. des sciences,* t. XXIX, p. 186.]

Allophanate d'éthylène,

$$C^2H^3(H.C^2H^4)Az^2O^4 = C^4H^8Az^2O^4.$$

[Bœyer, *loc. cit.*] — Lorsqu'on fait absorber des vapeurs d'acide cyanique par le glycol, on obtient une masse blanche, solide et soluble dans l'alcool bouillant, d'où elle se dépose, par le refroidissement, en lames incolores et brillantes qui ne sont autres que des cristaux d'allophanate d'éthylène :

$$C^2H^4.(OH)^2 + 2\,COAzH = C^2H^3(H.C^2H^4)Az^2O^4.$$

Glycol.   Acide cyanique.   Allophanate d'éthylène.

L'allophanate d'éthylène est assez soluble dans l'eau et l'alcool. Il fond à 160° en un liquide incolore qui se prend, par le refroidissement, en une masse cristalline, le tout sans subir de décomposition. A une température plus élevée, il se détruit avec production de carbonate d'ammonium, d'un liquide épais et d'acide cyanurique qui reste comme résidu.

L'allophanate d'éthylène est décomposé par les acides concentrés. Une solution alcoolique ou aqueuse concentrée de potasse le décompose; il en est de même de l'eau de baryte. Les décompositions qui ont lieu dans ce cas paraissent analogues à celles qui se produisent lorsqu'on traite l'allophanate de glycéryle par les mêmes agents.

Allophanate de glycéryle,

$$C^2H^3(H^2.C^3H^5)Az^2O^5 = C^5H^{10}Az^2O^5.$$

— M. Bœyer prépare ce corps en faisant absorber des vapeurs d'acide cyanique par de la glycérine.

Ce liquide ne tarde pas alors à se convertir en une masse visqueuse. Cette masse, reprise par l'alcool bouillant, s'y dissout à l'exception d'un petit résidu de cyamélide. Le liquide filtré abandonne en se refroidissant de petits mamelons transparents d'allophanate de glycéryle. M. Bæyer ayant observé que la présence de la glycérine rend la cristallisation de ce corps difficile, il est bon de laver la masse visqueuse avec de l'alcool froid avant de l'épuiser par l'alcool bouillant.

L'allophanate de glycéryle est insipide et inodore. L'eau le dissout lentement, mais en quantité considérable; l'alcool le dissout avec facilité. Chauffé à 160°, il fond en un liquide transparent, qui se prend, par le refroidissement, en une masse gélatineuse. A une température plus élevée, il abandonne une grande quantité de carbonate d'ammoniaque, puis devient brun et répand une odeur de corne brûlée.

Trituré avec de l'eau de baryte, l'allophanate de glycéryle se dissout; mais si l'on filtre et que l'on abandonne la solution à elle-même, elle ne tarde pas à déposer un précipité volumineux et cristallin de carbonate de baryum. Cette réaction se produit même quand la quantité de baryte est insuffisant pour saturer tout l'acide allophanique que cet éther pourrait fournir. On ne peut donc pas préparer l'allophanate de baryum de cette manière. On peut obtenir cependant une certaine quantité de ce sel de la solution précédente tant qu'elle est susceptible de donner du carbonate barytique par la chaleur. L'alcool, ajouté à une solution d'allophanate glycérique dans un poids insuffisant d'eau de baryte, produit de l'allophanate d'éthyle sans que l'on puisse s'expliquer cette réaction. Chauffé avec la baryte, l'allophanate glycérique se résout complétement en carbonate barytique, glycérine et urée. La potasse alcoolique paraît donner de l'éthyl-carbonate potassique lorsqu'on soumet l'allophanate de glycéryle à son action.

Les acides étendus ne décomposent pas cet éther à la température ordinaire, mais l'acide sulfurique concentré le détruit avec dégagement de gaz carbonique.

Allophanate d'eugénylène (acide eugénallophanique),

$$C^2 H^3 (C^{10} H^{11} O) Az^2 O^3 = C^{12} H^{14} Az^2 O^4.$$

— L'acide eugénique, qui paraît être un phénol diatomique, absorbe vivement les vapeurs d'acide cyanique. La masse visqueuse qui se produit, purifiée par cristallisation dans l'alcool bouillant, se présente sous la forme de longues aiguilles brillantes insolubles dans l'eau, peu solubles dans l'alcool froid, mais très-solubles dans ce liquide à chaud. La tendance de ce corps à la cristallisation est telle, que l'on obtient des aiguilles relativement longues, même à l'aide de très-petites quantités de matière. Ce corps se dissout abondamment dans l'éther, ne s'altère point à l'air libre, n'a ni odeur ni saveur et présente un éclat soyeux. Les acides concentrés le décomposent.

Trituré avec l'eau et la baryte, l'allophanate d'eugénylène se prend en une masse cristalline compacte formée d'eugénate et d'allophanate de baryum. La potasse alcoolique ne paraît pas le convertir en allophanate potassique à froid. A chaud, elle le résout en cyanurate et eugénate.

Lorsqu'on le chauffe, l'acide eugénallophanique se dédouble en acide eugénique et acide cyanurique.

Constitution de l'acide allophanique. — Gerhardt considérait l'acide allophanique comme de l'acide carburéique. Il comparait ce corps à de l'acide carbamique dont les éléments de l'ammoniaque auraient été remplacés par ceux de l'urée.

Bæyer (*loc. cit.*) a comparé les allophanates à l'acide cyanurique. Ce dernier acide est formé par la réunion de 3 molécules d'acide cyanique :

$$C Az . OH; \quad C Az . OH; \quad C Az . OH.$$

De même les allophanates renfermeraient deux fois le groupe $C Az . OH$, le troisième groupe $C Az . OH$ de l'acide cyanurique y étant remplacé par un hydrate alcoolique ou phénique de n'importe quelle atomicité. Les allophanates de méthyle, d'éthylène, de glycéryle ou d'eugénylène seraient alors :

$C Az . OH; \ C Az . OH; \ C^2 H^5 . OH.$	Allophanate d'éthyle.
$C Az . OH; \ C Az . OH; \ C^2 H^4 . (OH)^2$	Allophanate d'éthylène.
$C Az . OH; \ C Az . OH; \ C^3 H^5 \begin{cases} OH \\ OH \\ OH \end{cases}$	Allophanate de glycéryle.
$C Az . OH; \ C Az . OH; \ C^{10} H^{10} \begin{cases} OH \\ OH \end{cases}$	Allophanate d'eugénylène.

La théorie de M. Bæyer est inacceptable. On ne peut concevoir comment, dans l'acide cyanurique, les 3 molécules d'acide cyanique tiennent ensemble, que si l'on considère le premier de ces acides comme une triamide tricarbonique. Or, dans ce dernier cas, il est impossible de construire la formule des allophanates dérivés des alcools monoatomiques.

On pourrait envisager l'acide allophanique comme l'oxyde d'un diammonium dicarbonique. Sa formule serait alors $(C O)''.(C O)'' H^2 . H^2 . Az^2 . O$. Comme on sait que les amides secondaires jouissent de propriétés acides, l'acidité de l'acide allophanique n'aurait rien que de très-naturel dans cette hypothèse. A. N.

ALLOTROPIE. — Voyez Isomérie.

ALLOXANE, $C^4 H^2 Az^2 O^4 + H^2 O$ et $+ 4 H^2 O$. [Gaspard Brugnatelli, 1817, *Ann. de Chim. et de Phys.*, t. VIII, p. 201. — Liebig et Wöhler, *Ann. der Chem. u. Pharm.*, t. XXVI, p. 256. — Fritzsche, *Journ. für prakt. Chem.*, t. XIV, p. 237. — Schlieper, *Ann. der Chem. u. Pharm.*, t. LV, p. 253.] — Ce corps a été d'abord décrit sous le nom d'acide érythrique, en 1817, par Gaspard Brugnatelli, de Milan, qui l'avait obtenu à l'état impur. C'est MM. Liebig et Wöhler qui ont plus particulièrement étudié l'alloxane et qui en ont fait connaître la composition.

L'alloxane se produit lorsqu'on oxyde l'acide urique par l'acide azotique ou par un mélange d'acide chlorhydrique et de chlorate de potassium. Lorsqu'on fait usage de ce dernier oxydant, il se forme en même temps de l'urée :

$$C^5 H^4 Az^4 O^3 + H^2 O + O$$

Acide urique. Eau. Oxygène.

$$= C^4 H^2 Az^2 O^4 + CH^4 Az^2 O.$$

Alloxane. Urée.

La préparation de l'alloxane est une opération délicate, qui exige beaucoup de soins. Lorsqu'on veut faire usage d'acide azotique pour cette préparation, il faut, selon M. Schlieper, opérer comme il suit : on prend plusieurs verres à pied dans chacun desquels on place 120 à 150^{gr} d'acide azotique concentré d'une densité de 1,4 à 1,42. Les verres à pied sont placés dans une terrine d'eau froide, attendu qu'une trop grande élévation de température ferait manquer l'opération. On projette ensuite dans chacun d'eux de petites pincées successives d'acide urique, en attendant, pour ajouter une nouvelle dose, que l'effervescence causée par la première soit apaisée. Des cristaux d'alloxane se déposent dans les verres. On les sépare de temps en temps des liqueurs acides, sur lesquelles on continue ensuite l'opération.

Les cristaux d'alloxane sont mis à sécher sur de la porcelaine dégourdie, puis on les dissout dans l'eau à 60° ou 80° et l'on filtre. Il faut soigneusement éviter de porter le liquide à l'ébullition. Les liqueurs filtrées abandonnent en s'évaporant des cristaux d'alloxane pure.

M. Schlieper préfère toutefois l'emploi du chlorate de potassium et de l'acide chlorhydrique à celui de l'acide azotique pour préparer l'alloxane. Voici comment ce chimiste conseille d'opérer : On met dans une capsule 124^{gr} d'acide urique avec 240^{gr} d'acide chlorhydrique moyennement concentré. On ajoute ensuite au mélange, par petites portions successives, environ 24^{gr} de chlorate de potasse, en ayant soin de mettre environ une demi-heure d'intervalle entre la première et la dernière addition de chlorate. La réaction marche d'elle-même sans que l'on soit obligé de chauffer et il ne se dégage pas trace d'anhydride carbonique. L'alloxane et l'urée sont les seuls produits qui prennent naissance. Après la dernière addition de chlorate potassique, on étend la liqueur chaude de deux fois son volume d'eau froide, et on l'abandonne pendant quelques heures. L'acide urique non décomposé se dépose, tandis que l'alloxane reste dissoute. On filtre et l'on recueille l'acide urique déposé. Ce dernier, dissous dans une nouvelle quantité d'acide chlorydrique porté à $50°$ et traité par encore 6^{gr} de chlorate potassique, fournit une nouvelle proportion d'alloxane.

Enfin, M. Gregory préfère se servir de l'acide azotique comme oxydant. Il opère dans ce cas comme M. Schlieper [Gregory, *Philosophical magazine*, 1846, supplément de juin, n° 190]. Seulement il recommande de continuer l'addition de l'acide urique jusqu'à ce qu'il y ait assez d'alloxane pour que le liquide se prenne en bouillie par le refroidissement. Il fait usage d'un acide de 1,412 de densité et prend seulement 75^{gr} de cet acide pour décomposer 1200^{gr} d'acide urique desséché à $100°$, et il recommande de ne jamais opérer sur plus de 90^{gr} d'acide azotique à la fois. Si l'on veut faire l'opération plus en grand, il faut diviser l'acide entre plusieurs verres.

Après vingt-quatre heures de repos dans un endroit frais, on sépare l'alloxane du liquide acide en filtrant le tout sur de l'amiante. On redissout dans l'eau à $60°$ ou $65°$ l'alloxane ainsi produite, qui est anhydre, on filtre et on laisse refroidir. Il se forme alors des cristaux d'alloxane hydratée. De nouveaux cristaux peuvent être obtenus par l'évaporation des eaux mères à $50°$ ou $60°$.

A quelque procédé que l'on ait eu recours, on peut toujours utiliser les dernières eaux mères à la préparation de l'alloxantine (voyez ce mot). Il est ensuite facile de reconvertir cette alloxantine en alloxane. A cet effet, on la divise en deux parts. L'une d'elles est portée à l'ébullition avec deux parties d'eau, puis on y ajoute, goutte à goutte, de l'acide azotique jusqu'à ce que, par une nouvelle addition, il ne se dégage plus d'acide azoteux. On fait alors bouillir le tout et l'on introduit dans le liquide le reste de l'alloxantine par petites portions. Lorsque toute l'alloxantine a été introduite dans la liqueur, on filtre, on fait tomber quelques gouttes d'acide azotique dans la solution filtrée qu'on laisse ensuite refroidir. Il s'y dépose des cristaux d'alloxane.

Lorsqu'on opère bien, on peut obtenir une quantité d'alloxane égale en poids à la moitié de l'acide urique employé.

L'alloxane obtenue par l'une quelconque de ces méthodes renferme 1 ou 4 molécules d'eau. Le monohydrate se produit lorsque l'alloxane cristallise à chaud par l'évaporation d'une solution aqueuse. Il affecte la forme de prismes rhombiques qui appartiennent au type clinorhombique et ont l'apparence d'octaèdres rhomboïdaux tronqués aux extrémités. Ces prismes sont volumineux, transparents et incolores. Ils ont l'éclat vitreux et ne s'effleurissent pas à l'air. L'hy-

drate à 4 molécules d'eau se produit lorsqu'on refroidit une solution aqueuse d'alloxane saturée à chaud; il forme des cristaux qui ont souvent jusqu'à 2 centimètres et demi de long et qui appartiennent au type orthorhombique. Ces cristaux s'effleurissent rapidement à l'air et perdent les trois quarts de leur eau à $100°$. L'alloxane ne perd sa dernière molécule d'eau de cristallisation qu'entre $150°$ et $160°$ [Gmelin, *Handb. der Chem.*, 4ᵉ édition, t. IV, p. 307]. Liebig et Wöhler considéraient le monohydrate d'alloxane comme de l'alloxane anhydre, et attribuaient à ce corps la formule $C^4H^4Az^2O^5$. Suivant Bæyer, il se pourrait que cette dernière formule fût plus exacte et que le corps obtenu par la dessiccation à $160°$ fût un anhydride. Gregory admet l'existence d'un troisième hydrate d'alloxane dont la formule serait $(C^4H^2Az^2O^4)^2, 5H^2O$.

L'alloxane se dissout aisément dans l'eau et l'alcool en donnant des dissolutions incolores, d'où l'acide azotique la précipite. Sa solution aqueuse communique au bout de quelque temps à la peau une couleur pourpre et une odeur fort désagréable; elle rougit le tournesol, mais n'attaque pas les carbonates de calcium et de baryum et ne réagit pas sur l'oxyde de plomb même à l'ébullition.

Sous l'influence de la chaleur, l'alloxane fond, se décompose et fournit, entre autres produits, du cyanure d'ammonium et de l'urée [*Handb. der Chem.*].

L'acide azotique étendu et chaud lui fait perdre 1 molécule d'oxyde de carbone qui s'élimine à l'état d'anhydride carbonique et la convertit en acide parabanique; ce dernier se scinde à son tour en urée et anhydride carbonique, si l'action se prolonge. L'acide azotique fumant agit à peine sur l'alloxane. Par l'action de l'acide sulfurique ou de l'acide chlorhydrique étendu et chaud sur l'alloxane, il se produit de l'alloxantine qui se dépose en même temps que du bioxalate d'ammonium qui reste dissous. La réaction paraît s'accomplir en plusieurs phases. Il se forme d'abord de l'acide oxalique, de l'acide oxalurique et de l'alloxantine; l'acide oxalurique se transforme ensuite en acide oxalique et en urée. Enfin, l'urée se résout en anhydride carbonique et ammoniaque qui s'unit à l'acide oxalique.

Les agents réducteurs, tels que l'acide sulfhydrique et l'hydrogène naissant, transforment l'alloxane d'abord en alloxantine, puis en acide dialurique. Le courant électrique agit à la manière des agents réducteurs :

$$2C^4H^2Az^2O^4 + H^2 = H^2O + C^8H^4Az^4O^7.$$

Alloxane.   Hydro-   Eau.   Alloxantine.
             gène.

$$C^4H^2Az^2O^4 + H^2 = C^4H^4Az^2O^4.$$

Alloxane.   Hydro-   Acide
             gène.   dialurique.

La même réaction se produit lorsqu'on fait bouillir l'alloxane avec un excès d'acide sulfureux; mais lorsqu'on évapore à une douce chaleur une solution d'alloxane saturée d'anhydride sulfureux, on obtient de grosses tables efflorescentes d'un acide conjugué qui, d'après l'analyse du sel de potassium qu'en a faite Gregory, paraît renfermer 1 molécule d'alloxane et 1 molécule d'anhydrique sulfureux.

Lorsqu'on sature d'anhydride sulfureux une solution froide d'alloxane, qu'on ajoute de l'ammoniaque à la liqueur et qu'on porte le tout à l'ébullition, il se forme un corps sulfuré qui a reçu le nom de thionurate ammonique. — Voyez Thionurique (acide) :

$$C^4H^2Az^2O^4 + AzH^3 + SO^2 = C^4H^5Az^3SO^6.$$

Alloxane.   Ammo-   Anhydride   Thionurate.
               niaque. sulfureux. d'ammonium.

La solution aqueuse de l'alloxane se décompose, par l'ébullition, en anhydride carbonique, alloxantine et acide parabanique :

$$3\,C^4H^2Az^2O^4$$

Alloxane.

$$=CO^2 + C^3H^2Az^2O^3 + C^8H^4Az^4O^7.$$

Anhydride   Acide   Alloxantine.
carbonique. parabanique.

Les alcalis et les terres alcalines convertissent l'alloxane en alloxanates (sels de l'acide alloxanique ; voyez ce mot) :

$$C^4H^2Az^2O^4 + KHO = C^4H^3Az^2KO^5.$$

Alloxane.   Hydrate   Alloxanate
de potassium. de potassium.

Les alloxanates de baryum, de calcium et d'argent se précipitent lorsqu'on mélange une solution d'alloxane avec l'eau de chaux ou de baryte ou avec des solutions ammoniacales de chlorure de calcium, de chlorure de baryum ou 'azotate d'argent. Par l'ébullition avec les alcalis, l'alloxane se décompose avec production d'acide mésoxalique et d'urée :

$$C^4H^2Az^2O^4 + 2H^2O = C^3H^2O^5 + CH^4Az^2O.$$

Alloxane.   Eau.   Acide   Urée.
mésoxalique.

Une solution ammoniacale d'alloxane se prend par le refroidissement en une gelée jaune et transparente de mycomélate d'ammonium (voyez ACIDE MYCOMÉLIQUE). La liqueur retient en solution de l'alloxanate et du mésoxalate d'ammonium :

$$C^4H^2Az^2O^4 + 3AzH^3$$

Alloxane. Ammoniaque.

$$= C^4H^3(AzH^4)Az^4O^2 + 2H^2O.$$

Mycomélate d'ammonium. Eau.

Avec les sels ferreux, l'alloxane donne une couleur bleue très-foncée, mais ne fournit aucun précipité, à moins qu'on n'ajoute un alcali à la liqueur.

Chauffée avec du peroxyde de plomb, la solution aqueuse de l'alloxane donne de l'anhydride carbonique, du carbonate de plomb et de l'urée :

$$C^4H^2Az^2O^4 + 2PbO^2 + H^2O$$

Alloxane.   Peroxyde   Eau.
de plomb.

$$= CH^4Az^2O + 2CO^3Pb + CO^2.$$

Urée.   Carbonate   Anhydride
de plomb. carbonique.

En ajoutant par petites portions une solution d'acétate neutre de plomb à une solution bouillante d'alloxane, on obtient un précipité blanc d'oxalate de plomb et il se forme de l'alloxantine. Si, au contraire, on verse la solution d'alloxane dans la solution d'acétate plombique, il se forme de l'acide mésoxalique et de l'urée.

Constitution de l'alloxane. — M. Bæyer considère l'alloxane comme du mésoxalyl-urée :

$$Az^2 \begin{cases} (CO)'' \\ (C^3O^3)'' \\ H^2. \end{cases}$$

Voyez UNIQUE (dérivés de l'acide). [Bæyer, *Ann. de Chim. et de Phys.*, (4), t. IV, p. 491 ; *Ann. der Chem. u. Pharm.*, t. CXXX, p. 129, nouvelle série, t. LIV, mai 1864.]

ALLOXANE (BROMURE D'), $C^4H^2Az^2O^3Br^2$. [Bæyer, *Ann. de Chim. et de Phys.*, (4), t. III, p. 483.] — Ce corps prend naissance lorsqu'on ajoute du brome à une solution concentrée d'acide violurique (voyez ce mot), conformément à l'équation :

$$C^4H^3(AzO)Az^2O^3 + Br^4$$

Acide violurique.   Brome.

$$= C^4H^2Az^2O^3Br^2 + AzOBr + HBr.$$

Bromure   Bromure   Acide
d'alloxane.   azoteux. bromhydrique.

Le bromure d'alloxane cristallise en prismes ou en tables carrées d'un grand éclat. L'eau, l'alcool et l'éther le dissolvent ; il en est de même des alcalis. Sa solution aqueuse se décompose, lorsqu'on la chauffe, en bromoforme et bromobarbiturate d'ammonium :

$$2C^4H^2Az^2O^3Br^2 + 3H^2O$$

Bromure d'alloxane.   Eau.

$$= C^4H^2(AzH^4)BrAz^2O^3 + CHBr^3 + AzH^3 + 3CO^2$$

Bromobarbiturate   Bromo-   Ammo-   Anhy-
d'ammonium.   forme. niaque. dride
carbo-
nique.

Si l'on admettait pour l'alloxane normale la formule primitive de MM. Liebig et Wöhler, $C^4H^4Az^2O^5$, en considérant l'alloxane desséchée à 160° comme un anhydride, on pourrait regarder le bromure d'alloxane comme dérivant de l'alloxane par substitution de Br^2 à $2(OH)$. Ce corps a donc été mal nommé : c'est bromhydrine alloxanique et non bromure d'alloxane qu'il aurait fallu l'appeler. — Voyez UNIQUE (dérivés de l'acide.)

A. N.

ALLOXANIQUE (ACIDE), $C^4H^4Az^2O^5$. [Liebig et Wöhler (1838), *Ann. der chem. u. Pharm.*, t. XXVI, p. 292. — Schlieper, *Ann. der Chem. u. Pharm.*, t. LV, p. 263, et t. LVI, p. 1. — Bæyer (1861), *Ann. der Chem. u. Pharm.*, t. CXIX, p. 126 (nouv. sér., t. XLIII), et *ibid.*, t. CXXX, p. 129 (nouv. sér., t. LIV) ; *Ann. de Chim. et de Phys.* (3), t. LXIII, p. 469, et (4), t. IV, p. 485 et 491. — L'acide purpurique blanc ou urique suroxygéné de Vauquelin (*Mém. du Mus. d'hist natur.*, t. VII. p. 253) paraît avoir été de l'acide aloxanique impur.]

L'acide alloxanique représente 1 molécule d'alloxane plus 1 molécule d'eau. On obtient des alloxanates lorsqu'on soumet l'alloxane à l'action des bases. L'acide libre se prépare par la décomposition de l'alloxanate de baryum au moyen de l'acide sulfurique étendu. A cet effet, on met le sel en suspension dans une petite quantité d'eau et l'on y ajoute l'acide étendu par petites portions en ayant soin d'agiter constamment. 5 parties d'alloxanate barytique exigent 1 p. 1/2 d'acide sulfurique à son maximum de concentration. Après avoir abandonné pendant quelque temps le mélange à une douce chaleur, on y ajoute du carbonate de plomb pour éliminer l'excès d'acide sulfurique et l'on filtre. La liqueur filtrée est soumise à l'action d'un courant d'acide sulfhydrique qui la débarrasse de l'excès de plomb ; on la chauffe ensuite pour chasser l'excès d'hydrogène sulfuré, on filtre de nouveau et l'on évapore le liquide à consistance sirupeuse, soit dans le vide sur de l'acide sulfurique, soit à une température qui ne dépasse pas 40°.

Si l'on a chauffé la solution d'acide alloxanique au-dessus de 40°, ce corps cristallise avec difficulté ou même ne cristallise plus du tout ; dans le cas contraire il se dépose en aiguilles blanches et dures ou en petits mamelons. Ces cristaux se dissolvent dans 5 ou 6 parties d'alcool absolu et fournissent une solution qui peut être bouillie et même évaporée sans subir de décomposition ; ils sont moins solubles dans l'éther. A l'air libre ils ne s'effleurissent pas ; leur saveur est acide ; ils laissent pourtant dans la bouche un arrière-goût douceâtre ; l'eau les dissout très-facilement.

La solution aqueuse de l'acide alloxanique rougit le papier de tournesol, décompose les carbonates et les acétates et dissout le zinc avec dégagement d'hydrogène. L'acide sulfhydrique n'a aucune action sur cet acide ; il en est de même du bichromate de potassium et du bichlorure de platine.

Lorsqu'on soumet l'acide alloxanique à l'action

de la *chaleur sèche*, il se boursoufle beaucoup, laisse un résidu de charbon et émet des vapeurs d'acide cyanique. A 100° l'acide alloxanique, en solution dans l'eau, subit une tout autre réaction, qui a d'abord été examinée par Schlieper et dont l'étude complète a été faite par Bæyer. Ce dernier chimiste a reconnu qu'il se forme, dans ces conditions, non-seulement l'acide leucoturique déjà découvert par Schlieper, mais encore l'hydantoïne et l'acide allanturique. Ce dernier corps avait été aussi entrevu par Schlieper, qui lui avait donné le nom de *difluan*, mais qui n'en avait pas fait connaître la composition d'une manière satisfaisante.

On conçoit très-bien la formation de ces produits dans la décomposition de l'acide alloxanique; on a d'abord :

$$C^4 H^4 Az^2 O^5 = CO^2 + H^2 + C^3 H^2 Az^2 O^3.$$

Acide.   Anhy-   Hydro-   Acide
alloxanique   dride   gène.   parabanique.
      carbonique.

Il est naturel que l'hydrogène devenu libre réagisse sur l'acide parabanique et donne naissance à l'acide leucoturique, à l'acide allanturique et à l'hydantoïne, qui ne sont que des produits de réduction de l'acide parabanique. On peut exprimer la décomposition finale de l'acide alloxanique par l'équation suivante :

$$4C^4 H^4 Az^2 O^5 = 4CO^2 + C^6 H^6 Az^4 O^6$$

Acide   Anhydride   Acide
alloxanique.   carbonique.   leucoturique.

$$+ C^3 H^4 Az^2 O^3 + C^3 H^4 Az^2 O^2 + H^2 O.$$

Acide   Hydantoïne.   Eau.
allanturique.

Sous l'influence de l'*acide iodhydrique*, l'acide alloxanique se transforme en hydantoïne, c'est-à-dire dans le produit de réduction le plus avancé de l'acide parabanique :

$$C^4 H^4 Az^2 O^5 + 2 HI$$

Acide   Acide
alloxanique.   iodhydrique.

$$= C^3 H^4 Az^2 O^2 + CO^2 + H^2 O + I^2.$$

Hydantoïne.   Anhydride   Eau.   Iode.
      carbonique.

Chauffé avec l'*acide azotique*, l'acide alloxanique se convertit en acide parabanique et en anhydride carbonique :

$$C^4 H^4 Az^2 O^5 + O$$

Acide   Oxygène.
alloxanique.

$$= C^3 H^2 Az^2 O^3 + CO^2 + H^2 O.$$

Acide   Anhydride   Eau.
parabanique.   carbonique.

ALLOXANATES. — L'acide alloxanique est un acide bibasique, et les alloxanates neutres qui renferment des métaux monoatomiques répondent à la formule $C^4 H^2 Az^2 O^5 M^2$. On connaît aussi des alloxanates acides dont la formule est $C^4 H^3 Az^2 O^5 M$.

Les alloxanates alcalins sont très-solubles dans l'eau. Les alloxanates neutres des métaux pesants y sont peu solubles, mais les sels acides des mêmes métaux s'y dissolvent avec facilité.

La dissolution aqueuse des alloxanates se décompose par la chaleur en urée et en mésoxalates :

$$C^4 H^2 Az^2 O^5 M^2 + H^2 O$$

Alloxanate   Eau.
métallique.

$$= CH^2 Az^2 O + C^3 O^5 M^2$$

Urée.   Mésoxalate
     métallique.

L'alloxanate potassique produit un précipité bleu foncé dans la solution des sels ferriques.

ALLOXANATE NEUTRE D'AMMONIUM. — Ce sel est peu stable et se convertit peu à peu en sel acide en perdant de l'ammoniaque.

ALLOXANATE ACIDE D'AMMONIUM,

$$C^4 H^3 Az^2 O^5 (AzH^4).$$

— On obtient ce sel en saturant directement l'acide alloxanique par l'ammoniaque. Il ne se produit pas lorsqu'on fait agir l'ammoniaque sur l'alloxane. Il se présente en cristaux brillants et transparents, appartenant au type orthorhombique. L'eau en dissout le tiers ou le quart de son poids en produisant une liqueur fortement acide. L'alcool ne le dissout pas et le précipite de sa solution aqueuse. A la distillation sèche, l'alloxanate acide d'ammonium donne de l'urée, de l'oxamide, du carbonate et du cyanure d'ammonium.

ALLOXANATE NEUTRE DE POTASSIUM, $C^4 H^2 Az^2 O^5 K^2$ $+ 3 H^2 O.$ — On l'obtient par l'alloxane. Lorsqu'on mélange des dissolutions concentrées d'alloxane et de potasse et qu'on ajoute assez d'alcool à la liqueur pour qu'elle commence à se troubler, l'alloxanate potassique se dépose peu à peu en cristaux transparents et durs. Suivant Schlieper, ce sel retiendrait 1 molécule d'eau à 100°. C'est un corps soluble dans l'eau, neutre aux papiers réactifs, insoluble dans l'alcool et l'éther.

ALLOXANATE ACIDE DE POTASSIUM, $C^4 H^3 Az^2 O^5 K$. — On l'obtient, comme le sel neutre, en ayant soin d'employer un excès d'alloxane. Il se présente sous la forme d'une poudre cristalline blanche. L'eau le dissout peu et l'alcool pas du tout. La réaction est franchement acide. Au contact de l'air, il rougit promptement.

ALLOXANATE DE SODIUM. — C'est un sel très-déliquescent. On l'a peu étudié.

ALLOXANATE NEUTRE DE BARYUM,

$$C^4 H^2 Az^2 O^5 Ba + 2 H^2 O.$$

— Ce sel est le plus intéressant de tous les alloxanates, parce que c'est lui qui sert à la préparation de l'acide alloxanique. Pour l'obtenir en grande quantité, on verse deux volumes d'une solution aqueuse froide et saturée d'alloxane dans trois volumes d'une dissolution également saturée à froid de chlorure de baryum. On porte les liqueurs à 60° ou 70° et l'on y ajoute par petites portions une lessive de potasse en agitant constamment jusqu'à ce que le précipité, qui, au début, se redissout à mesure qu'il se forme, cesse de se redissoudre. Le liquide se prend alors presque immédiatement en une bouillie d'alloxanate de baryum qui se dépose bientôt à l'état d'une poudre cristalline. Les cristaux perdent 20 pour 100 d'eau de cristallisation à 100°. Par une ébullition prolongée, leur solution, comme celle des autres alloxanates, se dédouble en mésoxalate barytique et en urée.

ALLOXANATE ACIDE DE BARYUM, $(C^4 H^3 Az^2 O^5)^2 Ba$ $+ H^2 O.$ — L'alloxanate acide de baryum se dépose sous la forme de croûtes cristallines composées de petits mamelons opaques lorsqu'on décompose l'alloxanate neutre du même métal par l'acide sulfurique pour préparer l'acide alloxanique. On peut encore l'obtenir en abandonnant pendant quelques jours un mélange d'alloxanate acide d'ammonium et de chlorure de baryum. Ce sel réagit franchement acide. L'eau le dissout beaucoup plus facilement que le sel neutre. La solution de l'acide alloxanique le dissout en grande quantité. Il se dissout aussi dans l'alcool, qui, par suite, ne le précipite pas de sa solution aqueuse.

ALLOXANATE NEUTRE DE STRONTIUM,

$$C^4 H^2 Az^2 O^5 Sr + 4 H^2 O.$$

— Ce sel se précipite lorsqu'on traite l'alloxane par le chlorure de strontium ammoniacal ou par l'hydrate de strontium. Il forme de petits cristaux aciculaires transparents qui perdent leur eau de cristallisation à 120°.

ALLOXANATE NEUTRE DE CALCIUM,

$$C^4H^2Az^2O^5Ca + 5\,H^2O.$$

— C'est un précipité gélatineux qui, par un repos prolongé, devient cristallin. L'eau le dissout mieux que le sel de baryum neutre. L'acide acétique le dissout aussi très-bien. A 100°, les cristaux de ce sel perdent de l'eau et se désagrégent.

ALLOXANATE ACIDE DE CALCIUM,

$$(C^4H^3Az^2O^5)^2Ca + 5\,H^2O.$$

— Ce corps se présente en cristaux brillants et transparents qui perdent toute leur eau de cristallisation sur l'acide sulfurique.

ALLOXANATE NEUTRE DE MAGNÉSIUM,

$$C^4H^2\,Az^2O^5\,Mg + 5\,H^2O.$$

— On prépare ce sel comme les alloxanates neutres de calcium ou de baryum. Il cristallise en petits mamelons soyeux très-semblables à ceux du quinate calcique. L'eau le dissout bien, l'alcool le dissout moins bien et peut même le précipiter en partie de sa solution aqueuse si elle est concentrée.

ALLOXANATE ACIDE DE ZINC,

$$(C^4H^3Az^2O^5)^2Zn + 4\,H^2O.$$

— On le prépare en faisant dissoudre du zinc métallique dans une solution d'acide alloxanique prise en excès. Si, au contraire, on précipite un sel soluble de zinc par l'alloxanate neutre de potassium, on obtient un sous-alloxanate de zinc $(C^4H^2Az^2O^5Zn)^2\,ZnO + 8\,H^2O$.

ALLOXANATE DE CADMIUM. — Le sel neutre est un précipité blanc. Le sel acide est soluble.

ALLOXANATE NEUTRE DE NICKEL,

$$C^4H^2Az^2\,O^5Ni + 2\,H^2O.$$

— C'est un sel vert, très-déliquescent et insoluble dans l'alcool.

ALLOXANATE DE COBALT. — C'est un sel gommeux.

ALLOXANATE NEUTRE DE CUIVRE,

$$C^4H^2Az^2O^5\,Cu + 4\,H^2O.$$

— Ce sel se présente en mamelons bleus. Il est soluble dans l'eau et devient vert et opaque sans perdre son eau de cristallisation, lorsqu'on le chauffe à 100°. Il existe aussi un sous-sel cuivrique bleu et insoluble dans l'eau.

ALLOXANATE DE MANGANÈSE. — Ce sel se présente en grains cristallins.

ALLOXANATE NEUTRE DE PLOMB,

$$C^4H^2Az^2O^5\,Pb + H^2O.$$

— C'est une poudre blanche insoluble dans l'eau.

SOUS-ALLOXANATES DE PLOMB. — On obtient un sous-alloxanate plombique

$$(C^4\,H^2Az^2O^5Pb)^2PbO + 2\,H^2O,$$

en précipitant un alloxanate neutre par le sous-acétate de plomb. C'est une poudre blanche et nacrée. Il se produit un autre sous-sel plombique lorsqu'on précipite par l'alcool l'alloxanate acide de plomb.

ALLOXANATE ACIDE DE PLOMB,

$$(C^4H^3Az^2O^5)^2Pb + 2\,H^2O.$$

— On le prépare en faisant dissoudre le carbonate de plomb dans l'acide alloxanique. Il cristallise en gros mamelons composés d'aiguilles fines et soyeuses assez solubles dans l'eau.

ALLOXANATE D'ARGENT, $C^4H^2Az^2O^5Ag^2$. — Il se précipite lorsqu'on mélange l'alloxane avec une dissolution d'azotate d'argent ammoniacal; il est blanc, mais jaunit par l'ébullition. Il paraît exister, en outre, un sel acide gommeux.

ALLOXANATE DE MERCURE, $C^4H^2Az^2O^5Hg$. — On le prépare en dissolvant le carbonate mercurique dans l'acide alloxanique et en précipitant la solution par l'alcool. C'est une poudre blanche soluble dans l'eau. Sa solution se décompose promptement par la chaleur en déposant des paillettes d'un sel mercureux.

CONSTITUTION DE L'ACIDE ALLOXANIQUE. — M. Bæyer [*loc. cit.*] considère l'acide alloxanique comme un acide uramique carbo-mésoxalique et lui donne la formule rationnelle

$$\left.\begin{array}{r}(CO)'' \\ H^3 \\ (C^3O^3)'' \\ H\end{array}\right\}\ \begin{array}{l}Az^2. \\[1ex] O.\end{array}$$

— Voyez ACIDE URIQUE (Dérivés de l').   A. N.

ALLOXANTINE [Syn. *Uroxine*],

$$C^8H^4Az^4O^7 + 3\,H^2O.$$

[Liebig et Wöhler, 1838, *Ann. der Chem. u. Pharm.*, t. XXVI, p. 292. — Fritzsche, *Bull. sc. de Saint-Pétersbourg*, t. IV, p. 81, et *Journ. für prakt. Chem.*, t. XIV, p. 237. — Rochleder, *Ann. der Chem. u. Pharm.*, t. LXXI, p. 1, t. LXXIII, p. 50 et 123.] — L'alloxantine se produit par l'action de l'acide azotique étendu et modérément chaud sur l'acide urique; par l'action des agents réducteurs sur l'alloxane; par l'action de l'eau ou de l'acide sulfurique ou chlorhydrique étendu et bouillant sur l'alloxane; par l'union de l'alloxane avec l'acide dialurique; par l'action de l'acide sulfurique ou chlorhydrique étendu sur la dialuramide (uramile) ou sur le thionurate d'ammonium; par l'action des oxydants sur l'acide dialurique; et par l'action du chlore sur la caféine.

Généralement, on utilise, pour la préparation de l'alloxantine, les eaux-mères qui ont servi à la préparation de l'alloxane. A cet effet, on ajoute au liquide deux ou trois fois son volume d'eau et l'on y fait passer un courant d'hydrogène sulfuré qui convertit l'alloxane en alloxantine; comme une partie passe toujours à l'état d'acide dialurique, il faut abandonner la matière à l'air pendant plusieurs jours jusqu'à ce qu'elle ne dépose plus de cristaux, ce qui indique que tout l'acide dialurique s'est transformé de nouveau en alloxantine. On purifie l'alloxantine en la dissolvant dans l'eau bouillante, filtrant pour séparer le soufre et faisant cristalliser par le refroidissement.

On peut encore préparer directement l'alloxantine au moyen de l'acide urique. A cet effet, on ajoute peu à peu de l'acide urique sec à de l'acide nitrique très-étendu et modérément chauffé jusqu'à ce qu'il refuse de se dissoudre. On évapore ensuite le liquide jusqu'à ce qu'il ait une teinte rouge pelure d'oignon et on le laisse refroidir. Les cristaux d'alloxantine se déposent. On les purifie comme précédemment. Au lieu d'ajouter l'acide urique à l'acide azotique, on peut verser de l'acide azotique sur une partie d'acide urique mis en suspension dans 32 p. d'eau, chauffer jusqu'à ce que tout soit dissous, évaporer la liqueur aux deux tiers et l'abandonner au refroidissement.

On connaît peu les propriétés de l'alloxantine anhydre. L'alloxantine ordinaire renferme en effet 3 molécules d'eau de cristallisation, qu'elle perd seulement à environ 150°. L'alloxantine hydratée se présente en petits prismes obliques, durs, friables, transparents, incolores ou jaunâtres. Quand ils ont été obtenus par l'oxydation de l'acide urique ou par l'électrolyse de l'alloxane, l'angle obtus formé par les arêtes latérales est de 105°. Lorsqu'ils ont été préparés en chauffant la dialuramide avec les acides étendus, cet angle est de 121°. L'alloxantine est donc dimorphe.

L'alloxantine rougit le tournesol, mais ne présente pas d'autres propriétés acides. Elle est à peine soluble dans l'eau froide, un peu plus soluble dans l'eau bouillante, d'où elle se dépose en cristaux par le refroidissement.

L'eau de baryte donne dans les solutions d'alloxantine un précipité violet qui devient blanc et finit même par disparaître entièrement lorsqu'on fait bouillir le liquide.

L'ammoniaque colore en beau violet les solutions chaudes d'alloxantine, par suite de la formation du purpurate d'ammonium.

Les agents oxydants, tels que l'acide azotique, transforment l'alloxantine en alloxane. L'azotate d'argent produit aussi cette transformation en abandonnant de l'argent réduit.

Les agents réducteurs, tels que l'hydrogène naissant ou l'acide sulfhydrique, convertissent l'alloxantine en acide dialurique :

$$2 C^8 H^4 Az^4 O^7 + 2 H^2 S + 2 H^2 O = S^2 + 4 C^4 H^4 Az^2 O^4.$$
Alloxantine.　Acide　Eau. Soufre.　Acide
　　　　　sulfhydrique.　　　dialurique.

Deux solutions, l'une d'alloxantine, l'autre de sel ammoniac, toutes deux purgées d'air par l'ébullition, donnent au bout de très-peu de temps, par leur mélange, des cristaux de dialuramide (uramile), tandis que la liqueur retient de l'alloxane dissoute et de l'acide chlorhydrique libre :

$$C^8 H^4 Az^4 O^7 + Az H^3 . HCl$$
Alloxantine.　　　Chlorure
　　　　　　d'ammonium.

$$= C^4 H^5 Az^3 O^3 + C^4 H^2 Az^2 O^4 + HCl.$$
Dialuramide.　　Alloxane.　　Acide
　　　　　　　　　chlorhydrique.

L'acétate et l'oxalate ammoniques agissent de la même manière que le chlorure.

Chauffée avec de l'oxyde d'argent, l'alloxantine donne de l'argent métallique : de l'anhydride carbonique se dégage et il se produit de l'oxalurate d'argent :

$$C^8 H^4 Az^4 O^7 + 4 Ag^2 O + H^2 O$$
Alloxantine.　　Oxyde　　Eau.
　　　　　　d'argent.

$$= 2 C^3 H^3 Ag Az^2 O^4 + 2 CO^2 + 3 Ag^2.$$
Oxalurate d'argent.　Anhydride　Argent.
　　　　　　　carbonique.

La solution d'alloxantine dissout l'oxyde mercurique en dégageant un gaz et donne probablement de l'alloxanate mercurique. Le peroxyde de plomb agit sur l'alloxantine comme sur l'alloxane.

La solution aqueuse de l'alloxantine abandonnée à elle-même, même en dehors du contact de l'air, se convertit en acide alloxanique.

Bouillie avec l'acide chlorhydrique, l'alloxantine donne de l'acide allituriqu (voyez ce mot), ainsi qu'un autre acide, l'acide dilituriqu, l'alloxane et l'acide parabaniqu.

TÉTRAMÉTHYL-ALLOXANTINE. — Gerhardt a donné ce nom à un produit qui se forme lorsqu'on fait agir le chlore sur la caféine et que Rochleder avait nommé acide amalique (voyez ce mot). [*Ann. der Chem. u. Pharm.*, t. LXXI, p. 1.]

M. Bæyer attribue à l'alloxantine la formule

$$A^4 \begin{cases} 2(CO)'' \\ (C^3 H O^3)''' \\ (C^3 O^3)'' \\ H^3. \end{cases}$$

[Bœyer, *Ann. der Chem. u. Pharm.*, t. CXXX, p. 129 (nouv. sér. LIV), et *Ann. de Chim. et de Phys.*, (4), t. IV, p. 491.] — Voyez URIQUE (dérivés de l'acide). A. N.

ALLYLE, $C^3 H^5$. — L'allyle est un radical qui existe dans les composés allyliques; Wertheim en a admis le premier l'existence dans les essences de moutarde et d'ail. Plus tard, Berthelot et de Luca, Zinin, Cahours et Hofmann ont complété l'histoire de ces combinaisons. L'allyle appartient à la série des radicaux homologues $C^n H^{2n-1}$; à l'état de liberté, il se double et constitue le diallyle $C^6 H^{10}$. — Voyez DIALLYLE.

ALLYLE (HYDRATE D') ou ALCOOL ALLYLIQUE :

$$C^3 H^6 O = C^3 H^5 O H.$$

[Cahours et Hofmann, *Compt. rend.*, t. XLII, p. 217. *Ann. de Chim. et de Phys.*, t. L, p. 432, et *Ann. der Chem. u. Pharm.*, t. CII, p. 285.] — L'alcool allylique constitue un liquide incolore, doué d'une saveur brûlante et d'une odeur spiritueuse piquante, rappelant à la fois celle de l'alcool et celle de l'essence de moutarde. Il brûle avec une flamme éclairante, est miscible à l'eau, l'alcool et l'éther en toutes proportions. Il est isomérique avec l'acétone et l'aldéhyde propylique. Point d'ébullition, 103°.

Préparation. — 1° Lorsqu'on fait passer un courant d'ammoniaque sèche dans de l'oxalate d'allyle, il se prend en une masse solide d'oxamide imprégnée d'alcool allylique; en distillant au bain de chlorure de calcium, on obtient l'alcool qu'on rectifie sur du sulfate de cuivre, afin d'enlever des traces d'ammoniaque et d'eau :

$$C^8 H^{10} O^4 + 2 Az H^3 = C^2 H^4 Az^2 O^2 + 2 C^3 H^6 O.$$

2° L'acroléine, traitée par le zinc et l'acide chlorhydrique, donne naissance à de l'alcool allylique en même temps qu'à d'autres composés [Linnemann, *Ann. der Chem. u. Pharm.*, 1865, t. suppl. III, p. 257].

Le potassium et le sodium attaquent l'alcool allylique surtout à chaud; il se dégage de l'hydrogène et il se forme une masse gélatineuse de $C^3 H^5 K O$ et de $C^3 H^5 Na O$.

Lorsqu'on fait agir à chaud de l'acide phosphorique anhydre sur de l'alcool allylique, il se produit de l'allylène.

Un mélange d'acide sulfurique et de bichromate de potasse, ainsi que le noir de platine, transforment l'alcool allylique en acroléine et en acide acrylique.

ÉTHERS ALLYLIQUES.

BROMURES D'ALLYLE. — *Monobromure*, $C^3 H^5 Br$. [Cahours et Hofmann, *loc. cit.*] — Le monobromure obtenu par l'action du bromure de phosphore sur l'alcool allylique est probablement isomérique avec le propylène bromé.

Bibromure d'allyle. — Voyez DIALLYLE (TÉTRABROMURE DE).

Tribromure d'allyle, $C^3 H^5 Br^3$. [Wurtz, *Ann. de Chim. et de Phys.*, (3), t. LI, p. 91.] — Le tribromure d'allyle est obtenu par l'action de l'iodure d'allyle sur une fois et demie son poids de brome. Il se sépare des cristaux d'iode, on lave avec de la potasse et avec de l'eau, on déshydrate et on distille. Le produit distillé est de nouveau lavé à la potasse et à l'eau et distillé; ce qui passe de 210° à 220° est coloré en pourpre et se prend en une masse de cristaux, lorsqu'on maintient pendant quelque temps à 0°. On sépare l'eau mère, on fond les cristaux et on distille de nouveau en rejetant les premières gouttes de liquide qui sont encore colorées en rose.

Le tribromure d'allyle est un liquide incolore, neutre, bouillant de 217 à 218° et se solidifiant au-dessous de 10°. Par une solidification lente, il forme de magnifiques prismes brillants, fusibles à 16°. Densité, 2,436 à 23°. Il est isomérique avec le bromure de propylène bromé et la tribromhydrine. La potasse alcoolique le transforme en un produit éthéré bouillant vers 135°. Chauffé en vase clos à 100° avec de l'ammoniaque alcoolique, le tribromure d'allyle se transforme en *dibromallylamine*. Chauffé à une température de 120° à 125° avec un mélange d'acide acétique cristallisable et d'acétate d'argent, il fournit de la triacétine qui peut être transformée en glycérine [Wurtz, *loc. cit.*] :

$$C^3 H^5.Br^3 + 3 (C^2 H^3 O^2.Ag)$$
$$= (C^2 H^3 O^2)^3 C^3 H^5 + 3 Ag Br.$$

On peut donc former de la glycérine artificiellement et par synthèse au moyen de l'iodure d'allyle qui n'appartient pas à la série glycérique ; le tribromure d'allyle lui-même n'est pas un composé glycérique, il est isomérique et non pas identique avec la tribromhydrine.

CHLORURES D'ALLYLE. — *Monochlorure*, $C^3 H^5.Cl$. [Cahours et Hofmann, *loc. cit.*] — Est obtenu par la distillation d'un mélange d'alcool allylique et de perchlorure de phosphore. On le prépare aussi en faisant agir en vase clos à 100° l'oxalate d'allyle sur le chlorure de calcium, ou en mettant en réaction de l'iodure d'allyle, de l'alcool et du bichlorure de mercure [Oppenheim, *Compt. rend.*, t. LXII, p. 1085].

Le chlorure d'allyle est un liquide huileux, bouillant entre 44° et 45°. Densité 0,934 à 0°. Traité par la potasse alcoolique, il fournit de l'éther éthylallylique.

Trichlorure d'allyle, $C^3 H^5.Cl^3$. [Oppenheim, *Bull. de la Soc. chim.*, 1864, t. II, p. 97.] — Ce trichlorure, obtenu par l'action du chlore ou du bichromate de potasse et de l'acide chlorhydrique sur l'iodure d'allyle, est un liquide incolore, d'une odeur ressemblant à celle du chloral, ne se solidifiant pas encore à — 10°. Densité, 1,41 à 0°. Point d'ébullition, 154° à 157°. Il semble être identique avec la trichlorhydrine.

CYANURE D'ALLYLE, $C^3 H^5.C Az$. [Liecke, *Ann. der Chem. u. Pharm.*, t. CXII, p. 316, et *Répert. de Chim. pure*, 1800, p. 123.]. — En chauffant au bain-marie un mélange de cyanure d'argent et d'iodure d'allyle, il se produit, après quelques heures, une huile épaisse, brune, qui se prend par le refroidissement en une masse visqueuse et qui est probablement une combinaison d'iodure d'argent et de cyanure d'allyle. En ajoutant de l'alcool et de l'éther, on met le cyanure d'allyle en liberté. Le cyanure d'allyle est un liquide limpide et mobile, d'une odeur pénétrante et désagréable, se colorant à la longue à l'air en jaune, un peu soluble dans l'eau et miscible en toutes proportions à l'alcool et à l'éther. Point d'ébullition, 96° à 106°. Densité, 0,794 à 17°. Une dissolution alcoolique de potasse le décompose à l'ébullition en ammoniaque, acide formique et une huile non étudiée. Claus, dans cette réaction, a obtenu l'acide crotonique $C^4 H^6 O^2$ [*Ann. der Chem. u. Pharm.*, t. CXXXI, p. 58, et *Bull. de la Soc. chim.*, 1865, t. III, p. 100].

IODURES D'ALLYLE. — *Monoïodure*, $C^3 H^5.I$. — *Préparation*. — 1° On dissout 1 p. de phosphore dans du sulfure de carbone rectifié ; on ajoute peu à peu 8 p. d'iode et on évapore le dissolvant au bain-marie dans un courant d'acide carbonique sec ; on a ainsi de l'iodure de phosphore PI^2 qu'on mélange dans une cornue avec un poids égal de glycérine sirupeuse ; une réaction vive s'établit ; du gaz propylène se dégage, de l'eau et de l'iodure d'allyle distillent et il reste dans la cornue de la glycérine non décomposée, de l'iode, une substance iodurée très-peu abondante, des acides oxygénés du phosphore et une trace de phosphore rouge. Il faut employer une cornue un peu grande et ne pas opérer sur plus de 50 à 100 grammes de mélange à la fois. L'iodure d'allyle est purifié par distillation [Berthelot et de Luca, *Ann. de Chim. et de Phys.*, (3), t. XLIII, p. 257].

2° L'iodure d'allyle se produit à la distillation d'un mélange d'alcool allylique et d'iodure de phosphore [Cahours et Hofmann, *loc. cit.*].

L'iodure est un liquide incolore, insoluble dans l'eau, soluble dans l'alcool et l'éther, d'une odeur éthérée alliacée. Il brunit rapidement sous l'influence de l'air et de la lumière en répandant des vapeurs irritantes. Point d'ébullition, 101°. Densité, 1,789 à 16°.

Chauffé avec l'ammoniaque pendant 40 heures à 100°, il produit, parmi d'autres composés, de l'iodhydrate de propylamine ; soumis à l'action de l'acide iodhydrique, il forme de l'iodure de propyle [M. Simpson, *Proceed. of the London royal Soc.*, t. XII, p. 533]. L'acide azotique fumant attaque l'iodure d'allyle avec dépôt d'iode ; l'acide sulfurique le charbonne avec dégagement de propylène. L'hydrogène naissant, dégagé d'un mélange de zinc et d'acide sulfurique, décompose l'iodure d'allyle en propylène :

$$2 C^3 H^5 I + 2 Zn + H^2 O$$
$$= 2 C^3 H^6 + Zn I^2 + Zn O.$$

Le mercure et l'acide sulfurique faible, ou mieux l'acide chlorhydrique concentré, agissent de la même manière.

L'iodure d'allyle est décomposé par le sodium à chaud ; par le fer à froid, il se forme du diallyle. En dissolution alcoolique, l'iodure d'allyle agit lentement sur les sels de potasse ; il décompose, en dégageant de la chaleur, les sels d'argent et il se forme des éthers allyliques correspondant à l'acide.

Biiodure d'allyle. — Voyez DIALLYLE (TÉTRAÏODURE DE).

Iodure de mercurallyle. [Zinin, *Bull. de l'Acad. de Saint-Pétersb.*, t. XIII, p. 360.] — L'iodure d'allyle, en se combinant au mercure métallique, forme l'iodure de mercurallyle $C^3 H^5 Hg I$, cristallisé en écailles argentées qui se colorent en jaune à la lumière et par la dessiccation. Il est peu soluble dans l'alcool froid, presque insoluble dans l'eau, se volatilise à 100° en donnant des tables blanches brillantes. Il fond à 135°. L'oxyde d'argent décompose sa solution alcoolique en produisant une matière alcaline qui, évaporée, fournit une masse sirupeuse. C'est probablement de l'hydrate de mercurallyle.

OXYDE D'ALLYLE (éther allylique), $(C^3 H^5)^2 O$. — L'éther allylique 1° est contenu en petite quantité dans l'essence d'ail brute [Wertheim, *Ann. der Chem. u. Pharm.*, t. LI, p. 309, et t. LV, p. 297] ; 2° se forme par la décomposition de l'azotate d'argent et d'allyle par l'ammoniaque ; 3° se forme par la décomposition du sulfocyanure d'allyle au moyen de la chaux sodée à 120° en vase clos [Wertheim, *loc. cit.*] ; 4° se produit lorsqu'on fait chauffer de l'iodure d'allyle avec de l'allylate de sodium ou de potassium [Cahours et Hofmann, *loc. cit.*] ; 5° se produit lorsqu'on fait agir de l'oxyde de mercure sur de l'iodure d'allyle [Berthelot et de Luca, *Ann. de Chim. et de Phys.*, (3), t. XLVIII, p. 286].

Propriétés. — Liquide, incolore, d'une odeur alliacée, insoluble dans l'eau, moins dense que l'eau. Point d'ébullition, 82° (Cahours et Hofmann) ; entre 85° et 87° (Berthelot et de Luca). Il forme avec l'acide azotique un composé nitré d'une densité plus grande que celle de l'eau, et avec l'iodure de phosphore de l'iodure d'allyle.

Nitrate d'argent et d'allyle,

$$C^6 H^{10} O.2 Az O^3 Ag.$$

— Ce composé se produit par l'action de l'azotate d'argent en dissolution alcoolique sur l'oxyde d'allyle ou sur le sulfure d'allyle ; il cristallise en prismes radiés, incolores et très-brillants.

Éther éthyl-allylique,

$$\left.\begin{array}{l} C^2H^5 \\ C^3H^5 \end{array}\right\} O.$$

— On l'obtient par l'action de l'allylate de potassium ou de sodium sur l'iodure d'éthyle, ou par l'action de l'éthylate alcalin sur l'iodure d'allyle, ou par l'action d'une dissolution alcoolique de potasse sur l'iodure d'allyle. C'est un liquide incolore, d'une odeur aromatique, bouillant à 64° (Cahours et Hofmann), à 62°,5 (Berthelot et de Luca). Il se combine avec 2 atomes de brôme (Morkownikoff); l'acide iodhydrique le décompose en iodure d'éthyle et iodure d'allyle (Oppenheim).

Éther amyl-allylique,

$$\left.\begin{array}{l} C^5H^{11} \\ C^3H^5 \end{array}\right\} O.$$

— Obtenu par l'action de l'iodure d'allyle sur l'alcool amylique et la potasse, il bout à 120° environ.

Triallyline, $(C^3H^5)^4O^3$. — Ce corps présente la composition de l'oxyde de glycéryle. Il a été obtenu par la distillation d'un mélange de potasse, de glycérine et d'iodure d'allyle (Berthelot et de Luca). C'est un liquide d'une odeur désagréable, soluble dans l'éther. Point d'ébullition, 232°.

Acétate d'allyle, $C^2H^3O^2 . C^3H^5$. [Zinin, *loc. cit.*] — Il s'obtient par l'action de l'iodure d'allyle sur l'acétate d'argent. La réaction est vive; on recueille ce qui passe entre 100° et 115°; on rectifie sur de l'acétate d'argent et ensuite sur de l'oxyde de plomb. L'acétate d'allyle est un liquide neutre, moins dense que l'eau, peu soluble dans l'eau, soluble en toutes proportions dans l'alcool et l'éther; il a une odeur rappelant celle de l'acétate d'éthyle et une saveur éthérée. Point d'ébullition, 105° (Zinin), de 97° à 100° (Cahours et Hofmann).

Benzoate d'allyle, $C^7H^5O^2 . C^3H^5$. [Cahours et Hofmann, *loc. cit.*] — Le benzoate d'allyle, produit par l'action du chlorure de benzoïle sur l'alcool allylique ou par l'action de l'iodure d'allyle sur le benzoate d'argent (Zinin), est un liquide oléagineux, plus dense que l'eau, d'un jaune d'ambre, insoluble dans l'eau, soluble dans l'esprit de bois, miscible à l'alcool et à l'éther en toutes proportions, d'une odeur rappelant celle du benzoate d'éthyle. Point d'ébullition, 228° (Cahours et Hofmann), 230° environ (Berthelot et de Luca), 242° (Zinin).

Butyrate d'allyle, $C^4H^7O^2 . C^3H^5$. [Cahours et Hofmann. *loc. cit.*] — Le butyrate obtenu par l'action de l'iodure d'allyle sur le butyrate d'argent est un liquide oléagineux, moins dense que l'eau, d'une odeur analogue à celle du butyrate d'éthyle, soluble dans l'éther. Point d'ébullition, 140° environ (Cahours et Hofmann), 145° environ (Berthelot et de Luca).

Carbonate d'allyle, $CO^3 (C^3H^5)^2$. — Le carbonate d'allyle obtenu par l'action du sodium sur l'oxalate d'allyle, ou par celle de l'iodure d'allyle sur le carbonate d'argent, est une huile incolore, insoluble dans l'eau, d'une odeur aromatique, moins dense que l'eau (Cahours et Hofmann).

Cyanate d'allyle,

$$\left.\begin{array}{l} CO \\ C^3H^5 \end{array}\right\} Az$$

(Cahours et Hofmann). — Obtenu par l'action de l'iodure d'allyle sur le cyanate d'argent, c'est un liquide incolore, d'une odeur piquante et excitant le larmoiement. Point d'ébullition, 82°.

Oxalate d'allyle, $C^2O^4 (C^3H^5)^2$. [Cahours et Hofmann.] — Il s'obtient par l'action de l'iodure d'allyle sur l'oxalate d'argent; c'est un liquide oléagineux, incolore, d'une odeur rappelant à la fois celle de l'oxalate d'éthyle et celle de l'essence de moutarde. Point d'ébullition, entre 206° et 207° sous la pression de 754 millimètres. Densité, 1,055 à 15°,5. L'eau le décompose lentement, la potasse rapidement; avec l'ammoniaque, il se transforme en oxamide et alcool allylique. En ajoutant goutte à goutte une dissolution alcoolique d'ammoniaque, on obtient de l'*allyl-oxaméthane* ou oxamate d'allyle

$$\left.\begin{array}{l} Az\,H^2 (C^2O^2)'' \\ C^3H^5 \end{array}\right\} O$$

(Cahours et Hofmann). Par l'évaporation spontanée de la dissolution alcoolique, il se produit de beaux cristaux.

Tartrate d'allyle, $C^4H^4O^6 (C^3H^5)^2$. [Berthelot et de Luca.] — Le tartrate d'allyle est une matière sirupeuse, neutre, non volatile, soluble dans l'éther, que les alcalis décomposent facilement.

Valérate d'allyle, $C^5H^9O^2 (C^3H^5)$. — Le valérate d'allyle, formé par l'action de l'iodure d'allyle sur le valérate d'argent, est un liquide incolore, bouillant à 162° (Cahours et Hofmann).

Sulfocyanate d'allyle, ou sulfocyanure d'allyle, ou essence de moutarde,

$$C\,Az.\,C^3H^5.\,S = \left.\begin{array}{l} CS \\ C^3H^5 \end{array}\right\} Az.$$

— La graine de moutarde noire renferme du myronate de potasse, qui en présence de l'eau et de la myrosine se transforme en glucose, bisulfate de potasse et essence de moutarde (Bussy, Will et Körner). Suivant Ludwig et Lange, l'intervention de la myrosine n'est pas indispensable à la production de l'essence de moutarde [*Bull. de la Soc. chim.*, 1861, p. 4]. D'autres crucifères fournissent également de l'essence de moutarde en même temps que de l'essence d'ail. → Voyez Sulfure d'allyle.

Pour extraire l'essence de moutarde de la graine de moutarde noire, on pile celle-ci, on la fait digérer pendant vingt-quatre heures avec 3 à 6 p. d'eau; on distille tant qu'il passe avec de l'eau des parties huileuses. 100 p. de graines fournissent 0,2 p. d'essence (Boutron et Robiquet), 0,55 (Aschoff), 0,8 (Hess), 1,2 (Hofmann). On purifie par la rectification, on dessèche avec du chlorure de calcium et on distille; il reste une résine noirâtre.

L'essence de moutarde se forme encore: 1° lorsqu'on chauffe entre 120° et 130° la combinaison $C^8H^{10}S^2 . 2\,HgS$ (voir Sulfure d'allyle) avec un excès de sulfocyanure de potassium; 2° lorsqu'on traite le bromure d'allyle par le sulfocyanure de potassium [Dusart, *Ann. de Chim. et de Phys.*, (3), t. XLV, p. 339]; 3° lorsqu'on fait chauffer en vase clos l'iodure d'allyle avec du sulfocyanure de potassium (Zinin, Berthelot et de Luca); 4° lorsqu'on fait agir à froid de l'iodure d'allyle sur le sulfocyanure d'argent (Berthelot et de Luca).

Propriétés. — Huile transparente, incolore. Pouvoir réfringent, 1,516. Densité, 1,015 à 20°, de 1,009 à 1,010 à 15°. Point d'ébullition, 143° environ [Dumas et Pelouze, *Ann. de Chim. et de Phys.*, t. LIII, p. 181]; 148° [Will, *Ann. der Chem. u. Pharm.*, t. LII, p. 1]. Elle a une odeur et une saveur piquantes et irritantes, provoquant le larmoiement; appliquée sur la peau, elle détermine une forte vésication; elle est un peu soluble dans l'eau bouillante et très-soluble dans l'alcool et l'éther; elle dissout le phosphore et le soufre. Exposée à la lumière, elle se colore peu à peu en jaune-brun et dépose une matière d'un jaune-orangé, semblable à du persulfocyanogène; elle donne à chaud, avec la potasse, une liqueur jaune que précipite l'acide acétique.

Lorsqu'on fait agir lentement du chlore sur du sulfocyanure d'allyle, il se forme des cristaux soyeux très-volatils, insolubles dans l'eau et l'éther, mais très-solubles dans l'alcool. Un excès de chlore le détruit et la potasse le résinifie. Le brome résinifie le sulfocyanure d'allyle et l'iode s'y dissout avec une coloration brun-rouge. L'acide azotique de concentration moyenne détermine la formation d'une matière résineuse (*résine nitrosinapylique*); si l'on active la reaction, celle-ci est détruite et il se forme des acides sulfurique et oxalique et de l'acide *nitrosinapylique*. Cet acide a la consistance de la cire, est très-fusible, soluble dans l'eau et insoluble dans l'alcool et l'éther. Son sel de baryte est amorphe, brillant, rouge-brun, soluble dans l'eau, insoluble dans l'alcool et l'éther; il précipite en jaune l'acétate de plomb et les azotates d'argent et de mercure au minimum.

Traité par l'hydrate d'oxyde de plomb, le sulfocyanure d'allyle donne de la sinapoline, du carbonate et du sulfure de plomb; la potasse, la soude et la baryte aqueuse agissent de la même manière.

Lorsqu'on ajoute goutte à goutte du sulfocyanure d'allyle à une dissolution saturée d'hydrate de potasse dans de l'alcool absolu, il se produit une réaction très-vive; il se dégage un peu d'ammoniaque et la liqueur se colore en rouge-brun, prend une odeur alliacée et dépose après quelque temps du carbonate de potasse. Lorsqu'on ajoute de l'eau, il se sépare une huile particulière qui est de l'*allyl-monosulfocarbamate d'allyle*

$$AzHC^3H^5.(CO)'' \brace C^3H^5 \Big\}\, S$$

et il reste en dissolution de l'allyl-sulfocarbamate de potassium. L'équation suivante rend compte de sa formation :

$$3\,C^4H^5AzS + 3\,KHO + H^2O$$
$$= CO^3K^2 + C^4H^6AzS^2K + C^7H^{14}Az^2SO$$

Allyl-sulfocarbam.
de potassium.

L'allyl-monosulfocarbamate d'allyle est peu soluble dans l'eau, soluble dans l'alcool et l'éther, il a une densité de 1,036 à 14°, bout entre 115° et 118°, en se décomposant partiellement; bouilli avec de l'eau, il donne un alcaloïde volatil.

La potasse pulvérisée agit, à froid, comme la potasse alcoolique, toutefois la réaction n'est pas aussi nette; à chaud, il se forme de l'allyl-monosulfocarbamate de potasse et il se dégage de l'ammoniaque. Lorsqu'on projette des morceaux de potasse dans de l'essence de moutarde, il se dégage de l'hydrogène et il se forme un sel de potasse, soluble, dont l'acide est huileux, insoluble dans l'eau et moins dense que celle-ci.

Pour l'action de la chaux sodée, voyez OXYDE D'ALLYLE, et pour celle du monosulfure de potassium, voyez SULFURE D'ALLYLE.

Le mercure et le cuivre, en contact avec l'essence de moutarde, lui enlèvent une partie de son soufre.

L'essence de moutarde se combine à l'ammoniaque et forme de la thiosinnamine. — Voyez plus bas THIOSINNAMINE.

Elle donne des précipités de sulfures métalliques avec les dissolutions alcooliques d'azotate d'argent et d'acétate de plomb; elle précipite en blanc la solution alcoolique de chlorure mercurique. Il existe aussi une combinaison cristallisée de sulfocyanure d'allyle et de chlorure de platine, qui se décompose peu à peu au contact de l'eau en dégageant de l'acide carbonique et en déposant une matière pulvérulente de couleur foncée.

Acide allyl - sulfocarbamique ou *sulfosinapique*,

$$AzH.C^3H^5.(CS)'' \brace H \Big\}\, S.$$

[Will, 1844, *Ann. der Chem. u. Pharm.*, t. LII, p. 30.] — Lorsqu'on ajoute goutte à goutte ce l'essence de moutarde à une dissolution concentrée de potasse dans de l'alcool absolu, qu'on sépare après quelques heures le liquide rouge-brun du carbonate de potasse qui a cristallisé, qu'on étend avec de l'eau, qu'on sépare au moyen d'un filtre mouillé l'huile qui s'est déposée et qu'on évapore le liquide d'un jaune pâle jusqu'à consistance sirupeuse à peu près, il se forme des cristaux brillants d'allyl-sulfocarbamate de potasse; on ne peut obtenir ce sel à l'état de pureté.

Lorsqu'on mélange la dissolution aqueuse de ce sel avec de l'acide acétique, elle se trouble et dépose une poudre qui ressemble à du soufre. Les sels métalliques y produisent des précipités qui se convertissent en sulfure; en même temps de l'essence de moutarde est régénérée. Lorsqu'on ajoute à une dissolution de ce sel dans 200 p. d'eau de l'acétate de plomb, il se produit un précipité d'allyl-sulfocarbamate de plomb, sous forme d'une poudre jaune très-divisée, qui se réunit en masse, lorsqu'on agite. Chauffé à 100°, il se décompose en essence de moutarde, sulfure de plomb et soufre. L'acide sulfurique le décompose sans mettre d'essence de moutarde en liberté, il ne se dégage que de l'hydrogène sulfuré.

Acide allyl-sulfocarbonique ou allyl-xanthique ou sulfure d'allyle, de carbonyle et d'hydrogène,

$$S^2 \Big\{ {(CO)'' \atop H.C^3H^5}$$

(Cahours et Hofmann). — Il se produit des aiguilles cristallines jaunes d'allyl-xanthate de potasse, lorsqu'on fait agir une dissolution de potasse et du sulfure de carbone sur de l'alcool allylique.

SULFURE D'ALLYLE ou essence d'ail, $(C^3H^5)^2S$. — Cadet, Fourcroy et Vauquelin avaient déjà étudié l'essence d'ail, mais Wertheim, en 1844, en a reconnu la véritable nature [*Ann. der Chem. u. Pharm.*, t. LV, p. 297]. L'essence d'ail est contenue dans les essences qui se forment lorsqu'on distille avec de l'eau différentes parties de plusieurs espèces de la famille des Asphodélées et de celle des Crucifères. L'essence des bulbes d'*Allium sativum* (gousses d'ail) et celle d'oignons (*Allium cepa*), renferment du sulfure d'allyle, la première en plus grande quantité que la seconde. L'essence des feuilles et graines de *Thlaspi arvense* et d'*Iberis amara* renferment, sur 90 %, de sulfure, 10 % de sulfocyanure d'allyle. Les feuilles d'*Alliaria officinalis* fournissent du sulfure d'allyle, les graines un mélange de sulfure et de sulfocyanure; les graines mûries au soleil ne fournissent que de l'essence de moutarde. Les graines de *Capsella bursa pastoris*, de *Raphanus raphanistrum* et de *Sisymbrium nasturtium*, renferment en petite quantité un mélange des deux essences.

Les essences n'existent pas toutes formées dans les plantes : aussi doit-on, avant la distillation, en faire macérer avec de l'eau les différentes parties, principalement les graines, afin d'obtenir la totalité de l'huile essentielle. Les graines de *Thlaspi arvense* ne dégagent aucune odeur lorsqu'on les broie, et il ne se forme pas de sulfure d'allyle lorsque, avant de les traiter avec de l'eau, on les chauffe à 100°, ou qu'on les épuise préalablement avec de l'alcool.

Pour obtenir l'essence d'ail pure, on distille de l'ail avec de l'eau. Il passe une huile pesante, brune et fétide. 50 kilogr. d'ail en donnent de 100 à 120 gr. Cette huile renferme, en même temps que du sulfure, une certaine quantité d'oxyde d'allyle et un excès de soufre, qui se sépare en grande partie par la rectification; il est possible que l'oxygène de l'air décompose une certaine quantité de sulfure d'allyle en formant de l'oxyde d'allyle et que le soufre, mis en liberté, se porte sur le sulfure d'allyle pour former des composés plus sulfurés. Soumise à la distillation, cette huile se décompose à 140°, se colore davantage, dégage des vapeurs désagréables et laisse une matière brune et gluante.

En rectifiant l'essence brute dans un bain de sel marin, il en passe les deux tiers sous la forme d'une huile jaunâtre, plus légère que l'eau; en traitant celle-ci par le potassium et en soumettant à la distillation, après avoir desséché par du chlorure de calcium, on obtient du sulfure d'allyle pur; il se forme dans cette réaction du sulfure de potassium et il se dégage une petite quantité de gaz inflammable.

Il se forme du sulfure d'allyle : 1° lorsqu'on chauffe du sulfocyanure d'allyle dans un tube scellé vers 100° avec du monosulfure de potassium (Wertheim, *loc. cit.*); 2° lorsqu'on chauffe doucement de l'essence de moutarde avec du potassium [Gerhardt, *Ann. de Chim. et de Phys.*, (3), t. XIV, p. 125]; 3° lorsqu'on ajoute goutte à goutte de l'iodure d'allyle à une dissolution alcoolique concentrée de monosulfure de potassium (Cahours et Hofmann).

Propriétés. — Huile incolore, transparente, moins dense que l'eau, très-réfringente, peu soluble dans l'eau, très-soluble dans l'alcool et l'éther. Point d'ébullition, 140°.

L'acide azotique fumant attaque le sulfure d'allyle avec violence et le dissout en produisant des acides oxalique et sulfurique; la solution étant étendue d'eau, il s'en sépare des flocons jaunâtres. L'acide azotique concentré le transforme en acides oxalique et formique. L'acide sulfurique concentré le dissout à froid, avec une teinte pourprée; l'eau l'en sépare sans altération. L'acide chlorhydrique est absorbé en grande quantité, il se produit une coloration bleu foncé; le mélange se décolore peu à peu à l'air, et instantanément par la chaleur et par une addition d'eau. Les acides et les alcalis dilués, ainsi que le potassium, ne l'altèrent pas.

Le sulfure d'allyle ne précipite pas les dissolutions aqueuses ou alcooliques d'acétate et de nitrate de plomb, d'acétate de cuivre et les dissolutions des acides arsénieux et arsénique dans le sulfhydrate d'ammoniaque.

Lorsqu'on mélange une solution d'azotate d'argent ammoniacale avec un excès de sulfure d'allyle, il se produit du sulfure d'argent, de l'éther allylique et de l'azotate d'ammoniaque. Le précipité est d'abord blanc ou jaune pâle et renferme probablement une combinaison de sulfure d'allyle et de sulfure d'argent, qui au bout de quelque temps brunit et se convertit en sulfure d'argent noir.

Lorsqu'on mélange des dissolutions alcooliques de sulfure d'allyle et de bichlorure de mercure, il se forme un précipité blanc, qui renferme deux composés, dont l'un est soluble dans l'alcool et l'autre insoluble (Wertheim). Le premier

$$C^6H^{10}S.\,2\,HgS + 2\,(C^3H^5Cl.\,HgCl^2)$$
$$\text{ou } 2\,C^6H^{10}S.\,HgS.\,3\,HgCl^2$$

se sépare de la dissolution alcoolique à la longue ou lorsque celle-ci est étendue avec de l'eau. La chaleur le décompose; la potasse le colore en jaune clair, en mettant de l'oxyde de mercure en liberté. Si on dissout ce dernier dans de l'acide azotique, il reste une combinaison blanche dont la formule est peut-être $C^6H^{10}S.\,2\,HgS$. Distillé avec du sulfocyanure de potassium, il se forme, parmi d'autres produits, de l'essence de moutarde. La combinaison insoluble dans l'alcool renferme plus de mercure que la précédente.

Le sulfure d'allyle donne, avec le perchlorure d'or, un précipité d'un beau jaune, qui s'agglomère peu à peu comme une résine et se recouvre d'une pellicule d'or métallique.

Le sulfure d'allyle forme, avec le perchlorure de platine, un précipité jaune :

$$3\,(C^6H^{10}S\,PtS^2) + (C^3H^5Cl)^2\,PtCl^4.$$

En employant des dissolutions alcooliques, on obtient ce composé plus facilement. Il semble que la formation de cette combinaison ait lieu en vertu de l'équation suivante :

$$9\,C^6H^{10}S + 9\,PtCl^4$$
$$= C^{24}H^{40}Pt^4S^9Cl^6 + 5\,[(C^3H^5Cl)^2.\,PtCl^4];$$

en effet, le composé $2\,C^3H^5Cl.\,PtCl^4$ paraît exister, car lorsqu'on emploie de l'alcool concentré, il se forme parfois des écailles cristallines, brillantes comme de l'or, qui par l'addition d'eau se redissolvent.

Le composé platinique traité par du sulfure d'ammonium aqueux donne une combinaison d'un brun de kermès insoluble dans l'eau, l'alcool et l'éther. La réaction s'explique par l'équation suivante :

$$C^{24}H^{40}Pt^4S^9Cl^6 + 3\,Az^2H^8S$$
$$= 4\,(C^6H^{10}S.\,PtS^2) + 6\,AzH^4Cl.$$

Lorsqu'on ajoute peu à peu du sulfure d'allyle à une dissolution aqueuse d'azotate de protoxyde de palladium en excès, il se produit un précipité d'un brun de kermès clair $2\,C^6H^{10}S.\,3\,PdS$, insoluble dans l'eau et l'alcool.

Le sulfure d'allyle, chauffé en vase clos au bain-marie avec de l'iodure d'allyle, donne naissance à de beaux cristaux prismatiques, solubles dans l'eau d'*iodure de triallylsulfine* $3\,(C^3H^5).\,I.S.$ Décomposé par l'oxyde d'argent en présence de l'eau, cet iodure donne une liqueur fortement alcaline. Le chlorure correspondant donne, avec le perchlorure de platine, un composé qui se sépare de sa dissolution sous forme de prismes orangés. [Cahours, *Bull. de la Soc. chim.*, 1865, t. IV, p. 46.]

TRISULFURE D'ALLYLE, $C^6H^{10}S^3$. [Löwig et Scholz, *Répert. de Chim. pure*, 1860, p. 331.] — Le trisulfure d'allyle obtenu par l'action de l'amalgame de sodium sur un mélange de 1 p. de sulfure de carbone et de 2 p. d'iodure d'éthyle

$$(2\,C^2H^5I + 2\,CS^2 + 4\,Na$$
$$= C^6H^{10}S^3 + 2\,NaI. + Na^2S)$$

est un liquide d'un jaune de soufre, très-fluide, très-réfringent, d'une odeur désagréable, d'un goût douceâtre et analogue à celui de l'anis. Densité, 1,012 à 15°. Il est insoluble dans l'eau, mais miscible en toutes proportions à l'alcool, l'éther et le sulfure de carbone.

L'acide azotique fumant l'attaque avec violence et peut même l'enflammer. Le chlore, le brome et le chlorure de chaux, agissent énergiquement sur lui. La solution alcoolique de trisulfure d'allyle donne, avec une solution alcoolique de bichlorure de mercure, un précipité blanc ($C^6H^{10}S^3.\,6\,HgCl^2$ ou $2\,C^3H^5Cl^3 + 3\,HgS + 3\,HgCl^2$) soluble dans l'alcool bouillant, mais se déposant par le refroidissement.

SULFURE D'ALLYLE ET D'HYDROGÈNE ou mercaptan allylique, $C^3H^5.\,HS$. [Cahours et Hofmann.] — Le mercaptan allylique obtenu par l'action de l'iodure d'allyle sur le sulfhydrate de potassium est un liquide dont l'odeur rappelle celle du sulfure d'allyle, mais est plus éthérée. Point d'ébullition, 90°. Il forme avec le mercure des écailles cristallines nacrées solubles dans l'alcool bouillant et se déposant pendant le refroidissement.

ACIDE ALLYL-SULFURIQUE ou sulfate d'allyle et d'hydrogène,

$$SO^4 \left\{ \begin{matrix} H \\ C^3H^5 \end{matrix} \right.$$

(Cahours et Hofmann). — L'acide allyl-sulfurique se produit : 1° lorsqu'on traite le mercaptan allylique par l'acide azotique concentré : il se colore en rouge et il se dégage de l'oxyde d'azote ; 2° lorsqu'on ajoute goutte à goutte de l'acide sulfurique concentré à un même volume d'alcool allylique. Le sel de baryte $C^6H^{10}S^2O^8Ba$ cristallise en aiguilles blanches et brillantes.

AZOTURES D'ALLYLE.

ALLYLAMINE,

$$C^3H^7Az = \left.\begin{array}{c}C^3H^5\\H^2\end{array}\right\} Az.$$

[Cahours et Hofmann, *Ann. de Chim. et de Phys.*, (3), t. L, p. 432.]

Préparation. 1° Lorsqu'on fait chauffer du cyanate d'allyle avec de la potasse aqueuse, il se forme du carbonate de potasse et il distille parmi d'autres produits de l'allylamine que l'on recueille dans de l'acide chlorhydrique :

$$(CAzO.C^3H^5 + 2KHO$$
$$= CO^3K^2 + AzH^2.C^3H^5).$$

En ajoutant du bichlorure de platine au chlorhydrate, on obtient un précipité jaune pâle, de composition variable, et la liqueur filtrée évaporée donne des aiguilles cristallines d'un rouge-orangé foncé de

$$2\,C^3H^7Az.HCl + PtCl^4.$$

2° Lorsqu'on fait agir de l'iodure d'allyle sur de l'ammoniaque et qu'on distille avec de la potasse, il passe de l'allylamine. 3° Lorsqu'on ajoute à une dissolution alcoolique d'essence de moutarde, du zinc et de l'acide chlorhydrique, il se dégage de l'hydrogène sulfuré et de l'acide carbonique ; il se forme en même temps de l'allylamine, qu'on obtient en distillant avec de la potasse [Oeser, *Bull. de la Soc. chim.*, 1865, t. IV, p. 372].

Propriétés. — Liquide incolore, assez mobile, d'une odeur ammoniacale pénétrante et légèrement alliacée, d'une saveur brûlante. Point d'ébullition, 58°. Densité, 0,804 à 15°.

L'allylamine brûle avec une flamme éclairante ; se mélange avec l'eau en toutes proportions, en dégageant de la chaleur ; elle précipite l'alumine, les oxydes de fer, de mercure, de cuivre et d'argent de leurs combinaisons ; les deux derniers sont solubles dans un excès de base.

Le chlorhydrate d'allylamine constitue des aiguilles déliquescentes ; le sulfate neutre, des cristaux agglomérés en barbes de plume, inaltérables à l'air.

DIALLYLAMINE,

$$\left.\begin{array}{c}(C^3H^5)^2\\H\end{array}\right\} Az.$$

— L'iodhydrate de diallylamine se trouve parmi les sels qui se forment lorsqu'on fait digérer de l'allylamine impure avec de l'iodure d'allyle (Cahours et Hofmann).

DIBROMALLYLAMINE,

$$\left.\begin{array}{c}(C^3H^4Br)^2\\H\end{array}\right\} Az.$$

[M. Simpson, *Compt. rend.*, t. XLVI, p. 785, et t. XLVII, p. 270.]

Pour préparer la dibromallylamine, on chauffe pendant 10 heures en vase clos, à 100°, un mélange de 1 volume de tribromure d'allyle et d'environ 6 volumes d'une solution alcoolique faible d'ammoniaque ; il se précipite du bromure d'ammonium blanc, qu'on sépare par filtration ; on ajoute de l'eau, il se dépose de la dibromallylamine, sous forme d'une huile pesante :

$$2\,C^3H^5Br^3 + 5\,AzH^3$$
$$= C^6H^9Br^2Az + 4\,AzH^4Br.$$

On la dissout dans de l'acide chlorhydrique, on évapore à siccité et on traite le sel par l'éther pour enlever les impuretés et on dessèche dans le vide. Le chlorhydrate est très-soluble dans l'eau et l'alcool, peu soluble dans l'éther. La potasse et l'ammoniaque en précipitent la base sous forme d'un liquide oléagineux, alcalin au papier de tournesol, qui ne précipite ni les sels de cuivre ni ceux d'argent.

La dibromallylamine est soluble dans l'eau, les acides sulfurique, chlorhydrique, azotique et acétique. Le sulfate de dibromallylamine forme une masse gommeuse. Le chlorure double de dibromallylamine et de platine est un précipité jaune-orangé, presque insoluble dans l'alcool absolu.

La dibromallylamine, en se combinant au bichlorure de mercure, forme le composé

$$HgCl^2.(C^3H^4Br)^2HAz,$$

peu soluble dans l'eau froide, soluble dans l'alcool, qui le laisse déposer sous forme de longues aiguilles.

ÉTHYL-DIBROMALLYLAMINE,

$$\left.\begin{array}{c}(C^3H^4Br)^2\\C^2H^5\end{array}\right\} Az.$$

[M. Simpson, *loc. cit.*] — L'éthyl-dibromallylamine obtenu par l'action de la dibromallylamine sur l'iodure d'éthyle en excès, en vase clos et à 100°, est un liquide oléagineux, d'une saveur très-piquante, d'une odeur alliacée, insoluble dans l'eau, soluble dans les acides. C'est une base plus forte que la dibromallylamine, elle précipite l'oxyde de cuivre du sulfate et réagit sur les papiers réactifs comme une substance alcaline.

TRIALLYLAMINE, $(C^3H^5)^3Az.$ [Cahours et Hofmann.] — Lorsqu'on chauffe de l'oxyde de tétrallylammonium, il passe une huile qui est de la triallylamine. Le chlorhydrate forme, avec le bichlorure de platine, un sel double d'un jaune pâle.

TÉTRALLYLAMMONIUM (Cahours et Hofmann). — L'iodure de tétrallylammonium

$$(C^3H^5)^4AzI$$

se forme par l'action de l'ammoniaque sur l'iodure d'allyle à la température ordinaire ; par un contact de quelques jours il se dissout une grande quantité d'iodure, et la solution se prend quelquefois en masse. On hâte le dépôt de la combinaison en ajoutant une solution concentrée de potasse ; il se sépare une couche huileuse, qui se solidifie. On l'expose au contact de l'air, qui carbonate la potasse, et on fait cristalliser dans l'alcool absolu.

L'iodure, traité par l'oxyde d'argent, se transforme en oxyde, qui est un liquide fortement alcalin. L'oxyde de tétrallylammonium traité par l'acide chlorhydrique et le bichlorure de platine donne un précipité jaune pâle de

$$2\,[(C^3H^5)^4AzCl].PtCl^4.$$

TÉTRALLYLARSÉNIUM. — L'iodure d'allyle, en attaquant l'arséniure de potassium, forme divers produits fétides d'un point d'ébullition très-variable. Il se forme en outre une matière cristalline qui est probablement $(C^3H^5)^4AsI$ (Cahours et Hofmann).

AMIDES ALLYLIQUES.

ALLYLCYANAMIDE ou *sinnamine*,

$$C^4H^6Az^2 = \left.\begin{array}{c}C^3H^5\\CAz\\H\end{array}\right\} Az.$$

[Robiquet et Bussy, *Ann. de Chim. et de Phys.*, t. LXXII, p. 328. — Will, *Ann. der Chem. u.*

Pharm., t. LII, p. 1]. Lorsqu'on fait chauffer à 100° de la thiosinnamine préalablement broyée avec de l'hydrate de plomb humecté d'eau, qu'on reprend par l'eau et l'alcool et qu'on évapore à consistance sirupeuse, il se dépose, au bout de plusieurs mois, des cristaux de sinnamine. Ces cristaux sont des prismes blancs, durs, brillants, appartenant au type anorthique; ils renferment une demi-molécule d'eau qu'ils perdent en fondant à 100°. La sinnamine desséchée est une masse transparente, blanche, d'apparence cristalline. Elle est sans odeur, a une saveur amère persistante; sa dissolution aqueuse est fortement alcaline; elle est soluble dans l'alcool et l'éther. Entre 160° et 200°, elle dégage de l'ammoniaque et laisse un composé résineux jaunâtre qui jouit de propriétés alcalines. Ce même composé se forme lorsqu'on fait bouillir la solution chlorhydrique de sinnamine et qu'on ajoute de la potasse. Les cristaux de sinnamine absorbent le gaz chlorhydrique et l'hydrogène sulfuré, en formant des combinaisons destructibles par la chaleur. La sinnamine déplace l'ammoniaque des sels ammoniacaux; elle précipite les sels de plomb, de fer et de cuivre; elle forme avec les acides des sels non cristallisés à l'exception de l'oxalate. Le *chloromercurate de sinnamine*, $C^4 Az^2 H^6 . HgCl^2$, obtenu par l'action de la dissolution aqueuse de chlorhydrate de sinnamine sur le bichlorure de mercure en excès, est un précipité blanc. Le *chloroplatinate de sinnamine*

$$C^4 H^6 Az^2 . 2 HCl . PtCl^4$$

constitue des flocons d'un blanc jaunâtre qui se forment lorsqu'on ajoute du bichlorure de platine à de la sinnamine additionnée d'un peu d'acide chlorhydrique. La solution aqueuse de sinnamine est précipitée par le tannin.

ÉTHYL ALLYLCYANAMIDE ou *éthylsinnamine*,

$$\left.\begin{array}{l} C^3 H^5 \\ C^2 H^5 \\ C Az \end{array}\right\} Az.$$

[Hinterberger, *Ann. der Chem. u. Pharm.*, t. LXXXIII, p. 348.] — En remplaçant, dans la préparation de la sinnamine, la thiosinnamine par l'éthylthiosinnamine, on obtient l'éthylsinnamine; elle cristallise en aiguilles groupées sous forme de dendrites, d'une saveur très-amère, solubles dans l'alcool et l'éther, insolubles dans l'eau; les solutions ont une réaction alcaline. Elle se dissout dans l'acide chlorhydrique. Point de fusion, 100°.

Le *chloroplatinate d'éthylsinnamine*

$$2 (C^6 H^{10} Az^2 H Cl) . PtCl^4$$

forme de petites aigrettes d'un jaune rougeâtre ou des mamelons, suivant qu'on emploie une solution chlorhydrique ou alcoolique d'éthylsinnamine. Le *chloromercurate* $2 (C^6 H^{10} Az^2) 3 HgCl^2$ est un précipité blanc floconneux fusible à 100° en une matière jaune résineuse, se prenant en masse cristalline par le refroidissement.

ALLYLCARBAMIDE ou *allylurée*,

$$\left.\begin{array}{l} (CO)'' \\ C^3 H^5 \\ H^3 \end{array}\right\} Az^2.$$

[Cahours et Hofmann, *Ann. de Chim. et de Phys.*, (3), t. L, p. 432.] — Le cyanate d'allyle se dissout avec dégagement de chaleur dans l'ammoniaque; par l'évaporation, il se forme des cristaux d'allylurée :

$$C^3 H^5 . C Az O + Az H^3 = C^4 H^8 Az^2 O.$$

Elle est soluble dans l'eau et l'alcool. En faisant agir de l'éthylamine à la place de l'ammoniaque sur le cyanate d'allyle, il se forme de l'*éthylally-*

lurée $(CO)'' . C^3 H^5 . C^2 H^5 . H^2 . Az^2.$ Par l'action de la méthylamine, l'amylamine ou l'aniline, il se forme des urées d'une composition correspondante.

DIALLYLURÉE ou *sinapoline*,

$$\left.\begin{array}{l} (CO)'' \\ (C^3 H^5)^2 \\ H^2 \end{array}\right\} Az^2.$$

[Simon, *Ann. der Chem. u. Pharm.*, t. XXXIII, p. 258. — Will, *Ann. der Chem. u. Pharm.*, t. LII, p. 25. — Cahours et Hofmann, *loc. cit.*] *Préparation.* — 1° Lorsqu'on fait chauffer le cyanate d'allyle avec de l'eau, il prend une consistance butyreuse et finit par se solidifier :

$$2 C^4 H^5 Az O + H^2 O = C O^2 + C^7 H^{12} Az^2 O.$$

2° La sinapoline se forme comme premier produit de la potasse aqueuse sur le cyanate d'allyle. 3° On fait digérer une partie d'essence de moutarde avec 12 parties d'hydrate de plomb récemment précipité et 3 parties d'eau à une douce chaleur et en remuant souvent pendant plusieurs jours, on fait évaporer à 100° et on extrait la sinapoline par l'eau bouillante ou l'alcool. 4° On fait bouillir de l'essence de moutarde avec beaucoup d'eau de baryte, on évapore à siccité et on extrait par l'éther ou l'alcool.

Propriétés. — Feuilles cristallines, grasses au toucher, incolores, brillantes, volatiles avec décomposition partielle, volatiles sans décomposition dans un courant de vapeur d'eau. Point de fusion, 90° (Simon), 100° (Will). La sinapoline se décompose entre 170° et 180°. L'acide azotique la transforme en un acide particulier. L'acide sulfurique brunit sa dissolution à chaud. Elle absorbe l'acide chlorhydrique en s'échauffant, en fondant et en produisant un liquide dense qui dégage des vapeurs chlorhydriques à l'air humide. Elle précipite les bichlorures de mercure et de platine.

ALLYL-SULFOCARBAMIDE ou *thiosinnamine*,

$$\left.\begin{array}{l} (CS)'' \\ C^3 H^5 \\ H^3 \end{array}\right\} Az^2.$$

[Dumas et Pelouze, *Ann. de Chim. et de Phys.*, t. LIII, p. 181.] — La thiosinnamine obtenue par l'action de l'ammoniaque sèche ou aqueuse sur l'essence de moutarde forme une masse cristalline qu'on fait dissoudre dans l'eau et qu'on purifie par le charbon animal. La dissolution aqueuse, évaporée et refroidie, fournit des prismes rhomboïdaux obliques suivant Berthelot et de Luca et Schabus, des prismes droits rhombiques suivant Keferstein. Ces cristaux sont d'un blanc brillant, sans odeur, d'une saveur amère et fusibles à 70°, plus solubles dans l'eau bouillante que dans l'eau froide, très-solubles dans l'alcool et l'éther. La chaleur décompose la thiosinnamine; il reste un résidu charbonneux et il se dégage des vapeurs alcalines blanches, âcres, renfermant une matière huileuse et de l'acide sulfocyanhydrique. Le chlore et le brome déterminent, dans une dissolution aqueuse de thiosinnamine, un précipité blanc qu'un excès fait disparaître et reparaître alternativement. La thiosinnamine, décomposée par le chlore, fournit des acides chlorhydrique et sulfurique; décomposée par le brome, des acides bromhydrique et sulfurique et une huile d'un rouge brun n'ayant pas l'odeur de l'essence de moutarde. L'iode se dissout en petite quantité dans une dissolution concentrée de thiosinnamine en la jaunissant et en produisant une huile d'un rouge brun; la liqueur filtrée est acide et dépose, par l'ébullition, une poudre blanche renfermant du soufre et de l'iode. L'acide azotique détruit la thiosinnamine en produisant de l'acide sulfurique. La thiosinnamine, distillée avec de l'acide phosphorique dilué ou de l'acide sulfurique, fournit de l'acide sulfocyanhydrique ; avec les oxydes de mercure et de plomb, elle fournit de la sinnamine. Chauffée avec des alcalis fixes, la thiosinnamine ne dégage que lentement de l'ammoniaque ; lorsqu'on la fait bouillir pendant quelque temps avec de l'eau de baryte, il se produit du carbonate de baryum, au sulfure de baryum et de l'ammoniaque. En précipitant l'excès de baryte par l'acide carbonique, et évaporant, on obtient une masse sirupeuse, très-amère, ayant une faible réaction alcaline qui semble renfermer un alcaloïde différent de la sinnamine. Le potassium fondu avec la thiosinnamine la brunit ; à une température plus élevée, elle fait légèrement explosion en formant du sulfure et du sulfocyanure de potassium et une fumée noire. Le chlorhydrate de thiosinnamine répand des fumées d'acide chlorhydrique à l'air humide et forme, avec le bichlorure de mercure, un précipité blanc caillebotté $C^4 H^8 Az^2 S. 2 HgCl^2$. La thiosinnamine dissout le chlorure d'argent en s'y combinant ; elle se combine à l'azotate d'argent en formant un composé blanc cristallin $C^4 H^8 Az^2 S. AgAzO^3$ que l'hydrogène sulfuré décompose en sulfure d'argent, thiosinnamine et acide azotique, et l'eau bouillante en sulfure d'argent et un produit non étudié.

Le chlorhydrate de thiosinnamine et de platine est un précipité jaune-rouge, fusible, noircissant à une douce chaleur et se décomposant à une température plus élevée avec production de sulfure de platine.

L'essence de moutarde forme, avec les méthyl-éthyl-propyl et amyl-amines, des liquides bruns sirupeux qui sont des thiosinnamines dans lesquelles 1 atome d'hydrogène est remplacé par les radicaux méthyle, etc.; avec le bichlorure de platine, ces amides forment des combinaisons cristallines [Hinterberger, *Ann. der Chem. u. Pharm.*, t. LXXXIII, p. 346].

Le chlorure double de platine et d'éthylthiosinnamine $2 (C^6 H^{12} Az^2 S. HCl). PtCl^4$ constitue des primes rhombiques (Schabus) **un peu solubles** dans l'eau et l'alcool.

PHÉNYLTHIOSINNAMINE,

$$\left.\begin{array}{l} (CS)'' \\ C^3 H^5 \\ C^6 H^5 \\ H^2 \end{array}\right\} Az^2.$$

[Zinin, *Journ. für prakt. Chem.*, t. LVII, p. 173.] —La phénylthiosinnamine, obtenue par l'action de l'essence de moutarde sur une dissolution alcoolique d'aniline, forme des tables cristallines à quatre ou six faces ; elle est insoluble dans l'eau, très-soluble dans l'alcool et l'éther, soluble sans décomposition dans les acides chlorhydrique et sulfurique. Point de fusion, 95°. Elle donne à la distillation une huile d'une odeur alliacée. L'acide azotique l'attaque à chaud en produisant une matière résineuse insoluble dans l'eau. L'hydrate de plomb la désulfure en formant une matière soluble dans l'alcool et cristallisant en aiguilles soyeuses et une matière résineuse.

NAPHTYLTHIOSINNAMINE,

$$(CS)''. C^3 H^5. C^{10} H^7. H^2. Az^2.$$

[Zinin, *loc. cit.*] — La naphtylthiosinnamine, obtenue par l'action de l'essence de moutarde sur une dissolution alcoolique de naphtylamine, constitue des aiguilles blanches aplaties, groupées en demi-sphères, insolubles dans l'eau, peu solubles dans l'alcool et l'éther, assez solubles dans l'alcool bouillant. Point de fusion, 130°. Chauffée avec précaution, la naphtylthiosinnamine se volatilise sans décomposition ; elle est soluble dans les acides chlorhydrique et sulfurique. L'acide azotique la dissout à chaud en formant une résine jaune insoluble dans l'eau. L'hydrate de plomb la désulfure en formant une matière blanche granuleuse, ainsi qu'une substance onctueuse insoluble dans l'eau. PH. DE C.

ALLYLÈNE. — L'allylène est un carbure d'hydrogène qui appartient à la série $C^n H^{2n-2}$. C'est l'homologue supérieur de l'acétylène, il répond à la formule $C^3 H^4$. Il existe entre cet hydrocarbure $C^3 H^4$ et l'allyle $C^3 H^5$ le même rapport qu'entre l'éthylène $C^2 H^4$ et l'éthyle $C^2 H^5$.

Il dérive de l'hydrure de propyle $C^3 H^8$, dont il diffère par 4 atomes d'hydrogène en moins ; il est donc tétratomique, c'est-à-dire que pour reprendre son état de saturation complète, 4 atomes monoatomiques quelconques lui sont nécessaires ; mais, comme son homologue inférieur, il peut donner naissance à des composés dans lesquels il joue simplement le rôle d'un corps diatomique.

L'allylène forme une série parallèle à celle du propylène avec laquelle elle est isologue.

Entrevu par MM. Cahours et Hofmann, il a été réellement découvert par Sawitsch, en 1861. C'est lui qui, le premier, l'a fait connaître comme étant l'homologue supérieur de l'acétylène, et a indiqué quelques-unes de ses propriétés [Sawitsch, *Compt. rend. de l'Inst.*, t. LII, p. 399].

L'allylène est un gaz incolore d'une odeur désagréable, moins cependant que celle de l'acétylène, brûlant avec une flamme éclairante et très-fuligineuse, très-soluble dans l'alcool, et assez soluble dans l'eau pure, pour qu'on ne puisse le recueillir qu'à l'aide d'une solution saturée de chlorure de sodium. Il forme avec la solution ammoniacale de protochlorure de cuivre un précipité jaune serin caractéristique ; il donne aussi avec la solution de nitrate mercureux un précipité gris foncé se décomposant sans détonation lorsqu'on le chauffe ; et avec celle de nitrate d'argent un précipité blanc qui est détruit par la chaleur avec explosion et production d'une flamme rougeâtre. D'après M. Berthelot, l'allylène est absorbé en grande quantité et facilement par l'acide sulfurique concentré ; ce qui permet de le séparer et même de le distinguer de l'acétylène, qui ne peut être absorbé qu'avec beaucoup de difficulté [*Bull. de la Soc. chim.*, 1866, t. V, p. 193].

Action du brome. —Sawitsch, le premier, a remarqué que le brome se combinait à l'allylène en formant un composé liquide et incolore.

M. Oppenheim a étudié avec soin les combinaisons bromées et iodées de cet hydrocarbure ; il a décrit leurs principales propriétés ainsi que l'action qu'exercent sur elles les sels oxygénés. On lui doit la connaissance des faits suivants [*Bull. de la Soc. chim.*, 1864, t. II, p. 6 et 1865, t. IV, p. 434] :

Quand on laisse tomber du brome goutte à goutte, ou lorsqu'on en fait passer lentement la vapeur dans un flacon rempli d'allylène, la combinaison est immédiate. Si l'on opère au soleil, il se dégage à la première goutte de brome de l'acide bromhydrique, et il se forme un liquide noir en partie carbonisé renfermant des produits qui n'ont pas encore été isolés. Si l'on opère à l'ombre, on voit se déposer un liquide limpide et transparent ; c'est un mélange de dibromure et de tétrabromure d'allylène $C^3 H^4 Br^2$ et $C^3 H^4 Br^4$. On les sépare facilement par la distillation dans le vide.

1° Le dibromure d'allylène est un liquide incolore d'une densité de 2,05 à 0°, possédant une saveur douceâtre, et dont la vapeur irrite fortement les yeux.

Ce bromure peut être distillé à l'air sans décomposition ; il commence à passer vers 126°, et tout le liquide qu'on recueille entre 126° et 132°, et 132° et 138°, constitue, d'après les analyses de M. Oppenheim, le dibromure d'allylène. Il est isomère avec le propylène dibromé qui bout à 120° (Cahours), et avec le glycide dibromhydrique bouillant de 151° à 152° (Reboul).

Mis en contact avec du brome à l'ombre, il s'y combine sans dégagement d'acide bromhydrique pour former le tétrabromure $C^3 H^4 Br^4$.

Chauffé en vase clos avec l'oxalate ou l'acétate d'argent étendu d'éther ou d'acide acétique cristallisable, le dibromure éprouve une modification profonde : il est presque entièrement carbonisé; la réaction ne donne rien de net.

2° Le tétrabromure d'allylène $C^3 H^4 Br^4$ est un liquide incolore d'une densité de 2,94 à 0° possédant une odeur camphrée. Distillé sous la machine pneumatique avec un centimètre de pression, il passe entre 110° et 130°; distillé à l'air, il se décompose en partie en dégageant de l'acide bromhydrique; il bout entre 225° et 230°. On voit que son point d'ébullition se confond ou du moins se rapproche considérablement de celui du bromure de propylène dibromé situé à 226° (Cahours), tandis qu'il est inférieur à celui du bromure du glycide dibromhydrique situé entre 250° et 252° (Reboul). A 100°, le mercure n'agit pas sur le tétrabromure d'allylène; à 130° il le carbonise complétement.

Chauffé en vase clos avec une solution alcoolique d'acétate de potasse, le tétrabromure d'allylène donne une réaction très-nette représentée par l'équation suivante :

$$C^3 H^4 Br^4 + \left.\begin{matrix} C^2 H^3 O \\ K \end{matrix}\right\} O + \left.\begin{matrix} C^2 H^5 \\ H \end{matrix}\right\} O$$

$$= C^3 H^3 Br^3 + KBr + \left.\begin{matrix} C^2 H^3 O \\ C^2 H^5 \end{matrix}\right\} O + \left.\begin{matrix} H \\ H \end{matrix}\right\} O.$$

Le produit principal de cette expérience est le composé $C^3 H^3 Br^3$, ou propylène tribromé. L'acétate de potasse n'a pu enlever qu'une seule molécule d'acide bromhydrique; on voit que le tétrabromure d'allylène joue plutôt le rôle d'un bromhydrate de bromure bromé que d'un bromure d'hydrogène carboné, auquel le brome s'est ajouté par simple addition. Ce fait semble prouver que le brome est aussi intimement lié au carbone que l'hydrogène, et que sa combinaison avec l'allylène a été tellement complète, qu'il paraît faire partie intégrante du radical, comme cela a lieu pour un produit de substitution; et, ce qui vient à l'appui de cette hypothèse, c'est l'impossibilité de remplacer les atomes de brome par le résidu hydroxyle OH.

Le propylène tribrome est un liquide incolore très-stable qui distille de 183° à 185°. Cette propriété le distingue du composé isomère obtenu par M. Liebermann en traitant l'allylénure d'argent $C^3 H^3 Ag$ par le brome. En effet, l'ébullition le détruit complétement.

Mélangé avec le brome et exposé à la lumière, le propylène tribromé se transforme lentement en un corps pentabromé, solide, peu soluble dans l'alcool, très-soluble dans l'éther et le sulfure de carbone. C'est le bromure de propylène tribromé $C^3 H^3 Br^3 . Br^2$. Par l'évaporation spontanée, l'éther l'abandonne en beaux prismes modifiés et ressemblant souvent à des octaèdres. Ce sont des prismes orthorhombiques, incolores, doués d'un grand éclat, qui atteignent une longueur de 3 millimètres, et dont les angles sont les suivants :

$$m : m = 122°4',$$
$$a^1 : m = 115°24',$$
$$a^1 : h^1 = 119°16'.$$

MM. G. Borsche et R. Fittig ont obtenu des bromures qui paraissent identiques avec ceux de M. Oppenheim en combinant avec le brome le gaz qui se dégage lorsqu'on traite par le sodium, avec les précautions convenables, le dichlorure de chloracétone $C^3 H^4 Cl^4$, ainsi que le dichlorure de glycide $C^3 H^4 Cl^2$ et le tétrachlorure de glycide $C^3 H^4 Cl^4$ [*Ann. der Chem. u. Pharm.*, t. CXXXIII, p. 111 (nouvelle série, t. LVII); t. CXXXV, p. 359,

(nouvelle série, t. LVII), et *Ann. de Chim. et de Phys.*, (4), t. V, p. 500, et t. VI, p. 494].

Action de l'iode et de l'acide iodhydrique [Oppenheim, *loc. cit.*]. — L'iode se combine difficilement avec l'allylène. Ainsi un flacon bouché renfermant de l'iode et de l'allylène contenait encore du gaz à l'état de liberté après 15 jours d'exposition au soleil. La chaleur du bain-marie ne facilite pas la réaction, mais l'iode en solution dans le sulfure de carbone, ou dans l'eau à l'aide de l'iodure de potassium, sous l'influence des rayons solaires, donne de meilleurs résultats. On obtient un liquide peu coloré, d'une densité de 2,62, et passant à la distillation entre 190° et 200° : c'est le diiodure d'allylène $C^3 H^4 I^2$. Mélangé avec le brome, le liquide s'échauffe, de l'iode est mis en liberté et il se forme du tétrabromure d'allylène. La lumière le colore en brun. Chauffé en vase clos avec de l'acétate ou de l'oxalate d'argent, le diiodure d'allylène est presque entièrement carbonisé. Chauffé avec une solution alcoolique de potasse, il se forme de l'iodure de potassium, de l'allylène et de l'acide acétique que l'on retrouve sous forme d'acétate d'éthyle.

L'allylène se combine avec l'acide iodhydrique pour former le diiodhydrate d'allylène $C^3 H^4 H^2 I^2$; la combinaison s'opère avec élévation de température en introduisant une solution concentrée d'acide iodhydrique dans des ballons remplis d'allylène. C'est une huile lourde, d'une densité de 2,15, douée d'une odeur caractéristique, et qui se détruit par l'ébullition en produisant un abondant dépôt d'iode.

Combinaisons chlorées. — On ne connaît pas encore les composés chlorés de l'allylène. Jusqu'à présent l'action que le chlore peut exercer sur cet hydrocarbure n'a pas été étudiée. Cependant il existe plusieurs combinaisons chlorées qui répondent à la formule du chlorure d'allylène, et qui peuvent être identiques ou isomériques avec lui. Ainsi MM. Gorsche et Fittig ont obtenu, en traitant l'acétone par le chlore, des composés

$$C^3 H^4 Cl^2 \text{ et } C^3 H^4 Cl^4,$$

qui correspondent à un dichlorure et à un tétrachlorure d'allylène. Ces composés distillent, le premier à 120°, et le second à 153° [*loc. cit.*].

En traitant par un courant de chlore le glycide dichlorhydrique $C^3 H^4 Cl^2$ de M. Reboul, ces chimistes ont obtenu le corps $C^3 H^4 Cl^4$ distillant à 164° et isomérique avec le précédent. Tous ces composés sont isomériques avec les combinaisons chlorées du propylène qui leur correspondent.

MM. Hubner et Geuther ont obtenu le corps $C^3 H^4 Cl^2$, auquel ils ont donné prématurément le nom de chlorure d'allylène, en traitant l'acroléine $C^3 H^4 O$ par le perchlorure de phosphore: on modère la réaction, qui est très-vive, en laissant tomber goutte à goutte l'acroléine sur le perchlorure de phosphore recouvert d'une couche d'oxychlorure de phosphore, en refroidissant le ballon avec soin [*Ann. der Chem. u. Pharm.*, CXIV, p. 36]. Quand l'opération est terminée, on ajoute de l'eau aux produits de la distillation, pour décomposer l'oxychlorure; il surnage un liquide qui est décanté et desséché sur le chlorure de calcium, puis rectifié par distillation. On obtient ainsi une huile incolore d'une densité de 1,17 à 27°,5 d'une saveur douceâtre éthérée, rappelant par son odeur celle du chloroforme, et bouillant à 84°,4. C'est le composé $C^3 H^4 Cl^2$, isomérique avec le glycide dichlorhydrique, car le sodium n'a pas d'action sur lui. Il se forme en même temps un autre produit huileux que les auteurs considèrent comme probablement isomérique avec le composé $C^3 H^4 Cl^2$.

MM. Hubner et Geuther indiquent encore

comme étant de l'acétate d'allylène le corps $C^7H^{10}O^5$, qu'ils obtiennent : 1° en chauffant en vase clos équivalents égaux d'acroléine et d'anhydride acétique $C^4H^6O^3$ [*loc. cit.*] ; 2° en chauffant d'abord au bain-marie, ensuite au bain d'huile à 160°, un équivalent du composé $C^3H^4Cl^2$ décrit plus haut, et deux équivalents d'acétate d'argent

$$C^3H^4Cl^2 + 2\left(\begin{matrix}C^2H^3O\\Ag\end{matrix}\right\}O\right) = 2\begin{matrix}Cl\\Ag\end{matrix}\right\} + \begin{matrix}C^3H^4\\(C^2H^3O)^2\end{matrix}\right\}O^2.$$

Ce corps est un liquide incolore, d'une saveur âcre, rappelant l'odeur du poisson ; sa densité est de 1,070 à 22° ; il distille vers 180° environ. Il réduit lentement une dissolution ammoniacale de nitrate d'argent. Chauffé avec de la potasse caustique, il donne de l'acroléine et de l'acétate de potasse.

Action du sodium [*Bull. de la Soc. chim.*, 1866, t. VII, p. 189]. — L'allylène, chauffé doucement avec le sodium, est vivement attaqué, l'hydrocarbure est détruit ; il se forme de l'acétylure de sodium, un dépôt de charbon, et de l'hydrogène ; il y a en même temps production d'une petite quantité de propylène ; l'acétylure formé, traité par l'eau, donne de l'acétylène exempt d'allylène.

Action de l'allylène sur les solutions métalliques. — L'allylène forme des précipités dans un certain nombre de solutions métalliques. Ainsi, avec la solution ammoniacale de protochlorure de cuivre, on obtient un précipité jaune serin caractéristique,

$$\begin{matrix}C^3H\,Cu\\C^3H\,Cu\end{matrix}\right\}O,$$

nommé allylénure de cuivre.

M. Berthelot a fait connaître quelques-uns de ces composés ; il suppose, comme il l'a fait pour l'acétylène, l'existence de radicaux organométalliques qu'il nomme *cuprosallyle*, *argentallyle*, etc., qui peuvent se combiner avec l'oxygène, l'iode, le chlore, pour former des oxydes, des iodures, des chlorures, etc. [*Compt. rend. de l'Acad. des sciences*, t. LXII, p. 457 et p. 628].

Argentallylène et ses produits de substitution. M. Liebermann a étudié principalement le produit de la réaction de l'allylène sur la solution ammoniacale de nitrate d'argent ; il se forme un précipité blanc, très-léger, altérable à la lumière comme le chlorure d'argent, difficile à laver, et dont la composition à l'état sec est représentée par

$$C^3H^3Ag.$$

[*Ann. der Chem. u. Pharm.*, t. CXXXV, p. 266, nouvelle série, t. LIX, septembre 1865 ; et *Ann. de Chim. et de Phys.*, (4), t. VI, p. 502.] C'est de l'argentallylène, c'est-à-dire une molécule d'allylène dans laquelle un atome d'hydrogène est remplacé par un atome d'argent. Traité par les acides, l'argentallylène est décomposé en régénérant l'allylène. L'iode, le brome en solution forment de l'iodure et du bromure d'argent. Projeté sur du brome ou sur du perchlorure de phosphore ou d'antimoine, l'argentallylène brûle. D'après Sawitsch, ce composé, sous l'influence de la chaleur, est explosif avec production de flamme. D'après M. Liebermann, il ne l'est pas, et peut être chauffé de 60° à 70° sans éprouver d'altération sensible. D'après M. Berthelot, l'argentallylène est attaqué par le chlorure d'argent dissous dans le chlorhydrate d'ammoniaque, et par le chlorhydrate d'ammoniaque seul. Il se dissout dans ce dernier sel en formant une liqueur décomposable à l'ébullition en allylène et chlorure d'argent pur :

$$C^3H^3Ag + AzH^4Cl = AgCl + C^3H^4 + AzH^3.$$

L'iode, dissous dans l'eau à l'aide de l'iodure de potassium, attaque l'argentallylène ; il se forme un corps oléagineux qui, lorsqu'on distille, passe avec les vapeurs aqueuses : c'est l'allylène iodé C^3H^3I ; sa densité est de 1,7 environ ; son point d'ébullition est situé vers 98°. Il est peu soluble dans l'alcool et dans l'eau, très-soluble dans l'éther ; son odeur est irritante. Il cède difficilement l'iode par voie de substitution, mais il peut se combiner avec lui pour former le corps cristallisé C^3H^3I, I^2. On peut encore l'obtenir en traitant l'argentallylène par une solution d'iode dans l'éther, tant que l'iode est absorbé ; on ajoute ensuite une nouvelle quantité d'iode égale à la première, et on abandonne le tout pendant 8 jours dans un flacon bouché.

On enlève alors l'excès d'iode avec un peu de potasse étendue, et on chasse l'éther par l'évaporation. Il se dépose des cristaux qui s'altèrent promptement à la lumière. Ils fondent à 64° et se décomposent vers 78°. La potasse sèche leur fait perdre I^2 en reproduisant l'allylène iodé.

Le brome se combine avec C^3H^3I avec une grande énergie, en faisant entendre un sifflement et en dégageant de la chaleur ; il se forme le corps $C^3H^3I.Br^2$. C'est une huile dense.

L'argentallylène délayé dans l'eau, traité par le brome, donne le composé $C^3H^3Br.Br^2$, qui par la distillation passe avec les vapeurs aqueuses et se présente sous forme d'une huile incolore. Ce bromure se décompose lorsqu'on le distille ; il laisse un résidu brun, et dégage de l'acide bromhydrique ; il passe en même temps une petite quantité d'une huile qui paraît être du dibromure d'allylène

$$C^3H^4Br^2.$$

Dérivés de l'allylène, éther argenté et éthers substitués capables de fixer du brome et de l'iode. — On sait que le tribromure d'allyle $C^3H^5Br^3$, isomère du bromure de propylène bromé, perd successivement par l'action prolongée de la potasse alcoolique 2 fois HBr, pour former les composés $C^3H^4Br^2$ et C^3H^3Br. Ce dernier, en réagissant à son tour sur la potasse alcoolique, qui agit comme de l'éthylate de potassium

$$\begin{matrix}C^2H^5\\K\end{matrix}\right\}O,$$

donne, par la substitution du résidu oxéthyle C^2H^5O à Br, un éther mixte $\begin{matrix}C^3H^3\\C^2H^5\end{matrix}\right\}O$:

$$C^3H^3Br + \begin{matrix}C^2H^5\\K\end{matrix}\right\}O = KBr + \begin{matrix}C^3H^3\\C^2H^5\end{matrix}\right\}O.$$

Cet éther possède la singulière propriété de fixer de l'argent par voie de substitution, comme l'allylène pour former l'éther argenté :

$$\begin{matrix}C^3H^2Ag\\C^2H^5\end{matrix}\right\}O.$$

On l'obtient en faisant bouillir longtemps le tribromure d'allyle avec la potasse alcoolique. On distille l'alcool, on l'étend d'eau pour en séparer une huile bromée, puis on verse dans la solution aqueuse une solution ammoniacale de nitrate d'argent ; il se forme un précipité volumineux d'un blanc éclatant : c'est l'éther argenté. Il ne paraît pas cristallisé. Si on l'approche d'une flamme, il fond avant de faire explosion et laisse un résidu qui brûle au contact de l'air en abandonnant de l'argent. Traité par les acides, il n'y a pas d'effervescence ; il se forme un éther d'apparence oléagineuse, plus léger que l'eau, et qui bout à 72° ; il renferme

$$\begin{matrix}C^3H^3\\C^2H^5\end{matrix}\right\}O.$$

On peut envisager ce corps comme étant de l'allylène C^3H^4 dans lequel H a été remplacé par le résidu oxéthyle C^2H^5O. Aussi, comme l'allylène, il peut fixer directement de l'iode et changer un atome d'hydrogène contre de l'argent. En effet, il précipite la solution argentique, et donne un précipité jaune avec la solution cuproso-ammoniacale. M. Liebermann donne le nom de *propargyle* au groupe C^3H^3, et celui d'*éthylate de propargyle* au groupe C^3H^3, C^2H^5O.

L'éther argenté

$$\left.\begin{array}{l}C^3H^2Ag\\C^2H^5\end{array}\right\}O$$

se comporte avec l'iode et le brome comme l'argentallylène; l'iode se substitue à l'argent, et l'on obtient un composé oléagineux qui cristallise à une basse température et qui répond à la formule

$$\left.\begin{array}{l}C^3H^2I\\C^2H^5\end{array}\right\}O.$$

Cette combinaison peut à son tour fixer encore de l'iode ou du brome pour former les corps

$$\left.\begin{array}{l}C^3H^2I.I^2\\C^2H^5\end{array}\right\}O \quad et \quad \left.\begin{array}{l}C^3H^2I.Br^2\\C^2H^5\end{array}\right\}O.$$

En employant, pour dissoudre la potasse, de l'alcool méthylique à la place de l'alcool ordinaire, et en suivant les procédés qui viennent d'être décrits plus haut, M. Liebermann est parvenu à obtenir un autre éther mixte dans lequel le radical méthyle CH^3 remplace le radical éthyle C^2H^5.

Cet éther $\left.\begin{array}{l}C^3H^3\\CH^3\end{array}\right\}O$ possède aussi la propriété de donner avec la solution argentique un précipité jaune citron, gélatineux, appelé *méthylate d'argento-propargyle* :

$$\left.\begin{array}{l}C^3H^2Ag\\CH^3\end{array}\right\}O,$$

et dans lequel 1 atome d'hydrogène du radical propargyle C^3H^3 se trouve remplacé par 1 atome d'argent.

Traité par l'iodure ioduré de potassium, cet éther donne par la distillation une huile qui se prend en belles aiguilles à une basse température (la substance solide ne fond qu'à $+ 12^\circ$), et dans laquelle 1 atome d'iode s'est substitué à l'atome d'argent. Ce composé est représenté par la formule

$$\left.\begin{array}{l}C^3H^2I\\CH^3\end{array}\right\}O.$$

On sait, d'après la belle réaction instituée par M. L. Carius, que l'acide hypochloreux $ClHO$ peut se fixer directement sur les carbures d'hydrogène de la série C^nH^{2n} et sur d'autres composés non saturés [*Ann. der Chem. u. Pharm.*, t. CXXXIV, p. 71 (nouv. sér. t. LVIII), avril 1865, et *Ann. de Chim. et de Phys.*, (4), t. V, p. 492].

Cet éminent chimiste a fait voir que l'épichlorhydrine pouvait se combiner avec cet acide et donner naissance à un composé nouveau, en vertu de la réaction suivante :

$$\left.\begin{array}{l}C^3H^4\\H\end{array}\right\}\begin{array}{l}O\\Cl\end{array} + ClHO = \left.\begin{array}{l}C^3H^4\\H^2\end{array}\right\}\begin{array}{l}O^2\\Cl^2\end{array}.$$

Ce composé est la dichlorhydrine d'un alcool tétratomique. M. Carius est parvenu à obtenir cet alcool en traitant la dichlorobromhydrine par la potasse :

$$\left.\begin{array}{l}C^3H^4\\H\end{array}\right\}\begin{array}{l}O\\Cl^2Br\end{array} + 3\,(KHO)$$
$$= KBr + 2\,(KCl) + \left.\begin{array}{l}C^3H^4\\H^4\end{array}\right\}O^4.$$

Alcool tétratomique.

La dichlorobromhydrine s'obtient en traitant la dichlorhydrine ordinaire par le brome; 1 atome de brome enlève 1 atome d'hydrogène à l'état d'acide bromhydrique et un second atome de brome se substitue à la place de l'atome d'hydrogène enlevé : '

$$\left.\begin{array}{l}C^3H^5\\H\end{array}\right\}\begin{array}{l}O\\Cl^2\end{array} + 2Br = HBr + \left.\begin{array}{l}(C^3H^4)^{IV}\\H\end{array}\right\}\begin{array}{l}O\\Cl^2Br\end{array}.$$

Cet alcool tétratomique, nommé par M. Carius *propyl-phycite*, est une masse solide, molle, incolore, amorphe et possédant une saveur sucrée. On voit que cet alcool correspond à un alcool tétratomique de l'allylène :

$$\left.\begin{array}{l}(C^3H^4)^{IV}\\H^4\end{array}\right\}O^4.$$

Il est donc permis de supposer, jusqu'à ce que l'expérience ait prononcé sur cette hypothèse, que la propyl-phycite est isomère avec l'alcool allylénique tétratomique, si elle n'est identique avec lui.

Modes de formation de l'allylène. — Le procédé le plus usité pour obtenir l'allylène est celui qui a été indiqué par Sawitsch [*Compt. rend. de l'Acad. des sciences*, t. LII, p. 399]. Il consiste à traiter le propylène bromé C^3H^5Br par l'alcool sodé :

$$C^3H^5Br + \left.\begin{array}{l}C^2H^5\\Na\end{array}\right\}O = C^3H^4 + \left.\begin{array}{l}C^2H^5\\H\end{array}\right\}O + \left.\begin{array}{l}Br\\Na\end{array}\right\}.$$

L'opération se fait dans des matras en verre vert scellés à la lampe et qu'on chauffe au bain-marie pendant quelques heures. L'allylène est recueilli à l'aide d'un tube en caoutchouc : un des bouts est placé sur la pointe effilée du matras, et l'autre plonge sous une cloche remplie d'eau saturée de chlorure de sodium; comme il y a une assez forte pression dans le ballon, il suffit d'en casser la pointe pour que l'allylène se rende dans la cloche. Lorsque le dégagement du gaz se ralentit, on chauffe doucement le contenu du ballon en élevant la température jusqu'au point d'ébullition de l'alcool. On facilite ainsi le dégagement de l'allylène retenu par ce liquide dans lequel il est très-soluble.

L'allylène se produit encore en traitant par l'éthylate de soude, comme l'a fait M. Friedel, le chlorure C^3H^5Cl, identique avec le propylène chloré et obtenu par l'action du perchlorure de phosphore sur l'acétone [*Bull. de la Soc. chim.*, (1864), t. II, p. 96].

Le dichlorure de dichloracétone $C^3H^4Cl^2.Cl^2$, ainsi que le dichlorure et le tétrachlorure de glycide $C^3H^4Cl^2$ et $C^3H^4Cl^4$, traités par le sodium, donnent naissance à l'allylène [*Ann. der Chem. u. Pharm.*, t. CXXXIII, p. 3 (nouv. sér., t. LVII), janvier 1865, et *Ann. de Chim. et de Phys.*, (4), t. V, p. 500]. La réaction est très-énergique. Pour éviter l'explosion, il est nécessaire de mélanger ces chlorures avec quatre à cinq fois leur volume d'hydrocarbures bouillant de 100° à 120°, et provenant de la rectification de la benzine du commerce. On chauffe doucement, et le gaz allylène qui se dégage est recueilli dans une solution ammoniacale de protochlorure de cuivre, d'où on l'isole à l'état de pureté en traitant l'allylénure de cuivre par l'acide chlorhydrique dilué. E. C.

ALLYLIQUES (COMBINAISONS). — Voyez ALLYLE.

ALMANDIN ou **ALMANDINE.** — Voyez GRENAT.

ALOÈS. — [Dingler's. *Polytechnisches Journal*, t. LXVIII, p. 64; t. LXXVII, p. 135; t. LXXXIX, p. 158; t. CXXXIV, p. 289; t. CXXXV, p. 312; t. CXXXVII, p. 238. — *Compt. rend. de l'Acad. des sciences*, t. IX, 820. — *Bull. de la Soc. d'encour.*, t. LIV, p. 669. — *Journ. für prakt. Chem.*, t. LXXXIV, p. 434. — *Ann. der Chem. u. Pharm.*, t. CXXXIV, p. 229 et 236. — *Bull. Soc. ind. de Mulh.*, t. XXVI, p. 149. — *Rép. de Chim. pure*, 1862, p. 363; 1863, p. 530. — *Bull. de la Soc. chim. de Paris*, 1865, t. IV, p. 283. — *Journ. de Pharm. et de Chim.*, septembre 1861.] C'est le suc desséché de plusieurs espèces d'aloès, plantes de la famille des Asphodèles, originaires du Cap et cultivées dans les Indes orientales et occidentales, en Égypte, en Grèce, etc. Le suc efficace est renfermé dans les vaisseaux laticifères, situés au-dessous de l'épiderme. Il est brun jaunâtre, très-amer.

Le procédé le plus avantageux pour obtenir un beau produit consiste à couper les feuilles près de leur origine et à les suspendre au-dessus d'un vase récipient. Le suc qui s'écoule librement est séché au soleil; l'expression de la plante ou l'extraction par l'eau chaude, suivie d'une évaporation, donne des résultats défectueux. On distingue plusieurs sortes d'aloès : 1° l'aloès du Cap, fourni par l'*Aloe spicata, arborescens, lingua;* 2° l'aloès socotrin, préparé avec l'*Aloe socotrina,* dans l'île de ce nom; 3° l'aloès hépatique, foie d'aloès. Il vient des Indes, de Grèce, d'Égypte, et s'obtient par l'expression et la concentration du suc; 4° l'aloès Barbade. Les feuilles de l'*Aloe arborescens* sont plongées dans l'eau bouillante, exprimées, et le suc est concentré.

Ce suc desséché est d'apparence résineuse, en morceaux bruns à reflets verdâtres; sa poudre est jaune ou jaune brun; sa saveur est amère, son odeur forte et aromatique.

D'après Stenhouse, le suc d'aloès contient : 1° un principe jaune, cristallisable, soluble dans l'eau froide, l'*aloïne;* 2° une substance résineuse, soluble dans l'eau bouillante, l'*aloétine.* On obtient l'aloïne ou amer d'aloès en épuisant l'aloès Barbade par l'eau froide, après l'avoir mélangé à du sable quartzeux. Le liquide, évaporé à consistance d'extrait sirupeux, dépose, au bout de quelques semaines, des cristaux grenus et peu volumineux. Les autres variétés d'aloès donnent des extraits aqueux qui ne cristallisent pas.

M. Kosmann, qui a étudié l'aloès du Cap, y a constaté l'existence de deux produits, l'un soluble dans l'eau, l'autre insoluble. Ils sont susceptibles de se dédoubler tous deux, par l'ébullition avec l'acide sulfurique étendu, en glucose et en plusieurs corps résineux. D'après lui, le principe aloétique est très-oxydable, surtout en présence des alcalis. L'aloïne constituerait la forme primitive de l'aloès, telle qu'elle se trouve dans les cellules laticifères de l'*Aloe spicata;* sous cette forme elle est cristalline et peu colorée; dès qu'elle subit l'action de l'air, de l'eau et de la chaleur, elle devient amorphe et brune. L'aloïne primitive

$$3 \, (C^{17} H^{18} O^7)$$

en s'hydratant et en s'oxydant, pendant la concentration du suc, donne l'aloès soluble ($C^{17} H^{22} O^{10}$) et l'aloès insoluble ($C^{51} H^{60} O^{27}$) :

$$3 \, (C^{17} H^{18} O^7) + O^3 + 6 \, H^2 O = 3 \, (C^{17} H^{22} O^{10}),$$
Aloès soluble.

$$3 \, (C^{17} H^{18} O^7) + O^3 + 6 \, H^2 O = C^{51} H^{66} O^{30},$$
Aloès insoluble.

ALOÏNE. — Aiguilles prismatiques; saveur douceâtre au début, puis très-amère. Peu soluble à froid dans l'eau et l'alcool; plus soluble à chaud; neutre. Ses solutions sont d'un jaune clair; elle se dissout en orangé dans les alcalis.

Formule d'après Stenhouse, $C^{17} H^{18} O^7$. Elle se transforme facilement en un corps amorphe, par l'oxygène de l'air. On doit la considérer comme un glucoside.

L'*aloès soluble,* produit par l'altération de l'aloïne, est jaune, amorphe, formé de grains agglomérés. Il se dédouble par l'ébullition avec l'acide sulfurique étendu en un acide résineux, *aloérétique* ($C^{30} H^{34} O^{15}$?), en acide aloérésique, en aloérétine ($C^{30} H^{58} O^{10}$) et en glucose. Par une ébullition de 2 heures avec l'acide sulfurique, on obtient, en

effet, un précipité et une liqueur glucosique; le précipité est dissous dans l'alcool, le liquide est évaporé à sec et le résidu est repris par l'éther, qui en dissout une partie. Par l'évaporation spontanée, il reste une résine acide, jaune brun, formée de grains microscopiques cristallins (acide aloérésique). La solution glucosique est précipitée par l'acétate de plomb, le précipité lavé est décomposé par l'hydrogène sulfuré; le sulfure de plomb est épuisé par l'alcool, et la solution alcoolique est évaporée à sec; elle donne une masse brune brillante, formée de tables rhomboïdales (acide aloérétique). La partie insoluble dans l'éther, restant après la dissolution de l'acide aloérésique, redissoute dans l'alcool, donne par l'évaporation spontanée des plaques foncées, amorphes, neutres (aloérétine). L'acide aloérésique, 2 ($C^{15} H^{16} O^7$), est soluble dans l'éther et l'alcool. L'acide aloérétique est insoluble dans l'éther, peu soluble dans l'alcool, peu amer, acide au tournesol. L'aloérétine, neutre, est soluble dans l'alcool, insoluble dans l'éther et l'eau. D'après Kosmann, l'acide aloérésique en s'oxydant fournirait l'aloérétine :

$$C^{30} H^{32} O^{14} + 9 \, O + 8 \, H^2 O = C^{30} H^{48} O^{10}.$$
Ac. Aloérésique.   Aloérétine.

ALOÈS INSOLUBLE, $C^{102} H^{130} O^{59}$ (?) ou $C^{51} H^{66} O^{30}$. — Insoluble dans l'eau, soluble dans l'alcool, jaune. La solution alcoolique, évaporée à sec, donne des grains jaunes transparents et brillants. Bouillie avec l'acide sulfurique étendu, elle donne une masse résineuse que l'éther sépare en deux parties : l'une soluble (acide aloérésinique), cristallisant en arborisations et ayant pour formule $C^{15} H^{16} O^6$; l'autre insoluble (acide aloérétinique) $C^{15} H^{18} O^8$.

100 p. d'aloès du Cap ont donné : aloès soluble, 59,450; aloès insoluble, 32,433; matières étrangères (ulmate, carbonate de potasse, sulfate, carbonate et phosphate de chaux), 8,117.

En résumé nous avons, l'aloïne

$$C^{51} H^{54} O^{21} = 3 \, (C^{17} H^{18} O^7)$$

qui donne en s'oxydant :

a. L'aloès soluble $C^{51} H^{66} O^{30}$ qui se dédouble en glucose, acide aloérésique ($C^{15} H^{16} O^7$), acide aloérétique ($C^{30} H^{34} O^{15}$) et aloérétine ($C^{30} H^{48} O^{40}$);

b. L'aloès insoluble ($C^{102} H^{130} O^{59}$) ou isomère de l'aloès soluble, donnant en se dédoublant du glucose, de l'acide aloérésinique ($C^{15} H^{16} O^6$) et de l'acide aloérétinique ($C^{15} H^{18} O^8$). Toutes ces formules exigeraient, pour être admises, un contrôle plus sérieux.

DÉRIVÉS DE L'ALOÈS. — Sous l'influence de l'acide azotique, l'aloès donne deux composés nitrés colorants. Le premier, l'*acide aloétique,* se prépare en chauffant, au bain-marie, 8 p. d'acide azotique à 36° Baumé et 1 p. d'aloès. On enlève du feu dès que l'effervescence se manifeste. Lorsque celle-ci est calmée, on concentre et l'on ajoute de l'eau. Il se dépose une poudre jaune, composée d'acide aloétique impur et mélangée à de l'acide chrysammique. Les deux corps peuvent être isolés en utilisant l'insolubilité du dernier dans l'alcool chaud ou l'insolubilité du chrysammate de potasse dans l'eau. C'est une poudre orangée, cristalline, amère, peu soluble dans l'eau froide soluble dans l'eau chaude et l'alcool, soluble et rouge dans les alcalis fixes.

Avec l'ammoniaque on obtient une liqueur violette qui renferme une amide. Les aloétates alcalins sont solubles et cristallisables; les aloétates alcalino-terreux, terreux et métalliques, sont insolubles. Formule probable, $C^7 H^2 (Az O^2)^2 O$.

Sous l'influence d'un excès d'acide nitrique concentré et bouillant, l'acide aloétique se change en acide chrysammique $C^7 H^2 (Az O^2)^2 O^2$. On chauffe, au bain-marie, 8 kilog. d'acide nitrique à 36° Baumé et 1 kilog. d'aloès en morceaux. Quand l'effervescence est calmée, on ajoute encore 1 kilog. d'acide azotique et l'on continue à chauffer, tant qu'il se dégage un gaz; le liquide est versé dans l'eau; l'acide se sépare en flocons, qu'on lave par décantation. On obtient ainsi 40 à 50 gr. de produit sous forme de paillettes brillantes d'un beau jaune doré. Il se forme en même temps de l'acide oxalique et de l'acide picrique. L'acide chrysammique est très-peu soluble dans l'eau froide qu'il colore en pourpre, facilement soluble dans l'alcool et l'éther. Il fait explosion par la chaleur; l'acide sulfurique le décompose avec dégagement abondant de gaz et production d'un corps violet que l'ammoniaque dédouble en une substance bleue insoluble et en un produit bleu soluble. Les sulfures alcalins, en présence de la potasse, le transforment en un corps bleu, cristallisable par le refroidissement de la solution potassique. Cette substance (hydrochrysamide) offre l'apparence de belles aiguilles, rouges par réflexion et bleues par transparence, insolubles dans l'eau et l'alcool; le protochlorure d'étain agit de même. L'ammoniaque donne, avec l'acide chrysammique, deux amides : la chrysamide

$$C^7H^3(AzO^2)^2AzO$$

cristallisant en aiguilles brun rougeâtre, à reflets vert métallique, et l'acide chrysamidique

$$C^7H^5(AzO^2)^2AzO^3,$$

qui se présente sous forme d'aiguilles d'un vert olive foncé :

$$C^7H^2(AzO^2)^2O^2 + AzH^3$$
Ac. chrysammique.
$$= H^2O + C^7H^3(AzO^2)^2AzO$$
Chrysamide.
$$C^7H^2(AzO^2)^2O^2 + AzH^3 = C^7H^5(AzO^2)^2AzO^2.$$
Ac. chrysamidique.

Le premier corps se dépose par le refroidissement d'une solution d'acide chrysammique dans l'ammoniaque, maintenue quelque temps en ébullition. L'acide chrysamidique se sépare lorsqu'on ajoute de l'acide chlorhydrique à une solution bouillante de chrysamide. Il se dissout en pourpre dans l'eau. Les chrysamidates ressemblent aux chrysammates; ils dégagent de l'ammoniaque par la potasse caustique et détonent par la chaleur. *Sel de potasse* : petites aiguilles à reflets vert métallique. *Sel de baryum* : précipité rouge cristallin obtenu par double décomposition $C^7H^4Ba^{1/2}(AzO^2)^2AzO^2$. Les *chrysammates* sont peu solubles, à reflet doré verdâtre, détonent par la chaleur. Quelques-uns cristallisent facilement. *Sel de potasse* :

$$C^7HK(AzO^2)^2O^2.$$

Il cristallise sous forme de plaques rhomboïdales plates, de couleur d'or vierge sous une incidence perpendiculaire, et bleu pâle sous une incidence plus grande. Le faisceau réfléchi se compose de deux rayons polarisés à angle droit, l'un bleu pâle sous toutes les incidences, polarisé dans le plan de réflexion, l'autre variant du jaune doré jusqu'au violet, avec l'incidence.

Le rayon transmis est également formé de deux rayons polarisés à angle droit, l'un rouge-carmin, l'autre jaune pâle; à mesure que l'épaisseur augmente, la couleur des deux rayons se rapproche du carmin.

Il est soluble dans 1250 p. d'eau froide, assez soluble dans l'eau chaude, qu'il colore en rouge.

Sel de soude : semblable au sel potassique. *Sel de baryum* : précipité rouge vermillon, insoluble, formé par double décomposition. *Sel de calcium* : comme le précédent. *Sel de magnésium* : idem. *Sel de zinc* : petites aiguilles rouges. *Sel de cuivre* : aiguilles pourpre foncé, peu soluble dans

l'eau froide. *Sel de plomb* : poudre rouge brique, obtenu par double décomposition, insoluble. *Sel d'argent* : précipité brun foncé, peu soluble.

Suivant Mulder, la formation des acides aloétique et chrysammique serait précédée de celle d'un troisième acide amorphe résineux, l'acide aloérésinique.

L'aloès distillé avec la moitié de son poids de chaux vive donne 1 p. 100 d'une huile insoluble dans l'eau à odeur vive, bouillant à 130°. Densité $= 0{,}877$. Formule $C^8H^{12}O^3$. Cette huile fournit par les oxydants de l'acide carbonique et de l'hydrure de benzoïle :

$$C^8H^{12}O^3 + O^6 = C^7H^6O + CO^2 + 6H^2O.$$

On a donné à ce corps le nom d'*aloïsol* [Ed. Robiquet, *Journ. de Pharm.*, (8), t. X, p. 167, 241].

Le chlore produit avec le suc d'aloès un corps cristallisé volatil, très-riche en oxygène (chloralolle).

L'aloès est employé comme purgatif sous forme de pilules, d'élixir ou de teinture. On a aussi cherché à appliquer ses propriétés tinctoriales et surtout celles de ses dérivés nitriques pour la coloration des tissus. P. S.

ALOUCHI ou **ALUCHI** (**RÉSINE**). [Schulze, *Journ. de Pharm.*, t. X p. 1.]— Provient de Madagascar, où on la recueille, selon Valmont de Bomare, sur un arbre désigné dans cette île sous le nom de *timpei* ; selon d'autres sur le *Wintera aromatica*. — C'est une résine blanchâtre, à l'intérieur noirâtre, d'un goût aromatique, amer, poivré.

Bonastre y a trouvé 68 % d'une résine très-soluble dans l'alcool, 20 % d'une autre résine peu soluble dans ce véhicule, une huile d'une odeur désagréable, un acide libre et divers autres produits.

La résine peu soluble s'extrait en lavant la résine brute à l'alcool, épuisant le résidu par l'alcool bouillant, et filtrant; par refroidissement, elle se précipite en flocons, très-solubles dans l'éther, insolubles dans la soude.

Sous l'influence de la chaleur, elle fond en répandant une odeur particulière, mais sans noircir; à une plus haute température, elle se sublime en feuillets.

ALSTONITE (Min.). [Syn. *Bromlite, baryto-calcite en prismes droits.*] Carbonate de baryte et de chaux $BaCO^3$, $CaCO^3$. — Petites pyramides doubles hexagonales, d'apparence régulière, allongées, blanches, translucides, d'un éclat vitreux. A été trouvée dans les mines de plomb de Fallowfield et de Bromley-Hill (Angleterre).

Dureté, 2,5. Densité, 3,7.

Forme cristalline. Prisme orthorhombique de 118°50'; $b^{1/4}.b^{1/4}$ adj $= 122°30'$. Les pyramides hexagonales résultent de la pénétration de 6 cristaux octaédriques $b^{1/4}$, dont les axes verticaux se confondent. Clivages difficiles m, p.

Isomorphe avec la whitérite. Sa composition est la même que celle de la baryto-calcite en prismes obliques.

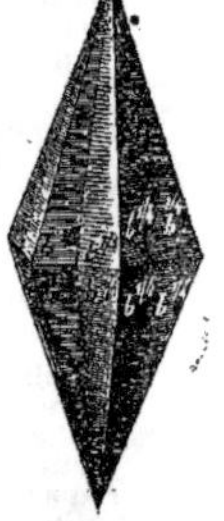

Fig. 18.
Alstonite.

ALTAÏTE (Min.). [Syn. *Plomb telluré.*] —Tellurure de plomb $Pb Te$; se trouve en masses ou, rarement, en cristaux cubiques dans les mines de Sawodinski, Altaï.

Éclat métallique, couleur d'un blanc d'étain, malléable.

Caractères. — Fond en un globule qui se volatilise au feu de réduction en colorant la flamme en bleu, et en laissant un faible résidu d'argent. Soluble dans l'acide azotique.

Dureté, 3-3,5. Densité, 8,16.

ALTHIONIQUE (ACIDE), $C^2 H^6 SO^4$. — Regnault prétend avoir obtenu cet acide en chauffant l'alcool avec un excès d'acide sulfurique concentré jusqu'à 160-180°, température où le gaz oléfiant commence à se dégager [Regnault, *Ann. de Chim. et de Phys.*, t. LXV, p. 98]. En employant parties égales d'acide et d'alcool, on n'obtient que de l'acide sulfovinique; on ne trouve pas non plus d'acide althionique dans les résidus de la préparation de l'éther. On peut, dans la préparation de cet acide, substituer l'éther à l'alcool.

Pour obtenir l'acide althionique libre, on décompose l'althionate de baryum par l'acide sulfurique jusqu'à cessation de précipité.

ALTHIONATES MÉTALLIQUES, *Althionate de baryum* $(C^2 H^5 SO^4)^2 Ba'' + 2 H^2O$. — Pour obtenir ce sel, on reprend par l'eau le mélange d'alcool et d'acide sulfurique qui a été chauffé entre 160° et 180°. On y ajoute un lait de chaux et l'on filtre. La chaux étant précipitée de la liqueur filtrée au moyen de l'acide oxalique, on filtre de nouveau, on sature par l'eau de baryte, on élimine l'excès de baryte au moyen d'un courant d'anhydride carbonique, on filtre une troisième fois et l'on évapore la liqueur dans le vide. La dissolution dépose des cristaux dès qu'elle est devenue sirupeuse. Le sel purifié par une deuxième cristallisation se présente en groupes sphériques formés de prismes très-fins et rayonnés. Ces cristaux sont inaltérables à l'air, mais dans le vide ils perdent 8,59 % d'eau.

L'althionate de baryum est plus soluble que l'éthylsulfate et cristallise plus aisément; la solution devient acide par une ébullition prolongée, et dépose alors beaucoup de sulfate de chaux. Saturée par la baryte, la liqueur acide donne un sel soluble.

Les sels de *chaux* et de *cuivre* s'obtiennent par l'action directe de l'acide althionique libre sur la chaux ou l'oxyde de cuivre. Le sel de chaux est incristallisable et celui de cuivre forme des lames rhomboïdales très-minces. L'angle aigu des rhombes est d'environ 60°.

Magnus prétend n'avoir jamais trouvé d'acide althionique dans les résidus de la préparation du gaz oléfiant [*Ann. de Poggend.*, t. XLVII, p. 523]. Ces résidus renferment seulement, suivant ce chimiste, de l'acide iséthionique, de l'acide éthionique et quelquefois aussi de l'acide sulfovinique. Tous ces corps répondent d'ailleurs à la formule que M. Regnault attribue à l'acide althionique, avec lequel ils sont isomères.   A. N.

ALUMIANE (Min.). [Breithaupt, *Berg. u. Hütten-Zeit.*, t. XVII, p. 53.] — Sulfate d'alumine anhydre des mines de la sierra de Almagrera. D'après le dosage d'alumine fait par M. Utendörffer, sa formule serait $Al^2 O^3 2 SO^3$.

Caractères. — Blanc; en masses vitreuses et en petits cristaux microscopiques, probablement rhomboédriques. Inaltérable au chalumeau, ne perd qu'un peu d'eau hygrométrique.

Dureté, 2-3. Densité, 2,70-2,78.

ALUMINE. — Voyez ALUMINIUM.

ALUMINE FLUATÉE. — Voyez FLUELLITE.

ALUMINE FLUATÉE SILICEUSE. — Voyez TOPAZE.

ALUMINE HYDRATÉE. — Voyez DIASPORE.

ALUMINE HYDROSILICATÉE. — Voyez ALLOPHANE et ARGILES.

ALUMINE PHOSPHATÉE. — Voyez WAWELLITE.

ALUMINE SOUS-SULFATÉE ALCALINE. — Voyez ALUNITE.

ALUMINE SULFATÉE. — Voyez ALUNOGÈNE.

ALUMINITE. — Voyez WEBSTÉRITE.

ALUMINIUM. — *Historique.* — Jusqu'en 1827 on n'avait pu isoler les métaux des terres, parce que ces corps, irréductibles par le charbon, l'hydrogène et les autres métaux, sont de plus dénués de tout pouvoir conducteur pour l'électricité. Aussi tous les efforts tentés par Davy, Berzelius et OErsted pour décomposer l'alumine par la pile n'eurent-ils point de succès. OErsted, qui venait de découvrir le chlorure d'aluminium, essaya inutilement de le décomposer par les métaux alcalins; cette remarquable méthode, qui fait époque dans l'histoire des métaux, ne devait donner de bons résultats qu'entre les mains de M. Wöhler. Cet illustre chimiste parvint à isoler l'aluminium, puis le glucinium et le zirconium [*Ann. de Chim. et de Phys.*, t. XXXVII, p. 66]. Depuis cette époque divers chimistes ont généralisé ce procédé et obtenu, à son aide, beaucoup d'autres métaux.

L'aluminium ainsi préparé constituait une poudre grisâtre, manquant de la plupart des propriétés physiques des métaux, et ce ne fut qu'en 1845 que M. Wöhler parvint à l'obtenir en petits globules d'apparence métallique et malléables, sur lesquels il put constater les propriétés principales de ce corps [*Ann. der Chem. u. Pharm.*, t. LIII, p. 422 et *Annuaire de Millon et Reiset*, 1846, p. 122]. On était bien loin de se douter à cette époque que l'aluminium pût devenir un métal usuel; cette découverte, résultant d'une étude plus approfondie du métal obtenu à l'état de pureté parfaite, était réservée à M. H. Sainte-Claire Deville (1854).

La préparation industrielle de l'aluminium a présenté de très-grandes difficultés, parce qu'il fallut créer trois autres industries annexes qui fournissent les matières nécessaires à cette préparation, c'est-à-dire l'alumine, le chlorure d'aluminium et le sodium. Ces difficultés sont heureusement surmontées, et la fabrication de l'aluminium est aujourd'hui une opération constante et régulière.

Les recherches de M. Deville, commencées au laboratoire de l'École normale, furent d'abord continuées à Javel [*Ann. de Chim. et de Phys.*, (3), t. XLIII, p. 5, et XLVI, p. 415. *De l'aluminium, ses propr., etc.* Mallet-Bachelier]. C'est de cette usine que provenait le métal des lingots et des divers objets d'aluminium qui figuraient à l'exposition de 1855. L'année suivante, M. Deville, associé à MM. Debray, Morin et Rousseau, établit dans l'usine de MM. Rousseau, à la Glacière, les procédés qui, perfectionnés à Nanterre sous la direction de M. Morin, sont employés aujourd'hui dans les usines où l'on fabrique ce métal.

Il faut ajouter qu'en 1855 le docteur Percy présenta à la Société royale de Londres un échantillon d'aluminium extrait de la cryolithe, fluorure double d'aluminium et de sodium que l'on trouve seulement au Groënland. M. H. Rose a publié sur ce sujet un mémoire détaillé qui a été reproduit dans les *Ann. de Chim. et de Phys.*, (3), t. XLV, p. 369), et en 1856 les frères Tissier fondèrent à Amfreville, près de Rouen, une usine où l'aluminium fut préparé par ce procédé pendant plusieurs années.

Propriétés physiques. — L'aluminium est un métal blanc bleuâtre, susceptible de prendre comme l'argent un beau mat qui se conserve indéfiniment à l'air. On obtient ce mat en plongeant le métal, d'abord dans un dissolution diluée de soude pour attaquer légèrement l'aluminium, puis on le lave dans l'acide azotique ordinaire pour dissoudre les métaux étrangers qui peuvent souiller sa surface. On peut également le polir et le brunir.

L'aluminium pur est sans odeur et sans saveur. Mais s'il contient du silicium, ce qui arrive souvent, il exhale la même odeur que la fonte de fer, odeur due à la production d'hydrogène silicié; dans ce cas il a naturellement un léger goût de fer. Il est aussi malléable que l'or et l'argent; c'est le seul des métaux qui puisse comme eux être amené par le battage en feuilles d'une minceur extrême, on l'obtient facilement en fils très-fins aussi tenaces que ceux de l'argent, à la condition de le recuire souvent à une douce chaleur.

L'aluminium en lingot rend, lorsqu'on le frappe après l'avoir suspendu à un fil, un son aigu et prolongé, comparable pour la pureté à celui du cristal; cette propriété n'a reçu jusqu'ici aucune application bien importante.

L'aluminium fondu a pour densité 2,50, elle peut s'élever par le travail jusqu'à 2,67. Cette légèreté spécifique, l'une des propriétés les plus remarquables de ce métal, le rend particulièrement propre à tous les usages où le poids considérable des autres métaux est un inconvénient (fabrication des fléaux de balance de précision, tubes de lorgnettes et de lunettes, etc.).

Le point de fusion de l'aluminium est intermédiaire entre celui de l'argent et celui du zinc; c'est donc un métal facilement fusible, mais il est fixe à toutes les températures.

Sa conductibilité électrique est, d'après M. Deville, comparable à celle de l'argent; elle serait huit fois celle du fer, c'est-à-dire qu'un fil d'aluminium oppose au passage d'un courant la même résistance qu'un fil de fer de même section, mais de longueur huit fois moindre. Sa conductibilité pour la chaleur n'a pas été jusqu'ici le sujet d'expériences précises de la part des physiciens; l'expérience suivante montre qu'elle est comparable à celle de l'argent. Si l'on chauffe trois fils d'aluminium, d'argent et de cuivre, en leur point de croisement, on verra que la chaleur se propage de manière à pouvoir fondre une boule de cire placée sur chaque fil à la même distance du point de croisement, d'abord sur le fil d'aluminium, puis sur le fil d'argent et enfin sur le fil de cuivre.

La chaleur spécifique de l'aluminium est 0,2181; elle est de beaucoup supérieure à celle de tous les métaux usuels, comme on pouvait d'ailleurs le prévoir à l'inspection de son poids atomique très-petit. C'est parce que sa chaleur spécifique est considérable en même temps que son pouvoir émissif est petit, que l'aluminium chauffé se refroidit avec bien plus de lenteur que tous les autres métaux.

Propriétés chimiques. — *Action des corps simples.* — L'air sec et humide est sans action sur l'aluminium. Ce métal *pur* ne s'oxyde pas lorsqu'on le fond, et c'est à peine s'il s'altère à sa surface quand on le soumet à la température extrême du chalumeau à hydrogène et à oxygène; il brûle au contraire avec vivacité dans ces circonstances s'il contient du silicium, parce qu'il se forme alors du silicate d'alumine. C'est ce que montre l'expérience suivante de M. H. Sainte-Claire Deville. « On met un peu de verre pulvérisé sur un têt, et au milieu un globule d'aluminium qu'on chauffe directement, sans qu'il s'oxyde, avec le dard du chalumeau à gaz oxygène et hydrogène. Mais si l'on fond le verre environnant et qu'on entoure pendant quelque temps de verre fondu le globule d'aluminium, celui-ci se charge peu à peu de silicium, et, quand la proportion est suffisante, l'aluminium silicié s'enflamme et brûle avec un éclat très-remarquable, au moment où, avec la flamme du chalumeau, on découvre le bain métallique. » [*De l'Aluminium, ses propriétés, sa fabrication, ses applications*, par M. H. Sainte-Claire Deville, p. 24.] D'après Wöhler l'aluminium battu chauffé dans l'oxygène y brûle avec vivacité. Ce fait démontre l'influence de la division de la matière dans les réactions chimiques (*Ann. der Chem. u. Pharm.*, t. CXIII, p. 249).

Le soufre n'attaque l'aluminium qu'à une température très-élevée. Aussi peut-on fondre l'aluminium cuivreux ou ferrugineux avec du polysulfure de potassium sans altérer ce métal; le cuivre et le fer sont seuls sulfurés; mais on ne peut malheureusement pas employer ce procédé pour purifier l'aluminium, à cause de la protection qu'il exerce sur les métaux étrangers. Il faut remarquer que l'or et l'argent se sulfureraient dans ces circonstances.

Le charbon, l'azote, le phosphore et l'arsenic n'agissent point sur l'aluminium, qui se combine au contraire facilement, à une température plus ou moins élevée, avec le chlore, le brome, l'iode, le silicium et le bore.

L'aluminium ne s'amalgame pas, mais il s'unit facilement avec la plupart des métaux; nous étudierons avec chacun de ces métaux les plus importants de ces alliages.

Action des corps composés. — L'aluminium *pur* ne décompose pas l'eau au rouge, c'est à peine s'il la décompose à la température la plus élevée que l'on puisse produire dans un fourneau àréverbère. Il n'en est pas de même du métal qui contient des traces de sodium, ou qui est souillé par des scories contenant des fluorures ou du chlorure d'aluminium; la soude ou les produits acides que se forment alors en présence de l'eau attaquent énergiquement l'aluminium.

L'hydrogène sulfuré, qui attaque si facilement la plupart des métaux, est sans action sur l'aluminium, à cause du peu d'affinité du soufre pour ce métal; il en est de même du sulfure d'ammonium. L'aluminium exerce sur le sulfure d'argent une action remarquable et qui met bien en évidence son peu d'affinité pour le soufre. Ces deux corps chauffés ensemble donnent un alliage d'argent avec dégagement de soufre. Il ne se forme qu'un peu de sulfure d'aluminium, qui se trouve dans la scorie. Les sulfures de fer, de zinc, de cuivre, sont sans action sur ce métal [Ch. Tissier, *Compt. rend.*, t. LII, p. 931, et *Répert. de Chim. pure*, 1861, t. III, p. 247].

L'acide sulfurique étendu dans les proportions les plus convenables pour l'attaque du zinc n'exerce qu'une faible action sur l'aluminium; aussi peut-on laisser pendant plusieurs mois des globules d'aluminium pur dans de l'acide sulfurique dilué; l'acide, traité ensuite par l'ammoniaque, ne donne qu'un faible précipité d'alumine.

L'acide azotique, faible ou concentré, n'agit pas à la température ordinaire sur l'aluminium. A l'ébullition, la dissolution du métal s'effectue avec une extrême lenteur. On peut donc remplacer, dans la pile de Grove, la lame de platine par une lame d'aluminium.

Le véritable dissolvant de l'aluminium est l'acide chlorhydrique, qui dissout d'autant mieux ce métal qu'il est plus concentré. Toutefois le métal pur s'attaque bien plus lentement que lorsqu'il est impur. Si l'aluminium contient du silicium, l'hydrogène dégagé est encore plus infect que celui de la fonte de fer, parce qu'il contient une proportion notable d'hydrogène silicié. Il peut alors rester un résidu composé de silicium mélangé de protoxyde de silicium, et quelquefois d'alliages de silicium et d'aluminium cristallisés en octaèdres réguliers ou en tétraèdres. On reconnaît facilement le protoxyde de silicium en traitant le résidu par l'acide fluorhydrique qui dissout ce protoxyde en dégageant de l'hydrogène et forme alors de l'acide hydrofluosilicique; le silicium reste inattaqué.

L'acide chlorhydrique gazeux bien desséché attaque facilement l'aluminium à une température peu élevée; il se forme du chlorure d'aluminium anhydre très-volatil et de l'hydrogène. La facilité avec laquelle le gaz chlorydrique agit sur l'aluminium fait admettre à M. H. Sainte-Claire Deville que c'est l'acide lui-même et non l'eau qui se trouve décomposé lorsqu'on fait agir la dissolution d'acide chlorhydrique sur le métal; on s'expliquerait alors pourquoi l'acide agit d'autant mieux qu'il est plus concentré, et la différence d'action entre la dissolution de l'acide chlorhydrique et celle de l'acide sulfurique qui est presque inactive sur ce métal. La même remarque pourrait être faite relativement à l'étain [*De l'Aluminium*, p. 29].

Les dissolutions alcalines de potasse ou de soude dissolvent facilement l'aluminium avec dégagement d'hydrogène, en produisant des aluminates solubles de potasse ou de soude. Cependant l'aluminium résiste au rouge naissant à l'action des hydrates de potasse ou de soude en fusion.

La dissolution d'ammoniaque n'agit que faiblement sur l'aluminium. D'après Wöhler, l'alumine résultant de cette action se dissout en partie dans la solution alcaline. Le gaz ammoniac n'a aucune action sur le métal.

Les acides organiques, tels que l'acide acétique, l'acide tartrique (ou le tartre du vin), n'exercent qu'une action insensible sur l'aluminium; mais si l'on ajoute du sel marin à l'acide acétique, l'aluminium est légèrement attaqué comme il le serait par un acide chlorhydrique extrêmement dilué. Il n'en peut résulter dans la pratique aucun danger, parce que les sels d'alumine ne sont pas vénéneux. L'étain, qui est employé depuis si longtemps aux usages culinaires, s'attaque autant que l'aluminium dans ces circonstances sans qu'il en soit jamais résulté d'inconvénients appréciables.

Les dissolutions de sel marin et de chlorure de potassium n'agissent point sur l'aluminium, ou du moins, quand il y a eu action, elle a toujours été extrêmement faible, et, dans ce cas, il est très-probable que la production d'une petite quantité d'alumine était due à l'influence de la scorie contenue dans l'aluminium et qu'il n'est pas toujours facile d'éliminer si l'on n'opère pas sur de grandes quantités de métal. Les autres chlorures métalliques agissent, au contraire, facilement sur l'aluminium, qui déplace en général leur métal. Le chlorure d'aluminium lui-même, s'il est en dissolution dans l'eau, attaque l'aluminium avec dégagement d'hydrogène, en produisant un sous-chlorure hydraté.

L'aluminium, qui est sans action sensible sur les acides azotique et sulfurique, ne précipite pas pour cette raison les métaux des dissolutions des azotates et des sulfates métalliques, tels que l'argent ou le cuivre; il précipiterait, au contraire, les métaux, tels que le plomb, de leurs dissolutions alcalines, par suite de sa tendance à former des aluminates.

L'action des azotates, borates et silicates alcalins peut être également prévue si l'on tient compte de la propriété acide de l'alumine vis-à-vis des alcalis. On peut fondre l'aluminium en présence du nitre dans un creuset de fonte préalablement oxydé; il se dégage alors de l'oxygène, qui est sans action sur le métal; mais si l'on chauffe davantage, de manière à transformer un peu d'azotite en potasse, la présence de cette base énergique détermine l'oxydation rapide du métal et la production d'aluminate de potasse. Si l'on opérait dans un creuset de terre, il se formerait bientôt du silicate de potasse que l'aluminium réduirait pour former un siliciure éminemment oxydable, comme nous l'avons dit plus haut.

L'aluminium impur, fondu en présence du nitre, peut donc se purifier par suite de l'oxydation des métaux qui l'accompagnent sous l'influence du dégagement d'oxygène. On a souvent employé cette méthode pour éliminer les métaux étrangers alliés à l'aluminium.

Les borates et les silicates sont décomposés par l'aluminium à une température élevée; il y a production d'aluminates de bore ou de silicium que l'on trouve alliés à l'excès d'aluminium.

Préparation de l'aluminium. — Nous indiquerons d'abord, d'après M. H. Sainte-Claire Deville [*De l'Aluminium*, etc., p. 84], comment on pourrait préparer l'aluminium chimiquement pur dans les laboratoires, si celui du commerce ne pouvait convenir à certaines recherches particulières.

Préparation pur dans les laboratoires. — « On prend un gros tube de verre de 4 centimètres de diamètre environ, on y introduit 200 à 300 grammes de chlorure d'aluminium pur (exempt de fer) qu'on isole entre deux tampons d'amiante. Par une des extrémités du tube, on fait arriver de l'hydrogène bien purgé d'air et sec [1] : on chauffe dans ce courant de gaz le chlorure d'aluminium, à l'aide de quelques charbons, afin de chasser l'acide chlorhydrique et les chlorures de soufre et de silicium dont il est toujours imprégné. On introduit ensuite dans le tube des nacelles de porcelaine aussi grandes que possible, contenant chacune quelques grammes de sodium préalablement écrasé entre deux feuilles de papier à filtrer bien sec. Le tube étant plein d'hydrogène, on fond le sodium, on chauffe le chlorure d'aluminium qui distille et se décompose au contact du sodium avec une incandescence que l'on modère à volonté. L'opération est terminée quand tout le sodium a disparu et que le chlorure de sodium a absorbé assez de chlorure d'aluminium pour en être saturé. Alors l'aluminium baigne dans le chlorure double d'aluminium et de sodium, composé très-fusible et volatil. On extrait les nacelles des tubes de verre, on en fait entrer le contenu tout entier dans les nacelles de charbon de cornue que l'on a préalablement chauffées dans du chlore sec pour les débarrasser de toute matière siliceuse ou ferrugineuse. On les introduit dans un grand tube de porcelaine muni d'une allonge et traversé par un courant d'hydrogène sec et exempt d'air. On chauffe au rouge vif : le chlorure d'aluminium et de sodium distille sans décomposition, on le recueille dans l'allonge et l'on trouve après l'opération, dans chaque nacelle, tout l'aluminium rassemblé en un ou deux petits culots au plus. Les nacelles doivent être entièrement dépouillées de chlorure double d'aluminium et de sodium et même de sel marin quand on les retire du tube. On réunit les culots d'aluminium dans un petit creuset de terre qu'on chauffe aussi faiblement que possible, de manière cependant à fondre le métal, et on l'écrase avec une petite baguette en terre ou avec un tuyau de pipe. Le métal se rassemble et on le coule dans une lingotière de fonte bien propre. »

Les dernières précautions ont principalement pour but d'empêcher l'attaque du creuset qui a lieu surtout quand on fond le métal avec un fondant; dans ce cas, l'aluminium est plus ou moins silicié.

Préparation industrielle de l'aluminium. — Nous renverrons le lecteur qui désirerait connaître les diverses phases par lesquelles a successivement passé la fabrication de l'aluminium entre les mains de M. Deville et de ses collaborateurs, au livre que ce savant a publié sur ce métal. Nous n'indiquerons ici que le procédé actuellement suivi à l'usine de Salyndres, où se continue aujourd'hui le mode de fabrication de l'aluminium, perfectionné à Nanterre. On réduit le chlorure double d'aluminium et de sodium (plus facile à conserver et à manier que le chlorure simple) par le sodium dans un four à ré-

(1) Pour cela on fait passer le gaz au travers d'une boule remplie d'un mélange d'éponge et de noir de platine et légèrement chauffée. On le dessèche ensuite avec de la potasse en bâtons.

verbère de forme spéciale. Comme ces deux substances ne fournissent qu'un métal extrêmement divisé, il faut ajouter un fondant approprié au mélange pour rassembler l'aluminium; on se sert aujourd'hui, à cet effet, de la cryolithe, fluorure d'aluminium et de sodium naturel.

Le four à réverbère où s'effectue la réaction présente cette particularité remarquable, que la flamme du foyer, employée au commencement à chauffer la sole et la voûte du four, comme dans les fours ordinaires, peut, pendant la réaction, être conduite dans la cheminée au moyen de deux conduits ou carneaux pratiqués dans l'autel [1]. Ces deux conduits sont ordinairement fermés par deux plaques de tôle ou registres; on les ouvre à un moment donné, et l'on ferme par un autre registre l'ouverture comprise entre l'autel et la voûte, par laquelle passait d'abord la flamme. La sole du four, à peu près circulaire, s'incline vers l'extrémité opposée au foyer; là elle se termine par une rigole en fonte engagée dans la construction; au-dessous de cette rigole est une porte mobile parallèle à l'autel, par laquelle on peut brasser le mélange quand la réaction est finie. Enfin, un large trou pratiqué dans la voûte, au-dessus du milieu de la sole, permet d'introduire rapidement le mélange dans le four.

Le four étant porté au bon rouge, on intercepte la flamme et l'on fait tomber sur la sole le mélange composé de :

Chlorure double.....	12 parties.
Sodium.............	2 —
Cryolithe...........	5 —

Il se produit une vive réaction et la matière entre en fusion; on ouvre la porte de travail pour brasser le mélange avec une raclette eu fer et on laisse reposer quelque temps avant de procéder à la coulée. L'aluminium fondu un peu plus lourd que sa scorie est au fond du bain, à la naissance de la rigole. Il suffit donc d'enlever la brique mobile qui la ferme d'ordinaire pour que l'aluminium s'écoule le premier. On le reçoit dans une poche en fonte d'où on peut le couler immédiatement en lingots. Il devra être néanmoins refondu deux ou trois fois afin de bien le débarrasser de la scorie qu'il a entraînée.

Ce procédé est encore le seul que l'on ait employé avec succès jusqu'ici ; la réduction de la cryolithe par le sodium, ne pouvant s'opérer que dans des vases en fonte, parce que la silice des creusets de terre eût été vivement attaquée par le mélange, donnait un métal très-ferrugineux et difficile à purifier. Ce métal contenait en outre de petites quantités de phosphore provenant de la cryolithe qui lui communiquait de fâcheuses propriétés. On a bien indiqué depuis la découverte de M. Deville un nombre considérable de procédés pour l'extraction industrielle de l'aluminium, mais aucun de ces moyens n'a pu jusqu'ici servir de base à une fabrication si minime qu'elle fût de ce métal.

OXYDE D'ALUMINIUM ou ALUMINE, Al^2O^3. — *Préparation.* — En traitant un sel soluble d'alumine par l'ammoniaque, on obtient un hydrate gélatineux d'alumine qui a pour composition $Al^2H^6O^6 = Al^2O^3, 3H^2O$, lorsqu'il a été desséché à l'air. On peut également précipiter l'alumine par le carbonate d'ammoniaque ou par le sulfhydrate, parce que cette base ne forme point de carbonate ou de sulfure avec les acides carbonique et sulfhydrique; aussi ces acides se dégagent-ils en même temps que l'alumine se précipite.

On prépare une alumine plus dense et *toujours exempte de fer* en faisant passer un courant

d'acide carbonique dans une dissolution *étendue* et froide d'aluminate de soude. Cette alumine a la même composition que l'alumine précipitée de ses sels. L'alumine anhydre s'obtient par la calcination des hydrates ou par la décomposition au rouge vif de l'alun ammoniacal bien exempt d'alcali et de fer.

Propriétés. — L'alumine pure est blanche; elle constitue une poudre légère, dénuée d'odeur et de saveur, qui happe à la langue ; elle n'est fusible qu'au chalumeau à hydrogène et oxygène ; elle constitue alors un liquide parfaitement fluide et non visqueux et étirable en fils comme la silice fondue. Refroidie, elle constitue une masse cristalline tellement dure, qu'elle peut facilement rayer et couper le verre.

L'alumine calcinée est absolument insoluble dans l'eau et sans affinité pour elle; mais si elle n'a pas été chauffée au delà du rouge sombre, elle peut se combiner avec une certaine proportion d'eau en dégageant de la chaleur [A. Mitscherlich, *Journ. für prakt. Chem.*, t. LXXXIII, p. 455, 1861, et *Répert. de Chim. pure*, 1862, t. IV, p. 261]. En laissant refroidir de l'alumine calcinée dans un air très-humide, elle absorbe jusqu'à 15 °/₀ de son poids d'eau, qu'elle retient avec beaucoup d'énergie. Cette propriété, qu'elle communique à l'argile, est la cause de l'influence salutaire exercée par cette substance sur les terres cultivées; elle leur permet de mieux résister à la sécheresse de l'air et de conserver l'eau nécessaire à l'entretien de la végétation.

L'alumine hydratée est blanche lorsqu'elle est humide; elle devient translucide par la dessiccation, et quelquefois jaunâtre si elle a été précipitée en présence de matières organiques ; dans ce cas elle noircit dès qu'on la calcine, par suite de la décomposition de ces matières. Cette affinité de l'alumine pour la matière organique est si considérable, qu'il suffit de la mettre au contact de matières colorantes pour qu'elle en absorbe peu à peu la couleur. On le démontre en chauffant une décoction de cochenille avec de l'alumine en gelée; celle-ci prend alors la couleur rouge de la cochenille.

Ces composés insolubles d'alumine et de matière colorante constituent les matières connues sous le nom de *laques*, utilisées dans la peinture et dans l'impression des papiers de tenture. C'est une véritable *laque* qui se produit sur les étoffes mordancées à l'alumine, que l'on plonge dans un bain de matière colorante (voyez TEINTURE).

L'alumine calcinée est difficilement soluble dans les acides; son meilleur dissolvant est alors l'acide sulfurique étendu de son poids d'eau. Les dissolutions alcalines ne la dissolvent aussi qu'avec lenteur, mais on la fera passer facilement à l'état d'aluminate soluble en la chauffant avec de l'hydrate de potasse ou de soude fondu dans un creuset d'argent, ou même avec des carbonates alcalins (voyez ALUMINATE DE SOUDE). L'alumine hydratée se dissout d'ordinaire avec la plus grande facilité dans les acides et les dissolutions alcalines étendues.

Il faut cependant excepter l'alumine des aluminates, qui ne se dissout pas dans l'acide acétique, et l'alumine précipitée de ses sels, qui a été maintenue pendant très-longtemps dans l'eau en ébullition. Péan de Saint-Gilles a fait voir qu'après vingt-quatre heures d'ébullition l'alumine ordinaire $Al^2O^3, 3H^2O$ était transformée complètement en un nouvel hydrate $Al^2O^3, 2H^2O$, insoluble, comme l'alumine calcinée, dans les acides et les alcalis étendus [*Ann. de Chim. et de Phys.*, (3), t. XLVI, p. 58]. On sait que l'hydrate de sesquioxyde de fer présente la même particularité.

La baryte, la strontiane agissent comme les alcalis, en donnant des aluminates solubles. L'ammoniaque dissout une petite quantité d'alumine;

c'est pour cela qu'il est préférable d'employer le carbonate ou le sulfhydrate d'ammoniaque pour précipiter l'alumine de ses sels (Malaguti et Durocher) [*Ann. de Chim. et de Phys.*, (3), t. XVII, p. 421].

Alumine soluble. — D'après Walter Crum (*Ann. de Chim. et de Phys.*, (3), t. XLI, p. 185), on obtient l'alumine sous forme soluble en chauffant dans l'eau bouillante, pendant très-longtemps (10 jours et 10 nuits), une solution étendue de biacétate d'alumine (1 p. d'alumine sur 200 d'eau) contenue dans un vase bouché. Au bout de ce temps, la dissolution ne paraît plus contenir d'acétate d'alumine, mais bien un mélange d'acide acétique et d'alumine soluble; elle a perdu en effet la saveur astringente des sels d'alumine et pris celle de l'acide acétique. Elle n'agit plus comme mordant, comme la solution primitive. De plus, si l'on fait alors bouillir cette dissolution, étendue de son volume d'eau, pendant une heure et demie, en remplaçant l'eau qui s'évapore, tout l'acide acétique est chassé, et l'on obtient une liqueur à peu près transparente, qui n'a plus aucune saveur et qui prend une consistance gommeuse lorsqu'on la concentre.

Cette dissolution d'alumine est coagulée en une gelée ferme par l'addition d'une petite quantité d'alcali ou d'acide; il se forme alors un aluminate avec excès d'alumine insoluble, ou un sous-sel d'alumine également insoluble. Un excès d'alcali ou d'acide redissout à chaud le coagulum en donnant des aluminates ou des sels ordinaires.

Si l'on évapore au bain-marie la solution d'alumine, on obtient un hydrate contenant 2 équivalents d'eau; l'alumine soluble de Walter Crum serait donc une modification allotropique de l'hydrate insoluble de Péan de Saint-Gilles.

Plus récemment, M. Graham, dans son remarquable travail sur la diffusion moléculaire, a obtenu de l'alumine sous forme soluble dans la dialyse du chlorure d'aluminium tenant en dissolution un excès d'alumine; le chlorure d'aluminium est éliminé par diffusion, et l'alumine en excès reste soluble comme substance colloïdale [*Ann. de Chim. et de Phys.*, (3), t. LXV, p. 173].

Cette alumine soluble diffère par un certain nombre de caractères de celle obtenue par Walter Crum; en effet, la dissolution de la première constitue un mordant; mise sur un papier rouge de tournesol, elle se coagule et il se forme autour de la goutte un anneau bleuâtre indiquant une faible réaction alcaline, propriété que ne possède pas l'alumine de Walter Crum. Aussi M. Graham propose-t-il de donner le nom d'alumine soluble à la modification qu'il a découverte. La modification de Walter Crum serait la métalumine soluble.

On peut se demander pourquoi l'alumine soluble ne se forme pas quand on précipite une dissolution d'un des sels d'alumine par une base soluble; cela tient à la remarquable propriété que possède ce corps de se coaguler en présence d'une quantité extrêmement petite d'un sel quelconque ou de la dissolution d'ammoniaque. « Ainsi, par exemple, une dissolution contenant 2 à 3 % d'alumine est coagulée par quelques gouttes d'eau de puits, et ne peut être transvasée d'un verre dans un autre sans se prendre en gelée, à moins que les verres ne soient lavés à plusieurs reprises avec de l'eau distillée. » [Graham, *Ann. de Chim. et de Phys.*, (3), t. LXV, p. 175.]

Les acides en petites proportions la précipitent également, mais le précipité se redissout dans un excès d'acide; elle n'est précipitée ni par l'alcool ni par le sucre, tandis que les colloïdes, la gomme, le caramel, agissent comme précipitants sur cette substance. Dans tous les cas, une dissolution d'alumine pure ne peut jamais être conservée liquide au delà de quelques jours.

La métalumine ressemble à l'alumine en ce qu'elle est coagulée par de faibles proportions d'acides, de bases et de la plupart des sels.

Comme une dissolution d'alumine soluble contenant 0,5 % d'alumine (1/200) ne se coagule pas par l'ébullition, il serait intéressant de rechercher si par l'action d'une température de 100° soutenue pendant quelque temps on ne transformerait pas l'alumine en métalumine. Cette conjecture est assez probable quand on se rappelle le mode de préparation de la métalumine.

État naturel. — L'alumine à l'état de pureté est assez rare dans la nature. Quand elle est cristallisée et incolore, elle constitue la pierre précieuse connue sous le nom de *corindon;* mais le plus souvent elle est colorée par quelques oxydes étrangers, et porte le nom de *rubis* quand elle est rouge de feu, de *topaze orientale* quand elle est jaune; le *saphir oriental* est bleu, l'*améthyste* est pourpre. Dans tous les cas, elle cristallise dans le système rhomboédrique; sa densité est un peu inférieure à 4, et c'est après le bore et le diamant la substance la plus dure que nous connaissions.

L'*émeri* est de l'alumine cristallisée mélangée à de l'oxyde de fer; cette substance sert, à cause de sa dureté, à user et à polir le fer, les cristaux naturels, le verre, les glaces, l'acier, etc. Le papier de verre est du papier imprégné de colle forte et saupoudré d'émeri.

L'alumine hydratée existe également dans la nature à l'état d'hydrates, dont les principaux sont la gibbsite $Al^2O^3, 3H^2O$, qui a la composition de l'hydrate ordinaire, et le diaspore Al^2O^3, H^2O. Ces hydrates ne perdent toute leur eau qu'au rouge; ils présentent cette particularité d'éclater en une multitude de parcelles quand on les fait chauffer; le diaspore est même réduit en poussière dans ces circonstances. — Voyez GIBBSITE et DIASPORE.

Enfin, on trouve abondamment dans le midi de la France, et particulièrement dans le département du Var, un autre hydrate d'alumine, non cristallisé comme les précédents, mais sous forme d'argile plus ou moins ferrugineuse. Cet hydrate, étudié autrefois par Berthier, et plus récemment par M. Deville, a reçu le nom de bauxite, du nom de la localité où on l'avait découvert [*Études analytiques sur les matières alumineuses, Ann. de Chim. et de Phys.*, (3), t. LXI]. Sa composition, variable, se rapprocherait de la formule $Al^2O^3, 2H^2O$. Il sert aujourd'hui à la fabrication de l'aluminate de soude [*Ann. de Chim. et de Phys.*, (3), t. XXII, p. 716]. L'alumine cristallisée et ses hydrates ne se dissolvent que très-difficilement dans l'acide sulfurique. Pour attaquer le corindon, on emploie le bisulfate de potasse fondu; les hydrates sont calcinés et l'alumine anhydre qui en résulte devient alors soluble dans l'acide sulfurique. On retrouve la même particularité pour les argiles.

Reproduction de l'alumine cristallisée. — Peu d'espèces minérales ont été reproduites par autant de méthodes que le corindon.

Ebelmen a le premier obtenu l'alumine cristallisée en chauffant dans un four à porcelaine un mélange d'alumine amorphe et de borate de soude. L'alumine dissoute dans le borate de soude fondu cristallise au fur et à mesure que celui-ci s'évapore. En ajoutant un peu d'oxyde de chrome au mélange, on colore l'alumine en rouge et l'on obtient le rubis [*Compt. rend. de l'Acad. des sciences*, t. XLIV, p. 716]. Cette méthode, d'une application générale, a permis de reproduire un certain nombre d'oxydes salins ou de silicates cristallisés.

MM. H. Sainte-Claire Deville et Caron ont reproduit le corindon par une méthode également très-générale, et qui consiste à chauffer dans un creuset de charbon un fluorure au-dessus duquel on fixe une petite capsule de platine contenant de l'acide borique; à une température élevée, le fluorure réagit sur l'acide borique en donnant du fluorure de bore et un oxyde métallique cristallisé [*Compt. rend.*, t. XLVI, p. 704]. Le corindon, le saphir et le rubis se produisent par cette méthode, les deux derniers en ajoutant un peu de fluorure de chrome; le rubis est probablement coloré par le sesquioxyde de chrome, le saphir par le protoxyde. Le corindon vert, qui contient 25 °/₀ de sesquioxyde de chrome, s'obtient en ajoutant beaucoup de fluorure de chrome.

M. Gaudin obtient le corindon en calcinant l'alun mélangé de sulfate de potasse et de charbon; l'alumine cristallise alors au contact du sulfure de potassium; mais dans ce cas on ne peut songer à la colorer par un oxyde métallique, ramené par le charbon à l'état de métal.

En chauffant à une température très-élevée, dans un creuset de platine, un mélange de phosphate d'alumine et de sulfate de potasse ou de soude en excès, M. Debray a obtenu de l'alumine cristallisée et du phosphate de soude qui se volatilise en partie [*Compt. rend.*, t. LII, p. 985]. L'action de l'acide chlorhydrique sur l'aluminate de soude ou sur un mélange de phosphate d'alumine et de chaux fournit également de l'alumine cristallisée. Il se forme du chlorure de sodium dans le premier cas, et un chlorophosphate de chaux dans le second (wagnérite de chaux, à cause du grand excès de chaux) [Henri Debray].

De Sénarmont, en chauffant fortement (350°) une dissolution étendue de chlorhydrate d'alumine, a obtenu un mélange de corindon et de diaspore [*Compt. rend.*, t. XXXII, p. 762]. Ce résultat est remarquable parce que ces deux corps se trouvent associés dans tous les gisements de corindon.

Enfin, de Bonsdorf aurait reproduit la gibbsite en laissant une dissolution d'aluminate de potasse au contact d'une atmosphère d'acide carbonique.

ALUMINATES. — L'alumine peut se combiner avec un certain nombre d'oxydes métalliques; avec les alcalis, la baryte et la strontiane, il peut donner des produits solubles; avec les autres oxydes, il forme des aluminates toujours insolubles, dont quelques-uns existent dans la nature.

Les seuls aluminates alcalins et alcalino-terreux bien connus sont l'aluminate de potassium

$$Al^2O^4K^2 + 3H^2O = Al^2O^3, K^2O + 3H^2O,$$

l'aluminate de sodium

$$2Al^2O^3, 3Na^2O,$$

et l'aluminate de baryum

$$Al^2O^4Ba + 4H^2O = Al^2O^3, BaO + 4H^2O.$$

L'aluminate de soude dériverait de l'hydrate

$$2Al^2O^3 + 3H^2O = \left. \begin{matrix} 2\overset{VI}{Al^2} \\ H^6 \end{matrix} \right\} O^9.$$

On peut envisager les aluminates de potassium et de baryum comme dérivés de l'hydrate

$$Al^2O^3 + H^2O = \left. \begin{matrix} \overset{VI}{Al^2} \\ H^2 \end{matrix} \right\} O^4.$$

Aluminate de potassium,

$$Al^2O^4K^2 + 3H^2O.$$

M. Fremy obtient ce sel, soit en faisant dissoudre dans la potasse de l'alumine précipitée par le carbonate d'ammoniaque, soit en faisant fondre au creuset d'argent de l'alumine anhydre avec de la potasse en excès [*Ann. de Chim. et de Phys.*, (3), t. XII, p. 362]. Si on évapore la dissolution d'a-

lumine sous le récipient de la machine pneumatique, quand la liqueur est suffisamment concentrée, elle laisse déposer des cristaux durs et brillants d'aluminate de potassium. Ce sel retient toujours une certaine quantité de dissolution alcaline; on peut le faire dissoudre et cristalliser une seconde fois.

L'aluminate de potassium est blanc, très-soluble dans l'eau, insoluble dans l'alcool; il a une saveur caustique et une réaction alcaline. Une grande quantité d'eau le décompose en alumine pure et aluminate plus alcalin soluble, — probablement

$$Al^4O^9K^6 = 2Al^2O^3, 3K^2O.$$

Aluminate de sodium,

$$Al^4O^9Na^6 = 2Al^2O^3, 3Na^2O.$$

On prépare aujourd'hui industriellement l'aluminate de sodium en chauffant au rouge un mélange de 1 p. de carbonate de soude et de 2 p. de minerai des Baux (alumine hydratée ferrugineuse) finement pulvérisée. Le minerai doit être choisi aussi exempt de silice que possible, sans cela il se formerait un silico-aluminate de soude insoluble, ce qui entraînerait une perte notable en alumine et en soude. La masse frittée, mais non fondue, car l'aluminate de soude est infusible, est traitée par l'eau, qui dissout un produit de composition bien constante, représentée par la formule $2Al^2O^3, 3Na^2O$. Cet aluminate, très-soluble dans l'eau, n'a pu être obtenu jusqu'ici sous forme de cristaux.

Si l'on fait passer un courant d'acide carbonique dans une dissolution froide d'aluminate de soude en évitant l'échauffement de la liqueur, on obtient d'ordinaire un précipité dense d'alumine hydratée, facile à laver, ne retenant que quelques millièmes de carbonate de soude; mais si le courant d'acide est extrêmement lent, le précipité est gélatineux et contient de notables proportions de carbonate de soude. L'action des autres acides n'offre rien d'intéressant.

Aluminate de baryum,

$$Al^2O^4Ba + 4H^2O = Al^2O^3, BaO + 4H^2O.$$

M. Deville a obtenu un aluminate de baryum soluble en chauffant au rouge un mélange d'alumine et de baryte caustique, ou même de carbonate de baryte [*Compt. rend.*, 1862, t. LIV, p. 327]. La masse, reprise par l'eau, laisse dissoudre l'aluminate (1/10 environ du poids de l'eau). Pour l'obtenir en cristaux, il faut ajouter de l'alcool à cette dissolution; les cristaux sont rapidement altérés par l'acide carbonique de l'air. Ébelmen a préparé par sa méthode l'aluminate de baryum

$$Al^2O^4Ba = Al^2O^3, BaO.$$

Aluminate de calcium. — La chaux paraît former avec l'alumine plusieurs combinaisons insolubles et peu fusibles (Tissier). D'après M. Rivot, l'un de ces aluminates se formerait dans la cuisson de la chaux hydraulique ou des ciments, et, par son hydratation sous l'eau, contribuerait, avec le silicate de chaux, au durcissement de ces matières [*Docimasie*, t. II, p. 630 et 632]. Ébelmen a préparé par voie sèche un aluminate de calcium cristallisé

$$Al^2O^4Ca = Al^2O^3, CaO.$$

Autres aluminates. — Enfin, il existe un certain nombre d'aluminates naturels dont la composition générale est représentée par la formule

$$RO, Al^2O^3;$$

ce sont l'aluminate de magnésie (rubis spinelle), l'aluminate de zinc (gahnite), l'aluminate de fer (hercynite) et l'aluminate de glucine ou cymophane. Les trois premiers cristallisent en octaèdres réguliers, le dernier appartient au système du prisme rhomboïdal droit. Ébelmen les a tous reproduits par la méthode générale que nous avons exposée à propos du corindon, qui consiste, comme on le sait, à chauffer en présence de l'acide borique ou du borate de soude le mélange d'alumine et d'oxyde dont on veut obtenir l'aluminate en proportions convenables. Il a appliqué de plus cette méthode à la préparation des aluminates correspondants de calcium, de barium, de manganèse, de cobalt et de cérium [*Ann. de Chim. et de Phys.*, (3), t. XXII, p. 211, et t. XXXIII, p. 34].

Tous ces aluminates cristallisent en cubes, comme le rubis spinelle, excepté l'aluminate de baryum, dont les cristaux agissent sur la lumière polarisée.

MM. Deville et Caron ont aussi reproduit le cymophane et la gahnite en chauffant un mélange de fluorure d'aluminium et de fluorure de glucinium ou de zinc dans un creuset de charbon où se trouvait une petite nacelle de platine contenant de l'acide borique.

CHLORURE D'ALUMINIUM, Al^2Cl^6.

Préparation. — On mélange intimement 100 p. d'alumine calcinée et 40 p. de charbon pulvérisé ou de noir de fumée, et l'on ajoute assez d'huile pour faire une pâte consistante. Cette pâte, calcinée au rouge vif dans un creuset fermé, pour décomposer l'huile, donne une masse cohérente que l'on brise en petits fragments. On les introduit, en les faisant passer par le col, dans une cornue tubulée munie d'un tube de porcelaine qui descend jusqu'au fond de la panse de la cornue. C'est par ce tube que l'on fait arriver dans la cornue portée au rouge un courant de chlore desséché; pour recueillir le chlorure d'aluminium, on adapte au col de la cornue un entonnoir de porcelaine à l'ouverture duquel est lutée une cloche de verre à douille. C'est dans cet entonnoir et dans la cloche que se dépose le chlorure d'aluminium sous forme de croûtes cristallines, que l'on brise avec facilité quand l'opération est terminée.

Propriétés. — Le corps que l'on obtient ainsi forme une masse incolore et transparente composée de prismes hexagonaux qui paraissent réguliers; il est très-fusible et très-volatil, déliquescent; il dégage beaucoup de chaleur en se dissolvant dans l'eau, et si on fait une dissolution concentrée, il se dépose par refroidissement ou par évaporation des prismes hexagonaux réguliers terminés par des rhomboïdes. Ces cristaux sont formés par un chlorure d'aluminium hydraté

$$(Al^2Cl^6 + 12 H^2O);$$

on ne peut évaporer à siccité cette dissolution, parce que le chlorure hydraté se décompose alors en alumine et acide chlorhydrique qui se dégage.

Le chlorure d'aluminium se dissout très-bien dans l'alcool; lorsqu'il est fondu, l'électricité le décompose très-facilement, d'après M. Buff.

Le chlorure d'aluminium absorbe l'acide sulfhydrique à une température peu élevée. Il donne alors de petites lamelles cristallines, blanches, transparentes et d'un éclat nacré, dont la composition n'a pas encore été déterminée. Ce produit se décompose partiellement quand on veut le redistiller; l'eau le détruit instantanément en dégageant un volume considérable d'hydrogène sulfuré [Wöhler, *Ann. de Chim. et de Phys.*, 1828, t. XXXVII, p. 69].

Henri Rose a montré que le chlorure d'aluminium, comme beaucoup d'autres chlorures anhydres, absorbe l'hydrogène phosphoré et le gaz ammoniac [*Ann. de Chim. et de Phys.*, 1832, t. LI, p. 28 à 30]. Si l'on sublime le chlorure dans le gaz hydrogène phosphoré, on obtient un produit cristallisé

$$3\,Al^2Cl^6 + 2\,PhH^3;$$

à froid, l'absorption du gaz hydrogène phosphoré est lente et paraît conduire au composé

$$3\,Al^2Cl^6 + PhH^3?$$

En dirigeant du gaz ammoniac sec sur du chlorure d'aluminium, il se produit bientôt un dégagement si considérable de chaleur que la combinaison en est liquéfiée. On peut le distiller sans résidu dans l'hydrogène, mais il dégage alors de l'ammoniaque et le produit que l'on obtient, entièrement soluble dans l'eau, aurait pour formule Al^2Cl^6, $2\,AzH^3$.

D'après Persoz, le chlorure d'aluminium saturé d'ammoniaque contiendrait trois fois plus que le produit distillé de gaz ammoniac

$$Al^2Cl^6 + 6\,AzH^3.$$

[*Ann. de Chim. et de Phys.*, 1830, t. XLIV, p. 319.]

La densité de vapeur du chlorure d'aluminium a été déterminée dans ces derniers temps par MM. H. Sainte-Claire Deville et Troost à 350° et à 440°; la moyenne de cinq expériences concordantes est 9,35; la densité théorique calculée dans l'hypothèse

$$Al^2Cl^6 = 2\ \text{vol. est } 9,27.$$

[*Ann. de Chim. et de Phys.*, (3), t. LVIII, p. 257.]

CHLORURES DOUBLES D'ALUMINIUM. — Le chlorure d'aluminium se combine avec les chlorures alcalins, et donne de véritables spinelles chlorés

$$(2\,M\,Cl + Al^2Cl^6)$$

qui ont été découverts par Degen et particulièrement étudiés par M. Deville [*Ann. de Chim. et de Phys.*, (3), t. XLIII, p. 30]. — Ces corps sont fusibles vers 200° et volatils au rouge; ils sont bien moins altérables que le chlorure simple; aussi se sert-on du chlorure double d'aluminium et de sodium au lieu de chlorure simple dans la préparation de l'aluminium.

Lorsqu'on dissout ces sels dans l'eau, on obtient un mélange de deux sels qui cristallisent séparément.

Préparation du chlorure double d'aluminium et de sodium. — Dans l'origine, on préparait ce chlorure en mélangeant les deux chlorures en proportions convenables; on l'obtient aujourd'hui directement en faisant passer un courant de chlore sur un mélange d'alumine et de charbon additionné d'une quantité convenable de sel marin.

On mélange intimement, d'abord à sec, l'alumine, le charbon de bois pulvérisé et le sel marin; on ajoute peu à peu de l'eau, en continuant à mélanger jusqu'à ce que la matière soit agglomérée. On en fait alors des boulettes de la grosseur du poing, que l'on sèche dans une étuve et que l'on introduit dans une cornue cylindrique de terre réfractaire, placée verticalement et chauffée au rouge vif dans en bas par la flamme d'un four latéral. La cornue porte deux tubulures, l'une à la partie inférieure par laquelle arrive le chlore, l'autre à la partie supérieure par laquelle le chlorure double sublimé se dégage. Cette tubulure pénètre dans un vase en terre recouvert d'un dôme également en terre et surmonté d'un tuyau pour le dégagement des gaz. Le chlorure double vient se condenser dans ce vase en terre. Enfin, pour introduire le mélange, la cornue ouverte à sa partie supérieure est fermée par un couvercle de creuset qu'on lute ou que l'on enlève à volonté.

Ces cornues ont une hauteur de $1^m,25$ et $0^m,18$ de diamètre intérieur; elles fonctionnent d'une manière continue et reçoivent deux charges du mélange par jour. Si ce mélange est convenablement fait, il ne reste point de résidu sensible, même après plusieurs jours de marche. On refond le chlorure double avant de l'employer à la fabrication de l'aluminium, afin de détruire toute l'eau qu'il pourrait avoir absorbée. Il y a alors dégagement d'acide chlorhydrique et production d'un peu d'alumine qui reste avec le chlore. Il faudrait le distiller si l'on voulait l'avoir absolument pur.

BROMURE D'ALUMINIUM. — La meilleure manière de l'obtenir consiste à faire passer le brome en vapeur sur de l'aluminium chauffé dans un tube de verre au rouge naissant. On purifie le produit en faisant passer sa vapeur sur de l'aluminium. Il est incolore et cristallisé; il fond à 93°, éprouve très-nettement le phénomène de la surfusion, se volatilise à 260°. Sa densité à l'état solide est 2,54. Sa densité de vapeur est, d'après MM. Deville et Troost, 18,62 (densité théorique, 18,51) [*Ann. de Chim. et de Phys.*, (3), t. LVIII. Mémoire sur la densité des vapeurs].

La dissolution d'alumine dans l'acide bromhydrique laisse déposer, lorsqu'elle est très-concentrée, de petits groupes d'aiguilles fines et courtes, déliquescentes à l'air. La chaleur les décompose en alumine et acide bromhydrique [Berzelius, *Traité de Chim.*, 5e édit., t. III, p. 443]. — Ce corps n'a pas été autrement étudié.

IODURE D'ALUMINIUM. — On le prépare en faisant passer de la vapeur d'iode sur de l'aluminium chauffé au rouge sombre; on le purifie comme le bromure, auquel il ressemble beaucoup.

Il fond à 125° et bout à 350°. A cette température, ou plutôt à quelques degrés au-dessus, il détone par son mélange avec l'air, en produisant de l'alumine et de l'iode. Aussi ne doit-on le distiller que dans un gaz inerte. Sa densité à l'état solide est 2,63, à l'état de vapeur 27. La densité théorique, en supposant

$$Al^2I^6 = 2 \text{ vol.}, \text{ est } 28,3,$$

de telle sorte que la densité expérimentale est notablement plus petite que la densité calculée. C'est ordinairement le contraire qui a lieu, et cette anomalie ne peut s'expliquer que par l'instabilité de l'iodure, qui serait partiellement décomposé à la température de 440°, à laquelle on a pris la vapeur [Deville et Troost, mémoire déjà cité].

L'hydrate d'iodure d'aluminium est peu connu.

FLUORURE D'ALUMINIUM. — Le fluorure d'aluminium n'est bien connu que depuis les recherches récentes de M. Deville. On prépare le fluorure d'aluminium anhydre en traitant l'alumine calcinée par un excès d'acide fluorhydrique, on dessèche le produit et on le distille dans un tube en charbon de cornue dans un courant d'hydrogène. On peut encore fondre un mélange de cryolithe et de sulfate d'alumine sec, équivalents à équivalents; on obtient du sulfate de soude et du fluorure d'aluminium qu'on sépare par l'eau; le fluorure insoluble est distillé comme il vient d'être dit.

L'on obtient ainsi des trémies volumineuses constituées par des rhomboèdres de 88°30', insolubles dans l'eau et dans les acides, même dans l'acide sulfurique bouillant; la dissolution de potasse l'altère à peine, on ne peut l'attaquer que par le carbonate de soude au rouge.

On connaît également un fluorure d'aluminium hydraté

$$(Al^2Fl^6 + 7\,H^2O),$$

soluble dans l'eau et facilement attaquable par les acides; nous allons indiquer dans quelles circonstances il se produit.

ACIDES FLUO-ALUMINIQUE ET FLUORURES DOUBLES D'ALUMINIUM. — Si l'on fait réagir de l'acide hydro-fluosilicique étendu sur de l'alumine calcinée (ou du kaolin), il se forme d'abord, d'après M. H. Sainte-Claire Deville [*Ann. de Chim. et de Phys.*, (3), t. LXI], un hydro-fluosilicate d'alu-

mine soluble[1] $3\,SiFl^4, Al^2Fl^6$; puis, si l'on prolonge la digestion avec un excès d'alumine, le fluorure de silicium est décomposé, il se dépose de la silice et il reste finalement une liqueur neutre contenant du fluorure d'aluminium hydraté

$$Al^2Fl^6 + 7\,H^2O$$

que l'on obtient en poudre cristalline par l'évaporation de la liqueur. Mais si, avant d'arriver à ce terme, on arrête l'opération quand la liqueur est encore fortement acide, on obtient, en ajoutant de l'alcool concentré, un liquide huileux qui se concrète bientôt en cristallisant. Cette matière est un acide hydro-fluoaluminique dont la composition est représentée par la formule

$$3\,Al^2Fl^6 + 4\,HFl + 10\,H^2O.$$

Si l'on évapore la liqueur acide (séparée de l'alumine en excès), il se dégage de l'acide fluorhydrique et il reste une matière cristalline dont la composition, analogue à la précédente, est représentée par la formule

$$Al^2Fl^6 + HFl + 5\,H^2O.$$

Ces trois derniers composés, exempts de silice, peuvent être volatilisés sans résidu bien sensible en donnant du fluorure d'aluminium anhydre, de l'eau et de l'acide fluorhydrique pour les deux derniers. On peut donc préparer facilement le fluorure d'aluminium au moyen de l'acide hydrofluosilicique et du kaolin.

L'existence de deux acides hydro-fluoaluminiques a fait penser à M. Deville que la cryolithe

$$Al^2Fl^6 + 6\,NaFl$$

et le composé correspondant du potassium (que l'on obtient en mélangeant une solution d'un sel de potasse avec une solution de fluorure d'aluminium hydraté) dériveraient d'un acide hydro-fluoaluminique dont la formule serait

$$Al^2Fl^6 + 6\,HFl,$$

par le remplacement de l'hydrogène par une quantité équivalente de métal alcalin (voyez la préparation de la cryolithe). Le fluorure d'aluminium hydraté lui-même serait un fluoaluminate d'alumine correspondant aux précédents. On aurait en effet

$$Al^2Fl^6, Al^2Fl^6 + 14\,H^2O = 2\,(Al^2Fl^6 + 7\,H^2O);$$

1 atome d'hydrogène, suivant les règles ordinaires de la substitution, serait remplacé par 1/3 d'atome d'aluminium. Cette manière de voir expliquerait la différence profonde qui existe entre le fluorure anhydre et le fluorure hydraté.

Les combinaisons que le fluorure d'aluminium forme avec les fluorures alcalins ou métalliques ont été peu étudiées jusqu'ici, à l'exception des composés naturels et particulièrement de la cryolithe. Nous ne nous occuperons ici que de ce composé[2].

FLUORURE DOUBLE D'ALUMINIUM ET DE SODIUM (CRYOLITHE), $Al^2Fl^6 + 6\,NaFl$. — On ne connaît qu'un gîte important de cette remarquable matière. Il est situé au Groënland dans le fiord d'Arksak. En 1855, cette matière commença à arriver en Danemark et en Prusse et fut employée, sous le nom de soude minérale, dans la fabrication des savons alumineux. Quoique la cryolithe soit insoluble, on peut néanmoins la décomposer facilement en la faisant bouillir après l'avoir pulvérisée avec un lait de chaux contenant une quantité convenable de cette matière. Il se

(1) $Si = 28$.
(2) On trouvera quelques indications très-incomplètes sur ces composés dans la *Chimie* de Berzelius, 5e édition, t. III, p. 443.

forme alors du fluorure de calcium insoluble et de l'aluminate de soude avec excès de soude. On fabriquait avec cet aluminate un savon retenant une quantité énorme d'eau à cause de l'alumine ou du stéarate d'alumine. On essaya également de retirer l'alumine de ce composé en le traitant par l'acide carbonique gazeux; mais l'alumine préparée ainsi à Copenhague, quoique n'ayant plus de goût alcalin et possédant une composition régulière, contenait encore une quantité considérable de carbonate de soude. C'est qu'en effet il se forme toujours, comme nous l'avons dit (voyez ALUMINATE DE SOUDE), un carbonate double d'alumine et de soude, quand on traite une dissolution concentrée d'aluminate de soude par l'acide carbonique. On essaya, à l'usine de Nanterre, de se servir de cette alumine pour la préparation du chlorure double d'aluminium; mais, comme elle contient toujours un peu de phosphore qui souillait tous les produits et agissait d'une manière fâcheuse sur l'aluminium, on dut renoncer à ce procédé, qui ne fournissait que de mauvais métal [*Études analytiques sur les matières alumineuses*, Deville, *Ann. de Chim. et de Phys.*, (3), t. LXI].

La cryolithe ne sert plus aujourd'hui que comme fondant dans la fabrication de l'aluminium.

L'acide sulfurique attaque facilement la cryolithe. C'est en utilisant cette réaction que Berzelius détermina autrefois la composition de ce minéral. Le courant électrique décompose facilement la cryolithe fondue [*De l'Aluminium*, p. 97].

On peut reproduire la cryolithe en traitant un mélange à proportions convenables d'alumine et de carbonate de soude par l'acide fluorhydrique en excès et évaporant le mélange. On peut aussi l'obtenir en partageant une certaine quantité d'acide fluorhydrique en deux parties, dont l'une est d'abord saturée par de l'alumine, ce qui donne du fluorure d'aluminium, que l'on mélange à l'acide flourhydrique réservé pour obtenir l'acide

$$Al^2 Fl^6 + 6 HFl.$$

La dissolution de cet acide traitée par un sel de soude donne un précipité de cryolithe; on obtiendrait également par ce procédé la cryolithe de potassium.

FLUORURE DE BORE ET D'ALUMINIUM. — D'après Berzelius, ce composé se forme quand on mêle une dissolution de fluorure de bore et de sodium avec du chlorure d'aluminium. Une partie du fluorure double est précipitée; mais, comme la liqueur est devenue acide, elle en dissout une autre partie. Sa composition n'est pas établie et l'étude de ses propriétés est très-incomplète. Il serait intéressant de comparer l'action de l'alumine sur l'acide fluoborique à celle que ce corps exerce sur l'acide fluosilicique.

Les autres composés binaires de l'aluminium n'ont pas été suffisamment étudiés.

SULFATES D'ALUMINIUM. — SULFATE NEUTRE,

$$(SO^4)^3. Al^2 = 3 SO^3, Al^2 O^3.$$

Propriétés. — On prend pour sulfate neutre celui qui contient trois fois plus d'oxygène dans l'acide que dans la base, quoique ce sulfate ait une réaction acide très-marquée. Ce sel cristallise difficilement en lamelles minces et flexibles, d'aspect nacré. L'eau en dissout à froid la moitié de son poids; l'alcool en dissout à peine. Lorsqu'il cristallise à la température ordinaire, il retient 18 molécules d'eau (48,5 %), mais à une basse température, il peut en retenir 27 (58,8 %). Lorsqu'on chauffe ce sel, il fond d'abord dans son eau de cristallisation, puis se boursoufle et laisse une masse poreuse de sulfate anhydre que l'eau ne dissout plus qu'avec lenteur. Ce sulfate chauffé au rouge laisse un résidu d'alumine pure.

Le sulfate d'aluminium en dissolution est dé-composé par le carbonate de calcium et par le zinc. Avec le carbonate de chaux, il se forme du sulfate de chaux, un sous-sulfate d'aluminium insoluble et de l'acide carbonique qui se dégage. Nous reviendrons, dans la fabrication de l'alun, sur cette action du carbonate de calcium sur le sulfate d'aluminium. Le zinc donne à chaud un abondant dégagement d'hydrogène; il se produit alors du sulfate de zinc soluble et un sous-sulfate d'aluminium insoluble, qui a pour formule

$$3 (SO^4, Al^2 O^2), 2 Al^2 O^3 + 20 H^2 O.$$

À froid, l'action est plus lente; mais peu à peu la masse se prend en une gelée, composée de sous-sulfate contenant plus d'acide

$$3 (SO^4, Al^2 O^2), Al^2 O^3 + 36 H^2 O,$$

qu'on obtient également sous un autre aspect dans l'action du carbonate de calcium sur l'alun [H. Debray, *Bull. de la Soc. chim.*, 1867, t. VII, p. 10]. Une solution concentrée de sulfate d'aluminium constitue un excellent réactif de la potasse, parce que, mélangée à un sel de cette base, elle produit de l'alun ordinaire *complètement insoluble* dans le sulfate d'aluminium concentré.

Le sulfate d'aluminium existe dans la nature.

Fabrication du sulfate d'aluminium. — On fabrique aujourd'hui d'assez grandes quantités de sulfate d'aluminium, en traitant les kaolins, aussi exempts de fer que possible (kaolin de Cornouailles), par l'acide sulfurique, qui dissout l'alumine.

Le kaolin, réduit en poudre et tamisé, est calciné sur la sole d'un four à réverbère; de cette manière on peroxyde le fer qu'il peut contenir, ce qui le rend insoluble, et on rend l'argile plus perméable à l'acide et plus facilement attaquable. On l'introduit dans des chaudières en tôle plombée avec de l'acide à 50° ou 52° de Baumé (D = 1,45), où l'on maintient le mélange à 100° ou 150°, en ayant soin de l'agiter de temps en temps. On fait ensuite couler le mélange dans des bassins en plomb, où le liquide se sépare de la silice et de l'argile non attaquée. On l'évapore alors dans des chaudières plates en plomb.

Comme les argiles contiennent souvent de la potasse (3 et même jusqu'à 5 %), il se produit de l'alun (25 à 45 % du poids de l'argile), qu'on fait d'abord cristalliser, puis on évapore la liqueur jusqu'au moment où une petite quantité mise sur un corps froid se fige par le refroidissement. On laisse alors refroidir le liquide, qui se prend bientôt en une masse de la consistance du suif. On la divise alors en blocs rectangulaires qui durcissent encore en refroidissant et qui sont livrés sous cette forme au commerce.

Ce sel peut être employé dans certaines opérations grossières de teinture ou pour le collage de la pâte des papiers communs; mais si l'on a besoin de nuances claires ou de papier fin, il faut de toute nécessité éliminer le peu de fer qu'il contient toujours malgré le soin que l'on a pris de rendre celui-ci insoluble par la calcination de l'argile. On y parvient en traitant le liquide qui provient de l'attaque de l'argile par une quantité dosée de cyanure jaune qui donne du bleu de Prusse insoluble et un peu d'alun. On filtre sur une toile pour recueillir le bleu de Prusse et l'on achève l'opération comme précédemment. Il est facile de régénérer le cyanure jaune en traitant le bleu de Prusse par la potasse.

On peut aujourd'hui préparer facilement du sulfate d'aluminium *absolument exempt de fer* en traitant l'alumine de l'aluminate de sodium par une quantité convenable d'acide sulfurique.

Cette fabrication a pris un certain développement depuis quelques années dans les usines à aluminium de Salyndres et de Newcastle. L'usine de Newcastle en produit environ 50 tonnes par semaine [Deville, *Compt. rend. de l'Acad.*, t. LX, p. 1330, 1865]. On fabrique aussi depuis quelques années en Angleterre de grandes quantités de sulfate d'alumine impur (alum-cake) qui contient environ 16 équivalents d'eau et toute la silice de l'argile [*Répert. de Chim.*; *Compt. rend. des appl. de la Chim.*, septemb. 1862, p. 333]. Cette matière, employée pour le collage du papier où la présence de la silice est un avantage, s'obtient en traitant des argiles blanches en poudre fine par de l'acide sulfurique à 50° Baumé, chauffé à 100°. L'action est très-vive et il se forme du sulfate d'aluminium emprisonnant la silice de l'argile qui reste uniformément répartie dans la masse, qui durcit à la fin d'une manière remarquable. On la brise avec des coins pour la transporter. Elle contient 12 % d'alumine à l'état soluble; le sulfate d'aluminium en contient 15,6. Ce produit est au sulfate d'aluminium ce que la soude brute des savonniers est aux cristaux de soude.

SULFATES BASIQUES D'ALUMINE. — D'après Berzelius, il existerait un grand nombre de sulfates basiques d'aluminium; ces composés, dont quelques-uns sont probablement des mélanges, ont d'ailleurs peu d'intérêt [voir Berzelius, 5° édition, t. III, p. 447]; nous ne nous occuperons donc ici que des plus importants.

Lorsqu'on fait bouillir une dissolution concentrée de sulfate d'alumine avec de l'hydrate d'alumine, on obtient une masse gommeuse qui contient deux fois plus d'alumine que le sulfate neutre pour la même quantité d'acide; cette matière se dissout dans une petite quantité d'eau; mais si on la fait bouillir avec une plus grande quantité de liquide, elle se dédouble en sulfate neutre, qui reste dans la liqueur, et en sulfate plus basique, qui se précipite. Berzelius pense que ce sous-sulfate a pour composition :

$$2(SO^4 Al^2 O^2) + (SO^4)^2 Al^2 O + 30 H^2 O.$$

Une solution de sulfate bialuminique abandonnée plusieurs années à elle-même aurait déposé sur les parois du verre une croûte cristalline composée de petites aiguilles microscopiques, qui, d'après Ramelsberg, avaient la composition précédente. Ces cristaux étaient un peu solubles dans l'eau.

Le sulfate d'alumine, précipité par une quantité insuffisante d'ammoniaque, donne un précipité de sulfate tribasique

$$SO^4 (Al^2 O^2)'' + 9 H^2 O = Al^2 O^3, SO^3 + 9 H^2 O.$$

Ce sel existe dans la nature, il constitue la substance minérale connue sous le nom de *Webstérite*. L'action du zinc sur le sulfate d'aluminium donne deux autres sous-sulfates indiqués plus haut.

On peut envisager ces sels comme dérivant de l'acide sulfurique $SO^4 H^2$ par la substitution à l'hydrogène de radicaux oxygénés $Al^2 O$ et $Al^2 O^2$, ou comme résultant de la combinaison de deux sulfates rentrant dans les types suivants :

$$3\ SO^4 H^2 \ldots\ldots \quad (SO^4)^3 \overset{\mathrm{VI}}{Al^2}.$$
Sulfate neutre.

$$2\ SO^4 H^2 \ldots\ldots \quad (SO^4)^2 (Al^2 O)^{IV}.$$
Sulfate bibasique.

$$SO^4 H^2 \ldots\ldots\ldots \quad SO^4 (Al^2 O^2)''.$$
Sulfate dit tribasique.

ALUN ORDINAIRE (SULFATE DOUBLE D'ALUMINE ET DE POTASSE), $(SO^4)^3 Al^2 + SO^4 K^2 + 24 H^2 O$.

Propriétés. — L'alun cristallise d'ordinaire en octaèdres réguliers qu'on peut obtenir très-volumineux. Ces cristaux s'effleurissent faiblement à l'air et seulement à la surface; leur saveur est douceâtre et astringente. Ils sont beaucoup plus solubles à chaud qu'à froid, et la dissolution éprouve facilement le phénomène de sursaturation. D'après M. Poggiale,

100 p. d'eau à	0° dissolvent..	3,29	p. d'alun.
— à	10°	9,52	—
— à	30°	22,01	—
— à	50°	30,92	—
— à	70°	90,67	—
— à	100°	357,48	—

L'alun fond quand on le chauffe vers 92° et perd successivement 24 équivalents d'eau ou 45,5 % de son poids jusque vers le rouge. Pendant sa dessiccation, l'alun se boursoufle et forme un champignon qui s'élève notablement au-dessus de l'ouverture du creuset. On obtient ainsi l'alun calciné, employé comme caustique pour ronger les chairs. Cet alun se dissout lentement, mais complétement, dans l'eau, comme beaucoup de sels calcinés. Au rouge vif il se décompose en acide sulfureux et oxygène qui se dégagent, et en alumine et sulfate de potasse qui restent dans le creuset. A une température plus élevée on obtiendrait de l'aluminate de potasse.

Il existe une autre variété d'alun cristallisée en cubes (alun de Rome), qu'on préfère dans beaucoup de cas à l'alun ordinaire parce qu'il ne contient point de fer soluble, tandis que les aluns ordinaires en contiennent toujours de 5 à 7 millièmes qui exercent une influence fâcheuse dans beaucoup d'opérations de teinture. Cet alun, qui se prépare avec de l'alunite (voir la préparat. de l'alun), ne diffère de l'alun ordinaire que parce qu'il contient un petit excès d'alumine, comme l'a démontré autrefois Leblanc. Aussi peut-on facilement le reproduire en ajoutant, à une dissolution d'alun ordinaire chauffée à 30° ou 40°, un peu d'ammoniaque ou de carbonate alcalin, qui précipitent d'abord le fer, puis un peu de sous-sulfate d'alumine; par refroidissement il se dépose de l'alun cubique nécessairement exempt de fer. Si au contraire on chauffe au delà de 50° une dissolution d'alun cubique, il se dépose un peu de sous-sulfate d'alumine et la liqueur ne donne plus que des cristaux octaédriques d'alun ordinaire.

Un cristal d'alun ordinaire, taillé en cubes, placé dans une dissolution d'alun rendue basique par un peu d'ammoniaque, continue à s'accroître en conservant la forme cubique, tandis que si l'on introduit un cristal *cubique* sur lequel on a pratiqué des facettes octaédriques, on voit celles-ci disparaître peu à peu et le cube seul persiste. L'inverse a lieu avec une dissolution d'alun ordinaire et des cristaux octaédriques que l'on a taillés en cubes.

En pratiquant sur de l'alun cubique les facettes du tétraèdre, on a pu les faire accroître dans une dissolution basique d'alun et obtenir ainsi de l'alun hémiédrique [De Hauer, *Journ. für prakt. Chem.*, t. XCXIV, p. 242].

Lorsqu'on chauffe modérément dans une cornue un mélange de 3 p. d'alun calciné et de 1 p. de noir de fumée, on obtient une poudre noire qui s'enflamme facilement à l'air humide (pyrophore de Homberg). C'est un mélange d'alumine, de charbon et de sulfure de potassium très-divisé; c'est ce dernier qui lui communique la propriété de s'enflammer, sans doute par suite de la chaleur qu'il produit en condensant la vapeur d'eau et l'air atmosphérique, dont il absorbe d'ailleurs l'oxygène.

Les dissolutions d'alun ont une réaction acide; elles agissent sur le carbonate de chaux et le zinc. Le carbonate de chaux, mis en digestion avec une solution d'alun, en précipite un sous-sel cristallin qui a pour formule :

$$3\ (SO^4, Al^2 O^2), Al^2 O^3 + 30 H^2 O.$$

Si l'on fait bouillir une dissolution d'alun avec du zinc dans une capsule de platine, ce qui facilite l'action, il se dégage de l'hydrogène et il se précipite une matière cristalline qui n'est autre chose que la lœvigite $3(SO^4Al^2O^2) + SO^4K^2 + 9H^2O$ [H. Debray, *Bull. de la Soc. chim.*, 1867, t. VII, p. 9]. Ce même sel se produit encore, d'après Riffault, lorsqu'on fait bouillir une dissolution d'alun avec de l'alumine hydratée. Il existe d'ailleurs dans la nature et accompagne d'ordinaire l'alunite à la Tolfa et en Hongrie. D'après A. Mitscherlich, on peut reproduire également cette substance en chauffant du sulfate de potasse avec du sous-sulfate d'alumine, ou simplement de l'alun en dissolution étendue à 200° [*Répert. de Chim. pure*, 1862, p. 262].

Ce sous-sulfate diffère seulement de l'*alunite*, $3(SO^4.Al^2O^2) + SO^4K^2 + 6H^2O$, par la plus grande quantité d'eau qu'il contient; il est bien évident alors qu'on le transformerait en alunite en le chauffant dans l'eau en vase clos à une température supérieure à 200°. On peut d'ailleurs obtenir l'alunite en cristaux rhomboédriques dont les angles sont de 91°,30 et 88°,30, comme ceux du produit naturel en chauffant à 230° 3^{gr} de sulfate d'alumine, 1^{gr} d'alun de potasse et 10 centimètres cubes d'eau [*Répert. de Chim. pure*, 1862, p. 262].

Sulfate double d'alumine et de soude (alun de soude),

$$(SO^4)^3\overset{VI}{Al^2} + SO^4Na^2 + 24H^2O.$$

— Il a la même forme cristalline que l'alun ordinaire, mais ses cristaux s'effleurissent à l'air et tombent en poussière. Il est extrêmement soluble dans l'eau, dont 100 p. dissolvent, à 16°, 110 p. d'alun de soude. C'est à raison de cette propriété qu'on ne peut songer à l'employer dans l'industrie; on peut en effet, en mélangeant des sulfates d'alumine très-ferrugineux avec du sulfate de potasse, obtenir des cristaux d'alun ordinaire à peu près exempt de fer, ou tout au moins facile à purifier par quelques cristallisations à cause de sa faible solubilité à froid, surtout dans les dissolutions qui contiennent du sulfate d'alumine. L'alun de soude est beaucoup trop soluble dans ces circonstances pour qu'on puisse le séparer facilement du sulfate de fer.

On le prépare dans les laboratoires en mélangeant des proportions convenables de sulfates d'alumine et de soude.

Sulfate double d'alumine et d'ammoniaque (alun ammoniacal),

$$(SO^4)^3\overset{VI}{Al^2} + SO^4(AzH^4)^2 + 24H^2O.$$

— Ce sel tend à se substituer dans l'industrie à l'alun ordinaire, qu'il peut remplacer dans la plupart des circonstances. Il ressemble tellement à l'alun de potasse, qu'il est difficile de l'en distinguer au simple aspect. Sa solubilité est à peu près la même. Chauffé légèrement, il fond et se boursoufle comme l'alun ordinaire; mais, si on le chauffe plus fortement, il laisse un résidu d'alumine pure.

Quand on ajoute de l'ammoniaque à sa solution jusqu'à ce que le précipité persiste, on obtient, d'après Riffault, un sous-sel analogue au sel de potasse, $3(SO^4.Al^2O^2) + SO^4(AzH^4)^2 + 9H^2O$ [*Ann. de Chim. et de Phys.*, t. XVI, p. 359].

On obtient une alunite ammoniacale,

$$3(SO^4.Al^2O^2) + SO^4(AzH^4)^2 + 6H^2O,$$

en chauffant un mélange d'alun ammoniacal, de sulfate d'alumine et d'eau, comme pour la préparation de l'alunite ordinaire. L'alun de soude et l'alun de fer donnent aussi facilement des alunites correspondantes [A. Mitscherlich, mémoire déjà cité].

On a trouvé l'alun ammoniacal, quoique en petites quantités, dans la nature (Tschermig en Bohême).

Sulfates doubles d'alumine et de magnésie. — On connaît sous le nom d'alun fibreux, à cause de sa forme, un alun dans lequel le sulfate de potasse serait remplacé par une quantité correspondante de sulfate de magnésie et même de sulfate de manganèse (voyez Aluns). Cette substance assez rare n'a pas été reproduite jusqu'ici. Lorsqu'on mélange des sulfates d'alumine et de magnésie en ajoutant un peu d'acide sulfurique à la liqueur, on obtient, par évaporation spontanée, des groupes mamelonnés de cristaux prismatiques déliés d'un sel double dont la formule est

$$(SO^4)^3\overset{VI}{Al^2} + 3SO^4Mg + 36H^2O.$$

FABRICATION DES ALUNS.

Historique. — Jusqu'au xve siècle, l'alun employé en Europe venait du Levant; on le fabriquait, au moyen de l'alunite, à Rocca, aujourd'hui Édesse; c'est pour cela, paraît-il, qu'il était connu sous le nom d'alun de Roche. Un Génois, Jean de Castro, qui connaissait cette fabrication, découvrit l'alunite à la Tolfa, près de Rome. La fabrication de l'alun en Italie prit alors une grande extension.

Dans le xvie siècle, on parvint, en Allemagne, à préparer l'alun au moyen des schistes alumineux; ce procédé, utilisé bientôt en France et en Angleterre, ne put fournir qu'un alun un peu ferrugineux et toujours inférieur à l'alun de Rome jusqu'au commencement de ce siècle, où Leblanc parvint à donner à l'alun ordinaire l'aspect et les qualités de l'alun de Rome.

Vers la même époque, Chaptal créait en France la fabrication du sulfate d'alumine au moyen des argiles et de l'acide sulfurique. Ce sulfate d'alumine, mélangé d'abord à des sels de potasse (sulfates ou chlorures), donnait de l'alun *de toutes pièces;* mais, dans ces derniers temps, la fabrication des sels ammoniacaux ayant pris une grande extension, on eut l'idée de substituer le sulfate d'ammoniaque au sel de potasse dans la fabrication de l'alun. Nous avons déjà dit que cet alun, moins coûteux que l'alun ordinaire, pouvait le remplacer dans la plupart des cas.

Fabrication au moyen de l'alunite. — L'alunite peut être envisagée comme une combinaison d'alun ordinaire anhydre et d'alumine hydratée. On a en effet :

$$3(SO^4.Al^2O^2) + SO^4K^2 + 6H^2O$$
$$=[(SO^4)^3Al^2 + SO^4K^2] + Al^2H^6O^6.$$

Chauffée jusqu'au rouge naissant, elle perd son eau et se transforme effectivement en alun calciné qu'on peut dissoudre dans l'eau, et en alumine insoluble. C'est sur cette propriété que repose toute la fabrication de l'alun de Rome.

On calcine modérément l'alunite en fragments dans des fours analogues aux fours à plâtre, ou mieux dans des fours à réverbère; puis on entasse la matière sur des aires planes, ou mieux dans des citernes en béton, et on l'humecte tous les jours pendant plusieurs mois jusqu'à ce que la matière soit complétement délitée. On la lessive et on évapore les eaux de lavage dans des chaudières en plomb. On obtient ainsi une masse de cristaux cubiques légèrement colorés en rose par un peu de sesquioxyde de fer *insoluble* et sans influence nuisible par conséquent dans les applications.

Cette circonstance a empêché pendant quelque temps l'alun *basique* préparé par Leblanc de se substituer à l'alun de Rome, parce que cette couleur rose était considérée par les consommateurs comme un indice certain de la pureté du produit. On dut alors donner cette teinte au produit indigène, en saupoudrant les cristaux de quelques millièmes d'oxyde de fer; et l'on imita l'apparence que le frottement avait donnée durant un long voyage aux cristaux d'alun de Rome, en faisant tourner lentement l'alun cubique mélangé d'oxyde de fer dans des tonneaux à demi pleins, où les arêtes vives des cristaux s'émoussèrent. On put alors vendre sans difficulté de 96 à 120 fr. les 100 kilog. un alun que les consommateurs avaient refusé jusqu'alors au prix de 60 fr.

Dans la solfatare près de Naples, on voit souvent sortir du sol volcanique échauffé des efflorescences d'alun. Aussi le lessivage de ce sol poreux peut-il fournir de petites quantités d'alun, formé sans aucun doute par l'action incessante des vapeurs sulfureuses, de l'air et de l'eau sur les roches alumineuses qui le constituent.

FABRICATION AU MOYEN DES SCHISTES. — Les schistes alumineux se rencontrent dans les divers étages géologiques, depuis le grès ancien jusqu'au terrain tertiaire. Ils renferment des substances charbonnées bitumineuses provenant de l'altération de corps organiques, mélangés avec des argiles, du sulfure de fer et des carbonates de chaux et de magnésie, cimentés par la matière bitumineuse. La proportion de ces divers corps est d'ailleurs extrêmement variable. Dans tous les cas, on brûle ces schistes en tas; le sulfure de fer seul, par une calcination ménagée, se transforme au contact de l'air en sulfates de protoxyde et de sesquioxyde, en acide sulfureux; mais en présence de l'alumine il se forme du sulfate d'alumine et un sous-sulfate de sesquioxyde de fer insoluble, surtout si l'opération dure longtemps et si la matière est bien oxydée par l'air.

Calcination des schistes. — Ce grillage s'effectue de lui-même pour les schistes très-riches en pyrite, qu'il suffit de mettre en tas qu'on maintient humides pendant quelque temps. L'oxydation de la pyrite sous l'influence de l'eau et de l'oxygène de l'air développe bientôt assez de chaleur pour enflammer la matière charbonneuse. La chaleur qu'elle développe en brûlant active la réaction.

Si le schiste contient peu de pyrite et beaucoup de matières charbonneuses, on le brûle en tas, sans autre combustible, en ayant soin de modérer la combustion pour ne pas décomposer le sulfate d'alumine; on mélange au contraire le schiste avec du combustible, bois ou houille, s'il n'en contient pas suffisamment pour brûler seul. La potasse du combustible ou l'ammoniaque (dans le cas de la houille) se retrouvera à l'état d'alun dans le lessivage du produit.

Lavage. — Quand la combustion est terminée, on soumet la masse à des lavages méthodiques. La lessive contient, en proportions variables, du sulfate d'alumine, des aluns à base de potasse (surtout si l'argile contient du feldspath) et d'ammoniaque, des sulfates de protoxyde et de sesquioxyde de fer et un peu de sulfate de magnésie[1]; et l'on se propose d'en retirer de l'alun et du sulfate de fer.

Concentration et production du sulfate de fer. —Les liqueurs concentrées jusqu'à 36° Baumé, on les laisse alors reposer pendant quelques heures, il se dépose du sous-sulfate de fer insoluble, puis on introduit le liquide décanté dans des cristallisoirs où la plus grande partie de l'alun se dépose. On décante et on concentre de nouveau pour faire cristalliser le sulfate de protoxyde de fer, on re-

commence la concentration, et l'on obtient, suivant les cas, deux ou trois cristallisations successives de sulfate de fer. On ajoute ordinairement un peu d'acide sulfurique et des rognures de tôle ou de la ferraille aux liqueurs, afin de réduire le sulfate de sesquioxyde et d'empêcher la production d'alun de fer, qui cristalliserait avec l'alun ordinaire sans qu'on pût l'en séparer par dissolution.

Enfin l'eau mère où s'est déposé le vitriol vert contient principalement du sulfate d'alumine que l'on transforme en alun. Cette opération est connue sous le nom de *brevetage.*

Brevetage. — On détermine d'abord la quantité de sulfate d'alumine contenue dans l'eau mère et l'on y ajoute pour 100 p. de sulfate d'alumine supposé sec

Chlorure de potassium......	43,5 parties
Sulfate de potasse.........	50,9 —
Sulfate d'ammoniaque......	47,4 —

dissous dans la plus petite quantité d'eau possible. L'alun se précipite sous forme de poudre blanche grenue (alun en farine); on laisse déposer la masse, puis on décante l'eau mère, que l'on évapore en l'agitant continuellement pour en retirer une nouvelle quantité d'alun en petits cristaux que l'on ajoute aux premiers. Les eaux mères rentrent dans la fabrication.

On emploie depuis quelque temps une grande quantité de chlorure de potassium dans l'opération du brevetage, parce que le prix de cette substance a beaucoup diminué depuis la découverte d'un gisement très-important de ce sel à Stassfurt. Aussi les usines à gaz anglaises ont-elles dû abaisser le prix de l'ammoniaque, pour empêcher le chlorure de potassium de s'introduire dans les fabriques d'alun[1]. Il est d'ailleurs bien évident qu'au point de vue théorique le chlorure de potassium peut remplacer le sulfate; il se forme seulement une quantité équivalente de chlorure de fer très-soluble, qui reste dans l'eau mère.

Purification de l'alun. — L'alun en farine, introduit dans des caisses filtrantes, est lavé avec des eaux saturées d'alun provenant d'opérations précédentes et contenant de moins en moins de fer, et enfin avec de l'eau pure aussi froide que possible. Le premier liquide est évaporé, il donne d'abord du sulfate de fer, puis de l'alun; les autres sont employés à des lavages successifs d'alun en farine.

Enfin on fait cristalliser l'alun, en en faisant une solution marquant 53° Baumé que l'on amène dans un cristallisoir de forme spéciale, où elle se prend presque en masse en refroidissant. Ce cristallisoir a la forme d'un cône tronqué dont le fond est la grande base. Ce fond est doublé de plomb, et le contour du cône, formé par des douves en chêne, peut se démonter en deux parties assemblées par des boulons.

Quand la cristallisation est terminée, on décante l'eau mère, on ouvre le cuvier et on trouve un bloc d'alun dont le poids peut s'élever à 5 ou 6,000 kilog. On le divise en masses à coups de merlin ou avec une scie.

Cet alun peut servir à presque toutes les opérations de la teinture, cependant il contient encore un peu de sulfate de fer qui serait nuisible si l'on voulait s'en servir pour obtenir les nuances claires de la soie. Il faut encore lui faire subir une nouvelle cristallisation pour l'obtenir pur. On fait alors une dissolution moins concentrée que la *précédente* (30° Baumé) qui donne les plus beaux cristaux. On a alors l'alun à *l'épreuve du prussiate,* ainsi appelé parce que ses cristaux réduits en

[1] Aussi peut-on retirer du sulfate de magnésie de certains schistes alumineux; à Whitby on retirait des schistes presque autant de sulfate de magnésie que d'alun.

[1] Potasse et soude de Stassfurt (Prusse), par M. Joulin, *Bull. de la Soc. chim.,* 1866, t. VI, p. 104.

poudre ne bleuissent plus quand on les arrose avec une solution de cyanure jaune, ce qui arriverait s'ils contenaient un peu de fer (1).

FABRICATION AU MOYEN DES ARGILES. — Cette fabrication s'effectue comme pour le sulfate d'alumine pur, seulement il n'est point nécessaire d'employer des argiles aussi pures quand le sulfate doit être transformé en alun ; l'attaque de l'argile par l'acide des chambres de plomb (à 52° Baumé) peut se faire dans un four à réverbère, dont la sole en forme de cuvette est dallée en grès dur; on chauffe le mélange composé de 100 p. d'argile calcinée et 40 p. d'acide sulfurique, à une température de 70° environ pendant deux jours en remuant très-souvent. On l'introduit alors dans des bassins doublés en plomb, où on le mélange avec de l'eau. Il se forme une dissolution de sulfate d'alumine qu'on décante et qu'on évapore. Les dernières eaux de lavage, trop peu concentrées, servent à lessiver de nouvelles matières. Le sulfate d'alumine suffisamment concentré est transformé en alun.

PROCÉDÉ SPENCE. — En 1845, M. Spence a imaginé un nouveau procédé de préparation de l'alun, intermédiaire entre les deux derniers procédés, comme on va le voir. On calcine des schistes noirs en tas, à une chaleur voisine du rouge, en évitant de trop chauffer ; la calcination dure deux jours; on met alors la matière en digestion pendant 36 ou 48 heures avec de l'acide à 1,35 (40° Baumé environ) dans de grands vases couverts, et l'on maintient le mélange vers 107° en chauffant les vases à l'extérieur et en faisant arriver à l'intérieur de la vapeur d'eau produite dans des bouilleurs où l'on chauffe les eaux ammoniacales du gaz de l'éclairage avec de la chaux. L'alumine des schistes s'attaque facilement par l'acide sulfurique et le bisulfate d'ammoniaque (car la liqueur reste toujours acide) qui se produit par suite de l'arrivée des vapeurs ammoniacales dans le mélange. On fait écouler la liqueur dans des cristallisoirs, et on l'agite constamment pour obtenir de petits cristaux qu'on lave et qu'on sèche. Les sels de fer restent dans les eaux mères.

On purifie ces cristaux d'alun par une seconde cristallisation. Les cristaux sont jetés dans une trémie où de la liqueur d'eau les dissout à mesure qu'on les ajoute; la solution tombe immédiatement dans un réservoir en plomb où elle reste pendant 3 heures et dépose une certaine quantité de matière insoluble (sous-sulfate d'alumine insoluble?). La liqueur limpide est écoulée dans des cristallisoirs où elle cristallise.

Par l'ancien procédé (calcination et lavage des schistes), on retirait des schistes oolithiques du Yorkshire 1 tonne d'alun potassique et 1 tonne de sel d'Epsom de 60 tonnes de schistes. Par le nouveau procédé, où l'alumine ne provient plus seulement du sulfate d'alumine formé pendant le grillage, on retire 65 tonneaux d'alun ammoniacal de 50 tonneaux de schistes.

On fabriquait déjà par ce procédé, en 1862, près de la moitié de la quantité d'alun ammoniacal vendue en Angleterre (300 tonneaux par semaine) [*Répert. de Chim. appliq.*, t. IV, 1862, p. 333].

Usages de l'alun et du sulfate d'alumine. — On emploie ces corps comme mordants dans la teinture et dans les impressions sur tissus, et pour la fabrication des laques employées dans la fabrication des papiers peints. Le collage des papiers en emploie également des quantités considérables.

____

(1) M. Payen fait remarquer, avec beaucoup de raison, qu'en employant, comme on le fait ordinairement, une eau plus ou moins chargée de bicarbonate de chaux pour dissoudre l'alun, il y a toujours un peu d'alun alumiué précipité. La perte résultant de cette cause peut aller jusqu'à 0,02 de l'alun pur à chaque dissolution. On pourrait l'éviter en employant de l'eau préalablement bouillie et déposée (*Chimie industrielle*, t. I, p. 255).

On s'en sert comme d'un antiseptique pour conserver la colle forte et les peaux avec leurs poils. La peau ainsi conservée peut alors après lavage donner de la gélatine par l'ébullition, ce que ne fait pas la peau tannée ou cuir. L'alun sert à effectuer la clarification des suifs; on l'a recommandé à très-petite dose pour la clarification des eaux troubles ; le carbonate de chaux contenu dans l'eau détermine alors la production d'un sous-sulfate d'alumine qui, en se déposant, entraîne rapidement toutes les matières en suspension. L'alun calciné est employé en médecine.

SULFITE D'ALUMINE. — L'alumine précipitée de ses sels se dissout facilement dans l'acide sulfureux, ce que ne fait pas l'alumine des aluminates. Le sulfite d'alumine est extrèmement soluble dans l'eau ; quand on évapore sa dissolution dans le vide sec, on obtient, d'après Berzelius, une masse gommeuse dont la composition n'a pas été examinée. La dissolution de ce sel perd de l'acide sulfureux quand on la chauffe légèrement, et, si on continue jusqu'au moment où le dégagement de gaz cesse, il se forme un précipité insoluble, qui, d'après Gougginsperg, aurait pour formule

$$SO^3(Al^2O^2)'' + 4H^2O.$$

Ce sous-sel perdrait son eau et son acide vers 100° [*Ann. der Chem. u. Pharm.*, t. XLV, p. 132].

On a utilisé le sulfite d'alumine dans la fabrication du sucre, pour la défécation du jus de betterave ; ce sel agit alors par son acide sulfureux, qui préserve le jus de la fermentation, et par son alumine, qui précipite les matières albuminoïdes.

Il est fâcheux qu'on ne puisse pas facilement l'obtenir par la combinaison de l'acide sulfureux et de l'alumine précipitée des aluminates; car sa dissolution concentrée, très-riche en alumine, pourrait remplacer avec avantage le sulfate d'alumine dans beaucoup de cas.

HYPOSULFATE D'ALUMINE. — On l'a obtenu en décomposant l'hyposulfate de baryte par le sulfate d'alumine; mais il se décompose, en grande partie du moins, quand on évapore sa dissolution. Il est donc très-difficile de l'obtenir sous forme cristalline, et à cet état il est peu connu. Les sels d'alumine de la série thionique n'ont pas été étudiés jusqu'ici.

AZOTATE D'ALUMINE. — On obtient ce sel en dissolvant l'alumine hydratée dans l'acide azotique concentré. On évapore la liqueur en ayant soin de la maintenir fortement acide, et par refroidissement elle laisse alors déposer des cristaux souvent volumineux d'azotate d'alumine. Ils contiennent 15 molécules d'eau d'hydratation (Henri Debray).

Ce sel est très-déliquescent, ce qui empêche de déterminer sa forme, qui paraît dériver du prisme rhomboïdal droit comme le composé correspondant du sesquioxyde de fer. D'après M. Deville, il se décompose vers 150° en alumine et acide azotique hydraté. Cette propriété permet de séparer facilement l'alumine de la chaux ou de la magnésie, dont les nitrates se décomposent plus difficilement.

PHOSPHATES D'ALUMINE. — On obtient le phosphate d'alumine neutre $(2PhO^4, Al^2)$ en précipitant une dissolution neutre d'alumine par le phosphate de soude ordinaire [Rammelsberg, *Poggend. Ann.*, t. LXIV, p. 407]. C'est une matière blanche gélatineuse, qui, desséchée à l'air, retient 9 molécules d'eau. Elle est soluble dans la potasse et dans les acides, excepté dans l'acide acétique. Cette propriété, que le phosphate d'alumine partage avec les phosphates de fer et d'urane, permet de le séparer facilement des phosphates de chaux, de magnésie et de leurs analogues. Il suffit en effet d'ajouter à la dissolution de ces divers phosphates dans l'acide azotique ou chlorhydrique étendu de l'acétate d'ammoniaque, pour obtenir un précipité de phosphate neutre d'alumine assez facile à laver.

Lorsqu'on ajoute de l'ammoniaque à une liqueur acide contenant en solution du phosphate d'alumine, on obtient un précipité de phosphate plus basique, dont la composition est exprimée d'après M. Rammelsberg [*Poggend. Ann.*, t. LXIV, p. 407] par la formule $4\,(Al^2O^3),\ 3\,Ph^2O^5$. Il retient 18 molécules d'eau à la température ordinaire et 15 quand on le dessèche à 100°. C'est ce phosphate qui se trouve combiné au fluorure d'aluminium dans la *wawellite*. Ce minéral, analysé autrefois par Berzelius, a, d'après lui, pour composition

$$Al^2Fl^6 + [(Al^2O^3)^4(Ph^2O^5)^3]^3 + 36\,H^2O.$$

Le phosphate d'alumine peut former quelques combinaisons avec d'autres phosphates. On connaît, en effet, un phosphate double naturel de magnésie et d'alumine, cristallisé en prismes rhomboïdaux droits dont la composition peut s'exprimer par la formule $MgO,\ Al^2O^3,\ Ph^2O^5$.

L'*amblygonite* est une combinaison de phosphate d'alumine et de lithine avec les fluorures d'aluminium et de sodium qui serait représentée d'après Rammelsberg par la formule assez complexe

$$Al^6\,Na\,Li^5\,H^4\,Ph^6\,O^{25} = 3\,\overset{VI}{Al^2},\ 6\,(M\,Ph\,O^4)'',H^4,O''.$$

Le même savant a aussi analysé un sel double d'alumine et de lithine, qui se précipite de la dissolution de phosphate d'alumine dans la potasse, quand on y ajoute un sel de lithium. Ce sel aurait pour formule

$$Al^2\,Li^{12}\,Ph^6\,O^{24} + 30\,H^2O$$
$$= \overset{VI}{Al^2},\ 6\,(Li^2\,Ph\,O^4)' + 30\,H^2O\,;$$

mais, ainsi que le fait remarquer Berzelius [*Rapp. annuel*, 7ᵉ année, p. 128], il manque 2 % de lithine pour que le résultat de l'analyse corresponde à la formule; aussi considère-t-il comme probable que le sel analysé était un mélange.

La *childrénite* et la *turquoise* sont aussi des phosphates doubles, le premier d'alumine et de fer (ou de manganèse), le second d'alumine et de cuivre.

L'analyse des phosphates d'alumine présente des difficultés particulières qui tiennent surtout à la séparation de l'alumine et de l'acide phosphorique. On peut cependant effectuer assez exactement cette séparation, en dissolvant le phosphate d'alumine dans l'acide azotique, ajoutant de l'acide tartrique et saturant par l'ammoniaque; l'alumine reste alors en dissolution, et l'on peut précipiter l'acide phosphorique de cette liqueur par les sels de magnésie. Le phosphate ammoniaco-magnésien entraîne bien avec lui un peu d'alumine, mais cette cause d'erreur n'a qu'une influence insignifiante sur la valeur du résultat par suite de la dissolution d'une petite quantité de phosphate magnésien dans le lavage de ce sel. Le même procédé s'applique au phosphate de fer, et il paraît, d'après Knapp [*Zeitschr. f. Chem.*, t. II, p. 151], qu'il convient mieux au fer ou aux mélanges très-fréquents de phosphates de fer et d'alumine qu'au phosphate d'alumine pur.

Le phosphite et l'hypophosphite d'alumine sont peu solubles dans l'eau, ils ont été peu étudiés jusqu'ici.

CARBONATE D'ALUMINE. — Lorsqu'on précipite une dissolution d'alumine par les carbonates de potasse ou de soude, on obtient un précipité contenant à la fois de la potasse ou de la soude et de l'acide carbonique et de l'alumine hydratée; mais on n'a pas réussi jusqu'ici à préparer le carbonate d'alumine bien exempt d'alcali. Une dissolution de carbonate d'ammoniaque, versée dans les sels d'alumine, en précipite de l'hydrate d'alumine ordinaire.

H. D.

ALUMINIUM. — ALLIAGES. — Voyez les différents métaux.

ALUMINIUM. — RÉACTIONS ET DOSAGE DE SES SELS. — Les solutions aluminiques sont généralement acides aux papiers et présentent une saveur astringente particulière. Elles ne précipitent pas par les *acides*, et donnent, avec la *potasse* ou le *sulfhydrate d'ammoniaque*, un précipité blanc volumineux de trihydrate *soluble dans un excès de potasse* et dans les acides. Lorsqu'on calcine au chalumeau un sel d'alumine ou l'alumine elle-même, qu'on humecte la masse avec du *nitrate de cobalt* et qu'on chauffe fortement, celle-ci devient *bleu de ciel*(1). Ces réactions sont caractéristiques.

L'ammoniaque et les carbonates alcalins donnent un précipité qu'un excès de réactif ne fait pas disparaître. Le phosphate de soude donne un précipité blanc volumineux d'hydrate soluble dans la potasse et dans les acides. Le carbonate de baryte précipite même à froid toute l'alumine.

Dans la solution d'alumine dans la potasse, le sulfhydrate d'ammoniaque ne produit pas de précipité, puisque celui qu'il forme d'ordinaire est soluble dans la potasse; en revanche, l'hydrogène sulfuré produit à la longue un précipité. Les sels ammoniacaux précipitent les solutions alcalines d'alumine.

On dose l'aluminium à l'état d'alumine

$$(Al^2O^3 \times 0,534 = Al^2)$$

et on isole celle-ci en précipitant les solutions, privées d'acide phosphorique, par le sulfhydrate d'ammoniaque, l'ammoniaque, l'hyposulfite de soude ou le carbonate d'ammoniaque, et en calcinant le précipité. Lorsqu'on se sert d'*ammoniaque*, il faut opérer en présence des sels ammoniacaux, ne pas ajouter un trop grand excès d'ammoniaque et prendre des liqueurs assez concentrées. Ces précautions empêchent une redissolution partielle, mais sensible. On ne doit pas oublier non plus que le sucre, l'acide tartrique, etc., empêchent la précipitation. On chauffe jusqu'à ce que l'odeur ammoniacale ait disparu, avant de recueillir le précipité.

Le *sulfhydrate d'ammoniaque* est le meilleur réactif pour précipiter l'alumine, mais il ne faut pas qu'il y ait en présence d'autres métaux précipitables. L'*hyposulfite de soude* donne, avec les sels d'alumine, un sel de soude, de l'anhydride sulfureux, de l'alumine et du soufre. Il faut opérer dans une liqueur ne contenant pas plus de 1 décigramme d'alumine pour 50 centimètres cubes et faire bouillir jusqu'à ce que toute odeur sulfureuse ait disparu. Le précipité se dépose bien et se lave facilement. Calciné, il perd tout son soufre et donne l'alumine. Si l'on avait du fer ou du manganèse en présence, ils resteraient en solution (Chancel).

On sépare l'alumine d'avec le *zinc*, le *nickel* et le *cobalt* en ajoutant du carbonate de soude, puis du cyanure de potassium. On laisse digérer à froid, et tous les carbonates se dissolvent. L'alumine est recueillie sur un filtre, mais ne peut être pesée qu'après dissolution par un acide et reprécipitation, car elle retient de l'alcali. On sépare du *fer* et du *manganèse* en précipitant les solutions chlorhydrique ou sulfurique étendues de façon à ne contenir que 1 décigramme d'oxyde pour 50ᶜᶜ par l'hyposulfite de soude.

Les métaux du troisième groupe sont séparés tous ensemble en traitant le mélange par la potasse en présence de l'acide tartrique. On ajoute du sulfure de sodium, on décante après repos et on filtre en lavant avec de l'eau chargée de sulfure

(1) Si le composé fondait au chalumeau, la production d'un globule bleu ne serait pas caractéristique de l'aluminium.

de sodium. La liqueur contient l'aluminium et le chrome seulement. On les sépare en chauffant la liqueur avec du nitre et fondant le résidu et opérant de la façon indiquée à l'article CHROME. Pour les acides et les autres métaux, voyez ces acides et ces métaux. G. S.

ALUMINIUM ÉTHYLE et ALUMINIUM MÉTHYLE. — Voyez ÉTHYLE et MÉTHYLE.

ALUN (Min.). [Syn. *Alumine sulfatée alcaline* H.] L'alun potassique se trouve en efflorescences ou en masses fibreuses dans des schistes alumineux ; il se forme aussi dans les houillères embrasées et dans les solfatares. L'alun sodique a été rencontré en croûtes fibreuses dans les solfatares à Naples, à Milo, etc. L'alun ammoniacal s'est trouvé dans les lignites de Tschermig (Bohème) et dans le cratère de l'Etna.

ALUNITE (Min.). [Syn. *Alumine sous-sulfatée alcaline, alaunstein.*] Sous-sulfate d'alumine et de potasse :

$$3\,Al^2O^3, K^2O, 4\,SO^3 + 6\,H^2O = {3\,Al^2 \atop H^{12}}^{\textstyle 4\,SO^2 \atop \textstyle K^2} {O^8 \atop O^{12}}$$

Substance pierreuse se trouvant quelquefois en masses cristallines, de couleur grise, rougeâtre ou jaunâtre ; au Mont-Dore, à la Tolfa (États romains), etc.

Partiellement soluble dans l'eau après calcination en donnant de l'alun.

Infusible au chalumeau. Dureté, 3,5-4. — Densité, 2,58-2,75.

Forme cristalline : Rhomboèdre de 80°10'. Clivage : a^1. F. et S.

ALUNOGÈNE (Min.). [Syn. *Alun de plume, halotrichite.*] Sulfate d'alumine hydraté :

$$Al^2S^3O^{12} + 18\,H^2O.$$

Masses fibreuses ou écailleuses d'une saveur âpre qui se trouve dans les solfatares. Translucide, très-soluble. Dureté, 1,5-2. Densité, 1,6-1,8.

ALUNS. — On donne le nom d'*aluns* à une série remarquable de composés, dont l'alun de potasse

$$(SO^4)^3\,Al^2 + SO^4\,K^2 + 24\,H^2O$$
$$= 3\,(SO^3)\,Al^2O^3 + SO^3\,K^2O + 24\,H^2O$$

est le type. Ces corps, plus ou moins solubles dans l'eau, cristallisent facilement en octaédres réguliers. Ils ne diffèrent du composé normal que parce que l'alumine et la potasse peuvent y être remplacées en totalité ou en partie par leurs isomorphes. Ainsi on peut substituer à l'alumine, les sesquioxydes de fer, de manganèse ou de chrome, et à la potasse, ses isomorphes, la soude, l'oxyde d'ammonium, les oxydes des ammoniums composés, et les oxydes de rubidium, de cæsium et de thallium. La lithine est donc le seul des oxydes alcalins qui ne puisse former d'aluns.

L'acide sélénique, isomorphe de l'acide sulfurique, peut aussi donner des aluns peu étudiés jusqu'ici, car on ne connait encore qu'un alun sélénique, et il est même probable qu'on en obtiendrait avec l'acide tellurique ; mais il ne parait pas que l'on ait tenté jusqu'ici de produire de tels composés [R. Weber, *Poggend. Ann.*, t. CVIII, p. 613].

Les aluns simples actuellement connus sont :

L'alun ordinaire

$$(SO^4)^3\,Al^2 + SO^4\,K^2 + 24\,H^2O\,;$$

L'alun de soude

$$(SO^4)^3\,Al^2 + SO^4\,Na^2 + 24\,H^2O\,;$$

L'alun ammoniacal

$$(SO^4)^3\,Al^2 + SO^4\,(Az\,H^4)^2 + 24\,H^2O\,;$$

L'alun à base de rubidium

$$(SO^4)^3\,Al^2 + SO^4\,Ru^2 + 24\,H^2O\,;$$

L'alun à base de cæsium

$$(SO^4)^3\,Al^2 + SO^4\,Cæ^2 + 24\,H^2O\,;$$

L'alun à base de thallium

$$(SO^4)^3\,Al^2 + SO^4\,Tl^2 + 24\,H^2O\,;$$

L'alun de manganèse à base de potasse

$$(SO^4)^3\,Mn^2 + SO^4\,K^2 + 24\,H^2O\,;$$

L'alun de chrome à base de potasse

$$(SO^4)^3\,Cr^2 + SO^4\,K^2 + 24\,H^2O\,;$$

L'alun de chrome à base d'ammoniaque

$$(SO^4)^3\,Cr^2 + SO^4\,(Az\,H^4)^2 + 24\,H^2O\,;$$

L'alun de fer à base de potasse

$$(SO^4)^3\,Fe^2 + SO^4\,K^2 + 24\,H^2O\,;$$

L'alun de fer à base d'ammoniaque

$$(SO^4)^3\,Fe^2 + SO^4\,(Az\,H^4)^2 + 24\,H^2O\,;$$

L'alun de fer à base de thallium

$$(SO^4)^3\,Fe^2 + SO^4\,Tl^2 + 24\,H^2O\,;$$

Et l'alun sélénique

$$(SeO^4)^3\,Al^2 + SeO^4\,K^2 + 24\,H^2O.$$

On a préparé plusieurs aluns à base organique ; ce sont : l'alun de triméthylamine [Reckenschuss, *Ann. der Chem. u. Pharm.*, t. LXXXIII, p. 344], l'alun d'éthylamine [Kenner et Sthamer, *ibid.*, t. XCI, p. 172], et les aluns de méthylamine et d'amylamine [Titus von Alt, *Ann. der Chem. u. Pharm.*, t. XV (nouv. sér.)].

On a préparé en outre un certain nombre de composés mixtes en mélangeant les aluns en diverses proportions. On sait, par exemple, qu'un mélange d'alun de chrome et d'alun ordinaire ne donne qu'une seule espèce de cristaux contenant à la fois de l'alumine et de l'oxyde chromique en proportions quelconques. On sait également que l'on favorise la production de certains aluns, en ajoutant à leur dissolution une certaine quantité d'alun ordinaire. Ainsi les aluns de fer à base de thallium s'obtiennent plus facilement en cristaux volumineux quand l'alumine y remplace une quantité correspondante d'oxyde ferrique [Nicklès, *Journ. de Pharm.*, février 1861, p. 142].

On peut aussi faire croître un cristal d'alun de chrome dans une dissolution saturée d'alun ordinaire, ou inversement. Dans le premier cas, l'alun de chrome forme le noyau coloré d'un cristal de même forme dont les couches extérieures sont incolores. Ce fait, constaté autrefois par Gay-Lussac, s'explique tout naturellement par l'isomorphisme des deux substances.

Les minéralogistes ajoutent à la liste déjà nombreuse des aluns quelques sulfates doubles de composition analogue. Ce sont les aluns de magnésie, de manganèse (Apjohnite) et l'alun de fer ou alun de plume. Mais il ne parait pas que cette assimilation soit acceptable. Ces composés, extrêmement solubles dans l'eau, ne cristallisant jamais en octaédres réguliers, ou sous toute autre forme dérivée du cube ; ils sont mal cristallisés et se présentent d'ordinaire en fibres soyeuses analogues à l'amiante. Robert Kane, qui a analysé avec Apjohn le soi-disant alun de manganèse, lui assigne d'ailleurs une composition un peu différente de celle des aluns [*Suite des recherches sur la nature et la constitution des composés d'ammoniaque. Ann. de Chim. et de Phys.*, t. LXXII, p. 368, 1839]. Il contiendrait en effet, d'après ce savant, 25 équivalents d'eau, comme le sulfate double d'alumine et de zinc correspondant, de sorte que ces sulfates doubles résulteraient de l'union du sulfate d'alumine à 18 équivalents d'eau avec un sulfate de la série magnésienne à 7 équivalents d'eau :

$$([SO^4]^3\,Al^2 + 18\,H^2O) + (SO^4\,Zn + 7\,H^2O)$$

Mais lors même qu'il serait démontré que leur hydratation est la même que celle des aluns, il n'y aurait encore aucune raison sérieuse d'assimiler ces deux séries de corps. Car on ne comprendrait pas pourquoi les aluns ordinaires à base de potasse ou d'ammoniaque, que l'on produit industriellement dans des liqueurs contenant des sulfates de protoxyde de fer et de magnésie, ne contiennent jamais de protoxyde de fer ou de magnésie substitués à une quantité équivalente de potasse ou d'ammoniaque.

Ajoutons que rien, dans les faits connus, n'autorise à supposer dans aucun cas l'isomorphisme des oxydes alcalins d'une part et des oxydes du groupe magnésien de l'autre.   H. D.

AMALGAME (Mln.). [Syn. *Mercure argental.*] — Amalgame d'argent en proportions variables $Ag^2 Hg^2$ ou $Ag^2 Hg^3$. Cristaux dodécaédriques brillants, métalliques, d'un blanc d'argent, ou masses compactes.

Fig. 19. — Amalgame.

Caractères. — Donne du mercure dans le tube. Frotté sur du cuivre, le blanchit.

Dureté, 3-3,5. Densité, 10,5-14.

Forme cristalline : Dodécaèdres rhomboïdaux du système régulier, portant un grand nombre de facettes modifiantes.

AMALGAMES. — Alliages dont le mercure est l'un des constituants. Les amalgames sont facilement fusibles, doués de l'éclat métallique, cassants, grenus par suite de leur structure cristalline ; plusieurs même sont nettement cristallisés avec des formes déterminables, parmi lesquelles prédominent l'octaèdre régulier. Quand leur consistance est simplement butyreuse ou fluide comme le mercure, c'est qu'ils renferment un excès de ce dernier, dont on peut les séparer au moyen d'une peau de chamois ou par une distillation ménagée. Les amalgames de fer et d'antimoine se décomposent spontanément ; ceux qui contiennent un métal alcalin sont altérés par l'air humide avec production d'alcali libre ou carbonaté ; ils décomposent l'eau en amenant un dégagement régulier d'hydrogène, dont l'état naissant est souvent utilisé en chimie organique pour obtenir des réductions à la température ordinaire. La chaleur détruit tous les amalgames en volatilisant le mercure ; souvent il est nécessaire de chauffer jusqu'au rouge pour arriver à ce résultat.

Les métaux très-peu fusibles, comme le fer, le cobalt, le nickel et le chrome, par exemple, s'unissent difficilement avec le mercure. L'amalgamation, d'une manière générale, s'effectue, suivant les cas, soit directement à froid ou à chaud, soit indirectement par l'intermédiaire d'un autre amalgame, ou par voie électrolytique ; la combinaison directe est souvent accompagnée d'un vif dégagement de chaleur.

A l'exception de celui d'étain, les amalgames n'ont guère d'emploi dans les arts. On n'a encore trouvé jusqu'à présent dans la nature d'autres amalgames que ceux d'or et d'argent.

Les amalgames ordinaires, comme les autres alliages en général, doivent être considérés comme des combinaisons cristallisables, en proportions définies, dissoutes dans un excès de mercure ou mélangées avec un excès d'autre métal.   M. D.

AMANITINE. [Syn. *Agaricine.*] — Substance particulière découverte par Letellier dans l'*Agaricus muscarius* et l'*Agar. bulb.*, étudiée depuis par Apaiger et Wiggers [Letellier, *Magazine f. Pharm.*, t. XVI, p. 137. — *Buchner's Repertor.*, t. VII, p. 280. — *Canstatt's Jahresber*, 1851, p. 23].

Pour l'extraire, on soumet à la presse les agarics dont il vient d'être question ; le résidu est repris par l'eau et pressé de nouveau. On fait bouillir les liqueurs pour coaguler l'albumine, puis on ajoute de l'acétate de plomb ; on filtre, on ajoute du sous-acétate de plomb et l'on filtre de nouveau. La solution limpide, débarrassée de l'excès de plomb par l'hydrogène sulfuré, est neutralisée par l'ammoniaque si elle est acide, et précipitée par le tannin. Ce tannate, décomposé par la chaux, est traité par l'alcool fort qui dissout l'amanitine. On neutralise par l'acide sulfurique, et l'on évapore à consistance sirupeuse ; on reprend par un mélange de 2 p. d'alcool et 1 p. d'éther, et finalement cette solution filtrée est mélangée à de l'eau, concentrée et distillée avec de la baryte.

L'amanitine est liquide, d'une odeur repoussante, rappelant un peu celle de la conine, volatile sans décomposition, très-soluble dans l'eau, à laquelle cependant elle est enlevée par l'alcool et l'éther. Les acides, les alcalis et les terres alcalines ne la séparent pas de l'eau. Elle donne des combinaisons blanches, insolubles, avec le tannin, le bichlorure de mercure, l'acétate de plomb. Elle réduit le chlorure d'or. On ne connaît pas la composition de l'amanitine, qui ne paraît pas avoir été obtenue encore dans un état de pureté absolue.

Selon Letellier, l'amanitine est un poison violent, et c'est à elle qu'on doit attribuer les propriétés toxiques des champignons. Selon Apaiger et Wiggers, ces propriétés toxiques appartiennent à un acide particulier qui accompagne l'amanitine dans les agarics, et dont on la débarrasse par le premier traitement à l'acétate de plomb.   CH. L.

AMARINE, $(C^7 H^6)^3 Az^2$. [Syn. *Benzoline, hydrure d'azobenzoïline*] [Laurent, *Ann. de Chim. et de Phys.*, t. I, (3), 306. — *Compt. rend., des trav. de Chim.*, 1845, p. 33. — Fownes, *Ann. der Chem. u. Pharm.*, t. LIV, p. 363.] — L'amarine, isomère de l'hydrobenzamide, provient de la transformation moléculaire de celle-ci sous l'influence de la chaleur ou de la potasse bouillante. Suivant Laurent, qui l'avait d'abord appelée *hydrure d'azobenzoïline*, l'amarine se prépare par l'action de l'ammoniaque sur l'essence d'amandes amères, de la manière suivante :

On fait dissoudre l'hydrure de benzoïle dans l'alcool, et on y fait passer un courant de gaz ammoniac jusqu'à saturation. Le mélange, abandonné à lui-même pendant 24 ou 48 heures, se prend en une masse cristalline, composée de grandes sphères radiées. Le tout est additionné d'eau, soumis à l'ébullition jusqu'à ce qu'on ait éliminé la majeure partie de l'alcool, et la liqueur encore chaude est saturée d'acide chlorhydrique. Il se dépose des matières huileuses, mêlées d'aiguilles d'acide benzimique et il reste en solution du chlorhydrate d'amarine ; on lave les matières huileuses à l'eau bouillante pour leur enlever les dernières traces de ce sel. La solution du chlorhydrate est neutralisée par l'ammoniaque, et il se produit un précipité cristallin d'amarine. On purifie cette base en la transformant de nouveau en chlorhydrate, et en précipitant la solution alcoolique bouillante de celui-ci par l'ammoniaque. Par le refroidissement, l'amarine se dépose en belles aiguilles tout à fait pures.

Lorsqu'on expose l'hydrobenzamide pure, peudant 3 ou 4 heures, à une température de 120° à 130°, on obtient par le refroidissement une masse vitreuse d'amarine, qu'on purifie comme dans le procédé précédent [Bertagnini, *Ann. der Chem. u. Pharm.*, nouv. sér., t. XII, p. 12. — *Ann. de Chim. et de Phys.*, (3), t. XLI, p. 193].

Maintenue en ébullition pendant quelques heures avec une solution de potasse, l'hydrobenzamide se métamorphose également en amarine, qui se dépose sous forme d'un gâteau résineux (Fownes).

Le sulfite de benzoïl-ammonium desséché, et mélangé avec 3 ou 4 fois son poids d'hydrate de chaux bien sec, donne de l'amarine qui distille, quand on chauffe le bain d'huile entre 180° et 200°. Il se produit en outre des cristaux de lophine qui se condensent sur la voûte et la panse de la cornue [Gossmann, *Ann. der Chem. u. Pharm.*, nouv. sér., t. XVII, p. 319. — *Ann. de Chim. et de Phys.*, (3), t. XLV, p. 123].

En faisant réagir l'aldéhyde benzoïque sur la toluylène-diamine à 100°, M. H. Schiff a obtenu un corps cristallin isomère de l'hydrobenzamide, qui, chauffé à 150° pendant un jour, se transforme en amarine [H. Schiff, *Compt. rend. de l'Acad.*, 1865, t. LX, p. 913. — *Bull. de la Soc. chim.*, 1865, t. IV, p. 221].

L'amarine est presque insipide, mais peu à peu elle offre une légère amertume; elle bleuit le papier de tournesol humide. Elle est insoluble dans l'eau, soluble dans l'alcool bouillant et dans l'éther. La solution alcoolique la laisse déposer sous forme d'aiguilles à 6 pans, dont les bases sont remplacées par 2 ou 4 facettes conduisant à l'octaèdre rectangulaire. Elle est fusible; par le refroidissement, elle se prend en une masse radiée. Une chaleur plus élevée la décompose; il se dégage de l'ammoniaque, une huile très-volatile et une matière cristallisée, qui paraît être de la lophine. (pyrobenzoline de Fownes). — Par l'action d'un mélange d'acide sulfurique, de bichromate de potasse et d'eau, l'amarine est vivement attaquée à l'ébullition, et il se produit une grande quantité d'acide benzoïque.

L'amarine, chauffée pendant plusieurs heures de 80° à 100° avec une molécule d'iodure d'éthyle, se concrète en une masse jaune, soluble dans l'alcool à 60°. La solution lente dépose par évaporation des aiguilles soyeuses d'iodhydrate d'amarine, et plus tard des prismes rhomboïdaux d'iodhydrate de diéthyl-amarine de la formule

$$C^{21} H^{18} (C^2 H^5)^2 Az^2 HI.$$

[Borodine, 1859, *Bull. de l'Acad. de Saint-Pétersbourg*, t. XVI, p. 58. — *Ann. der Chem. u. Pharm.*, nouv. sér., t. XXXIV, p. 78. — *Répert. de Chim. pure*, 1859, p. 442.]

Les *sels d'amarine* sont peu solubles; l'acétate fait cependant exception. Le chlorhydrate

$$(C^7 H^6)^3 Az^2, HCl$$

est peu soluble dans l'eau bouillante, qui le laisse cristalliser en aiguilles très-brillantes. Lorsqu'on traite l'amarine par l'acide chlorhydrique, il se forme une matière huileuse qui par la dessication se solidifie et constitue une matière incolore, amorphe, soluble dans l'éther et l'alcool à l'ébullition.

Le *chloroplatinate* $2 [(C^7 H^6)^3 Az^2, HCl], Pt Cl^4$ s'obtient en versant à l'ébullition du bichlorure de platine dans une solution étendue d'amarine dans l'alcool.

L'azotate s'obtient en versant sur l'amarine de l'acide azotique étendu d'eau, et faisant dissoudre dans l'eau bouillante le produit amorphe. Il cristallise alors en prismes microscopiques par le refroidissement de la liqueur. — Le sulfate cristallise en prismes incolores. — L'acétate est fort soluble, et constitue une masse gommeuse.

L'iodhydrate se dépose de sa solution alcoolique, sous forme d'aiguilles soyeuses, rayonnées; l'iodhydrate de diéthyl-amarine

$$C^{21} H^{16} (C^2 H^5)^2 Az^2, HI$$

est plus soluble dans l'eau et dans l'alcool, presque insoluble dans l'éther; il fond vers 205°. Tous les deux se produisent dans l'action de l'iodure d'éthyle sur l'amarine (Borodine).

NITRAMARINE [Bertagnini, *Ann. der Chem. u. Pharm.*, t. LXXIX, p. 175. — *Ann. de Chim. et de Phys.*, 1851, (3), t. XXXIII, p. 479],

$$C^{21} H^{15} (AzO^2)^3 Az^2.$$

— Ce composé, qui représente l'amarine trinitrée, est le produit de la transformation moléculaire de l'hydrobenzamide trinitrique, son isomère.

Lorsqu'on chauffe celle-ci avec une solution de potasse, formée de 1 volume de lessive de potasse à 46° Baumé, et de 50 volumes d'eau, il se produit une matière brune, semi-fluide, qui par le refroidissement devient cassante. C'est la nitramarine mêlée d'impuretés. On l'obtient pure en dissolvant à chaud le produit brun dans l'alcool, additionné de peu d'éther, et en versant dans cette solution de l'acide chlorhydrique. Il se dépose presque instantanément de petites aiguilles blanches et brillantes de chlorhydrate de nitramarine, qu'on purifie par des lavages à l'alcool tiède, et qu'on dissout ensuite dans l'alcool ammoniacal. L'alcool évaporé, on lave le résidu à l'eau pour enlever le sel ammoniacal, et on fait recristalliser la nitramarine dans l'alcool. — L'hydrobenzamide trinitrique chauffée entre 125° et 150° se transforme en nitramarine, sans formation de produits colorés.

La nitramarine se présente sous la forme de petits mamelons blancs; elle fond en partie dans l'eau bouillante, qui en dissout une petite quantité; la solution est légèrement alcaline. Elle est assez soluble dans l'alcool bouillant, et dans l'éther, très-soluble dans un mélange de ces deux corps. La solution alcoolique a une saveur très-amère, les sels sont plus amers encore. Le bichlorure de platine et le chlorure mercurique la précipitent.

Les *sels de nitramarine* sont peu solubles dans l'alcool, insolubles dans l'eau. Le chlorhydrate se forme par l'addition de l'acide chlorhydrique à la solution alcoolique de nitramarine; il se dépose en petites aiguilles brillantes. Presque insoluble dans l'alcool froid, il se dissout en petite quantité dans l'alcool concentré et bouillant. L'azotate cristallise en aiguilles de l'alcool bouillant, dans lequel il est plus soluble que le chlorhydrate.

CONSTITUTION DE L'AMARINE. — L'amarine peut être considérée comme la *tritoluylène-diamine*, et son isomérie avec l'hydrobenzamide peut être expliquée par les formules suivantes :

$$(CH^3, C^6 H^3)^3 Az^2 \qquad (C^6 H^5 CH)^3 Az^2$$

Amarine.   Hydrobenzamide.

$C^6 H^5, CH$ étant le radical (benzylène ou benzylidène) de l'essence d'amandes amères et du chlorobenzol, tandis que $C H^3, C^1 H^3$ est le toluylène, homologue du phénylène.   E. G.

AMBLYGONITE (Min.). Fluo-phosphate d'alumine, de lithine et de soude. Renferme, d'après Rammelsberg (*Poggend.*, t. LXIV, p. 265) :

Fluor	8,11
Acide phosphorique	47,15
Alumine	36,62
Lithine	7,03
Soude	3,29
Potasse	0,43
	102,63

Formule déduite de ces nombres :

$$Al^6 Na Li^3 Fl^4 P^6 O^{25} = 3 \overset{VI}{Al^2}.6 (M'PO^4)'', Fl^4, O''.$$

Masses cristallines blanches ou verdâtres, sub-translucides, d'un éclat vitreux; se trouve dans le granite, avec topaze, ou avec lépidolithe.

Caractères. — En poudre fine, difficilement soluble dans l'acide chlorhydrique. Dans le matras, à une forte chaleur, donne de l'eau qui corrode le verre. Fond aisément, au chalumeau, en un verre qui devient opaque par le refroidissement. Humecté d'acide sulfurique, communique à la flamme une coloration vert-bleuâtre.

Dureté, 6. Poussière blanche. Densité, 3,05-3,11.

Forme cristalline. — Prisme clinorhombique : $mt = 135°$; $pm = 105°$; $pt = 88°30'$ (Des Cloizeaux).

Clivages : p facile, éclat nacré; m plus difficile, éclat vitreux; t indistinct.   F. et S.

AMBRE GRIS. — Diverses substances ont été désignées sous ce nom. — Autrefois, on nommait ainsi un mélange de plusieurs résines ou baumes odorants et l'on s'en servait beaucoup en parfumerie. Aujourd'hui l'on donne ce nom à une substance dont l'origine est assez obscure, mais qui paraît être une concrétion intestinale de cachalot. — On la rencontre dans les pays très-chauds, à la surface de la mer ou sur les côtes; elle nous vient principalement de Madagascar, Java, Surinam.

C'est un corps opaque gris, veiné de noir et de jaune; on y remarque souvent des parties dures, osseuses et qui semblent être des arêtes ou des ossements de poisson. Son odeur est douce et pénétrante. Sous l'influence d'une température peu élevée, il se ramollit, puis fond; il brûle avec une flamme fuligineuse; à la distillation sèche, il donne de l'acide benzoïque.

Il est peu soluble à froid dans l'alcool, mais s'y dissout bien à chaud; il est très-soluble dans l'éther, les huiles grasses et les huiles essentielles.

AMBRÉINE. [Pelletier et Caventou, *Journ. de Pharm.*, t. VI, p. 50. — Pelletier, *Ann. de Phys. et de Chim.*, t. LI, p. 187.] — Partie constituante de l'ambre gris, d'où on l'extrait par l'alcool bouillant. Par refroidissement il se dépose des cristaux qui, après purification, constituent l'ambréine. Certains ambres gris en renferment jusqu'à 85 %.

Aiguilles groupées en mamelons, d'un blanc éclatant, inodores, insipides, fusibles à 35° et se sublimant sans résidu à 100°. L'ambréine est insoluble dans l'eau, soluble dans l'alcool, l'éther, les huiles grasses; elle est inattaquable par les alcalis, dans lesquels elle est insoluble. L'acide nitrique la transforme en acide ambréique.

Elle présente beaucoup d'analogie avec la cholestérine.

Pelletier a trouvé qu'elle renferme :

Carbone	83,37
Hydrogène	13,32
Oxygène	3,31
	100,00

ACIDE AMBRÉIQUE. [Pelletier et Caventou, *Journ. de Pharm.*, t. VI, p. 50. — Pelletier, *Ann. de Phys. et de Chim.*, t. LI, p. 187.] — C'est le produit de l'oxydation de l'ambréine. On fait bouillir l'ambréine avec de l'acide nitrique tant qu'il se dégage des vapeurs nitreuses, on concentre, puis on étend d'eau et l'on sature par du carbonate de plomb; le nitrate de plomb est enlevé par des lavages à l'eau et l'on obtient l'acide ambréique comme résidu; on le purifie par dissolution dans l'alcool.

C'est un corps solide, cristallisant en petites tables d'un jaune pâle, peu solubles dans l'eau, solubles dans l'alcool et l'éther. Il fond à 100°. Il donne avec les alcalis des sels jaunâtres très-solubles, incristallisables; il forme avec les autres bases des sels jaunes peu solubles ou insolubles.

Cet acide renferme de l'azote : Pelletier lui donne pour composition :

Carbone	51,96
Hydrogène	7,07
Azote	8,59
Oxygène	32,37
	99,99

Ch. L.

AMBRE JAUNE (*succin*). — L'ambre jaune ou succin est probablement un baume durci, qui a dû exsuder de certains végétaux antédiluviens. On le recueille spécialement sur les bords de la mer Baltique, mais on le trouve en beaucoup d'autres endroits, dans les terrains de lignites.

C'est un corps jaune, transparent (quelquefois opaque et blanc), dur, cassant, inodore, insipide. $D. = 1,065$; $1,080$-$1,089$ (Ure). Il acquiert par le frottement une *électricité* résineuse très-marquée (ἤλεκτρον).

Il est insoluble dans l'eau, très-peu et seulement partiellement soluble dans l'éther, l'alcool, le chloroforme, les huiles grasses, les huiles essentielles; insoluble dans l'essence de cajeput (ce qui le différencie du copal [Napier Draper, *Chem. news.*, avril 1862]. Il est assez soluble et en totalité dans un mélange d'alcool et d'essence de térébenthine chauffé en vase clos [Dakin, *Ann. der Chem. u. Pharm.*, t. XIII, p. 361]. — Suivant Berzelius, les matières qui sont solubles dans l'éther et l'alcool sont des impuretés, le résidu de ces dissolutions constitue la portion essentielle, le *bitume de succin* [*Ann. de Poggend.*, t. XII, p. 419; t. XIII, p. 93]. — Ce bitume présente la composition du camphre des laurinées(?) [Schrœtter et Forchhammer, *Handwœrt. d. Chem. v. Liebig, Poggend. u. Wœhler*, supplément, p. 535]. Il ne produit pas d'acide succinique par distillation.

Quand on chauffe le succin dans une cornue, il fond, se boursoufle considérablement et laisse dégager de l'eau, de l'acide succinique, une huile (voyez plus bas) et de l'hydrogène carboné : bientôt le boursouflement diminue, et en même temps on observe qu'il ne se dégage plus d'acide succinique. Si on continue à chauffer, le résidu ne tarde pas à bouillir vivement en donnant naissance à une grande quantité d'huile, et finalement, si l'on pousse la température jusqu'au point de fusion du verre, il se sublime une substance jaune, cireuse [Pelletier et Walter, *Ann. de Chim. et de Phys.*, (3), t. IX, p. 89].

Si l'on ajoute de l'acide sulfurique au succin avant de le distiller, on obtient un meilleur rendement en acide succinique [Bley et Diesel, *Archiv. f. Pharm.*, (2), t. LV, p. 175]. L'acide sulfurique concentré dissout le succin pulvérisé; l'eau précipite la solution, mais il reste en dissolution un corps sulfoconjugué (Unverdorben).

Quand on fait bouillir le succin par petites portions avec de l'acide nitrique, il se dissout à la longue; la liqueur abandonne par refroidissement le douzième environ du poids du succin en acide succinique. Il se volatilise en même temps une substance blanche analogue au camphre des laurinées (Dœpping). Cette même substance se forme quand on fait bouillir le succin avec de la soude caustique (Reich). Suivant Berthelot et Buignet, c'est du camphre de Bornéo $C^{10}H^{18}O$ que l'on obtient dans ces circonstances, et il est probable que c'est un éther de cet alcool qui préexiste dans le succin [*Compt. rend.*, 19 mars 1860].

E. Baudrimont a observé que le succin renferme toujours une certaine quantité de soufre, dont on constate facilement la présence en soumettant un papier imprégné d'acétate de plomb aux vapeurs provenant de la distillation du succin. La quantité de soufre contenu dans l'ambre est variable : certaines sortes en renferment près de 1/2 % (*Bull. de la Soc. chim.*, 1864, t. I, p. 328].

Usages. — Le succin est employé dans la fabrication d'objets d'ornement ; on le travaille au tour. — Il sert aussi dans la préparation des vernis.

PRODUITS DE LA DÉCOMPOSITION DU SUCCIN PAR LA CHALEUR. — L'*huile de succin* est un mélange de plusieurs hydrocarbures, qu'on peut purifier par les alcalis et l'acide sulfurique. L'un de ces hydrocarbures a pour composition $C^{18}H^{28}$; d'autres présentent la composition de l'essence de térébenthine.

On se servait autrefois de l'huile de succin dans la préparation de certains parfums : l'*eau de luce* est un mélange de 1 p. d'huile de succin, de 24 p. d'alcool à 0,830 et de 96 p. d'ammoniaque caustique. L'eau de luce additionnée d'acide nitrique donne naissance à un précipité résineux d'une odeur de musc et connu sous le nom de *musc artificiel.*

La *substance jaune, cireuse,* est un mélange de divers produits. On la fait bouillir pendant quelque temps avec de l'eau ; elle devient alors lisse et présente une cassure cristalline : un traitement à l'éther enlève une impureté résineuse et l'on obtient alors des paillettes jaunes, cristallines, qui par des traitements successifs à l'éther et à l'alcool se scindent en deux matières : 1° une *matière jaune,* identique probablement avec le chrysène, pulvérulente, très-peu soluble dans l'alcool et l'éther, fusible à 230°, volatile au-dessus de cette température, mais non sans décomposition partielle ; elle est transformée par l'acide nitrique en une résine jaune-rougeâtre, soluble dans l'acide sulfurique chaud avec une couleur bleue teintée de vert ; — 2° une *matière blanche cristalline,* beaucoup plus abondante que l'autre, plus soluble dans l'éther, soluble dans les huiles fixes et essentielles, fusible à 160°, volatile à 300°, inattaquable par la potasse et les acides minéraux froids, résinifiée par l'acide nitrique chaud, soluble dans l'acide sulfurique chaud, avec une couleur bleue non teintée de vert ; l'eau décolore cette solution, mais la concentration des liqueurs ramène la couleur bleue. Les analyses de cette substance (carbone, 95,5 ; — hydrogène, 5,5) font conclure Pelletier et Walter à son identité avec l'idrialine de Dumas [Pelletier et Walter, *loc. cit.*]. CH. L.

AMENDEMENT. — On désigne sous ce nom les substances destinées à rendre solubles et par suite assimilables par les végétaux les principes contenus dans la terre arable.

Les travaux accumulés sur la composition chimique de la terre arable et sur ses propriétés physiques par les chimistes agronomes ont démontré que, si une terre bien cultivée renferme des quantités énormes de matières azotées, de phosphates, de potasse, etc., si par conséquent elle paraît au premier abord pouvoir fournir d'abondantes récoltes sans addition d'aucune sorte, ces matières azotées, ces phosphates, ces roches riches en alcalis, sont généralement complétement insolubles dans l'eau et par suite inutiles tant qu'ils n'ont pas été modifiés et amenés à l'état de nitrates ou de sels ammoniacaux, de phosphates alcalins ou alcalino-terreux, ou de carbonate de potasse. Aussi un certain nombre de pratiques agricoles paraissent destinées surtout à opérer ces métamorphoses ; le cultivateur aère son sol, y fait pénétrer l'oxygène par le labourage et la jachère, dans le but de favoriser la formation des nitrates et des phosphates de fer au maximum d'oxydation, plus faciles à décomposer ; il ajoute à son sol des masses énormes de calcaire ou de marne, pour favoriser la formation des sels ammoniacaux et du phosphate de chaux, soluble dans l'acide carbonique. Il lutte parfois encore contre les propriétés absorbantes des matières argileuses

pour les carbonates de potasse et d'ammoniaque provenant de la décomposition des roches feldspathiques ou des matières animales ; il ajoute alors du plâtre qui transforme les carbonates en sulfates, et permet aux alcalis de quitter les couches superficielles du sol où elles ont été amenées par les engrais ou mises en liberté par les agents atmosphériques pour gagner les couches plus profondes où les racines de quelques plantes vivaces vont puiser leur nourriture.

On désignait autrefois sous le nom d'amendement toutes les matières minérales ajoutées au sol arable, mais quelques-unes d'entre elles doivent être considérées comme de véritables engrais ; c'est ainsi que les phosphates, les nitrates, etc., qui sont absorbés par les plantes au même titre que l'acide carbonique ou l'ammoniaque, doivent être rangés dans la même classe de matières fertilisantes ; nous réserverons donc, comme nous l'avons dit plus haut, le nom d'amendements aux substances qui modifient les matières accumulées dans le sol et favorisent leur solubilité et par suite leur assimilation. — Voyez CHAULAGE, MARNAGE, PLATRAGE ; P.-P. D.

AMÉTHYSTE. — Voyez QUARTZ.

AMÉTHYSTE ORIENTALE. — Voy. CORINDON

AMIANTE. — Voyez ASBESTE.

AMIDES. — Ce sont des corps qui résultent de la substitution d'un radical acide à l'hydrogène de l'ammoniaque. On les divise en monamides, diamides, triamides, etc. — Voyez AMMONIAQUE (DÉRIVÉS DE L').

MONAMIDES.

MONAMIDES PRIMAIRES. — Ces amides peuvent être subdivisées en plusieurs classes, d'après la nature du radical substitué à l'hydrogène. Ce radical peut, en effet, provenir d'un acide monoatomique et ne plus renfermer d'hydrogène typique, comme c'est le cas pour le butyryle ; mais il peut aussi provenir d'un acide polyatomique par élimination d'un seul oxhydryle, comme c'est le cas pour le résidu

$$[(C^2O^2)''.OH]'$$

de l'acide oxalique qui renferme encore 1 atome d'hydrogène typique et qui fonctionne dans l'acide oxamique

$$\left.\begin{array}{c}[(C^2O^2)''.OH]'\\H\\H\end{array}\right\} Az.$$

De là deux groupes de monamides primaires bien distincts.

MONAMIDES PRIMAIRES QUI RENFERMENT UN RADICAL D'ACIDE MONOATOMIQUE. — Ces amides sont les plus nombreuses et les mieux étudiées. Elles représentent le sel ammoniacal de l'acide dont elles contiennent le radical moins 1 molécule d'eau :

$$\left.\begin{array}{c}C^2H^3O\\H\\H\end{array}\right\} Az = \left.\begin{array}{c}C^2H^3O\\AzH^4\end{array}\right\} O - H^2O.$$

Acétamide.   Acétate ammonique.   Eau.

Modes de formation. — On les obtient :

1° En chauffant un sel ammoniacal : il se sépare 1 molécule d'eau et il reste une amide. Dans cette réaction, l'ammonium perd H^2, lesquels s'unissent à l'oxygène typique du sel pour former de l'eau et il reste, d'une part, le groupe *amidogène,* AzH^2, c'est-à-dire de l'ammoniaque moins 1 atome d'hydrogène, et de l'autre un radical monoatomique qui se combine à cet amidogène :

$$\left.\begin{array}{c}C^2H^3O\\AzH^4\end{array}\right\} O = \left.\begin{array}{c}H\\H\end{array}\right\} O + \left.\begin{array}{c}C^2H^3O\\H\\H\end{array}\right\} Az.$$

Acétate d'ammonium. Eau.   Acétamide.

2º On traite un éther composé par l'ammoniaque : il se produit une amide et de l'alcool. Cette réaction se fait plus ou moins facilement, suivant les corps que l'on met en présence. Tantôt elle exige une température élevée et tantôt elle se fait à la température ordinaire :

$$\left.\begin{array}{l}C^4H^7O\\C^2H^5\end{array}\right\}O + \left.\begin{array}{l}H\\H\\H\end{array}\right\}Az = \left.\begin{array}{l}C^4H^7O\\H\\H\end{array}\right\}Az + \left.\begin{array}{l}C^2H^5\end{array}\right\}O.$$

Butyrate d'éthyle. Ammoniaque. Butyramide. Alcool.

3º On dirige un courant de gaz ammoniac sec à travers un chlorure acide : il se forme une amide en même temps que du chlorure d'ammonium (Liebig et Wöhler) :

$$\left.\begin{array}{l}C^7H^5O\\Cl\end{array}\right\} + 2\left(\left.\begin{array}{l}H\\H\\H\end{array}\right\}Az\right) = AzH^4Cl + \left.\begin{array}{l}C^7H^5O\\H\\H\end{array}\right\}Az.$$

Chlorure de benzoïle. Ammoniaque. Chlorure d'ammonium. Benzamide.

Ce procédé est surtout applicable à la préparation des amides qui sont ou insolubles dans l'eau ou solubles dans l'alcool, parce qu'alors seulement on peut les séparer avec facilité du chlorure ammonique qui prend naissance en même temps qu'elles.

4º On soumet un anhydride acide à l'action de l'ammoniaque : il se produit à la fois une amide et un sel ammoniacal que l'on sépare à l'aide de dissolvants appropriés (Gerhardt) :

$$\left.\begin{array}{l}C^2H^3O\\C^2H^3O\end{array}\right\}O + 2\left(\left.\begin{array}{l}H\\H\\H\end{array}\right\}Az\right)$$

Anhydride acétique. Ammoniaque.

$$= \left.\begin{array}{l}C^2H^3O\\AzH^4\end{array}\right\}O + \left.\begin{array}{l}C^2H^3O\\H\\H\end{array}\right\}Az.$$

Acétate ammonique. Acétamide.

5º Certaines monamides primaires peuvent être obtenues par des procédés spéciaux. La benzamide, par exemple, s'obtient lorsqu'on oxyde l'acide hippurique au moyen du peroxyde de plomb :

$$2\left(\left.\begin{array}{l}C^7H^5O\\ {[(C^2H^2O)''OH]'}\\H\end{array}\right\}Az\right) + 3\left(\left.\begin{array}{l}O\\O\end{array}\right\}\right)$$

Acide hippurique. Oxygène.

$$= 2\left(\left.\begin{array}{l}C^7H^5O\\H\\H\end{array}\right\}Az\right) + 4CO^2 + 2H^2O.$$

Benzamide. Anhydride carbonique. Eau.

Propriétés. — La plupart des monamides primaires dérivées d'acides monoatomiques sont solides et cristallisables, neutres aux papiers réactifs et volatiles sans décomposition. On en connaît qui sont susceptibles de s'unir avec les acides à la manière de l'ammoniaque. C'est le cas de l'acétamide. D'autres, au contraire, peuvent échanger 1 atome de leur hydrogène typique contre un métal en formant des alcalamides métalliques. La benzamide est de ce nombre. Presque toutes sont solubles dans l'alcool et l'éther; quelques-unes se dissolvent dans l'eau.

Principales réactions. — 1º Lorsqu'on les chauffe à 200º avec de l'eau dans un tube scellé à la lampe, les monamides de ce groupe absorbent 1 molécule d'eau et se convertissent dans le sel ammoniacal de l'acide dont elles renferment le radical :

$$\left.\begin{array}{l}C^5H^9O\\H\\H\end{array}\right\}Az + \left.\begin{array}{l}H\\H\end{array}\right\}O = \left.\begin{array}{l}C^5H^9O\\AzH^4\end{array}\right\}O.$$

Valéramide. Eau. Valérate d'ammonium.

2º Une réaction analogue à la précédente se produit lorsqu'on chauffe les amides avec un agent d'hydratation, comme les alcalis ou les acides étendus. Seulement, dans ce cas, au lieu d'un sel ammoniacal, on obtient les produits de décomposition de ce sel par le réactif employé un acide libre et un sel ammoniacal, si l'on s'est servi d'un acide dilué énergique; un sel alcalin et de l'ammoniaque libre, si l'on a fait usage d'une base :

$$\left.\begin{array}{l}C^2H^3O\\H\\H\end{array}\right\}Az + \left.\begin{array}{l}K\\H\end{array}\right\}O = \left.\begin{array}{l}C^2H^3O\\K\end{array}\right\}O + \left.\begin{array}{l}H\\H\\H\end{array}\right\}Az.$$

Acétamide. Hydrate de potassium. Acétate de potassium. Ammoniaque.

3º Fortement chauffées avec des corps avides d'eau, comme l'anhydride phosphorique, ces amides perdent 1 molécule d'eau et se transforment en nitriles ou monamines tertiaires dans lesquelles l'azote est saturé par un radical triatomique renfermant O de moins que le radical acide de l'amide mise en réaction. Le corps avide d'eau détermine donc la séparation de l'oxygène du radical et de l'hydrogène typique de l'amide à l'état d'eau, et le radical acide, devenu triatomique en perdant O'', sature l'azote à lui seul :

$$\left.\begin{array}{l}C^2H^3O\\H\\H\end{array}\right\}Az = \left.\begin{array}{l}H\\H\end{array}\right\}O + (C^2H^3)'''Az.$$

Acétamide. Eau. Acétonitrile.

4º Soumises à l'action des chlorures acides, les monamides primaires perdent 1 atome d'hydrogène qui s'élimine à l'état d'acide chlorhydrique, tandis que le radical acide se substitue à l'hydrogène éliminé en donnant naissance à une amide secondaire :

$$\left.\begin{array}{l}C^2H^3O\\H\\H\end{array}\right\}Az + \left.\begin{array}{l}C^2H^3O\\Cl\end{array}\right\} = \left.\begin{array}{l}C^2H^3O\\C^2H^3O\\H\end{array}\right\}Az + \left.\begin{array}{l}H\\Cl\end{array}\right\}.$$

Acétamide. Chlorure d'acétyle. Diacétamide. Acide chlorhydrique.

[Gerhardt et Chiozza, *Ann. de Chim. et de Phys.*, (3), t. XLVI, p. 135.]

5º Les éthers composés, chauffés avec une amide de cette classe, donnent lieu à une réaction identique à la précédente. Seulement, dans ce cas, c'est une alcalamide qui prend naissance :

$$\left.\begin{array}{l}C^2H^3O\\H\\H\end{array}\right\}Az + \left.\begin{array}{l}C^2H^5\\I\end{array}\right\} = \left.\begin{array}{l}C^2H^3O\\C^2H^5\\H\end{array}\right\}Az + \left.\begin{array}{l}H\\I\end{array}\right\}.$$

Acétamide. Iodure d'éthyle. Éthyl-acétamide (alcalamide). Acide iodhydrique.

6º Sous l'influence de l'acide azoteux, il se dégage de l'azote; de l'eau se sépare et l'acide dont l'amide renfermait le radical se régénère :

$$\left.\begin{array}{l}C^4H^7O\\H\\H\end{array}\right\}Az + \left.\begin{array}{l}AzO\\H\end{array}\right\}O$$

Butyramide. Acide azoteux.

$$= \left.\begin{array}{l}C^4H^7O\\H\end{array}\right\}O + \left.\begin{array}{l}Az\\Az\end{array}\right\} + \left.\begin{array}{l}H\\H\end{array}\right\}O$$

Acide butyrique. Azote libre. Eau.

7º Le perchlorure de phosphore détermine un phénomène analogue à celui qu'il produit avec les hydrates : de l'oxychlorure de phosphore se forme, de l'acide chlorhydrique se dégage et il reste un chlorure que la chaleur décompose facilement avec production d'une nouvelle molécule d'acide chlorhydrique et d'un nitrile :

$$\left.\begin{matrix} C^7H^5O \\ H \\ H \end{matrix}\right\} Az + PCl^5$$

Benzamide.   Perchlorure de phosphore.

$$= PCl^3O + \left.\begin{matrix} H \\ Cl \end{matrix}\right\} + (C^7H^5)'''Az.HCl.$$

Oxychlorure de phosphore.   Acide chlorhydrique.   Chlorure de benzamyle.

[Gerhardt, *Ann. de Chim. et de Phys.*, (3), t. LIII, p. 302.]

MONAMIDES PRIMAIRES RENFERMANT LE RÉSIDU MONOATOMIQUE D'UN ACIDE DIATOMIQUE. — L'acide dont l'amide renferme le résidu peut être monobasique et diatomique ou avoir à la fois une atomicité et une basicité égales à deux. Les amides qui dérivent de l'un ou de l'autre de ces groupes présentent des différences assez tranchées pour exiger une étude séparée.

I. MONAMIDES DÉRIVÉES DES ACIDES DIATOMIQUES ET BIBASIQUES. — Un acide diatomique et bibasique peut être considéré comme un groupe moléculaire renfermant deux oxhydryles OH dont l'hydrogène est remplaçable par les métaux alcalins. Si l'on fait perdre à un pareil corps un seul des oxhydryles qu'il renferme, on obtient un résidu qui fonctionne à la manière d'un radical monoatomique. Ainsi le résidu

$$(C^2O^2)''\left\{\begin{matrix} OH \\ \ \end{matrix}\right..$$

dérivé de l'acide oxalique

$$(C^2O^2)''\left\{\begin{matrix} OH \\ OH \end{matrix}\right.$$

est monoatomique. De plus, les deux résidus d'eau renfermant l'un et l'autre de l'hydrogène fortement basique, il est évident que, quel que soit celui d'entre eux qui soit éliminé, celui qui reste contient toujours 1 atome d'hydrogène basique. Le résidu monoatomique qui résulte de l'élimination de OH dans un acide bibasique et diatomique est donc toujours identique à lui-même, et sa substitution à l'hydrogène de l'ammoniaque ne peut fournir qu'une seule série d'amides au lieu de fournir deux séries d'amides isomères, comme nous verrons que c'est le cas avec les résidus des acides dont la basicité est inférieure à l'atomicité.

Modes de formation. — 1° On obtient ces amides en distillant avec précaution un sel ammoniacal acide dont elles ne diffèrent que par une molécule d'eau :

$$(C^2O^2)''\left\{\begin{matrix} O\,AzH^4 \\ OH \end{matrix}\right. = \left.\begin{matrix} H \\ H \end{matrix}\right\}O + \left.\begin{matrix} [(C^2O^2)''.OH]' \\ H \\ H \end{matrix}\right\}Az.$$

Biloxalate d'ammonium.   Eau.   Acide oxamique.

[Balard, *Ann. de Chim. et de Phys.*, (3), t. IV, p. 93.]

2° En faisant bouillir une imide avec de l'eau :

$$\left.\begin{matrix} (C^4H^4O^2)'' \\ Ag \end{matrix}\right\}Az + \left.\begin{matrix} H \\ H \end{matrix}\right\}O$$

Succinimide argentique.   Eau.

$$= \left.\begin{matrix} [(C^4H^4O^2)''.O\,Ag]' \\ H \\ H \end{matrix}\right\}Az.$$

Succinamate d'argent.

3° En décomposant une diamide dérivée du même acide par une quantité d'alcali inférieure de moitié à celle qu'exigerait la décomposition complète de ce corps :

$$(C^4H^4O^2)''\left\{\begin{matrix} AzH^2 \\ AzH^2 \end{matrix}\right. + \left.\begin{matrix} K \\ H \end{matrix}\right\}O$$

Succino-diamide.   Hydrate potassique.

$$= (C^4H^4O^2)''\left\{\begin{matrix} OK \\ AzH^2 \end{matrix}\right. + \left.\begin{matrix} H \\ H \\ H \end{matrix}\right\}Az.$$

Succinamate de potassium.   Ammoniaque.

4° En faisant agir l'ammoniaque sur l'anhydride d'un acide diatomique et bibasique :

$$(C^{10}H^{14}O^2)''.O + AzH^3$$

Anhydride camphorique.   Ammoniaque.

$$= \left.\begin{matrix} [(C^{10}H^{14}O^2)''.OH]' \\ H \\ H \end{matrix}\right\}Az.$$

Acide camphoramique.

5° En soumettant à l'action d'une solution aqueuse d'ammoniaque les éthers de certains acides bibasiques :

$$\left.\begin{matrix} (C^{10}H^{16}O^2)'' \\ (C^2H^5)_2 \end{matrix}\right\}O^2 + AzH^3 + H^2O$$

Sébate d'éthyle.   Ammoniaque.   Eau.

$$= \left.\begin{matrix} [(C^{10}H^{16}O^2)''.OH] \\ H \\ H \end{matrix}\right\}Az + 2\left(\left.\begin{matrix} C^2H^5 \\ H \end{matrix}\right\}O\right).$$

Acide sébamique.   Alcool.

[Gerhardt, *Chim. organ.*, t. IV, p. 668.]

Nomenclature. — Pour dénommer ces corps, on remplace la terminaison du nom de l'acide dont ils dérivent par la désinence *amique*. Ainsi l'on dit : acide oxamique, acide pyrotartramique.

Propriétés. — 1° Les monamides de cette classe fonctionnent toutes comme des acides monoatomiques bien caractérisés, et comme tels peuvent donner naissance à des sels souvent cristallisables et à des éthers qui sont désignés sous le nom d'*améthanes*. L'oxamate d'éthyle se nomme *oxaméthane*.

2° Ne différant des sels ammoniacaux acides que par une molécule d'eau, elles sont transformées en ces sels par les agents d'hydradation. Si ces derniers sont acides ou alcalins, on obtient, au lieu d'un sel ammoniacal, les produits de la décomposition de ce sel par l'agent employé :

$$\left.\begin{matrix} [(C^2O^2)''.OH]' \\ H \\ H \end{matrix}\right\}Az + \left.\begin{matrix} H \\ H \end{matrix}\right\}O = (C^2O^2)''\left\{\begin{matrix} O\,AzH^4 \\ OH \end{matrix}\right.$$

Acide oxamique.   Eau.   Oxalate acide d'ammonium.

3° Sous l'influence des agents de déshydratation, tels que l'anhydride phosphorique, elles perdent une molécule d'eau et se transforment en amides secondaires, d'une espèce particulière, connues sous le nom d'*imides* :

$$\left.\begin{matrix} [(C^4H^4O^2)''.OH]' \\ H \\ H \end{matrix}\right\}Az = \left.\begin{matrix} H \\ H \end{matrix}\right\}O + \left.\begin{matrix} (C^4H^4O^2)'' \\ H \end{matrix}\right\}Az;$$

Acide succinamique.   Eau.   Succinimide.

4° L'acide azoteux les convertit dans l'acide dont elles renferment le radical par une réaction analogue à celle que subissent, sous l'influence du même agent, les amides dérivées des acides monoatomiques :

$$\left.\begin{matrix} [(C^2O^2)''.OH]' \\ H \\ H \end{matrix}\right\}Az + AzO.OH$$

Acide oxamique.   Acide azoteux.

$$= (C^2O^2)''\left\{\begin{matrix} OH \\ OH \end{matrix}\right. + H^2O + \left.\begin{matrix} Az \\ Az \end{matrix}\right\}.$$

Acide oxalique.   Eau.   Azote

Les acides amiques de ce groupe sont généralement solides et solubles dans l'eau et ne se volatilisent pas sans se décomposer en partie. Leurs sels sont plus solubles dans l'eau que ceux des acides diatomiques correspondants.

II. Monamides primaires dérivées des acides diatomiques et monobasiques. — Les acides monobasiques et diatomiques renferment, comme les acides diatomiques et bibasiques, deux fois le résidu de l'eau OH. Seulement un de ces oxhydryles est acide et l'autre alcoolique. Il en résulte qu'en éliminant l'un ou l'autre de ces oxhydryles, on obtient deux résidus distincts. L'un d'eux renferme un atome d'hydrogène basique et l'autre un atome d'hydrogène alcoolique. Les amides dérivées des acides de ce groupe sont par suite ellesmêmes neutres ou acides, selon qu'elles renferment l'un ou l'autre de ces résidus.

A. Monamides acides. — *Modes de formation.* — 1° On prépare ces corps en soumettant les dérivés monochlorés ou monobromés des acides monoatomiques à l'action de l'ammoniaque (Perkin et Duppa. — Cahours). C'est ainsi que l'acide glycolamique (glycocolle) s'obtient lorsqu'on chauffe l'acide chloracétique avec l'ammoniaque, l'acide oxybutyramique, lorsqu'on agit de même sur l'acide bromobutyrique [Friedel et Machuca, *Compt. rend.*, t. LII, p. 1027; *Répert. de Chim. pure*, 1861, p. 206], l'acide oxybenzamique (benzamique), lorsqu'on opère sur l'acide bromobenzoïque, etc. :

$$\left.\begin{array}{l}C^2H^2BrO\\H\end{array}\right\}O+\left.\begin{array}{l}H\\H\\H\end{array}\right\}Az$$

Acide bromacétique.   Ammoniaque.

$$=\left.\begin{array}{l}[(C^2H^2O)''OH]'\\H^2\end{array}\right\}Az+\left.\begin{array}{l}H\\Br\end{array}\right\}.$$

Glycocolle.   Acide bromhydrique.

2° On peut encore obtenir des amides de ce groupe en combinant les aldéhydes avec l'ammoniaque, mélangeant les produits ainsi obtenus avec de l'acide cyanhydrique et soumettant le mélange à l'action de l'acide chlorhydrique [Strecker, 1850, *Ann. der Chem. u. Pharm.*, t. LXXV, p. 27]. Il se forme dans ces conditions l'amide d'un acide qui appartient à la série supérieure d'un degré à celle dont on a pris l'aldéhyde. Ainsi, avec l'aldéhyde ordinaire C^2H^4O, qui appartient à la série dont l'hydrocarbure fondamental est l'hydrure d'éthyle C^2H^6, on obtient l'acide lactamique (alanine) $C^3H^7AzO^2$, dont l'hydrocarbure fondamental est l'hydrure de propyle C^3H^8, homologue supérieur de l'hydrure d'éthyle :

$$C^2H^4O+\left.\begin{array}{l}H\\Az'''\end{array}\right.C\left\{+\left.\begin{array}{l}H\\H\end{array}\right\}O\right.$$

Aldéhyde ordinaire.   Acide cyanhydrique.   Eau.

$$=\left.\begin{array}{l}[(C^3H^4O)''OH]'\\H\\H\end{array}\right\}Az.$$

Acide lactamique (alanine).

Ce procédé n'est applicable que dans la série grasse; dans la série aromatique, il donne, non des amides, mais leurs acides générateurs.

3° Dans la série aromatique, on peut préparer ces amides en soumettant les dérivés mononitrés des acides monoatomiques à l'action des corps réducteurs comme le sulfure d'ammonium, l'acétate de fer, l'hydrogène naissant, etc. Quant aux dérivés mononitrés, ils se produisent dans la réaction de l'acide azotique fumant sur les acides monoatomiques eux-mêmes [Zinin, *Bull. de Saint-Pétersbourg*, t. II, n°s 18 et 19, et *Journ. für*

prakt. Chem., t. XXXVI, p. 93. — Chancel. *Compt. rend. des trav. de chim.*, 1845, p. 185. — Cahours, *Ann. de Chim. et de Phys.*, (3), t. LIII, p. 322. — Gerland, *Ann. der Chem. u. Pharm.*, t. LXXXVI, p. 143 et t. XCI, p. 185] :

$$\left.\begin{array}{l}C^{10}H^{11}O\\H\end{array}\right\}O+\left.\begin{array}{l}AzO^2\\H\end{array}\right\}O$$

Acide cuminique.   Acide azotique.

$$=\left.\begin{array}{l}H\\H\end{array}\right\}O+\left.\begin{array}{l}C^{10}H^{10}(AzO^2)'O\\H\end{array}\right\}O,$$

Eau.   Acide nitrocuminique.

$$\left.\begin{array}{l}C^{10}H^{10}(AzO^2)'O\\H\end{array}\right\}O+3\left(\left.\begin{array}{l}H\\H\end{array}\right\}\right)$$

Acide nitrocuminique.   Hydrogène.

$$=2\left(\left.\begin{array}{l}H\\H\end{array}\right\}O\right)+\left.\begin{array}{l}[(C^{10}H^{10}O)''.OH]'\\H\\H\end{array}\right\}Az.$$

Eau.   Acide oxycuminamique.

Propriétés. — Ces amides sont des acides beaucoup plus faibles que celles qui dérivent des acides bibasiques : aussi peuvent-elles agir selon les conditions dans lesquelles elles se trouvent, soit à la manière des acides monoatomiques, soit à la manière de l'ammoniaque. 1° Lorsqu'on les fait réagir sur les bases, elles échangent H contre un métal et fournissent des sels bien définis; les fait-on agir, au contraire, sur un acide, elles s'y combinent directement comme le ferait l'ammoniaque et produisent des sels également bien définis, capables de former, avec les sels métalliques, un grand nombre de sels doubles :

$$\left.\begin{array}{l}[(C^2H^2O)''.OH]'\\H\end{array}\right\}Az+\left.\begin{array}{l}K\\H\end{array}\right\}O$$

Acide glycolamique.   Hydrate de potassium.

$$=\left.\begin{array}{l}[(C^2H^2O)''.OK]'\\H\end{array}\right\}Az+\left.\begin{array}{l}H\\H\end{array}\right\}O$$

Glycolamate de potassium.   Eau.

$$\left.\begin{array}{l}[(C^2H^2O)''.OH]'\\H\end{array}\right\}Az+\left.\begin{array}{l}H\\Cl\end{array}\right\}$$

Acide glycolamique.   Acide chlorhydrique.

$$=\left.\begin{array}{l}[(C^2H^2O)''.OH]'\\H\\H\end{array}\right\}AzCl;$$

Chlorhydrate de glycocolle.

2° Lorsqu'on chauffe les amides de cette classe avec des alcalis caustiques, elles ne se transforment jamais en ammoniaque et sels alcalins. Cela tient à ce qu'une telle réaction donnerait naissance à un sel bimétallique, comme le montre l'équation ci-dessous :

$$\left.\begin{array}{l}[(C^2H^2O)''OH]'\\H\end{array}\right\}Az+2\left(\left.\begin{array}{l}K\\H\end{array}\right\}O\right)$$

Glycocolle.   Potasse.

$$=(C^2H^2O)''\left\{\begin{array}{l}OK\\OK\end{array}+\left.\begin{array}{l}H\\H\end{array}\right\}O+\left.\begin{array}{l}H\\H\\H\end{array}\right\}Az,\right.$$

Glycolate de potassium.   Eau.   Ammoniaque.

résultat impossible, puisque les acides d'où ces amides dérivent ne sont que monobasiques.

3° Les sels d'argent de ces amides, lorsqu'on les traite par un chlorure acide, donnent du chlorure d'argent et une amide secondaire qui résulte de la substitution du radical acide à un second atome d'hydrogène. Pour se rendre compte de ce phénomène, il faut admettre que la réaction s'exécute en deux temps. Dans un premier temps, l'hydrogène, remplacé par le radical acide, se porte sur le chlore, pour constituer de l'acide chlorhydrique, et cet acide fait ensuite la double décomposition avec le sel argentique dont l'argent se trouve ainsi à son tour remplacé par de l'hydrogène :

1.
$$\left.\begin{array}{l}[(C^2H^2O)''OAg]' \\ H \\ H\end{array}\right\}Az + \left.\begin{array}{l}C^7H^5O \\ Cl\end{array}\right\}$$

Glycolamate d'argent.   Chlorure de benzoïle.

2.
$$= \left.\begin{array}{l}[(C^2H^2O)''OAg] \\ C^7H^5O \\ H\end{array}\right\}Az + \left.\begin{array}{l}H \\ Cl\end{array}\right\} ;$$

Hippurate d'argent.   Acide chlorhydrique.

$$\left.\begin{array}{l}[(C^2H^2O)''OAg] \\ C^7H^5O \\ H\end{array}\right\}Az + \left.\begin{array}{l}H \\ Cl\end{array}\right\}$$

Hippurate d'argent.   Acide chlorhydrique.

$$= \left.\begin{array}{l}(C^2H^2O)''OH]' \\ C^7H^5O \\ H\end{array}\right\}Az + \left.\begin{array}{l}Ag \\ Cl\end{array}\right\} ;$$

Acide hippurique.   Chlorure d'argent.

4° L'acide azoteux réagit sur les amides de cette classe, comme sur celles que nous avons déjà passées en revue : il donne lieu à un dégagement d'azote et d'eau, et l'acide auquel l'amide correspond se régénère [Socoloff et Strecker, 1851, *Ann. der Chem. u. Pharm.*, t. LXXX, p. 17] :

$$\left.\begin{array}{l}[(C^2H^2O)''.OH]' \\ H \\ H\end{array}\right\}Az + AzO.OH$$

Acide glycolamique.   Acide azoteux.

$$= \left.\begin{array}{l}[(C^2H^2O)''.OH]' \\ H\end{array}\right\}O + \left.\begin{array}{l}H \\ H\end{array}\right\}O + \left.\begin{array}{l}Az \\ Az\end{array}\right\}.$$

Acide glycolique.   Eau.   Azote libre.

5° Sous l'influence des acides monoatomiques monochlorés, ces amides échangent un second atome d'hydrogène contre un résidu analogue à celui qu'elles renferment déjà et se convertissent en amides secondaires.

Éthers des monamides acides. — On les prépare :

1° En faisant agir l'ammoniaque en solution alcoolique sur les éthers diéthyliques des acides non amidés :

$$(C^3H^4O)'' \left\{\begin{array}{l}OC^2H^5 \\ OC^2H^5\end{array}\right. + \left.\begin{array}{l}H \\ H \\ H\end{array}\right\}Az$$

Lactate diéthylique.   Ammoniaque.

$$= O\left\{\begin{array}{l}C^2H^5 \\ H\end{array}\right. + \left.\begin{array}{l}[(C^3H^4O)''OC^2H^5]' \\ H \\ H\end{array}\right\}Az ;$$

Alcool.   Lactamate d'éthyle.

2° En traitant les anhydrides des acides non amidés par une monamine primaire :

$$(C^3H^4O)''O + \left.\begin{array}{l}H \\ H \\ C^2H^5\end{array}\right\}Az$$

Anhydride lactique.   Éthylamine.

$$= \left.\begin{array}{l}[(C^3H^4O)''OH]' \\ H \\ C^2H^5\end{array}\right\}Az ;$$

Lactéthylamide.

3° En soumettant une monamine primaire à l'action d'un acide monoatomique monochloré ou monobromé :

$$\left.\begin{array}{l}C^2H^2ClO \\ H\end{array}\right\}O + 2\left(\begin{array}{l}CH^3 \\ H \\ H\end{array}\right)Az\right)$$

Acide chloracétique.   Méthylamine.

$$= \left.\begin{array}{l}CH^3 \\ H \\ H \\ H\end{array}\right\}Az.Cl + \left.\begin{array}{l}[(C^2H^2O)''OH]' \\ CH^3 \\ H\end{array}\right\}Az ;$$

Chlorure de méthyl-ammonium.   Méthyl-glycolamide (sarkosine).

Propriétés. — Dans chaque série, les produits obtenus par ces diverses méthodes ont mêmes formules brutes, mais ne sont point identiques. Au moins est-il certain que les corps préparés par le premier procédé diffèrent de ceux que l'on prépare par le second. Ainsi la lactaméthane qui prend naissance lorsqu'on traite par l'ammoniaque le lactate diéthylique, donne un éthyl-lactate et de l'ammoniaque lorsqu'on la décompose par les alcalis, tandis que son isomère qui résulte de la réaction de l'éthylamine sur l'anhydride lactique, donne sous l'influence des mêmes agents un lactate et de l'éthylamine. En un mot la lactaméthane est un véritable éther lactamique, tandis que la lactéthylamide est une alcalamide secondaire. Les formules rationnelles de la lactaméthane

$$\left.\begin{array}{l}[(C^3H^4O)''.OC^2H^5]' \\ H \\ H\end{array}\right\}Az$$

et de l'éthyl-lactamide

$$\left.\begin{array}{l}[(C^3H^4O)''.OH]' \\ C^2H^5 \\ H\end{array}\right\}Az$$

montrent très-bien ces relations et expliquent les réactions différentielles dont nous venons de parler. On a en effet :

$$\left.\begin{array}{l}[(C^3H^4O)''.OC^2H^5]' \\ H \\ H\end{array}\right\}Az + \left.\begin{array}{l}K \\ H\end{array}\right\}O$$

Lactaméthane.   Potasse.

$$= (C^3H^4O)'' \left\{\begin{array}{l}OC^2H^5 \\ OK\end{array}\right. + \left.\begin{array}{l}H \\ H\end{array}\right\}Az ;$$

Éthyl-lactate de potassium.   Ammoniaque.

$$\left.\begin{array}{l}[(C^3H^4O)''.OH]' \\ C^2H^5 \\ H\end{array}\right\}Az + \left.\begin{array}{l}K \\ H\end{array}\right\}O$$

Lactéthylamide.   Potasse.

$$= (C^3H^4O)'' \left\{\begin{array}{l}OH \\ OK\end{array}\right. + \left.\begin{array}{l}C^2H^5 \\ H \\ H\end{array}\right\}Az.$$

Lactate potassique.   Éthylamine.

Quant au corps que l'on obtient par le troisième procédé, il est probable qu'il est tout à fait identique avec celui que l'on obtient par le second. On ne pourrait cependant se prononcer avec certitude sur ce point, les deux méthodes n'ayant jamais été appliquées jusqu'ici dans la même série. Néanmoins la méthyl-glycolamide (sarkosine) dégage de la méthylamine et donne un glycolate alcalin, lorsqu'on la traite par une base forte, analogie de réaction qui tend à prouver l'identité des produits obtenus par les deux dernières méthodes.

B. MONAMIDES NEUTRES. — Ces corps sont fort peu connus jusqu'ici. On n'a étudié que la lactamide et la salicylamide. La lactamide a été obtenue par l'action de l'anhydride lactique sur l'ammoniaque :

$$(C^3H^4O)''.O + \left.\begin{array}{l}H \\ H \\ H\end{array}\right\}Az = \left.\begin{array}{l}[(C^3H^4O)''OH]' \\ H \\ H\end{array}\right\}Az.$$

Anhydride lactique.   Ammoniaque.   Lactamide.

La salicylamide a été préparée par l'action de l'ammoniaque sur le salicylate monométhylique neutre (essence de *Gaultheria procumbens*) :

$$(C^7H^4O)'' \left\{ \begin{matrix} OH \\ OCH^3 \end{matrix} \right. + \left. \begin{matrix} H \\ H \\ H \end{matrix} \right\} Az$$

Salicylate de méthyle.   Ammoniaque.

$$= O \left\{ \begin{matrix} CH^3 \\ H \end{matrix} \right. + (C^7H^4O)'' \left\{ \begin{matrix} OH \\ Az H^2 \end{matrix} \right.$$

Alcool méthylique.   Salicylamide.

Au lieu d'hydrogène alcoolique, ce dernier corps renferme un atome d'hydrogène phénique (voyez Phénols), c'est-à-dire un atome d'hydrogène un peu plus rapproché de celui qui fonctionne dans les acides, que ne l'est celui des vrais alcools. C'est ce qui donne au salicylate de méthyle et à l'amide qui en dérive, des allures qui ont fait considérer pendant longtemps ces composés comme jouissant de propriétés acides et qui ont fait désigner la salicylamide sous le nom impropre d'acide salicylamique.

Quant à la lactamide, elle est absolument neutre et se dédouble en lactate alcalin et ammoniaque lorsqu'on la traite par les alcalis. L'acide azoteux la transformerait sûrement en acide lactique, azote et eau.

Monamides primaires renfermant le résidu monoatomique d'un acide dont l'atomicité est supérieure a deux. — Un acide, quelle que soit son atomicité, peut toujours, par l'élimination de OH, donner un résidu fonctionnant à la manière d'un radical monoatomique et susceptible de se substituer à l'hydrogène de l'ammoniaque. Les développements que nous avons donnés sur les modes de préparation et les propriétés des monamides dérivées des acides diatomiques s'appliquent aussi à celles qui dérivent d'un acide dont l'atomicité est supérieure à deux.

Lorsque la basicité d'un acide quelconque est égale à son atomicité, si cet acide est polyatomique, l'élimination de OH donne un résidu renfermant encore autant d'hydrogènes basiques qu'il y en avait dans l'acide primitif moins un. Aussi les monamides provenant de la substitution de pareils radicaux à l'hydrogène de l'ammoniaque sont-elles de vrais acides, dont la basicité ne diffère que d'une unité de celle de l'acide primitif non amidé.

Lorsqu'au contraire l'acide polyatomique a une basicité inférieure à son atomicité, les résidus auxquels il donne naissance en perdant HO renferment autant d'hydrogènes typiques qu'en renfermait l'acide primitif moins un; mais selon que l'oxhydryle éliminé renferme l'hydrogène basique ou l'hydrogène alcoolique, la basicité du résidu varie. De là plusieurs résidus isomériques et par suite plusieurs amides isomériques dérivées de ces résidus. Ainsi, si nous représentons un acide triatomique et monobasique par la formule générale

$$R''' \left\{ \begin{matrix} OH^+ \\ OH^- \\ OH^- \end{matrix} \right.$$

où le signe + indique que l'hydrogène est basique et le signe — qu'il est alcoolique, nous pourrons avoir les deux résidus monoatomiques isomères

$$\left(R''' \left\{ \begin{matrix} OH^+ \\ OH^- \end{matrix} \right) ' \right. \quad \text{et} \quad \left(R''' \left\{ \begin{matrix} OH^- \\ OH^- \end{matrix} \right) ' \right.$$

dont le premier sera acide et le second neutre, et ces deux résidus, en se substituant à l'hydrogène de l'ammoniaque, donneront, l'un une amide acide monobasique

$$\left(R''' \left\{ \begin{matrix} OH^+ \\ OH^- \end{matrix} \right) ' \right\} Az,$$

et l'autre une amide neutre

$$\left(R''' \left\{ \begin{matrix} OH^- \\ OH^- \end{matrix} \right) ' \right\} \begin{matrix} \\ H \\ H \end{matrix} \bigg\} Az.$$

Avec un acide triatomique et bibasique

$$R''' \left\{ \begin{matrix} OH^+ \\ OH^+ \\ OH^- \end{matrix} \right.$$

on aurait un résidu acide bibasique

$$\left(R''' \left\{ \begin{matrix} OH^+ \\ OH^+ \end{matrix} \right) ' \right.$$

et un résidu acide monobasique

$$\left(R''' \left\{ \begin{matrix} OH^+ \\ OH^- \end{matrix} \right) ' \right. .$$

Enfin, avec les acides tétra, penta, hexatomiques, le nombre des cas d'isomérie possibles irait en croissant et pourrait être calculé d'après les mêmes règles.

Comme exemples de monamides dérivées d'acides dont l'atomicité soit supérieure à 2 nous citerons : la monamide malique (acide aspartique)

$$\left[(C^4H^3O^2)'' \left\{ \begin{matrix} OH^+ \\ OH^+ \end{matrix} \right] ' \right. \begin{matrix} \\ H \\ H \end{matrix} \bigg\} Az$$

et l'acide tartramique

$$\left[(C^4H^2O^2)^{IV} \left\{ \begin{matrix} OH^- \\ OH^- \\ OH^+ \end{matrix} \right] ' \right. \begin{matrix} \\ \\ H \\ H \end{matrix} \bigg\} Az.$$

Monamides secondaires. — Les monamides secondaires peuvent renfermer : 1° deux radicaux d'acides monoatomiques; 2° deux résidus monoatomiques d'acides polyatomiques; 3° un radical d'acide monoatomique, et un résidu monoatomique d'acide polyatomique; 4° un radical diatomique substitué à H².

Monamides secondaires qui renferment deux radicaux d'acides monoatomiques. — *Préparation*. — On obtient ces amides : 1° en faisant agir les chlorures acides sur les amides primaires :

$$\begin{matrix} C^2H^3O \\ H \\ H \end{matrix} \bigg\} Az + \begin{matrix} C^2H^3O \\ Cl \end{matrix} \bigg\}$$

Acétamide.   Chlorure d'acétyle.

$$= \begin{matrix} C^2H^3O \\ C^2H^3O \\ H \end{matrix} \bigg\} Az + \begin{matrix} H \\ Cl \end{matrix} \bigg\} ;$$

Diacétamide.   Acide chlorhydrique.

2° Par l'action de l'acide chlorhydrique sur les amides primaires à une température élevée :

$$2 \left(\begin{matrix} C^2H^3O \\ H \\ H \end{matrix} \bigg\} Az \right) + \begin{matrix} H \\ Cl \end{matrix} \bigg\}$$

Acétamide.   Acide chlorhydrique.

$$= \begin{matrix} Az H^4 \\ Cl \end{matrix} \bigg\} + \begin{matrix} C^2H^3O \\ C^2H^3O \\ H \end{matrix} \bigg\} Az.$$

Chlorure ammonique.   Diacétamide.

Propriétés. — Ces amides sont facilement solubles dans l'ammoniaque. Elles manifestent des propriétés acides, soit en rougissant le papier de tournesol, soit en échangeant leur dernier atome d'hydrogène contre un métal, en donnant naissance à une alcalamide tertiaire métallique. Ces sels métalliques se dissolvent dans l'ammoniaque en formant des composés que Gerhardt considérait comme des diamides, mais que l'on préfère aujourd'hui considérer, comme des monamides tertiaires dans lesquelles le dernier atome d'hydrogène serait remplacé par un ammonium métallique. On ne conçoit guère en effet comment, sans l'intermédiaire d'aucun radical polyatomique, plusieurs molécules d'ammoniaque pourraient se souder en une seule.

MONAMIDES SECONDAIRES RENFERMANT DEUX RÉSIDUS MONOATOMIQUES D'ACIDES POLYATOMIQUES. — Ces corps sont fort peu étudiés. M. Heinz a montré seulement qu'ils se produisent en même temps que les monamides primaires, de même nature qu'eux, lorsqu'on prépare ces dernières par le premier des procédés que nous avons fait connaître [Heinz, *Poggend. Ann. der Phys. u. Chem.*, t. CXV, p. 165, 1862, n° 1]. Ces amides renferment évidemment un nombre de molécules d'oxhydryle OH double de celui qui se trouve contenu dans chaque radical substitué à H, puisqu'il entre deux de ces radicaux dans leur composition ; et lorsque ces oxhydryles sont acides, elles présentent une basicité double de celle de la monamide primaire qui dérive du même radical. Si les acides qui donnent naissance à de telles amides avaient une atomicité supérieure à leur basicité, on pourrait observer des isoméries semblables à celles dont nous avons parlé en nous occupant des monamides primaires. La formation de monamides secondaires, dans la réaction de M. Heinz, peut être exprimée par l'équation suivante :

$$2\,(C^2H^3ClO^2) + 3\,AzH^3 = 2\,AzH^4Cl$$
$$\underset{\text{chloracétique.}}{\text{Acide}} \qquad \underset{\text{ammonique.}}{\text{Ammoniaque.}} \qquad \underset{}{\text{Chlorure}}$$

$$\left.\begin{array}{l}[(C^2H^2O)'\,OH]'\\ [(C^2H^2O)'\,OH]'\\ H\end{array}\right\}Az.$$

MONAMIDES SECONDAIRES MIXTES, RENFERMANT UN RADICAL D'ACIDE MONOATOMIQUE ET UN RÉSIDU MONOATOMIQUE D'ACIDE POLYATOMIQUE. — *Modes de formation.* — On obtient ces amides en traitant par un chlorure acide le sel d'argent d'une monamide primaire dérivée d'un acide polyatomique ; du chlorure d'argent s'élimine et le radical acide prend la place d'un atome d'hydrogène dans l'ammoniaque.

Nous avons déjà vu que la réaction doit être considérée comme s'accomplissant en deux phases :

$$1°\quad \left.\begin{array}{l}[(C^2H^2O)''.\,OAg]'\\ H\\ H\end{array}\right\}Az + C^7H^5OCl$$
$$\underset{\text{Glycolamate d'argent.}}{} \qquad \underset{\text{de benzoïle.}}{\text{Chlorure}}$$

$$= HCl + \left.\begin{array}{l}[(C^2H^2O)'\,OAg]'\\ C^7H^5O\\ H\end{array}\right\}Az\,;$$
$$\underset{\text{chlorhydrique.}}{\text{Acide}} \qquad \underset{\text{d'argent.}}{\text{Hippurate}}$$

$$2°\quad \left.\begin{array}{l}[(C^2H^2O)''\,OAg]'\\ C^7H^5O\\ H\end{array}\right\}Az + HCl$$
$$\underset{}{\text{Hippurate d'argent.}} \qquad \underset{\text{chlorhydrique.}}{\text{Acide}}$$

$$= \left.\begin{array}{l}[(C^2H^2O)''\,OH]'\\ C^7H^5O\\ H\end{array}\right\}Az + AgCl.$$
$$\underset{}{\text{Acide hippurique.}} \qquad \underset{\text{d'argent.}}{\text{Chlorure}}$$

Gerhardt a, en outre, obtenu des amides de cette classe en chauffant entre 140° et 150° un chlorure acide avec une monamide primaire d'acide polyatomique.

Propriétés. — Ces amides sont des corps en général peu solubles dans l'eau, l'alcool et l'éther, et capables de fondre sans se décomposer.

Elles échangent facilement 1 atome d'hydrogène contre 1 atome de métal, en donnant des alcalamides tertiaires ou de véritables sels, suivant que le métal se substitue à l'hydrogène typique du résidu monoatomique ou à l'hydrogène de l'ammoniaque. Il suffit, pour que cette réaction se produise, de traiter leur solution aqueuse par de l'azotate d'argent. Le composé argentique se précipite aussitôt.

Gerhardt a fait connaître quelques amides de cette classe, telles que la benzoïl-salicylamide et la cumyl-salicylamide.

MONAMIDES SECONDAIRES RENFERMANT UN RADICAL DIATOMIQUE SUBSTITUÉ A H^2. — Ces composés ont reçu le nom d'imides, parce qu'on les considérait autrefois comme formés par l'union de l'imidogène $(AzH)''$ avec un autre radical. Ils peuvent contenir un radical d'acide diatomique ou un résidu contenant encore de l'oxhydryle et provenant d'un acide tri ou tétratomique.

Le radical substitué à H^2 provient d'un acide diatomique et ne renferme pas d'oxhydryle. — *Préparation.* — On les obtient :

1° En décomposant les diamides par la chaleur,

$$\left.\begin{array}{l}(C^4H^4O^2)''\\ H^2\\ H^2\end{array}\right\}Az^2 = AzH^3 + \left.\begin{array}{l}(C^4H^4O^2)''\\ H\end{array}\right\}Az\,;$$
$$\underset{\text{Succino-diamide.}}{} \quad \underset{\text{Ammoniaque.}}{} \quad \underset{\text{Succinimide.}}{}$$

2° En déshydratant par la chaleur les amides acides,

$$\left.\begin{array}{l}[(C^{10}H^{14}O^2)''\,OH]'\\ H^2\end{array}\right\}Az$$
$$\underset{\text{Acide camphoramique.}}{}$$
$$= \left.\begin{array}{l}H\\ H\end{array}\right\}O + \left.\begin{array}{l}(C^{10}H^{14}O^2)''\\ H\end{array}\right\}Az\,;$$
$$\underset{\text{Eau.}}{} \qquad \underset{\text{Camphorimide.}}{}$$

3° En faisant agir l'ammoniaque sur l'anhydride d'un acide diatomique et bibasique,

$$(C^4H^4O^2)'',\,O + \left.\begin{array}{l}H\\ H\\ H\end{array}\right\}Az = \left.\begin{array}{l}(C^4H^4O^2)''\\ H\end{array}\right\}Az + H^2O\,;$$
$$\underset{\text{succinique.}}{\text{Anhydride}} \quad \underset{\text{Ammoniaque.}}{} \quad \underset{\text{Succinimide.}}{} \quad \underset{\text{Eau.}}{}$$

4° En chauffant les sels ammoniacaux acides des acides bibasiques,

$$\left.\begin{array}{l}(C^4H^4O^2)''\\ (AzH^4)\\ H\end{array}\right\}O^2 = 2\left(\left.\begin{array}{l}H\\ H\end{array}\right\}O\right) + \left.\begin{array}{l}(C^4H^4O^2)''\\ H\end{array}\right\}Az.$$
$$\underset{\text{ammonique.}}{\text{Bisuccinate}} \qquad \underset{\text{Eau.}}{} \qquad \underset{\text{Succinimide.}}{}$$

Propriétés. — 1° Les imides fonctionnent toujours comme des acides monobasiques bien caractérisés. Les sels qu'elles donnent en échangeant H contre un métal sont de vraies alcalamides tertiaires.

2° Les imides diffèrent des sels ammoniacaux par 2 molécules d'eau. Aussi sous l'influence des agents hydratants absorbent-elles 2 H^2O et se convertissent-elles dans un sel ammoniacal acide,

$$\left.\begin{array}{l}R''\\ H\end{array}\right\}Az + 2\left(\left.\begin{array}{l}H\\ H\end{array}\right\}O\right) = \left.\begin{array}{l}R''\\ AzH^4\\ H\end{array}\right\}O^2.$$
$$\underset{\text{Imide.}}{} \qquad \underset{\text{Eau.}}{} \qquad \underset{\text{acide.}}{\text{Sel ammoniacal}}$$

3° Lorsqu'on les fait bouillir avec une solution aqueuse d'ammoniaque, elles fixent les éléments de l'hydrate d'ammonium et donnent le sel ammonique de l'amide acide correspondante,

$$\left.\begin{array}{l}R''\\ H\end{array}\right\}Az + \left.\begin{array}{l}AzH^4\\ H\end{array}\right\}O = \left.\begin{array}{l}(R''.\,O\,AzH^4)'\\ H\\ H\end{array}\right\}Az.$$
$$\underset{\text{Imide.}}{} \quad \underset{\text{d'ammonium.}}{\text{Hydrate}} \quad \underset{\text{d'une amide acide.}}{\text{Sel ammonique}}$$

4° Les imides différant des amides acides comme les nitriles diffèrent des amides neutres, c'est-à-dire par H^2O en moins, et les nitriles étant susceptibles de fixer de l'hydrogène naissant en donnant des amines, on pouvait supposer par analogie que l'hydrogène naissant se fixerait aussi sur les imides. Mais MM. Naquet et Oppenheim se sont assurés que ce phénomène ne se produit pas.

Le radical substitué à H^2 provient d'un acide dont l'atomicité est supérieure à 2 et contient de l'oxhydryle. — On ne connaît aucune imide simple de ce genre, mais on connaît le dérivé phénylique (alcalamide tertiaire) d'une imide citrique de cette catégorie. Cette imide renferme encore 1 atome d'hydrogène remplaçable par les métaux alcalins. Elle répond à la formule :

$$\left[(C^6 H^4 O^3)^{iv} \left\{ \begin{matrix} O H^+ \\ O H^- \\ \underset{H}{} \end{matrix} \right]'' \right\} Az.$$

MONAMIDES TERTIAIRES. — Dans ces amides, l'hydrogène peut être remplacé : 1° par trois radicaux d'acides monoatomiques; 2° par trois résidus d'acides polyatomiques; 3° par des radicaux de l'un et de l'autre groupe en même temps; 4° par un radical diatomique et un radical monoatomique quelconque; 5° par un radical triatomique.

Les amides des quatre premiers groupes sont peu connues et peu nombreuses. On les obtient en faisant agir un chlorure acide sur le dérivé métallique d'une amide secondaire:

$$\begin{matrix} (C^4 H^4 O^3)'' \\ Ag \end{matrix} \Big\} Az + \begin{matrix} C^2 H^3 O \\ Cl \end{matrix} \Big\} = \begin{matrix} (C^4 H^4 O^2)'' \\ C^2 H^3 O \end{matrix} \Big\} Az.$$

Succinimide argentique.   Chlorure d'acétyle.   Azoture de succinyle et d'acétyle.

Celles de ces amides qui appartiennent à la quatrième catégorie jouissent de la propriété de s'unir à l'hydrate ammonique et de se transformer ainsi en sels ammoniacaux d'amides acides:

$$\begin{matrix} (C^4 H^4 O^2)'' \\ (C^6 H^5 SO^2)' \end{matrix} \Big\} Az + \begin{matrix} Az H^4 \\ H \end{matrix} \Big\} O$$

Sulfophényl-succinimide.   Hydrate d'ammonium.

$$= \begin{matrix} [(C^4 H^4 O^2)''O Az H^4]' \\ (C^6 H^5 SO^2)' \end{matrix} \Big\} Az.$$

Sulfophényl-succinamate d'ammonium.

MONAMIDES TERTIAIRES RENFERMANT UN RADICAL TRIATOMIQUE SUBSTITUÉ A L'HYDROGÈNE. — D'après Gerhardt, les quelques composés minéraux suivants appartiennent à cette classe :

$$(PO)''' Az = PO^4(Az H^4) H^2 - 3 H^2O.$$
Phosphorylamide.

$$Az''' Az = Az O^2 (Az H^4) - 2 H^2O.$$
Azote libre.

$$Az O''' Az = Az O^3 (Az H^4) - 2 H^2O.$$
Protoxyde d'azote.

DIAMIDES.

DIAMIDES PRIMAIRES. — Elles renferment, soit des radicaux d'acides diatomiques, soit des résidus renfermant encore de l'oxhydryle et provenant d'acides d'une atomicité supérieure à 2.

DIAMIDES PRIMAIRES NE RENFERMANT PAS D'OXHYDRYLE. — Elles correspondent aux sels ammoniacaux neutres des acides bibasiques.

Modes de formation. — On les obtient : 1° en soumettant à l'action de la chaleur les sels ammoniacaux neutres des acides bibasiques, de l'eau

s'élimine dans la réaction [Dumas, *Ann. de Chim et de Phys.*, t. XLIV, p. 129; t. LIV, p. 240]:

$$\begin{matrix} (C^2 O^3)'' \\ (Az H^4)^2 \end{matrix} \Big\} O^2 = 2 \left(\begin{matrix} H \\ H \end{matrix} \right\} O \right) + \begin{matrix} (C^2 O^3)'' \\ H^2 \\ H^2 \end{matrix} \Big\} Az^2;$$

Oxalate d'ammonium neutre.   Eau.   Oxamide.

2° Par la combinaison de l'ammoniaque avec les imides (Wöhler) :

$$\begin{matrix} (CO)'' \\ H \end{matrix} \Big\} Az + \begin{matrix} H \\ H \\ H \end{matrix} \Big\} Az = \begin{matrix} (CO)'' \\ H^2 \\ H^2 \end{matrix} \Big\} Az^2;$$

Carbimide (acide cyanique).   Ammoniaque.   Diamide carbonique (urée).

3° Par la réaction de l'ammoniaque sur le chlorure d'un acide bibasique :

$$\begin{matrix} (C^4 H^4 O^2)'' \\ Cl^2 \end{matrix} \Big\} + 4 \left(\begin{matrix} H \\ H \\ H \end{matrix} \right\} Az \right)$$

Chlorure de succinyle.   Ammoniaque.

$$= 2 \left(\begin{matrix} Az H^4 \\ Cl \end{matrix} \right\} \right) + \begin{matrix} (C^4 H^4 O^2)'' \\ H^2 \\ H^2 \end{matrix} \Big\} Az^2;$$

Chlorure ammonique.   Succinamide.

4° Par l'action de l'ammoniaque sur les éthers composés dialcooliques des acides bibasiques. La réaction est la même que celle qui produit les monamides primaires lorsqu'on traite les éthers des acides monobasiques par l'ammoniaque. Il faut avoir soin d'employer l'ammoniaque en solution aqueuse. Si on l'employait en solution alcoolique, au lieu d'une diamide, il se produirait un éther d'une monamide acide (améthane). L'action de l'ammoniaque sur les anhydrides des acides diatomiques et bibasiques donne plutôt des sels ammoniacaux d'amides acides que des diamides.

Propriétés. — 1° Quelques-unes de ces diamides ont des propriétés basiques bien prononcées, l'urée par exemple.

2° Toutes ces amides peuvent absorber de l'eau et se transformer en sels neutres ammoniques :

$$\begin{matrix} (C^2 O^2)'' \\ H^2 \end{matrix} \Big\} Az^2 + 2 \left(\begin{matrix} H \\ H \end{matrix} \right\} O \right) = \begin{matrix} (C^2 O^3)'' \\ (Az H^4)^2 \end{matrix} \Big\} O^3.$$

Oxamide.   Eau.   Oxalate d'ammonium.

3° Traités par une quantité de base inférieure de moitié à celle qui en déterminerait la décomposition complète, ces corps donnent un dégagement d'ammoniaque et le sel alcalin d'une amide acide :

$$\begin{matrix} (C^2 O^2)'' \\ H^2 \\ H^2 \end{matrix} \Big\} Az^2 + \begin{matrix} K \\ H \end{matrix} \Big\} O$$

Oxamide.   Hydrate potassique.

$$= \begin{matrix} [(C^2 O^2)'' OK]' \\ H^2 \end{matrix} \Big\} Az + \begin{matrix} H \\ H \\ H \end{matrix} \Big\} Az.$$

Oxamate de potassium.   Ammoniaque.

4° Traitées par les corps avides d'eau, les diamides perdraient probablement deux molécules d'eau et se transformeraient en une espèce particulière de nitriles dérivés de deux molécules d'ammoniaque, qui seraient identiques ou isomériques avec les éthers dicyanhydriques des glycols inférieurs de deux termes dans la série. M. Maxwell Simpson a prouvé, en effet, que ces éthers dicyanhydriques peuvent, sous l'influence des alcalis bouillants, fixer de l'eau et donner.

des acides appartenant à des séries supérieures de deux termes à celles dont on a employé les cyanhydrines. La déshydratation directe des diamides n'a cependant pas été faite jusqu'à ce jour.

5° Plusieurs diamides dégagent de l'ammoniaque à une température élevée et se transforment en imides :

$$\left.\begin{array}{l}(C^4H^4O^2)''\\ H^2\\ H^2\end{array}\right\}Az^2 = \left.\begin{array}{l}H\\ H\\ H\end{array}\right\}Az + \left.\begin{array}{l}(C^4H^4O^2)''\\ H\end{array}\right\}Az.$$

Succinamide.   Ammoniaque.   Succinimide.

6° Sous l'influence de l'acide azoteux, elles dégagent de l'azote et se transforment en acides bibasiques :

$$\left.\begin{array}{l}(C^2O^2)''\\ H^2\\ H^2\end{array}\right\}Az^2 + 2\,AzO.OH$$

Oxamide.   Acide azoteux.

$$= 2\left(\left.\begin{array}{l}Az\\ Az\end{array}\right\}\right) + 2\left(\left.\begin{array}{l}H\\ H\end{array}\right\}O\right) + (C^2O^2)''\left\{\begin{array}{l}OH\\ OH\end{array}\right.$$

Azote.   Eau.   Acide oxalique.

DIAMIDES PRIMAIRES RENFERMANT DE L'OXHYDRYLE. — Elles représentent une double molécule d'ammoniaque dans laquelle H^2 ont été remplacés par le résidu diatomique d'un acide d'une atomicité supérieure à deux. Lorsque l'acide d'où dérive ce résidu a une atomicité égale à sa basicité, il n'y a pas d'isomères possibles. Lorsqu'au contraire l'atomicité de cet acide dépasse sa basicité, il peut se produire plusieurs résidus et conséquemment plusieurs diamides isomères, suivant que c'est de l'oxhydryle acide ou de l'oxhydryle non acide qui s'est éliminé. Les mieux connues des amides de cette classe sont : la malo-diamide neutre,

$$(C^2H^3)'''\left\{\begin{array}{l}CO.AzH^2\\ CO.AzH^2\\ OH\end{array}\right.$$

la malo-diamide acide, connue sous le nom d'asparagine, et qui s'extrait de certains végétaux étiolés,

$$(C^2H^3)''''\left\{\begin{array}{l}CO.OH\\ CO.AzH^2\\ AzH^2\end{array}\right.$$

la tartramide ou diamide tartrique neutre,

$$(C^2H^2)^{IV}\left\{\begin{array}{l}CO.AzH^2\\ CO.AzH^2\\ OH\\ OH\end{array}\right.$$

le dérivé phénylé (dialcalamide secondaire) de la diamide citrique acide et monobasique (acide citrobiamique),

$$(C^3H^4)^{IV}\left\{\begin{array}{l}CO.OH\\ CO.AzH.C^6H^5\\ CO.AzH.C^6H^5\\ OH\end{array}\right.$$

DIAMIDES SECONDAIRES. — Elles résultent du remplacement de $4\,H$ dans deux molécules d'ammoniaque par des radicaux acides. Ces $4\,H$ peuvent être remplacés : 1° par deux radicaux diatomiques renfermant ou non de l'oxhydryle ; 2° par un radical diatomique et deux radicaux monoatomiques ; 3° par un radical triatomique et un radical monoatomique ; 4° par un radical tétratomique. Aucun corps de cette classe n'a été obtenu jusqu'à ce jour ; mais, par contre, on connaît des diamides que l'on pourrait appeler *hémisecondaires*, dans lesquelles H^3 seulement sont remplacés soit par un radical diatomique et un radical monoatomique, soit par un radical triato-

mique. Telles sont la phosphamide de Gerhardt,

$$\left.\begin{array}{l}(PO)'''\\ H^3\end{array}\right\}Az^2,$$

obtenue en faisant agir l'ammoniaque sur le perchlorure de phosphore et en faisant bouillir avec de l'eau le produit de la réaction ; l'urée acétylique,

$$\left.\begin{array}{l}(CO)''\\ C^2H^3O\\ H^3\end{array}\right\}Az^2,$$

et l'urée benzoïlique de Zinin,

$$\left.\begin{array}{l}(CO)''\\ C^7H^5O\\ H^3\end{array}\right\}Az^2,$$

que l'on obtient en faisant réagir les chlorures de benzoïle ou d'acétyle sur l'urée (carbamide). [Voyez URÉE.] Enfin, les diamides acides monobasiques dérivées des acides tribasiques se rangent encore ici. Telle serait la citrimide, dont on connaît le dérivé phénylique (dialcalamide secondaire), et qui répondrait à la formule

$$(C^3H^4)^{IV}\left\{\begin{array}{l}CO.OH\\ \left.\begin{array}{l}CO\\ CO\end{array}\right\}(AzH)''_c\\ AzH^2\end{array}\right.$$

DIAMIDES TERTIAIRES. — Ici encore la théorie fait prévoir un nombre de corps considérable, puisque l'hydrogène peut théoriquement être remplacé par des radicaux d'atomicité variable renfermant ou non de l'oxhydryle. En fait, toutefois, on ne connaît que ceux d'entre eux qui résultent de la substitution de trois radicaux d'acides diatomiques et bibasiques à H^6, ou d'un radical diatomique à H^2 et de quatre radicaux monoatomiques à H^4. Telles sont la trisuccinamide

$$\left.\begin{array}{l}(C^4H^4O^2)''\\ (C^4H^4O^2)''\\ (C^4H^4O^2)''\end{array}\right\}Az^2$$

et la benzamyl-disulfophényl-succino-diamide

$$\left.\begin{array}{l}(C^4H^4O^2)''\\ (C^6H^5SO^2)'^2\\ (C^7H^5O)'^2\end{array}\right\}Az^2,$$

toutes deux découvertes par Gerhardt. La trisuccinamide a été obtenue par la réaction du chlorure de succinyle sur la succinimide argentique (Gerhardt)

$$2\left(\left.\begin{array}{l}(C^4H^4O^2)''\\ Ag\end{array}\right\}Az\right) + \left.\begin{array}{l}(C^4H^4O^2)''\\ Cl^2\end{array}\right\}$$

Succinimide argentique.   Chlorure de succinyle.

$$= 2\left(\left.\begin{array}{l}Ag\\ Cl\end{array}\right\}\right) + \left.\begin{array}{l}(C^4H^4O^2)''\\ (C^4H^4O^2)''\\ (C^4H^4O^2)''\end{array}\right\}Az^2$$

Chlorure d'argent.   Trisuccinodiamide.

et la benzamyl-disulfophényl-succino-diamide par la réaction du chlorure de succinyle sur le dérivé argentique de la benzamyl-disulfophénylamide :

$$2\left(\left.\begin{array}{l}(C^6H^5SO^2)'\\ C^7H^5O\\ Ag\end{array}\right\}Az\right) + \left.\begin{array}{l}(C^4H^4O^2)''\\ Cl^2\end{array}\right\}$$

Benzamyl-disulfophényl-amide argentique.   Chlorure de succinyle.

$$= 2\left(\left.\begin{array}{l}Ag\\ Cl\end{array}\right\}\right) + \left.\begin{array}{l}(C^4H^4O^2)''\\ (C^6H^5SO^2)'^2\\ (C^7H^5O)'^2\end{array}\right\}Az^2.$$

Chlorure d'argent.   Dibenzamyl-disulfo-phényl-succino-diamide.

TRIAMIDES.

TRIAMIDES PRIMAIRES. — Elles diffèrent des sels triammoniques des acides correspondants par $3 H^2 O$ en moins. On peut les obtenir en faisant agir l'ammoniaque sur le trichlorure d'un radical acide ou sur un éther trialcoolique, par des réactions analogues à celles dont nous avons donné les équations à propos des monamides et des diamides.

Ces amides, chauffées avec des acides ou des alcalis, absorbent $3 H^2 O$ et donnent le sel ammoniacal correspondant ou les produits de décomposition de ce sel par les réactifs employés.

TRIAMIDES SECONDAIRES ET TERTIAIRES. — Elles représenteraient de triples molécules d'ammoniaque dont les 2/3 ou la totalité de l'hydrogène seraient remplacés par des radicaux acides. On ne connaît jusqu'à ce jour aucun composé qui appartienne à cette classe.　　　A. N.

AMIDON ou MATIÈRE AMYLACÉE, $C^6 H^{10} O^5$. — L'amidon se rencontre en abondance dans le règne végétal; il est déposé sous forme de granules dans le tissu cellulaire de certains organes où il se développe à l'époque de la maturité; ainsi l'on trouve la matière amylacée dans 1° les racines des orchidées, des iridées, des renonculacées, etc. (par exemple, la bryone, le manioc, la guimauve, les carottes); 2° les tubercules de pommes de terre, etc.; 3° les bulbes des liliacées, des colchicacées, etc.; 4° les tiges des cycadées; 5° l'écorce de l'*Ailantus glandulosa*, etc.; 6° les graines des céréales, des légumineuses; 7° les fruits du chêne, du châtaignier, du marronnier, etc.; 8° enfin dans le tréhala, produit d'exsudation d'une espèce d'échinops de Syrie.

Dans l'antiquité déjà, on extrayait l'amidon du froment, principalement en Égypte et en Crète, et Dioscorides prétend que le mot ἄμυλον, par lequel les Grecs désignaient l'amidon, vient de ce qu'on le fabriquait sans faire usage de meules.

La matière amylacée des céréales s'appelle *amidon;* celle des pommes de terre, *fécule.* Pour extraire l'amidon, on fait, avec de la farine, une pâte que l'on malaxe sous un filet d'eau continu; l'eau tombe sur un tamis placé dans une terrine; une petite quantité de gluten, qui est presque toujours entraînée avec l'amidon, est retenue par les mailles du tamis; on agite sans cesse celui-ci pour faciliter le passage de l'amidon, qui se dépose au fond de la terrine. Pour préparer la fécule, on réduit les pommes de terre, au moyen d'une râpe, en pulpe qu'on agite sur un tamis en toile métallique fine, placé dans un vase rempli d'eau; la fécule se sépare et passe à travers les mailles; elle n'entraîne que très-peu de tissu cellulaire, que l'on éloigne au moyen de lavages par décantation; la fécule, beaucoup plus dense, se dépose la première.

Pour dissoudre une petite quantité de matière grasse que renferme l'amidon, on le fait bouillir avec de l'alcool contenant un millième de potasse caustique, on laisse déposer, on lave avec de l'alcool et de l'eau distillée; on place la masse sur une brique absorbante et l'on sèche à l'étuve.

La forme et les dimensions des grains d'amidon sont variables; ils sont souvent arrondis ou ovoïdes, quelquefois sinueux, contournés comme ceux de pois ou même bifurqués irrégulièrement, mais toujours ils sont composés de couches concentriques se terminant par un canal appelé *hile.* C'est le hile que les grains reçoivent la substance qui les produit et détermine leur accroissement par intussusception. Les couches ont toutes la même composition, mais diffèrent par leur condensation; l'enveloppe extérieure étant la plus ancienne est aussi la plus dense. Plusieurs chimistes admettent une différence entre l'enveloppe et le noyau du grain d'amidon [Raspail, *N. Syst. de Chim. organ.*, 1833. — Guibourt, *Journ. Chim. méd.*, t. V, p. 96. — Saussure, *Ann. de Chim. et de Phys.*, t. XI, p. 385. — Caventou, *Ann. de Chim. et de Phys.*, t. XXXI, p. 337. — Guérin-Varry, *Ann. de Chim. et de Phys.*, t. LVI, p. 225; t. LVII, p. 108; t. LX, p. 32; t. LXI, p. 66. — Payen et Persoz, *Ann. de Chim. et de Phys.*, t. LVI, p. 337. — Payen, *N. Ann. Sc. nat. bot.*, t. X, p. 201. — Melsens, *Inst.*, 1857, p. 161]. Quelquefois deux ou trois granules sont soudés entre eux et s'accroissent simultanément; il se dépose sur leur ensemble de nouvelles couches de matière amylacée et il en résulte un granule unique, mais dans lequel on distingue deux ou trois hiles différents. Pour bien apercevoir le hile, qu'il est souvent difficile de reconnaître, on dessèche complétement les grains d'amidon vers 180° et 200°, et on les plonge un instant dans l'alcool aqueux. L'alcool s'évapore et laisse une goutte d'eau qui perce l'enveloppe extérieure; si alors on place les grains dans l'alcool très-étendu, les couches intérieures se distendent plus que les couches extérieures et les granules s'étalent et laissent voir les couches séparées les unes des autres. En comprimant les granules entre deux verres parallèles, ils sont déchirés et on découvre facilement au microscope que l'intérieur est composé d'une matière solide et consistante. Les grains d'amidon provenant de divers végétaux ont non-seulement des volumes différents, mais aussi des propriétés physiques différentes qui permettent de les distinguer les uns des autres. Ainsi, lorsqu'on regarde au microscope des granules d'amidon de pommes de terre en les éclairant avec de la lumière polarisée et qu'on interpose entre eux et l'œil un cristal de spath d'Islande, on y aperçoit une croix noire dont les branches partent des hiles [Biot, *Ann. de Chim. et de Phys.*, (3), t. XI, p. 100]. Dans les mêmes circonstances, les granules de fécule de blé ne présentent aucun phénomène de ce genre. Le tableau suivant donne les longueurs moyennes des granules d'amidon en millièmes de millimètre [Payen, *N. Ann. Sc. nat. bot.*, t. X, p. 65]:

Tubercules de grosses pommes de terre de Rohan.	185
Racine de Colombo (*Menispermum palmatum*)..	180
Rhizomes volumineux du *Canna gigantea*	175
— — du *Canna discolor*	150
— — de *Maranta arundinacea* (*arrow-root* du commerce).	140
Plusieurs variétés de pommes de terre.	140
Bulbes de lis	115
Tubercules d'*Oxalis crenata*..	100
Tige d'un très-gros *Echinocactus erinaceus* importé	75
Sagou importé	70
Graines de grosses fèves	75
— de lentilles	67
— de haricots	63
— de gros pois	50
Fruit du blé blanc	50
Sagou non altéré (fécule de la moelle fraîche du sagouier)	45
Grandes écailles des bulbes de jacinthe	45
Tubercules de patates	45
Tubercules d'*Orchis latifolia* et *bifolia*	45
Fruit du gros maïs (blanc, jaune et violet)	30
Fruit du sorgho rouge	30
Tiges volumineuses de *Cactus peruvianus*	30
Graine de *Naïas major*	30
Tige de *Cactus pereskia grandiflora*	22,5
Graine d'*Aponogetum distachium*	22,5
Tige du *Ginkgo biloba* (*Salisburia adianthifolia*).	22
Tige de *Cactus brasiliensis*	20
Fruit du *Panicum italicum*	16
Graines de *Naïas major* à demi développées	16
Pollen du *Globba nutans*	15
Tige d'*Echinocactus erinaceus* (de serre)	12
Pollen du *Rupia maritima*	11
Tige d'*Opuntia tuna* et *Ficus indica*	10

Tige d'*Opuntia curassavica*	10
Fruit du gros millet (*Panicum miliaceum*)	10
Tige de cactus (*Mamillaria discolor*)	8
Écorce d'*Ailantus glandulosa*	8
Tige de *Cactus serpentinus*	7,5
Racine de panais	7,5
Pollen de *Naïas major*	7,5
Tige de *Cactus monstruosus*	6
Graine de betterave	4
Graine du *Chenopodium quinoa*	2

On a rencontré aussi de la matière amylacée dans des tissus de l'organisme animal. Suivant Carter, elle existe dans la rate, les reins, le foie, etc., ainsi que dans le mucus bronchique et quelques productions pathologiques [*Répert. de Chim. pure*, t. I, p. 475]. Examinés à l'appareil de polarisation, ces grains présentent la croix noire. Suivant Rouget, on trouve de l'amidon dans l'épithélium de l'amnios et du placenta et dans les cellules épidermiques d'autres organes [*Compt. rend.*, t. XLVIII, p. 792].

Propriétés. — L'amidon constitue une poudre blanche, sans saveur et sans odeur, insoluble dans l'eau, l'alcool et l'éther; serrée entre les doigts ou les dents, elle produit une sorte de grincement. Densité : 1,505 à 19°7. L'amidon est inaltérable à l'air lorsqu'il est convenablement séché ; il est isomérique avec la cellulose, la dextrine, la gomme, l'inuline et la lichénine.

Combinaisons. — 1° Il absorbe facilement l'humidité de l'air, surtout s'il a été préalablement desséché à 150°.

L'amidon peut contenir des quantités d'eau d'hydratation variables. Séché dans le vide sec, entre 100° et 140°, il est anhydre, $C^6H^{10}O^5$. Séché dans le vide sec à 20°, il renferme 9,2 % d'eau : $C^6H^{10}O^5 + H^2O$. Séché à 20°, à l'air dont l'état hygrométrique est 0,6, il renferme 18 % d'eau : $C^6H^{10}O^5 + 2 H^2O$. Séché à 20°, à l'air saturé d'humidité, il renferme 35,5 % d'eau : $C^6H^{10}O^5 + 5 H^2O$. Égoutté pendant 30 heures sur plaque de plâtre (fécule verte du commerce), il renferme 45,33 % d'eau : $2 (C^6H^{10}O^5) + 15 H^2O$.

L'amidon, broyé avec peu d'eau froide, forme une pâte résistante, qui durcit par la dessiccation; trituré avec une plus grande quantité d'eau, dans un mortier à parois rugueuses, il y est en partie soluble; l'enveloppe extérieure du grain reste indissoute et le noyau entre en dissolution dans l'eau. Différents noms ont été donnés à cette modification de l'amidon : *fécule soluble* (Guibourt), *gomme* (Raspail), *amidin* (Saussure), *amidon modifié* (Caventou), *amidin et amidin soluble* (Guérin-Varry), *amylogène* (Delffs) [*Répert. de Chim. pure*, 1860, t. II, p. 304]. Cette dissolution est limpide, précipitée par l'alcool et bleuie par l'iode. Concentrée par évaporation, elle devient gommeuse, gélatineuse, et forme, après trois jours, une pâte non transparente, soluble en partie seulement dans l'eau froide.

L'amidon se gonfle dans l'eau chauffée de 75° à 100°, en formant une masse gélatineuse qu'on appelle *empois*; l'eau, pénétrant à travers le hile entre les couches des grains d'amidon, les distend considérablement.

L'empois est bleui par l'iode et se transforme à la longue à l'air en acide lactique, à l'ébullition partiellement en glucose. L'empois dévie le plan de polarisation à droite $[\alpha] = + 216°$.

2° L'amidon en contact avec l'iode forme de l'iodure d'amidon bleu, qui est considéré par les uns comme de l'amidon dont les couches sont imprégnées physiquement d'iode, par les autres comme une combinaison définie : 10 atomes d'amidon et 1 atome d'iode [Payen, *Journ. Chim. méd.*, t. IX, p. 573].

Il suffit d'une très-faible quantité d'iode pour produire une coloration bleue avec l'amidon : un liquide contenant de l'empois et de 1/300,000 à 1/600,000 d'iodure de potassium bleuit encore à 0° lorsqu'on ajoute de l'acide sulfurique renfermant de l'acide hypo-azotique. L'iodure d'amidon est soluble dans l'eau. Lorsqu'on fait chauffer de l'iodure d'amidon aqueux à 65°, il se décolore (il se forme des acides iodhydrique et iodique suivant quelques chimistes) et ne se colore pendant le refroidissement qu'autant que tout l'iode n'a pas été volatilisé. D'après Guichard, l'iodure d'amidon renferme de l'iodure incolore probablement identique avec celui qui se forme par l'action de la chaleur et de l'iode libre dissous dans l'iodure d'amidon; d'où la teinte bleue [*Bull. de la Soc. chim.*, 1863, p. 115 et 278]. L'iodure d'amidon décoloré par la chaleur se colore par l'acide azotique. L'iodure d'amidon sec et solide ne se décolore pas à 100° et 160°. Suivant Personne [*Compt. rend.*, t. LXI, p. 993], l'iodure d'amidon est une laque qui se décolore à l'ébullition parce que l'amidon devient soluble. Lorsqu'on ajoute de l'alcool à de l'iodure d'amidon décoloré, il ne se recolore pas, il se forme un précipité blanc, qui semble être de l'iodure d'amidon blanc. L'amidon additionné d'alcool ne se colore plus par l'iode. Le chlorure de calcium et le sous-acétate de plomb précipitent l'iodure d'amidon en bleu.

L'iodure d'amidon bleu est décoloré par l'azotate d'argent sans qu'il se forme de précipité; par l'iodure de potassium avec formation de biiodure de potassium. L'iode de l'iodure d'amidon est enlevé par tous ses dissolvants, l'éther, l'alcool, le sulfure de carbone et même par un simple courant d'air; le fer et le mercure ont la même action.

3° L'acide sulfo-amidonique se produit, lorsqu'on ajoute de l'amidon à de l'acide sulfurique en évitant une élévation de température. Cet acide constitue une matière blanche, non cristalline, déliquescente, qui se décompose à 100°. Il se combine à la baryte, à la chaux, et à l'oxyde de plomb, en formant des sels amorphes, dont la composition varie suivant la quantité d'acide sulfurique employée et la durée du contact des deux corps; mais il semble que tous renferment les éléments de l'amidon combinés à un nombre plus ou moins grand de molécules d'acide sulfurique [Fehling, *Ann. der Chem. u. Pharm.*, t. LV, p. 13. — Blondeau de Carolles, *Revue scientif.*, t. XV, p. 69].

4° L'eau de baryte précipite l'empois dilué en formant une combinaison d'amidon et de baryte qui est une masse blanche, épaisse. Un composé de chaux et d'amidon se forme dans des circonstances analogues. Le composé $C^{12}H^{18}O^9.2 PbO$ se produit, lorsqu'on ajoute une dissolution ammoniacale d'acétate de plomb à une dissolution ammoniacale d'amidon (Payen).

5° L'amidon se gonfle sous l'influence de vingt fois son volume d'oxyde de cuivre ammoniacal et forme une matière qui occupe un volume dix fois plus grand. Ce composé contient de 12,75 à 15,28 % d'oxyde de cuivre; traité par l'ammoniaque, l'oxyde de cuivre est dissous graduellement, l'amidon se gonfle et finit par se dissoudre; les acides faibles le gonflent et le dissolvent en ne laissant de chaque grain que l'enveloppe [Payen, *Compt. rend.*, t. XLVIII, p. 67].

6° Chauffé en vase clos à 120°, avec de l'acide stéarique, l'amidon fournit du glucose stéarique; avec de l'acide acétique cristallisable à 180°, pendant 50 ou 60 heures, du glucose acétique [Berthelot, *Ann. de Chim. et de Phys.*, (3), t. LX, p. 93]. Chauffé à 140° avec de l'acide acétique anhydre, il fournit deux composés incolores solides, l'un insoluble dans l'eau, soluble dans l'alcool et dans l'acide acétique, l'autre soluble dans l'eau et dans l'alcool; tous deux se saponifient facilement en donnant de la dextrine [Schützenberger, *Compt. rend.*, t. LXI, p. 485].

Décompositions de l'amidon. — Chauffé à 100°, l'amidon se transforme d'abord en amidon soluble, ensuite en dextrine; lorsqu'on élève la température, il se colore et se gonfle vers 220° et 230° et fournit une masse fondue, composée principalement de pyrodextrine [Gélis, *Ann. de Chim. et de Phys.*, (3), t. LII, p. 388]. L'amidon desséché à 100° n'est pas altéré à 160°, mais se colore à 200° en jaune brun, devient plus dense et soluble en partie dans l'eau. Chauffé plus longtemps en vase clos à 200°, ou à l'air libre de 205° à 215°, il fond et finit par se convertir entièrement en dextrine.

L'amidon fournit, à la distillation sèche, des acides carbonique et acétique, des carbures d'hydrogène, des huiles empyreumatiques, et laisse un charbon boursouflé; chauffé à feu nu, il se ramollit, se gonfle, noircit, développe des vapeurs âcres et finit par brûler avec une flamme éclairante.

L'air, l'oxygène et l'air ozonisé oxydent l'amidon en produisant un peu d'acide carbonique [Karsten, *Répert. de Chim. pure*, 1859, t. I, p. 237].

Distillé avec du peroxyde de manganèse, de l'acide sulfurique et de l'eau, l'amidon fournit des acides carbonique et formique et du furfurol. Chauffé avec de l'eau, il forme d'abord de l'empois, ensuite de l'amidon soluble et un peu de dextrine qui, par une ébullition prolongée, se transforme en glucose.

Distillé avec de l'acide chlorhydrique et du peroxyde de manganèse, l'amidon fournit du chloral, des acides carbonique et formique et du chloral propionique.

Lorsqu'on fait bouillir l'amidon avec 1 partie de chlorure de chaux et 3 parties d'eau, il se produit de l'acide formique; si le chlorure de chaux ne renferme pas d'hydrate de chaux, la décomposition est complète, et on obtient de l'acide carbonique et de l'eau.

Il se forme de l'amidon soluble lorsqu'on ajoute un mélange de 1 partie d'acide azotique concentré et de 2 parties d'acide azotique ordinaire à 1 partie d'amidon, ou qu'on chauffe de l'amidon avec de l'acide azotique ordinaire jusqu'à apparition de vapeurs rouges [Béchamp, *Ann. de Chim. et de Phys.*, (3), t. XLVIII, p. 458].

L'amidon, chauffé avec 2/10 % d'acide azotique et humecté d'eau, se transforme en dextrine (Payen). L'acide azotique concentré et l'acide azotique aqueux en excès transforment, à chaud, l'amidon en acide oxalique.

Amidon soluble. — Il se forme de l'amidon soluble lorsqu'on broie de l'amidon avec de l'acide sulfurique. L'acide sulfurique aqueux transforme l'amidon en amidon soluble au bout d'une demi-heure de contact (Béchamp); cette transformation est accomplie lorsque l'amidon ne produit plus qu'une coloration violette avec l'iode. L'amidon soluble est une poudre blanche, soluble dans l'eau froide et bouillante. Son pouvoir rotatoire est [α] = 211° à droite. La solution aqueuse est précipitée par l'eau de chaux, l'eau de baryte, l'alcool et le tannin [1].

Lorsqu'on fait chauffer l'amidon avec de l'acide sulfurique aqueux, il se forme peu à peu de l'amidon soluble, ensuite de la dextrine et finalement du glucose.

A mesure que la réaction avance, l'iode produit une coloration de moins en moins bleue, l'alcool produit un précipité de plus en plus faible et finit même par ne plus en occasionner; le pouvoir rotatoire qui, au commencement, est [α] = 216° à droite, décroît et devient stationnaire à [α] = 73°7' à droite. Ce pouvoir rotatoire est supérieur à celui du glucose ([α] = 66°3' à droite) parce que la liqueur renferme, outre celui-ci, une substance agissant sur la lumière polarisée que l'acide ne décompose pas (Béchamp). Suivant Musculus, l'amidon se décompose par les acides dilués d'après l'équation suivante [*Ann. de Chim. et de Phys.*, t. LX, p. 203, et nouv. sér., t. VI, p. 177] :

$$3\ C^6H^{10}O^5 + 2\ H^2O = C^6H^{14}O^7 + 2\ C^6H^{10}O^5;$$

Amidon. Glucose. Dextrine.

le glucose et la dextrine formés se trouveraient toujours dans la proportion de 1 : 2.

Les acides chlorhydrique et oxalique aqueux transforment l'amidon en glucose. L'acide acétique cristallisable, chauffé avec de l'amidon en vase clos à 100°, le transforme en amidon soluble.

L'amidon, chauffé en vase clos pendant quelques jours à 150° avec l'ammoniaque aqueuse, fournit un composé azoté solide, brun, gommeux, déliquescent, d'une saveur amère [Schützenberger, *Bull. de la Soc. chim.*, 1861, p. 16]. Suivant Blondeau, il existe une base faible, l'amidiaque, formée d'équivalents égaux d'amidon et d'ammoniaque [*Compt. rend.*, t. LIX, p. 403].

Lorsqu'on fait chauffer de l'amidon avec quatre ou cinq fois son poids de potasse ou de soude et un peu d'eau, il se décompose en hydrogène, acides oxalique, carbonique, formique, acétique et propionique. Lorsqu'on fait bouillir pendant plusieurs heures de l'amidon avec une solution de potasse concentrée, il se forme de l'empois qui se fluidifie, et l'amidon se désorganise. En neutralisant avec de l'acide acétique et en précipitant par de l'alcool, on obtient une matière transparente, peu ou point soluble dans l'eau bouillante, ne donnant pas d'empois et bleuissant par la teinture d'iode. Elle a le pouvoir rotatoire à droite [α] = 211°. Lorsqu'on fait digérer l'amidon avec une lessive renfermant 5 % de potasse, pendant 12 heures, à 50° ou 60°, il se forme de la dextrine. Un mélange intime d'amidon et de 8 p. de chaux, soumis à la distillation, donne de l'acétone et de la métacétone [Fremy, *Ann. de Chim. et de Phys.*, t. LIX, p. 6].

Le chlorure de zinc transforme l'amidon en empois, et, à l'ébullition, en amidon soluble (Béchamp).

Avec la *diastase*, entre 65° et 80°, l'amidon se transforme d'abord en amidon soluble, puis en dextrine et glucose. Musculus explique cette réaction comme celle de l'acide sulfurique sur l'amidon. La diastase saccharifie 60 fois plus d'amidon que l'acide sulfurique, elle peut saccharifier jusqu'à deux mille fois son poids d'amidon [Payen et Persoz, *Ann. de Chim. et de Phys.*, t. LVI, p. 337]. La quantité de glucose formée par un poids donné d'amidon est variable et dépend de la quantité de diastase, de la durée de son action, de la proportion d'eau et de la température; elle ne peut dépasser 86,91 %. La diastase agit déjà à — 10°, et son action ne s'arrête qu'à + 80°.

Le gluten transforme l'empois en glucose [Bouchardat, *Ann. de Chim. et de Phys.*, t. XIV, p. 61]. La levûre de bière, la gélatine, la salive, le suc pancréatique et plusieurs autres liquides de l'économie animale transforment l'amidon en glucose.

---

(1) *Amidon soluble de Maschke* [J. pr. Ch., t. LVI, p. 409; t. LXI, p. 1] — Lorsqu'on fait chauffer de l'amidon séché à l'air pendant vingt-quatre heures, en vase clos au bain-marie, il se modifie, ne forme plus d'empois avec l'eau bouillante, et s'y dissout en partie; en précipitant par l'alcool, on obtient l'amidon soluble, sous forme d'une matière blanche, butyreuse, collante, soluble dans l'eau froide et l'alcool aqueux. Une dissolution alcoolique d'amidon soluble fournit, par l'évaporation, une matière qui ne jouit plus de la propriété de se dissoudre dans l'eau froide.

XYLOÏDINE, nitramidine, pyroxam. — Il existe deux combinaisons d'amidon avec l'acide azotique, et chacune d'elles se présente sous deux modifications isomériques.

XYLOÏDINE de Braconnot [*Ann. de Chim. et de Phys.*, t. LII, p. 290], ou fécule monoazotique, insoluble de Béchamp [*Ann. de Chim. et de Phys.*, (3), t. LXIV, p. 311].

Préparation. — On broie dans un mortier 1 p. de fécule séchée à 20° avec 5 à 8 p. d'acide azotique fumant, jusqu'à formation d'une masse semi-liquide homogène et transparente; puis on ajoute 20 à 30 °/₀ d'eau distillée, et on continue à broyer. On obtient un produit caséeux, pulvérisable, qu'on lave à l'eau et qu'on fait sécher à l'étuve. Pour le purifier, on le dissout dans un mélange formé de 10 p. d'acide acétique monohydraté et 1 p. d'acide acétique trihydraté; on filtre et on précipite par l'eau; la matière, bien lavée, est séchée.

Composition, $C^{12}H^{10}O^9Az^2O^5$. — Pelouze avait déjà donné antérieurement la même formule [*Compt. rend.*, t. VII, p. 713; t. XXIII, p. 890].

Propriétés. — Elle est soluble dans l'alcool à 95°, l'éther, un mélange d'alcool et d'éther, le chloroforme, l'éther acétique, la benzine et l'acétone; un peu soluble dans l'alcool méthylique, à peine soluble dans l'acide acétique monohydraté, mais facilement soluble dans ce même acide additionné de 1/10 d'acide acétique à 3 équivalents d'eau.

FÉCULE MONOAZOTIQUE SOLUBLE. — *Préparation.* — En traitant la fécule par dix à douze fois son poids d'acide azotique fumant, on obtient une dissolution jaune, visqueuse, qu'on précipite par l'eau, lave et sèche à l'étuve. On purifie par dissolution dans l'alcool éthéré, on filtre et on abandonne à l'évaporation spontanée.

Propriétés. — Elle est soluble dans un mélange d'alcool et d'éther, dans l'acétone, l'éther acétique, l'alcool méthylique; insoluble dans l'alcool à 95° et plus soluble dans l'acide acétique cristallisable que la modification précédente.

FÉCULES DIAZOTIQUES. — Il existe deux modifications moléculaires, l'une soluble dans l'alcool à 95°, l'autre soluble dans l'alcool éthéré; elles prennent naissance simultanément lorsqu'on fait réagir sur 1 p. de fécule séchée à 20° 12 p. d'acide azotique fumant. On filtre sur du verre pilé; la liqueur filtrée, entourée d'un mélange réfrigérant, est traitée par 8 p. d'acide sulfurique concentré qu'on verse rapidement; il se précipite une masse blanche, molle et volumineuse. On lave avec une grande quantité d'eau froide; le produit lavé et séché est pulvérulent.

Composition, $C^{12}H^{16}O^8 2 Az^2O^5$. — Ces fécules sont moins stables que les fécules monoazotiques et déflagrent à une température moins élevée, vers 175° au lieu de 198° ou 200°. La fécule monoazotique, bien desséchée, se conserve indéfiniment, tandis que les fécules diazotiques commencent à se décomposer spontanément au bout de quelques jours.

En traitant les fécules azotiques avec du protochlorure de fer, on régénère de l'amidon soluble avec toutes ses propriétés. Les fécules azotiques sont des azotates; l'acide sulfurique y déplace l'acide azotique et le protochlorure de fer en chasse du bioxyde d'azote; elles conservent le pouvoir rotatoire propre à l'amidon. PH. DE C.

AMIDON (*Industrie*).

PRÉPARATION INDUSTRIELLE DE L'AMIDON ET DE LA FÉCULE.—Dans le commerce, on désigne plus particulièrement sous le nom d'amidon le produit amylacé extrait des graines de céréales (blés, seigle, orge, avoine, maïs, riz, millet, sarrasin, etc.). Ce sont généralement les diverses espèces de blés qui servent à la préparation industrielle. Pour bien comprendre la marche des opérations, il convient de donner une idée sommaire de la constitution et de la composition du grain de blé.

Composition du grain de blé. — En allant de la surface au centre, on remarque : 1° trois enveloppes légères à peine colorées, faciles à enlever par décortication, et formant environ 3/100 du grain ; ce sont l'épiderme, l'épicarpe et l'endocarpe, essentiellement formées de cellulose; 2° le *testa* ou tégument, d'un jaune plus ou moins orangé ; 3° la membrane embryonnaire incolore. Ces divers téguments, insolubles, membraneux, constituent ce que l'on nomme le *son;* 4° la partie interne, au bas de laquelle se trouve l'embryon, constitue la masse farineuse, mélange d'amidon et de gluten; elle est d'autant plus tendre et moins cornée que l'on se rapproche du centre.

Au point de vue chimique, le grain de blé renferme : *a. des parties solubles,* sucre, dextrine, albumine, sels; *b. des parties insolubles,* cellulose (son), amidon et gluten (farine).

Le tableau suivant donne les proportions des principes immédiats les plus importants contenus dans les graines de céréales [Payen, *Chimie industrielle*].

	Amidon.	Gluten et mat. azot.	Dextrine et sucre.
Blé dur d'Afrique...	64,57	19,50	7,60
Blé demi-dur de Brie	68,65	16,25	7,00
Seigle................	65,65	13,50	12,00
Orge................	65,43	13,96	10,00
Avoine............	60,59	14,39	9,25
Maïs................	67,55	12,50	4,00
Riz................	89,15	7,05	1,00

	Graisses.	Cellulose.	Sels minér.
Blé dur d'Afrique....	2,12	3,50	2,71
Blé demi-dur de Brie.	1,95	3,40	2,75
Seigle...............	2,15	4,10	2,60
Orge...............	2,76	4,75	3,10
Avoine...............	5,50	7,06	3,25
Maïs...............	8,80	5,90	1,25
Riz...............	0,80	1,10	0,90

Dans les blés durs les plus riches en gluten, la quantité de matière azotée peut être double de celle du blé blanc.

La décortication et la mouture permettent d'isoler assez exactement la cellulose imprégnée de silice et de sels minéraux; restent l'amidon et le gluten intimement mélangés, dont la séparation constitue le point important et délicat de la fabrication de l'amidon.

Tout le monde sait qu'en pétrissant à la main, sous un filet d'eau, et au-dessus d'un tamis fin, de la farine réduite en pâte, l'amidon est mécaniquement entraîné et passe avec l'eau à travers les mailles de la toile métallique, tandis que le gluten finit par rester entre les doigts de l'opérateur, sous forme d'une masse élastique. D'un autre côté, le gluten humide, abandonné à lui-même sous l'eau, finit par se liquéfier sous l'influence d'une fermentation acide spéciale. Sur ces observations, sont fondés deux procédés d'extraction de l'amidon, dont l'un peut être appelé mécanique et l'autre chimique. On combine quelquefois les deux méthodes, la seconde complétant la première.

I. ANCIEN PROCÉDÉ. PROCÉDÉ CHIMIQUE. — Le grain de blé est grossièrement broyé, soit à la meule, soit au moyen d'une paire de cylindres cannelés, tournant horizontalement et en sens inverse, puis il est immergé pendant plusieurs semaines dans l'eau additionnée du liquide d'une opération antérieure. Ce liquide acide à odeur fétide, connu sous le nom d'eau sûre des amidonniers, hâte le travail de la dissolution du gluten en fournissant le ferment nécessaire tout formé. On emploie 4 à 5 p. d'eau pour 1 p. de blé, et 12 à 15 °/₀ d'eau sûre. L'opération dure quinze à trente jours, suivant la température.

Les phénomènes qui se passent dans ce cas ne sont pas encore étudiés d'une manière complète. On peut admettre que la glucose subit la fermentation lactique et la fermentation alcoolique; l'alcool lui-même s'acidifie et se transforme en acide acétique. Sous l'influence de ces acides, le gluten se désagrége et devient en partie soluble; mais sa complète liquéfaction ne se produit qu'à la suite d'une putréfaction commençante, accompagnée d'un dégagement d'ammoniaque et d'hydrogène sulfuré; aussi l'odeur infecte et désagréable résultant de cette pratique a-t-elle fait ranger les amidonneries travaillant d'après ces principes dans la catégorie des industries les plus insalubres et devant être reléguées loin des habitations. La liquéfaction du gluten étant une fois réalisée, on étend la masse avec de l'eau et on la passe à travers des tamis de plus en plus fins, qui retiennent le son. Le liquide filtré et laiteux est abandonné à lui-même; l'amidon entraîné se dépose, il est purifié par des lavages répétés et enfin passé à travers un tamis fin.

Le blanchiment final du produit s'obtient par des procédés variant avec chaque fabricant, et le plus souvent tenus secrets. Les uns emploient à cet effet des solutions alcalines faibles, de l'eau de chaux ou du carbonate de soude; d'autres emploient des liquides acidulés ou alternativement des liquides acidulés et alcalins; dans tous les cas, on termine par un lavage à l'eau pure. Pour la dessiccation, voir plus bas.

II. PROCÉDÉS MÉCANIQUES. — Un procédé que j'ai trouvé appliqué dans la plupart des amidonneries que j'ai visitées, consiste à laisser le grain de blé entier se gonfler par un trempage de quelques jours dans l'eau; il est ensuite réduit en pulpe. Celle-ci est épuisée par l'action d'un filet d'eau aidée d'une trituration sur un tamis. L'amidon est entraîné et se dépose au sein du liquide, tandis que le son et le gluten restent mélangés sur le tamis. Nous entrerons dans quelques détails au sujet de cette manière de procéder.

Le grain, tel qu'il est livré au fabricant, est versé dans de grandes cuves en bois placées dans un atelier spécial, à une température modérée. On ajoute assez d'eau pour le maintenir entièrement immergé. Il reste dans cet état, où il double presque de volume, pendant deux à trois jours, suivant la température ambiante, jusqu'à ce qu'il se laisse facilement écraser en pulpe entre les doigts; après quoi, on le lave pour le débarrasser de la poussière et des particules étrangères qui l'accompagnent. Ce lavage s'exécute facilement au moyen de cylindres ou de prismes octogones creux et ouverts aux deux bouts, à parois latérales formées d'une toile métallique grossière suffisante pour arrêter les grains en laissant passer les parcelles plus petites. Le cylindre est incliné à l'horizon et offre à l'intérieur une disposition hélicoïdale; il tourne autour de son axe et se trouve partiellement immergé dans l'eau. Le grain se charge par le haut, et arrive lavé à la partie inférieure après avoir suivi les tours de l'hélice; il tombe, de là, dans un entonnoir rectangulaire en bois qui le livre à une paire de cylindres cannelés, animés d'un mouvement de rotation en sens inverse et destinés à l'écraser en pulpe. La séparation de l'amidon se fait sur un large disque horizontal en cuivre, percé de petits trous et muni d'un rebord vertical. Sur ce plateau tourne une double meule verticale avec des grattoirs. Pendant le travail, de l'eau tombe constamment sur la pulpe, sous forme de filets, et entraîne la matière amylacée. Le liquide laiteux qui s'écoule à travers le premier tamis, trop grossier pour retenir la totalité du son, est encore filtré au moyen d'un tamis cylindrique en soie. Il tient en suspension des grains d'amidon parfaitement blancs et quelques particules de son et de gluten, plus légères et échappées, en raison de leur ténuité, à l'action épurante des tamis. Par un repos suffisamment prolongé dans des cuves, l'amidon se réunit sous forme d'une couche cohérente blanche, recouverte d'une couche grisâtre moins compacte formée d'un mélange d'amidon, de son et de gluten. On obtient l'amidon de première qualité en recueillant à part les couches blanches inférieures. Les portions supérieures, mises en suspension dans l'eau et passées une seconde fois au tamis, donneront de l'amidon de seconde et de troisième qualité. Cette manière de procéder est longue et ne permet pas un travail continu. On a substitué avec avantage aux cuves de dépôt l'usage du plan incliné. Supposons une table ayant $1^m,10$ de large et 80 à 100 mètres de long, avec une pente très-faible de 1 millimètre par mètre, munie de rebords; pour faciliter l'installation, la table unique est remplacée par trois tables superposées et inclinées en sens inverse. Ces tables sont en bois ou en maçonnerie munie d'un mastic au bitume. Si nous faisons arriver le liquide laiteux, tenant l'amidon en suspension, à la partie supérieure, il s'écoulera lentement sous forme de nappe en déposant les particules solides d'après l'ordre de leur densité; au bout de vingt-quatre heures, le sol sera couvert d'une couche cohérente d'amidon de plusieurs centimètres (10 à 15) d'épaisseur. L'eau qui se déverse à la partie inférieure de la dernière table ne doit pas encore être rejetée; elle est recueillie dans de grandes cuves, où elle dépose encore, par le repos, une certaine quantité d'amidon de qualité inférieure. Le produit recueilli au sommet du plan incliné est plus pur que celui du bas, car les particules les plus légères sont nécessairement entraînées le plus loin. La séparation en plusieurs sortes ne se fait donc plus ici, comme dans les cuves, par ordre de couches, mais par ordre de distances. Il est encore évident que le plan supérieur se chargera plus vite que les deux autres, aussi convient-il d'enlever le dépôt d'autant plus souvent que la table est plus élevée (une fois par jour pour la première, tous les deux jours pour celle du milieu, toutes les semaines seulement pour la table inférieure). Le dépôt amylacé enlevé des tables est découpé en gâteaux que l'on fait d'abord égoutter dans des baquets en bois percés de trous et doublés de toile, puis sur une aire formée de carreaux épais en plâtre. Dans certaines fabriques, on les enveloppe de toile et on superpose les pains en les comprimant légèrement, pour exprimer le plus d'eau interposée. L'usage de l'hydro-extracteur est aussi très-commode pour atteindre ce but. Les pains qui ont acquis par là assez de cohésion sont cassés à la main en fragments rectangulaires et soumis à la dessiccation. Cette dernière opération se fait tantôt entièrement à l'air libre dans des séchoirs ouverts; tantôt on commence la dessiccation à l'air (3 à 4 jours) pour la terminer dans des étuves chauffées régulièrement et progressivement jusqu'à 60°, température qu'il ne faut pas dépasser. Si l'on atteignait brusquement le degré maximum, l'amidon, en présence d'un excès d'eau, pourrait se convertir en empois; aussi est-il avantageux de se servir des étuves continues et méthodiques, telles que celle construite par Lacombe et Persac. L'amidon y suit une marche descendante en passant par des régions de plus en plus chaudes. Pendant l'évaporation de l'eau, le pain d'amidon éprouve un retrait irrégulier, il se fendille suivant des directions ondulées, mais grossièrement parallèles, de sorte qu'à la fin de la dessiccation, le produit se présente sous forme de petits prismes basaltiques ou d'aiguilles se prolongeant de la surface au centre. Cette apparence est exigée par le commerce; elle est en effet un gage de pureté, la présence de la fécule de pommes de terre empêchant le phénomène ; les grains d'amidon de céréales ont une forme lenticulaire qui provoque leur adhérence mutuelle. L'amidon de première qualité est enveloppé, pendant la dessiccation, d'une feuille de papier maintenue par une ligature; il conserve mieux ainsi toute sa blancheur.

Le résidu, composé en grande partie de son et de gluten, resté sur le tamis d'extraction, retient encore des grains d'amidon emprisonnés, et peut être livré sous cette forme à l'alimentation du bétail, en guise de malt. Si l'on veut en extraire les dernières traces d'amidon, on peut l'abandonner à la fermentation lactique, en le traitant comme le blé dans le premier procédé; par ce moyen, le gluten, dont la viscosité s'opposait à l'épuisement, devient soluble et, par un nouveau lavage, le fabricant arrive à isoler les dernières particules de substance amylacée.

Procédé de M. Émile Martin, de Grenelle. — Le procédé Martin diffère essentiellement des précédents, en ce qu'au lieu d'agir directement sur le grain il exige la séparation préalable de la farine. Il repose uniquement sur l'expérience relatée plus haut, et qui sert aux chimistes comme exemple de cours d'une analyse immédiate par voie mécanique. En résumé, la farine est transformée en pâte au moyen d'une addition d'eau (1/2 partie environ pour 1 partie de farine), et cette pâte est malaxée mécaniquement sur un tamis, au-dessous d'un filet d'eau. Toute simple qu'elle paraisse à première vue, cette opération a opposé longtemps des difficultés considérables pour pouvoir être exécutée en grand.

Les désavantages de la nouvelle méthode sont d'exiger la préparation préalable de la farine et de ne pouvoir s'appliquer, comme les précédentes, aux grains avariés; d'un autre côté, le travail est loin d'être aussi insalubre, le produit obtenu est plus blanc, et l'on retire, comme matière secondaire, du gluten pur, susceptible de recevoir des applications comme aliment (préparation des pâtes alimentaires) ou pour fixer les couleurs. Outre cela, 100 kilog. de farine donnent 40 à 42 kilog. d'amidon fin et 18 à 20 kilog. d'amidon de seconde qualité, soit en tout 0,60 à 0,62, tandis que la méthode par fermentation ne donne que 0,40 à 0,45 de produit, sans gluten pour couvrir une partie des frais.

Nous n'entrerons pas dans tous les détails de cette fabrication, plutôt mécanique que chimique. La pâte, rendue bien homogène, grâce à une trituration de 30 minutes en été et de 60 minutes en hiver, dans un pétrin mécanique semblable à celui des boulangeries, et contenant de 45 à 50 parties d'eau pour 100 de farine, est soumise au lavage dans un appareil nommé amidonnière, par portions de 38 kilog. de pâte. L'amidonnière se compose d'une auge demi-cylindrique garnie latéralement de deux bandes en toile métallique. Un cylindre cannelé plein, animé d'un mouvement alternatif de rotation de gauche à droite et de droite à gauche, travaille la pâte, tandis qu'un tube parallèle à l'axe de l'amidonnière laisse tomber de l'eau sur la masse. Pour éviter l'empâtement des toiles, celles-ci plongent extérieurement dans l'eau, et il est facile de les dégager au moyen d'une brosse. On accouple ordinairement deux de ces cylindres. L'amidon qui s'échappe par les mailles entraîne toujours des particules très-fines de gluten; on ne parvient à l'en débarrasser que par voie de fermentation lactique. Le lavage à l'eau dure environ une heure. Le reste de l'opé-

ration (dépôt, égouttage, dessiccation) s'exécute comme dans le premier procédé.

Les progrès réalisés depuis quelques années dans cette industrie consistent surtout en dispositions mécaniques plus parfaites, permettant un travail plus rapide et plus économique, et dans un rendement plus considérable.

Fabrication de l'amidon de pommes de terre ou de la fécule. — Vu les différences considérables dans la structure et la composition de la matière première, les conditions de fabrication ne sont plus les mêmes. Ce qui entrave l'extraction des grains de fécule, ce n'est plus le gluten, substance azotée, susceptible de se liquéfier dans certaines conditions, mais un tissu aréolaire, composé de cellulose, et emprisonnant dans ses cavités multiples les grains d'amidon. Il en résulte que le travail est purement mécanique. Voici la composition de la pomme de terre (bonne variété) d'après Payen :

Eau	74,00
Fécule	20,00
Épiderme, tissu cellulaire, pectose, pectine, pectates	1.65
Matières protéiques	1,50
Asparagine	0,12
Graisses	0,10
Sucre, résine, essence	1,07
Sels minéraux et acides organiques	1,56
	100,00

La proportion de fécule contenue dans les pommes de terre varie, du reste, dans certaines limites, avec l'espèce, la nature du sol, le climat, les conditions atmosphériques et la plus ou moins bonne conservation des tubercules. Ainsi, elle diminue beaucoup après la germination; aussi faut-il avoir soin d'éviter ce travail naturel. On conserve à cet effet les pommes de terre dans des silos ($1^m,50$ à 2 mètres de large sur 1 mètre de profondeur) creusés dans un sol ferme et peu humide, et recouverts de $0^m,30$ de terre.

L'extraction de la fécule réclame la série d'opérations suivante : 1° trempage dans l'eau pour ramollir la terre qui enveloppe les tubercules; 2° lavage pour enlever le sable et la terre adhérente ramollie; 3° râpage aussi parfait que possible pour déchirer les cellules et mettre les grains de fécule à nu; 4° tamisage de la pulpe sous l'influence d'un courant d'eau et sur un tamis : le tissu cellulaire reste comme résidu, tandis que l'eau entraîne la fécule; 5° outre la fécule, le liquide peut encore tenir en suspension des substances terreuses et siliceuses que le lavage n'a pas complètement éliminées. Celles-ci se déposent rapidement par un repos de quelques minutes dans une cuve, suivi d'une décantation (dessablage). Le reste de la fabrication se termine à peu près comme celle de l'amidon : la fécule déposée est toujours recouverte d'une couche grise, composée de grains de fécule et de débris de tissu cellulaire, et appelée gras de fécule; on l'enlève au moyen d'un racloir. Le reste de la fécule est remis en suspension dans l'eau et passé à travers un tamis de soie. Quant au gras de fécule, il est soumis à une épuration, par lavage mécanique, sur une table inclinée. Cette opération repose sur les mêmes principes que le lavage des minerais. Le gras est placé au sommet de la table et arrosé par une pluie fine d'eau, pendant qu'il est légèrement agité au moyen d'une brosse. Les parties les plus légères, composées de tissu cellulaire, sont entraînées jusqu'au bas du plan incliné, tandis que la fécule se dépose sur le parcours, d'autant plus pure qu'elle est plus élevée. Le plan incliné unique peut être remplacé par trois plans superposés en sens inverse. La bouillie de fécule obtenue par le tamisage au tamis de soie de la fécule du premier dépôt et de la fécule extraite du gras est versée dans des baquets percés et garnis de toile ; elle s'y égoutte en partie. Cet égouttage se termine sur des plaques poreuses en plâtre; elle porte alors le nom de fécule verte, contenant 0,66 de fécule sèche, et peut servir directement à la préparation de la glucose. La dessiccation des pains se fait dans des étendages à air libre et dans des étuves chaudes, en observant les précautions indiquées à propos de l'amidon. Enfin, il ne reste plus qu'à écraser les masses entre des cylindres, à passer au blutoir et à embariller. Dans cette industrie, comme dans celle de l'amidon, on favorise la précipitation en employant les plans inclinés, et l'égouttage peut être accéléré par le secours de l'hydro-extracteur.

D'après les travaux de Fresenius, Schulze (*Journ. prakt. Chim.*, t. XLI, p. 436) et Stohmann (*Ham. agronom. Zeitschr.*, 1858. p. 317), on apprécie assez rapidement le rendement probable des pommes de terre en les immergeant dans une solution aqueuse de sel marin d'une densité connue et en observant si elles flottent ou non. Il existe en effet un rapport direct entre la densité des tubercules et leur richesse en fécule. Un procédé moins exact, mais aussi expéditif, consiste à sécher un poids connu de pommes de terre découpées en tranches minces, à l'étuve à 100°, et à déduire du reste 6 % du poids de la matière employée; la différence représente approximativement le poids de la fécule.

Pour ne pas interrompre l'exposé rapide de la série de manipulations que l'on fait subir aux tubercules, nous avons omis quelques détails intéressants concernant chaque opération en particulier. Nous reviendrons sur nos pas pour combler ces lacunes. Le trempage se fait dans de grandes cuves en bois ou en maçonnerie, munies de bondes pour le départ des eaux sales. Le laveur mécanique se compose d'un cylindre creux, un peu incliné, faisant dix à quinze tours par minute et immergé jusqu'à la moitié de son diamètre dans l'eau d'une caisse. La paroi latérale est à jour et représentée par des tringles longitudinales en fer ou en bois, laissant entre elles un intervalle de 15 à 20 millimètres, afin de donner passage à la terre. Les tubercules se nettoient par la friction produite entre elles et sur les tringles pendant la rotation ; elles entrent par en haut et sortent par en bas.

La râpe se compose d'un cylindre dévorateur armé de lames de scies longitudinales, écartées de 2 centimètres les unes des autres; elle fait sept à huit cents tours par minute et déchire en pulpe les pommes de terre qui viennent se présenter à elle, en glissant le long d'un plan incliné en bois contre lequel elles sont maintenues. La pulpe s'écoule immédiatement dans le tamis. Parmi les nombreuses dispositions adoptées pour le tamisage de la pulpe, nous mentionnerons particulièrement l'appareil Huck. La pulpe provenant d'un premier râpage est montée et versée, au moyen d'une pompe, dans l'intérieur d'un tamis cylindrique horizontal tournant lentement autour de son axe dans une caisse demi-cylindrique concentrique. Le tamis se compose de trois parties qui se suivent. Les deux portions extrêmes, plus longues et plus étroites que la partie centrale, ont leurs parois latérales formées de toiles métalliques, la première avec le n° 25, la seconde avec le n° 35. Le tambour du milieu, à diamètre plus grand, est à parois pleines; il sert à favoriser le délayage de la pulpe avec l'eau. Un cylindre concentrique à celui du tamis, beaucoup plus petit, interne et percé de trous, reçoit de l'eau qui est répandue sous forme de pluie sur la substance à épuiser. Les eaux chargées de fécule sont filtrées à travers un second et même un troisième tamis à mailles très-fines, et dirigées

sur les plans inclinés, où l'opération se termine comme il a été dit. Quant à la pulpe non encore complétement épuisée, elle subit un second râpage et un second lessivage, à peu près semblables aux premiers. Un arrosage externe des toiles métalliques, réalisé au moyen de deux tubes latéraux percés de trous, empêche l'engorgement des mailles.

La fécule sert au collage du papier, pour les apprêts et l'épaississement des couleurs, la fabrication de la dextrine blanche, de la glucose, du sirop de dextrine, du leïocomme (fécule grillée); pour la préparation de diverses substances alimentaires. Dans ce dernier cas, il convient de lui enlever l'odeur désagréable et caractéristique qui l'accompagne. On y arrive, d'après M. Martin, par un lavage avec une solution faible de carbonate de soude suivi d'un lavage à l'eau pure.

La fécule de pommes de terre ne se présente jamais avec l'apparence prismatique de l'amidon du blé. Elle se distingue facilement de ce dernier produit par l'inspection microscopique; sa forme ovoïde et surtout son diamètre plus grand (140 millièmes de millimètre, au lieu de 40 millièmes). A défaut de microscope, on peut faire l'expérience suivante : la fécule, broyée à sec dans un mortier de porcelaine, puis délayée à l'eau et filtrée, donne un liquide qui bleuit par l'iode; avec l'amidon pur, l'eau filtrée ne bleuit pas. On peut admettre que, dans le premier cas, vu la grosseur plus considérable des grains, ceux-ci ont été déchirés, brisés et réduits en particules assez fines pour qu'un certain nombre puisse traverser les pores du papier.

Dans les recherches de ce genre, il convient de délayer le produit dans un verre à pied, avec de l'eau, de laisser déposer et d'examiner surtout la partie inférieure du dépôt, c'est-à-dire le sommet du cône solide.

AMIDON OU FÉCULE DE MARRONS D'INDE. — On a cherché à plusieurs reprises, et dès le commencement du siècle, à extraire l'amidon des marrons d'Inde. M. de Callias est récemment arrivé à rendre cette opération industrielle [*Compt. rend. de l'Acad.*, t. XLIV, p. 514]. Les marrons sont râpés, sans décortication préalable, et la pulpe est lavée à l'eau sur des tamis convenablement disposés, afin de retenir les débris de ligneux. Ceux-ci sont soumis à un broyage et à une friction entre deux cylindres lamineurs tournant en sens inverse. Le liquide tamisé, abandonné au repos, dépose la fécule. Celle-ci est lavée avec de l'eau contenant 40 à 50 grammes d'alun pour 2 à 300 kilogr. de fécule, puis à l'eau acidulée avec de l'acide sulfurique, ou, comme l'a proposé M. Payen, à l'eau chargée d'acide sulfureux. Le principe amer des marrons se dissout dans l'eau et les solutions alcalines et peut être éliminé par des lavages suffisamment prolongés. Le rendement en fécule est de 15 à 17 %.

D'après M. Schœffer, la fécule de marrons d'Inde convient à l'apprêt des tissus; elle donne une pâte plus épaisse et plus consistante que l'amidon de blé et peut le remplacer dans l'épaississage des couleurs [*Bull. de la Soc. indust. de Mulhouse*, 1860, n° 478]. Cette fabrication est surtout entravée par la grande diffusion des arbres producteurs et les frais de transport de la matière première trop peu abondante.

M. Payen a examiné divers produits végétaux au point de vue de leur teneur en fécule [*Compt. rend. de l'Acad.*, t. XLIII, p. 76, et t. XLIV, p. 407]. Le *Chærophyllum bulbosum* peut en donner jusqu'à 28 % de son poids. Le produit obtenu est très-beau.

Le *manioc*, qui sert à la préparation du tapioca, substance alimentaire très-estimée, est produit par une plante vénéneuse (*Jatropha manihot* ou

Manihot utilissima). D'après Boussingault, la plante qui sert à la fabrication du tapioca porte le nom de *Yuca dulce* ou *Yuca brava ;* elle donne de 20 à 23 °/₀ de tapioca. La substance vénéneuse est de l'acide cyanhydrique ; on comprend donc facilement que le produit devient inoffensif par la dessiccation.

Amidon de sagou, de maïs et de riz. — On a fait de nombreux efforts, dans ces dernières années, pour remplacer en partie les graines de céréales par d'autres produits, dans la fabrication de l'amidon. Ainsi, en Angleterre et en Amérique, on a cherché à utiliser le riz, le sagou et le maïs. La fécule de riz, qui forme environ 85 °/₀ de ce produit, ne peut être séparée du gluten par l'ancien procédé chimique, vu que le gluten du riz n'est pas fermentescible. Orlando Jones est arrivé à extraire, dès 1840, une forte proportion d'amidon de riz très-pur, en faisant intervenir une solution étendue de soude caustique.

Dans la préparation de l'amidon de sagou, on préfère la variété de Bornéo. Ce produit se compose presque exclusivement d'amidon pur. M. Watherspoon (Glenfield) lave la farine de sagou deux fois avec de l'eau pure filtrée avec soin. Elle est ensuite macérée dans une solution faible de chlorure de chaux, pendant 3 à 4 heures, et lavée plusieurs fois à l'eau pure. On ajoute une faible quantité d'acide sulfurique, pour neutraliser la chaux, on lave enfin à l'eau jusqu'à élimination des dernières traces d'acide et de chaux. Pendant le dernier lavage, on ajoute une dose convenable d'azur ou smalt très-fin. On laisse déposer dans une cuve, on décante le liquide surnageant. Pour l'usage alimentaire, on n'emploie que les couches centrales ; celles de la surface, du fond et des parois de la cuve sont mises de côté pour être relavées ou servir à des applications industrielles. Il ne reste plus qu'à passer au tamis et à sécher après égouttage.   P. S.

AMINES. — Ce sont des corps qui résultent de la substitution d'un radical positif à l'hydrogène de l'ammoniaque. On les divise en monamines, diamines et triamines.

MONAMINES.

MONAMINES PRIMAIRES. — Le radical substitué à l'hydrogène de l'ammoniaque peut être un radical d'alcool monoatomique, ou un résidu monoatomique d'alcool polyatomique.

MONAMINES PRIMAIRES RENFERMANT UN RADICAL D'ALCOOL MONOATOMIQUE. — *Modes de formation.* — On les obtient : 1° en distillant un éther cyanique ou cyanurique avec un excès de potasse ou de soude. Du carbonate alcalin reste dans le vase distillatoire et l'amine passe à la distillation [Wurtz, *Ann. de Chim. et de Phys.*, (3), t. XXX, p. 467. — *Compt. rend. de l'Acad. des sciences,* t. XXVIII, p. 223 et 323] :

$$\left.\begin{array}{c}\overset{''}{C}O\\R\end{array}\right\}Az + 2\,KHO = \overset{''}{C}O(OK)^2 + \left.\begin{array}{c}R'\\H\\H\end{array}\right\}Az.$$

Éther cyanique   Potasse.   Carbonate   Monamine
d'un alcool   potassique.   primaire.
monoatomique.

Cette réaction est identique à celle qui a lieu lorsqu'on chauffe l'acide cyanique en présence d'une base alcaline. Dans ce cas, au lieu d'une amine, c'est de l'ammoniaque qui se produit. Mais lorsqu'on agit sur un éther cyanique, c'est-à-dire sur de l'acide cyanique dont l'hydrogène est remplacé par un radical d'alcool, un des trois atomes d'hydrogène destinés à constituer l'ammoniaque se trouvant remplacé par un radical alcoolique, il est naturel que l'ammoniaque obtenue renferme ce radical d'alcool substitué à l'hydrogène.

Lorsqu'on prépare les monamines primaires par cette méthode, on recueille généralement le produit dans l'acide chlorhydrique et après avoir évaporé à siccité la solution, on extrait l'alcaloïde de son chlorhydrate en distillant ce dernier avec de la chaux, comme s'il s'agissait de préparer l'ammoniaque au moyen du sel ammoniac.

2° En chauffant une solution alcoolique d'ammoniaque avec l'éther simple d'un alcool : il se forme dans ces conditions une monamine primaire et un hydracide qui reste uni à cette monamine [Hofmann, *Ann. de Chim. et de Phys.*, (3), t. XXX, p. 87. — *Chem. Soc. quart. Journ.*, t. III, p. 300] :

$$\left.\begin{array}{c}C^2H^5\\I\end{array}\right\} + \left.\begin{array}{c}H\\H\\H\end{array}\right\}Az = \left.\begin{array}{c}C^2H^5\\H\\H\\H\end{array}\right\}Az.\,I;$$

Iodure   Ammoniaque.   Iodure d'éthyl-
d'éthyle.   ammonium.

on sépare ensuite l'ammoniaque composée de l'iodure formé en distillant ce sel avec de la chaux. On peut dans ce procédé substituer les éthers phosphoriques [De Clermont, *Ann. de Chim. et de Phys.*, (3), t. XLIV, p. 335], nitriques [Juncadella, *Compt. rend.*, t. XLVIII, p. 332], ou sulfureux [Carius, *Ann. de Chim. et de Phys.*, t. CX, p. 209] aux éthers simples.

Cette méthode ne fournit jamais des résultats aussi simples que ceux que la théorie indique. En même temps que des amines primaires, on obtient toujours des amines secondaires et tertiaires et des ammoniums quaternaires. Nous verrons plus tard comment on sépare ces divers composés.

3° En soumettant les éthers cyanhydriques à l'action de l'hydrogène naissant, il se produit une base qui renferme en remplacement de l'hydrogène non point le radical de l'alcool dont on emploie l'éther cyanhydrique, mais son premier homologue supérieur :

$$\left.\begin{array}{c}CH^3\\CAz\end{array}\right\} + 2\,H^2 = \left.\begin{array}{c}C^2H^5\\H\\H\end{array}\right\}Az.$$

Cyanure de   Hydro-   Éthylamine.
méthyle.   gène.

Cette réaction est très-facile à interpréter. Les éthers cyanhydriques ne sont point de véritables éthers, ce sont des amines tertiaires dans lesquelles 3 H sont remplacés par un radical triatomique. Ainsi le cyanure de méthyle est $C^2H^{3'''}Az$, sous l'influence de l'hydrogène naissant C^2H^3, fixe H^2 et devient monoatomique, mais alors il ne sature plus l'azote, qui par cela même absorbe H^2 et donne l'éthylamine.

4° En réduisant par le sulfhydrate ammonique, ou par le chlorure d'étain, ou par l'acétate ferreux, ou par toute autre source d'hydrogène naissant, les dérivés nitrés qui se forment lorsqu'on soumet les hydrocarbures fondamentaux aromatiques (benzine, toluène, xylène, cumène, cymène) à l'action de l'acide azotique fumant [Zinin, *Journ. für prakt. Chem.*, t. XXVII, p. 149. — Hofmann, *Ann. der Chem. u. Pharm.*, t. XLVII, p. 31] :

$$C^7H^8 + AzHO^3 = C^7H^7(AzO^2) + H^2O,$$

Toluène.   Acide   Nitrotoluène.   Eau.
           azotique.

$$C^7H^7(AzO^2) + 3\,H^2 = 2\,H^2O + \left.\begin{array}{c}C^7H^7\\H\\H\end{array}\right\}Az.$$

Nitrotoluène.   Hydrogène.   Eau.   Toluidine.

Cette méthode n'est applicable que dans la série aromatique et encore y donne-t-elle des produits isomériques et non identiques avec ceux que l'on obtient par les autres procédés. M. Cannizzaro, en effet, a préparé la benzylamine primaire au moyen du cyanate de benzyle et au moyen du chlorure de benzyle. M. Mendius a obtenu le même corps en partant du cyanure de phényle, et les trois produits obtenus par ces procédés identiques entre eux se sont trouvés tout à fait différents de la toluidine qui provient de la réduction du nitrotoluène [O. Mendius, *Ann. der Chem. u. Pharm.*, t. CXXI, p. 129, nouv. sér., t. XLV. fév. 1862. — *Répert. de Chim. pure*, 1862, t. IV, p. 318].

5° Certains alcaloïdes volatils de cette classe prennent naissance lorsqu'on soumet les substances organiques à la distillation sèche, ou mieux lorsqu'on les distille en présence d'une base. C'est ainsi que les huiles de goudron de houille renferment de la phénylamine (aniline) et que certains alcaloïdes oxygénés donnent de la méthylamine lorsqu'on les chauffe avec de la potasse. Mais ces réactions, qui peuvent être utilisées pour la préparation de certaines bases organiques déterminées, ne présentent rien de général.

Propriétés. — 1° Les monamines primaires dérivées des alcools monoatomiques sont volatiles sans décomposition.

2° Elles se combinent directement avec les acides à la manière de l'ammoniaque, en formant des sels d'où elles sont expulsées par les alcalis fixes :

$$\left.\begin{matrix}CH^3\\H\\H\end{matrix}\right\}Az + \left.\begin{matrix}H\\Cl\end{matrix}\right\} = \left.\begin{matrix}CH^3\\H\\H\\H\end{matrix}\right\}Az\,Cl.$$

Méthylamine.   Acide chlorhydrique.   Chlorure de méthyl-ammonium.

3° Comme l'ammoniaque, elles précipitent certains métaux de leurs solutions salines à l'état d'hydrates.

4° Elles réagissent sur les anhydrides acides, les éthers composés ou les chlorures acides en donnant des alcalamides tout à fait analogues aux amides que l'ammoniaque produit dans les mêmes conditions :

$a.$
$$2\left(\left.\begin{matrix}C^2H^5\\H\\H\end{matrix}\right\}Az\right) + \left.\begin{matrix}C^2H^3O\\C^2H^3O\end{matrix}\right\}O$$

Éthylamine.   Anhydride acétique.

$$= Az(C^2H^5)H^3\left.\right\}O + \left.\begin{matrix}C^2H^3O\\C^2H^5\\H\end{matrix}\right\}Az.$$

Acétate d'éthyl-ammonium.   Éthyl-acétamide.

$a'.$
$$2\left(\left.\begin{matrix}H\\H\\H\end{matrix}\right\}Az\right) + \left.\begin{matrix}C^2H^3O\\C^2H^3O\end{matrix}\right\}O$$

Ammoniaque.   Anhydride acétique.

$$= \left.\begin{matrix}C^2H^3O\\AzH^4\end{matrix}\right\}O + \left.\begin{matrix}C^2H^3O\\H\\H\end{matrix}\right\}Az.$$

Acétate d'ammonium.   Acétamide.

$b.$
$$\left.\begin{matrix}C^2H^3O\\C^2H^5\end{matrix}\right\}O + \left.\begin{matrix}C^2H^5\\H\\H\end{matrix}\right\}Az$$

Acétate d'éthyle.   Éthylamine.

$$= \left.\begin{matrix}C^2H^3O\\C^2H^5\\H\end{matrix}\right\}Az + \left.\begin{matrix}C^2H^5\\H\end{matrix}\right\}O.$$

Éthyl-acétamide.   Alcool.

$b'.$
$$\left.\begin{matrix}C^2H^3O\\C^2H^5\end{matrix}\right\}O + \left.\begin{matrix}H\\H\\H\end{matrix}\right\}Az = \left.\begin{matrix}C^2H^5\\H\end{matrix}\right\}O + \left.\begin{matrix}C^2H^3O\\H\\H\end{matrix}\right\}Az.$$

Acétate d'éthyle.   Ammoniaque.   Alcool.   Acétamide.

$c.$
$$\left.\begin{matrix}C^2H^3O\\Cl\end{matrix}\right\} + 2\left(\left.\begin{matrix}C^2H^5\\H\\H\end{matrix}\right\}Az\right)$$

Chlorure d'acétyle.   Éthylamine.

$$= Az(C^2H^5)H^3\left.\begin{matrix}\\Cl\end{matrix}\right\} + \left.\begin{matrix}C^2H^3O\\C^2H^5\\H\end{matrix}\right\}Az.$$

Chlorure d'éthyl-ammonium.   Éthyl-acétamide.

$c'.$
$$\left.\begin{matrix}C^2H^3O\\Cl\end{matrix}\right\} + 2\left(\left.\begin{matrix}H\\H\\H\end{matrix}\right\}Az\right) = \left.\begin{matrix}AzH^4\\Cl\end{matrix}\right\} + \left.\begin{matrix}C^2H^3O\\H\\H\end{matrix}\right\}Az.$$

Chlorure d'acétyle.   Ammoniaque.   Chlorure ammonique.   Acétamide.

5° Mises en contact avec les chlorures, les bromures ou les iodures des radicaux alcooliques, elles se transforment en alcalis secondaires, en échangeant un atome d'hydrogène contre un radical d'alcool.

6° Lorsqu'on fait agir l'acide azoteux sur la solution aqueuse d'une monamine primaire dérivée d'un alcool monoatomique, le radical contenu dans l'amine se transforme en son alcool en même temps que de l'eau et de l'azote deviennent libres :

$$\left.\begin{matrix}C^2H^5\\H\\H\end{matrix}\right\}Az + \left.\begin{matrix}Az\,O\\H\end{matrix}\right\}O$$

Éthylamine.   Acide azoteux.

$$= \left.\begin{matrix}C^2H^5\\H\end{matrix}\right\}O + \left.\begin{matrix}H\\H\end{matrix}\right\}O + \left.\begin{matrix}Az\\Az\end{matrix}\right\}.$$

Alcool.   Eau.   Azote.

7° Lorsqu'au lieu de faire agir l'acide azoteux sur un alcaloïde en solution aqueuse on le fait agir sur un alcaloïde en solution alcoolique et que cet alcaloïde renferme un radical de phénol, une tout autre réaction a lieu. L'azote se substitue à 3 atomes d'hydrogène, et le produit azoté reste combiné avec une molécule du produit primitif [Griess, *Répert. de Chim. pure*, 1862, t. IV, p. 281. — *Ann. der Chem. u. Pharm.*, t. CXXI, p. 258] :

$$2\,C^6H^7Az + \left.\begin{matrix}Az\,O\\H\end{matrix}\right\}O$$

Phénylamine (aniline).   Acide azoteux.

$$\left.\begin{matrix}C^6H^4Az^2\\C^6H^7Az\end{matrix}\right\} + 2\,H^2O.$$

Diazo-amidobenzol.   Eau.

Le nouveau corps, sous l'influence d'un excès d'acide azoteux, subit une seconde fois la substitution de Az''' à H^3 :

$$\left.\begin{matrix}C^6H^4Az^2\\C^6H^7Az\end{matrix}\right\} + \left.\begin{matrix}Az\,O\\H\end{matrix}\right\}O = 2\,C^6H^4Az^2 + 2\,H^2O.$$

Diazo-amidobenzol.   Acide azoteux.   Diazobenzol.   Eau.

Ces derniers composés s'obtiennent à l'état de nitrates ; ils prennent naissance non-seulement par l'action de l'acide azoteux sur les corps analogues au diazo-amidobenzol, mais encore par l'action directe de l'acide azoteux sur les azotates des alcaloïdes primaires aromatiques dissous dans l'acide azotique étendu et bien refroidis :

$$C^6H^7Az.\,AzHO^3 + Az\,O.\,OH$$

Azotate d'aniline.   Acide azoteux.

$$= 2\,H^2O + C^6H^4Az^2.\,AzHO^3.$$

Eau.   Azotate de diazo-benzol.

8° Certaines ammoniaques primaires de la série aromatique préparées par la réduction des hydrocarbures nitrés peuvent sous l'influence des agents chlorurants ou oxydants se convertir dans des bases nouvelles beaucoup plus compliquées dont les sels présentent de très-belles couleurs et sont appliqués avec succès à la teinture.

9° Les chlorhydrates des monamines primaires se dissolvent aisément dans l'alcool absolu, ce qui distingue ces sels du chlorure ammonique que l'alcool dissout à peine.

10° Ces mêmes chlorhydrates forment avec le perchlorure de platine des chlorures doubles dont la composition est analogue à celle du chlorure double de platine et d'ammonium. Ces chlorures doubles varient beaucoup relativement à leur solubilité dans l'eau ; mais ils sont généralement cristallisables, ce qui permet de les obtenir très-purs et par conséquent de fixer la composition des alcaloïdes.

11° Soumises à l'action du chlore, du brome, ou de l'iode, ces amines perdent de l'hydrogène, auquel ces métalloïdes se substituent ; on obtient ainsi de nouvelles amines chlorées ou bromées :

$$\left.\begin{array}{l}C^2H^5\\H\\H\end{array}\right\}Az + 2\left(\begin{array}{l}Cl\\Cl\end{array}\right\})$$

Éthylamine. — Chlore.

$$=\left.\begin{array}{l}C^2H^3Cl^2\\H\\H\end{array}\right\}Az + 2\left(\begin{array}{l}H\\Cl\end{array}\right\}).$$

Bichloréthylamine. — Acide chlorhydrique.

On peut encore obtenir des corps de ce groupe par la métamorphose de certains composés chlorés ou bromés. Ainsi la chloraniline et la bichloraniline sont des produits de la métamorphose de la chlorisatine et de la bichlorisatine par l'hydrate potassique. On sait que dans les mêmes conditions l'isatine fournit l'aniline.

Les trois alcaloïdes chlorés dérivant de l'aniline offrent un exemple de cette sériation de propriétés qui résulte de la substitution de certains éléments à certains autres dans les composés organiques. Pendant que l'aniline est une base énergique, et que la chloraniline est encore un alcali bien caractérisé, la bichloraniline ne donne plus que des sels peu stables, et la trichloraniline a perdu tout à fait la propriété de se dissoudre dans les acides et de s'y combiner.

12° On connaît certaines monamines dans lesquelles H est remplacé par AzO². Telle est la nitraniline,

$$\left.\begin{array}{l}C^6H^4(AzO^2)\\H\\H\end{array}\right\}Az,$$

produit de la réduction de la binitrobenzine par l'hydrogène naissant.

13° Certaines monamines primaires fixent directement le gaz cyanogène et donnent naissance à des diamines qui renferment le cyanogène au nombre de leurs éléments :

$$2\left(\left.\begin{array}{l}C^6H^5\\H\\H\end{array}\right\}Az\right) + \left.\begin{array}{l}CAz\\CAz\end{array}\right\} = \left.\begin{array}{l}C^6H^5(CAz)^2\\C^6H^5\\H^2\\H^2\end{array}\right\}Az^2;$$

Aniline. — Cyanogène. — Phényl-dicyandiamine.

Ces diamines sont de vrais alcalis susceptibles de donner des sels cristallisables avec les acides.

14° Lorsqu'on soumet une monamine primaire aromatique à l'action simultanée de l'acide acétique et du protochlorure de phosphore, il se forme d'abord du chlorure d'acétyle qui convertit une portion de l'alcaloïde en une alcalamide secondaire :

$$C^6H^5.H.H.Az + C^2H^3O.Cl$$

Aniline. — Chlorure d'acétyle.

$$= C^6H^5.C^2H^3O.H.Az + HCl;$$

Acétanilide. — Acide chlorhydrique.

le protochlorure de phosphore agit ensuite sur le mélange de l'alcaloïde primaire non décomposé et de l'alcaloïde qui s'est formé dans la première phase de la réaction [Hofmann, *Compt. rend.*, t. LXII, p. 729, 26 mars 1866]. Il s'élimine les éléments d'une molécule d'eau, dont l'oxygène est pris au radical acide de l'alcalamide, et l'hydrogène à une molécule de chacun des deux corps en présence. Le radical acide, privé de O'', devient alors triatomique et soude les deux molécules en donnant naissance à une diamine :

$$\left.\begin{array}{l}C^7H^7\\H\\H\end{array}\right\}Az + C^2H^3O\left.\phantom{\begin{array}{l}a\\a\end{array}}\right\}Az$$

Toluidine. — Benzyl-acétamide.

$$=\left.\begin{array}{l}H\\H\end{array}\right\}O + \left.\begin{array}{l}C^2H^3'''\\(C^7H^7)^2\end{array}\right\}Az^2.$$

Eau. — Éthényl-dibenzyl-diamine.

MONAMINES PRIMAIRES RENFERMANT UN RÉSIDU D'ALCOOL DIATOMIQUE. — *Modes de formation.* — On prépare ces bases :

1° En mêlant l'anhydride d'un glycol avec une solution d'ammoniaque :

$$(C^2H^4)''O + \left.\begin{array}{l}H\\H\\H\end{array}\right\}Az = \left.\begin{array}{l}C^2H^4.OH\\H\\H\end{array}\right\}Az,$$

Oxyde d'éthylène. — Ammoniaque. — Oxyéthylénamine (Hydroxéthylénamine).

$$2C^2H^4O + \left.\begin{array}{l}H\\H\\H\end{array}\right\}Az = \left.\begin{array}{l}(C^2H^4.OH)'\\(C^2H^4.OH)'\\H\end{array}\right\}Az;$$

Oxyde d'éthylène. — Ammoniaque. — Dioxyéthylénamine (Dihydroxéthylénamine).

2° En faisant agir la chlorhydrine d'un glycol sur l'ammoniaque. La base s'obtient alors à l'état de chlorhydrate :

$$[(C^2H^4)''OH]'Cl + \left.\begin{array}{l}H\\H\\H\end{array}\right\}Az = \left.\begin{array}{l}(C^2H^4.OH)'\\H\\H\\H\end{array}\right\}Az.Cl.$$

Chlorhydrine éthylénique. — Ammoniaque. — Chlorure d'hydroxéthylénammonium.

[Wurtz, *Compt. rend.*, t. XLIX, p. 898, décembre 1859. — *Bull. de la Soc. chim.*, 1860, p. 110. — *Répert. de Chim. pure*, 1860, p. 67. — *Compt. rend.*, t. LIII, p. 338, août 1861. — *Répert. de Chim. pure*, 1862, p. 41.]

MONAMINES PRIMAIRES RENFERMANT LE RÉSIDU D'UN ALCOOL D'UNE ATOMICITÉ SUPÉRIEURE A DEUX. — On ne connaît encore qu'une seule base qui appartienne à cette classe, c'est la glycéramine de M. Berthelot. Elle a été obtenue par la réaction de la dibromhydrine glycérique sur l'ammoniaque [Berthelot et de Luca, *Ann. der Chem. u. Pharm.*, t. CI, p. 74] :

$$\left.\begin{array}{l}(C^3H^5)'''\\H\end{array}\right\}O + 2\left(\left.\begin{array}{l}H\\H\\H\end{array}\right\}Az\right) + \left.\begin{array}{l}H\\H\end{array}\right\}O$$

(Br²)

Dibromhydrine glycérique. — Ammoniaque. — Eau.

$$=\left.\begin{array}{l}\left(\begin{array}{l}C^3H^5'''\\H^2\end{array}\right\}O^2\right)'\\H\\H\\H\end{array}\right\}Az.Br + AzH^4Br.$$

Bromhydrate de glycéramine. — Bromure ammonique.

Il est infiniment probable que les monochlorhydrines des alcools tétra, penta et hexatomiques donneraient aussi des monamines, si on les traitait par l'ammoniaque.

MONAMINES SECONDAIRES. — Comme les monamines primaires, elles peuvent provenir : 1° de la substitution d'un radical d'alcool monoatomique à l'hydrogène ; 2° du remplacement de cet hydrogène par un résidu monoatomique renfermant encore de l'oxhydryle et dérivant d'un alcool polyatomique par élimination de OH ; 3° du remplacement d'un atome d'hydrogène par un radical du premier groupe, et du remplacement d'un autre atome d'hydrogène par un radical du second groupe ; 4° par la substitution d'un radical diatomique à H^2.

MONAMINES SECONDAIRES RENFERMANT UN RADICAL L'ALCOOL MONOATOMIQUE. — *Mode de formation.* — On les obtient en traitant une monamine par les éthers bromhydriques ou iodhydriques des alcools monoatomiques :

$$2 \left(\left. \begin{matrix} C^2 H^5 \\ I \end{matrix} \right\} \right) + \left(\left. \begin{matrix} H \\ H \\ H \end{matrix} \right\} Az \right)$$

Iodure d'éthyle.　　Ammoniaque.

$$= \left. \begin{matrix} C^2 H^5 \\ C^2 H^5 \\ H \\ H \end{matrix} \right\} Az.\, I + Az\, H^4 I.$$

Iodure de diéthyl-　　Iodure
ammonium.　　d'ammonium.

Propriétés. — 1° Les monamines secondaires sont moins solubles dans l'eau que les monamines primaires qui contiennent le même radical.

2° Elles sont moins fortement alcalines que les bases primaires et le sont plus fortement que les bases tertiaires. M. Cannizzaro en a donné un exemple frappant en préparant la benzylamine, la dibenzylamine et la tribenzylamine.

La benzylamine a des propriétés basiques si prononcées, qu'elle absorbe directement l'anhydride carbonique de l'air. La tribenzylamine, au contraire, n'a qu'une affinité des plus faibles pour les acides [Cannizzaro, *Nuovo Cimento*, anno 2°, vol. III. — *Compt. rend. de l'Acad.*, t. LX, p. 1207 et 1300].

3° Soumises à l'action du protochlorure de phosphore et de l'acide acétique, les monamines secondaires de la série aromatique éprouvent une transformation analogue à celle qu'éprouvent les monamines primaires dans le même cas. Seulement alors la diamine obtenue ne renferme plus d'hydrogène typique [Hofmann, *loc. cit.*].

$$\left. \begin{matrix} C^2 H^3 O \\ C^6 H^5 \\ H \end{matrix} \right\} Az + \left. \begin{matrix} C^6 H^5 \\ C^6 H^5 \\ H \end{matrix} \right\} Az$$

Phényl-　　Diphényl-
acétamide.　　amine.

$$= \left. \begin{matrix} C^2 H^{3\prime\prime\prime} \\ (C^6 H^5)^2 \\ C^6 H^5 \end{matrix} \right\} Az^2 + \left. \begin{matrix} H \\ H \end{matrix} \right\} O.$$

Éthényl-triphényl-　　Eau.
diamine.

MONAMIDES SECONDAIRES RENFERMANT UN RÉSIDU MONOATOMIQUE D'ALCOOL POLYATOMIQUE. — On ne connaît jusqu'à ce jour qu'une seule base qui appartienne à cette classe, c'est la dihydroxéthylénamine de M. Wurtz,

$$\left. \begin{matrix} [(C^2 H^4)'' OH]' \\ [(C^2 H^4)'' OH]' \\ H \end{matrix} \right\} Az.$$

Cette base a été préparée, soit par l'action de l'ammoniaque sur l'oxyde d'éthylène, soit par l'action de l'ammoniaque sur la chlorhydrine d'un glycol [Wurtz, *loc. cit.*] :

MONAMIDES SECONDAIRES MIXTES RENFERMANT UN RÉSIDU D'ALCOOL POLYATOMIQUE ET UN RADICAL D'ALCOOL MONOATOMIQUE. — On ne connaît encore aucun corps de cette espèce, mais il est probable

qu'on en obtiendrait en traitant l'oxyde d'éthylène ou ses homologues avec des monamines primaires. De fait, M. Wurtz a observé que l'aniline se combine à la longue avec l'oxyde d'éthylène, mais il n'a pas étudié les produits de la réaction.

MONAMINES SECONDAIRES RÉSULTANT DU REMPLACEMENT DE $2H$ PAR UN RADICAL DIATOMIQUE DANS LE TYPE SIMPLE AzH^3. — Ces ammoniaques composées seraient les analogues des imides. On n'a pas réussi à en préparer jusqu'à ce jour. Toutefois il existe des corps que l'on n'a pas préparés artificiellement et que l'on regarde comme des ammoniaques composées secondaires, parce qu'on n'y peut remplacer qu'un H par des radicaux. Telles sont : la pipéridine $C^5 H^{11} Az$ et la coniine $C^8 H^{15} Az$. Il est possible que ces bases appartiennent à la classe dont nous nous occupons en ce moment et soient représentées par les formules :

$$\left. \begin{matrix} (C^5 H^{10})'' \\ H \end{matrix} \right\} Az \quad \text{et} \quad \left. \begin{matrix} (C^8 H^{14})'' \\ H \end{matrix} \right\} Az.$$

MONAMINES TERTIAIRES. — Ce sont des corps qui résultent du remplacement des trois atomes d'hydrogène de l'ammoniaque par des radicaux positifs. Ces radicaux sont ou trois radicaux alcooliques monoatomiques renfermant ou non de l'oxhydryle, ou un radical diatomique et un radical monoatomique, ou un seul radical triatomique.

MONAMINES TERTIAIRES RENFERMANT TROIS RADICAUX MONOATOMIQUES. — a. *Ces radicaux dérivent d'un alcool monoatomique et ne contiennent pas d'oxhydryle.* — *Préparation.* — On obtient ces corps :

1° En soumettant les monamines secondaires à l'action d'un éther iodhydrique [Hofmann, *loc. cit.*]. On retire ensuite l'alcali tertiaire de son iodhydrate en distillant ce sel avec de la chaux.

2° En soumettant à la distillation les hydrates ou les iodures des ammoniums quaternaires :

$$(C^2 H^5)^4 Az.\, O H = H^2 O + C^2 H^4 + (C^2 H^5)^3 Az;$$

Hydrate de　　Eau.　　Éthy-　　Triéthylamine.
tétréthyl-ammonium.　　　lène.

$$(C^2 H^5)^4 Az\!:\!I = C^2 H^5 I + (C^2 H^5)^3 Az.$$

Iodure de　　Iodure　　Triéthylamine.
tétréthyl-ammonium.　d'éthyle.

3° Par l'action de l'éthylate de potassium ou d'un corps analogue sur un éther cyanique :

$$\left. \begin{matrix} (C O)'' \\ C^2 H^5 \end{matrix} \right\} Az + 2(C^2 H^5.O K) = C O (O K)^2 + Az (C^2 H^5)^3.$$

Cyanate　　Éthylate de　　Carbonate　　Triéthyl-
d'éthyle.　　potassium.　　potassique.　　amine.

[Hofman, *Proceed. of the royal Soc.*, t. XI, p. 282.]

Propriétés. — 1° Les monamines tertiaires dérivées des alcools monoatomiques jouissent de caractères physiques analogues à ceux des monamines secondaires et primaires. Leur point d'ébullition est seulement plus élevé et leur solubilité dans l'eau plus faible.

2° Leurs propriétés basiques sont beaucoup moins prononcées que celles des bases primaires ou secondaires.

3° Elles fixent les éthers iodhydriques et donnent des iodures d'ammoniums quaternaires, susceptibles de se convertir en hydrates avec formation d'iodure d'argent, lorsqu'on les chauffe avec l'oxyde d'argent et l'eau.

4° Soumises à l'action du bromure d'éthylène, les amines tertiaires fixent ce corps et donnent le bromure d'un ammonium dans lequel un H est remplacé par du brométhyle (éthylène-monobromé) :

$$\left. \begin{matrix} C^2 H^5 \\ C^2 H^5 \\ C^2 H^5 \end{matrix} \right\} Az + C^2 H^4 Br^2 = \left. \begin{matrix} C^2 H^5 \\ C^2 H^5 \\ C^2 H^5 \\ C^2 H^4 Br \end{matrix} \right\} Az.\, Br.$$

Triéthylamine.　　Bromure　　Bromure de triéthyl-
d'éthylène.　brométhyl-ammonium.

[Hofmann, *Compt. rend.*, t. XLVII, p. 558, oct. 1858. *Ann. de Chim. et de Phys.*, (3), t. LIV, p. 350.]

Ce bromure, traité par l'azotate d'argent, échange son brome contre le résidu halogénique de l'acide azotique et donne un azotate de triéthyl-brométhyl-ammonium ; mais si on le chauffe avec de l'oxyde d'argent et de l'eau, le brome qu'il renferme à l'état de brométhyle est également attaqué. Alors et selon les conditions dans lesquelles on opère, conditions qui ne sont point encore bien déterminées, deux réactions différentes peuvent se manifester.

Tantôt un atome d'acide bromhydrique se sépare et l'on obtient l'hydrate d'un ammonium vinylique, c'est-à-dire d'un ammonium dans lequel le quatrième atome d'hydrogène est remplacé par le radical vinyle C^2H^3 ; tantôt, au contraire, le brome du brométhyle est remplacé par OH, et il se forme l'hydrate d'un ammonium hydroxéthylénique, c'est-à-dire d'un ammonium dans lequel Il est remplacé par l'hydroxéthylène C^2H^4OH :

$$\left.\begin{array}{l}(C^2H^5)^3\\C^2H^4Br\end{array}\right\} Az.Br + Ag^2O$$

Bromure de triéthyl-   Oxyde
brométhyl-ammonium.   d'argent.

$$= 2\,Ag.Br + \left.\begin{array}{l}(C^2H^5)^3\\C^2H^3\end{array}\right\} Az.OH.$$

Bromure   Hydrate de triéthyl-
d'argent.   vinyl-ammonium.

$$\left.\begin{array}{l}(C^2H^5)^3\\C^2H^4Br\end{array}\right\} Az.Br + Ag^2O + H^2O$$

Bromure de triéthyl- Oxyde   Eau.
brométhyl-ammonium. d'argent.

$$= \left.\begin{array}{l}(C^2H^5)^3\\C^2H^5O\end{array}\right\} Az.OH + 2AgBr.$$

Hydrate d'hydroxéthy-   Bromure
lène-triéthyl-ammonium.   d'argent.

Les composés brométhyliques soumis à l'action de l'hydrogène naissant subissent la substitution de l'hydrogène au brome et donnent un ammonium tétréthylique.

Les composés hydroxéthyléniques régénèrent les composés brométhyliques lorsqu'on les traite par le perbromure de phosphore.

On n'obtient pas de diamines en soumettant les bromures d'ammoniums brométhyliques à l'action d'une amine tertiaire ; aucune réaction ne se produit dans ce cas. Au contraire, on obtient des diphosphines et des diarsines lorsqu'on traite le bromure d'un phosphonium ou d'un arsonium brométhylique par une nouvelle quantité d'une arsine ou d'une phosphine tertiaire. — Voyez ARSINES et PHOSPHINES.

b. *Les radicaux renfermés dans l'amine tertiaire dérivent d'alcools polyatomiques par élimination de OH et renferment encore de l'oxhydryle.* — On ne connaît jusqu'à ce jour avec certitude qu'un seul corps de cette catégorie, c'est la trihydroxéthylénamine, préparée par M. Wurtz en faisant réagir l'oxyde d'éthylène sur l'ammoniaque [Wurtz, *loc. cit.*] :

$$3\,C^2H^4.O + \left.\begin{array}{l}H\\H\\H\end{array}\right\} Az = \left.\begin{array}{l}[(C^2H^4)''OH]'\\ [(C^2H^4)''OH]'\\ [(C^2H^4)''OH]'\end{array}\right\} Az.$$

Oxyde d'éthylène. Ammo- Trihydroxéthylénamine.
niaque.

Traité par la chlorhydrine éthylénique, ce corps se transforme en chlorure de tétrahydroxéthylénammonium, conformément à la réaction :

$$\left.\begin{array}{l}[(C^2H^4)''OH]'\\ [(C^2H^4)''OH]'\\ [(C^2H^4)''OH]'\end{array}\right\} Az + [(C^2H^4)''OH]'\,Cl$$

Trihydroxéthylénamine.   Chlorhydrine
éthylénique.

$$= \left.\begin{array}{l}[(C^2H^4)''OH]'\\ [(C^2H^4)''OH]'\\ [(C^2H^4)''OH]'\\ [(C^2H^4)''OH]'\end{array}\right\} Az.Cl.$$

Chlorure de tétrahydroxéthylénammonium.

Ce chlorure fixe de nouveau un nombre indéterminé de molécules d'oxyde d'éthylène et donne des chlorures sirupeux dont la formule brute est

$$(C^2H^4O)^n Az\,H^4Cl.$$

MONAMIDES TERTIAIRES RENFERMANT UN RADICAL DIATOMIQUE. — On ne connaît jusqu'ici aucun composé de cet ordre. Un seul a été décrit comme tel : l'éthylène-phénylamine de M. Hofmann

$$\left.\begin{array}{l}(C^2H^4)''\\C^6H^5\end{array}\right\} Az;$$

mais ce corps répond en réalité à la formule double :

$$\left.\begin{array}{l}(C^2H^4)''\\(C^2H^4)''\\(C^6H^5)^2\end{array}\right\} Az^2.$$

MONAMINES TERTIAIRES DANS LESQUELLES H^3 SONT REMPLACÉS PAR UN RADICAL TRIATOMIQUE. — Ces corps ne sont autres que les nitriles ou éthers cyanhydriques, comme l'acétonitrile ou cyanure de méthyle

$$\left.\begin{array}{l}C\,Az\\C\,H^3\end{array}\right\} = (C^2H^3)'''\,Az;$$

le propionitrile ou cyanure d'éthyle

$$\left.\begin{array}{l}C^2H^5\\C\,Az\end{array}\right\} = (C^3H^5)'''\,Az,$$

etc. — Voyez CYANHYDRIQUES (ÉTHERS).

Appendice aux monamines tertiaires. — Le caractère des monamines tertiaires est de se transformer intégralement en iodures d'ammoniums quaternaires lorsqu'on les fait agir une seule fois sur un éther iodhydrique. Certaines bases qui ont été obtenues dans la distillation sèche des matières animales sont dans ce cas, et doivent conséquemment être placées dans cette classe. Mais comme ces corps n'ont jamais été produits synthétiquement, on ignore si les trois atomes d'hydrogène de l'ammoniaque y sont remplacés par un seul radical triatomique, ou par un radical diatomique et un radical monoatomique, ou par trois radicaux monoatomiques. Force nous est donc de ne leur donner aucune formule rationnelle jusqu'à ce qu'une étude plus approfondie nous ait révélé leur constitution. Ces bases sont :

La pyridine............ $C^5H^5Az.$
La picoline............ $C^6H^7Az.$
La lutidine............ $C^7H^9Az.$
La collidine............ $C^8H^{11}Az.$
La parvoline............ $C^9H^{13}Az.$

MONAMMONIUMS QUATERNAIRES. — Ce sont des radicaux qui représentent l'ammonium AzH^4 dont la totalité de l'hydrogène est remplacée par des radicaux alcooliques. Ils n'existent qu'à l'état d'hydrates, de sels haloïdes, ou de sels proprement dits.

Préparation. — Lorsqu'on fait agir un éther iodhydrique sur une monamine tertiaire, les deux corps se soudent et l'on obtient l'iodure d'un ammonium quaternaire :

$$(C^2H^5)^3Az + C^2H^5I = (C^2H^5)^4Az.I$$

Triéthylamine. Iodure Iodure de tétréthyl-
d'éthyle. ammonium.

[Hofmann, *Phil. Trans.*, 1850, p. 93 et 1851, p. 357 ; *Chem. Soc. quart. Journ.*, t. IV, p. 304].

Les iodures et les sels en général de l'ammonium ordinaire et des ammoniums primaires, secondaires ou tertiaires se décomposent facilement par la potasse en abandonnant de l'ammoniaque ou une ammoniaque composée, l'hydrate ammonique qui tend à se former étant instable et se dédoublant en ammoniaque et eau :

$$\left.\begin{array}{c}(C^2H^5)^3 \\ H\end{array}\right\rbrace Az.I + KHO$$

Iodure de triéthyl- Potasse.
ammonium.

$$= (C^2H^5)^3 Az + H^2O = \left.\begin{array}{c}(C^2H^5)^3 \\ H\end{array}\right\rbrace Az.OH$$

Triéthy-   Eau.   Hydrate de trié-
lamine.   thylammonium instable.

Les iodures des ammoniums quaternaires, au contraire, sont difficilement attaqués par les alcalis. L'oxyde d'argent les décompose en présence de l'eau, mais alors ce n'est plus un corps appartenant au type AzH^3 qui se forme, c'est l'hydrate de l'ammonium quaternaire lui-même :

$$2(C^2H^5)^4 Az.I + Ag^2O + H^2O$$

Iodure de tétré-   Oxyde   Eau.
thylammonium.   d'argent.

$$= 2[(C^2H^5)^4 Az]'.OH + 2AgI.$$

Hydrate de tétréthyl-   Iodure
ammonium.   d'argent.

Ces hydrates ont reçu le nom de bases ammoniées.

Lorsqu'en faisant réagir l'iodure d'éthyle ou de méthyle sur une base inconnue, on arrive à la transformer intégralement en une base ammoniée d premier coup, cela signifie que la base employée était une amine tertiaire; si cette transformation intégrale exige deux traitements successifs à l'iodure d'éthyle, la base était une amine secondaire; si elle en exige trois, la base n'était qu'une amine primaire.

Propriétés. — 1° Les hydrates d'ammoniums quaternaires sont des corps solides qui cristallisent lorsqu'on évapore leur solution dans le vide. Ils sont déliquescents et attirent l'humidité comme le feraient la potasse et la soude caustiques.

2° Ils sont fortement alcalins et attirent l'anhydride carbonique de l'air.

3° Si l'on cherche à les distiller, ils se décomposent avec production d'une ammoniaque tertiaire et d'eau. Il se forme en même temps un hydrocarbure dérivé d'un des quatre radicaux alcooliques par élimination de H. Lorsque l'hydrate que l'on décompose renferme plusieurs radicaux alcooliques différents, c'est toujours le moins carboné qui se sépare du groupe.

Il y a cependant une exception à cette règle : lorsque l'hydrate renferme du méthyle CH^3, il ne se sépare pas de l'eau et du méthylène, mais bien de l'alcool méthylique :

$$\left[\begin{array}{c}C H^3 \\ (C^2H^5)^3\end{array}\right]' Az\bigg\rbrace OH = (C^2H^5)^3 Az + CH^3.OH.$$

Hydrate de triéthyl-   Triéthylamine.   Alcool
méthyl-ammonium.   méthylique.

4° Sous l'influence des hydracides, les bases ammoniées fournissent des sels haloïdes qui ne sont pas oxygénés. Les chlorures donnent, avec le bichlorure de platine, des précipités ou tout au moins des sels doubles qui cristallisent facilement.

5° Les chlorures, les bromures et les iodures des ammoniums quaternaires se scindent, par la distillation sèche, en une ammoniaque tertiaire et en un éther iodhydrique. Toutefois ce dédoublement n'est jamais bien net, parce que les produits qui en résultent se recombinent de nouveau en partie dans le récipient refroidi où on les reçoit :

$$(C^2H^5)^4 Az.I = (C^2H^5)^3 Az + C^2H^5 I.$$

Iodure de tétréthyl- Triéthylamine.   Iodure
ammonium.   d'éthyle.

DIAMINES.

Ces corps dérivent de deux molécules d'ammoniaque réunies en une. On peut les diviser en diamines primaires, secondaires et tertiaires, selon que la substitution porte sur le tiers, les deux tiers ou la totalité de l'hydrogène.

DIAMINES PRIMAIRES. — Ce sont des diamines dans lesquelles un seul radical est substitué à H^2. Ce radical peut être d'ailleurs un radical d'alcool diatomique comme l'éthylène $(C^2H^4)''$, ou un résidu diatomique dérivé d'un alcool d'une atomicité supérieure à deux comme le résidu $\left.\begin{array}{c}C^3H^5''' \\ H\end{array}\right\rbrace O\Big)''$ de la glycérine.

DIAMINES PRIMAIRES RENFERMANT UN RADICAL D'ALCOOL DIATOMIQUE. — *Préparation.* — On obtient ces corps en faisant réagir l'ammoniaque sur les bromures des radicaux diatomiques; leur mode de formation est donc tout à fait semblable à celui à l'aide duquel on prépare les monamines, et qui consiste à faire agir un éther simple d'alcool monoatomique sur l'ammoniaque [Hofmann, *Compt. rend.*, t. XLIX, p. 781, novembre 1859, et *Répert. de Chim. pure*, 1860, p. 37] :

$$(C^2H^4)'' Br^2 + 2H^3 Az = \left.\begin{array}{c}(C^2H^4)'' \\ H^2 \\ H^2 \\ H^2\end{array}\right\rbrace Az^2.Br^2.$$

Bromure   Ammo-   Bromure d'éthylène-
d'éthylène.   niaque.   diammonium.

On obtient en même temps dans cette réaction les bromures des ammoniums primaire, secondaire et tertiaire. On en isole les diamines par la distillation avec de la chaux et l'on sépare ces dernières les unes des autres au moyen de la distillation fractionnée.

2° Dans la série aromatique, de tels corps peuvent être obtenus par la réduction de dérivés binitrés des hydrocarbures fondamentaux de la série, au moyen du dégagement d'hydrogène que l'on produit en dissolvant du fer dans de l'acide acétique. C'est ainsi qu'Hofmann a pu se procurer la phénylène-diamine et la toluylène-diamine [Hofmann, *Compt. rend.*, t. LIII, p. 889, novembre 1861; *Répert. de Chim. pure*, 1862, t. IV, p. 78] :

$$C^7H^6(AzO^2)^2 + 12\left.\begin{array}{c}H \\ H\end{array}\right\rbrace\Big)$$

Binitrotoluène.   Hydrogène.

$$= 4\left(\begin{array}{c}H \\ H\end{array}\bigg\rbrace O\right) + \left.\begin{array}{c}(C^7H^6)'' \\ H^2 \\ H^2\end{array}\right\rbrace Az^2.$$

Eau.   Toluylène-
diamine.

Propriétés. — 1° Dans la série grasse, celles de ces diamines qui sont connues se combinent facilement avec une molécule d'eau en donnant des hydrates que la chaleur décompose.

2° Soumises à l'action de l'acide azoteux, elles donnent de l'azote, de l'eau et l'anhydride du glycol dont elles renferment le radical :

$$\left.\begin{array}{c}(C^2H^4)'' \\ H^2 \\ H^2\end{array}\right\rbrace Az^2 + 2AzO.OH$$

Éthylène-diamine.   Acide
azoteux.

$$= 2Az^2 + 3H^2O + C^2H^4O.$$

Azote.   Eau.   Oxyde
d'éthylène.

Cette réaction toutefois ne donne rien de net dans la série aromatique.

3° Sous l'influence des éthers iodhydriques des alcools monoatomiques, les diamines primaires échangent leur hydrogène contre les radicaux de ces alcools. Seulement il paraît que toujours la substitution porte sur deux atomes d'hydrogène à la fois et que l'on n'obtient jamais le remplacement d'un seul atome d'hydrogène par un radical monoatomique.

4° Combinées aux acides, les diamines produisent des sels de diammoniums diatomiques ; ainsi l'on a :

$$H^6(C^2H^4)''Az^2.I^2 \qquad H^6(C^2H^4)''Az^2.SO^4.$$
Iodure d'éthylène-   Sulfate d'éthylène-
diammonium.   diammonium.

DIAMINES PRIMAIRES RENFERMANT UN RÉSIDU DIATOMIQUE QUI CONTIENT DE L'OXHYDRYLE. — On conçoit la formation de tels composés. On arriverait même probablement à les réaliser en traitant, par l'ammoniaque, des chlorhydrines d'alcools tri ou tétratomiques. Mais aucun corps de cette nature n'a été préparé.

DIAMINES SECONDAIRES. — Elles peuvent résulter du remplacement de $2H^2$ par un radical hydrocarboné ou par un résidu d'alcool renfermant encore de l'oxhydryle.

DIAMINES SECONDAIRES A RADICAUX HYDROCARBONÉS. — *Préparation.* — Nous avons déjà vu que ces corps se forment en même temps que les diamines primaires et que les diamines tertiaires lorsqu'on chauffe un bromure de radical diatomique avec une solution alcoolique d'ammoniaque [Hofmann, *loc. cit.*] :

$$2\,(C^2H^4)''Br^2 + 4\,(AzH^3)$$
Bromure   Ammoniaque.
d'éthylène.

$$= 2\,AzH^4Br + \left.\begin{matrix}(C^2H^4)''\\(C^2H^4)''\\H^2\\H^2\end{matrix}\right\} Az^2.Br^2.$$
Bromure   Bromhydrate de
ammonique.   diéthylène-diamine.

DIAMINES SECONDAIRES DONT LES RADICAUX RENFERMENT DE L'OXHYDRYLE. — On n'en connaît aucune. On les obtiendrait probablement en même temps que les diamines primaires du même groupe en faisant agir l'ammoniaque sur les dichlorhydrines des alcools tri, tétratomiques, etc.

DIAMINES TERTIAIRES. — Comme les diamines secondaires et primaires, elles peuvent résulter de la substitution à l'hydrogène de trois hydrocarbures diatomiques ou de trois résidus de même atomicité renfermant de l'oxhydryle. On conçoit aussi que 2 ou 4 atomes d'hydrogène, étant remplacés par des radicaux polyatomiques, les autres puissent l'être par des radicaux monoatomiques.

DIAMINES TERTIAIRES RENFERMANT DES RADICAUX HYDROCARBONÉS. — Ces radicaux peuvent être, tous diatomiques ; les uns diatomiques, les autres monoatomiques ; les uns d'une atomicité supérieure à 2 et les autres di ou monoatomiques.

DIAMINES TERTIAIRES RENFERMANT TROIS RADICAUX HYDROCARBONÉS DIATOMIQUES. — *Préparation.* — 1° Ces composés se produisent comme les diamines secondaires et primaires dans la réaction des bromures des radicaux diatomiques sur l'ammoniaque :

$$3\,C^2H^4Br^2 + 6\,H^3Az$$
Bromure   Ammoniaque.
d'éthylène.

$$= 4\,AzH^4Br + \left.\begin{matrix}(C^2H^4)''\\(C^2H^4)''\\(C^2H^4)''\\H^2\end{matrix}\right\} Az^2.Br^2.$$
Bromure   Bromure de triéthylène-
ammonique.   diammonium.

On pourrait aussi obtenir des diamines de ce groupe renfermant plusieurs radicaux différents en faisant agir une diamine secondaire sur le bromure d'un radical diatomique.

2° On donne naissance à de véritables diamines tertiaires en soumettant les aldéhydes de la série aromatique à l'action de l'ammoniaque ; de l'eau s'élimine dans la réaction [Laurent, *Ann. de Chim. et de Phys.*, (2), t. LXII, p. 23] :

$$3\,C^7H^6O + 2\,H^3Az = 3\,H^2O + \left.\begin{matrix}(C^7H^6)''\\(C^7H^6)''\\(C^7H^6)''\end{matrix}\right\} Az^2.$$
Aldéhyde   Ammoniaque. Eau. Hydrobenzamide.
benzoïque.

Les corps ainsi obtenus renferment, non des radicaux de glycol, mais des radicaux d'aldéhydes. Aussi jouissent-ils de propriétés distinctes. On les connaît sous le nom d'hydramides.

Propriétés. — Les diamines tertiaires qui contiennent des radicaux alcooliques sont de véritables bases susceptibles de se combiner directement aux acides en formant des sels bien définis. Il en est tout autrement des hydramides.

Les hydramides sont des substances cristallisables, insolubles dans l'eau, solubles dans l'alcool, non volatiles sans décomposition. Elles ressemblent aux amides par l'absence de propriétés alcalines. Portées à une température élevée, elles se convertissent, d'après Bertagnini, en corps isomères doués de propriétés alcalines très-prononcées (l'hydrobenzamide donne l'amarine et il en serait probablement de même de ses homologues supérieurs).

Traitées par l'hydrogène sulfuré, les hydramides produisent des aldéhydes sulfurées (Cahours) :

$$\left(\left.\begin{matrix}(C^7H^6)''\\(C^7H^6)''\\(C^7H^6)''\end{matrix}\right\} Az^3\right) + 4\,H^2S$$
Hydrobenzamide.   Acide
sulfhydrique.

$$(AzH^4)^2S + 3\,C^7H^6S.$$
Sulfure   Aldéhyde
d'ammonium. benzoïque sulfurée.

Quelquefois les hydramides se décomposent par les acides en régénérant de l'aldéhyde et de l'ammoniaque. L'hydrobenzamide se comporte de cette manière.

Lorsqu'au lieu d'employer des aldéhydes simples pour préparer les hydramides, on fait usage d'aldéhydes conjuguées, comme l'essence d'amandes amères nitrée, on obtient des hydramides conjuguées qui jouissent de propriétés analogues à celles des hydramides simples :

$$3\,C^7H^5(AzO^2)O + 2\,H^3Az$$
Hydrure   Ammoniaque.
de nitrobenzoïle.

$$= \left.\begin{matrix}[C^7H^5(AzO^2)]''\\ [C^7H^5(AzO^2)]''\\ [C^7H^5(AzO^2)]''\end{matrix}\right\} Az^2 + 3\left(\left.\begin{matrix}H\\H\end{matrix}\right\} O\right).$$
Hydrobenzamide nitrée.   Eau.

L'opinion que nous venons d'énoncer relativement à la constitution des hydramides est confirmée par la formation de l'hydrobenzamide au moyen du chlorobenzol et de l'ammoniaque, par la manière dont l'iodure d'éthyle réagit sur ce corps et par l'existence d'un nombre considérable de composés obtenus au moyen du chlorobenzol et que l'on peut considérer comme le méthylate, l'éthylate, l'acétate, le valérate, le benzoate du même radical diatomique $(C^7H^6)''$.

DIAMIDES TERTIAIRES RENFERMANT DES RÉSIDUS QUI CONTIENNENT DE L'OXHYDRYLE. — On ne connaît jusqu'à ce jour aucun composé de cette nature. On pourrait les obtenir probablement en faisant réagir une diamine secondaire du même groupe sur la dichlorhydrine d'un alcool d'une atomicité suprieure à 2.

DIAMINES TERTIAIRES RENFERMANT DES RADICAUX DIATOMIQUES ET DES RADICAUX MONOATOMIQUES. — Ces diamines sont de deux ordres : les unes contiennent des radicaux diatomiques d'alcool, et les autres des radicaux diatomiques d'aldéhydes.

Préparation. — 1° Celles du premier groupe s'obtiennent en chauffant les éthers simples des alcools monoatomiques avec une diamine primaire ou secondaire [Hofmann, *loc. cit.*] : primaire, si l'on veut que le produit renferme un seul radical diatomique et 4 radicaux monoatomiques ; secondaire, si l'on veut qu'il renferme 2 radicaux de chaque espèce.

2° Celles du second groupe ont été préparées par M. Hugo Schiff en faisant agir l'aniline sur les aldéhydes [Hugo Schiff, *Compt. rend.*, t. LVIII, p. 637 et 1023, 1864, et t. LX, p. 32 et 913]. Il a trouvé que les deux corps s'unissent en éliminant de l'eau et en produisant une diamine tertiaire. Selon lui, cette réaction est même si générale, qu'elle peut être utilisée pour établir la fonction d'une aldéhyde douteuse jusque-là :

$$2\,C^2H^4O + 2\left(\begin{matrix}C^6H^5\\H\\H\end{matrix}\right\}Az\right)$$

Aldéhyde.   Aniline.

$$= \begin{matrix}(C^2H^4)''\\(C^2H^4)''\\(C^6H^5)^2\end{matrix}\right\}Az^2 + 2\,H^2O.$$

Phényl-diéthylidène-
diamine.   Eau.

Il se forme toujours en même temps une diamine secondaire résultant de la réaction d'une seule molécule d'aldéhyde sur 2 molécules d'aniline.

Propriétés. — Les bases dérivées des aldéhydes sont isomères avec celles qui dérivent du glycol de la même série et qui renferment du phényle. Ainsi la diéthylidène-diamine diphénylique est isomérique avec la diéthylène-diamine diphénylique :

$$\begin{matrix}(C^2H^4)''\\(C^2H^4)''\\(C^6H^5)^2\end{matrix}\right\}Az^2, \qquad \begin{matrix}(C^2H^4)''\\(C^2H^4)^2\\(C^6H^5)^2\end{matrix}\right\}Az^2.$$

Diéthylène-diamine   Diéthylidène-diamine
diphénylique.   diphénylique.

La différence entre ces deux groupes de bases est que, dans les unes, fonctionne un radical d'alcool diatomique, et, dans les autres, un radical d'aldéhyde isomérique avec le premier.

Les bases aldéhydiques ne sont point fortement alcalines. Elles se combinent cependant avec les acides énergiques en formant des sels bien déterminés.

Dans les diamines tertiaires, on peut aussi placer le cyanogène

$$(\overset{\scriptscriptstyle VI}{C^2})Az^2.$$

DIAMMONIUMS QUATERNAIRES. — On a très-peu étudié jusqu'ici ces composés. On sait seulement qu'il se forme des dibromures et des diiodures de diammoniums lorsqu'on fait réagir le bromure d'éthylène sur la triéthylène diamine, ou l'iodure d'éthyle sur une diamine éthylénique primaire, secondaire et tertiaire. Ainsi l'on connaît le bromure de tétréthylène-diammonium

$$[(C^2H^4)^4 Az^2]'' Br^2$$

et le bromure d'éthylène diammonium hexéthylique

$$[(C^2H^4)(C^2H^5)^6 Az^2]''.I^2.$$

TRIAMINES.

Ce sont des ammoniaques composées qui dérivent de 3 molécules d'ammoniaque. Or 3 molécules d'ammoniaque peuvent être soudées : 1° par des radicaux diatomiques :

$$\begin{matrix}\left.\begin{matrix}H\\H\\H\end{matrix}\right\}Az & \left.\begin{matrix}H\\H\\R''\end{matrix}\right\}Az\\[4pt]\left.\begin{matrix}H\\H\end{matrix}\right\}Az & \left.\begin{matrix}H\\R''\end{matrix}\right\}Az = \left.\begin{matrix}R''^2\\H^3\end{matrix}\right\}Az^3;\\[4pt]\left.\begin{matrix}H\\H\end{matrix}\right\}Az & \left.\begin{matrix}H\\H\end{matrix}\right\}Az\end{matrix}$$

2° par un ou plusieurs radicaux triatomiques ; 3° par des radicaux d'une atomicité supérieure à trois. De là trois grandes classes de triamines qui se diviseraient chacune en triamines primaires, secondaires, tertiaires, et triammoniums quaternaires, subdivisées à leur tour d'après la nature hydrocarbonée ou oxygénée des radicaux substitués à H. De cette immense quantité de composés que la théorie laisse prévoir, on ne connaît encore que la diéthylène-triamine

$$\begin{matrix}(C^2H^4)^2\\H^5\end{matrix}\right\}Az^3$$

et la triéthylène-triamine

$$\begin{matrix}(C^2H^4)^3\\H^3\end{matrix}\right\}Az^3,$$

que M. Hofmann a extraites à l'état de bromhydrates du produit de l'action du bromure d'éthylène sur l'ammoniaque [Hofmann, *Compt. rend.*, t. LIII, p. 53 ; *Répert. de Chim. pure*, 1861, t. III, p. 352] ; la cyanéthine $C^9H^{15}Az^3$, découverte par Kolbe et Frankland [*Chem. Soc. quart. Journ.*, t. I, p. 69 ; *Ann. der Chem. u. Pharm.*, t. LXV, p. 288], et qui ne serait, d'après M. Hofmann, que la triglycéramine $(C^3H^5)'''^3Az^3$. Enfin les bases découvertes par M. Lautemann et par MM. Lautemann et Aguyar.

La cyanéthine prend naissance lorsqu'on traite le cyanure d'éthyle par le sodium. Le produit se triple purement et simplement. Quant aux triamines polyéthyléniques, elles se forment d'après l'équation

$$2\,(C^2H^4)'' Br^2 + 4\,AzH^3$$

Bromure   Ammo-
d'éthylène.   niaque.

$$= [(C^2H^4)^2 H^3 Az^3]''' Br^3 + AzH^4Br.$$

Bromure de diéthylène-   Bromure
triammonium.   d'ammonium.

On conçoit qu'il puisse se former dans ces réactions des polyamines dérivées d'un nombre de molécules d'ammoniaque supérieur à trois d'après l'équation générale :

$$n\,R'' Br^2 + 2n\,AzH^3$$
$$= (R''^n H^{2n+4} Az^{n+1})^{n+1} Br^{n+1} + n - 1\,AzH^4Br.$$

Si, dans cette équation, on fait $n=1$, ce qui est le cas le plus simple, on obtient des diamines ; si l'on fait $n=2$, on a des triamines ; si l'on fait $n=3$, on a des tétramines, et ainsi de suite.

Les triamines de M. Lautemann et de MM. Lautemann et Aguyar résultent de la réduction d'hydrocarbures aromatiques ou de phénols trinitrés sous l'influence de l'acide iodhydrique [*Bull. de la Soc. chim.*, 1864, t. I, p. 431] :

$$2\,[C^6H^2(AzO^2)^3.OH] + 46\,HI$$

Phénol trinitré   Acide
(acide carbazotique).   iodhydrique.

$$= 20\,I^2 + 14\,H^2O + 2\left(\begin{matrix}(C^6H^3)'''\\H^3\\H^3\\H^3\end{matrix}\right\}Az^3.I^3\right)$$

Iode.   Eau.   Iodure de l'ammonium
triatomique.

$$C^{10}H^5(AzO^2)^3 + 21\,HI$$

Trinitro-naphtaline. Acide iodhydrique.

$$= \left.\begin{matrix}(C^{10}H^5)''' \\ H^3 \\ H^3 \\ H^3\end{matrix}\right\} Az^3.I^3 + 6\,H^2O + 9\,I^2.$$

Iodure de l'ammonium triatomique. Eau. Iode.

Elles n'ont été obtenues qu'à l'état de sels : dès qu'on cherche à les isoler, elles s'oxydent et prennent une coloration bleue intense.

TÉTRAMINES ET PENTAMINES.

Ici le nombre des composés théoriquement possible va encore en augmentant, mais, en revanche, le nombre des composés connus est très-faible. On connaît comme tétramines la glycosine de Debus, qui se produit lorsqu'on fait agir l'ammoniaque sur le glyoxal et dont la formule est

$$C^6H^6Az^4 = [(C^2H^2)^{IV}]^3Az^4$$

[*Ann. der Chem. u. Pharm.*, t. CVII, p. 190]; l'hexaméthylamine

$$C^6H^{12}Az^4 = [(CH^2)'']^6.Az^4,$$

que Boutlerow a obtenue en traitant le dioxyméthylène par l'ammoniaque [*Bull. de la Soc. chim.*, 1860, p. 221; *Répert. de Chim. pure*, 1860, t. II, p. 425], et la base que MM. Lautemann et Aguyar ont obtenue à l'état d'iodure en réduisant la tétranitronaphtaline par l'acide iodhydrique

$$[(C^{10}\overset{IV}{H^4})H^4.H^4.H^4.Az^4]^{IV}.I^4.$$

[*Bull. de la Soc. chim.*, 1864, t. I, p. 431, et 1865, t. III, 256.] Enfin il existe plusieurs composés doués de propriétés basiques et qui renferment 4 atomes d'azote, comme la caféine $C^8H^{10}Az^4O^2$ et la théobromine $C^7H^8Az^4O^2$, mais on ignore complétement quelle est la constitution de ces corps.

AMMONIAQUES MÉTALLIQUES.

Ce sont des ammoniaques composées dans lesquelles le radical substitué à l'hydrogène est un métal. On les divise en monamines, diamines et triamines, selon qu'elles dérivent d'une, de deux ou de trois molécules d'ammoniaque.

Dans les monamines, le métal substitué à l'hydrogène est monoatomique. De plus, la substitution peut porter sur un, deux ou trois atomes d'hydrogène, c'est-à-dire qu'il peut exister des monamines métalliques primaires, secondaires et tertiaires. Jusqu'ici cependant on n'en connaît que de primaires et de tertiaires.

Les monamines métalliques primaires connues sont l'amidure de potassium et l'amidure de sodium

$$\left.\begin{matrix}K \\ H \\ H\end{matrix}\right\} Az \quad \text{et} \quad \left.\begin{matrix}Na \\ H \\ H\end{matrix}\right\} Az,$$

qui se produisent lorsqu'on soumet les métaux alcalins à l'action du gaz ammoniac.

Comme monamines tertiaires, nous citerons les azotures de potassium, de sodium et d'argent (argent fulminant)

$$\left.\begin{matrix}K \\ K \\ K\end{matrix}\right\} Az, \quad \left.\begin{matrix}Na \\ Na \\ Na\end{matrix}\right\} Az \quad \text{et} \quad \left.\begin{matrix}Ag \\ Ag \\ Ag\end{matrix}\right\} Az,$$

qui s'obtiennent, les deux premiers lorsqu'on chauffe les monamines primaires correspondantes :

$$3\,AzH^2K = 2\,AzH^3 + AzK^3$$

Amidure de potassium. Ammoniaque. Azoture de potassium.

et la dernière par l'action de l'ammoniaque sur l'oxyde d'argent :

$$3\,Ag^2O + 2\,AzH^3 = 3\,H^2O + 2\,AzAg^3,$$

Oxyde d'argent. Ammoniaque. Eau. Azoture d'argent.

Ces monamines métalliques ne se combinent pas directement avec les acides. Sous l'influence de ces corps, elles se décomposent en formant un sel métallique et de l'ammoniaque :

$$NaH^2Az + AzO^2.OH = AzO^2.ONa + AzH^3;$$

Amidure de sodium. Acide azotique. Azotate sodique. Ammoniaque.

$$Na^3Az + 3(AzO^2.OH) = 3(AzO^2.ONa) + AzH^3.$$

Azoture de sodium. Acide azotique. Azotate de sodium. Ammoniaque.

Les diamines métalliques sont beaucoup plus nombreuses et beaucoup plus faciles à obtenir. Elles se forment dans plusieurs conditions :

1° Lorsqu'on fait agir l'ammoniaque sur l'oxyde d'un métal diatomique :

$$ZnO + 2\,AzH^3 = H^2O + Az^2H^4Zn'';$$

Oxyde de zinc. Ammoniaque. Eau. Zincodiamine.

2° Par l'action de l'ammoniaque sur un composé organo-métallique :

$$2\,AzH^3 + Zn''(C^2H^5)^2 = 2\,C^2H^6 + Zn''H^4Az^2;$$

Ammoniaque. Zinc-éthyle. Hydrure d'éthyle. Zincodiamine.

3° Par l'action d'un métal diatomique sur l'ammoniaque. C'est ainsi que lorsqu'on chauffe du zinc avec de l'ammoniaque ou avec un sel ammonique, de l'hydrogène se dégage, tandis que de la zincodiamine ou un sel de zincodiammonium prend naissance.

4° Des sels de diammonium métalliques se produisent encore lorsqu'on fait agir l'ammoniaque sur certains sels métalliques. Ainsi, en soumettant le chlorure de platine ou de palladium à l'action de l'ammoniaque, on obtient des chlorures de platosonium et de palladosonium :

$$Pt''Cl^2 + 2\,AzH^3 = (Az^2Pt''H^6)''Cl^2.$$

Protochlorure de platine. Ammoniaque. Chlorure de platosonium.

En remplaçant dans ces préparations l'ammoniaque par des monamines alcooliques primaires ou secondaires, on peut obtenir des amines métalliques dont l'hydrogène a été remplacé par des radicaux d'alcools. Nous citerons comme exemple de composés de cette nature : le chlorure de diméthyl-platosonium

$$[Pt''(CH^3)^2H^4Az^2]Cl^2,$$

le chlorure de tétraméthyl-platosonium

$$[Pt''(CH^3)^4H^2Az^2]''Cl^2$$

et les chlorures correspondants dérivés du palladium.

Quelquefois l'ammoniaque, en agissant sur un chlorure métallique, donne, au lieu d'une diamine primaire, une diamine secondaire. C'est le cas avec le bichlorure de mercure, qui se transforme dans ces conditions en chlorure de diammonium dimercurique,

$$\left.\begin{matrix}Hg'' \\ Hg'' \\ H^2 \\ H^2\end{matrix}\right\} Az^2.Cl^2,$$

analogue au bromure de diéthylène-diammonium

$$\left.\begin{matrix}(C^2H^4)'' \\ (C^2H^4)'' \\ H^2 \\ H^2\end{matrix}\right\} Az^2.Br^2.$$

Enfin, dans l'action de l'ammoniaque sur les oxydes métalliques, il se produit quelquefois des diamines métalliques tertiaires. C'est ce qui arrive avec l'oxyde cuivreux, qui donne la tricuproso-diamine

$$\left.\begin{array}{c}(Cu^2)'' \\ (Cu^2)'' \\ (Cu^2)''\end{array}\right\}\ Az^2.$$

Outre les diverses amines métalliques dont nous venons de parler, et qui sont très-simples, puisqu'elles résultent de la substitution d'un métal mono ou diatomique à l'hydrogène dans une ou deux molécules d'ammoniaque, on obtient aussi des corps qui résultent de la substitution d'un métal diatomique à H^2, non plus dans une double molécule d'ammoniaque Az^2H^6, mais dans une triple ou quadruple molécule de ce corps Az^3H^9 ou Az^4H^{12}. C'est ainsi que l'iodure cuivreux ammoniacal répond à la formule

$$(Cu^2)''H^{10}Az^4.H^2I^2,$$

le chlorure de cobalt ammoniacal à la formule

$$Cb''H^{10}Az^4.H^2Cl^2,$$

et le chlorure de platosonium (sel de Reiset) à la formule

$$Pt''H^{10}Az^4.H^2Cl^2.$$

Comme il est impossible d'admettre que 4 molécules d'ammoniaque puissent être rivées ensemble par un seul radical diatomique, M. Hofmann d'abord, MM. Weltzien et Hugo Schiff plus tard, ont admis que les bases dont nous parlons sont des diamines dans lesquelles une partie de l'hydrogène est remplacée par de l'ammonium $AzH^4 = Am$, ce qui revient à dire que les molécules d'ammoniaque qui ne peuvent être soudées par le métal sont soudées par l'azote.

L'iodure cuivreux ammoniacal devient ainsi :

$$\left.\begin{array}{c}(Cu^2)'' \\ Am^2 \\ H^4\end{array}\right\}\ Az^2.I^2,$$

le chlorure de cobalt ammoniacal :

$$\left.\begin{array}{c}Cb'' \\ Am^2 \\ H^4\end{array}\right\}\ Az^2.Cl^2,$$

et le chlorure de platosonium :

$$\left.\begin{array}{c}Pt'' \\ Am^2 \\ H^4\end{array}\right\}\ Az^2.Cl^2.$$

Ces formules ont l'avantage non-seulement d'expliquer comment 4 molécules d'ammoniaque peuvent être soudées en une, bien que le métal qui entre dans la composition de l'amine métallique ne fonctionne que comme diatomique, mais encore d'expliquer pourquoi ces bases se combinent avec un nombre de molécules d'acide chlorhydrique inférieur de moitié au nombre d'atomes d'azote qu'elles renferment, ce qui ne devrait pas avoir lieu si elles étaient de véritables tétramines. Cependant, à elle seule, cette considération n'aurait pas suffi à leur faire attribuer les formules ci-dessus. M. Hofmann a découvert en effet que la capacité de saturation des polyamines n'est pas toujours en rapport avec la quantité d'azote que ces corps renferment. Ainsi les triammoniaques éthyléniques peuvent former trois espèces de sels, qui sont les suivants pour la diéthylène-triamine, que nous prendrons pour exemple :

$$\left.\begin{array}{c}(C^2H^4)^2 \\ H^5\end{array}\right\}\ Az^3.HCl, \qquad \left.\begin{array}{c}(C^2H^4)^2 \\ H^5\end{array}\right\}\ Az^3.2HCl$$

$$\text{et}\ \left.\begin{array}{c}(C^2H^4)^2 \\ H^5\end{array}\right\}\ Az^3.3HCl.$$

A côté des ammoniaques métalliques que nous venons de décrire et qui correspondent aux amines dérivées des radicaux hydrocarbonés, se placent des ammoniaques métalliques oxygénées.

Ainsi les solutions ammoniacales des sels de cobaltosonium absorbent l'oxygène et se convertissent en bases nouvelles, dans lesquelles M. Schiff admet l'existence du groupe $(CbO)'$ monoatomique, et où il faudrait admettre bien plutôt celle du groupe (Cb^2O^2), dérivé du sesquioxyde Cb^2O^3.

Le platine donne des amines de même nature. Ainsi l'on connaît l'amoxy-platammonium (Kolbe)

$$\left.\begin{array}{c}(PtO)'' \\ Am^2 \\ H^4\end{array}\right\}\ Az^2,$$

dans lequel le platine tétratomique forme un groupe diatomique en s'unissant à O.

Enfin, M. Millon a découvert une base susceptible de former des sels, et à laquelle il a donné le nom d'oxyde ammonio-mercurique. Cette base a une constitution tout à fait analogue à celle des bases oxyéthyléniques de M. Wurtz. Elle résulte en effet du remplacement de H par un radical monoatomique $(HgOH)'$ formé par la réunion de l'oxyde HgO et de l'hydrogène, de même que dans les bases oxyéthyléniques le radical

$$C^2H^4.OH$$

résulte de l'union de l'oxyde d'éthylène avec l'hydrogène.

La base de M. Millon, hydratée, répond à la formule brute :

$$3HgO,HgH^4Az^2.\ 3H^2O$$

et, anhydre, à la formule :

$$3HgO.HgH^4Az^2.$$

On peut la représenter par la formule rationnelle :

$$\left[\left.\begin{array}{c}(Hg''OH)' \\ Hg'' \\ H\end{array}\right\}\ Az\right]^2 O,$$

qui en fait l'oxyde d'un ammonium, où H^2 sont remplacés par Hg'', et H par $(Hg'O.H)'$.

L'analogie entre les amines alcooliques et les amines métalliques est donc aussi complète que possible.

A. N.

AMMÉLÈNE. — Voyez ALBÈNE.

AMMÉLIDE,

$$C^6H^9Az^9O^8 = Cy^{VI}\left\{\begin{array}{l}AzH^2 \\ OH \\ OH \\ OH \\ AzH^2 \\ AzH^3\end{array}\right.$$

[Liebig, 1834, *Ann. der Chem. u. Pharm.*, t. X, p. 30; t. LVIII, p. 249. — Knapp, *ibid.*, t. XXI, p. 244. — Laurent et Gerhardt, *Ann. de Chim. et de Phys.*, (3), t. XIX, p. 94].

Préparation. — Ce corps prend naissance par l'action des acides ou des alcalis sur l'amméline ou, ce qui revient au même, sur le mélam (voyez AMMÉLINE); il se forme encore par l'action de la chaleur sur l'urée :

$$8\,CH^4Az^2O$$
$$\text{Urée.}$$

$$=2\,CO^2 + C^6H^9Az^9O^3 + 7\,AzH^3 + H^2O$$

Anhydride carbonique.	Ammélide.	Ammoniaque.	Eau

D'ordinaire on dissout le mélam ou l'amméline dans l'acide sulfurique concentré, ou la mélamine dans l'acide azotique bouillant et concentré; on ajoute du carbonate potassique ou de l'alcool à la liqueur et on lave à l'eau le précipité blanc qui se forme. On peut encore chauffer l'azotate d'amméline jusqu'à ce que la masse d'abord pâteuse redevienne solide.

Gerhardt et Laurent conseillaient de chauffer l'urée au-dessus de son point de fusion, jusqu'à ce qu'elle redevînt solide, de dissoudre le résidu dans l'ammoniaque bouillante et de précipiter la solution par l'acide azotique.

Propriétés. — L'ammélide est blanche; elle est insoluble dans l'eau, l'alcool, l'éther et l'acide acétique. L'ammoniaque la dissout difficilement à froid et très-facilement à l'ébullition; la potasse la dissout avec facilité. Les acides précipitent de l'ammélide pure de cette solution. L'alcool y fait naître un précipité qui renferme de la potasse, mais duquel on peut extraire la presque totalité de cette base par des lavages à l'eau.

Les acides chlorhydrique, sulfurique et azotique dissolvent l'ammélide, qui est précipitée de ces solutions par l'ammoniaque et les carbonates alcalins.

Bouillie avec des solutions alcalines ou avec des acides énergiques, l'ammélide se convertit en acide cyanurique avec production d'ammoniaque :

$$\overset{VI}{Cy^6} \begin{cases} Az\,H^2 \\ O\,H \\ O\,H \\ O\,H \\ Az\,H^2 \\ Az\,H^2 \end{cases} + 3\,H^2O = 3\,Az\,H^3 + 2\,Cy^3 \begin{cases} O\,H \\ O\,H \\ O\,H \end{cases}$$

Ammélide. Eau. Ammoniaque. Acide cyanurique.

La solution de l'ammélide dans l'acide azotique traitée par le sous-acétate de plomb donne un précipité d'ammélide pure et non d'un composé d'ammélide et de plomb. On ne parvient pas non plus à faire réagir directement l'ammélide sur la baryte, l'oxyde de plomb et l'oxyde de cuivre.

Ammélidate d'argent, $C^6H^7Ag^2Az^9O^3$.— Précipité blanc caillebotté, soluble dans l'ammoniaque, qui se produit lorsqu'on ajoute de l'azotate d'argent à de l'azotate d'ammélide et qu'on précipite par l'ammoniaque la liqueur claire ainsi formée, ou lorsqu'on évapore une solution d'ammélide dans l'ammoniaque pour chasser l'excès d'alcali et qu'on précipite ensuite par l'azotate d'argent.

Azotate d'ammélide et d'argent,

$$C^6H^9Ag^2Az^9O^3.\,2\,AgAzO^3.$$

— Ce sont des feuillets minces qui se déposent lorsqu'on laisse refroidir la solution bouillante d'ammélidate d'argent dans l'acide azotique. On peut encore obtenir ce corps en précipitant à froid l'azotate d'argent par l'azotate d'ammélide sans addition d'ammoniaque. Traités par l'eau, les cristaux de ce composé deviennent opaques, se dissolvent en partie et laissent des flocons blancs d'ammélide. Lorsqu'on les chauffe, ils dégagent beaucoup de vapeurs nitreuses, puis de l'acide cyanique et laissent de l'argent métallique.

NOTA. — M. Liebig avait d'abord représenté l'ammélide par les rapports

$$C^{12}H^9Az^3O^3\,(C = 6,\ O = 8).$$

Gerhardt a proposé ensuite la formule

$$C^3H^4Az^4O^2,$$

qui faisait de l'ammélide un corps résultant de la combinaison de deux $O\,H$ et d'un $Az\,H^2$ avec le groupe Cy^3. Depuis lors, de nouveaux travaux de M. Liebig ont fait voir que la formule

$$Cy^3 \begin{cases} O\,H \\ O\,H \\ Az\,H^2 \end{cases}$$

appartient à l'acide mélanurique (voir ce mot), et que l'ammélide est un corps intermédiaire entre l'acide mélanurique et l'amméline. Les formules suivantes montrent ces rapports :

$$\overset{III}{Cy^3} \begin{cases} Az\,H^2 \\ Az\,H^2 \\ O\,H \end{cases} + H^2O = Az\,H^3 + \overset{III}{Cy^3} \begin{cases} Az\,H^2 \\ O\,H \\ O\,H \end{cases}$$

Amméline. Eau. Ammoniaque. Acide mélanurique.

$$2\left(\overset{III}{Cy^3} \begin{cases} Az\,H^2 \\ Az\,H^2 \\ O\,H \end{cases}\right) + H^2O = Az\,H^3 + \overset{VI}{Cy^6} \begin{cases} Az\,H^2 \\ O\,H \\ O\,H \\ O\,H \\ Az\,H^2 \\ Az\,H^2 \end{cases}$$

Amméline. Eau. Ammoniaque. Ammélide.

L'ammélide serait donc du mélanurate d'amméline. A. N.

AMMÉLINE,

$$Cy^3 \begin{cases} O\,H \\ Az\,H^2 \\ Az\,H^2 \end{cases} = C^3H^5Az^5O.$$

[Liebig, 1834, *Ann. der Chem. u. Pharm.*, t. X, p. 30; t. LVIII, p. 249. — Knapp, *ibid.*, t. XXI, p. 244. — Laurent et Gerhardt, *Ann. de Chim. et de Phys.*, (3), t. XIX, p. 92.]

Préparation. — Ce corps prend naissance lorsqu'on fait agir les acides concentrés ou les alcalis sur le mélam ou la mélamine (tricyanamide) :

$$Cy^3 \begin{cases} Az\,H^2 \\ Az\,H^2 \\ Az\,H^2 \end{cases} + H^2O = Cy^3 \begin{cases} Az\,H^2 \\ Az\,H^2 \\ O\,H \end{cases} + Az\,H^3.$$

Mélamine. Eau. Amméline. Ammoniaque.

Ce corps se forme également lorsqu'on sursature par l'acide chlorhydrique une solution alcaline dans laquelle on a dissous de la chlorocyanamide :

$$Cy^3 \begin{cases} Az\,H^2 \\ Az\,H^2 \\ Cl \end{cases} + H^2O = Cy^3 \begin{cases} Az\,H^2 \\ Az\,H^2 \\ O\,H \end{cases} + HCl.$$

Chlorocyanamide. Eau. Amméline. Acide chlorhydrique.

Généralement on dissout dans la potasse le mélam brut (voyez ce mot) et l'on précipite la solution par l'acide acétique ou par le carbonate d'ammoniaque. Le précipité blanc qui se forme est redissous dans l'acide azotique. La liqueur, évaporée convenablement, donne des cristaux d'azotate d'amméline d'où l'on précipite l'amméline au moyen de l'ammoniaque caustique ou du carbonate ammonique.

Propriétés. — L'amméline est d'un blanc éclatant. Elle est insoluble dans l'eau, l'alcool et l'éther, mais se dissout dans les liqueurs alcalines et dans la plupart des acides. Précipitée par l'ammoniaque, elle cristallise; calcinée, elle se convertit en ammoniaque, acide cyanurique et hydromellon.

$$3\,Cy^3(Az\,H^2)^2.\,O\,H$$
Amméline.
$$= Az^3Cy^6H^3 + Cy^3H^3O^3 + 3\,Az\,H^3.$$
Hydromellon. Acide cyanurique. Ammoniaque.

L'ammoniaque concentrée et bouillante dissout l'amméline et donne une liqueur d'où l'azotate d'argent précipite de l'amméline argentique :

$$Cy^3(Az\,H^2)^2.\,O\,Ag = C^3H^4AgAz^5O^3.$$

L'amméline est un alcaloïde faible; elle se combine à presque tous les acides, mais ses sels sont décomposables par l'eau.

Les alcalis et les acides concentrés la convertissent : 1° en ammélide; 2° en acide cyanurique avec formation d'ammoniaque :

$$1° \qquad 2\,Cy^3(Az\,H^2)^2.(O\,H) + H^2O$$
Amméline.   Eau.

$$= Az\,H^3 + Cy^6\,(Az\,H^2)^3.\,(O\,H)^3;$$
Ammoniaque.   Ammélide.

$$2° \; Cy^6(Az\,H^2)^3.(OH)^3 + 3H^2O = 3Az\,H^3 + 2Cy^3\,(HO)^3.$$
Ammélide.   Eau.   Ammo-   Acide
niaque.   cyanurique.

SELS D'AMMÉLINE. — *Azotate d'amméline,*

$$C^3\,H^5\,Az^5\,O,\,H\,Az\,O^3.$$

Ce sel cristallise en longs prismes incolores a quatre faces. L'eau le décompose en partie toutes les fois qu'on cherche à le faire cristalliser, à moins qu'on n'ait le soin d'acidifier la liqueur par quelques gouttes d'acide azotique. La chaleur décompose ce sel avec production d'ammélide, d'acide azotique et d'azotate d'ammonium, ou de protoxyde d'azote et d'eau provenant de la décomposition de ce dernier corps :

$$2\,C^3\,H^5\,Az^5\,O,\,H\,Az\,O^3$$
Azotate d'amméline.

$$= C^6\,H^9\,Az^9\,O^3 + Az^2O + H^2O + Az\,HO^3$$
Ammélide.   Protoxyde   Eau.   Acide
d'azote.   azotique.

Azotate d'amméline et d'argent,

$$C^3\,H^5\,Az^5\,O\,.\,Ag\,Az\,O^3.$$

C'est un précipité blanc que l'on obtient en mélangeant des solutions d'azotate d'argent et d'azotate d'amméline.   A. N.

AMMIOLITHE (Min.). — Poudre rouge venant du Chili et renfermant, d'après Rivot [*Ann. des Mines*, 5e série, t. VI, p. 556] : antimoine 36,5, tellure 14,8, cuivre 12,2, mercure 22,2, quartz 2,5. On a trouvé une matière analogue au Westphalie.

AMMONIAQUE. (Syn. *Alcali volatil, gaz ammoniac, air alcalin, azoture d'hydrogène, hydramide, amidide d'hydrogène.*) — Le mot ammoniaque dérive de ἄμμος, sablé. On trouvait principalement le sel ammoniac (τὸ ἀμμωνιακόν) dans les sables de la Cyrénaïque. Elle a été découverte par Kunckel en 1612, préparée pour la première fois à l'état de pureté par Priestley en 1785, et analysée par Berthollet.

Composition. —$Az\,H^3.$ $Az = 14\ p. = 1\ v.$
              $H^3 = \dfrac{3\ p. = 3\ v.}{17 \qquad 4}$

17 parties d'ammoniaque occupent le même volume que 2 d'hydrogène : donc 4 volumes de mélange se condensent lors de la combinaison pour en donner 2, ou 1 volume d'ammoniaque contient 1/2 volume d'azote et 1 1/2 volume d'hydrogène.

Propriétés physiques. — Gaz incolore à la température et à la pression ordinaires.

Densité $\begin{cases} \text{par rapport à l'air,} & 0,589575 \\ \text{» à l'hydrogène} & 8,5 \end{cases}$

1 litre de gaz, à 0° et à 0m,76 de pression, pèse 0gr,7655.

Pouvoir réfringent = 1,309, celui de l'air étant 1. Pouvoir réfringent spécifique (quotient du pouvoir réfringent par la densité) = 2,22. Puissance réfractive absolue = 0,000771. Indice absolu de réfraction = 1,000585 [Dulong, *Ann. de Chim. et de Phys.*, t. XXVI, p. 154.— Beer, *Introduction à la haute Optique,* traduction de Forthomme, p. 352].

Le gaz ammoniac peut être liquéfié et même solidifié par un abaissement de température convenable et une pression suffisante.

Forces élastiques de la vapeur d'ammoniaque liquide, à diverses températures. 1° D'après Bunsen [*Poggend. Ann.*, t. XLVI, p. 95] : à — 33°,7 : 1 atm.; à — 5° : 4 atm.; à 0° : 4,8 atm.; à + 5° : 5,6 atm.; à + 10° : 6,5 atm.; à + 15°

: 7,6 atm.; à + 20° : 8,8 atm. 2° D'après Regnault la force élastique F est donnée par la formule

$$\log F = a + b\,\alpha^t + c\,\beta^t :$$
$$a = 11,5043330 \quad b = -7,4503520,$$
$$c = -0,9499674.$$
$$\log\alpha = 1,9939729.\ \log\beta = 1,9939729.\ t = T + 22$$

ou par la formule $\log F = a + b\,\alpha^t.$

$$a = 5,7164879.$$
$$b = -2,6124790.\ \log\alpha = 1,9967812.\ t = T + 22.$$

Tensions de la vapeur d'ammoniaque liquide exprimée en millimètres de mercure (Regnault).

—78°,2	157,95	0	3162,87
—40	528,61	+ 10	4612,19
—30	876,58	+ 20	6467,00
—25	1112,12	+ 30	8832,20
—20	1397,74	+ 40	11776,42
—10	2149,52		

[*Relation des expériences pour déterminer les lois et les données physiques nécessaires au calcul des machines à feu.*]

Préparation de l'ammoniaque liquide. — Bunsen a liquéfié l'ammoniaque en faisant arriver le gaz bien séché par son passage sur une colonne d'hydrate de potasse, dans un long tube vertical, refroidi à — 40° par un mélange de neige et de chlorure de calcium cristallisé.

MM. Loir et Drion se servent du froid produit par l'évaporation rapide de l'acide sulfureux liquide (—50°). On insuffle, à l'aide d'un soufflet de lampe d'émailleur et par plusieurs tubes à la fois, un courant d'air desséché dans une masse d'acide sulfureux au sein de laquelle baigne le tube en U traversé par le courant d'ammoniaque. La liquéfaction est facilitée par un léger excédant de pression [*Bull. de la Soc. chim.*, 1860, p. 185].

On peut aussi combiner l'ammoniaque au chlorure d'argent et décomposer le chlorure d'argent ammoniacal ($2\,Cl\,Ag.\,3\,Az\,H^3$) par la chaleur, dans un tube à deux branches scellé à la lampe [Faraday, *Philosophical Transactions*, 1823, p. 160 et 189]. On a soin de refroidir la partie vide avec un mélange de glace et de sel. Le chlorure d'argent ammoniacal renferme 15,1 % d'ammoniaque qu'il perd déjà en partie à 37°,7, à la pression ordinaire. Dans les conditions de l'expérience, on doit élever la température à 112°. La masse fond vers 90° et commence à bouillir vers 100°. En laissant refroidir le tube, l'ammoniaque liquide se volatilise peu à peu et vient se combiner au chlorure métallique, de sorte que le même tube peut indéfiniment servir. Le chlorure de calcium sec, absorbant, d'après Knab (*Bull. de la Soc. chim.*, 1866, t. V, p. 233), son poids de gaz ammoniac, qu'il dégage facilement sous l'influence de la chaleur, pourrait remplacer le chlorure d'argent dans cette expérience.

L'ammoniaque liquide est incolore, très-mobile. Densité à zéro : 1° d'après Andréeff (*Ann. der Chem. u. Pharm.*, t. CXI), par rapport à l'eau à zéro, 0,6302 ; 2° d'après Jolly, 0,6234 (moyenne de trois observations).

Volumes occupés à diverses températures [Andréeff, *loc. cit.*]

$$—10°0,9803;\ 0°1,000;\ +10°1,0215;\ +20°1,0450.$$

Le coefficient de dilatation est, d'après Jolly, entre 11° et 0°,
$$0,00166, \quad 0,00152, \quad 0,00146.$$

Ainsi, à une température suffisamment éloignée du point d'ébullition, l'ammoniaque liquide se dilate plus que les gaz.

Pouvoir réfringent plus grand que celui de la plupart des gaz liquéfiés. Indice de réfraction = 1,752. Point d'ébullition : — 33°,7 à 0m,7493 de pression (Bunsen); — 38°5 (Regnault); — 35°,7

(Drion et Loir). L'ammoniaque liquide se solidifie à — 75° sous une pression de 20 atmosphères, à — 87° par l'évaporation dans le vide au-dessus de l'acide sulfurique.

L'ammoniaque solide est une substance blanche, transparente, cristalline et faiblement odorante.

Chaleur spécifique du gaz ammoniac : en poids $= 0,5084$; en volume $= 0,2996$ (Regnault). Compressibilité, d'après Regnault :

$$\frac{P.V}{P'V'} = 1,01881,$$

$$P = 703,53; \quad P' = 1435,33; \quad \frac{P'}{P} = 2,040.$$

Propriétés organoleptiques. — Le gaz ammoniac possède une odeur forte, saisissante et caractéristique. Il provoque, au moment de l'inspiration, une vive douleur sur toutes les muqueuses qu'il atteint. Si l'action n'est ni trop intense, ni trop prolongée, elle ne laisse pas de suites ; dans le cas contraire, il peut y avoir inflammation. On a même observé des cas de morts survenues à la suite d'inhalation d'ammoniaque.

Modes de formation. — L'azote et l'hydrogène libres ne s'unissent que dans des conditions spéciales. Suivant Morren, l'étincelle d'induction d'un appareil de Rhumkorff, éclatant entre deux pointes en platine, à travers un mélange gazeux d'azote et d'hydrogène, produit de l'ammoniaque [*Compt. rend. de l'Acad.*, t. XLVIII, p. 342]. Pendant la combustion d'un mélange d'oxygène et d'hydrogène, en présence de l'azote, il se forme de l'ammoniaque, si l'hydrogène est en excès (T. de Saussure). Une pression de 50 atmosphères, même avec le concours d'un acide, ne détermine pas la combinaison des deux gaz; l'éponge de platine est également inactive.

Schönbein admet la possibilité de la combinaison de l'azote libre avec les éléments de l'eau; ainsi, pendant l'évaporation de l'eau distillée, au contact de l'air et dans un vase en platine, il y aurait formation d'azotite d'ammoniaque :

$$Az^2 + 2H^2O = \left.\begin{array}{c}AzO\\AzH^4\end{array}\right\}O.$$

Pendant l'électrolyse de l'eau aérée, on trouve de l'ammoniaque au pôle négatif et de l'acide azotique au pôle positif (H. Davy). Certains métaux, tels que le fer, le zinc, le plomb, en s'oxydant lentement au contact de l'air et de l'eau, donnent lieu à la génération de l'ammoniaque. Ainsi la rouille formée par la combustion lente de la limaille de fer humide, en présence de l'air, est ammoniacale. On admet généralement dans ce cas que l'hydrogène naissant formé par la décomposition de l'eau par le métal s'unit à l'azote libre. Suivant Cloëz, la rouille produite dans de l'air exempt d'acide nitrique ne contient pas traces d'ammoniaque, et ce serait à l'acide azotique de l'air et non à l'azote libre qu'il conviendrait d'attribuer la génération de l'azoture d'hydrogène [*Compt. rend. de l'Acad.*, t. LII, p. 527]. L'oxydation lente de l'hydrate de protoxyde de fer donne lieu au même phénomène. Le potassium, le zinc, l'arsenic, l'étain, le fer, le plomb, ainsi que certains *composés organiques non azotés* (sucre), chauffés avec les hydrates d'oxydes alcalins ou alcalino-terreux, au contact de l'air, dégagent des quantités sensibles d'ammoniaque. On obtient encore ce corps : 1° par l'action de l'hydrogène libre sur les composés oxygénés de l'azote; le phénomène exige le concours de l'éponge de platine, ou d'un corps poreux et d'une température de 300° à 400° :

$$2AzO + H^{10} = 2AzH^3 + 2H^2O;$$

2° par l'action de l'hydrogène naissant sur les composés oxygénés de l'azote : beaucoup de métaux (zinc, fer, étain, cadmium) en se dissolvant dans l'acide azotique étendu ou dans un mélange d'acides azotique et sulfurique étendus, donnent lieu à la formation de fortes proportions d'azotate d'ammoniaque :

$$10\,AzO^3H + 4Zn'' = 4[(AzO^3)^2Zn''] + AzO^3.AzH^4;$$

le bioxyde d'azote donne de l'ammoniaque lorsqu'il agit sur le fer, l'étain, l'hydrogène sulfuré ou un sulfure métallique, en présence de la vapeur d'eau; 3° par l'action d'un mélange d'azotate et d'hydrate alcalins sur le zinc ou le fer, à chaud ; 4° pendant la dissolution du phosphore, de l'arsenic, de l'antimoine dans l'acide azotique étendu [Personne, *Bull. Soc. chim.*, 1864, t. I, p. 163] ; 5° par l'action de l'hydrate de potassium ou de la vapeur d'eau sur les azotures de bore, de silicium, de titane; 6° par l'action de l'eau sur le phosphore, le sulfure, l'iodure, le chlorure d'azote; 7° lorsqu'on fait passer de la vapeur d'eau et de l'azote sur du charbon de bois incandescent [Roger et Jaquemin, *Institut*, 1859, p. 103] ; 8° par la décomposition d'un grand nombre de composés cyaniques : par exemple, par l'action de l'eau sur l'acide cyanique, les cyanates

$$\left(\left.\begin{array}{c}CAz\\H\end{array}\right\}O + H^2O = CO^2 + AzH^3\right),$$

l'urée, le cyanogène, les cyanures, etc.; 9° lorsqu'on fait passer un mélange de vapeurs d'azotate d'éthyle et d'hydrogène, sur du noir de platine chauffé à 110°, il s'établit une réaction énergique exprimée par l'équation

$$\left.\begin{array}{c}AzO\\C^2H^5\end{array}\right\}O + H^6 = H^2O + C^2H^6O + AzH^3.$$

La réduction de l'azotate d'éthyle donne également lieu à la formation de petites quantités d'ammoniaque.

Les conditions de production suivantes sont surtout intéressantes au point de vue de la préparation industrielle de l'ammoniaque : 1° putréfaction des matières organiques azotées, appartenant à la classe des substances albuminoïdes et en général de celles qui font partie constituante de l'organisme animal; 2° décomposition sèche des matières organiques azotées; 3° décomposition de ces mêmes produits sous l'influence des hydrates d'oxydes alcalins. Toutes les fois qu'une semblable substance est soumise à une influence capable d'altérer profondément la molécule, l'azote et l'hydrogène naissants s'unissent sous forme d'ammoniaque; il se produit en même temps des ammoniaques composées très-variées.

État naturel. — On trouve l'ammoniaque, *en petites quantités,* dans l'air, sous forme de carbonate et d'azotate, dans l'eau de la mer, l'eau des fleuves et des rivières; certaines eaux minérales en contiennent également, notamment les eaux sulfureuses provenant des terrains de nouvelle formation; celles qui sont issues directement du granite n'en renferment pas [Bouis, *Compt. rend.*, t. XLII, p. 1260]. On a encore signalé la présence du chlorhydrate et d'autres sels ammoniacaux dans les eaux de Passy, de Chaudes-Aigues, de Bourbonne-les-Bains, de Saint-Allyre, etc., etc. La rouille, certains minerais de fer formés par combustion lente, les argiles ferrugineuses, renferment de l'ammoniaque. Le sel gemme contient quelquefois du sel ammoniac. Les émanations ammoniacales des volcans peuvent s'expliquer, d'après MM. H. Sainte-Claire Deville et Wöhler, par la présence, dans les profondeurs de la terre, de dépôts d'azoture de silicium. Signalons encore les sucs végétaux, l'urine, le sang dans certaines affections putrides(?).

Préparation. — La préparation de l'ammoniaque, en petit ou industriellement, qu'il s'agisse d'obtenir le gaz ou une solution, est toujours fondée sur l'action de la chaux vive ou éteinte sur un sel ammoniacal (chlorhydrate, carbonate, sulfate) et utilise la volatilité de ce corps. La disposition des appareils varie seule :

$$2.\ AzH^4Cl + CaO = CaCl^2 + H^2O + 2AzH^3,$$
$$2.\ AzH^4Cl + CaH^2O^2 = CaCl^2 + 2H^2O + 2AzH^3,$$
$$CO^3(AzH^4)^2 + CaH^2O^2$$
$$= CO^3.Ca + 2H^2O + 2AzH^3.$$

Pour préparer le gaz, on fait un mélange intime de 1 p. de sel ammoniac en poudre et de 2 p. de chaux vive pulvérisée ; le tout est introduit dans une cornue tubulée ou non, en verre ou en grès et recouvert d'une couche de chaux vive ; la cornue communique avec un large tube en U ou tout autre récipient rempli de fragments de potasse caustique ou de chaux vive (pour dessécher, on ne saurait employer dans ce but le chlorure de calcium, qui absorbe l'ammoniaque). Le gaz est recueilli sur une cuve à mercure, ou dans un ballon renversé à col étroit, rempli d'air. Dans ce cas, le tube adducteur pénètre verticalement de bas en haut jusqu'au sommet du ballon ; on se fonde sur la faible densité de l'ammoniaque. L'emploi du carbonate d'ammoniaque est plus avantageux ; il réclame une température beaucoup moins élevée pour sa décomposition ; et si la couche de chaux vive supérieure est assez épaisse, on n'a pas à craindre de voir du carbonate échapper à la réaction. S'agit-il d'obtenir une solution ammoniacale, on peut remplacer la chaux vive par un lait de chaux. À cet effet, on éteint 1 p. de chaux dans 3 p. d'eau, de manière à former une bouillie, dans laquelle on délaye 1 p. de sel ammoniac en poudre. La cornue en verre communique, au moyen d'un tube muni d'un tube de sûreté, avec un premier flacon laveur de Woolff, renfermant peu d'eau ; de là le gaz se rend dans une série de flacons de Woolff aux deux tiers pleins d'eau et refroidis. Les tubes plongeurs doivent arriver jusqu'au fond, vu que la solution ammoniacale est plus légère que l'eau. Pour chasser les dernières traces d'ammoniaque il faut porter à l'ébullition la bouillie de la cornue. Fresenius recommande les dispositions suivantes, pour préparer la solution ammoniacale pure, dont on fait un si fréquent usage dans les laboratoires [*Zeitsch. der Analytischen Chem.*, t. L, p. 186].

L'appareil se compose d'une cornue en fonte munie d'un flacon laveur, d'un réfrigérant de Liebig et d'un récipient ou d'une bonbonne contenant de 20 à 30 lit. d'eau. Le réfrigérant est incliné vers la bonbonne.

On charge la cornue avec des couches alternatives de chaux éteinte (10 kilog. chaux vive, éteinte avec 4 kilog. d'eau) et d'un mélange tamisé de sel ammoniac et de sulfate d'ammoniaque

$6^{kilog.},5$ de $ClAzH^4$ et $3^{kilog.},500$ de $SO^4.2(AzH^4)$;

on ajoute 8 lit. d'eau et on remue bien, on ferme l'alambic et on chauffe doucement. Avec le mélange de sulfate et de chlorhydrate, le résidu de

l'opération est pulvérulent et facile à enlever. Rien n'empêche d'augmenter les proportions de cet appareil et de le faire servir à une opération à grande échelle.

Préparation industrielle. — On a imaginé un grand nombre de dispositions pour la préparation industrielle de l'ammoniaque caustique ; nous nous contenterons de donner la description de l'appareil de M. Mallet.

Au lieu d'opérer avec des sels ammoniacaux, déjà plus ou moins épurés, on trouve de l'avantage, au point de vue économique, à employer directement les liquides ou produits bruts contenant l'ammoniaque libre ou carbonatée. Ceux qui offrent le plus d'importance sont : les eaux de condensation obtenues pendant la préparation du gaz de la houille, et comme produits secondaires de la fabrication du noir d'os ; les urines putréfiées et les eaux vannes des dépôts de vidange. La grande quantité de carbonate d'ammoniaque renfermé dans l'urine putréfiée s'est formée par l'hydratation de l'urée, sous l'influence d'un ferment spécial :

$$CH^4Az^2O + 2H^2O = \left.\begin{matrix}CO'' \\ 2\,AzH^4\end{matrix}\right\} O^2.$$

Le principe de l'appareil Mallet est le même que celui qui est utilisé dans la distillation des

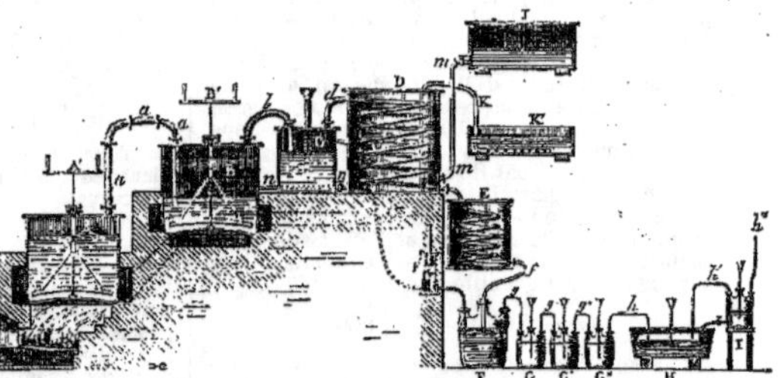

Fig. 20.

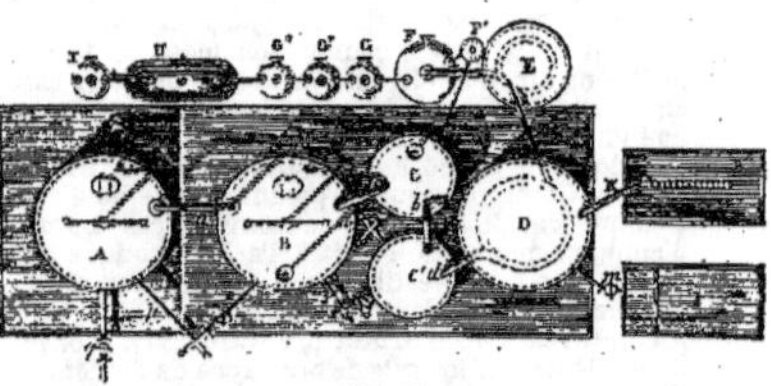

Fig. 21.

liquides alcooliques. Les figures 20 et 21, que nous empruntons au *Précis de Chimie industrielle*, de M. Payen, donnent une idée de ses principales dispositions. Une première chaudière A, en tôle, de 2,000 litres de capacité, cylindrique et verticale, placée sur un foyer et munie d'un agitateur à manivelle A', passant par une boîte à étoupes, et d'un trou d'homme, communique par le tube plongeur aa, avec la partie inférieure d'une seconde chaudière B, semblable à la première, placée au-dessus d'elle et chauffée seulement par les gaz du foyer inférieur. L'ammoniaque dégagée de A barbote dans le liquide de B et s'échappe par le tube *b*, pour se rendre dans le vase laveur C, contenant un lait de chaux, d'où il passe dans un second vase semblable C'. De là, il traverse le tube D et va se refroidir dans deux serpentins superposés D et E. L'ammoniaque et l'eau condensée s'écoulent dans le vase en plomb tribulé E. Le gaz barbote encore à travers trois petits flacons laveurs G, G', G'', munis de tubes de sûreté et va enfin, suffisamment épuré, se dissoudre dans un récipient cylindrique en plomb, H, entouré d'eau. Les serpentins D et E sont renfermés dans des réservoirs clos. L'eau ammoniacale brute, contenue dans le grand réservoir J, s'écoule par le tube à robinet M, dans le réfrigérant du serpentin D, où elle s'échappe.

Prenons l'opération au moment où, le liquide de la chaudière A étant épuisé, on met celle-ci en vidange : on fait couler le contenu de B dans A par le tube à robinet O, et le liquide du réfrigérant D dans la chaudière B, par le tube *nn*, après avoir versé dans celle-ci de la chaux éteinte en bouillie et en quantité suffisante pour décomposer les sels ammoniacaux ; on remplace le liquide de D par une nouvelle portion de solution brute. Les vapeurs ammoniacales dégagées de ce réfrigérant sont dirigées, par le tube K, dans un réservoir ouvert, contenant de l'eau acide. On comprend facilement tous les avantages de ces dispositions. La chaleur, emportée par le gaz et la vapeur d'eau, est utilisée à chauffer le liquide même sur lequel on veut opérer. Les liquides les plus dépouillés sont soumis à la température la plus élevée, dans la chaudière placée directement au-dessus du foyer, et les perdront rapidement les dernières traces de gaz. De temps à autre, on met les agitateurs en mouvement, de manière à favoriser les réactions entre la chaux et les sels ammoniacaux. En comptant à 10 francs les 5,000 litres d'eau ammoniacale brute à 2° 1/2, la dépense pour obtenir 100 kilog. d'ammoniaque caustique à 21° Cartier (degré normal) est de 28 francs 85.

L'ammoniaque caustique du commerce, ou alcali volatil, offre généralement une couleur jaune due à l'altération de substances organiques mises en contact avec elle; elle peut renfermer du carbonate d'ammoniaque, du fer dissous, de l'alumine, de la chaux et toutes les impuretés de l'eau employée à sa préparation. Pour la purifier, il convient de la distiller en présence de la chaux éteinte, dans l'un des appareils ci-dessus décrits pour l'obtention dans les laboratoires de l'eau ammoniacale pure. L'ammoniaque liquide pure doit être incolore, ne donner aucun résidu par l'évaporation sur une lame de platine, ne pas troubler une solution de chlorure de calcium, ni précipiter par le nitrate d'argent après avoir été acidulée avec l'acide nitrique pur.

Usages. — La solution ammoniacale est employée en *médecine* comme caustique (piqûres de mouches), comme rubéfiant de la peau, et même pour produire la vésication, en inspirations pour provoquer une réaction; quelques gouttes prises à l'intérieur constituent un puissant moyen de combattre l'ivresse alcoolique. On administre de l'ammoniaque aux animaux affectés de météorisme; elle agit alors en absorbant l'acide carbonique et l'hydrogène sulfuré accumulés dans le tube intestinal. La coloration du lichen dans la fabrication de l'orseille est fondée sur l'emploi de l'ammoniaque. Elle sert encore à la préparation de la cochenille ammoniacale et dans différentes opérations de teinture. En injectant de l'ammoniaque dans une enceinte contenant de l'acide carbonique, on absorbe rapidement le gaz délétère et on rend l'accès de cet espace abordable.

Les chimistes utilisent fréquemment l'ammoniaque comme réactif.

Propriétés chimiques.—*Action de la chaleur.* — L'ammoniaque, dirigée à travers un tube chauffé au rouge, se décompose en doublant son volume et fournit un mélange d'azote et d'hydrogène dans les rapports volumétriques ci-dessus indiqués. On facilite la réaction en remplissant le tube avec des fragments de porcelaine et de chaux vive. La présence de certains métaux permet d'abaisser la température de décomposition et rend celle-ci plus complète : tels sont l'or, l'argent, le platine et surtout le fer et le cuivre. Les trois premiers n'éprouvent aucune modification et n'agissent que par présence, tandis que les deux autres deviennent grenus et cassants, en même temps qu'ils accusent une légère augmentation de poids, attribuée à la formation d'azotures (Thenard).— Voyez AZOTURES.

Action de l'électricité. — Le gaz ammoniac sec traversé par une série d'étincelles électriques se comporte comme sous l'influence de la chaleur et donne un mélange d'azote et d'hydrogène (Scheele, Berthollet, Henry). A mesure que le gaz restant se trouve délayé par les produits de la décomposition, la réaction devient de plus en plus difficile et lente. D'après Buff et A. W. Hofmann [*Ann. der Chem. u. Pharm.*, t. CXIII, p. 129], le gaz est rapidement décomposé par le courant d'étincelles d'induction fourni par 3 à 4 couples de Bunsen (5 à 11 centimètres cubes en 5 minutes). Les étincelles d'une forte machine électrique ordinaire ne dédoublent que 4 centimètres cubes en 1 1/2 à 2 heures. Un fil de platine rougi à blanc par un courant électrique décompose 4 cent. cubes par heure avec 6 couples. En faisant passer l'électricité au moyen de fils de platine à travers des tubes contenant de l'ammoniaque diluée, la décomposition est également facile [Plücker, *Poggend. Ann.*, t. CIII, p. 88; t. CV, p. 67].

Dissolvants. — L'eau absorbe vivement le gaz ammoniac avec une élévation notable de température. Une éprouvette, remplie de gaz pur, débouchée brusquement sur une cuve à eau, se brise par suite du choc de la colonne liquide contre la partie supérieure du vase. Ce phénomène donne lieu à une très-jolie expérience, si l'on ne permet l'arrivée de l'eau que par un tube effilé très-étroit fixé dans l'intérieur du flacon et dont la pointe correspond au centre. D'après Carius, l'ammoniaque, malgré sa grande solubilité, suit les lois générales de l'absorption des gaz [*Ann. der Chem. u. Pharm.*, t. XCIX, p. 129]. Son coefficient de solubilité serait exprimé par la formule d'interpolation

$$c = 1049,624 - 29,4063\, t + 0,676874\, t^2 - 0,0095621\, t^3.$$

Valeurs de *t.*	Valeurs de *c.*	Valeurs de *t.*	Valeurs de *c.*
0°	1049,6	15°	727,2
5°	917,9	20°	651
10°	812,8	25°	985,9

Roscoe et Dittmar n'arrivent pas aux mêmes résultats [*Chem. Soc. quart. Journ.*, t. XII, p. 128]. Selon eux, la quantité d'ammoniaque absorbée par 1 gramme d'eau est loin d'être proportionnelle à la pression P. Entre P$=$0 et P$=$1 mètre, la quantité de gaz absorbée diminue, comparativement à la loi, à mesure que P augmente; l'inverse a lieu pour P$>$1 mètre. D'après Sims, plus la température s'élève, plus on se rapproche de la loi de Dalton [*Chem. Soc. quart. Journ.*, t. XIV, p. 1]. — Voyez aux sources citées les résultats numériques publiés à l'appui de ces considérations et donnant le poids d'ammoniaque dissoute dans 1 gramme d'eau à diverses pressions et à diverses températures.

Cette grande solubilité fournit un moyen précieux d'emmagasiner de fortes proportions d'ammoniaque et de la mettre sous une forme commerciale commode pour les applications. A — 38°, la solution aqueuse concentrée d'ammoniaque (ammoniaque liquide ou caustique du commerce) se prend en une masse de fines aiguilles souples et brillantes. Elle possède l'odeur forte du gaz. Exposée à l'air, dans un vase ouvert, elle perd peu à peu la totalité de l'alcali volatil; le même effet se produit sous l'influence de la chaleur et le liquide commence à bouillir bien au-dessous de 100°. On utilise cette propriété pour purifier l'ammoniaque du commerce. A cet effet, on introduit celle-ci dans un ballon ou une cornue munis d'un tube de sûreté et communiquant avec une série de flacons de Woolff aux deux tiers remplis d'eau distillée et refroidie. Le premier sert de flacon laveur. Le gaz expulsé par la chaleur vient se dissoudre dans les appareils de Woolff, tandis que les matières fixes restent dans le liquide primitif. Il est bon d'ajouter un peu de chaux éteinte au produit commercial, pour décomposer le carbonate d'ammoniaque qu'il pourrait contenir.

On doit à J. Dalton, H. Davy, Ure [*Journ. für Chem. u. Phys. de Schweigger*, t. XXXII, p. 58], Otto, Griffin et Carius [*loc. cit.*], des tableaux indiquant la teneur en ammoniaque d'une solution de densité déterminée. Nous transcrivons le dernier, qui est le plus récent :

Tableau de Carius.

Quantité d'ammoniaque (AzH^3) %.	Densité.	Quantité d'ammoniaque (AzH^3) %.	Densité.
1	0,9959	19	0,9283
2	0,9915	20	0,9251
3	0,9873	21	0,9221
4	0,9831	22	0,9191
5	0,9790	23	0,9162
6	0,9749	24	0,9133
7	0,9709	25	0,9106
8	0,9670	26	0,9078
9	0,9631	27	0,9052
10	0,9593	28	0,9026
11	0,9556	29	0,9001
12	0,9520	30	0,8976
13	0,9480	31	0,8953
14	0,9449	32	0,8929
15	0,9414	33	0,8907
16	0,9380	34	0,8885
17	0,9347	35	0,8864
18	0,9314	36	0,884

Beaucoup de chimistes admettent dans l'ammoniaque aqueuse l'existence de l'hydrate d'ammonium

$$\left. \begin{array}{c} AzH^4 \\ H \end{array} \right\} O.$$

L'alcool et l'éther absorbent également de fortes proportions d'ammoniaque, mais les coefficients de solubilité n'ont pas été déte... nés exactement.

Action de l'oxygène. — ...oique combustible, l'ammoniaque ne l'est pas assez pour brûler dans l'air. Pour que l'expérience réussisse, il faut le concours de l'oxygène pur. On peut enflammer un jet d'ammoniaque sèche, sortant par un tube effilé dans une atmosphère d'oxygène; la combustion continue d'elle-même et se fait avec une flamme jaunâtre. Hofmann fait passer un rapide courant d'oxygène à travers une solution bouillante d'ammoniaque caustique ; le mélange gazeux sortant par un orifice étroit continue à brûler une fois qu'il est enflammé [*Ann. der Chem. u. Pharm.*, t. CXV, p. 283]. Cette expérience peut être dangereuse et donner lieu à des détonations; pour obvier à cet inconvénient, Heintz conduit l'oxygène, au moyen d'un tube coudé, dans un ballon rempli au huitième d'ammoniaque caustique bouillante ; on n'enfonce que très-peu au début ce tube dans le col du ballon ; après inflammation, on peut l'enfoncer davantage [*Ann. der Chem. u. Pharm.*, t. CXXX, p. 102]. Un mélange d'air et d'ammoniaque agrandit les flammes sur lesquelles on le dirige, sans que la combustion puisse se propager plus loin. Dans l'eudiomètre, on peut faire détoner un mélange de 1 volume d'ammoniaque avec 0,6 volume au moins et 3,17 volumes au plus d'oxygène. Les produits de la combustion sont l'azote, l'eau et un peu d'azotate d'ammonium. Si l'oxygène est en proportion insuffisante, on trouve en outre de l'hydrogène formé par la décomposition sèche de l'ammoniaque non brûlée. L'éponge de platine, chauffée à 300° et mise en contact avec un mélange d'ammoniaque et d'air, devient incandescente; il se forme de l'acide azotique et des vapeurs nitreuses (Kuhlmann).

Suivant Schönbein, l'oxydation de l'ammoniaque par l'intervention du platine peut s'effectuer à la température ordinaire [*Poggendorff's Annal.*, t. C, p. 292]. Ainsi, en exposant pendant quelques instants à l'air du noir de platine humecté d'ammoniaque caustique, et en épuisant par l'eau distillée, on obtient un liquide qui bleuit l'empois d'amidon après addition d'acide sulfurique et d'iodure de potassium, et qui contient par conséquent de l'azotite d'ammonium. Le platine compacte n'agit qu'à une température plus élevée. Un fil de ce métal roulé en spirale, porté au rouge sombre et plongé dans une atmosphère ammoniacale (mélange d'air et d'ammoniaque), s'entoure de fumées blanches d'azotite d'ammoniaque. [Voir J. Löwe, *Jahresb. des phys. Ver. zu Frankfurt am M. f.*, 1857-1858, p. 80, la description d'un appareil pour produire des quantités notables d'azotite d'ammoniaque par la combustion de l'ammoniaque au contact du platine.] En mettant de la limaille de cuivre dans un vase rempli d'air et mouillé avec de l'ammoniaque caustique, on voit le métal s'échauffer, avec production de fumées blanches d'azotite. Le même phénomène s'observe lorsqu'on fait passer un courant de vapeur d'eau mélangée à de l'air et de l'ammoniaque, à travers un long tube contenant de la tournure de cuivre. La dissolution bleue formée par l'oxydation du cuivre au contact de l'air et de l'ammoniaque renferme également ce sel; pour en former des quantités notables, il convient de reverser plusieurs fois l'ammoniaque sur le métal placé dans un entonnoir.

Peligot extrait de ce liquide évaporé à sec, en le traitant par l'alcool ammoniacal bouillant, un composé cristallisant en prismes et détonant par le choc, de la formule $(AzO^2)^2.Cu + 2AzH^4.OH$. Ces cristaux dissous dans l'eau perdent de l'ammoniaque pendant la concentration; il reste une solution d'azotite d'ammoniaque, en même temps qu'il se précipite une poudre cristalline verte contenant $2(AzO^2.AzH^4) + 3CuO$. L'oxydation à l'air d'une solution ammoniacale d'oxydule de cuivre fournit aussi de l'azotite d'ammoniaque.

Dans toutes ces expériences, la combustion lente de l'azoture d'hydrogène est provoquée par celle du métal. Le phosphore et le fer agissent dans le même sens. D'après Millon, la nitrification serait le résultat d'une action de cet ordre; elle exigerait le concours simultané de l'oxygène, de l'eau, d'un sel ammoniacal, d'une matière humique et d'un carbonate alcalin, ou mieux d'un mélange de carbonates alcalins et terreux; l'oxydation de l'humus déterminerait celle de l'ammoniaque [*Compt. rend.*, t. LI, p. 289, 548]. Un mélange d'air humide et d'ammoniaque, dirigé sur de la craie imprégnée de carbonate de potasse et chauffée à 100°, donne lieu à la production d'un peu d'azotate de potasse. L'ozone transforme l'ammoniaque en azotite [Schönbein, *Baumert Jahresb.*, 1853, p. 315]; l'eau oxygénée agit de même en solution ou étendue. Une solution d'ammoniaque pure, même concentrée, réduit très-lentement, à froid, le caméléon minéral; la réaction se fait très-rapidement à chaud, avec formation d'azotite et précipitation de bioxyde de manganèse hydraté; la présence de la mousse de platine provoque le même phénomène sans le secours de la chaleur [Schönbein, *Verhandlung. der naturf. Gesels ch. in Basel*, t. II, p. 33, 35] ou de l'acide formique [Péan de Saint-Gilles, *Compt. rend.*, t. LXVI, p; 624, 808, 1143; t. XLVII, p. 554]. L'acide hypochloreux anhydre ou en solution aqueuse concentrée réagit énergiquement sur l'ammoniaque; il se forme de l'eau, de l'azote et du chlore libre. Si l'on a soin de bien refroidir, en employant des liqueurs étendues, le chlore reste uni à l'azote sous forme de chlorure d'azote (Balard). L'acide chloreux gazeux attaque à froid l'ammoniaque; les produits de la réaction sont l'azote, le sel ammoniac et le chlorate d'ammonium. Un mélange gazeux d'ammoniaque et de protoxyde d'azote détone sous l'influence de l'étincelle électrique; le résultat est un mélange d'azote, d'hydrogène et de vapeurs d'eau; même réaction avec le bioxyde. A froid, le gaz ammoniac brûle lentement aux dépens du bioxyde d'azote en le ramenant à l'état de protoxyde. L'acide hypoazotique oxyde énergiquement l'ammoniaque, avec formation d'azote, d'eau et d'azotite d'ammonium [Soubeiran, *Journ. de Pharm.*, t. XIII, p. 329]. Beaucoup d'oxydes métalliques sont réduits, à chaud, par l'ammoniaque comme ils le seraient par l'hydrogène seul; l'azote est mis en liberté, quelquefois aussi il s'unit au métal (azotures).

Action du soufre. — La fleur de soufre lavée et séchée absorbe peu à peu le gaz ammoniac; à chaud, il se dégage de l'azote et il se forme du sulfure ammonique. La solution aqueuse d'ammoniaque n'agit pas sur le soufre pur à une température inférieure à 75°. Vers 90°, elle se colore en jaune, par suite de la dissolution d'un peu de soufre [Brunner, *Dingler's polytech. Journ.*, t. CL, p. 371]. Lorsqu'on chauffe pendant plusieurs jours en vase clos, à 100°, une dissolution ammoniacale d'une densité = 0,885, avec le tiers de son poids de soufre, celui-ci se dissout avec une teinte rouge brun. Le liquide n'est pas visqueux et ne fume pas à l'air; il renferme principalement des polysulfures ammoniques; le résidu de l'évaporation se dédouble par l'eau en soufre et hyposulfite [Flückiger, *Journ. de Pharm.*, (3), t. XLV, p. 453].

Sélénium. — Chauffé en vase clos avec l'ammoniaque aqueuse, il fournit une solution incolore de séléniure ammonique.

Tellure. — Dans les mêmes conditions, ce corps donne beaucoup de tellurite.

Phosphore. — Sec, il absorbe peu à peu le gaz ammoniaque en se convertissant en un corps foncé presque pulvérulent. A chaud, avec l'ammoniaque aqueuse, il dégage peu à peu de l'hydrogène phosphoré, avec production d'un oxyde de phosphore ammoniacal; en employant l'alcool ammoniacal, ce dernier composé se présente sous forme d'une pellicule noire métallique adhérente aux parois et non décomposable par l'acide sulfurique ou l'hydrate de potasse bouillant [Flückiger, *loc. cit.*].

Chlore. — Le chlore décompose l'ammoniaque sèche ou dissoute dans l'eau, avec production d'azote et de chlorure d'ammonium, d'après l'équation

$$8 \, Az \, H^3 \, (16 \text{ volumes}) + Cl^6 \, (6 \text{ volumes})$$
$$= 6 \, Cl \cdot Az \, H^4 + Az^2 \, 2 \text{ volumes.}$$

Tant que l'ammoniaque libre reste en excès, il ne se forme pas de chlorure d'azote; dans le cas contraire, le chlore porte son action sur le sel ammoniac, avec production de chlorure d'azote. Si l'on opère avec les gaz secs, chaque bulle de chlore donne lieu à un phénomène d'ignition, au moment où elle pénètre dans le gaz ammoniac.

Brome. — L'action du brome est analogue à celle du chlore.

Iode. — L'iode sec décompose, à chaud, le gaz ammoniac, avec formation d'acide iodhydrique et d'azote; à froid il absorbe l'ammoniaque gazeuse et se convertit en un liquide visqueux, noir, à éclat métallique, décomposable par l'eau en iodure d'ammonium et en azoture d'iode et d'hydrogène (Colin, Landgrebe, Millon, Bineau). Lorsqu'on ajoute peu à peu de l'iode en poudre à une solution saturée d'un sel ammoniacal très-soluble (azotate) décomposé par un tiers d'équivalent d'hydrate de potasse, il se sépare un liquide mobile, brun noir, dont la composition est représentée par la formule $Az H^3 I^2$ ou $Az H^3 I.I$ (iodure d'iodammonium). Ce composé se dédouble à l'air sec en iode et ammoniaque; avec le mercure, il donne la réaction

$$Az \, H^3 \, I^2 + Hg = I^2 Hg + Az \, H^3.$$

L'eau le dédouble comme il suit :

$$2 \, (Az \, H^3 I^2) = Az \, H \, I^2 + Az \, H^4 I + I \, H.$$

Les alcalis facilitent cette transformation. Sous l'influence de la chaleur, il donne de l'iode et l'iodammoniaque de Millon ou de Bineau ($Az H^3 I$ ou $3 \, Az H^3. I^2$) [Guthrie, *Chem. Soc. quart. Journ.*, (2), t. I, p. 239]. Il est soluble dans l'éther, l'alcool, le sulfure de carbone, le chloroforme et l'iodure de potassium.

Bore. — Le bore amorphe, chauffé dans un courant de gaz ammoniac sec, s'enflamme en se convertissant en azoture de bore; l'hydrogène devient libre.

Carbone. — Le charbon incandescent, en contact avec l'ammoniaque sèche, la décompose avec formation de cyanure d'ammonium et d'hydrogène libre [Langlois, *Ann. de Chim. et de Phys.*, t. LXXVI, p. 3] :

$$C + 2 \, Az \, H^3 = C \, Az. \, Az \, H^4 + H^2.$$

Suivant Kuhlmann, il se formerait dans ces conditions du cyanure d'ammonium et du gaz des marais $3 \, C + 4 \, Az \, H^3 = 2 \, (C \, Az. \, Az \, H^4) + C \, H^4$ [*Ann. der Chem. u. Pharm.*, t. XXXVIII, p. 62]. Une partie de l'ammoniaque est toujours dédoublée, avec mise en liberté d'azote.

Métaux. — Nous avons déjà vu comment se comportaient certains métaux (or, argent, platine, cuivre, fer) qui semblent favoriser, par action de présence, la décomposition de l'ammoniaque sous l'influence de la chaleur. Les métaux alcalins, chauffés légèrement dans du gaz ammoniac, éliminent de l'hydrogène; en même temps il se forme des composés représentés par la formule $Az H^2 K$, ou $Az H^2 Na$:

$$2 \, Az \, H^3 + K^2 = 2 \, (Az \, H^2 K) + H^2.$$

Amidure
de potassium.

Chauffé fortement, l'amidure de potassium se convertit en ammoniaque et azoture de potassium $3 \, (Az \, H^2 K) = 2 \, Az \, H^3 + Az \, K^3$; avec l'eau il donne de l'azote et de l'hydrate de potasse :

$$Az \, H^2 K + H^2 O = Az \, H^3 + K \, H \, O.$$

Action de l'ammoniaque sur les combinaisons. — Le gaz ammoniac réagit sur un grand nombre de combinaisons chimiques de divers ordres. Tantôt il intervient par ses éléments et donne lieu à la génération de deux ou plusieurs nouveaux produits : nous avons déja trouvé des exemples de semblables réactions en étudiant l'action des oxydants; dans ce cas l'azote devient libre ou se trouve converti en produits oxygénés, tandis que l'hydrogène est brûlé et transforme en eau. Tantôt l'ammoniaque fonctionne comme composé non saturé (en admettant que l'azote est pentatomique), susceptible de s'unir par addition. Dans cette dernière catégorie viennent se ranger les produits obtenus par l'action de l'ammoniaque sur l'eau (oxyde et hydrate d'ammonium), sur les hydracides et les oxacides hydratés (sels ammoniacaux ordinaires), sur les anhydrides (amides ou acides amidés), sur les chlorures, bromures, iodures, fluorures, cyanures anhydres de métalloïdes, de métaux ou de certains radicaux composés (chloramidures, bromamidures, etc.), sur les sels oxygénés (sels amidés), sur beaucoup d'oxydes métalliques, sur de nombreuses matières organiques, avec ou sans élimination d'eau. Nous étudierons en particulier les réactions que donne l'ammoniaque avec les combinaisons des métalloïdes entre eux (eau, acides, chlorures, etc.) ; quant aux autres, elles ne seront examinées qu'à un point de vue général, l'histoire des métaux et des combinaisons organiques correspondants comprendra ce que chacune d'elles offre de spécial.

Chlorure d'iode (Cl I). — Il réagit sur l'ammoniaque en formant du chlorure ammonique et de l'iodure d'azote (azoture d'iode et d'hydrogène) :

$$2\,\mathrm{Cl\,I} + \mathrm{Az\,H^3} = 2\,\mathrm{Cl\,Az\,H^4} + \mathrm{Az\,H\,I^2}.$$

Chlorures de soufre. — Le chlorure $\mathrm{Cl^2 S^2}$ s'unit directement à l'ammoniaque en produisant le composé $\mathrm{S^2 Cl^2}.\,4\,\mathrm{Az\,H^3}$, soluble dans l'alcool et l'éther et se décomposant au contact de l'eau en sel ammoniac et en un composé oxygéné du soufre (hyposulfite d'ammoniaque?). Soubeiran décrit encore deux combinaisons d'ammoniaque avec du chlorure de soufre rouge $\mathrm{S\,Cl^2}$ [*Ann. de Chim. et de Phys.*, t. LXVII, p. 74 et suiv.]. Elles se forment directement et il faut éviter dans leur préparation toute élévation de température, en n'opérant que sur peu de matière à la fois. L'une, obtenue avec un excès d'ammoniaque, renfermerait $\mathrm{S\,Cl^2}\,4\,\mathrm{Az\,H^3}$; elle est solide, jaune, cristallisable dans l'éther, soluble dans l'alcool absolu et l'éther ; l'eau la décompose en sulfure d'azote $(\mathrm{Az^2 S^3})$, chlorure ammonique, hyposulfite d'ammonium et une combinaison de chlorosulfure d'azote $\mathrm{Az^2 S^3}.\mathrm{S\,Cl^2}$ avec $\mathrm{Az\,H^3}$. La chaleur la dédouble en $\mathrm{Az\,H^3\,S}.\mathrm{Az\,H^4\,Cl}.\mathrm{Az^2 S^3}$. Si l'ammoniaque n'est pas en excès, on obtient le composé $\mathrm{S\,Cl^2}.\,2\,\mathrm{Az\,H^3}$, sous forme de flocons rouge brun, volatils, neutres, d'une saveur salée piquante. A 110° ce corps se change en un mélange de

$$\mathrm{Az\,H^4\,Cl} \quad \text{et de} \quad \mathrm{Az^2 S^3}.\mathrm{S\,Cl^2};$$

il est soluble en jaune brun dans l'alcool et l'éther, l'eau le décompose. Lorsqu'on verse $\mathrm{Cl^2 S}$ dans l'ammoniaque caustique refroidie, on obtient un composé rouge, soluble en lilas dans l'ammoniaque, se décomposant spontanément, et de la formule

$$(\mathrm{Az^2 S^3}.\mathrm{S\,Cl^2} + 4\,\mathrm{Az\,H^3}).$$

Les composés précédents peuvent être formulés de la manière suivante dans la notation typique :

$$\mathrm{S^2 Cl^2}.\,4\,\mathrm{Az\,H^3} = \mathrm{Az^2} \begin{cases} \mathrm{H^2 Am^2} \\ \mathrm{(S^2)''} \end{cases}\!.\,\mathrm{H^2 Cl^2};$$

$$\mathrm{S\,Cl^2}.\,4\,\mathrm{Az\,H^3} = \mathrm{Az^2} \begin{cases} \mathrm{H^2 Am^2} \\ \mathrm{S''} \end{cases}\!.\,\mathrm{H^2 Cl^2};$$

$$\mathrm{S\,Cl^2}.\,2\,\mathrm{Az\,H^3} = \mathrm{Az^2} \begin{cases} \mathrm{H^4} \\ \mathrm{S} \end{cases}\!.\quad \mathrm{H^2 Cl^2};$$

$$\mathrm{Az^2 S^3\,S\,Cl^2} = \mathrm{Az^2 S^4}.\,\mathrm{Cl^2}.$$

Chlorure de sulfammonium.

Trichlorure de phosphore. — Il absorbe $\mathrm{Az\,H^3}$ en donnant des fumées blanches ; si l'on a soin de refroidir, on obtient une masse blanche, con-

tenant les éléments de $\mathrm{Ph\,Cl^3} + 5\,\mathrm{Az\,H^3}$ (H. Rose) se dissolvant lentement, mais entièrement, dans l'eau ; humectée avec de l'acide chlorhydrique, elle s'échauffe et devient très-soluble ; chauffée au rouge dans l'acide carbonique, elle donne

$$\mathrm{H} + \mathrm{Az\,H^3} + \mathrm{Ph} + \mathrm{Ph\,Az^2}.$$

La constitution de ce composé n'est pas bien établie : ou bien c'est un mélange de sel ammoniac et de monochlorhydrate d'une triamine phosphorée

$$\left(2\,\mathrm{Az\,H^4\,Cl} + \mathrm{Az^3} \begin{cases} \mathrm{H^6} \\ \mathrm{Ph} \end{cases} \mathrm{H\,Cl} \right),$$

ou elle répond à la formule

$$\mathrm{Az^5} \begin{cases} \mathrm{H^{12}} \\ \mathrm{Ph} \end{cases} \mathrm{H^3 Cl^3} = \mathrm{Az^3} \begin{cases} \mathrm{Am^2 H^4} \\ \mathrm{Ph} \end{cases}\!.\,\mathrm{H^3 Cl^3}.$$

L'eau la décompose en sel ammoniac et phosphite

$$\mathrm{Az^3} \begin{cases} \mathrm{Am^2 H^4} \\ \mathrm{Ph} \end{cases} \mathrm{H^3 Cl^3} + 3\,\mathrm{H^2 O}$$

$$= 3\,\mathrm{Az\,H^4\,Cl} + {}_{\mathrm{Am^2.\,H}}^{\mathrm{Ph}} \Big\} \mathrm{O^3}.$$

Le *tribromure de phosphore* donne une combinaison analogue.

Perchlorure de phosphore. — D'après Gerhardt, la réaction serait exprimée par l'équation

$$\mathrm{Ph\,Cl^5} + 3\,\mathrm{Az\,H^3}$$
$$= \mathrm{H\,Cl} + \mathrm{Az\,H^4\,Cl} + \mathrm{Ph\,Cl^3}\,(\mathrm{Az\,H^2})^2$$

(chloramidure de phosphore). La poudre blanche résultant de l'action des deux corps cède à l'eau du sel ammoniac, en même temps il reste de l'azoture de phosphore $(\mathrm{Ph\,Az^2})$ et un composé blanc, volatil, fusible à 110°, bouillant à 240°, cristallisable

$$\left(\mathrm{Ph^3 Az^2 Cl^3} = \mathrm{Az^2} \begin{cases} \mathrm{(Ph\,Cl)} \\ 2\,\mathrm{Ph} \end{cases} \mathrm{Cl^2} \right).$$

[Grouvelle, *Ann. de Chim. et de Phys.*, t. XVII, p. 37 ; H. Rose, *Poggend. Ann.*, t. XXIV, p. 311, 411, 61 ; Wœhler et Liebig, *Ann. der Chem. u. Pharm.*, t. XI, p. 139.] D'après H. Rose, $\mathrm{Az\,Cl^3}$ s'unit à $\mathrm{Az\,H^3}$ dans les rapports de $\mathrm{Az\,Cl^3} + 7\,\mathrm{Az\,H^3}$ (?) ; le composé est soluble dans l'eau et dans l'alcool ; ces solutions déposent des cristaux brillants ; le fluorure $(\mathrm{Az\,Fl^3})$ se comporte de même.

Avec le *chlorure d'antimoine* $\mathrm{Sb\,Cl^3}$ on forme directement les corps suivants :

$$\mathrm{Sb\,Cl^3}.\,\mathrm{Az\,H^3} = \mathrm{Az} \begin{cases} \mathrm{(Sb\,Cl^2)} \\ \mathrm{H^2} \end{cases}\!.\,\mathrm{H\,Cl},$$

$$\text{et } \mathrm{Sb\,Cl^3}.\,2\,\mathrm{Az\,H^3} = \mathrm{Az^2} \begin{cases} \mathrm{(Sb\,Cl)} \\ \mathrm{H^4} \end{cases}\!.\,\mathrm{H^2 Cl^2}.$$

Ces composés, comme tous ceux de ce genre, réagissent sur $\mathrm{H\,Cl}$; on a, en effet,

$$\mathrm{Az} \begin{cases} \mathrm{(Sb\,Cl^2)} \\ \mathrm{H^2} \end{cases}\!.\,\mathrm{H\,Cl} + \mathrm{H\,Cl}$$
$$= (\mathrm{Sb\,Cl^3} + \mathrm{Az\,H^3}.\,\mathrm{H\,Cl}),$$

chlorure double d'antimoine et d'ammonium [Dehérain, *Bull. de la Soc. chim.*, 1862, p. 25].

Le *chlorure de titane*, $\mathrm{Ti\,Cl^4}$, s'unit à $4\,\mathrm{Az\,H^3}$:

$$\mathrm{Az^4} \begin{cases} \mathrm{Ti} \\ \mathrm{H^8} \end{cases} \mathrm{H^4 Cl^4}.$$

Avec le *chlorure de bore*, $\mathrm{Bo\,Cl^3}$, on a

$$2\,\mathrm{Bo\,Cl^3}.\,3\,\mathrm{Az\,H^3} = \mathrm{Az^3} \begin{cases} \mathrm{(Bo\,Cl^2)} \\ \mathrm{(Bo\,Cl)} \\ \mathrm{H^6} \end{cases} \mathrm{H^3 Cl^3}.$$

Même observation pour le bromure et le fluorure de bore.

Le *chlorure de silicium*, $SiCl^4$, et le fluorure, $SiFl^4$, absorbent l'ammoniaque et donnent des composés blancs.

Le *chlorure de carbone*, CCl^4, chauffé en vase clos avec une solution alcoolique d'ammoniaque, donne du sel ammoniac et un produit de substitution carboné non encore étudié.

Le *gaz phosgène*, $CO''Cl^2$, s'unit à $4AzH^3$; le produit est blanc, volatil et se décompose par l'eau :

$$Az^2 \left\{ \begin{matrix} H^2Am^2 \\ CO \end{matrix} \right. H^2Cl^2 + 2H^2O$$

$$= 2AzH^4Cl + {}_2 \left. \begin{matrix} CO'' \\ AzH^4 \end{matrix} \right\} O^2.$$

Les composés $S^6O^{15}Cl^6$ (quinquacichloride sulfurique de Berzelius) et $CSCl^4O^2$ absorbent également AzH^3; les combinaisons sont blanches, volatiles; la dernière se dédouble par l'eau en carbonate, sulfite et chlorure d'ammonium.

Le *sulfure d'arsenic* As^2S^3 donne $As^2S^3.AzH^3$; le *sulfure de phosphore* Ph^2S^3 donne

$$Ph^2S^3. \ 2AzH^3.$$

Sulfure de carbone. — Lorsqu'on fait passer un mélange d'ammoniaque et de vapeurs de sulfure de carbone à travers un tube en porcelaine chauffé, ou que l'on chauffe en vase clos une solution alcoolique d'ammoniaque et de sulfure de carbone, il se forme de l'acide sulfocyanique et de l'acide sulfhydrique

$$CS^2 + AzH^3 = SH^2 + AzH(CS).$$

Composés métalliques et ammoniaque. — Les composés résultant de l'action de l'ammoniaque sur les oxydes, les chlorures, les bromures, les sels métalliques, appartiennent à une même famille et ne représentent que des cas particuliers d'un ensemble complet, se rattachant à l'histoire des ammoniaques composées (voir DÉRIVÉS DE L'AMMONIAQUE). Les belles recherches de Wurtz et de Hofmann sur les ammoniaques composées et les polyamines de la chimie organique jettent un grand jour sur l'histoire et la classification des corps dont nous nous occupons. En transportant les résultats obtenus en chimie organique aux nombreux dérivés ammonio-métalliques, on arrive à considérer les bases ammoniacales comme des oxydes ou hydrates d'ammoniums composés, les chloramidures et les bromamidures comme des combinaisons d'amines (mono, bi, tri) avec une quantité d'acide suffisante ou insuffisante pour les saturer; les sels amidés, ou combinaisons des sels oxygénés métalliques avec l'ammoniaque, deviennent des composés, saturés ou non, des mêmes amines métalliques. On sait en effet que les polyamines organiques ne sont pas toujours susceptibles de s'unir à la dose maximum d'acide que semble réclamer leur degré de condensation.

Les chlorures ammonio-métalliques ou chloramidures fixent tous de l'acide chlorhydrique en donnant un chlorure double d'ammonium et du métal. Deux cas sont possibles. Ou bien le chlorhydrate de métal-amine est saturé, et de la formule

$$Az^m \left\{ \begin{matrix} M^n \\ H_p \end{matrix} \right. + mHCl$$

$$\left(p + x = 3m; \ n = \frac{x}{a} \right),$$

M étant un métal quelconque mono ou polyatomique et a son atomicité. Dans ce cas on a :

$$Az^m \left\{ \begin{matrix} M^n \\ H_p \end{matrix} \right. \cdot mHCl + xHCl$$

$$= (mAzH^4Cl + M^nCl^x).$$

Si le chlorhydrate de métal-amine n'est pas saturé, les choses se passeront de même, avec cette différence qu'il se fixera en outre une quantité d'acide proportionnelle à celle qui manque, d'après la condensation de l'amine. Exemple :

$$Az^4 \left\{ \begin{matrix} \overset{''}{Zn} \\ H^{10} \end{matrix} \right. 2HCl + 4HCl = \overset{''}{Zn}Cl^2 + 4AzH^4Cl.$$

Ces remarques s'appliquent également aux bromamidures, etc., et aux sels amidés.

On doit à Weltzien [*Systematische Zusammenstellung der organ. Verbind.*] et à H. Schiff [*Ann. der Chem. u. Pharm.*, t. CXXII, p. 1] les premiers essais tentés dans cette voie de classification des nombreux produits ammonio-métalliques. Schiff rend toujours la dose d'acide combinée à l'amine égale au degré de condensation, au moyen d'un artifice consistant à transporter du côté de la barre, réservé à l'hydrogène ou aux métaux, une certaine quantité d'azote sous forme d'ammonium. Ainsi :

$$Az^3 \left\{ \begin{matrix} H^3 \\ H^3 \\ H^3 \end{matrix} \right. \text{peut être transformé en } Az^2 \left\{ \begin{matrix} AzH^4, H^2 \\ H^3 \end{matrix} \right.$$

$$\text{ou en } Az \left\{ \begin{matrix} AzH^4 \\ AzH^4. \end{matrix} \right.$$

Nous n'emploierons cette manière de procéder, qui n'est pas suffisamment justifiée dans tous les cas, que pour indiquer comment il se fait que l'ammoniaque s'accumule dans des composés plus que ne le ferait supposer l'atomicité seule des métaux, et nous nous contenterons d'appliquer les considérations précédentes à formuler quelques-uns des groupes connus.

On connaît les combinaisons ammonio-zinciques suivantes :

$$Az^2 \left\{ \begin{matrix} \overset{''}{Zn} \\ H^4 \end{matrix} \right. \cdot H^2R^2 \ ;$$

$$R^2 = Cl^2; \ (SO^4)''; \ (CO^3)''.$$

$$Az^4 \left\{ \begin{matrix} \overset{''}{Zn} \\ H^{10} \end{matrix} \right. H^2R^2 = Az^2 \left\{ \begin{matrix} \overset{''}{Zn} \\ H^2Am^2 \end{matrix} \right. H^2R^2 \ ;$$

$$R^2 = Cl^2; \ (SO^4)''; \ (CrO^4)''.$$

$$Az \left\{ \begin{matrix} (\overset{''}{Zn}Cl) \\ H^2 \end{matrix} \right. \cdot HCl.$$

Chloramidure de thallium de Willm

$$Az^3 \left\{ \begin{matrix} Tl''' \\ H^6 \end{matrix} \right. 3ClH.$$

Les combinaisons ammonio-cobaltiques si complexes obtenues par Fremy, Gibbs et Genth, peuvent être formulées comme il suit :

Sels ammoniacobaltiques.

$$Az^2 \left\{ \begin{matrix} \overset{''}{Co} \\ Am^4 \end{matrix} \right. H^2R^2$$

$$(R^2 = Cl^2; \ (AzO^3)^2; \ \overset{''}{SO^4}).$$

Sels oxycobaltiques :

$$Az^4 \left\{ \begin{matrix} \overset{IV}{Co^2}(OH)^2 \\ Am^6H^6 \end{matrix} \right. \cdot H^4R^4$$

$$R^4 = Cl^4; \ (AzO^3)^4; \ (\overset{''}{SO^4})^2.$$

Sels fuscocobaltiques :

$$Az^4 \left\{ \begin{matrix} \overset{VI}{Co^2}(OH)^2 \\ Am^4H^4 \end{matrix} \right. \cdot H^4R^4 \ (R^4 = Cl^4; \ (AzO^3)^4; \ (\overset{''}{SO^4})^2).$$

Sels lutéocobaltiques :

$$Az^6 \left\{ \begin{matrix} \overset{VI}{Co^2} \\ Am^6H^6 \end{matrix} \right. \cdot H^6R^6 \ (R^6 = Cl^6; \ (AzO^3)^6; \ (\overset{''}{SO^4})^3).$$

Sels roséocobaltiques :

$$Az^6 \left\{ \begin{matrix} \overset{VI}{Co^2} \\ Am^4H^8 \end{matrix} \right. \cdot H^6R^6 \ (R^6 = Cl^6; \ (AzO^3)^6; \ (\overset{''}{SO^4})^3).$$

Sels xanthocobaltiques :

$$Az^6 \left\{ \begin{array}{l} \overset{VI}{Co^2} \\ Am^4 H^6 (Az\,O')^2 \cdot H^4 R^4. \end{array} \right.$$

On arrive ainsi avec la même facilité à représenter les autres combinaisons de ce genre (sels ammonio-cuivriques, ammonio-platiniques, etc.).

Les combinaisons ammonio-métalliques prennent généralement naissance par l'action directe de l'ammoniaque sur les composés métalliques correspondants; dans certains cas (cobalt) les produits ainsi formés peuvent passer d'une série à l'autre en s'oxydant ou en se décomposant partiellement sous l'influence de la chaleur, de l'eau, des acides, ou en absorbant une nouvelle quantité d'ammoniaque. Elles sont tantôt instables et perdent facilement l'ammoniaque fixée, sous l'influence de la chaleur, ou par l'action de l'eau; dans ce dernier cas, il faut prévoir l'action secondaire de l'hydrate d'ammonium libre sur les éléments du sel; tantôt, au contraire, le composé ammonio-métallique forme un groupement plus résistant.

L'ammoniaque caustique dissout un grand nombre d'oxydes métalliques hydratés (zinc, nickel, cobalt, etc.); elle s'unit à d'autres oxydes pour former des produits solides dont quelques-uns détonent avec violence par le choc ou une élévation de température (or et argent fulminant).

Action de l'ammoniaque sur les composés organiques. — Il nous est impossible de donner ici un aperçu complet des réactions de l'ammoniaque sur les nombreux groupes de composés organiques. Le sens du phénomène dépend de la constitution chimique de la molécule organique. 1° Elle s'unit *directement* par addition. Exemples :

$$C^2H^4O + AzH^3 = C^2H^3(AzH^4)\,O,$$
Aldéhyde acétique.   Aldéhydate
d'ammoniaque.

$$2\,C^2H^4O + AzH^3 = Az\,H^2 \cdot C^2H^4OH,$$
Oxyde
d'éthylène.

$$\text{ou} \quad 3\,C^2H^4O + AzH^3; = Az\,H.2\,C^2H^4OH.$$

2° Elle s'unit avec élimination d'eau :

$$3\,C^7H^6O + 2\,AzH^3 = 3\,H^2O + Az^2 \cdot (C^7H^6)^3;$$
Aldéhyde
benzoïque.

$$3\,C^3H^6O + 2\,Az_2H^3 = 3\,H^2O + Az^2 \cdot (C^3H^6)^3.$$
Acétone.

Nous pourrions citer de nombreux exemples de ces phénomènes; ainsi les sucres et beaucoup de produits organiques complexes à équivalent élevé s'unissent à l'ammoniaque avec ou sans élimination d'eau, en donnant des composés amidés.

Les chlorures, bromures, iodures des radicaux d'alcools donnent de l'acide chlorhydrique et une amine composée :

$$C^2H^5I + AzH^3 = IH.\,AzH^2(C^2H^5).$$
Iodure   Iodhydrate d'éthylamine
d'éthyle.

Les chlorures, bromures des radicaux d'acide donnent de l'acide chlorhydrique et une amide :

$$C^2H^3OCl + AzH^3 = ClH + AzH^2(C^2H^3O).$$
Chlorure   Acétamide.
d'acétyle.

Les éthers composés régénèrent l'alcool et donnent une amide :

$$\left. \begin{array}{l} C^2H^3O \\ C^2H^5 \end{array} \right\} O + AzH^3$$
Acétate d'éthyle.

$$= C^2H^5.H.O + Az\,H^2(C^2H^3O).$$

Les dérivés de substitution chlorés de certains acides réagissent sur l'ammoniaque avec formation de chlorure ammonique et d'amides spéciales

$$2\,(C^2H^3ClO^2) + 3\,AzH^3$$
Acide
monochloracétique.

$$= 2\,(AzH^4Cl) + Az \left\{ \begin{array}{l} H \\ 2\,(C^2H^2O''OH)'. \end{array} \right.$$
Acide diglycolamidique.

— Voyez ALCALAMIDES, AMIDES et AMINES.

Il nous reste à traiter des *sels ammoniacaux ordinaires,* résultant de l'union de l'ammoniaque avec les acides normaux. Nous rattacherons à leur histoire celle de l'ammonium et de l'oxyde d'ammonium dont l'existence hypothétique est si utile dans la théorie de la constitution moléculaire de ces corps.

AMMONIUM, AzH^4. — Berzelius a donné le nom d'ammonium au composé hypothétique, non encore isolé, qui, d'après la théorie d'Ampère, fonctionne comme métal dans les sels ammoniacaux. Son existence est rendue probable : 1° par les considérations développées à propos des sels ammoniacaux (voyez SELS AMMONIACAUX); 2° par la découverte faite par le célèbre chimiste suédois et par Pontin, en 1808, de l'*ammoniure de mercure* [*Ann. économiques de l'Acad. des sciences de Stockholm,* 1808, mai, p. 110 à 130]. Seebeck et Trommsdorff arrivèrent presque en même temps aux mêmes résultats.

Ammoniure de mercure. — Il a été obtenu pour la première fois par l'électrolyse de l'ammoniaque caustique, le pôle négatif de la pile plongeant dans un globule de mercure, et le pôle positif en platine dans le liquide. Dans ces conditions, on voit le mercure se gonfler et devenir épais comme du beurre, tandis qu'il se dégage de l'azote à l'électrode positive. En admettant dans la solution aqueuse d'ammoniaque la présence du composé

$$\left. \begin{array}{l} AzH^4 \\ H \end{array} \right\} O,$$

hydrate d'ammonium, la réaction électrolytique se représente par l'équation :

$$2\,(AzH^4.OH)$$
$$= 2\,AzH^4 \text{ (au pôle négatif)} + H^2O + O.$$

L'oxygène, au lieu de se dégager au pôle positif, réagit secondairement sur l'ammoniaque, forme de l'eau et de l'azote devenant libre. On réussit mieux en remplaçant dans cette expérience l'eau ammoniacale par une solution concentrée de sel ammoniac; ou bien on creuse une cavité dans une plaque de sel ammoniac, on l'humecte avec de l'eau et l'on y introduit un globule de mercure; en immergeant le pôle négatif dans le métal et en mettant le pôle positif en contact avec le sel ammoniac, et très-près du mercure, celui-ci se dilate considérablement en devenant pâteux, en même temps qu'il se dégage du chlore au pôle positif.

L'ammoniure de mercure peut se préparer sans le concours de l'électricité. Il suffit de mettre l'amalgame de potassium ou de sodium en contact avec une solution concentrée de chlorure ammonique. La réaction se passe d'après l'équation :

$$2\,(AzH^4Cl.) + K^2Hg = 2\,(KCl.) + (AzH^4)^2Hg.$$

En opérant en vase clos, on peut obtenir un amalgame tellement imprégné d'ammonium qu'il surnage la liqueur; mais la proportion d'ammonium par rapport au mercure est toujours très-faible ($\frac{1}{1800}$ selon Gay-Lussac et Thenard). L'ammoniure de mercure est très-peu stable; dès que le courant électrique cesse, le mercure s'affaisse, et il se dégage un mélange d'ammoniaque et d'hydrogène (2 volumes $AzH^3 + 1$ volume H). La présence du potassium ou du sodium lui communique de la stabilité; dans ce cas, il se conserve plusieurs semaines dans le pétrole anhydre. Refroidi dans un mélange d'acide carbonique solide et d'éther, il devient dur et cassant comme de la fonte, d'un bleu gris, avec un éclat métallique peu prononcé, à texture cristalline cubique (Grove).

D'après des expériences récentes, l'ammoniaque étendue au 1/10, et soumise à l'électrolyse, avec des électrodes en platine, donne sur la lame négative un enduit noir disparaissant très-vite après la cessation du courant. Ce dépôt peut être considéré comme de l'ammonium pur (?).

Oxyde d'ammonium, $(AzH^4)^2O$. — L'oxyde d'ammonium libre, correspondant à l'oxyde anhydre de potassium (K^2O), n'a pas encore pu être isolé; il se décompose immédiatement en eau et en ammoniaque, $(AzH^4)^2O = H^2O + 2AzH^3$.

L'*hydrate d'ammonium*

$$\left.\begin{array}{c} AzH^4 \\ H \end{array}\right\} O$$

peut être considéré comme existant dans l'eau ammoniacale. Une solution ammoniacale froide et saturée, d'une densité $= 0,912$ et contenant $23,220 \%$ d'ammoniaque, répond à la formule

$$\left.\begin{array}{c} AzH^4 \\ H \end{array}\right\} O + 2H^2O,$$

analogue de celle de l'hydrate potassique,

$$\left.\begin{array}{c} K \\ H \end{array}\right\} O + 2H^2O;$$

celle dont la densité est 0,872 renferme

$$\left.\begin{array}{c} AzH^4 \\ H \end{array}\right\} O + H^2O.$$

Refroidie à 40°, elle dépose des cristaux aciculaires allongés.

Si la facilité avec laquelle ce corps se dédouble en eau et en ammoniaque n'a pas encore permis de l'isoler, son existence n'est pas moins certaine. La substitution de radicaux d'alcool, tels que l'éthyle, le méthyle, à l'hydrogène de l'ammonium donne plus de solidité à la molécule; aussi a-t-on pu obtenir l'hydrate de tétréthyle-ammonium

$$\left.\begin{array}{c} Az(C^2H^5)^4 \\ H \end{array}\right\} O.$$

SELS AMMONIACAUX.

Généralités. — L'ammoniaque joue le rôle de base, au moins en présence de l'eau; sa saveur est caustique alcaline, sa réaction sur les papiers colorés végétaux est celle de la potasse ou de la soude. Elle s'unit directement et par simple addition aux hydracides et aux oxacides hydratés; les composés obtenus fonctionnent comme de véritables sels dans lesquels l'acide est généralement bien neutralisé. Exemples :

$$AzH^3 + HCl = AzH^3HCl = AzH^4Cl;$$

$$AzH^3 + SH^2 = SH^2 . AzH^3 = AzH^4 . H.S;$$

$$2AzH^3 + SH^2 = SH^2 . 2AzH^3 = (AzH^4)^2S;$$

$$AzH^3 + AzO^3H = AzO^3H . AzH^3 = AzH^4 . AzO^3;$$

$$AzH^3 + SO^4\left\{\begin{array}{c} H \\ H \end{array}\right. = SO^4\left\{\begin{array}{c} H \\ H.H^3Az \end{array}\right. = AzH^4H.SO^4;$$

$$2AzH^3 + SO^4\left\{\begin{array}{c} H \\ H \end{array}\right. = SO^4\left\{\begin{array}{c} H.H^3Az \\ H.H^3Az \end{array}\right.$$
$$= (AzH^4)^2SO^4.$$

Un acide tribasique, comme l'acide phosphorique normal

$$\left.\begin{array}{c} PhO''' \\ H^3 \end{array}\right\} O^3,$$

peut s'unir à 1, 2 ou 3 molécules d'ammoniaque.

Les anhydrides des acides oxygénés réagissent directement sur l'ammoniaque sèche, mais le phénomène est plus complexe qu'avec l'acide hydraté.

Les anhydrides monobasiques donnent généralement le sel ammoniacal, plus l'amide neutre correspondante; exemple :

$$\left.\begin{array}{c} C^2H^3O \\ C^2H^3O \end{array}\right\} O + 2AzH^3 = \left.\begin{array}{c} C^2H^3O \\ AzH^4 \end{array}\right\} O + AzH^2 . C^2H^3O$$

Anhydride   Acétate   Acétamide.
acétique.   d'ammonium.

Avec les anhydrides biatomiques, on obtient les sels ammoniacaux de l'acide amidé; exemple :

$$SO^{2''}O + 2AzH^3 = \left.\begin{array}{c} AzH^2SO^2 \\ AzH^4 \end{array}\right\} O.$$

Anhydride   Sulfamate
sulfurique.   d'ammoniaque.

L'acide carbonique sec donne du carbamate d'ammoniaque, l'acide succinique anhydre du succinamate d'ammoniaque. Ainsi, comme l'a démontré Laurent, la moitié seulement de l'ammoniaque est engagée dans la combinaison sous forme de sel ammoniacal.

L'affinité de l'ammoniaque pour les acides est annulée par le froid. Ainsi l'ammoniaque liquide à —65° ne se combine ni ne se mêle avec l'acide sulfurique (SO^4H^2), qu'il surnage. Ces combinaisons par addition s'expliquent si l'on considère l'azote comme un élément pentatomique; dans l'ammoniaque, il reste donc deux atomicités (de second ordre) à saturer; en d'autres termes, l'ammoniaque est biatomique et susceptible de s'unir à HCl, comme l'éthylène. Les sels ammoniacaux sont isomorphes avec ceux de potassium, avec lesquels ils présentent, sous beaucoup de rapports, des analogies frappantes. On a cherché avec raison à expliquer ces rapports de parenté par la ressemblance dans la constitution chimique; de là la célèbre théorie de l'ammonium, imaginée par Ampère et développée par Berzelius [Ampère, *Ann. de Chim. et de Phys.*, t. II, p. 6]. En admettant dans ces sels l'existence d'un radical complexe (AzH^4), isomorphe avec le potassium et fonctionnant comme métal, le chlorhydrate d'ammoniaque $(HCl . AzH^3)$ devient $(AzH^4)Cl$ ou, en posant $AzH^4 = Am$, $AmCl$, comparable à KCl. Le sulfate d'ammoniaque $SO^4H^2 . 2AzH^3$ devient $SO^4 2AzH^4$ ou SO^4Am^2, comparable à SO^4K^2 (sulfate de potassium), et ainsi de suite pour les autres sels.

Que l'ammonium soit ou non un composé isolable, peu importe, il n'en est pas moins vrai que le groupement AzH^4 ou $AzH^3 . H$, tout instable qu'il est, est isomorphe avec le potassium, et peut prendre la place de celui-ci dans les combinaisons chimiques, sans en altérer la forme et les principales propriétés.

Les sels ammoniacaux ont une saveur fraîche, salée avec arrière-goût amer, leur odeur est nulle ou ammoniacale (carbonates); ils sont généralement solubles dans l'eau. Si l'acide est volatil, le sel ammoniacal peut être sublimé sans décomposition (carbonate, chlorhydrate), à moins que l'hydrogène de l'ammoniaque ne puisse réagir comme réducteur sur l'oxygène de l'acide; ainsi l'azotate d'ammonium donne de l'eau et du protoxyde d'azote. Beaucoup de sels ammoniacaux à acides oxygénés perdent de l'eau sous l'influence d'une élévation convenable de température et se transforment en composés amidés. Si l'acide est fixe et difficilement réductible, le sel le décompose avec dégagement d'ammoniaque (phosphates, silicates, etc.). En général les sels neutres des acides polybasiques perdent facilement une partie de leur ammoniaque. Le courant électrique les dédouble, comme nous l'avons vu, en ammonium (ou ses éléments $AzH^3 + H$) au pôle négatif, en oxygène et acide au pôle positif; suivant les cas, il peut encore se produire des phénomènes plus complexes dépendant d'actions secondaires, plus fréquentes ici que dans l'électrolyse des sels métalliques proprement dits. Ils se prêtent facilement aux doubles décompositions, en échangeant AzH^4 contre un autre métal et s'unissent à un grand nombre de sels métalliques pour donner des sels doubles.

Les sels ammoniacaux ne précipitent ni par l'hydrogène sulfuré, ni par les sulfures, les carbonates et les phosphates alcalins. Ces caractères analytiques les rapprochent des sels alcalins. En solutions suffisamment concentrées, ils donnent avec le bitartrate de sodium ou l'acide tartrique en excès (après agitation), un précipité blanc grenu cristallin de bitartrate d'ammonium. Ce sel se forme plus lentement qu'avec les composés potassiques.

Le bichlorure de platine fournit un précipité jaune, grenu, cristallin ($2\,AzH^4Cl.Pt^{iv}Cl^4$). On pourrait, d'après cela, les confondre avec les sels potassiques, césiques, rubidiques. Le meilleur moyen de s'assurer de la présence d'un sel ammoniacal consiste à le chauffer dans un tube avec de l'hydrate de chaux pur; il doit se dégager de l'ammoniaque facile à reconnaître à l'odeur, aux fumées blanches qui se développent autour d'une baguette imprégnée d'acide chlorhydrique et à la coloration bleue que prend un papier de tournesol rouge et humecté. Les sels de certaines ammoniaques composées (éthylamine, méthylamine) se comportent, il est vrai, de la même manière. Si l'on est dans le cas de rechercher l'existence des corps de cette espèce, on transformera en chlorhydrates et on traitera par l'alcool absolu, après avoir évaporé à sec, le chlorure d'ammonium restera comme résidu.

CHLORURE D'AMMONIUM (Syn. *Sel ammoniac, salmiak, muriate, chlorhydrate d'ammoniaque*), AzH^4Cl.

2 volumes d'acide chlorhydrique $+$ 2 volumes ammoniaque $=$ environ 4 volumes de vapeur de sel ammoniac. Pour expliquer cette densité de vapeur anomale, on a supposé qu'en se volatilisant le sel ammoniac se dédouble presque entièrement en ses deux parties constitutives, acide chlorhydrique et ammoniaque. M. H. Sainte-Claire Deville a cherché à combattre cette manière de voir en démontrant par d'ingénieuses expériences que l'acide chlorhydrique et l'ammoniaque se rencontrant à une température élevée produisent de la chaleur et par conséquent se combinent; au moins se combinent-ils en partie. — Voyez DISSOCIATION.

Corps solide, incolore, saveur salée, neutre aux réactifs végétaux. Densité $=$ 1,50. Densité de vapeur à 350° par rapport à l'air $=$ 1,01. Calculée $=$ 0,9255. Par rapport à l'hydrogène $=$ 14,58. Calculée $=$ 13,36. 1 lit. de vapeur pèse $1^{gr},306$. Il cristallise par voie de sublimation ou par voie humide, sous des formes appartenant au système régulier (octaèdre, cube, trapézoèdre). Les cristaux sont souvent associés de manière à représenter les barbes de plumes. Il est fixe à la température ordinaire; se volatilise sans fondre et sans décomposition au-dessous du rouge sombre; la vapeur d'eau en entraine cependant de petites quantités : ainsi il s'en perd des traces par l'évaporation de sa solution aqueuse. Cette perte peut s'expliquer par un départ d'ammoniaque pendant l'ébullition (1/2 %) [Fittig, *Ann. der Chem. u. Pharm.*, t. CXXXVIII, p. 189].

Le sel ammoniac sublimé, tel qu'on le trouve dans le commerce, est incolore, translucide, sonore, à cassure fibreuse, élastique; aussi est-il difficile à pulvériser. Il se dissout dans 2,72 p. d'eau froide, dans son poids d'eau bouillante et dans 8 p. d'alcool. Chauffé avec un métal alcalin, ou encore avec du fer, du zinc, le sel ammoniac se décompose; il se forme un chlorure métallique et il se dégage un mélange d'ammoniaque et d'hydrogène. A une basse température, il absorbe l'acide sulfurique anhydre et donne une masse dure et transparente que l'eau et la chaleur décomposent. A une température suffisamment élevée pour le vaporiser, le chlorure ammonique réagit sur le trichlorure de phosphore, en donnant du phosphore libre, de l'acide chlorhydrique et de l'azoture de phosphore :

$$2\,PhCl^3 + 2\,(AzH^4Cl.) = 8\,HCl + Ph + PhAz^2.$$

Le sel ammoniac s'unit à un grand nombre de chlorures métalliques (chlorures de magnésium, de ferrosum, de ferricum, de zinc, de cobalt, de nickel, de cuivre, de mercure, de bismuth, d'antimoine, d'étain, de platine, d'argent, d'or, etc.); ces composés seront étudiés à propos de chacun de ces métaux en particulier.

État naturel. — On le trouve à l'état de masses sublimées, et en mélange avec d'autres corps volatils, dans les fentes des laves volcaniques du Vésuve, de l'Etna, dans l'île de Volcano, dans les solfatares de Naples. On en a trouvé de petites quantités dans le voisinage de dépôts de houille en combustion (Saint-Étienne, Écosse, Newcastle). La Bucharie fournit une variété de sel naturel de couleur grise et de cassure conchoïdale. Le sel ammoniac naturel est dense, grisâtre, à texture fibreuse et sous forme de croûtes ou de cristaux octaédriques.

Modes de production. — 1° Combinaison directe de HCl avec AzH^3, en solution ou sous forme de gaz; lorsque l'acide chlorhydrique gazeux est mis en contact avec l'ammoniaque sèche, les deux corps se combinent, avec production d'un épais brouillard blanc qui se dépose à l'état solide. 2° Par l'action de l'acide chlorhydrique sur le carbonate d'ammoniaque. 3° Par double décomposition :

$$CaCl^2 + CO^3.2\,(AzH^4) = AzH^4Cl + CO^3Ca;$$

| Chlorure de calcium. | Carbonate d'ammonium. | Chlorure d'ammonium. | Carbonate de chaux. |

$$2\,NaCl + SO^4.2\,(AzH^4) = 2\,AzH^4Cl + SO^4Na^2.$$

| Chlorure de sodium. | Sulfate d'ammonium. | Chlorure d'ammonium. | Sulfate de sodium. |

Préparation industrielle. — Employé en Europe dès le XIIIe siècle, il venait d'Égypte jusque vers le milieu du XVIIIe siècle, et se préparait en sublimant dans de grands matras en verre la suie formée par la combustion de la fiente de chameau. On en importait aussi de l'Inde. Aujourd'hui l'industrie a cessé d'être tributaire du commerce étranger; elle trouve dans l'eau de condensation du gaz de l'éclairage, dans les produits secondaires de la fabrication du noir animal et dans l'urine putréfiée une matière première qui répond à tous les besoins. L'eau ammoniacale provenant de la distillation de la houille ou des os contient du carbonate d'ammoniaque et des matières goudronneuses. Tantôt on la sature directement par l'acide chlorhydrique; il se sépare une assez grande quantité de goudron tenue en émulsion par l'alcali; le liquide est clarifié par filtration dans de grandes caisses à faux fonds, percés de trous et couverts d'une grosse toile mouillée, qui retient les produits huileux; puis on concentre dans de grandes chaudières en plomb jusqu'à pellicule et on laisse refroidir dans des cristallisoirs. Les cristaux formés et encore impurs sont séparés de l'eau mère et séchés pour être soumis à la sublimation; l'eau mère est concentrée ànouveau. D'autres fois, l'eau ammoniacale, mélangée à un lait de chaux, est soumise à la distillation dans un appareil semblable à celui de Mallet que nous avons décrit à propos de la préparation de l'ammoniaque liquide, avec cette différence que le gaz, au lieu d'être dirigé dans de l'eau, est condensé jusqu'à neutralisation dans de l'acide chlorhydrique. La solution de sel ammoniac ainsi obtenue fournit à la concentration des cristaux beaucoup plus purs que dans le premier cas. Les procédés par double décomposition sont aussi quelquefois utilisés en grand, lorsque l'acide chlorhydrique est d'un emploi trop coûteux. Le sel ammoniac ainsi formé peut être purifié par dissolution à chaud, filtration sur du noir animal et cristallisation en farine ou en gros cristaux. On trouve dans le commerce les cristaux en farine sous forme de poudre sèche et blanche, ou en pains coniques obtenus en comprimant les petits cristaux encore mouillés dans des formes semblables à celles des pains de sucre. Généralement on est encore habitué à l'employer sous forme de pains sublimés. La sublimation en grand s'effectue maintenant de la manière suivante : Des pots en terre, ayant la forme de poires, sont disposés sur deux rangées parallèles sur la voûte d'un foyer allongé. Une plaque en tôle offrant des ouvertures circulaires convenablement découpées se fixe sur les pots de manière à laisser leur partie supérieure en saillie, en dehors du four. Entre chaque paire de pots se trouve un orifice circulaire percé dans la voûte et mettant l'espace contenant les pots en communication avec le foyer. De cette manière, la flamme et les gaz chauds viennent envelopper chaque vase. On introduit les cristaux bruts *bien secs*, et l'on chauffe progressivement, en débouchant de temps à autre l'orifice supérieur du couvercle au moyen d'un fer rouge. Lorsque l'opération est terminée, on laisse refroidir et on casse les pots pour en sortir le pain sublimé et adhérent à la partie supérieure. Les pots ont environ 70 cent. de haut et 60 cent. de diamètre maximum. Un procédé plus économique consiste à opérer la sublimation dans de grandes chaudières en fonte, à fond plat, garnies intérieurement d'un revêtement de briques réfractaires et chauffées par en bas et latéralement à feu nu. Le sel vient se condenser dans la partie concave d'un couvercle en fonte, ayant la forme d'un verre de montre.

La chaudière ayant 1 à 2 mètres de diamètre, on peut opérer sur dix à cinquante quintaux de produit à la fois. L'opération dure de cinq à neuf jours. Le sel ammoniac le plus blanc contient toujours un peu de fer provenant, soit de l'acide chlorhydrique employé, soit des vases ; ce fer est entraîné à l'état de protochlorure pendant la sublimation.

Lorsque, dans la préparation du gaz de l'éclairage, on emploie comme moyen d'épuration du chlorure de manganèse, le liquide qui surnage l'oxyde et le sulfure métallique précipités par l'ammoniaque et le sulfhydrate d'ammonium contient du sel ammoniac susceptible d'être utilisé.

Usages. — Il sert principalement dans la fabrication des couleurs, des toiles peintes, dans l'étamage, le zincage et pour la soudure.

Bromure d'ammonium, Az H⁴ Br ou Br H. Az H³.— Formé de volumes égaux d'acide bromhydrique et d'ammoniaque. Il est très-soluble dans l'eau, peu soluble dans l'alcool ; cristallise en longs prismes incolores ; volatil sans fusion et sans décomposition. A l'air, il jaunit un peu, en prenant une réaction acide. On le prépare en combinant directement l'ammoniaque à l'acide bromhydrique. Ses applications sont nulles.

Iodure d'ammonium, Az H⁴ I ou I H. Az H³. — Formé de volumes égaux d'acide iodhydrique et d'ammoniaque, déliquescent et très-soluble dans l'eau et l'alcool ; cristallise en cubes. Il se sublime sans décomposition, à l'abri de l'air ; en présence de l'oxygène, il dégage de l'iode ; sa solution jaunit également à l'air. Il absorbe l'anhydride sulfurique, en donnant une masse rouge brun et un dégagement d'acide sulfureux. On le prépare par combinaison directe de H I avec Az H³, ou en précipitant l'iodure de fer Fe″I² par le carbonate d'ammonium. En saturant avec de l'iode une dissolution concentrée d'iodure d'ammonium, on forme le biiodure d'ammonium ou biiodhydrate jaune.

Fluorure d'ammonium, Az H⁴ Fl ou Fl H. Az H³. — Très-soluble dans l'eau, peu soluble dans l'alcool ; cristallise en prismes incolores, fusibles et plus volatils que le chlorure ammonique ; saveur salée piquante. Sa solution aqueuse perd de l'ammoniaque, même à la température ordinaire ; par l'évaporation, elle se convertit en solution de bifluorhydrate. Il attaque le verre même à sec et à froid, en donnant de l'ammoniaque et du fluosilicate d'ammonium. Chauffé avec un métal alcalin, il fournit un fluorure, de l'hydrogène et de l'ammoniaque. Il absorbe à sec de faibles proportions d'ammoniaque, qu'il perd par la chaleur. On le prépare en chauffant, dans un creuset de platine, un mélange intime de sel ammoniac et de fluorure de sodium (1 p. Az H⁴Cl., 2 1/4 p. de NaFl). H. Rose sature l'acide fluorhydrique du commerce, contenant du fluorure de silicium, du fer, du plomb et du fluorure de calcium, par de l'ammoniaque mélangée à du carbonate et à du sulfure ammonique [*Ann. de Poggend.*, t. CVIII, p. 19]. Il laisse déposer et évapore à sec, au bain-marie, dans un vase en platine, en ajoutant de temps à autre un peu de carbonate d'ammoniaque solide et en remuant avec une spatule. Le sel doit être conservé dans le platine ou la gutta-percha.

Il sert à graver sur verre ; on recouvre à cet effet la partie à attaquer avec une solution de fluorure et on laisse sécher ; il a aussi été proposé pour la désagrégation des silicates dans les analyses.

Le *bifluorhydrate* Fl H. Fl. Az H⁴ se forme pendant l'évaporation d'une solution aqueuse de fluorure. Cristaux grenus, prismatiques, déliquescents, volatils ; la vapeur est très-irritante ; il attaque facilement le verre.

Fluosilicate d'ammonium, Si Fl⁴. 2 Az H⁴ Fl. — Cristallise par l'évaporation spontanée de sa solution aqueuse en gros prismes à six pans, courts, brillants, contenant de l'eau de cristallisation. Il décrépite par la chaleur et se sublime sans décomposition en une masse cristalline dense ; il rougit le papier de tournesol et attaque le verre. On le prépare par la sublimation d'un mélange de fluosilicate alcalin et de chlorure d'ammonium.

Fluoborate d'ammonium, Bo Fl³. Az H⁴ Fl. — Soluble dans l'eau et l'alcool ; cristallise par l'évaporation de ses solutions aqueuses en prismes à six pans terminés par un biseau ; saveur salée ; rougit le tournesol. Se prépare en ajoutant de l'acide borique à une solution de fluorure d'ammonium et en évaporant à sec, puis en sublimant.

Cyanure d'ammonium ou *Cyanhydrate d'ammoniaque*, Az H⁴ Cy ou Cy H. Az H³ — C Az.Az H⁴. — Il est formé de deux volumes d'acide cyanhydrique unis à deux volumes d'ammoniaque. Solide, incolore, saveur et odeur à la fois prussiques et ammoniacales ; réaction alcaline, très-vénéneux et agissant comme l'acide cyanhydrique ; bout à 36° ; cristallise en cubes ou en prismes quadrangulaires. Il est très-soluble dans l'eau et l'alcool; les cristaux sont très-altérables et se convertissent assez rapidement à l'air, surtout à chaud, en une masse brune (acide azulmique). Le chlore et le brome le convertissent en chlorure ou bromure de cyanogène. Ses vapeurs sont inflammables.

Préparation. — *a.* En dirigeant de l'ammoniaque sur du charbon chauffé au rouge et en condensant les produits formés, au moyen d'un mélange réfrigérant:

$$C + 2 Az H^3 = C Az. Az H^4 + H^2$$

[Langlois, *Ann. de Chim. et de Phys.*, t. LXVII, p. 111]. *b.* On distille à la température du bain-marie un mélange intime de KCy et de Az H⁴Cl, ou de Cy⁶FeK⁴ et de AzH⁴Cl, ou de Hg″Cy² et de Az H⁴Cl, dans les proportions atomiques convenables pour réaliser la double décomposition. *c.* Combinaison directe des deux gaz.

(Pour les sulfocyanure, ferro et ferricyanures, nitroferricyanure d'ammonium, voir les acides correspondants.)

Sulfures d'ammonium. — L'ammonium forme avec le soufre des combinaisons correspondant à celles du potassium, savoir le monosulfure d'ammonium:

$$S. 2 Az H^4 \text{ ou } S \begin{cases} H. Az H^3 \\ H. Az H^3 \end{cases}$$

anciennement sulfhydrate d'ammoniaque; le sulfhydrate d'ammonium:

$$S \begin{cases} Az H^4 \\ H \end{cases}$$

autrefois sulfhydrate de sulfure; le bisulfure d'ammonium S².2Az H⁴; le tétrasulfure S⁴. 2 Az H⁴, et le pentasulfure S⁵. 2 Az H⁴. On connaît aussi le composé S⁷. 2 Az H⁴.

a. *Monosulfure.* — 4 volumes d'ammoniaque + 2 volumes d'hydrogène sulfuré. On l'obtient à l'état solide et en cristaux incolores brillants, ayant la forme d'aiguilles ou de lames, en refroidissant à —18° un mélange des deux gaz contenant un excès d'ammoniaque. A la température ordinaire, ce sel perd la moitié de son ammoniaque et se convertit en sulfhydrate de sulfure [Bineau, *Ann. de Chim. et de Phys.*, t. LXX, p. 261]. Très-soluble, volatil, saveur piquante, hépatique, vénéneux. La solution aqueuse sert dans les laboratoires comme réactif et s'obtient facilement en sursaturant par l'hydrogène sulfuré un volume connu d'ammoniaque caustique et en neutralisant le sulfhydrate de sulfure par un volume d'alcali égal au premier: ou bien encore en précipitant du monosulfure de baryum par du carbonate d'ammonium.

Exposée à l'air, la solution incolore jaunit rapidement par suite de la formation d'un polysulfure qui se convertit ultérieurement en hyposulfite et sulfate.

b. *Sulfhydrate d'ammonium.* — 2 volumes d'ammoniaque + 2 volumes d'hydrogène sulfuré. Corps solide, incolore, cristallisant en aiguilles ou en feuillets; odeur sulfhydrique et ammoniacale; réaction alcaline; très-volatil, même à la température ordinaire; soluble dans l'eau. Sa solution est incolore et jaunit rapidement à l'air: on la prépare en sursaturant par l'acide sulfhydrique, à l'abri de l'air, une solution aqueuse d'ammoniaque. Le composé solide se forme par l'union directe de volumes égaux de S H² et de Az H³. A la température ordinaire, l'union se fait toujours dans ces rapports, quelle que soit la proportion des deux gaz.

c. *Bisulfure d'ammonium*, S². 2 Az H⁴. — Anhydre, il forme de volumineux cristaux jaunes, que l'on prépare en faisant passer de la vapeur de soufre et de sel ammoniac à travers un tube en porcelaine chauffé au rouge et en condensant les produits formés dans un récipient bien refroidi. Il est déliquescent, soluble en jaune foncé dans l'eau. Les acides le décomposent avec dépôt de soufre. Il se trouve contenu à l'état hydraté et en mélange avec d'autres polysulfures ammoniques dans la liqueur fumante de Boyle; celle-ci se prépare en distillant un mélange de 1 p. sel ammoniac, 1 p. de chaux et 1/2 p. de soufre. Elle est jaune, volatile et de consistance oléagineuse.

d. *Tétra et pentasulfures*, S⁴.2 Az H⁴ t eS⁵.2 Az H⁴. — On les obtient, d'après Fritzsche, sous forme de gros prismes jaunes transparents, en ajoutant du soufre à une solution de sulfure ammonique, et en y faisant passer alternativement de l'ammoniaque et de l'hydrogène sulfuré, afin de concentrer le liquide. Au bout d'un certain temps, celui-ci se prend en masse cristalline. Les cristaux redissous dans l'eau chaude donnent, par refroidissement, des prismes jaunes à quatre pans, du composé S⁵. 2 Az H⁴. Les eaux mères, traitées alternativement par l'ammoniaque et l'hydrogène sulfuré, fournissent des cristaux du composé S⁴. 2 Az H⁴.

c. *Heptasulfure*, S⁷. Az H⁴. — Il prend naissance pendant la décomposition lente du pentasulfure, au contact de l'air. Si l'on redissout les cristaux de pentasulfure dans leur eau mère et qu'on laisse refroidir le liquide sous une cloche, à l'air, il se dépose des cristaux rouge rubis d'heptasulfure. On a en effet:

$$3 (S^5. 2 Az H^4) = S. 2 Az H^4 + 2 (S^7. 2 Az H^4).$$

La chaleur et l'eau le décomposent, ainsi que le pentasulfure, en soufre et en sulfures ammoniques moins sulfurés. Il est soluble dans l'alcool [Fritzsche, *Journ. für prakt. Chem.*, t. XXIV, p. 460].

Séléniures ammoniques, Se″. 2 Az H⁴ et SeH. Az H. — L'acide sélénhydrique s'unit à une fois ou deux fois son volume d'ammoniaque en donnant une masse blanche volatile, se décomposant rapidement à l'air, avec dépôt de sélénium. L'odeur de ces corps rappelle à la fois celle de l'ammoniaque et de l'acide sélénhydrique [Bineau, *Ann. de Chim. et de Phys.*, t. LXVII, p. 229].

Tellurure ammonique, Te″H. Az H⁴. — L'acide tellurhydrique s'unit directement à l'ammoniaque; le produit résultant est blanc, cristallisé en feuillets volatils à 80° [Bineau, *loc. cit.*, et t. LXVIII, p. 438].

Acide sulfurique et ammoniaque. — 1° *Anhydride sulfurique.* — L'acide sulfurique anhydre s'unit directement à l'ammoniaque gazeuse sèche et donne un composé solide renfermant S O³ + 2 AzH³ (sulfamide de Dumas, sulfatammon, sulfate d'ammoniaque anhydre). Lorsque, en suivant les prescriptions de H. Rose, on recouvre les parois internes d'un ballon d'une couche d'anhydride et que l'on fait arriver de l'ammoniaque en refroidissant et en laissant un excès d'acide (ce qui est le cas ordinaire, vu que la saturation des couches internes est très-difficile), on obtient une masse gommeuse dure et acide. Dissoute avec précaution dans l'eau, pour éviter une trop forte élévation de température, et neutralisée par le carbonate de baryte, pour enlever l'excès d'acide sulfurique, elle donne, après filtration et par évaporation lente, des cristaux volumineux transparents, hémiédriques, appartenant au type quadratique, non déliquescents et répondant à la formule SO³. 2 Az H³. Les eaux mères retiennent un composé déliquescent et cristallisant difficilement en aiguilles indistinctes ; il paraît renfermer les éléments du premier unis à du sulfate d'ammonium

$$(SO^3.2\,AzH^3 + SO^4\,2\,AzH^4),$$

Les premiers cristaux dégagent de l'ammoniaque à froid avec les hydrates alcalins et alcalino-terreux, le bichlorure de platine en précipite la *moitié* de l'ammoniaque combinée sous forme de chloroplatinate. Leur solution n'est pas précipitée par les réactifs ordinaires des sulfates (sels de baryum, de strontium, de plomb), ou, s'il y a précipitation, ce n'est que peu à peu et à mesure que le composé se convertit en sulfate ammonique par fixation des éléments de l'eau. D'après ces caractères, la combinaison peut être considérée comme du sulfamate d'ammonium :

$$\left.\begin{array}{l} SO^{2\prime\prime}\,H^2Az \\ Az\,H^4 \end{array}\right\}O.$$

Si l'on sursature l'anhydride sulfurique par un excès de gaz ammoniac, que l'on chasse ensuite par un courant d'air sec, on obtient un produit offrant au microscope l'apparence de masses arrondies. Il a la même composition que les cristaux, mais il semble en différer par une moindre solubilité dans l'eau (9 p. à froid) et par une facilité plus grande à s'hydrater en se transformant en sulfate ammonique :

$$SO^3.\,2\,AzH^3 + H^2O = \left.\begin{array}{l} 2\,AzH^4 \\ (SO^2)^{\prime\prime} \end{array}\right\}O^2.$$

Nous aurions donc là deux corps isomères et dont l'un représente le sulfamate d'ammonium

$$\left.\begin{array}{l} (SO^2)^{\prime\prime}\,AzH^2 \\ Az\,H^4 \end{array}\right\}O$$

et dont le second pourrait être considéré comme renfermant

$$Az^2\left\{\begin{array}{l} SO^{2\prime\prime} \\ H^2 \\ H^2 \end{array}\right. \quad \text{ou}\quad Az^2H^6\,(SO^3)^{\prime\prime}.\,O: \\ H^2O.$$

ce serait donc un oxyde de sulfuryle-ammonium. En dirigeant les vapeurs d'acide sulfurique anhydre dans une atmosphère de gaz ammoniac maintenue en excès, M. Jacquelain obtient un composé solide fusible qui, saturé de gaz ammoniac, se transforme en un produit blanc, cristallisé, inaltérable à l'air et soluble dans l'eau avec production de froid. La solution rougit le tournesol, ne se trouble pas à froid par le chlorure de baryum, mais précipite à chaud. Il renferme

$$2\,SO^3 + 3\,AzH^3;$$

avec le chlorure de baryum, il donne un précipité blanc, cristallin, soluble dans l'acide chlorhydrique, et contenant $3\,SO^3 + 2\,AzH^3 + Ba^{\prime\prime}O$.

Le sulfamate d'ammoniaque se décompose par la chaleur en acide sulfureux, sulfite d'ammoniaque, et laisse un résidu de bisulfate ammonique. Bouilli avec de l'eau, il s'hydrate et se convertit en sulfate.

2° *Acide sulfurique*, SO^4H^2.

Sulfate neutre, $SO^4(AzH^4)^2$ (*Sal ammoniacum secretum Glauberi*). — Il forme des cristaux transparents, anhydres, tout à fait semblables aux cristaux de sulfate de potassium avec lequel il est isomorphe (prismes à 6 faces, terminés par des pyramides à 6 faces, appartenant au type orthorhombique :

$$mm = 121° 8', \quad e^1e^1 = 111° 15'.$$

Saveur vive, piquante et amère, soluble dans 2 p. d'eau froide et 1 p. d'eau bouillante, s'humectant à l'air, insoluble dans l'alcool.

Sous l'influence de la chaleur, il décrépite ; à 140° il fond et commence à se décomposer vers 280° en donnant de l'ammoniaque et du bisulfate. Ce dernier se détruit à son tour, avec production d'azote, d'eau et de bisulfite d'ammonium. A la chaleur rouge, il donne du soufre, de l'azote et de l'eau :

$$\left.\begin{array}{l} SO^2 \\ 2\,AzH^4 \end{array}\right\}O^2 = S + 2\,Az + 4\,H^2O.$$

Ce sel se prépare industriellement. 1° En saturant par l'acide sulfurique l'eau condensée pendant la distillation sèche de la houille ou des os ; mais, comme on ne peut le purifier par sublimation et que son épuration par recristallisation est difficile, il convient, si l'on veut obtenir un produit blanc, de distiller les eaux ammoniacales avec un lait de chaux, et de condenser les gaz dans l'acide sulfurique étendu. 2° En faisant passer les eaux brutes chargées de carbonate d'ammonium à travers plusieurs caisses ou filtres remplis de sulfate de chaux naturel en poudre grossière, jusqu'à ce que tout le carbonate ait été converti en sulfate par voie de double décomposition :

$$\left.\begin{array}{l} (CO)^{\prime\prime} \\ 2\,AzH^4 \end{array}\right\}O^2 + \left.\begin{array}{l} (SO^2)^{\prime\prime} \\ Ca^{\prime\prime} \end{array}\right\}O^2$$
$$= \left.\begin{array}{l} (CO)^{\prime\prime} \\ Ca^{\prime\prime} \end{array}\right\}O^2 + \left.\begin{array}{l} (SO^2)^{\prime\prime} \\ 2\,AzH^4 \end{array}\right\}O^2.$$

Le liquide est ensuite concentré et abandonné à cristallisation. 3° Michiel a proposé en 1850 le traitement de l'eau brute de condensation par le sulfate basique de plomb, formé par le grillage modéré de la galène. On obtient ainsi du sulfate ammonique soluble et du carbonate et du sulfure de plomb insolubles. 4° Wilson fait passer les gaz produits pendant la distillation de la houille à travers une colonne remplie de coke constamment arrosé avec de l'acide sulfurique étendu.

Le sulfate neutre d'ammonium sert dans la fabrication de l'alun ammoniacal, du chlorhydrate d'ammoniaque (par double décomposition avec le sel marin, tant par voie sèche que par voie humide), et enfin comme engrais. Il s'unit directement à un grand nombre de sels et notamment de sulfates métalliques pour former des sels doubles (sulfate d'alumine, de magnésium, de ferricum, de ferrosum, de sesquioxydes de manganèse et de chrome, de protoxyde de manganèse, de zinc, de nickel, de cuivre, etc.). Il se combine également avec beaucoup d'oxydes métalliques.

Sulfate acide, SO^4AzH^4H. — Cristallise en prismes orthorhombiques (mm) de 117°, avec les faces h^1, g^1, e^1 ; $e^1e^1 = 106° 44'$. Il cristallise facilement d'une solution chaude de sulfate neutre dans SO^4H^2 concentré ; il est un peu déliquescent [Marignac, *Compt. rend.*, t. XLV, p. 650] ; il est soluble dans l'alcool, soluble dans 1 p. d'eau ; saveur acide et amère.

Lorsqu'on met de l'oxalate d'ammoniaque dans de l'acide sulfurique concentré et que l'on fait bouillir pendant quelque temps, il se sépare une combinaison cristallisée d'acide oxalique et de sulfate acide d'ammoniaque :

$$2\left(\left.\begin{array}{l} (SO^2)^{\prime\prime} \\ AzH^4.\,H \end{array}\right\}O^2\right) + \left.\begin{array}{l} (C^2O^2)^{\prime\prime} \\ H^2 \end{array}\right\}O^2,$$

appartenant au type clinorhombique ($mm = 58°$). Ces cristaux se décomposent par l'eau en acide oxalique et en bisulfate). Le bisulfate ammonique se prépare par l'union directe du sulfate neutre et de l'acide sulfurique. Mitscherlich a fait connaître un sesquisulfate d'ammonium contenant

$$\left.\begin{array}{l}(SO^2)'' \\ 2\,AzH^4\end{array}\right\}O^2 + \left.\begin{array}{l}(SO^2)'' \\ AzH^4.H\end{array}\right\}O^2.$$

On l'obtient sous forme de tables minces, non déliquescentes, clinorhombiques $(p, h^1, b^{1/2}, d^{1/2})$:

$$pb^{1/2} = 102°\,51',$$
$$pd^{1/2} = 113°\,50'.$$

Isomorphe avec la combinaison potassique correspondante.

Sulfites d'ammonium. — 1° *Sulfite neutre :*

$$\left.\begin{array}{l}(SO)'' \\ 2\,AzH^4\end{array}\right\}O^2 + H^2O.$$

— Prismes à 6 pans terminés par des pyramides à 6 faces, type orthorhombique. Saveur fraîche, piquante et sulfureuse; soluble dans une partie d'eau, plus soluble à chaud. Il se décompose par la chaleur en ammoniaque et en bisulfite qui se sublime. Il absorbe l'oxygène et se convertit en sulfate. On le prépare en sursaturant une solution aqueuse et refroidie d'ammoniaque par du gaz sulfureux; on forme du bisulfite que l'on transforme en sel neutre par addition d'un égal volume d'eau ammoniacale.

2° *Bisulfite :*

$$\left.\begin{array}{l}(SO)'' \\ AzH^4.H\end{array}\right\}O^2.$$

Sel très-soluble dans l'eau et l'alcool, sublimable sans décomposition.

Hyposulfate d'ammonium :

$$\left.\begin{array}{l}(S^2O^4)'' \\ 2\,AzH^4\end{array}\right\}O^2 + H^2O.$$

— Cristaux filiformes, indistincts, saveur fraîche, soluble dans 0,79 p. d'eau à 16°; insoluble dans l'alcool. Se prépare par double décomposition :

$$\left.\begin{array}{l}(SO^2)'' \\ 2\,AzH^4\end{array}\right\}O^2 + \left.\begin{array}{l}(S^2O^4)'' \\ Ba''\end{array}\right\}O^2$$
$$= \left.\begin{array}{l}(SO^2)'' \\ Ba''\end{array}\right\}O^2 + \left.\begin{array}{l}(S^2O^4)'' \\ 2\,AzH^4\end{array}\right\}O^2.$$

La chaleur le décompose en acide sulfureux et sulfate.

Hyposulfite :

$$\left.\begin{array}{l}(S^2O)'' \\ 2\,AzH^4\end{array}\right\}O^2.$$

— Écailles rhomboïdales déliquescentes, décomposables par la chaleur en soufre, ammoniaque, eau et sulfite d'ammonium. Pour le préparer on précipite l'hyposulfite de chaux par du carbonate d'ammoniaque.

Sélénite neutre. — Cristallise en prismes quadrangulaires, déliquescents, décomposables par la chaleur en eau, ammoniaque, azote, sélénium et quadrisélénite; se prépare par combinaison directe.

Bisélénite. — Cristallise en aiguilles non altérables à l'air et se forme par l'évaporation spontanée des solutions du premier sel. Le *quadrisélénite* non cristallisable et déliquescent prend naissance pendant la décomposition sèche du sélénite neutre.

Tellurates. — On connaît le sel neutre

$$\left.\begin{array}{l}(TeO^2)'' \\ 2\,AzH^4\end{array}\right\}O^2,$$

le sel acide

$$\left.\begin{array}{l}(TeO^2)'' \\ H.AzH^4\end{array}\right\}O^2,$$

le quadritellurate

$$\left.\begin{array}{l}(TeO^2)'' \\ H.AzH^4\end{array}\right\}O^2 + \left.\begin{array}{l}(TeO^2)'' \\ H^2\end{array}\right\}O^2.$$

Le premier s'obtient sous forme de flocons blancs amorphes par le refroidissement de sa solution ammoniacale; il cristallise lorsqu'on ajoute à celle-ci du chlorhydrate d'ammoniaque. Il se prépare par combinaison directe. Le second se précipite sous forme d'une masse visqueuse lorsqu'on ajoute du sel ammoniac à une solution de bitellurate de potassium. Le quadritellurate s'obtient en flocons peu solubles dans l'eau, insolubles dans l'alcool, en précipitant une solution concentrée de quadritellurate de sodium par du sel ammoniac.

1° *Tellurate neutre :*

$$\left.\begin{array}{l}(TeO^2)'' \\ 2\,AzH^4\end{array}\right\}O^2.$$

— Masse blanche, grenue, soluble dans l'eau froide. On l'obtient par l'action de l'ammoniaque caustique sur l'acide tellurique hydraté ou par double décomposition opérée entre le tellurate de potassium et le chlorure ammonique.

2° *Bitellurate :*

$$\left.\begin{array}{l}(TeO^2)'' \\ H.AzH^4\end{array}\right\}O^2.$$

— Masse poisseuse, fusible et peu soluble dans l'eau. Il se précipite par l'addition de sel ammoniac à une solution saturée de bitellurate de sodium.

3° *Quadritellurate :*

$$\left.\begin{array}{l}(TeO^2)'' \\ H.AzH^4\end{array}\right\}O^2 + \left.\begin{array}{l}(TeO^2)'' \\ H^2\end{array}\right\}O^2.$$

— Flocons blancs, peu solubles, se boursouflant par la chaleur, en subissant une demi-fusion. On précipite, pour l'obtenir, une solution de quadritellurate de sodium par le chlorure ammonique.

Tellurite. — On obtient un quadritellurite d'ammonium grenu et amorphe en dissolvant à chaud du chlorure de tellure dans le carbonate d'ammoniaque et en ajoutant du sel ammoniac :

$$\left.\begin{array}{l}(TeO)'' \\ H.AzH^4\end{array}\right\}O^2 + \left.\begin{array}{l}(TeO)'' \\ H^2\end{array}\right\}O^2 + H^2O\,(?).$$

Ce composé se dédouble par la chaleur en eau, ammoniaque et acide tellureux. L'existence d'un tellurite neutre est encore douteuse.

Hypochlorite. — L'acide hypochloreux ClHO ne forme pas de combinaison stable avec AzH³; les solutions de ce sel, obtenues directement ou par double décomposition,

$$Cl^2Ca''O^2 + \left.\begin{array}{l}CO \\ 2\,AzH^4\end{array}\right\}O^2$$
$$= 2\,ClAzH^4O + \left.\begin{array}{l}CO \\ Ca''\end{array}\right\}O^2,$$

dégagent de l'azote à froid, d'une manière continue, jusqu'à destruction totale; plus rapidement à chaud [Soubeiran, *Ann. de Chim. et de Phys.*, t. XLVIII, p. 141].

Chlorate ammonique. — Sel blanc, cristallisable en fines aiguilles, très-soluble dans l'eau et l'alcool, de saveur piquante. Projeté sur une plaque chaude, il détone en développant une flamme rouge; la décomposition se fait souvent spontanément avec beaucoup de violence, avec production de chlore, d'azote, d'eau et d'acide hypoazotique. La solution aqueuse se décompose pendant l'ébullition, avec dégagement de chlore et d'azote. Ce sel se prépare : 1° directement par l'action de l'acide

$$\left.\begin{array}{l}ClO^2 \\ H\end{array}\right\}O$$

sur l'ammoniaque ou le carbonate d'ammoniaque ; 2° par double échange :

$$2\,\substack{\text{Cl O}^2\\ \text{Ba}''}\Big\}\,2O + 2\,\substack{\text{CO}\\ \text{Az H}^4}\Big\}\,O^2$$

$$= 2\left(\substack{\text{Cl O}^2\\ \text{Az H}^4}\Big\}\,O\right) + \substack{\text{CO}\\ \text{Ba}''}\Big\}\,O^2,$$

ou $$\quad 2\left(\substack{\text{Cl O}^2\\ \text{K}}\Big\}\,O\right) + \text{Si Fl}^4.\,2\,\text{Fl Az H}^4$$

$$= 2\left(\substack{\text{Cl O}^2\\ \text{Az H}^4}\Big\}\,O\right) + \text{Si Fl}^4.\,2\,\text{Fl K}.$$

Ce sel a été employé récemment, en raison de ses propriétés oxydantes, pour la génération du noir d'aniline sur tissus de coton [Rosenstiehl, *Bull. de la Soc. indust. de Mulhouse*, 1866. — Mitscherlich, *Poggend. Ann.*, t. LII, p. 85].

HYPERCHLORATE AMMONIQUE :

$$\substack{\text{Cl O}^3\\ \text{Az H}^4}\Big\}\,O$$

[Mitscherlich, *Poggend. Ann.*, t. XXV, p. 300. — Serullas, *Ann. de Chim. et de Phys.*, t. XLVI, p. 304]. — Il cristallise en prismes transparents appartenant au type orthorhombique; soluble dans 5 p. d'eau froide; un peu soluble dans l'alcool; neutre. Pendant la concentration, il perd de l'ammoniaque et devient acide. Se prépare directement ou par double décomposition, comme le chlorate.

BROMATE AMMONIQUE :

$$\substack{\text{Br O}^2\\ \text{Az H}^4}\Big\}\,O.$$

— Grains ou aiguilles cristallines solubles, de saveur piquante. Il détone avec violence en donnant de l'azote, du brome, de l'eau et de l'oxygène, sous l'influence d'une légère élévation de température et même spontanément; il ne peut être conservé. On sature l'acide bromique par le carbonate d'ammoniaque, ou l'on précipite le bromate de baryum par le sulfate d'ammonium [Rammelsberg, *Poggend. Ann.*, t. LII, p. 85].

IODATE AMMONIQUE :

$$\substack{\text{I O}^2\\ \text{Az H}^4}\Big\}\,O.$$

— Cubes incolores, brillants. Se décompose avec bruissement vers 150°, avec mise en liberté d'azote, d'oxygène, d'iode et d'eau :

$$\substack{\text{I O}^2\\ \text{Az H}^4}\Big\}\,O = I + Az + O + 2\,H^2O.$$

Chauffé brusquement, il détone. Soluble dans 38,5 p. d'eau à 15° et 6,9 p. d'eau bouillante [Ramelsberg, *Poggend. Ann.*, t. XLIV, p.555]. On le prépare en saturant l'acide iodique avec l'ammoniaque.

HYPÉRIODATE AMMONIQUE :

$$\substack{\text{I O}^3\\ \text{Az H}^4}\Big\}\,O + 2\,H^2O.$$

— Cristallise en prismes rhombiques, peu solubles dans l'eau froide, à réaction acide et décomposables avec explosion par la chaleur. On l'obtient en saturant l'acide periodique avec de l'ammoniaque.

AZOTATE D'AMMONIUM :

$$\substack{\text{Az O}^2\\ \text{Az H}^4}\Big\}\,O$$

(*nitrum flammans*). — Sel anhydre, cristallisé en prismes à six pans terminés par des pyramides à six faces, appartenant au type orthorhombique, et isomorphes avec le salpêtre ordinaire. Les cristaux sont flexibles et souvent accolés les uns aux autres. Saveur piquante, soluble dans 1/2 p. d'eau (0,502) à 18°; à chaud, il se dissout presque en toute proportion. Une solution bouillant à 164° con-

tient 47,8 de sel sur 52,2 d'eau. Il produit, en se dissolvant, un froid considérable (1 p. d'eau et 1 p. de sel abaissent la température de $+10°$ à $-15°$). L'azotate d'ammonium fond vers 200°; entre 230° et 250°, il se décompose d'après l'équation

$$\substack{\text{Az O}^2\\ \text{Az H}^4}\Big\}\,O = Az^2O + 2\,H^2O.$$

Si l'action de la chaleur est brusque et peu ménagée, il se dégage, en outre, de l'ammoniaque, du bioxyde d'azote et de l'acide hypoazotique. En présence de la mousse de platine, la décomposition a déjà lieu à la température de 160°. Les produits sont, dans ce cas, de l'azote, de l'eau et de l'acide azotique :

$$5\left(\substack{\text{Az O}^2\\ \text{Az H}^4}\Big\}\,O\right) = 8\,Az + 2\left(\substack{\text{Az O}^2\\ \text{H}}\Big\}\,O\right) + 9\,H^2O.$$

A 150° et en présence d'un grand excès d'acide sulfurique, ce sel se décompose en eau et protoxyde d'azote. Projeté dans un creuset chauffé au rouge, il se décompose avec ignition et production d'une flamme jaune, d'où son nom de *nitrum flammans*. Fondu, il brûle la plupart des métaux et les matières organiques.

Préparation. — On le prépare généralement en saturant l'acide azotique par l'ammoniaque, et en concentrant le liquide ; ainsi, par exemple, en dirigeant les vapeurs ammoniacales obtenues pendant la distillation faite en grand avec de la chaux, des eaux ammoniacales brutes, dans de l'acide azotique étendu. Toutes les fois que l'hydrogène naissant est en contact avec l'acide azotique, il se forme de l'azotate d'ammenium ; l'air atmosphérique en renferme de petites quantités.

Usages. — Il sert comme moyen frigorifique et pour la préparation du protoxyde d'azote.

AZOTITE D'AMMONIUM :

$$\substack{\text{Az O}\\ \text{Az H}^4}\Big\}\,O.$$

— Fines aiguilles à cristallisation indistincte; très-soluble dans l'eau. Se décompose par la chaleur en eau et azote :

$$\substack{\text{Az O}\\ \text{Az H}^4}\Big\}\,O = 2\,H^2O + Az^2.$$

La solution aqueuse dégage également de l'azote au-dessus de 50°. Elle est souvent employée pour préparer ce gaz. Dans ce cas, il suffit de mélanger en proportions convenables des solutions d'azotite de potassium et de chlorure d'ammonium. Le sel pur s'obtient en traitant l'azotite d'argent par le chlorure ammonique ; le liquide, séparé par filtration du chlorure d'argent, est évaporé dans le vide.

ACIDES PHOSPHORIQUES ET AMMONIAQUE. — 1° *Acide normal*, Ph O⁴H³.

a. *Phosphate saturé, normal; sous-phosphate :*

$$\substack{\text{(Ph O)}'''\\ 3\,\text{Az H}^4}\Big\}\,O^3.$$

— Lorsqu'on ajoute de l'ammoniaque caustique en excès au sel acide ou intermédiaire, le liquide se prend en une masse cristalline blanche, sans formes déterminées. La simple exposition à l'air et la dessiccation suffisent pour lui faire perdre une partie de son ammoniaque.

b. *Phosphate intermédiaire, neutre ordinaire :*

$$\substack{\text{(Ph O)}'''\\ 2\,\text{Az H}^4.\text{H}}\Big\}\,O^3.$$

— Il cristallise en prismes à quatre pans clinorhombiques [Brook, *Ann. Phil.*, t. XXII, p. 285]. Saveur fraîche et piquante, réaction alcaline; soluble dans 4 p. d'eau froide, plus soluble à chaud, insoluble dans l'alcool. Pendant la concentration de ses solutions aqueuses, il perd de l'ammoniaque et devient acide. Les cristaux s'effleurissent également à l'air, en perdant de l'ammoniaque; ils fondent par la chaleur, puis se décomposent en donnant un résidu d'acide métaphosphorique :

$$2 \left. \begin{matrix} (PhO)''' \\ AzH^4.H \end{matrix} \right\} O^3 = 2 AzH^3 + H^2O + \left. \begin{matrix} (PhO)''' \\ H \end{matrix} \right\} O^2.$$

On le prépare en précipitant par un excès d'ammoniaque caustique ou de carbonate d'ammoniaque une solution de phosphate acide de chaux obtenue en traitant la cendre d'os par l'acide sulfurique étendu ou par l'acide chlorhydrique. Après filtration, pour séparer le phosphate tribasique de chaux, on concentre, mais il convient de rajouter de l'ammoniaque, en laissant la réaction légèrement acide, pour remplacer celle qui s'est dégagée pendant l'évaporation.

c. *Phosphate acide, biphosphate, phosphate monoammonique :*

$$\left. \begin{matrix} (PhO)''' \\ H^2.AzH^4 \end{matrix} \right\} O^3.$$

— Il cristallise en gros prismes quadratiques ou en octaèdres [Mitscherlich, *Ann. de Chim. et de Phys.*, t. XIX, p. 373]. Soluble dans 5 p. d'eau froide, plus soluble à chaud. La chaleur le réduit à l'état d'acide métaphosphorique. On le prépare en saturant de l'ammoniaque caustique par l'acide phosphorique, jusqu'à réaction acide et jusqu'à ce que le liquide ne précipite plus par les sels de baryum. Il se forme encore pendant l'évaporation des solutions du sel intermédiaire.

Gay-Lussac a proposé l'emploi des phosphates d'ammoniaque pour rendre les tissus incombustibles; mais leur emploi n'est pas possible pour le linge qui doit être soumis au repassage, la chaleur du fer suffisant pour chasser l'ammoniaque. On a depuis remplacé avec avantage, pour cette application, le phosphate d'ammoniaque par le tungstate de soude. Les chimistes se servent des phosphates d'ammoniaque pour préparer l'acide métaphosphorique. Comme il retient encore de l'ammoniaque après calcination, il convient de le chauffer une seconde fois avec de l'acide nitrique.

d. *Phosphate double d'ammonium et de sodium.* — Sel microcosmique, sel de phosphore, sel fusible des urines :

$$\left. \begin{matrix} (PhO)''' \\ AzH^4.Na.H \end{matrix} \right\} O^3.$$

Cristallise en gros prismes clinorhombiques. Saveur fraîche et salée. Très-soluble dans l'eau; s'effleurit à l'air en perdant de l'eau et de l'ammoniaque. Sous l'influence de la chaleur, il fond facilement, dégage son eau de cristallisation, puis de l'ammoniaque et finit par se transformer en métaphosphate de sodium. Si la température est ménagée, on peut obtenir le composé

$$\left. \begin{matrix} (PhO)''' \\ Na.H^2 \end{matrix} \right\} O^3.$$

Il sert aux essais au chalumeau. Pour le préparer, on dissout dans l'eau chaude 5 p. de phosphate de soude ordinaire et 2 p. de phosphate ammonique ou on laisse refroidir; ou bien on dissout 6,7 p. de phosphate de soude ordinaire et 1 p. de sel ammoniac, on filtre et on laisse refroidir.

2° *Acide pyrophosphorique*, $Ph^2O^7H^4$. — On prépare directement le pyrophosphate d'ammoniaque en neutralisant l'acide pyrophosphorique par l'ammoniaque. Pendant la concentration le sel se convertit en phosphate ordinaire :

$$2 \left. \begin{matrix} (PhO)''' \\ 4AzH^4 \end{matrix} \right\} O^5 + H^2O = 2 \left(\left. \begin{matrix} (PhO)''' \\ 2AzH^4.H \end{matrix} \right\} O^3 \right).$$

3° *Acide métaphosphorique*, PhO^3H. — De même, en saturant une solution d'acide métaphosphorique par l'ammoniaque, on obtient une solution du sel, qui se convertit en phosphate acide :

$$\left. \begin{matrix} (PhO)''' \\ AzH^4 \end{matrix} \right\} O^2 + H^2O = \left. \begin{matrix} (PhO)''' \\ AzH^4.H^2 \end{matrix} \right\} O^3.$$

[Graham, *Ann. de Pharm.*, t. XXIX, p. 19.]

PHOSPHITE D'AMMONIAQUE. — Ce sel forme de gros prismes quadrilatères terminés par un sommet octaédrique. Il est très-soluble et déliquescent; se décompose par la chaleur en laissant de l'acide phosphoreux :

$$\left. \begin{matrix} Ph'''H \\ 2AzH^4 \end{matrix} \right\} O^3 = 2 AzH^3 + \left. \begin{matrix} Ph''' \\ H^3 \end{matrix} \right\} O^3.$$

Se prépare en saturant l'acide phosphoreux par l'ammoniaque et en concentrant à sirop [Fourcroy, Vauquelin, H. Rose, *Poggend. Ann.*, t. IX, p. 28].

HYPOPHOSPHITE D'AMMONIUM. — Il s'obtient directement; il est soluble dans l'eau et dans l'alcool, déliquescent; cristaux blancs opaques, indistincts. Se décompose par la chaleur en laissant de l'acide hypophosphoreux [H. Rose, *Poggend. Ann.*, t. XII, p. 85].

ARSÉNIATES D'AMMONIAQUE. — 1° Sel neutre triammonique

$$\left. \begin{matrix} (AsO)''' \\ 3AzH^4 \end{matrix} \right\} O^3,$$

poudre difficilement soluble obtenue en sursaturant l'acide arsénique par l'ammoniaque caustique. La chaleur le décompose immédiatement en sel intermédiaire.

2° Sel intermédiaire

$$\left. \begin{matrix} (AsO)''' \\ H(AzH^4)^2 \end{matrix} \right\} O^3.$$

Cristaux prismatiques du type quadratique; s'effleurit à l'air en perdant la moitié de son ammoniaque, mais pas d'eau. Réaction alcaline; la chaleur le décompose en As, H^2O, Az, AzH^3.

Pour le préparer, on ajoute de l'ammoniaque à une solution concentrée d'acide, jusqu'à ce qu'il commence à se former un précipité; le liquide est abandonné à l'évaporation spontanée.

3° Sel acide

$$\left. \begin{matrix} (AsO)''' \\ H^2(AzH^4) \end{matrix} \right\} O^3.$$

Sel à réaction acide, très-soluble, déliquescent; se sépare de ses solutions sous forme d'octaèdres à base carrée. Se prépare par la saturation incomplète de l'acide arsénique. La chaleur le décompose comme le précédent. On connaît les arséniates double d'ammonium et de calcium, de baryum, de magnésium.

ARSÉNITE D'AMMONIUM :

$$AzH^4AsO^2 \text{ ou } \left. \begin{matrix} (AsO)' \\ AzH^4 \end{matrix} \right\} O \text{ (d'après Pasteur)},$$

$AzH^4As^2O^5$ (d'après Stein). Se prépare en versant une solution concentrée d'ammoniaque sur de l'acide arsénieux. Masse dure, composée de tables hexagonales microscopiques appartenant au type orthorhombique. Ce sel n'est stable qu'en présence de l'ammoniaque.

ACIDE BORIQUE ET AMMONIAQUE. — L'acide borique forme avec l'ammoniaque plusieurs combinaisons se rapportant au type $M^nBo^nO^{2n}$ (métaborates).

1° Le composé

$$(AzH^4)^3H.Bo^4O^8 + 4H^2O$$

se forme en saturant l'acide borique cristallisé par le gaz ammoniac sec. En dissolvant un des composés suivants dans l'ammoniaque caustique chaude, on obtient le même sel avec 1 atome d'eau de cristallisation.

2° $(AzH^4)HBo^2O^4 + 3/2 H^2O.$

Cristaux efflorescents du type quadratique, solubles dans 12 p. d'eau. Il perd comme le précédent une partie de son ammoniaque. Se prépare en dissolvant l'acide borique dans un excès d'ammoniaque.

$$3^o \qquad (AzH^4)H^3Bo^4O^4 + 2H^2O.$$

Cristaux orthorhombiques ($p, b^{1/2}, m$ avec prédominance de p), inaltérables à l'air; soluble dans 8 p. d'eau froide; perd de l'ammoniaque par l'ébullition. Pour l'obtenir, Arfvedson dissout l'acide borique dans l'ammoniaque caustique chaude jusqu'à neutralisation et laisse refroidir lentement. La *larderellite* trouvée par Bechi dans l'acide de Toscane a une constitution analogue, mais renferme moins d'eau de cristallisation :

$$(AzH^4)HBo^2O^4 + 1/2\,H^2O.$$

Elle se présente sous forme de cristaux jaunâtres, sans saveur, en tablettes rectangulaires microscopiques, offrant les propriétés optiques du gypse; redissoute dans l'eau, elle donne des cristaux de la formule

$$(AzH^4)H^5Bo^6O^{12} + 2H^2O.$$

$$4^o \qquad (AzH^4)H^4Bo^5O^{10} + 2H^2O$$

(quadriborate de Gmelin). Prismes aplatis, clinorhombiques, groupés en croix. Inaltérable à l'air, soluble dans 8 p. d'eau froide, à réaction alcaline. Sa solution dégage de l'ammoniaque par l'ébullition et le résidu se solidifie en une masse cristalline granuleuse, contenant 6 molécules d'acide pour 1 d'ammoniaque. D'après Laurent, on le prépare en dissolvant un excès d'acide borique dans l'ammoniaque caustique et en faisant recristalliser.

$$5^o \qquad (AzH^4)H^3Bo^5O^{10} + H^2O.$$

Obtenu par Arfvedson en dissolvant l'acide borique dans l'ammoniaque.

On a proposé l'emploi des borates d'ammoniaque pour rendre les tissus incombustibles.

Silicate d'ammoniaque. — L'ammoniaque liquide (solution aqueuse) dissout un peu de silice gélatineuse fraîchement précipitée.

Carbonates d'ammoniaque. — Théoriquement et par analogie avec ce que l'on observe avec les carbonates de potassium, il devrait exister trois carbonates ammoniques : le sel neutre

$$\left.\begin{matrix}(CO)'' \\ (AzH^4)^2\end{matrix}\right\} O^2,$$

le sel acide

$$\left.\begin{matrix}(CO)'' \\ AzH^4.H\end{matrix}\right\} O^2$$

et le sesquicarbonate

$$C^3O^9(AzH^4)^4H^2 = \left(\left.\begin{matrix}(CO)'' \\ Am^2\end{matrix}\right\} O^2 + 2\left.\begin{matrix}(CO)'' \\ Am.H\end{matrix}\right\} O^2 \right),$$

combinaison de 1 molécule de sel neutre et de 2 molécules de sel acide. En réalité, le carbonate neutre n'a pas encore été isolé, à cause de la facilité avec laquelle il se dédouble en ammoniaque et sesqui ou bicarbonate. Henri Rose signale en outre l'existence d'un assez grand nombre de carbonates formés par la distillation du sesquicarbonate [*Poggend. Ann.*, t. XLVIII, p. 352]. Il attribue à ces composés des formules assez complexes qui pourraient se traduire sans contre-sens en formules typiques; mais, d'après un travail plus récent de H. Sainte-Claire Deville, les composés de H. Rose ne seraient que des mélanges en proportions variables de carbonate neutre et de bicarbonate [*Ann. de Chim. et de Phys.*, (3), t. XL, p. 87]. Nous nous contenterons donc de renvoyer le lecteur, désireux d'en apprendre davantage sur les résultats de Rose, au mémoire original cité (voir aussi Pelouze et Frémy, 3e édit., t. II, p. 485].

1° *Carbonate neutre :*

$$CO^3(AzH^4)^2 = \left.\begin{matrix}(CO)'' \\ Am^2\end{matrix}\right\} O^2.$$

— Ce sel n'a pas encore été isolé à l'état solide, on ne le connaît qu'en solution alcoolique ou aqueuse. Les cristaux prismatiques qui se séparent d'une solution alcoolique de sesquicarbonate saturée d'ammoniaque ne sont que du sesquicarbonate. D'après Humfeld, une solution alcoolique de sesquicarbonate, soumise à l'ébullition, déposerait du carbonate neutre.

2° *Bicarbonate* ou carbonate acide:

$$CO^3(AzH^4).H = \left.\begin{matrix}(CO)'' \\ Am.H\end{matrix}\right\} O^2.$$

— Prismes larges appartenant au type orthorhombique. Ces cristaux ne sont pas isomorphes avec ceux du bicarbonate de potassium. Cette dérogation apparente à la loi de l'isomorphisme, qui se vérifie si bien pour les autres sels ammoniacaux, tient probablement à un cas de dimorphisme non encore établi par l'expérience. Il est soluble à froid dans 8 p. d'eau; cette solution chauffée à 36° dégage de l'acide carbonique. Le bicarbonate est insoluble dans l'alcool, mais conservé en vase ouvert sous une couche de ce liquide, il se dissout en perdant de l'acide carbonique. Exposé à l'air, il se volatilise peu à peu en devenant opaque et en répandant une odeur ammoniacale. Sa solution aqueuse, à la température ordinaire, soit qu'on la concentre, soit qu'on l'étende, prend une réaction ammoniacale. On le prépare en saturant par l'acide carbonique une solution aqueuse d'ammoniaque ou de sesquicarbonate. Le sesquicarbonate d'ammoniaque du commerce, traité par peu d'eau ou mieux par l'alcool, cède à ces dissolvants du carbonate neutre, tandis que le bicarbonate reste en partie indissous. Tous les carbonates ammoniques abandonnés à eux-mêmes se transforment en sel acide.

3° *Sesquicarbonate :*

$$(CO^3)^3(AzH^4)^4H^2 + 2H^2O.$$

— On l'obtient cristallisé en dissolvant le carbonate du commerce dans l'ammoniaque caustique concentrée à 30° et en abandonnant la solution à elle-même. Prismes orthorhombiques avec les facettes de l'octaèdre, volumineux. Ces cristaux s'altèrent très-rapidement à l'air, en perdant de l'eau et de l'ammoniaque et en se changeant en bicarbonate.

Solubilité.

100 parties d'eau dissolvent à...	13°	17°	32°	41°	49° [1]
Sesquicarbonate	25	30	37	40	50

Le carbonate d'ammoniaque du commerce (sel volatil, carbonate d'ammoniaque des pharmacies) se compose en grande partie de sesquicarbonate. Ce produit industriel se prépare en chauffant progressivement jusqu'au rouge naissant un mélange de 1 p. de chlorure ou de sulfate ammonique et de 2 p. de craie. Au début il se dégage de l'eau et de l'ammoniaque, puis le carbonate vient se sublimer et se condenser dans le col de la cornue et le récipient. En grand, on peut se servir d'une marmite en fonte surmontée d'un chapiteau en plomb communiquant avec un récipient cylindrique en plomb, que l'on refroidit par un courant d'eau extérieur. On continue les distillations jusqu'à ce que le récipient soit presque obstrué.

On obtient aussi du carbonate en rectifiant avec du noir animal le produit brut obtenu par la distillation sèche des os, de la corne et en général des substances animales. Après une première sublimation, le produit peut contenir de l'hyposulfite

(1) À cette dernière température il se dégage CO^2.

ammonique, du sulfate, du chlorure ammoniques, du plomb, de la chaux, du chlorure de calcium. Une seconde sublimation permet de l'obtenir à peu près pur. Il se présente alors sous forme d'une masse blanche, translucide, fibreuse, à odeur ammoniacale et à saveur caustique. Il est employé en médecine comme réactif et dans plusieurs opérations industrielles.

Dosage de l'ammoniaque libre ou combinée et séparation d'avec les autres métaux. — On peut séparer les sels ammoniacaux des sels métalliques en opérant de la manière suivante. Le liquide contenant les sels en dissolution est successivement précipité par l'hydrogène sulfuré (après acidulation), par le sulfure de sodium (après neutralisation par la soude), et enfin par le carbonate de sodium. Le liquide filtré renferme ou pourra renfermer des sels de potasse, de soude, d'ammoniaque, de magnésie et de lithine. L'addition du bichlorure de platine, en présence de l'alcool, donnera un précipité jaune, grenu et cristallin, contenant tout le potassium et l'ammonium, à l'état de chloroplatinates. On filtre et on calcine ; il reste un mélange de platine métallique et de chlorure de potassium. On enlève le dernier par lavage et la solution est évaporée à sec et le résidu pesé. Le poids du chlorure de potassium donne celui du platine correspondant ; si l'on retranche cette quantité de platine du poids total, la différence donnera le platine du chloroplatinate ammonique : $Pt \times 0,1719 = (Az\,H^3)^2$. Cette méthode ne s'applique qu'autant que les sels alcalins à séparer sont solubles dans l'alcool.

Un procédé de dosage et de séparation plus avantageux est fondé sur la volatilité de l'ammoniaque et sur la facilité avec laquelle elle est chassée de ses sels par l'action des alcalis fixes. On peut donc opérer comme dans l'analyse des matières organiques azotées, par la méthode de Will et Warrentrap. Le mélange avec la chaux sodée devra se faire dans le tube même, au moyen d'une tige en laiton. L'ammoniaque mise en liberté est recueillie dans l'acide chlorhydrique, dans un appareil à boules. Le liquide résultant, additionné d'un excès de bichlorure de platine, est évaporé à sec, au bain-marie ; le résidu est lavé à l'alcool absolu, qui enlève l'excès de chlorure de platine. Le chloroplatinate, recueilli sur un filtre pesé d'avance, est séché à 100°, pesé et converti, pour contrôle, par calcination, dans un creuset en porcelaine, en platine métallique que l'on pèse : $(Am\,Cl)^2\,Pt\,Cl^4 \times 0,0761 = (Az\,H^3)^2$.

Rien n'empêche de recevoir l'ammoniaque dans une solution d'acide titrée et de doser la perte de titre par une solution normale de soude (voyez Analyse volumétrique). Dans ce cas on peut faire usage de l'appareil suivant (méthode de Schlœsing, modifiée par M. Deville). On mastique au fond d'un cristallisoir en verre un cylindre en bois sur lequel on fixe une petite capsule à fond plat, contenant 10 centimètres cubes d'acide sulfurique normal. Au-dessus de cette capsule, en repose une autre contenant la matière à examiner. Dans le cas d'un carbonate ammonique, il conviendra de le transformer en sel plus fixe. Le fond du cristallisoir est recouvert de mercure. On recouvre les deux capsules d'une cloche à douille dont les bords plongent dans le mercure. La douille est fermée par un bouchon à deux trous. L'un porte une pipette à robinet en verre, permettant de faire tomber sur le sel ammoniacal une solution concentrée de potasse caustique qu'elle renferme ; l'autre reçoit un tube courbé à angle droit, également muni d'un robinet. On commence par aspirer par ce tube, de manière à élever le niveau du mercure dans la cloche, on ferme le robinet correspondant ; puis, en ouvrant le robinet de la pipette, on laisse couler la potasse sur le sel. Au bout de 48 heures, l'ammoniaque, devenue libre, est complétement absorbée par l'acide, dont il ne reste plus qu'à mesurer le titre.

S'il s'agit d'un mélange contenant, outre le sel ammoniacal, des substances organiques azotées, facilement altérables par l'alcali fixe et pouvant dégager de l'ammoniaque (urée), il sera préférable de recourir à la méthode de M. Boussingault. Un ballon susceptible d'être chauffé au bain-marie et contenant de l'hydrate de chaux en poudre porte un bouchon percé de deux trous ; l'un porte un tube à entonnoir muni d'un robinet ; le second, un tube à deux angles droits, aboutissant au fond d'une éprouvette contenant 10 centimètres cubes d'acide normal. Cette éprouvette est exactement bouchée et communique par un second tube courbé à 2 angles droits et muni d'un robinet, avec un ballon tubulé qui est relié à une petite pompe de Gay-Lussac. Tout étant en place, on fait le vide dans l'appareil, puis on ferme le robinet placé entre l'éprouvette titrée et le ballon tubulé. La solution du sel ammonique est versée dans l'entonnoir dont on ouvre le robinet ; elle est immédiatement aspirée. On répète cette opération avec de l'eau, pour laver l'entonnoir, puis on chauffe à 30° ou 40° après avoir fait le vide. L'ammoniaque, devenue libre, se dégage et est absorbée par l'acide. A la fin on laisse rentrer l'air dans le ballon et on aspire de nouveau pour balayer les dernières traces d'alcali.

Pour doser l'ammoniaque dans les eaux naturelles, qui en contiennent très-peu, M. Boussingault se sert d'un ballon de deux litres, chauffé sur un fourneau, fermé par un bouchon qui porte deux tubes ; l'un droit, plongeur, permet l'introduction et la sortie de l'eau ; le second, à double courbure, et ayant 1 centimètre de diamètre, met le ballon en communication avec un serpentin en verre, bien refroidi. Après avoir rempli le ballon, on y verse une solution de potasse caustique, préalablement fondue (assez pour mettre toute l'ammoniaque en liberté) et on distille les 2/5 du liquide. L'ammoniaque qui passe est dosée par liqueurs titrées.

On peut aussi déterminer l'ammoniaque par différence, si elle est engagée dans une combinaison volatile ou décomposable en éléments volatils, et s'il n'y a pas eu présence d'autres produits volatils (chlorure, nitrate, sulfate d'ammonium). La matière, séchée à 100°, est calcinée et la perte donne le poids du sel ammoniacal. A. Leesen dose l'ammoniaque des terres arables en les chauffant à 140° avec de l'hydrate de chaux [*Henneberg's Journ. f. Landwirthschaft*, 1850, p. 243, et *Journ. p. Chem.*, t. LXXVIII, p. 247].

Kappel et Leube [*Vierteljahresbericht pr. Pharm.* t. X, p. 19] utilisent la réaction suivante pour le dosage de l'ammoniaque par liqueurs titrées. Si l'on ajoute de la potasse caustique à une liqueur renfermant un sel ammoniacal et du sublimé, il se forme un précipité blanc de chloramidure de mercure ; ce n'est que plus tard, lorsque toute l'ammoniaque est précipitée, que l'oxyde de mercure commence à apparaître. On dissout 1 p. du composé dans 600 p. d'eau, on ajoute 12 p. de sublimé ; on fait bouillir et on verse une solution titrée de potasse caustique (2 grammes $K\,HO$ pour 10 centimètres cubes) jusqu'à ce que le précipité soit rouge. Chaque centimètre cube de potasse $= 0,02$ d'ammoniaque. Mohr dose l'ammoniaque, lorsqu'elle existe seule dans un liquide, en neutralisant par l'acide chlorhydrique, évaporant à sec. On dose ensuite le chlore par une solution titrée de nitrate d'argent.

Oxyammoniaque ou Hydroxylamine, $Az\,H^3\,O$. — Ce corps intéressant a été découvert par W. Lossen [*Zeitschrift für Chem.* (nouv. sér.), t. I. p. 551] parmi les produits de l'action de l'hydrogène naissant sur le nitrate d'éthyle. 50 p. d'éther azotique, 120 p. d'étain et 500 p. d'acide chlorhydrique de 1,12 densité, sont mélangées; la masse s'échauffe sans qu'il se dégage des quantités notables d'hydrogène. On chasse l'alcool par l'ébullition, on précipite l'étain par l'hydrogène sulfuré. Le liquide, filtré et concentré, donne des cristaux de sel ammoniac, puis du chlorhydrate d'oxyammoniaque. On opère la séparation des deux sels au moyen de l'alcool absolu bouillant, qui dissout le dernier. Les dernières traces de sel ammoniac sont enlevées par le bichlorure de platine qui ne se combine pas au chlorhydrate d'hydroxylamine. Ce dernier sel cristallise de sa solution alcoolique. La réaction s'exprime par l'équation :

$$\left.\begin{array}{l}AzO^2\\C^2H^5\end{array}\right\}O + H^6 = \left.\begin{array}{l}C^2H^5\\H\end{array}\right\}O + AzH^3O + H^2O.$$

Le chlorhydrate a une composition exprimée par $AzH^3O.HCl$. Il cristallise dans l'alcool en longs prismes semblables à l'urée et dans l'eau en tables hexagonales. Au-dessus de 110° il fond et se décompose avec un vif dégagement d'azote, d'acide chlorhydrique, d'eau et de sel ammoniac. Le *sulfate* est très-soluble dans l'eau, l'alcool le précipite de cette solution, en aiguilles:

$$2\ (AzH^3O.H)\left.\begin{array}{l}SO^2\\{}\end{array}\right\}O^2.$$

L'*oxalate*, $2\ (AzH^3O.H)\left.\begin{array}{l}(C^2O^2)''\\{}\end{array}\right\}O^2$, se dépose en prismes brillants de la solution aqueuse concentrée.

L'*azotate*, $\left.\begin{array}{l}AzO^2\\AzH^3O.H\end{array}\right\}O$, forme une masse visqueuse soluble dans l'eau et l'alcool et se décomposant par la chaleur en eau et bioxyde d'azote :

$$\left.\begin{array}{l}AzO^2\\AzH^3O.H\end{array}\right\}O = 2\,H^2O + 2\,AzO.$$

Le *phosphate* cristallise.

Jusqu'à présent on n'a pu isoler l'oxyammoniaque pure; en ajoutant de la potasse à une solution concentrée du sel, il se dégage de l'azote et de l'ammoniaque :

$$3\ AzH^3O = 2\ Az + AzH^3 + 3\ H^2O.$$

En précipitant une solution de sulfate par une proportion équivalente de baryte caustique, on obtient la base libre en solution. Celle-ci évaporée ne laisse pas de résidu; distillée, elle donne un liquide fournissant par saturation un mélange de chlorhydrate d'oxyammoniaque et d'ammoniaque. P. S.

AMMONIAQUE BICARBONATÉE (Min.). — Bicarbonate d'ammoniaque, $AzH^4.HCO^3$. Masses cristallines d'un blanc jaunâtre ayant deux clivages brillants sous l'angle de 112°. Se trouve dans les gisements de guano. Dureté, 1,5. Densité, 1,45.

AMMONIAQUE CHLORURÉE (Min.). [Syn. : *Ammoniaque muriatée, salmiac.*] — Chlorhydrate d'ammoniaque AzH^4Cl. Se trouve en cristaux, en masses globulaires ou fibreuses et en efflorescences blanches ou jaunâtres, dans les terrains volcaniques et dans le voisinage de houillères embrasées. On en rencontre aussi dans les gisements de guano.

Caractères. Dureté, 1,5 - 2. Densité, 1,582. Éclat vitreux.

Forme cristalline. Les cristaux les plus habituels sont l'icositétraèdre a^2, l'octaèdre régulier a^1 et le dodécaèdre rhomboïdal b^1. Clivage a^1. Les cristaux sont souvent déformés de manière à simuler des formes du type hexagonal.

AMMONIAQUE (DÉRIVÉS DE L'). — On comprend sous ce nom des composés représentant de l'ammoniaque dont l'hydrogène a été remplacé en totalité ou en partie par des radicaux acides ou basiques.

Berzelius admettait que les alcaloïdes naturels étaient de l'*ammoniaque conjuguée* avec une substance organique quelconque, et Liebig considérait ces corps comme résultant de l'union de l'amidogène AzH^2 avec un radical organique. A dater seulement de la découverte de M. Wurtz, la théorie des ammoniaques composées s'est vraiment constituée.

M. Wurtz découvrit qu'en distillant les éthers cyaniques avec des alcalis on donne naissance à un carbonate alcalin et à une nouvelle base semblable à l'ammoniaque par ses propriétés, mais différant de l'ammoniaque par la substitution d'un radical d'alcool à l'hydrogène.

Cette première découverte ne tarda à être complétée par M. Hofmann. Ce chimiste fit voir que les bases de M. Wurtz se produisent directement par l'action des éthers iodhydriques sur l'ammoniaque, et il montra de plus que dans cette dernière action il se forme des bases jusque-là inconnues et dérivées de l'ammoniaque par la substitution de deux et de trois atomes d'un radical alcoolique à l'hydrogène. Il alla même plus loin : il obtint des hydrates d'ammonium dont les 4 atomes d'hydrogène étaient remplacés.

La substitution des radicaux alcooliques à l'hydrogène de l'ammoniaque une fois connue, il était naturel que l'on revint sur les hypothèses admises jusqu'alors relativement à la constitution des amides. C'est ce que firent Gerhardt et Chiozza. Ces chimistes montrèrent que les amides ne sont que de l'ammoniaque dont H est remplacé par un radical monoatomique et que les diamides sont de l'ammoniaque dont H^2 sont remplacés par un radical diatomique. Ils firent en outre connaître de nouvelles amides renfermant 2 et même 3 radicaux acides et qui se produisent dans des conditions analogues à celles où se produisent les ammoniaques composées d'un même degré de substitution, dérivées des alcools.

Jusque-là on ne connaissait que des ammoniaques composées dérivées d'une seule molécule d'ammoniaque, au moins en ce qui concerne les ammoniaques basiques. On connaissait bien, il est vrai, des amides dérivées du type Az^2H^6; M. Cloëz, en faisant agir le bromure d'éthylène sur l'ammoniaque, avait obtenu le premier ces bases condensées, mais il en avait méconnu la vraie nature et les avait représentées par des formules différentes de celles qui expriment leur constitution. M. Hofmann, le premier, fit voir que ces bases dérivent du type Az^2H^6 par la substitution de radicaux diatomiques à l'hydrogène. Dès ce moment la théorie des ammoniaques composées fut complète et telle que nous allons l'exposer.

Tous les produits de substitution qui dérivent du type ammoniaque AzH^3 ou d'un type plus condensé Az^nH^{3n} portent le nom générique d'ammoniaques composées. On donne le nom d'ammoniums composés aux radicaux qui dérivent du type AzH^4 ou du type condensé Az^nH^{4n}. Ces ammoniums n'existent jamais libres. Ceux d'entre eux qui résultent de la substitution de radicaux alcooliques à la totalité de leur hydrogène peuvent toutefois exister à l'état d'hydrates

$$\left.\begin{array}{l}(AzR^4)^n\\H^n\end{array}\right\}O^n.$$

Les ammoniaques composées, au contraire, existent à l'état de liberté comme l'ammoniaque elle-même.

La grande classe des ammoniaques composées peut être subdivisée en trois groupes d'après la nature des radicaux que ces corps renferment, radicaux qui peuvent être tous négatifs, tous

DANS LES AMMONIAQUES COMPOSÉES

Le radical substitué est électro-négatif. — AMIDES.

Type	Substitution	Formule	Nom
Le composé appartient au type AzH^3. MONAMIDES.	Il y a un seul radical substitué. Monamides primaires.	C^2H^3O / H / H	Az. Acétamide.
	Il y a deux radicaux substitués. Monamides secondaires.	C^2H^3O / C^2H^3O / H	Az. Diacétamide.
	Il y a trois radicaux substitués. Monamides tertiaires.	C^2H^3O / C^2H^3O / C^2H^3O	Az. Triacétamide.
Le composé appartient au type Az^2H^6. DIAMIDES.	Il y a un seul radical substitué. Diamides primaires.	$(C^2O^2)''$ / H^2 / H^2	Az^2. Oxadiamide.
	Il y a deux radicaux substitués. Diamides secondaires.	R'' / R'' / H^2	Az^2? Diamide secondaire.
	Il y a trois radicaux substitués. Diamides tertiaires.	R'' / R'' / R''	Az^2? Diamide tertiaire.
Le composé appartient au type Az^3H^9. TRIAMIDES.	Il y a un seul radical substitué. Triamides primaires.	$(C^6H^5O^4)'''$ / H^2 / H^3	Az^3. Citro-triamide.
	Il y a deux radicaux substitués. Triamides secondaires.	R''' / R''' / H^3	Az^3? Triamide secondaire.
	Il y a trois radicaux substitués. Triamides tertiaires.	R''' / R''' / R'''	Az^3?

Le radical substitué est électro-positif. AMINES.

Type	Substitution	Formule	Nom
Le composé appartient au type AzH^3 ou au type AzH^4. MONAMINES ou MONAMMONIUMS.	Il y a un seul radical substitué. Monamines primaires.	C^2H^5 / H / H	Az. Éthylamine.
	Il y a deux radicaux substitués. Monamines secondaires.	C^2H^5 / $C\ H^3$ / H	Az. Méthyl-éthylamine.
	Il y a trois radicaux substitués. Monamines tertiaires.	C^2H^5 / C^2H^5 / C^2H^5	Az. Tri-éthylamine.
	Il y a quatre radicaux substitués. Monammoniums quaternaires	C^2H^5 / C^2H^5 / C^2H^5 / C^2H^5	Az.Cl. Chlorure de tétréthyl-ammonium.
Le composé appartient au type Az^2H^6 ou Az^2H^8. DIAMINES ou DIAMMONIUMS.	Il y a un seul radical substitué. Diamines primaires.	$(C^2H^4)''$ / H^2 / H^2	Az^2. Éthylène-diamine.
	Il y a deux radicaux substitués. Diamines secondaires.	$(C^2H^4)''$ / $(C^2H^4)''$ / H^2	Az^2. Diéthylène-diamine.
	Il y a trois radicaux substitués. Diamines tertiaires.	$(C^2H^4)''$ / $(C^2H^4)''$ / $(C^2H^4)''$	Az^2? Triéthylène-diamine.
	Il y a quatre radicaux substitués. Diammoniums quaternaires.	$(C^2H^4)''$ / $(C^2H^4)''$ / $(C^2H^4)''$ / $(C^2H^4)''$	$Az^2.Cl^2$? Chlorure de tétréthylène-diammonium.
Le composé appartient au type Az^3H^9 ou Az^3H^{12}. TRIAMINES ou TRIAMMONIUMS.	Il y a un seul radical substitué. Triamines primaires.	$(C^3H^5)'''$ / H^3 / H^3	Az^3? Allyl-triamine.
	Il y a deux radicaux substitués. Triamines secondaires.	$(C^3H^5)'''$ / $(C^3H^5)'''$ / H^3	Az^3? Diallyl-triamine.
	Il y a trois radicaux substitués. Triamines tertiaires.	$(C^3H^5)'''$ / $(C^3H^5)'''$ / $(C^3H^5)'''$	Az^3? Triallyl-triamine.
	Il y a quatre radicaux substitués. Triammoniums quaternaires.	$(C^3H^5)'''$ / $(C^3H^3)'''$ / $(C^3H^5)'''$ / $(C^3H^5)'''$	$Az^3.Cl^3$? Chlorure de tétrallyl-triammonium.

Les radicaux substitués sont les uns positifs, les autres négatifs. — ALCALAMIDES.

Type	Substitution	Formule	Nom
Le composé appartient au type AzH^3. MONALCALAMIDES.	Il y a deux radicaux substitués. Monalcalamides secondaires.	C^2H^3O / C^2H^5 / H	Az. Éthyl-acétamide.
	Il y a trois radicaux substitués. Monalcalamides tertiaires.	C^2H^3O / C^2H^3O / C^3H^5	Az? Éthyl-diacétamide.
Le composé appartient au type Az^2H^6. DIALCALAMIDES.	Il y a deux radicaux substitués. Dialcalamides secondaires.	$(C^2O^2)''$ / $(C^2H^4)''$ / H^2	Az^2? Éthylène-oxalyl-diamide.
	Il y a trois radicaux substitués. Dialcalamides tertiaires.	$(C^2O^2)''$ / $(C^2H^4)'''$ / $(C^2H^4)''$	Az^2? Diéthylène-oxalyl-diamide.
Le composé appartient au type Az^3H^9. TRIALCALAMIDES.	Il y a deux radicaux substitués. Trialcalamides secondaires.	$(C^6H^5O^4)'''$ / $(C^3H^5)'''$ / H^3	Az^3? Allyl-citro-triamide
	Il y a trois radicaux substitués. Trialcalamides tertiaires.	$(C^6H^5O^4)'''$ / $(C^3H^5)'''$ / $(C^3H^5)'''$	Az^3? Diallyl-citro triamide.

positifs, les uns positifs et les autres négatifs.

Lorsque tous les radicaux sont négatifs, comme l'acétyle, les produits qui résultent de leur substitution à l'hydrogène de l'ammoniaque portent le nom d'*amides*. Lorsque tous les radicaux substitués sont positifs, comme l'éthyle, les produits reçoivent le nom d'*amines*. Enfin, si l'hydrogène est remplacé en partie par des radicaux positifs, en partie par des radicaux négatifs, on a ce que Gerhardt appelait *alcalamides*. Telle est la phényl-acétamide :

$$\left.\begin{array}{l} C^6H^5 \\ C^2H^3O \\ H \end{array}\right\} Az.$$

Les ammoniaques composées se divisent donc tout naturellement en trois classes : les *amides*, les *amines* et les *alcalamides*. Chacune de ces classes peut être subdivisée à son tour.

Lorsque les radicaux qui remplacent l'hydrogène sont monoatomiques, le type ammoniaque ou ammonium n'est point altéré ; mais si ces radicaux sont polyatomiques, ils peuvent, en se substituant à plusieurs atomes d'hydrogène pris chacun dans une molécule différente d'ammoniaque, souder plusieurs molécules en une, comme le montrent les formules suivantes :

$$Az\left\{\begin{array}{l} H \\ H \\ H \end{array}\right.\left.\begin{array}{l} H \\ H \\ H \end{array}\right\}Az \qquad Az\left\{\begin{array}{l} -(CO)''- \\ H \\ H \end{array}\right.\left.\begin{array}{l} \\ H \\ H \end{array}\right\}Az,$$

et fournir des produits qui dérivent des types condensés Az^2H^6, Az^3H^9, Az^4H^{12}, Az^nH^{3n} ou Az^2H^8, Az^3H^{12}, Az^4H^{16}, Az^nH^{4n}. Les corps qui répondent au type de l'ammoniaque ou de l'ammonium simple portent les noms de monamides, de monamines, de mono-ammoniums et de mono-alcalamides ; ceux qui dérivent des doubles molécules Az^2H^6 ou Az^2H^8 sont désignés par les noms de diamides, de diamines, de dialcalamides et de diammoniums ; ceux qui répondent au type Az^3H^9 ou Az^3H^{12} sont connus sous les noms de triamides, etc., et ainsi de suite. Les amides sont donc divisées en monamides, diamides, triamides, etc. ; les amines en monamines, diamines, triamines, etc. Les alcalamides et les ammoniums sont divisés de même.

Chacun des groupes que nous venons de passer en revue est susceptible enfin d'une troisième subdivision : dans toute amide, dans toute amine, dans tout ammonium, on peut en effet remplacer l'hydrogène en totalité ou en partie par des radicaux. De là des amides ou des amines, primaires si la substitution porte sur un seul atome, comme dans la méthylamine,

$$Az\left\{\begin{array}{l} CH^3 \\ H \\ H \end{array}\right.$$

secondaires si elle porte sur deux, comme dans la diéthylamine,

$$Az\left\{\begin{array}{l} C^2H^5 \\ C^2H^5 \\ H \end{array}\right.$$

tertiaires, comme dans la triéthylamine,

$$Az\left\{\begin{array}{l} C^2H^5 \\ C^2H^5 \\ C^2H^5 \end{array}\right.$$

et des ammoniums quaternaires quand la substitution porte sur les quatre atomes d'hydrogène, comme dans l'hydrate de tétréthyl-ammonium,

$$\left(Az\left\{\begin{array}{l} C^2H^5 \\ C^2H^5 \\ C^2H^5 \\ C^2H^5 \end{array}\right.\right)'\left.\begin{array}{l} \\ \\ \\ H \end{array}\right\} O.$$

On peut donc établir une classification rationnelle

des ammoniaques composées, que nous donnons en abrégé dans le tableau de la page 231. A. N.

AMMONIAQUE SULFATÉE. — Voyez Mascagnin.

AMMONIUM. — Voyez Ammoniaque.

AMOIBITE. — Voyez Gersdorffite.

AMPÉLINE [Laurent, *Ann. de Chim. et de Phys.*, t. LXIV, p. 326]. — Produit obtenu par Laurent dans la distillation sèche de certains schistes bitumineux. En distillant ces schistes, on obtient une huile qui commence à bouillir à 80°, mais dont le point d'ébullition monte jusqu'aux environs de 300° ; on agite les portions bouillant de 200° à 280° avec de l'acide sulfurique concentré ; puis, après plusieurs lavages à l'eau, on les traite par une solution de soude caustique avec laquelle on les laisse vingt-quatre heures en contact. La solution alcaline est décomposée par l'acide sulfurique ; il se sépare ainsi une huile qui, agitée avec vingt fois son volume d'eau, se dissout partiellement en laissant un résidu qu'on rejette ; on verse ensuite dans la solution aqueuse quelques gouttes d'acide sulfurique, et l'ampéline se sépare. C'est une huile limpide, jaunâtre ; elle ne se concrète pas à 20° ; elle se décompose par la distillation en donnant naissance à de l'eau et à un nouveau produit huileux ; il se forme en même temps beaucoup de charbon.

L'ampéline est très-soluble dans l'eau, d'où elle est précipitée par les acides, le sel marin, le sel ammoniac et le phosphate de sodium. La potasse, l'ammoniaque, les carbonates de sodium et de potassium, troublent la solution aqueuse, mais par l'agitation et la chaleur la liqueur s'éclaircit. Elle se dissout facilement dans l'alcool et l'éther. L'acide nitrique la décompose en produisant de l'acide oxalique et un corps résineux.

D'après Laurent, l'ampéline a quelque analogie avec la créosote. Cʜ. L.

AMPÉLIQUE (ACIDE), $C^7H^6O^3$ [Laurent, *Ann. de Chim. et de Phys.*, t. LXIV, p. 325. — *Revue scient.*, t. VI, p. 70]. — Produit de l'oxydation de certaines huiles de schiste.

Pour la préparation de cet acide, on prend les portions des huiles de schistes bitumineux bouillant au-dessous de 150°, et on les fait bouillir avec de l'acide nitrique concentré. Par refroidissement, il se sépare de l'acide picrique. Les eaux mères, neutralisées avec de l'ammoniaque et évaporées à siccité, sont reprises par l'alcool qui dissout l'ampélate d'ammoniaque et laisse insoluble le picrate d'ammoniaque. Le sel, purifié par plusieurs cristallisations dans l'alcool et l'eau, est décomposé par l'acide nitrique.

L'acide ampélique est incolore, inodore.

Très-peu soluble dans l'eau bouillante, insoluble dans l'eau froide, très-soluble dans l'alcool et l'éther, d'où il se dépose par évaporation avec l'apparence d'une poudre à peine cristalline.

Il fond au-dessus de 260° et se sublime en aiguilles microscopiques. Projeté sur un charbon rouge, il se sublime partiellement. Une autre partie est décomposée en répandant une odeur semblable à celle « que dégagent, dans les mêmes circonstances, les matières qui ont été azotées par l'acide nitrique. » L'acide sulfurique concentré le dissout à chaud ; l'eau le précipite inaltéré de cette solution. Il n'est pas attaqué par l'acide nitrique.

Les ampélates alcalins sont solubles ; ils donnent des précipités incolores avec les sels de calcium et de plomb, verts avec ceux de nickel, vert-bleuâtres avec ceux de cuivre. Ils ne précipitent pas les sels de baryum, de strontium, de manganèse et de mercure.

L'acide ampélique a pour composition $C^7H^6O^3$. Il est donc isomérique avec l'acide salicylique. Cʜ. L.

AMPHIBOLES (Min.).—Groupe d'espèces dont la composition chimique est représentée, d'après Rammelsberg, par la formule générale

$$R\,SiO^3\,(R = Ca, Mg, Fe),$$

identique à celle des pyroxènes, qui d'après lui n'en diffèrent que par la forme cristalline [*Handbuch der Mineralogie*, 1860, p. 468]. Cette formule indique pour l'oxygène des protoxydes et celui de la silice un rapport de 1 : 2. Bonsdorff [*Journ. de Schweigger*, t. XXXV, p. 123] admettait le rapport 1 : 2,25, qui se rapproche davantage des résultats d'un grand nombre d'analyses et en particulier de celles faites récemment avec beaucoup de soin par M. Lechartier [*Ann. de l'École normale*, t. I, 1864. — *Bull. de la Soc. chim.*, 1865, t. III, p. 375]. On retombe sur le rapport 1 : 2, en ajoutant à l'oxygène des bases celui de l'eau que renferment toutes les amphiboles, dans une proportion de 1,5 à 2 %, et qui joue probablement un rôle dans la saturation de la silice (1). Quant à l'alumine et au sesquioxyde de fer que contiennent diverses variétés, M. Lechartier a montré que la quantité en diminue à mesure que la matière destinée aux analyses est mieux choisie et triée avec plus de soin; on ne peut donc pas les considérer comme éléments essentiels de ces espèces minérales, non plus que le fluor qui s'y rencontre quelquefois.

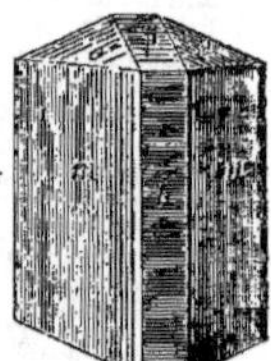

Fig. 22. — Amphibole.

Le groupe des amphiboles est caractérisé essentiellement par sa forme cristalline, qui se rapporte à un prisme clinorhombique de 124° environ, parallèlement aux faces latérales duquel toutes les variétés présentent des clivages très-faciles.

Angles : $mm = 124° 11'$, $pm = 103° 12'$, $d^{1/2}\,p = 152° 36'$, $b^{1/2}\,p = 145° 35'$. Selon Mitscherlich et Berthier, l'amphibole trémolite, exposée à la chaleur d'un four à porcelaine, fond et donne par le refroidissement des cristaux de pyroxène.

1re espèce : TRÉMOLITE (Syn. *Grammatite H.*). La trémolite est l'amphibole proprement dite de magnésie et de chaux; elle renferme presque toujours un peu de fer et de manganèse. Elle se présente en longs prismes (m), très-rarement terminés, striés en long, ou en masses bacillaires fibreuses blanches, grises, vert clair, jaunâtres, quelquefois un peu violacées, dans la dolomie, dans le calcaire saccharoïde, dans le micaschiste, etc.

Caractères. Inattaquable aux acides; au cha-

(1) Ce rôle pourrait être exprimé par la formule rationnelle

$$\left.\begin{array}{l} 10\,Si \\ 9\,R \\ H^2 \end{array}\right\}\,O^{30} = 10\,SiO^2,\ 9\,R''O,\ H^2O,$$

qui demande : Silice : 58,41 et 59,4. Magnésie : 23,4 et 27,7. Chaux : 16,5 et 11,1. Eau : 1,7 et 1,8, selon qu'on pose

$$9\,R = 6\,Mg + 3\,Ca \quad \text{ou} \quad 9\,R = 7\,Mg + 2\,Ca.$$

lumeau, fond facilement avec un léger bouillonnement, en un verre blanc demi-transparent. Dureté, 5,5. Fragile. Densité, 2,9-3,2.

Certaines variétés de *jade* (néphrite) doivent se rapporter à la trémolite, de même que beaucoup d'*asbestes* (liége, cuir et carton de montagne, bissolithe).

2e espèce : ACTINOTE [Syn. *Strahlstein*, *Rayonnante de Saussure*]. Cette espèce diffère de la précédente par la présence d'une plus grande quantité d'oxyde ferreux (6-12 %). Sa couleur est d'un vert plus ou moins foncé.

Elle forme en général des prismes allongés, sans terminaison, contenus dans des schistes micacés, talqueux ou chloriteux; on la trouve aussi en masses lamelleuses ou fibreuses dans les mines de fer d'Arendal, etc.

Caractères. Inattaquable aux acides; fond au chalumeau en un émail gris, vert ou noirâtre. Avec le borax, donne les réactions du fer.

Dureté, 5-5,5. Poussière d'un blanc verdâtre. Densité, 2,8-3,3.

3e espèce : HORNBLENDE (Syn. *Pargasite*). Dans cette espèce, la proportion d'oxyde ferreux s'élève au-dessus de 12 % et monte jusqu'à 36 % (*Arfvedsonite*). La plupart des hornblendes renferment une proportion notable d'alumine et d'alcalis. La forme des cristaux est généralement moins allongée que dans la trémolite et dans l'actinote; ils présentent souvent un prisme à 6 pans (m, g^1) surmonté d'un pointement à 3 faces ($p, b^{1/2}$). Couleur noire, vert brunâtre foncé.

Se trouve dans les roches anciennes (syénites, amphibolites, diorites, etc.), dans les roches volcaniques, basaltes, trachytes, laves modernes et dans des calcaires saccharoïdes (pargasite).

Caractères. Les variétés très-riches en fer sont légèrement attaquables à l'acide chlorhydrique. Au chalumeau, fond facilement en un émail noir.

Dureté, 5,5. Poussière grise ou brunâtre. Densité, 3-3,4.

La hornblende subit quelquefois une altération analogue à celle du feldspath, en perdant une partie de sa chaux et de sa magnésie, avec transformation de l'oxyde ferreux en oxyde ferrique.   F. et S.

AMPHIDES (SELS). — Les sels *amphides* sont les combinaisons des acides avec les oxydes, des sulfides avec les sulfures, etc.

AMPHIGÈNE (Min.). [Syn. *Leucite W.*] — Silicate de potasse et d'alumine :

$$K^2Al^2Si^4O^{12} = K^2O, Al^2O^3, 4\,SiO^2.$$

Une petite quantité de potasse est souvent remplacée par de la soude. Icositétraèdres (a^2), blancs demi-transparents ou opaques d'un éclat vitreux, empâtés dans des roches volcaniques modernes ou anciennes.

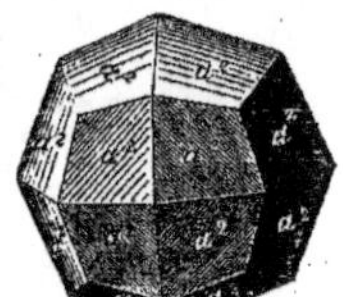

Caractères. Complétement attaquable par les acides, sans faire gelée. Infusible au chalumeau. Coloration bleue avec le nitrate de cobalt.

Fig. 23. — Amphigène.

Dureté, 5,5 - 6. Densité, 2,45-2,5.

Forme crist. Type cubique; clivages, b^1 traces.

AMPHIGÈNES (CORPS). — Berzelius nommait ainsi l'oxygène, le soufre, le sélénium et le tellure, incapables de former directement des composés salins en s'unissant aux métaux, par opposition aux corps dits *halogènes* (chlore, brome, iode et fluor).

Ce mot amphigènes (ἀμφί, des deux côtés) rappelle la propriété qu'ils ont de former en se combinant avec les autres corps, et des acides et des bases.

AMPHODÉLITE. — Voyez Anorthite.

AMYGDALINE, $C^{20}H^{27}AzO^{11}$. — L'amygdaline a été découverte en 1830 par Robiquet et Boutron Charlard, dans les amandes amères [*Ann. de Chim. et de Phys.*, t. XLIV, p. 352]. Ces chimistes, recherchant le mode de formation de l'essence d'amandes amères, constatèrent que cette essence ne préexiste pas dans les amandes amères, que la présence de l'eau est indispensable à son développement (fait que Planche, Henry et Guibourt avaient déjà observé), qu'elle ne se produit également qu'en présence d'une autre substance contenue dans les amandes amères, substance qu'ils isolèrent et à laquelle ils donnèrent le nom d'*amygdaline*. — Liebig et Wœhler étudièrent sa composition et ses propriétés : c'est à eux que nous devons la connaissance des liens qui unissent l'amygdaline à l'hydrure de benzoïle [*Ann. de Chim. et de Phys.*, t. LXIV. p. 185]. L'amygdaline existe aussi dans les feuilles de laurier-cerise, dans les jeunes pousses de certaines espèces de *prunus* et de *sorbus* [Wicke, *Ann. der Chem. u. Pharm.*, t. LXXIX, p. 79 et t. LXXXI, p. 241]. Il est probable qu'elle existe dans tous les végétaux qui par distillation donnent de l'acide prussique.

Préparation. — Le son d'amandes amères, privé d'huile grasse par expression entre des plaques de fer chaudes, est traité par de l'alcool bouillant de 95 centièmes (un alcool plus faible dissoudrait du sucre incristallisable, dont il serait difficile ultérieurement de débarrasser l'amygdaline); on filtre et on presse le résidu; le liquide filtré abandonne par refroidissement un peu d'huile grasse qu'on enlève. Après quelques jours, il se forme une cristallisation d'amygdaline; mais la plus grande partie reste dissoute; on distille l'alcool jusqu'au sixième de son volume, et après refroidissement on y ajoute de l'éther; il se forme ainsi un abondant précipité qu'on recueille et qu'on comprime entre des doubles de papier, pour enlever l'huile grasse dont ils sont souillés et dont on ne peut généralement les débarrasser que par des lavages éthérés. — On fait recristalliser dans l'alcool et l'on obtient ainsi le produit complétement pur. — On en obtient environ 1,5 % du poids des amandes amères (Liebig et Wœhler); 3 % d'après Bette [*Ann. de Chem. u. Pharm.*, t. XXXI, p. 241].

Rieckher a proposé comme moyen de doser l'amygdaline dans les amandes amères, l'emploi des alcalis bouillants qui lui font perdre tout son azote à l'état d'ammoniaque (V. Ac. Amygdalique). On prépare un extrait aqueux des amandes amères à titrer, en prenant les précautions indiquées plus haut, puis on le fait bouillir avec de la potasse ou de la baryte, et on dose l'ammoniaque qui se dégage [*Zeitsch. für Chem.*, t. II, p. 307, 1866].

Propriétés. — L'amygdaline déposée d'une solution aqueuse saturée à 40° se présente sous la forme de cristaux prismatiques transparents, qui, partant d'un centre commun, forment des groupes assez volumineux [voyez, pour la forme cristalline, Keferstein, *Jahresb.*, 1855, p. 679]. Ces cristaux se ternissent à l'air; ils renferment 10,57 % d'eau, qu'ils perdent à 120°.

Ils sont solubles dans 12 p. d'eau à 10° ; dans 904 p. d'alcool ($D = 0,819$) à 10° et dans 11 p. du même alcool bouillant; dans 148 p. d'alcool ($D = 0,939$) à 10° et dans 12 p. du même alcool bouillant : ils sont tout à fait insolubles dans l'éther [Wittstein, *Vierteljahrsschr. pr. Pharm.*, t. XIII, p. 372].

Leur solution a une saveur sucrée qui se transforme dans la bouche en celle des amandes amères. — Elle dévie à gauche le plan de polarisation de la lumière; $[\alpha] = 35,51$ [Bouchardat, *Compt. rend. de l'Acad.*, t. XIX, p. 1174]. — Chauf-fée dans un tube, l'amygdaline se tuméfie, répand d'abord une odeur de caramel, mais vers la fin de la calcination on y distingue celle de l'aubépine. — C'est une substance inaltérable à la lumière; le chlore sec semble également sans action sur elle. — Les agents oxydants réagissent en général assez énergiquement sur elle; l'acide nitrique, le peroxyde de manganèse en présence de l'acide sulfurique, le permanganate de potassium, décomposent sa solution aqueuse et donnent naissance à de l'hydrure de benzoïle (ou à de l'acide benzoïque), à de l'ammoniaque et à de l'acide formique. L'amygdaline, chauffée avec de la potasse, dégage de l'ammoniaque, et se transforme en acide amygdalique. — En la broyant avec de la baryte anhydre et chauffant légèrement, il se manifeste une réaction violente : il se dégage d'abondantes vapeurs blanches qui se condensent en une huile incolore, différente de l'hydrure de benzoïle ; le résidu est principalement formé de carbonate de baryum. — L'acide chlorhydrique concentré la décompose en donnant naissance à de l'acide formobenzoïlique et à une matière noire ulmique; cette réaction se conçoit aisément, puisque, comme nous allons le voir, l'amygdaline renferme les éléments nécessaires à la formation de l'acide formobenzoïlique d'une part et de l'autre du glucose qui, sous l'influence des acides, se transforme en matières ulmiques.

La solution aqueuse de l'amygdaline ne précipite pas les sels métalliques.

La réaction caractéristique de l'amygdaline est celle qui se produit sous l'influence de l'émulsine ou synaptase, sorte de ferment contenu dans les amandes; il se forme dans ce cas de l'hydrure de benzoïle, de l'acide cyanhydrique et du glucose :

$$C^{20}H^{27}AzO^{11} + 2\,H^2O$$
Amygdaline.

$$= C^7H^6O + CAzH + 2\,C^6H^{12}O^6.$$
Hydrure   Glucose.
de benzoïle.

Le même dédoublement a lieu sous l'influence de l'acide chlorhydrique et de l'acide sulfurique, étendus et bouillants : dans ces conditions, on observe toujours la production d'acide formique, due sans doute à la décomposition de l'acide cyanhydrique [Chiozza, *Traité de Chimie* de Gerhardt, t. III, p. 200; H. Ludwig, *Arch. Pharm.*, (2), t. LXXXVII, p. 273].

D'après Feldhaus, le dédoublement de l'amygdaline ne donne pas lieu à la formation d'acide prussique libre, mais à une combinaison de cet acide et d'hydrure de benzoïle ; cette combinaison, très-instable, est décomposée en ses éléments par la chaleur [*Arch. Pharm.*, (2), t. CXIV, p. 33 et t. CXVI, p. 41].

Constitution. — L'amygdaline est un glucoside. Selon Piria, on doit la considérer comme formée par la conjugaison de cinq groupes moléculaires qui, en s'unissant, perdent 4 molécules d'eau :

C^7H^6O	(hydrure de benzoïle).
$C^6H^{12}O^6$	(glucose).
$C^6H^{12}O^6$	(glucose).
$C\,H^2O^2$	(acide formique).
H^3 Az	(ammoniaque).

$$\overline{C^{20}H^{33}O^{15}Az} - 4\,H^2O = C^{20}H^{27}AzO^{11}.$$

[Piria, *Ann. de Chim. et de Phys.*, (3), t. XLIV, p. 371].

On n'a pas encore donné de formule rationnelle à l'amygdaline.   Ch. L.

AMYGDALIQUE (ACIDE), $C^{20}H^{26}O^{12}$ [Liebig et Wœhler, *Ann. de Chim. et de Phys.*, t. LXIV, p. 185].

$$C^{20}H^{27}AzO^{11} + H^2O = AzH^3 + C^{20}H^{26}O^{12}.$$
Amygdaline.   Acide amyg-
dalique.

Pour le préparer, Liebig et Wœhler font bouillir pendant un quart d'heure environ une solution aqueuse d'amygdaline avec de l'eau de baryte; quand il ne se dégage plus d'ammoniaque, la réaction est terminée; on précipite l'excès de baryte par un courant d'acide carbonique; la liqueur filtrée renferme de l'amygdalate de baryum qu'on décompose par l'acide sulfurique faible.

Propriétés. — Séché au bain-marie, cet acide est sirupeux; au bout de quelque temps, il se dépose dans ce sirop de petits cristaux. Sa solution aqueuse dévie à gauche le plan de polarisation de la lumière $[\alpha] = -40{,}19$. — Il est déliquescent, insoluble dans l'alcool absolu et l'éther, un peu soluble dans l'alcool aqueux.

Quand on le fait bouillir avec du peroxyde de manganèse, il ne subit pas d'altération; mais si l'on ajoute au mélange de l'acide sulfurique, il se forme de l'acide formique, de l'hydrure de benzoïle et de l'acide carbonique.

Les *sels de l'acide amygdalique* sont peu intéressants : ils sont tous gommeux. — Le sel de baryum seul a été analysé : il renferme

$$C^{40}H^{50}Ba\,O^{24}.$$

Le sel d'argent ne peut s'obtenir; un mélange de sulfate d'argent et d'amygdalate de baryum précipite de l'argent métallique, déjà à froid, et surtout à chaud.

L'*amygdalate d'éthyle* s'obtient, suivant Wœhler, en faisant tomber goutte à goutte dans du gaz chlorhydrique un mélange épais d'alcool et d'amygdaline [*Ann. der Chem. u. Pharm.*, t. LXVI, p. 240]. — Sirop amer, plus lourd que l'eau, décomposable par la chaleur.   Ch. L.

AMYLE, C^5H^{11}. — Radical dont on admet l'existence dans les dérivés de l'alcool amylique. Lorsqu'on cherche à l'isoler, il double sa molécule et donne le diamyle $C^{10}H^{22}$, identique ou isomère avec l'hydrure de décyle. — Voyez Diamyle.

AMYLE (HYDRURE D') [Syn. *Hydrure d'amylène, Valérène*], C^5H^{12}. — Ce carbure est saturé, c'est-à-dire qu'il ne peut s'adjoindre de radicaux monoatomiques qu'en perdant une quantité équivalente d'hydrogène par voie de substitution : il est doué d'une grande stabilité vis-à-vis des agents les plus énergiques, acide nitrique, acide sulfurique fumant, brome, etc. Il peut avoir des isomères, saturés comme lui, tels seraient les corps:

$$C(CH^3)^4;\quad CH.CH^2(CH^3)^3,\ \text{etc.}$$

Préparation. — On l'extrait du pétrole américain, dont il constitue la portion bouillant à $+30°$ [Pelouze et Cahours, *Compt. rend.*, t. LVII, p. 62]. On l'obtient ainsi en chauffant vers 140°, en vase clos, volumes égaux d'iodure d'amyle et d'eau; avec un excès de zinc [Frankland, 1850. *Ann. der Chem. u. Pharm.*, t. LXXIV, p. 47] :

$$2\,C^5H^{11}I + 2\,Zn + H^2O = 2\,C^5H^{12} + Zn\,I^2\,Zn\,O,$$

ou en traitant le zinc-amyle par l'eau :

$$Zn(C^5H^{11})^2 + 2\,H^2O = 2\,C^5H^{12} + Zn\,H^2O^2.$$

Dans le premier cas il se dépose de l'oxy-iodure, dans le second de l'hydrate de zinc.

On sépare l'hydrure d'amyle de l'amylène en traitant le mélange par l'acide sulfurique fumant, qui ne dissout que ce dernier carbure.

L'hydrure d'amyle prend encore naissance en même temps que l'amylène et ses polymères, lorsqu'on traite l'alcool amylique par le chlorure de zinc; il apparaît aussi, avec l'amylène, comme produit de décomposition du diamyle, dans l'action du zinc sur l'iodure d'amyle sec :

$$C^{10}H^{22} = C^5H^{12} + C^5H^{10}.$$

On a également constaté sa formation dans l'action de l'eau sur le bromure d'amylène et l'iodure de potassium à 275° [Berthelot].

On l'a rencontré dans les huiles légères provenant de la distillation du bog-head et du cannel-coal. Portion bouillant à $+35\text{-}40°$ [Greville Williams, *Chem. Soc.*, t. XV, p. 359; Schorlemmer, *Chem. News.*, t. CLXXIV, p. 157].

Propriétés et usages. — L'hydrure d'amyle est liquide, incolore, très-mobile et présente une odeur agréable, analogue à celle du chloroforme. Sa densité à 14°,2 est de 0,6385, et à 17° 0,628 (Pelouze et Cahours), 0,636 (Schorlemmer). Il ne se solidifie pas à $-24°$ et bout à $+30°$.

La densité de sa vapeur par rapport à l'air est égale à 2,50 (2,538 et 2,577 [Pelouze et Cahours], théorie, 2,493), ou par rapport à l'hydrogène 36,1, 36,66 et 37,2 $(1/2\ C^5H^{12} = 36)$.

Insoluble dans l'eau, il est soluble en toutes proportions dans l'alcool et dans l'éther. Il dissout les graisses et est employé à cet effet dans l'industrie. Il brûle facilement avec une belle flamme blanche : c'est à sa présence que les huiles légères du pétrole américain doivent leur inflammabilité.

Le *chlore*, dirigé dans l'hydrure d'amyle, donne des produits de substitution et le liquide s'échauffe jusqu'à l'ébullition. Si l'on arrête l'opération lorsque le chlore commence à se dégager avec les fumées d'acide chlorhydrique, on peut isoler par distillation le produit $C^5H^{11}Cl$, qui, comme le chlorure d'amyle, bout à 102°, donne, lorsqu'on le chauffe avec une solution alcoolique, du sulfure de potassium ou sulfure d'amyle, etc. [Bauer, *Bull. de la Soc. chim.*, avril 1860; Pelouze et Cahours, *loc. cit.*]. Vers 100° et sous l'action prolongée du chlore on obtient une masse dont on peut séparer par distillation le chlorure $C^5H^8Cl^4$, bouillant vers 240°, insoluble dans l'eau, soluble dans l'alcool et l'éther et donnant avec la potasse alcoolique de l'amylène trichloré $C^5H^7Cl^3$ qui bout à 200° environ (Bauer).   G. S.

AMYLÈNE [Syn. *Valérène, Pentylène*], C^5H^{10}. — Ce carbure d'hydrogène, troisième homologue de l'éthylène, est, comme celui-ci, l'origine d'une multitude de composés qui en dérivent par voie d'addition, de substitution ou de soustraction. Il est apte à fixer, par *addition* directe, deux radicaux monoatomiques pour former des combinaisons saturées du type C^5A^{12}; il est donc réellement diatomique. Mais il constitue cependant un édifice moléculaire d'une certaine stabilité, puisqu'il peut exister à l'état libre sans se doubler, comme le prouve sa densité de vapeur; de là vient qu'on peut effectuer avec lui une autre classe de réactions dans lesquelles le type C^5A^{10} n'est pas altéré : ce sont les réactions par *substitution*. A l'aide d'agents de *soustraction* énergiques, on réussit à dériver de l'amylène des corps du type C^5A^8, composés susceptibles d'exister à l'état de liberté, mais qui ont une grande tendance à retourner au type C^5A^{10} ou même à atteindre la limite de saturation C^5A^{12}, et jouent par conséquent le rôle de radicaux diatomiques et tétratomiques (voyez Valérylène). L'on a poussé plus loin encore la soustraction d'hydrogène et obtenu le carbure C^5H^6 (voyez Valylène).

La théorie laisse prévoir l'existence de plusieurs isomères de l'amylène, jouant le même rôle chimique et différant seulement entre eux par leur constitution. Les propriétés physiques de ces isomères doivent être excessivement rapprochées, mais les différences peuvent devenir sensibles dans leurs combinaisons. C'est ainsi que l'amylène ordinaire et l'éthyle-allyle $C^2H^5.C^3H^5$ paraissent bouillir à la même température, tandis qu'il existe entre les points d'ébullition de leur dérivé iodhydrique une différence de plus de 15°.

Préparation. — L'amylène a été obtenu pour

la première fois en 1844, par M. Balard, en chauffant une solution de chlorure de zinc avec l'alcool amylique [*Ann. de Chim. et de Phys*, (3), t. XII, p. 320]. On peut le préparer en chauffant à 140° un mélange à volumes égaux d'huile de pommes de terre et d'acide sulfurique étendu de son volume d'eau : le produit, distillé et lavé à la potasse, renferme encore de l'alcool amylique, des carbures bouillant jusqu'à 300° et probablement de l'oxyde d'amyle : la partie la plus volatile renferme l'amylène. Le meilleur procédé de préparation consiste à laisser pendant 1 ou 2 jours l'huile de pommes de terre, rectifiée une première fois, en contact avec son poids et demi de chlorure de zinc fondu et pulvérisé à chaud. L'on agite de temps à autre et l'on distille au bain de sable. Le produit, séparé de la couche aqueuse, rectifié au bain-marie, séché sur le chlorure de calcium et distillé de nouveau en ne recueillant que ce qui passe de 33° à 43°, ne contient que de l'amylène mélangé d'une certaine quantité d'hydrure d'amyle.

L'amylène se produit encore dans les circonstances suivantes : décomposition du chlorure d'amyle par la potasse fondante, de l'iodure d'amyle par l'amalgame de zinc en vase clos, de la cyanine, de l'hydrate d'amylène par la chaleur, de l'iodhydrate d'amylène par l'oxyde d'argent humide, l'ammoniaque, l'acétate d'argent, etc., du bromure d'amylène par le cuivre et l'eau dans certaines conditions : distillation sèche des amylsulfates, des acétates, des butyrates, de l'acide oléique, de la résine, du bog-head, etc.

Propriétés. — L'amylène est un liquide incolore, très-mobile, très-léger, d'une odeur éthérée assez agréable, bouillant à 35° (Frankland); 39° (Balard); 42° (Kekulé, *Ann. der Chem u. Pharm*. t. LXXV.)

La densité de sa vapeur est normale : 2,386 (Frankland); 2,68 (Balard); 2,43 (Kekulé). Théorie, 2,424. Par rapport à l'hydrogène elle est égale à 34,45 (Frankland); 38,7 (Balard); 35,1 (Kekulé) (1/2 C^5H^{10} = 35).

Il ne possède pas le pouvoir rotatoire.

Il brûle avec une belle flamme blanche; il se combine directement et avec énergie au brome, aux hydracides, au peroxyde d'azote, aux chlorures de soufre, etc.; il fixe également l'acide hypochloreux et l'acétate de chlore (voyez GLYCOL AMYLÉNIQUE), le chlorure d'acétyle (Friedel et Ladenburg), l'iodure de cyanogène (Erlenmeyer), l'oxychlorure de carbone (voyez ACIDE LEUCIQUE). Sa vapeur est absorbée rapidement et complètement par l'*anhydride sulfurique* et le *perchlorure d'antimoine* (Frankland). L'*acide sulfurique* concentré ne le convertit pas en acide amylsulfurique, mais en un acide isomère (amyléno-sulfurique) (Berthelot); en même temps un acide plus stable, analogue à l'acide iséthionique, prend naissance, et le restant de l'amylène se transforme en polymères [*Comp. rend.*, t. XLVI]. Le *chlorure de zinc* donne aussi du diamylène, du triamylène et du tétramylène (Bauer. Voyez ces mots) [*Sitz. der. K. Akad. d. Wissenschaften. z. Wien.*, t. XLIII].

L'éthyle-allyle obtenu par M. Wurtz est isomérique avec l'amylène. — Voyez ETHYLE-ALLYLE.

Usages. — Son emploi comme anesthésique présente de graves dangers, qui l'ont fait abandonner.

DÉRIVÉS DE L'AMYLÈNE.

AZOTYLURE D'AMYLÈNE, $C^5H^{10}(AzO^2)^2$. — Lorsqu'on dirige les vapeurs de peroxyde d'azote (azotyle, hypoazotide) dans de l'amylène refroidi, il se forme une masse de cristaux solubles dans l'éther, le sulfure de carbone et l'alcool chaud, et donnant par refroidissement de belles lames rectangulaires. Ce corps, que M. Guthrie a nommé azotylure (*nitrylide*) d'amylène, a une composition représentée par la formule $C^5H^{10}(AzO^2)^2$ et manifeste les réactions de l'amylglycol diazoteux

$$\left.\begin{array}{l} C^5H^{10} \\ (AzO)^2 \end{array}\right\} O^2.$$

Il se décompose à 95° avec dégagement d'anhydride et d'acide azoteux (Az^2O^3 et $HAzO^2$) en laissant un liquide épais. Une solution alcoolique de cyanure de potassium le transforme en cyanure d'amylène hydraté pendant qu'il se dissout de l'azotite de potasse. Le cyanure hydraté

$$(2\,C^5H^{10}Cy^2 + 5\,H^2O)$$

perd facilement son eau d'hydratation [Guthrie, *Chem. Society*, t. XIII, pp. 45-129].

BROMURE D'AMYLÈNE, $C^5H^{10}Br^2$. — On prépare ce composé en ajoutant du brome goutte à goutte dans de l'amylène soigneusement refroidi ou bien en y faisant passer des vapeurs de brome. Lorsque le liquide est assez fortement coloré en rouge, on l'agite avec une solution faible de potasse et on distille. Il passe d'ordinaire de l'hydrure d'amyle que contenait le carbure et sur lequel le brome n'a pas d'action à froid, puis, vers 170-180°, du bromure d'amylène qui éprouve un commencement de décomposition. C'est un liquide d'une odeur douce, agréable et comme sucrée.

Chauffé vers 275° avec du cuivre, de l'eau et de l'iodure de potassium [Berthelot, *Ann. de Chim. et de Phys.*, (3), t. LIII, p. 183], il régénère l'amylène. En présence de certains agents, il peut donner l'amylène ou ses dérivés en perdant Br^2, ou bien l'amylène bromé en perdant HBr. C'est ainsi que les deux réactions s'accomplissent à la fois avec l'acétate de potasse, le potassium et le zinc :

$$C^5H^{10}Br^2 + 2\,C^2H^3O^2.K$$
$$= (C^2H^3O^2)^2\,C^5H^{10} + 2\,KBr \ (Wurtz)$$
$$\text{et} \quad C^5H^{10}Br^2 + C^2H^3O^2.K$$
$$= C^2H^3O^2.H + C^5H^9Br + KBr;$$
$$C^5H^{10}Br^2 + K^2 = C^5H^{10} + 2\,KBr \ (Bauer)$$
$$\text{et} \quad C^5H^{10}Br^2 + K = C^5H^9Br + KBr + H,$$

tandis que l'acétate d'argent donne presque uniquement de l'acétate amylénique; quant à la potasse alcoolique, elle donne, ainsi que l'ammoniaque alcoolique et l'amylate de soude, de l'amylène bromé (Cahours) :

$$C^5H^{10}Br^2 + KHO = H^2O + C^5H^9Br + KBr.$$

L'amylène bromé est un liquide lourd, incolore et aromatique, bouillant à 120° environ.

BROMURE D'AMYLÈNE BROMÉ, $C^5H^9Br^3$. — Il s'obtient en ajoutant à l'amylène plus de brome que dans le cas précédent [Cahours, *Ann. de Chim. et de Phys.*, (3), t. XXXVIII, p. 90]. Il donne, par la potasse alcoolique, de l'amylène bromé (Reboul) et bibromé (Cahours) et un éthylate

$$\left.\begin{array}{l} C^5H^8Br \\ C^2H^5 \end{array}\right\} O$$

bouillant à 177-180° et susceptible de fixer Br^2. Le corps ainsi formé

$$\left.\begin{array}{l} C^5H^8Br^3 \\ C^2H^5 \end{array}\right\} O,$$

traité lui-même par la potasse alcoolique, donne un éthylate

$$\left.\begin{array}{l} C^5H^8 \\ C^2H^5 \end{array}\right\} O,$$

liquide plus léger que l'eau qui bout de 125° à

130° et se combine, avec dégagement de chaleur, aux hydracides concentrés, au brome et même à l'iode [Reboul, *Compt. rend.*, t. LVIII, p. 1058, 1864]. La solution alcoolique de bromure d'amylène bromé, chauffée avec l'acétate d'argent, donne le diacétate

$$\left.\begin{array}{l}(C^2H^3O)^2\\C^5H^9Br\end{array}\right\}O^2,$$

qui, saponifié par la potasse fondue et pulvérisée, donne le glycol bromé

$$\left.\begin{array}{l}C^5H^9Br\\H^2\end{array}\right\}O^2.$$

Ce dernier corps, traité en solution éthérée, en vase clos et au bain-marie par la potasse, fournit la *glycérine amylique*

$$\left.\begin{array}{l}C^5H^9(HO)\\H^2\end{array}\right\}O^2 = C^5H^{12}O^3$$

[Bauer. *Sitz. d. k. Akad. d. Wissenschaften z. Wien*, t. XLIV, juin 1861], liquide épais, aromatique, d'une saveur douce, incolore et soluble dans l'eau.

CHLORURE D'AMYLÈNE, $C^5H^{10}Cl^2$. — On ne peut le préparer par l'action du chlore, qui donne des produits de substitution ; mais le perchlorure de phosphore réagit à froid sur l'amylène et forme une masse cristalline que l'eau transforme en deux couches liquides. La couche supérieure contient le chlorure $C^5H^{10}Cl^2$, liquide bouillant entre 141° et 147°. Densité à $+9° = 1,058$ [Guthrie, *Ann. der Chem. u. Pharm.*, t. CXXI, p. 108 (t. XLV, nouv. ser.)].

CYANURE D'AMYLÈNE, $C^5H^{10}Cy^2$. — Voyez AZOTYLURE D'AMYLÈNE.

GLYCOL AMYLÉNIQUE, AMYLGLYCOL,

$$C^5H^{12}O^2 = \left.\begin{array}{l}C^5H^{10}\\H^2\end{array}\right\}O^2 = C^5H^{10}.(OH)^2.$$

On triture de l'acétate d'argent avec assez d'acide acétique pour en faire une pâte molle ; puis, cette pâte étant introduite dans un mortier refroidi avec soin, on y ajoute du bromure d'amylène en secouant et en refroidissant tour à tour. La première réaction qui s'effectue avec dégagement de chaleur étant terminée, on la complète en chauffant le mélange au bain-marie pendant plusieurs jours ; puis on distille en ne recueillant que ce qui passe au-dessus de 140°. L'acétate brut qu'on obtient ainsi est saponifié par la potasse fondue et pulvérisée, après avoir eu la précaution de le neutraliser par un peu de potasse et de le distiller.

L'amylglycol qui résulte de cette saponification est un liquide incolore, très-sirupeux, d'une saveur amère avec un arrière-goût aromatique, solidifiable dans le mélange d'acide carbonique solide et d'éther, bouillant à 177°. Sa densité à 0° est de 0,987 ; il est soluble en toute proportion dans l'eau. Il s'acidifie à l'air ; en présence du noir de platine, l'oxydation est lente, mais profonde ; on n'obtient que peu d'acide butylactique. Chauffé avec deux fois son poids d'acide nitrique monohydraté et trois fois son poids d'eau, il donne de l'acide butylactique $C^4H^8O^3$ par une réaction très-vive :

$$C^5H^{12}O^2 + O^5 = C^4H^8O^3 + CO^2 + 2H^2O.$$

Le sel de baryte ne cristallise pas ; celui de chaux se dépose en mamelons : ils sont solubles dans l'eau. Le butylactate de zinc se dépose en paillettes brillantes quand on traite l'acide à chaud par l'hydrocarbonate de zinc ; il renferme de l'eau de cristallisation qu'il perd à 100°. Les butylactates ont la formule $C^5H^7(R)'O^3$ (Wurtz).

AMYLGLYCOL ACÉTOCHLORHYDRIQUE,

$$C^5H^{10}.OC^2H^3O.Cl.$$

— Obtenu par MM. Lippmann et Schützenberger par l'action de l'acétate de chlore sur l'amylène.

AMYLGLYCOL DIACÉTIQUE,

$$\left.\begin{array}{l}C^5H^{10}\\(C^2H^3O)^2\end{array}\right\}O^2.$$

— Liquide incolore, neutre, bouillant au-dessus de 200°, généralement mélangé dans sa préparation d'amylglycol monoacétique

$$\left.\begin{array}{l}C^5H^{10}\\(C^2H^3O)H\end{array}\right\}O^2.$$

Se décompose facilement au contact des alcalis en amylglycol et en acide acétique (Wurtz).

AMYLGLYCOL DIBENZOÏQUE,

$$\left.\begin{array}{l}C^5H^{10}\\(C^7H^5O)^2\end{array}\right\}O^2.$$

Produit de l'action du benzoate d'argent sur le bromure d'amylène. Grandes lames incolores brillantes, solubles dans l'alcool et l'éther, fusibles à 123° [Mayer, *Compt. rend.*, t. LIX, p. 444].

AMYLGLYCOL MONOCHLORHYDRIQUE (*chlorhydrine de l'amylglycol*), $C^5H^{10}.OH.Cl.$ — S'obtient soit en traitant l'amylglycol par l'acide chlorhydrique (Bauer), soit en agitant l'amylène avec une solution d'acide hypochloreux, traitant le liquide par l'éther et distillant la solution éthérée [Carius, *Ann. der Chem. u. Pharm.*, t. CXXVI, p. 195 (L, nouv. sér.)] :

$$C^5H^{10} + HClO = C^5H^{10}.OH.Cl.$$

C'est un liquide incolore, bouillant à 155° ; soluble dans l'eau, mais non en toutes proportions. Par la potasse, il donne l'oxyde d'amylène.

AMYLGLYCOL SULFOCARBONIQUE, $C^5H^{10}.CS^3$. — Obtenu par double décomposition avec le bromure d'amylène et le sulfocarbonate de soude. Densité, 1,073 [Husemann, *Ann. der Chem. u. Pharm.*, t. CXXVI, p. 269 (L, nouv. sér.)].

IODOCYANAMYLÈNE, $C^5H^{10}.CyI$. — Ce corps a été obtenu à l'état impur par M. Erlenmeyer en ajoutant de l'amylène goutte à goutte à de l'iodure de cyanogène. C'est un liquide brun qu'on distille avec l'eau et qu'on décolore avec le bisulfite de soude.

L'action de la potasse alcoolique à l'ébullition donne de l'ammoniaque et un acide qui pourrait être l'acide leucique :

$$C^5H^{10}.CAzI + 2KHO + H^2O$$
$$= C^5H^{10}.OH.CO^2K + KI + AzH^3.$$

Leucate de potasse.

[Erlenmeyer, *Zeitschrift f. Chem. u. Pharm.*, t. VI, p. 545.]

OXYDE D'AMYLÈNE, $C^5H^{10}O$. — L'amylglycol étant chauffé avec son volume d'eau et un excès d'acide chlorhydrique pendant quelques heures, au bain-marie, on traite cette chlorhydrine brute par la potasse et l'on obtient, par distillation, l'oxyde d'amylène, liquide d'une odeur agréable et éthérée, inflammable, bouillant vers 95°. Densité à zéro, 0,8244. Densité de vapeur, 2,952. Théorie, 2,977, et, par rapport à l'hydrogène, 42,6 ($1/2\,C^5H^{10} = 43$). Insoluble dans l'eau, soluble dans l'alcool et l'éther, miscible aux acides [Bauer, *Compt. rend.*, t. LI, p. 500].

Il ne s'unit pas directement aux éléments de l'eau à la façon de l'oxyde d'éthylène.

SULFAMYLÈNE ET DISULFAMYLÈNE. BICHLORURE DE SULFAMYLÈNE, $C^5H^{10}S.Cl^2$ [Guthrie, *Chem. soc.*, t. X, p. 120 ; t. XII, p. 112, et t. XIII, p. 43].

— La réaction de l'amylène sur le chlorure de soufre SCl^2 est très-vive; elle donne naissance au chlorure de sulfamylène $C^5H^{10}S.Cl^2$, qu'on purifie de la même manière que le bichlorure disulfamylène (voyez plus bas). Ce corps, comparable au composé ammoniacal $AzH^3S.Cl^2$, qu'on obtient dans une réaction analogue avec l'ammoniaque, est un liquide d'une odeur forte et désagréable, soluble dans l'éther et dans l'alcool, insoluble dans l'eau. Densité à 12° : 1,149. Distillé avec de la potasse alcoolique, il donne de l'amylène, un sulfure $(C^5H^9)^2S$, etc.

BICHLORURE DE DISULFAMYLÈNE, $(C^5H^{10})^2S^2.Cl^2$. — L'amylène projeté goutte à goutte et jusqu'à excès dans le sous-chlorure de soufre S^2Cl^2 refroidi donne un liquide jaune foncé, non volatil, qui pèse sensiblement deux fois plus que le chlorure employé. Après avoir chassé l'amylène, on le dissout dans l'éther, dans lequel il est soluble en toutes proportions ; on le décolore par le noir animal et on chasse l'éther au bain-marie. Il reste un liquide limpide, jaune clair, insoluble dans l'eau, soluble dans l'alcool chaud, d'une odeur faible qui devient très-désagréable à l'air, d'une densité égale à 1,149 à 12°; c'est le chlorure de disulfamylène analogue au chlorosulfure d'ammoniaque $(AzH^3)^2S^2.Cl^2$, qui se produit, avec l'ammoniaque, dans une réaction semblable. Il donne, avec le chlore, des produits de substitution (Guthrie).

HYDRATE DE DISULFAMYLÈNE,

$$\left.\begin{array}{l}(C^5H^{10})^2S^2\\H^2\end{array}\right\}O^2.$$

— Si l'on chauffe pendant quelques heures la solution de chlorure de disulfamylène en y dirigeant un courant de gaz ammoniac, et si, séparant le liquide du chlorure ammonique formé, on le chauffe en vase clos à 100° avec de l'ammoniaque alcoolique, il suffit d'ajouter de l'eau pour précipiter un liquide jaune, non volatil, soluble dans l'éther et le sulfure de carbone et quelque peu dans l'eau chaude; c'est l'hydrate de disulfamylène. Densité à 8° = 1,049 (Guthrie).

OXYDE DE DISULFAMYLÈNE, $(C^5H^{10})^2S^2.O$. — Il se prépare en faisant bouillir une solution alcoolique de chlorure de disulfamylène avec de la litharge, jusqu'à ce que tout le chlore se soit combiné au métal, et en reprenant par l'éther. L'oxyde de disulfamylène est un liquide non volatil, jaune clair, soluble dans l'alcool et l'éther, insoluble dans l'eau. Densité à 13° = 1,054 (Guthrie).

COMPOSÉS PSEUDO-AMYLIQUES.

L'amylène s'unit directement aux hydracides en donnant des composés isomériques avec les éthers simples de la série amylique, et qui, tout en jouant le même rôle chimique que ceux-ci, en diffèrent notablement par la singulière facilité avec laquelle ils régénèrent l'amylène dans une foule de réactions.

Les dérivés de ces éthers présentent les mêmes caractères et forment un groupe remarquable, qu'on doit comparer mais non réunir au groupe amylique proprement dit. Nous les nommerons composés *pseudo-amyliques*. Ces composés réalisent complètement la théorie de l'*éthérine* par laquelle Dumas et Boullay expliquaient, en 1828, la constitution de l'alcool et des éthers; ce sont effectivement des combinaisons de carbures C^nH^{2n} avec l'eau, les acides, etc., comparables à bien plus juste titre aux sels ammoniacaux, puisque comme eux ils résultent de l'union d'une molécule non saturée, diatomique, mais existant à l'état libre et possédant à cet état une grande stabilité, aux acides normaux, à l'eau et à d'autres

corps saturés; comme eux, ils régénèrent aisément le corps diatomique dont ils dérivent, et présentent à un même degré les phénomènes de dissociation [Ad. Wurtz, *Compt. rend.*, t. LV, p. 370, et *Ann. de Chim. et de Phys.*, (4), t. III, p. 129].

ACÉTATE PSEUDO-AMYLIQUE [Syn. *Acétate d'amylène*],

$$\left.\begin{array}{l}C^2H^3O\\C^5H^{10}.H\end{array}\right\}O.$$

On le prépare avec l'iodhydrate d'amylène et l'acétate d'argent (voyez IODHYDRATE D'AMYLÈNE). C'est un liquide incolore, plus léger que l'eau, bouillant à 125°. Maintenu pendant longtemps à 200°, il se dédouble en acide acétique et en amylène.

BENZOATE PSEUDO-AMYLIQUE [Syn. *Benzoate d'amylène*],

$$\left.\begin{array}{l}C^7H^5O\\C^5H^{10}.H\end{array}\right\}O.$$

Liquide incolore, assez mobile, soluble dans l'eau, d'une légère odeur benzoïque, d'une saveur faible, mais désagréable. Densité à zéro : 1,007; il bout à 240° environ. On le prépare, comme l'acétate, à l'aide de l'iodhydrate d'amylène (voyez ce mot).

BROMHYDRATE D'AMYLÈNE, $C^5H^{10}.HBr$. — Corps analogue au chlorhydrate d'amylène par sa formation et ses propriétés, bouillant à 110° environ. À une température où sa densité de vapeur correspond presque à celle d'un mélange d'acide bromhydrique et d'amylène, ces deux corps peuvent se rencontrer sans dégager sensiblement de chaleur. Si l'on répète l'expérience à une température plus basse et à laquelle la densité se rapproche de la densité théorique, le dégagement de chaleur est, au contraire, notable. Toutes circonstances qui prouvent que l'anomalie des densités de vapeur de ces sortes de composés est bien due à un phénomène de dissociation (Wurtz).

CHLORHYDRATE D'AMYLÈNE, $C^5H^{10}.HCl$. — L'acide chlorhydrique s'unit aux vapeurs d'amylène avec dégagement de chaleur. Le corps qui prend naissance dans cette réaction, présente la composition exprimée par la formule brute

$$C^5H^{11}Cl,$$

comme l'éther chlorhydrique de l'huile de pommes de terre (chlorure d'amyle). On l'obtient aussi en chauffant à 100° en vase clos l'amylène, avec une solution concentrée d'acide chlorhydrique [Berthelot, *Ann. de Chim. et de Phys.*, (3), t. LI]. C'est un liquide incolore, mobile, d'une odeur éthérée, bouillant à 90° environ. Densité à zéro : 0,883. Densité de vapeur à 193°, 3,58 (théorie, 3,688) ou par rapport à l'hydrogène, 51,69 :

$$(1/2\ C^5H^{11}Cl = 53,25).$$

Sa vapeur se dissocie à une température un peu plus élevée; à 290° sa densité est celle d'un mélange d'acide chlorhydrique et d'amylène: elle est en effet égale à 1,808, ou par rapport à l'hydrogène, 26,1 : $(1/4\ C^5H^{10},HCl = 26,6)$. L'amylène et l'acide chlorhydrique se combinent en grande partie par le refroidissement (Wurtz).

CYANATE PSEUDO-AMYLIQUE [Syn. *Cyanate d'amylène*],

$$C^5H^{10}.H.OCAz.$$

Liquide bouillant entre 100° et 120°, obtenu en traitant le cyanate d'argent récemment préparé et refroidi par l'iodhydrate d'amylène; odeur irritante. Mis en contact avec l'ammoniaque, il donne la pseudo-amylurée en aiguilles magnifiques; au contact de l'eau, il se prend en une masse de cristaux offrant la même composition que ceux qu'on obtient avec la potasse caustique (pseudo-diamylurée) (Wurtz).

HYDRATE OU ALCOOL PSEUDO-AMYLIQUE [Syn. *Hydrate d'amylène*],

$$C^5H^{10}.H \atop H \Big\} O.$$

Après avoir ajouté petit à petit de l'iodhydrate d'amylène à une quantité équivalente d'oxyde d'argent humide contenu dans un ballon entouré de glace, on laisse reposer et l'on distille. L'hydrate d'amylène distille avec l'eau, puis le point d'ébullition s'élève vers 160°, température au-dessus de laquelle passe l'éther pseudo-amylique ou hydrate de biamylène. L'alcool pseudo-amylique est un liquide incolore, léger, très-mobile, doué d'une odeur aromatique différente de celle de l'alcool amylique. Il bout à 105° (pression 0,768); chauffé à 200° pendant quelques heures, il se scinde en eau et amylène; il absorbe l'acide iodhydrique avidement et en s'échauffant, et donne ainsi de l'iodhydrate d'amylène et de l'eau; l'acide chlorhydrique agit de même. Agité avec l'acide sulfurique, il s'échauffe et jaunit; bientôt il se sépare en deux couches dont l'une contient l'amylène transformé en partie en polymères, et l'autre l'acide sulfurique avec une trace d'un acide sulfo-conjugué. Le brome donne surtout du bromure d'amylène; le chlore donne du chlorure et du chlorhydrate; le sodium, de l'amylénate de soude, qui, traité par l'iodhydrate d'amylène, régénère le pseudo-alcool et l'amylène :

$$C^5H^{10}.H \atop Na \Big\} O + C^5H^{10}.HI$$

$$= {C^5H^{10}.H \atop H} \Big\} O + C^5H^{10} + NaI.$$

En présence du dichromate de potasse et de l'acide sulfurique, il dégage de l'acide carbonique, des acides volatils, principalement l'acide acétique, un mélange d'acétones, etc. Le permanganate de potasse donne les mêmes produits, qui sont ceux de l'oxydation de l'amylène (Wurtz).

IODHYDRATE D'AMYLÈNE, $C^5H^{10}.HI$. — On obtient ce composé comme le chlorhydrate; il bout à 130° et à 50-55° dans le vide. Densité à zéro : 1,522. La densité de sa vapeur est déjà trop faible à quelques degrés au-dessus du point d'ébullition; à une température plus élevée, elle se rapproche de celle d'un mélange d'amylène et d'acide iodhydrique :

$$\begin{array}{llll} A\ 160° & D = 5,73 & \Delta = & 82,7\ (1) \\ A\ 210° & 4,66 & & 67,3 \\ A\ 262° & 4,38 & & 63,2 \end{array}$$

$$(1/2\ C^5H^{11}I = 99;\ 1/4\ C^5H^{10},HI = 49,5).$$

L'iodhydrate d'amylène traité par le sodium donne principalement de l'amylène et de l'hydrogène; avec l'acétate d'argent délayé dans l'éther, une réaction énergique se manifeste même à zéro; le liquide s'échauffe, et il se forme à la fois de l'acétate pseudo-amylique et un mélange d'acide acétique et d'amylène (Wurtz) :

$$C^5H^{10}HI + {C^2H^3O \atop Ag} \Big\} O = AgI + {C^2H^3O \atop C^5H^{10}.H} \Big\} O$$

et

$$C^5H^{10}.HI + {C^2H^3O \atop Ag} \Big\} O$$

$$= AgI + {C^2H^3O \atop H} \Big\} O + C^5H^{10}.$$

L'oxyde d'argent humide réagit de même; il se forme immédiatement de l'iodure d'argent, de l'alcool pseudo-amylique, de l'amylène et de l'eau. L'ammoniaque aqueuse, au bain-marie et en vase clos, déplace l'amylène et ne donne qu'une petite quantité d'un iodure d'une base organique, dont le chloroplatinate cristallise en petites paillettes d'un jaune d'or. La potasse alcoolique met l'amylène en liberté.

(1) La densité de l'hydrogène étant = 1.

OXYDE OU ÉTHER PSEUDO-AMYLIQUE [Syn. *Hydrate de biamylène*],

$$C^5H^{10}.H \atop C^5H^{10}.H \Big\} O.$$

On l'obtient, comme nous l'avons dit, à l'aide de l'iodhydrate, mais en quantités variables. C'est un liquide aromatique d'une odeur différente de celle de l'éther amylique. Il bout de 160° à 165°. Densité à zéro : 0,876. Insoluble dans l'eau. L'acide iodhydrique gazeux le transforme en eau et en iodhydrate; sous l'influence de la chaleur, il se scinde en amylène et en hydrate (Wurtz).

PSEUDO-AMYLAMINE OU ISOAMYLAMINE

$$C^5H^{10}.H \atop H^2 \Big\} Az.$$

On chauffe à 130° la pseudo-amylurée dans des matras très-résistants, avec de la potasse concentrée additionnée de potasse solide. On décante le liquide qui a remplacé les cristaux d'urée, et on distille sur la baryte caustique. L'isoamylamine distille à 78°,5, sa densité à zéro est égale à 0,755; elle possède l'odeur ammoniacale, précipite les sels de cuivre, mais ne redissout pas l'hydrate de cuivre. Sa vapeur, surchauffée au contact de la baryte, donne des gaz combustibles et une petite quantité de cyanure de baryum. Le brome, en contact avec un excès d'une solution concentrée de la base, donne du bromhydrate et un corps bromé $C^5H^{12}BrAz$, liquide, jaune, dense, indistillable.

Le *chlorhydrate d'isoamylamine*,

$$C^5H^{13}Az.HCl,$$

cristallise en paillettes efflorescentes, qu'on peut obtenir en assez volumineux octaèdres à base carrée en versant de l'éther dans la solution alcoolique concentrée.

Le *chloroplatinate*, $2(C^5H^{13}Az.HCl).PtCl^4$, est très-soluble dans l'eau et dans l'alcool, et forme de beaux cristaux rouges dérivant d'un prisme clinorhombique (*mm*) de 73°12'; $o^1h^1 = 51°2'$; $a^1h^1 = 61°7'$; $mo^1 = 73°17'$; $ma^1 = 68°4'$ (C. Friedel) [Wurtz, *Compt. rend.*, t. LXIII, et *Bull. de la Soc. chim.*, t. VII (1867), p. 141].

PSEUDO-AMYLURÉE,

$$(C^5H^{10}.H)H \atop {CO \atop H^2} \Big\} Az^2.$$

Magnifiques aiguilles obtenues par l'action de l'ammoniaque en excès sur le cyanate pseudo-amylique, peu solubles dans l'eau, qui en dissout 1/79,3 de son poids à + 27°, aisément solubles dans l'alcool, fusibles vers 150°, sublimables avec décomposition partielle. Lorsqu'on chauffe la pseudo-amylurée vers 145° avec une solution très-concentrée de potasse caustique, elle donne de l'acide carbonique, de l'ammoniaque et de la pseudo-amylamine.

Sous l'influence d'un excès d'acide nitrique, le nitrate de pseudo-amylurée formé perd une partie de son amylène et donne du nitrate d'urée.

PSEUDO-DIAMYLURÉE,

$$(C^5H^{10}.H)^2 \atop CO.H^2 \Big\} Az^2.$$

Sous l'influence de la potasse caustique, le cyanate pseudo-amylique ne donne pas la pseudo-amylamine comme le cyanate amylique donne l'amylamine. Il se forme de la pseudo-diamylurée se sublimant facilement sans fondre en belles aiguilles, solubles dans l'alcool, presque insolubles dans l'eau :

$$2\,(C^5H^{10}.H)OCAz. + 2\,KHO$$
$$= (C^5H^{10}.H)^2CO.H^2Az^2 + K^2CO^3.$$

Elle se dissout dans l'acide azotique et n'est

pas attaquée par la potasse à la température de l'huile bouillante.   G. S.

AMYLIQUE (ALCOOL) [Syn. *Hydrate d'amyle, de pentyle ; huile de pommes de terre ; fusel-oil*],

$$C^5 H^{12} O = \left. \begin{array}{c} C^5 H^{11} \\ H \end{array} \right\} O = C^5 H^{11}.OH.$$

— L'alcool amylique accompagne l'alcool ordinaire dans la plupart des fermentations où celui-ci prend naissance. On le trouve dans les eaux-de-vie de pommes de terre, de marc, d'orge, de seigle, de betteraves, etc., dont il constitue la portion bouillant vers 130°, et marquant de 89 à 40° alcoométriques à la sortie du rectificateur.

Signalé d'abord par Scheele, son étude chimique a été l'objet de travaux importants de la part de divers savants [Dumas, 1834, *Ann. de Chim. et de Phys.*, t. LVI, p. 314. — Cahours, 1837, *Ann. de Chim. et de Phys.*, t. LXX, p. 81 et t. LXXV, p. 193. — Stas, *Ann. de Chim. et de Phys.*, t. LXXIII, p. 128. — Balard, *Ann. de Chim. et de Phys.*, (3), t. XII, p. 294. — Frankland, 1849, *Ann. der Chem. u. Pharm.*, t. LXXIV, p. 41.— Pasteur, *Compt. rend.*, t. XLI, p. 296. — Wurtz, *Ann., de Chim. et de Phys.*, (4) t. II ; *Bull. de la Soc. chim.*, p. 300 et 463, 1863].

C'est l'origine des combinaisons amyliques et amyléniques, ainsi que de la plupart des composés valériques.

L'alcool $C^5 H^{12} O$, qu'on peut représenter comme dérivant du carbure saturé $C^5 H^{12}$ par substitution de $(OH)'$ à H' (voyez ATOMICITÉ), doit offrir les mêmes isoméries que ce carbure, plus celles qui résultent de la position de l'atome d'hydrogène remplacé. De telles différences de constitution existent entre l'alcool amylique de fermentation, celui que M. Friedel a dérivé du méthyle-butyryle et nommé *isoamylique*, et l'alcool *pseudo-amylique*, qu'on obtient avec l'amylène. Celui-ci toutefois est un exemple d'isomérie moins prochaine, l'amylène semblant dans ce corps avoir conservé en partie son individualité.

Quant aux alcools amyliques actifs ou inactifs par rapport à la lumière polarisée, ce sont là des isomères *physiques*, qui ne diffèrent chimiquement en aucune manière. La fonction de l'alcool amylique est celle d'un alcool monoatomique de la série grasse. — Voyez ALCOOL.

Préparation. — On distille l'esprit de pommes de terre et l'on recueille les dernières portions dès qu'elles passent laiteuses. On agite le produit avec de l'eau pour dissoudre l'alcool ordinaire, on décante l'huile surnageante, on la dessèche sur le chlorure de calcium et on la soumet à une seconde rectification ; il passe de l'alcool butylique (108-110°), de l'alcool amylique (128-132°) et au-dessus des alcools supérieurs et des éthers amyliques.

L'alcool isoamylique s'obtient en traitant par le sodium le méthyle-butyryle surnageant une couche d'eau (Friedel).— Voyez MÉTHYLE-BUTYRYLE.

Propriétés. — L'alcool amylique est un liquide incolore, d'une odeur forte qui provoque un serrement de poitrine. Il cristallise à — 20° et bout à 132° ; soluble dans l'alcool et l'éther, il n'est pas miscible à l'eau. Sa densité à 15° est de 0,8184.

Il possède le pouvoir rotatoire et dévie à gauche le plan de polarisation (Biot) ; les échantillons possèdent des pouvoirs rotatoires très-différents, parce qu'ils constituent des mélanges en proportions variables d'alcool actif et d'alcool inactif (Pasteur). Ce dernier donne un amylsulfate de baryte, près de trois fois moins soluble que le sel correspondant fourni par l'alcool actif, et son point d'ébullition est de 2° supérieur à celui de cet alcool.

Densité de vapeur, 3,147 (Dumas), et par rapport à l'hydrogène, 45,4 (1/2 $C^5 H^{12} O = 44$).

L'alcool amylique dirigé en vapeurs dans un tube incandescent donne du propylène, de l'amylène, du butylène, du gaz des marais et d'autres hydrocarbures (Reynolds). Chauffé avec le *chlorure de zinc*, il fournit l'amylène et ses polymères (Balard), son hydrure (Bauer) et des carbures diatomiques et saturés ($C^n H^{2n}$ et $C^n H^{2n+2}$) où l'on a $n = 6, 7, 8, 9..., 12$, etc. (Wurtz).

Il ne s'enflamme que difficilement et brûle avec une flamme bleue peu éclairante. Il s'acidifie lentement en absorbant l'oxygène de l'air ; sous l'influence du *noir de platine*, l'oxydation est très-rapide, dans les deux cas, il y a formation d'acide valérique :

$$C^5 H^{12} O + O^2 = C^5 H^{10} O^2 + H^2 O.$$

Le même acide prend naissance lorsqu'on laisse tomber de l'alcool amylique sur de la *chaux sodée* chauffée à 200° :

$$C^5 H^{12} O + NaHO = C^5 H^9 Na O^2 + 4H.$$

Soumis à la distillation avec un mélange d'acide sulfurique et de *protoxyde de manganèse* ou de *dichromate de potasse*, ou bien avec de l'*acide nitrique*, l'alcool amylique donne de l'aldéhyde valérique, de l'acide valérique, du valérate d'amyle, et de plus dans le cas de l'acide nitrique, du nitrite d'amyle et de l'acide cyanhydrique.

Le *peroxyde d'azote* (hypoazotide) donne de l'azotite, de l'azotate d'amyle, de l'acide valérique, etc. ; le gaz provenant de l'oxydation de l'amidon par l'acide nitrique donne en outre du nitrate d'ammoniaque [Bunge, *Zeitschrift f. Chem.* p. 92 et 225].

L'*acide sulfurique* se dissout dans l'alcool amylique avec formation d'acide amylsulfurique

$$C^5 H^{11}.H.SO^4;$$

sous l'influence de la chaleur, il donne des carbures (voyez AMYLÈNE), en même temps l'alcool est en partie oxydé, il se forme de l'aldéhyde et de l'acide valérique, de l'acide sulfureux se dégage, et il reste une masse noire et poisseuse.

Avec les *acides phosphorique, oxalique, tartrique, citrique,* il y a formation d'acide amyl-phosphorique $C^5 H^{11}.H^2.PO^4$, amyl-oxalique, etc. Distillé avec l'anhydride phosphorique, l'alcool amylique donne l'amylène et ses polymères.

Le *chlorure phosphoreux*, PCl^3, convertit l'hydrate d'amyle en phosphite mono- et diamylique en chlorure d'amyle et en acide chlorhydrique.

Le *chlorure phosphorique*, PCl^5, donne, outre ces deux derniers produits, de l'oxychlorure de phosphore PCl^3O, et, lorsque l'alcool est en excès, de l'acide diamyl-phosphorique $(C^5 H^{11})^2 H.PO^4$ et de l'eau.

Le *chlore* attaque vivement l'alcool amylique, surtout au commencement de la réaction. Il se forme du chlorure d'amyle et de l'acide chlorhydrique, des corps qui présentent à peu près la composition exprimée par les formules

$$C^5 H^9 ClO \quad \text{et} \quad C^5 H^8 Cl^2 O,$$

puis des dérivés chlorés du chlorure d'amyle, par exemple

$$C^5 H^7 Cl^5.$$

Le corps $C^5 H^8 Cl^2 O$ traité par la potasse n'a pas donné d'acide angélique, mais de l'acide valérique [Barth, *Ann. der Chem. u. Pharm.*, t. CXIX, p. 216]. Le composé $C^5 H^7 Cl^5$ décomposé par la chaux donne l'amylène tétrachloré $C^5 H^6 Cl^4$, bouillant vers 200°. Densité de vapeur, 7,12, et par rapport à l'hydrogène, 102,8 (1/2 $C^5 H^6 Cl^4 = 104$).

Le *chlorure de chaux* donne, outre le chloroforme, un liquide bouillant à 70°, dont la densité à zéro est de 0,88 et qui présente la composition de chlorure de butyle [Gerhardt, *Ann. de Chem. u. Pharm.*, t. CXII, p. 363].

L'*acide chlorhydrique* se dissout dans l'alcool amylique et donne à la distillation du chlorure d'amyle. En distillant l'hydrate d'amyle avec du phosphore et du *brome* ou de l'*iode*, on obtient le bromure et l'iodure d'amyle. — Avec du *fluorure de bore ou de silicium* on ne recueille que l'amylène et ses polymères.

Le *chlorure de cyanogène liquide* $CAzCl$ donne une uréthane amylique analogue à l'uréthane ordinaire (carbamate d'éthyle) :

$$C^5H^{11}.HO + CAzCl + H^2O$$
$$= \left. \begin{matrix} C^5H^{11} \\ AzH^2CO \end{matrix} \right\} O + HCl.$$

Carbamate d'amyle.

L'*oxychlorure de carbone* $COCl^2$ convertit l'alcool amylique en chloro-formiate d'amyle

$$\left. \begin{matrix} CClO \\ C^5H^{11} \end{matrix} \right\} O,$$

liquide qui donne par l'addition de l'eau le carbonate d'amyle

$$2\,(C^5H^{11}) \left. \begin{matrix} CO \\ \end{matrix} \right\} O^2.$$

Le *bisulfure de carbone* CS^2 (anhydride sulfocarbonique) transforme une solution de potasse dans l'alcool amylique en sel de l'acide amylsulfocarbonique

$$\left. \begin{matrix} CS \\ C^5H^{11}H \end{matrix} \right\} SO.$$

Le *sulfure phosphorique* P^2S^5 donne du sulfophosphate triamylique $(C^5H^{11})^3PS^4$ insoluble dans l'eau, et de l'acide diamyldisulfophosphorique,

$$(C^5H^{11})^2H.PO^2S^2,$$

soluble dans ce liquide.

Le *potassium* et le *sodium* se dissolvent avec dégagement d'hydrogène et formation d'amylates

$$C^5H^{11}OK;\quad C^5H^{11}ONa.$$

L'*oxalate* ou l'*iodure d'éthyle*, à chaud, font en partie la double décomposition ; de l'alcool éthylique est mis en liberté et de l'iodure ou de l'oxalate d'amyle prennent naissance.

L'alcool amylique donne des composés cristallisés et décomposables par l'eau avec les *chlorures calcique et stannique*.

Usages. — L'alcool amylique est employé industriellement pour la fabrication des iodure, chlorure, etc., d'amyle, qui servent à la préparation de certaines matières colorantes (voyez CYANINE, QUINOLÉINE), ainsi que pour celle de l'acétate et du valérate d'amyle qui constituent, à l'état de solution alcoolique, les essences dites *essence de poire* et *essence de pomme (pear and apple oils)*.

L'huile de pommes de terre sert aussi à l'extraction de la paraffine. Les goudrons qui en contiennent une notable proportion sont dissous dans l'alcool amylique; on ajoute de l'acide sulfurique, et l'acide sulfamylique formé ne dissolvant pas la paraffine, celle-ci vient nager à la surface (Rohart). G. S.

AMYLIQUES (COMBINAISONS). — On peut concevoir dans tous ces composés l'existence du groupe amyle C^5H^{11} fonctionnant comme radical monoatomique et s'unissant aux corps simples et aux radicaux composés.

AMYLE ET CORPS SIMPLES

CHLORURE D'AMYLE (*éther amylchlorhydrique*), $C^5H^{11}Cl$. Il a été obtenu par M. Balard en chauffant l'alcool amylique avec de l'acide chlorhydrique concentré et en cohobant plusieurs fois, et par M. Cahours en distillant l'alcool avec son poids de chlorure phosphorique. Il se produit aussi selon

MM. Pelouze et Cahours par l'action du chlore sur l'hydrure d'amyle.

Préparation. — On dirige dans de l'alcool amylique, maintenu à 110° dans une cornue, un courant rapide de gaz chlorhydrique; il distille un liquide qui est introduit de nouveau dans la cornue quand celle-ci est presque vide, et soumis au même traitement. On lave le produit à l'acide chlorhydrique concentré (pour dissoudre l'excès d'alcool), puis à l'eau; on le sèche au chlorure de calcium et on le rectifie (Guthrie).

Propriétés. — Le chlorure d'amyle est un liquide incolore, neutre, d'une odeur aromatique, insoluble dans l'eau, bouillant à 101-102° Densité à zéro, 0,8859. Densité de vapeur : 3,77-3,84, ou par rapport à l'hydrogène, 54,4 - 55,4 :

$$(1/2\,C^5H^{11}Cl = 53,25).$$

Il brûle avec une flamme bordée de vert. Le chlore le transforme en produits de substitution, parmi lesquels M. Bauer a isolé le corps $C^5H^8Cl^4$, liquide incolore, soluble dans l'alcool et l'éther, insoluble dans l'eau, bouillant vers 240°, avec décomposition partielle, et donnant, par l'action de la potasse alcoolique, de l'amylène trichloré, bouillant vers 200° [*Compt. rend.*, t. LI, p. 572]. Sous l'influence du soleil de l'été, un courant de chlore prolongé donne du chlorure d'amyle octochloré $C^5H^3Cl^9$ (Cahours). Dirigé en vapeur sur de la potasse en fusion, il perd HCl et se transforme en amylène. En vase clos et au bain-marie, la potasse alcoolique donne l'éther mixte éthylamylique $(C^2H^5.C^5H^{11}.O)$, la dissolution alcoolique de sulfure de potassium, (K^2S), donne du sulfure d'amyle $((C^5H^{11})^2S)$, et celle de sulfhydrate de potassium, (KHS), du mercaptan amylique ou sulfhydrate d'amyle $(C^5H^{11}.H.S)$.

BROMURE D'AMYLE (*éther amylbromhydrique*), $C^5H^{11}Br$. — On le prépare avec l'alcool amylique, le brome et le phosphore (Cahours). Pour cela on ajoute une petite portion de brome à l'alcool et l'on fait digérer le mélange avec du phosphore jusqu'à décoloration : on décante, on ajoute au liquide une nouvelle portion de brome et on le remet au contact du phosphore, et ainsi de suite. Le produit de la réaction est lavé à l'eau alcaline, séché et distillé. — Liquide incolore, volatil, d'une saveur âcre, d'une odeur alliacée et piquante; il n'est pas altéré par la lumière, se dissout dans l'alcool, mais non dans l'eau. La potasse alcoolique le décompose à chaud. — D. à 15°,7 = 1,2050.

IODURE D'AMYLE (*éther amyliodhydrique*),

$$C^5H^{11}I.$$

— On distille un mélange de 15 p. d'huile de pommes de terre, de 8 p. d'iode, et de 1 p. de phosphore. La réaction commence à une douce chaleur. On lave le produit à l'eau, on le sèche et on le distille. L'iodure d'amyle est doué d'une odeur éthérée, il est insoluble dans l'eau et se décompose en partie sous l'action de la lumière. D. à 15°,7 = 1,5087 (Socoleff); — à 11°,5 = 1,511 (Cahours). — Il donne des éthers amyliques par son contact avec les sels d'argent (Wurtz). Chauffé à 260° avec l'amalgame de zinc, il donne de l'iodure et de l'amyliodure de zinc $\left. \begin{matrix} C^5H^{11} \\ I \end{matrix} \right\} Zn$ en même temps qu'un mélange d'hydrure d'amyle, d'amylène et d'amyle libre (diamyle). Le potassium donne les mêmes carbures.

OXYDE D'AMYLE (*éther amylique, amylate d'amyle*), $(C^5H^{11})^2O$. Un des produits de la distillation de l'alcool amylique avec l'acide sulfurique (Gauthier de Claubry, Balard). Obtenu par M. Williamson par l'action de l'iodure d'amyle sur l'amylate de soude :

$$C^5H^{11}.Na.O + C^5H^{11}I = C^5H^{11}.C^5H^{11}.O + NaI;$$

et par M. Wurtz (avec une certaine quantité d'amy-lène) par l'action de l'oxyde d'argent sur l'iodure d'amyle, $2\,C^5H^{11}I + Ag^2O = 2\,AgI + (C^5H^{11})^2O$. Liquide incolore, d'une odeur suave, insoluble dans l'eau, bouillant à 176° (Williamson).

OXYDE MIXTE BUTYLAMYLIQUE, $C^5H^{11}.C^4H^9.O$. — Voyez BUTYLIQUE.

OXYDE MIXTE ÉTHYLAMYLIQUE, $C^5H^{11}.C^2H^5.O$. — Préparé par Williamson à l'aide des éthers iodhydriques et de l'éthylate ou de l'amylate potassique : bout à 112° [*Chem. Soc.*, t. IV, p. 103, 234]. Densité de vapeur, 4,042, et par rapport à l'hydrogène, 58,4 ($1/2\,C^6H^{14}O = 58$). Il se forme aussi par l'action d'une solution alcoolique de potasse sur le chlorure d'amyle (Balard), ou l'iodure d'amyle (Guthrie). — Liquide, incolore, plus léger que l'eau, d'une odeur agréable rappelant celle de la sauge.

OXYDE MIXTE MÉTHYLAMYLIQUE, $C^5H^{11}.CH^3.O$. — Préparé par Williamson comme le précédent : bout à 92°. Densité de vapeur, 3,74, et par rapport à l'hydrogène, 54 ($1/2\,C^6H^{14}O = 51$).

SULFURE D'AMYLE, $(C^5H^{11})^2S$. — Huile d'une odeur et d'un arrière-goût d'oignon, qui se produit en chauffant en vase clos du sulfure de potassium alcoolique avec du chlorure d'amyle (Cahours), ou en distillant des poids équivalents d'amylsulfate et de sulfure de potassium (Balard). Point d'ébullition, 216°. Densité de vapeur, 6,3, et par rapport à l'hydrogène, 90,97 :

$$(1/2\,C^{10}H^{22}S = 87).$$

BISULFURE D'AMYLE, $(C^5H^{11})^2S^2$. — Obtenu par O. Henry fils, en distillant volumes égaux d'amylsulfate de potassium sec et de solution très-concentrée de bisulfure de potassium [*Ann. de Chim. et de Phys.*, (3), t. XXV, p. 247]. On rectifie sur le chlorure de calcium ; il passe du monosulfure et, vers 240-260°, du bisulfure d'amyle. Liquide ambré, d'une odeur alliacée. D. à 18° = 0,918. L'acide nitrique étendu du tiers de son poids d'eau se convertit, à l'ébullition, en acide amylsulfureux.

SULFURE MIXTE D'AMYLE ET D'ÉTHYLE,

$$C^5H^{11}.C^2H^5.S.$$

On chauffe à 150° une molécule de disulfophosphate d'éthyle avec deux molécules d'alcool amylique pur, jusqu'à ce que la masse vitreuse qui se dépose n'augmente plus. Le liquide passe à la distillation entre 120° et 140°. On le dissout dans l'alcool et on le précipite par l'eau : c'est du sulfure amyléthylique, bouillant à 132°-133°,5 sous la pression 0,758. Densité de vapeur, 4,4954, et par rapport à l'hydrogène, 64,9 ($1/2\,C^7H^{16}S = 66$) [Carius, *Ann. der Chem. u. Pharm.*, t. CXIX, (1861)].

SULFURE MIXTE D'AMYLE ET D'HYDROGÈNE (*Sulfhydrate d'amyle, mercaptan amylique*), $C^5H^{11}.H.S$. — On se procure ce composé par un procédé analogue aux précédents, en chauffant le sulfhydrate de potassium, préparé en saturant la potasse d'hydrogène sulfuré, avec l'amylsulfate ou le chlorure d'amyle (Balard) [Kreutzch, *Journ. für. prakt. Chem.*, t. XXXI, p. 1]. C'est de l'acide sulfhydrique mono-amylé ou bien de l'alcool amylique où O est remplacé par S. Il se décompose spontanément par une longue exposition à l'air et donne probablement du sulfure d'amyle et de l'hydrogène sulfuré : la potasse bouillante cependant ne le décompose pas. Il se combine avec dégagement de chaleur aux oxydes d'argent et de mercure pour former des amylsulfures $C^5H^{11}.R'.S$. Le sel de mercure, qui est un peu soluble dans l'alcool et l'éther à chaud, cristallise en écailles transparentes qui fondent un peu au-dessus de 100°. Les sels de plomb et de cuivre s'obtiennent avec l'acétate de plomb et le sulfate de cuivre sous forme de cœgulum.

Le mercaptan amylique est un liquide incolore, d'une odeur insupportable, soluble dans l'alcool et l'éther, insoluble dans l'eau. D. à zéro = 0,845, Point d'ébullition, 120° environ. Densité de vapeur, 3,631, et par rapport à l'hydrogène, 52,4 :

$$(1/2\,C^5H^{12}S = 52).$$

TELLURURE D'AMYLE (*telluramyle*), $(C^5H^{11})^2Te$. — S'obtient par la distillation de l'amylsulfate de chaux et du tellurure de potassium. Liquide rougeâtre, d'une odeur forte et désagréable, bouillant vers 198° avec décomposition partielle et dépôt de tellure en petits cristaux brillants.

Les propriétés de ce corps le rapprochent des composés organométalliques. Il s'oxyde à l'air en formant une base, se combine à chaud avec l'acide nitrique étendu et donne un nitrate sous forme d'une huile lourde, un peu soluble dans l'eau bouillante et susceptible de cristalliser en tables rhombes. Les hydracides transforment ce dernier corps en iodure, bromure, chlorure de telluramyle. Le chlorure, qui est un liquide huileux, traité par l'oxyde d'argent humide, donne une substance du même aspect, soluble dans l'eau, et si fortement alcaline qu'elle chasse l'ammoniaque de son chlorhydrate : c'est l'oxyde de telluramyle. On explique ces réactions intéressantes par la tendance que possède le tellure à fonctionner comme tétratomique et la qualité relativement électro-positive de ce métalloïde. Le tellure fonctionnant comme tétratomique, le telluramyle $Te^{IV}(C^5H^{11})'(C^5H^{11})'$ doit être diatomique : c'est ce que l'expérience a vérifié, car le chlorure de telluramyle a pour formule :

$$Te\,(C^5H^{11})^2Cl^2.$$

[Wœhler et Dean, *Ann. der Chem. u. Pharm.*, t. XCVII, p. 1.]

AZOTURES D'AMYLE. 1° AMYLAMINE (*amyliaque*),

$$C^5H^{13}Az = \left. \begin{matrix} C^5H^{11} \\ H^2 \end{matrix} \right\} Az.$$

— Ce dérivé monoamylé de l'ammoniaque se prépare par l'action de la potasse sur le cyanate ou le cyanurate d'amyle et sur l'amylurée [Wurtz, *Ann. de Chim. et de Phys.*, (3), t. XXX, p. 447] :

$$C^5H^{11}.OCAz + 2\,KHO$$
Cyanate d'amyle.
$$= C^5H^{11}.H^2.Az + CO.(OK)^2;$$
Carbonate de potasse.

$$C^5H^{11}.H^3.CO.Az^2 + 2\,KHO$$
Amylurée.
$$= C^5H^{11}.H^2.Az + CO.(OK)^2 + AzH^3.$$

— Il se forme, en outre, dans la première de ces réactions, de la diamylamine et de la triamylamine [Silva, *Compt. rend. de l'Acad.*, t. LXIV, p. 299].

L'amylamine se forme en petites quantités par l'action de l'iodure d'amyle sur l'ammoniaque. Elle se produit aussi, en chauffant à 250° en vase clos, de l'amylsulfate de chaux avec une solution alcoolique d'ammoniaque [Berthelot, *Compt. rend.* t. XXXVI, p. 1008] :

$$Ca(C^5H^{11})^2(SO^4)^2 + 2\,H^3Az$$
$$= CaSO^4 + (C^5H^{11}.H^3.Az)^2SO^4,$$
Sulfate d'amylamine.

ou encore par la distillation de la leucine ou d'une solution de corne dans la potasse, la leucine se formant et se détruisant dans la réaction [Schwanert, *Ann. der Chem. u. Pharm.*, t. CII, p. 221] :

$$(CO.C^5H^{11}O)'H^2Az = C^5H^{11}.H^2Az + CO^2,$$
Leucine.

ou bien enfin par la distillation de la laine avec la potasse (Gr. Williams).

On obtient l'amylamine à l'état de pureté, en décomposant le chlorhydrate par la chaux et rectifiant le produit distillé sur de la potasse caustique. C'est un liquide mobile, incolore, d'une densité de 0,7503 à 18°, bouillant à 94-95°, brûlant avec une flamme éclairante et livide, soluble dans l'eau en toutes proportions et d'une causticité extrême. Il attire l'acide carbonique de l'air, précipite les sels de magnésie, de zinc, de fer, de chrome, etc., précipite également les sels aluminiques et cuivriques, mais redissout le précipité; il donne avec le chlorure platinique des paillettes jaunc-paille solubles dans l'eau. Il réagit sur le brome et donne du bromhydrate en même temps que des gouttelettes insolubles d'amylamine bromée, il s'échauffe avec l'oxalate d'éthyle et fournit un corps cristallisé, sans doute de la diamyloxamide.

Chlorhydrate d'amylamine, $C^5H^{11}.H^3.Az,Cl$. — On prend le produit de la distillation du cyanate de potasse avec l'amylsulfate de potasse et on le distille à siccité avec de la potasse concentrée. Le cyanate et le cyanurate donnés par la première opération fournissent de l'amylamine, qu'on reçoit dans de l'acide chlorhydrique étendu. Le chlorhydrate est assez soluble dans l'eau, il cristallise en écailles incolores, grasses au toucher et donne avec le chlorure de platine un chloroplatinate en paillettes d'un jaune d'or : elles sont assez solubles dans l'eau; aussi est-il bon d'ajouter de l'alcool.

Le *bromhydrate*, $C^5H^{11}H^3Az,Br$, est un sel soluble non déliquescent, peu soluble dans d'éther; le *carbonate* forme des croûtes solides lorsqu'on abandonne la base au contact de l'air; l'*amylsulfocarbamate* forme des cristaux brillants qui se déposent lorsqu'on mélange 2 molécules d'amylamine avec 1 molécule de sulfure de carbone CS^2 (anhydride sulfocarbonique) :

$$2\,C^5H^{11}.H^2.Az + CS.S = \left.\begin{array}{l} Az.H.C^5H^{11}.CS \\ Az.H^3.C^5H^{11} \end{array}\right\} S.$$

Il se décompose lorsqu'on le chauffe quelque temps à 100° et dégage de l'hydrogène sulfuré. L'acide chlorhydrique met en liberté l'acide amyl-sulfocarbamique :

$$\left.\begin{array}{l} Az.H.C^5H^{11}.CS \\ H \end{array}\right\} S$$

sous forme d'une huile soluble dans l'éther et les alcalis [Hofmann, *Chem. Soc. qu. Journ.*, t. XIII, p. 60].

2° DIAMYLAMINE,

$$\left.\begin{array}{l} (C^5H^{11})^2 \\ H \end{array}\right\} Az.$$

— S'obtient rapidement en chauffant à 100° en vase clos l'amylamine avec du bromure d'amyle : le bromhydrate de diamylamine formé cristallise [Hofmann, *Ann. der Chem. u. Pharm.*, t. LXXIX, p. 20]. On chauffe ce sel avec de la potasse caustique, et le produit de la distillation, qui est un liquide très-volatil, très-inflammable, d'une odeur aromatique peu désagréable, d'une saveur âcre, assez peu soluble dans l'eau, mais lui communiquant cependant une réaction alcaline, constitue la diamylamine.

On l'obtient encore en rectifiant les parties les moins volatiles du produit de la réaction de la potasse sur le cyanate d'amyle (Silva).

Point d'ébullition, 170° environ. Les sels de diamylamine sont peu solubles dans l'eau froide et assez solubles dans l'eau chaude, qui les laisse déposer sous forme de cristaux par le refroidissement.

3° TRIAMYLAMINE, $(C^5H^{11})^3Az$. — En traitant la diamylamine par le bromure d'amyle, ou en recueillant ce qui passe après elle dans le second procédé de préparation, on obtient un corps doué de propriétés toutes semblables, bouillant vers 257° et constituant la triamylamine. On obtient aussi cet alcali par l'ébullition de l'hydrate de tétramyl-ammonium. Si l'on distille l'hydrate de méthyl-diéthyl-amylammonium, on recueille de la *méthyl-éthyl-amylamine*, $C^5H^{11}.C^2H^5.CH^3.Az$, huile incolore, d'une odeur agréable, un peu soluble dans l'eau, bouillant à 135°; si l'on soumet à cette opération de l'hydrate de triéthyl-amylammonium, on obtient de la diéthyl-amylamine :

$$C^5H^{11}.C^2H^5.C^2H^5.Az,$$

huile incolore, plus légère que l'eau, d'une odeur particulière qui n'est pas désagréable et fort peu soluble dans l'eau. Point d'ébullition, 154°.

4° TÉTRAMYLAMMONIUM. — On ne connaît que les sels de ce radical, qui n'a pu être isolé au même titre que l'ammonium.

L'*iodure* $(C^5H^{11})^4AzI$ se prépare en maintenant à l'ébullition pendant 3 à 4 jours de la triamylamine avec de l'iodure d'amyle; il cristallise par le refroidissement en lames peu solubles dans l'eau et fort amères. On l'obtient encore, mais la réaction est excessivement lente, en chauffant en vase clos l'ammoniaque concentrée avec un excès d'iodure d'amyle.

Lorsqu'on fait bouillir l'iodure de tétramyl-ammonium avec de l'oxyde d'argent, on obtient une liqueur amère qui se sépare en deux couches lorsqu'on ajoute une lessive de potasse. La couche inférieure, qui est susceptible de cristalliser, constitue une combinaison d'*hydrate de tétramyl-ammonium* et d'eau; par l'évaporation elle donne une masse visqueuse transparente fort déliquescente d'*hydrate de tétramylammonium*.

Ce corps se décompose facilement par la chaleur en triamylamine, amylène et eau :

$$\left.\begin{array}{l} (C^5H^{11})^4Az \\ H \end{array}\right\} O = (C^5H^{11})^3Az + C^5H^{10} + H^2O.$$

Les sels sont généralement bien cristallisés : le *sulfate* en longs filaments, le *nitrate* en aiguilles, l'*oxalate* en belles lames fort déliquescentes, le *chlorure* en lames groupées comme des feuilles de palmier, le *chloroplatinate* en belles aiguilles orangées qui se séparent peu à peu du précipité jaune et caillebotté obtenu par le chlorure de platine.

Triéthyl-amylammonium. — L'*iodure*

$$(C^2H^5)^3C^5H^{11}.AzI$$

s'obtient en chauffant en vase clos au bain-marie pendant quelques jours de l'iodure d'amyle avec de la triéthylamine; il forme de beaux cristaux, amers, gras au toucher, fort solubles dans l'eau et l'alcool, insolubles dans l'éther. Les alcalis séparent l'iodure de ses solutions sous forme d'une huile qui cristallise promptement. Ce sel donne avec l'oxyde d'argent de l'*hydrate de triéthyl-amylammonium*, masse sirupeuse que la chaleur décompose en diéthyl-amylamine, éthylène et eau :

$$\left.\begin{array}{l} (C^2H^5)^3.C^5H^{11}.Az \\ H \end{array}\right\} O$$
$$= (C^2H^5)^2.C^5H^{11}.Az + C^2H^4 + H^2O.$$

Le *chlorure*, le *nitrate* et surtout le *chloroplatinate de triéthyl-amylammonium* sont bien cristallisés.

L'*oxalate* et le *sulfate* sont gommeux.

Méthyl-diéthyl-amylammonium. — La diéthyl-amylamine, qui se produit dans la réaction que nous venons de formuler, réagit énergiquement sur l'iodure de méthyle. Si l'on opère le mélange graduellement dans un appareil surmonté d'un réfrigérant ascendant, on obtient par le refroidissement une belle masse cristalline incolore d'*iodure de méthyl-diéthyl-amylammonium*. L'hydrate et les sels de ce radical se forment par le procédé ordinaire; les *chlorure, nitrate, sulfate, chloroplatinate* sont des sels cristallisables. L'*hydrate* est soluble dans l'eau, fortement alcalin et donne à la distillation de la méthyl-éthyl-amylamine :

$$CH^3.(C^2H^5)'.C^5H^{11}.Az \left.\vphantom{\begin{matrix}a\\b\end{matrix}}\right\} O$$
$$H$$

$$= CH^3.C^2H^5.C^5H^{11}.Az + C^2H^4 + H^2O.$$

PHOSPHURES D'AMYLE. — TRIAMYLPHOSPHINE

$$(C^5H^{11})^3P,$$

obtenue par MM. Cahours et Hofmann, par l'action du chlorure phosphoreux en vapeur PCl^3 sur le zinc-amyle [*Compt. rend.*, t. XLI, p. 831]. Traitée par les divers iodures des radicaux alcooliques, elle donne les composés suivants :

$$(C^5H^{11})^3CH^3.P.I; \quad (C^5H^{11})^3C^2H^5.P.I;$$
$$(C^5H^{11})^4.P.I;$$

aisément décomposés par les sels et l'oxyde d'argent. — Voyez PHOSPHINES.

ANTIMONIURES D'AMYLE — 1° *Triamylstibine* ou *stibamyle*, $(C^5H^{11})^3Sb$. Radical diatomique.

2° *Stibdiamyles*, $[(C^5H^{11})^2Sb]^2$. Radical analogue au cacodyle $[(CH^3)^2As]^2$. — Voyez STIBINES.

ARSÉNIURES D'AMYLE. — Voyez ARSINES.

STANNURES D'AMYLE [Grimm, *Journ. für prakt. Chem.*, t. LXII, p. 385]. — On a décrit un grand nombre de composés amyliques de l'étain. Ces corps ne sont pas tous bien définis et il s'en faut de beaucoup que leur étude, d'ailleurs fort intéressante, présente le même degré de netteté que celle des stannéthyles. En traitant dans un ballon l'alliage d'étain et de sodium par l'iodure d'amyle, une réaction énergique se manifeste à une température peu élevée, et l'excès d'iodure d'amyle distille. Lorsqu'elle est achevée, on bouche le vase et on le laisse refroidir. On réunit le produit de plusieurs opérations et on épuise la masse pulvérulente et jaune par l'éther jusqu'à ce qu'elle ne lui cède plus rien. La solution éthérée contient, suivant Grimm, les radicaux suivants dont nous indiquons la formule :

	En équivalents.	En atomes.
Stannamyle	$C^{10}H^{11}.Sn$	$[(C^5H^{11})^2Sn]''$.
Bistannamyle	$C^{10}H^{11}.Sn^2$	$[(C^5H^{11})Sn]'$.
Méthylène stanna-myle	$(C^{10}H^{11})^2Sn^2$	$[(C^5H^{11})^4Sn^2]''$.
Meth-stannamyle	$(C^{10}H^{11})^3Sn^2$	$[(C^5H^{11})^3Sn]'$.
Meth-stann-biamyle	$(C^{10}H^{11})^4Sn^2$	$[(C^5H^{11})^4Sn]^0$.

A l'état libre, ce sont des corps onctueux, indistillables, insolubles dans l'eau, fort solubles dans l'alcool et d'autant plus qu'ils contiennent moins d'étain. Ils s'oxydent par l'évaporation de leur solution alcoolique et fort énergiquement par l'action de l'acide nitrique. Ils se combinent au brome et à l'iode. Les oxydes de tous les stannures d'amyle donnent des sels dont ils sont séparées par l'ammoniaque; leurs solutions ont une réaction fortement alcaline.

La séparation de ces différents corps se fonde sur des différences de solubilité de leurs oxydes ou de leurs sels; elle est pénible et donne des résultats imparfaits.

Le *stannamyle* [stannosamyle $((C^5H^{11})^2Sn]$ donne un oxyde $(C^5H^{11})^2SnO$ sous forme d'une poudre blanche presque insoluble dans l'éther. Le chlorure $(C^5H^{11})^2SnCl^2$ est une huile qui cristallise dans la glace; il possède une faible odeur camphrée et brûle avec une flamme brillante bordée de vert. Soluble dans l'alcool et l'éther.

Le sulfate $(C^5H^{11})^2Sn.SO^4$ est une poudre amorphe et blanche, insoluble dans l'eau et dans l'éther, peu soluble dans l'alco.

Le *bistannamyle* (stannomonamyle $C^5H^{11}Sn$) donne un oxyde $(C^5H^{11}Sn)^2O$, et un chlorure $C^5H^{11}Sn.Cl$ sous forme de masses analogues à la térébenthine et parfaitement transparentes.

Le *méthylène stannamyle* semble appartenir à la série éthylique de l'étain. $[(C^5H^{11})^4Sn^2]''$ est, en effet, analogue à $(H^4C^2)''$; ce serait donc plutôt l'*éthylène stannamyle*.

Son chlorure $(C^5H^{11})^4Sn^2Cl^2$ cristallise en prismes définis, fusibles à 70°; son sulfate

$$(C^5H^{11})^4Sn^2.SO^4$$

est incristallisable.

Le *meth-stannamyle* ne donne pas de dérivés cristallisables.

Le *méth-stann-biamyle* [stannicamyle $(C^5H^{11})^4Sn]$ est un liquide incolore et huileux, facilement soluble dans l'alcool et l'éther. Son oxyde est une huile mobile d'une agréable odeur de jasmin. Elle contient, selon Grimm, $[(C^5H^{11})^4Sn]^2O$ (?). Le chlorure correspondant est huileux, mais l'iodure cristallise à une basse température et renfermerait $(C^5H^{11})^4SnI$. Ces formules ne sont pas admissibles, et comme le dosage ne peut rien apprendre dans ce cas sur le nombre d'atomes d'hydrogène, il est possible que ces corps soient des sortes d'éthers stannés.

MERCURAMYLE, $(C^5H^{11})^2Hg$ [Frankland et Duppa, *Journ. of the Chem. Soc.*, t. II, p. 415]. — On obtient ce composé en agitant dans un vase refroidi de l'amalgame de sodium contenant 1 p. de sodium pour 500 de mercure, avec de l'iodure d'amyle additionné d'un cinquième de son poids d'éther acétique. On sépare l'éther acétique par une distillation au bain-marie, et l'on dirige un courant de vapeur d'eau dans la cornue jusqu'à ce que la moitié du liquide ait distillé. Ce qui reste est du mercuramyle qu'on purifie par lavage à l'eau et dessiccation sur le chlorure de calcium.

C'est un liquide mobile et transparent, d'une densité de 1,6663 à zéro, présentant une faible odeur amylique, mais avec un arrière-goût persistant commun à tous les composés organo-mercuriels. On ne peut le distiller même dans le vide sans le décomposer partiellement, mais il passe sans altération avec les vapeurs d'eau. Insoluble dans l'eau, peu soluble dans l'alcool, facilement soluble dans l'éther. Il ne s'oxyde pas à l'air, mais il forme, lorsqu'on le projette dans le chlore, des fumées de mercure-chloramyle $C^5H^{11}.Cl.Hg$. Avec l'iode et le brome, la réaction est très-violente.

Le *mercure-chloramyle* $C^5H^{11}.Cl.Hg$ se produit en traitant le mercuramyle par un excès de solution alcoolique de chlorure mercurique. Il se présente en fines aiguilles sublimables sans décomposition, fusibles à 86° en une huile incolore.

Il est insoluble dans l'eau, mais très-franchement soluble dans l'alcool chaud et l'éther; on le purifie d'un excès de sublimé corrosif qu'il retient avec opiniâtreté en le dissolvant dans l'alcool et en le précipitant par l'eau. On doit répéter l'opération plusieurs fois.

Le *mercure-iodamyle* $C^5H^{11}.I.Hg$ est un corps semblable au précédent qu'on prépare en ajoutant à une solution éthérée de mercuramyle, d'abord une solution alcoolique d'iode, puis de l'iode solide. La liqueur se prend presque en masse, et il se forme en même temps que le mercure-iodamyle de l'iodure d'amyle :

$$(C^5H^{11})^2Hg + I^2 = C^5H^{11}.I.Hg + C^5H^{11}.I.$$

On lave les cristaux à l'alcool faible, on les comprime dans du papier buvard, puis on les redissout dans l'alcool chaud, et on voit se déposer de petites écailles perlées, peu solubles dans l'alcool, mais très-solubles dans l'éther et un peu solubles dans l'eau bouillante. Les cristaux sont plus volumineux si l'on ajoute à la solution alcoolique et chaude un peu de potasse alcoolique : ils fondent à 122° sans se décomposer, mais à 140° il commence à se former de l'iodure de mercure. On peut les sublimer sans altération dans un courant d'air.

La potasse alcoolique n'attaque que partiellement le mercure-iodamyle. Le zinc à 130° donne du zincamyle et de l'amalgame de zinc.

ZINCAMYLE, $(C^5H^{11})^2Zn$ [Frankland et Duppa, *Journ. of the Chem. Soc.*, t. II, p. 29]. — Le mercuramyle permet de préparer facilement le zincamyle. Il suffit de le chauffer pendant 36 heures à 130° dans des tubes avec de la poudre de zinc et de distiller. Il passe d'abord un peu d'amylène et d'hydrure d'amyle vers 50°; tout le reste passe entre 220° et 222°; c'est le zincamyle pur. Liquide incolore, mobile, d'une odeur amylique, d'une densité de 1,022 à zéro. Il commence à se décomposer à 240°, s'enflamme dans l'oxygène, mais non pas dans l'air; l'oxydation lente le transforme en amylamylate $C^5H^{11}.C^5H^{11}O.Zn$, puis en amylate de zinc $(C^5H^{11}O)^2Zn$.

AMYLE ET RADICAUX COMPOSÉS.

ACIDE AMYLSULFUREUX :

$$\left.\begin{array}{l} C^5H^{11}.H \\ (SO)'' \end{array}\right\} O^2 = C^5H^{11}.H.SO^3.$$

— Ce corps, qui représente l'acide sulfureux normal

$$H^2SO^3 = SO^2 + H^2O$$

monoamylé, se prépare par l'oxydation du sulfhydrate d'amyle et même du bisulfure ou du sulfocyanure. On chauffe doucement le sulfhydrate d'amyle avec un excès d'acide nitrique de densité 1,25, puis, lorsque la réaction, qui est fort violente, s'apaise, on ajoute une autre partie de sulfhydrate, et ainsi de suite. La liqueur se sépare en deux couches, l'une huileuse et sans composition constante, l'autre, au-dessous, aqueuse et contenant l'acide amysulfureux avec un excès d'acide nitrique. On décante celle-ci et on l'évapore au bain-marie; il reste de l'acide amylsulfureux sous forme d'un sirop épais et incolore mélangé d'un peu d'acide sulfurique. Les *sels* $C^5H^{11}.R'.SO^3$ se préparent avec ce liquide sirupeux, ils se dissolvent dans l'alcool bouillant, ce qui permet de les séparer des sulfates. L'*amylsulfite de plomb* cristallise en feuillets incolores groupés en rayons et renfermant de l'eau de cristallisation qu'ils perdent à 120°. Traité par l'hydrogène sulfuré, ils donnent l'acide amylsulfureux à l'état de pureté. Les *amylsulfites alcalins et terreux* sont solubles dans l'eau et cristallisent en feuillets; l'*amylsulfite d'argent* donne des tables rhomboïdales magnifiques, à moins que, la solution étant trop concentrée, elle ne se prenne en une gelée de petits cristaux enchevêtrés [Gerathewohl, *Journ. für prakt. Chem.*, t. XXXIV, p. 447. — O. Henry fils, *Ann. de Chim. et de Phys.*, (3), t. XXV, p. 246. — Medlock, *Ann. der Chem. u Pharm.*, t. LXIX, p. 225].

ACIDE AMYLSULFURIQUE ou SULFAMYLIQUE,

$$\left.\begin{array}{l} C^5H^{11}.H \\ (SO^2)'' \end{array}\right\} O^2 = C^5H^{11}.H.SO^4.$$

— Si l'on mêle avec précaution parties égales d'huile de pommes de terre et d'acide sulfurique à 66°, le liquide s'échauffe et se colore en rouge foncé; on l'abandonne assez longtemps à lui-même, on l'étend d'eau et on le sature par le carbonate de baryte [Cahours, *Ann. de Chim. et de Phys.*, t. LXX, p, 811. Il se sépare du sulfate de baryte insoluble et le *sulfamylate de baryte* reste dans les liqueurs où il peut cristalliser par concentration : ce sont de belles tables rhomboïdales renfermant de l'eau de cristallisation :

$$(C^5H^{11})^2Ba''(SO^4)^2 + 2H^2O,$$

solubles dans l'eau et dans l'alcool, à peine solubles dans l'éther, s'effleurissant à l'air chaud et se décomposant déjà vers 95° en noircissant. La dissolution maintenue longtemps en ébullition donne du sulfate de baryte et de l'alcool amylique; traitée par l'acide sulfurique, elle précipite, et la liqueur contient de l'acide amylsulfurique qui, concentré, se présente sous forme de sirop incolore, très-soluble et très-acide, dissolvant le fer, le zinc et les carbonates avec effervescence. Il se décompose à l'ébullition et même dans le vide en acide sulfurique et en alcool amylique. Les *sels* de l'acide amylsulfurique étant tous solubles dans l'eau, celui-ci ne donne de précipité dans aucune solution; on les obtient avec les oxydes ou les carbonates métalliques, ou en décomposant l'amylsulfate de chaux par un carbonate ou celui de baryte par un sulfate. Ils se décomposent facilement en sulfate et en alcool (lorsqu'ils contiennent de l'eau); à la distillation sèche, ils laissent un sulfate mêlé de charbon pendant qu'il distille de l'amylène, des polymères, etc., et qu'il se dégage du gaz carbonique et du gaz sulfureux [Kekulé, *Ann. der Chem. u. Pharm.*, t. LXXV, p. 275].

Les *amylsulfates de potasse et de soude* perdent leur eau de cristallisation à une température très-peu élevée ou dans le vide; ils se décomposent, le premier vers 170° et le second vers 145°. L'*amylsulfate de chaux* forme des cristaux mamelonnés, d'une formule semblable à celle du sel de baryte, insolubles dans l'éther comme les sels alcalins; ils s'effleurissent et même se décomposent dans l'air sec. Chauffés à 250° en vase clos avec de l'ammoniaque alcoolique, ils donnent du sulfate d'amylamine. Les sels de *magnésie*, de *manganèse* et de *cuivre* renferment une quantité double d'eau de cristallisation.

AZOTITE D'AMYLE (*éther amylnitreux*),

$$\left.\begin{array}{l} C^5H^{11} \\ (AzO)' \end{array}\right\} O = C^5H^{11}.AzO^2.$$

— Se produit par l'action de l'acide nitreux sur l'hydrate d'amyle et sur l'amylamine, du nitrite de potasse sur une solution chaude de chlorhydrate d'amylamine, de l'acide nitrique sur l'alcool amylique [Balard, *Ann. de Chim. et de Phys.*, (3), t. XII, p. 318]. On le prépare en dirigeant les vapeurs nitreuses produites par l'action de l'acide nitrique sur l'amidon dans de l'hydrate d'amyle chauffé au bain-marie ou en chauffant légèrement dans une grande cornue un mélange d'hydrate d'amyle et d'acide azotique; on interrompt le feu aussitôt que la réaction commence à s'établir et l'on doit même la maîtriser en refroidissant l'appareil. Il passe, dans le récipient de l'alcool inaltéré, du nitrite d'amyle et de l'acide cyanhydrique; on distille ce produit jusqu'à quelques degrés au-dessus de 100°, on traite cette portion par la potasse pour décomposer l'acide cyanhydrique, et on rectifie. Le nitrite d'amyle, qui bout à 99°, à la pression de 0,756 (Guthrie), et qui n'est décomposé que très-lentement par la potasse, passe de 96° à 100°; vers 145°, il passe du nitrate d'amyle. L'azotite d'amyle est un liquide légèrement coloré en jaune, d'une densité de 0,877; sa vapeur est un peu rutilante; elle possède une densité de 4,03, ou par rapport à l'hydrogène 58,2 (1/2 $C^5H^{11}AzO^2 = 58,5$); elle détone à 260°. L'inhalation de ses vapeurs accélère considérablement les battements du cœur. La potasse alcoolique la décompose lentement avec formation de nitrite de potasse et sans doute d'oxyde d'éthyle et d'amyle. Lorsqu'on le projette sur de la potasse fondue, il prend feu et donne du valérate de potasse. Chauffé avec de l'eau et du peroxyde de plomb, il donne, selon Rieckher, de l'alcool amylique, du nitrate et du nitrite de plomb [*Journ. für prakt. Pharm.*, t. XIV, p. 1]. Avec le zinc et l'acide sulfurique en présence de l'alcool, il se forme du nitrite d'éthyle et de l'ammoniaque par deux réactions parallèles [Guthrie, *Chem. Soc.*, t. XI, p. 245]. Le potassium donne de l'alcool amylique, le chlore provoque des changements de couleur nombreux, la liqueur passant du jaune pâle au rouge, au vert olive et enfin au vert pâle. Dans ce dernier cas, 1 atome de chlore ne s'est substitué à l'hydrogène que dans 1 molécule sur 3 de nitrite. En chauffant au bain-marie, on peut faire entrer par substitution 2 atomes de chlore dans chaque molécule. On obtient ainsi, après un courant longtemps prolongé et une agitation avec le mercure et les alcalis, le nitrite de bichloramyle

$$\left.\begin{array}{l} C^5 H^9 Cl^2 \\ Az O \end{array}\right\} O.$$

Liquide transparent d'une odeur de poire, décomposable par l'eau. D. à 12° = 1,233. Il bout en se décomposant à 90°.

Le phosphore se dissout dans l'azotite d'amyle, et, à un certain degré de chaleur, réagit sur cet éther en élevant sa température à 121°. Il se dégage de l'azote, du protoxyde d'azote et un peu de bioxyde d'azote. Il reste dans la cornue une huile brune insoluble dans l'eau, qui, purifiée, présente la formule empirique $C^{10} H^{28} P Az O^5$, très-rapprochée de celle proposée par M. Wurtz :

$$\left.\begin{array}{l} C^5 H^{11} \\ C^5 H^{10} Az O \\ H \end{array}\right\} P O^3 = C^{10} H^{22} P Az O^4$$

dérivée de $H^3 P O^3$. Elle se décompose au-dessus de 170° et peut donner des sels.

AZOTATE D'AMYLE (*éther amylnitrique*, anc. *nitrate d'amylène*),

$$\left.\begin{array}{l} C^5 H^{11} \\ (Az O^2)' \end{array}\right\} O = C^5 H^{11}. Az O^3.$$

— On agite dans une cornue spacieuse 30 grammes d'acide azotique concentré, 10 grammes d'acide azotique ordinaire et 10 grammes de nitrate d'urée; au bout de dix minutes, on ajoute 40 grammes d'alcool amylique et l'on chauffe peu à peu. L'on ajoute de l'eau au produit distillé, on décante la couche supérieure et on la distille. Après plusieurs distillations du produit qui bout vers 148°, on obtient une huile incolore, d'une odeur rappelant celle des punaises, d'une saveur sucrée et brûlante et d'une densité égale à 0,994 à 10°. C'est l'azotate d'amyle. Il bout à 148° (Hofmann) et à 137° (Rieckher), mais avec décomposition partielle; la vapeur surchauffée détone.

Soluble dans l'alcool et l'éther, précipitable par l'eau, il est décomposé par la potasse alcoolique en alcool amylique et en nitrate de potasse [Rieckher, *Journ. für prakt. Pharm.*, t. XIV, p. 1. — A. W. Hofmann, *Ann. de Chim. et de Phys.*, (3), t. XXIII, p. 374].

ACIDE AMYLPHOSPHOREUX,

$$\left.\begin{array}{l} C^5 H^{11}. H \\ (PHO)'' \end{array}\right\} O^2 = C^5 H^{11} H. H. P O^3.$$

— Se produit par l'action du chlorure phosphoreux sur l'alcool amylique en présence de l'eau

[Wurtz, *Ann. de Chim. et de Phys.*, (3), t. XVI, p. 227] :

$$2 C^5 H^{11}. OH + P Cl^3 + H^2 O$$
$$= C^5 H^{11}. H^2 P O^3 + C^5 H^{11} Cl + 2 H Cl.$$

Acide   Chlorure
amylphosphoreux.   d'amyle.

On ajoute goutte à goutte un volume de protochlorure de phosphore à un volume d'alcool amylique refroidi avec soin. On ajoute ensuite de l'eau pour décomposer l'excès de protochlorure, et enfin, la réaction terminée, un volume d'eau égal à celui du liquide; on agite et on laisse reposer. La couche supérieure renferme du phosphite d'amyle

$$3 C^5 H^{11}. OH + P Cl^5$$
$$= (C^5 H^{11})^2. H P O^3 + C^5 H^{11} Cl + 2 H Cl,$$

provenant de la réaction du chlorure phosphoreux sur l'alcool sec et de l'acide amylphosphoreux formé pendant l'addition de l'eau. On décante cette couche, on la lave à plusieurs reprises à l'eau distillée et enfin au carbonate de soude étendu. Il y a effervescence et formation d'amylphosphite de soude. On purifie cette solution en la lavant à l'éther qui retient le phosphite d'amyle, puis on la précipite par l'acide chlorhydrique qui met en liberté l'acide amylphosphoreux à l'état huileux. Comme cette huile contient encore un peu d'éther et de chlorure de sodium, on la dissout dans l'eau distillée et l'on y ajoute de l'acide chlorhydrique en excès qui l'en sépare de nouveau. On décante et on abandonne dans le vide. L'acide amylphosphoreux est plus pesant que l'eau, sans odeur, d'une saveur fortement acide; la chaleur le décompose en produits inflammables et en acide phosphoreux qu'une élévation de température décompose à son tour. Les sels de cet acide sont peu définis et fort instables; on les obtient avec les oxydes ou les carbonates.

PHOSPHITE D'AMYLE (*éther amylphosphoreux*),

$$\left.\begin{array}{l} C^5 H^{11} \\ C^5 H^{11} \\ (PHO)'' \end{array}\right\} O^2 = (C^5 H^{11})^2. H P O^3.$$

— La couche huileuse qu'on traite par le carbonate de soude, dans la préparation précédente, ne contient plus, lorsqu'elle est neutralisée par cet agent, que du phosphite d'amyle. On le lave à l'eau pure et on le chauffe à plusieurs reprises à 80-100° dans le vide pour chasser l'eau et le chlorure d'amyle. Il reste un liquide incolore, d'une odeur faible rappelant celle de l'alcool amylique, d'une saveur piquante et désagréable. D. à 19°,5 = 0,967. Il bout à une température élevée en se décomposant partiellement; fortement chauffé ou étendu sur du papier, il brûle avec une flamme blanchâtre; dirigé dans un tube chauffé au rouge, il donne des gaz parmi lesquels on a signalé l'hydrogène phosphoré. Il s'acidifie à l'air et donne, avec les alcalis bouillants, un phosphite et de l'alcool amylique. L'acide nitrique l'attaque avec violence, l'odeur d'acide valérique se fait sentir et il distille des gouttelettes jaunâtres. Il réduit le nitrate d'argent à l'ébullition. Le chlore donne dans l'obscurité à zéro un produit monochloré. A la lumière et en chauffant, on obtient, par l'action du chlore, des produits trichlorés, incolores, instables et perdant de l'acide chlorhydrique.

ACIDE AMYLPHOSPHORIQUE,

$$\left.\begin{array}{l} C^5 H^{11} \\ H^2 \\ (PO)''' \end{array}\right\} O^3 = C^5 H^{11}. H^2. P O^4$$

— Cet acide s'obtient en mêlant des poids égaux d'acide phosphorique sirupeux et d'alcool amylique. On laisse en contact pendant un jour dans un endroit chaud, puis on neutralise par le carbonate de potasse, on évapore au bain-marie et l'on reprend par l'alcool fort. On répète le traitement plusieurs fois, puis le sel de potasse ainsi purifié est précipité par l'acétate de plomb, le sel de plomb décomposé par l'acide sulfhydrique, et l'acide filtré et évaporé dans le vide. C'est une masse incolore, transparente, cristalline, déliquescente, soluble dans l'alcool, mais non dans l'éther. La solution est fortement acide et décompose les carbonates. Les sels sont tous anhydres à 100°; ceux des métaux alcalins sont solubles dans l'eau; les autres qui le sont à peine peuvent se préparer par double décomposition. Formule : $C^5 H^{11}.R'R'.PO^4$ [Guthrie, *Chem. Soc.*, t. IX, p. 134]. Lorsqu'on électrolyse le sel de potasse, il se dégage au pôle $+$ de l'acide carbonique, de l'oxygène et un acide présentant l'odeur de l'acide valérique ou butyrique, pendant qu'il se dégage de l'hydrogène sans aucune odeur au pôle —.

ACIDE DIAMYLPHOSPHORIQUE,

$$\left.\begin{array}{l}(C^5 H^{11})^2 \\ H \\ (PO)'''\end{array}\right\} O^3 = (C^5 H^{11})^2.H.PO^4.$$

— On dissout par petites portions 1 p. de chlorure phosphorique dans 1 1/2 à 2 p. d'alcool amylique. Le produit de la réaction est chauffé dans une cornue pour chasser l'acide chlorhydrique et le chlorure d'amyle, puis versé dans l'eau et saturé par le carbonate de soude. On l'agite avec l'éther pour séparer l'alcool non décomposé, puis on régénère l'acide en ajoutant de l'acide chlorhydrique. Cet acide contient alors 2 atomes d'eau qu'il perd dans le vide sec [Fehling, *Handw. d. Chem.*, t. I, p. 793]. Il a été trouvé par Kraut dans le produit de la réaction du phosphore sur une solution de brome dans l'alcool amylique [*Ann. der Chem. u. Pharm.*, t. CXVIII (XLII), p. 102]. Selon ce chimiste, il n'est pas décomposé par son ébullition avec l'eau, contrairement à l'opinion de Fehling. C'est une huile d'une densité de 1,025 à 20°, mais surnageant dans l'eau bouillante, à peu près inodore, d'un goût fortement acide, presque insoluble dans l'eau, soluble dans l'alcool et l'éther. Les diamylphosphates $(C^5 H^{11})^2 R' PO^4$ sont anhydres; les *sels de baryum* et *de calcium* obtenus avec les carbonates sont cristallins; ils sont plus solubles dans l'eau froide que dans l'eau chaude. Le *sel de magnésie* cristallise par la chaleur en aiguilles qui fondent lorsqu'on les isole des eaux mères; il y a deux *sels d'argent*, l'un neutre, qu'on obtient par double décomposition, l'autre acide, qu'on prépare avec l'oxyde d'argent et l'acide libre (Kraut). Tous ces sels se décomposent à une température élevée, en donnant de l'amylène, etc.; dans l'eau bouillante, ils dégagent de l'alcool amylique. Le *diamylphosphate d'éthyle* paraît se former lorsqu'on chauffe une solution d'acide diamylphosphorique dans trois ou quatre fois son poids d'alcool à 95° à une température de 180° en vase clos. Le carbonate de soude sépare du moins de ce liquide une liqueur d'une odeur éthérée. Il paraît aussi prendre naissance dans la réaction du diamylphosphate d'argent sur l'iodure d'éthyle à 100°.

PHOSPHATE D'AMYLE,

$$\left.\begin{array}{l}(C^5 H^{11})^3 \\ (PO)'''\end{array}\right\} O^3 = (C^5 H^{11})^3.PO^4.$$

— Se prépare en chauffant à 180° l'amylphosphate d'argent avec le chlorure d'amyle en vase clos. On traite le mélange par l'alcool, et la solution étant additionnée d'eau, un liquide éthéré, d'une odeur tout à fait différente de celle de l'alcool amylique, vient nager à la surface. C'est très-probablement du phosphate normal d'amyle formé en vertu de l'équation

$$C^5 H^{11} Ag^2 PO^4 + 2 C^5 H^{11} Cl$$
$$= 2 AgCl + (C^5 H^{11})^3 PO^4 \text{ (Guthrie).}$$

SULFOPHOSPHATE D'AMYLE,

$$\left.\begin{array}{l}(C^5 H^{11})^3 \\ (PS)'''\end{array}\right\} S^3 = (C^5 H^{11})^3.PS^4.$$

— Liquide épais, jaunâtre, insoluble dans l'eau et plus dense que celle-ci, d'une odeur faible et désagréable, soluble dans l'alcool absolu et se décomposant à 100°, en dégageant du sulfure d'amyle; obtenu par Kovalewsky, en même temps que l'acide diamyldisulfophosphorique, en traitant l'alcool amylique par le sulfure phosphorique, $P^2 S^5$: la réaction est très-vive [*Ann. der Chem. u. Pharm.*, t. CXIX (XLIII)].

ACIDE DIAMYLDISULFOPHOSPHORIQUE,

$$\left.\begin{array}{l}(C^5 H^{11})^2 \\ H \\ (PS)'''\end{array}\right\} SO^3.$$

— Lorsqu'on reprend par l'eau le produit de la réaction précédente, l'acide diamyldisulfophosphorique se dissout, tandis que le sulfophosphate d'amyle reste au fond sous forme d'une huile. Le sel de plomb cristallise dans l'alcool bouillant en prismes clinorhombiques. Les sels alcalins et terreux sont solubles dans l'eau; ceux des métaux lourds, insolubles dans ce liquide, se dissolvent dans l'alcool, l'éther et la benzine.

BORATE D'AMYLE (*protoborate amylique*),

$$\left.\begin{array}{l}(C^5 H^{11})^3 \\ B'''\end{array}\right\} O^3 = (C^5 H^{11})^3 BO^3.$$

— Lorsqu'on fait passer du chlorure de bore dans de l'huile de pommes de terre, le liquide se sépare en deux couches, et il se dégage de l'acide chlorhydrique. La couche supérieure, décantée et distillée en fractionnant les produits, finit par passer en grande partie entre 260° et 280°; c'est du borate d'amyle : liquide incolore, d'une apparence huileuse et d'une faible odeur d'alcool amylique. D. à 0 = 0,87. Point d'ébullition, 270-275°. Densité de vapeur, 10,55, et par rapport à l'hydrogène, 152 (1/2 $C^{15} H^{33} BO^3 = 136$). L'eau et l'ammoniaque le décomposent; il brûle avec une flamme verte en répandant des fumées d'acide borique [Ebelmen et Bouquet, *Ann. de Chim. et de Phys.*, (3), t. XVII, p. 61]. Si l'on chauffe 2 p. d'huile de pommes de terre et 1 p. d'acide borique fondu, celui-ci augmente beaucoup de volume, et rien ne distille ou à peu près à 140°. En traitant ce qui reste dans la cornue par l'éther anhydre et portant cette solution à la température de 250°, il reste un produit visqueux, transparent, légèrement ambré, s'étirant en fils, d'une saveur brûlante, se décomposant par l'eau et l'air humide, supportant une température de 300° sans s'altérer, mais donnant des fumées abondantes et se boursouflant au-dessus de 300° en laissant de l'acide borique. Ebelmen assigne à ce corps la formule

$$\left.\begin{array}{l}(C^5 H^{11})^2 \\ B^4\end{array}\right\} O^7.$$

[*Ann. de Chim. et de Phys.*, (2), t. XVI, p. 139.]

CARBONATE D'AMYLE. — Voyez CARBONIQUE (ACIDE).

SULFOCARBONATE D'AMYLE, ACIDE AMYLSULFOCARBONIQUE, AMYLXANTHIQUE, PERSULFURE AMYLSULFOCARBONIQUE, etc. — Voyez CARBONE (SULFURE DE), SULFOCARBONIQUE (ACIDE).

CYANURE D'AMYLE. — Voyez CYANHYDRIQUE (ACIDE).

FORMIATE D'AMYLE et tous autres éthers d'acides organiques. — Voyez ces acides.

ÉTHYLE-AMYLE et BUTYLE-AMYLE. — Voyez ÉTHYLE et BUTYLE.

PHÉNYLE-AMYLE,

$$\left.\begin{array}{l} C^5H^{11} \\ C^6H^5 \end{array}\right\}.$$

— Obtenu par Fittig et Tollens par l'action du sodium sur un mélange de bromobenzine et de bromure d'amyle étendu de benzine [*Ann. der Chem. u. Pharm.*, t. CXXXI (LV), p. 303]. Il bout à 195°. D. à 12° = 0,859. L'acide nitrique concentré donne un produit mononitré : $C^{11}H^{15}AzO^2$.

SILICATE D'AMYLE,

$$\left.\begin{array}{l} (C^5H^{11})^4 \\ Si^{iv} \end{array}\right\}O^4.$$

— Ebelmen, en versant de l'alcool amylique dans du chlorure de silicium, observa d'abord un abaissement considérable de température accompagnant la mise en liberté de torrents de gaz chlorhydrique [*Ann. de Chim. et de Phys.*, (3), t. XVI, p. 155]. La température finit par s'élever et le dégagement de gaz étant suffisamment ralenti, on distille en ne recueillant qu'au-dessus de 300°. Le silicate d'amyle, formé en vertu de l'équation

$$SiCl^4 + 4\left.\begin{array}{l} C^5H^{11} \\ H \end{array}\right\}O = Si(C^5H^{11})^4O^4 + 4HCl,$$

est un liquide incolore, limpide, d'une odeur faible. D. à 20° = 0,868. Il bout entre 322° et 325°. Densité de vapeur : 15,2, et par rapport à l'hydrogène 219,5 (1/2 $C^{20}H^{44}SiO^4 = 188$). L'alcool, l'éther et l'alcool amylique le dissolvent. L'eau, qui ne le dissout pas, le décompose beaucoup plus lentement que le silicate d'éthyle.

SILICATE ÉTHYL-AMYLIQUE. — Voyez ÉTHYLIQUES (COMBINAISONS).

SILICATE MÉTHYL-AMYLIQUE. — Voyez MÉTHYLIQUES (COMBINAISONS). G. S.

AMYRINE. — Partie constituante de la résine élémi (Bonastre). D'après Baup, on la trouve aussi dans la résine provenant du *Canarium album*, arbre des Philippines, connu sous le nom de *Arbol a brea* (arbre à brai). Pour l'extraire de cette résine, Baup commence par la faire bouillir avec de l'eau qui entraîne une huile essentielle ; le résidu est traité par l'alcool froid qui dissout la bréine, la bryoïdine et la bréidine, et laisse l'amyrine indissoute : on reprend par l'alcool bouillant, qui se charge d'amyrine et l'abandonne par refroidissement sous forme cristalline.

C'est une substance blanche, insoluble dans l'eau, très-soluble dans l'éther et l'alcool chaud : elle se dépose de ses solutions en fibres satinées, d'un grand éclat. Sous l'influence de la chaleur, elle fond (à 174°) en un liquide incolore qui reste transparent après refroidissement. Elle a été analysée par un grand nombre de chimistes, mais leurs résultats sont si peu concordants qu'une nouvelle étude sur cette matière paraît indispensable. Voyez RÉSINE ÉLÉMI.

[Bonastre, *Journ. de Pharm.*, t. X, p. 199. — H. Rose, *Poggend. Ann.*, t. XVII, p. 480 et *Ann. der Chem. u. Pharm.*, t. XIII, p. 177. — Dumas, *Journ. de Chim. méd.*, 1835, p. 309. — Johnston, *Ann. der Chem. u. Pharm.*, t. XLIV, p. 338. — Hess, *Ann. der Chem. u. Pharm.*, t. XXIX, p. 135.] CH. L.

ANACARDIQUE (ACIDE) [Stœdeler, *Ann. der Chem. u. Pharm.*, t. LXIII, p. 137, et Gerhardt, t. III, p. 903], $C^{44}H^{60}O^5$, 2 H^2O (?). — Cet acide a été découvert en 1847 par Stœdeler, dans le péricarpe des noix d'acajou, où il se trouve mélangé de tannin, d'ammoniaque et de *cardol* (voyez ce mot). Pour préparer cet acide, on épuise le péricarpe des noix d'acajou par l'éther, on évapore la solution éthérée et on lave à l'eau le produit de cette évaporation ; on enlève ainsi le tannin. L'acide anacardique impur est alors dissous dans l'alcool et on le fait digérer avec de l'oxyde de plomb, jusqu'à ce qu'il ait perdu toute réaction acide. L'anacardate de plomb est recueilli, parfaitement lavé à l'eau et décomposé par le sulfure d'ammonium ; on obtient ainsi de l'anacardate d'ammonium, d'où on précipite l'acide au moyen de l'acide sulfurique faible. Le précipité est lavé à l'eau, puis redissous dans l'alcool, filtré, et privé ensuite d'une matière colorante qui le souille, au moyen de quelques gouttes d'acétate de plomb, qui précipite cette impureté : on répète alors le traitement à l'oxyde de plomb, et après plusieurs purifications on obtient l'acide anacardique pur.

Cet acide se présente sous la forme d'une masse blanche, cohérente, cristalline, plus lourde que l'eau. Il se précipite de ses solutions sous forme de gouttes oléagineuses, se solidifiant lentement et avec une texture cristalline. Il est sans odeur ; sa saveur est brûlante et aromatique. Il fond à 26° et ne se solidifie que lentement. A 100°, il développe une odeur particulière, mais on peut le chauffer jusqu'à 200° sans qu'il se décompose. Au-dessus de 200°, il est détruit et donne naissance à une huile incolore. Il brûle avec une flamme fuligineuse. Il tache le papier. Il se liquéfie par le contact prolongé de l'air et développe alors l'odeur des graisses rances. Il est insoluble dans l'eau, soluble dans l'alcool et l'éther. Ces solutions rougissent le tournesol.

L'acide sulfurique concentré le dissout avec une couleur rouge de sang, l'eau le reprécipite inaltéré. L'acide nitrique (D. = 1,3) l'attaque déjà à froid et produit une substance jaune, résineuse ; par l'ébullition avec l'acide nitrique, d'autres produits prennent naissance, les uns cristallisés, d'autres liquides et présentant quelque analogie avec l'acide butyrique. La solution alcoolique de l'acide anacardique n'est pas éthérifiée quand on la sature d'acide chlorhydrique gazeux.

Il a donné à l'analyse 75,05 de carbone et 9,18 d'hydrogène : la formule $C^{44}H^{60}O^5$, 2 H^2O exige 75,04 de carbone et 9,07 d'hydrogène.

Anacardates. — L'acide anacardique forme, avec les bases, des sels neutres et des sels acides. Les sels d'ammonium et de potassium sont solubles et se préparent directement. Ceux de baryum, de calcium, de ferrosum, de ferricum, de nickel, de cobalt, d'argent, de plomb, sont des précipités insolubles, qu'on obtient par double décomposition. L'anacardate de plomb acide forme, avec l'acétate de plomb, un sel double, cristallisé, ressemblant à la cholestérine. CH. L.

ANALCIME (Min.). [Syn. *Cubicite*, W.] — Silicate hydraté de soude et d'alumine :

$$Na^2Al^2Si^4O^{12}, 2H^2O = Na^2O.Al^2O^3, 4SiO^2, 2H^2O.$$

Une petite portion de soude est souvent remplacée par de la potasse et de la chaux. Icositétraèdres [a^2] (voyez AMPHIGÈNE), ou cubes portant sur les angles les faces de l'icositétraèdre ; dans les cavités des dolérites, des amygdaloïdes, des basaltes, etc., rarement dans la syénite, le gneiss, le porphyre. Vitreux, transparent ou opaque, blanc ou rose. Cassure inégale.

Caractères. — Donne de l'eau dans le tube fermé. Assez difficile-

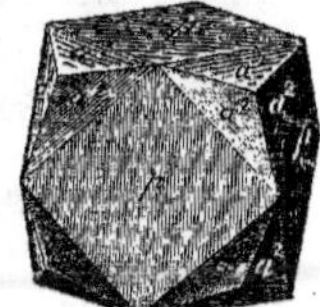

Fig. 24. — Analcime.

ment attaquable par l'acide chlorhydrique avec dépôt de silice floconneuse ou gélatineuse. Fond sans se gonfler sensiblement en un verre transparent, colore la flamme en jaune.

Dureté, 5,5. Densité, 2,22 — 2,29. F. et S.

ANALYSE. — L'analyse chimique a pour but de déterminer les éléments d'un corps composé. L'analyse est dite *qualitative* quand elle indique seulement la nature des éléments qui constituent le composé, sans faire connaître leurs proportions relatives. Elle est appelée *quantitative* lorsqu'elle sépare les unes des autres ces parties constituantes et détermine leurs proportions relatives.

Toute analyse doit évidemment débuter par une détermination qualitative : aussi est-ce par ce genre de recherches que nous allons commencer.

Les caractères physiques, tels que la couleur, la saveur, la densité, peuvent déjà fournir d'utiles indications sur la nature d'un corps, mais en général ces caractères ne suffisent pas; il faut alors soumettre la substance à examiner à l'action des corps connus, acides, bases ou sels, appelés réactifs, et susceptibles de produire des combinaisons ou des décompositions rendues manifestes par un phénomène apparent, tel qu'un changement d'état ou de couleur.

Si la substance à analyser et les réactifs employés sont en dissolution dans l'eau, on dit qu'on opère par *voie humide*. On opère au contraire par *voie sèche* quand le corps à l'état solide est soumis, sous l'influence de la chaleur, à l'action de réactifs également solides. Ce dernier mode d'analyse sera décrit ultérieurement à l'article CHALUMEAU.

ANALYSE PAR VOIE HUMIDE. — Dans l'analyse par voie humide, on doit suivre une marche méthodique pour être sûr de ne rien laisser échapper. Cette marche sera la même pour toutes les substances minérales naturelles ou artificielles; on ne s'en écartera que dans le cas où quelques indications préliminaires feraient pressentir la nature des corps que l'on recherche.

La première opération consiste à amener la substance à l'état de dissolution; pour cela, on la pulvérise très-finement et on la met en contact avec de l'eau distillée, en facilitant la dissolution par une faible élévation de température si cela est nécessaire.

Si la substance n'est pas soluble dans l'eau pure, on essayera de la dissoudre dans l'eau acidulée par l'acide azotique ou par l'acide chlorhydrique.

Si enfin l'eau et les acides n'exercent aucune action sur la substance à analyser, on la calcine avec 2 à 3 fois son poids de potasse dans un creuset d'argent, ou avec autant de carbonate de soude ou de chaux dans un creuset de platine. La masse, reprise par l'eau acidulée, se dissout facilement.

Une fois la dissolution obtenue, on partage la liqueur en 3 parties : la première est destinée à la recherche des bases et par conséquent des métaux; dans la seconde partie, on recherche les acides et par suite les métalloïdes; la dernière partie est réservée pour contrôler les résultats obtenus à l'aide des deux premières : il est en effet indispensable de vérifier ces résultats en se servant de l'ensemble des réactions propres aux corps dont on aura cru reconnaître l'existence.

RECHERCHE DES BASES.

On ramène le problème général à une question plus simple en se fondant sur les propriétés des sulfures métalliques, que l'on peut diviser en deux sections distinctes :

1° Les sulfures insolubles dans l'eau et indécomposables par les acides étendus;

2° Les sulfures solubles dans l'eau ou dans les acides étendus.

Chacune de ces sections peut ensuite se subdiviser en 2 groupes; en effet la première, celle des sulfures insolubles dans l'eau et dans les acides étendus, comprend :

1° Des sulfures acides, qui se dissolvent dans le sulfhydrate d'ammoniaque;

2° Des sulfures neutres, qui ne se dissolvent pas dans le sulfhydrate d'ammoniaque.

La seconde comprend :

1° Des sulfures insolubles dans l'eau pure, mais solubles dans les acides étendus;

2° Des sulfures solubles dans l'eau pure.

Une fois que l'on sait à quel groupe appartient la base que l'on a à déterminer, il suffit de quelques réactions caractéristiques pour fixer sa nature.

Pour procéder à la détermination de la section, on doit commencer par aciduler la liqueur, de manière à ce qu'elle rougisse fortement le papier de tournesol. On prend de préférence pour cela l'acide chlorhydrique, qui a l'avantage de dispenser de toute recherche ultérieure quand le sel est à base d'oxyde de plomb, de sous-oxyde de mercure ou d'oxyde d'argent. Dans ces divers cas, en effet, il se produit un précipité blanc de chlorure insoluble ou très-peu soluble. La nature de ce précipité est facile à reconnaître aux caractères suivants :

Si le précipité se dissout, surtout à chaud, dans une grande quantité d'eau, on peut être sûr que c'est un SEL DE PLOMB.

Si le précipité ne se dissout pas dans l'eau, on y verse de l'ammoniaque et on agite le précipité, qui se dissoudra si l'on a affaire à un SEL D'ARGENT.

Il noircira sans se dissoudre si l'on a affaire à un SEL DE SOUS-OXYDE DE MERCURE.

Comme la liqueur pourrait d'avance contenir un excès d'acide azotique et qu'alors on n'aurait pas à faire agir l'acide chlorhydrique, nous supposerons dans ce qui va suivre que l'un quelconque des trois métaux dont nous venons de parler peut exister dans la liqueur.

L'acide sulfhydrique versé dans la liqueur acide fera connaître la section à laquelle appartient le sulfure du métal.

S'il se fait un précipité, c'est que le métal forme un sulfure de la *première section*.

S'il ne se fait pas de précipité, c'est que le métal forme un sulfure de la *seconde section*.

Pour reconnaître à quel groupe appartient un sulfure de la première section, on le lavera par décantation dans le tube (1) même où s'est produite la réaction, puis on ajoutera du sulfhydrate d'ammoniaque.

Si le sulfure se dissout, c'est qu'il joue le rôle de sulfacide vis-à-vis du sulfhydrate d'ammoniaque avec lequel il se combine : il appartient donc au 1er *groupe*.

Si le sulfure ne se dissout pas, c'est qu'il est neutre : il appartient au 2e *groupe*.

La subdivision de la seconde section se fera de la manière suivante :

On prendra la solution du sel que l'on neutralisera par l'ammoniaque, si elle n'est pas neutre d'elle-même, puis on y versera du sulfhydrate d'ammoniaque qui agira à la fois par son acide sulfhydrique pour donner un sulfure soluble ou insoluble dans l'eau pure et par son ammoniaque pour maintenir la neutralité de la liqueur.

S'il se forme un précipité, le sulfure appartient au 3e *groupe*.

S'il ne se forme pas de précipité, le sulfure appartient au 4e *groupe*.

Voyons maintenant par quelles réactions nous allons pouvoir déterminer dans chaque groupe la nature du métal.

1re SECTION. — 1er GROUPE.

Or, platine, étain, arsenic, antimoine.

La couleur du sulfure et son action sur les acides concentrés fournissent d'utiles indications.

---

(1) Tous ces essais se font dans des tubes de verre fermés d'un bout.

1° Le précipité est noir, insoluble dans les acides chlorhydrique et azotique séparés, mais soluble dans l'eau régale : on a affaire à un sel d'or ou de *platine*. Si c'est un *sel d'or*, la liqueur primitive ou la dissolution du sulfure dans l'eau régale donneront, quand on y versera une dissolution de sulfate de protoxyde de fer, un précipité brun qui prend de l'éclat sous le brunissoir. Ces mêmes dissolutions donnent, avec un mélange de protochlorure et de bichlorure d'étain, un précipité caractéristique de pourpre de Cassius.

Si c'est un *sel de platine*, la liqueur primitive ainsi que la dissolution du sulfure dans l'eau régale ne donnent pas de précipité avec le sulfate de fer, mais ils forment un précipité jaune avec le chlorure de potassium et avec le chlorhydrate d'ammoniaque.

2° Le précipité est brun-marron, il est soluble dans l'acide chlorhydrique aussi bien que dans l'acide azotique : c'est un sel de *protoxyde d'étain*. On le vérifie en ajoutant à la liqueur primitive ou au sulfure dissous dans ces acides du sesquichlorure d'or et un peu d'acide azotique ; il se forme un précipité de pourpre de Cassius.

3° Le précipité est jaune ou orangé, il se dissout dans l'acide chlorhydrique ainsi que dans l'acide azotique. Ces caractères sont fournis par les *arsénites*, les *arséniates*, les *sels d'antimoine* et ceux de *bioxyde d'étain*.

On chauffe le sulfure sur une lame de verre : s'il laisse un résidu fixe, c'est que le métal et son oxyde ne sont pas volatils; on fait détoner ce résidu avec du nitre en fusion : le produit, lavé et chauffé dans une flamme réductrice avec du cyanure de potassium, donne un globule d'étain parfaitement malléable. C'était un sel de bioxyde d'étain.

Si le sulfure chauffé sur une lame de verre n'a pas laissé de résidu fixe, c'est que le métal et son oxyde sont volatils. On essaye alors si le sulfure bien lavé est soluble ou insoluble dans le carbonate d'ammoniaque. S'il est insoluble dans le carbonate d'ammoniaque, c'est un *sel d'antimoine* : la liqueur mise dans l'appareil de Marsh donne des taches noires qui, dissoutes dans l'acide azotique, précipitent en blanc par l'azotate d'argent.

S'il est soluble dans le carbonate d'ammoniaque, la liqueur mise dans l'appareil de Marsh donnera des taches qui, dissoutes dans l'acide azotique et saturées par l'ammoniaque, précipiteront en rouge brique par l'azotate d'argent. Le sel sera un *arsénite* ou un *arséniate* : ce sera un arsénite, si la liqueur primitive neutre précipite en jaune par l'azotate d'argent; ce sera un arséniate, si la liqueur primitive précipite en rouge brique par l'azotate d'argent.

1re SECTION. — 2e GROUPE.

Argent, mercure, bismuth, cuivre, cadmium.

Le précipité formé par l'acide sulfhydrique est toujours coloré; s'il était blanc, laiteux, ce serait du soufre produit par l'action de l'acide sulfhydrique sur un composé oxydant, comme les sels de sesquioxyde de fer; on s'en assurerait par ce caractère que le dépôt, chauffé légèrement sur une lame de platine, disparaît en répandant l'odeur de l'acide sulfureux.

Pour reconnaître la nature du métal, on essayera d'abord l'action de l'acide chlorhydrique sur la dissolution primitive.

1° Il se forme un précipité blanc : le sel est, ainsi que nous l'avons déjà indiqué, un sel de *plomb*, d'*argent* ou de *protoxyde de mercure*.

Ce sera un sel de plomb, si le précipité blanc est soluble, surtout à chaud, dans une grande quantité d'eau. Ce précipité ne se formerait pas dans les liqueurs très-étendues, on le retrouve-

rait dans ce cas par la réaction dont nous allons parler. Ce sera un sel d'argent, si le précipité blanc noircit à la lumière ; il se dissoudra facilement dans l'ammoniaque et dans l'hyposulfite de soude, mais il sera insoluble dans l'acide azotique.

Ce sera enfin un sel de protoxyde de mercure, s'il ne se colore pas à la lumière, s'il est insoluble dans l'acide azotique et s'il se colore en noir par l'ammoniaque. La solution primitive du sel précipitera en vert par l'iodure de potassium.

2° Il ne se forme pas de précipité : ce sera un *sel de bioxyde de mercure, de bismuth, de plomb, de cuivre ou de cadmium.*

On devra alors essayer l'action de l'acide azotique sur le sulfure. Si le sulfure ne se dissout pas dans cet acide, le sel est un sel de bioxyde de mercure, la dissolution primitive laisse déposer une tache blanche de mercure sur une lame de cuivre décapée qu'on y plonge ; elle précipite en rouge par l'iodure de potassium; avec l'acide sulfhydrique ajouté peu à peu, elle donne un précipité qui, d'abord blanc, passe successivement au jaune, puis au rouge et au noir. Si le sulfure est soluble dans l'acide azotique (avec dépôt de soufre), on agit indifféremment sur cette liqueur ou sur la dissolution primitive. Ces solutions, évaporées pour chasser l'excès d'acide, sont mises en contact avec une grande quantité d'eau distillée ; s'il se forme alors un trouble, c'est un sel de *bismuth*. S'il ne se forme pas de précipité par l'eau pure, on ajoute de l'acide sulfurique. Cet acide détermine la formation d'un précipité dans les sels de plomb : ce précipité est insoluble dans les acides étendus, la liqueur primitive précipite en blanc par un excès de potasse, elle précipite en jaune par l'iodure de potassium et par le bichromate de potasse.

L'acide sulfurique n'aura pas déterminé de précipité, si l'on a affaire à un sel de cuivre ou de cadmium; mais on sera déjà fixé sur la nature de celui des deux métaux qui se trouve dans la liqueur, car si c'est un *sel de cuivre*, la liqueur primitive était bleue, le précipité donné par l'acide sulfhydrique était noir; de plus, l'ammoniaque produirait dans la dissolution une belle coloration bleue, et le cyanure jaune formerait un précipité brun-marron. Si c'est un *sel de cadmium*, la liqueur primitive est incolore, le sulfure précipité est jaune.

2e SECTION. — 3e GROUPE.

Aluminium, chrome, fer, nickel, cobalt, manganèse, zinc.

Au lieu de s'occuper du précipité obtenu par le sulfhydrate, on reprend la liqueur primitive, on y ajoute du chlorhydrate d'ammoniaque, puis de l'ammoniaque.

1° Il se forme un précipité, le composé ne forme pas de sel double avec les sels ammoniacaux : c'est un sel de sesquioxyde de fer, de chrome ou d'aluminium.

C'est un *sel de sesquioxyde de fer*, si le précipité est couleur de rouille ; la dissolution primitive est alors jaune, elle précipite en bleu par le cyanure jaune, elle ne précipite pas par le cyanure rouge ; le succinate d'ammoniaque y produit un précipité brun, la potasse et l'ammoniaque y donnent des précipités rouille. C'est un *sel de sesquioxyde de chrome*, si le précipité est verdâtre. La dissolution primitive donne, avec la potasse, un précipité vert, soluble dans un grand excès d'alcali. C'est enfin un sel d'*alumine*, si le précipité est blanc; la dissolution primitive est incolore; elle donne, avec la potasse, un précipité blanc gélatineux, soluble dans un grand excès d'alcali.

2° Il ne se forme pas de précipité, le composé pouvant faire avec les sels ammoniacaux des sels doubles solubles; c'est alors un sel de protoxyde de fer, de nickel, de cobalt, de manganèse ou de zinc.

La couleur du précipité donné par le sulfhydrate d'ammoniaque, dans le sel neutre, intervient alors utilement.

Si le précipité est blanc, c'est un *sel de zinc;* la potasse et l'ammoniaque produisent dans la dissolution primitive un précipité blanc, soluble dans un excès de réactif.

Si le précipité est couleur de chair, c'est un *sel de manganèse;* la potasse et l'ammoniaque produisent dans la dissolution primitive (incolore ou légèrement rosée) un précipité blanc, brunissant à l'air.

Si le précipité est noir, il faut revenir à la liqueur primitive et la traiter par la potasse qui donnera un précipité dont la couleur suffira pour faire connaître la nature du sel.

Le précipité sera bleu verdâtre, brunissant à l'air ou par le chlore, si c'est un *sel de protoxyde de fer.* Le cyanure rouge formera dans la liqueur primitive un précipité de bleu de Prusse, et le cyanure jaune y donnera un précipité blanc, bleuissant à l'air.

Le précipité est vert-pré dans les *sels de nickel.* La solution primitive donne, avec l'ammoniaque, un précipité bleu, soluble dans un excès de réactif; elle donne un précipité vert-jaunâtre avec le cyanure de potassium.

Le précipité est bleu pur et devient violet par la chaleur si c'est un *sel de cobalt.* L'ammoniaque produit dans la solution primitive un précipité bleu, soluble dans un excès de réactif; les sels anhydres sont bleus, les sels hydratés sont rouges.

2e SECTION. — 4e GROUPE.

Magnésium, baryum, strontium, calcium, potassium, sodium, ammonium.

On verse dans la liqueur primitive du carbonate de soude :

1° Il y a précipité, le carbonate de la base étant insoluble dans l'eau; on a alors affaire à la magnésie, à la baryte, à la strontiane ou à la chaux.

On dissout le carbonate précipité dans l'acide chlorhydrique, et on ajoute du carbonate d'ammoniaque.

Il ne se formera plus de précipité si l'on a un *sel de magnésie;* ces sels ne précipitant pas par les carbonates en présence des sels ammoniacaux. Le phosphate ordinaire de soude produit dans la liqueur ammoniacale un précipité blanc cristallin.

S'il s'est formé un précipité par le carbonate d'ammoniaque, on reprend la liqueur primitive et on y ajoute une dissolution saturée de sulfate de chaux. Il se formera un précipité immédiat, de même quand on y verse du sulfate de strontiane, si c'est un *sel de baryte.* L'acide hydrofluosilicique et l'acide oxalique déterminent un précipité dans les solutions concentrées; le sel solide colore en vert la flamme de l'alcool.

Il ne se formera de précipité qu'au bout de quelques instants, si c'est un *sel de strontiane.* Il ne formerait de précipité ni avec le sulfate de strontiane, ni avec l'acide hydrofluosilicique; le sel solide colore en rouge la flamme de l'alcool.

Il ne se formera pas de précipité, si c'est un *sel de chaux.* L'oxalate d'ammoniaque y produit un précipité soluble dans l'acide azotique; l'acide sulfurique y détermine un précipité si on y ajoute de l'alcool.

2° Le carbonate de soude n'a pas produit de précipité, le carbonate étant soluble dans l'eau.

On évapore une goutte de la liqueur primitive sur une lame de platine.

Il n'y a pas de résidu, si c'est un *sel ammoniacal.* La solution primitive, chauffée avec de la potasse ou de la soude, dégage du gaz ammoniac; elle précipite en jaune par le bichlorure de platine. Il y a un résidu, si c'est un sel de potasse ou de soude.

En versant dans la liqueur du bichlorure de platine, on aura un précipité, si c'est un *sel de potasse.* La liqueur concentrée donnera un précipité cristallin avec l'acide perchlorique, avec l'acide tartrique, avec l'acide picrique et avec le sulfate d'alumine; elle colore en violet la flamme de l'alcool. Il n'y aura pas de précipité par le bichlorure de platine, si c'est un *sel de soude;* l'acide tartrique et l'acide picrique ne précipitent pas non plus. Le biméta-antimoniate de potasse (pyro-antimoniate acide de potassium) donne un précipité grenu. Enfin, la liqueur colore en jaune la flamme de l'alcool.

La méthode générale que nous venons de donner pour reconnaître la base d'un sel s'applique non-seulement au cas où la liqueur ne contient qu'un sel, mais encore au cas où elle contient plusieurs sels, pourvu qu'ils appartiennent à des groupes différents. Il suffit dans ce cas d'examiner séparément les précipités et les liqueurs qu'on en sépare par le filtre. — Pour la séparation des métaux d'un même groupe, voyez les articles consacrés à chaque métal.

RECHERCHE DES ACIDES INORGANIQUES.

Nous supposerons le sel en dissolution. Si l'on avait un sel insoluble dans l'eau (1), il faudrait le calciner avec du carbonate de soude; l'alcali formerait alors avec l'acide du sel un composé soluble. Le chlorure de baryum versé dans la dissolution neutre du sel permet de circonscrire les recherches à faire en établissant deux groupes distincts comprenant :

Le premier, les sels qui, en dissolution neutre, précipitent par le chlorure de baryum;

Le second, les sels qui, en dissolution neutre, ne précipitent pas par le chlorure de baryum.

On devra, en faisant agir ce réactif, avoir égard à ce qu'il ne précipite ni le borate ni l'oxalate de baryte en présence des sels ammoniacaux; il ne précipite pas non plus le borate de baryte dans les dissolutions étendues.

1er GROUPE.

Acides précipités de leurs dissolutions neutres par le chlorure de baryum (acides arsénieux, arsénique, chromique, sulfureux, sulfurique, oxalique, carbonique, phosphorique, borique et silicique).

On prend la dissolution du sel et, après l'avoir acidulée par l'acide chlorhydrique, on y verse de l'acide sulfhydrique. S'il se forme un précipité, c'est que l'on a un arsénite, un arséniate ou un chromate; dans tous les autres cas, il ne se forme pas de précipité. Si le précipité est jaune, il contient de l'arsenic; le sel primitif est un arsénite, s'il donne avec l'azotate d'argent un précipité jaune; c'est un arséniate, s'il donne avec ce réactif un précipité rouge brique. Si le précipité est gris verdâtre, et si la liqueur, d'abord jaune ou rouge, a pris une couleur verdâtre, le sel est un chromate; il précipite en rouge pourpre par l'azotate d'argent; avec l'acétate de plomb, il donne un précipité jaune, soluble dans la potasse.

Passons aux sels qui n'ont pas donné de précipité par l'acide sulfhydrique.

(1) Autre qu'un carbonate, facile à reconnaître par l'action d'un acide.

On reprend la liqueur primitive, on la précipite par le chlorure de baryum et on y ajoute ensuite de l'acide chlorhydrique en grand excès. Il pourra se faire alors que le précipité ne disparaisse pas, ou qu'il disparaisse sans phénomène particulier appréciable, ou enfin qu'il disparaisse en se décomposant visiblement et mettant en liberté l'acide du sel.

1° Si le précipité ne se dissout pas, le sel est un *sulfate*. L'acétate de plomb donne dans la liqueur primitive un précipité blanc insoluble dans l'acide chlorhydrique et dans l'acide azotique ;

2° Si le précipité se dissout sans phénomène particulier, on revient à la liqueur primitive, on y ajoute de l'acide sulfurique et on chauffe légèrement. Il ne se dégagera rien ou bien il se dégagera un gaz.

Mettons-nous d'abord dans ce dernier cas.

Le gaz a une odeur caractéristique; il colore le chromate de potasse en vert : c'est de l'*acide sulfureux*.

Le gaz attaque le verre : c'est de l'*acide fluorhydrique*. On le vérifie en mêlant le sel en poudre avec du sable et de l'acide sulfurique; ce mélange dégage sous l'influence de la chaleur un gaz fumant à l'air et donnant au contact de l'eau de la silice gélatineuse et de l'acide hydrofluosilicique.

Le gaz est un mélange d'oxyde de carbone et d'acide carbonique : c'est de l'*acide oxalique*. La dissolution donne avec le sulfate de chaux un précipité insoluble dans l'acide acétique. Le sel solide calciné se change en carbonate.

Lorsqu'il n'y a pas eu dégagement de gaz sous l'influence de l'acide sulfurique, c'est que le sel est un *borate* ou un *phosphate*. L'action de l'azotate d'argent sur la liqueur primitive achèvera la détermination.

Les *borates* sont précipités en blanc par l'azotate d'argent. Ces sels en dissolutions concentrées et chaudes donnent, par l'acide sulfurique ou par l'acide chlorhydrique, un précipité qui se dépose à l'état cristallin pendant le refroidissement. Les sels solides mis avec un peu d'acide sulfurique dans l'alcool colorent en vert la flamme que ce liquide donne en brûlant.

Les *phosphates tribasiques* précipitent en jaune clair par l'azotate d'argent; leurs dissolutions fournissent, avec le sulfate de magnésie et l'ammoniaque, un précipité cristallin de phosphate ammoniaco-magnésien (Mg.Az H⁴.Ph O⁴). Ils donnent avec le sulfate de chaux un précipité blanc soluble dans l'acide acétique.

3° Si le précipité se dissout en mettant en liberté l'acide du sel, ce sera un *carbonate* dans le cas où il se dégagera un gaz incolore troublant l'eau de chaux. Ce sera un *silicate* s'il se sépare un précipité gélatineux.

2° GROUPE.

Acides non précipités de leur dissolution neutre par le chlorure de baryum (acides sulfhydrique, chlorhydrique, bromhydrique, cyanhydrique, iodhydrique, azotique ou chlorique).

On s'assure d'abord, à l'aide des caractères indiqués plus haut pour les borates et les oxalates, que la liqueur ne contient aucun de ces sels qui auraient pu ne pas précipiter par le chlorure de baryum, ainsi que nous l'avons dit plus haut : il suffira d'employer l'acide sulfurique pour les oxalates, et la coloration de la flamme de l'alcool pour les borates.

Pour circonscrire les recherches, on acidulera la liqueur par l'acide azotique, puis on y versera de l'azotate d'argent. Il ne se forme pas de précipité dans le cas où le sel est un *azotate* ou un *chlorate*, il s'en produit un avec tous les autres sels. Il faut cependant remarquer que le cyanure de mercure ne donne pas non plus de précipité avec les sels d'argent.

1° Il ne s'est pas formé de précipité par l'azotate d'argent.

On chauffe le sel solide avec du charbon ou du cyanure de potassium. S'il ne se produit pas de détonation, c'est que l'on a affaire à du cyanure de mercure; on ajoute alors à la dissolution primitive de l'acide chlorhydrique et du fer; le mercure se précipite, le fer se dissout à l'état de chlorure; il suffit alors de verser de la potasse pour avoir un précipité de bleu de Prusse.

S'il s'est produit une détonation, on reprend la liqueur primitive et on y ajoute de l'acide sulfurique concentré. Cet acide donnera :

Avec les *chlorates*, un gaz jaune verdâtre. Le sel calciné laisse un résidu qui, dissous dans l'eau, donne par l'azotate d'argent un précipité de chlorure d'argent.

Avec les *azotates*, une vapeur acide incolore; un cristal de sulfate de fer ajouté au mélange du sel avec l'acide sulfurique concentré se colorera en brun foncé; du cuivre rouge mis dans ce même mélange dégage du gaz bioxyde d'azote qui donne à l'air des vapeurs rutilantes.

2° Il s'est formé un précipité par l'azotate d'argent.

Si le précipité est noir, on a affaire à un *sulfure*, l'acide chlorhydrique en dégagera du gaz acide sulfhydrique reconnaissable à son odeur.

Si le précipité est blanc ou jaune, on essayera s'il se dissout ou s'il ne se dissout pas dans l'ammoniaque.

Dans le cas où le précipité ne se dissout pas, c'est que le sel est un *iodure*.

La liqueur primitive, traitée par le chlorure de palladium, donne un précipité noir, insoluble dans l'acide chlorhydrique, mais soluble dans l'ammoniaque. L'empois d'amidon mis dans la liqueur se colore en bleu, alors qu'on fait agir un peu de chlore ou d'acide azotique.

Dans le cas où le précipité d'argent se dissout dans l'ammoniaque, on a affaire à un chlorure, un bromure ou un cyanure.

Si le précipité est blanc et très-soluble dans l'ammoniaque, c'est un *chlorure* ; les sels de plomb et de sous-oxyde de mercure donneront aussi des précipités blancs dans la liqueur primitive. Le sel chauffé avec du bioxyde de manganèse et de l'acide sulfurique dégage du chlore.

Si le précipité est blanc jaunâtre, et se dissout difficilement dans l'ammoniaque, c'est un *bromure*. Le sel donne des vapeurs rouges de brome avec le chlore, ou avec l'acide azotique, ou lorsqu'on le chauffe avec un mélange de bioxyde de manganèse et d'acide sulfurique.

Si enfin le précipité est blanc et peu soluble dans l'ammoniaque, c'est un *cyanure*. La dissolution, traitée par l'acide chlorhydrique, la potasse et le sulfate de protoxyde de fer altéré à l'air, donne du bleu de Prusse. Le cyanure d'argent calciné se décompose et abandonne de l'argent métallique.

REMARQUE. — Au lieu de suivre la marche générale que nous venons de donner pour la recherche de l'acide d'un sel, et qui est la seule applicable lorsqu'on n'a aucune indication sur la nature de l'acide, on peut employer une méthode plus rapide, quand on sait que le sel ne contient ni acide oxalique, ni acides métalliques (arsénique, chromique, etc.). Nous allons résumer dans un tableau la marche rapide que l'on peut suivre. On devra bien entendu vérifier la nature de l'acide, à l'aide de ses réactions caractéristiques.

Le sel solide traité par l'acide sulfurique étendu :

- **Donne à la température ordinaire un gaz ou une vapeur.**
  - Incolore ou légèrement colorée, acide, fumant à l'air.
    - Ce gaz attaque le verre .... **Fluorure.**
    - Ce gaz n'attaque pas le verre; si on ajoute du bioxyde de manganèse au mélange de l'acide sulfurique et du sel, il se dégage par la chaleur
      - Un gaz jaune verdâtre .... **Chlorure.**
      - Une vapeur rouge .... **Bromure.**
      - Une vapeur violette .... **Iodure.**
  - Incolore, acide et ne fumant pas à l'air.
    - Ce gaz a l'odeur des œufs pourris .... **Sulfure.**
    - Ce gaz a l'odeur du soufre qui brûle ..... **Sulfite.**
    - Ce gaz est inodore, il trouble l'eau de chaux .... **Carbonate.**
  - Coloré en jaune et détonant par la chaleur. .... **Chlorate.**
- **Donne seulement, quand on chauffe, une vapeur incolore et fumant à l'air. Si on ajoute du cuivre au mélange du sel et de l'acide, il se dégage du bioxyde d'azote qui donne des vapeurs rutilantes.** .... **Azotate.**
- **Ne donne pas de gaz. On dissout le sel dans l'eau (¹) et on ajoute à la dissolution concentrée de l'acide chlorhydrique jusqu'à ce que la réaction soit fortement acide.**
  - Il se forme un précipité cristallin .... **Borate.**
  - Il se forme un précipité gélatineux .... **Silicate.**
  - Il ne se forme pas de précipité; on reprend la dissolution du sel et au lieu d'acide chlorhydrique on y verse du chlorure de baryum, il se produit immédiatement un précipité.
    - Soluble dans l'acide azotique ...... **Phosphate.**
    - Insoluble dans l'acide azotique .... **Sulfate.**

ANALYSE QUANTITATIVE PAR LES LIQUEURS TITRÉES OU ANALYSE VOLUMÉTRIQUE. — L'analyse quantitative d'un corps peut se faire soit en poids, soit en volume.

Dans l'analyse en *poids*, on met la substance à analyser en contact avec des réactifs destinés à faire entrer les éléments de cette substance dans des combinaisons définies, faciles à séparer. Ces combinaisons, isolées les unes après les autres, sont pesées à l'aide d'une balance sensible; puis du poids de la combinaison on déduit par le calcul le poids de l'élément que l'on voulait doser. — Voyez les articles consacrés à chacun des éléments.

Dans l'analyse en *volumes*, ou par les *liqueurs titrées*, on détermine les quantités des corps à doser à l'aide de liqueurs ayant une composition, un titre exactement déterminés à l'avance, on n'emploie que juste le volume nécessaire, et de ce volume de réactif, exactement mesuré à l'aide de tubes gradués, on déduit immédiatement la quantité du corps à doser.

Ce procédé supprime les nombreuses pesées, les filtrations, les lavages et toutes les autres opérations qui rendent les analyses en poids si longues et si pénibles. On arrive ainsi à faire beaucoup d'analyses en peu de temps et avec autant d'exactitude que par les pesées.

Titrer, c'est pour ainsi dire peser sans balance; les résultats sont aussi nets, aussi rigoureux que ceux fournis par cet instrument. C'est qu'en définitive tout revient toujours à une pesée; seulement on n'en fait qu'une là où on en aurait beaucoup à faire par la méthode ordinaire. L'exactitude de la pesée unique se retrouve dans toutes les analyses qu'on fait avec la liqueur préparée à l'aide de cette pesée.

Dans cette méthode, on est averti que l'on a employé la quantité nécessaire du réactif par des phénomènes très-faciles à reconnaître à la vue, tels que l'apparition ou le changement d'une couleur, la naissance ou la cessation d'un précipité. Dans l'essai des alcalis et dans celui des acides, la fin de l'opération est indiquée par le changement de couleur de la teinture de tournesol; dans le dosage du fer par elle est indiquée par l'apparition subite de la couleur rouge du caméléon minéral.

(1) Si le sel est insoluble dans l'eau, on le calcine avec du carbonate de soude. L'alcali forme avec l'acide du sel un composé soluble sur lequel on opère.

Dans le dosage des cyanures, la fin de la réaction s'annonce par l'apparition d'un précipité; elle s'annonce par la cessation du précipité dans le dosage de l'argent et des chlorures.

Les analyses par les volumes ne sont pas toutes fondées sur les mêmes principes : ainsi, tandis que l'alcalimétrie et l'acidimétrie reposent sur la saturation des bases par les acides ou sur celle des acides par les bases, le dosage du fer est fondé sur l'oxydation des sels de protoxyde de fer par le permanganate de potasse, celui des hypochlorites alcalins sur l'action réductrice de l'acide arsénieux ou de l'arsénite de soude, etc.

Dans les différentes méthodes volumétriques, on peut employer deux procédés essentiellement différents : le *dosage direct* et le *dosage par reste*.

Dans le dosage direct on détermine la quantité du corps à doser, en agissant directement sur lui et n'employant que juste la quantité de réactif nécessaire pour produire l'effet voulu; un phénomène visible apparaît quand le résultat est atteint. C'est ainsi que dans l'alcalimétrie on peut verser peu à peu l'acide jusqu'à ce que l'alcali soit saturé. La couleur bleue du tournesol passe au rouge dès qu'on ajoute un excès d'acide. Cette méthode est la plus simple, mais elle est d'une application assez restreinte. Une méthode plus générale est la suivante : si la substance à essayer ne peut pas produire par elle-même un phénomène très-net et très-facilement appréciable, on produit sur elle une réaction avec une quantité connue et en excès d'un autre corps qui, lui, soit susceptible de donner naissance à un phénomène facilement appréciable, et on mesure ensuite l'excès de ce corps.

Par l'emploi de cette méthode, M. Mohr a augmenté la rigueur de l'alcalimétrie.

En effet, quand on veut déterminer la quantité d'acide qui sature exactement un carbonate alcalin, on est trompé au dernier moment par l'acide carbonique, qui, mis en liberté, agit sur la teinture de tournesol et ajoute son action à celle de l'acide employé. En versant l'acide réactif en excès, on peut chasser tout l'acide carbonique et doser ensuite très-rigoureusement l'excès d'acide normal à l'aide d'une dissolution alcaline titrée.

Cette méthode a, sur la méthode directe, l'avantage de permettre de faire un grand nombre d'analyses différentes en s'appuyant sur un même phénomène.

Elle est d'ailleurs la seule applicable quand il s'agit de doser l'oxyde d'un carbonate insoluble. On ne pourrait pas verser juste la quantité d'acide nécessaire pour que la liqueur soit neutre : ou bien il reste une partie du sel non dissous, ou bien le liquide est notablement acide. En ajoutant au contraire un excès d'acide et mesurant ensuite ce qu'il en reste de libre après la complète décomposition des carbonates insolubles, on fait rentrer ce dosage dans l'alcalimétrie.

On peut, à l'aide de réactions convenables, parvenir à doser en volumes à peu près toutes les substances, mais souvent alors les procédés se compliquent, ou le phénomène chimique qui indique la fin de la réaction manque de netteté. Nous nous bornerons ici à décrire en détail les procédés que l'expérience a consacrés.

Pour faire des analyses en volume, il faut :

1° Préparer la liqueur titrée ou normale;

2° Prendre un échantillon de la substance, de telle manière qu'il représente bien la composition moyenne du corps à essayer ;

3° Choisir un phénomène qui indique avec une grande netteté la fin de la réaction.

Ces différents points, ainsi que la marche de l'essai, seront indiqués avec détails à l'occasion des diverses analyses.

Mais toutes les méthodes exigent l'emploi d'un certain nombre d'appareils toujours les mêmes, et que nous décrirons très-succinctement.

FLACONS JAUGÉS, PIPETTES, BURETTES.

Pour préparer les liqueurs normales d'épreuve, on emploie des flacons jaugés; le flacon le plus ordinairement utilisé est un ballon à fond plat sur le col duquel est gravé un cercle limitant exactement le volume de 1 litre. Il doit rester au-dessus de ce trait un espace suffisant pour qu'on puisse agiter facilement le liquide. D'autres flacons semblables de 500 cent. cubes, de 200 cent. cubes ou de 100 cent. cubes permettent de fractionner les liqueurs dans des rapports connus.

Les liqueurs d'épreuve, une fois préparées, sont conservées dans des flacons dont le col est assez large pour qu'on puisse y aller puiser le liquide à l'aide de l'appareil que nous allons décrire sous le nom de *pipette*.

La pipette est formée d'un tube de petit diamètre soudé à un réservoir cylindrique plus large qui se termine par une pointe effilée; elle est destinée à permettre de puiser dans un flacon sans le déplacer des volumes déterminés de liqueurs à essayer.

Quand on verse les liquides directement avec le flacon, on est exposé à agiter les précipités qui se déposent au fond de certaines liqueurs; il reste de plus sur le goulot une certaine quantité de liquide. Ce liquide, s'évaporant, laisse un résidu solide qui, entraîné ensuite quand on verse de nouveau, augmente la concentration de la liqueur versée.

Tous ces inconvénients sont évités quand on puise le liquide à l'aide d'une pipette laissant le flacon en repos.

Les pipettes sont de différentes grandeurs; les plus usitées contiennent 10 centimètres cubes, ou 50 centimètres cubes, ou 100 centimètres cubes. Ce volume est compris entre la pointe inférieure effilée et un trait tracé au diamant ou à l'acide fluorhydrique sur le tube qui surmonte le réservoir.

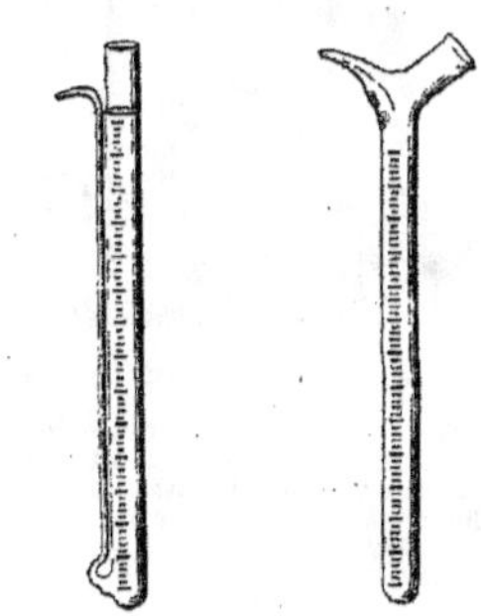

Fig. 25.
Pipette.

Pour remplir la pipette, on la plonge par sa partie effilée dans le liquide et on aspire doucement par le haut jusqu'à ce que le liquide soit arrivé au-dessus du trait. On retire

alors rapidement la bouche et on pose l'extrémité de l'index sur l'ouverture du tube. En soulevant ensuite le doigt très-légèrement, on laisse écouler goutte à goutte l'excès du liquide jusqu'à ce que le niveau en soit redescendu au trait d'affleurement. Cela fait, on presse plus fortement avec le doigt pour arrêter tout écoulement, et on porte la pipette ainsi remplie au-dessus du vase où l'on doit verser le liquide. Il suffira d'enlever l'index de dessus l'ouverture pour que le liquide s'écoule.

Les burettes sont des instruments à l'aide desquels on laisse couler goutte à goutte la liqueur normale dans le liquide à essayer. Elles sont divisées en parties d'égale capacité, de sorte qu'en notant le volume de liqueur normale contenu dans la burette au commencement de l'essai et le volume contenu à la fin, on connaît de suite le volume du liquide qui a été employé.

Les burettes peuvent avoir des formes très-différentes. Nous n'indiquerons ici que les plus employées.

Fig. 26. — Burettes.

La plus répandue est celle de Gay-Lussac; elle se compose d'un tube de verre de 25 centimètres environ de longueur et de 1 centimètre de diamètre. A la partie inférieure de ce tube, en est soudé un autre plus étroit qui remonte parallèlement au premier et se recourbe ensuite à angle droit; les divisions sont tracées sur le tube large; les plus larges correspondent à des centimètres cubes et chaque centimètre est subdivisé en 5 ou en 10 parties égales. Le zéro de la division est placé en haut, un peu au-dessous de la courbure du petit tube. Le liquide est toujours plus élevé dans celui-ci que dans le tube large par suite de la capillarité, mais on n'a pas à s'en occuper; on ne doit s'occuper que du niveau dans le tube large. On commence par remplir la burette jusqu'au zéro, puis on l'incline convenablement en la tenant de la main droite, et le liquide coule goutte à goutte dans la liqueur à essayer.

Une burette fréquemment employée en Angleterre consiste en un simple tube muni d'un petit bec à écoulement et d'un orifice plus grand destiné à introduire le liquide dans la burette.

La burette de M. Mohr, légèrement modifiée, est la plus commode de toutes. Elle consiste en un tube de verre de 1 centimètre environ de diamètre et de 40 centimètres de largeur. Ce tube présente un peu au-dessus d'une extrémité effilée un robinet de verre qui sert à régler l'écoulement du liquide; l'autre extrémité, librement ouverte, sert à l'introduction du liquide. C'est dans le voisinage de cette ouverture que se trouve le zéro.

Pour se servir de cette burette, on la fixe sur un support dans une position verticale. On la remplit avec la liqueur normale, et ne tournant

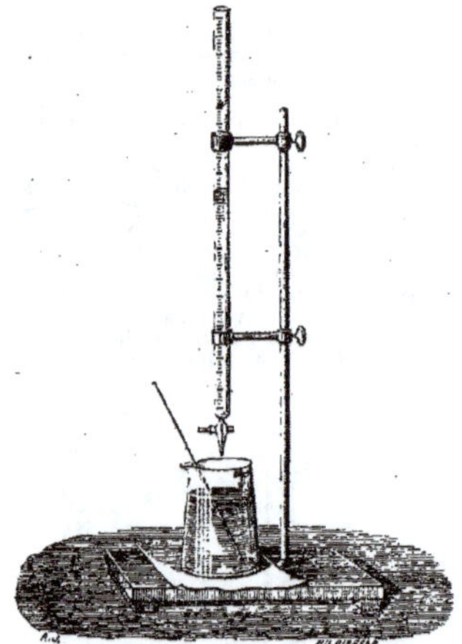

Fig. 27. — Burette à robinet.

le robinet on fait écouler l'excès de liquide jusqu'à ce que le niveau arrive au zéro de l'échelle. On amène ensuite au-dessous le vase qui contient le liquide à essayer, et on peut, en ouvrant lentement le robinet, verser la liqueur titrée goutte à goutte.

ANALYSES FONDÉES
SUR LA SATURATION DES BASES PAR LES ACIDES ET DES ACIDES PAR LES BASES,

ALCALIMÉTRIE.

Le but de l'alcalimétrie est de déterminer la quantité réelle d'alcali contenue dans les potasses et les soudes du commerce. Ces substances arrivent de divers pays et sont toujours plus ou moins mélangées de substances étrangères; elles contiennent, outre le carbonate alcalin, de l'eau, des chlorures, des sulfates et des matières insolubles, tels que sels terreux, oxydes de fer et de manganèse. Le seul corps utile et par suite le seul important à doser est l'alcali libre ou carbonaté.

Le principe de l'alcalimétrie est le suivant : Si, dans une solution étendue d'alcali libre, de carbonate, de chlorure et de sulfate de potasse ou de soude, on verse peu à peu un acide de titre connu, l'acide sulfurique ou l'acide oxalique par exemple, cet acide porte son action uniquement sur l'alcali libre ou carbonaté. Tant que cet alcali n'est pas neutralisé par le nouvel acide, la liqueur reste alcaline, le tournesol y garde la couleur bleue. Dès que la base est saturée, la liqueur devient neutre, et si alors on dépasse le terme de la saturation en ajoutant le plus petit excès d'acide, la liqueur rougit le tournesol. On peut, d'après le nombre de centimètres cubes de liqueur normale employée, connaître la quantité d'alcali contenue dans la matière à essayer. Si donc la liqueur normale contient 1 équivalent d'acide, on pourra, en prenant de la matière à es-

sayer, obtenir un poids tel que, s'il était formé d'alcali pur, il pût neutraliser exactement 100 parties de la solution acide; on connaîtra, d'après le nombre de centièmes d'acide employé, le nombre de centièmes d'alcali qui se trouvent dans la matière à essayer.

Préparation de l'acide normal. — L'acide le plus fréquemment employé jusqu'ici est l'acide sulfurique, que l'on peut facilement se procurer à un degré de concentration toujours sensiblement le même. On commence par distiller l'acide concentré du commerce (marquant 66° Baumé) et on rejette le premier tiers qui distille; il contient un peu plus d'eau que le produit qui distille ensuite. L'acide ainsi distillé, étant regardé comme monohydraté, a pour poids moléculaire

$$SO^4 H^2 = 98.$$

On pèse 98 grammes de cet acide et on le verse lentement dans un flacon de 1 litre préalablement rempli à moitié d'eau distillée. On achève ensuite de remplir le vase jusque près du trait avec de l'eau et on laisse refroidir. Quand le liquide est revenu à la température de 15°, on achève de déterminer l'affleurement. Il est évident que 50 cent. cubes de cette liqueur contiennent $4^{gr},9$ d'acide sulfurique monohydraté $SO^4 H^2$, c'est-à-dire un dixième d'équivalent en grammes, l'acide sulfurique étant bibasique. On les versera dans une burette divisée en demi-centimètres cubes, de manière à leur faire occuper 100 divisions. L'acide doit être conservé dans un flacon bouchant bien, afin que son degré de concentration reste toujours le même.

M. Mohr a proposé, en 1852, de remplacer l'acide sulfurique à 66° Baumé par l'acide oxalique cristallisé $C^2 O^4 H^2 . 2 H^2 O = 126$. Les avantages de l'acide oxalique sont évidents : il se trouve à peu près pur dans le commerce, et on peut le purifier complétement en traitant l'acide du commerce par une quantité d'eau insuffisante pour le dissoudre en entier, puis filtrant, faisant cristalliser et égouttant les cristaux. Il est inaltérable à l'air; il n'est ni déliquescent, ni efflorescent, tandis que l'acide sulfurique, étant très-avide d'eau, absorbe, quand on débouche le flacon, un peu de la vapeur d'eau de l'atmosphère. Enfin, d'après M. Marignac, l'acide concentré par distillation n'est pas l'acide monohydraté pur $SO^4 H^2$; il contient en outre un peu d'eau, $1/12 \, H^2 O$.

Si l'on veut employer l'acide oxalique comme acide normal, on prendra $1/2 . 126^{gr} = 63^{gr}$ = 1 équivalent en grammes de cet acide, on les mettra dans un flacon jaugé de 1 litre rempli aux deux tiers d'eau distillée, on déterminera la dissolution en imprimant au vase un mouvement de rotation, puis on achèvera de remplir jusqu'au trait avec de l'eau distillée. La température extérieure étant de 15°, il est bien évident alors que chaque centimètre cube contient $0^{gr},063 = 1/1000$ d'équivalent d'acide.

Pour faire l'essai d'une potasse, on en prélève plusieurs échantillons en des points différents, de manière à avoir à peu près par le mélange de ces échantillons la composition moyenne de la potasse à essayer, on les réduit en poudre et on pèse 47^{gr} (1 équivalent) qui, si c'était de l'alcali pur $K^2 O$, satureraient 49 grammes d'acide sulfurique.

Dans un essai préliminaire on a chauffé au-dessus de 200° un poids connu de la matière à essayer pour connaître par la perte de poids la quantité d'eau contenue.

On dissout ensuite les 47 grammes de potasse dans de l'eau contenue dans une éprouvette de la capacité de 500 cent. cubes, et on achève de remplir jusqu'au trait d'affleurement avec de l'eau distillée.

On laisse ensuite reposer la liqueur, on filtre si cela est nécessaire et on prend 50 cent. cubes de cette liqueur avec une pipette et on les verse dans un vase à précipité. Cette quantité de liquide contient 1/10 de la matière pesée, c'est-à-dire 4^{gr},7 qui, s'ils étaient formés d'oxyde de potassium K^2O, seraient suffisants pour saturer 100 divisions de l'acide sulfurique contenu dans la burette de Gay-Lussac, ou 100 cent. cubes de l'acide oxalique normal.

La dissolution alcaline étant ainsi préparée, on y ajoute quelques gouttes de teinture de tournesol, on place le vase sur une feuille de papier blanc pour pouvoir mieux voir la couleur du liquide aux divers moments de l'essai. On fait alors couler doucement la liqueur acide dans la liqueur alcaline, et l'on agite le vase qui la reçoit en lui donnant un léger mouvement giratoire ; on verse ainsi jusqu'à ce que la couleur bleue du tournesol passe au rouge pelure d'oignon. Un premier essai ne donne qu'approximativement le titre de l'alcali. On recommence alors un second essai en versant immédiatement un nombre de divisions presque suffisant, et on ajoute alors seulement la teinture du tournesol après avoir agité de manière à chasser tout l'acide carbonique libre qui donnerait au tournesol une couleur rouge vineux ; on verse enfin goutte à goutte les dernières portions d'acide, et on arrive ainsi à reconnaître facilement le titre exact à 1/2 centième près.

Si l'on veut éviter la difficulté qu'il y a à saisir juste le passage de la couleur rouge vineux au rouge pelure d'oignon, on peut avant de verser les dernières gouttes d'acide chauffer la liqueur à l'ébullition ; tout l'acide carbonique libre se dégage et le virement de la couleur du bleu au rouge pelure d'oignon est alors facile à saisir.

Une autre manière d'éviter l'inconvénient dû au dégagement de l'acide carbonique consiste à remplacer la méthode directe par la méthode par reste. On ajoute immédiatement une quantité d'acide un peu supérieure à celle qui est nécessaire pour saturer l'alcali, et on détermine ensuite l'excès d'acide à l'aide d'une dissolution d'alcali caustique préalablement titrée avec l'acide normal.

Les essais de soude se font exactement comme ceux de potasse ; il faut seulement remplacer le poids 47 d'oxyde de potassium par son poids équivalent 31 d'oxyde de sodium.

Les sels neutres solubles que peuvent contenir les potasses et les soudes n'altèrent en rien l'exactitude de la méthode ; il n'en est pas de même des sulfures et des hyposulfites. On reconnaît leur présence à ce caractère, que l'acide sulfurique versé dans la dissolution alcaline dégage de l'acide sulfhydrique reconnaissable à son odeur, s'il y a des sulfures ; il dégagerait de l'acide sulfureux avec dépôt de soufre, s'il y avait des hyposulfites. Pour avoir dans ce cas la quantité d'alcali qui se trouve réellement libre ou carbonatée, on calcine préalablement la matière pulvérisée avec un peu de chlorate de potasse qui transforme les sulfures et hyposulfites en sulfates et passe lui-même à l'état de chlorure.

La méthode alcalimétrique peut s'appliquer également au dosage des carbonates des terres alcalines, baryte, chaux, strontiane ; mais dans ce cas l'acide sulfurique et l'acide oxalique ont l'inconvénient de former avec ces bases des composés insolubles ou peu solubles ; on les remplace alors, comme l'a proposé M. Mohr, par l'acide azotique, qui forme avec toutes les bases des sels neutres solubles. L'acide peut être titré à l'aide d'une solution alcaline normale. Pour faire l'expérience, au lieu de chercher directement la quantité d'acide nécessaire pour décomposer le carbonate terreux, on ajoutera un excès d'acide et on dé-

terminera ensuite, à l'aide d'une solution alcaline titrée, l'excès d'acide ajouté.

L'acidimétrie, ou dosage des acides, est l'opération inverse de l'alcalimétrie ; elle se fait exactement de la même manière : il suffit de remplacer la liqueur normale acide par une liqueur normale alcaline que l'on verse alors goutte à goutte dans la liqueur acide à essayer.

Pour avoir une liqueur normale alcaline, on peut prendre un équivalent, c'est-à-dire 53 gr., de carbonate de soude pur et anhydre

$$(CO^3 Na^2 = 106)$$

et le dissoudre de manière à ce que la dissolution occupe exactement 1 litre. On prendra ensuite pour faire l'essai d'un acide un poids de cet acide égal à son équivalent supposé pur et on l'étendra de même de manière à ce qu'il forme 1 litre de liquide. On introduira ensuite 100 cent. cubes de cette liqueur dans le vase à précipité, on y ajoutera du tournesol, qui rougira, et on versera lentement la liqueur alcaline jusqu'à ce que le tournesol vire au bleu. Le nombre de centimètres cubes de la liqueur employée représentera le nombre de centièmes d'acide pur que contient l'acide soumis à l'essai.

M. Mohr a proposé de remplacer le carbonate de soude par la soude caustique pour faire la liqueur normale. L'emploi du carbonate de soude présente en effet quelque difficulté pour reconnaître le moment de la saturation par suite de l'action de l'acide carbonique sur le tournesol ; il faudrait chauffer la liqueur pour éviter toute incertitude ; la soude pure permet d'opérer très-facilement et avec une grande exactitude. On titre la soude en en formant une dissolution normale équivalente volume à volume à la solution normale d'acide oxalique.

Enfin on peut aussi déterminer la richesse des dissolutions acides, comme l'a proposé M. Grandeau [*Journ. de Pharm.*, t. XXIV], d'après la quantité de cette dissolution qui est nécessaire pour décomposer un équivalent $(1/2\ CO^3 Ca'' = 50)$ de carbonate de chaux pur.

ANALYSES VOLUMÉTRIQUES
PAR DOUBLE DÉCOMPOSITION DES SELS NEUTRES.

Après l'alcalimétrie et l'acidimétrie fondées sur la saturation des acides par les bases ou des bases par les acides, nous placerons l'analyse volumétrique fondée sur les doubles décompositions en dissolution neutre sans phénomène d'oxydation ni de réduction.

Nous choisirons pour exemple l'analyse la plus importante, celle des alliages d'argent et de cuivre ; nous la ferons suivre de l'opération inverse, le dosage des chlorures. Nous aurons ainsi les deux dosages réciproques comme dans le dosage des bases et des acides.

Essais des monnaies d'argent. — Le dosage de l'argent par les liqueurs titrées est dû à Gay-Lussac, qui le proposa en 1828, pour remplacer la méthode de coupellation. Elle est fondée sur l'insolubilité du chlorure d'argent et sur la solubilité du chlorure de cuivre. Quand on verse une dissolution de chlorure de sodium dans une dissolution d'azotate d'argent et d'azotate de cuivre, il se produit un précipité blanc caillebotté qui se réunit facilement, surtout lorsqu'on l'agite. La fin de l'opération se reconnaît à ce qu'une goutte de chlorure ne produit plus de trouble dans la liqueur transparente. Pour précipiter 1 équivalent ou 108 grammes d'argent pur, il faut 1 équivalent ou

58^{gr},5 de chlorure de sodium; par suite, pour précipiter 1 gramme d'argent, il faudra

$$\frac{58,5}{108} = 0^{gr},5416$$ de chlorure de sodium. On prépare :

1° Une liqueur normale renfermant 0^{gr},5416 de chlorure de sodium par décilitre ;

2° Une liqueur décime renfermant la même proportion de chlorure de sodium par volume de 1 litre ; 1 cent. cube de cette liqueur précipitera juste 1 milligramme d'argent.

Enfin, comme il peut arriver que l'on ait versé un excès de chlorure, on prépare pour déterminer cet excès une troisième liqueur appelée liqueur normale d'argent en dissolvant 1 gramme d'argent pur dans l'acide azotique et étendant de manière à former 1 litre. Chaque centimètre cube de cette liqueur correspond à un cent. cube de la liqueur décime de chlorure de sodium.

Pour procéder à l'essai, on prend toujours un poids d'alliage tel, qu'il contienne à peu près 1 gramme d'argent fin. Aussi, lorsqu'il s'agit d'un lingot, est-on obligé de déterminer d'avance approximativement le titre par un essai par voie sèche.

S'il s'agit de l'alliage monétaire dont le titre doit être 900/1000 avec tolérance de 2/1000, il faut qu'il y ait au moins 898/1000 d'argent. On supposera que le titre est seulement de 897/1000 ; alors le poids d'alliage qu'il faudra prendre pour avoir 1 gramme d'argent fin sera donné par la proportion

$$\frac{x}{1^{gr}} = \frac{1000}{897}, \quad x = \frac{1000}{897} = 1^{gr},1148.$$

On prendra donc 1^{gr},1148 d'alliage, on l'introduira dans un flacon de 1/4 de litre environ, avec 5 à 6^{gr} d'acide azotique, puis on chauffera le mélange au bain-marie pour effectuer la dissolution. On insuffle ensuite de l'air dans le flacon pour chasser les vapeurs rutilantes, et à l'aide d'une pipette on ajoute 100 cent. cubes de la liqueur normale. On bouche le flacon et on l'agite très-vivement de manière à rassembler le chlorure; la liqueur redevient immédiatement claire. Si le titre est supérieur à 897/1000, la liqueur doit encore renfermer de l'argent. On s'en assure en versant dans la dissolution 1 cent. cube de la liqueur décime salée ; s'il se produit un trouble, on agite pour éclaircir et on ajoute un nouveau centimètre cube de liqueur décime, en continuant ainsi jusqu'à ce que l'addition d'un nouveau centimètre cube ne fasse plus apparaître le moindre nuage. Si par exemple le 4e centimètre cube ne produit plus rien, on admettra que le 3e, qui a encore troublé la liqueur, n'a servi que pour moitié, de sorte que 1,1148 d'alliage contient en réalité 1^{gr},0025 d'argent fin; par suite, son titre sera

$$\frac{x}{1000} = \frac{1,0025}{1,1148} = \frac{899}{1000}.$$

Si le 1er cent. cube décime de liqueur salée n'avait pas produit de nuage, c'est que le titre aurait été $\frac{897}{1000}$, ou inférieur. Pour trouver son titre exact, on pourrait ajouter 1 cent. cube de la liqueur normale d'argent, mais les liqueurs s'éclaircissent toujours mal en présence d'un excès de chlorure alcalin : aussi préfère-t-on ajouter de suite 10 centimètres de la liqueur normale d'argent, et on ajoute ensuite peu à peu la liqueur décime salée comme dans le cas précédent.

L'essai d'argent peut se faire avec la même exactitude en présence de presque tous les métaux. Cependant si l'alliage d'argent contient du mercure, il faut avoir recours à la modification imaginée par Levol. On reconnaît l'existence du mercure à ce que le chlorure d'argent souillé de mercure ne se colore pas sous l'influence de la lumière.

Dans ce cas on dissout l'alliage comme à l'ordinaire dans l'acide nitrique, puis on y ajoute 25 cent. cubes d'ammoniaque caustique étendue de son volume d'eau; on verse ensuite comme à l'ordinaire 100 cent. cubes de liqueur normale et on sature l'ammoniaque avec de l'acide nitrique. On termine ensuite l'essai sans difficulté avec la liqueur normale décime.

Lorsqu'il s'agit de faire un grand nombre d'essais, comme dans les hôtels des monnaies, on emploie, pour contenir la liqueur normale salée, un réservoir de 100 litres de capacité. Ce réservoir est fermé par un couvercle qui empêche l'évaporation ; l'air rentre par un tube de verre vertical ouvert à ses deux extrémités. Ce vase communique par un tube recourbé avec la pipette qui porte deux robinets recourbés ; le premier communique avec le tube qui amène la dissolution, le second laisse échapper à l'extérieur l'air contenu dans la pipette. Quand on a un grand nombre d'essais à faire, les flacons qui contiennent la dissolution azotique de l'alliage sont amenés successivement au-dessous de l'éprouvette, préalablement remplie de liquide, et que l'on vide en une seule fois. Tous les flacons, aussitôt bouchés, sont fixés sur un support à compartiments, suspendu à l'extrémité d'un ressort en acier; il suffit de secouer vivement ce support pendant quelques minutes pour obtenir des liqueurs parfaitement claires.

Dosage des chlorures. — Le dosage des chlorures est l'inverse du dosage de l'argent : il est, comme ce dernier, fondé sur l'insolubilité du chlorure d'argent. On emploie pour faire ce dosage :

1° Une liqueur normale d'argent, contenant 1 gramme d'argent dissous dans l'acide nitrique et étendu de manière à former 1 litre;

2° Une liqueur salée, renfermant 0^{gr},5416 de chlorure de sodium par litre, de sorte que 1 cent. cube de cette liqueur puisse précipiter juste 1 cent. cube de la liqueur normale d'argent. Quand il s'agit d'essayer un chlorure, on verse peu à peu la dissolution d'azotate d'argent dans la dissolution du chlorure, mais il arrive que, vers la fin de l'opération, le précipité formé par les dernières traces de chlorure n'apparaît que sous forme d'un nuage blanc qui se rassemble difficilement.

Pour reconnaître plus facilement le moment où tout le chlorure est précipité, on a proposé d'ajouter au chlorure un sel qui ne précipite par l'argent que lorsqu'il n'existe plus de chlorure à décomposer, et qui de plus donne un précipité coloré, facile à reconnaître. Tel est le phosphate de soude indiqué par Levol; tels sont encore l'arséniate de soude et le bichromate de potasse indiqués par M. Mohr.

On peut se dispenser de l'emploi de ces sels auxiliaires en substituant à la méthode directe la méthode par reste. Dans ce procédé, au lieu de verser l'azotate d'argent peu à peu dans le chlorure, on en verse de suite un petit excès et on détermine ensuite cet excès à l'aide de la liqueur normale salée. L'agitation suffit alors pour donner des liqueurs claires, et la fin de l'opération se reconnaît avec une grande exactitude.

ANALYSES VOLUMÉTRIQUES PAR RÉDUCTION
OU PAR OXYDATION.

Après les méthodes fondées, soit sur la saturation des bases par les acides ou des acides par les bases, soit sur la double décomposition des sels, viennent celles qui reposent sur des phénomènes d'oxydation ou de réduction. Ces méthodes sont aujourd'hui très-nombreuses, nous ne décrirons ici que celles qui sont reconnues comme les meilleures. Les substances employées comme agents d'oxydation ou de réduction n'ont pas toutes la même valeur : les meilleures sont évidemment celles que l'on peut se procurer facilement pures; elles doivent de plus pouvoir se conserver en dissolution étendue, rester sans altération au contact de l'air, et enfin être susceptibles d'indiquer la fin de l'opération par un phénomène très-net.

Parmi les substances réductrices, l'acide oxalique, l'acide arsénieux, l'arsénite de soude et le prussiate jaune de potasse remplissent toutes ces conditions; aussi en fait-on un fréquent usage.

Viennent ensuite l'acide sulfureux, les sulfures alcalins, le protochlorure d'étain et le sulfate de protoxyde de fer, qui donnent aussi des réactions très-nettes, mais qui se conservent difficilement.

Parmi les substances oxydantes, la plus facile à obtenir pure et inaltérable est le bichromate de potasse. Vient ensuite la dissolution d'iode dans l'iodure de potassium, qui se conserve encore très-bien. Le permanganate de potasse est difficile à préparer pur, il se conserve, de plus, difficilement en dissolution, mais il a des propriétés oxydantes si énergiques et la fin de l'opération est si nettement indiquée par l'apparition de sa belle couleur rouge, qu'il constitue un des réactifs les plus précieux de l'analyse volumétrique. Nous allons passer en revue successivement les principales méthodes fondées sur l'emploi, d'abord d'un réducteur seul, puis sur l'emploi d'un oxydant seul, et enfin celles qui emploient successivement l'action d'un réducteur et celle d'un oxydant.

ANALYSE PAR RÉDUCTION.

1° ACIDE ARSÉNIEUX. — CHLOROMÉTRIE. — L'acide arsénieux a été employé pour la première fois, comme réducteur dans l'analyse volumétrique, par Gay-Lussac, qui s'en est servi pour déterminer la quantité de chlore que peut donner, soit une dissolution de chlore, soit un hypochlorite décolorant, comme l'eau de Javel ou le chlorure de chaux [*Ann. de Chim. et de Pharm.*, t. VIII, p. 18].

L'acide arsénieux en dissolution dans l'acide chlorhydrique étendu se transforme, sous l'influence du chlore et de l'eau, en acide arsénique par la réaction :

$$As^2O^3 + 2\,H^2O + 4\,Cl = As^2O^5 + 4\,HCl.$$

1 molécule ou 108 gr. d'acide arsénieux exigent donc 4 atomes ou 142 gr. de chlore pour passer à l'état d'acide arsénique. La fin de l'opération est indiquée par la décoloration instantanée d'une petite quantité de sulfate d'indigo qui reste inaltérée tant qu'il y a de l'acide arsénieux à oxyder, mais qui se détruit dès qu'il y a le plus léger excès de chlore.

Si l'on fait réagir sur une quantité constante d'acide arsénieux différentes dissolutions de chlore ou d'hypochlorite, il est évident que la richesse en chlore sera en raison inverse des quantités de ces dissolutions que l'on aura dû employer. Gay-Lussac a pris une dissolution d'acide arsénieux étendue de telle façon qu'elle exige pour se transformer en acide arsénique un volume de chlore égal au sien. Or 1 lit. de chlore pèse

$$1^{gr},293 \times 2,44 = 3^{gr},17.$$

La dissolution normale d'ac. de arsénieux devra donc contenir par litre un poids de cet acide donné par l'équation

$$\frac{x}{3,17} = \frac{198}{142}, \quad \text{d'où} \quad x = 4^{gr},439.$$

On prend donc $4^{gr},439$ d'acide arsénieux pur, on le dissout dans 150 cent. cubes d'acide chlorhydrique et 150 cent. cubes d'eau en chauffant légèrement, puis on verse la dissolution dans un flacon d'un litre et on achève de remplir jusqu'au trait. Cette liqueur est évidemment telle, que, quelque volume qu'on en prenne, il faudra toujours un volume égal de chlore pour transformer en acide arsénique l'acide arsénieux qu'elle contient.

Pour vérifier la dissolution arsénieuse, on commence par remplir un flacon de chlore sec, en faisant arriver au fond du flacon le gaz qui déplace peu à peu l'air plus léger. Quand le flacon est bien rempli de chlore, on le bouche, puis on le renverse sur l'eau ordinaire ou sur de l'eau contenant 4 à 5 millièmes de potasse et on retire un peu le bouchon; l'eau pénètre dans le flacon, on le referme et on agite; puis on entr'ouvre de nouveau le goulot sous l'eau, il entre une nouvelle quantité de liquide, on referme, et on agite de nouveau, et on entr'ouvre encore, en répétant l'opération jusqu'à ce que l'eau cesse d'entrer. Le chlore étant complétement absorbé, le liquide contient juste son volume de chlore.

On prendra alors avec une pipette 10 cent. cubes de la liqueur arsénieuse que l'on versera dans un vase à précipité; on y ajoutera une goutte de sulfate d'indigo et on remplira la burette, divisée en dixièmes de centimètre cube, avec la dissolution de chlore; la décoloration de l'indigo devra se produire quand on aura versé exactement 10 cent. cubes de la dissolution de chlore. S'il en fallait verser moins, c'est que l'acide arsénieux employé n'était pas pur, et il faudrait préparer une nouvelle solution arsénicale, soit en employant de l'acide plus pur, soit simplement en calculant le poids d'acide impur que l'on doit prendre pour que la liqueur exige juste son volume de chlore.

Voyons maintenant comment on procède à l'essai d'un chlorure de chaux. Gay-Lussac a remarqué que 10 gr. d'un chlorure de chaux bien préparé, dissous dans l'eau de manière à former 1 lit., donnent une liqueur dont le pouvoir oxydant et décolorant est à peu près égal à celui d'un litre de chlore; de sorte que si 10 gr. de chlorure décolorant équivalent à 1 lit. de chlore, 1 kilog. de ce chlorure équivaudra à 100 lit. de chlore, et l'on dira que le chlorure est au titre de 100. Si l'on prend 10 gr. d'un autre chlorure et qu'après les avoir dissous de même, on trouve qu'il en faut 20 cent. cubes pour oxyder les 10 cent. cubes de liqueur arsénieuse, c'est qu'il n'y a que 50 lit. de chlore dans 1 kilog. de chlorure; le titre sera 50; il est donné par l'équation

$$\frac{x}{100} = \frac{10}{20}, \quad \text{d'où} \quad x = 50.$$

S'il avait fallu seulement 9 cent. cubes, le titre eût été

$$\frac{x}{100} = \frac{10}{9}, \quad \text{d'où} \quad x = 111.$$

La liqueur à essayer est ici contenue dans la burette et il faut un calcul pour trouver le titre. Il paraîtrait plus naturel de mettre la solution arsénieuse dans la burette et de la verser dans 10 cent. cubes de la liqueur chlorée; celle-ci serait d'autant plus forte qu'elle exigerait plus d'acide arsénieux, le titre serait proportionnel au nombre de divisions versées; mais il y aurait là une grave cause d'erreur : l'acide chlorhydrique dans lequel l'acide arsénieux est dissous mettrait le chlore en liberté trop rapidement et, une partie du chlore se dégageant, le titre observé serait inférieur au titre réel.

Pour faire ces essais, on prend des échantillons dans les différentes parties du chlorure à essayer et on les mélange de manière à avoir la moyenne de la masse à essayer. On en pèse alors 10 gr. que l'on délaye dans un petit mortier de verre ou de porcelaine avec un peu d'eau, on décante le liquide dans un flacon d'un litre, puis ajoutant de l'eau dans le mortier, on broie de nouveau les portions grenues qui sont restées au fond. On recommence ainsi jusqu'à ce que tout le chlorure soit dissous.

On achève ensuite de remplir le flacon de manière à former un litre, et on agite de manière à bien mélanger toutes les parties.

On prend alors, comme nous l'avons fait précédemment, 10 cent. cubes de la liqueur normale arsénieuse, on les verse dans un vase à précipité et on les colore par quelques gouttes de sulfate d'indigo. On remplit ensuite avec la dissolution de chlorure de chaux la burette divisée en dixièmes de centimètre cube et on verse peu à peu jusqu'à ce que l'on voie la coloration bleue disparaître.

Un premier essai sera seulement approximatif, la coloration bleue s'affaiblissant graduellement vers la fin de l'opération. On recommencera en ajoutant d'une seule fois un volume de dissolution de chlore un peu inférieur à celui qui a été nécessaire dans le premier essai, et alors seulement on ajoutera quelques gouttes d'indigo; en versant ensuite avec précaution et goutte à goutte, on devra avoir une décoloration instantanée.

Pour simplifier l'essai, Gay-Lussac a dressé des tables qui suppriment tout calcul et indiquent le titre d'un chlorure en face du nombre de centimètres cubes de la liqueur chlorée employée. Ces titres peuvent même être inscrits sur la burette elle-même. — Les chlorures de chaux du commerce ont des titres qui varient ordinairement entre 80 et 110.

Remarques. — Quand on dissout à chaud 4^{gr},430 d'acide arsénieux dans l'acide chlorhydrique, il peut arriver qu'il se forme un peu de chlorure d'arsenic qui se volatilise. Pour éviter cet inconvénient, M. Astley Price dissout l'acide arsénieux dans une dissolution de potasse et ajoute ensuite un excès d'acide chlorhydrique; le reste de l'opération se fait comme d'ordinaire.

Une autre modification a été apportée par Penot, pour reconnaître plus exactement le moment où l'acide arsénieux est entièrement oxydé [*Dingler's Polytechn. Zeitung*, B. CXXVII, s. 134 *und* B. CXXIX, s. 286]. Nous avons déjà dit que la couleur de l'indigo disparaissait graduellement vers la fin de l'opération parce que le chlore agit par places et que la matière colorante un fois détruite ne peut pas se reproduire. Au lieu d'employer l'acide arsénieux dissous dans l'acide chlorhydrique, Penot emploie l'acide arsénieux dissous dans un excès de carbonate de soude. L'acide arsénieux en solution alcaline a une plus grande affinité pour l'oxygène que lorsqu'il est en dissolution acide. On reconnaît la fin de l'opération en touchant avec une goutte de la dissolution un papier imprégné d'amidon et d'iodure alcalin. Dès que tout l'acide arsénieux est saturé, le moindre excès de chlore détermine sur le papier ioduré et amidonné une tache bleue.

Cette méthode de Penot donne de bons résultats, mais elle est incommode, parce qu'il faut toucher après chaque addition de chlorure la bande de papier; il est toujours préférable d'avoir un réactif qui permette de reconnaître dans la liqueur même la fin de l'opération. On ne peut mettre l'amidon et l'iodure alcalin dans la liqueur arsénieuse, parce que le chlore attaque par places et décompose l'amidon. En substituant au dosage direct la méthode par reste, M. Bunsen a tourné la difficulté; et la réaction de l'iode sur l'amidon a été employée dans tous les essais de chlore par M. Bunsen, par M. A. Streng et par M. Mohr. Nous indiquerons la marche des opérations à propos des analyses volumétriques fondées sur l'emploi de l'iode.

Si le dosage du chlore a si vivement excité l'attention des chimistes qui s'occupent d'analyse, c'est qu'un grand nombre d'analyses en volumes peuvent se ramener à des essais chlorométriques. Gay-Lussac nous avait déjà montré qu'en faisant chauffer le bioxyde de manganèse avec de l'acide chlorhydrique, on ramène l'essai de cet oxyde à un dosage de chlore; depuis cette époque, M. Bunsen a ramené de même à un dosage de chlore les analyses volumétriques des peroxydes de nickel, de cobalt et de plomb, ainsi que celles des acides chlorique, iodique, chromique, vanadique, sélénique, manganique et ferrique, en se fondant sur ce que ces corps, chauffés avec de l'acide chlorhydrique concentré, donnent un dégagement de chlore.

Nous allons décrire immédiatement la méthode d'essai des manganèses telle que l'a indiquée Gay-Lussac, nous réservant de parler des autres substances que nous venons de nommer à l'occasion des méthodes de Bunsen, de Streng et de Mohr.

ESSAI DES OXYDES DE MANGANÈSE.— Dans les essais des oxydes de manganèse du commerce, on se propose de déterminer la quantité de chlore qu'un oxyde peut donner, quand il est chauffé avec de l'acide chlorhydrique concentré, les différents manganèses du commerce n'ayant dans l'industrie de valeur que par le chlore qu'ils peuvent fournir. —Gay-Lussac, qui a imaginé ce mode de dosage, a constaté que quand le bioxyde est chimiquement pur, 3^{gr},98 d'oxyde donnent exactement 1 lit. de chlore à 0° et sous la pression de 0^m,76, par la réaction

$$Mn\,O^2 + 4\,HCl = 2\,H^2O + Mn\,Cl^2 + Cl^2.$$

Pour faire l'essai d'un bioxyde, il en pesait exactement 3^{gr},98 qu'il introduisait dans un petit ballon avec 25 à 30 gr. d'acide chlorhydrique concentré; il fermait le ballon avec un bouchon muni d'un long tube, qui se rend dans une dissolution étendue de potasse placée dans un matras à long col.

Il faut chauffer légèrement pour faciliter la réaction et le chlore qui se dégage va se dissoudre dans la liqueur alcaline. Lorsque le bioxyde de manganèse est complètement dissous, ce que l'on reconnaît à ce que la liqueur est devenue incolore (ou jaune quand il y a de l'oxyde de fer dans le manganèse), on arrête l'opération et on enlève le ballon avec son tube à dégagement. Gay-Lussac étend alors la liqueur alcaline chlorée de manière à ce qu'elle occupe 1 lit., et il détermine la quantité de chlore qu'elle contient par l'acide arsénieux, comme nous l'avons indiqué. Si l'analyse montre que cette dissolution alcaline contient 70 centièmes de chlore, c'est que le bioxyde de manganèse contient lui-même 70 °/₀ de bioxyde pur. Le mode de dosage du manganèse employé par M. Bunsen et par M. Mohr ne diffère de celui de Gay-Lussac, ainsi que nous le verrons bientôt, que par le mode de dosage du chlore.

2° SULFURE DE SODIUM. —DOSAGE DU CUIVRE. — Le cuivre entrant dans un grand nombre d'alliages, tels que les bronzes et les laitons, on a cherché les moyens de doser ce métal rapidement et avec une grande exactitude. Aussi existe-t-il un grand nombre de méthodes volumétriques pour atteindre ce but. L'une des meilleures et des plus rapides est due à M. Pelouze; nous allons la décrire : elle s'applique à l'analyse des minerais, des alliages et des sels de cuivre.

Elle est fondée : 1° sur la propriété des sels de cuivre de se dissoudre dans l'ammoniaque en formant une liqueur bleue très-intense; 2° sur la précipitation de cette liqueur ammoniacale par les sulfures solubles et sa décoloration complète lorsqu'il ne reste plus de cuivre en dissolution.

La présence de métaux étrangers, tels que plomb, étain, zinc, cadmium, fer à l'état de peroxyd eet antimoine, ne nuit pas à l'exactitude de l'analyse, parce que ces métaux ne réagissent sur le sulfure alcalin que lorsque tout le cuivre est précipité, c'est-à-dire lorsque, la liqueur étant décolorée, on a été averti que l'opération est terminée.

L'argent, le mercure, le nickel et le cobalt sont les seuls métaux dont la présence ne permette pas un dosage exact du cuivre.

Pour faire l'analyse, on dissout d'abord dans l'eau du sulfure de sodium, et on le titre en cherchant quel volume il faut en employer pour précipiter la dissolution ammoniacale de 1 gramme de cuivre pur.

Voici la marche de l'opération :

On pèse 1 gramme de cuivre pur, on le dissout dans 5 à 6 grammes d'acide azotique; on ajoute à la liqueur 40 à 50 centimètres cubes d'ammoniaque caustique concentrée, on porte le matras à l'ébullition, et on y verse peu à peu la dissolution de sulfure de sodium contenue dans une burette donnant le dixième de cent. cube. Le cuivre se dépose à l'état d'oxysulfure $CuO, 5CuS$. Dès que la liqueur est décolorée, on lit le nombre de divisions de la burette que l'on a utilisées; soit 45 divisions, c'est-à-dire $4^{cc}, 5$.

Le titre une fois déterminé de cette façon, si l'on veut analyser un minerai de cuivre, par exemple, on le pulvérise, on en pèse 1 gramme et on le dissout dans l'eau régale; quand l'attaque est complète, on laisse refroidir et on ajoute ensuite un grand excès d'ammoniaque. Les matières insolubles et celles qui ont été précipitées par l'ammoniaque (silice, alumine, oxyde de plomb, oxyde d'antimoine, sesquioxyde de fer, etc.) restent en suspension dans la liqueur; il est inutile de filtrer, car elles n'empêchent pas de voir le moment de la décoloration et elles n'agiraient sur le sulfure que lorsque tout le cuivre serait déjà précipité. On chauffe alors à l'ébullition et on verse peu à peu le sulfure de sodium jusqu'à décoloration, et on lit sur la burette le volume du liquide employé. S'il a fallu verser 32 divisions, par exemple, le poids du cuivre contenu dans 1 gramme de minerai sera donné par la proportion

$$\frac{x}{1} = \frac{32}{45}, \quad \text{d'où} \quad x = 0^{gr}, 711.$$

La richesse du minerai serait donc de 71, 1 %.

ANALYSE PAR LES OXYDANTS.

1° IODE. — Dupasquier a le premier employé l'iode dans l'analyse volumétrique. Son procédé de dosage de l'acide sulfhydrique et des sulfures alcalins est encore aujourd'hui plus exact que tous ceux qu'on a essayé de lui substituer. Depuis Dupasquier, l'iode a reçu de nouvelles applications dans l'analyse par les liqueurs titrées.

L'affinité de ce corps pour l'hydrogène et pour les métaux, ses propriétés oxydantes en présence de l'eau, enfin l'extrême sensibilité de sa réaction sur l'empois d'amidon, en font un des réactifs les plus précieux pour ce genre d'opérations. L'équivalent élevé de l'iode et l'exactitude avec laquelle

il a été déterminé justifient encore le choix de l'iode comme moyen de dosage. Les belles recherches de M. Bunsen (1853) ont prouvé qu'en combinant l'action successive de l'iode avec celle d'un réducteur comme l'acide sulfureux, on pourrait arriver à doser en volumes un très-grand nombre de substances que l'on n'avait jusqu'alors dosées qu'à l'aide de poids.

C'est à cet illustre maître que l'on doit la méthode générale fondée sur l'emploi d'une dissolution titrée d'iode avec une dissolution titrée d'acide sulfureux.

Plus tard, M. A. Streng et M. F. Mohr ont apporté à la méthode de Bunsen d'importants perfectionnements par le choix de corps réducteurs qui rendent le travail plus facile et les résultats plus certains. Nous allons passer en revue les principaux procédés employés.

SULFHYDROMÉTRIE. — Pour doser le soufre contenu soit à l'état d'acide sulfhydrique, soit à l'état de sulfure alcalin, dans une eau minérale sulfureuse par exemple, Dupasquier s'est fondé sur ce qu'une dissolution d'iode libre versée dans une pareille dissolution décompose l'acide sulfhydrique ou les sulfures en donnant du soufre libre qui se dépose, et de l'acide iodhydrique ou un iodure alcalin, ainsi que l'indiquent les formules :

$$H^2 S + I^2 = S + 2HI,$$
$$Na^2 S + I^2 = S + 2NaI.$$

Pour reconnaître exactement la fin de l'opération, il ajoutait à la dissolution sulfureuse un peu d'empois d'amidon. Tant qu'il y a du soufre à précipiter, la liqueur reste incolore; mais dès que la réaction est terminée, la moindre goutte d'iode produit avec l'amidon une belle coloration bleu foncé qui avertit de la fin de l'opération.

Il suffit donc pour ces essais d'avoir une liqueur normale d'iode.

Le moyen le plus simple de préparer cette liqueur normale consiste à peser 1/10 d'équivalent d'iode ou $127^{gr}/10 = 12^{gr}, 7$, et à les dissoudre dans de l'eau additionnée d'iodure de potassium, de manière à ce que le tout occupe exactement 1 litre.

Comme 127 grammes d'iode (I) mettraient en liberté 16 grammes de soufre ($S^{1/2}$), $12^{gr}, 7$ correspondront à $1^{gr}, 6$ de soufre et par suite 1 cent. cube de liqueur normale ou $0^{gr}, 0127$ d'iode précipitera $1^{gr}, 6/1000 = 0^{gr}, 0016$ de soufre.

On prendra donc un volume ou un poids déterminé de la dissolution à essayer, on la versera dans un vase à précipité, puis, après y avoir ajouté de l'empois d'amidon, on versera peu à peu la liqueur normale d'iode à l'aide d'une burette graduée; le nombre de centimètres cubes versés multiplié par $0^{gr}, 0016$ donnera immédiatement le poids du soufre.

Comme les eaux minérales contiennent souvent une partie du soufre à l'état d'acide sulfhydrique et une autre à l'état de sulfure alcalin, on peut avoir besoin de connaître les proportions d'acide sulfhydrique et de sulfure. Pour y arriver, on dose d'abord à la manière ordinaire tout le soufre contenu dans un volume déterminé d'eau; puis on agite un nouveau volume d'eau avec de l'argent en poudre, comme l'a conseillé M. Henry : tout l'acide sulfhydrique libre est décomposé tandis que le sulfure reste inaltéré; on décante alors la liqueur et on essaye la liqueur claire par la liqueur normale d'iode. Le nombre obtenu dans cette dernière opération représente le poids du soufre qui se trouvait à l'état de sulfure, et l'excès du premier nombre trouvé sur le second donne le poids de soufre qui existait à l'état d'acide sulfhydrique.

Remarque. — Si l'eau minérale contient, outre

les sulfures alcalins, du carbonate ou du silicate de soude, il faut, pour avoir des résultats exacts, ajouter d'abord à l'eau minérale une quantité de chlorure de baryum suffisante pour décomposer tout le carbonate et le silicate alcalin.

Si l'eau sulfureuse avait été exposée quelque temps à l'air, une partie du sulfure aurait pu passer à l'état d'hyposulfite ou de sulfite; pour apprécier la quantité de sulfure inaltéré, on traiterait d'abord 1 volume de la dissolution par la liqueur normale d'iode ; puis, après avoir noté le nombre de centimètres cubes employés, on ferait bouillir une nouvelle quantité de l'eau sulfureuse avec du bicarbonate de soude, qui décomposerait tout le sulfure, et après ce refroidissement on essayerait de nouveau par l'iode. La différence entre le nouveau nombre obtenu et le premier donnerait le poids de soufre qui se trouvait à l'état de sulfure alcalin.

DOSAGE DE L'ACIDE SULFUREUX. — La dissolution titrée d'iode s'applique avec la plus grande exactitude au dosage de l'acide sulfureux. En effet, quand la dissolution d'acide sulfureux est suffisamment étendue, c'est-à-dire quand, d'après M. Bunsen, elle contient au plus 4 à 5 centièmes de cet acide en poids, l'iode transforme l'acide sulfureux en acide sulfurique, en passant lui-même à l'état d'acide iodhydrique par la réaction

$$SO^2 + 2H^2O + I^2 = SO^4H^2 + 2HI;$$

de sorte que 1 cent. cube de la liqueur normale, c'est-à-dire $0^{gr},0127$ d'iode, correspondra à $0^{gr},0032$ d'acide sulfureux. La dissolution d'acide sulfureux doit avoir été étendue avec de l'eau bouillie, puis refroidie dans un vase fermé. L'emploi de l'eau aérée amènerait de graves erreurs. La fin de la réaction sera annoncée par l'apparition de la couleur bleue, un peu d'empois d'amidon ayant été ajouté d'avance à la dissolution d'acide sulfureux. Le dosage des sulfites solubles se fait de la même manière. On les dissout dans de l'eau bouillie, puis on les titre au bleu par l'iode et l'amidon.

DOSAGE DES HYPOSULFITES. — MM. Fordos et Gélis ont appliqué la liqueur titrée d'iode au dosage de l'hyposulfite de soude. On sait, en effet, que l'iode agissant sur une dissolution d'hyposulfite de soude transforme ce sel en tétrathionate de soude, suivant la réaction exprimée par la formule

$$2(S^2O^3Na^2) + I^2 = S^4O^6Na^2 + 2NaI.$$

Comme la formule de l'hyposulfite de soude cristallisé est

$$S^2O^3Na^2 + 5H^2O = 248,$$

il en résulte que 1 équivalent, ou 127 grammes d'iode, correspond à 248 grammes d'hyposulfite cristallisé, et que, par suite, 1 cent. cube de la liqueur normale, contenant $0^{gr},0127$ d'iode, correspond à $0^{gr},248$ d'hyposulfite cristallisé. On reconnaît comme toujours la fin de la réaction à la coloration que l'iode détermine dans l'empois d'amidon ajouté à la liqueur à essayer. L'hyposulfite peut, sans inconvénient pour le dosage, contenir des sulfates ou des chlorures, mais il ne doit pas contenir de sulfites.

DOSAGE DE L'ACIDE ARSÉNIEUX. — Le dosage de l'acide arsénieux libre ou combiné avec un alcali se fait de la manière la plus facile. Si l'acide est en dissolution alcaline, on en prend un volume déterminé, on y ajoute de l'empois d'amidon, un peu de bicarbonate de soude et on titre au bleu par la solution d'iode.

Si l'acide arsénieux n'est pas dissous, on le fait bouillir avec du bicarbonate de soude, puis on y ajoute l'amidon et on titre par l'iode comme plus haut.

DOSAGE DE L'OXYDE D'ANTIMOINE. — DE L'ÉMÉTIQUE. — L'oxyde d'antimoine en dissolution alcaline se comporte exactement comme l'acide arsénieux à l'égard de la dissolution d'iode; on peut donc le doser comme ce dernier.

Si l'oxyde d'antimoine est à l'état de tartrate double d'antimoine et de potasse, on le mêle avec un excès de carbonate de soude et il ne se forme pas de précipité. Si l'oxyde d'antimoine est libre, on le fait digérer avec de l'acide tartrique jusqu'à ce qu'il soit dissous, et on sature ensuite avec du carbonate de soude.

Pour essayer la pureté d'un émétique du commerce, ce qu'il y aura de plus simple sera de le comparer, à l'aide du carbonate de soude et de la liqueur normale d'iode, à un échantillon de tartrate bien pur.

DOSAGE DU CYANURE DE POTASSIUM. — Le dosage du cyanure de potassium contenu dans une liqueur peut aussi se faire, comme l'ont montré MM. Fordos et Gélis, à l'aide de la liqueur normale d'iode, qui, en réagissant sur le cyanure, donne la réaction

$$KCy + 2I = KI + CyI.$$

De sorte que 1 équivalent ou 127 grammes d'iode correspond à 1/2 molécule ou $65/2 = 32^{gr},5$ de cyanure de potassium. 1 centimètre cube de la liqueur normale d'iode correspond donc à 0,00325 de cyanure. On reconnaît la fin de l'opération à l'apparition de la teinte jaune de l'iode dans la liqueur. Les auteurs recommandent avec raison de ne pas employer l'empois d'amidon; ce corps conduit à des résultats inexacts, parce qu'il peut être coloré par l'iodure de cyanogène. S'il y a des carbonates neutres alcalins dans le cyanure, le dosage devient inexact; on lui rend toute son exactitude en dissolvant le cyanure dans de l'eau chargée d'acide carbonique, qui fait passer les carbonates neutres à l'état de bicarbonates. L'iode n'agit pas sur les bicarbonates, tandis qu'il décompose les carbonates neutres.

Dans le cas où le cyanure contiendrait un peu de sulfure, on peut, d'après MM. Fordos et Gélis, ajouter à la liqueur un peu de sulfate de zinc; tout le soufre se précipite à l'état de sulfure. Si l'on a ajouté un petit excès de sulfate de zinc, il se sera formé en même temps un peu de cyanure de zinc; mais ce dernier sel reste en dissolution dans le cyanure alcalin. On filtrera et on fera l'essai comme il a été dit précédemment.

DOSAGE DE L'ÉTAIN. — Pour doser l'étain par une solution normale d'iode, on dissout 1/100 d'équivalent ou $0^{gr},59$ d'étain (Sn = 118) dans l'acide chlorhydrique pur, en chauffant avec addition d'une lame ou d'un fil de platine qui facilite la réaction, puis on étend la liqueur avec de l'eau bouillie et refroidie à l'abri de l'air. On ajoute ensuite de l'empois d'amidon et on titre au bleu. Ce mode d'analyse donne toujours un nombre un peu trop faible; mais on a vainement essayé de remplacer la dissolution d'iode par celle de bichromate de potasse ou par celle de permanganate de potasse; on n'a pu jusqu'ici doser bien exactement l'étain par oxydation.

2° IODE ET ACIDE SULFUREUX. — M. Bunsen, en employant, outre la liqueur normale d'iode, une dissolution d'acide sulfureux titrée elle-même par l'iode et substituant au dosage direct le procédé d'analyse par reste, a donné une méthode générale qui permet de doser en volumes les composés les plus divers, et s'appuyant toujours sur le même phénomène. Comme cette méthode a été depuis beaucoup perfectionnée, nous en indiquerons ici seulement les principales applications.

1° DOSAGE DU CHLORE. — Le chlore gazeux ou en dissolution dans l'eau est mis en contact avec un excès d'une dissolution d'iodure de potassium;

Il met en liberté son équivalent d'iode. On verse alors dans cette liqueur la dissolution titrée d'acide sulfureux jusqu'à décoloration complète. On note le volume de la dissolution versée et on dose l'excès d'acide sulfureux à l'aide de la liqueur normale d'iode. Connaissant ainsi le volume exact d'acide sulfureux oxydé par l'iode dans la première expérience, on en déduit le poids d'iode qui avait été mis en liberté par le chlore, et, par suite, le poids de ce dernier.

2° DOSAGE DU BROME. — Le dosage du brome se fait exactement comme celui du chlore.

3° DOSAGE DE L'IODE. — L'iode à essayer est dissous dans l'iodure de potassium, on le décolore par l'acide sulfureux, puis on ajoute de l'amidon et on dose l'excès d'acide sulfureux par l'iode normal.

Pour doser les corps qui peuvent céder de l'oxygène, on les décompose en les faisant bouillir avec de l'acide chlorhydrique concentré ; l'hydrogène de l'acide chlorhydrique forme de l'eau avec l'oxygène cédé par le corps, en même temps qu'une quantité de chlore équivalente au poids de l'oxygène cédé devient libre et se dégage. C'est ce chlore que l'on cherche à doser. On pourrait pour cela employer la méthode chlorométrique de Gay-Lussac ; mais M. Bunsen préfère recueillir le chlore dans une dissolution d'iodure de potassium, où il met en liberté une quantité équivalente d'iode. Cette liqueur est alors traitée par un volume connu de la liqueur titrée d'acide sulfureux jusqu'à décoloration complète. On ajoute ensuite un peu d'empois d'amidon et on dose l'excès d'acide sulfureux à l'aide de la liqueur titrée d'iode. La différence entre le volume de l'acide sulfureux ajouté et celui que l'on a dosé ensuite par l'iode donne le volume de la dissolution titrée d'acide sulfureux qui est intervenu dans la première réaction ; on en déduit le poids de l'iode qui avait été mis en liberté par le chlore et par suite le poids de celui-ci.

DOSAGE DES HYPOCHLORITES ET DES CHLORITES. — On mêle la dissolution du sel avec de l'iodure de potassium, on y ajoute ensuite de l'acide chlorhydrique qui, décomposant le sel, met en liberté de l'iode ; on décolore ensuite par l'acide sulfureux et, après avoir additionné d'amidon, on titre au bleu avec la solution normale d'iode.

DOSAGE DES CHLORATES. — Les chlorates alcalins chauffés avec de l'acide chlorhydrique fumant donnent la réaction

$$ClO^3K + 6HCl = KCl + 3H^2O + 6Cl.$$

Le chlore dégagé est recueilli dans l'iodure de potassium. L'opération se fait dans un petit appareil analogue à celui que Gay-Lussac a employé pour les essais de manganèse. On achève comme précédemment.

DOSAGE DES CHROMATES. — L'*acide chromique* distillé avec de l'acide chlorhydrique donne

$$2CrO^3 + 6HCl = Cr^2O^3 + 6Cl + 3H^2O.$$

Le chlore est recueilli dans l'iodure de potassium ; l'analyse s'achève comme il a été dit ci-dessus.

Les acides *iodique, sélénique, manganique, ferrique* et *vanadique,* ainsi que les peroxydes de *manganèse,* de *nickel,* de *cobalt* et de *plomb,* sont de même portés à l'ébullition avec de l'acide chlorhydrique fumant et le chlore qui s'en dégage est reçu dans l'iodure de potassium, puis dosé.

La méthode de M. Bunsen est encore applicable dans beaucoup d'autres cas ; elle a rendu de grands services à la science, mais elle est d'un usage assez délicat qui ne permet guère de l'employer dans l'industrie. La volatilité de l'acide sulfureux, sa facile oxydation à l'air sont de graves inconvénients, qui sont encore augmentés par la nécessité de n'employer cet acide qu'en dissolution très-étendue.

Une simplification importante consiste à remplacer la dissolution d'iodure de potassium par de l'arsénite de soude titré, comme l'a indiqué M. Mohr ; cette dissolution absorbe le chlore dégagé, et on dose ensuite par l'iode l'excès d'arsénite de soude. On a, de cette façon, une opération et un liquide de moins. Les deux liqueurs normales sont d'ailleurs inaltérables.

ANALYSE PAR OXYDATION ET RÉDUCTION
SUCCESSIVES.

1° IODE ET ARSÉNITE DE SOUDE.

M. Mohr emploie, comme M. Bunsen, une méthode indirecte ou par reste. Comme ce dernier chimiste, il commence par réduire les corps susceptibles de céder de l'oxygène et se sert ensuite d'un corps oxydant pour déterminer l'excès du corps réducteur employé. Il conserve comme corps oxydant la dissolution normale d'iode ; mais, comme corps réducteur, il substitue à l'acide sulfureux, qui est volatil et très-altérable, l'arsénite de soude déjà employé par Penot dans la méthode chlorométrique directe. La substitution de l'arsénite de soude à l'acide arsénieux employé par Gay-Lussac a ici une grande importance, car, tandis que l'acide arsénieux libre ou dissous dans l'acide chlorhydrique ne peut pas être oxydé par l'iode en présence de l'eau, cette oxydation s'effectue immédiatement quand l'acide arsénieux est en dissolution alcaline, son affinité pour l'oxygène se trouvant dans ce cas beaucoup plus grande.

M. Mohr prépare sa liqueur arsénieuse en dissolvant 4gr,95 ou 1/40 du poids moléculaire As^2O^3 d'acide arsénieux dans du bicarbonate de soude, qui est toujours exempt des sulfites et hyposulfites que contient quelquefois le carbonate neutre de soude du commerce ; il étend ensuite la liqueur de manière à ce qu'elle occupe 1 litre. Comme d'ailleurs une molécule d'acide arsénieux absorbe deux atomes d'oxygène, pour passer à l'état d'acide arsénique, la solution d'acide arsénieux sera susceptible d'absorber 1/20 du poids atomique ou 1/10 de l'équivalent de l'oxygène = 0gr,8.

Pour que la solution normale d'iode puisse dégager à volume égal 0gr,08 d'oxygène = 1/200 du poids atomique ou 1/100 d'équivalent, il suffit qu'elle contienne 1/100 d'équivalent ou 127/100 = 1gr,27 d'iode par litre. Nous allons appliquer la méthode de Mohr à quelques exemples.

DOSAGE DE L'IODE. — Le dosage de l'iode se fait très-exactement par la méthode de Mohr. Si l'on a de l'iode solide, on en prend 1gr,27 que l'on place dans un mortier en porcelaine avec un volume connu et en excès de la dissolution titrée d'arsénite de soude, et l'on triture l'iode sous le liquide ; tout l'iode se dissout et la liqueur reste incolore. On ajoute alors de l'amidon et on titre au bleu par la solution normale d'iode, de manière à déterminer l'excès d'arsénite de soude ajouté. Quand l'iode est à l'état d'iodure alcalin, on met un poids connu de cet iodure avec de l'eau et un excès de perchlorure de fer cristallisé dans un petit ballon communiquant par un tube à dégagement avec un matras à long col contenant un volume connu et excédant d'arsénite de soude. L'iode chassé par l'ébullition (Duflos) disparaît en arrivant dans l'arsénite de soude ; quand on n'aperçoit plus trace de vapeur d'iode, on ajoute de l'amidon et on détermine comme précédemment, par la liqueur normale d'iode, l'excès d'arsénite de soude. On peut avoir une vérification de cette analyse, comme l'a remarqué M. Schwarz, en dosant par le permanganate de potasse le protochlorure de fer qui existe dans le résidu de la distillation.

Dosage du brome. — Le brome étant instantanément absorbé par l'arsénite de soude, on voit que l'on pourra doser ce corps lorsqu'il est libre exactement, comme on dose l'iode libre.

Dosage du chlore et des hypochlorites. — Le dosage du chlore gazeux ou dissous dans l'eau, ou à l'état d'hypochlorite, se fait en versant dans la liqueur chlorée un volume connu et excédant de la dissolution titrée d'arsénite de soude. Quand tout le chlore a été absorbé par la liqueur arsénieuse, on ajoute de l'empois d'amidon et on dose l'excès d'acide arsénieux par la solution normale d'iode.

Lorsque le chlore à essayer se trouve à l'état de chlorure de chaux, on prend pour le dissoudre dans l'eau toutes les précautions que nous avons indiquées à l'article Chlorométrie (Gay-Lussac). Au moment où on verse la solution arsénieuse dans le chlorure de chaux, il se produit un précipité de carbonate de chaux; mais, bien que la liqueur reste trouble, on n'en reconnaît pas moins exactement la coloration de l'amidon par l'iode.

Dosage des bioxydes de manganèse, de cobalt, de nickel. — En faisant bouillir les peroxydes avec de l'acide chlorhydrique concentré, on a un dégagement de chlore que l'on reçoit dans un volume connu de solution titrée d'arsénite de soude. On ramène ainsi ces analyses à des essais chlorométriques comme l'avaient déjà fait Gay-Lussac et M. Bunsen.

Dosage des acides chlorique et chromique. — Les chlorates et les chromates portés à l'ébullition avec l'acide chlorhydrique concentré donnant du chlore, on ramène encore le dosage de ces composés à un essai chlorométrique.

2° Bichromate de potasse et protochlorure d'étain.

C'est encore la réaction de l'iode sur l'amidon qui sert de base à la méthode de M. A. Streng, comme à celle de M. Bunsen et de M. Mohr; mais la nature du corps employé comme oxydant, aussi bien que celle du corps employé comme réducteur, diffèrent.

M. A. Streng dose directement les corps avides d'oxygène à l'aide d'une dissolution titrée de bichromate de potasse en présence de l'acide chlorhydrique. Pour reconnaître la fin de la réaction, on a ajouté préalablement à la liqueur à essayer de l'iodure de potassium et de l'empois d'amidon. Dès qu'il y a un excès de bichromate, de l'iode est mis en liberté, et on voit apparaître la coloration bleue. C'est donc une méthode directe. Quand il s'agit de doser des corps susceptibles de céder de l'oxygène, on les réduit par le protochlorure d'étain en volume mesuré; puis on détermine l'excès de ce dernier corps par la solution normale de bichromate de potasse après avoir ajouté à la liqueur de l'acide chlorhydrique, de l'iodure de potassium et de l'empois d'amidon. C'est une méthode par reste.

Le choix du bichromate de potasse, comme liqueur volumétrique, est très-bon, car ce corps est facile à obtenir parfaitement pur; il cristallise anhydre et on peut le fondre pour le débarrasser de son eau hygrométrique. Son équivalent est d'ailleurs très-élevé.

Comme une molécule de bichromate,

$$Cr^2O^7K^2 = 295,$$

peut céder, en présence de l'acide chlorhydrique, trois atomes ou six équivalents d'oxygène, on prend seulement $295/6 = 49^{gr},16$ de bichromate, ou mieux la dixième partie de ce poids $4^{gr},916$ que l'on dissout dans l'eau, de manière à obtenir une liqueur occupant 1 litre, et susceptible de dégager 1/10 d'équivalent d'oxygène.

La dissolution de protochlorure d'étain se prépare en dissolvant directement l'étain dans l'acide chlorhydrique en excès. On détermine son titre à l'aide du bichromate de potasse au moment de l'utiliser, parce que le protochlorure d'étain s'oxyde peu à peu à l'air. On fait en général en sorte que les volumes des dissolutions de protochlorure et de bichromate qui peuvent réagir l'une sur l'autre exactement, occupent des volumes sensiblement égaux. Une fois le protochlorure convenablement étendu, il ne faut plus y ajouter d'eau, parce que l'air dissous dans cette eau oxyderait une partie du protochlorure.

Dosage de l'étain. — La méthode directe de M. Streng peut s'appliquer au dosage de l'étain; on dissout ce métal dans l'acide chlorhydrique pur, on y ajoute de l'iodure de potassium et de l'amidon, puis on verse le bichromate jusqu'à ce qu'apparaisse la couleur bleue; du volume de bichromate employé, on déduit son poids et, par une proportion, le poids d'étain.

Dosage du mercure. — La méthode par reste peut s'appliquer au dosage du sublimé corrosif. Pour cela on prend un volume connu de protochlorure d'étain, on le porte à l'ébullition, puis on y ajoute le sublimé corrosif à essayer (le protochlorure d'étain doit être en excès); en continuant l'ébullition, on voit le mercure réduit se rassembler au fond du vase; quand il ne se sépare plus de mercure, on laisse refroidir, on ajoute de l'iodure de potassium et de l'amidon, puis on verse la liqueur normale de bichromate de potasse pour doser l'excès de protochlorure d'étain resté. On a donc par différence le volume de protochlorure d'étain qui avait réagi sur le bichlorure de mercure, et par suite on a le volume correspondant de bichromate d'où l'on déduira le poids du sel de mercure.

Cette méthode donne d'ordinaire un nombre un peu trop faible, parce que, avec le mercure, il se précipite un peu de protochlorure de mercure; il faut prolonger longtemps l'ébullition avec un excès de protochlorure d'étain, si l'on veut avoir des résultats sensiblement exacts.

Dosage du chrome et du jaune de chrome. — Le chrome doit toujours être amené à l'état d'acide chromique; s'il se trouve sous une autre forme, on le transforme en acide chromique en le fondant dans un creuset d'argent avec du nitre et de la potasse.

On dissout alors un poids déterminé du chromate à essayer et on le verse dans un volume connu et en excès de protochlorure d'étain; on ajoute ensuite l'empois d'amidon et de l'iodure de potassium, puis on titre au bleu par la solution normale de chromate de potasse. La différence entre le volume de chromate normal employé dans ce cas, et celui qu'il eût fallu employer pour saturer le volume de protochlorure d'étain employé, donne le volume de bichromate de potasse et, par suite, d'acide chromique, équivalant à celui qui se trouvait dans le liquide à essayer.

Le dosage du chrome est important pour la détermination de la richesse en chromate de plomb du jaune de chrome du commerce qui est fréquemment falsifié par du sulfate de plomb et par d'autres substances.

Pour faire cet essai, on pèse 1^{gr} de jaune de chrome sec et on le met dans un mortier en porcelaine où on le triture avec de l'acide chlorhydrique concentré, puis on ajoute de la solution de protochlorure d'étain jusqu'à ce que la couleur jaune du sel de chrome ait été remplacée par la couleur verte du chlorure de chrome; le chlorure de plomb, encore légèrement coloré en jaune, se dépose; on décante le liquide dans un vase à précipité, et on broie de nouveau le résidu solide avec de l'acide chlorhydrique; on y ajoute du chlorure d'étain et on décante de nouveau, en répétant ces opérations jusqu'à ce que la poudre qui reste soit devenue complètement blanche. Toutes les liqueurs étant réunies, on ajoute de l'empois et de l'iodure de potassium sans se préoccuper du précipité d'iodure de plomb, qui se forme d'abord et se redissout ensuite. On titre ensuite au bleu par la liqueur normale de chrome.

DOSAGE DES ACIDES CHLORIQUE, BROMIQUE, IODIQUE. — Pour doser ces acides dans leurs sels, on chauffe le composé à analyser avec de l'acide chlorhydrique concentré et un excès de la liqueur titrée de protochlorure d'étain; il faut porter la liqueur à l'ébullition. On laisse ensuite refroidir, puis on ajoute l'iodure de potassium et l'amidon, et on titre au bleu par la liqueur normale de bichromate de potasse. Ce procédé a sur ceux de M. Bunsen et de M. Mohr l'avantage d'un dosage sans distillation : on est beaucoup plus sûr de ne rien perdre du corps.

M. Streng a étendu sa méthode de dosage à beaucoup d'autres corps, tels que le cuivre, le plomb, le nickel, le cobalt et le manganèse, mais on connaît pour tous ces corps d'autres méthodes plus exactes. L'emploi du protochlorure d'étain comme corps réducteur est une source d'erreurs, surtout en présence du chlore gazeux.

ANALYSE VOLUMÉTRIQUE PAR LE PERMANGANATE DE POTASSE.

ESSAIS DE FER. — M. Marguerite a le premier employé le permanganate de potasse dans les essais volumétriques. Nous allons voir comment on s'en sert pour l'analyse des minerais ou des alliages de fer. Le procédé consiste à déterminer le volume d'une dissolution de permanganate de potasse d'un titre connu qui peut être décoloré par une dissolution acide d'un sel de protoxyde de fer. Lorsqu'on verse dans une dissolution acide en l'étendant d'un sel de protoxyde de fer une dissolution de permanganate de potasse, le fer se peroxyde immédiatement en prenant de l'oxygène au permanganate qu'il décolore; tant qu'il reste du protoxyde de fer, le permanganate se décolore instantanément au fur et à mesure qu'on le verse; mais quand tout le fer est peroxydé, une seule goutte de permanganate suffit pour communiquer à toute la liqueur une couleur rose très-facile à reconnaître. Voici comment se produit l'oxydation : 1 molécule de permanganate

$$Mn^2 O^8 K^2 = 316$$

abandonne 5 atomes d'oxygène en se transformant en oxyde de potassium et en protoxyde de manganèse qui s'unissent à l'excès d'acide du sel de fer. Et comme 1 seul atome d'oxygène est nécessaire pour transformer 2 molécules de protoxyde de fer ($2FeO$) en sesquioxyde (Fe^2O^3), il en résulte que 1 molécule, ou 316 grammes, de permanganate de potasse oxyde 10 molécules ou 720 grammes de protoxyde de fer correspondant à 560 grammes, c'est-à-dire 10 atomes ou 20 équivalents, de fer pur.

Pour faire l'essai d'un minerai de fer par cette méthode, il faudra donc :

1° Titrer une liqueur de permanganate de potasse;

2° Dissoudre le minerai de fer dans un acide et ramener à l'état de protoxyde tout le fer qu'il contient;

3° Déterminer le volume de la liqueur normale nécessaire pour faire passer le fer de l'état de protoxyde à l'état de sesquioxyde.

Pour préparer la liqueur normale, on pourrait prendre 1 équivalent ou 158 grammes de permanganate de potasse cristallisé et le dissoudre dans l'eau, avec laquelle il forme une belle liqueur violette, et étendre de manière à former 1 litre. Mais cette liqueur subit à la longue une légère altération; elle laisse déposer du sesquioxyde de

manganèse et perd de sa force; aussi, au lieu de dissoudre 1 équivalent de permanganate exactement, on en dissout une quantité quelconque et on détermine le titre au moment de faire un essai par une opération préalable.

Pour titrer le permanganate de potasse, on peut prendre 2gr,8 (1/10 d'équivalent ou 1/20 d'atome) de fil de fer de clavecin, les dissoudre dans 25 centimètres cubes d'acide chlorhydrique concentré, puis étendre la liqueur de manière à ce qu'elle occupe à peu près 1 litre; on verse alors à l'aide d'une burette divisée en dixièmes de centimètre cube le permanganate de potasse, d'abord en filet continu tant que le liquide se décolore immédiatement au contact du sel de fer, que l'on agite constamment. Quand on approche de la fin, le liquide ne se décolore qu'assez loin du point où il est tombé d'abord; on verse alors goutte à goutte et on agite après chaque nouvelle addition jusqu'à décoloration complète; une goutte de permanganate en excès donne à toute la liqueur une couleur rose persistante. On note alors la division de la burette. S'il a fallu 40 divisions de la burette, on saura que chaque division du permanganate correspond à 2gr,8/40 de fer pur, et dans les essais de minerai on prendra toujours 2gr,8.

Cette manière de titrer le permanganate n'est exacte qu'autant qu'on a du fer bien pur; elle présente de plus cet inconvénient qu'il faut dissoudre le fer au moment même, car la dissolution s'oxyde d'elle-même au contact de l'air. M. Mohr a proposé pour cette opération l'emploi d'un sel de fer inaltérable à l'air quand il est solide : c'est le sulfate double de protoxyde de fer et d'ammoniaque

$$SO^4Fe'' + SO^4 (AzH^4)^2 + 6 H^2O,$$

que l'on obtient en dissolvant dans l'eau 1 équivalent ou 139 grammes de sulfate de fer cristallisé et 1 équivalent ou 66 grammes de sulfate d'ammoniaque, filtrant et faisant cristalliser. Le poids moléculaire de ce sel est 392; il contient 56 de fer, c'est-à-dire exactement 1/7 de son poids. Si donc on prend 19gr,6 de ce sel et qu'on les dissolve dans l'eau, on a une liqueur qui contient juste 2gr,8 de fer pur; on ajoute à cette liqueur de l'acide sulfurique et on titre la solution de permanganate en cherchant le nombre de divisions qui sont nécessaires pour produire une coloration permanente.

Marche de l'analyse. — La dissolution de permanganate une fois titrée, on prend 2gr,8 du minerai à analyser et on le dissout dans 30 cent. cubes d'acide chlorhydrique concentré; l'opération se fait dans un ballon d'environ 1 litre; on chauffe légèrement jusqu'à ce que l'attaque soit complète.

Il reste ordinairement un résidu insoluble d'argile et de silice qu'il est inutile de filtrer. Il faut alors ramener à l'état de protoxyde le fer qui peut exister à l'état de sesquioxyde; pour cela, on ajoute à la liqueur acide une lame de zinc bien exempte de fer et on l'y laisse jusqu'à ce que le liquide ait pris une couleur vert pâle. On sépare la dissolution du zinc en excès par décantation, on lave ce métal et on ajoute les eaux de lavage à la dissolution décantée.

La liqueur ainsi préparée doit être fortement acide, parce que le permanganate renferme un excès d'alcali libre et que le protoxyde de manganèse formé par la décomposition ne peut exister qu'en solution acide. Sans cette précaution il se précipiterait du sesquioxyde de manganèse brun qui détruirait la transparence du liquide et empêcherait de reconnaître la fin de l'opération.

Lorsque l'acide libre est de l'acide chlorhydrique, il faut avoir soin qu'il soit très-étendu

et que la dissolution soit froide afin d'empêcher la production du chlore. L'acide azotique doit toujours être évité, parce qu'il agit comme oxydant, et que les vapeurs nitreuses décomposent le caméléon.

La dissolution de protoxyde de fer étant ainsi préparée, on y verse peu à peu la dissolution titrée de permanganate de potasse à l'aide de la burette graduée jusqu'à ce qu'apparaisse la couleur rose par l'addition d'une goutte de liqueur normale. Le nombre de centimètres cubes de permanganate de potasse que l'on a employé indique immédiatement la quantité de fer que renferme le minerai.

Les sels de zinc et de protoxyde de manganèse ne s'opposent pas à l'emploi de cette méthode volumétrique, tant que les liqueurs sont très-acides et très-étendues; le cuivre et l'arsenic doivent être précipités par le zinc dans la dissolution acide.

La méthode de M. Margueritte permet de déterminer les proportions de protoxyde et de peroxyde de fer qui se trouvent réunies dans un mélange ou dans une combinaison. Pour cela on prend d'abord $2^{gr},8$ de la substance qui contient les deux oxydes et on les dissout dans l'acide chlorhydrique; on étend la liqueur jusqu'à ce qu'elle occupe 1 litre et on fait l'essai par le permanganate. On obtient ainsi la quantité de fer qui existait dans le corps à l'état de protoxyde. Pour déterminer le fer qui se trouvait à l'état de sesquioxyde, on prend de nouveau $2^{gr},8$ de la substance, on les dissout dans l'acide chlorhydrique et on ramène le sesquichlorure à l'état de protochlorure par le zinc. On détermine ensuite par le permanganate de potasse la quantité totale de fer. L'excès de ce nouveau poids de fer sur celui que l'on avait trouvé d'abord donne le poids de celui qui se trouvait à l'état de sesquioxyde.

Ce mode de dosage s'applique à tous les composés oxygénés du fer, car tous sont solubles dans l'acide chlorhydrique fumant, quand on les a suffisamment bien pulvérisés. On fait très-rapidement, par ce procédé, l'analyse des scories de haut-fourneau; et cette analyse est d'une grande importance pour les propriétaires de forges, puisque d'après la composition des scories ils peuvent juger de la marche de leur fourneau.

Pour faire l'analyse d'une semblable scorie (formée de silicates de chaux, de magnésie, de fer et de manganèse), on la pulvérise très-finement et on en prend 1 gramme que l'on fait bouillir avec de l'acide chlorhydrique concentré, on évapore ensuite à siccité pour rendre la silice insoluble, on redissout le fer dans l'eau acidulée par l'acide chlorhydrique et on réduit par le zinc le sesquichlorure qui a pu se former; on dose ensuite le fer par le permanganate.

Le permanganate de potasse peut être utilisé pour l'analyse d'un très-grand nombre d'autres corps. Quand la substance à analyser sera susceptible d'absorber de l'oxygène, on agira directement par le permanganate : ce sera la méthode directe. Si, au contraire, le corps soumis à l'essai peut céder de l'oxygène, on le réduira à l'aide d'un volume connu d'un réducteur titré et on dosera le reste ou l'excès du réducteur par le permanganate : ce sera la méthode par reste. Nous allons donner successivement quelques applications de ces procédés.

DOSAGE DE L'ACIDE OXALIQUE. — Si le permanganate a été titré à l'aide du protochlorure de fer ou du sulfate double de fer et d'ammoniaque, on pourra s'en servir immédiatement pour déterminer la quantité d'acide oxalique qui se trouve dans un oxalate donné. Une simple proportion permettra de déduire le poids de cet acide du volume de permanganate employé.

Si, au contraire, le permanganate n'a pas été titré, on déterminera son titre à l'aide d'acide oxalique pur et cristallisé. On fera pour cela dissoudre $0^{gr},63$ d'acide oxalique cristallisé dans 100 centimètres cubes d'eau, on acidulera fortement par l'acide sulfurique et on déterminera le nombre de centimètres cubes de permanganate de potasse nécessaires pour produire la coloration rose.

La liqueur normale une fois titrée, quand on voudra doser l'acide oxalique contenu dans un oxalate soluble, on prendra $0^{gr},63$ de cet oxalate et on le dissoudra dans 100 cent. cubes d'eau, on acidulera fortement avec de l'acide sulfurique, et on procédera à l'essai par le permanganate.

S'il s'agit d'un oxalate insoluble, on le dissoudra dans l'acide chlorhydrique et on achèvera l'essai comme il est dit ci-dessus.

Ce procédé permet de déterminer en volume la chaux contenue dans une eau. On peut précipiter la chaux à l'état d'oxalate de chaux, puis dissoudre ce dernier dans l'acide chlorhydrique et y rechercher par le permanganate le poids de l'acide oxalique.

On pourrait aussi précipiter la chaux avec une liqueur titrée d'acide oxalique, puis doser par le permanganate dans la liqueur l'excès d'acide oxalique ajouté.

ESSAI DU BIOXYDE DE MANGANÈSE. — En utilisant successivement l'action réductrice de l'acide oxalique et l'action oxydante du permanganate de potasse, on obtient un mode d'essai très-exact des bioxydes de manganèse du commerce.

On prend une liqueur normale d'acide oxalique contenant dans 1 litre 1 équivalent ou 63 grammes d'acide oxalique cristallisé. Comme l'acide oxalique et le bioxyde de manganèse se décomposent équivalent à équivalent, chaque centimètre cube de la liqueur oxalique correspondra à 1/1 000 d'équivalent de bioxyde de manganèse et 50 cent. cubes correspondront à $50/1000 = 1/20$ d'équivalent ou $2^{gr},175$ de bioxyde. C'est cette quantité de bioxyde que l'on pèsera, après avoir eu soin de choisir des échantillons dans les différentes parties de la masse à essayer et de les pulvériser ensemble.

Pour chasser l'eau hygrométrique, on devra, avant de peser, chauffer la poussière pendant quelque temps à 120°. Si l'on dépassait 150°, on chasserait une partie de l'eau de combinaison de la manganite (acerdèse) Mn^2O^3, H^2O, qui se trouve fréquemment dans les manganèses naturels.

Les $2^{gr},175$ de manganèse sont introduits dans un ballon d'assez grande dimension; on y ajoute environ 40 cent. cubes de la dissolution d'acide oxalique et ensuite 5 cent. cubes d'acide sulfurique concentré. On couvre le ballon avec un entonnoir et on laisse l'acide carbonique se dégager. Quand le dégagement s'arrête, on agite un peu le vase, puis, dès que le dégagement cesse de nouveau, on le fait recommencer en chauffant jusqu'à ce qu'il ne reste plus de bioxyde non décomposé. S'il en restait, on ajouterait encore 5 cent. cubes d'acide oxalique et on chaufferait de nouveau. Quand le bioxyde est entièrement décomposé, on étend d'eau de manière à faire 300 cent. cubes. Si la liqueur est rendue trouble par du peroxyde de fer, il faut filtrer; si elle est claire, on ajoute de l'acide sulfurique et on verse peu à peu le permanganate de potasse jusqu'à ce qu'apparaisse la coloration rose dans toute la masse. Ce mode de dosage donne des résultats parfaitement exacts. Il est préférable à tous les procédés fondés sur le dégagement du chlore à l'état gazeux. L'acide oxalique a de plus sur les autres agents réducteurs, sels de protoxyde de fer ou protochlorure d'étain, que l'on a essayé d'employer, l'avantage de n'être pas attaqué par l'air comme ces derniers corps, ce qui est important. De plus, le dégagement de gaz qui accompagne la décomposition de l'acide oxalique permet de reconnaître facilement la fin de la réduction.

DOSAGE DE L'ACIDE CHLORIQUE. — En présence des sels de protoxyde de fer dans une dissolution rendue fortement acide par l'acide chlorhydrique, l'acide chlorique se décompose et dégage du chlore :

$$HClO^3 + 5\,HCl = 3\,H^2O + 6\,Cl.$$

1 molécule de chlorate donnant 6 atomes de chlore, peut oxyder 6 molécules d'un sel de protoxyde de fer, de sulfate double de fer et d'ammoniaque, par exemple. On décomposera donc le chlorate de potasse, $0^{gr},5$ par exemple, par l'acide chlorhydrique en présence d'une quantité connue et en excès, 10 grammes par exemple, du sel de protoxyde de fer, et on n'aura plus qu'à déterminer avec le permanganate de potasse la quantité de protoxyde de fer non oxydée. Le résultat est toujours un peu trop fort, parce qu'il y a toujours un peu de fer oxydé au contact de l'air.

DOSAGE DE L'ACIDE CHROMIQUE. — Le dosage de l'acide chromique se conduit comme celui de l'acide chlorique, parce qu'en présence d'un sel de protoxyde de fer en solution acide il forme du sesquioxyde de chrome et du sesquioxyde de fer; l'excès de protoxyde se dosera de même par le permanganate.

DOSAGE DE L'ACIDE ARSÉNIEUX. — M. Bussy a proposé de doser l'acide arsénieux et les arsénites par le permanganate. On dissout le composé dans l'eau acidulée par l'acide chlorhydrique et on verse ensuite la liqueur normale de permanganate jusqu'à ce que la couleur rose apparaisse. On préfère en général doser l'acide arsénieux par l'iode.

DOSAGE DE L'ACIDE AZOTIQUE DANS LES AZOTATES ALCALINS. — M. Pelouze a fondé sur l'emploi des sels de protoxyde de fer et du caméléon la seule méthode volumétrique que l'on connaisse pour essayer les nitrates de potasse ou de soude [*Ann. de Chim. et de Pharm.*, t. LXIV, p. 100, et *Compt. rend. de l'Acad. des sciences*, 1847].

Ces nitrates en présence du protochlorure de fer et de l'acide chlorhydrique concentré donnent la réaction :

$$2\,AzO^3K + 6\,FeCl^2 + 8\,HCl$$
$$= 3\,Fe^2Cl^6 + 2\,KCl + 4\,H^2O + 2\,AzO.$$

1 molécule de nitrate de potasse = 101 gr. peut donc agir sur 3 atomes de fer

$$3 \times 56 = 168.$$

Afin d'être sûr d'avoir un excès de fer, on prend pour 1 gr. de nitre, $1^{gr},7$ de fil de clavecin que l'on chauffe dans un ballon de verre avec de l'acide chlorhydrique concentré, jusqu'à dissolution complète. On introduit ensuite 1 gr. de l'azotate de potasse à essayer et on porte à l'ébullition jusqu'à ce que la couleur verte, due à la combinaison du bioxyde d'azote avec le protoxyde de fer, soit remplacée par la couleur du sesquichlorure de fer.

Cette réaction se fait d'une manière très-nette dans les liqueurs concentrées. On dose ensuite à l'aide du permanganate de potasse le fer resté à l'état de protochlorure.

Lorsqu'il s'agit de déceler et de doser avec précision l'acide nitrique et les nitrates contenus en très-faibles proportions dans des substances qui peuvent être organiques, il faut recourir à la méthode volumétrique indiquée par M. Boussingault et décrite à l'article AZOTIQUE (ACIDE).

DOSAGE DU CYANURE JAUNE (FERROCYANURE DE POTASSIUM). — Pour doser le prussiate jaune de potasse à l'aide du permanganate, de Haen se fonde sur ce que, quand on verse du permanganate de potasse dans une dissolution de cyanure jaune très-

étendue et acidulée par l'acide chlorhydrique, on obtient du prussiate rouge de coloration vert jaunâtre, qui passe subitement au rouge au moment où la réaction se termine [*Ann. de Chim. et de Pharm.*, t. XC, p. 180]. Pour faire l'essai, on prend $0^{gr},5$ de cyanure jaune, on le dissout dans 400 à 500 cent. cubes d'eau, et on ajoute de l'acide chlorhydrique qui produit un trouble laiteux. On verse ensuite peu à peu le permanganate, dont la couleur disparaît instantanément; le prussiate rouge formé, mêlant sa couleur vert jaunâtre à celle du trouble laiteux, donne la teinte du vert d'urane; puis on voit subitement apparaître la teinte rouge. Le permanganate peut avoir été titré comme précédemment, ou bien on peut comparer simplement le cyanure jaune à essayer à un échantillon de cyanure jaune parfaitement pur.

DOSAGE DU CYANURE ROUGE. — Cette analyse se fait en faisant bouillir la dissolution de cyanure rouge avec un excès de potasse, et ajoutant de la litharge qui donne du bioxyde de plomb et du cyanure jaune. Ce dernier, séparé par filtration, est dosé par le permanganate comme il a été dit ci-dessus.

On prend par exemple, $0^{gr},5$ du cyanure rouge à essayer, on les dissout dans 50 cent. cubes d'eau, on y ajoute de la potasse caustique et on porte à l'ébullition, puis on ajoute $0^{gr},5$ de litharge bien pulvérisée; le protoxyde de plomb prend aussitôt la teinte brune du bioxyde de plomb et le prussiate rouge se trouve ramené à l'état de prussiate jaune; on étend alors la liqueur de manière à ce qu'elle occupe 300 cent. cubes. On laisse déposer et ensuite on prend avec une pipette 100 cent. cubes. On acidule alors avec de l'acide chlorhydrique et on dose par le caméléon. Il se forme, au moment où on ajoute l'acide chlorhydrique, un précipité blanc de cyanoferrure de plomb, mais on n'a pas à s'en occuper, il se redissout au fur et à mesure que l'on verse le permanganate.

DOSAGE DU ZINC. — Schwarz a donné un procédé pour déterminer la richesse en oxyde de zinc des minerais de zinc, calamine ou blende. Ce procédé repose sur ce fait, que le sulfure de zinc, précipité par l'acide sulfhydrique d'une solution ammoniacale ou d'une solution acétique, donne, avec le sesquichlorure de fer, la réaction suivante :

$$ZnS + Fe^2Cl^6 = 2\,FeCl^2 + ZnCl^2 + S.$$

Le protochlorure de fer formé est dosé par le permanganate de potasse.

Pour cela, on pèse $0^{gr},5$ de minerai bien pulvérisé et sec, on le calcine dans un creuset de platine, puis on verse la poudre dans un flacon rempli d'ammoniaque et de carbonate d'ammoniaque, et on bouche. L'oxyde de zinc se dissout seul, on filtre, on lave avec de l'eau ammoniacale, et dans le liquide filtré on verse un excès d'acide sulfhydrique. On chauffe, puis on laisse déposer le précipité, et on le fait ensuite passer sur un filtre où on le lave à l'eau bouillante jusqu'à ce que l'eau de lavage ne contienne plus d'acide sulfhydrique. Le filtre et son précipité sont alors introduits dans un flacon jaugé; on y ajoute un excès de perchlorure de fer, de l'acide sulfurique et de l'eau chaude, de manière à former exactement 300 cent. cubes. On bouche et on agite de temps en temps. On laisse ensuite le précipité se rassembler, et avec une pipette on prend 100 cent. cubes de la liqueur claire, où on dose le protochlorure de fer par le permanganate de potasse.

En triplant le volume employé, on a le volume de ce corps qui serait nécessaire pour l'essai total.

DOSAGE DU PLOMB. — La méthode donnée par Hempel, pour doser le plomb dans une dissolution, est fondée sur l'insolubilité de l'oxalate de plomb et sur l'action oxydante du permanganate de potasse sur l'acide oxalique. On prend 1 gr. du sel ou du minerai de plomb à analyser, et on le dissout si c'est un sel soluble, ou on l'amène à l'état d'azotate si c'est un minerai; puis, après avoir étendu de manière à former environ 200 cent. cubes, on verse peu à peu de l'acide oxalique titré, tant qu'il se forme un précipité blanc sensible. Ensuite on verse goutte à goutte de l'ammoniaque, jusqu'à ce que la liqueur soit redevenue bien neutre, ce que l'on reconnaît facilement si l'on a eu la précaution d'ajouter quelques gouttes de tournesol. On ajoute alors assez d'eau pour que la liqueur occupe exactement 300 cent. cubes et on laisse reposer pendant une demi-heure.

Le précipité étant alors bien déposé, on prend avec une pipette 100 cent. cubes de la liqueur claire et on y dose avec le caméléon l'excès d'acide oxalique. En triplant le résultat obtenu, on a l'excès total d'acide oxalique, et la différence entre le poids d'acide oxalique versé d'abord et cet excès donne le poids de l'acide combiné à l'oxyde de plomb.

Cette méthode donne de bons résultats; elle est préférable à celle de Schwarz, qui consiste à précipiter d'abord par le bichromate de potasse le sel de plomb dissous dans l'eau. On traite ensuite le précipité lavé par 1 volume connu et en excès d'un sel de protoxyde de fer additionné d'un acide, puis enfin on dose par le permanganate la portion de sel de fer non oxydé. La décomposition du chromate de plomb par le sel de protoxyde de fer ne se fait que très-lentement, de sorte qu'une partie du fer peut être oxydée à l'air; ce procédé n'a donc pas la rigueur de celui donné par Hempel.

Dosage du cuivre. — Schwarz a donné une méthode de dosage du cuivre fondée sur la réduction du bioxyde de cuivre par une dissolution alcaline de glucose, et sur les propriétés oxydantes du permanganate de potasse [*Ann. de Chim. et de Pharm.*, t. LXXXIV, p. 84]. Nous allons indiquer son procédé modifié.

On dissout dans un ballon le composé cuivrique à l'aide de l'eau ou d'un acide; on neutralise l'excès d'acide par du carbonate de soude et on ajoute du tartrate neutre de potasse. S'il se forme un précipité vert de tartrate de cuivre, on ajoute de la potasse ou de la soude caustique jusqu'à ce que le tout forme un liquide bleu foncé. On chauffe ensuite jusqu'à 50° ou 60°, et on introduit dans le liquide du glucose ou du miel. La liqueur se trouble, devient vert clair, puis jaune, et enfin rouge. Quand le précipité est devenu rouge, on étend la liqueur avec un peu d'eau et on dépose le protoxyde de cuivre sur un filtre; on le lave, et quand l'eau coule sans saveur, on met le filtre lavé et le précipité qu'il contient dans un ballon avec du chlorure de sodium et de l'acide chlorhydrique. Quand tout est passé à l'état de protochlorure de cuivre dissous dans le chlorure de sodium, on verse le permanganate jusqu'à coloration rouge.

M. Charles Mohr a proposé une autre méthode fondée sur la décomposition des sels de cuivre par le fer métallique qui se dissout à l'état de protoxyde. La quantité de sel de protoxyde de fer formé se dose par le caméléon [*Ann. der Chem. u. Pharm.*, 1854].

0^{gr},5 de sucre sont dissous dans l'eau; on ajoute un excès de tartrate double de cuivre et de potasse (liqueur de Barreswil), et on chauffe à l'ébullition jusqu'à précipitation complète de l'oxyde de cuivre. La couleur du précipité doit être rouge violacé et la liqueur doit conserver une coloration bleue.

On jette alors le tout sur un filtre et on lave le précipité. Ce précipité lavé est ensuite introduit avec le filtre dans une grande fiole avec du chlo-

rure de sodium et de l'acide chlorhydrique. Dès que l'oxyde est dissous, on verse du permanganate de potasse jusqu'à ce qu'apparaisse la couleur rouge.

M. Terreil dose le cuivre en se fondant sur ce que les sels de bioxyde de cuivre en dissolution ammoniacale peuvent être réduits par l'acide sulfureux, de sorte qu'après avoir chassé ensuite l'excès d'acide sulfureux par l'acide chlorhydrique, on peut doser le protoxyde qui se trouve dans la liqueur à l'aide du permanganate de potasse.

On dissout donc 1 gramme du composé cuivrique dans l'acide chlorhydrique, on ajoute ensuite un grand excès d'ammoniaque qui précipite le fer, le plomb, etc.; on filtre et, dans la liqueur ammoniacale d'un beau bleu, on verse du sulfite de soude. On fait bouillir : la dissolution devient verte, puis jaune, et enfin incolore. On chasse alors l'excès d'acide sulfureux par l'acide chlorhydrique à l'ébullition, et on dose par le permanganate de potasse.

Dosage du sucre de raisin. — Le dosage du sucre de raisin est l'opération inverse de celle du cuivre.

Pour doser le sucre de raisin, M. Barreswil prépare une dissolution de tartrate double de cuivre et de potasse qu'il titre à l'aide d'un poids connu de sucre candi interverti par l'acide sulfurique à l'ébullition.

Il dissout ensuite un poids égal du sucre de raisin à essayer dans de l'eau et y ajoute la quantité de tartrate double qui était décomposée par le même poids de sucre pur. La liqueur conserve alors une coloration bleue. On y verse une dissolution de sucre pur interverti, jusqu'à ce que tout le cuivre soit réduit. On trouve ainsi par différence le poids de sucre qui existait dans le sucre impur.

On peut de cette façon doser le sucre dans les jus naturels de la figue, de l'orange, dans le moût des raisins à différentes périodes de maturité ou provenant de vignes différentes, enfin dans la bière, dans l'urine des diabétiques, etc. — Voyez Saccharimétrie.

Dosage de l'indigo. — Le permanganate de potasse fournit un moyen très-rapide et très-exact pour déterminer la quantité de matière colorante utile qui existe dans un indigo du commerce.

On commence d'abord par pulvériser très-finement 1 gramme d'indigo parfaitement sec, puis on le met dans une fiole avec environ 15 grammes d'acide sulfurique fumant de Nordhausen et on agite; il faut laisser l'acide en contact avec l'indigo environ 6 à 8 heures et agiter de temps en temps le mélange. Pour faciliter la dissolution de l'indigo et empêcher que ce corps ne se réunisse en pâte, on met dans la fiole des fragments d'un corps dur, comme des grenats par exemple, ou du verre, qui, pendant l'agitation, divise l'indigo et facilite son contact avec l'acide. La dissolution de la matière colorante est alors complète; on verse le tout dans un vase d'un litre, on lave plusieurs fois la fiole en ajoutant les eaux de lavage au liquide acide, et on achève de remplir le litre avec de l'eau. On puise alors 100 cent. cubes de ce liquide que l'on introduit dans un vase cylindrique, et on étend encore de 200 à 300 cent. cubes d'eau. On fait couler le permanganate en ayant soin d'agiter constamment.

Dans les premiers moments, on ne voit aucun changement, à cause de l'intensité de la couleur bleue, mais à peu à peu cette couleur tire sur le vert, puis elle devient plus claire en tirant un peu sur le brun, et quand l'opération se termine, la couleur verte disparaît tout d'un coup et est remplacée par une teinte jaune sale. Il faut s'arrêter là sans chercher à produire la coloration rose, parce que les matières organiques que renferme l'indigo peuvent détruire beaucoup de permanganate.

Cette méthode permet de comparer les richesses relatives de divers indigos du commerce. Si on veut l'employer pour connaître la richesse absolue d'un indigo en matière colorante, il faut déterminer le titre du permanganate à l'aide d'un échantillon d'indigo pur préparé dans un laboratoire par *réduction* et *oxydation*.

Déjà avant M. Mohr le dosage de l'indigo en volume avait été obtenu par M. Perney (*Technologist*, octobre 1853) à l'aide du bichromate de potasse en présence de l'acide chlorhydrique étendu. L'indigo dissous dans l'acide sulfurique de Nordhausen avec les précautions que nous avons indiquées est étendu d'eau; on y ajoute alors de l'acide chlorhydrique et on verse ensuite lentement une liqueur titrée de bichromate de potasse jusqu'à disparition complète de la couleur bleue.

M. Perney a trouvé que 0^{gr},64 d'indigo pur sont décolorés par 0^{gr},486 de bichromate de potasse; il prend donc toujours 0^{gr},64 de l'indigo à essayer, et 100 cent. cubes de la liqueur normale contiennent 0^{gr},486 de bichromate.　　　L. T.

ANALYSE DES GAZ. — En raison de leur état physique, les gaz exigent des méthodes spéciales d'analyse, soit qu'il s'agisse seulement d'en reconnaître la nature, soit qu'il s'agisse de les séparer et d'évaluer, en poids ou en volume, leurs proportions relatives dans un mélange.

Dans l'état actuel des sciences physiques, la distinction à faire entre les gaz et les vapeurs a perdu de son importance.

En effet, il est aujourd'hui peu de gaz qui résistent aux fortes pressions (1) ou aux basses températures que l'on sait produire, ou à l'effet de ces deux moyens combinés ; la plupart des gaz, placés dans ces conditions, se liquéfient.

Les gaz peuvent donc être assimilés à des vapeurs plus ou moins éloignées du terme de leur liquéfaction.

En effet, à une température qui souvent n'est pas très-notablement supérieure à celle de leur liquéfaction, les vapeurs non en contact avec les liquides qui leur ont donné naissance se comportent comme les gaz, possèdent sensiblement le même coefficient de dilatation pour la chaleur, et obéissent, dans des limites assez étendues, à la loi de Mariotte, qui lie les volumes et les forces élastiques.

Ce sera donc plutôt en vertu d'une convention que nous réserverons le nom de *gaz* aux fluides élastiques qui, à la température de 0° et à la pression de 0^m,760 de mercure, présentent encore l'état aériforme.

L'analyse des gaz est :

Qualitative, lorsqu'on se propose seulement de déterminer la nature des gaz mélangés;

Quantitative, lorsqu'on se propose de déterminer la composition d'un gaz homogène non élémentaire, ou les proportions relatives des divers gaz qui peuvent exister dans un mélange gazeux.

ANALYSE QUALITATIVE.

Un gaz homogène étant donné, en reconnaître la nature.

Il ne peut entrer dans le cadre de cet article d'indiquer les propriétés chimiques de tous les gaz connus, mais nous nous attacherons à faire ressortir le principe des méthodes mises en usage pour l'analyse.

Il convient d'abord, pour résoudre la question qui vient d'être posée, d'établir pour les gaz une classification, au seul point de vue de l'analyse chimique, en groupant, à cet effet, les gaz en plusieurs classes et sections dans lesquelles on pourra établir ensuite des sous-divisions bien caractérisées. Pour cela, on a recours à un petit nombre de propriétés fondamentales.

Certains gaz sont combustibles au contact de l'air à une température suffisamment élevée ; d'autres sont incombustibles dans ces mêmes conditions; il en est qui sont absorbés par une lessive alcaline, ou même par l'eau qui accompagne l'alcali; d'autres y sont insolubles. La plupart des gaz sont incolores; quatre sont colorés. Parmi les gaz incolores, il en est qui ont la propriété de produire des fumées au contact de l'air, lorsque celui-ci n'est pas parfaitement sec, etc.

La notion de ces divers caractères permet une division utile pour arriver rapidement à reconnaître un gaz donné en suivant une marche méthodique comparable, jusqu'à un certain point, à l'emploi de la *clef dichotomique* dans les sciences naturelles (1).

Voici cette division :

PREMIÈRE CLASSE.

GAZ INCOMBUSTIBLES.

1re SECTION. Gaz non absorbables par une dissolution de potasse.	*Groupe unique.*	1. Oxygène. 2. Protoxyde d'azote. 3. Bioxyde d'azote. 4. Azote.
2e SECTION. Gaz absorbables par une dissolution de potasse.	1er *Groupe.* Incolores.	1. Ammoniaque. * 2. Acide sulfureux. 3. Acide carbonique. 4. Acide chlorocarbonique (chlorure de carbonyle). 5. Chlorure de cyanogène.
	2e *Groupe.* Colorés.	1. Chlore. 2. Acide hypochloreux. 3. Acide chloreux. 4. Acide hypochlorique (peroxyde de chlore).
	3e *Groupe.* Incolores et fumants.	1. Acide chlorhydrique. 2. — brombydrique. 3. — iodhydrique. 4. Fluorure de silicium. 5. Fluorure de bore. 6. Chlorure de bore.

DEUXIÈME CLASSE.

GAZ COMBUSTIBLES.

1re SECTION. Gaz absorbables par une dissolution de potasse.	1er *Groupe.* Gaz acides.	1. Acide sulfhydrique. 2. — sélenhydrique. 3. — tellurhydrique
	2e *Groupe.* Gaz alcalins.	Méthylamine ou méthyliaque.*
	3e *Groupe.* Gaz neutres.	1. Cyanogène. 2. Éther méthylique.*

* Les gaz marqués d'un astérisque sont absorbés par l'eau qui accompagne la potasse.

(1) L'oxygène, l'hydrogène, l'azote, l'oxyde de carbone, l'hydrogène proto-carboné et le bioxyde d'azote ont résisté à l'action combinée des températures les plus basses et des pressions les plus énergiques.

(1) Parmi les gaz, il en est qui sont insolubles dans l'eau; d'autres qui, y étant solubles, doivent être recueillis sur la cuve à mercure; quelques-uns, attaquant ce métal, exigent des moyens spéciaux pour être recueillis. Dans ce qui va suivre, nous supposerons presque toujours le gaz au contact du mercure.

1er Groupe. Gaz donnant par la combustion un acide généralement énergique.	1. Chlorure de méthyle.* 2. Fluorure de méthyle.* 3. Phosphure d'hydrogène. 4. Arséniure d'hydrogène 5. Siliciure d'hydrogène. 6. Antimoniure d'hydrogène. (Toujours mêlé de H.)	

2ᵉ Section. Gaz non absorbables par une dissolution de potasse.

2ᵉ Groupe. Gaz donnant par la combustion de l'acide carbonique précipitant par l'eau de chaux en excès.

1. Oxyde de carbone.
2. Gaz des marais ou hydrure de méthyle.
3. Méthyle.
4. Hydrure d'éthyle (¹).
5. Éthylène ou Gaz oléfiant.
6. Éthyle.
7. Acétylène.
8. Propylène.
9. Hydrure de propyle.
10. Butylène.
11. Hydrure de butyle.
12. Allylène.

3ᵉ Groupe... Hydrogène.

Pour reconnaître la classe, la section et le groupe auxquels appartient un gaz, les expériences à faire sont simples et faciles :

On prend quelques centimètres cubes du gaz dans un tube bouché par un bout; on approche de l'orifice un corps en combustion et on voit si le gaz s'enflamme au contact de l'air. Parmi les gaz qui ne s'enflamment pas, il n'y en a que deux qui, n'éteignant pas les corps en combustion, rallument une allumette ou une bougie présentant encore quelques points en ignition; ce sont : l'oxygène et le protoxyde d'azote. Le bioxyde d'azote produit, au contact de l'air, des vapeurs rutilantes. Si le gaz est incombustible, on aura d'ailleurs éliminé un assez grand nombre de gaz par cette première expérience.

Si le gaz est combustible, il y aura lieu d'examiner la couleur et l'intensité de sa flamme et l'apparence des produits de sa combustion.

Ainsi, l'hydrogène brûle avec une flamme très-pâle, l'oxyde de carbone avec une flamme bleue, le cyanogène avec une flamme pourprée, le chlorure de méthyle avec une flamme verte sur les bords; l'acétylène, l'éthylène, le propylène, le butylène, etc., brûlent avec une flamme très-éclairante en déposant du charbon sur les bords de l'éprouvette; le siliciure d'hydrogène est spontanément inflammable(²) et dépose de la silice ; le phosphure d'hydrogène brûle avec une flamme très-éclairante et dépose du phosphore sur les parois de l'éprouvette, etc.

Après avoir déterminé la classe à laquelle appartient le gaz, on reconnaîtra sa section en l'agitant avec une dissolution aqueuse de potasse, que l'on pourra introduire dans l'éprouvette à l'aide d'une pipette à extrémité recourbée; on verra si le gaz est absorbé ou non. Dans ce dernier cas, on ne verra pas le mercure remonter dans l'intérieur de l'éprouvette.

Supposons d'abord que le gaz, étant incombustible, soit absorbé. S'il est coloré, il appartiendra au deuxième groupe. Tous les gaz de ce groupe attaquent le mercure et ne peuvent être recueillis sur ce métal.

Si le gaz, incolore et incombustible, est absorbable et répand des fumées à l'air, il appartiendra au troisième groupe, et on n'aura plus à hésiter qu'entre *six* gaz ; il faudra avoir recours alors aux propriétés spécifiques de chacun de

ces gaz pour les différencier; ainsi, par exemple, l'acide iodhydrique attaquera le mercure, le fluorure de bore carbonisera le papier que l'on introduira dans l'intérieur de l'éprouvette, etc.

Si le gaz est combustible et acide, il n'y aura à hésiter qu'entre les trois gaz du premier groupe de la première section (IIᵉ classe).

Or, l'acide sulfhydrique, en brûlant dans une éprouvette étroite, donne un dépôt jaune de soufre, l'acide sélénhydrique un dépôt rouge de sélénium, l'acide tellurhydrique un dépôt noir de tellure sur les parois de l'éprouvette.

Si le gaz combustible est alcalin, ce sera de la méthylamine, car c'est jusqu'ici le seul gaz combustible connu qui possède une réaction alcaline, etc.

ANALYSE QUANTITATIVE.

CONSTITUTION D'UN GAZ COMPOSÉ PUR. — *Synthèse et analyse en poids et en volume.* — Dans un article aussi limité, nous ne pouvons que donner le principe de diverses méthodes applicables à la détermination de la constitution d'un composé gazeux pur et homogène.

ANALYSE. — Elle s'exécute le plus habituellement en déterminant le rapport des volumes des gaz constituants avec le volume du gaz composé lui-même. Voici un exemple de cette méthode.

Fig. 28. — Analyse du protoxyde d'azote.

Protoxyde d'azote.—On chauffe un volume mesuré de protoxyde d'azote avec un fragment de sulfure de baryum en excès dans une cloche courbe sur le mercure; l'oxygène est absorbé et le sulfure de baryum passe partiellement à l'état de sulfate de baryte. Il reste de l'azote. L'appareil étant refroidi et le gaz étant ramené aux conditions initiales de température et de pression, on trouve que le volume du gaz n'a pas changé. Donc le protoxyde d'azote contient un volume d'azote égal au sien; on peut arriver au volume de l'oxygène et à la connaissance complète de la composition en ayant recours aux densités. Si, en effet, de la densité du protoxyde d'azote $= 1{,}527$ (ou si l'on veut du poids de 1 volume de protoxyde d'azote) on retranche la densité de l'azote $= 0{,}972$, le reste représente le poids du volume d'oxygène contenu dans 1 volume de protoxyde d'azote; or la différence obtenue $= 0{,}555$; ce nombre comparé à $1{,}1056$, densité de l'oxygène, en est très-sensiblement la moité, car $\dfrac{1{,}1056}{2} = 0{,}5528$.

Donc 1 volume de protoxyde d'azote contient 1 volume d'azote et ½ volume d'oxygène .La condensation est de 1/3 D'après ces rapports, on pourrait passer à la composition en poids, car dans un poids représenté par 1,527 (densité du protoxyde d'azote), il y a un poids 0,972 d'azote et un poids 0,555 d'oxygène ; une simple proportion donnerait les quantités pondérales d'oxygène et d'azote en centièmes.

---

(1) Probablement identique avec le précédent.

(2). D'après MM. C. Friedel et Ladenburg, qui ont obtenu récemment le siliciure d'hydrogène gazeux tout à fait pur, ce gaz n'est pas spontanément inflammable au contact de l'air, à la température et à la pression ordinaires. Il devient inflammable à une température peu élevée.

La même expérience, les mêmes raisonnements et des calculs semblables étant appliqués au bioxyde d'azote, on trouvera que 1 volume de ce gaz contient 1/2 volume d'azote et 1/2 volume d'oxygène. Il n'y a pas de condensation.

Le même principe pourrait être applicable à l'analyse de l'acide chlorhydrique par le potassium. On trouverait que 1 volume d'acide chlorhydrique contient 1/2 volume de chlore et 1/2 volume d'hydrogène unis par conséquent sans condensation,

SYNTHÈSE. — Dans plusieurs cas, on peut établir la composition en faisant une *synthèse*, c'est-à-dire en unissant directement les éléments constituants du composé.

Ainsi, par exemple, pour l'acide chlorhydrique, on peut démontrer que volumes égaux de chlore et d'hydrogène s'unissent directement, sous l'influence de la lumière, pour faire de l'acide chlorhydrique. On prouve : 1° que le volume n'a pas changé après la combinaison ; 2° qu'il ne reste pas d'excès d'hydrogène, puisque la totalité du gaz est absorbable par l'eau ; et 3° qu'il ne reste pas de chlore en excès, le gaz obtenu après la réaction n'attaquant pas le mercure.

Pour l'acide chlorhydrique on a donc pu opérer soit par synthèse, soit par analyse.

Pour établir la composition de l'acide carbonique en volume, on a eu recours également à la synthèse.

Synthèse de l'acide carbonique en volume. — Si dans un ballon à long col, renversé sur le mercure, on introduit un volume connu d'oxygène et qu'on porte dans ce gaz ; employé en excès, un fragment de diamant (carbone pur et cristallisé), qu'on détermine la combustion de ce diamant en concentrant les rayons calorifiques solaires à l'aide d'une lentille, ainsi que l'a fait Davy, on remarque que le gaz, revenu aux conditions initiales, n'a pas changé sensiblement de volume. Donc

l'acide carbonique contient un volume d'oxygène égal au sien. Si de la densité de l'acide carbonique 1,529 on retranche la densité de l'oxygène 1,1056, le reste 0,4234 devrait représenter le *poids* du carbone contenu à l'état de vapeur dans un volume d'acide carbonique. Nous verrons que le nombre 0,4234 ainsi déduit est plus fort que le nombre vrai, et par quelle raison.

Le carbone libre ne nous étant pas connu à l'état de vapeur, sa densité de vapeur nous est inconnue ; nous ne savons donc pas quel est le vrai volume de vapeur de carbone qui correspondrait à ce nombre 0,4234. Mais des exemples nombreux ont conduit Gay-Lussac à formuler une loi sur les combinaisons en volumes des corps gazeux ou gazéifiables ; cette loi ne nous laisse le choix qu'entre un très-petit nombre d'hypothèses sur la constitution en volume du composé gazeux contenant un élément non gazéifiable à l'état libre, puisque les gaz se combinent entre eux toujours en rapports très-simples. Si l'on suppose que 0,4234 représente la densité de la vapeur de carbone ou le poids de 1 volume de vapeur de carbone, on dira que 1 volume d'acide carbonique contient 1 volume de vapeur de carbone et 1 volume d'oxygène.

Lorsqu'il s'agit de gaz comme l'acide carbonique et, à plus forte raison, comme l'acide sulfureux, qui ne sont point permanents et qui peuvent être plus ou moins facilement liquéfiés par la pression, le mode d'analyse précédent ne peut conduire à des conclusions rigoureuses pour la composition pondérale. L'acide carbonique ou l'acide sulfureux, en effet, ne sont pas rigoureusement comparables à l'oxygène. Dans les circonstances ordinaires, ces gaz s'écartent un peu de la loi de Mariotte et du coefficient de dilatation de l'air ; aussi n'obtient-on pas par l'expérience des rapports d'une simplicité aussi rigoureuse entre les volumes que lorsqu'il s'agit de Az²O et de O.

Fig. 29. — Appareil de MM. Dumas et Stas pour la synthèse de l'acide carbonique.

A, flacon à déplacer l'oxygène par l'eau alcaline. — B, C, tubes en U contenant des fragments de ponce humectée de potasse. — D, tube à ponce humectée d'acide sulfurique concentré. — E, tube en porcelaine verni intérieurement et contenant une nacelle en platine avec diamant pesé. — F, tube à CuO pour brûler l'oxyde de carbone de la combustion incomplète. — G, tube à acide sulfurique taré. — H, tube de Liebig avec dissolution de potasse concentrée. — I, J, tubes à ponce alcaline tarés. — K, tube à ponce sulfurique taré. — L, tube à matière desséchante pour arrêter l'humidité en cas de rentrée d'air extérieur.

Synthèse de l'acide carbonique par les pesées. — On arrive pour la composition de l'acide carbonique à des résultats très-exacts en ayant recours aux pesées, comme l'ont fait MM. Dumas et Stas, qui ont déterminé le poids de l'acide carbonique formé par la combustion d'un poids connu de carbone pur (diamant) dans un courant d'oxygène en excès. Leurs expériences les ont amenés à modifier le poids atomique du carbone adopté par Berzelius d'après les densités alors admises pour l'acide carbonique et l'oxygène. Ces savants ont employé l'appareil ci-dessus (fig. 29).

Cette expérience a permis à MM. Dumas et Stas de déterminer très-exactement la composition de l'acide carbonique. Ils ont trouvé que l'acide carbonique contenait 27,27 °/₀ de carhone, c'est-à-dire que le carbone était à l'oxygène dans le rapport de 6 à 16 en poids. Ces résultats diffèrent de ceux qu'on peut déduire des densités de l'acide carbonique et de l'oxygène déterminées par MM. Dumas et Boussingault, et par M. Regnault, en acceptant les résultats de l'expérience de Davy. Il faut l'attribuer à la cause que nous avons signalée plus haut. En effet, on déduit des résultats de MM. Dumas et Stas que le poids de la vapeur de carbone contenue dans un volume d'acide carbonique pesant 1,529 est 0,417, au lieu de 0,4234.

Analyses diverses en volume.

La composition en volume de l'acide carbonique, étant connue, permet d'établir la composition d'une foule de composés gazeux du carbone. S'agit-il de l'oxyde de carbone, par exemple, on fera brûler un volume connu de ce gaz avec un excès d'oxygène dans un eudiomètre à mercure (fig. 30).

Après la détonation, on mesurera le volume du gaz, qui se composera d'acide carbonique et d'oxygène en excès; on connaîtra le volume de l'acide carbonique en traitant le gaz par la potasse et mesurant de nouveau; on trouvera que le volume de l'acide carbonique disparu est égal au volume de l'oxyde de carbone employé et le volume restant sera de l'oxygène pur en excès. Connaissant le volume de l'oxygène avant la détonation, on connaîtra par différence l'oxygène employé pour la combustion.

On trouve ainsi que 1 volume d'oxyde de carbone prend 1/2 volume d'oxygène pour former 1 volume d'acide carbonique. Or, ce dernier gaz contient, comme nous l'avons vu, son propre volume d'oxygène; donc 1 volume d'oxyde de carbone contient la même quantité de vapeur de carbone qu'un volume d'acide carbonique (ou par hypothèse 1 volume de vapeur de carbone) et 1/2 volume d'oxygène seulement.

On arrive de même à déterminer la composition en volume du cyanogène; seulement, après la combustion de celui-ci et le traitement par la potasse, le résidu se compose d'oxygène en excès et d'azote. On absorbe l'oxygène par le phosphore ou par le pyrogallate de potasse alcalin, et on a le volume de l'azote.

Carbures d'hydrogène. — Nous donnerons d'abord le principe de l'analyse eudiométrique d'un carbure d'hydrogène gazeux quelconque, supposé pur et homogène, renvoyant plus bas la description des divers appareils eudiométriques servant aux analyses.

Lorsqu'il s'agit d'ailleurs d'un carbure d'hydrogène pur, le rapport simple des volumes ressort assez nettement des analyses faites dans l'eudiomètre à mercure ordinaire (c'est-à-dire dans un tube épais en cristal destiné à recevoir le mélange explosif et dans l'intérieur duquel on peut faire jaillir une étincelle électrique) pour qu'il n'y ait pas d'hésitation possible à l'égard des nombres à adopter. La détermination de la densité du carbure fournit ensuite un contrôle.

Soit un carbure d'hydrogène gazeux de composition inconnue. Sa combustion complète doit fournir de l'eau et de l'acide carbonique.

Pour l'analyser, on en fait passer un volume connu dans l'eudiomètre, et l'on y ajoute un excès d'oxygène préalablement mesuré. (Ce volume devra être supérieur à celui qui est rigoureusement nécessaire pour la combustion complète. Si cet excès est trop faible, la détonation peut être trop violente; s'il est trop considérable, l'étincelle pourra ne pas déterminer une combustion complète.) Après la détonation, le gaz se compose d'acide carbonique et d'oxygène en

excès. L'eau s'est condensée ou l'augmentation volume est tout à fait négligeable; seulement les gaz se trouvent saturés de vapeur d'eau après la combustion; s'ils étaient secs avant, il faudrait, pour une mesure exacte, dessécher le gaz après la combustion ou bien tenir compte de la tension maximum de la vapeur aqueuse à la température du gaz.

Fig. 30. — Eudiomètre à mercure.

On mesure le gaz après l'explosion; on fait agir la dissolution de potasse et l'on mesure de nouveau; on a alors toutes les données nécessaires pour déterminer la composition en volume du carbure d'hydrogène. En effet, soient :

V le volume du carbure;
O le volume d'oxygène ajouté;
V' le volume après la détonation;
O' le volume après l'action de la potasse ou le volume de l'oxygène en excès.

Dès lors :

$V' - O' = C$ sera le volume de l'acide carbonique, ce qui donnera le carbone;
$O - O'$ sera le volume total d'oxygène consommé.

Si de :

$O - O'$, on retranche C, volume de l'oxygène qu'on sait être contenu dans l'acide carbonique formé, le reste
$O - O' - C$ représentera l'oxygène employé à brûler l'hydrogène pour former de l'eau; en doublant ce volume, on aura le volume de l'hydrogène.

$(O - O' - C) \times 2$ sera donc le volume de l'hydrogène.

Donc le volume V du carbure contient un volume C de vapeur de carbone (par hypothèse) et $2 (O - O' - C)$ volumes d'hydrogène.

Citons un exemple :

MM. Dumas et Stas, en faisant réagir un excès de baryte sur l'acétate de soude cristallisé, ont obtenu un carbure d'hydrogène qui leur a fourni à l'analyse eudiométrique les résultats suivants :

Carbure d'hydrogène....	32 vol.
Oxygène ajouté.........	91 —
Après la détonation.....	59 —
Après la potasse........	27 —

Il suit de là que 32 de gaz donnent 32 d'acide carbonique, ou que le gaz contient son propre volume de vapeur de carbone, d'après l'hypothèse faite sur le volume de la vapeur de carbone.

L'oxygène total consommé = 64; or 64 — 32 = 32 est l'oxygène consommé pour brûler l'hydrogène; le volume d'hydrogène est donc 64. Ainsi 1 volume du gaz analysé contenait 1 volume de vapeur de carbone (comme on l'exprime ordinairement) et 2 volumes d'hydrogène; *c'était donc de l'hydrogène protocarboné ou gaz des marais* CH^4. Celui-ci exige pour sa combustion le double de son propre volume d'oxygène et fournit son propre volume d'acide carbonique.

Le gaz oléfiant C^2H^4 exige trois fois son volume d'oxygène et fournit le double de son propre volume d'acide carbonique, etc.

Ces résultats peuvent être contrôlés par la densité. Ainsi, pour le gaz des marais, on a :

1 volume de vapeur de carbone ou densité de la vapeur de carbone............ 0,417

$+$ 2 volumes d'hydrogène ou double densité de l'hydrogène................ 0,138

= 1 volume de gaz carburé ou densité de ce gaz........................ = 0,555

Ce nombre s'accorde assez bien avec la densité 0,562 du gaz des marais trouvée par l'expérience.

Analyse des composés oxygénés gazeux du chlore. — Ces gaz sont détonants à une température peu élevée; ils attaquent peu le mercure; leur maniement est donc difficile. Il a fallu des méthodes toutes spéciales pour les analyser.

Voici le moyen ingénieux employé par Gay-Lussac pour l'analyse de l'acide hypochlorique (peroxyde de chlore); il est évidemment applicable à l'analyse de l'acide chloreux et de l'acide hypochloreux anhydres.

Le gaz hypochlorique; en sortant de l'appareil où il se produit, passe dans un tube *d a b f* dont

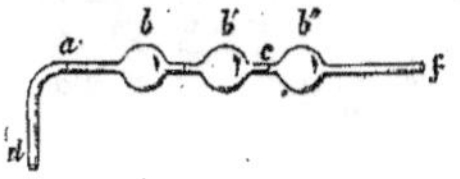

Fig. 31. — Tube de Gay-Lussac.

le diamètre intérieur en *d, a, c, f,* est presque capillaire. Il présente des ampoules *b, b', b''* soufflées à la lampe; on chauffe d'avance le tube en un point *a,* à l'arrivée du gaz, au moyen d'un charbon allumé ou d'une flamme; au fur et à mesure que le gaz, qui se développe dans l'appareil en communication avec le tube à ampoules, passe en *a,* il se décompose sans détonation, en raison de la petite quantité qui est seule chauffée, et les ampoules se remplissent d'un mélange de chlore et d'oxygène qui balaye l'air. Cela fait, le chlore et l'oxygène se trouveront (dans le mélange qui remplira les ampoules) dans le rapport suivant lequel ces gaz s'unissent pour constituer l'acide hypochlorique.

Si l'on effile et si l'on bouche à la lampe l'extrémité *f* et qu'on coupe avec une lime le tube capillaire en *c,* puis qu'on bouche avec le doigt cette partie coupée, et qu'on porte le mélange gazeux au contact d'une lessive de potasse, le chlore sera absorbé et l'oxygène restera; on pourra mesurer le volume de ce dernier; pour connaître le volume du chlore, il suffira de jauger l'ampoule; ayant déterminé son volume, si l'on soustrait de ce volume celui de l'oxygène déjà trouvé, on aura par différence le volume du chlore. Gay-Lussac a trouvé ainsi que dans l'acide hypochlorique le volume du chlore était à celui de l'oxygène dans le rapport de 1 à 2. Si l'on veut aller plus loin et connaître le mode de condensation du chlore

et de l'oxygène dans l'acide hypochlorique, il faudra prendre la densité du gaz hypochlorique et la comparer aux densités du chlore et de l'oxygène. Or, la densité de l'acide hypochlorique a été trouvée égale à 2,315. Si l'on en soustrait la densité de l'oxygène 1,1056, le reste 1,209 représente sensiblement la demi-densité du chlore. Le mode de condensation de l'acide hypochlorique est donc le même que celui des éléments de la vapeur d'acide hypoazotique.

Gaz incompatibles.—Avant de passer à l'exposé des méthodes applicables aux mélanges gazeux, il convient de faire connaître les *incompatibilités* qui peuvent exister entre certains gaz. La présence de l'un de ces gaz, ayant été décelée dans un mélange, exclut nécessairement la possibilité de la coexistence d'un ou de plusieurs gaz dits *incompatibles* avec le premier, parce qu'il y a ou combinaison ou décomposition mutuelle.

Voici un tableau des gaz incompatibles; chacun des gaz inscrits dans la première colonne verticale à gauche est incompatible avec tous les gaz inscrits en regard sur la même ligne horizontale. Pour économiser la place, les gaz sont simplement désignés par leurs *symboles* chimiques.

Le signe — inscrit au-dessous du symbole indique l'incompatibilité seulement sous l'influence de l'eau.

Le signe = inscrit au-dessous indique l'incompatibilité sous l'influence de la lumière diffuse.

Tableau des gaz incompatibles.

Incompatibles

O (1) avec AzO^2, SiH^4, H^2S, H^2Se, H^2Te, HI

H » Cl, Cl^2O, Cl^2O^3, ClO^2.

SiH^4 » O, Cl, Cl^2O, Cl^2O^3, ClO^2.

CH^4
C^2H^2
C^2H^4
C^2H^6
C^3H^6
C^4H^8
$\begin{pmatrix} CH^3 \\ CH^3 \end{pmatrix}$ } » Cl, Cl^2O, Cl^2O^3, ClO^2.

PhH^3 » Cl, Cl^2O, Cl^2O^3, ClO^2, HBr, HI

AsH^3
SbH^3 } » O, Cl, Cl^2O, Cl^2O^3, ClO^2.

CO » Cl, Cl^2O, Cl^2O^3, ClO^2.

AzO » O, Cl.

Cl^2O
Cl^2O^3
ClO^2 } avec l'hydrogène humide et tous les gaz hydrogénés avec ou sans présence de la lumière.

Cl » l'hydrogène, et tous les gaz hydrogénés excepté HCl, à la lumière.

CAz » Cl, Cl^2O, Cl^2O^3, ClO^2, HI, H^2S, H^2Se H^2Te?, AzH^3, CH^5Az.

SO^2 » PhH^3, AzH^3, CH^5Az, Cl et Cl, Cl^2O Cl^2O^3, ClO^2, H^2S, H^2Se, H^2Te.

Fl^3Bo
Fl^3Si
Cl^3Bo } » AzH^3, CH^5Az.

HCl » Cl^2O, Cl^2O^3, ClO^2, AzH^3, CH^5Az.

HBr
HI } » Cl, Cl^2O, Cl^2O^3, ClO^2.

H^2S
H^2Te
H^2Se } » Cl, Cl^2O, Cl^2O^3, ClO^2, CAz, SO^2, AzH^3, CH^5Az.

AzH^3
CH^5Az } » tous les gaz acides et le chlore.

Az^2O et Az sont compatibles avec tous les gaz.

(1) Oxygène ordinaire.

Analyse des mélanges gazeux. — *Aperçu des diverses méthodes.* — Pour l'analyse des mélanges gazeux tels que l'air atmosphérique, par exemple, il existe plusieurs méthodes. Ces méthodes varient d'ailleurs avec le but qu'on se propose et le degré de précision que l'on veut atteindre. L'analyse peut, dans quelques cas, être faite en poids et avec une grande précision, surtout si la masse de gaz à analyser est un peu notable. (Voir plus bas la méthode d'analyse de l'air de MM. Dumas et Boussingault.)

L'analyse peut être exécutée par des procédés *rapides* et sur de petits volumes par diverses méthodes d'absorption très-simples et des mesures très-promptes, lorsqu'on ne se propose pas d'arriver à une très-grande exactitude.

On peut aussi, dans certains cas, combiner la méthode des pesées avec celle des volumes et arriver à une très-grande précision en augmentant considérablement, par un artifice approprié, la masse gazeuse à analyser; celle-ci est déterminée en volume et l'on dose par la pesée, au moyen d'un réactif absorbant, le gaz cherché existant en petite quantité dans la masse totale. Le type d'un pareil mode d'analyse est le dosage de l'acide carbonique dans l'air par la méthode de M. Boussingault, laquelle participe, quant au principe, de la méthode de M. Brunner pour le dosage de l'oxygène dans l'air.

Cette méthode est susceptible d'applications dans une foule de cas.

Elle permet d'opérer sur des volumes d'air presque indéfinis et d'y reconnaître de faibles traces d'un autre gaz.

Enfin il existe des méthodes eudiométriques perfectionnées, plus modernes, ayant pour objet de déterminer d'une manière très-précise la proportion en volume des gaz contenus dans un mélange, même en opérant sur un volume de gaz relativement assez faible.

Nous allons passer rapidement en revue ces méthodes, en insistant surtout sur les principes, afin de ne pas sortir de notre cadre limité. Les figures et les légendes achèveront de faire comprendre les méthodes dans leurs parties essentielles.

Séparation de l'oxygène et de l'azote. Analyse volumétrique de l'air. — Dans un tube gradué

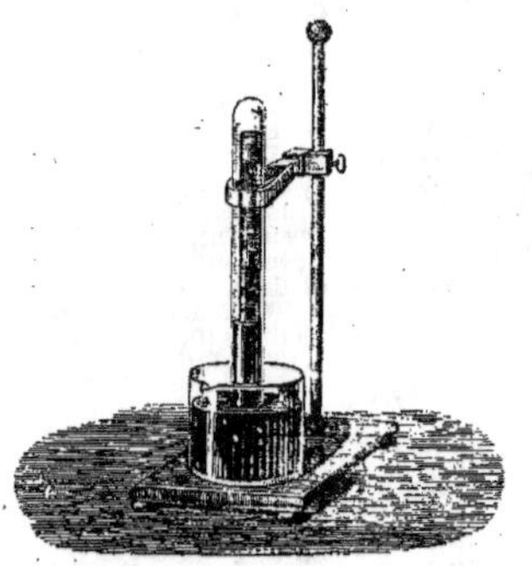

Fig. 32. — Analyse de l'air.

contenant un certain volume d'air, mesuré sur l'eau ou sur le mercure, on introduit un long bâton de phosphore. Au bout de 6 ou 7 heures, généralement, l'oxygène est absorbé, et l'on peut retirer le bâton de phosphore et mesurer le gaz qui reste, c'est-à-dire l'azote.

L'absorption est jugée complète (l'appareil étant porté dans l'obscurité) lorsqu'on ne voit plus de lueurs à la surface du bâton de phosphore.

Il est à remarquer que, si l'azote était en quantité très-faible, l'absorption de l'oxygène par le phosphore ne serait pas complète. En effet, l'oxygène pur, à la pression ordinaire, n'est pas absorbé par le phosphore à froid.

On peut déterminer l'absorption rapide de l'oxygène par le phosphore en chauffant le gaz dans une cloche courbe dans laquelle on a introduit un fragment de phosphore; on chauffe le phosphore avec une lampe à alcool; il s'allume; on volatilise une partie du phosphore, et lorsque la flamme a parcouru toute la partie occupée par le gaz, l'expérience est terminée. On laisse refroidir, on transvase dans un tube gradué et on mesure le volume de l'azote; par différence avec le volume primitif, on a l'oxygène.

M. Liebig a indiqué, il y a une vingtaine d'années, un nouvel absorbant de l'oxygène qui est fréquemment employé pour l'analyse de l'air : c'est l'acide pyrogallique en dissolution dans un excès de potasse; par une agitation de quelques instants, l'oxygène est absorbé et la liqueur alcaline se colore en brun. A la vérité, on a reconnu récemment que, dans cette réaction, l'acide pyrogallique pouvait dégager des traces d'oxyde de carbone, surtout si le gaz est de l'oxygène pur ou presque pur; mais, dans les circonstances ordinaires, la quantité de cet oxyde de carbone est si faible, qu'elle est réellement négligeable.

Pour agiter les gaz en présence des réactifs et pour les transvaser ensuite sans perte possible, et de manière à les mesurer hors de tout contact avec le réactif, pour conserver au ménisque de mercure toute sa netteté, on peut se servir avec avantage de la *pipette à gaz* de Doyère, dont la première idée est due à M. Ettling (*Gaspipette*), et qui est aujourd'hui d'un usage très-fréquent dans les laboratoires.

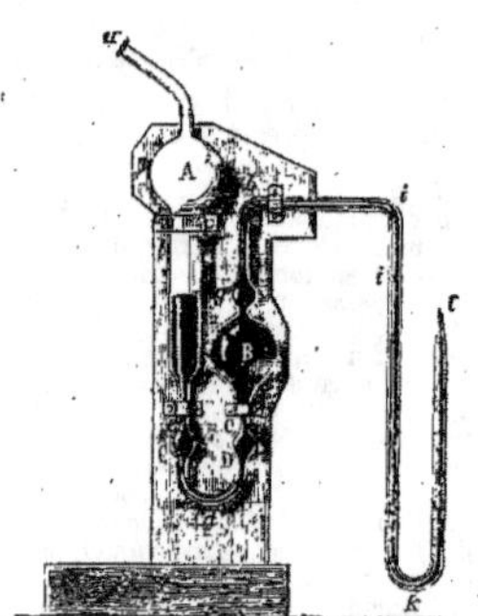

Fig. 33. — Pipette à gaz de Doyère.

Le réactif a été introduit d'avance (par une aspiration exercée en *u* avec la bouche) dans la boule B de la pipette contenant du mercure; il y est renfermé entre deux colonnes de mercure et peut se conserver indéfiniment à l'abri du contact de l'air. On introduit la branche verticale effilée et ouverte *l* de la pipette jusqu'au sommet de la cloche qui contient le mélange gazeux mesuré;

on aspire avec la bouche à l'extrémité de l'orifice de la large branche *u*, au-dessus de la boule A ; le gaz passe dans la boule B de la pipette et le mercure s'élève dans la branche AC ; à ce moment, si l'on cessait l'aspiration, le gaz ferait retour dans la cloche ; mais on abaisse la pipette en maintenant la succion, de manière à amener l'orifice du bec effilé *l* au-dessous du niveau du mercure dans la cuve. La cuve de manipulation présente à cet effet, une forme spéciale, comme l'indique en coupe et en plan la figure ci-dessous. Elle permet une manœuvre facile de la pipette et ne contient qu'un volume très-limité de mercure.

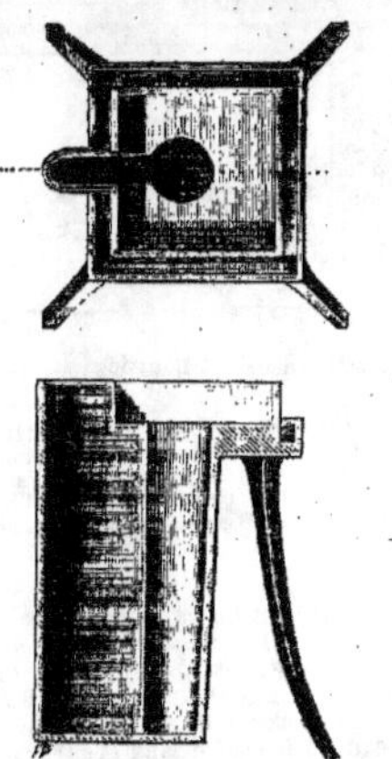

Fig. 34. — Cuve à mercure de l'eudiomètre de Doyère.

Alors on aspire jusqu'à ce que le mercure aspiré de la cuve vienne tomber en gouttelettes dans l'intérieur de la boule B. A ce moment, on peut enlever la pipette de la cuve à mercure. Le gaz enfermé entre deux colonnes de mercure, à droite et à gauche, ne peut s'échapper. On agite la pipette en tenant à la main la planchette dans laquelle elle est encastrée et qui lui sert de support. Au bout de quelques instants d'agitation, et lorsque les bulles gazeuses sont rompues, on reporte la pipette dans la cuve et on introduit la partie *k l* dans la cloche remplie de mercure.

On soulève alors la pipette et la cloche sur la cuve, de manière à produire une différence de niveau et une diminution dans la pression du gaz ; on souffle au besoin en *u* avec la bouche, le mercure est refoulé par le tube capillaire et le gaz sort de la pipette pour se rendre dans la cloche ; on peut arrêter son émission, la pipette conservant sa position, en enfonçant plus ou moins la cloche dans le mercure ; une manœuvre dont on acquiert bientôt l'habitude permet, en soulevant la pipette ou en abaissant la cloche, de produire la sortie du gaz ou de l'arrêter ; on pourra donc, dès que le réactif aura atteint l'extrémité effilée du tube capillaire (auquel cas tout le gaz sera sorti), enfoncer brusquement le bec de la pipette dans la cuve au-dessous du niveau du mercure et en même temps aspirer avec la bouche par l'orifice *u* ; le réactif rentre dans la boule et on ne cesse d'aspirer que lorsque le mercure aspiré, à son tour, vient tomber en gouttelettes dans

l'intérieur de la boule B. On transvase de cette façon, sans perte, la totalité du gaz, et la surface du mercure reste très-nette pour la mesure à faire qui a lieu dans un tube gradué dans lequel on porte, à l'aide d'une pipette semblable ne contenant pas de liquide autre que le mercure, le gaz qui provient de l'absorption préalable par le réactif.

Pour remplir les cloches de mercure on se sert du tube à aspiration figuré ci-dessous ; en enfonçant la cloche après avoir introduit le bec de la pipette dans l'intérieur de cette cloche et en aspirant au besoin, tout l'air sort de la cloche et est remplacé par du mercure. Ce moyen permet de remplir la cloche par ascension verticale du mercure sans laisser la moindre bulle gazeuse adhérente au verre. Pour le transport du tube gradué mesureur dans la cuve spéciale destinée aux mesures, on se sert d'une cuiller en fer, comme l'indique la figure 35.

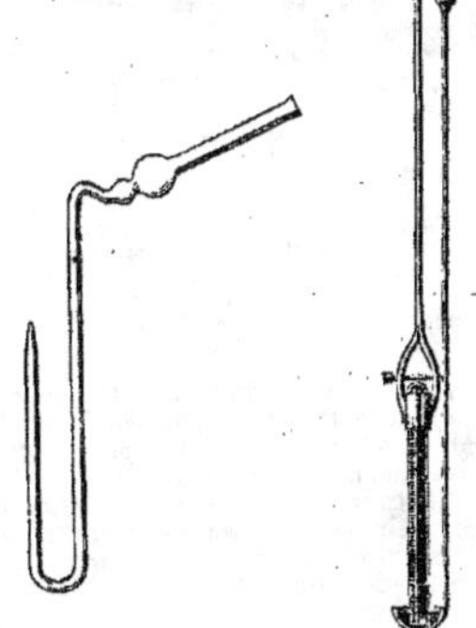

Fig. 35. — Pipette à mercure et cuiller de Doyère.

Méthode par les pesées exclusivement.—MM. Dumas et Boussingault ont employé cette méthode pour l'analyse de l'air normal, afin de reconnaître les faibles variations de composition qu'il pourrait présenter dans diverses circonstances et à diverses époques.

L'appareil est représenté par la figure 36.

On garnit la grille de charbon pour chauffer le tube T jusqu'au rouge naissant ; on ouvre les robinets *r* et *r′* ; l'air se précipite dans le tube à cuivre ; l'oxygène est seul absorbé ; alors on ouvre avec ménagement le robinet R, de manière à obtenir un courant de gaz lent qui se rend dans le ballon préalablement vide d'air. L'air qui arrive dans le tube à cuivre chauffé se dépouille de son oxygène et forme de l'oxyde de cuivre, et le gaz qui arrive dans le ballon est de l'azote pur. Lorsque le ballon est rempli, ou à peu près, on ferme le robinet R, puis les deux petits robinets *r* et *r′*. On laisse refroidir et on défait la jonction du tube à cuivre et du ballon. On pèse le ballon et on note l'excès de poids ; celui-ci ne représente pas la totalité de l'azote de l'air recueilli, car il reste de l'azote dans le tube à cuivre ; on pèse ce tube plein d'azote, puis on le pèse de nouveau après y avoir fait le vide ; la différence donne le poids de l'azote contenu, qu'on ajoute à celui qui résulte des pesées du ballon ; la différence entre le poids initial du tube vide d'air avant et après l'expérience donne le poids de l'oxygène. La somme de l'oxygène et de l'azote représente le poids d'air analysé.

Fig. 36. — Analyse de l'air, méthode de MM. Dumas et Boussingault.

B, Ballon vide d'air et pesé dans ces conditions.
T, Tube contenant du cuivre réduit sec et pur; ce tube est garni de deux robinets *r* et *r'* à ses deux extrémités; il a été préalablement vidé d'air et pesé; il repose sur une grille et peut être chauffé. Le système des tubes à boules et en U, que l'on voit à droite de la figure, est destiné à absorber l'acide carbonique et l'humidité de l'air qui doit les traverser; le dernier de ces tubes communique avec le robinet *r'* du tube à cuivre au moyen d'un tube de caoutchouc et d'une bonne ligature avec un fil d cuivre rouge flexible. Le ballon B communique avec le tube T au moyen d'un tube de verre courbé et de tubes en caoutchouc fortement serrés.

MÉTHODES EUDIOMÉTRIQUES. — *Dosage de l'oxygène par la combustion au moyen de l'hydrogène.* — MM. Gay-Lussac et de Humboldt ont publié en 1808 un mémoire remarquable sur l'eudiométrie et étudié les conditions de la combustion des mélanges d'air et d'hydrogène pour obtenir les meilleurs résultats possibles. Exposons d'abord le principe de cette méthode. Nous renverrons au mémoire original pour le tableau qui indique entre quelles limites les proportions d'hydrogène ajouté à l'air permettent une combustion complète.

Lorsqu'on opère la combustion d'un mélange de volumes égaux d'air et d'hydrogène pur, dans l'eudiomètre à mercure, tout l'oxygène disparaît sous forme d'eau qui se condense en rosée, dont le volume est négligeable, et il reste un mélange formé d'azote et de l'excès d'hydrogène employé; or, l'hydrogène fait disparaître, à l'état d'eau, un volume d'oxygène égal à la moitié du sien. Il suit de là que le volume de l'oxygène contenu dans l'air mesuré est égal au 1/3 du volume disparu, ou au 1/3 de l'absorption, comme l'on dit. Si la mesure de l'air, de l'hydrogène, puis des gaz après l'explosion est faite à la même pression et à la même température; si, de plus, les gaz étaient saturés d'humidité avant l'explosion, les déterminations faites ne comporteront aucune correction; il en faudra faire dans le cas contraire, d'après une formule que l'on trouvera plus bas. Tel est le principe de la méthode.

NOUVELLES MÉTHODES EUDIOMÉTRIQUES PERFECTIONNÉES. — Dans ces dernières années, on a beaucoup perfectionné les instruments destinés aux mesures des gaz et aux opérations eudiométriques par combustion ou par absorption. Voici l'exposé sommaire des principales méthodes.

Méthode et eudiomètre de M. Bunsen. — Cet eudiomètre présente une grande simplicité; il sert à la fois aux combustions, à la mesure des gaz et à l'absorption par les réactifs.

Le tube eudiométrique *a e* peut être incliné sur la cuve à mercure d'une forme particulière pour le transvasement du gaz. Lorsque ce tube est ensuite redressé sur la cuve et maintenu verticalement, le volume du gaz est déterminé en visant avec une lunette, ou mieux avec un cathétomètre, la hauteur du mercure dans l'eudiomètre au-dessus du niveau du mercure dans la cuve. A cet effet, l'une des parois est échancrée sur une partie de sa surface et fermée par une glace. L'eudiomètre étant gradué, on peut lire la division qui correspond, sur le verre, au sommet du ménisque; on note la température et la hauteur du baromètre; la pression du gaz est la hauteur de la colonne barométrique diminuée de la hauteur de la colonne de mercure soulevée dans l'eudiomètre au-dessus du

Fig. 37. — Eudiomètre de Bunsen.

niveau du mercure dans la cuve. On fait, s'il y a lieu, les corrections pour la force élastique maximum de la vapeur d'eau, à la température du gaz. On voit qu'on ne s'astreint pas à mesurer le gaz à la pression atmosphérique. A chaque fois on mesure le volume gazeux, par exemple après y avoir introduit l'hydrogène, puis après la détonation ; à chaque fois, on fait pour le volume gazeux les corrections nécessaires pour ramener ce volume à ce qu'il serait à l'état sec, à la température de 0° et à la pression hypothétique de 1m de mercure, afin que toutes les mesures soient comparables.

V étant le volume du gaz saturé d'humidité à $t°$ et à la pression H—h (H pression barométrique, h colonne de mercure au-dessus du niveau de la cuve) et à la température t, F la force élastique maximum de la vapeur aqueuse à $t°$, le volume à 0° et à 1m sera :

$$V \frac{H-h-F}{1 + 0,00366 \times t}.$$

M. Bunsen recommande de faire toutes les expériences dans une chambre *ad hoc*, dans un sous-sol où la température ne varie pas sensiblement.

Disons de suite que l'eudiomètre de M. Bunsen sert à faire l'absorption des divers gaz par le réactif approprié, sans introduire aucun liquide pouvant altérer le ménisque du mercure et nuire à une mesure exacte du volume.

S'agit-il d'absorber l'acide carbonique dans un gaz dont le volume a été mesuré par les visées avec la lunette, on introduit dans le gaz une balle d'hydrate de potasse préparée dans un moule ; cette balle est fixée à un fil métallique, et on laisse l'absorption se faire en attendant un temps suffisant. Lorsque le volume ne diminue plus, on note l'absorption. S'agit-il d'absorber la vapeur aqueuse, on introduit une balle de coke imprégnée d'acide sulfurique concentré. S'il s'agit d'absorber l'acide sulfureux, on se sert d'une balle de peroxyde de plomb, pétrie avec de l'acide phosphorique sirupeux. Une balle semblable peut servir également à absorber l'acide sulfhydrique, etc.

On voit qu'avec cette méthode l'absorption des gaz par les réactifs est nécessairement assez lente, ceux-ci étant employés presque à l'état solide et ne pouvant se mettre rapidement en contact avec toutes les parties du gaz. Sans contester l'exactitude du procédé qui a fourni des résultats excellents entre des mains aussi habiles que celles de M. Bunsen, on peut au moins dire que l'analyse exige plus de temps qu'avec les méthodes suivantes. Le transvasement sans perte par les anciens moyens est plus délicat que par l'emploi de la pipette.

MM. Williamson et Russell ont ajouté à l'appareil de M. R. Bunsen une disposition qui a pour objet de dispenser des corrections relatives aux variations de pression et de température. Cette modification consiste, en principe, à avoir pour terme de comparaison, dans l'évaluation des volumes par les visées au moyen de la lunette, une masse d'air restant invariable, placée dans les mêmes conditions ambiantes que le gaz à mesurer, masse qu'on peut ramener toujours au même volume par des conditions que l'on fait subir en même temps au gaz en expérience, de telle sorte que le retour au même volume de la masse d'air servant de comparaison correspond à des mesures de gaz dans l'eudiomètre faites dans les mêmes conditions que les mesures afférentes à la même analyse, et faites précédemment.

Nous ferons remarquer que le but que se sont proposé MM. Williamson et Russell est parfaitement atteint dans l'appareil de Doyère au moyen du petit système dit *régulateur* (voir plus bas). Les mesures de gaz faites avec l'appareil de Doyère ont d'ailleurs, comme celles qui sont réalisées avec l'appareil de M. Regnault, l'avantage d'être faites, non dans l'air, mais dans un tube environné d'une assez grande masse d'eau.

Méthode et eudiomètre de M. Regnault. — L'eudiomètre à mercure de M. Regnault, représenté plus bas, a cela de particulier qu'il n'exige pas l'emploi de tubes jaugés pour la mesure du gaz. Celui-ci, après les diverses manipulations qu'on lui a fait subir, est toujours mesuré dans le même tube (sans que le réactif puisse y pénétrer) et sous le même volume. Le tube eudiométrique communique, au moyen d'un robinet R à trois voies, avec un second tube vertical ouvert dans l'atmosphère ; ces deux tubes sont divisés en millimètres. On peut à volonté augmenter ou diminuer le volume du gaz contenu dans le tube eudiométrique, en faisant écouler du mercure par une ouverture convenable du robinet inférieur, ou bien en versant du mercure dans le long tube vertical ouvert lorsque la communication de ce tube est établie par le bas avec le tube eudiométrique. Les deux tubes sont fixés verticalement dans les tubulures d'une plaque circulaire en fonte, et sont entourés d'un manchon en verre dans lequel on verse une assez grande quantité d'eau, de sorte que les variations de température, dans le cours d'une même analyse, sont peu marquées ; en tout cas on peut en tenir compte, soit par le calcul, soit en ramenant l'eau à la même température ; on tient compte aussi des variations survenues dans la pression atmosphérique. Le gaz ou le mélange gazeux étant toujours ramené à occuper le même volume, les mesures sont ramenées à déterminer la variation de force élastique survenue lorsqu'on passe de la première mesure à la seconde après l'addition d'un nouveau gaz, après une détonation ou après l'absorption par un réactif. Il suffit pour cela, puisqu'on a deux tubes communiquants, de déterminer avec la lunette la différence de niveau entre les deux colonnes mercurielles verticales contenues dans les deux tubes. On substitue donc aux mesures de volumes, dans des tubes jaugés, des mesures de force élastique, c'est-à-dire des hauteurs de colonnes mercurielles. Les tubes de l'appareil n'ont pas, par conséquent, besoin d'être jaugés ; ils sont simplement divisés en parties d'égales longueurs, en millimètres. C'est là certainement l'un des avantages de la méthode. Les tubes sont assez larges pour que les flèches des ménisques mercuriels qui sont faibles ne subissent pas de variations sensibles.

Il s'agit maintenant de faire comprendre comment s'exécutent les manipulations effectuées sur le gaz et qui précèdent sa mesure dans l'eudiomètre. (Voyez fig. et légende, p. 277.)

Laboratoire. — Le gaz peut passer du tube plongeant dans la petite cuve à mercure (tube que l'on appelle le *laboratoire*), dans le tube eudiométrique (les petits robinets étant ouverts), soit lorsqu'on fait écouler du mercure par le grand robinet inférieur, soit lorsqu'on fait remonter la cuve à mercure le long de la crémaillère à l'aide de la manivelle. Le contact des gaz avec les réactifs n'est établi que dans le tube dit laboratoire, sans que le liquide puisse pénétrer dans l'eudiomètre. Dans les mouvements que l'on imprime au gaz, de l'eudiomètre au laboratoire et réciproquement, le contact s'établit avec le liquide introduit en petite quantité dans le tube laboratoire, et on a soin d'arrêter ce liquide dans le tube capillaire de communication à un trait déterminé. L'absorption par le réactif étant faite, on ferme le petit robinet r et on mesure la différence de niveau du mercure dans les deux tubes verticaux plongeant dans l'eau du manchon, après avoir ramené le gaz dans le tube mesureur à occuper le même volume que précédemment. On dévisse alors le collier servant à établir la jonction entre le laboratoire et l'eudiomètre, et on nettoie le tube laboratoire ; on le remet en place et on peut alors y faire passer un nouveau gaz à analyser.

Le maniement de l'appareil de M. Regnault exige des mains exercées, en raison de sa fragilité, maïs il peut fournir des résultats d'une exactitude remarquable.

Supposons qu'il s'agisse d'analyser dans cet appareil un mélange d'air atmosphérique et d'acide carbonique.

Voici la manœuvre décrite par M. Regnault :

On remplit entièrement le mesureur de mercure, en le versant par le tube h après avoir ouvert le robinet r, à droite. Lorsque le mercure s'écoule par ce robinet, on ferme. Le tube labo-

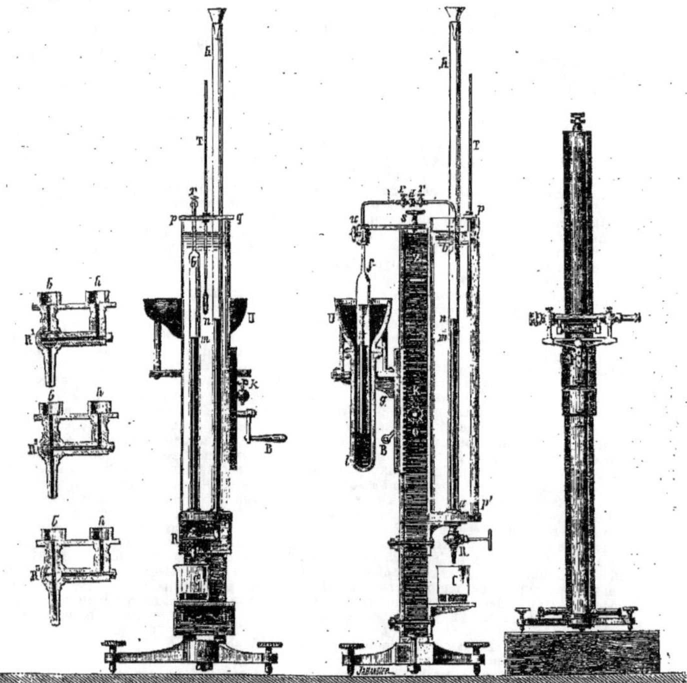

Fig. 38. — Appareil eudiométrique de M. Regnault (élévation et coupe verticale).

b, tube eudiométrique mesureur terminé à la partie supérieure par une partie capillaire courbée d'équerre; à la branche horizontale capillaire est mastiqué un robinet en acier r. L'extrémité inférieure ouverte et large de ce tube est mastiquée en a dans l'une des tubulures d'une plaque circulaire horizontale en fonte; la seconde tubulure de cette pièce de fonte reçoit un tube vertical divisé en millimètres comme le tube eudiométrique et ouvert aux deux bouts; il est mastiqué à sa partie inférieure dans la seconde tubulure en fonte. La communication entre ces deux tubulures peut être établie ou interrompue au moyen du robinet R à trois voies et dont les trois petites figures latérales, à gauche, représentent des coupes dans les trois positions principales qu'on peut donner à la clef. On peut donc établir à volonté la communication entre les deux tubes verticaux b et h, ou faire communiquer seulement avec l'extérieur l'un ou l'autre de ces tubes. Le vase C sert à recueillir le mercure écoulé.

L'ensemble des deux tubes verticaux et du plateau tubulé en fonte forme un système manométrique renfermé dans un manchon cylindrique en verre $p\,p'\,q$, rempli d'eau que l'on peut maintenir à une température constante. Un thermomètre T plonge dans l'eau de ce manchon et indique la température. Tout le système est fixé sur un support Z en fonte, muni de vis calantes.

Le *tube laboratoire* $f\,g$ est une cloche de verre ouverte par le bas et terminée à la partie supérieure par un tube capillaire courbé d'équerre; à l'extrémité de sa branche horizontale est mastiqué un robinet en acier r. Nous verrons plus bas comment on peut assembler le tube *laboratoire* et le tube *mesureur* par leurs robinets $r\,r$ en regard de manière à pouvoir faire voyager le gaz d'un tube dans l'autre sans déperdition possible.

Le tube laboratoire plonge dans une petite cuve à mercure U, en fonte, terminée par un réservoir cylindrique allongé et profond l. Cette cuve est fixée sur une tablette g. La tablette et la cuve qu'elle supporte peuvent descendre ou monter le long du support vertical Z au moyen de la crémaillère qui engrène avec le pignon denté O, à l'aide de la manivelle B. Le rochet k permet d'arrêter la crémaillère dans l'une quelconque de ses positions. Un contre-poids facilite la manœuvre.

Le tube laboratoire est maintenu dans une position verticale invariable au moyen d'une pince à charnière u, garnie intérieurement de liége et que l'on ouvre ou ferme facilement lorsqu'on veut enlever le tube mesureur ou le remettre en place.

Le tube mesureur est traversé vers b par deux fils minces de platine, scellés dans le verre, et dont les extrémités sont maintenues à une petite distance dans l'intérieur du tube. Ces tubes, qui plongent en partie dans l'eau, sont appliqués avec un peu de cire sur le bord supérieur du manchon ; ils servent à transmettre la décharge d'une bouteille de Leyde ou à produire l'étincelle au moyen d'une bobine de Ruhmkorff lorsqu'on veut opérer une analyse par détonation.

Les figures ci-contre sont destinées à faire comprendre le mode d'ajustage au moyen duquel on rapproche l'un de l'autre le robinet du tube mesureur $c\,o\,b$ et le robinet du tube laboratoire, dont une partie seulement, $o'\,a\,d$, est représentée sur la figure. Le 1er robinet est terminé par une partie conique pleine, le 2e par une partie conique toute semblable, mais creuse. L'emboîtement étant fait, le serrage a lieu au moyen d'un collier en acier à gorge, formé de deux pièces qui s'assemblent et se serrent au moyen de deux vis, comme l'indique la figure inférieure.

La figure qui représente l'ensemble de l'appareil eudiométrique (p. 277) montre un cathétomètre pour la visée des hauteurs de colonnes mercurielles. Mais dans la plupart des cas (les tubes étant divisés en millimètres) il suffit d'une simple lunette à fils croisés.

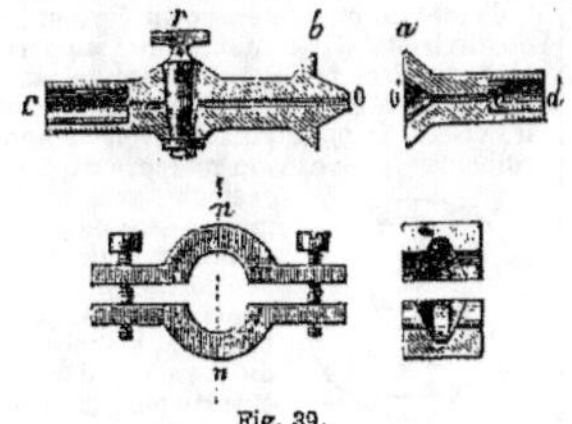

Fig. 39.

Pour la facilité des visées, les tubes b et h portent chacun un voyant que l'on peut faire glisser verticalement le long du tube.

ratoire $g\,f$, que nous supposerons d'abord avoir été détaché pendant qu'on exécutait la manœuvre précédente, est ensuite rempli de mercure ; pour cela on l'enfonce dans la cuve de manière à le remplir jusqu'en f ; puis, au moyen d'un tube de verre ajusté sur le robinet au moyen d'un tube en caoutchouc, on aspire jusqu'à ce que le mercure sorte par le robinet ; on ferme alors celui-ci et l'on fait passer dans le tube laboratoire, à l'aide d'un entonnoir, le gaz que l'on veut analyser et qui est contenu dans une petite cloche. Cette manœuvre est facile en raison de la forme de la cuve U. On met le laboratoire en place, en l'assujettissant avec la pince u ; on établit la jonction du tube laboratoire avec le tube mesureur au moyen du collier d. Pour faire passer le gaz dans le tube mesureur, on ouvre les deux robinets $r\,r$; d'un côté, on fait monter la cuve au moyen de la manivelle, et de l'autre, on fait couler du mercure du tube mesureur en ouvrant convenablement le robinet inférieur R. Le mercure coule dans le vase C. Lorsque le mercure commence à s'élever dans le tube $f\,r$, on ralentit l'écoulement, et lorsque le mercure arrive à effleurer dans la partie horizontale du tube capillaire un repère marqué un peu à gauche du robinet du laboratoire, on ferme ce robinet.

On amène alors le mercure dans le tube mesureur $a\,b$ à une division déterminée m de ce tube, et on lit immédiatement, sur le tube h, la différence de hauteur $n\,m$ des deux colonnes mercurielles. L'eau du manchon a été préalablement agitée à plusieurs reprises dans toute sa hauteur par de l'air que l'on insuffle avec la bouche à l'aide d'un tube qui plonge jusqu'en bas.

Soit t la température de cette eau (que l'on maintiendra constante pendant toute l'analyse par une addition d'eau froide ou chaude), f la force élastique maximum de la vapeur aqueuse à cette température, V le volume du gaz, H la hauteur du baromètre à mercure, enfin h la hauteur du mercure soulevé. $H + h - f$ sera la force élastique du gaz supposé sec.

Si l'eau du manchon a une température très-peu différente de celle de l'air ambiant, il n'est pas nécessaire de ramener à 0°, par le calcul, la hauteur du mercure du baromètre et celle de la colonne soulevée dans l'appareil manométrique $f\,b\,a\,h$. On a eu soin de saturer d'humidité le gaz recueilli dans le mesureur, les parois dans le tube ab étant mouillées. La mesure étant faite, on fait couler de nouveau le mercure du robinet R ainsi qu'une colonne de mercure du tube $r\,b$; on détache alors le tube laboratoire et on y fait passer, au moyen d'une pipette recourbée, quelques gouttes d'une dissolution concentrée de potasse ; on ajuste de nouveau le laboratoire en jonction avec

le tube mesureur ; on fait descendre la cuve U au plus bas de sa course, puis, après avoir versé une grande quantité de mercure dans le tube h, on ouvre progressivement les deux robinets $r\,r$. Le gaz passe alors du mesureur dans le laboratoire et la petite quantité de dissolution de potasse mouille complètement les parois du tube ; on ferme le robinet du laboratoire lorsque le mercure commence à tomber dans ce tube. On fait ensuite de nouveau passer le gaz du laboratoire dans le mesureur en faisant monter la cuve U et couler le mercure du robinet R. Dès que la liqueur alcaline commence à monter dans le tube capillaire f, on ferme le robinet r de gauche, et l'on fait le mouvement inverse, c'est-à-dire que l'on fait repasser le gaz du mesureur dans le laboratoire, au moyen de la manœuvre précédemment décrite. Ces opérations successives ont pour effet de faciliter l'absorption de l'acide carbonique par la potasse qui mouille les parois ; ordinairement, après la seconde opération, l'acide carbonique est totalement absorbé. On fait alors passer pour la dernière fois le gaz du laboratoire dans le mesureur et l'on ferme le robinet r du laboratoire, juste au moment où la colonne de potasse affleure à un repère marqué sur la figure près du robinet r de gauche. On ramène alors le niveau du mercure dans le mesureur à la même division m que pour la première mesure ; on mesure la différence de niveau h' des deux colonnes mercurielles dans les deux tubes et on note la hauteur H' du baromètre. (L'eau du manchon n'a pas changé de température ou a été ramenée à la température initiale.) La force élastique du gaz, dépouillé d'acide carbonique et sec, est donc $(H' + h' - f)$; par suite $(H + h - f) - (H' + h' - f) = H - H' + h - h'$ est la diminution de force élastique occasionnée par l'absorption de l'acide carbonique et $\dfrac{H - H' + h - h'}{H + h - f}$ représente la proportion d'acide carbonique contenue dans le gaz supposé sec.

Pour déterminer la proportion d'oxygène on détache le laboratoire ; on le lave et on le dessèche d'abord avec du papier Joseph, ensuite en le mettant en communication avec la machine pneumatique ; on le remplit ensuite de mercure et on le joint au mesureur. On mesure de nouveau le gaz, attendu qu'après l'absorption de l'acide carbonique une petite quantité de gaz que l'on peut évaluer à 1/3000 a été perdue lorsqu'on a détaché le laboratoire du mesureur ; c'est pourquoi on mesure de nouveau. Soit alors H'' la hauteur du baromètre, h'' la différence de niveau des deux colonnes, f la force élastique maximum de la vapeur d'eau ; $H'' + h'' - f$ sera la force élastique du gaz sec.

Le laboratoire étant de nouveau détaché du mesureur, on y introduit le gaz hydrogène destiné à brûler l'oxygène; on fait ensuite passer ce gaz dans le mesureur; on amène le mélange gazeux dans le mesureur et on fait passer l'étincelle; il faut que celle-ci soit forte, pour pouvoir jaillir dans l'intérieur de l'eudiomètre en passant par les fils minces de platine qui plongent en partie dans l'eau; il ne suffirait pas du plateau d'un électrophore; il faut la décharge d'une bouteille de Leyde ou les étincelles fournies par une bobine de Ruhmkorff de force convenable. Après la détonation, on ramène au même volume, et on mesure la différence de niveau. $H^{iv} + h^{iv} - f$ est la force élastique; par suite

$$(H''' + h''' - f) - (H^{iv} + h^{iv} - f)$$
$$= H''' - H^{iv} + h''' - h^{iv}$$

est la force élastique du volume gazeux disparu dans la combustion;

$$\frac{1}{3}(H''' - H^{iv} + h''' - h^{iv})$$

est la force élastique de l'oxygène contenu dans le gaz sec dont la force élastique est $(H'' + h'' - f)$,

et

$$\frac{1}{3} \frac{(H''' - H^{iv} + h''' - h^{iv})}{H'' + h'' - f}$$

est la proportion d'oxygène contenue dans le gaz débarrassé d'acide carbonique; il est facile d'en conclure la proportion d'oxygène contenue dans le gaz primitif.

Récemment MM. Frankland et Ward ont apporté à l'appareil de M. V. Regnault une modification qui a essentiellement pour objet de dispenser de la lecture du baromètre dans le cours des expériences.

Le plateau circulaire en fonte qui supporte le manchon en verre reçoit un troisième tube mastiqué verticalement dans une virole; ce tube est divisé en millimètres; il peut être à volonté ouvert ou bouché hermétiquement à sa partie supérieure; par le bas il peut communiquer avec le robinet à trois voies. Le tube eudiométrique, dans l'appareil modifié par MM. Frankland et Ward, porte dix grands traits gravés qui font le tour du tube et qui correspondent à dix capacités égales préalablement déterminées par des jaugeages faits avec le mercure. Nous ne pouvons entrer dans de plus grands détails pour faire apprécier cette modification qui ne change rien au principe de l'appareil de M. Regnault et nous renvoyons à la note des auteurs [*Journ. of the Chem. Soc.*]. Au lieu d'obtenir la constance de température de l'eau du manchon en réchauffant ou refroidissant l'eau artificiellement, les auteurs font arriver un courant d'eau continu (provenant des conduites de distribution), à la partie inférieure du manchon; cette eau se déverse à la partie supérieure.

Eudiomètre de Doyère. — Dans l'appareil de Doyère la mesure du gaz se fait dans un tube parfaitement jaugé L (p. 280) maintenu verticalement dans une cuve à mercure en fonte; cette cuve est surmontée de glaces, et sur le mercure de la cuve repose une couche d'eau d'une certaine hauteur qui enveloppe le tube mesureur. A chaque fois, on mesure le volume du gaz en amenant, par le mouvement d'une crémaillère verticale, le ménisque du mercure dans le tube à une petite hauteur constante au-dessus du niveau du mercure dans la cuve.

La lecture des divisions occupées par le gaz dans le tube mesureur se fait à l'aide d'une lunette K qui porte un micromètre pour évaluer les fractions de division. Cette lunette est supportée par un plan de glace maintenu horizontal au moyen de vis calantes et peut être avancée ou reculée pour les visées. Si, en faisant mouvoir la lunette, on fait coïncider le niveau du mercure dans la cuve, par

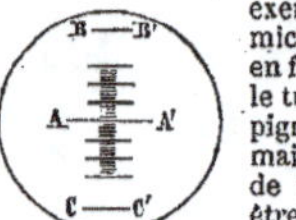

Fig. 40. Micromètre.

exemple, avec la ligne AA' du micromètre, on pourra ensuite, en faisant monter ou descendre le tube mesureur au moyen du pignon engrenant avec la crémaillère, amener le ménisque de mercure dans le tube à être tangent, par exemple, avec la ligne BB' du micromètre.

Toutes les mesures de volumes se feront de la même manière, le niveau du mercure dans le tube étant à une hauteur constante au-dessus du niveau dans la cuve. On peut vérifier à chaque fois la hauteur de la flèche du ménisque sur les divisions du micromètre.

Au moyen de ce micromètre, on pourra facilement évaluer des fractions de division du tube mesureur.

Un petit dispositif très-ingénieux, dit *régulateur* et plongé dans l'eau de la cuve permet de rame-

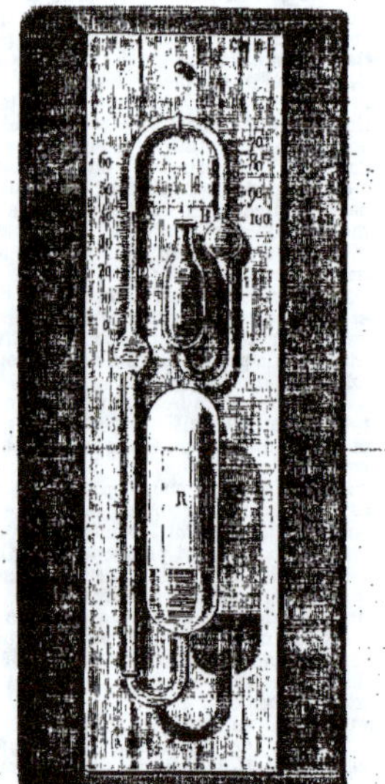

Fig. 41. — Régulateur de l'eudiomètre de Doyère.

ner chaque fois aux mêmes conditions la mesure du volume du gaz. Il suffit pour cela d'ajouter ou de retrancher un peu d'eau à la masse de celle qui est contenue dans la cuve. On n'a donc plus à se préoccuper des corrections relatives à la température et à la pression (voir plus bas). Les gaz sont ordinairement saturés d'humidité pour la mesure. Le transvasement du gaz se fait à l'aide de la pipette décrite plus haut (fig. 33, page 273), de sorte que le tube mesureur est toujours hors de contact avec les réactifs. On peut affecter une pipette spéciale à l'emploi de chaque réactif et doser successivement dans un mélange gazeux l'acide carbonique par la potasse, l'oxygène par l'acide pyrogallique et la potasse, etc.

Voici maintenant comment fonctionne le *régulateur* (fig. 41, page 270). Cet appareil, en verre, présente deux réservoirs R et B réunis par un tube creux contourné et presque capillaire. Ce système est fixé sur une plaque de glace qui porte des divi-

stons à la partie supérieure du tube à droite et gauche. L'ampoule supérieure, qui est en communication avec le réservoir R, est ouverte en B. La figure montre la partie occupée par l'air et la partie occupée par l'eau lorsque le régulateur est entièrement immergé dans l'eau de la cuve. On comprend que le sommet de la colonne liquide qui sert d'index demeurera immobile si le gaz en R ne s'est ni contracté ni dilaté dans le cours des expériences. Si le petit ménisque d'eau correspond toujours à la même division de la plaque lorsqu'on fait deux mesures consécutives de gaz dans le

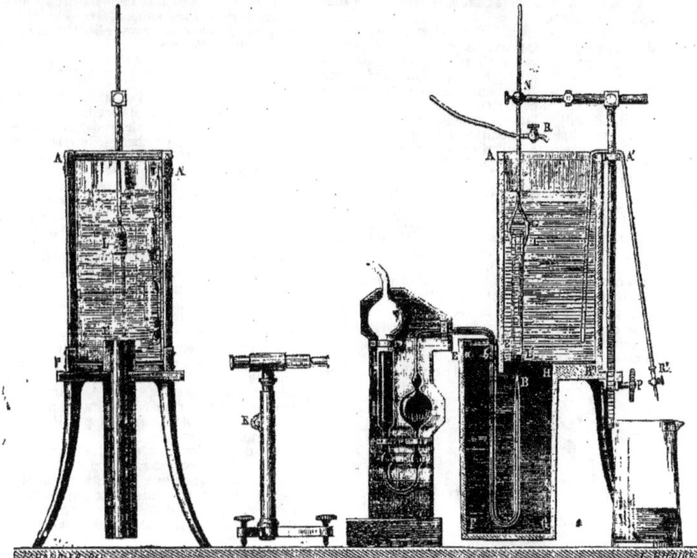

Fig. 42. — Élévation et profil de l'eudiomètre de Doyère.

E, F, G, H, cuve à mercure en fonte; sa forme se prête à l'introduction de la pipette; cette cuve se prolonge à la partie supérieure sous forme d'une caisse parallélipipédique A A' E' B' à parois de glaces et ouverte en haut; elle est remplie d'eau qui repose sur la surface du mercure dont le niveau est figuré en L'. Le tube mesureur L L a son orifice plongé dans le mercure; il est entièrement couvert d'eau; il peut être élevé ou abaissé au moyen du pignon P, qui engrène avec une crémaillère verticale dont est muni le support vertical N du tube; la partie horizontale N peut glisser dans un tube creux formant une branche en T avec le tube vertical à crémaillère. On voit sur la figure la pipette à gaz qui vient de servir au transvasement du gaz dans le tube mesureur; son extrémité B vient d'être dégagée de l'intérieur du tube.

K, lunette pour viser la colonne de mercure et le niveau de la cuve à travers la glace. Elle doit faire face au tube mesureur; elle est placée sur un plan de glace. — (*Nota*. C'est par erreur que le régulateur, dans la figure 42 à gauche, est placé contre la glace qui regarde la lunette. Il doit être sur la paroi opposée).

N, tige à fourchette maintenant le tube mesureur et pouvant glisser verticalement lorsqu'elle n'est pas fixée par la vis de pression en N.

R, robinet pouvant amener de l'eau dans la cuve.

R', robinet fixé à la longue branche d'un siphon toujours amorcé et pouvant faire écouler l'eau de la cuve au dehors.

tube gradué mesureur, les évaluations ne comporteront évidemment aucune correction, le gaz mesuré à chaque fois se trouvant dans les mêmes conditions que la masse d'air contenue dans le réservoir R, laquelle n'aura pas varié de volume. Supposons maintenant que l'index liquide se soit déplacé sur l'échelle graduée. Il sera possible néanmoins de se dispenser de tout calcul de correction à l'aide de l'artifice suivant; il suffira pour cela, soit de faire tomber une petite quantité d'eau

dans la cuve au moyen du robinet R (p. 280), soit d'en enlever une petite quantité en ouvrant le robinet R' fixé au siphon constamment amorcé, siphon dont la courte branche plonge dans la cuve. Par cette manœuvre il sera facile de ramener l'air du réservoir R à occuper le même volume que primitivement; l'index reviendra au même point de l'échelle et par suite les mesures du gaz seront faites dans des conditions comparables.

L'appareil de Doyère peut donner des résultats

très-précis. Il convient de n'employer que de petits volumes de réactifs dans les pipettes, pour éviter les échanges de gaz. (Il en est de même, au surplus, lorsqu'on opère avec le tube laboratoire de l'appareil de M. Regnault.) L'exactitude des résultats dépendra de la perfection du jaugeage du tube. On peut cependant se servir d'un tube divisé en parties d'égale longueur en dressant une table pour le calcul des volumes vrais déduits de mesures faites dans ce tube au moyen de deux pipettes employées pour les mesures successives de volumes gazeux. Nous ne pouvons entrer dans les détails de cette opération, et renvoyons au mémoire de l'auteur.

La figure de la page 280 représente l'ensemble des appareils de Doyère. La légende complétera quelques parties de l'explication qui précède.

Dosage de l'acide carbonique dans l'air, par l'appareil de M. Boussingault. — A la méthode de Saussure, qui consistait à recueillir l'air dans un grand ballon jaugé, préalablement vidé d'air, et à doser l'acide carbonique par l'eau de baryte, M. Boussingault a substitué l'emploi d'un aspirateur d'après le principe de Brunner, et représenté ci-dessous.

Le vase servant d'aspirateur est ordinairement en zinc ou en tôle galvanisée ; c'est un cylindre terminé en haut et en bas par deux surfaces coniques, ce qui permet un écoulement complet de l'eau. A la partie inférieure il y a un robinet pour faire écouler l'eau. A la partie supérieure la tubulure latérale reçoit un thermomètre. La tubulure centrale reçoit un tube plongeant dans l'intérieur jusqu'à une petite distance du fond et faisant l'office de *tube de Mariotte*. Ce tube, qui se recourbe d'équerre au dehors, est mis en communication, au moyen d'un tube flexible, avec une série de tubes en verre dont plusieurs ont été préalablement tarés

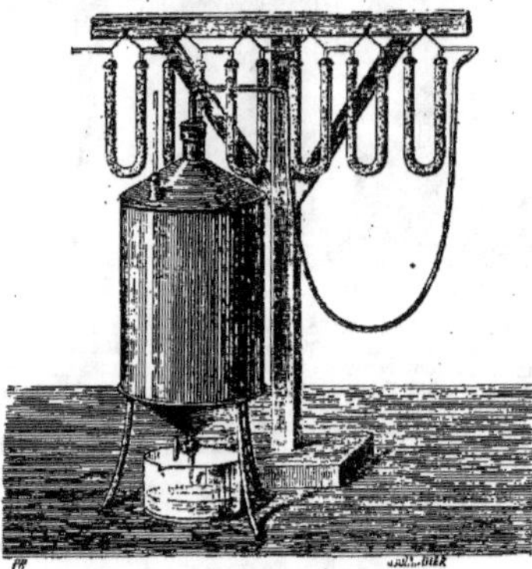

Fig. 43. — Appareil de M. Boussingault.

et sont destinés au dosage de l'acide carbonique. Les deux premiers à gauche sont des tubes non tarés destinés à dessécher l'air. Les deux suivants sont tarés et contiennent de la ponce alcaline pour absorber l'acide carbonique. Le tube suivant, qui est aussi taré, contient de la ponce imprégnée d'acide sulfurique concentré destinée à retenir l'eau enlevée à la potasse par le courant d'air sec. L'ensemble de ces trois tubes, étant pesé avant et après l'expérience, donne la quantité d'acide carbonique, en poids, contenue dans le volume V_0 d'air, évalué comme il est dit plus bas ;

connaissant le poids du centimètre cube d'acide carbonique sec à 0° et à 0m,76, on pourra en déduire le volume. Ce volume, ajouté au volume de l'air reçu par l'aspirateur en échange de l'eau écoulée et corrigé par le calcul, formera la totalité du gaz en expérience. On connaîtra donc ainsi très-exactement l'acide carbonique contenu, soit dans l'air normal, soit dans une atmosphère confinée dans laquelle l'appareil aurait été transporté.

Soit V le volume de l'eau écoulée de l'aspirateur, t la température de l'air qui l'a rempli, H la hauteur du baromètre, f la force maximum de la vapeur aqueuse à la température t ; on pourra calculer le volume supposé sec à 0° et à 0m,760 de pression pour avoir des résultats comparables.

Ce volume V_0 sera :

$$V_0 = \frac{V\,(H - f)}{0,76\,(1 + 0,00367 \times t)}.$$

On comprend que l'appareil de M. Boussingault puisse servir à déterminer des principes divers contenus dans l'air ou dans certaines atmosphères ; il suffira de changer le réactif absorbant et de l'approprier au dosage dont il s'agira.

M. Isidore Pierre a modifié la disposition de l'appareil de M. Boussingault. Son aspirateur a l'avantage d'être moins volumineux et de ne pas exiger un nouveau remplissage par la tubulure supérieure lorsqu'on recommence les expériences. Malgré son volume relativement faible, il peut servir au passage de masses d'air très-considérables. En effet, cet aspirateur est double et symétrique par rapport à un axe horizontal autour duquel on peut faire basculer le système, de sorte que le vase qui servait primitivement d'aspirateur reçoit l'eau écoulée du réservoir supérieur, qui reprend les fonctions d'aspirateur. Connaissant le volume de l'un des vases de l'aspirateur, et supposant que chaque fois on le vide complètement, le volume de l'air qui aura circulé sera égal au volume V de l'aspirateur (les deux réservoirs ayant exactement la même capacité) multiplié par le nombre des retournements opérés.

Dosage de l'acide carbonique par liqueurs titrées. — M. Pettenkoffer a proposé, pour le dosage de l'acide carbonique dans l'air appelé par un aspirateur, de substituer aux pesées l'emploi de dissolutions d'eau de chaux que l'on titre avec une dissolution d'acide oxalique d'une valeur connue.

SÉPARATION DE DIVERS GAZ PAR ABSORPTION
A L'AIDE DES RÉACTIFS.

Lorsque dans un mélange il y a un gaz absorbable par la potasse, les autres ne l'étant pas, la séparation se fait facilement.

Séparation du bioxyde d'azote de l'azote et du protoxyde d'azote. — Elle s'effectue en agitant avec une dissolution de sulfate de protoxyde de fer, qui n'absorbe que le bioxyde d'azote.

Séparation du protoxyde d'azote et de l'oxygène. — On peut absorber l'oxygène par le pyrogallate de potasse alcalin, qui n'absorbe pas le protoxyde d'azote, ou bien on peut absorber ce dernier gaz par l'alcool, qui n'absorbe pas l'oxygène.

Séparation de l'oxygène et de divers gaz. — Si les gaz qui accompagnent l'oxygène sont l'hydrogène, l'azote, l'oxyde de carbone, des carbures d'hydrogène, etc., en un mot des gaz qui ne sont absorbés ni par la potasse, ni par le pyrogallate de potasse alcalin, on emploie ce dernier réactif pour absorber et doser l'oxygène.

Séparation de l'oxyde de carbone en présence de l'hydrogène, de l'hydrogène protocarboné et de l'azote. — Le mélange, qui a été préalablement dépouillé des gaz absorbables par la potasse, s'il y en a, et de l'oxygène par l'acide pyrogallique, est traité par une dissolution de sous-chlorure de cuivre, soit dans l'acide chlorhydrique, soit dans le sel marin soit dans l'ammoniaque; ce réactif, conservé à l'abri de l'oxygène de l'air, absorbe l'oxyde de carbone aussi rapidement que la potasse absorbe l'acide carbonique; si l'on s'est servi de sous-chlorure ammoniacal pour l'absorption, il faut ensuite agiter le résidu avec un peu d'acide sulfurique étendu pour absorber l'ammoniaque.

On ne peut employer le chlorure cuivreux pour absorber l'oxyde de carbone, lorsque ce gaz est en présence de l'oxygène, bien entendu, mais aussi en présence d'un certain nombre de carbures d'hydrogène. En effet l'acétylène, l'allylène et les carbures gazeux de la formule $C^n H^{2n}$ sont absorbés par le sous-chlorure de cuivre ammoniacal.

Le cas de deux gaz incombustibles, tous les deux solubles dans la potasse, peut présenter quelques difficultés spéciales. A ce sujet nous traiterons les trois cas suivants.

Séparation de l'acide carbonique et de l'acide sulfureux. — Deux moyens peuvent être employés. L'acide sulfureux étant un acide plus énergique que l'acide carbonique, on peut absorber l'acide sulfureux en introduisant dans le mélange un cristal de borax humecté; au bout de quelques heures il ne reste que de l'acide carbonique. Un moyen qui est généralement préféré aujourd'hui consiste à absorber l'acide sulfureux par le bioxyde de plomb ou le bioxyde de manganèse. On façonne des boulettes humectées soit avec de l'acide phosphorique sirupeux, soit avec de l'empois d'amidon et l'on en introduit une ou deux dans le mélange gazeux. L'acide sulfureux est seul absorbé au bout de quelque temps.

Séparation de l'acide sulfhydrique et de l'acide carbonique. — On peut employer un cristal d'acétate neutre de plomb humecté; il faut qu'il soit bien exempt d'acétate basique; le mieux est de l'humecter d'acide acétique; l'acide sulfhydrique est alors seul absorbé. On peut encore effectuer la séparation par le peroxyde de plomb comme dans le cas du mélange précédent.

Séparation de l'acide chlorhydrique et de l'acide carbonique. — On peut introduire un cristal de sulfate de soude hydraté; l'acide chlorhydrique est seul absorbé.

Phosphure d'hydrogène et hydrogène. — Ces gaz peuvent être séparés au moyen de l'agitation avec une dissolution de sulfate de cuivre ou d'azotate d'argent; l'hydrogène reste; c'est ainsi que l'on peut reconnaître la pureté du gaz $Ph H^3$ qui est presque toujours mêlé d'hydrogène, lors de sa préparation.

Gaz inabsorbables. — Il est des gaz, tels que l'hydrogène, l'azote, qui ne peuvent être absorbés par aucun réactif à froid; l'azote s'obtient toujours comme résidu après élimination de tous les autres gaz.

Carbures d'hydrogène et hydrogène. — Plusieurs carbures d'hydrogène sont attaqués par le chlore, même dans l'obscurité; d'autres exigent l'influence de la lumière diffuse; on peut ainsi séparer les premiers des seconds ainsi que de l'hydrogène en opérant à l'abri de la lumière.

Il est des carbures qui sont attaquables par le brome en présence d'un peu d'eau et qui sont absorbés, tandis que d'autres ne sont pas attaqués par ce réactif, même à la lumière diffuse; ce moyen peut être employé pour séparer, par exemple, le gaz des marais du gaz oléfiant, du propylène et du butylène. Le gaz des marais n'est pas absorbé dans ces circonstances (1).

(1) Il faut pour cela transporter le mélange sur l'eau, l'introduire dans un petit flacon à l'émeri dans lequel on fait glisser un petit tube à moitié rempli de brome sous une couche d'eau; on bouche le flacon, on agite et on absorbe l'excès de brome par la potasse (Berthelot).

Le gaz des marais n'est pas absorbable par le chlore dans l'obscurité; on peut encore le séparer ainsi des carbures de la formule $C^n H^{2n}$. Enfin, on peut encore séparer le gaz des marais de ce mêmes carbures au moyen de l'acide sulfurique fumant, qui les absorbe et laisse le protocarbure.

Le propylène peut être séparé du gaz oléfiant, soit par l'acide sulfurique ordinaire, soit par l'essence de térébenthine; le gaz oléfiant n'est pas sensiblement absorbé par l'acide sulfurique ordinaire si l'on ne produit qu'un petit nombre de secousses.

Le butylène est absorbable par l'alcool, tandis que le gaz oléfiant y est très-peu soluble.

M. Berthelot vient de proposer l'emploi d'un nouveau réactif dans l'analyse des gaz carburés, c'est le *sulfate chromeux* en présence de l'ammoniaque et du chlorhydrate d'ammoniaque; ce réactif absorbe non-seulement l'oxygène et le bioxyde d'azote, mais encore l'acétylène et l'allylène, tandis qu'il n'agit pas sur l'oxyde de carbone, l'éthylène et le propylène.

DOSAGE DES MÉLANGES GAZEUX PAR LA COMBUSTION ET PAR UN CALCUL SUBSÉQUENT.

Il est des gaz dont on ne peut effectuer le départ pur et simple, au moyen des réactifs. Ce sont certains gaz combustibles. Soit, par exemple, un mélange d'hydrogène et de gaz des marais, ou d'hydrogène et de gaz oléfiant, etc.

Nous supposerons que l'on ait reconnu d'avance que le mélange renferme du gaz des marais; l'hydrogène ne peut en être séparé par aucun moyen connu. Mais on sait que le gaz des marais, brûlé par l'oxygène en excès, fournit son propre volume d'acide carbonique; il s'ensuit qu'on peut déduire le volume de l'hydrogène protocarboné de celui de l'acide carbonique formé. L'hydrogène sera évalué par différence. Il ne faudra pas négliger de constater que le gaz resté après l'action de la potasse est de l'oxygène pur en traitant par l'acide pyrogallique, qui laissera l'azote comme résidu, s'il y en a dans le mélange.

Connaissant d'avance la constitution des corps carbonés, l'oxygène qu'ils exigent pour leur combustion et le volume d'acide carbonique produit, si l'on fait brûler le gaz dans l'eudiomètre, avec un excès d'oxygène et qu'on détermine le volume après la détonation et l'acide carbonique formé, on aura les données nécessaires pour arriver à la composition de divers mélanges au moyen d'un système d'équations de conditions en nombre égal à celui des inconnues. En voici un exemple.

Hydrogène et oxyde de carbone. — L'oxyde de carbone peut être séparé par le sous-chlorure de cuivre, mais on peut faire aussi une combustion du mélange dans l'eudiomètre avec un excès d'oxygène, mesurer le gaz après l'explosion et absorber ensuite l'acide carbonique.

Soit c le volume de l'acide carbonique, x celui de l'hydrogène, y celui de l'oxyde de carbone, m la diminution de volume du gaz après l'explosion. On aura

$$\frac{3}{2} x + \frac{1}{2} y = m.$$

On a d'ailleurs

$$y = c,$$

d'où

$$x = \frac{2 m - c}{3}.$$

On pourrait multiplier beaucoup ces exemples et les appliquer à des mélanges plus complexes.

Analyse du gaz de l'éclairage. — Comme exemple de l'analyse complexe d'un mélange gazeux, qui intéresse la pratique, nous indiquerons l'analyse du gaz de l'éclairage. Nous supposerons que les vapeurs en suspension, telles que carbures liquides volatils, sulfure de carbone, aient été éliminées.

S'il s'agit du gaz de la houille, les gaz qu'on y rencontre le plus habituellement sont les suivants : acide carbonique, oxygène, azote, acide sulfhydrique (si le gaz est mal épuré), oxyde de carbone, hydrogène, hydrogène protocarboné, gaz oléfiant, acétylène.

On procédera dans l'ordre suivant :

1° Après avoir mesuré le gaz, on traitera par un cristal d'acétate de plomb ou par le peroxyde de plomb pour absorber l'acide sulfhydrique.

2° L'acide carbonique sera absorbé par la potasse.

3° L'oxygène par le pyrogallate de potasse alcalin.

4° Le gaz oléfiant pourra être absorbé soit par le chlore dans l'obscurité, soit par le brome à la lumière diffuse, soit par l'acide sulfurique fumant.

5° L'oxyde de carbone et l'acétylène par le chlorure cuivreux acide ou ammoniacal.

6° Restent l'hydrogène, l'hydrogène protocarboné et l'azote. Le dosage se fera en brûlant le mélange dans l'eudiomètre avec de l'oxygène en excès. L'azote sera mesuré directement à la fin après avoir absorbé d'abord l'acide carbonique par la potasse, puis l'oxygène en excès par l'acide pyrogallique. Nous pourrons en faire abstraction dans le calcul qui va suivre :

Soit m l'absorption après l'explosion, y l'hydrogène protocarboné, n l'acide carbonique formé, x l'hydrogène, on aura :

$$\frac{3}{2}\,x + 2\,y = m.$$

On a d'ailleurs $y = n,$

d'où

$$x = \frac{2\,m - 4\,n}{3}.$$

Au lieu de faire une combustion dans l'eudiomètre, on peut employer le moyen proposé par M. Peligot et qui consiste à chauffer le mélange, préalablement mesuré, dans une cloche courbe en verre vert en présence d'un fragment d'un mélange fondu d'oxyde de plomb et d'oxyde de cuivre; il y a réduction, formation d'eau et d'acide carbonique. Ici il n'y a pas d'oxygène restant libre et qu'il faut absorber pour le séparer de l'azote, comme dans le cas précédent.

Remarque. — Lorsqu'on fait détoner des gaz combustibles par l'oxygène en présence de l'azote, on a à craindre la formation d'acide hypoazotique ou d'acide azotique si l'oxygène est en certain excès; on s'en aperçoit à l'attaque visible du mercure après la détonation; lorsqu'on transvase le gaz dans le tube mesureur, on s'en aperçoit encore à l'altération du ménisque visé avec la lunette.

Il faut dans ce cas recommencer la détonation en diminuant le volume de l'oxygène employé, si l'on veut obtenir des résultats exacts.

Recherche des gaz combustibles contenus en petites quantités dans un gaz incombustible. — On sait que la présence d'un gaz incombustible en grand excès dans un gaz combustible empêche la combustion de se produire en présence de l'oxygène sous l'influence de l'étincelle électrique. Il faut alors rendre le mélange combustible, après l'avoir dépouillé d'oxygène, en y ajoutant, comme l'ont proposé M. Regnault et M. Bunsen, une certaine quantité de *gaz tonnant*. C'est un mélange d'hydrogène et d'oxygène dans les proportions convenables pour ne laisser aucun résidu après sa combustion sous l'influence de l'étincelle, de sorte que l'addition de ce mélange gazeux permet la combustion des principes combustibles

contenus dans le mélange en petites quantités. De cette façon, au moyen d'une faible quantité connue d'oxygène ajouté ensuite, la marche de l'analyse est la même que si le mélange eût été directement explosif sous l'influence de l'oxygène. Pour produire le gaz tonnant on peut se servir du petit appareil ci-dessous, employé par M. Bunsen; c'est un voltamètre à eau acidulée qui permet de recueillir commodément à l'état de mélange les gaz provenant de l'électrolyse de l'eau et qui se dégagent sur les électrodes en platine.

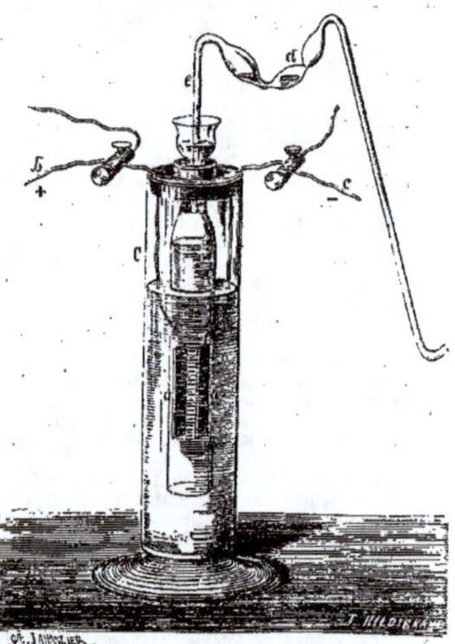

Fig. 44. — Voltamètre à gaz tonnant de Bunsen.

Les lames de platine $a\,a$ sont maintenues par des fils $b\,b$ du même métal; l'eau contenue dans le tube voltamétrique en verre contient de l'eau distillée aiguisée d'un dixième d'acide sulfurique pur et concentré. En faisant communiquer les fils $b\,b$ avec les pôles d'une batterie de 3 ou 4 éléments (petit modèle) de pile de Bunsen, on produit un dégagement régulier de gaz qu'on peut interrompre à volonté, en ouvrant le circuit. Le tube à eau acidulée est plongé dans une éprouvette C contenant un liquide dont on peut faire varier la température. Le tube à dégagement $e\,d$ est rodé à l'émeri dans le col évasé du tube intérieur, et dans l'espèce de coupe qui termine le tube du voltamètre on verse une couche d'eau destinée à empêcher toute introduction d'air dans l'appareil. Le tube $e\,d$ est muni de plusieurs renflements d, contenant de l'acide sulfurique concentré destiné à laver le gaz. L'orifice de dégagement du tube est fixé à une hauteur invariable, déterminée une fois pour toutes par celle de la cuve à mercure. Le volume d'air contenu dans l'appareil avant le commencement de l'électrolyse de l'eau étant faible, cet air est bientôt balayé et on peut recueillir alors le gaz tonnant dans une éprouvette.

Lorsqu'on veut se servir de ce gaz, il est prudent de l'essayer avant de l'employer à l'analyse, afin de s'assurer qu'il ne contient pas d'hydrogène en excès. Pour cela on peut en faire détoner une quantité indéterminée après y avoir ajouté un volume connu d'azote pur, par exemple; on devra retrouver après la détonation le volume primitif mesuré, si le gaz est bon. Lorsque la température est basse, il peut se produire de l'ozone, et le liquide du voltamètre se charge d'eau oxygénée; il faut donc se mettre en garde contre cette circonstance qui pourrait diminuer la proportion d'oxygène par rapport à celle de l'hydrogène dans le gaz tonnant recueilli.

On peut remplacer le gaz tonnant de la pile par une addition d'hydrogène et d'oxygène purs employés en quantité convenable et mesurés séparément.

Bibliographie. — Lavoisier, OEuvres publiées sous les auspices de M. le ministre de l'instruction publique, sous la direction de M. Dumas, Paris, Impr. impér. (1864), t. I, p. 43. — Gay-Lussac et de Humboldt, *Ann. de Chim.*, t. III, p. 239 (an XIII). — Th. de Saussure, Dosage de l'acide carbonique dans l'atmosphère, *Ann. de Chim. et de Phys.*, t. II, p. 202, et t. XXXVIII, p. 411, et t. XLIV, p. 5. — Thénard, Dosage de l'acide carbonique dans l'air, *Traité de Chim.*, 5e éd., t. I, p. 303. — Dumas et Stas, Synthèse de l'acide carbonique, *Ann. de Chim. et de Phys.*, (3), t. I, p. 5. — Brunner, Procédés pour l'analyse de l'atmosphère, *Ann. de Chim. et de Phys.*, (3), t. III, p. 305. — Dumas et Boussingault, Sur la véritable constitution de l'air atmosphérique, *Ann. de Chim. et de Phys.*, (3), t. III, p. 257. — Boussingault, Sur la quantité d'acide carbonique contenu dans l'air de Paris, *Ann. de Chim. et de Phys.*, (3), t. X, p. 470. — Le Blanc (Félix), Sur la composition de l'air confiné, *Ann. de Chim. et de Phys.*, (3), t. V, p. 22. — Deville (Ch. Ste-Claire) et Le Blanc (Félix), Gaz des évents volcaniques de l'Italie, *Ann. de Chim. et de Phys.*, (3), t. LII, p. 5. — V. Regnault et J. Reiset, Analyse des gaz, *Ann. de Chim. et de Phys.*, (3), t. XXVI, p. 329. — Doyère, Méthode d'analyse des gaz, *Ann. de Chim. et de Phys.*, (3), t. XXVIII, p. 5. — R. Bunsen, Méthodes gazométriques, traduction par T. Schneider, Paris, 1858. — Berthelot, Analyse des gaz carburés, *Ann. de Chim. et de Phys.*, (3), t. LI, p. 59. — Williamson et Russell, Modification aux méthodes eudiométriques de Bunsen, *Proceedings of the R. Society*, t. IX, p. 218. — Frankland et Ward, Modification au système de mesure des gaz dans l'appareil de M. Regnault, *Journ. of the Chem. Society*, t. VI, p. 107. — Pettenkoffer, Dosage de l'acide carbonique dans l'air par liqueurs titrées, *Journ. für prakt. Chem.*, t. LXXXII, p. 32.　　　　Fx. L.

ANALYSE ORGANIQUE. — On distingue l'analyse organique *immédiate* et l'analyse organique *élémentaire*.

La première a pour objet d'isoler à l'état de pureté les *principes* dits *immédiats* préexistant dans les végétaux ou les animaux; la seconde a pour but de déterminer les quantités pondérales des divers éléments simples que renferme une matière organique obtenue à l'état de pureté.

Analyse organique immédiate. — En songeant à la facilité avec laquelle les matières organiques s'altèrent, se transforment ou se modifient sous l'influence de la chaleur et des réactifs énergiques, on comprendra la difficulté que présente l'extraction à l'état de pureté des matières préexistant dans l'économie végétale ou animale. Souvent le chimiste se trouve en présence d'un grand nombre de principes immédiats qu'il faut pouvoir séparer sans leur faire éprouver aucune altération.

Les moyens dont le chimiste fait usage consistent principalement dans l'emploi des dissolvants. Ceux-ci sont peu nombreux, car il faut éviter qu'ils puissent exercer une action destructive sur les principes que l'on se propose d'isoler.

Ces dissolvants sont le plus habituellement: l'eau, l'alcool, l'éther, l'esprit de bois, plus rarement la benzine, le sulfure de carbone, le chloroforme, les acides dilués, etc. L'habileté du chimiste consiste à tirer parti de la solubilité ou de l'insolubilité des subtances dans ces véhicules ou de leur inégale solubilité dans l'un de ces dissolvants.

Les chimistes savent aujourd'hui, à l'aide des réactifs, dériver d'une substance extraite soit des animaux, soit des végétaux, des matières très-variées contenant, outre les éléments habituels des matières organiques, des éléments minéraux divers. On leur conserve encore le nom de *matières organiques*, en raison de leur première origine, malgré l'addition possible de nouveaux éléments.

Que la matière organique préexiste dans le règne végétal ou animal, ou qu'elle soit engendrée par dérivation dans le laboratoire du chimiste, il ne peut y avoir intérêt à la soumettre à l'analyse élémentaire que lorsqu'elle est pure et peut être considérée comme une *espèce chimique* conformément à la définition donnée par M. Chevreul.

CARACTÈRES QUE DOIT PRÉSENTER UNE MATIÈRE ORGANIQUE PURE, OU ESPÈCE CHIMIQUE.

Pour s'assurer que la substance que l'on veut étudier est pure et qu'elle n'est pas un mélange de plusieurs principes immédiats ou *espèces* différentes, on peut recourir à plusieurs caractères que nous allons énumérer, et, lorsque cela est possible, on doit s'attacher à les constater tous.

1° *Cristallisation*. — Lorsque le corps peut cristalliser, on possède un caractère précieux; si chaque fraction de la matière présente la même solubilité dans un dissolvant donné; si, à l'aide d'un ou de plusieurs dissolvants, on ne peut extraire de la masse que des cristaux de même forme et doués de propriétés identiques, on sera autorisé à conclure à la pureté et à l'homogénéité de la matière que l'on considère.

2° *Point de fusion*. — Il a de l'importance. Si, après les traitements dont nous venons de parler, la substance solide et cristalline présente toujours le même point de fusion, on aura encore un argument de plus en faveur de sa pureté.

C'est en ayant recours aux points de fusion que M. Chevreul a pu reconnaître des acides gras distincts dans des mélanges complexes de corps gras et en extraire l'acide margarique fondant à 60° et l'acide stéarique fondant à 70°.

On ne néglige pas de déterminer aussi le point de solidification, comme contrôle.

3° *Point d'ébullition*. — Lorsque la substance est liquide ou fusible et qu'elle peut entrer en ébullition sans s'altérer, on a un grand intérêt à constater la fixité de son point d'ébullition; ce sera un indice de sa pureté; il est *rare* que dans le cas d'un mélange de principes immédiats, la totalité de la substance en ébullition passe à la distillation sans que la température indiquée par le thermomètre, plongé dans la vapeur du liquide en ébullition, ne s'élève. Il peut arriver cependant que le point d'ébullition de la substance s'élève, même lorsqu'on a affaire à une matière organique pure; cela a lieu, par exemple, pour certains acides qui se déshydratent sous l'influence de la chaleur, tels que l'acide succinique, etc.

4° *Passage dans une combinaison*. — Lorsqu'une substance organique est susceptible d'entrer en combinaison, on peut constater si elle possède les mêmes caractères après avoir été extraite de sa combinaison qu'avant d'y avoir été engagée.

5° *Analyse élémentaire*. — Celle-ci s'exécutant par les méthodes actuelles avec facilité et rapidité, on peut s'assurer si la substance organique, préparée par diverses méthodes, traitée par divers dissolvants, présente toujours la même composition chimique élémentaire.

6° *Méthode des dissolvants.* — Lorsque les caractères précédents font défaut, ou lorsque la matière est complexe, on peut recourir à la *méthode des dissolvants* indiquée par M. Chevreul, méthode qui est, en même temps, précieuse comme moyen d'investigation et de découvertes lorsqu'on a affaire à des mélanges. Nous allons essayer d'en faire comprendre le principe.

Soit une matière M soluble, par exemple, dans un dissolvant tel que l'alcool ; soit P son poids ; soit A une quantité d'alcool suffisante pour dissoudre P à une certaine température; on traitera successivement, et à la même température, la matière M par des quantités de dissolvant incapables chacune de dissoudre la totalité de la matière, par exemple $\frac{A}{10}$, après avoir fractionné A en 10 volumes égaux. Les dissolutions alcooliques saturées provenant des diverses fractions d'alcool $\frac{A}{10}$ successivement employées seront évaporées. Si la matière dont on est parti est homogène, les divers résidus d'évaporation devront tous présenter *le même poids* et posséder *les mêmes caractères.* On pourra faire ces comparaisons en employant ensuite le même dissolvant à une autre température. Enfin on pourra procéder, à l'égard de la matière, comme on l'avait fait avec l'alcool, mais avec un dissolvant différent. On arrivera par ce moyen d'investigation à conclure avec sécurité si l'on a affaire à une espèce unique ou à un mélange de principes immédiats.

ANALYSE ORGANIQUE ÉLÉMENTAIRE. — Toutes les matières organiques contiennent du carbone et de l'hydrogène. Le plus grand nombre contiennent aussi de l'oxygène; il est de plus une classe de substances organiques quaternaires qui, indépendamment des éléments précités, contiennent encore de l'azote. De plus le soufre, le phosphore, etc., peuvent se rencontrer quelquefois dans certaines substances organiques naturelles.

Enfin les chimistes, en soumettant les matières organiques à l'action des réactifs, ont pu y faire entrer un assez grand nombre d'éléments minéraux : chlore, brome, iode, soufre, arsenic, phosphore, silicium, bore, métaux, etc.

MÉTHODES ANALYTIQUES.

Les tentatives faites par les chimistes, antérieurement à Lavoisier, pour analyser les matières organiques, n'ont pu donner aucune indication exacte; en effet, elles étaient fondées sur l'action directe de la chaleur sur ces matières et sur la détermination de la nature des corps pyrogénés obtenus; or, ces produits sont variables avec la température; souvent même leur composition ne présente pas de rapports intimes avec la substance que l'on avait chauffée en vue de la soumettre à l'analyse.

Lavoisier a, le premier, posé les véritables principes de l'analyse organique élémentaire. Il a indiqué la combustion en présence d'un excès d'oxygène pour transformer le carbone en acide carbonique et l'hydrogène en eau.

En effet, aucune substance organique oxygénée ne contient assez d'oxygène pour pouvoir, sous l'influence de la chaleur, transformer la totalité de son hydrogène en eau et de son carbone en acide carbonique.

Lavoisier opérait d'abord ses combustions dans de grandes cloches remplies d'oxygène et reposant sur la cuve à mercure. Il déterminait la combustion de la matière organique dans l'inté-rieur de la cloche à l'aide d'un miroir ardent. Tout récemment, depuis la publication des œuvres de Lavoisier, sous les auspices de M. le ministre de l'instruction publique et par les soins de M. J. Dumas, publication qui renferme beaucoup de mémoires jusqu'alors inédits, le monde savant a appris, avec autant d'admiration que de surprise, que Lavoisier avait conçu et commencé à appliquer des méthodes fondées sur les mêmes principes et sur l'emploi des mêmes moyens, à peu près, que ceux d'aujourd'hui. Lavoisier avait donc entrevu les méthodes qui, en facilitant beaucoup l'analyse et en assurant sa précision, ont fait faire tant de progrès à la chimie organique depuis un demi-siècle.

Procédé de Gay-Lussac et Thenard. — Le premier procédé qui a doté la chimie de notions précises sur la composition élémentaire des substances organiques date de 1810 et est dû à Gay-

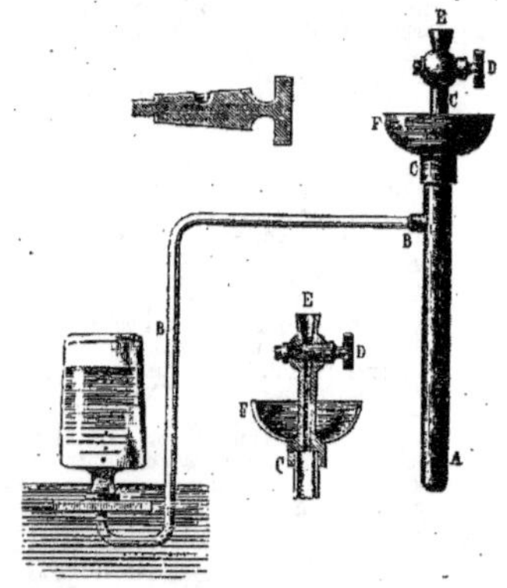

Fig. 45. — Appareil de Gay-Lussac et Thenard.

Lussac et Thenard; ces illustres chimistes ont appliqué leur méthode à un grand nombre de substances, et la plupart de leurs nombres n'ont pas été corrigés depuis.

Le principe de cette méthode consistait à brûler la substance non par l'oxygène pur, mais par l'oxygène cédé par le chlorate de potasse, sel solide pouvant être obtenu très-pur, et qui fournit par la chaleur seule une très-grande quantité d'oxygène en se transformant en chlorure de potassium.

Le mélange de chlorate de potasse et de la matière organique à analyser était fait dans des proportions connues; on en façonnait de petites boulettes. La combustion s'opérait dans un appareil composé d'un tube AC qu'on pouvait chauffer en A avec une lampe, ou bien avec quelques charbons ; on faisait d'abord arriver quelques boulettes non pesées dans le tube chauffé d'avance à sa partie inférieure, et cela à l'aide d'un robinet présentant une petite cavité correspondant à l'entonnoir E dans la position où le robinet est figuré. En tournant la clef du robinet d'une demi-circonférence, la boulette tombait au fond du tube chauffé. La décomposition s'opérait et l'appareil se remplissait d'un mélange d'acide carbonique, de vapeur d'eau et d'oxygène qui chassait l'air de l'appareil et constituait une atmosphère semblable à celle qui devait rester dans le tube à la fin. On brûlait alors un poids connu de boulettes et le gaz dégagé était recueilli sur la cuve à mercure; on mesurait son volume; on absorbait ensuite l'acide carbonique par la potasse et on mesurait le gaz restant, qui était de l'oxygène pur. Connaissant le poids de la substance, le poids du chlorate de potasse employé, on avait, en y ajoutant les données ci-dessus de l'analyse, tous les éléments nécessaires pour établir la composition de la substance organique que nous avons supposée ternaire.

Soit V le volume de l'acide carbonique en fractions de litre, π le poids du litre d'acide carbonique ; en supposant les corrections faites pour la dessiccation, la température et la pression,

$$V \times \pi \times \frac{27,27}{100}$$

sera la proportion de carbone contenue dans le poids P de matière analysée.

D'autre part on connaît le volume V' d'oxygène total contenu dans le chlorate de potasse employé; soit V'' le volume d'oxygène en excès recueilli après la combustion ; avec ces données, et sachant d'ailleurs que l'acide carbonique contient son propre volume d'oxygène, on peut fixer les quantités d'hydrogène et d'oxygène contenues dans la matière. En effet, si la matière renferme l'hydrogène et l'oxygène dans les rapports qui constituent l'eau (ce qui a lieu pour le sucre, l'amidon, etc.) ; on trouvera que

$$V + V'' = V'.$$

Si $V + V'' < V'$, il y aura excès d'hydrogène dans la substance par rapport aux proportions qui constituent l'eau et le volume

$$V' - (V + V'')$$

fera connaître le volume d'oxygène ayant servi à brûler cet hydrogène en excès ; on en déduira le volume de l'hydrogène et par suite son poids.

Cette méthode, d'une exécution délicate, a donné entre les mains des auteurs des résultats très-exacts pour l'analyse du sucre, par exemple, et de quelques autres substances; elle n'était pas applicable à l'analyse des liquides volatils. De plus, lorsqu'on essayait d'opérer avec une matière azotée, il était presque impossible d'empêcher la formation de vapeurs nitreuses et les résultats devenaient incertains.

Procédé de Gay-Lussac. — Gay-Lussac a proposé de substituer le bioxyde noir de cuivre au chlorate de potasse. Calciné seul, l'oxyde noir de cuivre ne perd pas d'oxygène à la température de la combustion, mais il cède facilement, à chaud, son oxygène à la matière organique à laquelle il est mélangé. Il se forme de l'eau et de l'acide carbonique avec les matières ternaires. Gay-Lussac recueillait, par un dosage spécial, l'hydrogène sous forme d'eau dans un tube taré contenant une matière avide d'humidité ; il recueillait dans une autre expérience l'acide carbonique gazeux dans une cloche sur le mercure; cette cloche plongeait dans une éprouvette à pied, contenant du mercure; le tube abducteur du gaz se recourbait pour remonter ensuite jusqu'au sommet de la cloche, rappelant ainsi la disposition de l'appareil de Lavoisier pour l'analyse de l'air.

Méthode actuellement en usage. — La matière destinée à l'analyse organique doit être pure et exempte d'eau hygrométrique. Les liquides peuvent être desséchés par leur contact avec des fragments de chlorure de calcium fondu, lorsque celui-ci est sans action sur la substance. Les solides sont desséchés à l'étuve de Gay-Lussac, à une température un peu supérieure à 100°, ou dans le vide sec. On peut aussi employer un tube à dessiccation, dit de Liebig, que l'on chauffe au bain d'eau salée ou au bain d'huile

à une température déterminée, tandis que le tube est traversé par un courant d'air sec appelé par l'écoulement de l'eau d'un flacon aspirateur. Cette dernière disposition est surtout employée lorsque la substance est susceptible de contenir de l'eau de combinaison que la chaleur peut expulser à une température inférieure à la destruction de la matière organique. En interposant entre le tube à dessiccation et l'aspirateur un tube taré contenant des matières desséchantes, on peut déterminer la quantité d'eau combinée perdue par la substance, préalablement privée d'eau hygrométrique. L'augmentation de poids de ce tube doit correspondre à la perte de poids du système taré préalablement.

Dosage du carbone et de l'hydrogène. — La méthode généralement employée aujourd'hui, d'une exécution rapide et susceptible d'une grande précision, est fondée sur la conversion du carbone en acide carbonique et de l'hydrogène en eau, sous l'influence de l'oxyde noir de cuivre en excès, qui cède son oxygène. L'oxyde de cuivre a été proposé par Gay-Lussac; il est d'une préparation facile : il contient le 1/5 de son poids d'oxygène. La méthode due à M. Liebig, et que nous allons décrire, diffère de la méthode proposée par Gay-Lussac, et dont nous avons parlé plus haut, en ce que l'acide carbonique provenant de la combustion, au lieu d'être déterminé en volume, est obtenu par la pesée, en raison de l'augmentation de poids d'un tube à boules, dit *tube de Liebig*.

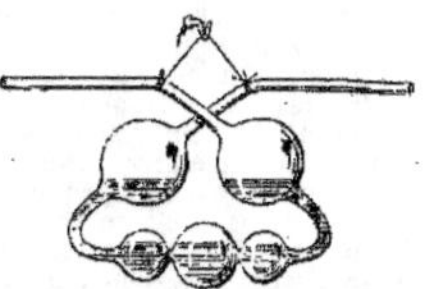

Fig. 46. — Tube à boules de Liebig.

et contenant une dissolution de potasse très-concentrée. Le poids d'acide carbonique fait connaître la quantité de carbone contenue dans la matière analysée; l'hydrogène est déterminé simultanément d'après le poids de l'eau fixée dans un tube taré qui contient une matière desséchante. Ce tube est interposé entre le tube à combustion et le tube de Liebig; la jonction entre ces deux appareils s'établit à l'aide d'un tube en caoutchouc serrant fortement. La somme de l'hydrogène et du carbone obtenus, retranchée du poids de la matière analysée, donne le poids de l'oxygène, lorsque la substance est ternaire et exempte d'azote, de soufre, etc.

L'emploi du tube de M. Liebig a rendu de grands services à la chimie organique en simplifiant et facilitant beaucoup les analyses. Mitscherlich a modifié la forme du tube absorbant de l'acide carbonique, mais cette forme d'appareil n'a pas été généralement adoptée. Depuis quelque temps on emploie quelquefois, comme tube absorbant par les réactifs liquides, un tube dit *de Geissler* assez commode et qui a l'avantage de se tenir de lui-même sans suspension et toujours dans la même position.

Tel est le principe de la méthode généralement suivie aujourd'hui.

A l'oxyde de cuivre on substitue quelquefois le chromate de plomb fondu et pulvérisé; ce sel est indécomposable par la chaleur seule, mais il cède de l'oxygène, au rouge naissant, au carbone et à l'hydrogène des matières organiques; il a été recommandé pour la combustion des matières difficiles à brûler à une époque où l'on n'avait pas l'habitude de terminer la combustion dans un courant d'oxygène. Pour la combustion des matières organiques qui contiennent du soufre, il présente un avantage sur l'oxyde de cuivre en ce qu'on n'est pas exposé à dégager un peu d'acide sulfureux qui se rendrait dans le tube à potasse si on ne l'arrêtait en interposant un tube spécial, contenant du peroxyde de plomb.

Pendant longtemps on s'est astreint à employer pour la combustion des matière organiques, de l'oxyde de cuivre pur, très-fin, aussi peu calciné que possible et broyé intimement avec la matière lorsque l'état de celle-ci le permettait. L'inconvénient de cette manière de procéder provenait de la grande hygrométricité de l'oxyde de cuivre ainsi préparé; cet oxyde, en se refroidissant, condense la vapeur aqueuse, et l'on est exposé, par suite, à obtenir pour le poids de l'hydrogène un nombre supérieur à la réalité. Aussi dans les instructions sur les analyses organiques, rédigées il y a un certain nombre d'années, indique-t-on de faire le vide dans le tube à combustion contenant l'oxyde de cuivre et le mélange de matière organique broyé avec l'oxyde; on restituait ensuite de l'air sec dans le tube et l'on faisait de nouveau le vide. On comprend combien ces manipulations ajoutaient à la difficulté de l'analyse. Malgré toutes ces précautions on s'est aperçu que la combustion du carbone était incomplète dans une foule de cas. MM. Dumas et Stas, qui ont les premiers indiqué la nécessité de terminer la combustion des matières organiques dans un courant d'oxygène pur pour brûler les dernières traces de carbone, firent voir que la concordance apparente entre les résultats obtenus par l'analyse (en employant la combustion par l'oxyde de cuivre seul) et les nombres théoriques, tenait à ce qu'on admettait, à cette époque, pour le poids atomique du carbone un nombre trop fort; il s'établissait ainsi, le plus souvent, une compensation entre l'excès de carbone, calculé en admettant dans l'acide carbonique plus de carbone qu'il n'en contient réellement, et le carbone qui restait en petite quantité dans le tube à combustion sous la forme d'une matière difficile à brûler.

Aujourd'hui toutes les combustions sont terminées dans un courant d'oxygène pur que l'on fait passer, à la fin de l'expérience, dans le tube à combustion maintenu chauffé au rouge sombre. On commence à faire passer ce gaz lorsque le dégagement des bulles a cessé dans le tube à boules de Liebig.

Cet oxygène est généralement fourni par un gazomètre; il pourrait être également fourni par une cornue contenant du chlorate de potasse fondu; on préfère ne pas placer de chlorate de potasse au fond même du tube à combustion pour des expériences très-précises; car le chlorate de potasse, pouvant dégager un peu de chlore, produirait un peu d'acide chlorhydrique et de chlorure de cuivre volatil qui se condenseraient dans la tube à eau et élèveraient le nombre obtenu pour l'hydrogène.

Rien de plus simple que d'établir à la fin de l'expérience la communication entre le gazomètre et le tube à combustion; ce dernier est terminé, dans ce but, par une pointe effilée, fermée à la lampe; un tube de caoutchouc, suffisamment long, est fixé à l'extrémité du tube effilé; l'autre bout de ce tube est fixé sur la tubulure du gazomètre A (fig. 48, page 288) qui donne issue à l'oxygène. Lorsque la combustion paraît terminée, on brise à travers le tube de caoutchouc la pointe effilée; on ouvre le robinet du gazomètre, après avoir établi une pression, et l'oxygène (que l'on a soin de dessécher et de débarrasser de CO_2), passant dans le tube à combustion chauffé, achève de brû-

ler le carbone qui reste. Quant à l'hydrogène, sa combustion est toujours complète et ne nécessiterait pas l'emploi d'un courant final d'oxygène,

En opérant comme il vient d'être dit, on a le grand avantage d'éviter les effets du pouvoir hygrométrique de l'oxyde de cuivre; on peut employer un oxyde cohérent, non pulvérulent, et fortement calciné, et se dispenser d'opérer un mélange intime de la matière avec l'oxyde. Par là on évite un dosage trop élevé de l'hydrogène.

Détails. — Les matières solides destinées à l'analyse peuvent être pesées dans une petite nacelle en platine; on y ajoute de l'oxyde de cuivre qui a

été rougi, puis enfermé très-chaud dans un tube ou matras d'essayeur, que l'on bouche pour éviter la fixation d'eau pendant le refroidissement; l'oxyde tiède est mêlé avec la matière dans un mortier en porcelaine (1), et le mélange porté dans le tube à combustion bien sec au moyen d'une main en cuivre; on a eu soin de mettre au

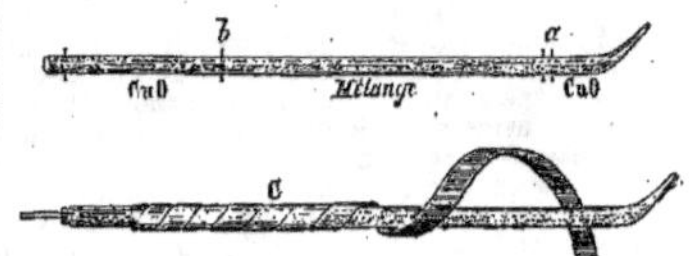

Fig. 47. — Tube à combustion.

fond du tube une couche de quelques centimètre d'oxyde de cuivre pur; on lave le mortier avec de l'oxyde de cuivre encore chaud et on le verse dans le tube à combustion; on achève de remplir le tube avec de l'oxyde de cuivre chaud; puis on enroule une bande de clinquant en spirale autour du tube à combustion, afin de pouvoir le chauffer

(1) On peut aussi ne faire le mélange que dans le tube à combustion, en se servant d'une tige métallique contournée en spirale à son extrémité, ainsi que le pratique M. Bunsen.

sans déformation. On a soin d'ailleurs de choisir le tube à combustion, qui doit avoir $0^m,50$ à $0^m,60$ de long, en verre de Bohême ou en verre vert dur (voir la figure 47).

Lorsque la substance à analyser est liquide et très-peu volatile, on peut l'introduire dans un très-petit tube bouché par un bout et ouvert par l'autre. On fait tomber ce petit tube dans le tube à combustion, et on recouvre d'oxyde de cuivre. Si l'on a affaire à un liquide volatil, on l'introduit dans une petite ampoule fermée par un bout et à extrémité effilée ouverte à l'autre bout. Pour remplir cette ampoule, on la chauffe et, sans la laisser refroidir, on plonge l'extrémité effilée dans le liquide à analyser ; par le refroidissement le liquide pénètre dans l'ampoule ; on peut même se servir de la vapeur du liquide d'abord introduit pour chasser l'air et remplir plus complétement l'am-

poule. On pèse l'ampoule ouverte ; comme elle a été tarée d'avance, on connaîtra le poids de la matière. Si le liquide est très-volatil, comme l'éther par exemple, la pointe de l'ampoule sera fermée à la lampe avant la pesée ; dans ce cas, il faut avoir soin de prendre une ampoule en verre très-mince, qui puisse crever facilement par la seule dilatation lorsqu'on chauffera la partie du tube à combustion où elle se trouve déposée.

Après avoir rempli le tube à combustion et enroulé autour du tube une bande de clinquant, on le place sur une grille à combustion.

On adapte à ce tube, au moyen d'un bouchon, le tube gh taré contenant la matière desséchante ; ce tube est ordinairement un tube en U contenant de la pierre ponce calcinée imbibée d'acide sulfurique concentré ; la boule g retient la presque totalité de l'eau liquide condensée provenant de la

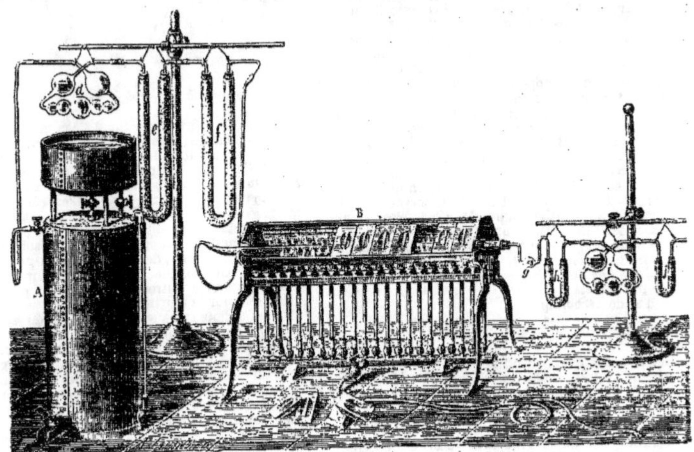

Fig. 48. — Appareil pour le dosage du carbone et de l'hydrogène.

combustion ; puis on fait communiquer ce tube, au moyen d'un tube en caoutchouc, avec le tube à boules de Liebig i, contenant une lessive de potasse concentrée ; à la suite on place encore un tube j en U contenant de la ponce humectée d'acide sulfurique pour retenir l'eau enlevée à la dissolution de potasse par le courant d'oxygène sec. La grille peut être une grille à charbons ; mais aujourd'hui on se sert généralement d'un réchaud supportant horizontalement le tube à combustion et qui est chauffé à la flamme du gaz par une série de becs portant chacun un robinet.

On chauffe d'abord la partie antérieure du tube, et lorsqu'elle est rouge sur une longueur de $0^m,2$ environ, on commence à décomposer la matière ; l'eau se rend dans le tube en U et s'y condense en totalité ; l'acide carbonique se rend dans le tube à boules de Liebig, refoule la potasse et traverse sous forme de bulles la première boule inférieure ; là il est absorbé presque intégralement ; il passe ensuite dans les boules suivantes où l'absorption s'achève.

La forme et la disposition du tube à boules ont pour objet de faciliter l'absorption de l'acide car-

bonique qui passe d'une boule à la suivante (1).

À la fin de l'expérience, on fait passer, à travers le tube B, le courant d'oxygène provenant du gazomètre A. Ce gaz est purifié en passant à travers le tube à boules d contenant une lessive de potasse et le tube e contenant de la ponce alcaline : il se dessèche dans le tube f contenant de la potasse rougie. On a soin de faire passer l'oxygène jusqu'à ce que tout le cuivre réduit soit réoxydé ; on continue encore quelque temps après avoir constaté qu'il sort à l'extrémité de l'appareil de l'oxygène pur, afin de brûler les dernières traces de carbone. L'oxygène étant plus dense que l'air, on aspire ensuite un courant d'air sec et pur à travers le système des tubes tarés pour déplacer l'oxygène qui les remplissait, sans quoi on aurait

(1) M. Kreusler a proposé tout récemment de doser l'acide carbonique en se servant d'un tube en U contenant de l'hydrate de baryte pulvérulent qui absorbe très-bien l'acide carbonique. Le tube doit être terminé par une petite colonne de chlorure de calcium fondu pour retenir l'eau déplacée. Ce moyen peut être exact, mais il ne permet pas d'apprécier la marche de l'opération que l'on suit si bien avec le tube de Liebig.

ane très-légère surcharge. On démonte ensuite et on pèse les appareils. L'augmentation de poids du tube gh donne l'eau et par suite l'hydrogène; l'excès de poids du tube de Liebig i et du tube j réunis donne l'acide carbonique; l'oxygène est dosé par différence.

Ce procédé d'analyse peut subir quelques modifications, surtout dans le cas où la matière n'est pas d'une combustion facile.

La matière est placée dans une nacelle en platine; le tube à combustion est ouvert aux deux bouts; quelques chimistes, notamment M. Cloëz, emploient, au lieu d'un tube en verre, un tube en fer ou un canon de fusil; la partie antérieure du tube contient de l'oxyde de cuivre grossier ou des planures de cuivre grillées. La combustion peut se faire, soit au moyen d'un courant d'air sec amené par un aspirateur, soit par un courant d'oxygène pur et sec venant d'un gazomètre. M. Commine de Marsilly s'est servi récemment d'un appareil de ce genre pour l'analyse élémentaire des combustibles minéraux. M. Cloëz se sert depuis longtemps d'un appareil semblable pour effectuer presque toutes ses analyses organiques. Si la matière organique contient des matières minérales, des cendres, on les retouve dans la nacelle et on peut les peser.

Lorsqu'on brûle des sels d'acide organique, dont la base forme un carbonate indécomposable par la chaleur, il convient, pour obtenir la totalité du carbone, d'ajouter au mélange de la matière et de l'oxyde de cuivre un oxyde capable de chasser l'acide carbonique du carbonate alcalin qui se formerait. Dès 1842, M. Dumas se servait, à cet effet, d'acide antimonique. M. Cloëz s'est servi, dans ces derniers temps, d'acide tungstique; d'autres chimistes ont proposé la silice pure anhydre et divisée, etc.

Calcul de l'analyse. — Supposons qu'un poids p de matière ait fourni un poids h d'eau et un poids c d'acide carbonique;

$$\frac{h \times 11,1 \times 100}{p}$$

era le poids de l'hydrogène pour 100 (l'eau contenant 11,1 % d'hydrogène), et

$$\frac{c \times 27,27 \times 100}{p} \quad \text{ou} \quad \frac{c \times 100}{p} \cdot \frac{3}{11}$$

sera le poids du carbone pour 100 (l'acide carbonique contenant 27,27 % ou 3/11 de carbone).

Autres méthodes. — Nous ne ferons que mentionner, à titre historique, un procédé d'analyse décrit, en 1840, par M. Persoz. Ce savant a proposé d'opérer la combustion de la matière par son mélange avec un excès de sulfate de bioxyde de mercure sec. On recueille le volume total de gaz dégagé que l'on mesure; on détermine ensuite le rapport de l'acide carbonique à l'acide sulfureux dans une fraction de ce mélange. Ces données suffisent pour établir la composition de la substance. Cette méthode n'a pas paru assez facile et assez pratique pour être adoptée.

Tout récemment, M. Ladenburg a proposé une méthode d'analyse pour les matières ternaires dont nous allons donner une idée. Le principe repose sur l'action d'un mélange d'iodate d'argent pur et d'acide sulfurique en excès sur la matière organique; à froid, il n'y a pas d'action; mais si l'on chauffe à 200°, dans un tube en verre scellé, l'oxygène fourni par l'acide iodique brûle la matière organique et on obtient de l'acide carbonique et de l'eau. Il reste de l'iodate d'argent en excès dont la proportion est évaluée par l'auteur à l'aide de la méthode de M. Bunsen [1]. Connaissant

la quantité totale d'iodate employée primitivement, on en déduira par différence la quantité changée en iodure et par suite l'oxygène fourni à la matière pour concourir à la formation de l'eau et de l'acide carbonique. Ce dernier est dosé de la manière suivante : on ramollit à la lampe la pointe du tube scellé, tube que l'on avait taré avant la réaction; l'acide carbonique se dégage; on fait le vide dans le tube et l'on rend de l'air. La perte de poids du système représente l'acide carbonique et fournit par conséquent le carbone. Ces deux données, le poids du carbone et celui de l'oxygène consommé en sus de l'oxygène contenu dans la matière analysée, suffisent pour conclure, par le calcul, la quantité d'hydrogène et d'oxygène de la substance et par conséquent pour établir sa composition. En effet, les trois quantités x de carbone, y d'hydrogène et z d'oxygène pour 100 sont liées entre elles par les trois équations suivantes :

$$x = A\,\frac{3}{11},$$

$$y = B\,\frac{1}{9},$$

$$z = A\,\frac{8}{11} + B\,\frac{8}{9} - D.$$

A est l'acide carbonique et B l'eau que fournirait la combustion; D est le complément d'oxygène à fournir à la substance pour la brûler complétement. On pourra calculer y et z connaissant x et D. On a d'ailleurs $y = 100 - (x + z)$.

Dosage direct de l'oxygène. — L'oxygène, dans les procédés habituels d'analyse organique, est, comme on l'a vu, dosé par différence; il pourrait cependant arriver, en opérant sur une substance totalement inconnue, de méconnaître la présence du soufre, par exemple, ou autres matières; c'est ce qui est arrivé autrefois, notamment pour la cystine et pour la taurine.

Divers chimistes se sont préoccupés du dosage direct de tous les éléments d'une matière organique, afin d'avoir un contrôle plus assuré. M. Maumené a proposé de déterminer l'oxygène en se servant de protoxyde de plomb pur pour la combustion, et dosant le plomb réduit pour en déduire l'oxygène cédé à la matière organique; cette quantité d'oxygène ajoutée à celle qui est contenue dans l'acide carbonique et dans l'eau de la combustion, compose l'oxygène total de la substance.

M. Stromeyer a proposé de déterminer après la combustion (opérée avec l'oxyde de cuivre pur provenant du carbonate calciné) la quantité de cuivre réduit, en dissolvant le contenu du tube à combustion dans un mélange d'acide chlorhydrique et de sulfate ferrique et déterminant ensuite la quantité de sulfate ferreux produite, laquelle est en relation avec la quantité de chlorure cuivreux que fournirait l'attaque par un mélange de cuivre et d'oxyde cuivrique par l'acide chlorhydrique.

Il est évident qu'à part le temps plus long nécessaire pour déterminer l'oxygène, l'exactitude de ce dosage repose sur celle du carbone et de l'hydrogène; or le carbone ne peut pas toujours être brûlé complétement sans recourir à l'emploi de l'oxygène.

M. Baumhauer s'est posé le même problème que MM. Maumené, Stromeyer, Ladenburg, etc. Il a décrit deux méthodes fondées à peu près sur le même principe. L'auteur opère de la manière suivante, d'après le dernier procédé décrit :

Le tube à combustion, long de 80 centimètres environ, est ouvert aux deux bouts; il reçoit une colonne de 20 centimètres de cuivre réduit, 10 cen-

<hr>

(1) C'est-à-dire qu'on traite par l'acide chlorhydrique en recueillant le chlore mis en liberté dans une dissolu-

tion d'iodure de potassium et évaluant l'iode devenu libre par une dissolution titrée d'acide sulfureux.

timètres de fragments de porcelaine, 25 centimètres d'oxyde noir de cuivre. A 5 centimètres plus loin se trouve la substance non azotée à analyser, placée dans une nacelle de platine et mêlée, si cela est nécessaire, avec de l'oxyde de cuivre; enfin, un peu plus loin, est placée une nacelle en porcelaine contenant un poids connu d'iodate d'argent. Le tube peut communiquer, par l'intermédiaire de tubes desséchants, avec deux gazomètres, l'un à azote pur, l'autre à hydrogène pur.

Avant d'adapter les tubes tarés à absorption d'eau et d'acide carbonique, on fait passer de l'hydrogène dans le tube à combustion en chauffant seulement la partie antérieure qui contient la colonne de cuivre, afin que le métal soit parfaitement réduit. L'hydrogène est ensuite balayé par de l'azote. On chauffe la colonne antérieure d'oxyde de cuivre et les fragments de porcelaine qui séparent CuO de Cu. On adapte alors le tube à eau et le tube de Liebig, et on procède à la combustion. Lorsque le dégagement de gaz a cessé, on chauffe l'iodate d'argent; l'oxygène dégagé achève la combustion, réoxyde le cuivre réduit et l'excès d'oxygène vient enfin oxyder le cuivre métallique qui forme la colonne antérieure. L'iodate étant complétement décomposé, on fait passer un courant d'azote en ne maintenant le feu que dans la partie antérieure du tube qui contenait le cuivre. Lorsque le tube à eau a été pesé, on le remet en communication avec le tube à combustion et on fait passer un courant d'hydrogène pur et sec, de manière à réduire complétement le cuivre oxydé par l'excès d'oxygène de l'iodate, excès qui n'a pas concouru à la combustion. Il se forme de l'eau que l'on pèse. Connaissant par ce moyen l'oxygène en excès qui n'a pas servi, on connaîtra, par différence, celui qui aura concouru à la combustion; il suffira pour cela de retrancher de l'oxygène total contenu dans l'iodate employé, celui qui a été fixé sur la colonne antérieure de cuivre. On obtiendra ainsi l'oxygène qui, ajouté à celui de l'eau et à celui de l'acide carbonique, composera la proportion totale de l'oxygène de la substance. Cette méthode repose sur des principes et des moyens exacts. L'auteur l'a vérifiée par l'analyse de substances connues. Disons cependant qu'il sera rarement bien utile de recourir à l'emploi de ces moyens qui augmentent la durée des analyses et les compliquent; on pourra les réserver pour les cas où l'on opérerait sur des matières dont la constitution n'est nullement connue qualitativement et dont on n'a que de très-faibles quantités à sa disposition. Pour des cas semblables, M. Baumhauer a même été plus loin et il propose, de même que M. Wheeler, un procédé qui permet de doser sur la même quantité de matière tous les éléments, y compris l'azote lui-même (voir plus bas).

Matières azotées. — Jusqu'ici nous avons supposé que la matière était ternaire et contenait seulement du carbone, de l'hydrogène et de l'oxygène. (Dans l'analyse d'un carbure d'hydrogène on doit trouver pour le carbone et l'hydrogène une somme sensiblement égale au poids de matière employée.)

Lorsque la matière est azotée, la détermination de l'azote exige un dosage spécial.

Quant au dosage du carbone et de l'hydrogène dans une matière azotée, il s'effectue comme s'il s'agissait d'une matière non azotée, avec cette seule différence que l'on achève de remplir le tube à combustion avec une colonne de planures de cuivre réduit de $0^m,3$ de long environ. (Il faut en conséquence un tube à combustion plus long.) Pour obtenir le cuivre à un état convenable, on grille fortement les planures pour les oxyder à la surface; on les réduit ensuite en les chauffant dans un courant d'hydrogène sec. Le cuivre ainsi

obtenu est poreux et décompose facilement à chaud les oxydes d'azote gazeux qui pourraient se dégager hors du tube à combustion si celui-ci ne renfermait que de l'oxyde de cuivre. Le bioxyde d'azote pourrait alors être absorbé par l'acide sulfurique et, en présence de l'air, former des vapeurs nitreuses qui pourraient arriver jusqu'au tube à potasse, et l'analyse se trouverait faussée.

Dosage d'azote. — La détermination de l'azote, comme nous l'avons dit, exige toujours une opération spéciale. Il y a deux méthodes :

1° Dosage de l'azote en volume et à l'état libre;

2° Dosage de l'azote à l'état d'ammoniaque en brûlant la matière par la chaux sodée.

La seconde méthode est moins générale; elle est inapplicable lorsque l'azote existe dans la matière à l'état d'acide azotique ou de composé nitreux; mais, sauf ces cas, elle est plus rapide et plus commode que l'autre méthode, surtout en employant la modification apportée par M. Peligot à la méthode de MM. Will et Varrentrapp, modification aujourd'hui généralement adoptée.

Dosage de l'azote par le volume. Méthode de M. Dumas. — Cette méthode est fondée sur ce fait que, dans la combustion d'une matière azotée par l'oxyde de cuivre, l'azote se dégage, pour la presque totalité, à l'état libre avec la vapeur d'eau et l'acide carbonique; si les gaz passent sur une colonne de cuivre chauffé, celui-ci décompose les gaz oxydes d'azote, de sorte que l'azote peut être dosé à l'état de liberté et pur, après avoir absorbé l'acide carbonique, si l'on a eu préalablement le soin de se débarrasser de l'azote et de l'oxygène de l'air, contenus dans le tube, par un artifice dont il sera question plus bas.

Le tube à combustion G (fig. 49) a une longueur de $0^m,80$ à $0^m,90$ environ; il est bouché rond à son extrémité. Au fond, on met : 1° une colonne de bicarbonate de soude; 2° une petite colonne d'oxyde de cuivre pur; 3° le mélange de la matière avec l'oxyde de cuivre; 4° une colonne d'oxyde de cuivre pur; 5° enfin, une colonne de cuivre pur réduit.

Lorsqu'il s'agit de brûler certaines matières azotées neutres, telles que la fibrine, l'albumine, etc., M. Melsens conseille, entre autres précautions, le broyage avec de l'oxyde de cuivre fin et l'interposition d'une petite couche de cuivre réduit divisé entre la colonne qui contient le mélange de matière et d'oxyde de cuivre et la colonne d'oxyde de cuivre seul précédant la colonne de cuivre métallique.

Pour expulser l'air du tube avant de commencer la combustion, on fait communiquer ce tube à combustion avec une petite pompe P de Gay-Lussac munie d'un tube abducteur T du gaz dont la hauteur dépasse $0^m,76$; ce tube plonge dans une petite cuve à mercure. On épuise l'air par quelques coups de piston; le mercure s'élève dans le tube, mais ne peut arriver jusqu'à la pompe et au tube à combustion, à cause de la hauteur de ce tube; on chauffe alors avec un ou deux charbons le bicarbonate de soude; l'appareil se remplit d'acide carbonique qui balaye le peu d'air restant; on s'assure que l'acide carbonique qui se dégage est entièrement absorbable par la potasse; alors on fait rendre l'extrémité du tube abducteur sous une cloche graduée en centimètres cube remplie de mercure et contenant à la partie supérieure une colonne d'une dissolution de potasse concentrée. On commence la combustion, en chauffant d'abord la partie antérieure du tube et en progressant ensuite vers la matière; il se dégage de la vapeur d'eau, de l'acide carbonique et de l'azote; celui-ci seul se rend au sommet de la cloche après avoir traversé la potasse. A la fin, lorsque le dégagement de gaz s'arrête, on chauffe de nouveau le bicarbonate de soude et l'on balaye tout l'azote restant dans le tube à combustion. L'éprouvette contenant l'azote est agitée sur le mercure, puis portée sur une cuve pleine d'eau pure; le mercure tombe au fond; la potasse s'étend et on mesure l'azote humide sur l'eau.

Soient p le poids de la matière analysée,

V, le volume de l'azote, saturé d'humidité, exprimé en cent. cubes et fractions,

t, la température du gaz,

f, la force élastique maximum de la vapeur aqueuse à la température t,

H, la hauteur du baromètre au moment de la mesure,

Et π le poids du centimètre cube d'azote sec à 0° et à $0^m,76$ de pression $= 0^{gr},001256$.

La quantité d'azote P, contenue dans 100 p. en poids de matière analysée, sera donnée par la formule

$$P = \pi \frac{V\,(H - f)}{(1 + 0,00366 \times t)\,0,76} \times \frac{100}{p}.$$

Il est bon de s'assurer que l'azote obtenu est pur; à la vérité, s'il contenait seulement un peu de protoxyde d'azote mélangé, il n'y aurait pas d'erreur, car le protoxyde d'azote contient son propre volume d'azote; mais s'il y avait du bioxyde d'azote, il y aurait surcharge, car ce dernier gaz ne contient que la moitié de son propre volume d'azote.

La présence du bioxyde d'azote se reconnaîtrait en agitant le gaz, préalablement mesuré, avec du sulfate de protoxyde de fer qui absorbe le bioxyde en se colorant en brun s'il y en a beaucoup, et en rose s'il y en a seulement des traces. Si l'absorption est très-faible, l'analyse n'est pas perdue; on fera la correction en retranchant du volume obtenu par la première mesure directe, la moitié du volume correspondant à l'absorption. Le mieux évidemment est de conduire la combustion de manière à obtenir un gaz à l'épreuve du protosulfate de fer.

La méthode que nous venons d'exposer est préférable à celle qui consistait (tout en faisant la combustion comme ci-dessus) à recueillir les gaz de la combustion formés d'acide carbonique et d'azote et à estimer le rapport de ces deux gaz

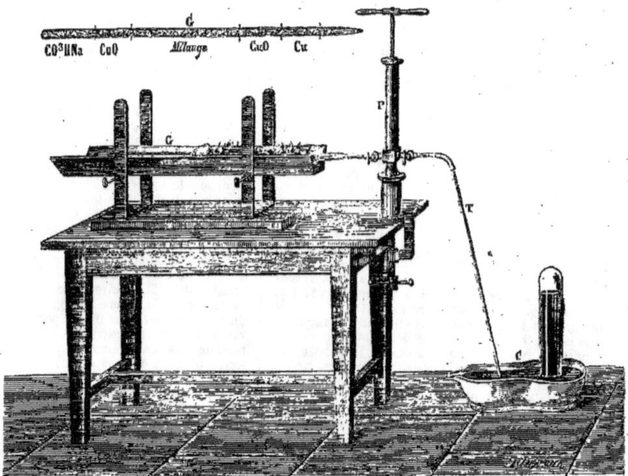

Fig. 49. — Appareil de M. Dumas pour le dosage de l'azote.

en volume, puis, connaissant préalablement le carbone, à en déduire l'azote. Cette méthode a été employée autrefois par M. Liebig et par divers chimistes. Ces mêmes chimistes évaluent aujourd'hui le volume absolu de l'azote, mais ils évitent de faire passer les gaz à travers la petite pompe, en employant à cet effet un tube en T communiquant avec le tube à combustion et avec la cloche sur la cuve à mercure. La troisième branche communiquant primitivement avec la pompe est scellée à la lampe, lorsque la pompe a effectué le vide.

M. Simpson (Maxwell) a apporté quelques modifications au procédé de dosage d'azote par le volume : voici sommairement en quoi consistent ces modifications :

1° L'auteur opère la combustion par l'oxyde de cuivre en présence de l'oxygène fourni par le bioxyde de mercure mêlé à l'oxyde de cuivre.

2° Le balayage du tube se fait en chauffant un mélange de carbonate de manganèse et de bioxyde de mercure placé au fond du tube à combustion.

3° Il faut une très-longue colonne de cuivre pour retenir l'oxygène en excès qui pourrait sans cela se dégager.

4° Le gaz est recueilli dans un vase de forme spéciale contenant de la potasse à la partie supérieure; à la fin, on déplace l'azote en se servant d'un tube adapté latéralement et dans lequel on verse du mercure; le gaz sort par un tube abducteur ajusté à la partie supérieure de l'appareil, et se rend dans la cloche graduée.

Dosage de l'azote à l'état d'ammoniaque par la chaux sodée. — On appelle chaux sodée, un mélange de chaux et d'hydrate de soude, obtenu en calcinant 2 parties de chaux éteinte, avec une dissolution de 1 partie d'hydrate de soude caustique. Cette matière ne fond pas dans les tubes de verre et ne les attaque pas, comme le ferait l'hydrate de soude seul. La matière azotée, étant mélangée avec un excès de chaux sodée, éprouve une véri-

table combustion aux dépens de l'oxygène de l'eau de l'hydrate sodique; le carbone passe à l'état d'acide carbonique qui reste fixé sur l'alcali; il y a formation d'eau, et l'hydrogène naissant forme, avec l'azote, de l'ammoniaque qui se dégage.

L'ammoniaque qui se produit dans le tube AB

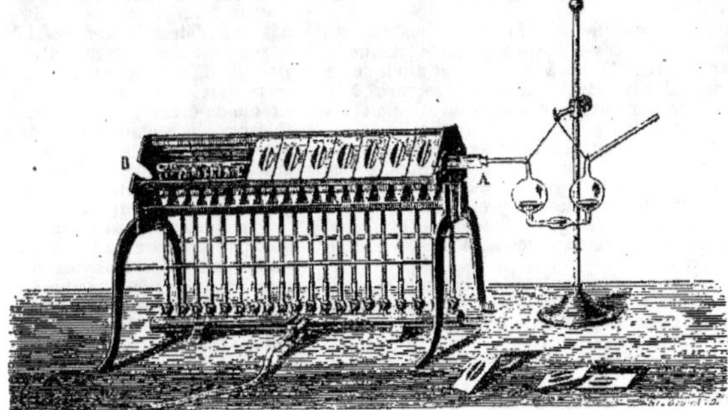

Fig. 50. — Appareil de MM. Will et Varrentrapp pour le dosage de l'azote.

est recueillie dans un tube à boules d'une forme particulière et que l'on appelle *tube de Will;* celui-ci contient de l'acide chlorhydrique; on évapore à sec la dissolution chlorhydrique qui contient du chlorhydrate d'ammoniaque, après y avoir ajouté du bichlorure de platine en léger excès; on reprend la matière par un mélange d'alcool et d'éther; on dessèche le résidu à l'étuve et on pèse; le poids du chloroplatinate d'ammoniaque

$$2\,Az\,H^4\,Cl.\,Pt\,Cl^4$$

permet de calculer le poids de l'ammoniaque $Az\,H^3$, et par suite celui de l'azote. On peut aussi calciner le chlorure double, peser le platine obtenu, et en déduire $Az\,H^3$, ou Az.

Le procédé qui vient d'être décrit est dû à MM. Will et Varrentrapp.

Procédé de M. Peligot. — M. E. Peligot a modifié ce procédé et l'a rendu plus expéditif par l'emploi des liqueurs titrées. Au lieu de recueillir l'ammoniaque dans l'acide chlorhydrique, M. Peligot la recueille dans un volume connu d'acide sulfurique titré introduit dans le tube de Will. (10 cent. cubes de cet acide sulfurique étendu contiennent $0^{gr},6125$ d'acide sulfurique monohydraté; par suite ces 10 cent. cubes seraient complétement saturés par $0^{gr},2125$ d'ammoniaque contenant $0^{gr},175$ d'azote.)

Après la combustion, on détermine la quantité d'acide sulfurique qui reste libre, et l'on a par différence la quantité qui a été saturée; on se sert pour cela d'une dissolution de sucrate de chaux; on détermine d'abord, au moyen d'une burette graduée, le volume de cette dissolution nécessaire pour saturer les 10 cent. cubes d'acide sulfurique titré pur, ce qui se fait en étendant d'eau, colorant par le tournesol et lisant le volume de sucrate consommé, au moment où le tournesol rouge est ramené au bleu; on opère de la même manière avec la liqueur acide que l'on extrait du tube de Will, lavé après la combustion, et on note le volume de sucrate consommé pour la nouvelle saturation; on a alors tous les éléments nécessaires pour calculer la quantité d'azote contenue dans la matière analysée. (Il faut évidem-

ment ne prendre qu'une quantité de matière telle que l'ammoniaque dégagée soit en proportion insuffisante pour saturer la totalité de l'acide titré employé.) On étend d'assez d'eau pour que le sulfate de chaux ne puisse pas se précipiter.

M. Peligot a aussi indiqué un moyen commode de balayer l'ammoniaque restant dans le tube à la fin de la combustion. Il place au fond de ce tube un peu d'acide oxalique; celui-ci, chauffé, tend à se changer en $CO + CO^2$; mais l'oxyde de carbone, en présence de l'hydrate de soude, se change en acide carbonique et hydrogène; le premier est absorbé par l'alcali, et en définitive le tube se trouve balayé par un courant d'hydrogène. M. Bouis remplace l'acide oxalique cristallisé par de l'oxalate de chaux, obtenu en faisant bouillir de l'acide oxalique avec un lait de chaux en excès. La matière obtenue, séchée, n'a pas l'inconvénient de dégager de l'eau comme l'acide oxalique cristallisé, ce qui oblige à beaucoup de précautions pour éviter le foisonnement de la chaux et la rupture du tube.

Calcul de l'azote. — Soit N le nombre de divisions de la burette correspondant au volume de sucrate employé pour saturer 10 centim. cubes d'acide sulfurique titré pur; N' le nombre de divisions pour compléter la saturation d'un égal volume d'acide ayant servi pour la combustion,

$$\frac{N - N'}{N} \times 0^{gr},175$$

sera la quantité d'azote contenue dans le poids p de matière analysée. Par suite on aura facilement la proportion d'azote pour 100.

Comme il est difficile d'être bien sûr que l'acide sulfurique, rigoureusement pesé pour faire synthétiquement la liqueur acide titrée, soit réellement de l'acide monohydraté, il sera bon, au moins comme vérification, de précipiter un volume connu de cette liqueur à l'état de sulfate de baryte que l'on pèsera; il sera facile alors d'établir une fois pour toutes (pour cette même liqueur acide) la quantité rigoureuse d'acide réel contenue dans un volume déterminé de l'acide titré employé pour les analyses, et par suite la quantité correspondante d'ammoniaque et d'azote. La méthode de M. Peligot nous semble préférable, au moins comme rapidité, à celle de M. Mohr qui, après avoir recueilli l'ammoniaque dans l'acide chlorhydrique, évapore à sec pour chasser l'excès d'acide chlorhydrique et déduit l'ammoniaque de la quantité de chlore contenue dans le résidu en le dosant à l'aide d'une dissolution titrée d'azotate d'argent.

Rappelons que le procédé de combustion par la chaux sodée cesse d'être applicable lorsque la matière contient l'azote à l'état d'acide azotique ou de composé nitreux. Il faut alors recourir à la combustion par l'oxyde de cuivre avec emploi de cuivre métallique.

M. G. Ville a proposé de doser l'azote des nitrates en présence des matières organiques, en utilisant à la fois le principe de la méthode de M. Pelouze par l'emploi du protochlorure de fer et les moyens de dosage de l'azote à l'état d'ammoniaque par la chaux sodée et la liqueur sulfurique titrée.

En raison de la présence des matières organiques, on ne peut pas faire ce dosage en ayant recours au permanganate de potasse pour évaluer la quantité de fer peroxydée.

L'auteur fait passer les gaz provenant de la réaction du protochlorure de fer sur les azotates en présence des matières organiques (et qui consistent en bioxyde d'azote et hydrogène), concurremment avec un courant d'acide sulfhydrique dans un tube chauffé qui contient de la chaux sodée. Ce tube a été préalablement balayé d'air par un courant d'hydrogène. Le bioxyde d'azote est, dans ces conditions, converti en ammoniaque que l'on recueille dans un tube de Will contenant un volume connu d'acide sulfurique titré.

Dosage simultané du carbone, de l'hydrogène, de l'oxygène et de l'azote. — M. Wheeler recueille et mesure le gaz qui se produit dans la combustion des matières organiques azotées par l'oxyde de cuivre. Voici les modifications à la disposition de l'expérience habituelle pour doser C et H dans ces matières. Les tubes à eau et à acide carbonique étant en place, on balaye l'air de l'appareil au moyen d'un courant d'oxygène fourni par du chlorate de potasse placé au fond du tube à combustion. Puis on remplace ce gaz par de l'acide carbonique provenant de la décomposition d'un poids connu d'oxalate de plomb pur (dégageant 29,83 % de CO²), dans le but d'empêche l'oxydation de la colonne de cuivre du tube à combustion. On procède alors à la combustion ; on a eu soin, après le balayage par l'oxygène, de faire communiquer les appareils pour l'absorption de l'acide carbonique avec une cloche sur le mercure, laquelle recevra l'azote de la substance mêlé avec l'excès d'oxygène provenant du balayage. A la fin de la combustion, on fait de nouveau passer de l'oxygène pour chasser tout l'azote du tube. On dose l'azote contenu dans la cloche en absorbant préalablement l'oxygène par les moyens connus, comme s'il s'agissait d'une analyse d'air.

On pèse le tube à eau et le tube de Liebig ; l'augmentation de poids fait connaître l'eau et l'acide carbonique ; pour ce dernier, il faut soustraire du poids obtenu celui qui provient de la décomposition de l'oxalate de plomb et qui est connu d'avance.

M. Baumhauer emploie dans le même but que M. Wheeler (c'est-à-dire pour doser simultanément le carbone, l'hydrogène et l'azote) une méthode qui est une simplification d'un procédé qu'il avait proposé, il y a près de vingt ans, et dans lequel l'eau et l'acide carbonique sont déterminés en poids, tandis que l'azote est déduit de l'augmentation du volume gazeux survenu après la combustion. Nous ne pouvons entrer ici dans plus de détails à ce sujet ; au reste l'auteur ne recommande ce moyen que pour le cas où la quantité de matière que l'on possède ne permettrait pas un dosage spécial d'azote.

Dosage du chlore, du brome, de l'iode. — La réaction du chlore, du brome, etc., sur les matières organiques, donne naissance à des matières contenant du chlore, du brome, etc.

Pour doser le chlore, le brome ou l'iode, on fait une détermination spéciale : on décompose la substance en présence d'une colonne de chaux vive chauffée au rouge naissant dans un tube en verre dur. La chaux employée doit être pure ou au moins exempte de chlorure. Il se forme du chlorure, du bromure, etc., de calcium qui reste avec la chaux en excès ; on éteint la chaux avec précaution et on la dissout en ajoutant peu à peu de l'acide azotique pur ; en présence d'un grand excès d'eau ; on filtre pour séparer les parties insolubles et dans la liqueur filtrée on précipite le chlore ou le brome par l'azotate d'argent ; on dose le chlorure ou bromure d'argent avec les précautions voulues et on en déduit le poids du chlore, du brome ou de l'iode.

M. Carius dose le chlore, le brome, etc., en chauffant la substance avec de l'acide azotique à 1,4 de densité et du bichromate de potasse en présence de l'azotate d'argent, dans un tube scellé, porté à 180° ou 200°. Le chromate d'argent produit dans cette réaction est facilement détruit en traitant le contenu du tube par l'alcool. Pour la plupart des corps très-hydrogénés, l'addition du bichromate de potasse n'est pas nécessaire.

Dosage du soufre. — Lorsque la substance est solide, on peut la mêler avec un grand excès d'azotate de potasse pur, additionné de 3 fois son poids de carbonate de soude pur et sec, et projeter le mélange par petites parties à la fois, dans un grand creuset de platine dont le fond a été porté au rouge naissant. La matière est oxydée, le soufre passe à l'état de sulfate alcalin ; après le refroidissement, on traite par l'eau acidulée d'acide azotique ; la dissolution est précipitée par le chlorure de baryum et le soufre dosé à l'état de sulfate de baryte.

M. Carius dose le soufre en se servant d'une méthode semblable à celle qu'il a proposée pour le dosage du chlore ; il chauffe à 200°, dans un tube scellé, la matière avec de l'acide azotique à 1,4 de densité et pour produire l'oxydation complète dans les cas les plus rebelles, il ajoute du bichromate de potasse ; après avoir chauffé pendant une heure, on ouvre le tube, on réduit l'excès de bichromate par l'alcool et on dose l'acide sulfurique à l'état de sulfate de baryte.

Dosage du phosphore. — La méthode qui précède ne produit pas toujours une oxydation complète du phosphore dans les matières organiques sous l'influence de l'acide azotique. Dans ce cas, M. Carius indique de chauffer la matière dans un tube scellé, avec un léger excès d'iodate d'argent additionné de deux fois son poids d'acide sulfurique. On reprend le contenu du tube par l'eau, et on réduit l'excès d'iodate d'argent par l'acide sulfureux. Dans la liqueur filtrée, on précipite l'acide phosphorique à l'état de phosphate ammoniaco-magnésien.

Les méthodes proposées par M. Carius présentent plus de garanties d'exactitude que celles qui consistent à opérer en vaisseaux ouverts en faisant déflagrer la substance avec un mélange de nitre et de carbonate alcalin pour amener le soufre ou le phosphore à l'état de sulfate ou de phosphate alcalins.

M. Alexandre Mitscherlich a proposé tout récemment une méthode nouvelle d'analyse organique dont la description détaillée prendrait une place que nous ne pouvons lui consacrer ici. L'auteur décompose, dans un appareil approprié, la matière par un courant de chlore à chaud, en dehors de la présence de l'humidité et de l'air. Il se forme de l'acide chlorhydrique, dont le dosage fait connaître l'hydrogène, de l'oxyde de carbone et de l'acide carbonique qui sont dosés séparément par absorption, d'où l'on déduit l'oxygène par dosage direct. Au besoin, on ajoute du carbone à la matière.

Quant au carbone, au chlore, au brome, à l'iode, au soufre et à l'azote, l'auteur les détermine en brûlant la substance en présence de l'hydrogène au moyen d'un courant d'oxygène. Les produits formés : eau, acide carbonique, azote, acide chlorhydrique, etc., sont dosés séparément.

Sans vouloir attaquer l'exactitude des procédés, nous croyons que l'auteur aura peut-être quelque peine à faire passer dans la pratique ses méthodes qu'il proclame supérieures à toutes les autres connues, en raison de l'emploi possible d'une faible quantité de matière, de la sûreté, de la facilité et de la rapidité des opérations.

Bibliographie. — Lavoisier, OEuvres publiées par les soins de M. le Ministre de l'instruction publique, sous la direction de M. J. Dumas; Paris, Imprimerie impériale (1865), t. III, 773. — Berzélius, Traité de chimie. — Chevreul, Analyse organique. — W. Prout. — Andrew Ure, Analyse médiate des substances végétales et animales, *Ann. de Chim. et de Phys.*, t. XXIII, p. 377. — Gay-Lussac et Thénard, Nouvelle méthode d'analyse des substances organiques, *Recherches physico-chimiques;* Paris, 1811, t. II, p. 265. — Henry fils et Plisson, Sur l'analyse organique, *Ann. de Chim. et de Phys.*, t. XLIV, p. 94. — J. Liebig, Nouvel appareil pour l'analyse des matières organiques, *Ann. de Chim. et de Phys.*, t. XLVII, p. 147. — J. Dumas, Lettre à M. Gay-Lussac sur les procédés de l'analyse organique, *Ann. de Chim. et de Phys.*, t. XLVII, p. 198. — Persoz, Nouvelle méthode d'analyse organique, *Ann. de Chim. et de Phys.*, t. LXXV, p. 5.—J. Dumas et Stas, Procédé d'analyse organique, *Ann. de Chim. et de Phys.*, (3), t. I, p. 5. — Payen, Dispositions pour la combustion des matières organiques, *ibid.*, (3), t. I, p. 54.— H. Deville, *ibid.*, (3), t. I, p. 59.— Will et Varrentrapp, Nouveau procédé de dosage d'azote dans les matières organiques, *ibid.*, (3), t. IV, p. 229.—E. Peligot, Application des moyens de dosage volumétrique à la méthode de MM. Will et Varrentrapp pour le dosage de l'azote, *Comp. rend.*, t. XXIV, p. 550.—Melsens, Observations sur le dosage de l'azote dans quelques matières azotées, *Comp. rend.*, t. XX, p. 1437. — Dumas et Piria, Emploi de l'acide antimonique dans les analyses des sels de potasse à acide organique, *Ann. de Chim. et de Phys.*, (3), t. V, p. 365.—Cloëz, Emploi de l'acide tungstique dans l'analyse des sels de potasse à acide organique, *Bull. de la Soc. chim.* de Paris, nouv. sér., t. I, p. 250 (1864). — Cloëz, Nouveau mode de combustion des matières organiques, *Ann. de Chim. et de Phys.*, (3), t. LXVIII, p. 394. — Cloëz, Dosage du volume de l'azote, *Ann. de Chim. et de Phys.*, (3), t. LXVIII, p. 407. — Gottlieb, Dosage de l'azote dans les corps nitrés, *Ann. de Chim. et de Phys.*, (3), t. XXXVIII; p. 363. — G. Ville, Dosage de l'azote des nitrates en présence des matières organiques, *Ann. de Chim. et de Phys.*, (3), t. XLVI, p. 320. — Simpson (Maxwell), Modifications au procédé de dosage d'azote, *Ann. der Chem. u. Pharm.*, et *Traité d'analyse chimique* de H. Rose; Paris, 1862, t. II, p. 1037. — Berthelot, Nouvel appareil pour les analyses organiques, *Ann. de Chim. et de Phys.*, (3), t. LVI, p. 214.—Baumhauer, Dosage de l'oxygène dans les matières organiques, *Ann. de Chim. et de Phys.*, (3), t. XLV, p. 327.— Maumené, Dosage direct de l'oxygène dans les matières organiques, *Comp. rend.*, t. LV, p. 432. — Stromeyer, Dosage direct de l'oxygène dans les matières organiques. *Rép. de Chim. pure*, t. III, p. 391 (1855).—Baumhauer, Dosage simultané du carbone, de l'hydrogène, de l'oxygène et de l'azote, dans une substance organique, *Archives néerlandaises*, t. I, et *Bull. de la Soc. chim.* (nouv. sér.), t. VI, p. 131 (1866). — Wheeler, Dosage simultané du carbone, de l'hydrogène et de l'oxygène dans une matière organique, *Journ. für prakt. Chem.*, t. XCVI, p. 239, et *Bull. de la Soc. chim.* (nouv. sér.), t. VI, p. 130 (1866). — Ladenburg, Nouvelle méthode d'analyse organique, *Ann. de Chim. et de Phys.*, (4), t. V, p. 485. — Carius, Analyse élémentaire des combinaisons organiques par l'acide azotique, *Ann. de Chim. et de Phys.*, (3), t. LX, p. 497; Dosage de S, Ph, Az, Cl, Br, I et métaux, *ibid.* — Carius, Combustion des bases phosphorées, *Ann. de Chim. et de Phys.*, (3), t. LXII, p. 388. — Mitscherlich (Alexandre), Nouvelle méthode de détermination de la constitution des matières organiques, *Ann. de Poggend.*, t. CXXX.   Fx. L.

ANALYSE SPECTRALE. — Méthode d'analyse qualitative et, dans un petit nombre de cas, quantitative, fondée sur l'observation des raies des différents spectres lumineux.

On connaissait depuis longtemps la coloration que prennent les flammes quand on y introduit certains composés chimiques (acide borique, sels de lithine, de strontiane, de soude, de cuivre, etc.). Talbot, Brewster, Miller analysèrent optiquement ces flammes colorées au moyen du prisme et reconnurent qu'elles donnent des spectres brillants formés de raies ou de bandes lumineuses d'un éclat souvent très-intense. Le chlorure de sodium surtout attira une attention spéciale par la nature de son spectre, qui se réduit à une double ligne unique dans le jaune et offre ainsi le curieux exemple d'une lumière presque monochromatique.

L'importance de l'observation de ces spectres paraît avoir échappé aux physiciens. Iwan, en étudiant le spectre gazeux des carbures hydrogénés, fit le premier la remarque judicieuse que certaines lignes s'y trouvent *communes* et y dominent d'autant plus que la proportion de carbone est plus forte dans le carbure, et qu'elles révèlent par conséquent la présence de ce corps. C'est le nouveau champ de recherches ouvert par cette observation que Kirchhoff et Bunsen ont exploité avec un succès qui en a fait une des découvertes capitales de notre époque. Ces deux savants ont constaté que tous les éléments réduits à l'état de vapeur incandescente donnent des spectres dont les *maxima* caractérisent par leur nombre, leur largeur et leur position le corps simple employé. Le spectre des sels volatils portés dans une flamme très-chaude, mais à peine éclairante, est aussi formé des raies caractéristiques du métal qui fait la base du sel. Lors de la présence de plusieurs sels dans une flamme ou du mélange de plusieurs vapeurs lumineuses, le spectre produit participe de chacun d'eux et se forme par la superposition de leurs spectres individuels, chacun avec une intensité qui dépend de la quantité et de la faculté lumineuse du métal qui l'engendre. A parler exactement, toutes les substances en présence, les divers éléments de la flamme tout comme la totalité des principes constituants des sels, développent individuellement leurs spectres : seulement ceux des métaux, par leur intensité, effacent ceux des métalloïdes.

Cette méthode de *détection* spectroscopique est d'une telle sensibilité, qu'elle permet de reconnaître la présence de métaux en quantités impossibles à apprécier avec les balances les plus délicates; ainsi, l'œil perçoit très-nettement, pendant une seconde, les raies brillantes produites par un trois-millionième de milligramme de chlorure de sodium, neuf millionièmes de milligramme de carbonate de lithine et un millième de milligramme de chlorate de potasse.

Nous allons exposer un certain nombre de faits qui, tout en complétant les données précédentes, les modifieront dans ce qu'elles ont de trop absolu. Quoique chaque métal donne son spectre propre, si l'on compare les uns aux autres les spectres des divers métaux, on verra que plusieurs de leurs raies semblent coïncider. Cela est frappant surtout pour la raie 1655,6 (échelle de Kirchhoff), qui appartient au fer et au magnésium, et pour la raie 1522,7, propre au fer et au calcium. Les observations n'ont pas encore atteint un degré d'exactitude suffisant pour permettre de décider si cette coïncidence est réelle ou simplement apparente (Kirchhoff).

Des spectres assez simples à certaines températures deviennent plus compliqués lorsqu'on porte la température à un degré beaucoup plus élevé. Miller a constaté ce fait pour le cas du thallium, et Wolff et Diacon pour celui des métaux alcalins. Plücker a obtenu des résultats analogues avec l'azote et le soufre.

Contrairement à ce qui a été dit ci-dessus touchant la superposition des spectres des sels mélangés, Nicklès a annoncé que la présence du sodium en grand excès dans une flamme empêche la réaction spectroscopique du thallium de se manifester. D'après Stolba, le chlorure de sodium se comporterait de la même manière à l'égard du chlorure de cuivre. Heintz enfin a reconnu que la raie spectrale du rubidium ne se manifeste pas en présence d'un grand excès de carbonate de cœsium. En portant dans une flamme qui donnait le spectre du potassium, un faisceau de fils de platine imprégné d'acide chlorhydrique et de sel ammoniac, Mitscherlich a vu aussitôt disparaître le spectre du potassium. Mulder a fait une observation analogue dans laquelle il a reconnu que le spectre du phosphore produit par la flamme de l'hydrogène mélangé avec de l'hydrogène phosphoré est complétement anéanti par la flamme de l'éther.

Certaines raies d'un spectre peuvent être éteintes par suite de la présence de plusieurs substances dans une même flamme; ainsi, le chlorure de cuivre et d'ammonium porté dans la flamme du chlorure de strontium éteint la raie bleue de ce dernier (Mitscherlich).

Une série de recherches sur les composés haloïdes du baryum, du strontium, du calcium, du cuivre, etc., a montré à Mitscherlich que chaque composé binaire qui n'est pas décomposé par la flamme et qui est chauffé à une température suffisante pour devenir lumineux, a un spectre propre et indépendant d'autres circonstances. Diacon est arrivé de son côté à des résultats qui confirment ceux de Mitscherlich.

On a tenté d'établir quelques relations entre les distances des raies d'un spectre et le poids atomique, par exemple, du corps qui le fournit; mais l'on n'est arrivé à rien de précis et de positif (Mitscherlich, Hinrichs).

Les spectres des métaux, avons-nous dit plus haut, sont engendrés par les vapeurs métallifères lumineuses; toutefois Bunsen et Bahr ont trouvé à cette condition deux exceptions curieuses fournies l'une par l'oxyde de didyme et l'autre par la terbine. En fondant une petite quantité d'oxyde de didyme avec du sel de phosphore de manière à obtenir une perle transparente, améthyste, exempte de bulles, et chauffant cette perle avec précaution, jusqu'à l'incandescence, par le moyen d'une flamme obscure placée au-dessous, on verra se manifester au spectroscope les principales bandes brillantes du didyme (Bunsen). Si l'on plonge un mince fil de platine dans une dissolution sirupeuse de nitrate de terbine et qu'on le porte dans la flamme d'un bec de Bunsen, il se forme une masse spongieuse de terre qui brille avec une lumière verte d'un grand éclat; cette lumière, examinée au spectroscope, montre un spectre continu sur lequel se détachent les raies brillantes du terbium (Bahr) [1]. Delafontaine a eu l'occasion de constater l'exactitude de ces faits.

Spectres d'absorption. — L'interposition, sur le chemin d'un rayon lumineux à spectre continu et complet, soit avant, soit après le prisme, d'un milieu coloré, solide, liquide ou gazeux, amène un changement dans la composition de la lumière, c'est-à-dire l'affaiblissement ou l'extinction de certaines parties du spectre; ce sujet a fait l'objet des recherches de Herschel, de Brewster, de Gladstone, etc., et plus récemment de Stokes. Les diverses substances colorées se distinguent par les parties du spectre qui sont absorbées, par le nombre des maxima et des minima de lumière et par la dernière couleur persistante. L'acide hypoazotique (peroxyde d'azote, vapeurs rutilantes) donne un spectre d'absorption remarquable formé de bandes ou de lignes noires plus ou moins nombreuses, presque équidistantes, qui couvrent les différentes régions du spectre. L'acide hypochlorique (peroxyde de chlore), la vapeur d'iode (Miller), la solution de permanganate de potasse, celles de didyme (Gladstone) et de terbium (Bahr), produisent des effets semblables. Au point de vue de la purification de l'yttria, de l'oxyde de lanthane et de l'erbine, la connaissance de ces deux derniers spectres d'absorption est d'une grande importance; ils offrent en outre la particularité de coïncider exactement avec les spectres lumineux produits par les oxydes (voyez plus haut), à cela près que si l'on compare les maxima lumineux des bandes claires avec les minima lumineux des bandes obscures, on trouve qu'ils coïncident exactement [2].

Renversement des spectres. — Si l'on fait traverser une flamme qui donne un spectre métallique (celui du sodium ou du lithium, par exemple) par la lumière très-vive émanant d'un corps solide porté à un haut degré d'incandescence, on verra le spectre de la flamme devenir obscur et ses raies se détacher comme autant de traits noirs sur le fond brillant du spectre continu fourni par la source de lumière. C'est là ce qu'on appelle le *renversement d'un spectre*, fait observé en premier lieu par Foucault et qui sert de base à l'explication des raies de Fraünhofer, ainsi qu'à la théorie de Kirchhoff sur la constitution du soleil.

Résultats obtenus. — Indépendamment des questions de physique du plus haut intérêt qu'elle a soulevées ou résolues, et abstraction faite de la facilité avec laquelle elle permet de constater la présence de tel ou tel métal déjà connu dans un composé donné, la méthode de MM. Kirchhoff et Bunsen a conduit à la découverte de quatre métaux nouveaux et intéressants dont l'existence avait échappé jusqu'ici à tous les chimistes; ce sont, d'après l'ordre de leur découverte, le cœsium et le rubidium (Kirchhoff et Bunsen, 1859-1860), le thallium (Crookes, Lamy, 1860) et l'indium (Reich et Richter, 1863). Les deux premiers

(1) Le pouvoir émissif de la terbine est considérablement renforcé quand on arrose et calcine, avec une quantité suffisante d'acide phosphorique, la petite masse spongieuse attachée au fil de platine. Bunsen considère les spectres lumineux qui viennent d'être décrits comme étant propres aux oxydes et non aux métaux eux-mêmes.

(2) Pour la détermination *quantitative* du didyme et du terbium, par l'examen de leurs spectres d'absorption, voyez les articles consacrés à ces métaux.

sont extrêmement voisins du potassium; le troisième appartient aussi au groupe des métaux alcalins, mais il fait en outre la transition avec le plomb, et son histoire présente, tout comme celle de l'uranium, quoique sur d'autres points, les particularités qui lui sont tout à fait spéciales; quant à l'indium, il se rapproche du cadmium.

L'analyse spectrale a également permis de reconnaître l'excessive dissémination dans la nature de plusieurs éléments considérés jusqu'à ces derniers temps comme très-rares (le lithium, par exemple). Plusieurs chimistes avaient pensé pouvoir déduire de leurs expériences que la terbine, découverte par Mosander en 1843, est seulement un mélange d'yttria et d'erbine ou de didyme; la propriété de donner un spectre d'absorption spécial qui a été reconnue à ses sels dissous, a confirmé l'exactitude des données de Mosander.

Appareils et mode opératoire. — Il nous paraît superflu de décrire ici les différentes formes de spectroscopes qui ont été proposées dans ces dernières années; nous nous bornerons seulement à l'appareil ordinaire pour les recherches courantes de laboratoire.

Voici en quoi il consiste :

Une plate-forme circulaire en fer A est supportée par une colonne de fonte à trois pieds sur laquelle elle peut tourner horizontalement; à son

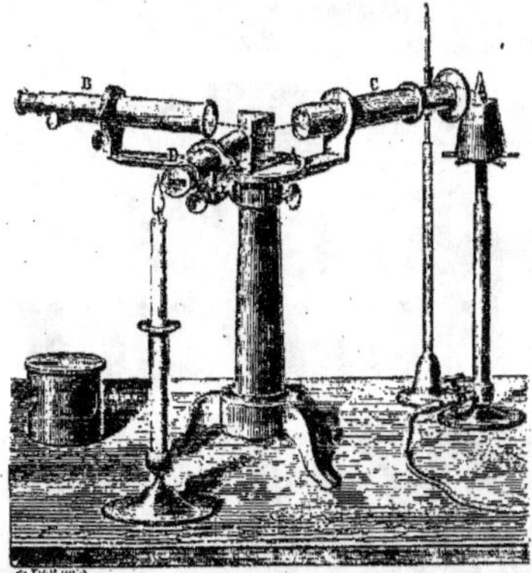

Fig. 51. — Spectroscope.

centre est fixé un prisme en flint placé une fois pour toutes au minimum de déviation; sa circonférence porte trois lunettes, savoir : 1° une lunette d'observation B d'un grossissement de 5 à 6 fois; 2° une lunette C dont l'oculaire a été enlevé et remplacé par une plaque de métal partagée par une fente verticale susceptible de s'élargir ou de se rétrécir à volonté au moyen d'une vis. La moitié de cette fente est recouverte par un petit prisme à réflexion totale, ce qui permet de faire entrer à la fois dans la lunette des rayons émanant de deux sources lumineuses différentes; 3° un tube D portant à l'une de ses extrémités un objectif, et à l'autre une lame de verre sur laquelle est photographiée une graduation microscopique horizontale. Les axes de ces trois lunettes convergent vers le centre du prisme, de telle manière qu'en mettant l'œil à l'oculaire

de B on puisse voir simultanément en un même champ l'image de l'échelle graduée et le spectre engendré par un rayon de lumière qui aurait traversé la fente de C.

Pour se garantir dans les observations de toute lumière étrangère, on se place dans une chambre noire et l'on recouvre les tubes et le prisme d'une calotte noire en drap, en toile cirée ou en peau, dans laquelle sont pratiquées trois ouvertures pour laisser passer les trois tubes.

Quand on veut faire une observation, on éclaire l'échelle graduée de la lunette D avec une bougie ou un bec de gaz à flamme brillante, et à quelques centimètres en avant de la fente de C on place la lampe de Bunsen à flamme obscure (¹), qui servira à chauffer et à volatiliser la substance saline à examiner. Quand le gaz est allumé, on y introduit cette dernière sous la forme de perle ou de menu fragment fixé à un mince fil de platine emmanché lui-même à un petit tube de verre. Pour se réserver la liberté de ses mouvements et obtenir une position plus stable du fil métallique, l'opérateur engage le tube de verre dans la branche horizontale et mobile par glissement du support dont le dessin est ci-dessous.

Il peut se présenter des cas où la flamme d'un bec de Bunsen ne produit pas une température suffisamment élevée pour les besoins de l'expérience : il faut alors avoir recours au chalumeau à gaz oxyhydrogène ou bien à l'arc voltaïque produit par une bonne bobine de Ruhmkorff.

Pour observer les spectres des gaz, on fait passer l'étincelle d'induction à travers le gaz, soit à la pression ordinaire, entre des pôles métalliques donnant un spectre connu, soit à une très-faible pression dans un tube de Geissler à étranglement capillaire. C'est cette partie capillaire et fort lumineuse que l'on dispose devant la fente.

La largeur de la fente doit être proportionnée à l'intensité

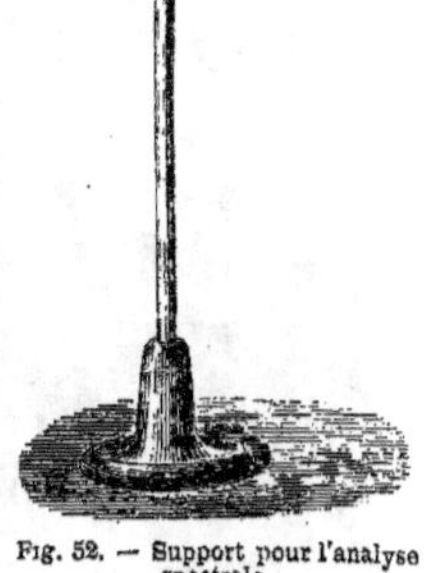

Fig. 52. — Support pour l'analyse spectrale.

de la source lumineuse : un dixième de millimètre suffit dans la plupart des cas.

Nous avons dit que le petit prisme à réflexion totale permet de voir en même temps le spectre d'une seconde source lumineuse; cette disposition est d'une grande utilité pour trancher la question de l'identité de deux spectres, auquel cas les lignes de l'un se verront exactement sur le prolongement des lignes de l'autre avec les-

(1) Cette lampe doit être munie d'une cheminée en forme de cône tronqué pour empêcher le vacillement de la flamme.

quelles elles coïncideront ainsi d'une manière parfaite. Supposons, par exemple, que l'on ait du doute sur l'existence du strontium dans une matière. Dans la flamme placée en avant de la fente, on introduira la substance à essayer, en sorte que son spectre se dessinera dans la moitié supérieure du champ de la lunette, et dans une seconde flamme située devant le petit prisme, on portera un fil de platine imprégné de chlorure de strontium ; le spectre du strontium apparaîtra alors dans la moitié inférieure du champ de la lunette. Si les raies de celui-ci se prolongent dans le spectre supérieur, la présence du strontium dans la matière en question sera indubitable.

L'observateur se dispensera, dans la plupart des cas, de cette comparaison directe de deux spectres en dressant une fois pour toutes une table de la position des raies des principaux spectres par rapport aux degrés de l'échelle graduée dont son appareil est muni ; cependant, il convient de le faire remarquer, une telle table perd toute valeur si l'on déplace le prisme ou l'échelle, à moins qu'après les avoir dérangés on ne les ramène exactement au point qu'ils occupaient auparavant, ce qui est toujours délicat.

Les métaux que l'analyse spectrale peut déceler aisément sont les suivants : sodium $0^{mg},0000003$, lithium $0^{mg},0000009$, calcium $0^{mg},00001$, cœsium $0^{mg},00005$, strontium $0^{mg},00006$, thallium $0^{mg},00002$, potassium $0^{mg},001$, baryum $0^{mg},001$, indium. Les autres corps simples donnent des spectres trop compliqués et ils exigent souvent l'emploi de l'étincelle d'induction. Parmi les sels que l'on peut employer, les chlorures, bromures, iodures et fluorures, méritent en général la préférence, à cause de leur volatilité ; toutefois, pour l'indium, il vaut mieux avoir recours au sulfure ou à l'oxyde, qui donnent un spectre moins fugitif.

Le spectroscope à vision verticale et celui de Hoffmann à vision directe sont peu employés ; cependant le dernier, en forme de lunette d'approche, est très-commode en voyage pour l'étude des flammes des fourneaux où l'on traite les minerais métalliques, par exemple. Le spectroscope à plusieurs prismes est plutôt destiné aux recherches de physique et en particulier à l'examen des raies du spectre solaire [1].

Projection des spectres. — M. H. Debray a décrit un appareil propre à effectuer la projection amplifiée des spectres sur un écran, de manière à rendre visibles à un auditoire même assez nombreux les raies caractéristiques de plusieurs métaux.

En voici une description abrégée :

Dans une lanterne électrique de Dubosq, au lieu d'une lampe électrique, on introduit un chalumeau de Debray à lumière de Drummont. L'ouverture latérale de la lanterne est munie d'une fente large d'un millimètre environ, en avant de laquelle on place (à 30 centimètres) une lentille dont la longueur focale est de $0^m,33$. A 25 ou 30 centimètres de cette lentille, on dispose un prisme en flint, puis un miroir destiné à renvoyer sur une feuille de papier blanc l'ensemble des rayons réfractés. La lentille, le prisme et le miroir sont portés sur des pieds ; quant à l'écran, on peut, si l'on veut, le fixer contre une muraille.

Pour montrer un spectre continu, on dirige le jet enflammé de gaz tonnant contre un bâton de chaux vive qui devient incandescent ; quand ensuite on veut produire les spectres des métaux, il suffit d'enlever la chaux et de porter dans la flamme une allumette ou un petit charbon de

cornue fortement imprégné de substance métallique ; le platine doit être proscrit pour cet usage, à cause de la facilité avec laquelle il fondrait sous l'influence d'une si haute température.

BIBLIOGRAPHIE [1]. — KIRCHHOFF, Constitution physique et chimique du soleil. Spectres des corps simples, *Ann. de Chim. et de Phys.*, (3), t. LVIII, 1863, et (4), t. I, 1864].—TALBOT, Coloration des flammes par certains sels et leur analyse prismatique, *Edinburgh Journal*, t. V, p. 77.— HERSCHEL, même sujet, *Edinburgh Transactions*, pour 1822. — MILLER, même sujet, *Philosophical Transactions*, t. XXVII, 1845.— L. FOUCAULT, *Soc. philomathiq.*, janvier 1849. — SWAN, Spectres des flammes produites par les hydrocarbures, *Edinburgh Transactions*, t. XXI, 1857. — PLUCKER, Spectres des gaz raréfiés incandescents, *Poggend. Ann.*, t. CIII, CIV, CV, CVII. — KIRCHHOFF ET BUNSEN, Analyse fondée sur les observations des spectres. Procédés. Spectres des métaux alcalins, *Ann. de Chim. et de Phys.*, (3), t. LXII. — Les mêmes, même sujet, rubidium et cœsium, *même recueil*, t. LXIV. — GRANDEAU, Présence du rubidium et du cœsium dans les eaux minérales, les végétaux et les minéraux, *même recueil*, t. LVII. — LAMY, Sur le thallium, *même recueil*, t. LXVII. — CROOKES, Découverte du thallium, *Répert. de Chim. pure*, t. III (1861), p. 211. — REICH et RICHTER, Découverte de l'indium, *Journ. für prakt. Chem.*, t. LXXXIX, ou *Bull. de la Soc. chim.*, t. II, 1864, p. 442.— BŒTTGER, ERDMANN, Spectres de diverses substances, *Répert. de Chim. pure*, 1863, p. 129. — SIMMLER, même sujet, *même recueil*, 1862, p. 347. — REDTENBACHER, SCHRÖTTER, Existence des métaux alcalins dans diverses eaux naturelles et quelques minéraux, *même recueil*, 1862, 422 et 423. — CHRISTOPHLE et BEILSTEIN, Spectre du phosphore, *Ann. de Chim. et de Phys.*, (4), t. III. — DIBBIT, Flamme des gaz composés, *même recueil*, même volume. — PLUCKER ET HITTORF, Spectres des gaz et des vapeurs incandescentes, *ibid.* — MULDER, Spectre du soufre, du sélénium et du phosphore, *Bull. de la Soc. chim.*, 1864, t. I, p. 453]. — ATTFIELD, Spectre du carbone, *ibid.*, p. 19. — GOTTSCHALK, Spectre de l'acide chlorochromique, *ibid.*, p. 20. — Divers, *Journ. de Pharm. et de Chim. de Paris*, t. XLII et 43.— Complication des spectres par la chaleur, WOLFF et DIACON, *Répert. de Chim. pure*, 1862, p. 389. — MASCART, *Compt. rend. de l'Acad. des sciences*, t. LVI, 1863. — MILLER, *Ann. de Chim. et de Phys.*, (3), t. LXIX. — Occultation d'un spectre par un autre, MULDER (voyez plus haut).—NICKLÈS, *Journ. de Pharm. et de Chim.*, (4), t. 2.— HEINE, *ibid.* — Spectres des corps composés, MITSCHERLICH, *Ann. de Chim. et de Phys.*, (3), t. LXIX et (4), t. II. — DIACON, même recueil, (4), t. VI. — Spectroscope, GOTTSCHALK, *même recueil*, (4), t. I. — Projection des spectres, DEBRAY, *même recueil*, (3), t. LXV. — Spectres d'absorption, GLADSTONE, didyme, *Soc. Chem. Q. J.*, t. X, p. 219. — STOKES, Diverses substances organiques, *Journ. of the Chem. Soc.*, 1864]. — FEUSSNER, Permanganate de potasse, etc., *Arch. des sciences phys. et nat.*, t. XXIII, t. 219. — DELAFONTAINE, BUNSEN, BAHR, erbium, terbium, didyme, *même recueil*, t. XXI, XXII, XXIV et XXV.— Déductions tirées des distances des raies, MITSCHERLICH, *loco citato*, HINRICHS, *Arch. des sciences phys. et nat.*, t. XXII, p. 75]. M. D.

ANALYSE VOLUMÉTRIQUE .— Voyez ANALYSE, page 253.

[1] On trouvera de plus amples détails dans Grandeau, *Instruction pratique sur l'analyse spectrale*, Paris, 1863.

[1] Cette bibliographie contient surtout les mémoires mentionnés dans cet article et pour autant qu'ils sont écrits au point de vue chimique.

ANATASE (Min.). [Syn. *Oisanite, octaédrite,* de Saussure.]—Acide titanique, Ti O². Petits octaèdres quadratiques, b^1, souvent modifiés par la base p, plus ou moins développée; d'une couleur brune, bleue, gris métallique; quelquefois incolore et souvent transparent. Se trouve dans les fissures du granite (Oisans) et du micaschiste, et dans les sables provenant de leur désagrégation (Brésil).

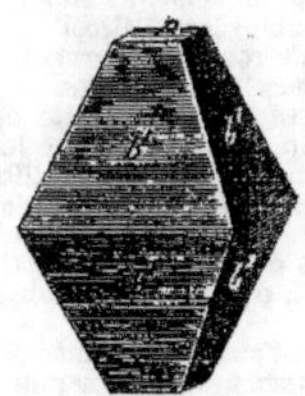

Fig. 53. — Anatase.

Caractères. — Inattaquable aux acides; infusible au chalumeau; lorsqu'on le chauffe, la matière devient tout à coup incandescente. Avec le sel de phosphore et l'étain, au feu de réduction, donne la coloration bleu violacé du titane.

Dureté, 5,5-6, poussière blanche. Densité, 3,83-3,95. Lorsqu'on le chauffe longtemps au rouge, sa densité augmente jusqu'à 4,11-4,16, ce qui correspond à la densité du rutile.

Angles : $p\, b^1 = 111°\,43'$, $b^1\, b^1 = 136°\,30'$.

Clivages : p et b^1.   F. et S.

ANAUXITE (Min.). Breithaupt. — Masses argileuses, contenant : silice, 62,3; alumine, 24,2, chaux, 0,9; magnésie, traces; perte au feu, 12,3 [V. Hauer]; présentant une structure semi-cristalline; translucides sur les bords, d'un éclat faiblement nacré, blanc verdâtre ou jaunâtre. Se trouve dans un filon de basalte altéré, au mont Hradischt, près Bilin, en Bohème.

Dureté, 2 à 3. Densité, 2,26-2,37.

ANCHUSINE (*Acide anchusique*). — Matière colorante, renfermée dans la racine d'orcanette (*alkanna tinctoria* ou *anchusa tinctoria*). Elle a été découverte par Pelletier en 1818 [*Ann. de Chim. et de Phys.*, t. LI, p. 191] et étudiée ultérieurement par lui, puis par Bolley et Wydler [*Ann. Chem. u. Pharm.*, t. LII, p. 141].

Préparation.—On fait macérer la racine d'orcanette dans de l'eau froide, de façon à enlever toutes les parties solubles dans ce véhicule, puis on la fait sécher à l'étuve et on l'épuise par l'alcool : il faut avoir soin d'ajouter au mélange quelques gouttes d'acide chlorhydrique, qui empêchent l'altération de l'anchusine. La solution alcoolique concentrée est additionnée d'éther, qui se charge de la matière colorante; par évaporation de la solution éthérée on obtient l'anchusine sous la forme d'une masse résinoïde.

Lepage prépare l'anchusine en épuisant par le sulfure de carbone l'orcanette réduite en poudre grossière : il distille les liqueurs et, après avoir chauffé le résidu au bain-marie pendant quelque temps, il le reprend par de l'eau froide, légèrement alcaline (2 % de soude caustique); l'anchusine s'y dissout avec une belle coloration bleu-indigo : on filtre et on sature la liqueur limpide par de l'acide chlorhydrique faible : le précipité ne se forme qu'après 24 heures [*Répert. de Chim. appl.*, 1858, p. 304].

Propriétés. — L'anchusine est une substance amorphe, rouge foncé, d'une cassure résinoïde, et inaltérable à la lumière. Soumise à l'action de la chaleur, elle fond vers 60°; à une température plus élevée, elle se volatilise en donnant des vapeurs violettes, extrêmement piquantes et dont l'odeur rappelle celle du sélénium en combustion : ces vapeurs se condensent en flocons très-légers. Il est difficile de sublimer de grandes quantités d'anchusine, parce que le point où elle se volatilise est très-rapproché de celui où elle se décompose. Elle est insoluble dans l'eau, soluble avec une belle couleur rouge dans l'éther, l'alcool, les essences, les huiles grasses et essentielles, le sulfure de carbone, l'acide acétique. L'acide sulfurique concentré la dissout avec une couleur bleue. L'acide nitrique la détruit. L'anchusine forme avec la potasse, la soude, l'ammoniaque, la chaux, la magnésie, etc., des combinaisons bleues, solubles dans l'eau, l'alcool et l'éther.

Les sels métalliques donnent avec ces solutions des précipités diversement colorés : les sels de stannosum, d'aluminium, de ferricum, donnent un beau précipité violet; ceux de stannicum, un précipité rouge cramoisi; ceux de mercure, un précipité couleur chair; le sous-acétate de plomb (mais pas l'acétate neutre) précipite en bleu grisâtre la solution alcoolique de l'orcanette.

La solution d'anchusine s'altère assez promptement, surtout à chaud. Dans ce cas, on observe un dégagement d'acide carbonique et la formation d'une matière verte soluble dans l'éther (Bolley).

La composition de l'anchusine donnée par Pelletier, et depuis par Bolley et Wydler, ne paraît pas encore définitivement établie.

Usages. — Les usages de l'anchusine comme matière colorante sont assez nombreux : on profite de sa solubilité dans les corps gras pour colorer les pommades et les préparations pharmaceutiques. Sa solubilité dans le sulfure de carbone a été utilisée dans la teinture du caoutchouc, et spécialement de ces petits ballons si répandus aujourd'hui. Enfin l'anchusine a été beaucoup employée dans l'industrie des toiles peintes : son application est due à J. M. Haussmann. Pour teindre un tissu en violet d'orcanette, on commence par le mordancer en alumine, puis on le plaque dans une solution alcoolique d'anchusine : le tissu ainsi préparé est enroulé sur une bobine et passé à l'eau bouillante : la couleur se trouve alors fixée. Pour produire des impressions, on imprime un mordant d'alumine et, après bousage, on teint dans une solution alcoolique d'anchusine, étendue d'eau et portée à l'ébullition : nous nous sommes assuré qu'on peut remplacer la solution alcoolique d'anchusine par une solution d'anchusine dans le savon. Enfin, selon Persoz, on peut faire avec l'anchusine une couleur d'application, en la dissolvant dans un corps gras, ajoutant à cette solution de l'aluminate de potassium et imprimant; par un simple passage en acide la couleur est fixée.

On produit des impressions *réserve* sous violet, en recouvrant les parties qu'on veut conserver blanches d'une solution de gomme, qui, précipitée par l'alcool, forme une réserve mécanique.   Ch. L.

ANDALOUSITE (Min.). [Syn. *Feldspath apyre, H. Macle, H. Chiastolithe, Stanzaïte.*] — Silicate d'alumine,

$$Al^2\,Si\,O^5 = Al^2 O^3, Si\,O^3.$$

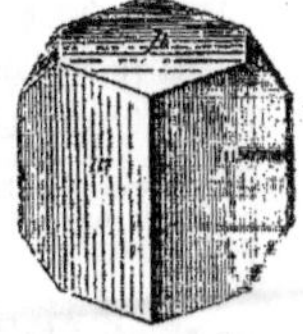

— L'andalousite proprement dite se trouve en prismes rhomboïdaux presque carrés, récouverts et même pénétrés de mica et de disthène, dans les schistes cristallisés; opaque, gris ou rosé. Au Brésil, il en existe une variété transparente d'un jaune verdâtre, polychroïque.

Fig. 54. — Andalousite.

Le macle ou chiastolithe forme des prismes empâtés dans des schistes argileux, et qui, coupés transversalement, montrent une marqueterie disposée en croix.

Caractères. Inattaquable aux acides. Infusible au chalumeau. Donne, avec l'azotate de cobalt, la coloration bleue de l'alumine. Dureté, 7,5. Poussière blanche. Densité, 3,16-3,2. Prismes orthorhombiques (mm, de 90°48', $me^1 = 113°48'$). Clivages, m faciles, h^1 imparfait. F. et S.

ANDÉSINE (Min.). Feldspath séparé par Abich de l'albite, dont il se distingue par une composition différente. Silicate d'alumine, de soude et de chaux, avec des traces de magnésie, de potasse et de fer :

$$R Al^2 Si^4 O^{12} = R O, Al^2 O^3, 4 Si O^2.$$

$$R = Na^2, Ca.$$

Présente les caractères et la forme de l'albite et se trouve dans des syénites et des porphyres des Andes, des Vosges, etc.

Caractères. A peine attaqué par les acides. Fond difficilement sur les bords en un verre laiteux. Dureté, 5-6. Densité, 2,65-2,74.

ANDREASBERGOLITHE ou **ANDRÉOLITHE.** — Voyez HARMOTOME.

ANÉMONINE, $C^{15} H^{12} O^6$(?). — L'anémonine est une matière blanche, cristallisable, neutre au tournesol, peu soluble dans l'eau et l'éther, plus soluble dans l'alcool, surtout bouillant. Elle n'a pas d'odeur, se ramollit vers 150° en dégageant de l'eau et des vapeurs âcres; il reste une matière solide, jaune, qui se décompose au-dessus de 300° et laisse un résidu de charbon.

L'acide sulfurique concentré attaque l'anémonine et la noircit promptement; l'acide azotique la convertit en acide oxalique; l'acide chlorhydrique dissout l'anémonine sans l'altérer. Un mélange d'acide sulfurique et de peroxyde de manganèse la transforme en acide formique. Le chlore attaque cette substance à chaud; il se forme de l'acide chlorhydrique et un corps huileux et volatil.

Les alcalis ont la propriété de dissoudre facilement l'anémonine et de la transformer en acide appelé *acide anémonique;* la solution est jaune et les alcalis perdent leur alcalinité. Lorsqu'on fait réagir à l'ébullition de l'oxyde de plomb ou du carbonate d'argent sur l'anémonine en présence de l'eau, il se forme des combinaisons cristallines qui se déposent par le refroidissement.

D'après Fehling, la combinaison plombique devrait être exprimée par la formule suivante :

$$Pb . C^{15} H^{12} O^7.$$

Les cristaux de l'anémonine appartiennent au type orthorhombique. Combinaison observée :

$$m, h^1, g^1, a^1, e^1.$$

Inclinaison des faces :

$$a^1 h^1 = 130°34'; \quad e^1 g^1 = 112°15'.$$

L'anémonine serait représentée par la formule suivante : $C^{15} H^{12} O^6$ (?).

L'anémonine a été découverte par M. Heyer dans l'anémone *pulsatilla, A. pratensis* et *A. nemorosa* (famille des Renonculacées) [*Chemisch. Journ. v. Crell.*, t. II, 102]. Pour obtenir cette substance, il suffit de distiller avec de l'eau ces différentes variétés d'anémone. Cette eau distillée laisse déposer au bout de quelques semaines une matière blanche qui est l'anémonine, et qu'on purifie par des cristallisations répétées dans l'alcool.

Il paraît exister deux acides anémoniques. D'après MM. Lœwig et Weidmann, l'acide anémonique s'obtient en faisant bouillir l'anémonine avec de l'eau de baryte : on enlève l'excès de baryte par un courant d'acide carbonique; puis, après avoir filtré le liquide, on précipite par l'acétate de plomb : le précipité, recueilli sur le filtre et lavé, est ensuite étendu d'eau et décomposé par l'hydrogène sulfuré [*Ann. de Poggend.*, t. XLVI, p. 45]. Après avoir filtré de nouveau, on

obtient par l'évaporation de la liqueur une masse brune, transparente, cassante et non cristalline; cette substance attire promptement l'humidité de l'air : elle est peu soluble dans l'alcool et insoluble dans l'éther. Elle rougit le tournesol bleu et fait effervescence avec les carbonates.

M. Fehling a observé que, dans cette opération, il se précipitait en même temps que le carbonate de baryte une matière jaune cristallisable, soluble dans l'acide acétique, et qui, additionnée d'ammoniaque, ne précipite ni par les sels de plomb, ni par les sels d'argent [*Ann. der Chem. u. Pharm.*, t. XXXVIII, p. 218]. Cette substance n'a pas été étudiée.

D'après M. Schwartz, l'autre acide anémonique existe tout formé, mélangé avec l'anémonine dans l'eau distillée d'anémone [*Magaz. f. Pharm.*, t. X, p. 139; t. XIX, p. 168]. Cette matière n'est pas cristalline; elle est à peine soluble dans l'eau, l'alcool ou l'éther. Les alcalis la dissolvent et paraissent la dédoubler en deux corps. Sous leur influence elle se colore en jaune.

D'après l'analyse de M. Fehling, cet acide renfermerait $C^{15} H^{14} O^7$, c'est-à-dire les éléments de l'anémonine, plus une molécule d'eau.

M. Schwartz suppose que l'eau distillée d'anémone contient une huile âcre, qui par des oxydations successives produit d'abord l'anémonine, puis l'acide anémonique.

L'anémonine est un poison assez violent; et, malgré l'action énergique qu'elle exerce sur l'économie animale, son emploi en médecine est tombé en désuétude. E. C.

ANGÉLIQUE (GROUPE). — Ce groupe renferme l'aldéhyde angélique ou hydrure d'angélyle, l'acide angélique et l'anhydride angélique.

ALDÉHYDE ANGÉLIQUE,

$$C^5 H^8 O = \left. \begin{matrix} C^5 H^7 O \\ H \end{matrix} \right\}.$$

[Gerhardt, *Ann. de Chim. et de Phys.*, (3), t. XXIV, p. 96.] — Gerhardt considère ce corps comme formant une des parties constituantes de l'essence de camomille romaine, bien qu'il n'ait jamais été isolé à l'état de pureté. En effet, cette essence chauffée avec la potasse dégage de l'hydrogène et se transforme partiellement en angélate de potassium, ce qui s'explique facilement si l'on admet qu'elle renferme de l'hydrure d'angélyle :

$$C^5 H^8 O + KHO = C^5 H^7 O^2 K + H^2.$$
Aldéhyde   Potasse.   Angélate de   Hydrogène.
angélique.   potassium.

APPENDICE A L'ALDÉHYDE ANGÉLIQUE. *Essence de camomille romaine.* — On extrait de la camomille romaine (*Anthemis nobilis*) une essence verdâtre, légèrement acide et d'une odeur suave. Cette essence, soumise à la distillation, commence à bouillir vers 160° et son point d'ébullition s'élève graduellement jusqu'à 210°, où la distillation se termine. Toutefois l'élévation de la température est due à une petite quantité de résine, les premières portions de l'essence ne variant pas sensiblement par leur composition de celles qui passent en dernier lieu. L'huile de camomille romaine se compose en effet de deux principes dont les points d'ébullition sont si rapprochés qu'il est impossible de les séparer par distillation fractionnée. Voici les analyses de trois portions d'essence recueillies entre 200° et 210° (Gerhardt) :

Carbone........	75,57	76,61	76,00
Hydrogène......	10,57	10,66	10,78
Oxygène........	13,86	12,73	13,23
	100,00	100,00	100,00

Les principes constituants de l'essence de camomille sont : un hydrocarbure de la formule $C^{10}H^{16}$, une petite quantité d'acide angélique et probablement de l'hydrure d'angélyle.

L'essence de camomille ne donne aucune combinaison avec les bisulfites alcalins, ce qui semblerait établir que le composé qui, dans cette essence, se transforme en acide angélique, n'est point une véritable aldéhyde. Chauffée avec une solution aqueuse de potasse, cette essence ne subit aucune altération. Il en est de même si on la chauffe légèrement avec de l'hydrate potassique. Il se produit alors, en effet, une masse gélatineuse, d'où l'eau sépare l'essence inaltérée. Si, au lieu de chauffer légèrement, on chauffe d'une manière plus énergique, de l'hydrogène se dégage et le résidu renferme de l'angélate de potassium. Si l'on opère dans un vase distillatoire, on voit en même temps se condenser l'huile hydrocarbonée contenue dans l'essence.

Cette dernière huile, rectifiée plusieurs fois sur la potasse, répond à la formule $C^{10}H^{16}$, a une odeur citronnée fort agréable et bout à 175°. Avec l'acide sulfurique fumant, elle ne donne aucun acide conjugué.

Gerhardt admet aussi comme possible que le gaïacène C^5H^8O soit de l'hydrure d'angélyle. — Voyez GAÏACÈNE.

ACIDE ANGÉLIQUE,

$$C^5H^8O^2 = \left. {C^5H^7O \atop H} \right\} O.$$

[Syn. *Acide sumbulique.*] — *Préparation.* — L'acide angélique peut être obtenu par divers procédés. On peut l'extraire de la racine d'angélique, le préparer à l'aide de l'essence de camomille, le retirer de l'huile de croton ou le produire par la réaction de la potasse sur la *peucédanine.*

1° *Extraction de la racine d'angélique* [Z. A. Buchner (1843), *Rep. f. d. Pharm. de Buchner,* t. LXXVI, p. 101. En extrait : *Ann. der Chem. u. Pharm.,* t. XLII, p. 226. — H. Meyer et D. Zenner, *ibid.,* t. LV, p. 217.— Reinsch, *Jahresb. für prakt. Pharm.,* t. VII, p. 79; t. XI, p. 217; t. XVI, p. 12]. — On fait bouillir avec de l'eau 25 kilogrammes de racine d'angélique (*Angelica archangelica*) hachée avec 1,5 ou 2,5 kilogrammes d'eau; on jette ensuite le tout sur une toile et l'on exprime le résidu. La liqueur filtrée étant concentrée par évaporation, on la distille avec un léger excès d'acide sulfurique. Le liquide qui passe est trouble et formé de deux couches dont l'inférieure est aqueuse et dont la supérieure huileuse est acide, aromatique et rappelle l'odeur du fenouil. On sature le produit distillé par un excès de carbonate de potassium et l'on évapore jusqu'à ce que l'odeur de fenouil ait disparu. On mélange alors la masse avec un peu plus d'acide sulfurique qu'il n'en faut pour saturer l'alcali et l'on distille une seconde fois. Au début, il passe un acide huileux mélangé avec une dissolution aqueuse du même acide, puis de l'acide angélique qui cristallise soit dans le col de la cornue, soit dans le récipient.

Il faut avoir grand soin de ne jamais évaporer jusqu'à siccité et de renouveler l'eau à mesure qu'elle s'évapore, jusqu'à ce que ses vapeurs n'entraînent plus d'acide angélique. L'huile qui surnage le produit de la distillation est de l'acide valérique renfermant de l'acide angélique en dissolution. Pour séparer ce dernier, on expose l'huile à un froid de — 15° à — 20°. L'acide angélique se dépose à cette température, à l'état cristallisé et l'on décante ensuite l'acide valérique.

On expose également à 0°, ou à une température un peu plus basse, la liqueur aqueuse qui contient les cristaux, afin de faire cristalliser l'acide angélique qu'elle tient en dissolution.

2° *Préparation au moyen de l'essence de camomille romaine* [Gerhardt, *loc. cit.*]. — Le traitement de l'essence de camomille par la potasse permet d'obtenir l'acide angélique plus rapidement et en plus grande quantité, à la condition toutefois que l'on observe certaines précautions en dehors desquelles l'acide angélique se détruirait à son tour sous l'influence de la potasse.

L'essence de camomille est mêlée avec de la potasse en poudre et le tout est chauffé modérément jusqu'à ce qu'il se produise une masse gélatineuse. Si l'on continue à chauffer, il arrive un moment où la température s'élève d'elle-même et où il se développe de l'hydrogène ; il faut alors retirer la masse du feu et laisser la réaction s'achever spontanément. L'hydrocarbure de l'essence se volatilise et il reste un mélange solide d'angélate et d'hydrate potassique. Ce mélange est dissous dans l'eau. La liqueur aqueuse est séparée à l'aide d'un entonnoir de la couche huileuse qui surnage, puis filtrée sur un filtre mouillé et enfin sursaturée par l'acide sulfurique. L'acide angélique vient surnager sous la forme d'une huile qui, par le refroidissement, se prend en une masse cristalline. Il convient d'employer pour cette opération de la potasse peu chargée d'eau, parce qu'on peut alors mieux suivre les phases de la réaction.

Lorsqu'on a trop chauffé et que l'acide angélique est mêlé avec les produits de sa propre décomposition (acides acétique et propionique), il refuse de cristalliser. Il faut alors le traiter par cinq ou six fois son volume d'eau à 0° et achever de le purifier en le distillant et exposant à l'air le produit. Suivant Gerhardt, 100 grammes d'essence de camomille romaine fournissent par ce procédé 20 grammes environ d'acide angélique.

3° *Extraction de l'huile de croton* [Schlippe, *Ann. der Chem. u. Pharm.,* t. CV, p. 1 (nouv. sér., t. XXV). En extrait : *Ann. de Chim. et de Phys.,* (3), t. LII, p. 496].—On saponifie l'huile de croton par la soude caustique et l'on précipite le savon formé par le sel marin. La liqueur aqueuse, après avoir été séparée du savon, est additionnée d'acide tartrique qui en sépare une matière résineuse, puis soumise à la distillation. Le liquide acide est saturé par la baryte et redistillé après addition d'acide tartrique, opération qui doit être répétée jusqu'à ce qu'il ne contienne plus d'acide chlorhydrique. En dernier lieu, on sature par la baryte, on évapore à sec et l'on distille le résidu avec une solution concentrée d'acide phosphorique. Le liquide que l'on obtient est formé pour la majeure partie d'acide crotonique, mais il renferme aussi de l'acide angélique qui, lorsqu'on le distille avec l'eau, passe en dernier lieu. [Voyez CROTONIQUE (ACIDE).]

4° *Préparation au moyen de la peucédanine* [Wagner, *Journ. für prakt. Chem.,* t. LXII, p. 275]. — Wagner a observé qu'il se produit de l'acide angélique et de l'orosélone, lorsqu'on traite la peucédanine par une solution alcoolique de potasse :

$$C^{12}H^{12}O^3 + KHO = C^5H^7O^2K + C^7H^6O^2.$$

Peucédanine.   Potasse.   Angélate de   Orosélone.
potassium.

Propriétés. — L'acide angélique cristallise en longs prismes striés incolores qui ne renferment point d'eau de cristallisation. Son odeur est particulière et aromatique. Sa saveur est acide et piquante ; il est peu soluble dans l'eau froide et très-soluble dans l'eau chaude, l'alcool, l'éther, les huiles grasses et essentielles. Les solutions aqueuses rougissent le tournesol. Il fond à 45°, bout à 190° sans altération et brûle avec une flamme à la fois brillante et fuligineuse. Chauffé avec un excès de potasse caustique, il dégage de l'hydrogène et se transforme en un mélange d'acétate et de propionate potassiques :

$$C^5 H^8 O^2 + 2 KHO = C^2 H^3 O^2 K + C^3 H^5 O^2 K + H^2.$$

Acide angélique.   Potasse.   Acétate de potassium.   Propionate de potassium.

[Chiozza, *Compt. rend. de l'Acad. des sciences*, t. XXXVI, p. 701. *Ann. de Chim. et de Phys.*, (3), t. XXXIX, p. 435].

M. Frankland a découvert un acide isomère de l'acide angélique (voyez ACIDE MÉTHYL-CROTONIQUE) qui se décompose de même par les alcalis en fusion.

ANGÉLATES. — L'acide angélique est monoatomique et monobasique. Il échange H contre une quantité équivalente de métal et donne des sels généralement solubles dans l'eau et l'alcool. Plusieurs de ces sels perdent de l'acide et se transforment en sels basiques lorsqu'on les distille avec l'eau.

Angélate d'ammonium. — Sel soluble dans l'eau et l'alcool.

Angélate de potassium. — Ce sel se présente en paillettes brillantes, d'aspect gras, très-solubles dans l'eau, assez solubles dans l'alcool.

Angélate de sodium. — C'est un sel cristallisable soluble dans l'alcool et déliquescent.

Angélate de calcium, $(C^5 H^7 O^2)^2 Ca'' + 2 H^2 O$. — Ce sel est très-soluble dans l'eau et cristallise en lames brillantes.

Angélate de cuivre. — On l'obtient sous la forme d'un précipité blanc bleuâtre qu'un grand excès d'eau redissout.

Angélate de fer au maximum. — C'est un précipité couleur de chair qui se produit lorsqu'on ajoute une solution d'un sel ferrique à la solution d'un angélate alcalin.

Angélate de plomb, $(C^5 H^7 O^2)^2 Pb''$. — Les sels de plomb solubles sont précipités en blanc par les angélates alcalins. Le précipité se dissout dans l'eau bouillante, qui le dépose en mamelons anhydres par le refroidissement. Ce sel fond à une douce chaleur en une masse semi-transparente en dégageant beaucoup d'acide. La solution évaporée laisse précipiter un soussel, tandis que les vapeurs d'eau entraînent de l'acide angélique.

Angélate d'argent, $C^5 H^7 O^2 Ag$. — On obtient l'angélate d'argent soit en précipitant l'azotate d'argent par un angélate alcalin, soit en dissolvant de l'oxyde d'argent dans une solution chaude d'acide angélique sans saturer complétement, et en évaporant à une douce chaleur. Le sel se dépose en petits cristaux anhydres d'un gris clair. Si la solution que l'on évapore était tout à fait neutre, il se précipiterait un sous-sel et de l'acide angélique se dégagerait.

L'angélate d'argent est soluble dans beaucoup d'eau. Il se dissout aussi dans l'alcool ; au bout de quelque temps le sel se réduit et dépose de l'argent métallique.

Angélate de mercure. — L'azotate mercureux donne, avec les solutions des angélates solubles, un précipité blanc d'angélate mercureux qui devient rapidement gris et finit par se dissoudre. L'azotate mercurique n'y détermine aucun précipité, ce qui prouve que l'angélate mercurique est plus soluble que le sel mercureux correspondant.

Angélate d'éthyle. — Suivant MM. Reinsch et Richter, on obtient ce corps en distillant l'angélate sodique avec un mélange de 1 p. d'acide sulfurique concentré et de 2 p. d'alcool à 94 centièmes ; il passe alors sous la forme de stries huileuses qu'on sépare du liquide aqueux en saturant ce dernier de sel marin.

L'angélate d'éthyle rappelle par son odeur les pommes pourries ; sa vapeur respirée provoque la toux et occasionne de violents maux de tête ; sa saveur est douceâtre et épicée ; il brûle avec une flamme bleuâtre.

ANHYDRIDE ANGÉLIQUE,

$$C^{10} H^{14} O^3 = \left. \begin{matrix} C^5 H^7 O \\ C^5 H^7 O \end{matrix} \right\} O.$$

Lorsqu'on traite 6 molécules d'angélate potassique bien sec par 1 molécule d'oxychlorure de phosphore, une violente réaction s'établit à froid. Quand elle est calmée, on lave le produit avec une dissolution faible de carbonate de soude pour éliminer l'acide libre qui a pu se former ainsi que les sels produits dans la réaction, puis on le dissout dans l'éther et l'on évapore la solution éthérée après l'avoir laissée pendant longtemps en contact avec du chlorure de calcium fondu.

L'anhydride angélique est une huile incolore, sans action sur les couleurs végétales, plus pesante que l'eau, d'une odeur faible à froid et sans analogie avec celle de l'acide angélique. Il ne se solidifie pas et ne s'épaissit même pas dans un mélange de glace et de sel marin.

L'eau n'acidifie que fort lentement l'anhydride angélique. Ce corps peut être abandonné pendant plusieurs semaines sous l'eau sans qu'il se dépose des cristaux d'acide angélique.

Soumis à la distillation, l'anhydride angélique commence à passer vers 280°, mais bientôt la température s'élève et il se décompose. La masse brunit et il finit par rester dans l'appareil distillatoire un résidu charbonneux. Le liquide distillé renferme de l'acide angélique. Lavé au carbonate de soude et repris par l'éther, il redevient parfaitement neutre, mais reste souillé d'un liquide volatil qui présente une odeur pénétrante de menthe poivrée.

Les solutions alcalines concentrées et bouillantes transforment immédiatement l'anhydride angélique en angélate alcalin. Chauffé avec un petit fragment de potasse, cet anhydride se transforme en un mélange d'angélate de potassium et d'acide angélique :

$$\left. \begin{matrix} C^5 H^7 O \\ C^5 H^7 O \end{matrix} \right\} O + KHO = \left. \begin{matrix} C^5 H^7 O \\ K \end{matrix} \right\} O + \left. \begin{matrix} C^5 H^7 O \\ H \end{matrix} \right\} O.$$

Anhydride angélique.   Potasse.   Angélate potassique.   Acide angélique.

L'ammoniaque aqueuse transforme d'abord l'anhydride angélique en une masse butyreuse et finit par le dissoudre entièrement. L'aniline s'échauffe au contact de ce corps et finit par déposer des cristaux qui paraissent être la phényl-angélamide.

Anhydride angélo-acétique,

$$\left. \begin{matrix} C^5 H^7 O \\ C^2 H^3 O \end{matrix} \right\} O = C^7 H^{10} O^3.$$

On l'obtient en faisant agir le chlorure d'acétyle sur les angélates alcalins bien secs. C'est une huile assez fluide, plus dense que l'eau et tout à fait neutre. Son odeur rappelle celle de l'anhydride angélique, mais devient plus pénétrante lorsqu'on la chauffe.

L'anhydride angélo-acétique ne s'acidifie que très-lentement par l'eau, mais se transforme rapidement par les solutions alcalines en un mélange d'angélate et d'acétate alcalin.

Anhydride angélo-benzoïque,

$$\left. \begin{matrix} C^5 H^7 O \\ C^7 H^5 O \end{matrix} \right\} O = C^{12} H^{12} O^3.$$

On l'obtient en chauffant légèrement de l'angélate potassique avec du chlorure de benzoïle. C'est une huile limpide plus pesante que l'eau, un peu moins fluide que l'anhydride angélique et tout à fait neutre aux papiers réactifs. L'odeur de ce corps est la même à froid que celle de l'anhydride angélique, mais elle est plus âcre à chaud. Dans un mélange de sel et de glace, il s'épaissit légèrement sans cristalliser.

ANGÉLAMIDE, $C^6H^7O.H^2Az$. — Ce corps n'a point encore été décrit.

Phényl-angélamide, $C^5H^7O.C^6H^5.HAz$ (angélanilide). — Ce corps paraît se produire dans la réaction de l'anhydride angélique sur l'aniline. Il cristallise en aiguilles brillantes fusibles dans l'eau bouillante [Chiozza, *Ann. de Chim. et de Phys., loc. cit.*].

Constitution de l'acide angélique. — En se fondant sur plusieurs considérations théoriques qui ont été exposés ailleurs [voyez ACRYLIQUE (SÉRIE)], Frankland admet que l'acide angélique a une constitution exprimée par la formule rationnelle

$$\begin{matrix} C \\ | \\ C \end{matrix} \begin{cases} (C^3H^6)'' \\ H \\ O'' \\ OH \end{cases}$$

Le même chimiste pense que l'on pourra effectuer la synthèse de l'acide angélique en faisant agir le bromure de propylène sur l'éther disodacétique décrit par lui :

$$\begin{matrix} C \\ | \\ C \end{matrix} \begin{cases} Na^2 \\ H \\ O'' \\ OC^2H^5 \end{cases} + (C^3H^6)''Br^2$$

Éther disodacétique.   Bromure de propylène.

$$= \begin{matrix} C \\ | \\ C \end{matrix} \begin{cases} (C^3H^6)'' \\ H \\ O'' \\ OC^2H^5 \end{cases} + 2\,NaBr.$$

Angélate d'éthyle.   Bromure de sodium.   A. N.

ANGÉLIQUE (*Angelica archangelica*). — C'est une racine blanche extérieurement et grise intérieurement, dont l'odeur rappelle celle du musc et dont la saveur est âcre et persistante. Cette racine renferme de l'acide valérique et de l'acide angélique. [Voyez ACIDE ANGÉLIQUE.] — Traitée par l'eau, la racine d'angélique communique à ce liquide sa saveur et son odeur. Parmi les principes que l'alcool et l'éther extraient de cette racine, il y a un corps cristallisable, l'angélicine (Buchner).

La racine d'angélique paraît entrer dans la préparation de la chartreuse.

Extrait d'angélique. — Lorsqu'on évapore au bain-marie la teinture obtenue en épuisant la racine d'angélique par l'alcool, on obtient un extrait brun foncé qui représente à peu près les 6/100 du poids de la plante. Distillé avec une lessive alcaline, cet extrait perd une huile essentielle (essence d'angélique). Si l'on continue à chauffer la masse avec la potasse, il reste un corps insoluble analogue à la cire (cire d'angélique). La liqueur alcaline desséchée et distillée avec de l'acide sulfurique en excès donne de l'acide butyrique et de l'acide angélique [Buchner, *Ann. der Chem. u. Pharm.*, t. XLII, p. 226].

L'*angélicine* est une substance brillante qui s'obtient, suivant Buchner, en traitant l'extrait alcoolique d'angélique par la potasse.   A. N.

ANGLARITE. — Variété de vivianite renfermant moins d'eau et plus de fer.

ANGLÉSITE (Min.). [Syn. *Plomb sulfaté, Bleiglas, Bleivitriol*]. — Sulfate de plomb, $PbSO^4$ $= PbOSO^3$. Substance vitreuse d'un éclat très-vif, presque adamantin, le plus souvent incolore, transparente ; fréquemment en octaèdres cunéiformes. Accompagne la galène.

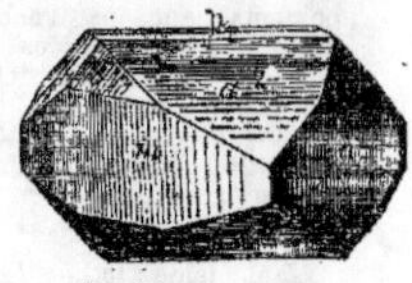

Fig. 55. — Anglésine.

Caractères. — Fusible au chalumeau ; elle donne, avec la soude, un globule de plomb.

Dureté, 3. Densité, 6,25-6,3.

Forme cristalline. — Prisme orthorhombique (*mm*) de 103° 38′, $e^1e^1 = 104° 31′$.

Clivages, *p, m* traces.

ANHYDRIDES. — On nomme *anhydrides* les acides anhydres, c'est-à-dire des composés qui deviennent de véritables acides, en fixant les éléments de l'eau.

En ce qui concerne leur composition, les anhydrides sont aux acides ce que les oxydes métalliques sont aux hydrates, ce que les oxydes organiques analogues à l'éther et à l'oxyde d'éthylène sont aux alcools.

Les formules suivantes mettent ces analogies en lumière.

$$Cl^2O + H^2O = 2\,ClOH$$
Anhydride hypochloreux.   Acide hypochloreux.

$$(SO^2)''O + H^2O = (SO^2)'' \begin{cases} OH \\ OH \end{cases}$$
Anhydride sulfurique.   Acide sulfurique.

$$(C^2H^3O)^2O + H^2O = 2\,(C^2H^3O.OH)$$
Anhydride acétique.   Acide acétique.

$$(C^2H^4O^2)''O + H^2O = (C^4H^4O^2)'' \begin{cases} OH \\ OH \end{cases}$$
Anhydride succinique.   Acide succinique.

$$K^2O + H^2O = 2\,KOH$$
Oxyde de potassium.   Hydrate de potassium.

$$Ca''O + H^2O = Ca'' \begin{cases} OH \\ OH \end{cases}$$
Oxyde de calcium.   Hydrate calcique.

$$(C^2H^4)''O + H^2O = (C^2H^4)'' \begin{cases} OH \\ OH \end{cases}$$
Oxyde d'éthylène.   Glycol.

$$\begin{matrix} (PhO)''' \\ (PhO)''' \end{matrix} \Big\} O^3 + 3\,H^2O = 2 \left[(PhO)''' \begin{cases} OH \\ OH \\ OH \end{cases} \right]$$
Anhydride phosphorique.   Acide phosphorique.

Ces formules donnent en même temps un aperçu de la constitution des anhydrides. Ce sont des oxydes dans lesquels l'oxygène est uni à un élément ou à un radical électro-négatif ou acide. Leur constitution varie suivant l'atomicité de cet élément ou de ce radical.

Un élément ou un groupe monoatomique forme en s'unissant à l'oxygène un anhydride R^2O. De tels anhydrides se rattachent à des acides monoatomiques.

Un élément ou un groupe diatomique forme, en s'unissant à l'oxygène, un anhydride $R''O$. Ces anhydrides se rattachent à des acides diatomiques.

Un élément ou un groupe triatomique forme, en s'unissant à l'oxygène, un anhydride R^2O^3

Ces anhydrides se rattachent à des acides triato-miques.

ANHYDRIDES MONOATOMIQUES. — Ils ne prennent point naissance par l'action des réactifs déshy-dratants sur les acides monobasiques, mais se forment dans des réactions qu'il est difficile de généraliser.

Seul, l'anhydride azoteux peut se former par la fixation directe de l'oxygène sur un radical oxygéné :

$$2 \, AzO + O = (AzO)^2O.$$

L'anhydride azotique $(AzO^2)^2O$ prend naissance par l'action du chlore sur l'azotate d'argent (H. Deville).

L'anhydride hypochloreux se forme par l'action du chlore sur l'oxyde mercurique (Balard) :

$$2 \, Cl^2 + HgO = Cl^2O + HgCl^2.$$

Le mode de formation le plus général de ces anhydrides a été découvert par Gerhardt. Il con-siste à soumettre les acides monoatomiques ou leurs sels à l'action d'un chlorure à radical acide :

$$1° \; \left. \begin{matrix} C^2H^3O \\ K \end{matrix} \right\} O + C^2H^3O.Cl = KCl + (C^2H^3O)^2O$$

Acétate de   Chlorure   Anhydride
potassium.   d'acétyle.   acétique.
(Oxyde
d'acétyle.)

$$2° \; \left. \begin{matrix} C^2H^3O \\ K \end{matrix} \right\} O + C^7H^5O.Cl = KCl + \left. \begin{matrix} C^2H^3O \\ C^7H^5O \end{matrix} \right\} O$$

Chlorure de   Oxyde double
benzoyle.   d'acétyle et
de benzoyle.

On voit, par la seconde réaction, que cette mé-thode permet de préparer des anhydrides à deux radicaux d'acides différents, des *anhydrides mixtes* ou oxydes doubles, qui en réagissant sur l'eau don-nent deux acides différents.

M. Schützenberger a décrit une classe intéres-sante d'anhydrides mixtes, dont les plus remar-quables s'obtiennent en faisant réagir l'anhydride hypochloreux sur des acides tels que l'acide acé-tique :

$$Cl^2O + C^2H^3O.OH = ClOH + C^2H^3O.O.Cl.$$

Oxyde de chlore
et d'acétyle.
(Acétate de chlore.)

Le produit de cette réaction représente de l'acide acétique dont l'hydrogène basique a été remplacé par du chlore. Aussi M. Schützenberger l'a-t-il nommé acétate de chlore. C'est un anhy-dride mixte hypochloro-acétique, et ses rapports avec les anhydrides hypochloreux et acétique sont indiqués par les formules suivantes :

$$\left. \begin{matrix} Cl \\ Cl \end{matrix} \right\} O, \qquad \left. \begin{matrix} C^2H^3O \\ Cl \end{matrix} \right\} O, \qquad \left. \begin{matrix} C^2H^3O \\ C^2H^3O \end{matrix} \right\} O.$$

Les anhydrides monoatomiques, généralement insolubles, ou peu solubles dans l'eau, en fixent aisément les éléments pour former des acides mo-nobasiques. Ils se dissolvent dans l'alcool, qu'ils décomposent peu à peu de manière à former des éthers monoatomiques.

Sous l'influence de l'ammoniaque ils se con-vertissent en amides :

$$(C^2H^3O)^2O + 2 \, AzH^3 = H^2O + 2 \, (C^2H^3O.AzH^2)$$

Anhydride   Acétamide.
acétique.

Le perchlorure de phosphore les attaque éner-giquement avec formation d'oxychlorure de phos-phore et de chlorures à radicaux acides. Dans ces réactions il y a échange de l'atome d'oxygène qui joint les deux groupes monoatomiques contre deux atomes de chlore.

Traités par le chlore, les anhydrides monoato-miques se convertissent en chlorures et en acides chlorés. Ainsi l'anhydride acétique donne du chlorure d'acétyle et de l'acide monochloracé-tique (Gal).

Le gaz chlorhydrique régénère l'acide hydraté en même temps qu'il se forme un chlorure (Gal):

$$(C^2H^3O)^2O + HCl = C^2H^3O.OH + C^2H^3O.Cl.$$

ANHYDRIDES DIATOMIQUES. — Ils prennent sou-vent naissance par la déshydratation directe des acides diatomiques, sous l'influence de la cha-leur :

$$(C^3H^4O)'' \left\{ \begin{matrix} OH \\ OH \end{matrix} \right. = H^2O + (C^3H^4O)''O ;$$

Acide lactique.   Lactide.
(Oxyde de
lactyle.)

$$(C^7H^4O^2)'' \left\{ \begin{matrix} OH \\ OH \end{matrix} \right. = H^2O + (C^4H^4O^2)''O.$$

Acide succinique.   Anhydride
succinique.
(Oxyde de
succinyle.)

Certains acides se déshydratent avec une si grande facilité qu'on ne connaît en réalité que leurs anhydrides. Tels sont les acides carbonique et sulfureux :

$$H^2SO^3 = H^2O + SO^2.$$

Acide   Anhydride
sulfureux.   sulfureux.

Quelques-uns se forment par la fixation directe de l'oxygène sur des éléments ou sur des groupes diatomiques. C'est ainsi que prennent naissance les anhydrides sulfureux, sulfurique, carbonique :

$$SO^2 + O = (SO^2)''O ;$$

Anhydride
sulfurique.

$$CO + O = (CO)''O.$$

Anhydride
carbonique.

Au contact de l'eau, les anhydrides diatomi-ques en fixent les éléments avec une énergie plus ou moins grande, de manière à former des acides diatomiques, qui sont presque toujours bibasiques (voir l'article ACIDES). En réagissant sur l'ammo-niaque, ils forment des sels d'ammonium d'acides amidés ou des imides :

$$1° \; (C^4H^4O^2)''O + 2 \, AzH^3 = (C^4H^4O^2)'' \left. \begin{matrix} H^2Az \\ H^4Az \end{matrix} \right\} O ;$$

Anhydride   Succinamate
succinique.   d'ammonium.

$$2° \; (C^4H^4O^2)''O + AzH^3 = (C^4H^4O^2)''HAz + H^2O.$$

Succinimide.

Des réactions analogues se produisent sous l'in-fluence des ammoniaques composées.

Le perchlorure de phosphore convertit les an-hydrides diatomiques en chlorures correspon-dants :

$$SO.O + PhCl^5 = PhOCl^3 + SO.Cl^2 ;$$

Anhydride   Chlorure
sulfureux.   de thionyle.

$$SO^2.O + PhCl^5 = PhOCl^3 + SO^2.Cl^2.$$

Anhydride   Chlorure
sulfurique.   de sulfuryle.

L'acide sulfurique anhydre, ou oxyde de sul-furyle, est celui de tous les anhydrides qu'on a le mieux étudié. Il est très-énergique dans ses affinités et peut non-seulement fixer les élé-ments de l'eau, ou d'un oxyde, tel que la baryte (en produisant avec ce dernier un phénomène d'incandescence), mais encore les éléments du gaz chlorhydrique (voyez Acide chlorosulfurique), de certains hydrogènes carbonés tels que l'éthylène (voyez Sulfate de carbyle), la benzine (voyez Sulfobenzide).

Anhydrides triatomiques. — Parmi ces combinaisons, l'anhydride phosphorique (voyez ce mot) est celui dont les propriétés ont été le mieux étudiées. Par l'énergie de ses réactions il se rapproche de l'anhydride sulfurique. Les anhydrides arsénique, antimonique, offrent une composition analogue à celle de l'anhydride phosphorique.

Anhydrides tétratomiques. — De ce nombre sont les anhydrides silicique, stannique, titanique. Ils sont formés par l'union d'un élément tétratomique avec 2 atomes d'oxygène. Les acides correspondants offriraient, normalement, la composition générale :

$$\left.\begin{array}{l} \overset{\text{\tiny IV}}{R} \\ H^4 \end{array}\right\} O^4.$$

Les anhydrides dont il s'agit dériveraient donc de ces acides par la perte de $2\,H^2O$. Ils ne montrent pas de tendance à fixer directement cette eau et se combinent même difficilement aux oxydes ou aux hydrates, après avoir subi l'action d'une chaleur rouge. Remarquons qu'en raison de la nature tétratomique du carbone, le gaz carbonique peut se rattacher aux anhydrides tétratomiques. L'acide carbonique normal (orthocarbonique de M. Odling) serait

$$\left.\begin{array}{l} \overset{\text{\tiny IV}}{C} \\ H^4 \end{array}\right\} O^4.$$

MM. Friedel et Ladenburg ont réussi à préparer un anhydride mixte tétratomique. Ils ont en effet obtenu, par la réaction du chlorure de silicium sur l'acide et l'anhydride acétiques, l'anhydride silico-acétique ou acétate de silicium

$$\left.\begin{array}{l} (C^2H^3O)^4 \\ \overset{\text{\tiny IV}}{Si} \end{array}\right\} O^4.$$

Anhydrides incomplets. — Ils résultent de la déshydratation partielle d'un acide polyatomique :

$$H^3PhO^4 - H^2O = HPhO^3;$$
Acide   Acide
phosphorique.   métaphosphorique.

$$H^3AsO^4 - H^2O = HAsO^3;$$
Acide   Acide
arsénique.   méta-arsénique.

$$2\,(H^3PhO^4) - H^2O = H^4Ph^2O^7;$$
Acide pyro-
phosphorique.

$$H^4SiO^4 - H^2O = H^2SiO^3.$$
Acide   1er anhydride
orthosilicique.   silicique.

Les carbonates les plus importants et les plus nombreux se rattachent de même à un hydrate carbonique H^2CO^3 qui ne serait que le 1er anhydride de l'acide carbonique normal H^4CO^4.

L'analogie de l'azote avec le phosphore peut faire supposer que l'acide azotique $HAzO^3$ ordinaire n'est qu'un anhydride d'un acide orthoazotique H^3AzO^4 correspondant à l'acide phosphorique.

Le sous nitrate de bismuth $BiAzO^4$, correspond à cet acide orthoazotique (Odling).

Enfin si le phosphore est pentatomique dans le perchlorure de phosphore, le véritable hydrate phosphorique correspondant à ce perchlorure devrait être H^5PhO^5 :

$$PhCl^5, \qquad Ph(OH)^5,$$

et l'on voit que l'acide phosphorique ordinaire

constituerait le 1er anhydride de ce pentahydrate de phosphore :

$$H^5PhO^5 - H^2O = H^3PhO^4. \qquad A.\ W.$$

ANHYDRITE. — Voyez Karsténite.

ANILIDES [Syn. *Phénylamides*]. — On désigne sous ce nom des corps représentant des sels d'aniline moins de l'eau.

Gerhardt, qui découvrit en 1845 la première anilide, l'oxanilide, la considérait à cette époque comme de l'acide oxalique dans lequel $2\,O$ étaient remplacés par $2\,(C^6H^7Az - H^2)$:

$$\left.\begin{array}{l} C^2O^2 \\ H^2 \end{array}\right\} O^2 - O^2 + 2\,(C^6H^5Az) = C^{14}H^{12}Az^2O^2.$$
Oxanilide.

Il reconnut plus tard la véritable nature de ces corps et les considéra comme des amides, et plus spécialement des alcalamides (voyez ce mot), c'est-à-dire des amides dans lesquelles une partie de l'hydrogène est remplacée par un radical *alcoolique* et une autre partie d'hydrogène par un radical acide. Lorsque ce radical alcoolique est le phényle, on a les anilides.

Les amides contiennent les éléments d'un sel ammoniacal moins de l'eau. Les anilides contiennent les éléments d'un sel d'aniline moins de l'eau. L'analogie entre ces deux classes de corps est complète et se manifeste par un grand nombre de propriétés semblables et par les mêmes modes de préparation.

De même qu'il existe plusieurs classes d'amides, de même aussi il existe plusieurs classes d'anilides.

Aux amides neutres correspondent les anilides neutres; aux acides amidés, les acides anilidés; aux imides, les aniles.

Il existe des monanilides, des dianilides, des trianilides.

Monanilides. — Elles représentent 1 molécule d'ammoniaque AzH^3 dans laquelle l'hydrogène est remplacé partiellement ou en totalité par 1 radical d'acide et par C^6H^5.

Tantôt, *les deux tiers* de l'hydrogène de AzH^3 sont remplacés par un radical d'acide et par le radical phényle; ces anilides dérivent soit d'un acide monobasique, soit d'un acide bibasique :

A. Avec un acide monobasique, on obtient une anilide neutre; ces anilides renferment les éléments d'un sel neutre formé d'aniline et d'un acide monobasique, moins 1 molécule d'eau :

$$C^2H^4O^2.C^6H^7Az - H^2O = \left.\begin{array}{l} C^2H^3O \\ C^6H^5 \\ H \end{array}\right\} Az.$$

Telles sont la butyranilide, la valéranilide, etc.

Préparation. — 1° Action des chlorures acides anhydres sur l'aniline :

$$C^7H^5O.Cl + C^6H^7Az = \left.\begin{array}{l} C^6H^5 \\ C^7H^5O \\ H \end{array}\right\} Az + HCl.$$

2° Action de la chaleur sur les sels d'aniline (formanilide, benzanilde).

3° Action de l'aniline sur les éthers phéniques :

$$\left.\begin{array}{l} C^2H^3O \\ C^6H^5 \end{array}\right\} O + \left.\begin{array}{l} C^6H^5 \\ H \\ H \end{array}\right\} Az = \left.\begin{array}{l} C^2H^3O \\ H \end{array}\right\} Az + C^6H^5.OH.$$
Acétate   Aniline.   Acétanilide.   Hydrate
de phényle.   de phényle.

Propriétés. — Ces anilides sont en général assez solubles dans l'eau, surtout à chaud; plus solubles dans l'alcool et l'éther.

Elles se volatilisent sans altération. Elles sont

décomposées à chaud par les acides et les alcalis, avec formation d'aniline et d'acide :

$$\left. \begin{array}{l} C^6H^5 \\ C^7H^5O \\ H \end{array} \right\} Az + HOK = C^7H^5O.OK + \left. \begin{array}{l} C^6H^5 \\ H \\ H \end{array} \right\} Az.$$

Le chlore et le brome agissent à froid sur une solution aqueuse d'acétanilide, et donnent naissance à la chloro- ou à la bromo-acétylphénylamide $C^6H^4Cl.C^2H^3O.H.Az$, qui par distillation produisent de la chloro- ou de la bromophénylamine [Mills, *Proceed. of the Roy. Soc.*, t. X, p. 589, Juillet 1860].

A cette même classe d'anilides appartient la cyananilide $C^6H^5.CAz.H.Az$, corps obtenu par Cahours et Cloëz en faisant réagir le chlorure de cyanogène sur l'aniline.

B. Avec les acides bibasiques, on obtient des acides anilidés. Ces acides renferment les éléments d'un sel acide formé d'aniline et d'acide bibasique, moins une molécule d'eau :

$$C^2O^2.(OH)^2 + \left. \begin{array}{l} C^6H^5 \\ H \\ H \end{array} \right\} Az = (C^2O^2.OH)' \left. \begin{array}{l} C^6H^5 \\ H \end{array} \right\} Az + H^2O.$$

Acide oxalique.   Aniline.   Acide oxanilique   Eau.

Tels sont les acides tartranilique, succinanilique, malanilique, subéranilique, carbanilique.

Préparation. — On obtient les acides anilidés :

1° En chauffant avec soin les sels acides d'aniline et d'acide diatomique (acide oxanilique);

2° En faisant bouillir une anile avec de l'eau :

$$\left. \begin{array}{l} C^6H^5 \\ (C^4H^4O^2.OH)' \\ (C^4H^4O^2.OH)' \end{array} \right\} Az + H^2O$$

Succinanile.   Eau.

$$= (C^4H^4O^2.OH)' \left. \begin{array}{l} C^6H^5 \\ H \end{array} \right\} Az + C^4H^4O^2.(OH)^2.$$

Acide succinanilique.   Acide succinique.

Propriétés. — Ces acides anilidés fonctionnent comme acides monobasiques. Soumis à l'action de la potasse ou de l'acide chlorhydrique, ils se dédoublent en aniline et en acide.

La chaleur les décompose; dans certains cas, elle les transforme en l'anile correspondante (acide succinanilique); dans d'autres, elle les résout en aniline et en anhydride (acide camphoranilique).

Ils sont en général solubles dans l'eau, très-solubles dans l'alcool.

Tantôt, *tout* l'hydrogène de l'ammoniaque est remplacé par des radicaux d'acide et par le radical phényle C^6H^5 :

A. Avec un acide monobasique un atome d'hydrogène est remplacé par C^6H^5 et chacun des deux autres atomes d'hydrogène est remplacé par un radical monoatomique; dans ce cas, on obtient une anilide neutre. Ces anilides renferment les éléments de 2 molécules d'acide monobasique et de 1 molécule d'aniline, moins 2 molécules d'eau :

$$2 \left(C^7H^5O \atop H \right) O \big) + C^6H^7Az - 2H^2O = \left. \begin{array}{l} C^6H^5 \\ C^7H^5O \\ C^7H^5O \end{array} \right\} Az.$$

Acide benzoïque.   Aniline.   Dibenzanilide.

Préparation. — Action des chlorures acides sur la monanilide correspondante :

$$\left. \begin{array}{l} C^7H^5O \\ Cl \end{array} \right\} + \left. \begin{array}{l} C^6H^5 \\ C^7H^5O \\ H \end{array} \right\} Az = HCl + \left. \begin{array}{l} C^6H^5 \\ C^7H^5O \\ C^7H^5O \end{array} \right\} Az.$$

Chlorure de benzoïle   Benzanilide.

Propriétés. — Corps neutres, ne se combinant ni avec les acides, ni avec les alcalis, insolubles dans l'eau, peu solubles dans l'alcool.

A cette classe d'anilides, se rattachent les corps suivants obtenus par l'action du chlorure de cyanogène sur les dérivés éthylés, méthylés, etc., de l'aniline :

$$\left. \begin{array}{l} C^6H^5 \\ CH^3 \\ CAz \end{array} \right\} Az. \qquad \left. \begin{array}{l} C^6H^5 \\ C^2H^5 \\ CAz \end{array} \right\} Az.$$

Méthyl-phényl-cyanamide.   Ethyl-phényl-cyanamide.

B. Avec les acides bibasiques, un atome d'hydrogène est remplacé par C^6H^5; les deux autres atomes sont remplacés par un seul radical diatomique; dans ce cas, on obtient cette classe particulière d'anilides que Gerhardt a désignées sous le nom d'*aniles*. Les aniles sont les imides de la série phénylique. Elles renferment les éléments d'un sel acide formé d'aniline et d'un acide bibasique, moins 2 molécules d'eau :

$$C^5H^6O^2.(OH)^2 + C^6H^7Az$$

Acide pyrotartrique.   Aniline.

$$= (C^5H^6O^2)'' \left. \begin{array}{l} C^6H^5 \end{array} \right\} Az + 2H^2O.$$

Pyrotartranile.   Eau.

Telles sont la phtalanile, la camphoranile, la tartranile.

Préparation. — 1° Action des acides diatomiques et de leurs anhydrides sur l'aniline.

2° Action de la chaleur sur les acides anilidés correspondants.

Propriétés. — Corps neutres ou très-légèrement acides, solides, peu solubles dans l'eau, plus solubles dans l'alcool, généralement volatils sans décomposition, décomposés par la potasse avec dégagement d'aniline.

Traités par une solution bouillante d'ammoniaque, les aniles fixent de l'eau et se transforment en sels ammoniacaux de l'acide anilidé correspondant :

$$(C^{10}H^{14}O^2)'' \left. \begin{array}{l} C^6H^5 \end{array} \right\} Az + 2H^2O = (C^{10}H^{14}O^2)'' \left. \begin{array}{l} C^6H^5 \\ Az\,H^4 \end{array} \right\} O^2.$$

Camphoranile.   Eau.   Camphoraniïate d'ammoniaque.

On peut faire rentrer l'éther phényl-cyanique dans cette classe d'anilides. En effet, le cyanate de phényle

$$C^6H^5.CAzO$$

peut être considéré comme la phényle-carbonimide

$$\left. \begin{array}{l} C^6H^5 \\ CO'' \end{array} \right\} Az.$$

Ses propriétés le rapprochent tout à fait des aniles.

C. Quand l'acide générateur a une basicité supérieure à 2, l'anile obtenue conserve des caractères acides et doit être considérée comme un acide anilidé :

$$C^{12}H^{11}AzO^5$$

Acide citranilique.

$$= (C^6H^6O^5)'' \left. \begin{array}{l} C^6H^5 \end{array} \right\} Az = C^6H^4O^3(OH)^2.C^6H^5Az.$$

Cet acide anilidé renferme les éléments d'un sel acide d'aniline formé d'un acide tribasique et d'aniline moins $2H^2O$:

$$C^6H^4O^3.(OH)^4 + C^6H^7Az$$

Acide citrique.   Aniline.

$$= [C^6H^4O^3(OH)^2]'' \left. \begin{array}{l} C^6H^5 \end{array} \right\} Az + 2H^2O.$$

Acide citranilique.

DIANILIDES. — Elles représentent 2 molécules d'ammoniaque, dans lesquelles l'hydrogène est partiellement remplacé par le radical alcoolique C^6H^5 et par un radical d'acide polyatomique.

Tantôt *la moitié seulement* de l'hydrogène est remplacée et alors on obtient des corps analogues à la phényl-oxamide de Hofmann

$$\left.\begin{array}{l} C^6H^5 \\ (C^2O^2)'' \\ H^3 \end{array}\right\} Az^2,$$

ou à la phényl-urée

$$\left.\begin{array}{l} C^6H^5 \\ (CO)'' \\ H^3 \end{array}\right\} Az^2,$$

isomère de la phényl-carbamide.

Tantôt *les deux tiers* de l'hydrogène sont remplacés :

A. Avec les acides polyatomiques et bibasiques, on obtient les dianilides neutres proprement dites. Elles représentent 2 molécules d'ammoniaque dans lesquelles 2 atomes d'hydrogène sont remplacés par un radical diatomique et 2 autres par du phényle :

$$\left.\begin{array}{l} (C^6H^5) \\ (C^2O^2)'' \\ H^2 \end{array}\right\} Az^2.$$

Oxanilide.

Ces anilides renferment les éléments d'un sel neutre formé d'aniline et d'un acide bibasique, moins 2 molécules d'eau :

$$C^2O^2.(OH)^2.2C^6H^7Az = \left.\begin{array}{l} (C^6H^5)^2 \\ C^2O^2 \\ H^2 \end{array}\right\} Az^2 + 2H^2O.$$

Telles sont la subéranilide, la tartranilide, la sulfocarbanilide, la carbanilide.

Préparation. — 1° Action de la chaleur sur les sels neutres correspondants.

2° Action des chlorures acides sur l'aniline.

$$COCl^2 + (C^6H^7Az)^2 = \left.\begin{array}{l} (C^6H^5)^2 \\ CO'' \\ H^2 \end{array}\right\} Az^2 + 2HCl.$$

TABLEAU COMPARATIF DES DIVERSES CLASSES D'ANILIDES.

DÉRIVANT D'ACIDES MONOBASIQUES.	DÉRIVANT D'ACIDES BIBASIQUES.	DÉRIVANT D'ACIDES TRIBASIQUES.
	$\left.\begin{array}{l} C^6H^5 \\ H \\ H \end{array}\right\} Az + C^4H^4O^2.(HO)^2$ Aniline. Acide succinique. $= \left.\begin{array}{l} C^6H^5 \\ (C^4H^4O^2.HO)' \\ H \end{array}\right\} Az + H^2O.$ Acide succinanilique. Eau.	$\left.\begin{array}{l} C^6H^5 \\ H \\ H \end{array}\right\} Az + C^6H^4O^3.(HO)^4$ Aniline. Acide citrique. $= \left.\begin{array}{l} C^6H^5 \\ [C^6H^4O^3(HO)^2]'' \\ H \end{array}\right\} Az + 2H^2O.$ Acide citranilique. Eau. $\left.\begin{array}{l} 2C^6H^5 \\ 2H \\ 2H \end{array}\right\} Az^2 + C^6H^4O^3.(HO)^4$ Aniline. Acide citrique. $= \left.\begin{array}{l} 2(C^6H^5) \\ [C^6H^4O^3(HO)^2]'' \\ 2H \end{array}\right\} Az^2 + 2H^2O.$ Acide citrobianilique. Eau.
	$\left.\begin{array}{l} C^6H^5 \\ H \\ H \end{array}\right\} Az + C^4H^4O^2.(HO)^2$ Aniline. Acide succinique. $= \left.\begin{array}{l} C^6H^5 \\ (C^4H^4O^2)'' \end{array}\right\} Az + 2H^2O.$ Succinanile. Eau.	$\left.\begin{array}{l} 2C^6H^5 \\ 2H \\ 2H \end{array}\right\} Az^2 + C^6H^4O^3.(HO)^4$ Aniline. Acide citrique. $= \left.\begin{array}{l} 2(C^6H^5) \\ (C^6H^4O^3.HO)''' \\ H \end{array}\right\} Az^2 + 3H^2O.$ Citrobianile. Eau.
$\left.\begin{array}{l} C^6H^5 \\ H \\ H \end{array}\right\} Az + C^7H^5O.HO$ Aniline. Acide benzoïque. $= \left.\begin{array}{l} C^6H^5 \\ C^7H^5O \\ H \end{array}\right\} Az + H^2O.$ Benzanilide. Eau. $\left.\begin{array}{l} C^6H^5 \\ C^7H^5O \\ H \end{array}\right\} Az + \left.\begin{array}{l} C^7H^5O \\ Cl \end{array}\right\}$ Benzanilide. Chl. de benzoïle. $= \left.\begin{array}{l} C^6H^5 \\ C^7H^5O \\ C^7H^5O \end{array}\right\} Az + HCl.$ Dibenzanilide. Acide chlorhydrique.	$\left.\begin{array}{l} 2C^6H^5 \\ 2H \\ 2H \end{array}\right\} Az^2 + C^4H^4O^2.(HO)^2$ Aniline. Acide succinique. $= \left.\begin{array}{l} 2C^6H^5 \\ (C^4H^4O^2)'' \\ H^2 \end{array}\right\} Az^2 + 2H^2O.$ Succinanilide. Eau.	$\left.\begin{array}{l} 3(C^6H^5) \\ 3H \\ 3H \end{array}\right\} Az^3 + C^6H^4O^3.(HO)^4$ Aniline. Acide citrique. $= \left.\begin{array}{l} 3(C^6H^5) \\ (C^6H^4O^3.HO)''' \\ H^3 \end{array}\right\} Az^3 + 3H^2O.$ Citranilide. Eau.

3° Action des anhydrides sur l'aniline :

$$CS^2 + 2\ (C^6 H^7 Az) = \left.\begin{matrix}(C^6 H^5)^2 \\ CS'' \\ H^2\end{matrix}\right\} Az^2 + H^2 S.$$

4° Action de la chaleur sur les sels formés d'aniline et d'acides anilidés :

$$\left.\begin{matrix}C^6 H^5 \\ C^2 O^2.\,OH)' \\ H\end{matrix}\right\} Az.\,C^6 H^7 Az = \left.\begin{matrix}(C^6 H^5)^2 \\ (C^2 O^2)'' \\ H^2\end{matrix}\right\} Az^2 + H^2 O.$$

Oxanilate d'aniline.   Oxanilide.   Eau.

Propriétés. — Ces dianilides sont généralement solides, insolubles dans l'eau, solubles dans l'alcool, fusibles, distillables sans altération.

Elles résistent assez bien à l'action de la potasse aqueuse, mais elles dégagent toutes de l'aniline quand on les chauffe avec la potasse fondue.

B. Avec les acides d'une basicité supérieure à deux, on obtient des acides dianilidés.

Ces acides dianilidés renferment les éléments d'un sel formé de 2 molécules d'aniline et de 1 molécule d'acide tribasique, moins 2 molécules d'eau :

$$C^6 H^4 O^3.(OH)^4 + 2\ (C^6 H^7 Az)$$
Acide citrique.   Aniline.

$$= 2\ H^2 O + \left.\begin{matrix}(C^6 H^5)^2 \\ [C^6 H^4 O^3 (OH)^2]'' \\ H^2\end{matrix}\right\} Az^2.$$

Eau.   Acide citrodianilique.

Tantôt enfin *les cinq sixièmes* de l'hydrogène sont remplacés, et alors on obtient des corps analogues au citrodianile, qui renferme les éléments d'un sel formé de 2 molécules d'aniline et de 1 molécule d'acide polyatomique, moins 3 H²O :

$$C^6 H^4 O^3.(OH)^4 + 2\ (C^6 H^7 Az)$$
Acide citrique.   Aniline.

$$= 3\ H^2 O + \left.\begin{matrix}(C^6 H^5)^2 \\ (C^6 H^4 O^3.\,OH)''' \\ H\end{matrix}\right\} Az^2.$$

Eau.   Citrodianile.

L'aconito-dianile rentre dans cette classe.

TRIANILIDES. — Elles représentent 3 molécules d'ammoniaque dans lesquelles l'hydrogène est partiellement remplacé par un radical acide tribasique et par le radical phényle.

Elles renferment les éléments d'un sel neutre formé d'aniline et d'un acide tribasique, moins 3 molécules d'eau.

On ne connaît qu'une trianilide, la citranilide :

$$C^6 H^4 O^3.(OH)^4 + 3\ (C^6 H^7 Az)$$

$$= \left.\begin{matrix}(C^6 H^5)^3 \\ (C^6 H^4 O^3.\,OH)''' \\ H^3\end{matrix}\right\} Az^3 + 3\ H^2 O.$$

Ch. L.

ANILINE (INDUSTRIE DE L'). — Nous désignons ici sous le nom d'*aniline* le produit commercial qui sert à la préparation des matières colorantes dites d'aniline. Nous étudierons à l'article PHÉNYLAMINE l'alcaloïde $C^6 H^7 Az$, ainsi que les corps qui en dérivent.

Historique. — L'aniline est la base d'une industrie florissante qui, née d'hier, est remarquable, non-seulement par le chiffre des capitaux qui y sont engagés et la multiplicité des intérêts qui s'y rattachent, mais encore par la beauté des produits, la variété des recherches qu'elle a amenées et l'importance des travaux scientifiques auxquels elle a donné lieu. C'est avec l'aniline que sont produites ces couleurs éblouissantes qui frappent nos yeux depuis quelques années, et qui au mérite incontestable d'une pureté et d'un éclat inconnus jusqu'alors joignent encore celui d'un bon marché remarquable. Cette industrie a été créée en 1856 par W. Perkin, chimiste distingué auquel la science est redevable de très-

beaux travaux. En traitant une solution de sulfate d'aniline par des agents oxydants dans le but de la transformer en quinine, Perkin obtint un précipité noir, très-peu intéressant au premier abord et d'où il parvint cependant à extraire une magnifique matière colorante violette (voyez VIOLET D'ANILINE). Cette nouvelle couleur, belle, solide, d'un prix abordable, produisit une immense sensation dans l'industrie des produits chimiques et de la teinture. Quelques années auparavant, l'acide picrique, puis la muréxide, avaient montré les richesses dont la chimie organique dispose. Ces découvertes avaient prouvé que l'industrie arrive promptement à fabriquer économiquement les corps même les plus délicats aussitôt qu'elle en trouve la consommation. L'attention des industriels, éveillée par ces deux premières tentatives, se porta avec avidité sur ce nouveau produit, et l'on peut dire sans exagération que peu de grandes industries furent créées avec autant de promptitude et avec autant de succès. Peu de mois, en effet, après la prise du brevet anglais de Perkin, plusieurs fabriques se montèrent sur un très-grand pied pour préparer en France son violet, dont l'exploitation resta libre en ce pays ; la découverte du rouge d'aniline, puis celle du bleu, du vert, du noir, celle des violets de méthylaniline et de tant d'autres produits intéressants, suivirent la découverte de W. Perkin et donnèrent à l'industrie des matières colorantes artificielles une importance de premier ordre, qui tend de jour en jour à s'accroître davantage.

Nous étudierons d'abord la fabrication de l'aniline elle-même, en passant en revue les diverses phases par lesquelles elle a passé : puis nous aborderons le chapitre relatif aux matières colorantes qui en dérivent.

FABRICATION DE L'ANILINE.

L'aniline est un produit organique qui se trouve en petite quantité dans certains goudrons de houille, mais qu'on prépare plus avantageusement par la réduction de la nitrobenzine [voir BENZINE (industrie)]. En 1856, Collas fabriquait à Paris, pour les besoins de la parfumerie, une grande quantité de nitrobenzine (essence de mirbane). C'est avec ce produit que l'industrie anilique fut créée en France.

La transformation de l'essence de mirbane en aniline se fit originairement de la façon suivante : Une série de tubes en fer ou en fonte. de quelques mètres de hauteur, disposés verticalement le long d'un mur, étaient emplis de morceaux de zinc, puis par la partie supérieure de ces tubes on faisait arriver un mélange de nitrobenzine et d'acide chlorhydrique : le liquide recueilli à la partie inférieure renfermait du chlorure de zinc, du chlorhydrate d'aniline et de la nitrobenzine non attaquée ; on faisait repasser ce mélange sur le zinc jusqu'à disparition complète de la nitrobenzine.

Ce mélange servait directement à la préparation du violet d'aniline. Mais il est facile de voir à combien d'irrégularités un pareil procédé devait donner naissance : la fabrication du violet est très-délicate, elle nécessite des dosages exacts, beaucoup de soins, aujourd'hui même que le commerce livre des anilines d'une pureté presque absolue ; on dut donc y renoncer aussitôt que l'industrie fut en mesure de produire l'aniline elle-même.

En Angleterre, on utilisa tout d'abord le procédé que A. W. Hofmann avait indiqué dans ses recherches sur les alcaloïdes du goudron de houille. Il consiste à agiter l'huile de houille avec de l'acide chlorhydrique, qui dissout ces alcaloïdes : la solution, séparée de l'huile en excès, est évaporée jusqu'à ce que la masse liquide dégage des vapeurs irritantes indiquant un commencement de décomposition : on filtre pour séparer les dernières traces d'huile, puis on décompose la solution par un excès de soude ou de chaux : il se sépare alors une couche huileuse qu'on recueille et qui constitue un mélange d'aniline et de quinoléine. On distille en recueillant à part les portions passant aux environs de 180°- 190° : après quelques distillations on obtient l'aniline très-pure.

Ce procédé fut exploité sur une certaine échelle, mais comme l'huile de houille ne renferme que peu d'aniline, il fallut chercher d'autres moyens d'arriver à produire une matière dont la consommation augmentait chaque jour. Le procédé de Béchamp, consistant en la réduction de la nitrobenzine par l'acide acétique et le fer, fut et est encore, de tous ceux qu'on essaya, le plus avantageux.

Dans l'origine, cette transformation ne fut effectuée que sur de petites quantités à la fois; on disposait dans des étuves chauffées à 30°-40° une série de vases en grès, renfermant chacun, avec du fer et de l'acide acétique, 500 gr. au plus de nitrobenzine : après 24 heures environ, la réduction étant complète, on vidait ces pots dans des baquets : puis après neutralisation par un mélange de soude et de chaux, on distillait.

L'expérience ayant prouvé que l'on peut impunément mettre en réaction à la fois de très-fortes quantités de nitrobenzine, on a modifié ce procédé de la façon suivante : Des chaudières de fonte, d'une contenance de 200 à 300 litres, sont disposées l'une à côté de l'autre dans de vastes ateliers bien aérés : chaque chaudière reçoit 50 kilog. environ d'acide acétique et 50 kilog. de nitrobenzine : puis peu à peu, et en évitant une trop forte élévation de température, on ajoute 50 kilog. de limaille de fer ou de fonte pulvérisée; cette addition doit être faite avec beaucoup de lenteur, et calculée de façon à ce que l'opération dure une huitaine de jours. La réaction commence promptement : la masse brassée fréquemment s'épaissit peu à peu, et le tout se transforme, au bout d'une semaine environ, en une bouillie presque solide, de couleur brune.

On neutralise alors ce mélange par de la chaux ou de la soude et on le soumet à la distillation, en se servant pour cette opération de cornues semblables à celles que l'on emploie dans la fabrication du gaz d'éclairage. La température doit être poussée jusqu'au rouge sombre; pour ne pas risquer de détruire les produits au fur et à mesure de leur formation, il faut que la flamme du foyer ne passe pas au-dessus de la cornue, et d'autre part, il faut faciliter la distillation en n'adaptant à la cornue que des tubes de dégagement descendants. Il est avantageux, dans ces distillations d'aniline, de charger les matières sur des plateaux en tôle et de porter ces plateaux ainsi chargés dans les cornues; on évite ainsi non-seulement une grande perte de temps, de chaleur et de produits, mais encore on retarde beaucoup l'usure des cornues (Depouily frères).

Les proportions d'acide employé dans cette réduction peuvent être considérablement réduites; les fabricants qui suivent encore cette méthode n'emploient guère plus de 10 à 15 kilog. d'acide acétique pour 100 kilog. de nitrobenzine; l'acide doit être étendu de 3 à 4 fois son poids d'eau.

En opérant ainsi, on réalise une très-grande économie, et on évite généralement la production de benzine et d'ammoniaque qui, comme Scheurer-Kestner l'a montré, prennent naissance lorsque la réaction est trop énergique : d'après les expériences de ce chimiste, si l'on met en présence de la nitrobenzine un grand excès de fer et d'acide acétique, on n'obtient plus que des traces d'ani-

line, fait qui peut être expliqué de deux manières : on a en effet

$$C^6 H^5 Az O^2 + 8 H = C^6 H^6 + Az H^3 + 2 H^2 O,$$
Nitrobenzine.   Benzine.

ou bien

$$C^6 H^7 Az + 2 H = C^6 H^6 + Az H^3.$$
Aniline.

[*Bull. de la Soc. chim.*, 1864, p. 43.]

Dans les mêmes circonstances, Hofmann et Noble ont constaté la formation d'azobenzol.

Le *procédé actuellement employé* presque partout consiste en l'emploi de vastes cylindres de fonte A (fig. 56), disposés verticalement, d'une capacité de 1,000 litres environ; dans l'axe de ces cylindres passe un gros tube descendant jusqu'au fond du cylindre, et dont la partie supérieure est mise en communication avec la force motrice G. Ce tube est destiné à l'introduction de la vapeur dans l'appareil. Il est muni de plusieurs palettes en acier, servant d'agitateurs. Au lieu de tubes creux qui présentent une résistance assez faible, on emploie souvent des tubes pleins, et dans ce cas on fait arriver la vapeur par le tuyau spécial D. Enfin, dans le cas où le fabricant trouve avantageux d'opérer la distillation à feu nu (voir plus loin), la vapeur dans les appareils peut être complétement supprimée. A la partie supérieure du cylindre, se trouve une large ouverture I, par laquelle on introduit les matières, et un tube de dégagement E, par où se volatilisent les produits de la distillation. A la partie inférieure se trouve une autre ouverture H, servant à la vidange de l'appareil.

La marche la plus avantageuse pour la fabrication de l'aniline est la suivante : on verse par l'ouverture supérieure 10 kilog. d'acide acétique à 8°, étendu de 6 fois son poids d'eau et l'on prend généralement, en place d'eau pure, le liquide acide que l'on recueille plus tard pendant la *distillation* de l'aniline : on ajoute à cet acide faible 30 kilogr. de fonte pulvérisée et 125 kilogr. de nitrobenzine, puis on met l'agitateur en marche : la température s'élève promptement; une réaction assez vive se manifeste, accompagnée d'un dégagement de vapeurs plus ou moins abondant et d'un commencement de distillation. A partir de ce moment, on ajoute peu à peu de nouvelles quantités de fonte dans l'appareil, jusqu'à ce que l'on en ait mis en tout 180 kilogr. L'agitateur fonctionne pendant toute la durée de l'opération et ne doit être arrêté qu'une ou deux heures après l'addition des dernières portions de fer.

La transformation de la nitrobenzine en aniline est accompagnée d'une forte élévation de température qui détermine une distillation abondante d'eau acide, de nitrobenzine et de traces de benzine; ces produits se condensent dans le réfrigérant F et sont remis dans l'appareil toutes les demi-heures.

Diverses modifications dans la disposition ou dans la marche de cet appareil sont employées selon les circonstances : 1° la forme des palettes, qui doivent naturellement présenter à la masse le moins de résistance possible, a été changée de diverses façons; 2° la rentrée des produits distillés peut être opérée directement au moyen d'une ouverture que l'on établit sur une des parois latérales de l'appareil; 3° la nitrobenzine, au lieu d'être versée par l'ouverture I, peut être introduite dans l'appareil lentement et par filet, d'après la disposition que nous indiquons sur la figure; dans ce cas, tout le fer est mis dans l'appareil dès le commencement de l'opération. Toutes ces modifications ont leur valeur; c'est au fabricant à juger de l'opportunité de leur emploi.

Lorsque la réduction est terminée, la masse épaisse est devenue d'un brun rougeâtre ; elle renferme essentiellement de l'hydrate ferrique, de l'aniline, de l'acide acétique et du fer non attaqué. Pour en extraire l'aniline, deux procédés sont suivis : distillation à la vapeur, distillation à feu nu.

Pour la *distillation à la vapeur*, on laisse tourner l'agitateur une ou deux heures, après la fin de la réduction ; puis on laisse reposer pendant quelques heures : à ce moment, après s'être assuré que le tuyau de vapeur n'est pas obstrué, on l'ouvre avec précaution et en donnant, au commencement, très-peu de vapeur. La vapeur d'eau échauffe la masse, et quand le tout est arrivé à la température de l'ébullition, les produits volatils entraînés par la vapeur d'eau s'échappent de la chaudière, et, se condensant dans le réfrigérant F, sont recueillis dans des seaux disposés à l'extrémité du serpentin. Ce procédé donne de très-bons résultats ; mais il est dispendieux, à cause de l'énorme quantité de vapeur qu'il nécessite : il faut en effet, pour distiller 1 kilog. d'aniline, 12 litres d'eau. (Cette eau, toujours chargée

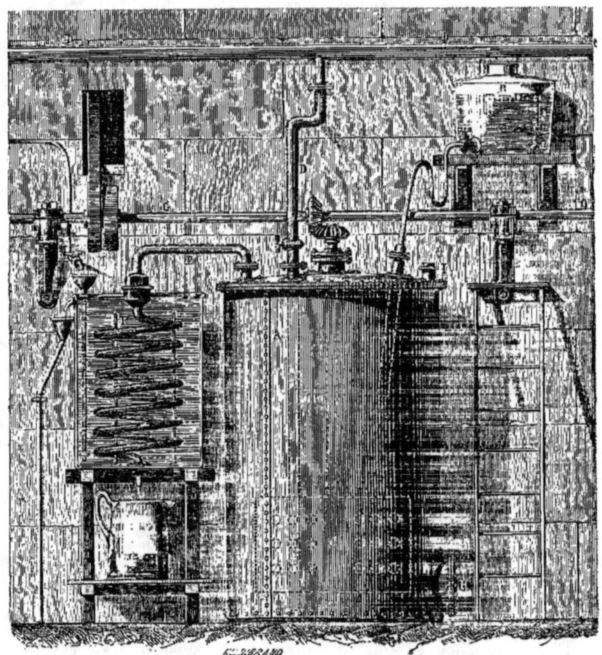

Fig. 56. — Fabrication de l'aniline.

d'aniline dissoute ou en suspension, sert généralement a alimenter la chaudière à vapeur ; on évite ainsi toute perte de produit.)

Pour la *distillation à feu nu*, on laisse refroidir les appareils ; puis on les vide par l'ouverture H, et la masse brune semi-fluide est soumise, sans neutralisation préalable, à la distillation dans des appareils analogues à ceux que nous avons déjà décrits plus haut, ou dans de petites cornues de fonte, qui ressemblent pour leur forme aux alambics de laboratoire.

La distillation à feu nu est plus économique que la distillation à la vapeur et elle donne généralement un produit plus abondant et d'une qualité préférable dans la fabrication de la rosaniline.

Ce procédé de préparation de l'aniline se distingue des anciens par la petite quantité d'acide acétique mis en réaction. Il est facile de comprendre qu'elle soit suffisante, quand on se rappelle que l'aniline décompose les sels de fer, et qu'ainsi elle remet constamment en liberté l'acide qui a servi précédemment. Il est surtout avantageux en raison de la rapidité des opérations ; en effet, douze heures suffisent amplement pour la réduction de 125 kilog. de nitrobenzine par appareil.

Le produit brut de la distillation est loin d'être pur ; il renferme de l'eau, de l'acide acétique, de l'acétone, de la benzine, de l'aniline. On le sature jusqu'à réaction fortement alcaline ;

de cette façon, l'eau se sépare complètement; on décante le mélange huileux et on le soumet à une *rectification;* les premières portions sont constituées par l'acétone, puis il distille la benzine (qui est toujours un indice de mauvaise fabrication) et enfin, de 180° à 230°, l'aniline. Une seconde rectification, faite généralement de 180° à 210°, la donne telle que le commerce la consomme. Certains fabricants opèrent ces rectifications sur de la chaux vive, qui retient tout l'acide acétique et l'eau qui se trouvaient mélangés à l'aniline.

Les résidus de cette seconde rectification portent le nom de *queues* d'aniline. Elles ont été étudiées par A. W. Hofmann, qui y a découvert un certain nombre de nouveaux corps, la paraniline, la xénylamine, la phénylène-diamine, etc. (voyez ces mots).

On a proposé à plusieurs reprises des modes de réduction différents de celui de Béchamp; nous ne les mentionnons que pour mémoire, car, à notre connaissance du moins, ils ne sont pas entrés dans le domaine de la pratique.

Wœhler a proposé l'emploi de l'arsénite de potassium (*Ann. der Chem. u. Pharm.*, t. CII, p. 127); — Vohl, celui d'une dissolution concentrée de soude en présence de glucose [*Polytechn. centralblatt,* 1863, p. 624]. — Kremer emploie le fer réduit par l'hydrogène ou le zinc en poudre très-fine (produit qu'on obtient dans toutes les usines où l'on extrait le zinc par distillation) [*Dingler's polytechn. Journ.*, t. CLXIX, p. 377] :

$$C^6 H^5 Az O^2 + H^2 O + Zn^3 = C^6 H^7 Az + 3 Zn O.$$

Les proportions recommandées par Kremer sont 2,5 p. de zinc, 5 p. d'eau et 1 p. de nitrobenzine. — Scheurer-Kestner a proposé l'étain et l'acide chlorhydrique [*Répert. de Chim. appliquée*, 1862, p. 121]. — D'après Brimmeyr, le fer et la fonte en poussière très-fine sont capables de transformer la nitrobenzine en aniline, sans acide acétique (*Dingler's polytechn.*, t. CLXXIX, p. 396]. — Coblentz enfin préconise un mélange de fonte ordinaire et de fonte recouverte d'un dépôt galvanique de cuivre.

Essai de l'aniline. — L'aniline, quel que soit le procédé de préparation employé, doit présenter les caractères suivants : Densité supérieure à celle de l'eau (elle varie de 1001 à 1010). Point d'ébullition : entre 180° et 215°. Elle ne doit pas changer de point d'ébullition après un traitement par la soude caustique. Elle doit être complétement soluble dans l'acide chlorhydrique ou sulfurique étendu et former une dissolution parfaitement limpide. Tels sont les caractères généraux que doit posséder toute aniline commerciale de bonne qualité.

Il n'existe pas de procédé permettant d'apprécier directement le plus ou moins de valeur d'une aniline au point de vue de son rendement en matière colorante. Un essai direct, la transformation en matière colorante, est indispensable. L'aniline est, en effet, un mélange de phénylamine et de toluidine ; ces deux corps ont des points d'ébullition assez rapprochés pour qu'une distillation fractionnée ne puisse les séparer; et comme l'emploi de l'aniline pour tel ou tel produit dépend précisément du plus ou moins de phénylamine ou de toluidine qu'elle renferme, on conçoit qu'un essai direct soit seul capable de trancher la question. Les distillations fractionnées peuvent tout au plus donner des indications approximatives.

Comme conséquence, nous dirons qu'il est presque impossible de retirer la toluidine de l'aniline commerciale, par distillation. Brimmeyr a donné le procédé suivant pour réaliser cette séparation. Il opère sur une aniline bouillant de 195° à 205°, et la traite par 1/2 p. d'acide oxalique dissous dans 4 p. d'eau. On fait bouillir; quand tout

est dissous, on laisse refroidir (en agitant constamment) jusqu'à 80°, température à laquelle la majeure partie de l'oxalate de toluidine peu soluble s'est déposée; on décante, on exprime promptement, puis on décompose l'oxalate par une eau ammoniacale bouillante et à laquelle on ajoute autant d'alcool qu'il en faut pour maintenir la solution limpide. Par refroidissement, la toluidine cristallise [*Dingler's polytechn. Journ.*, t. CLXXVI, p. 46]].

Tout récemment, Reimann a fait connaître un mode d'essai des anilines commerciales, basé sur les faits suivants : le sulfate de phénylamine est insoluble dans l'éther, le sulfate de toluidine y est soluble; l'oxalate de toluidine est insoluble dans l'éther, les sulfates de phénylamine, de cumidine et de cymidine s'y dissolvent. On peut donc ainsi connaître exactement la teneur en phénylamine ou en toluidine, d'une aniline commerciale.

Reimann a dressé une table des points d'ébullition d'un certain nombre de mélanges de phénylamine et de toluidine, et a, d'autre part, établi, par des essais directs et faits sur une grande échelle, les rendements comparatifs de ces mélanges en fuchsine. Étant donnée une aniline, il en prend les points d'ébullition et les compare à ceux de ses tables; il en déduit immédiatement la valeur de cette aniline pour un fabricant de fuchsine et la teneur de cette aniline en phénylamine et en toluidine [*Dingler's polyt. Journ.*, t. CLXXXV, p. 49].

Le fabricant d'aniline doit, en mettant en travail une certaine quantité de nitrobenzine, pouvoir établir si l'aniline qu'il obtiendra sera applicable à la préparation du rouge, du bleu, du noir, etc.; il ne peut y arriver qu'en faisant l'essai de sa nitrobenzine. — Voyez BENZINE, NITROBENZINE.

IMPORTANCE INDUSTRIELLE DE L'ANILINE. — Les données que nous avons pu recueillir établissent que le chiffre des produits tinctoriaux préparés avec l'aniline s'élève aujourd'hui (mai 1867) à environ 60 millions par an. Il se fabrique journellement en Europe environ 10,000 kilogrammes d'aniline.

Le résultat direct de l'extension donnée à cette industrie, c'est un abaissement considérable des prix de vente. L'aniline, qui valait, en 1858, 40 à 50 fr. le kilog., se vend aujourd'hui dans les prix de 3 fr.

ACTION DE L'ANILINE SUR L'ÉCONOMIE. — L'aniline est un poison énergique. De trop fréquents accidents ont démontré combien il est indispensable de prendre de grandes précautions pour éviter l'intoxication lente des ouvriers qui sont soumis à l'action de sa vapeur.

Turnbull et Letheby ont publié des observations nombreuses tendant à prouver que l'aniline agit comme un narcotique puissant; son action s'exerce spécialement sur le système nerveux. Les sels d'aniline sont beaucoup moins vénéneux que l'aniline elle-même. L'absorption de l'aniline ou de ses sels est promptement accusée par la coloration violette que prennent les gencives et les ongles des personnes intoxiquées.

On peut se servir avec avantage de l'aniline comme antidote du chlore (Bolley).

MATIÈRES COLORANTES DÉRIVÉES DE L'ANILINE.

Ces matières colorantes sont aujourd'hui nombreuses; quelques-unes d'entre elles sont bien étudiées; d'autres sont à peine connues scientifiquement. Il en résulte qu'une classification méthodique est impossible, et que nous nous voyons forcé de les étudier d'après un ordre tout à fait arbitraire. Nous décrirons successivement :

1° Les violets d'aniline obtenus directement avec l'aniline (aniléine, violet de Williams, vioet de Paris, mauvaniline);

2° La rosaniline et le rouge de toluène;

3° Les divers dérivés de la rosaniline (violets, bleus, verts);

4° Le noir d'aniline;

5° Les jaunes et bruns d'aniline.

Tels sont les principaux points de repère auxquels nous renvoyons le lecteur. Quant aux diverses réactions colorées qui ont été observées avec l'aniline, leur nombre est trop considérable pour que, tout en désirant être complet, nous puissions les énumérer toutes. Nous n'en citerons que quelques-unes assez intéressantes avant de commencer l'histoire des matières colorantes proprement dites.

Runge. — Couleur bleue obtenue par le chlorure de chaux [*Poggend. Ann. der Phys. u. Chem.*, t. XXXI, p. 65]. C'est à Runge qu'est due la première idée de l'application de l'aniline à l'industrie [*Moniteur scientifique de Quesneville*, 1863, p. 533; 1865, p. 72].

Fritzsche. — Précipité bleu-noirâtre, par l'acide chromique.

Beissenhirtz. — Couleur bleue obtenue par l'action sur l'aniline d'un mélange d'acide sulfurique et de bichromate de potassium [*Ann. der Chem. u. Pharm.*, t. LXXXVII, p. 376].

Roquencourt et Dorot. — Matières colorantes obtenues par l'action de l'acide chromique sur l'aniline (Brevet n° 38939, octobre 1858).

Girard et de Laire. — Couleurs diverses obtenues par l'action du minium et de l'oxyde puce sur l'aniline (Brevet n° 43809, février 1860).

Stenhouse. — Action du furfurol sur l'aniline [*Ann. der Chem. u. Pharm.*, t. LXXIV, p. 282]. Jules Persoz. — Id. [*Répert. de Chim. appliquée*, 1860, p. 220].

Letheby. — Action de l'électricité sur une solution acide de sulfate d'aniline.

Ch. Lauth. — Action de l'acide iodique sur l'aniline [*Monit. scient.*, 1861, p. 337]. — Couleur rouge obtenue par l'action du sel d'étain sur un mélange d'aniline et de nitrobenzine [*Mon. scient.*, 1861, p. 338].

Delvaux. — Couleurs diverses obtenues en chauffant le chlorhydrate d'aniline à une haute température (Brevets n°s 51962, 52791, 53534, 53535), ou en traitant l'aniline par l'acide chromique [*Compt. rend.*, t. LX, p. 1100].

Monteith. — Id. (Brevet n° 61222).

Fréd. Fol. — Couleur rouge obtenue par l'action de l'indigo bleu sur l'aniline [*Répert. de Chim. appl.*, 1862, p. 181].

Parkes. — Matières colorantes diverses obtenues par l'action du chlorure de soufre sur l'anilide (Brevet n° 66332).

Crossley. — Couleur rouge obtenue par l'action de l'acide nitrique fumant sur la sulfocarbanilide [*Chem. News*, t. IV, p. 196].

Chevalier. — Rouge et violet par l'action du nitrite de sodium sur l'arséniate d'aniline chauffé à 100° (Brevet n° 68799).

Staedeler. — Action de l'azobenzol, de la benzidine et du nitrobenzol sur l'aniline et la toluidine [*Bull. de la Soc. chim.*, t. V (1866), p. 218].

VIOLETS D'ANILINE. — Les violets d'aniline que nous décrivons ici sont ceux que l'on obtient directement au moyen de l'aniline et sans passer par la rosaniline; ils sont aujourd'hui assez nombreux. On les désigne sous les noms d'aniléine ou mauvéine, violet de G. Williams, violet de Paris, mauvaniline.

1° ANILÉINE [Syn. *Rosolane, indisine, mauvéine*]. — *Préparation.* — Le violet d'aniline a été découvert par W. Perkin, qui en fit breveter la préparation en Angleterre le 26 août 1856 (Patente n° 1984). Son procédé consiste à traiter par le bichromate de potassium une solution d'aniline commerciale dans l'acide sulfurique étendu; après dix à douze heures, il s'est formé un abondant précipité noir; on le lave à l'eau froide, puis on le sèche et on l'épuise par de l'huile de naphte qui enlève les matières résineuses; le résidu est traité par l'alcool qui dissout le violet; cette solution alcoolique, soumise à l'évaporation dans des appareils convenables, laisse comme résidu la matière colorante dans un état de pureté assez grand.

Presque tous les oxydants donnent du violet d'aniline quand on les met en présence d'une solution aqueuse d'un sel d'aniline : aussi la liste des procédés de violet d'aniline est-elle assez nombreuse.

Bolley [*Dingler's polytechn. Journ.*, t. CL, p. 123, 1858], Beale et Kirkham (Patente n° 1205), 1859, Ch. Lauth et P. Depouly (Brevet n° 44930, 19 janvier 1860), emploient une dissolution de chlorure de chaux.

Kay emploie 200 p. de peroxyde de manganèse, 40 p. d'acide sulfurique à 66°, étendues de 1400 p. d'eau, 50 p. d'aniline. Chauffer à 100° [Patente n° 1155, mai 1859; *London Journ. of arts*, janvier 1860, p. 29].

Greville Williams emploie les solutions aqueuses d'équivalents égaux de permanganate de potassium et de sulfate d'aniline. Dans cette réaction, il se forme, outre le violet, une matière rouge cramoisi [Patente n° 1000, 30 avril 1859, et *Rep. of patent inventions*, janvier 1860, p. 0].

Price ajoute *un* équivalent de bioxyde de plomb à une solution aqueuse bouillante d'*un* équivalent d'aniline dans deux équivalents d'acide sulfurique (violine). En prenant *deux* équivalents de bioxyde de plomb pour un équivalent de sulfate d'aniline, il obtient une matière rouge (roséine) [Patente n° 1238, 25 mai 1859].

Smith [Patente n° 1945, 11 août 1860], Stark (*Répert. of patent inventions*, 1861, Déc. p. 475) et Émile Kopp, avant eux, ont indiqué l'emploi du cyanure rouge.

Les seuls procédés industriellement exploités aujourd'hui sont ceux au bichromate, au chlorure de chaux et enfin un *procédé dû à Dale et Caro* sur lequel nous donnons quelques détails. Un équivalent d'un sel d'aniline, acétate, chlorhydrate, sulfate ou nitrate, est mélangé à 6 équivalents de chlorure cuivrique ou à 6 équivalents de sulfate de cuivre auquel on a ajouté 6 à 12 équivalents de chlorure de potassium ou de sodium. On fait dissoudre dans la quantité d'eau nécessaire, puis on fait bouillir tant qu'il se forme un précipité noir. Après 3 heures, l'opération est terminée; on filtre et on lave le produit à la soude faible. Puis on termine comme dans les préparations suivantes [Patente n° 1307, du 26 mai 1860; brevet n° 47578].

Le *procédé au bichromate de potassium* est le plus généralement répandu. Franc et Tabourin l'ont modifié d'une façon avantageuse en substituant l'eau bouillante à l'alcool pour la dissolution du violet.

Voici comme l'on opère :

1 kilog. d'aniline est traité par 500 grammes d'acide sulfurique étendu de deux fois son volume d'eau, ou par 1 kilog. d'acide chlorhydrique, ou enfin par 6 kilog. d'acide fluosilicique à 15° étendus de 6 litres d'eau [Laurent et Casthelaz, brevet n° 61797].

On ajoute à ces solutions d'aniline une solution aqueuse aussi concentrée que possible de 12 à 1500 grammes de bichromate de potassium. Il faut, dans ce traitement, éviter une trop grande élévation de température. La réaction est terminée après quelques heures. Le mélange s'est alors transformé en une masse noirâtre renfermant de l'oxyde de chrome, du violet d'aniline et une matière résineuse. On le lave convenablement pour enlever toutes les matières solubles dans l'eau froide; puis on le traite à plusieurs reprises par l'eau bouillante qui se charge du principe colorant et laisse les matières étrangères comme résidu insoluble. Les dissolutions violettes filtrées ou décantées avec grand soin sont précipitées par un alcali ou un sel alcalin, selon le procédé indiqué pour la première fois par Monnet et Dury (Brevet n° 40437, 2 avril 1859). La matière colorante ainsi précipitée est recueillie et livrée en pâte au commerce. Pour l'avoir complétement pure, il est nécessaire de répéter ce traitement plusieurs fois. On obtient pour 100 kilog. d'aniline de 75 à 90 kilog. de violet en pâte épaisse.

Le *violet au chlorure de chaux* s'obtient en dissolvant 100 kilog. d'aniline dans 100 kilog. d'acide chlorhydrique. La solution est étendue de 300 litres d'eau et additionnée de 6000 litres d'une solution de chlorure de chaux renfermant 1 litre 1/2 de chlore pour 100 litres d'eau. Il se forme un précipité noir qu'on traite comme dans le cas du bichromate de potassium.

Le procédé au chlorure de chaux est plus avantageux comme rendement, que le procédé au chromate; mais le violet obtenu, plus rougeâtre, est moins estimé.

Remarques générales sur l'aniléine. — Ce produit, quel qu'en soit le procédé de préparation, est difficilement obtenu très-régulièrement; le plus ou moins d'acidité du mélange, l'élévation plus ou moins grande de la température, la concentration des liqueurs sont autant de causes d'irrégularité. La plus importante de ces causes d'irrégularité est la nature de l'aniline, et c'est le point qui devra toujours attirer toute l'attention du fabricant. En général, on trouve plus avantageuses pour violet les anilines dont le point d'ébullition est élevé.

Essai de l'aniléine. — Ce violet est livré au commerce sous forme de pâte plus ou moins épaisse et renfermant environ 8 à 9 °/₀ de produit sec. Il est indispensable pour le consommateur d'essayer le violet par teinture ou impression. On en pèse une quantité déterminée que l'on dissout dans l'eau bouillante et l'on épuise ce bain colorant par un poids connu de laine. En opérant comparativement avec un type, on peut évaluer facilement la richesse du produit.

Emploi de l'aniléine. — Pour la teinture, il suffit de dissoudre le violet dans de l'eau bouillante, laisser bien déposer et verser la dissolution dans la cuve à teindre, où l'on ajoute un peu d'acide tartrique pour la soie, un mélange de crème de tartre et d'alun pour la laine.

Pour l'impression du coton, on épaissit le violet commercial dissous ou non, avec un mélange d'eau de gomme et d'albumine; on imprime et on vaporise. On peut aussi imprimer l'albumine seule sur le tissu, vaporiser et teindre dans une dissolution de violet.

Le tannin a la propriété de former une laque insoluble avec le violet. On peut utiliser cette propriété de différentes manières pour l'application de l'aniléine : soit former tout d'abord cette laque, la dissoudre dans l'alcool ou l'acide acétique, imprimer et vaporiser, soit fixer le tannin sur tissu au moyen d'un sel de plomb ou d'étain et teindre le tissu ainsi préparé dans une solution de violet.

Enfin on peut fixer le violet d'aniline au moyen de l'aluminate de sodium [*Polytechn. central-blatt*, 1863, p. 489], ou encore au moyen de l'arsénite d'aluminium (Schultz), ou enfin au moyen des acides gras sulfoconjugués.

Tels sont les moyens les plus généralement usités pour la fixation du violet d'aniline sur les fibres végétales et animales.

Propriétés et composition de l'aniléine. — L'aniléine se trouve généralement dans le commerce à l'état de pâte brunâtre; desséchée, elle présente d'assez beaux reflets mordorés; cristallisée, elle est d'un vert doré très-brillant.

Ce corps se dissout en beau violet dans l'eau, l'alcool, l'aniline, la glycérine, l'acétone, les acides organiques, etc.; il se dissout en bleu dans les acides minéraux concentrés; il est précipité, inaltéré, de ses solutions par les alcalis et les sels alcalins. La solution aqueuse de l'aniléine, faite à chaud, se prend par le refroidissement en une masse gélatineuse. Le violet est très-soluble dans l'acide acétique concentré, et c'est au moyen de cette solution que Scheurer-Kestner put obtenir pour la première fois des cristaux d'aniléine [*Bull. de la Soc. indust. de Mulhouse*, 27 juin 1860]. L'acide sulfurique fumant le dissout avec grande facilité et s'y combine, en formant un corps qui est sans doute un composé sulfoconjugué, violet, très-soluble dans l'eau [Clavel, *Chemical News*, 1864, 13 février, p. 82].

Les agents réducteurs agissent assez énergiquement sur ce violet. Scheurer-Kestner a étudié cette action et a trouvé qu'il peut s'y former trois substances différentes, une jaune, une rouge et une incolore [*Répert. de Chim. appl.*, 1863, p. 422]. Les matières incolore et jaune reproduisent le violet d'aniline quand on les fait bouillir avec de l'aniline; la matière rouge provient de l'oxydation des deux premières et n'est pas modifiée par l'aniline.

L'action des corps oxydants a été étudiée par Willm, qui a observé la formation d'une matière rouge, en traitant le violet dissous dans l'acide acétique, par le bioxyde de plomb [*Bull. de la Soc. chim.*, 1860, p. 204, et *Bull. de la Soc. indust. de Mulhouse*, février 1860]. L'acide nitrique et le chlore produisent une réaction analogue (Scheurer).

Duprey a breveté récemment cette réaction et le corps rouge découvert par Willm : cette matière, dit-il, donne en teinture des nuances aussi belles que le safranum, mais plus solides (Brevet n° 69809).

Le violet d'aniline soumis à l'action de la chaleur émet des vapeurs violettes; mais il se décompose totalement presque à la même température, de sorte qu'on n'a pu jusqu'ici l'obtenir sublimé.

L'aniline le transforme en une matière bleue qui en est probablement le dérivé phénylé [Girard et de Laire, brevet n° 48033].

L'aldéhyde agit sur l'aniléine en la transformant en un gris très-pur. Pour le produire, on dissout 10 kilogrammes de violet en pâte dans 11 kilogrammes d'acide sulfurique à 66°; on ajoute à cette solution 6 kilogrammes d'aldéhyde du commerce. On laisse le mélange en contact pendant environ 5 heures. Après ce laps de temps, on étend d'eau et on précipite : on obtient ainsi un beau gris (Depoully frères, Laurent et Casthelaz) [Brevet n° 69083 et *Bull. de la Soc. chim.*, t. VI (1866), p. 174].

La composition du violet d'aniline a été l'objet de nombreux travaux.

Willm et Scheurer-Kestner ont publié dans le *Répertoire de Chimie* (*loc. cit.*) le résultat de leurs recherches.

Willm a trouvé pour la composition de ce violet des chiffres répondant assez exactement à la formule $C^{18}H^{17}Az^3O$.

Scheurer-Kestner donne la formule $C^{20}H^{14}Az^3$.

Perkin a publié récemment un remarquable travail sur le même sujet [*Ann. der Chem. u. Pharm.*, 1864, t. CXXXI, p. 201].

Le violet d'aniline obtenu par son procédé est

le sulfate d'une base nouvelle à laquelle il donne le nom de *mauvéine*.

On l'obtient à l'état de pureté en décomposant une solution aqueuse bouillante de violet cristallisé, par une solution de soude caustique ; il se dépose ainsi un corps cristallisé qui constitue la nouvelle base dont la composition est représentée par $C^{27}H^{24}Az^4$.

On voit que le violet en pâte du commerce n'est autre chose que la mauvéine plus ou moins pure. Cette base possède les propriétés que nous avons assignées au violet lui-même.

La mauvéine se combine aux acides. Perkin a préparé les sels suivants :

Chlorhydrate de mauvéine, $C^{27}H^{24}Az^4.HCl$. — On l'obtient cristallisé en ajoutant de l'acide chlorhydrique à une solution alcoolique et bouillante de mauvéine. Il se dépose cristallisé par refroidissement.

Le *chloroplatinate*, $2(C^{27}H^{24}Az^4.HCl).PtCl^4$, et le *cloraurate*, $C^{27}H^{24}Az^4.HCl.AuCl^3$, s'obtiennent en mélangeant une solution alcoolique froide du chlorhydrate avec un excès de solution alcoolique des chlorures métalliques.

L'*iodhydrate* et le *bromhydrate* se préparent comme le chlorhydrate.

L'*acétate*, $C^{27}H^{24}Az^4.C^2H^4O^2$, se prépare par la dissolution de la mauvéine dans un mélange bouillant d'alcool et d'acide acétique.

Le *carbonate* $(2C^{27}H^{24}Az^4.H^2CO^3)$ et le *bicarbonate* $(C^{27}H^{24}Az^4.H^2CO^3)$ s'obtiennent en faisant passer un courant d'acide carbonique dans de l'alcool bouillant tenant de la mauvéine en suspension.

Ces sels se décomposent très-facilement.

D'après Perkin, la solution alcoolique de la mauvéine est violette, tandis que la solution de ses sels est pourpre.

Perkin n'a pas fait connaître le mode de génération de la mauvéine. Il est donc impossible de dire si cette matière dérive de l'aniline ou d'un mélange d'aniline et de toluidine, ainsi que Hofmann admet qu'il en est pour la rosaniline. Il est facile de voir que par oxydation

$$C^6H^7Az + 3C^7H^9Az$$

pourraient donner $C^{27}H^{24}Az^4$, mais il n'est pas certain que la présence de la toluidine soit indispensable, Schützenberger ayant obtenu du violet d'aniline bien caractérisé en oxydant par le bichromate de potassium une solution d'aniline pure, préparée au moyen de l'indigo [*Traité des matières colorantes*, p. 455].

Il est possible, en outre, qu'il existe divers violets d'aniline, le violet au chlorure de chaux possédant certaines propriétés différentes de celles du violet au chrome.

Ainsi, il a été reconnu que le violet au chlorure de chaux possède une solidité moindre que celle du violet au chromate (Depouilly frères).

Nous avons observé nous-même que le violet obtenu avec de l'aniline purifiée par un grand nombre de distillations et bouillant à 183° est d'une nuance beaucoup plus bleue que le violet obtenu au moyen d'une toluidine bouillant à 198° et dont la nuance est celle du violet au chlorure de chaux.

2° VIOLET DE G. WILLIAMS. — [*Rep. of Patent inv.*, january 1860, p. 70, et *Dingler's polyt. Journ.*, t. CLV, p. 208.]

Williams emploie soit les alcaloïdes extraits du goudron de houille, soit les alcaloïdes obtenus par la distillation de la quinine et de la cinchonine en présence d'alcalis énergiques. Quelle que soit l'origine des alcaloïdes employés, on les fractionne, et on sépare à 177°.

Tout ce qui passe au-dessus de 177° est mélangé avec de l'iodure d'amyle, de l'eau et un excès d'ammoniaque, dans un ballon muni d'un appareil condensateur. On fait bouillir jusqu'à ce que le mélange oléagineux soit devenu d'un beau violet pourpre.

Quant aux parties qui distillent au-dessous de 177°, on les mélange également avec de l'iodure d'amyle, puis on chauffe le tout en vase clos à 121°. Après un certain laps de temps, on ajoute de l'eau et un corps oxydant comme l'oxyde de mercure, par exemple, et on fait bouillir tant que la coloration augmente d'intensité.

Les couleurs violettes ainsi obtenues communiquent aux fibres textiles des nuances très-vives et solides.

3° VIOLETS DE MÉTHYL-ANILINE [Syn. *Violets de Paris*]. — Ces matières colorantes ont été découvertes en 1861 par Ch. Lauth. Il observa qu'en traitant la méthyl-aniline par divers agents oxydants, elle se transforme en matières violettes, solubles dans l'eau, et donnant en teinture des nuances d'une pureté très-grande. Ces couleurs, douées d'une solidité moindre que celle du violet de Perkin, ne furent pas adoptées par l'industrie, malgré leur grande beauté [*Moniteur scientif.*, 1er juillet 1861, et *Rép. de Chim. appl.*, 1861, p. 345].

On est revenu aujourd'hui sur cette décision et la préparation des violets de méthyl-aniline est effectuée dans une large proportion. Poirrier et Bardy sont les créateurs de cette nouvelle industrie [*Bull. de la Soc. industr. de Mulhouse*, 1867 ; *Bull. de la Soc. chim.*, t. VI (1866), p. 502].

La *préparation de la méthyl-aniline* se fait industriellement en chauffant sous pression pendant 3 à 4 heures et à 250° environ, 100 p. de chlorhydrate d'aniline (sans mélange de toluidine) avec 50 à 80 p. d'alcool méthylique. Le produit de la réaction, neutralisé par un alcali, est soumis à diverses rectifications pour en séparer les polymères qui se forment à cette température élevée ; on obtient ainsi un alcaloïde bouillant de 198° à 205° et constitué essentiellement par un mélange de méthyl-aniline et de diméthyl-aniline.

La *transformation de la méthyl-aniline en violet*, d'après les procédés de Poirrier et Bardy, a lieu en chauffant au bain-marie dans des vases de fonte émaillée un mélange de 100 p. de méthyl-aniline, 80 p. de chlorate de potassium et 20 p. d'iode.

La réaction se fait lentement, peu à peu, et après quelques jours elle doit être complète. La masse est alors transformée en un produit d'un beau vert bronzé tout à fait insoluble dans l'eau, mais qu'il est facile de rendre soluble. Poirrier et Bardy ont constaté en effet que le violet de Paris ne doit son insolubilité qu'à la présence de l'iode. Les combinaisons du violet de Paris avec les autres acides, chlorhydrique, sulfurique, nitrique, acétique, etc., sont extrêmement solubles dans l'eau. Il suffit donc de débarrasser le violet de tout l'iode qu'il renferme et de le salifier par un acide convenable, pour le rendre soluble ; à cet effet, on le traite par un alcali qui détermine la formation d'iodure de potassium et met la base de la matière colorante en liberté ; on dissout cette base, bien lavée à l'eau, dans l'acide dont on veut préparer le sel, puis on fait redissoudre le produit dans l'eau, on filtre et on précipite la solution bouillante par du sel marin. On obtient ainsi un produit d'un très bel aspect vert doré et qui constitue le produit commercial.

Ch. Lauth a fait connaître récemment divers autres moyens de préparation du violet de méthyl-aniline. Son procédé consiste à décomposer certains sels de méthyl-aniline par la chaleur.

Le chlorhydrate se prête facilement à cette décomposition. Un mélange formé par 10 p. de méthyl-aniline, 3 p. d'acide chlorhydrique, 200 p. de sable, chauffé à 100°-120° pendant quelques heures, se transforme en une masse bronzée d'où l'eau extrait du violet de méthyl-aniline.

On arrive à d'aussi bons résultats avec divers agents oxydants, le nitrate de cuivre, le chlorure de cuivre, l'acétate mercureux, etc.

On ne connaît rien encore sur la nature du violet de méthyl-aniline.

4° VIOLETS DE MAUVANILINE ET DE VIOLANILINE. — On sait qu'en traitant un mélange d'aniline et de toluidine par l'acide arsénique, on produit de la rosaniline. — Voyez ROUGE D'ANILINE.

Girard et de Laire obtiennent une matière colorante violette, dite *mauvaniline*, en opérant dans les conditions suivantes :

On prend 100 p. d'une aniline bouillant de 183° à 188° (c'est-à-dire renfermant environ 2 p. d'aniline et 1 p. de toluidine) et on la chauffe à 170° pendant 5 heures avec 164 p. d'acide arsénique à 70 %. Le résultat de l'opération, épuisé par l'eau bouillante pour éliminer la rosaniline qui a pu se former dans ces conditions, renferme les arséniates de mauvaniline, de violaniline, de chryso-toluidine, accompagnés de diverses impuretés.

On basifie ces divers produits par une ébullition avec de la soude faible; puis on reprend par l'acide chlorhydrique faible, qui ne dissout pas la violaniline, mais la mauvaniline et la chryso-toluidine. Les solutions de ces deux substances sont séparées l'une de l'autre par une addition de sel marin qui précipite le chlorhydrate de mauvaniline, le chlorhydrate de chryso-toluidine restant en solution.

La mauvaniline est précipitée de son chlorhydrate par l'addition d'un alcali.

Propriétés et composition de la mauvaniline et de la violaniline. — La mauvaniline est insoluble dans l'eau, soluble dans l'alcool, l'éther, la benzine. Ses sels sont solubles dans l'eau, à laquelle ils communiquent une teinte d'un beau violet rougeâtre, qui est aussi celle qu'ils donnent en teinture.

Elle donne, sous l'influence de l'aniline, des produits phénylés et, sous celle des iodures alcooliques, des produits éthylés et méthylés analogues à ceux qu'on obtient dans les mêmes conditions avec la rosaniline.

La violaniline possède des propriétés analogues. Elle est insoluble dans l'éther et la benzine. Les nuances d'un violet bleuâtre qu'elle donne en teinture sont ternes et offrent peu d'intérêt.

La mauvaniline a pour composition

$$\text{la mauvaniline} \quad C^{19} H^{17} Az^3. H^2O,$$
$$\text{la violaniline} \quad C^{18} H^{15} Az^3. H^2O.$$

On a donc maintenant la série homologue suivante :

Violaniline, $C^{18} H^{15} Az^3$ (dérivant de 3 molécules d'aniline).

Mauvaniline, $C^{19} H^{17} Az^3$ (dérivant de 2 molécules d'aniline et de 1 molécule de toluidine).

Rosaniline, $C^{20} H^{19} Az^3$ (dérivant de 1 molécule d'aniline et de 2 molécules de toluidine).

Chryso-toluidine, $C^{21} H^{21} Az^3$ (dérivant de 3 molécules de toluidine).

Brevet du 16 mars 1867. — *Bull. de la Soc. chim.*, t. VII (1867), p. 366].

ROUGES D'ANILINE. — Les seuls rouges aujourd'hui bien définis sont le rouge de rosaniline, généralement connu sous le nom de rouge d'aniline, et le rouge de toluène.

1° ROUGE D'ANILINE [Syn. *Aniléine rouge, fuch-* *sine, roséine, magenta, azaléine, solférino*]. — En 1856, Natanson observa dans l'action du chlorure d'éthylène sur l'aniline la formation d'une matière colorante rouge. Deux ans après, Hofmann obtint le même produit en chauffant à 180° le tétrachlorure de carbone avec l'aniline, pendant 30 heures, en vase clos. Précédemment déjà, Gerhardt avait constaté la formation de matières rouges avec l'aniline, dans diverses circonstances.

Ces faits, passés inaperçus avant la création de l'industrie de l'aniline, attirèrent l'attention des chimistes après la découverte de Perkin, et provoquèrent de leur part de nombreuses recherches. On s'accorde généralement aujourd'hui à reconnaître à Verguin le mérite d'avoir fabriqué le premier, industriellement, du rouge d'aniline.

Son procédé consiste à faire réagir sur l'aniline du *bichlorure d'étain* anhydre (liqueur de Libavius). On opère de la façon suivante : 10 p. d'aniline sont chauffées à l'ébullition avec 6 à 7 p. de bichlorure d'étain anhydre, pendant 15 à 20 minutes. Le mélange jaunit d'abord, puis prend une teinte rougeâtre et finit par devenir d'un beau rouge foncé. A ce moment on verse la masse dans de l'eau bouillante et l'on filtre. La solution d'un rouge carminé intense est précipitée par du sel marin [Brevet du 8 avril 1859, n° 40635].

Ce procédé diffère peu de celui qu'Hofmann avait fait connaître et qui est devenu industriellement pratique entre les mains de Ch. Lauth [*Bull. de la Soc. industr.*, 23 décembre 1859], de Ch. Dollfus Galline [*Répert. de Chim. appl.*, 1861, p. 11], et de Monnet et Dury [*Répert. de Chim. appl.*, 1861, p. 12]. Monnet et Dury mélangent 4 p. d'aniline et 1 p. de tétrachlorure de carbone dans une marmite autoclave et chauffent à 120° environ ; puis quand la pression considérable qui se manifeste au commencement a cessé, on porte la température à 180° pendant quelques minutes. Le mélange retiré du matras renferme une forte quantité de chlorhydrate de rosaniline.

Ch. Lauth opère en vase ouvert, en faisant refluer les vapeurs dans le ballon où se trouve le mélange. Après 30 heures environ d'une température de 180°, l'opération est terminée; il est facile d'extraire du produit brut ainsi obtenu du chlorhydrate de rosaniline.

Le procédé de Verguin a été breveté en France en faveur de Renard frères, de Lyon : la *possession exclusive* de la matière colorante rouge a été accordée à ces fabricants, après un grand nombre de procès, et ce monopole, que le législateur de 1844 ne prévoyait certes pas, a été et est encore pour l'industrie française une charge des plus onéreuses.

Le rouge d'aniline se forme dans beaucoup de circonstances; le nombre des procédés publiés pour sa préparation est aujourd'hui très-considérable : nous ne ferons que citer les plus importants d'entre eux ; nous donnerons ensuite avec détails le seul qui soit suivi aujourd'hui.

Renard frères, outre le chlorure d'étain, indiquent dans leur brevet l'oxymuriate d'étain, les sulfates d'étain, les fluorures d'étain et de mercure, les bibromures d'étain et de mercure, le sesquichlorure de carbone, l'iodoforme, etc.

Gerber-Keller. — 7 p. de nitrate mercurique. — 10 p. d'aniline. — Chauffer 8 heures à 100° [Brevet du 29 octobre 1859, n° 42621].

Albert Schlumberger. — 6 p. de nitrate mercureux. — 10 p. d'aniline. — Chauffer à l'ébullition [*Bull. de la Soc. industr.*, mars 1800, p. 170]. Voir, pour le mode opératoire, une notice de Th. Oppler, *Dingler's polytechn. journ.*, t. CLXXXI, p. 304.

Ch. Lauth et P. Depoully. — Action de l'acide nitrique sur un excès d'aniline à 180° [janvier 1860, brevet n° 44930].

Hillman [Patente du 10 décembre 1850]. Medlock [Patente du 18 janvier 1860]. — Girard et de Laire [Brevet du 1er mai 1800, n° 44958]. —Action de l'acide arsénique sur l'aniline, à 180°.

Dale et Caro. — Chauffer 1 p. de chlorhydrate d'aniline avec 1 p. de nitrate de plomb à 182° [Brevet n° 47578].

Laurent et Casthelaz — Faire digérer à froid, pendant 24 à 36 heures, 2 p. de limaille de fer, 1 p. de nitrobenzine et 1/2 p. d'acide chlorhydrique. Le produit ainsi obtenu a été désigné sous le nom d'*érythrobenzine* : il est remarquable en ce qu'il permet de préparer le rouge d'aniline directement avec la nitrobenzine [Brevet n° 52224].

Delvaux. — Chauffer le chlorhydrate d'aniline à 150° pendant 5 à 6 heures, avec 10 fois son poids de sable [Brevet n° 51902].

Gratrix. — Chauffer 5 p. d'aniline avec 4 p. de nitrate d'antimoine (?) ou de nitrate de nickel [*Lond. journ.*, juillet 1861].

Sieberg. — Faire fondre 25 p. de chlorhydrate d'aniline sec et projeter, par petites portions, dans la masse fondue 32 p. d'acide antimonique. Chauffer pendant 5 à 6 heures, au bain d'huile, à 240° [*Dingler's polytechn. Journ.*, 1864, t. CLXXI, p. 366].

Holliday. — Chauffer à 220°-230° un mélange de 20 p. d'aniline lourde, 20 p. d'acide chlorhydrique, 10 p. de nitrobenzine. En augmentant la proportion de nitrobenzine, on produit du violet; en la quadruplant on obtient du bleu [Brevet n° 71114]. Ces réactions ont été indiquées également par Staedeler [*Bull. de la Soc. chim.*, t. V (1866), p. 218].

Vohl. — Chauffer à 180° 16 p. de chlorhydrate de zincanile sec avec 8 p. de nitrate de mercure. [*Jahresb.*, 1865, p. 854.]

Citons encore les recettes suivantes malgré leur peu d'intérêt pratique :

Williams chauffe progressivement de 116° à 182°, pendant 60 heures environ, 2 équivalents d'acétate d'aniline avec 1 équivalent d'acétate ou de phosphate de mercure [*Lond. journ. of arts*, nov. 1863 p. 238].

Wilson oxyde l'aniline, à 120°, avec 5 °/₀ de son poids d'acides nitrique, iodique ou arsénique et ajoute à ce mélange un peroxyde métallique [*Deut. Ind. Zeitung*, 1864, p. 158].

Blockey et Watson oxydent l'aniline l'un à 100°, l'autre à 70°, par de l'eau régale [*Polytechn. Centralblatt*, 1863, p. 703].

Le procédé *le plus généralement suivi aujourd'hui* est le procédé à l'acide arsénique. Il serait bien désirable qu'on parvint à trouver un moyen différent de transformer économiquement l'aniline en matière colorante rouge, car l'emploi d'une substance aussi toxique que l'acide arsénique a déjà donné lieu à des accidents terribles.

L'opération se fait dans une chaudière de 300 litres environ, en fonte émaillée, établie sur la voûte d'un fourneau en briques et chauffée dans un bain d'air : cette chaudière est munie d'un chapiteau qui la met en communication avec un serpentin : un agitateur traverse ce chapiteau et descend jusqu'au fond de la chaudière. On introduit dans la chaudière 100 kilog. d'aniline commerciale, pour rouge (points d'ébullition : 20 °/₀ de 183° à 190°,— 50 °/₀ de 190° à 195°,— 30 °/₀ de 195° à 205°.— Densité =1006-1010), et 140 kilog. d'acide arsénique à 75 °/₀.— Quand le chapiteau est fixé, on commence à chauffer et on pousse la chaleur jusqu'au point d'ébullition de l'aniline, dont une notable partie échappe à la réaction et doit être condensée avec soin. On remue pendant toute la durée de l'opération. Après 3 heures environ, on prélève un échantillon de la masse : le produit, pris au bout d'une baguette, doit être d'un aspect métallique et présenter une cassure vitreuse. Lorsque ce point est atteint, on éteint le feu et on établit autour de la chaudière un courant d'air froid au moyen de carneaux disposés à cet effet. On verse alors sur la masse en fusion 100 litres d'eau, puis dans le mélange bien homogène on ajoute avec précaution 25 à 28 kilog. de sel de soude, et l'on chauffe de nouveau; on recueille ainsi une nouvelle quantité d'aniline.

A ce moment, le mélange qui se trouve dans la chaudière se compose essentiellement d'arséniate et d'arsénite de sodium en solution, puis d'une pâte épaisse formée d'arséniate de rosaniline et de matières étrangères dont il faut débarrasser le rouge. On sépare la solution arsenicale et on fait bouillir le rouge brut avec 100 litres d'eau auxquels on ajoute 2 à 3 kilog. de sel de soude, puis on laisse refroidir; après décantation, on retire de la chaudière une masse pâteuse d'arséniate neutre de rosaniline : celle-ci doit être, pour les besoins du commerce, transformée en chlorhydrate. A cet effet on la partage en deux cuves de 1000 litres chacune et on la fait bouillir pendant quelques heures. Après la première heure, on ajoute à chaque cuve 25 litres d'une solution saturée de sel marin et 1/2 litre d'acide chlorhydrique : il se forme ainsi de l'arséniate de sodium et du chlorhydrate de rosaniline. On filtre avec soin sur des filtres de feutre pour retenir les parties noires, insolubles, et on dirige les liqueurs filtrées dans des cristallisoirs en cuivre, où on les abandonne pendant quelques jours. Il s'y dépose alors une abondante cristallisation de chlorhydrate de rosaniline.

Il existe dans le commerce diverses sortes de fuchsines, les unes donnant en teinture des nuances violettes, les autres des nuances rougeâtres.

On obtient ces deux produits à volonté, selon la manière dont la cristallisation est dirigée. Pour obtenir la nuance violette, il faut que le bain d'où se déposeront les cristaux soit acide et que la cristallisation ne soit pas prolongée au delà de 24 à 36 heures. Les eaux mères de ces cristaux de fuchsine violette, neutralisées et abandonnées à elles-mêmes pendant plusieurs jours, déposent des cristaux de fuchsine rouge.

La variété violette est donc un peu moins soluble que la rouge, surtout dans une liqueur acide.

Les eaux mères des cristaux sont précipitées tantôt par du carbonate de sodium, et la rosaniline ainsi obtenue rentre dans la fabrication; tantôt par du tannin, et le tannate de rosaniline insoluble est livré au commerce, comme laque ordinaire pour papiers peints.

Le rendement du rouge cristallisé est environ de 30 à 33 °/₀ du poids de l'aniline *consommée* (mais non pas de l'aniline mise en fabrication). Les anilines échappées par distillation, et que l'on estime à environ 45 °/₀ du poids de l'aniline mise en fabrication, servent généralement à la fabrication du *noir d'aniline*, ainsi que des *violets et bleus dérivés de la rosaniline*.

Le procédé que nous avons décrit comme étant le plus généralement suivi dans la préparation de la fuchsine varie beaucoup dans ses détails, d'après les localités où se trouve située la fabrique, le prix plus ou moins élevé des produits chimiques, etc. La modification la plus importante et qui est généralement adoptée par les établissements allemands consiste dans le remplacement du carbonate de sodium par le carbonate de calcium.

La fuchsine brute est concassée et additionnée d'un excès de chlorure de sodium, de façon à transformer tout l'arséniate de rosaniline en chlorhydrate. On dissout ce mélange et on le fait bouillir pendant quelque temps, puis on ajoute un excès de carbonate de calcium. La majeure partie de l'acide arsénique existant encore dans le produit est ainsi éliminée à l'état d'arséniate de calcium. Quant à l'acide arsénieux provenant de la réduction de l'acide arsénique (il y en a environ la moitié de réduit), il reste en solution à l'état d'arsénite de calcium et se retrouve dans les eaux mères des cristallisoirs (Habedanck).

Le procédé suivant donne aussi de très-bons résultats. Le rouge brut est dissous dans l'acide chlorhydrique concentré et chaud. Cette solution, étendue d'eau, est filtrée et saturée par une quantité de chaux telle, que le chlorhydrate de rosaniline reste tout entier en solution. La majeure partie des impuretés est éliminée par cette saturation partielle. On les sépare par filtration, puis on ajoute au bain un mélange d'acétate et de chlorure de sodium, qui précipitent toute la rosaniline en laissant en solution une matière rouge-ponceau qui est rejetée. Le précipité du sel de rosaniline est redissous dans l'eau acidulée par l'acide chlorhydrique, et cette solution, plus ou moins saturée, selon la nuance que l'on désire obtenir, est abandonnée à la cristallisation [Bardy, *Communication particulière*].

Les eaux arsenicales provenant de la fabrication du rouge d'aniline sont aujourd'hui traitées presque partout dans le but d'en retirer l'arsenic qu'elles renferment, et d'éviter ainsi les nombreux accidents auxquels a donné lieu le libre écoulement de ces eaux dangereuses.

A cet effet, on les précipite par un lait de chaux, le plus souvent mélangé à du chlorure de manganèse, de façon à ramener tout l'arsenic à l'état d'acide arsénieux. Le précipité d'arsénite de calcium peut être traité de diverses façons. Sopp le décompose par l'acide sulfurique, et en ayant soin d'additionner cet acide d'acide nitrique, il transforme immédiatement l'acide arsénieux en acide arsénique qui rentre directement dans la fabrication du rouge.

Tabourin et Lemaire le mélangent à du charbon et le calcinent. L'arsenic est réduit, puis il se volatilise et se transforme dans les fours en acide arsénieux, que l'on recueille et qui est à son tour transformé en acide arsénique.

Le procédé de Randu et Cie est analogue. Les résidus sont calcinés dans un fourneau à parois de coke et donnent de l'arsenic ou de l'acide arsénieux, selon qu'on les a calcinés avec ou sans charbon [*Bull. de la Soc. chim.*, t. VI (1866), p. 253 et 254].

Quant aux résidus proprement dits de la fabrication de la rosaniline, c'est-à-dire aux parties noirâtres insolubles dans l'acide faible, et que l'on obtient après le premier traitement du rouge brut, ils renferment également de l'arsenic et on peut les utiliser à ce point de vue. Mais il est plus avantageux d'en retirer les divers produits que Paraf y signale et dont nous avons déjà parlé en traitant de la *mauvaniline*.

On y trouve, d'après Paraf, une matière colorante ponceau, une autre violette, et une troisième puce. Ces couleurs peuvent être séparées en utilisant, pour cela, leur inégale solubilité dans l'acide chlorhydrique [*Bull. de la Soc. chim.*, t. VII (1867), p. 92].

Emploi du rouge d'aniline. — Il est peu de matières colorantes dont l'emploi soit aussi facile que le rouge d'aniline.

Pour teindre la soie, on la manœuvre dans une dissolution froide d'un sel de rosaniline.

Pour la laine, on chauffe cette dissolution de 50° à 60°.

Il est bon de ne pas teindre dans des bains concentrés, et de les renforcer graduellement.

Pour teindre le coton, comme cette fibre n'a pour la rosaniline aucune affinité, on est obligé de l'animaliser. On opère exactement comme pour l'aniléine (voir page 312). Comme pour elle, on peut en outre employer, pour fixer le rouge, le tannin ou les tannates métalliques.

Schultz fixe la rosaniline au moyen de l'arsénite d'aluminium qu'il prépare avec 1/4 de litre d'acétate d'aluminium à 10° et 20 grammes d'arsénite de sodium [Brevet n° 55138, 15 août 1862]. Selon Schultz, l'arsénite d'aluminium, soluble dans ces conditions, devient insoluble sous l'action de la vapeur et se fixe alors intimement à la fibre en emprisonnant les matières colorantes qu'il tenait auparavant en suspension ou en dissolution.

D'après Bulard, les gommes inférieures altèrent très-promptement le rouge, en lui communiquant une teinte violette terne [*Répert. de Chim. appl.*, 1863, p. 169].

On reconnaît très-facilement les rouges d'aniline fixés sur tissu, non-seulement à l'éclat de leur nuance, mais encore par le simple contact d'un acide énergique qui fait passer la couleur au jaune pur. Un lavage à l'eau ramène la nuance primitive.

Nature et composition du rouge d'aniline. — Un grand nombre de travaux ont été publiés sur ce sujet par Guignet, Béchamp, Willm, Persoz, Salvétat, de Luynes, Émile Kopp, Jacquemin, Jacquelain, etc. Ces travaux, faits à une époque où le rouge d'aniline pur était inconnu, ne présentent plus qu'un intérêt historique. C'est à A. W. Hofmann que nous devons la connaissance de la composition et de la nature du rouge d'aniline [*Compt. rend.*, t. LIV, p. 429; *Ann. de Chim. et de Phys.*, (3), t. LXV, p. 207].

Les différents rouges d'aniline du commerce sont les sels d'une base *incolore* à laquelle Hofmann a donné le nom de *rosaniline*. On l'obtient en précipitant par l'ammoniaque une solution bouillante de l'acétate. Industriellement, on la prépare en dissolvant 25 kilogrammes de chlorhydrate de rosaniline dans 500 litres eau et 5 litres d'acide chlorhydrique. On fait bouillir, puis on ajoute d'un coup 30 kilogrammes de soude caustique à 38°. On agite bien, puis, après avoir maintenu la température de l'ébullition pendant quelques instants, on laisse refroidir. On obtient ainsi 18 kilogrammes de rosaniline cristallisée.

Propriétés de la rosaniline. — La rosaniline est très-peu soluble dans l'eau, soluble en rouge dans l'alcool, insoluble dans l'éther; elle est insoluble dans les huiles grasses et soluble dans les acides gras : cette propriété a été mise à profit par Jacobsen pour l'analyse des huiles [*Dingler's polytech. Journ.*, t. CLXXXII, p. 427]. Soumise à l'action de la chaleur, elle perd une faible quantité d'eau d'interposition à 100°. On peut ensuite la chauffer jusqu'à 130° sans qu'elle change de poids. Elle se décompose à une température plus élevée en dégageant de l'aniline et une autre base qui cristallise en magnifiques feuillets.

Les cristaux de rosaniline constituent un hydrate dont la composition est représentée par

$$C^{20} H^{19} Az^3. H^2 O.$$

Cette base peut être considérée comme une triamine triacide. Elle paraît capable de former trois classes de sels; cependant Hofmann n'a obtenu que ceux correspondant à 1 et à 3 équivalents d'acide.

Ceux de la première classe sont très-stables; les autres se décomposent au contact de l'eau. On obtient les différents sels de rosaniline en combinant la base aux divers acides, ou en faisant bouillir avec un excès de base libre les composés ammoniacaux de ces acides.

Les sels monacides sont fort beaux, d'un vert

doré très-brillant; leur solution est rouge cramoisi. D'après Chevreul, la couleur verte des cristaux de rosaniline est exactement complémentaire de celle qu'ils communiquent par teinture à la laine et à la soie [*Compt. rend.*, 1861, t. LIII, p. 984].

Les sels triacides sont jaune brunâtre; leur solution de même.

Chlorhydrate de rosaniline (Fuchsine). — Cristaux rhombiques verts dorés, souvent réunis en étoiles, solubles dans l'eau, peu solubles dans l'alcool, insolubles dans l'éther.

Desséchés à 130°, ils renferment

$$C^{20}H^{19}Az^3 . HCl.$$

Ce sel, dissous dans l'acide chlorhydrique faible, puis étendu d'un excès d'acide concentré, se transforme en $C^{20}H^{19}Az^3 . 3 HCl$, que l'on obtient ainsi très-bien cristallisé. Ce composé, soumis à l'action de la chaleur, régénère de nouveau le chlorure monacide.

L'un et l'autre se combinent au chlorure de platine et forment les composés :

$$2 (C^{20}H^{19}Az^3 . HCl) . PtCl^4,$$
$$2 (C^{20}H^{19}Az^3 . H^3Cl^3) 3 PtCl^4.$$

Bromure de rosaniline. — Très-semblable au chlorure.

Sulfate de rosaniline,

$$\left. \begin{array}{l} C^{20}H^{19}Az^3 H \\ C^{20}H^{19}Az^3 H \end{array} \right\} SO^4.$$

— Cristaux verts peu solubles dans l'eau.

Oxalate de rosaniline,

$$\left. \begin{array}{l} C^{20}H^{19}Az^3 . H \\ C^{20}H^{19}Az^3 . H \end{array} \right\} C^2 O^4, H^2 O.$$

— Très-semblable au sulfate; il ne perd pas son eau sans décomposition.

Acétate de rosaniline, $C^{20}H^{19}Az^3 . C^2 H^4 O^2.$ — Magnifiques cristaux octaédriques, très solubles dans l'alcool et l'eau.

On le prépare en faisant bouillir ensemble 30 kilogrammes de chlorhydrate de rosaniline et 10 kilogrammes d'acétate de sodium dans 2000 litres eau.

L'acétate cristallisé se dépose par refroidissement.

Formiate. — Semblable à l'acétate.

Chromate. — Précipité rouge brique, peu soluble.

Picrate. — Cristaux prismatiques peu solubles.

Tannate. — Ce composé, préparé industriellement dès les commencements de la fabrication de la fuchsine par Depouilly et Lauth, a été étudié par Emile Kopp. On l'obtient en ajoutant à une solution froide d'un sel de rosaniline une solution étendue de tannin. On obtient ainsi un beau précipité carmin, insoluble dans l'eau, soluble dans l'acide acétique. Il fond à une assez basse température et prend alors l'aspect résinoïde. Sous l'influence des alcalis caustiques énergiques, le tannate de rosaniline est détruit.

L'esprit de bois brut transforme facilement ce tannate en composés violets et bleus analogues sans doute à ceux qui sont produits par l'action de l'aldéhyde sur les sels de rosaniline [*Répert. de Chim. appl.*, 1862, p. 257].

Nitrate de rosaniline (Azaléine de Gerber et rouge de Lauth et Depouilly), $C^{20}H^{19}Az^3 . HAz O^3.$ — S'obtient facilement en dissolvant la rosaniline dans de l'acide nitrique étendu et chaud.

Sulfite de rosaniline. — Lorsqu'on verse une solution aqueuse d'acide sulfureux sur l'hydrate de rosaniline, la couleur caractéristique des sels de cette base se manifeste immédiatement. Par l'addition d'un excès d'acide sulfureux, elle disparaît en partie; la liqueur renferme alors, avec du trisulfite de rosaniline, du sulfate de leucani-

line. Le sulfite neutre de rosaniline donne, par l'action des aldéhydes, des composés bleus et violets, comme les autres sels de rosaniline [Hugo Schiff, *Ann. der Chem. u. Pharm.*, octobre 1866, t. CXL, p. 92].

Action des agents réducteurs sur la rosaniline. — Sous l'influence du zinc et de l'acide chlorhydrique ou du sulfure d'ammonium, la rosaniline se transforme en *leucaniline*, que l'on obtient pure en décomposant par l'ammoniaque le chlorhydrate cristallisé.

Elle a pour composition $C^{20}H^{21}Az^3$.

La leucaniline est une base anhydre peu soluble dans l'eau et l'éther, très-soluble dans l'alcool et dans le chlorure de leucaniline. Chauffée à 100°, elle fond en un liquide rouge qui se prend par refroidissement en une masse moins colorée.

Chlorure de leucaniline,

$$C^{20}H^{21}Az^3 . H^3 Cl^3 + H^2 O.$$

— Il s'obtient en traitant par l'acide chlorhydrique faible le produit, préalablement lavé à l'eau, de la digestion de la fuchsine avec le sulfure d'ammonium, et précipitant la solution par l'acide chlorhydrique concentré; en répétant plusieurs fois ce traitement, on l'obtient parfaitement blanc, cristallisé en tablettes rectangulaires.

Hofmann n'a pas pu obtenir le sel monacide.

Le chlorure de leucaniline se combine avec le bichlorure de platine pour former

$$2 (C^{20}H^{21}Az^3 . H^3 Cl^3) 3 Pt Cl^4 + 2 H^2 O,$$

très-beau composé cristallisé en prismes bien définis.

La leucaniline ne différant de la rosaniline que par 2 équivalents d'hydrogène en plus, on conçoit que les agents d'oxydation puissent régénérer la rosaniline. L'expérience réussit en effet très-bien avec le peroxyde de baryum et surtout le chromate de potassium.

La leucaniline, d'après Hofmann, est attaquée par le bisulfure de carbone, le chlorure de benzoïle et par plusieurs autres agents. L'étude de ces produits n'est pas encore terminée.

La leucaniline en solution nitrique est énergiquement attaquée par l'acide nitreux et donne naissance à une nouvelle base dont les composés platiniques sont détonants.

Un autre produit de réduction de la rosaniline a été signalé par la Société « la Fuchsine » [Brevet nº 65070]. On l'obtient en traitant une solution aqueuse de chlorhydrate de rosaniline par du zinc métallique en poudre fine. Il se forme ainsi une matière jaune qui, par oxydation, donne naissance à un corps marron.

Ch. Lauth, en traitant la rosaniline ou un de ses sels par une dissolution d'acide hypophosphoreux et chauffant le mélange, a obtenu une substance jaune qui, dissoute dans l'eau, et additionnée d'ammoniaque, donne naissance à un précipité d'un beau jaune; ce précipité, purifié par redissolutions dans l'alcool et précipitations par l'eau, constitue une base nouvelle dont le chlorhydrate s'obtient aisément en beaux cristaux. Ce corps se transforme en rosaniline avec la plus grande facilité. L'analyse et la composition de cette nouvelle substance n'ont pas encore été publiées (*expériences inédites*).

L'action des agents oxydants sur la rosaniline n'a pas encore été étudiée au point de vue scientifique; elle a donné lieu à diverses applications. — Voyez BRUNS D'ANILINE.

Sous l'influence de divers agents, la rosaniline peut perdre un ou plusieurs atomes d'hydrogène qui sont remplacés par des molécules plus complexes; ces dérivés, par substitution, de la rosaniline présentent généralement des caractères tinctoriaux différents de ceux de la rosaniline elle-même. — Voyez MATIÈRES COLORANTES DÉRIVÉES DE LA ROSANILINE.

L'iodure d'éthyle la transforme en éthyl-rosaniline. — Voyez VIOLET HOFMANN.

L'iodure et le bromure d'éthylène attaquent la rosaniline en solution alcoolique et la transforment à la longue en produits violets [Max Vogel, *Journ. für prakt. Chem.*, t. XCIV, p. 450, 1865].

Le chlorure de benzoïle et le chlorure d'acétyle réagissent difficilement sur la rosaniline; le chlorure de benzoïle décompose une solution alcoolique de rosaniline en produisant une matière colorante brune [Vogel, *loc. cit.*].

L'acide azoteux donne naissance, avec la rosaniline, à divers produits (voyez JAUNES D'ANILINE) qui, traités par le protochlorure d'étain et précipités ensuite par un alcali, se dissolvent en bleu et en violet dans l'acide acétique et l'alcool [Caro, *Bull. de la Soc. chim.*, t. VII (1867), p. 209].

L'acide valérique, chauffé avec son poids de rosaniline, la transforme en violet [Wise, *Lond. journ. of arts*, 1866, Mars, p. 217].

L'aniline, en réagissant sur la rosaniline, donne naissance à la rosaniline triphénylique. — Voyez VIOLETS ET BLEUS DE ROSANILINE.

L'aldéhyde acétique et les autres aldéhydes s'y combinent avec élimination d'eau et produisent des matières violettes et bleues. — Voyez VIOLETS ET BLEUS D'ALDÉHYDE.

Le chlorhydrate d'aniline à une haute température attaque la rosaniline et la transforme en matières brunes. — Voyez MARRONS D'ANILINE.

Mode de génération de la rosaniline. — Quoique la composition du rouge d'aniline soit aujourd'hui parfaitement établie, grâce aux beaux travaux de Hofmann, son mode de génération est diversement interprété et paraît nécessiter de nouvelles expériences.

Selon Schiff, la formation de la rosaniline avec le bichlorure d'étain aurait lieu selon l'équation suivante :

$$20\ C^6\ H^7\ Az + 5\ Sn\ Cl^4$$
$$= 3\ (C^{20}\ H^{19}\ Az^3.\ H\ Cl) + 6\ (C^6\ H^7\ Az.\ H\ Cl)$$
$$+ H^4\ Az\ Cl + 5\ Sn\ Cl^2 + 4\ C^6\ H^7\ Az.$$

Sous l'influence de l'azotate mercurique, elle aurait lieu selon l'équation :

$$20\ C^6\ H^7\ Az + 10\ Hg\ Az^2\ O^6$$
$$= 3\ C^{20}\ H^{19}\ Az^3.\ H\ Az\ O^3 + 6\ C^6\ H^7\ Az.\ H\ Az\ O^3$$
$$+ H^4\ Az.\ Az\ O^3 + 5\ Hg^2\ Az^2\ O^6 + 4\ C^6\ H^7\ Az.$$

[*Compt rend.*, t. LVI, p. 271 et 545.]

On voit que dans ces réactions il se forme de l'ammoniaque, et Schiff insiste beaucoup sur ce point.

Dans un second mémoire, il apporte d'autres preuves à l'appui de sa manière de voir [*Compt. rend.*, t. LVI, p. 1234, 1863]. La rosaniline dérive, selon lui, de l'aniline par élimination d'hydrogène et d'ammoniaque :

$$3\ C^{20}\ H^{19}\ Az^3 = 10\ C^6\ H^7\ Az + Az\ H^3 + 10\ H.$$

Il a tenté la synthèse directe de la rosaniline par l'action du potassium sur l'aniline. Il se dégage, en effet, de l'ammoniaque, et l'alcool extrait de la masse une petite quantité d'une matière cramoisie.

Selon Hofmann, la production d'ammoniaque n'a pas lieu simultanément à la formation de la rosaniline; elle est le résultat d'une action secondaire; et, en opérant dans des conditions convenables, on peut parfaitement l'éviter [*Compt. rend.*, t. LIX, p. 793, 1864]. Hofmann pense que l'équation de Schiff est inadmissible. Selon lui, la rosaniline ne dérive pas de l'aniline, mais d'un mélange d'aniline et de toluidine. En juin 1863 déjà, Hofmann avait établi que l'aniline pure, provenant soit de la distillation de l'indigo, soit de la benzine obtenue par la précomposition du benzoate de chaux, soit enfin de la benzine pure dérivée du goudron de houille, ne donne pas de matière colorante rouge sous l'influence des agents oxydants; et il en concluait qu'il existe dans l'aniline commerciale une base autre que la phénylamine, peut-être un isomère de cet alcaloïde et dont la coopération est indispensable à la production de la rosaniline. Il a établi depuis que cette base est la toluidine; que, pas plus que la phénylamine, elle *seule* n'est capable de donner de la rosaniline, mais que la propriété de donner du rouge appartient au mélange de toluidine et de phénylamine.

L'équation la plus vraisemblable de la formation du rouge est, selon lui,

$$C^6\ H^7\ Az + 2\ (C^7\ H^9\ Az) = C^{20}\ H^{19}\ Az^3 + 3\ H^2.$$

Quant à la constitution de la rosaniline, sa molécule renferme 3 atomes d'hydrogène typique capables d'être remplacés par des radicaux alcooliques. Le résidu $C^{20}\ H^{16}$ fonctionne donc, dans la rosaniline, avec la valeur de 6 atomes d'hydrogène, et on pourrait peut-être le considérer comme renfermant les radicaux phénylène et toluylène; la rosaniline serait alors :

$$2 \left. \begin{array}{l} (C^6\ H^4)'' \\ (C^7\ H^6)'' \\ H^3 \end{array} \right\} Az^3.$$

Les faits que nous exposons dans le paragraphe suivant sont en opposition avec la théorie d'Hofmann; ils prouvent au moins que la production d'une matière colorante rouge est possible sans le concours simultané de l'aniline et de la toluidine. La composition de cette matière elle-même est encore inconnue; mais il paraît bien établi qu'elle ne renferme pas d'aniline dans sa constitution. Ou bien elle diffère par sa composition de la rosaniline, et alors il résulte de ce fait que des matières colorantes rouges, autres que la rosaniline, peuvent être produites avec les alcaloïdes du goudron de houille; ou bien elle est identique à la rosaniline et cette identité prouverait que la rosaniline peut être préparée autrement qu'avec un mélange d'aniline et de toluidine.

2° ROUGES DE TOLUÈNE ET DE XYLÈNE [*Bull. de la Soc. indust. de Mulhouse*, 25 avril 1866, et *Bull. de la Soc. chim.*, t. VI (1866), p. 500].

Dans un brevet pris le 5 juillet 1859, E. Franc indique le moyen de préparer une matière colorante rouge en faisant réagir les chlorures métalliques anhydres $SnCl^4$, $HgCl^2$, etc., ou divers agents oxydants, sur la toluidine ou la cumidine; mais cette préparation n'a pas reçu la sanction de l'expérience, et la fabrication d'une matière colorante au moyen d'alcaloïdes dérivés du toluène nous paraît être restée inconnue avant les travaux que nous allons résumer.

Coupier prépare dans son usine les divers hydrocarbures du goudron de houille, et au moyen d'un appareil séparateur (voir BENZINE), il arrive à isoler chacun de ces hydrocarbures. Il peut ainsi obtenir de la benzine, du toluène, du xylène, etc., dans un état de pureté relativement très-grand. En transformant ensuite ces hydrocarbures, il obtient de l'aniline, de la toluidine, de la xylidine pures à 2 % près.

La toluidine préparée par ces procédés est apte à se transformer en matière colorante rouge, sans le concours de l'aniline. On chauffe à 150°-160° un mélange de 100 p. de toluidine Coupier, 160 p. d'acide arsénique (à 75 %), 35 p. d'acide chlorhydrique, pendant 3 à 4 heures. La transformation s'effectue dans ces conditions. Un mélange de 67 p. de toluidine *cristallisée*, 95 p. de nitrotoluène, 65 p. d'acide chlorhydrique et 7 p. de chlorure ferreux, chauffés à 190° pendant 3 heures, donne d'aussi bons résultats.

La xylidine, dans les mêmes conditions, donne également des matières colorantes rouges; les nuances fournies en teinture par le rouge de xylène sont plus violacées que celles du rouge de toluène.

L'intérêt qui s'attache à ces faits est très-grand. Le toluène de Coupier est d'une pureté qui ne laisse rien à désirer. D'autre part, il est peu probable que, dans la transformation de l'hydrocarbure en alcaloïde, il perde CH^3 et se transforme en aniline; à la rigueur, cela serait possible, mais alors on devra trouver cette aniline dans l'alcaloïde résultant de la transformation du toluène. Or cet alcaloïde ne commence à bouillir qu'à 198°, et même les premières gouttes distillées ne donnent pas avec le chlorure de chaux la coloration bleue caractéristique de l'aniline. Cet alcaloïde n'est cependant pas de la toluidine pure : on sait en effet que celle-ci est solide et cristallisée, tandis que la toluidine de Coupier est liquide; mais elle présente la propriété suivante : lorsqu'on l'agite avec une petite quantité d'eau pendant un certain temps, on la voit se concréter et se prendre en une bouillie presque solide de toluidine cristallisée, une petite portion d'huile non cristallisée restant interposée entre les feuillets de la toluidine. Cette huile, redistillée et agitée avec de l'eau, se transforme à son tour et intégralement en toluidine cristallisée. Elle ne saurait donc être confondue avec l'aniline, dont elle ne possède d'ailleurs ni les propriétés physiques ni les propriétés chimiques. Son point d'ébullition est exactement à 197°.

Il résulte de ces différents faits que la toluidine de Coupier ne peut pas être considérée comme étant un mélange d'aniline et de toluidine, et que le rouge qui en dérive doit être autre chose que la rosaniline, peut-être un homologue supérieur.

Quoi qu'il en soit, le *rouge de toluène* possède des propriétés analogues à celles du rouge d'aniline. Il s'en distingue par un ton plus bleuté qu'il communique aux fibres végétales ou animales, par sa transformation plus régulière en matières colorantes dérivées, notamment en vert, par son intensité plus grande, par une solubilité dans l'eau beaucoup plus grande que celle du rouge d'aniline (Rosenstiehl, A. Roussille). Enfin, un trait caractéristique, selon Coupier, de ce nouveau produit, est la facilité avec laquelle on en obtient des rendements considérables. Il est aisé d'obtenir 40 °/₀ de rouge de toluène cristallisé, lorsque les fabricants de rouge d'aniline ne dépassent guère 30 °/₀.

Ces rendements de 40 °/₀ diminuent lorsqu'on ajoute de l'aniline à la toluidine, et leur diminution est en rapport direct avec la quantité d'aniline ajoutée.

Au point de vue scientifique, les résultats obtenus par Coupier demandent une étude approfondie : le lecteur trouvera, sur cette question, des détails très-intéressants dans le mémoire publié par Rosenstiehl, à la Société industrielle de Mulhouse, 30 mai 1866 (voir aussi *Monit. scientif.*, 1866, p. 599).

Nous ne parlerons pas ici du *vert de toluène*, du *bleu*, du *violet de toluène*, brevetés par A. Schlumberger. Leur mode de préparation et leurs propriétés sont très-voisins de ceux de leurs congénères.

Matières colorantes dérivées de la rosaniline.

Ces matières colorantes sont aujourd'hui très nombreuses. La rosaniline doit son importance commerciale moins à elle-même qu'aux magnifiques couleurs qui dérivent d'elle par substitution.

Le premier dérivé coloré obtenu par substitution avec la rosaniline a été obtenu par Ch. Lauth en faisant réagir sur elle les aldéhydes, en présence d'un acide. Peu après, Girard et de Laire obtinrent le violet impérial, puis le bleu de Lyon en traitant la rosaniline par l'aniline, c'est-à-dire en remplaçant dans la rosaniline un ou plusieurs atomes d'hydrogène par une ou plusieurs groupes phényliques.

La découverte ultérieure des verts, des marrons, des jaunes d'aniline, puis la préparation industrielle des violets d'éthyl- et de méthyl-rosaniline viennent clore la série des matières colorantes aujourd'hui connues, dérivées de la rosaniline.

VIOLETS D'ANILINE DÉRIVÉS DE LA ROSANILINE.

1° VIOLET A L'ALDÉHYDE. — Ce produit a été découvert par Ch. Lauth en traitant une solution alcoolique de rouge d'aniline par un acide minéral et une aldéhyde (l'hydrure d'acétyle, de valéryle, de benzoïle, etc.). Lorsque la solution est devenue bleue, on sature l'excès d'acide et on filtre [*Soc. indust. de Mulhouse* (mémoire déposé aux archives de la), le 24 décembre 1860].

Ce violet est soluble dans l'eau, l'alcool, l'éther, la glycérine, les alcalis et les acides. Il est précipité de ces dernières solutions par leur saturation. Il forme avec le tannin une combinaison insoluble.

En teinture et en impression, ce violet donne des nuances très-pures, mais peu solides.

Dance, pour produire ces couleurs sur tissus, prend comme point de départ la leucaniline; il la traite par l'aldéhyde ou l'acroléine, en présence d'un acide, teint avec ce mélange et l'oxyde ensuite par un passage en bichromate [*Deutsch* *Industriezeit.*, 1866, p. 478].

Nature et composition du violet à l'aldéhyde. — Les aldéhydes par leur action sur la rosaniline éliminent de l'eau et fixent en place de l'hydrogène typique leurs résidus diatomiques [Hugo Schiff, *Compt. rend.*, t. LXI, p. 45, 1865.]

Schiff a étudié particulièrement l'action de l'aldéhyde œnanthique. Elle agit sur l'acétate de rosaniline à la température ordinaire et donne naissance à une masse cristalline cuivrée, soluble dans l'alcool avec une nuance d'un violet bleu très-riche.

Les alcalis caustiques précipitent de cette solution la base hexatomique œnanthylidène-dirosaniline

$$Az^6 \begin{cases} 2\,(C^{20}H^{16})^{vi} \\ 3\,(C^7H^{14})'' \end{cases} = C^{61}H^{74}Az^6.$$

Cette base forme des sels avec la plupart des acides, même avec l'acide carbonique. L'acétate d'œnanthylidène-rosaniline a pour composition

$$C^{61}H^{74}Az^6.\ 2\,C^2H^4O^2;$$

l'arséniate, $\quad C^{61}H^{74}Az^6.\ AsH^3O^4.$

Ces sels et la base se décomposent facilement, même à une température qui n'excède pas 40° ou 50°, surtout en présence d'un excès d'œnanthol.

L'aldéhyde benzoïque agit moins facilement sur la rosaniline; mais vers 100° elle détermine cependant la formation d'un produit violet qui paraît renfermer

$$Az^3 \begin{cases} (C^{20}H^{16})^{vi} \\ (C^7H^6)'' \\ H \end{cases} = C^{27}H^{23}Az^3.$$

L'aldéhyde acétique se comporte d'une façon analogue et donne naissance à l'éthylidène-rosaniline

$$Az^6 \begin{cases} 2\,C^{20}H^{16} \\ 3\,C^2H^4 \end{cases} + 3\,H^2O,$$

qui est la base de la préparation du vert d'aniline.
Les triamines

$$C^{20}H^{16}.C^7H^6.H.Az^3.$$
$$C^{20}H^{16}.C^7H^{14}.H.Az^3.$$
$$C^{20}H^{16}.C^5H^{10}.H.Az^3.$$

peuvent être obtenues à l'état de sels, par l'action des aldéhydes correspondantes sur les solutions sulfureuses étendues, de l'acétate ou du chlorhydrate de rosaniline, ces solutions restant toujours en excès. — L'hydrogène typique de ces bases peut être remplacé par de l'éthyle. [*Compt. rend.*, 1867, t. LXIV, p. 182].

2° VIOLET IMPÉRIAL. — Girard et de Laire sont les inventeurs de cette belle matière colorante. Ils la préparent en chauffant pendant quelques heures un mélange de fuchsine et d'aniline à une température de 160° à 180° [Brevet du 2 janvier 1861. — *Bull. de la Soc. chim.*, t. III (1865), p. 153].

On prépare industriellement le violet impérial en chauffant à 160°, dans une cornue munie d'un réfrigérant, un mélange de 1 p. de chlorhydrate de rosaniline et de 3 p. d'aniline pure.

Après 4 heures de chauffage, on retire la masse du feu et on la fait bouillir avec de l'acide chlorhydrique faible, qui enlève l'excès d'aniline et de chlorhydrate de rosaniline. Le produit insoluble constitue le violet impérial.

Propriétés et emploi du violet impérial. — Le violet impérial est soluble dans l'alcool, l'acide acétique, l'esprit de bois. Il est insoluble dans l'eau.

Pour teindre ou imprimer avec le violet impérial, on se sert de sa solution alcoolique : Clavel a proposé comme solvant l'emploi de l'acide sulfurique [Brevet n° 55738], Gaultier de Claubry celui de l'extrait de saponaire [Brevet n° 64128]. Gaudit trouve avantageux un mélange de benzine et d'alcool [Brevet n° 69059].

Composition du violet impérial. — Il résulte des expériences d'Hofmann que le violet impérial est non pas un mélange de rosaniline et de bleu de Lyon, comme on l'a longtemps supposé, mais un dérivé phénylique spécial de la rosaniline. Le violet impérial rouge correspond sensiblement à la rosaniline monophénylée, le violet impérial bleu à la rosaniline diphénylée. On a donc les quatre termes suivants :

Rosaniline, $C^{20}H^{19}Az^3, H^2O$;
Rosaniline monophénylée (violet impérial rouge)

$$C^{20}H^{18}.C^6H^5. Az^3, H^2O ;$$

Rosaniline diphénylée (violet impérial bleu),

$$C^{20}H^{17}(2\ C^6H^5). Az^3, H^2O ;$$

Rosaniline triphénylée ou bleu de Lyon,

$$C^{20}H^{16}(3\ C^6H^5). Az^3, H^2O.$$

[*Monit. scientif.*, 1866, p. 468.]

Nous signalons ici deux violets, très-voisins du violet impérial :

L'un, préparé par Monnet, est obtenu au moyen d'un mélange de fuchsine et de bleu d'aniline. Il fait fondre ce mélange à 70°, puis il le traite par de l'acide sulfurique à 66° et chauffe à 150° environ. Quand le tout est dissous, on l'étend d'eau et on neutralise par un alcali [Brevet n° 66972].

L'autre a été obtenu par Nicholson en chauffant avec soin du rouge d'aniline à une température de 200° à 215°. Il se dégage de l'ammoniaque pendant la réaction. Ce violet très pur se dissout facilement dans l'acide acétique et l'alcool [Patente anglaise n° 147, 20 janvier 1862].

Nous ne citerons que pour mémoire les violets obtenus par Béchamp à 200°, en faisant réagir certains agents oxydants sur l'aniline [Brevet

n° 45493] ; et par Delvaux, en chauffant un mélange de sable et de chlorhydrate d'aniline [Brevet n° 53534].

3° VIOLET DE MÉTHYL- ET D'ÉTHYL-ROSANILINE (*violet Hofmann*).

C'est à Émile Kopp que revient le mérite d'avoir le premier songé à remplacer dans le rouge d'aniline un ou plusieurs atomes d'hydrogène par une ou plusieurs molécules de méthyle, d'éthyle ou d'amyle [*Compt. rend.*, 1864, 25 février]. Kopp n'a pas donné de détails sur son mode opératoire, mais il a annoncé avoir réalisé cette substitution et obtenu ainsi des matières de plus en plus bleues à mesure que les radicaux alcooliques se substituaient à l'hydrogène.

Le procédé de Hofmann [Brevet n° 59300, 11 juillet 1863 ; — Patente anglaise du 22 mai 1863] consiste à chauffer sous pression, à une température de 100°, pendant 3 à 4 heures, un mélange de 1 p. de rosaniline, 2 p. d'iodure d'éthyle, 2 p. d'alcool fort.

Hofmann indique aussi l'emploi des autres dérivés éthyliques, ainsi que des dérivés méthyliques et amyliques ; l'action de l'iodure d'amyle sur la rosaniline nécessite l'intervention d'une température assez élevée.

Industriellement, on opère généralement dans un appareil autoclave pouvant supporter une pression de 15 atmosphères : quelques fabricants préfèrent cependant opérer à air libre et en faisant refluer les vapeurs.

On met en contact 5 p. de rosaniline, 8 p. d'alcool, 8 p. d'iodure d'éthyle. L'alcool peut être remplacé par l'esprit de bois et l'iodure d'éthyle par l'iodure de méthyle ; les nuances obtenues ainsi sont plus rougeâtres. On chauffe à 100° pendant 8 à 10 heures : après refroidissement, on verse la masse épaisse dans l'eau, on neutralise par le carbonate de sodium afin de décomposer l'iodhydrate d'éthyl-rosaniline et de retrouver ainsi l'iode, puis on lave le produit insoluble jusqu'à ce que les eaux soient pures.

Quand on veut obtenir un violet plus bleu, on recommence le traitement à l'iodure d'éthyle ; mais il est plus avantageux, dans ce cas, de rendre l'opération continue, en ajoutant successivement dans l'appareil l'iodure alcoolique et la soude nécessaire à la décomposition de l'iodhydrate formé, jusqu'à ce que l'on soit arrivé à la nuance voulue.

On obtient par ce procédé des violets d'une très grande beauté et dont l'emploi est très facile : il suffit de les dissoudre dans de l'alcool acidulé d'acide chlorhydrique ou dans de l'acide acétique.

Pour rendre le violet Hofmann soluble dans l'eau, il faut le basifier complètement au moyen d'une dissolution bouillante de soude, et reprendre ensuite la base libre par l'acide dont on veut obtenir le sel [Duprey, Brevet n° 73075, et *Bull. de la Soc. chim.*, t. VII (1867), p. 95].

Hugo Levinstein a modifié le procédé de Hofmann de la façon suivante : il met en contact 9 p. de nitrate d'éthyle, 32 p. de rosaniline, 50 p. d'alcool à 90° et chauffe ce mélange sous pression à 100° [Brevet n° 64355]. Cette modification nous paraît peu avantageuse.

Hofmann a publié jusqu'ici peu de détails sur les propriétés de la triéthyl-rosaniline et de ses sels. Soumise à l'action de la chaleur, elle se décompose et dégage de l'éthylaniline : on sait que dans les mêmes circonstances la rosaniline donne naissance à de l'aniline.

Le picrate de triéthyl-rosaniline donne en teinture des nuances d'un beau vert [Keisser, *Mon. scient. de Quesneville*, 1867, p. 536].

Nature et composition du violet Hofmann. — Le résultat final de l'action de l'iodure d'éthyle sur la rosaniline est un iodhydrate de triéthyl-rosaniline.

3 atomes d'hydrogène de la rosaniline sont remplacés par 3 fois C^2H^5,

$$C^{20}H^{16}_{\ \ H^3}\Big\}Az^3 + 3\ {C^2H^5}_{\ \ I}\Big\} = C^{20}H^{16}_{\ \ (C^2H^5)^3}\Big\}Az^3.IH + 2\ HI.$$

En multipliant le procédé d'éthylation, on n'arrive pas à fixer plus d'éthyle; il se forme un iodéthylate de rosaniline triéthylée.

Dans de certaines conditions cependant, on arrive à produire des matières colorantes vertes qui sont peut-être des produits plus éthylés. — Voyez VERT D'ANILINE.

On peut remplacer l'hydrogène de la rosaniline par des radicaux autres que ceux que nous venons d'indiquer.

Perkin fait réagir sur 6 p. de fuchsine, dissoute dans 30 p. d'alcool à 90°, 4 p. de térébenthine bromée; il chauffe en vase clos à 150° pendant 8 heures; après ce laps de temps, la rosaniline est transformée en une matière colorante d'un bleu violet [Brevet n° 64418].

Wanklyn chauffe poids égaux de rosaniline, d'alcool et d'iodure d'isopropyle, à 100°, en vase clos, et obtient ainsi une substance violette dont il isole la base par l'ébullition avec un alcali [Brevet n° 69137].

Ch. Lauth et Ed. Grimaux font réagir à 100° sur la rosaniline ou un de ses sels le chlorure de benzyle en présence de l'alcool et la transforment en une matière colorante violette [Bull. de la Soc. chim., t. VII, p. 107].

Enfin Smith et Sieberg ont indiqué, dans le même but, l'emploi des dérivés iodés ou bromés de l'acétone [Deut. Industrie Zeit., 1865, p. 488].

Nous ne citons que pour mémoire le Dahlia impérial, violet très-pur, soluble dans l'eau, mais dont la préparation est restée secrète.

BLEUS D'ANILINE. — Dans les premiers mois de l'année 1860, la maison Guinon, Marnas et Bonnet, de Lyon, mit en vente une matière colorante bleue, qu'elle nomma azuline (voir ce mot).

Cette belle matière, dont la composition est encore incertaine, mais qui nous paraît identique avec le bleu de Lyon (voir plus bas), commença la brillante série de ces nouveaux bleus qui, aujourd'hui, ont presque complétement remplacé les bleus au carmin d'indigo et au ferrocyanure de potassium. L'apparition de l'azuline, dont la fabrication resta secrète pendant longtemps, excita les recherches et l'ardeur des chimistes. Aussi voyons-nous les publications se succéder promptement sur ce sujet.

Béchamp obtient un bleu en faisant passer un courant de chlore dans de l'aniline et en chauffant ensuite le produit de la réaction aux environs de 170° [Brevet n° 45493].

Ch. Lauth [24 déc. 1860, loc. cit.] modifie légèrement les conditions de la réaction qui lui a donné un violet en traitant la rosaniline par l'aldéhyde, et, prolongeant la durée du contact de l'aldéhyde, obtient un bleu soluble dans l'eau, l'alcool et l'acide acétique. Ce bleu, à l'emploi duquel on a renoncé à cause de son peu de solidité à la lumière, présente néanmoins un certain intérêt, attendu qu'il est la base de la fabrication du vert d'aniline (voir ce mot).

Kopp trouve plus avantageux, pour la préparation de ce bleu, d'opérer non pas sur un sel soluble de rosaniline, mais sur le tannate dont il a décrit les propriétés. — Voyez TANNATE DE ROSANILINE.

Willm a analysé le bleu de Ch. Lauth, et a trouvé pour sa composition :

Carbone	75,88
Hydrogène	6,44
Azote	7,31
Oxygène	10,37

Schaeffer et Gros-Renaud [Moniteur scientif. 1861, p. 292] obtiennent une belle matière bleue (bleu de Mulhouse) en faisant bouillir dans un litre d'eau 50 gr. de gomme laque blanche en poudre, 18 gr. de cristaux de soude, et ajoutant à la dissolution bouillante 50 gr. d'une solution de 125 gr. de rouge d'aniline dans 1/2 litre d'eau et 1/2 litre d'alcool. On fait bouillir pendant 1 heure en remplaçant l'eau au fur et à mesure de son évaporation, et l'on obtient ainsi une liqueur d'un beau bleu très-intense.

Ménier arrive à former un bleu en traitant, par les oxydants employés pour produire la rosaniline, un nouvel alcaloïde qu'il nomme inaline et qu'il obtient en réduisant une nitrobenzine spéciale produite par la réaction sur la benzine, d'acide nitrique pur, exempt d'acide chlorhydrique et de vapeurs nitreuses [Brevet n° 50006].

Diverses autres réactions donnent également naissance à du bleu : Delvaux chauffe le chlorhydrate d'aniline, en vase clos, de 200° à 250°.

Colemann fait réagir le perchlorure d'antimoine sur l'aniline [London Journ. of arts, 1861, juin, p. 348].

Vohl chauffe à 200° 20 parties de chlorhydrate de zincanile avec 8 p. de nitrate mercureux [Wagner's Jahresb., 1865, p. 606].

Schad chauffe de 180° à 185° 16 p. de rosaniline, 48 p. d'aniline et 1 p. de sulfate de quinine. Le même auteur produit du bleu par l'action de 6 p. d'aniline sur 2 p. de violet éthylénique et 1 p. d'acétate de sodium à 150° [Deutsche Industrie Zeit., 1866, p. 117].

Nicholson fait réagir en vase clos, à 180°, 1 p. de dahlia impérial et 2 p. d'aniline [Deutsche Industrie Zeit., 1866, p. 498].

Tous ces travaux, dont quelques-uns méritent l'attention des chimistes scientifiques, ne donnèrent point lieu à de grandes applications industrielles. Il n'en est pas de même du procédé de Girard et de Laire, à qui revient l'honneur d'avoir découvert le bleu d'aniline dit bleu de Lyon, qui est le seul employé aujourd'hui.

1° BLEU DE LYON (syn. bleu de fuchsine).

Girard et de Laire obtiennent le bleu de Lyon en chauffant pendant quelques heures un sel de rosaniline ou un mélange capable de l'engendrer, avec un excès d'aniline [Brevets n° 45826, 6 juillet 1860, et n° 48033, 2 janvier 1861, et Moniteur scientif., 1805, p. 633].

Nous revenons plus loin sur le procédé actuellement suivi pour la fabrication du bleu.

Quelques mois après la découverte de Girard et de Laire, Persoz, de Luynes et Salvétat présentèrent à l'Académie des sciences un mémoire dans lequel ils annonçaient la découverte d'un nouveau bleu auquel ils donnèrent le nom de bleu de Paris [Compt. rend., 1861, 11 mars, t. LII, p. 450]. — 9 grammes de bichlorure d'étain et 16 grammes d'aniline, chauffés pendant 30 heures à 180°, donnent naissance à un bleu très-vif qui n'exige plus qu'un traitement par l'eau pour teindre la laine et la soie en nuances magnifiques.

Ce bleu est soluble dans l'eau (?), l'alcool, l'esprit de bois, l'acide acétique; il est insoluble dans l'éther et le sulfure de carbone. L'alcool l'abandonne par évaporation spontanée sous forme cristalline. Soumis à l'action de la chaleur, il émet des vapeurs violettes. L'acide sulfureux est sans action sur lui. — L'acide chromique le précipite sans altération de sa solution. — L'acide nitrique l'attaque en le transformant en une matière brun marron. Le chlore le détruit.

Nous insistons à dessein sur les propriétés de ce bleu, parce que, si effectivement il est soluble dans l'eau, il ne serait pas identique avec le bleu de Lyon.

Monnet et Dury ont modifié le procédé de Girard et de Laire d'une façon importante [Brevet n.° 54078, 20 mai 1862]. Ils commencent par préparer la *rosaniline* en employant un procédé analogue à celui que nous avons indiqué page 316. D'autre part, ils combinent l'aniline à l'acide acétique en traitant 60 p. d'aniline par 20 p. d'acide acétique du commerce. Puis ils chauffent ensemble 1 p. de rosaniline avec 4 p. de cette solution d'aniline, à l'ébullition, pendant 30 minutes environ. Le bleu se trouve ainsi formé.

Ce qui différencie essentiellement le procédé de Monnet et Dury d'avec celui de Girard et de Laire, c'est l'emploi d'un acide organique en place d'un acide minéral. Quoique jusqu'ici on n'ait pas expliqué le rôle des acides organiques, il est établi que leur présence est indispensable à la formation d'un beau bleu, restant bleu à la lumière artificielle.

Fabrication du bleu d'aniline. — Dans une chaudière en fonte émaillée, munie d'un chapiteau et d'un tuyau d'échappement, on introduit 10 kilogrammes d'acétate de rosaniline cristallisé, 30 kilogrammes d'aniline (basse température), $1^k,50$ d'acide benzoïque, et $2^l,200$ de soude caustique à 38°.

On chauffe ce mélange au bain d'huile pendant trois heures environ, en poussant progressivement la température depuis 180° jusqu'à 210°.

Dès la première heure, on s'aperçoit de la transformation de la nuance qui, devenant de plus en plus violette, doit à la fin de la troisième heure être d'un bleu pur. On juge l'opération terminée lorsqu'une goutte du mélange, étalée sur une lame de verre avec un peu d'acide chlorhydrique, paraît, à la lumière d'une bougie, d'un bleu pur, c'est-à-dire sans mélange de violet.

A ce moment on retire le feu et on verse dans la chaudière 100 litres d'eau et 30 litres d'acide chlorhydrique. On fait bouillir, on filtre; le bleu, insoluble dans l'eau, reste sur le filtre, où on le lave avec le plus grand soin. On obtient ainsi, pour 10 kilogrammes de rouge employé, 12 kilogrammes d'un bleu ordinaire qui est employé pour la teinture et l'impression de la laine.

Pour obtenir le *bleu lumière*, on traite ce produit à deux ou trois reprises, par cinq fois son poids d'alcool tiède qui dissout les parties les plus rouges et laisse comme résidu le bleu lumière complétement pur. On n'en obtient guère plus que la moitié du bleu ordinaire employé.

Les solutions alcooliques sont redistillées, et le résidu de cette évaporation est vendu comme bleu très-violet.

Quant aux eaux acides du premier lavage, elles renferment une forte proportion de chlorhydrate d'aniline. On les neutralise et, après concentration, on les traite par un excès de chaux qui met l'aniline en liberté. On retrouve ainsi environ 30 à 35 % du poids de l'aniline mise en travail [Albert Schlumberger, *Communication particulière*].

Les diverses modifications qui ont été successivement proposées à ce procédé ont été abandonnées. Certains fabricants préconisent cependant aujourd'hui l'emploi du benzoate d'éthyle en place d'acide benzoïque.

Nous décrirons encore le procédé suivant qui paraît économique et qui permet de préparer à la fois de très-beau bleu et de très-beau violet.

Le chlorhydrate de rosaniline est mélangé à 30 % de son poids d'acétate de sodium, et ce mélange est évaporé à sec. On y ajoute la quantité d'aniline voulue et 10 p. % du poids de la fuchsine en acétate de potassium cristallisé. On chauffe alors à 175°, en maintenant cette température jusqu'à ce que la masse soit d'un bleu franc.

A ce moment, on retire le produit de la chaudière et on le dissout, à chaud, dans 1 p. 1/2 d'acide chlorhydrique concentré. Le bleu, insoluble dans ces conditions, vient surnager la solution; on le recueille et on le traite après un lavage à l'eau par cinq fois son poids de soude caustique à 32°. Après une ébullition de 20 minutes, on étend le mélange de 15 parties d'eau bouillante et on filtre; on obtient ainsi la base du bleu, qu'on purifie de traces de rosaniline mono-et diphénylée par un lavage à l'alcool tiède. Le produit est enfin repris par son poids d'acide sulfurique étendu de 10 p. d'eau; on fait bouillir pendant 20 minutes, puis on filtre et on lave le sel obtenu.

Quant aux solutions chlorhydriques, on les étend une première fois de 1 p. et 1/8 (du poids du bleu brut) d'eau et l'on obtient alors un précipité formé de rosaniline diphénylée, puis une seconde fois de 23 p. d'eau et l'on précipite alors la rosaniline monophénylée; les eaux mères de ce second précipité, saturées par de la chaux et additionnées d'acétate et de chlorure de sodium, donnent une notable quantité de chlorhydrate de rosaniline très-pur [Bardy, *Communication particulière*].

Bleus solubles. — Les bleus d'aniline, obtenus comme nous venons de le dire, sont insolubles dans l'eau et nécessitent en teinture et en impression l'emploi de grandes quantités d'alcool qui augmentent notablement pour le teinturier le prix de revient de cette couleur.

Nicholson, à qui l'industrie des couleurs d'aniline est redevable de très-grands perfectionnements, est arrivé à rendre le bleu d'aniline soluble dans l'eau [Brevet n° 54827; Patente du 24 juin 1862, n° 1857; *Moniteur scientif.*, 1865, p. 633].

Il commence par le faire bouillir avec de l'acide sulfurique étendu (125 grammes dans 4 litres 1/2 d'eau), pour enlever toutes les substances solubles dans ces conditions; le résidu, bien desséché, est traité par quatre fois son poids d'acide sulfurique à 66°; le bleu se dissout; quand la solution est effectuée, on la porte à 150° en la maintenant une demi-heure à cette température.

A ce moment, on étend le mélange de 4 fois son poids d'eau et l'on filtre; ce qui reste sur filtre est le bleu dans sa modification soluble, mais que la présence de l'acide sulfurique rend momentanément insoluble; on lave à plusieurs reprises, et en opérant avec précaution quand l'eau n'est plus très-acide; car le bleu modifié, qui est insoluble dans une eau acide, se dissout facilement dans l'eau pure.

Les proportions indiquées plus haut ont été changées par Max Vogel, qui arrive à des résultats bien plus avantageux en chauffant pendant 6 heures à 130° un mélange de 1 p. de bleu de Lyon et de 8 p. d'acide sulfurique fumant [*Bull. de la Soc. chim.*, 1866, t. II, p. 253].

La propriété que possède le bleu d'aniline de devenir soluble dans l'eau après un traitement sulfurique a été aussi indiquée par Monnet et Dury, peu après Nicholson [Addition au brevet n° 54078].

Le bleu, traité par l'acide sulfurique, constitue sans doute une combinaison sulfoconjuguée.

Leonhardt obtient une modification spéciale du bleu de Lyon, en dissolvant cette matière colorante dans l'alcool et la précipitant ensuite par l'eau. Le produit qu'il prépare ainsi présente de notables avantages pour le teinturier. Il se délaye facilement dans l'eau et y reste en suspension dans un état de ténuité qui facilite beaucoup la teinture. En réalité, le bleu de Leonhardt est identique à celui que produit le teinturier lui-même dans sa chaudière; mais préparé dans un atelier de produits chimiques, il permettrait de retrouver l'alcool employé à la dissolution du bleu et qui, autrement, est absolument perdu [Brevet du 1er décembre 1864, n° 65348].

On arrive à un résultat analogue en dissolvant le bleu de Lyon, *à froid*, dans l'acide sulfurique concentré et précipitant cette solution par l'eau. Dans ces conditions, il ne se forme pas de combinaison sulfoconjuguée comme lorsqu'on opère à chaud, mais une simple dissolution, analogue à celle de l'alizarine dans l'acide sulfurique [Monnet et Dury, *loc. cit.*]. Les mêmes faits ont été signalés par Rangot-Péchiney, qui considère cette modification du bleu comme un hydrate particulier [Brevet du 30 novembre 1866, n° 73900].

Emploi des bleus d'aniline. — Le bleu de Lyon présente, dans son application, des difficultés plus grandes que la rosaniline en raison de son insolubilité dans l'eau. On est obligé d'avoir recours aux dissolutions alcooliques, dont l'emploi est toujours plus délicat.

Pour teindre, on fait une solution du bleu dans l'alcool et on verse cette liqueur dans la chaudière préalablement remplie d'eau bouillante et acidulée par l'acide sulfurique. Certains teinturiers ajoutent au bain des mordants d'aluminium ou d'étain.

Les bleus hydratés de Leonhardt donnent, paraît-il, des résultats favorables en teinture.

Le bleu soluble de Nicholson est d'un emploi plus économique que les bleus insolubles, mais il ne donne pas d'aussi belles nuances, et il présente à la teinture des difficultés assez grandes. D'après Lachmann et Breuninger, il faut pour réussir avec ce bleu, teindre dans un bain neutre et à une température modérée, puis, quand la couleur est bien unie, passer dans un bain acide bouillant [*Dingler's polytechn. Journ.*, t. CLXXXII, p. 235].

Les bleus d'aniline se reconnaissent sur tissu par la propriété qu'ils ont de virer au jaune au contact d'un acide concentré, la nuance primitive étant ramenée par un simple lavage à l'eau.

Nature et composition du bleu d'aniline. — « Le bleu d'aniline est la rosaniline triphénylique. 1 molécule de rosaniline et 3 molécules d'aniline renferment les éléments de 1 molécule de bleu d'aniline et de 3 molécules d'ammoniaque. » C'est en ces termes qu'Hofmann annonça à l'Académie des sciences le résultat de ses recherches [*Compt. rend.*, 11 mai 1863].

Le bleu d'aniline a pour composition

$$C^{38}H^{31}Az^3.H^2O = \left.\begin{array}{l}(C^{20}H^{16})^{vi}\\(C^6H^5)^3\end{array}\right\}Az^3.H^2O.$$

Sa formation est représentée par l'équation suivante :

$$\left.\begin{array}{l}(C^{20}H^{16})^{vi}\\H^3\end{array}\right\}Az^3 + 3\left[\left.\begin{array}{l}C^6H^5\\H\\H\end{array}\right\}Az\right]$$

$$= \left.\begin{array}{l}(C^{20}H^{16})^{vi}\\3(C^6H^5)\end{array}\right\}Az^3 + 3\left[\left.\begin{array}{l}H\\H\\H\end{array}\right\}Az\right]$$

qui rend compte du dégagement considérable d'ammoniaque observé par Girard et de Laire dès l'origine de la fabrication du bleu.

Schiff admet une autre composition pour le bleu d'aniline. Selon lui, le bleu est non pas une triamine, mais une tétramine, et il le représente par la formule

$$\left.\begin{array}{l}(C^{20}H^{19})^{ix}\\3(C^6H^5)\end{array}\right\}Az^4,$$

qui serait une combinaison de rosaniline et de triphénylamine [*Compt. rend.*, t. LVI, p. 1234, et *Bull. de la Soc. chim.*, 1863, p. 523] :

$$Az^4\left\{\begin{array}{l}C^{20}H^{19}\\3(C^6H^5)\end{array}\right. = C^{20}H^{19}Az^3 + Az\left\{\begin{array}{l}C^6H^5\\C^6H^5\\C^6H^5\end{array}\right.$$

Propriétés de la rosaniline triphénylique. — Les bleus d'aniline du commerce sont les sels de la rosaniline triphénylique. Pour en séparer la base, Hofmann opère de la façon suivante : il fait une dissolution concentrée du chlorhydrate dans l'alcool et la verse dans un excès d'alcool ammoniacal; la liqueur devient instantanément jaune et tient maintenant en dissolution du sel ammoniac et la base libre : en étendant d'eau, cette base se précipite sous forme floconneuse; elle est incolore, mais bleuit légèrement pendant la dessiccation.

Elle est insoluble dans l'eau : l'alcool et l'éther la dissolvent, et l'abandonnent par évaporation spontanée sans trace de cristallisation. Elle fond à 100°. Sa composition est représentée par

$$C^{38}H^{33}Az^3O = C^{20}H^{16}(C^6H^5)^3Az^3,H^2O.$$

Les *sels de rosaniline triphénylique* sont monacides. Hofmann n'a pas réussi à préparer les sels triacides qui se forment si facilement avec la rosaniline.

Chlorhydrate de rosaniline triphénylique,

$$C^{38}H^{31}Az^3,HCl = C^{20}H^{16}(C^6H^5)^3Az^3.HCl.$$

Poudre cristalline, d'un brun bleuâtre à la température ordinaire, d'un brun pur à 100°. Insoluble dans l'eau et l'éther, soluble dans l'alcool qui l'abandonne par évaporation sous forme cristalline.

Les autres sels de rosaniline triphénylique ressemblent beaucoup au chlorhydrate : Hofmann a obtenu :

Le bromhydrate... $C^{20}H^{16}(C^6H^5)^3Az^3.HBr.$
L'iodhydrate...... $C^{20}H^{16}(C^6H^5)^3Az^3.HI.$
Le nitrate........ $C^{20}H^{16}(C^6H^5)^3Az^3.HAzO^3.$
Le sulfate........ $2[C^{20}H^{16}(C^6H^5)^3Az^3].H^2SO^4.$

Action de la chaleur sur la rosaniline triphénylique. — Le bleu d'aniline surchauffé dans des tubes scellés entre en fusion et se transforme en une masse rouge. Quand on ouvre les tubes, il se dégage de l'ammoniaque et des gaz inflammables. La masse, lavée avec un alcali faible, puis chauffée avec de l'acide acétique, donne une solution rouge composée en partie d'acétate de rosaniline [Schiff, *loc. cit.*].

Soumise à la distillation sèche, la rosaniline triphénylique donne un liquide brun visqueux, bouillant à une haute température et qui renferme probablement la diphénylamine $(C^6H^5)^2H.Az$ (voir ce mot). La production de la diphénylamine, dans ces conditions, est analogue à la production de l'aniline dans la distillation de la rosaniline et de l'éthylaniline dans la distillation de la rosaniline éthylée [Hofmann, *Compt. rend.*, t. LVIII, p. 1131 (1863), et *Bull. de la Soc. chim.*, 1864, t. II, p. 208].

Action des corps réducteurs. — Le chlorhydrate de rosaniline triphénylique est attaqué par le zinc en présence de l'acide chlorhydrique : la solution limpide, traitée par un alcali, donne naissance à un précipité, d'où l'éther extrait une nouvelle base, la *leucaniline triphénylique*.

Le procédé de réduction par le sulfure d'ammonium réussit également : on épuise le résultat de la réaction par le sulfure de carbone qui dissout la nouvelle base et laisse comme résidu une résine brune. Le sulfure de carbone abandonne, par évaporation, une masse colorée qu'on débarrasse de soufre par la soude caustique : on traite enfin par l'éther, et la solution éthérée, soumise à l'évaporation, laisse déposer le nouveau produit.

La leucaniline triphénylique a pour composition : $C^{20}H^{16}(C^6H^5)^3Az^3$.

C'est un corps indifférent; il est anhydre comme la leucaniline elle-même : les agents oxydants, par exemple le chlorure de platine, le transforment de nouveau en bleu d'aniline [Hofmann, *Compt. rend.*, t. LVII, p. 25 (1863), et *Bull. de la Soc. chim.*, 1863, p. 524].

2° BLEU DE TOLUIDINE. — Le bleu de toluidine est tout à fait analogue au bleu d'aniline : on le prépare par des procédés semblables.

Collin a, le premier, préparé le bleu de toluidine en faisant réagir pendant 5 à 6 heures, de 150° à 180°, 100 p. de rouge d'aniline et 100 p. de toluidine cristallisée. On obtient ainsi un beau bleu [Brevet n° 54191].

Hofmann a indiqué plus tard le procédé suivant pour préparer le bleu de toluidine [*Compt. rend.*, t. LIX, p. 793, 1864]. On chauffe ensemble pendant plusieurs heures, à une température de 150° à 180°, 1 p. d'acétate de rosaniline avec 2 p. de toluidine. Il se dégage de l'ammoniaque et l'on obtient comme résidu une masse brune à reflets brillants, qui se dissout dans l'alcool avec une belle coloration bleue.

Nature et composition du bleu de toluidine. — Le bleu de toluidine est un sel de tritoluylrosaniline. La base préparée comme celle du bleu d'aniline renferme $C^{20}H^{16}(C^7H^7)^3Az^3$.

Le chlorhydrate, cristallisé dans l'alcool, a pour composition : $C^{20}H^{16}(C^7H^7)^3Az^3.HCl$.

Par l'action de la chaleur, la tritoluylrosaniline ou ses sels donnent naissance à la phényl-toluylamine (voir ce mot) [Hofmann, *Compt. rend.*, t. LIX, p. 793 et *Bull. de la Soc. chim.*, 1865, t. I, p. 72].

3° BLEU DE DIPHÉNYLAMINE. — Le bleu de diphénylamine a été découvert par Girard et de Laire : antérieurement déjà, Hofmann avait constaté qu'en faisant réagir divers agents sur la diphénylamine produite par la distillation du bleu d'aniline, on produit une magnifique coloration bleue; mais ces faits n'avaient pas reçu d'application industrielle, sans doute à cause de la difficulté de se procurer la diphénylamine.

On la prépare aisément, selon Girard et de Laire, en chauffant, sous pression ou à air libre, mais dans le second cas en faisant refluer les vapeurs, un mélange de 1 molécule d'aniline pure, et de 1 molécule 1/2 de son chlorhydrate, aux environs de 230°. On purifie le produit par des lavages à l'acide chlorhydrique, puis par distillation (voyez DIPHÉNYLAMINE) [*Compt. rend.*, 1866, t. LXIII, p. 91, et *Bull. de la Soc. chim.*, 1867, t. VII, p. 360].

La *transformation de la diphénylamine* en matière colorante bleue a lieu lorsqu'on chauffe 2 p. de la base avec 3 p. de sesquichlorure de carbone, aux environs de 160°, pendant quelques heures. Il se dégage de l'acide chlorhydrique, du protochlorure de carbone, et la masse se trouve transformée en un produit bronzé qu'on lave à la benzine ou au pétrole et qu'on dissout ensuite dans l'alcool ou l'esprit de bois : les solutions filtrées sont précipitées par 2 fois leur volume d'acide chlorhydrique et fournissent ainsi le bleu presque chimiquement pur. On en obtient 40 °/₀ du poids de la diphénylamine.

D'après Brimmeyr, on produit également du bleu de diphénylamine, en chauffant cette base à 110° ou 120°, pendant 3 à 5 heures, avec son poids d'acide oxalique; les rendements obtenus par ce procédé sont peu satisfaisants [*Dingler's polytechn. Journ.*, t. CLXXXV, p. 40].

Le bleu de diphénylamine donne en teinture des nuances d'une pureté supérieure à celle des autres bleus dérivés du goudron de houille.

Nature du bleu de diphénylamine. — Quoique l'on ne connaisse pas encore la composition de ce bleu, on peut affirmer qu'il renferme les éléments de la toluidine et de la phénylamine. On ne l'obtient, en effet, qu'avec un mélange de diphénylamine et de ditoluylamine. Dans les mêmes conditions, la ditoluylamine (qu'on prépare par un procédé analogue à celui qui a donné la diphénylamine) seule ne donne qu'une substance d'un brun marron, la diphénylamine seule, un bleu noirâtre très-peu soluble dans la plupart des agents chimiques, la phényltoluylamine un violet bleuâtre sans grand intérêt [Brevet n° 70876 et *Bull. de la Soc. chim.*, 1867, t. VII, p. 363].

VERTS D'ANILINE. — Il existe dans le commerce deux sortes de verts d'aniline, l'un dérivé du bleu d'aldéhyde, l'autre produit dans l'éthylation de la rosaniline.

1° VERT DÉRIVÉ DU BLEU D'ALDÉHYDE. — La découverte de cette belle matière colorante est due à Cherpin, chimiste chez Usèbe, à Saint-Ouen.

Cherpin, cherchant à donner au bleu d'aldéhyde une stabilité qu'il ne possède pas, essaya de le *fixer* au moyen de l'hyposulfite de soude comme on *fixe* une épreuve photographique (!). Il réussit, non pas à fixer le bleu, mais à le transformer en vert. Sa découverte fut brevetée par Usèbe [Brevet du 28 octobre 1862, n° 56109].

Voici la description succincte donnée par ce brevet : A une dissolution de rosaniline dans l'acide sulfurique on ajoute de l'hydrure d'acétyle et on laisse le mélange en contact, jusqu'à ce qu'il donne à l'alcool une coloration bleu verdâtre. On étend alors d'eau acidulée, puis on ajoute de l'hyposulfite de soude, on fait bouillir et on filtre; le vert se trouve en dissolution.

Otto Bredt et Cⁱᵉ [Brevet n° 62144] ont fait breveter un procédé semblable.

Eugène Lucius admet que le vert existe tout formé dans la solution acide de rosaniline traitée par l'aldéhyde; l'hyposulfite de sodium agit uniquement en séparant ce vert des substances bleues ou violettes qui l'accompagnent toujours et on peut le remplacer par divers agents de nature très-diverse : l'hydrogène sulfuré et l'acide sulfureux, le noir animal, la silice, la fleur de soufre, etc. Toutes ces substances déterminent la séparation des matières bleues qui se trouvent ainsi précipitées, d'avec le vert qui reste en solution, et qu'on peut à son tour précipiter de sa solution, par un mélange de chlorure et de carbonate de sodium [Patentes anglaises, n° 200, 23 janvier 1864, et n° 301, 5 février 1864].

Hirzel prépare le vert en ajoutant à une solution acide de bleu d'aldéhyde du sulfhydrate d'ammonium et chauffe ce mélange jusqu'à ce qu'il soit devenu vert. Après refroidissement, on filtre et on traite la solution verte comme d'habitude [*Deutsche Industrie Zeitung*, 1864, n° 31, p. 307].

D'après Ch. Lauth, le vert d'aniline renferme du soufre de constitution et on l'obtient chaque fois que l'on met une solution acide de bleu d'aldéhyde, en présence de soufre à l'état naissant [Brevet n° 69843].

Fabrication du vert d'aniline. — Quel que soit le procédé suivi dans la fabrication du vert d'aniline, la préparation du bleu d'aldéhyde reste sensiblement la même. — 1 kilog. de fuchsine est dissous dans 2 litres d'acide sulfurique, étendu de 2 litres d'eau. Quand la dissolution est froide, on y ajoute 4 litres d'aldéhyde et on laisse en contact jusqu'à ce que le liquide étendu d'eau ou d'alcool fournisse une solution d'un bleu pur. — Voyez VIOLET et BLEU D'ANILINE A L'ALDÉHYDE.

On prépare à l'avance deux cuves renfermant chacune environ 200 litres d'eau à 70°, et on verse dans chacune d'elles une dissolution de 500 grammes d'hyposulfite de sodium (Usèbe), ou de 450 grammes de polysulfure de potassium, qu'on peut additionner de sulfite neutre de sodium (l'addition de ce sel donne des nuances plus jaunes).

On verse dans chaque cuve la moitié de la solution de bleu préparée comme nous l'avons dit plus haut, et après quelques instants on filtre : la liqueur filtrée tient le vert en dissolution. On le précipite, soit au moyen de tannin (Meister Lucius), soit avec de l'acétate de sodium. — Il se produit, en même temps que le vert, une grande quantité d'une matière bleue, insoluble dans l'eau, et dont jusqu'ici l'on n'a pu tirer parti.

La fabrication du vert d'aniline est assez délicate : elle nécessite des dosages exacts et beaucoup de coup d'œil de la part des ouvriers.

Le produit livré au commerce constitue généralement le tannate de la base verte : c'est un corps insoluble dans l'eau, soluble dans l'alcool et l'acide acétique en beau vert; il est soluble, en jaune orange, dans l'acide sulfurique, d'où l'eau le reprécipite inaltéré.

La base du vert d'aniline peut être préparée en décomposant par la soude ou l'ammoniaque une solution aqueuse ou alcoolique de cette matière colorante : il est convenable d'opérer sur le produit précipité à l'acétate de sodium. Elle est d'un vert clair, tout à fait pareil à celui de l'hydrate de chrome; elle est peu soluble dans l'alcool, et cette solution alcoolique est complétement altérée par l'ébullition. Elle se dissout dans les acides et forme avec eux des sels; mais ces dissolutions sont très-altérables : elles se décomposent par l'évaporation spontanée.

Emploi du vert d'aniline. — Pour *teindre la soie* on délaye le tannate dans de l'eau légèrement acidulée par l'acide sulfurique, et on manœuvre la soie dans ce bain en montant progressivement la température jusqu'à 75°; on laisse la soie dans le bain jusqu'à ce qu'il soit presque complétement refroidi. On emploie généralement en vert (en pâte) le tiers du poids de la soie.

Les teinturiers préparent presque tous le vert d'aniline eux-mèmes. Ils se dispensent ainsi de la dessiccation et de la précipitation par le tannin, influences antipathiques à la fraîcheur des nuances.

Teinture de la laine. — Pour 10 kilog. de laine, on délaye dans 500 litres d'eau 2 kilog. de vert en pâte; on ajoute 2 litres d'acide sulfurique, 500 grammes d'alun et 500 grammes de crème de tartre. Le bain ainsi composé est chauffé progressivement jusqu'au bouillon, pendant qu'on y manœuvre la laine.

Impression sur coton et laine. — Horace Koechlin est l'inventeur d'une méthode spéciale pour imprimer le vert qui, jusqu'à lui, ne résistait pas à l'action de la vapeur. Son procédé consiste à imprimer un mélange de 1 litre de bisulfite de sodium à 42°, 1 litre d'ammoniaque et 2 kilog. de vert sec, épaissi à la gomme ou à l'amidon : cette couleur est, ainsi, applicable à la laine. Pour l'impression du coton, on y ajoute 1 kilog. de tannin.

Le vert d'aniline communique aux tissus sur lesquels il est appliqué des nuances d'une pureté remarquable, et qui augmentent encore de beauté à la lumière artificielle.

2° VERT PRODUIT DANS L'ÉTHYLATION DE LA ROSANILINE OU DU VIOLET DE MÉTHYLANILINE. — Cette matière colorante paraît avoir été découverte par plusieurs chimistes à la fois : Tillemans à Crefeld, Meister Lucius, puis Poirrier et Bardy [Brevet n° 72561], Wanklin et Paraf [Brevet n° 72880] en ont successivement fait connaître la préparation.

Le titre le plus ancien que nous ayons eu entre les mains est le brevet pris en Angleterre le 10 mai 1866 par Holliday, au nom de H. Minhorst et F. W. Schultes de Crefeld.

La réaction qui donne naissance à ce nouveau produit consiste à faire réagir sur les violets de triéthyl ou de triméthylrosaniline (violet Hofmann), ou sur les violets de méthylaniline, un excès d'iodure alcoolique. Les proportions usitées sont : 1 p. de violet, 1 p. d'iodure, 2 p. d'alcool ou d'esprit de bois. On opère sous pression à 110°, et en répétant plusieurs fois le traitement à l'iodure; après chaque traitement, on lave les produits de la réaction avec du carbonate de sodium, qui dissout le vert produit, puis on met la base du violet éthylé en liberté, au moyen d'un excès de soude caustique; on la lave, on la sèche, et on recommence le traitement à l'iodure. Chaque traitement est suivi d'un lavage au carbonate de sodium qui, jouissant de la propriété de dissoudre ce vert, est très-commode pour la séparation du violet Hofmann.

Le vert ainsi produit est d'une très-belle nuance et, comme le vert Usèbe, il conserve sa pureté à la lumière artificielle.

On ne connaît rien sur sa composition, ni sur ses propriétés autres que ses propriétés tinctoriales.

NOIR D ANILINE [*Moniteur scientif.*, 1863, p. 530 (E. Kopp); *Ibid.*, 1864, p. 433, 508, 654; *Ibid.*, 1865, p. 68, 467, 969, 769; *Ibid.*, 1866, p. 257, 258, 259. — *Bull. de la Soc. chim.*, 1865, t. II, p. 488; *Ibid.*, 1866, t. I, p. 90; *Ibid.*, 1866, p. 235.— *Bull. de la Soc. industr.*, avril 1865, p. 176, rapport de Schneider; *Bull. de la Soc. d'encourag.*, 1866, p. 75, rapport de Balard].

Le noir d'aniline forme, dans la classe des couleurs d'aniline, un groupe à part : son mode de génération, sa résistance aux agents physiques et chimiques lui donnent une physionomie toute spéciale. Ainsi, au lieu d'être préparé dans les ateliers de produits chimiques, comme la mauvéine, la rosaniline, le bleu de Lyon, etc., on le produit directement sur le tissu en imprimant un mélange incolore, dont les éléments réagissent peu à peu les uns sur les autres, en déterminant la formation du noir.

Un autre caractère spécial au noir d'aniline, c'est le peu d'affinité qu'il manifeste pour les fibres animales, tandis qu'au contraire il se fixe sur le coton avec une extrême facilité.

Historique. — On peut faire remonter l'origine du noir d'aniline aux expériences de Fritzsche, qui rapporte qu'en ajoutant à du chlorhydrate d'aniline une solution de chlorate de potassium il se forme, au bout d'un certain temps, un abondant précipité d'un bleu indigo très-foncé; ce corps aurait pour composition : $C^{24}H^{10}Az^2ClO$ (?) [*Journ. für prakt. Chem.*, t. XXVIII, p. 202.] Cette même substance s'obtient, suivant Hofmann, en ajoutant une solution d'acide chloreux à du chlorhydrate d'aniline [*Moniteur scientif.*, 1861, p. 75; *Ann. der Chem. u. Pharm.*, t. XLIII, p. 66].

Willm eut le premier l'idée d'appliquer cette réaction à la coloration des fibres végétales. En imprégnant un tissu de coton d'un mélange de chlorate de potassium et de chlorhydrate d'aniline (mélange incolore), il vit au bout de peu de temps ce mélange se colorer en vert foncé intimement fixé à la fibre [Mémoire déposé à la *Soc. industr. de Mulhouse*, février 1860, et *Bull. de la Soc. chim*, 1860, p. 206].

Ce vert, ainsi que nous le verrons, ne doit sa nuance qu'à son degré d'acidité : à l'état de neutralité qui est toujours l'état final des couleurs sur tissus, ce composé est d'un gris bleuâtre.

Plus tard, Calvert, Lowe et Clift appliquèrent

ces réactions à l'industrie des toiles peintes et publièrent la recette suivante : imprimer un mélange de 60 kilog. d'empois d'amidon, 3 kilog. de tartrate ou de chlorhydrate d'aniline, 1 kilog. de chlorate de potassium. Aérer pendant 24 à 48 heures; puis la couleur, incolore au moment de l'impression, étant devenue verte, passer le tissu dans une solution alcaline : la nuance verte devient alors bleue [Patente du 11 juin 1860].

Ces nuances, vertes et bleues, désignées sous le nom d'*éméraldine* et d'*azurite*, ne présentent pas de grand intérêt industriel à cause de leur peu d'éclat.

E. Kopp a étudié ces divers produits ; il établit qu'ils ne constituent qu'une seule substance dont la nuance dépend de la neutralité ou de l'acidité du mélange, que les couleurs obtenues sur tissu sont très-solides, et résistent à l'action du soleil, du savon et de toutes les opérations du garançage ; les agents réducteurs sont également sans action sur elles [*Moniteur scientif.*, 1861, p. 75].

Pour préparer ce corps à l'état de précipité, Kopp mélange dans une capsule 10 p. d'aniline, 50 p. d'acide chlorhydrique, 50 p. d'eau, 2 p. de chlorate de potassium. La réaction s'accomplit lentement à la température ordinaire et dure plusieurs jours. Si l'on chauffe, elle est tumultueuse et se complique davantage.

Kopp a observé la formation de l'éméraldine dans plusieurs autres circonstances, entre autres par l'action sur l'aniline du ferricyanure de potassium ou du perchlorure de fer. Cette dernière réaction a également été signalée par Jules Persoz [Pelouze et Frémy, 1865, t. III, p. 291].

Scheurer-Kestner obtient l'éméraldine par l'action de l'acide chlorhydrique et du peroxyde de manganèse ou de l'acide chlorhydrique et du nitrate ferrique [*Bull. de la Soc. indust. de Mulhouse*, 27 juin 1860].

Ch. Lauth la prépare en traitant 1 p. d'aniline par 10 p. d'acide chlorhydrique étendu de 100 p. d'eau et ajoutant graduellement à la solution 2 p. de peroxyde de baryum [*Moniteur scientif.*, 1861, p. 79].

Tel était l'état de la question quand J. Lightfoot d'Accrington créa le noir d'aniline, 28 janvier 1863 [Brevet n° 57192].

Lightfoot imprime sur tissu un mélange de 1 litre d'empois d'amidon, 25 grammes de chlorate de potassium, 50 grammes d'aniline, 50 grammes d'acide chlorhydrique, 50 grammes de perchlorure de cuivre d'une densité de 1,44, 25 grammes de sel ammoniac, 12 grammes d'acide acétique.

Les tissus imprimés sont séchés avec précaution, puis portés aux chambres d'oxydation, ou exposés seulement à l'air libre pendant deux ou trois jours. Les impressions, incolores d'abord, sont, après cette opération, d'un vert très-foncé. Il suffit de laver les tissus à l'eau ou dans une eau légèrement alcaline pour transformer ce vert en un noir bleuté très-beau.

L'éclat de ce noir, sa solidité, son bon marché expliquent aisément l'importance de la découverte de Lightfoot et l'ardeur que chacun mit à l'appliquer. Malheureusement le procédé Lightfoot présente des inconvénients sérieux qui ont dû faire abandonner son emploi. La couleur, très-acide, attaque la fibre végétale et l'altère profondément. D'autre part, elle se décompose rapidement avant son impression. Enfin la présence d'un composé cuivrique *soluble* détermine sur les racles d'acier une substitution métallique; il en résulte une différence de densité qui favorise la formation de brèches, auxquelles sont dus les accidents connus sous le nom de *traits de racles*,

accidents d'autant plus graves, qu'on ne s'en aperçoit généralement que quand il est trop tard pour y remédier, le noir une fois développé résistant à presque tous les agents chimiques.

Camille Koechlin, l'habile chimiste de Mulhouse, a obvié à la plupart de ces inconvénients en plaquant les pièces en sel de cuivre et imprimant sur les tissus, ainsi préparés, un mélange de chlorate de potassium et de chlorhydrate d'aniline.

Outre que ce procédé est assez dispendieux et nécessite une installation particulière, il restreint notablement le nombre des genres que l'on peut imprimer avec ce noir et des couleurs qu'on peut lui associer.

Cordillot, vers la fin de 1863, fit connaître un nouveau mode de production du noir d'aniline. Il remplace dans la couleur de Lightfoot le chlorure de cuivre par le ferricyanure d'ammonium et évite ainsi la plupart des défauts inhérents aux premiers procédés; mais les avantages du procédé de Cordillot ne sont obtenus qu'au prix d'autres inconvénients sérieux. La couleur est très-chère; elle se décompose très-rapidement, et exige enfin pour se développer sur tissu, une température supérieure à celle des chambres ordinaires d'oxydation. Aussi le procédé de Cordillot fut-il bientôt abandonné, et l'on put croire, à ce moment, que la belle découverte de Lightfoot resterait infructueuse.

Ch. Lauth est l'auteur du *procédé généralement suivi actuellement* dans la fabrication du noir d'aniline, et qu'il présenta à l'industrie de Mulhouse dans les premiers jours de 1864.

Lauth reconnut, après beaucoup d'essais, que la présence du cuivre ou d'un métal facilement réductible est indispensable à la production du noir, et, comme d'autre part l'expérience avait prouvé que les sels métalliques et spécialement ceux de cuivre sont d'un emploi impossible, il eut recours à l'intervention d'un composé de cuivre insoluble, inactif, par conséquent, au moment de l'impression, mais devenant ultérieurement soluble et actif. Le sulfure de cuivre remplit ce but, et est aujourd'hui employé, nonseulement pour le noir d'aniline, mais dans un grand nombre d'oxydations sur tissu.

La recette de Lauth est la suivante : 10 litres d'empois d'amidon, 350 grammes de chlorate de potassium, 300 grammes de sulfure de cuivre en pâte, 300 grammes de sel ammoniac et 800 grammes de chlorhydrate d'aniline. Les tissus imprimés avec ce mélange sont portés à la chambre d'oxydation et lavés à l'eau pure ou alcaline, après que le noir s'est développé.

Le procédé de Lauth permit à l'industrie d'utiliser la belle découverte de Lightfoot et elle l'appliqua, à partir de ce jour, sur une grande échelle.

Camille Koechlin vint enfin mettre la dernière main à la construction de cet édifice si péniblement élevé, en remplaçant le chlorhydrate d'aniline par le tartrate, sel d'une innocuité absolue pour les tissus même les plus délicats, et qui présente en outre sur le chlorhydrate l'avantage considérable de ne pas attaquer les mordants à côté desquels il peut se trouver imprimé. Ce tartrate d'aniline serait à lui seul incapable de produire du noir; mais en présence du sel ammoniac dont on augmente considérablement la proportion, il y a peu à peu double décomposition sur le tissu et formation de chlorhydrate. On se retrouve à ce moment dans les conditions ordinaires du procédé Lauth.

Camille Koechlin prépare sa couleur de la façon suivante : On cuit ensemble : 10 litres d'eau, 2 kilog. d'amidon, 2 kilog. d'amidon grillé, 2 kilog. d'aniline, 1 kilog. de chlorhydrate d'ammoniaque, 1 kilog. de chlorate de potassium : on ajoute à froid et au moment du travail 1 kilog. de sulfure de cuivre et 2 kilog. d'acide tartrique. Le sulfure de cuivre peut être préparé avantageusement en dissolvant à froid 1 kilog. de fleur de soufre dans 4 litres de soude caustique à 38° AB et ajoutant cette liqueur dans la solution de 5 kilog. de sulfate de cuivre dans 120 litres d'eau, cette solution étant portée à 80°.

Divers procédés ont été publiés dans ces derniers temps, pour la préparation du noir d'aniline. Jusqu'ici, ils n'ont pas remplacé le procédé au sulfure de cuivre, « sans lequel le noir d'aniline ne serait pas possible aujourd'hui. » [Camille Koechlin, *communication particulière*.]

Paraf proposa l'emploi d'un noir sans cuivre et formé exclusivement de fluosilicate d'aniline et de chlorate de potassium.

Rosenstiehl conseilla un mélange de chlorhydrate d'aniline et de chlorate d'ammonium.

Mais il a été démontré depuis par Rosenstiehl d'une part, et Lauth de l'autre, que ces couleurs ne développent du noir que quand elles sont imprimées au rouleau. Dans ces circonstances, une certaine quantité de cuivre se dissout, et c'est à ce cuivre qu'il faut attribuer la formation du noir. [*Bull. de la Soc. indust. de Mulhouse*, août et novembre 1865; et *Bull. de la Soc. chim.*, 1866, t. V, p. 90 et 235]. On a reconnu toutefois que le chlorate d'ammonium présentait quelques avantages sur le chlorate de potassium, et certains fabricants l'emploient actuellement dans la couleur au sulfure de cuivre.

Higgin, de Manchester, recommande l'emploi de l'arséniate, du tungstate ou de l'oxyde de chrome en présence du chlorate de potassium et du chlorhydrate d'aniline [Brevet n° 73054 et *Bull. de la Soc. chim.*, 1867, t. VII, p. 93].

Citons, enfin, le noir Lucas, dont la composition est restée secrète; il est livré au commerce sous forme d'une pâte renfermant tous les éléments nécessaires à la production du noir, et qu'il suffit d'épaissir et d'imprimer pour que la couleur se développe.

Tels sont les divers procédés actuellement connus pour la préparation du noir d'aniline.

Cette couleur a pris aujourd'hui une extension et une importance très-grandes. L'habileté bien connue des manufacturiers de Mulhouse a triomphé des difficultés pratiques que présentait son emploi pour certains genres, et l'Exposition universelle nous a montré le noir d'aniline uni à presque toutes les couleurs, sur toutes sortes de tissus et dans les conditions les plus variées.

Incessamment sans doute cette précieuse couleur pourra être utilisée pour la teinture de la laine et de la soie. Déjà Lightfoot a montré que la résistance du noir à être fixé sur laine disparaît quand cette laine a été préalablement oxydée par le chlorure de chaux [*Chemical News*, août 1866, p. 59; et *Bull. de la Soc. chim.*, 1866, t. VI, p. 505]. Plus récemment encore, Jules Persoz a réussi à teindre la laine en la mordançant dans un mélange de bichromate de potassium et de sulfate de cuivre, et en passant ensuite dans une dissolution acide d'aniline. Tout fait donc espérer que dans un prochain avenir le noir trouvera son application aux fibres animales.

Nous ne connaissons rien sur la composition du noir d'aniline.

Son mode de formation indique qu'il dérive de l'aniline par oxydation. Cette oxydation se produit par l'action du chlorate de potassium et celle des composés cuivriques qui, successivement réduits par l'aniline et réoxydés au contact de l'air et du chlorate, servent sans doute d'intermédiaire entre l'oxygène et l'aniline. Le sel ammoniac, dont la présence est très-utile, sinon indispensable, agit vraisemblablement comme dissolvant des composés cuivreux au fur et à mesure de leur formation. Il permet ainsi leur prompte réoxydation. Telle est, à notre avis, l'explication la plus simple de la génération du noir, génération analogue, du reste, à celle de diverses autres couleurs, le cachou par exemple. Camille Koechlin l'a formulée le premier.

Rosenstiehl n'admet pas que le cuivre agisse comme oxydant. Il est porté à croire que son rôle consiste à former du chlorate de cuivre, lequel est de tous les chlorates le plus facilement décomposable. C'est donc uniquement pour favoriser la décomposition du chlorate que la présence des composés cuivriques est nécessaire [*Bull. de la Soc. indust. de Mulhouse*, 29 novembre 1865].

Propriétés du noir d'aniline. — Le noir d'aniline, fixé sur tissu, est d'une belle teinte veloutée; il devient vert foncé au contact des acides énergiques ainsi que par une longue exposition à la lumière. Il reprend sa couleur primitive après un simple lavage à l'eau. Il est insoluble dans tous les agents chimiques usités. L'acide sulfurique le plus concentré possible ne l'attaque pas : l'acide nitrique le transforme en acide picrique. Fixé sur tissu, il est d'une solidité très-grande, résiste au savon bouillant et à toutes les opérations les plus énergiques du garançage.

Diverses autres propriétés du noir d'aniline ont été signalées par Dullo (*Illustr. Gewerbezeit.*, 1866, p. 161). Ce chimiste le prépare à l'état de pâte, en mélangeant 100 grammes d'aniline légère (l'aniline lourde donne du brun et pas de noir) avec 80 grammes d'acide chlorhydrique, 10 grammes de peroxyde de manganèse et 1,000 grammes d'eau. Le précipité est recueilli, lavé par décantation, puis mélangé avec de l'ammoniaque : sa teinte passe alors du vert au noir, et en favorisant l'absorption de l'oxygène de l'air par une agitation convenable, on voit cette couleur se développer dans la masse entière.

Dullo a essayé sur ce produit l'action des divers agents usités dans la réduction de l'indigo, espérant arriver ainsi à produire un noir soluble, mais ces essais sont restés infructueux : la plupart des réducteurs restent sans action, et ceux qui agissent (un mélange de glucose et de soude, par exemple) donnent naissance à un produit aussi insoluble que le noir lui-même. D'après le même auteur, le peu d'affinité que manifeste le noir pour les fibres animales doit être attribué à ce fait qu'il se précipite toujours en flocons trop volumineux pour pénétrer dans les pores de ces fibres.

Camille Koechlin, dans son remarquable article sur le *noir des alcaloïdes* [*Moniteur scientif.*, t. VII, p. 769], décrit une propriété curieuse du noir d'aniline. Quand on le met en contact avec une solution d'hypochlorite de calcium à 8°, le noir se dégrade, prend un reflet rougeâtre, puis passe au grenat. Si on le soustrait alors à l'action du chlore, on constate que la couleur revient à la longue et le noir, avec toute son intensité, se retrouve constitué.

Nous renvoyons à cet article de C. Koechlin le lecteur désireux de connaître dans tous ses détails les propriétés du noir d'aniline, ainsi que toutes les difficultés techniques de son application.

JAUNES D'ANILINE. — On connaît sous ce nom divers produits. Les uns ont été parfaitement étudiés au point de vue scientifique, tels sont la chrysaniline, l'amidodiphénylimide, la chrysotoluidine. Il en est d'autres dont on ne connaît que l'existence et le mode général de préparation.

Quoi qu'il en soit, ils ne présentent au point de vue industriel qu'un intérêt de second ordre,

CHRYSANILINE. — Cette base a été découverte par Nicholson et étudiée par Hofmann [*Compt. rend.*, t. LV, p. 817, décembre 1862]. On l'extrait des eaux mères acides des cristaux de fuchsine. Ces eaux mères concentrées sont traitées par une solution de nitrate de potassium qui détermine la formation d'un précipité de nitrate de chrysaniline, sel presque insoluble. On retire aussi beaucoup de chrysaniline des résidus de la fabrication du rouge en les soumettant à l'action d'un courant de vapeur et opérant ensuite comme précédemment.

La chrysaniline est une base puissante, douée d'une grande richesse colorante; elle teint en jaune très-brillant la laine, la soie et le coton animalisé.

Nature et composition de la chrysaniline. — La chrysaniline a pour composition : $C^{20} H^{17} Az^3$; elle ne diffère de la rosaniline que par 2 équivalents d'hydrogène en moins. On a donc les rapports suivants :

Chrysaniline $C^{20} H^{17} Az^3$,
Rosaniline $C^{20} H^{19} Az^3$,
Leucaniline $C^{20} H^{21} Az^3$.

La chrysaniline forme avec la plupart des acides des sels bien cristallisés. Les plus remarquables d'entre eux sont les *nitrates*, dont l'insolubilité dans l'eau a fait proposer cette base comme réactif de l'acide nitrique (une solution de nitre renfermant 1 gramme d'acide nitrique par litre donne un précipité avec un sel de chrysaniline).

Il existe deux nitrates : $C^{20} H^{17} Az^3. Az HO^3$; $C^{20} H^{17} Az^3. (Az HO^3)^2$.

Chlorhydrate de chrysaniline. — Écailles cristallines, écarlates, très-solubles dans l'eau, moins solubles dans l'alcool, insolubles dans l'éther. — Ce sel renferme $C^{20} H^{17} Az^3, 2 HCl$. Chauffé pendant 15 jours de 100° à 180°, il perd HCl et se transforme en sel monacide.

Sulfate de chrysaniline. — Sel très-soluble.

Sel de platine. — Précipité écarlate, cristallin, formé d'un mélange des composés mono- et dichloro-platiniques.

Il est probable que la chrysaniline est identique avec la chrysotoluidine.

DIAZOAMIDOBENZOL ET AMIDODIPHÉNYLIMIDE.

Mène obtient une substance jaune en faisant passer des vapeurs nitreuses dans de l'aniline [*Compt. rend.*, 1861, t. LII, p. 311].

Guigon, Luthringer signalent des réactions analogues [Brevet n° 49715, brevet n° 50901].

Schiff obtient une matière jaune très-solide par l'action du stannate ou de l'antimoniate de sodium sur un sel d'aniline [*Compt. rend.*, t. LVI, p. 1234, 1863]. On la prépare en chauffant à 100°, 10 p. d'eau, 1 p. d'azotate d'aniline et 3 p. de stannate de sodium; puis on ajoute peu à peu de la soude caustique qui détermine une vive réaction. Lorsque la liqueur prend sous l'influence d'un acide une couleur rouge, l'opération est terminée : on laisse refroidir, puis on enlève l'oxyde stannique au moyen de l'acide chlorhydrique, et on purifie le résidu par plusieurs dissolutions dans l'acide chlorhydrique faible et bouillant et précipitations au moyen de l'ammoniaque [Martius et Griess, *Zeitschrift für Chem.*, mars 1866, et *Bull. de la Soc. Chem.*, 1866, t. VI, p. 158].

Jaeger produit une matière colorante jaune, en mettant en contact 100 p. de chlorhydrate d'aniline, 400 p. d'eau et 40 p. de nitrate mercureux. Après 24 heures, on reprend la masse par l'eau bouillante qui, par refroidissement, abandonne le produit à l'état de pureté [*Deutsche Industrie Zeit.*, 1866, p. 458].

Nature et composition de ces divers jaunes d'aniline. — Ces diverses matières colorantes jaunes sont probablement constituées par le mélange des produits que Martius et Griess ont fait connaître sous le nom de diazoamidobenzol et amidodiphénylimide. Certaines variétés de jaune sont exclusivement formées par l'oxalate de cette dernière base. Ces deux corps sont isomériques et se produisent l'un et l'autre dans la réaction de l'acide azoteux sur une solution alcoolique d'aniline. Le premier se produit toujours lorsqu'on opère à froid; le second, lorsqu'on opère à chaud. Le corps obtenu dans l'action du stannate de sodium est l'amidodiphénylimide.

La composition de ces deux corps est représentée par la formule brute $C^{12} H^{11} Az^3$. L'équation qui leur donne naissance est la suivante :

$$2 C^6 H^7 Az + Az O^2 H = C^{12} H^{11} Az^3 + 2 H^2 O.$$

Propriétés. — Substance d'un jaune d'or, insoluble dans l'eau, peu soluble dans l'alcool froid. Elle est fusible à 90° et se décompose avec explosion vers 200°. Elle forme avec l'acide chlorhydrique des combinaisons solubles dans l'eau et qui prennent sous l'influence d'un excès d'acide une belle coloration rouge. Elle est transformée par l'aniline en une matière colorante bleue. En teinture, elle fournit de belles nuances, mais qui ne présentent que peu de solidité en raison de la volatilité de la matière colorante (voir pour les autres propriétés du jaune d'aniline l'article PHÉNYLAMINE).

Vogel, dans un mémoire très-étendu, a étudié l'action de l'acide azoteux tant sur l'aniline que sur toutes les matières colorantes qui en dérivent; il a obtenu ainsi un corps particulier qu'il nomme *cinaline*, et auquel il donne la formule $C^{20} H^{19} Az^2 O^6$ [*Journ. für prakt. Chem.*, t. XCIV, p. 453, et *Bull. de la Soc. chim.*, 1865, t. II, p. 285].

La cinaline est une matière d'un beau jaune, insoluble dans l'eau, soluble dans l'alcool, l'éther, le chloroforme, les acides et les alcalis.

La solution alcaline est d'un rouge magnifique. Les acides l'en précipitent avec sa couleur primitive.

Cette matière est assez résistante. Les oxydants faibles ne l'altèrent pas. L'acide sulfureux est également sans action sur elle.

Elle fond au-dessous de 100°. A une température plus élevée, elle dégage des vapeurs épaisses, jaunes, puis elle s'enflamme subitement en produisant une légère détonation.

CHRYSOTOLUIDINE. — Cette substance a été découverte et analysée par Girard et de Laire. Nous avons indiqué son mode de formation et sa préparation, en traitant de la mauvaniline. Un nouveau mode de préparation consiste à chauffer la toluidine cristallisée, ou simplement les anilines distillant entre 195° et 205° avec du sesquichlorure de carbone. La séparation s'effectue comme il a été déjà indiqué; on la simplifie par des traitements répétés au zinc et à l'acide chlorhydrique qui séparent la rosaniline à l'état de leucaniline.

La chrysotoluidine traitée par les iodures alcooliques donne de belles nuances *aurore;* par l'aniline elle donne des produits marrons.

La composition de la chrysotoluidine est représentée par la formule $C^{21} H^{21} Az^3. H^2 O$.

BRUNS ET MARRONS D'ANILINE. — De même que les jaunes d'aniline, les bruns n'ont pas jusqu'ici été l'objet d'une exploitation industrielle importante. On en connaît cependant un certain nombre. Sans parler des matières brunes qui accompagnent la production du rouge et des violets, nous citerons le marron de Girard et de Laire obtenu en faisant fondre 4 p. de chlorhydrate d'aniline, projetant dans la masse fondue 1 p. de chlorhydrate de rosaniline et chauffant le mélange jusqu'à 240°; la masse passe brusquement du rouge au marron.

C'est une couleur soluble dans l'eau d'où elle est précipitée par les alcalis et les sels alcalins [Brevet n° 57557].

Monteith a observé la formation de la même matière [Brevet n° 61222].

Al. Schultz prépare un beau grenat en faisant passer un courant de vapeurs nitreuses dans une solution de soude ou d'ammoniaque tenant de la rosaniline en suspension. Il obtient ainsi une matière colorante qui donne sur laine, soie et coton, de belles nuances variant du puce au grenat.

Horace Koechlin met à profit la formation des matières brunes signalées par Hofmann dans l'oxydation de la rosaniline, et il réalise l'application de ces bruns sur tissu en imprimant (sur laine) un mélange de fuchsine, d'acide oxalique et de chlorate de potassium; (sur coton) en ajoutant à cette couleur du sulfure de cuivre.

On peut également fixer ce brun sur coton, au moyen de l'albumine; pour le préparer dans un état convenable à cette application, on fait réagir sur la fuchsine du chlorate de potassium et de l'acide chlorhydrique.

Le produit ainsi obtenu est insoluble dans l'eau, soluble dans l'alcool et l'acide sulfurique concentré. L'eau le précipite de ces deux solutions [Bull. de la Soc. indust., 30 août 1865, et Moniteur scientif., 1866, p. 262].

Jacobsen indique pour la préparation d'une matière colorante brune les procédés suivants : 1° chauffer à 140° 1 p. d'acide picrique avec 2 p. d'aniline, tant qu'il se dégage des vapeurs ammoniacales; dissoudre dans l'acide chlorhydrique faible, et précipiter par la soude caustique; 2° chauffer à 100° une solution concentrée de chromate d'ammonium en présence de formiate d'aniline [Dingler's polytechn. Journ., t. CLXXVII, p. 405].

Wise chauffe vers 140° un mélange formé de 1 p. de rosaniline, 1 p. d'acide formique et 1/2 p. d'acétate de sodium et obtient ainsi une matière soluble dans l'alcool avec une belle couleur écarlate. On chauffe cette matière avec trois fois son poids d'aniline et on la transforme ainsi en un beau produit d'une riche couleur brune [Journ. of arts, mars 1866, p. 156, et Bull. de la Soc. chim., 1866, t. VI, p. 431].

USAGES DES COULEURS D'ANILINE. — Il est bien évident que la plus grande partie des matières colorantes dérivées de l'aniline est consommée par l'industrie de la teinture et de l'impression; mais elles trouvent encore un débouché assez important dans diverses autres industries.

Les papiers peints en consomment à l'état de laques une forte proportion. On prépare généralement ces laques en ajoutant à la solution des matières colorantes, additionnée d'alun, une certaine quantité de tannin, qui a la propriété de former avec elles des composés insolubles. Certains fabricants y ajoutent également du savon.

Ces laques d'aniline servent aussi dans la lithographie et l'imprimerie; mais généralement on emploie dans ces industries des préparations spéciales : tantôt on additionne l'encre lithographique ou le vernis, d'une poudre d'amidon teint avec la solution alcoolique des diverses couleurs d'aniline; tantôt on mélange le vernis avec le précipité desséché que l'on obtient en additionnant d'eau un mélange des couleurs d'aniline et d'une solution alcoolique de résine; tantôt enfin on dissout la base des diverses matières colorantes dans l'acide oléique, et l'on obtient ainsi un mélange parfaitement employable dans les

industries dont il est question [Dingler's polytechn. Journ., t. CLXXX, p. 165].

Les couleurs d'aniline servent encore dans la coloration d'une foule d'objets, savons, vinaigres, paraffine, dans la teinture de la corne, de l'ivoire, etc. Leur consommation augmente journellement, et le bas prix auquel elles sont arrivées permet de les utiliser dans une foule de circonstances.

BIBLIOGRAPHIE. — Nous avons cité dans le courant de notre travail les sources auxquelles nous avons puisé : nous recommandons ici certains travaux remarquables, publiés sur cette matière et auxquels nous avons fait de fréquents emprunts.

Examen des matières colorantes artificielles dérivées du goudron de houille, par E. Kopp (à Saverne, chez l'auteur, et chez le Dr Quesneville, 12, rue de Buci, à Paris). — Rapport de A. W. Hofmann sur l'Exposition de Londres. — Rapport de Wurtz et de Decaux sur l'Exposition universelle de Londres en 1862, t. I, p. 277 et 308. Librairie de Napoléon Chaix et Cie. — Depouly, *Bull. de la Soc. ind. de Mulhouse*, t. XXXV. — P. Schutzenberger, *Traité des matières colorantes*, chez V. Masson. — M. Vogel, *Entwickelung der Anil. indust.*, Leipsick, 1866. — Oppler, *Theorie u. prakt. anwendung v. Anil. in d. Färb. u. Drucker.*, Berlin, 1866. — Geisler, *Die Anilinfarbstoffe*, Dorpat, 1865. — Reimann, *Die Technologie des Anilins*, Leipsick, 1866. — Jordan, *Das Anilin u. die Anilinfarben*, Weimar, 1866. — G. Stædeler, *Vierteljar. der naturf. Gesellschafft in Zurich*, t. IX.   CH. L.

ANIS (ESSENCE D'). — On extrait de l'anis (*Pimpinella anisum*), ainsi que de quelques autres plantes telles que le fenouil (*Anethum funiculum*), la badiane ou anis étoilé (*Illicium anisatum*), et l'estragon (*Artemisia dracunculus*), des essences oxygénées qui ont pour caractère fondamental de donner par l'oxydation de l'aldéhyde, puis de l'acide anisique. Ces essences paraissent différer un peu entre elles par leurs propriétés physiques, mais il est fort possible que les différences tiennent à un hydrocarbure isomère de l'essence de térébenthine, avec lequel elles sont toutes mélangées.

ESSENCE D'ANIS, DE FENOUIL ET DE BADIANE [Cahours, *Ann. de Chim. et de Phys.*, (3), t. II, p. 274; *Compt. rend. de l'Acad.*, t. XX, p. 53. — Gerhardt, *Compt. rend. des trav. de Chim.*, 1845, p. 65]. — D'après M. Cahours, l'essence d'anis brute renferme plus des 4/5 de matière solide. On exprime les cristaux entre des doubles de papier buvard et on les purifie par plusieurs cristallisations dans l'alcool à 85 % et par plusieurs pressions successives. On obtient ainsi une matière ayant à peu près la même densité que l'eau, cristallisée en paillettes de beaucoup d'éclat, d'une odeur d'anis plus agréable que celle de l'huile brute, très-friable à 0°, fusible à 18°, volatile à 222° et répondant à la formule $C^{10}H^{12}O$ qui en fait un isomère de l'aldéhyde cuminique. Sa densité de vapeur a été trouvée égale à 5,19 à 338° (73,85 par rapport à l'hydrogène). Maintenue à l'air, cette essence ne s'altère pas, à moins qu'elle ne soit chauffée au-dessus de son point de fusion, auquel cas elle perd peu à peu la faculté de cristalliser.

L'acide sulfurique concentré, l'acide phosphorique, le protochlorure d'antimoine et le perchlorure d'étain transforment l'essence d'anis dans un corps solide et amorphe, l'anisoïne. L'acide chlorhydrique gazeux agit sur cette essence et la convertit en un chlorhydrate dont la formule est $C^{10}H^{12}O, HCl$.

L'acide azotique, suivant son degré de concentration, fournit, lorsqu'on le chauffe avec l'essence d'anis, de l'hydrure d'anisyle, de l'acide anisique ou nitranisique, et une résine jaune fusible à 100° et décomposable par la chaleur, la nitraniside, qui paraît renfermer $C^{10}H^{10}(AzO^2)^2O$.

Chauffée à la température à laquelle elle entre en ébullition, dans un tube scellé avec de la chaux sodée, l'essence d'anis donne une petite quantité d'un acide isomérique avec l'acide cuminique $C^{10}H^{12}O^2$ [Gerhardt, *Traité de Chim. organ.*, t. III, p. 354]. Le chlore et le brome donnent avec cette essence des produits de substitution. M. Cahours a isolé les dérivés trichloré et tribromé, auxquels il a donné les noms de chloranisal et de bromanisal. Le chloranisal $C^{10}H^9Cl^3O$ est incolore, possède une consistance sirupeuse à froid et se décompose lorsqu'on cherche à le distiller. Le bromanisal s'obtient en cristaux volumineux qui présentent beaucoup d'éclat, inodores, craquant sous la dent et insolubles dans l'eau. Il se dissout à peine dans l'alcool et s'altère déjà à 100°. La distillation le décompose complétement. Un excès de brome est sans action sur lui.

En traitant l'essence d'anis ou de fenouil par une solution saturée d'iode dans l'iodure de potassium, MM. Will et Rhodius [*Ann. der Chem. u. Pharm.*, t. LXV, p. 230] ont obtenu un magma blanc qui se transforme en une poudre blanche par des lavages réitérés avec l'alcool, et auquel ces chimistes attribuent la formule $C^{15}H^{36}O^2$. Cette formule est fort douteuse. Gerhardt pense que ce corps est identique avec l'anisoïne.

Distillée avec un mélange de dichromate de potassium et d'acide sulfurique, l'essence d'anis ou de fenouil donne de l'acide acétique et de l'acide anisique [Hempel, *Ann. der Chem. u. Pharm.*, t. LIX, p. 104]. L'essence de badiane paraît se comporter de même.

L'essence d'anis chauffée avec du bisulfite de sodium se resout en méthyle et hydrure d'anisyle conformément à l'équation :

$$C^{10}H^{12}O + H^2O = (CH^3)^2 + C^8H^8O^2.$$

Essence d'anis.　Eau.　Méthyle.　Aldéhyde anisique.

Städeler et Wächter, *Ann. der Chem. u. Pharm.* t. CXVI, p. 172.]

L'essence d'anis, soumise à l'action du perchlorure de phosphore, fournit un liquide bouillant à une température élevée et dont la formule est probablement $C^{10}H^{12}Cl^2$ [Aelsmann et Kraut, *J. pr. Chem.*, t. LXXVII, p. 490. *Répert. de Chim. pure*, 1860, p. 64].

Isomères de l'essence d'anis — *Essence d'estragon* [Laurent, *Revue scientifique*, t. X, p. 6 ; — Gerhardt, *loc. cit.*]. — Elle renferme une huile concrète isomère de l'essence d'anis et qui se comporte comme cette dernière sous l'influence de l'acide azotique, de l'acide sulfurique et des chlorures. Elle contient très-peu d'hydrogène carboné. Aussi, lorsqu'elle est brute, commence-t-elle à bouillir à 200°, son point d'ébullition s'élevant ensuite peu à peu à 206°, où il reste stationnaire. Sa densité à l'état liquide = 0,945 et à l'état de vapeurs = 6,157 (87,029 par rapport à l'hydrogène) à la température de 230°.

Soumise à l'action du chlore, l'essence d'estragon dégage de la chaleur et des vapeurs acides et fournit une huile épaisse rappelant la térébenthine par sa consistance et qui paraît répondre à la formule $C^{10}H^{10}Cl^2O, Cl^2$. Cette huile se décompose par la potasse. On lui a donné le nom de chlorure de draconyle.

Essence de fenouil amer [Cahours, *loc. cit.*]. — Elle renferme deux huiles dont la moins volatile peut être extraite à l'état de pureté par la distillation. C'est un liquide qui ne se concrète pas à — 10°, bout vers 225°, présente une densité un peu inférieure à celle de l'eau et a la même com-

position que l'essence d'anis. Avec l'acide azotique, cette huile se comporte comme l'essence d'anis, et avec le brome elle a fourni un produit difficile à purifier.

La partie volatile de l'essence de fenouil bout vers 190° et paraît avoir la même composition que l'essence de térébenthine. Sous l'influence du bioxyde d'azote, elle s'épaissit et laisse alors déposer, lorsqu'on l'additionne d'alcool, une substance blanche soyeuse qui commence à s'altérer à 100° et se détruit complétement à une température plus élevée. Cette substance, peu soluble dans l'alcool de 0,80, se dissout mieux dans l'alcool absolu et mieux encore dans l'éther. Les liqueurs alcalines la dissolvent et les acides la précipitent de ces dissolutions. Ce corps répond à la formule $(C^{10}H^{16})^8 8AzO$. Chauffée avec la potasse elle dégage de l'ammoniaque, une huile et un gaz irritant. L'hyposulfite de soude l'attaque peu. Traitée par le sulfhydrate ammoniaque puis par les acides, elle donne un précipité explosible, tandis que la liqueur filtrée précipite en bleu les sels ferriques. Bouillie avec du sulfhydrate ammonique, elle donne un dépôt de soufre en même temps qu'il se dégage une forte odeur d'amandes amères [Chiozza, expériences relatées dans le *Traité de Chimie organ.* de Gerhardt, t. III, p. 357].

Dérivés de l'essence d'anis. *Anisoïne* [Cahours, *loc. cit.*; Gerhardt, *loc. cit.*]. — En versant du perchlorure d'étain sur de l'essence d'anis ou d'estragon, on obtient une masse poisseuse que l'eau décompose en en précipitant de l'anisoïne. On purifie ce corps en le dissolvant dans l'éther bouillant. On peut encore obtenir l'anisoïne en chauffant l'essence d'anis avec du protochlorure d'antimoine, faisant bouillir ensuite avec l'eau, filtrant, dissolvant le précipité dans l'éther et précipitant par l'alcool. L'acide sulfurique peut aussi fournir de l'anisoïne lorsqu'on l'agite avec l'essence d'anis. L'anisoïne se produit encore lorsqu'on traite l'essence d'anis par le chlorure de benzoïle [Aelsmann et Kraut, *loc. cit.*] ou par l'iodure de potassium ioduré [Aelsmann et Kraut, *loc. cit.*].

L'anisoïne est une substance blanche inodore, fusible au-dessus de 100°, plus pesante que l'eau, insoluble dans ce liquide, peu soluble dans l'alcool, plus soluble dans l'éther et les hydrocarbures liquides. Elle se dépose en aiguilles et en mamelons formés de cristaux microscopiques, lorsqu'on abandonne sa solution dans l'éther à l'évaporation spontanée.

Chauffée, elle distille en partie, tandis qu'une autre partie se transforme en une huile isomère. Une solution bouillante de potasse caustique ne l'attaque pas. Elle se dissout dans l'acide sulfurique d'où l'eau la précipite inaltérée. Elle brûle à la manière des résines. Avec le chlore elle donne des produits de substitution.

Lorsqu'on verse goutte à goutte de l'essence d'anis ou d'estragon dans le chlorure de zinc fondu, il distille une huile α dont les propriétés sont les mêmes que celles de l'essence employée et des cristaux β volatils sans décomposition et infusibles au bain-marie. L'huile et les cristaux ont la formule $C^{10}H^{12}O$. L'huile a la même densité de vapeur que l'essence d'anis. L'acide sulfurique la dissout sans que l'eau précipite d'anisoïne de cette dissolution qui, saturée par les sels barytiques, donne un sel conjugué capable de précipiter en violet foncé les sels de fer au maximum [Gerhardt, *Traité de Chim. organ.*, t. III, p. 359]. Laurent, en chauffant l'essence d'estragon avec l'acide sulfurique en excès, a obtenu un acide conjugué qu'il a nommé acide sulfodraconique et qui paraît être identique ave l'acide précédent.

A. N.

ANISAMIQUE (ACIDE),

$$C^8H^9AzO^3 = \left. \begin{array}{c} C^8H^7O^3 \\ H \\ H \end{array} \right\} Az.$$

[Zinin, *Ann. der Chem. u. Pharm.*, t. XCII, p. 327.] — Cet acide devrait être nommé oxyanisamique. Il représente en effet la monamide acide de l'acide oxyanisique $C^8H^8O^4$. On l'obtient en faisant passer un courant d'acide sulfhydrique à travers un mélange d'une partie d'acide nitranisique et de 8 parties d'une solution alcoolique d'ammoniaque. Après 12 heures, lorsque tout est dissous, on ajoute de l'eau au liquide et on le fait bouillir jusqu'à expulsion complète de l'alcool ; on précipite ensuite l'acide oxyanisamique au moyen de l'acide acétique. L'acide oxyanisamique se dépose en aiguilles brunâtres que l'on rend parfaitement incolores en les redissolvant dans l'eau et décolorant la solution au moyen du charbon animal. Cet acide se présente en petits prismes à 4 pans déliés et brillants. Il est peu soluble dans l'eau même à chaud et dans l'éther. Il se dissout au contraire très-facilement dans l'alcool. L'acide chlorhydrique et l'acide acétique bouillant le dissolvent sans l'altérer, mais sa solution dans l'acide azotique devient rouge par une longue ébullition et dépose en se refroidissant des flocons bruns et une poudre blanche. Il fond à 180° et se décompose au-dessus de cette température.

Le seul oxyanisamate qui ait été analysé est l'*oxyanisamate d'argent* $C^8H^8AgAzO^3$. C'est un précipité blanc caillebotté insoluble dans l'eau, inaltérable à 120° lorsqu'il est sec, mais qui brunit lorsqu'on le fait bouillir avec de l'eau.

L'*oxyanisamate d'ammonium* est un sel fort soluble qui cristallise difficilement en tables à 4 côtés. Sa solution aqueuse perd de l'ammoniaque par l'ébullition et laisse ensuite déposer l'acide libre par le refroidissement.

Les *sels de cadmium et de plomb* sont des précipités blancs.

Les solutions d'acide oxyanisamique ne précipitent ni l'eau de chaux, ni l'eau de baryte, ni les sels d'argent solubles. Avec le sulfate de cuivre ammoniacal, elles donnent à froid un précipité bleu floconneux qui devient pulvérulent et couleur de cannelle par l'ébullition.

L'acide oxyanisamique se produit à l'aide de l'acide nitranisique par une réaction analogue à celle qui fournit l'acide benzamique (oxybenzamique) au moyen de l'acide nitrobenzoïque. Cette réaction peut être représentée par l'équation suivante :

$$2\,C^8H^7(AzO^2)O^3 + 6\,H^2S$$

Acide nitranisique. Acide sulfhydrique.

$$= 2 \left(\begin{array}{c} C^8H^7O^3 \\ H \\ H \end{array} \right\} Az \right) + 4\,H^2O + 3\,S^2.$$

Acide oxyanisamique. A. N.

ANISINE. — Alcaloïde isomère de l'anishydramide. — Voyez ANISIQUE ALDÉHYDE.

ANISIQUE (ACIDE), $C^8H^8O^3$ (Hydrate d'anisyle, acide draconique) [Cahours, *Ann. de Chim. et de Phys.*, (3), t. II, p. 287 ; t. XIV, p. 483 ; t. XXIII, p. 351 ; t. XXV, p. 21 ; t. XXVII, p. 439 ; Laurent, *Revue scientifique*, t. X, p. 6 et 362 ; Gerhardt, *Ann. de Chim. et de Phys.*, (3), t. VII, p. 292]. Cet acide prend naissance dans l'oxydation des essences d'anis, de fenouil amer et d'estragon. Au début on avait pensé que les acides obtenus au moyen de ces diverses essences différaient entre eux et on leur donnait des noms différents, mais on sait aujourd'hui que le produit est le même dans tous ces cas. Il se forme d'abord de l'aldéhyde anisique qui s'oxyde ultérieurement et se

transforme en acide anisique. Cahours indique le procédé suivant pour la préparation de cet acide : on fait bouillir l'essence d'anis avec de l'acide azotique de 1,2 de densité (23° Baumé). L'essence se transforme alors en acide anisique et en un produit résineux insoluble nommé nitraniside.

L'acide anisique reste en solution dans le liquide aqueux d'où il se dépose par le refroidissement. On le lave avec de petites quantités d'eau chaude, puis on le dissout dans l'ammoniaque et l'on purifie son sel ammoniacal par une série de cristallisations. Lorsque ce sel est tout à fait blanc, on précipite la solution aqueuse par l'acétate de plomb. L'acétate de plomb est ensuite lavé, mis en suspension dans l'eau, puis décomposé par un courant d'hydrogène sulfuré. On porte la liqueur à l'ébullition et on la filtre bouillante. L'acide anisique se dépose en cristaux par le refroidissement du liquide filtré. S'il n'est pas encore entièrement pur, on achève de le purifier en le sublimant.

Laurent prescrit d'opérer de la manière suivante pour préparer l'acide anisique au moyen de l'essence d'estragon. On met 1 partie d'essence mêlée d'une petite quantité d'eau dans une cornue spacieuse, on chauffe et l'on ajoute petit à petit 3 parties d'acide azotique ordinaire. L'essence s'épaissit et finit par se prendre en une masse solide, résineuse et légèrement cristalline. On lave cette matière, et on la traite par l'ammoniaque étendue qui dissout le tout à l'exception d'une petite quantité de matière brune. On évapore ensuite à consistance sirupeuse de manière à chasser l'ammoniaque en excès ainsi que la portion de cet alcali qui maintenait la substance brune en dissolution, en ayant soin toutefois de ne pas pousser trop loin l'évaporation, parce qu'alors on risquerait de décomposer l'anisate et le nitranisate d'ammoniaque eux-mêmes. On reprend par l'eau bouillante le liquide sirupeux, on filtre et l'on achève de décolorer par le charbon animal. La solution convenablement évaporée laisse déposer de l'anisate ammonique en tables rhomboïdales, tandis que le nitranisate reste dans les eaux mères. On purifie l'anisate par deux on trois cristallisations dans l'alcool. Finalement on dissout ce sel dans l'eau bouillante, on ajoute de l'acide azotique à la solution pendant qu'elle est encore chaude et on laisse refroidir. L'acide anisique se dépose alors en aiguilles qu'on fait recristalliser dans l'alcool bouillant.

On peut encore préparer l'acide anisique en faisant tomber goutte à goutte de l'aldéhyde anisique sur de la potasse en fusion. La masse refroidie et reprise par l'eau est décomposée par l'acide chlorhydrique. Il se dépose de l'acide anisique que l'on purifie comme ci-dessus. La réaction est exprimée par l'équation suivante :

$$C^8H^8O^2 + KHO = C^8H^7KO^3 + H^2.$$

Aldéhyde anisique. Potasse caustique. Anisate de potassium. Hydrogène.

Lorsqu'on peut se procurer l'aldéhyde anisique, cette méthode est infiniment préférable à celles qui précèdent, parce qu'elle donne de l'acide anisique tout à fait exempt d'acide nitranisique.

Récemment M. Ladenburg (*Bull. de la Soc. chim.*, t. V, p. 257, avril 1866] a obtenu synthétiquement l'acide anisique. A cet effet, il a préparé le paraoxybenzoate diméthylique en faisant agir le paraoxybenzoate dipotassique sur l'iodure de méthyle. Cet éther traité par la potasse ne s'est saponifié qu'à demi et a fourni de l'acide anisique

$$C^7H^4(CH^3)^2O^3 + H^2O = CH^3.OH + C^8H^8O^3,$$

Paraoxybenzoate diméthylique. Eau. Alcool méthylique. Acide anisique.

L'acide paraoxybenzoïque ayant été préparé à l'aide du toluène, c'est-à-dire à l'aide des éléments; il en est de même de l'acide anisique.

L'acide anisique cristallise en prismes incolores, sans odeur, qui appartiennent au système clinorhombique, dont les faces sont souvent fort grandes et dont les angles *mm* sont de 114° et de 66°. Les arêtes aiguës sont le plus souvent tronquées et la base est remplacée par deux facettes principales et trois facettes secondaires très-petites.

Il se dissout en assez grande quantité dans l'eau chaude et très-peu dans l'eau froide. Il est fort soluble dans l'alcool et l'éther, surtout à chaud. Ses dissolutions rougissent le tournesol; son point de fusion est situé à 175°; par le refroidissement, l'acide anisique fondu se prend en une masse cristalline. A une température plus élevée, cet acide se sublime sans altération en formant des aiguilles d'un blanc de neige. Distillé sur de la baryte, l'acide anisique se dédouble en phénate de méthyle (anisol) et en anhydride carbonique :

$$C^8H^8O^3 = CO^2 + C^6H^5(CH^3)O.$$

Acide anisique. Anhydride Phénate de méthyle.
carbonique.

Le chlore et le brome l'attaquent vivement en donnant des produits de substitution.

L'acide azotique concentré et bouillant transforme l'acide anisique en acide nitranisique. L'acide fumant détermine une élimination d'anhydride carbonique, et, suivant les proportions des matières réagissantes et la durée de la réaction, il se produit du phénate de méthyle binitré ou trinitré. Un mélange d'acide azotique fumant et d'acide sulfurique concentré fournit du phénate de méthyle trinitré. Dans l'action de l'acide azotique fumant sur l'acide anisique, il se forme souvent encore de l'acide chrysanisique, isomère du phénate de méthyle trinitré. Cette dernière substance prend naissance lorsqu'on aide la réaction au moyen de la chaleur.

Le perchlorure de phosphore attaque énergiquement l'acide anisique avec production d'oxychlorure de phosphore, d'acide chlorhydrique et de chlorure d'anisyle.

Chauffé pendant 15 heures environ dans des tubes scellés à la lampe avec de l'acide iodhydrique, l'acide anisique se dédouble en iodure de méthyle et en acide paraoxybenzoïque (voir ce mot) :

$$C^8H^8O^3 + HI = CH^3I + C^7H^6O^3.$$

Acide anisique. Acide   Iodure   Acide paraoxy-
iodhy- de méthyle.   benzoïque.
drique.

[Saytzeff, *Ann. der Chem. u. Phar.*, t. CXXVII, p. 129 (nouvelle série, t. LI), août 1863; *Bull. de la Soc. chim.*, 1864, t. I, p. 143.]

DÉRIVÉS DE L'ACIDE ANISIQUE.

ANISATES MÉTALLIQUES. — L'acide anisique est monobasique; ses sels répondent à la formule

$$C^8H^7MO^3$$

lorsque les métaux qui entrent dans leur composition sont eux-mêmes monoatomiques. Les anisates sont le plus souvent cristallisables. Ceux qui ont pour base les métaux alcalins et alcalinoterreux sont solubles dans l'eau. Ceux à base de plomb, de mercure ou d'argent sont peu solubles dans l'eau froide, mais se dissolvent faiblement dans l'eau bouillante. Les acides minéraux séparent l'acide anisique de ses solutions salines.

L'*anisate d'ammonium*, $C^8H^7(AzH^4)O^3$, cristallise en larges tables appartenant au système rhombique et souvent fort volumineuses. Les angles de la base sont de 84° et de 96°. Les arêtes des bases sont terminées par des facettes inclinées l'une sur l'autre de 164° 30'. Les arêtes aiguës verticales sont le plus souvent tronquées. A l'air, l'anisate ammonique devient opaque. A 99°, dans le vide, il perd de l'ammoniaque et laisse un résidu d'acide anisique.

L'*anisate de potasse* cristallise en tables rhomboïdales ou hexagonales, et l'*anisate de soude* en aiguilles.

L'*anisate de baryum* cristallise par le refroidissement de ses solutions, d'abord en aiguilles, puis en paillettes rhomboïdales; on peut l'obtenir soit directement en mêlant l'acide anisique et la baryte, soit en laissant refroidir des solutions de chlorure de baryum et d'anisate ammonique après les avoir mélangées.

L'*anisate de strontium* cristallise peu à peu en petites lames hexagonales ou rectangulaires d'un mélange d'anisate d'ammonium et de chlorure de strontium.

L'*anisate de chaux* prend naissance lorsqu'on précipite l'anisate d'ammonium par le chlorure de calcium : la précipitation est immédiate. Si les solutions sont étendues, ce sel cristallise en groupes d'aiguilles.

L'*anisate de magnésium* ne s'obtient pas par double décomposition. C'est donc un sel soluble.

L'*anisate de manganèse* se dépose en petits cristaux lorsqu'on mélange des solutions d'anisate d'ammonium et de sulfate de manganèse.

L'*anisate de cuivre* est un précipité blanc bleuâtre, et l'*anisate de zinc* un précipité blanc.

Les *anisates mercureux et mercurique* sont des précipités blancs susceptibles de cristalliser en fines aiguilles dans l'eau bouillante.

L'*anisate de plomb*, $\genfrac{}{}{0pt}{}{(C^8H^7O^2)^2}{Pb''}\Big\}O^2$, est un précipité blanc qui se dissout dans l'eau bouillante d'où il se dépose en écailles brillantes.

L'*anisate d'argent*, $C^8H^7AgO^3$, est un précipité blanc qui cristallise dans l'eau bouillante en fines aiguilles ou en écailles nacrées.

L'*anisate d'aluminium* cristallise lentement en fines aiguilles lorsqu'on ajoute une solution diluée d'alun à une solution d'anisate d'ammonium.

L'*anisate ferrique* est un précipité jaune formé d'aiguilles microscopiques.

ÉTHERS ANISIQUES [Cahours, *Ann. de Chim. et de Phys.*, (3), t. XIV, p. 492]. — *Anisate de méthyle*, $C^8H^7(CH^3)O^3$. — Cet éther est isomérique avec le salicylate diméthylique. Pour l'obtenir, on mêle 2 p. d'alcool méthylique avec 1 p. d'acide sulfurique et 1 p. d'acide anisique. Le mélange, qui devient d'un rouge carmin très-intense, est soumis à une distillation ménagée. Il passe d'abord de l'alcool méthylique et de l'eau, puis une huile pesante qui se solidifie bientôt. C'est l'anisate de méthyle. On purifie ce corps en le lavant au carbonate de soude et en le faisant cristalliser dans l'alcool ou l'éther.

L'anisate de méthyle se présente en larges écailles blanches et brillantes; il est fusible entre 45° et 47°, et se prend par le refroidissement en une masse cristalline blanche.

L'anisate de méthyle bout sans altération à une température élevée. Il est très-soluble dans l'alcool et l'éther, surtout à chaud; l'eau ne le dissout pas. Sa saveur est brûlante; son odeur rappelle celle de l'essence d'anis. Les alcalis bouillants le saponifient, mais il n'agit pas sur eux à la manière des acides, comme le fait le salicylate de méthyle. L'ammoniaque paraît le transformer en alcool méthylique et anisamide. Le chlore et le brome le transforment en chloronisate ou bromonisate de méthyle. L'acide azotique fumant le transforme en nitranisate.

Anisate d'éthyle, $C^8H^7(C^2H^5)O^3$. — Lorsqu'on sature l'alcool d'acide anisique à 60° et qu'on fait passer jusqu'à refus un courant d'acide chlorhydrique sec dans le liquide, on obtient une liqueur fumante d'où l'eau précipite de l'acide anisique inaltéré. Cette liqueur soumise, au contraire, à la distillation, donne d'abord du chlorure d'éthyle, puis de l'alcool et de l'eau, et enfin une huile pesante qui n'est autre que l'anisate d'éthyle. On purifie cet éther par des lavages au carbonate de soude et on le rectifie.

L'anisate d'éthyle est un liquide incolore dont l'odeur rappelle l'essence d'anis. Sa saveur est chaude et aromatique. Il est plus dense que l'eau. Il bout de 250° à 255°. L'eau ne le dissout pas; l'alcool et l'éther le dissolvent avec facilité.

L'anisate d'éthyle se conserve indéfiniment à l'abri de l'air; mais à l'air, il s'acidifie à la longue. La potasse le saponifie en donnant de l'alcool et un anisate alcalin.

Le chlore et le brome attaquent l'anisate d'éthyle à la température ordinaire et le convertissent en chloranisate ou en bromanisate d'éthyle, produits cristallisés.

L'ammoniaque transforme à la longue l'éther anisique en anisamide cristallisée. Cette transformation se fait surtout aisément lorsqu'on chauffe ces deux corps en vase clos. Sous l'influence de l'acide azotique, l'anisate d'éthyle donne du nitranisate d'éthyle.

ACIDE CHLORANISIQUE OU CHLORODRACONÉSIQUE, $C^8H^7ClO^3$ [Laurent, *Revue scientif.*, t. X, p. 15, 1842; Cahours, *Ann. de Chim. et de Phys.*, t. XIV, p. 407].—On prépare cet acide en faisant passer du chlore à travers de l'acide anisique fondu. On lave le produit avec de l'eau et on le fait cristalliser dans l'alcool de 95° cent.; il se présente sous la forme d'aiguilles brillantes peu solubles dans l'eau et facilement solubles dans l'alcool et l'éther; ces aiguilles sont à base rhombe et présentent des angles d'environ 138° et 42°; il fond à 176° environ, et peut être sublimé sans se décomposer. Le chlore ne l'attaque pas, même à la lumière solaire. L'acide sulfurique dissout l'acide chloranisique à l'aide d'une douce chaleur. Cet acide cristallise de nouveau par le refroidissement. L'eau le précipite immédiatement de sa solution sulfurique. Distillé avec la baryte caustique, l'acide chloranisique se comporte comme l'acide anisique, c'est-à-dire perd de l'anhydride carbonique et donne du phénate de méthyle chloré (chloranisol).

Les *chloranisates d'ammonium, de potassium et de sodium* sont solubles dans l'eau. Les *chloranisates de baryum, de strontium et de calcium* sont des précipités cristallins qui prennent naissance par double décomposition avec des solutions médiocrement étendues. Les chloranisates de plomb et d'argent sont des précipités blancs.

Le *chloranisate de méthyle*, $C^8H^6Cl(CH^3)O^3$, est un composé cristallin qui prend naissance lorsqu'on soumet l'anisate de méthyle à l'action du chlore sec [Cahours, *loc. cit.*, 1845]. Les alcalis le transforment en alcool méthylique et acide chloranisique.

Le *chloranisate d'éthyle*, $C^8H^6Cl(C^2H^5)O^3$, s'obtient soit en faisant passer jusqu'à refus un courant d'acide chlorhydrique dans une solution alcoolique d'acide chloranisique, soit en soumettant l'anisate d'éthyle à l'action du chlore sec. On le purifie par cristallisations dans l'alcool. Il se présente en aiguilles blanches et brillantes.

ACIDE BROMANISIQUE, $C^8H^7BrO^3$, ou BROMODRACONÉSIQUE [Laurent, 1845, *Revue scientifique*, t. X, p. 16. — Cahours, *Ann. de Chim. et de Phys.*, (3), t. XIV, p. 495]. — On prépare cet acide en traitant l'acide anisique par le brome. Le mélange s'échauffe beaucoup. Quand la réaction est terminée, on lave le produit à l'eau et on le purifie par cristallisation dans l'alcool bouillant.

L'acide bromanisique se présente en aiguilles blanches et brillantes, inodores, très-peu solubles dans l'eau et facilement solubles dans l'alcool et l'éther bouillants. Il fond à 205° et se sublime en belles lames rectangulaires ou rhomboïdales, légèrement irisées. Lorsqu'on le distille avec de la chaux ou avec de la baryte, il perd de l'anhydride carbonique et donne du bromanisol :

$$C^8H^7BrO^3 = CO^2 + C^7H^7BrO.$$

Acidé   Anhydride   Bromanisol.
bromanisique carbonique.

Les *bromanisates d'ammonium, de potassium et de sodium* sont des sels solubles et cristallisables. Les deux derniers donnent du bromanisol à la distillation sèche.

Les *bromanisates de calcium, de baryum et de strontium* sont des précipités blancs que l'on obtient par double décomposition. Lorsqu'ils se déposent de solutions très-étendues, ils cristallisent en petites aiguilles.

Les bromanisates de plomb et d'argent sont des précipités blancs.

Bromanisate de méthyle, $C^8H^6Br(CH^3)O^3$ [Cahours, 1845, *loc. cit.*]. — On prépare ce corps en versant goutte à goutte du brome dans l'anisate de méthyle. La masse s'échauffe et dégage beaucoup d'acide bromhydrique. Le produit se prend par le refroidissement en une masse jaune qu'on lave à l'eau et qu'on purifie par des cristallisations dans l'alcool.

On peut encore préparer ce corps en faisant bouillir pendant un quart d'heure, avec de l'acide sulfurique, une solution d'acide bromanisique dans l'esprit de bois. On précipite par l'eau le produit de la réaction, et l'on fait cristalliser dans l'alcool les flocons blancs qui se déposent, après les avoir lavés avec de l'eau ammoniacale.

Le bromanisate de méthyle forme des prismes transparents qui fondent à une douce chaleur. Il est insoluble dans l'eau, soluble dans l'alcool et l'esprit de bois, surtout à chaud; moins soluble dans l'éther. La potasse le saponifie et un excès de brome ne l'attaque pas.

Le *bromanisate d'éthyle*, $C^8H^6Br(C^2H^5)O^3$, s'obtient par les mêmes procédés que le bromanisate de méthyle. Il forme de longues aiguilles blanches et brillantes qui fondent à une température assez basse et se volatilisent à une température plus élevée. L'eau ne le dissout pas. L'alcool et l'éther le dissolvent, la potasse le saponifie et le brome ne l'attaque pas.

ACIDE NITRANISIQUE OU NITRODRACONÉSIQUE,

$$C^8H^7(AzO^2)O^3$$

[Cahours (1841), *Ann. de Chim. et de Phys.*, (3), t. II, p. 297. — Laurent, *Revue scientifique*, t. X, p. 13]. — Ce corps prend naissance dans la réaction de l'acide azotique fumant et chaud sur l'acide anisique. On le prépare ordinairement en faisant bouillir de l'essence d'anis avec de l'acide azotique d'une densité de 1,33 (36° Baumé) jusqu'à ce que la substance huileuse qui se forme au début ait complétement disparu. On lave le produit à l'eau, on le dissout dans l'ammoniaque, on fait cristalliser le sel ammoniacal jusqu'à ce qu'il soit tout à fait blanc, enfin on précipite sa solution aqueuse par l'acide chlorhydrique ou azotique et on lave le précipité à grande eau.

Lorsqu'on prépare l'acide anisique au moyen de l'essence d'estragon, d'après le procédé de Laurent, il se forme de l'acide nitranisique qui, pendant la purification, reste dans les eaux mères à l'état de nitranisate ammonique. Comme il serait difficile de l'en extraire par le moyen des cristallisations, on précipite les eaux mères par un acide, on fait bouillir le précipité bien lavé avec de l'acide azotique pendant une demi-heure. La liqueur dépose alors en se refroidissant des prismes courts d'acide nitranisique que l'on fait re-cristalliser dans l'alcool.

L'acide nitranisique cristallise en petites ai-guilles brillantes, inodores, insipides et légère-ment jaunâtres; l'eau le dissout peu, même à chaud, mais, à chaud surtout, il se dissout faci-lement dans l'alcool et l'éther. Il fond entre 175° et 180°. Soumis à une distillation ménagée, il se sublime en partie, tandis qu'une autre portion noir-cit en se décomposant. Chauffé brusquement, il se décompose subitement avec production de lumière.

Le chlore, le brome et l'acide azotique ordi-naire sont sans action sur l'acide nitranisique. L'acide azotique fumant le transforme, suivant la durée de la réaction, en phénate de méthyle bi-nitré ou trinitré, ou en acide chrysanisique iso-mère du phénate de méthyle trinitré. Un mélange d'acide sulfurique et d'acide azotique fumant le convertit en phénate de méthyle trinitré.

Le perchlorure de phosphore l'attaque à chaud et donne du chlorure de nitranisyle :

$$C^8 H^7 (Az O^2) O^3 + P Cl^5$$
Acide   Perchlorure
nitranisique.   de phosphore.

$$= P Cl^3 O + C^8 H^6 (Az O^2) O^2 Cl + H Cl.$$
Oxychlorure   Chlorure de   Acide
de phosphore.   nitranisyle.   chlorhydrique.

Ce chlorure se présente sous la forme d'une huile dont le point d'ébullition est fort élevé. Une solution alcoolique de sulfure d'ammonium con-vertit l'acide nitranisique en acide oxanisamique (anisamique). Suivant Laurent, l'acide nitrani-sique se combine avec les acides anisique, brom-anisique et chloranisique, atome à atome.

Les *nitranisates* répondent à la formule géné-rale $C^8 H^6 (Az O^2) M O^3$ lorsqu'ils renferment un métal monoatomique.

Les *nitranisates de potassium*, *de sodium* et *d'ammonium* sont des sels fort solubles dans l'eau. Le dernier est aussi soluble dans l'alcool et cristallise en fines aiguilles groupées en sphères.

Les *nitranisates de baryum*, *de strontium* et de *calcium* sont des précipités qui se forment lors-qu'on verse du nitranisate d'ammonium dans la solution d'un sel soluble de ces métaux. Les deux premiers cristallisent lentement en aiguilles ra-mifiées. Le dernier est grenu.

Le *nitranisate de magnésium* s'obtient comme le sel barytique et cristallise en aiguilles radiées.

Le *nitranisate de manganèse* se dépose en fais-ceaux d'aiguilles microscopiques.

Le *nitranisate de zinc* est un précipité blanc formé d'aiguilles.

Les *nitranisates de cobalt et de nickel* sont dif-ficiles à obtenir par double décomposition.

Le *nitranisate ferrique* est un précipité jaune qui s'obtient par double décomposition au moyen du chlorure ferrique.

Le *nitranisate de cuivre* est un précipité blanc bleuâtre.

Les *nitranisates de plomb*, *de mercure* au maximum et *d'argent* sont des précipités blancs.

Le *nitranisate de méthyle*, $C^8 H^6 (Az O^2) (C H^3) O^3$ [Cahours (1845), *loc. cit.*], se prépare soit en éthérifiant l'acide anisique par ébullition avec l'acide sulfurique et l'esprit de bois anhydre, soit en dissolvant l'anisate de méthyle dans l'acide azotique fumant, précipitant par l'eau le produit de la réaction et achevant de le purifier par des cristallisations dans l'alcool.

Il se présente en larges et belles lames jaunâ-tres et brillantes. Facilement soluble dans l'alcool et l'esprit de bois bouillants d'où il se sépare en grande partie par le refroidissement, il ne se dis-sout pas dans l'eau. Il fond à 100° et se sublime sans se décomposer. La potasse l'éthérifie à chaud.

Le *nitranisate d'éthyle*, $C^8 H^6 (Az O^2) (C^2 H^5) O^3$, peut être obtenu par l'un ou l'autre des procédés qui ont été décrits en parlant du nitranisate de méthyle. Il se présente sous la forme de larges tables très-éclatantes d'une grande beauté, fusibles à 98°-100°. L'eau ne le dissout pas; il se dissout assez abondamment dans l'alcool bouillant, mais se dépose presque en totalité par le refroidisse-ment de la liqueur. La potasse alcoolique le sapo-nifie rapidement.

L'acide sulfurique dissout à chaud le nitrani-sate d'éthyle. Une partie de l'éther se sépare en cristaux par le refroidissement; l'eau ajoutée à la liqueur acide l'en précipite complétement.

Le brome n'attaque pas le nitranisate d'éthyle.

ACIDE TRINITRANISIQUE, $C^8 H^5 (Az O^2)^3 O^3$. — On l'obtient en traitant à froid l'acide anisique par un mélange d'acide sulfurique et d'acide azotique fumant. On précipite la liqueur par huit ou dix fois son volume d'eau. L'acide trinitranisique forme de très-beaux sels avec les métaux alcalins, par-ticulièrement avec le potassium et l'ammonium.

ACIDE SULFANISIQUE, $C^8 H^8 S O^6$ [Zervas, *Ann. der Chem. u. Pharm.*, t. CIII, p. 339. — Limpricht, *Gmelin Handb.*, t. XIII, p. 128]. — Pour l'obtenir, on chauffe l'acide anisique avec l'acide sulfurique ordinaire à 110° ou avec l'acide de Saxe à 100°. On étend d'eau, on sature le liquide par du carbonate de plomb, on filtre et on lave le résidu avec de l'eau bouillante, jusqu'à ce que les eaux de lavage ne déposent plus de cristaux de sulfanisate de plomb en se refroidissant. Le sulfanisate de plomb traité par l'hydrogène sulfuré fournit l'acide sul-fanisique (Zervas). Limpricht préfère soumettre l'acide anisique à l'action de l'anhydride sulfurique.

Par une évaporation lente de sa solution, l'acide sulfanisique se dépose en aiguilles qui ne s'altèrent pas à l'air, perdent une molécule d'eau de cris-tallisation à 100°, et ne se décomposent pas au-dessous de 170°. La solution aqueuse de l'acide sulfanisique ne s'altère pas par l'ébullition.

L'acide sulfanisique est bibasique. Ceux de ces sels qui renferment des métaux monoatomiques répondent à la formule générale $C^8 H^6 M^2 S O^6$.

Les *sulfanisates d'ammonium*, *de potassium* et *de sodium* cristallisent facilement : le premier en longues aiguilles déliées. Le *sel barytique* répond à la formule $C^8 H^6 Ba'' S O^6 + 8 H^2 O$. Il se pré-sente en cristaux déliés qui, après dessiccation sur l'acide sulfurique, perdent 8 molécules d'eau de cristallisation lorsqu'on les chauffe à 180°. Il se dissout facilement dans l'eau d'où l'alcool le pré-cipite. Le *sel de magnésium* forme de jolies ai-guilles. Le *sel de plomb neutre*,

$$C^8 H^6 Pb'' S O^6 + 8 H^2 O,$$

se présente aussi en belles aiguilles qui perdent leur eau à 180°. On connaît en outre un *sel de plomb acide*, $(C^8 H^6 S O^6)^2 Pb'' H^2 + H^2 O$, qui se présente en petits noyaux cristallins et qui se dissout facilement dans l'eau. Le *sel d'argent* est également formé de petits cristaux mamelonnés; il se dissout faiblement dans l'eau. Suivant Zer-vas, la solubilité des sels de baryum et de plomb diminue par des cristallisations réitérées.

ANISAMIDE, $C^8 H^7 O^2.Az H^2$ [Cahours (1848), *Ann. de Chim. et de Phys.*, (3), t. XXIII, p. 353]. — L'anisamide prend naissance dans l'action de l'ammoniaque sur le chlorure d'anisyle ou sur l'anisate d'éthyle. Dans ce dernier cas, les deux substances doivent être chauffées pendant long-temps en vase clos. Lorsqu'on l'obtient au moyen du chlorure d'anisyle, il se produit en même temps du chlorure d'ammonium :

$$C^8 H^7 O^2 Cl + 2 Az H^3$$
Chlorure d'anisyle. Ammoniaque.

$$= Az H^4 Cl + C^8 H^7 O^2.Az H^2.$$
Chlorure   Anisamide.
d'ammonium.

On sépare le chlorure ammonique au moyen de l'alcool qui ne le dissout pas et dissout au contraire l'anisamide.

L'anisamide se dépose en larges prismes par l'évaporation de sa solution alcoolique.

ANISANILIDE ou PHÉNYL-ANISAMIDE,

$$C^8 H^7 O^2, C^6 H^5, H Az$$

[Cahours (1848), *loc. cit.*]. — Le chlorure d'anisyle réagit énergiquement sur l'aniline. Le produit est solide. L'alcool en extrait l'anisanilide. Cette substance cristallise en fines aiguilles qui se subliment à une douce chaleur.

ANHYDRIDE ANISIQUE, $(C^8H^7O^2)^2O = C^{16}H^{11}O^5$ [Pisani, *Ann. der Chem. u. Pharm.*, t. CII, p. 284]. — On obtient ce produit en faisant agir l'oxychlorure de phosphore sur l'anisate de sodium bien sec, lavant le produit avec de l'eau et faisant cristalliser dans l'éther le résidu insoluble. Il se présente en aiguilles soyeuses, solubles dans l'alcool et l'éther, insolubles dans l'eau et les solutions alcalines; il fond à 99° et distille à une température élevée. Par une longue ébullition avec l'eau et les solutions alcalines, il se convertit en acide anisique.　　　　　　　　　　　　　　A. N.

ANISIQUE (ALCOOL), $C^8 H^{10} O^2$ [Cannizzaro et Bertagnini, *Ann. der Chem. u. Pharm.*, t. XCVIII (nouv. série, t. XXII), p. 188, mai 1856. *Ann. de Chim. et de Phys.*, (3), t. XLVII, p. 285]. — Lorsqu'on mêle l'aldéhyde anisique avec une solution alcoolique de potasse de 7° Baumé, il ne tarde pas à se manifester une réaction qui s'accompagne d'un dégagement de chaleur, et la liqueur se prend en une épaisse bouillie d'anisate de potasse. Au bout de 10 ou 12 heures, on distille l'alcool au bain-marie, l'on ajoute de l'eau au résidu pour dissoudre l'anisate de potasse et l'excès d'alcali, et l'on agite le liquide avec de l'éther qui s'empare de l'alcool anisique. On décante l'éther et on l'évapore : il reste un résidu brunâtre qui ne tarde pas à se prendre en cristaux d'alcool anisique. La réaction qui produit ainsi cet alcool anisique est la suivante :

$$2 C^8 H^8 O^2 + KHO = C^8 H^7 KO^5 + C^8 H^{10} O^2.$$

Aldéhyde　　Potasse.　　　Anisate　　　Alcool
anisique.　　　　　　　de potasse.　　anisique.

L'alcool obtenu comme nous venons de le dire n'est cependant point encore pur. Il renferme de l'aldéhyde anisique inaltérée. Pour le débarrasser de cette impureté on le distille, puis on le traite par une petite quantité d'une solution alcoolique de potasse, on le distille de nouveau dans un courant d'anhydride carbonique et l'on exprime ses cristaux entre plusieurs doubles de papier buvard.

L'alcool anisique pur distille sans altération de 248° à 250°. Lorsqu'il est bien sec, il fond à 23°; quand il est humide, son point de fusion est moins élevé. Il cristallise en aiguilles blanches et brillantes. Sa densité est plus forte que celle de l'eau. Son odeur rappelle l'anis, sa saveur est brûlante. Il s'altère à l'air à une température voisine de son point d'ébullition et se transforme en aldéhyde anisique. Sous l'influence du noir de platine ou de l'acide azotique il s'oxyde plus rapidement encore en fournissant de l'aldéhyde anisique d'abord, de l'acide anisique ensuite. Le potassium se dissout surtout à chaud dans l'alcool anisique en donnant une masse qui devient butyreuse en se refroidissant.

L'acide sulfurique et l'anhydride phosphorique convertissent l'alcool anisique en une masse résineuse. Le chlorure de zinc le transforme à chaud en une huile qui se prend en une masse vitreuse par le refroidissement, fond à 100°, se dissout dans le sulfure de carbone et est insoluble dans l'eau et l'alcool.

L'alcool anisique absorbe l'acide chlorhydrique avec avidité et se sépare en deux couches dont l'inférieure n'est qu'une solution aqueuse de cet acide. La couche supérieure lavée rapidement avec de l'eau chargée d'un carbonate alcalin, puis avec de l'eau pure, forme une huile incolore, d'une saveur de fruit et d'une odeur brûlante que les carbonates alcalins dédoublent en alcool anisique et en chlorure alcalin. Cette huile paraît donc être l'éther chlorhydrique de l'alcool anisique ou chlorure d'anisalyle $C^8 H^9 O Cl$. L'ammoniaque le transforme en un mélange de chlorure d'ammonium et de chlorhydrates d'anisamine et de dianisamine.

DÉRIVÉS DE L'ALCOOL ANISIQUE. — *Anisamines* [Cannizzaro, *Compt. rend. de l'Acad.*, t. L, p. 1100]. — M. Cannizzaro a préparé les chlorhydrates d'anisamine et de dianisamine en faisant agir le chlorure d'anisalyle sur une solution alcoolique concentrée d'ammoniaque :

$$C^8 H^9 O.Cl + AzH^3 = \left. \begin{array}{c} C^8 H^9 O \\ H \\ H \end{array} \right\} Az.HCl.$$

Chlorure　　　Ammoniaque.　　Chlorhydrate
d'anisalyle.　　　　　　　　　d'anisamine.

$$2 C^8 H^9 O.Cl + 2 AzH^3 = \left. \begin{array}{c} C^8 H^9 O \\ C^8 H^9 O \\ H \end{array} \right\} Az.HCl$$

Chlorure　　　Ammoniaque.　　Chlorhydrate
d'anisalyle.　　　　　　　　de dianisamine.

$$+ AzH^4Cl.$$

Chlorure ammonique.

La masse qui résulte de cette action est lavée à l'eau qui la débarrasse du sel ammoniac, puis dissoute dans l'alcool. Cette solution évaporée à sec laisse un résidu qui, après avoir été lavé à l'éther, consiste en un mélange des deux alcaloïdes à l'état de chlorhydrates. On sépare ces deux sels au moyen de cristallisations dans l'eau, le chlorhydrate d'anisamine étant de beaucoup le plus soluble de ces deux sels. On isole ensuite les alcaloïdes de leur chlorhydrate en ajoutant de la potasse ou de l'ammoniaque à la solution de ces corps, agitant avec de l'éther, décantant ce liquide et l'évaporant.

L'anisamine cristallise sous forme de petites aiguilles, solubles dans l'eau, l'alcool et l'éther, qui fondent vers 100° en se colorant un peu. La dianisamine se présente d'abord sous la forme d'une huile épaisse qui, au bout de quelques jours, se prend en lames cristallines. Elle se dissout dans l'alcool et l'éther, mais elle est moins soluble dans l'eau que l'anisamine. Elle fond et se solidifie entre 32° et 33°.

Ces alcaloïdes sont l'un et l'autre des bases fortes. Le chloroplatinate d'anisamine,

$$(C^8 H^{11} O Az.HCl)^2 PtCl^4,$$

se présente en petites lames d'un jaune d'or; le chloroplatinate de dianisamine,

$$(C^{16} H^{19} O^2 Az.HCl)^2 PtCl^4 + H^2O,$$

se précipite sous la forme d'une huile brune qui se prend peu à peu en une masse d'aiguilles jaunes.

ANISALYLE, $(C^8 H^9 O)^2$ (?) [Cannizzaro et Rossi, *Compt. rend. de l'Acad. des sciences*, t. LIII, p. 542]. — Le sodium agit sur l'éther chlorhydrique de l'alcool anisique. La réaction s'achève à froid. En épuisant le produit par l'éther et soumettant ce liquide à l'évaporation spontanée, MM. Cannizzaro et Rossi ont obtenu un corps blanc bien cristallisé qu'ils considèrent comme le radical de l'alcool anisique, bien qu'ils en aient eu une quantité insuffisante pour en faire l'analyse.　　　　　　　　　　　　　A. N.

ANISIQUE (ALDÉHYDE), $C^8H^8O^2$. — L'aldéhyde anisique a été obtenue pour la première fois par M. Cahours dans l'oxydation de l'essence d'anis, au moyen de l'acide azotique dilué [Cahours, *Ann. de Chim. et de Phys.*, (3), t. XIV, p. 484. — t. XXIII, p. 354]. MM. Cannizzaro et Bertagnini conseillent d'opérer comme il suit : de l'essence d'anis est maintenue en ébullition pendant 1 heure avec environ 3 fois son volume d'acide azotique étendu à 14° Baumé. On lave le produit ainsi obtenu avec de l'eau d'abord, puis avec de la potasse étendue pour en extraire l'acide anisique et la nitraniside, on l'agite ensuite avec une solution de bisulfite de sodium marquant 30° à l'aréomètre de Baumé. Le produit cristallin est recueilli sur un filtre, pressé, lavé avec de l'alcool jusqu'à ce qu'il soit complétement blanc, et décomposé par une solution aqueuse et chaude de carbonate de soude. L'hydrure d'anisyle se sépare et surnage la liqueur, on le purifie par distillation [Cannizzaro et Bertagnini, *Ann. der chem. u. pharm.*, t. XCVIII, p. 188. — *Ann. de Chim. et de Phys.*, t. XLVII, p. 285]. La réaction qui donne naissance à l'hydrure d'anisyle est exprimée par l'équation suivante :

$$C^{10}H^{12}O + 3\,O^2 = C^8H^8O^2 + C^2H^2O^4 + H^2O.$$

Essence   Oxygène.   Aldéhyde   Acide   Eau.
d'anis.   anisique.   oxalique.

Piria a obtenu de l'aldéhyde anisique en distillant un mélange d'anisate et de formiate de chaux fait en proportions équivalentes [Piria, *Ann. de Chim. et de Phys.*, t. XLVIII, p. 113].

$$(C^8H^7O^3)^2Ca'' + (CHO^2)^2Ca''$$

Anisate de chaux.   Formiate de
                 chaux.

$$= 2\,CO^3Ca'' + 2\,C^8H^8O^2.$$

Carbonate   Hydrure
de chaux.   d'anisyle.

Enfin l'aldéhyde anisique prend encore naissance dans l'action du bisulfite de sodium sur l'essence d'anis [Städeler et Wächter, *loc. cit.*].

$$C^{10}H^{12}O + H^2O = C^8H^8O^2 + (CH^3)^2.$$

Essence d'anis.   Eau.   Aldéhyde   Méthyle.
                   anisique.

L'aldéhyde anisique est un liquide jaunâtre, d'une saveur brûlante, d'une odeur aromatique qui rappelle celle du foin. Sa densité à 20° $= 1,09$; elle bout de 253° à 255°. A peine soluble dans l'eau, elle se dissout au contraire facilement dans l'alcool et l'éther. L'acide sulfurique concentré la dissout en formant une liqueur d'un rouge foncé d'où l'eau la reprécipite. Au contact de l'air, l'aldéhyde anisique se convertit lentement en acide anisique en absorbant l'oxygène. Cette oxydation se fait bien plus rapidement sous l'influence du noir de platine et de l'acide azotique étendu. La potasse aqueuse ne la dissout pas sensiblement; la potasse fondue et la potasse alcoolique la transforment en anisate de potassium avec dégagement d'hydrogène ou production d'alcool anisique. Par un contact prolongé avec l'ammoniaque, l'hydrure d'anisyle se convertit en anishydramide. Le perchlorure de phosphore attaque énergiquement cette aldéhyde avec évolution d'acide chlorhydrique. Le produit renferme de l'oxychlorure de phosphore en même temps qu'un chlorure organique qui régénère l'aldéhyde anisique lorsqu'on le traite par l'eau et que l'on n'a pas pu analyser parce qu'il se décompose par la distillation [Naquet et Machuca, *Expériences inédites*].

L'aldéhyde anisique partage la propriété commune aux aldéhydes de donner des composés cristallisables avec les bisulfites alcalins [Bertagnini, *Ann. der Chem. u. Pharm.*, t. LXXXV, p. 268]. Nous avons déjà vu comment on prépare le bisulfite d'anisyl-sodium. Ce corps, cristallisé dans l'alcool bouillant, se présente en écailles incolores et brillantes. Il se dissout dans l'eau chaude et se précipite de nouveau lorsqu'on ajoute du bisulfite de sodium à la liqueur. La solution aqueuse se détruit à l'ébullition : de l'aldéhyde anisique se régénère et de l'anhydride sulfureux se dégage. Les alcalis lui font subir la même décomposition. L'ammoniaque le dissout d'abord et le convertit ensuite en anishydramide. L'iode et le brome le décomposent facilement. Les bisulfites d'anisyle-potassium et d'anisyle-ammonium sont analogues au composé sodique, tant par leurs propriétés que par leur mode de formation.

Dérivés de l'aldéhyde anisique. — *Anishydramide ou hydrure d'azoanisyle* [Cahours, *Ann. de Chim. et de Phys.*, (3), t. XIV, p. 487]. — Lorsqu'on abandonne 1 volume d'aldéhyde anisique et 4 à 5 volumes d'une solution d'ammoniaque, dans un flacon bouché, il se produit peu à peu des cristaux brillants, formés de prismes durs, insolubles dans l'eau, solubles à chaud dans l'alcool et l'éther. Ce corps se produit par une réaction analogue à celle qui fournit l'hydrobenzamide, l'hydrosalicylamide et la furfuramide. On lui a donné le nom d'anishydramide ou d'hydrure d'azoanyle :

$$3\,C^8H^8O^2 + 2\,AzH^3$$

Aldéhyde   Ammoniaque.
anisique.

$$= 3\,H^2O + \left.\begin{matrix}(C^8H^8O)'' \\ (C^8H^8O)'' \\ (C^8H^8O)''\end{matrix}\right\} Az^2.$$

Eau.   Anishydramide.

L'anishydramide fond à 120°. Traitée par le sulfhydrate ammonique, elle se transforme en une poudre blanche à laquelle Cahours a donné le nom de thianisol [Cahours, *Comp. rend. de l'Acad. des sciences*, t. XXV, p. 458], et que Gerhardt appelle hydrure de sulfoanisyle [Gerhardt, *Traité de chim. organ.*, t. III, p. 360]. La formule de ce corps est C^8H^8SO; c'est donc de l'aldéhyde anisique dont un atome d'oxygène est remplacé par un atome de soufre.

Chauffée pendant deux heures entre 165° et 170°, l'anishydramide se transforme en un alcaloïde isomère qui a reçu le nom d'*anisine* [Bertagnini, *Ann. der Chem. u. Pharm.*, t. LXXXVIII, p. 128]. Pour obtenir cette substance à l'état de pureté, on dissout dans l'alcool le produit brut de l'action de la chaleur; on ajoute de l'acide chlorhydrique à la liqueur et l'on fait cristalliser le chlorhydrate. On décompose ensuite le chlorhydrate par la potasse ou l'ammoniaque, et l'on purifie l'alcaloïde devenu libre par cristallisation dans l'alcool. L'anisine ainsi obtenue se présente en prismes incolores peu solubles dans l'eau, même à chaud, un peu plus solubles dans l'éther et très-solubles dans l'alcool. Sa réaction est alcaline et sa saveur amère.

Elle forme avec les acides des sels bien définis et cristallisables. Le *chlorhydrate*,

$$C^{24}H^{24}Az^2O^3, HCl,$$

cristallise en aiguilles incolores et brillantes, solubles dans l'eau et plus solubles encore dans l'alcool. Lorsqu'il n'a été desséché qu'à la température ordinaire, il renferme 9 molécules d'eau de cristallisation qu'il perd à 100°. Le *chloroplatinate*, $(C^{24}H^{24}Az^2O^3, HCl)^2 Pt Cl^4$, obtenu par l'addition du perchlorure de platine au chlorhydrate, se présente en écailles brillantes, couleur orangée. Il est faiblement soluble dans l'alcool.

Chlorure d'anisyle, $C^8H^7O^2Cl$ [Cahours, *Ann. de Chim. et de Phys.*, (3), t. XXIII, p. 351]. — On obtient ce corps en distillant dans une cornue un mélange d'acide anisique sec et de perchlorure de phosphore. Le produit qui passe est soumis à la distillation fractionnée. On recueille ce qui passe entre 250° et 270°. On lave ce liquide avec un peu d'eau dont l'action décomposante se porte d'abord sur le chlorure de phosphore, on dessèche sur du chlorure de calcium et l'on distille. Le chlorure d'anisyle paraît encore se former lorsqu'on fait agir le chlore sur l'aldéhyde anisique.

C'est un liquide incolore, d'une odeur forte; il bout à 262°; sa densité est de 1,201 à 15°; à l'air humide, il se décompose rapidement en acides chlorhydrique et anisique. L'ammoniaque le convertit en anisamide et chlorure ammonique. L'alcool et l'esprit de bois agissent énergiquement sur lui et le transforment en anisate d'éthyle ou de méthyle.

Bromure d'anisyle, $C^8H^7O^2Br$ [Cahours, *Ann. de Chim. et de Phys.*, (3), t. XIV, p. 486]. — Il a été obtenu par l'action du brome sec sur l'aldéhyde anisique. Le brome doit être ajouté goutte à goutte, et il faut éviter d'en mettre un excès. La masse s'échauffe, dégage de l'acide bromhydrique et finit par se solidifier. Les cristaux, lavés avec de l'éther, comprimés entre plusieurs doubles de papier buvard et recristallisés dans l'éther, constituent le bromure d'anisyle pur. Ils sont blancs, soyeux, volatils, sans décomposition. La potasse concentrée et bouillante les convertit en anisate et bromure de potassium.

CONSTITUTION DES COMPOSÉS ANISIQUES. — L'acide anisique renferme 3 atomes d'oxygène, ce qui le rapproche des acides monobasiques et diatomiques. Il est d'ailleurs homologue de l'acide salicylique qui appartient à ce groupe; enfin il dérive de l'alcool anisique, lequel renferme 2 atomes d'oxygène comme tous les alcools diatomiques. Il y a donc lieu de penser que l'alcool anisique est un glycol et que l'acide anisique est le premier acide dérivé de ce glycol. Toutefois on n'a jamais obtenu de dérivés de l'acide ou de l'alcool anisique dans lesquels deux H fussent remplacés par d'autres radicaux. De là un doute sur la constitution de l'acide anisique, puisque, d'une part, toutes les analogies tendaient à faire considérer l'alcool anisique comme un glycol et l'acide anisique comme un acide diatomique, et que, d'autre part, l'expérience semblait décider la question en sens inverse. M. Saytzeff [*loc. cit.*], en transformant l'acide anisique en acide paraoxybenzoïque et en iodure de méthyle au moyen de l'acide iodhydrique, et M. Ladenburg [*loc. cit.*], en exécutant la synthèse de l'acide anisique à l'aide de l'acide paraoxybenzoïque, ont levé tous les doutes relatifs à la constitution des composés anisiques. L'acide et l'alcool anisique ne sont pas un véritable acide et un vrai glycol. Ce sont des éthers. Le premier de ces corps est l'acide méthyle paraoxybenzoïque et le second est le paraoxybenzoglycol monométhylique. Enfin l'aldéhyde anisique représente de l'aldéhyde paraoxybenzoïque dans laquelle H est remplacé par CH^3. Les formules qui suivent montrent ces divers rapports :

$$C^6H^4 \begin{cases} OH \\ CO.OH \end{cases} \quad C^6H^4 \begin{cases} OH \\ CO.H \end{cases} \quad C^6H^4 \begin{cases} OH \\ CH^2.OH \end{cases}$$

Acide paraoxybenzoïque.　　Aldéhyde paraoxybenzoïque.　　Glycol paraoxybenzoïque.

$$C^6H^4 \begin{cases} OCH^3 \\ CO.OH \end{cases} \quad C^6H^4 \begin{cases} OCH^3 \\ CO.H \end{cases} \quad C^6H^4 \begin{cases} OCH^3 \\ CH^2.OH \end{cases}$$

Acide anisique.　　Aldéhyde anisique.　　Glycol anisique.

On comprend alors clairement pourquoi on ne peut remplacer qu'un seul hydrogène par des radicaux dans les composés anisiques, puisque ces composés renferment déjà un radical méthyle substitué à H.　　　　　　　　　　A. N.

ANISOÏNE. — Produit qui se forme lorsqu'on fait agir l'acide sulfurique ou le perchlorure d'étain sur l'essence d'anis. — Voyez ANIS (ESSENCE D').

ANISOÏQUE (ACIDE), $C^{10}H^{18}O^6$ [Limpricht et Ritter, *Ann. der Chem. u. Pharm.*, t. XCVII, p. 364]. — Cet acide est un des produits d'oxydation de l'essence d'anis étoilé et probablement aussi des essences d'anis, d'estragon et de fenouil amer. On chauffe cette essence avec de l'acide azotique de 1,2 de densité et l'on agite le liquide huileux qui gagne le fond du vase, avec une solution chaude de bisulfite de sodium. Par le refroidissement il se forme des cristaux d'anisoate de sodium. Pour purifier l'acide anisoïque, on traite ces cristaux par une quantité d'acide sulfurique suffisant à les décomposer, on évapore à sec et l'on extrait l'acide anisoïque du résidu au moyen de l'alcool absolu, dans lequel le sulfate de soude ne se dissout pas.

L'acide anisoïque cristallise de ses solutions aqueuses en petites lames dont la réaction est fortement acide et qui sont fort solubles dans l'eau, l'alcool et l'éther; il entre en fusion vers 120°, mais ne peut se volatiliser sans décomposition.

Les anisoates sont pour la plupart très-solubles dans l'eau : l'*anisoate sodique*, $C^{10}H^{17}NaO^6$, et l'*anisoate barytique* se présentent sous la forme de petites masses irrégulièrement cristallisées. L'*anisoate d'argent* forme aussi de petits mamelons solubles qui noircissent promptement à l'humidité.

Städeler et Wächter [*Ann. der Chem. u. Pharm.*, t. CXVI, p. 169] pensent que l'acide obtenu par Limpricht et Ritter, et auquel ces chimistes ont donné le nom d'acide anisoïque, est identique avec l'acide thianisoïque qu'ils ont obtenu eux-mêmes en chauffant l'essence d'anis concrète avec de l'acide azotique de 1,2 de densité, distillant et agitant ensuite le produit distillé avec du bisulfite de sodium. L'acide thianisoïque a pour formule $C^{10}H^{14}SO^4$ et son poids atomique est 230. Le poids atomique correspondant à la formule $C^{10}H^{18}O^6$ de l'acide anisoïque est 234. Il en résulte que les analyses de Limpricht et de Ritter s'accordent aussi bien avec l'une qu'avec l'autre de ces formules, au moins en ce qui concerne la détermination du carbone et du métal. Quant à l'hydrogène, ces chimistes en ont toujours trouvé trop peu (5,44 % au lieu de 5,65, dans le sel barytique, et 4,0 % au lieu de 4,98 dans le sel d'argent). Enfin l'absence du soufre n'a point été directement constatée. — Voyez ACIDE THIANISOÏQUE.　　　　　　　　　　A. N.

ANISOL (Syn. *Phénate de méthyle* ou *dracol*), $C^7H^8O = C^6H^5, CH^3O$ [Cahours, *Ann. de Chim. et de Phys.*, (3), t. II, p. 274; t. X, p. 353; t. XXVII, p. 439]. — Ce corps prend naissance lorsqu'on distille l'acide anisique ou son isomère le salicylate de méthyle avec la baryte caustique. Il se produit aussi par la substitution directe du méthyle à l'hydrogène dans le phénol. On l'obtient par diverses méthodes. Celle qui est le plus employée consiste à distiller l'acide anisique avec un grand excès de baryte ou de chaux, ou à faire tomber goutte à goutte du salicylate de méthyle sur de la baryte chauffée au rouge. On rectifie ensuite l'huile qui passe à la distillation, après l'avoir lavée avec de l'eau alcaline et avec de l'eau pure :

$$C^8H^8O^3 \quad = \quad CO^2 \quad + \quad C^7H^8O$$

Acide anisique ou salicylate de méthyle.　　Anhydride carbonique.　　Anisol.

Un autre procédé de préparation consiste à chauffer le phénate potassique avec de l'iodure de méthyle entre 100° et 120° dans un tube scellé à la lampe :

$$C^6H^5.OK + CH^3I = IK + C^6H^5.O(CH^3)$$

Phénate potassique.   Iodure de méthyle.   Iodure de potassium.   Phénate de méthyle (anisol).

On lave le produit, d'abord avec une solution alcaline, puis avec de l'eau pure, et finalement on le soumet à la distillation.

L'anisol est un liquide mobile, incolore, dont l'odeur est agréable et aromatique. L'eau et les liqueurs alcalines ne le dissolvent pas. Il se dissout, au contraire, facilement dans l'alcool et dans l'éther. Sa densité est de 0,991 à 15°. Il bout à 152° sans décomposition. Il est isomérique avec l'alcool benzoïque et l'acide taurylique.

L'acide sulfurique concentré dissout l'anisol. L'eau ne précipite pas cette dissolution, qui renferme un acide copulé dont la formule est

$$C^7H^8SO^4.$$

Cahours a donné à cet acide le nom d'acide sulfanisolique, et Gerhardt, celui d'acide méthyl-sulfophénique. L'acide méthyl - sulfophénique donne un sel de baryum cristallisable qui renferme $(C^7H^7SO^4)^2Ba''$.

L'acide sulfurique fumant dissout aussi l'anisol. Si cet acide n'a pas été employé en grand excès, l'eau précipite de la solution des flocons cristallins dont la formule est $C^{14}H^{14}SO^4$, et auxquels Cahours a donné le nom de sulfanisolide. La sulfanisolide est à l'acide sulfanisolique ce que le sulfate d'éthyle est à l'acide éthylsulfurique. Il représente 2 molécules d'anisol plus 1 molécule d'acide sulfurique moins 1 molécule d'eau. Le meilleur mode de préparation de la sulfanisolide consiste à diriger des vapeurs d'anhydride sulfurique dans de l'anisol fortement refroidi. On ajoute ensuite de l'eau au mélange. La sulfanisolide se dépose aussitôt en fines aiguilles que l'on fait cristalliser de nouveau dans l'alcool, tandis que l'acide sulfanisolique formé en même temps reste dans la liqueur aqueuse. La sulfanisolide se présente en prismes mous, argentés, insolubles dans l'eau et solubles dans l'alcool et l'éther. Elle fond à une douce chaleur et se sublime entièrement sans décomposition. Sous l'influence de l'acide sulfurique concentré, elle se transforme en acide sulfanisolique.

L'anisol peut être distillé sur l'acide phosphorique anhydre sans se décomposer.

DÉRIVÉS DE L'ANISOL. *Produits de substitution chlorés et bromés.* — Le chlore et le brome agissent sur l'anisol qui se transforme sous leur influence en une masse cristalline. Les dérivés chlorés ont été peu étudiés. On connaît, par contre, avec certitude deux dérivés bromés dont l'un, le bromanisol, C^7H^7BrO, peut encore être obtenu par la distillation de l'acide bromanisique avec de la baryte; et dont le second, le dibromanisol, $C^7H^6Br^2O$, est un corps soluble dans l'alcool bouillant, cristallisable en écailles brillantes, fusible à 54° et capable de se sublimer en totalité à une température plus élevée en donnant de petites tables brillantes.

L'acide azotique fumant réagit énergiquement sur l'anisol, et, suivant les proportions des réactifs et la durée de la réaction, il se forme trois produits de substitution différents : le nitranisol, le dinitranisol et le trinitranisol.

Nitranisol, $C^7H^7(AzO^2)O$. — Pour préparer ce corps, on ajoute par petites portions de l'acide azotique fumant à de l'anisol que l'on a soin de tenir dans un vase entouré de glace pour empêcher la température de s'élever par l'effet de la réaction. On lave ensuite, avec une solution de potasse d'abord, puis avec de l'eau, l'huile noirâtre qui se forme; on la dessèche sur du chlorure de calcium et finalement on la distille. Il passe d'abord de l'anisol. Dès que la température a atteint 260°, on change de récipient et l'on recueille du nitranisol pur.

Le nitranisol est un liquide limpide, d'une légère couleur ambrée, plus dense que l'eau, dans laquelle il est insoluble. Son odeur est aromatique et rappelle un peu les amandes amères. Il bout entre 262° et 264°. Les solutions alcalines sont sans action sur lui, même à chaud. L'acide sulfurique concentré le dissout à l'aide d'une douce chaleur, mais l'eau le précipite inaltéré de cette solution. Si l'on remplace l'acide sulfurique par l'acide azotique fumant et chaud, le nitranisol se convertit successivement en di- et en trinitranisol.

Dinitranisol, $C^7H^6(AzO^2)^2O$. — On le prépare en faisant bouillir pendant quelques minutes de l'anisol avec de l'acide azotique fumant. On traite ensuite le mélange par l'eau, qui en sépare un liquide jaune. Ce liquide ne tarde pas à se prendre en une masse jaune solide que l'on purifie en la faisant cristalliser plusieurs fois dans l'alcool bouillant. On obtient encore le dinitranisol en chauffant pendant une demi-heure environ l'acide anisique entre 90° et 100° avec deux ou trois fois son poids d'acide azotique fumant; il est alors tout à fait nécessaire de laver le produit avec une solution alcaline pour le débarrasser de l'acide chrysanisique qui prend naissance en même temps.

Le nitranisol cristallise en longues aiguilles d'un jaune pâle, solubles dans l'alcool et l'éther, et insolubles dans l'eau, même à chaud. Il fond vers 86° et se sublime sans décomposition si l'on élève davantage la température.

La potasse dissoute dans l'eau n'attaque le nitranisol que si la solution est très-concentrée, et même alors l'action n'est complète que si l'on fait bouillir pendant longtemps. La décomposition est beaucoup plus rapide lorsqu'on prend une solution alcoolique de potasse bouillante; il se produit dans ce cas du dinitrophénate potassique.

Trinitranisol, $C^7H^5(AzO^2)^3O$. — Ce corps se produit lorsqu'on chauffe l'acide anisique, l'anisol ou le nitranisol avec un mélange fait en proportions égales d'acide sulfurique concentré et d'acide azotique fumant. On choisit généralement l'acide anisique pour cette préparation. Le mélange est d'abord incolore; on le chauffe jusqu'à ce qu'il commence à se troubler et à dégager de l'anhydride carbonique; on cesse alors de chauffer et il ne tarde pas à se former à la surface du mélange une huile qui se fige par le refroidissement. On ajoute au produit de la réaction une grande quantité d'eau, on lave la matière solide avec de l'eau bouillante à plusieurs reprises, et finalement on la purifie par des cristallisations répétées dans un mélange à parties égales d'alcool et d'éther. Pour que la réaction soit complète, 1 p. d'acide anisique exige 15 p. du mélange d'acides sulfurique et azotique.

Le trinitranisol cristallise en lames très-brillantes et de couleur jaune, insolubles dans l'eau et solubles dans l'alcool bouillant ou dans l'éther. Il fond entre 58° et 60° et se sublime sous l'influence d'une chaleur modérée. L'acide sulfurique et l'acide azotique chauds le dissolvent sans le décomposer. L'ammoniaque liquide et les solutions aqueuses étendues de potasse n'attaquent pas le trinitranisol même à l'ébullition; mais les solutions potassiques un peu concentrées le colorent rapidement en rouge brunâtre et le décomposent entièrement à l'ébullition. Il se produit ainsi un sel potassique peu soluble dont on peut extraire un acide qui présente la composition de l'acide picrique (trinitrophénol), mais qu, d'après Cahours, est simplement isomérique avec ce dernier corps. Cet acide a reçu le nom d'*acide picranisique*.

Tous les dérivés nitrés de l'anisol sont facilement attaqués par le sulfure d'ammonium. Il se dépose du soufre et il se forme de l'anisidine ou les produits de substitution nitrée de ce corps.

ANISIDINE (Méthyl-phénidine de Gerhardt) [Cahours, *Ann. de Chim. et de Phys.*, (3), t. XXVII, p. 443]. — L'anisidine se forme lorsqu'on réduit le nitranisol au moyen du sulfhydrate d'ammonium :

$$C^7 H^7 (AzO^2)O \ + \ 3 AzH^4.HS$$

Nitranisol.   Sulfhydrate d'ammonium.

$$= 3 AzH^3 + 3 S + 2 H^2 O + \left. \begin{matrix} C^7 H^7 O \\ H \\ H \end{matrix} \right\} Az.$$

Ammoniaque.   Soufre.   Eau.   Anisidine.

Pour préparer cette base, on mêle le nitranisol avec une solution alcoolique de sulfhydrate ammonique et l'on évapore à une douce chaleur jusqu'à ce que le liquide soit réduit au quart de son volume primitif; on le sature alors par un léger excès d'acide chlorhydrique dilué et on le filtre pour séparer le soufre qui s'est déposé. Le liquide filtré est très-brun ; par une évaporation convenable, il laisse déposer des aiguilles de chlorhydrate d'anisidine que l'on dessèche entre des doubles de papier buvard. Ce sel, distillé avec une dissolution aqueuse concentrée de potasse, abandonne de l'anisidine, qui passe à la distillation avec la vapeur d'eau sous la forme d'une huile qui se solidifie par le refroidissement.

On connaît imparfaitement les propriétés de l'anisidine. C'est un alcaloïde qui se combine avec les acides en formant des sels. Le *chlorhydrate* se présente en aiguilles déliées et incolores solubles dans l'eau et l'alcool. Ses solutions concentrées et chaudes, mêlées avec une dissolution non moins concentrée de bichlorure de platine, donnent en refroidissant des aiguilles jaunes de *chloroplatinate*.

L'oxalate, l'azotate et le sulfate d'anisidine sont aussi des sels cristallisables. On connaît un dérivé mononitré et un dérivé binitré de l'anisidine.

Nitranisidine (Méthyl-nitrophénidine de Gerhardt),

$$C^7 H^8 (AzO^2) Az O = \left. \begin{matrix} C^7 H^6 (AzO^2)O \\ H \\ H \end{matrix} \right\} Az.$$

On prépare ce corps par la même méthode que l'anisidine, en remplaçant le nitranisol par le dinitranisol. La réaction est la même. Toutefois, au lieu d'extraire la nitranisidine de son chlorhydrate en distillant ce sel avec de la potasse, on précipite sa solution aqueuse par l'ammoniaque, on lave à grande eau le précipité qui se produit et on le fait cristalliser dans l'alcool.

La nitranisidine se présente sous la forme d'aiguilles brillantes d'un rouge grenat. Elle est insoluble dans l'eau froide, et soluble dans l'eau bouillante. L'alcool la dissout à l'ébullition, mais l'abandonne presque en totalité par le refroidissement. L'éther la dissout également, surtout à chaud. La nitranisidine fond à une température qui n'est pas très-élevée, en un liquide qui se fige par le refroidissement en une masse radiée. Chauffée au-dessus de son point de fusion, elle émet des fumées jaunes qui se condensent en petites aiguilles jaunes. Le brome l'attaque avec violence et la transforme en une masse résineuse qui n'a plus aucune propriété alcaline. L'acide azotique fumant la transforme en une masse visqueuse insoluble dans les acides. Les chlorures

de benzoïle, de cinnamyle, de cuminyle et d'anisyle réagissent sur l'anisidine sous l'influence d'une douce chaleur en produisant de l'acide chlorhydrique et des alcalamides auxquels Cahours a donné les noms de benzonitraniside, cinnitraniside, etc. :

$$\left. \begin{matrix} C^7 H^6 (AzO^2) O \\ H \\ H \end{matrix} \right\} Az \ + \ C^7 H^5 O. Cl$$

Nitranisidine.   Chlorure de benzoyle.

$$= HCl \ + \ \left. \begin{matrix} C^7 H^6 (AzO^2)O \\ C^7 H^5 O \\ H \end{matrix} \right\} Az.$$

Acide chlorhydrique.   Benzonitraniside ou azoture de nitroxyméthyl-phényle, de benzoyle et d'hydrogène.

Ces diverses alcalamides peuvent être facilement obtenues à l'état de pureté. Il suffit pour cela de laver le produit brut de la réaction avec de l'eau, de l'acide chlorhydrique et des solutions alcalines, et de le faire ensuite cristalliser dans l'alcool bouillant. Ces corps sont insolubles dans l'eau et dans l'alcool froid.

La nitranisidine se dissout facilement dans les acides et forme des sels pour la plupart cristallisables. Son *chlorhydrate* et son *bromhydrate*, lorsqu'ils sont purs, se présentent en aiguilles incolores. Fort solubles dans l'eau chaude, moins solubles dans l'eau froide. Une solution concentrée et bouillante de chlorhydrate de nitranisidine mélangée avec une dissolution concentrée de perchlorure de platine, dépose en se refroidissant un *chloroplatinate* cristallisé en aiguilles d'un jaune brunâtre. Le *sulfate* cristallise en aiguilles soyeuses groupées autour d'un centre; il se dissout facilement dans l'eau, surtout si elle est acidifiée par de l'acide sulfurique.

Dinitranisidine (Dinitrométhyl-phénidine),

$$C^7 H^7 Az^3 O^5 = \left. \begin{matrix} C^7 H^5 (AzO^2)^2 O \\ H \\ H \end{matrix} \right\} Az.$$

Son mode de préparation est exactement pareil à celui de la nitranisidine. Seulement on substitue le trinitranisol au dinitranisol.

Sèche, la dinitranisidine constitue une poudre amorphe d'un rouge ou d'un rouge violet éclatant, la nuance de la teinte étant déterminée par le degré de concentration de la liqueur d'où elle a été précipitée. Elle se dissout à peine dans l'eau froide et très-peu dans l'eau chaude, en donnant une solution jaune.

L'alcool la dissout peu à froid, mieux à chaud. l'éther la dissout légèrement à chaud. Par le refroidissement de la solution alcoolique faite à la température de l'ébullition elle se dépose en cristaux d'un violet très-foncé.

La nitranisidine fond à une douce chaleur et se prend en une masse radiée d'un violet foncé lorsqu'on la laisse refroidir. Les propriétés basiques de ce composé sont infiniment moins prononcées que celles des deux corps précédents. La nitranisidine forme cependant des sels cristallisables avec les acides chlorhydrique, azotique et sulfurique, mais il faut, pour que les sels se forment, que les acides soient employés en excès, et ils sont décomposables par l'eau.

La nitranisidine est violemment attaquée par l'acide azotique fumant. Elle se transforme alors en une masse résineuse d'un jaune brunâtre qui se dissout dans la potasse en donnant une liqueur d'un brun très-intense.   A. N.

ANISULMINE. — Produit brun que l'on obtient en traitant par la potasse les graines d'anis préalablement épuisées par l'eau, l'alcool et l'éther, et en précipitant la solution alcaline par l'acide acétique.

ANISURIQUE (ACIDE), $C^{10}H^{11}AzO^2$ [Cahours, *Ann. der Chem. u. Pharm.*, t. CIII, p. 90]. — C'est un acide analogue à l'acide hippurique. Il se produit lorsqu'on fait agir le chlorure d'anisyle sur le dérivé argentique du glycocolle :

$$\left. \begin{matrix} C^2H^2O.OAg \\ H^2 \end{matrix} \right\} Az + C^8H^7O^2.Cl$$

Glycocolle argentique. Chlorure d'anisyle.

$$= \left. \begin{matrix} (C^2H^2O.OH)' \\ (C^8H^7O^2)' \\ H \end{matrix} \right\} Az + AgCl.$$

Acide anisurique. Chlorure d'argent.

A. N.

ANKÉRITE (Min.). — Variété ferrifère de dolomie. L'angle de ses clivages est de 106°12'.

ANNABERGITE (Min.) [Syn. *Nickelocker, Nickel arséniaté, H.*]. — Arséniate hydraté de nickel :

$$Ni^3As^2O^8 + 8H^2O = 3NiO, As^2O^5 + 8H^2O.$$

Masses cristallines fibreuses d'un beau vert, accompagnant souvent la nickéline.

ANORTHITE (Min.) [Syn. *Christianite, Biotine*]. — Silicate d'alumine et de chaux avec de très-petites quantités de fer, de magnésie, de soude et de potasse :

$$CaAl^2Si^2O^8 = CaO, Al^2O^3, 2SiO^2.$$

Petits cristaux vitreux et brillants, transparents ou seulement translucides, dans les blocs rejetés de la Somma; grains vitreux dans la lave, en Islande, à Java, etc. Le feldspath de la diorite orbiculaire de Corse paraît appartenir à cette espèce. Certaines variétés (*Amphodélite, Latrobite, Roselane*) sont roses ou gris rosé.

Caractères. — Complétement attaquables par les acides avec dépôt de silice pulvérulente. Au chalumeau fond en un verre clair bulleux.

Dureté, 6. Densité, 2,69-2,75.

Forme cristalline. — Prisme anorthique : $mt = 120°30'$, $pm = 110°40'$, $pt\ 114°7'$.

Clivages : p, parfait; g^1.

F. et S.

ANTHOPHYLLITE (Min.). — Espèce voisine des amphiboles et présentant une composition analogue; la presque totalité de la chaux est remplacée par de l'oxyde ferreux. Masses lamelleuses d'un brun clair, ou cristaux allongés à quatre ou six faces, non terminés. M. DesCloizeaux a conclu de l'examen des propriétés optiques, que la forme cristalline de l'anthophyllite est un prisme orthorhombique.

Caractères. — Inattaquable par les acides. Difficilement fusible en un émail noir très-magnétique. Difficilement soluble dans le borax, en donnant un verre coloré par le fer.

Dureté, 3,5. Poussière blanc jaunâtre. Densité, 3,2.

$mm = 125°$ environ. Clivages : h^1 facile; m moins facile; g^1 très-difficile.

ANTHOSIDÉRITE (Min.). — Silicate ferrique hydraté :

$$(Fe^2)^2Si^3O^{24} + 2H^2O = 2Fe^2O^3, 9SiO^2 + 2H^2O.$$

Touffes de fibres cristallines très-fines, opaques ou faiblement translucides, d'un jaune brunâtre ou grisâtre plus ou moins clair. Attaquable par les acides. Au chalumeau fond difficilement en une scorie noire magnétique. Avec le borax donne les colorations du fer sans se dissoudre notablement.

ANTHOXANTHINE. — Matière colorante jaune des fleurs.

ANTHRACÈNE. — On connaît deux carbures de ce nom : ils jouissent de propriétés analogues

et d'une constitution très-rapprochée : on les a représentés par les formules $C^{13}H^{12}$ et $C^{14}H^{10}$.

1° $C^{15}H^{12}$. *Paranaphtaline* [Dumas et Laurent (1832), *Ann. de Chim. et de Phys.*, t. I, p. 187. — Laurent, *ibid.*, t. LX, p. 220; t. LXXII, p. 415. — Gerhardt, *Traité de Chimie*, t. III, p. 461]. — Lorsqu'on fractionne les produits de la distillation du goudron de houille, on obtient une matière huileuse qui, exposée à un froid de 10° au-dessus de zéro, dépose de la naphtaline et de la paranaphtaline en cristaux. On recueille le dépôt, on le comprime et on le traite par l'alcool qui dissout la naphtaline et le reste de l'huile et laisse l'anthracène presque inaltéré. On purifie ce dernier corps par deux ou trois distillations.

L'anthracène fond à 180° et bout au-dessus de 300°. Par la sublimation, elle cristallise en lamelles contournées qui n'ont pas de forme déterminable. Sa densité de vapeur déterminée à 450° $= 6,741$. Elle est insoluble dans l'eau et se dissout très-peu dans l'alcool. Son meilleur dissolvant est l'essence de térébenthine. L'analyse de l'anthracène a donné les résultats suivants :

	Dumas et Laurent.			Naphtaline.
C	92,04	92,34	92,70	93,74
H	5,96	5,82	6,87	6,26

Ces chiffres ont porté à considérer l'anthracène ou paranaphtaline comme un isomère de la naphtaline.

L'anthracène en poudre soumis à l'action du chlore donne un dérivé, le chloranthracénèse, qui répond à la formule $C^{15}H^{10}Cl^2$.

L'acide sulfurique concentré dissout à chaud l'anthracène en se colorant en vert sale. L'acide azotique concentré et bouillant convertit ce corps en un dérivé binitré (nitrite d'anthracénèse) $C^{15}H^{10}(AzO^2)^2$, ainsi qu'en deux autres corps décrits par Laurent et dont la composition n'est pas bien établie (trinitrite hydraté d'anthracénèse, nitrite d'anthracénèse).

Bouilli avec de l'acide azotique jusqu'à dissolution complète, l'anthracène se transforme en un corps oxygéné qui répond probablement à la formule $C^{15}H^9(AzO^2)O^2$ (nitrite hydraté d'anthracénèse).

A. N.

2° $C^{14}H^{10}$ [Fritzsche (1857), *Zeitschrift für Chem.*, t. III, p. 289; *Ann. der Chem. u. Pharm.*, t. CIX, p. 249; *Bull. de la Soc. chim.*, t. VIII (1867), p. 191. — Anderson, *Annal. der Chem. u. Pharm.*, t. CXXII, p. 301 (1861); *Chem. Soc.*, t. XV, p. 44. — Limpricht, *Zeitschrift für Chem.*, t. II, p. 280. — Berthelot, *Bull. de la Soc. chim.*, t. VII (1867), p. 223; t. VIII (1867), p. 231]. Ce carbure a été retiré par cristallisations successives des portions du goudron de houille qui passent après la naphtaline. Il cristallise en tables rhomboïdales ordinairement à 6 pans, d'un blanc éclatant, possédant une fluorescence violette, qui ne se manifeste pas lorsque, par suite d'une purification incomplète, elles ont une légère teinte jaune.

Il fond au-dessus de 200 (207 Fritzsche) et le thermomètre se maintient vers 210 (Berthelot) pendant qu'il cristallise. Il se volatilise lorsqu'on le maintient à l'état fondu et distille régulièrement, non sans une altération partielle, à une température voisine du point d'ébullition du mercure. Cette température est sensiblement plus haute que celle qui semble concorder avec la formule $C^{14}H^{10}$; mais il est possible que l'anthracène se polymérise sous l'influence de la chaleur et revienne à l'état primitif par la distillation : la lumière paraît l'altérer de la même façon, car ses solutions frappées par le soleil laissent déposer des cristaux presque insolubles dans tous les dissolvants, et différents de ceux d'anthracène (Fritzsche). Il est un peu soluble dans l'alcool, surtout à l'ébullition, et plus encore dans les huiles de houille bouillantes.

Il donne avec l'acide sulfurique une liqueur verdâtre, contenant un acide sulfoconjugué. L'acide nitrique l'attaque énergiquement avec formation de corps nitrés et oxydés, parmi lesquels M. Anderson a isolé à l'état d'aiguilles soyeuses l'oxanthracène, $C^{14}H^8O^2$. Un corps nitré dérivé de l'anthracène est employé par M. Fritzsche pour caractériser différents carbures; il donne avec l'anthracène lui-même des lamelles rhomboïdales d'un rose violacé, et d'autant plus bleu que le carbure est moins pur. L'acide picrique donne des aiguilles rouge rubis décomposables avec facilité par l'alcool (Berthelot).

Un courant ménagé de chlore transforme l'anthracène en bichlorure, $C^{14}H^{10}Cl^2$, corps cristallin soluble dans l'alcool et la benzine. La potasse alcoolique, en réagissant sur ce corps, donne le chloranthracène, $C^{14}H^9Cl$, qui cristallise en petites lamelles dans l'alcool, l'éther et la benzine. Le brome donne, avec l'anthracène à froid, des cristaux d'hexabromure, $C^{14}H^{10}Br^6$, peu solubles dans ces dissolvants (Anderson).

L'anthracène s'obtient en rectifiant le produit solide de la distillation du goudron de houille. On recueille depuis 340° jusqu'à une température un peu supérieure à celle de l'ébullition du mercure. On distille de nouveau en arrêtant l'opération à 350; ce qui reste dans la cornue est dissous dans l'huile de houille bouillante (portion passant de 120 à 150), on exprime les cristaux qui se déposent par le refroidissement de cette solution, et l'on répète l'opération quatre à cinq fois. On fait alors cristalliser dans l'alcool, et l'on achève la purification par sublimation ménagée dans une cornue ordinaire (Berthelot).

MM. Limpricht et Berthelot ont obtenu l'anthracène artificiellement, le premier en décomposant par l'eau le toluène chloré à 200°, le second en faisant passer le toluène dans un tube chauffé au rouge et dans une foule d'autres réactions pyrogénées (voyez Pyrogénées [réactions]). La formule rationnelle de l'anthracène paraît donc être $C^2(C^6H^3)^2$, analogue à C^2H^2; quant à la paranaphtaline (anthracène ancien), ce serait le premier homologue de l'anthracène actuel. G. S.

ANTHRACITE (Min.). — Charbon fossile laissant à la distillation de 85 à 95 % de carbone, abstraction faite des cendres. La couleur est d'un noir plus ou moins grisâtre; elle est fréquemment irisée. Son éclat est vif et souvent demi-métallique. Cassure conchoïdale. Se trouve dans les terrains dont le dépôt a précédé la période houillère et dans certains terrains métamorphiques.

Dureté, 2-2,5. Densité, 1,3-1,8.

Elle décrépite lorsqu'on la chauffe et brûle difficilement.

ANTHRACONITE (Min.). — Variété bitumineuse et fétide de calcaire.

ANTHRACOXÈNE (Min.). — Résine minérale d'un brun noir, rouge hyacinthe en écailles minces, partiellement soluble dans l'éther, beaucoup moins dans l'alcool.

Dureté, 2,5. Densité, 1,181.

ANTHRANILIQUE (ACIDE) [Syn. *Acide carbanilique*]

$$C^7H^7AzO^2 = (\overset{''}{C}O.OH)' \left.\begin{matrix} C^6H^5 \\ H \end{matrix}\right\} Az$$

[*Bull. de Saint-Pétersbourg*, t. VIII; *Ann. der Chem. u. Pharm.*, t. XXXIX, p. 83; Liebig, *Ann. der Chem. u. Pharm.*, t. XXXIX, p. 91]. — Obtenu par Fritzsche en traitant l'indigo par la potasse. Pour le préparer on fait bouillir l'indigo avec une solution concentrée de potasse en remplaçant l'eau au fur et à mesure de son évaporation. Avant la disparition totale de l'indigo, on ajoute un peu de peroxyde de manganèse. Quand l'action est terminée, ce dont on s'aperçoit lorsque la liqueur abandonnée à l'air ne laisse plus déposer d'indigo bleu, on étend d'eau, on acidifie par l'acide sulfurique, puis, après filtration, on sature par la potasse et on évapore à sec; on reprend par l'alcool qui abandonne par évaporation l'anthranilate impur; on le redissout dans l'eau et on précipite par l'acide acétique. L'acide précipité est purifié par le charbon animal et par de nouvelles cristallisations.

Chancel [*Compt. rend. de l'Acad.*, t. XXX, p. 751] a obtenu un acide, qu'il appelle carbanilique et qu'il considère comme identique avec l'acide anthranilique, par l'action de la chaux potassée sur l'amido-benzamide,

$$\left.\begin{matrix} C^7H^4.AzH^2.O \\ H^2 \end{matrix}\right\} Az,$$

regardée à tort par lui et Gerhardt comme la phénylurée,

$$\left.\begin{matrix} CO'' \\ C^6H^5 \\ H^3 \end{matrix}\right\} Az^2.$$

L'acide de Chancel est probablement l'acide benzamique.

Propriétés. — C'est un corps solide, cristallisé en gros prismes brillants, peu soluble dans l'eau froide, très-soluble dans l'eau chaude, l'alcool et l'éther. Il fond à 132°, se sublime inaltéré; mélangé à du verre et distillé, il dégage de l'acide carbonique et de l'aniline. Il se charbonne lorsqu'on le chauffe avec l'acide phosphorique anhydre. Traité par l'acide sulfurique, il dégage instantanément de l'acide carbonique et donne probablement naissance à de l'acide sulfanilique [Gerland, *Ann. der Chem. u. Pharm.*, nouv. sér., t. X, p. 143, et *Ann. de Chim. et de Phys.*, (3), t. XXXIX, p. 112]. Sous l'influence de l'acide azoteux, une solution aqueuse étendue et chaude d'acide anthranilique donne naissance à de l'azote et à de l'acide salicylique :

$$2\left[(C^7H^4O''\left\{\begin{matrix} OH \\ AzH^2 \end{matrix}\right.\right] + Az^2O^3$$
$$= 2(C^7H^4O)''.(OH)^2 + 4Az + H^2O.$$

Mais quand, au lieu d'une solution aqueuse, on prend une solution alcoolique d'acide anthranilique, on obtient un corps nouveau qui cristallise facilement par l'évaporation de l'alcool, et auquel Griess donne pour composition :

$$C^{14}H^9Az^5O^7.$$

Légèrement chauffé avec de l'eau, il donne lieu à un dégagement tumultueux d'azote avec formation d'acide salicylique et d'acide nitrique. Le corps de Griess peut être considéré comme renfermant :

$$\left.\begin{matrix} C^7H^4Az^2O^3 \\ C^7H^4Az^2O^2 \end{matrix}\right\} AzHO^3.$$

Le remplacement de Az^2 par H^2O dans chacun des groupes $C^7H^4Az^2O^2$ donne naissance à de l'acide salicylique en même temps que l'acide nitrique est mis en liberté [Griess, *Proceedings of the royal Soc.*, t. X, p. 591, et *Répert. de Chim. pure*, 1861, p. 271].

L'acide anthranilique forme avec certains acides des combinaisons cristallisables : la combinaison chlorhydrique s'obtient par le refroidissement d'une dissolution d'acide anthranilique dans l'acide chlorhydrique chaud : elle a pour composition $C^7H^7AzO^2.HCl$; traitant ce corps par le nitrate, le sulfate ou l'oxalate d'argent, on obtient les composés

$$C^7H^7AzO^2.AzO^3H,$$
$$2\,C^7H^7AzO^2.SO^4H^2,$$
$$2\,C^7H^7AzO^2.C^2O^4H^3.$$

[Kubel, *Ann. der Chem. u. Pharm.*, nouv. sér., t. XXVI, p. 236, et *Ann. de Chim. et de Phys.*, t. LIII, p. 365.]

Les anthranilates métalliques sont peu connus. Le sel de calcium est peu soluble dans l'eau froide, plus soluble dans l'eau chaude. Il forme des cristaux rhomboédriques. — Sel d'argent : lames brillantes, que l'on prépare par double décomposition ; les sels de cuivre, plomb, zinc sont insolubles.

Les éthers anthraniliques de Chancel sont probablement identiques avec les éthers benzamiques. — Voyez t. I, p. 560.

Constitution de l'acide anthranilique.—Elle ne nous paraît pas définitivement établie ; cet acide dérive, en effet, de l'indigo dont la constitution elle-même nous est inconnue ; de plus, par dédoublement, il donne de l'acide carbonique et de l'aniline comme tous ses isomères : on ne peut donc rien en conclure. Néanmoins, comme cette décomposition est très-nette et s'opère sous la seule influence de la chaleur, il est possible que l'acide anthranilique soit représenté par la composition suivante :

$$\left. \begin{array}{c} C^6 H^5 \\ (CO.OH)' \\ H \end{array} \right\} Az,$$

qui en ferait l'acide carbanilique ou phényl-carbamique : c'est ainsi que Gerhardt l'a envisagé.

Il est isomérique avec l'acide benzamique, l'acide salicylamique, l'acide amidodracylique et, de plus, avec l'acide de Chancel (voyez plus haut). Il se pourrait qu'il y eût identité entre quelques-uns de ces acides. L'acide de Chancel n'est, en effet, selon Gerland, que de l'acide benzamique. Son mode de préparation et sa décomposition sous l'influence de la potasse, en ammoniaque, vapeurs empyreumatiques et *traces d'aniline*, rendent cette opinion vraisemblable ; ces deux acides présenteraient donc la composition

$$\left. \begin{array}{c} [C^6 H^4.(CO.OH)]' \\ H^2 \end{array} \right\} Az.$$

Selon Wilbrand et Beilstein [*Ann. der Chem. u. Pharm.*, nouv. sér., t. LII, p. 257, et *Bull. de la Soc. chim.*, 1861, t. I, p. 191], l'acide amidodracylique serait également identique avec l'acide de Chancel (voyez ces différents acides). Ch. L.

ANTHROPINE. — Ce n'est autre chose qu'un mélange de stéarine et de palmitine (nous ne disons plus de margarine, puisque M. Heintz a fait voir que la margarine est elle-même un mélange de palmitine et de stéarine) retiré par M. Heintz de la graisse humaine. Au premier abord ce chimiste avait pris ce mélange pour un corps gras particulier, renfermant un acide nouveau, l'acide anthropique. Il avait même donné à ce dernier acide la formule $C^{17} H^{32} O^3$; mais de nouvelles recherches ont démontré que l'anthropine n'avait pas les caractères d'un principe immédiat distinct [*Pogg. Ann.*, t. LXXXIV, p. 238, et t. LXXXVII, p. 233].

ANTHROPIQUE (ACIDE).—Heintz, en faisant des recherches sur la graisse humaine, crut y rencontrer un acide particulier qu'il nomma *anthropique*, auquel il attribua la formule $C^{17} H^{32} O^2$ et qu'il crut être contenu dans la graisse à l'état de combinaison glycérique (anthropine) ; mais de nouvelles recherches ont montré que l'ac. de anthropique n'existe pas et n'est qu'un simple mélange d'acides stéarique et palmitique [Heintz, *Poggend. Ann.*, t. LXXXIV, p. 238 ; t. LXXXVII, p. 233].

ANTIAR (RÉSINE). — Substance résineuse blanche, friable et à cassure vitreuse, fusible à 60° et se ramollissant entre les doigts ; avant de se solidifier, par refroidissement, elle passe par l'état pâteux et se laisse étirer en fils. Après fusion et refroidissement, elle est incolore, vitreuse et transparente. Insoluble dans l'eau, soluble dans 325 p. d'alcool froid et 44 p. d'alcool bouillant, soluble dans 1,5 p. d'éther à 20°, soluble dans les huiles essentielles.

La résine antiar se dissout en jaune dans l'acide sulfurique concentré et froid ; sous l'influence de la chaleur, la masse noircit. La potasse caustique ne l'attaque que fort peu ; à chaud et avec une lessive faible, on n'obtient qu'une émulsion. La solution alcoolique ne précipite pas par l'acétate de plomb et ne rougit pas le tournesol.

Ce corps a été extrait pour la première fois par Pelletier et Caventou [*Ann. de Chim. et de Phys.*, (2), t. XXVI, p. 57] de l'*upas antiar*, suc desséché de l'*Upas tieuté* ou *Antiaris toxicaria*, dont les sauvages de l'archipel Indien se servent pour empoisonner leurs flèches. Il fut étudié par Mulder [*Poggend. Ann.*, t. XLIV, p. 410]. On le prépare en épuisant l'upas par l'alcool bouillant. La résine se sépare par refroidissement sous forme de flocons mélangés à de la cire. Le dépôt est chauffé avec de l'eau ; la plus grande partie de la matière cireuse vient nager à la surface du liquide ; ce qui reste au fond est repris une seconde fois par l'alcool bouillant, d'où la résine se précipite en flocons blancs. On peut en extraire 20 °/₀ du poids de l'upas, dont elle ne possède pas les propriétés toxiques.

Mulder représente la composition de la résine antiar par la formule $C^8 H^{12} O^4$ qui manque de contrôle. P. S.

ANTIARINE. — Elle accompagne la résine dans l'*upas antiar*, dans la proportion de 3,5 °/₀ et constitue le principe actif et vénéneux de cette préparation. Convenablement purifiée, l'antiarine se présente sous forme de beaux feuillets cristallins, blanc d'argent et très-éclatants, plus denses que l'eau, inodores, inaltérables à l'air. Elle se dissout dans 254 p. d'eau à 22°5 et 27,4 p. d'eau bouillante, dans 70 p. d'alcool et 2792 p. d'éther froid ; elle est soluble dans les acides et les alcalis étendus ; les acides chlorhydrique et nitrique concentrés la dissolvent sans altération ; l'acide sulfurique concentré la décompose à froid. Elle fond à 220° et se décompose sans se sublimer à 240°. L'antiarine ne se combine ni aux acides ni aux alcalis ; ses solutions sont entièrement neutres. Mulder représente sa composition par la formule $C^{14} H^{20} O^8 + 2 H^2O$. L'eau de cristallisation est éliminable à 112°. On prépare l'antiarine isolée en premier lieu par Pelletier et Caventou et étudiée par Mulder (voyez ANTIAR), en évaporant à sec la solution alcoolique d'upas, d'où s'est déposée la résine, et en épuisant le résidu par l'eau bouillante. Le liquide concentré fournit des cristaux que l'on purifie par de nouvelles solutions.

Il suffit de 2 milligrammes de ce corps portés dans une plaie pour provoquer la mort. L'upas qui n'en renferme que 3,5 °/₀ semble presque aussi actif ; on peut expliquer ce fait par la présence de matières sucrées qui augmentent la solubilité et la facilité d'absorption de l'antiarine. P. S.

ANTICHLORE. — Par antichlore, on désigne toute substance capable d'éliminer le chlore ou l'acide hypochloreux libres, restés en excès après les opérations du blanchiment des tissus et plus particulièrement de la pâte à papier. Ces corps agissent généralement en faisant passer le chlore dans une combinaison inoffensive. Tels sont les sulfites et hyposulfites alcalins, le sulfure de calcium, le protochlorure d'étain, le gaz de l'éclairage. (Pour la préparation économique et industrielle de ces corps, voir les articles SULFITE DE SOUDE, HYPOSULFITE DE SOUDE, SULFURE DE CALCIUM.) Quant au phénomène chimique, il est très-simple ; le chlore transforme le sulfite en sulfate, en se convertissant lui-même en acide chlorhydrique qui devra être enlevé par lavage ou par saturation. Il est facile de s'assurer que la déchloruration est complète, en ajoutant de l'empois ioduré qui ne doit pas bleuir.

ANTIÉDRITE. — Voyez ÉDINGTONITE.

ANTIGORITE. — Voyez SERPENTINE.

ANTIMOINE, Sb (*Stibium*) = 122. — Ce métal a été décrit pour la première fois par Basile Valentin, vers le milieu du xve siècle, mais on connaissait depuis longtemps ses minerais et quelques-uns de ses composés. Il est peu de corps qui aient donné lieu à autant d'investigations de la part des alchimistes et qui aient trouvé autant d'applications dans la médecine. Son emploi avait même donné lieu à tant d'abus qu'en 1566 le parlement, sur une décision de la Faculté de Paris, crut devoir en proscrire sévèrement l'usage; ce n'est que cent ans plus tard qu'un nouvel arrêté mit fin à cette interdiction.

Propriétés. — C'est un métal d'un blanc bleuâtre, brillant; sa texture est lamelleuse ou à grains cristallins; quand elle est lamelleuse, ce qui n'arrive guère que lorsque l'antimoine est impur, il se clive avec facilité. Le clivage le plus net correspond à la base du rhomboèdre (voyez ANTIMOINE [Min.]). La surface de l'antimoine fondu présente généralement l'aspect de feuilles de fougère. Cette texture cristalline qu'affecte l'antimoine le rend très-cassant et facile à pulvériser. L'antimoine fond à 450°; à la chaleur blanche, il peut être distillé dans un courant d'hydrogène.

Densité, 6,702 à 6,86.

Dilatation totale entre 0° et 100°, 0,0033 (H. Kopp). Conductibilité par la chaleur, 21,5; celle de l'argent étant 100. Conductibilité électrique, 4,29; à 19°, celle de l'argent étant 100 à 0°. Chaleur spécifique, 0,0507. Le poids atomique déduit de cette chaleur spécifique est égal à 122 et non à 61, chiffre admis par beaucoup de chimistes (Dumas a trouvé exactement 122; Schneider admet 120,3 et Dexter, 122,34).

Le spectre de l'étincelle électrique, éclatant entre des pôles d'antimoine, est sillonné par une multitude de raies très-brillantes, beaucoup plus nombreuses que dans les spectres des autres métaux; les raies les plus brillantes sont dans l'orangé, dans le vert et dans le violet [Masson, *Ann. de Chim. et de Phys.*, (3), t. XXXI, p. 203].

L'antimoine se conserve intact dans l'air, dans l'eau et dans les dissolutions alcalines. Projeté dans l'air à l'état fondu, il brûle avec un grand éclat et en répandant d'abondantes vapeurs blanches d'oxyde d'antimoine.

L'antimoine est attaqué par le chlore, le brome et l'iode. De l'antimoine pulvérisé projeté dans une atmosphère de chlore y brûle avec production de fumées blanches de chlorure d'antimoine.

L'acide azotique attaque l'antimoine en le transformant en antimoniate d'antimoine ou en acide antimonique à l'état d'une poudre blanche insoluble. L'acide sulfurique concentré transforme à chaud l'antimoine en sulfate d'antimoine, en dégageant de l'acide sulfureux. L'acide chlorhydrique est presque sans action sur l'antimoine; il peut le dissoudre néanmoins s'il est très-divisé. L'eau régale le dissout avec une grande facilité et le transforme en protochlorure $SbCl^3$ ou en perchlorure $SbCl^5$. Les alcalis n'attaquent pas l'antimoine, mais celui-ci peut se dissoudre dans les polysulfures alcalins en donnant des sulfantimoniates.

Dans l'électrolyse des solutions étendues d'antimoine, ce métal se dépose au pôle négatif de la pile, en affectant l'état cristallin; il est alors gris, dur et d'une densité égale à 6,6 environ. Dans certaines circonstances, les solutions concentrées d'antimoine, soumises à l'électrolyse, fournissent de l'antimoine amorphe, d'un gris d'acier foncé et d'une densité variant de 5,74 à 5,83. Cet antimoine amorphe s'obtient facilement par l'électrolyse d'une dissolution de 1 p. d'émétique dans 4 p. de protochlorure d'antimoine; mais on peut aussi employer d'autres solutions d'antimoine; l'intensité du courant peut varier dans d'assez grandes limites, mais il vaut mieux qu'il soit faible. L'antimoine amorphe séparé par l'électrolyse du bromure d'antimoine a une densité égale à 5,44, et la densité de celui obtenu à l'aide de l'iodure est égale à 5,25. La propriété saillante de l'antimoine amorphe est d'être explosible; lorsqu'on le soumet à la percussion, il éprouve un changement moléculaire violent, accompagné d'une grande élévation de température; la même chose a lieu lorsqu'on chauffe l'antimoine amorphe. L'antimoine ainsi transformé se rapproche par son aspect de l'antimoine cristallin. La chaleur spécifique de l'antimoine amorphe est égale à 0,0631, tandis qu'après avoir éprouvé la transformation moléculaire, elle n'est plus que 0,0543. Pendant que la transformation a lieu, on remarque qu'il se produit toujours des fumées de chlorure d'antimoine (si c'est le chlorure qui a servi à obtenir l'antimoine amorphe); cela tient à ce que l'antimoine amorphe tient toujours emprisonnée une quantité de chlorure, bromure ou iodure d'antimoine, suivant son mode de préparation, variant de 6 à 22 % de son poids; cette quantité est peut-être combinée à l'antimoine d'une manière instable et lui communique ainsi une partie de ses propriétés [Gore, *Chem. Soc. quart. Journ.*, (2), t. I, p. 365].

État naturel. — L'antimoine se trouve quelquefois à l'état natif, quelquefois combiné à d'autres métaux, par exemple à l'argent (voyez DISCRASE). On le rencontre à l'état d'oxyde Sb^2O^3; il constitue alors la *valentinite* qui se présente en cristaux prismatiques. Ce minéral, autrefois assez rare, est maintenant exploité en Algérie, dans les mines de Sensa, province de Constantine; c'est un minerai très-riche, très-pur et facile à traiter; ces cristaux prismatiques sont souvent accompagnés de la variété octaédrique de l'oxyde d'antimoine; l'antimoine oxydé naturel est donc dimorphe comme celui obtenu artificiellement [de Sénarmont, *Ann. de Chim. et de Phys.*, t. XXXI, p. 504]. On rencontre encore dans la nature un autre oxyde d'antimoine, connu sous le nom de *cervantite* et qui est l'oxyde Sb^2O^4. Le minerai d'antimoine le plus abondant est le sulfure Sb^2S^3, ou *stibine*, *antimoine sulfuré*, qui se rencontre en filons dans les terrains anciens; on l'exploite en Angleterre, en Saxe, en Suède, au Harz, au Mexique, en Sibérie, à Bornéo, etc., et en France, dans le Puy-de-Dôme, l'Ariége, le Gard et la Vendée.

Purification. — L'antimoine du commerce n'est jamais pur; il renferme, indépendamment du fer, du plomb, du soufre, de l'arsenic, etc. La purification de l'antimoine doit avoir surtout pour but de le débarrasser de l'arsenic, surtout pour les usages médicaux.

Le procédé suivant, dû à Liebig, est le plus souvent employé pour la purification de l'antimoine. On mélange l'antimoine pulvérisé avec 1/8 de son poids de carbonate de sodium et 1/16 de sulfure d'antimoine et on chauffe ce mélange dans un creuset de Hesse; le culot métallique ainsi obtenu est de nouveau soumis à la fusion avec du carbonate de sodium seul, pendant deux heures, et enfin une troisième fois, en ajoutant au carbonate de sodium une petite quantité d'azotate de potassium. Dans cette série d'opérations, le sulfure d'antimoine transforme les métaux étrangers, sauf le plomb, en sulfures qui restent dissous dans les scories, l'arsenic passant en partie à l'état de sulfarséniate de sodium, en partie à l'état d'arséniate; enfin, l'addition du salpêtre dans la dernière opération a pour but d'oxyder les dernières traces d'arsenic à l'état d'arséniate de sodium.

On fond quelquefois l'antimoine du commerce avec 1 1/4 fois son poids de salpêtre et 1/2 de carbonate de sodium sec; on reprend la masse fondue et pulvérisée par de l'eau chaude et on traite le résidu, composé d'antimoniate de sodium parfaitement lavé, par du tartre, dans un creuset de Hesse; l'antimoine ainsi obtenu contient toujours du potassium dont on le débarrasse en le pulvérisant et en le traitant par l'eau jusqu'à ce que celle-ci ne devienne plus alcaline (Wœhler).

On obtient de l'antimoine très-pur en fondant de la poudre d'Algaroth (oxychlorure d'antimoine) avec du flux noir, ou un mélange de carbonate de sodium et de charbon. Le métal ainsi obtenu doit de nouveau être fondu avec du carbonate de sodium additionné d'une petite quantité de salpêtre.

On arrive aussi à un bon résultat en fondant avec du sucre (1 p. pour 8 d'antimoine) l'acide antimonique, obtenu en traitant l'antimoine du commerce par l'acide azotique (Lefort).

Usages. — L'antimoine est employé dans les arts pour composer les caractères d'imprimerie, dans lesquels il entre pour 1/5 environ combiné à 4/5 de plomb. On le fait encore entrer dans quelques autres alliages complexes connus sous le nom de métal de la reine, métal d'Alger, etc., et servant à faire divers ustensiles de ménage; mais là se borne l'usage de l'antimoine métallique. Quant à ses combinaisons, un grand nombre d'entre elles trouvent un usage fréquent dans la médecine et l'art vétérinaire; les composés les plus importants, sous ce rapport, sont le kermès, mélange assez mal défini de sulfure d'antimoine et d'oxysulfure, et l'émétique ou tartrate double d'antimoine et de potasse. Ces médicaments stibiés sont particulièrement prescrits comme vomitifs, vermifuges et sudorifiques. Le protochlorure d'antimoine est employé comme caustique.

On a cherché, dans ces dernières années, à introduire dans les arts certains composés d'antimoine, comme application à la peinture et à l'impression des papiers peints; nous voulons parler de l'oxyde d'antimoine qui a été recommandé pour remplacer le blanc de plomb, notamment par Stenhouse et Hallette, en Angleterre, depuis que l'on expédie dans ce pays de grandes quantités d'oxyde naturel exploité à Bornéo. Ce blanc d'antimoine couvre presque aussi bien que le blanc de plomb et a sur lui le grand avantage de la salubrité, sans parler de son inaltérabilité relative vis-à-vis des émanations sulfhydriques et autres. Ce qui empêche cette application de se répandre, c'est, outre la routine, le prix relativement minime du blanc de zinc et du sulfate de baryum qui servent également à remplacer le blanc de plomb.

Enfin, on a cherché récemment à propager l'usage, dans l'art des papiers peints, du vermillon ou cinabre d'antimoine; cette couleur, qui est un oxysulfure d'antimoine, est douée d'un assez grand éclat et est tout à fait inaltérable à l'air et à la lumière (voyez SULFURES D'ANTIMOINE).

ALLIAGES D'ANTIMOINE. — L'antimoine se combine avec la plupart des métaux; l'alliage qui trouve le plus d'usage dans les arts est celui qu'il forme avec le plomb auquel il donne de la dureté; cet alliage constitue le métal qui sert à faire les caractères d'impression. La quantité d'antimoine de cet alliage ne doit guère dépasser 18 à 20 %. On connaît des alliages cristallisés de plomb et d'antimoine. — Voyez PLOMB (ALLIAGES DU).

L'antimoine entre dans la composition de quelques alliages complexes employés pour des us-

tensiles de ménage et connus sous le nom de *métal de la Reine, métal d'Alger,* etc. Ces alliages renferment de l'étain, du plomb, du bismuth; ils sont très-brillants, mais se ternissent rapidement.

Antimoine et zinc. — On connaît deux alliages de ces métaux, en proportions définies, Sb^2Zn^3 et $SbZn$; ils cristallisent l'un et l'autre. Le premier Sb^2Zn^3 s'obtient en fondant ensemble 42,8 p. de zinc et 57,2 p. d'antimoine; il cristallise en prismes rhomboïdaux d'un blanc d'argent qu'on observe très-bien en décantant l'alliage fondu avant qu'il ne soit solidifié dans toute sa masse. Un excès de 10 ou 12 % de zinc ne modifie pas la forme de l'alliage, tandis qu'un très-léger excès d'antimoine en change tout à fait le caractère cristallographique, et on obtient alors des lamelles minces qui sont des cristaux imparfaits de $SbZn$. Ce dernier alliage renferme 33,5 % de zinc, et pour l'obtenir en beaux cristaux il faut faire fondre un alliage renfermant au plus 31 % de zinc. Il cristallise en cristaux rhomboïdaux tabulaires.

Le caractère chimique saillant de ces deux alliages est de décomposer l'eau à 100°.

Antimoine et fer. — Cet alliage, connu sous le nom d'*alliage de Réaumur,* est très-dur; il fait feu au briquet. Il fond à la chaleur blanche. On l'obtient en fondant dans un creuset brasqué un mélange de 70 p. d'antimoine et de 30 p. de fer recouvert de charbon. Une plus forte proportion de fer augmente encore sa dureté.

Antimoine et étain. — Voyez ÉTAIN.

Antimoine et potassium. — On obtient cet alliage en calcinant pendant deux ou trois heures au rouge un mélange de 6 p. d'émétique, ou tartrate de potassium et d'antimoine, et de 1 p. d'azotate de potassium ou encore parties égales d'antimoine métallique et de crème de tartre; on trouve au fond du creuset une masse métallique lamelleuse très-dense, d'un gris bleuâtre, cassante (Serullas). Lœwig et Schweitzer prescrivent de chauffer lentement, dans un creuset couvert, un mélange de 5 p. de crème de tartre et de 4 p. d'antimoine, jusqu'à carbonisation du tartre, puis d'élever la température du creuset au rouge blanc pendant une heure. Le refroidissement doit se faire très-lentement; à cet effet, on bouche toutes les ouvertures du fourneau. On obtient ainsi un alliage cristallisé, doué de l'éclat métallique et renfermant 12 % de potassium. Cet alliage se prête très-bien à la préparation des radicaux organo-antimoniés ou stibines [*Ann. der Chem. u. Pharm.,* t. LXXV, p. 315].

Les alliages d'antimoine et de potassium décomposent l'eau avec énergie, et lorsque, au lieu d'être compactes et métalliques, ils sont très-divisés, ils ont pour l'eau une grande avidité. Ils s'enflamment à l'air humide et ils détonent lorsqu'on les met en contact avec une petite quantité d'eau. On les obtient à cet état en calcinant des mélanges intimes de 100 p. d'émétique et de 3 p. de noir de fumée, ou de 100 p. d'antimoine, 75 p. de crème de tartre et 12 p. de noir de fumée.

HYDROGÈNE ANTIMONIÉ (hydrogène stibié, hydrure d'antimoine, stibamine), $H^3Sb = 125$. — Ce composé est gazeux et n'a point encore été obtenu à l'état de pureté; il est toujours mélangé d'une forte proportion d'hydrogène libre et s'obtient en décomposant par l'acide chlorhydrique un alliage de 1 p. d'antimoine et de 2 p. de zinc; il se produit toujours lorsqu'il se trouve une combinaison antimoniée, soluble dans les acides, en présence d'hydrogène naissant. Dans ce cas, une partie de l'antimoine se sépare à l'état métallique, tandis qu'une autre portion s'unit à l'hydrogène. D'après Schiel, la meilleure manière d'obtenir l'hydrogène antimonié consiste à décomposer l'antimoniure de potassium par l'acide chlorhydrique. Suivant Marchand, on obtient de l'hydrogène antimonié spontanément inflammable en décomposant par la pile une solution de sel ammoniac dans laquelle plonge, au pôle négatif, une électrode d'antimoine [*Journ. für prakt. Chem.*, t. XXIV, p. 381], mais cette assertion est combattue par les expériences de M. Boettger qui n'a, dans ces circonstances, obtenu au pôle négatif que de l'hydrogène et de l'ammoniaque, tandis que du chlorure d'azote se formait au pôle positif.

L'hydrogène antimonié est un gaz incolore, inodore s'il est exempt d'hydrogène arsénié, insoluble dans l'eau. Chauffé au-dessous du rouge, il se décompose en antimoine qui se dépose et en hydrogène qui se dégage. Il brûle à l'air avec une flamme bleuâtre très-éclairante en émettant des vapeurs blanches d'oxyde d'antimoine. Si l'on empêche la combustion de se faire complétement, soit en l'opérant dans une éprouvette, soit en écrasant la flamme avec un corps froid, il se dépose de l'antimoine métallique noir qui se distingue des dépôts d'arsenic produits dans les mêmes circonstances par différents caractères dont le principal est la fixité, lorsque ce dépôt est à l'état d'anneau métallique dans un tube de verre (voir ANTIMOINE, RECHERCHE DANS LES CAS D'EMPOISONNEMENT). L'hydrogène antimonié est insoluble dans les lessives alcalines; dirigé à travers une solution d'azotate d'argent, il y produit un dépôt d'antimoniure d'argent, tandis que l'hydrogène arsénié, dans les mêmes circonstances, donne de l'argent libre.

L'hydrogène antimonié Sb H³ peut être envisagé comme le type auquel se rapportent un grand nombre des combinaisons de l'antimoine, de même que l'ammoniaque est le type d'une partie des combinaisons de l'azote. Ainsi, les antimoniures d'argent Sb Ag³, Sb² Zu³, appartiennent à ce type, ainsi que les composés halogènes de l'antimoine Sb Cl³, Sb I³, Sb Br³, et les dérivés alcooliques, triméthyle-, triéthyle-, triamyle-stibine,

$$(C\,H^3)^3Sb, \quad (C^2H^5)^3Sb, \quad (C^5H^{11})^3Sb.$$

Wiederhold a décrit un hydrogène antimonié solide qu'il obtient en traitant par l'acide chlorhydrique étendu un alliage de 1 p. d'antimoine et de 5 p. de zinc; il se forme ainsi une poudre noire ayant l'aspect du graphite et qui, débarrassée de l'oxyde d'antimoine par un lavage à l'acide tartrique, donne, lorsqu'on la chauffe à 200°, un dégagement d'hydrogène [*Poggend. Ann.*, t. CXXII, p. 487]. Ruhland avait déjà précédemment obtenu un hydrure solide, en flocons bruns, par l'électrolyse d'acide sulfurique étendu dans lequel plongeait, au pôle négatif, un barreau d'antimoine.

OXYDES D'ANTIMOINE.

L'antimoine forme avec l'oxygène trois combinaisons qui sont :

Protoxyde d'antimoine.... Sb²O³;
Antimoniate d'antimoine.. Sb²O⁴;
Anhydride antimonique... Sb²O⁵.

Différents auteurs ont encore admis un autre terme d'oxydation de l'antimoine, le *sous-oxyde* Sb³O², qui, suivant Berzelius, se forme à la surface de l'antimoine exposé à l'air humide. Marchand le prépare en décomposant par la pile une solution concentrée d'émétique; le sous-oxyde se dépose en poudre noire au pôle positif. L'acide chlorhydrique l'attaque en donnant du protochlorure Sb Cl³ et de l'antimoine métallique; la chaleur le décompose en antimoine et protoxyde d'antimoine. L'existence de cet oxyde n'est pas certaine.

PROTOXYDE D'ANTIMOINE, Sb²O³ = 292 (oxyde ou anhydride antimonieux, fleurs argentines d'antimoine). — Cet oxyde se trouve dans la nature en Bohême, dans la province de Constantine, à Bornéo, sous deux formes distinctes : en prismes orthorhombiques et en octaèdres réguliers ; dans le premier cas, il porte le nom de *valentinite;* dans le second, celui de *sénarmontite.* Ce dimorphisme a d'abord été observé par Wœhler sur l'oxyde obtenu par la calcination de l'antimoine à l'air. L'anhydride arsénieux présente le même dimorphisme; ces deux corps sont donc isodimorphes; seulement, tandis que pour l'oxyde d'antimoine la forme la plus stable et la plus fréquente est la forme prismatique, pour l'acide arsénieux, c'est la forme octaédrique.

L'oxyde d'antimoine correspond à l'anhydride azoteux; sa composition peut être représentée par 2 (SbO)'.O, et celle de son hydrate par SbO.OH; il se produit dans la combustion de l'antimoine à l'air. On le prépare généralement par la calcination de l'antimoine au rouge dans un creuset de Hesse, surmonté d'un autre creuset percé d'un trou pour donner accès à l'air; 'dans ce cas, l'antimoine métallique se recouvre d'un sublimé cristallin formé d'aiguilles prismatiques connues sous le nom de *fleurs argentines d'antimoine;* ces aiguilles sont généralement accompagnées de petits octaèdres. On obtient facilement l'oxyde d'antimoine sous ces deux formes en chauffant de l'antimoine dans un tube en porcelaine traversé par un courant d'air très-lent; l'oxyde octaédrique occupe les parties les plus froides du tube et l'oxyde prismatique se trouve principalement dans les parties avoisinant le métal. Lorsqu'on soumet l'oxyde octaédrique à une nouvelle sublimation, il se transforme totalement en oxyde prismatique. Si dans cette préparation le courant d'air est rapide, on n'obtient que l'oxyde prismatique [Terreil, *Bull. de la Soc. chim.*, nouv. sér., t. V, t. 84]. L'oxyde d'antimoine de la province de Constantine a dû se produire dans des circonstances analogues à celles qui accompagnent cette opération, car on y observe les deux formes nettement séparées l'une de l'autre dans des veines distantes d'environ 6 kilomètres.

Lorsqu'on verse peu à peu dans une solution bouillante de carbonate de sodium maintenu en excès une solution chlorhydrique de protochlorure d'antimoine Sb Cl³, il se dépose une poudre cristalline qui est de l'oxyde prismatique. On obtient au contraire de l'oxyde octaédrique en ajoutant de l'eau bouillante à du protochlorure d'antimoine acide jusqu'à ce que le précipité cesse de se redissoudre et en laissant refroidir lentement. Lorsque ces précipitations ont lieu à froid, on obtient de l'hydrate antimonieux.

L'oxyde d'antimoine se produit encore dans la décomposition de la vapeur d'eau par l'antimoine chauffé au rouge; dans le grillage du sulfure d'antimoine, dans l'attaque de l'antimoine par l'acide azotique; seulement, dans ces deux derniers cas, il est mélangé d'oxyde Sb²O⁴.

La densité des cristaux prismatiques est égale à 3,72, tandis que celle des cristaux octaédriques est égale à 5,11. Terreil a trouvé les mêmes densités pour les cristaux naturels : 3,70 pour l'exitèle d'Algérie, et 5 pour la sénarmontite.

On remarque quelques différences dans les propriétés chimiques des deux variétés d'oxyde d'antimoine : tandis que les cristaux prismatiques sont immédiatement colorés en brun par le sulfure d'ammonium, l'oxyde octaédrique reste parfaitement brillant et n'est coloré que s'il a été préalablement pulvérisé. L'oxyde prismatique se dissout plus facilement dans les acides et dans les alcalis que l'oxyde octaédrique (Terreil).

L'oxyde d'antimoine soumis à l'action de la chaleur devient momentanément jaune. Il fond à la température rouge et peut être sublimé en prismes. Chauffé au rouge, au contact de l'air, il se transforme en antimoniate d'antimoine Sb^2O^4 en brûlant comme de l'amadou. Chauffé dans un courant d'hydrogène, il est réduit à l'état métallique; la même réduction se fait facilement par sa fusion avec du flux noir ou avec du cyanure de potassium. Il est à peu près insoluble dans l'eau ; l'acide chlorhydrique le dissout facilement. Il est insoluble dans l'acide azotique, mais soluble dans l'acide sulfurique fumant, d'où il se dépose à l'état de sulfate d'antimoine cristallisé en écailles brillantes. Son meilleur dissolvant est l'acide tartrique ou le tartrate acide de potassium, avec lequel il forme de l'*émétique*.

L'oxyde d'antimoine se dissout dans le chlorure d'antimoine bouillant en donnant par le refroidissement une masse cristalline gris-perle ayant pour composition $(SbO)Cl$, $7 SbCl^3$ et se décomposant par l'alcool en donnant un autre oxychlorure $2 (SbO)Cl + Sb^2O^3$ [R. Schneider, *Poggend. Ann.*, t. CVIII, p. 407].

Traité par le chlore, l'oxyde d'antimoine donne du protochlorure ou du perchlorure d'antimoine et de l'antimoniate d'antimoine Sb^2O^4 (R. Weber).

Les alcalis bouillants transforment peu à peu l'oxyde d'antimoine en acide antimonique.

Hydrates antimonieux. — On ne connaît pas l'hydrate normal H^3SbO^3; le monohydrate ou *métahydrate*

$$HSbO^2 = (SbO)', OH \text{ ou } {Sb''' \atop H} \Big\} O^2$$

s'obtient en ajoutant du chlorure d'antimoine

$$Sb\,Cl^3$$

à une solution froide de carbonate de sodium. A l'ébullition, il se transforme en anhydride. Il se dissout dans les alcalis en donnant des antimonites peu stables se décomposant par l'ébullition ou par l'évaporation en donnant naissance à de l'anhydride prismatique (Capitaine).

L'hydrate antimonieux présente plutôt les caractères d'une base que ceux d'un acide, néanmoins, il peut former des antimonites.

Dans la préparation du kermès, les liqueurs alcalines laissent déposer des cristaux que l'on a pris longtemps pour l'oxyde d'antimoine octaédrique. D'après Terreil [*loc. cit.*], ces cristaux ne sont pas des octaèdres réguliers, car ils dépolarisent la lumière polarisée, mais des octaèdres dérivant d'un prisme à base carrée. Il sont constitués par un antimonite de sodium neutre

$$SbO^2Na + 3 H^2O$$

correspondant à l'hydrate $HSbO^2$, et quelquefois par un antimonite acide

$$Sb^3O^6, NaH^2 = {3 (SbO)' \atop NaH^2} \Big\} O^3;$$

en équivalents :

Hydrate...... $SbO^3, HO,$
Antimonites.. $NaO, SbO^3, 6 HO,$
Et.......... $NaO, SbO^3, 2 HO.$

L'antimonite neutre est peu soluble dans l'eau, surtout à froid; sa solution précipite l'azotate d'argent en blanc; elle ne précipite le chlorure de baryum que si l'on ajoute de l'ammoniaque ; l'hydrogène sulfuré la colore en jaune, mais ne la précipite que si on l'acidifie; le sulfure ammonique ne colore pas ce sel. L'antimonite neutre de sodium précipite les sels de peroxyde de fer en blanc jaunâtre, les sels de cuivre en blanc bleuâtre, les sels de plomb et de mercure en blanc; tous ces précipités sont solubles dans l'acide azotique.

L'antimonite acide de sodium est aussi très-peu soluble; il cristallise dans le même système que l'antimonite neutre; il est altéré par le sulfure ammonique, qui le colore en jaune rougeâtre.

SELS DE PROTOXYDE D'ANTIMOINE. — Quoique le protoxyde d'antimoine ait des tendances plutôt basiques qu'acides, ses sels, sauf les tartrates, présentent en général peu de stabilité. On peut admettre deux classes de sels antimonieux : dans les uns, l'antimoine remplace 3 atomes d'hydrogène; dans les autres, c'est un radical monoatomique, *antimonyle* $(SbO)'$, qui remplace 1 atome d'hydrogène. C'est, comme on le voit, toujours l'antimoine triatomique qui est en jeu; seulement, dans ce second cas, deux de ses atomicités sont satisfaites par 1 atome d'oxygène. L'hypothèse de l'antimonyle a été mise en avant par Peligot, qui a étudié cette classe de sels [*Ann. de Chim. et de Phys.*, (3), t. XX, p. 283]. Voici quelques exemples de ces deux séries de sels :

Oxychlorure.......... $(SbO)'Cl;$
Émétique.............. $(SbO)'K.C^4H^4O^6;$
Oxalate............... $(SbO)K.C^2O^4;$
Trichlorure........... $Sb'''Cl^3;$
Émétique desséchée..... $Sb'''KC^4H^2O^6;$
Sulfate normal........ $Sb'''(SO^4)^3.$

Azotates. — On ne connaît ni l'azotate d'antimoine neutre $Sb'''(AzO^3)^3$, ni l'azotate neutre d'antimonyle $(SbO)'AzO^3$; mais on obtient un azotate basique en cristaux nacrés lorsque l'on dissout l'oxyde d'antimoine dans de l'acide azotique fumant. Lorsqu'on traite l'antimoine métallique par de l'acide azotique, il s'en dissout une petite quantité à l'état d'azotate. Ce sel est décomposé par l'eau, qui en sépare tout l'oxyde d'antimoine. Sa composition est représentée par les rapports $Az^2O^5, 2 Sb^2O^3$ (Peligot). On peut encore écrire sa formule :

$$2 [(SbO)'AzO^3]. Sb^2O^3,$$

ou à la façon typique :

$${4 (SbO)' \atop 2 (AzO^2)} \Big\} O^3.$$

Sulfates. — Lorsqu'on dissout l'oxyde d'antimoine dans de l'acide sulfurique fumant, on obtient de petits cristaux blancs, brillants. Peligot représente la composition de ce sel par

$$Sb^2O^3, 2 SO^3;$$

on peut l'envisager comme de l'acide sulfurique fumant, ou acide anhydrosulfurique, $S^2O^7H^2$ dont l'hydrogène est remplacé par de l'antimonyle $(SbO)^2 S^2O^7$.

En traitant par de l'acide sulfurique concentré l'oxychlorure $(SbO)Cl$, il se dégage de l'acide chlorhydrique, et on obtient un sulfate cristallisé en aiguilles et renfermant Sb^2O^3, $4 SO^3$, H^2O. On peut représenter sa composition par

$${Sb''' \atop (SbO)'} \Big\} 2 (S^2O^7),$$

c'est-à-dire comme un anhydrosulfate dérivant de 2 molécules d'acide sulfurique fumant; ou, si l'on regarde l'eau de cristallisation comme faisant partie intégrante du sel, par

$${(SbO)^2 \atop H^2} \Big\} 2 (S^2O^7).$$

Ces deux sulfates, traités par de l'eau, donnent un sel basique représenté, suivant Peligot, par la formule SO^3, $2 Sb^2O^3 + H^2O$. Une plus grande quantité d'eau décompose totalement ces sulfates.

On ne connaît pas les sulfates neutres d'antimoine et d'antimonyle

$$Sb^2 3 SO^4 \text{ (ou } Sb^2O^3. 3 SO^3)$$
$$\text{et } (SbO)^2 SO^4 \text{ (ou } (SbO)^2 O, SO^3).$$

Phosphates. — L'acide phosphorique peut dissoudre l'oxyde d'antimoine et donner un phosphate cristallisable qui est décomposé par l'eau en deux sels ayant pour composition

$$(Sb^2 O^3)^2 P^2 O^5 \text{ et } (Sb^2 O^3)^4 P^2 O^5.$$

Le premier peut être représenté par 2 molécules d'acide phosphorique dont les 6 atomes d'hydrogène sont remplacés en partie par de l'antimoine, en partie par de l'antimonyle :

$$P^2 \left\{ \begin{array}{l} Sb''' \\ 3(SbO)' \end{array} \right\} O^8;$$

et le second par $P^2 (SbO)^6 O^3 . Sb^2 O^3$.

Oxalates. — Lassaigne a décrit un oxalate d'antimonyle acide

$$(SbO)^2 C^2 O^4, H^2 C^2 O^4 \text{ (ou } Sb^2 O^3, 2 C^2 O^3, H^2 O)$$

et Bussy les oxalates antimoniques doubles

$$(C^2 O^4)^6 K^3 Sb''' + 3 H^2 O$$
$$(\text{ou } [Sb^2 O^3 . 3 C^2 O^3], 3 [K^2 O . C^2 O^3] + 6 H^2 O)$$
$$\text{et } (C^2 O^4)^6 (Az H^4)^3 Sb'''$$
$$(\text{ou } [Sb^2 O^3, 3 C^2 O^3], 3 [(Az H^4)^2 C^2 O^3].$$

— Voyez Oxalates.

Tartrates. — Les tartrates doubles d'antimoine et de potasse, connus sous le nom d'émétiques, et dont les formules sont données plus haut, sont les sels d'antimoine les plus importants. — Voyez Tartrates.

(Voir, page 354, les caractères des sels antimonieux.)

PEROXYDE D'ANTIMOINE, $Sb^2 O^4 = 308$ (Antimoniate d'antimoine, autrefois acide antimonieux). — Cet oxyde correspond au peroxyde d'azote ou anhydride hypoazotique $Az^2 O^4$; on l'envisage généralement comme de l'antimoniate antimonieux et peut par conséquent s'écrire

$$\left. \begin{array}{l} (SbO^2)' \\ (SbO)' \end{array} \right\} O,$$

le monohydrate antimonique étant

$$\left. \begin{array}{l} (SbO^2)' \\ H \end{array} \right\} O.$$

Cet oxyde se trouve dans la nature en masses ou en aiguilles cristallines connues sous le nom de *cervantite*; $D = 4,08$ (?) ; il est jaunâtre et d'un aspect gras.

On l'obtient en chauffant l'acide antimonieux à l'air ou en calcinant l'anhydrique antimonique ; il se forme lorsque l'on attaque l'antimoine par un excès d'acide azotique et qu'on chauffe le produit obtenu. C'est une poudre blanc jaunâtre, devenant momentanément jaune par la chaleur. Traité par l'acide chlorhydrique, il est décomposé en donnant du trichlorure d'antimoine et de l'anhydride antimonique; le tartrate acide de potasse le décompose de même en dissolvant le protoxyde d'antimoine. Fondu avec de la potasse, il forme un sel double

$$Sb^2 O^5 K^2 = SbO^2 K, SbO^3 K,$$

soluble dans l'eau bouillante, et qui par l'évaporation se dépose à l'état d'une masse amorphe jaune. La *roméine* représente le sel calcique correspondant $CaSb^2 O^5$.

Cet oxyde est un peu soluble dans l'eau et donne une solution acide. On obtient un hydrate $Sb^2 O^3 H^2$ en décomposant le sel de potassium correspondant par de l'acide sulfurique.

ANHYDRIDE ANTIMONIQUE, $Sb^2 O^5 = 324$. — Cet oxyde s'obtient en calcinant légèrement son hydrate; c'est une poudre d'un blanc jaunâtre, insoluble dans l'eau et les acides; sa densité est de 6,6. Au rouge, il perd de l'oxygène et se transforme en oxyde intermédiaire $Sb^2 O^4$. Chauffé avec du carbonate de potassium, il donne de l'acide carbonique et de l'antimoniate de potassium.

ACIDE ANTIMONIQUE. — L'oxyde $Sb^2 O^5$ paraît former plusieurs hydrates :

L'hydrate normal $Sb O^4 H^3$ (correspondant à l'acide phosphorique),

L'acide antimonique $Sb O^3 H$ (correspondant à l'acide métaphosphorique,

L'acide pyro-antimonique $Sb^2 O^7 H^4$ (correspondant à l'acide pyrophosphorique).

L'acide antimonique $H Sb O^3$ correspond à l'acide azotique et à l'acide métaphosphorique, aussi conviendrait-il de lui donner le nom d'acide méta-antimonique, si ce dernier n'avait déjà été donné par Fremy à l'acide pyro-antimonique, ce qui amènerait pour le moment de la confusion dans un sujet qui n'y prête déjà que trop. L'acide pyro-antimonique, on méta-antimonique de Fremy, correspond à l'acide pyrophosphorique.

Lorsque l'on fait agir l'eau sur le pentachlorure d'antimoine, on obtient un précipité blanc qui doit être envisagé comme l'hydrate normal

$$H^3 Sb O^4;$$

il se forme d'abord un oxychlorure qui est décomposé ultérieurement :

$$SbCl^5 + H^2 O = Sb O Cl^3 + 2 HCl,$$
$$Sb O Cl^3 + 3 H^2 O = H^3 Sb O^4 + 3 HCl.$$

Le précipité ainsi obtenu est soluble dans l'ammoniaque et dans une grande quantité d'eau ; sa solubilité dans l'eau est empêchée par la présence d'un acide. Cet hydrate est peu stable et se transforme rapidement en hydrate $H Sb O^3$.

C'est ce dernier hydrate qui est le plus stable ; il s'obtient par l'action de l'eau régale, renfermant un grand excès d'acide azotique, sur l'antimoine métallique. C'est une poudre jaunâtre à peu près insoluble dans l'eau, à laquelle il communique néanmoins une réaction acide; insoluble dans l'ammoniaque à froid, soluble dans la potasse caustique, et un peu dans l'acide chlorhydrique concentré.

L'hydrate $H^4 Sb^2 O^7$ ou acide pyro-antimonique (acide méta-antimonique de Fremy) s'obtient par l'action des acides sur les pyro-antimoniates ; il se transforme avec une grande facilité en monohydrate.

ANTIMONIATES ET PYRO-ANTIMONIATES. — Les antimoniates neutres ont pour composition :

$$M' Sb O^3; M'' (Sb O^3)^2, \text{ etc.},$$

et les pyro-antimoniates (méta-antimoniates de Fremy), $M'^4 Sb^2 O^7$; si l'on enlève à ces derniers les éléments de 1 molécule d'oxyde $M'^2 O$, on les transforme en antimoniates (correspondant aux métaphosphates) ; en effet,

$$M^4 Sb^2 O^7 — M^2 O = 2 (M Sb O^3).$$

Inversement, les antimoniates, en fixant les éléments de 1 molécule d'oxyde, se convertissent en pyro-antimoniates (correspondant aux pyrophosphates).

Les pyro-antimoniates alcalins sont cristallins; les antimoniates correspondants, au contraire, sont gélatineux et incristallisables; le pyro-antimoniate de sodium est insoluble, et c'est là un des caractères analytiques des sels de soude, tandis que les antimoniates solubles ne précipitent pas ces sels.

Ces sels ont surtout été étudiés par Fremy [*Ann. de Chim. et de Phys.*, (3), t. XII, t. 499].

Antimoniates de potassium. — L'antimoniate neutre $(Sb O^3 K)^2, 5 H^2 O$ s'obtient en oxydant l'antimoine par l'azotate de potasse dans un creuset de terre; on reprend la masse fondue, d'abord par de l'eau froide pour lui enlever l'excès d'azotate de potasse, ainsi que l'azotite formé, puis on la soumet à une ébullition prolongée pour hydrater l'antimoniate de potasse, ce sel étant insoluble à l'état anhydre.

La masse laisse un résidu, généralement assez faible, tout à fait insoluble dans l'eau, mais se dissolvant à chaud dans l'antimoniate neutre de potassium, et s'en séparant par le refroidissement, à l'état d'une poudre cristalline; ce sel est un *antimoniate acide de potassium* $2 SbO^3 K, Sb^2 O^5$; ce composé peut être obtenu à l'état de pureté en soumettant la solution d'antimoniate neutre à l'action de l'acide carbonique; il est employé en médecine sous le nom d'*antimoine diaphorétique lavé*. La potasse le dissout en le transformant en sel neutre.

La solution aqueuse d'antimoniate neutre de potassium donne par l'évaporation une masse sirupeuse qui, chauffée à 160°, perd 2 molécules d'eau et se transforme en un hydrate insoluble dans l'eau; soumis à une température plus élevée, il devient anhydre, c'est-à-dire

$$SbO^3 K \text{ (ou } K^2 O, Sb^2 O^5);$$

ces deux composés, le second hydrate et le sel anhydre, se transforment par l'ébullition avec de l'eau en sel à 5 molécules d'eau, et se dissolvent; une partie néanmoins reste insoluble par suite de sa transformation en antimoniate acide.

L'antimoniate neutre de potassium est blanc, d'une réaction alcaline, d'une saveur métallique désagréable. Soluble lentement dans l'eau. Sa solution est précipitée par la plupart des solutions salines; les sels de soude, en solution concentrée, y produisent un précipité soluble dans l'eau.

Pyro-antimoniate de potassium neutre,

$$Sb^2 O^7 K^4$$

(*méta-antimoniate neutre* de Fremy, $(K^2 O)^2, Sb^2 O^3$). — On obtient ce sel en fondant au creuset d'argent de l'acide antimonique ou de l'antimoniate de potassium avec un grand excès de potasse; on reprend par une petite quantité d'eau et on évapore dans le vide. Il est blanc, cristallin, très-soluble et déliquescent; l'eau et l'alcool lui enlèvent de la potasse et le transforment en sel acide; il se dissout sans décomposition dans une liqueur alcaline. Sa solution précipite au bout de quelque temps les sels de soude à l'état d'antimoniate acide de soude.

Pyro-antimoniate de potassium acide,

$$Sb^2 O^7 K^2 H^2. 6 H^2 O$$

(*biméta-antimoniate* de Fremy, $K^2 O. Sb^2 O^5, 7 H^2 O$ ou *antimoniate de potasse grenu*). — Ce composé, employé en analyse pour caractériser les sels de soude, se prépare en suivant la même marche que pour l'antimoniate neutre; on évapore la solution de celui-ci dans une capsule d'argent, en ajoutant quelques fragments de potasse pour le transformer en pyro-antimoniate; on évapore jusqu'à ce qu'une goutte de la solution placée sur une lame de verre cristallise; on laisse alors refroidir, on sépare par décantation, et on fait sécher sur une plaque de porcelaine dégourdie la masse cristalline qui est formée d'un mélange de pyro-antimoniates de potassium neutre et acide; en reprenant par l'eau, le sel neutre est transformé en sel acide, et la liqueur filtrée précipite immédiatement les sels de soude. Cette solution ne se conserve pas longtemps, car elle se transforme en antimoniate de potassium.

On peut préparer ce réactif plus promptement en calcinant 1 p. d'antimoine avec 4 p. d'azotate de potasse et fondant le produit de cette réaction avec son poids de carbonate de potasse; on obtient ainsi un sel blanc, soluble dans l'eau et précipitant immédiatement les sels de soude.

Alvaro Reynoso [*Ann. de Chim. et de Phys.*, (3), t. XXXIII, p. 325] prépare ce sel en traitant le trichlorure d'antimoine par la potasse en excès pour redissoudre le précipité, et ajoutant du permanganate de potasse à la liqueur alcaline jusqu'à ce que celle-ci se colore légèrement. La solution, séparée du précipité manganique, renferme du pyro-antimoniate de potassium obtenu par oxydation de l'antimonite. Elle peut être amenée à cristallisation.

Le pyro-antimoniate acide de potassium est blanc, cristallin, peu soluble dans l'eau froide, mais se dissolvant très-bien à 45° ou 50°; il se transforme peu à peu au contact de l'eau froide en antimoniate; quelques instants d'ébullition suffisent à cette transformation. Soumis à la dessiccation, il perd d'abord de l'eau pour devenir antimoniate, puis antimoniate anhydre, insoluble dans l'eau.

Antimoniates de sodium. — L'antimoniate neutre $SbO^3 Na$ est peu soluble; il cristallise en petits prismes rectangulaires.

Pyro-antimoniates de soude. — Le sel neutre $Sb^2 O^7 Na^4$ est peu connu. Lorsqu'on ajoute du pyro-antimoniate neutre de potasse à un sel de soude, il se forme au bout de quelque temps un précipité cristallin qui est le sel acide de soude,

$$Sb^2 O^7 Na^2 H^2 + 6 H^2 O.$$

Ce sel est presque insoluble à froid, un peu soluble dans l'eau bouillante; lorsqu'il est anhydre, il est tout à fait insoluble.

Antimoniate de lithium, $SbO^3 Li$. — Très-peu soluble à froid; se dépose par le refroidissement de sa solution bouillante, à l'état cristallin.

Antimoniates d'ammonium. — Le sel neutre s'obtient en dissolvant l'hydrate antimonique dans l'ammoniaque caustique; il ne se conserve qu'en présence d'un excès d'ammoniaque. L'antimoniate acide se précipite en flocons blancs par l'addition d'un sel ammoniacal à l'antimoniate de potasse. Ces deux sels sont insolubles dans l'eau.

Pyro-antimoniate d'ammoniaque. — L'ammoniaque dissout peu à peu l'hydrate antimonique obtenu par la décomposition du pentachlorure d'antimoine par l'eau, et la solution renferme du pyro-antimoniate neutre d'ammonium; en ajoutant de l'alcool à cette solution, on y produit un précipité cristallin de pyro-antimoniate acide, $Sb^2 O^7 (AzH^4)^2 H^2. 6 H^2 O$. Ce sel se détruit très-promptement, même dans des flacons bien clos; il perd son aspect cristallin, devient humide par suite de l'élimination de 1 molécule d'eau; il s'est transformé en antimoniate neutre $(AzH^4) SbO^3 + 2 H^2 O$, suivant l'équation

$$(AzH^4)^2 H^2 Sb^2 O^7 = 2 (AzH^4 SbO^3) + H^2 O.$$

Cette transformation est presque instantanée par l'ébullition et a lieu sans perte d'ammoniaque.

Les pyro-antimoniates autres que ceux des métaux alcalins sont tous insolubles et sont obtenus par double décomposition.

Antimoniate de baryum, $(SbO^3)^2 Ba''$. — S'obtient en agitant du chlorure de baryum à l'antimoniate neutre de potassium; c'est un précipité amorphe, un peu soluble dans un excès de chlorure de baryum [Wackenroder].

Antimoniate de strontium. — Flocons cristallins, très-peu solubles, au point qu'une solution de sulfate de strontiane est troublée par l'addition d'antimoniate de potasse.

Antimoniate de calcium. — Poudre cristalline très-peu soluble.

Antimoniate de magnésium, $(SbO^3)^2 Mg''$. — Flocons volumineux non cristallins.

Antimoniate d'aluminium. — Précipité amorphe et volumineux.

Antimoniate de manganèse. — Peu soluble, très-blanc, inaltérable à l'air; chauffé au rouge, il devient gris; chauffé plus fort, il redevient blanc, et résiste alors à l'action des acides les plus énergiques.

Antimoniate ferreux. — Précipité blanc qui jaunit à l'air. Le sel ferrique est jaunâtre et insoluble dans l'eau.

Antimoniate de nickel. — Précipité vert pâle, insoluble dans l'eau.

Antimoniate de cobalt. — Poudre cristalline rouge pâle, renfermant de l'eau de cristallisation, qu'il perd à une température élevée en devenant violet foncé, presque noir. Chauffé au rouge, il devient incandescent et prend une couleur blanc rosé.

Antimoniate stanneux. $(SbO^3)^2Sn'' + 2H^2O.$ — S'obtient en chauffant à 80° de l'hydrate antimonique avec du chlorure stanneux; la masse se colore en jaune, puis en rouge brique. Ce sel peut perdre son eau lorsqu'on le chauffe dans un courant d'acide carbonique; il est alors d'un gris jaunâtre. Il paraît aussi exister un sel acide

$$(SbO^3)^2Sn'', Sb^2O^5.$$

Lorsqu'on chauffe de l'anhydride antimonique avec le chlorure stanneux, on n'obtient point un composé rouge, mais un composé jaune

$$2 (SbO^3)^2Sn'', Sb^2O^5 + 4 H^2O$$

[H. Schiff, *Ann. de Chim. et de Phys.*, t. CXX, p. 47].

Le *pyro-antimoniate stanneux*, $Sn^2Sb^2O^7$, se précipite lorsque l'on ajoute de l'antimoniate de potasse en excès à du chlorure stanneux additionné d'acide acétique [Lenssen, *Ann. der Chem. u. Pharm.*, t. CXIV, p. 113].

Antimoniate d'antimoine,

$$SbO^3 (SbO)' \text{ ou } Sb^2O^4.$$

— Voyez ANTIMOINE (PEROXYDE D').

Antimoniate de zinc, $(SbO^3)^2Zn''.$ — Poudre cristalline blanche peu soluble; il renferme de l'eau, qu'il perd par la chaleur, en se colorant en jaune.

Antimoniate d'uranyle, $SbO^5,(UO)$ [d'après Berzelius : $(UO)^6, (Sb^2O^5)^3$]. — Renferme 15 molécules d'eau; précipité gélatineux se formant par addition d'antimoniate de potasse au chlorure d'uranium, soluble dans un excès de ce dernier; il est soluble dans l'acide chlorhydrique concentré. L'acide azotique décompose ce sel en mettant Sb^2O^5 en liberté; la potasse enlève l'acide antimonique au sel hydraté, mais n'attaque pas le sel à l'état anhydre.

Antimoniates de plomb. — La bleinérite est un antimoniate naturel, hydraté. Le jaune de Naples est un antimoniate anhydre, probablement un triantimoniate; on l'obtient en fondant un mélange de 1 p. d'émétique, 2 p. d'azotate de potasse et 4 p. de chlorure de sodium; on reprend par de l'eau pour enlever les sels solubles.

SULFURES D'ANTIMOINE.

On connaît deux sulfures d'antimoine, Sb^2S^3 et Sb^2S^5. H. Rose en a signalé un troisième, SbS.

PROTOSULFURE D'ANTIMOINE, $Sb^2S^3 = 340.$ — Ce sulfure, correspondant au protoxyde, se rencontre dans la nature et constitue le minerai d'antimoine le plus abondant, la *stibine* ou *antimoine sulfuré*; il se rencontre dans les terrains anciens, en masses cristallines formées de prismes orthorhombiques. $D = 4,62$. Il fond au-dessus du rouge; séparé de sa gangue, il porte le nom d'*antimoine cru;* il peut être distillé dans un courant de gaz azote. Il est d'un gris bleuâtre, doué de l'éclat métallique et est très-cassant. Il est généralement accompagné de sulfures de fer, de plomb, de cuivre et d'arsenic. Calciné à l'air, il se transforme en acide sulfureux et oxysulfure qui lui-même peut se convertir en antimoniate antimonieux. On obtient artificiellement ce sulfure cristallisé en fondant le sulfure obtenu par précipitation ou en fondant du soufre avec de l'antimoine ou de l'oxyde d'antimoine. Il est soluble dans l'acide chlorhydrique en donnant de l'hydrogène sulfuré et du trichlorure d'antimoine. Chauffé en présence d'hydrogène, de charbon, de fer métallique, etc., il est facilement amené à l'état d'antimoine. Fondu avec du salpêtre, il fuse et donne de l'antimoniate et du sulfate de potassium. Les alcalis le dissolvent en donnant des sulfures doubles (voir plus loin). L'acide azotique concentré le transforme en oxyde intermédiaire et sulfate antimonieux, l'acide sulfurique concentré et chaud le transforme de même en sulfate, en dégageant du gaz sulfureux.

Le trisulfure d'antimoine en fusion peut dissoudre une certaine quantité d'antimoine métallique; par le refroidissement lent, celui-ci cristallise en cristaux penniformes qu'on peut isoler en traitant le sulfure par l'acide chlorhydrique qui n'attaque pas l'antimoine.

Il est soluble dans le chlorure d'antimoine bouillant en donnant un chlorosulfure (voir plus loin).

On obtient le trisulfure d'antimoine amorphe en coulant dans de l'eau froide le sulfure fondu, il constitue alors une masse amorphe plus dure que le sulfure cristallisé et d'une densité égale à 4,15; pulvérisé, il est brun-orange (Fuchs).

Lorsque l'on fait passer un courant d'hydrogène sulfuré dans une solution acide d'antimoine, émétique ou trichlorure d'antimoine, on obtient un précipité orange qui est du trisulfure hydraté; par une légère chaleur, son eau se dégage sans qu'il change de couleur; chauffé plus fort ou bouilli pendant longtemps dans une liqueur acide, il devient noir et cristallin. A l'état de précipité, il est très-soluble dans les alcalis et dans les sulfures alcalins.

Le composé si usité en médecine sous le nom de *kermès* est un sulfure d'antimoine amorphe renfermant un peu de sulfure alcalin et un peu d'oxyde d'antimoine, ou plutôt, suivant Terreil, de l'antimonite de sodium cristallisé. Le kermès contient de plus 2 à 3 % d'eau. On le prépare généralement par deux procédés : 1° par la voie sèche; 2° par la voie humide.

1° On fait fondre dans un creuset couvert 3 p. de sulfure d'antimoine et 8 p. de carbonate de potasse; après le refroidissement, on pulvérise la masse et on l'épuise par l'eau bouillante, puis on laisse refroidir lentement la liqueur filtrée à l'abri de la lumière. Le kermès se dépose alors en flocons brun rougeâtre (Berzelius).

2° On ajoute 1 p. de sulfure d'antimoine très-divisé à 250 p. d'eau renfermant 22,5 p. de carbonate de soude. Après deux heures d'ébullition, on laisse déposer et on décante la liqueur claire dans une capsule qu'on laisse refroidir très-lentement en le couvrant pour empêcher l'action de la lumière. Le kermès se dépose en beaux flocons d'un brun velouté (Cluzel). Ce procédé est préférable au premier.

Voici ce qui se passe dans ces opérations : le soufre du sulfure d'antimoine se porte sur le sodium ou le potassium pour former un sulfure alcalin : celui-ci se combine avec du sulfure d'antimoine pour former un sulfure double soluble. L'oxygène de l'alcali se porte sur l'antimoine qui a abandonné son soufre, et il se forme de l'oxyde d'antimoine ou un antimonite et un oxysulfure insoluble (*crocus*). Le sulfure de sodium dissout plus de sulfure d'antimoine à chaud qu'à froid, de sorte que, par le refroidissement de la liqueur, une partie de celui-ci se dépose, en entraînant du sulfure alcalin à l'état de combinaison en flocons bruns qui constituent le kermès.

La solution alcaline dissout aussi plus d'oxyde d'antimoine ou d'antimonite à chaud qu'à froid, de sorte que le dépôt de kermès est toujours accompagné de petits cristaux d'oxyde ou d'antimonite de soude (Terreil), ces cristaux peuvent très-bien être distingués à la loupe.

Le kermès constitue une poudre d'un brun velouté, soluble dans l'acide chlorhydrique avec dégagement d'hydrogène sulfuré. Il est insoluble dans l'ammoniaque. Celui du commerce renferme souvent du soufre doré d'antimoine et est quelquefois falsifié avec de l'ocre, ce qu'on reconnaît au peu de solubilité de ce dernier dans l'acide chlorhydrique et à la présence du fer dans la liqueur acide; quant au soufre doré, on le reconnaît en ce qu'il communique à l'ammoniaque une coloration jaune.

Le *soufre doré d'antimoine* est un mélange de trisulfure et de pentasulfure d'antimoine qui se produit toujours dans la préparation du kermès; il se trouve dans les eaux mères alcalines qui ont laissé déposer le kermès et peut en être précipité par l'addition d'acide chlorhydrique.

Oxysulfures d'antimoine. — On trouve dans la nature un oxysulfure dont la composition est représentée par la formule

$$Sb^2S^2O \text{ ou } (Sb^2O^3. 2Sb^2S^3).$$

On obtient artificiellement des oxysulfures dans diverses circonstances : par un grillage imparfait du sulfure d'antimoine, celui-ci se transforme en une poudre grise qui renferme plus ou moins d'oxyde; cette matière, étant fondue dans un creuset, donne par le refroidissement une masse vitreuse connue sous le nom de *verre d'antimoine* et dont la composition est variable, il renferme généralement une partie de sulfure pour 8 d'oxyde et de la silice enlevée au creuset. On obtient sous le nom de *crocus metallorum* ou de *safran d'antimoine* un oxysulfure plus riche en sulfure, en fondant 3 p. d'oxyde d'antimoine avec 1 p. de sulfure ou un oxyde quelconque d'antimoine avec une quantité convenable de soufre. Ce composé est employé dans la médecine vétérinaire comme vermifuge et purgatif.

On désignait autrefois sous le nom de *foie d'antimoine* des préparations renfermant du sulfure d'antimoine, des sulfures alcalins et généralement de l'antimoniate antimoniopotassique $Sb^2O^5K^2$ ou $(SbO)K^2SbO^4$.

Le composé connu depuis quelque temps sous le nom de *cinabre* ou *vermillon* d'antimoine est, d'après Wagner, un oxysulfure offrant la même composition que celui qu'on rencontre dans la nature. On l'obtient en ajoutant à une solution acide de chlorure d'antimoine ou d'émétique une solution d'hyposulfite de soude en excès et en soumettant à l'ébullition. On peut le préparer très-économiquement en grand en faisant agir sur le chlorure d'antimoine l'hyposulfite de chaux obtenu par l'action de l'acide sulfureux sur le sulfure de calcium en suspension dans l'eau [E. Kopp, *Répert. de Chim. appl.*, t. I, p. 256]. Le vermillon d'antimoine est applicable dans l'industrie des toiles et des papiers peints; il est inaltérable à l'air, à la lumière et aux émanations sulfureuses.

SULFO-ANTIMONITES. — Le sulfure d'antimoine est soluble dans les sulfures alcalins et a une grande tendance à former des sulfures doubles ou sulfosels. La solution des sulfo-antimonites alcalins donne, avec les solutions métalliques, des précipités colorés qui n'ont pas été bien étudiés. Il existe un certain nombre de sulfo-antimonites naturels; ceux-ci peuvent être ramenés à trois types : les sulfo-antimonites normaux,

$$Sb^2S^3. 3H^2S = 2.H^3SbS^3;$$

les méta-sulfo-antimonites,

$$Sb^2S^3. H^2S = 2.HSbS^2,$$

et les pyro-sulfo-antimonites,

$$Sb^2S^3. 2H^2S = H^4Sb^2S^3.$$

Ces minéraux sont :

Sulfo-antimonites normaux.	la boulangérite	$(SbS^3)^2Pb^3$.
	l'argyrythrose	$(SbS^3)Ag^3$.
	la bournonite	$(SbS^3)^2Pb^2Cu''$.
méta-sulfo-antimonites.	la zinkénite	$(SbS^2)^2Pb''$.
	la miargyrite	$(SbS^2)Ag$.
	la wolfsbergite	$(SbS^2)^2Cu''$.
	la berthiérite	$(SbS^2)^2Fe''$.
pyro-sulfo-antimonites.	la plumosite	$Sb^2S^3Pb^2$.
	la panabase	$Sb^2S^5(CuFe)^2$.

La polybasite peut être regardée comme un sulfo-antimonite normal basique

$$SbS^3(AgCu')^3. 3(AgCu')^2S.$$

[Odling, *Manual of Chem.*]

Les solutions des sulfo-antimonites, exposées à l'air, subissent une oxydation; du soufre est mis en liberté et se porte sur une portion du sel non décomposé, pour former un sulfo-antimoniate; si alors on acidule la solution, il se précipite du pentasulfure d'antimoine en même temps que du trisulfure.

PENTASULFURE D'ANTIMOINE, $Sb^2S^5 = 404$. — Ce sulfure s'obtient en traitant une solution acide de pentachlorure d'antimoine par un courant d'hydrogène sulfuré, ou en décomposant un sulfo-antimoniate alcalin par un acide,

$$2SbS^4Na^3 + 6HCl = 6NaCl + Sb^2S^5 + 3H^2S.$$

C'est un précipité amorphe, jaune orange, hydraté, mais perdant facilement, par la chaleur, l'eau qu'il renferme; la chaleur le dédouble facilement en soufre et trisulfure. L'acide chlorhydrique bouillant le dissout en produisant de l'hydrogène sulfuré, du perchlorure d'antimoine et du soufre qui se dépose. Les alcalis et les sulfures alcalins le dissolvent facilement pour donner naissance à des sulfures doubles ou sulfoantimoniates. Le pentasulfure accompagne le trisulfure dans le composé connu sous le nom de soufre doré d'antimoine.

SULFO-ANTIMONIATES. — Les sulfo-antimoniates alcalins sont solubles et cristallisables; leurs cristaux sont hydratés et leur solution donne avec les solutions métalliques des précipités colorés. Traités par un acide, ils donnent du pentasulfure d'antimoine et un dégagement d'hydrogène sulfuré. Les sulfo-antimoniates renferment SbS^4M^3 ou $(SbS^4)M^3$. Cette constitution est semblable, comme on voit, à celle des phosphates neutres PO^4M^3, et, à ce titre, elle mérite l'attention.

La plupart de ces sulfosels ont été étudiés par Rammelsberg et par Schlippe.

Sulfo-antimoniate d'ammonium. — Ce composé, qui n'a pas été obtenu cristallisé, se forme en dissolvant le trisulfure d'antimoine dans le sulfhydrate d'ammonium ou le pentasulfure dans l'ammoniaque concentrée.

Le *sulfo-antimoniate de baryum*,

$$(SbS^4)^2Ba^3 + 6H^2O,$$

s'obtient en dissolvant le sulfure d'antimoine récemment précipité dans une solution de sulfure de baryum. En ajoutant de l'alcool à la liqueur filtrée, il se sépare en aiguilles blanches, groupées en étoiles, non déliquescentes et absorbant rapidement l'oxygène de l'air en se colorant en brun.

Le *sulfo-antimoniate de cadmium*, $(SbS^4)^2Cd^3$, s'obtient à l'état de précipité jaune orange en ajoutant un sel de cadmium à un sulfo-antimoniate alcalin.

Le *sel de calcium*, $(SbS^4)^2Ca^3$, est amorphe et s'obtient comme le sel de baryum.

Le *sel de magnésium* est jaune, déliquescent, incristallisable et décomposable par l'alcool.

Le *sulfo-antimoniate de potassium*,

$$SbS^4K^3 + 4H^2O,$$

s'obtient par un mélange intime de 18 p. de trisulfure d'antimoine, de 3,25 p. de soufre, de 20,5 p. de carbonate de potassium et de 13 p. de chaux; ce mélange, traité par l'eau, est abandonné à lui-même pendant quelques jours; la liqueur filtrée donne par l'évaporation des cristaux jaunâtres déliquescents; soumis à l'action de la chaleur, ce sel fond, puis se décompose en se colorant en brun.

Le trisulfure d'antimoine, dissous dans de la potasse concentrée, donne un composé blanc insoluble qui est du biantimoniate de potassium, et la liqueur filtrée fournit par l'évaporation des cristaux aciculaires qui sont formés par une combinaison d'antimoniate et de sulfo-antimoniate de potassium; ce composé a pour formule

$$SbS^4K^3, KSbO^3 + 5H^2O = Sb^2S^4O^3K^4 + 5H^2O.$$

C'est, comme on voit, du pyro-antimoniate (méta-antimoniate) de potassium dans lequel S^4 remplace O^4. Ce corps s'oxyde à l'air en se colorant en brun. Il est décomposé par l'eau froide, mais l'eau bouillante le dissout [Rammelsberg, *Poggend. Ann.*, t. LII, p. 103].

Le *sulfo-antimoniate de sodium* (sel de Schlippe), $SbS^4Na^3 + 9H^2O$, s'obtient comme le sel potassique et forme de très-beaux cristaux jaunes, volumineux, formés de tétraèdres réguliers très-solubles dans l'eau. Ce sel est quelquefois employé en médecine.

Le *sel de strontium*, $(SbS^4)^2Sr^3$, s'obtient comme le sel de baryum et se sépare de sa solution aqueuse par l'addition d'alcool à l'état sirupeux.

Le *sel de zinc*, $(SbS^4)^2Zn^3$, s'obtient en ajoutant goutte à goutte une solution de sulfate de zinc à une solution de sulfoantimoniate de sodium; il se forme un précipité orange foncé qui se redissout si l'on chauffe. Si au contraire on verse le sulfoantimoniate de sodium dans le sel de zinc, on obtient un sulfoantimoniate de zinc renfermant de l'oxyde de zinc.

SÉLÉNIURES D'ANTIMOINE. — Lorsque l'on fond du sélénium avec de l'antimoine, le mélange s'échauffe au point de rougir et de faire distiller l'excès de sélénium; le produit obtenu ressemble beaucoup au sulfure; c'est une masse métallique grise, à cassure cristalline. Lorsqu'on le grille à l'air, une partie du sélénium se dégage. On obtient le même séléniure, c'est-à-dire le triséléniure Sb^2Se^3, en faisant passer un courant d'hydrogène sélénié dans une solution d'émétique; il forme alors une poudre noire qui, chauffée à 146°, devient subitement grise, fond au rouge et prend par le refroidissement une texture cristalline (Berzelius, Uelsmann).

On obtient un *pentaséléniure d'antimoine* Sb^2Se^5 en précipitant par un acide une solution d'un sélénio-antimoniate alcalin.

Le pentaséléniure, comme le pentasulfure, donne des combinaisons doubles qui ont pour composition : $(SbSe^4)M^3$.

Le *sélénio-antimoniate de sodium*,

$$SbSe^4Na^3 + 9H^2O,$$

s'obtient en fondant ensemble un mélange de 1 p. de carbonate de sodium, de 4 p. de triséléniure d'antimoine, de 2 p. de sélénium et de poussière de charbon; on fait bouillir la masse, fondue et pulvérisée, avec de l'eau et 2 p. de sélénium; on décante et on évapore la liqueur claire à l'abri de l'air; elle dépose ainsi des cristaux jaune orange, transparents, présentant la même forme que le sulfo-antimoniate de sodium et ayant une composition analogue; à l'air, ce sel devient rouge hyacinthe et se recouvre d'une poudre cristalline grise. L'acide chlorhydrique donne, dans la solution de ce sel, un précipité de pentaséléniure d'antimoine, mélangé de sélénium libre.

On obtient un composé mixte, renfermant du soufre et du sélénium, en faisant bouillir une solution de sulfo-antimoniate de sodium avec du sélénium; par l'évaporation de la liqueur à l'abri de l'air, il se dépose des cristaux jaunes ayant la même forme que les précédents et dont la composition est représentée par $SbS^3SeNa^3 + 9H^2O$ [Hofacker, *Ann. der Chem. u. Pharm.*, t. CVII, p. 6].

TELLURURES D'ANTIMOINE. — Le tellure forme avec l'antimoine deux combinaisons cristallisées, $SbTe$ et Sb^2Te^3; on les obtient en fondant ensemble ces deux corps. Le composé $SbTe$ est d'un gris d'acier; le tritellurure est blanc d'étain; ils sont doués tous deux de l'éclat métallique (Oppenheim).

CHLORURES D'ANTIMOINE.

L'antimoine forme avec le chlore deux combinaisons, $SbCl^3$ et $SbCl^5$:

TRICHLORURE (Syn. *protochlorure, beurre d'antimoine*), $SbCl^3 = 228,5$. Densité des vapeurs rapportée à l'hydrogène $= 116,60$, $D = 2,675$, au point de fusion, 73°2 (H. Kopp). Bout à 225° (H. Kopp). — Le trichlorure d'antimoine s'obtient : 1° en faisant passer un courant de chlore sur de l'antimoine ou du sulfure d'antimoine en excès; dans ce dernier cas, il se forme en même temps du chlorure de soufre qu'il faut chasser en chauffant légèrement; 2° en dissolvant le trisulfure d'antimoine dans l'acide chlorhydrique ou l'antimoine dans l'acide chlorhydrique additionné d'un peu d'acide azotique; après avoir évaporé l'eau et l'acide, on soumet le chlorure à la distillation; il passe alors à l'état d'une masse cristalline blanche et transparente, d'une consistance butyreuse; 3° en distillant un mélange de sulfate d'antimoine et de chlorure de sodium; 4° en distillant un mélange de 2 p. de deutochlorure de mercure avec 1 p. d'antimoine métallique ou avec du trisulfure d'antimoine. Ces dernières réactions sont représentées par les équations

$$2Sb + 2HgCl^2 = SbCl^3 + HgSb + HgCl,$$
$$Sb^2S^3 + 3HgCl^2 = 2SbCl^3 + 3HgS.$$

Le trichlorure d'antimoine est déliquescent; il se dissout dans une très-petite quantité d'eau, sans décomposition, ainsi que dans l'acide chlorhydrique; une plus grande quantité d'eau le décompose en donnant un *oxychlorure* $SbOCl$; l'acide chlorhydrique le plus faible qui puisse le dissoudre sans décomposition est l'acide qui présente la composition $HCl + 8H^2O$ [Baudrimont; *Compt. rend.*, t. XLII, p. 863]. Une action prolongée de l'eau décompose même l'oxychlorure en mettant du protoxyde d'antimoine en liberté. Le précipité produit par l'eau dans le trichlorure d'antimoine est soluble dans l'acide tartrique; une plus grande quantité d'eau ne produit plus alors de précipité.

L'oxyde d'antimoine qui se sépare par l'action de l'eau sur le chlorure d'antimoine chauffé à 150° est cristallisé en prismes. L'oxychlorure se transforme peu à peu à l'air en oxyde octaédrique, mais celui qui s'en sépare par l'eau est prismatique (Debray).

Le trichlorure d'antimoine se combine à l'acide chlorhydrique (*beurre d'antimoine liquide*). Il se combine aux autres chlorures, notamment aux chlorures alcalins, pour donner des chlorures de la forme $(MCl)^3.SbCl^3$. C'est ainsi que l'on connaît un chloroantimonite de potassium

$$(KCl)^3 Sb Cl^3 ;$$

on en connaît un autre qui renferme $(KCl)^2 Sb Cl^3$. L'ammoniaque s'unit au trichlorure d'antimoine pour donner deux combinaisons : $Sb Cl^3, Az H^3$ et $Sb Cl^3, 2 Az H^3$. La première est noire, très-dure, non déliquescente et résistant à une température très-élevée, sans perdre d'ammoniaque ; l'eau la décompose en donnant un précipité blanc et en dissolvant un pentachlorure double. L'autre combinaison est une masse blanche, cristalline, assez stable. Toutes deux se combinent à l'acide chlorhydrique pour donner les chlorures doubles $Sb Cl^3, Az H^4 Cl$ et $Sb Cl^3, (Az H^4 Cl)^2$ cristallisables le premier en aiguilles jaunes déliquescentes, le second en lamelles hexagonales jaunes [Dehérain, *Compt. rend.*, t. LII, p. 734]. Le trichlorure d'antimoine est souvent employé comme caustique ; on se sert à cet effet de celui qui est tombé en déliquescence.

L'acide azotique le transforme en acide antimonique. Soumis à l'électrolyse, dans certaines circonstances, il donne un dépôt métallique doué de propriétés explosives (Gore). — Voyez ANTIMOINE AMORPHE, p. 343.

PENTACHLORURE D'ANTIMOINE, $Sb Cl^5 = 299,5$. — Ce composé se produit, avec incandescence, lorsque l'on projette de l'antimoine pulvérisé dans un flacon rempli de chlore gazeux. On le prépare en faisant passer un courant rapide de chlore sec sur de l'antimoine en poudre, chauffé légèrement dans une cornue tubulée munie d'un récipient bien sec.

Le pentachlorure d'antimoine est liquide à la température ordinaire, jaunâtre et répandant des fumées blanches à l'air. A 0° il se prend en une masse cristalline. La distillation lui fait éprouver une décomposition partielle : il se forme du trichlorure d'antimoine et du chlore libre. Cette tendance à céder du chlore le fait employer quelquefois pour préparer des produits organiques chlorés : ainsi avec le gaz éthylène, il donne très-facilement le chlorure d'éthylène (liqueur des Hollandais) $C^2 H^4 Cl^2$. Mélangé avec du sulfure de carbone, il donne lieu à une réaction très-vive, en produisant du tétrachlorure de carbone $C Cl^4$, du trichlorure d'antimoine et du soufre (Klein). Sous l'influence d'une petite quantité d'eau, il donne un produit cristallisé, probablement

$$Sb Cl^3 O,$$

correspondant à l'oxychlorure de phosphore. Une plus grande quantité d'eau en sépare de l'acide antimonique.

On obtient un hydrate de pentachlorure d'antimoine $Sb Cl^5, 4 H^2O$ en dissolvant le pentachlorure dans une très-petite quantité d'eau et faisant évaporer sur de l'acide sulfurique ; cet hydrate forme des cristaux déliquescents et solubles dans l'eau (R. Weber).

Le pentachlorure d'antimoine forme avec l'acide cyanhydrique un composé blanc, cristallin et volatil, $Sb Cl^5, 3 H Cy$. Il se combine de même au chlorure de cyanogène (Klein).

Le gaz ammoniac se combine directement au pentachlorure d'antimoine, en produisant le composé d'un rouge brun $Sb Cl^5, 2 Az H^3$ (H. Rose). Cette combinaison est très-instable ; si la température s'élève, on obtient le composé $Sb Cl^5, 2 Az H^3$. D'après P. P. Dehérain, ce dérivé ammonié a pour composition $Sb Cl^5, 3 Az H^3$; il se combine à l'acide chlorhydrique pour donner un chlorure double $Sb Cl^5, 3 Az H^4 Cl$. Quand on distille le chlorure antimonique ammoniacal, il distille deux

produits : le premier qui se fige dans le récipient en aiguilles ayant probablement pour composition $Sb Cl^5, Az H^4 Cl$; le second en lames hexagonales, qui est le chlorure double triammoniacal. Enfin, le perchlorure d'antimoine donne un produit ammonié beaucoup plus volatil que les précédents, $Sb Cl^5, 4 Az H^3$, blanc, très-léger et peu stable, susceptible de se combiner à $4 H Cl$ pour donner le chlorure double $Sb Cl^5, 4 Az H^4 Cl$, formant de beaux octaèdres jaune doré [Dehérain, *Compt. rend.*, t. LII, p. 734].

Le pentachlorure d'antimoine se combine au perchlorure et à l'oxychlorure de phosphore ainsi qu'aux chlorures de soufre et de sélénium [R. Weber, *Poggend. Ann.*, t. CXXV, p. 78].

Pentachlorure d'antimoine et de phosphore, $Sb Cl^5. Ph Cl^5$. — Forme une masse spongieuse jaune, déliquescente, très-peu volatile ; elle s'obtient en chauffant ensemble les deux chlorures.

Pentachlorure d'antimoine et oxychlorure de phosphore, $Sb Cl^5. Ph O Cl^3$. — Il s'obtient en ajoutant un excès d'oxychlorure de phosphore à du pentachlorure d'antimoine et faisant essorer la masse cristalline sur une brique poreuse.

Pentachlorure d'antimoine et chlorure de sélénium, $Sb Cl^5. Se Cl^4$. — On obtient ce composé en faisant passer du chlore sur de l'antimoine fondu avec du sélénium, en proportions atomiques. C'est une poudre jaunâtre, soluble et déliquescente, non volatile sans décomposition.

La combinaison avec le *chlorure de soufre* renferme $Sb Cl^5. S Cl^4$, d'après R. Weber. H. Rose [*Poggend. Ann.*, t. IV, p. 532] lui assigne la formule $2 Sb Cl^5, 3 S Cl^4$.

OXYCHLORURES D'ANTIMOINE. — On connaît plusieurs oxychlorures ; celui qui s'obtient par l'action de l'eau froide sur le trichlorure d'antimoine a pour composition $Sb O Cl$; on peut l'envisager comme du chlorure d'antimonyle $(Sb O)' Cl$ (Peligot). C'est le composé connu autrefois sous le nom de *poudre d'Algaroth*. Il est fusible et se prend par le refroidissement en une masse cristalline transparente. On obtient un autre oxychlorure en traitant le trichlorure d'antimoine par l'eau chaude ; il se dépose par le refroidissement en petits cristaux denses et brillants qui ont pour composition $2 (Sb O) Cl, (Sb O)^2 O$ [Peligot, *Ann. de Chim. et de Phys.*, (3), t. XX, p. 289]. Ces deux oxychlorures sont décomposés par des lavages prolongés, en donnant de l'oxyde antimonieux. Le chlorure d'antimoine bouillant dissout de l'oxyde d'antimoine pour donner un oxychlorure $(Sb O) Cl, 7 Sb Cl^3$ cristallin, décomposable par l'alcool, en donnant un autre oxychlorure $2 (Sb O) Cl + Sb^2 O^3$ [Schneider, *Poggend. Annal.*, t. CVIII, p. 407].

SULFOCHLORURES D'ANTIMOINE. — Le pentachlorure d'antimoine absorbe l'hydrogène sulfuré, avec élévation de température et dégagement de $H Cl$; il se produit une masse cristalline blanche $Sb Cl^3$, correspondant au sulfochlorure de phosphore de Serullas. Ce composé, facilement fusible, chauffé au-dessus de son point de fusion, se décompose en soufre et trichlorure. L'air humide le liquéfie en mettant du soufre en liberté ; l'eau le décompose en soufre et oxychlorure [Cloëz, *Ann. de Chim. et de Phys.*, (3), t. XXX. p. 374].

Le trisulfure d'antimoine, traité par le chlore, donne un composé blanc, $(Sb Cl^5)^2, 3 S Cl^2$, décomposable à 300° en soufre, chlorure de soufre et trichlorure d'antimoine (H. Rose).

Le trichlorure d'antimoine bouillant dissout le sulfure d'antimoine, sans dégagement d'hydrogène sulfuré ; par le refroidissement, on obtient une masse cristalline jaune, formée de prismes rhomboïdaux pointés, à laquelle R. Schneider [*loc. cit.*] assigne la composition $Sb^2 S Cl^4, 6 Sb Cl^3$, qu'on peut écrire $(SbS)Cl, 7 SbCl^3$, correspondant à l'oxychlorure du même auteur; ce composé, traité par l'eau, donne une poudre jaune clair. Soumis à l'action de la chaleur, le chlorure se volatilise et il reste du trisulfure noir d'antimoine. L'alcool absolu le transforme en une substance amorphe, rouge orange, renfermant $2 (SbS)Cl, 3 Sb^2S^3$. Ce dernier composé est attaqué par l'acide chlorhydrique qui dissout du chlorure d'antimoine et met du sulfure noir, cristallin, en liberté.

TRIBROMURE D'ANTIMOINE, $SbBr^3 = 362$. D. $= 3,641$ à la température de fusion qui est de 90°. Bout à 275°4 (H. Kopp). L'antimoine brûle dans la vapeur de brome comme dans le chlore; on peut préparer le bromure d'antimoine en ajoutant peu à peu de l'antimoine en poudre à du brome liquide; la combinaison est très-vive (Serullas). On atténue la violence de la réaction en opérant au sein d'un dissolvant du brome, le sulfure de carbone, qui retient en dissolution le bromure formé [Nicklès, *Compt. rend.*, t. XLVIII, p. 837]. Le bromure d'antimoine, traité par l'eau, donne un *oxybromure* $(SbO)Br$; il suffit d'une quantité d'eau très-faible pour produire une quantité correspondante de ce composé. Le bromure d'antimoine cristallise en octaèdres orthorhombiques ou en prismes pointés; l'angle des faces du prisme $= 69°$; inclinaison des faces de l'octaèdre sur les faces du prisme $= 80°$ [Nicklès, *loc. cit.*].

Le bromure d'antimoine se combine à l'éther pour former des éthers bromoantimoniques

$$SbBr^3, C^4H^{10}O \text{ et } SbBr^3 (C^4H^{10}O)^2$$

[Nicklès, *Ann. de Chim. et de Phys.*, t. LXII, p. 233].

TRIIODURE D'ANTIMOINE, $SbI^3 = 503$. — L'iode et l'antimoine se combinent directement à froid; on prépare facilement cette combinaison en ajoutant de l'antimoine en poudre à une solution d'iode dans le sulfure de carbone; par l'évaporation du dissolvant, il se dépose en petites tables rouges, appartenant au type orthorhombique (Nicklès). On l'obtient en petites aiguilles ou en lamelles rouges sublimées, en chauffant un mélange de 1 molécule de trisulfure d'antimoine avec 6 atomes d'iode [Schneider, *Poggend. Ann.*, t. CIX, p. 609].

En ajoutant de la teinture d'iode à une solution alcoolique d'émétique, on obtient des paillettes cristallines jaune d'or qui sont formées par un *oxyiodure* d'antimoine $2(SbO)I + Sb^2O^3$.

Dans la préparation de l'iodure d'antimoine par l'iode et le sulfure d'antimoine, il se dépose des aiguilles moins foncées que l'iodure d'antimoine et qui sont un *sulfo-iodure* $3(SbS)I.SbI^3$ (Henry et Garot); ce composé est volatil et décomposable par l'eau.

En dissolvant du sulfure d'antimoine dans l'iodure d'antimoine fondu, et reprenant la masse solidifiée par de l'acide chlorhydrique pour enlever l'excès d'iodure, on obtient des cristaux rouge brun, brillants, insolubles dans l'eau, de *sulfo-iodure* $(SbS)I$. Ce composé n'est pas détruit par l'eau ou les acides étendus; l'acide chlorhydrique bouillant en dégage de l'hydrogène sulfuré; l'acide azotique concentré l'oxyde; la potasse lui enlève de l'iode [R. Schneider, *Poggend. Ann.*, t. CX, p. 147].

L'iodure d'antimoine forme des combinaisons doubles avec les autres iodures. La combinaison $3 KI. 2 SbI^3. 3 H^2O$ forme des lames rectangulaires brun foncé, rouge rubis par transparence, perdant de l'eau à 100° et devenant alors rouge orange. La combinaison sodique $3 NaI. 2 SbI^3 + 12 H^2O$ cristallise en prismes rectangulaires, orange clair, perdant leur eau à 100°.

Il existe aussi un iodure $KI. SbI^3 + H^2O$ [Nicklès].

L'iodure d'ammonium forme trois combinaisons avec l'iodure d'antimoine :

$3 AzH^4I. 4 SbI^3 + 9 H^2O$, prismes rectangulaires, rouge écarlate; perd son eau à 100° et devient rouge cramoisi;

$3 AzH^4I. 2 SbI^3 + 3 H^2O$ ressemble au sel potassique correspondant;

$4 AzH^4I. SbI^3 + 3 H^2O$, prismes rectangulaires pointés, presque noirs, rouge rubis par transparence.

Ces sels ammoniacaux, chauffés doucement, peuvent être sublimés.

On connaît un iodure double d'antimoine et de baryum $BaI^2. SbI^3 + 9 H^2O$; il forme des prismes orthorhombiques de 105° 32', rouge orange foncé, transparents et brillants [Schaeffer, *Pogg. Ann.*, t. CIX, p. 611].

L'iodure d'antimoine et de fer forme des cristaux prismatiques jaune verdâtre, déliquescents et altérables à l'air (Le Brument et Périer).

Tous ces iodures doubles sont décomposés par l'eau, solubles dans l'acide chlorhydrique. Par la chaleur, l'iodure d'antimoine se volatilise et l'autre iodure reste isolé.

On obtient, suivant Van der Espt [*Archiv. Pharm.*, (2), t. CXVII, p. 115], du *pentaiodure d'antimoine* SbI^5 en chauffant 1 p. d'antimoine pulvérisé avec 5 p. d'iode; il se forme un sublimé de lames transparentes rouges, décomposables par l'eau en acide iodhydrique et acide antimonique. Suivant le même auteur, ce composé prend aussi naissance lorsque l'on fait passer un courant d'hydrogène antimonié dans de la teinture d'iode.

TRIFLUORURE D'ANTIMOINE, $SbFl^3 = 179$. — On l'obtient en dissolvant le trioxyde d'antimoine dans l'acide fluorhydrique et évaporant lentement la solution, entre 70° et 90°; il se dépose en tables ou en octaèdres orthorhombiques; si l'évaporation est plus rapide, il forme des prismes, et si elle a lieu en présence d'un excès d'acide, il se présente en petites paillettes. Le fluorure d'antimoine est déliquescent et se décompose en perdant de l'acide fluorhydrique; il se dissout dans l'eau sans la troubler, mais par l'évaporation il se dépose de l'oxyde d'antimoine. Il est volatil à l'air, sans décomposition; mais, chauffé dans un tube fermé, il laisse un résidu.

Le fluorure d'antimoine forme facilement des fluorures doubles. On obtient le fluorure

$$2 KFl, SbFl^3$$

en dissolvant dans un excès d'acide fluorhydrique 153 p. d'oxyde d'antimoine et 200 p. de carbonate de potasse; il cristallise en paillettes styptiques solubles dans 9 p. d'eau à 13°; par l'évaporation à l'air, sa solution perd de l'acide fluorhydrique; on peut obtenir un autre fluorure $KFl, SbFl^3$ cristallisant en octaèdres rhomboïdaux.

Le fluorure $2 NaFl, SbFl^3$ cristallise en prismes rhomboïdaux. Les fluorures doubles d'antimoine et de lithium, d'antimoine et d'ammonium ont pour composition

$$2 LiFl, SbFl^3 \text{ et } 2 AzH^4Fl, SbFl^3$$

[Flückiger, *Poggend. Ann.*, t. LXXXVII, p. 245].

PHOSPHURE D'ANTIMOINE. — S'obtient en ajoutant du phosphore à de l'antimoine en fusion, ou en fondant ensemble un mélange d'antimoine, d'acide phosphorique et de charbon. C'est un composé blanc, brûlant avec une flamme verdâtre [Pelletier, Landgrebe].

ARSÉNIURE D'ANTIMOINE, Sb^2As^3. — Masse métallique grise, cassante, se rencontrant dans la nature. On rencontre en Californie un arséniure d'antimoine à structure cristalline radiée, renfermant 90, 82 % d'arsenic, et 9,18 d'antimoine [Genth, *Sill. Am. J.*, (2), t. XXXII, p. 190]. E.W.

ANTIMOINE (Réactions et dosage de ses combinaisons). — L'antimoine formant deux classes de composés, au minimum et au maximum, ou, en d'autres termes, triatomiques et pentatomiques, il convient d'exposer les caractères que présente chacun de ces groupes; mais il faut mentionner d'abord les réactions qui caractérisent les combinaisons de l'antimoine en général. Parmi ces caractères généraux, ceux qui sont donnés par la voie sèche sont les plus importants.

Caractères de l'antimoine au chalumeau. — Les combinaisons d'antimoine, chauffées dans la flamme d'oxydation, se volatilisent presque entièrement en donnant un enduit blanc jaunâtre de protoxyde d'antimoine ou d'antimoniate antimonieux; à la loupe ou au microscope, on reconnaît que cet enduit est formé d'oxyde cristallisé. Dans la flamme intérieure, ou de réduction, sur le charbon, avec du carbonate de soude ou du cyanure de potassium, il y a réduction et formation d'un globule d'antimoine qui, si on le projette sur le sol, se divise en brûlant avec éclat; en même temps, il se forme, comme dans l'autre flamme, une auréole ou enduit d'oxyde d'antimoine. Dans les deux cas, la flamme prend une coloration bleu verdâtre particulière.

Toutes les combinaisons d'antimoine, chauffées dans un petit creuset de porcelaine avec du carbonate et de l'azotate de potasse, donnent de l'antimoniate de potasse soluble dans la potasse et reconnaissable aux caractères qui distinguent les combinaisons antimoniques.

Chauffées au chalumeau avec du borax ou du sel de phosphore, les combinaisons d'antimoine donnent un verre transparent, jaune à chaud, incolore à froid; cette perle, chauffée dans la flamme réductrice, perd sa transparence et noircit par suite de la production d'antimoine métallique.

Appareil de Marsh. — Les combinaisons d'antimoine, ramenées à l'état d'oxydes ou de chlorures, introduites dans l'appareil de Marsh, donnent de l'hydrogène, mélangé d'hydrogène antimonié reconnaissable par les taches que ce gaz, en brûlant, produit sur une plaque de porcelaine froide avec laquelle on écrase la flamme. Ces taches, ou anneaux, si la décomposition du gaz a lieu dans un tube fortement chauffé, sont noirs et mats, et reconnaissables aux caractères suivants : ils ne sont pas volatils; chauffés dans un courant d'air, ils s'oxydent sans se déplacer; chauffés dans une atmosphère d'hydrogène sulfuré, ils deviennent jaune orange, et cette coloration disparaît facilement dans un courant de gaz chlorhydrique; traités par l'acide azotique, ils donnent de l'acide antimonique insoluble, deviennent blancs et sont alors jaunis facilement par l'hydrogène sulfuré; les hypochlorites ne les dissolvent pas. Tous ces caractères distinguent nettement les combinaisons de l'antimoine de celles de l'arsenic. — Voyez Arsenic (caractères analytiques).

L'appareil de Marsh peut servir à caractériser l'antimoine, aussi bien que l'arsenic, dans les cas d'empoisonnement. La marche à suivre dans les expertises médico-légales est à peu près la même que pour la recherche de l'arsenic. La destruction des matières animales a lieu de la même manière; il faut seulement avoir soin, si l'on veut retrouver l'antimoine, d'ajouter à la bouillie acide provenant de la destruction des matières organiques, de l'azotate de potasse pour oxyder l'antimoine, et de reprendre le charbon par de l'acide tartrique qui est le meilleur dissolvant de l'oxyde d'antimoine (Flandin et Danger).

Caractères des combinaisons antimonieuses par la voie humide. — Les solutions acides de protoxyde d'antimoine se décomposent lorsqu'on les étend d'eau; il se forme un précipité blanc qui est un sous-sel ou de l'oxyde d'antimoine, si la quantité d'eau est assez grande. Ce précipité est soluble dans l'acide tartrique ou dans l'acide citrique; aussi la présence de ces acides empêche-t-elle la précipitation.

Les alcalis caustiques y donnent un précipité blanc soluble dans un grand excès d'alcali; l'ammoniaque donne un précipité insoluble dans un excès. Les carbonates alcalins produisent dans les sels d'antimoine un précipité blanc d'oxyde hydraté, insoluble dans un excès de réactif; il se dégage de l'acide carbonique.

L'hydrogène sulfuré donne dans les solutions acides des sels d'antimoine un précipité rouge orange caractéristique, mais il ne précipite pas les solutions des antimonites alcalins, il les jaunit seulement, et la précipitation a lieu alors par l'addition d'un acide. Le précipité de sulfure d'antimoine est insoluble à froid dans l'acide chlorhydrique, mais cet acide concentré le dissout à chaud; il est soluble dans les hydrates et les sulfures alcalins. Le sulfure ammonique donne le même précipité, très-soluble dans un excès de ce réactif.

L'infusion de noix de galle produit un précipité blanc jaunâtre volumineux.

Les cyanures jaune et rouge ne précipitent pas les solutions antimonieuses.

Le chlorure d'or est réduit lentement par les sels de protoxyde d'antimoine; à chaud, la réduction est plus rapide, et de l'or se sépare. Le nitrate d'argent donne avec la solution d'émétique un précipité blanc soluble dans l'ammoniaque; mais si l'on sursature d'abord la solution d'émétique par la potasse, ou si l'on emploie une solution d'un antimonite alcalin, le nitrate d'argent produit un précipité noir insoluble dans l'ammoniaque ou ne cédant à celui-ci qu'une petite quantité d'oxyde d'argent; ce précipité est formé d'un mélange de protoxyde d'antimoine, de protoxyde et de sous-oxyde d'argent; la liqueur renferme de l'antimoniate de potasse.

Un certain nombre de métaux précipitent l'antimoine de ses dissolutions acides à l'état métallique; ce sont le zinc, le fer, le cadmium, le cuivre, l'étain. Le cuivre peut déceler de très-petites quantités d'antimoine; chauffé avec une solution antimonieuse, même très-étendue, acidulée d'acide chlorhydrique, le cuivre se recouvre bientôt d'une couche violacée d'antimoniure de cuivre; cette couche se distingue de celle que produit une solution arsénieuse en ce que, le barreau étant chauffé dans un tube, il ne donne pas de sublimé. Traité par une solution alcaline de permanganate de potasse, la couche d'antimoine disparaît en donnant de l'antimoniate de potasse.

Caractères des combinaisons antimoniques par la voie humide. — Les dissolutions alcalines d'acide antimonique sont précipitées par les acides, même par l'acide carbonique. Le précipité se redissout facilement dans l'acide chlorhydrique; beaucoup plus difficilement dans les acides nitrique et sulfurique. Les solutions alcalines ne sont pas précipitées par l'hydrogène sulfuré ou par le sulfure ammonique; les solutions acides, au contraire, donnent immédiatement un précipité orange, plus pâle que celui que donnent les combinaisons antimonieuses.

Le chlorure d'or n'est pas réduit par les solutions antimoniques; le nitrate d'argent y donne un précipité soluble dans l'ammoniaque. Enfin, les solutions antimoniques acides ajoutées à une solution d'iodure de potassium en déplacent l'iode. Ces trois derniers caractères distinguent nettement les combinaisons antimoniques des combinaisons antimonieuses.

Dosage et séparation de l'antimoine. — Le dosage de l'antimoine présente d'assez grandes difficultés ; ses oxydes sont, à la vérité, à peu près insolubles dans l'eau, mais on n'est jamais certain d'avoir affaire à du trioxyde, à de l'acide antimonique ou à de l'antimoniate d'antimoine purs. On précipite presque toujours l'antimoine à l'état de sulfure, dont on détermine ensuite la composition.

Si la combinaison de l'antimoine est insoluble (alliages), on la dissout dans de l'eau régale contenant un grand excès d'acide chlorhydrique, puis on étend d'eau, en ajoutant de l'acide tartrique à la liqueur pour en empêcher la précipitation et l'on y fait passer un courant d'hydrogène sulfuré ; la précipitation n'étant pas immédiatement complète, on doit laisser reposer la liqueur dans un endroit chaud jusqu'à ce que le précipité se soit bien rassemblé. On recueille ensuite le sulfure d'antimoine sur un filtre taré et on le pèse après l'avoir desséché à 100°.

Si l'on avait affaire à une solution alcaline d'antimoine, on en précipiterait de même l'antimoine à l'état de sulfure, en saturant la liqueur par de l'hydrogène sulfuré et ajoutant de l'acide chlorhydrique pour décomposer le sulfo-antimoniate produit.

Le poids de sulfure obtenu dans ces deux cas ne peut pas, en général, servir directement à calculer le poids de l'antimoine, car ce sulfure est fréquemment mélangé d'une quantité plus ou moins grande de soufre libre ; il faut donc déterminer la composition de ce sulfure. Cette détermination peut se faire par différentes méthodes. On peut oxyder le sulfure par l'acide azotique fumant, déterminer la quantité d'acide sulfurique produit et peser le soufre non oxydé ; comme ce soufre est resté insoluble en même temps que l'oxyde antimonique produit, il faut dissoudre ce dernier dans l'acide chlorhydrique additionné d'acide tartrique pour que la liqueur puisse être étendue d'eau sans qu'elle se trouble ; on recueille alors le soufre sur un filtre taré, on le sèche à 100° et on le pèse. Cette méthode n'est pas tout à fait exacte, car le soufre pesé à l'état de liberté peut provenir en partie du soufre combiné à l'antimoine et qui a échappé à l'oxydation, en partie du soufre libre mélangé au sulfure.

On arrive à des résultats plus exacts en calcinant le sulfure obtenu, et placé dans une ampoule pesée, dans un courant d'acide carbonique, pour volatiliser tout le soufre ; quand le sulfure est devenu tout à fait noir, on laisse refroidir et l'on repèse l'ampoule, après y avoir remplacé l'acide carbonique par de l'air. Le sulfure qui reste est du trisulfure Sb^2S^3 pur.

Quelquefois on chauffe le sulfure d'antimoine dans un courant d'hydrogène et on pèse l'antimoine métallique ainsi obtenu ; comme il peut, dans cette opération, se former un peu d'hydrogène antimonié, cette méthode n'est pas aussi recommandable que la précédente.

Bunsen a indiqué plusieurs procédés de dosage de l'antimoine, que nous rappellerons sommairement [*Ann. der Chem. u. Pharm.*, t. CVI, p. 1 ; et *Ann. de Chim. et de Phys.*, (3), t. LIV, p. 91]. Le sulfure d'antimoine obtenu est traité par 8 ou 10 fois son poids d'acide azotique fumant dans un petit creuset de porcelaine, et le tout évaporé lentement, en élevant peu à peu la température, jusqu'à expulsion de tout l'acide azotique et de tout l'acide sulfurique formé ; le résidu est formé d'antimoniate d'antimoine Sb^2O^4 pur ; on s'assure qu'on est arrivé à ce résultat lorsque deux pesées successives donnent le même poids.

Dans une seconde méthode, Bunsen recommande

de calciner le précipité de sulfure avec 30 à 50 fois son poids d'oxyde de mercure jusqu'à ce que le creuset dans lequel se fait l'opération ne change plus de poids.

Lorsque le sulfure d'antimoine précipité renferme beaucoup de soufre, ce qui arrive notamment lorsqu'il a été obtenu par précipitation d'un sulfo-antimoniate, il est bon, dans tous les cas, d'enlever la majeure partie de ce soufre par le sulfure de carbone.

Si l'antimoine existe dans une liqueur à l'état d'oxyde Sb^2O^3, on peut déterminer son poids en traitant cette solution, additionnée d'acide chlorhydrique, par une solution de chlorure d'or. La quantité d'or réduite donne celle de l'antimoine contenu à l'état d'oxyde, par l'équation :

$$3\,SbCl^3 + 2\,AuCl^3 = 3\,SbCl^5 + 2\,Au$$

[Levol, *Ann. de Chim. et de Phys.*, (3), t. I, p. 504].

On peut doser l'antimoine volumétriquement, par différentes méthodes :

1° En dosant, au moyen d'une solution titrée d'iode, la quantité d'hydrogène sulfuré provenant de la décomposition, par l'acide chlorhydrique, du sulfure d'antimoine précipité. On reçoit cet hydrogène sulfuré dans un récipient contenant de l'ammoniaque, et quand la dissolution du sulfure est opérée complètement, on arrête l'ébullition et on étend la liqueur du récipient avec de l'eau bouillie, de manière à en faire 1 litre ; on prend une fraction connue de cette liqueur, 1/5 par exemple, et on la neutralise par de l'acide sulfurique, de manière à ce qu'elle rougisse faiblement le tournesol, puis on y ajoute de l'amidon et on procède au titrage ; la quantité de solution titrée d'iode indique la quantité d'acide sulfhydrique dégagée et, par conséquent, celle de l'antimoine. A une molécule de sulfure d'antimoine Sb^2S^3, correspondent 6 atomes d'iode ; en d'autres termes, 3 équivalents d'iode libre ou 381 correspondent à l'équivalent d'antimoine, ou 122 [R. Schneider, *Poggend. Ann.*, t. CX, p. 634].

2° Lorsque l'on ajoute une solution d'acide chromique ou de permanganate de potasse à une solution chlorhydrique d'oxyde d'antimoine, celui-ci se transforme en acide antimonique ; la quantité de solution titrée d'acide chromique ou de permanganate qu'il faut ajouter indique la quantité d'oxyde d'antimoine existant dans la liqueur. Cette réaction est plus ou moins entravée par la présence de l'acide tartrique ; néanmoins, si celui-ci n'existe pas en trop grande quantité, il ne gêne pas notablement : ce procédé est applicable à l'analyse de l'émétique [Kessler, *Poggend. Ann.*, t. CXVIII, p. 17].

3° Lorsque, au contraire, l'antimoine se rencontre dans une combinaison à l'état d'acide antimonique, on peut le doser volumétriquement en partant de l'action qu'exerce le chlorure stanneux sur sa solution chlorhydrique. Lorsque l'on ajoute du chlorure stanneux $SnCl^2$ à une semblable solution, elle est réduite à l'état de trichlorure d'antimoine, et la réduction ne va jamais plus loin :

$$SbCl^5 + SnCl^2 = SbCl^3 + SnCl^4.$$

Si donc on fait usage d'une solution titrée de protochlorure d'étain, on conçoit que le titre de cette solution, avant et après la réaction, indiquera la quantité d'antimoine existant à l'état d'acide antimonique [Kessler, *Poggend. Ann.*, t. CXIII, p. 145].

L'emploi du permanganate de potasse a pareillement été recommandé par A. Guyard [*Bull. de la Soc. chim.*, t. VI, p. 92, févr. 1864]. Ce procédé est toujours applicable parce que l'antimoine peut toujours être amené à l'état de trichlorure, en le séparant des autres métaux, à l'état de sulfure que l'on fait ensuite bouillir avec de l'acide chlorhydrique.

La facilité avec laquelle l'antimoine est précipité par l'hydrogène sulfuré dans ses dissolutions acides et celle avec laquelle son sulfure se dissout dans le sulfure ammonique permettent de le séparer de tous les métaux qui ne sont pas dans ce cas. Ceux qui appartiennent au même groupe sont l'or, le platine, l'étain, l'arsenic, l'iridium, le sélénium, le tellure, ainsi que le tungstène et le vanadium.

Nous ne nous occuperons ici que de la séparation de l'antimoine d'avec l'étain et l'arsenic. Cette séparation, surtout celle de l'antimoine et de l'étain, présente d'assez grandes difficultés.

On dissout l'alliage, ou la combinaison renfermant les deux métaux, dans de l'acide chlorhydrique additionné d'un peu d'acide azotique. Lorsque la dissolution est complète, on introduit dans la solution une lame d'étain pur et l'on fait bouillir jusqu'à ce que tout l'antimoine soit précipité à l'état d'une poudre noire; on le recueille sur un filtre, on le sèche à 100° et on le pèse. Si l'on veut connaître en même temps le poids de l'étain, on opère sur une nouvelle portion de substance à analyser et on précipite les deux métaux par le zinc; du poids total de l'antimoine et de l'étain, on retranche alors le poids de l'antimoine précédemment trouvé (Gay-Lussac).

On peut aussi dissoudre l'alliage par l'acide chlorhydrique, auquel on ajoute, par petites portions, du chlorate de potasse; quand la dissolution est complète, on précipite les deux métaux par le zinc et on reprend par de l'acide chlorhydrique le précipité métallique obtenu; après une demi-heure d'ébullition, tout l'étain est dissous, tandis que l'antimoine reste à l'état d'une poudre dense que l'on recueille sur un filtre et qu'on pèse après l'avoir lavée et séchée à 100° [Levol, *Ann. de Chim. et de Phys.*, (3), t. XIII, p. 125].

Si l'étain et l'antimoine sont à l'état de sulfures, ce qui arrive lorsqu'on a eu à les séparer d'autres métaux, on peut suivre la même marche, c'est-à-dire dissoudre ces sulfures dans l'acide chlorhydrique avec l'aide du chlorate de potasse.

Le fer métallique précipite l'antimoine de ces dissolutions, mais il ne précipite pas l'étain, même à l'ébullition. On peut donc, après avoir dissous l'alliage, faire bouillir la dissolution avec du fer et recueillir, comme précédemment, le précipité d'antimoine [Tookey, *Chem. Soc. Journ.*, t. XV, p. 462]. Ce procédé donne de bons résultats, mais il faut que l'antimoine se trouve en présence d'une assez grande quantité d'étain; lorsque c'est l'antimoine qui domine, il est bon d'ajouter à l'alliage que l'on veut dissoudre un poids connu d'étain [Classen, *Journ. für prakt. Chem.*, t. XCII, p. 477].

Le procédé suivant a été recommandé par H. Rose; il consiste à attaquer l'alliage par l'acide nitrique concentré, pour produire les acides stannique et antimonique qu'on traite, après une légère calcination, par l'hydrate de soude, dans un creuset d'argent; après que la masse a été maintenue en fusion pendant quelque temps, on la laisse refroidir et on la reprend par l'eau; l'antimoniate de soude, très-peu soluble, se dépose, tandis que le stannate de soude se dissout très-bien en entraînant un peu d'antimoniate. En ajoutant à cette solution la moitié environ de son volume d'alcool, on en précipite tout l'antimoniate, tandis que le stannate reste dissous. Le pesage de l'antimoniate ne donnerait pas de résultats certains: il faut en conséquence redissoudre le précipité dans l'acide chlorhydrique additionné d'acide tartrique, et précipiter l'antimoin à l'état de sulfure.

Quant à la séparation de l'antimoine et de l'arsenic, elle est plus facile que celle de l'étain. Si l'on a affaire à un alliage, on le dissout dans de l'acide chlorhydrique additionné d'acide azotique ou de chlorate de potasse, on précipite l'antimoine et l'arsenic (ainsi que l'étain, s'il y en a) par le zinc, et l'on reprend le précipité métallique par de l'acide azotique qui transforme l'arsenic en acide arsénique très-soluble, et l'antimoine en antimoniate d'antimoine insoluble qu'on transforme ensuite en sulfure pour le peser. Si l'antimoine et l'arsenic sont à l'état de sulfures, on procède de même.

On peut aussi traiter l'antimoine et l'arsenic (et l'étain) à l'état de sulfures par un mélange de carbonate de soude et de salpêtre; l'arsenic passe à l'état d'arséniate de soude très-soluble dans l'eau et en antimoniate à peu près insoluble. — Voir la dernière méthode de séparation de l'antimoine et de l'étain.　　　　E. W.

ANTIMOINE (Métallurgie de l'). — Le traitement métallurgique de l'antimoine comprend cinq opérations distinctes: la première a pour objet de séparer le sulfure d'antimoine de sa gangue par une simple fusion. Elle s'effectue en chauffant le minerai dans des pots de terre coniques, percés d'un trou à leur sommet et placés sur d'autres pots dans lesquels ils entrent de quelques centimètres; le sulfure d'antimoine, en vertu de sa grande fusibilité, s'écoule dans les pots inférieurs: c'est l'antimoine cru des métallurgistes.

Le sulfure fondu entraîne avec lui une certaine proportion de sulfures étrangers, principalement des sulfures de plomb, de zinc et de fer. Les gangues restées dans les pots supérieurs retiennent une petite quantité de sulfure d'antimoine partiellement oxydé. Cette fonte n'est nécessaire que pour le traitement des minerais pauvres.

La seconde opération est le grillage du sulfure d'antimoine.

L'antimoine cru est pulvérisé et grillé dans un four à réverbère, dans lequel le minerai est chauffé au-dessous du rouge sombre par la réverbération de la voûte. Le grillage exige beaucoup de temps et un brassage continuel. Il se dégage pendant toute la durée de cette opération de l'acide sulfureux, de l'oxyde d'antimoine et un peu d'acide arsénieux. L'opération donne deux produits: le minerai grillé et les fumées.

Le minerai grillé contient de l'oxyde et de l'antimoniate d'oxyde d'antimoine et le sulfure qui a échappé à l'oxydation; sa couleur est cendrée ou briquetée.

Les fumées contiennent de l'oxyde d'antimoine et des matières fixes entraînées par les gaz.

La troisième opération est la réduction du métal. Pour réduire le minerai grillé, on le mélange avec du charbon et avec des fondants alcalins, tels que le carbonate de soude ou la crème de tartre. On introduit ce mélange dans des creusets de terre. Les creusets sont chauffés à une bonne chaleur rouge sur la sole d'un four à réverbère.

L'oxyde d'antimoine se réduit à l'état métallique; une portion du sulfure d'antimoine est décomposée par le carbonate alcalin, il se forme un sulfure alcalin qui, combiné au reste du sulfure d'antimoine, constitue la scorie. Le métal est coulé dans des lingotières en fonte. Ce produit est appelé *régule d'antimoine*.

La quatrième opération consiste à refondre le régule dans des creusets avec une portion des scories de l'opération précédente et une certaine quantité de minerai grillé, ou mieux en ajoutant du nitre et du carbonate de soude. Cette fusion suffit pour enlever au régule le soufre, les métaux alcalins, le fer et le zinc.

Cette opération donne l'antimoine purifié, prenant en se solidifiant l'état cristallin que l'on désire dans le commerce.

Enfin la cinquième opération, c'est-à-dire le traitement des fumées, se fait comme celui du minerai grillé. Le métal contient ordinairement plus d'arsenic que celui qui est produit par le traitement du minerai.

On peut également préparer de l'antimoine en décomposant le sulfure d'antimoine par le fer. Ce procédé n'a pu devenir usuel à cause de la mauvaise qualité du métal qu'il produit.

La méthode suivante a été proposée par L. Kessler [*Journ. de Pharm.*, (3), t. XL, p. 308] comme applicable surtout aux minerais pauvres en antimoine et à l'extraction de ce métal des scories provenant de l'extraction de l'antimoine par la méthode ordinaire. Cette méthode consiste à produire industriellement et à fondre avec du fer le sulfo-antimoniate de sodium (sel de Schlippe). On fait bouillir le minerai, bien pulvérisé, avec du sulfure de calcium (obtenu par réduction du gypse), du soufre et du chlorure de sodium; on obtient ainsi le sulfo-antimoniate de sodium qui cristallise par évaporation; on fond ce sel après l'avoir desséché, opération dans laquelle il perd 2 atomes de soufre, et on y ajoute du fer; il se produit ainsi de l'antimoine métallique et un sulfure double, facilement fusible, de fer et de sodium. On peut remplacer le fer par une quantité équivalente d'un mélange d'oxyde de fer et de charbon. Cette méthode, très-économique, applicable à l'extraction de l'antimoine des minerais pauvres et des scories, a l'avantage de donner immédiatement ce métal exempt de plomb, de cuivre et d'argent; on peut même l'obtenir exempt de fer et d'arsenic en remplaçant le fer par un mélange de chaux et de charbon.   E. W.

ANTIMOINE (Min.) [Syn. *Antimoine natif*].— Antimoine renfermant d'ordinaire un peu d'argent, d'arsenic et de fer. Masses cristallines lamelleuses, d'un blanc d'étain. Les variétés riches en arsenic sont à texture granulaire, d'une couleur plus foncée et se trouvent quelquefois concrétionnées, dans les filons antimonifères.

Caractères. — Au chalumeau, fond en un globule qui émet des fumées blanches, continue à brûler quelque temps après qu'on a cessé de le chauffer et se recouvre d'un lacis de petites aiguilles nacrées d'oxyde. Le métal cristallise par le refroidissement.

Dureté, 3-3,5. Densité, 6,6-6,7.

Forme cristalline. — Rhomboèdre de 87° 35'.

Clivages : a^1 (base) parfait; b^1, e^1; d^1 traces.

ANTIMOINE OXYDÉ. — Voyez SÉNARMONTITE et VALENTINITE.

ANTIMOINE OXYDÉ-SULFURÉ. — Voyez KERMÈS.

ANTIMOINE SULFURÉ. — Voyez STIBINE.

ANTIMOINE SULFURÉ-NICKÉLIFÈRE. — Voyez ULLMANNITE.

ANTIMOINE SULFURÉ PLUMBO-CUPRIFÈRE. — Voyez BOURNONITE.

ANTIMONIATE DE PLOMB. — Voyez BLEINIÈRE.

ANTIMONICKEL. — Voyez BREITHAUPTITE.

ANTIMONITE. — Voyez STIBINE.

ANTIMONITE DE CHAUX. — Voyez ROMÉINE.

ANTIMONITE DE MERCURE. — Voyez AMMIOLITHE.

ANTIRRHINIQUE (ACIDE). — Acide huileux, incolore, de saveur désagréable, odeur particulière, rappelant celle de la digitale, d'où l'on l'extrait; soluble dans l'alcool, peu soluble dans l'eau, volatil.

On le retire de la digitale pourprée et d'autres plantes de la famille des antirrhinées en distillant les feuilles avec de l'eau et en saturant le liquide qui a passé avec de l'eau de baryte. La solution du sel barytique est évaporée à sec, le résidu est décomposé par l'acide oxalique et distillé une seconde fois avec de l'eau. Le liquide est rectifié au bain-marie en présence du chlorure de calcium. On obtient ainsi une solution aqueuse saturée, au-dessus de laquelle l'acide en excès nage sous forme de gouttes huileuses. La composition de l'acide antirrhinique n'est pas connue [Morin, *Journ. de Pharm.*, avril 1845 p. 209].

ANTISEPTIQUES (SUBSTANCES). — Par antiseptique, on entend tout moyen capable d'empêcher le développement des putréfactions et des fermentations, ou d'arrêter celles qui sont commencées. Ainsi le froid est un moyen antiseptique; il en est de même du vide, de la dessiccation; mais par substances antiseptiques, on désigne plus particulièrement des préparations chimiques qui s'opposent à l'altération des composés organiques, même dans les conditions physiques où elle serait le plus facile. Ces corps agissent généralement en s'opposant au développement des germes et à leur multiplication. Les principales substances antiseptiques sont l'acide sulfureux et les sulfites, les sels de fer, d'aluminium, de cuivre, de mercure, et quelques substances organiques (phénol, créosote, tannins, etc.). — Voir PUTRÉFACTION.

ANTRIMOLITHE (Min.). — Mésolithe d'Antrim, en prismes rhomboïdaux de 92° 13', à arêtes biselées par un second prisme de 150° 30'

APATÉLITE (Min.). — Sulfate ferrique hydraté en nodules friables d'une couleur jaune, trouvé dans les argiles d'Auteuil et de Meudon.

APATITE (Min.) [Syn. *Chaux phosphatée*]. — Fluophosphate de chaux,

$$Ph^3Ca^5FlO^{12} \text{ ou } \left. \begin{array}{l} 3\,PhO \\ 4\,Ca \\ Ca \\ Fl \end{array} \right\} O^9$$

Une partie du fluor est ordinairement remplacée par du chlore.

Se présente en prismes hexagonaux ou en masses compactes granulaires ou fibreuses d'une couleur quelquefois blanche et laiteuse, plus souvent verdâtre, bleuâtre, violacée ou jaunâtre, d'un éclat vitreux tirant sur le résineux; transparente ou translucide. Elle se rencontre dans les roches cristallines, et dans les filons, particulièrement dans les filons stannifères et dans ceux de fer magnétique.

Caractères. — Soluble sans résidu dans les acides. Fusible sur les arêtes. Avec le sel de phosphore, donne un verre qui cristallise par le refroidissement, et qui devient opaque lorsqu'il est saturé d'apatite. Avec l'acide borique et le fil de fer, donne du phosphure de fer. Avec le sel de phosphore et l'oxyde de cuivre, colore la flamme en bleu. Chauffée avec l'acide sulfurique ou le sel de phosphore, donne les réactions du fluor.

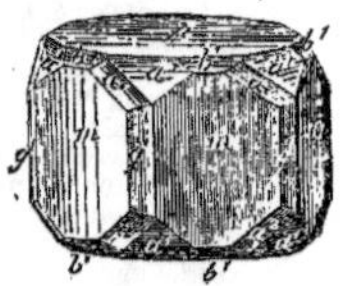

Fig. 57. — Apatite.

Dureté, 5,0. Poussière blanche, cassure conchoïdale. Densité, 3,18-3,25. Quelques variétés sont phosphorescentes. Biréfringente à un axe négatif.

Forme cristalline. — Prismes hexagonaux réguliers portant de nombreuses modifications sur les arêtes de la base et sur les arêtes verticales. Présente souvent l'hémiédrie à faces parallèles. Angles que font les pyramides les plus fréquentes avec la base : $pa^1 = 124°20'$, $pb^1 = 130°47'$. Clivages imparfaits suivants p, m.

A été reproduite artificiellement par MM. Forchhammer, Daubrée, Debray, H. Deville et Caron [*Compt. rend.*, t. XXVII, 1849; *Compt. rend.*, t. LII, p. 44; *Ann. de Chim. et de Phys.*, (3), t. LXVII. p. 413].

On rapporte à l'apatite des rognons ou nodules de phosphate de chaux qui se trouvent dans divers terrains sédimentaires et qu'on emploie en agriculture. F. et S.

APHANÈSE (Min.) [Syn. *Strahlerz, Abichite,* Haid., *Klinoklase,* Breith., *Cuivre arséniaté prismatique triangulaire. H.*]. — Arséniate cuivrique hydraté,

$$As\ Cu^3\ H^3\ O^7 = \begin{matrix} As\ O \\ 3\ Cu \\ 3\ H \end{matrix} \Big\{ \begin{matrix} \\ O^3 \\ O^3 \end{matrix}$$

[Rammelsberg, *Handb. der Min.*, p. 378; Dumont, *Ann. de Chim. et de Phys.*, (3), t. XIII]. Se présente en cristaux ou en masses mamelonnées à structure fibreuse rayonnée, d'un vert bleuâtre foncé, translucides. Éclat vitreux ou résineux, nacré sur p. Les cristaux sont des prismes clinorhombiques modifiés sur l'angle aigu ($a^{3/4}$).

Caractères. — Soluble dans les acides et dans l'ammoniaque. Sur le charbon, se boursoufle facilement, émet des fumées arsenicales et laisse un globule de cuivre. Dureté, 2,5 - 3. Poussière vert-de-gris. Densité : 4,19 - 4,36.

$mm = 56°0'$, $ph^1 = 80°30'$, $po^1 = 123°48'$.

Clivage : p, très-net. F. et S.

APHRITE (Min.). — Variété de chaux carbonatée en grandes lames nacrées.

APHRODITE (Min.). — Silicate hydraté de magnésie, MgO, $Si O^2 + 3/4$ (?) H^2O ; renferme en petite quantité les protoxydes de manganèse et de fer, et des traces d'alumine. Ressemble à la magnésite, et se trouve à Langbansbyttä (Suède).

Densité : 2,21.

APHROSIDÉRITE. (Min.). — Silicate hydraté d'alumine et de protoxyde de fer, renfermant un peu de magnésie :

$$3\ FeO,\ Al^2O^3,\ 2\ SiO^2,\ 2\ H^2O\ (?);$$

c'est une ripidolithe ferrugineuse.

Masses écailleuses formées de petites lamelles hexagonales transparentes, d'un éclat nacré et d'une couleur vert olive.

Caractères. — Complétement attaquable à froid par l'acide chlorhydrique. Au chalumeau, devient rouge brun et fond sur les bords en une masse noire.

Dureté, 1. Densité, 2,8.

APHTHALOSE (Min.) (Beudant) [Syn. *Glasérite,* Haussmann ; *Arcanite,* Haid.]. — Sulfate de potasse, K^2SO^4. Se trouve en petits cristaux ou en masses cristallines sur la lave du Vésuve.

Forme cristallins. — Prisme orthorhombique ; $mm = 120°24'$; $pa^1 = 143°15'$, $pb^1 = 143°6'$. Les cristaux ont l'apparence de prismes hexagonaux (m, g^1) pyramidés (e^1, b^1).

APHTHONITE (Min.). — Panabase argentifère de Wermeland (Suède).

Densité : 4,87.

APIINE, $C^{24}H^{28}O^{13}$. — Corps pectiforme extrait, en 1843, du persil (*Apium graveolens*), par Braconnot [*Ann. de Chim. et de Phys.*, (3), t. IX, p. 250], et étudié par V. Planta et Wallace [*Ann. der Chem. u. Pharm.*, t. LXXIV, p. 262]. L'a-

piine purifiée et séchée forme une poudre blanche, sans odeur ni saveur, hygroscopique, fusible à 180° et se solidifiant par refroidissement en une masse vitreuse jaune et cassante. Elle est soluble dans 8500 p. d'eau froide et très-soluble dans l'eau chaude; peu soluble dans l'alcool froid, soluble à l'ébullition, insoluble dans l'éther. Les solutions aqueuses ou alcooliques se prennent en gelée par le refroidissement, même lorsqu'elles ne sont pas très concentrées. Une ébullition prolongée avec l'eau seule ou avec l'eau aiguisée d'acide sulfurique ou d'acide chlorhydrique lui fait perdre la propriété de pectiser par refroidissement; il se dépose seulement des flocons blanchâtres devenant brun clair après lavage et dessiccation. La composition de ce nouveau produit varie avec le mode de traitement. Ainsi obtenu par l'eau seule, il représenterait un dérivé plus hydraté que l'apiine :

$$C^{24}H^{28}O^{13} + 2\ H^2O = C^{24}H^{32}O^{15};$$
Apiine.

tandis que, par l'ébullition avec les acides chlorhydrique ou sulfurique étendus, il y aurait départ d'eau :

$$C^{24}H^{28}O^{13} - 4\ H^2O = C^{24}H^{20}O^9.$$
Apiine.

En dissolvant à froid l'apiine dans l'acide sulfurique concentré et en ajoutant de l'eau, on obtient un précipité qui, lavé et séché, constitue une poudre jaune brunâtre, moins soluble dans l'eau bouillante que l'apiine, mais susceptible de donner des gelées; sa composition est représentée par la formule :

$$C^{24}H^{24}O^{11} = C^{24}H^{28}O^{13} - 2\ H^2O.$$

Si l'on fait bouillir une solution aqueuse d'apiine avec de l'acide sulfurique pendant plusieurs heures, le liquide saturé par le carbonate de baryte, filtré et concentré, donne un sirop sucré, réduisant le tartrate cupropotassique, mais ne fermentant pas. Les alcalis et l'ammoniaque dissolvent l'apiine sans l'altérer, même à l'ébullition; la solution précipite en gelée par les acides. Un mélange d'acide sulfurique et de bioxyde de manganèse donne lieu à une réaction vive et à la formation d'acides formique, acétique et carbonique. Le chlore agissant sur la solution aqueuse d'apiine produit un dérivé chloré.

La réaction la plus caractéristique est la coloration rouge de sang que prennent les solutions aqueuses de ce corps, sous l'influence du sulfate ferreux. Les solutions aqueuses ne précipitent pas, par le chlorure de baryum, l'azotate d'argent ou l'acétate de plomb. Une solution alcoolique additionnée d'acétate de plomb donne un précipité jaune intense renfermant 53,5 à 61 p. 100 de plomb.

On prépare l'apiine en traitant à plusieurs reprises le persil frais, récolté avant la floraison, par l'eau bouillante; la gelée verte épaisse, qui se dépose par le refroidissement, est lavée, séchée et traitée par l'alcool bouillant. La solution alcoolique donne, en se refroidissant, une gelée verte qu'on traite par l'eau bouillante; on chasse ainsi l'alcool et il finit par rester une bouillie verte contenant en suspension une poudre blanchâtre; on filtre sur une toile et on enlève, après dessiccation, les dernières traces de chlorophylle et de cire, au moyen de l'éther chaud. P. S.

APIRINE ou **APYRINE**. — Alcaloïde organique de composition inconnue, extrait par Bizio de la noix du *Cocos lapidia, Cocos nucifera* [*Journ. de Chim. médic.*, oct. 1833, t. LX, p. 595].

Son existence est encore douteuse. La noix de coco est épuisée par l'eau acidulée avec l'acide chlorhydrique et le liquide est précipité par l'ammoniaque. Corps blanc, à saveur légèrement brûlante. Sans réaction sur les teintures végétales. Plus soluble à froid qu'à chaud ; cette propriété se transmet à ses sels.

APLOME. — Voyez GRENAT.

APOCRÉNIQUE (ACIDE). — Matière ulmique contenue dans l'eau minérale de Parla, en Suède, dans le terreau et les dépôts ocreux des eaux ferrugineuses (voyez ACIDES CRÉNIQUE et ULMIQUE). Pour le séparer, on fait bouillir ces dépôts ocreux avec de la potasse, on filtre et on neutralise par l'acide acétique, puis on précipite par l'acétate de cuivre. Le précipité composé d'apocrénate de cuivre est décomposé par l'hydrogène sulfuré ; l'acide apocrénique est brun, peu soluble dans l'eau, soluble dans l'alcool, de saveur astringente. Les sels alcalins sont noirs, solubles dans l'eau, insolubles dans l'alcool.

La composition est, d'après Mulder, représentée par $C^{24}H^{12}O^{12}$. (?)

APOGLYCIQUE (ACIDE). — Matière ulmique brune, soluble et acide, formée par l'action de l'acide sulfurique étendu sur le sucre. — Voyez CARAMEL, ASSAMARE, ACIDE GLUCIQUE, ACIDE ULMIQUE.

APOPHYLLÉNIQUE (ACIDE), $C^8H^7AzO^4$, appelé encore acide apophyllique [Wœhler, *Ann. der Chem. u. Pharm.*, t. XXIV ; Anderson, *Chem. Soc. quart. Journ.*, t. V, p. 257]. Ce corps a été obtenu par Wœhler par l'oxydation de la cotarnine (alcaloïde dérivé de la narcotine),

$$C^{13}H^{13}AzO^3 + O = C^8H^7AzO^4 + C^5H^6$$

(on ne sait pas encore au juste ce que devient ce reste C^5H^6). Comme oxydant on peut employer le bichlorure de platine ou l'acide nitrique. Le procédé le plus avantageux consiste à dissoudre la cotarnine dans l'acide nitrique étendu de deux fois son volume d'eau. On ajoute de l'acide concentré, et on porte à l'ébullition. Il se dégage des vapeurs rouges. De temps à autre, on essaye sur une petite quantité du liquide s'il donne des cristaux par addition d'alcool et d'éther. S'il en est ainsi, on laisse refroidir et l'on ajoute un mélange d'alcool et d'éther. Au bout de 24 heures le dépôt de cristaux est formé ; on filtre, on redissout et on décolore par le noir animal.

L'acide apophyllique se dépose par le refroidissement de ses solutions aqueuses concentrées, bouillantes, en beaux et longs prismes anhydres.

Si la cristallisation a lieu plus lentement, dans une solution moins concentrée, les cristaux contiennent un atome d'eau et sont des octaèdres rhombiques, clivables parallèlement à la base ; les faces de clivage ont un éclat nacré. Il est peu soluble dans l'eau, insoluble dans l'alcool et l'éther ; réaction faiblement acide. Il fond à 205° et se décompose à une température plus élevée. Les apophyllates sont généralement solubles ; ceux à base d'alcali cristallisent ; ils ne précipitent ni par le chlorure de baryum ni par les sels de plomb, très-lentement par le nitrate d'argent.

Sel ammonique. — Aiguilles prismatiques très-solubles.

Sel barytique. — Se précipite en cristaux nodulaires lorsqu'on ajoute de l'alcool à la solution aqueuse obtenue par digestion de l'acide avec le carbonate de baryum.

Sel argentique, $C^8H^6AgAzO^4$. — Poudre cristalline soluble dans l'eau, insoluble dans l'alcool. On peut dissoudre le carbonate d'argent dans l'acide apophyllique aqueux, et on précipite par l'alcool. Facilement décomposable par la chaleur.

A. N.

APOPHYLLITE (Min.) [Syn. *Ichthyophthalme, Tesselite, Oxhaverite, Albine,* W., *Mésotype épointée,* H.]. — Silicate hydraté fluorifère de chaux et de potasse, $Ca^4KH^{16}.Si^8F O^{28}$.

Se trouve en cristaux octaédriques (a^1), prismatiques (m, p) ou tabulaires (p, m, a^1) souvent très-beaux et de grande dimension, dans les cavités de roches amygdaloïdes, dans des trapps, dans des filons plombifères et argentifères traversant les roches de transition. etc. Incolore ou blanc laiteux, quelquefois rosé. Éclat vitreux, nacré sur la base.

Caractères. — Facilement attaquable par l'acide chlorhydrique, en laissant de la silice pulvérulente. Dans le matras,

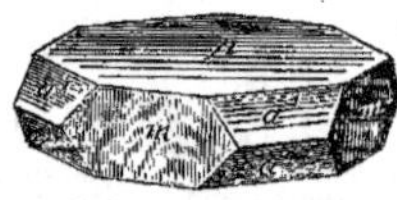

Fig. 58 — Apophyllite.

donne de l'eau ; dans le tube ouvert, les réactions du fluor. Au chalumeau, s'exfolie et fond avec bouillonnement en un émail blanc bulleux. M. Wœhler, ayant chauffé de l'apophyllite avec de l'eau dans un tube scellé à 180° ou 190°, a obtenu par le refroidissement des cristaux de la même substance.

Dureté, 4,5-5. Densité, 2,35-2,4.

Forme cristalline. — Octaèdres à base carrée $a^1 a^1$ (par-dessus p) = 58°56, $a^1 a^1$ (arête culminante) = 104°0'.

Clivage : p très-facile et nacré.　F. et S.

APOSÉPÉDINE. — Voyez LEUCINE.

APOSORBIQUE (ACIDE), $C^5H^8O^7$. — M. Dessaignes, en oxydant la sorbine par le procédé qu'a employé Liebig pour la préparation de l'acide tartrique au moyen du sucre de lait (voyez ACIDE TARTRIQUE), a obtenu plusieurs acides. Parmi eux se trouve l'acide aposorbique, qu'il a séparé en précipitant d'abord les liqueurs par l'acétate de chaux, puis par l'acétate de plomb, et en décomposant le précipité plombique par l'acide sulfhydrique [Dessaignes, *Compt. rend. de l'Acad.*, t. LV, p. 769].

L'acide aposorbique cristallise en lames confusément enchevêtrées, rarement en rhomboèdres aigus et minces, dont quelques-uns isolés. 100p. de cet acide exigent 163 p. d'eau à 15° pour se dissoudre. Il ne renferme pas d'eau de cristallisation ; à 110° il fond en perdant de l'eau, à 170° il bouillonne et se colore, à 200° enfin il laisse une masse noire spongieuse. Le liquide distillé ne renferme pas d'acide pyruvique.

L'analyse de l'acide aposorbique desséché sur l'acide sulfurique a donné :

	I	II	Calcul.	OBSERVATION.
C	32,92	33,10	33,33	L'acide de la première analyse était moins pur que celui de la deuxième.
H	4,30	4,65	4,44	
O	»	»	62,22	

Aposorbate d'argent, $C^5H^6Ag^2O^7$. — Ce sel est amorphe. Séché sur l'acide sulfurique, il a donné à l'analyse :

	I	II	III	Calcul pour $C^5H^6Ag^2O^7$.
C	15,19	»	»	15,23
H	1,63	»	»	1,52
Ag	»	54,54	54,75	54,82
O	»	»	»	28,43

Aposorbate de chaux, $C^5H^6Ca''O^7 + 4H^2O$. — Ce sel renferme 19,77 % de chaux ; il est cristallisable et soluble dans le sel ammoniac et la potasse.

Aposorbate de plomb. — C'est un sous-sel

amorphe qui renferme 67,54 % de plomb et correspond à la formule $C^6H^6PbO^7$. PbO.

L'acide aposorbique à demi saturé par l'ammoniaque ne donne pas de précipité cristallin. Son bi-sel ammonique forme des houppes soyeuses très-solubles. Cet acide ne précipite non plus ni l'acétate de potasse ni l'azotate mercurique ; il ressemble cependant à l'acide tartrique par sa réaction avec le chlorure calcique et par la solubilité de son sel de chaux dans la potasse et le sel ammoniac. A. N.

ARABINE. — Nom donné jadis au principe immédiat soluble dans l'eau qui constitue la presque totalité de la gomme arabique. M. Fremy a démontré que ce principe est constitué par les sels de potasse et de chaux d'un acide qu'il a nommé acide gummique. — Voyez GUMMIQUE (ACIDE).

ARACHIDE (*Arachis hypogœa*). — L'arachide est une plante grimpante indigène de l'Inde et des côtes sud de l'Afrique et de l'Amérique. On la cultive dans le nord de l'Amérique et dans le midi de la France. Les semences de cette plante renferment une huile grasse, *huile d'arachide, huile de pistache de terre* (Earth-nut oil—Erdnuss-öl), que l'on peut en extraire par la pression. L'huile faite à froid est à peu près incolore, présente une odeur agréable et peut être employée aux usages culinaires à la place de l'huile d'olive, bien qu'elle rancisse plus vite que cette dernière. L'huile faite à chaud présente, au contraire, une odeur ainsi qu'une saveur désagréables et elle est colorée. La densité de l'huile faite à froid est de 0,916 à 50°. Cette huile se congèle à — 3°. Exposée pendant quelque temps à +3°, elle laisse déposer une matière grasse solide qui paraît identique avec la stéarine. L'huile d'arachide se dissout difficilement dans l'alcool, beaucoup mieux dans l'éther et les huiles essentielles. Elle est saponifiée par la lessive de soude et donne alors un savon blanc incolore que l'on fabrique en France et en Allemagne. Décomposé par l'acide chlorhydrique, ce savon fournit plusieurs acides gras parmi lesquels on doit noter l'acide arachidique, $C^{20}H^{40}O^2$ (voyez ce mot), l'acide hypogaïque, $C^{16}H^{30}O^2$ (voyez ce mot), et de grandes quantités d'acide palmitique (voyez ce mot). L'huile d'arachide est donc un mélange d'arachine, d'hypogaïne et de palmitine. P. S.

ARACHIDIQUE (ACIDE),

$$C^{20}H^{40}O^2 = \begin{matrix} C^{20}H^{39}O \\ H \end{matrix} \Big\} O.$$

[A. Gössmann, *Ann. der Chem. u. Pharm.*, t. LXXXIX, p. 1; et *ibid.*, t. XCVII, p. 257. — *Ann. de Chim. et de Phys.*, t. XLVII, p. 382; Berthelot, *ibid.*, 355.] — Cet acide s'extrait de l'huile d'arachide (voyez ARACHIDE). On saponifie cette huile en la faisant bouillir avec une lessive de soude concentrée. Le savon est ensuite décomposé par l'acide chlorhydrique et le mélange d'acides gras que l'on obtient, mis en digestion avec l'alcool froid, lui abandonne les acides volatils qu'il renferme ; le résidu bien comprimé est dissous dans l'alcool bouillant, additionné d'acide acétique en quantité telle que l'acétate de plomb ne produise aucun précipité à chaud, puis abandonné au refroidissement pendant 48 heures. Les cristaux qui se forment sont transformés en éther arachidique par l'ébullition avec l'acide chlorhydrique et l'alcool. Cet éther, séparé par filtration du chlorure plombique et privé, par l'évaporation, de l'alcool dans lequel il est dissous, est de nouveau saponifié par la soude et soumis à des précipitations fractionnées au moyen de l'acétate de magnésium. L'acide arachidique se trouve dans les parties qui se précipitent les premières.

L'acide arachidique fond à 75° et se solidifie à 73° en une masse radiée qui prend à la longue l'aspect de la porcelaine ; il cristallise en très-petites paillettes brillantes. Pur, il se dissout très-peu dans l'alcool ordinaire et se dissout, au contraire, très-bien dans l'alcool absolu et l'éther. Il a donné à l'analyse :

	Gössmann expérience.			Théorie.	
				$C^{19}H^{38}O^2$	$C^{20}H^{40}O^2$
Carbure	76,84	76,84	76,82	76,41	76,92
Hydrogène	12,96	12,93	12,72	12,75	12,82
Oxygène	»	»	»	10,74	10,26

ARACHATES MÉTALLIQUES. — L'acide arachidique est monobasique et appartient à la série des acides gras, $C^nH^{2n}O^2$. Les sels de potassium, de sodium, d'ammonium, de baryum, de strontium, de calcium, de magnésium, de cuivre et d'argent ont été étudiés (Gössmann).

Arachate de potassium, $C^{20}H^{39}KO^2$. — Pour préparer ce sel, on fait bouillir l'acide arachique pendant longtemps avec une solution concentrée de potasse, puis on dirige un courant de gaz carbonique à travers la liqueur, de manière à transformer l'excès de potasse en carbonate. On évapore, enfin, à siccité, on reprend le résidu par l'alcool à 95°, qui dissout l'arachate de potassium et laisse le carbonate alcalin, et l'on purifie le premier de ces sels par plusieurs cristallisations. C'est un corps cristallin, soluble dans l'alcool et dans 15 fois son poids d'eau bouillante. Cette dernière solution, additionnée de 30 ou 40 fois son volume d'eau, laisse déposer des paillettes brillantes d'arachate acide de potassium. Le *sel de sodium* partage les propriétés de celui de potassium.

Arachate d'ammonium, $C^{20}H^{39}(AzH^4)O^2$. — Ce sel se dépose abondamment sous forme d'aiguilles lorsqu'on laisse refroidir lentement une solution alcoolique d'acide arachique saturée à chaud après l'avoir neutralisée par l'ammoniaque. Ce sel, desséché, constitue une poudre cristalline légère qui perd de l'ammoniaque à l'air.

Arachate de magnésium, $(C^{20}H^{39}O^2)^2Mg''$. — On le prépare en précipitant une dissolution alcoolique d'arachate d'ammonium par une solution alcoolique saturée à froid d'acétate magnésique. On chauffe pour redissoudre le précipité qui, par le refroidissement, se dépose de nouveau sous forme de petits prismes groupés en étoiles. Purifié par une nouvelle cristallisation, l'arachate magnésique se présente sous la forme d'une poudre cristalline légère, difficilement soluble dans l'alcool et insoluble dans l'eau ; par les lavages il se transforme en un sous-sel.

Arachate de baryum, $(C^{20}H^{39}O^2)^2Ba''$. — C'est une poudre cristalline légère, insoluble dans l'eau et soluble dans beaucoup d'alcool bouillant.

Arachate de strontium, $(C^{20}H^{39}O^2)^2Sr''$. — Il ressemble au sel barytique, mais se dissout mieux dans l'alcool bouillant. Le sel de calcium est une poudre blanche très-légère.

Arachate de cuivre, $(C^{20}H^{39}O^2)^2Cu''$. — C'est un précipité blanc verdâtre qui devient peu à peu cristallin. Il se forme par double décomposition.

Arachate d'argent, $C^{20}H^{39}AgO^2$. — On l'obtient comme le sel précédent. Il est soluble dans l'alcool bouillant, d'où il se dépose par le refroidissement en prismes brillants et inaltérables à la lumière.

ÉTHERS ARACHIQUES. — *Arachate d'éthyle*,

$$C^{20}H^{39}(C^2H^5)O^2.$$

— Il se sépare à la fin de l'opération sous forme de gouttelettes oléagineuses lorsqu'on fait passer un courant d'acide chlorhydrique gazeux dans une solution d'acide arachique dans l'alcool absolu. L'arachate d'éthyle est une masse cristalline un peu tenace plutôt que cassante, fondant à 52°,5 et se concrétant à 51°. Il a donné à l'analyse :

	Gössmann.		Théorie pour $C^{20}H^{39}(C^2H^5)O^2$
Carbone	77,33	77,30	77,64
Hydrogène	12,92	12,99	12,94
Oxygène	»	»	9,42
			100,00

ARACHINES GLYCÉRIQUES. — MM. Silwen et Gössmann avaient obtenu une arachine impure. M. Berthelot (*loc. cit.*) a montré qu'il existe trois arachines glycériques dont il a fait connaître le mode de formation et les propriétés.

Monoarachine,

$$(C^3H^5)''' \begin{cases} O.C^{20}H^{39}O \\ OH \\ OH \end{cases} = C^{23}H^{46}O^4.$$

— Pour préparer ce corps, il faut chauffer l'acide arachique et la glycérine pendant 8 heures à une température de 180°, qu'il ne faut pas dépasser. Le produit mis en digestion au bain-marie avec de l'éther et de la chaux éteinte pendant un quart d'heure, puis épuisé par l'éther, abandonne à ce liquide de la monoarachine, qu'on purifie, si cela est nécessaire, par de nouveaux traitements semblables jusqu'à ce qu'elle soit tout à fait neutre. C'est une matière blanche presque insoluble dans l'éther froid et peu soluble dans l'éther bouillant, d'où elle se dépose en fines granulations. Fondue, elle présente l'aspect de la cire. Elle renferme C : 71,7 et H : 12,0. Le calcul exige C : 71,5 et H : 11,0.

Diarachine,

$$(C^3H^5)''' \begin{cases} O.C^{20}H^{39}O \\ O.C^{20}H^{39}O \\ OH \end{cases} = C^{43}H^{84}O^5$$

(M. Berthelot indique $C^{43}H^{86}O^6$). — On l'obtient en chauffant la glycérine et l'acide arachique pendant 6 heures entre 200° et 230° ou en chauffant la monoarachine avec de l'acide arachique et un peu d'eau entre 200° et 230° pendant 8 heures. On l'extrait par la chaux et l'éther. La diarachine est neutre, presque insoluble dans l'éther froid, très-peu soluble dans l'éther chaud, d'où elle se dépose en grains très-fins par le refroidissement. Même avec de forts grossissements, on ne peut pas démontrer que ces grains soient cristallins. Cette substance se dissout mieux dans le sulfure de carbone que dans l'éther; mais elle n'y cristallise pas non plus. L'analyse de la diarachine a fourni :

	Premier procédé.	Deuxième procédé.		Théorie.	
		I	II	$C^{43}H^{86}O^6$	$C^{43}H^{84}O^5$
Carbone	74,1	73,9	73,8	73,9	75,8
Hydrogène	12,2	12,7	12,7	12,3	12,6

Le défaut de carbone pour la formule $C^{43}H^{84}O^5$ pourrait s'expliquer par la présence d'un peu de monoarachine dans le produit analysé.

La diarachine fond à 75°; chauffée sur une lame de platine, elle se volatilise presque entièrement. Elle brûle sans laisser de cendres. Chauffée à 100° pendant 70 heures avec de la chaux, elle se saponifie entièrement.

Triarachine,

$$(C^3H^5)''' \begin{cases} O.C^{20}H^{39}O \\ O.C^{20}H^{39}O \\ O.C^{20}H^{39}O \end{cases} = C^{63}H^{122}O^6.$$

— On la prépare en chauffant pendant 8 à 10 heures entre 200° et 220° la diarachine avec

15 ou 20 fois son poids d'acide arachique. On la purifie par la chaux et l'éther. C'est une matière neutre analogue aux deux précédentes et, comme elles, peu soluble dans l'éther. Elle renferme :

Carbone	77,1	la formule exigeant :	77,6
Hydrogène	12,6		12,5

P. S.

ARACHINE. — Éther glycérique de l'acide arachidique. — Voyez ACIDE ARACHIDIQUE.

ARBOL-A-BREA (RÉSINE). — Produite par le *Canarium album* (Arbol-a-Brea), arbre de la famille des térébinthacées qui croît aux îles Philippines. La résine est jaune grisâtre, glutineuse, d'odeur forte et agréable. Suivant Bonastre, elle contient : résine soluble dans l'alcool 61,29; résine peu soluble dans l'alcool 25,00; huile essentielle 6,25; acide libre 0,52; matière amère 0,52; impuretés 6,42 [*Journ. de Pharm.*, t. X, p. 190]. Baup [*Ann. de Chim. et de Phys.*, (3), t. XXXI, p. 108] en a extrait quatre principes cristallisables, savoir :

Amyrine. — Cristallise en fibres soyeuses très-brillantes. Insoluble dans l'eau, soluble dans l'alcool chaud et l'éther, peu soluble dans l'alcool froid; fond à 174°. Paraît identique avec le principe cristallisable de la résine élémi.

Breïdine. — Prismes rhomboïdaux, transparents, de 102° avec pointement octaédrique. Solubles dans 260 p. d'eau à 10°, plus solubles à chaud, solubles dans l'alcool, peu solubles dans l'éther. La chaleur les rend opaques; ils fondent vers 100° et se subliment à une température plus élevée.

Breïne. — Insoluble dans l'eau, soluble dans 70 p. d'alcool à 0,85 à 20°, soluble dans l'éther; elle cristallise de ses solutions alcooliques en prismes rhomboïdaux terminés par des sommets dièdres. Fond à 180°. Neutre.

Bryoïdine. — Cristallise dans l'eau en filaments soyeux. Saveur amère et brûlante. Fond à 135° et se sublime en aiguilles incolores. Peu soluble dans l'eau froide, plus soluble dans l'eau chaude, très-soluble dans l'alcool et l'éther, neutre, précipite par les acétates de plomb. P. S.

ARBUTINE [Kawalier, 1853, *Journ. für prakt. Chem.*, t. LVIII, p. 193; *Ann. der Chem. u. Pharm.*, t. LXXXII, p. 241 et t. LXXXIV, p. 356; *Ann. de Chim. et de Phys.*, (3), t. XXXVIII, p. 375. — Strecker, *Ann. der Chem. u. Pharm.*, t. CVII (nouv. sér. XXXI), p. 228 (1858), et t. CXVIII (nouv. sér. XLII), p. 292; *Ann. de Chim. et de Phys.*, (3), t. LIV, p. 314, et *Répert. de Chim. pure*, t. IV, p. 77, 1862. — Gerhardt, *Traité de Chim.*, t. IV, p. 205]. — On extrait ce corps des feuilles de busserole ou raisin d'ours (*Arctostaphylos uva ursi*) en épuisant les feuilles par l'eau bouillante, précipitant la décoction par l'acétate de plomb, filtrant, enlevant l'excès de plomb par l'hydrogène sulfuré, filtrant une seconde fois et évaporant à cristallisation. Les cristaux doivent être redissous dans l'eau et purifiés par le charbon animal.

L'arbutine cristallise en longues aiguilles incolores et groupées en aigrettes. Elle est amère, susceptible de fondre lorsqu'on la chauffe et de se prendre de nouveau en cristaux par le refroidissement. L'eau la dissout très-facilement; l'alcool et l'éther la dissolvent aussi. Elle ne précipite ni les sels de plomb ni les sels ferriques. L'arbutine a donné à l'analyse à Kawalier :

$$C : 52,4 \text{ et } H : 6,0;$$

et à Gerhardt : C : 54,2 et H : 5,5.

Kawalier avait déduit de ces nombres la formule $C^{32}H^{44}O^{19}$, à laquelle Gerhardt proposa de substituer la formule $C^{18}H^{22}O^{10}$. M. Strecker, à la suite d'une étude approfondie des produits du dédoublement de l'arbutine, a été conduit à abandonner ces deux formules et à en adopter une nouvelle : $C^{12}H^{16}O^7$.

L'arbutine, abandonnée en solution aqueuse en présence de l'émulsine ou d'un ferment analogue que renferme la busserole, suivant M. Kawalier, se dédouble en glucose et une substance que M. Kawalier avait prise pour un corps particulier auquel il avait donné le nom d'arctuvine, mais que M. Strecker a reconnu être identique avec l'hydroquinone. Le même dédoublement s'effectue lorsqu'on fait bouillir l'arbutine avec l'acide sulfurique étendu. Il peut être exprimé par l'équation suivante :

$$C^{12}H^{16}O^7 + H^2O = C^6H^6O^2 + C^6H^{12}O^6.$$
Arbutine.   Eau.   Hydroquinone.   Glucose.

Dissoute dans l'acide azotique concentrée, l'arbutine donne une liqueur qui, par l'addition de l'alcool, laisse déposer des aiguilles jaunes. Ces aiguilles purifiées par une seconde cristallisation ne sont autres que l'arbutine binitrée

$$C^{12}H^{14}(AzO^2)^2O^7$$

Elles sont très solubles dans l'eau, moins dans l'alcool et pas dans l'éther. Elles fondent lorsqu'on les chauffe ; se prennent en cristaux par le refroidissement. Leurs solutions ne précipitent pas les solutions métalliques. La binitroarbutine se dédouble sous l'influence de l'acide azotique concentré en *binitrohydroquinone* et glucose. — Voyez Hydroquinone.

Le dédoublement de l'arbutine est analogue à celui de la salicine. Les deux corps paraissent même homologues. La salicine répond en effet à la formule $C^{18}H^{18}O^7$, qui diffère par CH^2 de la formule $C^{12}H^{16}O^7$ de l'arbutine et donne de la saligénine $C^7H^8O^2$ qui diffère par CH^2 de l'hydroquinone $C^6H^6O^2$. Toutefois l'homologie ne paraît pas être réelle, car la saligénine se comporte comme un glycophénol (voyez Phénols et Saligénine), tandis que l'hydroquinone semble être plutôt un phénol diatomique. — Voyez Hydroquinone.

A. N.

ARBUTUS UNEDO [Filhol, *Compt. rend.*, t. L, p. 1185 (juin 1860); *Répert. de Chim. pure*, t. II, p. 306 (1860)]. — Les fruits mûrs de ce végétal renferment une quantité notable de sucre interverti (sucre de raisin, sucre de fruits), de la parapectine, une matière jaune analogue à la cire, une matière colorante, de l'acide métapectique et des traces d'amidon.

ARCANITE. — Voyez Aphthalose.

ARCTUVINE. — Nom donné par M. Cawalier à l'hydroquinone obtenue par le dédoublement de l'arbutine. — Voyez ce mot.

ARENDALITE (Min.). — Nom donné à l'épidote d'Arendal.

ARÉOMÈTRES. — On connaît, sous les noms d'aréomètres, de pèse-liqueurs, pèse-sels, pèse-acides, pèse-lessives, etc., de petits instruments fondés sur le principe d'Archimède et dont les premiers paraissent avoir été inventés par ce physicien ; plongés dans différents liquides, ils donnent, par la quantité dont ils s'enfoncent, des indications sur la nature, la concentration, la valeur vénale de ces liquides. Ce sont en réalité des densimètres à graduation arbitraire. Les tables suivantes

DEGRÉS lus SUR L'INSTRUMENT			POIDS SPÉCIFIQUE. —
Pèse-liqueurs de Baumé.	Pèse-esprits de Cartier.	Alcoomètre de Gay-Lussac.	L'opération étant faite à + 15° cent.
10	10	0	1,000
		1	0,999
		2	0,997
		3	0,996
		4	0,994
11	11	5	0,993
		6	0,992
		7	0,990
		8	0,989
		9	0,988
12		10	0,987
	12	11	0,986
		12	0,984
		13	0,983
		14	0,982
		15	0,981
13		16	0,980
		17	0,979
	13	18	0,978
		19	0,977
		20	0,976
		21	0,975
14		22	0,974
		23	0,973
		24	0,972
	14	25	0,971
		26	0,970
		27	0,969
15		28	0,968
		29	0,967
		30	0,966
		31	0,965
	15	32	0,964
		33	0,963

DEGRÉS lus SUR L'INSTRUMENT			POIDS SPÉCIFIQUE. —
Pèse-liqueurs de Baumé.	Pèse-esprits de Cartier.	Alcoomètre de Gay-Lussac.	L'opération étant faite à + 15° cent.
16		34	0,962
		35	0,960
		36	0,959
	16	37	0,957
		38	0,956
17		39	0,954
		40	0,953
	17	41	0,951
		42	0,949
18		43	0,948
		44	0,946
		45	0,945
	18	46	0,943
19		47	0,941
		48	0,940
		49	0 938
20	19	50	0,936
		51	0,934
		52	0,932
21	20	53	0,930
		54	0,928
		55	0,926
22	21	56	0,924
		57	0,922
		58	0,920
23	22	59	0,918
		60	0,915
		61	0,913
24	23	62	0,911
		63	0,909
25		64	0,906
	24	65	0,904
		66	0,902
26		67	0,899

DEGRÉS lus SUR L'INSTRUMENT			POIDS SPÉCIFIQUE. —
Pèse-liqueurs de Baumé.	Pèse-esprits de Cartier.	Alcoomètre de Gay-Lussac.	L'opération étant faite à + 15° cent.
27	25	68	0,896
		69	0,893
	26	70	0,891
28		71	0,888
	27	72	0,886
29		73	0,884
	28	74	0,881
30		75	0,879
		76	0,876
31	29	77	0,874
		78	0,871
32	30	79	0,868
		80	0,865
33	31	81	0,863
		82	0,860
34	32	83	0,857
35		84	0,854
	33	85	0,851
36	34	86	0,848
		87	0,845
37	35	88	0,842
38	36	89	0,838
		90	0,835
39	37	91	0,832
		92	0,829
40	38	93	0,826
41		94	0,822
42	39	95	0,818
43	40	96	0,814
44	41	97	0,810
45	42	98	0,805
46	43	99	0,800
47	44	100	0,795
48			0,791

DEGRÉS lus sur l'instrum[t] pèse-acides pèse-sels Baumé.	POIDS SPÉCIFIQUE. — L'observation étant faite à + 15° cent.	DEGRÉS lus sur l'instrum[t] pèse-acides pèse-sels, Baumé.	POIDS SPÉCIFIQUE. — L'observation étant faite à + 15° cent.	DEGRÉS lus sur l'instrum[t] pèse-acides pèse-sels, Baumé.	POIDS SPÉCIFIQUE. — L'observation étant faite à + 15° cent.	DEGRÉS lus sur l'instrum[t] pèse-acides pèse-sels, Baumé.	POIDS SPÉCIFIQUE. — L'observation étant faite à + 15° cent.
0	1,000	17	1,134	34	1,308	51	1,546
1	1,007	18	1,143	35	1,320	52	1,563
2	1,014	19	1,152	36	1,332	53	1,580
3	1,022	20	1,161	37	1,345	54	1,597
4	1,029	21	1,171	38	1,357	55	1,615
5	1,036	22	1,180	39	1,370	56	1,634
6	1,044	23	1,190	40	1,383	57	1,652
7	1,052	24	1,199	41	1,397	58	1,671
8	1,060	25	1,209	42	1,410	59	1,691
9	1,067	26	1,219	43	1,424	60	1,711
10	1,075	27	1,229	44	1,438	61	1,732
11	1,083	28	1,240	45	1,453	62	1,753
12	1,091	29	1,251	46	1,468	63	1,774
13	1,100	30	1,262	47	1,483	64	1,796
14	1,108	31	1,273	48	1,498	65	1,819
15	1,116	32	1,284	49	1,514	66	1,842
16	1,125	33	1,296	50	1,530	67	1,866

établissent la concordance de ces divers instruments, de telle sorte que l'on peut immédiatement convertir les degrés *Baumé* en degrés *Cartier, centésimaux*, et, la température étant de + 15°, en *poids spécifique*, nous donnons ces poids spécifiques avec 3 décimales, mais en faisant remarquer qu'on peut à peine affirmer la seconde avec les aréomètres ordinaires. — Voyez DENSITÉ. G. S.

ARÉOXÈNE ou **ARÆOXÈNE** (Min.). — Vanadinite zincifère de Dahn (Bavière rhénane). — [PbO = 48,7, ZnO = 16,32 %, Kobell, *Journ. für prakt. Chem.*, t. L. p. 496]. Masses concrétionnées d'un beau rouge. Poussière jaune clair. Dureté : 3.

ARFVEDSONITE (Min.). — Silicate ferro-sodique, renfermant de l'alumine, de la chaux, de la magnésie, du manganèse, etc. (soude et potasse de 8 à 12 %). Le rapport de l'oxygène des bases à celui de la silice paraît être 1 : 2 [Rammelsberg, *Poggend. Ann.*, t. CIII, p, 292 et 306]. Cristaux imparfaits probablement isomorphes avec ceux de l'amphibole; accompagnant l'eudialyte, la sodalithe et le feldspath au Groenland; se trouvent aussi dans la syénite zirconienne, de Norvége. Ils possèdent deux clivages faciles (*m m*) faisant entre eux un angle de 123°55, et un autre imparfait parallèle à la petite diagonale du prisme *m m*. Presque opaque, noire en masse, vert foncé en lames minces.

Caractères.—Inattaquable aux acides. En écailles minces, fond à la simple flamme d'une bougie. Au chalumeau, fond avec bouillonnement en un verre noir magnétique.

Dureté : 6. Poussière vert grisâtre. Densité : 3,44-3,59. F. et S.

ARGENT (de ἀργός, *blanc*). — Métal précieux connu et employé usuellement depuis une très-haute antiquité.

Propriétés physiques. — L'argent cristallise dans le système régulier, sous des formes parmi lesquelles prédominent le cube, l'octaèdre et le dodécaèdre; ses cristaux se rencontrent dans la nature (Kongsberg en Norvége), ou peuvent être obtenus artificiellement par la fusion ou par la voie électrolytique; son poids spécifique est 10,47 à 10,54, cependant la moyenne de 32 déterminations a donné 10,59 à G. Rose, tandis que Karsten et Langsdorf ont trouvé, chacun de son côté, 10,43 seulement; sa chaleur spécifique, 0,05507 (Dulong et Petit) ou 0,05701 (Regnault); sa chaleur latente de fusion est 21,07 d'après Person [*Ann. de Millon et Reiset*, 1849, p. 35]. La couleur propre de l'argent est jaunâtre; mais, par suite de son grand pouvoir réfléchissant, ce métal paraît parfaitement blanc; à l'état divisé, tel qu'on l'obtient par la réduction à froid de son chlorure, il constitue une poudre d'un gris clair.

L'argent est susceptible de prendre un très-beau poli, quoique à un degré un peu moindre, cependant, que son alliage avec le cuivre; il n'a ni odeur ni saveur; sa dureté est comprise entre celles de l'or et du cuivre; il occupe le second rang sous le rapport de la ductilité et de la malléabilité : avec 0^{gr} 05 d'argent on a pu tirer un fil long de 430 mètres et, par le battage, on peut le réduire en feuilles dont l'épaisseur est moindre de 3/1000° de millimètre. D'après von Sickingen, un fil de ce métal ayant environ 1/4 de millimètre de diamètre supporte 10^{kil}35 avant de se rompre; M. Baudrimont a trouvé des valeurs un peu différentes, savoir : pour 1 millimètre carré de section, 28^{kil}5 à 0°, 23^{kil} 3 à 100° et 18^{kil}5 à 200° [*Compt. rend.*, t. XXXI, p. 115, ou *Ann. de Millon et Reiset*, 1851, p. 33].

Les expériences concordantes de Guyton, Prinsep, Pouillet, Daniel, etc., établissent à 1000° centigrades environ le point de fusion de l'argent, qui se volatilise à une température peu supérieure en émettant des vapeurs verdâtres : l'action d'un courant gazeux active cette vaporisation; quand le métal fondu reprend sa forme solide, il se produit une sorte de végétation à sa surface, et même une portion d'argent peut être projetée à distance: ce phénomène a reçu le nom de rochage, et c'est Lucas qui en a fait connaître la cause : elle est due à la solubilité de l'oxygène dans l'argent fondu, lequel peut absorber 22 fois son volume de gaz qu'il abandonne en se solidifiant; une couche de charbon en poudre à la surface ou la présence de un à deux centièmes de cuivre dans la masse empêche l'argent de rocher; l'or produit le même effet (Levol). Par rapport au cuivre, la conductibilité thermique de l'argent = 100,74 (Wiedemann et Franz), et sa conductibilité électrique = 100,95 (Buff) ou 91,5 (Becquerel).

Propriétés chimiques. — L'argent est inaltérable dans l'oxygène ordinaire, l'eau et l'air purs; il peut cependant s'oxyder à une très-haute température dans une flamme riche en oxygène ou dans un courant de ce gaz (Vauquelin, Debray); l'ozone humide (Schoenbein) et l'oxygène naissant de Houzeau l'attaquent en produisant du peroxyde.

La vapeur d'eau est décomposée en petite quantité par l'argent fondu : il se dégage alors de l'hydrogène tandis que l'oxygène demeure en dissolution : ce phénomène, signalé autrefois par Regnault, rentre dans les cas de dissociation étudiés récemment par Deville.

L'argent n'est pas attaqué par l'azote ni par l'hydrogène; en revanche, il se combine très-bien directement avec le chlore, le brome, l'iode, le soufre, le sélénium, le phosphore et l'arsenic : avec les trois premiers, l'action a déjà lieu à froid.

L'argent s'allie avec un grand nombre de métaux.

Le nitre, le chlorate de potasse, les alcalis ou leurs carbonates, fondus, sont sans action sur l'argent : c'est pourquoi l'on emploie des creusets de ce métal quand on veut attaquer des substances minérales au moyen de la potasse ou de la soude.

Le sel marin en fusion agit sur l'argent en donnant lieu à la formation de quantités notables de chlorure d'argent; au contact de l'air, l'eau salée dissout une certaine quantité du métal à l'état de chlorure et en devenant elle-même alcaline : les dissolutions de sel ammoniac et de chlorure de potassium se comportent de même.

L'acide azotique, même étendu, attaque facilement l'argent, surtout à chaud, avec un dégagement abondant de vapeurs nitreuses; l'action de l'acide monohydraté est d'abord très-énergique, mais elle ne tarde pas à se ralentir par suite de la faible solubilité de l'azotate d'argent dans la liqueur acide. L'argent est dissous par l'acide sulfurique concentré et bouillant, il se forme dans ce cas de l'acide sulfureux et du sulfate d'argent; l'action de l'acide sulfurique étendu est nulle, même à chaud. L'acide chromique aqueux convertit l'argent en chromate rouge.

L'acide chlorhydrique concentré ou gazeux attaque l'argent d'une manière peu énergique ou superficielle seulement : le chlore s'unit au métal et l'hydrogène est mis en liberté. L'eau régale, et surtout l'acide iodhydrique chaud (Deville), attaquent l'argent avec énergie. L'hydrogène sulfuré noircit immédiatement l'argent à la température ordinaire : les vases d'argent dont la surface a été ainsi altérée par des composés ou des émanations sulfureux peuvent être nettoyés et redevenir blancs sous l'influence d'une lessive de potasse ou d'une solution de caméléon minéral.

D'après Wœhler, si l'on ajoute de l'argent à une dissolution chaude de sulfate de sesquioxyde de fer, il se forme du sulfate d'argent et de protoxyde de fer qui se décompose par le refroidissement en régénérant le métal ajouté et le sel primitif : l'argent se dépose alors en poudre cristalline.

Berzelius a signalé de légères différences moléculaires entre l'argent obtenu de son chlorure à chaud et celui qui aurait été préparé avec du chlorure précipité, lavé et traité à froid.

Le symbole de l'argent est Ag; son poids atomique tel qu'il résulte des recherches récentes de M. Stas, 107,926, mais dans la pratique on adopte 108 (H=1) ou 675 (O=100). Berzelius, Marignac, Maumené, Pelouze, etc., étaient déjà arrivés à des nombres très-voisins de ceux de Stas [*Ann. der Chem. u. Pharm.*, Supplement-Band IV, p. 168 (Mai 1866)]. Comme pour l'hydrogène, le chlore, etc., l'équivalent coïncide avec le poids atomique.

Les anciens rangeaient l'argent parmi les métaux nobles, et Thénard le plaçait dans sa sixième section, mais des considérations fondées sur la constitution de ses composés telle que nous la dévoile leur isomorphisme avec les sels de sodium ont conduit, ces dernières années, un certain nom-

bre de chimistes à éloigner l'argent de l'or et du platine pour le réunir dans un même groupe avec le thallium et les métaux alcalins.

Usages. — Il n'y a pas lieu de rappeler ici les usages de l'argent, ils sont trop connus; quant à ceux de ses composés, nous les signalerons en leur temps.

État naturel. — L'argent existe dans la nature à l'état natif (voyez ARGENT, Min.) et en combinaisons binaires ou ternaires avec le chlore, le brome, l'iode, le soufre, l'antimoine, l'arsenic, le sélénium, le tellure et le mercure (voyez les mots KÉRARGYRE, EMBOLITE, IODYRITE, ARGYROSE, DISCRASE, ARGYTHROSE, PROUSTITE, STÉPHANITE, STROMEYERINE, STERNBERGITE, RITTINGÉRITE, POLYBASITE, FEUERBLENDE, NAUMANNITE, HESSITE, AMALGAME, etc.

Les recherches de Malaguti, Durocher et Sarzeau, confirmées par celles de plusieurs savants allemands, ont montré que l'eau de la mer renferme de l'argent dans la proportion de 1 millig. par 100 litres. La galène renferme habituellement des quantités petites et variables de sulfure d'argent.

Extraction. — Voyez plus loin l'article ARGENT (MÉTALLURGIE DE L').

Préparation de l'argent pur. — Parmi le grand nombre de procédés proposés à cet effet, nous choisirons seulement ceux qui paraissent le mieux conduire au but.

1° La première méthode, facile et excellente, consiste à attaquer l'argent du commerce par de l'acide nitrique pur, étendre la dissolution et la laisser quelque temps en repos, pour voir s'il ne se dépose rien, soutirer la liqueur claire et la précipiter au moyen d'un excès d'acide chlorhydrique (et non pas d'eau salée); le chlorure d'argent est chauffé avec la liqueur où il a pris naissance; puis quand celle-ci est refroidie et éclaircie, on la fait écouler pour la remplacer à plusieurs reprises par de l'acide chlorhydrique étendu chaud et enfin par de l'eau distillée bouillante jusqu'à lavage complet.

Le chlorure, encore humide, est mélangé avec la moitié de son poids net de carbonate de soude sec, et la masse desséchée dans une capsule de porcelaine, après quoi l'on y ajoute le sixième de son poids de nitre, et le tout est réduit en poudre dans un mortier de porcelaine. D'autre part, on introduit un creuset de porcelaine dans un creuset de Hesse en garnissant l'intervalle vide avec du sable blanc qu'il faut recouvrir d'une couche de borax anhydre; le tout est chauffé au rouge dans un bon feu de charbon : le borax fond et forme sur le sable une couverture qui l'empêche absolument de se répandre quand on incline le creuset. Celui-ci étant ainsi rougi, on y projette le mélange ci-dessus, par petites portions à la fois, au moyen d'une cuiller d'argent. La réaction est très-vive, mais si l'on a soin d'attendre qu'elle soit calmée avant d'ajouter de nouvelles portions du mélange, on n'a pas à craindre des pertes de métal précieux.

La masse entre ensuite en fusion tranquille, et après qu'on l'a remuée quelquefois avec un tuyau de pipe, on la laisse lentement se refroidir un peu pour donner à l'argent le temps de bien se rassembler; puis enfin on la coule dans l'eau ou dans un moule en terre de pipe. Des lavages répétés avec de l'eau aiguisée d'acide sulfurique d'abord, puis avec de l'eau distillée, laissent l'argent à l'état de pureté.

2° À la monnaie de Paris, l'on fond 5 p. de chlorure d'argent sec avec 1 p. de chaux vive récemment préparée.

3° Les méthodes dans lesquelles la réduction du chlorure s'effectue en présence du charbon ou de matières organiques telles que la colophane, ne peuvent pas être recommandées parce que le métal retient facilement un peu de carbone : toutefois, il y a des cas où cette impureté n'a aucun inconvénient; ainsi, dans la préparation du nitrate d'argent pur, par exemple, on pourra quelquefois avoir recours à la méthode de Gay-Lussac, c'est-à-dire fondre 100 p. de chlorure avec 70,4 p. de craie et 4,2 de charbon; cependant l'argent pourra retenir encore, outre le charbon, du fer et de l'aluminium qu'il aura empruntés à la craie et au creuset de Hesse.

4° Le chlorure d'argent est décomposé, par la voie humide, quand on l'introduit dans une capsule de platine avec de l'eau aiguisée d'acide sulfurique et une lame de zinc exempt de métaux étrangers. En moins de 12 heures, l'argent est amené à l'état d'alliage volumineux, gris foncé : la lame de zinc est alors retirée, la liqueur décantée et l'argent traité à froid par de l'acide sulfurique étendu qui dissout le zinc et laisse l'argent sous forme d'une poudre qu'il suffit de laver soigneusement et de sécher; si on le désire, on peut ensuite le fondre avec du borax.

La précipitation de l'argent au moyen du cuivre, de l'aluminium, ou de l'acétate de protoxyde de fer, ou bien encore la décomposition de son chlorure par le fer en présence d'un acide, par les alcalis et le sucre ou le miel ont été également préconisées, mais ces procédés sont peu pratiques ou trop coûteux, quand ils ne donnent pas des résultats incertains.

Pour la préparation de l'argent pur, consultez encore Stas [*Mémoire* cité au poids atomique de l'argent], Brunner [*Journ. für prakt. Chem.*, t. XCI, p. 254], et C. A. Muller [*Arch. Pharm.*, (2), t. CXVIII, p. 85].

Application de l'argent à la surface d'autres métaux. — Voyez ARGENTURE.

ALLIAGES D'ARGENT. — Les alliages de cuivre et d'argent (orfèvrerie et monnaie), de cuivre, argent et zinc (billon français) et de cuivre, nickel et argent (billon suisse), sont les seuls importants. Le plomb peut être fondu en toutes proportions avec l'argent; les alliages ainsi obtenus sont très-sujets à la liquation sous l'influence d'une chaleur ménagée : le procédé du pattinsonage est fondé sur ce fait.

Une barre d'argent à 994 millièmes de fin montrait une telle dureté que l'on pouvait en fabriquer des râpes et des lames de couteau. Barruel trouva dans cette barre 3 1/2 millièmes de *fer*, 2 millièmes de *cobalt*, et 1/2 millième de *nickel*.

L'or et l'argent s'allient en toutes proportions. L'or natif renferme toujours de l'argent qui peut s'y trouver pour 1, 80, 130, 100 et même 380 millièmes; il en acquiert quelquefois une couleur jaune vert verdâtre; c'est alors l'*electrum* des minéralogistes. D'après Levol, les alliages dont la composition se représente par

$$Au^2 Ag, \ Au\,Ag, \ Au\,Ag^2, \ Au\,Ag^{10}$$

demeurent homogènes dans toute leur masse quand, après les avoir fondus, on les refroidit rapidement [*Ann. de Chim. et de Phys.*, (3), t. XXXIX, p. 163].

L'*alliage d'iridium* est malléable, l'acide nitrique en enlève l'argent et l'iridium reste pulvérulent.

Parties égales de *palladium et d'argent* donnent un métal gris, plus doux que le fer, intégralement soluble dans l'eau-forte en un liquide brun-rouge; poids spécif. = 11,29. Les alliages d'argent et de palladium ont eu de l'emploi pour recouvrir les dents cariées.

L'argent s'allie très-facilement au *platine* : aussi convient-il d'éviter de chauffer des composés d'argent dans des vases de platine. Si la proportion du dernier métal s'élève seulement à quelques centièmes, l'alliage est dissous par l'acide nitrique,

sinon une portion du platine demeure inattaquée. L'acide sulfurique introduit dans cette dissolution en sépare le platine. Avec poids égaux de *bismuth et d'argent*, on peut obtenir une masse cristalline, fragile, pesant spécifiquement 10,71. Cet alliage ne se dilate pas par la solidification comme c'est le cas de celui qui contient 2 p. de bismuth pour une d'argent. Le bismuth allié à l'argent se laisse très-bien coupeller.

A moins que la proportion du premier ne soit trop considérable, les alliages du cuivre avec l'argent sont blancs; ils éprouvent la liquation dans des limites assez étendues, quand après les avoir fondus on les abandonne à un refroidissement lent. L'alliage à 719 millièmes $Cu^2 Ag^3$ n'éprouve pas de liquation même dans des masses considérables. Lorsqu'on grille les alliages de cuivre et d'argent, le cuivre s'oxyde presque totalement et aussi une partie de l'argent; sous l'influence de l'air humide ils se recouvrent d'une couche verdâtre.

Les ouvrages d'orfévrerie sont aux titres de 800 et de 950 millièmes avec une tolérance de 5 millièmes. Les monnaies (écus de 5 fr.) sont à 900/1000 avec 3 millièmes de tolérance; pour les pièces de 2 fr., 1 fr. et 0 fr. 50 c. la Suisse a abaissé ce titre à 850 millièmes. La France a adopté un nouvel alliage où une partie du cuivre a été remplacée par du zinc et dont le titre est à 835/1000. — Voyez ESSAIS DES MATIÈRES D'OR ET D'ARGENT.

La soudure d'argent est à un titre qui ne dépasse guère 670/1000.

D'après Péligot, 8 p. d'argent et 2 de zinc donnent un alliage blanc qui n'est pas noirci par les émanations sulfureuses et ne prend naturellement pas le vert-de-gris. Les pièces de 0 fr. 50 c, et de 0 fr. 20 c. françaises actuelles sont composées de : argent 835, cuivre 93 et zinc 72 [Péligot, *Ann. de Chim. et de Phys.*, (4), t. II, p. 430].

L'*amalgame d'argent* AgHg est solide, cristallisé, composé de 65 de mercure et 35 d'argent, très-soluble dans un excès de mercure; la chaleur le décompose; toutefois, si elle n'est pas assez forte et assez prolongée, les dernières portions de mercure se volatilisent difficilement. L'*arbre de Diane* des anciens n'est autre que cet amalgame; on le prépare en introduisant, dans une solution de nitrate d'argent (3 p.), une solution également saturée de nitrate de mercure (2 p.) et un amalgame formé de 7 p. de mercure pour 1 d'argent; au bout d'un jour ou deux on trouve dans la liqueur une multitude de cristaux métalliques, brillants, qui s'étendent, sous forme de ramifications, jusqu'à la surface du liquide en simulant une sorte de végétation.

Le mercure et l'argent s'unissent déjà à froid en toutes proportions, mais lorsqu'un amalgame est liquide on peut le dédoubler, en le faisant traverser une peau de chamois, en mercure peu argentifère et en amalgame cristallisé riche en argent.

On a trouvé dans la nature plusieurs amalgames d'argent. — Voyez AMALGAME.

COMBINAISONS DE L'ARGENT AVEC LES MÉTALLOIDES.

OXYDES D'ARGENT. — On connaît trois oxydes dont les formules sont $Ag^4 O$, $Ag^2 O$, $Ag^2 O^2$.

SOUS-OXYDE D'ARGENT, $Ag^4 O$. — Le premier, c'est-à-dire l'*oxyde argenteux* $Ag^4 O$, est solide, noir, et ne change pas de couleur par la dessiccation; le frottement ne lui fait pas prendre l'éclat métallique. Une température de 100° environ suffit pour lui faire perdre tout son oxygène. Les acides oxygénés le dédoublent en argent et en oxyde $Ag^4 O$ avec lequel ils se combinent.

L'ammoniaque opère le même dédoublement. L'acide chlorhydrique le transforme en sous-chlorure brun. Wœhler a annoncé qu'il se forme du chromate, du molybdate et du tungstate de sous-oxyde d'argent par l'action de l'ammoniaque et de l'hydrogène sur les sels correspondants d'oxyde [*Ann. der Chem. u. Pharm.*, t. CXIV, p. 110, ou *Répert. de Chim. pure*, 1860, p. 251] Les sels argenteux sont précipités en brun par le sel marin; additionnés d'ammoniaque, ils se dissolvent facilement en donnant une liqueur d'un rouge orange très-intense. Certains faits donnent à croire que l'oxyde argenteux peut se combiner intégralement, à l'état naissant, avec les acides minéraux. Les dissolutions de citrate et de mellitate de sous-oxyde d'argent se décomposent peu à peu à l'air froid, immédiatement à l'ébullition : elles s'irisent en jaune verdâtre et en bleu, puis laissent déposer de l'argent métallique en se décolorant.

Weltzien a reconnu qu'il se forme un sous-oxyde d'argent quand on introduit de l'argent en feuilles dans une dissolution *neutre* d'eau oxygénée. Le métal se recouvre d'une couche d'un gris blanc, tandis qu'il se dissout dans la liqueur de l'hydrate de sous-oxyde. La dissolution de cet hydrate prend, à l'air, la coloration du sel de cobalt et se trouble faiblement en laissant déposer de l'argent divisé.

La potasse y produit un précipité brun-noir. L'acide chlorhydrique en sépare du chlorure d'argent et de l'argent :

$$Ag^4O, H^2O + 2\,HCl = Ag^2 + 2\,AgCl + 2\,H^2O.$$

Cette dissolution, évaporée, laisse un résidu cristallin que l'eau dédouble en protoxyde hydraté qui se dissout, et en argent cristallisé [*Compt. rend. de l'Acad. des sciences*, t. LXIII, p. 1140].

Wœhler a découvert les sels et l'oxyde argenteux, en 1839, en étudiant l'action de l'hydrogène à 100° sur le mellitate, le citrate et l'oxalate d'argent : dans cette circonstance, les sels perdent de l'eau, deviennent acides et sont transformés en composés d'oxydation inférieure dont la potasse sépare l'oxyde Ag^4O [*Ann. der Chem. u. Pharm.*, t. XXX, p. 1, ou Berzelius, *Compt. rend. annuel*, t. I, p. 47]. Geuther dit qu'on obtient encore cet oxyde en arrosant le protoxyde de cuivre (Cu^2O) hydraté avec du nitrate d'argent [*Ann. der Chem. u. Pharm.*, t. CXIV, p. 121].

PROTOXYDE D'ARGENT, Ag^2O. — L'oxyde argentique est une poudre brune, noire ou d'un noir bleuâtre, soluble dans environ 3,000 parties d'eau (Bineau), douée d'une faible réaction alcaline sur le papier de tournesol et d'un poids spécifique égal à 7,14 (Herapath). C'est une base puissante qui neutralise complètement les acides, et qui, exposée encore humide au contact de l'air, en attire l'acide carbonique (Rose). Chauffé à 60° ou 70°, l'oxyde d'argent est exempt d'eau; à 100° ou à la lumière solaire, il perd une partie de son oxygène : une calcination plus forte en amène la décomposition complète; il cède facilement tout ou partie de son oxygène aux corps oxydables; l'acide hypochloreux le transforme en chlorure $AgCl$ avec un abondant dégagement d'oxygène; avec l'ammoniaque liquide, il donne l'argent fulminant de Berthollet.

Préparation. — On obtient ce corps de diverses manières : 1° en chauffant à 200° le carbonate d'argent; 2° en précipitant le nitrate par un léger excès d'eau de baryte saturée chaude et lavant le produit, à l'abri de l'air, avec de l'eau froide bouillie : l'oxyde est alors brun, mais une dessiccation à 70° le rend noir; 3° Gregory a recommandé le procédé suivant [Berzelius, *Compt. rend. annuel*, 5° année, p. 78] : on se procure du chlo-

rure d'argent qu'on lave par décantation et que l'on couvre sans le sécher avec une lessive de potasse (D=1,25); le tout est porté à l'ébullition jusqu'à coloration complète en noir. On en prend alors un essai que l'on dissout dans l'acide nitrique : s'il se produit une liqueur claire, l'opération est terminée; dans le cas contraire, il faut décanter la lessive, broyer la masse dans un mortier et la faire bouillir avec une nouvelle lessive.

L'oxyde constitue une poudre fine qui se rassemble facilement et se laisse bien laver par décantation. La combustion de l'argent dans l'oxygène donne aussi naissance à ce composé.

PEROXYDE D'ARGENT, Ag^2O^2. — Cet oxyde, découvert par Ritter en 1814, est indifférent, gris de fer, cristallisé en octaèdres soit simples, soit accolés en chapelets, dont la densité est de 5,474. Calciné avec précaution, ce corps perd la moitié de son oxygène; chauffé d'une manière rapide jusqu'à 110°, il se décompose brusquement avec une faible détonation; l'acide chlorhydrique le transforme en chlorure d'argent et dégage du chlore; si on le projette dans l'ammoniaque, il y détermine un dégagement tumultueux d'azote. Les acides sulfurique et azotique le dédoublent en protoxyde qui se combine et en oxygène qui devient libre. L'eau oxygénée et le peroxyde d'argent se décomposent mutuellement et sont ramenés à l'état d'eau et d'argent métallique avec production d'oxygène ordinaire; cette réaction et le fait que l'ozone humide donne avec l'argent du peroxyde ont conduit Schönbein à admettre ce dernier corps au nombre des ozonides.

Le peroxyde d'argent se dépose au pôle positif de la pile par l'électrolyse d'une solution concentrée de nitrate, tandis qu'il se rend de l'argent au pôle négatif, si les électrodes sont en gros fil de platine. D'après Wallquist, le produit qui prend naissance renferme 87,23 d'argent et 11,77 d'oxygène [Berzelius, *Compt. rend. annuel*, 5° année, p. 78.]; Fischer, Mahla et Gmelin ont montré que les octaèdres retiennent de l'eau et du nitrate d'argent; mais comme les analyses de ces chimistes diffèrent, on peut supposer que ces deux substances sont simplement à l'état de mélange [*Journ. für prakt. Chim.*, t. XXXIII, p. 237, ou Berzelius, *Compt. rend. annuel*, 6° année, p. 105].

CHLORURE D'ARGENT, $AgCl$. — Sel parfaitement blanc et insoluble, cristallisant en octaèdres réguliers, noircissant promptement, s'il est humide, à la lumière solaire, et devenant simplement violacé à la lumière diffuse. La lumière du magnésium, celle d'un haut-fourneau chauffé au coke, celle de Drummond ont aussi une action réductrice très-marquée sur le chlorure d'argent. La chaleur le fond en un liquide jaune qui traverse les creusets et que le refroidissement solidifie en une masse ayant l'apparence de la corne, que l'on peut couper au couteau : c'est alors la lune cornée des alchimistes, semblable à l'argent muriaté natif; une température supérieure à +260° le volatilise sans décomposition; son poids spécifique = 5,50 à 5,54 (Boullay). D'après I. Pierre, l'acide chlorhydrique fumant peut dissoudre 1/200° de son poids de chlorure d'argent [*Journ. de Pharm. et de Chim.*, (3), t. XII, p. 237 ou *Ann. de Millon*, 1848, p. 109.]; quand il a été étendu de 2 fois son volume d'eau, il peut en dissoudre encore 1/600°; l'acide bromhydrique en dissout aussi un peu. Le chlorure d'argent est décomposé par l'acide iodhydrique concentré avec dégagement de chaleur. Un assez grand nombre de métaux décomposent le chlorure d'argent en présence de l'acide chlorhydrique étendu; le cuivre agit facilement en présence de l'ammoniaque; le protochlorure de cuivre amène la même réduction. Le chlorure d'argent est soluble dans l'ammoniaque; d'après Pohl, 100 p. d'ammoniaque d'une densité de 0,986, à 80°, dissolvent 1,492 de chlorure d'argent. Les acides, l'évaporation à chaud ou une exposition à l'air le séparent de cette dissolution; dans les deux derniers cas, il se dépose en cristaux. Lorsqu'on introduit du chlorure d'argent dans un flacon, que l'on achève de remplir ensuite avec de l'ammoniaque saturée de chlorure d'argent et que l'on abandonne à un très-long repos dans un flacon exactement bouché, le dépôt cristallise graduellement en octaèdres qui acquièrent souvent plusieurs millimètres de côté (Deville). Le gaz ammoniac et le chlorure d'argent s'unissent directement pour former le composé $AgCl,3AzH^3$. Les hyposulfites alcalins dissolvent avec une grande facilité le chlorure d'argent récemment préparé : il se produit ainsi des hyposulfites doubles de potasse ou de soude et d'argent. Le chlorure d'argent est aussi dissous par les chlorures alcalins et alcalino-terreux, surtout à l'ébullition; le cyanure de potassium agit de même; à chaud, la potasse et la soude, l'acide sulfurique le décomposent : dans le premier cas, il y a formation d'oxyde, et dans le second, de sulfate d'argent.

Usages. — L'action de la lumière sur le chlorure d'argent est la base de la photographie.

Pour cette action de la lumière, voyez Becquerel [*Compt. rend. de l'Acad. des sciences*, 1848, 1849], Poitevin [*Même recueil*, t. LXI, p. 1111], Vogel [*Poggend. Ann.*, t. CXXV, p. 329] et l'article Photographie.

Préparation. — Voyez ci-dessus préparation de l'argent pur, premier procédé.

Les solutions concentrées bouillantes des chlorures de potassium, de sodium, de baryum, de strontium et de calcium dissolvent du chlorure d'argent et forment avec ce corps des combinaisons cristallisant dans le système régulier, décomposables par l'eau. Becquerel a obtenu le premier et le troisième de ces *chlorures doubles* par la voie galvanique sous forme d'octaèdres et de tétraèdres.

Sous-chlorure d'argent, Ag^2Cl. — Il se prépare par double décomposition entre le citrate de sousoxyde et le sel marin, ou bien en traitant le sousoxyde par l'acide chlorhydrique. C'est un précipité brun qui devient noir par la dessiccation à une douce chaleur. L'ammoniaque le décompose rapidement en chlorure AgCl et argent métallique; une température de 260° produit le même effet. La réduction du chlorure d'argent par la lumière paraît donner naissance au sous-chlorure; ce corps est aussi le résultat de l'action des feuilles d'argent sur le sesquichlorure de fer ou le bichlorure de cuivre : il affecte alors l'apparence de petites lamelles noires.

Bromure d'argent, AgBr. — C'est un précipité blanc jaunâtre que l'on obtient en mélangeant des dissolutions de nitrate d'argent et de bromure de potassium ou d'acide bromhydrique. Il fond sous l'influence de la chaleur en un liquide rouge que le refroidissement fait prendre en masse translucide cornée. Sa densité est de 6,35; si on le dessèche à l'ombre, il demeure jaunâtre, mais à la lumière il devient gris et non violet comme le chlorure, puis noircit rapidement. L'acide bromhydrique concentré le dissout et le laisse déposer, par l'évaporation, en cristaux qui sont des octaèdres réguliers; il est peu soluble dans l'ammoniaque, le carbonate, le sulfate, le chlorhydrate, le nitrate et le succinate d'ammoniaque. D'après Pohl, sa solubilité dans l'ammoniaque est 30 fois moindre que celle du chlorure desséché à 100°. Récemment précipité, sa solubilité est double de celle qu'il a après la dessiccation à 100° [*Journ. für prakt. Chem.*, t. LXXXII, p. 152]. Le nitrate de bioxyde de mercure et les bromures alcalins le dissolvent en plus grande quantité; avec ces derniers,

il forme des bromures doubles correspondant aux chlorures. Chauffé dans un courant de chlore, il donne du chlorure d'argent et du brome; l'hydrogène et les métaux le réduisent; le carbonate de soude se comporte de même, mais au rouge seulement; l'acide sulfurique concentré le décompose et met du brome en liberté. Les alcalis se comportent à son égard comme avec le chlorure. Il n'absorbe pas de gaz ammoniac (Rammelsberg). Riche a fait connaître une combinaison de nitrate d'argent avec le bromure que d'autres chimistes n'ont pas réussi à reproduire.

Usages. — Ce composé joue un grand rôle dans la photographie.

État naturel. — On a trouvé du bromure d'argent au Mexique et un chlorobromure (voyez Embolite) au Chili.

Iodure d'argent, AgI. — Présente la même apparence que le bromure, mais il est presque insoluble dans l'ammoniaque et la lumière l'influence à un degré beaucoup moindre (et même pas du tout, s'il est parfaitement pur [Carey Lea, *Am. Journ. de Silliman*, (2), t. XLII, p. 198]. Ce corps est dimorphe : on en connaît des cubes et aussi des prismes hexagonaux réguliers dont les modifications offrent les mêmes incidences que celles du sulfure de cadmium. Fizeau a reconnu que l'iodure d'argent comprimé, hexagonal, fondu, jouit de la propriété exceptionnelle de se contracter quand on élève sa température, au lieu de se dilater comme les autres corps [*Compt. rend. de l'Acad. des sciences*, 1867]. L'iodure d'argent fond au rouge en un liquide rouge foncé qui devient jaune par le refroidissement; sa densité = 5,61 (Boullay); il est un peu soluble dans les chlorures de potassium et de sodium, l'hyposulfite de soude et le cyanure de potassium; le chlore, les métaux et le nitrate mercurique se comportent à son égard comme avec le bromure. D'après Martini, il faut 2,500 p. d'ammoniaque d'une densité de 0,96 pour dissoudre 1 p. d'iodure d'argent. Le nitrate d'argent peut donner avec l'iodure les combinaisons $AgI,2(AgAzO^3)$ (Riche, Weltzien) et $AgI,(AgAzO^3)$ (Schnaup et Kremer). L'action de l'acide iodhydrique sur l'argent a été signalée à l'occasion des propriétés chimiques de ce métal. Le chlorure d'argent traité par l'acide iodhydrique est transformé en iodure; l'argent décompose l'iodure de potassium en fusion dans un creuset de porcelaine : le potassium mis en liberté s'oxyde en partie et enlève la silice du creuset, tandis que le reste agit en réduisant du silicium (H. Deville) [*Compt. rend. de l'Acad. des sciences*, t. XLII, p. 894]. Quand on a dissous à chaud de l'iodure d'argent dans de l'acide iodhydrique concentré, il se dépose, par le refroidissement, de grandes lamelles incolores, peu stables, probablement formées de AgI,HI; la liqueur surnageante, abandonnée au repos, donne ensuite des prismes hexagonaux d'iodure d'argent [*Compt. rend. de l'Acad. des sciences*, t. XLII, p. 894]. — Rammelsberg a fait connaître un composé, $(AgI)^2,AzH^3$, décomposable à l'air et dans l'eau, que l'on obtient en faisant absorber 3,6 % de gaz ammoniac à de l'iodure d'argent non fondu [*Poggend. Ann.*, t. XLVIII, p. 151, ou Berzelius, *Compt. rend. annuel*, 1re année, p. 63]. On a trouvé l'iodure d'argent dans la nature, en Bretagne, au Mexique et en Espagne; dans les laboratoires, on prépare ce corps par double décomposition; les photographes l'emploient concurremment avec le chlorure et le bromure.

Pour l'action de la lumière sur l'iodure et le bromure d'argent, consulter Kaiser [*Photograph. Arch.*, t. V, p. 413; t. VI, p. 263 et 264], Vogel [*loc. cit.*], Lea [*loc. cit.*], Reissig [*Wiener. Acad. Ber.*, 1865].

Il a été décrit deux *iodures d'argent et de potas-*

sium, $AgI,2KI$ et AgI,KI, qui s'obtiennent en dissolvant de l'iodure d'argent dans des dissolutions chaudes concentrées d'iodure de potassium ; les cristaux secs du second sont jaunes, la lumière les fait bleuir, l'alcool froid et l'eau les décomposent [Boullay, *Ann. de Chim. et de Phys.*, t. XXXIV, p. 377].

D'après Liebig, le *cyanure* et l'*iodure d'argent* forment un composé double semblable à celui produit par le chlorure.

FLUORURE D'ARGENT, $AgFl$. — Se prépare en dissolvant le carbonate d'argent dans l'acide fluorhydrique aqueux et évaporant à sec ; il est blanc, très-soluble, déliquescent, fusible. Fremy a annoncé qu'il cristallise en prismes volumineux à 2 molécules d'eau qui deviennent anhydres même dans le vide, et qui, lorsqu'on les chauffe, dégagent de l'oxygène, de l'acide fluorhydrique et laissent un résidu d'argent métallique. La solution aqueuse a une forte saveur métallique, elle tache la peau en noir ; les alcalis fixes et l'acide chlorhydrique y produisent un précipité. Davy avait espéré isoler le fluor de ce composé en le traitant par le chlore, mais le résultat de ses tentatives est demeuré très-problématique. Marignac n'a pas réussi à reproduire le fluorure à $2 H^2O$, mais il a décrit les cristaux d'un autre hydrate avec H^2O seulement, qui affecte la forme d'octaèdres à base carrée, quelquefois assez gros, éclatants, mais déliquescents et qui se colorent promptement en jaune brun à la moindre élévation de température [*Ann. des Mines*, (5), t. XII (1857)].

FLUOSTANNATE, $(AgFl)^2$, $Sn Fl^4 + 4 H^2O$. — Prismes quadrangulaires très-déliquescents ; le *fluotitanate* attire aussi très-fortement l'humidité de l'air [Marignac, *Ann. des Mines*, t. XV, p. 270 (5e série)].

FLUOSILICATE, $(AgFl)^2$, $SiFl^4 + 4 H^2O$. — La dissolution d'oxyde d'argent dans l'acide fluosilicique, évaporée en consistance de sirop, donne des cristaux blancs, grenus, qui s'humectent à l'air. La dissolution de ce sel donne, avec une petite quantité d'ammoniaque, un composé basique jaune clair qui se dissout dans l'ammoniaque en laissant un résidu de silicate d'argent. Ce fluosilicate fond au-dessous de 100° et laisse, par calcination, un résidu d'argent et un peu de silice [Marignac, *Ann. des Mines*, t. XV, p. 270 (5e série)].

SULFURE D'ARGENT, Ag^2S. — Se rencontre dans la nature et peut être obtenu artificiellement sous des formes qui appartiennent au système régulier (cube, octaèdre) ; D = 6,85-7,00. Ce corps forme, après avoir été fondu, des masses d'un gris bleuâtre, cristallines, avec l'éclat métallique, qui s'aplatissent sous le marteau et se laissent couper au couteau ; il est insoluble dans l'eau, l'ammoniaque, les acides étendus et le cyanure de potassium ; un grillage modéré le transforme en sulfate qu'une température plus élevée réduit à l'état métallique. Chauffé dans un courant d'hydrogène, il se réduit complétement, mais difficilement, en donnant de l'acide sulfhydrique (Regnault). Le chlore le décompose, mais d'une manière lente et à chaud seulement. L'acide nitrique concentré bouillant en sépare le soufre avec production de nitrate. Le fer et le plomb décomposent le sulfure d'argent par la voie sèche.

Le sulfure est un des minerais d'argent les plus importants (voyez ARGYROSE) ; on l'emploie pour produire des dessins noirs à la surface des objets d'orfèvrerie (nielles) et pour teindre les cheveux en noir : dans ce dernier but, on traite les cheveux d'abord par une dissolution de sel ammoniacal d'argent, puis par une solution de monosulfure de potassium.

L'hydrogène sulfuré en réagissant sur les vapeurs du chrorure d'argent donne naissance à du sulfure d'argent cristallisé ; le même gaz produit le même composé quand on le dirige sur de l'argent métallique ou dans une dissolution de nitrate d'argent [*Compt. rend.*, t. XXXII, p. 823].

Pour l'obtenir en masse il faut fondre du soufre avec de l'argent et chauffer jusqu'à expulsion totale de l'excès de soufre.

Sulfure de fer et d'argent. — Voyez STERNBERGITE.

Sulfure de cuivre et d'argent. — Voyez STROMEYÉRINE.

SULFOTELLURITE, $(Ag^2S)^3 + TeS^2$. — Précipité noir volumineux qui prend l'éclat métallique sous le brunissoir ; la chaleur en sépare le soufre et laisse du tellurure d'argent (Berzelius).

HYPOSULFOPHOSPHITE, Ag^2S, Ph^2S. — Corps noir donnant une poudre brune ; l'acide nitrique (D=1,22) l'attaque mal, même à chaud ; on le prépare en chauffant un mélange d'argent en poudre fine et de protosulfure de phosphore Ph^2S dans un courant d'hydrogène : la réaction est violente. En chauffant ce sulfosel avec 2 atomes de soufre on obtient le *sulfophosphite* $(Ag^2S)^2 + Ph^2S^2$ en une masse dont la poudre est jaune clair ; si au lieu de 2 atomes de soufre on en emploie 4, le composé qui se produit est du *sulfophosphate* $(Ag^2S)^2$, Ph^2S^5 jaune foncé en poudre et jaune orange rougeâtre en masse. L'*hyposulfophosphite basique* $(Ag^2S)^2$, Ph^2S reste comme résidu de la distillation des deux précédents, au rouge naissant, tant qu'il se forme un sublimé (Berzelius).

Pour plus de détails, voyez Berzelius [*Compt. rend. annuel*, 4e année, p. 24 et 31, ou *Traité de Chim.*, t. IV, p. 206].

SULFARSÉNIATE, $(Ag^2S)^2$, As^2S^5, et SULFARSÉNITE BIBASIQUE, $(Ag^2S)^2$, As^2S^3. — Voyez ARSENIC.

SOUS-SULFANTIMONIATE, $(Ag^2S)^3$, Sb^2S^5. — Voyez ANTIMOINE.

SULFANTIMONITE et SULFARSÉNITE D'ARGENT,

$$(Ag^2S)^3 + Sb^2S^3 \text{ et } (Ag^2S)^3 + As^2S^3.$$

— Composés rouges, transparents, cristallisant dans le système rhomboédrique (voyez ARGYRYTHROSE et PROUSTITE). D'autres combinaisons analogues existent dans le règne minéral. — Voyez XÁNTHOCONE, STÉPHANITE, POLYBASITE et MIARGYRITE.

SULFOMOLYBDATE, Ag^2S,MoS^3. — Précipité noir qui à l'état sec laisse une rayure brillante, gris plombé [Berzelius, *Poggend. Ann.*, t. VII, p. 29 et 150].

HYPERSULFOMOLYBDATE, Ag^2S, MoS^4. — Insoluble, brun foncé ou noir [Berzelius, *Poggend. Ann.*, t. VII, p. 29 et 150].

SÉLÉNIURE D'ARGENT, Ag^2Se. — L'argent est noirci par les vapeurs de sélénium, l'acide sélénieux et l'hydrogène sélénié ; ce dernier précipite facilement les sels d'argent, enfin le sélénium se combine très-bien par voie sèche avec l'argent. Le séléniureid'argent est fusible en un globule blanc métallique qui peut s'aplatir sous le marteau ; un grillage prolongé ne suffit pas pour en chasser tout le sélénium. Ce composé est une sélénibase très-énergique ; la chaleur peut lui faire absorber un second atome de sélénium, qu'il retient même au rouge sombre ; ce *biséléniure* $AgSe$ est gris et mou. Le protoséléniure est attaqué par l'acide nitrique bouillant, la liqueur abandonne, en se refroidissant, du sélénite d'argent cristallin. Ce corps est très-rare dans la nature. — Voyez NAUMANNITE, RIOLITE et EUKAIRITE.

TELLURURE. — Le tellurure simple, Ag^2Te, et les tellures doubles d'argent et d'or ou de plomb existent dans le règne minéral. — Voyez HESSITE, SYLVANITE, MULLÉRINE.

AZOTURE. — L'argent fulminant de Berthollet est une poudre noire dont la composition est problématique, excessivement explosible, puisque le contact d'une barbe de plume suffit pour la faire détoner avec violence ; même sous l'eau, le frottement avec un corps dur amène le même effet. Sérullas a proposé de considérer ce corps comme de l'azoture d'argent, Ag^3Az ; un grand nombre de chimistes partagent cette manière de voir. On prépare l'argent fulminant en faisant digérer pendant quelques heures de l'ammoniaque concentrée avec de l'oxyde d'argent récemment précipité et humide ; on répartit sur plusieurs morceaux de papier joseph la poudre noire ainsi obtenue, et on la laisse sécher spontanément.

PHOSPHURE. — Se prépare par la fusion directe de ses deux éléments. Il est aigre, blanc, cristallin, à cassure grenue ; se laisse entamer au couteau ; sa teneur en phosphore est de 20 %, ce qui correspond à peu près à $AgPh$. Le phosphore fondu avec de l'argent se sépare en partie de celui-ci par le refroidissement et brûle à l'air (Pelletier). Landgrebe a encore fait connaître deux autres phosphures dont la composition est à peu près $AgPh^2$ et Ag^3Ph^2.

En dirigeant des vapeurs de phosphore ou d'hydrogène phosphoré dans une dissolution neutre de nitrate d'argent, Frésénius et Neubauer ont obtenu un précipité correspondant à la composition Ag^5Ph, qu'ils considèrent comme formé par un mélange de métal et de phosphure [*Zeitsch. Anal. Chem.*, t. I, p. 340].

ARSÉNIURE et ANTIMONIURE. — Composés naturels à l'aspect métallique, aigres et fusibles. — Voyez ARGENT ARSENICAL et DISCRASE.

BORO-AZOTURE. — Balmain a décrit sous ce nom un corps blanc, pulvérulent, léger, inaltérable, obtenu en chauffant au blanc 1 atome de chlorure d'argent et 1 atome de boro-azoture de zinc. Des recherches subséquentes n'ont pas confirmé ces assertions.

SILICIURE. — L'existence de ce corps est à peine démontrée ; il paraît que l'argent qui a été fondu avec de la silice et du charbon laisse, quand on le dissout dans l'acide nitrique, des flocons gélatineux de silice.

CARBURES. — L'argent s'unit en plusieurs proportions avec le charbon :

1° Le sous-carbure Ag^4C se forme, d'après Gay-Lussac, lorsqu'on maintient pendant longtemps de l'argent fondu en présence du noir de fumée.

2° Le protocarbure Ag^2C demeure comme un résidu jaune terne après la calcination du cuminate d'argent [Gerhardt et Cahours, *Ann. de Chim. et de Phys.*, (3), t. I, p. 76].

3° Le surcarbure AgC est une poudre grise qui prend l'éclat métallique par le frottement contre un corps dur. On l'obtient en chauffant longtemps au bain-marie du pyroracémate d'argent [Berzelius, *Poggend. Ann.*, t. XXXVI, p. 28] ou le maléate d'argent, dans un creuset du même métal, jusqu'à détonation [Regnault, *Ann. der Chem. u. Pharm.*, t. XIX, p. 153] ; dans ce dernier cas il faut laver le produit successivement avec une lessive faible de potasse, un acide étendu et de l'eau. Une calcination à l'air brûle le carbone, l'argent reste pur.

SELS D'ARGENT.

AZOTATE ou NITRATE, $AgAzO^3$ (en équivalents $= AgO, AzO^5$). — Nitre lunaire. Cristallise en tables transparentes, incolores, anhydres, parfaitement neutres, qui appartiennent à un prisme orthorhombique droit dont les axes a, b, c sont entre eux comme $0,5302 : 1 : 0,7263$, rapport très-voisin de celui des axes du salpêtre. — Voyez plus bas NITRATE D'ARGENT ET DE SOUDE.

Ce sel est soluble dans 1 p. d'eau froide, 1/2 p. d'eau bouillante, 4 p. d'alcool chaud et 10 p. d'alcool froid ; son poids spécifique = 4,355, la lumière est sans action sur lui ; la chaleur le fond en un liquide qui se prend par le refroidissement en une masse cristalline : cette masse coulée en baguettes constitue la *pierre infernale* des chirurgiens ; une température plus élevée (le rouge) le décompose d'abord en nitrite mélangé d'un peu d'argent et en oxygène, puis en métal pur [Persoz, *Ann. de Chim. et de Phys.*, (3), t. XXIII]. Le nitrate d'argent active la combustion des charbons ardents et les recouvre d'un enduit métallique ; le chlore (Deville) et l'iode secs le décomposent en éliminant de l'acide nitrique anhydre ; l'eau de chlore et la teinture d'iode agissent un peu différemment, et produisent du chlorure ou de l'iodure, du chlorate ou de l'iodate d'argent et de l'acide nitrique ; le phosphore le réduit même à froid et dans l'obscurité ; les cristaux de ce nitrate, enveloppés et conservés dans du papier, se décomposent peu à peu, sans perdre leur forme, en argent métallique. Un mélange de phosphore ou de soufre et de nitrate d'argent détone par le choc.

Les combinaisons de ce sel avec les chlorure, bromure, iodure et cyanure d'argent ont été signalées plus haut (voyez ces mots) ; pour l'action de l'hydrogène. — Voyez ARGENT (RÉACTIONS ET DOSAGE DE SES SELS).

Usages. — On emploie ce sel en photographie, pour teindre les cheveux en noir, pour faire une encre à marquer le linge. Cette dernière consiste en une dissolution du nitrate d'argent additionnée d'un peu de gomme pour la rendre moins fluide et ordinairement colorée avec du vert de vessie ou du noir de fumée impalpable ; la place où l'on veut écrire est d'abord mouillée avec une dissolution de carbonate de soude et de gomme arabique, puis séchée et repassée, après quoi on y trace les caractères avec l'encre et l'on expose l'écriture à la lumière du soleil. Voici quelques-unes des proportions recommandées. 1° Encre : $AgAzO^3$, 1 p. ; vert de vessie, 1 p. ; eau, 8 p. *Liqueur préparatoire :* carbonate de soude cristallisé, 6 p. ; gomme, 7 p. ; eau, 30 p. — 2° En supprimant la liqueur préparatoire, on dissout 82 p. de nitrate dans 25 p. d'eau et 25 d'ammoniaque liquide que l'on mélange avec une solution de 20 p. de gomme et 32 p. de carbonate de soude dans 60 d'eau, et l'on chauffe.

En médecine, on utilise les propriétés corrosives du nitrate d'argent pour cautériser les chairs fongueuses, les muqueuses atteintes de phlegmasie chronique (intérieur de la bouche, larynx, pharynx, fosses nasales, utérus, etc.) ; dans l'angine couepneuse, le croup, certaines ophthalmies ; on le prend à l'intérieur, en solution, contre l'hydropisie, des diarrhées, des gastralgies, l'épilepsie, la danse de Saint-Guy, les affections syphilitiques. Les doses, à l'intérieur, vont de 1 à 4 centigrammes par jour graduellement. Les malades soumis à l'emploi interne un peu prolongé de ce médicament sont sujets à voir la peau de leur corps se teindre en une couleur brune ardoisée indélébile.

A haute dose, le nitrate d'argent attaque fortement les parois de l'estomac et des intestins ; c'est un violent poison.

Préparation. — Il suffit d'attaquer l'argent par acide nitrique pas trop concentré. Si le métal renfermait du cuivre, il faudrait évaporer la liqueur à sec et la maintenir pendant quelque temps en fusion un peu au-dessous du rouge sombre, de manière à décomposer le nitrate de cuivre seulement ; on s'assure que l'opération est terminée quand une petite portion de la masse dissoute dans l'eau, filtrée et additionnée d'ammoniaque, ne bleuit plus ; après le refroidissement on reprend par l'eau, on filtre et met à cristalliser.

Nitrate d'argent ammoniacal. — Le nitrate d'argent sec absorbe le gaz ammoniac avec un grand dégagement de chaleur et se transforme en une masse blanche soluble dans l'eau et qui perd son ammoniaque quand on la chauffe. Formule : AgAzO³, 3AzH³. Quand on a sursaturé une solution concentrée de pierre infernale par de l'ammoniaque liquide, on ne tarde pas à obtenir des cristaux allongés, transparents, très-nets et éclatants, noircissant à la lumière, facilement solubles dans l'eau, stables encore à 100°. Leur composition est AgAzO³, 2AzH³ (Kane, Mitscherlich) et leur forme, d'après Marignac, un prisme orthorhombique droit de 105°46' [*Ann. des Mines*, (5), t. XV, p. 25].

Nitrate d'argent et de soude. — Une solution de nitrate de soude mélangée avec un excès de nitrate d'argent abandonne d'abord des tables de ce dernier sel, puis des cristaux isomorphes avec le premier et qui renferment, pour 1 atome du sel d'argent, des quantités du sel de soude variant entre 2 et 4 atomes (Rose). Ce fait implique le dimorphisme du nitrate d'argent.

Woehler a décrit les combinaisons solubles et cristallisées

$$AgAzO^3)^2, HgCy^2 + 4H^2O \text{ et } (AgAzO^3)^2, Hg^2AzO^3.$$

Berzelius a signalé un composé de nitrate d'argent et de cyanure de cuivre [*Traité de Chim.*, t. IV, p. 277].

Nitrite d'argent, $AgAzO^2$. — Cristallise en petits prismes ou en longues aiguilles blanches anhydres, solubles dans 120 p. d'eau froide selon Mitscherlich et dans une moindre proportion d'eau bouillante; Fischer indique, probablement par erreur, 300 p. d'eau chaude. La solution aqueuse de ce sel se décompose légèrement à 100°. Le nitrite d'argent donne avec ceux des métaux alcalins des sels doubles parmi lesquels on a étudié celui d'argent et de potassium,

$$AgAzO^2, KAzO^2 + H^2O,$$

en prismes rhomboïdaux ou en tables inaltérables à l'air, décomposables par une quantité d'eau suffisante.

On prépare le nitrite d'argent par double décomposition ou par une action ménagée de la chaleur sur le nitrate; ce sel sert à obtenir les autres nitrites. S'il est coloré en gris brun, il convient de le dissoudre dans la moindre quantité possible d'eau bouillante et de le filtrer chaud pour en séparer l'oxyde ou le métal auquel il est mélangé.

L'argent bouilli avec du nitrate d'argent peut donner naissance à du nitrite neutre et à un nitrite bibasique.

[Voir Mitscherlich, *Traité de Chim.*; Fischer, *Ann. de Millon*, 1849; Lang, Stampe, *Bull. de la Soc. chim.*, Paris, 1863; Berzelius, *Traité de Chim.*, t. IV].

Perchlorate, $AgClO^4$. — Poudre blanche, déliquescente, soluble dans l'alcool, fusible sans décomposition appréciable, qui se prend en masse cristalline par le refroidissement et qui se détruit à une température élevée en laissant du chlorure d'argent. Sa dissolution aqueuse brunit à la lumière. Se prépare directement [Sérullas, *Ann. de Chim. et de Phys.*, (2), t. XLVI, p. 307].

Chlorate, $AgClO^3$. — Cristaux anhydres blancs, transparents, en prismes à bases carrées dont les axes a, c sont entre eux comme 1 : 0,9325 [Marignac, *Mém. Soc. Phys., Hist. nat. de Genève*, t. XIV (1re partie), p. 256]. Fond à 230°, commence à se décomposer à 270°, laisse un résidu de chlorure, fait explosion quand on le chauffe brusquement, se dissout dans 5 p. d'eau froide et dans l'alcool, détone violemment par le choc quand il a été mélangé avec des corps combustibles; un courant de chlore longtemps prolongé le décompose en produisant du chlorure, du perchlorate d'argent et de l'oxygène libre.

La dissolution dans l'ammoniaque caustique produit par l'évaporation un chlorate ammoniacal $AgClO^3, (AzH^3)^2$ en prismes très-solubles dans l'eau et l'alcool, fusibles à 100° en perdant de l'ammoniaque, laquelle s'en va peu à peu : si la température ne dépasse pas 270°, il reste du chlorate simple; la potasse produit dans la dissolution de ce sel un précipité d'argent fulminant de Berthollet. Le chlorate d'argent s'obtient au mieux par voie directe [Waechter, *Journ. für prakt. Chem.*, t. XXX, p. 321, ou Berzelius, *Compt. rend. annuel*, 5e année, p. 91, ou *Ann. de Millon*, 1845, p. 85].

Chlorite, $AgClO^2$. — Écailles cristallines jaunes qui se préparent en précipitant du nitrate d'argent par une solution alcaline de chlorite de potasse; le dépôt est un mélange d'oxyde et de chlorite d'argent; on le porte à l'ébullition dans la liqueur même, on filtre chaud et le sel en question se dépose par le refroidissement. Ce sel détone à 105°; mélangé avec du soufre, il déflagre; la présence d'un excès d'acide chloreux le convertit en chlorure et chlorate [Millon, *Ann. de Chim. et de Phys.*, (3), t. VII, p. 329].

Perbromate, $AgBrO^4$. — Longues aiguilles fragiles, peu solubles à chaud, beaucoup plus à froid. Sa solution se colore à la lumière [Kæmmerer, *Journ. für prakt. Chem.*, t. XC, p. 190, ou *Bull. de la Soc. chim.*, Paris, 1864, (2), p. 129].

Bromate, $AgBrO^3$. — Prismes carrés, blanc laiteux, éclatants, souvent groupés en chapelets, isomorphes avec le chlorate d'argent [Marignac, *Ann. des Mines*, (5), t. XII]. Ce bromate est très-peu soluble dans l'eau, devient gris à la lumière, se comporte à l'égard de la chaleur et de l'ammoniaque tout comme le chlorate [Rammelsberg, *Poggend. Ann.*, t. LII, p. 84, ou Berzelius, *Compt. rend. annuel*, 3e année, p. 80].

Periodates. — Les periodates alcalins, même aiguisés d'un peu d'acide nitrique, ne donnent par l'azotate d'argent qu'un précipité de periodate d'argent basique, jaune clair verdâtre. En dissolvant celui-ci à l'aide de la chaleur dans de l'acide nitrique peu concentré et évaporant la liqueur jusqu'à cristallisation à chaud, on obtient des petits cristaux anhydres jaune orangé, dont la formule est $AgIO^4$. Si on les traite par l'eau froide, celle-ci leur enlève la moitié de leur acide et laisse un sel jaune paille à 3 atomes d'eau ($Ag^4I^2O^9, 3H^2O$) qui est le même que celui obtenu en premier lieu; c'est encore lui qui se forme quand on fait cristalliser à une basse température la dissolution de l'un des periodates d'argent dans l'acide nitrique faible : il affecte alors la forme de rhomboèdres aigus, sous l'angle de 74°, d'un jaune clair, très-éclatants et devenant plus foncés à la lumière [Rammelsberg, *Handb. der kryst. Chem.*, suppl. p. 73]. L'eau chaude transforme cet hydrate en un autre à 1 aq, rouge brun presque noir, dont la poudre est d'un beau rouge [Magnus et Ammermüller, *Ann. de Chim. et de Phys.*, (2), t. LIII, p. 92].

Iodate, $AgIO^3$. — S'obtient par double décomposition. C'est une poudre blanche anhydre, insoluble dans l'eau, presque insoluble dans l'acide nitrique étendu, aisément soluble dans l'ammoniaque dont elle se sépare par l'évaporation spontanée en petits cristaux qui sont des lames rectangulaires transparentes, éclatantes, dont Marignac n'a pas pu fixer le système cristallin [*Ann. des Mines*, (5), t. IX]. L'acide sulfureux décompose la solution ammoniacale d'iodate d'argent en produisant de l'acide sulfurique et de l'iodure d'argent. Une calcination modérée fait dégager tout l'oxygène de ce sel; l'acide chlorhydrique le transforme en chlore, chlorure d'iode et chlorure d'argent [Gay-Lussac, 1814, *Ann. de Chim.*, (1), t. XCI; Rammelsberg, *Poggend. Ann.*, t. XLIV, p. 572;

Benckiser, *Ann. der Chem. u. Pharm.*, t. XVII, p. 255].

SULFATE D'ARGENT, Ag^2SO^4.—Cristaux anhydres, incolores, brillants, isomorphes avec le sulfate de soude anhydre, solubles dans l'acide sulfurique concentré, dans 88 p. d'eau bouillante et dans 200 p. d'eau froide. Le sulfate d'argent est peu altérable à la lumière, décomposable par une chaleur rouge, insoluble dans l'alcool et soluble dans l'acide nitrique ; l'évaporation de cette dissolution abandonne les cristaux les plus nets. Ce sel absorbe 1 atome de gaz ammoniac ; récemment préparé, il se dissout dans l'ammoniaque liquide en donnant naissance au sulfate Ag^2SO^4, $2AzH^3$ cristallisable en beaux prismes incolores à base carrée. Pirwitz prétend que le sulfate d'argent peut se déposer de sa solution sulfurique en octaèdres réguliers. Vogel a observé que l'argent divisé se dissout à la température ordinaire dans l'acide sulfurique anhydre sans dégagement d'acide sulfureux. D'après Church, le sulfate d'argent peut former, avec celui d'alumine, un alun

$$Ag^2SO^4 + Al^2S^3O^{12} + 24H^2O$$

en octaèdres réguliers [*Chem. News*, t. IX, p. 105].

On prépare le sulfate d'argent par double décomposition ou bien en traitant l'argent par l'acide sulfurique bouillant.

SULFITE, Ag^2SO^3. — S'obtient par l'action de l'acide sulfureux sur l'oxyde d'argent ou bien par double échange. Il est peu soluble dans l'eau, se colore à la lumière selon Muspratt, tandis que Fourcroy prétend qu'il n'est pas impressionné par cet agent. Le sulfite d'argent donne des sels doubles avec les sulfites alcalins.

HYPOSULFITE. — Le peu de stabilité de ce sel et la grande tendance qu'il a à s'unir aux hyposulfites alcalins et alcalino-terreux rendent douteux qu'on l'ait jamais obtenu à l'état de pureté. Les combinaisons doubles ont été décrites surtout par Herschel [*Ann. de Chim. et de Phys.*, (2), t. XIV, p. 353.], et par Lenz [*Ann. der Chim. u. Pharm.*, t. XL, p. 94, ou Berzelius, *Compt. rend. annuel*, 3e année, p. 73.] ; elles se préparent d'une manière générale en dissolvant de l'oxyde ou du chlorure d'argent dans l'hyposulfite alcalin, ou bien en ajoutant du nitrate d'argent à ce dernier ; on en connaît deux séries qui se représentent par $Ag^2S^2O^3$, $2(R^2S^2O^3)$ et par $Ag^2S^2O^3$, $R^2S^2O^3$. Les sels de la première série sont solubles dans l'eau d'où l'alcool les précipite, les autres sont peu ou pas solubles, se déposent en poudre ou en cristaux très-petits quand on ajoute de nouvelles quantités d'un sel d'argent à la dissolution des sels du premier groupe. L'hyposulfite d'argent et de sodium $Ag^2S^2O^3$, $2(Na^2S^2O^3) + 2H^2O$ s'obtient quand on verse goutte à goutte, jusqu'à formation d'un précipité permanent, une dissolution d'un sel d'argent dans une dissolution d'hyposulfite de soude qu'on a soin d'agiter continuellement. Après une addition d'alcool dans la liqueur, le sel double se dépose en lamelles brillantes qu'il faut laver avec de l'alcool. Si l'on continue à verser du sel d'argent aussi longtemps qu'il se forme un précipité, on a alors le composé $(AgNaS^2O^3)^2 + H^2O$, en flocons blancs qui prennent bientôt l'apparence cristalline ; ce dernier est très-soluble dans l'ammoniaque avec laquelle il donne une liqueur douée d'une saveur sucrée très-prononcée, saveur qui appartient aussi à l'autre seldouble. L'acide chlorhydrique ne produit pas de précipité dans ces hyposulfites, qui du reste se décomposent avec une extrême facilité, sous l'influence de la chaleur ou de l'eau, en sulfure et sulfate d'argent et sel de sodium.

DITHIONATE ou HYPOSULFATE, $Ag^2S^2O^6 + 2H^2O$. — Se prépare directement ; inaltérable à l'air, soluble dans 2 p. d'eau à $+16°$ C., forme des prismes octogones appartenant à un prisme rhomboïdal droit de $90°52'$. Rapports des axes

$$a : b : c = 0{,}985 : 1 : 05802$$

[Herren, *Ann. de Chim. et de Phys.*, (2), t. XL, p. 38]. Une dissolution chaude de ce sel dans l'ammoniaque abandonne de petits cristaux solubles dans l'eau, devenant gris à la lumière, qui renferment 2 atomes d'ammoniaque et un d'eau ; la chaleur décompose ces cristaux en leur faisant perdre de l'eau et de l'ammoniaque, puis de l'acide sulfurique et du sulfate d'ammoniaque : il reste du sulfate d'argent [Rammelsberg, *Poggend. Ann.*, t. XLVIII, p. 472, ou Berzelius, *Compt. rend. ann.*, 5e année, p. 84].

Le *trithionate*, le *tétrathionate* et le *pentathionate* sont l'un blanc, les autres jaunes, peu stables, insolubles.

SÉLÉNIATE, Ag^2SeO^4. — Il est isomorphe avec le sulfate dont il possède aussi l'apparence et les principales propriétés. Se prépare directement. Le *séléniate ammoniacal*, $Ag^2SeO^4 + 2AzH^3$, est en prismes à bases carrées, isomorphes avec le sulfate et le chromate correspondants [Mitscherlich, *Ann. de Chim. et de Phys.*, (2), t. XXXVIII, p. 55].

SÉLÉNITE, Ag^2SeO^3. — Poudre blanche, très-peu soluble dans l'eau froide, mais qui se dissout dans l'eau chaude aiguisée d'acide nitrique pour cristalliser en aiguilles par le refroidissement. Ce sel se prépare en traitant la solution de nitrate d'argent par l'acide sélénieux ; il n'est pas coloré par la lumière ; il fond par la chaleur comme le chlorure et se solidifie, en se refroidissant, en une masse blanche cornée à structure cristalline [Berzelius, *Ann. de Chim. et de Phys.*, (2), t. IX].

TELLURATES. — On en connaît cinq. a. Sel neutre (Ag^2TeO^4). Poudre jaune foncé, décomposable par l'eau chaude ou froide en sel acide et sel basique, soluble dans l'ammoniaque (Berzelius). D'après Oppenheim, une combinaison de nitrate et de tellurate d'argent se dépose en poudre cristalline, incolore, qui jaunit à l'air quand on additionne d'acide tellurique une solution concentrée de nitrate d'argent [*Journ. für prakt. Chem.*, t. LXXI]. b. Sels acides. Le *bi* et le *quadritellurate* d'argent sont des précipités floconneux de couleur orange. c. Sels basiques. Le *tellurate sesqui-basique* résulte de l'action de l'eau bouillante sur le sel neutre ; il est brun, pulvérulent et anhydre. Le *tellurate tri-basique* se précipite quand on évapore un mélange de solutions ammoniacales de nitrate et de tellurate neutre d'argent ; c'est une poudre brun-noir [Berzelius, *Ann. de Chim. et de Phys.*, (2), t. LVIII.].

TELLURITE, Ag^2TeO^3. — Précipité volumineux blanc jaunâtre, soluble dans l'ammoniaque (Berzelius). Si l'on dissout l'argent telluré dans l'acide nitrique, il se dépose, au bout de quelque temps, de petits prismes carrés, terminés, doués d'un éclat adamantin, insolubles dans l'eau, et qui renferment plus de 1 atome d'acide tellureux (G. Rose).

PHOSPHATES. — 1° *Phosphate basique*, Ag^3PhO^4. — Précipité jaune-citron qu'on obtient en précipitant le nitrate d'argent par le phosphate de soude, neutre, basique ou acide ; il est très-soluble dans l'ammoniaque qui, en s'évaporant, le laisse déposer en grains cristallins. Pesanteur spécifique, 7,3. — Les acides le dissolvent aussi ; la lumière le noircit et une forte chaleur le fond.

2° *Phosphate neutre*, Ag^2H,PhO^4. — Ce sel cristallise en grandes tables incolores, décomposables par l'eau, inaltérables à l'air, que l'on obtient en évaporant une dissolution de nitrate d'argent mélangée avec un excès d'acide phosphorique.

PYROPHOSPHATES, $Ag^4Ph^2O^7$. — Se prépare par double décomposition au moyen de l'un des pyrophosphates de soude ; c'est une poudre blanche, lourde, qui devient rougeâtre à la lumière; insoluble dans l'eau et l'acide acétique, légèrement soluble dans un grand excès de pyrophosphate alcalin, soluble dans l'acide nitrique froid et dans l'ammoniaque; l'ébullition dans de l'eau pure ne lui fait pas subir de changements, mais en présence des acides forts il se transforme en phosphate ordinaire. La chaleur le fait fondre en un liquide jaune qui devient blanc par le refroidissement. L'alcool précipite de sa dissolution ammoniacale de petites aiguilles incolores qui dégagent de l'ammoniaque à l'air.

Métaphosphates. — 1º *Bimétaphosphate*,

$$Ag^4 Ph^4 O^{12}.$$

— Si on mélange des dissolutions concentrées de nitrate d'argent et de bimétaphosphate de soude, ce sel se dépose en une poudre cristalline; par l'emploi de liqueurs étendues, il se forme peu à peu en petits cristaux. Assez peu facile à dissoudre dans l'eau, fusible en un verre transparent qui est insoluble dans l'eau. 2º *Tri-métaphosphate*, $Ag^6 Ph^6 O^{18} + 2 H^2 O$. — Il se dépose complétement en deux ou trois jours sous forme de prismes obliques quand on mélange poids atomiques égaux d'un sel d'argent et de tri-métaphosphate de soude; si la liqueur contient un excès de ce dernier, les cristaux en entraînent toujours un peu avec eux. Il est soluble dans 60 p. d'eau froide; ce corps et l'acide azotique ne le transforment pas; la dessiccation au bain-marie lui fait prendre une réaction acide. 3º *Hexamétaphosphate*,

$$(Ag^{12} Ph^{12} O^{36}).$$

— Précipité floconneux ou écailles blanches, brillantes, insolubles dans l'eau; ce sel devient semifluide à 100º et fond complétement à une température plus élevée. On peut le préparer en fondant de l'oxyde d'argent avec de l'acide phosphorique et en laissant refroidir lentement, ou bien en traitant par un excès d'acide métaphosphorique récemment calciné une solution de nitrate d'argent refroidi à 0º. — L'ébullition dans l'eau décompose ce sel (Berzelius). Fleitmann et Henneberg ont décrit encore des phosphates correspondant à des hydrates $6 H^2 O, 4 Ph^3 O^5$ et $6 H^2 O, 5 Ph^2 O^5$. [Voyez *Ann. der Chem. u. Pharm.*, t. LXV et LXVIII ou *Ann. de Millon*, 1849 et 1850].

Phosphite et Hypophosphite. — N'ont pas été préparés.

Arséniate, $Ag^3 As O^4$. — Poudre brune qui s'obtient par double décomposition; insoluble dans l'eau, soluble dans les acides et dans l'ammoniaque. La chaleur décompose cet arséniate en oxygène, acide arsénieux et arséniure d'argent; l'acide arsénique le dissout et abandonne par l'évaporation des grains cristallins dont la composition est $Ag^2 As^4 O^{11}$ (Geuther).

Arsénite, $Ag^4 As^2 O^5$. — Poudre jaune, insoluble dans l'eau, qui se prépare par double décomposition. L'arsénite d'argent est soluble dans l'ammoniaque; l'alcool sépare de cette dissolution un sel ammoniacal $Ag^4 As^2 O^5, 4 Az^2 H^6$ (Girard).

Borate, $Ag^2 Bo O^4$. — On l'obtient en mêlant de l'acide borique ou du borax avec du nitrate d'argent. C'est une poudre blanche, faiblement soluble dans l'eau, fusible à une douce chaleur et qui se colore à la lumière. Une dissolution *étendue* de borax ne précipite que de l'oxyde dans le nitrate d'argent [H. Rose, *Poggend. Ann.*, t. XIX, p. 153, ou *Ann. de Chim. et de Phys.*, (2), t. XLVI, p. 318.].

Carbonate d'argent, $Ag^2 C O^3$. — L'oxyde d'argent humide attire l'acide carbonique de l'air. Lorsqu'on précipite le nitrate d'argent par un carbonate alcalin, on obtient un précipité blanc qui devient jaune et noircit à la lumière ou lorsqu'on le chauffe légèrement. Il perd son acide carbonique à 200º. En faisant bouillir le nitrate d'argent avec un grand excès de carbonate alcalin, H. Rose a obtenu un précipité qui, séché à 100º, possède la composition $Ag^2 C O^3. 2 Ag^2 O$ [*Ann. der Chem. u. Pharm.*, t. LXXXIV, p. 202].

Permanganate, $Ag Mn O^4$. — On l'obtient, d'après Mitscherlich, en mélangeant des dissolutions chaudes de nitrate d'argent et de permanganate de potasse. Par le refroidissement, il se dépose de grands cristaux qui sont des prismes rhomboïdaux obliques dont les deux angles principaux sont $mm = 112º7'$ et $pm = 92º12'$, et les axes $a : b : c = 0,7447 : 1 : 1,3703$.

Ce permanganate est anhydre, soluble dans 109 p. d'eau froide et dans une moindre quantité d'eau chaude; il se décompose à l'ébullition.

Manganate, Plombate, Bismuthate, Titanate, Stannate, Osmiate, Aurate. — Ces sels n'existent pas ou ne paraissent pas avoir été étudiés.

Antimoniate. — Précipité blanc.

Tantalate et Niobate. — Demandent un nouvel examen.

Molybdate. — Le sel *neutre* est un précipité jaunâtre, floconneux, qui devient plus foncé à la lumière, se dissout peu dans l'eau, mais facilement dans l'acide nitrique étendu et l'ammoniaque; on le prépare par double décomposition au moyen du molybdate neutre de potasse; si l'on remplace ce dernier sel par un molybdate acide, le précipité blanc jaunâtre paraît avoir la composition

$$Ag^6 Mo^7 O^{24}$$

[Svanberg et Struve, *Ann. de Millon*, 1840, p. 162].

Le *molybdate de sous-oxyde*, $Ag^4 Mo^2 O^7$, est une poudre lourde, noire, cristalline et brillante, parmi laquelle on reconnaît de petits octaèdres très-nets. La potasse en sépare de l'oxydule $Ag^4 O$; l'acide nitrique le dissout avec dégagement de protoxyde d'azote. Rautenberg l'a obtenu en faisant passer un courant d'hydrogène à travers une solution ammoniacale du molybdate neutre de protoxyde; la réaction a déjà lieu à froid, mais elle est beaucoup plus active à 90º [*Ann. der Chem. u. Pharm.*, t. CXIV, p. 119, ou *Répert. de Chim. pure*, 1860, p. 251].

Tungstate, $Ag^2 W^2 O^7$? — Sel anhydre, blanc, insoluble dans l'eau, légèrement soluble dans les acides acétique et phosphorique, se dissout très-bien dans l'ammoniaque et se prépare par double décomposition. Le *métatungstate* est en croûtes cristallines (Scheibler). Le *tungstate de sous-oxyde*, $Ag^4 W^2 O^7$, se prépare comme le molybdate, avec lequel il offre les plus complètes analogies (Rautenberg).

Chromate. — Le sel *neutre* est insoluble dans l'eau, soluble dans l'ammoniaque avec lequel il se combine en donnant $Ag^2 Cr O^4, 2 Az H^3$. Le *bichromate* est un peu soluble dans l'eau, davantage en présence de l'acide nitrique, décomposable à l'ébullition en sel neutre et acide chromique. C'est une poudre rouge qui peut cristalliser en petits prismes rhomboïdaux obliques, dans lesquels

$$mm = 110º5', pm = 57º$$

(Teschemacker). Se prépare par double décomposition en employant le bichromate de potasse.

Le *chromate de sous-oxyde* prend naissance dans les mêmes circonstances que le molybdate, mais il renferme toujours de l'argent métallique et se réduit entièrement déjà au-dessous de 50º. Poudre noire amorphe qui est attaquée par l'acide nitrique [*Ann. der Chem. u. Pharm.*, t. XIV, p. 110, ou *Répert. de Chim. pure*, 1860, p. 251].

Vanadate. — Le sel *neutre* $Ag^2 V O^4$ est un précipité gélatineux, jaunâtre, soluble dans l'acide nitrique et dans l'ammoniaque étendue. Le *bivanadate* est orangé, peu soluble dans l'eau, mais beaucoup plus soluble dans l'acide nitrique et dans l'ammoniaque étendue; avec cette dernière il peut former une combinaison ammoniacale. La chaleur le fait fondre et il cristallise par le refroidissement (Berzelius).

URANATE. — Poudre rouge qui se décompose à 180° et s'obtient en faisant bouillir dans l'eau l'acétate d'argent et d'urane.

COMPOSÉS ORGANIQUES DE L'ARGENT. — Pour l'histoire de ces substances, voyez les articles consacrés aux divers acides et radicaux carbonés. M. D.

ARGENT (RÉACTIONS ET DOSAGE DE SES SELS). CARACTÈRES DES SELS D'ARGENT. — Le métal qui nous occupe peut donner naissance à deux classes de sels correspondant aux oxydes Ag^4O et Ag^2O. La première, peu nombreuse et imparfaitement connue, renferme des composés peu stables, bruns ou noirs, dont la solution aqueuse est d'un rouge vineux : on en a parlé à l'occasion du sous-oxyde et du sous-chlorure d'argent.

La seconde classe, de beaucoup la plus importante, comprend des sels incolores par eux-mêmes, vénéneux, et doués, quand ils sont solubles, d'une saveur métallique très-désagréable. La lumière les noircit en les réduisant superficiellement. La chaleur seule décompose un grand nombre d'entre eux avec assez de facilité. L'argent qu'ils contiennent en est séparé par la plupart des métaux (aluminium, zinc, fer, cuivre, etc.), par les acides formique, phosphoreux et hypophosphoreux, les sels de protoxyde de fer (en particulier l'acétate), le protochlorure d'étain en excès et par le formiate de soude; l'intervention de la chaleur et la présence d'un excès de réactif sont nécessaires pour effectuer quelques-unes de ces réductions.

A l'exception de l'hyposulfite, les sels d'argent, même très-dilués, sont précipités par l'*acide chlorhydrique;* le chlorure qui se forme est blanc, caséiforme, très-soluble dans l'ammoniaque; cette réaction est tout à fait caractéristique. A la vérité, les sels de plomb et de protoxyde de mercure se comportent d'une manière analogue en produisant des chlorures insolubles, mais le chlorure de plomb est soluble dans 33 fois son poids d'eau bouillante et insoluble dans l'ammoniaque; quant au protochlorure de mercure, l'ammoniaque le noircit sans le dissoudre.

Les autres réactifs se comportent comme suit avec les sels d'argent.

Bromure de potassium. — Précipité blanc jaunâtre, insoluble dans les acides, mais dissous par l'ammoniaque concentrée.

Iodure de potassium. — De même; toutefois l'iodure d'argent est peu soluble dans l'ammoniaque.

Potasse et Soude. — Précipité brun clair d'oxyde, soluble dans l'ammoniaque.

Carbonate neutre de soude ou *carbonate d'ammoniaque.* — Précipité blanc de carbonate qui jaunit bientôt en se rassemblant et se dissout dans le carbonate d'ammoniaque.

Hydrogène sulfuré et *sulfure d'ammonium.* — Précipité noir insoluble dans un excès du dernier réactif.

Cyanure de potassium. — Précipité blanc, caséeux, insoluble dans les acides étendus, très-soluble dans les cyanures alcalins.

Phosphate de soude. — Précipité jaune dans les dissolutions neutres : la liqueur devient acide.

Pyrophosphate de soude. — Précipité blanc.

Chromate neutre de potasse. — Précipité rouge dans une dissolution neutre pas trop étendue.

Ferrocyanure de potassium (prussiate jaune). — Précipité blanc.

Ferricyanure. — Précipité brun rouge.

Au chalumeau avec la soude, les sels d'argent donnent facilement un globule d'argent métallique.

D'après Békétoff, l'hydrogène réduit rapidement, sous la pression ordinaire, la dissolution d'acétate d'argent, lentement celle d'azotate et pas du tout celle du sulfate; en outre, l'hydrogène comprimé aurait une prompte action réductrice sur le nitrate, le sulfate étendu et le chlorure en solution de l'ammoniaque [*Journ. für. prakt. Chem.,* t. XXVIII, p. 315, ou *Bull. de la Soc. chim.,* Paris, 1859, p. 14.

Un grand nombre de substances organiques amènent la précipitation de l'argent à l'état métallique : souvent le dépôt se fait sous forme d'une couche miroitante et brillante (huiles essentielles, aldéhyde, tartrate d'ammoniaque). — Voy. ARGENTURE.

Le protoxyde d'uranium introduit dans une dissolution de nitrate d'argent en élimine le métal avec formation de nitrate de sesqui-oxyde d'urane :

$$U^2O^2 + 2\,Ag\,AzO^3 = Ag^2 + 2\,[(UO)AzO^3].$$

DOSAGE DE L'ARGENT. — Le dosage de l'argent dans ses alliages usuels sera traité à l'article ESSAI DES MATIÈRES D'OR ET D'ARGENT.

Quand la combinaison à analyser est soluble ou susceptible d'être mise en dissolution, l'argent se dose, dans un très-grand nombre de cas, à l'état de chlorure. La précipitation doit être faite avec de l'acide chlorhydrique et non pas au moyen d'un chlorure alcalin; après quoi on recueille le chlorure d'argent sur un filtre que l'on sèche pour le brûler ensuite, puis l'on arrose le résidu d'une petite quantité d'eau régale, et l'on calcine de nouveau. Il est préférable, toutefois, de verser la liqueur où s'est formé le chlorure d'argent dans un tube de verre effilé à l'un des bouts et taré; le précipité est arrêté à la pointe du tube et le liquide passe clair, on lave pour sécher ensuite et peser; dans le cours de ces opérations, il faut envelopper le tube d'un papier noirci que l'on enlève au moment de porter le produit sur la balance (Marignac).

Un très-grand nombre de sels d'argent, principalement ceux à acide organique, sont réduits par la chaleur seule au contact de l'air, ce qui permet un dosage souvent très-exact du métal.

Lorsque les dissolutions sont exemptes d'ammoniaque ou de sels ammoniacaux, on peut réduire l'argent à chaud par l'acétate de protoxyde de fer ou par un grand excès de formiate de soude; il faut dans ce dernier cas prendre quelques précautions à cause du dégagement d'acide carbonique qui intervient.

La précipitation de l'argent s'effectue aussi complétement au moyen du sulfure d'ammonium; le sulfure d'argent est recueilli, puis grillé, pour avoir le métal dont on effectue la pesée.

Le dosage à l'état de chlorure est la méthode le plus fréquemment employée, et elle conduit aux résultats les plus exacts, mais il est nécessaire de s'assurer que la liqueur sur laquelle on opère est exempte de mercure, de plomb et d'étain.

Séparation de l'argent et de l'aluminium. — Dans une dissolution de ces deux métaux, on précipite complétement l'argent par un léger excès d'acide chlorhydrique.

Séparation de l'argent et de l'antimoine. — Cette séparation s'effectue au moyen d'un excès de sulfure d'ammonium qui précipite d'abord l'argent et l'antimoine pour redissoudre ensuite ce dernier. M. D.

ARGENT (MÉTALLURGIE DE L'). — MINERAIS D'ARGENT. — L'argent forme un grand nombre d'espèces minérales qui sont toutes des minerais fort recherchés.

L'argent existe dans la nature : à l'état natif, à

l'état de sulfure, de séléniure, de tellurure et d'antimoniure ; à l'état de sulfures doubles et multiples ; à l'état de chlorure, de bromure et d'iodure ; enfin à l'état d'amalgame. L'argent se trouve mélangé en faible proportion, soit à l'état métallique, soit à l'état de sulfure, dans un grand nombre de minerais, savoir : la galène et les cuivres gris, les pyrites arsenicales et le mispickel, quelquefois dans le cuivre pyriteux et la blende. La grande valeur de l'argent fait que les mines de plomb et de cuivre sont souvent réputées mines d'argent et presque toujours fournissent accessoirement une notable quantité de ce métal.

Les minerais d'argent qui ne contiennent pas d'autre métal utilisable rentrent tous dans les trois classes suivantes :

1° Argent natif. — L'argent à l'état natif est le plus souvent associé aux autres minerais, quelquefois cependant il est seul et en masses considérables, comme à Kongsberg et au Lac Supérieur.

2° Argent chloruré. — Le chlorure d'argent est ordinairement disséminé dans une gangue terreuse et ferrugineuse : à cet état, il constitue les minerais colorados du Mexique, du Chili et du Pérou, et les terres rouges de la Bretagne.

3° Les minerais noirs. — Ces minerais produisent la plus grande partie de l'argent mis en circulation. Ils contiennent l'argent sous tous les états chimiques, mais principalement en combinaison avec le soufre, l'arsenic et l'antimoine.

L'Amérique du Sud et le Mexique présentent de nombreux et riches gisements de ces minerais complexes.

MÉTALLURGIE DE L'ARGENT.

Les procédés que l'on suit pour extraire l'argent varient singulièrement en raison de la nature de ses mines, de leur richesse et des lieux où elles se trouvent. Cependant le traitement des minerais ramène toujours l'argent à l'état métallique lorsqu'il n'y est point, et allie au mercure ou au plomb le métal précieux.

Les minerais de plomb argentifères sont d'abord traités pour plomb. Ce métal retient tout l'argent.

Le plomb argentifère, suivant sa teneur en métal fin, est coupellé directement ou après un enrichissement par cristallisation.

Les minerais de cuivre argentifères sont traités pour cuivre ; les dernières mattes et le cuivre noir sont désargentés.

Les minerais d'argent trop pauvres en plomb ou en cuivre pour qu'on puisse extraire ces métaux sont soumis à un traitement complexe ayant pour but l'amalgamation de l'argent. La méthode d'amalgamation suivie en Amérique et celle plus parfaite employée en Saxe fournissent un amalgame d'argent qu'on retire d'une masse énorme de matières stériles par des lavages soignés. Malgré le haut prix du mercure, ces méthodes sont celles qui conviennent le mieux pour l'exploitation des minerais pauvres.

L'amalgame d'argent est soumis à la distillation. Le mercure se volatilise, l'argent est mis en liberté.

Enfin, les matières argentifères très-riches sont fondues avec du plomb : il en résulte un alliage qu'on soumet à la coupellation ; le plomb s'oxyde, s'écoule sous forme de litharge, et l'argent reste dans la coupelle.

DES PLOMBS D'ŒUVRE. — PATTINSONAGE. — Le traitement des galènes argentifères, dirigé dans le double but d'en retirer le plomb et l'argent, fournit un plomb dans lequel se rassemble en presque totalité l'argent du minerai : c'est du plomb d'œuvre.

Le plomb d'œuvre s'affine par une méthode connue sous le nom de *polen* dans le Harz, en provoquant par l'immersion de perches de bois le bouillonnement du plomb fondu : les crasses oxydées formées au contact de l'air entraînent la majeure partie des substances étrangères. Le plomb d'œuvre très-impur et donnant naissance par son oxydation à des fumées d'acide arsénieux est affiné sur la sole en argile bien battue d'un four à réverbère.

Le plomb d'œuvre affiné par oxydation est enrichi par cristallisation. Cette opération, qui a pour but d'en retirer le plus possible de plomb pauvre en concentrant l'argent dans un poids faible de plomb riche, s'appelle pattinsonage, du nom de son inventeur, l'ingénieur Pattinson.

Le pattinsonage est basé sur la propriété que possède tout alliage fondu de plomb et d'argent soumis à un refroidissement lent d'abandonner des cristaux de plomb, tandis que l'argent se concentre dans le métal resté à l'état liquide. Ce départ de l'argent n'est pas absolu ; en pêchant les cristaux avec une cuiller, on reconnaît qu'ils sont d'abord extrêmement pauvres en argent, mais qu'ils le deviennent de moins en moins à mesure que le bain s'enrichit par l'écumage de la partie cristallisée. La séparation du plomb pauvre ou raffiné du plomb riche ou de coupelle peut cependant se réaliser industriellement par plusieurs cristallisations successives, chacune d'elles s'effectuant suivant une même loi de fractionnement. La pratique a appris qu'il convient de retirer dans chaque nouvelle opération à l'état de cristaux les 7/8 du plomb contenu dans les chaudières lorsque le plomb est pauvre, et seulement les 2/3 lorsqu'il est riche : d'où deux méthodes, la méthode par tiers et la méthode par huitièmes.

Un atelier de cristallisation comprend une batterie de 9 à 12 chaudières en fonte et de forme hémisphérique. Chacune de ces chaudières est chauffée par un foyer spécial. Nous supposerons chaque chaudière numérotée de 1 à 12 à partir d'une extrémité de la batterie jusqu'à l'autre. Le plomb d'œuvre placé dans la chaudière 6 gagnera peu à peu la 1re et la 12e. La 1re chaudière contiendra le plomb enrichi à 900gr ou 1,800gr pour 100 kilogrammes ; la dernière le plomb pauvre ou marchand au titre de 4gr à 2gr pour 100 kilogrammes. Le plomb d'œuvre fondu dans la chaudière 6 est brassé avec un ringard pendant la solidification pour déterminer la formation de cristaux isolés. On pêche ces cristaux avec une écumoire en fer perforée de trous de 12 millimètres de diamètre et distants de 2 centimètres. L'écumage de la chaudière 6 se fait en versant les cristaux dans la chaudière 7 et en coulant le plomb dans la chaudière 5. L'écumage des chaudières 7 et 5 s'effectue comme celui de la chaudière 6 et ce mode se continue pour toutes les chaudières de la batterie. Il est d'ailleurs extrêmement difficile de régler le travail de l'atelier de manière à éviter les fausses manœuvres et l'irrégularité dans l'écumage des diverses chaudières.

Lorsqu'on soumet le plomb au mode d'écumage qui le divise en 2 parties cristallines et 1 partie enrichie, la teneur des cristaux diminue dans la proportion de 1 à 5/8 et augmente dans le plomb resté liquide dans la proportion de 1 à 1 3/4.

Les rapports d'appauvrissement et d'enrichissement sont différents dans la méthode des huitièmes : la teneur des cristaux diminue dans le rapport de 1 à 3/7 et augmente dans le huitième resté liquide dans le rapport de 1 à 3.

Lorsqu'on recueille à l'état de cristaux d'abord les 4/7 du poids du plomb, puis encore 1/7, ce 7e possède le titre primitif du bain métallique et les 2/7 restant à l'état fondu, un titre double. Ce dépôt de cristaux intermédiaires est appliqué avec avantage à la méthode par tiers à Freiberg.

On peut procéder à l'enrichissement en ajoutant au plomb d'œuvre fondu 1 p. % de zinc. Il se rassemble à la surface du bain un composé de zinc, de plomb et d'argent. Cet alliage triple, contenant la presque totalité du métal fin, peut être traité par l'acide chlorhydrique étendu qui ne dissout que le zinc : l'argent reste allié au plomb. Une méthode plus avantageuse consiste à le passer au four à manche; le zinc est volatilisé, et le plomb obtenu est assez riche pour être soumis à la coupellation.

COUPELLATION DES PLOMBS D'ŒUVRE. — Le plomb d'œuvre riche ou enrichi par la remarquable méthode de Pattinson est soumis à la coupellation. Dans cette opération, le plomb converti en oxyde se sépare de l'argent en formant des litharges pauvres et des litharges riches; ces dernières sont révivifiées et produisent un plomb pauvre soumis de nouveau à la coupellation après enrichissement par cristallisation. Il suffit, pour obtenir ce départ de l'argent, d'exposer l'alliage fondu à l'action d'un courant d'air dans un four à réverbère dont la sole est remplacée par une coupelle.

La forme des fours employés pour la coupellation, la conduite de l'opération et la nature des matériaux qui servent à faire les coupelles peuvent se rattacher aux deux méthodes suivantes :

Coupellation allemande. — On la pratique dans un four à réverbère à sole circulaire surmontée d'une voûte mobile, nommée le chapeau du four et susceptible d'être enlevée à l'aide d'engins, pour que les affineurs puissent renouveler facilement la coupelle en marne fortement tassée qui repose sur la sole en briques du four. On donne à la coupelle, pour une charge de 10 tonnes, 3 mètres de diamètre et 0,30 de profondeur.

Fig. 59. — Four de coupellation.

Sa partie supérieure présente une rainure destinée à l'écoulement de l'oxyde de plomb fondu par la porte de travail du four; vis-à-vis cette voie des litharges se trouve une échancrure destinée au passage de deux tuyères.

Le chargement étant fait avec précaution pour ménager la coupelle, on abaisse la voûte et l'on dirige le feu de manière à obtenir une fusion complète en quelques heures. Le foyer du four a une faible profondeur et la grille est maintenue parfaitement claire, afin que la flamme soit oxydante. Le bain fondu est couvert d'une croûte de couleur foncée, formée de divers sulfures mélangés de scories pâteuses; on chauffe au rouge sombre pour faire écouler tout le plomb dont ces sulfures sont imbibés. Au bout de deux heures environ, on enlève à l'aide d'un râble en bois ceux qui sont restés infusibles et qui constituent les *abzugs*. Après leur enlèvement, on donne le vent, mais en petite quantité et seulement par une

buse : les sulfures dissous dans le plomb s'unissent aux oxydes et forment des oxysulfures noirs et visqueux ou *abstrichs*, qui recouvrent le bain : on les enlève à l'aide d'un râble. Enfin, on obtient des litharges impures ou sauvages qui coulent d'elles-mêmes hors du four et dont l'apparition annonce la fin de la purification du plomb. La purification terminée et le four étant au rouge vif, on donne le vent alternativement par les deux buses. Le vent doit être plongeant et assez fort pour produire des vagues régulières à la surface de la litharge et du métal. Les ondulations de la litharge, encore sensibles sur les bords de la coupelle, en facilitent l'écoulement par la rainure dont le fond est maintenu à peu près au milieu de la hauteur occupée par l'oxyde.

La litharge se forme rapidement à la surface du bain et coule continuellement par la voie des litharges. La difficulté de maintenir la rainure à une profondeur convenable augmentant quand les bords du bain en fusion se rapprochent du centre de la coupelle, la proportion de l'alliage entraîné par les litharges est de plus en plus grande depuis le commencement jusqu'à la fin de l'opération : d'où la richesse des dernières litharges mises à part sous le nom de litharges riches.

L'alliage de plomb et d'argent possède pendant la coupellation une température plus élevée que celle du four. Il est surtout facile de constater pendant la production des litharges riches que le métal se détache en clair sur le fond plus sombre de la coupelle. On dit que l'éclair a passé lorsque cette surface métallique brillante a pris la couleur du four. L'éclat du métal se ternit presque immédiatement, dès que l'oxydation du plomb n'a plus lieu qu'avec lenteur et ne dégage plus assez de chaleur pour maintenir l'excès de température du métal.

L'éclair passé, on cesse de chauffer; le métal se fige; on achève de le refroidir avec une petite quantité d'eau qu'on jette dessus, puis on détache aisément avec un ringard le disque métallique de la coupelle. Le gâteau d'argent est débarrassé à coups de marteau de la litharge et des fragments de coupelle adhérents. La durée totale de la coupellation de 10 tonnes de plomb est de 72 heures. L'argent brut ou argent d'éclair renferme environ 2 % de plomb.

Coupellation anglaise. — Cette coupellation s'applique aux plombs très-pauvres et très-purs, ainsi qu'aux plombs très-riches.

La coupellation est divisée en deux parties : dans la première, on arrête l'oxydation au moment où le plomb arrive à la teneur de 8 %; dans la seconde, on achève l'oxydation du plomb. Le four de coupellation est un réverbère à sole mobile portée sur un chariot. La sole est une coupelle de forme elliptique pouvant contenir environ 300 kilogrammes de plomb; elle est faite en os calcinés et imprégnés d'une dissolution alcaline. Le grand axe de la sole est parallèle au pont de chauffe du four. Les litharges doivent couler par une rainure maintenue à une profondeur constante, l'oxydation devant avoir lieu, dans cette méthode, à niveau constant.

Le four étant porté au rouge, on coule 300 kilogrammes de plomb dans la coupelle, on donne le vent, l'oxydation commence tout de suite et les litharges pauvres qui s'écoulent sont remplacées par du plomb fondu jusqu'à ce que la richesse de l'alliage atteigne 8 %. On moule alors ce plomb d'œuvre riche en lingots.

La seconde coupellation se conduit comme la première : on cesse d'ajouter du plomb fondu riche lorsque la coupelle contient 300 kilogrammes d'argent et on arrête le vent aussitôt après l'éclair. Les litharges de cette seconde opération sont toutes révivifiées et donnent un plomb riche.

Raffinage de l'argent. — Pour enlever à l'argent d'éclair les 2 % de plomb qu'il renferme on peut | suivre deux méthodes pour extraire l'argent du cuivre noir.

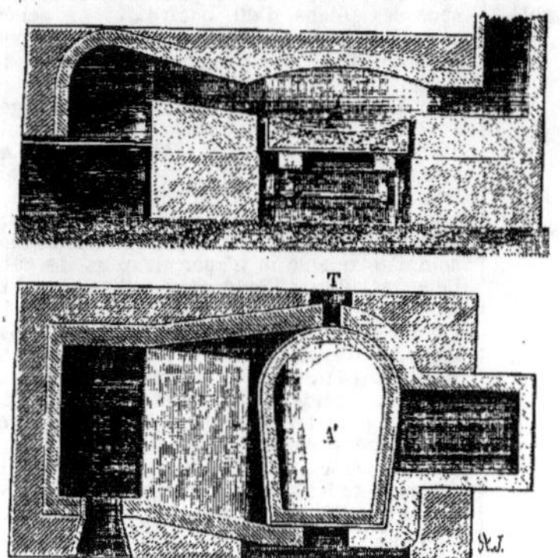

Fig. 60. — Four de coupellation.

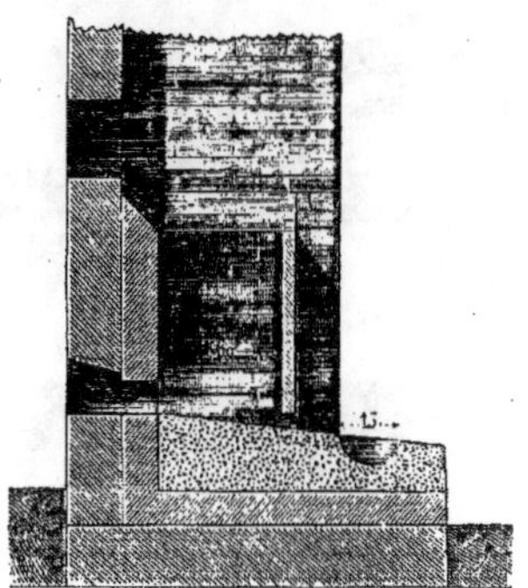

Fig. 61. — Four à cuve.

suivre deux méthodes différentes; dans l'une, on raffine l'argent brut coupé en morceaux par fusion dans une coupelle en os calcinés chauffée au rouge vif dans un four ou sous un moufle, le plomb s'oxyde et la litharge est absorbée par la coupelle : la purification est terminée lorsque la surface du métal réfléchit les détails de la voûte du four. Dans l'autre méthode, on fond l'argent brut dans un creuset en plombagine découvert avec une petite quantité de nitre.

Le métal est coulé dans des lingotières dont on recouvre la surface libre avec une planche pour éviter les pertes par projection que pourrait produire le rochage.

DÉSARGENTATION DES PRODUITS D'ART OBTENUS DANS LE TRAITEMENT DES MINERAIS CUIVREUX ET PLOMBEUX. — L'extraction de l'argent de ces minerais est dirigée dans le but de réunir tous les métaux dans des mattes : les mattes sont plombeuses et pyriteuses.

Les mattes plombeuses s'obtiennent en fondant des galènes argentifères grillées avec des mattes pyriteuses également grillées : cette fusion s'appelle fonte riche.

Les mattes pyriteuses prennent naissance dans la fusion des minerais de cuivre pyriteux pauvres partiellement grillés avec les scories riches et basiques de la fonte riche : cette fusion s'appelle fonte crue ou de concentration.

La matte plombeuse est grillée et fondue au four à cuve, d'où résultent : 1° du plomb d'œuvre; 2° une matte cuivreuse renfermant 30 à 35 % de cuivre; 3° enfin des scories qu'on passe dans le lit de fusion de la fonte crue.

Le plomb d'œuvre est raffiné dans un four à réverbère, puis enrichi par cristallisation. Le plomb riche est coupellé dans de grands fours allemands à voûte mobile.

La matte cuivreuse après bocardage est grillée et fondue au four à cuve pour lui enlever, à l'état de plomb d'œuvre, le plus possible du plomb et de l'argent qu'elle contient. La nouvelle matte est concassée, grillée, puis fondue dans le but d'obtenir, soit une matte de concentration tenant 70 % de cuivre, soit un cuivre noir.

DÉSARGENTATION DU CUIVRE NOIR. — On peut

I. Dans le Hartz et le Mansfeld, on sépare l'argent du cuivre au moyen du plomb, et on passe à la coupellation le plomb d'œuvre obtenu. Examinons cette opération, appelée liquation, bien qu'elle n'ait plus aujourd'hui qu'un intérêt historique. Actuellement on désargente, dans le Hartz et le Mansfeld, non plus le cuivre noir, mais les mattes.

Le cuivre noir est d'abord allié dans une première opération (rafraîchissage) avec 3 p. de plomb. Une longue expérience ayant appris que l'alliage doit contenir 500 fois plus de plomb que d'argent, les cuivres pauvres sont rafraîchis avec des plombs d'œuvre. Le rafraîchissage s'effectue dans un four à réverbère ou dans un four à manche. On fond d'abord le cuivre; puis on ajoute la quantité de plomb reconnue nécessaire. Dès que l'alliage est bien homogène, on le coule en disques de 75 cent. de diamètre et de 8 cent. d'épaisseur.

L'alliage ternaire de plomb, cuivre et argent, chauffé graduellement, éprouve une liquation très-nette. Un alliage avec excès de plomb, très-fusible, se sépare d'un alliage avec excès de cuivre, qui ne fond qu'à une température sensiblement plus élevée. Cette liquation exige de grands soins; elle doit être conduite de façon à éviter le contact de l'air, à répartir bien uniformément la chaleur et ne pas atteindre le point de fusion de l'alliage avec excès de cuivre. Elle s'effectue dans un four particulier dont la flamme est réductrice et dont la sole présente une dépression en forme de rigole longitudinale en son milieu. L'alliage qui s'écoule alors renferme environ 12 atomes de plomb pour 1 atome de cuivre, et celui qui reste solide 12 atomes de cuivre pour 1 atome de plomb.

Le premier est coupellé, le second qui reste sur la sole sous la forme de pains poreux, légèrement oxydés, est soumis au ressuage, opération qui présente plusieurs périodes. On chauffe d'abord pour faire suinter un peu de plomb argentifère. Puis on chauffe dans une atmosphère oxydante, le plomb qui se trouve à la surface des pains s'oxyde et entraîne avec lui l'argent et une certaine quantité d'oxydule de cuivre. Ces oxydes fondent et coulent. Lorsque la production de la litharge se ralentit on empêche l'accès de l'air, une oxydation plus rapide que les transports intérieurs des molécules du plomb dans les pains ayant le grave inconvénient d'oxyder une grande quantité de cuivre. Au bout d'un certain temps, les molé-

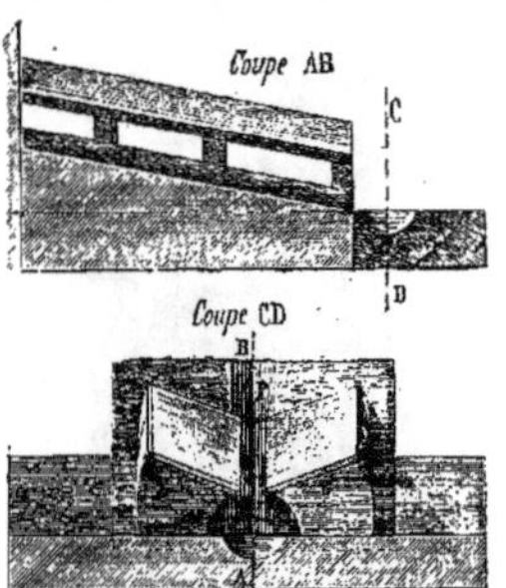

Fig, 62. — Four de liquation.

cules de plomb s'étant de nouveau réparties dans les pains, on recommence l'oxydation. On pourrait, en alternant ainsi les feux oxydants et réducteurs, pousser très-loin la séparation. Dans les opérations ordinaires, les pains liquatés ont perdu le tiers de leur poids dans le ressuage.

Les crasses de ressuage qui contiennent la litharge, l'oxydule de cuivre et l'argent, sont re-

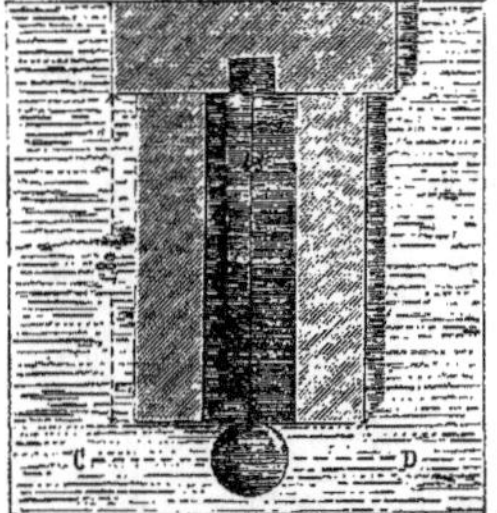

Fig. 63. — Four de ressuage.

fondues avec des produits cuivreux, et l'alliage qui en résulte est de nouveau liquaté.

II. La deuxième méthode employée pour désargenter le cuivre noir est l'amalgamation. Les opérations de cette méthode, pratiquée à Cziklova (Banat), se suivent dans l'ordre ci-dessous.

1° On pulvérise au rouge sombre le cuivre noir sous les pilons d'un bocard, et on achève la grande division nécessaire aux réactions par une porphyrisation faite à sec entre deux meules horizontales.

2° Le cuivre noir porphyrisé est mélangé avec 5 % de pyrite de fer, exempte d'arsenic, et 12 % de sel marin, fondu et pulvérisé. Le mélange est étendu uniformément sur la sole d'un four à réverbère où il est chauffé pendant 7 à 8 heures au rouge sombre dans une atmosphère légèrement oxydante. Cette période d'oxydation est complète quand on n'aperçoit plus de cuivre à l'état métallique. Pendant ce grillage le sel marin ne peut fondre et reste à peu près inerte; les pyrites servent à former des sulfates de fer, de cuivre et d'argent; les gaz étant peu oxydants, la majeure partie de l'arsenic et de l'antimoine forme de l'acide arsénieux et de l'oxyde d'antimoine : il se forme toujours une certaine quantité d'arséniates et d'antimoniates. On termine le grillage par un coup de feu. Le sel marin transforme alors les sulfates, arséniates et antimoniates en chlorures. Cette période de chloruration ne doit pas durer plus d'une heure pour éviter une volatilisation sensible du chlorure d'argent.

3° La troisième opération ou amalgamation a pour but de former un amalgame avec l'argent contenu dans le cuivre noir chloruré. On introduit le cuivre noir grillé, humecté d'eau, et des gobilles en cuivre noir de 4 cent. de diamètre dans une tonne tournant autour de son axe.

Après quelques heures de rotation, on ajoute dans la tonne le quart environ du poids du cuivre noir chloruré en mercure, et on imprime à la tonne une vitesse de 18 tours à la minute pendant 20 heures. On rassemble ensuite le mercure divisé en ajoutant de l'eau et en ralentissant le mouvement de la tonne.

Les gobilles de cuivre noir préparent les matières à l'amalgamation en ramenant les perchlorures de fer et de cuivre à l'état de protochlorures, et en décomposant même une partie du chlorure d'argent. Le mercure accélère ces réactions, les rend complètes et réunit l'argent.

4° Le mercure qui tient en dissolution l'amalgame d'argent est soumis à la distillation.

L'amalgamation du cuivre noir ne fait perdre que peu d'argent et donne des résidus cuivreux, renfermant peu d'arsenic et d'antimoine : cette méthode est surtout applicable aux cuivres noirs qu'on ne peut obtenir que très-impurs.

DÉSARGENTATION DES MATTES. — On peut retirer l'argent des mattes argentifères par quatre méthodes : par la chloruration de M. Augustin, par la sulfatisation de M. Ziervogel, par la méthode de M. Kersten, et enfin par la fonte d'imbibition.

La méthode de chloruration des mattes a remplacé, dès 1849, la liquation du cuivre noir à Freiberg. La méthode de M. Ziervogel a été appliquée avec succès à Swansea, dans le Mansfeld et dans le Hartz. En 1860, on a adopté à Freiberg la méthode de M. Kersten. Je vais résumer aussi brièvement que possible ces quatre méthodes d'extraction de l'argent.

I. Le *procédé d'extraction de M. Augustin* comprend 4 séries d'opérations.

1° Les mattes sont pulvérisées et porphyrisées à sec.

2° On transforme par la voie sèche en chlorure d'argent la presque totalité de l'argent contenu dans les mattes, et on sépare ce chlorure des autres éléments des mattes, en le dissolvant dans de l'eau chaude chargée de 22 % de sel marin. L'agent de chloruration employé est le sel marin. Il agit par double décomposition sur le sulfate d'argent qu'on produit économiquement en grillant convenablement les mattes.

Le grillage s'effectue sur la sole d'un four à réverbère à une température peu élevée et en présence d'un grand excès d'air, tout l'argent passe à l'état de sulfate d'argent : simultanément il se forme des sulfates de fer et de cuivre. Le grillage est suivi d'une calcination au rouge-cerise, température assez élevée pour détruire les sulfates de cuivre et de fer, mais insuffisante pour décomposer le sulfate d'argent. Dès que les matières ne laissent plus dégager que très-peu de vapeurs d'acide sulfurique et ne renferment plus qu'une faible proportion de sulfate de cuivre et de sulfate de fer, on procède à la chloruration qui doit être rapide et s'effectuer à basse température, à cause de la volatilité du chlorure d'argent. La double décomposition des sulfates par le sel marin s'effectue sur la matte grillée portée au rouge en y ajoutant un mélange intime de sel marin fondu et de matte grillée froide qu'on répartit rapidement dans la charge.

Les chlorures volatils, principalement ceux de fer et de zinc, augmentant beaucoup la volatilisation du chlorure d'argent, on doit chercher à réduire autant que possible la proportion de ces chlorures. Cette volatilisation est également très-forte dans le traitement des mattes contenant de l'arsenic et de l'antimoine, les arséniates et les antimoniates produits pendant le grillage ne se transforment que lentement en chlorures.

3° La matte chlorurée est soumise à une lixiviation méthodique. La dissolution de sel marin enlève le chlorure d'argent à la matte grillée et chlorurée : les acides arsénique et antimonique unis à la soude après la chloruration déterminent, pendant la lixiviation, une perte en argent, en régénérant le sel marin et des sels d'argent insolubles.

4° Les eaux chargées de chlorure d'argent et des chlorures métalliques solubles, traversent les compartiments de deux ou trois cuves qui renferment du cuivre obtenu par la voie humide. Les perchlorures de fer et de cuivre sont ramenés à l'état de chlorure, et l'argent se précipite rapidement.

L'argent obtenu est affiné dans un four de coupellation.

II. *Méthode de M. Ziervogel.* — La chloruration de la matte grillée est supprimée, l'argent existant dans ce produit à l'état de sulfate est dissous par l'eau chaude, et l'argent est précipité par le cuivre. Le grillage et la calcination de la matte pulvérisée s'effectuent comme dans la méthode précédente.

La dissolution du sulfate d'argent est très-lente et d'autant plus difficile que le grillage a été plus long. La lixiviation méthodique par l'eau chaude est précédée d'une digestion qui prépare la dissolution.

A Swansea on emploie un appareil des plus ingénieux pour griller la matte à la température de décomposition des sulfates de fer et de cuivre. Il se compose d'une colonne verticale de 8 mètres de haut dans laquelle la matte bronze pulvérisée tombe d'une manière continue, successivement sur 30 séries superposées de barreaux de fer. Les barreaux d'une série quelconque correspondent aux espaces vides des deux séries les plus voisines. La matte n'atteint donc le fond de l'appareil qu'après avoir séjourné sur toutes les séries de barreaux, artifice qui permet de prolonger l'action d'un courant d'air ascendant, assez longtemps pour la griller à peu près complétement. Cet appareil porté une fois au rouge se maintient à la température convenable par la combustion du soufre contenu dans la matte.

L'acide sulfureux produit sert à la fabrication de l'acide sulfurique. La matte grillée cède à l'eau chaude le sulfate d'argent formé pendant le grillage et ensuite à l'eau de chlore l'or provenant des pyrites ou des autres minerais aurifères. Le sulfate

d'argent est décomposé par le cuivre et le sulfate de cuivre par le fer. La dissolution de chlorure d'or est traitée par une dissolution concentrée de sulfate de protoxyde de fer.

III. *Méthode de M. Kersten.* — La matte de concentration contenant 70 °/₀ de cuivre est grillée et chauffée assez fortement pour décomposer aussi complétement que possible tous les sulfates. La matte grillée et calcinée possède une couleur noire, on la soumet à un broyage et puis on la met en digestion avec de l'acide sulfurique étendu de son poids d'eau à une température de 70° environ. La dissolution abandonne par refroidissement du sulfate de cuivre et les résidus lavés formés d'oxyde de fer, de sulfate de plomb et de l'argent métallique provenant de la décomposition du sulfate d'argent repassent avec les minerais ordinaires dans la fonte plombeuse.

IV. *Désargentation des mattes en Hongrie* (fonte d'imbibition). — La matte est amenée à l'état liquide dans du plomb fondu contenu dans un petit foyer. Au moment de la coulée, un ouvrier agite le bain de plomb avec une barre de fer, pour déterminer un contact aussi intime que possible du plomb et de la matte. On enlève la matte au fur et à mesure de sa solidification disques par disques. Puis on introduit une nouvelle quantité de matte et on agite de nouveau. Chaque addition de matte nécessite une addition de plomb. Le plomb est remplacé en totalité lorsqu'il est suffisamment riche pour être coupellé. Cette fonte de la matte et du plomb, appelée fonte d'imbibition, a le grave inconvénient de désargenter incomplétement les mattes. La désargentation est moins imparfaite en faisant agir le plomb sur la matte dans le creuset même du four où s'effectue la fonte de concentration.

TRAITEMENT DES MINERAIS D'ARGENT EN AMÉRIQUE. — Bartholomé de Medina imagina une méthode l'*amalgamacion por patio y crudo* digne au plus haut degré de l'attention des métallurgistes. Elle est en usage depuis 1557 au Mexique, et depuis 1561 au Pérou, où elle a été introduite par Hernandez de Velasco. Alonzo Barba, curé de la Plata, fit connaître en 1590 une méthode d'amalgamation à chaud.

AMALGAMATION A FROID. — Les minerais destinés à l'amalgamation sont bocardés à sec, puis broyés avec de l'eau dans une machine appelée arrastre, jusqu'à ce qu'ils aient acquis une grande finesse. Les boues métalliques très-liquides qui résultent de cette opération ayant pris par la dessiccation une consistance convenable sont étendues dans une cour dallée (le patio), en tas de 0ᵐ,25 de hauteur qui peuvent contenir jusqu'à 60,000 kil. de minerais.

Le minerai déposé dans le patio est prêt à recevoir le sel, le magistral et le mercure. On étend uniformément sur la surface du tas (tourta) du sel marin, dans la proportion de 2 de sel pour 100 de minerai. On rend le mélange homogène en le faisant piétiner pendant plusieurs heures par des chevaux. Le tas est alors abandonné à lui-même pendant vingt-quatre heures avant d'ajouter le magistral. Le choix d'un bon magistral est un point fort important dans l'amalgamation : il est produit par le grillage à basse température de cuivre pyriteux pur, il doit contenir environ 20 °/₀ de sulfate de cuivre et de fer : on l'emploie dans la proportion de 1 à 2 °/₀. Le sulfate de cuivre provenant de la séparation de l'or et de l'argent par l'acide sulfurique constitue un magistral extrêmement énergique en vertu de son acidité. On mélange le magistral comme le sel, en faisant piétiner le tas, et on procède à l'incorporation de la 1ʳᵉ dose de mercure, environ 4 fois le poids de l'argent contenu dans les minerais. Le mercure est répandu sur la surface en gouttelettes très-fines et incorporé dans la masse par un marchage ou repaso de 3 à 4 heures. Le tas est ensuite livré à lui-même jusqu'à ce que les essais indiquent la nécessité d'activer ou de ralentir les réactions. Les progrès de l'amalgamation s'apprécient par l'aspect du mercure obtenu en lavant le minerai à l'augette. L'essai fait plusieurs jours après l'incorporation du mercure donne un seul globule d'amalgame légèrement gris, dont on peut extraire le mercure coulant par la seule pression du pouce. De jour en jour l'essai fournit un métal plus gris et une plus forte proportion d'amalgame solide. Quand les réactions se ralentissent, on dit que la tourte a froid, on la réchauffe par un repaso prolongé ou par addition de magistral. Quand le mercure diminue sans que la proportion d'amalgame solide augmente, on dit que la tourte a chaud, on la refroidit en y incorporant, par un repaso, de la chaux ou des métaux divisés. Quand l'amalgame de la prise d'essai est solide et tellement divisé qu'on pourrait le prendre pour de la limaille d'argent, on répand sur la tourte les 3/8 de la quantité de mercure d'abord employée, puis on donne un repaso. Lorsque l'amalgamation paraît terminée, on ajoute une 3e fois du mercure, mais alors on n'en met que 1/8 du poids primitif.

La durée de l'amalgamation est de 25 jours dans les conditions les plus favorables; mais souvent il faut 2 à 3 mois.

Enfin, on traite dans des cuves par une quantité de mercure égale à celle employée sur le patio pour réunir les grains d'amalgame. On entraîne les matières stériles mises en suspension dans l'eau, le mercure reste seul, chargé d'argent; il est filtré à travers des sacs en forte toile et l'amalgame solide qu'ils retiennent contient 1 p. d'argent pour 5 p. de mercure. Cet amalgame est moulé en segments triangulaires dans des formes en bois et enfin distillé sous une cloche en fonte.

Les minerais negros peuvent être amalgamés à froid comme les colorados; mais pour en retirer plus des 2/3 de l'argent, il faut les soumettre à un grillage préalable.

Pour comprendre les réactions chimiques de l'amalgamation, il faut connaître les faits suivants :

1° Le sulfate de cuivre du magistral et le sel marin se décomposent réciproquement presque en totalité.

2° Le chlorure de cuivre formé et dissous dans l'eau jouit de la propriété de céder la moitié de son chlore au mercure et à l'argent. Le chlorure d'argent altéré par la lumière a perdu en grande partie sa solubilité dans le sel marin. Le chlorure de cuivre un peu acide transforme le chlorure d'argent altéré en chlorure soluble; cette transformation est lente en hiver et rapide en été.

3° Le protochlorure de cuivre se dissout dans l'eau saturée de sel marin.

4° Une dissolution de chlorure de cuivre dans l'eau salée réagit sur le sulfure d'argent : il se forme du chlorure d'argent, du sulfure de cuivre, du soufre libre et du protochlorure de cuivre.

5° L'arsenic, le cuivre, le plomb, l'antimoine, l'étain et le mercure réduisent le chlorure d'argent par la voie humide : la réduction est très-rapide en présence d'une dissolution de sel marin. Deux métaux mélangés décomposent plus rapidement le chlorure d'argent que le ferait chacun d'eux en particulier; cependant l'un des deux seul est attaqué.

6° Le chlorure d'argent dissous dans le sel marin est ramené à l'état métallique par le protochlorure de cuivre.

Avec trop de magistral la tourte s'échauffe, il se forme trop de chlorure de cuivre dont l'excès détermine la formation d'un peu plus de protochlorure de mercure qu'il n'y a proportionnellement d'argent amené à l'état métallique.

Une addition de chaux permet de régulariser la marche de l'amalgamation. La perte de mercure que l'on éprouve dans le procédé américain ne peut s'estimer d'une manière certaine, l'argent natif des minerais devant s'amalgamer sans consommer de mercure. Quant à l'amalgamation du chlorure d'argent, il est facile de voir que pour 100 p. d'argent, on doit en perdre 187 de mercure, en supposant que ce métal passe à l'état de protochlorure. C'est cette perte que les Américains nomment consumo. On éviterait le consumo en effectuant la révivification du chlorure d'argent par d'autres métaux que le mercure; par le zinc, l'étain, le plomb, le cuivre. Ainsi la substitution de l'amalgame de cuivre au mercure a donné de bons résultats à Guadalupe y Calvo. Le cuivre seul se dissout dans la tourte en amenant au minimum le chlorure de cuivre du magistral, le mercure ne commence à agir qu'après la dissolution complète du cuivre. La proportion de cuivre à employer est celle nécessaire pour produire le protochlorure de cuivre, environ 33 à 35 de cuivre pour 100 de l'argent contenu dans le minerai.

L'amalgame de plomb se comporte comme celui de cuivre.

Amalgamation a chaud. — On soumet dans l'Amérique du Sud à l'amalgamation à chaud les minerais colorados, c'est-à-dire, les minerais renfermant l'argent à l'état natif et à l'état de chlorure d'argent. Le minerai pulvérisé et enrichi par des lavages est traité à 100° dans des chaudières à fond de cuivre par une dissolution de sel marin et par du mercure. Le mercure est divisé en triturant le minerai sur le fond de la chaudière avec un pilon en bois. Le chlorure d'argent, amené par la trituration au contact du cuivre en présence d'une dissolution de sel marin, donne un sel de cuivre au minimum et a de l'argent; le chlorure d'argent dissous ou en suspension est ramené à l'état métallique par l'action réductive du sel de cuivre au minimum. Les combinaisons de l'argent avec le soufre, l'antimoine et l'arsenic ne sont pas sensiblement attaquées dans l'amalgamation à chaud : cette méthode ne s'applique donc pas aux minerais negros.

Le mercure n'est utile que pour former l'amalgame. La perte de ce métal est toujours une fraction assez faible du poids de l'argent retiré du minerai. Le mercure est ajouté dans la chaudière au fur et à mesure du travail et de sa combinaison avec l'argent pour éviter que le fond en cuivre ne se recouvre d'une couche d'amalgame. Une partie d'argent exige pour son amalgamation 2 p. de mercure, et l'amalgame disséminé dans le minerai ne peut être rassemblé que par 8 p. de ce dernier métal.

L'amalgame avec excès de mercure, placé dans des sacs en toile, donne un amalgame solide qu'on soumet à la distillation sous une cloche métallique.

Amalgamation saxonne. — C'est au baron de Born qu'est due l'introduction de la méthode d'amalgamation en Europe.

L'amalgamation saxonne comprend les opérations suivantes :

1° Chloruration ou grillage du minerai avec addition de sel marin;

2° Amalgamation;

3° Distillation de l'amalgame.

Les minerais argentifères pauvres ne contenant en quantité notable ni plomb, ni cuivre, et mêlés de pyrite de fer, sont traités avec avantage par l'amalgamation. La teneur la plus favorable à ce genre d'exploitation est 2 millièmes et demi au plus d'argent. Une teneur plus forte laisse des résidus argentifères, et une teneur plus faible, 1 millième par exemple, occasionne des frais d'exploitation dépassant la valeur des produits. Il faut que le minerai renferme de 34 à 35 centièmes de pyrite de fer. Lorsqu'il en contient moins, il faut en ajouter pour obtenir cette proportion.

Première opération. Chloruration.—Le minerai est réduit en poussière très-fine : cette opération est précédée d'une calcination légère pour les minerais dont la gangue est argileuse. Le minerai bien porphyrisé est mélangé intimement avec un dixième de sel marin séché et réduit en poudre. Ce mélange se fait avec un râble dans une auge en bois, placée à proximité du four de chloruration. Le mélange est porté au rouge pendant 3 ou 4 heures sur la sole d'un four à réverbère. Le four est chauffé avec des fagots, les matières n'ont sur la sole qu'une faible épaisseur et sont constamment remuées à la spadelle : elles sont donc soumises à une action oxydante des plus énergiques. Le sulfure d'argent se transforme en sulfate. La pyrite de fer produit du sulfate de fer et de l'acide sulfurique qui agit en partie sur les sels d'argent, en partie sur le sel marin. Les sulfates d'argent et de fer produisent, par doubles décompositions avec le sel marin, du sulfate de soude et des chlorures d'argent et de fer. Enfin, le chlorure d'argent altéré à la lumière et insoluble dans le chlorure de sodium est transformé dans cette opération en chlorure soluble.

On termine le grillage par un coup de feu qui sert à transformer une partie du sulfate d'argent en chlorure, sel plus rapidement soluble que le sulfate dans une dissolution de chlorure de sodium. Le coup de feu doit toujours être peu prolongé et ne pas dépasser le rouge cerise, afin d'éviter la volatilisation des chlorures métalliques qui entraîne facilement le chlorure d'argent.

Deuxième opération. Amalgamation. — Le minerai grillé et chloruré est criblé pour en séparer les quelques grumeaux qui se sont formés dans le four et puis soumis à la mouture. Cette mouture peut être remplacée par une digestion de 24 heures dans une petite quantité d'eau. Le minerai préparé et réduit en poudre fine est mis dans des tonneaux traversés par un axe horizontal qui tourne au moyen d'une roue hydraulique. On met dans chaque tonneau 400 kilogrammes de minerai chloruré et moulu et 300 kilogrammes d'eau, après quoi on le fait tourner pendant 2 heures. Puis l'on introduit 30 kilogrammes de mercure et environ 40 kilogrammes de fer en rondelles du poids de 0ᵏ50, et l'on remet le tonneau en mouvement pendant 20 heures. Alors on retire la matière du tonneau, on la lave et on en sépare ainsi l'amalgame.

Après la première rotation de deux heures dans la tonne, l'argent qui n'est pas en dissolution est en totalité à l'état métallique disséminé en grains très-fins. La dissolution contient des sels de fer et de cuivre au maximum, des sels d'argent et de soude.

Le travail de l'amalgamation s'opère pendant la deuxième rotation de la tonne sous l'action combinée du fer et du mercure, tous les deux en grand excès. La vitesse de rotation de la tonne, environ 18 tours par minute, est assez grande pour produire la division en globules très-fins du mercure et pour ne pas entraîner les disques de fer. Le chlorure d'argent est décomposé par le fer; l'argent réduit s'amalgame au mercure, en même temps qu'une très-minime quantité de cuivre. La précipitation de l'argent est accélérée par les sels de fer que les disques maintiennent au minimum : les sels de protoxyde de fer sont des réductifs assez énergiques pour décomposer le chlorure d'argent en produisant des sels de peroxyde de fer. La présence du fer empêche d'ailleurs la chloruration du mercure.

L'amalgame liquide renferme un grand excès de mercure. On met cet amalgame dans des sacs de coutil, suspendus au-dessus d'une auge de pierre, l'excès de mercure passe à travers les mailles ne retenant qu'une petite quantité d'argent et il reste dans le sac un amalgame solide que l'on connaît sous le nom d'amalgame sec. On peut aussi filtrer le mercure à travers un disque en bois de hêtre, fixé au fond d'un cylindre en fonte dans lequel on comprime fortement l'amalgame. La teneur de l'amalgame solide est variable avec l'énergie de la compression, elle peut atteindre 33 %.

Troisième opération. Distillation. — La distillation de l'amalgame se fait dans une cornue de forme cylindrique, en fonte, placée horizontalement dans un four en briques; le fond et le col de la cornue dépassent les parois. Le fond est mobile et boulonné après l'introduction de l'amalgame, le col reçoit un tube de fer destiné à conduire les vapeurs de mercure dans l'eau.

La distillation s'effectue aussi sous une longue cloche de fonte placée sur un trépied, portant une série de plateaux circulaires, situés les uns au-dessus des autres, dans lesquels on met l'amalgame. Le trépied étant placé dans une cuve remplie d'eau, la partie inférieure des parois de la cloche plonge dans l'eau. Un foyer particulier permet de chauffer au rouge la partie supérieure de la cloche; le mercure se volatilise et vient se condenser dans l'eau. Le résidu de la distillation de l'amalgame est de l'argent pauvre renfermant du cuivre, du plomb, du nickel, de l'arsenic, de l'antimoine et du mercure. Cet argent brut peut se raffiner avec le plomb d'œuvre.

L'amalgamation, longtemps employée à Freiberg, a été abandonnée en 1858 : elle était encore en usage à Huelgoet (Bretagne) en 1865.

APPENDICE DU TRAITEMENT MÉTALLURGIQUE DES MINERAIS D'ARGENT. — Aucune des méthodes précédentes ne peut s'appliquer avantageusement aux minerais de Joachimsthal renfermant 2 1/2 % d'argent et 5 à 10 % de cobalt et de nickel. Ces minerais étaient, en 1855, grillés à une chaleur modérée et mis en digestion à 40° environ dans de l'acide sulfurique étendu pour dissoudre le cobalt et le nickel. L'argent métallique était ensuite enlevé au résidu par l'acide nitrique et précipité à l'état de chlorure par le sel marin. Le chlorure d'argent était réduit par le fer.

Depuis 1860, on a modifié ce procédé, on grille le minerai avec du sel marin, et pour favoriser la formation du chlorure d'argent, on injecte dans le four de grillage un jet de vapeur d'eau. Les chlorures solubles dans l'eau sont enlevés par des lavages méthodiques. Puis le chlorure d'argent est extrait par un dissolvant, Gmelin et Rivero ont proposé l'emploi de l'ammoniaque, et M. Percy celui de l'hyposulfite de soude : c'est ce dernier corps avec lequel M. Patera fait digérer le minerai grillé et lavé. La solution traitée par le sulfure de sodium régénère l'hyposulfite de soude et produit du sulfure d'argent pur dont on sépare facilement le métal.   P. H.

ARGENT (Min.) [Syn. *Argent natif*].— Argent allié à de faibles proportions de cuivre, d'or, d'arsenic ou d'antimoine. Il se trouve en cristaux ordinairement cubiques, en rameaux divergents, en filaments minces et contournés, en plaques plus ou moins minces et en masses amorphes, dans des filons; dans des roches ferrugineuses; avec le cuivre natif, dans les amygdaloïdes du Lac Supérieur. Blanc, souvent coloré à la surface en jaune ou en noir.

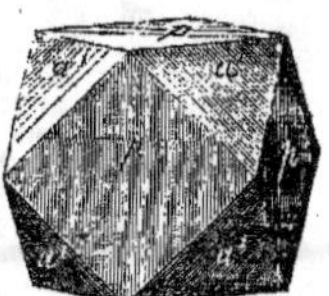

Fig. 64. — Argent

Dureté, 2,5-3. Densité, 10,1-11,1.

Forme cristalline. — Cube (p), octaèdre (a¹),

dodécaèdre rhomboïdal (b^1), héxatétraèdre (b^2), etc.

ARGENT ANTIMONIAL. — Voyez DISCRASITE.

ARGENT ANTIMONIÉ SULFURÉ. — Voyez ARGYRYTHROSE et FREIESLEBENITE.

ARGENT BISMUTHAL (Min.). — Alliage d'argent et de bismuth, Ag^6Bi, accompagnant l'arséniure de cuivre et l'argent natif, dans une roche argileuse porphyroïde, dans la mine de San Antonio de Copiapo. Petites masses d'un blanc d'argent dans les cassures fraîches, se ternissant et devenant jaunâtres à l'air [Domeyko, *Ann. des Mines*, 6ᵉ série, t. V, p. 456, 1864].

ARGENT CHLORURÉ ou CORNÉ. — Voyez KERARGYRE.

ARGENT GRIS ANTIMONIAL. — Voyez FREIESLEBENITE.

ARGENT IODURÉ. — Voyez IODYRITE.

ARGENT NOIR (Antimoine sulfuré). — Voyez PSATUROSE.

ARGENT ROUGE. — Voyez ARGYRYTHROSE et PROUSTITE.

ARGENT SÉLÉNIÉ. — Voyez NAUMANNITE.

ARGENT SULFURÉ. — Voyez ARGYROSE.

ARGENT SULFURÉ FLEXIBLE. — Voyez STERNBERGITE.

ARGENT SULFURÉ FRAGILE. — Voyez PSATUROSE.

ARGENT TELLURÉ. — Voyez HESSITE.

ARGENTINE (Min.). — Variété de calcite analogue à l'aphrite.

ARGENTINE. — Voyez ARGYROSE.

ARGENTINE. — On a donné ce nom à l'étain précipité par voie galvanique : on l'obtient industriellement en mettant des lames de zinc en contact avec une solution étendue de protochlorure d'étain. Le mode opératoire le plus convenable consiste à plonger verticalement des lames de zinc dans une solution de chlorure de zinc à 15° (provenant d'opérations précédentes), et renfermant 6 grammes de sel d'étain par litre : il ne faut pas opérer sur plus de 10 litres à la fois. Le produit précipité est lavé et tamisé avec soin. Il doit être léger, pulvérulent et d'un gris jaunâtre : lorsqu'il est d'un gris bleuâtre, il est généralement plus dense et moins fin.

L'étain ainsi précipité est employé sur une certaine échelle dans l'impression des tissus, pour produire des effets d'argenture. On l'épaissit au caséum et, après l'impression, on soumet le tissu à une forte pression entre deux rouleaux qui, par le frottement qu'ils exercent sur la poudre mate d'étain, lui donnent immédiatement un bel éclat métallique (G. Yates, 1830; P. Wood, 1850; Gerber-Keller, 1856). Dans l'Inde, la poudre d'étain sert depuis longtemps à produire une peinture qui prend sous le brunissoir l'aspect de l'argent. On l'emploie, en Angleterre, pour argenter le papier. **Ch. L.**

ARGENTURE. — Application de l'argent en couche mince à la surface des corps, et spécialement des objets métalliques. Nous allons passer en revue les principaux cas.

Argenture au feu. — Ce procédé s'applique surtout aux objets en argentan, en laiton ou en cuivre. La surface à argenter ayant préalablement été soigneusement décapée, puis humectée, à l'aide d'un pinceau, avec une dissolution étendue de nitrate de mercure, est recouverte d'une mince couche d'amalgame d'argent. On la chauffe ensuite, d'abord avec précaution, pour ramollir l'amalgame afin de pouvoir l'étaler plus régulièrement avec une brosse, et après au rouge jusqu'à volatilisation complète du mercure.

Ou bien l'on broie un mélange de 1 p. d'argent en poudre, 4 p. de sel ammoniac, 4 p. de sel de cuisine, et, si l'on veut, 1/4 de p. de sublimé corrosif, avec une quantité d'eau suffisante pour faire une bouillie, on en recouvre l'objet à argenter, et on le chauffe jusqu'à fusion du mélange salin.

On a également recommandé la série d'opérations suivantes : frotter la surface avec un mélange à parties égales de chlorure d'argent, d'argent en poudre et de borax calciné, chauffer jusqu'au rouge faible, tremper alors dans un bain de sel de cuisine et de tartre, recouvrir avec une seconde bouillie faite des poids égaux de sel ammoniaque, de sel marin et de sulfate de zinc sec, chauffer, tremper de nouveau et laver à la brosse, en répétant le tout jusqu'à ce que l'argenture ait acquis une épaisseur suffisante.

Ces divers procédés ne sont pas applicables au fer, à moins que celui-ci n'ait préalablement été recouvert d'une couche de cuivre.

Argenture du fer. — Procédé de Fleck. La fonte doit d'abord subir un traitement qui consiste à la chauffer avec de la limaille dont on l'entoure de toutes parts, jusqu'à ce que sa surface soit décarburée et qu'elle se laisse facilement limer. L'objet décapé (en fonte, fer ou acier) doit être lavé à l'eau chaude, maintenu de 5 à 15 minutes dans une solution de nitrate de protoxyde d'étain, séché avec des chiffons de laine, puis enduit de la composition à argenter, laquelle consiste en chlorure d'argent et chlorure de cuivre (dans les rapports de l'alliage que l'on voudra obtenir) et sel ammoniac, l'on triture avec de l'huile de lin ou du goudron en une bouillie claire qu'il faut épaissir avec de la chaux en poudre. La couche de cette composition, appliquée sur l'objet, doit avoir de 1 à 2 lignes d'épaisseur. Une chauffe de 1/2 heure, au rouge dans un moufle fermé, suivie de lavages, gratte-boessages et polissages à l'agate, termine l'argenture.

Argenture à froid. — On se servait généralement autrefois, pour une argenture légère, de bouillies formées d'eau avec poids égaux de craie, tartre, sel de cuisine et chlorure d'argent, ou avec 1 p. de chlorure d'argent récemment précipité, 5 p. de sel commun, et 5 de tartre.

Roseleur et Lanaux dissolvent 6 p. de sulfite de soude dans 6 p. d'eau, et y ajoutent environ 1 p. d'un sel d'argent. L'objet est frotté avec cette liqueur ou chauffé dedans.

Peyraud et Martin dissolvent 10 grammes de nitrate d'argent dans 50 grammes d'eau, et y ajoutent 25 grammes de cyanure de potassium dans également 50 grammes d'eau distillée; le mélange agité et filtré est additionné de 100 grammes de craie, et 10 de crème de tartre en poudre. La composition est complétée avec 1 gramme de mercure; on l'emploie à la manière du tripoli.

Boudier fait une poudre homogène avec 12 grammes de cyanure de potassium, 6 grammes de nitrate d'argent et 30 grammes de craie. En imbibant d'eau un petit chiffon, le trempant dans cette poudre et frottant l'objet que l'on veut argenter, on obtient une couche très-adhérente qui peut remplacer avec avantage l'amalgame pour la galvanoplastie.

On trouvera encore plusieurs autres procédés dans les ouvrages techniques.

Argenture galvanique. — Quand le pôle négatif d'une pile plonge dans la dissolution d'un métal appartenant à l'une des dernières sections, il s'y forme un dépôt de ce métal à l'état réduit. Ce fait, signalé par Daniell et surtout par de La Rive, est la base de l'argenture galvanique.

Le courant qui décompose est produit par une pile à courant constant, mais peu énergique (ordinairement quelques couples Daniell).

Au pôle négatif est attachée une lame ou électrode d'argent plongeant dans le bain et qui s'y dissout en quantité à peu près égale à celle du métal revivifié au pôle négatif. A ce dernier est attaché l'objet à argenter que l'on immerge à proximité de la lame du pôle positif.

La composition du bain varie beaucoup suivant l'expérimentateur.

Le plus employé consiste en une dissolution de cyanure d'argent dans un excès de cyanure de potassium ou, quelquefois, de cyanure de calcium, dissolution qui s'obtient en ajoutant du cyanure de potassium ou de calcium à du nitrate d'argent pas trop concentré, jusqu'à ce que le précipité qui s'était d'abord formé soit entièrement redissous.

Thomas et Delisse ont recommandé l'emploi d'une dissolution de chlorure d'argent dans un mélange de bisulfite et d'hyposulfite d'ammoniaque. On évite ainsi la production de gaz nuisibles à la santé.

Un bain qui est très-bon a été proposé avec la composition suivante : chlorure d'argent, 12 grammes; cyanure de potassium, 45 grammes; eau, 1 kilogramme; carbonate de soude, 45 grammes; sel commun, 15 grammes.

On peut aussi argenter les métaux sans avoir recours à la pile, en les mettant en contact avec un morceau de zinc dans le bain à argenter, dont la conductibilité doit souvent être augmentée par l'addition d'une suffisante quantité de chlorure de sodium.

Pour argenter les objets non conducteurs, tels que les cadavres d'animaux, les étoffes, les végétaux, le bois, etc. on peut employer plusieurs procédés, parmi lesquels nous relèverons ceux de Burot et de Boëttger.

Le premier plonge le corps (tissu ou autre) dans une dissolution de nitrate d'argent dans l'ammoniaque caustique en excès, puis, après l'en avoir sorti, il l'expose à un courant d'hydrogène. La surface se recouvre ainsi d'une mince couche d'argent réduit qui la rend conductrice et dont on peut ensuite augmenter l'épaisseur au moyen de la pile. Boëttger humecte l'objet avec la solution d'argent étendue, et le porte ensuite dans une atmosphère contenant de l'hydrogène phosphoré. Cette atmosphère se dégage à froid d'un mélange d'alcool, de phosphore et d'hydrate de potasse.

Argenture des glaces. — Les dissolutions des sels d'argent sont décomposées par l'aldéhyde; il se dépose une couche mince d'argent métallique adhérente au verre et brillante; il se forme ainsi un miroir très-réfléchissant, à travers lequel passent les rayons lumineux avec une couleur bleue. Divers composés organiques (essences de thym, de girofle, etc.), se comportent de la même manière. Drayton, le premier, en 1843, fit une application industrielle de cette propriété; mais ses glaces avaient souvent l'inconvénient de se recouvrir de taches brunes ou rougeâtres provenant de l'oxydation d'une petite quantité d'hydrocarbures entraînés par l'argent.

Wagner proposa (1857) l'emploi d'essences de rue ou de camomille purifiées au moyen du bisulfite de soude qui en sépare les matières résineuses nuisibles.

Liebig, à qui l'on doit un bon travail sur ce sujet, a donné le procédé suivant :

10 grammes de nitrate d'argent fondu sont dissous dans 200 grammes d'eau distillée et additionnés d'ammoniaque en quantité juste suffisante pour redissoudre le précipité. On ajoute peu à peu à la liqueur 450 centimètres cubes d'une lessive de soude bien exempte de chlore et du poids spécifique de 1,035. Il se produit alors un abondant précipité brun-noir que l'on fait disparaître au moyen de quelques gouttes d'ammoniaque. Enfin on étend le mélange jusqu'à ce qu'il occupe un volume de 1450 centimètres cubes. On y

verse alors goutte à goutte une dissolution étendue de nitrate d'argent jusqu'à ce que la dernière goutte ajoutée y fasse naître un précipité permanent.

On prépare en outre une solution de 1 p. de sucre de lait dans 10 p. d'eau que l'on mélange immédiatement avant de s'en servir avec 8 à 10 fois son volume de la liqueur d'argent ci-dessus. La surface du verre dont on veut faire une glace doit avoir été soigneusement nettoyée et lavée avec de l'alcool; elle est alors placée dans une cuve de manière à ce qu'elle soit partout à 1 centimètre et demi du fond : de petits cônes la supportent par ses 4 coins à la distance voulue. Quand ces dispositions sont prises, on verse la liqueur préparée dans la cuve, jusqu'à ce qu'elle baigne uniformément toute la face inférieure du verre. La réduction commence immédiatement après l'addition du sucre de lait.

D'après Liebig, il se dépose sur le verre 2^{gr},2 d'argent par mètre carré; le reste tombe au fond de la cuve ou s'attache à ses parois. On lave soigneusement la glace argentée avec de l'eau distillée et on la sèche en évitant de la frotter.

Pour préserver la couche métallique des accidents auxquels l'expose sa minceur excessive (1/300e de millimètre), Liebig la recouvre d'une couche de cuivre qu'il fait déposer par les procédés ordinaires de la galvanoplastie; la réussite de l'opération dépend de l'adhérence de l'argent dont l'épaisseur doit être assez faible pour que l'on voie à travers le disque du soleil avec une teinte bleu d'azur.

Löwe a éprouvé quelques difficultés dans l'emploi de la lessive de soude, aussi la remplace-t-il par du glucosate de chaux (sucre de raisin 50 grammes, eau 5 kilogrammes, chaux vive 20 grammes), qu'il ajoute à 1/6 de son volume de la solution de nitrate d'argent ammoniacal exempte d'ammoniaque en excès.

Hill emploie comme réducteur le glucose avec un peu de mannite et d'éther; Massi se sert, au contraire, d'acide citrique; Delamotte a recours à une solution potassique de coton-poudre ou de nitro-mannite ou encore d'acide nitro-picrique.

Le procédé de Petit-Jean, qui a été employé plusieurs années à Genève et à Paris, est basé sur l'emploi de l'acide tartrique.

Le voici :

On prépare deux dissolutions argentiques; pour faire la première, on traite 100 grammes de nitrate d'argent par 62 grammes d'ammoniaque liquide concentrée, et l'on ajoute 500 grammes d'eau distillée. Le tout est filtré. Cette solution est étendue de 16 fois son volume d'eau distillée à laquelle on ajoute goutte à goutte, en agitant fortement, 7^{gr}5 d'acide tartrique, dissous préalablement dans 30 grammes d'eau distillée : c'est la liqueur n° 1.

La seconde liqueur est préparée de la même manière, sauf que la quantité de l'acide tartrique doit être doublée.

La glace est décapée avec de la potée d'étain blanche et une peau de chamois, et lavée au moyen d'un rouleau en caoutchouc baigné dans l'eau distillée, puis on la place sur une table métallique chauffée à 45° ou 50° c., recouverte de toile cirée ou vernie. La glace étant posée horizontalement, on verse sur toute sa surface la liqueur n° 1, autant que l'adhésion peut en retenir sur le verre sans qu'il y ait coulure; 20 à 25 minutes après, la couche d'argent est déjà formée. On incline la glace d'un côté, on la lave avec une peau de chamois et ensuite avec de l'eau un peu plus que tiède. Immédiatement on remet la glace dans sa position horizontale, on verse dessus la liqueur n° 2 : en 12 à 15 minutes le dépôt est complet. On lave de la même façon la couche d'argent, on—

la fait sécher et on la recouvre d'une couche de peinture (minium, huile siccative et essence).

L'acide tartrique qui a subi l'action de la lumière solaire ou qui est anciennement dissous est plus actif que celui dont la dissolution est récente ou a été conservée à l'ombre.

La couche de peinture peut être remplacée par le cuivrage dont il a été question plus haut.

Kopp a donné un intéressant résumé sur les divers procédés d'argenture des glaces dans le *Répert. de Chim. appliquée*, t. I (1859), p. 317. — On y trouvera l'indication des sources et quelques détails que nous avons omis.

Argenture de la porcelaine. — L'application de l'argent à la surface de la porcelaine a lieu plutôt par des moyens mécaniques; aussi n'avons-nous pas à en traiter ici. **M. D.**

ARGILES (Min.). — Silicates hydratés d'alumine de composition et d'origine variables; ils peuvent se diviser en quatre grandes classes qui contiennent :

1° Les argiles proprement dites (argiles à poteries), produites par voie de sédiment;

2° Les argiles provenant de la décomposition sur place des roches feldspathiques (kaolins);

3° Les terres à foulon et les argiles produites par dépôt chimique;

4° Les bols ou argiles ferrugineuses.

1° **Argile**. — Masses blanches, grisâtres, jaunes, noirâtres, à cassure terreuse, happant à la langue, faisant avec l'eau une pâte plastique et offrant une odeur particulière et bien connue lorsqu'on les présente un instant à l'haleine humide. L'argile perd une partie de son eau à l'air sec en subissant un retrait considérable; elle abandonne le reste lorsqu'on la calcine, et le retrait augmente avec la température.

Analyses : par Berthier (1) d'une argile gris clair servant à la fabrication des cazettes à la manufacture de Sèvres, des environs de Dreux (Eure-et-Loir); (2) d'une argile gris clair servant à faire les pots à verrerie de Forges (Seine-Inférieure) :

	(1)	(2)
Silice	50,6	65,0
Alumine	35,2	24,0
Oxyde ferrique	0,4	traces.
Eau	13,1	11,0
Total	99,9	100,0

La plupart des analyses peuvent être rapportées à ces deux types.

Caractères. — Attaquable en partie par les acides chlorhydrique et azotique bouillants, presque en totalité par l'acide sulfurique. Infusible au chalumeau.

2° **Kaolin**. — Argile très-pure provenant de la décomposition du feldspath des granites. Elle est ordinairement mélangée de fragments de feldspath non complétement altéré, de quartz et de mica, dont on peut la séparer par lévigation.

Caractères. — Attaquable par l'acide sulfurique à chaud. Infusible au chalumeau.

Densité, 2,21 - 2,26.

Analyses : (1) kaolin de Saint-Yrieix (Haute-Vienne), par Forchammer; (2) de Chine, par Ebelmen et Salvetat.

	(1)	(2)
Silice	48,68	55,3
Alumine	36,92	30,3
Oxyde ferrique	»	2,0
Potasse	»	1,1
Soude	0,58	2,7
Magnésie	0,52	0,4
Eau	13,18	8,2
Total	99,88	100,0

L'amphigène et l'émeraude sont aussi susceptibles de se kaoliniser.

3° **Argiles smectiques** (terres à foulon) et argiles produites par dépôt chimique.

L'argile smectique, translucide sur les bords, blanche, brune, jaune, rouge, happant peu à la langue, absorbant les graisses, forme des couches intercalées dans les terrains oolithique et crétacé.

Caractères. — Attaquable par les acides. Au chalumeau, fond en un émail gris opaque.

Densité, 1,7-2,4.

L'*halloysite* compacte, translucide sur les bords, d'un éclat cireux, d'un blanc laiteux, verdâtre, jaune, bleue, rose, happant à la langue, se laissant couper au couteau, se rencontre dans les filons et dans les gîtes de contact.

Caractères. — Soluble en gelée dans les acides. Infusible au chalumeau. Densité, 1,92 - 2,12.

La *lithomarge* se rapproche de l'halloysite par ses propriétés et par sa composition; elle se trouve dans les basaltes, dans les amygdaloïdes et dans les filons stannifères.

L'*allophane* en masses mamelonnées, translucides sur les bords, souvent opalines, blanchâtres ou colorées assez vivement en bleu, en rouge, en vert, d'un éclat cireux, très-fragile, remplit habituellement des cavités irrégulières dans les gîtes de limonite et de chessylithe.

Caractères. — Se dissout dans les acides en laissant de la silice gélatineuse ou pulvérulente. Au chalumeau, gonfle sans fondre et devient blanche. Donne beaucoup d'eau dans le tube.

Dureté, 3. Densité, 1,05 - 2,02.

Analyses : (1) argile smectique de Condé, près Houdan, par Salvetat; (2) halloysite d'Angleur, près Liége, par Berthier; (3) allophane de Firmy (Aveyron), par Guillemin :

	(1)	(2)	(3)
Silice	43,00	44,94	23,76
Alumine	32,50	39,06	39,68
Oxyde ferreux	1,20	»	»
Oxyde de cuivre	»	»	0,65
Magnésie	0,30	»	»
Chaux	1,02	»	»
Soude et Potasse	0,40	»	»
Eau	21,70	16,00	35,49
Silice gélatineuse	1,50	»	»
Total	101,62	100,00	99,19

4° **Bols et ocres**. — Substances argileuses contenant une proportion notable de fer, à cassure terreuse ou compacte, opaques, brunes ou jaunes, quelquefois rouges, happant à la langue, se brisant dans l'eau.

Caractères. — En partie attaquables par les acides.

Densité, 1,6-2,24.

Les terres de Sienne, d'Ombre, de Cologne, etc. sont des variétés d'ocres, quelquefois calcinés.

Analyses : (1) bol du Süsebühl, près Dransfeld, par Wackenroder; (2) mélinite (ocre) d'Amberg (Bavière rhénane), par Kühn.

	(1)	(2)
Silice	41,9	33,23
Alumine	20,9	14,21
Oxyde ferrique	12,2	37,76
Magnésie	»	1,38
Eau	24,9	13,24
Total	99,9	99,82

F. et S.

ARGYROSE (Min.) [Syn. *Argent sulfuré H.*, *Glaserz*, Haus, *Silberglanz*, *Argentite*, Haid]. — Sulfure d'argent, Ag^2S. Cristaux cubiques ou octaédriques, masses dendritiques ou compactes d'un gris noir et d'un éclat métallique; tendre et ductile. Se trouve dans les filons argentifères de Saxe, de Hongrie, du Mexique, etc.

Caractères. — Soluble dans l'acide azotique, en laissant du soufre. Sur le charbon, fond, bouillonne et donne un globule d'argent.

Dureté, 2. Se laisse couper au couteau.

Densité, 7,19-7,36.

Forme cristalline. — Cube p, octaèdre a^1, dodécaèdre rhomboïdal b^1, icositétraèdre a^2.

Les cristaux sont souvent déformés et allongés de manière à présenter une apparence prismatique.

Clivages: traces p, b^1.

F. et S.

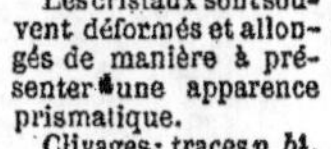
Fig. 65. — Argyrose.

ARGYRYTHROSE (Min.) [Syn. *Argent antimonié sulfuré*, *Argent rouge* (sombre), *Rothgültigers*, W., *Pyrargyrite*] — Antimoniosulfure d'argent (sulfantimonite),

$$Ag^3 Sb S^3 = \tfrac{1}{2}(3 Ag^2 S. Sb^2 S^3).$$

Cristaux d'un rouge-cerise foncé, souvent d'un gris métallique à la surface. Transparents en lames minces et laissant passer une lumière d'un beau rouge. Rarement amorphe. Les cristaux sont le plus souvent des prismes hexagonaux réguliers, terminés par un rhomboèdre ou des scalénoèdres; les formes de cette espèce sont très-variées et rappellent celles de la calcite, qui lui sert le plus souvent de gangue. Accompagne les autres minerais d'argent (argyrose, etc.) et constitue la partie la plus importante des filons exploités dans le Mexique.

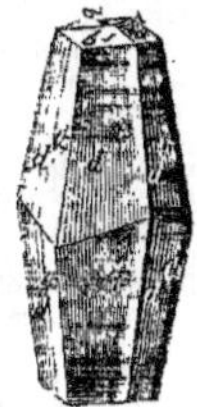
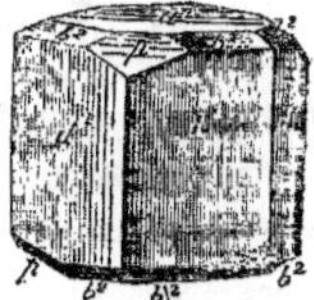
Fig. 66. — Argyrythrose.

Caractères. — Attaquable par l'acide azotique, en donnant un dépôt blanc d'acide antimonique. Sur le charbon, fond en émettant des vapeurs antimoniales et sulfureuses, et en laissant un globule d'argent.

Dureté, 2-2,5. Poussière rouge.

Densité, 5,75-5,85.

Forme cristalline. — Rhomboèdre (p) de 108°42′: $p^1 b^1 = 137°58′$.

Clivages : p imparfaits. Plans d'assemblage des macles : b^1, a^1, p.

F. et S.

ARIBINE, $C^{23} H^{20} Az^4$, [*Ann. der Chem. u.*

Pharm., t. CXX, p. 247 (nouv. sér., t. XLIV); novembre, 1861. — *Répert. de Chim. pure*, t. IV, p. 237, 1862]. — Nouvel alcaloïde extrait par M. Rieth de l'*Arariba rubra*, arbre qui se rapproche des cinchonées, qui croît dans les forêts vierges du Brésil oriental et dont l'écorce colorée en rouge sert aux Indiens à teindre la laine.

Pour extraire l'aribine, on épuise l'écorce divisée en petits fragments par de l'acide sulfurique étendu et bouillant, on filtre et l'on précipite les liqueurs réunies par un excès d'acétate de plomb après les avoir presque complétement neutralisées par le carbonate de soude, On filtre de nouveau, on précipite l'excès de plomb par l'acide sulfhydrique. La matière colorante achève de reprécipiter avec le sulfure de plomb. Après une dernière filtration, on précipite l'aribine impure sous la forme d'un coagulum brun clair au moyen du carbonate de soude. On agite ensuite le tout avec de l'éther qui dissout l'aribine ainsi que quelques autres substances. On sépare l'éther et on l'agite avec de l'acide chlorhydrique qui dissout l'aribine et laisse la plus grande partie de la matière colorante en solution éthérée. La solution aqueuse de chlorhydrate d'aribine, traitée par l'acide chlorhydrique concentré, dépose le sel à l'état cristallin. On le purifie en le dissolvant à diverses reprises dans l'eau, d'où on la précipite par l'acide chlorhydrique, et finalement on en précipite la base par le carbonate de soude, et l'on purifie cette dernière par plusieurs cristallisations dans l'éther.

L'aribine forme des cristaux incolores qui appartiennent à deux types suivant qu'ils sont anhydres ou hydratés. Anhydre, cette base se présente en octaèdres rhomboïdaux assez volumineux; hydratée, elle forme des prismes longs, minces, souvent creux et s'effleurissant à l'air. Lorsqu'elle se dépose de sa solution éthérée, elle renferme 8 molécules d'eau de cristallisation.

L'aribine est très-amère, quoique peu soluble dans l'eau. Elle possède une réaction alcaline et fond à 229° sans se décomposer. Sèche, elle absorbe l'acide chlorhydrique sans se décomposer. C'est le premier exemple d'une base naturelle solide non oxygénée.

Chlorhydrate d'aribine. — Ce sel cristallise en prismes brillants solubles dans l'eau et insolubles dans l'acide chlorhydrique concentré. Les alcalis en précipitent la base, qui devient bientôt cristalline, surtout si l'on chauffe. Le chlorure de platine se combine à ce chlorhydrate en donnant un sel double cristallin. L'acide stannique ne précipite pas les solutions de ce sel.　A. N.

ARICINE, $C^{23} H^{26} Az^2 O^4$. — Pelletier et Corriol ont retiré de certaines variétés de quinquinas, désignés sous les noms de quinquina Carthagène, quinquina de Cusco ou d'Arica, et que M. Guibourt appelle quinquinas jaunes à épiderme blanc, une base organique différente de la quinine et de la cinchonine, qu'ils ont appelée *aricine* [*Journ. de Pharm.*, t. XV, p. 575; *Histoire naturelle des drogues simples*, t. III, p. 158]. Plus tard, M. Manzini a retiré du quinquina blanc fibreux de Jaen un alcaloïde qu'il a décrit sous le nom de *cinchovatine*, croyant avoir isolé une base nouvelle; mais M. Winckler a démontré l'identité de l'aricine et de la cinchovatine [*Journ. de Pharm.*, (3), t. II, p. 95; *Buchner*, *Repert. de Pharm.*, (3), t. XXXI, p. 240; t. XLII, p. 25 et 231; (3), t. I, p. 11]. La *blanquinine* retirée par M. Mili paraîtrait aussi être identique avec la cinchovatine.

L'aricine est une substance blanche, formant des cristaux prismatiques, rigides comme ceux de la cinchonine, mais plus allongés. Elle est inodore, douée d'une saveur amère, chaude et acerbe, longue à se développer à cause de sa faible solubilité dans l'eau; non volatile, elle est fusible vers 188°, température inférieure à celle qui détermine sa décomposition.

L'aricine se dissout très-bien dans l'alcool, surtout à chaud, et moins dans l'éther. La solution ramène au bleu le papier de tournesol rougi par un acide, et verdit le sirop de violettes.

L'acide nitrique concentré exerce sur l'aricine une action qui est caractéristique : la base est dissoute, et il se produit en même temps une couleur verte intense. Cette réaction altère l'alcaloïde.

Pelletier avait attribué à l'aricine la formule $C^{20}H^{24}Az^2O^3$, et il en avait conclu que cette base représentait le 3e degré d'oxydation des alcalis des quinquinas :

Cinchonine..... $C^{20}H^{24}Az^2O$,
Quinine........ $C^{20}H^{24}Az^2O^2$,
Aricine......... $C^{20}H^{24}Az^2O^3$.

Cette manière séduisante de représenter les principaux alcaloïdes des quinquinas laissait à désirer, et d'après des analyses nombreuses faites avec les moyens rigoureux et précis que la chimie possède aujourd'hui, d'après Gerhardt, l'aricine devrait être représentée par la formule $C^{23}H^{26}Az^2O^4$, ce qui en ferait un isomère de la brucine.

L'aricine s'unit aux acides pour former des sels généralement solubles et cristallisables. Les alcalis les précipitent, l'ammoniaque redissout le précipité formé, mais par l'évaporation l'aricine cristallise de nouveau en cristaux déliés.

Le *chlorhydrate*, $C^{23}H^{27}Az^2O^4Cl$, s'obtient en dissolvant à chaud l'aricine dans de l'eau alcoolisée et aiguisée d'acide chlorhydrique, par le refroidissement le sel cristallise. Si l'on met en contact l'aricine et le gaz acide chorhydrique, il y a production de chaleur et altération de la base. Le chlorhydrate renferme de l'eau de cristallisation qu'il perd par la dessiccation dans le vide.

Le *chloroplatinate*, $(C^{23}H^{27}Az^2O^4.Cl)^2PtCl^4$, s'obtient en versant dans la solution du chlorhydrate d'aricine un léger excès de bichlorure de platine. Il se forme un précipité jaune citron très-peu soluble dans l'eau, plus soluble dans l'alcool qui l'abandonne sous forme de plaques cristallines par l'évaporation spontanée.

On obtient l'*iodhydrate*, $C^{23}H^{27}Az^2O^4I$, en chauffant l'aricine dans une solution très-étendue d'acide iodhydrique. Par le refroidissement, le sel se sépare sous forme d'aiguilles jaune citron; il ne renferme pas d'eau de cristallisation. Il fond vers 250° en se décomposant.

L'acide sulfurique forme deux combinaisons avec l'aricine :

1° Un sulfate neutre, $(C^{23}H^{27}Az^2O^4)^2SO^4$;
2° Un sulfate acide,

$$\left. \begin{array}{c} C^{23}H^{27}Az^2O^4 \\ H \end{array} \right\} SO^4.$$

Le *sulfate neutre*, dissous dans l'eau bouillante en proportion convenable, possède la propriété caractéristique de se prendre en une masse gélatineuse et tremblante par le refroidissement; exposée dans un courant d'air sec, cette masse se réduit en une matière cornée qui peut reprendre l'aspect gélatineux à l'aide de l'eau bouillante.

Dissous dans l'alcool, le sulfate neutre cristallise en aiguilles soyeuses semblables à celles du sulfate de quinine. Il est insoluble dans l'éther.

Le *sulfate acide* s'obtient en traitant à chaud l'aricine par de l'acide sulfurique étendu et en léger excès. Il cristallise en aiguilles aplaties et ne contient pas d'eau de cristallisation. E. C.

ARISTOLOCHE (ESSENCE D'). — C'est une substance que Walz a extraite de l'*Aristolochia clematitis* en distillant cette plante avec l'eau. Elle accompagne l'acide aristolochique. Sa formule paraît être $C^{11}H^8O^3$ [Walz, *Jahrb. pr. Pharm.*, t. XXIV, p. 65, et t. XXVI, p. 65].

ARISTOLOCHINE [Chevalier, *Journal de Pharm.*, t. VI, p. 565; Walz, *Jahrb. für prakt. Chem.*, t. XXIV, p. 65, et t. XXVI, p. 65]. — Produit extrait par Chevalier et par Walz de la racine de l'*Aristolochia serpentaria* et de l'*Aristolochia clematitis*.

Pour l'extraire, on épuise la racine par de l'eau légèrement ammoniacale; le liquide est précipité par l'acétate de plomb; le dépôt, bien lavé, est décomposé en présence de l'alcool par l'acide sulfurique; après filtration, on sépare l'excès d'acide par la baryte; on évapore à sec et l'on épuise le résidu par l'éther. La partie insoluble dans l'éther est dissoute dans l'eau. On obtient ainsi une substance amère, jaune d'or, soluble dans 200 parties d'eau froide et 50 parties d'eau chaude, soluble dans l'alcool, insoluble dans l'éther. Les solutions d'aristolochine ou de clématidine (Walz) précipitent par plusieurs sels métalliques, et notamment par l'acétate de plomb. Composition : $C^5H^{10}O^6$, d'après Walz (?). P. S.

ARISTOLOCHIQUE (ACIDE). — C'est un acide volatil que Walz a obtenu en distillant avec l'eau la racine de l'*Aristolochia clematitis*. Cet acide forme un sel de baryum cristallisable et paraît répondre à la formule $C^8H^8O^2$ [Walz, *Jahrb. pr. Pharm.*, t. XXIV, p. 65; t. XXVI, p. 65].

ARKANSITE (Min.). — Variété de brookite.

ARNICINE. — L'arnicine est une matière alcaline et cristallisée retirée des fleurs de l'arnica (*Arnica montana*, famille des Synanthérées). Plusieurs chimistes ont fait des recherches sur l'arnica. M. Lecoudray a donné le nom d'arnicine à une matière amorphe ayant l'aspect et la consistance de la térébenthine [Soubeiran, *Traité de Pharm.*, t. I, p. 566]. M. William Bastick a retiré des fleurs d'arnica une substance fortement alcaline, probablement cristallisable, se combinant avec les acides, et formant avec eux des sels bien cristallisés [*Journ. de Pharm. et de Chim.*, t. XIX, p. 454, 3e série]. Cet alcaloïde, auquel M. Bastick a donné le nom d'*arnicine*, est amer et possède une odeur particulière qui semble avoir quelque analogie avec celle du castor; soluble dans l'alcool et dans l'éther, très-légèrement soluble dans l'eau, non volatil. Les alcalis le décomposent; combiné avec les acides, il forme des sels solubles et cristallisables. Décoloré par le charbon, le chlorhydrate d'arnicine donne des cristaux aciculaires, transparents et étoilés.

M. William Bastick a obtenu cette base organique en opérant de la manière suivante :

On fait macérer la plante dans de l'alcool aiguisé d'acide sulfurique (arnica 1 kilogramme, alcool à 36° 4 litres, acide sulfurique 90 grammes) pendant environ 48 heures. On filtre, puis on ajoute à la teinture de la chaux pulvérisée jusqu'à ce qu'il se produise une réaction alcaline. On filtre, puis on neutralise de nouveau par l'acide sulfurique jusqu'à réaction légèrement acide. On évapore au quart, on ajoute un peu d'eau, qui précipite une résine qu'on sépare par le filtre. On neutralise la liqueur à l'aide d'une solution concentrée de carbonate de potasse, qui précipite encore un peu de matières résinoïdes qu'on sépare par le filtre; on ajoute ensuite à la solution filtrée un grand excès de carbonate de potasse, puis on agite avec de l'éther jusqu'à ce que ce dissolvant n'enlève plus rien à la solution aqueuse. Par l'évaporation, l'éther abandonne l'arnicine. On la purifie en la redissolvant dans l'alcool avec addition de charbon animal, et en agitant jusqu'à décoloration complète. Par l'évaporation de l'alcool filtré, la base se dépose.

M. Peretti avait signalé l'existence d'un alcaloïde particulier, volatil, obtenu en distillant l'arnica avec de la potasse caustique; mais M. Hess a démontré que cet alcaloïde n'était

qu'un mélange d'ammoniaque et de triméthylamine en solution dans l'eau [*Ann. der Chem.
u. Pharm.*, t. CXXIX, p. 254]. E. C.

AROMATIQUE (SÉRIE). — *Définition.* — On
a donné autrefois le nom de composés aromatiques à toute une série de corps qui se groupaient
autour de l'acide benzoïque, à cause de l'odeur
aromatique que possèdent plusieurs d'entre eux,
l'essence d'amandes amères et l'acide benzoïque
par exemple. Plus tard on a découvert des corps
nouveaux qui formaient des séries homologues
parallèles à celles de l'acide benzoïque, tels que
l'acide toluique, l'acide cuminique, etc., et l'on
a étendu à ces nouveaux composés la dénomination de corps aromatiques. Aujourd'hui on peut
définir la série aromatique comme formée par
l'ensemble des composés qui ont pour hydrocarbures fondamentaux la benzine ou un de ses homologues, c'est-à-dire un hydrocarbure répondant
à la formule générale $C^n H^{2n-6}$.

Caractères. — Les hydrocarbures $C^n H^{2n-6}$
sont loin de renfermer la quantité d'hydrogène
qui correspond à l'état de saturation du carbone :
aussi soit eux, soit leurs dérivés peuvent, dans
certains cas, fixer des éléments monoatomiques
en formant des corps d'un degré de saturation
plus avancé. C'est ainsi que la benzine fixe 6
atomes de chlore ou de brome pour donner l'hexachlorure $C^6 H^6 Cl^6$ [Mitscherlich, 1835, *Ann. de
Poggend.*, t. XXXV, p. 370; — Peligot, *Ann. de
Chim. et de Phys.*, t. LVI, p. 60; — Laurent,
ibid., t. LXIII, p. 27] ou l'hexabromure $C^6 H^6 Br^6$
[Mitscherlich, 1835, *loc. cit.* — Laurent, *Revue
scientifique*, t. V, p. 360], que l'acide benzoïque
fixe de l'hydrogène pour donner l'acide hydrobenzoïque $C^7 H^8 O^2$ [Kolb, *Ann. der Chem. u. Pharm.*,
t. CXVIII, p. 122 (nouv. sér., t. XLII); — *Ann. de
Chim. et de Phys.*, (3), 1860, t. LXII, p. 372] et
que le toluène, suivant M. Deville, fixe du chlore
et fournit l'hexachlorure de toluène bichloré
$C^7 H^6 Cl^2. Cl^6$ et d'autres composés analogues [De-
ville, *Ann. de Chim. et de Phys.*, (3), t. III, p. 163].
Néanmoins les réactions dont nous venons de
citer quelques exemples connus sont de beaucoup les plus rares, et dans l'immense majorité
des cas la benzine et ses homologues se comportent dans les réactions comme les hydrocarbures
saturés qui répondent à la formule $C^n H^{2n+2}$. Il
semble que la fixation d'éléments monoatomiques
par ces hydrogènes carbonés soit une exception
et ne se produise que dans les cas où le groupement atomique se détruit pour faire place à un
groupement nouveau.

Dans les hydrocarbures aromatiques comme
dans les hydrocarbures gras, on peut donner
naissance à des dérivés de substitution. Vient-on
à y substituer un oxhydryle à un H, on obtient
des hydrates plus ou moins semblables aux alcools. Dans certains de ces hydrates parvient-on
à substituer un atome d'oxygène à deux atomes
d'hydrogène dans le voisinage de l'oxhydryle, on
donne naissance à des acides monoatomiques semblables, par la plupart de leurs propriétés, aux
acides gras. Enfin, à côté de ces acides monoatomiques, viennent se grouper, comme dans la série
grasse, des acides diatomiques et monobasiques,
des acides diatomiques et bibasiques, des acides
triatomiques et des acides tétratomiques, des
aldéhydes correspondant aux acides mono- ou
diatomiques, des composés qui paraissent fonctionner comme des alcools diatomiques d'une nature particulière, la saligénine par exemple, des
amides dérivant des acides et des amines dérivant des hydrates alcooliques, etc. En un mot,
la série aromatique renferme des corps analogues par leur mode de dérivation à ceux qui constituent la série grasse. Elle constitue une série
parallèle à cette dernière.

Il est cependant un caractère fondamental que
l'on rencontre dans la série aromatique et que
l'on ne rencontre pas dans la série grasse : c'est
l'extrême tendance à l'isomérie : une même formule correspond toujours ou presque toujours,
dans la série aromatique, à un plus grand nombre
d'isomères que dans la série grasse. Parmi ces
cas d'isomérie si nombreux, il en est qui peuvent
se retrouver dans la série grasse, mais il en e t
qui sont essentiellement propres à la série aromatique. C'est sur ces derniers que nous nous arrêterons seulement.

L'isomérie capitale, celle qui domine toutes les
autres, c'est l'isomérie des hydrates d'hydrocarbures. Les formules de ces hydrates représentent
à la fois des alcools analogues à ceux des autres
séries, et des alcools d'une espèce particulière
qui ont reçu le nom de phénols. Une seule exception est connue. Cette exception porte sur le
premier terme de la série où l'on connaît un phénol et pas d'alcool.

Insistons sur les différences qui séparent les
phénols des alcools.

I. Tous les alcools monoatomiques donnent,
sous l'influence des agents d'oxydation, une aldéhyde et un acide correspondants. Les phénols ne
donnent lieu à aucun phénomène semblable.

II. Tous les alcools font la double décomposition avec les acides énergiques, comme l'acide
chlorhydrique, fournissant ainsi de l'eau, et un
éther simple ou composé. Les phénols se comportent autrement : on ne peut obtenir les chlorures de leurs radicaux que par l'action du perchlorure de phosphore et jamais par l'action directe de l'acide chlorhydrique.

III. Les phénols se rapprochent beaucoup plus
des acides que les alcools. De fait, ils font la
double décomposition avec les hydrates alcalins
à la manière des acides, ce que les vrais alcools
ne font que dans des conditions exceptionnelles
(éthylate de thallium).

IV. Sous l'influence de l'acide azotique les alcools ou s'oxydent en donnant les produits d'oxydation cités plus haut, ou donnent naissance à
des nitrates de leur radical, nitrates qui sont
neutres et se saponifient comme tous les autres
éthers composés par les agents d'hydratation.

Les phénols, au contraire, donnent, par l'acide
azotique, des produits de substitution dans lesquels, au lieu d'un seul, 1, 2 ou 3 atomes d'hydrogène sont remplacés par l'azotyle AzO^2. Ces produits ne sont pas saponifiables à la manière des
éthers composés et jouissent de propriétés acides
mieux caractérisées que celles des phénols eux-
mêmes.

V. Les phénates des radicaux alcooliques diffèrent des éthers mixtes en ce que, sous l'influence des réactifs énergiques comme l'acide
azotique, ils réagissent intégralement en donnant
un produit unique, tandis que dans ce cas les
éthers mixtes se dédoublent et donnent des composés correspondant à chacun des deux radicaux
qu'ils renferment.

VI. Aux phénols correspondent des ammoniaques composées beaucoup moins basiques que
celles de même composition qui renferment un
véritable radical alcoolique. (La toluidine est
beaucoup moins énergique comme base que la
benzylamine.) [Cannizzaro, *Compt. rend. de l'A-
cad. des sciences*, t. LX, p. 1207 et 1300; —
*Giornale di scienze naturali e economiche, publi-
cato per cura del consiglio di perfezionamento di
Palermo*, 1865, t. I, p. 77.]

Aux phénols se rattachent des acides diatomiques et monobasiques qui en dérivent par fixation de CO^2. Ces acides, qui ne sont autres que
l'acide salicylique et ses homologues, présentent
d'abord entre eux plusieurs cas d'isomérie, mais

surtout diffèrent d'autres acides de même formule que l'on obtient par l'action de l'acide cyanhydrique sur les aldéhydes monoatomiques et dont l'acide formobenzoïlique (le seul d'entre eux connu jusqu'à ce jour) servira de type.

Les différences qui séparent ces deux classes d'acides sont les suivantes :

I. Les acides dérivés des phénols donnent un phénol et de l'anhydride carbonique lorsqu'on les distille avec un excès de base; il est probable que les acides dérivés des aldéhydes ne donneraient pas de phénols dans ces conditions.

II. Soumis à l'action de l'acide iodhydrique, l'acide formobenzoïlique subit une réduction qui le ramène à l'état d'acide toluique, etc. L'acide iodhydrique, au contraire, n'exerce aucune action sur l'acide salicylique et ses homologues [Crum Brown, *Proceedings of the royal Soc. of Edinburg*, t. V, p. 409 ; — Naquet et Louguinine, *Exp. inédites*].

III. Dans l'acide formobenzoïlique, l'atome d'hydrogène typique non acide ne peut absolument pas être remplacé par des métaux. Dans l'acide salicylique et ses homologues, cette substitution, quoique plus difficile qu'avec l'hydrogène vraiment basique, est cependant possible. [Piria, *Ann. der Chem. u. Pharm.*, t. XCIII, p. 262; — Naquet et Louguinine, *Compt. rend. de l'Acad. des sciences*, t. LXII, p. 430].

IV. L'aldéhyde salicylique et les éthers salicyliques peuvent faire la double décomposition avec les bases à la manière des acides. Les éthers formo-benzoïliques ne jouissent pas de cette propriété [Naquet et Louguinine, *Bull. de la Soc. chim.*, nouv. sér., 1866, t. V, p. 252]. Il en serait probablement de même de l'aldéhyde qui correspond à cet acide, mais elle est encore inconnue.

En dehors de ces cas d'isomérie, il en est d'autres encore : ainsi la diméthyl-benzine ou xylène diffère de l'éthyl-benzine, l'acide toluique α diffère de l'acide toluique δ, l'acide benzoïque est isomérique avec l'hydrure de salicyle, la benzoïne est un polymère de l'essence d'amandes amères, etc., etc.; mais ces isoméries ne méritent point de fixer notre attention, parce qu'elles ne sont point caractéristiques de la série aromatique. On conçoit en effet la possibilité de semblables isomères dans la série grasse. L'hydrure de méthyle triméthylé

$$C \begin{cases} CH^3 \\ CH^3 \\ CH^3 \\ H \end{cases}$$

serait probablement différent du diéthyle

$$\begin{cases} C^2 H^5 \\ C^2 H^5 \end{cases}.$$

On conçoit de même des acides isomères, et déjà M. Wurtz, M. Friedel et M. Boutlerow ont fait connaître des alcools secondaires et tertiaires, corps isomères des alcools anciennement connus [Wurtz, *Compt. rend.*, t. LV, p. 370; *Répert. de Chim. pure*,. t. IV, p. 396 (1862) ; — Boutlerow, *Bull. de la Soc. chim.*, t. V, nouv. sér., p. 17 (1866); — Friedel, *Compt. rend.*, t. LV, p. 53 ; t. LX, p. 346].

Les composés aromatiques ne se distinguent pas seulement des composés gras par l'existence des isomères dont nous venons de parler, ils s'en distinguent encore par deux autres propriétés importantes :

I. Tous les composés aromatiques, quels qu'ils soient, acides, phénols, aldéhydes, hydrocarbures, etc., peuvent, sous l'influence de l'acide azotique, échanger une portion de leur hydrogène contre le radical AzO^2 en formant des dérivés de substitution nitrée. Généralement la substitution porte sur 1, 2 ou 3 atomes d'hydrogène.

Ces composés de substitution nitrée traités par l'hydrogène naissant fournissent, selon qu'ils dérivent d'un acide, d'un hydrocarbure ou d'un phénol, des amides ou des amines. Celles-ci, quoique ressemblant par leur composition à des corps analogues que l'on rencontre dans la série grasse, s'en distinguent nettement par leurs propriétés. Les belles réactions découvertes par M. Griess établissent nettement cette distinction [Peter Griess, *Philosophical transactions*, p. III, 1864, t. CLIV, p. 667; — *Journ. of the Chem. Soc.*, nov. 1865, p. 208, 298].

Tandis que, sous l'influence de l'acide azoteux, les amines et les amides grasses donnent de l'eau et de l'azote en régénérant l'acide ou l'alcool dont elles renferment le radical, sans fournir de composés intermédiaires entre les deux termes extrêmes de la réaction, un grand nombre de corps intéressants prennent naissance lorsqu'on fait agir l'acide azoteux sur les amides et sur les amines aromatiques.

Prenons l'exemple de l'aniline (amido-benzol, $C^6 H^5 (Az H^2)$. Sous l'influence de l'acide azoteux, deux molécules d'aniline échangent 3 atomes d'hydrogène contre 1 atome d'azote et donnent le diazo-amido-benzol :

$$\begin{cases} C^6 H^4 Az^2 \\ C^6 H^7 Az \end{cases}.$$

Le diazo-amido-benzol est-il soumis de nouveau à l'action de l'acide azoteux, ou fait-on agir cet acide sur l'aniline dans des conditions différentes, on obtient un sel du diazo-benzol $C^6 H^4 Az^2$ qui résulte de la substitution de Az à H^3 dans une seule molécule d'aniline. — Voyez DIAZO-BENZOL.

Les sels de diazo-benzol peuvent à leur tour éprouver des réactions remarquables. Sont-ils chauffés avec de l'eau, leur base perd Az^2, fixe $H^2 O$ et donne l'alcool phénique $C^6 H^6 O$. Sont-ils chauffés avec de l'alcool, il y a destruction de ce dernier corps, formation d'aldéhyde et le diazo-benzol s'empare de H^2, perd Az^2 et donne la benzine $C^6 H^6$.

Par l'action des hydracides le diazo-benzol fixe l'hydracide, perd Az^2 et donne du chloro-, du bromo- ou de l'iodo-benzol.

Fait-on tomber goutte à goutte de l'eau de brome dans de l'azotate de diazo-benzol, il se forme un perbromure qui répond à la formule : $C^6 H^4 Az^2 . H Br, Br^2$. Ce perbromure, soumis à l'influence de l'ammoniaque, perd son brome et fournit la diazo-benzolimide

$$\begin{cases} C^6 H^4 . Az^2 \\ H \end{cases} Az.$$

Met-on enfin l'azotate de diazo-benzol en contact avec la potasse, il se forme du nitre et un composé de potasse et de diazo-benzol $C^6 H^4 Az^2 . KHO$ qui, traité par l'acide acétique, laisse du diazo-benzol fort instable.

Des corps analogues aux précédents dérivent de tous les produits de substitution nitrée des hydrocarbures analogues à la benzine.

Il en est de même des acides amidés qui, avec l'acide azoteux, peuvent échanger Az contre H^3 dans deux molécules, ou Az contre H^3 dans une seule molécule, en donnant naissance à des corps instables susceptibles, en se décomposant sous l'influence des divers réactifs, de fournir les dérivés de substitution chlorés, bromés ou iodés de l'acide primitif ou un acide plus oxygéné que l'acide primitif. Ainsi l'acide amidobenzoïque $C^7 H^7 Az O^2$, traité par l'acide azoteux, donne l'acide diazo-amido-benzoïque.

$$\begin{cases} C^7 H^4 Az^2 O^2 \\ C^7 H^7 Az O^3 \end{cases}$$

Ce dernier, sous l'influence des hydracides de la

famille du chlore, donne du chlorhydrate, du bromhydrate ou de l'iodhydrate d'acide amido-benzoïque $C^7H^7AzO^2HCl.HBr.$ ou HI et de l'acide chloro-, bromo- ou iodo-benzoïque. Par fois alcalis, le même acide diazo-amido-benzoïque fixe une molécule alcaline, perd Az^2 et produit un oxybenzoate.

Les dérivés nitrés des hydrocarbures peuvent aussi subir d'autres métamorphoses intéressantes mais moins bien étudiées. C'est ainsi que l'on a pu dériver de la nitrobenzine $C^6H^5(AzO^2)$ l'azobenzide C^6H^5Az ou plutôt $C^{12}H^{10}Az^2$.

Dans la série grasse, on ne connaît aucune réaction analogue aux précédentes; dans la plus grande généralité des cas, il est même impossible d'obtenir des dérivés nitrés de substitution. Ces derniers corps ne se forment qu'exceptionnellement. On en connaît, il est vrai, qui dérivent du caprylène et de l'acide valérique; mais ce sont les seuls.

Ceux, en effet, qui dérivent de la cellulose ou de l'amidon (pyroxyline) se saponifient sous l'influence des sulfures alcalins, au lieu de se transformer en ammoniaques composées, et doivent être considérés comme des éthers azotiques plutôt que comme des dérivés de substitution nitrée.

II. Un autre caractère fondamental des composés aromatiques, c'est que, lorsqu'on détruit même les plus compliqués d'entre eux par les divers moyens dont les chimistes disposent, on obtient presque toujours comme produit ultime de décomposition la benzine C^6H^6.

THÉORIE DES COMPOSÉS AROMATIQUES [Kekulé, *Bull. de la Soc. chim.*, 1865, t. III, p. 98; — *Ann. der Chem. u. Pharm.*, t. CXXXVII, p. 129 (nouv. sér., t. LXI, févr. 1866); — *Ann. de Chim. et de Phys.*, (4), t. VIII, p. 158 (juin 1866), en extrait]. — M. Kekulé, pour se rendre compte à la fois des cas d'isomérie propres à la série aromatique et des propriétés des corps de cette série, considère ces derniers comme renfermant tous un noyau commun. Ce noyau serait le groupe C^6 de la benzine C^6H^6. Dans la benzine, les atomes de carbone ne seraient point reliés entre eux de la même manière que dans les autres séries, mais ils obéiraient à une loi de symétrie spéciale. Chaque atome aurait deux de ses atomicités saturées par les deux atomicités d'un atome voisin et une troisième atomicité saturée par celle d'un troisième atome. Dans cette hypothèse, chaque atome de carbone conserve une atomicité libre et les atomes extrêmes deux, à moins que la chaîne ne se ferme, auquel cas il n'en reste plus qu'une même à ces derniers. Le groupe C^6 est donc hexatomique si la chaîne est fermée et octoatomique si elle est ouverte.

$$\begin{array}{ccc} & C = C & \\ -C & & C- \\ & C - C & \end{array}$$

C^6 hexatomique (chaîne fermée).

$$=C-C=C-C=C-C=$$

C^6 octoatomique (chaîne ouverte).

Le plus grand nombre des composés aromatiques renferment comme noyau, d'après M. Kekulé, la chaîne fermée C^6; la chaîne ouverte ne se rencontrant que dans quelques corps comme l'hydroquinone, l'acide hydrobenzoïque, etc.

Le groupe C^6 peut être saturé par 6 atomes d'hydrogène ou d'un élément monoatomique quelconque. Il peut aussi avoir ses six points d'attache unis chacun à l'un des points d'attache d'un élément polyatomique, mais alors ce dernier entraîne de nouveaux éléments monoatomiques dans la combinaison en formant ainsi des chaînes latérales. Vu la disposition des atomicités libres dans le groupe C^6, il n'est en effet jamais possible que deux d'entre elles soient saturées par un radical diatomique, trois par un radical triatomique, etc.

En saturant le groupe C^6 par de l'hydrogène, on a la benzine C^6H^6. Si l'on remplace, dans la benzine, l'hydrogène par du chlore, on obtient des produits où le chlore est en contact intime avec le charbon qui l'entoure de toutes parts, ce qui explique la grande stabilité de ces corps.

Vient-on maintenant à remplacer un H par une des deux atomicités de l'oxygène, on obtient le groupe C^6H^5O, dans lequel l'oxygène saturé seulement à demi entraîne un atome d'hydrogène et donne le composé C^6H^6OH qui n'est autre que le phénol. Des substitutions semblables pouvant s'opérer sur deux ou sur trois atomes d'hydrogène, il existe des phénols diatomiques, comme l'oxyphénol $C^6H^4(OH)^2$, et des phénols triatomiques comme le phénol pyrogallique $C^6H^3(OH)^3$.

Les phénols, d'après leur constitution, doivent posséder des caractères différents des alcools. D'abord l'oxhydryle OH n'étant en contact qu'avec du carbone doit se rapprocher beaucoup plus de l'oxhydryle des acides que s'il avait de l'hydrogène dans son voisinage; le carbone est, en effet, moins positif que l'hydrogène; en outre, cet oxhydryle n'ayant pas d'hydrogène autour de lui, il n'est pas possible d'effectuer dans son voisinage la substitution de O'' à H^2 et de donner naissance à un acide. On voit d'ailleurs que la différence qui sépare les phénols des alcools est de même ordre que celle qui sépare les dérivés chlorés de la benzine des chlorures de radicaux alcooliques. De fait, lorsqu'on traite le phénol par le perchlorure de phosphore, on obtient de la benzine monochlorée.

De même que l'on peut saturer une ou plusieurs atomicités du groupe C^6 par une atomicité de l'oxygène ou de l'un de ses congénères, de même on peut les saturer par une atomicité de l'azote ou du phosphore. Dans ce dernier cas, chaque atome d'azote entraîne l'addition de deux atomes d'hydrogène, et l'on obtient des ammoniaques composées qui sont aux ammoniaques alcooliques ce que les phénols sont aux alcools. C'est ainsi que l'on peut dériver de la benzine l'aniline ou amidobenzine $C^6H^5(AzH^2)$, la phénylène-diamine ou diamido-benzine $C^6H^4(AzH^2)^2$ et la triamido-benzine $C^6H^3(AzH^2)^3$.

Enfin le carbone peut, comme l'oxygène et l'azote, saturer par une de ses atomicités une des atomicités du groupe C^6 et entraîner avec lui 3 atomes d'hydrogène, en formant ainsi une chaîne latérale. Les produits résultant de ces substitutions renferment nCH^2 de plus que la benzine et sont des homologues de ce corps. On comprend d'ailleurs ici un grand nombre d'isomères possibles, car il ne saurait être indifférent de remplacer dans la benzine H^2 par $2CH^3$ ou H par C^2H^5, etc.

Le toluène, le xylène et son isomère l'éthylbenzine, le cumène, le cymène et l'amylbenzine de MM. Fittig et Tollens, résultent de l'espèce de substitution que nous venons d'indiquer. Ainsi l'on a :

$C^6H^6 = $ benzine.

$C^7H^8 = C^6H^5(CH^3)$ toluène.

$C^8H^{10} = C^6H^4(CH^3)^2$ xylène, ou $C^6H^5(C^2H^5)$ éthyl-benzine.

$C^9H^{12} = C^6H^3(CH^3)^3$ cumène du goudron de houille et $C^6H^5(C^3H^7)$ cumène de l'acide cuminique.

$C^{10}H^{14} = C^6H^2(CH^3)^4$ tétraméthyl-benzine ou

$C^6 H^4 (C^3 H^7) (C H^3)$ cymène de l'huile de camomille romaine.

$C^{11} H^{16} = C^6 H^5 (C^5 H^{11})$ amyl-benzine.

Les hydrocarbures $C^n H^{2n+1}$ peuvent donc donner naissance à des homologues de la benzine, en se substituant à l'hydrogène en qualité de chaînes latérales plus ou moins nombreuses ou plus ou moins longues. Il en résulte un nombre d'isomères qui croît à chaque terme de la série. On conçoit, en effet, qu'il ne puisse exister qu'une seule benzine et qu'un seul toluène, mais qu'il puisse exister deux xylènes, trois cumènes, quatre cymènes et ainsi de suite.

Si nous examinons maintenant comment le chlore, l'oxygène ou l'azote peuvent se substituer à l'hydrogène dans les homologues de la benzine, nous serons frappés de ce fait que chacun de ces hydrocarbures peut fournir par substitution plusieurs composés isomères.

Prenons comme exemple le toluène $C^6 H^5 (C H^3)$ et faisons agir le chlore sur ce corps. Nous pourrons substituer un atome de chlore à un atome d'hydrogène dans le groupe phényle ou dans le groupe méthyle, d'où les deux isomères $C^6 H^4 Cl (C H^3)$ toluène chloré, et $C^6 H^5 (C H^2 Cl)$ chlorure de benzyle. De même, en substituant Cl^2 à H^2, nous pourrons avoir trois isomères : le chlorobenzol $C^6 H^5 (C H Cl^2)$, le chlorure de benzyle chloré $C^6 H^4 Cl (C H^2 Cl)$ et le toluène bichloré inconnu $C^5 H^3 Cl^2 (C H^3)$.

On voit, à la seule inspection de ces formules, que le chlore substitué dans la chaîne latérale $C H^3$ doit avoir des caractères analogues à ceux du chlore qui se trouve dans les chlorures alcooliques et être facilement remplaçable, tandis que le chlore qui se trouve dans la chaîne principale doit jouir des mêmes propriétés que dans la benzine chlorée et être, par conséquent, très-difficilement remplaçable.

De même que la substitution du chlore à l'hydrogène dans le toluène et ses homologues peut donner naissance à deux ordres de produits isomères, de même nous devrons retrouver des isoméries semblables dans les corps résultant de la substitution de l'oxhydryle OH ou de l'amidogène $Az H^2$ à l'hydrogène. Ainsi, en partant toujours du toluène, nous pourrons avoir

$$C^6 H^5 (C H^2 [O H]) \text{ et } C^6 H^4 (O H) (C H^3)$$

en substituant un seul oxydryle à H, ou

$$C^6 H^5 (C H [O H]^2), \quad C^6 H^4 [O H] (C H^2 [O H]),$$

et $C^6 H^4 (O H)^2 (C H^3)$ en substituant deux O H à H.

Dans le composé $C^6 H^5 (C H^2 .O H)$, l'oxhydryle ayant 2 H dans son voisinage aura des propriétés semblables à celles qu'il possède dans les alcools gras et le produit sera un alcool véritable, l'alcool benzylique [Cannizzaro (1853), *Ann. der Chem. u. Pharm.*, t. LXXXVIII, p. 129]. Dans le composé $C^6 H^4 (O H) (C H^3)$, au contraire, l'oxhydryle étant entouré de carbone comme dans le phénol aura des propriétés phéniques et ce corps sera un homologue du phénol, le phénol crésylique. De même le corps $C^6 H^5 (C H [O H]^2)$ serait un glycol; il est inconnu. Le composé $C^6 H^4 (O H) (C H^2 [O H])$, qui n'est autre que la saligénine, possède un oxhydryle alcoolique et un oxhydryle phénique. C'est un glyco-phénol.

Enfin le produit $C^6 H^3 [O H]^2 (C H^3)$ serait un phénol diatomique; l'orcine a peut-être cette constitution.

En substituant une ou deux fois le groupe amidogène à H dans le toluène, nous pourrons avoir de même la toluidine $C^6 H^4 [Az H^2] (C H^3)$, la benzylamine $C^6 H^5 (C H^2 [Az H^2])$ [Cannizzaro, *Compt. rend. de l'Acad. des sciences*, t. LX, p. 1207 et 1300; *Giornale di scienze naturali ed economiche publicato per cura del Consiglio di perfezionamento di Palermo*, t. I, p. 77, 1865], la toluylène-

diamine $C^6 H^3 [Az H^2]^2 (C H^3)$ (voyez ce mot), la benzylène-diamine $C^6 H^5 (C H [Az H^2]^2)$ et la toluylène-benzylène-diamine

$$C^6 H^4 [Az H^2] (C H^2 [Az H^2]),$$

inconnues l'une et l'autre.

Nous venons de voir comment la théorie de M. Kekulé rend compte de l'isomérie dans les hydrocarbures, les alcools, les phénols et les ammoniaques composées; elle rend également compte de l'isomérie dans les acides d'atomicités diverses.

Isomérie dans les acides monoatomiques. — L'acide benzoïque résulte de la substitution de O à H^2 dans l'alcool benzylique et ne peut pas avoir d'isomères. Il n'en est plus ainsi de l'acide toluique. De même qu'il y a deux xylènes, la diméthyl-benzine $C^6 H^4 (C H^3) (C H^3)$ et l'éthyl-benzine $C^6 H^5 (C^2 H^5)$, on conçoit comme possibles deux alcools, deux aldéhydes et deux acides dérivés les uns du premier et les autres du second de ces hydrocarbures. De fait on connaît l'acide toluique qui résulte de l'hydratation du cyanure de benzyle; ce qui conduit à lui attribuer la formule $C^6 H^5 (C^2 H^2 O''.O H)$:

$$C^6 H^5 (C H^2 C Az) + 2 H^2 O = C^6 H^5 (C^2 H^2 O''.O Az H^4)$$

Cyanure de benzyle.　Eau.　Alphatoluate d'ammonium.

et l'acide toluique de Noad auquel on doit attribuer par exclusion la formule

$$C^6 H^4 \begin{cases} C H^3 \\ (C O^2 H). \end{cases}$$

A chacun de ces acides correspond une aldéhyde et l'on connaît l'alcool qui correspond à l'acide de Noad [Cannizzaro, *Compt. rend. de l'Acad. des sciences*, t. LII, p. 966, et t. LIV, p. 1225. *Répert. de Chim. pure*, t. III, p. 263 (1861), et t. IV, p. 302 (1862)].

Isomérie dans les acides diatomiques et monobasiques (monocarburés). — Parmi ces acides on retrouvera d'abord les cas d'isomérie qui ont été trouvés dans les acides monoatomiques. Ainsi aux deux acides toluiques

$$C^6 H^4 \begin{cases} C O^2 H \\ C H^3 \end{cases} \text{ et } C^6 H^5 . C^2 H^2 O, O H$$

doivent correspondre deux acides diatomiques

$$C^6 H^3 O H \begin{cases} C O^2 H \\ C H^3 \end{cases} \text{ et } C^6 H^4 O H . C^2 H^2 O, O H.$$

Mais en outre nous rencontrons pour chacun de ces acides des cas d'isomérie nouveaux résultant de ce que l'oxhydryle non acide peut être alcoolique ou phénique. Ainsi chacun des deux acides oxytoluiques dont nous venons d'écrire une des formules possibles peut avoir un isomère :

$$C^6 H^3 O H \begin{cases} C O^2 H \\ C H^3 \end{cases} \text{ et } C^6 H^4 \begin{cases} C O^2 H \\ C H^2 O H; \end{cases}$$

$$C^6 H^4 O H (C^2 H^2 O . O H) \text{ et } C^6 H^5 (C^2 H O, O H . O H).$$

On connaît actuellement deux de ces quatre isomères possibles, l'acide crésotique

$$C^6 H^3 O H \begin{cases} C O^2 H \\ C H^3 \end{cases}$$

et l'acide formobenzoïlique $C^6 H^4 (C^2 H O, O H . O H)$. L'acide salicylique, l'acide phlorétique et l'acide thymotique renferment, comme l'acide crésotique, un oxhydryle phénique; l'acide formobenzoïlique n'a pas d'homologues connus jusqu'à ce jour.

Enfin, étant donné un acide diatomique et monobasique renfermant un oxhydryle phénique et un nombre de chaînes latérales déterminé, on peut encore concevoir que sa formule appartienne à plusieurs isomères suivant la place que les groupes O H et C O² H occupent relativement l'un à l'autre. En représentant la benzine par la formule de structure

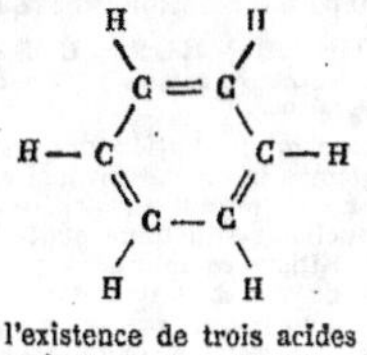

$$\begin{array}{ccc} & H & H \\ & \diagdown & \diagup \\ & C & = & C \\ \diagup & & & \diagdown \\ H-C & & & C-H \\ \diagdown\diagdown & & \diagup\diagup \\ & C & - & C \\ & \diagup & & \diagdown \\ & H & & H \end{array}$$

on prévoit l'existence de trois acides oxybenzoïques qui seront :

1°

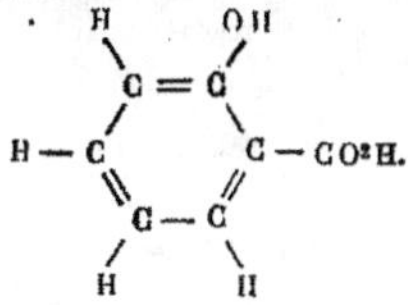

$$\begin{array}{ccc} & H & OH \\ & \diagdown & \diagup \\ & C & = & C \\ \diagup & & & \diagdown \\ H-C & & & C-CO^2H. \\ \diagdown\diagdown & & \diagup\diagup \\ & C & - & C \\ & \diagup & & \diagdown \\ & H & & H \end{array}$$

2°

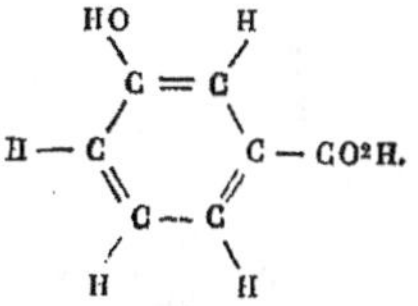

$$\begin{array}{ccc} & HO & H \\ & \diagdown & \diagup \\ & C & = & C \\ \diagup & & & \diagdown \\ H-C & & & C-CO^2H. \\ \diagdown\diagdown & & \diagup\diagup \\ & C & - & C \\ & \diagup & & \diagdown \\ & H & & H \end{array}$$

3°

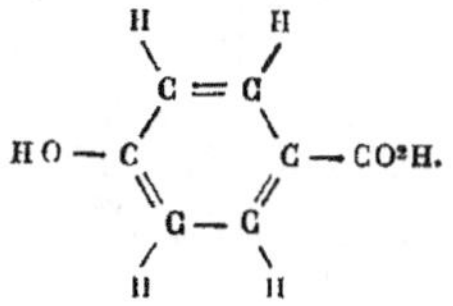

$$\begin{array}{ccc} & H & H \\ & \diagdown & \diagup \\ & C & = & C \\ \diagup & & & \diagdown \\ HO-C & & & C-CO^2H. \\ \diagdown\diagdown & & \diagup\diagup \\ & C & - & C \\ & \diagup & & \diagdown \\ & H & & H \end{array}$$

De fait on connaît trois acides répondant à la formule $C^7H^6O^3$: l'acide salicylique, l'acide oxybenzoïque et l'acide paraoxybenzoïque, auxquels correspondent trois acides amidobenzoïques et trois acides nitrobenzoïques isomères. Par des considérations analogues, on conçoit que la benzine puisse donner des dérivés bromés ou chlorés isomères.

On connaît, en effet, des produits de substitution de la benzine qui sont isomères entre eux, suivant qu'ils ont été obtenus directement par l'action du brome sur la benzine ou indirectement par l'action du bromure de phosphore sur les phénols bromés (Kekulé a même cherché à expliquer pourquoi il se forme dans ce cas des composés isomères). Enfin la position relative des groupes CO^2H explique l'isomérie des acides bibasiques comme les acides phtalique et térephtalique.

THÉORIE DE L'OXYDATION DES SUBSTANCES AROMATIQUES. — Toutes les fois que l'on oxyde les substances aromatiques, on peut dire que la chaîne latérale ou les chaînes latérales (s'il y en a plusieurs) subissent des modifications, tandis que le noyau reste inaltéré. Généralement si l'oxydation est suffisante, chaque radical alcoolique fixé au noyau comme chaîne latérale se trouve converti en CO^2H, quel que soit d'ailleurs le radical. Il résulte de là que les produits oxydés contiennent autant de chaînes latérales que ceux dont ils dérivent. Cette loi peut permettre de fixer la constitution de certains hydrocarbures aromatiques, dont la synthèse n'a pas encore été faite en partant de la benzine. Quant à la loi elle-même, elle se déduit de cette observation que la méthyl-benzine ou toluène et l'éthyl-benzine de MM. Fittig et Tollens donnent tous deux, par l'oxydation, de l'acide benzoïque $C^6H^5(CO^2H)$, tandis que la diméthyl-benzine (xylène) et l'éthyl-méthyl-benzine donnent de l'acide térephtalique

$$C^6H^4 \begin{cases} CO^2H \\ CO^2H \end{cases}$$

qui renferme deux chaînes latérales.

Cela posé, comme le cumène de l'acide cuminique donne de l'acide benzoïque lorsqu'on l'oxyde, on peut en conclure qu'il ne renferme qu'une chaîne latérale et que sa formule est celle de la propyl-benzine $C^6H^5(C^3H^7)$.

D'autre part, le cymène de l'huile de camomille romaine donne, par une oxydation légère, de l'acide toluique de Noad et, par une plus forte oxydation, de l'acide térephtalique

$$C^6H^4 \begin{cases} CO^2H \\ CO^2H. \end{cases}$$

CARBURES D'HYDROGÈNE.	ACIDES		
	MONOCARBONÉS (monobasiques).	DICARBONÉS (bibasiques).	TRICARBONÉS (tribasiques).
C^6H^6 Benzine.	»	»	»
$C^6H^5.CH^3$ Toluène ou méthyl-benzine.	$C^6H^5.CO^2H$ Acide benzoïque.	»	»
$C^6H^4\begin{cases}CH^3\\CH^3\end{cases}$ Diméthyl-benzine (xylène).	$C^6H^4\begin{cases}CH^3\\CO^2H\end{cases}$ Acide toluique.	$C^6H^4\begin{cases}CO^2H\\CO^2H\end{cases}$ Acide térephtalique.	»
$C^6H^3\begin{cases}CH^3\\CH^3\\CH^3\end{cases}$ Triméthyl-benzine.	$C^6H^3\begin{cases}CH^3\\CH^3\\CO^2H\end{cases}$ Acide xylylique.	$C^6H^3\begin{cases}CH^3\\CO^2H\\CO^2H\end{cases}$ Inconnu.	$C^6H^3\begin{cases}CO^2H\\CO^2H\\CO^2H\end{cases}$

Cet hydrocarbure renferme donc deux chaînes latérales. De plus, comme dans une oxydation lente il fournit l'acide toluique qui renferme un méthyle CH^3, on est en droit de conclure que ces deux chaînes sont formées d'un méthyle et d'un propyle.

M. Kekulé résume, dans le tableau de la page précédente, la loi d'oxydation qui vient d'être exposée. On y voit que la triméthyl-benzine doit donner, par l'oxydation, trois acides nouveaux, dont l'un, l'acide xylylique, vient d'être obtenu par M. Kekulé [*loc. cit.*].

Telle est la théorie que M. Kekulé a donnée des combinaisons aromatiques ; mais à peine cette théorie avait-elle paru qu'un fait nouveau découvert par M. Carius est venu la battre en brèche. Ce chimiste a annoncé avoir fait la synthèse d'un acide répondant à la formule $C^6H^4O^2$, et qu'il a nommé acide benzénique [Carius, *Ann. der Chem. u. Pharm.*, t. CXXXVI, p. 323 (nouv. sér., t. LX), décembre 1865; *Ann. de Chim. et de Phys.*, (4), t. VIII, p. 193 (en extrait par M. Wurtz)]. Cet acide homologue inférieur de l'acide benzoïque et dérivé de la benzine par la substitution de O à H^2 et de OH à H n'est pas possible dans la théorie de M. Kekulé. De plus, M. Carius, en distillant le benzénate de baryum à 300°, a dit avoir obtenu un hydrocarbure dont il n'a pas fait l'analyse, mais qu'il considère comme étant le pentène C^5H^4, homologue inférieur de la benzine.

On aurait quelque peine à faire rentrer ces composés dans la série des composés aromatiques, mais leur existence n'est pas bien démontrée [1].

Quoi qu'il en soit, la théorie de M. Kekulé rend compte de la plupart des faits et peut être envisagée comme une des théories les plus fécondes que l'on ait créées depuis longtemps en chimie.

MODE DE FORMATION DES COMPOSÉS AROMATIQUES. — Nous ne parlerons point ici des modes de formation des hydrocarbures, car il n'y a là rien de spécial à la série aromatique. Nous nous occuperons seulement des modes de formation des alcools, des phénols, des acides à 2 et à 3 atomes d'oxygène et des ammoniaques phéniques. Encore parmi les procédés que nous décrirons, laisserons-nous de côté ceux qui peuvent s'appliquer dans la série grasse comme le procédé que M. Harnitz-Harnitzki a indiqué pour la synthèse des acides.

Mode de formation des alcools aromatiques. — 1° Ces alcools ont été obtenus au moyen des hydrocarbures fondamentaux. On substitue 1 atome de chlore à 1 atome d'hydrogène dans ces hydrocarbures, on traite le produit chloré par l'acétate d'argent et l'on saponifie l'éther composé qui se forme ainsi [Cannizzaro, *Ann. de Chim. et de Phys.*, t. XLV, p. 468 (1855)]. Cette méthode est identique à celle au moyen de laquelle M. Berthelot et plus tard M. Schorlemmer ont obtenu les alcools gras. Toutefois il est important de remarquer ici que l'acétate d'argent réagit seulement sur le produit chloré, lorsque le chlore est substitué dans le groupe méthyle.

2° On obtient encore les alcools aromatiques en fixant de l'hydrogène sur les aldéhydes correspondantes. Cette fixation d'hydrogène peut s'opérer au moyen de l'hydrogène naissant développé par l'amalgame de sodium, comme dans la série grasse, mais elle peut aussi s'opérer par un autre procédé appartenant exclusivement à la série aromatique et qui consiste à soumettre les aldéhydes à l'action d'une solution alcoolique de potasse [Cannizzaro (1853), *Ann. der Chem. u. Pharm.*, t. LXXXVIII, p. 129 (nouv. sér., t. XII); *Ann. de*

[1] Depuis que ces lignes ont été écrites, des discussions se sont élevées à l'occasion de l'acide benzénique et du pentène. Il résulte de ces discussions que l'existence de ces deux corps est au moins fort douteuse et que, par suite, la théorie de M. Kekulé demeure intacte, jusqu'à présent du moins.

Chim. et de Phys., t. XL, p. 234]. Il se forme un sel de potasse en même temps que l'alcool cherché :

$$2C^7H^5O.H + HOK = C^7H^5O.OK + C^7H^8O.$$

| Aldéhyde benzoïque. | Potasse. | Benzoate de potassium. | Alcool benzoïque. |

Mode de formation des phénols. — Pendant longtemps le phénol ordinaire a été le seul que l'on ait su produire synthétiquement. Encore la production synthétique était-elle une de ces décompositions compliquées que l'on ne saurait appeler de véritables synthèses. M. Berthelot l'avait obtenu en faisant passer de l'alcool à travers un tube de porcelaine chauffé au rouge.

Tous les autres phénols connus étaient des produits pyrogénés dérivés d'autres composés organiques suivant une loi plus ou moins régulière, ou se retiraient de certains végétaux dans lesquels ils existent tout formés, comme le thymol dans l'essence de thym, ou dans lesquels existent des principes susceptibles de les fournir par leurs dédoublements :

$$C^7H^6O^5 = CO^2 + C^6H^6O^3;$$

| Acide gallique. | Anhydride carbonique. | Phénol pyrogallique. |

$$C^{20}H^{22}O^{10} + 2H^2O$$

| Érythrine. | Eau. |

$$= C^4H^{10}O^4 + 2CO^2 + 2C^7H^8O^2.$$

| Érythrite. | Anhydride carbonique | Orcine (phénol diatomique). |

Aujourd'hui, grâce aux importants travaux de M. Griess et à ceux plus récents de MM. Dusart, Wurtz et Kekulé, on possède des méthodes générales qui permettent de dériver les phénols des hydrocarbures. La première de ces méthodes consiste à transformer les hydrocarbures en amines correspondantes par le procédé de Zinin, et à faire agir l'acide azoteux sur les solutions aqueuses des azotates de ces bases. Il se forme des produits qui représentent l'hydrocarbure primitif dans lequel H^2 serait remplacé par Az^2, produits qui, soumis à l'ébullition avec l'eau, absorbent une molécule de ce liquide, dégagent de l'azote libre et donnent le phénol cherché :

$$C^6H^4Az^2 + H^2O = C^6H^6O + Az^2$$

| Diazo-benzol. | Eau. | Phénol. | Azote. |

Cette méthode réussit non-seulement dans la série aromatique proprement dite, mais encore dans les séries voisines comme la série du diphényle et de la naphtaline. En partant de la diphénylamine (benzidine), on a obtenu un phénol diatomique $C^{12}H^{10}O^2$ [Griess, *loc. cit.*]

La deuxième méthode, qui a été découverte simultanément par MM. Dusart, Wurtz et Kekulé, consiste à traiter les hydrocarbures par l'acide sulfurique pour avoir un acide conjugué. On fait ensuite fondre l'acide ainsi obtenu avec de la potasse et l'on obtient le sel de potasse du phénol cherché en même temps que du sulfite de potasse prend naissance. Il suffit de dissoudre le produit dans l'eau et de précipiter par un acide pour avoir le phénol à l'état de liberté.

1° $$C^6H^6 + SO^4H^2 = H^2O + C^6H^5,SO^3H.$$

| Benzine. | Acide sulfurique. | Eau. | Acide phényl-sulfureux. |

2° $$C^6H^5.SO^3H + 3HOK$$

| Acide phényl-sulfureux. | Potasse. |

$$= SO^3.K^2 + C^6H^5.OK + 2H^2O.$$

| Sulfite potassique. | Phénate potassique. | Eau. |

3° $$C^6H^5.OK + HCl = KCl + C^6H^5.OH.$$

| Phénate potassique. | Acide chlorhydrique. | Chlorure potassique. | Phénol |

[Wurtz, *Compt. rend.*, t. LXIV, p. 749; *Bull. de la Soc. chim.*, t. VIII, p. 197; — Kekulé, *Compt. rend.*, t. LXIV, p. 752; *Bull. de la Soc. chim.*, t. VIII, p. 108; — Dusart, *Compt. rend.*, t. LXIV, p. 859; *Bull. de la Soc. chim.*, t. VIII, p. 200 (1867).]

Mode de formation des acides aromatiques monoatomiques. — Ces acides se produisent comme les acides gras lorsqu'on oxyde les alcools ou les aldéhydes correspondants, lorsqu'on fait agir l'oxychlorure de carbone sur un hydrocarbure homologue de la benzine et qu'on décompose par l'eau le chlorure acide formé [Harnitz-Harnitzki, *Bull. de la Soc. chim.* (nouv. sér.), 1864, t. I, p. 322 ; — *Compt. rend.*, t. LVIII, p. 748] ou encore lorsqu'on soumet à l'action de l'hydrogène naissant des acides moins hydrogénés. C'est de cette manière que l'acide cinnamique $C^9H^8O^2$ se transforme en acide alphaxylylique $C^9H^{10}O^2$. Mais ce sont surtout les modes de formation suivants qui sont intéressants, parce qu'ils appartiennent en propre à la série aromatique ou tout au moins ne donnent pas dans cette série des résultats identiques à ceux qu'ils donnent dans la série grasse.

1° Les éthers cyanhydriques des alcools aromatiques chauffés avec une solution alcoolique de potasse dégagent de l'ammoniaque et donnent le sel de potasse d'un acide homologue supérieur d'un terme à celui qui correspond à l'alcool dont on a employé l'éther [Cannizzaro, *Ann. de Chim. et de Phys.*, 1855, t. XLV, p. 468] :

$$C^7H^7 \brace CAz \Big\} + {K \brace H} O + {H \brace H} O = C^8H^7KO^2 + AzH^3.$$

Cyanure de benzyle.　Potasse.　Eau.　Alphatoluate de potassium.　Ammoniaque.

Toutefois ce procédé qui, dans la série grasse, donne des corps vraiment homologues de ceux dont on part, donne, dans la série aromatique, des isomères de ces vrais homologues, ainsi que M. Cannizzaro s'en est assuré. En effet, le groupe CO^2H que l'on ajoute a un hydrocarbure en passant par l'intermédiaire d'un éther cyanhydrique, s'ajoute à une des chaines latérales et n'augmente pas le nombre de ces dernières, tandis que ce nombre devrait être augmenté pour qu'on eût les véritables homologues supérieurs des acides correspondants aux alcools d'où l'on est parti.

2° On obtient plusieurs acides aromatiques monoatomiques par l'oxydation de certains hydrocarbures de la même série. Nous avons déjà vu que le cymène $C^{10}H^{14}$ donne de l'acide toluique en s'oxydant, que le cumène donne, dans ces conditions, de l'acide benzoïque, etc. Ces acides proviennent de la substitution du groupe CO^2H à une des chaines latérales renfermées dans les hydrocarbures sur lesquels on opère. — Voyez page 390.

3° Récemment M. Kekulé est parvenu à préparer des acides aromatiques à 2 atomes d'oxygène en dirigeant un courant de gaz carbonique à travers un hydrocarbure bromé dans lequel il faisait en même temps dissoudre du sodium [Kekulé, *loc. cit.*].

On conçoit que ce procédé doive fournir des composés isomériques selon que l'on agit sur des produits bromés résultant de la substitution du brome à l'hydrogène dans la chaine principale ou dans une chaine latérale.

1.　$C^6H^4Cl.CH^3 + Na^2 + CO^2$
Toluène monochloré.　Sodium.　Anhydride carbonique.

$$= NaCl + C^6H^4 {CO^2Na \brace CH^3}$$
Chlorure de sodium　Toluate de sodium β.

2.　$C^6H^5.CH^2Cl + Na^2 + CO^2$
Chlorure de benzyle.　Sodium.　Anhydride carbonique.

$$= NaCl + C^6H^5(CH^2CO^2Na).$$
Chlorure de sodium.　Alphatoluate sodique.

4° Plusieurs acides aromatiques existent tout formés dans des produits naturels ou dérivent de l'oxydation de certaines aldéhydes naturelles. Ainsi l'acide benzoïque s'obtient par l'oxydation de l'essence d'amandes amères et existe tout formé dans le benjoin.

Mode de formation des acides diatomiques et monobasiques renfermant un oxhydryle phénique. — 1° L'acide phlorétique $C^9H^{10}O^3$ se produit par le dédoublement de la phlorétine, qui provient elle-même d'un dédoublement de la phlorizine. — Voyez Acide phlorétique.

2° Tous les acides de cette classe actuellement connus, à l'exception de l'acide phlorétique pour lequel cette méthode n'a point été essayée, ont été préparés synthétiquement par M. Kolbe par l'action simultanée du sodium et de l'anhydride carbonique sur les phénols.

$$2C^{10}H^{14}O + Na^2 + 2CO^2$$
Thymol.　Sodium.　Anhydride carbonique.

$$= 2C^{11}H^{13}NaO^3 + H^2$$
Thymotate de sodium.　Hydrogène.

3° On peut encore préparer les acides de ce groupe, ou tout au moins des acides isomères avec ces derniers, mais renfermant comme eux un oxhydryle phénique (acide oxybenzoïque), en faisant agir l'acide azoteux sur les solutions nitriques bouillantes des acides monoatomiques amidés de la même série, acides amidés qui se produisent lorsqu'on soumet les acides monoatomiques nitrés à l'action des agents réducteurs.

1.　$C^7H^5(AzO^2)O^2 + 3H^2$
Acide nitrobenzoïque.　Hydrogène.

$$= 2H^2O + C^7H^5(AzH^2)O^2.$$
Eau.　Acide amido-benzoïque (oxybenzamique).

2.　$C^7H^5(AzH^2)O^2 + AzHO^2$
Acide amido-benzoïque.　Acide azoteux.

$$= C^7H^4O(OH)^2 + H^2O + Az^2.$$
Acide oxybenzoïque.　Eau.　Azote.

Il est préférable de diriger l'acide azoteux dans une solution azotique refroidie de l'acide amidé. Il se forme alors un acide nouveau qui représente l'acide monoatomique de la même série dans lequel H^2 est remplacé par Az^2. Ce nouveau corps isolé et bouilli avec de l'eau dégage de l'azote et donne l'acide diatomique cherché.

$$C^7H^5(AzH^2)O^2 + AzHO^2 = C^7H^4Az^2O^2 + 2H^2O.$$
Acide amido-benzoïque.　Acide azoteux.　Acide diazo-benzoïque.　Eau.

$$C^7H^4Az^2O^2 + H^2O = C^7H^6O^3 + Az^2.$$
Acide diazo-benzoïque.　Eau.　Acide oxybenzoïque.　Azote.

4° L'un de ces acides, l'acide salicylique, se produit par l'oxydation d'un glyco-phénol, la saligénine. Les autres n'ont pas été obtenus de la même manière parce qu'on ne connait aucun homologue de la saligénine, si ce n'est peut-être l'arbutine.

5° L'oxydation de certains hydrocarbures peut fournir des acides de ce groupe. L'oxydation du toluène, par exemple, donne de l'acide paraoxybenzoïque. Certains produits oxygénés peuvent aussi fournir de tels acides en se suroxydant. C'est ainsi que l'essence d'anis donne dans ces conditions de l'acide anisique, qui n'est autre que l'acide méthyl-paraoxybenzoïque [Saytzeff, *Ann. der Chem. u. Pharm.*, t. CXXVII, p. 129 (nouv. sér., t. LI); — *Bull. de la Soc. chim.* (nouv. sér.), t. I, p. 143 (1864); — Ladenburg, *Bull. de la Soc. chim.* (nouv. sér.), t. V, p. 257 (1866)].

Mode de formation des acides qui renferment un oxhydryle alcoolique et un oxhydryle acide. — Un seul de ces acides est connu, l'acide formobenzoïlique; il se produit par l'action simultanée de l'acide cyanhydrique et de l'acide chlorhydrique sur l'essence d'amandes amères dissoute dans l'eau. MM. Louguinine et Naquet se sont assurés que cette réaction ne va pas avec l'aldéhyde cuminique à cause de son insolubilité à peu près complète. Cette méthode, d'ailleurs, est la même qui, dans la série grasse, a permis d'obtenir l'acide lactique.

Mode de formation des acides monobasiques d'une atomicité supérieure à trois. — On a obtenu les acides oxysalicylique et gallique par des procédés analogues à ceux que l'on emploie dans la série grasse, c'est-à-dire en traitant par l'oxyde d'argent et l'eau les acides bromo- et bibromosalicylique [Lautemann, *Ann. der Chem. u. Pharm.*, t. CXX, p. 290; — *Répert. de Chim. pure*, t. IV (1862), p. 190; — *Ann. de Chim. et de Phys.*, (3), t. LXIII, p. 232].

Mode de formation des acides diatomiques et bibasiques. — On ne connaît que deux acides isomères appartenant à cette classe, l'acide phtalique et l'acide téréphtalique $C^8 H^6 O^4$. L'acide téréphtalique résulte de l'oxydation de certains hydrocarbures comme la diméthyl-benzine qui ont deux chaînes latérales et les échangent l'une et l'autre contre le groupe CO^2H. L'acide phtalique se produit dans des réactions beaucoup moins simples. — Voyez ACIDE PHTALIQUE.

Mode de formation des ammoniaques aromatiques. — Les ammoniaques alcooliques se produisent par l'action de l'ammoniaque sur les éthers simples comme dans les autres séries; les ammoniaques phéniques, au contraire, prennent naissance lorsqu'on réduit par l'hydrogène naissant ou par l'acide sulfhydrique, les hydrocarbures nitrés (voyez AMMONIAQUES COMPOSÉES). Ces dernières ont la curieuse propriété de se transformer, sous l'influence des agents oxydants, en matières colorantes. — Voyez ANILINE (MATIÈRES COLORANTES DÉRIVÉES DE L').

Les groupes de corps dont nous venons de passer en revue les principaux modes de formation sont les seuls qui se prêtent à une semblable étude. En dehors d'eux il ne reste que des substances isolées auxquelles nous sommes obligés de renvoyer le lecteur. Notre tâche serait donc terminée si nous ne nous proposions de joindre à la série aromatique, sous forme d'appendice, certains composés qui se rattachent directement à cette série.

APPENDICE A LA SÉRIE AROMATIQUE. — A côté de la série grasse se place une série, la série acrylique, dont chaque acide peut, sous l'influence des alcalis fondus, se transformer en deux acides de la série grasse. La série acrylique (voyez ce mot) vient donc se placer à côté de la série grasse à laquelle elle se rattache comme appendice.

De même à côté de la série aromatique il existe quelques corps, l'acide cinnamique et l'acide oxycinnamique (acide coumarique), qui se rattachent à la série aromatique de la même manière que l'acide acrylique à la série grasse. L'acide cinnamique (voyez ce mot) se transforme en effet, sous l'influence des alcalis fondus, en benzoate et acétate de potasse :

$$C^9 H^8 O^2 + 2 K H O = C^2 H^3 O^2 K + C^7 H^5 O^2 K + H^2.$$

<table>
<tr><td>Acide
cinnamique.</td><td>Potasse.</td><td>Acétate de
potasse.</td><td>Benzoate
de potasse.</td><td>Hydro-
gène.</td></tr>
</table>

L'acide cinnamique se rattache d'autant plus naturellement à la série aromatique qu'il renferme le noyau C^6 qui caractérise cette série.

Outre l'acide cinnamique, il existe d'autres corps comme la naphtaline $C^{10} H^8$, le diphényle $C^{12} H^{10}$, et leurs dérivés que l'on doit nécessairement rattacher à la série aromatique. Ces corps, il est vrai, ne renferment plus simplement le noyau caractéristique des composés aromatiques proprement dits, mais les atomes de carbone qui forment leur noyau sont groupés selon des lois plus voisines de celles qui régissent l'union des six atomes de carbone de la benzine que de celles qui président à l'union des mêmes atomes dans la série grasse. Une théorie analogue à celle qui rend compte des composés aromatiques peut rendre compte des dérivés de la naphtaline ou du diphényle. Ces corps rentrent donc, du moins comme appendice, dans la série aromatique, et cela d'autant plus justement que leurs propriétés sont de même nature. Comme ceux des composés aromatiques proprement dits, leurs hydrates sont de véritables phénols; comme les composés aromatiques proprement dits, la naphtaline et probablement le diphényle peuvent donner naissance à des dérivés nitrés dont le nombre peut même ici dépasser trois. Ces dérivés se réduisent par l'hydrogène naissant et fournissent des ammoniaques composées analogues à l'aniline et susceptibles d'éprouver les métamorphoses qu'éprouve cette dernière par l'action de l'acide azoteux.

Au diphényle $C^{12} H^{10}$ se rattachent la benzoïne $C^{14} H^{12} O^2$, l'acide benzilique $C^{14} H^{12} O^3$, l'anhydride benzilique improprement nommée benzile qui répond à la formule $C^{14} H^{10} O^2$, le chlorure de benzile $C^{14} H^{11} O^2 Cl$, le phénol diphénylique $C^{12} H^{10} O^2$ récemment découvert par M. Griess, la benzidine $C^{11} H^{12} Az^2$. Tous ces composés dérivent du diphényle ainsi qu'il suit :

$$C^{12} H^{10} \qquad C^{12} H^8 (OH^2)^2$$
Diphényle.   Phénol diphénylique.

$$C^{12} H^8 (Az H^2)^2.$$
Benzidine.

$$(C^{12}H)^{7'''} \begin{cases} O H \\ C H O \\ C H^3 \end{cases} \quad (C^{12} H^7)''' \begin{cases} O H \\ CO^2 H \\ C H^3 \end{cases} \quad (C^{12} H^7)''' \begin{cases} O'' \\ C.O'' \\ C H^3 \end{cases}$$

Benzoïne (aldéhyde benzilique).   Acide benzilique.   Benzile (anhydride benzilique).

$$(C^{12} H^7)''' \begin{cases} O H \\ CO Cl \\ C H^3. \end{cases}$$

Chlorure de benzile.   A. N.

ARPIDÉLITE (Min.). — Voyez SPHÈNE.

ARQUERITE (Min.). — Amalgame d'argent, $Ag^{12} Hg$; masses cristallisées dans la calcite d'Arqueros, près Coquimbo, (Chili).

ARRAGONITE (Min.) [Syn. *Aragonite*]. — Carbonate de chaux prismatique,

$$C Ca O^3 = Ca O . CO^2,$$

renfermant quelquefois du carbonate de strontiane en petite quantité, ou même du carbonate de plomb (*Tarnowitzite* 4 °/₀). Cette espèce, qui offre la même composition que la calcite, s'en distingue par sa forme cristalline, par une dureté et par une densité plus fortes, et par une chaleur spécifique moindre. Lorsqu'on la chauffe, on la voit se désagréger et se transformer en calcite avec dégagement de chaleur.

Cristaux prismatiques transparents, d'un éclat vitreux, très-souvent maclés et présentant, malgré leur complication intérieure, une apparence hexagonale; aiguilles plus ou moins fines; masses fibreuses concrétionnées, rayonnées et pisoli-

Fig. 67. — Arragonite.

thiques; quelquefois concrétions rameuses et coralloïdes accompagnées habituellement de minerais de fer (*flos ferri*). Couleur blanche, avec des nuances tirant sur le jaunâtre, le vert, le bleu, le rose. Ne constitue pas de grandes roches comme la calcite, mais se trouve dans les filons, dans les terrains gypseux, dans les basaltes.

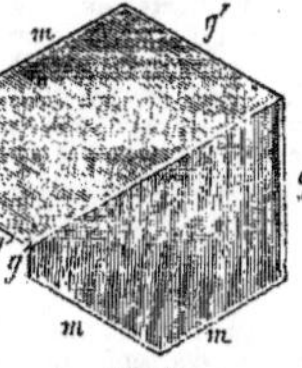

Fig. 68.

Coupe d'une macle.

M. G. Rose a constaté qu'une partie des concrétions formées par les eaux thermales de Carlsbad sont de l'arragonite; il a obtenu également le carbonate de chaux sous cette forme en le précipitant dans une solution chaude [*Poggend. Ann.*, t. XLIII, p. 335, 1837].

Caractères. — Au chalumeau décrépite et tombe en poudre, puis perd son acide carbonique.

Dureté, 3,5. Densité, 2,93-2,95.

Forme cristalline. — Prisme orthorhombique, $mm = 116°10'$, $e^1 e^1 = 108°26'$.

Clivages : g^1 distinct; m, e^1 indistincts. Ces clivages sont assez difficiles pour que la cassure de l'arragonite soit conchoïdale; c'est un des caractères qui permettent le mieux de la distinguer de la calcite.

Plan d'hémitropie le plus fréquent : m. F et S.

ARROW-ROOT [Groves, *Pharm. Journ.*, t. XIII, p. 60; — Mayet, *Journ. de Pharm.*, (3), t. XI, p. 84; — Guibourt, *Histoire des drogues*, t. II, p. 356, 3e édit.]. — Espèce de fécule qui nous arrive des Indes orientales et occidentales et des îles de l'archipel du Sud. Elle est fournie par plusieurs espèces végétales [racine du Sagittaire ou *Maranta arundinacea* (Indes orientales); racine de Tacca pinnatifide (Tahiti); racines de plusieurs espèces de *Curcumas* (Indes occidentales].

L'arrow-root des Indes orientales constitue une poudre blanche, inodore et sans saveur, insoluble dans l'eau froide. Au microscope, l'apparence des granules rappelle celle de la fécule de pommes de terre, mais ils sont plus petits et offrent une fissure simple ou à trois branches correspondant au noyau excentrique.

Ce produit sert de matière alimentaire pour les enfants et les convalescents.

Pour les propriétés chimiques, voyez le mot AMIDON.　　　　P. S.

ARSENIC (ἀρσενικόν, mâle). — As = 75.

L'arsenic est mentionné dans les ouvrages des premiers alchimistes, Geber, Albert le Grand et autres; ses sulfures étaient même connus des anciens, car Aristote et Dioscoride en parlent; mais il n'a été bien défini qu'en 1733 par Brandt. Schrœder, en 1694, l'avait déjà isolé par l'action du charbon sur l'arsenic blanc ou acide arsénieux. C'est à Berzelius qu'on doit les premières recherches sur la composition exacte et la constitution des combinaisons de l'arsenic.

L'arsenic se rencontre dans la nature à l'état natif, en petites masses bacillaires et fibreuses, mamelonnées à leur surface; il se trouve généralement dans les gîtes métallifères, principalement dans ceux de sulfure d'argent et d'oxyde d'étain. On l'a rencontré dans cet état à Sainte-Marie-aux-Mines (Vosges). On le rencontre fréquemment à l'état de sulfure (réalgar et orpiment), mais surtout à l'état d'arséniures métalliques, de cobalt, nickel, etc., ou à l'état de sulfarséniates. C'est une des substances les plus répandues dans la nature. Il a été signalé en très-petites quantités dans un grand nombre d'eaux minérales, notamment dans les eaux du bassin de Vichy (Bouquet), dans les eaux de Plombières, etc., et on lui attribue un rôle important dans l'action thérapeutique de ces eaux.

Préparation. — On prépare généralement l'arsenic métallique par la calcination du sulfarséniure de fer $FeAsS$ ou *mispickel;* on place ce minerai dans des cylindres de terre couchés horizontalement dans un fourneau; ces cylindres sont en communication par leur extrémité ouverte avec des tubes en tôle dans lesquels vient se sublimer l'arsenic, tandis qu'il reste du sulfure de fer pour résidu.

L'arsenic se sublime en une masse cristalline gris d'acier douée de l'éclat métallique. Dans les laboratoires, on prépare l'arsenic par la calcination de l'acide arsénieux avec du charbon ou avec du flux noir, dans une cornue de grès.

Propriétés physiques. — Densité de vapeur par rapport à l'hydrogène = 147,3 (prise à 564°); = 153 (prise à 800°). Densité théorique = 150. Densité de vapeur par rapport à l'air = 10,20 (prise à 564°); 10,6 (prise à 800°). Poids atomique, 75 (équiv. = 75). Poids moléculaire = 300. Chal. spéc. = 0,081. — On voit que le poids moléculaire de l'arsenic déduit de sa densité de vapeur est double de celui que l'on déduit de ses analogies avec l'azote. Tandis que la molécule de l'azote libre est $Az^2 = 2$ vol., celle de l'arsenic libre est $As^4 = 2$ vol.

Récemment sublimé, l'arsenic est brillant, mais il se ternit rapidement à l'air; la forme de ses cristaux est celle d'un rhomboèdre aigu (85°4'). Sa densité est égale à 5,75. Sous l'influence de la chaleur, il se volatilise à 180° sans fondre, mais si l'on fait intervenir la pression, on peut l'obtenir fondu en un liquide transparent. La facilité avec laquelle l'arsenic se sublime rend sa recherche très-facile dans l'analyse. La vapeur d'arsenic est d'un jaune citron (Le Roux); elle a une odeur alliacée, mais il est possible que cette odeur ne lui appartienne pas en propre, et qu'elle soit le résultat de l'oxydation de l'arsenic. Cette odeur se manifeste quand on projette une combinaison arsenicale sur un charbon rouge. Cependant l'acide arsénieux, chauffé sur une plaque rouge, ne répand pas d'odeur; on a attribué l'odeur alliacée à un sous-oxyde d'arsenic; quoi qu'il en soit, l'odeur ne se manifeste que pendant l'oxydation de l'arsenic ou pendant la réduction de ses combinaisons.

Propriétés chimiques. — L'arsenic s'oxyde assez rapidement à l'air, et pour le conserver brillant on le garde sous une couche d'eau qui dissout la petite quantité d'acide arsénieux qui peut se former. On le conserve fréquemment dans de l'eau de chlore. Suivant Ludwig, on obtient de l'arsenic très-brillant en le chauffant dans un tube avec un peu d'iode; le sous-oxyde qui est à sa surface est entraîné en vapeur, et les vapeurs d'iodure d'arsenic qui se forment préservent l'arsenic de l'oxydation; il ressemble alors à du zinc fraîchement granulé.

L'oxydation de l'arsenic a lieu très-rapidement quand on le chauffe dans un courant d'air; si l'opération se fait dans un tube ouvert aux deux bouts, il se forme un anneau blanc d'acide arsénieux, tandis qu'en opérant dans un tube fermé, c'est un anneau noir qui se dépose dans les parties froides. Chauffé dans un courant d'oxygène pur, il y brûle avec une flamme bleuâtre.

D'après Berzelius, l'arsenic se présente sous deux états allotropiques; celui que l'on obtient par la calcination du mispickel est d'un gris d'acier et très-oxydable; celui, au contraire, qui se forme par la réduction de l'acide arsénieux est brillant, d'un blanc d'étain, plus dense et beaucoup moins oxydable.

L'arsenic se combine énergiquement au chlore; si l'on projette dans une atmosphère de ce gaz de l'arsenic en poudre, il y brûle avec éclat en produisant des fumées blanches de chlorure d'arsenic.

Il se combine de même directement au brome et à l'iode; sa combinaison avec le soufre ne se fait qu'à l'aide de la chaleur. Traité par l'acide azotique, il se transforme en acide arsénique; projeté avec du salpêtre dans un creuset rouge, il donne de l'arséniate de potasse.

Fondu avec de la potasse caustique, il donne de l'arséniure et de l'arsénite de potassium; ce produit, qui est d'un brun noirâtre, se décompose, lorsqu'on le calcine très-fort, en arsenic qui se dégage et en arséniate de potassium. Il décompose l'eau en dégageant de l'hydrogène arsénié. Bouilli avec une lessive de potasse, il se dissout en donnant de l'arsénite et un dégagement d'hydrogène. Chauffé à 200° dans des tubes scellés, avec une solution d'acide sulfureux, il donne de l'anhydride arsénieux, de l'acide sulfurique, du soufre libre, mais point de sulfure d'arsenic (Geitner).

Usages. — L'arsenic métallique est très-toxique, mais beaucoup moins que l'acide arsénieux. Il est employé dans la médecine vétérinaire. On s'en sert pour la destruction des mouches et autres insectes; à cet effet, on le pulvérise et on l'inonde d'eau.

HYDROGÈNE ARSÉNIÉ ou arséniqué, hydrure d'arsenic gazeux, arsénamine, As H³ = 78. — Densité par rapport à l'hydrogène = 30. Densité par rapport à l'air = 2,695 (Dumas).

Ce gaz correspond à l'ammoniaque et à l'hydrogène phosphoré. Comme eux, il est le type d'une série de composés organiques importants (voyez ARSINES). Les arséniures métalliques peuvent être ramenés au même groupement. Il ne forme pas de combinaisons avec les acides, mais on remarque cette tendance dans ses dérivés alcooliques. On connaît aussi des combinaisons se rapportant au type condensé H⁶ As³ et aux types mixtes *amin-arsines* et *phospharsines* H⁶ Az As et H⁶ Ph As.

Préparation. — Ce gaz, qui a été découvert par Scheele, puis étudié successivement par Proust, Trommsdorf, Dumas, Stromeyer, Soubeiran, s'obtient en faisant agir de l'acide chlorhydrique sur un alliage, à parties égales, de zinc et d'arsenic [*Ann. de Chim. et de Phys.*, (2), t. XXXIII, p. 357; *ibid.*, (2), t. XLIII, p. 407]. Il se forme, par double décomposition, du chlorure de zinc et de l'hydrogène arsénié. On recueille sur l'eau le gaz qui se dégage (Soubeiran).

Serullas a obtenu ce gaz par l'action de l'eau sur l'alliage métallique obtenu par la fusion au rouge de 2 p. de sulfure d'antimoine, 2 p. de crème de tartre et 1 p. d'acide arsénieux.

Il faut prendre de grandes précautions pour ne point respirer ce gaz, car il constitue un poison des plus redoutables; il coûta la vie à Gehlen, chimiste suédois. Ce gaz prend naissance chaque fois que l'hydrogène naissant se trouve en présence d'une combinaison réductible d'arsenic. Ainsi lorsque l'on dégage de l'hydrogène par le zinc et l'acide sulfurique, en présence d'acide arsénieux, il s'en forme toujours. Cette propriété, jointe à celle que possède l'hydrogène arsénié d'être décomposé sous l'influence de la chaleur, est utilisée pour la recherche de l'arsenic, comme on le verra plus loin.

Propriétés. — C'est un gaz incolore, d'une odeur alliacée très-forte, produisant des nausées et des vertiges et pouvant provoquer la mort. Une température de — 40°, à la pression ordinaire, le liquéfie (Stromeyer). Il ne se solidifie pas à — 110°. Il se dissout dans 5 fois son volume d'eau purgée d'air, sans se décomposer; mais au contact de l'air cette solution abandonne de l'arsenic métallique.

L'oxygène sec, à la température ordinaire, n'agit pas sur l'hydrogène arsénié; mais en élevant la température ou en soumettant le mélange à l'action de l'étincelle électrique, il y a détonation et formation d'eau et d'anhydride arsénieux, si la quantité d'oxygène a été suffisante. Pour cela, il faut 3 volumes d'oxygène pour 2 de gaz hydrogène arsénié; la moitié se porte sur l'hydrogène pour former de l'eau, l'autre moitié sur l'arsenic pour former de l'anhydride arsénieux.

$$2 \text{ As H}^3 + 6 O = \text{As}^2 O^3 + 3 \text{ H}^2 O.$$
$$\overline{4 \text{ vol.}} \quad \overline{6 \text{ vol.}}$$

Si la quantité d'oxygène n'est pas suffisante, il se forme un dépôt brun d'arsenic. La combustion dans l'air atmosphérique n'est jamais complète : il y a toujours un dépôt d'arsenic métallique; c'est ce qui arrive lorsqu'on brûle ce gaz dans une éprouvette. Lorsqu'on enflamme un jet de ce gaz, il brûle avec une flamme verdâtre très-allongée, en répandant des fumées d'acide arsénieux; mais si l'on vient à refroidir cette flamme en lui présentant un corps froid, tel qu'une plaque de porcelaine, celui-ci se recouvre d'une tache noire qui est de l'arsenic métallique, résultant de la combustion incomplète de l'hydrogène arsénié (voyez RECHERCHE DE L'ARSENIC). La chaleur seule décompose l'hydrogène arsénié; si l'on chauffe au rouge sombre un tube traversé par un courant de ce gaz, on forme dans la partie plus froide du tube un anneau noir brillant. Lorsque l'on décompose l'hydrogène arsénié par la chaleur dans un courant d'hydrogène, l'arsenic qui se dépose est cristallisé en octaèdres réguliers faciles à observer au microscope (Cooke). La lumière agit lentement sur ce gaz en le décomposant de la même manière.

Tous les corps oxydants décomposent l'hydrogène arsénié; l'acide hypochloreux, l'acide azotique, l'eau régale, et même l'acide sulfurique, sont dans ce cas. L'action du chlore sur ce gaz est très-énergique : chaque bulle que l'on y fait passer y produit une lueur et un dépôt d'arsenic; si c'est l'hydrogène arsénié que l'on fait passer dans un excès de chlore, il se produit à chaque bulle une violente inflammation qui peut provoquer la rupture de la cloche dans laquelle on opère; dans ce cas, il se forme de l'acide chlorhydrique et du chlorure d'arsenic; cette expérience doit être faite avec de grandes précautions. L'iode et le brome agissent comme le chlore, mais avec beaucoup moins d'intensité.

Le soufre, chauffé dans une cloche courbe avec

de l'hydrogène arsénié, donne de l'hydrogène sulfuré, de l'arsenic et du sulfure d'arsenic; de même, le phosphore produit de l'hydrogène phosphoré non inflammable et du phosphure d'arsenic qui apparaît en gouttelettes transparentes.

Le potassium, le sodium, l'étain absorbent l'arsenic et mettent l'hydrogène en liberté.

Les hydrates alcalins absorbent à chaud l'hydrogène arsénié en produisant un arsénite et de l'hydrogène libre provenant tant de l'hydrogène arsénié que de l'hydrate alcalin.

Un grand nombre de solutions métalliques décomposent l'hydrogène arsénié; il se forme de l'eau ou l'acide correspondant au sel, et de l'arséniure métallique ou de l'acide arsénieux et un dépôt métallique. Il forme dans la plupart des solutions métalliques des précipités foncés; ces réactions ont lieu suivant les équations :

$$6\,CuSO^4 + 4\,AsH^3 = 6\,H^2SO^4 + 2\,Cu^3As^2;$$

$$6\,AgAzO^3 + 3\,H^2O + AsH^3$$
$$= 6\,HAzO^3 + H^3AsO^3 + Ag^6;$$

$$6\,HgCl^2 + 2\,AsH^3 = 3\,Hg^2Cl^2 + 6\,HCl + 2\,As.$$

Les sels d'or et de platine se comportent comme les sels d'argent, dont la réaction est souvent utilisée pour la recherche de l'arsenic.

Analyse. — L'analyse de l'hydrogène arsénié peut se faire dans la cloche courbe en le décomposant par l'étain. On remarque que 100 volumes de gaz produisent 150 volumes d'hydrogène, c'est-à-dire que le volume augmente de moitié. Si donc de la densité de l'hydrogène arsénié 39, on retranche 1 1/2 fois la densité de l'hydrogène 1,5, il restera 37,5 qui est le quart de la densité de vapeur de l'arsenic. 2 volumes de ce gaz renferment donc 3 volumes ou 3 atomes d'hydrogène et 1/2 volume ou 1 atome de vapeur d'arsenic; car la densité de vapeur de l'arsenic représente le poids de 2 atomes. Il en résulte que la formule de l'hydrogène arsénié est AsH^3, représentant 2 volumes.

HYDRURE D'ARSENIC SOLIDE (sesquiarséniure d'hydrogène). — On observe dans plusieurs circonstances la production d'une combinaison solide d'hydrogène et d'arsenic. Ainsi, lorsque l'on décompose l'arséniure de potassium par l'eau, elle reste à l'état d'une poudre brune (Gay-Lussac et Thenard). Le même composé se forme, suivant Davy, lorsqu'on emploie l'arsenic comme électrode négative dans la décomposition de l'eau par la pile. On a aussi souvent regardé comme de l'hydrure solide le dépôt noir qui se forme dans les flacons où l'on conserve l'hydrogène arsénié gazeux. Blondlot a observé la formation d'"hydrure solide dans l'appareil de Marsh, lorsqu'il se trouve une petite quantité d'un azotate dans le liquide; le zinc se recouvre alors d'une poudre brune à laquelle Blondlot assigne la formule As^2H. Cette formation est empêchée par la présence d'un autre métal ou de matières organiques. Le même auteur a aussi observé sa production, en petite quantité, par l'action de l'hydrogène arsénié sur une solution d'azotate d'argent [*Ann. de Chim. et de Phys.*, (3), t. LXVIII, p. 186].

Wiederhold prépare l'hydrure d'arsenic As^2H pur en traitant par l'acide chlorhydrique un alliage de 1 p. d'arsenic et de 5 p. de zinc (il s'en produit environ 3 millièmes du poids de l'alliage employé) [*Poggend. Ann.*, t. CXVII, p. 615]. L'hydrure ainsi obtenu constitue une poudre rouge-brun, volumineuse, insoluble dans l'eau, l'alcool et l'éther. Chauffé à 200°, il se décompose en hydrogène et arsenic; en présence d'acide azotique fumant, il s'enflamme; les autres acides sont sans action sur lui. Le chlore, le brome, l'iode le décomposent avec incandescence. Les alcalis le transforment lentement en arséniate.

ARSÉNIURES. — Les arséniures possèdent, en général, les caractères des alliages; on les rencontre abondamment dans la nature. L'arsenic rend les métaux cassants et en général plus fusibles. La chaleur n'altère pas la composition des arséniures, sauf pour celui d'antimoine et pour ceux qui sont très-riches en arsenic; ceux-ci perdent de l'arsenic. Calcinés au contact de l'air, ils s'oxydent et abandonnent de l'anhydride arsénieux. On les obtient facilement en fondant ensemble les métaux avec l'arsenic ou en réduisant les arsénites et arséniates métalliques par un flux réducteur. Calcinés avec du salpêtre et un carbonate alcalin, ils donnent de l'arséniate alcalin, tandis que l'oxyde métallique se sépare. Les arséniures des métaux attaquables par l'acide chlorhydrique donnent, lorsqu'on les traite par cet acide, de l'hydrogène arsénié; les arséniures alcalins sont décomposés par l'eau en donnant de l'hydrogène arsénié et de l'hydrure d'arsenic solide.

Un certain nombre d'arséniures appartiennent au type M'^3As ou M''^3As^2; ils se forment quelquefois par l'action de l'hydrogène arsénié sur les solutions métalliques; c'est ainsi qu'on peut obtenir l'arséniure de cuivre :

$$2\,H^3As + 3\,CuCl^2 = Cu^3As^2 + 6\,HCl.$$

Ce même arséniure se forme lorsque l'on fait bouillir une solution chlorhydrique arsénieuse avec du cuivre métallique; celui-ci se recouvre d'une couche noirâtre, que l'on a souvent prise pour de l'arsenic métallique. Chauffé, cet arséniure perd de l'arsenic et se transforme en un autre arséniure présentant la composition de la doméïkite, arséniure naturel, qui représente l'arséniure du cuprosum $(\overset{"}{Cu}{}^2)^3\,As^2$.

La plupart des arséniures naturels appartiennent aux types $M''As$ et $M''As^2$. Les différents arséniures de cobalt, de nickel, de fer, appartiennent à ces deux types.

Nous ne ferons ici que l'étude des arséniures alcalins, ceux-ci tirant leurs caractères essentiels de l'arsenic qu'ils renferment.

Arséniures de potassium et de sodium. — Le potassium et le sodium s'unissent directement à l'arsenic. Ce dernier se dissout dans les lessives alcalines concentrées en dégageant de l'hydrogène. En traitant de l'hydrate de potassium fondu par de l'arsenic, il se dégage de même un peu d'hydrogène; la masse se boursoufle et il reste finalement une masse brune, qui est un mélange d'arséniate et d'arséniure de potassium. Ce produit est décomposable par l'eau, avec formation d'hydrogène arsénié; c'est en étudiant ce corps que mourut Gehlen. Les phénomènes observés par Gehlen ont été vérifiés par Gay-Lussac et Soubeiran.

CHLORURE D'ARSENIC, $AsCl^3 = 181,5$. — Densité par rapport à l'hydrogène = 90,07. Densité par rapport à l'air = 6,3 (Dumas). Densité à l'état liquide = 2,05. C'est le seul chlorure d'arsenic que l'on connaisse.

Préparation. — On obtient le chlorure d'arsenic en faisant arriver un courant de chlore sec sur de l'arsenic chauffé dans une cornue tubulée munie d'un récipient dans lequel se condense le chlorure formé, à l'état d'un liquide jaune renfermant un excès de chlore, qu'on lui enlève en le redistillant sur de l'arsenic en poudre (Dumas).

On peut aussi le préparer en distillant un mélange d'anhydride arsénieux, de chlorure de sodium et d'acide sulfurique; ce procédé, dû à Gmelin, a été perfectionné par Dumas, qui recommande de chauffer vers 100° 400 grammes d'acide sulfurique avec 40 grammes d'anhydride arsénieux, puis d'ajouter peu à peu, par la tubulure de la cornue, des fragments de chlorure de sodium fondu; le chlorure d'arsenic se forme suivant l'équation :

$$3\,SO^4H^2 + 6\,NaCl + As^2O^3$$
$$= 3\,SO^4Na^2 + 2\,AsCl^3 + 3\,H^2O.$$

Il se rassemble dans le récipient, et, vers la fin de l'opération, il se forme dans ce dernier une couche surnageante qui est du chlorure d'arsenic hydraté $AsClO + H^2O$, ou acide chlorarsénieux, résultant de l'action d'une portion d'anhydride arsénieux sur du chlorure d'arsenic :

$$As^2O^3 + AsCl^3 = 3\,(AsOCl).$$

On peut aussi faire agir l'acide sulfurique sur une solution d'anhydride arsénieux dans l'acide chlorhydrique concentré (Wallace).

Le chlore, en agissant sur l'anhydride arsénieux légèrement chauffé, donne aussi du chlorure d'arsenic (R. Weber, Bloxam). Enfin, ce composé peut s'obtenir par la distillation d'un mélange d'arsenic et de protochlorure de mercure (Capitaine) ou de trisulfure d'arsenic et de sublimé corrosif (Ludwig).

La volatilité du chlorure d'arsenic, qui bout à 134°, mais qui est facilement entraîné par d'autres vapeurs, occasionne souvent des pertes d'arsenic, dans la recherche de ce corps, chaque fois que de l'acide chlorhydrique naissant se trouve en présence d'anhydride arsénieux.

Le chlorure d'arsenic ne se solidifie pas à —29°. Il répand d'abondantes fumées blanches à l'air et est très-dangereux à respirer.

Versé dans un excès d'eau, il se décompose en anhydride arsénieux et acide chlorhydrique; mais une petite quantité ne le transforme en un liquide limpide qui, après quelques jours, fournit des aiguilles cristallines $AsOCl + H^2O$. Le composé $AsOCl$ (*chlorure d'arsénosyle*, correspondant au chlorure d'antimonyle $SbOCl$) s'obtient aussi lorsque l'on fait agir le chlorure d'arsenic ou l'acide chlorhydrique sur l'anhydride arsénieux; il forme alors une masse brunâtre transparente, fumant un peu à l'air et en attirant l'oxygène. Soumis à l'action de la chaleur, le chlorure d'arsénosyle perd du chlorure d'arsenic et laisse un résidu vitreux ayant pour composition $AsOCl, As^2O^3$; ce dernier se produit aussi par l'action d'une petite quantité d'eau sur le chlorure d'arsenic en même temps que le composé $AsOCl + H^2O$.

Le chlorure d'arsénosyle se combine aux chlorures métalliques; ainsi, en ajoutant du sel ammoniac à une solution chlorhydrique de chlorure d'arsenic, on obtient, au bout de quelques jours, des aiguilles fibreuses blanches : $AsOCl, 2\,AzH^4Cl$.

Le chlorure d'arsenic se combine à l'ammoniaque en formant le composé $AsCl^3, 3\,AzH^4$, cristallisable dans l'alcool [Wallace, *Philos. Mag.*, (4), t. XVI, p. 358].

Il se combine au chlorure de soufre en donnant deux composés, $AsCl^3, SCl^2$ et $2\,AsCl^2, 3\,SCl^2$, décomposables par l'eau, et s'obtenant directement par l'action du chlore sur le réalgar et sur l'orpiment (H. Rose).

FLUORURE D'ARSENIC, $AsFl^3$.—Ce corps, étudié par Unverdorben, s'obtient en distillant un mélange de 5 p. de fluorure de calcium, 4 p. d'anhydride arsénieux et 10 p. d'acide sulfurique; c'est un liquide incolore, fumant, décomposable par l'eau. Sa densité est de 2,73; il bout à 63°. Il attaque le verre. Il absorbe le gaz ammoniac et forme ainsi un composé solide sublimable. En se décomposant par l'eau, il paraît donner un acide *hydrofluoarsénieux* donnant par la saturation avec les alcalis des fluorures doubles dont l'étude n'a pas été faite.

BROMURE D'ARSENIC, $AsBr^3$. — Ce corps s'obtient, d'après Sérullas qui l'a le premier étudié, en ajoutant de l'arsenic en poudre à du brome; la combinaison a lieu avec dégagement de chaleur et de lumière; en chauffant ensuite à 220°, le produit distille. Nicklès le prépare en faisant agir l'arsenic sur une solution de brome dans le sulfure de carbone; le bromure d'arsenic étant soluble dans ce liquide cristallise par l'évaporation.

Le bromure d'arsenic fond entre 20° et 25°; il bout à 220° et cristallise, par sublimation, en longs prismes. Une grande quantité d'eau le décompose.

Il dissout l'anhydride arsénieux en donnant un liquide épais qui se sépare en deux couches; celle qui est surnageante est visqueuse et brune; c'est l'*acide bromarsénieux* ou le *bromure d'arsénosyle* $AsOBr$; l'autre, encore plus épaisse, est une combinaison de ce dernier avec de l'anhydride arsénieux (probablement $6\,AsBrO, As^2O^3$). Ces deux corps abandonnent du bromure d'arsenic par la chaleur. En dissolvant du bromure d'arsenic dans de l'acide bromhydrique aqueux, on obtient, par évaporation, des cristaux nacrés $2\,(AsOBr) + 3\,H^2O$. Si le bromure est en excès, celui qui ne se dissout pas se transforme en bromure d'arsénosyle. Si la solution se fait à l'ébullition, dans une solution bromhydrique faible, il se sépare, par le refroidissement, des cristaux ayant pour composition $2\,(AsOBr) + 3\,As^2O^3 + 12\,H^2O$ [Wallace, *Phil. Mag.*, (4), t. XVII, p. 122].

Le bromure, comme le chlorure d'arsenic, se combine aux éthers [Nicklès, *Compt. rend.*, t. LII, p. 396].

IODURE D'ARSENIC, AsI^3.—Ce composé se forme directement (Plisson). On l'obtient le plus facilement en faisant agir l'arsenic en poudre sur une solution d'iode dans le sulfure de carbone qui dissout l'iodure d'arsenic formé et l'abandonne cristallisé par l'évaporation [Nicklès, *Compt. rend.*, t. XLVIII, p. 837]. Il forme des lamelles brillantes, d'un rouge brique, fusibles et volatiles sans décomposition. L'eau en grand excès dissout l'iodure d'arsenic sans résidu; mis en digestion avec un peu d'eau, il se décompose en donnant de l'acide iodhydrique et une combinaison d'anhydride arsénieux, d'iodure d'arsenic et d'eau [Plisson, *Ann. de Chim. et de Phys.*, (2), t. XXXIX, p. 265]. D'après Wallace, cette combinaison, qui cristallise en lamelles nacrées, a pour composition $2\,(AsOI) + 3\,As^2O^3 + 12\,H^2O$; chauffée, elle perd de l'iodure d'arsenic qui se sublime et abandonne de l'anhydride arsénieux.

Hydrate d'iodure arsénieux, $2\,AsI^3 + 3\,H^2O$ ou $As^2O^3 + 6\,HI$. — L'iodure d'arsenic se dissout dans une grande quantité d'eau froide; cette solution est jaune, acide, inaltérable à l'air. Par la distillation, il reste de l'iodure d'arsenic dont une partie se volatilise avec l'eau; mais il n'y a ni iode ni acide iodhydrique mis en liberté. Par l'évaporation lente de cette solution, elle laisse déposer des écailles blanches brillantes renfermant plus d'arsenic, tandis que l'eau mère, fortement colorée, renferme, au contraire, plus d'acide iodhydrique; la même décomposition a lieu lorsqu'on traite l'iodure d'arsenic par l'eau chaude.

L'hydrogène sulfuré décompose la solution d'iodure arsénieux en donnant un précipité de trisulfure d'arsenic (Plisson, Sérullas et Hottot).

On connaît une combinaison d'anhydride arsénieux et d'iodure de potassium qui correspond à cet hydrate d'iodure.

COMPOSÉS OXYGÉNÉS DE L'ARSENIC.

L'arsenic forme avec l'oxygène deux combinaisons bien définies: l'*anhydride arsénieux* et l'*anhydride arsénique*, As^2O^3 et As^2O^5, correspondant aux anhydrides phosphoreux et phosphorique. L'hydrate correspondant à l'anhydride arsénieux H^3AsO^3 n'est pas connu. Mais l'anhydride arsénique donne trois acides ou hydrates correspondant aux acides phosphorique, méta- et pyrophosphorique.

Outre ces deux anhydrides, on admet quelquefois l'existence d'un sous-oxyde d'arsenic.

Sous-oxyde d'arsenic. — C'est le composé gris qui recouvre l'arsenic métallique exposé à l'air humide; il est possible que ce ne soit qu'un mélange d'anhydride arsénieux et d'arsenic; chauffé dans un tube, il se sépare en ces deux corps qui se subliment isolément. L'acide chlorhydrique et l'eau bouillante lui enlèvent de même de l'anhydride arsénieux. De Bonsdorff a assigné à cet oxyde la formule As^2O.

Anhydride arsénieux (acide arsénieux, arsenic, arsenic blanc, oxyde blanc d'arsenic), $As^2O^3 = 198$; Densité de vapeur par rapport à l'hydrogène $= 188$; *idem*, théorique $= 198$. Densité par rapport à l'air $= 13,0$ (Mitscherlich). Densité théorique, par rapport à l'air, $= 13,70$. La densité de vapeur de l'anhydride arsénieux est anomale et présente la même anomalie que celle de l'arsenic lui-même, c'est-à-dire que 2 volumes de vapeur contiennent 2 fois le poids représenté par la formule As^2O^3; la densité de vapeur normale serait $= 99$.

Préparation. — L'anhydride arsénieux s'obtient en grand, dans les arts, par le grillage du mispickel ou arséniosulfure de fer, et accessoirement, par le grillage des minerais arsénifères de cobalt et de nickel. Le grillage se fait dans de grands moufles d'où les vapeurs se dirigent dans de longs canaux légèrement inclinés où se dépose l'anhydride arsénieux à l'état de *farine* ou *fleurs d'arsenic;* cette condensation se fait aussi dans un bâtiment partagé en compartiments superposés. Au bout d'un certain temps, on racle cette farine; cette opération est très-dangereuse, et les ouvriers qu'on y emploie succombent quelquefois à l'action toxique de l'arsenic. On soumet la farine ainsi recueillie à une nouvelle sublimation dans une chaudière en fonte surmontée d'une série de cylindres en tôle sur les parois desquels se condense l'anhydride arsénieux en masses compactes, vitreuses, qu'on enlève à coups de marteau et qu'on livre ainsi au commerce; les vapeurs non condensées arrivent dans une caisse en bois où elles se déposent. Lorsque les fleurs d'arsenic sont mélangées de soufre, ce qui a lieu généralement, on en fait une pâte avec de la potasse et on soumet cette pâte à la sublimation. Il arrive quelquefois que le produit est mélangé d'arsenic métallique; celui-ci se combinant avec le fer de la chaudière peut la percer et le produit tombe alors dans le foyer d'où il se répand en vapeurs dans l'atelier; aussi cette dernière opération est-elle une des plus dangereuses de cette exploitation.

Propriétés. — L'anhydride arsénieux se présente sous forme d'une masse blanche, vitreuse, lorsqu'il est récemment sublimé; mais il perd peu à peu sa transparence, devient d'un blanc laiteux et comme *porcelané;* cette modification se produit en allant de la surface des fragments à leur centre; aussi généralement, lorsqu'on casse un morceau ainsi modifié, trouve-t-on qu'il a encore un noyau vitreux. C'est généralement ainsi qu'on le trouve dans le commerce. L'anhydride arsénieux vitreux est amorphe; avec le temps, il prend une structure cristalline qui lui fait perdre sa transparence; c'est le même phénomène qui s'observe sur le sucre d'orge. Cette transformation est hâtée par une température de 100°; la trituration produit le même effet. L'anhydride arsénieux est volatil et se sublime facilement à 200°, dans un tube, en donnant un anneau blanc. Si on le chauffe sous pression, il fond et se transforme alors en acide vitreux par refroidissement. L'anhydride arsénieux est dimorphe; il se présente

généralement en octaèdres réguliers ou en tétraèdres, mais il peut aussi affecter la forme du prisme orthorhombique; il est, comme on voit, isodimorphe avec l'oxyde d'antimoine. Lorsqu'il se dépose de sa solution aqueuse ou chlorhydrique, il affecte la forme octaédrique, comme dans l'anhydride porcelané; lorsqu'on le sublime, il cristallise de même en octaèdres, quelquefois en prismes; c'est dans des produits de sublimation que Woehler découvrit l'anhydride prismatique. Lorsque l'on chauffe de l'anhydride octaédrique à 250° avec de l'eau, il cristallise en partie, par le refroidissement, en cristaux prismatiques; ceux-ci se forment en quantité beaucoup plus considérable lorsque l'on chauffe de l'anhydride, vitreux ou porcelané, dans un tube de verre fermé à ses deux extrémités placé verticalement dans un fourneau; par le refroidissement, on trouve dans la partie inférieure du tube, dont la température avait été portée vers 400°, de l'acide vitreux; à la partie supérieure, qui n'avait été portée qu'à 200°, de l'anhydride octaédrique, tandis que la partie moyenne est remplie de cristaux prismatiques volumineux. On voit donc que les cristaux prismatiques se forment à une température plus élevée que les cristaux octaédriques [Debray, *Compt. rend.*, t. LVIII, p. 1209]. On obtient encore des cristaux prismatiques lorsqu'on fait bouillir de l'anhydride arsénieux avec de la potasse jusqu'à saturation; par le refroidissement, il se dépose en prismes rhomboïdaux (Pasteur). Nordenskjoeld a obtenu dans ces circonstances des tables hexagonales p, m, g^1, dans lesquelles les deux axes horizontaux sont entre eux comme 1 et 0,5776.

On remarque des différences notables dans les propriétés de l'anhydride arsénieux cristallisé et de l'anhydride amorphe. La densité de l'anhydride porcelané est de 3,689; celle de l'anhydride vitreux ou amorphe de 3,7385 (Guibourt). L'anhydride vitreux est trois fois plus soluble dans l'eau que l'anhydride cristallisé; tandis que 1 p. du premier exige 25 p. d'eau à 13° pour se dissoudre, ce dernier en exige 80 p. 1 p. d'anhydride vitreux n'exige que 9 p. d'eau bouillante. L'anhydride vitreux, en solution dans l'eau, se transforme peu à peu en anhydride cristallisé, et comme celui-ci est moins soluble, il se dépose peu à peu de la solution froide d'anhydride vitreux abandonnée à elle-même. On remarque des différences analogues dans la solubilité des différentes variétés d'anhydride arsénieux dans l'alcool. Ainsi :

100 p. d'alcool dissolvent	Alcool à 50°.	Alcool à 79°.	Alcool à 86°.	Alcool absolu.
Anhydride cristallisé à 15°.........	1,680	1,430	0,715	0,025
Anhydride cristallisé à l'ébullition..	4,895	4,551	3,197	3,402
Anhydride vitreux à 15°...	0,504	0,540	—	1,060

On voit que, tandis que la solubilité de l'anhydride vitreux augmente avec la richesse de l'alcool, celle de l'anhydride porcelané va en diminuant.

L'anhydride arsénieux est plus soluble dans l'acide chlorhydrique que dans l'eau; une solution chlorhydrique d'anhydride vitreux, faite à l'ébullition, le laisse déposer, par le refroidissement, en octaèdres, et si l'on observe cette cristallisation dans l'obscurité, on remarque que chaque cristal en se déposant est accompagné d'une lueur; celle-ci est rendue très-visible si l'on hâte la cristallisation par l'agitation (H. Rose). Si, au contraire, c'est l'anhydride porcelané que l'on a dissous, on n'observe plus le même phénomène; celui-ci est donc dû au passage de la variété amorphe à la variété cristallisée.

La présence d'autres acides minéraux augmente aussi la solubilité de l'anhydride arsénieux; tels sont les acides arsénique, phosphorique, sulfurique (Bacaloglio).

L'anhydride arsénieux peut se dissoudre dans l'ammoniaque sans s'y combiner et s'en sépare en cristaux octaédriques.

Traité par l'acide chlorhydrique concentré et bouillant, il se volatilise en partie à l'état de chlorure d'arsenic. Chauffé dans un courant de chlore, il se transforme en chlorure d'arsenic et anhydride arsénique qui, à son tour, donne du chlorure d'arsenic et de l'oxygène, si l'on élève la température. Il donne de même du chlorure d'arsenic lorsqu'on le traite par les chlorures de phosphore.

L'anhydride arsénieux réduit en vapeurs sur une plaque métallique n'a pas d'odeur; celle-ci ne se manifeste que sur le charbon.

La solution aqueuse d'anhydride arsénieux a une saveur nauséabonde. Elle a une réaction faiblement acide. Elle précipite l'eau de chaux; l'hydrogène sulfuré la colore en jaune, et si l'on ajoute une goutte d'acide chlorhydrique, il s'en sépare un précipité do sulfure d'arsenic jaune. La solution arsénieuse réduit le bichromate de potasse; l'iode, le brome l'oxydent en donnant de l'acide arsénique et de l'acide iodhydrique ou bromhydrique. Cette action de l'iode qui est instantanée a été utilisée dans l'analyse volumétrique. D'après Péan de Saint-Gilles, l'iode n'a pas d'action sur l'anhydride arsénieux en solution acide [*Ann. de Chim. et de Phys.*, (3), t. LVII, p. 224]. On sait que la solution arsénieuse sert aussi dans les essais chlorométriques. Neutralisée par l'ammoniaque, la solution arsénieuse donne avec les sels de cuivre un précipité vert d'arsénite de cuivre (*vert de Scheele*) et avec les sels d'argent un précipité jaune d'arsénite d'argent.

La solution chlorhydrique d'anhydride arsénieux, traitée par une lame de cuivre, y forme un dépôt gris et brillant d'arséniure de cuivre Cu³As²; cet arséniure se dédouble par la chaleur en arséniure As Cu³ et arsenic (Lippert). Cette réaction est utilisée quelquefois pour la recherche de l'arsenic (Kessler).

Le protochlorure d'étain réduit les solutions arsénieuses en produisant du bichlorure d'étain, de l'arsenic métallique et de l'hydrogène arsénié.

Les solutions arsénieuses réduisent le tartrate cuproso-potassique en en séparant de l'oxyde cuivreux (Terreil). Elles réduisent de même le chlorure d'or, en mettant de l'or en liberté.

La solution d'anhydride arsénieux, chauffée à 200° avec du phosphore, donne du phosphure d'arsenic (Oppenheim).

L'anhydride arsénieux, chauffé dans un tube avec du charbon ou tout autre corps réducteur, se décompose en dégageant de l'arsenic métallique qui forme un sublimé noir brillant. En présence d'hydrogène naissant, l'anhydride arsénieux donne de l'hydrogène arsénié. Cette réaction est utilisée pour la recherche de l'arsenic par l'appareil de Marsh. — Voyez RECHERCHE DE L'ARSENIC.

Une solution d'anhydride arsénieux, soumise à l'action d'un courant électrique faible, produit un dépôt d'arsenic métallique au pôle négatif; si le courant est intense, il se dégage de l'hydrogène arsénié.

L'anhydride arsénieux peut se combiner à l'anhydride sulfurique en donnant de petits cristaux tabulaires As²O³ SO³; ces cristaux se rencontrent quelquefois dans les produits du grillage des minerais arsénifères sulfurés (Schafhaütl). Ils sont déliquescents; à l'air humide, ils se décomposent en acide sulfurique et anhydride arsénieux; chauffés dans un tube, ils se dédoublent en anhydride sulfurique, qui se dégage, et anhydride arsénieux plus fixe qui reste (Reich). Laurent, en chauffant de l'anhydride arsénieux avec de l'acide sulfurique, a obtenu des prismes rectangulaires brillants dont la composition est représentée par $3(As^2O^3, SO^3) + H^2SO^4$ [*Journ. Pharm.*, (3), t. XLV, p. 184].

L'anhydride arsénieux forme une combinaison avec l'anhydride arsénique (Bloxam).

L'anhydride arsénieux se dissout dans l'anhydride acétique en donnant un liquide sirupeux, incolore, se prenant par le froid en une masse vitreuse, décomposable par l'eau. Chauffé à 200°, ce produit laisse un résidu d'arsenic métallique et donne un dégagement d'acide carbonique avec des traces d'hydrogène arsénié [Schützenberger, *Compt. rend.*, t. LIII, p. 538].

Comme son isomorphe, l'oxyde d'antimoine, il donne un émétique dans lequel on peut admettre le radical arsénosyle; cet émétique a pour composition $C^4H^4K(AsO)O^6 + H^2O$.

Distillé avec un acétate alcalin, il donne du cacodyle reconnaissable à son odeur fétide particulière. — Voyez ARSINES.

Usages.—L'anhydride arsénieux sert, dans la fabrication du flint-glass, comme oxydant de l'oxyde ferreux qui, sans cela, colorerait la masse en vert.

ACIDE ARSÉNIEUX.—On ne connaît pas l'hydrate arsénieux H^3AsO^3, mais on peut supposer son existence dans les solutions aqueuses d'anhydride arsénieux; il existe, du reste, des arsénites qui présentent cette formule générale, et toutes les analogies portent à admettre que l'hydrate normal a cette formule et qu'il existe comme tel dans les solutions d'anhydride arsénieux. Outre les sels M^3AsO^3 ou $M'''^3(AsO^3)^2$, il existe des sels bi- et monométalliques M^2HAsO^3 ou $M''HAsO^3$ et $M'H^2AsO^3$. Ces sels sont, en général, assez instables et ont été peu étudiés. Les arsénites alcalins sont solubles et difficilement cristallisables; l'acide carbonique de l'air décompose peu à peu leurs solutions. Ces solutions, exposées à l'air, en attirent peu à peu l'oxygène pour se transformer partiellement en arséniates. L'hydrogène sulfuré ne les précipite pas; mais si, après les avoir traitées par l'hydrogène sulfuré, l'on y ajoute ensuite de l'acide chlorhydrique, il se dépose du trisulfure jaune.

ARSÉNITES. — Lorsqu'à de l'acide arsénieux, en solution aqueuse et en excès, on ajoute de l'hydrate de calcium, de baryum ou de strontium, on ne produit pas de précipité; mais si l'on ajoute l'acide arsénieux dans un excès d'un de ces hydrates, il se forme un arsénite insoluble dans l'eau, soluble dans les acides étendus et dans les sels ammoniacaux.

Les autres arsénites sont insolubles et s'obtiennent par double décomposition. Les arsénites alcalins donnent, avec l'azotate d'argent, un précipité jaune d'arsénite Ag^3AsO^3, et le sulfate de cuivre un précipité vert (vert de Scheele) $Cu^3(AsO^3)^2$, ou peut-être $CuHAsO^3$.

La chaleur décompose les arsénites des métaux proprement dits en laissant de l'oxyde, ou du métal si cet oxyde est réductible par la chaleur. L'arsénite de plomb n'est pas décomposé. Les arsénites alcalins se transforment en arséniates, en perdant de l'arsenic.

Arsénite d'ammonium. — Voyez AMMONIACAUX (SELS).

Arsénite d'antimoine. — On obtient ce sel en faisant digérer de l'antimoine métallique avec une solution concentrée d'acide arsénique; celui-ci est réduit, et, en ajoutant de l'eau, l'arsénite formé se précipite (Berzelius).

Arsénite d'argent, Ag^2HAsO^3. — Précipité jaune devenant rapidement gris. Chauffé, il perd de l'eau, puis de l'anhydride arsénieux et laisse finalement un résidu d'arséniate d'argent et d'argent métallique. L'azotate d'argent est souvent employé comme réactif de l'acide arsénieux.

L'arsénite de potassium acide étendu donne, avec les sels d'argent, un précipité volumineux jaune qui devient cristallin et qui paraît être un mélange d'anhydride arsénieux et d'arsénite neutre Ag^3AsO^3. La liqueur filtrée est acide et donne, avec l'ammoniaque et un excès de sel d'argent, un précipité jaune d'arsénite triargentique pur (Bloxam).

Arsénite de baryum. — Précipité blanc, pulvérulent, insoluble dans l'eau.

Arsénite de calcium, $CaHAsO^3$. — Précipité blanc soluble dans les acides et dans les sels ammoniacaux; ceux-ci en empêchent la précipitation.

Arsénite de cobalt, $CoHAsO^3$. — Précipité rose, soluble sans altération dans l'ammoniaque. Calciné, il perd de l'anhydride arsénieux.

Arsénite de cuivre. — Ce sel renferme de l'eau de constitution; on obtient l'arsénite acide $CuH^4(AsO^3)^2$ en faisant digérer du carbonate de cuivre avec de l'eau et de l'acide arsénieux; la solution qui se forme n'est précipitée ni par les acides ni par les alcalis; soumise à l'évaporation, elle laisse un sel amorphe vert jaunâtre. L'arsénite qui se précipite par le mélange d'une solution cuivrique par un arsénite alcalin, est $CuHAsO^3$; c'est un précipité vert; il est souvent mélangé d'anhydride arsénieux; l'arsénite $Cu^3(AsO^3)^2$ est d'un vert plus franc et s'obtient également par double décomposition. Ces arsénites sont solubles dans l'ammoniaque, et la solution, évaporée à l'air libre, laisse déposer des cristaux bleus insolubles dans l'eau, qui constituent un arséniate cuproammonique; en même temps, il se forme un dépôt jaunâtre d'arsénite cuivreux. Les arsénites de cuivre sont également solubles dans la potasse et la solution s'altère rapidement. L'acide arsénieux s'oxydant aux dépens de l'oxyde de cuivre, il se dépose de l'oxyde cuivreux, tandis que la solution retient l'arséniate de potassium. La couleur verte connue sous le nom de *vert de Scheele* est un arsénite de cuivre obtenu par précipitation. Le *vert de Schweinfurth* est un acétoarsénite. — Voyez ACÉTATES.

Arsénite d'étain. — Poudre insoluble, blanche, gélatineuse au moment de sa formation. La chaleur ne l'altère pas; elle ne fond qu'à une température très-élevée. Sa composition est celle d'un pyroarsénite $(Sn)^{IV}AsO^5$.

Arsénite ferreux. — Précipité blanc, soluble dans l'ammoniaque caustique; il s'oxyde rapidement, devient d'un jaune d'ocre. Calciné, il perd de l'eau, de l'anhydride arsénieux et laisse un résidu couleur de rouille. Il a pour composition $FeHAsO^3$.

Arsénite ferrique, $(Fe^2)^{II}(AsO^3)^2$. — L'arsénite de potassium donne, dans le chlorure ferrique, un précipité couleur de rouille qui est un arsénite plus basique que l'arsénite normal, car il renferme en plus de l'hydrate ferrique $(Fe^2)^{II}H^6O^6$ et 4 molécules d'eau (Guibourt); desséché, ce composé forme des masses compactes à cassure brillante. Il se dissout en partie dans la potasse; la chaleur ne lui fait pas perdre tout l'anhydride arsénieux qu'il renferme. Le même sel basique insoluble se forme par la digestion de l'hydrate ferrique avec de l'anhydride arsénieux et de l'eau; l'insolubilité de cette combinaison explique l'emploi de l'hydrate ferrique comme contre-poison de l'acide arsénieux; mais pour qu'il soit efficace, il faut qu'il soit exempt de protoxyde de fer et qu'il soit récemment précipité, car l'hydrate éprouve peu à peu une modification allotropique qui lui enlève beaucoup de ses affinités.

Arsénite de magnésium, $MgHAsO^3$. — Poudre blanche, insoluble dans l'eau, obtenue par précipitation. Ce sel, séché à 205°, se transforme en pyroarsénite $Mn^2As^2O^5$ (Bloxam).

Arsénite manganeux. — Précipité presque incolore, brunissant rapidement à l'air quand il est humide. A 100° il perd de l'eau, se transforme probablement en pyroarsénite $Mn^2As^2O^5$, puis perd de l'anhydride arsénieux et de l'arsenic et laisse un résidu d'arséniate et d'arséniure de manganèse.

Arsénite mercureux. — Précipité blanc, insoluble dans l'eau, soluble dans l'acide azotique.

Arsénite mercurique. — Précipité blanc, soluble dans un excès d'arsénite alcalin, avec une coloration brune.

Arsénite de nickel, $NiHAsO^3$. — Poudre vert pâle insoluble dans l'eau, soluble dans l'ammoniaque; soumis à la calcination, il noircit, perd de l'eau et de l'anhydride arsénieux et laisse finalement un résidu vert formé probablement d'arsénite trimétallique $Ni^3(AsO^3)^2$.

Arsénites de plomb. — L'acétate de plomb donne, dans l'arsénite d'ammonium, un précipité pulvérulent blanc, ainsi que le sous-acétate de plomb; ces précipités renferment de l'eau de constitution et ont pour formule, le premier $PbH^4(AsO^3)^2$, et le second $PbIIAsO^3$; ils sont fusibles et laissent une masse vert jaunâtre; ils sont idioélectriques.

L'acétate de plomb ammoniacal donne, avec une solution d'acide arsénieux, un précipité qui, séché à 100°, a pour composition $Pb^2As^2O^5$; c'est du pyroarsénite (Bloxam).

On connaît un arsénite $Pb^3(AsO^3)^2$ qu'on obtient en traitant une solution bouillante d'acide arsénieux par du sous-acétate de plomb (Kühn), ou en précipitant une solution alcaline de plomb par un arsénite alcalin (Streng).

L'arsénite bipotassique donne, avec l'acétate de plomb, un précipité qui a pour composition $Pb^3H^6(AsO^3)^4$; Bloxam l'écrit, en équivalents,

$$3PbO,\ 3HO,\ 2AsO^3.$$

Arsénites de potassium. — On obtient l'arsénite K^2HAsO^3 (en équivalents $2KO,HO,AsO^3$) en faisant digérer de l'anhydride arsénieux avec de l'hydrate de potassium ou en fondant 1 molécule d'anhydride arsénieux avec 2 molécules de carbonate potassique à l'abri de l'air. S'il y a un excès d'anhydride arsénieux, il se volatilise; on reconnaît la présence de ce dernier en reprenant la masse par l'eau et traitant une partie de la solution par un sel de mercure; si l'arsénite est pur, le précipité est blanc et ne noircit pas par l'ébullition, ce qui a lieu lorsqu'il renferme de l'acide arsénieux en excès, parce que ce dernier réduit les sels de mercure. En évaporant cette solution à consistance sirupeuse et l'exposant pendant quelque temps à une température de 30° à 40°, le sel cristallise; si l'on évapore à sec, il devient d'un blanc laiteux, c'est un sel déliquescent. Sa réaction est alcaline, il réduit le permanganate de potassium et l'acide chromique. On emploie en médecine cet arsénite, en solution aqueuse, sous le nom de *liqueur de Fowler.*

On obtient un arsénite $2KH^2AsO^3 + As^2O^3$ (en équivalents $KO,HO,2AsO^3 + HO$) en faisant digérer à 100° du carbonate potassique avec de l'anhydride arsénieux; ce sel forme des prismes rectangulaires qui perdent de l'eau à 100° et deviennent

$$K^2H^2As^2O^5 + As^2O^3;$$
Pyroarsénite acide.

chauffé plus fortement dans un courant d'air sec, il perd encore une molécule d'eau et fond en un liquide jaune se concrétant en une masse visqueuse jaune déliquescente :

$$2KAsO^2 + As^2O^3\ \text{(en équiv. : } KO, 2AsO^3)$$
Métarsénite.

[Bloxam, *Chem. Soc.,* t. XV, p. 281].

Lorsqu'on fait bouillir du carbonate de potasse avec de l'anhydride arsénieux, celui-ci ne chasse que les 3/4 environ de l'acide carbonique et la solution donne, par la concentration, des cristaux qui ont pour composition $2\,KH^2As\,O^3$, dont il a été question plus haut, et si l'on évapore le tout à 100°, on obtient une masse cristalline qui renferme

$$K^2H^2As^2O^5 + H\,As\,O^2.$$
$$\text{Pyroarsénite.} \qquad \text{Acide métarsénieux.}$$

Bloxam représente, en équivalents, la composition de ce sel par $2\,KO,\ 3\,As\,O^3 + 3\,HO$. Ce dernier sel ne perd pas d'eau à une température plus élevée, mais il finit par fondre en une masse cristalline.

Arsénite de sodium. — L'arsénite $Na^2H\,As\,O^3$ s'obtient à l'état d'une masse visqueuse qui renferme de petits cristaux grenus. Le carbonate sodique se comporte avec l'anhydride arsénieux comme le carbonate potassique, mais on n'obtient point de produits cristallisés.

Arsénite de zinc. — Une solution d'acide arsénieux donne dans une solution ammoniacale de zinc un précipité qui devient cristallin et qui, séché à 100°, constitue une poudre brillante ayant pour composition $Zn^3(As\,O^3)^2$ (Bloxam).

ANHYDRIDE ARSÉNIQUE,

$$As^2O^5 = \begin{matrix}(As\,O)^{\prime\prime\prime}\\(As\,O)^{\prime\prime\prime}\end{matrix}\Big\}\ O^3 = 230.$$

— L'anhydride arsénique s'obtient en chauffant au rouge naissant l'acide arsénique $H^3As\,O^4$ ainsi que les acides méta- et pyroarsénique. C'est une masse blanche amorphe, attirant lentement l'humidité atmosphérique, se dissolvant très-lentement dans l'eau en donnant l'hydrate normal. Il fond au rouge sombre et se décompose à une température peu supérieure en anhydride arsénieux et oxygène. La densité de l'anhydride fondu est de 3,7342 (Karsten). Le charbon, le cyanure de potassium, etc., chauffés avec lui, le réduisent facilement à l'état métallique.

Comme son analogue, l'anhydride phosphorique, il forme trois acides ou hydrates : l'*hydrate normal* $H^3As\,O^4$, l'*acide pyroarsénique* $H^4As^2O^7$, et l'*acide métarsénique* $H\,As\,O^3$.

L'anhydride arsénique paraît former une combinaison avec l'anhydride arsénieux. Lorsqu'on traite ce dernier à chaud par du chlore, il se forme du chlorure d'arsenic, et il reste un liquide qui se prend par le refroidissement en une masse vitreuse ayant pour composition $2\,As^2O^3,\ As^2O^5$. On obtient aussi ce corps en faisant arriver des vapeurs d'anhydride arsénieux sur de l'anhydride arsénique chauffé [Bloxam, *Journ. Chem. Soc.*, (2), t. III, p. 62].

Traité par le perchlorure de phosphore, l'anhydride arsénique donne du chlorure d'arsenic, de l'oxychlorure de phosphore et du chlore libre :

$$5\,PCl^5 + As^2O^5 = 5\,P\,O\,Cl^3 + 2\,As\,Cl^3 + 4\,Cl$$

(Hurtzig et Geuther).

ACIDE ARSÉNIQUE,

$$As\,H^3O^4 = \begin{matrix}(As\,O)^{\prime\prime\prime}\\H^3\end{matrix}\Big\}\ O^3 = 142.$$

—Il s'obtient par l'action de l'acide azotique ou de l'eau régale sur l'anhydride arsénieux. On fait bouillir, dans une cornue spacieuse, 4 p. d'anhydride arsénieux avec de l'eau régale formée de 12 p. d'acide azotique d'une densité de 1,25 et de 1 p. d'acide chlorhydrique de 1,2 de densité. Em. Kopp [*Ann. de Chim. et de Phys.*, (3), t. XLVIII, p. 100] recommande la méthode suivante comme la plus avantageuse pour la préparation en grand de l'acide arsénique. Dans une citerne de 1,500 litres environ de capacité, renfermant 400 kilog. d'anhydride arsénieux, on fait couler peu à peu 300 kilog. d'acide azotique de 1,35 de densité ; la réaction commence immédiatement. La masse s'échauffe et il se dégage beaucoup de vapeurs ni-

treuses qu'à l'aide d'un puissant tirage on fait passer dans une cheminée, à travers des serpentins épurateurs remplis de coke imprégné d'acide azotique, tant pour ne point les perdre que pour ne pas les répandre dans les environs. On obtient ainsi une liqueur sirupeuse qui ne renferme plus que des traces d'acide arsénieux faciles à oxyder à chaud par une petite quantité d'acide azotique. Cette liqueur se prend à 15°, par l'agitation, en une masse semi-fluide remplie de cristaux transparents, renfermant 24 °/₀ d'eau et dont la composition est représentée par $2\,As\,H^3O^4 + H^2O$.

M. Girardin a proposé une méthode de préparation en grand de l'acide arsénique, qui consiste à traiter par le chlore une solution concentrée d'anhydride arsénieux dans l'acide chlorhydrique, puis à distiller ce dernier jusqu'à cristallisation du résidu [*Journ. de Pharm.*, (3), t. XLVI, p. 209].

L'acide arsénique cristallisé se dissout très-facilement dans l'eau, en produisant du froid ; il est déliquescent ; il fond à 100°, perd son eau de cristallisation et se transforme alors en une masse formée de fines aiguilles et ayant pour composition $H^3As\,O^4$, correspondant à l'acide phosphorique ordinaire $H^3P\,O^4$. C'est toujours cet hydrate qui est renfermé dans les solutions d'acide arsénique. Sa solution est très-acide ; elle possède une saveur métallique désagréable ; concentrée, elle est très-caustique et exerce sur la peau une action vésicante énergique. L'hydrogène sulfuré ne la précipite pas immédiatement, mais la colore seulement un peu en jaune ; ce n'est qu'à la longue et surtout sous l'influence de la chaleur qu'il se dépose un précipité jaune clair de pentasulfure d'arsenic, suivant les uns, ou, suivant les autres, d'un mélange de soufre et de trisulfure. L'acide sulfureux réduit la solution d'acide arsénique ; le mélange des deux acides laisse déposer peu à peu des cristaux octaédriques d'anhydride arsénieux ; si l'on fait bouillir, la réduction est immédiate.

L'acide chlorhydrique bouillant le transforme à la longue en chlorure d'arsenic :

$$5\,HCl + H^3As\,O^4 = As\,Cl^3 + 4\,H^2O + Cl^2.$$

Cette action n'a lieu que lorsque l'acide chlorhydrique est très-concentré (Souchay).

L'hyposulfite de sodium décompose l'acide arsénique en produisant du pentasulfure qui se dépose lorsque l'on ajoute de l'acide chlorhydrique au mélange :

$$2\,H^3As\,O^4 + 5\,Na^2S^2O^3$$
$$= As^2S^5 + 5\,Na^2S\,O^4 + 3\,H^2O.$$

L'hydrogène naissant transforme l'acide arsénique en hydrogène arsénié, mais cette réduction est moins nette qu'avec l'acide arsénieux : aussi est-il bon de réduire d'abord l'acide arsénique par l'hydrogène sulfuré pour que cette réaction se produise avec certitude. Lorsque l'on fait agir le zinc ou le fer sur l'acide arsénique, il se dégage de l'hydrogène pur ; mais s'il y a de l'acide chlorhydrique ou sulfurique en présence, l'hydrogène est mélangé d'hydrogène arsénié.

L'acide arsénique, traité à froid par le chlorure stanneux, donne un précipité blanc d'arsénite stannique $As^2O^3,\ 2\,Sn\,O^2$ (H. Schiff), mais qui pourrait tout aussi bien représenter du pyroarséniate stanneux $Sn^2As^2O^5 (= As^2O^5,\ 2\,Sn\,O)$. A chaud, il y a réduction et formation d'arsenic et d'hydrogène arsénié (Kessler).

La solution d'acide arsénique donne des précipités blancs avec les hydrates de calcium, de baryum, de strontium, ajoutés en excès. Neutralisée par l'ammoniaque, elle donne avec le sulfate de cuivre un précipité bleu bleuâtre d'arséniate de cuivre, et, avec l'azotate d'argent, un précipité rouge brique, caractéristique, d'arséniate d'argent. Sursaturé par l'ammoniaque, elle donne, avec le sulfate de magnésium, un précipité cristallin d'arséniate ammoniaco-magnésien

$$Mg''(AzH^4)AsO^4$$

correspondant au phosphate ammoniaco-magnésien. Ce précipité se transforme, par la calcination, en pyroarséniate $Mg^2As^2O^7$.

L'acide arsénique est utilisé dans les arts : on l'emploie dans l'impression des toiles peintes, pour faire des enlevages et surtout pour la préparation du rouge d'aniline. La densité des solutions d'acide arsénique est à 15° d'après H. Schiff [*Ann. der Chem. u. Pharm.*, t. CXIII, p. 183] :

Solut. renfermant H^3AsO^4 :		
	67,4 %	D = 1,7346
» »	45,0	1,3978
» »	30,0	1,2350
» »	22,5	1,1606
» »	15,0	1,1052
» »	7,5	1,0495

ACIDE PYROARSÉNIQUE,

$$H^4As^2O^7 = \left. \begin{matrix} (As O)^2 \\ H^4 \end{matrix} \right\} O^5 = 256.$$

— Cet acide, qui correspond à l'acide pyrophosphorique $H^4P^2O^7$, est très-instable; il s'obtient en chauffant l'hydrate normal de 140° à 180°; il forme des cristaux durs et brillants qui paraissent être des prismes droits, réunis en masses compactes; il est soluble dans l'eau avec élévation de température, et sa solution possède tous les caractères de l'acide arsénique normal. On obtient les pyroarséniates par la calcination des arséniates bimétalliques ou des arséniates analogues à l'arséniate ammoniaco-magnésien :

$$2 K^2HAsO^4 = K^4As^2O^7 + H^2O$$

$$et\ 2 Mg''(AzH^4)AsO^4 = Mg^2As^2O^7 + 2 AzH^3 + H^2O.$$

ACIDE MÉTARSÉNIQUE,

$$HAsO^3 = \left. \begin{matrix} (As O)''' \\ H \end{matrix} \right\} O^2,$$

correspondant à l'acide métaphosphorique. S'obtient en maintenant l'acide pyroarsénique pendant quelque temps à 206°; la masse fondue, d'abord limpide, se trouble tout d'un coup, devient pâteuse et se prend en un magma cristallin blanc et nacré; c'est l'acide métarsénique; il contient presque toujours un peu d'anhydride et se dissout lentement dans l'eau froide; dans l'eau chaude, la dissolution est rapide et se fait avec élévation de température. La dissolution ne diffère pas de celle de l'acide arsénique normal.

Les métarséniates s'obtiennent par la calcination des arséniates monométalliques; ainsi l'arséniate de potassium KH^2AsO^4 donne H^2O et $KAsO^3$ (métarséniate). Les métarséniates offrent la constitution des azotates ordinaires.

Leurs solutions, pas plus que celle des pyroarséniates, ne présentent de caractères qui les distinguent des arséniates normaux; on peut dire que ces sels n'existent pas en solution.

ARSÉNIATES. — Les arséniates sont en général isomorphes avec les phosphates. On connaît des arséniates mono-, bi- et trimétalliques,

$$MH^2AsO^4;\ M^2HAsO^4;\ M^3AsO^4.$$

Les arséniates monométalliques sont très-solubles dans l'eau; leur réaction est fortement acide; calcinés, ils perdent les éléments d'une molécule d'eau et se transforment en métarséniates. Parmi les arséniates bi- et trimétalliques, ceux des métaux alcalins sont seuls solubles. Les arséniates bimétalliques, soumis à la calcination, perdent une molécule d'eau en se doublant et se transforment en pyroarséniates. Les arséniates bicalcique, bibarytique et bistrontique, s'obtiennent, par double décomposition, à l'état de précipités solubles dans les acides et dans les sels ammoniacaux; tous les autres s'obtiennent également par double décomposition. La composition de l'arséniate bibarytique, par exemple, est

$$Ba''HAsO^4 + H^2O,$$

c'est-à-dire que deux atomes d'hydrogène sont remplacés par du baryum; les arséniates monométalliques des métaux diatomiques sont

$$Mg''\left. \begin{matrix} H^2 \\ H^2 \end{matrix} \right\} (AsO^4)^2.$$

Les métaux pesants ont une tendance à former des arséniates trimétalliques; aussi en précipitant un arséniate bimétallique par un sel d'argent, par exemple, observe-t-on, comme avec le phosphate sodique, que la liqueur devient acide :

$$Na^2HAsO^4 + 3 AgAzO^3$$
$$= Ag^3AsO^4 + 2 NaAzO^3 + HAzO^3.$$

Ce précipité est rouge brique. L'arséniate triplombique $Pb^3(AsO^4)^2$ s'obtient de même à l'état d'un précipité blanc. L'arséniate thallique $Tl'''AsO^4$ forme un précipité gélatineux jaune citron. On connaît aussi des arséniates trimétalliques mixtes, notamment l'arséniate ammoniaco-magnésien $Mg''(AzH^4)AsO^4$. Ce dernier sel, qui est très-peu soluble, est fréquemment utilisé pour le dosage de l'acide arsénique.

La plupart des arséniates qui s'obtiennent par double décomposition sont précipités à l'état amorphe, mais ils peuvent quelquefois prendre l'état cristallin lorsqu'on les maintient pendant longtemps à 100° : c'est ainsi que Debray a obtenu les arséniates manganeux et de zinc cristallisés, $Mn''HAsO^4 + H^2O$ et $ZnHAsO^4 + H^2O$ [*Bull. de la Soc. chim.*, 1864, t. II, p. 14]. Debray a également obtenu des arséniates cristallisés par l'action de l'acide arsénique sur les carbonates correspondants. Il est ainsi parvenu à reproduire certains minéraux avec les caractères qu'ils possèdent dans la nature, par exemple

l'olivénite $Cu^3(AsO^4)^2 + H^2O$, et l'haidingérite $CaHAsO^4 + 1\ 1/2\,H^2O$.

Quelques-uns, chauffés à 250° avec les chlorures du même métal, reproduisent les chlorarséniates naturels, tels que la mimétèse $Pb^5Cl(AsO^4)^3$ [*Compt. rend.*, t. LII, p. 44].

Les arséniates, chauffés avec un corps réducteur, donnent facilement de l'arsenic ou un arséniure. Chauffés seuls, ils donnent en général de l'anhydride arsénieux et de l'oxygène.

Les solutions chlorhydriques des arséniates se comportent à l'égard de l'hydrogène sulfuré comme l'acide arsénique lui-même, seulement l'action de cet agent peut se porter en outre sur le métal de l'arséniate. Les solutions arséniques, acidulées d'acide nitrique, donnent avec le molybdate d'ammoniaque, surtout à chaud, un précipité jaune d'arséniomolybdate d'ammoniaque; c'est encore un caractère que l'acide arsénique partage avec l'acide phosphorique.

Arséniates d'aluminium. — L'arséniate dit neutre, de Berzelius,

$$Al^4(As^2O^7)^3 = 2 Al^2O^3.\ 3 As^2O^5,$$

serait le pyroarséniate; peut-être est-il hydraté et sa formule représentée par

$$\left. \begin{matrix} (Al^2)^{vi} \\ H^3 \end{matrix} \right\} (AsO^4)^3.$$

Ce sel est insoluble, mais il existe un sel acide très-soluble et incristallisable, peut-être

$$\left. \begin{matrix} (Al^2)^{vi} \\ H^6 \end{matrix} \right\} (AsO^4)^4.$$

Arséniates d'ammonium. — Voyez AMMONIACAUX (SELS).

Arséniates d'antimoine. — Précipité blanc obtenu par l'addition d'un arséniate alcalin à du trichlorure d'antimoine.

Arséniate d'argent. — L'arséniate normal $Ag^3 As O^4 = \frac{1}{2}(3 Ag^2 O . As^2 O^5)$ est un précipité rouge brique soluble dans les acides et dans l'ammoniaque. Chauffé, il donne de l'oxygène, de l'anhydride arsénieux et laisse un résidu d'arséniure d'argent.

Cet arséniate est soluble dans l'acide arsénique et la solution, maintenue pendant quelques jours dans un endroit chaud, dépose par l'évaporation une poudre cristalline blanche qui a pour composition $Ag^2 O, 2 As^2 O^5$; on peut l'envisager comme une combinaison de métarséniate d'argent et d'anhydride arsénique, $2 Ag As O^3 + As^2 O^5$. L'eau agit sur ce sel, surtout à chaud, en produisant de l'acide arsénique et de l'arséniate neutre (Hurtzig et Geuther).

Arséniates de baryum. — L'arséniate tribarytique $Ba^3(As O^4)^2$ s'obtient en précipitant le chlorure de baryum par une solution ammoniacale d'acide arsénique. Une partie de ce sel exige environ 2,000 p. d'eau froide pour se dissoudre et 33,000 p. d'eau ammoniacale ; il est plus soluble dans une solution de sel ammoniac (Field).

L'arséniate $Ba'' H As O^4 + H^2 O$ s'obtient en versant goutte à goutte un arséniate alcalin (bimétallique) dans du chlorure de baryum ; le précipité qui se forme d'abord disparaît, et l'on obtient bientôt une masse cristalline peu soluble dans l'eau, soluble dans l'acide acétique, d'où il cristallise facilement en octaèdres à base carrée ; l'eau chaude décompose ce sel en le transformant en sel acide $Ba H^4(As O^4)^2$ qui se dissout, et en sel tribarytique qui reste insoluble (Schieffer). Le sel monobarytique $Ba H^4(As O^4)^2$ est soluble et cristallisable.

Arséniate de baryum et d'ammonium,

$$Ba(Az H^4) As O^4 + 2 H^2 O.$$

— S'obtient en précipitant par l'ammoniaque une solution nitrique d'arséniate barytique; c'est un précipité volumineux qui se transforme peu à peu en une poudre cristalline formée de prismes ou d'aiguilles microscopiques.

Arséniate de bismuth. — Précipité blanc insoluble dans l'eau et dans l'acide azotique, soluble dans l'acide chlorhydrique ; il est peu fusible. Berzelius lui assigne la formule $2 Bi^2 O^3 . 3 As^2 O^5$ qui correspond à celle d'un pyroarséniate

$$\overset{'''}{Bi}{}^4 (As^2 O^7)^3.$$

Arséniate de calcium. — L'arséniate neutre $Ca^3(As O^4)^2$ est un précipité insoluble dans l'eau, soluble dans les acides.

L'arséniate $Ca'' H As O^4$ s'obtient comme l'arséniate barytique correspondant ; c'est l'arséniate neutre de Berzelius, $(2 Ca O . As^2 O^5)$.

Ce sel se rencontre dans la nature en masses confuses ou en petites aiguilles connues sous le nom de *pharmacolite*. Il renferme $5 H^2 O$; on le rencontre notamment dans le Harz et il est quelquefois accompagné d'arséniate de cobalt qui le colore en rose.

On connaît d'autres arséniates de chaux naturels : la *picropharmacolite*, qui renferme de la magnésie, et la *berzélite*, qui renferme 3 molécules de chaux, 3 de magnésie, 2 d'acide arsénique et quelques centièmes de manganèse.

L'arséniate $Ca H^4(As O^4)$ est soluble et cristallisable.

L'arséniate de calcium et d'ammonium

$$Ca(Az H^4) H^3 (As O^4)^2 + 5 H^2 O$$

s'obtient en mélangeant les solutions chaudes d'arséniate triammonique et de nitrate calcique; par le refroidissement, il se dépose en petites tables rhomboïdales disposées en escaliers, très-peu solubles (Wach). Si l'acide arsénique ren-

ferme de l'acide arsénieux, ce dernier reste entièrement dissous : aussi peut-on, par la formation de ce sel, séparer ces deux acides (Berzelius).

Lorsqu'on précipite par l'ammoniaque une solution azotique d'arséniate calcique, on obtient un précipité volumineux qui prend peu à peu l'aspect cristallin et qui constitue un autre arséniate calcique ammoniacal qui renferme

$$Ca(Az H^4) As O^4 + H^2 O$$

(Baumann).

Arséniate céreux, $Ce H As O^4$. — Insoluble dans l'eau, soluble dans un excès d'acide arsénique et se déposant alors, par l'évaporation, à l'état de sel acide formant une masse gélatineuse transparente.

Arséniate de chrome. — Précipité vert.

Arséniates de cobalt. — L'arséniate $Co H As O^4$ est un précipité rose soluble dans un excès d'acide arsénique; par la calcination, il change de couleur, devient lilas, mais sans se décomposer. Il se dissout dans l'ammoniaque avec une coloration bleue, et dans l'acide chlorhydrique avec une coloration rouge.

L'arséniate tricobaltique $Co^3(As O^4)^2$ se rencontre cristallisé dans la nature. Il renferme 3 molécules d'eau (Bucholz, Karsten). Dans les mines de cobalt, on l'obtient par l'action de l'acide azotique sur le cobalt gris et précipitant la solution par de la potasse, en ayant soin de fractionner les précipités; ce sel porte alors le nom de *chaux métallique*.

Arséniates de cuivre. — L'arséniate $Cu H(As O^4)$ s'obtient à l'état de précipité vert. On connaît des arséniates de cuivre naturels :

L'*euchroïte*, $Cu^3(As O^4)^2 + Cu H^2 O^2 + 6 H^2 O$ $(= 4 Cu O . As^2 O^5 + 7 H^2 O)$; l'*olivénite* est l'arséniate neutre $Cu^3(As O^4)^2$, dans lequel une partie de l'acide arsénique est remplacée par de l'acide phosphorique; elle renferme $H^2 O$. L'*érinite*, l'*écume de cuivre*, sont des arséniates combinés à un excès d'hydrate de cuivre; ils renferment quelquefois de l'alumine.

Arséniate de didyme. — Les sels de didyme ne sont précipités par l'acide arsénique qu'à l'ébullition; les arséniates alcalins les précipitent à froid et le précipité a toujours la même composition :

$$\overset{''}{Di}{}^5 H^2 (As O^4)^4 + H^2 O$$

(soit en équivalents $2 As O^5 . 5 Di O . 2 HO$);

soulement, dans le premier cas, il est pulvérulent; dans le second cas, il est gélatineux. Il est peu soluble dans les acides étendus. Il ne perd pas d'eau à $100°$ (Marignac).

Arséniates stanneux. — Lorsque l'on ajoute de l'arséniate de potassium à du protochlorure d'étain maintenu en excès, on obtient un chloroarséniate

$$Sn''^3 (As O^4)^2 . Sn Cl^2 + 2 H^2 O$$
$$= 2 \left(Sn^2 \begin{Bmatrix} As O^4 \\ Cl \end{Bmatrix} + H^2 O \right)$$

(soit en équiv. $3 Sn O . As O^5 + Sn Cl + 2 HO$).

Lorsque, au contraire, on ajoute l'arséniate de potassium en excès, on obtient l'arséniate stanneux $Sn H As O^4 + 1/2 H^2 O$. Le premier de ces sels donne, par la calcination, des vapeurs blanches et un résidu d'arsenic métallique et d'acide stannique; le second, de l'anhydride arsénieux et un résidu d'acide stannique (Lenssen).

Arséniate stannique. — En ajoutant de l'acide azotique à un mélange de stannate et d'arséniate de sodium, on obtient un précipité qui constitue un hydrate d'arséniate stannique dont Ed. Hœffely représente la composition par

$$As^2 O^5 . 2 Sn O^2 + 10 H^2 O$$

et qu'on peut représenter par la formule :

$$\left.\begin{array}{l} 2\,(AsO)''' \\ 2\,(Sn'') \end{array}\right\}\ O^7 + 10\,H^2O;$$

cet hydrate perd son eau à 120°. En présence d'un alcali, de la soude par exemple, ce composé se transforme en stannate de sodium et en un arséniostannate qui se présente en aiguilles soyeuses ayant pour composition

$$6\,Na^2O\,(As^2O^5)^2.\,Sn\,O^2 = \left.\begin{array}{l} 4\,(AsO)''' \\ Sn^{IV} \\ 12\,Na \end{array}\right\}\ O^{14}.$$

Ce même sel s'obtient en faisant bouillir deux molécules d'arséniate trisodique avec une molécule d'acide stannique [Ed. Hœffely, *Phil. Mag.*, oct. 1855].

Arséniate ferreux, Fe H As O⁴. — Précipité blanc qui se colore rapidement à l'air et devient vert sale en se transformant en arséniate ferroso-ferrique. Chauffé, il perd de l'anhydride arsénieux et laisse un résidu d'oxyde et d'arséniate ferriques. Il est un peu soluble dans l'ammoniaque, et cette solution verdit à l'air.

Arséniates ferriques. — L'arséniate neutre

$$(Fe^2)''(As\,O^4)^2 = Fe^2O^3\,As^2O^5$$

s'obtient en oxydant le sel ferreux par l'acide azotique et précipitant la solution par l'ammoniaque qui ne le dissout ni ne le décompose. Cet arséniate, chauffé au rouge, devient subitement incandescent. La potasse n'enlève à ce sel qu'une partie de son acide arsénique; pour le décomposer complétement, il faut le faire digérer avec du sulfure ammonique ou précipiter le fer par l'ammoniaque dans sa solution acide additionnée d'acide tartrique, comme cela a lieu aussi pour le phosphate ferrique.

L'arséniate acide

$$(Fe^2)''\,H^3(As\,O^4)^3 + 4\,1/2\,H^2O$$
$$(ou\ 2\,Fe^2O^3.\,3\,As^2O^5 + 6\,H^2O)$$

est une poudre blanche insoluble dans l'eau; chauffée, elle perd son eau, devient rouge, puis jaunâtre en se transformant probablement en pyroarséniate :

$$(Fe^2)^{VI}_2(As^2O^7)^3 = 2\,Fe^2O^3.\,3\,As^2O^5.$$

Ce sel, récemment précipité, se dissout facilement dans l'ammoniaque avec une coloration rouge, et la solution ne se trouble pas par l'évaporation de l'ammoniaque; par la dessiccation, elle laisse une masse fendillée, rouge-rubis, transparente, qui constitue un sel double, décomposable lorsqu'on le reprend par l'eau, soluble dans l'ammoniaque et donnant, par la calcination, de l'ammoniaque, de l'anhydride arsénieux et un résidu vert.

On rencontre dans la nature plusieurs arséniates ferriques :

L'*eisensister* est un minéral brun pulvérulent; il est mêlé quelquefois de sous-sulfate ferrique; sa composition est exprimée par la formule

$$(Fe^2)''(As\,O^4)^2 + Fe^2H^6O^6 + 9\,H^2O$$
$$(ou\ (Fe^2O^3)^2As^2O^5 + 12\,H^2O).$$

La *scorodite*, $(Fe^2)''(As\,O^4)^2 + 4\,H^2O$, forme des cristaux verdâtres transparents, dérivant d'un prisme rhomboïdal. D = 3,18.

Le *wurfelerz* est un arséniate ferroso-ferrique cristallisé en cubes opaques, d'un vert foncé. Densité, 3,0. Sa composition est très-complexe et peut être représentée par

$$(Fe)^3(As\,O^4)^2 + 2\,[(Fe^2)''(As\,O^4)^2]$$
$$+ 4\,(Fe^2)''\,H^6O^6 + 18\,H^2O$$
$$(ou\ (FeO)^3As^2O^5 + 2\,[(Fe^2O^3)^3.\,As^2O^5] + 24\,H^2O).$$

Arséniate de glucium; Gl H As O⁴, peut-être Gl² As² O⁷. — Insoluble et jaune. Il existe un sel acide qui est très-soluble et incristallisable.

Arséniates de magnésium. — L'arséniate neutre, $Mg^3(As\,O^4)^2 + 15\,H^2O$ est un précipité insoluble (Graham).

L'arséniate acide Mg H As O⁴ + 5 H²O (en équivalents 2 MgO. HO.AsO⁵, arséniate neutre de Berzelius) est insoluble dans l'eau; il est cristallisable dans l'acide acétique.

L'arséniate acide $MgH^4(As\,O^4)^2$ est très-soluble; il forme une masse gommeuse.

La *picropharmacolite* est un arséniate calco-magnésien.

Arséniate ammoniaco-magnésien,

$$Mg\,(As\,H^4)\,As\,O^4.$$

— Ressemble au phosphate ammoniaco-magnésien; il est presque insoluble, surtout dans une eau ammoniacale; celle-ci, en effet, à 100°, n'en dissout que 1/15,000 environ, tandis que l'eau pure en dissout 1/6,000. Calciné, ce sel se transforme en pyroarséniate magnésien Mg²As²O⁷. Ce sel est employé pour le dosage de l'acide arsénique; il peut servir à séparer cet acide de l'acide arsénieux.

Arséniates de manganèse. — L'arséniate

$$Mn\,H\,As\,O^4$$

est un précipité blanc insoluble dans l'eau, soluble dans un excès d'acide. Le sel acide

$$Mn\,H^4\,(As\,O^4)^2$$

peut cristalliser dans l'acide acétique, d'où il se dépose en lamelles quadrangulaires très-déliquescentes (Schieffer).

Arséniate de manganèse et d'ammonium,

$$Mn\,(Az\,H^4)\,Az\,O^4 + 5\,H^2O.$$

— On l'obtient en mélangeant des solutions chaudes de chlorure manganeux et d'arséniate d'ammonium, avec excès d'ammoniaque. Le précipité rougeâtre, d'abord mucilagineux, devient peu à peu grenu et cristallin.

Arséniates mercureux. — L'arséniate

$$(Hg^2)''\,H\,As\,O^4$$

s'obtient en ajoutant de l'acide arsénique ou un arséniate à de l'azotate mercureux; c'est un précipité blanc jaunâtre qui devient rouge orange; il est insoluble dans l'eau et dans l'acide acétique, soluble dans l'acide azotique. Chauffé, il perd du mercure et de l'eau et se transforme en arséniate mercurique, probablement en pyroarséniate

$$Hg^2\,As^2\,O^7.$$

L'arséniate mercureux précédent, traité par un excès d'acide arsénique, laisse après l'évaporation une poudre blanche qui ne renferme pas d'eau et qui a pour composition

$$(Hg^2)''\,(As\,O^3)^2,$$

c'est le métarséniate mercureux. Il est soluble dans l'acide azotique, l'acide chlorhydrique le décompose. Les alcalis le transforment en arséniate bimercureux.

Lorsqu'on sature par l'ammoniaque une solution azotique chaude d'arséniate mercureux, jusqu'à ce qu'il commence à se former un précipité persistant, on obtient par le refroidissement de petits mamelons jaunes qui sont une combinaison de 2 molécules d'arséniate bimétallique et de 3 molécules de sous-azotate mercureux.

Arséniate mercurique, Hg H As O⁴. — Poudre jaune, soluble dans un excès d'acide.

Arséniate molybdique. — Précipité gris.

Arséniate de nickel, Ni H As O⁴. — Poudre vert

pâle, insoluble dans l'eau, soluble dans les acides. Chauffé au rouge, il perd de l'eau et prend une couleur hyacinthe, puis jaune clair. On le rencontre dans la nature (*nickelblüthe*) uni à 4 molécules d'eau, Bergemann a observé deux arséniates de nickel naturels. L'un, renfermant

$$Ni^3(AsO^4)^2 + 2 NiO = 5 NiO.As^2O^5,$$

était cristallin, opaque et brunâtre; l'autre,

$$Ni^3(AsO^4)^2 = 3 NiO, As^2O^5,$$

était jaune et amorphe [*Journ. für prakt. Chem.*, t. LXXV, p. 239].

Arséniate de palladium. — Précipité jaune foncé.

Arséniates de plomb. — L'arséniate $PbHAsO^4$ forme une poudre blanche insoluble dans l'eau, soluble dans les acides, fusible au rouge en un verre jaune opaque. L'ammoniaque agit sur ce sel en le transformant en arséniate neutre

$$Pb^3(AsO^4)^2;$$

ce dernier a une grande tendance à se former; lorsqu'on ajoute un arséniate alcalin bimétallique à de l'acétate de plomb, c'est lui qui prend naissance et la liqueur filtrée renferme de l'acide acétique libre.

On trouve dans la nature un minéral connu sous le nom de *mimetèse*, qui est un chlorarséniate de plomb cristallisé en prismes hexagonaux ou en doubles pyramides; sa formule correspond à celle des apatites :

$$Pb^5(AsO^4)^3Cl = 5 Pb'' \begin{cases} (AsO^4)^3 \\ Cl' \end{cases}$$

$$(ou\ 3\ Pb^3(AsO^4)^3 + PbCl^2$$
$$= (en\ équiv.)\ PbCl.3\,[PbO^3(AsO^5)^3]).$$

Arséniates de potassium. — L'arséniate neutre K^3AsO^4 s'obtient en saturant l'acide arsénique ou les autres arséniates de potassium par la potasse; il forme des aiguilles fines qui se liquéfient rapidement à l'air.

L'arséniate bipotassique K^2HAsO^4 est incristallisable et déliquescent; on l'obtient directement ou en reprenant par l'eau le produit de la fusion de l'anhydride arsénieux avec de l'hydrate de potasse; cette opération a lieu avec dégagement d'hydrogène, et il se produit quelquefois de l'arsenic métallique.

L'arséniate monopotassique KH^2AsO^4 s'obtient en ajoutant de l'acide arsénique aux sels précédents; il s'obtient en cristaux volumineux qui sont des octaèdres à base carrée, d'une densité égale à 2,83; ils sont inaltérables à l'air, leur solution rougit le tournesol et ne précipite pas les sels terreux. On l'obtient aussi en fondant parties égales d'azotate de potassium et d'anhydride arsénieux et reprenant le produit par l'eau.

Arséniates de sodium. — L'arséniate neutre de sodium Na^3AsO^4 s'obtient comme le sel potassique; il renferme $12 H^2O$. Il cristallise en prismes à six pans; sa réaction est alcaline; cristallisé, il est inaltérable à l'air, mais sa solution en attire l'acide carbonique. Ses cristaux fondent à 85°. 100 p. d'eau à 15° en dissolvent 28 parties. Leur densité est égale à 1,762 (Schiff).

L'arséniate $Na^2HAsO^4 + 12 H^2O$ s'obtient en gros cristaux efflorescents qui se forment à une basse température; sa réaction est alcaline; sa densité est égale à 1,67. Lorsque sa cristallisation a lieu à + 20°, il ne renferme que $8 H^2O$ et n'est plus efflorescent (Gmelin). Sa densité est alors égale à 1,870. Il s'obtient comme le sel potassique.

L'arséniate $NaH^2AsO^4 + H^2O$ s'obtient en saturant le sel précédent par de l'acide arsénique jusqu'à ce que la solution ne forme plus de précipité avec le chlorure de baryum. Par l'évaporation, il se dépose en gros cristaux non efflores-

cents qui sont des prismes droits à base rhombe. Sa densité est égale à 2,535.

L'arséniate sodico-potassique

$$KNaHAsO^4 + 8 H^2O$$

s'obtient en traitant l'arséniate neutre de potassium par du carbonate sodique; il ressemble au phosphate correspondant. Densité, 1,884.

Arséniates sodico-ammoniques. — En faisant cristalliser ensemble des solutions d'arséniates bisodique et biammonique, ou une solution renfermant 6 p. d'arséniate de sodium et 1 p. de sel ammoniac additionnée d'ammoniaque, on obtient des cristaux ayant pour composition

$$Na(AzH^4)HAzO^4 + 4 H^2O;$$

la solution de ce sel, saturée par de l'ammoniaque, fournit un sel beaucoup moins soluble qui se sépare en lamelles peu brillantes,

$$Na(AzH^4)^2AsO^4 + 4 H^2O$$

[Uelsmann, *Arch. Pharm.*, (4), t. XCIX, p. 138].

Les arséniates de sodium servent dans la teinture et dans l'impression, comme sel à bouser, ou pour faire des enlevages ou des réserves. L'arséniate disodique sert en médecine, dans le traitement des fièvres intermittentes et des maladies scrofuleuses ou vénériennes.

Arséniate de strontium, $SrHAsO^4$. — Cristallise dans l'acide acétique en lamelles presque rectangulaires. Il ressemble au sel de baryum. — L'arséniate double de strontium et d'ammonium est semblable au sel barytique correspondant.

Arséniate thalleux, Tl^3AsO^4. — Masse feutrée, blanche et soyeuse, obtenue en traitant par l'ammoniaque la solution du sel suivant; il se sépare alors à l'état d'un magma cristallin; très-peu soluble dans l'eau. Il ne perd pas d'eau par la chaleur.

L'arséniate monométallique TlH^2AsO^4 s'obtient directement ou par l'action du peroxyde de thallium sur l'acide arsénieux; il se sépare de la liqueur bouillante en aiguilles déliées, dures et brillantes. Il ne perd pas d'eau à 150° [Willm, *Ann. de Chim. et de Phys.*, (4), t. V, p. 58].

Arséniates thalliques. — L'arséniate

$$Tl'''AsO^4 + 2 H^2O$$

est un précipité gélatineux jaune citron, obtenu en ajoutant de l'acide arsénique à une solution de nitrate thallique. Insoluble et indécomposable par l'eau, soluble dans l'acide chlorhydrique. La potasse et l'ammoniaque en séparent le peroxyde de thallium. L'ammoniaque, ajoutée à la solution chlorhydrique de ce sel, y produit un précipité volumineux blanc renfermant de l'ammoniaque; par la dessiccation, il jaunit et se rapproche du sel précédent par sa composition.

Si l'on ajoute un excès d'ammoniaque à la liqueur, on produit un précipité brun qui est du peroxyde de thallium ou un arséniate tribasique, et la liqueur est colorée en rouge jaunâtre, mais se trouble rapidement (Willm).

Arséniate de thorium, $ThHAsO^4$. — Insoluble dans l'eau avec un excès d'acide.

Arséniate d'uranium,

$$\overline{U}AsO^4 + 2\ 1/2\ H^2O\ ou\ U^2O^3.As^2O^5 + 5 H^2O.$$

— Poudre insoluble, jaune clair.

Arséniate uraneux, $U^3(HAzO^4)^2 + 3 H^2O$. — Précipité insoluble dans l'eau, soluble dans l'acide chlorhydrique, décomposable par la potasse.

Arséniate vanadique, $Va'''H^2(AsO^4)^2$. — Croûtes cristallines brun clair, solubles dans l'eau, mais très-lentement; facilement solubles dans l'acide chlorhydrique. Si l'on sature complétement de l'acide arsénique par de l'hydrate de vanadium, on obtient une solution très-concentrée qui abandonne, par l'évaporation, le sel précédent et une masse gommeuse formée probablement par un sous-sel vanadique; on obtient ce dernier aussi par l'addition d'alcool au sel précédent. Celui-ci, traité par l'acide azotique, fournit un sel d'un jaune citron qui est de l'arséniate hypervanadique $(\overset{VI}{Va})^2(\overset{IV}{As^2}O^7)^3$ que Berzelius représente par $(VaO^3)^2(As^2O^5)^3$. Il ne dit pas s'il renferme de l'eau; dans ce cas il faudrait sans doute l'écrire $(\overset{VI}{Va})H^3(AsO^5)^3$.

Arséniate d'yttrium, $YtH\,AsO^4$. — Insoluble, l'ammoniaque le convertit en sel trimétallique.

Arséniate de zinc, $ZnH\,AsO^4$. — Poudre blanche insoluble dans l'eau, soluble dans l'acide arsénique, d'où il se dépose en cristaux du système cubique, à l'état de sel acide (probablement $ZnH^4(AsO^4)^2$). On peut l'obtenir en faisant digérer du zinc avec une solution d'acide arsénique, il se dégage en même temps de l'hydrogène arsénié, et il se dépose de l'hydrure d'arsenic solide, à l'état d'une poudre brune.

M. Friedel a décrit sous le nom d'*adamine* un hydroarséniate de zinc naturel de la formule $As\,Zn^2H.O^5$.

Arséniate de zinc ammoniacal,

$$Zn^3(AsO^4)^2 + AzH^3$$

(Bette). Ce sel s'obtient en ajoutant une solution de sulfate de zinc à une solution d'arséniate de sodium additionnée d'ammoniaque. C'est un précipité blanc floconneux prenant peu à peu l'aspect cristallin; il renferme 3 molécules d'eau qu'il perd très-facilement, en même temps qu'un peu d'ammoniaque.

Arséniate de zirconium. — Précipité insoluble.

COMPOSÉS SULFURÉS DE L'ARSENIC.

L'arsenic forme un assez grand nombre de combinaisons avec le soufre. Outre les sulfures

$$As^2S^3 \text{ et } As^2S^5$$

correspondant aux anhydrides arsénieux et arsénique, il existe un autre sulfure As^2S^2, le bisulfure, qui est bien défini; on admet encore l'existence de deux autres sulfures, un sous-sulfure $As^{12}S$ et un persulfure As^2S^{18}.

SOUS-SULFURE D'ARSENIC, ou sulfure noir, $As^{12}S$. — S'obtient en traitant le bisulfure ou réalgar par de la potasse: c'est une poudre brun noir, décomposable par la distillation en sulfure jaune d'arsenic et arsenic métallique. Il s'enflamme facilement au-dessous de 100°.

BISULFURE D'ARSENIC ou RÉALGAR (rubis d'arsenic, sulfide hypoarsénieux de Berzelius),

$$As^2S^2 = 214.$$

— Ce sulfure se rencontre cristallisé dans la nature, notamment en Transylvanie et dans le voisinage des volcans (Vésuve, Etna, au Japon); il est en prismes rhomboïdaux obliques, rouges et translucides. On l'obtient dans les arts en distillant un mélange de pyrite et de mispickel, ou en fondant 75 p. d'arsenic avec 32 p. de soufre. Le réalgar du commerce est une masse rouge, à cassure conchoïde, d'un aspect vitreux, dure et cassante, d'une densité égale à 3,5-3,6; il est fusible et peut cristalliser par le refroidissement ainsi que par sublimation. Il brûle en répandant de l'acide sulfureux et des vapeurs d'anhydride arsénieux; il fuse avec le salpêtre en donnant un mélange de sulfate et d'arséniate de potassium. Lorsqu'on le fait bouillir avec de l'hydrate de potasse, il se dissout en donnant de l'arsénite de potassium de l'hyposulfarsénite de potassium $K^2SAs^2S^2$ (Berzelius) en même temps qu'il reste une poudre brune qui est du sous-sulfure d'arsenic. Les sul-

fures alcalins dissolvent facilement le bisulfure d'arsenic en le transformant en trisulfure jaune ou orpiment qui se combine avec un excès de sulfure.

Le réalgar est employé dans la pyrotechnie pour la confection du *feu indien*, qui brûle avec une lumière blanche éclatante.

Hyposulfarsénites. — Le bisulfure d'arsenic s'unit aux sulfures métalliques en donnant des composés qui ont généralement pour formule:

$$M^2S, As^2S^2 = M^2As^2S^3.$$

On les obtient en fondant ensemble les sulfures, ou en faisant bouillir du trisulfure d'arsenic ou orpiment avec les carbonates alcalins. Les hyposulfarsénites des métaux proprement dits s'obtiennent par double décomposition.

Hyposulfarsénite de potassium, $K^2As^2S^3$. — S'obtient en faisant bouillir le trisulfure d'arsenic avec du carbonate potassique; la liqueur filtrée bouillante est incolore et dépose après 24 heures une substance ressemblant beaucoup au kermès: c'est le composé $K^2As^2S^3$. Il est soluble dans l'eau, mais quand celle-ci renferme du sulfarséniate de potassium, ce qui arrive par l'exposition de la solution à l'air, il se dépose. Sa solution donne par l'évaporation une poudre brun foncé qui est de l'hyposulfarsénite $K^2As^2S^3, As^2S^2$; les eaux mères de ce composé renferment K^2AsS^2.

Hyposulfarsénite de sodium. — Se comporte comme la combinaison potassique.

Hyposulfarsénite d'ammonium. — Se forme lorsqu'on abandonne à elle-même, dans un flacon bouché, la solution du sulfarsénite; il se dépose en croûtes foncées non cristallines qui dégagent de l'ammoniaque lorsqu'on les chauffe, et abandonnent du réalgar.

Hyposulfarsénite de baryum, de calcium, de magnésium. — Poudres brun rouge, insolubles dans l'eau; s'obtiennent par la décomposition des sulfarsénites.

Hyposulfarsénite de zirconium, $Zr^{IV}(As^2S^3)^2$. — Précipité brun, translucide.

Hyposulfarsénite manganeux, $Mn\,As^2S^3$. — Précipité rouge foncé.

TRISULFURE D'ARSENIC ou ORPIMENT (sulfide arsénieux),

$$As^2S^3 = 246.$$

— Ce sulfure correspond à l'anhydride arsénieux. On le trouve dans la nature, en masses composées de lames jaunes, brillantes et flexibles, appartenant au type du prisme rhomboïdal oblique. On l'obtient artificiellement en traitant par l'hydrogène sulfuré une solution d'anhydride arsénieux dans l'acide chlorhydrique; il forme alors un précipité jaune citron, presque insoluble dans l'eau; néanmoins l'eau bouillante en dissout quelque peu en se colorant en jaune. On l'obtient encore en sublimant un mélange, en proportions convenables, d'arsenic et de soufre ou d'anhydride arsénieux et de soufre; dans ce dernier cas, il se dégage de l'acide sulfureux, et le produit renferme de l'anhydride arsénieux, qu'il faut enlever à l'eau bouillante.

Lorsqu'il est sublimé, le trisulfure d'arsenic est en masses cristallines jaune orangé, d'un aspect nacré. Sa densité est égale à 3,459. Il est fusible et distille vers 700° (Mitscherlich).

L'ammoniaque dissout très-facilement l'orpiment, ce qui distingue ce dernier du sulfure d'antimoine. Les alcalis et les carbonates alcalins le dissolvent aussi avec formation d'un arsénite et d'un sulfarsénite. Il se dissout encore mieux dans les sulfures alcalins en donnant également des sulfarsénites.

L'acide azotique l'attaque énergiquement en formant de l'acide arsénique et de l'acide sulfurique. L'eau régale le décompose également.

Chauffé à l'air, il brûle avec une flamme pâle.

Une ébullition prolongée avec de l'acide chlorhydrique concentré le transforme partiellement en chlorure d'arsenic; l'eau pure le décompose aussi à la longue en produisant de l'anhydride arsénieux et de l'hydrogène sulfuré (Field).

Le trisulfure d'arsenic en vapeur est décomposé par le fer chauffé au rouge, avec production d'arsenic métallique et de sulfure de fer. Chauffé avec du cyanure de potassium, il donne également de l'arsenic métallique et un résidu de sulfocyanate. Toutes ces réactions sont utilisées pour la recherche de l'arsenic.

Le trisulfure d'arsenic, récemment précipité, se dissout dans le sulfite acide de potassium; si l'on chauffe, il se dégage du gaz sulfureux, il se produit un dépôt de soufre, et la liqueur filtrée renferme de l'hyposulfite et de l'arsénite de potassium :

$$2\,As^2S^3 + 16\,KHSO^3$$
$$= 6\,K^2S^2O^3 + 4\,KH^2AsO^3 + 4\,H^2O + 7\,SO^2 + S^3.$$

Sulfarsénites. — Lorsque l'on traite par l'hydrogène sulfuré une solution aqueuse pure d'anhydride arsénieux, elle se colore en jaune, mais sans donner de précipité; on peut admettre qu'elle renferme alors l'*acide sulfarsénieux* H^3AsS^3; par l'ébullition, par l'addition d'un acide, ou avec le temps, ce composé se détruit et il se dépose du trisulfure; l'existence de cet acide est rendue probable par l'existence de sulfarsénites. Ces sels ou sulfures doubles, étudiés par Berzelius, s'obtiennent, les uns, comme les sulfarsénites alcalins, directement en dissolvant le trisulfure d'arsenic dans le sulfure correspondant; les autres, par double décomposition ou par fusion d'un mélange des sulfures [*Poggend. Ann.*, t. VII, p. 1 et 137]. Certains sulfarséniates perdent du soufre par la calcination et se transforment en sulfarsénites.

On peut rapporter la composition de ces sulfures doubles au type M^3AsS^3. Un grand nombre d'entre eux sont des *métasulfarsénites* $MAsS^2$ ou des *pyrosulfarsénites* $M^4As^2S^5$. Les plus fréquents sont les pyrosulfarsénites, que Berzelius considérait comme les sulfarsénites neutres, auxquels il assignait la formule $2\,(M^2S), As^2S^3$.

Les sulfarsénites alcalins et alcalino-terreux sont solubles; leurs solutions sont jaunes; lorsqu'on les concentre, elles se décomposent en produisant un sulfarséniate soluble et un hyposulfarsénite qui se dépose à l'état d'une poudre brune. Enfin, par l'addition d'alcool à une solution d'un sulfarsénite dimétallique il se précipite un sulfarsénite trimétallique, tandis qu'il reste en dissolution un sulfarsénite monométallique. Les sulfarsénites alcalins ne sont pas décomposés par la chaleur; les autres donnent par la calcination un sublimé d'orpiment et un résidu de sulfure métallique.

Sulfarsénites de potassium. — Quand on dissout le trisulfure d'arsenic dans le sulfure potassique, on obtient le *métasulfarsénite* $KAsS^2$; cette solution se trouble par l'évaporation, il se dépose de l'hyposulfarsénite brun. On obtient encore ce métasulfarsénite en fondant le pyrosulfarséniate $K^4As^2S^7$; celui-ci perd du soufre et il reste une masse jaune foncé qui éprouve par l'eau la même décomposition que la solution précédente; la liqueur filtrée, additionnée d'alcool, donne un précipité blanc qui renferme K^3AsS^3, c'est le sulfarsénite normal; ce précipité se dépose sous forme d'une masse sirupeuse devenant peu à peu brun foncé, d'où il se sépare du sous-sulfure d'arsenic.

Le trisulfure d'arsenic fondu avec du carbonate potassique donne un sursulfarsénite décomposable par l'eau qui lui enlève du métasulfarsénite $KAsS^2$.

Sulfarsénites de sodium, de lithium. — On ne connaît que les métasulfarsénites $NaAsS^2$ et

$$\bullet \quad LiAsS^2 + As^2S^2,$$

qui s'obtiennent et se comportent comme les combinaisons potassiques correspondantes.

Sulfarsénites d'ammonium. — On obtient le pyrosulfarsénite $(AzH^4)^4As^2S^5$ en dissolvant le trisulfure d'arsenic dans l'ammoniaque ou le sulfure ammonique. Ce sel se décompose par l'évaporation; il se dépose par l'addition d'alcool à sa solution aqueuse, à l'état d'un précipité cristallin se colorant très-rapidement. Si l'on ajoute du sulfure ammonique avant d'ajouter de l'alcool, celui-ci produit un trouble qui disparaît de nouveau et la liqueur dépose peu à peu des cristaux penniformes qui sont le sulfarsénite normal

$$(AzH^4)^3AsS^3.$$

Le trisulfure d'arsenic absorbe 6,5 % de son poids de gaz ammoniac (Bineau); l'eau lui enlève alors de l'arsénite et du sulfarsénite.

Pyrosulfarsénite de baryum, $Ba^2As^2S^5$. — Ce pyrosulfarsénite s'obtient en faisant digérer le trisulfure d'arsenic en excès avec du sulfure de baryum. C'est une masse gommeuse brun ro ge, très-soluble; l'alcool précipite de sa solution aqueuse le sulfarsénite normal $Ba^3(AsS^3)^2$ en flocons cristallins.

Pyrosulfarsénite de magnésium, $Mg^2As^2S^5$. — Ce sel qui est soluble se dessèche sans cristalliser; repris par l'eau, il abandonne de l'hyposulfarsénite brun, insoluble dans l'eau.

Pyrosulfarsénite glucique, $Gl^2As^2S^5$. Précipité jaune clair, décomposable par l'ammoniaque.

Pyrosulfarsénite d'yttrium, $Yt^2As^2S^5$. — Comme le sel glucique.

Pyrosulfarsénite de zirconium, $Zr^{IV}As^2S^5$. — Précipité orange, fonçant de couleur par la dessiccation, un peu soluble.

Pyrosulfarsénite céreux, $Ce^2As^2S^5$. — Précipité orange, un peu soluble. Fond au rouge en un liquide transparent et perd du sulfure d'arsenic.

Pyrosulfarsénite manganeux, $\overset{''}{Mn}{}^2As^2S^5$. — Précipité jaune orange, se décompose par la chaleur en laissant un sous-sel anhydre décomposable par l'acide chlorhydrique, avec dégagement d'hydrogène sulfuré; c'est peut-être le sulfarsénite normal $Mn^3(AsS^3)^2$.

Pyrosulfarsénite ferreux, $\overset{''}{Fe}{}^2As^2S^5$. — Précipité brun presque noir qui se dissout en jaune dans un excès de sulfarsénite alcalin; chauffé, il perd tout son arsenic et laisse un résidu de sulfure ferreux.

Sulfarsénite ferrique. — Précipité vert olive soluble dans un excès de précipitant, avec une coloration noire; fusible, décomposable au rouge en laissant un résidu de sulfure ferreux. Berzelius représente la composition de ce corps par les rapports $Fe^2S^3(As^2S^3)^5$.

Pyrosulfarsénite de cobalt, $Co^2As^2S^5$. — Précipité brun foncé soluble dans un excès de précipitant. La chaleur le décompose en laissant un résidu gris infusible qui a peut-être la composition du sulfarséniure de cobalt naturel, ou cobalt gris.

Pyrosulfarsénite de nickel, $Ni^2As^2S^5$. — Précipité noir, abandonnant du sulfure d'arsenic par la calcination, et laissant un résidu de sulfure jaune de nickel.

Pyrosulfarsénite de zinc, $Zn^2As^2S^5$. — Précipité volumineux jaune citron, orange après dessiccation. Laisse à la calcination un résidu de sulfure de zinc.

Pyrosulfarsénite de cadmium, $Cd^2As^2S^5$. — Ressemble au sel de zinc.

Pyrosulfarsénite de plomb, $Pb^2As^2S^5$. — Précipité brun rougeâtre, noir quand il est en masse;

fond sans se décomposer et donne alors une masse cristalline métallique.

Pyrosulfarsénite stanneux, $Sn^2As^2S^5$. — Précipité brun rouge foncé; infusible, laisse par la calcination une masse grise poreuse d'apparence métallique et renfermant encore du soufre et de l'arsenic.

Pyrosulfarsénite stannique, $Sn^{IV}As^2S^5$. — Précipité jaune mucilagineux, orange quand il est sec. Se comporte comme le précédent par la calcination.

Pyrosulfarsénite de bismuth $\overset{\prime\prime\prime}{Bi}{}^4$, $(As^2S^5)^3$. — Précipité brun, noir à sec, fusible; laisse à une température élevée une masse métallique grise cristalline renfermant du soufre et de l'arsenic.

Pyrosulfarsénite de cuivre, $Cu^2As^2S^5$. — Précipité brun foncé, prenant l'aspect métallique par la trituration. Donne par la calcination une masse grise métallique analogue au cuivre gris arsenical (*Fahlerz*). — On obtient le sulfarsénite normal $Cu^3(AsS^3)^2$ en traitant une solution de sulfarsénite potassique par l'hydrate de cuivre; il se forme en même temps du sulfarséniate de cuivre qui reste dissous et qu'on peut précipiter par l'acide chlorhydrique.

La *tennantite* est un sulfarsénite naturel

$$Cu^3(AsS^3)^2 + CuS;$$

il cristallise en octaèdres réguliers; le cuivre y est en partie remplacé quelquefois par du fer ou du zinc; d'autres fois, une partie de l'arsenic est remplacée par de l'antimoine.

Pyrosulfarsénite mercureux, $(Hg^2)^2As^2S^5$. — Précipité noir. Sous l'influence de la chaleur, il se décompose avec une sorte d'explosion; il distille du mercure, et vers la fin il se forme un sublimé brun noir brillant, qui est du sulfarsénite mercurique.

Pyrosulfarsénite mercurique, $Hg^2As^2S^5$. — On obtient ce dernier en précipitant le bichlorure de mercure par un excès de sulfarsénite de potassium; il se dépose en flocons rouge orangé. Ce précipité est fusible et donne un sublimé d'aspect métallique qui est probablement du métasulfarsénite

$$\overset{\prime\prime}{Hg}(AsS^2)^2$$

(bisulfarsénite de Berzelius).

Pyrosulfarsénite d'argent, $Ag^4As^2S^5$. — Précipité brun clair, fusible. La *proustite* est du sulfarsénite normal Ag^3AsS^3.

Pyrosulfarsénite de platine, $PtAs^2S^5$. — Précipité jaune, devenant brun. Il fond en se décomposant.

Pyrosulfarsénite d'or, $Au^4(As^2S^5)^3$. — Précipité jaune, devenant noir. Il fond et laisse finalement de l'or métallique.

Pyrosulfarsénite de chrome. — Précipité jaune sale. La chaleur le fait fondre en le décomposant. A l'air, il brûle et laisse de l'oxyde chromique.

Pyrosulfarsénite d'urane,

$$(\overset{\prime}{U}S)^4As^2S^5 = 2\,U^2S^3, As^2S^3.$$

— Précipité jaune verdâtre. Éprouve par la chaleur une demi-fusion en se décomposant; le résidu final renferme encore de l'arsenic et du soufre unis à l'urane.

PENTASULFURE D'ARSENIC, $As^2S^5 = 310$. — On obtient ce composé en fondant du trisulfure d'arsenic avec du soufre. — Le précipité qui se forme par l'action de l'hydrogène sulfuré sur l'acide arsénique n'est pas du pentasulfure d'arsenic, mais un mélange de soufre et de trisulfure. Ce précipité se forme très-lentement et c'est d'abord du soufre qui se dépose, puis du trisulfure (H. Rose, Ludwig). Si on réunit ce précipité et si on le fond, on obtient le pentasulfure, car le soufre et le trisulfure y sont rigoureusement dans les proportions nécessaires pour former ce com-

posé. Le précipité qu'on obtient en ajoutant de l'acide chlorhydrique faible à une solution étendue d'un sulfarséniate est du pentasulfure d'arsenic (A. Fuchs). Ce précipité est entièrement soluble dans l'ammoniaque, mais peu à peu la solution laisse déposer du soufre; elle renferme alors en solution de l'arsénite et de l'hyposulfite d'ammonium (Flükiger).

Le pentasulfure d'arsenic est jaune, facilement fusible et sublimable sans altération à l'abri de de l'air. Il se dissout très-facilement dans les hydrates et les sulfures alcalins en donnant des sulfarséniates.

SULFARSÉNIATES. — Ces sels, étudiés par Berzelius, correspondent aux arséniates; leur composition est représentée par les formules

$$M^3AsS^4 = 1/2\,[(M^2S)^3, As^2S^4],$$

correspondant aux arséniates normaux;

$$M^4As^2S^7 = 2\,M^2S, As^2S^5$$
$$\text{et}\quad MAsS^3 = 1/2\,[M^2S, As^2S^5],$$

correspondant aux pyroarséniates et aux métarséniates. Berzelius envisageait les sulfarséniates $2\,M^2S, As^2S^5$ comme les sels neutres, les sulfarséniates comme des sels sesquimétalliques et les métasulfarséniates comme des bisulfarséniates. On prépare ces composés :

1° En dissolvant le pentasulfure d'arsenic dans un sulfure alcalin; la solution renferme du pyrosulfarséniate; ce n'est que par une digestion prolongée à chaud qu'il se dissout une plus grande quantité de pentasulfure dont une partie se dépose alors de nouveau par le refroidissement;

2° Par l'action de l'hydrogène sulfuré sur les solutions des arséniates, ou par celle du sulfhydrate ammonique; dans ce dernier cas, il faut chasser l'ammonique par l'ébullition;

3° Par la fusion du pentasulfure d'arsenic avec un carbonate alcalin; dans ce cas, le produit est mélangé d'arséniate et de sulfate;

4° Par l'ébullition du pentasulfure avec une lessive alcaline; dans ce cas, il se forme toujours en même temps de l'arséniate

$$7\,As^2S^5 + 28\,KHO$$
$$= 5\,K^4As^2S^7 + 4\,K^3HAsO^4 + 12\,H^2O.$$

Si l'on ajoute un acide à une semblable solution, il se précipite du pentasulfure d'arsenic, sans dégagement d'hydrogène sulfuré, celui-ci agissant sur l'arséniate qui se trouve en présence;

5° La plupart des sulfarséniates métalliques étant insolubles se préparent par double décomposition.

Les sulfarséniates alcalins sont solubles et colorés en jaune ou en rouge; ils sont généralement cristallisables, inaltérables à l'air et résistent aux températures les plus élevées sans se décomposer; les autres sulfarsénites se comportent diversement sous l'influence de la chaleur; les uns se décomposent entièrement, les autres seulement en partie. Chauffés à l'air, ils donnent les produits de combustion du soufre et de l'arsenic; quelques-uns brûlent avec facilité. Les acides, même l'acide carbonique, les décomposent.

Les sulfarséniates obtenus directement sont presque toujours les pyrosulfarséniates

$$M^4As^2S^7 \quad\text{ou}\quad (M^2S)^2As^2S^5;$$

les autres s'obtiennent par la décomposition de ceux-ci. Ainsi, le sel d'ammonium, additionné d'alcool, se dédouble en métasulfarséniate, qui reste dissous, et sulfarséniate normal, qui se précipite :

$$(AzH^4)^4As^2S^7 = (AzH^4)^3AsS^4 + (AzH^4)AsS^3.$$

Pyrosulfarséniate.   Sulfarséniate.   Métasulfarséniate.

Ils peuvent aussi s'obtenir en combinant au pyrosulfarséniate du sulfure d'arsenic ou le sulfure métallique correspondant.

Dans l'étude de ces corps, nous mettons toujours en avant le pyrosulfarséniate, puisqu'il sert de point de départ et que le plus souvent c'est le seul sulfarséniate connu.

Sulfarséniates d'ammonium. — Le pyrosulfarséniate $(AzH^4)^4 As^2 S^7$ s'obtient, comme le sel potassique, en traitant l'arséniate diammonique par l'hydrogène sulfuré; sa solution se décompose par la dessiccation, et il ne peut être obtenu qu'en masse rougeâtre, tenace et visqueuse. Si à la solution aqueuse chaude on ajoute de l'alcool, on obtient, par le refroidissement, des prismes incolores qui constituent le sulfarséniate normal $(AzH^4)^3 As S^4$; la solution retient dans ce cas du métasulfarséniate $(AzH^4) As S^3$. Ce dernier s'obtient aussi par la distillation du sel ammoniac avec du sulfarséniate de potasse, mais alors il n'est pas pur.

On obtient un *sulfarséniate sodico-ammonique* en ajoutant de l'alcool à un mélange de sulfarséniates de sodium et d'ammonium; c'est un sel qui cristallise en tables carrées ou en prismes hexagonaux.

Toutes ces combinaisons sont décomposées par la chaleur, en perdant du sulfure ammonique et en laissant un résidu de pentasulfure d'arsenic.

Pyrosulfarséniate d'argent, $Ag^4 As^2 S^7$. — Précipité brun, se formant lentement, fusible sans décomposition en donnant un globule d'apparence métallique, malléable. Il brûle à l'air avec un résidu de sulfure d'argent.

Sulfarséniates de baryum. — Le pyrosulfarséniate $Ba^2 As^2 S^7$ s'obtient par l'action de l'hydrogène sulfuré sur l'arséniate de baryum. Il est très-soluble; sa solution laisse, par l'évaporation, une masse fendillée d'un jaune citron. Cette solution, traitée par l'alcool, donne un précipité volumineux, blanc et amorphe de *sulfarséniate normal* $Ba^3 (As S^4)^2$, tandis qu'il reste en solution du métasulfarséniate $Ba^2 (As S^3)^2$. Le sulfarséniate normal ainsi obtenu contient de l'eau de cristallisation; on l'obtient anhydre en décomposant le pyrosulfarséniate par la chaleur ou en le traitant par le sulfure de baryum. Il est soluble dans l'eau et s'en dépose, par l'évaporation dans le vide, en paillettes non cristallines.

Sulfarséniates de bismuth,

$$Bi^4 (As^2 S^7)^3 \text{ et } Bi As S^4.$$

— Précipités brun foncé, solubles dans un excès de sulfarséniate alcalin.

Pyrosulfarséniate de cadmium, $Cd^2 As^2 S^7$. — Précipité jaune clair.

Sulfarséniates de calcium. — Le pyrosulfarséniate $Ca^2 As^2 S^7$ ressemble au sel barytique; il renferme de l'eau de cristallisation qu'il perd à 60° et qu'il reprend à l'air humide en se gonflant. Le sel normal $Ca^3 (As S^4)^2$ est très-soluble et incristallisable.

Pyrosulfarséniate céreux, $Ce^2 As^2 S^7$. — Précipité jaune pâle. Le sulfarséniate cérique est soluble et ne se précipite que dans des solutions concentrées.

Sulfarséniate de chrome. — Précipité jaune sale.

Pyrosulfarséniate de cobalt, $Co^2 As^2 S^7$. — Précipité brun foncé, presque noir, soluble dans un excès de précipitant.

Sulfarséniates de cuivre. — Le pyrosulfarséniate $Cu^2 As^2 S^7$ est un précipité brun foncé. On obtient le sulfarséniate normal $Cu^3 (As S^4)^2$ en traitant le sulfarsénite potassique par l'hydrate de cuivre. Il se forme du sulfarsénite cuivrique qui reste insoluble, et du sulfarséniate qui reste dissous et qu'on peut précipiter, par l'acide chlorhydrique

étendu, en flocons brun clair. La solution est colorée en rouge orangé.

Sulfarséniates d'étain. — Les sels stanneux $Sn^2 As^2 S^7$ et $Sn^3 (As S^4)^2$ forment des précipités châtains. Les sels stanniques

$$\overset{IV}{Sn} As^2 S^7 \text{ et } \overset{IV}{Sn}{}^3 (As S^4)^4$$

sont des précipités mucilagineux d'un jaune pâle, devenant jaune orange par la dessiccation.

Pyrosulfarséniate ferreux, $Fe^2 (As^2 S^7)$. — Précipité brun foncé, soluble dans un excès de précipitant; se décompose par la dessiccation.

Sulfarséniate ferrique normal,

$$(Fe^2)^{VI} (As S^4)^2 = (Fe^2)^{VI} S^3, As^2 S^5.$$

— Précipité floconneux gris verdâtre, un peu soluble dans un excès de sulfarséniate alcalin.

Sulfarséniate de glucine. — Il est soluble et s'obtient en faisant digérer ensemble de l'hydrate de glucine et du pentasulfure d'arsenic.

Sulfarséniates de lithium. — Le pyrosulfarséniate $Li^4 As^2 S^7$ s'obtient comme celui de potassium; c'est une masse jaune citron soluble dans l'eau et inaltérable.

Le sel normal $Li^3 As S^4$ cristallise en prismes hexaèdres par une évaporation rapide ou en tétraèdres rhomboïdaux par une évaporation lente. Très-stable. S'obtient comme celui de sodium.

Sulfarséniates de magnésium. — Le pyrosulfarséniate $Mg^2 As^2 S^7$ s'obtient par l'action de l'hydrogène sulfuré sur l'arséniate de magnésium. Soluble en toute proportion dans l'eau; constitue une masse jaune avec une apparence cristalline, inaltérable à l'air. Sa solution n'est pas précipitée par l'alcool. Le sel normal $Mg^3 (As S^4)^2$ constitue des cristaux incolores et rayonnés, déliquescents. L'alcool le dédouble en pyrosulfarséniate soluble et en un sel plus basique, insoluble dans l'eau, très-peu soluble dans l'alcool. Il s'obtient en traitant le pyrosulfarséniate par le sulfhydrate de magnésium.

Le métasulfarséniate $Mg (As S^3)^2$ se forme par la calcination du pyrosulfarséniate; c'est une masse blanche, poreuse, infusible.

On connaît un sulfarséniate ammoniaco-magnésien qui se précipite en aiguilles cristallines blanches et ténues, lorsque l'on mélange les solutions alcooliques des sulfarséniates de magnésium et d'ammonium. Soluble dans l'eau. Sa solution dégage du sulfure ammonique par l'ébullition; elle est précipitée par l'alcool.

Sulfarséniates manganeux. — Le pyrosulfarséniate $Mn^2 As^2 S^7$ s'obtient par la digestion du sulfure manganeux, récemment précipité, avec du pentasulfure d'arsenic. Une portion de sulfarséniate se dissout, tandis que la majeure partie reste insoluble et se dépose sous forme d'une poudre jaune, soluble dans une plus grande quantité d'eau. Cette solution s'altère par l'évaporation à l'air. L'acide chlorhydrique sépare du pentasulfure d'arsenic de cette solution. L'ammoniaque lui enlève de même du sulfure d'arsenic en laissant une poudre rouge-brique formée de sulfarséniate normal $Mn^3 (As S^4)^2$ brûlant à l'air avec ignition.

Sulfarséniates de mercure. — Le pyrosulfarséniate $(Hg^2)^2 As^2 S^7 = 2 Hg^2 S, As^2 S^5$, forme un précipité noir se décomposant par la chaleur, avec une vive décrépitation; il distille du mercure et il reste du *sulfarséniate mercurique*

$$Hg^2 As^2 S^7 = 2 Hg S, As^2 S^5.$$

Celui-ci s'obtient aussi à l'état de précipité jaune foncé, sublimable sans décomposition.

Pyrosulfarséniate de nickel, $Ni^2 As^2 S^7$. — Précipité presque noir se déposant lentement si les liqueurs sont étendues.

Sulfarséniate d'or. — Le pyrosulfarséniate forme une solution brun rougeâtre. Le sel normal

$$\overset{IV}{Au}AsS^4$$

forme un précipité soluble dans l'eau pure. Le sulfate ferreux produit dans cette solution un précipité brun, en la décolorant complétement.

Pyrosulfarséniate de platine, $\overset{IV}{Pt}As^2S^7$. — S'obtient en solution jaune foncé qui brunit peu à peu à l'air, mais sans se troubler.

Sulfarséniates de plomb. — Le pyrosulfarséniate $Pb^2As^2S^7$ forme un précipité brun foncé; le sel normal $Pb^3(AsS^4)^2$, un précipité d'un brun rouge, qui est noir après la dessiccation.

Sulfarséniates de potassium. — Le pyrosulfarséniate $K^4As^2S^7$ (sel neutre de Berzelius $2K^2S, As^2S^5$) s'obtient en traitant l'arséniate bipotassique par l'hydrogène sulfuré; par l'évaporation dans le vide, on obtient une masse visqueuse présentant des traces de cristallisation; elle reste longtemps liquide, mais finit cependant par se prendre en une masse cristalline dans laquelle on peut distinguer des tables rhomboïdales. Si l'on évapore à l'air une solution de pentasulfure d'arsenic dans du sulfhydrate potassique, elle se recouvre d'une pellicule de soufre et les parois du vase se recouvrent d'une croûte rougeâtre qui finit par se résoudre en un sirop épais. Desséché complétement, ce sel est d'un jaune citron; à l'air, il se ramollit peu à peu et redevient visqueux, en absorbant l'acide carbonique; le composé qui se forme ainsi a, suivant Berzelius, pour composition $K^2S, 12As^2S^5$.

Le *sulfarséniate normal* (sulfarséniate sesqui potassique de Berzelius) K^3AsS^4 s'obtient en décomposant la solution du sel précédent par de l'alcool; la solution devient laiteuse et dépose un liquide oléagineux qui n'est autre qu'une solution concentrée du sel normal. Ce sel est déliquescent; desséché à une douce chaleur, il prend une texture cristalline rayonnée, mais il absorbe de nouveau rapidement l'humidité de l'air.

Le *métasulfarséniate* $K AsS^3$ reste en solution lorsque l'on ajoute de l'alcool à la solution du pyrosulfarséniate; il se décompose par l'évaporation.

Sulfarséniates de sodium. — Le pyrosulfarséniate de sodium s'obtient comme le sel potassique. Sa solution, évaporée à une douce chaleur, donne un liquide visqueux qui se dessèche peu à peu; la masse devient jaune; elle se ramollit à l'air. Ce sel fond facilement. Le sel normal Na^3AsS^4 s'obtient en précipitant le sel précédent par l'alcool ou en lui ajoutant du sulfhydrate de sodium. L'alcool le précipite en paillettes cristallines d'un blanc de neige; il renferme 15 molécules d'eau de cristallisation. Ce sel est très-soluble, inaltérable à l'air; il perd son eau dans le vide sec. Quand on le chauffe, il fond d'abord dans son eau de cristallisation, puis il perd son eau, un peu d'hydrogène sulfuré et éprouve ensuite une fusion tranquille sans se décomposer davantage. On obtient facilement ce sel, suivant Fresenius, en saturant par de l'hydrogène sulfuré une lessive de soude renfermant 10 p. d'oxyde de sodium, y ajoutant une quantité égale de soude et dissolvant dans le sulfure ainsi obtenu 26 p. de trisulfure d'arsenic et 7 p. de soufre; on fait cristalliser et on lave les cristaux avec un peu d'eau froide [*Zeitsch. Ann. Chem., t. I, p. 192*]. Le métasulfarséniate $NaAsS^3$ qui s'obtient en même temps que le sel neutre lorsqu'on traite le pyrosulfarséniate par l'alcool, n'est connu qu'en solution.

Sulfarséniates de strontium. — Ils ressemblent aux sels barytiques. Le sel normal est très-soluble dans l'eau.

Pyrosulfarséniate d'urane,

$$(US)^4As^2S^7 = 2U^2S^2, As^2S^5$$

(pyrosulfarséniate de sulfuranyle). — Précipité jaune sale, soluble dans un excès de précipitant.

Pyrosulfarséniate d'yttrium, $Y^2As^2S^7$. — Soluble; s'obtient comme le sel de glucine.

Pyrosulfarséniate de zinc, $Zn^2As^2S^7$. — Précipité volumineux jaune clair, devenant orange par la dessiccation. Le sel normal forme un précipité plus pâle.

Pyrosulfarséniate de zirconium,

$$\overset{IV}{Zr}As^2S^7.$$

— S'obtient par double décomposition. Précipité jaune orange quand il est sec. Inattaquable par les acides.

SULFOXYARSÉNIATES. — Lorsqu'on traite les arséniates solubles par l'hydrogène sulfuré, on n'obtient pas immédiatement les sulfarséniates; la substitution du soufre à l'oxygène n'est d'abord que partielle et l'on obtient des sels intermédiaires entre les arséniates et les sulfarséniates: ce sont les sulfoxyarséniates étudiés par Bouquet et Cloëz [*Ann. de Chim. et de Phys.*, (3), t. XIII, p. 44]. Ces sels dérivent d'un acide non isolé, l'*acide sulfoxyarsénique* H^3AsO^3S.

Le *sulfoxyarséniate de potassium,* H^2KAsO^3S, est le seul de ces sels qui ait été étudié. Il se forme lorsqu'on fait passer à froid un courant d'hydrogène sulfuré dans une solution aqueuse d'arséniate bipotassique; la liqueur jaunit d'abord, donne un précipité jaune en même temps qu'il se dépose des cristaux blancs; on ajoute un peu de potasse, on continue l'action de l'hydrogène sulfuré, jusqu'à ce que le sulfure d'arsenic jaune soit devenu gris, puis on filtre et on fait cristalliser la liqueur dans le vide. Le sulfoxyarséniate de potassium est blanc, cristallisé en petits prismes peu solubles dans l'eau; leur solution se décompose peu à peu en déposant du soufre. La chaleur le décompose en laissant un résidu qui renferme du sulfate, de l'arséniate et un sulfosel de potassium. L'eau bouillante le décompose; il se forme du soufre et de l'arsénite de potassium; mais ce dernier sel étant peu stable, la décomposition se complique des produits de l'action de la potasse sur le soufre. L'acide chlorhydrique décompose le sulfoxyarséniate en donnant de l'acide arsénieux, du chlorure de potassium et du soufre.

L'iode n'a pas d'action sur une solution acide de sulfoxyarséniate, pas plus qu'il n'a d'action sur l'anhydride arsénieux en solution acide; mais la solution neutre absorbe de l'iode suivant l'équation:

$$4H^2KAsO^3S + I^4$$
$$= 4KI + 2H^3AsO^4 + As^2O^2 + H^2O + S^4;$$

en présence de carbonate acide de potassium, il y a encore plus d'iode absorbé:

$$H^2KAsO^3S + KHCO^3 + I^2$$
$$= 2KI + H^3AsO^4 + S + CO^2$$

[Péan de Saint-Gilles, *Ann. de Chim et de Phys.*, (3), t. LVII, p. 224].

SÉLÉNIURE D'ARSENIC. — Le sélénium fondu dissout de l'arsenic en formant un composé d'un brun noir, à cassure brillante; il distille au rouge blanc en se décomposant partiellement.

On obtient le séléniure $AsSe^3$, correspondant au trisulfure d'arsenic, en traitant par l'hydrogène sélénié une solution d'anhydride arsénieux dans l'acide chlorhydrique. C'est une poudre brillante, jaune foncé, fusible à 200°, soluble dans l'acide azotique. Lorsqu'on fond ensemble de l'arsenic et du sélénium, on obtient une masse amorphe noire soluble dans la soude et se déposant en lamelles bronzées paraissant renfermer As^2Se^5 [Uelsmann, [*Ann. der Chem. u. Pharm.*, t. CXVI, p. 122].

TELLURURES D'ARSENIC. — Le tellure forme avec l'arsenic des combinaisons cristallisables qui paraissent correspondre aux différents sulfures d'arsenic.　　　　　　　　　　　　　　F. W.

ARSENIC (TOXICOLOGIE). — *Action des composés d'arsenic, et notamment de l'acide arsénieux, sur l'économie.* — L'acide arsénieux est un des poisons les plus violents; il agit comme tel sur toutes les classes des animaux et sur les plantes. Il appartient à la classe des poisons irritants; il détermine dans l'estomac et dans le tube digestif des ecchymoses et des escarres grises, mais jamais de perforation, suivant Orfila; quelquefois ces désordres locaux ne se manifestent pas; aussi ne sont-ce pas eux qui déterminent la mort : l'acide arsénieux est rapidement absorbé et agit alors violemment sur le système nerveux; cette absorption peut se faire par les muqueuses ou par le derme dénudé. Il tue un homme en vingt-quatre heures à la dose de 10 à 50 centigrammes. Généralement c'est par les muqueuses du tube digestif qu'il est absorbé, mais il peut l'être aussi par les muqueuses des voies respiratoires, et les empoisonnements qui ont lieu ainsi ne sont pas rares; les ouvriers qui manient les combinaisons arsenicales, le vert de Schweinfurt par exemple, ou ceux qui sont employés à l'extraction de l'acide arsénieux, y sont constamment exposés.

Les symptômes qui se manifestent dans l'empoisonnement par l'arsenic se rattachent à son action corrosive et à son action sur le système nerveux; une demi-heure ou une heure après l'ingestion du poison, il y a salivation, hoquet, constriction à la gorge, douleurs vives dans la région épigastrique, nausées et vomissements; les matières vomies sont muqueuses, jaunâtres, quelquefois sanguinolentes et renferment presque toujours une partie du poison. Cette première phase est suivie d'une soif intense, de coliques et de diarrhée; les selles sont liquides, noirâtres et abondantes, quelquefois mêlées de sang; l'urine est rare. A ces symptômes d'altération du tube digestif se joignent des palpitations, une anxiété extrême, des syncopes; le pouls est accéléré, petit, intermittent, la respiration difficile; la face devient livide; la peau est froide et couverte d'une sueur visqueuse et quelquefois d'une éruption pustuleuse. La mort survient avec des convulsions ou dans une syncope.

Lorsque l'empoisonnement a été provoqué par une petite quantité d'arsenic, les symptômes inflammatoires sont peu caractérisés.

Les contre-poisons de l'acide arsénieux sont l'hydrate de peroxyde de fer récemment précipité et la magnésie hydratée; ces deux contre-poisons doivent être administrés en grand excès pour empêcher que les acides de l'économie ne redissolvent les arsénites de fer ou de magnésie qui se forment.

Dans l'empoisonnement par l'arsenic, une partie du poison passe dans le sang et dans tous les autres liquides de l'économie; il passe dans le foie et est éliminé peu à peu par les urines à l'état d'arséniate ammoniaco-magnésien, suivant Roussin; si la mort n'est pas la conséquence de l'intoxication, au bout de douze à quinze jours, l'arsenic se trouve ainsi complétement éliminé de l'économie.

Roussin a observé le passage de l'arsenic dans le système osseux; c'est ainsi qu'il l'a trouvé à l'état d'arséniate de chaux dans le squelette de petits lapins à la mère desquels on avait administré ce sel; les muscles ne contenaient pas d'arsenic [*Journ. Pharm.*, (3), t. XLIII, p. 102].

L'acide arsénieux est employé en médecine dans quelques maladies de la peau et pour la guérison des fièvres intermittentes; sa dose peut s'élever peu à peu de quelques milligrammes à 16 centigrammes par jour. L'acide arsénieux est quelquefois employé dans l'art vétérinaire; il communique aux chevaux un luisant de poil et un embonpoint particuliers. Il a le même effet sur les hommes qui parviennent à s'y habituer; c'est ce que l'on observe dans certaines contrées de la Styrie où les montagnards s'adonnent à la consommation de l'arsenic, ce qui leur facilite l'ascension de leurs montagnes. En ralentissant la respiration, ce régime communique aux mangeurs d'arsenic de l'embonpoint et un air dispos.

RECHERCHE DE L'ARSENIC DANS LES CAS D'EMPOISONNEMENT. — La recherche de l'arsenic est une des opérations les plus sûres de la chimie analytique, grâce à la méthode de Marsh, chimiste écossais qui la fit connaître en 1836; cette méthode est fondée sur l'action de la chaleur sur l'hydrogène arsénié, gaz qui se produit chaque fois qu'un composé oxygéné de l'arsenic se trouve en présence d'hydrogène naissant. Lorsque l'on soumet à la chaleur rouge le gaz qui se dégage en pareil cas, on observe la production d'arsenic métallique qui, si l'on opère dans un tube, se dépose en anneau noir, ou, si l'on enflamme le gaz, forme des taches noires sur un corps froid que l'on présente à la flamme. L'appareil de Marsh dans toute sa simplicité, et tel qu'il a été modifié par l'Académie, consiste en une fiole ou en un petit flacon à deux tubulures, dans laquelle on produit un dégagement d'hydrogène au moyen de zinc pur et d'acide sulfurique également pur.

L'hydrogène qui se dégage traverse un tube un peu large, rempli de coton pour retenir les gouttelettes d'eau entraînées par le dégagement gazeux; il doit, s'il est pur, brûler avec une flamme pâle qui est toujours colorée en jaune par la soude du verre; sa flamme ne doit produire aucun phénomène autre qu'un dépôt d'eau, sur un corps froid, tel qu'une plaque de porcelaine, avec lequel on l'écrase.

Il est essentiel de faire cet essai préliminaire, car le zinc, l'acide sulfurique, l'acide chlorhydrique du commerce renferment très-souvent de petites quantités d'arsenic dont il faut les priver si l'on en reconnaît la présence. On purifie le zinc en le fondant à plusieurs reprises avec un peu de nitre qui transforme l'arsenic en arséniate de potassium qui passe dans le flux. L'acide chlorhydrique peut être traité par l'hydrogène sulfuré qui en précipite tout l'arsenic à l'état de sulfure; mais il vaut mieux le préparer avec de l'acide sulfurique pur et du chlorure de sodium fondu. L'acide sulfurique s'obtient exempt d'arsenic par des distillations faites avec soin; si l'arsenic y est à l'état d'anhydride arsénieux, il est bon de l'oxyder par un peu d'acide azotique, l'acide arsénique présentant beaucoup plus de fixité. Si dans l'appareil de Marsh, qui dégage de l'hydrogène pur, on introduit une petite quantité d'acide arsénieux, le dégagement de gaz est vivement activé, et l'on voit presque aussitôt la flamme de l'hydrogène s'allonger considérablement et prendre une teinte bleuâtre et livide en répandant des fumées blanches; si l'on présente alors à cette flamme une soucoupe de porcelaine froide, celle-ci se recouvre de taches noires d'arsenic métallique, provenant d'une combustion incomplète de l'hydrogène arsénié formé. Cet appareil est représenté par la fig. 69.

Lorsque l'on fait passer le gaz qui se dégage, à travers un tube de verre chauffé vers le rouge et entouré de clinquant pour empêcher sa déformation, la flamme cesse de présenter les caractères d'une flamme arsenicale, ou au moins ces caractères sont-ils très-atténués; mais on remarque un peu au delà de la partie chauffée du tube un anneau noir miroitant d'arsenic métallique. On peut former une série d'anneaux avec un même tube ; à cet effet, on étrangle le tube en plusieurs endroits et on chauffe successivement les différentes portions du tube, qu'on peut ensuite séparer facilement les unes des autres pour soumettre chaque anneau à des essais particuliers.

Fig. 69. — Recherche de l'arsenic, appareil de Marsh.

Ces taches et ces anneaux présentent certains caractères chimiques sur lesquels nous reviendrons plus loin.

L'hydrogène arsénié possède la propriété de réduire la solution d'azotate d'argent en mettant de l'argent en liberté; en même temps il se forme de l'acide arsénieux qui reste en dissolution ; de là, un nouveau moyen de reconnaître la présence de l'hydrogène arsénié; on fait passer le gaz soit immédiatement, soit après l'avoir fait traverser un tube chauffé, pour produire des anneaux, dans une solution d'azotate d'argent, comme le représente la fig. 70; de cette manière, on est sûr de ne point laisser échapper d'arsenic. Pour retrouver l'arsenic dans la solution argentique, on

Fig. 70. — Recherche de l'arsenic.

filtre celle-ci et on la neutralise exactement par l'ammoniaque ; l'acide arsénieux, s'il s'en est formé, se dépose à l'état d'arsénite d'argent jaune ; on peut aussi précipiter l'excès d'argent par de l'acide chlorhydrique et traiter la liqueur par de l'hydrogène sulfuré qui donnera un précipité de trisulfure d'arsenic.

L'hydrogène arsénié réduit de même les sels d'or. Quant à l'hydrogène antimonié, il donne lieu aux mêmes réductions, mais la liqueur ne renferme en solution que l'excès de sel métallique.

Examen des taches et des anneaux. — L'existence des taches et des anneaux ne peut pas faire conclure immédiatement à la présence de l'arsenic, il faut en déterminer soigneusement la nature; en effet l'arsenic n'est pas seul capable de les produire, l'antimoine est dans le même cas; il faut donc savoir les distinguer. En outre, il peut se produire accidentellement des taches lorsque, le dégagement de gaz étant trop tumultueux, un peu de liquide peut être entraîné dans la flamme qui peut alors produire des taches de zinc provenant de la réduction du sel de zinc; ces taches disparaissent rapidement à l'air en s'oxydant. Enfin, on désigne sous le nom de taches de crasse des taches qui se produisent lorsque les matières animales dans lesquelles on recherche le poison ont été incomplétement détruites; ces taches sont formées de matières charbonneuses; elles ne sont attaquées qu'avec une grande difficulté par l'acide azotique même bouillant.

Les taches arsenicales sont brillantes et d'un brun noir plus ou moins foncé, suivant leur épaisseur; elles disparaissent sous l'influence d'une température élevée; les taches antimoniales sont d'un noir gris, ternes, non volatiles.

Les taches arsenicales se dissolvent très-facilement dans l'acide azotique; à froid c'est de l'acide arsénieux qui se forme, ce que l'on reconnaît avec une goutte d'azotate d'argent qui produit un précipité d'arsénite d'argent jaune dans la solution nitrique neutralisée par de l'ammoniaque; à chaud, c'est de l'acide arsénique qui prend naissance, et le nitrate d'argent y produit un précipité rouge-brique. Les taches antimoniales disparaissent également par l'acide azotique, en produisant de l'acide antimonique, mais la liqueur évaporée à sec ne produit rien avec l'azotate d'argent.

Les chlorures de chaux et de soude font disparaître facilement les taches arsenicales, mais elles laissent intactes les taches d'antimoine.

Le sulfure ammonique dissout les taches arsenicales plus lentement que les taches antimoniales; cette dissolution laisse dans le premier cas, par l'évaporation, un résidu jaune insoluble dans l'acide chlorhydrique ; dans le second cas, un résidu orange facilement soluble dans l'acide chlorhydrique. Les vapeurs de brome font prendre aux taches arsenicales une couleur jaune, aux taches antimoniales une couleur orangée; cette coloration disparaît à l'air; mais si l'on soumet alors les capsules à l'action de l'hydrogène sulfuré, celle où se trouvait la tache d'arsenic se colore en jaune, l'autre en orangé.

Ces caractères se produisent également avec les anneaux d'arsenic ou d'antimoine; ces anneaux peuvent être soumis à d'autres épreuves encore plus concluantes. Les anneaux d'arsenic sont brillants et d'un brun noir; chauffés dans un courant d'hydrogène, ils se déplacent facilement; chauffés dans un courant d'air ou dans un tube ouvert aux deux bouts, ils se subliment en un anneau blanc d'anhydride arsénieux et en répandant une odeur alliacée, si les vapeurs arrivent hors du tube. Quant aux anneaux d'antimoine, ils sont brillants, gris, présentant l'éclat métallique dans les parties voisines de l'endroit chauffé. Chauffés fortement dans un courant d'hydrogène, ils sont fixes, mais se réunissent en petits globules métalliques reconnaissables à la loupe.

Lorsqu'on chauffe ces anneaux dans un courant d'hydrogène sulfuré, les anneaux d'arsenic donnent un anneau jaune de sulfure, et les anneaux d'antimoine se transforment en sulfure d'antimoine orangé ou noir; les premiers, chauffés ensuite dans un courant de gaz chlorhydrique, restent inaltérés, tandis que les anneaux de sulfure d'antimoine disparaissent facilement en se transformant en chlorure volatil que l'on peut recueillir.

Quand on a affaire à des anneaux ou des taches mixtes d'antimoine, la méthode de Fresenius, qui consiste à traiter les anneaux par l'hydrogène sulfuré, puis par le gaz chlorhydrique, donne de très-bons résultats; le sulfure d'antimoine formé est entraîné à l'état de chlorure volatil que l'on peut recueillir, tandis que le sulfure d'arsenic inattaquable par l'acide chlorhydrique reste dans le tube et peut être dissous par l'ammoniaque.

Quant aux taches, on peut les reconnaître à l'aide du microscope; en volatilisant les taches qui se trouvent dans une capsule et recevant les vapeurs sur une plaque de microscope, l'arsenic se volatilise à l'état d'acide arsénieux octaédrique, grâce à la petite quantité d'air qui circule dans la capsule, tandis que l'antimoine reste (Hellwig).

On le voit, tous ces caractères permettent d'établir nettement la nature des anneaux ou des taches produits à l'aide de l'appareil de Marsh.

Reste à voir quelles sont les conditions nécessaires pour que l'appareil de Marsh donne des indications sérieuses. Le procédé ne s'applique qu'aux composés oxygénés de l'arsenic; le sulfure d'arsenic ne fournit point de taches; de là la nécessité, non-seulement de ne pas introduire l'arsenic à l'état de sulfure, mais encore d'empêcher que ce sulfure ne puisse se former pendant l'opération, soit par un dégagement simultané d'hydrogène sulfuré, soit par la présence d'acide sulfureux, qui, sous l'influence de l'hydrogène naissant, se réduit et donnerait du sulfure d'arsenic. Cet acide sulfureux peut ainsi se trouver en présence lorsque l'on a détruit, par l'acide sulfurique, les matières animales où l'on recherche le poison. L'acide sulfurique lui-même, si la réaction est trop vive, peut subir une réduction par l'hydrogène naissant et produire ainsi de petites quantités de sulfure d'arsenic; c'est pourquoi il faut avoir soin de n'ajouter pas trop d'acide à la fois dans l'appareil, afin que la réaction soit plus régulière. La présence de l'acide azotique peut aussi gêner; dans ce cas, de l'hydrure d'arsenic solide prend naissance et reste dans l'appareil à l'état d'une poudre insoluble (Blondlot).

Voyons maintenant la marche à suivre dans une expertise médico-légale. Le poison peut se trouver dans des restes d'aliments, dans les matières des vomissements; le plus souvent il se trouve dans le tube digestif ou dans les organes, notamment dans le foie. Quelquefois il se rencontre à l'état solide, en petits grains blancs disséminés dans les produits de vomissements, ou tapissant l'intérieur du tube digestif; dans ce cas, il est facile de le caractériser; on recueille soigneusement ces petits grains pour les soumettre aux épreuves suivantes : on en introduit quelques parcelles au fond d'un petit tube effilé, en verre très-réfractaire, et on place un peu plus haut un petit cylindre de charbon; on porte le charbon au rouge, puis on chauffe les grains blancs; s'ils sont formés d'anhydride arsénieux, celui-ci passant en vapeur sur le charbon chauffé sera réduit et donnera un peu plus loin un anneau noir d'arsenic métallique.

On mélange la substance, blanche avec du cyanure et du carbonate de potassium et on chauffe ce mélange dans un petit tube fermé par un bout; il se forme un anneau d'arsenic.

On introduit la substance, dissoute dans l'eau, dans l'appareil de Marsh. Enfin, on la traite par l'acide sulfhydrique, après l'avoir dissoute dans l'acide chlorhydrique, et on recueille le sulfure jaune qui se forme dans le cas où les grains blancs sont de l'anhydride arsénieux.

MÉTHODES DE DESTRUCTION PRÉALABLE DES MATIÈRES ORGANIQUES. — Lorsque le poison n'a pas été ainsi retrouvé en nature, il faut le rechercher dans les différents organes; à cet effet, il faut détruire la matière organique et on a recommandé pour cela plusieurs méthodes.

1° *Méthode de Flandin et Danger.* — Cette méthode consiste à détruire les matières organiques par l'acide sulfurique; on chauffe la matière arrosée de 1/5 de son poids environ d'acide, dans une capsule, sur un feu modéré; le mélange donne une bouillie brune qui se charbonne de plus en plus; on élève peu à peu la température jusqu'à ce que l'on ait chassé l'acide sulfurique, puis on reprend le charbon par un peu d'acide azotique pour transformer en acide arsénieux ou arsénique le sulfure d'arsenic qui peut se trouver dans la masse; on évapore derechef et on reprend enfin par l'eau bouillante; la liqueur filtrée est alors soumise à l'appareil de Marsh. Cette méthode présente un inconvénient sérieux; si les matières renferment du chlorure de sodium, ce qui est généralement le cas, il peut se former du chlorure d'arsenic qui est volatil et qui échappe ainsi aux recherches; on remédie en partie à cet inconvénient en opérant la calcination dans un appareil distillatoire, mais l'opération est alors plus longue et plus difficile à mener.

2° *Destruction par l'acide chlorhydrique et le chlorate de potassium.* — On introduit les matières dans une fiole ou dans une capsule chauffée au bain-marie; on y ajoute de l'acide chlorhydrique, de manière à en faire une bouillie claire, puis on y ajoute par petites portions du chlorate de potassium cristallisé; les oxydes de chlore qui prennent naissance agissent vivement sur les matières organiques; la liqueur se colore en jaune et finit par s'éclaircir; quand ce point est atteint, on laisse refroidir et on filtre. La liqueur renferme tout l'arsenic à l'état d'acide arsénique qu'on peut précipiter à l'état de sulfure, en ayant soin d'opérer à chaud et d'attendre vingt-quatre heures, l'acide arsénique étant précipité très-lentement par l'hydrogène sulfuré. Ce sulfure peut alors être recueilli et soumis à des épreuves directes ou transformé en composés oxygénés de l'arsenic pour être examiné à l'appareil de Marsh.

3° *Destruction par le chlore.* — Ce procédé est très-simple et très-sûr, quoique moins expéditif que le précédent. Il consiste à faire passer à froid un courant de chlore à travers les matières animales mises en suspension dans l'eau jusqu'à leur destruction complète (Jacquelain).

4° *Destruction par l'eau régale.* — On chauffe les matières suspectes avec de l'eau régale dans une cornue munie d'un récipient contenant de l'eau; l'arsenic passe à la distillation à l'état de chlorure qui est décomposé par l'eau (Malaguti et Sarzeaud).

5° *Destruction par l'acide azotique et par l'azotate de potassium.* — On chauffe au bain de sable les matières organiques avec de l'acide azotique pur et concentré, jusqu'à ce qu'elles soient réduites en une bouillie jaune et homogène; on sature ensuite celle-ci par du carbonate de potassium : on y ajoute un excès d'azotate de potassium, on évapore à sec et on calcine la masse saline dans un grand creuset; la matière organique non encore détruite brûle alors avec déflagration et l'arsenic se trouve entièrement transformé en arséniate. La masse renfermée dans le creuset à la fin de la calcination doit être blanche. On la reprend par de l'eau, on la traite par l'acide sulfurique pur pour chasser tout l'acide azoteux et l'acide azotique, puis on fait passer dans la solution aqueuse un courant d'acide sulfureux pour réduire l'acide arsénique et enfin on précipite l'acide arsénieux à l'état de sulfure d'arsenic (Wöhler).

6° *Traitement par l'acide sulfurique et le chlorure de sodium.* — L'acide arsénieux traité par l'acide sulfurique en présence du chlorure de sodium se transforme en chlorure d'arsenic volatil. Cette réaction a servi à R. Schneider pour établir un procédé de recherche de l'arsenic dans les cas d'empoisonnement. On introduit les matières suspectes dans une cornue avec une quantité notable de chlorure de sodium, puis on ajoute peu à peu, par un tube de sûreté, de l'acide sulfurique et l'on distille; le chlorure d'arsenic se condense dans le récipient; celui-ci est terminé par un tube à boules renfermant de l'eau destinée à retenir le chlorure d'arsenic qui ne se serait pas condensé. Il faut avoir soin que l'acide sulfurique ne soit jamais en excès, car il donnerait naissance à de l'acide sulfureux. On étend ensuite le produit de la distillation par de l'eau et on précipite l'acide arsénieux formé par l'hydrogène sulfuré.

Zenger a quelque peu modifié ce procédé; il distille les matières animales à plusieurs reprises avec de l'acide chlorhydrique; précipite la liqueur distillée par l'hydrogène sulfuré, transforme le sulfure d'arsenic en arséniate de sodium et calcine enfin celui-ci avec de l'oxalate de sodium; cette calcination se fait dans un tube de 3 à 4 millimètres de diamètre, effilé à une extrémité pour pouvoir le fermer aisément; on mélange l'arséniate avec dix fois son poids d'oxalate et on recouvre ce mélange dans le tube d'une petite couche d'oxalate; on commence par chauffer cette couche de manière à remplir le tube d'oxyde de carbone; on le ferme ensuite à la lampe et on calcine le mélange; l'arséniate de sodium est réduit et il se forme un sublimé d'arsenic métallique; le tube étant hermétiquement fermé, il ne peut point y avoir de pertes [*Zeitsch. Chem. Pharm.*, 1862, p. 38].

Emploi de la dialyse pour la recherche de l'acide arsénieux. — La dialyse peut servir dans les recherches médico-légales à séparer l'acide arsénieux des matières animales qui l'accompagnent; elle présente ce grand avantage de ne nécessiter l'emploi d'aucun réactif. Le liquide dialysé est immédiatement propre aux recherches analytiques [Graham, *Ann. de Chim. et de Phys.*, (3), t. LXV, p. 194]. — Voir pour les détails l'article DIALYSE.

Recherche de l'arsenic par la pile. — Ce procédé, d'abord indiqué par Gaultier de Claubry [*Journ. de Pharm.*, (3), t. XVII, p. 125], a été repris par Bloxam [*Journ. of the Chem. Soc.*, t. XIII, p. 12]. L'appareil qu'il recommande pour séparer l'arsenic des matières animales consiste

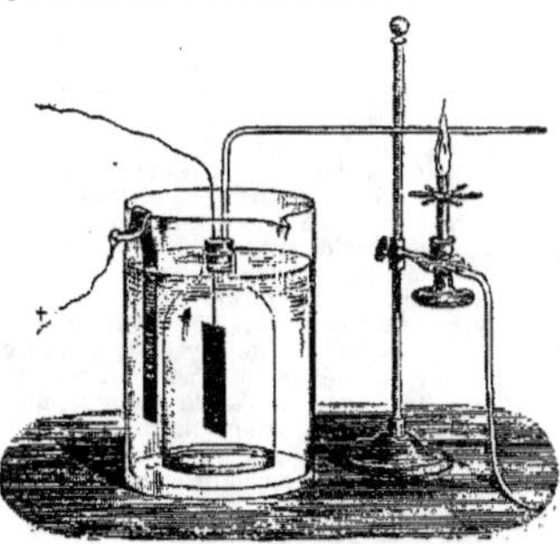

Fig. 71. — Recherche de l'arsenic par la pile.

en une cloche de 40 centimètres cubes environ de capacité fermée dans le bas par un diaphragme poreux et destinée à recevoir les matières suspectes. Cette cloche est tubulée à sa partie supérieure et porte un bouchon dans lequel s'engage un tube recourbé, en verre peu fusible, et un fil

de platine pour servir d'électrode négative. La cloche plonge dans un vase rempli d'acide sulfurique étendu dans lequel plonge une lame de platine communiquant avec le pôle positif de la pile. Si les matières suspectes, que l'on a délayées dans de l'alcool pour empêcher qu'elles ne moussent, renferment de l'arsenic, celui-ci se dégage à l'état d'hydrogène arsénié qui est obligé de traverser le tube de verre qui surmonte la cloche; en chauffant ce tube, l'hydrogène arsénié est décomposé et donne un anneau métallique.

Pour que cette méthode donne de bons résultats, il faut que les matières animales soient d'abord détruites en partie par les moyens ordinaires; lorsque l'arsenic se trouve à l'état d'acide arsénique, il faut le réduire par le sulfite de soude ou par l'hydrogène sulfuré; dans ce cas, l'anneau qui se forme est un anneau jaune de sulfure d'arsenic, soluble dans le carbonate d'ammoniaque; il est probable que l'hydrogène arsénié et l'hydrogène sulfuré se dégagent simultanément et n'agissent l'un sur l'autre que sous l'influence de la chaleur.

Procédé de Reinsch. — Une solution arsénieuse, même étendue, acidulée d'acide chlorhydrique, portée à l'ébullition avec une lame de cuivre, occasionne sur celle-ci un dépôt d'un gris d'acier qui est, non de l'arsenic libre, mais un alliage d'arsenic et de cuivre; suivant Lippert, cet alliage renferme 32 % d'arsenic et correspondrait, par conséquent, à la formule Cu^5As^2; suivant d'autres, la composition de cet alliage est représentée par Cu^3As^2. Quoi qu'il en soit, ce dépôt, soumis à l'action de la chaleur, perd la moitié de son arsenic, et si l'on opère dans un courant d'air, il donne un sublimé d'anhydride arsénieux cristallisé; il ne reste plus qu'à soumettre ce sublimé aux réactions caractéristiques de l'arsenic.

La formation seule d'un dépôt sur le cuivre ne prouve rien, attendu qu'un grand nombre de métaux produisent un semblable dépôt; il faut donc soumettre la lame de cuivre à l'action de la chaleur. La présence des matières organiques ne gêne pas l'emploi de cette méthode dont la sensibilité est extrême, car, suivant Reinsch, elle peut déceler dans une liqueur la présence de 1/500,000 environ de son poids d'arsenic. Il y a cependant une précaution à prendre; c'est de faire en sorte que la liqueur sur laquelle on opère ne renferme pas l'arsenic à l'état d'acide arsénique, car celui-ci ne donne pas de dépôt sur le cuivre (G. Werther), ou au moins il n'en donne que dans des circonstances particulières; on remédie facilement à cet inconvénient en soumettant d'abord la liqueur à l'action de l'acide sulfureux ou d'un sulfite.

Les combinaisons arsenicales insolubles dans l'eau ou l'acide azotique sont, pour la plupart, solubles dans l'eau régale. Si l'on a affaire à un composé insoluble dans cet agent, il faut le fondre avec du carbonate sodique ou avec du salpêtre, si c'est un arséniure.　　　　E. W.

ARSENIC (SÉPARATION ET DOSAGE). — Le dosage de l'arsenic se fait soit à l'état d'arséniate insoluble, soit à l'état de sulfure d'arsenic, ou par des liqueurs titrées; les arséniates qui se prêtent le mieux à cette détermination sont les arséniates ammoniaco-magnésiens, de baryum, de plomb, de fer.

Dosage à l'état de sulfure. — Ce procédé, qui n'est pas le plus exact, est au moins le plus expéditif, et de l'application la plus générale. Dans une liqueur arsénieuse, acidulée d'acide chlorhydrique, le trisulfure d'arsenic se forme immédiatement lorsqu'on la traite par l'hydrogène sulfuré; lorsque la liqueur renferme de l'acide arsénique, la précipitation est beaucoup plus lente et n'est même généralement pas complète; en outre, le précipité est un mélange de trisulfure d'arsenic et de soufre.

Il faut, dans ce cas, ramener l'acide arsénique à l'état d'acide arsénieux, ce que l'on opère très-facilement en traitant la liqueur par un excès d'acide sulfureux, excès que l'on chasse ensuite soigneusement par l'ébullition, avant de faire passer l'hydrogène sulfuré. On opère la précipitation par ce réactif en introduisant la liqueur dans un flacon bouchant à l'émeri, après l'avoir acidulée d'acide chlorhydrique; lorsqu'elle est saturée d'hydrogène sulfuré, on ferme et on laisse reposer pendant une heure, après quoi on chasse l'excès d'hydrogène sulfuré par un courant d'acide carbonique, et on recueille le précipité sur un filtre taré; on le dessèche à 100° et l'on pèse. La quantité d'anhydride arsénieux contenu dans la liqueur d'essai s'obtient en multipliant le poids trouvé par

$$0{,}8049 = \frac{As^2 O^3}{As^2 S^3};$$

si l'on veut ramener le calcul à l'anhydride arsénique, il faudra multiplier ce poids par

$$0{,}9350 = \frac{As^2 O^5}{As^2 S^3}.$$

Enfin, le poids d'arsenic est donné par le coefficient

$$0{,}6098 = \frac{As^2}{As^2 S^3}.$$

Lorsque, par une circonstance quelconque, le sulfure est mélangé de soufre, il faut déterminer la composition du précipité obtenu; on y arrive approximativement en traitant le précipité par l'ammoniaque qui dissout le sulfure et laisse le soufre, au moins en grande partie. Il vaut mieux oxyder ce sulfure mélangé de soufre par l'acide azotique fumant et une goutte d'acide chlorhydrique; y doser ensuite l'acide sulfurique formé, à l'état de sulfate de baryum et l'acide arsénique à l'état d'arséniate ammoniaco-magnésien.

Dosage à l'état d'arséniate ammoniaco-magnésien. — Cette méthode exige que l'arsenic soit à l'état d'acide arsénique, et on peut toujours y arriver facilement en oxydant la solution par le chlorate de potassium en présence d'acide chlorhydrique; lorsque l'odeur de l'acide chloreux s'est dissipée, on traite la liqueur par de l'ammoniaque puis par du sulfate de magnésium; l'acide arsénique se précipite ainsi en totalité à l'état d'arséniate ammoniaco-magnésien qu'on recueille après 12 heures sur un filtre taré, et que l'on pèse, après l'avoir séché à 100°.

La composition de ce sel, séché à 100°, est représentée par $(AzH^4)\,Mg''\,AsO^4 + 1/2\,H^2O$. Il correspond à 62,9 % d'anhydride arsénique.

Par la calcination, ce sel donne du pyroarséniate $Mg^2 As^2 O^7$, mais il se décompose en partie en subissant une réduction; on ne peut, par conséquent, pas recourir à la calcination.

Dosage à l'état d'arséniate de fer. — 1° *Procédé Berthier.* — Ce procédé est fondé sur la précipitation de l'acide arsénique par l'hydrate ferrique. Lorsque la liqueur renferme de l'acide arsénieux, il faut préalablement l'oxyder par l'eau régale; il faut, en outre, qu'elle ne renferme pas d'oxydes précipitables par l'ammoniaque. On dissout dans l'acide azotique un poids connu de fer pur (1 p. environ de fer pour 2 p. d'acide arsénique supposé dans la liqueur), on ajoute cette solution à la solution arsénique et l'on précipite par l'ammoniaque; l'hydrate ferrique, en se déposant, entraîne tout l'acide arsénique; on filtre, on lave bien le précipité, on le sèche, puis on le calcine, d'abord doucement, puis, peu à peu, jusqu'au rouge intense. Le poids du précipité cal-

ciné est égal au poids de l'oxyde ferrique donné par le poids du fer employé, plus le poids de l'anhydride arsénique contenu dans la liqueur.

2° *Procédé de Kobell.* — Lorsque l'acide arsénique se trouve dans une liqueur en présence d'oxydes terreux ou métalliques non précipitables par le carbonate de baryum, la méthode ci-dessus peut encore être employée; seulement, au lieu de précipiter par l'ammoniaque, on fait digérer la liqueur pendant quelques heures avec du carbonate barytique; tout l'oxyde ferrique, entraînant l'acide arsénique, se trouve dans le dépôt avec l'excès de carbonate; on recueille ce dépôt, on le lave avec soin, on le sèche et on le calcine, après quoi on le redissout dans de l'acide chlorhydrique et l'on dose la baryte dissoute, à l'état de sulfate qui fait alors connaître la quantité de carbonate barytique resté en excès. Pour avoir la quantité d'anhydride arsénique, il suffit alors de retrancher du poids total du résidu le poids de l'oxyde ferrique déduit du poids de fer employé et le poids de l'excès de carbonate.

Si la liqueur primitive renfermait de l'acide sulfurique, il faudrait d'abord le précipiter.

Dosage par l'arséniate de baryum. — L'arséniate tribarytique est presque insoluble dans l'eau et est anhydre à 100°. Il peut très-bien servir au dosage de l'arsenic. A cet effet, on dissout la substance arsenicale dans l'eau régale, on précipite l'acide sulfurique, s'il y en a, par la baryte dans la liqueur acide, puis on ajoute de l'ammoniaque à la liqueur filtrée; il se précipite ainsi de l'arséniate tribarytique

$$Ba^3(AsO^4)^2 = 3\,BaO.As^2 O^5$$

qu'on pèse dans un filtre taré (Field).

Dosage par l'arséniate de plomb. — Cette méthode, applicable presque uniquement au dosage de l'acide arsénique libre, est très-exacte; elle peut être employée toutes les fois qu'une liqueur arsenicale ne renferme pas de principes fixes ou susceptibles de le devenir en présence de l'oxyde de plomb. On évapore la liqueur avec un poids connu d'oxyde de plomb obtenu par calcination de l'azotate (5 fois environ le poids de l'acide arsénique qu'on suppose exister dans la liqueur); on opère avec précaution pour n'avoir pas de projection et on élève graduellement la température jusqu'au rouge sombre. Le poids du résidu est égal au poids de l'oxyde de plomb employé, plus celui de l'anhydride arsénique contenu dans l'essai. Si l'on veut doser par ce moyen l'acide arsénieux, il faut commencer par transformer celui-ci en acide arsénique à l'aide de l'acide azotique.

Dosage de l'anhydride arsénieux par le chlorure d'or. — Le chlorure d'or est réduit rapidement par l'acide arsénieux, en donnant un dépôt d'or métallique. Le poids de cet or fait connaître la quantité d'anhydride arsénieux (100 p. d'or correspondant à 75,4 d'anhydride arsénieux). L'essai se fait en employant le chlorure double d'or et de sodium ou d'ammonium. La liqueur doit être exempte d'acide azotique ou de tout autre agent d'oxydation; la réaction se fait très-bien à froid ou dans un endroit chaud et exige plusieurs jours pour être complète. On recueille alors l'or sur un filtre, on le lave, on brûle le filtre et on pèse le résidu.

Dosage volumétrique de l'anhydride arsénieux. — 1° *Par l'iode.* — L'iode opère rapidement l'oxydation de l'acide arsénieux en solution alcaline, et cette réaction peut être utilisée pour le dosage de cet acide. En solution acide, l'action de l'iode est presque nulle. On emploie dans ce but une solution titrée d'iodure iodéré de potassium et on ajoute à la liqueur arsénieuse un peu d'empois d'amidon; la liqueur iodée versée dans la liqueur arsénieuse se décolore instantanément, mais, dès que tout l'acide arsénieux a été transformé en acide arsénique, le plus petit excès d'iode ajouté colore immédiatement l'empois en bleu intense ; le terme de la réaction est donc facile à saisir. Il est essentiel que la liqueur arsénieuse ne renferme pas de corps réducteurs étrangers, tels que de l'acide sulfureux, par exemple.

Comme la liqueur iodée est susceptible d'altération, il faut la titrer avant chaque dosage ; ce titrage se fait aisément à l'aide d'une solution arsénicuse d'un titre connu (on emploie généralement une solution de 10 gr. d'anhydride arsénieux additionné de bicarbonate de sodium, dans un litre d'eau). La quantité d'anhydride arsénieux contenue dans l'essai est alors donnée par un simple calcul de proportion [Bunsen, *Ann. de Chim. et de Phys.*, (3), t. XLI, 353].

2° *Par le permanganate de potassium.* — Le permanganate de potasse oxyde l'anhydride arsénieux ; ce fait a d'abord été observé par Bussy [*Journ. de Pharm.*, (3), t. XII, p. 321] et utilisé par lui pour le dosage de l'acide arsénieux. Cette méthode a été reprise par Péan de Saint-Gilles, qui l'a un peu modifiée ; il oxyde l'acide arsénieux par un excès d'une solution titrée de permanganate, et il détermine ensuite par un sel ferreux l'excès du réactif ajouté [*Ann. de Chim. et de Phys.*, (3), t. LV, p. 385].

Séparation quantitative des acides arsénieux et arsénique. — Il peut arriver qu'on veuille déterminer dans un composé arsenical complexe, non-seulement la quantité totale d'arsenic, mais la quantité de ce corps existant à l'état d'acide arsénieux et d'acide arsénique ; une semblable détermination présente en général peu de difficultés.

On peut commencer par précipiter l'acide arsénique à l'état d'arséniate ammoniaco-magnésien ; si la liqueur est suffisamment étendue, l'acide arsénieux reste en totalité dans la liqueur filtrée et peut y être précipité facilement par l'hydrogène sulfuré ; le précipité de sulfure ainsi obtenu peut être pesé directement ou transformé, après oxydation, en arséniate ammoniaco-magnésien.

On peut aussi, après avoir dosé la totalité de l'arsenic, déterminer sur un autre essai la quantité d'acide arsénique à l'état d'arséniate ammoniaco-magnésien, ou l'acide arsénieux par une des méthodes volumétriques décrites plus haut, ou par le chlorure d'or.

On pourrait aussi, sur la même portion, par les liqueurs titrées, doser et l'acide arsénieux et l'acide arsénique. Pour cela, on ferait un premier titrage, par la liqueur iodée, de l'acide arsénieux contenu dans la liqueur, puis réduisant le tout par l'acide sulfureux et chassant avec soin l'excès de ce réactif, doser à nouveau la quantité d'arsenic ; dans ce second titrage, on déterminerait la totalité de l'arsenic contenu dans la liqueur, et la différence entre les deux titrages indiquerait la quantité d'arsenic existant à l'état d'acide arsénique.

SÉPARATION DE L'ARSENIC D'AVEC LES MÉTAUX. — L'arsenic, amené dans une liqueur à l'état d'acide arsénieux, est précipité entièrement et avec facilité par l'hydrogène sulfuré dans une liqueur acide, et le sulfure ainsi obtenu se dissout rapidement dans les sulfures alcalins ; il est donc facile de le séparer de tous les métaux qui n'appartiennent pas à ce groupe analytique. Il n'y a en conséquence à examiner que sa séparation d'avec l'or, le platine, l'étain et l'antimoine.

L'or et le platine sont facilement séparés de l'arsenic : le premier, en le précipitant à l'état métallique par un agent réducteur ; le second, en le précipitant à l'état de chloroplatinate de potassium ou d'ammonium. La séparation peut encore

s'effectuer par la calcination des sulfures dans un courant de gaz acide carbonique.

Séparation de l'arsenic et de l'étain. — 1° Lorsqu'une combinaison ne renferme que de l'étain et de l'arsenic, on peut déterminer chacun de ses éléments en traitant le composé par de l'acide azotique qu'on ajoute goutte à goutte et évaporant ensuite à sec, au bain-marie ; on pèse le résidu blanc ainsi obtenu et on en introduit une portion pesée dans un tube à boule dans lequel on fait passer un courant d'hydrogène sulfuré, en chauffant doucement d'abord, puis au rouge naissant ; les oxydes d'étain et d'arsenic sont ainsi transformés en sulfures ; le sulfure d'arsenic, étant volatil, se dégage et est reçu, au sortir de l'appareil, dans un ballon renfermant une solution d'ammoniaque où il se dissout ; à la fin de l'opération, on coupe l'extrémité du tube dans lequel s'est condensée une partie du sulfure d'arsenic ; on lave ce tube à l'ammoniaque et on ajoute les eaux de lavage à la première liqueur ammoniacale. Celle-ci peut servir à déterminer la quantité d'arsenic en la précipitant par l'acide chlorhydrique, recueillant le sulfure d'arsenic qui se précipite, l'oxydant par l'eau régale et le transformant en arséniate ammoniaco-magnésien qu'on pèse.

Quant au résidu contenu dans la boule de l'appareil, il est formé de sulfure d'étain avec un excès de soufre ; on le transforme en acide stannique avec les précautions nécessaires et on le pèse.

On peut aussi transformer le composé d'étain et d'arsenic en sulfures en le fondant avec du carbonate de sodium et du soufre, reprenant le produit par de l'eau et ajoutant de l'acide chlorhydrique à la solution ; les sulfures se précipitent ainsi et peuvent être séparés comme ci-dessus (H. Rose).

2° Séparation par les bisulfites alcalins. — Le sulfure d'arsenic se dissout dans le sulfite acide de potassium, avec excès d'acide sulfureux, en donnant de l'arsénite et de l'hyposulfite de potassium ; le sulfure d'étain ainsi que le sulfure d'antimoine ne se dissolvent pas dans ces circonstances. Cette différence de propriété peut servir de méthode de dosage. Voici comment il convient d'opérer : on précipite l'étain et l'arsenic (et l'antimoine) par l'hydrogène sulfuré, en présence de l'acide chlorhydrique ; on traite le mélange de sulfures par du sulfure de potassium et on sature la liqueur par du gaz sulfureux ; on laisse digérer le tout au bain-marie jusqu'à expulsion complète de l'acide sulfureux et on sépare par le filtre le précipité formé ; ce précipité renferme tout l'étain (et l'antimoine), tandis que la liqueur filtrée renferme tout l'arsenic à l'état d'arsénite de potassium dans lequel on détermine aisément l'arsenic par une des méthodes mentionnées plus haut. Quant au sulfure d'étain, on peut le transformer en acide stannique qu'on calcine et qu'on pèse.

Arsenic et antimoine. — 1° Lorsque l'arsenic et l'antimoine se trouvent ensemble à l'état métallique, on peut les séparer en chauffant la combinaison pulvérisée dans un courant de gaz carbonique ; l'arsenic se volatilise et l'antimoine reste.

2° On peut aussi traiter la combinaison par de l'acide azotique qui transforme l'arsenic en acide arsénique et l'antimoine en oxyde d'antimoine ou en acide antimonique ; on peut, dans ce cas, précipiter l'acide arsénique à l'état de sel ammoniaco-magnésien.

3° Dans la généralité des cas, on a à ramener ces deux corps à l'état de sulfures (c'est ainsi qu'on les obtient dans la séparation des autres métaux). Dans ce cas, on peut traiter le mélange de sulfures par le bisulfite de potassium, comme cela a été dit pour l'étain.

4° On peut aussi traiter ces sulfures par de l'acide chlorhydrique concentré et froid ; le sulfure d'antimoine se dissout, tandis que le sulfure d'arsenic reste et peut être transformé en arséniate ammoniaco-magnésien. Pour doser l'antimoine dans la liqueur chlorhydrique on y ajoute de l'acide tartrique et on précipite par l'hydrogène sulfuré.

5° On fond le mélange de sulfures avec 6 p. environ d'un mélange d'azotate et de carbonate de sodium jusqu'à ce que la masse en fusion soit parfaitement blanche, on reprend ensuite par l'eau qui dissout de l'arséniate de sodium et laisse de l'antimoniate. On précipite la liqueur filtrée à l'état d'arséniate ammoniaco-magnésien.

6° Une méthode rigoureuse consiste à traiter le mélange de sulfures par l'acide chlorhydrique et du chlorate de potassium ajouté par petites portions dans la liqueur chauffée ; quand la dissolution est complète, on chauffe encore pour chasser tout l'oxyde de chlore ; on ajoute de l'acide tartrique et on précipite l'acide arsénique par le sulfate de magnésium additionné d'ammoniaque et de sel ammoniac ; quant à l'antimoine, on le précipite dans la liqueur filtrée par l'hydrogène sulfuré.

7° Enfin, on peut chauffer les sulfures avec 12 p. environ d'un mélange de carbonate de sodium sec et de cyanure de potassium, en faisant passer, dans le tube où l'on opère, un courant lent d'acide carbonique ; l'arsenic se volatilise et forme un anneau métallique, tandis que l'antimoine reste en totalité si la température n'a pas été trop élevée et le courant de gaz carbonique trop fort.

Arsenic, antimoine et étain. — L'alliage de ces trois métaux, finement pulvérisé, est traité par l'acide azotique ; on évapore à sec, et on calcine le produit de l'oxydation avec 8 fois son poids environ d'hydrate de sodium dans un creuset d'argent ; le produit de la fusion est ensuite repris par l'eau à laquelle on ajoute son volume d'alcool ; l'antimoniate de soude reste insoluble ; on le lave à l'alcool faible et on le traite ensuite pour doser l'antimoine. La liqueur filtrée, qui renferme de l'arséniate et du stannate de sodium, donne par l'acide chlorhydrique un précipité d'arséniate stannique qu'on transforme en un mélange de sulfures d'étain et d'arsenic dont on opère la séparation par les méthodes indiquées.

On opère souvent cette séparation par une méthode très-simple, mais qui n'est pas très-rigoureuse, elle repose sur la précipitation de l'arsenic, de l'antimoine et de l'étain à l'état métallique par le zinc. On traite par l'acide chlorhydrique la poudre métallique ainsi obtenue : l'étain sé dissout ; on filtre, on lave le résidu pour le traiter ensuite par l'acide azotique : l'antimoine se transforme en oxyde d'antimoine insoluble, tandis que l'arsenic se dissout à l'état d'acide arsénique.
E. W.

ARSENIC (Min.) [Syn. *Arsenic natif*].—Arsenic renfermant d'ordinaire quelques centièmes d'antimoine, de bismuth ou d'arséniures d'argent et de cobalt. Il se trouve rarement cristallisé, d'ordinaire en masses amorphes souvent concrétionnées et testacées, quelquefois bacillaires ; noir à la surface, gris métallique dans les cassures fraîches ; dans les filons argentifères et cuprifères.

Caractères. —Attaquable par l'acide azotique, volatil dans le tube ; sur le charbon, donne des fumées blanches ; et une odeur alliacée caractéristique.

Dureté, 3,5. Fragile. Densité, 5,8 - 5,9.

Forme cristalline. — Rhomboèdre de 85°41'. Clivage basal (a^1) facile.

ARSENIC SULFURÉ. — Voyez ORPIMENT et RÉALGAR.

ARSÉNIOSIDÉRITE. Dufrénoy. (Min.) [Syn. *Arsénocrocite.*] — Arséniate ferrico-calcique hydraté, d'une composition encore mal définie.

Masses globulaires se séparant en fibres sous les doigts. Brun jaunâtre ; ressemblant à l'or mussif.

Caractères. — Soluble dans les acides ; donne de l'eau dans le tube. Fond en un émail noir avec une faible odeur arsenicale qu'on peut développer par l'addition de la soude. Dureté, 1 - 2. Poussière jaune brun. Densité, 3,52 - 3,88.

ARSÉNOCROCITE. — Voyez ARSÉNIOSIDÉRITE.

ARSÉNOLITHE (Min.) [Syn. *Arsénite*, Haid, *arsenic. oxydé H*, *arsenikblüthe, arsenic blanc.* Breug?].— Acide arsénieux anhydre octaédrique As^2O^3. Cristaux capillaires, croûtes minces, ou concrétions botryoïdes, d'un éclat vitreux ou soyeux, d'une couleur blanche ou jaunâtre ; transparent ou opaque. Se rencontre accidentellement dans les mines de Saxe, de Bohême, etc., accompagnant les arséniures.

Caractères. — Légèrement soluble dans l'eau. Volatil dans le tube fermé, sans fusion préalable et se condensant en petits cristaux octaédriques. Sur le charbon, odeur d'ail.

Dureté, 3. Densité, 3,7,

Forme cristalline. — Octaèdres réguliers souvent allongés dans une direction perpendiculaire à deux faces opposées. Clivage assez net selon les faces de l'octaèdre (a^1).

ARSÉNOMÉLANE. — Voyez BINNITE et DUFRÉNOYSITE,

ARSÉNOPYRITE. — Voyez MISPICKEL.

ARSENPHYLLITE (Min.) [Syn. *Arsénite*]. Acide arsénieux anhydre As^2O^3. — Cette espèce est isomorphe avec la valentinite et présente la même composition que l'arsénolithe (acide arsénieux en octaèdres réguliers) : on a des doutes sur son existence dans la nature.

ARSINES. — Combinaisons de l'arsenic avec les radicaux d'alcool.

ARSÉNÉTHYLES.

[Cahours et Riche, *Compt. rend. de l'Acad. des sciences*, t. XXXVI, p. 1001, t. XXXIX, p. 541 ; — H. Landolt, *Ann. der Chem. u. Pharm.*, t. LXXXIX, p. 301, t. XCII, p. 365 ; — Cahours, *Compt. rend. de l'Acad. des sciences*, t. XLIX, p. 87, t. L, p. 1022.]

On connaît les composés

As Et, As Et^2, As Et^3, As Et^4 (Et = C^2H^5 éthyle), les uns à l'état de liberté, les autres en combinaisons.

1° ARSENMONÉTHYLE, $As(C^2H^5)$. — Radical non encore isolé. On obtient son diiodure en faisant réagir l'iode sur l'iodure d'arsendiéthyle ou sur l'arsendiéthyle lui-même. On a, en effet,

$$As(C^2H^5)^2I + I^2 = (C^2H^5)I + As(C^2H^5)I^2$$

Iodure   Iodure   Diiodure
d'arsendiéthyle.   d'éthyle.   d'arsenmonéthyle.

ou $As(C^2H^5)^2 + I^3 = (C^2H^5)I + As(C^2H^5)I^2$.

Ce diiodure, chauffé avec un excès d'oxyde d'argent, en présence de l'eau, donne l'acide arsenmonoéthylique $As(C^2H^5)H^2O^3$.

2° ARSENDIÉTHYLE ou ÉTHYLCACODYLE,

$$2\ [(C^2H^5)^2.\,As].$$

—Liquide oléagineux, jaune clair, réfringent, bouillant entre 185° et 200° ; d'une odeur alliacée, forte et désagréable ; plus dense que l'eau et insoluble dans ce liquide ; très-soluble dans l'alcool et l'éther. Il s'enflamme spontanément au contact de l'air et brûle avec une flamme livide. Si le contact avec l'air ou l'oxygène est ménagé, l'absorption a lieu sans incandescence et il se forme de l'acide éthylcacodylique. Les solutions alcooliques de ce corps réduisent le nitrate d'argent et l'oxyde de mercure, en mettant le métal en liberté. L'arsendiéthyle s'unit directement au chlore, au brome, à l'iode; la combinaison est accompagnée d'une forte élévation de température; il se combine aussi au soufre. L'acide nitrique concentré l'attaque avec ignition; l'acide étendu l'oxyde également; il se forme dans ce cas un corps rouge.

Mode de formation et préparation. — L'arsendiéthyle se forme, en même temps que d'autres produits arsénio-éthyliques, par l'action de l'iodure d'éthyle sur l'arséniure de potassium ou de sodium; on peut aussi l'extraire en réduisant par le zinc l'iodure d'éthylcacodyle. Voici comment M. Landolt prescrit d'opérer : On commence par remplir aux deux tiers une série de petits ballons de 100 grammes avec de l'arséniure de sodium broyé avec du sable quartzeux. Les ballons sont bouchés et servent successivement. On ajoute au premier de l'iodure d'éthyle en quantité suffisante pour mouiller la masse, et l'on adapte un tube de dégagement. La réaction s'établit d'elle-même, la masse s'échauffe et il distille de l'iodure d'éthyle, que l'on condense dans un récipient tubulaire rempli d'acide carbonique et placé lui-même dans un vase cylindrique constamment traversé par un courant d'acide carbonique. On continue à verser de l'iodure d'éthyle tant qu'il y a échauffement. Arrivé à ce point, on chasse l'excès d'iodure d'éthyle par une élévation convenable de température; quand le liquide distillé commence à se condenser à l'origine du tube adducteur, on introduit l'extrémité de celui-ci dans un second récipient placé dans le même cylindre et l'on élève progressivement la température au rouge sombre. L'opération étant terminée pour le premier ballon, on la recommence avec le second, et ainsi de suite. 500 grammes d'iodure d'éthyle donnent environ 60 à 70 grammes de produit brut, mélange d'arsendiéthyle et d'arsentriéthyle.

Le produit brut, chauffé dans un courant d'acide carbonique, jusqu'à ce qu'un thermomètre, dont la boule plonge dans le liquide, marque 200°, donne un résidu composé d'arsendiéthyle à peu près pur. On arrive à un rendement plus considérable en vidant le contenu du ballon, après l'action d'un excès d'iodure d'éthyle sur l'arséniure de sodium, dans un flacon rempli d'éther et d'acide carbonique. On ferme et on agite vivement: l'éther est décanté dans un flacon rempli d'acide carbonique. Cette opération est répétée jusqu'à épuisement. Il se sépare ordinairement une poudre jaune, fusible à 70° et insoluble dans tous les réactifs. Le liquide clair, additionné d'alcool absolu, est distillé dans un courant d'acide carbonique jusqu'à élimination de l'éther. Le résidu liquide et fumant est traité par l'eau bouillie qui dissout de l'iodure d'arsenéthylium $I As(C^2H^5)^4$ et précipite l'arsendiéthyle encore impur.

Il vaut mieux fractionner la précipitation par l'eau et séparer les premières portions qui se déposent lorsque l'on ajoute assez d'eau pour produire un trouble notable. La partie insoluble dans l'éther cède encore à l'alcool absolu des composés arséniés solides et huileux encore mal définis.

On connaît les combinaisons suivantes :

Iodure d'arsendiéthyle ou d'éthylcacodyle,

$$(C^2H^5)^2 As I,$$

correspondant au type $As H^3$. — Liquide oléagineux, jaune, non fumant; odeur forte persistante, désagréable, provoquant les larmes et le coryza, insoluble dans l'eau, soluble dans l'alcool et l'é-

ther. On l'obtient directement en ajoutant une solution éthérée d'iode à une solution éthérée du radical, tant que l'iode est absorbé, et en évaporant à l'abri de l'air. Cahours et Riche ont observé sa production par la décomposition, sous l'influence de la chaleur, du composé d'iodure d'arsenéthylium et d'iodure d'arsenic :

$$[(C^2H^5)^4 As . I . As I^3].$$

On a, en effet,

$$2 [(C^2H^5)^4 As . I . As I^3]$$
$$= (C^2H^5)^2 As I + As I^3 + 2 [(C^2H^5)^3 As I^2].$$

On recueille les parties qui passent entre 228° et 232°, pendant la rectification. Distillé sur de l'amalgame de zinc, il donne de l'arsendiéthyle. Les acides sulfurique et azotique le décomposent, avec mise en liberté d'iode. Sa solution alcoolique précipite par le nitrate d'argent (iodure d'argent); elle ne précipite pas par le sublimé. Il brûle difficilement, en dégageant de l'iode.

En faisant réagir 2 atomes d'iode sur 1 molécule d'iodure de cacodyle éthylique ou 3 atomes d'iode sur 1 atome de cacodyle libre, on forme de l'iodure d'éthyle et de l'iodure d'arsenmonéthyle

$$(C^2H^5)^2 As + I^3 = C^2H^5 I + (C^2H^5) As I^2.$$

Ce dernier produit, distillé avec 2 atomes d'iode, donne de l'iodure d'éthyle et de l'iodure d'arsenic.

L'iodure de cacodyle éthylique $I (C^2H^5)^2 As$ et l'iodure d'arsenmonéthyle $(C^2H^5) As I^2$, traités par l'oxyde d'argent, perdent tout leur iode en donnant des acides cristallisables de formules

$$As (C^2H^5)^2 H O^2 \text{ et } As (C^2H^5) H^2 O^3,$$

qui offrent la plus grande analogie avec les composés méthyliques correspondants (acides cacodylique $As (C H^3)^2 H O^2$ et arsenmonométhylique $As (C H^3) H^3 O^3$).

Nitrate d'éthylcacodyle,

$$(C^2H^5)^2 As . Az O^3,$$

et Sulfate d'éthylcacodyle,

$$[(C^2H^5)^2 As]^2 S O^4 + H^2 O.$$

Ils s'obtiennent en beaux cristaux par double décomposition opérée entre l'iodure précédent et le nitrate ou sulfate d'argent en solution alcoolique.

Acide éthylcacodylique,

$$(C^2H^5)^2 As H O^2.$$

— Il se forme par l'oxydation lente, au contact de l'air, du cacodyle éthylique pur ou en solution alcoolique; ou bien encore par l'action de l'oxyde de mercure sur le radical. La réaction se fait avec élévation de température; pour éviter la formation de l'éthylcacodylate de mercure, on fait intervenir un excès d'éthylcacodyle; ou bien on précipite le sel mercurique par un excès de baryte hydratée, qu'on enlève ensuite par l'acide carbonique. Le sel barytique est décomposé par l'acide sulfurique. On l'obtient encore en traitant l'iodure d'éthylcacodyle par l'oxyde d'argent. Le corps cristallise en feuillets blancs, transparents et brillants, de saveur acide et amère, à réaction acide, sans odeur, déliquescents, très-solubles dans l'eau et l'alcool, peu solubles dans l'éther. Il fond à 190° et cristallise par refroidissement; à une température plus élevée, il se décompose avec production d'acide arsénieux.

L'acide nitrique concentré, l'eau régale, l'acide sulfureux, le sulfate ferreux sont sans action; l'acide phosphoreux le réduit à chaud.

Éthylcacodylate de baryte,

$$[(C^2H^5)^2AsO^2]^2Ba''.(C^2H^5)^2AsHO^2.$$

— Il se forme directement en saturant l'acide éthylcacodylique par un excès de baryte et en précipitant cet excès par l'acide carbonique. Masse cristalline, incolore, déliquescente, très-soluble dans l'eau, peu soluble dans l'alcool. On ne connaît pas le composé $[(C^2H^5)^2AsO^2]^2Ba''$ représentant le sel neutre.

L'acide éthylcacodylique donne : avec l'acétate de plomb, un précipité blanc; avec le perchlorure de fer, un précipité brun pulvérulent; avec le sel de cuivre, un précipité verdâtre; avec le nitrate mercureux, un précipité blanc, insoluble dans l'acide nitrique étendu; avec le nitrate d'argent, un précipité jaune intense, très-soluble dans l'ammoniaque, se transformant en une poudre noire par la dessiccation. L'éthylcacodylate de mercuricum est soluble et déliquescent.

En ajoutant une solution alcoolique de sublimé à une solution alcoolique d'arsendiéthyle, en chauffant au bain-marie jusqu'à solution du précipité blanc qui se forme, et en laissant refroidir, on obtient un dépôt cristallin blanc, inodore, peu soluble dans l'eau et l'alcool froids, plus soluble à chaud. Au début, il se développe une odeur insupportable. La chaleur et l'acide nitrique concentré décomposent ce corps. Landolt représente sa composition par la formule

$$[(C^2H^5)^2As]Cl^3. 2\ (Hg''O).$$

Il se forme encore, dans cette réaction, d'autres produits moins bien étudiés.

Le corps rouge qui prend naissance au contact avec l'air d'une solution alcoolique d'arsendiéthyle correspond à l'*érythrarsin* du cacodyle méthylique. Il est insoluble dans l'eau, l'alcool et l'éther. Il brûle avec une flamme livide et se décompose par la distillation sèche.

3° TRIÉTHYLARSINE, $As(C^2H^5)^3$. — Liquide oléagineux, incolore, fortement réfringent. Densité, 1,151 à 16°,7; densité de vapeur trouvée, 5,278, calculée pour la formule $As(C^2H^5)^3$ correspondant à 2 volumes 5,627; bout à 140° (Cahours et Riche); insoluble dans l'eau, soluble dans l'alcool et l'éther. Il répand des fumées à l'air et s'enflamme spontanément si on le chauffe légèrement. Conservé dans l'eau, dans un flacon incomplétement bouché, il absorbe peu à peu l'oxygène et se convertit en oxyde d'éthylarsine $(C^2H^5)^3As.O$. La triéthylarsine pure se recouvre, dans un vase mal bouché, de beaux cristaux tabulaires, inodores, à réaction acide, solubles dans l'alcool et l'éther, insolubles dans l'eau qui les convertit en un liquide huileux; leur solution alcoolique donne avec le nitrate d'argent un précipité floconneux jaune.

L'acide nitrique concentré attaque énergiquement la triéthylarsine, avec production de lumière; si l'on affaiblit l'acide jusqu'à la densité de 1,42, il se forme de l'azotate de triéthylarsénium. L'acide sulfurique est réduit à l'état d'acide sulfureux.

La triéthylarsine représente le produit principal de l'action de l'iodure d'éthyle sur l'arséniure de sodium; on l'obtient à peu près pure en rectifiant le produit brut provenant de la distillation du mélange des deux corps, après réaction, et en recueillant ce qui passe entre 140° et 180°. Elle se forme encore : par l'action de l'amalgame de zinc sur l'iodure d'éthylarsine, ou en distillant plu-

sieurs fois sur de la potasse caustique, dans une atmosphère d'hydrogène, le produit de l'action de l'iodure d'éthyle sur l'arséniure de zinc.

COMBINAISONS DE TRIÉTHYLARSINE. — Elle s'unit à 2 atomes de chlore, de brome, d'iode, à 1 atome d'oxygène, de soufre, etc., et forme ainsi des corps dans lesquels les cinq atomicités de l'arsenic sont neutralisées.

Bromure, $(C^2H^5)^3As.Br^2$. — Il se forme directement par addition d'une solution alcoolique de brome à une solution également alcoolique du radical. Après avoir versé un léger excès de brome, on évapore au bain-marie. On obtient, par refroidissement, des cristaux jaunâtres, déliquescents, très-solubles dans l'eau et l'alcool, insolubles dans l'éther; saveur amère, odeur provoquant l'éternument. Il fond sous l'influence de la chaleur, et s'enflamme. Le chlore et l'acide azotique mettent du brome en liberté; l'acide sulfurique concentré dégage de l'acide chlorhydrique.

Chlorure. — Il semble se former par l'action de l'acide chlorhydrique sur l'oxyde de triéthylarsine, mais l'eau détruit la combinaison en précipitant l'oxyde.

En ajoutant une solution alcoolique de bichlorure de mercure à une solution alcoolique de triéthylarsine, tant qu'il se forme un précipité, en dissolvant ce précipité dans l'eau mère, grâce à une élévation convenable de température, il se sépare des aiguilles brillantes d'une combinaison de dichlorure d'arsentriéthyle avec le sous-oxyde de mercure $2\ [(C^2H^5)^3As.Cl^2].Hg^2O$.

Iodure, $(C^2H^5)^3As.I^2$. — Cahours et Riche ont obtenu en distillant le composé $(C^2H^5)^4AsI.AsI^3$, formé par l'action de l'iodure d'éthyle sur l'arsenic, un liquide bouillant entre 180° et 190°. Ce liquide, distillé avec de l'amalgame de zinc, donne, outre la triéthylarsine, de beaux cristaux d'iodure solubles dans l'alcool. Le même corps se précipite en flocons jaune de soufre par l'addition d'une solution éthérée d'iode à une solution éthérée de triéthylarsine. L'iodure est soluble dans l'eau et l'alcool, peu soluble dans l'éther; il s'altère rapidement en brunissant et en dégageant de l'iode. Sa solution aqueuse précipite les sels de plomb et d'argent (iodures de plomb et d'argent); l'acide nitrique le décompose ainsi que l'acide sulfurique; l'acide chlorhydrique chaud le dissout sans altération. La potasse le convertit en oxyde de triéthylarsine.

On connaît la combinaison

$$(C^2H^5)^3As.I^2 + (C^2H^5)\ I\ Zn.$$

C'est une masse cristalline qui se forme par l'action de l'iodure d'éthyle sur l'arséniure de zinc.

Oxyde, $(C^2H^5)^3As.O$. — Liquide jaunâtre, odeur alliacée, provoquant les larmes; insoluble dans l'eau et plus dense que l'eau, soluble dans l'alcool et l'éther et dans l'acide azotique moyennement concentré; il ne fume pas à l'air, mais il absorbe l'oxygène et se trouble.

L'oxyde de triéthylarsine prend naissance par l'oxydation directe et lente du radical. Il se prépare le mieux en procédant comme il suit. La masse résultant de l'action de l'iodure d'éthyle sur l'arséniure de sodium est épuisée par l'éther qui enlève la diéthylarsine, puis par l'alcool. La solution alcoolique est évaporée et le résidu est distillé en présence de l'air. Le liquide distillé se compose de deux couches, l'une aqueuse, l'autre huileuse. Cette dernière se partage à son tour, par le repos, en une couche épaisse renfermant l'iode et en un liquide surnageant plus mobile, composé essentiellement d'oxyde. Il suffit de le laver à l'eau et de le sécher sur du chlorure de calcium, pour l'obtenir pur. L'azotate de triéthylarsine se prépare par l'action de l'acide nitrique étendu sur l'oxyde ou le radical; il constitue des cristaux déliquescents.

Sulfure, $(C^2H^5)^3$ As S. — Beaux cristaux prismatiques, à saveur amère, inodores, inaltérables à l'air, fusibles un peu au-dessus de 100°. A une température plus élevée, le liquide bout en se décomposant. Le sulfure est soluble dans l'alcool, l'eau chaude et l'éther bouillant, très-peu soluble dans l'éther froid. L'acide nitrique concentré l'oxyde, l'acide chlorhydrique étendu dégage de l'hydrogène sulfuré, avec production de chlorure. La potasse bouillante ne l'attaque pas; le nitrate d'argent (solution aqueuse) donne un précipité noir de sulfure. Les sels de plomb et de cuivre sont sans action. Le sulfure de triéthylarsine se forme directement ou par l'action de l'oxyde de triéthylarsine sur le quintisulfure. Pour le préparer, il suffit de faire bouillir avec de la fleur de soufre une solution éthérée de triéthylarsine et de décanter le liquide bouillant; le corps cristallise par refroidissement et se purifie facilement par une nouvelle cristallisation dans l'alcool ou l'eau. L'évaporation spontanée de sa solution éthérée chaude le fournit en très-beaux cristaux.

4° TÉTRÉTHYLARSONIUM. — La triéthylarsine s'unit directement à l'iodure d'étyle, comme son analogue la triéthylamine, et donne l'iodure de *tétréthylarsonium* $(C^2H^5)^4$ As I. La réaction s'effectue au bout de quelques heures et se fait mieux à froid qu'à chaud. L'iodure traité par l'oxyde d'argent donne un hydrate

$$(C^2H^5)^4 As.OH$$

susceptible de réagir directement sur les acides. La concordance avec la série des amines se révèle ici très-nettement. Les combinaisons du tétréthylarsonium sont généralement solides, facilement cristallisables, solubles dans l'eau, à saveur amère, sans odeur et inoffensifs. Le radical lui-même n'a pas encore été isolé.

Bromure, $(C^2H^5)^4$ As.Br, — Cristaux blancs déliquescents, solubles dans l'eau et l'alcool. Se comporte comme les bromures alcalins avec les acides sulfurique, chlorhydrique, azotique et avec les sels métalliques. Se prépare par l'action de l'acide bromhydrique sur l'hydrate d'oxyde.

Chlorure, $(C^2H^5)^4$ As.Cl $+ 4$ H^2O. — Cristaux incolores, déliquescents, solubles dans l'eau et l'alcool, insolubles dans l'éther. Il fond à chaud dans son eau de cristallisation et se décompose en la perdant. L'acide sulfurique dégage de l'acide chlorhydrique; le nitrate d'argent donne un précipité de clorure d'argent; avec le sublimé, il se forme un sel double. Se forme par l'action de l'acide chlorhydrique sur l'hydrate d'oxyde.

Chloroplatinate, 2 $[(C^2H^5)^4$ As Cl]. Pt Cl⁴. — Précipité cristallin jaune orangé formé par le chlorure platinique, dans une solution concentrée de chlorure de tétréthylarsonium. Peu soluble dans l'eau froide, plus soluble à chaud.

Iodure, $(C^2H^5)^4$ As.I. — Longues aiguilles incolores, solubles dans l'eau et l'alcool, insolubles dans l'éther et l'alcool éthéré. L'acide nitrique le décompose avec mise en liberté d'iode; l'acide sulfurique dégage de l'iode, de l'acide iodhydrique et de l'acide sulfureux. Le composé rouge, cristallisé en magnifiques tables, formé par l'action de l'iodure d'éthyle sur l'arsenic, peut être considéré comme formé d'une combinaison d'iodure d'arsenic et d'iodure d'arsénéthylium

$$(C^2H^5)^4 As.I + As I^3;$$

soumis à la distillation sèche, il donne de l'iodure de diéthyle et de l'iodure de triéthylarsine. Pour le préparer, on chauffe en vase clos, à 160° ou 170°, un mélange d'arsenic et d'iodure d'éthyle

Cahours, *Ann. de Chim. et de Phys.,* (3), t. LXII, p. 301]. L'arsenic disparaît peu à peu, et l'on obtient un liquide brun qui se prend par le refroidissement en une masse cristallisée en belles tables brun rougeâtre. Il est soluble dans l'alcool bouillant et s'en sépare par l'évaporation en aiguilles minces, rougeâtres. Sous l'influence d'une lessive bouillante et concentrée de potasse caustique, on obtient une huile incolore qui se concrète par refroidissement. On laisse cette masse exposée à l'air pour carbonater la potasse; en reprenant par l'alcool bouillant, on obtient des prismes incolores d'iodure d'arsénéthylium. Celui-ci distillé à plusieurs reprises sur des fragments de potasse laisse dégager de l'arsentriéthyle pur.

En chauffant de 170° à 175°, pendant vingt-quatre heures et en tube scellé, un mélange d'arséniure de zinc et d'iodure d'éthyle, en épuisant la masse solide par l'alcool, on obtient par l'évaporation spontanée des prismes brillants jaunâtres, terminés par des pointements pyramidaux. Ces cristaux représentent une combinaison d'iodure de zinc et d'iodure d'arsénéthylium $[(C^2H^5)^4 As I]^2$. Zn″I². Une lessive concentrée de potasse le dédouble en iodure de potassium, zincate de potasse et iodure de tétréthylarsonium. Avec l'iodure de cadmium, on obtient dans les mêmes conditions le composé $[(C^2H^5)^4 As I]^2$. Cd I² dont les propriétés sont analogues.

L'iodure d'arsénéthylium en solution alcoolique étant mélangé à deux équivalents d'iode, on obtient une poudre noirâtre qui se dissout à l'ébullition et cristallise par refroidissement en aiguilles brunes à éclat métallique, semblables aux cristaux d'hypermanganate de potasse, peu solubles à froid dans l'eau et l'alcool, peu solubles dans l'éther. Leur composition est représentée par la formule $(C^2H^5)^4 As I^3$ (triodure de tetréthylarsonium). La distillation sèche le dédouble en iodure d'éthyle et l'iodure de cacodyle éthylique :

$$As(C^2H^5)^4 I^3 = 2 (C^2H^5) I + As (C^2H^5)^2 I.$$

La réaction la plus intéressante de l'iodure d'arsénethylium est celle avec l'oxyde d'argent précipité, en présence de l'eau. Celui-ci est attaqué avec production d'iodure d'argent et d'hydrate d'arsénéthylium :

$$2 (C^2H^5)^4 As I + Ag^2O + H^2O$$
$$= 2 I Ag + 2 (C^2H^5)^4 As.OH.$$

Hydrate, $(C^2H^5)^4$ As.OH. — Le liquide filtré, provenant de la réaction précédente, concentré à sec, à l'abri de l'air, donne une masse incolore, fortement alcaline, attirant fortement l'humidité et l'acide carbonique de l'atmosphère. L'hydrate de tétréthylarsine chasse l'ammoniaque des sels ammoniacaux et précipite les oxydes métalliques.

Bisulfate,

$$(C^2H^5)^4 As \left.\begin{matrix} H \\ \end{matrix}\right\} SO^4.$$

— Cristaux solubles dans l'eau et l'alcool, insolubles dans l'éther. On l'obtient en traitant l'iodure par le sulfate d'argent, en présence d'un excès d'acide sulfurique, en filtrant et en évaporant.

COMPOSÉS DÉRIVÉS DE L'ACTION DU DIBROMURE D'ÉTHYLÈNE SUR LA TRIÉTHYLARSINE [Hofmann, *Compt. rend. de l'Acad. des sciences,* t. LII, p. 501 et suiv.].

Bromure de brométhyl-triéthylarsonium,

$$[C^2H^4Br. (C^2H^5)^3 As] Br \quad \text{ou} \quad C^8H^{19} As Br^2.$$

— On laisse digérer, à une température ne dépassant pas 50°, un mélange de triéthylarsine et de dibromure d'éthylène $C^2 H^4 Br^2$. On traite par l'eau la masse résultant de la réaction, et l'on obtient le bromure par l'évaporation, sous forme de très-beaux cristaux (dodécaèdres rhombiques); leur forme est la même que celle du bromure de brométhyl-triéthylphosphonium. Il est très-soluble dans l'alcool bouillant, peu soluble dans l'alcool froid, ce qui permet de le purifier facilement.

Chloroplatinate de brométhyl-triéthylarsonium,

$$[(C^2 H^4 Br)(C^2 H^5)^3 As]^2 Cl^2 . Pt Cl^4.$$

— Pour le préparer, on commence par transformer le bromure en chlorure au moyen du chlorure d'argent et l'on ajoute à la solution du chlorure de platine. Il cristallise en belles aiguilles, difficilement solubles dans l'eau froide et même dans l'eau bouillante.

Vinyl-triéthylarsonium. — Le bromure de brométhyl-triéthylarsonium perd la moitié de son brome sous l'influence du nitrate d'argent, l'autre moitié résiste à cette influence, mais peut être éliminée lorsqu'on fait réagir l'oxyde d'argent. Ainsi, en chauffant la solution de bromure de brométhyl-triéthylarsonium avec un excès d'oxyde d'argent, on a

$$[(C^2 H^4 Br)(C^2 H^5)^3 As] Br + Ag^2 O$$
$$= 2 BrAg + (C^2 H^3)(C^2 H^5)^3 As . O H.$$

En effet, le liquide fortement alcalin que l'on obtient ainsi étant neutralisé par l'acide chlorhydrique et précipité par le chlorure de platine, il se précipite un sel double cristallisable en beaux octaèdres assez solubles, correspondant à la formule :

$$[(C^2 H^3)(C^2 H^5)^3 As]^2 Cl^2 . Pt Cl^4.$$

M. Hofmann admet qu'il se forme d'abord un composé hydroxyl-éthylénique correspondant à celui de la série du phosphore :

$$[(C^2 H^4 Br)(C^2 H^5)^3 As] Br + Ag^2 O + H^2 O$$
$$= 2 Br Ag + [(C^2 H^5 O)(C^2 H^5)^3 As] . O H ;$$

et celui-ci se décomposerait d'après l'équation

$$(C^2 H^5 O)(C^2 H^5)^3 As . O H$$
$$= H^2 O + (C^2 H^3)(C^2 H^5)^3 As . O H.$$

Bien que dans la plupart des digestions de l'oxyde d'argent avec le bromure de brométhyl-arsonium on ait vu se former, même à la température ordinaire, le composé vinylique, l'existence du corps hydroxyl-éthylénique est probable, car dans des circonstances encore mal définies l'action de l'oxyde d'argent a donné lieu à un sel platinique octaédrique dont la composition était celle du corps hydroxyl-éthylénique.

Éthylène-hexéthyl-diarsonium. — A 100°, la triéthylarsine agit lentement sur le bromure de brométhyl-triarsonium, tandis qu'à 150° la combinaison, par addition directe des deux produits, s'effectue en deux heures. On obtient

$$\left[(C^2 H^4)'' \left\{ \begin{array}{l} (C^2 H^5)^3 As \\ (C^2 H^5)^3 As \end{array} \right] Br^2 . \right.$$

Le dibromure d'éthylène-hexéthyl-diarsonium, traité par l'oxyde d'argent, donne le composé fortement basique

$$C^{14} H^{36} As^2 O^2 = (C^2 H^4)(C^2 H^5)^6 As^2 . 2 (O H),$$

d'après l'équation

$$[(C^2 H^4)''(C^2 H^5)^6 As^2] Br^2 + H^2 O + Ag^2 O$$
$$= 2 Ag Br + (C^2 H^4)''(C^2 H^5)^6 As^2 . 2 (O H).$$

Cet oxyde réagit sur les acides en donnant de très-beaux sels. On a analysé : le *chloroplatinate*

$$[(C^2 H^4)(C^2 H^5)^6 As^2] Cl^2 . Pt Cl^4$$

qui est un précipité cristallin jaune, soluble dans l'acide chlorhydrique, d'où il se sépare en cristaux ; le sel d'or ou *chloraurate*

$$[(C^2 H^4)(C^2 H^5)^6 As^2] Cl^2 . 2 Au Cl^3,$$

composé jaune, faiblement cristallin, soluble dans l'acide chlorhydrique qui le dépose, par refroidissement, sous forme de lames jaune d'or. Il se précipite quand on verse du trichlorure d'or dans le dichlorure obtenu après la séparation du platine.

Arsammonium éthylène-triéthylique. — Le bromure de triéthylarsonium brométhyle s'unit directement à l'ammoniaque et aux monoamines. Ainsi, avec l'ammoniaque à 100°, on obtient au bout de deux heures le composé

$$\left[(C^2 H^4) \left\{ \begin{array}{l} (C^2 H^5)^3 As \\ H^3 Az \end{array} \right] Br^2 . \right.$$

Ce sel, chauffé avec l'oxyde d'argent, donne une base caustique et stable

$$(C^2 H^4)(C^2 H^5)^3 As . H^3 Az . 2 (O H).$$

M. Hofmann a analysé le chloroplatinate

$$[(C^2 H^4)(C^2 H^5)^3 As H^3 Az] Cl^2 . Pt Cl^4,$$

précipité jaune, difficilement soluble dans l'eau bouillante, soluble dans l'acide chlorhydrique concentré chaud, et cristallisant par refroidissement sous forme d'aiguilles. Le chlorure d'arsammonium triéthyl-éthylénique, retiré du composé platinique, donne avec le trichlorure d'or un précipité jaune, soluble dans l'acide chlorhydrique et se déposant, par refroidissement, en lames jaune d'or :

$$[(C^2 H^4)(C^2 H^5)^3 As . H^3 Az] Cl^2 . 2 Au Cl^3.$$

Phospharsonium éthylène-hexéthylique [Hofmann, *Compt. rend. de l'Acad. des sciences,* t. II, p. 313]. — En chauffant pendant vingt-quatre heures à 100°, dans un tube scellé, un mélange de bromure de brométhyl-triéthyl-phosphonium et de triéthylarsine, on obtient une masse cristalline composée de dibromure d'éthylène phospharsonium hexéthylique formé par addition directe

$$[(C^2 H^4 Br)(C^2 H^5)^3 Ph] Br + (C^2 H^5)^3 As$$
$$= \left[(C^2 H^4) \left\{ \begin{array}{l} (C^2 H^5)^3 Ph \\ (C^2 H^5)^3 As \end{array} \right] Br^2 . \right.$$

Traité à froid par l'oxyde d'argent, ce sel se convertit en dioxyde dont les propriétés physiques et chimiques rappellent entièrement celles des composés de phosphammonium éthylène hexéthylique. Les sels correspondants sont cristallisables. Le dichlorure s'unit aux chlorures d'étain, d'or et de platine, pour donner des composés cristallisables. Le chloroplatinate est très-peu soluble dans l'eau, soluble dans l'acide chlorhydrique concentré, d'où il se sépare en beaux cristaux jaune orangé. La base de ces sels se décompose par la distillation sèche d'après l'équation

$$\left. \begin{array}{l} (C^2 H^4)(C^2 H^5)^6 Ph, As \\ H^2 \end{array} \right\} O^2$$
$$= (C^2 H^5)^3 As + (C^2 H^5 O)(C^2 H^5)^3 Ph . O H$$

Triéthylarsine.   Hydrate de triéthyl-phosphonium hydroxyl-éthylénique.

ARSENMÉTHYLES.

[Cadet, *Mémoires des savants étrangers,* t. III, p. 633; — Thenard, *Ann. de Chim. et de Phys.,*

t. LII, p. 54; — Bunsen, *Ann. de Chim. et de Phys.*, t. XL, p. 219; t. XLII, p. 145; *Ann. der Chem. u. Pharm.*, t. XXIV, p. 275; t. XXXI, p. 171; t. XXXVII, p. 1; t. XLII, p. 14; t. XLVI, p. 1; — Dumas, *Ann. de Chim. et de Phys.*, (3), t. VIII, p. 302; — Cahours et Riche, *Compt. rend. de l'Académie des sciences*, t. XXXII, p. 1001; t. XXXIX, p. 541; — Cahours, *Ann. de Chim. et de Phys.*, (3), t. LXII, p. 291 et suiv. — Bayer, *Ann. der Chem. u. Pharm.*, t. CV, p. 205; t. CVII, p. 257.]

On connaît les composés :

$$\text{AsMe, AsMe}^2\text{, AsMe}^3\text{, AsMe}^4$$
$$(\text{Me} = \text{CH}^3 \text{ méthyle}),$$

les uns en liberté, les autres seulement en combinaison.

1° ARSENMONOMÉTHYLE, AsMe ou As(CH^3). — En soumettant l'acide cacodylique As(CH^3)^{2}HO^2 à l'action prolongée de l'acide chlorhydrique, il se scinde en eau, chlorure de méthyle et bichlorure d'arsenmonométhyle :

$$\text{As(CH}^3)^2\text{HO}^2 + 3\,\text{ClH}$$
$$= 2\,\text{H}^2\text{O} + \text{CH}^3\text{Cl} + \text{As(CH}^3)\text{Cl}^2.$$

De même en faisant réagir 2 atomes d'iode sur 1 molécule d'iodure de cacodyle ou 3 atomes d'iode sur une molécule de cacodyle libre, il se forme de l'iodure de méthyle et de l'iodure d'arsenmonométhyle :

$$\text{As(CH}^3)^2\text{I} + \text{I}^2 = \text{CH}^3\text{I} + \text{As(CH}^3)\text{I}^2,$$
$$\text{As(CH}^3)^2 + \text{I}^3 = \text{CH}^3\text{I} + \text{As(CH}^3)\text{I}^2.$$

Dans l'un et l'autre cas, on substitue le chlore ou l'iode atome pour atome au méthyle et le groupement stable AsA^3 se maintient.

Bichlorure, AsMeCl^2. — Liquide incolore, pesant, bouillant à 133°. Un peu soluble dans l'eau, indécomposable par ce liquide. Ses vapeurs sont extrêmement irritantes; se forme par l'action prolongée de l'acide chlorhydrique sur l'acide cacodylique.

Tétrachlorure, AsMeCl^4. — Le dichlorure dissous dans le sulfure de carbone et refroidi à — 10° absorbe le chlore en donnant de gros cristaux de tétrachlorure. Ils sont instables; dès qu'on sort le vase du mélange réfrigérant, ils se dédoublent en chlorure de méthyle et chlorure d'arsenic

$$\text{AsMeCl}^4 = \text{ClMe} + \text{AsCl}^3.$$

Biiodure, AsMeI^2. — Se forme par l'action de l'acide iodhydrique sur l'oxyde, ou par la distillation de l'iodure de cacodyle avec 2 atomes d'iode. Corps solide, cristallisé en longues aiguilles jaunes, fusibles à 25°; volatil sans décomposition au-dessus de 200°. Peu soluble dans l'eau, soluble dans l'alcool, l'éther et le sulfure de carbone.

Oxyde, AsMeO. — Obtenu par l'évaporation spontanée de sa solution dans le sulfure de carbone, il se présente sous forme de grands cristaux cubiques, denses, inaltérables à l'air; odeur rappelant l'asa fetida; fusibles à 95°. Soluble dans l'eau froide et chaude, dans l'alcool, l'éther, le sulfure de carbone. Il devient, à la longue, spontanément opaque et semblable à de la porcelaine. La potasse caustique le dédouble en acide arsénieux et oxyde de cacodyle sous l'influence de la distillation :

$$4\,(\text{AsMeO}) = \text{As}^2\text{O}^5 + \text{As}^2\text{Me}^4\text{O}.$$

L'acide chlorhydrique le convertit en dichlorure de monométhylarsine. Les oxydants (acide azotique, oxyde d'argent, oxyde de mercure) le changent en acide arsénomonométhylique AsMeH^{2}O^3 :

$$\text{AsMeO} + \text{H}^2\text{O} + \text{O} = \text{AsMeH}^2\text{O}^3.$$

On prépare l'oxyde d'arsémonométhyle en décomposant, sous l'eau, le chlorure correspondant par du carbonate de potasse; l'acide carbonique se dégage. Le résidu est épuisé par l'alcool absolu et la solution est distillée dans un courant d'acide carbonique. Il reste un liquide oléagineux qui se prend en masse cristalline par le refroidissement.

Sulfure, AsMeS. — Paillettes brillantes ou petits prismes insolubles dans l'eau, solubles dans l'alcool et l'éther et surtout dans le sulfure de carbone; fond à 110° et se décompose à une température plus élevée. On l'obtient en traitant le dichlorure d'arsémonométhyle par l'hydrogène sulfuré.

ACIDE ARSÉNOMONOMÉTHYLIQUE,

$$\text{AsMeH}^2\text{O}^3 = [\text{As(CH}^3)\text{O}]'' . 2\,(\text{OH})$$
$$\text{ou } [\text{As(CH}^3)]^{IV}\text{O}'' . (\text{OH})^2.$$

— Soluble dans l'alcool bouillant d'où il se dépose en gros cristaux lancéolés anhydres. Pour le préparer, on fait réagir un excès d'oxyde d'argent sur le dichlorure d'arséno-monométhyle. Il se forme du chlorure d'argent et de l'oxyde; par une action ultérieure, celui-ci réduit encore de l'oxyde métallique en se changeant en acide arséno-monométhylique. On peut aussi traiter l'oxyde par de l'oxyde de mercure. Dans l'un ou l'autre cas, le liquide résultant est saturé par de la baryte; on écarte l'excès de baryte par l'acide carbonique, on évapore et on reprend par un peu d'eau. L'addition d'alcool précipite le sel barytique sous forme d'aiguilles incolores

$$\text{AsMeBa}''\text{O}^3 + 10\,\text{H}^2\text{O}.$$

En versant du nitrate d'argent dans la solution aqueuse d'arséno-monométhylate de baryte, on obtient un précipité argentique (AsMe)Ag^{2}O^3. Le sel de baryte décomposé par une quantité équivalente d'acide sulfurique fournit l'acide libre.

On doit à M. Bacyer la connaissance de cette série intéressante de composés arséno-monométhyliques dont le radical n'a pas encore été isolé.

ARSENDIMÉTHYLE ou CACODYLE,

$$\text{AsMe}^2 = \text{As(CH}^3)^2 = \text{Kd}$$
$$\text{ou à l'état de liberté } \text{Kd}^2 = \left.\begin{array}{l}\text{AsMe}^2 \\ \text{AsMe}^2\end{array}\right\}.$$

— Liqueur fumante de Cadet.

Le radical connu sous le nom de cacodyle (de κακός, mauvais, et ὄζειν, sentir) se trouve en mélange avec de l'oxyde de cacodyle dans l'alkarsine ou liqueur fumante de Cadet, découverte en 1760 par Cadet et obtenue par la distillation sèche d'un mélange d'acide arsénieux et d'acétate de potasse. Bunsen l'a isolé pour la première fois en 1842, à l'état de pureté, par l'action du zinc sur le chlorure de cacodyle et a reconnu son rôle de radical composé. Cahours et Riche, en le préparant par l'action de l'iodure de méthyle sur un excès d'arséniure de sodium riche en métal alcalin, ont nettement établi sa constitution chimique.

Le cacodyle pur constitue un liquide incolore, assez mobile, réfringent, insoluble dans l'eau, soluble dans l'alcool, l'éther et l'acide sulfurique. Odeur fétide alliacée. Bout à 170° et se solidifie à — 6° en une masse semblable à de la glace. Si le refroidissement est progressif, il cristallise en gros prismes quadrangulaires. Densité de vapeur trouvée, 7,101; elle correspond à 2 volumes pour la formule 2 AsMe^2 (calculée 7,255).

Au contact de l'air, il s'enflamme spontanément et brûle avec une flamme livide en donnant de l'acide carbonique, de l'eau et de l'acide arsénieux. Si l'oxygène est en quantité insuffisante, il se forme de l'érythrarsin et de l'arsenic métallique. Si l'accès de l'air est assez ménagé, pour éviter l'inflammation, on obtient de l'oxyde de cacodyle et de l'acide cacodylique. Le cacodyle s'unit directement à l'oxygène, au soufre, au chlore, au brome, à l'iode (en plusieurs proportions); au bromure, au chlorure ou à l'iodure de méthyle et d'éthyle; au sulfate d'éthyle, à l'iodure d'amyle, au propylène iodé. L'acide nitrique le convertit en nitrate d'oxyde de cacodyle. Il réduit le chlorure de mercure avec production de chlorure double de cacodyle et de mercure. Chauffé entre 400° et 500° dans une cloche au-dessus de l'acide sulfurique, il donne de l'arsenic et un mélange d'hydrogène bi- et protocarboné :

$$2[(CH^3)^2As] = As^2 + C^2H^4 + 2CH^4.$$

La grande affinité du cacodyle pour l'oxygène de l'air augmente considérablement les difficultés de la préparation de ce corps à l'état de pureté. On fait réagir, à cet effet, le zinc sur le chlorure de cacodyle pur, à une température de 100°. La réaction est favorisée par le fait que le chlorure de zinc engendré est soluble dans le liquide; le métal reste donc toujours avec une surface nette, en contact avec le chlorure de cacodyle. On obtient à la fin une masse solide. Celle-ci est traitée par l'eau; le chlorure de zinc se dissout, tandis que le cacodyle tombe au fond avec l'excès de zinc; on le dessèche sur du chlorure de calcium et on le rectifie plusieurs fois. Le produit distillé étant refroidi à — 6° donne des prismes dont on sépare le reste du liquide non figé. Ces cristaux représentent le produit pur. Toutes ces opérations doivent être faites en évitant autant que possible l'accès de l'air. Pour les détails des précautions à prendre, voir le mémoire original de Bunsen [*loc. cit.*]. On obtient encore le cacodyle en réduisant son sulfure à 200° ou 300° par le mercure.

Bromure de cacodyle. Bromarsine,

$$As\,Me^2Br = Kd\,Br.$$

— Liquide oléagineux jaune, non fumant, semblable au chlorure. Le mercure le réduit à 200° ou 300° en isolant du cacodyle. On l'obtient par la distillation du chloromercurate de cacodyle avec une solution concentrée d'acide bromhydrique. Chauffé avec de l'eau, il se dédouble en acide bromhydrique et en un *oxybromure* dont la formule, d'après Bunsen, serait $6\,Kd\,Br + Kd^2O$. Ce même produit se forme par la distillation répétée de l'oxyde de cacodyle avec l'acide bromhydrique concentré. C'est un liquide jaune, insoluble dans l'eau, fumant à l'air, devenant incolore à chaud et jaune par refroidissement. Le bromure $Kd\,Br$ peut fixer encore 2 atomes de brome et se convertir en tribromure d'arsendiméthyle $As\,Me^2Br^3$. Ce groupement est instable et se scinde facilement en bromure de méthyle et en dibromure d'arsémonométhyle.

Chlorure de cacodyle. Monochlorure ou chlorarsine, $As\,Me^2Cl$. — Liquide incolore, plus dense que l'eau, insoluble dans l'eau et l'éther, très-soluble dans l'alcool; odeur forte, pénétrante et étourdissante. La vapeur attaque et affecte vivement les muqueuses. Bout un peu au-dessus de 100°; ne se solidifie pas à — 46°. Densité de vapeur, 4,85. Chauffé au contact de l'air, il s'enflamme en donnant des vapeurs d'acide chlorhydrique.

Le nitrate d'argent précipite tout le chlore d'une solution alcoolique de chlorure de cacodyle. Une solution alcoolique de potasse le décompose également en lui enlevant son chlore, en même temps qu'il se forme un liquide éthéré soluble dans l'eau et l'alcool (aréthose de Laurent). Il absorbe le gaz ammoniac sec et se convertit en une masse solide blanche, qui, traitée par l'alcool, laisse un résidu de sel ammoniac. Les acides faibles sont sans action sur lui; les acides

sulfurique et phosphorique en séparent de l'acide chlorhydrique. Il s'enflamme au contact du chlore gazeux; si l'on dirige un courant de chlore gazeux à la surface d'une dissolution de chlorure de cacodyle dans le sulfure de carbone refroidi, on obtient des cristaux de trichlorure $As\,Me^2Cl.Cl^2$; par l'action ménagée du brome, il se forme du bromochlorure $As\,Me^2Cl.Br^2$. Le monochlorure s'obtient pur en distillant du chloromercurate de cacodyle avec de l'acide chlorhydrique très-concentré; le produit brut débarrassé d'eau et d'acide chlorhydrique, par son contact avec le chlorure de calcium et la chaux, est distillé dans une atmosphère d'acide carbonique. Le chlorure de cacodyle prend aussi naissance par la distillation d'un mélange d'oxyde de cacodyle et d'acide chlorhydrique. Par l'action d'un excès de gaz chlorhydrique sec sur l'oxyde de cacodyle, on obtient deux couches; l'une supérieure, fluide, est du chlorure de cacodyle; la seconde, épaisse, visqueuse, est une combinaison d'eau et de chlorure de cacodyle; en effet, le chlorure de calcium s'y liquéfie en mettant du chlorure en liberté. Le chlorure de cacodyle, chauffé avec de l'eau, donne un oxychlorure. Ce même corps prend naissance par l'action d'une solution d'acide chlorhydrique sur l'oxyde de cacodyle; c'est un liquide fumant, assez semblable au chlorure et bouillant à 100°. Formule probable, $6\,Kd\,Cl.Kd^2O$. Le chlorure de cacodyle s'unit à plusieurs chlorures métalliques; ses combinaisons les plus stables sont 1° le chlorocuivrite

$$2\,Kd\,Cl.(\overset{''}{Cu^2})Cl^2;$$

il s'obtient sous forme d'un volumineux précipité blanc, par addition d'une solution chlorhydrique de chlorure cuivreux à de l'oxyde de cacodyle. On le lave à l'acide chlorhydrique concentré, puis à l'eau, à l'abri de l'air; 2° le chloroplatinate

$$2\,Kd\,Cl.PtCl^4$$

est un précipité rouge-brique qui se forme par l'addition d'une solution alcoolique de bichlorure de platine à une solution alcoolique de chlorure de cacodyle. Il se dissout dans l'eau et donne une solution jaunâtre, d'où se séparent par concentration des aiguilles blanches d'une combinaison cacodyloplatinique

$$C^4H^8Pt\,As^2Cl^3 + 2H^2O.$$

Ce nouveau corps serait le chlorure d'un cacodyle dans lequel 4 atomes d'hydrogène seraient remplacés par leur équivalent de platinicum :

$$2(C^2H^6As\,Cl) + \overset{IV}{Pt}Cl^4$$
$$= 4HCl + C^4H^8\overset{IV}{Pt}As^2Cl^2$$

On a obtenu le bromure et l'iodure de cacoplatyle en mélangeant des solutions de bromure ou d'iodure de potassium avec une solution chaude de chlorure. Par l'action du sulfate d'argent sur le chlorure, on obtient le sulfate de cacoplatyle. Ces sels cristallisent facilement et se décomposent par la chaleur.

Trichlorure, $Kd\,Cl^3$. — Se forme par l'action ménagée du chlore sur une solution froide de chlorure de cacodyle dans le sulfure de carbone, ou par l'action du perchlorure du phosphore sur l'acide cacodylique :

$$(CH^3)^2As\,HO^2 + 2Ph\,Cl^5$$
$$= 2Ph\,Cl^3O + HCl + (CH^3)^2As\,Cl^3.$$

Corps solide cristallin, soluble dans l'éther anhydre, se décompose en présence de l'alcool en chlorure d'éthyle et en un composé de formule $As(CH^3)^2O^2H^2Cl$ (perchlorure de cacodyle basique de Bunsen). L'eau le décompose en acide chlorhydrique et acide cacodylique; à l'air humide, il se convertit en perchlorure basique. Le perchlorure prend encore naissance dans l'action de l'acide chlorhydrique sur l'acide cacodylique, mais il est difficile de l'obtenir pur par ce moyen.

IODURE, KdI, iodarsine. — Liquide fluide, jaunâtre; odeur pénétrante et désagréable; bout à une température beaucoup plus élevée que 100°; ne se solidifie pas à — 10°; s'oxyde lentement à l'air en donnant des cristaux d'acide cacodylique. L'acide sulfurique et l'acide nitrique mettent l'iode en liberté. On l'obtient en distillant de l'oxyde de cacodyle avec une solution concentrée d'acide iodhydrique. Le produit se sépare en deux couches, l'une aqueuse, l'autre huileuse; cette dernière, refroidie, fournit des tables rhomboïdales transparentes d'iodure basique

$$6\,KdI + Kd^2O,$$

fusibles au-dessous de 100° et très-oxydables. Cet iodure basique, comme l'iodure lui-même, est insoluble dans l'eau, soluble dans l'alcool et l'éther. Après cristallisation de l'iodure basique, on sépare la partie fluide et on la distille dans une atmosphère d'acide carbonique, après l'avoir séchée sur du chlorure de calcium et de la chaux.

FLUORURE, KdFl. — Liquide incolore, insoluble dans l'eau, d'odeur insupportable, obtenu en distillant le chloromercurate de cacodyle avec l'acide fluorhydrique concentré. Il attaque le verre.

CYANURE, KdCy. — Liquide éthéré, très-réfringent au-dessus de 33°, se solidifie à 32°5 en très-beaux cristaux brillants, adamantins. Par la sublimation spontanée dans un tube fermé, à la température ordinaire, on l'obtient sous forme de très-beaux prismes quadrangulaires. Il bout à 140°. Peu soluble dans l'eau, soluble dans l'alcool et l'éther. Ce corps est extrêmement véneneux; sa vapeur répandue dans l'atmosphère provoque des étourdissements et la syncope; aussi faut-il user de grandes précautions dans son maniement et sa préparation. Le nitrate d'argent donne un précipité blanc de cyanure d'argent; le chlorure mercurique donne un précipité de chloromercurate de cacodyle. Il brûle facilement avec une flamme rouge. Il se forme, par la distillation, de l'oxyde de cacodyle avec l'acide cyanhydrique concentré.

Pour le préparer, on mélange une solution concentrée de cyanure de mercure et de l'oxyde de cacodyle; du mercure métallique devient libre et il se produit du cyanure de cacodyle et de l'acide cacodylique. Par la distillation, on obtient de l'eau et une couche huileuse sous-jacente qui se fige en beaux cristaux. Ceux-ci exprimés entre des doubles de papier sont distillés sur de la baryte caustique dans une atmosphère d'acide carbonique.

OXYDE DE CACODYLE, Kd²O ou (CH³)⁴As²O. — Il forme la majeure partie de la liqueur de Cadet ou alkarsine.

Propriétés. — Liquide incolore, réfringent, insoluble dans l'eau, soluble dans l'alcool et l'éther; odeur insupportable et persistante, provoque le larmoiement; ses vapeurs sont vénéneuses. Se solidifie à —25° en écailles soyeuses; bout vers 150°. Densité, 1,462 à 15°. Densité de vapeur, 7,81 correspondant à 2 volumes.

L'oxyde de cacodyle est spontanément inflammable à l'air. Conservé sous l'eau dans un flacon mal bouché, il absorbe peu à peu l'oxygène en se transformant en acide cacodylique. Le chlore et le brome l'attaquent avec incandescence. L'iode, le phosphore et le soufre s'y dissolvent facilement; le premier donne un liquide incolore qui dépose des cristaux blancs. Il s'unit aux acides azotique, sulfurique, phosphorique. Avec l'acide nitrique fumant, la réaction est très-vive, accompagnée de dégagement de lumière et d'explosion.

Il réduit l'oxyde et le cyanure de mercure. Les hydracides halogènes le convertissent en composés halogènes du cacodyle.

Préparation. — Un mélange intime de parties égales d'acide arsénieux anhydre et d'acétate de potasse sec (1 kilog. de chaque) est introduit dans une cornue communiquant avec un réfrigérant de Liebig, à la suite duquel est fixé un flacon bitubulé à moitié rempli d'eau. La seconde tubulure porte un tube conduisant les gaz fétides loin de l'opérateur. On élève graduellement la température au moyen d'un bain de sable. Il se dégage de l'acide carbonique, de l'hydrogène protocarboné et de l'éthylène, et il se condense dans le flacon, sous l'eau, une couche huileuse souillée par de l'arsenic métallique. Le liquide huileux est lavé à l'abri de l'air, distillé dans un courant d'acide carbonique, séché sur la baryte et distillé une seconde fois (pour les précautions minutieuses à prendre, voir le mémoire de Bunsen, *loc. cit.*).

Les combinaisons d'oxyde de cacodyle avec les acides *phosphorique* et *azotique* s'obtiennent sous forme de liquides visqueux acides, à odeur fétide, incristallisables, par l'union directe de l'oxyde de cacodyle avec l'acide.

Nitrate d'argent et oxyde de cacodyle. — Précipité blanc grenu, cristallin, obtenu par l'action du nitrate d'argent sur une solution étendue de nitrate de cacodyle. Il fait explosion vers 100°.

Sulfate de cacodyle. — Masse cristalline blanche formée de fines aiguilles groupées concentriquement; odeur très-désagréable, réaction acide. Se forme par l'union directe de l'oxyde de cacodyle et de l'acide sulfurique monohydraté.

Bromomercurate d'oxyde de cacodyle,

$$(\overset{''}{H}gBr^2)^2Kd^2O.$$

— Poudre cristalline blanche. Ses propriétés et sa préparation sont celles du chloromercurate.

Chloromercurate d'oxyde de cacodyle,

$$(\overset{''}{H}gCl^2)^2Kd^2O.$$

— Corps solide incolore, soluble dans 476 p. d'eau à 18° et 29 p. d'eau chaude, soluble dans l'alcool froid et chaud. Il se dépose par le refroidissement de ses solutions aqueuses sous forme d'écailles cristallines brillantes ou de tables rhombiques de 60° à 120°. Saveur métallique désagréable; odeur faible. On l'obtient sous forme d'un volumineux précipité blanc en ajoutant une solution alcoolique de sublimé à une solution alcoolique d'oxyde de cacodyle, ce dernier restant en léger excès, et en purifiant le dépôt exprimé par plusieurs cristallisations dans l'eau bouillante; sa solution aqueuse se décompose par l'ébullition d'après l'équation

$$3[(\overset{''}{H}gCl^2)^2Kd^2O] + H^2O$$
$$= 4\,KdCl + 2\,(\overset{''}{H}g^2Cl^2) + 2\,(\overset{''}{H}gCl^2) + 2\,KdHO^2.$$

Avec la potasse, on obtient d'abord un précipité d'oxyde mercurique qui se réduit au contact de l'oxyde de cacodyle et se transforme en sous-chlorure de mercure, sous l'influence du bichlorure non décomposé.

OXYDE DE PARACACODYLE, [(CH³)²As]²O. — Il a la même composition que l'oxyde; il en diffère parce qu'il ne donne pas de cyanure cacodylique avec le cyanure de mercure, mais une poudre brune; il ne fume pas et n'est pas spontanément inflammable. Cet oxyde passe vers 120° lorsqu'on distille une solution aqueuse de cacodylate de cacodyle. Liquide huileux, peu soluble dans l'eau; odeur de l'oxyde de cacodyle. Il absorbe lentement l'oxygène sans répandre de fumée et se convertit en acide cacodylique. Il est probable qu'il représente le véritable oxyde, l'autre étant encore un mélange d'oxyde et de cacodyle libre qui modifie ses caractères.

ÉRYTHRARSINE. — Précipité rouge-brique floconneux, se séparant en petites proportions lorsqu'on ajoute de l'acide chlorhydrique concentré à de l'oxyde de cacodyle, et qui reste après la distillation de ce mélange. Séchée, elle se présente sous forme d'une masse amorphe, brun foncé, sans odeur, insoluble dans les dissolvants neutres. L'érythrarsine brûle sans résidu et s'oxyde lentement à l'air. On l'obtient en plus fortes proportions en faisant passer de la vapeur d'oxyde de cacodyle à travers un tube chauffé. Bunsen lui donne la formule $(CH^3)^4As^2O^3$.

ACIDE CACODYLIQUE, $KdHO^2 — (CH^3)^2AsHO^2$. — Corps solide, incolore. Il cristallise de sa solution alcoolique en gros cristaux très-nets (prismes clinorhombiques avec la combinaison m, p, g^1). Inclinaison des faces

$$mm = 119°52'; \quad p, g^1 = 97°27'.$$

Il est sans odeur; saveur et réaction légèrement acides. Se conserve sans altération dans l'air sec; tombe en déliquescence à l'air humide. Il est très-soluble dans l'eau et l'alcool étendu, peu soluble dans l'alcool absolu, insoluble dans l'éther. Fond à 200°, sans décomposition, en un liquide huileux qui ne se concrète qu'à 90°. A une température plus élevée, il se décompose en donnant des produits arsenicaux fétides et volatils.

L'acide cacodylique résiste aux agents oxydants énergiques (acide nitrique fumant, eau régale, mélange d'acide sulfurique et de bichromate). Les réducteurs faibles, tels que l'acide sulfureux, le sulfate ferreux, l'acide oxalique, sont aussi inoffensifs. L'acide phosphoreux, chauffé avec une solution aqueuse, le réduit en le ramenant à l'état de cacodyle ou d'oxyde de cacodyle. Le protochlorure d'étain en solution chlorhydrique le ramène à l'état de chlorure de cacodyle. Avec l'acide iodhydrique sec, on obtient de l'iodure de cacodyle, de l'eau et de l'iode libre; l'acide bromhydrique se comporte de même. L'acide cacodylique, soumis à l'action prolongée d'un courant d'acide chlorhydrique, donne de l'eau, du chlorure de méthyle et du dichlorure d'arsénomonométhyle :

$$As(CH^3)^2HO^2 + 3ClH$$
$$= As(CH^3)Cl^2 + 2H^2O + CH^3.Cl.$$

Avant que la décomposition n'ait lieu, il se forme des combinaisons d'acide cacodylique avec les acides chlorhydrique, bromhydrique, fluorhydrique, si l'on opère sur des solutions aqueuses. L'acide cacodylique réagit énergiquement sur le perchlorure de phosphore en donnant de l'acide chlorhydrique, de l'oxychlorure de phosphore et du trichlorure de cacodyle.

L'hydrogène sulfuré sec ou en solution aqueuse s'échauffe au contact de l'acide cacodylique en donnant du bisulfure

$$2[(CH^3)^2AsHO^2] + 3H^2S$$
$$= [(CH^3,^2As]^2S^2 + S + 4H^2O.$$
Bisulfure.

Dans une solution alcoolique, on obtient du sulfure.

L'acide cacodylique n'est pas vénéneux malgré sa grande solubilité et la forte proportion d'arsenic qu'il contient.

Préparation. — On ajoute peu à peu de l'oxyde rouge de mercure à de l'oxyde de cacodyle brut placé sous l'eau en ayant soin de bien refroidir pour éviter l'ébullition; La réaction est énergique; il se sépare du mercure métallique; l'odeur forte de l'alkarsine disparaît et l'on obtient une solution acide d'acide cacodylique et de cacodylate de mercure. On a, en effet,

$$2[(CH^3)^2AsO] + Hg''O + H^2O$$
$$= 2[(CH^3)^2AsHO^2] + Hg''.$$

On se débarrasse du cacodylate de mercure, en ajoutant petit à petit de l'oxyde de cacodyle, jusqu'à léger excès. Celui-ci réduit l'oxyde de mercure qui se trouvait en solution; on filtre, on évapore à sec et on reprend par l'alcool bouillant pour amener à cristallisation. L'acide cacodylique prend encore naissance par l'oxydation lente de l'oxyde de cacodyle, mais on n'obtient dans ce cas qu'un composé d'acide cacodylique et d'oxyde de cacodyle ou bioxyde de cacodyle KdO^2.

Cacodylates. — Sels gommeux ou difficilement cristallisables, décomposables par la chaleur, solubles dans l'eau et l'alcool. Se préparent directement par l'action de l'acide sur la base. On connaît : 1° le *sel de potassium*, cristaux radiés, déliquescents; 2° *de sodium*, semblable au précédent; 3° *de ferricum*, liquide brun se décomposant par l'évaporation; 4° *de cuivre*, gomme bleue; 5° *de mercure*, aiguilles blanches lanugineuses; 6° *d'argent*, aiguilles allongées groupées concentriquement; on obtient un sel double cristallisé en paillettes $(CH^3)^2AsAgO^2, AzO^3Ag$, en versant une solution alcoolique d'acide cacodylique dans une solution de nitrate d'argent. En faisant digérer plusieurs jours à chaud une dissolution d'acide cacodylique avec du carbonate d'argent, filtrant, évaporant et reprenant par l'eau on a un sel acide

$$KdAgO^2 + 2(KdHO^2).$$

Combinaisons de l'acide cacodylique avec les acides. — 1° *Acide bromhydrique.* Une solution d'acide cacodylique dans l'acide bromhydrique concentré étant évaporée à 0° au-dessus de chaux et d'acide sulfurique, dans le vide, donne une masse épaisse sirupeuse, neutre, sans odeur, se décomposant par l'eau en acide bromhydrique et acide cacodylique. Le zinc la convertit en bromure de cacodyle. Bunsen représente cette combinaison par la formule $Kd^2O^3.Kd^2Br^6 + 6H^2O$. Gerhardt l'envisage comme formée de $(CH^3)^2AsHO^2.BrH$. Elle se décompose par la chaleur en dégageant du bromure de méthyle. — 2° *Acide chlorhydrique.* Une solution d'acide cacodylique dans l'acide chlorhydrique concentré se prend par évaporation dans le vide en une masse de beaux cristaux lamellaires, que l'eau décompose en acides chlorhydrique et cacodylique; sous l'influence de la chaleur il se dégage du chlorure de méthyle, de l'eau, de l'acide chlorhydrique et un liquide huileux, avec un résidu d'acide arsénieux. Bunsen donne à ce corps la formule

$$Kd^2O^3.KdCl^3 + 3H^2O$$

(cacodylate de superchloride de cacodyle); Gerhardt lui donne la formule $KdHO^2.ClH$. — 3° *Acide fluorhydrique.* Une dissolution d'acide cacodylique dans l'acide fluorhydrique concentré se prend en cristaux prismatiques par l'évaporation :

$$KdHO^2.HFl — Kd^2O^3, 2(KdFl^3),$$

d'après Bunsen.

Combinaison d'acide cacodylique et de chlorure de mercure, $Kd^2O^3.HgCl^2$. — Se précipite sous forme d'écailles nacrées lorsque l'on verse une solution alcoolique d'acide cacodylique dans une solution alcoolique de sublimé, très-soluble dans l'eau, peu soluble dans l'alcool.

BIOXYDE DE CACODYLE, Kd^2O^2. — Masse sirupeuse épaisse, formée par l'oxydation lente de l'oxyde de cacodyle à l'air. Elle est soluble dans l'eau; mais l'addition d'une grande quantité de ce liquide la convertit en oxyde qui se précipite sous forme d'huile et en acide cacodylique. La distillation de sa solution aqueuse la dédouble également en oxyde passant à 120° et en acide cacodylique. Au contact de l'air, elle se convertit très-lentement et difficilement en acide cacodylique. On l'a considérée comme du cacodylate de cacodyle

$$\left.\begin{array}{l} Kd\,O \\ Kd \end{array}\right\}O.$$

Sulfure de cacodyle, Kd^2S ou $[(CH^3)^2As]^2S$. — Liquide incolore, plus dense que l'eau, ne se solidifiant pas à — 40°. Densité de vapeur trouvée 7,72, calculée 8,89. Insoluble dans l'eau, très-soluble dans l'alcool et l'éther. Odeur pénétrante, désagréable et persistante, rappelant celle du cacodyle et du mercaptan. Ne fume pas à l'air, spontanément inflammable; brûle avec une flamme livide. S'unit directement au soufre pour donner Kd^2S^2, au sélénium (combinaison cristallisée en feuillets incolores), à l'iode, à l'oxygène pour donner un mélange d'acide cacodylique et de bisulfure. L'acide chlorhydrique le convertit, avec dégagement d'hydrogène sulfuré, en chlorure de cacodyle; avec les acides sulfurique et phosphorique on obtient le sulfate et le phosphate de cacodyle.

Pour le préparer on distille du chlorure de cacodyle avec une solution de sulfhydrate de baryum ; au début, il se dégage de l'hydrogène sulfuré et le sulfure distille entraîné par la vapeur d'eau, bien que son point d'ébullition soit bien au-dessus de 100°. On recommence cette opération pour enlever les dernières traces de chlorure; le produit brut est rectifié sur du chlorure de calcium et de la litharge dans une atmosphère d'acide carbonique. Vu sa grande oxydabilité, ce produit doit être manié avec beaucoup de précautions.

Une solution alcoolique de sulfure de cacodyle, additionnée d'azotate de cuivre, dépose de beaux octaèdres réguliers à éclat adamantin :

$$Kd^2\,3\,Cu''S^4 = 3\,(CuS).\,Kd^2S.$$

Persulfure de cacodyle, Kd^2S^3. — En dissolvant deux atomes de soufre dans une molécule de sulfure de cacodyle, le liquide se prend en masse cristalline que l'alcool décompose avec dépôt de soufre.

Bisulfure, Kd^2S^2. — Tables rhomboïdales incolores, volumineuses, insolubles dans l'eau, solubles dans l'alcool et l'acide chlorhydrique, peu solubles dans l'éther. Inaltérable à l'air, odeur d'asa fetida; fond à 50° et se décompose par la distillation en sulfure et en soufre. L'eau le précipite de ses solutions alcooliques sous forme de gouttes huileuses qui peuvent être refroidies jusqu'à 20° sans se solidifier, mais le moindre mouvement du liquide provoque la cristallisation. Le mercure le ramène à froid à l'état de sulfure et à 200° il enlève tout le soufre. L'acide nitrique le convertit en soufre, acide sulfurique et acide cacodylique. Les solutions alcooliques de bisulfure précipitent beaucoup de sels métalliques d'après l'équation (probablement)

$$Kd^2S^2 + \left.\begin{array}{l} A \\ M \end{array}\right\}O = Kd\,S^2M + \left.\begin{array}{l} A \\ Kd \end{array}\right\}O.$$
$$\text{Sulfo-} \qquad \text{Sel de}$$
$$\text{cacodylate.} \quad \text{cacodyle.}$$

Le bisulfure s'obtient en dissolvant dans le sulfure 1/7,664 de son poids de fleur de soufre. Sous l'influence de la chaleur, le liquide se prend en masses de cristaux que l'on purifie par cristallisation dans l'alcool. L'acide cacodylique, en solution alcoolique concentrée, donne par l'hydrogène sulfuré un précipité de soufre et de bisulfure

$$2\,(KdHO^2) + 3\,H^2S = Kd^2S^2 + 4\,H^2O + S.$$

Sulfocacodylates, $Kd\,MS^2$, correspondant aux cacodylates $Kd\,MO^2$. On les obtient : 1° en trai-

tant les cacodylates correspondants par l'hydrogène sulfuré; 2° par l'action d'une solution alcoolique de bisulfure sur les sels métalliques. On connaît les sels suivants : *a.* Sulfocacodylate cuivreux, $Kd^2S^4(Cu^2)''$, poudre jaune, insoluble dans l'eau, l'alcool et l'éther, les acides et les alcalis. — *b.* Sulfocacodylate de bismuth, KdS^2Bi; écailles cristallines jaune d'or, inaltérables à l'air, insolubles dans l'eau, l'alcool et l'éther; décomposables par la chaleur.— *c.* Sulfocacodylate de plomb, Kd^2S^4Pb''; petites écailles blanches, inaltérables à l'air, inodore, insoluble dans l'eau, très-peu soluble dans l'alcool. — *d.* Sulfocacodylate d'antimoine, $SbKd^3S^6$; fines aiguilles, jaune clair, courtes et aplaties. — *e.* Sulfocacodylate d'or, KdS^2Au; poudre blanche jaunâtre, sans odeur ni saveur, insoluble dans l'eau, l'alcool, l'éther et les acides.

Séléniure de cacodyle, Kd^2Se.—Liquide transparent jaune, à odeur pénétrante désagréable, volatil à une température élevée, sans décomposition. Il attire l'oxygène de l'air. Lorsqu'on l'enflamme, il brûle avec une flamme bleue. Pour le préparer, on distille le chlorure de cacodyle avec une solution aqueuse de séléniure de sodium.

3° ARSENTRIMÉTHYLE OU TRIMÉTHYLARSINE.

$$Me^3As \text{ ou } (CH^3)^3As.$$

— La triméthylarsine se forme en petites proportions et en même temps que le cacodyle, par l'action de l'iodure de méthyle sur l'arséniure de sodium [Cahours et Riche, *Compt. rend.*, t. XXXIX, p. 541]. En ayant soin d'ajouter l'iodure par petites portions à la fois, tant qu'il y a élévation de température, d'opérer dans une atmosphère d'acide carbonique et en distillant dans un courant de ce gaz il passe d'abord de l'iodure de méthyle, puis un mélange d'iodure d'arsentétraméthylium, d'arsentriméthyle (120°) et d'arsendiméthyle (165° à 170°).

On l'obtient à l'état de pureté par la décomposition de l'iodure d'arsentétraméthylium, en distillant sur de la potasse :

$$As(CH^3)^4I. = CH^3I + As(CH^3)^3.$$

Ou bien encore on fait bouillir avec de la potasse caustique l'iodure double d'arsenic et d'arsentraméthylium, on évapore à sec et on distille dans un courant d'acide carbonique. Liquide incolore, mobile, bouillant à près de 100°. La triméthylarsine s'unit au brome, à l'iode, à l'oxygène, au soufre pour former des composés dans lesquels elle joue le rôle de radical diatomique :
$(Me^3As\,I^2 — Me^3AsBr^2 — Me^3AsO — Me^3AsS)$. L'oxyde est cristallisable mais déliquescent; le sulfure cristallise de ses solutions aqueuses ou alcooliques en prismes incolores.

ARSENMÉTHYLIUM OU TÉTRAMÉTHYLARSONIUM, Me^4As. — Radical monoatomique non isolé du type AzH^4 dont on connaît l'iodure, le bromure, le chlorure, l'hydrate et des dérivés salins.

Iodure de tétraméthylarsonium, $Me^4As\,I$. — Se forme 1° par l'action (très-énergique) de l'iodure de méthyle sur la triméthylarsine; 2° par l'action de l'iodure de méthyle sur l'arséniure de sodium (c'est le produit principal); 3° par l'action de l'iodure de méthyle sur le cacodyle. Cette réaction est exprimée par l'équation

$$2\,(Me^2As) + 2\,MeI = Me^4AsI + Me^2AsI.$$
$$\text{Cacodyle.} \quad \text{Iodure de} \quad \text{Iodure de} \quad \text{Iodure de}$$
$$\text{méthyle.} \quad \text{méthyl-} \quad \text{cacodyle.}$$
$$\text{arsonium.}$$

La réaction est très-énergique et doit être faite avec ménagement. Si l'on emploie un excès d'iodure de méthyle, on obtient un produit solide qui, distillé avec de l'eau, laisse dégager de l'iodure

de méthyle et de l'iodure de cacodyle, tandis qu'il reste une liqueur d'où se séparent de beaux cristaux d'iodure d'arsenméthylium. La réaction réussit aussi avec le bromure de méthyle et est tout à fait parallèle. Ce corps cristallise surtout bien dans l'iodure de méthyle mélangé d'alcool; tables incolores, brillantes. On connaît des combinaisons d'iodure de tétraméthylarsonium, avec différentes *Combinaisons avec l'iodure d'arsenic*, $As(CH^3)^4I, As I^3$. En chauffant à 170° 1 p. d'arsenic et 2 p. d'iodure de méthyle, en vase clos, on obtient une masse cristalline, rouge brun, qui, dissoute dans l'alcool bouillant, donne de belles aiguilles rougeâtres, brillantes, facilement fusibles et se solidifiant en tables; volatil sans altération. Une solution bouillante de potasse caustique le dédouble en iodure d'arsenic et iodure d'arsenméthylium [Cahours, *Ann. de Chim. et de Phys.*, (3), t. LXII, p. 296].
Combinaison avec l'iodure de zinc,

$$[As(CH^3)^4I]^2.Zn''I^2.$$

— Prismes jaunâtres, solubles dans l'alcool.
Zincate de potasse et iodure d'arsenméthylium.
—Distillé sur de la potasse caustique, il donne de l'arsentriméthyle. On l'obtient en chauffant pendant vingt-quatre heures en vase clos, à 170°, de l'iodure de méthyle et de l'arséniure de zinc, et en épuisant la masse grisâtre obtenue par l'alcool.
Combinaison avec l'iodure de cadmium,

$$[As(CH^3)^4I]^2 Cd'' I^2.$$

— Aiguilles prismatiques blanches légèrement jaunâtres. Propriété et mode de formation comme pour le composé précédent; on remplace l'arséniure de zinc par celui de cadmium.
BROMURE D'ARSENMÉTHYLIUM, $As(CH^3)^4Br$. — Beaux cristaux solubles dans l'eau et l'alcool. Se forme par l'action du bromure de méthyle sur le cacodyle.
HYDRATE D'ARSENMÉTHYLIUM,

$$As(CH^3)^4.OH.$$

— Lames cristallines très-déliquescentes et fortement caustiques; formé par l'action de l'oxyde d'argent sur l'iodure.
En ajoutant du sulfate ou du nitrate d'argent à une solution d'iodure d'arsenméthylium, il se précipite de l'iodure d'argent avec formation de sulfate ou de nitrate d'arsenméthylium,

$$2 AsMe^4.SO^4, \quad AsMe^4.AzO^3,$$

sels très-solubles et cristallisant en beaux cristaux par l'évaporation dans le vide.
DIMÉTHYL-DIÉTHYLARSONIUM, $(CH^3)^2(C^2H^5)^2As$. — Radical non isolé, dont on connaît les combinaisons avec le chlore, le brome, l'iode, le soufre, l'oxygène. Le bromure et l'iodure d'éthyle réagissent à froid sur le cacodyle. Il se sépare de beaux cristaux de bromure et d'iodure du radical, en même temps qu'il se forme du bromure ou de l'iodure de cacodyle. Le mélange de chlorure d'éthyle et de cacodyle doit être chauffé à 180°. Ces trois corps cristallisent facilement. L'iodure traité par l'oxyde d'argent, en présence de l'eau, donne l'hydrate d'oxyde; l'iodure traité par des sels d'argent (sulfate, nitrate) donne de l'iodure d'argent et des sels d'arsenméthyléthylium (cristaux déliquescents). Le *sulfure*, corps cristallisé se prépare en chauffant du sulfure d'éthyle avec le cacodyle :

$$2[C^2H^5]^2S + 4[(CH^3)^2As]$$
Sulfure d'éthyle.   Cacodyle.

$$= [(CH^3)^2As]^2S + [(CH^3)^2(C^2H^5)^2As]^2S.$$
Sulfure de cacodyle.   Sulfure d'arsenméthyléthylium.

ARSENTRIMÉTHYLÉTHYLIUM, $AsMe^3Et$ et ARSENTRIÉTHYLMÉTHYLIUM, $AsEt^3Me$.—On obtient les iodures de ces radicaux par l'union de l'iodure d'éthyle avec la triméthylarsine ou de l'iodure de méthyle avec la triéthylarsine. Ils sont isomorphes avec les radicaux simples arsenméthylium et arsenéthylium.
ARSENDIMÉTHYLDIAMYLIUM, $AsMe^2Am^2$. — Radical non isolé dont on obtient l'iodure par l'action de l'iodure d'amyle sur le cacodyle. Avec l'iodure on prépare facilement l'hydrate d'oxyde cristallisable et les sels.
L'histoire de tous ces corps offre la plus grande analogie avec celle de l'arsenméthylium.
ARSENDIMÉTHYLDIALLYLIUM, $AsMe^2(C^3H^5)^2$. On obtient l'iodure en même temps que l'iodure de cacodyle, en chauffant le propylène iodé avec le cacodyle. Les cristaux ainsi formés

$$[As(CH^3)^2(C^3H^5)^2I]$$

donnent avec l'oxyde d'argent une substance caustique $AsMe^2(C^3H^5)^2.OH$ qui forme des sels cristallisables avec les acides.

BUTYL-CACODYLE. — En distillant parties égales de valérate de chaux et d'acide arsénieux, on a obtenu une huile jaune à odeur alliacée semblant appartenir à la série du cacodyle butylique [Gibbes, *Sill. Ann. Journ.*, (2), t. XV, p. 118]. Ces corps étant encore peu connus, nous n'insisterons pas sur leur histoire.
PROPYLARSINES. — On ne sait encore rien de net sur les composés homologues des éthylarsines. En distillant un mélange de butyrate de chaux et d'acide arsénieux, Woehler a obtenu un composé semblant appartenir à la série du cacodyle propylique [*Ann. der Chem. u. Pharm.*, t. LXVII, p. 127].   P. S.
ARTHANITINE (Syn. *Cyclamine*) [Saladin, *Journ. de Chim. médic.*, t. VI, p. 417; — Buchner et Herberger, *Rep. für Pharm.*, t. XXXVII, p. 36]. — Cette substance s'obtient en épuisant par l'alcool la racine fraîche du cyclame (*Cyclamen europœum*, L., *Arthanita officinalis*). On évapore la solution à consistance d'extrait, on lave l'extrait à l'éther, puis à l'eau froide : la partie insoluble constitue l'arthanitine, qu'on fait cristalliser dans l'alcool, et qu'on purifie et par la cristallisation et par le noir animal (Saladin).
L'arthanitine n'a pas été analysée. Elle est sans action sur les couleurs végétales ; elle cristallise en aiguilles incolores très-fines, sans odeur, et d'une saveur âcre. Très-peu soluble dans l'eau, insoluble dans l'éther et les huiles essentielles, elle se dissout facilement dans l'alcool. Elle commence à s'altérer à 100°. L'acide azotique la transforme en acide oxalique. L'acide sulfurique la rougit, et à chaud la charbonne.
L'arthanitine est purgative et vomitive.   E. G.
ASA FETIDA. — Gomme résine qu'on obtient en Perse par incision de la racine de la *Ferula asa fetida*, L., de la famille des ombellifères.
Elle est en larmes détachées ou en masses rougeâtres parsemées de larmes blanches. Sa saveur et son odeur sont fortes et désagréables. Sa densité est de 1,317. A la distillation sèche, elle fournit une huile volatile, qui n'a pas été étudiée. Distillée avec de l'eau, elle fournit environ 30 grammes par kilogramme d'une huile essentielle sulfurée, qui a été étudiée par M. Hlasiwetz [*Ann. der Chem. u. Pharm.*, t. LXXI, p. 23].
Cette huile ne renferme que du carbone, de l'hydrogène et du soufre. Elle dégage constamment de l'hydrogène sulfuré : aussi ne donne-t-elle pas à l'analyse des proportions constantes ; cependant elle serait, selon Hlasiwetz, un mé-

lange de $C^{12}H^{22}S$ et de $C^{12}H^{23}S^2$. Elle commence à bouillir vers 135° ou 140°.

Lorsqu'on la rectifie sur un mélange de chaux et de soude, il se produit une certaine quantité de valérate et de propionate. Sa solution alcoolique donne des précipités de composition variable avec le chlorure de platine et le bichlorure de mercure. Les précipités mercuriels broyés, avec du sulfocyanure de potassium fournissent une huile qui présente les caractères de l'essence de moutarde; elle ne paraît pas contenir de l'allyle, mais probablement le radical C^6H^{11}, homologue de l'allyle.

L'essence brute et les précipités platiniques ne donnent pas de sulfocyanure d'allyle dans les mêmes conditions.

Suivant Johnston, on extrait par l'alcool la résine d'asa fetida à l'état de pureté; elle est d'un jaune clair, et devient pourpre sous l'influence des rayons solaires. E. G.

ASARINE ou **ASARONE**, $C^{20}H^{26}O^5$. — C'est une substance solide qui est contenue dans la racine du *cabaret* ou *oreille d'homme (Asarum europæum)*. Elle passe avec les vapeurs d'eau, lorsqu'on distille les racines sèches avec ce liquide et se dépose en partie sur le col de la cornue et en partie au sein de gouttelettes huileuses qui nagent d'abord à la surface de l'eau distillée et qui finissent par se concréter.

Les cristaux d'asarine appartiennent au système monoclinique. Ce corps rappelle le camphre par son odeur et sa saveur; il fond à 40° et se fige à 27°; il commence à bouillir à 280°, mais en se décomposant partiellement avec production d'une substance isomérique qui se produit toujours lorsque l'asarine est maintenue pendant longtemps en fusion. On parvient cependant à sublimer de petites quantités d'asarine entre deux verres de montre.

L'asarine est insoluble dans l'eau, soluble dans l'alcool, l'éther et les essences. Bouillie avec de l'alcool, sa solution devient rouge et elle se transforme en une modification isomérique amorphe qui n'est plus entraînée par les vapeurs d'eau. L'acide azotique la convertit en acide oxalique; l'acide sulfurique la dissout en se colorant en rouge, l'eau la précipite de cette dissolution. Le chlore l'attaque vivement avec production d'acide chlorhydrique et d'une huile épaisse qui paraît présenter la composition $C^{20}H^{22}Cl^4O^5$ de l'asarine quadrichlorée [Goerz, *Pfaff's System d materia medica*, t. III, p. 220; — Lassaigne et Feneulle, *Journ. de Pharm.*, t. VI, p. 561;—Graeger, *Dissertation inaugurale, De asaro europæo*, Gœtting, 1830; — Blanchet et Sell, *Ann. der Chem. u. Pharm.*, t. VI, p. 296; — Schmidt, *ib.*, t. LIII, p. 156, et en extrait: *Institut.*, n° 568, novembre 1844].

ASARITE. — Suivant Grœger, l'asarite ou camphre d'asarum différerait par sa composition de l'asarine, avec laquelle elle coexisterait dans la racine d'asarum europæum. L'asarine fondant en effet à 40°, l'asarite ne fondrait qu'à 70°. Toutefois Sell et Blanchet admettent que ces différences tiennent à des impuretés et que l'asarine et l'asarite sont une seule et même substance [Græger, Sell et Blanchet, *loc. cit.* — Voyez Asarine].

ASBESTE (Min.) [Syn *Amiante, amphibole asbestoïde*]. — Substance blanche ou blanc grisâtre en fibres déliées, souvent très-flexibles, quelquefois soudées, d'autres fois comme feutrées et formant alors ce qu'on appelle cuir ou carton de montagne. La plupart des asbestes peuvent se rapporter à l'amphibole dont elles sont des variétés quelquefois altérées et renfermant des quantités d'eau variables. Se trouve dans les filons et les druses des roches cristallines anciennes, etc.

Caractères. — Inattaquable par les acides. Fond au chalumeau.

ASBOLANE (Min.) [Syn. *Cobalt oxydé noir*]. — Mélange noir, compacte ou terreux, d'oxyde de cobalt (20 à 33 %), et de peroxyde de manganèse hydraté.

ASBOLINE (de ἀσβόλη, suie) [Braconnot, *Ann. de Chim. et de Phys.*, t. XXXI, p. 37]. — Huile jaune, azotée, extraite de la suie par Braconnot. L'asboline est très-âcre, amère, non volatile, donnant à la distillation des produits ammoniacaux; plus légère que l'eau, dans laquelle elle est un peu soluble, fort soluble dans l'alcool et dans l'éther, et insoluble dans l'essence de térébenthine et les huiles grasses. Avec l'acide azotique, elle fournit de l'acide picrique et un peu d'acide oxalique. Elle n'a pas été analysée.

ASCLÉPIADINE [Feneulle, *Journ. de Pharm.*, t. XI, p. 305]. — Principe amer, vomitif, contenu dans l'*Asclepias vincetoxicum*. Il est insoluble dans l'eau, dans l'alcool et dans un mélange d'éther et d'alcool.

ASCLÉPION, $C^{20}H^{32}O^3$? — Lorsqu'on chauffe le suc blanc, laiteux, légèrement acide de l'*Asclepias syriaca*, l'albumine se coagule en entraînant une matière particulière, l'asclépion, qu'on extrait en mettant en digestion avec de l'éther le coagulum albumineux.

L'asclépion se dépose de sa solution éthérée sous forme de masses blanches mamelonnées ou finement radiées. Il est sans odeur, sans saveur, entièrement insoluble dans l'alcool et dans l'eau, très-soluble dans l'éther, moins soluble dans l'essence de térébenthine, le naphte et l'acide acétique; concentré il fond à 104°. Il reste amorphe après sa fusion. Une chaleur plus élevée le décompose. La potasse concentrée et bouillante ne l'attaque pas. Gerhardt a représenté les analyses de l'auteur par la formule encore douteuse

$$C^{20}H^{32}O^3$$

[List, 1849, *Ann. der Chem. u. Pharm.*, t. LXIX, p. 125. — Gerhardt, *Traité de Chimie*, t. IV, p. 268]. E. G.

ASPARAGINE (Althéine ou Asparamide),

$$C^4H^8Az^2O^3 + H^2O.$$

— L'asparagine a été découverte par Vauquelin et Robiquet [*Ann. de Chim. et de Phys.*, 1805, t. LVII, p. 88] en 1805, et c'est M. Liebig qui l'a le premier analysée. Elle se trouve toute formée dans les jeunes pousses d'asperges, dans les racines de réglisse, de guimauve, de grande consoude [Blondeau et Plinon, *Journ. de Pharm.*, (3), t. XIII, p. 635], dans les feuilles de belladone, dans les jeunes pousses de houblon, dans les tiges étiolées des vesces, des pois, des haricots, des fèves et des lentilles, semés dans une cave; dans les germes des tubercules de dahlia [Dessaignes et Chautard, *Journ. de Pharm.*, (3), t. XIII, p. 245].

Le suc des tiges étiolées provenant des graines de citrouille, de sarrasin et d'avoine semées dans les mêmes conditions que les plantes précédentes, et le suc des tiges de pommes de terre n'ont pas fourni d'asparagine. Au contraire, cette substance a été trouvée dans les tiges étiolées de plusieurs légumineuses : *Cytisus laburnum, Trifolium pratense, Hedysarum onobrychis, Lathyrus odoratus, Lathyrus latifolius, Genista juncea, Colutea arborescens* [Dessaignes, *Ann. de Chim. et de Phys.*, (3), t. XXXIV, p. 149].

Préparation. — Pour extraire l'asparagine du suc des jeunes pousses d'asperges, on le concentre par la chaleur et on l'abandonne au repos. Il dépose alors l'asparagine en cristaux que l'on purifie par de nouvelles cristallisations dans l'eau. Il est avantageux, avant d'extraire le sucre, d'abandonner les asperges pendant plusieurs jours, dans un linge humide, jusqu'à ce qu'elles sentent mauvais [Regimbeau, *Journ. de Pharm.*, t. XX, p. 631; t. XXI, p. 665]. Il s'établit ainsi un commencement de fermentation qui détruit une matière mucilagineuse dont la présence rend difficile la cristallisation de l'asparagine. Le suc d'asperges, après avoir été chauffé, doit toujours être filtré, la filtration ayant pour but de le débarrasser de l'albumine coagulée.

Pour extraire l'asparagine de la racine de réglisse, M. Robiquet conseille d'épuiser par l'eau froide cette racine coupée en petits morceaux. La liqueur est ensuite chauffée pour coaguler l'albumine, et filtrée ; puis on l'additionne d'acide acétique qui en précipite la glycyrrhizine, et d'acétate de plomb qui précipite les phosphates, les malates et une matière colorante brune; on filtre et on sépare l'excès de plomb par l'hydrogène sulfuré, on filtre une seconde fois et l'on concentre la liqueur jusqu'à ce qu'elle soit capable de donner des cristaux en se refroidissant. Suivant Plisson, il vaut mieux précipiter la glycyrrhizine par l'acide sulfurique que par l'acide acétique. 100 grammes de racines de réglisse fraîche lui ont donné par cette méthode 0,8 d'asparagine.

Avec la racine de guimauve, il suffit d'évaporer l'eau dans laquelle cette racine a macéré pour qu'il se dépose des cristaux d'asparagine.

Piria [*Ann. de Chim. et de Phys.*, (3), t. XXII, p. 160] considère la préparation de l'asparagine au moyen des vesces comme facile et sûre. Voici le procédé qu'il recommande : on fait germer de la vesce commune dans une cave ou dans toute autre pièce obscure. Au bout d'une quinzaine de jours, lorsque les tiges ont atteint une hauteur de 50 à 60 centimètres, on les arrache, on les lave, on les broie et on les soumet à la presse. Il s'écoule un suc qui représente environ les 70/100 du poids de la plante employée. Ce suc est porté à l'ébullition pour coaguler l'albumine, puis filtré; enfin, convenablement évaporé. Il abandonne alors des cristaux d'asparagine que l'on purifie par plusieurs cristallisations dans l'eau. 10 kilog. de vesces ainsi traités ont donné à Piria 150 grammes d'asparagine pure.

Si, pour évaporer les sucs qui fournissent l'asparagine, on employait une bassine de cuivre, il pourrait arriver qu'une partie du métal se dissolvît et communiquât aux cristaux une nuance azurée très-pâle. Il faudrait dans ce cas redissoudre ces cristaux, les débarrasser de leur cuivre en dirigeant un courant d'acide sulfhydrique à travers la liqueur et concentrer celle-ci jusqu'à ce qu'elle puisse se prendre en cristaux par le refroidissement.

Piria prétend que des vesces qui ont germé en plein air fournissent autant d'asparagine que celles qui sont étiolées, mais que l'asparagine y disparaît au commencement de la floraison et pendant la fructification. M. Pasteur, au contraire, affirme que les vesces non étiolées ne contiennent pas du tout d'asparagine [Pasteur, *Ann. de Chim. et de Phys.*, (3), t. XXXI, p. 67].

D'autres légumineuses, comme les pois, par exemple, paraissent tout aussi avantageuses que les vesces pour la préparation de l'asparagine. MM. Dessaignes et Chautard ont pu, en effet, retirer 83 grammes d'asparagine pure de 9 litres et 3/4 de suc de pois étiolés.

Propriétés. — L'asparagine cristallise dans le système orthorhombique [Bernhardi, *Ann. der Chem. u. Pharm.*, t. XII, p. 58; — Pasteur. *loc. cit.*]; sa forme la plus ordinaire est celle de prismes droits $m, p, g^1, e^{1/m}$, avec les faces hémièdres $(1/2) b^{1/2}$. Inclinaison des faces, $mm = 129°37'$; $b^{1/2} p = 116°57'$; $e^{1/m} p = 120°46'$.

Les cristaux d'asparagine ont une densité de 1,519 à 14°. Ils sont durs et cassants, inaltérables à l'air, inodores et doués d'une saveur faible. Ils perdent à 100° la molécule d'eau de cristallisation qu'ils contiennent. L'eau froide les dissout peu. L'eau chaude les dissout mieux. Ils exigent, suivant M. Biltz, pour leur dissolution, 11 fois leur poids d'eau froide et 4,444 d'eau bouillante. Leur solution réagit légèrement acide.

L'asparagine est insoluble dans l'alcool absolu à froid et presque insoluble dans le même liquide bouillant; l'éther, les huiles grasses et les huiles essentielles ne la dissolvent pas non plus. Les alcalis et les acides la dissolvent au contraire facilement.

L'asparagine en dissolution dans l'eau ou dans les alcalis dévie vers la gauche le plan de polarisation de la lumière. Le pouvoir rotatoire de la solution ammoniacale pour 100 millimètres étant $[\alpha] = -11°18'$. Les acides intervertissent ce pouvoir rotatoire et le font passer à droite.

Chauffée *avec de l'eau* dans un tube scellé à la lampe, l'asparagine en absorbe une molécule et se transforme en aspartate d'ammonium [Boutron et Pelouze, *Ann. de Chim. et de Phys.*, t. LII, p. 90] :

$$C^4 H^8 Az^2 O^3 + H^2 O = C^4 H^6 (Az H^4) O^4.$$

Asparagine.   Eau.   Aspartate d'ammonium.

La même réaction s'accomplit, mais à une température moins élevée, lorsqu'on chauffe l'asparagine avec des *acides énergiques dilués* ou avec des *solutions alcalines ;* seulement alors, au lieu d'aspartate ammonique, ce sont les produits de décomposition de ce sel par les agents employés que l'on obtient; c'est-à-dire un sel ammoniacal et de l'acide aspartique libre dans un cas, de l'ammoniaque et un aspartate alcalin dans l'autre.

Soumise à la *distillation sèche*, l'asparagine se charbonne et dégage une huile brune ainsi qu'une liqueur aqueuse chargée de carbonate d'ammonium.

Sous l'influence de l'*acide azoteux*, l'asparagine se décompose et fournit de l'acide malique [Piria, *loc. cit.*] :

$$C^4 H^8 Az^2 O^3 + 2 Az H O^2$$

Asparagine.   Acide azoteux.

$$= Az^4 + 2 H^2 O + C^4 H^6 O^5.$$

Azote.   Eau.   Acide malique.

Pour rendre cette décomposition facile, il faut dissoudre l'asparagine dans son poids d'acide azotique pur, moyennement concentré et faire passer du bioxyde d'azote dans la liqueur; le mélange s'échauffe et l'on ne tarde pas à voir des bulles d'azote se dégager. Quand tout dégagement gazeux est arrêté, on sature le liquide avec de la craie, on le filtre et on le traite par l'acétate plombique qui précipite l'acide malique à l'état de malate de plomb.

Une dissolution d'asparagine pure abandonnée à elle-même se conserve indéfiniment lorsque la substance est pure ; mais si les cristaux sont encore colorés, il ne tarde pas à s'établir une fermentation. Le liquide, d'acide qu'il était, devient faiblement alcalin et exhale l'odeur des matières animales en putréfaction ; il se recouvre en même temps d'une pellicule blanche qui renferme une multitude d'infusoires. Au bout d'un certain temps, l'asparagine a complétement disparu, et l'on trouve à sa place du succinate ammonique [Piria, *loc. cit.*]. Cette réaction consiste

en une hydratation et une réduction simultanées :

$$C^4 H^8 Az^2 O^3 + H^2 O + H^2 = C^4 H^4 (Az H^4)^2 O^4.$$
Asparagine.   Eau.   Hydro-   Succinate
                     gène.   d'ammoniaque.

L'asparagine fermente également sous l'influence de la caséine et se convertit d'abord en
aspartate, puis en succinate d'ammonium.

Le chlore, le brome et l'iode sont sans influence
sur ce corps.

L'asparagine se combine avec les acides à la
manière de l'ammoniaque, mais elle peut aussi
échanger un atome d'hydrogène contre une
quantité équivalente de métal, lorsqu'on la traite
par les oxydes métalliques.

COMBINAISONS DE L'ASPARAGINE AVEC LES ACIDES.
— *Chlorhydrate d'asparagine*, $C^4 H^8 Az^2 O^3 . H Cl$.
— L'asparagine se dissout dans l'acide chlorhydrique avec un léger abaissement de température.
Le liquide saturé tout de suite par un alcali la
dépose inaltérée. Si, au contraire, on concentre
la solution à une douce chaleur et qu'on précipite
par l'alcool, on obtient le chlorhydrate

$$C^4 H^8 Az^2 O^3 . H Cl.$$

Le même produit peut être encore préparé par
l'action du gaz chlorhydrique sur l'asparagine
hydratée réduite en poudre fine. Il faut avoir la
précaution de chasser à la fin l'excès d'acide
chlorhydrique par un courant d'air sec. Si, dans
cette opération, on substitue l'asparagine anhydre
à l'asparagine hydratée et que l'on prolonge pendant longtemps le courant gazeux, on paraît obtenir un sous-chlorhydrate $2 C^4 H^8 Az^2 O^3 . H Cl$.

Azotate d'asparagine. — On prépare ce sel en
dissolvant une molécule d'asparagine dans une
molécule d'acide azotique dilué, évaporant à consistance sirupeuse, dans le vide sur de la chaux,
et achevant l'évaporation dans une étuve légèrement chauffée. La matière se transforme alors
presque entièrement en gros cristaux d'azotate
d'asparagine.

Sulfate d'asparagine. — Ce sel n'a été obtenu
qu'à l'état impur. Si, en effet, on expose dans
le vide, sur de l'acide sulfurique, une dissolution
de deux molécules d'asparagine dans une molécule d'acide sulfurique, il se dépose d'abord de
l'asparagine non transformée et il se forme ensuite une masse incolore et amorphe d'où le carbonate sodique précipite de l'asparagine inaltérée.

Oxalate d'asparagine. — Lorsqu'on évapore
une dissolution aqueuse de 150 parties (1 molécule) d'asparagine cristallisée et de 126 parties
(1 molécule) d'acide oxalique cristallisé, il se
forme de petits cristaux répondant à la formule
$C^4 H^8 Az^2 O^3 . C^2 H^2 O^4$. Si l'on forçait la proportion
de l'asparagine, une portion de ce corps se déposerait inaltérée et il se formerait le même sel
que précédemment.

Tartrate d'asparagine. — On obtient de beaux
cristaux de ce sel avec l'acide tartrique droit.
L'acide tartrique gauche ne donne avec l'asparagine qu'une liqueur sirupeuse et incristallisable.

DÉRIVÉS MÉTALLIQUES DE L'ASPARAGINE [Piria, *loc.
cit.*; — Laurent, *Ann. de Chim. et de Phys.*, (3),
t. XXIII, p. 113; — Dessaignes et Chautard, *loc.
cit.*; — Dessaignes, *loc. cit.*]. — L'asparagine fonctionne comme un acide monobasique. Elle fait la
double décomposition avec les oxydes basiques et
donne des sels qui correspondent à la formule
générale $C^4 H^7 M' Az^2 O^3$ ou $(C^4 H^7 Az^2 O^3)^2 M''$. Elle
déplace même l'acide acétique de ses composés
plombiques. Les sels de l'asparagine dévient
comme elle vers la gauche le plan de polarisation
de la lumière.

L'asparagine se combine aussi avec le bichlorure
de mercure et l'azotate d'argent.

Asparagine ammonique. — Ce sel ne paraît
pas pouvoir s'obtenir. L'asparagine se dépose, en
effet, inaltérée lorsqu'on évapore sa solution ammoniacale.

Asparagine potassique, $C^4 H^7 K Az^2 O^3$. — On
obtient ce corps en versant peu à peu de l'asparagine pulvérisée dans une solution alcoolique de
potasse et en lavant plusieurs fois à l'alcool le
produit sirupeux à peu près insoluble qui se dépose. Le produit a la composition indiquée. On
l'obtient en cristaux par le refroidissement de
la liqueur lorsqu'on verse l'asparagine dans une
solution alcoolique chaude de potasse.

Asparagine calcique, $(C^4 H^7 Az^2 O^3)^2 Ca''$. — Ce
corps se produit lorsqu'on dissout de la chaux
dans une solution aqueuse d'asparagine. C'est un
composé incristallisable qui n'a jamais été préparé exempt de chaux. A 100°, il dégage un peu
d'ammoniaque.

Asparagine zincique, $(C^4 H^7 Az^2 O^3)^2 Zn''$. — On
l'obtient en feuillets cristallins en faisant dissoudre l'oxyde de zinc dans une solution aqueuse
et bouillante d'asparagine.

Asparagine cadmique, $(C^4 H^7 Az^2 O^3)^2 Cd''$. —
C'est un corps cristallisé en prismes fins et brillants qui s'obtient par l'action d'une dissolution
aqueuse chaude d'asparagine sur l'oxyde de cadmium.

Asparagine cuivrique, $(C^4 H^7 Az^2 O^3)^2 Cu''$. — Ce
corps se précipite sous la forme d'un précipité bleu
d'outremer lorsqu'on mêle des solutions saturées
à chaud d'asparagine et d'acétate de cuivre. Le
même corps se dépose à l'état d'une poudre cristalline d'un bleu d'azur par le refroidissement de
la solution faite à chaud de l'oxyde de cuivre
dans l'asparagine. Enfin l'asparagine cuivrique
se dépose encore en aiguilles soyeuses lorsqu'on
fait dissoudre ensemble à chaud du sulfate de
cuivre et de l'asparagine dans l'eau.

L'asparagine cuivrique se dissout à peine dans
l'eau froide; elle se dissout un peu mieux, quoique encore assez peu, dans l'eau bouillante; les
acides et l'ammoniaque la dissolvent aisément. A
100°, elle ne perd pas d'eau; mais, à une température élevée, elle se décompose en dégageant de
l'ammoniaque.

Asparagine plombique. — C'est une masse gommeuse incolore et difficile à dessécher qui se
produit lorsqu'on fait bouillir l'acétate de plomb
et l'asparagine ensemble et que l'on concentre la
liqueur sur l'acide sulfurique après que tout l'a-
cide acétique a été expulsé.

En faisant dissoudre ensemble 1 molécule d'asparagine et 1 molécule d'azotate de plomb, on
obtient par l'évaporation une masse gommeuse et
incristallisable.

Asparagine argentique, $C^4 H^7 Ag Az^2 O^3$. — On
l'obtient sous forme de cristaux agglomérés en
champignons presque noirs par réflexion et d'un
brun jaune par réfraction, lorsqu'on abandonne au
refroidissement la solution, faite et filtrée à chaud,
de l'oxyde d'argent et de l'asparagine dans l'eau.

Asparagine nitro-argentique,

$$C^4 H^8 Az^2 O^3, 2 Az Ag O^3.$$

— Ce corps se dépose en cristaux très-fins pressés les uns contre les autres lorsqu'on fait cristalliser ensemble 1 molécule d'asparagine et 2 molécules d'azotate d'argent. Si l'on employait une
quantité plus faible du sel d'argent, le produit
serait un mélange de ce composé et d'asparagine non combinée. L'asparagine nitro-argentique peut se redissoudre dans l'eau et cristalliser
de nouveau sans altération.

Asparagine chloromercurique,

$$C^4 H^8 Az^2 O^3, 2 Hg Cl^2.$$

— Cette combinaison s'obtient ou [illegible] liés quand on fait dissoudre à chaud dans l'eau les quantités théoriques d'asparagine et de chlorure mercurique. Si l'on employait moins de chlorure mercurique que la théorie n'indique, ce corps se produirait encore et resterait mêlé avec l'excès d'asparagine inaltéré.

L'oxyde de mercure se dissout dans une solution chaude d'asparagine; la solution, qui est incolore, se trouble par l'addition de l'eau ; desséchée, elle laisse une masse gommeuse qui s'altère en partie à 100° et devient alors d'un gris foncé.

CONSTITUTION DE L'ASPARAGINE. — L'asparagine peut être considérée comme une diamide malique et recevoir la formule

$$\left.\begin{array}{c} C^4H^3O^2 \\ H \end{array}\right\}O\right)''\,.\,H^2\,.\,H^2\,.\,Az^2.$$

Elle n'est pourtant qu'isomère et point identique avec la malamide que l'on obtient au moyen de l'éther malique et de l'ammoniaque (voyez MALAMIDE). Cette isomérie s'explique si l'on admet entre l'asparagine et la malamide la même relation qu'entre l'alanine et la lactamide. L'acide malique est un acide triatomique et bibasique qui peut recevoir la formule

$$(C^2H^3)''\left\{\begin{array}{l} CO.OH^4 \\ CO.OH^4 \\ OH^- \end{array}\right.$$

Or, selon qu'on enlève à cet acide l'oxhydryle alcoolique OH⁻ et un oxhydryle acide OH⁺ ou deux oxhydryles acides 2 (OH⁺), le résidu diatomique qui reste renferme encore ou ne renferme plus d'hydrogène remplaçable par les métaux; il en résulte qu'en se substituant dans le type ammoniaque, ces résidus donnent des amides différentes.

L'asparagine est une diamide acide monobasique

$$(C^2H^3)''\left\{\begin{array}{l} CO.OH \\ CO.AzH^2 \\ AzH^2 \end{array}\right.$$

et la malamide une diamide neutre

$$(C^2H^3)''\left\{\begin{array}{l} CO.AzH^2 \\ CO.AzH^2 \\ OH. \end{array}\right.\qquad \text{A. N.}$$

ASPARTIQUE (ACIDE), $C^4H^7Az\,O^4$ [Plisson, 1827, *Ann. de Chim. et de Phys.*, t. XXXV, p. 175; t. XL, p. 303;—Plisson et O. Henry, *ibid.*, t. XLV, p. 315; — Boutron-Charlard et Pelouze, *ibid.*, t. LII, p. 90; — Liebig, *Ann. Poggend.*, t. XXXI, p. 222; *Ann. der Chem. u. Pharm.*, t. XXVI, p. 125 et 161;—Piria, *Ann. de Chim. et de Phys.*, (3), t. XXII, p. 160;—Dessaignes, *Compt. rend.*, t. XXX, p. 324; t. XXXI, p. 432;—Pasteur, *Ann. de Chim. et de Phys.*, (3), t. XXXI, p. 67; t. XXXIV, p. 30].—L'acide aspartique a été découvert par Plisson, en 1827, et sa composition a été déterminée par Boutron-Charlard et Pelouze, en 1833. On peut le préparer, soit au moyen de l'asparagine, soit, comme M. Dessaignes l'a démontré en 1850, au moyen des sels ammoniacaux des acides malique, maléique et fumarique soumis à l'action de la chaleur et traités ensuite par l'acide chlorhydrique bouillant. L'acide aspartique obtenu par ces deux procédés n'est pas le même : l'un, celui qui dérive de l'asparagine, est doué de pouvoir rotatoire, tandis que l'autre n'exerce aucune action sur la lumière polarisée. En dehors de ces différences, les deux acides aspartiques se ressemblent en tous points.

ACIDE ASPARTIQUE ACTIF.—*Préparation.* — Plisson préparait cet acide en faisant bouillir une solution aqueuse d'asparagine avec de l'oxyde de plomb jusqu'à cessation de tout dégagement

d'ammoniaque. Le sel de plomb purifié par des lavages à l'eau et à l'alcool était ensuite mis en suspension dans l'eau et décomposé par un courant d'acide sulfhydrique. Finalement, il filtrait et évaporait les liqueurs à cristallisation.

Boutron et Pelouze préféraient décomposer l'asparagine en la faisant bouillir avec l'eau de baryte jusqu'à ce qu'il ne se développât plus d'ammoniaque; précipiter la baryte de la liqueur encore chaude au moyen de l'acide sulfurique, filtrer et évaporer à cristallisation.

Liebig conseille de faire bouillir l'asparagine avec de la potasse caustique, puis, lorsque tout dégagement d'ammoniaque a cessé, de saturer l'alcali au moyen de l'acide chlorhydrique, d'évaporer à siccité au bain-marie et de traiter le résidu par l'eau froide, qui dissout le chlorure de potassium et laisse l'acide aspartique.

Enfin, on peut encore faire bouillir l'asparagine avec de l'acide chlorhydrique ou de l'acide azotique étendu. Lorsqu'on sature ensuite la liqueur refroidie par du marbre, l'acide aspartique se précipite en petits cristaux.

Propriétés. — L'acide aspartique actif cristallise en tables minces, rectangulaires, tronquées sur les angles, soyeuses et micacées, trop petites pour qu'on puisse les mesurer. Ces cristaux appartiennent au type orthorhombique. La densité de cet acide est de 1,6613 à 12°,5; il se dissout plus difficilement dans l'eau que l'asparagine, 1 partie exigeant 364 p. d'eau à 11° pour se dissoudre. L'eau bouillante le dissout mieux et l'alcool mieux encore. Les acides chlorhydrique et azotique et les solutions alcalines aqueuses le dissolvent assez bien. Il est sans odeur et présente une saveur aigrelette qui laisse un arrière-goût de bouillon de viande.

Les solutions alcalines de l'acide aspartique dévient vers la gauche le plan de polarisation de la lumière. Ses solutions acides exercent, au contraire, la rotation à droite. La solution chlorhydrique pour une longueur de 100 millimètres a un pouvoir rotatoire $(\alpha) = +27°,86$. Chauffé à l'air ou dans le vide, l'acide aspartique se décompose, se boursoufle, dégage de l'ammoniaque et de l'acide cyanhydrique (Plisson) et laisse un résidu de charbon. L'acide sulfurique concentré le détruit à chaud en donnant de l'anhydride sulfureux. Au contraire, les acides chlorhydrique concentré ou sulfurique étendu ne l'altèrent pas même par une longue ébullition.

Dissous dans l'acide azotique et soumis à l'action de l'acide azoteux, l'acide aspartique donne lieu à un dégagement d'azote, tandis que de l'eau et de l'acide malique prennent naissance :

$$(C^2H^3)''\left\{\begin{array}{l} CO^2H \\ CO^2H \\ AzH^2 \end{array}\right. + AzO.OH$$
$$\underset{\text{Acide aspartique.}}{} \qquad \underset{\text{Acide azoteux.}}{}$$

$$= Az^2 + H^2O + (C^2H^3)\left\{\begin{array}{l} CO^2H \\ CO^2H \\ OH \end{array}\right.$$
$$\underset{\text{Azote.}}{}\quad \underset{\text{Eau.}}{}\qquad \underset{\text{Acide malique.}}{}$$

L'acide azotique seul est sans effet; il finit cependant par détruire l'acide aspartique si l'on évapore à siccité sur la dissolution nitrique de cet acide.

Les solutions aqueuses de l'acide aspartique ne précipitent pas les chlorures de baryum et de calcium, les sulfates de magnésie, de manganèse, de zinc et de cuivre; les sels de fer, les acétates de plomb, le sublimé corrosif, l'azotate d'argent et l'émétique. Elles troublent un peu l'eau de savon et chassent l'anhydride carbonique de ses dissolutions salines.

L'acide aspartique possède, suivant M. Plisson,

la propriété de saccharifier la fécule, mais cette saccharification exige au moins une ébullition de 20 heures.

ACIDE ASPARTIQUE INACTIF. — *Préparation.* — Pour obtenir ce corps, M. Dessaignes chauffe à 200° le bimalate d'ammoniaque, puis il fait bouillir le produit (voyez FUMARIMIDE) pendant quelques heures avec de l'acide chlorhydrique; il se forme ainsi du chlorhydrate d'acide aspartique inactif. On divise la liqueur en deux parties; on sature l'une d'elles par l'ammoniaque et on y ajoute l'autre par le refroidissement : il se dépose d'abondants cristaux d'acide aspartique inactif.

L'acide aspartique inactif cristallise dans le type clinorhombique. Combinaison ordinaire, m, p, e^1. Inclinaison des faces, mm dans le plan de la diagonale oblique et de l'axe principal

$$= 128° 28'; \quad pm = 91° 30'; \quad e^1 p = 131° 25'.$$

Ces cristaux sont toujours très-petits et réunis en croûtes étoilées; quelquefois ils affectent la forme lenticulaire; on a aussi observé des hémitropies.

L'acide aspartique inactif a une densité égale à 1,6632 à 12°,5; il est peu soluble dans l'eau, qui, cependant le dissout mieux que l'acide actif, 1 p. exigeant seulement 208 p. d'eau à 13°,5 pour se dissoudre. Les acides chlorhydrique et azotique le dissolvent abondamment et donnent des solutions privées de pouvoir rotatoire.

Sous l'influence de l'acide azoteux, l'acide aspartique inactif se comporte comme l'acide actif, seulement l'acide malique qui se produit est inactif.

M. Dessaignes paraît avoir obtenu l'acide aspartique inactif au moyen de l'asparagine en opérant avec ce dernier corps comme avec le bimalate d'ammoniaque.

COMBINAISONS DE L'ACIDE ASPARTIQUE AVEC LES ACIDES. — *Chlorhydrate*, $C^4 H^7 Az O^4, H Cl$ [Plisson, *loc. cit.;* — Dessaignes, *Revue scientif.*, janvier 1852; — Pasteur, *loc. cit.*]. — On obtient le chlorhydrate de l'acide aspartique actif et de l'acide aspartique inactif en faisant évaporer spontanément une dissolution de l'un ou de l'autre de ces acides dans l'acide chlorhydrique. On pourrait aussi évaporer au bain-marie, mais l'évaporation spontanée est préférable. Ces deux chlorhydrates sont très-solubles et présentent la même composition; ils diffèrent par leur forme cristalline et par le pouvoir rotatoire que possède seul le chlorhydrate fourni par l'acide actif.

1° *Chlorhydrate actif.* — Ce corps cristallise dans le type orthorhombique; il forme des prismes d'environ 90°, fortement tronqués sur les arêtes opposées et terminés par des facettes inclinées sous un angle d'environ 115°, qui appartiennent à un tétraèdre régulier. Le pouvoir rotatoire dextrogyre de ce chlorhydrate est $[\alpha] = + 24°,4.$

Lorsqu'on cherche à dissoudre dans l'eau le chlorhydrate d'acide aspartique inactif, ce sel se décompose et précipite beaucoup d'acide aspartique. Il suffit de quelques gouttes d'acide chlorhydrique pour empêcher cette décomposition. Une décomposition identique à la précédente se produit sous l'influence de l'humidité atmosphérique. Exposés à l'air, les cristaux du chlorhydrate actif tombent en déliquescence et abandonnent de l'acide aspartique.

Sous l'influence de la chaleur, ces cristaux perdent de l'eau et de l'acide chlorhydrique et laissent un résidu de fumarimide.

2° *Chlorhydrate inactif.* — Il cristallise dans le système clinorhombique. Combinaison ordinaire,

$$m, h^1, d^{1/2}, p, a^{1/m}.$$

Inclinaison des faces,

$$d h^1 = 119° 45''; \quad h^1 m = 123°.$$

Ces cristaux ne s'altèrent pas à l'air. Pendant les fortes chaleurs de l'été, ils perdent leur éclat, leur transparence, et deviennent blancs à leur surface; le chlorhydrate de l'acide inactif est décomposé par l'eau comme celui de l'acide actif; seulement, à cause de la plus grande solubilité de l'acide aspartique actif, il ne se produit pas de précipité, à moins qu'on n'alcoolise les liqueurs.

Sous l'influence de la chaleur le chlorhydrate inactif se comporte comme l'autre.

Sulfate, $C^4 H^7 Az O^4, S H^2 O^4$ (actif). — Pour préparer ce corps, on chauffe de l'acide sulfurique concentré à 50° ou 60° dans un tube large et l'on y ajoute, par petites portions, de l'acide aspartique jusqu'à refus de dissolution. On bouche ensuite le tube et on l'abandonne à lui-même pendant quelques jours au bout desquels on voit s'y former de gros cristaux agglomérés plus légers que leur eau mère; ces cristaux sont égouttés sur une plaque poreuse, lavés rapidement avec de l'alcool et desséchés dans une cloche sur de l'acide sulfurique.

Azotate. — Il s'obtient comme le chlorhydrate, en beaux cristaux.

ASPARTATES MÉTALLIQUES [1]. — L'acide aspartique est, contrairement à l'opinion généralement reçue, un acide bibasique (voyez plus bas CONSTITUTION DE L'ACIDE ASPARTIQUE). Il forme des sels répondant à la formule $C^4 H^6 M' Az O^4$ (sels neutres des auteurs) et des sels neutres répondant à la formule $C^4 H^5 M'^2 Az O^4$ (sels basiques des auteurs).

La plupart des aspartates acides sont solubles et ont une saveur de bouillon de viande. Actifs ou inactifs, ils ont même composition et mêmes propriétés chimiques, les différences portant uniquement sur le pouvoir rotatoire, la forme cristalline et la solubilité.

Aspartate ammonique. — C'est un sel fort soluble et difficilement cristallisable dont la solution devient acide lorsqu'on l'évapore.

Aspartate de potassium, $C^4 H^6 K Az O^4$. — Ce sel est fort soluble. Lorsque ses solutions sont très-concentrées, elles finissent à la longue par donner des cristaux difficiles à débarrasser de leur eau mère.

Aspartate de sodium, $C^4 H^6 Na Az O^4 + H^2 O$. — Les solutions d'acide aspartique actif et inactif saturées par le carbonate ou l'hydrate de sodium donnent par l'évaporation lente des sels parfaitement neutres, l'un α actif et l'autre β inactif. Ces sels sont isomères et présentent des formes cristallines qui sont distinctes et incompatibles.

$\alpha.$ L'aspartate de sodium cristallise en aiguilles prismatiques m, $1/2 \, b^{1/2}$ qui appartiennent au type orthorhombique et dont les faces sont toujours striées. Ces prismes sont généralement hémièdres; les sommets forment, en effet, un biseau $1/2 \, b^{1/2}$ d'environ 100° qui appartiennent à un tétraèdre régulier et les quatre faces de ce tétraèdre se développent seules, ou si les cristaux offrent les quatre faces du tétraèdre inverse qui, en équilibre avec le premier, constituerait l'octaèdre primitif $b^{1/2}$, les quatre faces de l'un des tétraèdres sont toujours beaucoup plus développées que celles de l'autre.

100 p. d'eau à 12°,2 dissolvent 89,19 p. d'aspartate de sodium actif. Le pouvoir rotatoire de la solution pour 100 millimètres, $[\alpha] = - 2° 23'$ vers la gauche. Ce sel perd 1 molécule d'eau à 160° et se boursoufle beaucoup lorsqu'on le calcine. Mélangée avec 1 molécule de soude et abandonnée sous une cloche avec de la chaux, sa solution aqueuse refuse de cristalliser. Il se forme probablement dans ce cas un aspartate disodique incristallisable $C^4 H^5 Na^2 Az O^4$.

---

[1] À moins d'une mention spéciale, c'est des aspartates actifs qu'il sera question dans ce paragraphe.

β. L'aspartate sodique inactif cristallise dans le type clinorhombique. Combinaison ordinaire, $m, h^1, p, b^{1/2}$. Inclinaison des faces, $p h^1 = 144°,46'$; $m\, m$, dans le plan de la diagonale oblique et de l'axe principal, $= 51°,38'$; $b^{1/2} b^{1/2} = 112°,53'$. Il y a souvent hémitropie dans ce sel; face de jonction, h^1. 100 p. d'eau dissolvent à 12°,5 83,8 p. d'aspartate sodique inactif. Ce sel est donc moins soluble dans l'eau que le sel actif correspondant.

Aspartates de baryum. — On connaît deux aspartates de ce métal, un acide (sel neutre des auteurs) et l'autre neutre (basique des auteurs).

Aspartate de baryum acide (actif),

$$(C^4 H^6 Az O^4)^2 Ba'' + 4 H^2O.$$

— Ce sel se présente en aiguilles cristallines très-fines que l'eau dissout facilement et qui perdent 14,4 % d'eau à 160° (Dessaignes). Le même sel préparé avec l'acide inactif forme une masse gommeuse incristallisable (Wolff)

Aspartate neutre de baryum,

$$C^4 H^5 Ba'' Az O^4 + 3 H^2O$$

(anciennement $(C^4 H^6 Az O^4)^2 Ba'' + Ba O + 5 H^2O$). — On prépare ce sel en ajoutant peu à peu de l'hydrate de baryum à une solution aqueuse concentrée et bouillante du sel précédent. Le tout se prend en une masse cristalline; on ajoute de l'eau, on fait bouillir un instant et l'on filtre. La solution, refroidie à l'abri de l'anhydride carbonique de l'air, laisse déposer des cristaux qui ont la composition indiquée. Ces cristaux sont des prismes brillants et assez gros qui perdent la moitié de leur eau de cristallisation dans le vide et qui, à 160°, perdent toute cette eau en laissant le sel anhydre $C^4 H^5 Ba'' Az O^4$. L'aspartate neutre de baryum est fortement alcalin. Un courant de gaz carbonique le transforme en sel acide en précipitant la moitié du baryum à l'état de carbonate.

Aspartates de calcium. — On connaît un sel acide (sel neutre) $(C^4 H^6 Az O^4)^2 Ca''$ qui est gommeux, et un sel neutre (sel basique)

$$C^4 H^5 Ca'' Az O^4 + 4 H^2O$$

(jadis $[C^4 H^5 Az O^4]^2 Ca'', Ca'' O + 7 H^2O$). Ce dernier, chauffé à 160°, perd ses 4 molécules d'eau de cristallisation et devient anhydre. Il répond alors à la formule $C^4 H^5 Ca'' Az O^4$.

Aspartates de magnésium. — Il en existe un acide et un neutre. Le premier s'obtient sous la forme de croûtes cristallines, solubles dans 16 p. environ d'eau bouillante et insolubles dans l'alcool absolu; le second est incristallisable et gommeux. On l'obtient en faisant dissoudre de la magnésie dans la solution du précédent.

Aspartate de zinc. — C'est un sel blanc non déliquescent.

Aspartate de nickel. — Il s'obtient sous la forme d'une masse verte fendillée lorsqu'on évapore sa solution.

Aspartates de cuivre. — On connaît un aspartate acide (neutre) et un aspartate neutre (basique). Le *sel acide* s'obtient par double décomposition au moyen de l'aspartate acide de baryum et du sulfate de cuivre. Sa solution est violette. Dès qu'on cherche à l'évaporer, elle se décompose et abandonne des cristaux soyeux très-légers et bleu pâle du sel neutre $C^4 H^5 Cu'' Az O^4 + 5 H^2O$. Ce dernier sel est fort peu soluble dans l'eau. La liqueur surnageante, qui est à peine colorée, renferme beaucoup d'acide sulfurique libre. L'aspartate neutre se dissout dans l'acide aspartique libre en donnant une solution violette. Chauffé à 160°, il verdit, dégage 31,78 % d'eau et laisse le sel anhydre $C^4 H^5 Cu'' Az O^4$ (calcul 31,65 % d'eau) (Dessaignes). L'aspartate inactif d'ammonium

donne, avec les sels cuivriques, un précipité d'un blanc bleuâtre (Wolff).

Aspartate de fer. — Les sels ferriques ne sont point précipités par l'aspartate potassique, mais l'aspartate neutre (sous-aspartate) de magnésium y fait naître un précipité soluble dans un excès des deux précipitants.

Aspartates de plomb. — On connaît un sel acide (sel neutre) et un sel neutre (sous-sel).

Sel neutre $(C^4 H^6 Az O^4)^2 Pb''$ à 120°. — Il s'obtient par double décomposition au moyen de l'acétate de plomb et de l'aspartate acide de potassium. Il se dissout dans un excès de l'un ou de l'autre précipitant, ainsi que dans l'acide azotique.

Aspartate neutre de plomb (Pasteur). — Ce sel prend naissance lorsqu'on précipite de l'acétate de plomb ammoniacal par l'aspartate de sodium.

Il se forme un précipité blanc caillebotté, et la liqueur filtrée et étendue de beaucoup d'eau dépose au bout de deux ou trois jours des cristaux nacrés réunis en mamelons sphériques très-durs, dont la structure est radiée. M. Pasteur, ayant observé que ces cristaux ne perdent rien à 100°, les considère comme anhydres et leur attribue la formule $(C^4 H^6 Az O^4)^2 Pb''. Pb'' O$. Cette formule, en effet, exige 64,3 p. c. d'oxyde de plomb au lieu de 65,9 qu'exigerait la formule

$$C^4 H^5 Pb'' Az O^4$$

et l'expérience a donné 63,88. Toutefois, si l'on considère que les divers aspartates neutres de M. Dessaignes ne se déshydratent complétement qu'à 160°, on sera tenté de donner à ce sel la formule $(C^4 H^5 Pb'' Az O^4)^2 + H^2O$.

L'aspartate de sodium actif se comporte avec l'acétate de plomb ammoniacal comme l'aspartate inactif. Il se produit encore un précipité blanc qui se rassemble en une masse molle et donne, par le repos, des mamelons durs et radiés. Toutefois ces derniers cristaux renferment 65 d'oxyde de plomb et se rapprochent beaucoup plus de l'aspartate neutre anhydre $C^4 H^5 Pb'' Az O^4$, qui exige 65,9, que ne s'en rapprochaient les cristaux obtenus avec l'aspartate inactif. On peut les considérer comme ayant cette dernière formule et attribuer la perte de 0,9 d'oxyde de plomb à une impureté ou à un défaut d'analyse.

Asparto-azotate de plomb,

$$C^4 H^6 Az O^3 \left\{ \begin{array}{l} Pb'' \\ \\ Az O^2 \end{array} \right\} O^2.$$

— Pour obtenir ce corps, on chauffe l'asparagine avec de l'acide azotique bien exempt d'acide azoteux, on précipite la liqueur par l'azotate de plomb, et l'on chauffe pour redissoudre le précipité. L'azoto-aspartate de plomb se dépose par le refroidissement en prismes aciculaires semblables au formiate de plomb. Ces cristaux ne s'altèrent pas à 150° dans un courant d'air; à une température plus élevée, ils se décomposent en produisant une légère déflagration; l'eau les décompose. Cette dernière propriété est cause que la préparation de ce sel ne réussit pas toujours, sa formation étant subordonnée au degré de concentration de la liqueur et peut-être à la proportion relative des corps qui réagissent.

Aspartates d'argent. — On connaît un aspartate acide et un aspartate neutre.

Aspartate acide d'argent, $C^4 H^6 Ag Az O^4$ (*sel neutre des auteurs*). — Il s'obtient par l'action directe de l'acide arpartique sur l'oxyde d'argent; sa solution saturée à chaud abandonne, en se refroidissant, sous la forme de cristaux jaunâtres contenant 45,0 p. c. d'argent.

Aspartate neutre d'argent. — Ce sel correspond à la formule $C^4 H^5 Ag^2 Az O^4$.

Pour le préparer, on ajoute une solution légèrement alcaline d'aspartate d'ammonium à une solution aqueuse d'azotate d'argent; il se forme un précipité qui se redissout par l'agitation, et au bout de 24 heures, le liquide filtré laisse déposer des cristaux réunis en petites masses sphériques d'un sel neutre indiqué et retient un sel acide en dissolution. L'acide aspartique inactif se comporte dans ces conditions comme l'acide aspartique actif. Suivant Pasteur, le sel d'argent dont nous venons de décrire la préparation répondrait, non à la formule que nous avons adoptée, mais à la formule $(C^4H^6Ag\,AzO^4)^2Ag^2O$, lorsqu'il a été pressé entre plusieurs doubles de papier buvard et séché pendant 24 heures à l'air libre. On peut admettre qu'il renferme alors 1 1/2 molécule d'eau de cristallisation et répond à la formule $(C^4H^5Ag^2AzO^4)^2 + H^2O$.

Aspartate de mercure. — M. Dessaignes, en faisant bouillir une solution d'acide aspartique avec de l'oxyde de mercure, a obtenu une poudre blanche qui, après des lavages réitérés, a été desséchée à 100°. Cette poudre présente la composition d'un aspartate neutre de mercure hydraté

$$(C^4H^5Hg''AzO^4)^2 + H^2O.$$

L'aspartate neutre de potassium $C^4H^5K^2AzO^4$ précipite le chlorure mercurique, et l'aspartate acide précipite l'azotate mercureux. Les deux précipités sont blancs et solubles dans un excès de l'un ou de l'autre précipitant.

Éthers aspartiques. — Aspartate (?) d'éthyle (Pasteur), $C^4H^6(C^2H^5)AzO^4$. — On prépare un corps de cette composition en saturant le malate d'éthyle au moyen du gaz ammoniac sec, mais il est probable que le corps ainsi obtenu est un isomère de l'aspartate éthylique et représente l'éther de l'acide malamique (voyez Acide malique).

Constitution de l'acide aspartique. — L'acide malique étant triatomique et bibasique est susceptible de donner deux diamides isomères, l'une neutre :

$$(C^2H^3)''' \begin{cases} CO.AzH^2 \\ CO.AzH^2 \\ OH \end{cases}$$

l'autre acide monobasique :

$$(C^2H^3)''' \begin{cases} CO.AzH^2 \\ CO.OH \\ AzH^2 \end{cases}$$

Le premier de ces corps doit pouvoir se saponifier en totalité ou à demi seulement par les alcalis. Dans le second cas, il se transformerait en une monamide acide monobasique (acide malamique)

$$(C^2H^3)''' \begin{cases} CO.AzH^2 \\ CO.OH \\ OH \end{cases}$$

L'asparagine, au contraire, ne doit pouvoir se saponifier qu'à moitié, puisque l'azote sature une des affinités non basiques du groupe malyle; en subissant cette demi-saponification, elle doit nécessairement donner naissance à une monamide acide bibasique isomérique avec la précédente. Or, l'asparagine se transforme en acide aspartique lorsqu'on la saponifie. La théorie conduit donc à considérer cet acide comme bibasique et à écrire la formule

$$(C^2H^3)''' \begin{cases} CO.OH \\ CO.OH \\ AzH^2 \end{cases}$$

Nous avons vu que l'analyse des aspartates métalliques justifie cette vue théorique. Il serait donc étonnant que les auteurs eussent méconnu jusqu'à ce jour la nature bibasique de l'acide aspartique, si ce n'était que les propriétés des acides dont l'atomicité dépasse la basicité ne sont bien connues que depuis les beaux travaux de MM. Wurtz et Friedel sur l'acide lactique. A. N.

ASPASIOLITHE (Min.). — Variété altérée de cordiérite en prismes d'un vert clair.

Caractères. — Attaquable par l'acide chlorhydrique bouillant. Infusible au chalumeau. Renferme environ 7 % d'eau.

Dureté, 3,5. Densité, 2,76.

ASPERTANNIQUE (ACIDE). — Voyez Tannin.

ASPHALTE. — Voyez Bitumes.

ASSAMAR (*Assare*, rôtir, *amarus*, amer). — Ce produit se forme lorsqu'on grille, jusqu'à brunir, à l'air, divers produits organiques (gomme, sucre, gluten, albumine, gélatine, fibrine, viande, pain, etc.).

On lui attribue la saveur amère du café et des aliments grillés.

Sa composition n'est pas connue et il est loin d'être prouvé que l'assamar n'est pas un mélange de plusieurs corps.

Reichenbach l'isole en épuisant par l'alcool à zéro du pain grillé [*Ann. der Chem. u. Pharm.*, t. XLIX, p. 3]. La solution est distillée. L'assamar est solide, jaune ambré, transparent, amorphe, très-hygroscopique, soluble dans l'eau et l'alcool. Il réduit le chlorure d'or et le nitrate d'argent.

ASSIMILATION par les animaux. — Voyez Nutrition.

ASSIMILATION par les végétaux. — Les végétaux ne se développent qu'à la condition de puiser dans le sol et dans l'atmosphère un certain nombre de substances à constitution très-simple, eau, acide carbonique, azotates, sels ammoniacaux, phosphates, etc., qui après avoir éprouvé des modifications plus ou moins complètes, après avoir été élaborés, sont assimilés et constituent les principes immédiats contenus dans les tissus de la plante ou ces tissus eux-mêmes.

L'analyse enseigne que les tissus des végétaux sont formés de carbone, d'hydrogène et d'oxygène; on rencontre dans ces tissus des principes immédiats qui renferment de l'azote, parfois du phosphore et du soufre; enfin, il n'est pas de parties des végétaux qui ne renferment des matières minérales, des cendres : nous devons donc, dans cet article, nous occuper successivement de l'assimilation du carbone, de l'hydrogène et de l'oxygène, de l'azote, et enfin des matières minérales.

Assimilation du carbone par les végétaux. — L'acide carbonique contenu dans l'air est la source où les végétaux puisent leur carbone. Si, en effet, il paraît très-probable que l'acide carbonique contenu dans la terre arable, puis dissous dans l'eau, est absorbé par les racines et peut concourir à la nutrition végétale, l'origine de cet acide carbonique est presque toujours une décomposition végétale et suppose, par conséquent, une première fixation d'acide carbonique atmosphérique. La proportion de ce gaz contenue dans notre atmosphère est très-considérable, bien qu'elle ne représente que 4 dix-millièmes environ du volume de l'air, car le volume de cette atmosphère est lui-même énorme. On sait, au reste, que les volcans, les sources thermales, dernières manifestations de l'activité volcanique, que les combustions lentes et vives, que la respiration des animaux sont des sources constantes d'acide carbonique où peuvent puiser les végétaux.

La succession des phénomènes chimiques qui se produisent pendant l'assimilation du carbone a depuis longtemps fixé l'attention des chimistes; on sait qu'en 1750 Bonnet, le premier, observa que des feuilles exposées au soleil dans un vase rempli d'eau de source en dégageaient un gaz [*Mémoire sur l'usage des feuilles dans les plantes*]. Cette première observation toutefois passa presque inaperçue, et c'est à Priestley que revient la gloire d'avoir nettement établi que l'air vicié par la respiration des animaux ou par la combustion était rétabli à son état de pureté primitive par la végétation [*Expériences sur diverses espèces d'air*, t. VI]. Cette découverte mémorable, une des plus importantes qui aient été faites au xviiie siècle, fut appréciée à sa juste valeur par les contemporains, et Priestley en fut récompensé par la médaille de Copley; mais bien qu'on ait compris dès cette époque que les deux règnes exercent sur l'atmosphère des actions opposées et en quelque sorte complémentaires, il faut reconnaître que Priestley n'était pas maître de sa remarquable expérience, et il faut arriver jusqu'à Ingenhousz[1] pour voir la question faire un pas décisif. C'est à ce célèbre observateur qu'on doit la démonstration de l'influence de la lumière dans la réalisation du phénomène. Ingenhousz prouva par de nombreuses observations que les feuilles n'exhalent de l'oxygène que lorsqu'elles sont exposées au soleil; toutefois il restait encore à expliquer nettement l'origine de cet oxygène : c'est ce que fit Sennebier, en prouvant que c'est de l'acide carbonique, habituellement tenu en dissolution dans l'eau ou répandu dans l'air, que provient l'oxygène dégagé, en montrant que des feuilles fraîches, exposées au soleil dans de l'eau de source ou de l'eau légèrement imprégnée de gaz acide carbonique, produisaient du gaz oxygène aussi longtemps qu'il restait du gaz acide dans l'eau [*Physiologie végétale*].

Th. de Saussure voulut aller plus loin, déterminer rigoureusement les quantités d'oxygène dégagé et les comparer à celles d'acide carbonique qui avaient disparu [*Recherches chim. sur la végétation*, p. 40 et suiv.]. Ses expériences portèrent sur la *pervenche*, la *menthe aquatique*, la *salicaire*, le *pin* et le *cactus opuntia*; elles le conduisirent à admettre que le volume d'oxygène dégagé n'était jamais aussi considérable que celui de l'acide carbonique disparu, ce qui aurait dû être si le phénomène eût été aussi simple qu'il paraissait d'abord, puisqu'un volume d'acide carbonique renferme un volume d'oxygène; de plus, il remarqua toujours que le dégagement d'oxygène était accompagné d'une émission d'azote considérable. A l'époque où Th. de Saussure opérait, on n'avait pas sur la constitution des végétaux des idées aussi précises que celles que nous possédons aujourd'hui sur ce sujet, et Th. de Saussure put croire que le gaz azote dégagé provenait de la substance même de la plante, bien qu'il soit démontré pour nous aujourd'hui qu'il n'en était rien, car les quantités d'azote dégagées dans les expériences du célèbre physiologiste sont souvent supérieures à celles qui existent dans la plante elle-même [Boussingault, *Ann. de Chim. et de Phys.*, (3), 1861, t. LXVI, p. 295].

Dès 1840, M. Boussingault avait varié les expériences de ses prédécesseurs, il avait démontré à cette époque que si l'on introduit un rameau de vigne dans un ballon exposé au soleil, puis qu'on détermine un courant d'air au travers du ballon, qu'on dose l'acide carbonique qui a échappé à l'action décomposante des feuilles et qu'enfin on dose simultanément l'acide carbonique contenu dans l'air, on trouve toujours une différence sensible. Dans une observation on trouva que l'air atmosphérique, après avoir traversé le ballon, contenait en volume 0,0002 de gaz acide carbonique; au même moment l'air pris dans la cour où l'appareil fonctionnait en renfermait 0,00045. Dans une autre expérience, l'air, après avoir passé sur

les feuilles, renfermait 0,0001 de gaz acide carbonique; l'air de la cour en contenait alors 0,0004.

Plus tard, MM. Cloëz et Gratiolet [*Ann. de Chim. et de Phys.*, t. LIV, 1858, p. 321] publièrent sur ce sujet une série d'observations importantes, et indiquèrent le moyen de répéter facilement l'expérience fondamentale de la décomposition de l'acide carbonique par les plantes, expérience qui put dès lors être reproduite dans le cours. Dans un grand flacon de 4 ou 5 litres de capacité, on met une dissolution légère d'acide carbonique, puis on y introduit une plante marécageuse. MM. Cloëz et Gratiolet opérèrent souvent avec le *potamogeton perfoliatum*; nous avons nous-même très-bien réussi avec l'*eloda*. On ferme le flacon avec un bouchon percé d'un trou où s'engage un tube abducteur, et on recueille les gaz sur l'eau; aussitôt que l'appareil est placé au soleil, on voit les feuilles se recouvrir de bulles de gaz et il arrive souvent qu'après avoir absorbé, à l'aide de la potasse, l'acide carbonique qui se dégage par suite de l'échauffement du liquide, on peut obtenir un gaz assez riche en oxygène pour rallumer les allumettes. Ce gaz toutefois n'est jamais complétement exempt d'azote, bien que, d'après les observations de MM. Cloëz et Gratiolet, il aille constamment en s'épurant à mesure que l'opération se prolonge plus longtemps; ainsi, on voit dans le travail publié par ces savants que, tandis que le gaz obtenu le premier jour renfermait seulement sur 100 parties, 84,30 d'oxygène et 15,70 d'azote, le gaz recueilli le 8e jour renfermait 97,10 d'oxygène et 2,90 d'azote seulement.

En 1858, M. Corenwinder [*Ann. de Chim. et de Phys.*, (3), t. LIV, p. 321] publia, sur l'assimilation du carbone par les feuilles des végétaux, un mémoire important; on sait que la terre arable renferme une quantité considérable d'acide carbonique provenant de la décomposition des matières végétales qui y sont enfouies [*Ann. de Chim. et de Phys.*, (3), t. XXXVII, p. 5, *Mémoire sur l'air confiné dans la terre arable*, par MM. Boussingault et Lewy]. Cet acide carbonique se diffuse peu à peu dans l'air, de sorte que si on place, comme l'a fait M. Corenwinder, un pot à fleur ordinaire rempli de terre sous une cloche lutée sur une plaque de verre et qu'on détermine à l'aide d'un aspirateur le passage de l'air de la cloche au travers d'appareils renfermant de l'eau de baryte, on peut déterminer par leur augmentation de poids la quantité d'acide carbonique contenue dans l'air aspiré.

Dans ses nombreuses expériences M. Corenwinder agissait successivement sur un pot à fleur garni de terre et de plante, puis sur le même pot dépouillé de végétaux; il admettait que dans le même temps la terre devait dégager la même quantité d'acide carbonique et que, par suite, une augmentation ou une diminution dans cette quantité quand on opérait avec la plante était due à un dégagement ou à une absorption d'acide carbonique par la plante elle-même. Cette méthode n'est certainement pas rigoureuse; toutefois les différences observées ont été assez sensibles pour que l'auteur ait pu tirer de ses expériences quelques conclusions importantes.

« 1º Les végétaux exposés à l'ombre, dit-il, exhalent presque tous, dans leur jeunesse, une petite quantité d'acide carbonique. — Voyez l'article GERMINATION.

« 2º Le plus souvent dans l'âge adulte cette exhalaison cesse d'avoir lieu.

« 3º Un certain nombre de végétaux possèdent cependant la propriété d'expirer de l'acide carbonique à l'ombre pendant toutes les phases de leur existence.

« 4º Au soleil, les plantes absorbent et décomposent de l'acide carbonique par leurs organes foliaires avec plus d'activité qu'on ne le supposait jusqu'aujourd'hui. Si l'on compare la quantité du carbone qu'elles assimilent ainsi avec celle qui entre dans leur constitution, on est obligé de reconnaître que c'est dans l'atmosphère, sous l'influence des rayons du soleil, que les végétaux puisent une grande partie du carbone nécessaire à leur développement.

« 5° La quantité d'acide carbonique décomposée pendant le jour, au soleil, par les feuilles des plantes est beaucoup plus considérable que celle qui est exhalée par elles pendant la nuit. Le matin il leur suffit souvent de trente minutes d'insolation pour se récupérer de ce qu'elles peuvent avoir perdu pendant l'obscurité. »

Dans ces derniers temps, M. Boussingault a publié, sur l'absorption de l'acide carbonique par les végétaux, un mémoire important (1); comme MM. Cloëz et Gratiolet, M. Boussingault a fait usage de ballons renfermant de l'eau chargée d'acide carbonique dans laquelle étaient immergées les feuilles. On opérait toujours avec une série de trois ballons, renfermant, le premier l'eau légèrement imprégnée d'acide carbonique dans laquelle on devait faire les expériences; on extrayait de ce ballon l'atmosphère de l'eau; du ballon n° 2 on extrayait l'atmosphère réunie de l'eau et des feuilles employées dans l'expérience; enfin, le troisième ballon recevait de l'eau et des feuilles semblables à celles qui avaient été placées dans les appareils précédents, et il était exposé au soleil. En comparant les résultats fournis par l'analyse du gaz extrait de ce troisième ballon avec celle du gaz extrait des deux autres, il était possible de reconnaître ce qui devait être attribué à l'action des feuilles agissant au soleil sur l'acide carbonique dissous. On se mettait ainsi à l'abri des erreurs qui entachent les mémoires précédents et on ne pouvait attribuer à l'action réductrice des rayons solaires que ce qui lui appartenait réellement.

Nous donnerons textuellement les conclusions de ce mémoire important : « Sur 41 expériences, il en est 15 dans lesquelles le volume de l'oxygène apparu a été un peu plus grand que le volume de l'acide carbonique disparu. Dans les autres, c'est le contraire qui a eu lieu. Dans treize cas seulement il y a eu à peu près égalité entre les deux volumes de gaz, du moins la différence n'a pas dépassé 5/10 de centimètre cube. Le volume de l'oxygène émis par les feuilles d'une même plante a été tantôt supérieur, tantôt inférieur à celui de l'acide carbonique disparu; c'est ce qui est arrivé pour le pêcher, le pin et le laurier. Les plantes aquatiques, le saule, la carotte ont toujours donné moins d'oxygène que n'en renfermait l'acide carbonique que l'on n'a plus retrouvé; mais il est possible que des observations plus nombreuses eussent amené des différences en sens contraire. La disparition d'une partie de l'oxygène constitutif de l'acide carbonique peut être attribuée tout naturellement à une assimilation opérée par l'organisme de la plante, tandis que l'émission d'un volume de ce gaz plus grand que le volume de l'acide gazeux éliminé ne saurait être expliquée qu'en admettant que, sous l'influence de la lumière solaire, les parties vertes des végétaux décomposent l'eau en fixant l'hydrogène. Les cas où le volume d'oxygène a été moindre que le volume de gaz acide disparu ne pourraient pas être invoqués comme une objection, puisque l'oxygène mesuré représenterait la différence entre la totalité

(1) Expériences entreprises pour rechercher s'il y a émission de gaz azote pendant la décomposition de l'acide carbonique par les feuilles. — Rapport existant entre le volume d'acide décomposé et celui de l'oxygène mis en liberté [*Ann. de Chim. et de Phys.*, 3e série, t. LXVI, 1862, p. 295].

de l'oxygène provenant de l'acide carbonique, de l'eau et la quantité du même gaz fixé par les feuilles. L'oxygène en excès a été au maximum 2cc,4 pour 48cc,6 d'acide carbonique, soit 5 °/₀; mais généralement cet excès est resté bien au-dessous de cette quantité.

« Si l'on considère l'ensemble des résultats comme ayant été fournis par une observation unique, on trouve qu'il a disparu 1339cc,38 de gaz acide carbonique et qu'il est apparu 1322cc,61 de gaz oxygène mêlés à 16cc,20 d'autre gaz, que, par conséquent, 100 volumes de gaz acide carbonique ont fourni 98 vol., 75 de gaz oxygène. »

En examinant le gaz émis par les feuilles après l'absorption par l'acide pyrogallique et la potasse, M. Boussingault y découvrit des quantités appréciables de gaz combustible que l'analyse eudiométrique lui démontra être un mélange d'une quantité notable d'oxyde de carbone, avec une bien plus faible proportion d'hydrogène protocarboné.

M. Cloëz reprit plus tard cette question, et dans une série d'essais tentés à l'aide de plantes aquatiques végétant dans de l'eau constamment renouvelée ou séjournant dans de l'eau non renouvelée et légèrement chargée d'acide carbonique, il reconnut que le gaz restant après l'absorption de l'oxygène ne contenait aucune trace de gaz combustible et qu'il était de l'azote pur [*Compt. rend.*, t. LVII, p. 355, 1863].

M. Corenwinder ne fut pas plus heureux et ne put découvrir d'oxyde de carbone dans les gaz émis par la décomposition de l'acide carbonique.

Cette différence dans les résultats obtenus par des expérimentateurs habiles serait faite pour étonner, si M. Calvert [*Compt. rend.*, t. LVII, p. 873, 1863] et M. Cloëz [*Compt. rend.*, t. LVII, p. 875, 1863] n'avaient reconnu que l'acide pyrogallique, mis en contact avec la potasse, émet une certaine quantité d'oxyde de carbone; M. Boussingault [*Compt. rend.*, t. LVII, p. 885, 1863] avait lui-même obtenu une réaction semblable, de telle sorte qu'il est probable que l'oxyde de carbone observé par M. Boussingault dans les résidus de l'absorption des gaz dégagés par les feuilles, au moyen de l'acide pyrogallique et de la potasse, provient de la réaction de ces deux agents et non de la végétation elle-même (M. Calvert) [*Compt. rend.*, t. LVII, p. 875, 1863].

Conditions dans lesquelles se produit l'absorption du carbone par les végétaux. — Nous avons vu plus haut que l'acide carbonique n'est décomposé par les plantes que sous l'influence de la lumière solaire; ce fait capital, établi par Ingenhousz, a été démontré depuis par de nombreux observateurs. S'il arrive parfois que les feuilles placées dans de l'eau privée d'air peuvent séjourner dans l'obscurité sans émettre d'acide carbonique [Cloëz et Gratiolet, *loc. cit.*], il faut reconnaître avec Th. de Saussure que, dans le plus grand nombre des cas, les plantes maintenues à l'abri de la lumière, loin d'émettre de l'oxygène, absorbent ce gaz et dégagent de l'acide carbonique; c'est ce qui ressort très-clairement d'expériences entreprises par l'auteur de cet article, expériences dans lesquelles il a vu des plantes marécageuses absorber jusqu'à la dernière trace de l'oxygène contenu en dissolution dans l'eau, remplacer cet oxygène par de l'acide carbonique, et mourir bientôt asphyxiées [*Bull. de la Soc. chim.*, (2e série), t. II, p. 136, 1864].

Quand on fait germer et développer des plantes dans l'obscurité, on les voit rester blanches et perdre constamment du carbone [*Compt. rend.*, t. LVIII, p. 881 et 917]; on peut alors les comparer à des animaux qui respirent, et on rencontre, même dans les produits formés dans les deux organismes, les analogies les plus remarquables, puisque non-seulement il y a formation d'acide carbonique et perte de carbone, mais même combustion incomplète des matières azotées et production, chez les animaux, d'urée, dont la composition est analogue à celle de l'asparagine qui se forme dans les plantes qui végètent dans l'obscurité. La lumière solaire ou la lumière électrique [Hervé Mangon, *Compt. rend.*, t. LIII, p. 243, 1861] sont donc nécessaires à la formation de la matière verte, sous l'influence de laquelle a lieu la décomposition de l'acide carbonique; les parties des végétaux qui ne présentent pas cette coloration verte ne paraissent pas aptes à cette décomposition [Cloëz, *Compt. rend.*, t. LVII, p. 834, 1863].

En réfléchissant, au reste, aux conditions nécessaires pour qu'une décomposition puisse avoir lieu, on conçoit facilement comment l'intervention d'une force considérable est indispensable à la séparation de deux corps ayant autant d'affinité l'un pour l'autre que le charbon et l'oxygène.

Puisqu'au moment où le charbon et l'oxygène se combinent pour former de l'acide carbonique, il y a un dégagement énorme de chaleur, il faut réciproquement qu'au moment où cette décomposition aura lieu, une quantité de chaleur semblable soit consommée pour déterminer la décomposition.

Si, dans l'insuffisance de nos connaissances sur les causes de la chaleur, nous prenons une image pour représenter ce qui se passe au moment d'une combinaison, nous pouvons nous figurer que le choc, que le rapprochement violent des molécules de charbon et d'oxygène est la cause de la chaleur dégagée, et réciproquement, nous imaginons encore qu'au moment où il faut séparer ces molécules, intimement unies, il faudra mettre en jeu un travail équivalent à la chaleur dépensée dans le premier cas. Ce travail énorme de la décomposition de l'acide carbonique atmosphérique, de la fixation du carbone dans les végétaux, a été exécuté sous l'influence du soleil, dont les rayons, indispensables à la réalisation du phénomène, agissant sur les plantes de la période houillère, pendant des milliers d'années, ont accumulé sur le globe ces immenses réserves de combustibles que nous utilisons aujourd'hui. Si nous réfléchissons que la majeure partie du travail mécanique effectué sur le globe dérive de la chaleur dégagée par la combustion du charbon, nous devons reconnaître que la fixation de ce carbone dans les végétaux actuels ou dans ceux des périodes houillères est un des phénomènes les plus importants qu'il soit donné à l'homme d'étudier.

Si nos connaissances sur la première partie du phénomène de l'assimilation du carbone par la végétation sont assez complètes, il n'en est pas de même de la dernière partie de la question, et nous n'avons encore que des conjectures sur le mécanisme de cette absorption.

Il est cependant un fait important qui a été mis complétement en évidence dans ces derniers temps, c'est que la décomposition de l'acide carbonique par les feuilles n'a lieu que lorsque ces feuilles sont vivantes. Si, comme nous l'avons indiqué plus haut, on laisse des plantes marécageuses dans l'eau, à l'abri de la lumière pendant quelques jours, elles consomment absolument tout l'oxygène qu'elles tenaient en dissolution, et bientôt elles meurent asphyxiées; si on les expose alors à la lumière, il est impossible de voir se dégager la moindre bulle d'oxygène [Dehérain, *Bull. e la Soc. chim.*, 1864, nouv. sér., t. II, p. 136].

M. Boussingault [*Compt. rend.*, t. LXI, 1865, p. 605] a montré de son côté que les feuilles desséchées ne peuvent plus déterminer la décomposition de l'acide carbonique, et M. Jodin a confirmé cette observation.

Il en résulte donc clairement que les feuilles ne fonctionnent, comme appareil de réduction,

qu'autant qu'elles sont vivantes. Th. de Saussure avait montré, au commencement du siècle, que les plantes exposées au soleil, dans une atmosphère d'acide carbonique pur, y périssent, et que même des quantités moins fortes d'acide carbonique y sont encore mortelles, quand elles dépassent 1/8 ou mieux 1/12 de l'atmosphère totale: M. Boussingault a voulu récemment reconnaître si l'asphyxie produite par l'acide carbonique pouvait être attribuée à l'inertie des feuilles plongées dans ce gaz.

Il reconnut en effet que les feuilles exposées au soleil dans de l'acide carbonique pur ne décomposent pas ce gaz, ou, si elles le décomposent, ce n'est qu'avec une excessive lenteur. Les feuilles placées au soleil dans un mélange d'acide carbonique et d'air atmosphérique décomposent, au contraire, rapidement ce dernier, et l'oxygène de l'air ne paraît pas intervenir dans le phénomène, car les feuilles décomposent rapidement l'acide carbonique lorsqu'il est mêlé à du gaz azote ou à du gaz hydrogène. Il est remarquable que les circonstances dans lesquelles se produit la décomposition de l'acide carbonique sont analogues à celles dans lesquelles on obtient la combustion du phosphore : on sait, en effet, que le phosphore n'est pas lumineux dans l'oxygène pur, mais qu'il le devient immédiatement dans du gaz oxygène dilué par de l'azote ou de l'hydrogène; on sait enfin que la combustion lente du phosphore, qui détermine sa phosphorescence, a lieu sous l'influence de l'oxygène pur, soumis à une faible pression.

Or, l'analogie se poursuit pour l'action qu'exercent les feuilles sur l'acide carbonique à une pression très-faible, et le 24 août 1864, il a été possible de décomposer un centimètre cube d'acide carbonique avec une petite feuille de laurier-cerise placée dans de l'acide carbonique à une pression de $0^m,17$ [Boussingault, *Compt. rend.*, t. LX, p. 872, 1865].

Il nous reste enfin à examiner les réactions mêmes qui accompagnent la fixation du carbone. Tout le monde sait que les principes immédiats les plus abondants dans les végétaux sont représentés dans leur constitution par du charbon et de l'eau; on les appelle souvent des hydrates de carbone; la glucose répond à la formule $C^m H^{2m} O^m$, elle est isomère avec l'acide acétique, et les autres principes, cellulose, dextrine, amidon, présentent encore des compositions qui peuvent être représentées par du carbone et de l'eau; malheureusement, jusqu'à présent la synthèse a été impuissante à produire une semblable combinaison, et nous ne connaissons aucune union directe de carbone et d'eau.

Il est facile de voir, au reste, que ces principes immédiats peuvent aussi bien être produits par la combinaison de l'oxyde de carbone et de l'hydrogène que par celle du carbone et de l'eau.

On observe, dans la décomposition de l'acide carbonique, l'apparition d'un volume d'oxygène précisément égal à celui de l'acide carbonique décomposé; mais rien ne démontre que cet oxygène provient uniquement de l'acide carbonique; et on ne saurait affirmer que l'acide carbonique ne se décompose pas seulement en oxyde de carbone et en oxygène, tandis qu'en même temps l'eau elle-même se décomposerait en oxygène et hydrogène; l'oxyde de carbone et l'hydrogène naissants pourraient dès lors s'unir pour produire une substance isomère avec la glucose, tandis qu'il apparaîtrait un volume d'oxygène précisément égal à celui de l'acide carbonique disparu; on voit en effet que

$$CO^2 + H^2O = CH^2O + O^2.$$
(2 vol.)　(2 vol.)　(Isomères　(2 vol.
de la glucose.)

Cette hypothèse n'est pas purement gratuite ; elle s'appuie sur une observation de Th. de Saussure [*Recherches chimiques sur la végétation*, p. 209] confirmée par M. Boussingault [*Compt. rend.*, t. LXI, p. 493, 1865], qui démontre que le gaz oxyde de carbone pur ou dilué dans un gaz inerte n'est pas décomposé par les parties vertes des végétaux soumis à l'action des rayons solaires. Il n'est nullement démontré jusqu'à présent que l'acide carbonique ne se décompose pas complétement en oxygène et en carbone qui se combinerait à l'eau ; il n'est pas démontré que la décomposition est incomplète et que l'oxyde de carbone s'unit à l'eau, désunie elle-même en oxygène et en hydrogène ; mais l'observation importante de Saussure, confirmée par M. Boussingault, donne à cette manière de voir une certaine probabilité, et on peut concevoir quelque espérance de voir s'avancer vers la solution une des questions les plus importantes de la physique végétale.

Assimilation de l'hydrogène. — Un grand nombre de principes immédiats élaborés par les végétaux sont des hydrates de carbone, c'est-à-dire qu'ils sont représentés par du carbone et de l'eau ; mais il en est d'autres, au contraire, tels que les corps gras, les résines, les essences, qui sont simplement formés de charbon et d'hydrogène, ou qui ne renferment qu'une quantité d'oxygène insuffisante pour former de l'eau avec l'hydrogène que l'analyse y accuse.

On peut faire sur la formation de ces composés trois hypothèses différentes.

1° Les végétaux décomposent l'eau comme l'acide carbonique ; l'hydrogène et le charbon, à l'état naissant, s'unissent pour donner directement les composés hydrocarbonés signalés plus haut.

2° Les végétaux forment seulement des hydrates de carbone par suite des réactions signalées plus haut ; ceux-ci éprouvent une réduction ultérieure et donnent des corps gras, les résines, etc.

3° Les végétaux absorbent directement dans le sol des composés organiques complexes qui sont l'origine de ces composés hydrocarbonés.

Examinons successivement ces trois hypothèses. Les végétaux sont-ils susceptibles de décomposer l'eau comme ils décomposent l'acide carbonique? Th. de Saussure le nie absolument ; il termine son chapitre *de la fixation et de la décomposition de l'eau par les végétaux* par les lignes suivantes [*Recherches chimiques sur la végétation*, p. 236] :

« Les plantes s'approprient l'oxygène et l'hydrogène de l'eau en lui faisant perdre l'état liquide. Cette assimilation n'est bien prononcée que lorsqu'elles s'incorporent en même temps du carbone.

« L'eau fixée ou solidifiée par les végétaux ne peut perdre vraisemblablement son oxygène, sous forme de gaz, qu'après la mort de la plante ou d'une de ses parties.

« ... Les plantes, dans aucun cas, ne décomposent directement l'eau en s'assimilant son hydrogène, et en éliminant son oxygène à l'état de gaz ; elles n'exhalent du gaz oxygène que par la décomposition immédiate du gaz acide carbonique. »

L'illustre physiologiste de Genève rappelle ensuite les expériences qui l'avaient conduit à cette conclusion très-absolue.

« Les plantes à feuilles minces qui végètent à l'aide de l'eau pure, dans un mélange de gaz oxygène et de gaz azote, à l'action successive du soleil et de la nuit, n'y ajoutent point de gaz oxygène et ne donnent aucun indice extérieur d'eau directement décomposée. On ne peut attribuer à la décomposition immédiate de l'eau le gaz oxygène qu'elles émettent dans le gaz azote pur ou sous l'eau, parce qu'elles forment en entier, de leur propre substance, du gaz acide carbonique,

toutes les fois qu'elles se trouvent dans un milieu dépourvu de gaz oxygène.

« Quelques plantes grasses, en végétant dans de l'air commun dépouillé de gaz acide carbonique, ajoutent à cette atmosphère une quantité de gaz oxygène qui excède plusieurs fois leur volume ; mais ce gaz, quoique pouvant avoir appartenu primitivement à l'eau, ne provient, en dernière analyse, que de la décomposition du gaz acide carbonique qu'elles forment en entier au soleil, de leur propre substance : car, lorsqu'on met dans leur voisinage une substance susceptible d'absorber ce gaz acide, elles n'ajoutent plus de gaz oxygène au milieu où elles végètent jour et nuit ; elles ne donnent plus aucun indice d'eau directement décomposée, quoique leur végétation soit vigoureuse... »

Les travaux qui ont été accumulés depuis le commencement du siècle sur la nutrition des végétaux ne paraissent pas favorables à la manière de voir de Th. de Saussure. M. Boussingault [*Économie rurale*, t. I, p. 88, 1re édit.] trouve en effet, dans les analyses des végétaux cultivés dans du sable calciné et sans traces de matières organiques, une quantité d'hydrogène plus grande que celle qu'il faut pour former de l'eau avec l'oxygène trouvé :

	Oxygène assimilé.	Hydrogène assimilé.	Hydrogène formant de l'eau.	Hydrogène excédant.
Trèfle..........	1,226	0,176	0,158	0,023
Pois............	1,237	0,215	0,155	0,060
Froment........	0,608	0,078	0,076	0,002
Trèfle repiqué..	0,444	0,097	0,055	0,042
Avoine.........	0,804	0,087	0,100	

Dans les quatre premières expériences, l'hydrogène acquis excède très-sensiblement la quantité exigée par l'oxygène pour constituer l'eau.

Or, si une plante développée complétement à l'abri des matières organiques renferme de l'hydrogène en excès, on peut en conclure, avec quelque certitude, que les éléments de l'eau ont été désunis. On trouve, au reste, une nouvelle preuve à l'appui de cette manière de voir dans les expériences de M. Boussingault sur la décomposition de l'acide carbonique par les végétaux sous l'influence de la lumière ; il est arrivé plusieurs fois, en effet, que le volume de l'oxygène dégagé fut un peu plus grand que celui de l'acide carbonique disparu : ce qu'on ne peut expliquer qu'en admettant encore que l'eau a été décomposée en ses éléments.

On conçoit toutefois, comme nous l'avons indiqué dans la seconde hypothèse formulée en tête de ce paragraphe, que la formation des combinaisons riches en hydrogène soit le résultat d'une réduction secondaire s'exerçant sur des hydrates de carbone. Les relations qui existent entre un des isomères glucosides et la mannite sont étroites. M. de Luca a démontré, depuis plusieurs années, que celle-ci se rencontrait dans l'olivier pendant toute la première partie de la végétation et tendait à disparaître quand l'olive prenait tout son développement, et que, par conséquent, la matière grasse apparaissait [*Compt. rend.*, 1862, t. LV, p. 406], de façon qu'il est possible que cette mannite soit l'origine des corps gras qui apparaissent dans le fruit.

M. Berthelot a montré de son côté que, sous l'influence d'une température élevée, les formiates pouvaient donner naissance à des carbures d'hydrogène, de telle sorte qu'on conçoit encore que les résines ou les essences ne soient pas fournies par une combinaison directe du charbon et de l'hydrogène, mais par une série de réactions secondaires s'exerçant sur des composés oxygénés d'abord formés par la combinaison de l'oxyde de carbone avec l'hydrogène, ou de l'oxyde de carbone et de l'eau ; les forces qui interviennent dans la végétation doivent être en effet des plus énergiques et peuvent déterminer la formation de composés qui exigent dans les laboratoires une dépense de température considérable, puisque l'acte principal, la décomposition de l'acide carbonique, ne peut être fait dans le laboratoire qu'en employant des moyens détournés et des températures excessives [voyez les *Expériences de dissociation* de M. Deville].

Nous n'avons présenté l'hypothèse n° 3 que parce qu'elle peut se présenter à l'esprit, mais en réalité elle ne repose sur aucune donnée sérieuse; on n'a aucune preuve que les matières complexes solubles des fumiers ou du terreau, que les principes organiques enfouis dans le sol soient assimilés; il est probable que, s'ils le sont, c'est toujours en faible quantité, et l'on sait au reste que les arbres résineux et les oliviers prospèrent dans des localités où ils ne reçoivent aucun engrais et où le sol ne paraît pas renfermer une notable proportion de matières organiques.

On voit que, si un grand nombre de travaux importants sont venus éclairer les points essentiels qui touchent à l'assimilation du carbone, il n'en a pas été de même pour l'assimilation de l'hydrogène, et que l'étude de cette question importante est encore des plus incomplètes.

Assimilation de l'azote. — En calcinant certains organes des végétaux, et notamment les graines, on obtient des vapeurs douées de cette odeur nauséabonde qui accompagne la décomposition ignée des matières animales ; si la calcination a lieu en présence de la chaux sodée, l'odeur et les réactions caractéristiques de l'ammoniaque apparaissent et ne laissent aucun doute sur la présence de l'azote dans l'organe étudié.

Sous quelle forme cet azote pénètre-t-il dans les plantes? Quelle est son origine? Telles sont les questions que nous devons maintenant essayer de résoudre.

Il n'est pas douteux que l'air atmosphérique ne soit le gisement en quelque sorte inépuisable où les végétaux et, par suite, les animaux trouvent l'azote qui entre dans leurs tissus. Un grand nombre de pâturages ne reçoivent jamais aucun engrais et fournissent cependant une quantité notable de matières azotées qui passent dans les tissus des animaux qui s'y nourrissent ou dans les produits qu'on tire de ces animaux. Les récoltes obtenues d'une terre cultivée renferment souvent une quantité d'azote supérieure à celle qui existait dans les engrais employés, et c'est encore dans l'atmosphère qu'a dû être pris cet élément.

S'il n'est pas douteux que l'air soit ainsi le gisement où les êtres vivants puisent l'azote qu'ils renferment, les formes sous lesquelles cet azote se rencontre dans notre atmosphère ou dans la terre arable sont variées, et nous devons examiner successivement sous quelles formes l'azote peut être assimilé par les végétaux ; nous passerons donc en revue:

1° L'assimilation de l'azote à l'état de nitrates;

2° L'assimilation à l'état de sels ammoniacaux;

3° L'assimilation sous forme de matières azotées autres que les nitrates et les sels ammoniacaux;

4° L'assimilation de l'azote *libre*.

1° *Assimilation des nitrates par les plantes.* — L'importance du salpêtre comme engrais est connue depuis longtemps, et le commerce énorme qui se fait actuellement de l'azotate de soude du Pérou démontre que les plantes doivent bénéficier de son emploi; toutefois les réactions qui se passent dans la terre arable sont assez complexes et les phénomènes de réduction y sont assez fréquents pour qu'on puisse supposer qu'il se produit dans les couches situées à une certaine profondeur une décomposition des nitrates semblable à celle qui a lieu au contact de l'hydrogène naissant. Il est donc possible que les nitrates soient, avant leur absorption, transformés en sels ammoniacaux; cette opinion a été longtemps soutenue par un chimiste agronome éminent, M. Kuhlmann.

Si cette réduction a lieu parfois, elle n'est pas toutefois indispensable pour que l'azote des nitrates soit assimilé, et les expériences entreprises dans ces dernières années par M. Boussingault et par M. G. Ville démontrent que les nitrates peuvent être absorbés directement.

Ces deux savants ont opéré sur des plantes semées dans un sol absolument privé de matières organiques et dans lequel, par conséquent, on ne pouvait soupçonner aucune réduction. — L'assimilation de l'azote du nitrate est, dans les expériences de M. Boussingault, tellement évidente qu'on voit en quelque sorte le poids de la matière végétale formée être proportionnel à la quantité de nitrate qui a pénétré dans la plante ; on jugera par les chiffres suivants de l'influence que peut exercer la présence du nitrate dans un sol absolument stérile.

	Poids de la récolte sèche, la graine étant 1.	Matière végétale élaborée.	Acide carbonique décomposé en 24 heures.	Acquis par les plantes en 86 jours de végétation	
				carbone.	azote.
Expérience A. Le sol n'ayant rien reçu	3,6	0gr,285	2gr,45	0gr,114	0gr,0023
Expérience B. Le sol ayant reçu phosphate, cendre, nitrate de potasse	198,3	21, 111	182, 00	8, 446	0, 1666
Expérience C. Le sol ayant reçu phosphate, cendre, bicarbonate de potasse	4,6	0, 391	3, 42	0, 156	0, 0027

Il est difficile de trouver des résultats plus concluants que ceux que présente cette expérience; la quantité d'azote contenue dans les plantes de l'expérience B est, au reste, un peu plus faible que celle qui existait dans le sel lui-même [*Agronomie, Chim. agric.*, t. I, p. 222 ; voyez aussi *Ann. de Chim. et de Phys.*, t. XLVI, 1856, p. 1]. Des expériences entreprises sur le nitrate de soude ont encore donné des résultats semblables, et il faut remarquer, en outre, que la quantité de potasse ou de soude existant dans les plantes correspond à la quantité d'azote fixée par les plantes elles-mêmes, ce qui est une nouvelle démonstration de l'assimilation de l'azotate.

2° *Assimilation de l'azote à l'état de sel ammoniacal.* — Si les expériences précédentes démontrent clairement que l'azote des nitrates peut concourir à la formation des principes immédiats des végétaux, si ces nitrates ont été présentés dans des circonstances qui excluent toute idée de réduction, et s'il demeure ainsi acquis que les nitrates pénètrent en nature dans les plantes, on n'a plus d'opinion aussi arrêtée sur l'absorption des sels ammoniacaux. Quelques chimistes pensent que ceux-ci peuvent pénétrer dans les plantes, et nous démontrerons plus loin que toutes les matières solubles mises en contact avec les racines peuvent être absorbées, de sorte qu'il paraît peu probable que les sels ammoniacaux ne concourent pas à la nutrition des plantes. Toutefois, en 1843, M. Bouchardat communiqua à l'Académie des sciences un *Mémoire sur l'influence des composés ammoniacaux sur la végétation,* et il était conduit aux conclusions suivantes :

1° Les dissolutions des sels ammoniacaux communément employés ne fournissent pas aux végétaux l'azote qu'ils s'assimilent ;

2° Lorsque ces dissolutions à un millième sont absorbées par les racines des plantes, elles agissent comme des poisons énergiques.

M. Cloëz partage cette manière de voir et rappelle que dans ses expériences sur les plantes submergées il les a toujours vues périr lorsqu'elles recevaient des dissolutions de sels ammoniacaux à la dose de 0,0001; il rappelle encore une observation qui lui a été communiquée par M. Decaisne sur la mort d'une nymphéacée causée par l'addition de quelques gouttes d'une dissolution de carbonate d'ammoniaque dans l'eau dans laquelle elle vivait [*Leçons professées devant la Société chimique en 1861,* p. 167].

Ces faits sont en désaccord avec l'opinion commune qui reconnaît l'efficacité des sels ammoniacaux dans la végétation. Sans remonter jusqu'à l'expérience de sir H. Davy, qui montra que les émanations gazeuses d'une masse de fumier conduite sous les racines d'un gazon favorisaient étrangement sa végétation, on peut rappeler les expériences de M. Kuhlmann, de M. I. Pierre, de MM. Lawes et Gilbert, qui ont tous reconnu l'influence favorable des sels ammoniacaux. Il est vrai que ces sels ont été placés dans la terre arable et, par suite, dans des circonstances où il se produit constamment des nitrates ; mais il paraît difficile d'admettre que la transformation soit complète. Au reste, M. G. Ville a fait quelques cultures dans du sable calciné où les plantes étaient amendées par du nitre, du sel ammoniac, du phosphate d'ammoniaque, du nitrate d'ammoniaque ; et, bien que les cultures au nitrate de potasse aient donné les résultats les plus favorables, on a obtenu dans les sols amendés avec des sels ammoniacaux des plantes pesant quatre à cinq fois la semence, et il est bien difficile d'admettre que dans ces circonstances les sels ammoniacaux ont été intégralement transformés en nitrates [*Ann. de Chim. et de Phys.,* (3), 1857, t. XLIX, p. 183].

Il paraît donc très-probable que les sels ammoniacaux peuvent, comme les nitrates, concourir à la nutrition des plantes; mais on reconnaît, en général, qu'à égalité dans le poids d'azote, ils agissent d'une façon moins favorable.

Si l'azote pénètre habituellement dans les plantes sous forme de nitrate et sous forme de sels ammoniacaux en dissolution dans l'eau qui baigne les racines, il semble aussi pouvoir pénétrer dans les plantes sous forme d'ammoniaque gazeuse ; au moins M. G. Ville assure-t-il avoir réussi à faire prospérer des orchidées ou d'autres plantes en les faisant végéter dans de l'air légèrement ammoniacal; il annonce avoir obtenu sous cette influence non-seulement des récoltes plus abondantes, mais encore des plantes plus riches en azote.

3° *Assimilation de l'azote sous des formes autres que les sels ammoniacaux et les nitrates.* — On sait qu'au commencement de ce siècle Th. de Saussure pensait que les plantes pouvaient absorber les principes solubles du terreau, et il écrivait dans ses recherches chimiques sur la végétation : « Si l'azote est un être simple, s'il n'est pas un élément de l'eau, on doit être forcé de reconnaître que les plantes ne se l'assimilent que dans les extraits végétaux et animaux et dans les vapeurs ammoniacales ou d'autres composés solubles dans l'eau qu'elles peuvent absorber dans le sol et dans l'atmosphère. » On conçoit toutefois combien il est difficile d'affirmer que c'est l'extrait même de terreau que les plantes absorbent : non pas que nous pensions que les racines soient capables de

repousser les substances solubles avec lesquelles elles sont en contact, mais parce que cet extrait de terreau est formé de substances complexes qui se transforment avec une grande facilité en produits plus simples, tels que les nitrates et les sels ammoniacaux. M. Paul Thenard a reconnu, il est vrai, que les fumates insolubles répandus dans le sol arable se transforment en perfumates solubles, et on comprendrait que ces perfumates devinssent une source d'azote pour les plantes, si le même chimiste éminent n'avait reconnu de plus que ces perfumates passaient bientôt, sous l'influence oxydante du peroxyde de fer, à l'état de nitrates; etc'est peut-être plutôt sous cette forme que sous celle de sels à acide organique azoté que sont absorbés les principes azotés des fumiers [*Compt. rend.,* t. XLVIII, p. 722; — t. XLIX, p. 289, 1850]. Dans quelques-uns de ses nombreux essais, M. G. Ville a soumis des plantes à l'action de diverses matières azotées, de façon à comparer l'action de chacune d'elles; les plantes ont reçu du nitrate de potasse, de l'urée, de l'acide urique, de l'urate de chaux, du sel ammoniac et de l'oxalate d'ammoniaque renfermant des quantités d'azote égales, et les récoltes ont été assez différentes ; ce résultat peut s'expliquer, ou bien en admettant que les matières azotées solubles absorbées en nature sont décomposées plus ou moins facilement par les plantes et, par suite, peuvent servir à des degrés différents à constituer des principes immédiats, ou bien elles montrent que ces composés sont amenés plus ou moins lentement à la forme unique sous laquelle, suivant certains chimistes, l'azote pénètre dans les plantes. Il est remarquable, au reste, que, parmi les composés dérivés de l'ammoniaque, les uns agissent sur la végétation comme l'ammoniaque elle-même, tandis que les autres, au contraire, ne paraissent avoir aucune influence; c'est ainsi que, d'après M. G. Ville, la méthylamine et l'éthylamine employées à l'état de chlorhydrate ont donné sur la végétation des résultats analogues à ceux de l'ammoniaque elle-même; que l'urée a produit de meilleurs effets que le carbonate d'ammoniaque dont elle ne diffère que par les éléments de l'eau ; tandis que l'éthylurée n'a produit aucun effet.

4° *Assimilation de l'azote à l'état libre par la végétation.* — Nous venons de voir qu'il est vraisemblable que l'azote pénètre dans les plantes sous trois formes différentes : à l'état de nitrate, de sel ammoniacal, enfin à l'état de combinaison organique plus ou moins complexe. Peut-il encore y pénétrer à l'état libre? Peut-il se produire dans les réactions qui prennent naissance dans la plante même quelques composés dans lesquels s'engage l'azote libre de l'air atmosphérique? La question, comme chacun sait, est des plus controversées. La méthode imaginée par M. Boussingault, dès ses premières recherches pour reconnaître si les végétaux fixent l'azote atmosphérique, consiste essentiellement à faire végéter une plante dans un sol absolument stérile et débarrassé par la calcination de toutes les matières organiques, déterminer au moment du semis la composition de graines semblables à celles qui ont été semées, et notamment la quantité d'azote qui y est contenu. On laisse la végétation se développer pendant quelque temps, puis on dose l'azote contenu dans la plante, celui qui reste dans le sol et même dans le creuset-pot; on établit enfin la balance entre l'azote contenu dans la plante, dans le sol et dans le vase, et celui qui existait dans la graine, et on voit s'il y a eu gain d'azote pendant la végétation.

Dans ses premiers travaux, M. Boussingault avait trouvé que le trèfle et les pois avaient fixé une quantité assez sensible d'azote, tandis que le froment ne présentait aucun gain, et que la quantité d'azote contenue dans la récolte était sensiblement égale à celle qu'on rencontrait dans la graine. Ces premiers résultats démontraient seulement que les légumineuses avaient pris une certaine quantité d'azote contenu dans l'air, mais n'indiquaient rien sur la nature même de la matière azotée qui avait été assimilée; ce pouvait être sans doute de l'azote libre, mais ce pouvait être également les vapeurs ammoniacales qui se rencontrent aussi dans l'atmosphère. Quoi qu'il en soit, ces premières recherches avaient conduit à des théories très-séduisantes sur les rotations généralement suivies dans les cultures européennes; mais on s'était trop hâté de s'emparer des nombres obtenus dans cinq expériences seulement, et lorsqu'en 1851 M. Boussingault reprit ses premières recherches, mais en ayant soin, cette fois, d'opérer dans des appareils fermés, qui permettaient de faire arriver jusqu'à la plante de l'acide carbonique et de l'eau exempts d'ammoniaque, tout en la plaçant complétement à l'abri des vapeurs ammoniacales et des poussières organiques qui existent dans l'air, dans ces conditions particulières les récoltes ne se développèrent jamais normalement, le poids de la plante fut en général seulement double, triple ou quadruple de la semence; mais il fut impossible de reconnaître la fixation de l'azote atmosphérique, qu'on eût opéré avec des haricots, des lupins, du cresson ou de l'avoine. Plusieurs autres séries d'expériences furent ensuite installées avec des appareils où l'air se renouvelait constamment, ou même à l'air libre, et il fut encore impossible de constater l'absorption de l'azote gazeux de l'atmosphère.

Ces expériences, exécutées avec un soin minutieux, semblaient devoir entraîner la conviction; toutefois M. G. Ville, en les répétant, obtint des résultats différents, d'où il crut pouvoir tirer des conclusions opposées [*Agronom. et Chim. agric.*, par M. J.-B. Boussingault, 3 vol. Gauthier-Villars, t. I, 1860; voyez aussi *Ann. de Chim. et de Phys.*, 3e série, 1856, etc.].

D'après M. G. Ville, les résultats obtenus par M. Boussingault sont exacts dans les conditions où il s'est placé; mais ils cessent de l'être quand on veut conclure de ce qui se passe dans un sol stérile à ce qui a lieu dans un sol déjà amendé avec des matières azotées. Les idées de M. G. Ville sont particulièrement développées dans le mémoire qu'il intitule : *Quel est le rôle des nitrates dans l'économie des plantes?* [*Ann. de Chim. et de Phys.*, 3e série, t. XLIX, p. 168, 1857.]

D'après l'auteur, les plantes n'acquièrent la propriété d'absorber l'azote gazeux de l'atmosphère que lorsqu'elles sont déjà vigoureuses, et elles ne le deviennent qu'à la condition de trouver dans le sol les éléments azotés nécessaires à leur premier développement.

Si on sème, dans un sol stérile, du tabac ou du colza dont les graines sont extrêmement petites, on n'aura que des végétations rabougries et chétives, dans lesquelles on ne pourra jamais constater la fixation de l'azote atmosphérique; mais on obtiendra des résultats complétement différents si on opère sur des sols qui ont reçu une quantité de nitre appréciable qui, d'après l'auteur, doit atteindre 1 gramme environ; les récoltes, dans ces conditions, se développent normalement; elles atteignent 300, 400 et 700 fois le poids de la semence, et la quantité d'azote prélevé sur l'atmosphère est considérable.

D'après M. G. Ville, au reste, toutes les plantes ne seraient pas également aptes à saisir l'azote de l'air; il reconnaît que, d'une façon générale, les légumineuses donnent un rendement aussi élevé quand elles reçoivent seulement un engrais minéral que lorsqu'elles végètent dans un sol qui a reçu un engrais complet, et il trouve des arguments pour soutenir sa manière de voir dans les

essais faits à la ferme de Vincennes sous sa direction, aussi bien que dans ceux qu'il extrait des comptes rendus des cultures faites à Rothampsted par MM. Lawes, Gilbert et Pugh [1], qui montrent que, dans la culture du froment, l'emploi des engrais complets augmente la récolte jusqu'à la doubler, tandis que les pois, les féveroles et le trèfle accusent sensiblement le même rendement, qu'ils aient reçu des engrais minéraux seulement ou des engrais complets. Il faut reconnaître enfin que ces faits sont d'accord avec ceux de la pratique agricole, qui a reconnu depuis longtemps que les cultures de légumineuses sont souvent favorables aux cultures de graminées qui les suivent, ce qui peut s'expliquer facilement s'il est démontré que la plupart des principes azotés que ces récoltes laissent sur le sol comme résidus ont été puisés dans l'air [2].

On voit donc qu'il y a en regard l'une de l'autre deux opinions nettement tranchées : M. Boussingault affirme, d'après ses nombreuses expériences, que les plantes ne puisent pas d'azote dans l'air; M. G. Ville, au contraire, croit que l'excès incontestable d'azote existant dans les récoltes d'un sol cultivé, sur la quantité d'azote introduite comme engrais, provient de l'air atmosphérique et a été absorbé à l'état d'azote gazeux.

En 1855, l'Académie des sciences nomma une commission chargée de contrôler les expériences de M. G. Ville, et, bien que les conclusions posées fussent favorables aux idées de ce savant, divers accident arrivés pendant ces expériences entachent les conclusions du rapport [3]. Si, d'autre part, MM. Lawes, Gilbert et Pugh se livrèrent, en Angleterre, pendant plusieurs années, à des essais nombreux pour contrôler les résultats de M. Boussingault et ceux de M. G. Ville, ils n'obtinrent jamais que des récoltes extrêmement chétives, ne présentant que des poids médiocrement supérieurs à ceux des semences, et M. G. Ville adresse à leurs résultats les mêmes critiques qu'à ceux de M. Boussingault; il croit que les plantes, par suite des faibles quantités d'engrais azotés qu'elles ont reçues, n'ont pas atteint la période de leur végétation où elles sont capables de fixer l'azote atmosphérique.

A l'une des critiques formulées par M. G. Ville, à savoir que les quantités de salpêtre ou d'engrais azoté assimilable données sont trop faibles pour qu'on puisse observer la fixation de l'azote atmosphérique, on peut objecter une expérience de M. Boussingault, insérée dans son mémoire « sur l'influence de l'azote assimilable des engrais sur le développement des plantes, » où l'on voit que des *helianthus* qui avaient reçu 1gr,4 de nitre et qui étaient développés comme ceux qui vivaient en pleine terre, n'ont présenté cependant qu'une quantité d'azote plus faible que celle que renferme le nitrate.

Sans doute il eût été à désirer que des expé-

(1) On the sources of the nitrogen of vegetation. Philosophical transactions, part. II, 1861. M. Boussingault a résumé ce travail dans le 2e volume de son *Agronomie et Chimie agricole.*

(2) On peut, au reste, expliquer autrement l'avantage qu'il y a à faire succéder les céréales aux légumineuses, en remarquant que les légumineuses enfoncent leurs racines profondément, vont chercher les principes nutritifs dans le sous-sol, puis abandonnent sur la surface, au moment de la récolte, une quantité considérable de matière organisée qui, en se décomposant, fournit une sorte d'engrais en couverture, qui, en définitive, provient du sous-sol où les céréales n'iraient pas le chercher.

(3) *Comptes rendus*, 1855. — L'eau employée pour arroser les cultures n'était pas complétement exempte d'ammoniaque, bien que la quantité trouvée fût plus faible que celle qui était nécessaire pour expliquer le gain d'azote observé. Ce manque de netteté dans l'expérience laisse quelques doutes dans l'esprit.

riences analogues à celles-là eussent été faites en grand nombre pour trancher la question; car si l'expérience précédente ébranle la conclusion de M. G. Ville, un grand nombre d'essais, dans le même sens, serait seul capable de démontrer que ces conclusions sont fautives.

Au reste, M. G. Ville n'attaque pas seulement l'opinion soutenue par M. Boussingault à l'aide de ses propres expériences, il veut encore trouver des arguments dans les travaux mêmes de son adversaire; il intitule la troisième partie de son mémoire *Sur le rôle des nitrates dans l'économie des plantes* [*Ann. de Chim. et de Phys.*, t. XLIX, 1857, p. 185]: « Comment la nature des produits qui se forment pendant la décomposition des fumiers prouve que les plantes absorbent l'azote gazeux de l'atmosphère. » L'auteur rappelle que les expériences de M. Reiset, ainsi que les siennes propres, prouvent que lorsqu'une matière organique azotée se décompose, elle émet une partie de son azote à l'état d'ammoniaque et une autre partie à l'état gazeux. S'appuyant sur ce résultat, M. G. Ville tire des expériences mêmes de M. Boussingault la preuve que les plantes sont susceptibles d'absorber l'azote gazeux de l'atmosphère. Il rappelle donc une expérience du savant chimiste du Conservatoire dans laquelle trois graines de lupin semées dans du sable calciné reçurent comme engrais six graines de lupin blanc privées de leur faculté germinative par leur immersion dans l'eau bouillante. Dans ces conditions, les lupins poussèrent beaucoup mieux que dans le sable calciné pur, la récolte accusa un gain d'azote considérable sur celui de la semence; mais, tout compte fait, l'engrais se trouva avoir perdu un peu plus d'azote que les plantes n'en avaient gagné. S'il était démontré que tout l'azote provenant des lupins en voie de décomposition a été émis sous forme d'ammoniaque, la conclusion que M. Boussingault tire de son expérience serait inattaquable; mais comme, d'après M. G. Ville et M. Reiset, une partie importante de l'azote contenu dans les lupins servant d'engrais a dû se dégager à l'état d'azote, qu'enfin la quantité d'azote dégagé à l'état d'ammoniaque est bien inférieure à celle qui a été fixée par la plante, il faut en conclure que cet azote a été absorbé à l'état gazeux.

Une objection toutefois se présente encore à l'esprit; nous savons que sous l'influence de l'oxygène naissant, sous celle de l'oxygène ozonisé, l'azote peut s'engager en combinaison et former des nitrates. M. Cloëz a naguère précisé, devant la Société chimique, les conditions dans lesquelles cette nitrification peut s'opérer, et on conçoit que dans les expériences de M. G. Ville il ait pu se former de l'acide azotique qui aurait fourni à la plante l'azote qu'elle renferme et qui ne préexistait pas dans la graine ou dans l'engrais. A cette objection, M. G. Ville répond non-seulement en montrant que, dans ses expériences, il ne peut constater la formation des nitrates, bien qu'il les ait recherchés avec soin, mais il tire encore de la grande culture de nouvelles preuves à l'appui de son opinion; il calcule la quantité d'azote existant dans une récolte de luzerne; il détermine en même temps les bases qui se trouvent dans les cendres de cette récolte, et qui ne sont pas saturées par les acides dosés dans les cendres; on conçoit que ces bases ont pénétré en combinaison dans la plante à l'état de sels et, par suite, qu'en défalquant de leur poids total la fraction nécessaire pour saturer les acides dosés, il reste un certain poids qui a pu pénétrer à l'état d'azotates; on serait donc mal venu dans ce cas à supposer que l'azote existant dans la luzerne a été absorbé à l'état libre, puisqu'il a pu entrer à l'état d'azotate. En faisant ce calcul, M. G. Ville

trouve cependant que la quantité d'azote existant dans la luzerne et qui ne provient pas de l'engrais est trop considérable pour avoir pu pénétrer entièrement à l'état d'azotate, et qu'en admettant que toutes les bases non saturées par les acides dosés ont pénétré à l'état d'azotate, il resterait encore une certaine quantité d'azote en excès qui, d'après lui, a dû pénétrer à l'état d'azote libre. On ne saurait toutefois admettre absolument cet argument, car rien ne prouve que cet azote en excès n'est pas entré à l'état de sel ammoniacal qui n'aurait pas laissé de son entrée une trace visible comme l'azote qui a pénétré à l'état d'azotate.

On voit que les expériences directes laissent encore l'esprit incertain; si, en les laissant de côté, on veut trouver des arguments dans les phénomènes chimiques usuels pour formuler une opinion, en attendant que de nouveaux travaux conduisent à une démonstration solide, on peut, d'une part, se rappeler que le phénomène de nitrification est un des plus habituels, et que les azotates doivent se former continuellement dans la terre arable. On ne se ferait qu'une idée très-incomplète de ce phénomène en faisant un dosage d'acide azotique dans la terre arable et en établissant, d'après ce dosage, le poids d'azote assimilable qu'une plante peut rencontrer; car si elle absorbe aujourd'hui le salpêtre qui se trouve dans le sol, demain une nouvelle quantité prendra naissance et pourra être absorbée de nouveau.

Certainement il n'y a aucune preuve que l'azote dissous dans la sève rencontrant l'oxygène naissant, provenant de la décomposition de l'acide carbonique, ne puisse former de l'acide azotique qui pénétrerait ensuite dans l'organisation végétale; mais il n'y a aucune preuve directe que ce phénomène se produise, et nous voyons bien plutôt les végétaux être des organes de réduction que d'oxydation.

Quant à la formation de combinaisons organiques azotées produites par la fixation de l'azote sur des composés organiques, elle est des moins probables, et nous voyons toujours, dans le laboratoire, l'azote se fixer sur des matières organiques à l'état d'ammoniaque ou d'acide azotique; une élimination ultérieure d'hydrogène ou d'oxygène fusionne enfin les matières d'une façon plus complète. Les remarquables expériences de synthèse de M. P. Thenard, dans lesquelles il est arrivé à fixer de l'azote sur la cellulose, de façon à reproduire quelques-unes de ces matières noires qui existent dans les fumiers, ont été opérées avec de l'ammoniaque, et n'auraient certainement donné aucun résultat favorable si on eût opéré avec de l'azote pur.

Assimilation des principes minéraux. — On sait depuis un temps immémorial que les végétaux laissent à l'incinération des parties fixes, mais on ne s'est préoccupé du poids et de la composition des cendres qu'à la fin du xviiie siècle et au commencement de celui-ci (voyez Cendres). Les analyses très-nombreuses de cendres exécutées depuis soixante ans ont démontré nettement que si ces parties fixes se trouvent dans les plantes en faibles quantités, elles présentent une telle constance de composition qu'on ne peut les considérer comme accidentelles, mais qu'il faut reconnaître, au contraire, qu'elles font, en quelque sorte, partie intégrante de l'organisme végétal. Des expériences synthétiques sont venues, au reste, confirmer ces premiers résultats de l'analyse, et on a vu des plantes rester chétives et ne prendre qu'un très-faible développement, bien qu'abondamment pourvues de matières carbonées et azotées quand elles croissent dans des sols privés de phosphate ou de sels de potasse.

Nous n'avons pas l'intention, dans cet article,

d'appuyer sur l'importance des engrais minéraux, et nous renvoyons le lecteur aux mots : PHOSPHATES, POTASSE, TERRE, etc., nous voulons seulement indiquer ici comment a lieu l'assimilation de ces principes minéraux.

Si on compare la composition des cendres des végétaux marins à la composition des eaux de la mer, on reconnaît qu'il existe entre elles des différences assez grandes pour qu'on ne puisse admettre que les plantes absorbent indifféremment les matières qui existent en dissolution dans l'eau qui les baigne; on trouve de même des différences très-notables dans la composition des cendres des plantes terrestres développées sur le même terrain, et il faut encore admettre que ces plantes ont, en quelque sorte, choisi dans le sol les éléments qui leur convenaient [*Ann. de Chim. et de Phys.*, 4e série, 1866, t. VIII, p. 333].

On ne peut attribuer cette puissance élective ni à la constitution même des racines (1), ni à la propriété qu'elles auraient de repousser certaines matières solubles, car l'expérience enseigne que toutes les matières solubles mises en contact avec les racines d'une plante peuvent pénétrer dans celle-ci [Th. de Saussure, *Rech. chim. sur la végétation;* Trinchinetti, *Sulla facolta assorbente delle radici dei vegetabili*, Milano, 1803]. Il n'est pas besoin non plus, pour expliquer le choix exécuté par les végétaux parmi les substances minérales qui existent dans le sol, de recourir à ces forces mystérieuses dont Dutrochet déplorait si énergiquement, autrefois, l'introduction dans la physiologie; les forces chimiques et la force curieuse mise en lumière dans ces dernières années par Th. de Graham, la force de diffusion, suffisent pour expliquer l'accumulation dans le tissu d'une plante d'une matière soluble au détriment d'une autre.

Assimilation des phosphates. — Quand on étudie la terre arable, on reconnaît avec M. Paul Thenard que la plus grande partie des phosphates s'y rencontrent à l'état de phosphates de sesquioxyde de fer ou d'alumine, insolubles dans l'acide carbonique, mais faciles à décomposer par les carbonates alcalins ou alcalino-terreux, et on conçoit que sous l'influence du chaulage ou du marnage, sous celle des carbonates provenant de la décomposition des roches feldspathiques (voyez FELDSPATH), l'acide phosphorique puisse de nouveau se trouver en dissolution dans l'eau pure ou dans l'eau chargée d'acide carbonique, à la disposition des plantes et susceptible d'être absorbé avec l'eau qui arrive au contact des racines [*Compt. rend.*, t. XLVI, p. 212, 1858; Dehérain, thèse pour le doctorat].

Au printemps les phosphates se trouvent en quantités assez notables dans les jeunes organes des plantes, et notamment dans les feuilles; mais peu à peu cette quantité va en diminuant, et quand la plante fleurit, les phosphates quittent les feuilles pour s'accumuler dans les graines [voyez de Saussure, *Recherches chimiques sur la végétation*, p. 293; — Garreau, *Ann. des sciences naturelles*, botanique, (4), t. XIII, 1860. — Corenwinder, *Ann. de Chim. et de Phys.*, t. LX, p. 105, 1860. — I. Pierre, *Mémoires sur le colza;* — *Ann. de Chim. et de Phys.*, 1860; — Zoeller cité par J. Liebig, *Les lois naturelles de l'agriculture*, p. 385]. Il est à remarquer, au reste, que ce transport des phosphates est toujours accompagné d'un transport semblable de la matière azotée. « A l'époque de la formation de la graine, dit M. I. Pierre, il s'effectue, de la tige de la plante vers sa partie supérieure, un transport des matières azotées, des substances minérales, de l'acide phosphorique ou des phosphates. » Les cultivateurs ont, au reste, remarqué depuis longtemps qu'après la floraison et la maturation des graines, un fourrage est beaucoup moins nourrissant que lorsqu'il est récolté plus tôt.

Tous les chimistes qui ont dosé à la fois l'azote et les phosphates dans les graines ont été frappés de voir ces deux matières augmenter à peu près parallèlement. « On aperçoit, dit M. Boussingault, une certaine relation entre la proportion d'azote et celle de l'acide phosphorique contenus dans les substances alimentaires; généralement les plus azotées sont aussi les plus riches en acides, ce qui semble indiquer que dans les produits de l'organisation végétale les phosphates appartiennent particulièrement aux principes azotés et qu'ils les suivent jusque dans l'organisation des animaux. » M. Corenwinder énonce la même opinion dans son mémoire *sur les migrations du phosphore* dans les végétaux. « Depuis longtemps, dit-il, on a constaté que les bourgeons naissants, les jeunes végétaux sont riches en matières azotées. Celles-ci sont toujours accompagnées d'une proportion relativement considérable de phosphore, et il n'est pas douteux que ces deux éléments sont unis dans le règne végétal suivant un mode de combinaison encore mystérieux. »

Des expériences récentes, entreprises sur ce sujet [Dehérain, *loc. cit.*], ont démontré que si on lessivait des graines pulvérisées avec de l'eau, on n'arriverait jamais à enlever tous les phosphates qui y sont contenus; en brûlant les graines lavées, on reconnaissait que la quantité d'acide phosphorique contenue encore dans la farine était beaucoup trop grande pour former avec la chaux qu'on y dosait une combinaison insoluble, et qu'ainsi l'acide phosphorique, combiné sans doute à la potasse, avait contracté avec la matière organique elle-même une union assez stable pour ne pas être détruite par l'eau. Cette union n'est même pas détruite par une liqueur acide (1 p. d'acide chlorhydrique fumant pour 9 d'eau), et on a trouvé dans la farine de pois et dans la farine de froment, lavées à plusieurs reprises à l'acide étendu, des quantités encore très-notables d'acide phosphorique et représentant le 1/5, le 1/6 et le 1/9 des quantités primitives.

Comme tous les phosphates sont solubles dans l'acide chlorhydrique étendu, on peut conclure de ces essais que les phosphates qui ont résisté à ce dissolvant se trouvaient dans les farines unis intimement avec la matière végétale et retenus par elle à l'état insoluble. Il est possible que ces phosphates se trouvent dans les feuilles, engagés de même en combinaison, mais il est vraisemblable que le phosphate de chaux ou de magnésie, qu'on y rencontre souvent, peut aussi y être simplement déposé par suite de l'évaporation de l'eau chargée d'acide carbonique que l'on y a amené et nous concevons, en résumé, que les phosphates se rencontrent dans les végétaux à deux états différents:

1° Retenus en combinaisons par la matière végétale;

2° Déposés par évaporation de l'eau chargée d'acide carbonique qui les tenait en dissolution.

Pour bien faire comprendre la manière dont nous envisageons l'absorption due à la combinaison, empruntons un exemple simple au travail déjà cité.

Dans un vase renfermant une dissolution de sulfate de soude on place un vase poreux semblable à ceux qu'on emploie dans la pile de Bunsen; ce vase poreux reçoit de l'eau pure; le niveau est le même à l'extérieur et à l'intérieur, et bien qu'il n'y ait aucun transport du liquide lui-même, on remarque que le sel chemine au travers de la

---

(1) *Mémoire manuscrit*, couronné par l'Académie des sciences. — L'examen microscopique du chevelu des plantes présentant dans la composition des différences très-sensibles n'a montré aucune variation remarquable.

paroi poreuse et pénètre peu à peu dans l'eau distillée; la quantité qui pénètre par vingt-quatre heures va toujours en diminuant, et quand on laisse l'expérience se continuer pendant quelques jours, on trouve que l'équilibre est établi, c'est-à-dire que la richesse en sels de volumes égaux du liquide, pris dans le vase intérieur et dans le vase extérieur, est la même. Cette expérience confirme, sous une forme un peu différente, les recherches d'analyse de M. Graham, elle démontre qu'en dehors de tout mouvement du liquide il peut y avoir cheminement d'un sel au travers d'une paroi poreuse comme celle d'un vase en biscuit de porcelaine ou celle d'une racine.

Compliquons maintenant notre expérience, plaçons dans le vase poreux et dans le vase de verre des dissolutions de sulfate de soude, au même degré de concentration, mais ajoutons à la dissolution extérieure du chlorure de potassium par exemple, et voyons ce qui arrivera; il est certain que, l'eau des deux vases renfermant des quantités égales de sulfate de soude, celui-ci restera dans chacun des vases sans augmenter ou diminuer, mais il n'en sera pas de même pour le chlorure de potassium, qui filtrera au travers de la paroi poreuse pour pénétrer dans le vase intérieur; ainsi, la présence d'un sel dans l'eau du vase intérieur n'empêche pas la diffusion, dans l'eau de ce vase, d'un sel différent du premier.

Concevons, maintenant, qu'à mesure que le chlorure de potassium pénètre dans le vase poreux, il soit précipité de sa dissolution, qu'il soit fixé à chaque instant à l'état insoluble : la dissolution intérieure, à chaque instant appauvrie du sel ainsi amené à l'état insoluble, va recevoir du vase extérieur une nouvelle quantité de ce sel; l'équilibre, toujours rompu, tend à se rétablir, et par suite le sel, ainsi constamment soustrait à la dissolution, finit par s'accumuler à l'état insoluble dans le vase intérieur.

On réalise facilement cette accumulation d'un sel au détriment d'un autre en plaçant dans le vase extérieur un mélange de sel marin et de sulfate de cuivre et en précipitant intérieurement avec de l'eau de baryte; on finit par faire passer dans le vase intérieur tout le sulfate de cuivre.

Des causes semblables à celles que nous venons d'indiquer produisent, dans les végétaux, l'accumulation d'un principe à l'exclusion d'un autre. Une jeune plante se développe, ses premiers organes sont riches en matières azotées, susceptibles, comme nous l'avons vu, d'amener les phosphates à l'état insoluble; si donc un mélange de phosphate et d'un autre sel, comme le chlorure de sodium par exemple, pénètre par les racines dans cet organisme, ces sels vont s'y fixer en quantités très-différentes. Admettons, en effet, pour un instant que ce mélange de phosphate et de chlorure, pénètre dans cette plante en proportions semblables à celles qu'ils présentent dans le sol (1); le phosphate va bientôt être amené à l'état insoluble par la matière azotée et va dès lors disparaître de la dissolution. Or, si nous nous reportons à l'expérience précédente où nous avons vu un sel passer à travers une paroi poreuse pour se répandre dans un liquide qui ne le renfermait qu'en plus faible quantité que la dissolution extérieure, nous concevons qu'il va y avoir un cheminement de phosphate de la terre dans laquelle végète la plante, jusque dans la séve, et cela en dehors de tout mouvement du liquide lui-même; en effet, la séve est plus pauvre en phosphate que la terre arable, puisque le phosphate est précipité, soustrait de la séve, aussitôt qu'il y arrive, par sa combinaison avec la matière azotée elle-même.

Si une nouvelle quantité de matière azotée prend naissance, elle fixera une nouvelle quantité de phosphate, et ainsi de suite; celui-ci va donc s'accumuler dans la plante; le sel marin ne s'y trouvera qu'en quantité beaucoup plus faible; en effet, ce sel ne se fixe dans aucun tissu, il persiste dans la séve et il s'y trouve en quantité au moins aussi grande que dans l'eau qui baigne les racines; il n'y aura donc pas de raison pour qu'il pénètre par diffusion, il n'y aura même pas de raison pour qu'il pénètre avec l'eau qui viendra remplacer celle qui s'évapore complétement, car nous savons par les expériences de Th. de Saussure que, lorsqu'on fait végéter une plante dans un liquide salin, il peut arriver souvent que les plantes absorbent plus d'eau que de sel [*Recherches chimiques sur la végétation*].

On voit donc qu'il y a d'une part mouvement des phosphates au travers du liquide et indépendamment du liquide, et d'autre part répulsion des chlorures qui n'entrent même pas aussi vite que l'eau parce que la dissolution intérieure concentrée les repousse à leur entrée dans la plante.

Nous comprenons ainsi que les phosphates puissent s'accumuler dans les plantes quand ils s'y unissent avec les matières végétales; mais l'expérience nous enseigne qu'ils ne se trouvent pas toujours à cet état, et nous avons dit qu'on trouvait de plus dans les organes des plantes du sulfate de chaux qui paraissait simplement déposé par évaporation, et non combiné; l'explication de l'accumulation de cette matière est encore cependant facile à donner si on se rappelle que le phosphate de chaux est soluble dans l'eau chargée d'acide carbonique et insoluble dans l'eau pure. Empruntons encore au mémoire manuscrit une expérience applicable au cas qui nous occupe.

Un mélange de sel marin et de bicarbonate de chaux est placé dans un verre; sur les bords de celui-ci on dispose de petites bandelettes de tulle dans lesquelles pénètre peu à peu le mélange des deux sels; l'un, le bicarbonate de chaux, exposé à l'air, se décompose bientôt, l'acide carbonique se dégage et le carbonate de chaux se précipite; la liqueur qui imprègne les bandelettes se trouve donc appauvrie de bicarbonate de chaux, elle est moins riche que l'eau dans laquelle baigne l'extrémité de la bandelette et, par suite, un mouvement de diffusion s'établit au travers de toute la masse et une nouvelle quantité de bicarbonate de chaux arrive dans les bandelettes, s'y décompose et est bientôt remplacée par une nouvelle quantité. Il n'en est pas de même du sel marin, car il persiste dans la dissolution sans se décomposer, et bientôt le liquide des bandelettes se trouve renfermer une dissolution plus riche en sel marin que le liquide primitif, et, par suite, aucun mouvement de diffusion ne s'établit pour ce sel. Si à un moment déterminé on arrête l'expérience et qu'on dose le carbonate de chaux et le sel existant dans les bandelettes, on les trouvera en proportions très-différentes et le carbonate de chaux diminuera beaucoup (1).

Tout ce que nous venons de dire s'applique aussi bien au phosphate de chaux qu'au carbonate, car ces deux sels, insolubles dans l'eau pure, se dissolvent très-bien dans l'eau chargée d'acide carbonique, et on conçoit que le phosphate de chaux s'accumule dans les organes des plantes quand l'évaporation ou la décomposition de l'acide carbonique l'auront rendu insoluble.

Assimilation de la silice. — Les considérations que nous venons de développer au sujet de l'acide phosphorique vont nous permettre de com-

____

(1) On verra plus loin que ceci peut n'être pas exact, parce que les sels ont des pouvoirs diffusifs différents

(1) La dissolution avait perdu en trois jours 27 °/. du sel marin qu'elle renfermait, et 02 °/. du bicarbonate de chaux.

prendre rapidement l'accumulation de la silice dans les tiges de certaines plantes et notamment dans celles des céréales, qui en renferment des quantités très-notables (70 °/₀ du poids des cendres).

La silice récemment séparée d'une combinaison est légèrement soluble dans l'eau chargée d'acide carbonique. On sait que la décomposition des silicates sous l'influence de l'acide carbonique est fréquente et on conçoit que l'eau qui existe dans le sol puisse renfermer de petites quantités d'acide silicique qui pénètre, à l'aide de ce dissolvant, dans les tissus des plantes. La silice ne s'y rencontre pas toujours au même état. Si, en effet, on attaque des tiges de céréales avec des dissolutions bouillantes de soude, on arrive à enlever complétement la silice qu'elles renferment si les dissolutions sont concentrées, mais il n'en est plus ainsi quand les dissolutions sont étendues; si, par exemple, on fait usage de dissolutions bouillantes marquant seulement 1°, on observe dans la manière dont la silice résiste à l'action de ce dissolvant des différences considérables ; tandis que cette dissolution enlève absolument toute la silice contenue dans le bois de chêne et dans les feuilles du même arbre, qu'elle diminue celle qu'on trouve dans les feuilles de lilas et de sapin ou dans les bagasses de canne à sucre, elle laisse intacte celle qui existe dans les fougères et dans les tiges des céréales, et comme les autres matières minérales disparaissent, la quantité de silice contenue dans les organes lavés avec la soude caustique augmente considérablement [1].

Nous pouvons encore conclure de ces essais que la silice peut exister dans les plantes à deux états : 1° combinée avec la matière végétale avec plus ou moins d'énergie; 2° simplement déposée par évaporation.

Dans le cas où la silice est combinée, on expliquera son accumulation comme on l'a fait pour les phosphates; la silice pénétrant dans la plante avec la séve sera fixée à l'état insoluble par la matière végétale, la séve se trouvera appauvrie de silice et dès lors il y aura cheminement de cette matière dissoute dans l'acide carbonique, de la terre dans laquelle végète la plante vers la séve qui en renferme moins que l'eau qui baigne les racines. Si, au contraire, il n'y a pas combinaison entre la matière végétale et la silice, celle-ci ne se rencontrera qu'en quantité plus faible dans les plantes, mais elle pourra toutefois s'accumuler dans les feuilles par suite de l'évaporation de l'acide carbonique qui la tenait en dissolution. A cette cause, au reste, vient s'en ajouter une autre, qui est le départ qui s'exécute dans la partie minérale des feuilles à mesure que celles-ci avancent en âge. Si on compare la composition des feuilles d'un même arbre à différentes époques de la végétation [2], on voit les phosphates disparaître peu à peu pour aller s'accumuler dans les graines, et la silice, au contraire, persiste dans ces organes et finit par former une partie importante des cendres.

Nous venons d'attribuer à une combinaison de la silice et des matières végétales l'accumulation considérable de cette substance minérale dans les tiges des céréales, dans les fougères, etc., et nous ne saurions mieux comparer ces combinaisons qu'à celles qu'on observe dans l'art de la teinture; on a reconnu depuis longtemps qu'une fibre végétale plongée dans une dissolution d'une matière colorante pouvait s'unir avec cette matière colorante et l'enlever ainsi à la dissolution qu'elle renfermait; cette union présente une énergie variable, elle résiste parfois à l'action de l'eau pure, mais cède à l'action des lessives alcalines plus ou moins concentrées ; il en est de même dans le cas qui nous occupe et nous avons vu la silice qui existe dans les tiges de céréales ou dans les fougères résister non-seulement à l'action de l'eau pure, mais aussi à la puissance dissolvante des alcalis, tandis que celle qu'on rencontre dans les feuilles de lilas ou dans les bagasses de canne à sucre se sépare plus facilement de ces tissus. Cette application des faits observés dans l'art de la teinture à l'explication de certains phénomènes qui se produisent dans les êtres vivants n'a pas échappé à M. Chevreul, qui disait, il y a déjà plusieurs années : « Du moment où il est démontré qu'un tissu organique défait une solution pour s'approprier un de ses principes immédiats en proportion plus forte que l'autre, on conçoit comment des effets analogues peuvent être produits dans l'économie organique. » [*Recherches sur la teinture*, 8ᵉ mémoire, t. XXIV des *Mémoires de l'Académie*.]

Le cellulose dominant beaucoup dans les tiges des céréales où se rencontre la silice, on serait porté à croire que la silice s'unit à la cellulose dans ces organes, et on trouverait une objection à notre manière de voir si l'on admettait, avec M. Payen, qu'il existe dans tous les végétaux une seule espèce de cellulose, car on ne comprendrait pas comment un principe unique ne se combinerait pas toujours de la même façon avec la silice.

On sait toutefois que l'identité du principe immédiat qui forme le squelette des végétaux, les fibres, les trachées, les parois des cellules, a été vivement combattue par M. Fremy (voyez CELLULOSE), et nous avons observé de notre côté plusieurs faits qui nous démontrent qu'il existe plusieurs variétés dans cette espèce, qui comprend sans doute un grand nombre d'isomères confondus aujourd'hui par suite de recherches encore incomplètes; nous croyons donc que si la silice s'accumule dans certaines tiges et non dans certaines autres, la raison en est que ces tiges sont formées par des principes immédiats différents, dont les uns présentent pour la silice, sinon une véritable affinité, au moins une sorte d'*attraction capillaire*, qui ne se rencontre pas dans d'autres tissus.

Assimilation de la chaux. — Quand on traite des feuilles par de l'acide chlorhydrique très-étendu, on arrive assez facilement à les dépouiller de la chaux qu'elles renferment; cette observation démontrerait déjà que la chaux ne se trouve pas en combinaison avec les tissus mêmes des feuilles. M. Payen est arrivé à la même conclusion par l'examen microscopique des feuilles de diverses espèces; il a découvert dans un grand nombre d'entre elles du carbonate de chaux qui, traité par l'acide chlorhydrique, se dissout en laissant dégager de l'acide carbonique en bulles nombreuses faciles à découvrir sous le champ du microscope [*Ann. de Chim. et de Phys.*, (3), t. XLI, 1854, p. 164]. On trouve aussi dans les feuilles la chaux combinée avec l'acide oxalique dans un certain nombre de plantes, parfois en quantités extrèmement considérables et notamment dans les cactus. L'explication de l'assimilation de cette matière sera donc semblable aux précédentes, la séve s'appauvrira en chaux soit par le départ du carbonate de chaux par suite de l'évaporation de l'acide carbonique, soit par la précipitation de la chaux à l'état d'oxalate si les feuilles sont susceptibles de sécréter de l'acide oxalique, et il y aura dès lors diffusion de la chaux du sol vers la séve-

[1] On a trouvé dans un des essais que 100 p. de cendres de paille de froment lavée à la soude caustique renfermaient 93 p. de silice, au lieu de 70 contenues dans 100 de cendres de la plante normale.

[2] Voyez les analyses très-instructives du docteur Zoeller, cité par Liebig. Les *Lois naturelles de l'Agriculture*, t. II, p. 185.

en dehors de tout mouvement de liquide lui-même et, par suite, accumulation de cette base au détriment des autres matières minérales.

Assimilation des sulfates, des chlorures, etc.— Les considérations précédentes nous permettent de comprendre comment peut avoir lieu l'assimilation des matières minérales qui forment avec les tissus des végétaux ou avec les substances sécrétées par ceux-ci des combinaisons insolubles. Elles nous font comprendre encore l'accumulation des matières insolubles dans l'eau, mais solubles dans l'eau chargée d'acide carbonique; mais il est un ordre de faits que nous n'avons pas encore abordé et qui ne peut être déduit des considérations développées plus haut : c'est l'assimilation de certaines substances minérales qui ne paraissent former avec les tissus aucune combinaison et qui ne peuvent être déposées par composition, puisque les végétaux qui les renferment sont submergés. Nous voulons parler de l'assimilation des principes minéraux par les végétaux marins.

Si on compare la composition des eaux de la mer à la composition des cendres des plantes marines et notamment des fucus, on est très-frappé des différences qu'elles présentent; tandis que les 2/3 du résidu salin laissé par l'eau de mer sont du chlorure de sodium, les cendres du fucus n'en renferment que 1/4 de leur poids au plus et parfois seulement 1/6. Le sulfate de magnésie est bien moins abondant dans l'eau de mer que le chlorure de sodium et cependant les sulfates sont en quantités considérables dans les cendres des fucus. Il est facile de reconnaître que toutes les matières salines ne se trouvent pas au même état dans toutes les plantes marines. Si, en effet, on prend quelques-unes de celles-ci et qu'on les coupe, puis qu'on les fasse bouillir avec de l'eau de façon à enlever les sels solubles, on remarque souvent que l'eau enlève des chlorures et presque pas de sulfates [*Mémoire manuscrit*, déjà cité]. Ceux-ci paraissent donc être engagés en combinaison avec la fibre végétale et assez énergiquement, puisque l'ébullition avec l'eau douce ne les sépare pas, et on comprend que les phénomènes de diffusion auxquels nous avons fait allusion plus haut puissent trouver place ici et déterminer l'accumulation des sulfates à l'exclusion des chlorures, puisque, nous le répétons, les uns sont retenus à l'état insoluble, tandis que les autres, au contraire, semblent être retenus beaucoup moins énergiquement, puisqu'ils cèdent à l'action de l'eau pure. Mais on ne trouve pas dans toutes les plantes marines les sulfates retenus en combinaison avec la même énergie. Lorsqu'on détermine la composition des cendres du *fucus siliquosus* bouilli avec de l'eau, on trouve que ces cendres, considérablement diminuées en poids, présentent les sulfates et les chlorures dans le rapport où ils se trouvaient dans la plante normale. Il peut arriver cependant que, dans ce cas encore, les sulfates dominent sur les chlorures; et comme les eaux de la mer sont beaucoup plus riches en chlorures qu'en sulfates, il faut qu'une force particulière ait déterminé l'absorption élective des sulfates.

Plusieurs savants se sont déjà exercés sur la question que nous abordons ici ; on trouve des indications précieuses sur ce sujet dans les travaux de Th. de Saussure [*Recherches chimiques sur la végétation*]. On sait comment il avait opéré. Deux plantes marécageuses furent placées l'une et l'autre dans des dissolutions salines. On prolongeait l'expérience jusqu'au moment où les plantes avaient absorbé par leurs racines la moitié de la dissolution. On trouve ainsi que si on représente par 100 la proportion de sel de la dissolution, les plantes, en absorbant la moitié de l'eau, n'ont pas absorbé la moitié du sel qui y était dissous, mais ont pris seulement les quantités suivantes :

	Le polygonum persicaria.	Le bidens cannabina.
Chlorure de potassium.....	14,7	16,0
Sel marin...............	13,0	15,0
Sel ammoniac..	12,0	17,0
Azotate de chaux..........	4,0	8,0
Sulfate de chaux..........	12,0	10,0
Acétate de chaux..........	8,0	8,0 .
Sulfate de cuivre.........	47,0	48
Sucre..................	29	32
Gomme.................	9	8
Extrait de terreau........	5	6

« On voit, ajoute l'illustre physiologiste, que les plantes ont absorbé toutes les substances que je leur ai présentées, mais qu'elles ont sucé l'eau en beaucoup plus grande raison que les corps qui y étaient dissous.

« On voit encore qu'elles n'ont pas pris en plus grande quantité dans cette eau les aliments qui leur convenaient le mieux. Le sulfate de cuivre, qui était le plus nuisible, a été le mieux absorbé. La gomme, l'acétate de chaux, qui étaient très-défavorables à la végétation, n'ont passé, au contraire, qu'en petite quantité dans les plantes.

« J'ai répété plusieurs fois ces expériences, soit dans les mêmes proportions, soit dans d'autres, et j'ai toujours obtenu les mêmes résultats généraux. Les plantes ont toujours absorbé plus de muriates et de sulfates alcalins que d'acétate et nitrate de chaux; elles ont toujours absorbé plus de sucre que de gomme... »

Saussure voulut ensuite reconnaître si les plantes feraient un choix dans les dissolutions complexes qu'il présentait à leurs racines. Le polygonum et les bidens ne prirent pas, en effet, des poids égaux des sels placés en quantités égales dans l'eau. Les résultats de cette nouvelle série d'essais furent « que les plantes pourvues de leurs racines absorbent dans une dissolution certaines substances préférablement à d'autres ; elles se chargent, par exemple, en plus grande quantité du muriate de soude et du muriate de potasse que de l'acétate de chaux et du nitrate de chaux; elles prennent dans une dissolution de sucre et de gomme plus de sucre que de gomme, et toutes les substances ne pénètrent point dans le végétal en raison de leur influence sur la végétation. Elles sont absorbées dans une proportion beaucoup moindre que l'eau qui les tient en dissolution.

« Je serais porté à admettre, dit Saussure en finissant, que la plante, en absorbant une substance préférablement à une autre dans le même liquide, ne produit presque point cet effet en vertu d'une sorte d'affinité, mais en raison du degré de viscosité ou de fluidité des diverses substances. »

On voit que de Saussure ne donne cette dernière conclusion que sous forme de doute; si ses essais représentent dans une certaine mesure les faits que nous observons dans l'analyse des cendres, ils nous laissent dans le doute au sujet de la cause qui détermine cette absorption élective : peut-elle être attribuée à la force de diffusion dont nous avons déjà fait usage pour expliquer l'accumulation des phosphates, de la silice et de la chaux qui existent dans les végétaux, ou bien faut-il faire intervenir la force inconnue qui préside à la vie et à laquelle on a recours dans tous les cas où les phénomènes trop complexes ne paraissent pas dériver de formes physiques bien déterminées?

Des expériences furent entreprises sur ce sujet [*Mémoire manuscrit*], et, pour simplifier cette étude, on résolut d'éliminer complétement toute action vitale en agissant seulement avec des vases poreux.

On opérait très-simplement de la façon suitante : une dissolution saline était placée dans un vase de verre; on immergeait dans celui-ci un vase poreux renfermant de l'eau distillée dans une première série d'expériences, du kaolin dans une seconde série; on examinait, après vingt-quatre heures, la composition de la liqueur restante, et on pouvait observer trois cas: ou bien la dissolution s'était appauvrie, c'est-à-dire que le sel avait en partie quitté le vase extérieur pour pénétrer dans le vase poreux; ou bien la composition de la liqueur était restée la même, et ce cas pouvait se présenter seulement dans la série d'expériences avec le kaolin, c'est-à-dire que la liqueur avait été absorbée sans changer de composition; ou bien encore la liqueur s'était enrichie, c'est-à-dire que l'eau avait pénétré dans le vase extérieur en plus grande quantité que le sel; ce cas ne s'est encore présenté que lorsqu'on agissait avec des vases poreux renfermant du kaolin. Sans insister sur les résultats particuliers de ces essais, on arriva à se convaincre :

1° Que tous les sels ne pénétraient pas dans les vases poreux semblables avec la même énergie, qu'ils fussent employés séparés, ou, au contraire, réunis;

2° Que la nature de la paroi avait aussi une influence sur la quantité de sel qui avait pénétré dans les vases poreux, car on n'obtenait pas les mêmes résultats en opérant avec des vases de Bunsen, avec des creusets de Hesse, des creusets de Paris ou des cloches de verre dont l'ouverture était fermée par de la baudruche.

Ces résultats étaient de nature à faire admettre que la cause déterminante des résultats obtenus par de Saussure était la force de diffusion dont il avait, en quelque sorte, présenté l'évidence; mais cette conclusion se trouva singulièrement affermie quand il nous fut possible de comparer nos résultats à ceux qu'avait obtenus, dans un travail consciencieux, un naturaliste allemand, M. Wolff [*Nouvelles recherches sur les lois de Saussure,* concernant l'absorption des dissolutions simples par les racines des plantes]. Pour vérifier les lois de Saussure, il avait fait végéter dans des dissolutions salines deux plantes différentes, le haricot d'Espagne et le maïs, et avait formulé les résultats de ses expériences sous forme de conclusions, auxquelles il était possible de comparer celles qu'on pouvait tirer des expériences faites à l'aide des vases poreux. Or les résultats obtenus par ces deux méthodes différentes présentent une telle analogie, qu'il n'est pas douteux que la force de diffusion, variable suivant les sels mis en expérience, variable avec la nature de la paroi sur laquelle elle s'exerce, ne soit la cause déterminante de l'absorption élective des sels par les plantes, quand ces sels ne sont que déposés dans la plante et qu'ils n'y sont fixés ni par une combinaison ni par l'évaporation de l'acide carbonique qui les maintenait en dissolution.

M. Wolff indique les circonstances dans lesquelles il faut se placer pour observer avec Th. de Saussure que l'eau est absorbée en plus grande quantité que les sels qu'elle tient en dissolution: on obtient ce résultat quand on agit avec des dissolutions concentrées; si on opère, au contraire, avec des dissolutions étendues, on trouve souvent que le sel passe mieux que l'eau. Dans nos expériences nous avons observé des résultats encore plus frappants, parce que nous avons pu opérer avec des dissolutions assez concentrées qui, sans action sur le vase poreux, auraient infailliblement déterminé la mort des plantes qui les auraient absorbées, et nous sommes arrivés au reste à des conclusions identiques.

Aussi dans les expériences de Saussure et dans celles de M. Wolff il y a deux faits différents importants à constater : d'abord il peut arriver que, des plantes étant plongées dans une dissolution saline, l'eau puisse pénétrer en plus grande quantité que les sels, et en outre différents sels entrent en proportions variables suivant les plantes, variables suivant les sels eux-mêmes. Nous avons indiqué comment ces derniers faits nous paraissent dus exclusivement à la force de diffusion, puisque dans nos expériences à l'aide des vases poreux nous avons pu constater que la force de diffusion des sels variait avec leur nature et avec celle de la paroi poreuse; cette puissance de diffusion nous a même indiqué la raison probable de certains faits observés depuis longtemps. Nous avons trouvé que la diffusion des iodures était supérieure à celle des chlorures, qu'en plaçant un vase poreux dans des dissolutions d'iodure et de chlorure au même degré de concentration, les iodures pénétraient mieux dans l'intérieur de la plante que les chlorures, et nous ne doutons pas qu'il faille attribuer à cette cause la concentration des iodures dans certaines plantes marines. Mais nous n'avons pas encore indiqué comment une plante plongée dans une dissolution pouvait absorber plus d'eau que de sel, et cependant ce fait se déduit encore des lois de la diffusion indiquées plus haut.

Nous avons vu, en effet, que lorsqu'on place dans une dissolution saline, et par exemple de sulfate de soude, un vase poreux renfermant de l'eau pure, celle-ci se charge peu à peu de sel jusqu'à ce que l'équilibre s'établisse, c'est-à-dire jusqu'à ce qu'il y ait des deux côtés du vase poreux; ensuite le sel cesse de pénétrer dans le vase poreux, la diffusion s'arrête. Supposons pour un instant que l'eau intérieure s'évapore plus que l'eau extérieure, et bientôt il y aura dans le vase intérieur une dissolution plus concentrée, de telle sorte que, si l'eau pénètre dans le vase, elle y pénétrera sans le sel qu'elle tient en dissolution, car celui-ci ne saurait pénétrer dans la dissolution concentrée du vase intérieur. C'est là ce qui arrive dans les expériences de Th. de Saussure ou dans les expériences faites à l'aide de vases poreux renfermant du kaolin : il y a évaporation de l'eau qui pénètre dans les plantes, abandon du sel et, par suite, concentration de celui-ci dans l'eau qui gorge le végétal, et dès lors l'eau entrant dans celui-ci y entrera sans le sel qu'elle tient en dissolution.

MIGRATIONS DES PRINCIPES MINÉRAUX DANS LES PLANTES. — Il est encore un point sur lequel nous devons appeler l'attention du lecteur, c'est le changement de composition que présentent les organes des plantes avec l'âge. Ce changement est particulièrement remarquable dans les feuilles qui, au moment de leur épanouissement, renferment des proportions notables de phosphate de chaux, tandis que, quelques mois plus tard, ce sel a entièrement disparu, et les feuilles ne renferment plus guère que des carbonates terreux et de la silice. Il est remarquable que ce mouvement des phosphates a lieu au moment de la formation de la graine, et est souvent accompagné du mouvement des matières azotées. Ce fait, observé depuis longtemps, a été particulièrement mis en lumière par M. I. Pierre, et il faut reconnaître que, si nous le constatons, nous n'avons encore que des idées vagues sur le mécanisme qu'emploie la nature pour le mettre à exécution. Il semble qu'à un certain moment toutes les ressources de la plante se réunissent pour fournir à la formation de la jeune graine, et qu'alors les matières azotées et les phosphates répandus dans tout l'organisme soient appelés vers la graine; la force de diffusion et les forces chimiques nous feront peut-être encore comprendre un jour ces mouvements provoqués par l'action vitale.　　P.-P. D.

ASTRAKANITE (Min.). — Sulfate hydraté de magnésie et de soude :

$$MgNa^2 S^2 O^8 + 4 H^2 O$$
$$= MgO\,S\,O^3 + Na^2 O, S\,O^3 + 4 H^2 O.$$

Se produit dans les lacs salés de l'embouchure du Volga.

ASTROPHYLLITE. — Voyez Mica.

ATACAMITE ou **ATAKAMITE** (Min.) [Syn. *Cuivre muriaté, chloruré, Cuivre oxychloruré, Remolinite, Smaragdochalcite*, Hausm., *Salzkupfererz, W.*]. — Oxychlorure de cuivre hydraté

$$Cu^2 Cl\,H^3 O^3 = 1/2\,(Cu\,Cl^2 + 3\,Cu\,O + 3\,H^2 O):$$

celui de Cobija (Bolivie) renferme une quantité double d'eau. Cristaux, masses cristallines ou terreuses, d'un beau vert émeraude; se trouve en abondance dans certains gisements de cuivre de l'Amérique méridionale et de l'Australie; en enduits sur des laves du Vésuve.

Caractères. — Se dissout dans les acides et dans l'ammoniaque. Donne de l'eau dans le tube. Colore la flamme en bleu verdâtre, et fond aisément sur le charbon en donnant du cuivre métallique.

Forme cristalline. — Prisme orthorhombique (mm) de 112°,20', et $e^1 e^1 = 105°,40'$.

Clivages : g^1 parfait, a^1 moins facile.   F. et S.

ATHAMANTINE, $C^{24} H^{30} O^7$. — Cette substance n'a été rencontrée que dans la racine et la graine presque mûre d'*Athamanta oreoselinum*, L. On l'en extrait par l'alcool; la solution, moyennement concentrée, dépose des cristaux que l'on purifie par compression et par de nouvelles cristallisations.

L'athamantine se présente sous la forme de cristaux fibreux amiantacés, doués d'un éclat soyeux. Son odeur est savonneuse; sa saveur est légèrement amère et âcre. Elle est insoluble dans l'eau, soluble dans l'alcool et l'éther. Elle fond entre 60° et 80°. Elle n'est pas volatile; à la distillation sèche, elle donne de l'acide valérique.

Fondue, elle absorbe le gaz chlorhydrique, et si l'on chauffe le tout à 100°, l'athamantine se dédouble en acide valérique et en orosélone :

$$C^{24} H^{30} O^7 = 2\,C^5 H^{10} O^2 + C^{14} H^{10} O^3$$

Athamantine.   Acide valérique.   Orosélone.

[Schnedermann et Winckler (1844), *Ann. der Chem. u. Pharm.*, t. II, p. 315].

Le gaz sulfureux lui fait subir le même dédoublement.

Si l'on traite la combinaison d'acide chlorhydrique et d'athamantine par l'eau bouillante, elle se dédouble alors en acide valérique et en hydrate d'orosélone $C^7 H^6 O^2$.

En traitant par le gaz chlorhydrique une solution alcoolique d'athamantine, il se forme de l'éther valérique et de l'orosélone.

L'acide sulfurique concentré dédouble de même l'athamantine.

La potasse caustique à chaud donne, avec l'athamantine, un valérate et une substance blanche amorphe, qui paraît être de l'orosélone hydratée. L'eau de chaux et l'eau de baryte se comportent comme la potasse, mais agissent plus lentement.

En étendant d'eau une solution alcoolique d'athamantine avec de l'eau et ajoutant avec précaution de l'eau de chlore jusqu'à ce que l'odeur de celui-ci se fasse légèrement sentir, on obtient l'*athamantine trichlorée* $C^{24} H^{27} Cl^3 O^7$, corps résineux d'un jaune clair; avec l'eau de brome, il paraît se former le composé bromé correspondant [Geyger, *Ann. der Chem. u. Pharm.*, t. CX, p. 359]. Il se forme de l'*athamantine trinitrée*, en même temps que d'autres produits de substitution, par l'action à froid de l'acide azotique fumant sur l'athamantine; c'est un corps pulvérulent, jaune, à peine soluble dans l'eau, facilement dans l'alcool, l'éther et l'ammoniaque, un peu soluble dans l'acide azotique étendu (Geyger).

La formule $C^{24} H^{30} O^7$ s'accorde avec les analyses de MM. Schnedermann et Winckler. Cependant Gerhardt propose la formule $C^{12} H^{14} O^3$ qui exige 69,6 °/₀ de carbone, tandis que la formule $C^{24} H^{30} O^7$ exige 67 °/₀. La formule de Gerhardt est en harmonie avec les réactions de l'athamantine, et respecte les analogies de celle-ci avec la pencédanine qui, sous l'influence de la potasse, se dédouble en acide angélique et en hydrate d'orosélone, en absorbant les éléments de l'eau.

L'hydrate d'orosélone paraissant être un alcool diatomique [Berthelot, *Chimie organique fondée sur la synthèse*, t. I, p. 433]

$$\left.\begin{array}{l}(C^7 H^4)''\\ H^2\end{array}\right\} O^2,$$

et l'orosélone, cet alcool condensé

$$\left.\begin{array}{l}(C^7 H^4)''\\ (C^7 H^4)''\\ H^2\end{array}\right\} O^3,$$

la formule de Gerhardt deviendrait pour l'athamantine

$$\left.\begin{array}{l}(C^7 H^4)''\\ C^5 H^9 O\\ H\end{array}\right\} O^2;$$

et les équations suivantes rendraient compte de ses dédoublements.

Sous l'influence de l'acide chlorhydrique, on aurait

$$2\left[\left.\begin{array}{l}C^7 H^4\\ C^5 H^9 O\\ H\end{array}\right\} O^2\right] + H^2 O$$

Athamantine.

$$= \left.\begin{array}{l}C^7 H^{4''}\\ C^7 H^{4''}\\ H^2\end{array}\right\} O^2 + 2\,C^5 H^{10} O^2.$$

Orosélone.   Acide valérique.

Avec la potasse on aurait

$$\left.\begin{array}{l}C^7 H^4\\ C^5 H^9 O\\ H\end{array}\right\} O^2 + KHO = \left.\begin{array}{l}C^7 H^4\\ H^2\end{array}\right\} O^2 + C^5 H^9 K O^2.$$

Athamantine.   Hydrate   Valérate
              d'orosélone.   de potassium.

Ces composés, du reste, exigent de nouvelles recherches.
                                        E. G.

ATHERIASTITE (Min.). — Variété altérée de wernerite.

ATLASERZ. — Voyez Malachite.

ATMOSPHÈRE. — Voyez Air.

ATOMICITÉ. — On nomme ainsi la capacité de combinaison des atomes.

On sait que :

1 atome de chlore se combine avec 1 atome d'hydrogène,
1 atome d'oxygène   —   —   2 atomes d'hydrogène,
1 atome d'azote   —   —   3 atomes d'hydrogène,
1 atome de carbone   —   —   4 atomes d'hydrogène.

Ces corps simples diffèrent entre eux par leur capacité de combinaison pour l'hydrogène, celle-ci étant mesurée par le nombre des atomes de cet élément qu'ils sont capables de fixer. On voit donc que capacité de combinaison n'est pas synonyme d'affinité. L'énergie avec laquelle un corps se combine avec un autre corps est indépendante de la faculté qu'il possède d'attirer un ou plusieurs atomes de ce dernier.

La première est l'affinité, la seconde l'atomicité : toutes deux sont des manifestations de la force chimique.

L'affinité est mesurée par la quantité de force

vive qui est transformée par l'effet de la combinaison et qui se manifeste comme chaleur.

L'atomicité est mesurée par le nombre des atomes d'hydrogène ou d'un élément analogue qu'un corps donné peut fixer. Les atomes de chlore et ceux d'hydrogène sont ainsi faits qu'un atome du premier attire toujours un atome du second. La force avec laquelle il l'attire, c'est l'affinité; la vertu de se contenter d'un seul atome, c'est l'atomicité. Sous ce dernier rapport, les atomes de chlore et d'hydrogène se valent : un atome d'une espèce ne fixe qu'un atome de l'autre. La force qui réside en eux est une force puissante, mais simple. La force qui réside dans un atome d'oxygène est puissante aussi, mais d'une nature plus complexe, puisqu'elle parvient à annexer 2 atomes d'hydrogène, lorsqu'un atome de chlore n'en peut attirer qu'un seul.

Voici, d'un côté, des atomes de chlore; qu'ils arrivent dans la sphère d'activité d'atomes d'hydrogène, un atome de l'un se précipite sur un atome de l'autre : il y a combinaison. Voici d'un autre côté des atomes d'oxygène qui pénètrent dans la sphère d'activité d'atomes d'hydrogène; un atome de l'un attire 2 atomes de l'autre : il y a combinaison. Ainsi nous constatons dans la force qui attire les atomes d'un corps vers les atomes d'un autre corps deux choses distinctes, savoir : 1° son intensité; 2° son action simple ou multiple. Ces deux manifestations de la force chimique sont indépendantes l'une de l'autre. En effet, l'énergie de l'affinité ne donne pas la mesure du degré de l'atomicité.

Le chlore attire l'hydrogène avec plus de force que le carbone et pourtant 1 atome de carbone peut s'unir à 4 atomes d'hydrogène, tandis qu'un atome de chlore ne s'unit qu'à un seul atome d'hydrogène.

L'atomicité est donc cette propriété particulière d'un atome d'attirer un nombre plus ou moins grand d'autres atomes. C'est sa valeur ou, comme on dit, sa capacité de combinaison par rapport à ces autres atomes.

MESURE DE L'ATOMICITÉ. — La comparaison que nous avons établie plus haut entre les atomes de chlore, d'oxygène, d'azote, de carbone, est fondée sur la composition des composés hydrogénés.

Ce sont les atomes d'hydrogène qui nous ont servi de terme de comparaison. C'est l'attraction exercée par un atome d'hydrogène et sur un atome d'hydrogène, qui sert de commune mesure aux autres attractions; c'est l'unité à laquelle on rapporte la valeur de combinaison des autres atomes.

L'hydrogène est un élément *monoatomique*. Il en est ainsi du chlore, du brome, de l'iode, qui s'unissent à l'hydrogène atome à atome.

L'oxygène est *diatomique* par la raison qu'un atome de ce corps prend deux atomes d'hydrogène.

L'azote est *triatomique*, lorsqu'il s'unit à trois atomes d'hydrogène.

Le carbone est *tétratomique* dans le gaz des marais où il est uni à 4 atomes d'hydrogène (Kekulé).

Remarquons que les atomes de chlore, de brome, qui s'unissent à l'hydrogène atome à atome, équivalent en quelque sorte à ces atomes d'hydrogène, en ce qui concerne leur valeur de combinaison même. Dans chacun de ces atomes réside une unité de combinaison, une atomicité. Aussi le chlore, le brome peuvent-ils remplacer l'hydrogène, atome à atome, dans les combinaisons hydrogénées. On sait qu'un tel remplacement s'effectue dans un nombre immense de combinaisons organiques formées, comme on dit, par substitution. Ainsi valeur de combinaison et valeur de substitution sont synonymes.

Cette valeur étant la même pour l'hydrogène

et pour le chlore, il est clair qu'à défaut d'un composé hydrogéné, un composé chloré peut donner la mesure de l'atomicité d'un élément. La plupart des métaux sont incapables de s'unir à l'hydrogène. Tous se combinent avec le chlore, et le nombre d'atomes de chlore qu'ils attirent marque leur atomicité.

Mais la valeur de combinaison d'un élément est révélée non-seulement par la composition des hydrures, des chlorures, etc., elle peut être déduite du nombre de groupes monoatomiques qui sont capables de s'unir à cet élément. Parmi ces groupes monoatomiques, les radicaux dits alcooliques, tels que l'éthyle ou le méthyle, sont les plus importants. On sait que la plupart des métaux sont capables de s'unir à ces radicaux pour former les combinaisons qu'on nomme organo-métalliques. Dans le zinc-éthyle Zn(C²H⁵)² le zinc est diatomique; dans le stibéthyle Sb(C²H⁵)³ l'antimoine est triatomique; dans le plombéthyle Pb(C²H⁵)⁴ le plomb est tétratomique.

Un premier point est donc acquis.

Dans un composé formé par l'union d'un corps simple avec des éléments monoatomiques ou avec des groupes monoatomiques, l'atomicité de ce corps simple est mesurée par le nombre de ces éléments ou de ces groupes.

Mais voici une difficulté.

Le fait des proportions multiples nous montre qu'un corps simple peut s'unir en plusieurs proportions avec un autre corps simple.

Le chlore et l'iode, qui se combinent à l'hydrogène atome à atome, forment entre eux deux combinaisons. L'une répond aux composés hydrogénés, c'est le protochlorure d'iode ICl. L'autre est le trichlorure d'iode ICl³. Si l'iode est monoatomique, d'après la composition de HI et de ICl, comment se fait-il qu'il puisse attirer 3 atomes de chlore?

Un atome de phosphore ne peut s'unir à plus de 3 atomes d'hydrogène. Dans l'hydrogène phosphoré PhH³ le phosphore est triatomique, comme il est triatomique dans le trichlorure de phosphore PhCl³. Comment se fait-il qu'un atome de phosphore puisse attirer 5 atomes de chlore pour former le perchlorure PhCl⁵?

L'existence de deux chlorures d'antimoine soulève la même difficulté.

D'après la composition de l'ammoniaque AzH³ et l'analogie bien reconnue entre l'azote, le phosphore, l'arsenic, l'antimoine, le bismuth, on pourrait dire que tous ces corps sont triatomiques : ils le sont en effet dans leurs composés hydrogénés et, à défaut de ceux-ci, dans leurs composés chlorés les plus stables :

$$PhCl^3, \ AsCl^3, \ SbCl^3, \ BiCl^3.$$

Que si quelques-uns de ces trichlorures, tels que ceux de phosphore et d'antimoine, sont capables d'absorber deux nouveaux atomes de chlore, on pourrait donner de ce fait l'interprétation suivante :

La molécule de chlore est simplement ajoutée à la molécule du trichlorure sans entrer dans cette dernière et la *combinaison moléculaire* ainsi formée n'est stable qu'à l'état solide. Réduisez le perchlorure en vapeur, les deux molécules vont se séparer de nouveau l'une de l'autre. On sait, en effet, qu'à une température suffisamment élevée au-dessus du point d'ébullition la densité de vapeur du perchlorure répond à 4 volumes, occupés par 2 volumes de chlore et 2 volumes de protochlorure.

La même interprétation a été appliquée au trichlorure d'iode ICl³, qu'on a envisagé comme une combinaison moléculaire de protochlorure et de chlore ICl + Cl², au chlorhydrate d'ammoniaque qu'on a envisagé comme formé par l'union de 2 molécules $AzH^3 + ClH$ et dont la vapeur occupe en effet 4 volumes.

Ainsi dans les combinaisons moléculaires

$$AzH^3 + HCl,$$
$$PhCl^3 + Cl^2,$$
$$SbCl^3 + Cl^2,$$

l'azote, le phosphore et l'antimoine seraient triatomiques.

Dans $ICl + Cl^2$ l'iode serait monoatomique.

Nous ne pensons pas que cette interprétation soit admissible. Selon nous, les combinaisons dont il s'agit sont de véritables combinaisons atomiques.

Tous les atomes du chlorhydrate d'ammoniaque, des perchlorures de phosphore et d'antimoine, du perchlorure d'iode sont unis dans une seule et même molécule, mais celle-ci est peu stable et à la température d'ébullition elle est déjà plus ou moins dissociée (voyez le mot DISSOCIATION). Comment admettre, en effet, que le chlorure d'ammonium, isomorphe avec le chlorure de potassium, et qui se combine comme lui avec le chlorure de platine, ne constitue pas une seule et même molécule? que le perchlorure de phosphore $PhCl^5$ soit formé par 2 molécules, alors que ses analogues l'oxychlorure $PhCl^3O$ et le sulfochlorure $PhCl^3S$ n'en forment qu'une? Si le trichlorure d'iode était une combinaison de protochlorure d'iode et de chlore, ce dernier serait facile à enlever et devrait en quelque sorte se détacher de la molécule au moindre choc. Il n'en est rien. Lorsqu'on traite le trichlorure d'iode par l'acétate d'argent, on obtient un triacétate d'iode [Schützenberger]

$$ICl^3, \qquad I(C^2H^3O^2)^3,$$
Trichlorure   Triacétate
d'iode.   d'iode.

L'existence de ce composé prouve que les 3 atomes de chlore sont combinés de la même manière avec l'iode; que tous les trois jouent le même rôle dans cette combinaison, qui est atomique et non moléculaire.

De ces faits nous tirerons cette conséquence, qu'on ne saurait dire d'une manière absolue que l'iode est monoatomique, ni qu'il est triatomique.

Il n'est pas monoatomique d'une manière absolue, car il peut s'unir à 3 atomes de chlore; il n'est pas triatomique d'une manière absolue, car il ne peut s'unir qu'à 1 atome d'hydrogène et ne manifeste qu'une atomicité dans ses combinaisons les plus importantes.

Dirons-nous que l'azote est triatomique d'une manière absolue? Comment se fait-il alors que dans le bioxyde d'azote AzO il n'est uni qu'à un seul atome d'oxygène diatomique, et pourquoi l'azote triatomique dans l'ammoniaque peut-il encore fixer 2 éléments monoatomiques, tels que HCl, HBr, HI, etc.?

Il existe un composé de l'azote, à la fois triatomique et pentatomique : c'est le cyanate d'ammonium

$$H^4\overset{v}{Az} - \overset{'''}{Az} = C.O$$

Lorsque ce sel se convertit en urée, les 2 atomes d'azote deviennent triatomiques :

$$H^2\overset{'''}{Az} - (\overset{''}{C}O) - \overset{'''}{Az}H^2.$$

Nous pensons que la chose importante n'est pas de fixer l'atomicité que chaque élément possède d'une manière absolue, mais celle qu'il manifeste dans une combinaison donnée.

La détermination absolue de l'atomicité présenterait, selon nous, les difficultés les plus sérieuses. Et d'abord quel est l'élément auquel il conviendrait de la rapporter? Est-ce l'hydrogène? est-ce le chlore? Cela n'est point indifférent, parce que nous savons qu'un élément donné peut ne pas manifester la même atomicité à l'égard du chlore ou à l'égard de l'hydrogène. Le plomb, qui ne s'unit pas à l'hydrogène, se combine avec 2 atomes de chlore, il est donc diatomique par rapport au chlore. Il est tétratomique par rapport à l'éthyle, car on connaît un plombotétréthyle $Pb(C^2H^5)^4$.

Dirons-nous que le plomb est tétratomique, parce que dans aucune combinaison il ne manifeste plus de 4 atomicités? Et prendrons-nous l'*atomicité maximum* pour la vraie atomicité? Alors il sera difficile d'arriver pour chaque élément à une notion stable, et qui ne soit pas subordonnée au hasard des découvertes. Tel élément, que nous envisagerons comme diatomique parce que nous ne connaissons qu'un dichlorure, sera tétratomique demain, lorsque nous aurons découvert un tétrachlorure.

Et puis, en supposant même qu'il soit possible de déterminer pour chaque corps cette atomicité maximum, il serait difficile d'admettre qu'elle pût marquer la limite absolue de la capacité de combinaison. En effet, des composés que nous pouvons envisager comme saturés et dans lesquels, par conséquent, un élément donné a attiré à lui, dans la même molécule, le plus grand nombre possible d'autres éléments, peut encore exercer une certaine attraction sur les éléments d'une autre molécule. C'est ainsi que se forment sans doute les véritables combinaisons moléculaires, celles qui résultent de l'addition d'un sel saturé à un autre sel saturé ou de l'addition de l'eau de cristallisation à un sel. Le tétrachlorure de platine, pour prendre un exemple, paraît être un composé saturé, car il est douteux que le platine puisse manifester plus de 4 atomicités dans une seule et même molécule. Et pourtant cette molécule de $PtCl^4$ peut attirer 2 KCl pour former avec ces deux nouvelles molécules un composé *cristallisé*. Il est probable que la force qui fait cristalliser la combinaison n'est pas étrangère à l'attraction exercée par le chlorure de platine sur le chlorure de potassium. Mais cette attraction est une sorte d'affinité, et si l'on voulait en tenir compte au point de vue de la détermination absolue de l'atomicité du platine, il faudrait admettre que ce métal est octatomique, car il est uni dans le chlorure double à 8 éléments monoatomiques.

C'est avec de telles difficultés qu'on est aux prises dès qu'on essaye de fixer la capacité de combinaison d'une manière idéale en quelque sorte et de déterminer l'atomicité absolue d'un élément donné.

Cette voie nous paraît une impasse. Nous n'y entrerons pas. Nous tiendrons compte de ce fait que l'affinité est une force élective, que la faculté de combinaison d'un élément donné ne se manifeste pas de la même manière à l'égard de tous les autres éléments et, de plus, qu'entre deux corps simples elle peut s'exercer à divers degrés, comme nous le montre la loi des proportions multiples. Au lieu donc d'envisager l'atomicité dans son essence, qui nous échappe, nous la considérons dans ses manifestations, qui sont variables.

Prenons un exemple. La propriété que le phosphore possède de s'unir à 5 atomes de chlore tient sans doute à une condition particulière de ses atomes, à leur forme, leur structure, leur volume, leurs mouvements. Cette condition, qui nous est inconnue, est invariable pour le phosphore, et si 1 atome de phosphore peut attirer 5 atomes de chlore, tandis qu'il ne peut s'unir qu'à 3 atomes d'hydrogène, s'il est pentatomique à l'égard du chlore, triatomique à l'égard de l'hydrogène, nous devons chercher la raison de ces différences non-seulement dans les atomes de phosphore, mais encore dans ceux du chlore et de l'hydrogène.

De tout cela nous tirons cette conséquence que l'atomicité, c'est-à-dire cette faculté des atomes d'attirer un nombre plus ou moins grand d'autres atomes, varie dans ses manifestations.

Pour un élément donné, nous ne la considérons point d'une manière absolue, mais telle qu'elle apparaît dans les combinaisons où cet élément est engagé.

Nous dirons donc que l'azote est triatomique dans l'ammoniaque $Az\,H^3$, pentatomique dans le chlorure d'ammonium H^4AzCl; que le phosphore est triatomique dans l'hydrogène phosphoré $Ph\,H^3$, pentatomique dans le perchlorure $Ph\,Cl^5$. En un mot, nous chercherons à définir non pas la manière d'être des atomes qui nous est inconnue, *mais leur rôle dans les combinaisons où ils entrent.*

Les développements qui précèdent définissent le sens que nous attachons au mot atomicité. Nous devons les compléter en indiquant un trait caractéristique.

L'affinité chimique peut s'exercer entre des atomes de la même espèce, qui peuvent se souder les uns aux autres, échangeant ainsi une partie ou la totalité des atomicités qui résident en eux. — On admettait autrefois que la force chimique ne peut s'exercer qu'entre des particules ou des atomes hétérogènes. Les chimistes sont revenus de cette idée. Après avoir envisagé le chlore et l'hydrogène comme formés, à l'état libre, par 2 atomes rivés l'un à l'autre par l'affinité, ils ont étendu cette idée à d'autres éléments. Aujourd'hui on est en droit de supposer que les affinités qui résident dans un atome donné peuvent être satisfaites, en totalité ou en partie, par les affinités qui résident dans un second atome de la même espèce. Si l'on dit, d'après Gerhardt, que le chlore libre est du chlorure de chlore $Cl\,Cl$, si l'hydrogène libre est de l'hydrure d'hydrogène $H\,H$, on exprime cette idée que les deux atomicités qui résident dans 2 atomes de chlore ou dans 2 atomes d'hydrogène ont été échangées par l'union d'un atome de chlore avec un atome de chlore, d'un atome d'hydrogène avec un atome d'hydrogène, et que par le fait de cet échauge la capacité de combinaison qui réside dans ces atomes est satisfaite. Et tant que Cl demeure uni à Cl, que H demeure uni à H, il n'y a plus place dans ces couples pour un troisième élément monoatomique. Les molécules de chlore, $Cl\,Cl$, et d'hydrogène, $H\,H$, représentent des combinaisons *saturées* par l'échange de 2 atomicités.

Nous représentons cet échange par un trait d'union dans les formules suivantes :

$$Cl-Cl, \qquad H-H.$$
1 molé-　　　　1 molé-
cule de　　　　cule
chlore.　　　　d'hydrogène.

· Ces couples d'atomes de la même espèce restent en équilibre aussi longtemps que les atomes sont maintenus par leur affinité réciproque. Mais cette affinité peut être vaincue. Mettez les 2 molécules en présence, dans des conditions convenables, elles vont se rompre. Un atome de chlore de l'une se portera sur un atome d'hydrogène de l'autre et réciproquement, et de cet échange d'atomes résulteront 2 molécules d'acide chlorhydrique. Dans celui-ci, l'atomicité qui réside dans un atome de chlore est échangée contre l'atomicité qui réside dans un atome d'hydrogène :

$$H-Cl.$$
1 molécule d'acide chlorhydrique.

Deux atomicités résident dans un atome d'oxygène et sont échangées dans l'eau contre celles qui résident dans 2 atomes d'hydrogène. Mais dans l'oxygène libre, dans une molécule d'oxygène $O\,O$ les deux atomicités d'un premier atome d'oxygène sont échangées contre les deux atomicités d'un second atome du même élément et nous représentons ce double échange par un double trait d'union dans la formule :

$$O=O.$$
1 molécule d'oxygène.

Mais il se peut que 2 atomes d'oxygène ne soient unis que par l'échange d'une atomicité. Chacun d'eux reste alors en possession d'une atomicité qui peut être saturée par un élément monoatomique.

Les formules suivantes montrent l'échange des atomicités dans quelques combinaisons renfermant de l'oxygène associé à des éléments monoatomiques :

$$H\text{-}\overset{''}{O}\text{-}H, \quad H\text{-}\overset{''}{O}\text{-}Cl, \quad Cl\text{-}\overset{''}{O}\text{-}Cl,$$
Eau.　　　Acide　　　Anhydride
　　　　　hypo-　　　hypo-
　　　　　chloreux.　chloreux.

$$H\text{-}\overset{''}{O}\text{-}\overset{''}{O}\text{-}H, \quad H\text{-}\overset{''}{O}\text{-}\overset{''}{O}\text{-}Cl, \quad Cl\text{-}\overset{''}{O}\text{-}\overset{''}{O}\text{-}\overset{''}{O}\text{-}Cl,$$
Peroxyde　　　Acide　　　　Anhydride
d'hydrogène.　chloreux.　　chloreux.

$$Cl\text{-}\overset{''}{O}\text{-}\overset{''}{O}\text{-}\overset{''}{O}\text{-}\overset{''}{O}\text{-}H.$$
Acide perchlorique.

Dans la seconde série de composés, les atomes d'oxygène sont en rapport les uns avec les autres. Ils forment comme les anneaux d'une chaîne à l'extrémité de laquelle viennent se placer les atomes du chlore ou de l'hydrogène.

Ceux-ci viennent saturer les atomicités demeurées libres des atomes d'oxygène extrêmes. Ils terminent la chaîne qui présente deux bouts et qu'on nomme par cette raison *chaîne ouverte.* Dans d'autres composés les atomes d'oxygène sont soudés ensemble et à d'autres atomes, de telle sorte que la chaîne ne présente ni un commencement ni une fin et forme en quelque sorte un anneau. C'est ce qu'on nomme une *chaîne fermée.* Les atomes présentent cet arrangement dans une foule de composés où ils paraissent disposés symétriquement autour d'un centre. Il en est ainsi dans les corps suivants :

Acide　　Anhydride　　Bioxyde　　Anhydride
sulfureux.　sulfurique.　de baryum.　manganique.

On voit que l'atomicité d'un élément, dans une combinaison oxygénée, ne peut pas être mesurée, dans tous les cas, par le nombre des atomes d'oxygène. Dira-t-on que le chlore est heptatomique dans l'acide perchlorique, parce qu'il sature les atomicités de trois atomes d'oxygène et d'un groupe (OH); que le soufre est hexatomique dans l'anhydride sulfurique, parce qu'il y est uni à trois atomes d'oxygène diatomique? En aucune façon, si l'on se rappelle la faculté que possèdent les atomes d'oxygène de se souder entre eux. Ceci justifie la proposition que nous avons émise plus haut, savoir, que l'atomicité d'un élément ne peut être mesurée avec exactitude que par le nombre des éléments ou groupes monoatomiques qui y sont unis.

Les atomes de l'azote peuvent se souder les uns aux autres comme les atomes d'oxygène. Il en est ainsi dans les acides azobenzoïque $C^{14}H^{10}Az^2O^4$, hydrazobenzoïque $C^{14}H^{12}Az^2O^4$, et dans d'autres composés analogues :

$$C^7H^5\overset{\prime\prime\prime}{Az}O^2 \qquad C^7H^5(\overset{\prime\prime}{Az}H)O^2$$
$$C^7H^5\overset{\prime\prime}{Az}O^2 \qquad C^7H^5(\overset{\prime}{Az}H)O^2.$$

Acide azobenzoïque.   Acide hydrazobenzoïque.

Il en est de même dans l'acide cyanurique. L'acide cyanique se convertit en acide cyanurique en vertu de la tendance que possède l'azote à devenir pentatomique. Dans ce dernier acide les 3 molécules d'acide cyanique sont rivées ensemble par l'azote dont les 3 atomes pentatomiques, soudés l'un à l'autre, forment une chaîne fermée :

$$\overset{H\quad CO}{\searrow\;\overset{\text{v}}{Az}\;\nearrow}$$

$$(CO)=\overset{\prime\prime\prime}{Az}\text{-}H,$$
Acide cyanique.

$$CO=\overset{\prime}{Az}-\overset{\backprime}{Az}\text{-}H$$
$$\overset{\prime\prime}{H}\quad\overset{\prime\prime}{CO}$$
Acide cyanurique.

Mais cette propriété des atomes de pouvoir attirer et fixer des atomes de la même espèce n'apparaît dans aucun cas avec plus de clarté et ne présente plus d'importance que pour les atomes de carbone. Ces atomes peuvent se souder, épuisant ainsi sur eux-mêmes une partie des atomicités qui y résident. Ce point important, mis en lumière par MM. Kekulé et Couper, s'appuie sur la composition des carbures d'hydrogène.

Parmi ces composés, les plus riches en hydrogène sont ceux qui appartiennent à la série C^nH^{2n+2}. On n'en connaît point qui renferment une plus grande proportion d'atomes d'hydrogène. Le premier terme de cette série, le gaz des marais, renferme 1 atome de carbone et 4 atomes d'hydrogène. Le carbone y est tétratomique. Comment se fait-il qu'il n'existe aucun polymère du gaz des marais? que 2 atomes de carbone ne puissent fixer que 6 atomes et non pas 8 atomes d'hydrogène? que 3 atomes de carbone n'en puissent fixer ni 12 ni 10 atomes, mais seulement 8?

Cette circonstance est due, d'après M. Kekulé, à la propriété que possèdent les atomes de carbone de se souder entre eux, en échangeant une partie de leurs atomicités.

Le cas le plus simple est celui où chaque atome échange avec son voisin une atomicité.

Il en résulte une chaîne d'atomes dans laquelle chacun demeure en possession de 2 atomicités, à l'exception des 2 atomes qui occupent le bout de la chaîne et qui, n'ayant de voisin que d'un côté, conservent 3 atomicités. Toutes les atomicités libres venant à être saturées par de l'hydrogène, il en résulte les carbures de la série C^nH^{2n+2} :

$$\begin{array}{ccc} H\;H & H\;H\;H & H\;H\;H\;H \\ H\text{-}C\text{-}C\text{-}H & H\text{-}C\text{-}C\text{-}C\text{-}H & H\text{-}C\text{-}C\text{-}C\text{-}C\text{-}H \\ H\;H & H\;H\;H & H\;H\;H\;H \end{array}$$

Hydrure d'éthyle.   Hydrure de propyle.   Hydrure de butyle.

$$\begin{array}{c} H\;H\;H\;H\;H \\ H\text{-}C\text{-}C\text{-}C\text{-}C\text{-}C\text{-}H \\ H\;H\;H\;H\;H \end{array}$$

Hydrure d'amyle.

Les carbures d'hydrogène appartenant à cette série sont saturés : ils ne peuvent plus fixer aucun autre élément monoatomique, ils ne peuvent que se modifier par substitution.

On peut exprimer leur constitution par la formule générale $H^3C\text{-}(CH^2)^n\text{-}CH^3$, qui fait voir que tous ces carbures, que l'on pourrait appeler normaux, sont formés par n groupes méthylène,

unis à 2 groupes méthyle, ces derniers formant l'extrémité de la chaîne.

2 atomes de carbone peuvent se souder par 2 affinités échangées. Il en est ainsi dans la benzine, qui renferme 6 atomes de carbone alternativement rivés par 1 et par 2 affinités (Kekulé), de manière à former une chaîne fermée :

$$\begin{array}{ccc} H & & H \\ C & \text{-} & C \\ H\text{-}C & & C\text{-}H \\ C & = & C \\ H & & H \end{array}$$

Benzine.

On le voit, cette notion, que les atomes de carbone peuvent se souder les uns aux autres, rend compte d'une manière satisfaisante de la complication moléculaire d'une foule de carbures d'hydrogène, et, en général, de composés organiques.

Les atomes de quelques métaux possèdent, comme ceux du carbone, la propriété de se souder les uns aux autres. Il en est ainsi de ceux du fer, de l'aluminium, du cuivre, du mercure, etc.

D'après la densité de vapeur du perchlorure de fer, la molécule de ce corps renferme 2 atomes de fer et 6 atomes de chlore. Les 2 atomes de métal constituent donc un couple hexatomique. Ceci est un fait. On peut l'interpréter en admettant que le fer, diatomique dans le dichlorure, devient tétratomique sous l'influence d'un excès de chlore (Friedel). Seulement l'affinité du fer pour le fer étant plus forte que celle qui unirait le 4e atome de chlore au fer, le tétrachlorure ne se forme pas et les 2 atomes de fer échangent leur 4e atomicité pour former le couple hexatomique ferricum $\overset{\text{VI}}{Fe^2}=(\overset{\text{IV}}{Fe}\text{-}\overset{\text{IV}}{Fe})''$.

Les chlorures d'aluminium, de chrome, possèdent la même constitution que le chlorure ferrique :

$$(\overset{\text{VI}}{Fe^2})Cl^6, \qquad (\overset{\text{VI}}{Cr^2})Cl^6, \qquad (\overset{\text{VI}}{Al^2})Cl^6.$$

Chlorure ferrique.   Chlorure chromique.   Chlorure aluminique.

Dans les oxydes correspondant à ces chlorures les 6 atomicités qui résident dans 3 atomes d'oxygène sont échangées contre les 6 atomicités des couples métalliques. La constitution de ces oxydes est donc différente de celle des sesquioxydes d'antimoine et de bismuth. Dans les premiers les deux atomes de métal sont rivés l'un à l'autre, dans les seconds ils sont unis par l'intermédiaire d'un atome d'oxygène :

$$(Fe\text{-}Fe)^{\text{VI}}O^3, \qquad O=\overset{\text{III}}{Bi}\text{-}O\text{-}\overset{\text{III}}{Bi}=O.$$

Oxyde ferrique.   Oxyde bismuthique.

Nous admettons de même que les combinaisons cuivreuses et mercureuses renferment 2 atomes de métal rivés l'un à l'autre par l'échange d'une atomicité :

$$(\overset{\text{II}}{Cu}\text{-}\overset{\text{II}}{Cu})'', \qquad (\overset{\text{II}}{Hg}\text{-}\overset{\text{II}}{Hg})''.$$

Cuprosum.   Mercurosum.

Les chlorures cuivreux et mercureux sont Cu^2Cl^2 et Hg^2Cl^2. Dédoubler ces formules serait admettre l'existence des métaux monoatomiques dans les chlorures cuivreux $CuCl$ et mercureux $HgCl$, métaux qui en devenant diatomiques dans ces dichlorures, sans changer de poids atomique, gagnerait ainsi une seule atomicité, ce qui ne s'observe guère que pour l'ammoniaque.

A la vérité la densité de vapeur du calomel répond à la formule $HgCl$. Mais nous sommes en droit de supposer qu'il s'agit ici d'un cas de dissociation et que la molécule de calomel Hg^2Cl^2, en prenant la forme gazeuse, se dissocie en deux molécules Hg Cl.

En général, les molécules chimiques ne peuvent se compliquer, c'est-à-dire admettre dans leur sein un plus grand nombre d'atomes, que par la vertu d'éléments polyatomiques, capables de se river les uns aux autres ou de fixer d'autres éléments. Si tous les éléments étaient doués de la même puissance de combinaison que le chlore et l'hydrogène, tous les corps composés offriraient la complication moléculaire de l'acide chlorhydrique, et le nombre des combinaisons possibles ne serait pas très-considérable : il est illimité, en raison de la puissance de combinaison multiple des éléments polyatomiques. Il est donc de la plus haute importance de comparer les corps simples entre eux sous le rapport de leur atomicité, de réunir en groupes ceux qui se ressemblent par leur faculté de combinaison ou, si l'on veut, par la forme générale de leurs composés.

<h3 style="text-align:center">L'ATOMICITÉ
COMME MOYEN DE CLASSIFICATION.</h3>

Le premier essai de classification rationnelle des corps simples est dû à M. Dumas, qui a partagé les métalloïdes en groupes ou familles d'éléments semblables par la constitution de leurs composés. Au fond le principe de cette classification était l'atomicité. C'est en effet la faculté de combinaison qui détermine la forme générale des composés. Ainsi la famille du chlore comprenait les éléments monoatomiques, fluor, chlore, brome, iode; celle de l'oxygène comprenait les éléments diatomiques, oxygène, soufre, sélénium, tellure; celle de l'azote, les éléments triatomiques, azote, phosphore, arsenic; celle du carbone, les éléments tétratomiques, carbone, silicium. Le bore, triatomique, avait été réuni au carbone et au silicium : c'est le seul rapprochement qu'il n'est plus permis d'accepter aujourd'hui.

Les métaux peuvent être partagés en groupes analogues à ceux que M. Dumas avait établis pour les métalloïdes. Mais ici l'œuvre de la classification est plus difficile. D'un côté, un très-grand nombre de combinaisons métalliques sont imparfaitement connues; d'un autre côté, il existe un certain nombre de métaux qui offrent en quelque sorte un cachet d'individualité marquée : ils présentent certains points de ressemblance avec des métaux qui eux-mêmes sont dissemblables, servant ainsi de lien entre ceux-ci, et formant quelquefois le noyau de plusieurs groupes de métaux. Par toutes ces raisons il est impossible de présenter, dans l'état actuel de la science, une classification rationnelle des métaux en groupes ou familles naturelles. Ajoutons que la division des corps simples en métalloïdes et en métaux est purement artificielle et qu'elle devra disparaître. On sait que l'antimoine et le bismuth viennent se ranger à la suite de l'arsenic, dans la famille de l'azote; et l'on peut disposer à la suite du silicium, dans la famille du carbone, les métaux tétratomiques zirconium, étain, titane. Si nous qualifions ces corps de tétratomiques, nous n'entendons pas affirmer qu'ils le sont d'une manière absolue, mais seulement qu'ils manifestent 4 atomicités *dans leurs combinaisons les plus importantes.*

Cette restriction est applicable à tous les éléments polyatomiques. On les caractérise généralement par l'atomicité qu'ils manifestent dans leurs composés les plus stables ou les plus importants. Seuls les éléments monoatomiques, tels que l'hydrogène et le chlore, le sont d'une manière absolue : dans aucune combinaison ces derniers ne manifestent plus d'une atomicité.

Quant aux éléments polyatomiques, leur rôle, dans les combinaisons, varie suivant l'atomicité qu'ils manifestent. A cet égard on a fait une observation générale. Eu égard aux variations de l'atomicité dans les corps simples polyatomiques, on les a partagés en éléments d'atomicité paire et éléments d'atomicité impaire (Williamson).

L'iode est monoatomique ou triatomique : ICl et ICl^3.

L'azote, le phosphore, l'arsenic et l'antimoine, sont triatomiques ou pentatomiques.

Le sélénium, le tellure sont diatomiques ou tétratomiques : $SeCl^2$ et $SeCl^4$; $TeCl^2$ et $TeCl^4$.

L'or et le thallium sont monoatomiques et triatomiques : AuCl et $AuCl^3$; TlCl et $TlCl^3$.

Le carbone est diatomique ou tétratomique : CO et CO^2.

Le plomb est diatomique ou tétratomique : $PbCl^2$ et $PbEt^4$.

L'osmium est diatomique-tétratomique-hexatomique : $OsCl^2$, $OsCl^4$, $OsCl^6$.

L'étain, le platine sont diatomiques-tétratomiques : $SnCl^2$, $SnCl^4$; $PtCl^2$ et $PtCl^4$.

On le voit, l'atomicité s'accroît toujours de 2 unités, de telle sorte qu'un élément d'atomicité paire conserve ce caractère dans toutes ses combinaisons, et qu'il en est de même des éléments d'atomicité impaire. L'azote semble faire exception à cet égard : élément d'atomicité impaire, il manifeste 2 atomicités dans le bioxyde Az=O.

Ces remarques générales étant faites, nous allons entrer dans quelques détails.

Il existe deux familles de corps simples monoatomiques. L'une comprend des éléments négatifs analogues au chlore, l'autre des éléments positifs analogues à l'hydrogène.

Série monoatomique négative.	Série monoatomique positive.
Fluor.	Hydrogène.
Chlore.	Lithium.
Brome.	Sodium.
Iode.	Potassium.
	Césium.
	Rubidium.
	Argent.
	Or.
	Thallium.

Les derniers termes de ces séries, l'iode, l'or et le thallium, sont ceux dont les poids atomiques sont les plus élevés ; nous devons faire remarquer que ces éléments sont à la fois monoatomiques et triatomiques.

Un très-grand nombre d'éléments jouent dans leurs combinaisons le rôle d'éléments diatomiques. On peut former avec eux les séries suivantes :

Série négative.	Série positive.
Oxygène.	Calcium.
Soufre.	Strontium.
Sélénium.	Baryum.
Tellure.	Plomb.

Remarquons que les derniers termes de ces séries (sélénium, tellure, plomb) tendent à devenir tétratomiques, et que cette tendance coïncide, comme dans le cas précédent, avec un accroissement des poids atomiques.

Il existe un très-grand nombre d'autres métaux qui jouent dans leurs combinaisons les plus nombreuses et les plus importantes le rôle d'éléments diatomiques. A côté du calcium on peut placer le magnésium, diatomique comme lui, et qui devient le point de départ d'une série parallèle à la série du calcium. Cette série comprend le zinc, le cobalt, le nickel, le fer. Au fer se rattachent d'un côté le manganèse et le chrome, de l'autre côté l'aluminium. A côté du magnésium, mais en dehors de la série précédente, on pourrait placer le glucinium, qui forme un oxyde GlO analogue par sa constitution atomique à la magnésie. Les métaux que nous venons de mentionner pourraient donc être groupés de la manière suivante :

Calcium.	Magnésium.	Glucinium.
Strontium.	Zinc.	
Baryum.	Nickel.	
Plomb.	Cobalt.	

Aluminium. — Fer. — Manganèse.
|
Chrome.

On voit que le fer constitue en quelque sorte un noyau autour duquel viennent se grouper un certain nombre de métaux qu'on ne peut pas qualifier de diatomiques, parce que, dans des combinaisons nombreuses et importantes, ils manifestent plus de 2 atomicités. Le manganèse ainsi que le chrome sont tétratomiques ou hexatomiques dans un certain nombre de composés. On ne connaît aucun composé d'aluminium où ce corps soit diatomique.

Le cuivre se rattache par quelques analogies aux métaux de la série magnésienne. Il forme un chlorure $CuCl^2$, un oxyde CuO. Son sulfate peut cristalliser avec le sulfate ferreux. Mais par les combinaisons cuivreuses dans lesquelles nous admettons 2 atomes de cuivre, formant un couple diatomique $Cu^2 = (Cu-Cu)''$, il se rapproche du mercure qui forme dans les composés mercureux un couple diatomique $Hg^2 = (Hg-Hg)''$.

Il existe un grand nombre d'éléments qui manifestent 3 atomicités dans leurs combinaisons les plus importantes. Tous forment une seconde série de composés dans lesquels ils font preuve de 5 atomicités. Ils sont donc triatomiques-pentatomiques. De ce nombre sont les corps simples qui font partie de la famille de l'azote.

Éléments triatomiques-pentatomiques.	Composés de la première série.	Composés de la deuxième série.
Azote............	$\overset{\scriptscriptstyle III}{Az}H^3$	$H^4\overset{\scriptscriptstyle V}{Az}Cl.$
Phosphore.......	$\overset{\scriptscriptstyle III}{Ph}H^3$	$\overset{\scriptscriptstyle V}{Ph}Cl^5.$
Arsenic..........	$\overset{\scriptscriptstyle III}{As}H^3$	$As^2O^5.$
Antimoine	$\overset{\scriptscriptstyle III}{Sb}Cl^3$	$\overset{\scriptscriptstyle V}{Sb}Cl^5.$
Bismuth........	$\overset{\scriptscriptstyle III}{Bi}Cl^3$	$Bi^2O^5.$

Il existe un groupe d'éléments qu'on peut qualifier de tétratomiques parce qu'ils manifestent 4 atomicités dans leurs combinaisons les plus importantes. Ce sont le carbone et le silicium, à la suite desquels on peut ranger quelques métaux qui forment des chlorures RCl^4 et des oxydes RO^2 bien caractérisés. Ce groupe comprend les éléments suivants :

Carbone, silicium. titane, étain, tantale, zirconium, thorium (?).

Remarquons que le carbone ne manifeste que 2 atomicités dans l'oxyde de carbone, et qu'il en est de même de l'étain dans le bichlorure[1].

Parmi les métaux qui fonctionnent comme éléments hexatomiques, dans leurs combinaisons les plus stables et les plus importantes, on peut ranger le tungstène et le molybdène :

$$\overset{\scriptscriptstyle VI}{Mo}O^3 \qquad \overset{\scriptscriptstyle VI}{W}O^3$$
Anhydride molybdique.   Anhydride tungstique.

$$\overset{\scriptscriptstyle VI}{Mo}Cl^6$$
Hexachlorure de molybdène.

Quant aux métaux du platine, ils forment plusieurs groupes qui comprennent :

[1] A moins qu'on ne double la formule de celui-ci
$2\,SnCl^2 = (\overset{\scriptscriptstyle IV}{Sn}=\overset{\scriptscriptstyle IV}{Sn})Cl^4.$

1° Le palladium et le platine, diatomiques-tétratomiques :

$$\begin{array}{ll} Pd\,Cl^2 & Pt\,Cl^2 \\ Pd\,Cl^4 & Pt\,Cl^4 \end{array}$$

2° L'iridium et le rhodium, triatomiques :

$$\overset{\scriptscriptstyle III}{Ir}Cl^3 \qquad \overset{\scriptscriptstyle III}{Rd}Cl^3$$
$$(\overset{\scriptscriptstyle III}{Ir}-\overset{\scriptscriptstyle III}{Ir})Cl^4 \qquad (\overset{\scriptscriptstyle III}{Rd}-\overset{\scriptscriptstyle III}{Rd})Cl^4$$

3° L'osmium et le ruthénium, diatomiques-tétratomiques-hexatomiques :

$$\overset{\scriptscriptstyle II}{Os}Cl^2 \quad \overset{\scriptscriptstyle IV}{Os}Cl^4 \quad (\overset{\scriptscriptstyle IV}{Os}-\overset{\scriptscriptstyle IV}{Os})Cl^6 \quad Os\,Cl^6 \quad \overset{\scriptscriptstyle VI}{Os}O^3$$
$$\overset{\scriptscriptstyle II}{Ru}Cl^2 \quad \overset{\scriptscriptstyle IV}{Ru}Cl^4 \quad (\overset{\scriptscriptstyle IV}{Ru}-\overset{\scriptscriptstyle IV}{Ru})Cl^6 \qquad\qquad \overset{\scriptscriptstyle VI}{Ru}O^3$$

L'ATOMICITÉ CONSIDÉRÉE DANS LES RÉACTIONS CHIMIQUES.

Les molécules chimiques peuvent s'accroître par l'addition de nouveaux éléments, se modifier par substitution, se dédoubler. Toutes les réactions chimiques rentrent dans ces trois modes. Examinons d'une manière sommaire comment l'atomicité y intervient et considérons principalement les deux premiers modes.

ADDITIONS MOLÉCULAIRES. — Elles se font par la fixation de nouveaux atomes sur des molécules renfermant des éléments polyatomiques. Deux cas peuvent se présenter. Ou bien les atomes fixés sont attirés par ces éléments polyatomiques incomplétement saturés; ou bien, polyatomiques eux-mêmes, ils vont s'intercaler dans une chaîne d'atomes. Quelques exemples vont fixer le sens de ces propositions.

Premier cas. $\quad \overset{\scriptscriptstyle III}{Ph}Cl^3 + Cl^2 = \overset{\scriptscriptstyle V}{Ph}Cl^5 ;$
Trichlorure de phosphore.   Perchlorure de phosphore.

$$\overset{\scriptscriptstyle II}{C}O + Cl^2 = \overset{\scriptscriptstyle IV}{C}O\,Cl^2 ;$$
Oxyde de carbone.   Chlorure de carbonyle.

$$\overset{\scriptscriptstyle II}{C}O + O = \overset{\scriptscriptstyle IV}{C}O^2.$$
Oxyde de carbone.   Acide carbonique.

Nous pouvons admettre que, dans une foule de composés organiques non saturés, le carbone existe dans l'état où il est dans l'oxyde de carbone et que, par le fait de l'adjonction de nouveaux atomes, il passe dans l'état où il est dans l'acide carbonique. De diatomique, il devient tétratomique. Ainsi, dans l'acétylène, nous pouvons admettre 2 atomes de carbone manifestant 2 atomicités; dans l'éthylidène 1 atome de carbone manifestant 4 atomicités et un autre atome de carbone manifestant 2 atomicités, et lorsque l'un et l'autre attirent du brome, toutes les atomicité, du carbone sont satisfaites :

$$\text{H-}\overset{\scriptscriptstyle II}{\text{C}}\text{-}\overset{\scriptscriptstyle II}{\text{C}}\text{-H}$$
Acétylène.

$$\begin{array}{c} \text{H} \\ | \\ \text{H-}\overset{\scriptscriptstyle IV}{\text{C}}\text{-}\overset{\scriptscriptstyle II}{\text{C}}\text{-H} \\ | \\ \text{H} \end{array}$$
Éthylidène.

$$\begin{array}{c} \text{Br}\quad\text{Br} \\ |\qquad| \\ \text{H-C-C-H} \\ |\qquad| \\ \text{Br}\quad\text{Br} \end{array}$$
Tétrabromure d'acétylène.

$$\begin{array}{c} \text{H}\quad\text{Br} \\ |\qquad| \\ \text{H-C-C-H} \\ |\qquad| \\ \text{H}\quad\text{Br} \end{array}$$
Dibromure d'éthylidène.

On peut étendre la même interprétation à toutes les combinaisons du carbone non saturées. Ainsi, on peut admettre que la benzine forme une chaîne fermée où les atomes de carbone sont alternativement diatomiques et tétratomiques. Chacun des $\overset{..}{C}$ diatomiques peut attirer Br^2 :

$$\begin{array}{c} H \\ H\ C-C-H \\ C \qquad C \\ H\ C-C-H \\ H \end{array}$$

ou, en développant la chaîne :

$$-\overset{H}{\underset{H}{C}}-C-\overset{H}{\underset{H}{C}}-C-\overset{H}{\underset{H}{C}}-C- \qquad\qquad -\overset{H}{\underset{H}{C}}-\overset{Br}{\underset{Br}{C}}-\overset{H}{\underset{H}{C}}-\overset{Br}{\underset{Br}{C}}-\overset{H}{\underset{H}{C}}-\overset{Br}{\underset{Br}{C}}-$$

Benzine.   Hexabromure de benzine.

Deuxième cas. Dans une chaîne ouverte ou fermée renfermant des éléments polyatomiques, et dans laquelle toutes les atomicités de ces derniers semblent saturées, il y a souvent place pour un ou plusieurs éléments qui vont s'intercaler dans la chaîne ou la rompre :

$$O=\overset{\text{IV}}{C}=O + \overset{\text{II}}{Ca}=O \quad \text{égal à} \quad \begin{array}{c} O-\overset{\text{IV}}{C}=O. \\ Ca\,O \end{array}$$

Anhydride   Carbonate
carbonique.   calcique.

Ces dernières réactions, où nous voyons les éléments de l'eau ou d'un oxyde se fixer sur un oxyde anhydre, méritent de fixer notre attention. Dans l'anhydride carbonique les 4 atomicités du carbone sont satisfaites ; dans l'oxyde de calcium les 2 atomicités du calcium sont satisfaites. Comment se fait-il que ces deux corps puissent se fixer l'un sur l'autre par addition moléculaire ? La réponse à cette question fera ressortir une fois de plus la différence entre l'affinité et l'atomicité.

L'anhydride carbonique est l'oxyde de carbonyle. Un atome d'oxyde de calcium se présente. Il s'établit alors entre les éléments de cet oxyde et ceux de l'oxyde de carbonyle une lutte dont la cause réside sans doute dans la différence des *états* de l'oxygène qui est uni au calcium d'une part et au carbonyle de l'autre, et dont l'effet est un échange d'atomicités. L'oxygène uni au carbonyle, attiré vers le calcium par une affinité prépondérante, échange avec lui une de ses atomicités. L'oxygène de l'oxyde n'est donc plus uni au métal que par 1 atomicité : il se lie par son autre atomicité sur le carbone qui en a perdu 1 de son côté. En se portant sur la chaux, l'anhydride carbonique donne lieu non pas à un échange d'éléments, mais à un échange d'atomicités. Il en résulte le groupement indiqué par la formule précédente.

SUBSTITUTIONS. — Un élément donné peut être remplacé dans une molécule chimique par un élément de même atomicité, sans que le nombre et l'arrangement des atomes soit changé. Ainsi, l'hydrogène, le chlore, le brome peuvent se remplacer atome par atome, dans les combinaisons. Il en est de même des atomes d'oxygène, de soufre, de ceux du fer, du manganèse, du zinc, du cobalt, du nickel, considérés comme diatomiques. Rien ne se modifie dans la structure moléculaire par l'effet de telles substitutions : le type mécanique est conservé.

Mais il peut se faire aussi qu'un élément d'atomicité supérieure prenne la place d'un élément d'atomicité inférieure. Le premier entraîne alors dans la combinaison d'autres éléments capables de saturer toutes les atomicités. Il y entre, par conséquent, avec un cortége d'autres atomes, et

l'on dit, dans ces cas, qu'il y a substitution d'un groupe d'éléments, d'un radical composé à un corps simple. Mais il est important de faire remarquer que ce groupe ou radical composé ne se rattache aux autres éléments de la combinaison primitive que par une partie des atomicités d'un élément polyatomique. Ainsi le groupe $(Az\,O^2)'$ se substitue à H dans C^6H^5, se rattache par conséquent au carbone par une atomicité non satisfaite de l'azote pentatomique (1) ; de même le groupe $(C^2H^5)'$ se substitue à H par une atomicité non satisfaite d'un des atomes de carbone. Pour préciser, par quelques exemples, le rôle de l'atomicité dans ces différents cas de substitution, considérons un carbure d'hydrogène saturé

$$H^3C-(CH^2)^n-CH^3 \text{ (page 453).}$$

Lorsqu'un tel carbure d'hydrogène est soumis à l'action du chlore ou du brome, il est probable que celui-ci portera d'abord son action sur les groupes méthyliques. Dans les chlorures et bromures $C^nH^{2n+1}Cl$ ou $C^nH^{2n+1}Br$, le chlore ou le brome sont substitués à l'hydrogène d'un de ces groupes et occupent, par conséquent, une place à l'extrémité de la chaîne ouverte. Mais l'hydrogène peut être remplacé par de l'oxygène. Le cas le plus simple est celui où 1 seul atome d'hydrogène est remplacé par 1 atome d'oxygène, qui, perdant ainsi une seule de ses atomicités, entraîne dans la combinaison 1 atome d'hydrogène ; c'est donc en réalité de l'oxhydryle $(OH)'$ qui se substitue à H, et l'on peut supposer que les alcools normaux résultent d'une telle substitution s'opérant, comme la précédente, à l'extrémité de la chaîne.

Un atome d'azote ne peut se substituer à un atome d'hydrogène sans entraîner dans la combinaison des éléments ou des groupes doués de 2 ou de 4 atomicités. Il entraînera H^2 s'il joue le rôle d'élément triatomique comme dans l'ammoniaque, O^2 s'il joue le rôle d'élément pentatomique comme dans l'acide azotique. On peut supposer que dans les ammoniaques composées de la série

$$C^nH^{2n+3}Az$$

l'azote s'est substitué à 1 atome d'hydrogène d'un groupe méthylique ; qu'il est en rapport, par conséquent, d'un côté avec le dernier atome de carbone de la chaîne, et de l'autre côté avec les 2 atomes d'hydrogène qu'il y entraîne.

Enfin, 1 atome d'hydrogène de la chaîne étant remplacé par du carbone, celui-ci entraîne dans la combinaison 3 atomes d'hydrogène : il y entre sous forme de méthyle (CH^3) et l'on voit que cette substitution s'accomplissant au bout de la chaîne, celle-ci s'allonge d'une manière régulière, donnant naissance aux carbures d'hydrogène normaux dont les formules atomiques sont indiquées plus haut (page 453).

Les différents cas de substitution qui viennent d'être discutés sont représentés par les formules suivantes. Pour plus de simplicité, nous avons choisi pour exemples les dérivés de l'hydrure d'éthyle :

$$\overset{H}{\underset{H}{H-C}}-\overset{H}{\underset{H}{C}}-H \qquad \overset{H}{\underset{H}{H-C}}-\overset{H}{\underset{H}{C}}-Cl \qquad \overset{H}{\underset{H}{H-C}}-\overset{H}{\underset{H}{C}}-OH$$

Hydrure d'éthyle.   Chlorure d'éthyle.   Hydrate d'éthyle.

$$\overset{H}{\underset{H}{HO-C}}-\overset{H}{\underset{H}{C}}-OH \qquad \overset{H}{\underset{H}{H-C}}-\overset{H}{\underset{H}{C}}-Az \qquad \overset{H}{\underset{H}{H-C}}-\overset{H}{\underset{H}{C}}-\overset{H}{\underset{H}{C}}-H$$

Dihydrate   Éthylamine.   Méthylure
d'éthylène   d'éthyle, hydrure
(glycol).   de propyle.

(1) Ou peut-être par une atomicité du second atome d'oxygène dans $O-\overset{\text{V}}{Az}=O$.

L'ATOMICITÉ COMME MOYEN DE DÉTERMINER LES RAPPORTS MUTUELS ENTRE LES ATOMES.

On a pu voir par les développements qui précèdent comment la théorie de l'atomicité peut révéler les rapports mutuels qui existent entre les atomes dans une combinaison donnée. En fixant le rôle des éléments dans les combinaisons, elle marque en quelque sorte les points d'attache de l'affinité et dévoile, dans une foule de cas, la structure moléculaire. C'est là son grand avantage et son unique objet.

Sans entrer à cet égard dans des détails que les indications précédentes rendraient superflus, nous nous bornerons à noter les deux points suivants.

Premièrement, la théorie de l'atomicité des éléments confirme, complète et explique les données de la théorie des radicaux et de la théorie des types. Elle est supérieure à ces théories, elle en donne la raison d'être.

Deuxièmement, en dévoilant les rapports mutuels entre les atomes, elle permet d'interpréter un très-grand nombre d'isoméries.

Développons ces divers points.

1° *La théorie de l'atomicité considérée comme complément de la théorie des types.*

La théorie des radicaux nous a enseigné qu'il existe des groupes capables de se substituer à 1, 2, 3 atomes d'hydrogène, de se combiner avec 2 ou 4 ou même 6 atomes de chlore, de brome, etc. Ces groupes doivent cette propriété à des éléments polyatomiques non saturés.

Une molécule est *saturée* lorsque toutes les atomicités qui résident dans les atomes sont satisfaites. Lorsqu'une telle molécule perd un atome monoatomique, le résidu fait fonction de radical monoatomique, Exemples :

$$H^2O - H = (HO)'\ \text{oxhydryle.}$$
$$C^2H^6O - H = (C^2H^5O)'\ \text{oxéthyle.}$$
$$C^2H^6 - H = (C^2H^5)'\ \text{éthyle.}$$
$$C^2H^4O^2 - H = (C^2H^3O^2)'\ \text{oxacétyle.}$$
$$C^2H^4Br^2 - Br = (C^2H^4Br)'\ \text{bromaéthyle.}$$
$$H^3Az - H = (H^2Az)'\ \text{amidogène.}$$

Par la perte d'un groupe d'éléments faisant fonctions de radical monoatomique, une molécule saturée devient elle-même radical monoatomique :

$$HAzO^3 - (HO)' = (AzO^2)'\ \text{azotyle.}$$
$$C^2H^4O^2 - (HO)' = (C^2H^3O)'\ \text{acétyle.}$$

Les radicaux diatomiques sont engendrés par la soustraction d'atomes ou de groupes représentant 2 atomicités des éléments d'une combinaison saturée. Exemples :

$$C^2H^6 - H^2 = (C^2H^4)''$$
Éthylène.

$$CO^2 - O = (CO)''$$
Anhydride carbonique. — Carbonyle.

$$C^2H^6O - H^2 = (C^2H^4O)''$$
Alcool. — Aldéhyde.

$$C^4H^6O^4 - H^2 = (C^4H^4O^4)''$$
Acide succinique. — Acides fumarique et maléique.

$$C^4H^6O^4 - 2(HO)' = (C^4H^4O^2)''$$
Acide succinique. — Succinyle.

Le mode de génération des radicaux triaomiques et des radicaux tétratomiques peut se déduire des principes précédemment exposés :

$$C^3H^8 - H^3 = (C^3H^5)'''$$
Hydrure de propyle. — Glycéryle triatomique.

$$C^3H^5 - H^4\ (C^3H^4)''''$$
Allylène tétratomique.

Un radical organique est un groupe d'atomes unis par les affinités du carbone. Ce corps simple est diatomique dans l'oxyde de carbone, tétratomique dans l'acide carbonique ; il est d'atomicité paire. Il en résulte que les groupes hydrocarbonés d'atomicité impaire ne sauraient exister à l'état de liberté ; car dans un tel groupe 1 atome de carbone manifesterait un nombre impair d'atomicités, comme le montre la formule suivante :

$$\begin{array}{cc} H & H \\ | & | \\ H{-}C{-}C \\ | & | \\ H & H \end{array}$$
Radical éthyle.

Cet atome de carbone doit nécessairement se souder à l'atome de carbone correspondant d'un second groupe, de manière à former une molécule double :

$$\overset{\text{1er groupe.}}{\overbrace{\begin{array}{cc} H & H \\ | & | \\ H{-}C{-}C \\ | & | \\ H & H \end{array}}}\ {-}\ \overset{\text{2e groupe.}}{\overbrace{\begin{array}{cc} H & H \\ | & | \\ C{-}C{-}H \\ | & | \\ H & H \end{array}}}$$
Éthyle libre.

La théorie des types nous a enseigné qu'une foule de combinaisons dérivent par la substitution d'un petit nombre de combinaisons types qui sont l'hydrogène (l'acide chlorhydrique), l'eau, l'ammoniaque. Ces combinaisons, auxquelles on aurait pu joindre le gaz des marais, renferment en effet des éléments d'atomicités diverses, savoir : l'hydrogène monoatomique, l'oxygène diatomique, l'azote triatomique, et l'on conçoit qu'un atome d'hydrogène étant enlevé dans l'un ou l'autre de ces composés, il faut le remplacer par un atome ou par un groupe monoatomique pour maintenir la saturation, c'est-à-dire l'équilibre des atomicités. Enlevez à l'eau 1 atome d'hydrogène, vous pourrez remplacer cet hydrogène par le groupe monoatomique $(C^2H^5)'$ dans lequel une des atomicités d'un atome de carbone n'est pas satisfaite. *Par cet atome de carbone*, le groupe éthyle se soude à l'atome d'oxygène du groupe oxyhydryle $(OH)'$, et c'est cet oxygène qui joint le groupe carboné à l'hydrogène. Ceci est exprimé par la formule typique

$$\left.\begin{array}{c} C^2H^5 \\ H \end{array}\right\} O.$$

La formule $H^5C^2{-}O{-}H$ n'exprime pas autre chose.

En général, tous les hydrates minéraux ou organiques sont formés par la fixation de groupes oxyhydryles sur des éléments ou sur des groupes d'atomes faisant fonction de radicaux. L'hydrogène typique de tous ces hydrates, c'est l'atome d'hydrogène de l'oxhydryle ; l'oxygène unit cet hydrogène à l'élément ou au groupe dont il complète la saturation. Quelquefois ce sont deux groupes qui sont ainsi joints par un atome d'oxygène. A cet égard, les formules typiques donnent, sur les rapports qui existent entre les atomes, les mêmes indications que la théorie de l'atomicité. On en jugera par la comparaison suivante :

$$\left.\begin{array}{c} C^2H^5 \\ H \end{array}\right\} O = H{-}O{-}C^2H^5$$
Alcool.

$$\left.\begin{array}{c} C^2H^4 \\ H^2 \end{array}\right\} O^2 = \begin{array}{c} O{-}H \\ | \\ C^2H^4 \\ | \\ O{-}H \end{array}$$
Glycol.

$$\left.\begin{array}{c} C^2H^5 \\ C^2H^5 \end{array}\right\} O = H^5C^2{-}O{-}C^2H^5$$
Oxyde d'éthyle.

$$\left.\begin{array}{c} C^2O^2 \\ H^2 \end{array}\right\} O^2 = \begin{array}{c} O{-}H \\ | \\ C^2O^2 \\ | \\ O{-}H \end{array}$$
Acide oxalique.

Mais la théorie de l'atomicité va plus loin que la théorie des types. Celle-ci se borne à considérer en bloc le noyau de la molécule qu'elle dégage de ses appendices; l'autre pénètre la structure du noyau lui-même. Elle le montre renfermant des éléments non saturés qui servent en quelque sorte de point d'attache aux appendices dont il s'agit. Dans le groupe éthyle, elle signale un atome de carbone qui conserve une atomicité libre. C'est celui-là qui se mettra en rapport avec l'atome d'oxygène de l'oxhydryle :

$$
\begin{array}{cc}
\text{H} & \text{H} \\
| & | \\
\text{H-C-C} & \qquad \text{H-C-C-OH} \\
| & | \\
\text{H} & \text{H} \\
\text{Éthyle.} & \qquad \text{Alcool.}
\end{array}
$$

Dans le radical acétyle C^2H^3O elle découvre un atome de carbone saturé et un autre qui ne l'est point; c'est ce dernier qui peut fixer 1 atome d'hydrogène pour former de l'aldéhyde $H\text{-}C^2H^3O$, 1 atome d'oxhydryle pour former de l'acide acétique $HO\text{-}C^2H^3O$:

$$
\begin{array}{ccc}
\text{H} & \text{H H} & \text{H OH} \\
\text{H-C-C=O} & \text{H-C-C=O} & \text{H-C-C=O} \\
\text{H} & \text{H} & \text{H}
\end{array}
$$

Acétyle.   Hydrure d'acétyle (aldéhyde).   Hydrate d'acétyle (acide acétique).

Dans l'aldéhyde, on le voit, l'atome d'oxygène (du radical) est uni par ses 2 atomicités à un seul atome de carbone.

La formation de l'acide succinique par l'action de la potasse sur le dicyanure d'éthylène (Maxwell Simpson) nous conduit, pour cet acide, à la formule suivante, qui marque les rapports entre ces atomes :

$$
\begin{array}{cccc}
\text{O} & \text{H} & \text{H} & \text{O} \\
\text{C-C-C-C} \\
\text{HO} & \text{H} & \text{H} & \text{OH}
\end{array}
$$

Acide succinique.

Et pour citer, en terminant, un exemple d'un autre genre, si la notation typique nous représente la diamine éthylénique comme formée de

$$
\begin{array}{l}
(C^2H^4)'' \\
H^2 \\
H^2
\end{array}\Big\} Az^2
$$

et nous montre le radical diatomique éthylène rivant ensemble 2 molécules d'ammoniaque, la théorie de l'atomicité nous indique d'une manière plus précise le rôle de ce radical en nous montrant les atomes d'azote en rapport direct avec les atomes de carbone de ce radical :

$$
\begin{array}{ccc}
\text{H} & \text{H} & \text{H} \quad \text{H} \\
\text{Az-C-C-Az} \\
\text{H} & \text{H} & \text{H} \quad \text{H}
\end{array}
$$

Diamine éthylénique.

2° La théorie de l'atomicité donnant la clef des isoméries.

Les expériences de M. Wislicenus nous apprennent que les deux acides lactiques

$$
(C^2H^4\text{-}CO)\Big\{\begin{array}{l}\text{OH}\\ \text{OH}\end{array}
$$

isomériques entre eux, renferment l'un le radical éthylidène $\begin{array}{l}CH\\ CH^3\end{array}$, l'autre le radical éthylène $\begin{array}{l}CH^2\\ CH^2\end{array}$.

Le mode de formation de ces acides et la théorie de l'atomicité nous conduisent donc à ad-

mettre les rapports suivants entre leurs atomes :

$$
\begin{array}{ccc}
\text{O} & \text{H} & \text{H} \\
\text{C-C-C-OH} \\
\text{HO} & \text{H} & \text{H}
\end{array}
\qquad
\begin{array}{ccc}
\text{O} & \text{OH} & \text{H} \\
\text{C-C-C-H} \\
\text{HO} & \text{H} & \text{H}
\end{array}
$$

Acide paralactique.   Acide lactique.

En traitant plus haut des substitutions de Cl, OH, AzH^2, CH^3 à l'hydrogène dans les carbures C^nH^{2n+2}, nous avons fait remarquer qu'elles pouvaient s'accomplir à l'extrémité de la chaîne : il en résulte des composés qu'on peut qualifier de normaux. Mais rien n'empêche que de telles substitutions ne s'effectuent au milieu de la chaîne, donnant ainsi naissance à une foule de composés qui seront isomériques entre eux et avec les composés dits normaux. Prenons un exemple peu compliqué, le carbure d'hydrogène C^3H^8 et ses dérivés normaux :

$$
\begin{array}{cc}
\text{H} & \text{H} \\
H^3C\text{-}C\text{-}CH^2Cl & H^3C\text{-}C\text{-}CH^2(OH) \\
\text{H} & \text{H}
\end{array}
$$

Chlorure de propyle.   Hydrate de propyle.

$$
\begin{array}{cc}
\text{H} & \text{H H} \\
H^3C\text{-}C\text{-}CH^2(AzH^2) & H^3C\text{-}C\text{-}C\text{-}CH^3. \\
\text{H} & \text{H}
\end{array}
$$

Propylamine.   Méthylure de propyle (Hydrure de butyle).

Leurs isomères dérivant de substitutions au milieu de la chaîne auraient la constitution suivante :

$$
\begin{array}{ccc}
\text{H} & \text{H} & \text{H} \\
H^3C\text{-}C\text{-}CH^3 & H^3C\text{-}C\text{-}CH^3 & H^3C\text{-}C\text{-}CH^3 \\
\text{Cl} & \text{OH} & AzH^2
\end{array}
$$

Chlorure d'isopropyle.   Alcool isopropylique.   Isopropylamine.

$$
\begin{array}{c}
\text{H} \\
H^3C\text{-}C\text{-}CH^3 \qquad (^1) \\
CH^3
\end{array}
$$

Diméthylure d'éthyle (hydrure d'isobutyle).

On voit par quelques-uns des exemples cités que la théorie de l'atomicité, en dévoilant les rapports qui existent entre les atomes, permet d'interpréter des cas d'isomérie dont l'explication avait échappé jusqu'à présent. Nous indiquons ce point en terminant, nous réservant d'y revenir à l'article ISOMÉRIE.   **A. W.**

ATOMIQUE (THÉORIE). — Par les recherches mémorables entreprises de 1804 à 1808 sur la composition de divers corps, Dalton établit la loi des proportions multiples. En comparant la composition du gaz des marais avec celle du gaz oléfiant, il reconnut que ces gaz ne renferment que du carbone et de l'hydrogène, et que, pour la même proportion de charbon, le premier renferme deux fois plus d'hydrogène que le second. Il fit une remarque analogue pour l'oxyde de carbone et l'acide carbonique et étendit plus tard ces observations aux composés oxygénés de l'azote.

Avant lui, Wenzel et Richter avaient découvert le fait des proportions définies, en établissant que les acides et les bases s'unissent suivant des rapports invariables. On savait donc que la composition des combinaisons chimiques est fixe, définie, et on l'exprimait, par des nombres, en pro-

---

(1) L'hydrate correspondant à ce diméthylure est le triméthyl-carbinol de M. Boutlerow

$$
\begin{array}{c}
\text{OH} \\
H^3C\text{-}C\text{-}CH^3 \\
CH^3
\end{array}
$$

portions centésimales. En d'autres termes, on s'en tenait aux résultats numériques des analyses. Esprit élevé, Dalton ne s'arrêta pas là, mais fit ressortir par une hypothèse ingénieuse la simplicité des lois de composition qu'il avait confirmées ou reconnues lui-même. Cette hypothèse est celle des atomes, renouvelée des Grecs, car l'idée remonte à Leucippe et à Démocrite et le mot est d'Épicure. A cette notion ancienne et vague Dalton donne un sens précis en admettant que la matière est formée d'atomes possédant chacun une étendue réelle et un poids constant; que les corps simples ne renferment que des atomes de la même espèce; que les corps composés se forment par la juxtaposition des atomes d'espèce différente. Ainsi définie, cette hypothèse donnait une explication satisfaisante du fait des proportions définies et du fait des proportions multiples. En effet, si la combinaison résulte de la juxtaposition d'atomes possédant un poids invariable, et s'unissant toujours suivant les mêmes proportions pour un composé donné, il est clair que, dans un tel composé, les éléments seront nécessairement unis suivant des rapports pondéraux invariables, ces rapports exprimant précisément les poids relatifs des atomes. En second lieu, si un corps s'unit à un autre corps en plusieurs proportions, celles-ci ne représentent autre chose que les poids de plusieurs atomes, qui sont nécessairement multiples du poids de l'un d'eux.

Établir un lien entre les deux lois de composition les plus importantes, les interpréter l'une et l'autre par la même hypothèse, c'est le mérite réel de l'idée de Dalton. Mais son principal avantage est d'exprimer la composition des corps avec une précision et une simplicité qu'on chercherait vainement dans l'énoncé des rapports centésimaux. Que l'on considère, en effet, les chiffres qui représentent la composition du gaz des marais et celle du gaz oléfiant :

	Gaz des marais.	Gaz oléfiant.
Carbone............	75,0	85,7
Hydrogène..........	25,0	14,8

La seule indication qu'ils nous donnent à première vue, c'est de montrer que le gaz oléfiant est moins riche en hydrogène que le gaz des marais, mais il faut les examiner attentivement pour découvrir que la proportion d'hydrogène par rapport au charbon est double dans le gaz des marais. Dalton reconnut précisément que le rapport du carbone à l'hydrogène étant 6 : 1 dans le gaz oléfiant, est 6 : 2 dans le gaz des marais. Il envisagea les nombres 6 et 1 comme représentant les poids de 1 atome de carbone et de 1 atome d'hydrogène, et exprima la composition des deux gaz en admettant que le premier renferme 1 atome de carbone pour 2 atomes d'hydrogène, et le second 1 atome de carbone pour un atome d'hydrogène. Dans la langue écrite il adopta la notation symbolique suivante, point de départ de nos formules de constitution modernes :

	Carbone.	Hydrogène.	Formule.
Gaz des marais...	6	2	⊙ ● ⊙
Gaz oléfiant.....	6	1	● ⊙

Dalton trouva en outre que la proportion d'hydrogène combinée avec 6 de carbone dans le gaz oléfiant est combinée avec 8 d'oxygène dans l'eau. Étudiant ensuite la composition de l'oxyde de carbone et de l'acide carbonique, il découvrit ce fait remarquable que, dans ces deux gaz, le charbon s'unit à l'oxygène précisément dans le rapport de 6 à 8 et de 6 à 2×8. Ainsi les nombres qui représentent les proportions suivant lesquelles le charbon et l'oxygène s'unissent à un même poids d'hydrogène expriment aussi les proportions suivant lesquelles ils s'unissent entre eux. De fait, après avoir découvert la loi des proportions multiples, Dalton mit de nouveau en lumière le trait saillant de la loi des proportions définies. Il fit pour les combinaisons des corps simples entre eux ce que Wenzel et Richter avaient fait pour les combinaisons des acides avec les bases : il renouvela leur découverte tombée dans l'oubli. La sienne commanda l'attention, en même temps qu'elle souleva des critiques. L'idée que ces proportions numériques suivant lesquelles les corps se combinent représentent les poids des atomes rencontra une certaine opposition. Tout en acceptant les faits, H. Davy rejeta l'hypothèse des atomes. Il nomma les poids atomiques de Dalton *nombres proportionnels*. Le mot *équivalent* est de Wollaston. Au reste, ces débats roulaient plutôt sur une question de mots. En effet, tout en cherchant à dégager, par ces nouvelles dénominations, le fait de l'hypothèse, au fond tout le monde était d'accord sur les choses. Les nombres de Dalton, de Wollaston, de Davy, avaient la même signification : ils représentaient les proportions suivant lesquelles les corps se combinent, ce qu'on appelle encore aujourd'hui *les équivalents*. Ce n'étaient pas des poids absolus, c'étaient des rapports pondéraux. L'unité à laquelle on les comparait était différente. Dalton les avait rapportés à 1 d'hydrogène. Wollaston les rapporta à 10 d'oxygène. Ainsi, dans cette première phase du développement de la théorie atomique, les expressions poids atomiques et équivalents étaient synonymes au fond. Pour nous en convaincre, il suffit de considérer les nombres et les formules de Dalton :

	Composition.	Formules.
Gaz des marais....	6 + 2	⊙ ● ⊙
Gaz oléfiant........	6 + 1	● ⊙
Eau..............	8 + 1	○ ⊙
Oxyde de carbone.	6 + 8	● ○
Acide carbonique..	6 + 2 × 8	○ ● ○
Ammoniaque......	5 + 1	⊕ ⊙

L'idée de l'équivalence était exprimée par ces formules d'une manière plus correcte et plus conséquente que dans la notation usitée plus tard. On en trouve la preuve dans le poids atomique attribué par Dalton à l'azote et dans la formule de l'ammoniaque. En effet, l'équivalent de l'azote est la quantité d'azote qui s'unit à 1 d'hydrogène, c'est-à-dire 5 (ou 4,66) d'azote, et non pas celle qui s'unit à 3 d'hydrogène, c'est-à-dire 14 d'azote; la formule équivalente de l'ammoniaque est $AzH (Az = 4,66)$ et non pas $AzH^3 (Az = 14)$.

Au surplus, si rien n'avait été ajouté aux découvertes de Wenzel, de Richter et de Dalton, concernant les lois de composition des corps, l'hypothèse atomistique du physicien anglais aurait pris racine difficilement; la notion des équivalents ou nombres proportionnels eût prévalu. En effet, on exprimait d'une façon aussi précise la composition de l'eau, en disant qu'elle renferme une proportion ou un équivalent d'oxygène et une proportion ou un équivalent d'hydrogène, qu'en admettant, avec Dalton, qu'elle est formée d'un atome d'oxygène et d'un atome d'hydrogène. Mais aux découvertes dont il s'agit ont succédé de nouvelles découvertes qui ont amené les chimistes à établir une distinction entre les équivalents et les poids atomiques. A partir de 1805, Gay-Lussac publia ses travaux mémorables sur les lois de composition des gaz. Ils marquent une nouvelle phase dans le développement de la théorie atomique.

Après avoir établi, avec A. de Humboldt, que l'hydrogène s'unit à l'oxygène dans le rapport exact de 2 vol. à 1 volume, il étendit ses observations à d'autres gaz et les généralisa par les propositions suivantes :

1° Il existe un rapport simple entre les volumes des gaz qui se combinent.

2° Il existe un rapport simple entre la somme des volumes des gaz composants et le volume de gaz résultant de leur combinaison.

Ainsi 2 volumes d'hydrogène s'unissent à 1 vol. d'oxygène pour former 2 vol. de vapeur d'eau.

2 vol. d'azote s'unissent à 1 vol. d'oxygène pour former 2 vol. de protoxyde d'azote.

1 vol. d'azote s'unit à 1 vol. d'oxygène pour former 2 vol. de bioxyde d'azote.

1 vol. d'azote s'unit à 3 vol. d'hydrogène pour former 2 vol. de gaz ammoniac.

1 vol. de chlore s'unit à 1 vol. d'hydrogène pour former 2 vol. de gaz chlorhydrique.

La découverte de Gay-Lussac eut une immense portée. En premier lieu elle apporta une confirmation éclatante à la loi des proportions définies, qui se trouva ainsi démontrée, non-seulement par la considération des poids, mais encore par celle des volumes. Et, chose digne de remarque, une preuve nouvelle n'était point superflue, car la loi dont il s'agit trouvait encore, à cette époque même, quelques contradicteurs. Berthollet s'était efforcé de démontrer jusqu'en 1808 que les proportions suivant lesquelles les corps se combinent ne sont pas absolument invariables. Mais sa grande autorité ne put prévaloir contre l'autorité des faits. La thèse contraire fut victorieusement soutenue par Proust.

Mais voici une autre conséquence de la découverte de Gay-Lussac. Si l'on peut admettre, avec Dalton, que les proportions pondérales suivant lesquelles les corps se combinent représentent les poids de leurs atomes; s'il est constant, d'après Gay-Lussac, que les volumes suivant lesquels les gaz s'unissent sont entre eux dans des rapports simples et invariables, il est naturel d'admettre que les poids relatifs de ces volumes doivent représenter les poids relatifs des atomes. Les poids relatifs de volumes égaux ne sont autre chose que les densités. Il en résulte que les densités des gaz doivent être ou proportionnelles aux poids atomiques, ou du moins se trouver dans un rapport très-simple avec les poids atomiques. Gay-Lussac a fait remarquer en effet que cette relation existe. Elle apparaît de la manière la plus évidente dans le tableau suivant, où les densités de quelques gaz sont rapportées à celle de l'hydrogène prise comme unité.

Noms des gaz simples.	Densités des gaz ou des vapeurs rapportées à l'air.	Densités rapportées à l'hydrogène.	Poids atomiques.
Hydrogène..........	0,0693	1	1
Oxygène............	1,1056	15,9	16
Azote..............	0,9714	14,0	14
Soufre à 1000°......	2,22	32,0	32
Chlore.............	2,44	35,2	35,5
Brome..............	5,393	77,8	80
Iode...............	8,716	125,8	127

L'unité étant la même pour les densités et les poids atomiques, on voit que les uns et les autres sont représentés par les mêmes nombres. Les découvertes de Gay-Lussac fournissaient donc un moyen très-simple d'établir ou de contrôler les poids atomiques. En outre, elles ont conduit Berzelius à inaugurer la notation atomique. Dalton avait représenté l'eau comme formée de 1 atome d'hydrogène et de 1 atome d'oxygène. Berzelius admit qu'elle renferme 2 atomes d'hydrogène et 1 atome d'oxygène. C'est ainsi que la composition volumétrique de l'eau a donné sa formule atomique : 2 volumes d'hydrogène représentent 2 atomes d'hydrogène, 1 volume d'oxygène représente 1 atome d'oxygène.

La distinction entre les atomes et les équivalents se trouvait ainsi introduite dans la science. Les atomes représentant les volumes, les poids atomiques sont les poids de volumes égaux. Les équivalents représentent les proportions pondérales d'après lesquelles les corps se combinent, abstraction faite des rapports volumétriques, suivant lesquels s'effectuent ces combinaisons.

La notation du grand chimiste suédois offre ce trait particulier qu'elle est fondée d'un côté sur les lois découvertes par Gay-Lussac et qu'elle se relie de l'autre à la notation en équivalents, inaugurée par Dalton, rétablie plus tard des Gmelin et par M. Liebig. L'idée de Berzelius était celle-ci : Il existe des corps dont les atomes entrent isolément dans les combinaisons : les poids de ces atomes se confondent avec les équivalents. D'autres corps sont constitués par des atomes groupés deux à deux, et ne se séparant jamais pour entrer en combinaison. Il désignait sous le nom d'*atomes doubles* ces deux atomes ainsi associés l'un à l'autre, et les représentait par des symboles barrés.

$\overline{H}$ signifiait 2 atomes ou un équivalent d'hydrogène. De là les formules suivantes :

Notation en équivalents.	Formules de Berzelius.	
$\overline{H} O$	$= H^2 O$	Eau.
$\overline{Cl} O$	$= Cl^2 O$	Acide hypochloreux anhydre.
$\overline{Az} O$	$= Az^2 O$	Protoxyde d'azote.
$\overline{Az} \overline{H}^3$	$= Az^2 H^6$	Ammoniaque.
$\overline{H} \overline{Cl}$	$= H^2 Cl^2$	Acide chlorhydrique.
$\overline{Az} \overline{H}^3, \overline{H} \overline{Cl}$	$= Az^2 H^6, H^2 Cl^2$	Chlorhydrate d'ammoniaque.

Ajoutons que Berzelius rapportait les poids atomiques à 100 d'hydrogène. À lui la gloire de les avoir déterminés le premier, à l'aide de méthodes rigoureuses. Trente années de sa vie ont été consacrées à ce travail immense.

L'hypothèse atomique qu'il a adoptée avait été fortifiée par deux découvertes qui se sont succédé en 1819 et 1820.

La première en date est due à Dulong et Petit. On la connaît sous le nom de *loi des chaleurs spécifiques*. Elle a établi les relations qui existent entre la chaleur spécifique des corps simples et leurs poids atomiques, et qu'on peut énoncer ainsi : La chaleur spécifique des corps simples est en raison inverse de leurs poids atomiques, de telle sorte que si l'on multiplie ces deux quantités l'une par l'autre, on obtient un produit constant.

Cela revient à dire que les atomes des corps simples, si différents par leurs poids relatifs, possèdent sensiblement la même chaleur spécifique. Ce fait est devenu une des bases les plus solides de la théorie atomique.

La seconde découverte est celle de l'isomorphisme. Elle est due à Mitscherlich et peut être énoncée ainsi: Des corps composés d'un égal nombre d'atomes, disposés de la même manière, cristallisent sous des formes identiques ou presque identiques, et peuvent se mêler dans les cristaux dans des proportions indéfinies sans que la forme de ceux-ci soit sensiblement altérée. La ressemblance des formes extérieures résulte de la similitude de la structure atomique. On peut en conclure que toutes les fois que deux corps sont réellement isomorphes, ils possèdent une structure semblable et peuvent être représentés par des formules analogues.

La notation de Berzelius a régné dans la science pendant vingt ans, grâce à l'autorité légitime et incontestée de son nom. Pourtant, des objections ont fini par s'élever contre cette notation, et l'idée des atomes doubles a surtout rencontré une certaine opposition. Pourquoi admettre, disait Gmelin, que les équivalents de l'hydrogène, du chlore, du brome, de l'azote, etc., sont formés de deux atomes, alors que les atomes simples de ces corps n'existent dans aucune combinaison? [*Handbuch der Chem.*, 4e édit., t. I, p. 47.] L'atome est la plus petite quantité d'un corps qui entre dans un composé. Les équivalents des corps précédents représentent donc les atomes, et il convient de prendre, pour leurs poids atomiques, des nombres doubles de ceux qu'avait adoptés Berzelius, conformément à la théorie des volumes. Les formules de l'eau, de l'acide chlorhydrique, de l'ammoniaque, du chlorhydrate d'ammoniaque, deviennent alors

$$HO; \quad HCl; \quad AzH^3; \quad AzH^3, HCl.$$

On revenait ainsi aux idées de Dalton et à la notation en équivalents. Cette dernière a fini par prévaloir. L'idée des atomes, disait Liebig, est une hypothèse, les équivalents sont une réalité; il faut s'en tenir aux équivalents (voir ce mot).

De fait, la notion des atomes doubles a introduit dans la notation de Berzelius certains inconvénients, qu'il importe de signaler. En premier lieu, comment justifier cette proposition qu'aucune combinaison ne renferme moins de 2 atomes d'hydrogène, de chlore, de brome, d'iode, d'azote? Pourquoi la plus petite quantité d'acide chlorhydrique capable d'exister, c'est-à-dire 1 molécule, renfermerait-elle 2 atomes de chlore et 2 atomes d'hydrogène, et non pas 1 atome de chlore et 1 atome d'hydrogène? Une remarque semblable s'applique à l'acide bromhydrique, au bioxyde d'azote, à l'ammoniaque, à l'hydrogène phosphoré, etc.

En second lieu, les molécules de tous ces corps, ainsi formulées par Berzelius, ne sont pas comparables aux molécules de l'eau, de l'hydrogène sulfuré, de l'acide hypochloreux anhydre, de l'acide carbonique. En effet, tandis que les premiers occupent 4 volumes, les derniers en occupent 2.

$$H^2Cl^2 = 4 \text{ vol.} \qquad H^2O = 2 \text{ vol.}$$
$$H^3Br^2 = 4 \text{ vol.} \qquad H^2S = 2 \text{ vol.}$$
$$H^6Az^2 = 4 \text{ vol.} \qquad Cl^2O = 2 \text{ vol.}$$
$$H^6Ph^2 = 4 \text{ vol.} \qquad CO^2 = 2 \text{ vol.}$$

Berzelius avait dit : La plus petite quantité d'hydrogène qui s'unit à 1 atome d'oxygène forme 2 atomes; la plus petite quantité de chlore qui s'unit à 1 atome d'oxygène forme 2 atomes : donc 2 atomes de chlore doivent aussi s'unir à 2 atomes d'hydrogène. C'était là une hypothèse que rien ne justifiait.

Il eût été facile au grand maître de corriger ce défaut de sa notation en tenant compte d'une opinion émise dès 1814 par un chimiste italien [1]. D'après A. Avogadro, lorsqu'un corps passe de l'état liquide à l'état gazeux, le nombre de particules qui s'en détachent en quelque sorte est le même pour des volumes égaux de tous les gaz, à conditions égales de température et de pression. Il nomma ces particules *molécules intégrantes* ou *constituantes*, et admit que dans un corps gazeux elles sont séparées les unes des autres par des distances telles, qu'elles n'exercent plus aucune action réciproque, et qu'elles n'obéissent qu'à l'action répulsive de la chaleur. Et dans son opinion cette hypothèse s'appliquait aux gaz composés comme aux gaz simples. Seule cette hypothèse pouvait rendre compte, d'après lui, de ce fait important que les gaz se dilatent ou se com-

priment, à peu de chose près, de la même manière, sous l'influence des mêmes variations de température et de pression.

En 1814, Ampère développa des vues analogues[1], et cette hypothèse que les gaz renferment, à volume égal, un nombre égal de molécules eût trouvé accès dans la science dès cette époque, si elle avait pu se fonder sur un nombre suffisant de déterminations exactes. Mais il n'en a pas été ainsi, et les idées d'Avogadro et d'Ampère étaient tombées dans l'oubli, lorsque le grand rénovateur de la chimie moderne, Gerhardt, en fit la base de son système.

Les molécules de tous les corps gazeux occupent 2 volumes de vapeur, si 1 atome d'hydrogène occupe 1 volume. C'est là une des propositions fondamentales de son système, le point de départ de sa notation.

Il s'attacha d'abord à faire ressortir les inconvénients du système des équivalents lorsqu'il s'agit de représenter la composition et les réactions des corps organiques. En adoptant pour le carbone, l'hydrogène, l'oxygène, les équivalents $C = 6$, $H = 1$, $O = 8$, on donne aux composés organiques des formules telles, que le nombre des équivalents de carbone est toujours divisible par 2 : en d'autres termes, que les molécules organiques s'accroissent par nombres pairs d'équivalents de carbone. De plus, lorsque ces molécules se détruisent ou se simplifient dans les réactions énergiques en perdant du carbone, sous forme d'acide carbonique, de l'hydrogène sous forme d'eau, ce n'est jamais un équivalent d'acide carbonique CO^2, ou un équivalent d'eau HO, mais bien nC^2O^4 ou nH^2O^2.

Gerhardt a fait ressortir cette conséquence étrange de la notation en équivalents. Pourquoi, disait-il, aucune réaction de la chimie organique ne donne-t-elle lieu à la formation d'un seul équivalent d'acide carbonique, d'un seul équivalent d'eau? Cela est dû à une faute commise dans la fixation des poids atomiques du carbone et de l'oxygène. En effet, si C^2O^4, c'est-à-dire 44 d'acide carbonique, est la plus petite quantité de ce corps qui prenne naissance dans une réaction, il est naturel d'admettre que cette quantité renferme 1 atome de carbone et de la représenter par la formule CO^2, dans laquelle C représente 12 de carbone et O 16 d'oxygène. D'un autre côté, H^2O^2 étant la plus petite quantité d'eau, il est naturel de penser que cette quantité renferme un seul atome d'oxygène, et de l'exprimer par la formule H^2O. Dans ces formules les atomes exprimaient les volumes : Gerhardt revenait ainsi à la notation atomique, fondée sur les lois de Gay-Lussac, et la développa d'une manière plus conséquente et plus rigoureuse que ne l'avait fait Berzelius. En effet, dans sa notation les molécules de tous les corps gazeux représentent 2 volumes de vapeur :

$$H^2O = 2 \text{ vol.} \qquad HCl = 2 \text{ vol.}$$
$$H^2S = 2 \text{ vol.} \qquad HBr = 2 \text{ vol.}$$
$$Cl^2O = 2 \text{ vol.} \qquad H^3Az = 2 \text{ vol.}$$
$$CO = 2 \text{ vol.} \qquad H^3Ph = 2 \text{ vol.}$$
$$CO^2 = 2 \text{ vol.} \qquad C^2H^6O = 2 \text{ vol.}$$
$$SO^3 = 2 \text{ vol.} \qquad C^2H^4O^2 = 2 \text{ vol.}$$

Cette idée fut appliquée aux corps simples eux-mêmes. Une molécule d'hydrogène est formée de 2 atomes et occupe 2 volumes de vapeur. Il en est ainsi d'une molécule de chlore, de brome, d'iode, d'azote, d'oxygène. Ces corps simples représentent,

[1] Essai d'une manière de déterminer les masses relatives des molécules élémentaires des corps et les proportions selon lesquelles elles entrent dans les combinaisons, par Amedeo Avogadro (*Journal de Physique*, par Delamethrie, t. LXXIII, p. 38, juillet 1811).

[1] Lettre de M. Ampère à M. le comte Berthollet, sur la détermination des proportions dans lesquelles les corps se combinent, d'après le nombre et la disposition respective des molécules (atomes) dont leurs particules intégrantes (molécules) sont composées (*Annales de Chimie*, t. XL, p. 43).

à l'état de liberté, de véritables combinaisons formées de 2 atomes de la même espèce :

HH = 2 vol. hydrogène libre, hydrure d'hydrogène
$ClCl$ = 2 vol. chlore libre, chlorure de chlore.
$AzAz$ = 2 vol. azote libre, azoture d'azote.
OO = 2 vol. oxygène libre, oxyde d'oxygène.

Gerhardt compara les métaux à l'hydrogène. Reprenant et développant une idée d'abord émise par Laurent, il assimila les protoxydes à l'eau, et y admit 2 atomes de métal et un atome d'oxygène. La densité de vapeur du mercure (6,9) comparée à celle de l'oxygène (1,1056) lui a fourni un puissant argument à l'appui de cette thèse. La formation de l'oxyde mercurique exige, en effet, 2 volumes de vapeur de mercure et 1 volume d'oxygène, car

$$\frac{2 \times 6,9}{1,1056} \text{ est sensiblement égal à } \frac{200}{16}.$$

La formule de l'oxyde mercurique est donc Hg^2O, et le poids atomique du mercure est 100, si celui de l'oxygène est 16. Les poids atomiques des autres métaux découlent de considérations analogues, si l'on attribue à leurs protoxydes une constitution semblable à celle de l'eau.

Telles sont les bases du système de poids atomiques de Gerhardt et de la notation qui en découle. C'est un progrès immense dans le développement de la théorie atomique. Les molécules de tous les corps gazeux ramenées à l'*unité* de volume et exprimées par des formules comparables ; la distinction entre l'atome et la molécule accentuée d'une manière précise, l'atome étant la plus petite masse capable d'exister dans une combinaison, la molécule étant la plus petite quantité capable d'exister à l'état libre ; les réactions chimiques s'accomplissant entre les molécules par un échange d'atomes, par conséquent toutes les métamorphoses ramenées à un type *unique*, celui de double décomposition : telles sont les bases de ce système qu'il nomma lui-même *unitaire*.

Cette puissante généralisation dépassa le but. « Le premier essai de généraliser réussit rarement, dit Berzelius [1], la spéculation devance la théorie trop lente à la suivre. » Nous savons aujourd'hui que tout n'est pas double décomposition dans les réactions chimiques : il y a des additions moléculaires et des dissociations. D'un autre côté, Gerhardt est allé trop loin en attribuant à tous les protoxydes la composition atomique de l'eau, et en dédoublant, conformément à cette idée, les équivalents d'un grand nombre de métaux. Si la densité de vapeur du mercure semblait fournir un argument en faveur d'une telle réduction, il est à remarquer que les densités de vapeur des chlorures, bromures, iodures de mercure, assignent à cet élément un poids atomique double. De plus, la réduction des poids atomiques de la plupart des métaux, telle qu'elle a été proposée par Gerhardt, serait contraire à la loi de Dulong et Petit, sur laquelle les recherches classiques de M. Regnault ont ramené l'attention.

Dès 1840, M. Regnault a fait remarquer que la loi de Dulong et Petit s'applique à tous les corps simples, sauf un petit nombre d'exceptions, et que, pour faire rentrer celles-ci dans la loi générale, il suffirait de dédoubler les équivalents de l'hydrogène, de l'azote, du chlore, du brome, de l'iode, du phosphore, de l'arsenic, du potassium, du sodium, de l'argent. Gerhardt avait déjà fait cette réduction, mais il l'avait étendue à tous les métaux. M. Regnault la bornait aux métaux alcalins et à l'argent. Si donc les oxydes de ces derniers métaux offrent la composition atomique de l'eau R^2O, les autres oxydes à 1 atome d'oxygène renferment non pas 2 atomes, mais 1 seul atome de

(1) *Jahresbericht*, n° 11, 1830, p. 213.

métal, et leur composition s'exprime par la formule RO. Chaque atome d'un de ces derniers, métaux équivaut donc à 2 atomes de potassium, ce qu'on exprime en disant qu'ils sont diatomiques. Tels sont les oxydes suivants :

$$\overset{..}{Ba}O, \quad \overset{..}{Sr}O, \quad \overset{..}{Ca}O, \quad \overset{..}{Mg}O, \quad \overset{..}{Mn}O, \quad \overset{..}{Fe}O,$$
$$\overset{..}{Zn}O, \quad \overset{..}{Pb}O, \quad \overset{..}{Cu}O, \quad \overset{..}{Hg}O.$$

L'idée des métaux diatomiques a été énoncée pour la première fois par M. Cannizzaro [*Sunto di un Corso di filosofia chimica fatto nella R. università di Genova*, dal prof. S. Cannizzaro, Pisa 1858, p. 35]. Elle a trouvé son principal point d'appui [*Ibid.*, p. 34] dans l'existence de radicaux diatomiques de nature organique, notion qui a été introduite dans la science par les expériences de M. Wurtz sur la formation du glycol avec le diiodure ou le dibromure d'éthylène [*Leçons professées à la Soc. Chim. de Paris*, t. I, p. 108].

Telles sont les découvertes et les considérations qui ont fixé le système actuel de poids atomiques. Il est fondé d'un côté sur la loi des chaleurs spécifiques, de l'autre sur la proposition d'Avogadro et d'Ampère, qui est elle-même une conséquence des découvertes de Gay-Lussac. Montrons qu'il en est ainsi.

1° POIDS ATOMIQUES DÉDUITS DE LA LOI DES CHALEURS SPÉCIFIQUES. — Les recherches exactes de MM. Regnault et Hermann Kopp ont permis de vérifier le degré d'exactitude de cette loi (page 460), pour un grand nombre de cas ; on en jugera par le tableau suivant :

Noms des corps simples.	Poids atomiques.	Chaleurs spécifiques.		Produits des poids atomiques par les poids spécifiq.
Argent	108	0,0570	R.[1]	6,16
Aluminium	27,4	0,2143	R.	5,87
Antimoine	122	0,0528	K.[2]	6,38
Arsenic	75	0,0814	R.	6,11
Bismuth	210	0,0305	K.	6,41
Bore { amorphe	10,9	0,254	K.	2,77
Bore { cristallisé		0,230	K.	2,51
Brome (entre —78° et —20°)	80	0,0843	R.	6,74
Carbone { graphite	12	0,202	R.	2,42
Carbone { diamant		0,1469	R.	1,76
Cadmium	112	0,0567	R.	6,35
Cobalt	58,8	0,1067	R.	6,27
Cuivre	63,4	0,0932	R.	6,04
Étain	118	0,0548	K.	6,46
Fer	56	0,1188	R.	6,87
Iode	127	0,0541	R.	6,87
Iridium	198	0,0326	R.	6,45
Lithium	7	0,9408	R.	6,59
Magnésium	24	0,2499	R.	6,00
Manganèse	55	0,1217	R.	6,69
Mercure (entre —78° et —40°)	200	0,0319	R.	6,38
Molybdène	96	0,0722	R.	6,93
Nickel	58,8	0,1092	R.	6,42
Or	197	0,0324	R.	6,88
Osmium	199,2	0,0311	R.	6,20
Palladium	106,6	0,0593	R.	6,32
Phosphore { ordinaire (entre 13° et 36°)	31	0,202	K.	6,26
Phosphore { amorphe (entre 15° et 98°)		0,1698	R.	5,26
Platine	197,4	0,0324	R.	6,40
Potassium	39,1	0,1635	R.	6,47
Rhodium	104,4	0,0580	R.	6,06
Soufre { orthorhomb. (entre 14° et 99°).	32	0,1776	R.	5,68
Soufre { orthorhomb. (entre 17° et 45°).		0,163	K.	5,22
Sélénium cristallisé		0,0762	R.	6,05
Silicium { graphitoïde	28	0,181	K.	5,07
Silicium { cristallisé		0,165	K.	4,62
Sodium (entre —34° et 7°).	23	0,2934	R.	6,75
Tellure	128	0,0474	R.	6,07
Thallium	204	0,0336	R.	6,85
Tungstène	184	0,0334	R.	6,15
Zinc	65,2	0,0956	R.	6,23

(1) Regnault.
(2) H. Kopp.

On voit que les produits des chaleurs spécifiques par les poids atomiques s'éloignent peu de la chaleur moyenne 6,4 qu'on peut nommer *chaleur atomique*. On constate pourtant quelques exceptions à cet égard ; le carbone, le bore, le silicium, le soufre, le phosphore (modification amorphe), possèdent une chaleur atomique plus faible que la chaleur atomique moyenne 6,4.

Remarquons que les corps simples qui semblent ainsi faire exception à la loi de Dulong et Petit sont ceux pour lesquels on a constaté l'existence de modifications allotropiques. Or on sait que le passage d'une modification à l'autre est toujours accompagné de phénomènes thermiques. C'est un changement moléculaire, un *travail intérieur* qui dégage ou absorbe de la chaleur.

Chauffez du soufre octaédrique, il arrivera un moment où ce soufre tendra à passer à l'état de soufre prismatique, et ce travail intérieur absorbe sans doute de la chaleur. La chaleur spécifique du soufre doit donc augmenter si l'on la détermine entre des limites où une portion de la chaleur fournie extérieurement est employée à produire le travail intérieur.

Cette influence perturbatrice est très-manifeste pour le phosphore. M. Hermann Kopp a déterminé la chaleur spécifique du phosphore ordinaire entre 13° et 36°, c'est-à-dire entre des limites restreintes et assez éloignées du point où se forme le phosphore amorphe. Le nombre trouvé, 0,202, donne pour la chaleur atomique 6,26, chiffre qui s'accorde avec la loi. Mais la chaleur spécifique du phosphore amorphe, prise entre des limites plus étendues, est notablement plus faible et donne pour la chaleur atomique le nombre 5,26.

De telles perturbations exercent sans doute leur influence dans d'autres cas et font que la loi de Dulong et Petit n'est pas rigoureusement exacte. Elle est très-approximative pour les métaux chez lesquels la tendance à l'allotropie est moins marquée et chez lesquels l'influence du travail intérieur est moins sensible.

Et comment pourrait-on mettre en doute la réalité de cette loi lorsqu'elle se vérifie dans un si grand nombre de cas, et si, d'autre part, on considère l'étendue des variations des chaleurs spécifiques et des poids atomiques ? Le poids atomique du bismuth est trente fois plus fort que celui du lithium : justement la chaleur spécifique du premier est trente fois plus faible que celle du second. D'un autre côté, le nickel et le cobalt ont le même poids atomique ; ils ont aussi, à peu de chose près, la même chaleur spécifique.

En ce qui concerne les corps composés, on a reconnu qu'en général des quantités équivalentes de substances offrant une composition atomique semblable possèdent aussi la même chaleur spécifique : les produits de leur chaleur spécifique par leurs poids atomiques sont sensiblement égaux, et si l'on nomme ces produits « chaleur moléculaire », on peut dire avec M. Hermann Kopp « que de tels corps possèdent la même chaleur moléculaire. » Néanmoins, ce savant distingué a constaté quelques exceptions à cette loi.

Lorsqu'on compare les chaleurs atomiques d'un grand nombre de composés, on reconnaît qu'elles sont formées par la somme des chaleurs atomiques des éléments. En effet, les produits des chaleurs spécifiques par les poids moléculaires C.P sont sensiblement égaux à $n \times 6,4$, n exprimant le nombre des atomes contenus dans un composé possédant la chaleur spécifique C et le poids moléculaire P. On a donc $n \times 6,4 = $ C.P [Hermann Kopp, *Compt. rend.*, t. LVI, p. 1254].

On comprend qu'il en soit ainsi. Ce sont les atomes qui sont mis en mouvement par la chaleur. Pour élever la température d'une molécule, c'est-à-dire pour communiquer à tous les atomes dont elle se compose le mode de mouvement que nous nommons chaleur, il est évident que les quantités de chaleur consommées doivent croître avec le nombre des atomes.

Il est à remarquer, toutefois, que cette relation si simple entre la chaleur atomique d'un composé et les chaleurs atomiques des éléments qu'il renferme ne se vérifie pas, d'après M. Hermann Kopp, pour tous les composés. — Voyez l'article CHALEUR.

Quoi qu'il en soit, à l'aide de la formule indiquée plus haut, M. H. Kopp a pu déterminer indirectement la chaleur atomique d'un certain nombre de corps simples. Il a trouvé ainsi que le chlore, l'azote, le baryum, le calcium, le strontium, le rubidium, le titane, le chrome, le zirconium rentrent dans la loi de Dulong et Petit. Leurs chaleurs atomiques, déterminées indirectement, sont sensiblement égales à 6,4.

L'oxygène et l'hydrogène font exception. Déduite de leurs combinaisons solides, la chaleur atomique de ces deux éléments, pour l'état solide, serait inférieure à 6,4. Mais M. H. Kopp fait remarquer lui-même que de telles déterminations indirectes ne sont pas exemptes d'incertitude [1].

2° POIDS ATOMIQUES DÉDUITS DE LA LOI DES VOLUMES. — Nous avons vu plus haut comment les découvertes de Gay-Lussac ont conduit Avogadro et Ampère à admettre que les gaz renferment, à volumes égaux, le même nombre de molécules. S'il en est ainsi, il est évident que les poids relatifs de ces dernières, c'est-à-dire les poids moléculaires, doivent être proportionnels aux densités. Les poids atomiques eux-mêmes se déduisent des poids moléculaires, à l'aide de considérations très-simples.

La molécule est la plus petite quantité d'un corps qui puisse exister à l'état libre, qui puisse entrer dans une réaction ou en sortir. Son poids représente celui de tous les atomes qui se sont unis de manière à constituer cette molécule. Son volume est le même que celui qu'occupent 2 atomes d'hydrogène. Prenons un exemple. L'eau étant formée de 2 vol. d'hydrogène et de 1 vol. d'oxygène, nous avons admis que 2 vol. d'hydrogène représentent 2 atomes d'hydrogène, que 1 vol. d'oxygène représente 1 atome d'oxygène. Le résultat de cette combinaison, H^2O, est la plus petite quantité d'eau qui puisse exister, c'est une molécule d'eau : elle occupe 2 vol. si 2 atomes d'hydrogène occupent 2 vol. Il en est ainsi des molécules de tous les corps qui peuvent prendre la forme gazeuse sans se décomposer. Tous les atomes qui forment cette molécule sont condensés dans le même espace que celui qu'occupent 2 atomes d'hydrogène. Les poids moléculaires représentent donc les poids de 2 volumes. Ils sont donnés par les doubles densités. Et si les densités des gaz ou des vapeurs étaient rapportées à l'hydrogène, il est clair qu'il suffirait de les doubler pour avoir les poids moléculaires. Jusqu'ici ces densités ont été généralement rapportées à celle de l'air, prise comme unité, mais il convient d'abandonner ce système et de choisir la même unité et pour les densités et pour les poids atomiques, savoir le poids de 1 vol. d'hydrogène. Au reste rien n'est plus facile que de calculer les densités par rapport à l'hydrogène, connaissant celles qui sont rapportées à l'air : il suffit de multiplier ces dernières par le facteur

$$\frac{1}{0,0693} = 14,41,$$

<hr>

[1] *Untersuchungen, über die specifische Wärme der starren und tropfbar flüssigen Körper von Hermann Kopp. — Erster Theil. Giessen 1865.*

qui exprime le rapport de la densité de l'air à celle de l'hydrogène. On les multiplie par

$$2 \times \frac{1}{0,0693},$$

c'est-à-dire par 28,88, pour trouver les doubles densités, qui se confondent avec les poids moléculaires.

C'est ainsi qu'on a formé le tableau suivant, où se trouvent inscrits à la fois les chiffres qui expriment les doubles densités rapportées à l'hydrogène et les poids moléculaires déduits des considérations chimiques.

Noms des corps.	Densités.	Doubles densités rapportées à l'hydrogène.	Poids moléculaires.	Formules.
Hydrogène	0,0693		2	H^2.
Chlore	2,44	70,5	71	Cl^2.
Brome	5,54	159,0	160	Br^2.
Iode	8,716	251,7	254	I^2.
Cyanogène	1,806	52,1	52	Cy^2.
Méthyle	1,0365	29,9	30	Me^2.
Hydrure de méthyle	0,558	16,1	16	$Me\,H$.
Éthyle	2,0462	59,1	58	Et^2.
Oxygène	1,1056	31,9	32	O^2.
Soufre	2,23	63,5	64	S^2.
Eau	0,6235	18,0	18	$H^2 O$.
Hydrogène sulfuré	1,1912	34,4	34	$H^2 S$.
Anhydride sulfureux	2,234	64,5	64	$S\,O^2$.
Anhydride sulfurique	2,763	79,8	80	$S\,O^3$.
Azote	0,9714	28,0	28	Az^2.
Oxyde azoteux	1,527	44,1	44	$Az^2 O$.
Oxyde azotique	1,038	29,93	30	$Az\,O$.
Peroxyde d'azote	1,72	49,5	46	$Az\,O^2$.
Méthylamine	1,08	31,19	31	$Az\,Me\,H^2$.
Ammoniaque	0,591	17,07	17	$Az\,H^3$.
Phosphore	4,42	127,6	124	Ph^4.
Hydrogène phosphoré	1,184	34,2	34	$Ph\,H^3$.
Protochlorure de phosphore	4,742	136,9	137,5	$Ph\,Cl^3$.
Oxychlorure de phosphore	5,3	153,1	153,5	$Ph\,O\,Cl^3$.
Arsenic	10,6	306	300	As^4.
Hydrogène arsenié	2,695	77,8	78	$As\,H^3$.
Chlorure d'arsenic	6,3006	181,9	181,5	$As\,Cl^3$.
Iodure d'arsenic	16,1	464,9	456	$As\,I^3$.
Triéthylarsine	5,61	162,0	162	$As\,Et^3$.
Cacodyle (arsébiméthyle)	7,1	205,0	210	$As^2 Me^4$.
Oxyde de carbone	0,967	27,9	28	$C\,O$.
Anhydride carbonique	1,529	44,1	44	$C\,O^2$.
Gaz des marais	0,559	16,1	16	$C\,H^4$.
Chlorure de carbonyle	3,399	98,2	99	$C\,O\,Cl^2$.
Chlorure de carbone	5,415	156,4	154	$C\,Cl^4$.
Sulfure de carbone	2,645	76,4	76	$C\,S^2$.
Chlorure de silicium	5,939	171,5	170	$Si\,Cl^4$.
Silicium-éthyle	5,13	148,1	144	$Si\,Et^4$.
Fluorure de silicium	3,600	103,9	104	$Si\,Fl^4$.
Silicate tétréthylique	7,323	211,5	208	$Si\,(Et\,O)^4$.
Perchlorure d'étain	9,199	265,7	260	$Sn\,Cl^4$.
Stannotétréthyle	8,021	231,6	234	$Sn\,Et^4$.
Stannodiéthyle-diméthyle	6,838	197,5	206	$Sn\begin{Bmatrix} Et^2 \\ Me^2 \end{Bmatrix}$.
Chlorure de stannotriéthyle (de sesquistannéthyle)	8,480	243,4	240,5	$Sn\begin{Bmatrix} Et^3 \\ Cl \end{Bmatrix}$.
Bromure de stannotriéthyle	9,924	286,6	285	$Sn\begin{Bmatrix} Et^3 \\ Br \end{Bmatrix}$.
Iodure de stannotriméthyle	10,32	298	290	$Sn\begin{Bmatrix} Me^3 \\ I \end{Bmatrix}$.
Dichlorure de stannodiéthyle	8,710	251,5	247	$Sn\begin{Bmatrix} Et^2 \\ Cl^2 \end{Bmatrix}$.
Dibromure de stannodiéthyle	11,64	336,1	336	$Sn\begin{Bmatrix} Et^2 \\ I^2 \end{Bmatrix}$.
Chlorure de zirconium	8,15	235,4	231	$Zr\,Cl^4$.
Chlorure de titane	6,836	197,6	192	$Ti\,Cl^4$.
Chlorure de bore	3,942	113,7	117,5	$Bo\,Cl^3$.
Bromure de bore	8,78	253,6	251	$Bo\,Br^3$.
Fluorure de bore	2,3694	68,4	68	$Bo\,Fl^3$.
Borotriéthyle	3,4006	98,2	98	$Bo\,Et^3$.
Borotriméthyle	1,9314	55,8	56	$Bo\,Me^3$.
Borate triméthylique	3,59	103,7	104	$Bo\,(MeO)^3$.
Borate triéthylique	5,14	148,4	146	$Bo\,(EtO)^3$.
Chlorure de vanadium	6,14	177,3	175	$V\,Cl^3$.
Chlorure d'antimoine	7,8	225,3	228,5	$Sb\,Cl^3$.
Triéthylstibine	7,23	208,8	209	$Sb\,Et^3$.
Chlorure de bismuth	11,38	327,8	316,5	$Bi\,Cl^3$.
Acichlorure de chrome	5,5	158,8	156,5	$Cr\,O^2 Cl^2$.
Chlorure d'aluminium	9,34	269,7	268	$Al^2 Cl^6$.
Bromure d'aluminium	18,62	537,7	535	$Al^2 Br^6$.
Iodure d'aluminium	27,0	779,8	817	$Al^2 I^6$.
Perchlorure de fer	11,39	328,9	325	$Fe^2 Cl^6$.
Acide osmique	8,89	256,7	263,2	$Os\,O^6$.
Zinc-éthyle	4,259	123	123,2	$Zn''\,Et^2$.
Mercure	6,976	201,4	200	Hg''.
Chlorure mercurique	9,8	283	271	$Hg\,Cl^2$.
Bromure mercurique	12,16	365,2	360	$Hg\,Br^2$.
Iodure mercurique	15,9	459,2	454	$Hg\,I^2$.
Mercuro-diméthyle	8,29	239,4	230	$Hg\,Me^2$.
Mercuro-diéthyle	9,97	287,9	258	$Hg\,Et^2$.
Chlorure mercureux	8,21	237,1	235,5	$Hg\,Cl$.
Bromure mercureux	10,14	292,8	280	$Hg\,Br$. [1]
Éthylène	0,9784	28,2	28	$C^2 H^4$.
Chlorure d'éthylène	3,4434	99,4	99	$C^2 H^4 Cl^2$.

On voit par ce tableau que les poids moléculaires déduits des densités, conformément au principe d'Avogadro et d'Ampère, se confondent avec les poids moléculaires déduits des considérations chimiques, à condition qu'on prenne pour les poids atomiques des nombres qui soient en harmonie avec la loi de Dulong et Petit.

Prenons des exemples. L'analyse et la densité de vapeur du zinc-éthyle nous montrent que 2 volumes de vapeur de ce corps renferment 65,2 de zinc. Ce nombre représente-t-il le poids de 1 atome ou de 2 atomes de zinc? Notre choix est fixé par cette considération que le nombre 65,2 est conforme à la loi des chaleurs spécifiques. Une molécule de zinc-éthyle renferme donc 1 atome de zinc et deux groupes éthyliques. Il ne saurait avoir une composition plus simple. Le moins qu'une molécule puisse renfermer d'un élément est un atome de cet élément.

L'analyse et la densité de vapeur du chlorure d'aluminium nous montrent que 2 volumes de ce corps renferment 54 d'aluminium. Ce nombre représente-t-il le poids de 2 atomes ou de 1 atome d'aluminium? Il représente le poids de 2 atomes, car la loi des chaleurs spécifiques donne le nombre 27 pour le poids d'un atome. La formule du chlorure d'aluminium est donc $Al^2 Cl^6$.

C'est ainsi que la loi des volumes et la loi des chaleurs spécifiques se prêtent un mutuel appui dans la détermination des poids atomiques : quand l'une fait défaut, l'autre prononce. La loi de Dulong et Petit pouvait nous laisser dans l'embarras, concernant les poids atomiques du carbone, du bore, du silicium. La loi des volumes nous fixe à cet égard, en nous montrant que les plus petites quantités de carbone, de bore, de silicium, qui existent dans une molécule gazeuse où entrent ces éléments, sont 12 de carbone, 11 de bore, 28 de silicium.

Les densités de vapeur des corps simples donnent lieu à des remarques importantes. Elles signalent des différences fondamentales dans la constitution de leurs molécules gazeuses.

Remarquons d'abord que la plupart des gaz simples possèdent à l'état libre des densités qui assignent à leurs molécules un poids double du poids atomique. La molécule de ces gaz, qui occupe 2 volumes, est donc formée de 2 atomes. Il en est ainsi de l'hydrogène, du chlore, du brome, de l'iode, de l'azote, de l'oxygène, du soufre (page 460). Les formules moléculaires de ces corps sont H^2, Cl^2, Br^2, I^2, Az^2, O^2, S^2.

Il n'en est pas ainsi du phosphore et de l'arse-

(1) Voir page 464.

Leurs poids moléculaires, tels qu'ils se déduisent de leurs densités de vapeur, sont doubles de ceux que l'analogie de ces corps avec l'azote conduit à leur attribuer. En effet, la formule de l'ammoniaque étant AzH^3, les formules de l'hydrogène phosphoré et de l'hydrogène arsénié doivent être PhH^3, AsH^3. Or, la densité de vapeur du phosphore et de l'arsenic conduirait à attribuer à ces deux gaz les formules $Ph^{1/2}H^3$ et $As^{1/2}H^3$, qui sont évidemment inadmissibles. Une molécule d'hydrogène phosphoré doit renfermer au moins 1 atome de phosphore, et cet atome de phosphore y affecte une densité moitié moins grande que celle qu'il possède à l'état libre. De fait, il y possède la densité de vapeur normale. Nous sommes ainsi conduits à admettre que 2 volumes de vapeur de phosphore renferment 4 atomes de cet élément. C'est un groupement atomique que la chaleur ne parvient pas à dissocier, mais qui se dissocie lorsque le phosphore se combine avec l'hydrogène ou avec le chlore. Les mêmes considérations s'appliquent à l'arsenic.

Le mercure, le cadmium, le zinc, et probablement tous les autres métaux diatomiques, présentent une autre anomalie, s'il est permis d'appeler anomalie ce qui est sans doute une loi de la nature. Leur poids atomique, fixé par la densité de vapeur de leurs combinaisons volatiles, se confond avec leur poids moléculaire. 1 atome de mercure pèse autant dans 2 volumes de sublimé corrosif, que 1 molécule de mercure dans 2 volumes de vapeur de mercure on peut exprimer cela en disant que la molécule de mercure est formée d'un seul atome, et qu'il en est ainsi probablement des molécules d'autres métaux diatomiques.

Remarquons qu'il y a peut-être ici un cas de dissociation. 1 atome de mercure attire 2 atomes de chlore; il est diatomique, et ses deux affinités devraient être saturées, à l'état libre, par celles d'un autre atome de mercure, comme les affinités d'un atome d'oxygène sont saturées, à l'état libre, par celles d'un second atome d'oxygène. Mais l'affinité du mercure pour le mercure est si faible, sans doute, qu'elle ne résiste pas à la température de la volatilisation, et qu'au moment où le mercure prend la forme de gaz, la molécule $HgHg = 2$ vol. se dédouble en 2 molécules, Hg occupant dans chacune 2 volumes. A cet égard, on remarque entre les densités de vapeur du sublimé corrosif et du mercure les mêmes relations qu'entre celles de la liqueur des Hollandais et du gaz éthylène

$$HgCl^2 = 2 \text{ vol.} \qquad Hg = 2 \text{ vol.}$$
$$(C^2H^4)Cl^2 = 2 \text{ vol.} \qquad (C^2H^4)'' = 2 \text{ vol.}$$

En terminant nous dirons que d'autres exceptions à la proposition d'Avogadro et d'Ampère ont été signalées. Les molécules de l'acide sulfurique, du chlorhydrate d'ammoniaque, du perchlorure de phosphore, de l'iodhydrate d'hydrogène phosphoré, du bromhydrate et de l'iodhydrate d'amylène, du chlorure et du bromure mercureux Hg^2Cl^2 et Hg^2Br^2, occupent à l'état de vapeur, et à une distance suffisante du point d'ébullition, 4 volumes au lieu de 2. Nous savons aujourd'hui que cette circonstance est due à une décomposition, à une dissociation que la chaleur fait éprouver à ces molécules; le perchlorure de phosphore se dédouble en protochlorure et en chlore, deux molécules qui occupent chacune 2 volumes. Il en est de même du chlorhydrate d'ammoniaque, du bromhydrate d'amylène et de l'acide sulfurique. On trouvera la discussion de ces phénomènes de dédoublement à l'article DISSOCIATION.

ARGUMENTS CHIMIQUES EN FAVEUR DU NOUVEAU SYSTÈME DE POIDS ATOMIQUES.

On voit par les développements qui précèdent que le système de poids atomiques adopté dans cet ouvrage se fonde sur des données physiques tirées de la loi de Dulong et Petit et de la loi des volumes. Cela ne suffit point pour le faire prévaloir et pour rendre légitimes les changements notables qu'il introduit dans la notation chimique.

On doit se demander si le nouveau système de poids atomiques peut s'appuyer aussi sur des arguments tirés de la chimie; si, compliquant dans certains cas la notation, il respecte cependant les analogies et permet de grouper les corps d'une manière naturelle; si, enfin, il donne la raison de certains faits que la notation de Gerhardt ne permet pas d'interpréter.

Ces questions doivent être résolues surtout en vue de légitimer le changement le plus important introduit dans le système de poids atomiques de Gerhardt, savoir : l'adoption de poids atomiques doubles pour un très-grand nombre de métaux.

Discutons ce dernier point avec quelques détails.

Nous ferons remarquer d'abord que le changement dont il s'agit est en harmonie avec les analogies chimiques les mieux établies. Les métaux diatomiques forment, en effet, des groupes très-naturels, parmi lesquels on peut citer principalement celui du baryum (page 453), et celui de la série magnésienne. Les analogies qui relient ces corps simples avaient été reconnues avant qu'on pût songer à les rapprocher par un caractère aussi fondamental que l'atomicité. Il y a plus : l'adoption pour ces métaux de poids atomiques doubles permet, d'une manière rationnelle, d'interpréter un certain nombre de faits que nous allons essayer de grouper.

1° Les métaux diatomiques peuvent former avec deux acides monobasiques différents des sels qui ne sont point des sels doubles proprement dits, mais qui sont comparables aux sels à deux métaux monoatomiques que peuvent former les acides bibasiques. On sait qu'il existe des acétonitrates de métaux diatomiques :

$$\left.\begin{array}{l} C^2H^3O^2 \\ AzO^3 \end{array}\right\} \overset{''}{Sr} \qquad \left.\begin{array}{l} C^2H^3O^2 \\ AzO^3 \end{array}\right\} \overset{''}{Ba}$$

Acétonitrate de strontium.   Acétonitrate de baryum.

Le métal diatomique joint ici les deux restes d'acides monobasiques, comme fait l'éthylène pour joindre les deux restes d'acide acétique et butyrique dans l'acétobutyrate éthylénique :

$$\left.\begin{array}{l} C^2H^3O^2 \\ C^4H^7O^2 \end{array}\right\} (C^2H^4)''.$$

L'argument que fournit l'existence des acétonitrates de strontium et de baryum en faveur de la diatomicité de ces métaux est de même nature que celui que M. Liebig a tiré de la constitution du tartrate sodico-potassique en faveur de la bibasicité de l'acide tartrique.

2° Les oxydes des métaux diatomiques ne montrent qu'une faible tendance à former des sels acides avec les acides bibasiques. Tandis qu'il existe des sulfates acides de potassium et de sodium, on ne connaît point de semblables sels dans la série des métaux diatomiques qui commence avec le baryum. Il n'existe point d'oxalate acide de calcium. Celui de baryum, qui a été décrit par M. Clapton [Quart. Journ. of the Chem. Soc., t. V, p. 223], est décomposé par l'eau. Quant au succinate acide de calcium, il est même décomposé par l'alcool à froid.

Ces faits trouvent une explication très-simple si l'on admet la diatomicité du calcium et de ses analogues. En effet, un seul atome de ces métaux pouvant se substituer aux 2 atomes d'hydrogène basique des acides bibasiques, ceux-ci se trouvent ainsi neutralisés du premier coup. Cependant on conçoit aussi, pour ce genre de composés, l'existence de sels acides formés par la fixation d'une seconde molécule d'acide sur le sel neutre.

Les composés ainsi formés peuvent être assimilés aux sels doubles proprement dits, formés, comme les sulfates doubles de la série magnésienne, par la combinaison de deux molécules [1].

3° Les oxydes des métaux diatomiques possèdent une grande tendance à former des sels basiques, propriété dont les métaux monoatomiques sont dépourvus. La théorie rend compte de cette particularité, et, pour le faire comprendre, il nous suffira de considérer ici l'acétate de plomb tribasique. Les molécules de l'oxyde qui s'ajoutent au sel neutre vont s'intercaler, en quelque sorte, de manière à former une chaîne que l'acétyle termine de chaque côté :

$$C^2H^3O\text{-}\overset{..}{O}\text{-}\overset{..}{Pb}\text{-}\overset{..}{O}\text{-}C^2H^3O$$
Acétate plombique.

$$C^2H^3O\text{-}\overset{..}{O}\text{-}\overset{..}{Pb}\text{-}\overset{..}{O}\text{-}\overset{..}{Pb}\text{-}\overset{..}{O}\text{-}\overset{..}{Pb}\text{-}\overset{..}{O}\text{-}C^2H^3O$$
Acétate de plomb tribasique.

Les métaux monoatomiques ne pouvant se souder qu'à un seul atome d'oxygène, par une seule affinité, ne sauraient former de semblables combinaisons.

4° La diatomicité du calcium et du magnésium rend compte de la constitution de quelques composés minéraux fort importants. Nous voulons parler de la wagnérite, de l'apatite et des minéraux analogues. On les envisage ordinairement comme des sels doubles formés par l'union d'une ou de plusieurs molécules d'un phosphate avec une molécule d'un fluorure ou d'un chlorure. C'est là un genre de combinaison insolite dont on conçoit l'existence à la rigueur, mais dont il est difficile d'indiquer la raison d'être. Mais si l'on admet que le magnésium et le calcium sont substitués à 2 atomes d'hydrogène dans l'acide phosphorique, on comprend immédiatement le rôle du fluor ou du chlore dont la présence est *nécessaire* pour compléter la saturation. En effet, l'acide phosphorique ordinaire PhO^4H^3 exige pour se saturer plus d'une molécule de magnésie, car $\overset{..}{Mg}$ n'équivaut qu'à H^2. Mais c'est trop de 2 molécules de magnésie pour la saturation, car $2\,\overset{..}{Mg}$ équivalent à H^4 et l'acide phosphorique ne renferme que H^3. Or la wagnérite renferme exactement 2 atomes de magnésium : elle serait donc sursaturée, si la quatrième atomicité de $2\,Mg$ n'était saturée par le fluor. Le même raisonnement s'applique à l'apatite et au calcium qu'elle renferme [A. Wurtz, *Leçons de philosophie chimique*, p. 203]. Les formules de ces deux minéraux sont

$$PhO^4 \left\{ \begin{array}{l} \overset{..}{Mg} \\ (MgFl)' \end{array} \right. \quad \text{et} \quad 3PhO^4 \left\{ \begin{array}{l} \overset{..}{Ca} \\ (CaFl)' \end{array} \right.$$
Wagnérite. Apatite.

Il existe un grand nombre d'autres composés

dans lesquels le chlore joue le même rôle que le fluor dans l'apatite et la wagnérite, cet élément complétant la saturation de métaux diatomiques. Bornons-nous à citer parmi ces composés les acétochlorhydrine, acétobromhydrine et acétoiodhydrine plombiques décrites par M. Carius [*Ann. de Chim. et de Phys.*, (3), t. VIII, p. 207]. Leur composition peut être exprimée par les formules suivantes qui montrent que l'atome de chlore, de brome ou d'iode sature la seconde atomicité du plomb :

$$\left. \begin{array}{l} (C^2H^3O^2)' \\ Cl \end{array} \right\} \overset{..}{Pb} \qquad \left. \begin{array}{l} (C^2H^3O^2)' \\ Br \end{array} \right\} \overset{..}{Pb}$$
Acétochlorhydrine Acétobromhydrine
plombique. plombique.

$$\left. \begin{array}{l} (C^2H^3O^2)' \\ I \end{array} \right\} \overset{..}{Pb}$$
Acétoiodhydrine plombique.

Il nous paraît inutile de multiplier ces exemples. Ceux qui précèdent prouvent quelle simplicité l'idée des métaux diatomiques apporte dans l'interprétation d'un certain nombre de faits qui seraient difficiles à expliquer dans toute autre hypothèse.

5° Je ne veux pas passer sous silence un autre argument chimique en faveur de la diatomicité de certains métaux, bien que j'y attache moins d'importance qu'aux précédents [A. Wurtz, *Leçons sur l'oxyde d'éthylène*, professées à la Société chimique de Londres en 1862]. Dans la notation de Gerhardt, un très-grand nombre de sels hydratés ont des formules telles qu'ils renferment, pour une molécule de sel, une demi-molécule ou un nombre impair de demi-molécules d'eau de cristallisation. En doublant les poids atomiques de beaucoup de métaux, et par conséquent les formules des sels qui les renferment, on fait disparaître cette anomalie, si on peut appeler cela une anomalie. Je fais cette réserve par la raison suivante. L'eau de cristallisation, étant ajoutée à la molécule, et se trouvant en dehors d'elle, on concevrait l'existence de sels hydratés, renfermant 2 molécules de sel anhydre et 1, 3 et 5 molécules d'eau. Je crois néanmoins que cette disparition du signe aq $= 1/2\,H^2O$ des formules d'un grand nombre de sels hydratés, dans le système de notation que nous adoptons, est un fait qui mérite d'être signalé. Nous en donnons quelques exemples dans le tableau suivant :

	Eau de cristallisation.	
	Notation de Gerhardt.	Nouvelle notation.
Bromate de baryum [Rammelsberg]....................	$1/2\ H^2O$	H^2O
Nitrite de baryum [Hess]........	$1/2\ H^2O$	H^2O
Bromate de strontium [Rammelsberg]....................	$1/2\ H^2O$	H^2O
Nitrate de strontium............	$2\ 1/2\ H^2O$	$5\ H^2O$
Iodate de calcium [Rammelsberg]	$2\ 1/2\ H^2O$	$5\ H^2O$
Bromate de calcium [Rammelsberg]....................	$1/2\ H^2O$	H^2O
Nitrate de magnésium [Graham, Kirvan].....................	$1/2\ H^2O$	H^2O
Chlorure ferrique [Fritzsche]...	$2\ 1/2\ H^2O$	$5\ H^2O$
Iodure ferreux [Smith].........	$2\ 1/2\ H^2O$	$5\ H^2O$
Ferrocyanure de potassium et un grand nombre d'autres ferrocyanures....................	$1\ 1/2\ H^2O$	$3\ H^2O$
Chlorure de nickel [Proust].....	$4\ 1/2\ H^2O$	$9\ H^2O$
Bromure de nickel [Rammelsberg]....................	$1\ 1/2\ H^2O$	$3\ H^2O$
Iodate de nickel [Rammelsberg].	$1/2\ H^2O$	H^2O
Chlorure de zinc..............	$1/2\ H^2O$	H^2O
Bromate de cadmium [Rammelsberg....................	$1/2\ H^2O$	H^2O
Chlorure stannique............	$2\ 1/2\ H^2O$	$5\ H^2O$
Nitrate cuivrique..............	$1/2\ H^2O$	H^2O
Perchlorate cuivrique [Roscoe].	$1\ 1/2\ H^2O$	$3\ H^2O$
Bromate cuivriq. [Rammelsberg].	$2\ 1/2\ H^2O$	$5\ H^2O$
Acétate cuivrique..............	$1/2\ H^2O$	H^2O
Bromure cuivrique [Löwig]	$2\ 1/2\ H^2O$	$5\ H^2O$
Acétate plombique, etc., etc....	$1\ 1/2\ H^2O$	$3\ H^2O$

[1] Lorsque les oxhydryles qui déterminent la basicité n'ont pas la même puissance acide, on conçoit aussi que le métal diatomique rive ensemble deux molécules d'un acide bibasique en substituant, dans chacune d'elles, à l'hydrogène de l'oxhydryle le plus acide. Ainsi dans l'acide malique

$$\begin{array}{l} CO^2H \\ CH^2 \\ CHOH \\ CO^2H \end{array}$$

l'hydrogène placé dans le voisinage de O^3 est sans doute plus électro-positif que celui qui, à l'autre bout, n'est placé que dans le voisinage de O^2. Le malate acide de calcium qui est stable, comme on sait, peut donc avoir la constitution :

$$\left. \begin{array}{l} C^4H^4O^5 \\ C^4H^4O^5 \end{array} \right\{ \begin{array}{l} H \\ \overset{..}{Ca} \\ H \end{array}$$

Après avoir présenté, dans les pages précédentes, un certain nombre d'arguments chimiques en faveur de l'hypothèse des métaux diatomiques, nous terminerons par une remarque d'une autre nature.

Ces métaux sont les représentants des radicaux diatomiques, de l'éthylène par exemple, et toutes les combinaisons du baryum, du calcium, du plomb, que nous avons citées plus haut, ont leurs analogues parmi les composés éthyléniques.

De fait, pourquoi n'y aurait-il pas des métaux diatomiques prenant leur place naturellement entre les métaux monoatomiques et les triatomiques, comme les radicaux diatomiques prennent la place entre les monoatomiques et les triatomiques?

Quelques personnes hésitent à adopter l'idée des métaux diatomiques, pour la raison que cette hypothèse introduit une certaine complication dans la notation d'un grand nombre de sels. En effet, les formules de tous les sels à acides monobasiques, de beaucoup de sels à acides tribasiques, dans lesquels entrent des métaux diatomiques, ont besoin d'être doublées. Il en est ainsi pour les azotates, chlorates, perchlorates, formiates, acétates, benzoates, lactates, phosphates neutres, etc., etc., du calcium et de ses analogues. Cet inconvénient est surtout sensible pour les ferrocyanures et leurs nombreux congénères.

Mais qu'importe, si les formules ainsi doublées expriment les vraies grandeurs moléculaires? Pourquoi nous refuserions-nous à doubler les formules de l'hydrate, de l'acétate barytiques, alors que personne ne songe à dédoubler celles de l'hydrate et de l'acétate éthyléniques? Dans l'un et l'autre cas on pourrait invoquer, dans l'intérêt de l'enseignement, la simplicité plus grande des formules dédoublées. Avant tout il faut enseigner la vérité : on s'y prend comme on peut. Et ici, il semble que la vérité nous soit révélée clairement par un ensemble de preuves concordantes tirées de lois physiques et de données chimiques. A. W.

ATOMIQUES (POIDS). — Nous avons exposé dans l'article précédent les bases de la théorie atomique et les considérations sur lesquelles repose le système des poids atomiques qui prévaut aujourd'hui et que nous avons adopté dans cet ouvrage. Il nous reste à indiquer les méthodes expérimentales qui ont servi à déterminer les poids relatifs des atomes et à faire connaître les résultats numériques qu'elles ont donnés pour chaque métal.

Les premières déterminations exactes de poids atomiques sont dues à Berzelius, le créateur des méthodes analytiques. Il avait reconnu que les poids atomiques publiés par Dalton en 1807 étaient dépourvus d'exactitude. Pénétré de l'idée que des déterminations rigoureuses pouvaient seules asseoir la nouvelle théorie sur des bases solides, il se mit résolûment à l'œuvre et eut la satisfaction de pouvoir donner, en 1817, une table renfermant les poids atomiques et moléculaires, déduits de ses propres expériences, pour environ 2,000 corps simples et composés [1].

Le poids atomique d'un élément se déduit de la composition d'une ou de plusieurs de ses combinaisons. Le choix de celle-ci est fixé par les considérations suivantes. Elle doit être parfaitement pure et, de plus, définie dans sa constitution, c'est-à-dire elle doit contenir un nombre donné d'atomes. S'agit-il, par exemple, de déterminer le poids atomique d'un métal, on peut le

(1) Cette table a été publiée à Stockholm en 1818 sous le titre : Table renfermant les poids atomiques de la plupart des corps simples et composés offrant de l'importance pour l'étude de la chimie minérale. — Une traduction française a paru en 1819.

déduire de la composition d'un de ses oxydes.

Mais il faut non-seulement que cet oxyde soit un corps parfaitement homogène, pur de tout mélange, il importe aussi que sa constitution atomique soit connue à l'avance. L'analyse ou la synthèse donnera la composition centésimale de l'oxyde; mais pour que ces rapports centésimaux puissent être traduits en rapports atomiques, il faut qu'on sache si l'oxyde analysé renferme, pour 1 atome de métal, 1, 2 ou 3 atomes d'oxygène. Le poids atomique de l'oxygène étant connu (pour Berzelius, c'était l'unité à laquelle tous les autres étaient rapportés), rien n'est plus facile que de déduire de cet ensemble de données le poids atomique du métal.

Berzelius employait de préférence les méthodes suivantes :

1° Oxydation d'un poids rigoureusement déterminé d'un métal. Elle donne la composition de l'oxyde par synthèse. Ici la principale difficulté consiste dans la préparation du métal à l'état de pureté parfaite.

2° Réduction d'un oxyde par un courant d'hydrogène. Elle donne la composition de l'oxyde par analyse. Berzelius accorde une grande confiance à cette méthode.

3° Dans les cas où il est impossible de réduire l'oxyde ou de se procurer le métal pur, analyse d'un sel. La constitution atomique de ce sel et les poids atomiques des autres éléments étant connus, rien n'est plus facile que de déduire de ces données le poids atomique du métal. Ainsi le poids atomique du potassium peut être déduit de l'analyse du chlorate $KClO^3$. On chauffe un poids donné de ce corps; il perd tout son oxygène et se convertit en chlorure. Cette expérience, en donnant les rapports atomiques entre le chlorate de potassium et l'oxygène qu'il renferme, permet de fixer le poids moléculaire du chlorure de potassium, en fonction du poids atomique de l'oxygène. En déduisant de ce poids moléculaire celui du chlore, déterminé d'autre part, on obtient le poids atomique du potassium.

Berzelius avait soin de varier ces méthodes et de les contrôler l'une par l'autre. Il apprenait ainsi, comme il le dit modestement, à découvrir et à éviter les fautes qu'il avait d'abord commises. Depuis ce grand maître, d'autres chimistes se sont occupés de la détermination des poids atomiques ou des équivalents. MM. Marignac, Dumas, Erdmann et Marchand, Pelouze, Stas, etc., perfectionnant successivement les méthodes employées par Berzelius, ont atteint à un plus grand degré de précision.

M. Dumas a entrepris de nombreuses déterminations « d'équivalents », principalement dans le but de vérifier l'exactitude de cette idée émise par Prout que les équivalents des corps simples sont multiples de celui de l'hydrogène (voir page 474). Un grand nombre de ces expériences, entreprises à diverses époques, sont demeurées classiques. Il en est ainsi des déterminations relatives à la composition de l'eau [*Ann. de Chim. et de Phys.*, (3), t. VIII, p. 189] et de l'acide carbonique. Ces analyses ont fixé, la première l'équivalent de l'oxygène, la seconde l'équivalent du carbone; celle-ci a été faite en collaboration avec M. Stas [*Ann. de Chim. et de Phys.*, (3), t. I, p. 5].

Ce dernier chimiste a publié récemment des travaux considérables sur les lois des proportions chimiques et sur les poids atomiques. Ses recherches, poursuivies pendant une longue série d'années, se distinguent autant par le choix et la variété des méthodes que par la précision du travail et la merveilleuse exactitude des résultats.

Quant aux méthodes à employer dans la déter-

...tion des poids atomiques, M. Dumas a posé quelques principes qu'il est utile de rappeler [*Bull. de la Soc. chim.*, 11 mars 1859, p. 25].

Dans ce genre de recherches, dit-il, on doit se préoccuper de deux choses : faire choix d'une réaction bien nette et se procurer à l'état de pureté parfaite la substance qui doit servir à l'expérience. C'est cette dernière condition qui est la plus difficile à réaliser, selon M. Dumas. Il ajoute qu'une bonne méthode à suivre pour s'assurer de la pureté de la substance sur laquelle on opère consiste à employer celle-ci en doses progressives, c'est-à-dire à déterminer l'équivalent successivement avec 1, 2, 4, 8 grammes de matière, par exemple. Si la matière est pure, il arrive un moment où les rapports trouvés deviennent invariables, les causes d'erreur inhérentes à l'opération agissant toujours dans le même sens. Au contraire, si la matière est impure, des discordances se manifestent dès les premières opérations.

Pour déterminer les rapports pondéraux suivant lesquels deux corps se combinent et dont on déduira les poids relatifs de leurs atomes, on peut procéder de deux manières : par synthèse ou par analyse.

Veut-on faire la synthèse d'un corps composé A B, on prend un poids donné de A, on le combine avec B et on pèse la somme A B ; le poids de B se trouve par différence. Cette méthode renversée constitue l'analyse. On prend un poids donné de A B, on détermine rigoureusement le poids de A, on trouve celui de B par différence. M. Stas fait remarquer que cette détermination par différence est sujette à de sérieuses objections. D'après lui, elle ne permet de contrôler l'exactitude du résultat que par la répétition faite un grand nombre de fois de la même opération ; encore dans ce cas est-il impossible de faire la part d'erreurs constantes. De plus, cette méthode par différence présente l'inconvénient de ne pas fournir, par l'opération même, une idée de la pureté de la matière ou des matières mises en expérience.

Par ces motifs, M. Stas a cru nécessaire de perfectionner les synthèses ou analyses qui ont pour but la détermination des poids atomiques. Il fixe pour l'expérience même, outre le poids de chaque élément séparé, le poids des éléments réunis [*Nouvelles recherches sur les lois des proportions chimiques, sur les poids atomiques et leurs rapports mutuels*, par J. S. Stas, Bruxelles, 1865].

Ainsi, pour une synthèse de deux corps A et B, il faut qu'on détermine le poids de A, le poids de B et le poids de A B.

M. Stas insiste sur la nécessité de varier les méthodes pour la détermination d'un seul et même poids atomique. Ainsi celui de l'argent a été fixé par des synthèses du chlorure, du bromure, du sulfure, du sulfate, de l'iodure d'argent, en outre par des analyses du chlorate, du bromate, de l'iodate.

Lorsqu'on a fait choix d'une méthode, il est nécessaire de répéter plusieurs fois la même détermination, afin de contrôler les opérations l'une par l'autre. La détermination n'est bonne qu'à la condition que l'écart entre les divers résultats soit très-peu considérable.

Nous devons signaler, sous ce rapport, le degré de perfection auquel ont atteint les analyses de M. Stas. On en jugera par les nombres que nous allons citer. Ajoutons seulement qu'ayant fait la détermination du poids atomique de l'azote par cinq méthodes différentes, l'écart moyen entre les divers nombres n'a pas dépassé 1/4000 de la valeur.

Avant de donner la table des poids atomiques adoptés dans cet ouvrage, nous croyons utile d'in-...

...diquer, d'une manière spéciale, les méthodes qui ont servi à fixer les poids atomiques des principaux corps simples.

Parmi les déterminations de poids atomiques, les plus importantes sont celles de l'oxygène, du chlore, du brome, de l'argent, du potassium, du carbone. Il importait, en effet, d'apporter la plus grande rigueur dans ces déterminations, par la raison que ces poids atomiques servent à en fixer d'autres; car on sait que les poids relatifs des atomes d'un grand nombre de métaux sont déduits de la composition des oxydes ou des chlorures.

Beaucoup de poids atomiques sont donc solidaires les uns des autres : il en est surtout ainsi de ceux de l'oxygène, du chlore, de l'argent, du potassium, comme nous le dirons plus tard. Quant au poids atomique du carbone, si l'on se rappelle qu'il entre, comme donnée essentielle, dans le calcul de la composition de tous les corps organiques, on comprendra qu'une légère inexactitude dans la détermination de ce poids atomique peut entraîner une erreur notable dans la formule d'un composé organique.

Le cadre que nous nous sommes tracé dans cet ouvrage n'admettra point une description détaillée des procédés et des précautions employés dans chaque opération. Nous devons renvoyer à cet égard aux mémoires originaux que nous citons. Ajoutons seulement que les pesées doivent être réduites au vide, ainsi que l'exemple en a été donné par M. Dumas.

HYDROGÈNE. — Son poids atomique est l'unité à laquelle on rapporte tous les autres. Les atomes d'hydrogène étant plus légers que ceux de tous les autres corps simples, il en résulte que les poids de ceux-ci sont exprimés par des nombres plus grands que l'unité, et qui, ne dépassant jamais trois chiffres, si l'on néglige la fraction, sont faciles à retenir.

OXYGÈNE. — Le poids atomique de l'oxygène a été déduit de la composition pondérale de l'eau.

On a d'abord calculé celle-ci en se fondant sur sa composition volumétrique et sur les densités des gaz hydrogène et oxygène.

Mais ces densités n'ayant pas été déterminées par les premiers expérimentateurs (Biot et Arago) avec le degré de précision qu'on a apporté depuis dans ce genre de recherches, les nombres obtenus n'avaient pas toute la rigueur désirable, ainsi que Berzelius en a fait la remarque. Plus tard, les pesées des gaz hydrogène et oxygène ont été faites avec une grande exactitude par MM. Dumas et Boussingault. En prenant pour base les nombres qu'ils ont donnés, on trouve que $2 \times 0{,}0692$ d'hydrogène s'unissent à $1{,}1056$ d'oxygène, ce qui établit le rapport de 1 : 7,988.

La première synthèse exacte de l'eau, par la méthode des poids, a été faite en 1819 par Berzelius et Dulong. Un poids donné d'oxyde de cuivre a été réduit par l'hydrogène et l'eau formée a été recueillie et pesée. Du poids de cette eau on a retranché celui de l'oxygène qu'elle renfermait et qui était représenté par la perte de poids de l'oxyde de cuivre. On a trouvé par différence le poids de l'hydrogène.

D'après ces expériences, 12,48 d'hydrogène se combinent avec 100 d'oxygène, ou 1 hydrogène avec 8,012 d'oxygène.

La même méthode a été employée par M. Dumas, en 1842, dans un travail justement célèbre. De grandes précautions ont été prises pour la préparation et la purification de l'hydrogène. Le gaz dégagé par le zinc pur et l'acide sulfurique distillé et étendu a été dirigé dans une série de tubes en U contenant diverses substances absorbantes. C'étaient, dans le premier tube, des fragments de verre imprégnés d'une solution de nitrate de plomb, pour l'absorption de l'hydrogène sulfuré;

dans le second tube, des fragments de verre imprégnés d'une solution de nitrate d'argent pour l'absorption de l'hydrogène arsenié; dans le troisième des fragments de verre imprégnés d'une solution concentrée de potasse, puis des fragments de potasse; enfin, dans les derniers tubes, de la pierre ponce imprégnée d'acide sulfurique pour la dessiccation parfaite du gaz. On s'assurait d'ailleurs que toute trace d'humidité avait été enlevée, en dirigeant finalement le gaz dans un petit tube renfermant de l'acide phosphorique anhydre et dont le poids devait demeurer invariable, avant et après l'expérience. C'était le tube *témoin*. L'hydrogène ainsi purifié et desséché avec soin passait dans un ballon à deux pointes, en verre réfractaire, renfermant l'oxyde de cuivre. Celui-ci a été chauffé à l'aide d'une bonne lampe à alcool et l'eau formée a été recueillie dans un récipient à la suite duquel se trouvaient disposés des tubes en U remplis de chlorure de calcium et de ponce sulfurique.

Les expériences ont été faites sur une grande échelle, de telle sorte que les quantités d'eau recueillies ont varié entre 15 et 70 grammes.

D'après ces synthèses, 100 p. d'oxygène se combinent avec 12,5150 p. d'hydrogène. Ce dernier chiffre est une moyenne; les chiffres extrêmes ont été 12,582 et 12,4810. M. Dumas a adopté le nombre rond 12,50 qui conduit, pour les quantités d'hydrogène et d'oxygène, au rapport exact de 1 : 8. Ce rapport simple a été accepté depuis par tous les chimistes. L'eau étant formée de 2 p. d'hydrogène et de 16 p. d'oxygène, c'est le nombre 16 qui exprime le poids atomique de l'oxygène. Il a servi de base à la détermination d'un grand nombre de poids atomiques. Nous dirons plus loin comment les poids atomiques de l'argent, du chlore, du brome, de l'iode, du potassium, de l'azote, etc., sont solidaires de celui de l'oxygène. Si ce dernier était inexact, il faudrait modifier tous les autres. Or, dans son dernier mémoire, M. Stas émet des doutes sur l'exactitude du chiffre 16 [*Nouv. rech. sur les lois des proportions chimiques et sur les poids atomiques*, p. 24]. Il pense que le poids atomique de l'oxygène ne peut guère dépasser 15,96. On appréciera par le tableau suivant les valeurs différentes que prennent les poids atomiques de divers corps suivant qu'on adopte pour l'oxygène le chiffre 16 ou le chiffre 15,960.

Oxygène........	16,000	15,96
Argent..........	107,930	107,660
Azote..........	14,044	14,009
Chlore.........	35,457	35,368
Brome.........	79,952	79,750
Iode..........	126,850	126,533
Lithium.......	7,022	7,004
Potassium.....	39,137	39,040
Sodium.......	23,043	22,980

Soufre. — Berzelius avait déterminé le poids atomique du soufre par la synthèse du sulfate de plomb et l'avait trouvé égal à 32,186.

MM. Erdmann et Marchand l'ont fixé au moyen de l'analyse du cinabre qui a été décomposé par distillation sèche avec du cuivre. Ils ont déduit de leurs expériences le nombre 32. Ce dernier chiffre a été adopté par M. Dumas qui a déterminé le poids atomique du soufre par la synthèse du sulfure d'argent. La moyenne de ses résultats est exprimée par le nombre 32,0196, si l'on prend 108 pour poids atomique de l'argent. M. Stas a repris récemment cette synthèse du sulfure d'argent. Il a trouvé que 100,000 d'argent donnent, en fixant la vapeur de soufre au rouge, 114,8522 de sulfure d'argent. Le poids atomique de l'argent étant 107,93, M. Stas adopte pour le poids atomique du soufre le nombre 32,0742.

ARGENT, CHLORE, POTASSIUM. — Nous avons déjà fait remarquer que les poids atomiques de ces corps sont solidaires les uns des autres, et qu'ils sont liés à celui de l'oxygène. On verra par les développements suivants qu'il en est de même pour les poids atomiques du brome, de l'iode, de l'azote, etc.

Les premières déterminations rigoureuses de ces poids atomiques sont dues à M. Marignac [*Ann. der Chem. u. Pharm.*, t. XLIV, p. 11, 1842], qui a employé les méthodes suivantes :

1° Calcination d'un poids donné de chlorate de potassium $KClO^3$. On a pesé le résidu de chlorure de potassium. Cette expérience a donné le poids moléculaire de KCl en fonction de O^3.

2° Transformation d'un poids donné d'argent en chlorure, par précipitation au moyen du chlorure de potassium. On a dissous l'argent dans l'acide azotique et on a déterminé la quantité exacte de chlorure de potassium nécessaire pour précipiter l'argent.

Cette expérience a fixé, selon l'expression de M. Stas, le rapport proportionnel entre l'argent et le chlorure de potassium. On pouvait donc en déduire le poids moléculaire du chlorure de potassium, étant connu le poids atomique de l'argent.

3° Transformation d'un poids donné de chlorure de potassium en chlorure d'argent, par précipitation au moyen du nitrate d'argent. On a pesé le chlorure d'argent. Cette expérience a donné le poids moléculaire du chlorure d'argent en fonction de celui de chlorure de potassium.

4° Transformation d'un poids donné d'argent en chlorure d'argent par voie de dissolution et de précipitation. On a pesé le chlorure d'argent obtenu. Cette expérience, contrôlant la précédente a donné le poids moléculaire du chlorure d'argent, en fonction de celui de l'argent.

5° Transformation du chlorate d'argent

$$AgClO^3$$

en chlorure. Elle donne le poids moléculaire de Ag Cl, le poids de O^3 étant connu.

Le poids atomique du chlore se déduit du poids moléculaire du chlorure d'argent, lorsqu'on connaît le poids atomique de l'argent.

Le poids atomique du potassium se déduit du poids moléculaire du chlorure de potassium, lorsqu'on connaît le poids atomique du chlore.

A l'aide de ces méthodes, M. Marignac a obtenu les nombres suivants :

1 molécule de chlorure de potassium pèse	74,5709
— — d'argent..........	143,370
1 atome d'argent.....................	107,915
1 atome de chlore....................	35,455
1 atome de potassium.................	39,116

Les recherches classiques de M. Stas ont démontré la remarquable exactitude des nombres obtenus par M. Marignac.

Nous croyons utile de communiquer quelques détails sur les expériences récentes de M. Stas.

ARGENT. — Le poids atomique de l'argent a été déterminé par quatre séries d'expériences conçues de manière que chacune pût donner un résultat propre, indépendant de ceux fournis par les autres méthodes. Voici d'abord l'indication des méthodes et des résultats.

Poids atomique de l'argent.

	Moyenne
Synthèse du sulfure d'argent et analyse du sulfate..........................	107,920
Synthèse de l'iodure d'argent et analyse de l'iodate..........................	107,928
Synthèse du bromure d'argent et analyse du bromate..........................	107,921
Synthèse du chlorure d'argent et analyse du chlorate..........................	107,937

Remarquons que, dans les trois dernières séries d'expériences, la combinaison de la synthèse et de l'analyse donne à la fois le poids atomique de l'argent et celui du chlore, du brome et de l'iode. Prenons un exemple. Un poids donné de chlorate d'argent $Ag\,Cl\,O^3$ étant réduit en chlorure, cette expérience permet de calculer le poids moléculaire de $Ag\,Cl$ en fonction de O^3. D'autre part, la synthèse du chlorure d'argent donne le rapport exact entre le chlore et l'argent dans une molécule de chlorure d'argent, par conséquent le poids atomique de l'argent et celui du chlore.

M. Stas a apporté les plus grands soins à la purification de l'argent qui a servi à ses expériences. Voici les méthodes qu'il recommande de préférence [*Nouvelles recherches sur les lois des proportions chimiques et sur les poids atomiques, etc.*, p. 30] :

1º Réduction du chlorure d'argent par la potasse et le sucre de lait. Du chlorure d'argent purifié par digestion avec de l'eau régale, puis par des lavages à l'eau pure, est chauffé de 70º à 80º avec un mélange de solutions d'hydrate de potassium et de sucre de lait, soigneusement débarrassées des traces de métaux qu'elles pouvaient renfermer. L'argent réduit, qui était gris, a été lavé successivement à l'eau, à l'acide sulfurique étendu, à l'ammoniaque, puis fondu dans un creuset de Paris avec 5 %, de borax additionné d'une petite quantité de nitrate de sodium.

2º Réduction par le sulfite d'ammonium d'une solution ammoniacale d'azotate d'argent, renfermant 2 %, de son poids d'argent. La réduction s'effectue à froid et se complète à 60º ou 70º. L'argent se précipite sous forme d'un dépôt blanc grisâtre, cristallin, brillant. Le cuivre reste en dissolution sous forme de sulfite cuivreux ammoniacal.

L'argent recueilli et séché est fondu comme il a été dit précédemment. M. Stas donne la préférence à ce dernier procédé.

Il nous reste à donner quelques indications sommaires sur la manière dont cet éminent chimiste a effectué les synthèses et les analyses mentionnées plus haut. Nous réservons celles qui ont pour objet les composés bromés et iodés.

Synthèse du sulfure d'argent. — Elle a été exécutée en faisant arriver de la vapeur de soufre sur de l'argent au rouge. 100,000 p. d'argent fournissent en moyenne 114,8522 de sulfure.

Analyse du sulfate d'argent. — Ce sel a été réduit par l'hydrogène : il distille de l'acide sulfurique et il reste un résidu d'argent pur. 100,000 p. d'argent ont fourni 69,203 p. d'argent métallique pur.

Synthèse du chlorure d'argent. — Elle a été effectuée par deux procédés.

1º Combustion de l'argent dans le chlore. 100,000 p. d'argent produisent 132,841-132,843-132,843 de chlorure d'argent pur.

2º Précipitation d'une solution d'azotate d'argent par l'acide chlorhydrique.

Dans une première série d'expériences on a fait arriver le gaz chlorhydrique à la surface de la solution argentique, on a évaporé le tout dans le vase même et on a fondu le chlorure d'argent dans une atmosphère de gaz chlorhydrique, remplacée ensuite par un courant d'air.

D'autres expériences ont consisté à précipiter l'argent par l'acide chlorhydrique, à recueillir et à laver le précipité. 100,000 p. d'argent ont donné 132,848 de chlorure.

Enfin, dans une dernière série d'expériences on a précipité la solution argentique par une solution de chlorure d'ammonium. 100,000 p. d'argent ont donné 132,8417 de chlorure.

Analyse du chlorate d'argent. — Le chlorate d'argent a été préparé par l'action du chlore sur le carbonate ou sur l'oxyde d'argent [1] suspendu dans l'eau : il se forme du chlorure et de l'hypochlorite d'argent, ce dernier soluble. La solution, décantée et abandonnée, dans l'obscurité, à la décomposition spontanée, laisse déposer du chlorure d'argent, en même temps que du chlorate reste en dissolution. On l'obtient par l'évaporation sous forme de cristaux. On l'a purifié par un grand nombre de cristallisations. Le chlorate d'argent est un sel aussi inaltérable à l'air que le chlorate ou le sulfate de potassium.

Le chlorate d'argent a été réduit par l'acide sulfureux, et le poids du chlorure d'argent ainsi formé a été déterminé. Pour s'assurer que le chlorate était entièrement privé d'eau, on l'a fondu, puis redissous dans l'eau. Une petite quantité de chlorure s'est formée pendant la fusion. On l'a séparée en dissolvant la masse fondue dans une quantité suffisante d'eau, on a rassemblé le chlorure et on a défalqué son poids de celui du chlorate fondu.

Dans la solution de celui-ci, maintenue à 0º, on a laissé couler goutte à goutte une solution titrée d'acide sulfureux. Tout le chlorate s'est converti en chlorure, qui a été recueilli desséché à 300º, pesé, puis fondu et pesé de nouveau. 100,000 p. de chlorate d'argent ont donné, en moyenne, 74,9205 p. de chlorure d'argent.

Détermination du rapport proportionnel entre l'argent et le chlorure de potassium. — Cette détermination a été faite très-exactement par MM. Marignac et Pelouze. M. Stas l'a répétée. Le chlorure de potassium qui a servi à ses expériences a été préparé 1º par calcination du chlorate purifié, 2º par calcination du chloroplatinate, 3º par l'action de l'acide chlorhydrique sur le carbonate de potassium du tartre.

L'argent et le chlorure ont été pesés en quantités proportionnelles, en prenant pour base les nombres donnés par la loi de Prout (page 474), savoir : 108 pour l'argent, $39 + 35,5$ pour le chlorure de potassium. L'argent ayant été dissous, en vase clos, dans l'acide azotique, on a mêlé les solutions. Après la précipitation du chlorure, il est resté dans la liqueur une petite quantité d'argent qui a été évaluée par une liqueur titrée, selon la méthode de Gay-Lussac, pour les essais d'argent. On a trouvé ainsi que 100,000 p. d'argent correspondent à 69,103 de $K\,Cl$. 100,000 p. d'argent correspondent à 54,2078 de $Na\,Cl$.

Ajoutons que dans toutes ces expériences les composés argentiques ont été soustraits à l'action de la lumière. On a opéré dans une chambre obscure.

Chlore. — Le poids atomique de l'argent étant rigoureusement déterminé, la synthèse du chlorure d'argent donne celui du chlore [2]. De l'ensemble de ses expériences, M. Stas conclut que le poids atomique du chlore est compris entre 35,455 et 35,460, très-voisins de ceux qu'ont trouvés MM. Marignac et Penny, et adopte pour moyenne générale le nombre 35,457.

Potassium. — Ainsi que nous l'avons fait remarquer, le poids atomique du potassium a été déduit du poids moléculaire du chlorure de potassium. Ce dernier a été fixé par la transformation du chlorate en chlorure, selon la méthode de M. Marignac, d'abord indiquée par Berzelius. M. Stas a effectué cette transformation par deux procédés : 1º par la calcination du chlorate : 100 p. de chlorate ont donné 60,8428 de chlorure en abandonnant 39,1572 d'oxygène ; 2º par la décom-

(1) Précipités par le carbonate ou l'hydrate de potassium, le carbonate ou l'oxyde d'argent retiennent de petites quantités d'alcali. Pour les en débarrasser, M. Stas les traite, à plusieurs reprises, par l'eau de chlore et les lave à l'eau après chaque traitement.

(2) Voir à la première colonne.

position du chlorate au moyen de l'acide chlorhydrique : 100 p. de chlorate ont donné 60,846 de chlorure et renferment par conséquent 39,154 d'oxygène. Ces expériences très-concordantes avec celles de Berzelius, de MM. Pelouze et Marignac, donnent pour le poids moléculaire du chlorure de potassium le nombre moyen 74,587

En défalquant de ce nombre le poids atomique du chlore. 35,457

on obtient pour le poids atomique du potassium. 39,130

De ses expériences plus récentes relatives à la transformation du chlorure de potassium en azotate, M. Stas conclut que le poids atomique du potassium est compris entre 39,130 et 39,135.

Le poids atomique de l'argent étant connu, il suffit de déterminer la quantité exacte de chlorure de potassium qui est capable de précipiter un poids donné d'argent et de peser le chlorure d'argent pour déduire de cette expérience et le poids atomique du chlore et celui du potassium. En effet, la quantité de chlorure d'argent formée permet d'établir la composition exacte du chlorure de potassium. Son poids moléculaire se calcule en fonction du poids atomique de l'argent. Nous avons mentionné plus haut les expériences de MM. Marignac et Stas relatives à la détermination de l'équivalence entre le chlorure de potassium et l'argent.

Dans une autre série d'expériences, M. Stas a déterminé le poids moléculaire du bromure de potassium, en fonction du poids atomique de l'argent, ou, pour nous servir de son expression, il a déterminé le rapport proportionnel entre le bromure de potassium et l'argent. Pour cela il a cherché la quantité exacte de KBr nécessaire pour précipiter un poids donné d'argent.

Des relations constatées entre le brome, le potassium et l'argent il conclut que le poids atomique du potassium est compris entre 39,130 et 39,144, et celui du brome entre 79,945 et 79,965.

BROME. — M. Marignac a fixé le poids atomique du brome par des méthodes analogues à celles qui lui avaient servi à déterminer celui du chlore. Après avoir fixé le poids moléculaire du bromure de potassium par la décomposition du bromate en bromure, il a déterminé la quantité de brome contenue dans celui-ci en le précipitant complètement par une quantité connue d'argent. Il a trouvé ainsi pour le poids atomique du brome le nombre 79,968.

De la synthèse du bromure d'argent il a déduit pour le poids atomique du brome le nombre 79,945.

M. Stas a fixé le poids atomique du brome par l'analyse du bromate d'argent et par des synthèses du bromure.

1° Un poids donné de bromate d'argent pur et préalablement fondu a été dissous dans l'ammoniaque, la liqueur ammoniacale, refroidie à 0°, a été précipitée par l'acide sulfurique dilué et froid, et le bromate a été réduit par une solution titrée d'acide sulfureux. La réduction accomplie, le bromure formé a été lavé par décantation à 60° ou 70°, recueilli[1], séché à 100°, puis à 200°, puis au point de fusion et pesé froid, après avoir été exposé à chacune de ces températures. De ces analyses il a déduit pour le poids moléculaire de AgBr (en fonction de O³) le nombre 187,87.

2° Pour faire la synthèse du bromure d'argent, M. Stas a dissous 100 p. d'argent dans l'acide

azotique et a précipité la solution par l'acide bromhydrique. Il a obtenu 174,083 p. de bromure d'argent. Non content de cette synthèse par différence, il a fait ce qu'il appelle la *synthèse par somme* du même bromure. Voici comment il a procédé pour faire cette opération. Un poids donné de brome pur a été converti en acide bromhydrique, à l'aide de l'acide sulfureux, et la solution bromhydrique a été versée dans une solution de sulfate acide d'argent renfermant un poids d'argent connu et très-légèrement supérieur au poids du métal exigé par le brome. Le bromure d'argent étant précipité et lavé, on a déterminé l'excès d'argent dissous. Puis on a séché et pesé le bromure d'argent. On connaissait donc 1° le poids du brome, 2° le poids de l'argent, 3° le poids du bromure d'argent.

La grande difficulté de cette synthèse a été la préparation du brome pur.

Pour cela, M. Stas a décomposé par l'acide sulfurique un mélange de bromure de potassium pur avec du bromate de potassium pur dans le rapport de 5 molécules du premier et de 1 molécule du second, après avoir ajouté à ce mélange son poids d'eau. Le bromure de potassium pur a été préparé par calcination du bromate pur et celui-ci a été obtenu à l'aide du procédé suivant : On a commencé par enlever l'iode au bromure de potassium du commerce en le précipitant par l'eau bromée [1]. Le bromure ainsi purifié a été mélangé avec de l'hydrate de potassium dans les rapports de 1 poids moléculaire du premier et d'un peu moins de 6 poids moléculaires du second. Dans ce mélange on fait passer du chlore en maintenant le liquide chaud. Par le refroidissement il s'est séparé du bromate qui a été purifié par des cristallisations successives.

Un second procédé, que M. Stas a employé pour se procurer du brome pur, consiste à distiller avec de l'acide sulfurique un mélange de bromure (5 moléc.) et de bromate de baryum (1 moléc.). Le bromate de baryum pur a été obtenu, par précipitation, en ajoutant au chlorure de baryum dans une solution étendue et bouillante de bromate de potassium aussi longtemps que le précipité a disparu dans la liqueur bouillante. Par un refroidissement rapide le bromate se dépose en poussière cristalline impalpable. On l'a purifié par lavage. En calcinant le sel pur on a obtenu du bromure de baryum.

En prenant de telles précautions pour la préparation du brome pur, M. Stas est arrivé à établir une concordance parfaite entre les nombres qui représentent d'un côté la somme des poids employés de brome et d'argent, et de l'autre le poids du bromure d'argent obtenu. Ainsi il a trouvé, en prenant pour base la première donnée, c'est-à-dire les quantités respectives de brome et d'argent entrées en combinaison, que 100 p. d'argent correspondent en moyenne à 74,088 de brome, et secondement, en prenant pour base la quantité de bromure d'argent formé, que 100 p. d'argent correspondent en moyenne à 74,0805 de brome.

IODE. — En 1843, M. Marignac avait déterminé le poids atomique de l'iode avec une grande exactitude, en employant les méthodes qui lui avaient servi à fixer les poids atomiques du brome et de l'iode. De la synthèse de l'iodure d'argent il avait déduit pour le poids atomique de l'iode le nombre 126,840. En cherchant la quantité d'argent

---

(1) M. Stas recueille la bouillie de bromure, de chlorure, ou d'iodure d'argent dans un ballon à deux tubulures. La tubulure inférieure se termine en pointe. Il la bouche par une bourre de fils fins de platine qui sert de support au bromure d'argent. Après avoir recueilli la masse du bromure, il y rassemble les traces qui se sont déposées des eaux de lavage par un long repos. Le ballon-filtre est ensuite porté dans une étuve.

(1) Comme il est très-difficile de savoir exactement la quantité d'eau bromée nécessaire pour déplacer l'iode, M. Stas a partagé la liqueur en deux parties. Dans le 1/4 de la solution, il a instillé de l'eau bromée jusqu'à disparition complète de l'iode, d'abord précipité. Il s'est formé du tribromure d'iode. Il a ensuite ajouté les 3 autres quarts du liquide primitif : tout l'iode s'est précipité.

nécessaire pour précipiter un poids connu d'iodure de potassium et pesant l'iodure d'argent, il a obtenu pour le même poids atomique le nombre 126,847. M. Stas vient de confirmer l'exactitude de ces nombres. De ses synthèses de l'iodure d'argent et de ses analyses de l'iodate, il a déduit pour le poids atomique de l'iode le nombre 126,857. La synthèse de l'iodure d'argent a été faite d'abord à l'aide de la méthode par différence, c'est-à-dire en transformant un poids donné d'argent pur[1] en iodure et en pesant celui-ci. 100 p. d'argent produisent en moyenne 217,5325 d'iodure d'argent.

Non content de ces résultats, M. Stas a fait la synthèse par somme de l'iodure d'argent. Il a combiné des poids connus d'iode et d'argent purs et il a pesé l'iodure d'argent produit. Pour obtenir l'iode pur, il a saturé d'iode une solution concentrée d'iodure de potassium et a précipité la solution par l'eau, en prenant la précaution de laisser de l'iode en solution. Un second procédé a consisté à préparer de grandes quantités d'iodure d'azote et à abandonner ce corps bien lavé à la décomposition spontanée, au milieu d'une grande masse d'eau, chauffée de 60° à 65°.

S'étant ainsi procuré de l'iode pur [2], M. Stas a effectué la synthèse par somme de l'iodure d'argent par deux méthodes :

1° Il a fait réagir directement, au sein d'une atmosphère d'anhydride carbonique, l'iode pesé sur une quantité connue d'argent transformé en sulfate, ce sel étant en partie dissous, en partie suspendu dans l'eau acidulée de 10 °/₀ d'acide sulfurique, la réduction du sulfate étant d'ailleurs opérée par une solution d'acide sulfureux.

2° Il a converti un poids donné d'iode en iodure d'ammonium, à l'aide d'une solution de sulfite d'ammonium, mélangée d'ammoniaque :

$$I^2 + (H^4Az)^2 SO^3 + H^2O + 2H^3Az = (H^4Az)^2 SO^4 + 2 (H^4AzI);$$

il a ensuite précipité par cet iodure une solution très-acide de sulfate d'argent renfermant une quantité connue d'argent.

Dans ces deux opérations, la quantité d'argent a été calculée d'après le rapport des poids atomiques 127 et 108. Il est toujours resté en dissolution une petite quantité d'iode qui a été dosée soigneusement. Ces expériences donnaient donc le rapport exact entre l'iode et l'argent dans l'iodure d'argent. La pesée de l'iodure d'argent servait de contrôle à l'exactitude des résultats obtenus.

M. Stas a trouvé que 100 p. d'argent correspondent à 117,5371 d'iode, d'après les poids d'iode et d'argent employés ;

D'autre part, que 100 p. d'argent correspondent à 117,5335 d'iode, d'après le poids de l'iodure d'argent recueilli.

Le rapport proportionnel entre l'iode et l'argent étant ainsi établi, il ne restait, pour trouver les poids atomiques de l'iode et de l'argent, qu'à déterminer le poids moléculaire de l'iodure d'argent. C'est ce que M. Stas a fait en convertissant un poids donné d'iodate d'argent en iodure. Nous indiquerons ici la méthode qui lui a servi pour faire l'analyse complète de l'iodate d'argent, c'est-à-dire pour déterminer directement le poids de l'oxygène et de l'iodure d'argent qui forment un poids donné d'iodate.

L'iodate d'argent a été préparé par double dé-

composition avec l'iodate de potassium et le sulfate d'argent ou avec l'iodate de potassium et le dithionate (hyposulfite) d'argent. On a mélangé les liquides étendus et bouillants, en ayant soin de maintenir un excès d'iodate alcalin. Par le refroidissement, l'iodate d'argent s'est déposé.

L'iodate d'argent peut être considéré comme formé d'iodure d'argent et d'oxygène. A une température élevée, il fond, perd son oxygène et se convertit en iodure qui finit par demeurer en fusion tranquille. Telle est la réaction que M. Stas a mise à profit pour l'analyse complète de l'iodate d'argent.

Un poids donné d'iodate [1] a été chauffé lentement dans une atmosphère d'azote pur, et l'oxygène dégagé a été absorbé par du cuivre incandescent. Le poids du résidu donnait la proportion d'iodure; l'augmentation de poids du cuivre donnait celle de l'oxygène.

Dans une autre opération, M. Stas a fait l'analyse de l'iodate d'argent, par différence, en le réduisant par l'acide sulfureux à l'état d'iodure, selon la méthode indiquée plus haut.

D'après ces analyses, 100 p. d'iodate d'argent renferment, en moyenne, 83,0253 d'iodure d'argent et 16,9747 d'oxygène, d'où l'on déduit pour le poids moléculaire de l'iodure d'argent le nombre 234,779.

Les synthèses de l'iodure d'argent ont donné les résultats suivants :

Poids atomique de l'iode.......	126,857
— — de l'argent....	107,928

Azote. — Le poids atomique de l'azote a été d'abord déduit de sa densité qui a été déterminée avec beaucoup d'exactitude par MM. Dumas et Boussingault. Plus tard, M. Marignac a déterminé le poids atomique de l'azote par trois séries d'expériences :

1° *Synthèse de l'azotate d'argent.* — On dissout un poids donné d'argent pur dans l'acide azotique et on pèse l'azotate d'argent fondu. Le poids atomique de l'azote $= 14,001$ est ainsi déterminé en fonction de celui de l'argent et de l'oxygène.

2° *Détermination du rapport proportionnel entre l'azotate d'argent et le chlorure de potassium.* — On détermine la quantité d'azotate d'argent nécessaire pour précipiter exactement un poids donné de chlorure de potassium. Le poids moléculaire de l'azotate d'argent est ainsi déterminé en fonction de celui du chlorure de potassium. Du poids moléculaire de l'azotate d'argent ainsi fixé on a déduit le poids atomique de l'azote $= 14,057$.

3° *Détermination du rapport proportionnel entre l'argent et le chlorure d'ammonium.* — On dissout dans l'acide nitrique un poids donné d'argent et on détermine la quantité de chlorure d'ammonium exactement nécessaire pour précipiter l'argent. Cette expérience donne le poids moléculaire du chlorure d'ammonium en fonction du poids atomique de l'argent. En retranchant du poids moléculaire de H^4AzCl les poids atomiques de H^4 et de Cl, M. Marignac a obtenu pour le poids atomique de Az le nombre 14,015.

M. Stas a répété récemment cette détermination du rapport proportionnel entre l'argent et le chlorure d'ammonium.

Il a apporté les plus grands soins à la purification de ce sel qui a été sublimé soit à la pression ordinaire, soit dans le vide [*Nouvelles recherches sur les lois des proportions chimiques,* etc., p. 48].

___

(1) Obtenu par la décomposition de l'acétate d'argent cristallisé un grand nombre de fois.

(2) L'iode obtenu par la décomposition de l'iodamine (iodure d'azote) est noir à l'état liquide et solide. Sa vapeur *saturée* est d'un *bleu intense.* Il fond vers 115° et ne bout pas encore à 200°.

___

(1) L'iodate séché à 120° retient une trace d'eau. M. Stas en a évalué la proportion en la condensant, pendant l'opération même, dans des appareils à dessiccation.

Citons, parmi douze déterminations, celles qui ont donné les résultats extrêmes.

100 p. d'argent équiv. à 49,602 de chlorure d'ammonium
100   —   —   49,592   —   —

L'écart entre ces déterminations est de 1/10000, ce qui donne une idée de l'exactitude des expériences. M. Stas en a déduit pour le poids atomique de l'azote le nombre 14,011.

Dans une autre série d'expériences, M. Stas a déduit le poids atomique de l'azote du rapport proportionnel entre les chlorures et les azotates. Un poids donné de chlorure de potassium pur a été converti en azotate par l'ébullition avec de l'acide azotique pur. Après l'évaporation complète de l'excès d'acide et de l'eau, l'azotate formé a été fondu et pesé [1]. Il a trouvé entre le chlorure de potassium et l'azotate de potassium le rapport proportionnel suivant :

$$KCl : KAzO^3 :: 100 : 135,6423.$$

Ayant fait des expériences analogues avec le chlorure de sodium et le chlorure de lithium, il a trouvé les rapports suivants :

$$NaCl : NaAzO^3 :: 100 : 145,4570.$$
$$LiCl : LiAzO^3 :: 100 : 162,595.$$

Les poids moléculaires des azotates peuvent être ainsi déterminés en fonction de ceux des chlorures correspondants.

On remarque entre ces poids moléculaires une différence constante d'où l'on peut déduire le poids atomique de l'azote.

En effet,

La différence entre les poids moléculaires du chlorure et celui de l'azotate de potassium est   26,586
La différence entre les poids moléculaires du chlorure et de l'azotate de sodium est...... 26,591
La différence entre les poids moléculaires du chlorure et de l'azotate de lithium est...... 26,589

D'autre part

La différence entre les poids moléculaires du chlorure et de l'azotate d'argent est........ 26,587
              Moyenne......... 26,5882

Or $26,5882 = Az + O^3 - Cl$.
Donc $Az = 26,5882 + Cl - O^3$. En prenant $Cl = 34,457$ et $O = 16$, le poids atomique de l'azote, déduit de la différence dont il s'agit, devient 14,0452.

Il est à remarquer, d'un autre côté, que si l'on suppose connus le poids atomique de l'azote (déduit du rapport proportionnel entre le chlorure d'ammonium et l'argent) et ceux du chlore, de l'oxygène, les expériences dont il s'agit pouvaient donner les poids atomiques du potassium, du sodium, du lithium, qu'on peut déduire d'autre part du rapport proportionnel entre les chlorures et l'argent. C'est ainsi qu'en variant les méthodes M. Stas est parvenu à contrôler les résultats déjà obtenus.

Pour l'azote, il ne s'est point contenté des épreuves dont il vient d'être question.

Dans une autre série d'expériences il a déterminé le poids atomique de l'azote en faisant la synthèse de l'azotate d'argent.

Il en a déduit pour le poids atomique en question le nombre 14,042.

Ayant répété récemment la même synthèse, il a obtenu le nombre 14,041. Remarquons d'ailleurs que la pureté absolue de l'azotate d'argent obtenu a été contrôlée par la détermination de la quantité de KCl, nécessaire pour le précipiter exactement.

[1] L'opération a été faite dans des ballons de verre réfractaire. M. Stas a constaté que les vases employés n'ont été attaqués ni par l'acide ni par l'azotate en fusion momentanée.

CARBONE. — Berzelius avait d'abord calculé le poids atomique du carbone d'après l'analyse du carbonate de plomb. Plus tard, il l'a déduit de la densité du gaz oxygène et de celle du gaz carbonique qui avait été déterminée avec beaucoup d'exactitude par Biot et Arago. Il a longtemps admis pour le poids atomique du carbone le nombre 76,438 [O = 100], qui devient 12,23 si l'on prend pour unité l'hydrogène.

Ce nombre était trop élevé, par la raison que la densité de l'oxygène admise par Berzelius était un peu trop faible. MM. Dumas et Stas ont montré que le poids atomique du carbone est exactement douze fois plus élevé que celui de l'hydrogène. Ils l'ont fixé par la synthèse de l'acide carbonique. Pour cela, un poids donné de diamant ou de graphite a été brûlé dans l'oxygène pur et l'acide carbonique produit a été condensé sur de la potasse et pesé.

Le graphite employé était du graphite naturel ou artificiel, ce dernier extrait d'une masse de fer provenant d'un haut fourneau, l'un et l'autre purifiés par calcination au rouge dans une atmosphère de chlore. La combustion s'effectuait dans un tube de porcelaine chauffé au rouge. Le graphite ou le diamant [1] y était placé dans une nacelle de platine tarée avec soin, et qu'on pesait de nouveau l'expérience terminée. Il restait un résidu incombustible, généralement formé par de la silice ou du sable siliceux, et dont le poids était défalqué de celui du diamant ou du graphite. L'oxygène qui servait à la combustion était dirigé d'abord dans des tubes renfermant de la ponce alcaline, de la potasse en morceaux et de la ponce sulfurique. Il était ainsi débarrassé de toute trace d'acide carbonique et d'humidité. Au sortir du tube à combustion, les gaz étaient dirigés d'abord dans un petit tube en U renfermant de la ponce sulfurique, puis dans des boules de Liebig remplies d'une lessive de potasse, enfin dans des tubes en U renfermant de la ponce alcaline et des fragments de potasse.

À l'aide de cette méthode, MM. Dumas et Stas ont constaté que le rapport moyen entre l'oxygène et le carbone dans l'acide carbonique est de

    800 : 299,93 — (combustion du graphite).
    800 : 300,02 — (combustion du diamant).

Le rapport théorique est 800 : 300. D'après cela, la composition de l'acide carbonique est exactement :

    Carbone................ 27,27
    Oxygène............... 72,73
                     100,00

D'où l'on déduit pour le poids atomique du carbone le nombre 12, le poids atomique de l'oxygène étant 16.

Ajoutons que ces résultats ont été contrôlés par l'analyse d'un certain nombre de composés organiques, très-bien définis, tels que la naphtaline, la benzine, le camphre, l'acide benzoïque, l'acide cinnamique. MM. Dumas et Stas ont fait remarquer que si ces analyses étaient calculées d'après le poids atomique du carbone de Berzelius, elles auraient toutes donné un excès de carbone, ce qui montre que ce chimiste admettait une trop forte proportion de carbone dans l'acide carbonique.

PLOMB. — Berzelius a fixé le poids atomique du plomb, ainsi que celui du cuivre, par l'analyse de l'oxyde. L'oxyde plombique pur a été réduit par l'hydrogène. Il a déduit de cette analyse le poids atomique 207,43.

Dans ces derniers temps, M. Stas a repris la détermination du poids atomique du plomb en

[1] MM. Dumas et Stas ont observé que le diamant brûle plus facilement que le graphite.

cherchant combien un poids donné de plomb donne d'azotate et de sulfate.

La principale difficulté de ces synthèses consiste dans la préparation du plomb pur. M. Stas a préparé ce métal, soit en réduisant le carbonate de plomb par le cyanure de potassium, et fondant de nouveau le métal obtenu avec du cyanure de potassium, soit en réduisant le chlorure par le cyanure de potassium ou par un mélange de carbonate de soude et de flux noir.

Le plomb pur est converti en nitrate, et celui-ci, réduit à siccité, est pesé, après avoir été chauffé pendant plusieurs jours à 140° dans un courant d'air. L'azotate ainsi obtenu a été converti en sulfate.

100,000 p. de plomb ont fourni en moyenne 159,964 d'azotate (poids atomique de Pb = 206,020) 146,4275 de sulf. (poids atomique de Pb = 206,900)

Nous devons borner là les développements concernant la détermination des poids atomiques. Nous les avons tous réunis dans le tableau suivant qui donne, indépendamment des valeurs numériques attribuées à chacun d'eux, l'indication sommaire des composés qui ont servi à ces déterminations, avec les noms des expérimentateurs.

Ajoutons seulement que, parmi ces valeurs, les plus importantes sont celles de l'oxygène, de l'argent, du chlore. Les poids atomiques de la plupart des autres corps, des métaux en particulier, sont déduits de la composition des oxydes ou des chlorures, et la composition de ceux-ci a été calculée d'après la quantité de chlorure d'argent qui leur correspond. Il en a été ainsi dans les déterminations que l'on doit à MM. Pelouze et Dumas et qui sont mentionnées dans le tableau (1).

NOMS.	SYMBOLES.	POIDS atomiqs	FORMULES DES COMPOSÉS QUI ONT ÉTÉ ANALYSÉS.	EXPÉRIMENTATEURS
Aluminium	Al	27,50	Chlorure d'aluminium Al^2Cl^6	Dumas.
Antimoine	Sb	120	Trisulfure Sb^2S^3	Schneider.
		122	Trichlorure $SbCl^3$	Dumas.
Argent	Ag	107,930	Chlorure $AgCl$ et chlorate $AgClO^3$	Marignac, Maumené, Penny, Stas.
			Bromure $AgBr$ et bromate $AgBrO^3$	Stas.
			Iodure AgI et iodate $AgIO^3$	Stas.
			Sulfure Ag^2S et sulfate Ag^2SO^4	Stas.
Arsenic	As	75	Trichlorure $AsCl^3$	Pelouze, Berzelius.
Azote	Az	14,044	Chlorure d'ammonium AzH^4Cl	Pelouze, Marignac, Penny, Stas.
			Azotate d'argent $AgAzO^3$	Stas.
Baryum	Ba	137,2	Chlorure $BaCl^2$	Marignac, Pelouze.
Bismuth	Bi	210	Chlorure $BiCl^3$	Dumas.
Bore	Bo	11	Anhydride borique Bo^2O^3	Berzelius.
			Chlorure de bore $BoCl^3$	Dumas.
Brome	Br	79,952	Bromure de potassium KBr	Marignac, Stas.
			Bromure d'argent $AgBr$	Stas.
			Bromate d'argent $AgBrO^3$	Stas.
Cadmium	Cd	112	Oxyde CdO	de Hauer.
			Chlorure $CdCl^2$	Dumas.
Calcium	Ca	40	Oxyde CaO	Erdmann et Marchand.
			Chlorure $CaCl^2$	Dumas.
Carbone	C	12	Anhydride carbonique CO^2	Dumas et Stas, Erdmann et Marchand.
Cérium	Ce	92	Oxyde céreux CeO	Marignac, Hermann, Berzelius.
Césium	Cs	133	Chlorure de césium $CsCl$	Bunsen.
Chlore	Cl	35,457	Chlorure de potassium KCl	Marignac, Maumené, Penny, Stas.
			Chlorure d'argent $AgCl$	Dumas, Stas.
			Chlorate d'argent $AgClO^3$	Stas.
Chrome	Cr	52,4	Anhydride chromique CrO^3	Peligot, Berlin.
Cobalt	Co	59,0	Chlorure $CoCl^2$	Dumas.
Cuivre	Cu	63,50	Oxyde cuivrique CuO	Erdmann et Marchand.
Didymium	Di	96	Oxyde DiO	Marignac.
Étain	Sn	116	Acide stannique SnO^2	Mulder et Vlaanderen.
		118	Tétrachlorure $SnCl^4$	Dumas.
Fer	Fe	56	Oxyde ferrique Fe^2O^3	Svanberg et Norlin, Maumené, Erdmann et Marchand, Berzelius.
			Chlorure ferrique Fe^2Cl^6	Dumas.
Fluor	Fl	19	Fluorure de calcium $CaFl^2$	Louyet.
			Fluorure de sodium $NaFl$	Dumas.
Glucinium	Gl	9,5	Glucine GlO	Awdejew, Debray.
		14,0	Glucine Gl^2O^3	
Hydrogène	H	1		
Iode	I	126,85	Iodure de potassium KI	Marignac, Stas.
			Iodure d'argent AgI	Dumas, Stas.
			Iodate d'argent $AgIO^3$	Stas.
Iridium	Ir	197,2	Tétrachlorure $IrCl^4$	Berzelius.
Lanthane	La	92	Oxyde LaO	Marignac.
Lithium	Li	7,022	Chlorure $LiCl$	Stas
		7,0	Sulfate Li^2SO^4	Mallet.
Magnésium	Mg	24,0	Magnésie MgO	Berzelius.
			Chlorure $MgCl^2$	Dumas.
Manganèse	Mn	55,2	Chlorure $MnCl^2$	Berzelius.
Mercure	Hg	200	Oxyde mercurique HgO	Erdmann et Marchand.
Molybdène	Mo	92	Anhydride molybdique MoO^3	Svanberg et Struve, Berlin.
		96	» » »	Dumas.
Nickel	Ni	58	Oxyde NiO	Schneider.
		59	Chlorure $NiCl^2$	Dumas.
Or	Au	197	Chlorure aurique $AuCl^3$	Levol, Berzelius.

(1) L'idée de ce tableau et la plupart des données qu'il contient sont empruntées au dictionnaire de Watts.

NOMS.	SYMBOLES.	POIDS atomiq^s	FORMULES DES COMPOSÉS QUI ONT ÉTÉ ANALYSÉS.	EXPÉRIMENTATEURS.
Osmium......	Os	200	Tétrachlorure $OsCl^4$............	Berzelius, Fremy.
Oxygène.....	O	16	Eau H^2O...................	Berzelius et Dulong, Dumas, Erdmann et Marchand, Stas.
Palladium....	Pd	106	Chlorure $PdCl^2$..............	Berzelius.
Phosphore....	Ph	31	Anhydride phosphorique Ph^2O^5..	Schrötter.
			Perchlorure de phosphore $PhCl^5$.	Dumas.
Platine.......	Pt	198	Tétrachlorure $PtCl^4$...........	Berzelius, Andrews.
		207,2	Oxyde PbO.................	Berzelius.
Plomb	Pb	203,006	Sulfate $PbSO^4$..............	Stas.
		206,920	Azotate $Pb(AzO^3)^2$...........	Stas.
		39	Chlorure KCl..............	Marignac, Fremy, Maumené.
Potassium....	K	39,137	Chlorure KCl...............	Stas.
Rhodium.....	Rh	101	Trichlorure $RhCl^3$...........	Berzelius.
Rubidium....	Rb	85,36	Chlorure $RbCl$.............	Bunsen.
Ruthénium...	Ru	104	Trichlorure $RuCl^3$..........	Claus.
		79	Séléniure de mercure $HgSe$.....	Berzelius, Sacc, Erdmann et Marchand.
Sélénium.....	Se	79,06	Chlorure de sélénium $SeCl^2$....	Dumas.
Silicium......	Si	28	Chlorure de silicium $SiCl^4$......	Dumas.
Sodium······	Na	23,043	Chlorure $NaCl$.............	Penny, Pelouze, Dumas, Stas.
			Sulfure mercurique HgS........	Erdmann et Marchand, Struve.
Soufre.......	S	32	Sulfure d'argent Ag^2S.........	Dumas.
		32,0742	Sulfure d'argent.............	Stas.
Strontium....	Sr	87,5	Chlorure $SrCl^2$.............	Dumas.
Tantale......	Ta	87,6	Tétrachlorure $TaCl^4$..........	H. Rose.
Tellure	Te	128	Bromure de tellure et de potassium K^2TeBr^6..............	de Hauer.
Thallium.....	Tl	204	Sulfate Tl^2SO^4, Chlorure $TlCl$..	Lamy.
Thorium	Th	119,0	Thorine ThO..............	Berzelius.
Titane	Ti	50	Tétrachlorure $TiCl^4$..........	I. Pierre.
Tungstène....	W	184	Anhydride tungstique WO^3.....	Schneider, Birch, Dumas.
Uranium.....	U	120	Oxyde uranique U^2O^3.........	Peligot.
Vanadium....	V	51,3	Anhydride vanadique $V^2O^5=VaO^3$	Berzelius, Roscoe.
Zinc.........	Zn	65	Oxyde ZnO................	A. Erdmann.
		67	Zircone Zr^2O^3...............	Berzelius, Erdmann.
Zirconium....	Zr	89,5	— ZrO^2.................	Berzelius, Erdmann.

LOI DE PROUT. — En 1815, le chimiste anglais Prout a émis l'idée que les poids atomiques de tous les corps devaient être des multiples de celui de l'hydrogène. A cette époque, sa proposition ne reposait sur aucune preuve directe; mais l'équivalent de l'hydrogène ayant été fixé à 12,5 par Berzelius et Dulong, Prout s'empressa de faire remarquer que l'équivalent de l'oxygène (100) était un multiple de 12,5 par 8. Son hypothèse fut adoptée par Dalton et par Th. Thomson, jamais par Berzelius. Ajoutons que, même en Angleterre où elle avait été généralement admise, l'exactitude en fut contestée par Turner, que l'Association britannique avait chargé, en 1832, de faire des expériences à ce sujet.

L'idée de Prout était presque tombée dans l'oubli lorsque M. Dumas y ramena l'attention. La détermination du poids atomique du carbone, qu'il avait entreprise avec M. Stas, l'a conduit à admettre que ce poids atomique est exactement douze fois plus élevé que celui de l'hydrogène. Il fit remarquer ensuite que les poids atomiques de l'oxygène, de l'azote, du soufre (Erdmann et Marchand, etc.), étaient exactement des multiples de celui de l'hydrogène. La vérification des poids atomiques, qu'il entreprit à partir de 1857, a ajouté à la liste de ces éléments, qui semblaient confirmer la loi de Prout, un grand nombre d'autres corps simples. Pourtant le poids atomique du chlore, qui avait été déterminé avec tant d'exactitude par M. Marignac, faisait exception, et à cette première exception d'autres sont venues se joindre par la suite : la loi de Prout n'était plus admissible, au moins dans sa forme première. M. Dumas essaya alors de la rajeunir en admettant que les poids atomiques de tous les corps étaient des multiples non du poids atomique de l'hydrogène, mais d'un sous-multiple de ce poids atomique, par exemple de 0,50, ou même de 0,25, H étant égal à 1. Théoriquement une telle hypothèse pouvait présenter le même degré de probabilité que celle de Prout, car rien n'empêche d'admettre que l'atome d'hydrogène ne soit lui-même formé par l'union de plusieurs sous-atomes d'une substance primordiale qui serait l'essence de la matière. A ce point de vue, on pourrait même soutenir que les dernières expériences de M. Stas n'ont pas encore donné le coup de grâce à l'hypothèse de Prout ainsi transformée. Il se pourrait, en effet, que le nombre de sous-atomes constituant un seul atome d'hydrogène fût tel, que le poids de l'un d'eux ne fût qu'une fraction minime de celui de l'atome d'hydrogène. Dès lors les écarts qui ont été signalés par M. Stas deviendraient insignifiants et rentreraient dans l'ordre des erreurs inévitables de l'observation.

Quoi qu'il en soit, une grande idée, celle d'une matière unique, primordiale, constituant les atomes divers, était au fond de l'hypothèse de Prout, et bien que cette hypothèse soit démontrée inexacte dans sa forme première, on ne peut point affirmer que les expériences de M. Stas aient rendu entièrement inadmissible la modification proposée par M. Dumas. Mais, d'un autre côté, il faut convenir aussi que cette dernière manque absolument de preuves expérimentales, et qu'il faut renoncer à chercher de telles preuves dans des déterminations de poids atomiques faites à l'aide des méthodes connues (1).   A. W.

(1) Indépendamment d'une discussion sur la nature des éléments [*Compt. rend.*, t. XLVIII, p. 139], le lecteur trouvera dans les mémoires de M. Dumas [*Ann. de Chim. et de Phys.*, (3), t. LV, p. 129] des considérations fort intéressantes sur les relations numériques qui existent entre les « équivalents » des corps simples appartenant à la même famille.

ATOMIQUES (VOLUMES). — On désigne sous le nom de volumes atomiques des corps simples, les volumes qu'occupent des quantités de ces corps proportionnelles aux poids atomiques.

On nomme volumes moléculaires des corps composés les volumes qu'occupent des quantités de ces corps proportionnelles aux poids moléculaires.

Pour déterminer les volumes relatifs qu'occupent les atomes, il suffit de diviser les nombres qui expriment les poids relatifs de ces atomes par les poids de l'unité de volume, c'est-à-dire par les densités respectives. Les volumes atomiques sont donc les quotients des poids atomiques par les densités; les volumes moléculaires, les quotients des poids moléculaires par les densités.

La matière n'est pas uniformément répandue dans l'espace; elle n'est ni continue ni homogène dans des volumes égaux des différents corps. En un mot, les atomes et les molécules qui la constituent ne se touchent pas, mais laissent entre eux des intervalles plus ou moins grands. Les volumes atomiques ne représentent donc pas ces volumes relatifs qu'occupent les atomes proprement dits, mais comprennent en même temps les espaces interatomiques. Cette remarque s'applique aussi aux volumes moléculaires.

Si les molécules étaient placées à d'égales distances dans les différents corps, il est clair qu'un même volume de ceux-ci renfermerait le même nombre de molécules, que les poids moléculaires seraient proportionnels aux densités, et que les volumes moléculaires seraient égaux. Il en est ainsi pour les gaz. Nous savons qu'ils renferment, à volume égal, le même nombre de molécules (voir page 460). Les volumes qu'occupent les différentes molécules gazeuses sont donc les mêmes. On ne connaît à cet égard qu'un très-petit nombre d'exceptions, et, sans vouloir mentionner ici celles qui sont relatives à des cas de dissociation, nous nous bornons à rappeler que le phosphore et l'arsenic renferment, sous le même volume, deux fois plus d'atomes que l'azote et d'autres gaz simples.

Une molécule d'hydrogène HH doit occuper par elle-même un espace beaucoup moindre que la molécule complexe d'un hydrocarbure réduit en vapeur, de l'essence de térébenthine par exemple, $C^{10}H^{16}$. Néanmoins nH^2 occupent dans l'espace le même volume que $nC^{10}H^{16}$, et la vapeur de l'hydrocarbure, étant prise à une distance convenable du point d'ébullition, se dilate sensiblement, par l'action de la chaleur, comme le gaz hydrogène lui-même. Cela prouve que les molécules des corps gazeux sont placées, dans l'espace, à des distances immenses les unes des autres relativement à leur étendue réelle.

Il n'en est pas ainsi pour les corps liquides et les corps solides. Leurs molécules sont placées à des distances incomparablement plus petites, bien que sensibles, et ces distances sont variables non-seulement pour les différents corps, mais quelquefois même pour un seul et même corps; ce qui le prouve, c'est que ces corps se dilatent très-inégalement par la chaleur : ils possèdent des coefficients de dilatation très-différents, et qui varient souvent, pour un seul et même corps, suivant la température et suivant l'état physique du corps lui-même. Il en résulte que les densités ne sont pas toujours comparables. En tout cas, vu la manière inégale dont les molécules sont distribuées dans les corps liquides et solides, on ne saurait constater des rapports simples entre les poids moléculaires et les densités. Ceci s'applique surtout aux corps simples solides.

On s'en convaincra en jetant les yeux sur le tableau suivant, où l'on a réuni les volumes atomiques des principaux corps simples :

Corps simples.	Poids atomiques.	Volumes atomiques.	Densités.
Aluminium.	27,50	10,6	2,5-2,67, Wöhler; 2,67, Deville;
Antimoine. .	120,3	17,9	6,72, Marchand et Scheerer, H. Kopp.
Argent.....	108	10,2	10,4, Karsten; 10,57, G. Rose.
Arsenic	75	13,3	5,63, Karsten; 5,67, Herapath.
Bismuth....	210	21,2	9,80, Marchand et Scheerer; 9,78, H. Kopp.
Brome.....	80	25,8	3,19 (liquide), L. Pierre; 2,99, Löwig.
Cadmium ..	112	13,0	8,69, Stromeyer; 8,45, H. Kopp.
Calcium....	40	25,2	1,58, Bunsen.
Carbone...	12	3,4	Diamant, 3,52, Brisson.
		5,2	Graphite, 2,32, Karsten; 2,27, Regnault.
Chlore.	35,5	26,7	1,33 (liquide), Faraday.
Chrome....	52,4	7,6	7,01, Bunsen et Frankland.
Cobalt.	59,0	7,0	8,49, Brunner; 8,51, Berzelius.
Cuivre.....	63,5	7,2	8,95, Marchand et Scheerer; 8,93, H. Kopp.
Étain......	118	16,2	7,29, Karsten; 7,30, H. Kopp.
Fer........	56	7,2	7,84, Broling; 7,79, Karsten.
Glucinium..	9,4	4,4	2,1, Debray.
Iode.......	127	25,7	4,95, Gay-Lussac.
Iridium....	198	9	21,80, Hare.
Lithium....	7	11,9	0,59, Bunsen.
Magnésium.	24	13,8	1,74, Bunsen; 1,70, Kopp.
Manganèse.	55,2	7	8,03, Bachmann; 8,01, John.
Mercure ...	200	14,8	13,60 (liquide), Regnault; H. Kopp.
Molybdène.	92	10,6	8,62-8,64, Buchholz.
Nickel.....	69	6,8	8,60, Brunner; 8,82, Tappati.
Or.........	197	10,1	19,31, G. Rose; 19,26, Brisson.
Palladium..	106	9,2	11,80, Wollaston.
Phosphore..	31	16,8	ordinaire; 1,84, Schrötter; 1,83, H. Kopp.
		15,8	amorphe; 1,96, Schrötter.
Platine.....	198	9,2	21,5, Wollaston.
Plomb	206,9	18,2	11,39, Karsten; 11,33, H. Kopp.
Potassium..	39,1	45,6	0,86, Gay-Lussac et Thenard.
Rhodium...	104	9,4	11,0, Wollaston.
Rubidium..	85,4	5,6	1,52, Bunsen.
Ruthénium.			Claus.
Sélénium. .	79	18,4	amorphe : 4,28, Schaffgotsch.
		16,4	granuleux : 4,80, Schaffgotsch.
Silicium....	21	11,2	graphitoïde, 2,49, Wöhler.
Soufre.....	32	15,2	orthorhombique : 2,07, Marchand et Scheerer, Kopp.
		16,2	clinorhombique : 1,98, Marchand et Scheerer.
Tellure....	128	20,6	6,24, Berzelius; 6,18, Löwe.
Thallium...	204	17,1	11,9, Lamy.
Tungstène..	184	10,6	17,2, Allen et Aiken; 17,5-18,3, Wöhler.
Urane	120	6,6	18,4, Peligot.
Zinc.......	65	9,2	7,13, H. Kopp; 7,1-7,2, Bolley.

Pour que les densités soient comparables, il faut que les corps soient pris dans le même état physique. On ne saurait comparer les densités des corps liquides et des corps solides, des corps amorphes et des corps cristallisés, des corps solidifiés après fusion et des corps battus et fortement écroués après solidification. Les corps liquides sont plus comparables entre eux, en ce qui concerne leurs densités et, par conséquent, leurs volumes atomiques, pourvu qu'on les prenne dans les mêmes conditions physiques. M. H. Kopp admet que les densités des corps liquides sont comparables aux points d'ébullition ou plus généralement à des températures où leurs tensions de vapeur sont égales. Il est impossible, bien entendu, de déterminer les densités au point d'ébullition; mais lorsqu'on connaît le coefficient de dilatation d'un liquide et sa densité à une distance quelconque du point d'ébullition, il est facile de calculer sa densité au point d'ébullition.

VOLUMES MOLÉCULAIRES DES LIQUIDES — Partant de ces données, M. Hermann Kopp s'est livré à des recherches étendues sur les volumes moléculaires des liquides et principalement des liquides organiques, et est arrivé à des résultats dignes d'intérêt [*Ann. der Chem. u. Pharm.*, t. XCVI, p. 153, 303; t. C, p. 10].

En comparant les volumes moléculaires, il a constaté certaines relations entre la composition et les volumes qu'occupent les molécules.

Ces régularités, comme il les app·lle, peuvent être énoncées dans les proportions suivantes :

1° Le volume moléculaire d'une combinaison est exprimé par la somme des volumes atomiques qu'occupent les éléments.

2° Dans des composés possédant une constitution atomique semblable, le même élément possède toujours le même volume atomique.

Ce volume atomique étant déterminé pour chaque corps simple, on peut donc calculer le volume moléculaire d'un corps composé dont on connait la structure atomique.

3° Pour les liquides renfermant du carbone, de l'hydrogène et de l'oxygène, les volumes atomiques de ces éléments peuvent être déduits des considérations suivantes :

Premièrement. Dans les composés homologues pour chaque accroissement de CH^2, le volume moléculaire s'accroît en moyenne de 22. Les exemples suivants font voir qu'il en est ainsi [*Ann. de Chim. et de Phys.*, (3), t. XLIII, p. 356].

	Différences des volumes moléculaires.
Esprit de bois et alcool (1)	19,9
Esprit de bois et alcool amylique	4 × 20,2
Alcool et alcool amylique	3 × 20,4
Formiate de méthyle et formiate d'éthyle	21,6
Formiate d'éthyle et acétate d'éthyle	22,7
Formiate d'éthyle et butyrate de méthyle	2 × 20,8
Formiate d'éthyle et butyrate d'éthyle	3 × 22,7
Formiate d'éthyle et valérate de méthyle	3 × 23,6
Formiate de méthyle et acétate de méthyle	20,7
Acétate de méthyle et acétate d'éthyle	21,6
Acétate de méthyle et butyrate de méthyle	2 × 21,2
Acétate de méthyle et butyrate d'éthyle	3 × 22,0
Acétate de méthyle et valérate de méthyle	3 × 21,9
Formiate de méthyle et acétate d'éthyle	2 × 22,2
Acétate d'éthyle et butyrate d'éthyle	2 × 21,1
Acétate d'éthyle et butyrate de méthyle	18,8
Acétate d'éthyle et valérate de méthyle	2 × 21,1
Formiate de méthyle et butyrate de méthyle	3 × 21,0
Butyrate de méthyle et butyrate d'éthyle	23,5
Butyrate de méthyle et valérate de méthyle	23,3
Formiate de méthyle et butyrate d'éthyle	4 × 21,6
Formiate de méthyle et valérate de méthyle	4 × 21,6
Acide formique et acide acétique	21,6
Acide formique et acide butyrique	3 × 21,6
Acide acétique et acide butyrique	2 × 21,6

Secondement. Des combinaisons dont l'une renferme $n\,C$ de plus et $n\,H^2$ de moins que l'autre possèdent le même volume moléculaire, de telle sorte que C peut remplacer H^2 sans donner lieu à un changement dans le volume moléculaire. Les exemples suivants font voir qu'il en est ainsi.

	Formules.	Volumes moléculaires aux températures d'ébullition.
Cymène	$C^{10}H^{14}$	183,5 — 185,2
Butyle	C^8H^{18}	184,5 — 186,8
Acide benzoïque	$C^7H^6O^2$	126,9
Acide valérique	$C^5H^{10}O^2$	130,2 — 131,2
Benzoate d'éthyle	$C^9H^{10}O^2$	172,4 — 174,8
Valérate d'éthyle	$C^7H^{14}O^2$	173,5 — 173,6
Benzoate de méthyle	$C^8H^8O^2$	148,5 — 150,3
Valérate de méthyle	$C^6H^{12}O^2$	148,7 — 149,6
Aldéhyde benzoïque	C^7H^6O	118,4
Aldéhyde valérique	$C^5H^{10}O$	117,3 — 120,3
Phénol	C^6H^6O	103,6 — 104,0
Oxyde d'éthyle	$C^4H^{10}O$	105,6 — 106,4
Aniline	C^6H^7Az	106,4 — 106,8
Butylamine	$C^4H^{11}Az$	106,8

(1) Voir, pour les volumes moléculaires de ces composés, le tableau de la page 477.

On peut en conclure que C occupe le même volume, dans ces composés, que H^2, et comme le volume moléculaire de CH^2 est égal à 22, il en résulte que le volume atomique de $C = 11$, et le volume atomique de $H = 1/2\ 11 = 5,5$.

Tels sont les faits et les raisonnements qui ont permis à M. H. Kopp de fixer les volumes atomiques du carbone et de l'hydrogène.

Troisièmement. Quant à l'oxygène, M. H. Kopp admet qu'il entre dans les composés organiques avec deux volumes atomiques différents, suivant qu'il est contenu à l'état d'oxygène typique, ou qu'il fait partie d'un radical.

Le volume moléculaire de l'eau à la température de l'ébullition $= 18,8$, l'hydrogène y occupant un volume $= 2 \times 5,5 = 11$; l'oxygène doit y occuper le volume 7,8.

Il n'occupe ce volume, d'après M. H. Kopp, que lorsqu'il est contenu dans un résidu typique, par exemple, à l'état d'oxhydryle HO ou d'oxéthyle C^2H^5O, et ce volume atomique est différent lorsqu'il est contenu dans un radical, c'est-à-dire uni au carbone par ses deux atomicités. Il en est ainsi dans l'acétone et dans l'aldéhyde. En soustrayant du volume moléculaire de l'acétone

$$CO\,(CH^3)^2 = C^3H^6O$$

celui du carbure C^3H^6, il a trouvé que l'atome d'oxygène occupe dans l'acétone le volume 11,3 à 11,6 (1) :

Volume moléculaire de	C^2H^6O	= 77,8 à 77,6
— — de	C^3H^6	= 66 66
Volume atomique de	O	= 11,3 à 11,6

En soustrayant du volume moléculaire de l'aldéhyde celui du carbure C^2H^4, il a trouvé pour

(1) Les calculs indiqués ici ne conduisent pas, comme on voit, à des résultats parfaitement concordants en ce qui concerne le volume atomique de l'oxygène contenu dans un radical. Cette circonstance oblige à formuler sur cette partie des inductions de M. H. Kopp une réserve d'autant plus nécessaire que l'idée typique et même l'idée de radical ont subi, dans ces dernières années, de profondes modifications.

L'oxygène typique est celui qui joint par ses deux affinités un certain atome de carbone contenu dans un radical, soit à un atome d'hydrogène, soit à un autre atome de carbone contenu dans un autre radical. Exemples :

$$
\begin{array}{ll}
H^3C - CH^2 & H^3C - CH^2 \\
\quad | & \quad | \\
\quad O & \quad O \\
\quad | & \quad | \\
\quad H & H^3C - CH^2 \\
\text{Alcool.} & \text{Oxyde d'éthyle.}
\end{array}
$$

L'oxygène faisant partie d'un radical est uni à *un seul atome* de carbone par ses deux atomicités. Exemples :

$$
\begin{array}{ll}
H - C = O & H^3C - C = O \\
\quad | & \quad | \\
\quad CH^3 & \quad CH^3 \\
\text{Aldéhyde.} & \text{Acétone.}
\end{array}
$$

Dans l'oxyde d'éthylène, l'atome d'oxygène complète les atomicités de deux atomes de carbone déjà unis entre eux :

$$
\begin{array}{c}
H^2C - CH^2 \\
\diagdown\ \diagup \\
O \\
\text{Oxyde d'éthylène.}
\end{array}
$$

Bien que le rôle de l'oxygène diffère ici de celui de l'oxygène typique proprement dit, cet atome d'oxygène occupe néanmoins le volume atomique que M. H. Kopp a calculé pour l'oxygène typique.

On pourrait peut-être énoncer les conséquences qui semblent découler des faits précédents, en admettant que l'oxygène occupe dans les combinaisons organiques liquides un volume différent, suivant qu'il est uni à un seul atome de carbone ou qu'il joint, par ses deux atomicités, deux atomes différents, soit de carbone, soit de carbone et d'hydrogène.

le volume atomique de l'oxygène un nombre un peu plus fort.

Volume atomique de.......... $C^2H^4O = 56,0$ à $56,9$
—   —   de........... C^2H^4 $= 44$ à 44

$12,0$ $12,9$

Il a donc cru pouvoir adopter pour le volume atomique de l'oxygène contenu dans un radical le nombre moyen 12,2.

Les volumes qu'occupent les atomes de carbone, d'hydrogène, d'oxygène, dans les composés organiques ternaires, étant ainsi déterminés (d'une manière approximative), on peut calculer à priori le volume moléculaire V^m d'un composé $C^aH^b(O)^cO^d$, (O) désignant l'oxygène contenu dans le radical et O l'oxygène typique.

Pour ce calcul, M. H. Kopp a donné l'expression générale suivante :

$$V^m = a.11 + b.5,5 + c.12,2 + d.7,8.$$

A l'aide de cette expression, il a calculé les volumes moléculaires d'un très-grand nombre de combinaisons, et a pu comparer les nombres obtenus avec ceux qui ont été déduits de l'observation directe. Le résultat de cette comparaison est consigné dans le tableau suivant.

Les nombres qui expriment, dans ce tableau, les volumes moléculaires calculés, sont les quotients des poids moléculaires par les densités, aux points d'ébullition.

Volumes moléculaires des liquides renfermant du carbone, de l'hydrogène et de l'oxygène.

	Noms des substances.	Formules.	Poids moléculaires.	Volumes moléculaires aux points d'ébullition		
				Calculés.	Observés.	Degrés.
Type HH...	Benzine	C^6H^6	78	99,0	96,0 — 99,7	80
	Cymène	$C^{10}H^{14}$	134	187,0	183,5 — 185,2	175
	Naphtaline	$C^{10}H^8$	128	154,0	149,2 —	218
	Aldéhyde	C^2H^4O	44	56,2	56,0 — 56,9	21
	Valéraldéhyde	$C^5H^{10}O$	86	122,2	117,3 — 120,3	101
	Aldéhyde benzoïque	C^7H^6O	106	122,2	118,4	179
	Cuminol	$C^{10}H^{12}O$	148	188,2	189,2	236
	Butyle	C^8H^{18}	114	187,0	184,5 — 186,8	108
	Eau	H^2O	18	18,8	18,8	100
	Alcool méthylique	CH^4O	32	40,8	41,9 — 42,2	59
	Alcool	C^2H^6O	46	62,8	61,8 — 62,5	78
	Alcool amylique	$C^5H^{12}O$	88	128,8	123,6 — 124,4	135
	Phénol	C^6H^6O	94	106,8	103,6 — 104,0	194
	Alcool benzylique	C^7H^8O	108	128,8	123,7	213
Type H²O..	Acide formique	CH^2O^2	46	42,0	40,9 — 41,8	99
	Acide propionique	$C^3H^6O^2$	74	86,0	85,4	137
	Acide butyrique	$C^4H^8O^2$	88	108,0	106,4 — 107,8	156
	Acide valérique	$C^5H^{10}O^2$	102	130,0	130,2 — 131,2	175
	Acide benzoïque	$C^7H^6O^2$	122	130,0	126,9	253
	Éther éthylique	$C^4H^{10}O$	74	106,8	105,6 — 106,4	34
	Anhydride acétique	$C^4H^6O^3$	102	109,2	109,9 — 110,1	138
	Formiate de méthyle	$C^2H^4O^2$	60	64,0	63,4	36
	Acétate de méthyle	$C^3H^6O^2$	74	86,0	83,7 — 85,8	55
	Formiate d'éthyle	$C^3H^6O^2$	74	86,0	84,9 — 85,7	55
	Acétate d'éthyle	$C^4H^8O^2$	88	108,0	107,4 — 107,8	74
	Butyrate de méthyle	$C^5H^{10}O^2$	102	130,0	125,7 — 127,3	93
	Propionate d'éthyle	$C^5H^{10}O^2$	102	130,0	125,8	93
	Valérate de méthyle	$C^6H^{12}O^2$	116	152,0	148,7 — 149,6	112
	Butyrate d'éthyle	$C^6H^{12}O^2$	116	152,0	149,1 — 149,4	112
	Acétate de butyle	$C^6H^{12}O^2$	116	152,0	149,3	112
	Formiate d'amyle	$C^6H^{12}O^2$	116	152,0	149,4 — 150,2	112
	Valérate d'éthyle	$C^7H^{14}O^2$	130	174,0	173,5 — 173,6	131
	Acétate d'amyle	$C^7H^{14}O^2$	130	174,0	173,3 — 175,5	131
	Valérate d'amyle	$C^{10}H^{20}O^2$	172	240,0	244,1	188
	Benzoate de méthyle	$C^8H^8O^2$	136	152,0	148,5 — 150,3	190
	Benzoate d'éthyle	$C^9H^{10}O^2$	150	174,0	172,4 — 174,8	209
	Benzoate d'amyle	$C^{12}H^{16}O^2$	192	240,0	347,7	266
	Cinnamate d'éthyle	$C^{11}H^{12}O^2$	176	207	211,3	260
Type 2H²O.	Acide méthyl-salicylique	$C^8H^8O^3$	152	159,8	156,2 — 157,0	223
	Carbonate d'éthyle	$C^5H^{10}O^3$	118	137,8	138,8 — 139,4	126
	Oxalate de méthyle	$C^4H^6O^4$	118	117,0	116,3	162
	Oxalate d'éthyle	$C^6H^{10}O^4$	146	161,0	166,8 — 167,1	186
	Succinate d'éthyle	$C^8H^{14}O^4$	174	205,0	209,0	217

On voit par ce tableau que les éthers isomériques des acides gras possèdent le même volume moléculaire ; qu'il en est de même pour d'autres isomères, tels que l'acide butyrique et l'acétate d'éthyle, l'acide acétique et le formiate de méthyle. Tous ces corps appartiennent au même type, ils possèdent la même structure atomique.

Ils renferment 1 atome d'oxygène dans le radical et 1 atome d'oxygène typique. Mais si, d'après ce qui précède, des composés isomériques offrant une structure atomique semblable possèdent le même volume moléculaire, il n'en est pas de même pour des composés isomériques qui appartiennent à des types différents ou, pour préciser davantage, dans lesquels l'oxygène présente des rapports atomiques différents.

Ainsi l'oxyde d'éthylène et l'aldéhyde n'offrent pas, d'après M. H. Kopp, le même volume moléculaire [*Compt. rend.*, t. LVII, p. 283] :

Volumes
moléculair.s.
à 0°

Aldéhyde........................ 54,3
Oxyde d'éthylène................ 50,6

Lorsqu'un atome d'oxygène est contenu dans un radical (lié au même atome de carbone par ses deux atomicités), il occupe un volume (12,2) un peu plus grand que celui qu'occupent 2 atomes d'hydrogène (11). Aussi 2 atomes d'hydrogène peuvent-ils être remplacés dans un radical par 1 atome d'oxygène sans que le volume moléculaire éprouve un changement notable : d'après ce qui précède, il doit éprouver une légère augmentation.

On voit en effet, par le tableau, qu'il en est ainsi pour l'alcool et l'acide acétique, l'éther, l'acétate d'éthyle et l'acide acétique anhydre. Leur volume moléculaire augmente très-légèrement par le fait du remplacement de H^2 par O.

Telles sont les considérations à l'aide desquelles M. H. Kopp a pu fixer les volumes atomiques du carbone, de l'hydrogène, de l'oxygène, et déterminer ensuite à priori les volumes moléculaires des composés organiques $C^n H^m O^p$.

Les volumes atomiques qu'occupent d'autres éléments dans la combinaison ont été déterminés en partant des données précédemment acquises. Nous allons entrer dans quelques détails à ce sujet.

Volume atomique de l'azote. — D'après M. H. Kopp, l'atome d'azote occupe des volumes différents suivant qu'il est contenu dans un composé dérivé du type ammoniaque, ou qu'il est uni au charbon dans le cyanogène, ou qu'il est uni à l'oxygène dans le groupe AzO^2.

1° Dans les composés appartenant au type ammoniaque, l'azote possède un volume atomique égal à 2,3. On a pu déduire ce volume atomique du volume moléculaire de l'aniline $C^6 H^7 Az = 106,8$, en soustrayant de ce dernier le volume de

$$C^6 H^7 = 104,5;$$

la différence est égale à 2,3.

2° Le volume moléculaire du cyanogène a pu être fixé d'après un principe analogue, en le déduisant du volume moléculaire connu de quelques cyanures organiques, tels que les cyanures de phényle et de méthyle. On obtient ainsi, pour le volume de CAz, les nombres 26,1 et 28,8. D'un autre côté, l'observation directe donne pour le volume moléculaire du cyanogène liquide les nombres 28,9 et 30. En prenant la moyenne de tous ces nombres (malheureusement assez discordants entre eux), on trouve pour le volume moléculaire du cyanogène liquide la valeur 28.

3° Le volume moléculaire de AzO^2 déduit de l'observation directe est égal à 32 environ. On peut le déduire du volume moléculaire d'un nitrate organique, par exemple du nitrate d'amyle $C^5 H^{11} Az O^2$, en soustrayant de ce volume, qui est égal à 148,4, celui de $C^5 H^{11}$ qui est égal à 115,5. On trouve ainsi, pour le volume de AzO^2, le nombre 32,9.

A l'aide de ces données, on a pu calculer à priori les volumes moléculaires d'un grand nombre de composés azotés, tels que ammoniaques composées, cyanures organiques, éthers nitriques ou nitreux.

Volume atomique du soufre. — D'après M. H. Kopp, l'atome de soufre occupe, comme l'atome d'oxygène, un volume différent suivant le rôle qu'il joue dans ses combinaisons, suivant la place qu'il occupe dans la molécule. Dans le mercaptan

$$\left. \begin{array}{c} C^2 H^5 \\ H \end{array} \right| S$$

il remplace l'oxygène typique (il est uni à de l'hydrogène et à du carbone). Il y occupe le volume 22,6, différence du volume moléculaire du mercaptan, qui est égal à 77,6 et du volume moléculaire de $C^2 H^6$, qui est égal à 55,0.

Si l'on considère le sulfure de carbone comme formé de CS.S, le soufre semble y remplir deux fonctions différentes. Un atome de soufre est en quelque sorte typique comme le soufre du mercaptan : placé en dehors du radical, il doit occuder le volume 22,6. S'il en est ainsi, l'autre atome de soufre placé dans le radical doit occuper le volume 28,6, différence du volume moléculaire expérimental du sulfure de carbone qui est égal à 62,2 et de la somme des volumes atomiques de

$$C + S \text{ typique} = 11 + 22,6.$$

Il est à remarquer que cette valeur, attribuée à S placé dans le radical, n'a pas été vérifiée pour d'autres composés, et une telle vérification eût été nécessaire.

Volumes atomiques du chlore, du brome et de l'iode. — On peut calculer le volume qu'occupent les atomes de ces éléments dans les composés organiques liquides en déduisant du volume moléculaire des chlorures, bromures, iodures, celui du groupe hydrocarboné. On trouve ainsi :

Volume atomique du chlore	22,8
— — du brome.....	27,8
— — de l'iode......	37,5

On voit que les deux premiers s'éloignent assez de ceux que l'observation directe assigne au chlore et au brome liquide.

Tels sont les volumes atomiques que l'on peut attribuer aux éléments des combinaisons organiques liquides. Les valeurs théoriques déduites des considérations qui précèdent permettent de calculer à priori les volumes d'un grand nombre de composés. Nous avons fait ressortir la nature hypothétique de quelques-unes de ces considérations, de celles notamment qui ont trait aux différences du volume atomique des éléments suivant le type du composé qui les renferme.

On doit à M. Berthelot une formule pour le calcul des volumes atomiques des composés organiques liquides, formés par l'union de deux autres composés liquides avec élimination de n molécules d'eau [*Ann. de Chim. et de Phys.*, (3), t. XLVIII, p. 322]. Soient A et B les volumes moléculaires de ces derniers composés, C le volume moléculaire de l'eau : le volume moléculaire V du composé est donné par l'expression $V = A + B — n C$, qui a été vérifiée par de nombreux exemples. La règle établie par M. Berthelot se montre, dans un grand nombre de cas, comme un corollaire des propositions plus générales indiquées plus haut. En effet, dans les réactions organiques où l'eau est éliminée, il arrive presque toujours qu'elle est formée par l'addition d'un atome d'hydrogène à des restes d'hydroxyle. C'est l'oxygène typique d'un composé organique qui devient eau. Il doit donc occuper, conformément aux idées de M. Kopp, dans ce composé, le même volume que dans l'eau ; et puisque d'un autre côté les atomes de carbone et d'hydrogène semblent occuper dans tous les composés organiques liquides un volume invariable, il est clair que la proposition de M. Berthelot doit se vérifier pour tous ces cas. Il n'en serait plus de même si l'eau se formait aux dépens de l'oxygène contenu dans un radical : l'oxygène occuperait dans l'eau un volume moins considérable que dans la combinaison organique, et la formule dont il s'agit pourrait donner une valeur trop forte pour le volume atomique cherché. Ce serait là une cause d'incertitude, comme, d'un autre côté, les erreurs inévitables dans les déterminations des densités, des points d'ébullition, des coefficients de dilatation, sont autant de causes d'incorrection.

Mais on ne peut nier que, dans un grand nombre de cas, l'accord entre le calcul et l'observation est suffisant pour dévoiler des relations positives entre la composition de la molécule et le volume qu'elle occupe à l'état liquide.

VOLUMES MOLÉCULAIRES DES CORPS SOLIDES. — Les données relatives aux volumes qu'occupent les molécules des corps solides sont moins certaines encore que celles que nous venons d'exposer. Dans cet ordre de considérations, on n'arrive à des résultats comparables que pour certains groupes de corps, doués d'une constitution analogue, lorsqu'on les prend dans les mêmes conditions physiques. Les corps isomorphes sont dans ce cas. Aussi a-t-on constaté l'égalité des volumes moléculaires pour un grand nombre de ces corps. Il en est ainsi, d'après M. H. Schiff, pour les sulfates et les sulfates doubles de la série magnésienne, et pour les aluns. Les volumes moléculaires de ces sels isomorphes sont donnés dans le tableau suivant :

Sulfates de la série magnésienne.

Formules.	Poids moléculaires.	Densités.	Vol. moléculaires.
$MgSO^4 + 7H^2O$	246	1,685	146
$ZnSO^4 + 7H^2O$	287	1,853	146,9
$NiSO^4 + 7H^2O$	281,2	1,931	145,6
$CoSO^4 + 7H^2O$	281	1,924	146
$FeSO^4 + 7H^2O$	278	1,884	147,5

Sulfates doubles de la série magnésienne.

Formules.	Poids moléculaires.	Densités.	Vol. moléculaires.
$MgSO^4,(AzH^4)^2SO^4 + 6H^2O$	360,0	1,680	214,2
$MgSO^4,K^2SO^4 + 6H^2O$	402,4	1,995	201,8
$ZnSO^4,(AzH^4)^2SO^4 + 6H^2O$	401,0	1,910	209,8
$ZnSO^4,K^2SO^4 + 6H^2O$	448,4	2,153	206,
$NiSO^4,(AzH^4)^2SO^4 + 6H^2O$	395,2	1,915	206,4
$NiSO^4,K^2SO^4 + 6H^2O$	437,6	2,123	206,2
$CoSO^4,(AzH^4)^2SO^4 + 6H^2O$	395,0	1,873	210,8
$CoSO^4,K^2SO^4 + 6H^2O$	437,4	2,154	208,2
$FeSO^4(AzH^4)^2SO^4 + 6H^2O$	392,0	1,813	216,2
$FeSO^4,K^2SO^4 + 6H^2O$	434,4	2,189	198,4
$CdSO^4,(AzH^4)^2SO^4 + 6H^2O$	447,4	2,073	215,8
$CdSO^4,K^2SO^4 + 6H^2O$	489,8	2,438	201,0
$CuSO^4,(AzH^4)^2SO^4 + 6H^2O$	399,4	1,931	206,8
$CuSO^4,K^2SO^4 + 6H^2O$	441,8	2,137	206,6
$MgSO^4,ZnSO^4 + 14H^2O$	533,0	1,817	293,2
$MgSO^4,CdSO^4 + 14H^2O$	530,0	1,983	292,4

Aluns.

Formules.	Poids moléculaires.	Densités.	Vol. moléculaires.
$Al^2S^3O^{12} + K^2SO^4 + 24H^2O$	949,2	1,722	551,2
$Al^2S^3O^{12} + Na^2SO^4 + 24H^2O$	916,8	1,641	558,4
$Al^2S^3O^{12} + (AzH^4)^2SO^4 + 24H^2O$	906,8	1,621	559,2
$Cr^2S^3O^{12} + K^2SO^4 + 24H^2O$	1001,6	1,845	542,8
$Cr^2S^3O^{12} + (AzH^4)^2SO^4 + 24H^2O$	959,2	1,736	552,4
$Fe^2S^3O^{12} + (AzH^4)^2SO^4 + 24H^2O$	964,0	1,712	562,8

On voit par ce tableau que dans les sulfates et sulfates doubles de la série magnésienne, le zinc, le cobalt, le nickel, le fer, le cadmium, le cuivre, peuvent remplacer le magnésium sans donner lieu à un changement sensible du volume de la molécule. On peut en conclure que ces métaux occupent le même volume dans ces combinaisons isomorphes. Il en est de même pour l'aluminium, le ferricum, le chrome, dans les aluns.

On a vu par le tableau de la page 475 que ces métaux sont loin de présenter le même volume atomique, lorsqu'on les considère à l'état libre. Cela est dû sans doute à cette circonstance que, dans cet état, ils sont loin d'être comparables, en ce qui concerne leur état d'agrégation, tandis qu'ils sont évidemment dans le même état physique dans les combinaisons isomorphes.

Si les molécules des sulfates de magnésium et de zinc, cristallisées avec $7H^2O$, occupent le même volume, il est clair qu'une combinaison de ces deux sels renfermant $14H^2O$ doit occuper un volume double. Il en est ainsi. Quant aux sulfates ammoniacaux isomorphes avec les sulfates renfermant du potassium, l'ammonium (formé de 5 atomes) occupe un volume un peu plus considérable que le potassium : aussi les volumes moléculaires des sels ammoniacaux dont il s'agit sont-ils invariablement plus forts que ceux des sels potassiques correspondants[1], comme on peut le voir par le tableau précédent.

[1] On voit, par cet exemple et par d'autres qui sont consignés dans le tableau précédent, que les volumes moléculaires des combinaisons isomorphes ne sont pas ri-

On sait que les corps isomorphes ne cristallisent pas toujours sous des formes parfaitement identiques, mais que la substitution d'un élément à un autre donne souvent lieu, dans les composés isomorphes, à de légères modifications dans les angles et les axes du cristal. On a remarqué qu'à ces modifications correspondent de légères altérations dans les volumes moléculaires.

Comparons maintenant les volumes moléculaires des chlorures et bromures offrant la même composition atomique.

Monoatomiques.	Formules.	Poids moléculaires.	Densités.	Vol. moléculaires.
Chlorure d'hydrogène	HCl	36,5	1,501	24,3
Chlorure de potassium	KCl	74,5	1,945	38,7
Chlorure de sodium	NaCl	58,5	2,148	27,2
Chlorure d'argent	AgCl	143,5	5,320	25,5
Chlorure de thallium	TlCl	239,5	7,02	34,1
Bromure d'hydrogène	HBr	82,0	2,00	41,0
Bromure de potassium	KBr	119,0	2,415	34,1
Bromure de sodium	NaBr	104,0	2,952	35,2
Bromure d'argent	AgBr	189,0	6,353	29,8

Diatomiques.	Formules.	Poids moléculaires.	Densités.	Vol. moléculaires.
Chlorure ferreux	$FeCl^2$	127,0	2,528	50,2
Chlorure de plomb	$PbCl^2$	279,0	5,78	48,4
Chlorure de calcium	$CaCl^2$	111,0	2,205	50,4
Chlorure de baryum	$BaCl^2$	208,2	3,82	54,4
Chlorure de nickel	$NiCl^2$	130,0	2,56	50,6
Chlorure mercurique	$HgCl^2$	271,0	5,517	51,0
Bromure de baryum	$BaBr^2$	299,2	4,23	70,6
Bromure mercurique	$HgBr^2$	362,0	5,92	61,2
Bromure de plomb	$PbBr^2$	370,0	6,63	56,0

Ici les divergences entre les nombres qui expriment les volumes moléculaires sont telles, qu'il n'est pas permis d'admettre que les molécules des chlorures et bromures possédant une composition analogue occupent le même volume. On voit même que des chlorures et bromures isomorphes tels que ceux de potassium et de sodium sont loin de posséder le même volume moléculaire. Tout au plus pourrait-on dire que quelques chlorures diatomiques offrent sensiblement un volume moléculaire double de celui des chlorures monoatomiques. Cela tendrait à prouver qu'un métal diatomique tel que le baryum occupe dans une molécule de chlorure $BaCl^2$ sensiblement un volume double de celui qu'occupe l'atome d'un métal monoatomique tel que le sodium dans une molécule de $NaCl$. Si l'on pouvait la considérer comme démontrée, cette proposition offrirait une certaine importance.

Mais pour les corps solides, plus encore que pour les liquides, les données relatives aux volumes qu'occupent les éléments dans les combinaisons sont approximatives. Ce qu'on peut dire à cet égard de plus général, c'est que le même élément occupe le même volume dans des combinaisons semblables. MM. Schrœder et Hermann Kopp ont fait voir depuis longtemps que des quantités équivalentes de différents éléments, en se combinant avec la même quantité d'un élément donné, éprouvent le même accroissement de volume. Ainsi des quantités équivalentes de métaux, en se

goureusement égaux. On constate entre ces volumes moléculaires de légères différences dues à des erreurs d'observation ou à d'autres causes qu'on peut assimiler à des perturbations. La proposition dont il s'agit offre donc un caractère d'approximation qu'on ne saurait nier. D'après M. Schrœder, elle reposerait sur de simples coïncidences et n'offrirait aucune base solide. Cet observateur a cherché à démontrer par de nombreux exemples [*Poggend. Ann.*, t. CVI, p. 226, et t. CVII, p. 118] que l'égalité des volumes moléculaires se rencontre aussi souvent, sinon plus fréquemment, pour des substances hétéromorphes que pour des substances isomorphes.

combinant avec un atome d'oxygène, éprouvent le même accroissement de volume :

207gr,4 ou 18cc,44 de plomb ⎫
112   ou 13 , 0 de cadmium ⎪ augmentent de 2cc,6 en
63, 7   ou 7 , 2 de cuivre ⎬ s'unissant avec 16 gr.O
65, 2   ou 9 , 2 de zinc   ⎭

L'atome d'oxygène occupe donc dans tous ces oxydes un volume égal à 2,6, et l'on a déterminé ce volume en soustrayant du volume atomique des oxydes celui que les métaux correspondants occupent à l'état libre. On a donc admis implicitement que dans les oxydes PbO, CdO, CuO, ZnO les atomes de Pb, Cd, Cu, Zn occupent le même volume qu'à l'état libre. Cette hypothèse semble justifiée dans ce cas. Elle ne serait pas exacte dans d'autres. On a reconnu, en effet, que les métaux alcalins et terreux n'occupent pas dans les combinaisons le même volume qu'à l'état libre. En soustrayant du volume moléculaire de leurs chlorures le volume atomique du chlore, M. Hermann Kopp a obtenu le volume atomique de ces métaux. Il a déterminé, par un procédé analogue, celui d'un certain nombre d'autres éléments ou de groupes d'éléments. Le principe de ces déterminations a déjà été indiqué : les résultats ne sont pas assez certains pour que nous puissions les mentionner.

Notons en terminant les relations curieuses signalées par MM. Playfair et Joule entre le volume moléculaire de certains sels cristallisés et celui de l'eau qu'ils renferment [*Chem. Soc. mem.*, t. II, p. 477 et t. III, p. 199 ; *Quart., Journ. of the Chem. Soc.*, t. I, p. 121]. Dans certains sels riches en eau de cristallisation, tels que les arséniates et les phosphates renfermant 12 molécules d'eau, et dans le sel de soude qui en renferme 10, le volume de cette eau supposée solide (à l'état de glace) est égal au volume de la molécule du sel cristallisé, de telle sorte que les atomes du sel anhydre paraissent interposés entre les molécules d'eau sans que le volume de celles-ci soit augmenté.

Dans d'autres cas, les relations entre le volume moléculaire du sel cristallisé et celui de l'eau sont moins simples. Dans les sulfates hydratés de la série magnésienne, le borax, le pyrophosphate de sodium, le sulfate d'aluminium, les aluns, la molécule du sel cristallisé occupe un volume égal à celui de l'eau solide augmenté de celui de l'oxyde métallique.

Un autre résultat intéressant est celui-ci : le volume moléculaire du sucre de canne et celui du sucre de lait sont les mêmes que celui de l'hydrogène et de l'oxygène qu'ils renferment, en supposant ces éléments combinés sous forme d'eau solide ou de glace. A. W.

ATROPINE, $C^{17}H^{23}AzO^6$. — On donne le nom d'*atropine* à une substance organique cristallisée, jouissant de propriétés alcalines.

Cet alcaloïde, répandu dans les différents organes de la belladone, dont il représente la partie active, est principalement retiré des racines.

D'après quelques auteurs, le même alcaloïde existerait aussi dans le stramonium. Cette opinion est basée sur les travaux de M. Planta, qui a fait voir que la *daturine*, alcali cristallisable retiré du stramonium par Brandes, puis par MM. Geiger et Hess, possédait exactement la même composition chimique ainsi que la plupart des caractères de l'atropine ; de plus elle produit, comme cette dernière, la dilatation de la pupille. Cependant Soubeiran a fait observer avec juste raison qu'on devait plutôt envisager la *daturine* comme un isomère de l'atropine, parce que 1° elle cristallise plus facilement que cette dernière ; 2° les solutions aqueuses de ses sels ne sont pas précipitées par le chlorure platinique ; 3° le chlorure d'or y détermine un précipité blanc qui est jaune avec l'atropine dans les mêmes conditions [*Traité de Pharm. théor. et prat.*, t. II, p. 6].

La belladone (*Atropa belladona*) et le stramonium ou pomme épineuse (*Datura stramonium*) sont des plantes herbacées qui appartiennent à la famille des Solanées. Elles font partie d'un groupe particulier désigné sous le nom de *solanées vireuses*, remarquables par leurs propriétés toxiques, et dont le caractère distinctif est de produire avec une grande énergie la dilatation et l'immobilité de la pupille.

Un grand nombre de chimistes ont cherché à isoler le principe actif de la belladone. Vauquelin a fait connaître quelques essais analytiques qu'il avait entrepris sur cette plante ; plus tard Brandes, Pauquy, Runge, Tillay, etc., publièrent quelques travaux sur la belladone, sans avoir pu prouver l'existence de l'atropine [Vauquelin, *Ann. de Chim. et de Phys.*, t. LXXII, p. 53 ; *Ann. der Chem. u. Pharm.*, t. I, p. 68]. En réalité, cet alcaloïde a été isolé en 1833, et presque simultanément, par MM. Geiger et Hess, d'une part, et par M. Mein, pharmacien à Neustadt-Goders, de l'autre, qui l'a obtenu le premier à l'état de pureté [Geiger et Hess, *Ann. der Chem. u. Pharm.*, t. VII, p. 269 ; Mein, *Ann. der Chim. u. Pharm.*, t. VI, p. 67 et *Journ. de Pharm.*, t. XX, p. 88].

Propriétés. — L'atropine cristallise en aiguilles soyeuses de forme prismatique ; elle possède une saveur âcre et amère ; à l'état de pureté, elle est incolore et inodore. Elle fond à 90° ; à 140° elle se volatilise en se décomposant en partie. Très-soluble dans l'alcool ; souvent cette solution se prend en une masse diaphane lorsqu'on l'abandonne à une évaporation lente. 1 p. d'atropine se dissout dans 2 1/2 p. d'alcool froid. L'atropine est moins soluble dans l'éther, elle exige pour se dissoudre 35 p. d'éther froid, et seulement 6 p. d'éther bouillant. Peu soluble dans l'eau, il en faut 200 p. pour la dissoudre à froid et 54 p. quand l'eau est bouillante.

Les cristaux d'atropine, abandonnés longtemps au contact de l'eau et de l'air, éprouvent une transformation singulière : ils disparaissent, la liqueur se colore en jaune, et par l'évaporation il se dépose une masse amorphe, incristallisable, soluble dans l'eau, répandant à l'air une odeur nauséabonde. L'atropine cependant n'a pas perdu ses propriétés vénéneuses, et la faculté de cristalliser peut lui être facilement rendue : il suffit de la combiner avec un acide, d'agiter la solution avec du charbon animal, puis, après avoir filtré, de précipiter l'atropine par un alcali. On la retrouve de nouveau avec toutes ses propriétés primitives.

L'infusion de noix de galle donne, avec la solution aqueuse d'atropine, un abondant précipité blanc ; avec le chlorure de platine, un précipité de couleur isabelle ; avec le chlorure d'or, un précipité jaune-citron qui devient peu à peu cristallin, et constitue une véritable combinaison du sel d'or avec l'alcaloïde. La teinture d'iode donne un précipité brun-kermès. Le chlore a peu d'action sur cet alcaloïde, il se forme un liquide jaunâtre qui contient beaucoup de chlorhydrate d'atropine.

L'atropine ramène fortement au bleu le papier de tournesol rougi par un acide. Elle exerce sur l'économie animale une action spéciale : c'est un poison redoutable.

M. Pfeiffer a constaté que l'atropine répand, lorsqu'on la brûle, l'odeur de l'acide benzoïque ; l'ayant soumise à l'action du bichromate de potasse et de l'acide sulfurique, il a obtenu de l'hydrure de benzoïle et de l'acide benzoïque sublimé [*Ann. der Chem. u. Pharm.*, t. CXXVIII, p. 273 ; nouv. sér., t. LII. — *Bull. de la Soc. chim.*, nouv. sér.,

t. I, p. 198 (1864); *Journ. de Pharm. et de Chim.*, (3), t. XLV, p. 282).

Action des bases sur l'atropine. — Par une ébullition prolongée avec la soude caustique, l'atropine se dédouble : il se forme un acide qui resta uni avec la soude, et une base volatile qui passe à la distillation, et que l'on recueille dans l'acide chlorhydrique [Pfeiffer, *loc. cit.*].

L'acide forme avec la soude une masse résineuse qu'on dissout dans l'eau, on y fait passer un courant d'acide carbonique, la solution est évaporée, et le résidu de l'évaporation est repris par l'alcool. On obtient ainsi un sel de soude ayant l'apparence d'une résine jaune. Dissous dans l'eau et traité par de l'acide chlorhydrique, l'acide se sépare sous forme de gouttelettes oléagineuses, cristallisables. Cet acide fond à 98° et se sublime à 105°; il est soluble dans l'eau bouillante; il répond à la formule $C^{24} H^{24} O^5$. Cet acide est accompagné d'une substance résineuse acide, qui est probablement le produit de son oxydation.

La base volatile se combine avec l'acide chlorhydrique, en donnant un sel cristallin formé d'aiguilles groupées concentriquement. La soude caustique ajoutée à la solution aqueuse en sépare la base sous forme de gouttes oléagineuses d'une odeur ammoniacale et douceâtre. Avec le chlorure de platine, elle donne un précipité résineux; avec le chlorure d'or, elle paraît former une combinaison soluble.

M. Kraut a fait connaître l'action qu'exerce l'hydrate de baryte sur l'atropine : quand on chauffe ce mélange à 100° dans des tubes scellés, l'atropine se dédouble, il se forme un acide nouveau, l'acide *atropique*, et une base nouvelle, la *tropine* [*Ann. der Chem. u. Pharm.*, t. CXXVIII, p. 280 (nouv. sér., t. LII, 1863), et t. CXXXIII, p. 87 (nouv. sér., t. VII, 1865), et *Bull. de la Soc. chim.*, nouv. sér., t. I, p. 199 (1864), et t. IV, p. 222 (1865)]. Ces corps s'obtiennent en traitant par l'acide chlorhydrique la solution précédente, l'acide atropique est mis en liberté et la tropine reste en solution à l'état de chlorhydrate :

$$C^{17} H^{23} Az O^3 = C^9 H^8 O^2 + C^8 H^{15} Az O.$$

Atropine.　　Acide atropique.　　Tropine.

L'acide atropique est volatil et cristallise en tables appartenant au type clinorhombique. Il est soluble dans l'alcool et peu soluble dans l'eau. Il fond à 106°,5 en répandant l'odeur de l'acide benzoïque. Il se dissout dans 692,5 p. d'eau à 19°,1; la formule est exprimée par $C^9 H^8 O^2$. Les atropates neutres ne précipitent pas les sels de protoxyde de manganèse. Il est isomère avec l'acide cinnamique. En effet, cet acide fond de 133° à 137°, ne se dissout que dans 3500 p. d'eau à 17°, et ses sels, même en solution étendue, précipitent les protosels de manganèse.

L'atropate de potasse cristallise en petites feuilles brillantes.

L'atropate d'argent donne des cristaux mamelonnés.

L'atropate de chaux se présente sous forme de magnifiques cristaux, d'un éclat vitreux, appartenant au type clinorhombique. Les différences qui existent entre ce sel et le cinnamate de chaux caractérisent parfaitement l'acide atropique. Les cristaux obtenus en refroidissant une solution saturée à chaud se présentent sous forme mamelonnée, et, vus au microscope, ils offrent des tables allongées, plus petites et plus nettes que celles du cinnamate de chaux. A l'air, ils ne s'effleurissent qu'au bout de plusieurs semaines; au-dessus de l'acide sulfurique, l'action se produit immédiatement. Ils renferment 5 molécules d'eau. Chauffés entre 190° et 200°, ils perdent leur eau

de cristallisation, qu'ils reprennent par leur exposition à l'air. Ils se dissolvent dans 42 à 44 p. d'eau à 18°,1, tandis qu'il en faut 608 p. à 17°,5 pour dissoudre le cinnamate de chaux.

On obtient l'atropate de chaux en sursaturant l'acide par un lait de chaux; on fait passer un courant d'acide carbonique, on fait bouillir, puis on évapore à siccité. Le résidu est ensuite repris par l'eau bouillante, et la solution, filtrée chaude, évaporée au-dessus de l'acide sulfurique.

L'atropate de tropine est une masse visqueuse, incristallisable, qui ne dilate pas la pupille.

L'acide atropique, chauffé avec du chromate de potasse et de l'acide sulfurique, donne de l'acide benzoïque.

La *tropine* obtenue par distillation est une base cristallisable, très-soluble dans l'eau et dans l'alcool, qui l'abandonnent par l'évaporation sous forme huileuse. Dissoute dans l'éther anhydre, on l'obtient par évaporation spontanée à l'état de tables incolores fusibles à 61°,2.

La tropine n'attire pas l'acide carbonique de l'air, elle s'unit aux acides pour former des sels qui cristallisent bien. En solution aqueuse, elle précipite l'oxyde d'argent dans l'azotate, et l'oxyde de cuivre dans le sulfate; un excès de réactif ne redissout pas les oxydes.

Un mélange de tropine et d'hydrate de baryte donne, par la distillation, des produits de décomposition parmi lesquels on remarque principalement l'ammoniaque et la méthylamine.

Le chlorhydrate de tropine forme avec le chlorure de platine un chlorure double

$$[(C^8 H^{16} Az O Cl)^2 Pt Cl^4],$$

qui se présente sous forme de grands cristaux d'un rouge orangé, appartenant au système cubique, solubles dans l'eau chaude et insolubles dans l'alcool.

Avec le bichlorure de mercure, on obtient un sel double cristallisé, peu soluble.

Avec le chlorure d'or, il se forme un précipité jaune qui devient huileux dans l'eau chaude, finit par s'y dissoudre et cristallise par le refroidissement.

L'iodhydrate de tropine forme avec l'iodure de mercure un composé cristallin peu soluble.

Le picrate de tropine cristallise en belles aiguilles jaunes.

Si l'on met en contact de la tropine et de l'iodure de méthyle, le mélange se prend bientôt en masse cristalline blanche : c'est l'iodhydrate d'éthyle-tropine $C^8 H^{15} (C^2 H^5)$ Az O, I. Le chlorhydrate de cette base nouvelle cristallise en aiguilles fines déliquescentes Si on le traite par l'oxyde d'argent, on obtient l'éthyle-tropine : c'est une matière brune, amorphe, non volatile, attirant l'acide carbonique de l'air, soluble dans l'alcool absolu, et insoluble dans l'éther.

Le chloroplatinate d'éthyle-tropine est représenté par la formule

$$[(C^8 H^{15} (C^2 H^5) Az O, Cl)^2 Pt Cl^4].$$

D'après M. Wormley [*Chem. news*, juin 1860, n° 28, t. II, p. 13, et *Répert. de Chim. pure et appl.*, t. II, p. 429 (1860)], l'atropine se dissout sans se colorer dans l'acide nitrique concentré et chaud. Le chlorure d'étain détermine dans cette solution chaude un précipité blanc, abondant; lorsqu'elle est froide, le précipité ne se produit pas.

L'acide sulfurique concentré dissout aussi l'atropine, mais en la colorant légèrement en jaune.

Une solution d'atropine dans l'acide acétique, traitée par les réactifs qui suivent, donne des précipités dont la couleur peut varier, selon le degré de concentration de la liqueur.

1° L'*acide acétique* fait naître un précipité blanc sale, dans une solution qui ne contient que 1/100 d'alcaloïde. Au 1/1000, le précipité est bleuâtre ; au 1/5000, il donne encore un trouble sensible.

2° Le *chlorure d'or* donne, avec une solution au 1/100, un précipité jaune; au 1/1000, le précipité est jaune verdâtre.

3° Le *chlorure de platine* donne un précipité jaune sale ; au delà de 1/500, le précipité ne se forme plus.

4° L'*acide picrique* donne un précipité jaune : le précipité est encore apparent dans une solution au 1/1000, seulement il est jaune verdâtre.

5° *Iodure ioduré de potassium*. La sensibilité de ce réactif est si grande, qu'il peut donner naissance à un léger trouble dans une solution qui ne contient qu'un 1/500,000 d'alcaloïde; au 1/100, le précipité est jaunâtre; au 1/1000, il est brun rougeâtre.

6° Le *brome* dissous dans l'acide bromhydrique donne un précipité jaune clair, qui est encore sensible, et prend une apparence verdâtre dans une solution qui ne contient que 1/20,000.

7° La *potasse* peut précipiter une solution d'atropine qui ne contient que 1/100 d'alcaloïde.

Du reste, les réactions qui viennent d'être indiquées ne sont pas spéciales à l'atropine et ne peuvent servir à la caractériser.

Tous les alcaloïdes naturels (voir ce mot), à peu d'exceptions près, donnent des précipités analogues avec les mêmes réactifs : leur degré de solubilité dans l'eau fait la principale différence, et encore ne porte-t-elle que sur des 1/1000.

Préparation. — L'atropine existe dans toutes les parties de la belladone; en général on la retire de la racine.

Le procédé qui donne les meilleurs résultats est le suivant : on épuise par de l'alcool concentré la racine de belladone grossièrement pulvérisée, puis la solution filtrée est mélangée avec une quantité de chaux éteinte, égale au vingtième du poids de la racine, et agitée fréquemment. Au bout de quelques heures de contact, on filtre de nouveau; la teinture alcoolique est alors saturée par de l'acide sulfurique en léger excès. On sépare par le filtre le sulfate de chaux formé, puis on fait évaporer aussi rapidement que possible, à une très-douce chaleur, les deux tiers de l'alcool. Après refroidissement, on ajoute peu à peu une solution concentrée de carbonate de potasse, jusqu'à ce que la liqueur soit troublée par un précipité (on sépare ainsi une matière résineuse grise brunâtre qui souille l'atropine et s'opposerait à sa cristallisation).

On laisse reposer 24 heures, puis on filtre. La solution de carbonate de potasse est alors ajoutée tant qu'il se forme un précipité. Le lendemain on le recueille sur un filtre, on l'exprime, on le fait sécher entre des feuilles de papier, puis on l'épuise par de l'alcool à 96° en l'agitant avec du charbon animal jusqu'à ce que la liqueur soit à peine colorée. On sépare le charbon par le filtre, et l'on fait évaporer l'alcool en partie. On peut aussi ajouter à la solution alcoolique six fois son volume d'eau, et abandonner le tout dans un endroit frais et obscur. L'atropine se dépose au bout d'un certain temps sous forme d'aigrettes cristallines.

D'autres procédés ont été proposés; ainsi M. Rabourdin [*Ann. de Chim. et de Phys.*, t. XXX, p. 381] conseille de prendre la belladone au moment où elle commence à fleurir, et d'en exprimer le suc, qu'on chauffe vers 90° pour coaguler l'albumine. Quand le suc est froid, on filtre et on y ajoute 30 grammes de chloroforme et 4 grammes de potasse caustique; le tout est alors agité pendant quelques minutes, puis abandonné au repos. Le chloroforme, tenant en dissolution l'atropine et une matière verdâtre, se sépare, on le distille, et le résidu repris par de l'eau acidulée enlève l'atropine en laissant la matière verte; il suffit, pour obtenir l'alcaloïde pur et cristallisé, de traiter cette solution comme ci-dessus.

M. Procter [*Wittstein's Vierteljahrs.*, t. XI, p. 121; *Journ. de Chim. appl.*, t. IV, p. 364(1862) et *Journ. de Pharm. et de Chim.*, (3), t. XLIII, p. 384, 1863] a indiqué aussi un procédé pour extraire l'atropine, qui est à peu près la réunion des deux procédés précédents. Il n'offre aucune manière d'opérer qui ne soit connue.

Sels d'atropine. — L'atropine se dissout généralement bien dans les acides, mais les sels qu'elle forme avec eux ne cristallisent qu'avec beaucoup de difficulté, et se colorent promptement à l'air.

La potasse, l'ammoniaque, les carbonates ne précipitent les sels d'atropine qu'en solution très-concentrée, et l'alcaloïde précipité se redissout facilement dans un excès de réactif.

Le tannin ne les précipite que lorsque l'on a préalablement ajouté de l'acide chlorhydrique à la solution.

On connaît les sels d'atropine qui suivent :

L'*acétate*, $C^{17}H^{24}AzO^3.C^2H^3O^2$, est un sel bien cristallisé : il représente des prismes nacrés groupés en étoiles, très-solubles dans l'eau. Redissous à plusieurs reprises, ce sel finit par perdre de l'acide acétique; l'air n'a pas d'action sur lui.

L'*azotate* est une masse sirupeuse déliquescente.

Le *chloraurate*, $C^{17}H^{23}AzO^3HCl.AuCl^3$, se présente sous la forme d'une poudre jaune qui finit par devenir cristalline, peu soluble dans l'eau. On l'obtient en versant une solution concentrée de chlorhydrate d'atropine dans une solution étendue de chlorure d'or, en ayant soin d'agiter continuellement pendant le mélange; on évite ainsi l'agglutination du précipité, ce qui facilite sa cristallisation.

Le *chlorhydrate*, $C^{17}H^{24}AzO^3Cl$. D'après M. Geiger, ce sel cristallise en aigrettes réunies en faisceaux, et inaltérables à l'air. D'après M. de Planta, ce sel serait incristallisable.

Le *chloromercurate* ne peut s'obtenir qu'en opérant avec des solutions très-concentrées.

Le *chloroplatinate* ne cristallise pas; c'est un précipité pulvérulent très-soluble dans l'acide chlorhydrique.

Le *picrate* est un précipité jaune pulvérulent.

Le *sulfate*, $(C^{17}H^{24}AzO^3)^2.SO^4$, est la plus importante des préparations d'atropine; on l'emploie fréquemment en médecine pour certaines affections des yeux; aussi doit-on chercher à l'obtenir aussi neutre que possible, et d'une pureté parfaite. On y parvient en suivant le procédé indiqué par M. Maitre. Il consiste à faire le mélange de 1 p. d'acide sulfurique et de 10 p. d'alcool à 40°, qu'on ajoute goutte à goutte à une solution de 10 p. d'atropine dans l'éther *pur et sec*. Le sulfate d'atropine, insoluble dans l'éther, se dépose. Ce sel cristallise facilement en aiguilles déliées, incolores et réunies en aigrettes, il est très-soluble dans l'eau et l'alcool.

Le *tartrate* est une masse sirupeuse qui attire un peu l'humidité de l'air.

Le *valérianate*, $C^{17}H^{24}AzO^3.C^8H^9O^2 + H^2O$, a été obtenu par M. Callemann [*Compt. rend. de l'Inst.*, t. LVII, p. 417, 1858]. Ce sel bien cristallisé dérive du système rhomboïdal ; les faces des cristaux sont très-brillantes. A 20° ils se ramollissent, à 32° ils se liquéfient. Ils se colorent à l'air et à la lumière. Ils sont très-solubles dans l'eau, moins dans l'alcool et fort peu dans l'éther.

L'atropine est un poison violent; elle appartient à la classe des narcotiques, et possède à un haut degré la propriété de dilater la pupille. A la dose de 0gr,01, elle détermine déjà chez l'homme tous les caractères des graves accidents provoqués par les solanées vireuses; néanmoins, elle est d'un fréquent usage en médecine. A l'intérieur, on la prescrit sous forme pilulaire à la dose de 0gr,005 à 0gr,002 pour combattre certaines affections nerveuses; mais c'est surtout à l'extérieur qu'elle rend de grands services à l'art de guérir, dans le traitement des maladies des yeux. Dans ce cas, elle est employée à l'état de sulfate neutre en solution dans l'eau (0gr,02 pour 10 grammes d'eau environ).

Cependant la belladone, qui doit à l'atropine toutes ses propriétés vénéneuses et qui est si redoutable pour l'homme, jouit d'une innocuité complète pour certains animaux : ainsi les porcs mangent impunément sa racine, les limaçons, les moutons, les lapins peuvent se nourrir de ses feuilles sans courir le moindre danger. Il n'en est pas de même des chiens et des oiseaux, qui sont, ainsi que l'homme, empoisonnés par toutes les parties de la plante. E. C.

AUERBACHITE (Min). — Variété de zircon, plus riche en silice et probablement altérée.

AUGITE. — Voyez Pyroxène.

AURALITE (Min.). — Petites masses ressemblant à la pyrargillite d'Abo, en Finlande. Altération de la cordiérite.

AURICHALCITE (Min.). — Carbonate hydraté de cuivre et de zinc en cristaux aciculaires d'un vert clair et d'un éclat nacré. Translucide.

Dureté, 2. M. G. Rose admet pour les quantités d'oxygène des protoxydes, de l'acide carbonique et de l'eau les rapports 5 : 4 : 3.

AUROPOUDRE (Min.). — Or natif palladifère et argentifère en petits grains cristallins, de la capitainerie de Perpez (Brésil).

Pd : 10 %; Ag : 4 %.

AUROTELLURITE. — Voyez Sylvanite.

AUTOMOLITE. — Voyez Gahnite.

AUTUNITE (Min.) [Syn. Uranite (Phillips), en partie, Urane oxydé, H., en partie, Uranphyllite, Uranite, Haussmann, Haidinger].—Phosphate hydraté urano-calcique, CaU²Ph²O⁹, 12 H²O.

Cristaux généralement feuilletés, appartenant au type orthorhombique (Des Cloizeaux), mais ayant une apparence quadratique; d'un jaune verdâtre et d'un éclat nacré sur les faces de clivage. Dans le granite ou dans la pegmatite.

Caractères. — Soluble dans l'acide azotique, en lui communiquant une teinte jaune. Donne de l'eau dans le tube. Au chalumeau, fond en une masse noire. Avec le borax, donne un verre jaune dans la flamme extérieure et vert dans la flamme intérieure.

Dureté, 1-2. Poussière jaune.

Densité, 3-3,2.

Forme cristalline.—Prisme orthorhombique de 90°43'. b¹ b¹ = 127°32.

Clivage parallèle à la base (p) très-net. F. et S.

AVÉNINE. — Substance analogue de la légumine, découverte par Johnston dans l'avoine et étudiée par Norton [Sillim. Americ. Journ., (2), t. V, p. 22].

L'avoine broyée est mise à digérer pendant 12 à 16 heures, dans un endroit frais, avec beaucoup d'eau ; on filtre et on précipite par un peu d'acide acétique. Le précipité lavé est dissous à 50° dans l'ammoniaque très-étendue ; on filtre et on reprécipite par l'acide acétique. Le précipité est lavé à l'alcool et à l'éther. L'avénine est jaune, soluble dans l'eau, non coagulable par la chaleur. Elle se distingue de la légumine parce que l'acide acétique ne la précipite pas immédiatement, mais peu à peu. La solution aqueuse bouil-

lie pendant longtemps se trouble par le refroidissement.

Ces caractères ne sont pas suffisants pour établir d'une manère certaine l'existence de ce corps.

AVENTURINE (Min.). — Variété de quartz compacte renfermant des lamelles de mica qui lui communiquent un éclat scintillant particulier. Il en existe de jaune, de brun-rougeâtre et de verte.

AXINITE (Min.) [Syn. Thumite, Yanolite Schorl violet, Schorl lenticulaire, Romé de l'Isle] — Silico-borate d'alumine, de chaux, de fer et du manganèse, avec un peu de magnésie et une trace de potasse. Le fer et probablement le manganèse sont à l'état de sesquioxyde d'après Rammelsberg. D'après les analyses de ce chimiste, les quantités d'oxygène des protoxydes, des sesquioxydes, de la silice et de l'acide borique sont entre elles comme 1,68 : 3 : 6 : 0,82.

Cristaux transparents, presque toujours colorés en brun ou en violet, à arêtes minces et tranchantes, d'un éclat vitreux; en filons avec l'albite, le quartz, l'épidote, etc. Quelquefois les cristaux sont entièrement pénétrés de chlorite. Se trouve aussi en masses lamellaires ou compactes.

Caractères. — Inattaquable par les acides; devient attaquable après fusion. Au chalumeau, fond facilement avec boursouflement en un

Fig. 72. — Axinite.

globule vert sombre. Chauffée avec le sulfate acide de potasse et la fluorine, colore la flamme en vert. Avec les flux, réactions du fer et du manganèse.

Dureté, 6,5-7. Poussière blanche.

Densité, 3,27-3,3. Pyroélectrique avec deux axes d'électricité. Trichroïque. Cassure conchoïde.

Forme cristalline. — Prisme anorthique : mt = 135°10', pm = 134°48', pt = 115°30'.

Clivage à peine sensible : tronquant l'arête aiguë des faces mt. F. et S.

AZADIRINE. — D'après Piddington, la Melia azadirachta, arbre de l'Inde occidentale, renferme une base amère qui pourrait servir de succédané de la quinine. O. Shaugnessy dit que les diverses parties de l'Azadirachta indica sont très-amères, surtout l'écorce, et sont employées avec succès à Bombay comme fébrifuge. La capsule du fruit mûr contient une huile amère dont on se sert pour frictions externes [Pharm. centralbl., 1844, p. 365; — Geiger's Mag., t. XIX, p. 50].

AZÉLAÏQUE (ACIDE) [Laurent, Ann. de Chim. et de Phys., t. XVI, p. 172]. — L'existence de cet acide est douteuse. Il a été obtenu par Laurent dans la préparation de l'acide subérique : on l'extrait de cet acide au moyen de l'éther. La propriété qui les distingue l'un de l'autre est que les subérates de baryum, strontium et magnésium sont insolubles dans l'alcool, tandis que les azélaïates correspondants y sont solubles.

Analyse. — C : 55,7; H : 8,1; O : 36,2.

AZOBENZIDE. — Voyez Benzine.

AZOBENZOYLE, AZOBENZOYDINE, AZOBENZOYLIDE. — Voyez Hydrure de benzoyle.

AZOCINNAMYLE. — Voyez Cinnamique.

AZODRACYLIQUE. — Voyez Dracylique.

AZOLÉIQUE (ACIDE) [Laurent, loc. cit.]. — (Douteux?) — Laurent l'extrait du résidu huileux que l'on obtient après le traitement nitrique de l'acide oléique.

Il éthérifie cette huile, distille l'éther obtenu et le décompose par la potasse. Il obtient ainsi un acide insoluble dans l'eau, soluble dans l'acide nitrique concentré.

Analyse. — C : 63,68 ; H : 10,71 ; O : 25,61. Il est probablement identique avec l'acide œnanthylique.

AZOLITHMINE. — Voyez TOURNESOL.

AZOLITHMIQUE (ACIDE). — Voyez TOURNESOL.

AZONAPHTYLAMINE. — Voyez NAPHTYLAMINE.

AZOPHÉNYLAMINE. — Voyez PHÉNYLAMINE.

AZORITE (Min.) [Syn. *Açorite*]. — Petits octaèdres quadratiques d'un blanc jaunâtre ou verdâtre, dans une roche trachytique des Açores. D'après M. Hayes, c'est un tantalate de chaux.

Caractères. — Infusible au chalumeau. Dureté, 4 - 4,5. Angle de l'octaèdre, 123°45'.

AZOTE. — Az = 14. Ce nom a été donné par Lavoisier à la partie non respirable de l'air atmosphérique, décrite simultanément par Rutherford et par Scheele en 1772, sous le nom de *moffette atmosphérique* ou de *aer mephiticus*. Ce gaz a été fréquemment désigné sous le nom de *nitrogène*, parce qu'il constitue un des éléments du nitre. Berthollet a reconnu sa présence dans l'ammoniaque et dans l'acide prussique. Il entre dans la constitution d'un grand nombre de matières végétales, et surtout de matières animales. Fourcroy avait observé que la vessie natatoire des carpes renferme du gaz azote pur.

État naturel. — L'azote forme environ les 4/5 de l'air, d'où il est facile de le séparer de l'oxygène, auquel il est mélangé, en absorbant ce dernier par un corps oxydable, tels que le phosphore, le cuivre, etc. Pendant longtemps on faisait usage, à cet effet, de sulfures alcalins ou terreux, ou de tournure de cuivre humectée d'acide sulfurique. Les moyens les plus fréquemment employés pour obtenir l'azote sont la combustion vive du phosphore sous une cloche remplie d'air et placée sur l'eau, ou l'oxydation du cuivre chauffé au rouge dans un tube traversé par un courant d'air ; il faut avoir soin, pour obtenir l'azote pur, de faire passer l'air lentement, et en le privant préalablement, par des tubes absorbants, de l'acide carbonique qu'il renferme.

Préparation. — L'azote peut encore être mis en liberté dans une foule de réactions chimiques. Ainsi l'ammoniaque traitée par le chlore cède à celui-ci tout son hydrogène en même temps que l'azote se dégage. Pour cela on fait passer un courant de chlore dans une solution d'ammoniaque ; il faut avoir soin de maintenir toujours l'ammoniaque en excès, sans quoi le chlore, réagissant sur le sel ammoniac formé, donnerait naissance à du chlorure d'azote, corps éminemment explosible. La même expérience peut être répétée en petit en mélangeant dans un long tube de verre des solutions de chlore et d'ammoniaque : on voit immédiatement les bulles d'azote se dégager du sein du mélange.

Enfin, l'azotite d'ammonium, soumis à l'action de la chaleur, se résout en eau et gaz azote :

$$Az(AzH^4)O^2 = Az^2 + 2H^2O.$$

Azotite d'ammoniaque.

A défaut d'azotite d'ammoniaque on peut faire usage d'un mélange de chlorure d'ammonium et d'azotite de potassium.

Propriétés. — Densité de l'azote par rapport à l'air, 0,972, et par rapport à l'hydrogène, 14 [$Az^2 = 2$ volumes]. Poids du litre, 1^{gr},263.

L'azote est peu soluble dans l'eau : 1 vol. de celui-ci à 3° en dissout 0^{vol},0219, et à 19°,6, 0^{vol},01515. L'alcool en dissout un peu plus, c'est-à-dire 0^{vol},1263 à 0°. L'indice de réfraction de l'azote, déterminé par M. Jamin, est égal à 1,000507. C'est un gaz permanent, incolore et inodore ; il est incombustible et incapable d'entretenir la respiration et la combustion.

Les affinités de l'azote sont peu énergiques. Il se combine lentement à l'oxygène, sous l'influence de l'étincelle électrique ; cette combinaison est facilitée par la présence d'un alcali ou de la vapeur d'eau. Ces conditions favorisent aussi la combinaison des deux gaz sous l'influence des corps poreux : le phénomène connu sous le nom de nitrification est dû à ces causes combinées.

Dans certaines circonstances, l'azote peut se combiner aux éléments de l'eau pour former du nitrite d'ammoniaque ; c'est ce qui a lieu, par exemple, lors de l'oxydation du fer à l'air humide, ainsi que dans une foule de combustions lentes ou vives, comme l'a constaté M. Schœnbein.

L'azote ne se combine pas directement à l'hydrogène ; il peut s'unir au carbone, au rouge, lorsque l'on fait intervenir un alcali ou un carbonate alcalin ; c'est un cyanure qui prend naissance dans ce cas.

Enfin l'azote est susceptible de se combiner directement, au rouge, avec le bore, le magnésium et le titane.

L'azote, qui est triatomique ou pentatomique, forme le type d'une classe de corps simples, qui sont : l'azote, le phosphore, l'arsenic, l'antimoine, auxquels il faut peut-être joindre le bismuth

AMMONIAQUE ou **AZOTURE D'HYDROGÈNE.** — La combinaison très-importante que forme l'azote avec l'hydrogène est connue sous le nom d'ammoniaque, et c'est à ce nom que nous renvoyons l'étude de ce composé. Sa formule, qui est AzH³, montre que, sur deux volumes, il renferme 1 volume d'azote et 3 volumes d'hydrogène ; on voit donc que l'azote a une grande tendance à former des composés triatomiques ; seulement, à cet état, toutes les affinités de l'azote ne sont pas satisfaites et cet élément peut fixer deux atomicités de plus pour former des composés pentatomiques.

A l'ammoniaque, comme type de combinaisons, se rattachent les azotures, ainsi que les composés haloïdes de l'azote.

AZOTURES. — L'azote peut se combiner directement à plusieurs corps simples, notamment au bore, au titane, et au magnésium ; la combinaison se fait à la température rouge. Le bore, chauffé au rouge sombre, brûle dans un courant de deutoxyde d'azote et se convertit en azoture de bore et en acide borique. Ces azotures sont très-stables. Quelques autres azotures métalliques offrent de même une assez grande stabilité vis-à-vis de la chaleur. On les obtient toujours par l'action de l'ammoniaque sur les oxydes ou sur les chlorures correspondants. Quelques-uns renferment de l'hydrogène. Les acides les détruisent, ainsi que la potasse, en donnant naissance à de l'ammoniaque. L'azoture de magnésium est décomposé par l'eau en donnant de la magnésie et de l'ammoniaque :

$$2Mg^2Az^3 + 2H^2O = 2MgO + 2AzH^3.$$

Quelques-uns détonent par la chaleur ou par la percussion, notamment l'azoture de mercure que l'on obtient par l'action du gaz ammoniac sec sur l'oxyde de mercure.

(Voir, pour chaque azoture, le métal correspondant.)

BROMURE D'AZOTE (*Bromide nitreux*), AzBr³ (?). — Ce composé ne s'obtient ni directement, ni par l'action du brome sur l'ammoniaque, à la manière du chlorure d'azote ; mais, d'après Millon,

le chlorure d'azote peut faire la double décomposition avec le bromure de potassium : il fournit
ainsi un liquide oléagineux, brun noirâtre, d'une
odeur fétide, très-irritante. Il est très-volatil; il
détone très-facilement. Les acides chlorhydrique
et bromhydrique, ainsi que l'ammoniaque, le décomposent [*Ann. de Chim. et de Phys.*, t. LXIX,
p. 75].

CHLORURE D'AZOTE, Az Cl³ (*Chloride nitreux*).
—Découvert par Dulong en 1812. Il se forme lorsque l'on fait passer un courant de chlore gazeux à
travers une solution de chlorure d'ammonium ou
d'un autre sel ammoniacal. Pour le préparer, on
remplit de gaz chlore une éprouvette que l'on
renverse sur une capsule contenant une solution
concentrée de sel ammoniac : le chlore s'absorbe
peu à peu, la solution monte dans la cloche, et, à
sa surface, apparaissent des gouttelettes oléagineuses qui, lorsqu'elles ont acquis une certaine
dimension, tombent au fond de la liqueur. Une
température de 30° favorise beaucoup la réaction.

Un courant électrique produit par 10 éléments
Bunsen décompose une solution concentrée de sel
ammoniac en produisant du chlorure d'azote; si
cette solution est recouverte d'une couche d'essence de térébenthine, les gouttelettes de chlorure d'azote qui se forment, entraînées à la surface du liquide par le dégagement de gaz qui accompagne leur formation, se décomposent dès
qu'elles rencontrent l'essence, en produisant de
petites détonations. Cette expérience se fait sans
danger.

Le chlorure d'azote est un liquide oléagineux
jaune, d'une odeur irritante; sa densité est de
1,653. On peut le distiller à 71° et à 96° il détone
avec une extrême violence. Les produits de la décomposition sont 3 vol. de chlore et 1 vol. d'a-
zote.

Les explosions produites par le chlorure d'azote
sont très-dangereuses, aussi ne faut-il manier ce
corps qu'avec une extrême prudence : Dulong eut
les doigts mutilés et la vue compromise, ainsi que
Davy, par suite d'explosions semblables. Cette explosion peut se faire sans danger en recevant une
goutte de chlorure d'azote sur une feuille de papier qu'on approche d'une bougie; l'explosion est
très-violente lorsqu'on met le chlorure d'azote en
contact avec une tige de fer chauffé, avec un
fragment de phosphore, ou avec une goutte
d'huile d'olive ou d'essence de térébenthine.

Le chlorure d'azote est un peu soluble dans
l'eau pure, qui le décompose à la longue en donnant de l'acide chlorhydrique et de l'acide azoteux. Les métaux le décomposent en s'emparant
du chlore et mettant l'azote en liberté. L'acide
chlorhydrique décompose le chlorure d'azote, en
produisant de l'ammoniaque et du chlore libre.
L'ammoniaque le décompose également en donnant de l'acide chlorhydrique (qui s'unit à un
excès d'ammoniaque) et de l'azote libre. Aussi le
chlorure d'azote ne se forme-t-il que par l'action
du chlore sur une solution d'un sel ammoniacal
neutre.

Le sulfure de carbone dissout le chlorure
d'azote sans le décomposer. Les solutions alcalines
étendues, l'hydrogène sulfuré, l'hydrogène arsénié, les métaux, les sulfures métalliques, le nitrate d'argent décomposent le chlorure d'azote,
mais sans explosion.

Le phosphore, l'hydrogène phosphoré, l'éther,
les huiles essentielles, le sélénium, la potasse
caustique concentrée, l'ammoniaque concentrée,
l'arsenic, le deutoxyde d'azote le décomposent avec
explosion.

IODURE D'AZOTE (*Iodide nitrique*). — La composition de ce corps a été longtemps discutée. Gay-
Lussac, qui l'a le premier soumis à l'analyse, lui
assigne la formule Az I³, correspondante à celle

du chlorure d'azote. Marchand reconnut que ce
corps renferme de l'hydrogène; il en fit l'analyse
en faisant détoner l'iodure d'azote dans une cloche, et, dosant l'iodure d'ammonium formé, les
résultats auxquels il parvint le conduisirent à la
formule Az H²I [*Ann. de Chim. et de Phys.*,
t. LXXIII, p. 222]. De son côté, Bineau soumit
aussi ce corps à une série d'analyses basées sur
l'action qu'exerce l'hydrogène sulfuré, ainsi que
le sulfite d'ammonium, sur l'iodure d'azote; il y
trouva ainsi deux fois plus d'iode que n'en avait
trouvé Marchand. La formule qu'il adopta fut
Az H I² [*Ann. de Chim. et de Phys.*, t. LXXVII,
p. 226]. Plus récemment, Bunsen a fait de nouvelles recherches pour élucider cette question, et
est arrivé à prouver que ce qu'on appelle iodure
d'azote est en réalité une combinaison d'iodure
d'azote proprement dit et d'ammoniaque :

$$Az\,H^3,\ I^3\,Az.$$

Des analyses furent faites en partant de l'action
de l'acide chlorhydrique sur ce corps, action qui
donne naissance à de l'ammoniaque et à du
chlorure d'iode. Il existe un autre composé ammoniacal qui a pour formule Az H³, 4 I³Az, et qui
résulte de l'action de l'eau sur le premier :

$$Az\,H^3,\ Az\,I^3 + 3\,H^2O$$
$$= 2\,(Az\,H^3,\ 4\,I^3\,Az) + 3\,(Az\,H^4)^2O$$

[Bunsen, *Ann. de Chim. et de Phys.*, (3), t. XXXIX,
p. 74]. De son côté, dans un travail encore plus récent, Stahlschmidt [*Pogg. Ann.*, t. CXIX, p. 421]
admet que la composition de ce corps varie suivant
son mode de préparation. Ainsi, celui que l'on obtient par l'action de l'ammoniaque aqueuse concentrée sur une solution d'iode dans l'alcool absolu a pour composition Az I³, tandis que celui
que l'on obtient en mélangeant des solutions d'iode
et d'ammoniaque dans l'alcool absolu est Az H I²,
c'est-à-dire qu'il possède la composition assi-
gnée par Marchand à l'iodure d'azote. C'est
précisément le composé obtenu dans cette dernière réaction que M. Bunsen avait reconnu être
Az H³, Az I³. On voit en définitive que l'accord
n'est pas établi sur le corps nommé jusqu'à présent iodure d'azote.

Préparation. — L'iode absorbe le gaz ammoniac
et se change en un liquide brun qui, traité par l'eau,
donne une poudre noire (Courtois). On prépare
souvent l'iodure d'azote en traitant l'iode pulvérisé
par de l'ammoniaque caustique ; après un quart
d'heure environ, on filtre et on lave à l'eau la
poudre noire ainsi obtenue, et on la sèche sur
des doubles de papier en la fractionnant en petites
portions.

On obtient aussi ce composé en ajoutant de
l'ammoniaque à une solution d'iode dans l'eau
régale ou à du chlorure d'iode, et lavant à l'eau
le précipité noir qui se forme (Mitscherlich). Enfin il se forme en traitant la teinture alcoolique
d'iode par l'ammoniaque aqueuse ou alcoolique
(Serullas, Bunsen, Stahlschmidt).

Propriétés. — L'iodure d'azote, comme le chlorure d'azote, détone avec une extrême facilité. Il
est encore plus instable que le chlorure d'azote
lorsqu'il est bien sec : le moindre attouchement en
provoque l'explosion; celle-ci a lieu en produisant
de la lumière que l'on remarque si l'on opère
dans l'obscurité. Il est donc impossible de manier
ce corps une fois qu'il est desséché ; même à l'état
humide, il détone fréquemment. Humide, il se
décompose peu à peu à l'air, en donnant de l'azote,
de l'acide iodique et de l'acide iodhydrique. L'eau
bouillante, les alcalis, l'acide chlorhydrique, le
décomposent très-rapidement. L'hydrogène sulfuré, l'acide sulfureux et les sulfites le décomposent de même.

L'iodure d'azote réagit sur l'iodure de méthyle [Stahlschmidt, *loc. cit.*] en produisant des bases particulières. — Voyez MÉTHYLE.

COMPOSÉS OXYGÉNÉS DE L'AZOTE.

L'azote forme avec l'oxygène la série de combinaisons suivante :

Oxyde azoteux (protoxyde d'azote)...	Az^2O.
Oxyde azotique (bioxyde d'azote)....	AzO.
Anhydride azoteux..................	Az^2O^3,
Auquel correspond l'acide azoteux..... (hypothétique).	$AzHO^2$
Peroxyde d'azote (anhydride hypoazotique)...................	AzO^2.
Anhydride azotique.................	Az^2O^5,
Auquel correspond l'acide azotique...	$AzHO^3$.

OXYDE AZOTEUX (protoxyde d'azote, gaz hilarant). — Densité par rapport à l'air, 1,5269; par rapport à l'hydrogène, 22,06. Poids moléculaire, 44. Poids de 1 litre, $1^{gr},98$. Ce gaz fut découvert en 1776 par Priestley, étudié plus tard, en 1800, par H. Davy, puis, en 1823, par Faraday, qui parvint à le liquéfier.

On l'obtient en décomposant le nitrate d'ammonium par la chaleur :

$$Az(AzH^4)O^3 = 2H^2O + Az^2O ;$$

la décomposition doit être poussée modérément pour éviter la production d'oxyde azotique et de vapeurs nitreuses. Il se forme aussi par la dissolution du zinc dans l'acide azotique étendu. Cette réaction peut servir à préparer le protoxyde d'azote ; à cet effet, on fait agir le zinc sur un mélange, 8 volumes égaux, d'acides sulfurique et azotique concentrés, étendu de 50 volumes d'eau, et en la-oant le gaz dans de l'acide sulfurique. La limaille de fer humide mise en présence de l'oxyde azotique enlève à ce dernier de l'oxygène et le convertit en oxyde azoteux.

L'eau dissout environ son propre volume d'oxyde azoteux d'après Carius ; l'alcool absolu en dissout $4^{vol},178$. L'oxyde azoteux n'est pas un gaz permanent ; Faraday, le premier, est parvenu à le liquéfier en décomposant par la chaleur le nitrate d'ammoniaque dans un tube à deux branches, en verre très-épais. A 0° il exige une pression de 30 atmosphères pour se liquéfier.

L'oxyde azoteux liquide produit, en se volatilisant, un froid considérable ; lorsqu'on opère sa volatilisation dans le vide, le froid produit suffit pour en congeler une partie. L'oxyde azoteux liquide bout lorsqu'on le place dans un mélange d'acide carbonique et d'éther. Voici, d'après Faraday, les points d'ébullition de ce liquide sous diverses pressions (*Philos. transact.*, 1845, p. 172) :

Pressions en atmosphères.	Points d'ébullition.
1	— 87°
3,11	— 62°
8,71	— 40°
19,84	— 18°
33,40	+ 1°,5

Son coefficient de dilatation entre — 5° et + 5° est égal à 0,00428 ; entre + 15° et + 20° il est égal à 0,00872.

1 vol. à 0° occupe $1^{vol},12$ à 20°.

Le gaz oxyde azoteux possède la propriété d'entretenir la combustion. Avec son volume d'hydrogène, il forme un mélange détonant. Le charbon brûle dans l'oxyde azoteux, et, comme l'ont observé MM. Favre et Silbermann [*Ann. de Chim. et de Phys.*, (3), t. XXXVI, p. 6], la chaleur dégagée par cette combustion est plus considérable que celle que produi la combustion du charbon dans

l'oxygène : il en faut conclure que l'oxygène et l'azote, en se séparant, produisent un dégagement de charbon ; ce fait a, du reste, été vérifié directement.

Le fait saillant de l'histoire de l'oxyde azoteux est son action sur l'économie ; inspiré dans les poumons, il provoque une ivresse particulière qui ne laisse pas de suites fâcheuses s'il est pur ; c'est cette propriété qui lui avait valu le nom de *gaz hilarant*. Il se dissout dans le sang, qui prend alors une teinte purpurine. Sa saveur est douceâtre et nullement irritante.

L'oxyde azoteux se distingue de l'oxygène en ce que, mélangé à de l'oxyde azotique, il ne produit pas de vapeurs rutilantes.

La chaleur décompose l'oxyde azoteux ; il en est de même des décharges électriques, sous l'influence desquelles il se décompose (8 vol.) en peroxyde d'azote (4 vol.) et azote (6 vol.) [Andrews et Tait].

Le potassium brûle dans l'oxyde azoteux, et, si l'on mesure le volume du gaz avant et après la combustion, on voit que la quantité d'azote qui reste est égale à la quantité d'oxyde employé. On voit donc que 1 vol. de ce gaz renferme son propre volume de gaz azote. Pour en déduire la quantité d'oxygène qui y est unie, il n'y a qu'à retrancher de la densité de l'oxyde azoteux celle de l'azote, et l'on trouve qu'il reste la demi-densité de l'oxygène :

Densité de Az^2O (par rapport à H)...	$= 22,06$
— de Az	$= 14,02$
Demi-densité de O	$= 8,01$

On voit que 2 vol. Az^2O renferment 2 vol. d'azote et 1 vol. d'oxygène. On peut encore déterminer ces rapports en faisant détoner dans l'eudiomètre un mélange d'hydrogène et d'oxyde azoteux.

OXYDE AZOTIQUE (deutoxyde d'azote, oxyde nitrique ; gaz nitreux, azotyle, nitrosyle). — Densité par rapport à l'air, 1,039 ; par rapport à l'hydrogène, 15,00. Poids moléculaire, 30. Poids du litre, $1^{gr},36$.

Ce corps, qui est gazeux, s'obtient par l'action de certains métaux sur l'acide azotique ; c'est généralement au cuivre que l'on a recours. La décomposition de l'acide azotique, dans ce cas, est représentée par l'équation

$$8\,AzHO^3 + 3\,Cu$$
$$= 3\,Az^2CuO^6 + 4\,H^2O + 2\,AzO ;$$

la décomposition s'effectue dans un flacon à deux tubulures et l'on recueille ce gaz sur l'eau.

Ce gaz prend encore naissance dans un grand nombre de décompositions des produits d'oxydation de l'azote, notamment dans la décomposition de l'anhydride azoteux par l'eau :

$$3\,Az^2O^3 + H^2O = 2\,AzHO^3 + 4\,AzO.$$

Enfin, en faisant bouillir du chlorure ferreux avec un azotate et de l'acide chlorhydrique, il se dégage aussi de l'oxyde azotique :

$$6\,FeCl^2 + 2\,AzKO^3 + 8\,H^2Cl$$
Chlorure ferreux
$$= 3\,Fe^2Cl^6 + 2\,KCl + 4\,H^2O + 2\,AzO.$$
Chlorure ferrique.

L'oxyde azotique n'a pas encore pu être liquéfié ; il est un peu soluble dans l'eau, qui en dissout 1/20 de son volume ; l'alcool en dissout environ 1/3.

La propriété caractéristique de l'oxyde azotique est de s'unir instantanément à l'oxygène libre, en donnant des vapeurs rutilantes de peroxyde d'azote AzO^2. 2 volumes d'oxyde azotique exigent pour cela 1 vol. d'oxygène.

L'oxyde azotique est irrespirable et ses propriétés comburantes sont très-faibles : un charbon rouge ou du phosphore allumé continuent cependant à y brûler. Le bore, chauffé dans un courant de gaz y brûle avec une belle flamme verte, et les deux éléments de l'oxyde d'azote se portent sur le bore, pour donner de l'acide azotique et de l'azoture de bore. Lorsqu'on le dirige sur un charbon chauffé au rouge, dans un tube de porcelaine, il se décompose en donnant de l'azote, de l'oxyde de carbone et de l'acide carbonique. Il est difficilement décomposable par la chaleur seule; ainsi il ne se décompose pas à la température qui décompose l'oxyde azoteux. Soumis à l'action des décharges électriques, il éprouve une contraction : 8 vol. de bioxyde tendent à se convertir en 4 vol. de peroxyde d'azote et 2 vol. d'azote [Andrews et Tait, *Ann. de Chim. et de Phys.*, (3), t. XLII, p. 110].

Mélangé à de l'hydrogène, il détone dans l'eudiomètre; il exige, pour sa décomposition complète, son propre volume d'hydrogène; il renferme donc la moitié de son volume d'oxygène; il reste la moitié du volume d'azote. Ces deux gaz se trouvent donc combinés, dans l'oxyde azotique, à volumes égaux, sans condensation. En effet, la densité du bioxyde $= 15$ représente la somme des demi-densités de l'azote (7) et de l'oxygène (8).

Si l'on fait passer un mélange d'oxyde azotique et d'hydrogène sulfuré à travers un tube rempli de chaux sodé et chauffé vers 200°, tout l'oxyde azotique se trouve converti en ammoniaque; cette réaction peut servir à doser l'azote des nitrates en présence de matières organiques [G. Ville, *Ann. de Chim. et de Phys.*, (3), t. XLVI, p. 314].

L'oxyde azotique agit sur l'anhydride sulfurique en le réduisant : il se forme une combinaison des anhydrides sulfurique et azoteux (voir Sulfates d'oxyde azotique), et de l'anhydride sulfureux qui se dégage [Brüning, *Ann. der Chem. u. Pharm.*, t. XCVIII, p. 337].

Il agit aussi comme réducteur sur l'acide nitrique, en donnant du peroxyde d'azote, qui reste dissous dans l'excès d'acide nitrique et lui communique des colorations particulières, suivant son état de concentration. L'acide d'une densité de 1,510 se colore en brun, pour une densité de 1,410 en jaune, pour une densité de 1,320 en vert bleuâtre; si l'acide est d'une densité inférieure, il reste incolore. Cette réaction est représentée par l'équation

$$AzO + 2 AzHO^3 = H^2O + 2 AzO^2.$$

| Oxyde azotique. | Acide azotique. | Anhydre hypoazotique. |

L'oxyde azotique est absorbé par les sels ferreux et forme avec eux, molécule à molécule, des combinaisons brunes, peu stables, d'où l'on peut dégager l'oxyde d'azote par l'action d'une légère chaleur. Cette propriété est utile pour séparer l'oxyde azotique des autres gaz [Peligot, *Ann. de Chim. et de Phys.*, t. LIV, p. 17]. D'après M. Leussen, les sels ferreux ne sont colorés par AzO qu'avec le concours de l'air.

L'oxyde azotique peut jouer le rôle de radical, et il est tantôt monoatomique, tantôt diatomique. Ainsi on peut supposer son existence dans l'anhydride azoteux

$$Az^2O^3 = \left.\begin{matrix}(AzO)' \\ (AzO)'\end{matrix}\right\} O,$$

et chaque fois qu'il quitte cet acide pour entrer dans une autre combinaison, il est monoatomique. Ainsi, si l'on ajoute de l'anhydride azoteux à de l'acide sulfurique, $SO^4.H^2$, on obtient une masse cristalline qui renferme $SO^4.H(AzO)'$. Mais, si l'on ajoute du peroxyde d'azote AzO^2 à de l'acide sulfurique, on obtient un autre composé, dont la formule est $2.SO^4(AzO)'' + SO^4H^2 + H^2O$, et dans lequel AzO est diatomique. On connaît de même deux chlorures : l'acide chloroazoteux $(AzO)'Cl$, et l'acide chlorohypoazotique $(AzO)'',Cl^2$, ainsi que les dérivés bromés correspondants qui ont été étudiés par Landolt, et que nous décrirons plus bas [*J. pr. Chem.*, t. LXXXII, p. 50].

Weltzien, à qui l'on doit ces considérations, appelle le radical monoatomique de l'anhydride azoteux *nitroxyle*, et le bioxyde d'azote libre et diatomique *nitroxyde;* de même, il nomme *nitrodioxyle* le radical $(AzO^2)'$ de l'acide azotique, et *nitrodioxyde* le radical $(AzO^2)''$, qui est libre et qui constitue le peroxyde d'azote. Parmi les composés qui renferment du bioxyde d'azote dans leur molécule, nous citerons comme les mieux étudiés les nitroprussiates et les nitrosulfures [*Ann. der Chem. u. Pharm.*, t. CXV, p. 213; *Ann. de Chim. et de Phys.*, (3), t. LX, p. 377].

Le *chlorure de nitrosyle* (acide chlorazoteux, chloride azoteux), $AzOCl$. — Densité de vapeur par rapport à l'hydrogène, 32,75. S'obtient par union directe de 1 vol. de chlore avec 2 vol. d'oxyde azotique. C'est en outre un des produits de décomposition de l'eau régale. Naquet l'a obtenu par l'action du perchlorure de phosphore sur l'azotate de sodium [*Bull. de la Soc. chim.*, 9 mars 1860]. Enfin R. Mueller a observé sa formation, ainsi que celle du composé AzO^2Cl, dans l'action de l'acide chlorhydrique sur le peroxyde d'azote refroidi à —22°,

$$4\,AzO^2 + 3\,HCl$$
$$= 2\,AzOCl + AzO^2Cl + AzHO^3 + H^2O,$$

et dans l'action du perchlorure de phosphore sur le peroxyde d'azote à $+21°$, c'est-à-dire à l'état gazeux, $AzO^2 + PCl^5 = AzOCl + Cl + PCl^3O$.

Le chlorure de nitrosyle est gazeux, il se condense à —5° en un liquide rouge, dont l'odeur rappelle celle de l'eau régale. L'eau le décompose, ainsi que les alcalis. On peut envisager ce composé comme de l'acide azoteux, $AzO.OH$, dans lequel Cl remplace OH.

Le chlorure de nitrosyle forme avec l'anhydride sulfurique une combinaison cristallisée

$$SO^3, AzOCl,$$

fusible, déliquescente, décomposable par l'eau en acides sulfurique et chlorhydrique, et oxyde azotique. Cette combinaison est si avide d'eau, qu'elle est même décomposée par l'acide sulfurique concentré [R. Weber, *Journ. prakt. Chem.*, t. XCIII, p. 249].

Bichlorure de nitrosyle (acide hypochlorazotique), $AzOCl^2$. — Ce corps, ainsi que le précédent, a été en premier lieu observé par Gay-Lussac; il se forme lorsque l'on chauffe à une douce température un mélange de 3 parties d'acide chlorhydrique et de 1 partie d'acide azotique. On fait passer les vapeurs qui se forment dans un tube en U refroidi par un mélange réfrigérant, en ayant soin de les faire passer d'abord dans un autre tube refroidi seulement à 0°, pour retenir les acides entraînés. La réaction a lieu suivant l'équation

$$HAzO^3 + 3\,HCl = AzOCl^2 + 2\,H^2O + Cl.$$

Le bichlorure de nitrosyle est un liquide rouge, fumant, bouillant à —7°; à l'état gazeux, il est d'un jaune citron. La potasse le décompose en donnant du chlorure, de l'azotate et de l'azotite de potassium.

Bromure de nitrosyle (acide bromazoteux, bromide azoteux), $AzOBr$. — Ce composé s'obtient en faisant passer de l'oxyde azotique dans du brome frefroidi au-dessous de — 4°; le brome augmente de volume et sa couleur se fonce beaucoup. Il bout à — 2° en donnant un gaz rouge brun; il est plus dense que l'eau : celle-ci le décompose à + 14°, en en dégageant de l'oxyde azotique :

$$3\,AzOBr + 2\,H^2O = AzHO^3 + 2\,AzO + HBr.$$

Il se décompose en partie par l'ébullition; ses vapeurs renferment plus d'oxyde azotique que n'en exige la formule $AzOBr$, tandis que le résidu renferme un excès de brome, par suite de la formation de bibromure $AzOBr^2$.

Bibromure de nitrosyle, $AzOBr^2$. — Se forme dans la distillation du précédent. Il bout à + 46°; l'eau le décompose.

Tribromure de nitrosyle, $AzOBr^3$. — Ce composé se forme lorsque le bibromure est soumis à l'ébullition. Il se forme directement lorsque l'on sature du brome à 5° ou 10° par de l'oxyde azotique, et distillant le produit de 40° à 55°. C'est un liquide brun, d'une densité égale à 2,628 à 22°,6, Il bout sans décomposition; l'alcool absolu et l'éther s'y mélangent sans le décomposer. L'eau le décolore immédiatement; l'oxyde d'argent le décompose suivant l'équation

$$3\,Ag^2O + 2\,AzOBr^3 = 6\,AgBr + 2\,AzO^2 + O.$$

Ces bromures prennent aussi naissance dans l'action de l'acide azotique concentré sur le bromure de potassium [Landolt, *Ann. der Chem. u. Pharm.*, t. CXVI, p. 177].

Dérivés sulfuriques de l'oxyde azotique.

Anhydro-sulfate de nitrosyle (cristaux des chambres de plomb), $(AzO)^2S^2O^7$. — Lorsque l'on fait agir l'oxyde azotique sur l'anhydride sulfurique, on obtient des cristaux identiques à ceux dits des *chambres de plomb.* H. Rose les envisageait comme SO^3AzO; d'après Brünning [*Ann. der Chem. u. Pharm.*, t. XCVIII, p. 377], cette action donne naissance à une quantité d'acide sulfureux correspondant à la formation d'anhydride azoteux. La composition brute de ces cristaux est exprimée par la formule $S^2Az^2O^9$, établie déjà par de la Provostaye [*Ann. de Chim. et de Phys.*, t. LXXIII, p. 362]; le plus généralement on les envisage comme une combinaison d'anhydrides sulfurique et azoteux, mais on peut aussi représenter leur composition par la formule $(AzO)^2S^2O^7$, correspondant à celle de l'acide sulfurique fumant ou acide disulfurique $H^2S^2O^7$; on peut représenter sa formation par l'équation

$$3\,SO^3 + 2\,AzO = (AzO)^2S^2O^7 + SO^2.$$

Les cristaux des chambres de plomb prennent naissance dans la fabrication de l'acide sulfurique, par l'action de l'acide sulfureux sur les vapeurs rutilantes en l'absence de l'eau :

$$2\,SO^2 + 4\,AzO^2 = S^2O^7(AzO)^2 + Az^2O^3.$$

Ils sont décomposés énergiquement par l'eau en donnant de l'acide sulfurique, de l'acide azotique et de l'oxyde azotique. Si l'on n'ajoute que fort peu d'eau, on forme un liquide bleu renfermant de l'anhydride azoteux; si l'on ajoute plus d'eau, il se produit d'abondantes vapeurs nitreuses. Ces cristaux fondent à 50° en dégageant des vapeurs rouges; et si on les chauffe dans un tube fermé, ces vapeurs sont de nouveau absorbées par le refroidissement et les cristaux se reforment [Rebling. *Zeitsch. f. Natur.*, t. XXVII, p. 211].

Sulfate acide de nitrosyle, $(AzO)HSO^4$. — Ce composé s'obtient en dirigeant un courant d'anhydride azoteux dans de l'acide sulfurique ordinaire; celui-ci se prend en une masse cristalline blanche. Le même composé prend probablement naissance lorsque l'on traite les cristaux des chambres par de l'acide sulfurique.

Sulfate neutre de nitrosyle, $(AzO)^2SO^4$. — Il se forme par l'action du peroxyde d'azote sur l'acide sulfurique. Le tout se prend en une masse cristalline; ce composé, étudié déjà par Gay-Lussac, de la Provostaye, Mitscherlich, cristallise en prismes à base carrée, fusibles à 60°. D'après Mueller, le composé qui prend naissance dans cette circonstance est un sulfate de nitrosyle (AzO) et de nitryle (AzO^2) ayant pour composition $(AzO)(AzO^2)SO^4 + H^2SO^4$.

Enfin Weltzien lui assigne la composition

$$2\,SO^4(AzO)'' + SO^4H^2 + H^2O,$$

en admettant que le nitrosyle y est diatomique puisqu'il provient du peroxyde d'azote $AzO.O$; il fond, suivant cet auteur, à 73° [*Ann. der Chem. u. Pharm.*, t. CXV, p. 213].

ANHYDRIDE AZOTEUX (acide azoteux ou nitreux) Az^2O^3. — Ce composé a été surtout étudié par Dulong, par Peligot, par Fritsche et par Persoz [Dulong, *Ann. de Chim. et de Phys.*, t. II, p. 240; Peligot, *Ann. de Chim. et de Phys.*, (3), t. II, p. 58]. Il se forme, suivant Dulong, lorsque l'on fait arriver dans un récipient bien refroidi un mélange de 4 vol. d'oxyde azotique et de 1 vol. d'oxygène; il se condense alors un liquide très-volatil, qui est incolore à — 20°. A la température ordinaire il constitue un gaz jaune devenant rutilant au contact de l'air. D'après Persoz, le composé obtenu par Dulong renferme de l'acide azotique; pour l'obtenir exempt de ce dernier, il fait passer un courant d'oxyde azotique dans du peroxyde d'azote refroidi au-dessous de 0°. L'anhydride hypoazotique devient d'abord vert, puis bleu verdâtre; et, si l'on soumet alors ce liquide à la distillation dans une atmosphère privée d'oxygène, on obtient un liquide d'un bleu pur, bouillant à — 2°.

Lorsque l'on ajoute de l'eau à du peroxyde d'azote, celui-ci change de couleur : de jaune brun il devient bleu en se transformant en acide azotique et anhydride azoteux :

$$4\,AzO^2 + H^2O = Az^2O^3 + 2\,AzHO^3.$$

L'acide azotique soumis à l'action de l'oxyde azotique donne aussi de l'anhydride azoteux. En distillant le liquide ainsi obtenu, il passe des vapeurs rouges qui se condensent en un liquide bleu, Az^2O^3, et en un liquide vert, mélange de Az^2O^3 et de AzO^2; c'est le procédé de Fritzsche.

Enfin on prépare fréquemment l'anhydride azoteux, à l'état impur, en attaquant l'acide azotique par certaines substances organiques, notamment par l'amidon; il se dégage un gaz jaune rougeâtre, qui est un mélange d'anhydrides azoteux et hypoazotique; la réaction doit être menée avec prudence, car elle se fait quelquefois très-tumultueusement.

L'anhydride azoteux est décomposé par l'eau avec dégagement de bioxyde d'azote et formation d'acide azotique,

$$3\,Az^2O^3 + H^2O = 2\,AzHO^3 + 4\,AzO,$$

aussi ne connaît-on pas l'acide azoteux $AzHO^2$. Cette instabilité de l'anhydride azoteux en fait un agent très-énergique; il attaque un grand nombre de substances qui, dans les mêmes conditions, ne sont pas attaquées par l'acide azotique.

L'anhydride azoteux forme une combinaison cristallisée avec l'anhydride sulfurique, connue sous le nom de *cristaux des chambres de plomb* (voyez Peroxyde d'azote). En réagissant sur l'acide sulfurique SH^2O^4, il forme une masse cristalline $SHAzO^5$ (voyez Oxyde azotique).

Azotites (nitrites) — Quoique l'on reconnaisse
pas l'acide azoteux

$$AzO^2H = AzO.OH = \left. \begin{matrix} AzO \\ H \end{matrix} \right\} O,$$

on connaît les composés métalliques correspondants. Lorsque l'on traite l'anhydride azoteux par
un alcali très-concentré, il s'y combine pour
donner un azotite $AzMO^2$; les autres azotites ont
presque tous pour composition $M''(AzO^2)^2$; tous
les azotites sont solubles dans l'eau et cristallisables; quelquefois ils sont colorés en jaune. Ils
s'obtiennent dans diverses circonstances :

1° En soumettant à la chaleur rouge les azotates
de potassium ou de baryum, il se dégage de l'oxygène et il reste de l'azotite de potassium ou de
baryum que l'on reprend par l'eau bouillante et
que l'on fait cristalliser; ce dernier peut servir
facilement à obtenir, par double décomposition,
les autres azotites;

2° En traitant à l'ébullition une solution d'a-
zotate de plomb par du plomb métallique, on obtient un azotite de plomb combiné à de l'oxyde
de plomb, et qui cristallise par le refroidissement.
Ce sel a pour composition

$$\overset{"}{P}b\,(AzO^2)^2.\,\overset{"}{P}b\,H^2O^2 = 2\,\overset{"}{P}b\,HAzO^3;$$

3° En faisant arriver du bioxyde d'azote sur du
bioxyde de baryum légèrement chauffé, les deux
corps se combinent avec élévation de température

$$2\,AzO + BaO^2 = Ba''(AzO^2)^2;$$

4° Dans un grand nombre d'oxydations lentes
à l'air humide, on observe la production d'azotite
d'ammoniaque, sel qui représente de l'azote plus
les éléments de l'eau. Ce sel prend encore naissance dans un grand nombre de circonstances intéressantes. Kuhlmann a observé sa formation
en faisant passer du gaz ammoniac et de l'air
sur de la mousse de platine chauffée à 300°. Suivant Schœnbein [Poggend. Ann., t. C, p. 92],
cette oxydation a lieu à la température ordinaire
lorsque l'on porte dans une atmosphère d'oxygène
du noir de platine humecté d'une solution d'ammoniaque; le cuivre métallique peut agir comme
le platine. Cette oxydation se produit d'une manière très-brillante lorsque l'on fait arriver un
courant rapide d'oxygène dans une solution concentrée et chaude d'ammoniaque au-dessus de
laquelle on dispose un fil de platine roulé en spirale et porté à l'incandescence; le fil de platine
demeure incandescent, et chaque bulle d'oxygène
qui arrive dans le liquide y produit une vive
lueur [Kraut, Ann. der Chem. u. Pharm., t.
CXXXVI, p. 69].

Enfin, Schœnbein a observé la production
d'azotite d'ammoniaque par l'eau et l'air atmosphérique, sous l'influence de la chaleur; en faisant tomber goutte à goutte de l'eau dans un creuset de platine porté à une température telle que
l'eau se vaporise immédiatement sans prendre
l'état sphéroïdal, et en condensant cette vapeur, il
a constaté, dans cette vapeur condensée, la présence d'azotite d'ammoniaque [Ann. der Chem. u.
Pharm., t. CXXIV, p. 1].

Les azotites sont tous décomposés par les acides;
l'anhydride azoteux est mis en liberté, mais s'il y
a de l'eau en présence, il se décompose en donnant de l'acide nitrique et un dégagement de bioxyde d'azote.

Les solutions des azotites sont décomposées par
l'hydrogène sulfuré, avec dépôt de soufre et formation d'ammoniaque. Elles décomposent l'iodure de potassium lorsque l'on fait intervenir
un acide; elles décolorent rapidement le sulfate
d'indigo; ces dernières réactions sont très-sensibles. Les azotites réduisent les solutions mercuriques en donnant du mercure métallique.

Ajoutés à un sel de protoxyde de fer, ils colorent celui-ci en brun, comme le fait le bioxyde
d'azote.

Le permanganate de potassium n'a pas d'action
sur les azotites, mais il est décoloré immédiatement si l'on fait intervenir un acide; cette propriété peut être utilisée pour le dosage des azotites [Péan de Saint-Gilles, Ann. de Chim. et de
Phys., (3), t. LV, p. 383].

Les azotites alcalins traités par l'acide sulfureux
donnent une série intéressante d'acides étudiés
par M. Fremy sous le nom d'acides sulfazotés
(voyez ce mot).

PEROXYDE D'AZOTE (acide hypoazotique ou hyponitrique, vapeurs nitreuses ou rutilantes, nitrate d'oxyde nitrique, anhydride hypoazotique,
hypoazotide), AzO^2. — Densité à l'état liquide,
1,42. Densité de vapeur, 1,72. Densité par rapport à l'hydrogène, 24,85 (théoriq. = 23). Poids
moléculaire, 46.

Ce composé, qui a particulièrement été étudié
par Dulong, Gay-Lussac, Peligot, Mitscherlich,
constitue les vapeurs rouges qui prennent naissance quand le bioxyde d'azote rencontre de l'oxygène libre. Si, dans un récipient bien refroidi, on
fait arriver 2 volumes de bioxyde d'azote et 1 volume d'oxygène, il se condense un liquide jaune
brun très-volatil et répandant d'abondantes vapeurs rouges.

On obtient plus facilement ce composé par la
calcination de l'azotate de plomb; ce dernier sel,
qui est anhydre, renferme généralement de l'eau
d'interposition dont il faut soigneusement se débarrasser en le pulvérisant et le calcinant légèrement; ainsi desséché, on le porte peu à peu au
rouge dans une cornue de verre ou de porcelaine
à laquelle s'adapte, à l'aide de mastic, un tube
en U refroidi par un mélange de glace et de sel.
Le peroxyde d'azote se condense dans le tube en
U en un liquide jaune brunâtre; s'il était vert ou
bleu, cela indiquerait qu'il s'est formé de l'acide
azoteux par suite de la présence d'un peu d'eau.
Si la température du mélange réfrigérant est située au-dessous de — 9°, le peroxyde se condense
en cristaux incolores. La formation de AzO^2 par
l'azotate de plomb est exprimée par

$$\overset{"}{P}b\,(AzO^3)^2 = 2\,AzO^2 + PbO + O.$$

On peut encore obtenir le peroxyde d'azote en
distillant de l'acide azotique fumant et arrêtant la
distillation avant que celui-ci ne soit complètement décoloré.

Le peroxyde d'azote est un liquide jaune rougeâtre, bouillant à + 22° (Peligot; à + 28°, Mitscherlich), se solidifiant à — 9°. Il est décomposé
par une petite quantité d'eau en acide azotique
et anhydride azoteux qui le colore en vert, puis
en bleu; une plus grande quantité d'eau le décompose en acide azotique qui reste et bioxyde
d'azote qui se dégage avec effervescence :

$$3\,AzO^2 + H^2O = AzO + 2\,AzHO^3.$$

Les bases le transforment en azotates et azotites :

$$2\,AzO^2 + 2\,KHO = AzKO^2 + AzKO^3 + H^2O.$$
$$\qquad\qquad\text{Azotite.}\qquad\text{Azotate.}$$

Lorsque l'on fait passer les vapeurs nitreuses
sur de la baryte chauffée vers 200°, la réaction a
lieu avec incandescence.

Le peroxyde d'azote est un oxydant énergique
qui est décomposé par tous les corps réducteurs,
H^2S, HI, etc. Il est très-corrosif, détruit la peau
en la colorant en jaune; ses vapeurs produisent
sur les organes de la respiration une inflamma-

tion très-vive, et peuvent même provoquer la mort.

L'action de l'acide sulfureux sur le peroxyde d'azote est très-remarquable ; lorsque l'on mélange ces deux corps à l'état liquide dans un tube bien refroidi, on obtient des cristaux incolores et un liquide bleu ; ce dernier est de l'anhydride azoteux. Quant aux cristaux, on les envisage comme une combinaison d'anhydrides sulfurique et azoteux [La Provostaye, *Ann. de Chim. et de Phys.*, t. LXXIII, p. 362].

Ces cristaux prennent naissance dans la fabrication de l'acide sulfurique, c'est pourquoi on les désigne généralement sous le nom de *cristaux des chambres de plomb*. — Voyez OXYDE AZOTIQUE (DÉRIVÉS SULFURIQUES DE L').

Le peroxyde d'azote joue, dans un grand nombre de cas, le rôle de radical monoatomique, se substituant facilement atome pour atome à l'hydrogène des combinaisons organiques. Ce corps peut s'unir directement aux hydrocarbures, par exemple à l'amylène, comme l'a fait voir M. Guthrie, à la façon du chlore. — Voyez AMYLÈNE.

Composition et constitution. — Le cuivre chauffé au rouge décompose les vapeurs hypoazotiques en se transformant en oxyde de cuivre, en même temps que de l'azote devient libre ; cette réaction a servi à établir la composition du peroxyde d'azote. 2 vol. de ce corps fournissent 1 vol. d'azote et 2 vol. d'oxygène qui reste uni au cuivre. On voit, en outre, que la densité de vapeur de ce composé, 24,85 (par rapport à l'hydrogène), représente la demi-densité de l'azote, 7, plus la densité de l'oxygène, 16 ; le poids moléculaire, qui est double de la densité, est donc égal à 49,70, nombre assez rapproché de 46 qui est le poids moléculaire représenté par la formule AzO^2.

Berzelius envisageait ce composé comme de l'azotate de deutoxyde azotique (nitrate d'oxyde nitrique) ; on le considère souvent comme représentant une combinaison d'anhydrides azoteux et azotique, à cause de la décomposition que lui font subir les bases.

La formule AzO^2 et la densité de vapeur 23 sont celles de l'anhydride hypoazotique à l'état gazeux. R. Mueller [*Ann. der Chem. u. Pharm.*, t. CXXII, p. 1], a trouvé que sa densité, prise à $+ 70^\circ$, se rapproche de cette densité théorique, tandis qu'en prenant sa densité à une basse température, on obtient un nombre se rapprochant du double de la densité théorique, c'est-à-dire se rapportant à la formule Az^2O^4. Cette circonstance, jointe à l'action des oxydes sur l'anhydride hypoazotique, permet d'envisager ce composé comme un *anhydride azoteux-azotique*

$$\left.\begin{array}{l} AzO^2 \\ AzO \end{array}\right\} O.$$

Playfer et Wanklyn sont arrivés au même résultat que R. Mueller, quant à sa densité de vapeur [*Proced. R. Soc. of Edimb.*, t. IV, p. 395].

MM. H. Deville et Troost ont repris plus récemment cette détermination et sont arrivés aux nombres suivants :

Densité de vapeur du peroxyde d'azote, par rapport à l'air :

à 26°7	: 2,65	à 90°	: 1,72
à 35°4	: 2,58	à 100°1	: 1,68
à 39°8	: 2,46	à 111°8	: 1,65
à 49°6	: 2,27	à 121°5	: 1,62
à 60°2	: 2,08	à 135°0	: 1,60
à 70°0	: 1,02	à 154°0	: 1,58
à 80°6	: 1,80	à 183°2	: 1,57

[*Compt. rend.*, t. LXIV, p. 240 (1867).]

Le peroxyde d'azote représente encore l'oxyde de nitrosyle (diatomique) $(AzO)''O$; mais cette ma-

nière de l'envisager ne rend guère compte de ses réactions.

Chlorure hypoazotique (chlorure de nitryle ou d'azotyle) $AzO^2.Cl$. — Se forme par l'action de l'oxychlorure de phosphore sur l'azotate de plomb et par l'action de la monochlorhydrine sulfurique sur l'azotate de potassium, suivant les équations :

$$3\,Pb(AzO^3)^2 + 2\,PCl^3O = Pb^3(PO^4)^2 + 6\,AzO^3Cl$$
$$\text{et}\quad KAzO^3 + HClSO^3 = KHSO^4 + AzO^2Cl.$$

Il prend probablement aussi naissance par l'action du perchlorure de phosphore sur l'acide azotique [H. Schiff, *Ann. der Chem. u. Pharm.*, t. CII, p. 111].

R. Mueller l'a obtenu par l'action de l'acide chlorhydrique sur les cristaux d'anhydride hypoazotique à — 22° [*Ann. der Chem. u. Pharm.*, t. CXXIII, p. 1]. Il est presque incolore, bout à $+ 5°$. Densité, 1,32. — L'eau le décompose en acides chlorhydrique et azotique.

Le chlorure de nitryle forme avec quelques chlorures métalliques (stannique, titanique, ferrique, aluminique) des composés cristallins volatils ; la combinaison stannique a pour composition $SnCl^4 + 2\,AzO^2, Cl$; et la combinaison aluminique, $Al^2Cl^6 + 2\,AzO^2Cl$ [Hampe, *Ann. der Chem. u. Pharm.*, t. CXXVI, p. 43, et Weber, *Poggend. Ann.*, t. CXVIII, p. 479].

ANHYDRIDE AZOTIQUE (acide azotique anhydre),

$$Az^2O^5 = \left.\begin{array}{l} AzO^2 \\ AzO^2 \end{array}\right\} O.$$

— Ce composé a été découvert par M. H. Deville [*Ann. de Chim. et de Phys.*, (3), t. XXVIII, p. 241], en faisant agir le chlore sec sur l'azotate d'argent sec. Voici comment il faut opérer : dans un tube en U, chauffé à 50° ou 60° et rempli d'azotate d'argent desséché préalablement à 180° dans un courant d'acide carbonique sec, on fait arriver un courant très-lent de chlore parfaitement pur et sec. Pour commencer la réaction, il faut porter le bain dans lequel se trouve le tube en U à la température de 95°, puis, quand la réaction est établie, on laisse la température s'abaisser à 50° ou 60° où elle doit rester stationnaire. Le chlore est renfermé dans un grand ballon de 24 litres et déplacé par de l'acide sulfurique qui y tombe goutte à goutte, de manière à déplacer 2 1/2 litres par vingt-quatre heures. Le tube en U est suivi d'un autre tube en U, très-large, plongé dans un mélange réfrigérant maintenu à 21° et qui sert à condenser l'anhydride azotique formé. La réaction s'annonce par l'apparition de vapeurs rouges, et bientôt il se dépose des cristaux dans le second tube en U. Ces cristaux sont souvent volumineux et sont des prismes droits à base rhombe ou des prismes à 6 pans qui en dérivent. Ils fondent à 29° ou 30° ; à 45° ou 50° l'anhydride azotique entre en ébullition en se décomposant en partie.

L'iode, en agissant sur l'azotate d'argent, ne donne pas d'anhydride azotique ; il se forme de l'iodate d'argent et du peroxyde d'azote :

$$3\,AgAzO^3 + 3\,I = 3\,AzO^2 + AgIO^3 + 2\,AgI$$

[Weltzien, *Ann. de Chim. et de Phys.*, (3), t. LX, p. 377].

L'eau se combine à l'anhydride azotique avec production de chaleur. Le gaz ammoniac sec le décompose en produisant des vapeurs nitreuses et de l'azotate d'ammoniaque ; néanmoins, lorsque l'arrivée du gaz ammoniac est très-lente, on n'observe pas de vapeurs nitreuses.

L'anhydride azotique attaque rapidement toutes les matières organiques : aussi faut il dans sa préparation en éviter la présence et avoir soin que toutes les parties de l'appareil soient ou soudées ou réunies entre elles par des pièces usées à l'émeri.

L'analyse de l'anhydride azotique a été faite en amenant ses vapeurs sur du cuivre chauffé au rouge, et mesurant exactement l'azote qui se dégage dans cette réaction.

ACIDE AZOTIQUE (acide nitrique, eau forte),

$$Az\,H\,O^3 = Az\,O^2.\,O\,H = \left.{Az\,O^2 \atop H}\right\} O.$$

— Densité de vapeur théor., par rapport à l'air, 2,180; par rapport à l'hydrogène, 31,5. Poids moléculaire, 63.

Densité liquide, 1,520 à $+ 16°$.

Bout à 86°. — Se congèle à — 49°.

Historique. — L'acide azotique est connu depuis très-longtemps ; la première mention en est faite par Geber, alchimiste arabe, au IX° siècle. Plus tard, au XIII° siècle, Albert le Grand en décrit la préparation par la calcination du nitre avec de l'alun calciné et du vitriol romain, et le nomme *eau prime,* l'*eau seconde* étant un mélange d'eau prime et de sel ammoniac, c'est-à-dire une sorte d'eau régale. Vers la même époque, Raymond Lulle le préparait, sous le nom d'*eau forte,* qui s'est maintenu jusqu'à nos jours, par la calcination du nitre avec de l'argile. Mais ce ne fut que beaucoup plus tard, en 1784, que Cavendish fit connaître la véritable nature de l'acide azotique dont la composition a été rigoureusement établie en 1816 par Gay-Lussac.

Circonstances de sa production. — Le mode de production le plus simple de l'acide azotique est sa synthèse directe au moyen des éléments de l'air, azote, oxygène et vapeur d'eau. En général, l'acide azotique ne se produit pas à l'état de liberté; s'il ne se produit pas en présence d'une base puissante, comme la potasse ou la chaux, l'acide azotique se produit généralement à l'état d'azotate d'ammonium. Cavendish, le premier, a fait voir que le passage d'une série d'étincelles électriques au travers de l'air en présence d'une liqueur alcaline donne naissance à un azotate. Les pluies d'orage renferment presque toujours de l'azotate d'ammonium dû à une synthèse provoquée par l'électricité atmosphérique. Davy a reconnu la formation d'acide azotique dans l'électrolyse de l'eau tenant de l'air en dissolution ; l'acide se porte au pôle positif. Lorsque l'on fait passer l'étincelle de l'appareil de Ruhmkorff dans de l'air, on observe presque immédiatement la formation de vapeurs nitreuses. Suivant Schœnbein, c'est à l'ozone produit dans ces circonstances qu'est due la production de l'acide azotique [*Journ. prakt. Chem.,* t. LXXXIV, p. 193].

Une autre cause très-remarquable provoque encore la *nitrification* (voyez ce mot) de l'azote de l'air, c'est la présence des corps poreux. Ainsi Cloëz a observé la formation d'azotates en faisant passer de l'air sur une substance poreuse, pierre ponce ou craie, imprégnée d'une solution alcaline.

L'ammoniaque, dans un grand nombre de circonstances, donne lieu à la production d'acide azotique. Guyton de Morveau fit voir le premier cette transformation en faisant passer du gaz ammoniac humide sur du peroxyde de manganèse chauffé au rouge sombre. Il est à remarquer que ce peroxyde renferme presque toujours de 1/500 à 1/1000 d'acide azotique (Boussingault, Deville et Debray), et il est probable que sa présence y est provoquée par une combustion lente

d'ammoniaque, peut-être aussi par la porosité du peroxyde de manganèse. D'après Kuhlmann, le peroxyde de fer provoque l'oxydation de l'ammoniaque.

En faisant passer un courant d'ammoniaque et d'oxygène ou d'air sur de la mousse de platine (Kuhlmann) ou sur de la chaux ou de la potasse (Dumas), on observe facilement qu'il y a nitrification. L'ammoniaque s'oxyde aussi sous l'influence du permanganate de potasse (Cloëz et Guignet).

Les matières organiques azotées donnent naissance à de l'acide azotique dans les mêmes circonstances que l'ammoniaque.

Les combustions vives ou lentes en présence de l'azote provoquent *par entraînement* l'oxydation de ce dernier. Ainsi Lavoisier, Cavendish, et plus tard Berzelius et de Saussure, ont fait voir que la combustion de l'hydrogène à l'air donne naissance à de l'acide azotique. Boussingault a observé sa formation dans la combustion du charbon à l'air et dans la combustion lente des matières organiques. La combustion lente du phosphore à l'air humide donne lieu au même phénomène (Schœnbein). D'après les recherches de Bence-Jones, il se forme constamment de l'acide nitrique dans l'économie animale, soit par la combustion des matières organiques azotées, soit par celle de l'azote même qui pénètre avec l'oxygène dans la circulation [*Ann. de Chim. et de Phys.,* (3), t. XXXV, p. 175].

Préparation. — On prépare toujours l'acide azotique dans les laboratoires par l'action de l'acide sulfurique sur l'azotate de potassium ou de sodium.

La réaction se passe entre 1 molécule d'acide sulfurique (98 p.) et 1 molécule d'azotate de potassium (101 p.) ou de sodium (85 p.).

Théoriquement, 1 molécule d'acide sulfurique $S\,H^2\,O^4$ doit décomposer 2 molécules d'azotate $Az\,K\,O^3$, pour donner 1 molécule de sulfate neutre $S\,Na^2\,O^4$; mais comme à la température à laquelle on opère c'est du sulfate acide $S\,H\,Na\,O^4$ qui prend naissance, il ne faut employer que 1 molécule d'azotate; le sulfate acide de potassium ou de sodium peut décomposer, il est vrai, une autre molécule d'azotate, mais ce n'est qu'à une température à laquelle l'acide azotique se décompose en grande partie. L'opération se fait dans une cornue de verre dont le col s'engage dans un récipient refroidi par un courant d'eau froide ; il faut éviter l'emploi des bouchons de liége qui seraient rapidement détruits.

Lorsqu'on chauffe le mélange d'azotate et d'acide, la cornue et le récipient se remplissent d'abord de vapeurs rutilantes, parce que les premières portions d'acide azotique sont décomposées par l'acide sulfurique non encore transformé en sulfate acide de sodium. Vers la fin de l'opération, de nouvelles vapeurs apparaissent par suite de l'élévation de la température. Si dans cette opération l'acide sulfurique est au maximum de concentration, l'acide azotique obtenu est lui-même aussi concentré que possible; il est alors très-fumant et presque toujours coloré en jaune ou en jaune rougeâtre à cause de la présence du peroxyde d'azote. Cet acide contient généralement de petites quantités d'acide chlorhydrique (provenant des chlorures renfermés dans l'azotate employé) et de l'acide sulfurique entraîné dans la distillation. Pour le purifier, on le soumet à la distillation avec de l'azotate de baryum et de l'azotate d'argent, ou simplement avec de l'azotate de plomb. Si l'acide n'est pas au maximum de concentration, on le soumet à une nouvelle distillation avec de l'acide sulfurique. Enfin, pour décolorer l'acide ainsi obtenu, on y fait passer un courant de gaz acide carbonique sec qui enlève mécaniquement les vapeurs nitreuses qu'il tient en dissolution et qui le colorent.

Lorsque l'on distille l'acide azotique fumant et coloré, on obtient deux couches : la couche inférieure est formée de peroxyde d'azote, et la couche supérieure d'acide azotique; lorsque l'on ajoute une petite quantité d'eau au produit distillé, il se colore en bleu ou en vert; si l'on ajoute plus d'eau, la liqueur est incolore.

(Voir plus loin la fabrication industrielle de l'acide azotique.)

Propriétés. — L'acide azotique le plus concentré possible est désigné souvent par les noms d'acide *fumant* ou d'acide monohydraté, parce que, d'après la théorie des équivalents, il ne renferme les éléments que d'un seul équivalent d'eau.

Cet acide est incolore lorsqu'il est parfaitement pur. Il répand à l'air d'épaisses fumées blanches ou jaunâtres. Sa densité est égale à 1,520. — Refroidi à — 49° (à —55° suivant quelques auteurs), il se prend en une masse butyreuse cristalline. Il bout à 86°, et cette température suffit déjà pour en décomposer une petite portion; aussi voit-on toujours apparaître des vapeurs colorées. Lorsque l'on dirige les vapeurs d'acide azotique à travers un tube chauffé au rouge, elles se décomposent en eau, oxygène et peroxyde d'azote; à la température blanche, on n'observe plus que de l'eau, de l'azote et de l'oxygène. La lumière décompose aussi l'acide azotique, en donnant naissance à du peroxyde d'azote qui reste dissous; aussi de l'acide azotique, pur exposé à la lumière, se colore-t-il rapidement. Cette action est d'autant plus rapide que l'acide est plus concentré; un acide d'une densité égale à 1,30 n'est plus coloré par la lumière.

Lorsque l'on mélange l'acide $AzHO^3$ avec de l'eau, il y a élévation de température et formation d'un hydrate défini qui a pour composition $2AzHO^3 + 3H^2O$ (acide dit à 4 équivalents d'eau). Cet hydrate est parfaitement incolore. Sa densité est égale à 1,42; il bout d'une manière constante à 123°, d'après Dalton, à 125-128° d'après Millon, sous la pression normale.

Lorsque l'on soumet à la distillation un acide azotique d'une densité quelconque, il arrive toujours un moment où la température atteint 123° et où cet hydrate passe à la distillation; si l'on soumet à la distillation un acide d'une densité plus forte, il passe d'abord de l'acide très-concentré, une partie même se décompose, et lorsque la température a atteint 123°, le liquide qui passe et celui qui reste ont la même densité; lorsque l'on distille un acide plus faible, il passe d'abord de l'eau avec plus ou moins d'acide, jusqu'à ce que la température atteigne 123°. D'après les expériences de Roscoë [*Chem. Soc. quart. Journ.*, t. XIII, p. 146], l'acide qui passe en dernier dans la distillation d'un acide azotique quelconque, à la pression ordinaire, bout à 120°, a une densité égale à 1,414 et renferme 68 % d'acide $AzHO^3$ (l'hydrate $2AzHO^3 + 3H^2O$ en exige 70 %); si l'on fait varier la pression, la composition du résidu varie: ainsi, pour une pression de 70mm il ne renferme que 66,7 % d'acide $AzHO^3$, et pour une pression de 1220mm il en renferme 68,6 %.

On a encore signalé l'existence de deux autres hydrates :

$2AzHO^3 + H^2O$, bouillant à 121° (D = 1,484);
$4AzHO^3 + 7H^2O$, bouillant à 125° (D = 1,405).

L'acide azotique est un des agents oxydants les plus énergiques, surtout celui qui renferme du peroxyde d'azote, c'est-à-dire qui est très-coloré.

Peu de corps simples résistent à son action. Il entretient avec vivacité la combustion d'un charbon incandescent qu'on présente à sa surface. L'hydrogène décompose l'acide azotique sous l'influence de la chaleur. Lorsque l'on fait passer de l'hydrogène mélangé de vapeurs d'acide nitrique sur de la mousse de platine chauffée au rouge, il se produit de l'ammoniaque (Kuhlmann). Le phosphore, l'arsenic, l'iode, le soufre, le sélénium, le tellure, le silicium, le bore, décomposent l'acide azotique en produisant les acides phosphorique, arsénique, iodique, sulfurique, sélénique, tellurique, silicique, borique.

Les composés oxydés inférieurs de ces corps sont amenés par l'acide azotique au même degré d'oxydation; néanmoins, l'acide sulfureux n'est transformé que très-lentement en acide sulfurique par l'acide azotique *pur*, c'est-à-dire exempt de peroxyde d'azote.

L'hydrogène sulfuré n'agit de même qu'avec lenteur sur l'acide azotique *pur;* mais, dès que l'action est commencée, elle se poursuit avec énergie par suite de la production du peroxyde d'azote.

Le deutoxyde d'azote agit sur l'acide azotique en le décomposant; il se forme du peroxyde d'azote qui colore l'acide en brun; si l'acide est moins concentré, il se colore en bleu ou en vert par suite de la formation d'acide azoteux ou, s'il est trop étendu, il reste incolore.

L'acide iodhydrique et les iodures sont décomposés par l'acide azotique en produisant de l'iode libre et du deutoxyde d'azote. L'acide chlorhydrique agit d'une manière particulière (voir plus loin).

Action des métaux. — Tous les métaux, sauf le titane, le tantale, l'or, le platine et quelques-uns de ceux qui accompagnent ce dernier, décomposent l'acide azotique, mais dans des conditions assez variables de concentration; en général, la présence de peroxyde d'azote ou d'acide azoteux facilite beaucoup l'oxydation du métal. Les produits de décomposition de l'acide azotique sont généralement du deutoxyde d'azote; dans certaines circonstances il y a production de protoxyde d'azote et même d'azote libre.

L'acide azotique pur et concentré, placé dans un mélange réfrigérant, est attaqué par le zinc, mais pas par le cuivre. Un acide d'une densité de 1,10 n'est décomposé par ce dernier qu'à la température de +20°, mais l'addition d'acide azoteux ou d'un azotite facilite l'action qui se produit alors déjà à +15°.

L'argent et le mercure ne sont attaqués par l'acide azotique pur de 1,42 de densité qu'avec l'aide de la chaleur ou par l'addition d'un azotite.

L'action du fer sur l'acide azotique est très-remarquable; ce métal est oxydé très-énergiquement par l'acide de 1,42 de densité, mais l'acide normal $AzHO^3$ ne l'attaque pas, même lorsqu'il est très-coloré; si l'on plonge une lame de fer bien décapée dans de l'acide normal et si, après l'y avoir laissée séjourner quelques instants, on la plonge dans l'hydrate du 1,42 de densité, l'attaque n'a plus lieu, mais elle se produit instantanément et avec une grande énergie si l'on touche la lame de fer avec un métal plus électronégatif, cuivre, argent ou platine; ce phénomène est connu sous le nom de *passivité* du fer. On l'a expliqué en admettant que, dans l'acide normal, le fer se recouvre d'une couche d'oxyde qui le préserve de l'attaque dans un acide plus faible.

Le zinc, le fer, l'étain, en décomposant l'acide azotique, donnent naissance à des quantités plus ou moins grandes d'ammoniaque qui reste unie à de l'acide azotique et dont la formation s'explique, abstraction faite de la production du deutoxyde d'azote, par l'équation

$$9\,H\,Az\,O^3 + Zn^4$$
$$= 4\,Zn\,(Az\,O^3)^2 + 3\,H^2\,O + Az\,H^3.$$

L'acide azotique étendu, traité par de l'amalgame de sodium donne de même de l'ammoniaque. On peut donc admettre que le métal agit en partie en déplaçant l'hydrogène de l'acide azotique et que cet hydrogène à l'état naissant agit sur l'acide.

Le zinc et l'étain agissent sur l'acide azotique très-étendu en donnant du protoxyde d'azote.

Lorsqu'on dissout à chaud certains métaux, par exemple le cuivre, dans de l'acide concentré, le bioxyde d'azote qui se forme est mélangé de gaz azote.

Action sur l'acide chlorhydrique. — *Eau régale.* — Un mélange d'acide chlorhydrique et d'acide azotique a la propriété de dissoudre l'or, c'est ce qui a fait donner à ce mélange le nom d'*eau régale.* Ce mélange, qui, au premier moment, est incolore, devient peu à peu d'un jaune orange, surtout par la chaleur, et il se forme de l'eau, du chlore, du protochlorure de nitrosyle ou acide chlorazoteux $Az\,O\,Cl$ et surtout du bichlorure de nitrosyle (acide hypochlorazotique) $Az\,O\,Cl^2$. — (Voir, pour ces composés, page 487.)

Un mélange d'acides chlorhydrique et azotique étendu se conserve très-longtemps à froid sans se colorer. La propriété caractéristique de l'eau régale de dissoudre l'or et le platine paraît due uniquement à la mise en liberté du chlore, car celui-ci seulement se porte sur le métal et les chlorures de nitrosyle se dégagent comme si l'on chauffait l'eau régale seule. On peut préparer une eau régale par la dissolution du chlorure de sodium (E. Davy) dans de l'acide azotique, ou du nitrate de sodium dans de l'acide chlorhydrique.

Action sur les matières organiques. — L'acide azotique attaque presque toutes les substances organiques. Quelques - unes sont attaquées avec une extrême violence, ainsi l'essence de térébenthine; l'énergie de cette action est beaucoup augmentée par l'addition d'acide sulfurique. Les métamorphoses que l'acide azotique fait subir aux matières organiques varient suivant la nature de ces dernières; il peut se faire qu'il y ait simplement fixation d'oxygène, comme cela a lieu, par exemple, pour les aldéhydes; il peut y avoir soustraction d'hydrogène (conversion des alcools en aldéhydes). Un grand nombre de corps, surtout ceux de la série dite aromatique, éprouvent, par l'action de l'acide azotique fumant, une modification remarquable; de l'hydrogène est enlevé et remplacé, atome par atome, par le radical *nitryle* $Az\,O^2$. Ainsi la benzine $C^6\,H^6$ donne de la nitrobenzine $C^6\,H^5(Az\,O^2)$, d'après l'équation

$$C^6\,H^6 + Az\,H\,O^3 = C^6\,H^5(Az\,O^2) + H^2\,O\,;$$

l'acide phénique $C^6\,H^6\,O$ donne comme produit final de l'acide trinitrophénique (acide picrique) $C^6\,H^3(Az\,O^2)^3\,O$, mais presque toujours cette substitution ne porte que sur 1 atome d'hydrogène. Lorsque l'acide azotique fumant est mélangé d'acide sulfurique, la substitution porte généralement sur 2 atomes d'hydrogène. — Voyez Nitrés (corps).

Souvent l'action de l'acide nitrique est beaucoup plus profonde ; ainsi tous les corps dits hydrocarbonés, sucres, cellulose, amidon, etc., donnent comme produit ultime de l'acide oxalique.

Les matières animales sont profondément altérées par l'acide azotique ; les tissus sont d'abord colorés en jaune, puis rapidement désorganisés ; aussi l'acide azotique est-il un poison violent.

Fabrication de l'acide azotique. — Les principes sur lesquels est basée la fabrication de l'acide azotique sont les mêmes que pour sa préparation dans les laboratoires; c'est par la décomposition des azotates de potassium ou de sodium par l'acide sulfurique qu'est obtenu tout l'acide azotique employé dans les arts. L'azotate de sodium, que l'on trouve en bancs considérables le long des côtes du Chili, a sur l'azotate de potassium ou salpêtre le double avantage d'être d'un prix inférieur et de fournir pour un même poids une quantité plus considérable d'acide ; ainsi, tandis que 100 p. de salpêtre peuvent fournir 62,37 d'acide au maximum de concentration, ou 89,10 d'acide à 1,42, ou 100 à 36°B., 100 p. d'azotate de sodium pourront en fournir 74,1 à 1,52 de densité, ou 105,88 à 1,42, ou 118 à 36° B. C'est généralement ce dernier acide, marquant 36° B. que l'on prépare pour les besoins des arts. Aussi, au lieu d'employer de l'acide sulfurique marquant 66°, emploie-t-on un acide ne marquant que 60°, la décomposition de l'azotate a lieu ainsi plus facilement.

La réaction s'opère dans une chaudière en

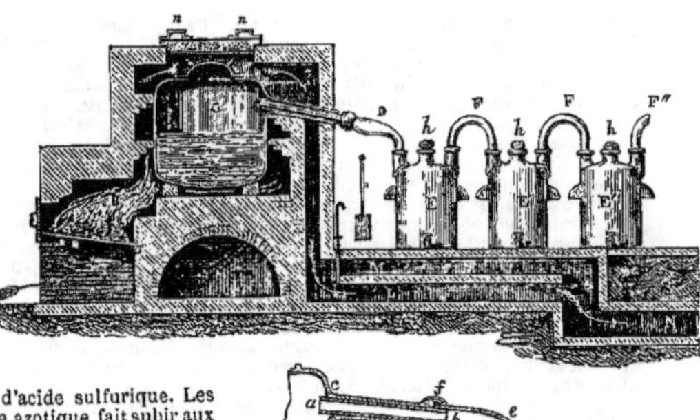

Fig. 73.

fonte C, de 1m,33 de diamètre sur 1 mètre de profondeur, qui reçoit 250 kilogrammes d'azotate de sodium ; on la ferme au moyen d'un obturateur luté avec un mélange d'argile et de plâtre, puis on verse l'acide sulfurique (234 kilogrammes à 66° ou 325 à 60°) par une tubulure placée à la partie supérieure; la chaudière est mise en communication avec l'appareil condensateur par une tubulure en fonte garnie intérieurement d'un tube en grès qui la dépasse et va s'engager dans une ralonge de verre D qui amène les produits dans un grand cylindre ou bouteille en grès E de 200 à 250 litres de capacité; celle-ci est munie à sa partie inférieure d'un robinet pour tirer l'acide, et à sa partie supérieure de 2 autres tubulures, l'une *h* pour verser de l'eau et vérifier la hauteur du liquide, et la dernière destinée à mettre cette première bouteille en communication avec une autre semblable. Toutes les jointures doivent être lutées avec de l'argile. La distillation dure environ 12 heures.

Les premières bouteilles renferment un acide très-concentré qui peut immédiatement être livré; il est fumant si l'on n'a pas ajouté d'eau dans les bouteilles; les bouteilles suivantes, dans lesquelles on a aussi mis de l'eau, renferment un acide beaucoup plus faible que l'on met, dans une opération suivante, dans les premières bouteilles. Afin d'éviter la rupture des récipients E par les vapeurs arrivant brusquement sur leurs parois, on les chauffe avant l'opération en faisant circuler l'air du foyer dans le conduit MN par la manœuvre d'un registre.

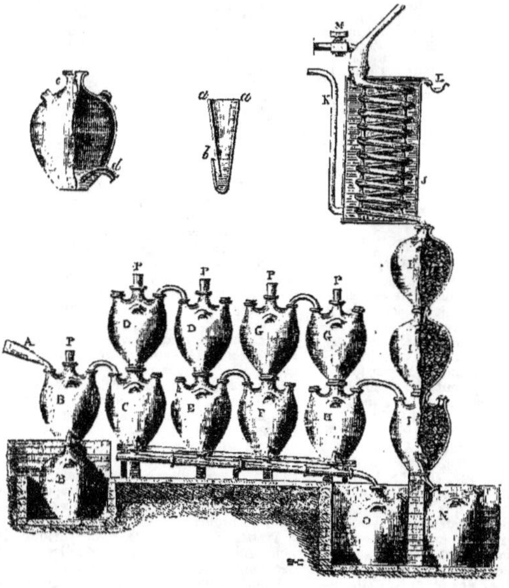

Fig. 74.

Pour décolorer l'acide azotique obtenu, on le chauffe dans des bombonnes, au bain-marie, à la température de 80° ou 85°, jusqu'à ce qu'il ne dégage plus de vapeurs rouges; généralement on utilise ces vapeurs en les faisant passer directement dans les chambres de plomb où l'on fabrique l'acide sulfurique.

Pour épurer totalement l'acide azotique, on le redistille en y ajoutant de l'azotate de plomb qui a pour but de fixer l'acide sulfurique entraîné dans la distillation et l'acide chlorhydrique provenant des chlorures qui sont toujours contenus en plus ou moins grande quantité dans l'azotate de sodium.

L'appareil suivant, de Devers et Plisson, opère une condensation beaucoup plus complète, évite les transvasements et rend par conséquent le travail plus économique, plus propre et surtout plus salubre. Les vapeurs acides arrivent dans une première bombonne B où elles se condensent en partie; de là elles se rendent dans la bombonne C surmontée d'une bombonne D et dans une série de bombonnes semblables, passant d'un couple de bombonnes alternativement par la bombonne inférieure et par la supérieure; à mesure que l'acide se condense, il est reçu par un tube en grès qui l'amène dans une bombonne commune O; celui qui se condense dans la première bombonne B est seul recueilli séparément. Enfin, les dernières portions de vapeurs, renfermant surtout des vapeurs nitreuses, traversent une colonne de bombonnes I remplies de ponce humectée d'eau.

Kuhlmann fils a fondé un procédé de fabrication de l'acide azotique sur la décomposition des azotates par la chaleur [*Compt. rend.*, t. LIV, p. 307]. Les azotates alcalins ne donnent pas d'acide azotique lorsqu'on les chauffe; mais si on les chauffe avec des sels d'autres métaux, une *double décomposition* peut s'établir et l'azotate ainsi formé fournir de l'acide azotique. Le chlorure de manganèse notamment, que l'on obtient comme résidu dans la fabrication du chlore, étant chauffé à 230° avec de l'azotate de sodium, dans des cornues en grès, donne de l'acide azotique; on peut obtenir ainsi environ 125 kilogrammes d'acide azotique marquant 35° pour 100 kil. d'azotate de sodium employé. Le résidu de l'opération renferme du chlorure de sodium et du peroxyde de manganèse mélangé de sesquioxyde.

L'azotate de soude est pareillement décomposé par les chlorures de magnésium, de zinc, par les sulfates de calcium, de plomb, par les oxydes de plomb, l'alumine, la silice. Cette décomposition est beaucoup facilitée par la présence de peroxyde de manganèse riche à 42 %; du peroxyde pur la facilite beaucoup moins.

Usages. — Fabrication de l'acide sulfurique. Dérochage du cuivre, bronze, laiton. Fabrication de l'acide oxalique par son action sur l'amidon. Préparation du fulminate de mercure. Préparation des azotates de mercure, de cuivre, d'argent, de plomb. Gravure à l'eau forte. Teinture de la soie en jaune. Préparation de l'acide picrique, — de la nitrobenzine (pour les couleurs d'aniline). Applications nombreuses dans une foule d'autres industries et dans les laboratoires.

La table suivante indique la richesse en acide azotique réel des acides de concentrations diverses exprimées par les densités et par le degré du pèse-acide de Baumé.

TABLEAU INDIQUANT LES QUANTITÉS D'ACIDE AZOTIQUE RÉEL CONTENU DANS DES SOLUTIONS DE DENSITÉ DÉTERMINÉE.

DENSITÉ.	DEGRÉS de L'ARÉOMÈTRE Baumé.	QUANTITÉ D'EAU EN MOLÉCULES pour 1 mol. d'acide, $AzHO^3$.	QUANTITÉ D'EAU %	ACIDE RÉEL % ($AzHO^3$).	ANHYDRIDE AZOTIQUE (Az^2O^5).	POINT D'ÉBULLI-TION.
1,522	49,3	»	»	100,00	85,8	86°
1,486	46,5	1/2 H^2O (1 équiv.)	11,25	88,75	75,1	99
1,452	45,	H^2O (2 équiv.)	22,22	77,78	66,7	115
1,420	42,6	3/2 H^2O (3 équiv.)	30,00	70,00	60,1	120
1,390	40,40	2 H^2O (4 équiv.)	36,36	63,64	54,5	119
1,361	38,20	5/2 H^2O (5 équiv.)	41,67	58,38	50,1	117
1,338	36,5	3 H^2O (6 équiv.)	46,16	53,84	46,2	
1,315	34,5	7/2 H^2O (7 équiv.)	50,00	50,00	42,9	113
1,297	33,2	4 H^2O (8 équiv.)	53,33	46,67	40,1	
1,277	31,4	9/2 H^2O (9 équiv.)	56,25	43,75	37,6	
1,260	29,7	5 H^2O (10 équiv.)	58,82	41,18	35,4	
1,245	28,4	11/2 H^2O (11 équiv.)	61,11	38,89	33,4	
1,232	27,2	6 H^2O (12 équiv.)	63,16	36,84	31,6	
1,219	25,8	13/2 H^2O (13 équiv.)	65,00	35,00	30,1	
1,207	24,7	7 H^2O (14 équiv.)	66,67	33,33	28,6	108
1,197	23,8	15/2 H^2O (15 équiv.)	68,18	31,82	27,3	
1,188	22,9	8 H^2O (16 équiv.)	69,56	30,44	26,1	
1,180	22,0	17/2 H^2O (17 équiv.)	70,83	29,17	25,0	
1,173	21,0	9 H^2O (18 équiv.)	72,00	28,00	24,0	
1,166	20,4	19/2 H^2O (19 équiv.)	73,08	26,92	23,1	
1,160	19,9	10 H^2O (20 équiv.)	74,07	25,93	22,2	
1,155	19,3	21/2 H^2O (21 équiv.)	75,00	25,00	21,4	envir. 104°

AZOTATES. — Les azotates neutres sont monobasiques; ceux des métaux monoatomiques ont donc pour formule

$$AzO^3M' = AzO^2 . OM',$$

ceux des métaux diatomiques $(AzO^3)^2M''$, ceux des métaux triatomiques $(AzO^3)^3M'''$.

Les azotates neutres ne sont donc pas comparables aux phosphates neutres; ils le sont plutôt aux métaphosphates. On ne connait pas l'acide azotique correspondant à l'acide phosphorique ordinaire, et qui serait H^3AzO^4, mais certains azotates basiques peuvent être ramenés à cette forme et conservent ainsi l'analogie entre les composés de l'azote et ceux du phosphore; ces sels sont :

L'azotate basique de plomb, $Pb''HAzO^4$;

L'azotate sesquibasique de plomb, $(Pb'')^3(AzO^4)^2$;

L'azotate basique de bismuth, $Bi'''AzO^4$;

L'azotate mercurique basique, $(Hg'')^3(AzO^4)^2$;

L'azotate mercureux basique, $(Hg^2)''HAzO^4$.

Pendant longtemps la seule source des azotates était due aux efflorescences que l'on recueillait à la surface des murailles calcaires des caves, des écuries, etc.; ces efflorescences, formées en grande partie d'azotate de chaux, étaient connues sous le nom de *nitre de houssage;* on les transformait en salpêtre en les traitant par des cendres. Cette industrie du salpêtrier a presque complètement disparu depuis la découverte des couches salpêtrées des Indes et surtout des bancs puissants d'azotate de soude (nitre cubique), qui occupent une grande partie des côtes du Chili et du Pérou. — Pour le mode de production de ces azotates, voyez AZOTIQUE (ACIDE) et NITRIFICATION.

Les azotates s'obtiennent par l'action de l'acide azotique sur les métaux, sur leurs oxydes ou sur leurs carbonates; tous, à l'exception de quelques sels basiques, sont solubles dans l'eau : leurs solutions sont neutres et possèdent une saveur salée et fraiche. Ils sont cristallisables; ceux des métaux alcalins, alcalino-terreux, de plomb et d'argent ne renferment pas d'eau de cristallisation. La plupart sont assez fusibles et se décomposent par la chaleur; les azotates alcalins perdent d'abord de l'oxygène et se transforment en azotites, puis ils donnent un mélange d'azote et d'oxygène, et généralement de petites quantités de vapeurs nitreuses; quant à l'alcali, il se transforme en partie en peroxyde; les azotates alcalino-terreux fournissent les oxydes des métaux correspondants, les azotates métalliques proprement dits fournissent de même des oxydes plus ou moins oxygénés, suivant la nature du métal; l'azotate d'argent donne de l'argent métallique.

Les azotates, chauffés avec des corps oxydables, sont décomposés souvent avec explosion, comme cela a lieu pour la poudre à canon. Les métalloïdes et les métaux acidifiables ou leurs oxydes, chauffés avec un azotate alcalin, donnent les acides alcalins correspondants : ainsi l'antimoine donne de l'antimoniate de potassium, l'oxyde de chrome du chromate, etc.

Les azotates fusent sur les charbons ardents. Chauffés avec du chlorure d'ammonium, ils se transforment en chlorures correspondants et en azotate d'ammoniaque qui se décompose en donnant du protoxyde d'azote et de l'eau.

Traités par de l'acide chlorhydrique, ils donnent une eau régale capable de dissoudre l'or, de décolorer l'indigo, etc.

L'acide sulfurique déplace l'acide azotique de ses combinaisons, même à froid, seulement, pour manifester sa présence, il faut en général ajouter au sel ou à sa solution une substance susceptible de le décomposer et de produire du bioxyde d'azote; c'est ainsi qu'en ajoutant du sulfate ferreux solide ou en dissolution, on reconnait la présence de l'acide azotique par la coloration brune que prend le sel de fer; si l'on emploie un cristal de ce sel, il s'entoure d'une auréole brune plus ou moins foncée, qui n'apparaît qu'à l'aide de la chaleur, si la quantité d'azotate est faible. En opérant la décomposition de l'azotate par l'acide sulfurique en présence de cuivre métallique, celui-ci agit sur l'acide azotique mis en liberté, en produisant du deutoxyde d'azote qui, au contact de l'air, donne des vapeurs rouges, ou qui, dirigé dans une solution de sulfate ferreux, le colore en brun. Ces vapeurs, qui se produisent aussi par la calcination des azotates avec l'anhydrosulfate de potassium (bisulfate), ont en outre la propriété de colorer en bleu de l'amidon additionné d'iodure de potassium ; cette réaction est d'une grande sensibilité.

La dissolution de sulfate d'indigo est décolorée par l'acide azotique ou par les azotates traités par l'acide sulfurique ; on peut ainsi reconnaître de très-petites quantités d'acide azotique ; généralement il faut chauffer la solution pour que la décoloration se produise, et n'employer qu'une très-petite quantité de sulfate d'indigo. L'addition d'acide chlorhydrique augmente la sensibilité de ce caractère. C'est par cette réaction que Boussingault a recherché la présence de l'acide azotique dans un grand nombre d'eaux telluriques et météoriques [*Ann. de Chim. et de Phys.*, (3), t. XLVIII, p. 153, 161].

Kersting recommande, pour la recherche de l'acide azotique dans les eaux, l'emploi de la brucine, qui possède la propriété de se colorer en rouge par l'acide azotique. A 1 centimètre cube d'eau à essayer on ajoute, dans un petit tube d'essai, 1 centimètre cube d'une solution aqueuse renfermant 1/1000 de brucine, puis on verse le long des parois du tube une petite quantité d'acide sulfurique ; à la surface de séparation de l'acide et de l'eau, on voit se produire une coloration rose lorsque l'eau renferme des traces d'acide azotique [*Ann. der Chem. u. Pharm.*, t. CXXV, p 254].

La narcotine est de même colorée en rouge par l'acide azotique ou par les azotates additionnés d'acide sulfurique.

Enfin un caractère très-sensible des azotates est de produire de l'ammoniaque dans certaines circonstances réductrices. Ainsi les azotates, de même que les azotites, traités par de l'amalgame de sodium renfermant du zinc, se transforment presque totalement en ammoniaque. L'acide azotique est de même transformé totalement en ammoniaque par le chlorure stanneux additionné par l'acide chlorhydrique, la réaction se faisant dans un tube scellé chauffé à 170° (Pugh).

On peut reconnaître de petites quantités d'acide azotique, par exemple dans les eaux, les terres arables, les engrais, etc., en se basant sur l'action réductrice qu'exerce le zinc, qui le transforme totalement en ammoniaque, en présence d'un alcali ; voici dans ce cas comment il faut opérer : on commence par faire bouillir la substance à essayer avec de la potasse jusqu'à ce que toute l'ammoniaque qu'elle peut renfermer soit expulsée, ce que l'on reconnaît facilement à l'aide d'une bande de papier imprégné d'une solution d'hématoxyline, qui doit rester incolore ; lorsque cela a lieu, on ajoute de la limaille de zinc, et si la substance renferme de l'acide azotique, on remarque immédiatement un dégagement d'ammoniaque, et la bande de papier se colore aussitôt (Fr. Schulze).

Lorsque les azotates sont mélangés d'autres sels, ces procédés ne sont généralement pas applicables, et il faut alors avoir recours à d'autres méthodes qui ont l'avantage d'être d'une application beaucoup plus générale.

Le meilleur moyen, applicable à tous les cas, consiste à décomposer l'azotate par la chaleur, dans un tube, et à faire passer les vapeurs sur du cuivre métallique chauffé au rouge ; il se dégage ainsi de l'azote dont on mesure le volume (voyez ANALYSE ORGANIQUE).

SULFURE D'AZOTE, AzS. — Ce corps, qui correspond au deutoxyde d'azote, a été en premier lieu obtenu par Soubeiran, en 1837, par l'action de l'ammoniaque sur le chlorure de soufre [*Ann. de Chim. et de Phys.*, (2), t. LXVII, p. 71]. Gregory avait déjà mentionné un sulfure d'azote ; mais son composé, d'après les recherches de Fordos et Gélis, n'était que du soufre insoluble dans le sulfure de carbone. Soubeiran avait admis pour le sulfure d'azote la formule S³Az² (en équivalents : S³Az) ; mais les recherches de Fordos et Gélis ont établi que ce corps a pour composition AzS [*Ann. de Chim. et de Phys.*,(3), t. XXXII, p. 389].

Préparation. — Le sulfure d'azote s'obtient en faisant arriver du gaz ammoniac à travers une solution de chlorure de soufre dans huit à dix fois son volume de sulfure de carbone ; il se forme du chlorure d'ammonium, qui se sépare en flocons, et la liqueur se fonce de plus en plus, par suite de la production d'un corps rouge qui finit par se déposer avec le chlorure d'ammonium. Ce corps rouge, qui constitue une combinaison de sulfure d'azote et de chlorure de soufre, disparaît de nouveau sous l'influence d'un excès d'ammoniaque et lorsque la liqueur est redevenue jaune orangé ; l'opération est terminée, et il faut s'arrêter, sans quoi l'on décomposerait le sulfure d'azote formé : par l'évaporation de la liqueur filtrée, le sulfure d'azote cristallise, et, comme il est moins soluble que le soufre dans le sulfure de carbone, il s'en sépare facilement.

. La réaction finale, qui donne naissance au sulfure d'azote, est exprimée par l'équation

$$3\,Cl^2S + 8\,AzH^3 = 2\,AzS + S + 6\,AzH^4Cl.$$

Propriétés. — Le sulfure d'azote forme des cristaux transparents d'un jaune doré ; sa forme primitive est un prisme rhomboïdal droit [Nicklès, *Ann. de Chim. et de Phys.*, (3), t. XXXII, p. 420]. Il détone par le choc ; placé sur un charbon ardent, il fuse sans détoner ; chauffé à 157° dans un tube, il fait explosion. Il est insoluble dans l'eau, peu soluble dans l'alcool, l'éther, l'esprit de bois et l'essence de térébenthine. Son véritable dissolvant est le sulfure de carbone : 1000 p. de ce liquide en dissolvent 15 p. ; cette solution s'altère assez rapidement en donnant du soufre et du sulfure de cyanogène. Il s'altère à l'air humide en produisant de l'ammoniaque, de l'hyposulfite et du trithionate d'ammoniaque :

$$8\,AzS + 15\,H^2O$$
$$= S^2O^3(AzH^4)^2 + 2\,S^3O^6(AzH^4)^2 + 2\,AzH^3.$$
$$\text{Hyposulfite.} \qquad \text{Trithionate.}$$

La potasse lui fait éprouver une décomposition analogue : il se forme de l'hyposulfite et du sulfite :

$$4\,AzS + 6\,KHO + 3\,H^2O$$
$$= S^2O^3K^2 + 2\,(SO^3K^2) + 4\,AzH^3.$$

Chlorosulfates de sulfure d'azote. — Le sulfure d'azote forme différentes combinaisons avec le perchlorure de soufre ; on les obtient facilement en mélangeant les solutions de ces deux corps dans le sulfure de carbone et par l'action de l'ammoniaque sur le chlorure de soufre. Fordos et Gélis en ont décrit trois [*loc. cit.*, p. 403]. Le premier, Cl²S, AzS, se produit en présence d'un excès de chlorure de soufre et se dépose à l'état de cristaux jaunes. On ne peut le conserver hors du liquide où il s'est produit ; à l'air, il perd une partie de son chlorure de soufre et se colore en rouge noirâtre en se transformant dans le corps suivant, dont il est facile pourtant de le séparer par sublimation dans un tube fermé ; le sublimé est formé de longues aiguilles d'un jaune orangé.

Le chlorosulfate Cl²S, 2AzS est rouge cochenille ; il ne se conserve pas non plus à l'air. C'est le corps qui prend naissance pendant la préparation du sulfure d'azote ; à 100° il se transforme complétement en chlorosulfate Cl²S, 3AzS. Celui-ci s'obtient aussi directement en ajoutant un ex-

cès de sulfure d'azote au chlorure de soufre; il
est peu soluble dans le sulfure de carbone. L'eau
le décompose en donnant un corps d'un très-beau
bleu; traité par l'alcool potassé, il produit une
couleur améthyste passagère.

Le protochlorure de soufre S^2Cl^2 donne des combinaisons analogues.   E. W.

AZOTE et ACIDE AZOTIQUE (DOSAGE).

1° *Azote*. — L'azote contenu dans les matières
organiques se dose à l'état d'ammoniaque ou à
l'état d'azote libre (voir ANALYSE ORGANIQUE). Il en
est de même des azotures métalliques; les procédés employés diffèrent de ceux que l'on emploie
pour les matières organiques. — Voyez FONTES ou
ACIER.

Pour l'azote contenu à l'état de liberté dans un
mélange gazeux, voyez ANALYSE DES GAZ.

2° *Acide azotique*. — L'acide azotique, ne formant que des sels solubles (à l'exception de quelques sels basiques), ne peut pas être dosé par
précipitation. Si l'acide azotique est libre et contenu dans une liqueur exempte d'autres acides,
on peut le doser au moyen d'une liqueur alcaline
titrée (voyez ANALYSE VOLUMÉTRIQUE). — On peut
aussi ajouter à la solution un poids connu d'oxyde
de plomb, évaporer à sec, chauffer le résidu à
120° et le peser; l'augmentation de poids de
l'oxyde de plomb fera connaître la quantité d'a-
cide libre existant dans la liqueur. On opère souvent le dosage dans ce cas, en ajoutant à la liqueur de l'eau de baryte en excès, précipitant cet
excès par un courant d'acide carbonique, et dosant la quantité de baryte restée en dissolution;
le poids trouvé indique la quantité d'acide azotique libre existant dans la liqueur. Au lieu d'eau
de baryte, on peut employer directement le carbonate de baryte.

3° *Azotates*. — Les procédés de dosage de l'a-
cide azotique dans les azotates varient suivant la
nature du métal.

Dans les azotates de nickel, de cobalt, de peroxyde de fer, de manganèse, de zinc, d'aluminium
et de chrome, le dosage peut se faire en transformant ces azotates en azotates de baryte par
l'addition de carbonate de baryte en excès, et dosant, par l'acide sulfurique, la quantité de baryte
entrée en dissolution.

Lorsque les oxydes de ces azotates sont insolubles dans un excès de potasse, on peut les précipiter par une quantité déterminée d'une solution
alcaline titrée, la différence entre le titre primitif de la potasse et celui qui est indiqué après la
précipitation de l'oxyde correspond à la quantité
d'acide azotique contenue dans l'azotate décomposé.

Les azotates dont les métaux sont précipitables
par l'hydrogène sulfuré peuvent être analysés
en les décomposant par ce réactif; il faut avoir
soin de n'en pas employer un excès considérable;
la liqueur filtrée est alors saturée par la baryte; la
petite quantité de sulfure de baryum qui prend
naissance en même temps que l'azotate de baryte
se convertit rapidement, par l'évaporation au contact de l'air, en sulfate de baryte insoluble. Enfin
l'azotate de baryte est traité comme il a été dit
plus haut.

C'est encore à l'état de sulfate de baryte pur
qu'on ramène les azotates de baryte, de strontiane
et de chaux, en précipitant d'abord ces azotates
par un léger excès d'acide sulfurique en présence
d'alcool pour que toute la chaux soit précipitée,
puis saturant la liqueur par du carbonate de baryte et séparant par filtration le sulfate de baryte
formé.

Quant aux azotates alcalins, on peut les transformer en sulfates ou en chlorures, peser ces
derniers et déduire de ce poids la quantité d'acide
azotique.

M. Pelouze [*Ann. de Chim. et de Phys.*, (3),
t. XX, p. 129] a imaginé une méthode de dosage
des azotates, fondée sur l'action que l'acide azotique exerce sur le chlorure ferreux. Quand on
chauffe un azotate avec du chlorure ferreux et de
l'acide chlorhydrique, le chlorure ferreux est transformé en chlorure ferrique, en même temps qu'i
se dégage du deutoxyde d'azote :

$$6\,FeCl^2 + 2\,AzKO^3 + 8\,HCl$$
$$= 2\,KCl + 4\,H^2O + 2\,AzO + 3\,Fe^2Cl^6.$$

Si l'on peut déterminer la quantité de fer qui
a passé à l'état de combinaison ferrique, on en
pourra déduire la quantité d'acide azotique; cette
détermination se fait très-aisément à l'aide d'une
solution titrée de permanganate de potasse, et
voici la marche à suivre : on introduit dans un
petit flacon 2 grammes de fil de clavecin et 100
centimètres cubes environ d'acide chlorhydrique
pur et concentré, on chauffe pour dissoudre le
fer et, quand cette dissolution est opérée, on
ajoute $1^{gr},216$ du salpêtre à essayer, ou une quantité équivalente d'un autre azotate, et l'on porte
à l'ébullition.

Cette quantité est celle qui serait nécessaire, si
l'azotate était pur, pour transformer tout le chlorure ferreux de l'expérience en chlorure ferrique;
quand la liqueur est devenue transparente, on y
ajoute de l'eau, de manière à en faire environ
1 litre, puis on ajoute la liqueur titrée de permanganate de potasse qui indiquera la quantité
de fer existant encore dans la solution à l'état de
chlorure ferreux; en déduisant cette quantité de
la quantité de chlorure ferreux correspondant aux
2 grammes de fer employés dans l'expérience,
on obtient celle qui a été transformée en chlorure
ferrique et, par conséquent, la quantité d'acide
azotique existant dans le sel analysé.

M. Fresenius a perfectionné le mode d'opération
en faisant l'expérience dans une cornue tubulée
dont on relève le col et en y faisant passer un courant d'hydrogène pendant toute la durée de l'opération, afin d'écarter complétement l'action que
pourrait exercer l'oxygène de l'air sur le chlorure ferreux.

On peut analyser les azotates anhydres à base
non volatile en les calcinant dans un creuset de
platine, avec du borax fondu; la perte de poids
indique la quantité d'acide azotique (Schaffgottsch).
La fusion avec le bichromate de potasse donne
aussi une perte de poids qui n'est due qu'à de
l'acide azotique; les sulfates et les chlorures ne
sont pas décomposés dans cette circonstance [Per-
soz, *Répert. de Chim. appl.*, t. III, p. 253]. Il en est
de même de la calcination des azotates anhydres
avec du quartz pulvérisé (Reich).

H. Rose a recommandé, pour l'analyse des azotates, leur distillation avec de l'acide sulfurique
étendu; après quelques heures, tout l'acide azotique a distillé, et on peut le doser par une liqueur alcaline titrée [*Poggend. Ann.*, t. CXVI,
p. 112]. L'opération peut se faire dans le vide. Si
l'azotate à analyser renferme du chlorure, on y
ajoute de l'oxyde ou du sulfate d'argent.

L'acide azotique peut, sous certaines influences
réductrices, être transformé en ammoniaque;
cette propriété a donné lieu à plusieurs procédés
de dosage des azotates.

Le chlorure stanneux, en présence de l'acide
chlorhydrique, opère cette transformation suivant
l'équation

$$AzHO^3 + 4\,SnCl^2 + 8\,HCl$$
$$= AzH^3 + 4\,SnCl^4 + 3\,H^2O.$$

La réaction est complète à 170° et s'opère dans
un tube scellé dans lequel on introduit la substance à analyser avec un excès d'acide chlorhydrique et une quantité connue d'une solution ti·

trée de chlorure stanneux; avant de fermer le tube à la lampe, on en expulse l'air en y ajoutant un petit fragment de marbre. Après huit ou dix minutes de chauffe à 170°, la réduction est terminée et on peut procéder au dosage du chlorure stanneux; la différence de titre avant et après l'opération correspond à la quantité d'acide azotique contenue dans la substance. Le titrage du chlorure stanneux se fait par le bichromate de potasse :

$$K^2 Cr^2 O^7 + 3 Sn Cl^2 + 8 H Cl$$
$$= Cr^2 O^3 + 3 Sn Cl^4 + 4 H^2 O + 2 K Cl.$$

On peut aussi décomposer la liqueur acide par de la potasse et déterminer ainsi la quantité d'ammoniaque formée [Pugh, *Chem. Soc. Journ.*, t. XII, p. 35].

L'acide azotique, en solution alcaline, est réduit avec une grande facilité à l'état d'ammoniaque par le zinc, l'aluminium ou l'amalgame de sodium; en recueillant dans de l'acide chlorhydrique titré les vapeurs ammoniacales qui se dégagent, on peut doser l'ammoniaque formée à l'état de chloroplatinate. On peut aussi recueillir ces vapeurs dans de l'acide sulfurique titré. Cette méthode, qui est d'une grande exactitude et d'une grande sensibilité, est applicable à l'analyse des eaux, des terres arables, des engrais, etc.; seulement il faut avoir soin, avant d'opérer la réduction par le zinc, de chasser toute l'ammoniaque que peut renfermer la substance à analyser en soumettant celle-ci à une ébullition prolongée avec de la potasse [Fr. Schulze, *Chem. centr.*, 1861, p. 657, 833].

M. Boussingault a appliqué au dosage de très-petites quantités d'acide azotique, dans une liqueur contenant ou ne contenant pas de matières organiques, la réaction de cet acide sur le sulfate d'indigo. On sait qu'il y a décoloration ou que du moins la teinte bleue devient d'un jaune pâle. Ce savant prépare d'abord de l'indigo normal en épuisant l'indigo brut par l'eau à 40°, l'acide chlorhydrique étendu de son volume d'eau et bouillant, enfin par l'éther. Il prend 5 grammes du résidu qu'il incorpore à 50 ou 60 centimètres cubes d'acide sulfurique de Saxe.

Cette dissolution sert à faire les solutions normales en ajoutant 20 gouttes, par exemple, à 100 centimètres cubes d'eau distillée.

Pour faire un essai, on commence par titrer la solution d'indigo; pour cela on introduit 2 centimètres cubes d'une solution d'azotate de potassium contenant sous ce volume un milligramme de sel; l'on porte à l'ébullition dans un tube bouché; l'on ajoute un demi-centimètre cube d'acide chlorhydrique exempt de chlore et de produits nitreux, puis, avec une burette, quelques gouttes d'indigo.

Lorsque la décoloration n'est plus immédiate, on concentre la liqueur par l'ébullition, la coloration disparaît, et l'on recommence à ajouter de l'indigo dont la coloration disparaît encore. On ajoute de temps à autre de l'acide chlorhydrique, l'on fait toujours bouillir et l'on ne cesse d'ajouter l'indigo que lorsque la coloration verte, indice d'une décoloration seulement partielle, ne disparaît ni par l'ébullition ni par l'acide chlorhydrique. C'est l'indice auquel il faudra s'arrêter dans le dosage, qui s'effectue du reste de la même façon. Les quantités d'indigo détruites sont proportionnelles à l'acide azotique existant dans la liqueur. Lorsqu'il y a des matières organiques en présence, on distille le liquide nitré avec de l'acide sulfurique et du bichromate de potassium, ou du bioxyde de manganèse lavé, puis l'on dose l'acide azotique dans le produit distillé. Celui-ci peut contenir du chlore : on le précipite par l'acétate de plomb, ou, s'il y en a fort peu, on se contente de faire bouillir le produit à doser dans le tube avec un peu d'ammoniaque. La même précaution est à employer lorsqu'on a précipité, toujours incomplétement, le chlore par l'acétate de plomb [*Chim. agricole*, t. II, p. 244]. E. W.

AZOXYBENZIDE. — Voyez Benzine.

AZULINE. — Matière colorante bleue, dérivée de l'acide phénique et de l'aniline.

Ce produit a été découvert par Guinon, Marnas et Bonnet, de Lyon [plis cachetés déposés au Conseil des prud'hommes de Lyon, le 3 sept. 1860, le 25 janvier, le 8 avril, le 10 avril et le 6 mai 1862; et brevets, nos 54910 et 54911].

Mode de formation. — On l'obtient en traitant par la naphtylamine ou l'aniline à l'ébullition, l'acide rosolique ou ce même acide modifié par l'ammoniaque (péonine). Nous ne décrirons pas ici l'acide rosolique (voir ce mot); nous n'en donnerons que le mode de préparation industrielle, tel qu'il a été indiqué par Jules Persoz, à qui revient aussi le mérite de la découverte de la péonine (novembre 1859 et janvier 1860).

Acide rosolique (coralline jaune). — On dissout 3 parties d'acide phénique dans 2 parties d'acide oxalique, puis on y ajoute 2 parties d'acide sulfurique, et on chauffe progressivement ce mélange, en ayant soin de ne pas dépasser 110° à 115° : une température plus élevée nuit considérablement au résultat. Il se dégage une grande quantité de gaz, et l'on voit la masse se colorer et s'épaissir peu à peu; on juge l'opération terminée lorsque le produit se dissout dans l'ammoniaque avec une riche coloration orange et qu'il s'est sensiblement épaissi. A ce moment, on verse la masse dans l'eau froide, qui enlève l'excès d'acide sulfurique et l'acide sulfophénique formé. Après plusieurs traitements à l'eau bouillante, le produit est considéré comme pur.

Le mode de préparation que nous venons de décrire a été indiqué aussi par Kolbe et Schmitt, mais postérieurement à Persoz [*Ann. der Chem. u. Pharm.*, t. CXIX, p. 169]. Ces chimistes tentaient ainsi la production de l'acide salicylique.

Propriétés. — La coralline se présente sous la forme d'une masse résinoïde, d'un beau vert doré, soluble dans les alcalis avec une riche couleur pourprée, et dans l'alcool avec une couleur rouge orangé : les acides la précipitent de ces solutions en flocons orange, fusibles à 80°, et dont la composition paraît répondre à la formule $C^{10} H^8 O^2$. Les dissolutions métalliques ne donnent pas de précipité complétement insoluble, avec les solutions de coralline. Les agents réducteurs la transforment en une substance incolore qui reprend la teinte de la coralline sous l'influence des corps oxydants.

Usages et emploi de la coralline jaune. — Ce produit sert non-seulement à la préparation de l'azuline; il est encore employé en assez grandes quantités dans la teinture et l'impression des tissus, ainsi que dans la fabrication des laques pour papiers peints. Associé à la fuchsine, il produit des nuances cerise très-pures. Pour le fixer sur coton, on le dissout dans l'alcool, on épaissit cette solution à l'eau de gomme, puis on y ajoute du tannin et on imprime sur tissu albuminé. Pour 2 kilog. de coralline, on prend 12 lit. 1/2 d'alcool, 25 lit. d'eau de gomme et 3k,200 de tannin; on obtient ainsi des nuances d'un jaune orange très-riche d'une teinte toute particulière.

Péonine (coralline rouge). — Persoz désigne sous ce nom le résultat de l'action de l'ammoniaque sur l'acide rosolique.

On la prépare en chauffant à 150° environ, en vase clos, un mélange de 1 partie d'acide rosolique et de 3 parties d'ammoniaque du commerce. L'opération dure environ trois heures. La masse refroidie forme un liquide épais, d'une belle couleur cramoisie. En y ajoutant de l'acide chlorhydrique, on en précipite la nouvelle matière colorante.

Propriétés. — La péonine (du mot *pæonia*, pivoine) est insoluble dans l'eau, soluble dans l'alcool avec une belle couleur qui ne vire plus aux acides, comme le ferait l'acide rosolique. Elle paraît être une sorte d'acide amidé.

Emploi de la péonine. — Pour la teinture, on dissout la matière dans l'alcool, et, après y avoir ajouté de la soude, on l'étend d'une grande quantité d'eau. Par l'addition d'un peu d'acide tartrique, on met ensuite la matière colorante en liberté, sans toutefois la précipiter; dans ce bain, on peut teindre la soie et la laine en belles nuances d'un ponceau jaune. Pour l'impression, on se sert d'un procédé analogue à celui que nous avons décrit pour la coralline jaune. Les couleurs obtenues au moyen de la péonine ne sont malheureusement pas solides; quoique les solutions de cette matière colorante ne soient guère modifiées sous l'influence des acides, comme nous l'avons dit plus haut, les acides même très-faibles font virer au jaune les étoffes teintes en rouge avec la péonine. Cette action se manifeste souvent dans la cuve à fixer, parce que la vapeur y devient promptement acide au contact des autres couleurs.

PRÉPARATION DE L'AZULINE. — On chauffe à 180° environ un mélange de 5 parties d'acide rosolique et de 6 à 8 parties d'aniline : après quelques heures, la réaction est terminée, et l'acide rosolique transformé en une matière bleue, dite azuline. On la purifie par des lavages à l'huile de naphte chaude, puis par des lavages alcalins, suivis d'un lavage acide, et finalement par une dissolution dans l'alcool et une précipitation par l'eau alcalinisée. La naphtylamine, la toluidine, la cumidine, se comportent comme l'aniline avec l'acide rosolique. L'addition d'une petite quantité d'acide benzoïque ou d'un acétate, notamment de l'acétate de plomb, favorise singulièrement la transformation de la coralline en azuline : elle permet d'obtenir des bleus très-purs, et notamment des *bleus-lumière* (qui gardent leur nuance à la lumière artificielle). La péonine peut aussi servir dans la fabrication de l'azuline, mais elle donne des produits beaucoup moins beaux. La préparation de l'azuline est restée secrète pendant plusieurs années. Avant sa publication, Ch. Lauth arriva, de son côté, à la transformation de l'acide rosolique en une matière colorante bleue, par l'action de l'aniline, et il constata que, dans cette réaction, une notable quantité de rosaniline prend naissance; l'azuline serait, d'après lui, le résultat de l'action de l'aniline sur cette rosaniline : elle serait identique avec le bleu de Lyon [pli cacheté déposé à la Soc. indust. de Mulhouse, le 30 nov. 1862; et *Bull. de la Soc. industr. de Mulhouse*, août 1866].

Propriétés. — L'azuline est une poudre amorphe, d'une belle couleur brun doré, insoluble dans l'eau, soluble dans l'alcool et l'éther avec une riche coloration bleue, dans l'acide sulfurique avec une couleur rouge brun. L'eau précipite l'azuline de ses solutions. On peut la rendre soluble dans l'eau en la traitant par l'acide sulfurique concentré et chaud pendant quelques heures.

Emploi de l'azuline. — L'azuline a été beaucoup employée, spécialement dans la teinture de la soie. Son prix élevé en a aujourd'hui restreint la consommation.

Pour teindre avec cette matière, on est obligé d'avoir recours à diverses opérations successives, sans lesquelles on n'obtient pas de belles nuances : on dissout l'azuline dans l'alcool faible, on acidule avec de l'acide sulfurique et on manœu-

vre la soie dans le bain ainsi monté. Lorsque la nuance est assez foncée, on porte le bain à l'ébullition et on y manœuvre de nouveau la soie, puis on la lave avec grand soin, jusqu'à ce que toute trace d'acide soit enlevée; on passe alors dans un bain de savon, on lave de nouveau, et l'on termine par un passage en eau légèrement acidulée.

Composition de l'azuline. — Tout ce que nous connaissons relativement à la composition de l'azuline est dû à Ed. Willm [*Bull. de la Soc. industr. de Mulhouse*, nov. 1861, p. 217].

Il donne à l'azuline la composition $C^{12} H^{11} Az O^2$, et représente la réaction qui lui donne naissance par l'équation suivante :

$$\underset{\text{Aniline.}}{C^6 H^7 Az} + \underset{\substack{\text{Acide} \\ \text{phénique.}}}{C^6 H^6 O} + O^3$$

$$= \underset{\text{Azuline.}}{C^{12} H^{11} Az O^2} + H^2 O.$$

D'après Willm, l'azuline pourrait être considérée comme dérivant de l'ammoniaque, dont 2 H seraient remplacés par deux fois le radical oxyphényle

$$Az \begin{cases} C^6 H^5 O \\ C^6 H^5 O \\ H. \end{cases}$$

Le travail de Willm, fait à une époque où nos connaissances sur les matières colorantes artificielles étaient extrêmement vagues, nous paraît nécessiter de nouvelles recherches. CH. L.

AZULMIQUE (ACIDE) [*Azulmine*]. — On donne ce nom à la matière brune ulmique et azotée qui se forme pendant la décomposition spontanée de l'acide cyanhydrique ou de la solution aqueuse de cyanogène.

Il se distingue du paracyanogène parce qu'il contient de l'hydrogène et probablement aussi de l'oxygène. Boullay représente sa composition par la formule $C^5 Az^4 H^2$, Johnston par $C Az H^4$ ou $C^3 Az^4 H^2 + H^2 O$, suivant qu'il est obtenu avec le cyanogène ou l'acide cyanhydrique.

Suivant Pelouze et Richardson, il contient les éléments du cyanogène et de l'eau :

$$C^4 Az^4 H^4 O^2.$$

L'azulmine se prépare facilement en exposant à la lumière de l'acide cyanhydrique concentré additionné d'un peu de potasse ou d'ammoniaque, ou en dirigeant du chlore dans une solution de cyanure de potassium, ou bien encore en abandonnant à elle-même une solution aqueuse ou alcoolique de cyanogène.

Elle se présente sous forme d'une masse noire ulmique, sans odeur, insoluble ou très-peu soluble dans l'eau et l'alcool, soluble dans les acides acétique, chlorhydrique et sulfurique concentré; soluble en rouge brun dans les alcalis caustiques et carbonatés, ainsi que dans l'ammoniaque. Ces solutions alcalines donnent avec les sels métalliques des précipités.

Chauffé avec du chlore, l'acide azulmique se change en chlorure de cyanogène. L'acide azotique froid le dissout en rouge jaunâtre; la solution laisse, après évaporation, une résine soluble dans les alcalis. L'eau en précipite une matière jaune (acide paracyanique $C^4 Az^4 O$).

La distillation sèche le convertit en cyanhydrate d'ammoniaque, en cyanogène, carbonate d'ammoniaque, paracyanogène et charbon [*Schweigger's Journ.*, t. LVI, p. 341; — *Journ. de Pharm.*, 2e série, t. XVI, p. 180; — *Ann. der Chem. u. Pharm.*, t. XXII, p. 280; — *Journ. für prakt. Chem.*, t. XLI, p. 161; — *Ann. der Chem. u. Pharm.*, t. XXVI, p. 63; — *Journ. für prakt. Chem.*, t. XXXI, p. 228]. P. S.

AZURITE. — Voyez CHESSYLITHE.

B

BABELQUARTZ (Min.). — Petits cristaux de quartz de Beralstone (Devonshire). Ils doivent leur nom à leur forme en gradins qui provient de ce qu'ils se sont développés sur des cristaux de fluorine, eux-mêmes en voie de formation.

BABINGTONITE (Min.). — Silicate de chaux et de fer, avec un peu de magnésie, de manganèse et d'alumine. D'après Rammelsberg [*Handb. der Mineralchem.*, p. 477], le fer est contenu dans cette substance en partie à l'état de protoxyde, en partie à l'état de sesquioxyde, et les rapports de l'oxygène dans RO :

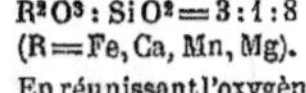

$$R^2O^3 : SiO^2 = 3 : 1 : 8$$

(R = Fe, Ca, Mn, Mg).

En réunissant l'oxygène du peroxyde de fer à celui des bases, on tombe sur le rapport 1 : 2 qui caractérise les bisilicates. La forme cristalline de la babingtonite, quoique anorthique, se rapproche

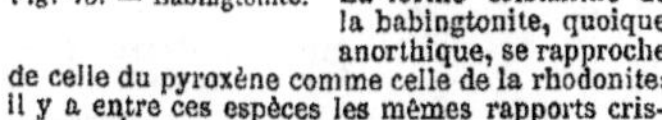

Fig. 75. — Babingtonite.

de celle du pyroxène comme celle de la rhodonite; il y a entre ces espèces les mêmes rapports cristallographiques qu'entre l'albite et l'orthose.

En petits cristaux d'un noir verdâtre, implantés sur un mélange d'albite, d'amphibole et d'orthose rosée, à Arendal (Norwége), sur l'orthose à Baveno, etc.

D'un éclat vitreux ; translucide en lames minces.

Caractères. — Inattaquable aux acides. Au chalumeau, fond facilement en un globule noir magnétique; avec les flux, réactions du fer et du manganèse.

Dureté, 5,5-6. Poussière gris verdâtre.

Densité, 3,35-3,44.

Forme cristalline. — Prisme anorthique, $mt = 112°13$, $pm = 92°33$, $pt = 92°37$.

Clivage parfait suivant p, moins parfait suivant t.   F. et S.

BABLAH ou *Neb-neb*. — Nom commercial des fruits de diverses espèces d'acacia. Le bablah des Indes orientales (variété la plus importante) provient de l'*acacia Bambolah* (Roxburg); le bablah de l'Égypte et de Chine est fourni par l'*acacia nilotica*. Le péricarpe renferme un suc foncé brun et astringent. Chevreul a trouvé dans la décoction aqueuse : du tannin, de l'acide gallique, une matière colorante rouge, une substance azotée et d'autres principes indéterminés [*Leçons de Chim. appliq. à la Teinture*, t. II, p. 211]. Le bablah de l'Inde cède à l'eau 49 %, de principes solubles, celui du Sénégal 57 %. Malgré cette différence, il paraît, d'après les recherches de Guibourt, que le premier est plus riche en tannin et possède une valeur plus grande.

Le bablah est utilisé comme matière astringente dans la teinture et l'impression des tissus et la teinture des soies. Les nuances fournies par les graines diffèrent de celles obtenues avec les gousses. Les graines contiennent un principe rouge et servent en Égypte et aux Indes à la teinture du maroquin [*Handw. der Chem.*, 2e ann., t. II, p. 603].   Cu. L.

BAGRATIONITE (Min.). — Substance cristallisée noire, d'un éclat vitreux, d'Achmatowsk (Oural). D'après M. de Kokscharow, elle présente la forme et les angles de l'orthite.

Inattaquable par les acides. Fond au chalumeau en une perle noire magnétique.

Dureté, 6,5. Poussière brun foncé.

Densité, 3,84.

BAIÉRINE. — Voyez Niobite.

BAIKALITE (Min.). — Variété verte de diopside, du lac Baikal. — Voyez Groupe des pyroxènes.

BALAIS (RUBIS). — Nom donné par les joailliers au rubis spinelle d'un rose clair.

BALDISSÉRITE. — Voyez Giobertite.

BALDOGÉE. — Voyez Terre de Vérone.

BALLESTÉROSITE (Min.). — Variété de pyrite cubique de Galice, renfermant des traces de zinc et d'étain.

BALTIMORITE (Min.). — Variété fibreuse de serpentine.

BAMLITE (Min.). — Silicate d'alumine, avec un peu de fer et de chaux, en cristaux bacillaires ou fibreux, d'un vert grisâtre ou bleuâtre, présentant un clivage parfait.

Dans une roche de quartz, de mica et d'amphibole, à Bamle (Norwége).

Dureté, 5-7.

Densité, 2,98-3,15. Se rapporte probablement à la sillimanite.

BARBITURIQUE (ACIDE) [Baeyer, *Ann. der Chem. u. Pharm.*, t. CXXVII, p. 1 et 199; t. CXXX, p. 129; t. CXXXI, p. 201, et son *Extrait-Ann. de Chim. et de Phys.*, (4), t. III, p. 477, et t. IV, p. 478].

C'est un dérivé de l'acide urique qui répond à la formule $C^4H^4Az^2O^3$. M. Baeyer l'obtient en réduisant l'acide bibromobarbiturique dont nous verrons plus bas le mode de formation. Cette réduction ne s'effectue que par l'amalgame de sodium ou l'acide iodhydrique. L'acide iodhydrique est surtout avantageux.

On arrose 50 grammes d'acide bibromobarbiturique avec environ le double de son poids d'acide iodhydrique le plus concentré possible et on chauffe le tout au bain-marie pendant un quart d'heure. On mêle la liqueur avec son volume d'eau, on sépare par le filtre, on décolore la liqueur par l'acide sulfhydrique et on la filtre chaude. Par le refroidissement, il se forme des cristaux d'acide barbiturique appartenant au type orthorhombique. Ces cristaux renferment 4 H²O qu'ils perdent rapidement dans une atmosphère sèche.

L'acide barbiturique se dissout peu dans l'eau froide et très-facilement dans l'eau bouillante. Le brome le convertit par substitution en acide bibromobarbiturique, l'acide nitrique le transforme en acide nitrobarbiturique, lequel est identique avec l'acide dilithurique, et l'azotite de potasse le fait passer à l'état d'acide nitrosobarbiturique qui est l'acide violurique.

L'acide barbiturique fond lorsqu'on le chauffe. Il est bibasique. Lorsqu'on le fait bouillir avec un excès de potasse, il se dédouble en acide malonique, acide carbonique et ammoniaque.

D'après cette décomposition, il est évident que l'on doit considérer l'acide barbiturique comme une diamide malonyl-carbonique, c'est-à-dire comme de la malonyl-urée :

$$\left.\begin{array}{l}(CO)'' \\ (C^3H^2O^2)'' \\ H^2\end{array}\right\} Az^2 = C^4H^4Az^2O^3.$$

Malonyl-urée.   Acide barbiturique.

La décomposition par les alcalis peut être exprimée par l'équation suivante :

$$Az^2 \left\{\begin{array}{l}CO \\ C^3H^2O^2 \\ H^2\end{array}\right. + 3\,H^2O$$

Acide barbiturique (malonyl-urée).

$$= \left.\begin{array}{l}C^3H^2O^2 \\ H^2\end{array}\right\} O^2 + CO^2 + 2\,AzH^3.$$

Acide malo-   Anhydride   Ammonique.   carbonique.   niaque.

DÉRIVÉS DE L'ACIDE BARBITURIQUE.

ACIDE BIBROMOBARBITURIQUE, $C^4H^2Br^2Az^2O^3$. — Pour l'obtenir, on traite l'acide violurique (nitrosobarbiturique) par le brome. Il se produit en même temps de l'acide bromhydrique et du bromure azoteux $AzOBr$, lequel, au contact de l'eau, se décompose en acide bromhydrique et vapeur nitreuse :

$$C^4H^3(AzO)Az^2O^3 + Br^4$$

Acide violurique.   Brome.

$$= C^4H^2Br^2Az^2O^3 + AzOBr + BrH.$$

Acide bibromo-   Bromure   Acide
barbiturique.   azoteux.   bromhydrique.

L'acide bibromobarbiturique cristallise en prismes ou en lames carrées d'un grand éclat. Il est soluble dans l'eau, l'alcool et l'éther. Les alcalis le dissolvent. Lorsqu'on chauffe la solution, il se dégage du bromoforme et il se précipite du bromobarbiturate d'ammoniaque sous la forme d'une poudre cristalline :

$$2\,C^4H^2Br^2Az^2O^3 + 3\,H^2O$$

Acide bibromo-   Eau.
barbiturique.

$$= C^4H^2Br(AzH^4)Az^2O^3 + CHBr^3 + AzH^3 + 3\,CO^2$$

Bromobarbiturate   Bromo-   Ammo-   Anhy-
ammoniaque.   forme.   niaque.   dride
carboniq.

Il existe une relation fort simple entre l'acide bibromobarbiturique et l'alloxane, relation en vue de laquelle M. Baeyer avait d'abord nommé ce corps *bromure d'alloxane*. En effet, la formule de l'alloxane telle que l'avaient donnée MM. Liebig et Wöhler est

$$C^4H^4Az^2O^5 = C^4H^2Az^2O^4 + H^2O.$$

Ce n'est qu'à 150° ou 160° que ce corps perd H^2O et il est permis de considérer l'alloxane ainsi desséchée comme un anhydride. Dans cette hypothèse, l'acide bibromobarbiturique dériverait de l'alloxane par substitution de $2\,Br$ à $2\,OH$:

$$C^4H^2(OH)(OH)Az^2O^3 - 2\,(OH) + Br^2$$

Alloxane.

$$= C^4H^2BrBrAz^2O^3.$$

Acide bibromobarbiturique.

Sous l'influence des agents réducteurs, l'acide bibromobarbiturique peut donner lieu à quatre réactions différentes :

1°
$$C^4H^2Br^2Az^2O^3 + H^2$$
$$= C^4H^3BrAz^2O^3 + HBr\,;$$
Acide monobromo-
barbiturique.

2°
$$C^4H^2Br^2Az^2O^3 + H^2 + H^2O$$
$$= C^4H^3(OH)Az^2O^3 + 2\,HBr\,;$$
Acide dialurique.

3°
$$2\,C^4H^2Br^2Az^2O^3 + 3\,H^2$$
$$= C^8H^6Az^4O^6 + 4\,HBr\,;$$
Acide hydurilique.

4°
$$C^4H^2Br^2Az^2O^3 + 2\,H^2$$
$$= C^4H^4Az^2O^3 + 2\,HBr.$$
Acide barbi-
turique.

Le zinc et l'acide bromhydrique font naître la première réaction ; il en est de même de l'acide cyanhydrique ; l'hydrogène sulfuré détermine la seconde ; l'acide iodhydrique en petite quantité la troisième ; l'acide iodhydrique en excès et l'amalgame de sodium la quatrième.

ACIDE MONOBROMOBARBITURIQUE, $C^4H^3BrAz^2O^3$. — Ce corps prend naissance lorsqu'on fait agir une solution aqueuse d'acide cyanhydrique sur de l'acide bibromobarbiturique. Il se produit du bromure de cyanogène et de l'acide monobromobarbiturique qui se sépare en petites aiguilles insolubles dans l'eau froide, lorsqu'on évapore la liqueur :

$$C^4H^2Br^2Az^2O^3 + CAzH$$
Acide bibromo-   Acide
barbiturique.   cyanhydrique.

$$= C^4H^3BrAz^2O^3 + CAzBr.$$
Acide bromobar-   Bromure
biturique.   de cyanogène.

ACIDE NITROSOBARBITURIQUE (acide violurique), $C^4H^3(AzO)Az^2O^3$. — Cet acide se forme dans l'action de l'acide azotique de 1,2 de densité sur l'acide hydurilique :

$$C^8H^6Az^4O^6 + AzO^3H$$
Acide hydu-   Acide
rilique.   azotique.

$$= C^4H^3Az^3O^4 + C^4H^2Az^2O^4 + H^2O.$$
Acide violurique.   Alloxane.   Eau.

Le meilleur moyen pour le préparer consiste à ajouter une solution de nitrate de potasse à de l'acide hydurilique délayé dans l'eau. On porte ensuite la liqueur au bain-marie et l'on y ajoute alternativement de l'acide acétique et du nitrite de potasse. Il se sépare du violurate de potasse en lames d'un beau violet. Ce sel est transformé en violurate barytique insoluble que l'on décompose exactement par l'acide sulfurique.

La liqueur filtrée étant concentrée à 60° ou 70°, l'acide violurique cristallise en octaèdres orthorhombiques solubles dans l'eau et dans l'alcool qui renferment $2\,H^2O$. Ces cristaux deviennent anhydres à 100°.

L'acide violurique est monobasique. Ses sels, pour la plupart cristallisables, offrent de magnifiques nuances de bleu, de violet et de pourpre.

Chauffé, l'acide violurique dégage des vapeurs nitreuses. Avec le chlorure de chaux il donne de la chloropicrine. Sous l'influence du brome nous avons vu qu'il donne de l'acide bibromobarbiturique, de l'acide bromhydrique et du bromure azoteux $AzOBr$. Ces réactions ne laissent aucun doute sur sa constitution et démontrent qu'il constitue un dérivé nitreux de l'acide barbiturique.

Les agents réducteurs, tels que l'acide iodhydrique, convertissent l'acide violurique en uranile ou acide amidobarbiturique

$$C^4H^3(AzH^2)Az^2O^3.$$

Enfin, le sulfite d'ammonium transforme l'acide violurique en thionurate d'ammoniaque, produit intermédiaire entre l'acide violurique et l'uranile dont la formule est

$$C^4H^3(AzSO^2)Az^2O^3 + H^2O.$$

ACIDE NITROBARBITURIQUE (acide diliturique), $C^4H^3(AzO^2)Az^2O^3$. — Pour l'obtenir, on chauffe de l'acide hydurilique avec de l'acide azotique jusqu'à ce qu'une petite portion de la liqueur donne un précipité blanc par l'ammoniaque. L'acide diliturique se dépose en cristaux par le refroidissement de la liqueur. On le purifie en le faisant cristalliser de nouveau.

$$C^8 H^6 Az^4 O^6 + 2 Az O^3 H$$

Acide hydurilique.   Acide azotique.

$$= C^4 H^3 Az^4 O^5 + C^4 H^2 Az^2 O^4 + Az O^2 H + H^2 O.$$

Acide diliturique.   Alloxane.   Acide azoteux.   Eau.

L'acide diliturique cristallise en lamelles ou en prismes à base carrée, incolores, qui renferment 6 molécules d'eau de cristallisation. Il est efflorescent, se dissout abondamment dans l'eau chaude, qu'il colore en jaune, et se dissout peu dans l'alcool et l'éther.

D'après M. Baeyer, l'acide diliturique est tribasique avec une tendance à former des sels acides avec un seul atome de métal. C'est là un fait étonnant, s'il est exact que l'acide violurique soit monobasique. En effet, l'acide violurique et l'acide diliturique ne différant que par le radical azoté qu'ils renferment et qui est AzO dans le premier et AzO^2 dans le deuxième, on ne voit guère comment la basicité de ces deux acides peut être différente. Il est vrai que l'acidité du radical AzO^2 est manifestée par ce fait que le nitroforme possède des propriétés acides très-énergiques.

L'acide diliturique est caractérisé par la coloration jaune qu'il développe en se dissolvant dans l'eau ou dans la potasse faible, et par le précipité blanc qu'il fait naître dans les solutions des sels ammoniacaux.

Le brome le transforme comme l'acide violurique en acide bibromobarbiturique. Les agents réducteurs le convertissent comme le dernier en uranile.

VIOLANTINE, $C^8 H^6 Az^6 O^9$. — C'est une combinaison d'acide diliturique et d'acide violurique. Elle se produit synthétiquement lorsqu'on mélange des solutions chaudes et concentrées des deux acides :

$$C^4 H^3 Az^3 O^4 + C^4 H^3 Az^3 O^5 = C^8 H^6 Az^6 O^9.$$

Acide violurique.   Acide diliturique.   Violantine.

Il existe donc entre la violantine, l'acide diliturique et l'acide violurique, la même relation qu'entre l'alloxane, l'alloxantine et l'acide dialurique.

On peut encore obtenir la violantine en chauffant au bain-marie de l'acide hydurilique avec de l'acide azotique de 1,2 de densité. C'est une poudre cristalline d'un blanc jaunâtre. Elle est peu stable et se décompose par l'eau en acides violurique et diliturique. Elle est susceptible de cristalliser dans l'acide acétique concentré bouillant. L'ammoniaque la colore en bleu.

ACIDE DIBARBITURIQUE, $C^8 H^6 Az^4 O^5$. — L'acide dibarbiturique représente 2 molécules d'acide barbiturique réunies en une avec élimination de $H^2 O$:

$$2 C^4 H^4 Az^2 O^3 = H^2 O + C^8 H^6 Az^4 O^5.$$

Acide barbiturique.   Eau.   Acide dibarbiturique.

On l'obtient à l'état de sel ammoniacal lorsqu'on chauffe l'acide barbiturique. La réaction devient beaucoup plus nette lorsqu'on chauffe à 150° l'acide barbiturique mêlé de glycérine.

L'acide dibarbiturique est une poudre blanche presque insoluble dans l'eau. Il est bibasique, suivant M. Baeyer. Cette bibasicité, facilement explicable si l'on admet que l'acide barbiturique soit bibasique, ne s'accorde pas avec la tribasicité de l'acide diliturique admise par le même chimiste. Nous savons, en effet, que le fait de la substitution du groupe AzO^2 à H dans un acide n'en modifie ordinairement pas la basicité.

Le brome transforme l'acide dibarbiturique en une combinaison d'acide bibromobarbiturique et d'acide bromhydrique qui se présente en cristaux jaunes. Sous l'influence de l'eau, ce composé perd de l'acide bromhydrique et se convertit en cristaux d'acide bibromobarbiturique.

ACIDE AMIDOBARBITURIQUE, $C^4 H^3 (Az H^2) Az^2 O^3$. — C'est l'uramile (voyez ce mot).   A. N.

BARÉGINE. — On désigne sous le nom de barégine ou de glairine une substance organique azotée contenue dans certaines eaux sulfureuses des Pyrénées, notamment dans celles de Baréges, où elle existe en dissolution ou à l'état de dépôt; il est bon de réserver le nom de glairine à une matière gélatineuse amorphe, tantôt translucide, tantôt opaque, onctueuse au toucher. Lorsqu'on évapore une eau thermale sulfureuse, riche en matières organiques, elle prend une teinte jaune et finit par laisser un résidu jaune brunâtre, qui par la calcination répand des vapeurs ammoniacales et une odeur de corne brûlée : c'est la barégine; une fois déposée, elle est peu soluble dans l'eau, avec laquelle elle forme un mélange, insoluble dans les acides, peu soluble dans la potasse étendue. Desséchée, la barégine présente un aspect corné. Elle précipite les sels de plomb et d'argent.

La glairine est grise, rosée ou noire; dans ce dernier cas, d'après Filhol, la coloration est due à du sulfure de fer qui la rend insoluble. Anglada admettait que la glairine déposée par l'eau est identique avec la barégine qui reste en dissolution; mais cette dernière, une fois déposée, est plus soluble que la glairine; il est possible que cette différence de propriétés soit due à une altération. La glairine, en outre, ne se déposant qu'à une certaine distance du point d'émergence, il paraîtrait que l'air soit indispensable à sa formation.

On a voulu assimiler la glairine et la barégine aux matières albuminoïdes ou gélatineuses; mais sa composition s'en éloigne notablement; en outre elles renferment une grande quantité de silice, pouvant aller jusqu'à 80 %. Voici d'après J. Bouis la composition de quelques variétés de glairine :

	Carbone.	Hydrog.	Azote.	Cendres.
Glairine pulpeuse grise...	48,69	7,70	8,10	30,22
— fibreuse rouge...	44,06	6,69	5,57	35,00
— pulpeuse verte...	45,20	6,95	5,60	40,07

[Vauquelin, *Ann. de Chim.*, t. XXXIX, p. 173. — Anglada, *Mémoires*, 1837-1838. — Bonjean, *Journ. Pharm.*, t. XV, p. 321. — J. Bouis, *Compt. rend.*, t. XLI, p. 116].   E. W.

BARILLA ou **BARILLAR.** — Nom commercial de la soude impure importée d'Espagne et du Levant. On l'obtient par la combustion de différentes plantes, croissant au bord de la mer, principalement du genre Salsola. Elle nous arrive en masses dures, poreuses, de couleur brune, luisantes. On donne le nom de *kelp* ou barilla anglaise à un alcali moins impur obtenu en brûlant divers fucus. Cette matière première fournissait autrefois toute la soude employée; elle est en grande partie remplacée par la soude artificielle.

BARNHARDITE (Min.). — Sulfure double de cuivre et de fer $Cu^4 Fe^2 S^5$, compacte, d'un jaune pâle, ressemblant à la pyrite, s'irisant facilement. Du comté de Cabarras (Caroline du Nord).

Caractères. — Au chalumeau, donne une odeur sulfureuse et un globule magnétique. Avec les flux, réactions du fer et du cuivre.

Pas de clivage.

BAROLITE. — Voyez WITHÉRITE.

BAROSÉLÉNITE. — Voyez BARYTINE.

BARSOWITE (Min.). — Variété d'anorthite, en

masses compactes ou granulaires, assez facilement clivables dans une direction ; d'un blanc de lait ou verdâtre, servant de gangue au corindon bleu de Barsowka (Oural).

Dureté, 5 à 6. Densité, 2,75.

BARWOOD ou CAMWOOD. — Matière colorante rouge fournie par le *Baphia nitida*, qui croît à Sierra-Leone, en Afrique, et analogue au santal. Poudre grossière d'un rouge vif, plus riche que le santal.

Il donne sur coton un rouge brillant, brunissant par le savon.

A Elbeuf, on emploie ces bois pour la teinture des laines.

Ils donnent des nuances distinctes de celles du santal ordinaire.

BARYSTRONTIANITE (Min.). — Strontianite mélangée de barytine et d'un peu de calcite, de Stromness (île d'Orkey).

BARYTE CARBONATÉE. — Voyez WITHÉRITE.

BARYTE SULFATÉE. — Voyez BARYTINE.

BARYTE SULFATO-CARBONATÉE (Min.). — Mélange de withérite et de barytine, de Bromley-Hill (Cumberland), regardé à tort comme une espèce.

BARYTINE (Min.) [Syn. *Spath pesant, baryte sulfatée, baryte, hépatite* (Haus.), *barosélénite, spath de Bologne, Schwerspath*]. — Sulfate de baryte, $SO^4Ba = BaO.SO^3$, renfermant souvent un peu de sulfate de strontiane et quelquefois des traces d'oxyde de fer, de silice, d'alumine et de carbonate de chaux. Se présente en beaux cristaux, en agrégations cristallines bacillaires ou offrant un aspect crêté, en masses fibreuses, lamelleuses, concrétionnées, compactes ou terreuses ; quelquefois pseudomorphique. Limpide, transparent, translucide, opaque ; blanc ou coloré en jaune, en brun, en bleu, en rouge ; d'un éclat vitreux.

C'est une substance de filon, accompagnant ordinairement le plomb, l'argent et le mercure ; elle se rencontre aussi en veines et en cristaux dans les calcaires secondaires.

Fig. 76. — Barytine.

Caractères. — Inattaquable par les acides. Au chalumeau, décrépite et fond difficilement en un émail blanc ; à la flamme de réduction, se transforme en sulfure de baryum.

Dureté, 3-3,5. Densité, 4,35-4,71.

Forme cristalline. — Prisme orthorhombique (mm) de 101°40' ; $pa^1 = 121°50'$; pe^1 de 127°18'. Les cristaux offrent des formes très-différentes d'aspect qui peuvent être rapportées à trois types principaux : dans le premier type dominent les faces du prisme et la base (p, m) ; dans le deuxième,

les modifications a^2 et e^1, associées à la base p et aux faces g^1 et h^1, donnent naissance à des tables rectangulaires ; dans le troisième, les faces a^2 deviennent dominantes et, accompagnées des faces m, p, e^1, constituent un prisme allongé dans le sens de la grande diagonale de la base.   F. et S.

BARYTOCALCITE (Min.). — Carbonate barytocalcique, $BaCaC^2O^6 = BaO.CO^2, CaO.CO^2$.

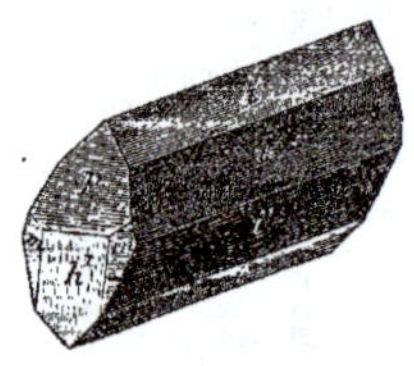

Fig. 77. — Barytocalcite.

Masses et cristaux, d'un blanc plus ou moins jaunâtre ou verdâtre, appartenant au type clinorhombique. Cette substance a la même composition que l'alstonite et se trouve, comme elle, à Alston-Moor (Cumberland).

Caractères. — Infusible au chalumeau ; colore la flamme en jaune verdâtre. Avec le borax donne un verre hyacinthe qui perd sa couleur au feu d'oxydation.

Dureté, 4. Densité, 3,6-3,7. Poussière blanche. Éclat vitreux.

Forme cristalline. — Prisme $mm = 106°54'$; $ph^1 = 106°8'$; $pm = 102°54'$; $ii = 84°52'$ $(i = b^{1/2} b^{1/3} g^1)$. Clivages, p, m.   F. et S.

BARYTOCALCITE EN PRISME DROIT. — Voyez ALSTONITE.

BARYTOCÉLESTINE (Min.). — Variété de célestine barytifère.

BARYTOPHYLLITE. — Voyez CHLORITOÏDE.

BARYUM (de βαρύς, pesant). — Lors de ses recherches sur la *magnesia nigra* (bioxyde de manganèse), en 1774, Scheele découvrit une terre nouvelle voisine de la chaux, dont il fit connaître les principales propriétés, et qu'il nomma *terre pesante* (*terra ponderosa*) ; les nomenclateurs français changèrent cette dénomination en *barote* d'abord, puis en *baryte*, dont la signification est la même, et que les chimistes ont conservée. H. Davy reconnut, en 1808, la véritable nature de la baryte, et il montra que cette terre est une combinaison d'un métal, auquel il appliqua le nom de *baryum*, avec l'oxygène.

État naturel. — Le baryum ne se rencontre pas en très-grande abondance dans la nature ; on l'y trouve surtout à l'état de sulfate (barytine) et de carbonate (withérite). La barytocalcite, l'harmotome et la psilomélane, beaucoup plus rares, renferment aussi du baryum.

Propriétés. — La grande difficulté qu'il y a à isoler ce métal n'a pas encore permis aux chimistes de faire une étude complète et exacte de ses propriétés. Comme on va en juger, du reste, les données sur ce sujet sont quelquefois contradictoires.

Davy isola le baryum en faisant une capsule avec de l'hydrate de baryte humide qu'il remplit de mercure ; cette capsule était posée sur une feuille de platine attachée au pôle positif d'une pile de 500 paires, dont le pôle négatif plongeait dans le mercure. Il se forma, sous l'influence du courant voltaïque, un amalgame qui, chauffé dans un tube fermé et rempli de vapeurs de naphte, abandonna son mercure et laissa un dépôt de baryum.

Hare a apporté au procédé de Davy des modifications peu importantes, consistant surtout à remplacer l'hydrate barytique par du chlorure de baryum humide maintenu à une basse température au moyen d'un mélange frigorifique.

On obtient du baryum impur, d'après H. Davy, quand on décompose, au rouge, de la baryte ou du chlorure de baryum par la vapeur de potassium.

Clarke a annoncé que la baryte anhydre ou son nitrate est décomposée quand on la porte sur un charbon dans la flamme d'un gaz tonnant sec formé de trois volumes d'hydrogène pour un d'oxygène. Il se produit une sorte d'effervescence après laquelle on trouve le baryum réuni en grenailles qui ont la couleur et l'éclat du fer, avec une densité légèrement supérieure à 4.

Bunsen prépare le baryum électrolytiquement au moyen d'une bouillie de chlorure de baryum faiblement acidulée et maintenue à 100°. Le pôle négatif est formé par un fil de platine amalgamé; il s'y dépose un amalgame solide, blanc d'argent, très-cristallin, qu'il suffit ensuite de décomposer par distillation dans une nacelle de charbon chauffée au sein d'une atmosphère d'hydrogène : le baryum demeure alors sous forme d'une masse boursouflée, terne, dont les cavités offrent souvent l'éclat et la couleur blanche de l'argent [Bunsen, *Ann. de Chim. et de Phys.*, (3), t. XLI, p. 354; ou, *in extenso*, *Poggend. Ann.*, t. XCI, p. 619].

Par un procédé dont il sera question à l'article Strontium, Mathiessen a obtenu le baryum en poudre fine jaune comme le calcium, et décomposant l'eau à la température ordinaire [Mathiessen, *Chem. Soc. quart. Journ.*, t. VIII, p. 107 et 294; ou *Ann. de Chim. et de Phys.*, (3), t. XLV, p. 347 (en extrait)].

Crookes recommande la marche suivante : on porte de l'almagame de sodium dans une dissolution saturée de chlorure de baryum et l'on chauffe à 93°; on fait écouler la liqueur qui recouvre l'amalgame de baryum formé, et on la remplace par une nouvelle quantité de chlorure de baryum, en chauffant de nouveau. Il faut ensuite pétrir l'amalgame dans l'eau pour le laver, ensuite le sécher et le serrer fortement dans un linge pour en séparer l'excès de mercure.

L'amalgame de baryum ainsi obtenu forme une masse cristalline solide qui se ternit lentement à l'air; on l'introduit dans une petite cloche de verre recourbée avec de l'huile de naphte, et l'on distille pour chasser le mercure en poussant la température jusqu'au rouge à la fin de l'opération. Ce procédé donne un baryum qui s'oxyde facilement à l'air et se transforme peu à peu en baryte pulvérulente. Sa coupure, faite au sein de l'huile de naphte, est blanche et douée du brillant métallique; projeté dans l'eau, il s'y enfonce peu à peu et donne lieu à un dégagement rapide d'hydrogène; porté dans la flamme de l'alcool, il y brûle avec une flamme colorée en rouge vert [Crookes, *Chemical News*, t. VI, p. 194]. Il est douteux que le baryum de Crookes fût pur; peut-être retenait-il du sodium.

Davy a reconnu au baryum les propriétés suivantes :

Il ressemble à l'argent, se précipite au fond de l'eau et de l'acide sulfurique concentré, s'oxyde vivement dans l'eau, dégage de l'hydrogène et se convertit en baryte. A l'air, il se couvre peu à peu d'une pellicule de terre. Il fond au-dessous du rouge, et, à cette dernière température, il réduit le verre sans se volatiliser. On peut l'aplatir un peu.

Le poids atomique du baryum a été l'objet d'un très-grand nombre de déterminations faites par Berzelius, Dumas, Pelouze, Marignac, etc. Les recherches de ce dernier conduisent au nombre 137,16 (H $= 1$ et Ba″Cl² $=$ chlorure de baryum); mais, dans la pratique, on adopte généralement 137.

Thenard et M. Regnault rangent le baryum parmi les métaux de leur première section. L'isomorphisme habituel de leurs composés tend à faire ranger dans un même groupe le baryum, le strontium, le calcium et le plomb.

ALLIAGES DE BARYUM. — Si l'on chauffe de la baryte caustique avec de l'aluminium et un peu de chlorure de baryum, on obtient un alliage très-cristallin d'*aluminium* et de *baryum*. Cet alliage, qui contient de 24 à 33 % de baryum, est un peu plus foncé que l'aluminium et il montre sur quelques faces un reflet jaune; il décompose rapidement l'eau à la température ordinaire sans que la liqueur manifeste de propriétés alcalines, ce qui tient probablement à ce que l'alumine et la baryte s'unissent pour former un aluminate (Beketoff, *Bull. de la Soc. chim. de Paris*, 11 mars 1859].

Quand on ajoute un alliage de sodium et de bismuth, pas trop riche en sodium, à un excès de chlorure de baryum maintenu en pleine fusion, il se produit une masse cristalline qui est un alliage de bismuth et de baryum (28 % de Ba) avec les traces de sodium. Un mélange intime de carbonate de soude, de charbon, de chlorure de baryum et d'étain très-divisé, chauffé vivement jusqu'à ce qu'il ne se volatilise plus de sodium, donne un *alliage d'étain et de baryum*, indécomposable par le feu, très-oxydable à l'air et décomposant l'eau, propriétés qu'il partage avec le précédent [Caron, *Compt. rend.*, t. XLVII, p. 440, 1859].

Un fil de platine, plongé dans du chlorure de baryum en fusion et attaché au pôle négatif d'une pile dont le courant traverse le chlorure, se recouvre d'un *alliage de baryum et de platine* jaune et fragile qui décompose lentement l'eau en laissant déposer du platine en poudre fine [Matthiessen, *Chem. Soc. quart. Journ.*, t. VIII, p. 294].

En fondant du zinc et du chlorure de baryum avec du sodium, Caron a préparé un alliage de zinc et de baryum dont la description n'a pas été publiée [*Compt. rend.*, t. L, p. 547].

Clarke dit avoir fondu à la flamme du gaz tonnant, 2 p. *de baryum* et 1 *de fer*, en un alliage fragile, couleur de plomb. De la même manière il aurait produit l'alliage de baryum et de cuivre, jaune d'or.

Amalgame de baryum. — Grains cristallins, formant une masse presque solide qu'il faut conserver sous du pétrole, parce qu'à l'air elle se recouvre de carbonate barytique. Dans l'eau pure l'amalgame de baryum forme peu à peu, avec dégagement d'hydrogène, de l'eau de baryte; dans une solution de sel ammoniac il produit un amalgame d'ammonium; traité sur un verre de montre par une solution de sulfate de cuivre, l'amalgame éprouve un mouvement de rotation; il se forme du sulfate barytique, qui est violemment projeté; le liquide forme deux tournants en sens opposé. Dès que le mouvement se ralentit, l'amalgame se revêt d'une efflorescence sous forme de mosaïque, qui est produite par le précipité, lequel est coloré par de l'oxyde de cuivre. Cet amalgame, dont on doit la découverte à Bœttger, s'obtient comme suit : on agite un amalgame de sodium avec une solution parfaitement saturée de chlorure de baryum; il se dégage un peu d'hydrogène, mais la plus grande partie du sodium précipite le baryum et s'unit directement au chlore. Le volume du mercure augmente considérablement par son union avec le baryum : on l'enlève aussitôt pour le dessécher rapidement sur du papier brouillard.

OXYDES. — Le baryum se combine avec l'oxygène en deux proportions pour former la baryte ou protoxyde et la baryte oxygénée ou bioxyde.

PROTOXYDE DE BARYUM, BaO. — Ce composé, base énergique et puissante, a reçu les noms de *barote, terre pesante* et *baryte* ; cette dernière expression est de beaucoup la plus usitée. La baryte prend naissance par l'oxydation directe du baryum à l'air, soit lentement à froid, soit rapidement à chaud. On la prépare en décomposant, par la chaleur, le nitrate de baryte renfermé dans un creuset de platine ou dans une cornue de porcelaine; la température doit être portée au rouge blanc, mais il faut éviter de la prolonger au delà du temps nécessaire. Une calcination insuffisante a pour inconvénient de laisser parmi le baryte une quantité plus ou moins grande de nitrite. Si l'on a opéré dans un creuset de platine, on a quelque peine à en retirer le produit, qui est en outre mélangé d'oxyde de platine. L'emploi de vases en porcelaine est préférable, quoique la terre se souille d'un peu de silice et d'alumine dans les parties où elle a eu contact avec l'appareil. Il faut tenir compte du boursouflement qui a lieu pendant la décomposition, et qui peut facilement faire déborder la masse si le vase n'a pas une capacité suffisante.

Le procédé suivant, dû à Pelletier, donne des résultats moins bons : on chauffe au blanc, dans un bon creuset réfractaire, une pâte faite avec 10 p. de carbonate de baryte, 1 p. de charbon ou de noir de fumée et une quantité suffisante de mucilage de gomme adragant. La baryte est alors sujette à retenir un peu de charbon ou bien du carbonate non décomposé.

La baryte est une terre d'un blanc grisâtre, spongieuse, facile à pulvériser, ayant un poids spécifique de 4,73 (Karsten), fusible à des températures très-élevées (dans la flamme du gaz tonnant, par exemple), en un verre qui donne une masse blanche, opaque par le refroidissement. Elle est indécomposable par la chaleur; l'électricité et le potassium la réduisent; le chlore, le phosphore, le soufre, le sulfure de carbone, la décomposent à chaud. Elle absorbe de l'oxygène au rouge sombre. Sa saveur est brûlante, elle est très-caustique; son action sur les substances organiques et sur les teintures végétales est la même que celles de la potasse et de la soude; elle est très-vénéneuse.

La baryte exposée à l'air s'effleurit en une poudre blanche en absorbant l'humidité et l'acide carbonique de l'atmosphère.

C'est une base très-puissante, dont les sels sont très-stables.

La baryte anhydre a une grande affinité pour l'eau : l'hydratation d'un fragment, au moyen de quelques gouttes de ce liquide, donne lieu à un dégagement de chaleur qui peut porter la masse jusqu'à l'incandescence.

L'hydrate de baryte s'obtient en dissolvant la baryte caustique dans l'eau bouillante, qui en prend environ 10 % de son poids à 100°, et en abandonne plus de la moitié par le refroidissement, sous forme de cristaux blancs et transparents, souvent très-nets. Ces cristaux appartiennent au système du prisme à base carrée; ils renferment

$$BaO.9H^2O = BaH^2O^2 + 8H^2O;$$

7 molécules d'eau s'en vont à 100°, la huitième n'est expulsée qu'au rouge, et la dernière ne peut être chassée par la chaleur (1). Si la cristal-lisation s'effectue à une très-basse température. Il peut y avoir formation d'un hydrate à 17 molécules d'eau (Arthur). Le composé BaO,H^2O est une poudre blanche, fusible en un liquide d'apparence oléagineuse.

L'hydrate à 9 H^2O peut encore se préparer en reprenant par l'eau bouillante la masse qui résulte de la décomposition du carbonate de baryte par le charbon ; ou bien en traitant par l'oxyde de cuivre, l'oxyde de zinc (Kuczinsky, A. Müller) ou le bioxyde de manganèse (Riegel) une dissolution de sulfure de baryum, et en filtrant la liqueur bouillante. Mohr a conseillé de dissoudre un poids équivalent de nitrate de baryte en poudre dans une lessive bouillante de soude ayant une densité de 1,10 à 1,15, de filtrer rapidement et de laisser refroidir très-lentement [*Archiv. Pharm.*, (2), t. LXXXVIII, p. 38 (1856)]. Il se dépose des cristaux que l'on peut dessécher au moyen d'une machine à force centrifuge. Anfrye et Darcet, Kirchhoff, Pessina, ont également obtenu le même composé en ajoutant de la potasse à des dissolutions saturées froides de chlorure, de nitrate ou d'acétate de baryte.

La liqueur alcaline que l'on obtient en dissolvant la baryte dans l'eau est limpide, incolore ; mais elle ne tarde pas à se troubler au contact de l'air : sa surface se recouvre d'une pellicule de carbonate qui tombe bientôt au fond pour être remplacée par une autre; à la longue, l'eau finit par demeurer exempte de baryte. L'eau de baryte n'est pas précipitable par l'alcool. D'après Osann, 1 p. de baryte desséchée ($BaO,2H^2O$?) est soluble dans 35 p. d'eau à 13°; Bineau indique 29 p. d'eau à 20°; mais on ne sait s'il entend parler d'hydrate ou d'oxyde barytique.

L'eau de baryte a une saveur et une odeur qui rappellent celle de la lessive de soude.

Tous les procédés qui ont été donnés plus haut pour la préparation de la baryte ou de son hydrate sont applicables à celle de l'eau de baryte.

L'eau de baryte est employée, soit pour précipiter l'acide sulfurique dans une liqueur, soit pour reconnaître la présence de l'acide carbonique dans de l'air.

BIOXYDE DE BARYUM, BaO^2. — Ce corps, appelé aussi quelquefois *baryte oxygénée*, est solide, blanc grisâtre, insipide, inodore et insoluble dans l'eau. Une forte chaleur lui fait perdre la moitié de son oxygène, qui se dégage en laissant un résidu de baryte; l'eau bouillante le transforme en eau de baryte et gaz oxygène, et l'acide carbonique en carbonate de baryte et oxygène. A chaud, un courant d'hydrogène rend le bioxyde de baryum incandescent et donne lieu à la formation d'hydrate de baryte. Le carbone, le bore, le soufre, le phosphore et les métaux (sauf les métaux nobles) lui enlèvent également à chaud son second atome d'oxygène; l'acide sulfhydrique se comporte de même à froid. Les acides en solution aqueuse dissolvent le bioxyde de baryum : il se produit alors un sel barytique et du bioxyde d'hydrogène (voyez ce mot) ou un dégagement de gaz oxygène.

Le bioxyde de baryum se délite dans l'eau froide en s'hydratant. On obtient encore l'hydrate de ce corps en traitant l'eau oxygénée par l'eau de baryte (Thenard) ou bien aussi en abandonnant pendant plusieurs semaines une mince couche d'eau de baryte au fond d'un grand flacon bouché rempli d'air exempt d'acide carbonique.

---

(1) Plusieurs traités assignent à l'hydrate de baryte la formule $BaO.10H^2O$ donnée par Rose et par Noad. Mais

Noad lui-même, Smith, Filhol et Bloxam ont trouvé des quantités d'eau qui s'accordent le mieux avec 9 molécules d'eau au lieu de 10. Le calcul demande 51,4 % d'eau et Filhol en a trouvé 51,43 par exemple. Voyez Gmelin, *Handbuch*, t. II; Filhol, *Journ. de Pharm. et de Chim.*, t. VII, p. 271 (1845); Bloxam, *Chem. Soc. quart. Journ.*, t. XIII, p. 48.

En opérant à une température de $+ 2°$ à $+ 10°$, de Saussure a vu se former des cristaux qui avaient de 3 à 4 millimètres de côté. Le bioxyde de baryum hydraté est moins stable que celui qui est anhydre; sa composition paraît devoir se représenter par BaO^2, $6 H^2O$ (Liebig et Wöhler). Ce corps, introduit dans la dissolution de certains métaux (nitrate de manganèse, de zinc, de nickel ou de cuivre, par exemple), en sépare un suroxyde métallique, et il reste dans l'eau un sel de baryte.

Schönbein admet que, dans le bioxyde de baryum, le second atome d'oxygène s'y trouve à l'état d'oxygène actif positif ou d'autozone ($\overset{+}{O}$). Wöhler a vu que le bioxyde de baryum, chauffé sur une forte lampe dans un courant rapide d'oxyde de carbone, devient incandescent, en même temps qu'une petite flamme blanche apparaît à sa surface et s'y joue tant qu'il reste encore du bioxyde non décomposé. Les mêmes phénomènes se manifestent, mais avec une intensité plus grande, quand on remplace l'oxyde de carbone par de l'acide sulfureux [*Ann. der Chem. u. Pharm.*, t. LXXVIII, p. 125 (1851)].

D'après Brodie, l'action de l'iode sur le bioxyde de baryum s'exprime par l'équation suivante :

$$Ba\,O^2 + I^2 = Ba\,I^2 + O^2$$

[*Phil. trans. for* 1850, 2e partie, p. 759].

Thenard, qui a découvert le bioxyde de baryum, le préparait en faisant passer un courant d'oxygène ou d'air pur et sec sur de la baryte chauffée au rouge naissant [*Ann. de Chim. et de Phys.*, t. VIII]. Liebig et Wöhler, à qui l'on doit aussi des recherches sur ce corps, ont proposé de projeter peu à peu et par petites portions à la fois du chlorate de potasse sur de la baryte faiblement rouge; après le refroidissement, la masse, bien lavée à l'eau froide, laisse une poudre blanche d'hydrate de bioxyde [*Pogg. Ann.*, t. XXVI, p. 172].

Boussingault a décrit des appareils pour préparer en grand, avec le procédé de Thenard, la baryte oxygénée en vue de la fabrication industrielle de l'oxygène (voyez ce mot) [*Compt. rend. de l'Acad.*, t. XXXII, p. 261; et *Ann. de Chim. et de Phys.*, (3), t. XXXV, p. 5 (*in extenso*)].

CHLORURE DE BARYUM, $Ba''Cl^2$. — D'après Davy, le gaz chlore décompose, à chaud, la baryte et lui enlève son métal. Chevreul a reconnu que l'acide chlorhydrique gazeux réagit vivement sur la baryte chauffée et la porte à l'incandescence avec production d'une lumière rouge, formation d'eau et de chlorure de baryum fondu [*Ann. de Chim.*, t. LXXXIV, p. 285]. Un phénomène lumineux semblable se montre quand on arrose la baryte, dans l'obscurité, avec de l'acide chlorhydrique concentré (Heinrich).

Le chlorure de baryum est blanc, soluble dans l'eau pure, beaucoup moins soluble dans celle qui contient de l'acide chlorhydrique, ou dans l'alcool absolu froid qui n'en prend que 1/400 de son poids. Sa saveur est âcre et amère, désagréable; il est vénéneux en provoquant des vomissements abondants et des convulsions violentes. Il est fusible au rouge vif et se prend, par le refroidissement, en une masse translucide dont le poids spécifique est de 3,7 en moyenne. Fondu ainsi tout seul, il devient un peu alcalin; mais, en présence de la vapeur d'eau, il dégage de l'acide chlorhydrique déjà à une température inférieure à son point de fusion [Krauss, *Poggend. Ann.*, t. XLIII, p. 140]. Le soufre le décompose partiellement; sa solution aqueuse, même très-étendue, est précipitée par l'acide sulfurique. Ce même acide anhydre n'a aucune action sur ce sel préalablement déshydraté.

Le chlorure de baryum anhydre s'échauffe au contact de l'eau, avec laquelle il forme un hydrate $BaCl^2$, $2 H^2O$. A l'air libre, il paraît absorber également la quantité d'eau nécessaire pour former cet hydrate à 14,75 %. Sa solution aqueuse le laisse déposer par l'évaporation ou le refroidissement, suivant le cas, en tables presque rectangulaires, fort aplaties, qui appartiennent à un prisme rhomboïdal droit, sous l'angle de $93°20'$, et dont les axes sont entre eux comme $1 : 1,060 : 1,6217$; ces cristaux sont sensiblement isomorphes avec le chlorure de cuivre $CuCl^2 + 2 H^2O$ [Marignac, *Mém. Soc. Phys. et Hist. nat. de Genève*, t. XIV, 1re partie, p. 210].

Le chlorure de baryum cristallisé est complétement inaltérable à l'air; il perd toute son eau au-dessous de 200°; son poids spécifique est égal à 3,05. 100 p. d'eau à 0° en dissolvent 32,62 de chlorure anhydre. Quant au sel cristallisé, 100 p. d'eau en dissolvent 43,5 à $+ 15°$ et 70,36 à l'ébullition; ce dernier nombre correspond à 60,1 de sel anhydre. La dissolution, saturée à chaud, bout à 104°4 (Legrand).

Le chlorure de baryum s'emploie pour reconnaître et doser l'acide sulfurique.

Ce réactif s'obtient à l'état de pureté en faisant digérer à chaud la dissolution du sel du commerce avec du carbonate de baryte, ajoutant ensuite du sulfure de baryum à l'ébullition, filtrant et faisant cristalliser deux ou trois fois dont la première en présence d'une petite quantité d'acide chlorhydrique pur.

On prépare le chlorure de baryum ordinaire en traitant par l'acide chlorhydrique le carbonate de baryte natif (withérite) ou le sulfure de baryum brut; dans ce dernier cas, il y a un dégagement d'acide sulfhydrique dont on peut se débarrasser en le faisant brûler à l'extrémité d'un tube effilé. Une seconde cristallisation donne un produit assez pur.

Pour l'usage, on dissout 1 p. de chlorure dans 10 p. d'eau. L'acide sulfurique pur précipitant dans la dissolution toute la partie fixe, le liquide filtré et évaporé sur une feuille de platine ne doit pas laisser le moindre résidu.

BROMURE DE BARYUM, $Ba''Br^2$. — Ce sel est très-soluble dans l'eau et donne par l'évaporation et le refroidissement des tables rhomboïdales, incolores, inaltérables, fusibles au feu, isomorphes avec le chlorure de baryum et renfermant comme lui 2 molécules, soit 10,91 %, d'eau [Rammelsberg, *Poggend. Ann.*, t. LV, p. 237]. Le bromure de baryum a une saveur semblable à celle du chlorure, mais encore plus désagréable; il est soluble dans l'alcool absolu, tandis que le chlorure ne s'y dissout pas; il n'absorbe pas le gaz ammoniac. Ce composé prend naissance quand on traite l'eau de baryte, le carbonate ou le sulfure de baryum par l'acide bromhydrique (Balard, Löwig).

IODURE DE BARYUM, $Ba''I^2$. — Les données sur ce sel sont quelque peu contradictoires. Il est blanc, infusible, indécomposable par la chaleur, à l'abri de l'air, mais décomposable au contact de celui-ci en produisant de la baryte et des vapeurs d'iode; il est très-soluble dans l'eau, mais non déliquescent; au contact de l'air, sa dissolution se colore en brun par de l'iode mis en liberté, et il se précipite en même temps du carbonate barytique. Ses cristaux sont de fines aiguilles dont on n'indique pas la teneur en eau (Gay-Lussac). D'après Henry, l'iodure de baryum cristallisé est très-soluble dans l'alcool et déliquescent à l'air.

Croft [*Chem. Gazette*, 1856, p. 125, ou *Journ. für prakt. Chem.*, t. LXVIII, p. 402] a trouvé que les cristaux de ce sel ont pour formule $Ba\,I^2$, $7 H^2O$; ils sont déliquescents dans un air humide, tandis qu'ils s'effleurissent dans une atmosphère sèche; quand on les chauffe, ils fondent dans leur eau de cristallisation, se boursouflent, fondent de nouveau à une température plus élevée, et donnent enfin, par une chaleur plus forte encore, des vapeurs d'iode. L'iodure de baryum se prépare en ajoutant de la teinture d'iode à une solution de sulfure de baryum aussi longtemps qu'il se précipite du soufre, filtrant à chaud et évaporant rapidement pour éviter un contact trop prolongé avec l'air. La baryte introduite dans du gaz iodhydrique s'échauffe fortement avec production d'eau et d'iodure de baryum.

Labouré a conseillé de précipiter la solution aqueuse d'iodure ferreux ou zincique par celle de sulfure barytique [*Journ. de Pharm. et de Chim.*, t. IV, p. 331].

FLUORURE DE BARYUM, Ba″Fl². — Poudre blanche, faiblement soluble dans l'eau, qui laisse déposer par l'évaporation une croûte à grains fins. Indécomposable par la chaleur, soluble dans les acides fluorhydrique, nitrique et chlorhydrique. Quand du fluorure de baryum sec s'échauffe, lorsqu'on l'arrose d'acide fluorhydrique, cela tient à la présence d'une certaine quantité d'acide silicique. On prépare au mieux ce corps en faisant digérer du carbonate de baryte récemment précipité et encore humide avec un excès d'acide fluorhydrique (Berzelius).

FLUOCHLORURE DE BARYUM,

$$\text{Ba Cl}^2 + \text{BaFl}^2 \text{ ou Ba} \begin{cases} \text{Cl} \\ \text{Fl} \end{cases}.$$

— Sel double beaucoup plus soluble que le fluorure simple et qui peut se déposer en petits cristaux grenus partiellement décomposables par l'eau, qui entraîne surtout du chlorure. Il prend naissance quand on mêle du fluorure de sodium ou de potassium avec du chlorure de baryum, ou quand on dissout le fluorure de baryum dans l'acide chlorhydrique et que l'on précipite par l'ammoniaque caustique (Berzelius).

FLUOBORATE DE BARYUM, Ba″Fl², 2BoFl³. — Ce fluosel se prépare en ajoutant à de l'acide hydrofluoborique étendu du carbonate barytique jusqu'à ce que celui-ci cesse de se dissoudre entièrement. Il faut éviter un excès de carbonate qui décomposerait le fluoborate formé. Pendant l'évaporation de la liqueur, il se dépose d'abord un peu d'acide borique qui accompagne souvent l'acide hydrofluoborique; quand la dissolution est arrivée à consistance de sirop, le sel cristallise. Par le refroidissement il se forme de longues aiguilles; mais quand on continue l'évaporation, en exposant la liqueur dans un endroit chaud, il cristallise en prismes plats, rectangulaires à quatre pans, dans lesquels les faces plus larges affectent souvent la forme d'escaliers, comme dans les cristaux de sel marin. Ce sel a une réaction acide, mais sa saveur est celle des autres sels de baryum. Il commence à s'effleurir à + 40°, mais il est déliquescent dans un air humide. Il est intégralement soluble dans l'eau : l'alcool le décompose en un sel acide qui se dissout et une poudre blanche dont la composition est encore à déterminer. Chauffé au rouge, le fluoborate de baryum se décompose en fluorure de bore volatil et fluorure de baryum qui reste. Le sel en cristaux a pour formule

$$\text{BaFl}^2, 2 \text{ BoFl}^3 + 2 \text{ H}^2\text{O}$$

(Berzelius).

FLUOSILICATE DE BARYUM, Ba″Fl², SiFl⁴. — Il forme de petites aiguilles microscopiques dont la forme est indéterminable; anhydre; très-peu soluble dans l'eau froide et dans l'acide chlorhydrique; un peu plus soluble dans l'eau bouillante.

La chaleur rouge décompose assez facilement le fluosilicate de baryum en donnant naissance à du fluorure de baryum et à du gaz fluorure de silicium; on obtient ce sel en mêlant une dissolution d'acide hydrofluosilicique avec du chlorure de baryum également dissous; la liqueur ne se trouble pas tout de suite, mais au bout de quelque temps il s'en sépare de petits cristaux (Berzelius). Le poids spécifique du fluosilicate barytique à 21° dans l'eau est de 4,28; une partie de ce sel est soluble dans 3731 p. d'eau à 17°5, dans 3313 p. à 21°, et dans 1175 p. à l'ébullition. La solution a une saveur et une réaction acides; elle attaque un peu le verre dans lequel on l'évapore.

Aux températures de 20° à 22°, 1 p. de ce fluosel se dissout dans 448 p. d'acide chlorhydrique à 4,5 °/₀, 272 p. d'acide nitrique à 8 °/₀, 306 p. de sel ammoniac (solution saturée), 2185 p. de chlorure de sodium à 10 °/₀.

A l'ébullition, 563 p. d'une solution saturée de sel marin dissolvent 1 p. de fluosilicate ; cette dernière abandonne en se refroidissant du fluosilicate de sodium. L'acide sulfurique décompose complétement, mais lentement, à froid, le fluosilicate de baryum; une lessive de soude étendue agit sur la solution bouillante de ce sel en vertu de l'équation suivante :

$$\text{Ba Fl}^2, \text{Si Fl}^4 + 4\,\text{NaHO}$$
$$= \text{BaFl}^2 + 4\,\text{NaFl} + \text{Si O}^2, 2\,\text{H}^2\text{O}.$$

Des calcinations répétées avec du sel ammoniac transforment peu à peu, mais non complétement, le fluosilicate de baryum en chlorure [Stolba, *Journ. für prakt. Chem.*, t. XCVI, p. 22].

SULFURES DE BARYUM. — PROTOSULFURE DE BARYUM, Ba″S. — Il est blanc ou grisâtre, infusible. Sa saveur est à la fois alcaline et hépatique. Il s'oxyde très-difficilement à la chaleur rouge, ce à quoi il faut prendre garde quand, dans une analyse, on calcine du sulfate de baryte avec le filtre. Il se dissout dans l'eau, mais en s'y décomposant : une partie du sulfure ne subit pas d'altération, mais le reste donne de l'hydrate barytique, du sulfhydrate de sulfure et de l'oxysulfure. C'est de cette liqueur que l'on retire souvent de l'eau de baryte par l'ébullition avec de l'oxyde de cuivre ou de zinc.

Quand on fait bouillir avec l'eau le sulfure de baryum brut (résultant de l'attaque du sulfate par le charbon, à une température élevée) et qu'on filtre la solution bouillante dans un flacon qu'on remplit complétement et qu'on ferme aussitôt, on obtient une liqueur colorée en jaune clair par un peu de bisulfure de baryum. Cette dissolution laisse, pendant les douze premières heures, déposer d'abord des écailles, puis des grains cristallins. Les écailles paraissent renfermer 4 molécules d'hydrate de baryte (à 9 H²O) avec 3 molécules de protosulfure à 6 H²O. Les cristaux grenus seraient formés de molécules égales d'hydrate et de sulfure à 10 H²O. La liqueur limpide, séparée de ces dépôts et concentrée par distillation dans une cornue, donne après le refroidissement des cristaux granuleux de sulfure de baryum hydraté, et l'eau mère retient du sulfhydrate barytique. Ce sulfure hydraté est difficile à obtenir exempt d'oxysulfure; il jaunit à l'air et contient 6 molécules d'eau de cristallisation. C'est une sulfobase qui donne en général des sels peu solubles [H. Rose, voyez plus bas au *Trisulfure*]. D'après Lauth, le sulfure de baryum se transforme, quand on le calcine dans un courant de vapeur d'eau, d'après l'équation suivante :

$$\text{BaS} + 4 \text{ H}^2\text{O} = \text{Ba SO}^4 + 8 \text{ H},$$

en sulfate de baryte et hydrogène [*Bull. de la Soc. chim. de Paris*, 1863, t. V, p. 249].

Le sulfure de baryum peut s'obtenir : 1° en faisant passer un courant d'hydrogène sur de la baryte ou du sulfate de baryum chauffé au rouge vif;

2° En dirigeant des vapeurs de sulfure de carbone sur du carbonate ou de la baryte incandescente. Il faut pour cela une très-forte chaleur, afin de détruire du carbonate barytique qui se forme. Schöne a reconnu que le rouge sombre est suffisant et l'action plus complète si le sulfide carbonique est mélangé d'hydrogène, d'hydrogène sulfuré ou d'acide carbonique [*Poggend. Ann.*, t. CXII, p. 193, ou *Répert. de Chim. pure*, 1861. t. III, p. 468];

3° En mêlant intimement du sulfate de baryte en poudre fine avec du charbon, du coke ou de la houille, pétrissant le tout avec de l'huile ou de la colle forte en une pâte dont on fait des briquettes que l'on enveloppe de charbon pour les calciner ensuite dans un bon fourneau à vent, avec ou sans l'intermédiaire d'un creuset. La cuite terminée, on enlève les briquettes incandescentes et on les met refroidir hors du contact de l'air, dans des pots de fer à couvercle.

Dans les grandes industries chimiques, on chauffe le mélange dans des fourneaux à réverbère analogues à ceux où l'on fait la soude artificielle.

Le produit brut, obtenu renferme du charbon en excès. Lessivé et traité par les acides, il sert à préparer le nitrate, le chlorure ou l'acétate barytique. Pris tel quel, renfermé dans un flacon bien bouché, et exposé aux rayons solaires, ce sulfure de baryum a la propriété de luire quelque temps avec un éclat jaunâtre, dans l'obscurité : c'est ce qu'on appelait autrefois le *phosphore de Bologne*.

TRISULFURE DE BARYUM, BaS^3. — Il s'obtient pur de la manière suivante :

On fond ensemble 2 parties de protosulfure avec 1 p. de soufre et l'on chasse l'excès de soufre à une température qui ne doit pas dépasser 300°. Il reste une masse vert jaunâtre, fusible vers 400° en un liquide noir qui devient vert sale en se refroidissant ; au-dessus de 400°, il se dégage du soufre, mais pour en expulser 2 atomes il faut avoir recours au rouge vif. Le trisulfure de baryum se dissout lentement dans l'eau chaude, et encore faut-il le traiter à reprises réitérées par de nouvelles quantités d'eau ; la liqueur est rouge foncé à chaud, rouge jaunâtre à froid, a une réaction alcaline et sulfureuse, ne renferme pas de sulfhydrate et se décompose à l'air. Par l'évaporation dans le vide, il se forme des cristaux de trois sortes : 1° de petites tables hexagonales d'un blanc à peine jaunâtre ; 2° des aiguilles rouges groupées en mamelons ; et 3° des prismes orangé clair.

Le premier composé, déjà obtenu par Rose, est le monosulfure à 6 molécules d'eau : on peut l'obtenir en plus gros cristaux en évaporant dans le vide la solution de 5 p. de monosulfure et 1 p. de soufre. Il est insoluble dans l'alcool et peu soluble dans l'eau froide. Son eau de cristallisation part entre 100° et 350°, en même temps qu'il y a décomposition sur la fin.

Les prismes orangés ont pour formule :

$$3\,(BaS, 6\,H^2O) + (BaS^4, H^2O) + 6\,H^2O.$$

Ils sont rhomboïdaux obliques, jaunes par transmission et rouges par réflexion ; il s'effleurissent à la température ordinaire et sont peu stables. Les cristaux rouges sont du *tétrasulfure de baryum*, BaS^4, H^2O ; ils prennent toujours naissance quand on dissout le monosulfure avec n'importe quelle proportion de soufre et que l'on évapore ; leur forme est celle d'un prisme rhomboïdal droit dans lequel les diagonales de la base et l'axe principal sont dans le rapport suivant :

$$a : b : c = 0,80364 : 1 : 0,81642;$$

avec le temps leur couleur passe à l'orangé ; ils possèdent le même dichroïsme que les précédents. Ils peuvent être redissous et recristallisés ; leur dissolution s'altère à l'air, et l'alcool en précipite du tétrasulfure avec deux autres composés non analysés. La chaleur leur fait subir des décompositions qui varient avec la température [Schöne, *loc. cit.* ou *Jahresb., de Kopp et Will*, 1861, p. 124].

PENTASULFURE DE BARYUM, BaS^5. — Il ne peut exister qu'en dissolution dans l'eau ou dans l'alcool ; exposée à l'air, sa solution se trouble instantanément à la surface ; on le prépare en faisant bouillir le monosulfure avec une quantité suffisante de soufre, lequel se dissout (Berzelius). Par le refroidissement d'une liqueur saturée, il se dépose du tétrasulfure avec du soufre libre et il reste dans l'eau du soufre et du baryum dans le rapport de 5 : 1. Par la concentration de celle-ci, le cinquième atome de soufre se dépose en octaèdres. La dissolution du pentasulfure peut dissoudre encore du soufre, à l'ébullition ; celui-ci cristallise par le refroidissement en octaèdres microscopiques (Schöne).

OXYSULFURES DE BARYUM. — Nous en avons déjà signalé deux en parlant du protosulfure. On sait depuis longtemps qu'une solution aqueuse saturée de sulfure de baryum (ordinaire), laissée immobile pendant un mois ou deux dans un flacon fermé, forme un dépôt considérable d'assez gros cristaux incolores. D'après H. Rose, ce sont des tables hexagonales qui renferment une molécule d'hydrate barytique (à 9 H^2O) avec 3 molécules de monosulfure à 6 H^2O. Cet oxysulfure et les deux précédents se décomposent dans l'eau bouillante, de telle sorte que la moitié du sulfure de baryum passe à l'état d'hydrate de baryte et l'autre forme du sulfhydrate de sulfure qui demeure en dissolution, tandis que la baryte cristallise.

SÉLÉNIURE DE BARYUM, $Ba''Se$. — Il s'obtient en mélangeant du sélénite de baryum sec avec 1/5 de son poids de noir de fumée préalablement bien calciné, et en chauffant le mélange jusqu'au rouge dans une petite cornue ; on maintient la température jusqu'à ce qu'il ne se dégage plus de gaz. Le composé qui reste est coloré par un peu de charbon ajouté en excès. Il se dissout dans l'eau chaude ; mais il s'y altère comme le sulfure de baryum. En réduisant le sélénite de baryum par l'hydrogène au rouge, on obtient de l'hydrate de baryum mélangé d'un séléniure de baryum plus élevé, qui se dissout dans l'eau avec une coloration rouge-jaunâtre. Les acides en précipitent du sélénium et dégagent en même temps du gaz sélénhydrique.

TELLURURE DE BARYUM. — Inconnu.

ARSÉNIURE DE BARYUM. — La baryte, chauffée même au rouge dans un courant de vapeur d'arsenic, est très-incomplétement attaquée. Il se forme de l'arsénite coloré par une certaine quantité d'arséniure de baryum, lequel dégage un peu d'hydrogène arséniqué (AsH^3) quand on l'humecte avec de l'eau (Gay-Lussac, Soubeiran).

PHOSPHURE DE BARYUM. — On l'obtient mélangé avec du phosphate de baryte en conduisant, au moyen d'un courant d'hydrogène, du phosphore en vapeur sur de la baryte portée au rouge ou à peu près. D'après Dumas [*Ann. de Chim. et de Phys.*, t. XXXII, p. 364], dans cette opération, 75 p. de baryte en prennent environ 26 de phosphore :

$$7\,BaO + 12\,P = 5\,BaP^2 + P^2O^7Ba^2.$$

Ce composé est brun noir, avec l'éclat un peu métallique, passablement dur ; fusible à une température pas trop élevée, sinon il y a dégagement de phosphore. Le phosphure de baryum se décompose dans l'eau en hydrogène phosphoré gazeux et hypophosphite barytique. Le chlore l'attaque vivement à chaud, ce qui donne naissance à du chlorure de phosphore, du chlorure de baryum et du phosphate barytique. Le procédé conseillé par Berzelius pour obtenir ce phosphure diffère peu de celui de Dumas. On fait rougir de la baryte caustique anhydre dans un matras à long col et l'on jette ensuite du phosphore dessus.

CARBURE DE BARYUM. — Inconnu.

SELS DE BARYUM.

CHLORATE DE BARYUM, $(ClO^3)^2 Ba'' + H^2O$. — Il s'obtient le mieux en décomposant le chlorate de potassium par un petit excès d'acide hydrofluosilicique et saturant l'acide chlorique, après filtration, par du carbonate barytique. Il cristallise avec production de lumière en prismes rhomboïdaux terminés par deux faces, qui renferment une molécule ou 5,88 % d'eau qui en est chassée à 120°. L'oxygène commence à se dégager à 250°; au-dessus de 400° la fusion a lieu et la perte de l'oxygène est totale. Le résidu de chlorure est faiblement alcalin. Quand on chauffe rapidement le chlorate barytique, il fait explosion [Vauquelin, Wæchter, *Journ. für prakt. Chem.*, t. XXX, p. 321]. Il détone par le choc quand on l'a mélangé avec un combustible tel que le soufre ou le charbon, par exemple. Un mélange de ce sel avec du benjoin et de la fleur de soufre donne une poudre qui s'enflamme au contact d'une goutte d'acide sulfurique et brûle vivement en donnant une belle flamme verte. Le chlorate de baryum est soluble dans 4 p. d'eau froide et une quantité moindre d'eau bouillante; il ne se dissout pas dans l'alcool (Chenevix, Vauquelin). Il est isomorphe avec les bromates de baryum et de strontium; sa forme est celle d'un prisme clinorhombique dans lequel l'orthodiagonale est à la clinodiagonale et à l'axe principal comme

$$1 : 1,1446 : 1,2408;$$

angle de la clinodiagonale sur l'axe principal, $= 85°,0'$ [Rammelsberg, *Poggend. Ann.*, t. XC, p. 16].

PERCHLORATE DE BARYUM, $(ClO^4)^2 Ba'' + 4 H^2O$. — Ce sel très-soluble dans l'eau, et même un peu déliquescent, peut s'obtenir en beaux cristaux de sa dissolution, soit dans l'eau, soit dans l'alcool. Dans les deux cas il forme deux prismes hexagonaux réguliers pyramidés; la dissolution aqueuse donne des prismes longs et minces terminés par un pointement aigu, et la dissolution alcoolique produit des prismes courts et larges terminés par une pyramide plus obtuse; l'angle du prisme avec le pointement aigu est de 127°25'. Ce sel se change, par la calcination, en chlorure de baryum; seulement il faut chauffer avec beaucoup de précaution à cause des projections. Le résidu s'élève aux 51/100 du poids du sel employé. Il se dégage 2 molécules d'eau à 100°; une troisième molécule s'en va à une température un peu plus haute; quant à la quatrième, elle ne peut être chassée sans produire un commencement de destruction du sel [Marignac, *Mém. de la Soc. de Phys. et d'Hist. nat. de Genève*, t. XIV, p. 258]. Du papier imprégné de ce sel et allumé brûle avec une flamme verte [Sérullas, *Ann. de Chim. et de Phys.*, t. XLVI, p. 303]. Le perchlorate de baryum se prépare en neutralisant l'acide perchlorique par la baryte ou son carbonate; ou bien en décomposant le perchlorate de zinc par l'eau de baryte [O. Henry, *Journ. de Pharm.*, t. XXV, p 268].

CHLORITE DE BARYUM. — Très-soluble. Se prépare directement; quand la combinaison entre l'hydrate barytique et l'acide chloreux est effectuée, on évapore par ébullition jusqu'à pellicule, puis on fait cristalliser dans le vide, au-dessus de l'acide sulfurique. Quand l'évaporation est plus lente, il y a décomposition. Le sel anhydre se décompose à 230° [Millon dans Berzelius, *Compt. rend. annuel*, 5e année, 1845, p. 92].

BROMATE DE BARYUM, $(BrO^3)^2 Ba'' + H^2O$. — Sel blanc, soluble dans 130 p. d'eau à la température ordinaire et dans 24 p. d'eau bouillante. Quand on le chauffe, il se décompose violemment avec production de lumière. Il renferme 1 molécule d'eau qui peut être chassée à $+ 200°$. On l'obtient en petits cristaux éclatants isomorphes avec le chlorate, et appartenant ainsi au système prismatique oblique [Rammelsberg, *Poggend. Ann.*, t. XC, p. 16]. Il détone, avec lumière verte, sur des charbons ardents. Les acides sulfurique ou chlorhydrique en séparent du brome. On le prépare au mieux en mêlant 100 p. de bromate de potasse dissous dans l'eau bouillante avec une solution également bouillante de 100 p. d'acétate ou de 74 p. de chlorure barytique secs, et laissant refroidir lentement. On peut en retirer encore une petite quantité par l'évaporation de l'eau mère (Rammelsberg).

PERBROMATE DE BARYUM. — C'est un précipité blanc, grenu, très-peu soluble même dans l'eau bouillante (voyez ACIDE PERBROMIQUE) [Kammerer, *Journ. für prakt. Chem.*, t. XC, p. 190, ou *Bull. de la Soc. chim.*, 1864, t. I, p. 129].

IODATE DE BARYUM, $(IO^3)^2 Ba'' + H^2O$. — Il présente l'aspect d'une poudre blanche très-peu soluble. Lorsqu'on le dissout dans l'acide nitrique un peu étendu et chaud, il cristallise par le refroidissement en petits prismes isomorphes avec le bromate et le chlorate [Marignac, *Ann. des Mines*, (5), t. IX, p. 4]. Il contient 3,57 % d'eau de cristallisation qui s'échappe à 130°. D'après Rammelsberg [*Poggend. Ann.*, pour 1839], il exige, pour se dissoudre, 1746 p. d'eau à 15° et 600 p. d'eau bouillante. Mis sur des charbons incandescents, il ne fond pas, mais il jette une lueur phosphorescente et détone incomplétement. Par la distillation il donne de l'oxygène et de l'iode, en laissant du periodate quadribasique. On obtient l'iodate barytique en saturant l'eau de baryte par l'iode, ou mieux, comme Millon l'a recommandé, en précipitant une dissolution d'iodate de potasse par une quantité suffisante de chlorure ou de nitrate de baryte [*Ann. de Chim. et de Phys.*, (3), t. IX, p. 407]. Malgré les lavages le précipité retient une petite quantité du précipitant dont on peut le débarrasser en le faisant bouillir avec de l'acide iodique.

PERIODATES OU HYPERIODATES DE BARYUM. — Le sel neutre est inconnu.

1° *Periodate bibarytique,*

$$(IO^4)^2 Ba''.BaO + 3 H^2O.$$

C'est un précipité blanc qui se dépose quand on traite par l'eau de baryte le sel correspondant de sodium en dissolution aqueuse, aiguisée de quelques gouttes d'acide nitrique. Par la calcination au rouge il se décompose de la manière suivante :

$$5 (I^2 O^9 Ba^2, 3 H^2O)$$
$$= 2 (I^2 O^{12} Ba^5) + 6 I + 21 O + 15 H^2O$$

[Langlois, *Ann. de Chim. et de Phys.*, (3), t. XXXIV, p. 257].

2° *Periodate pentabarytique*, $(IO^4)^2 Ba''.4 BaO$. — On l'obtient en calcinant l'iodate barytique dans une cornue,

$$5 (I^2 O^6 Ba) = 8 I + 18 O + I^2 O^{12} Ba^5.$$

Il est blanc, insoluble dans l'eau, mais soluble dans l'acide nitrique. Traitée par le nitrate d'argent, cette solution donne un précipité jaune brun de sous-periodate d'argent.

3° *Biperiodate pentabarytique,*

$$I^4 O^{19} Ba^5 + 5 H^2 O = I^2 Ba^5 O^{12}.I^2 H^{10}O^{12}.$$

— On l'obtient, soit en mêlant d'ammoniaque caustique le sel précédent dissous dans l'acide nitrique, soit en précipitant une dissolution de nitrate barytique par du periodate de sodium ; la liqueur devient par là acide. Le précipité est un peu gélatineux, et quelquefois jaunâtre. L'eau s'en va à 100° en même temps que le sel commence à donner de l'oxygène [Rammelsberg, *Poggend. Ann.*, t. XLIV, p. 545].

SULFATE NEUTRE DE BARYUM, SO^4Ba''. — Il existe dans la nature en cristaux plus ou moins volumineux, sous les noms de *barytine* ou de *spath pesant*. Sa densité est comprise entre 4,35 et 4,58. On l'obtient dans les laboratoires sous forme d'une poudre blanche, insoluble dans l'eau, même en présence des acides. Les cristaux naturels appartiennent à un prisme rhomboïdal droit de 101°40', isomorphe avec les sulfates de strontium et de plomb. Manross a obtenu du sulfate de baryum cristallisé en fondant du sulfate de potasse avec du chlorure de baryum, dans un creuset bien fermé. De Sénarmont a opéré la même cristallisation par l'action d'une température de 250° environ, soutenue pendant 60 heures sur un tube scellé contenant du sulfate de baryum récemment précipité avec une dissolution de bicarbonate de soude ou de l'acide chlorhydrique. L'acide sulfurique concentré et bouillant dissout ce sulfate et abandonne, par le refroidissement, des aiguilles fines. Une violente chaleur blanche le fait fondre en un émail blanc; en présence du charbon, à cette température, il est réduit à l'état de sulfure. Les carbonates alcalins le décomposent d'une manière incomplète, soit par la voie sèche, soit par la voie humide. En mélange intime avec de la limaille de fer, il donne, au rouge, de l'oxyde de fer et du sulfure de baryum que l'on peut séparer par l'eau. Ce procédé de préparation du sulfure barytique est plus expéditif et exige une température inférieure à celle qu'il faut employer pour décomposer le sulfate par le charbon. En remplaçant le fer par de la limaille de zinc, on a une masse compacte, verdâtre, renfermant de la baryte, de l'oxyde et du sulfure de zinc; la baryte est difficile à en séparer, car elle forme avec l'oxyde de zinc un composé que l'eau chaude ne détruit qu'en partie [D'Heureuse, *Poggend. Ann.*, t. LXXV, p. 254; ou *Annuaire de Millon*, 1849, p. 80]. Précipité à froid d'une liqueur neutre, le sulfate de baryum a une grande tendance à traverser les filtres.

L'insolubilité du sulfate de baryte dans l'eau est telle, qu'il faut 200 à 300000 parties d'eau pour en dissoudre 1 de sel. Mais la solubilité croît rapidement en présence des acides. On a trouvé que 1 p. de sulfate barytique se dissout dans 23000 p. d'acide chlorhydrique froid de 1,03 de densité, dans 4887 p. du même acide chaud, dans 9273 p. d'acide nitrique de 1,02, dans 40800 p. d'acide acétique de 1,02 de densité. Siegle a reconnu, après Piria et Noad, la solubilité du sulfate dans les acides étendus; et il a constaté, comme l'avaient fait, du reste, d'autres observateurs, que le sulfate de baryte précipité par le chlorure de baryum à chaud entraîne de ce dernier 0,2 % de son poids, et qu'on ne peut que difficilement l'enlever en lavant avec des acides [*Journ. für prakt. Chem.*, t. LXIX, p. 142]. D'après Erdmann, le sulfate de baryte est soluble dans le nitrate d'ammoniaque saturé.

Berthier a fait combiner le sulfate de baryum avec celui de sodium en les fondant ensemble. Jacquelain a obtenu des aiguilles soyeuses, peu solubles dans l'eau, davantage dans l'acide chlorhydrique et formées par un sulfate d'ammonium et de baryum : son procédé consiste à mélanger du sulfate d'ammoniaque saturé d'ammoniaque avec du chlorure de baryum également dissous, puis de l'eau de baryte.

Usages. — Le sulfate de baryum est employé, sous le nom de *blanc fixe* ou de *baryte*, dans divers genres de peinture industrielle (papiers, carton, détrempe, etc.). Le spath pesant sert de fondant en métallurgie; on le transforme en sulfure pour obtenir les autres sels de baryum.

Préparation. — M. Kuhlmann a donné les préceptes pour la fabrication industrielle du sulfate de baryum; on les trouvera dans les *Compt. rend. de l'Acad. des sciences*, t. XLVII, p. 403, 464, 674.

BISULFATE DE BARYUM, $SO^4Ba'' + SO^4H^2$. — Il se forme en dissolvant le sel neutre dans l'acide sulfurique. Il peut être anhydre ou hydraté avec $2H^2O$. L'eau le décompose. Liès-Bodart et Jacquemin ont annoncé qu'un certain nombre de sels de baryum se dissolvent dans l'acide sulfurique monohydraté en produisant du bisulfate de baryum, qui se précipite du jour au lendemain en houppes d'aiguilles fines [*Compt. rend. de l'Acad. des sciences*, t. XLVI, p. 1206].

SULFITE DE BARYUM, SO^3Ba''. — Poudre blanche, insipide, insoluble, qui se prépare par double décomposition; anhydre, inaltérable à l'air, et qui décrépite quand on commence à la chauffer. Ce sel se dissout à chaud dans une dissolution d'acide sulfureux qui l'abandonne, par le refroidissement, en petits prismes hexagonaux. En vase clos, sous l'influence du feu, il se dédouble en sulfate et en sulfure de baryum [Muspratt, *Ann. der Chem. u. Pharm.*, t. L et LXIV; ou Berzelius, *Rapp. ann.*, 1845; — Rammelsberg, *Poggend. Ann.*, t. LXVII, p. 391].

HYPOSULFITE DE BARYUM, $S^2O^3Ba'' + H^2O$. — C'est un précipité blanc, cristallin, qui se produit quand on mélange des dissolutions concentrées d'hyposulfite de soude et d'acétate barytique; il faut, pour éviter des pertes, ajouter de l'alcool et laver le produit avec ce liquide. A 170° il perd la plus grande partie de son eau; à une température plus élevée, il perd du soufre et le reste de l'eau; et, après avoir chauffé au rouge, on obtient un résidu contracté blanc jaunâtre, composé d'après l'équation :

$$6 (S^2O^3Ba'')$$
$$= BaS + 2 (SO^3Ba'') + 3 (SO^4Ba'') + 6 S$$

[Rose, Rammelsberg, *Pogg. Ann.*, t. LVI, p. 295].

HYPOSULFITE PLOMBICO-BARYTIQUE. — Précipité cristallin, pesant, très-peu soluble, qui se produit au bout de quelque temps quand on fait le mélange des dissolutions d'acétate de baryte et d'hyposulfite plombico-potassique [Rammelsberg, *Poggend. Ann.*, t. LVI, p. 295].

DITHIONATE ou HYPOSULFATE DE BARYUM,

$$S^2O^6Ba'' + 2 \text{ ou } 4 H^2O.$$

— Le sel de manganèse (voyez HYPOSULFURIQUE [ACIDE]), précipité par l'eau de baryte ou le sulfure de baryum, donne une dissolution d'hyposulfate barytique, laquelle, suffisamment concentrée à chaud, laisse déposer des prismes rhomboïdaux droits à 4 molécules d'eau, transparents, incolores, solubles dans 1,1 p. d'eau bouillante et dans 4,04 p. d'eau à +18°. Ils sont insolubles dans l'alcool, inaltérables à l'air, décrépitent fortement quand on les chauffe; leur saveur est amère et astringente [De Sénarmont, *Krystallograph. Chem. de Rammelsberg*; — Heeren, *Ann. de Chim. et de Phys.*, t. XL, p. 34]. Le sel à 4 molécules d'eau se forme quand la dissolution est abandonnée à l'évaporation spontanée. Il forme des prismes à 4 pans (rhomboïdaux obliques) qui s'effleurissent à l'air et deviennent opaques sans changer de forme en perdant la moitié de leur eau. L'angle du prisme est de 78°40', celui de la base sur le prisme de 92°43', et enfin l'angle plan de la base de 78°46' [Heeren, Marignac, *Mém. de la Soc. de Phys. et d'Hist. nat. de Genève*, t. XIV, p. 226].

DITHIONATES DE BARYUM ET DE SODIUM OU DE MAGNÉSIUM. — Ces sels doubles sont formés de molécules égales de leurs constituants; le premier renferme 6 H^2O, le second 4 H^2O. Ils se préparent en décomposant la moitié d'un poids donné d'hyposulfate de baryum par du sulfate de sodium ou bien par l'acide sulfurique, puis de la magnésie, filtrant et évaporant [Schiff, *Ann. der Chem. u. Pharm.*, t. CV, p. 239].

TRITHIONATE DE BARYUM, $S^3O^6Ba'' + 2H^2O$. — On l'obtient en saturant l'acide trithionique par le carbonate de baryum et en mélant à la liqueur un grand excès d'alcool; il se dépose en paillettes brillantes, dont la dissolution s'altère très-rapidement avec production de sulfate [Kessler, *Pogg. Ann.*, t. LXXIV, p. 250].

TÉTRATHIONATE DE BARYUM, $S^4O^6Ba'' + 2H^2O$. — Gros cristaux tabulaires, solubles dans l'eau, insolubles dans l'alcool. Ce sel peut s'obtenir directement ou bien en décomposant une dissolution d'acide tétrathionique par son équivalent d'acétate de baryum et ajoutant de l'alcool [Kessler, *Poggend. Ann.*, t. LXXIV, p. 253].

PENTATHIONATE DE BARYUM, $S^5O^6Ba'' + H^2O$. — Ce sel cristallise en prismes à base carrée; il est très-soluble dans l'eau; l'alcool fort le précipite de sa dissolution; il se dépose des aiguilles soyeuses, transparentes, qui se transforment dans la liqueur en gros cristaux. Ce tétrathionate retient fortement de petites quantités d'alcool. Chauffé dans un tube, il donne de l'eau, de l'acide sulfureux, du soufre et du sulfate de baryte [Lenoir, *Ann. der Chem. u. Pharm.*, t. LXII, p. 253]. Sa dissolution aqueuse se décompose par l'évaporation et laisse ensuite déposer des groupes concentriques de cristaux prismatiques ayant la formule $S^4O^6Ba'' + S^5O^6Ba'' + 6H^2O$ [Ludwig, *Ann. de Millon*, 1848, p. 19].

SÉLÉNIATE DE BARYUM, SeO^4Ba''. — Poudre blanche insoluble dans l'eau et dans l'acide nitrique. A l'ébullition, l'acide chlorhydrique transforme ce sel en sélénite. Chauffé dans un courant d'hydrogène, il se transforme, avec phénomène lumineux, en séléniure de baryum. On le prépare par double décomposition.

SÉLÉNITES DE BARYUM. — 1° *Sel neutre.* — Poudre blanche insoluble dans l'eau, soluble dans les acides; difficilement fusible; anhydre. Se prépare par double décomposition (Berzelius).

2° *Bisel.* — On l'obtient en dissolvant du carbonate de baryum tant qu'il y a effervescence. Si on ne laisse pas le moindre excès d'acide, la dissolution laisse déposer, par l'évaporation spontanée, une masse confusément cristallisée, blanche, très-lentement soluble dans l'eau. En présence d'un petit excès d'acide, ce bisélénite se dépose en petits grains ronds, fibro-radiés. En ajoutant de l'ammoniaque à sa dissolution, on obtient un précipité de sélénite neutre (Berzelius).

TELLURATES DE BARYUM. — Ils s'obtiennent par double décomposition. Le *sel neutre* renferme 3 molécules d'eau. Volumineux au moment de sa précipitation, il ne tarde pas à se rassembler en une poudre blanche, dense, faiblement soluble dans l'eau froide, un peu plus dans l'eau bouillante, soluble dans l'acide nitrique. L'eau n'est chassée qu'au-dessus de 200°.

Le *bitellurate* forme une masse floconneuse qui ne s'affaisse pas comme le précédent. Plus soluble dans l'eau que le sel neutre. Les lavages le décomposent en tellurate neutre, tellurate acide et acide tellurique.

Le *quadritellurate* est encore plus volumineux

et plus soluble dans l'eau que les précédents; il se dissout dans l'acide acétique; il est jaune à chaud et blanc à froid (Berzelius).

TELLURITES DE BARYUM. — 1° *Sel neutre*, TeO^3Ba''. — Obtenu par la voie humide, il est blanc, volumineux, soluble dans beaucoup d'eau. Préparé par la voie sèche, il forme une masse blanche cristalline que l'eau bouillante dissout très-peu, et cette dissolution a une réaction alcaline; l'acide carbonique la trouble.

2° *Quadrisel*,

$$Te^4O^9.Ba'' = 3TeO^2.TeO^3Ba''.$$

— Il fond au rouge naissant et se prend, par le refroidissement, en un verre limpide incolore. On l'obtient, par la voie humide, en décomposant le sel neutre par l'acide nitrique très-étendu (Berzelius).

SULFOTELLURITE TRIBARYTIQUE,

$$Ba^3S^5Te = 3BaS + TeS^2.$$

— On le prépare en faisant bouillir ensemble les deux constituants et évaporant dans le vide. Il cristallise en prismes plats, quadrilatères, tronqués obliquement, jaune pâle, translucides, volumineux, lentement solubles dans l'eau et se conservant assez longtemps à l'air (Berzelius).

AZOTATE DE BARYUM, $(AzO^5)^2Ba''$. — Ce sel cristallise en octaèdres réguliers, simples ou modifiés, anhydres, transparents ou blancs, inaltérables à l'air, dont le poids spécifique est 3,185 (Karsten) ou 3,228 (Kremers) et la saveur désagréable, salée et amère. Quand on le chauffe, il décrépite, fond, puis se décompose au rouge en oxygène, azote et acide hypoazotique, lesquels se dégagent tandis que la baryte reste, anhydre. Il détone faiblement avec les corps combustibles; projeté sur des charbons ardents, il en active la combustion en produisant une lumière blanc-jaunâtre. La solubilité, dans l'eau, de ce nitrate croît rapidement avec la température; Gay-Lussac a trouvé que 1 p. de sel exige 20 p. d'eau à 0°; 12,5 p. à 15°; 5,0 à 40°; 3,4 à 80° et 2,8 p. à 101°. Karsten a trouvé qu'il faut 11,7 p. d'eau à 20° pour 1 de nitrate. La présence d'acide nitrique libre diminue la solubilité, et celle-ci est nulle dans l'alcool et dans l'acide nitrique purs.

Hirzel a annoncé qu'il avait obtenu, une fois seulement, entre 0° et 12°, du nitrate de baryum en cubes incolores contenant 2 molécules d'eau [*Zeitschrift Pharm.*, 1854, p. 49].

En dissolvant de l'acétate de baryte dans un grand excès de nitrate, Lucius a vu que la liqueur, après avoir laissé déposer du nitrate, abandonnait de gros prismes rhomboïdaux droits formés de 1 molécule d'acétonitrate et de 4 molécules d'eau (voyez ACÉTATES) [*Ann. der Chem. u. Pharm.*, t. CIII, p. 113].

Si l'on dissout, dans une solution saturée de salpêtre, du nitrate de baryte ou que l'on pratique l'opération inverse, il se dépose une combinaison renfermant molécules égales des deux sels. Les dissolutions saturées de nitrate de potasse et de nitrate de baryum se laissent mélanger sans produire cette combinaison [Karsten, *Schriften der Berl. Akad.*, 1841].

Quand on ajoute du nitrate de baryum à du phosphate d'ammoniaque, on obtient un précipité gélatineux qui étant lavé et exprimé se comporte comme une combinaison de nitrate et de phosphate de baryum. L'eau bouillante dissout le nitrate et laisse le phosphate (Berzelius).

Le nitrate de baryum est employé dans quelques feux d'artifice; on s'en sert aussi, concurremment avec le chlorure, pour reconnaître et doser l'acide sulfurique.

On obtient ce sel en attaquant, par l'acide *étendu*, le sulfure ordinaire ou le carbonate natif de baryum, filtrant et purifiant par plusieurs re-cristallisations. En employant de l'acide concentré ou peu étendu, on transforme une assez forte pro-portion de sulfure en sulfate, ou bien, dans le cas où le carbonate sert de matière première, on détermine la formation d'un dépôt de nitrate cris-tallisé qui recouvre le minéral et empêche une décomposition subséquente. Mohr a conseillé l'emploi de dissolutions concentrées chaudes de sulfure de baryum et de nitrate de sodium qui, par leur mélange, donnent lieu à une double dé-composition; après le refroidissement on trouve une abondante cristallisation de nitrate de ba-ryum.

AZOTITE DE BARYUM, $(AzO^2)^2Ba'' + H^2O$. — In-altérable à l'air, très-soluble dans l'eau et l'alcool, ce nitrite paraît être dimorphe puisque selon Fischer [*Poggend. Ann.*, t. LXXIV, p. 115] il peut cristalliser en prismes hexagonaux réguliers, al-longés, ou en prismes courts rhomboïdaux droits de 71°,75′. Ces données ont été confirmées par Nicklès [*Ann. de Millon et Reiset*, 1849, p. 103].

Pour obtenir ce sel, on chauffe avec précaution le nitrate de baryum de manière à éviter qu'il se forme une trop forte proportion de baryte libre; on reprend par l'eau; la baryte est éliminée au moyen d'un courant d'acide carbonique et d'une filtration; la liqueur concentrée abandonne la majeure partie du nitrate non décomposé, puis le nitrite; on peut aussi séparer le premier à l'aide de l'alcool qui ne le dissout pas. Fritzsche dirige dans de l'eau de baryte les vapeurs qui se déga-gent de l'acide nitrique fumant que l'on chauffe; il évapore à sec, puis reprend le résidu par une très-petite quantité d'eau froide qui laisse presque tout le nitrate. Pour avoir un produit bien pur, il faut précipiter le nitrate d'argent par le chlo-rure de baryum.

Le nitrite de baryum est presque insoluble dans l'alcool absolu, soluble dans 6½ p. d'alcool à 94 % à la température ordinaire; plus soluble encore dans l'alcool bouillant, sa dissolution offre une réaction alcaline, elle ne s'oxyde pas à l'air [Lang, *Journ. für prakt. Chem.*, t. LXXXVI, p. 295, ou *Répert. de Chim. pure*, t. V, p. 77].

Lang a décrit un *nitrite de baryum et de potas-sium*, $Az^2O^4Ba + 2AzO^2K + H^2O$, en longues aiguilles fines, inaltérables à l'air, très-solubles dans l'eau et insolubles dans l'alcool. Ce chimiste a découvert aussi un *nitrite de baryum et de nic-kel*, $2(Az^2O^4Ba) + Az^2O^4Ni$, qui est une poudre rouge clair, soluble dans l'eau qu'elle colore en vert; il existe aussi un nitrite triple de nickel, de potassium et de baryum en petites tables mi-croscopiques d'un brun jaune, difficilement so-lubles dans l'eau froide, et se préparant par le mélange de l'acétate de nickel avec le nitrite ba-rytico-potassique. Formule :

$$Az^2O^4Ba, Az^2O^4Ni, 2AzO^2K.$$

Hampe a aussi étudié le nitrite de baryum, sans ajouter grand'chose de nouveau à son histoire [*Ann. der Chem. u. Pharm.*, t. CXXV, p. 334, ou *Bull. de la Soc. chim.*, t. V, p. 334].

HYPOPHOSPHITE DE BARYUM,

$$(PhH^2O^2)^2Ba'' + H^2O.$$

— Beaux prismes d'un éclat nacré, solubles, très-flexibles, inaltérables à l'air, qui se forment le mieux quand on mêle bien la solution avec de l'alcool, jusqu'à ce qu'un trouble commence à se manifester: le sel cristallise peu à peu par le re-pos. Il renferme les éléments de 3 molécules d'eau, dont l'une s'en va à + 100°, et les deux autres à une température si élevée que le phosphore se suroxyde à leurs dépens. C'est pourquoi Wurtz les a considérés comme étant de l'eau de consti-tution. La dissolution aqueuse d'hypophosphite

barytique, traitée par l'acide hypophosphoreux, donne des tables carrées qui ne diffèrent des cristaux précédents que par une molécule d'eau en moins. En vase clos, ce sel se décompose en hy-drogène phosphoré et phosphate barytique. Un morceau d'hydrate de potasse, ajouté à sa disso-lution, en fait dégager de l'hydrogène à chaud pendant qu'il se forme un précipité de phosphite de baryum. On prépare cet hypophosphite en faisant bouillir du phosphore avec de l'hydrate de baryte [Rose, Wurtz, *Ann. de Chim. et de Phys.*, (3), t. XVI (1843)].

PHOSPHITES DE BARYUM.

1° $$2.PhHO^3Ba'' + H^2O.$$

Se prépare par double décomposition; ne se dé-pose qu'au bout d'un jour ou deux en une croûte semi-cristalline, efflorescente. Par la calcination, il est converti en phosphate.

2° $(PhHO^3)^2H^2Ba'' + H^2O$. On l'obtient en dissolvant le sel précédent dans l'acide phospho-reux et évaporant la dissolution à une douce cha-leur. Il forme une masse sirupeuse qui, desséchée dans le vide sur l'acide sulfurique, donne des petits grains qui perdent H^2O à 100°. La chaleur décompose partiellement sa dissolution.

PHOSPHATES DE BARYUM. — PHOSPHATES NOR-MAUX. — 1° Sel *tribarytique*, $(PhO^4)^2Ba^3 + H^2O$. — Se produit par double décomposition au moyen du sel sodique correspondant : la liqueur demeure neutre, et il se précipite une poudre grenue, lourde, qui renferme de l'eau très-difficile à expul-ser et qui n'attire pas l'acide carbonique de l'air.

2° *Sel bibarytique*, PhO^4HBa''. — On l'obtient par double décomposition en employant le sel ammonique correspondant; la liqueur doit con-tenir un excès de chlorure de baryum. Il se dé-pose en écailles cristallines, solubles dans 20570 p. d'eau à + 20°; un peu plus soluble dans les sels ammoniques ou les chlorures de baryum et de sodium. Une eau qui renferme 12 % de chlorure sodique ou 0,8 % de chlorure barytique dissout 1/4362 de phosphate. L'ammoniaque rend ce sel moins soluble; il se dissout, au contraire, facilement dans les acides nitrique, chlorhydrique et acétique étendus (dans 400 p. de ce dernier à 1,032 de densité). De sa solution dans les acides, l'ammoniaque en excès précipite du phosphate tribarytique, ou une combinaison de sel bibary-tique et de sel tribarytique; le précipité retient en outre du chlorure ou du nitrate de baryum, du sel ammonique (Berzelius, Ludwig, Wackenro-der).

3° *Sel monobarytique*, $(PhO^4)^2H^4Ba''$. — Pour le préparer, on dissout l'un des phosphates pré-cédents dans l'acide phosphorique aqueux et l'on évapore.

Le sel cristallisé est blanc, inaltérable à l'air; sa saveur est faiblement acide; il se dissout sans décomposition dans les acides étendus; l'eau le dédouble en acide phosphorique et phosphate bi-barytique.

Le phosphate bibarytique dissous dans l'acide phosphorique et additionné d'alcool laisse déposer un sel soluble

$$2.PhO^4HBa'' + (PhO^4)^2H^4Ba'' + 3H^2O.$$

PYROPHOSPHATE DE BARYUM,

$$Ph^2O^7Ba^2 + 2H^2O.$$

— C'est une poudre blanche amorphe, très-peu soluble dans l'eau, dans les acides pyrophosphori-que et sulfureux aqueux, plus soluble dans les acides chlorhydrique et nitrique, insoluble dans l'acide acétique, le sel ammoniac et le pyrophos-phate de soude. L'acide pyrophosphorique préci-pite l'eau de baryte, et le pyrophosphate sodique les sels de baryum (Gerhardt. Schwarzenberg). Un sel double barytico-sodique (6 molécules de pyrophosphate de baryum, 2 molécules de pyrophosphate de sodium et 6 molécules d'eau) prend naissance quand on verse goutte à goutte du chlorure de baryum dans une solution bouillante de pyrophosphate de sodium maintenu en excès; il est soluble dans les acides.

MÉTAPHOSPHATES DE BARYUM. 1° *Sel de Maddrell* ou *monométaphosphate*. — Il prend probablement naissance quand on dissout du carbonate de baryte dans de l'acide phosphorique ordinaire en excès et que l'on chauffe à +316°. Poudre blanche que les acides étendus n'altèrent pas, mais qui est décomposée par l'acide sulfurique concentré chaud.

2° *Bimétaphosphate*, $Ph^4O^{12}Ba^2 + 4 H^2O$. — Se prépare par double échange à l'aide du sel de sodium ou d'ammonium correspondant.

Précipité cristallin, difficilement soluble dans l'eau, indécomposé à chaud par les acides chlorhydrique et nitrique concentrés, mais bien par l'acide sulfurique et aussi par le carbonate de soude dissous. Il perd toute son eau au-dessus de 150°; la calcination le transforme.

3° *Trimétaphosphate*, $Ph^6O^{18}Ba^3 + 6 H^2O$. — Le sel de sodium (1 p.) et le chlorure de baryum (2 à 3 p.) en solution très-concentrée, donnent une liqueur qui, après filtration, laisse déposer de beaux prismes rhomboïdaux. Ces cristaux perdent les deux tiers de leur eau à + 100°; le reste est chassé à une température plus haute; au rouge il y a modification. Avant la calcination le sel est plus soluble dans l'eau que le précédent.

4° *Hexamétaphosphate*. — Précipité gélatineux qui devient cassant et translucide par la dessiccation. Soluble dans le chlorure ammonique et l'acide nitrique.

ARSÉNITE ET ARSÉNIATES DE BARYUM. — Voyez ARSENIC.

BORATES DE BARYUM. — Les différents borates potassiques donnent lieu, avec le chlorure de baryum, à des précipités correspondants, peu solubles dans l'eau, fusibles au feu, solubles dans les sels ammoniques et le chlorure de baryum. Le sel neutre est décomposé en présence de l'eau par l'acide carbonique.

CARBONATES DE BARYUM.

1° *Carbonate neutre*, CO^3Ba''. — On le rencontre dans la nature en masses fibro-compactes blanc jaunâtre, ou en cristaux incolores dérivant d'un prisme rhomboïdal droit de 118°55', isomorphe avec les carbonates de strontiane, de plomb et de chaux (aragonite); c'est la *withérite* des minéralogistes; les plus beaux échantillons viennent d'Alston-Moor. Quand on dissout le carbonate barytique naturel dans les acides forts, il laisse un résidu plus ou moins abondant de sulfate barytique. Poids spécifique, 4,29. On peut préparer ce sel par double décomposition : c'est le moyen employé pour l'obtenir pur. Il se dissout dans 4000 p. d'eau; la présence de l'acide carbonique augmente cette solubilité. Une température très-élevée lui fait perdre son acide carbonique; le charbon facilite cette décomposition (Abich).

Le carbonate de baryum, mélangé avec de la craie ou de la chaux vive et chauffé au rouge dans un courant modéré de vapeur d'eau, se décompose : le résidu consiste en chaux et en baryte (Jacquelain). On a pensé que ce procédé aurait quelques applications industrielles.

On transforme quelquefois le carbonate naturel en sulfate, pour les besoins de la peinture. L'acide sulfurique employé agit beaucoup plus rapidement si on y ajoute quelques gouttes d'acide chlorhydrique.

2° *Sesquicarbonate*. — Il se précipite du chlorure de baryum au moyen du sesquicarbonate de sodium (Boussingault, Laurent). Rose en conteste l'existence.

3° *Bicarbonate*. — Il n'existe qu'en dissolution ; on le prépare en dissolvant le sel neutre dans l'acide carbonique.

Berthier a obtenu par la voie sèche des combinaisons de chlorure sodique ou barytique ou de sulfate de soude avec le carbonate neutre de baryum.

SILICATES DE BARYUM. — Non analysés. Difficilement fusibles, opaques. L'acide chlorhydrique décompose ceux qui renferment plus de deux tiers de baryte.

SULFARSÉNIATES, SULFARSÉNITE, HYPOSULFARSÉNITE DE BARYUM. — Voyez ARSENIC.

SULFANTIMONIATE DE BARYUM. — Voyez ANTIMOINE.

SULFOMOLYBDATE ET PERSULFOMOLYBDATE DE BARYUM. — Voyez MOLYBDÈNE.

Pour les SELS D'ACIDES ORGANIQUES, voyez ces acides. M. D.

BARYUM. — RÉACTIONS. — En solution concentrée, les sels de baryum donnent avec la *potasse* ou la *soude* un précipité blanc d'hydrate de baryte complétement soluble dans un grand excès d'eau.

L'ammoniaque pure ne les précipite pas.

Carbonates alcalins. — Précipité blanc de carbonate barytique.

Acide sulfurique ou *sulfates solubles*. — Précipité blanc de sulfate barytique, insoluble dans l'eau et l'acide azotique. Ce précipité n'est pas coloré par l'hydrogène sulfuré.

Chromates de potasse. — Précipité jaune, soluble dans les acides.

Acide hydrofluosilicique. — Précipité blanc cristallin.

Phosphate de soude. — Précipité blanc, soluble dans l'acide nitrique.

Arséniate de soude. — Idem.

Iodate de soude. — Précipité soluble dans les liqueurs très-étendues.

Acides oxalique, chlorique et perchlorique, ferricyanure potassique (prussiate rouge) et *sulfure d'ammonium*. — Pas de précipité.

Ferrocyanure de potassium (prussiate jaune). — Précipité blanc devenant cristallin, qui ne se forme pas dans les liqueurs étendues.

Les sels de baryum colorent la flamme du chalumeau en jaune verdâtre.

Au spectroscope, à la condition qu'ils ne contiennent pas trop de chaux, ils donnent un spectre dans lequel on remarque surtout trois bandes vertes et une bande orangée.

DOSAGE. — Le baryum, dans ses composés solubles et en général dans ceux que l'on peut amener à cet état, se dose le plus souvent sous forme de sulfate. Pour cela on chauffe légèrement la dissolution préalablement aiguisée de quelques gouttes d'acide nitrique, si l'on veut, et l'on y ajoute de l'acide sulfurique étendu, aussi longtemps qu'il y a précipitation, et on laisse reposer quelques moments.

Le sulfate de baryte ainsi obtenu ne traverse pas les filtres; il ne se dissout, et encore très-légèrement, que dans les acides concentrés en excès et les sels ammoniacaux. Le sulfate de baryte, précipité par un sulfate soluble, a une grande tendance à entraîner avec lui une petite quantité du précipitant, qu'il retient opiniâtrément; en outre, il se dissout légèrement dans la liqueur. On ne peut donc l'employer pour déterminer les poids atomiques; mais, dans la majorité des autres cas, on peut y avoir recours. Le sulfate doit être soigneusement lavé à l'eau chaude, séché, détaché du filtre que l'on brûle à part afin d'éviter une réduction partielle, puis calciné; son poids multiplié par 0,6571 donne celui de la baryte. Pour doser le baryum sous forme de carbonate, on additionne sa solution avec un peu d'ammoniaque et l'on précipite par le carbonate de cette base; il faut exposer la liqueur à une douce chaleur, puis filtrer, laver avec de l'eau ammoniacale, sécher et calciner.

Les sels simples de baryum à acide volatil peuvent être mis à digérer avec un excès d'acide sulfurique aqueux, desséchés, puis calcinés, jusqu'à expulsion totale de l'excès d'acide sulfurique.

Séparation du baryum des métaux alcalins et en général de ceux dont le sulfate est soluble dans l'eau. — Cette séparation s'effectue facilement. La matière à analyser est amenée à l'état de dissolution légèrement acidulée et précipitée par l'acide sulfurique étendu, à une température un peu inférieure à l'ébullition. Si cependant les métaux qui accompagnent le baryum sont le cérium et ses congénères, le thorium, l'yttrium et ses congénères, il faut chauffer à une température moindre et opérer sur des liqueurs plus étendues, parce que les sulfates de ces derniers métaux sont moins solubles à chaud qu'à froid.

Séparation du baryum et du strontium.

1er Procédé. — Les deux métaux sont amenés à l'état de sel soluble, de chlorure préférablement : on ajoute à la dissolution de l'acide hydrofluosilicique récemment préparé, puis de l'alcool, dans lequel le fluosilicate de baryum est insoluble. Le précipité qui renferme le baryum est recueilli sur un filtre taré, lavé avec de l'alcool affaibli, puis desséché à 100°; son poids sert à calculer celui du baryum.

2e Procédé. — Les deux métaux sont transformés en sulfates que l'on met digérer, à une température qui ne dépasse pas 20°, avec une dissolution de bicarbonate de potasse ou de carbonate d'ammoniaque, en ayant soin d'agiter fréquemment. Après vingt-quatre heures de contact tout le sulfate de strontiane est transformé en carbonate, tandis que le sulfate de baryte est demeuré intact. On jette le tout sur un filtre et on lave d'abord avec une dissolution très-faible de carbonate alcalin, puis avec de l'eau pure, à la température ordinaire. La matière demeurée sur le filtre est ensuite traitée par l'acide chlorhydrique étendu et froid. Le sulfate de baryte qui reste après le lavage permet de calculer la proportion de baryum.

La séparation se fait d'une manière plus expéditive quand on soumet le mélange des sulfates à deux ébullitions successives avec une dissolution de carbonate de potasse contenant le tiers au moins de son poids de sulfate de potasse; le résidu, traité comme ci-dessus par l'eau, puis par l'acide chlorhydrique faible, etc., laisse du sulfate de baryte. Ce procédé, modifié, peut servir à la séparation des deux métaux lorsque ceux-ci sont en dissolution.

Séparation du baryum et du calcium. — Elle se fait par le second procédé décrit ci-dessus.

Séparation du baryum et du zirconium. — Le mélange, ramené à l'état de chlorure ou de nitrate, est sursaturé par de l'ammoniaque caustique, soumis à l'ébullition pour chasser l'excès de celle-ci, puis filtré. La zircone seule est précipitée.

Séparation du baryum et du plomb. — Elle s'effectue, dans des liqueurs étendues faiblement acidulées par l'acide chlorhydrique, au moyen d'un courant d'hydrogène sulfuré lavé qui précipite le plomb.

Séparation du baryum et de l'antimoine. — Dans le sulfantimoniate barytique, les acides étendus précipiteront le sulfure d'antimoine. Dans l'antimoniate, on pourra expulser l'antimoine par une calcination avec un excès de chlorure d'ammonium; ce procédé est aussi applicable aux autres composés. Dans les dissolutions, un courant d'acide sulfhydrique précipite tout l'antimoine (H. Rose).   M. D.

BASALTINE. — Variété d'amphibole hornblende.

BASANOMELANE (Min.). — Variété d'ilménite.

BASES. — Dans la théorie dualistique, les bases étaient les oxydes métalliques électro-positifs, que l'on supposait unis dans les sels aux oxydes électro-négatifs ou acides. Pour nous, les bases sont des hydrates métalliques répondant à la formule $M^x(OH)^n$ et susceptibles de faire la double décomposition avec les acides.

Suivant l'atomicité du métal qu'elles renferment, les bases renferment un ou plusieurs atomes d'oxhydryle. On les dit monoatomiques lorsqu'elles n'en renferment qu'un, diatomiques lorsqu'elles en renferment deux, et ainsi de suite.

Les bases monoatomiques, n'ayant qu'un seul atome d'hydrogène typique à échanger contre des radicaux acides, ne peuvent former qu'un sel neutre en réagissant sur les acides monobasiques.

Les bases polyatomiques, au contraire, peuvent échanger en totalité ou en partie leur hydrogène typique contre des radicaux acides; elles donnent des sels neutres normaux dans le premier cas et des sels basiques dans le second. Ainsi l'on connaît deux azotates de plomb : l'un neutre,

$$Pb'' \left\{ \begin{array}{l} O\,Az\,O^2 \\ O\,Az\,O^2, \end{array} \right.$$

et l'autre basique,

$$Pb'' \left\{ \begin{array}{l} O\,Az\,O^2 \\ O\,H, \end{array} \right.$$

dérivés tous deux de l'hydrate

$$Pb'' \left\{ \begin{array}{l} O\,H \\ O\,H. \end{array} \right.$$

Dans certains cas, les bases perdent de l'eau comme les acides et se convertissent en anhydrides basiques. Si ces anhydrides dérivent de bases d'une atomicité paire, l'élimination d'eau a lieu aux dépens d'une seule molécule d'hydrate. Exemple :

$$Ba\,H^2\,O^2 = Ba\,O + H^2\,O.$$

Si, au contraire, la base a une atomicité impaire, elle ne peut perdre la totalité de son hydrogène qu'en se doublant. C'est ce qu'on observe avec l'oxyde de potassium K^2O, qui dérive de la potasse KHO conformément à l'équation

$$2\,K\,HO = H^2\,O + K^2\,O.$$

Quand les bases ont une atomicité paire ou impaire supérieure à 2, leur premier anhydride renferme encore de l'oxhydryle et fonctionne à la manière d'une base dont l'atomicité est inférieure de deux unités à celle de la base primitive. Ces anhydrides résultent en effet de la substitution de O à 2 OH. Exemple :

$$Sb''' \left\{ \begin{array}{l} O\,H \\ O\,H \\ O\,H \end{array} \right. - \left. \begin{array}{l} H \\ H \end{array} \right\} O = (Sb\,O)'.\,O\,H.$$

Oxyde d'antimoine.   1er anhydride antimonieux.

On s'explique ainsi comment certains sesquioxydes, tels que ceux d'antimoine et d'uranium, fournissent, en se dissolvant dans les acides, non des sels à 3 radicaux acides, mais des sels à un seul radical acide dans lesquels fonctionne un radical composé oxygéné monoatomique agissant comme métal. Ces sels présentent la constitution non des hydrates normaux correspondant aux sesquioxydes employés, mais bien celle des premiers anhydrides de ces hydrates.

L'azotate uranique

$$\left.\begin{matrix}(UO)' \\ AzO^2\end{matrix}\right\} O,$$

par exemple, correspond à l'anhydride basique,

$$\left.\begin{matrix}(UO)' \\ H\end{matrix}\right\} O,$$

et non à l'hydrate normal,

$$\left.\begin{matrix}U''' \\ H^3\end{matrix}\right\} O^3,$$

qui d'ailleurs est inconnu.

L'existence de l'azotate uranique et des sels analogues, qui était une difficulté sérieuse avec les anciennes théories, s'explique, comme on le voit, tout naturellement avec les théories nouvelles. L'azotate d'uranium est à l'uranium ce que les éthers composés du glycide sont au glycéryle. Rien n'est plus simple :

$\left.\begin{matrix}(C^3H^5O)' \\ C^2H^3O\end{matrix}\right\} O.$	$\left.\begin{matrix}(UO)' \\ AzO^2\end{matrix}\right\} O.$
Glycide acétique.	Azotate uranique.
$(C^3H^5)'''.$	$U'''.$
Glycéryle.	Uranium.

A. N.

BASICÉRINE. — Voyez Fluocérine.

BASICITÉ. — C'est la faculté que possèdent les acides d'échanger un ou plusieurs atomes d'hydrogène contre des métaux positifs, et cela par double décomposition, en réagissant sur les bases. Le nombre d'atomes d'hydrogène remplaçables indique le degré de la basicité. Un acide qui ne renferme qu'un seul atome d'hydrogène remplaçable est dit monobasique, un acide qui en renferme deux est dit bibasique, et ainsi de suite.

La première notion de la polybasicité des acides est due à M. Graham. Ce chimiste démontra, en 1833, que dans le phosphate neutre de potasse il y a 3 atomes de potassium ou, comme on disait alors, 3 équivalents de potasse pour 1 équivalent d'acide phosphorique, et que les phosphates acides du métal ne diffèrent du sel tripotassique qu'en ce qu'ils renferment de l'eau au lieu de potasse, ou, comme nous disons aujourd'hui, de l'hydrogène au lieu de potassium [Graham, *Philosophical Transactions*, 1833, p. 253; — *Philosophical Magazine*, t. III, p. 451 et 469]. L'acide phosphorique hydraté $PO^5.3HO$ $(H=1, O=8)$ devenait ainsi un acide tribasique et les diverses classes de phosphates en dérivaient d'une manière très-simple. On avait en effet

$$PO^5.3KO, \quad PO^5.2KO,HO \quad \text{et} \quad PO^5.KO,2HO.$$

La faculté que possède l'acide phosphorique de former des sels acides et des sels doubles s'expliquait à merveille. C'était la conséquence de la nature tribasique de l'acide phosphorique.

La polybasicité de l'acide phosphorique était d'ailleurs incontestable. On n'aurait pu, en effet, diviser par 3 la formule du phosphate de potasse sans diviser les équivalents de l'oxygène et du phosphore. Pour considérer l'acide phosphorique comme monobasique et admettre que ces sels neutres renferment un seul équivalent de potasse, il aurait fallu écrire ces sels $P^{1/3}O^{5/3},MO$, ce qui aurait masqué toutes les analogies du phosphore avec l'azote et n'aurait répondu à aucune des propriétés de l'oxygène. En outre, on ne se serait plus rendu compte ainsi de la facilité avec laquelle l'acide phosphorique forme des sels acides.

Mais il était plus difficile d'étendre cette notion aux acides polybasiques qui renferment de chacun de leurs éléments un nombre d'équivalents divisible par 2, car il suffisait alors de dédoubler leurs formules pour en faire des acides monobasiques.

La formule de l'acide tartrique, par exemple,

$$C^8H^4O^{10}, 2HO,$$

pouvait aussi bien s'écrire $C^4H^2O^5.HO$, qui en faisait un acide monobasique. Étendre aux acides de cette nature la notion de la polyatomicité, ce fut le mérite de Liebig.

En 1838, ce chimiste publia un travail remarquable, dans lequel il insista sur la nécessité de considérer comme polybasiques les acides cyanurique, mélonique, coménique, citrique, aconitique et aconique, tartrique, malique et fumarique [*Ann. der Chem. u. Pharm.*, t. XXVI, p. 138; *Ann. de Chim. et de Phys.*, t. LXVIII, p. 5 (1838)]. Il ne fit d'ailleurs que raisonner par analogie. Ayant constaté que ces corps ont une grande tendance à former des sels acides et des sels doubles, il rapporta ce fait à la même cause qui produit des résultats semblables avec l'acide phosphorique. M. Liebig termina son travail par des vues théoriques du plus haut intérêt.

Il fit voir que le mieux pour expliquer les faits nouveaux était d'abandonner les formules de Berzelius et de revenir à la théorie de Davy, qui envisageait tous les acides comme des hydracides, c'est-à-dire comme formés par l'union de l'hydrogène avec un radical simple ou composé. La capacité de saturation d'un acide, disait-il, dépend alors du nombre d'atomes d'hydrogène qu'il renferme en dehors de son radical, sans que la nature du radical ait l'influence même la plus éloignée sur cette capacité de saturation. Ainsi, en ajoutant soit du soufre, soit de l'oxygène à l'hydrogène sulfuré H^2S, on obtient de nouveaux acides, tous bibasiques, comme l'acide sulfhydrique, puisque comme lui ils renferment tous H^2.

Acide sulfhydrique..................	H^2S,
Acide sulfureux......................	H^2SO^3,
Acide sulfurique....................	H^2SO^4,
Acide hyposulfureux................	$H^2S^2O^3$,
Acide hyposulfurique (dithionique)...	$H^2S^2O^6$.

C'était là une vue d'une grande portée; c'était un pas de fait vers nos théories actuelles.

La théorie de la polybasicité des acides n'était cependant point encore assise sur des bases solides. Elle était encore pour ainsi dire à l'état de simple intuition. La faculté de former des sels acides ne saurait en effet servir de preuve de la polybasicité, puisque des acides monobasiques, comme l'acide acétique, l'acide benzoïque et l'acide stéarique, peuvent, eux aussi, donner naissance à des sels acides provenant de l'addition d'une molécule d'acide à une molécule de sel neutre. Comment distinguer pratiquement ces sels acides de ceux qui dérivent d'un acide bibasique par une saturation incomplète? C'était impossible tant que l'on ne sortirait pas de l'étude des sels, tant que l'on ne chercherait pas à établir, par d'autres caractères mieux appropriés, le poids moléculaire des acides.

Faire sortir la théorie de la basicité de l'ordre des théories conjecturales pour la faire entrer dans celui des théories définitivement démontrées, cet honneur fut réservé à Laurent et à Gerhardt [*Ann. de Chim. et de Phys.*, (3), t. XXIV, p. 163, (1848); — Laurent, *Méthode de Chim.*, p. 62-69 (1854); — Gerhardt, *Ann. de Chim. et de Phys.*, (3), p. 285; — Gerhardt, *Traité de Chim.*, t. IV, p. 641-645 (1856)].

Voici ce que l'on trouve dans la *Méthode de*

Chimie de Laurent : nous traduisons dans la langue chimique actuelle.

1° Sous un même volume de vapeur les acides monoatomiques ne renferment qu'un seul atome d'hydrogène remplaçable par les métaux, tandis que les acides polybasiques en renferment plusieurs.

2° 2 volumes d'un éther neutre d'acide monobasique renferment un seul radical alcoolique; 2 volumes de l'éther neutre d'un acide bi- ou tribasique renferment 2 ou 3 de ces radicaux. Ces derniers peuvent être identiques ou différents.

3° Les acides monobasiques, en réagissant sur les alcools, ne produisent qu'une seule série d'éthers, les acides polybasiques en produisent plusieurs, au nombre desquelles une constituée par des éthers neutres et les autres par des éthers acides.

4° A chaque acide monobasique correspond une seule amide, qui est neutre; à chaque acide polybasique correspondent une amide neutre et une ou plusieurs amides acides.

5° Les acides polybasiques, pouvant seuls donner naissance à des amides acides, peuvent seuls, par cela même, fournir des éthers d'acides amidés, comme l'uréthane, l'oxaméthane, etc.

6° Lorsque les acides monobasiques réagissent sur des substances neutres, ils donnent des corps conjugués neutres; c'est ainsi que l'acide azotique, en réagissant sur la benzine, donne un corps nitré neutre, la nitrobenzine. Les acides polybasiques, en réagissant sur les corps neutres, donnent des corps conjugués acides dont la basicité est égale à celle de l'acide employé diminuée d'une unité. Exemple : l'acide sulfurique $S H^2 O^4$, en réagissant sur la benzine $C^6 H^6$, donne l'acide sulfobenzidique $C^6 H^5 S O^2 . H O$, qui est monobasique.

7° Les anhydrides des acides polybasiques s'obtiennent presque tous directement en enlevant l'eau à l'acide hydraté, soit par la chaleur, soit par les corps avides d'eau, tandis que les anhydrides des acides monobasiques ne s'obtiennent que par des moyens indirects.

8° Les acides polyatomiques donnent seuls des anhydro-sels dans le genre du bichromate et du bisulfate de potasse.

9° Les acides polyatomiques donnent seuls des parasels dans le genre des méta-, para- et pyrophosphates.

A ces propriétés caractéristiques Laurent en ajoutait quelques autres moins importantes, telles que la propriété pour les acides polybasiques de former facilement des sels acides et des sels doubles, de donner des sels moins solubles que ceux des acides monobasiques et d'être moins volatils que ces derniers.

Gerhardt, dans son admirable *Traité de Chimie organique*, ajoutait à ces diverses différences entre les acides monobasiques et les acides polybasiques, que l'on observe entre les chlorures de ces acides les mêmes relations que nous avons signalées entre leurs éthers. Le chlorure de sulfuryle $S O^2 Cl^2$ renferme sous le même volume deux fois plus de chlore que le chlorure d'acétyle $C^2 H^3 O Cl$.

En outre, Gerhardt établit une différence entre la basicité et l'atomicité des acides.

« Les acides hydratés, disait-il, peuvent être distingués en monoatomiques, diatomiques, triatomiques, etc., suivant que leur molécule dérive de 1, de 2 ou de 3 molécules d'eau. La basicité d'un acide, c'est le nombre des atomes d'hydrogène basique qu'il renferme dans sa molécule; de là la division des acides en monobasiques, bibasiques et tribasiques, suivant que le nombre des atomes d'hydrogène basique y est égal à 1, à 2 ou à 3. Cette division correspond à la dérivation des acides du type eau, et très-souvent un acide monobasique est aussi monoatomique, de même qu'un acide bibasique est biatomique, et un acide tribasique, triatomique. »

Tout en faisant cette distinction entre l'atomicité des acides et leur basicité, Gerhardt ne la précisait pas nettement. Il disait bien dans une note : « Un acide monoatomique ne peut être que monobasique, mais un acide monobasique n'est pas nécessairement monoatomique; » mais lorsqu'il voulait fournir une preuve à l'appui de son assertion, il ne trouvait que l'acide sulfovinique

$$\left. \begin{array}{l} SO^2 \\ C^2 H^5 \\ H \end{array} \right\} O^2$$

qui, il en convenait lui-même dans la même note, est en réalité un éther composé d'acide, dérivé de l'acide sulfurique, lequel est biatomique et bibasique.

C'est à M. Wurtz que nous devons d'avoir rendu claire cette distinction entre l'atomicité et la basicité des acides. Après avoir découvert les glycols et avoir montré que ces alcools donnent, en s'oxydant, deux acides, dont l'un est monobasique et l'autre bibasique, il formula cette loi : Les acides ont toujours la même atomicité que l'alcool dont ils dérivent, quelle que soit d'ailleurs leur basicité. Le degré d'atomicité dépend de la quantité d'hydrogène typique, et la basicité de la quantité de cet hydrogène typique qui est remplaçable par des métaux alcalins par double décomposition au moyen des bases [Ad. Wurtz, *Ann. de Chim. et de Phys.*, (3), t. LV, p. 466 (1859), t. LVI, p. 342 (1859), t. LIX, p. 161 (1860); *Répert. de Chim. pure*, t. I, p. 575 (1859); *Bull. de la Soc. chim. de Paris*, séance du 13 mai 1859, p. 33]. D'après cette nouvelle manière de voir, le propyl-glycol

$$C^3 H^8 O^2 = \left. \begin{array}{l} C^3 H^6 \\ H^2 \end{array} \right\} O^2$$

donnant l'acide lactique par une oxydation ménagée, l'acide lactique devait être considéré comme diatomique et écrit

$$\left. \begin{array}{l} C^3 H^4 O \\ H^2 \end{array} \right\} O^2 = C^3 H^6 O^3.$$

Mais l'acide lactique ne possède qu'un seul atome d'hydrogène remplaçable par des métaux. Il est donc seulement monobasique. Il s'agissait de démontrer que telle est en effet sa composition, que, tout en n'étant que monobasique, il renferme 2 atomes d'hydrogène typique, c'est-à-dire d'hydrogène en dehors du radical. C'est ce que fit M. Wurtz dans un travail qui ne laisse plus le moindre doute à cet égard. Il montra qu'en dehors de l'hydrogène basique, l'acide lactique renferme un atome d'hydrogène alcoolique susceptible d'être remplacé par des radicaux d'alcool et par des radicaux acides. Il obtint par exemple : l'acide éthyl-lactique

$$(C^3 H^4 O)'' \left\{ \begin{array}{l} O C^2 H^5 \\ O H, \end{array} \right.$$

le lactate diéthylique

$$(C^3 H^4 O)'' \left\{ \begin{array}{l} O C^2 H^5 \\ O C^2 H^5, \end{array} \right.$$

le lactobutyrate d'éthyle

$$(C^3 H^4 O)'' \left\{ \begin{array}{l} O C^2 H^5 \\ O C^4 H^7 O, \end{array} \right.$$

etc. — Voyez Acide lactique.

Enfin, généralisant le fait observé sur l'acide lactique, M. Wurtz admit que l'atomicité d'un acide dépend du nombre de ses atomes d'hydrogène typique, et que sa basicité dépend des propriétés plus ou moins électro-négatives de son radical. Nous citons :

« La capacité de saturation d'un acide [*Ann. de Chim. et de Phys.*, (3), t. LVI, p. 344], la facilité avec laquelle il échange son hydrogène basique contre un métal, dépend non-seulement du nombre d'atomes d'hydrogène qu'il renferme en dehors du radical (hydrogène typique), mais encore de la nature de ce radical. A mesure que l'oxygène augmente dans le radical, celui-ci devient plus électro-négatif, et l'hydrogène typique devient de plus en plus hydrogène basique (électro-positif). Les exemples suivants vont faire comprendre cette pensée :

$$\left.\begin{array}{l}C^2H^4\\H^2\end{array}\right\}O^2 \qquad \left.\begin{array}{l}C^2H^2O\\H^2\end{array}\right\}O^2 \qquad \left.\begin{array}{l}C^2O^2\\H^2\end{array}\right\}O^2$$

Glycol.   Acide glycolique.   Acide oxalique.
2 atomes   2 atomes   2 atomes
d'hydrogène   d'hydrogène   d'hydrogène
typique.   typique,   typique,
    dont un   tous les deux
    fortement basique.   fortement basiques.

$$\left.\begin{array}{l}C^3H^5\\H^3\end{array}\right\}O^3 \qquad \left.\begin{array}{l}C^3H^3O\\H^3\end{array}\right\}O^3$$

Glycérine.   Acide glycérique.
3 atomes   3 atomes
d'hydrogène   d'hydrogène typique,
typique.   dont un
    fortement basique.

« Ainsi l'acide glycérique, qui est triatomique, parce qu'il dérive d'un alcool triatomique, n'est, à proprement parler, que monobasique, parce qu'il ne peut échanger qu'un seul atome d'hydrogène contre un atome de métal... etc. »

La distinction entre la basicité et l'atomicité des acides était claire dès ce moment ; la cause de chacune de ces propriétés était connue : l'une, l'atomicité, tenant à la quantité d'hydrogène typique ; l'autre tenant aux propriétés électro-négatives du radical, dues elles-mêmes à l'introduction de quantités croissantes d'oxygène dans le radical. Il restait à bien préciser quelle est la quantité d'oxygène qu'il faut ajouter à un hydrocarbure pour rendre un H typique, et quelle est la quantité d'oxygène qu'il faut faire entrer, par substitution, dans le radical d'un alcool, pour communiquer à un hydrogène typique des propriétés basiques. Cette dernière lacune a été comblée par M. Kekulé.

« Je rappellerai, dit M. Kekulé, que les substances appartenant au type eau et contenant des radicaux formés par le carbone et l'hydrogène sont des alcools, et ne possèdent pas de caractères acides bien prononcés [Kekulé, *Acad. royale des sciences de Bruxelles* 1860 ; *Ann. de Chim. et de Phys.* (en extrait par M. Wurtz), t. LX, p. 127 (1860)]. Les substances contenant des radicaux oxygénés, au contraire, échangent facilement l'hydrogène du type contre des métaux et sont de véritables acides. Je ferai remarquer, en outre, que les acides contenant 1 atome d'oxygène dans le radical sont monobasiques ; les acides contenant 2 atomes d'oxygène dans le radical sont bibasiques, et ainsi de suite. On voit par là que la basicité d'un acide ne dépend pas du nombre d'atomes d'hydrogène typique que le corps contient, mais du nombre d'atomes d'oxygène contenus dans le radical. La basicité d'un acide est donc indépendante de son atomicité. »

M. Kekulé répétait ainsi la proposition de M. Wurtz, mais il la précisait davantage et indiquait non-seulement que la basicité tient à l'oxygène contenu dans le radical, mais que chaque atome d'oxygène dans le radical rend basique un atome d'hydrogène. Dès ce moment, non-seulement on sut distinguer l'atomicité de la basicité, mais on posséda dans son ensemble la théorie de l'atomicité et de la basicité telle que nous allons l'exposer.

THÉORIE DE L'ATOMICITÉ ET DE LA BASICITÉ. —

Dans les carbures d'hydrogène, tout l'hydrogène est uni directement au carbone, mais il se peut qu'un ou plusieurs atomes d'hydrogène soient éliminés, et qu'un ou plusieurs atomes d'oxygène en prennent la place. Seulement l'oxygène, étant diatomique, ne se trouve pas saturé après s'être uni au carbone par une de ses atomicités, il lui reste une atomicité libre par laquelle il se combine à un atome d'hydrogène. Ainsi, un hydrocarbure

$$\begin{array}{c}C \equiv H^3\\ \overset{\shortmid}{C} \equiv H^3\end{array}$$

peut fournir de cette manière les deux molécules oxygénées

$$C\left\{\begin{array}{l}-O-H\\=H^2\end{array}\right. \atop C\left\{\begin{array}{l}=H^2\\-O-H\end{array}\right. \qquad \text{et} \qquad C\left\{\begin{array}{l}-O-H\\=H^2\end{array}\right. \atop C \equiv H^3$$

Ces molécules renferment l'une et l'autre une certaine portion de leur hydrogène directement uni au carbone, et une autre partie du même métalloïde qui n'est uni au carbone que par l'intermédiaire de l'oxygène. Ce dernier est l'hydrogène typique dont la première de nos molécules oxygénées renferme 2 atomes et la seconde 1. L'oxygène qui sert de lien entre un atome de carbone et un atome d'hydrogène a reçu le nom impropre d'oxygène d'addition. Il est évident que si la théorie que nous exposons est exacte, chaque atome d'oxygène d'addition introduit dans un hydrocarbure doit rendre typique un atome d'hydrogène, de manière que l'atomicité d'une molécule soit toujours égale au nombre d'atomes d'oxygène d'addition qu'elle renferme.

L'hydrogène rendu typique par le mécanisme précédent est de l'hydrogène alcoolique, et les corps dont il fait partie sont des alcools. Ainsi, les deux formules que nous avons données sont celles du glycol et de l'alcool ordinaires.

Pour que l'oxygène typique devienne basique, il faut que, dans son voisinage le plus prochain, un second atome d'oxygène vienne se substituer à 2 atomes d'hydrogène. On conçoit d'après cela que si, dans un alcool polyatomique, la substitution se fait seulement dans le voisinage d'un hydrogène typique et non dans le voisinage des autres, celui-là seul devient basique dans le voisinage duquel la substitution a eu lieu. Il en résulte que, pour transformer tous les hydrogènes typiques en hydrogènes basiques, il faut introduire autant d'oxygène de substitution qu'il y a d'atomes d'oxygène d'addition.

Si la quantité d'oxygène de substitution introduite est moindre, on aura des acides dont la basicité sera inférieure à l'atomicité. Les formules suivantes représentent la constitution de l'hydrure de propyle, de l'alcool propylique, du propyl-glycol, de l'acide propionique, de l'acide lactique et de l'acide malonique :

$$\begin{array}{c}CH^3\\ \overset{\shortmid}{C}H^2\\ \overset{\shortmid}{C}H^3\end{array} \qquad \begin{array}{c}C\left\{\begin{array}{l}OH\\H^2\end{array}\right.\\ \overset{\shortmid}{C}H^2\\ \overset{\shortmid}{C}H^3\end{array} \qquad \begin{array}{c}C\left\{\begin{array}{l}OH\\O''\end{array}\right.\\ \overset{\shortmid}{C}H^2\\ \overset{\shortmid}{C}H^3\end{array}$$

Hydrure   Alcool   Acide
de propyle.   propylique.   propionique

$$\begin{array}{c}C\left\{\begin{array}{l}OH\\H^2\end{array}\right.\\ |\\C H^2\\ |\\C\left\{\begin{array}{l}H^2\\OH\end{array}\right.\end{array} \qquad \begin{array}{c}C\left\{\begin{array}{l}HO\\O''\end{array}\right.\\ |\\C H^2\\ |\\C\left\{\begin{array}{l}H^2\\OH\end{array}\right.\end{array} \qquad \begin{array}{c}C\left\{\begin{array}{l}OH\\O''\end{array}\right.\\ |\\C H^2\\ |\\C\left\{\begin{array}{l}O''\\OH\end{array}\right.\end{array}$$

Propyl-glycol.   Acide lactique.   Acide malonique.

On voit à l'inspection de ces formules que l'acide lactique doit être monobasique quoique diatomique, tandis que l'acide malonique est à la fois diatomique et bibasique.

La théorie de M. Kékulé peut encore être exprimée d'une manière très-simple en disant que l'élément acide est l'élément

$$CO^2H = C \begin{cases} O'' \\ OH, \end{cases}$$

tandis que l'élément alcoolique est l'oxhydryle OH lié à du carbone. L'atomicité d'un alcool devient égale au nombre d'éléments CH^nOH et la basicité d'un acide au nombre d'éléments CO^2H que le corps renferme.

On est porté à croire aujourd'hui que le nombre d'oxhydryles OH qui se substituent à l'hydrogène des hydrocarbures ne peut pas être supérieur au nombre des atomes de carbone que l'hydrocarbure contient. Ainsi, l'hydrure d'éthyle C^2H^6 ne peut pas donner naissance à une glycérine. L'hydrure de propyle ne peut pas donner naissance à un alcool tétratomique, etc.

Quant à la basicité, elle ne peut jamais dépasser le nombre d'atomes de carbone qui, dans l'hydrocarbure, sont liés à H^3. Si, en effet, un atome d'hydrogène est remplacé par l'oxhydryle dans un atome de carbone placé au centre de la chaîne et uni seulement à H^2, il ne reste plus à côté de cet oxhydryle qu'un seul hydrogène, et la substitution de O à H^2 y est impossible.

Il résulte des considérations qui précèdent, que tout acide tri- ou tétratomique dérive, non d'un hydrocarbure normal

$$\begin{matrix} CH^3 \\ (CH^2)n \\ CH^3, \end{matrix}$$

mais d'un hydrocarbure secondaire, tertiaire, etc., provenant de la substitution de $n(CH^3)$ à nH dans les atomes de carbone moyens. Ainsi l'hydrocarbure

$$\begin{matrix} CH^3 \\ C \begin{cases} H \\ CH^3 \\ CH^3 \end{cases} \end{matrix}$$

peut donner un acide triatomique ; l'hydrocarbure

$$\begin{matrix} CH^3 \\ C \begin{cases} H \\ CH^3 \end{cases} \\ C \begin{cases} H \\ CH^3 \end{cases} \\ CH^3, \end{matrix}$$

un acide tétratomique, etc.

Nous avons dit plus haut que les acides polybasiques perdent de l'eau en donnant des anhydrides directement. Lorsque leur basicité est supérieure à 2, ces anhydrides renferment encore de l'hydrogène basique et fonctionnent comme acides. C'est ainsi que l'acide métaphosphorique $PO^2.OH$ est l'anhydride de l'acide orthophosphorique [Odling, *Philosophical Magazine*, t. XVIII, p. 368 (1859), On ortho- and meta-silicates; — *Répert. de Chim. pure* (1859), t. II, p. 45].

Les acides polybasiques peuvent aussi perdre de l'anhydride carbonique. Dans ce cas, un des deux atomes d'oxygène est pris au radical, et l'autre vient de l'oxygène typique. Il en résulte que l'acide perd une atomicité basique. Si donc l'acide qui perd CO^2 est polyatomique et monobasique, il se transforme en un corps neutre, alcool ou phénol ; si, au contraire, il est polybasique, il se convertit en un nouvel acide dont la basicité est inférieure d'une unité à celle de l'acide primitif.

Inversement, si l'on fixe CO^2 sur une substance neutre, on donne naissance à un acide dont la basicité est égale à 1, et dont l'atomicité est égale à celle du corps neutre, plus 1.

Cette loi, qui a été exprimée pour la première fois par M. Grimaux, a permis à ce chimiste de corriger les formules rationnelles de plusieurs acides organiques, et à ce titre elle présente un grand intérêt [Grimaux, *Bull. de la Soc. chim.*, t. III (1865), p. 4-10].   A. N.

BASILIC (HUILE DE). — Les feuilles de basilic (*Ocynum basilicum*, de la famille des Labiées) distillées avec de l'eau donnent une essence qui dépose spontanément des cristaux prismatiques ayant les caractères et la composition de l'hydrate de térébenthine $C^{10}H^{16}, 3H^2O$ (Dumas et Peligot). L'huile elle-même n'a pas été étudiée.

BASTITE (Min.) [Syn. *Schillerspath*]. — Silicate hydraté de magnésie et de protoxyde de fer, renfermant de l'oxyde de chrome et de la chaux. Sa composition se rapproche beaucoup de celle de la serpentine, $(Si^2Mg^3O^7+2H^2O)$, dont elle pourrait être une variété cristallisée. Se trouve à Baste, dans le Hartz. Translucide, en lamelles d'un vert olive plus ou moins clair, dans une serpentine. D'après les caractères optiques, il est probable que la bastite cristallise dans le type orthorhombique.

Caractères. — Dans le tube, décrépite et donne de l'eau. Au chalumeau, se colore en brun jaune, devient magnétique, mais ne fond que difficilement sur les bords.

Dureté, 3,5. Densité, 2,6-2,8.

Clivages : très-facile suivant une direction, moins facile suivant deux autres. Le clivage facile fait, avec ces deux derniers, des angles de 87° et de 130°.   F. et S.

BASTONITE. — Variété de mica, à axes très-rapprochés, d'un brun verdâtre, facilement fusible, de Bastoigne (duché de Luxembourg).

BATRACHITE (Min.). — Variété de péridot de Rizoni (Tyrol).

BAULITE (Min.). — Masses feldspathiques, très-riches en silice, poreuses, d'un blanc grisâtre, du mont Baula (Islande).

BAUMES. — On désigne sous le nom de *baumes* un certain nombre de substances liquides ou concrètes, douées d'une odeur suave très-agréable, et qui contiennent à l'état de liberté de l'acide benzoïque ou de l'acide cinnamique ; quelquefois ces deux acides se trouvent réunis dans la même substance. Ce caractère sert à distinguer les baumes des résines en général.

M. Fremy a démontré, dans un travail étendu sur les baumes, que l'acide benzoïque n'était pas le seul acide libre contenu dans ces produits végétaux, et qu'on y rencontrait souvent aussi l'acide cinnamique. Les baumes ont donc été divisés en deux classes : 1° baumes à acide benzoïque ; 2° baumes à acide cinnamique.

La composition exacte des baumes n'est pas facile à connaître ; car, liquides lorsqu'ils exsudent de l'arbre, ils éprouvent bientôt, sous l'influence de l'air, des modifications profondes : ils se colorent, s'épaississent ou finissent même par se solidifier complétement.

On peut cependant les considérer comme formés d'huile essentielle, de résine et d'acide libre ; mais il est probable qu'au moment de leur sécrétion ces deux derniers produits n'y sont encore formés ni l'un ni l'autre.

D'après M. Dulong d'Astafort, la résine des baumes n'aurait pas les mêmes propriétés que les résines ordinaires : elle s'en distinguerait principalement par la magnifique couleur rouge qui se développe lorsqu'on la traite par l'acide sulfurique concentré [*Journ. de Pharm.*, janv. 1826].

Les baumes étaient fort employés autrefois en médecine pour guérir les maladies du poumon; aujourd'hui le baume de Tolu est à peu près le seul qui soit utilisé à l'intérieur. On l'emploie spécialement dans la guérison des catarrhes pulmonaires chroniques et des phlegmasies anciennes du larynx.

On comprend sous le nom de baumes proprement dits les substances suivantes : benjoin, liquidambar, baume du Pérou, storax, styrax, baume de Tolu.

Il faut joindre à cette liste la *résine sycoretine* et la résine de *Xanthorrhea hastilis;* dans la première, MM. Warren de la Rue et H. Mueller ont constaté la présence d'un éther particulier homologue de l'acétate de benzyle, et M. Stenhouse a pu retirer de la seconde de l'acide benzoïque et de l'acide cinnamique.

BENJOIN. — Voyez ce mot.

LIQUIDAMBAR. — Ce baume provient d'un arbre, *Liquidambar styraciflua,* qui croît à la Louisiane, au Mexique et dans la Floride, où il est connu sous le nom de *copalme*.

Il existe deux baumes liquidambar qui diffèrent par leurs caractères physiques : l'un est liquide, transparent, jaune ambré, possédant une odeur prononcée assez agréable, une saveur âcre qui prend à la gorge; il contient un acide, probablement l'acide benzoïque. L'autre est mou, opaque, blanchâtre, d'une odeur agréable, plus douce que celle du baume liquide; il contient de l'acide benzoïque qui vient cristalliser souvent à sa surface. Exposé à l'air, il finit par devenir solide et transparent, il perd son odeur presque complètement et prend un goût amer assez prononcé, caractère qui sert à le distinguer du baume de Tolu auquel il ressemble un peu et avec lequel on le mélange quelquefois dans un but de falsification.

Le baume liquidambar s'obtient par des incisions faites à l'arbre qui le produit; on le reçoit immédiatement dans des vases pour le mettre à l'abri du contact de l'air. Le baume solide provient du dépôt formé par le liquide précédent ou par le baume qui a coulé sur l'arbre et s'est épaissi à l'air.

BAUME DU PÉROU. — On connaît plusieurs variétés de baumes du Pérou : *baume du Pérou sec, baume du Pérou brun* et *baume du Pérou noir* ou *baume de San Salvador*. Ces sucs balsamiques sont retirés par incisions d'arbres qui appartiennent au genre *Myrospermum* de la tribu des Sophorées dans la sous-famille des Papillionacées.

Le baume du Pérou sec provient du *Myrospermum peruiferum,* arbre qui croît au Pérou, où il porte le nom de *quino-quino*. Lorsque le suc qui provient des incisions est reçu dans des bouteilles, il reste liquide pendant des années et porte le nom de *baume blanc liquide;* lorsqu'il est reçu dans des calebasses, il se durcit et prend alors le nom de *baume blanc sec* ou du *baume de Tolu*.

D'après M. Guibourt, le baume du Pérou sec et le baume de Tolu doivent être considérés comme une seule et même substance, ou au moins comme des variétés très-proches et dont la première est préférable à la seconde [Guibourt, *Hist. des drog. simp.,* t. III, p. 335 et 440].

Le baume du Pérou noir provient aussi du *Myrospermum peruiferum;* il a la consistance d'un sirop cuit, il est rouge brun foncé et transparent; il possède une odeur forte et agréable, une saveur âcre et amère excessivement prononcée.

D'après les analyses de M. Fremy, le baume du Pérou liquide contient trois corps importants : 1° la cinnaméine; 2° la métacinnaméine isomérique avec l'hydrure de cinnamyle; 3° l'acide cinnamique.

La *cinnaméine,* $C^{27} H^{26} O^4$, est un liquide d'une odeur faible, légèrement coloré en jaune, qui bout à 000°, soluble dans l'alcool et dans l'éther, et à peine soluble dans l'eau. Placée dans une cloche remplie d'oxygène, elle absorbe lentement ce gaz et se transforme en acide cinnamique. L'acide azotique agit avec plus d'énergie; il se forme dans ce cas une résine jaune, et une assez grande quantité d'essence d'amandes amères.

L'acide sulfurique même à froid transforme la cinnaméine en une matière résineuse qui répond à la formule $C^{27} H^{30} O^6$. C'est un phénomène d'hydratation. Ce fait est digne de remarque en ce qu'il permettrait d'expliquer la formation des matières résineuses dans les baumes.

Sous l'influence de la potasse, la cinnaméine semble éprouver une sorte de dédoublement qui la transforme en acide cinnamique et en une substance neutre liquide particulière désignée par M. Fremy sous le nom de *péruvine :*

$$C^{27} H^{26} O^4 + H^2 O = (C^9 H^8 O^2)^2 + C^9 H^{12} O$$
Cinnaméine.   Acide   Péruvine.
cinnamique.

D'après M. Kraut, la cinnaméine doit être envisagée comme de l'éther benzylcinnamique

$$\left. \begin{array}{c} (C^9 H^7 O)' \\ (C^7 H^7)' \end{array} \right\} O :$$

or, comme cet éther se dédouble sous l'influence de la potasse alcoolique en acide cinnamique et alcool benzylique, le corps désigné sous le nom de péruvine serait identique avec l'alcool benzylique, sa formule devrait être modifiée, et celle de la cinnaméine exprimée ainsi : $C^{16} H^{14} O^2$.

La *métacinnaméine,* $C^9 H^8 O$, est une matière cristallisée que l'on rencontre quelquefois dans le baume du Pérou; cette substance est insoluble dans l'eau, soluble en toutes proportions dans l'alcool et l'éther. Sous l'influence de la potasse, elle se transforme en cinnamate de potasse. Le chlore la transforme en chlorure de cinnamyle. On peut l'obtenir en soumettant la cinnaméine à une douce chaleur pendant plusieurs jours; elle se dépose en cristaux blancs. Cette matière est isomère avec l'hydrure de cinnamyle.

D'après M. Sharling, le baume du Pérou mélangé avec de la pierre ponce en poudre grossière et soumis à la distillation donne de l'acide benzoïque, ainsi que des produits huileux et aqueux. Ce liquide oléagineux est un mélange de différents corps; soumis à des rectifications, on peut en retirer : 1° un liquide bouillant vers 175°; rectifié lui-même sur de la potasse caustique, ce liquide donne un produit qui bout déjà vers 100°, et en abandonnant vers 140° un résidu qui possède tous les caractères du métastyrol; 2° un liquide bouillant vers 250° qui paraît renfermer un mélange de benzoate de méthyle et d'acide phénique [Sharling, *Ann. de Chim. et de Phys.,* t. XLVII, p. 385].

En résumé, on voit que l'acide cinnamique contenu dans le baume du Pérou provient de l'oxydation de la cinnaméine, et il est permis d'admettre que la partie résineuse provient de l'hydratation de cette même substance.

Le baume du Pérou est peu usité actuellement, il entre dans la préparation de quelques médicaments et sert dans les laboratoires à la préparation de l'acide cinnamique.

STORAX. — On désigne sous le nom de *storax-calamite* plusieurs variétés de résine qui possèdent une odeur d'une suavité extraordinaire. Cette substance, originaire de l'Asie Mineure, était envoyée dans des roseaux (*calamus* en latin), d'où lui vient son épithète de *calamite*. Le mot *storax* lui-même n'est qu'une corruption du mot *styrax*.

Pendant longtemps on a pensé que le storax provenait du même végétal que le styrax liquide, et qu'il en était le produit le plus pur.

D'après M. Guibourt, le storax diffère du styrax liquide et provient du *Styrax officinale*, tandis que le styrax liquide est retiré du *Liquidambar orientale*.

Le storax se présente sous forme de larmes blanches, opaques, assez volumineuses, douées d'une odeur très-persistante et qui donne par la chaleur une liqueur qui ressemble à du miel. On connaît le storax blanc, le storax amygdaloïde, le storax rouge brun, le storax liquide pur.

Styrax liquide. — L'origine de ce baume n'est pas bien certaine, cependant il est très-probable qu'on le tire de l'Arabie, de l'Ethiopie et de l'île de Cobras, où l'arbre qui le produit porte le nom de *Rosa-Mallos, Liquidambar orientale* des botanistes.

D'après Petiver, pour l'obtenir, on écrase l'écorce, puis on la fait bouillir dans de l'eau de mer, et on recueille le baume qui vient nager à la surface. Pour le séparer des débris qu'il contient encore en assez grande quantité, on le fond de nouveau dans de l'eau de mer, et on le passe.

Le styrax liquide est brun foncé, opaque, d'une odeur forte qui n'est pas désagréable; il contient de l'acide cinnamique, de la styracine, du styrol et de la résine.

Styracine, $C^{18}H^{16}O^2$. — La styracine, découverte en 1827, par Bonastre, est une substance cristallisée en prismes à quatre pans incolores, ou en aiguilles réunies en masses sphériques; elle n'a pas d'odeur; elle fond vers 44° et se maintient fort longtemps en cet état après le refroidissement. Elle n'est pas volatile; cependant elle peut être distillée dans un courant de vapeur d'eau à 100° sans décomposition. Sa densité est de 1,085 à 16°,5; elle est insoluble dans l'eau, soluble dans 22 p. d'alcool froid, dans 3 p. d'alcool bouillant, et dans 3 p. d'éther. Distillée avec de l'acide azotique, elle se convertit en hydrure de benzoyle qui passe à la distillation, et il reste un résidu composé d'acide benzoïque, d'acide picrique et d'une matière résineuse. D'après M. E. Kopp, ce mélange serait composé seulement d'acide benzoïque et d'acide nitrobenzoïque.

La styracine donne encore de l'essence d'amandes amères lorsqu'on la distille avec un mélange de bichromate de potassium ou de peroxyde de manganèse, et d'acide sulfurique. Chauffée avec de la chaux hydratée, la styracine se convertit en cinnamate de chaux et donne naissance à de l'hydrogène qui se dégage. Sous l'influence de la potasse alcoolique, la styracine se dédouble en *alcool cinnamique* ou *styrone* et en cinnamate de potassium. On doit donc considérer la styracine comme un éther, le cinnamate de cinnamyle :

$$\left.\begin{array}{l}(C^9H^7O)'\\(C^9H^9)'\end{array}\right\}O + KOH = C^9H^9OH + C^9H^7O^2K$$

Cinnamate de cinnamyle.   Alcool cinnamique.   Cinnamate de potassium.

Le chlore gazeux sec donne avec la styracine un produit de substitution, la chlorostyracine, qui se présente sous la forme d'une masse incristallisable jaune, molle, poisseuse, d'une saveur brûlante, insoluble dans l'eau, dans l'alcool et dans l'éther.

Sous l'influence de la potasse, on obtient du chlorure de potassium, un corps oléagineux et de l'acide chlorocinnamique.

On obtient la styracine en distillant le styrax liquide avec de l'eau; il passe du styrol, puis le résidu est repris plusieurs fois par de la soude caustique qui enlève l'acide cinnamique; la masse résineuse qui reste est ensuite mise en macération dans de l'alcool froid qui dissout la résine et laisse la styracine; on la purifie par plusieurs cristallisations dans l'alcool bouillant.

Le *styrol* ou *cinnamène* est un hydrogène carboné, liquide, incolore, d'une odeur analogue à celle de la benzine, et dont la saveur est brûlante. Il bout vers 145°,7. Il répond à la formule C^8H^8. Quand on distille cet hydrocarbure et que le premier tiers environ du liquide a passé, la température s'élève brusquement et le résidu se prend en une masse solide : c'est le *métacinnamène* ou *métastyrol* $C^{16}H^{16}$.

Le styrax est peu employé; il entre dans la composition de l'onguent styrax et dans l'emplâtre mercuriel de Vigo.

Baume de Tolu. — Le baume de Tolu est produit par le *Myrospermum toluiferum*; il est sec ou mou, d'une couleur rousse et d'apparence cristalline; il est semi-transparent. Son odeur est douce et suave, il est ductile sous la dent et répand, lorsqu'on le projette sur des charbons ardents, une fumée très-agréable.

Il contient à l'état de liberté de l'acide cinnamique, d'après M. Kopp; d'après M. Sharling, l'acide benzoïque y existerait aussi à l'état libre [Kopp, *Ann. de Chim. et de Phys.*, t. XX, p. 379. Sharling, *loc. cit.*].

D'après M. E. Kopp, la résine du baume de Tolu est formée de deux résines, dont l'une, exprimée par la formule $C^{18}H^{18}O^4$, est brune et cassante, soluble dans l'éther et les alcalis; on l'obtient en traitant le baume de Tolu par l'alcool froid; l'autre résine diffère de la précédente par une molécule d'eau en plus : $C^{18}H^{20}O^5$; elle est moins colorée que la précédente et ne se dissout pas dans l'alcool. Ces deux résines, distillées en présence de la soude, donnent du toluène C^7H^8 et du benzoate de soude comme résidu.

M. Deville, en soumettant le baume de Tolu à la distillation en présence de l'eau, a obtenu une huile qui renferme, entre autres produits, de la cinnaméine et un hydrocarbure nommé *tolène*. Par la distillation sèche, M. Deville a obtenu de l'acide benzoïque, de l'acide cinnamique, le carbure d'hydrogène C^7H^8 qu'il avait nommé *benzoène* et qui est le toluène, et de l'éther benzoïque [Sainte-Claire Deville, *Ann. de Chim. et de Phys.*, (3), t. III, p. 151].

M. E. Kopp a fait connaître les principales propriétés du tolène : c'est un liquide d'une saveur piquante faiblement poivrée, et dont l'odeur rappelle celle de la résine élémi. Sa densité est de 0,858 à 10°; il bout à 160° et répond à la formule C^5H^8, et serait isomère du valérylène de M. Reboul.

Le baume de Tolu est très-employé en médecine pour la guérison des rhumes et des catarrhes.   E. C.

BAVALITE (par erreur **BARALITE**) (Min.). — Silico-aluminate de fer voisin de la chamoisite, mélangé de fer oxydulé et formant des roches considérables intercalées dans les terrains de transition du Bas-Vallon, dans la forêt de Lorges (Côtes-du-Nord). Structure oolithique un peu schisteuse. Couleur noir-verdâtre, ou grisâtre; coloré par un peu de charbon, fortement magnétique.

Caractères. — Plus ou moins facilement attaquable par les acides. Fusible au chalumeau en une scorie noire magnétique.

Dureté, 4. Densité, 4.

BDELLIUM. — Le bdellium est une gomme-résine qui exsude naturellement de plusieurs végétaux appartenant à la famille des Térébinthacées. Dioscoride en connaissait trois variétés qu'il a décrites et que l'on trouve encore aujourd'hui dans le commerce. Le bdellium le plus estimé se présente sous forme de larmes translucides ayant

un goût amer, et qui se liquéfie au feu en répandant une odeur aromatique.

On le retire de l'Arabie et des côtes d'Afrique.
Adanson avait désigné l'arbre qui le produit sous
le nom de *Niottout*. Il porte aujourd'hui le nom
de *Balsamodendron africanum*.

Pelletier l'a trouvé composé de :

Résine	59
Gomme soluble	9,2
Mucilage	30,6
Huile volatile et perte	1,2

On connaît une autre variété de bdellium qui
vient de l'Inde, en masses noirâtres, possédant
une cassure terne, quelquefois brillante, laissant
exsuder des gouttes d'un suc résineux et poisseux.
Son goût est âcre et amer et elle possède une
odeur qui se rapproche quelquefois de celle de la
myrrhe. Il paraît être produit par l'*Amyris com-
miphora*, Roseb (*Balsamodendron Roxburghii*,
Arnott).

Enfin on désigne sous le nom de *bdellium opaque* une troisième variété dont l'origine est inconnue et qui se présente sous la forme de lames
ovoïdes opaques, jaunâtres, longues de près de
8 centimètres, peu aromatiques et qui possèdent
une saveur très-amère et sans âcreté.

Le bdellium est peu usité en médecine : il
entre dans la composition du diachylon gommé
qui sert à faire le sparadrap.　　　　E. C.

BEAUMONTITE (Min.). — Variété de heulan-
dite décrite comme une espèce par Lévy. Se trouve
dans un schiste syénitique, à Johnsfalls, près Bal-
timore.

BÉBIRINE ou **BEBEERINE**, $C^{19}H^{21}AzO^3$. —
Alcaloïde contenu dans l'écorce d'un arbre de la
Guyane anglaise, connu sous les noms de Bebeeru
ou Sipeeri (*Nectandra Rodiei*). Il a été découvert
en 1834 par le docteur Rodie de Demerarde. Il
est employé sur place comme succédané de la quinine.

On avait primitivement confondu deux alcaloïdes distincts fournis par la même écorce, la
bébirine, dont nous allons parler, et la sépirine.

La bébirine constitue une poudre amorphe,
blanche, sans odeur, très-électrique, fusible à 198°
en une masse vitreuse qui se décompose à une
température plus élevée. Saveur amère persistante, réaction alcaline. Elle est très-peu soluble dans l'eau, soluble dans l'alcool et l'éther,
surtout à chaud. L'acide nitrique concentré la
convertit à chaud en une poudre jaune ; l'acide
chromique l'oxyde en fournissant une résine noire.
L'acide acétique et l'acide chlorhydrique la dissolvent en donnant des sels amers incristallisables. La potasse en fusion ne produit pas de
quinoléine.

Chlorhydrate de bébirine. — Sel incristallisable,
très-soluble dans l'eau et précipitant par les alcalis caustiques ou carbonatés de la bébirine, sous
forme de flocons blancs peu solubles dans un excès de réactif.

Chloromercurate. — Précipité blanc formé par
l'addition du chlorure mercurique à une solution
de chlorhydrate, soluble dans un excès d'acide
chlorhydrique ou de chlorhydrate d'ammonium.

Chloroplatinate, $(C^{19}H^{21}AzO^3HCl)^2.PtCl^4$. —
Précipité orangé pâle, amorphe, insoluble dans
l'acide chlorhydrique.

Chloraurate. — Précipité brun rouge.

Sulfocyanate. — Précipité blanc.

Picrate. — Précipité jaune.

D'après Maclagan et Filley, on doit opérer comme
il suit l'extraction de la bébirine. L'écorce est
épuisée par l'eau aiguisée d'acide sulfurique ; le
liquide concentré et filtré est précipité par l'ammoniaque. Le dépôt recueilli et séché est redissous
dans l'eau acidulée. La solution est décolorée par
le noir animal et précipitée par l'ammoniaque.
Le précipité presque blanc est un mélange de bébirine et de sépirine. En traitant par l'éther, on
dissout la bébirine, en laissant la sépirine insoluble.

Au lieu d'employer le charbon, on peut traiter le premier précipité d'alcaloïdes par l'oxyde
de plomb hydraté ou la chaux, sécher et épuiser
par l'alcool qui laisse le tannate de chaux ou de
plomb et dissout les bases organiques. Pour achever la purification de la bébirine obtenue par cette
méthode, on dissout dans l'acide acétique, on
ajoute de l'acétate de plomb et on précipite par
la potasse caustique. Le précipité bien lavé et
séché est repris par l'éther. La solution éthérée
est évaporée et le sirop jaune clair ainsi obtenu
est dissous dans l'alcool fort ; la solution est versée
dans beaucoup d'eau ; la bébirine se sépare sous
forme de flocons. D'après G.-F. Walz, la bébirine
est identique avec la buxine [*N. Jahresb. Pharm.*,
t. XIV, p. 15] ; elle est soluble dans 6600 p. d'eau
froide, 1800 p. d'eau bouillante, 2 à 3 p. d'alcool
d'une densité de 0,81, 5,2 p. d'alcool anhydre et
13 p. d'éther pur. Elle neutralise facilement les
acides dans lesquels elle se dissout. Les solutions
dans les acides chlorhydrique et sulfurique donnent
avec l'acide nitrique un précipité blanc résineux ;
elles précipitent en jaune par l'acide phosphomolybdique ; le précipité se dissout en bleu dans
l'ammoniaque et la liqueur devient incolore par
l'ébullition [Prapp, *Ross. Zeitschr. Pharm.*, t. II,
p. 1 ; Maclagan, *Ann. de Chim. et de Pharm.*,
t. XLVIII, p. 106 ; Maclagan et Filley, *Phil. Mag.*,
t. XXVII, p. 186 ; V. Planta, *Ann. de Chim. et de
Pharm.*, t. LXXVII, p. 333].　　　P. S.

BÉBIRIQUE (ACIDE). — Cet acide accompagne la bébirine dans l'écorce de Bebeeru (*Nectandra Rodiei*). L'écorce est épuisée par l'eau acidulée avec de l'acide acétique ; les alcaloïdes sont
précipités par l'ammoniaque et le liquide filtré
est précipité par l'acétate de plomb. Le précipité
lavé est décomposé par l'hydrogène sulfuré. On
filtre et on évapore le liquide au-dessus de l'acide
sulfurique. Le résidu est traité par l'éther qui
dissout l'acide bébirique, en laissant une matière
colorante.

L'acide bébirique reste après l'évaporation de
la solution éthérée sous forme d'une substance
blanche, cristalline, à reflet cireux. Il se liquéfie
à l'air en devenant sirupeux. Il est fusible vers
200° et se sublime sous forme d'aiguilles. Les
sels de potasse et de soude sont déliquescents,
solubles dans l'alcool. Les sels alcalino-terreux
sont peu solubles ; le bébirate de plomb est insoluble.　　　　P. S.

BECKITE. — Variété de calcédoine.

BÉFONITE (Min.). — Lamelles microscopiques
appartenant à l'orthose ou à l'a-
northite et trouvées dans une lave ancienne de
l'Etna.

BELLADONINE. — Alcaloïde d'une existence
douteuse, trouvé par Luebekind dans la belladone.

BEN (HUILE DE). — On connaît sous ce nom
les huiles extraites des fruits de plusieurs espèces
appartenant au genre *Moringa*, tels que le *Moringa nux behen*, le *Guilandina moringa*, le *Moringa oleifera*, le *Moringa aptera* et le *Moringa
pterigosperma*.

L'huile extraite du *Moringa nux behen* a été
examinée par Voelcker [*Journ. für prakt. Chem.*,
t. XXXIX, p. 351, et *Ann. der Chem. u. Pharm.*,
t. LXIV, p. 342] et l'huile extraite du *Moringa
aptera* a été étudiée par Walter [*Compt. rend.
de l'Acad. des sciences*, t. XXII, p. 1143].

Voeckler a trouvé que la première de ces huiles
possède une densité de 0,912, qu'elle s'épaissit
à $+15°$ et qu'elle est solide en hiver. Suivant ce

chimiste, l'huile saponifiée par la potasse donne un savon dont l'acide chlorhydrique précipite de l'acide oléique et des acides gras solides. La proportion de ces derniers s'élèverait à 17 % du poids de l'huile.

Les acides solides dissous dans l'alcool bouillant se séparent par la cristallisation en plusieurs produits. Le premier n'a pas pu être complétement étudié, parce qu'il était en quantité trop faible. Il fondait à 83° et renfermait 81,63 % de carbone et 13,86 d'hydrogène, ce qui pourrait correspondre à la formule $C^{45}H^{90}O^2$; le deuxième *fondait entre* 59° et 60°; il paraissait identique avec l'acide margarique; le dernier enfin a reçu le nom d'*acide bénique*.

Dans l'huile du *Moringa aptera*, Walter a trouvé quatre acides fixes : l'acide margarique, l'acide stéarique et deux nouveaux acides, l'acide bénique, $C^{15}H^{30}O^2$, et l'acide moringique, $C^{15}H^{28}O^2$. Cette huile ne renferme pas d'acides volatils.

Enfin Cloëz a dosé la proportion de substance grasse contenue dans les semences de ben ailé (*Moringa pterigosperma*) débarrassées de leurs téguments non huileux. Cette proportion s'élève à 36,20 % [Cloëz, *Compt. rend. de l'Acad. des sciences*, t. LXI, p. 236]. A. N.

BÉNIQUE (ACIDE). — Ce nom appartient à deux acides, dont l'un trouvé par Voelcker dans l'huile du *Moringa nux behen* [*Journ. für prackt. Chem.*, t. XXXIX, p. 354, et *Ann. der Chem. u. Pharm.*, t. LIV, p. 362], et l'autre trouvé par Walter dans l'huile de *Moringa aptera* [*Compt. rend. de l'Acad. des sciences*, t. XXII, p. 1143]. On a proposé, pour distinguer ces deux acides, de désigner sous le nom d'acide bénostéarique celui de Voelcker, dont le point d'ébullition est le plus élevé, et de donner le nom d'acide bénomargarique à celui qui fond à une plus basse température [*Watts, Dictionary of chemistry*, t. I, p. 538].

ACIDE BÉNOSTÉARIQUE. — Il répond à la formule $C^{21}H^{42}O^2$ d'après Voelcker, et d'après Strecker [*Ann. der Chem. u. Pharm.*, t. LXIV, p. 346] à la formule $C^{22}H^{44}O^2$ qui s'accorde mieux avec les analyses; il fond à 76° et se solidifie à 70°; par le refroidissement il se prend en une masse cristalline, formée d'aiguilles brillantes; il se dissout dans l'alcool, peut être pulvérisé et ressemble beaucoup à l'acide stéarique.

Le *bénostéarate sodique*, $C^{22}H^{43}O^2Na$, s'obtient en saturant l'acide par le carbonate de sodium, évaporant et reprenant par l'alcool. La solution se prend au bout d'un certain temps en une pulpe gélatineuse, qui devient cristalline lorsqu'on y ajoute une nouvelle quantité de dissolvant.

Les *bénostéarates de baryum* $(C^{22}H^{43}O^2)^2 Ba''$, et *de plomb* $(C^{22}H^{43}O^2)^2 Pb''$, sont des précipités blancs que l'on obtient en précipitant une solution de bénostéarate de sodium par du chlorure barytique ou par de l'acétate de plomb.

Bénostéarate d'éthyle, $C^{22}H^{43}O^2 C^2H^5$. — On le prépare en faisant passer un courant de gaz chlorhydrique à travers une solution d'acide dans l'alcool concentré; il se présente sous la forme d'une masse cristalline fusible entre 48° et 49°.

ACIDE BÉNOMARGARIQUE. — Cet acide répond, d'après Walter, à la formule $C^{15}H^{30}O^2$, qui en fait un intermédiaire entre l'acide myristique $C^{14}H^{28}O^2$ et l'acide palmitique $C^{16}H^{32}O^2$. Son point de fusion est situé entre 52° et 53°, c'est-à-dire entre celui de l'acide myristique, qui fond à 49°, et celui de l'acide palmitique, qui fond à 55°.

L'acide bénomargarique ne peut pas être confondu avec l'acide margarique, mais on pourrait le confondre avec l'acide palmitique; il est plus soluble dans l'alcool que le premier de ces acides et moins que le second; il cristallise de la dissolution alcoolique en mamelons volumineux, tandis que l'acide palmitique cristallise soit en aiguilles, soit en choux-fleurs. L'acide palmitique, provenant de la saponification du blanc de baleine par la chaux, ressemble plus à l'acide bénomargarique par sa forme cristallisée que celui qui provient du traitement de l'éther par la potasse. D'après M. Heinz, l'acide bénomargarique serait identique avec un acide extrait par lui du blanc de baleine et auquel il a donné le nom d'acide cétique [*Poggend. Ann.*, t. LXXXVII, p. 553; *Ann. de Chim. et de Phys.*, (3), t, XLII, p. 118].

Bénomargarate d'éthyle, $C^{15}H^{29}O^2 C^2H^5$. — Il est fort soluble dans l'alcool et se dépose de sa dissolution en une masse cristalline qui ne présente pas de cristaux distincts; il fond à une température si basse que la température de la main suffit pour le liquéfier. Aussi faut-il éviter de le toucher lorsqu'on l'exprime entre des doubles de papier buvard pour le purifier. A. N.

BENJOIN [Bucholz, *Journ. de Pharm. de Tromsdorff*, t. XX, p. 273; *Ann. de Chim.* (1812), t. LXXXIV, p. 319; — Unverdorben, *Ann. de Poggend.*, t. XVII, p. 179; — Van der Vliet, *Ann. der Chem. u. Pharm.*, t. XXXIV, p. 177; — Mulder, *ibid.*, t. XXXIV, p. 183; — E. Kopp, *Compt. rend. de l'Acad.*, t. XIX, p. 1269; *Ann. de Chim. et de Phys.*, (3), t. XIII, p. 226].

Le benjoin est le suc solidifié d'un aliboufier, le *Styrax benjoin*, qui croît abondamment dans la partie méridionale de Sumatra, à Java et dans le royaume de Siam. Il découle par des incisions faites aux arbres, sous la forme d'un suc blanc qui se solidifie et se colore à l'air.

Le benjoin du commerce est distingué en benjoin *amygdaloïde* et en benjoin *commun*. Le premier est en masses considérables, formées de larmes blanches, empâtées dans une masse rougeâtre à cassure inégale et écailleuse. Le second est en masses rougeâtres, presque privées de larmes et contenant des débris d'écorce.

Le benjoin a une saveur qui, d'abord douce et balsamique, irrite ensuite la gorge; il fond au feu et dégage une odeur forte et des vapeurs d'acide benzoïque; depuis longtemps on en a retiré cet acide par sublimation.

Il renferme trois résines, une huile volatile et de l'acide benzoïque. Pour extraire les résines, on épuise le benjoin en poudre par un excès de carbonate de soude bouillant, qui s'empare de l'acide benzoïque et d'une résine, on précipite la solution alcaline par l'acide chlorhydrique, et on lave le résidu à l'eau bouillante, qui s'empare de l'acide benzoïque et laisse la résine γ. Les parties non attaquées par le carbonate de soude sont lavées, desséchées et épuisées par l'éther, qui dissout la résine α; la résine β reste insoluble.

La résine α peut être considérée comme une combinaison de β et de γ, car elle se dédouble en ces dernières par l'action prolongée des alcalis (Van der Vliet).

Elles ont donné à l'analyse les chiffres suivants :

		Van der Vliet.	Mulder.
Résine α	Carbone........	72,9	78,1
	Hydrogène.....	7,2	7,3
Résine β	Carbone........	71,1	71,7
	Hydrogène.....	6,2	6,9
Résine γ	Carbone........	73,2	73,2
	Hydrogène.....	8,6	8,6

Les formules adoptées par M. Van der Vliet manquent de contrôle, ainsi que celles proposées plus tard par Berzelius [*Jahresb.*, 1840, p. 394].

M. E. Kopp, en isolant les résines par le procédé d'Unverdorben, est arrivé aux résultats suivants pour deux échantillons de benjoin :

	I.	II.
Acide benzoïque..........	14,0	14,5
Résine α	52,0	48,0
Résine β.................	25,0	28,0
Résine γ.................	3,0	3,5
Résine jaune rougeâtre déposée par l'éther........	0,8	0,5
Impuretés et perte........	5,2	5,5
	100,0	100,0

[*Ann. de Chim. et de Phys.*, (3), t. XIII, p. 229].

Il constate de plus que les larmes blanches sont entièrement solubles dans l'éther et contiennent de 8 à 12 °/₀ d'acide ; les parties brunes renferment les deux résines α et β et jusqu'à 15 °/₀ d'acide. MM. H. Kolbe et Lautemann ont trouvé de l'acide cinnamique en même temps que de l'acide benzoïque, dans quelques échantillons de benjoin, et particulièrement dans le benjoin amygdaloïde de Sumatra [*Zeitschrift. f. Chem. u. Pharm.*, 1861, t. XIII, p. 415; *Ann. de Chim. et de Phys.*, (3), t. LXIII, p. 383].

Entièrement débarrassée d'acide benzoïque par le carbonate de soude, la résine de benjoin soumise à la distillation fournit encore un peu d'acide benzoïque, de l'hydrate de phényle, et au commencement de l'opération, de petites quantités d'une matière blanche, butyreuse, d'une odeur très-forte et très-suave, volatile, soluble dans les huiles essentielles et qui paraît être la matière odorante du benjoin. Traitée par six ou sept fois son poids d'acide azotique du commerce, elle donne de l'acide benzoïque, de l'acide cyanhydrique, de l'hydrure de benzoyle, de l'acide picrique, de l'acide benzoérésique et des matières résineuses ; avec l'acide chromique, il se forme de l'essence d'amandes amères et des cristaux d'acide benzoïque. L'action de l'acide sulfurique donne lieu à un acide conjugué, dont les sels de calcium et de baryum sont solubles, à une résine d'un beau rouge et à une résine brune (E. Kopp).

Fondu avec trois fois son poids de potasse caustique, le benjoin fournit de l'acide paraoxybenzoïque, un acide de la formule $C^{14}H^{12}O^{7}$, de la pyrocatéchine et de l'acide benzoïque. Pour 500 grammes de benjoin, on obtient 6 à 8 grammes d'acide paraoxybenzoïque, 28 grammes de $C^{14}H^{12}O^{6}$, 3 grammes de pyrocatéchine, et 10 à 12 grammes d'acide benzoïque [Hlasiwetz et Barth, *Sitzungsber der Wiener Academ.*, et *Bull. de la Soc. chim.*, 1866, t. V, p. 62].

Le benjoin entre dans la composition de quelques produits pharmaceutiques ; autrefois il était usité pour l'obtention de l'acide benzoïque.   E. G.

BENZAMIDE,

$$C^{7}H^{5}O \cdot AzH^{2} = (CO)'' \begin{cases} C^{6}H^{5} \\ AzH^{2} \end{cases}$$

[Liebig et Wœhler (1832), *Ann. der Chem. u. Pharm.*, t. III, p. 268; — *Ann. de Chim. et de Phys.*, t. LI, p. 293].

La benzamide représente de l'ammoniaque dans laquelle un atome d'hydrogène est remplacé par le benzoyle $C^{7}H^{5}O$. On connaît d'autres composés (alcalamides) qui dérivent de la benzamide par substitution d'un ou de deux radicaux alcooliques à l'hydrogène : tels sont la benzanilide, la benzonitraniside, la benzonitrocumide, la benzoyle-diphénylamine, etc.; mais ils dérivent également d'amines, dont l'hydrogène est remplacé par le benzoyle; aussi nous ne décrirons comme amides benzoïques que la benzamide et la benzanilide (voir ce mot). Pour les autres dérivés benzoïques des alcalis, voir les alcalis. — Enfin, pour les amides mixtes, comme la benzoyl-salicylamide, la benzoyl-sulfophénylamide, etc., voir aux acides correspondants.

La benzamide a été découverte par Liebig et Wœhler, qui l'ont obtenue en faisant passer un courant de gaz ammoniac sec dans du chlorure de benzoyle pur. Dans ces conditions, le gaz est absorbé, le mélange s'échauffe et le liquide se prend en une masse blanche et solide. On lave celle-ci à l'eau froide pour enlever le chlorhydrate d'ammoniaque, et on fait ensuite dissoudre le résidu dans l'eau chaude, qui abandonne la benzamide à l'état cristallin par le refroidissement. Il est difficile, par ce procédé, de transformer tout le chlorure.

Un procédé plus avantageux consiste à triturer dans un mortier le chlorure de benzoyle avec du carbonate d'ammoniaque en excès ; on chauffe légèrement la masse pour compléter la réaction, et on lave à l'eau froide pour enlever le sel ammoniac et l'excès de carbonate [Gerhardt et Chiozza, *Ann. de Chim. et de Phys.*, (3), t. XLVI, p. 135].

La benzamide se produit encore dans un grand nombre de réactions :

1° Par l'action de l'ammoniaque sur l'éther benzoïque. Le mélange abandonné à lui-même pendant plusieurs mois laisse déposer de la benzamide en cristaux (Deville). La transformation a lieu rapidement si l'on chauffe l'ammoniaque aqueuse avec l'éther benzoïque à une température supérieure à 100° dans un tube fermé [Dumas, Malaguti et Leblanc, *Compt. rend. de l'Acad.*, t. XXV, p. 734];

2° Par l'action de l'ammoniaque sur l'anhydride benzoïque.

3° Lorsqu'on fait bouillir l'acide hippurique avec de l'eau et de l'oxyde puce de plomb jusqu'à ce qu'il ne se dégage plus d'acide carbonique [Fehling, *Ann. der Chem. u. Pharm.*, t. XXVIII, p. 48 ; — Schwarz, *ibid.*, t. LXXV, p. 195], ou qu'on le chauffe dans un courant de gaz chlorhydrique sec (Strecker).

Suivant M. Petersen, on obtiendrait la benzamide en distillant un mélange de benzoate de sodium et de chlorhydrate d'ammoniaque; suivant M. Head, il ne se forme pas de benzamide dans ces conditions [Petersen, *Ann. der Chem. u. Pharm.*, nouv. sér., t. XXXI, p. 331, et *Répert. de Chim. pure* (1862), p. 142. — Head, *Jahr. für prakt. Pharm.*, t. XI, p. 1, et *Répert. de Chim. pure* (1862), p. 469].

La benzamide cristallise en prismes orthorhombiques, nacrés et transparents.

Combinaison habituelle : m, g^{1}, a^{1}; la face g^{1}, parallèlement à laquelle il existe un clivage, est souvent très-développée.

Elle se dépose, par le refroidissement brusque de sa solution bouillante, en cristaux brillants comme le chlorate de potasse; si la solution, suffisamment concentrée, se refroidit lentement, le liquide se prend en une masse d'aiguilles soyeuses au milieu desquelles on voit, après un ou deux jours, quelquefois après quelques heures, se former quelques grandes cavités, au centre desquelles les gros cristaux prennent naissance. Cette transformation s'étend peu à peu à toute la masse (Liebig et Wœhler).

Elle fond à 115°, et se prend par le refroidissement en une masse feuilletée. Elle distille sans s'altérer; sa vapeur a une odeur d'hydrure de benzoyle; elle s'enflamme facilement et brûle avec une flamme fuligineuse.

Presque insoluble dans l'eau froide, elle se dissout assez bien dans l'eau bouillante; elle est facilement soluble dans l'éther bouillant et dans l'alcool. La potasse ne l'attaque pas à froid, mais par l'ébullition il se forme de l'ammoniaque et du benzoate ; les acides concentrés la dédoublent d'une manière analogue. L'acide chlorhydrique la dissout en donnant un chlorhydrate de benzamide (Dessaignes).

Elle se combine avec le brome (Laurent), et dissout l'oxyde de mercure en donnant la benzamide mercurique; elle dissout très-peu l'oxyde de cuivre et l'oxyde d'argent (Dessaignes). (Voyez plus bas ces dérivés.)

La benzamide perd facilement les éléments de l'eau pour donner naissance au benzonitrile; on réalise cette transformation :

1° En faisant fondre la benzamide avec du potassium (Liebig et Wœhler);

2° Lorsqu'on chauffe un mélange équimoléculaire d'anhydride benzoïque et de benzamide (Gerhardt et Chiozza);

3° En distillant la benzamide avec de l'anhydride phosphorique ou de la baryte caustique (Liebig et Wœhler; — Gerhardt et Chiozza);

4° En la chauffant avec du chlorure de benzoyle (Sokoloff);

5° En la distillant avec du perchlorure de phosphore (Cahours).

Il se produit aussi une certaine quantité de benzonitrile lorsqu'on fait passer la vapeur de benzamide dans un tube chauffé au rouge.

BROMURE DE BENZAMIDE, $C^7 H^5 O . Az H^2 Br^2$ [Laurent (1844), *Revue scientif.*, t. XVI, p. 392]. — La benzamide se dissout dans le brome sans dégager de vapeurs bromhydriques : la solution dépose au bout de quelques jours des cristaux de bromure de benzamide, que l'eau et l'ammoniaque décomposent en mettant la benzamide en liberté.

CHLORHYDRATE DE BENZAMIDE, $C^7 H^5 O . Az H^2 HCl$ [Dessaignes, *Ann. de Chim. et de Phys.*, (3), t. XXXVI, p. 146]. — La benzamide se dissout abondamment dans l'acide chlorhydrique concentré, à l'aide de la chaleur. La solution dépose par le refroidissement de longs prismes agglomérés. Ce corps est très-instable et se décompose promptement en perdant tout l'acide chlorhydrique.

BENZAMIDE MERCURIQUE, $(C^7 H^5 O . Az H)^2 Hg$ [Dessaignes, *loc. cit.*, Gerhardt et Chiozza, *in Traité de Chim.* de Gerhardt, t. III, p. 271]. — L'oxyde de mercure se dissout dans la solution aqueuse de la benzamide. La liqueur se prend en une bouillie de cristaux; on les dissout dans l'alcool à chaud, on filtre, et on obtient par le refroidissement des cristaux lamelleux, d'un blanc éclatant, de benzamide mercurique.

Le chlorure de benzoyle et la benzamide mercurique réagissent vivement en produisant de l'acide benzoïque et du cyanure de phényle.

DÉRIVÉS PAR SUBSTITUTION DE LA BENZAMIDE.

CHLOROBENZAMIDE,

$$C^7 H^4 Cl O . Az H^2 = \left. \begin{array}{c} C^6 H^4 Cl . CO \\ H^2 \end{array} \right\} Az$$

[Limpricht et V. Uslar, *Ann. der Chem. u. Pharm.*, nouv. sér., t. XXVI, p. 259; — *Ann. de Chim. et de Phys.*, (3), t. LII, p. 505]. — On l'obtient en dissolvant le chlorure de chlorobenzoyle dans l'ammoniaque aqueuse concentrée, la solution dépose des lames de chlorobenzamide qu'on purifie par cristallisation dans l'eau ou l'alcool. La chlorobenzamide est insoluble dans l'eau froide; elle fond à 122° et peut être sublimée en petite quantité.

Lorsqu'on traite par l'ammoniaque aqueuse ou qu'on triture avec le carbonate d'ammoniaque le chlorure de parachlorobenzoyle ou chlorure de salyle [voyez BENZOYLE (CHLORURE DE)], on obtient la *parachlorobenzamide*, isomère de la précédente [Gerhardt et Drion, *Ann. de Chim. et de Phys.*, (3), t. XLV, p. 102; — Kekulé, *Ann. der Chem. u. Pharm.*, nouv. sér., t. XLI, p. 145; — *Ann. de Chim. et de Phys.*, (3), t. LXII, p. 369; — *Répert. de Chim. pure* (1861), p. 308].

La *parachlorobenzamide*, qui se forme aussi dans l'action de l'ammoniaque sur l'éther parachlorobenzoïque, cristallise en très-belles aiguilles nacrées, solubles dans l'alcool et l'éther, très-peu solubles dans l'eau bouillante, fusibles à 130°, et sublimables sans décomposition.

L'acide chlorodracylique donnerait sans doute un isomère des amides précédentes, la *chlorodracylamide*, mais ce corps n'a pas encore été isolé.

IODOBENZAMIDE. — Il se forme de l'iodobenzamide lorsqu'on traite par l'ammoniaque l'éther iodobenzoïque (Cunze et Hübner).

NITROBENZAMIDE,

$$C^7 H^4 (Az O^2) O . Az H^2 = \left. \begin{array}{c} C^6 H^4 (Az O^2) CO \\ H^2 \end{array} \right\} Az$$

[Field, *Ann. der Chem. u. Pharm.*, t. LXV, p. 45; — Chancel, *Compt. rend. des trav. de Chim.*, 1840, p. 180]. — La nitrobenzamide se forme en petite quantité, lorsqu'on maintient en fusion du nitrobenzoate d'ammoniaque (Field). On la prépare plus commodément en dissolvant l'éther nitrobenzoïque dans l'alcool, et ajoutant de l'ammoniaque aqueuse en quantité insuffisante pour précipiter l'éther. La réaction est plus rapide sous l'influence d'une douce chaleur, elle est terminée lorsque le liquide ne précipite plus par l'addition de l'eau. Alors on évapore au bain-marie, et on purifie la nitrobenzamide en la faisant cristalliser une ou deux fois dans un mélange d'éther et d'alcool (Chancel).

La nitrobenzamide cristallise en belles aiguilles allongées de ses solutions dans l'éther, l'alcool et l'esprit de bois : par évaporation lente, on peut obtenir des cristaux assez volumineux. Ce sont des tables, dérivant d'un prisme rhomboïdal oblique, dont toutes les arêtes semblables sont tronquées.

Elle est très-peu soluble dans l'eau froide, plus soluble dans l'eau chaude. Elle fond au-dessus de 100°. Chauffée avec la potasse concentrée, elle se décompose. Le sulfhydrate d'ammoniaque la transforme en amidobenzamide, improprement appelée phényl-urée. — La nitrodracylamide est isomère de ce composé (voir combinaisons DRACYLIQUES).

DINITROBENZAMIDE,

$$C^7 H^3 (Az O^2)^2 . Az H^2 = \left. \begin{array}{c} C^6 H^3 . (Az O^2)^2 CO \\ H^2 \end{array} \right\} Az$$

[Voit, *Ann. der Chem. u. Pharm.*, nouv. sér., t. XXIII, p. 100; — *Ann. de Chim. et de Phys.*, (3), t. XLVIII, p. 377]. — L'ammoniaque alcoolique mise en digestion avec l'éther dinitrobenzoïque le transforme en dinitrobenzamide; celle-ci est en lames jaunes, d'une saveur amère. Elle fond à 183°, se décompose à une température plus élevée; elle est peu soluble dans l'eau froide, un peu plus soluble dans l'eau bouillante.

AMIDOBENZAMIDE,

$$C^7 H^8 Az^2 O = \left. \begin{array}{c} C^6 H^4 (Az H^2) CO \\ H^2 \end{array} \right\} Az$$

[Chancel, *Compt. rend. des trav. de Chim.*, 1840, p. 182; — *Revue scientif.*, t. XXXIV, p. 177]. — Ce composé a été considéré comme de la phényl-urée, et appelé phényl-urée, urée anilique ou carbanilamide par Gerhardt. Mais il diffère par ses propriétés de la véritable phényl-urée, dont il est seulement isomère [Hofmann, *Ann. de Chim. et de Phys.*, (3), t. LXI, p. 377].

Il se prépare par l'action du sulfhydrate d'ammoniaque sur la nitrobenzamide en solution aqueuse; il ne faut pas employer une solution alcoolique, parce qu'alors la réaction est complexe. Il suffit de dissoudre la nitrobenzamide dans l'eau bouillante, et d'y ajouter du sulfhydrate d'ammoniaque. Si celui-ci est en quantité suffisante, il ne sépare pas de nitrobenzamide par le refroidissement. Le mélange étant abandonné pendant 24 heures, on décante le liquide clair pour le séparer du soufre déposé, et on l'évapore au bain-marie. Le résidu liquide est repris par l'eau bouillante et filtré. Par l'évaporation spontanée, l'amidobenzamide cristallise en beaux prismes transparents, aplatis, assez volumineux et à peine colorés en jaune; ces cristaux renferment une molécule d'eau de cristallisation qu'ils perdent entre 100° et 120°; ils fondent à 72°; ils sont inodores, d'une saveur fraîche et un peu amère : l'amidobenzamide anhydre et fondue se prend en une masse cristalline par le refroidissement; elle ne fond plus qu'au-dessus de 100°; une température plus élevée la décompose.

Très-soluble dans l'eau, dans l'alcool et dans l'éther, elle se conserve dans sa solution aqueuse, mais ses solutions éthérées et alcooliques se colorent rapidement à l'air.

La potasse la décompose en ammoniaque et en acide amidobenzoïque, mais celui-ci se détruit lui-même dans ces conditions, et à une température élevée, fournit de l'aniline.

L'amidobenzamide présente tous les caractères d'un alcaloïde. Elle donne des sels bien définis qui ont une réaction acide.

Le *chlorhydrate d'amidobenzamide,*

$$C^7 H^8 Az^2 O . H Cl,$$

cristallise de sa solution aqueuse sous forme de petites aiguilles radiées.

L'*azotate,* $C^7 H^8 Az^2 O . H Az O^3$, est très-peu soluble dans l'eau ; il se dépose en croûtes cristallines ou en petits prismes groupés en mamelons.

Si l'on mélange des solutions bouillantes, suffisamment concentrées d'amidobenzamide et d'azotate d'argent, il se dépose par le refroidissement des aiguilles d'*azotate d'argent* et d'*amidobenzamide,* $C^7 H^8 Az^2 O . Ag Az O^3$.

L'*oxalate* cristallise confusément.

Le *chloromercurate* forme une poudre cristalline, qui se précipite par le mélange des dissolutions d'amidobeuzamide et de bichlorure de mercure.

Le *chloroplatinate* s'obtient en dissolvant l'amidobenzamide dans l'eau bouillante, ajoutant un excès d'acide chlorhydrique, puis une dissolution de bichlorure de platine ; par le refroidissement, il se sépare de très-longs prismes orangés,

$$(C^7 H^8 Az^2 O . H Cl)^2 Pt Cl^4.$$

Benzamide sulfurée, *thiobenzamide,*

$$C^7 H^5 S . H^2 Az = \left. \begin{array}{l} C^6 H^5 CS \\ H^2 \end{array} \right\} Az$$

[Cahours, *Compt. rend. de l'Acad.,* t. XXVII, p. 239]. — Ce corps représente de la benzamide dont l'oxygène est remplacé par le soufre. On l'obtient en dissolvant le benzonitrile dans l'alcool légèrement ammoniacal et faisant passer dans la solution un courant d'acide sulfhydrique jusqu'à refus. Au bout de quelques heures on réduit la liqueur au quart de son volume par l'ébullition, et on précipite par l'eau. Il se sépare des flocons jaunes, qu'on dissout dans l'eau bouillante et qui s'en séparent par un refroidissement très-lent sous forme de longues aiguilles jaunes, d'un aspect satiné.

Le bioxyde de mercure détruit la benzamide sulfurée en régénérant du cyanure de phényle. E. G.

BENZANILIDE,

$$C^{13} H^{11} Az O = \left. \begin{array}{l} C^6 H^5 CO \\ C^6 H^5 \\ H \end{array} \right\} Az$$

[Gerhardt, 1845, *Journ. de Pharm.,* (3), t. IX, p. 412; *Ann. de Chim. et de Phys.,* (3), t. XXXVII, p. 187; 7d., v. LIII, p. 307].

Pour préparer la benzanilide, il suffit de mélanger du chlorure de benzoyle avec l'aniline ; la réaction est très-vive, et la masse se concrète par le refroidissement. On enlève le chlorhydrate d'aniline qui s'est formé par un lavage à l'eau bouillante, et on fait cristalliser le résidu dans l'alcool bouillant.

L'anhydride benzoïque se dissout à chaud dans l'aniline, et fournit de la benzanilide; on lave le produit avec de l'eau aiguisée d'acide chlorhydrique pour enlever l'excès d'aniline, et on le purifie par cristallisation.

La benzanilide est en paillettes brillantes, insolubles dans l'eau, solubles dans l'alcool. La potasse fondante la dédouble en benzoate et en aniline. Le chlorure de benzoyle l'attaque à chaud en donnant la dibenzanilide.

La benzanilide ne s'attaque pas à froid par le perchlorure de phosphore ; mais si l'on chauffe légèrement, la réaction devient vive ; il distille de l'oxychlorure de phosphore, et il se dégage de l'acide chlorhydrique. On enlève l'excès de perchlorure de phosphore en ajoutant à la masse un petit fragment de phosphore qui le transforme en protochlorure ; on chasse celui-ci par la distillation. La masse visqueuse ainsi obtenue est appelée *chlorure de benzanilidyle* par Gerhardt et représentée par la formule $Cl . Az (C^7 H^5) (C^6 H^5)$. Ce corps n'a pu être analysé, et se décompose par la chaleur en donnant du benzonitrile et une huile qui paraît être du chlorure de phényle. Il fume à l'air ; traité par l'eau, il donne une matière cristalline qui paraît être de la benzanilide ; l'alcool lui fait subir la même transformation ; chauffé avec l'aniline, il se concrète et fournit un produit cristallin auquel l'analyse assigne la formule

$$C^{19} H^{16} Az^2 = Az^2 \left\{ \begin{array}{l} C^7 H^5 \\ (C^6 H^5)^2 \\ H \end{array} \right.$$

(Gerhardt).

Si l'on dissout ce composé dans la potasse bouillante et qu'on précipite par l'acide chlorhydrique, on obtient de l'acide salicylique.

Le chlorure de benzanilidyle est attaqué vivement par le carbonate d'ammoniaque sec. Le produit solide, lavé à l'eau et repris par l'alcool bouillant, se sépare, par le refroidissement, sous la forme de mamelons rayonnés, difficilement attaqués par la potasse, même bouillante.

Ces recherches sont incomplètes ; Gerhardt en était occupé, quand la mort est venue le frapper, et ces premiers résultats ont été publiés d'après les notes qu'il avait laissées [*Ann. de Chim. et de Phys.,* (3), 1858, t. LIII, p. 307].

Nitrobenzanilide [Bertagnini, *Ann. der Chem. u. Pharm.,* t. LXXIX, p. 259; *Ann. de Chim. et de Phys.,* (3), t. XXXIII, p. 473]. — Cette amide n'a pas été analysée; lorsqu'on met en contact de l'aniline et du chlorure de nitrobenzoyle, le mélange s'échauffe, dégage de l'acide chlorhydrique et donne une matière solide, soluble dans l'alcool et cristallisable en aiguilles brillantes. Ce ne peut être que de la nitrobenzanilide,

$$\left. \begin{array}{l} C^6 H^4 (Az O^2) CO \\ C^6 H^5 \\ H \end{array} \right\} Az.$$

DIBENZANILIDE, *dibenzoyl-phénylamide* ou *phenyl-dibenzamide,*

$$\left. \begin{array}{l} (C^6 H^5 . CO)^2 \\ C^6 H^5 \end{array} \right\} Az$$

[Gerhardt et Chiozza, *Ann. de Chim. et de Phys.,* (3), t. XLVI, p. 137].

Le chlorure de benzoyle n'attaque pas à froid la

benzanilide, mais la réaction a lieu entre 160° et 180°; le produit, d'abord visqueux, se concrète peu à peu en une masse cristalline. On le laisse en contact avec une solution de carbonate de soude, puis on le fait cristalliser dans l'alcool bouillant.

Ce corps est en fines aiguilles brillantes, quelquefois en grains blancs.

Il se dissout en petite quantité dans l'eau bouillante, et est assez soluble dans l'alcool et dans l'éther. Il fond à 137°; à une température supérieure, il se sublime en petites aigrettes. E. G.

BENZHYDROL, $C^{13}H^{12}O$ [Linnemann, 1863, *Ann. der Chem. u. Pharm.*, t. CXXV, p. 229 (nouv. sér., t. XCIX); *Bull. de la Soc. chim.*, 1863, p. 418; 1865, *Ann. der Chem. u. Pharm.* (nouv. sér., t. LVII, p. 7); *Bull. de la Soc. chim.*, 1865, t. IV, p. 268]. — M. Friedel ayant découvert que l'hydrogène naissant se fixe sur les acétones pour donner naissance à des alcools d'une classe spéciale, M. Linnemann a appliqué cette réaction à la benzophénone (acétone de l'acide benzoïque) $C^{13}H^{10}O$, et a préparé l'isoalcool *benzhydrolique* ou benzhydrol $C^{13}H^{12}O$.

Pour préparer le benzhydrol, on met en contact, avec l'amalgame de sodium, la benzophénone dissoute dans l'alcool étendu. Lorsque les liqueurs sont trop alcalines, on neutralise par l'acide sulfurique, on sépare le sulfate de sodium par le filtre, on lave le sel à l'alcool et à l'éther, et la solution étendue d'eau est agitée avec de l'éther, qui s'empare de la benzophénone et du benzhydrol. On soumet de nouveau le mélange à l'action de l'hydrogène naissant. Lorsque celui-ci s'est dégagé pendant longtemps, on sépare par l'éther le benzhydrol qui, par l'évaporation, se dépose sous forme d'un liquide jaune, et se prend à la longue en cristaux. Ceux-ci sont purifiés par cristallisation dans la benzine bouillante.

Le benzhydrol cristallise en aiguilles blanches, soyeuses. Il fond à 67°,5 en un liquide incolore qui présente le phénomène de la surfusion; il distille entre 296° et 297°, mais distillé en grande quantité, il se dédouble en l'éther

$$\left.\begin{array}{c} C^{13}H^{11} \\ C^{13}H^{11} \end{array}\right\}O$$

et en eau. Son odeur, quoique faible, est suffocante. Il est insoluble dans l'eau, à froid, un peu soluble à chaud; très-soluble dans l'alcool, l'éther et la benzine.

Traité à chaud par l'acide chromique étendu, il régénère la benzophénone, de même que l'alcool isopropylique fournit de l'acétone par les agents d'oxydation. Si on le fait bouillir avec l'acide azotique fumant, jusqu'à ce qu'il ne se dégage plus de vapeurs rouges, le benzhydrol subit une décomposition plus profonde et fournit la benzophénone binitrée, $C^{13}H^8(AzO^2)^2O$.

Si on le chauffe avec du brome à 200°, et en tubes scellés, on obtient le *benzhydrol bibromé* $C^{13}H^{10}Br^2O$, qu'on purifie par cristallisation dans l'alcool bouillant. Le benzhydrol bibromé est une matière blanche, légère, brillante, formée d'aiguilles microscopiques. Il se ramollit à 158° et fond à 163°; une chaleur plus forte le charbonne; l'amalgame de sodium le transforme en benzhydrol; la potasse fondante l'altère, mais en solution alcoolique, il n'est attaqué ni par l'oxyde d'argent, ni par la potasse.

Le perchlorure de phosphore transforme le benzhydrol en éther benzhydrolique.

Bouilli pendant quelques heures avec l'acide acétique cristallisable, il donne de l'acétate benzhydrolique; fondu avec l'acide benzoïque, il fournit le benzoate, et avec l'acide succinique le succinate de benzhydrolyle.

Éther benzhydrolique,

$$\left.\begin{array}{c} C^{13}H^{11} \\ C^{13}H^{11} \end{array}\right\}O.$$

— Le benzhydrol se décompose partiellement à la distillation en éther et en eau; le dédoublement est complet si on le maintient en ébullition pendant quelque temps sous une pression supérieure à celle de l'atmosphère. On ajoute de l'alcool au produit de la distillation; il se précipite une poudre, qu'on fait dissoudre dans l'alcool bouillant. L'éther benzhydrolique se présente sous la forme de cristaux microscopiques groupés en barbes de plumes. Il est soluble dans la benzine et dans l'alcool bouillant. Il fond à 118°; il commence à se sublimer à 300° et bout à 315° sous la pression de 745 millimètres. Le produit de la distillation est liquide, et tantôt se solidifie, tantôt ne change pas d'état. L'alcool et l'acide azotique se comportent différemment avec les deux modifications.

L'acide sulfurique concentré dissout l'éther benzhydrolique.

Éther éthylbenzhydrolique. — On fait dissoudre le benzhydrol dans l'alcool absolu; on ajoute un dixième en volume d'acide sulfurique, et l'on abandonne le mélange à lui-même pendant quelques jours. L'eau sépare alors un liquide huileux qui, lavé et séché, est soumis à la distillation fractionnée.

L'éther éthylbenzhydrolique,

$$\left.\begin{array}{c} C^{13}H^{11} \\ C^{2}H^{5} \end{array}\right\}O,$$

est un liquide incolore et très-réfringent; il bout à 183° sous la pression de 736 millimètres. Sa densité est de 1,029 à 20°. Il est sans odeur; il ne se solidifie pas à — 10°. Il est soluble en toutes proportions dans la benzine et dans l'éther, et dans vingt fois son volume d'alcool à 80° centésimaux. L'acide iodhydrique le décompose; chauffé avec la potasse caustique, il se détruit. La lumière le colore, et dans l'obscurité la coloration disparaît. Alors il est d'un beau vert, vu par réflexion; vu par transmission, il est jaune pâle; cette coloration disparaît par la chaleur et par l'agitation. Elle a son maximum à l'état de repos et sous l'influence d'une basse température.

Acétate benzhydrolique, $C^{13}H^{11}.C^2H^3O^2$. — On l'obtient en faisant bouillir pendant plusieurs heures de l'acide acétique cristallisable avec le benzhydrol. C'est un liquide oléagineux, incolore; il bout à 301-302°, sous la pression de 731 millimètres. Un froid de — 15° ne le solidifie pas. Sa densité est de 1,49 à la température de 22°. Soluble dans l'alcool, l'éther et la benzine, il est facilement attaqué par la potasse alcoolique, qui le décompose à la température ordinaire, par un contact de quelques heures.

Benzoate, $C^{13}H^{11}.C^7H^5O^2$. — Il prend naissance lorsqu'on fond à une douce chaleur 2 p. d'acide benzoïque et 3 p. de benzhydrol. Il constitue de petits cristaux assez solubles dans l'éther et la benzine, peu solubles à froid dans l'alcool. Il fond entre 87°,5 et 88° : il n'est pas volatil sans décomposition. Il ne se produit pas par l'action du chlorure de benzoïle sur le benzhydrol. Dans ce cas, il ne se forme que de l'éther benzhydrolique.

Succinate, $(C^{13}H^{11})^2.C^4H^4O^4$. — On le prépare en fondant 30 p. de benzhydrol avec 9 p. d'acide succinique. Il est en cristaux microscopiques, brillants, fusibles entre 141° et 142°. Il est peu soluble à froid dans l'alcool, l'éther, et la benzine. Soumis à la distillation, il se décompose en acide succinique, et un carbure $C^{13}H^{10}$, qu'on n'obtient qu'en petite quantité. Ce carbure cristallise en petites tables rhombiques, assez épaisses, fusibles entre 209° et 210°.

Constitution du benzhydrol. — La benzophénone étant représentée par la formule

$$\overset{\text{\tiny IV}}{C} \begin{cases} C^6H^5 \\ O \\ C^6H^5, \end{cases}$$

le benzhydrol devient

$$\overset{\text{\tiny IV}}{C} \begin{cases} C^6H^5 \\ O\,H \\ H \\ C^6H^5, \end{cases}$$

analogue à l'alcool isopropylique. E. G.

BENZHYDROL [Rochleder et Hlasiwetz, *Journ. für. prakt. Chem.*, t. LI, p. 432]. — Ce nom avait été aussi donné à une substance cristalline déposée dans une essence de cassia. Elle est en feuillets brillants, incolores, très-fusibles, solubles dans l'acide sulfurique, convertis par l'acide azotique bouillant en un acide qui présente les caractères de l'acide nitrobenzoïque. — Distillé avec une solution de potasse, le benzhydrol fournit une huile pesante, que Gerhardt représente par la formule $C^3H^8O^2$, et Rochleder et Hlasiwetz par la formule $C^{21}H^{22}O^{25}$ 1/2. Le benzhydrol a donné à l'analyse :

| Carbone | 75,35 | 75,00 | 75,24 |
| Hydrogène | 6,36 | 6,80 | 6,83 |

d'où les auteurs ont tiré la formule contestable $C^{14}H^{18}O^2$ 1/2. E. G.

BENZIDINE. — Voyez Phényle.

BENZILE et BENZILIQUE (ACIDE). — Voyez Benzoïne.

BENZIMIQUE (ACIDE). — Nom donné par Laurent à un acide non encore analysé, qui prend quelquefois naissance, en même temps que l'amarine, dans l'action de l'ammoniaque alcoolique sur l'hydrure de benzoyle.

BENZINE, C^6H^6 [Syn. *Benzol, hydrure de phényle, phène, bicarbure d'hydrogène*]. — La benzine fut découverte, en 1825, par Faraday, qui l'isola des produits de la distillation de l'huile, et lui donna le nom de *bicarbure d'hydrogène* [*Philos. Trans.*, 1825, p. 440 et *Ann. de Chim. et de Phys.*, t. XXX, p. 269]. En 1833, Mitscherlich l'obtint par la distillation de l'acide benzoïque avec un excès de chaux ; il reconnut son identité avec le bicarbure d'hydrogène de Faraday, et lui donna le nom de *benzine*, à cause de son mode de formation [*Ann. de Poggend.*, t. XXIX, p. 231 et *Ann. der Chem. u. Pharm.*, t. IX, p. 39; *Ann. de Chim. et de Phys.*, t. LV, p. 42]. Vers la même époque, Péligot observa aussi la formation de la benzine, en même temps que celle de la benzophénone impure dans la distillation sèche du benzoate calcique [*Ann. de Chim. et de Phys.*, t. LVI, p. 60].

Elle se forme encore dans un grand nombre de réactions : par la distillation sèche de l'acide quinique (Wœhler); par la distillation de l'acide phtalique avec un excès de chaux (Marignac); lorsqu'on dirige des vapeurs d'acide benzoïque sur du fer chauffé au rouge (Darcet); lorsqu'on chauffe au rouge les matières grasses (Faraday); dans la distillation de la houille [Hofmann, Mansfield, *Quart. Journ. of the Chem. Soc.*, t. I, p. 244 et *Ann. der Chem. u. Pharm.*, t. LXIX, p. 162]. M. Berthelot a trouvé la benzine en petite quantité dans les produits de destruction de l'alcool ou de l'acide acétique dirigés à travers un tube chauffé au rouge [*Compt. rend. de l'Acad.*, t. XXXIII, p. 210]. Dans les mêmes conditions, le cinnamène C^8H^8 se dédouble en benzine et en acétylène [Berthelot, *Bull. de la Soc. chim.*, 1866, t. VI, p. 279]. — Lorsque l'acétylène est chauffé dans une cloche courbe, sur le mercure, à une température voisine de la fusion du verre, il se transforme en différents polymères : benzine, cinnamène, hydrure de naphtaline, hydrure d'anthracène, etc. La benzine forme près de la moitié du produit total. M. Berthelot, à qui est due cette intéressante réaction, considère par suite la benzine comme du triacétylène [Berthelot, *Bull. de la Soc. chim.*, 1866, t. VI, p. 268, et 1867, t. VII, p. 304; — *Ann. de Chim. et de Phys.*, (4), t. IX, p. 446].

Préparation. — On peut préparer rapidement de la benzine pure par le procédé de Mitscherlich : On distille à une douce chaleur l'acide benzoïque mélangé intimement avec trois fois son poids de chaux vive; on lave à la potasse le produit de la distillation, on le décante, on le sèche sur du chlorure de calcium, et on le rectifie au bain-marie. L'acide benzoïque fournit le tiers de son poids de benzine, mais aujourd'hui on n'a plus besoin d'avoir recours à l'acide benzoïque pour se procurer de la benzine pure. La distillation des goudrons de houille en fournit des quantités considérables, et on peut l'obtenir à l'état de pureté parfaite. Mansfield est le premier qui ait rendu industrielle la production de la benzine au moyen des houilles; c'est aujourd'hui l'objet d'une fabrication des plus importantes, dont les détails sont donnés plus bas. — Voyez Benzine, *Industrie.*

Les benzines commerciales ne sont pas cependant de la benzine pure; outre cet hydrocarbure, elles renferment des proportions variables de ses homologues (toluène, xylène, etc.), mais l'industrie la fournit aussi pure et cristallisable.

Propriétés. — La benzine est un liquide mobile, limpide et incolore; elle possède une odeur agréable quand elle est pure. Sa densité est d'environ 0,85 à 15°,5 (Faraday), de 0,83 (Mitscherlich), de 0,8091 à 6° (Kopp). Louguinine a donné la table suivante des densités et des volumes de la benzine à diverses températures :

Températures.	Densités.	Volumes.
0°	0,8895	1,0000
5	0,8939	1,0063
10	0,8887	1,0122
15	0,8833	1,0183
20	0,8780	1,0245
25	0,8726	1,0308
30	0,8673	1,0371
35	0,8620	1,0435
40	0,8567	1,0500
45	0,8512	1,0567
50	0,8468	1,0622
55	0,8402	1,0706
60	0,8349	1,0774
65	0,8293	1,0846
70	0,8238	1,0919
75	0,8181	1,0995
80	0,8129	1,1065

[V. Louguinine, *Ann. de Chim. et de Phys.*, (4), t. XI, p. 465 (1867)].

Soumise à l'action du froid, elle se prend en masse cristalline ou en lames groupées sous forme de feuilles de fougères, qui fondent à +5°,5 (Faraday), +7° (Mitscherlich). Elle se congèle à —6° (Darcet); parfaitement pure, elle se solidifie à 0° (Louguinine).

Elle bout à 85°,5 (Faraday), à 86° (Mitscherlich), entre 80° et 81° (Mansfield), à 80°,4 sous la pression de 760 millimètres (H. Kopp). Elle se dissout facilement dans l'alcool et dans l'éther, l'esprit de bois, l'acétone, très-peu dans l'eau, mais assez cependant pour lui communiquer son odeur. Elle dissout l'iode, le soufre, le phosphore, surtout à chaud; dissout abondamment le camphre, la cire, le mastic, le caoutchouc, la gutta-percha; très-peu la gomme laque, le copal, la gomme-gutte, la résine animée, en petite quantité la morphine, la strychnine, la quinine, mais non la cinchonine (Mansfield). Elle est inflammable et brûle avec une flamme brillante et fuligineuse. Chauffée en vase clos à 200°, 300° et 400°, elle n'éprouve aucune altération ; dirigée dans un tube de porcelaine chauffé au rouge vif, elle se détruit en partie, et fournit comme produit principal du phényle ou diphényle $C^{12}H^{10}$. Il se forme en même temps un carbure cireux, fusible vers 200°, que M. Berthelot pense être du *chrysène*, et un carbure orangé, résineux, qui ne distille qu'au rouge sombre ; le gaz qui se forme est de l'hydrogène à peu près pur [Berthelot, *Bull. de la Soc. chim.*, 1866, t. VI, p. 274]. Lorsqu'on fait passer un mélange de vapeur de benzine et d'éthylène purs à travers un tube de porcelaine chauffé au rouge vif, on obtient différents carbures, le cinnamène ou styrolène, la naphtaline, le diphényle, l'acénaphtène, l'anthracène, et des carbures volatils au-dessus de 360°. Le cinnamène est le produit le plus abondant de la réaction. L'hydrure de méthyle et la benzine ne réagissent pas dans les mêmes conditions, et on n'arrive pas ainsi à la synthèse du toluène ; mais en prenant l'hydrure de méthyle et la benzine à l'état naissant, c'est-à-dire en distillant un mélange d'acétate et de benzoate sodique, on obtient une notable quantité de toluène, en même temps que de l'acétone, de la benzine, du méthyl-benzoyle, etc. La benzine et le cinnamène, dirigés à travers un tube rouge, fournissent de l'anthracène comme produit principal [Berthelot, *Bull. de la Soc. chim.* (1867), t. VII, p. 113 et 274].

Le chlore et le brome agissent sur la benzine en donnant des produits d'addition ou des produits de substitution, suivant les conditions de l'expérience ; l'iode est sans action sur elle. L'acide sulfurique concentré la dissout en fournissant de l'acide phényl-sulfureux ; l'acide sulfurique fumant fournit en outre de la sulfobenzide. L'acide azotique fumant la convertit en nitrobenzine et à l'ébullition en binitrobenzine (voyez plus bas *Dérivés chlorés, bromés*, etc., *de la benzine*). L'oxychlorure de carbone n'agit que sur les vapeurs de benzine, et se combine alors avec l'hydrocarbure en fournissant du chlorure de benzoyle (Harnitz-Harnitski) :

$$C^6H^6 + CO\,Cl^2 = C^6H^5.CO.Cl + HCl.$$

Les alcalis, le perchlorure de phosphore, sont sans action ; suivant Lauth, le sodium attaque la benzine pure, il y a dégagement d'hydrogène et formation d'une substance solide qui encroûte le sodium en excès et qu'on ne peut séparer [*Bull. de la Soc. chim.*, 1865, t. IV, p. 3]. D'après Berthelot, le sodium serait sans action sur la benzine.

La benzine fixe trois molécules d'acide hypochloreux et fournit la trichlorhydrine du phénose,

$$\left.\begin{array}{l} C^6H^6 \\ H^3 \end{array}\right\} \begin{array}{l} O^3 \\ Cl^3 \end{array}$$

(voyez PHÉNOSE) [Carius, *Ann. der Chem. u. Pharm.*, 1865, nouv. sér., t. IX, p. 323, et *Bull. de la Soc. chim.*, 1866, t. VI, p. 61].

La benzine se transformant facilement en nitrobenzine et en aniline, et celle-ci se colorant nettement, sous l'influence du chlorure de chaux, M. Hofmann a utilisé ces réactions pour déceler la benzine dans un mélange d'huiles volatiles [*Ann. der Chem. u. Pharm.*, t. LV, p. 201]. M. Berthelot a modifié le procédé de M. Hofmann et lui a donné une sensibilité telle, qu'il décèle la benzine dans un centimètre cube d'un mélange ne renfermant que 2 °/₀ de cet hydrocarbure.

On prend quelques gouttes du carbure à essayer, on le mélange avec quatre fois son volume d'acide azotique fumant dans un tube refroidi ; on agite vivement, et, après un quart d'heure, on ajoute au liquide dix fois son volume d'eau, qui précipite des gouttelettes de nitrobenzine. On agite alors le tout avec son volume d'éther ordinaire ; celui-ci s'empare de toute la nitrobenzine. On décante cette solution éthérée, on la filtre, et on la distille rapidement dans une petite cornue, de manière à chasser tout l'éther. Dans la cornue, qui ne renferme alors que la goutte de nitrobenzine, on introduit 1 à 2 centimètres cubes d'acide acétique, une pincée de limaille de fer, et on distille à une flamme excessivement faible. Quand le liquide de de la cornue est presque entièrement évaporé, on ajoute de nouveau 2 ou 3 centimètres cubes d'eau, et on reprend la distillation. On réunit les liqueurs distillées, et on peut essayer sur elles l'action du chlorure de chaux. Mais quelquefois la présence de l'acide acétique empêche la réaction ; alors on ajoute à la liqueur une parcelle de chaux éteinte, on filtre, et, sur la portion filtrée, placée dans une soucoupe de porcelaine, on ajoute la solution aqueuse, étendue et filtrée, de chlorure de chaux. [Berthelot, *Bull. de la Soc. chim.*, 1866, t. VI, p. 292].

DÉRIVÉS CHLORÉS, BROMÉS, IODÉS DE LA BENZINE.

DÉRIVÉS CHLORÉS. — Le chlore se combine directement avec la benzine au soleil pour former l'hexachlorure de benzine ; à l'abri des rayons solaires, et lorsqu'on dirige un courant de chlore dans l'hydrocarbure, on obtient des produits de substitution.

Produits d'addition.— HEXACHLORURE DE BENZINE, trichlorure de benzine ou chlorhydrate de trichlorobenzine, $C^6H^6Cl^6$ [Mitscherlich, *Ann. de Poggend.*, t. XXXV, p. 370 ; Peligot, *Ann. de Chim. et de Phys.*, t. LVI, p. 166 ; Laurent, *ibid.*, p. 41].

Lorsqu'on verse de la benzine dans un flacon plein de chlore gazeux, et qu'on porte le tout au soleil, il se produit une vive réaction. Au bout de quelques minutes, tout le chlore a disparu, et le flacon se trouve tapissé de cristaux transparents, très-purs si le chlore n'est pas en excès. On les détache au moyen de l'eau, qui ne les dissout pas. Si le chlore est en excès, les cristaux sont salis d'une matière molle et rougeâtre, plus soluble dans l'éther que les cristaux.

Suivant Lesimple, on obtiendrait facilement l'hexachlorure en faisant arriver du chlore sec dans la vapeur de la benzine ; il est probable qu'il faut opérer aussi sous l'influence des rayons solaires [Lesimple, *Ann. der Chem. u. Pharm.*, t. CXXXVII, p. 122, et *Bull. de la Soc. chim.*, 1866, t. VI, p. 161].

Ce corps forme des prismes droits très-aplatis, à base rhombe. Il est insoluble dans l'eau, très-soluble dans l'alcool et dans l'éther. Il fond à 132° (Mitscherlich), entre 135° et 140° (Laurent). Il bout vers 288° en se décomposant en partie, mais sans laisser de résidu. Soumis à de nombreuses distillations, ou bouilli avec une solution alcoolique de potasse, il fournit la trichlorobenzine $C^6H^3Cl^3$.

Lorsqu'on chauffe l'hexachlorure de benzine avec l'acétate d'argent en solution acétique à 160° pendant 30 heures, il y a formation de chlorure d'argent, et l'acide acétique renferme en dissolution un corps réduisant la liqueur de Barreswil. En saturant l'acide par un carbonate alcalin, et agitant avec l'éther, on obtient une huile colorée, très-amère, qui paraît être un mélange de plusieurs glucosides, et d'où l'on parvient à séparer de petits cristaux, peu abondants, répondant à la formule

$$\left.\begin{array}{l} 2(C^6H^5) \\ 3(C^2H^3O) \end{array}\right\} \begin{array}{l} O^3 \\ Cl^9 \end{array}$$

[Rosensthiel, *Compt. rend. de l'Acad.*, t. LIV, p. 178, et *Répert. de Chim. pure*, 1862, p. 149].

HEXACHLORURE DE CHLOROBENZINE,

$$C^6 H^5 Cl^7 = C^6 H^6 Cl . Cl^6$$

[Otto et Ostrop, *Ann. der Chem. u. Pharm.*, t. CXLI, p. 93]. — Lorsqu'on soumet la sulfobenzide à l'action du chlore sec sous l'influence des rayons solaires, elle est vivement attaquée; les parois de la cornue et du récipient se recouvrent d'une couche de cristaux qui augmentent avec le courant du gaz. Lorsque le chlore n'est plus absorbé, les cristaux sont séparés d'une huile jaune qui les accompagne par filtration sur l'amiante. On les lave avec un peu d'éther, on les comprime et on les fait cristalliser dans l'alcool absolu. L'hexachlorure de chlorobenzine est insoluble dans l'eau, peu soluble dans l'alcool et l'éther froid, mais très-soluble dans l'alcool chaud; il se présente en aiguilles blanches, brillantes, fusibles entre 255-257°, et sublimables sans décomposition. La potasse alcoolique les attaque avec formation de chlorure de potassium.

Produits de substitution. — BENZINE MONOCHLORÉE OU CHLORURE DE PHÉNYLE, $C^6 H^5 Cl$. — [Laurent et Gerhardt, *Compt. rend. des trav. de Chim.*, 1849, p. 429; — Scrugham, *Proceedings of the Royal Societ.*, 1854, t. VII, p. 18; — Riche, *Compt. rend. de l'Acad.*, t. LIII, p. 580, et *Répert. de Chim. pure*, 1862, p. 13; — Hugo Müller, *Journ. of the Chem. Societ.*, t. XV, p. 41, et *Répert. de Chim. pure*, 1862, p. 427; — *Zeitsch. Chem. Pharm.*, 1864, p. 65; — Jungfleisch, *Bull. de la Soc. chim.*, 1865, t. IV, p. 243; — Otto, *Ann. der Chem. u. Pharm.*, 1865, t. CXXXVI, p. 154, et *Bull. de la Soc. chim.*, 1866, t. V, p. 448].

Ce composé s'obtient soit par le phénol, soit par la benzine. Lorsqu'on traite l'acide phénique par le perchlorure de phosphore, on obtient un liquide épais (Laurent et Gerhardt), que la distillation sépare en chlorure de phényle bouillant à 136° et en phosphate de phényle (Scrugham). On prépare plus facilement ce corps en traitant la benzine par le chlore en présence de l'iode (H. Müller).

Voici comment il convient d'opérer, suivant Jungfleisch : on place la benzine à laquelle on a ajouté une petite quantité d'iode dans une cornue tubulée, adaptée à un réfrigérant ascendant. On fait arriver le courant de chlore sec par la tubulure de la cornue : on arrête de temps en temps l'opération, et on distille afin de séparer ce qui passe au-dessus de 130°; de cette manière, on soustrait la benzine monochlorée déjà formée à l'action ultérieure du chlore. On réunit les portions passant au-dessus de 130°, on les agite avec de la potasse caustique, et on rectifie le produit. Comme il se forme de petites quantités de produits iodo-substitués, il faut exposer quelques jours les flacons au soleil; les produits iodés se détruisent, et l'iode est mis en liberté; on peut alors l'enlever par la potasse.

M. Otto a obtenu la benzine monochlorée dans l'action du perchlorure de phosphore sur la sulfobenzide; elle se forme encore lorsqu'on chauffe avec du carbonate de soude le chloroplatinate de diazobenzol (Griess).

La benzine monochlorée est liquide, incolore, très-réfringente, douée d'une odeur agréable; insoluble dans l'eau, elle se dissout dans l'éther et dans l'alcool. Elle bout à 136° : elle est inattaquable par l'acétate d'argent, l'acétate de potasse, la potasse alcoolique, l'ammoniaque; avec l'acide azotique fumant, elle fournit la chloronitrobenzine, $C^6 H^4 (Az O^2) Cl$ (Riche). Le sodium à chaud la transforme en diphényle. L'action du chlore la transforme en dérivés plus chlorés.

Suivant Church, on obtiendrait un liquide qu'il appelle benzine chlorée brute, par l'action d'un mélange de bichromate de potasse et d'acide chlorhydrique sur la benzine; cette benzine chlorée brute serait un chlorhydrate de chlorobenzine, et fournirait du chlorure de phényle à la distillation. De plus, elle donnerait de l'acide phénique avec une solution alcoolique de potasse [*Journ. of the Chem. Societ.*, 2e série, t. I, p. 76, et *Répert. de Chim. pure*, 1863, p. 460]. Ce fait, en contradiction avec les observations de Riche et celles de Jungfleisch, n'a pas encore reçu de confirmation.

M. Sokoloff pense que la benzine monochlorée et le chlorure de phényle ne sont pas identiques, contrairement à l'opinion admise. D'après lui, le composé $C^6 H^5 Cl$ obtenu avec le phénol a une densité de 1,1199 à 0°, et de 1,092 à 30°; il bout à 136°; tandis qu'obtenu avec la benzine, il a une densité plus grande, 1,1409 à 0° et 1,1188 à 30° : le point d'ébullition de ce dernier est fixé à 132°5 pour la même pression (0m, 767).

De plus, l'acide azotique agirait avec plus de rapidité sur le premier que sur le second; mais les produits nitrés définitifs sont identiques [Sokoloff, *Journ. für prakt. Chem.*, t. XCVI, p. 465, et *Bull. de la Soc. chim.*, 1866, t. VI, p. 212].

Les différences indiquées par M. Sokoloff ne paraissent pas assez marquées pour qu'on puisse différencier la benzine monochlorée du chlorure de phényle.

BENZINE BICHLORÉE, $C^6 H^4 Cl^2$ (H. Müller, Jungfleisch). — Lorsqu'on fait passer un courant de chlore dans la benzine, en présence de l'iode, on voit à un certain moment le col de la cornue se tapisser de cristaux : en laissant refroidir le liquide, il dépose des cristaux quelquefois assez abondants pour que le tout se prenne en masse. — On les laisse égoutter, on traite de nouveau le liquide par le chlore, et on sépare ensuite des cristaux. On évite ainsi la transformation de ceux-ci en produits supérieurs; on les purifie par compression sous une couche d'eau alcaline, puis par une ou deux cristallisations dans l'alcool.

La benzine bichlorée fond à 52°, bout à 171° et distille sans altération; sa densité à 20° est 1,46. Son odeur pénétrante cause la toux et le larmoiement. Insoluble dans l'eau, très-soluble dans l'alcool et dans l'éther. Celui-ci, par une évaporation très-lente, l'abandonne en cristaux magnifiques, dont le poids peut atteindre plusieurs grammes, et qui dérivent du prisme droit rhomboïdal.

L'acide azotique fumant la convertit en dérivés nitrés. Il se forme, en même temps que la benzine bichlorée, un corps bouillant à peu près à la même température, encore liquide à 0°, et qui paraît être un isomère.

BENZINE TRICHLORÉE ou trichlorobenzine,

$$C^6 H^3 Cl^3$$

(Mitscherlich, Laurent). — L'hexachlorure de benzine, soumis à des distillations répétées ou chauffé avec de la chaux caustique, ou soumis à l'ébullition avec de la potasse alcoolique, se transforme en benzine trichlorée. Elle prend aussi naissance dans l'action du chlore sur la benzine, en même temps que la benzine bichlorée : pour la séparer de cette dernière et des produits supérieurs, on refroidit le mélange, on sépare les produits cristallins et on soumet le liquide à la distillation fractionnée.

La benzine trichlorée est liquide, incolore, très-réfringente; elle bout à 210° sans se décomposer. Sa densité est de 1,45 à 7°. Elle est insoluble dans l'eau, soluble dans l'éther, l'alcool et la benzine. L'acide azotique fumant la transforme à l'ébullition en trichloronitrobenzine,

$$C^6 H^2 (Az O^2) Cl^3$$

(Lesimple).

BENZINE TÉTRACHLORÉE, $C^6H^2Cl^4$ (Jungfleisch).
— On recueille les produits qui distillent à une
température supérieure à 220°, on les refroidit;
il se sépare des houppes soyeuses, qui sont lavées
à l'alcool froid, puis à la potasse, et recristallisées
dans l'alcool bouillant. On obtient ainsi de la
benzine tétrachlorée mélangée du dérivé pentachloré; on isole la première par distillation fractionnée. Elle forme des cristaux soyeux, longs,
brillants, d'une blancheur parfaite; elle fond vers
134°, et distille à 240° sans décomposition; très-
peu soluble dans l'alcool froid, elle se dissout
mieux dans l'alcool bouillant; il en est de même
de l'éther. L'acide azotique fumant l'attaque facilement, surtout à chaud, en fournissant un dérivé
nitré cristallisé.

Une benzine tétrachlorée isomère a été obtenue
par Otto et Ostrop, en traitant par la potasse alcoolique bouillante l'huile jaune qui se forme
dans l'action du chlore sur la sulfobenzide, en
même temps que l'hexachlorure de chlorobenzine
(voyez ce mot plus haut).

Cette benzine tétrachlorée fond à 33° et bout
entre 250° et 260° : elle cristallise de sa solution
saturée en fines aiguilles blanches; de sa solution
étendue, elle se sépare en prismes étoilés. Insoluble dans l'eau, elle se dissout dans l'éther et
dans l'alcool.

BENZINE PENTACHLORÉE, C^6HCl^5. — Elle fond
vers 69°, bout vers 275°, se présente sous forme
d'aiguilles brillantes et disposées en étoiles; elle
se sépare par distillation fractionnée de la benzine
tétrachlorée (Jungfleisch).

En même temps qu'une benzine tétrachlorée,
Otto et Ostrop ont obtenu une benzine pentachlorée, isomère de celle qu'a préparée Jungfleisch. Dans l'action de la potasse alcoolique sur
l'huile brute qui leur a donné une benzine tétrachlorée, le dérivé pentachloré reste mélangé au
chlorure de potassium; on traite ce mélange par
l'alcool absolu chaud; on obtient ainsi de fines
aiguilles incolores, à peine solubles dans l'alcool
et dans l'éther froid, mais s'y dissolvant à chaud.
Ce corps commence à se ramollir à 170° et fond
complétement entre 215° et 220°.

BENZINE PERCHLORÉE, C^6Cl^5 [Müller, Zeitsch.
Chem. Pharm., 1864, p. 40]. — On verse de la
benzine sur du perchlorure d'antimoine, et on y
fait passer un courant de chlore jusqu'à ce que
celui-ci ne soit plus absorbé; on enlève le perchlorure d'antimoine par l'acide chlorhydrique,
et on purifie la benzine perchlorée obtenue, par
cristallisation ou par sublimation.

La benzine perchlorée est en aiguilles prismatiques, fines, soyeuses, d'un blanc éclatant; elle
fond à 220°, et commence à se sublimer à une
température inférieure; elle est insoluble dans
l'eau, peu soluble dans l'alcool froid, facilement
soluble dans l'alcool bouillant, dans l'éther et dans
la benzine. Elle n'est pas attaquée par l'acide
azotique, difficilement attaquée par la potasse.

DÉRIVÉS BROMÉS. — HEXABROMURE DE BENZINE,
$C^6H^6Br^6$ [Mitscherlich, loc. cit.]. — La benzine et
le brome, abandonnés dans un grand flacon à
l'influence des rayons solaires, se concrètent en
produisant l'hexabromure de benzine; c'est une
poudre blanche, inodore et insipide; très-peu soluble dans l'éther même bouillant; elle cristallise
par l'évaporation spontanée de celui-ci, en cristaux microscopiques formant des prismes obliques
à base rhombe.

Ce corps se détruit en partie par la distillation
sèche; la solution alcoolique de potasse le transforme à l'ébullition en benzine tribromée,

$$C^6H^3Br^3.$$

BENZINE MONOBROMÉE OU BROMURE DE PHÉNYLE,

C^6H^5Br [Couper, Ann. de Chim. et de Phys.,
(3), t. LII, p. 309; — Riche, Compt. rend. de l'A-
cad., t. LIII, p. 580, et Répert. de Chim. pure,
1862, p. 13; — Fittig, Ann. der Chem. u. Pharm,
t. CXXI, p. 361, et Répert. de Chim. pure, 1862,
p. 297]. — Ce composé s'obtient par l'action du
brome sur la benzine à la lumière diffuse (Couper),
ou par l'action du perbromure de phosphore sur
l'acide phénique (Riche). Couper le préparait en
faisant arriver des vapeurs de brome dans des
vapeurs de benzine; suivant Fittig, il convient
d'opérer comme il suit : On fait un mélange d'une
molécule de brome avec une molécule de benzine,
et on abandonne ce mélange à lui-même pendant
huit à quinze jours, suivant la température; on
enlève l'excédant de brome par la soude, on sèche, et on rectifie; outre la benzine non attaquée
et un peu de bibromobenzine solide, on recueille
de la benzine monobromée pure dont le poids s'é-
lève aux trois quarts de celui de la benzine employée.

La monobromobenzine prend aussi naissance
quand on traite le bromure de dibromodiazobenzol
par le carbonate sodique (Griess).

La monobromobenzine est un liquide incolore
dont l'odeur rappelle celle de la benzine; elle bout
à 152-154° (Fittig), à 156°,5 (Mayer); elle ne se
solidifie pas par un froid de—20°. Elle n'est attaquée ni par le cyanure de potassium, ni par l'a-
cétate d'argent, ni par la potasse caustique. Traitée par le sodium, elle fournit le diphényle; si
elle n'est pas entièrement sèche, ou si elle renferme encore de l'acide bromhydrique, elle donne
de la benzine ou un mélange de benzine et de
diphényle (Fittig).

Avec l'acide azotique fumant, elle se transforme
en bromobenzine mononitrée (Couper) et en bromobenzine dinitrée (Kekulé).

L'acide sulfurique fumant la dissout; quand
l'excès d'acide n'est pas trop considérable et qu'on
laisse la solution exposée à l'air, elle absorbe de
l'humidité et laisse déposer une substance cristallisée, acide sulfobromobenzinique (Couper) ou
acide phénylsulfureux monobromé :

$$SO^2 \begin{cases} C^6H^4Br \\ OH. \end{cases}$$

BENZINE BIBROMÉE, $C^6H^4Br^2$, ou BIBROMOBENZINE
[Couper, Mém. cité; — Riche et Bérard, Compt.
rend. de l'Acad., t. LIX, p. 141, et Bull. de la
Soc. chim., 1864, t. II, p. 205; — Mayer, Ann.
der Chem. u. Pharm., t. CXXXVII, p. 219, et
Bull. de la Soc. chim., 1866, t. VI, p. 53]. —
Lorsque la benzine monobromée est abandonnée
à elle-même pendant quelque temps avec un excès
de brome, elle finit par déposer des cristaux volumineux du dérivé bibromé (Couper). Celui-ci se
forme également lorsqu'on distille de l'acide mo-
nobromophénylique avec du perbromure de phosphore; on obtient en même temps de la benzine
tétrabromée (Mayer). Ce corps est soluble dans l'alcool et dans l'éther; par l'évaporation spontanée
de sa solution éthérée, il cristallise en magnifiques
prismes obliques; il fond à 89° et bout à 219°; il
est attaqué par l'acide azotique fumant et fournit
un dérivé nitré $C^6H^5(AzO^2)Br$, que les agents
réducteurs transforment en bibromaniline (Riche
et Bérard).

Il se forme de la benzine bibromée très-pure,
lorsqu'on chauffe le bromoplatinate ou le perbromure d'azobromophénylammonium avec du carbonate de soude (Griess).

BENZINE TRIBROMÉE OU TRIBROMOBENZINE,

$$C^6H^3Br^3$$

[Mitscherlich, loc. cit. — Laurent, Rev. scient.,
t. V, p. 360; — Riche et Bérard, loc. cit.; —
Kekulé, Ann. der Chem. u. Pharm., t. CXXXVII,

p. 72; — Mayer, *loc. cit.*]. — La benzine tribromée s'obtient : 1° quand on traite l'hexabromure C⁶H⁶Br⁶ par la potasse alcoolique bouillante ; 2° quand on ajoute du brome à la benzine bibromée ; 3° quand on fait réagir le perbromure de phosphore sur l'acide dibromophénylique.

Elle est cristallisée en aiguilles d'un blanc brillant réunies en aigrettes ; vers 50°, elle se sublime en aiguilles douées de beaucoup d'éclat ; elle fond à 44° et distille entre 266° et 280°, la plus grande partie passant à 275°. Elle est soluble dans l'alcool et dans l'éther. L'acide azotique concentré la convertit en tribromobenzine mononitrée, C⁶H²(AzO²)Br³, et à chaud, un mélange d'acide nitrique et d'acide sulfurique en tribromobenzine dinitrée C⁶H(AzO²)²Br³ (Mayer).

Benzine tétrabromée ou tétrabromobenzine,

C⁶H²Br⁴

[Riche et Bérard, *loc. cit.*, — Kekulé, *Ann. der Chem. u. Pharm.*, t. CXXXVII, p. 172 ; *Ann. de Chim. et de Phys.*, (4), t. VIII, p. 158, et *Bull. de la Soc. chim.*, 1866, t. VI, p. 42 ; — Mayer, *loc. cit.*; — Kœrner, *Ann. der Chem. u. Pharm.*, t. CXXXVII, p. 197, et *Bull. de la Soc. chim.*, 1866, t. VI, p. 49]. — On connaît deux modifications de ce corps.

L'une, dérivée de la benzine, s'obtient soit en chauffant la benzine bibromée avec du brome dans des tubes scellés à une température de 150°, soit en traitant la nitrobenzine par le brome à une température de 200° à 250°. Ce sont des cristaux blancs, soyeux, légers, volatils sans décomposition, fusibles à 160° (Riche et Bérard), à 137-140° (Kekulé). Elle fournit un dérivé nitré cristallisé.

L'autre modification résulte de l'action du bromure de phosphore sur l'acide tribromophénylique. Ce sont de longues aiguilles brillantes, fusibles à 95° (Kœrner), à 98°,5 (Mayer) ; elle donne également un dérivé nitré cristallisable fusible à 88°.

Benzine pentabromée, C⁶HBr⁵ [Kekulé, *loc. cit.*]. — Elle se forme en petite quantité en même temps que la benzine tétrabromée, lorsqu'on chauffe la nitrobenzine ou la dinitrobenzine avec le brome à 250°.

Elle cristallise en belles aiguilles soyeuses, fusibles et volatiles sans décomposition ; elle n'est pas encore en fusion à 240° ; elle est presque insoluble dans l'alcool froid, peu soluble dans l'alcool bouillant ; elle se dissout aisément dans la benzine ou dans un mélange d'alcool et de benzine.

DÉRIVÉS IODÉS. — Benzine monoïodée ou iodure de phényle, C⁶H⁵I [Scrugham, *Proceed. of the Roy. Societ.*, t. VII, p. 18 ; — Schutzenberger, *Compt. rend. de l'Acad.*, t. LII, p. 963, et *Répert. de Chim. pure*, 1861, p. 262 ; — Pelster, *Ann. der Chem. u. Pharm.*, t. CXXXVI, p. 394, et *Bull. de la Soc. chim.*, 1866, t. V, p. 461 ; — Kekulé, *loc. cit.*] — La benzine monoïodée a été préparée par Scrugham en traitant le phénol par l'iodure de phosphore ; elle se forme dans la décomposition du benzoate d'iode, ou dans l'action du chlorure d'iode sur le benzoate de sodium (Schutzenberger). Elle se produit lorsqu'on chauffe la benzine pendant longtemps avec deux parties d'acide iodique hydraté, ou avec un mélange d'iodate de potasse et d'acide sulfurique (Pelster), ou lorsqu'on traite par l'acide iodhydrique le sulfate de diazobenzol (Griess). Kekulé la prépare en chauffant la benzine avec un mélange d'iode et d'acide iodique. On opère en vases scellés à une température de 200° à 240° ; on prend, pour 20 grammes de benzine, 15 grammes d'iode et 10 grammes d'acide iodique ; comme il se forme en même temps de l'acide carbonique, il

est bon d'ouvrir de temps en temps les tubes pour éviter leur rupture. Le produit, lavé et séché, est soumis à la distillation ; ce qui passe entre 180° et 190° est de la benzine iodée presque pure. Le résidu renferme de la benzine biiodée, et même quelquefois de la benzine triiodée.

C'est un liquide incolore, insoluble dans l'eau, d'une odeur qui rappelle celle de la benzine et de l'acide phénique ; elle ne se solidifie pas à — 18° ; elle bout à 185° et sa densité est 1,69 [Schutzenberger] ; suivant Kekulé, sa densité à 15° est 1,833. Avec l'amalgame de sodium et l'eau, elle régénère la benzine. Elle est très-stable et n'est pas même attaquée par la potasse en fusion. Avec l'acide nitrique, elle donne un dérivé nitré cristallisé.

Benzine biiodée, C⁶H⁴I² [Schutzenberger, *loc. cit.*; — Kekulé, *loc. cit.*].— Elle se produit dans la décomposition par la chaleur du benzoate d'iode, et dans l'action du mélange d'acide iodique et d'iode sur la benzine monoïodée.

Elle est en paillettes blanches nacrées, fusibles à 122° (S.), à 127° (K.) ; elle bout à 250° ; à 277° (corrigé) suivant Kekulé.

Benzine triiodée, C⁶H³I³ [Kekulé, *loc. cit.*]. — Elle forme de petites aiguilles blanches, fusibles à 76° et sublimables sans altération.

BENZINE BROMOCHLORÉE ET BROMOIODÉE. — Benzine bromochlorée, C⁶H⁴BrCl [Griess, *Phil. Trans.*, 1864, (3), p. 702]. — La chlorobromobenzine se forme lorsqu'on chauffe le chloroplatinate de diazobromobenzol avec du carbonate de soude. Elle est en aiguilles blanches, d'une odeur rappelant celle de la benzine ; peu soluble dans l'alcool froid, fort soluble dans l'éther.

Benzine bromoiodée, C⁶H⁴ICl. — Elle se produit quand on fait bouillir le perbromure d'azoiodobenzol avec de l'alcool ; elle cristallise dans l'éther et l'alcool en larges tables blanches, volatiles sans décomposition (Griess).

DÉRIVÉS NITRÉS DE LA BENZINE.

Nitrobenzine, C⁶H⁵(AzO²) [Mitscherlich, *Ann. de Poggend.*, t. XXXI (1834), p. 625, et *Ann. de Chim. et de Phys.*, t. LVII, p. 85]. — La nitrobenzine a été découverte par Mitscherlich ; il la préparait en chauffant de l'acide nitrique fumant, et y ajoutant peu à peu de la benzine. Celle-ci se dissout dans l'acide, et par le refroidissement il se sépare, à la surface, une couche huileuse de nitrobenzine, qu'on purifie par des lavages à l'eau et au carbonate de soude. — La préparation de la nitrobenzine étant devenue une fabrication industrielle, on est parvenu à la préparer sur une grande échelle, et divers procédés sont employés (voyez plus bas : Benzine [industrie]). — Remarquons qu'outre la nitrobenzine pure, on désigne, dans le commerce, sous le nom de nitrobenzine, des mélanges en proportions variables des dérivés nitrés de la benzine et de ses homologues supérieurs.

La nitrobenzine prend aussi naissance dans la distillation sèche du nitrobenzoate d'argent, du nitrobenzoate de baryte (Mulder). Schiff l'a rencontrée dans les produits de l'action de l'acide azotique concentré sur l'essence de térébenthine ; évaporés à une douce chaleur, mélangés avec du sable et soumis à la distillation sèche, ces produits donnent une eau fortement acide, et une huile brune renfermant de la nitrobenzine [*Ann. der Chem. u. Pharm.*, t. CXIV, p. 201].

La nitrobenzine se présente sous la forme d'un liquide légèrement jaunâtre, d'une saveur douce, d'une odeur agréable d'essence d'amandes amères, qui la fait employer dans la parfumerie sous

le nom d'*essence de mirbane*. — Elle bout à 213°
et a une densité de 1,209 à 15° (Mitscherlich);
elle bout à 210-220°, sous la pression normale, et
sa densité à 0° est de 1,2002 (Kopp). Elle se solidifie à 3°; elle est presque insoluble dans l'eau,
très-soluble dans l'alcool et l'éther; on peut la
distiller avec l'acide azotique ou l'acide sulfurique
dilués sans qu'elle s'altère. L'acide sulfurique
concentré la dissout; à l'ébullition il la décompose, avec dégagement d'acide sulfureux. Bouillie
avec l'acide nitrique fumant, elle donne de la binitrobenzine. — Le chlore et le brome ne l'attaquent pas à la température ordinaire; chauffée en
vases clos avec du brome, à 250°, elle se transforme en benzine tétrabromée, et en benzine
pentabromée. — La potasse et l'ammoniaque l'attaquent peu, même à l'ébullition; mais avec la
potasse alcoolique, elle donne l'azoxybenzide,
$C^{12}H^{10}Az^2O$, et si l'on distille le mélange, on
recueille de l'azobenzide $C^{12}H^{10}Az^2$. Il se forme
en même temps de l'aniline et de l'acide oxalique
(voyez plus bas : *Dérivés par réduction des nitrobenzines*). En faisant réagir l'amalgame de
sodium sur la solution alcoolique de nitrobenzine,
en ayant soin de rendre le liquide acide par l'addition de l'acide acétique, on obtient également
de l'azoxybenzide (Alexeyeff).

Avec un grand nombre d'agents réducteurs, la
nitrobenzine se transforme en aniline ou phénylamine, en vertu de l'équation suivante :

$$C^6H^5(AzO^2) + 3H^2 = C^6H^7Az + 2H^2O.$$
Nitrobenzine.   Phénylamine.

Cette transformation a lieu :

1° Par l'action du sulfhydrate d'ammoniaque
(Zinin); on sature d'acide sulfhydrique une solution alcoolique de nitrobenzine, additionnée d'ammoniaque;

2° Par le zinc et l'acide chlorhydrique (Hofmann);

3° Par les sels ferreux, ou par la distillation
d'un mélange de nitrobenzine, de limaille de fer
et d'acide acétique (Béchamp);

4° Par l'acide iodhydrique (J. Mills), etc. —
Voyez Aniline et Phénylamine.

Lorsqu'on traite la nitrobenzine par un excès
de fer et d'acide acétique, la réaction est excessivement violente; elle ne fournit que peu d'aniline, mais beaucoup de benzine et d'ammoniaque
(Scheurer-Kestner, *Bull. de la Soc. chim.*, 1862,
p. 43].

Binitrobenzine, $C^6H^4(AzO^2)^2$ [Deville (1841),
Ann. de Chim. et de Phys., (3), t. III, p. 187 ;
Muspratt et Hofmann, *Ann. der Chem. u. Pharm.*,
t. LVII, p. 214]. — La benzine étant dissoute dans
cinq à six fois son poids d'acide nitrique fumant,
on fait bouillir le mélange jusqu'à ce qu'il soit
réduit au cinquième de son volume primitif; il
se forme ainsi de la binitrobenzine. Mais on l'obtient plus rapidement en ajoutant de la nitrobenzine à un mélange de parties égales d'acide sulfurique concentré et d'acide nitrique fumant, tant
que les liquides se mêlent, et faisant bouillir quelques minutes. Par le refroidissement, on obtient
une bouillie cristalline de binitrobenzine, qu'on
lave à l'eau et qu'on fait recristalliser dans l'alcool.

La binitrobenzine / : en longs prismes brillants, fusibles à 86°, très-solubles dans l'alcool
chaud.

Dissoute dans l'alcool ammoniacal, et traitée
par un courant d'hydrogène sulfuré, elle fournit
la nitraniline $C^6H^4(AzO^2)$, H^2Az (Muspratt et
Hofmann); si l'on distille la solution alcoolique de
binitrobenzine, saturée de sulfhydrate d'ammoniaque, la réduction est complète, et l'on obtient
l'azophénylamine, semibenzidam ou phénylène-

diamine $C^6H^8Az^2$ [Zinin, *Journ. für prakt. Chem.*,
t. XXXIII, p. 34].

En faisant bouillir pendant plusieurs heures la
dinitrobenzine avec du sulfite d'ammoniaque solide et de l'alcool absolu, jusqu'à ce que la liqueur ne trouble plus l'eau, laissant reposer
vingt-quatre ou quarante-huit heures, filtrant,
faisant évaporer jusqu'à consistance sirupeuse, et
ayant soin de maintenir la liqueur alcaline avec
du carbonate d'ammoniaque, on obtient une poudre cristalline de dithiobenzolate d'ammoniaque
$C^6H^6Az^2.S^2O^6.(AzH^4)^2$; l'acide ne peut être isolé
de ses sels [Hiskenkamp, *Ann. der Chem. u.
Pharm.*, t. XCV, p. 86, et *Ann. de Chim. et de
Phys.*, (3), t. XLV, p. 344].

Traitée par le zinc et une petite quantité d'a-
cide chlorhydrique concentré, elle donne la nitro-
sophényline $C^6H^6Az^2O$ [Perkin, *The quart. Journ.
of the Chem. Soc.*, août 1856, p. 1]. — Voyez Ni-
trosophényline.

PRODUITS DE RÉDUCTION DES NITROBENZINES.—
Lorsqu'on traite les nitrobenzines par les agents
réducteurs (fer et acide acétique, sulfhydrate
d'ammoniaque, etc.), on remplace en tout ou en
partie le groupe AzO^2 par le groupe AzH^2, et l'on
obtient les dérivés amidés.

La nitrobenzine fournit l'aniline ou phénylamine C^6H^5,AzH^2. Avec la binitrobenzine, on
obtient, soit la nitraniline (nitro-phénylamine),
$C^6H^4(AzO^2),AzH^2$, soit la phénylène-diamine,
$C^6H^4.(AzH^2)^2$. Mais dans d'autres conditions il
y a réduction incomplète et formation de différents corps, que nous étudierons ici, l'azobenzide, l'azoxybenzide, l'hydrazobenzol et leurs
dérivés. — Voyez, pour les autres produits de
réduction, aux mots Aniline, Phénylamine, Phénylène-diamine.

L'azobenzide se produit quand on distille la nitrobenzine avec une solution alcoolique de potasse
(Mitscherlich). Zinin reconnut qu'en soumettant
le mélange à l'ébullition sans distiller, il se forme
l'azoxybenzide, que les agents réducteurs transforment en benzidine ou diamidodiphényle. Mais
la benzidine n'est pas le produit immédiat des
agents réducteurs sur l'azoxybenzide; il se produit d'abord l'hydrazobenzol, isomère de la benzidine, et dont celle-ci n'est qu'une transformation moléculaire (Hofmann).

L'hydrazobenzol lui-même, soumis à l'action
de l'hydrogène naissant, donne de l'aniline. Les
trois termes azoxybenzide, azobenzide et hydrazobenzol sont intermédiaires entre la nitrobenzine, et son produit de réduction complet, l'aniline.

Nitrobenzine	$C^6H^5AzO^2$.
Azoxybenzide	$C^6H^5AzO^{1/2}$
Azobenzide	C^6H^5Az.
Hydrazobenzol	C^6H^6Az.
Aniline	C^6H^7Az.

Les formules ci-dessus correspondent à la
composition centésimale de ces corps, et montrent comment ils sont intermédiaires entre la
nitrobenzine et l'aniline, mais elles doivent être
doublées; on le voit à priori, puisque avec cette
formule l'azoxybenzide renfermerait un demi-
atome d'oxygène. De plus, Hofmann a pris la densité de la vapeur de l'azobenzide, qui correspond
à une formule double. Les formules de ces composés sont donc :

Azoxybenzide	$C^{12}H^{10}Az^2O$.
Azobenzide	$C^{12}H^{10}Az^2$.
Hydrazobenzol	$C^{12}H^{12}Az^2$.

Azoxybenzide ou Azoxybenzol, $C^{12}H^{10}Az^2O$.
[Zinin, *Journ. für prakt. Chem.*, t. XXXVI, p. 96,

et t. LVI, p. 173; *Ann. der Chem. u. Pharm.*, t. CXIV, p. 217, et *Répert. de Chim. pure*, 1860, p. 602; — Laurent et Gerhardt, *Compt. rend. des trav. de Chim.*, 1849, p. 417; — Alexeyeff, *Bull. de la Soc. chim.*, 1865, t. III, p. 324; — Schmidt, *Ann. der Chem. u. Pharm.*, t. CXXII, p. 167 (1862)]. — L'azoxybenzide a été découvert par Zinin. Il s'obtient en dissolvant 1 volume de nitrobenzine dans 8 à 10 vol. d'alcool concentré, ajoutant à cette solution un poids de potasse caustique égal au poids de la nitrobenzine employée; le mélange s'échauffe et commence à bouillir spontanément. On entretient ensuite l'ébullition pendant quelques minutes. On distille alors jusqu'à ce que le liquide de la cornue forme deux couches; la supérieure est brune, huileuse; décantée et lavée à l'eau, elle se concrète en une masse d'aiguilles brunes d'azoxybenzide impur. On les purifie par expression et recristallisation dans l'alcool ou l'éther; on leur enlève leur teinte brune en faisant passer un courant de chlore dans leur solution alcoolique.

Alexeyeff l'obtient par l'action de l'amalgame de sodium sur la solution alcoolique de la nitrobenzine; il rend la liqueur acide par l'addition de l'acide acétique, puis, en distillant l'alcool au bain-marie, et l'excès de nitrobenzine avec la vapeur d'eau, on obtient de l'azoxybenzide sous forme d'une huile qui cristallise bientôt. Si dans cette préparation on prolonge l'action de l'amalgame de sodium, on n'obtient que de l'azobenzide (Vérigo).

L'azoxybenzide se forme en même temps que l'azobenzide, lorsqu'on oxyde les sels d'aniline par le permanganate de potasse [Glaser, *in* Kekulé, *Lehrbuch. der Chem.*, p. 602].

L'azoxybenzide est en aiguilles quadrilatères, brillantes, d'un jaune de soufre; par évaporation spontanée d'une solution éthérée, ses cristaux acquièrent une grande dimension. Il est dur comme du sucre, inodore, insipide, insoluble dans l'eau, fort soluble dans l'alcool et l'éther.

Il fond à 36°. Le chlore, l'acide chlorhydrique, l'acide sulfurique, la potasse, l'ammoniaque liquide ne l'attaquent pas; il donne avec le brome un corps jaunâtre très-fusible, très-peu soluble dans l'alcool, $C^{12}H^9BrAz^2O$ (Laurent et Gerhardt). Avec l'acide nitrique, il fournit plusieurs produits de substitution (voyez plus bas). L'acide sulfurique concentré le dissout. A la distillation sèche il se détruit en donnant de l'aniline et de l'azobenzide. L'hydrogène naissant dégagé par l'amalgame de sodium le transforme en azobenzide; avec le sulfhydrate d'ammoniaque ou avec l'acide sulfureux, il fournit l'hydrazobenzol, isomère de la benzidine (Hofmann). Si on le chauffe en vase clos, à 100°, avec 4 p. d'acide chlorhydrique fumant, il se forme de la benzidine [Zinin, *Ann. der Chem. u. Pharm.*, t. CXXXVII, p. 376, et *Bull. de la Soc. chim.*, 1866, t. VI, p. 398].

Dérivés nitrés de l'azoxybenzide. — On connaît deux dérivés nitrés de l'azoxybenzide, ils sont isomères : le nitro-azoxybenzide et l'isonitro-azoxybenzide, $C^{12}H^9(AzO^2)Az^2O$. Le premier a été découvert par Laurent et Gerhardt, le second par Zinin. Ils s'obtiennent en même temps lorsqu'on fait bouillir l'azoxybenzide avec de l'acide azotique. Zinin opère de la manière suivante :

On verse 5 p. d'acide azotique d'une densité de 1,45 sur 1 p. d'azoxybenzide; celui-ci fond et surnage; on chauffe avec précaution; l'azoxybenzide commence à se dissoudre; alors la liqueur s'échauffe assez pour qu'on soit obligé de refroidir. Quand la réaction est terminée, le tout se prend en une bouillie épaisse qu'on jette sur un filtre et qu'on lave à l'eau froide. On la traite ensuite à trois ou quatre reprises par l'alcool bouillant. On ne doit pas employer en tout plus de 4 p.

d'alcool pour 1 d'azoxybenzide. Les liqueurs alcooliques décantées abandonnent d'abord le nitro-azoxybenzide peu soluble, en cristaux capillaires; quand on voit s'y former des aiguilles brillantes, on filtre et on distille l'alcool. Il se sépare une huile qui se solidifie bientôt et qu'on purifie par deux ou trois cristallisations dans de petites quantités d'alcool très-fort. On obtient ainsi l'isonitroxybenzide. Ce procédé fournit 25 °/₀ de ce dernier corps et 75 °/₀ du corps peu soluble. Il ne faut pas opérer à la fois sur plus de 30 grammes d'azoxybenzide.

1° *Nitro-azoxybenzide.* — Il est en cristaux capillaires, jaunes, ou en flocons cristallins, peu solubles dans l'alcool et dans l'éther bouillant; il fond vers 153°. Il s'attaque assez facilement à chaud par une solution alcoolique de potasse; il ne se dégage pas d'ammoniaque, la solution est d'un brun rouge, et si on l'étend d'eau, il se précipite une poudre rouge-jaunâtre. Dissoute dans l'essence de térébenthine bouillante, celle-ci s'en sépare promptement avec l'aspect d'une poudre cristalline. Ce produit est presque insoluble dans l'alcool et dans l'éther; il paraît renfermer

$$C^{12}H^9Az^3O.$$

Si on prolonge l'action de la potasse alcoolique, la solution devient bleue et cette couleur est détruite par un excès d'eau (Laurent et Gerhardt).

Une solution alcoolique de sulfhydrate d'ammoniaque transforme l'azoxybenzide en une base facilement soluble dans l'eau, l'alcool et la benzine; elle est cristallisable et se combine avec les acides (Zinin).

Suivant S. Schmidt, il se produit deux bases différentes dans l'action du sulfhydrate d'ammoniaque sur le nitro-azoxybenzide [G. S. Schmidt, *Ann. der Chem. u. Pharm.*, t. CXXII, p. 167, et *Répert. de Chim. pure*, 1863, p. 103]. Le corps nitré est dissous dans l'alcool ammoniacal et traité à l'ébullition par un courant d'hydrogène sulfuré, jusqu'à ce que le dépôt de soufre n'augmente plus. On filtre, on distille la plus grande partie de l'alcool et on ajoute de l'eau. Il se précipite une base insoluble, cristallisable dans l'alcool en grandes lames rhombiques jaunes.

La base soluble est dans le liquide filtré; on la transforme en sulfate, qu'on met en suspension dans l'eau, et qu'on décompose par la potasse. Le liquide est concentré; il se dégage de l'aniline, qui est un des produits de la réaction, puis, par le refroidissement, la base cristallise avec le sulfate de potasse; on la reprend par la benzine.

Ce corps cristallise dans l'eau en tables rhombiques épaisses, fusibles dans leur eau de cristallisation; il est assez soluble dans l'alcool, moins soluble dans l'éther; ses solutions s'altèrent à l'air. Il commence à se sublimer à 70°, fond à 138° et se volatilise peu à peu avec décomposition partielle. L'analyse a donné les nombres suivants, pour lesquels l'auteur ne propose pas de formule :

	I.	II.	III.
C............	66,86	66,86	»
H............	7,27	7,80	»
Az............	»	»	22,62

Le chloroplatinate renferme 35,74 °/₀ de platine.

Le sulfate renferme 46,31 °/₀ d'acide sulfurique.

Le chlorhydrate renferme en moyenne 38,64 °/₀ de chlore. Quant à la base insoluble, elle n'a pas été analysée.

2° *Isonitro-azoxybenzide* [Zinin, *Ann. der Chem. u. Pharm.*, t. CXIV, p. 217]. Nous avons dit plus haut comment M. Zinin prépare ce composé. — L'isonitro-azoxybenzide est en prismes rhomboïdaux, très-solubles dans l'alcool, l'éther et la benzine, fusibles à 49°, non volatils sans dé-composition. La solution alcoolique de potasse transforme l'isonitro-azoxybenzide en un corps non basique, qui se présente en aiguilles fines, brillantes, jaunâtres, ou en lamelles étroites offrant des reflets métalliques. Il est très-soluble dans l'alcool, l'éther, la benzine, plus soluble dans les acides que dans l'eau, mais il ne se combine pas aux acides. Il fond à 85°; à une plus haute température, il paraît se détruire; il distille alors un liquide brun qui cristallise, et qui correspond à la formule $C^{12}H^9Az^3O^2$. Distillé avec de la potasse alcoolique, il se détruit en donnant un produit cristallin, de couleur orange, semblable à la nitraniline.

AZOBENZIDE ou AZOBENZOL, $C^{12}H^{10}Az^2$. — Ce composé a été découvert par Mitscherlich; on le prépare en distillant simplement un mélange de nitrobenzine et d'une solution alcoolique de potasse; l'azobenzide passe à la fin de la distillation sous forme d'une huile rouge, qui ne tarde pas à se concréter; on exprime le produit et on le fait recristalliser dans l'éther [Mitscherlich (1834), *Ann. de Pogg.*, t. XXXII, p. 224]. L'azobenzide prend naissance en même temps que l'aniline dans la distillation sèche de l'azoxybenzide (Zinin). Alexeyeff et Werigo l'ont obtenu en réduisant la nitrobenzine par l'amalgame de sodium en présence de l'acide acétique [Alexeyeff, *Bull. de la Soc. chim.*, 1864, t. I, p. 326; — Werigo, même recueil, 1866, t. VII, p. 279, et *Ann. der Chem. u. Pharm.*, t. CXXXV, p. 176]. — Glaser, en oxydant le chlorhydrate d'aniline par le permanganate de potasse, a également produit l'azobenzide. Enfin, celui-ci peut être préparé facilement en traitant la nitrobenzine par l'acide acétique et le fer, suivant la méthode de Béchamp, mais en modifiant les proportions des agents, de manière à arriver à une réduction incomplète : on prend 3 p. de fer, 1 p. d'acide acétique et 1 p. de nitrobenzine; on distille, on recueille d'abord l'aniline, puis l'azobenzide. On les sépare à l'aide de l'acide chlorhydrique; on obtient en azobenzide le tiers de la nitrobenzine employée [Noble, *Ann. der Chem. u. Pharm.*, t. XCVIII, p. 253].

Ce corps forme des paillettes rougeâtres, à peine solubles dans l'eau, facilement solubles dans l'alcool, fusibles à 65°. Il distille à 293° sans altération, et non à 193°; la densité de sa vapeur est égale à 6,50 et prouve la formule $C^{12}H^{10}Az^2$ [Hofmann, *Ann. der Chem. u. Pharm.*, t. CXV, p. 362, et *Rép. de Chim. pure*, 1861, p. 67].

Il donne avec l'acide nitrique des produits de substitution (voyez plus bas). Le sulfhydrate d'ammoniaque le transforme en hydrazobenzol, isomère de la benzidine [Hofmann, *Compt. rend. de l'Acad. des sciences*, t. LVI, p. 1110, et *Bull.*]. Avec l'acide sulfureux, en solution alcoolique, il donne de la benzidine [Zinin, mém. cité]. Maintenu à 150° avec l'acide sulfurique fumant, il donne un acide sulfoconjugué $C^{12}H^{10}Az^2SO^3$ en cristaux jaunes ou en paillettes rouges. Les sels sont cristallisés, le sel d'argent a pour formule $C^{12}H^9AgAz^2SO^3$ [Griess, *Ann. der Chem. u. Pharm.*, t. CXVIII, p. 89]. Il fixe directement 2 atomes de brome, le dérivé bromé $C^{12}H^{10}Az^2Br^2$ est peu soluble dans l'alcool et dans l'éther; il est en aiguilles d'un jaune d'or, fusibles vers 205°, sublimables. L'acide sulfurique concentré le dissout à chaud. L'acide azotique fumant le convertit en un produit nitré, fusible vers 150°, $C^{12}H^9(AzO^2)Az^2Br^2$ [Werigo, *mém. cité*]. Suivant Werigo, le dérivé bromé serait la bibromobenzidine, mais il diffère de la bibromobenzidine obtenue par Fittig en réduisant le binitro-diphényle bibromé.

En chauffant 2 molécules de chlorhydrate d'aniline avec 1 molécule d'azobenzide, en vases clos, entre 170° et 230°, on obtient une matière colorante violette et une matière bleue. Avec la toluidine, on obtient également des substances violettes et bleues, en même temps qu'une petite quantité d'un produit d'un beau rouge rubis [Stædeler, *Bull. de la Soc. chim.*, 1866, t. VII, p. 220 et 221].

Dérivés nitrés de l'azobenzide (Laurent et Gerhardt; — Zinin). — On prépare deux dérivés nitrés de l'azobenzide par l'acide azotique fumant.

1° *L'azobenzide mononitré*, $C^{12}H^9(AzO^2)Az^2$. — On chauffe légèrement quelques grammes d'azobenzide avec l'acide nitrique fumant; quand la réaction est commencée, on retire la matière du feu et on laisse refroidir. Le dérivé nitré se sépare en cristaux; on en sépare l'acide, on lave à l'eau, puis on fait bouillir avec l'alcool, on filtre pour éloigner une partie indissoute, mélange du corps mononitré et du corps binitré peu soluble; le corps se dépose par le refroidissement. — Il est d'un jaune orangé pâle, fusible en un liquide qui se solidifie en rosaces. — Suivant Zinin, il donne une base cristallisable avec le sulfhydrate d'ammoniaque.

2° *Azobenzide binitré*, $C^{12}H^9(AzO^2)^2Az^2$. — Il s'obtient comme le précédent, mais en maintenant pendant quelques minutes l'action à chaud de l'acide nitrique fumant. On le lave à l'éther pour le débarrasser de traces du corps mononitré, plus soluble, et on le fait cristalliser dans l'alcool bouillant. Il est en aiguilles orangées, fusibles en un liquide rouge de sang, cristallisant de nouveau en aiguilles par le refroidissement; il est peu soluble dans l'alcool et dans l'éther. Le sulfhydrate d'ammoniaque le réduit en diphénine ou diamido-azobenzide $C^{12}H^{12}Az^4$.

PRODUITS DE RÉDUCTION DE L'AZOBENZIDE BINITRÉ. — DIPHÉNINE ou DIAMIDO-AZOBENZIDE,

$$C^{12}H^{12}Az^4 = C^{12}H^8(AzH^2)^2Az^2$$

[Laurent et Gerhardt, *Compt. rend. des travaux de Chim.*, 1849, p. 417]. — On verse de l'alcool et du sulfhydrate d'ammoniaque sur l'azobenzide binitré; on fait bouillir, on chasse une partie de l'alcool, on étend d'eau, on verse un léger excès d'acide chlorhydrique, et l'on précipite à chaud la diphénine par l'ammoniaque. On la purifie en la faisant cristalliser dans l'éther. Elle est jaune; l'acide nitrique et l'acide chlorhydrique la dissolvent avec une couleur rouge. Les agents réducteurs puissants la transforment en phénylène-diamine :

$$C^{12}H^{12}Az^4 + 2H^2 = 2C^6H^8Az^2$$

[Hofmann, *Compt. rend. de l'Acad. des sciences*, t. LVII, p. 992, et *Bull. de la Soc. chim.*, 1863, p. 572]. Avec l'acide sulfurique et le peroxyde de manganèse, elle fournit de la quinone.

Sous le nom de monamido-azobenzide, Kekulé décrit un composé qui présente la composition d'un dérivé monamidé de l'azobenzide, mais il n'a pas été obtenu à l'aide de ce dernier. Il provient de l'aniline et porte aussi le nom d'amido-diphénylimide. — Voyez PHÉNYLAMINE.

HYDRAZOBENZOL, $C^{12}H^{12}Az^2$ [Hofmann, *Compt. rend. de l'Acad. des sciences*, t. LVI, p. 1110]. — L'hydrazobenzol ou hydrazobenzide est le produit de l'action du sulfhydrate d'ammoniaque sur l'azobenzide et sur l'azoxybenzide. On avait cru d'abord que la benzidine est le produit direct de cette réaction, mais elle n'est que secondaire, et Hofmann a reconnu qu'il se forme une substance neutre, différente de la benzidine avec laquelle elle est isomère et pouvant se transformer en celle-ci sous l'influence des acides minéraux.

Pour préparer l'hydrazobenzide, on fait passer

un courant d'hydrogène sulfuré dans une solution alcoolique et ammoniacale d'azobenzide; le liquide est décoloré, et par l'addition de l'eau on obtient un précipité cristallin doué d'une odeur camphrée. On purifie ce corps par deux ou trois cristallisations dans l'alcool.

Glaser a aussi obtenu de l'hydrazobenzol dans les produits d'oxydation de l'aniline par le permanganate de potasse.

L'hydrazobenzol cristallise en lames bien définies; il est peu soluble dans l'eau, assez soluble dans l'alcool et dans l'éther. L'acide acétique ne le dissout pas; l'acide chlorhydrique, l'acide sulfurique le dissolvent en le transformant en benzidine. Il fond à 131°; la distillation le décompose en azobenzide et en aniline :

$$2 (C^{12} H^{12} Az^2) = C^{12} H^{10} Az^2 + 2 C^6 H^7 Az.$$

Les agents oxydants le transforment en azobenzide; simplement humecté d'alcool, et exposé à l'atmosphère, il subit peu à peu cette transformation. Avec l'amalgame de sodium, il donne de l'aniline.

Lorsqu'on traite l'acide sulfoconjugué de l'azobenzide par l'acide sulfhydrique, on obtient un acide sulfoconjugué de l'hydrazobenzide (Griess).

La *benzidine*, son isomère étant, ainsi que l'a montré Fittig, du diamido-diphényle, sera étudiée avec les dérivés du phényle.

Constitution de l'azobenzide, de l'azoxybenzide, de l'hydrazobenzol [Wurtz, *Ann. de Chim. et de Phys.*, (4), t. VI, p. 475 (1865); — Kekulé, *Lehrbuch der Chem.*]. — Ainsi qu'on l'a vu plus haut, ces trois corps sont intermédiaires entre la nitrobenzine et l'aniline; produits de réduction incomplète de la première, ils tendent vers l'aniline qui est le dernier terme de la réduction.

Lorsque dans la nitrobenzine une certaine quantité d'oxygène est enlevée, sans être remplacée par de l'hydrogène, l'azote n'est plus saturé; et comme deux molécules azotées non saturées sont en présence, elles se fixent par l'azote.

L'azoxybenzide, qui représente 2 molécules de nitrobenzine, moins 3 atomes d'oxygène $(C^6 H^5)^2 Az^2 O$, a la constitution suivante :

$$\begin{matrix} C^6 H^5 Az \searrow \\ \diagdown O. \\ C^6 H^5 Az \nearrow \end{matrix}$$

Une réduction plus avancée de ce corps lui enlèvera simplement l'oxygène, et alors on aura l'azobenzide dans lequel les 2 atomes d'azote sont fixés par deux points d'attache,

$$\begin{matrix} C^6 H^5 . Az \\ \| \\ C^6 H^5 . Az. \end{matrix}$$

Que 2 atomes d'hydrogène se fixent maintenant sur l'azobenzide, on aura l'hydrazobenzol, qui représente l'azoxybenzide dont l'atome d'oxygène est remplacé par 2 atomes d'hydrogène; alors ses atomes d'azote ne sont plus fixés que par un point d'attache :

$$\begin{matrix} C^6 H^5 . Az H \\ | \\ C^6 H^5 . Az H. \end{matrix}$$

Enfin une nouvelle quantité d'hydrogène ajoutée à cette molécule la scindera en 2 molécules d'aniline, les 2 atomes d'azote se séparant pour fixer chacun 1 atome d'hydrogène.

Telle est la constitution de ces composés; ils ont leurs analogues dans les autres séries (azotoluide, azonaphtide, etc.); on connaît de même des produits de réduction incomplète d'acides nitrés (acides azobenzoïque, azodracylique, etc.).

On a considéré comme des dérivés diazotés de la benzine un grand nombre de composés fort intéressants, découverts par Griess; mais comme ils sont obtenus à l'aide de la phénylamine, nous les renvoyons à ce mot; quant à leur constitution, voyez DIAZOÏQUES (combinaisons).

DÉRIVÉS CHLORO-, BROMO-, IODONITRÉS
DE LA BENZINE.

BENZINES CHLORONITRÉES. — CHLORONITROBENZINE, $C^6 H^4 (Az O^2) Cl$ [Riche, *Compt. rend.*, t. LIII, p. 586; et *Répert. de Chim. pure*, 1862, p. 14]. — Elle s'obtient par l'action de l'acide azotique fumant sur la chlorobenzine. Elle est en longues aiguilles, fusibles à 78°, insolubles dans l'eau, solubles dans l'alcool bouillant et dans l'éther en proportions considérables. Les agents réducteurs la transforment en chloraniline. Suivant Sokoloff, elle fond à 85° et se concrète à 75°.

BICHLORONITROBENZINE. — M. Jungfleisch, en traitant la benzine bichlorée par l'acide azotique fumant, a obtenu deux dérivés nitrés, dont l'un cristallise avec une grande netteté; ils n'ont pas encore été analysés.

TRICHLORONITROBENZINE, $C^6 H^2 (Az O^2) Cl^3$ [Lesimple, *Ann. der Chem. u. Pharm.*, t. CXXXVII, p. 125; et *Bull. de la Soc. chim.*, 1866, t. VI, p. 161]. L'acide azotique fumant réagit à l'ébullition sur la benzine trichlorée; on obtient ainsi la trichloronitrobenzine; celle-ci constitue des aiguilles incolores, fusibles au-dessous de 100°, bouillant presque sans décomposition à 273°,5; insolubles dans l'eau, peu solubles dans l'alcool froid, facilement solubles dans l'alcool bouillant, l'éther et la benzine. Ce corps, dissous dans l'alcool et traité par un mélange d'acide chlorhydrique et de zinc, se transforme en trichloraniline.

TÉTRACHLORONITROBENZINE. — La benzine tétrachlorée est facilement attaquée à chaud par l'acide azotique fumant, en produisant un composé nitré, cristallisable (Jungfleisch).

BENZINES BROMONITRÉES. — BROMONITROBENZINE, $C^6 H^4 (Az O^2) Br$ [Couper, *Mém. cit.*]. — Ce composé se forme facilement par l'action de l'acide azotique sur la benzine monobromée. Il est en petites aiguilles fusibles à 125°, très-peu solubles dans l'eau bouillante, aisément solubles dans l'alcool. Griess l'a obtenu en chauffant le bromoplatinate de diazonitrobenzine α : avec le bromoplatinate de diazonitrobenzine β, il a eu une modification de la bromonitrobenzine, fusible à 56°, et cristallisable en prismes rhomboïdaux [Kekulé, *Ann. der Chem. u. Pharm.*, nouv. sér., t. LXI, p. 129; *Ann. de Chim. et de Phys.*, (4), t. VIII, p. 158; et *Bull. de la Soc. chim.*, 1866, t. VI, p. 40].

BROMOBINITROBENZINE, $C^6 H^3 (Az O^2)^2 Br$ (Kekulé). — Elle forme de grands prismes jaunes, transparents, fusibles à 72°, solubles dans l'alcool bouillant, et se prépare par l'action à chaud d'un mélange d'acide azotique fumant et d'acide sulfurique sur la benzine bromée.

BIBROMONITROBENZINE, $C^6 H^3 (Az O^2) Br^2$ [Riche et Bérard, *Compt. rend. de l'Acad.*, t. LIX, p. 141; et *Bull. de la Soc. chim.*, 1864, t. II, p. 205]. — Obtenue par l'action de l'acide azotique sur la benzine bibromée, elle est en lamelles blanches ou en aiguilles aplaties. Avec les agents réducteurs, elle fournit de la bibromaniline.

TRIBROMONITROBENZINE, $C^6 H^2 (Az O^2) Br^3$ (A. Mayer, *Ann. der Chem. u. Pharm.*, nouv. sér., t. LXI, p. 219; et *Bull. de la Soc. chim.*, 1866, t. VI, p. 53]. — Ce sont de belles aiguilles jaunes, brillantes, fusibles à 97°. Chauffée avec un mélange d'acide azotique et d'acide sulfurique, elle se convertit en *tribromobenzine dinitrée*,

$$C^6 H (Az O^2)^2 Br^3,$$

cristallisable en aiguilles jaunes, fusibles à 125°.

TÉTRABROMONITROBENZINE , $C^6 H (Az O^2) Br^4$. — La benzine tétrabromée (dérivée de l'action du brome sur la benzine) donne, avec l'acide azotique, un dérivé nitré. C'est un corps blanc, cristallin, fusible à 88° [Riche et Bérard; A. Mayer].

BENZINES IODONITRÉES. — IODONITROBENZINE, $C^6 H^4 (Az O^2) I$ [Kekulé, *Mém. cité*; — Schutzenberger et Sengenwald, *Compt. rend. de l'Acad.*, t. LIV, p. 197; et *Répert. de Chim. pure*, 1862, p. 144]. On en connaît deux modifications : l'une résulte de l'action du protochlorure d'iode sur le nitrobenzoate de soude; c'est un liquide jaune, d'une odeur prononcée d'amandes amères, et bouillant à 200° environ (Schutzenberger et Sengenwald).

L'autre prend naissance par l'action de l'acide azotique concentré sur la monoïodobenzine. Elle est en belles aiguilles d'un jaune pâle, fusibles à 171°, et se sublimant sans décomposition (Kekulé).

DÉRIVÉS SULFURIQUES DE LA BENZINE.

On connaît deux combinaisons de la benzine avec l'acide sulfurique : traitée par l'acide concentré, elle donne l'acide phényl-sulfureux; avec l'acide anhydre, la sulfobenzide.

ACIDE PHÉNYLSULFUREUX ou ACIDE SULFOBENZIDIQUE, $C^6 H^6 S O^3$ [Mitscherlich, 1834, *Ann. de Poggend.*, t. XXXI, p. 283 et 634. — Freund, *Ann. der Chem. u. Pharm.*, t. CXX, p. 76, et *Répert. de Chim. pure*, 1862, p. 273]. — La benzine se dissout entièrement à froid dans l'acide sulfurique fumant, ou même dans l'acide concentré, après un contact suffisamment prolongé; la solution étendue d'eau est neutralisée par le carbonate de baryte, filtrée et précipitée par le sulfate de cuivre. On décompose le phénylsulfite de cuivre par l'hydrogène sulfuré, et on isole ainsi l'acide phénylsulfureux. — L'acide phénylsulfureux est sirupeux, ou cristallise en petites aiguilles très-déliquescentes; soumis à la distillation, il se décompose en donnant de la benzine, de la sulfobenzide, un peu d'acide sulfurique. En même temps qu'il se dégage de l'acide sulfureux, il reste un résidu de charbon.

Les *phénylsulfites* ou *sulfobenzidates* sont très-stables et résistent à l'action d'une chaleur élevée. Soumis à la distillation sèche, ils fournissent de l'eau, de la benzine et du sulfure de phényle, $(C^6 H^5)^2 S$. Le sel d'ammonium donne en outre 1 1/2 % de sulfophénylamide [Stenhouse, *Ann. der Chem. u. Pharm.*, nouv. sér., t. LXIV, p. 284; et *Bull. de la Soc. chim.*, 1867, t. VII, p. 512].

Les *sels d'ammonium*, de *potassium*, de *sodium*, sont cristallisables ; le *sel de baryum* a pour formule $(C^6 H^5 S O^3)^2 Ba + H^2 O$, et cristallise en belles lames nacrées, transparentes; il est soluble dans l'alcool, inaltérable à l'air.

Le *sel de cuivre* est soluble dans l'alcool; il cristallise en grandes lames tabulaires, d'un bleu clair, renfermant $(C^6 H^5 S O^3)^2 Cu + 6 H^2 O$. — A 170° il perd toute son eau de cristallisation.

Les *sels d'argent*, de *zinc*, de *chaux*, sont cristallisables.

Les phénylsulfites, surtout ceux de soude et de chaux, distillés avec de l'oxychlorure de phosphore, donnent du chlorure phénylsulfureux (Gerhardt et Chancel).

Le phénylsulfite de potasse, fondu avec son poids de potasse solide, donne du phénol en même temps que du sulfure et du sulfate [Wurtz, *Compt. rend. de l'Acad. des scienc.*, 1867, t. LXIV, p. 749; — Kekulé, même recueil, t. LXIV, p. 752; — Dusart, même recueil, t. LXIV, p. 850].

Il existe un dérivé bromé de l'acide phénylsulfureux; Couper l'a obtenu en traitant la benzine bromée par l'acide sulfurique fumant (voyez BENZINE BROMÉE) et un dérivé chloré.— Voyez plus loin.

ACIDE NITROPHÉNYLSULFUREUX , $C^6 H^5 (Az O^2) S O^3$ [Laurent (1850) *Compt. rend. de l'Acad.* t. XXXI, p. 538]. Il se prépare en faisant bouillir l'acide phénylsulfureux avec l'acide nitrique; son sel d'ammoniaque renferme $C^6 H^4 (Az O^2) S O^3 . Az H^4$.— L'hydrogène sulfuré le transforme en sulfanilate d'ammoniaque.

CHLORURE PHÉNYLSULFUREUX OU CHLORURE DE SULFOPHÉNYLE, $C^6 H^5 S O^2 . Cl$ [Gerhardt et Chancel, *Compt. rend. de l'Acad.*, t. XXXV, p. 690; — Gerhardt et Chiozza, *Ann. de Chim. et de Phys.*, (3), t. XLVI, p. 143]. Le chlorure de sulfophényle s'obtient facilement lorsqu'on distille un phénylsulfite avec de l'oxychlorure de phosphore; le phénylsulfite de soude est le plus avantageux.

Pour le préparer, on mélange la benzine avec son volume d'acide sulfurique concentré, on chauffe légèrement; quand toute la benzine est dissoute, on sature par le carbonate de chaux, on filtre et on précipite exactement la liqueur par du carbonate de soude. La liqueur filtrée renferme le phénylsulfite de soude, on évapore à siccité, on sèche le sel à 150°, et on l'introduit dans une cornue tubulée avec l'oxychlorure de phosphore. On distille la bouillie et on rectifie le produit, en recueillant à part ce qui passe à 254°. — Les premières portions qui distillent renferment avec l'oxychlorure de phosphore une notable quantité de chlorure de sulfophényle; elles peuvent être employées pour la préparation de l'azoture de sulfophényle.

C'est une huile incolore, réfractant fortement la lumière, d'une odeur forte, fumant à l'air. — Insoluble dans l'eau, soluble dans l'alcool, ce corps bout à 254°. Sa densité est de 1,378 à 23°. — L'eau l'attaque à peine; les alcalis fixes le transforment immédiatement en phénylsulfite et en chlorures alcalins ; avec l'ammoniaque, il donne la *sulphophénylamide* ou *azoture de sulfophényle;* avec l'aniline, la *sulfophénylanilide*.

Dissous dans l'éther anhydre et traité peu à peu par le zinc-éthyle, il donne une combinaison zincique $(C^6 H^5 S O^2)^2 Zn$ que l'acide chlorhydrique dissout à chaud en la décomposant et en donnant l'hydrure de sulfophényle $C^6 H^5 . S O^2 . H$. — Voyez plus bas l'HYDRURE DE SULFOPHÉNYLE.

Traité par le zinc et l'acide sulfurique étendu, le chlorure phényl-sulfureux est transformé en mercaptan phénylique ou sulfhydrate de phényle :

$$C^6 H^5 . S O^2 Cl + 6 H = C^6 H^5 . HS + H Cl + 2 H^2 O$$

[C. Vogt, *Ann. der Chem. u. Pharm.*, t. CXIX, p. 142, et *Répert. de Chim. pure*, 1862, p. 114].

HYDRURE DE SULFOPHÉNYLE, $C^6 H^5 . S O^2 . H$ [Kalle, *Ann. der Chem. u. Pharm.*, t. CXIX, p. 153 et *Répert. de Chim. pure*, 1862, p. 143; — Otto et Ostrop, *Ann. der Chem. u. Pharm.*, nouv. sér., t. LXV, p. 361; et *Ann. de Chim. et de Phys.*, (4), t. XI, p. 485]. Ce composé, appelé aussi acide *benzylsulfureux*, résulte de l'action ménagée et successive du zinc-éthyle sur le chlorure de sulfophényle (Kalle). Il représente ce dernier corps, dont le chlore est remplacé par de l'hydrogène. Dans l'action du zinc-éthyle, il se forme un composé $(C^6 H^5 S O^2)^2 Zn$; si on reprend ce produit par l'eau, il se combine avec une nouvelle quantité d'oxyde de zinc, provenant de l'action de l'eau sur le zinc-éthyle en excès, et donne un sel basique, insoluble dans l'eau bouillante, et que l'acide chlorhydrique dissout à chaud en le décomposant.

La solution par le refroidissement abandonne le composé $C^6 H^5, SO^2 . H$ sous forme cristalline. Il s'obtient plus facilement par l'action de l'amalgame de sodium sur le chlorure phényl-sulfureux dissous dans l'alcool absolu (Otto et Ostrop); il est soluble dans l'eau bouillante, dans l'alcool et dans l'éther. Il forme de grands prismes incolores, fusibles entre 68° et 69°, décomposés au-dessus de 100°. Exposé à l'air, il absorbe de l'oxygène et se transforme en acide phénylsulfureux; avec l'hydrogène naissant, il donne du sulfhydrate de phényle. Avec le brome, il fournit du bromure de sulfophényle. L'acide azotique fumant l'attaque avec énergie, avec formation d'un composé $C^{18} H^{16} Az^2 S^2 O^5$, en cristaux rhomboédriques, durs, fusibles à 98°,5 (Otto et Ostrop). Le perchlorure de phosphore l'attaque avec énergie en régénérant du chlorure de sulfophényle. Il donne des sels cristallisables et solubles dans l'eau, d'ammoniaque, de baryte, de cuivre et de zinc.

AZOTURE DE SULFOPHÉNYLE OU SULFOPHÉNYLAMIDE,

$$C^6 H^5 SO^2 . Az H^2 = \left. \begin{matrix} C^6 H^5 . SO^2 \\ H^2 \end{matrix} \right\} Az$$

[Gerhardt et Chancel, *loc. cit.*; — Gerhardt et Chiozza, *Compt. rend. de l'Acad.*, t. XXXVII, p. 86 ; *Ann. de Chim. et de Phys.*, (3), t. XLVI, p. 143; Gerhardt, *Ann. de Chim. et de Phys.*, (3), t. LIII, p. 303 et suiv.]

On le prépare en arrosant un grand excès de carbonate d'ammoniaque pulvérisé avec du chlorure de sulfophényle; la réaction est immédiate, on la complète en chauffant très-légèrement le vase où s'est fait le mélange; on lave à l'eau froide et l'on fait cristalliser dans l'alcool bouillant.

La sulfophénylamide se dépose sous forme de magnifiques paillettes nacrées, insolubles dans l'eau, fort solubles dans l'alcool, solubles dans l'ammoniaque. Elle fond à 155°, à 149° (Otto et Ostrop), à 153° (Stenhouse), et paraît distiller sans altération à une température plus élevée. Chauffée avec du perchlorure de phosphore, elle entre en fusion, et, maintenue quelque temps avec celui-ci à 150°; elle donne par le refroidissement des prismes volumineux. Ceux-ci sont décomposés brusquement par l'eau, l'alcool; l'éther anhydre réagit même sur eux. Gerhardt suppose à ce corps la formule $C^6 H^5, S O . Az H . Cl$. Il dériverait de la sulfophénylamide en ce que $O H$ y est remplacé par Cl. Traité par le carbonate d'ammoniaque sec, le chlorure réagit et donne une amide, l'*azoture de sulfophénamidyle et d'hydrogène*,

$$C^6 H^5 S O . Az H . Az H^2 = Az^2 \left\{ \begin{matrix} C^6 H^5 . SO \\ H^3 \end{matrix} \right.$$

Cette amide se présente sous la forme de paillettes nacrées, très-solubles dans l'eau bouillante, fort peu dans l'eau froide; leur solution est fortement acide, décompose les carbonates et forme avec les alcalis des sels très-solubles dans l'eau.

La sulfophénylamide représente de l'ammoniaque dans laquelle un atome d'hydrogène est remplacé par le radical sulfophényle $C^6 H^5, S O^2$. (Gerhardt.) Aussi on obtient un grand nombre de corps dans lesquels les 2 autres atomes d'hydrogène sont remplacés par des métaux ou des radicaux composés. Ils ont été préparés par Gerhardt. En outre, il a obtenu des diamides et des acides amidés.

Sulfophénylamide argentique,

$$C^6 H^5 S O^2 Az H Ag.$$

— Précipité blanc, cristallin, se forme lorsqu'on ajoute une solution alcoolique et ammoniacale de sulfophénylamide à du nitrate d'argent.

Disulfophénylamide, $(C^6 H^5, SO^2)^2 Az H.$ — Substance cristalline qui se produit lorsqu'on chauffe légèrement la sulfophénylamide argentique avec du chlorure phénylsulfureux.

Benzoyl-sulfophénylamide,

$$\left. \begin{matrix} C^6 H^5 . S O^2 \\ C^7 H^5 O \\ H \end{matrix} \right\} Az.$$

On l'obtient en chauffant entre 140° et 145° la sulfophénylamide avec le chlorure de benzoyle. Elle se dépose de sa solution dans l'alcool bouillant en belles aiguilles ou en prismes entre-croisés. Elle se dissout facilement dans l'alcool absolu; elle est très-peu soluble dans l'éther, encore moins dans l'eau; elle fond entre 135° et 140°. Chauffée brusquement, elle dégage du cyanure de phényle.

L'ammoniaque aqueuse la dissout aisément; la solution évaporée dans le vide donne un sirop épais qui finit par se prendre en une masse radiée. Ce produit est fort soluble dans l'eau et dans l'alcool ; Gerhardt le regarde comme étant du *sulfophényl-benzoylamate d'ammoniaque acide,*

$$C^{26} H^{29} S^2 O^8 Az^3,$$

l'acide sulfophényl-benzoylamique serait

$$Az (C^6 H^5 SO^2) (C^7 H^5 O) H^2 \left. \right\} O$$

La benzoyl-sulfophénylamide est attaquée par le perchlorure de phosphore à 150°, et on obtient par le refroidissement de belles tables, fumant à l'air, d'une odeur piquante, décomposées par l'eau en donnant de l'acide chlorhydrique et régénérant l'amide. Ce chlorure, broyé avec du carbonate d'ammoniaque, donne une amine que Gerhardt représente par la formule

$$\left. \begin{matrix} C^7 H^5 \\ C^6 H^5 S O^2 \\ H^2 \end{matrix} \right\} Az^2.$$

Ce composé est en paillettes nacrées ou en rhombes très-aigus, solubles dans l'alcool bouillant.

La benzoyl-sulfophénylamide se dissout dans une solution de carbonate de soude, en dégageant de l'acide carbonique et formant le benzoyl-sulfophénylamidate de sodium,

$$\left. \begin{matrix} C^7 H^5 O \\ C^6 H^5 SO^2 \\ Na \end{matrix} \right\} Az.$$

Benzoyl-sulfophénylamide argentique,

$$\left. \begin{matrix} C^7 H^5 O \\ C^6 H^5 SO^2 \\ Ag \end{matrix} \right\} Az.$$

On dissout la benzoyl-sulfophénylamide dans l'eau bouillante; on y ajoute quelques gouttes d'ammoniaque et on y verse une solution bouillante d'azotate d'argent, on fait bouillir pendant quelques minutes, on filtre, et on obtient par le refroidissement des aiguilles incolores, peu solubles dans l'eau froide, facilement solubles dans l'alcool bouillant.

Dibenzoyl-sulfophénylamide,

$$\left. \begin{matrix} C^6 H^5 SO^2 \\ C^7 H^5 O \\ C^7 H^5 O \end{matrix} \right\} Az.$$

Ce corps s'obtient par l'action du chlorure de benzoyle sur le sel précédent; il se ramollit à 100°, fond à 105°; il se dissout, quoique difficilement, dans l'éther absolu, qui l'abandonne par l'évaporation sous forme de magnifiques prismes raccourcis, doués d'un grand éclat.

Cumyl-sulfophénylamide,

$$\left.\begin{array}{l} C^6 H^5 S O^2 \\ C^{10} H^{11} O \\ H \end{array}\right\} Az.$$

— Ce sont de beaux prismes rectangulaires, fusibles à 164°, insolubles dans l'eau bouillante et l'alcool. Ils s'obtiennent par l'action du chlorure de cumyle sur la sulfophénylamide.

Cumyl-sulfophénylamide argentique,

$$\left.\begin{array}{l} C^6 H^5 S O^2 \\ C^{10} H^{11} O \\ Ag \end{array}\right\} Az.$$

— Fines aiguilles, très-légères, presque insolubles dans l'eau bouillante. L'*azoture d'acétyle, de benzoyle et de sulfophényle,* ainsi que l'*azoture de cumyle, de benzoyle et de sulfophényle,* s'obtiennent par la réaction des chlorures d'acides sur la benzoyl-sulfophénylamide argentique.

Succinyl-sulfophénylamide,

$$\left.\begin{array}{l} C^6 H^5 S O^2 \\ (C^4 H^4 O^2)'' \end{array}\right\} Az.$$

— Cette amide est tantôt en magnifiques aiguilles, tantôt en prismes raccourcis. Elle fond à 160°; l'eau bouillante la dissout en petite quantité, elle est peu soluble dans l'alcool et dans l'éther. Elle se dissout dans l'ammoniaque concentrée, et sa solution évaporée dans le vide donne des fibres soyeuses de *sulfophényl-succinamate d'ammoniaque,* fusibles à 165°, très-solubles dans l'eau :

$$Az (C^6 H^5 S O^2) (C^4 H^4 O^2) \left.\begin{array}{l} H \\ Az H^4 \end{array}\right\} O.$$

Par double décomposition, ce sel donne e sel d'argent, en très-belles aiguilles; l'acide *sulfophényl-succinamique* n'a pu être isolé.

Sulfophénylanilide,

$$\left.\begin{array}{l} C^6 H^5 S O^2 \\ C^6 H^5 \\ H \end{array}\right\} Az.$$

— Elle se produit par la réaction de l'aniline et du chlorure de sulfophényle; elle reste longtemps visqueuse; elle est soluble dans l'alcool et l'éther. Dissoute dans l'alcool, elle donne de magnifiques prismes portant les faces d'une pyramide et semblables à de petits cristaux d'améthyste, dont ils ont la couleur [Chiozza et Biffi, *in* Gerhardt, *Traité de Chim.,* t. III, p. 981].

Diazoture de sulfophényle, de benzoyle, d'argent et d'hydrogène,

$$\left.\begin{array}{l} C^6 H^5 S O^2 \\ C^7 H^5 O \\ Ag \\ H^3 \end{array}\right\} Az^2.$$

— Il s'obtient lorsqu'on dissout la benzoyl-sulfophénylamide argentique dans l'ammoniaque; la solution abandonne, par l'évaporation spontanée, de magnifiques cristaux appartenant au système monoclinique, aisément solubles dans l'eau bouillante; leur solution se décompose par une ébullition prolongée ou par l'acide azotique, en donnant la benzoyl-sulfophénylamide.

Diazoture de sulfophényle, de cumyle, d'argent et d'hydrogène,

$$\left.\begin{array}{l} C^6 H^5 S O^2 \\ C^{10} H^{11} O \\ Ag. \\ H^3 \end{array}\right\} Az^2.$$

— Il s'obtient comme le précédent, avec la cumyl-sulfophénylamide argentique; aiguilles nacrées, brillantes, peu solubles dans l'eau bouillante, plus solubles dans l'alcool.

Diazoture de sulfophényle, de benzoyle et de succinyle,

$$\left.\begin{array}{l} (C^6 H^5 S O^2)^2 \\ (C^7 H^5 O)^2 \\ C^4 H^4 O^2 \end{array}\right\} Az^2.$$

— Il se prépare en chauffant la benzoyl-sulfophénylamide argentique avec le chlorure de succinyle. Ce sont de petites aiguilles, fusibles à 146°, très-solubles dans l'éther à 100°, en tubes fermés, peu solubles dans ce solvant à la pression ordinaire.

ACIDE PHÉNYLSULFUREUX CHLORÉ ou CHLOROPHÉNYLSULFUREUX, $C^6 H^5 ClS O^2. OH$ [Otto et L. Brunner, *Ann. der Chem. u. Pharm.,* t. CXLIII, p. 100; et *Bull. de la Soc. chim.,* 1867, t. VIII, p. 105]. — On obtient ce composé en dissolvant la benzine monochlorée dans l'acide sulfurique fumant, saturant par le carbonate de plomb, filtrant et décomposant le sel de plomb par l'hydrogène sulfuré, et évaporant la solution aqueuse.

L'acide chlorophénylsulfureux se présente alors sous forme d'un épais sirop acide, qui se prend en cristaux très-longs, soyeux, amiantacés, déliquescents. Maintenu à la chaleur du bain-marie, il brunit. Il est soluble dans l'alcool, dans l'eau, insoluble dans la benzine et dans l'éther.

Les sels sont tous difficilement solubles dans l'alcool.

Le *sel de potasse,* $C^6 H^4 ClS O^3 K$, cristallise dans l'alcool absolu chaud, en petits prismes brillants, rhombiques; à 211° il n'est pas encore décomposé.

Le *sel de soude,* $C^6 H^4 ClS O^3 Na, H^2 O$, a les mêmes caractères que le précédent.

Le *sel de calcium,* $(C^6 H^4 Cl S O^3)^2 Ca, 5 H^2 O$, perd son eau de cristallisation en présence de l'acide sulfurique; il forme de petits rhomboïdes à 4 pans, blancs, brillants.

Le *sel de baryum,* $(C^6 H^4 ClS O^3)^2 Ba, H^2 O$, est cristallisable en tables; moins soluble dans l'eau que le précédent.

Le *sel de plomb,* $(C^6 H^4 ClS O^3)^2 Pb, H^2 O$, est en petits rhomboïdes bleus, brillants.

Le *sel de cuivre,* $(C^6 H^4 Cl S O^3)^2 Cu, S H^2 O$, est en aiguilles soyeuses, vert-bleuâtre; anhydre, il est blanc.

L'*éther éthylique* de cet acide est une huile incolore, non volatile sans décomposition, plus lourde que l'eau, insoluble dans ce véhicule, et qu'on obtient en dissolvant le chlorure dans l'alcool absolu chaud.

CHLORURE CHLOROPHÉNYLSULFUREUX,

$$C^6 H^4 ClS O^2. Cl.$$

— On triture un mélange à poids égaux de chlorophénylsulfite de sodium et de perchlorure de phosphore; la réaction est énergique, le mélange se liquéfie, puis se reprend en masse. On lave à l'eau et on fait cristalliser le produit dans l'éther anhydre. Il cristallise en belles tables, solides, blanches, quelquefois de 3 centimètres de long ; son odeur est spéciale; il est soluble dans l'éther et dans la benzine, insoluble dans l'eau, fusible à 50-51°.

L'eau même bouillante ne l'attaque pas, les alcalis le décomposent. Chauffé pendant quelques heures avec l'acide azotique fumant, il donne l'acide nitrochlorophénylsulfureux. Traité par un mélange de zinc et d'acide chlorhydrique, il donne le mercaptan phénylique chloré. Avec l'amalgame de sodium en présence du toluène, il fournit l'hydrure de sulfophényle chloré.

HYDRURE DE SULFOPHÉNYLE CHLORÉ,

$$C^6 H^4 ClS O^2. H.$$

— Ce corps, appelé aussi acide chlorobenzylsulfureux, représente le chlorure précédent dont

1 atome de chlore est remplacé par 1 atome d'hydrogène ; il est isomère du chlorure phénylsulfureux. Il est en petits cristaux blancs, en rhomboèdres à 4 faces ; il fond entre 88° et 90°. Ses sels sont cristallisables et résistent à une température élevée.

L'acide chromique le transforme en acide chlorophénylsulfureux ; cette transformation n'a pas lieu par la seule exposition à l'air. Traité par le chlore en présence de l'eau, il donne le chlorure de chlorosulfophényle $C^6 H^4 Cl S O^2 . Cl$; avec l'hydrogène naissant, il fournit le mercaptan phénylique chloré $C^6 H^4 Cl S H$. L'acide sulfurique le dissout à chaud avec une coloration d'abord jaune, puis rouge, et finalement d'un bleu indigo ; l'addition de l'eau détruit cette couleur.

Chlorosulfophénylamide, $C^6 H^4 Cl S O^2 . Az H^2$. — Elle s'obtient de la même manière que la sulfophénylamide, elle est en petites aiguilles fines et brillantes, minces, incolores ; elle fond entre 143-144°.

SULFOBENZIDE (sulfophénylure de sulfophényle), $C^{12} H^{10} S O^2 = C^6 H^5 S O^2 (C^6 H^5)$ [Mitscherlich, *Ann. de Poggend.*, 1834, t. XXXI, p. 628, et *Ann. de Chim. et de Phys.*, t. LVII, p. 88]. — Si on met la benzine en contact avec l'anhydride sulfurique, on obtient un liquide épais qui, mêlé à beaucoup d'eau, précipite une substance cristallisée, la sulfobenzide, qu'on purifie par des lavages à l'eau, puis par cristallisation dans l'éther et enfin par sublimation ; la solution aqueuse d'où elle a été précipitée retient l'acide phénylsulfureux. La sulfobenzide prend aussi naissance dans la distillation sèche de l'acide phénylsulfureux [Freund, *loc. cit.*].

En oxydant le sulfure de phényle par l'acide azotique concentré, Stenhouse a obtenu un corps (sulfobenzolène) de même composition que la sulfobenzide, et qu'il a regardé comme un isomère de celle-ci. Suivant Kekulé et Szuch, le sulfobenzolène et la sulfobenzide sont identiques [Stenhouse, *loc. cit.*, Kekulé et Szuch, *Zeitsch. für Chem,*, nouv. sér., t. III, p. 193; et *Bull. de la Soc. chim.*, 1867, t. VIII, p. 104].

La sulfobenzide est très-peu soluble dans l'eau, soluble dans l'alcool et dans l'éther ; bien cristallisée, inodore, incolore, fusible à 100° (Mitscherlich), à 115° (Gericke), à 128-129° (Freund, Otto), et distillable au-dessus du point d'ébullition du mercure.

Otto l'a traitée par le perchlorure de phosphore ; en opérant au bain d'huile pendant plusieurs heures, et à une température de 160° à 170°, il a obtenu du protochlorure de phosphore, de la benzine monochlorée, et du chlorure phénylsulfureux :

$$SO^2 . \begin{cases} C^6 H^5 \\ C^6 H^5 \end{cases} + P Cl^5$$

$$= P Cl^3 + C^6 H^5 Cl + C^6 H^5 S O^2 . Cl$$

[Otto, *Ann. der Chem. u. Pharm.*, t. CXXXVI, p. 154, et *Bull. de la Soc. chim.*, 1866, t. VII, p. 448].

DÉRIVÉS DE LA SULFOBENZIDE. — La sulfobenzide donne plusieurs dérivés [Gericke, *Ann. der Chem. u. Pharm.*, t. C, p. 207 et *Ann. de Chim et de Phys.*, (3), t. L, p. 116]. Chauffée avec l'acide sulfurique, elle se transforme en acide phénylsulfurique ou sulfophénique $S O^4 . C^6 H^6$.

Quand on la chauffe avec l'acide nitrique fumant, et qu'on ajoute de l'eau à la solution, il se précipite une substance amorphe, la *nitrosulfobenzide*, $C^{12} H^9 (Az O^2) S O^2$, que le sulfhydrate d'ammoniaque transforme en une base, l'*amidosulfobenzide*.

L'amidosulfobenzide, $C^{12} H^9 (Az H^2) S O^2$, est en petits prismes quadrilatères peu solubles dans l'eau

froide, facilement solubles dans l'eau chaude et dans l'alcool. Elle forme avec l'acide chlorhydrique une combinaison cristallisable en prismes quadrilatères rougeâtres. Avec un mélange d'acide nitrique et d'acide sulfurique, la sulfobenzide se transforme en *dinitrosulfobenzide*,

$$C^{12} H^8 (Az H^2)^2 S O^3,$$

cristallisable en petites tables rhomboïdales fusibles à 164°, sublimables à 320° sans altération, peu solubles dans l'alcool et dans l'éther.

Le sulfhydrate d'ammoniaque transforme ce corps en *diamidosulfobenzide*, $C^{12} H^8 (Az H^2)^2 S O^2$, qui cristallise en petits prismes quadrilatères, solubles à chaud dans l'eau et dans l'alcool. Son chlorhydrate, $C^{12} H^8 (Az H^2)^2 S O^2, 2 H Cl$, cristallise en prismes rhomboïdaux rougeâtres.

Le chlore réagit à froid sur la sulfobenzide ; en favorisant la réaction par l'insolation ou la chaleur, on a le tétrachlorure de sulfobenzide,

$$C^{12} H^{10} S O^2, Cl^4.$$

C'est une huile jaune, fusible vers 150°. La potasse alcoolique la transforme en sulfobenzide bichlorée $C^{12} H^8 Cl^2 S O^2$.

La *bichlorosulfobenzide* cristallise en prismes longs et fins, fusibles à 152° et se sublimant en partie avant de fondre ; lorsqu'on fond ces cristaux à plusieurs reprises, le point de fusion s'abaisse à 64°.

Le même corps s'obtient par l'action de l'anhydride sulfurique sur la benzine monochlorée [Otto, *Zeitsch. für Chem.*, nouv. sér., t. III, p. 143; et *Bull. de la Soc. chim.*, 1867, t. VIII, p. 94].

Suivant Otto et Ostrop [*Ann. der Chem. u. Pharm.*, t. CXLI, p. 93], le chlore réagit sur la sulfobenzide à froid et sous l'influence des rayons solaires ; il se forme sur les parois des vases où l'on opère une couche de cristaux, qui sont accompagnés d'une huile jaune. Les cristaux correspondent à la formule $C^6 H^5 Cl^7$, *hexachlorure de benzine chloré*. L'huile jaune est un mélange de différents corps ; traitée par la solution alcoolique de potasse, elle donne une benzine tétrachlorée et une benzine pentachlorée (voyez ce mot). Si la sulfobenzide est chauffée à 120-130° dans un courant de chlore, il distille une huile composée de benzine monochlorée et de chlorure phénylsulfureux ; le chlore se comporte dans ces circonstances comme le perchlorure de phosphore. E. G.

BENZINE COMMERCIALE. — On désigne sous ce nom le mélange d'hydrocarbures liquides, plus légers que l'eau, dont le point d'ébullition se trouve situé entre 80° et 180°, et qui appartiennent à la série $C^n H^{2n-6}$.

Historique. — Industriellement, la benzine est toujours préparée au moyen du goudron de houille. Sa présence y a été signalée pour la première fois par Leigh, de Manchester, en 1842, dans une communication qu'il fit à l'Association britannique [*Monit. scientif.*, 1865, p. 446] ; peu après, en 1845, Hofmann constata le même fait [*Ann. der Chem. u. Pharm.*, t. IV, p. 200] ; enfin, en 1847, Mansfield montra que le goudron de houille en renferme des quantités considérables et donna le moyen de l'en retirer. C'est donc à lui que l'industrie est redevable de cette découverte importante.

Depuis l'essor considérable pris par la fabrication des couleurs d'aniline, la production du goudron de houille provenant de la fabrication du gaz d'éclairage est devenue inférieure aux besoins de l'industrie ; aujourd'hui, l'on retire la benzine, non-seulement du goudron de houille provenant des usines à gaz, mais encore de celui qui est fabriqué spécialement dans ce but.

FABRICATION DE LA BENZINE.

Matière première : goudron de houille. — La nature et la composition du goudron varient beaucoup d'après les circonstances dans lesquelles il a été produit.

Dans les usines à gaz, la production du goudron est accessoire; on l'évite autant que l'on peut, le but de la distillation de la houille étant de produire naturellement le plus de gaz possible ; aussi cette distillation se fait-elle à une très-haute température et en prenant les dispositions les plus convenables pour tranformer en gaz tous les produits de la décomposition du charbon de terre. Lorsqu'il s'agit, au contraire, de distiller du charbon dans le but spécial de fabriquer du goudron, l'opération doit se faire à la température la plus basse possible, et les produits de la distillation doivent être entraînés rapidement hors des appareils dans lesquels elle s'effectue, de manière qu'ils ne puissent y être décomposés.

Le goudron de houille est une matière des plus complexes : il renferme un très-grand nombre de substances diverses, dont nous citons ici les plus importantes.

	Point d'ébullition.	Composition.
Eau	100	H^2O.
Sulfure de carbone	47	CS^2.
Acide acétique	120	$C^2H^4O^2$.
Cespitine	96	$C^5H^{13}Az$.
Aniline	182	C^6H^7Az.
Pyridine	115	C^5H^5Az.
Picoline	134	C^6H^7Az.
Pyrrhol	133	C^4H^5Az.
Lutidine	154	C^7H^9Az.
Collidine	170	$C^8H^{11}Az$.
Parvoline	188	$C^9H^{13}Az$.
Coridine	211	$C^{10}H^{15}Az$.
Rubidine	230	$C^{11}H^{17}Az$.
Leucoline	235	C^9H^7Az.
Viridine	251	$C^{12}H^{19}Az$.
Lépidine	260	$C^{10}H^9Az$.
Cryptidine		$C^{11}H^{11}Az$.
Hydrure d'amyle	39-40	C^5H^{12}.
Hydrure de caproyle	68-70	C^6H^{14}.
Hydrure d'œnanthyle	98-99	C^7H^{16}.
Hydrure de capryle	118-120	C^8H^{18}.
Caproylène	55	C^6H^{12}.
Benzine	82	C^6H^6.
Toluène	110-111	C^7H^6.
Xylène	139	C^8H^{10}.
Cumène	166	C^9H^{12}.
Cymène	180	$C^{10}H^{14}$.
Divers hydrocarbures dont l'étude n'a pas encore été faite	220-280	
Phénol	188	C^6H^6O.
Crésol	203	C^7H^8O.
Phlorol		$C^8H^{10}O$.
Styrolène	146	C^8H^8.
Hydrure de naphtaline. (?)	195	$C^{10}H^{12}$.
Hydrure de naphtaline.	205	$C^{10}H^{10}$.
Naphtaline	212	$C^{10}H^8$.
Acénaphtène	284-285	$C^{12}H^{10}$.
Fluorène	305	
Chrysène	350	$C^{18}H^{12}$.
Benzérythrène		
Succistérène		
Bitumène		
Anthracène	360	$C^{14}H^{10}$.
Paranaphtaline, méthyl-anthracène		$C^{15}H^{12}$.
Rétène	400 (?)	$C^{18}H^{18}$.

La formation des carbures d'hydrogène que nous avons cités peut être expliquée, d'après Berthelot :

1° Par la condensation moléculaire et la décomposition inverse;

2° Par la combinaison directe des carbures avec l'hydrogène et la décomposition inverse;

3° Par la combinaison directe des carbures les uns avec les autres et la décomposition inverse [*Bull. de la Soc. chim.*, t. VI, 1866, p. 282].

Toutes ces substances se trouvent en quantités très-variables dans les goudrons de houille : il importe donc beaucoup, pour en extraire telle ou telle de ces substances, de savoir la nature du goudron sur lequel on opère.

Pour ce qui concerne l'industrie de la benzine, les charbons français sont de beaucoup inférieurs aux charbons anglais. Parmi ceux-ci, les plus avantageux sont le Boghead (voir ce mot) et le Cannel : le premier fournit un goudron qui donne jusqu'à 12 °/₀ de son poids en benzine ; le second en donne environ 9 °/₀. Quant aux autres houilles employées en Angleterre (celles de Newcastle et de Staffordshire), elles donnent beaucoup de naphtaline, mais peu de benzine.

Les proportions de goudron obtenues dans la distillation du charbon de terre varient considérablement, d'après la nature de ce combustible et la manière dont la distillation est conduite : à Saint-Étienne on compte généralement sur 3 à 4 °/₀; à Paris sur 5 °/₀ : avec des charbons convenables on peut obtenir régulièrement 6 à 7 °/₀.

Distillation du goudron. — La préparation de la benzine constitue une industrie spéciale. Les goudrons sont expédiés aux fabricants d'*essences de houille* dans des réservoirs en *tôle* de mille litres environ, munis à leur partie supérieure d'une large ouverture qui sert à l'introduction des matières, et à leur partie inférieure d'un robinet de vidange.

Dans l'usine de distillation, les goudrons sont réunis dans de vastes citernes d'où on les dirige, au moyen de pompes, dans les ateliers où ils doivent être traités.

L'extraction de la benzine se fait au moyen de la distillation. Comme le goudron renferme toujours une certaine quantité d'eau interposée, qui nuirait beaucoup à la régularité de la distillation, certains fabricants commencent par séparer cette eau : pour cela, le goudron est versé dans de grandes chaudières chauffées au moyen d'un serpentin, et munies d'un chapiteau qui communique avec un réfrigérant. On chauffe le goudron pendant quelques heures en ayant soin de condenser les produits qui se volatilisent dans cette opération et qu'on réunit ultérieurement à l'huile légère ; puis on laisse refroidir le tout, et au moyen d'un robinet de vidange situé à la partie inférieure de la chaudière, on laisse écouler l'eau ammoniacale, qui par l'action de la chaleur s'est complétement séparée du goudron. Celui-ci peut maintenant être distillé sans difficulté aucune.

Les appareils dont on se sert pour cela sont des chaudières cylindriques en tôle forte ou en fonte, légèrement bombées à leur partie inférieure qui présente une épaisseur plus forte que le reste de l'appareil, puisqu'elle doit être soumise à une température élevée; elles sont munies, à leur partie inférieure, d'un robinet de vidange, et, à leur partie supérieure, d'un trou d'homme pour les nettoyages, d'une large tubulure pour la distillation, et d'une petite tubulure destinée à recevoir un thermomètre. Les dimensions données à ces appareils sont variables; il n'est pas rare d'en voir d'une contenance de 10 à 20,000 litres; mais les proportions suivantes sont plus fréquemment usitées : 2 mètres de longueur, 1 mètre de largeur, 1ᵐ,20 de hauteur. Quelle que soit la grandeur de ces cornues, il est indispensable de veiller à ce qu'elles aient peu de hauteur, de façon à ce que les produits de la distillation puissent facilement s'écouler. Ces cornues sont chauffées à feu nu : quelquefois on les fait reposer sur une voûte en briques qui les préserve du contact direct de la flamme; quelquefois enfin on distille à la vapeur, mais ce procédé n'est pas général, surtout lorsqu'on a déjà, par la séparation préalable de l'eau, chauffé le goudron à 100° et extrait, par conséquent, les parties les plus volatiles.

On a proposé divers appareils destinés à rendre la distillation continue, mais ils sont en général peu avantageux, en raison de la faible proportion des produits volatils par rapport aux résidus.

La distillation commence très-rapidement, et par une faible application de chaleur. On recueille à l'extrémité du réfrigérant une huile légère, très-fluide, qui constitue ce qu'on nomme l'*essence légère de houille;* on considère comme tel tout ce qui distille entre 60° et 200° environ : la densité moyenne de l'huile légère est 0,840 ; les portions plus légères pèsent 0,780 , les plus lourdes 0,850. On obtient environ 6 °/₀ du poids du goudron en huiles légères.

En continuant à chauffer, on détermine la distillation des produits connus sous le nom d'*huiles lourdes* qui passent entre 200° et 220°, et dont la densité va en croissant depuis 0,850 jusqu'à 0,900: elles renferment de la naphtaline, du phénol, de l'aniline, etc.; le goudron en donne environ 20 à 25 °/₀ de son poids. Enfin, les dernières portions distillées sont plus lourdes que l'eau : elles renferment généralement beaucoup de paraffine.

Les huiles légères, bouillant à une température assez basse, demandent, pour être condensées, beaucoup de précautions : les serpentins doivent être constamment alimentés par de l'eau aussi froide que possible ; mais plus la température de l'ébulition s'élève, moins cette précaution devient indispensable; on peut laisser l'eau s'échauffer peu à peu, et lorsque les huiles lourdes commencent à distiller, il faut s'appliquer au contraire à maintenir le serpentin à une température telle, que les produits analogues à la naphtaline, au phénol, etc., restent liquides : s'ils venaient à se solidifier, ils boucheraient promptement l'appareil et une explosion serait inévitable. Les serpentins doivent être disposés le plus loin possible des foyers, car ces essences de houille sont éminemment inflammables : en général, les ateliers de distillation doivent être combinés de telle sorte que les chances d'incendie y soient aussi minimes que possible.

Lorsque les huiles lourdes, la paraffine, etc., ont distillé, ce qui reste dans la cornue constitue le brai. Souvent on pousse la température beaucoup plus haut, jusqu'aux environs du rouge : on produit ainsi des hydrocarbures solides, la paranaphtaline, le chrysène, etc., et il ne reste plus dans l'appareil qu'un coke d'une très-grande dureté : généralement, au contraire, on s'arrête après la distillation des huiles lourdes, on éteint le feu, et, immédiatement après, on ouvre le robinet de vidange par où le brai s'écoule : il est liquide encore à cette température, mais il ne tarde pas à se solidifier. Ce produit sert à la confection des briquettes, du charbon de Paris, etc.; il représente environ 65 °/₀ du poids du goudron.

Revenons aux produits de la distillation. Nous y avons mentionné les huiles légères, les huiles lourdes et enfin les dernières portions riches en paraffine. Ces trois classes de produits sont recueillies séparément.

Les dernières servent à la préparation de la paraffine. — Voyez ce mot.

Traitement des huiles lourdes. — Les huiles lourdes renferment divers hydrocarbures liquides, de la naphtaline, des phénols, les alcaloïdes que nous avons mentionnés plus haut, etc. Chacun de ces produits peut en être extrait et a son emploi spécial.

On commence par soumettre le produit brut à une rectification qu'on opère dans des chaudières cylindriques de 1,000 à 2,000 litres ; on recueille à part :

1° Les produits distillant jusqu'à 120°, et qui servent à la préparation du benzol ;

2° Les huiles distillant de 120° à 190°;

3° Le résidu de cette rectification, qui retourne aux goudrons.

Les essences de 120° à 190° doivent subir les opérations suivantes : par un traitement acide, on en extrait l'aniline et les autres alcaloïdes; par un traitement alcalin, on en retire les phénols; dans cet état et mélangées de naphtaline, elles peuvent servir à la conservation des bois, au graissage des machines, etc.; mais, en général, et spécialement lorsqu'elles doivent servir à l'éclairage, elles demandent à être purifiées et débarrassées autant que possible de naphtaline. On leur fait donc subir un traitement à l'acide sulfurique concentré (10 °/₀ du poids de l'huile) suivi d'un lavage à l'eau, un traitement à la soude caustique (6 °/₀), puis une rectification, et enfin un traitement au sulfate ferreux qui enlève diverses matières odorantes, sulfurées ; on les livre alors au commerce sous le nom d'*huile sidérale.*

Les huiles lourdes peuvent aussi être utilisées de la façon suivante : en faisant rapidement passer leurs vapeurs au travers d'un cylindre chauffé au rouge, ou en les faisant lentement s'écouler sous forme de filet, dans une cornue en fonte ou en terre, chauffée au rouge, ces huiles sont décomposées; il se produit une grande quantité de gaz et, de plus, une notable proportion d'huiles légères ; on arrive ainsi, avec ces huiles lourdes qui encombraient les usines, à fabriquer un produit d'une valeur relativement beaucoup plus grande [Breitenlohner, *Chem. Centralblatt,* oct. 1863, n° 48, p. 579].

Traitement des huiles légères et fabrication du benzol. — Pour préparer le *benzol,* qui constitue la matière première de l'aniline, on se sert des huiles légères obtenues directement par la distillation du goudron et par la rectification des huiles lourdes ou de celles que l'on produit par le traitement indiqué par Breitenlohner (voyez plus haut). Quelle que soit son origine, l'huile légère renferme, outre les hydrocarbures de la série $C^n H^{n-6}$ (benzine, toluène, etc.), des hydrocarbures de diverses autres séries, ceux par exemple de la série de l'éthylène $C^n H^{2n}$, ceux de la série $C^n H^{n+2}$, par exemple, l'hydrure d'amyle, de caproyle, etc. (ces derniers en quantité très-minime). Elle renferme des phénols, des alcaloïdes, etc. Tous ces produits doivent être éliminés pour donner un produit commercial de qualité convenable.

Le premier traitement qu'on fait subir aux huiles légères consiste à les mélanger avec 5 °/₀ de leur poids d'acide sulfurique. L'opération se fait dans des vases en bois, doublés de plomb et munis d'un couvercle fermant convenablement; dans l'axe de ce vase est fixé un agitateur à palettes de bois, recouvertes de plomb. L'acide sulfurique est, au moyen de cet agitateur, mis en contact intime avec l'essence et lui enlève toutes les parties capables de se combiner avec lui. Il est bon de ne pas opérer sur plus de 3 à 400 kilog. à la fois. Ce traitement acide doit durer une heure au moins; puis on laisse reposer vingt-quatre heures et on décante l'acide au moyen d'un robinet de vidange établi à la partie inférieure de l'appareil. Par ce traitement, l'acide sulfurique s'est épaissi et coloré ; il s'est en effet chargé non-seulement des alcaloïdes en dissolution dans l'essence, mais encore des hydrocarbures $C^n H^{n+2}$ qu'il dissout en se colorant fortement, de la naphtaline qui se trouve presque toujours dans ces huiles, etc. ; son action sur ces

diverses substances détermine la formation d'a-
cide sulfureux, dont on remarque généralement
l'odeur après cette opération. L'acide sulfurique,
retiré des huiles légères, peut servir à la préparation de l'aniline (voyez ce mot). Ce premier
traitement est quelquefois suivi d'un second, pareil, puis les huiles sont lavées à l'eau à deux
reprises.

Au traitement acide doit succéder un traitement
alcalin, destiné à enlever les phénols et les divers
acides qui peuvent se trouver mélangés aux huiles.
On emploie pour cela, 1 à 2 % de soude caustique
à 40°, qu'on fait réagir sur l'essence dans le même
appareil et de la même façon que l'acide sulfurique; quelquefois on remplace la soude par la
chaux. Ces solutions alcalines peuvent être utilisées pour la préparation de l'acide phénique. Il
est évident qu'on peut, pour les saturer, se servir
des eaux acides du premier traitement, en s'ar-
rangeant de façon que le mélange des deux liqueurs reste fortement acide; on sépare l'acide
phénique, la créosote, etc., qui viennent surnager, puis on obtient par le refroidissement du
liquide, une abondante cristallisation de bisulfate
de sodium, et les eaux mères, renfermant les sulfates des alcaloïdes, saturées par de la chaux,
mettent en liberté l'aniline, la toluidine, etc.,
qu'on décante et qu'on rectifie (E. Kopp).

Les huiles, ainsi purifiées par l'action successive de l'acide sulfurique et de la soude, sont rectifiées; quelques fabricants opèrent cette rectification sur de la chaux en poudre (6 % du poids
de l'huile). Ce produit distillé constitue alors ce
que l'on nomme la *benzine pure du commerce*.

Pour en extraire le benzol, on la rectifie une
seconde fois dans des alambics en cuivre, munis
d'un serpentin d'étain et chauffés, soit à la vapeur, soit au bain d'huile de palme : on ne recueille que les portions qui distillent entre 80° et
120°.

Ces portions portent le nom de benzols et servent à la préparation de l'aniline; les portions
distillant à une température plus élevée portent
le nom d'huiles lourdes; elles servent, comme les
huiles lourdes obtenues à la première distillation
du goudron (voir plus haut), aux divers usages que
nous indiquons plus loin.

Souvent on adopte pour ces distillations les
dispositions usitées dans les distilleries d'alcool.
Toute espèce d'appareil reposant sur les principes
des *colonnes* sera employé avec succès.

Vohl a fait connaître un appareil très-ingénieux
et très-pratique pour le fractionnement des divers
hydrocarbures contenus dans le produit brut de
la distillation du goudron : nous renvoyons le
lecteur, pour sa description, aux ouvrages spéciaux publiés sur ce sujet [*Technologiste.*, janvier
1866].

Essai du benzol. — Le benzol employé dans
la fabrication de l'aniline est un mélange de benzine et de toluène, il doit présenter par conséquent
les caractères d'un tel mélange. Sa densité varie
entre 0,850 (benzine) et 0,870 (toluène). Son point
d'ébullition est entre 80° et 120°. Ces deux caractères sont variables, puisque, selon la destination de l'aniline, les benzols devront renfermer
plus ou moins de chacun des deux hydrocarbures. L'acide sulfurique ne doit donner avec un
bon benzol qu'une faible coloration. Le mélange
d'acide nitrique et d'acide sulfurique doit le transformer entièrement en nitrobenzine, tout en restant parfaitement limpide. Un traitement à la
soude ne doit pas faire changer ses points de distillation.

Les benzols se vendent dans le commerce avec
un titre établi à l'avance : on dit un benzol à 30,
60, 90 %, ce qui signifie qu'un tel benzol renferme 30, 60, 90 % de produits distillant jusqu'à
100° : il est toujours entendu que le reste distille
de 100° à 120°. La vérification du titre des benzols
se fait en prenant leurs points de distillation.

Un benzol 20 % est généralement considéré
comme mauvais, parce que l'aniline qu'il fournira
sera trop lourde. Un benzol 30-40 % donnera de
bonne aniline pour rouge. Un benzol 90 % donnera de bonne aniline pour bleu ou pour noir.

Th. Château a publié un travail intéressant sur
l'essai des benzols, dans le *Bull. de la Soc.
indust. de Mulhouse*, 1864, p. 97; nous y renvoyons le lecteur. Voyez aussi *Bull. de la Soc.
chim.*, 1864, t. I, p. 200.

Préparation de la benzine pure. — La préparation de la benzine pure, au moyen des huiles de
houille, a été indiquée pour la première fois par
Mansfield. Il commence par purifier l'huile légère
comme nous l'avons indiqué plus haut; puis on la
rectifie en employant l'appareil suivant, qui donne
d'excellents résultats.

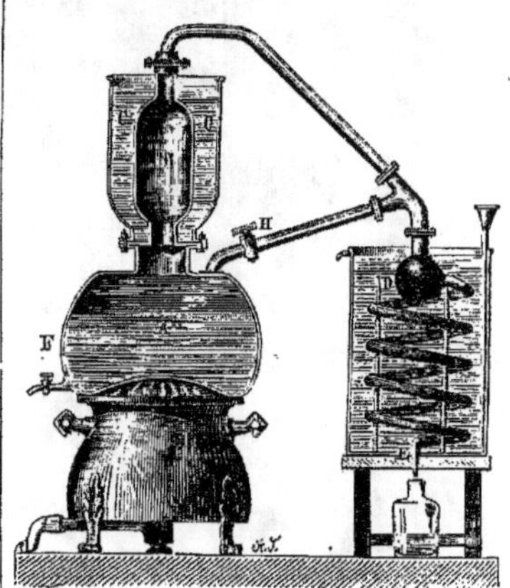

Fig. 78. — Préparation de la benzine pure.

L'huile légère est introduite dans le réservoir A
et les différentes pièces de l'appareil sont ajustées
comme nous les représentons ici. Le vase C est
rempli d'eau froide, puis on commence à chauffer.
L'huile entre promptement en ébullition; les premières portions qui se vaporisent rencontrent la
surface froide B, s'y condensent et retombent en
A; mais en se condensant elles dégagent une quantité de chaleur très-forte qui sert à échauffer l'eau
renfermée dans le récipient C. La température de
cette eau augmente progressivement; elle atteint
bientôt le degré auquel se vaporisent les parties
les plus légères contenues dans l'essence de
houille; à ce moment, elles ne se condensent plus
en B; elles traversent ce vase à l'état de vapeurs,
gagnent le serpentin D, qui, lui, est constamment refroidi par un courant d'eau fraîche, et s'y
condensent; on recueille le liquide en E. La
température de l'ébullition des huiles contenues
en A augmentant peu à peu, celle de l'eau renfermée dans le vase C augmentera de même, et
il arrivera un moment où cette eau entrera en
ébullition; à ce moment, qui représente la dernière phase de l'opération, toutes les huiles qui

neuvent, à 100°, rester à l'état de vapeur, distilleront et seront recueillies en E; celles dont le point d'ébullition est supérieur se condenseront en B et retomberont dans la chaudière. On conçoit que par ce procédé l'on puisse assez promptement obtenir une benzine déjà très-pure.

H est un robinet au moyen duquel on peut, après avoir séparé la benzine, rectifier les huiles qui distillent au-dessus de 100°. F, robinet de vidange pour les résidus des distillations.

Industriellement, on réalise la séparation de la benzine au moyen d'un appareil tout à fait analogue à celui de Mansfield et que nous représentons fig. 79.

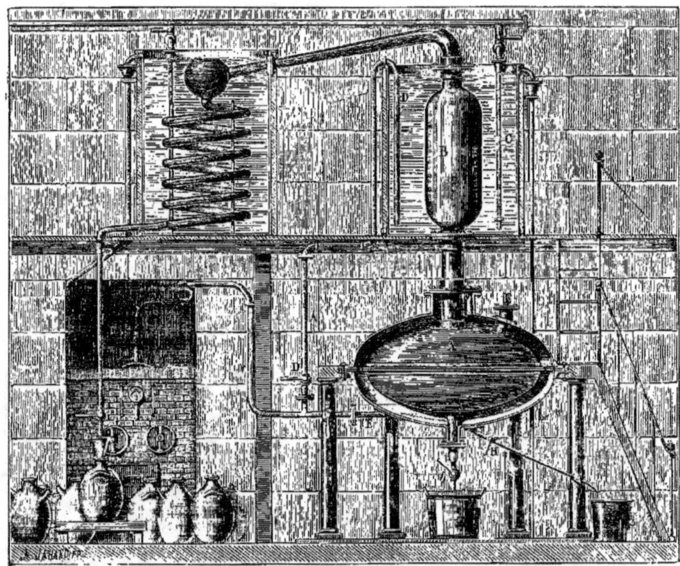

Fig. 79. — Appareil industriel.

A, vase distillatoire; B, condensateur; C, réservoir d'eau. On le chauffe, au commencement de l'opération, au moyen du tuyau de vapeur D qui communique avec la chaudière. E, double fond, chauffé à la vapeur; F, entrée des matières; G, robinet de vidange; H, sortie pour l'eau de condensation.

La benzine, obtenue par ces procédés, n'est pas encore complétement pure, et l'on n'arriverait que très-difficilement à la purifier par distillation; mais la propriété qu'elle possède de cristalliser à une basse température permet de la séparer des hydrocarbures qui l'accompagnent et qui ne possèdent pas cette propriété. On la fait donc congeler, et on soumet rapidement la masse solide que l'on obtient ainsi à une forte compression. Ce traitement, répété plusieurs fois, fournit la benzine chimiquement pure.

Un autre moyen de préparer la benzine pure avec l'essence de houille a été indiqué par Church [*Chemical News*, 1861, p. 114]. Cette essence, débarrassée d'acide phénique, d'aniline, etc., est traitée par l'acide sulfurique étendu de 1/8 de son volume d'eau; à ce dégré, l'acide sulfurique ne dissout plus la benzine, mais il dissout le toluène et les autres hydrocarbures plus carburés.

Séparation des hydrocarbures de la série $C^n H^{2n-6}$. — Nous venons d'indiquer les moyens usités pour la préparation du benzol et de la benzine pure; il nous reste à rendre compte des procédés récemment indiqués par Th. Coupier pour la séparation et la préparation des divers hydrocarbures de la série de la benzine.

Le but que s'est proposé Coupier est de retirer du goudron de houille et de livrer au commerce chacun de ces hydrocarbures à un état de pureté presque absolu. En réalisant cette séparation, c'est-à-dire en produisant de la benzine, du toluène, du xylène, etc., on évite, dans la production ultérieure des dérivés nitrés de ces hydrocarbures, certains inconvénients que l'on avait observés jusqu'à présent et qui provenaient surtout de ce fait que chacun d'entre eux nécessite un traitement spécial. Plus ces hydrocarbures sont riches en carbone, plus énergique est l'attaque de l'acide nitrique; il est donc utile de la régler d'après la nature de l'hydrocarbure, et, pour cela, d'obtenir chacun d'eux isolément.

Un autre avantage de cette séparation consiste en ce que, isolant chacun des hydrocarbures, on peut produire isolément chacun des alcaloïdes qui leur correspondent, l'aniline, la toluidine, la cumidine, etc.; or, d'après Coupier, chacun de ces alcaloïdes demande, pour être transformé en matière colorante, un traitement spécial. Tel traitement convenable pour l'aniline ne donnera pour la toluidine que des résultats médiocres ; il est donc utile de séparer chacun de ces alcaloïdes et de lui appliquer le traitement qui lui convient.

Le procédé de Coupier repose également sur la distillation fractionnée. Son appareil, que nous figurons ici, se compose d'une chaudière A dans laquelle, au moyen de l'ouverture B, on verse les benzines à fractionner, convenablement épurées par les procédés indiqués plus haut. Cette chaudière est chauffée à la vapeur au moyen du tuyau C qui vient directement du générateur. Les vapeurs des hydrocarbures se rendent dans la *co-*

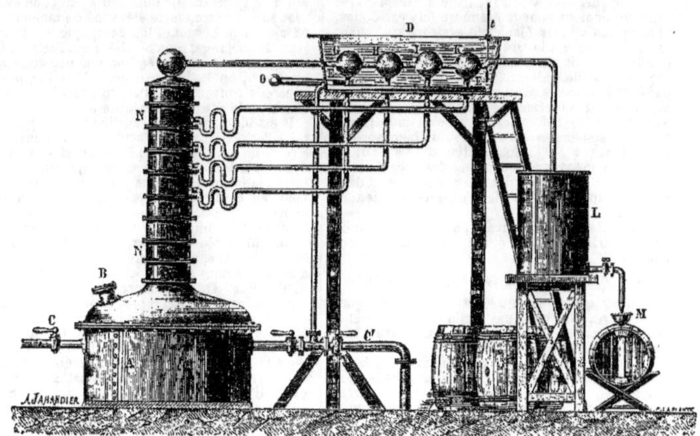

Fig. 80. — Appareil de Coupier.

lonne N où s'opère un premier fractionnement. — Voir l'article ALCOOL.

Les vapeurs des hydrocarbures les plus volatils traversent les différents plateaux de la colonne, sans s'y condenser, et sont dirigées dans l'appareil D ; celui-ci est rempli d'une solution de chlorure de calcium, qui, au moyen d'un serpentin de vapeur E, peut être chauffé à la température voulue, laquelle est indiquée par le thermomètre *t*. La vapeur, après avoir circulé dans le réchauffeur, s'échappe par O.

S'il s'agit de préparer de la benzine pure, on chauffe cette solution à 80°. Les vapeurs arrivant en G sont un mélange de benzine, de toluène, etc. Comme la température du récipient G n'est pas supérieure à 80°, les vapeurs des hydrocarbures liquides à cette température s'y condenseront ; celles de la benzine, au contraire, pourront le traverser sans se condenser, arriveront en H, I, K, où elles se dépouilleront des dernières traces d'hydrocarbures moins volatils, et finiront par se rendre dans le réfrigérant L, constamment alimenté par un courant d'eau froide, où elles se condenseront. Le produit de cette condensation est recueilli dans des vases convenables ou dans des fûts M.

Les hydrocarbures qui n'ont pu à 80° garder l'état de vapeur et qui se sont condensés dans les divers récipients du réchauffeur D retournent au fur et à mesure de leur condensation dans la colonne. Mais comme les produits condensés dans le récipient G sont les plus chargés de produits lourds, il faut les laisser écouler dans la partie la plus basse de la colonne où ils doivent être *analysés*, tandis que ceux qui se condensent en K sont beaucoup moins chargés de produits lourds et ne né-cessitent plus qu'un passage très-court dans la colonne ; on les laisse s'écouler dans sa partie supérieure.

S'agit-il non plus de préparer de la benzine mais du toluène, on chauffera l'appareil D à 108-109° et ainsi de suite, en observant toujours la précaution de maintenir la température du réchauffeur à 2° au-dessous du point d'ébullition de l'hydrocarbure que l'on veut préparer.

Usages de la benzine. — Le *benzol* sert à la fabrication de la nitrobenzine qui, sous l'influence des agents réducteurs, se transforme en aniline ; c'est sa principale application. Quand le benzol employé renferme peu de toluène, la nitrobenzine est douée d'une odeur agréable qui la fait employer dans la parfumerie (Collas). On emploie aussi le benzol pour dissoudre le caoutchouc ou la gutta-percha et produire des feuilles très-minces de ces deux substances ; enfin on l'a proposé aux dessinateurs pour décalquer : le benzol rend le papier transparent et ne laisse aucune trace de son passage après sa volatilisation.

La *benzine* a d'autres emplois : la solubilité des corps gras, des résines, etc., dans ce véhicule l'a fait adopter avec succès dans le dégraissage. Additionnée d'alcool ou consommée dans des lampes spéciales, elle sert avec succès à l'éclairage. Mélangée avec des résines ou du brai, elle sert pour préserver le fer, le bois, etc. On l'emploie fréquemment comme dissolvant dans les laboratoires : elle dissout, en effet, un très-grand nombre de substances, l'iode, le brome, certains alcaloïdes, la quinine par exemple (qui peut ainsi être séparée de la cinchonine, insoluble dans la benzine), diverses résines avec lesquelles elle forme des vernis estimés. A l'état de vapeur, elle dissout facilement le copal, le caoutchouc, la gutta-percha, etc. En thérapeutique, on l'emploie avec succès pour détruire, chez les hommes et les bêtes, les poux, l'acarus, etc. Les benzines les plus lourdes peuvent servir à faire du noir de fumée.

NITROBENZINE COMMERCIALE.

Historique. — La nitrobenzine a été préparée industriellement pour la première fois par Collas, pharmacien à Paris. Mansfield avait indiqué avant lui le moyen de la préparer avec l'essence de houille, mais il n'a pas réalisé cette préparation sur une échelle industrielle. Le procédé employé par Collas consiste à verser lentement, dans un mélange de 1.000 grammes d'acide nitrique mono-hydraté et de 500 grammes d'acide sulfurique, 1,000 grammes d'essence de houille bien purifiée et bouillant à 86° : le résultat de l'opération, convenablement lavé, constitue l'*essence de mirbane*, produit employé dans la parfumerie et dont l'odeur rappelle celle de l'essence d'amandes amères.

Fabrication. — La benzine, sous l'influence de l'acide nitrique concentré, se transforme en nitrobenzine,

$$C^6 H^6 + Az H O^3 = C^6 H^5 Az O^2 + H^2 O.$$

Théoriquement il doit en être ainsi ; pratiquement le résultat n'est pas facile à atteindre et il faut une grande habitude pour réussir convenablement cette fabrication.

Le point essentiel dans la préparation de la nitrobenzine, et c'est celui qu'on a négligé le plus longtemps, consiste à opérer sur des benzols très-purs, exempts d'acide phénique, de naphtaline et d'hydrocarbures lourds : le premier se transformerait en acide picrique qui, comme on le sait, ne doit être manié qu'avec certaines précautions ; le second donnerait de la nitronaphtaline et ultérieurement de la naphtylamine qui, se résinifiant facilement au contact de l'air, altérerait la beauté des anilines : la présence des hydrocarbures autres que le toluène et la benzine, soit, par exemple, du cumène ou du cymène, rendrait l'action de l'acide nitrique très-difficile à modérer ; ces hydrocarbures, en effet, sont attaqués avec une grande énergie, l'action devient promptement tumultueuse, la masse s'échauffe, et il n'est pas rare de voir le tout s'enflammer ou faire explosion.

Ce premier point bien établi, il est nécessaire de savoir convenablement régulariser l'action de l'acide nitrique. Il faut, par cette action, d'une part, que tout le benzol soit transformé en nitrobenzine et que cependant il ne se forme pas de binitrobenzine.

Une règle générale à observer est de n'ajouter le benzol que lentement et d'attendre pour chaque nouvelle addition que les portions précédentes aient été complétement transformées. Pour atteindre ce but, divers procédés ont successivement été adoptés :

Mansfield se servait d'un serpentin de grès ou de verre, bifurqué à sa partie supérieure et disposé dans un vase rempli d'eau froide. Il faisait arriver, par l'une des ouvertures, l'acide, par l'autre la benzine (10 p. de benzol pour 12 p. d'acide nitrique à 48°) : ces deux liquides se mélangeaient dans l'intérieur du serpentin et réagissaient l'un sur l'autre ; en réglant convenablement l'écoulement de chacun des produits, on arrivait à fabriquer une nitrobenzine de très-bonne qualité.

Mansfield indique pour cette préparation l'emploi de l'acide nitrique fumant ou d'un mélange d'acide nitrique et d'acide sulfurique.

Aujourd'hui l'on a renoncé à l'appareil de Mansfield : l'opération se fait dans des bombonnes en grès, disposées dans des réservoirs pleins d'eau froide et installées de telle sorte que, mécaniquement ou à bras d'homme, on puisse facilement agiter leur contenu. On verse dans ces bombonnes la quantité d'acide voulue (certains fabricants emploient l'acide nitrique fumant, d'autres le mélange des deux acides, d'autres enfin emploient l'acide nitrique seul et n'ajoutent l'acide sulfurique qu'à la fin de l'opération) ; puis peu à peu et en évitant avec soin une trop forte élévation de température, on ajoute le benzol. Plus énergique est le brassage du mélange, plus régulière est l'action. Il ne se dégage dans cette opération que peu de vapeurs nitreuses ; on les dirige hors de l'atelier par des appareils convenables. Par ce procédé la préparation de la nitrobenzine dure 5 à 6 jours.

Il est bien préférable, au lieu d'ajouter le benzol à l'acide, de verser l'acide dans le benzol : on a reconnu, en effet, qu'en faisant arriver le benzol dans les acides, il est presque impossible d'éviter la formation des produits binitrés, qui ne se forment au contraire presque jamais lorsqu'on fait arriver l'acide dans le benzol : cela est bien naturel et il est inutile d'y insister davantage.

On utilise généralement, pour la fabrication de la nitrobenzine, des appareils en fonte, identiques à ceux que nous avons décrits pour la fabrication de l'aniline. On commence par verser le benzol dans l'appareil, puis, après avoir mis l'agitateur en mouvement, on fait arriver sur le benzol un filet d'acide sulfurique et d'acide nitrique mélangés. La masse s'échauffe promptement, et comme il est tout à fait indispensable d'arrêter l'élévation de la température, on arrose constamment l'appareil d'eau froide. La transformation du benzol en nitrobenzine est très-rapide, grâce à l'agitation constante du mélange ; à la fin de la journée, l'appareil est arrêté, vidé, et la nitrobenzine séparée des acides par l'addition d'eau.

Le mélange des deux acides se fait d'ordinaire dans la proportion de 2 p. d'acide azotique à 40° pour 1 p. d'acide sulfurique à 66°. Émile Kopp a proposé de remplacer ce mélange acide par un mélange d'acide sulfurique et de nitrate de sodium ; cette modification ne paraît pas avoir été adoptée.

La nitrobenzine, décantée des acides, est lavée à l'eau à plusieurs reprises et neutralisée par du carbonate de sodium qu'il faut employer avec ménagement, ou par de l'ammoniaque, et chauffée à 110°, de manière à décomposer le nitrite et le nitrate d'ammoniaque (Depoully). Ces lavages doivent être faits avec grand soin, car ils constituent une des causes fréquentes de perte dans les ateliers de nitrobenzine. Après ces lavages, la nitrobenzine se trouve dans l'état où elle est livrée au commerce. 100 p. de benzine donnent 135-150 p. de nitrobenzine.

Autrefois on avait recours à la distillation pour obtenir des nitrobenzines très-pures. On distillait soit à l'aide d'un courant de vapeur (100 p. d'eau fournissent 16 p. de nitrobenzine [Vohl]), soit à feu nu ; mais cette distillation n'est pas sans dangers. On peut, à la vérité, éviter toute chance d'explosion en distillant la nitrobenzine sur de la chaux, comme Ch. Lauth l'a recommandé [*Bull. de la Soc. chim.*, 1861, p. 50] ; mais ces distillations sont toujours très-dispendieuses, et, à tous les points de vue, il est infiniment préférable et évidemment plus avantageux de purifier le benzol que de purifier la nitrobenzine.

Un procédé très-simple pour produire à la fois des nitrobenzines lourdes très-estimées dans la fabrication du violet au chromate (voyez ANILINE), et de la benzine presque pure, consiste à traiter le benzol par une quantité d'acide nitrique insuffisante pour que sa transformation soit complète : comme les hydrocarbures les plus élevés sont attaqués les premiers, il est évident qu'on pourra obtenir ainsi un mélange de nitrotoluène, nitrocumène, etc., et de benzine pure, qu'une simple distillation à basse température séparera très-facilement (Petersen).

Essai des nitrobenzines. — Une bonne nitrobenzine ne doit pas renfermer de benzol non transformé : elle ne doit donc pas commencer à bouillir avant 200°; elle ne doit également renfermer que peu ou point de vapeurs nitreuses, dont l'action ultérieure sur l'aniline pourrait être nuisible.

La nitrobenzine commerciale, étant un mélange de nitrotoluène et de nitrobenzine, doit posséder les propriétés de ces deux substances ; sa densité ne doit pas être inférieure à 1,180 (densité du nitrotoluène), ni supérieure à 1,209 (densité de la nitrobenzine) ; son point d'ébullition ne doit pas être inférieur à 205-210°, ni supérieur à 235°. Une bonne nitrobenzine doit distiller presque en totalité jusqu'à ce point, et le résidu de 2 à 5 °/₀ (maximum) qu'elle laisse dans la cornue ne doit pas être résineux ; il doit rester fluide après refroidissement.

Nitrobenzine pour la parfumerie. — D=1,200. Point d'ébullition, 205-210°. On la prépare avec des benzols bouillant en totalité de 80° à 95°; ces benzols doivent être débarrassés, par plusieurs distillations, d'une huile sulfurée, plus volatile que la benzine, et qui communiquerait à l'essence de mirbane une odeur très-désagréable [Vohl, *Dingler's polytechn. Journ.*, t. CLXVII, p. 458].

Nitrobenzine pour rouge d'aniline. — On la prépare avec des benzols 30 ou 40 °/₀ jusqu'à 100°; ses points d'ébullition sont les suivants :

```
215-220°.............. 42 p.
    225°.............. 71
    230°.............. 82
    235°.............. 90
```

Une pareille nitrobenzine fournira environ 62 °/₀ de son poids d'aniline rectifiée.

Nitrobenzine pour bleu ou pour noir. — On la prépare avec des benzols 90 °/₀ jusqu'à 100° et 95 °/₀ jusqu'à 110°. Ses points d'ébullition sont les suivants :

```
208-210°.............. 5 p.
    215°.............. 60
    220°.............. 86
    225°.............. 90
    230°.............. 93
    235°.............. 95
```

Une pareille nitrobenzine fournira 65 °/₀ d'aniline rectifiée.

Une *nitrobenzine de mauvaise qualité* serait celle que l'on produirait avec des benzols de 20 °/₀ à 100° et 85 °/₀ à 120°. Cette nitrobenzine sera considérée comme trop lourde; elle ne donnera que 55 °/₀ d'aniline. Ses points d'ébullition seront les suivants :

```
215-220°.............. 30 p.
    225°.............. 64
    230°.............. 77
    235°.............. 82
```

(Voyez pour l'essai des nitrobenzines le travail de Chateau, *loc. cit.*).   Ch. L.

BENZOATES. — Nous décrirons ici les benzoates métalliques et les benzoates de radicaux alcooliques ou éthers benzoïques.

BENZOATES MÉTALLIQUES. — L'acide benzoïque est un acide monobasique et monoatomique; les benzoates neutres de métaux monoatomiques correspondent à la formule

$$C^7 H^5 O . OM. = C^6 H^5, CO . OM.$$

Cependant il existe aussi des sels acides. Avec les métaux diatomiques, l'acide benzoïque forme des sels neutres de la constitution

$$(C^7 H^5 O^2.)^2 M'' = (C^6 H^5, CO . O)^2 M''.$$

On connaît aussi des benzoates basiques.

La plupart des benzoates sont facilement cristallisables, solubles dans l'eau et dans l'alcool; leurs solutions aqueuses sont décomposées par presque tous les acides, et il se sépare de l'acide benzoïque. Quoique l'acide benzoïque décompose les carbonates, le benzoate de potassium est décomposé en solution alcoolique par l'acide carbonique. A la distillation sèche, les benzoates alcalins sont décomposés avec formation de benzine, de benzophénone et d'hydrocarbures isomères de la naphtaline.

BENZOATES D'AMMONIUM. — Le *sel neutre,* $C^7 H^5 O^2 . Az H^4$, s'obtient cristallisé lorsqu'on dissout l'acide benzoïque à chaud, dans l'ammoniaque concentrée, ou lorsqu'on évapore une solution plus diluée en y ajoutant de temps en temps de l'ammoniaque. Il est très-déliquescent, soluble dans l'alcool; sa solution, abandonnée à l'évaporation, dégage de l'ammoniaque, et il se sépare un *sel acide,* $C^7 H^5 O^2 Az H^4, C^7 H^6 O^2$, cristallisable en larges cristaux irréguliers, moins soluble dans l'eau que le sel neutre. Il se présente soit en barbes de plumes, soit en grains ou en aiguilles, quand on soumet à l'ébullition la solution du sel neutre et qu'on la laisse refroidir. La distillation du benzoate d'ammoniaque sec le transforme en cyanure de phényle ou benzonitrile.

BENZOATES DE POTASSIUM. — Le *sel neutre,* $C^7 H^5 O^2 K + H^2 O$, cristallise difficilement de sa solution aqueuse, plus facilement de sa solution alcoolique, sous forme d'aiguilles ou de lames brillantes. Il est très-soluble dans l'eau. Chauffé avec de l'acide arsénieux, il donne de la benzine (Darcet).

Le *sel acide,* $C^7 H^5 O^2 K, C^7 H^6 O^2$, a été obtenu par Gerhardt comme produit secondaire dans la préparation de l'anhydride acétique au moyen du chlorure de benzoyle et de l'acétate de potassium. On lave à l'eau le résidu de la réaction, on le sèche et on le fait cristalliser dans l'alcool bouillant. Il forme de belles lames incolores, nacrées, d'une réaction acide, très-peu solubles dans l'eau froide, assez solubles dans les liqueurs alcalines, légèrement solubles dans l'alcool bouillant.

BENZOATE DE SODIUM. — Aiguilles efflorescentes, peu solubles dans l'alcool, même bouillant. Distillé avec du chlorure d'iode, il fournit de l'iodure de phényle et de la benzine biiodée entre autres produits (Schutzenberger).

BENZOATE DE BARYUM, $(C^7 H^5 O^2)^2 Ba + 2 H^2 O.$ — Difficilement soluble dans l'eau froide, plus soluble dans l'eau bouillante, il est en fines aiguilles ou en larges tables qui deviennent opaques à 100° et perdent leur eau de cristallisation à 110°.

BENZOATE DE CALCIUM, $(C^7 H^5 O^2)^2 Ca + 2 H^2 O.$ — Il s'obtient en aiguilles semblables à des barbes de plume ou en grains; il est efflorescent, soluble dans 20 p. d'eau froide, et dans une plus petite quantité d'eau bouillante.

BENZOATE DE MAGNÉSIUM. — Très-soluble dans l'eau, fines aiguilles efflorescentes.

BENZOATE DE CUIVRE, $(C^7 H^5 O^2)^2 Cu.$ — C'est un précipité bleu, qui en se desséchant verdit et devient anhydre. Il cristallise à chaud dans l'acide acétique étendu en petites aiguilles vertes; il est insoluble dans l'alcool. Lorsqu'on le chauffe, parfaitement sec, à 220°, il donne de l'acide carbonique, du benzoate de phényle, de l'acide benzoïque, avec une petite quantité d'une matière huileuse; le résidu renferme du cuivre métallique et du salicylate cuivreux (Ettling).

BENZOATES DE FER. — *Sel ferreux.* Il cristallise en aiguilles très-solubles dans l'eau et dans l'alcool; elles s'effleurissent et se colorent à l'air.

Sel ferrique. — On obtient un sel neutre en aiguilles jaunes, lorsqu'on dissout l'hydrate ferrique dans une solution aqueuse d'acide benzoïque ; l'eau et l'alcool les dissolvent ou les décomposent en laissant un sel basique. En précipitant le chlorure ferrique par un benzoate additionné d'alcali, on obtient un sel basique, insoluble et contenant 17,5 % de fer.

BENZOATE DE MANGANÈSE, $(C^7H^5O^2)^2Mn + H^2O$. — Aiguilles transparentes, solubles dans 20 p. d'eau froide, peu solubles dans l'alcool.

BENZOATE DE PLOMB, $(C^7H^5O^2)^2Pb + H^2O$. Poudre cristalline obtenue en précipitant un sel neutre de plomb par le benzoate de potasse bouillant ; à 100°, il perd son eau de cristallisation. Il se dissout dans l'acide acétique et y cristallise en paillettes. Abandonné avec de l'acide acétique, il donne un mélange d'acétate de plomb et d'un benzoate basique.

On obtient aussi un sel basique insoluble, en précipitant le sous-acétate de plomb par un benzoate alcalin, ou en faisant digérer le sel neutre avec de l'ammoniaque.

BENZOATE D'ARGENT, $C^7H^5O^2Ag$. — On le prépare par double décomposition ; le précipité est blanc, caillebotté ; il se dissout dans l'eau bouillante et cristallise en lames brillantes. Il se dissout dans 1,96 p. d'alcool à 100°. Le brome le transforme en acide bromobenzoïque et en benzoate d'argent.

BENZOATES DE MERCURE. — Le *sel mercureux*, $(C^7H^5O^2)^2Hg^2$, est un précipité amorphe ou cristallin, formé de petites aiguilles, insoluble dans l'eau froide, décomposé par l'eau bouillante avec séparation de mercure métallique ; il devient jaune à la lumière.

Le *sel mercurique*, $(C^7H^5O^2)^2Hg + H^2O$, est un précipité blanc, composé de petites aiguilles, insoluble dans l'eau froide, assez soluble dans l'eau chaude. L'alcool et l'éther le décomposent en laissant un sel basique. L'ammoniaque le convertit en un benzoate de mercurammonium, poudre blanche, insoluble dans l'eau, presque insoluble dans l'alcool ; avec la potasse, il jaunit et dégage de l'ammoniaque.

Les BENZOATES DE ZINC, de COBALT, de NICKEL sont solubles et cristallisables. Le SEL D'ALUMINIUM est cristallisable, assez soluble dans l'eau.

Le SEL DE LITHIUM est très-soluble, incristallisable. Le SEL DE STRONTIUM est cristallisable, peu soluble dans l'eau froide. Les SELS D'YTTRIUM, de THORIUM, de CÉRIUM, de ZIRCONIUM sont des précipités insolubles.

Le BENZOATE DE THALLIUM cristallise en paillettes carrées.

ÉTHERS BENZOÏQUES. — L'acide benzoïque forme un grand nombre d'éthers avec les alcools monoatomiques, les glycols, la glycérine, les pseudo-alcools, les phénols d'atomicités diverses. La plupart de ces éthers seront décrits avec les alcools auxquels ils sont combinés ; ainsi les benzoïcines (éthers triatomiques) avec la glycérine, le benzoate de phényle avec le phénol, le benzoate d'allyle avec l'alcool allylique, etc. Nous ne ferons connaître ici que les éthers benzoïques des alcools monoatomiques de la série normale, le benzoate de méthyle, le benzoate d'éthyle, le benzoate d'amyle. Quant aux éthers chlorobenzoïques, bromobenzoïques, nitrobenzoïques, ils sont étudiés avec les acides chloro-, bromo-, nitro-benzoïques. — Voyez BENZOÏQUE (ACIDE).

BENZOATE DE MÉTHYLE,

$$C^7H^5O^2(CH^3) = C^6H^5.CO.OCH^3$$

[Dumas et Peligot, *Ann. de Chim. et de Phys.*, t. LVIII, p. 50]. — Cet éther s'obtient lorsqu'on distille 2 p. d'acide benzoïque, 2 p. d'acide sulfurique, 1 p. d'alcool méthylique, et qu'on précipite par l'eau le produit de la distillation. En redistillant à deux ou trois reprises le résidu de la première opération avec de nouvelles quantités d'alcool méthylique, on obtient de nouvelles portions de benzoate de méthyle ; le produit brut est lavé à l'eau, desséché et distillé sur du massicot ; on recueille et on rectifie les portions qui passent vers 198°.

Il se forme aussi par la distillation d'un mélange de benzoate de sodium bien sec et de sulfate neutre de méthyle ; il se produit encore quand on distille l'hippurate de chaux avec l'acide sulfurique et l'alcool méthylique.

Scharling l'a démontré parmi les produits de la distillation sèche du baume de Tolu [*Ann. der Chem. u. Pharm.*, t. CXVIII, p. 68 et 168].

Le benzoate de méthyle est huileux, incolore, doué d'une odeur balsamique agréable ; sa densité est de 1,10 à 17°, et il bout à 198°,5 sous la pression de 761 (Dumas et Peligot). A 0°, sa densité est égale à 1,1026, et il bout à 199°,7 sous une pression de 760 (H. Kopp). Sa vapeur, dirigée sur de la chaux au rouge, donne de la benzine entre autres produits.

Si on le chauffe avec du chlore jusqu'à ce que l'absorption soit complète, il se dégage de l'acide chlorhydrique mélangé de chlorure de méthyle, puis il passe du chlorure de benzoyle, et le résidu renferme du benzoate non attaqué, de l'acide benzoïque et probablement du benzoate de méthyle [Malaguti, *Ann. de Chim. et de Phys.*, t. LXX, p. 387].

BENZOATE D'ÉTHYLE,

$$C^7H^5O^2(C^2H^5) = C^6H^5.CO.OC^2H^5$$

[Scheele, *Mém. de Chim.*, édit. française de 1785, t. II, p. 122 ; — Thenard, *Mém. d'Arcueil*, t. II, p. 8 ; — Dumas et Boullay, *Ann. de Chim. et de Phys.*, t. XXXVII, p. 20 ; — Wœhler et Liebig, *ibid.*, t. LI, p. 299 ; — Malaguti, *ibid.*, t. LXV, p. 374 ; — Deville, *ibid.*, (3), t. III, p. 188 ; — Berthelot, *ibid.*, (3), t. XLV, p. 433 ; — A. Naumann, *Ann. der Chem. u. Pharm.*, t. CXXXIII, p. 199, et *Bull. de la Soc. chim.*, 1865, t. IV, p. 132].

Scheele a obtenu le premier l'éther benzoïque en distillant de l'acide benzoïque avec de l'acide chlorhydrique et de l'alcool. C'est encore ce procédé qui sert à le préparer ; on prend 2 p. d'acide benzoïque, 4 p. d'alcool et 1 p. d'acide chlorhydrique (Thenard). On fait bouillir ce mélange en cohobant deux ou trois fois, puis on distille ; les premières portions ne renferment que de l'alcool ; quand elles commencent à se troubler par l'addition de l'eau, on change de récipient, et on reçoit l'éther qu'on purifie par des lavages à l'eau et au carbonate de soude, puis par rectification sur le massicot. On arrive ainsi à éthérifier la presque totalité de l'acide.

Lorsqu'à une solution alcoolique d'acide benzoïque saturée à chaud on ajoute quelques gouttes d'alcool saturé d'acide chlorhydrique, le mélange, maintenu à une douce chaleur, se transforme presque entièrement en benzoate d'éthyle au bout de huit à quinze jours (Liebig).

En chauffant de l'éther ordinaire et de l'acide benzoïque entre 360° et 400°, dans des tubes clos extrêmement résistants, on a du benzoate d'éthyle ; au bout de neuf heures de contact, on en a 30 % (Berthelot). Avec l'alcool ordinaire, l'éthérification se fait à 100°.

Si l'on met en contact du chlorure de benzoyle avec de l'alcool absolu, il y a une vive réaction ; quand elle est terminée, on précipite par l'eau un liquide huileux, qui est de l'éther benzoïque (Liebig et Wœhler). Suivant Deville, la distillation sèche du baume de Tolu fournit aussi de l'éther benzoïque.

Le benzoate d'éthyle est un liquide incolore, d'une odeur agréable ; sa densité est de 1,0539 à 10°,5, et il bout à 209° (Dumas et Boullay). A 0°, la densité est de 1,0657, et le point d'ébullition est à 213°,4 sous la pression de 760 millimètres (H. Kopp). Insoluble dans l'eau froide, un peu soluble à chaud, il est soluble en toutes proportions dans l'alcool et dans l'éther. Il brûle avec une flamme éclairante et fuligineuse.

La potasse aqueuse le décompose peu à peu en alcool et en benzoate ; chauffé avec la chaux potassée, il donne du benzoate et de l'acétate. L'acide nitrique fumant ou un mélange d'acide nitrique et d'acide sulfurique le convertit en nitrobenzoate d'éthyle ; le perchlorure de phosphore ne l'attaque pas.

L'ammoniaque ne l'attaque pas à la température ordinaire ; mais, si on le chauffe en tubes fermés avec de l'ammoniaque au-dessus de 100°, on le transforme en benzamide. Distillé avec du chlorure de zinc fondu, il dégage du chlorure d'éthyle et laisse du benzoate de zinc qu'une température plus élevée décompose en acide benzoïque et en benzine (Gerhardt).

Le chlore l'attaque entre 60° et 70° ; il se dégage de l'acide chlorhydrique, du chlorure d'éthyle, et on obtient un liquide fumant passant avec décomposition entre 188° et 190°, mais sans point d'ébullition fixe, et qui, traité par l'eau, donne de l'acide benzoïque, de l'acide chlorhydrique et de l'acide acétique. Le résidu distillé fournit du chlorure de benzoyle pur (Malaguti).

Chauffé à 270°, en vases clos, avec du brome, le benzoate d'éthyle donne de l'acide benzoïque et du bromure d'éthylène (A. Naumann).

Le sodium l'attaque entre 70° et 80° ; l'éther benzoïque brunit et se solidifie sans qu'il se dégage aucun gaz. En reprenant par l'éther le produit de la réaction, on laisse une masse saline composée d'éthylate et de benzoate de sodium, tandis que l'éther dissout une huile qui se combine avec la potasse. On obtient ainsi du benzoate de potasse, et un autre sel de potasse. Celui-ci fournit un acide résinoïde, brun jaunâtre, de la consistance de la térébenthine, insoluble dans l'eau, qu'on a appelé *acide hypobenzoyleux* [Lœwig et Werdurann, *Poggend. Ann.*, t. L, p. 95].

Benzoate d'amyle,

$$C^7 H^5 O^2 (C^5 H^{11}) = C^6 H^5 . CO . O C^5 H^{11}$$

[Riecker, *Journ. für prakt. Pharm.*, t. XIV, p. 1]. — On l'obtient en distillant 1 p. d'alcool amylique avec 2 p. d'acide sulfurique et un excès de benzoate de potasse. C'est une huile jaunâtre d'une odeur particulière, promptement décomposée par la potasse alcoolique. Elle bout à 261°,2 sous la pression de 760, et sa densité est de 1,0039 à 0° (H. Kopp).

BENZOÏNE. — Nous décrivons avec la benzoïne plusieurs composés dont l'étude ne saurait être séparée de ce corps et qui s'y rattachent intimement. Ce sont la *benzoïne désoxydée*, l'*hydrobenzoïne*, le *benzile*, et l'*acide benzilique* ou *stilbique*.

I. BENZOÏNE [Strange, 1823, *Repert. der Pharm.* t. XIV, p. 319 ; — Robiquet et Boutron-Charlard, *Ann. de Chim. et de Phys.*, t. XLIV, p. 352 ; — Liebig et Wœhler, *Ann. der Chem. u. Pharm.*, t. III, p. 276 et *Ann. de Chim. et de Phys.*, t. LI, p. 302 ; — Zinin, *Ann. der Chem. u. Pharm.*, t. XXXIII, p. 186]. — Ce composé se rencontre quelquefois dans l'essence d'amandes amères brute, et reste dans la cornue après la rectification. Il fut remarqué pour la première fois par Strange, et on le désigna sous le nom de camphoïde ou camphre de l'huile d'amandes amères. Robiquet et Boutron-Charlard en observèrent la formation quand on traite l'essence brute par le chlore ou quand on l'abandonne avec de la potasse caustique en solution concentrée. Liebig et Wœhler, qui ont les premiers étudié ce corps et lui ont donné le nom de benzoïne, le préparaient par ce dernier procédé ; mais les rendements étaient irréguliers. Zinin montra que la benzoïne se forme sous l'influence nécessaire de l'acide cyanhydrique contenu dans l'essence brute, et indiqua le moyen de l'obtenir à volonté.

Il suffit de mêler l'essence brute avec une solution alcoolique et saturée de potasse ; le liquide se prend en masse, souvent au bout de quelques minutes. Mais comme la proportion d'acide cyanhydrique n'est pas constante dans l'essence d'amandes amères, il faut essayer la réaction sur une petite quantité du produit. Quand le mélange prend rapidement une consistance cristalline, l'essence est bonne et peut être employée avec avantage ; mais si, au contraire, le mélange reste longtemps liquide, ou prend un aspect caillebotté, on n'obtiendra que très-peu de benzoïne. Aussi faut-il transformer l'essence en hydrure de benzoyle pur ; celui-ci fournit rapidement de la benzoïne, si on le traite par une solution faible de cyanure de potassium dans l'alcool.

On ne peut se rendre compte encore de la manière dont le cyanure de potassium agit sur l'hydrure de benzoyle et détermine le doublement de la molécule de celui-ci.

La benzoïne se purifie par cristallisation dans l'eau bouillante, puis par cristallisation dans l'alcool ; elle est alors parfaitement blanche.

La benzoïne prend également naissance quand on chauffe légèrement avec l'acide azotique d'une densité de 1,36, l'*hydrobenzoïne*, $C^{14} H^{14} O^2$, qui se forme dans l'action de l'hydrogène naissant sur l'hydrure de benzoyle [Zinin, *Bull. de l'Acad. de St-Pétersb.*, 1862 ; *Ann. der Chem. u. Pharm.*, nouv. sér., t. XLVII, p. 125 ; *Répert. de Chim. pure*, 1862, p. 434].

La benzoïne est en cristaux transparents, très-brillants, de forme prismatique. Elle est sans odeur ni saveur. Elle fond à 120° en un liquide incolore, qui par le refroidissement se prend en cristaux radiés. Elle distille à une température élevée, qui n'a pas encore été déterminée. Elle est inflammable et brûle avec une flamme claire et fuligineuse. Insoluble dans l'eau froide, elle s'y dissout en petite quantité à l'ébullition, et s'en sépare ensuite à l'état de petites aiguilles cristallines ; elle est soluble dans l'alcool, assez soluble dans l'éther.

Si on dirige du chlore dans de la benzoïne maintenue en fusion, il se dégage de l'acide chlorhydrique, et on obtient du benzile $C^{14} H^{10} O^2$ qui renferme 2 atomes d'hydrogène de moins [Laurent, *Ann. de Chim. et de Phys.*, t. LIX, p. 402 ; *Revue scientif.*, t. XIX, p. 448]. Chauffée doucement avec de l'acide azotique concentré, la benzoïne se transforme également en benzile [Zinin, *Ann. der Chem. u. Pharm.*, t. XXXIV, p. 190]. Avec un excès d'acide, la réaction est plus énergique, et on obtient le nitrobenzile. Le brome agit vivement sur la benzoïne ; il se dégage des vapeurs bromhydriques, et il se produit un corps huileux, brun, épais, que la potasse bouillante décompose ; l'acide chlorhydrique ajouté à la solution alcaline en précipite un corps cristallisé (Liebig et Wœhler).

L'hydrogène naissant la transforme en un produit blanc, cristallin, $C^{14} H^{12} O$, c'est la *benzoïne désoxydée* ou *oxyde de stilbène* [Zinin, *Ann. der Chem. u. Pharm.*, nouv. sér. t. L, p. 218 ; *Répert. de Chim. pure*, 1863, p. 468].

Fondue avec de la potasse, elle est convertie en benzoate avec dégagement d'hydrogène :

$$C^{14} H^{12} O^2 + 2 (KHO) = 2 C^7 H^5 O^2 K + 2 H^2 ;$$

mais par l'ébullition avec une solution alcaline de potasse elle se colore en violet et fournit du benzilate de potassium :

$$C^{14}H^{12}O^2 + KHO = C^{14}H^{11}O^3K + H^2$$

(Liebig, Zinin). — Voyez ACIDE BENZILIQUE.

En chauffant en vases clos la benzoïne avec la potasse alcoolique, elle donne du benzilate de potassium, et de l'hydrobenzoïne (alcool stilbénique) [Zinin, *Zeitsch. f. Chem.*, t. II, p. 343, et *Bull. de la Soc. chim.*, 1867, t. VII, p. 260].

Traitée par les chlorures d'acides, elle donne des composés qui en dérivent par substitution d'un radical acide à un atome d'hydrogène (Zinin).

Le perchlorure de phosphore attaque vivement la benzoïne; outre l'oxychlorure de phosphore, on obtient des produits qui n'ont pu être purifiés [Cahours, *Ann. de Chim. et de Phys.*, (3), t. XXIII, p. 351].

Chauffée en vases clos pendant 7 heures à 130° avec de l'acide chlorhydrique très-concentré, elle donne du benzile et un corps cristallisé en écailles blanches, le *lépidène*, C²⁸H²⁰O [Zinin, *Zeitsch. f. Chem.*, nouv. sér., t. III, p. 313, et *Bull. de la Soc. chim.*, 1867, t. VIII, p. 271].

DÉRIVÉS AMMONIACAUX DE LA BENZOÏNE [Laurent, 1837, *Ann. de Chim. et de Phys.*, t. LXVI, p. 189; *Compt. rend. des trav. de Chim.*, 1845, p. 37].—Si l'on abandonne la benzoïne avec de l'ammoniaque dans un flacon bouché, on obtient deux dérivés ammoniacaux, découverts par Laurent.

BENZOÏNAMIDE, C⁴²H³⁶Az⁴. — La benzoïne, étant abandonnée pendant deux mois avec de l'ammoniaque aqueuse dans un flacon bouché, se transforme en une poudre blanche, qu'on sépare de l'ammoniaque en excès et qu'on fait bouillir avec de l'alcool pour enlever l'excès de benzoïne. Le résidu est traité par une grande quantité d'éther bouillant, qui abandonne la benzoïnamide par le refroidissement. Elle est blanche, inodore, insipide, insoluble dans l'eau, très-peu soluble dans l'alcool et dans l'éther. Vue au microscope, elle offre des aiguilles soyeuses, excessivement fines. Elle distille sans altération; après avoir été fondue, elle se prend en masse fibreuse par le refroidissement. Elle prend naissance en vertu de l'équation

$$3\,(C^{14}H^{12}O^2) + 4\,AzH^3 = C^{42}H^{36}Az^4 + 6\,H^2O.$$

BENZOÏNAM, C²⁸H²⁴Az³O. — Outre la benzoïnamide, on obtient quelquefois différents produits difficiles à séparer, quand on abandonne pendant plusieurs mois un mélange de benzoïne, d'alcool et d'ammoniaque. Laurent a isolé un de ces composés et l'a appelé *benzoïnam*.

Le benzoïnam s'obtient plus facilement en chauffant de la benzoïne cristallisée avec une solution alcoolique d'ammoniaque en tubes scellés, au bain-marie, et pendant 4 à 6 heures. On le purifie en le traitant par l'alcool bouillant; il reste comme produit insoluble [Erdmann, *Ann. der Chem. u. Pharm.*, t. CXXXV, p. 181, et *Bull. de la Soc. chim.*, 1866, t. V, p. 368].

Le benzoïnam est en aiguilles blanches, microscopiques, insolubles dans l'eau, peu solubles dans l'éther, l'huile de pétrole et l'alcool même bouillant. Il est fusible et cristallise en partie par le refroidissement.

La potasse ne paraît pas l'attaquer; il est soluble dans l'acide chlorhydrique.

Chauffé à 120°, il donne de l'hydrure de benzoïle et de l'amarine qui se transforme presque immédiatement en une huile aromatique et en lophine. Les eaux mères de la préparation du benzoïnam fournissent une poudre jaune, cristalline, de la formule C¹⁴H¹¹Az (Erdmann).

DÉRIVÉ DE LA BENZOÏNE PAR LA SUBSTITUTION D'UN RADICAL ACIDE [Zinin, *Ann. der Chem. u. Pharm.*, t. CIV, p. 116].

ACÉTYL-BENZOÏNE, C¹⁶H¹⁴O³ = C¹⁴H¹¹O². C²H³O. — 4 p. de benzoïne se dissolvent dans 3 p. de chlorure d'acétyle, avec dégagement d'acide chlorhydrique; quand la solution est complète, on chauffe à 100° aussi longtemps qu'il se dégage des vapeurs; par le refroidissement, on obtient un composé qu'on purifie par cristallisation dans l'alcool ou dans l'éther. Il cristallise de sa solution éthérée en larges prismes rhombiques ou en tables hexagones, et de sa solution alcoolique en petits cristaux brillants. Insoluble dans l'eau, il fond vers 100° et ne cristallise pas toujours par le refroidissement. La potasse alcoolique le transforme en acétate et en benzoate; les acides sulfurique et chlorhydrique, la potasse aqueuse ne l'attaquent pas. Avec l'acide azotique fumant, il donne des dérivés nitrés.

BENZOYL-BENZOÏNE,

$$C^{21}H^{16}O^3 = C^{14}H^{11}O^2. C^7H^5O.$$

La benzoïne se dissout vers 70° dans le chlorure de benzoyle, et, si l'on chauffe le mélange à 196° jusqu'à ce qu'il ne se dégage plus d'acide chlorhydrique, on obtient une poudre blanche de benzoyl-benzoïne, qu'on lave à l'alcool froid. Insoluble dans l'eau, difficilement soluble dans l'alcool froid, elle se dissout dans 6 p. d'alcool bouillant à 80°, et s'en sépare en petites aiguilles incolores. Elle se dissout facilement dans l'éther, et y cristallise en larges tables rhombes. Elle fond à 125°. L'acide sulfurique la décompose. La potasse alcoolique la transforme en benzoate et en benzilate. L'acide nitrique concentré, d'une densité de 1,51, la dissout, et si l'on emploie une partie et demie d'acide, on obtient, en ajoutant de l'eau, une résine jaunâtre, d'où l'éther enlève une huile jaune. La portion non dissoute, étant recristallisée dans l'alcool, forme des tables rhombiques de *nitrobenzoyl-benzoïne*, C²¹H¹⁵(AzO²)O³.

La *nitrobenzoyl-benzoïne* est insoluble dans l'eau et dans l'éther, elle fond à 137° et se solidifie à 110° en une masse amorphe, qui recristallise très-lentement. L'acide nitrique concentré la dissout en grande quantité; par l'ébullition de la solution, il se forme un nouveau composé soluble dans l'éther.

II. BENZOÏNE DÉSOXYDÉE (HYDROBENZILE, OXYDE DE STILBÈNE), C¹⁴H¹²O [Zinin, 1863, *Ann. der Chem. u. Pharm.*, nouv. sér., t. L, p. 218; *Répert. de Chim. pure*, 1863, p. 468].

La benzoïne, traitée par l'hydrogène naissant que dégagent le zinc et l'acide chlorhydrique, perd 1 atome d'oxygène et fournit la benzoïne désoxydée, C¹⁴H¹²O.

La benzoïne désoxydée est blanche, cristalline, fusible à 45° dans des tubes capillaires, solidifiable à 53° quand elle a été fondue en quantité notable; elle se dissout facilement dans l'éther et dans l'alcool. Elle est volatile, mais avec une légère décomposition. Il se forme en même temps que la benzoïne désoxydée un liquide huileux dont on la sépare par des cristallisations répétées dans l'alcool et dans l'éther.

La benzoïne désoxydée paraît identique à l'hydrobenzile obtenu déjà par M. Zinin dans l'action du sulfhydrate d'ammoniaque sur le benzile (voir plus bas). Cette substance n'est pas attaquée par les alcalis en solution aqueuse ou alcoolique.

Elle est vivement attaquée par le brome, et donne le composé C¹⁴H¹⁰OBr², analogue au chlorobenzile. Ce corps constitue des prismes rhomboïdaux blancs, fusibles à 87°, décomposables par une chaleur plus élevée; traité par l'azotate d'argent ou l'acide azotique fumant, il donne du benzile; avec la potasse alcoolique, il donne du benzoate de potassium et de l'hydrure de benzoyle.

Le chlore n'agit pas aussi nettement que le brome; le produit obtenu ne ressemble pas au chlorobenzile; il est attaqué par la potasse alcoolique, qui le dissout avec formation d'acide benzoïque ou d'acide benzilique. Le perchlorure de phosphore agit sur la benzoïne désoxydée; le produit est insoluble dans l'eau, soluble dans l'alcool et dans l'éther.

Chauffée avec l'acide azotique de 1,2 de densité, elle donne de l'acide bétanitrobenzoïque, du benzile et du nitrobenzile $C^{14}H^9(AzO^2)O^2$.

Comme la benzoïne $C^{14}H^{12}O^2$ se produit par l'enlèvement de 2 atomes d'hydrogène à l'hydrobenzoïne $C^{14}H^{14}O^2$, il semble qu'elle devrait régénérer ce dernier corps sous l'influence de l'hydrogène naissant et non de la benzoïne désoxydée; il est très-probable que la réaction a lieu en deux phases :

$$C^{14}H^{12}O^2 + H^2 = C^{14}H^{14}O^2,$$

Benzoïne.   Hydrobenzoïne.

et que l'hydrobenzoïne, comme les glycols supérieurs, se dédouble facilement en perdant H^2O. La benzoïne désoxydée serait l'anhydride de l'hydrobenzoïne :

$$C^{14}H^{14}O^2 - H^2O = C^{14}H^{12}O.$$

Hydrobenzoïne.   Benzoïne désoxydée.

Voyez *Constitution de l'hydrobenzoïne et de ses dérivés.*

III. HYDROBENZOÏNE, GLYCOL STILBÉNIQUE, ALCOOL TOLUYNÉLIQUE, $C^{14}H^{14}O^2$ [Zinin, 1862, *Bull. de l'Acad. de Saint-Pétersbourg; Ann. der Chem. u. Pharm.*, nouv. sér., t. XLVII, p. 125; *Répert. de Chim. pure*, 1862, p. 433].

Ce composé a été obtenu par M. Zinin, par l'action de l'hydrogène naissant sur l'hydrure de benzoyle, dans les conditions suivantes : On dissout 4 p. d'essence d'amandes amères pure et débarrassée d'acide cyanhydrique dans 6 p. d'alcool à 85° centigrades, et on mêle le tout avec 4 p. du même alcool saturé d'acide chlorhydrique. On ajoute peu à peu au mélange une partie de zinc en grenaille très-fine. Le mélange s'échauffe et se colore en jaune ou en vert; le zinc se recouvre de bulles d'hydrogène qui ne gagnent pas la surface du liquide. Il est essentiel d'éviter une action trop vive. Au bout de quelques jours, si la réaction s'arrête et que le produit sente encore fortement l'hydrure de benzoyle, on ajoute de nouvel alcool saturé d'acide et même un peu de zinc. Quelquefois l'action de l'acide sur le zinc est entravée par la présence de l'alcool benzylique qui enduit le métal; il faut alors ajouter quelques gouttes d'éther. Quand la réaction paraît terminée, on porte à l'ébullition et on ajoute 3 ou 4 fois autant d'eau qu'on a pris d'essence. Il se sépare un corps huileux ou résinoïde qui se concrète en cristaux assez durs par le refroidissement. La solution ellemême se remplit de cristaux. On comprime ceuxci dans des doubles papiers à filtre, on les lave à l'éther froid et on les fait cristalliser dans l'alcool. On obtient en cristaux les trois quarts du poids de l'essence.

Il se forme toujours en même temps de l'alcool benzylique C^7H^8O; quand la réaction n'a pas été bien ménagée, la proportion de ce corps est assez forte pour qu'on ne puisse comprimer les cristaux. Il faut alors les purifier une première fois en les dissolvant dans l'éther bouillant. Ils se déposent par le refroidissement et l'alcool benzylique reste dans les eaux mères éthérées.

M. Friedel avait entrevu ce corps en soumettant l'hydrure de benzoyle à l'action de l'hydrogène naissant dégagé par l'amalgame de sodium, mais dans ces conditions le produit principal de la réaction est de l'alcool benzylique. Cependant on peut isoler l'hydrobenzoïne dans ces conditions, et M. Church, qui l'a préparée ainsi, ne paraît pas avoir eu connaissance du travail de M. Zinin. Il donne à ce corps le nom de *dicrésol*, et la formule $C^{14}H^{16}O^2$, nom et formule également inadmissibles.

C'est probablement aussi l'hydrobenzoïne qu'ont obtenue M. Claus, en traitant l'hydrure de benzoyle en solution éthérée par l'amalgame de sodium, et M. Hermann, en hydrogénant l'acide benzoïque, quoique les points de fusion donnés par ces deux chimistes ne concordent pas avec celui qu'a donné M. Zinin (136°), et que M. Church attribue à son dicrésol (129°). Le premier donne 100°, le second 116°. Néanmoins, il est probable que ces corps ne sont que de l'hydrobenzoïne, dont quelque impureté a abaissé le point de fusion. — Voyez HYDRURE DE BENZOYLE, *action de l'hydrogène naissant.*

D'après la formation de l'hydrobenzoïne, E. Grimaux l'a considérée comme un alcool diatomique *glycol stilbénique* ou *diphényl-éthylénique*

$$CH(C^6H^5)OH$$
$$CH(C^6H^5)OH.$$

Depuis, Limpricht et Schwanert ont prouvé par l'expérience cette constitution de l'hydrobenzoïne. En effet, en traitant le bromure de stilbène, $C^{14}H^{12}Br^2$, par les sels d'argent, ils ont obtenu un éther diacétique et un éther oxalique cristallisable, qui, par la saponification, donnent l'hydrobenzoïne; dans certains cas, au lieu de celle-ci, on obtient son anhydride, la *benzoïne désoxydée* ou *oxyde de stilbène* [Limpricht et Schwanert, *Zeitsch. für Chem.*, nouv. sér., t. III, p. 684].

L'hydrobenzoïne se forme encore en même temps que l'acide benzilique, quand on dissout la benzoïne dans la potasse à l'abri de l'air (Zinin). Cette formation montre le caractère de la benzoïne, moitié aldéhyde, moitié alcool.

L'hydrobenzoïne s'obtient en tables rhomboïdales par le refroidissement de sa solution alcoolique bouillante; elle fond à 136° et entre en ébullition au-dessus de 300°. Pure et prise en petite quantité, elle distille sans décomposition. Elle est soluble dans l'éther, surtout à chaud, très-soluble dans l'alcool bouillant.

Elle n'est pas attaquée par une solution aqueuse ou alcoolique de potasse; l'acide azotique à 1,36 de densité l'attaque à une douce chaleur en produisant de la benzoïne $C^{14}H^{12}O^2$; en prolongeant l'action avec de l'acide azotique concentré, on obtient du benzile $C^{14}H^{10}O^2$.

IV. BENZILE, $C^{14}H^{10}O^2$ [Laurent, 1835 *Ann. de Chim. et de Phys.*, t. LIX, p. 402; *Revue scientif.*, t. XIX, p. 448; — Zinin, *Ann. der chem. u. Pharm.*, 1861, t. XXXIV, p. 100; *Bull. de l'Acad. de Saint-Pétersbourg*, t. III, p. 68; *Ann. de Chim. et de Phys.*, t. LXIII, p. 373; *Répert. de Chim. pure*, 1861, p. 489].

Le benzile se produit par la déshydrogénation de la benzoïne, soit en faisant passer un courant de chlore dans de la benzoïne maintenue en fusion tant qu'il se dégage de l'acide chlorhydrique (Laurent), soit en chauffant doucement la benzoïne avec deux fois son poids d'acide azotique concentré, jusqu'à ce que le dégagement de vapeurs rutilantes ait cessé (Zinin). Ce procédé paraît plus avantageux. Dans les deux cas, on purifie le benzile par cristallisation dans l'alcool.

Le benzile est légèrement jaunâtre, inodore, insipide, insoluble dans l'eau, très-soluble dans l'alcool et l'éther. Il cristallise en beaux prismes hexagonaux, réguliers, dont tous les angles sont de 120° : ils sont terminés par trois faces penta-gonales.

Quelques-uns sont percés dans le sens de l'axe d'un canal à six pans, ayant ses faces parallèles aux pans du prisme.

Il est fusible et volatil sans décomposition, se solidifie entre 90° et 92°, mais en petite quantité; il peut présenter le phénomène de la surfusion, et rester liquide jusqu'à 20° ou 25°.

L'acide azotique ne l'attaque pas; l'acide sulfurique le dissout à chaud, et l'eau le précipite de cette solution. La potasse aqueuse ne l'altère pas, même à l'ébullition; mais chauffe avec de la potasse alcoolique, il se transforme en benzilate de potasse $C^{14}H^{10}O^2 + KHO = C^{14}H^{11}O^3K$ (Laurent, Liebig).

Avec l'ammoniaque, il donne plusieurs dérivés ammoniacaux. — Voyez plus bas.

Traité par le sulfhydrate d'ammoniaque, il donne deux ou trois produits dont l'un, appelé par M. Zinin *hydrobenzile*, $C^{14}H^{12}O$, paraît n'être que de la benzoïne désoxydée obtenue depuis par ce chimiste en soumettant la benzoïne à l'action de l'hydrogène naissant. La formation de l'hydrobenzile ou benzoïne désoxydée aurait lieu en deux phases : dans la première, il se formerait de la benzoïne par fixation de deux atomes d'hydrogène; dans la seconde, deux atomes d'hydrogène enlèveraient, à l'état d'eau, un atome d'oxygène à la benzoïne :

$$C^{14}H^{10}O^2 + H^2 = C^{14}H^{12}O^2$$
Benzile.   Benzoïne.

$$C^{14}H^{12}O^2 + H^2 = C^{14}H^{12}O + H^2O.$$
Benzoïne.   Hydrobenzile.

M. Zinin a en effet constaté que le benzile, qui est un produit d'oxydation de la benzoïne, peut la régénérer sous l'influence de l'hydrogène naissant. Voici comment il opère pour régénérer la benzoïne avec le benzile : il dissout 1 p. de benzile dans 6 p. d'acide acétique d'une densité de 1,065 et fait bouillir la liqueur avec 1 à 2 p. de limaille de fer. Il se sépare alors de fines aiguilles de benzoïne en quantité telle, que la liqueur se prend en masse. On peut aussi dissoudre le benzile dans 4 p. d'alcool à 85°, ajouter à cette solution 1 p. de zinc granulé et puis en petites portions de l'acide chlorhydrique concentré [Zinin, 1861, sources citées plus haut].

Le benzile, soumis à l'action du perchlorure de phosphore, échange un atome d'oxygène contre deux de chlore, et fournit le produit

$$C^{14}H^{10}O\,Cl^2,$$

chlorobenzile; il se dégage en même temps de l'oxychlorure de phosphore (Zinin).

On connaît deux corps qui présentent la composition du benzile : l'un est le benzoylure de benzoyle $2(C^7H^5O)$, qui résulte de l'action du sodium sur le chlorure de benzoyle (Brieghel); l'autre se forme lorsqu'on traite l'essence d'amandes amères par l'amalgame de sodium, en dirigeant dans le mélange un courant de gaz carbonique [Alexeyeff, *Ann. der Chem. u. Pharm.*, nouv. sér., t. LIII, p. 347; *Bull. de la Soc. chim.*, 1864, t. II, p. 461]. Les propriétés de ces deux composés ne sont pas encore assez connues pour qu'on puisse indiquer leurs relations avec le benzile.

DÉRIVÉ CHLORÉ DU BENZILE. — CHLOROBENZILE, $C^{14}H^{10}O\,Cl^2$. — Ce corps, dont nous avons indiqué plus haut le mode de formation, se dépose, par l'évaporation lente de sa solution éthérée, en grands prismes rhomboïdaux, transparents et incolores; de sa solution éthérée chaude, il se sépare en cristaux fins qui ont l'aspect de tables rhomboïdales.

Il est soluble dans l'éther froid, encore plus dans l'éther chaud.

Il est insoluble dans l'eau, fond sous ce liquide à 71° et souvent reste liquide après le refroidissement. Il se dissout dans son poids d'alcool bouillant et dans 10 p. d'alcool froid de 85°.

Fondu à l'air, il cristallise à 65° en larges tables rhomboïdales. Traité à l'ébullition par l'acide azotique ou une solution alcoolique d'azotate d'argent, il régénère le benzile. La potasse alcoolique le dédouble en acide benzoïque et en hydrure de benzoyle.

DÉRIVÉ NITRÉ DU BENZILE. — NITROBENZILE, $C^{14}H^9(AzO^2)O^2$ [Zinin, *Journ. für prakt. Chem.*, t. XCI, p. 272, et *Bull. de la Soc. chim.*, 1864, t. I, p. 465]. — Il s'obtient dans l'action de l'acide azotique sur la benzoïne et la benzoïne désoxydée. On introduit de la benzoïne dans trois fois son poids d'acide azotique refroidi à 0°, elle s'y dissout, et, avant qu'il y ait production de vapeurs nitreuses, on verse le mélange dans l'eau froide. Il se précipite un liquide qui se solidifie et qu'on fait cristalliser dans l'éther.

Le nitrobenzile est peu soluble dans l'alcool, l'éther, insoluble dans l'eau. Il fond à 110°. La potasse alcoolique le décompose en fournissant l'acide azobenzoïque $C^{14}H^{11}Az^2O^4$, et de l'acide oxybenzoïque.

COMBINAISON DU BENZILE AVEC L'ACIDE CYAN-HYDRIQUE. — CYANHYDRATE DE BENZILE,

$$C^{14}H^{10}O^2, C\,Az\,H$$

[Zinin, 1840, *Ann. der Chem. u. Pharm.*, t. XXXIII, p. 189]. — Lorsqu'on ajoute de l'acide cyanhydrique presque anhydre à une solution alcoolique et bouillante de benzile (à peu près poids égaux des deux corps), le mélange dépose peu à peu des tables rhombes, d'un aspect vitreux, volumineuses et d'une blancheur éclatante.

Le cyanhydrate de benzile n'est altéré ni par l'eau bouillante, ni par l'acide chlorhydrique concentré et bouillant. La chaleur, l'ammoniaque aqueuse, l'acide azotique, l'azotate d'argent le décomposent en mettant du benzile en liberté.

DÉRIVÉS AMMONIACAUX DU BENZILE. — Trois dérivés ammoniacaux ont été décrits par Laurent [*Revue scientif.*, t. X, p. 22, t. XIX, p. 440]. Il les prépare en dissolvant le benzile dans l'alcool absolu à l'aide de la chaleur, et y faisant passer un courant de gaz ammoniac sec. En continuant le courant de gaz pendant le refroidissement, il se sépare d'abord une poudre blanche, qui se recouvre, au bout de vingt-quatre heures, de petites aiguilles, tandis qu'une autre matière reste en solution.

IMABENZILE, $C^{14}H^{11}Az\,O$. — Pour le séparer, on porte à l'ébullition le produit de la réaction, et on filtre le mélange. Le résidu insoluble est lavé à l'éther, c'est l'imabenzile, poudre blanche, incolore et inodore, très-peu soluble dans l'alcool et dans l'éther bouillants, insoluble dans l'eau. Cristallisé dans ces solvants, il se présente au microscope sous la forme de prismes droits rhomboïdaux, dont les bases sont remplacées par deux facettes triangulaires. Il fond vers 140°, mais en se décomposant en partie. Il est soluble dans une solution alcoolique et bouillante de potasse. Si l'on ajoute de l'eau, il se précipite de la benzilimide. L'acide azotique, légèrement chauffé, le décompose rapidement; l'acide sulfurique le dissout, et si l'on étend d'eau la solution, on en sépare du benzilam.

BENZILIMIDE, $C^{28}H^{22}Az^2O^2 = 2(C^{14}H^{11}Az\,O)$. — Ce corps, polymère ou isomère du précédent, se forme en même temps que lui. On le sépare de l'imabenzile et du benzilam par l'alcool ou l'éther;

il est un peu soluble dans ces solvants, tandis que le benzilam y est très-soluble à froid, et l'imabenzile presque insoluble. On peut aussi l'obtenir en faisant bouillir l'imabenzile avec une solution alcoolique de potasse.

Il est en fines aiguilles, blanches, soyeuses; il fond vers 130° et se prend par le refroidissement en une masse gommeuse, et non cristalline. La distillation l'altère. L'acide azotique et l'acide sulfurique se comportent avec lui comme avec l'imabenzile.

BENZILAM, $C^{28}H^{18}Az^2$. — Le benzilam, étant très-soluble dans l'alcool et dans l'éther, se sépare facilement des deux composés qui se produisent en même temps. Il est en prismes incolores, appartenant au système rhombique.

Il fond à 105°, et peut rester en surfusion. Il distille sans altération; l'acide azotique le transforme en une huile qui cristallise par le refroidissement. Il n'est pas attaqué par la potasse, et se dissout aisément dans l'acide sulfurique.

M. Zinin a aussi préparé un dérivé ammoniacal du benzile en ajoutant de l'ammoniaque liquide à une solution chaude de benzile dans l'alcool. Il est en aiguilles minces, aplaties, brillantes, solubles dans l'alcool, et solubles sans altération dans des solutions alcooliques de potasse, d'ammoniaque et d'acide chlorhydrique; l'auteur le représente par la formule $C^{21}H^{15}Az^4O$ [Zinin, *Ann. der Chem. u. Pharm.*, t. XXXIV, p. 190].

V. ACIDE BENZILIQUE ou ACIDE STILBIQUE,
$$C^{14}H^{12}O^3$$

[Liebig, *Traité de Chim. organique*, édit. franç., t. I, p. 270; — Zinin, *Ann. der Chem. u. Pharm.*, t. XXXI, p. 329]. — Cet acide a été entrevu par Laurent dans l'action des alcalis sur le benzile, mais ce chimiste ne l'a pas isolé : c'est Liebig qui l'a découvert et qui l'a étudié.

On l'obtient en traitant le benzile par une dissolution bouillante de potasse dans l'alcool; la couleur violette qui se produit disparaît par l'ébullition. Il faut ajouter de temps en temps de la potasse tant que la liqueur se colore au moment où on l'introduit. On dessèche le liquide au bain-marie, et on laisse l'excès de potasse se carbonater à l'air. On reprend par l'alcool, qui s'empare du benzilate de potasse; la solution est colorée en brun, on la purifie par le charbon animal, et on l'évapore à siccité. Le résidu est du benzilate pur; on le dissout dans l'eau à l'ébullition et on précipite par un excès d'acide chlorhydrique.

L'acide benzilique cristallise en rhomboèdres transparents, incolores et d'un grand éclat, ou en longues aiguilles prismatiques. Peu soluble dans l'eau froide, plus soluble dans l'eau bouillante, très-soluble dans l'alcool et dans l'éther, il fond à 120°. Une température élevée le décompose. L'acide sulfurique concentré le dissout à froid en se colorant en cramoisi très-vif.

L'acide azotique le dissout à chaud sans altération; le perchlorure de phosphore l'attaque en donnant un chlorure d'acide.

BENZILATES. — L'acide benzilique est monoatomique; les benzilates sont $C^{14}H^{11}O^3M$: ils se colorent en cramoisi par l'acide sulfurique; ce caractère les distingue des benzoates.

Le *sel de potassium*, $C^{14}H^{11}O^3K$, est en cristaux anhydres, transparents, très-solubles dans l'eau et dans l'alcool; ils fondent au-dessus de 200° et se décomposent à une température plus élevée; il distille un liquide huileux, insoluble dans l'eau, et il reste du charbon et du carbonate.

Le *sel de plomb*, $(C^{14}H^{11}O^3)^2Pb$, est une poudre blanche, un peu soluble dans l'eau bouillante. Il fond bien au-dessus de 100° en un liquide rouge, et dégage des vapeurs violettes.

Le *sel d'argent*, $C^{14}H^{11}O^3K$, s'obtient en ajoutant du benzilate de potassium à de l'azotate d'argent. Poudre blanche, un peu soluble dans l'eau bouillante; se colore en bleu à 100°, et, à une température plus élevée, dégage une vapeur violette.

Chlorure de benzile ou *de stilbyle*,
$$C^{14}H^{11}O^2. Cl$$

[Cahours, *Ann. de Chim. et de Phys.*, (3), t. XXIII, p. 350]. — Ce composé, qu'il vaut mieux appeler chlorure de stilbyle pour le distinguer du chlorure de benzyle (éther chlorhydrique de l'alcool benzylique), se forme en traitant l'acide benzilique par le perchlorure de phosphore, et rectifiant les produits obtenus.

Il est huileux, incolore; il bout vers 270°. Il est plus pesant que l'eau, qui le décompose promptement. Il se dédouble déjà à l'air humide, en donnant de l'acide chlorhydrique et de l'acide benzilique.

Il donne, avec l'ammoniaque et l'aniline, des produits cristallisables.

Constitution de l'hydrobenzoïne et des corps qui s'y rattachent [E. Grimaux, *Bull. de la Soc. chim.*, 1867, t. VII, p. 378]. — L'hydrobenzoïne $C^{14}H^{14}O^2$ résulte de la fixation de 2 atomes d'hydrogène sur 2 molécules d'hydrure de benzoyle; celui-ci étant

$$\overset{\mathrm{H}}{\mathrm{C}}\begin{cases}C^6H^5\\O\\H\end{cases}$$

donne avec un atome d'hydrogène le groupement monoatomique

$$\overset{\mathrm{H}}{\mathrm{C}}\begin{cases}C^6H^5\\O\,H\\H\end{cases}$$

qui, se soudant à un groupement identique, constitue l'hydrobenzoïne; celle-ci est donc

$$CH(C^6H^5)OH$$
$$\dot{C}H(C^6H^5)OH,$$

ce qui en fait le glycol diphényl-éthylénique.

La benzoïne, qui en est le premier produit d'oxydation, est une aldéhyde-alcool

$$CO.(C^6H^5)$$
$$\dot{C}H(C^6H^5)OH.$$

Le benzile est la seconde aldéhyde

$$CO(C^6H^5)$$
$$\dot{C}O(C^6H^5).$$

Quant à la benzoïne désoxydée, elle est l'anhydride de ce glycol ou *l'oxyde de stilbène*

$$\left.\begin{array}{l}CH(C^6H^5)\\\dot{C}H(C^6H^5)\end{array}\right\}O.$$

Le benzile joue le rôle d'une acétone; il est, en effet, au glycol stilbénique ce que l'acétone est à l'alcool isopropylique.

Remarquons que tous ces composés représentent les termes correspondants du glycol éthylénique, dans lequel 2 atomes d'hydrogène sont remplacés par deux groupes C^6H^5.

Quant à l'acide stilbique, qu'on peut appeler *diphényl-glycolique*, on ne trouve pas pour lui de formule de constitution satisfaisante. En effet, d'après la structure de l'hydrobenzoïne, l'acide qui lui correspondrait en dériverait par substitution de l'oxygène à 2 atomes d'hydrogène appartenant à des atomes de carbone différents. Il serait donc

$$O\begin{cases}C\,C^6H^5,OH\\\dot{C}\,C^6H^5,OH.\end{cases}$$

Un tel acide n'a pas d'analogues connus. Ainsi

que nous l'avons dit plus haut, ces vues ont reçu en partie leur confirmation par les recherches de Limpricht et de Schwanert.　　　　E. G.

BENZOÏQUE (ACIDE),

$$C^7 H^6 O^2 = C^6 H^5, CO.OH.$$

— L'acide benzoïque est connu depuis les premières années du XVIIe siècle ; il avait été obtenu par la sublimation du benjoin : de là son nom de *fleur* ou *sel de benjoin*. Il fut étudié à la fin du siècle dernier par Hermstadt, Tromsdorff et Bucholz, qui prépara plusieurs benzoates. Ce sont MM. Liebig et Wœhler qui en fixèrent la composition [*Ann. de Chim.*, t. LI, p. 281]. Un grand nombre de chimistes ont contribué à faire connaître les points principaux de son histoire. Il existe tout formé dans le benjoin, le baume de Tolu, le sang-dragon, la résine de *Xanthorrea hastilis*, le bois de gaïac, le castoréum. Vauquelin et Fourcroy le rencontrèrent dans l'urine des herbivores ; peut-être l'ont-ils confondu avec l'acide hippurique, quoique ces deux acides puissent exister également avant la putréfaction des urines. Quoi qu'il en soit, après la putréfaction, on ne trouve que de l'acide benzoïque, produit de dédoublement de l'acide hippurique, et que fournit aussi l'urine de l'homme (Liebig).

Un grand nombre de réactions lui donnent naissance ; Strange, Robiquet et Boutron-Charlard ont reconnu sa formation par l'oxydation à l'air de l'hydrure de benzoyle. L'hydrure de cinnamyle, l'acide cinnamique, le cumène, le cinnamène sous l'influence de l'acide azotique, le cumène et le toluène oxydés par un mélange de bichromate de potasse et d'acide sulfurique, produisent de l'acide benzoïque. Celui-ci résulte encore du dédoublement de l'acide hippurique par l'acide chlorhydrique bouillant, de l'oxydation de l'alcool benzylique, de l'acétate, du chlorure de benzyle (toluène chloré) ; enfin, il s'en produit encore dans la réaction très-complexe d'un mélange de peroxyde de manganèse et d'acide sulfurique sur la caséine et la gélatine, dans l'action des alcalis étendus sur la populine, dans la distillation et dans la réduction de l'acide quinique.

Préparation. — L'acide benzoïque est extrait du benjoin ou des urines putréfiées des herbivores, ou préparé par l'oxydation du chlorure de benzyle.

Le procédé le plus anciennement connu, et décrit dans Blaise de Vigenère, consiste à sublimer le benjoin. On étale 500 grammes de benjoin grossièrement pulvérisé au fond d'un vase de tôle peu élevé, que l'on recouvre d'un diaphragme de papier buvard ; on fixe sur les bords du vase un cône en carton épais. Le vase étant placé sur une plaque métallique recouverte d'un peu de sable et exposé pendant trois ou quatre heures à un feu modéré, les vapeurs d'acide benzoïque filtrent à travers le papier buvard, qui retient les produits empyreumatiques ; l'acide s'attache aux parois intérieures du chapiteau. Le diaphragme de papier empêche en outre l'acide sublimé de retomber dans le vase contenant le benjoin, et la plaque métallique favorise la répartition plus égale de la chaleur. Le rendement est peu considérable.

Il est plus avantageux de faire bouillir le benjoin pendant quelques heures avec un lait de chaux, de séparer par le filtre le résinate de chaux insoluble, et de précipiter la liqueur concentrée par l'acide chlorhydrique. L'acide benzoïque ainsi recueilli est purifié par sublimation ou par cristallisation dans l'eau bouillante [Scheele, *Mém. de Chim.*, traduction française, Dijon, MDCC.LXXXV, 1re part., p. 121 ; 2e part., p. 209].

M. Wœhler dissout à chaud le benjoin pulvérisé dans l'alcool concentré, ajoute de l'acide chlorhydrique jusqu'à ce que la résine soit précipitée. Le mélange est soumis à la distillation, et, quand il devient assez consistant pour ne plus distiller, on ajoute de l'eau et on continue l'opération tant qu'il passe de l'éther benzoïque. Celui-ci est décomposé par la potasse, et la solution de benzoate potassique est précipitée par l'acide chlorhydrique [Wœhler, *Ann. der Chem. u. Pharm.*, t. XLIX, p. 245].

L'acide benzoïque employé dans l'industrie est retiré des urines des herbivores ; celles-ci sont abandonnées à la putréfaction, puis mêlées avec un lait de chaux, filtrées, évaporées et précipitées par l'acide chlorhydrique. L'acide est purifié par une seconde transformation en sel de chaux, puis par cristallisation dans l'eau bouillante.

On évite les causes d'insalubrité qu'entraîne l'évaporation des urines, dans la préparation de l'acide benzoïque des herbivores, en employant le procédé suivant :

On fait dissoudre, à froid, dans l'urine, 10 % de son poids de sel marin ou des résidus salins, riches en chlorure de sodium, qui proviennent des raffineries de salpêtre. Dans ce milieu, l'acide hippurique est en très-grande partie insoluble quand on vient de le mettre en liberté par l'acide chlorhydrique. On extrait l'acide commercial du précipité filtré sur laine par les traitements ordinaires (Morel).

Cet acide benzoïque, dit d'Allemagne ou des herbivores, a une odeur désagréable d'urine. Bien purifié, on peut lui communiquer l'odeur agréable du benjoin en le sublimant avec une petite quantité de cette résine ; ce procédé a déjà été indiqué par Fourcroy et Vauquelin. L'extraction de l'acide benzoïque de l'urine des herbivores est une application des belles recherches de M. Liebig sur la constitution et le dédoublement de l'acide hippurique.

On peut se procurer industriellement l'acide benzoïque en oxydant le chlorure de benzyle (toluène chloré), $C^6 H^5 C H^2 Cl$; mis en ébullition pendant quelques heures avec de l'acide azotique étendu dans un ballon communiquant avec un réfrigérant de Liebig à reflux, le chlorure de benzyle se transforme en acide benzoïque et en hydrure de benzoyle ; les produits supérieurs de la chloruration du toluène à chaud en donnent également, oxydés soit par l'acide azotique, soit par l'azotate de plomb [Ch. Lauth et E. Grimaux, *Compt. rend. de l'Acad.*, 1866, t. LXIII, novemb., et *Bull. de la Soc. chim.*, 1867, t. VII, p. 105]. Cette méthode est aujourd'hui appliquée dans l'industrie et se substitue à la fabrication de l'acide des herbivores. Ainsi obtenu, l'acide benzoïque a une forte odeur d'amandes amères, qu'il perd en partie en restant exposé à l'air.

MM. P. et E. Depoully préparent l'acide benzoïque avec l'acide phtalique. On mélange une molécule de phtalate neutre de chaux avec une demi-molécule de chaux hydratée ; on maintient le tout pendant quelques heures à une température de 330° à 350°, à l'abri du contact d'une trop grande quantité d'air. Le phtalate se transforme entièrement en carbonate et en benzoate de calcium :

$$2(C^8 H^4 O^4 Ca) + Ca H^2 O^2$$
$$= (C^7 H^5 O^2)^2 Ca + 2(CO^3 Ca)$$

[*Bull. de la Soc. chim.*, 1865, t. III, p. 163].

Synthèse. — On a réalisé la synthèse de l'acide benzoïque par deux procédés différents, en partant d'un terme d'une autre série, la benzine.

M. Harnitz-Harnitzki dirige un courant d'oxychlorure de carbone dans une cornue chauffée, exposée aux rayons du soleil, et que traversent des vapeurs de benzine. Les deux corps se combinent en donnant du chlorure de benzoyle $C^6 H^5 CO Cl$ et de l'acide chlorhydrique. Le chlorure de benzoyle décomposé par l'eau fournit l'acide benzoïque [*Bull. de la Soc. chim.*, 1864, t. I, p. 332].

M. Kekulé introduit dans un ballon à long col muni d'un réfrigérant ascendant, de la benzine monobromée délayée dans de la benzine, puis du sodium coupé en petits morceaux; il chauffe au bain-marie et dirige dans le mélange, pendant 24 ou 48 heures, un courant d'acide carbonique sec. On traite par l'eau, qui laisse les produits secondaires de consistance oléagineuse, et s'empare du benzoate de sodium. La réaction a lieu d'après l'équation

$$C^6H^5Br + Na^2 + CO^2 = C^6H^5CO^2Na + NaBr.$$

Elle est générale et a été appliquée à la synthèse de l'acide toluique et de l'acide xylylique [Kekulé, *Ann. der Chem. u. Pharm.*, nouv. sér., t. LXI, p. 129; *Bull. de la Soc. chim.*, 1866, t. VI, p. 45; *Bull. de l'Acad. roy. de Belg.*, (2), t. XIX, p. 566]. Suivant M. Church, la benzine monochlorée se transformerait par la potasse en phénol, et en distillant le phénylsulfate de baryum avec du cyanure de baryum, on obtiendrait du cyanure de phényle (benzonitrile). Par conséquent, on réaliserait ainsi le passage de la benzine à l'acide benzoïque. Mais les faits avancés par M. Church sont trop en contradiction avec ce que l'on sait des réactions du chlorure de phényle, pour qu'on puisse admettre sans réserve ce mode de production de l'acide benzoïque [Church, *Journ. of the Chem. Society*, (2), t. I, p. 76, et *Bull. de la Soc. chim.*, 1863, p. 400].

Lorsqu'on distille un mélange d'aniline et d'acide oxalique, une molécule d'oxyde de carbone se détache de celui-ci, se porte sur un hydrogène de la base, et se trouve ainsi changé en formyle CO H. La formianilide prend alors naissance et se détruit en même temps en perdant une molécule d'eau. Il passe alors à la distillation du cyanure de phényle ou benzonitrile, avec lequel il est facile d'obtenir l'acide benzoïque [Hofmann, *Compt. rend.*, 1867, t. LXIV, p. 387].

On a désigné sous le nom d'*acide benzoïque amorphe* ou *acide benzoérésique* un acide benzoïque intimement uni à une matière colorante jaune qui l'accompagne dans tous ses sels, et modifie son point de fusion; mais par la sublimation on en retire de l'acide benzoïque ordinaire. Cet acide benzoérésique se produit lorsqu'on fait bouillir le baume de Tolu ou le benjoin avec de l'acide azotique [E. Kopp, *Compt. rend. des trav. de Chim.*, 1849, p. 155]. Du reste, la présence de quelques impuretés suffit pour masquer l'identité de l'acide benzoïque; c'est ainsi qu'en traitant par l'hydrogène naissant l'acide parachlorobenzoïque (voir plus bas), on a eu un acide qui était différent de l'acide benzoïque et qu'on avait nommé acide salylique. En distillant ce corps avec des vapeurs d'eau, on recueille de l'acide benzoïque pur [Reichenbach et Beilstein, *Ann. der Chem. u. Pharm.*, nouv. sér., t. LVI, p. 309, et *Bull. de la Soc. chim.*, 1865, t. IV, p. 53]. L'acide parachlorobenzoïque dérivant de l'acide salycilique, on peut passer de cet acide à l'acide benzoïque.

Propriétés. — L'acide benzoïque cristallise en lames ou en aiguilles nacrées, transparentes et incolores. A l'état de pureté il est sans odeur; sa saveur est chaude et acide. Il rougit le tournesol. Il fond à 121°4 en un liquide transparent d'une densité de 1,0838 (l'eau à 0° étant prise comme unité) et bout à 239°, à 249° sous une pression de 760 millimét. (H. Kopp.) Il se sublime déjà à 145°; il distille avec les vapeurs d'eau; sa densité de vapeur a été trouvée égale à 4,27 (Mitscherlich). Ses vapeurs excitent la toux. Il se dissout dans 12 p. de son poids d'eau à 100° et dans 200 p.

d'eau froide. Il est très-soluble dans l'alcool et dans l'éther. Les huiles grasses et les huiles volatiles le dissolvent en grande quantité. Il n'est pas attaqué par l'acide azotique étendu et l'acide chromique, et se distingue ainsi de l'acide cinnamique que ces agents transforment en hydrure de benzoyle.

Il se dissout dans l'acide sulfurique, d'où l'eau le précipite sans altération; l'acide sulfurique fumant le convertit en acide sulfobenzoïque (Mitscherlich). L'acide azotique fumant le transforme en acide nitrobenzoïque; et un mélange d'acide sulfurique et d'acide azotique fumant, en acide binitrobenzoïque. — Voyez plus bas.

Le chlore, le perchlorure d'antimoine donnent un mélange d'acides chlorobenzoïques qui ne peuvent être séparés; le brome agit d'une manière analogue. Le perchlorure de phosphore est sans action à froid sur l'acide benzoïque, mais il suffit de chauffer légèrement pour avoir du chlorure de benzoyle [Cahours, *Ann. de Chim. et de Phys.*, (3), t. XXIII, p. 334]. Le sous-chlorure de soufre S^2Cl^2 et le protochlorure de soufre SCl^4 donnent également du chlorure de benzoyle [Carius, *Ann. der Chem. u. Pharm.*, nouv. sér., t. XXX, p. 291; *Ann. de Chim. et de Phys.*, (3), t. LIV, p. 235]. Si l'on chauffe à 200° un mélange d'acide benzoïque, de sulfate acide de sodium desséché et de chlorure de sodium, on obtient du chlorure de benzoyle en même temps que de l'acide chlorhydrique. On emploie le sulfate acide de sodium, au lieu d'anhydride sulfurique qui donne de l'acide sulfobenzoïque; la réaction est

$$C^7H^6O^2 + SO^3 + 2NaCl$$
$$= C^7H^5OCl + HCl + Na^2SO^4$$

[Beketoff, *Ann. der Chem. u. Pharm.*, t. CIX, p. 256].

L'acide benzoïque distillé avec un excès de chaux ou de baryte caustique se dédouble en acide carbonique et en benzine [Mitscherlich, *Ann. der Chem. u. Pharm.*, t. IX, p. 30]. Le même dédoublement a lieu lorsqu'on dirige les vapeurs de l'acide benzoïque sur de la pierre ponce chauffée au rouge ou qu'on distille un mélange de 1 p. d'acide et de 5 ou 6 p. de pierre ponce en poudre grossière. Si le mélange est trop chauffé, il se forme en outre de la naphtaline, des substances empyreumatiques, et il reste un résidu de charbon [Barreswil et Boudault, *Journ. de Pharm.*, (3), t. V, p. 266]. Il se produit de même de la benzine quand les vapeurs d'acide benzoïque passent sur du fer chauffé au rouge [F. Darcet, *Ann. de Chim. et de Phys.*, t. LXVI, p. 99].

Lorsqu'on fait digérer l'amalgame de sodium avec une solution saturée d'acide benzoïque, en maintenant la liqueur légèrement acide à l'aide de l'acide chlorhydrique, il se produit de l'hydrure de benzoyle et une huile épaisse, en partie soluble dans la potasse. Le corps insoluble finit par se concréter; le composé soluble est un nouvel acide qui contient plus de carbone et d'hydrogène que l'acide benzoïque [Kolbe, *Ann. der Chem. u. Pharm.*, nouv. sér., t. XLII, p. 122; *Ann. de Chim. et de Phys.*, (3), t. LXII, p. 372; *Répert. de Chim. pure*, 1861, p. 304].

M. Hermann a étudié l'action de l'amalgame de sodium sur l'acide benzoïque; il mélange l'acide avec une quantité d'eau insuffisante pour le dissoudre, ajoute de l'amalgame de sodium, distille et cohobe le liquide jusqu'à ce que le produit précipite par l'acide chlorhydrique une huile qui ne se fige pas à froid. Pour empêcher la réaction alcaline de la liqueur, il y dirige un courant de gaz chlorhydrique. Dans ces conditions, il a obtenu de l'alcool benzylique, C^7H^8O, de l'acide benzoléique (voyez ce mot), une substance cristalline en écailles blanches, fusible à 116°, soluble dans l'eau bouillante, transformée par la distillation sèche en hydrure de benzoyle, inattaquable par une longue ébullition avec la potasse caustique ; l'auteur regarde ce corps comme une aldéhyde, et le représente par la formule $C^{14}H^{14}O^2$ [Hermann, *Ann. der Chem. u. Pharm.*, nouv. sér., t. LVI, p. 75]. Il paraît identique avec le composé de même formule (hydrobenzoïne) qui résulte de l'action de l'hydrogène naissant sur l'hydrure de benzoyle (voyez ce mot) et qui fond à 129° (Church), 136° (Zinin), 100° (Claus).

Ingéré dans l'économie animale, l'acide benzoïque est transformé en acide hippurique qui se retrouve dans les urines [Wœhler et Keller, *Ann. der Chem. u. Pharm.*, t. XLIII, p. 108; — Ure, *Journ. de Pharm.*, octob. 1841].

DÉRIVÉS BROMÉS, CHLORÉS, IODÉS DE L'ACIDE BENZOÏQUE.

ACIDES BROMOBENZOÏQUES. — ACIDE MONOBRO-MOBENZOÏQUE,

$$C^7H^5BrO^2 = C^6H^4Br,CO^2H$$

[Peligot (1838), *Compt. rend. de l'Acad.*, t. III, p. 9 ; *Ann. der Chem. u. Pharm.*, t. XXVIII, p. 246 ; — Herzog, *Arch. de Brandes*, t. XXIII, p. 10 ; — Laurent, *Compt. rend. de l'Acad.*, t. XXX, p. 329, t. XXXII, p. 11].

Cet acide s'obtient par l'action du brome sur le benzoate d'argent : on place le sel dans un vase fermé à côté d'un tube renfermant du brome ; au bout de vingt-quatre heures, quand le vase est rempli de vapeurs rougeâtres, on traite le produit par l'éther. Celui-ci par l'évaporation abandonne une huile brune qui bientôt se concrète, et qu'on purifie en la dissolvant dans la potasse, décolorant le sel par le noir animal et précipitant par un acide (Peligot).

On peut encore traiter l'acide benzoïque par le brome à la lumière solaire directe, distiller l'excès de brome, reprendre le résidu par le carbonate de sodium (qui laisse sans la dissoudre une huile bromée) et reprécipiter par l'acide azotique (Herzog).

Il s'obtient aussi par l'action du brome sur l'acide benzoïque en présence de l'eau à 120° [Hübner, *Zeitscher. für Chem.*, nouv. sér., t. I, p. 547, et t. II, p. 240; *Bull. de la Soc. chim.*, 1867, t. VII, p. 176]. Il se forme dans cette action de petites quantités de bromanile.

L'acide bromobenzoïque est un des produits de l'action du brome sur l'acide diazoamidobenzoïque divisé et mis en suspension dans l'eau [Griess, *Journ. of the Chem. Soc.*, 1865, 2° sér., t. III, p. 307 ; *Bull. de la Soc. chim.*, 1866, t. VI, p. 405].

Cet acide cristallise en belles écailles incolores, fusibles à 100° (Peligot), à 152° (Hübner). Il se sublime à 250° en laissant un résidu charbonneux. Il est peu soluble dans l'eau, très-soluble dans l'alcool, l'esprit de bois et l'éther ; la potasse fondante le transforme en acide salicylique.

Chauffé avec de l'ammoniaque, l'acide bromobenzoïque donnerait de l'acide amidobenzoïque, suivant M. Alexeyeff [*Bull. de la Soc. chim.*, 1861, p. 71].

Si on le dissout à chaud dans l'acide azotique fort, on obtient deux acides nitrés isomères

$$C^7H^4Br(AzO^2)O^2$$

(Hübner).

Les *bromobenzoates* sont généralement solubles et cristallisables; les sels de plomb, de cuivre et de mercurosum sont très-peu solubles. Le sel d'argent est soluble dans l'eau chaude.

ACIDE TRIBROMOBENZOÏQUE,

$$C^7H^3Br^3O^4 = C^6H^2Br^3,CO^2H$$

[Griess, *Mém. cité*]. — Produit en même temps que le précédent dans la décomposition par le brome de l'acide diazoamidobenzoïque, il est en petits prismes aiguillés. Il se comporte avec les dissolvants comme l'acide monobromé. Il peut être volatilisé sans décomposition.

En chauffant le produit brut de l'action du protochlorure d'iode sur le bromobenzoate de sodium, il se dégage de l'acide carbonique, et il passe à la distillation de l'iode, de l'acide bromobenzoïque, de la benzine monoïodée et du bromobenzoate de phényle [P. Schutzenberger et R. Sengenwald, *Comp. rend. de l'Acad.*, t. LIV, p. 197; *Répert. de Chim. pure*, 1862, p. 145].

Acides bromonitrobenzoïques. — Lorsqu'on dissout à chaud l'acide benzoïque dans de l'acide azotique concentré, il se forme de l'acide bromonitrobenzoïque qui reste dissous en majeure partie lorsqu'on ajoute de l'eau, et il se précipite une poudre peu soluble d'un acide isomère.

Le premier fond à 140°, cristallise dans l'éther en grandes lames jaunâtres, dans l'eau en petites tables incolores, et dans l'acide azotique en longues aiguilles; son sel de baryum est soluble, anhydre, cristallisé en aiguilles incolores. Le second fond à 248°, est très-peu soluble dans l'eau; le sel de baryum cristallise avec deux H^2O, et est en lamelles brillantes.

L'acide bromonitrobenzoïque traité par le zinc et l'acide chlorhydrique donne de l'acide bromazobenzoïque, poudre jaune, insoluble dans l'eau, et en même temps de l'acide bromamidobenzoïque, en aiguilles solubles, qui fondent à 193°, et dont le sel de baryum cristallise en petites aiguilles blanches avec une molécule d'eau (Hübner).

ACIDES CHLOROBENZOÏQUES. — On obtient, dans un grand nombre de réactions, des corps chlorés présentant la composition de l'acide benzoïque monochloré, et dont les différences avaient été jusqu'à présent mal établies. Par une nouvelle étude de ces acides chlorés, MM. Beilstein et Schlun ont reconnu que tous les acides chlorobenzoïques obtenus avec l'acide benzoïque, un de ses dérivés ou un corps pouvant en fournir directement (acide cinnamique, acide hippurique), sont identiques, et qu'il existe deux autres isomères, l'acide chlorosalylique (appelé longtemps chlorobenzoïque) provenant de l'acide salicylique, et l'acide chlorodracylique, résultant de l'action de l'acide chlorhydrique sur l'acide azo-amidodracylique [Beilstein et Schlun, *Ann. der Chem. u. Pharm.*, t. CXXXIII, p. 239; *Bull. de la Soc. chim.*, 1865, t. IV, p. 129]. L'isomérie de ces trois acides s'explique par la différence de position du chlore, dans le noyau C^6H^5, relativement à la chaîne latérale CO(OH), l'acide benzoïque étant $C^6H^5,CO(OH)$.

I. ACIDE CHLOROBENZOÏQUE,

$$C^7H^5ClO^2 = C^6H^4Cl,CO(OH).$$

[Herzog, *Arch. für Pharm.*, t. XXXIII, p. 279 ; — Stenhouse, *Ann. der Chem. u. Pharm.*, t. LV, p. 1 ; — Field, *ibid.*, t. LXV, p. 55 ; — Limpricht et V. Uslar, *ibid.*, nouv. sér., t. XXVI, p. 269 ; *Ann. de Chim. et de Phys.*, 1858, (3), t. LII, p. 504 ; — Otto, *Ann. der Chem. u. Pharm.*, nouv. sér., t. XLVI, p. 129 ; *Répert. de Chim. pure*, 1862, p. 463].

Lorsqu'on traite l'acide benzoïque par le chlore, on obtient un mélange d'acides benzoïques mono-, bi- et trichlorés qu'on ne peut séparer les uns des autres et qui se forment également lorsqu'on traite l'acide cinnamique par le chlorure de chaux (Stenhouse).

L'acide chlorobenzoïque pur a été préparé par MM. Limpricht et V. Uslar. En distillant l'acide sulfobenzoïque avec le perchlorure de phosphore, ils ont obtenu le chlorure de sulfobenzoyle

$$C^7H^4SO^2,Cl^2,$$

qui, au-dessus de 300°, se décompose en gaz sulfureux et en chlorure de chlorobenzoyle

$$C^7H^4ClO, Cl.$$

Le chlorure de chlorobenzoyle se dédouble par l'eau bouillante en acide chlorhydrique et acide chlorobenzoïque.

On obtient facilement cet acide en décomposant le chlorure de chlorobenzoyle par la potasse, et décomposant le sel de potasse par l'acide chlorhydrique. On le purifie en le combinant avec une base et le précipitant de nouveau. Il se produit aussi quand on traite l'acide azo-amidobenzoïque par l'acide chlorhydrique.

M. Otto a obtenu aussi l'acide chlorobenzoïque, mais non entièrement pur, soit en soumettant l'acide chlorhippurique à une longue ébullition avec l'acide chlorhydrique, soit en traitant l'acide benzoïque par le chlorate de potasse et l'acide chlorhydrique.

L'acide chlorobenzoïque se présente sous la forme de petites aiguilles incolores, solubles dans l'eau chaude, dans l'alcool et dans l'éther; il se dissout dans 2840 p. d'eau froide. Il ne fond pas sous l'eau. Son point de fusion est situé à 152° (Kolbe et Lautemann), 153° (Beilstein et Schlun). L'acide azotique fumant le dissout lentement; la solution, précipitée par l'eau, fournit l'acide nitrochlorobenzoïque. Le chlorure de phosphore le transforme en chlorure de chlorobenzoyle

$$C^7H^4Cl O, Cl;$$

fondu avec la potasse caustique, il donne de l'acide salicylique.

Les chlorobenzoates sont généralement solubles; le sel de chaux $2(C^7H^4ClO^2)$ Ca renferme 3 molécules d'eau.

Acide nitrochlorobenzoïque (Limpricht et V. Uslar),

$$C^7H^4(AzO^2)ClO^2 = C^6H^3(AzO^2)Cl,CO(OH).$$

— En dissolvant l'acide chlorobenzoïque dans l'acide azotique fumant, et précipitant après quelques heures, on obtient un dépôt d'acide nitrochlorobenzoïque. Les eaux mères, au bout de quelques jours, en laissent déposer de nouvelles quantités sous la forme de grandes lames incolores. Ces cristaux fondent à 118° : ils sont solubles dans l'alcool et dans l'éther, ils fondent sous l'eau chaude, se dissolvent dans celle-ci à l'ébullition, mais ne s'en séparent pas par le refroidissement. Traité par le sulfure d'ammonium, ce corps se change en acide chloramidobenzoïque.

En dirigeant un courant de gaz chlorhydrique dans une dissolution alcoolique d'acide nitrochlorobenzoïque, on obtient une huile d'une odeur de fraise et qui se solidifie peu à peu. C'est l'*éther nitrochlorobenzoïque*, fusible à 282°, décomposé en partie par la distillation.

Suivant Hübner et Schulze, l'on obtient deux acides chloronitrobenzoïques, dans l'action de l'acide azotique sur l'acide chlorobenzoïque. L'acide α est peu soluble, même dans l'eau bouillante; il fond vers 220-230°. Son éther éthylique est cristallisé. L'acide β est assez soluble dans l'eau, fusible entre 135° et 137° [*Zeitsch. für Chem.*, nouv. sér., t. II, p. 614, et *Bull. de la Soc. chim.*, 1867, t. VII, p. 507].

II. Acide parachlorobenzoïque, ou chlorosalylique (chlorobenzoïque de Gerhardt) [Chiozza, 1852, *Ann. de Chim. et de Phys.*, (3), t. XXXVI,

p. 105; — Kolbe et Lautemann, 1860, *Ann. der Chem. u. Pharm.*, t. CXV, p. 157; *Ann. de Chim. et de Phys.*, (3), t. LX, p. 365; *Répert. de Chim. pure*, 1860, p. 469; — Kekulé, *Ann. der Chem. u. Pharm.*, t. CXVII, p. 145; *Ann. de Chim. et de Phys.*, (3), t. LXII, p. 368; *Répert. de Chim. pure*, 1861, p. 308; — Beilstein et Schlun, *loc. cit.*].

Cet acide, découvert par Chiozza, s'obtient en distillant l'acide salicylique avec le perchlorure de phosphore, rectifiant le produit et décomposant par l'eau ce qui passe entre 200° et 250° et qui paraît être du chlorure de chlorosalyle. L'acide, mélangé d'un peu d'acide salicylique, se purifie par une lente cristallisation dans l'eau.

L'acide chlorosalylique forme de belles aiguilles brillantes, fines et soyeuses. Il fond dans l'eau bouillante et s'y dissout abondamment; la solution saturée se prend par le refroidissement en une masse de très-belles aiguilles. Il se dissout dans 881 p. d'eau à 0°. Comme son isomère, il n'est pas coloré en violet par le perchlorure de fer, mais donne avec ce réactif un précipité jaune. Il fond à 137° (Kekulé, Beilstein et Schlun), 140° (Kolbe et Lautemann). Il se sublime sans altération. L'acide azotique fumant le dissout et donne l'acide *nitrochlorosalylique*.

Traité par l'amalgame de sodium, il donne de l'acide benzoïque, mais à l'état impur; aussi avait-il été pris pour un acide nouveau, et appelé salylique. Suivant Beilstein et Schlun, purifié par distillation avec les vapeurs d'eau, l'acide salylique présente tous les caractères de l'acide benzoïque.

Fondu avec la potasse, il fournit l'acide salicylique. Le nom d'acide chlorosalylique rappelle que cet acide est dérivé de l'acide salicylique.

Le sel de baryum $2(C^7H^4ClO^2)$ Ba, $2H^2O$ forme des aiguilles microscopiques très-solubles dans l'eau.

Le sel de calcium $2(C^7H^4ClO^2)$ Ca, H^2O forme des cristaux prismatiques très-solubles.

Le sel d'argent est un précipité blanc.

Éther chlorosalylique, $C^7H^4ClO,(OC^2H^5)$. — En traitant par l'alcool le produit de l'action du perchlorure de phosphore sur l'acide salicylique, on obtient l'éther chlorosalylique, liquide incolore, insoluble dans l'eau, d'une odeur agréable, bouillant de 238° à 242° (Kekulé).

M. Kekulé décrit aussi un éther *bichlorosalylique*, bouillant à 245°, obtenu par l'action de l'alcool sur le chlorure de bichlorosalyle. Celui-ci se forme par la décomposition que subit à chaque distillation le chlorure de chlorosalyle. Mais ce chlorure de bichlorosalyle ne peut être obtenu à l'état pur, et l'éther bichloré paraît être un mélange qui renferme beaucoup d'éther monochloré, car avec une solution alcoolique de potasse il donne de l'acide monochlorobenzoïque.

Acide nitrochlorosalylique ou *parachloronitrobenzoïque* (Kekulé, Hübner et Schulze). — Il est en gros cristaux rhomboïdaux, fusibles et solubles dans l'eau bouillante, d'où il se dépose par le refroidissement en longues aiguilles qui ressemblent à l'acide benzoïque.

Il fond à 164-165°; le sel de chaux cristallise avec 2 molécules d'eau; il est peu soluble. Le sel de magnésie cristallise avec 8 molécules d'eau en grosses tables rhomboïdales très-solubles. Le sel de baryte est en petites aiguilles. L'éther éthylique est solide et fond à 28-29°.

III. Acide chlorodracylique. — Il fond à 236°. — Voyez Dracyliques (composés).

Acide bichlorobenzoïque,

$$C^7H^4Cl^2O^2 = C^6H^3Cl^2, CO(OH)$$

[Otto, *loc. cit.*]. — L'acide bichlorohippurique,

soumis à une longue ébullition avec de l'acide chlorhydrique, se dédouble en glycocolle et acide [illegible] sable, très-soluble dans l'alcool et dans l'éther, assez soluble dans l'eau chaude; il fond à 196°,5. Le sel de baryum cristallise; il renferme

$$2\,(C^7\,H^3\,Cl^2\,O^2)\,Ba,\ 3\,H^2O.$$

Le sel de calcium renferme une molécule d'eau de cristallisation; le sel d'argent n'en renferme pas; il forme des mamelons indistincts.

ACIDE IODOBENZOÏQUE,

$$C^7\,H^5\,I\,O^2 = C^6\,H^4\,I\,CO\,(OH)$$

[Griess, *Compt. rend. de l'Acad.*, t. XLIV, p. 900; *Répert. de Chim. pure*, 1860, p. 91; — D. Cunze et H. Hübner, 1865, *Ann. der Chem. u. Pharm.*, nouv. sér., t. LIX, p. 106; *Bull. de la Soc. chim.*, 1866, t. V, p. 373].

L'acide diazo-amidobenzoïque ou diazoïque

$$C^7\,H^4\,Az^2\,O^2,\ C^7\,H^5\,(Az\,H^2)\,O^2$$

traité par l'acide iodhydrique se décompose et fournit l'acide iodobenzoïque (Griess). Chauffé avec de l'iode ou de l'iodure d'éthyle, il se décompose d'une façon identique (D. Cunze et H. Hübner). Il se forme aussi par l'action de l'iodate de potasse et de l'acide sulfurique sur l'acide benzoïque [Peltzer, *Ann. der Chem. u. Pharm.*, t. CXXXVI, p. 294; *Bull. de la Soc. chim.*, 1866, t. V, p. 452].

L'acide iodobenzoïque cristallise en paillettes allongées; il est très-peu soluble dans l'eau, fort soluble dans l'alcool et dans l'éther; chauffé à 180° pendant quelques jours avec de l'alcool sodé, il donne de l'acide benzoïque. A 167° avec l'ammoniaque, il se transforme en acide amidobenzoïque. Dissous dans l'acide azotique d'une densité de 1,5 et chauffé modérément, il fournit de longs cristaux rhombiques d'*acide nitro-iodobenzoïque* qui fondent à 220°, et que le sulfure d'ammonium réduit en produisant de l'acide iodamidobenzoïque.

Lorsqu'on fait passer de l'acide chlorhydrique dans une dissolution alcoolique d'acide iodobenzoïque, on obtient un liquide insoluble dans l'eau, l'éther *iodobenzoïque*, qui forme de l'*iodobenzamide* avec l'ammoniaque.

Le sel de baryum est en aiguilles fines, solubles dans l'eau et l'alcool. Le sel de calcium est en écailles brillantes ou en mamelons durs, suivant que les dissolutions sont concentrées ou étendues.

Le sel de magnésium est en petits mamelons ronds, solubles dans l'eau. Le sel de sodium est en tables quadrangulaires. Le sel d'argent constitue un précipité blanc, amorphe.

DÉRIVÉS NITRIQUES DE L'ACIDE BENZOÏQUE.

ACIDE NITROBENZOÏQUE,

$$C^7\,H^5\,(Az\,O^2)\,O^2 = C^6\,H^4\,(Az\,O^2),\ CO\,.\,OH$$

[Mulder, 1840, *Ann. der Chem. u. Pharm.*, t. XXXIV, p. 297; *Journ. für prakt. Chem.*, t. XIX, p. 362 ; *Ann. de Chim.*, t. LXXIV, p. 75; *Ann. de Chim. et de Phys.*, (3), t. XLII, p. 495; — C. Voit, *Ann. der Chem. u. Pharm.*, t. XCIX, p. 100; *Ann. de Chim. et de Phys.*, (3), t. XLVIII, p. 376; — Ernst, *Journ. für prakt. Chem.*, t. LXXXI, p. 96; *Répert. de Chim. pure*, 1861, p. 268].

Cet acide se produit toutes les fois qu'on traite longtemps par l'acide azotique concentré, soit l'acide benzoïque, soit des corps qui fournissent cet acide dans leurs dédoublements, tels que les composés cinnamiques, le cumène, le cinnamène.

Il a été découvert par M. Mulder, qui l'obtient par l'ébullition prolongée de l'acide benzoïque avec un excès d'acide azotique; il se dégage des vapeurs nitreuses, qui cessent au bout de quelques heures. La solution laisse alors déposer, par le refroidissement, des cristaux d'acide nitrobenzoïque, qu'on purifie par cristallisation dans l'eau bouillante (Mulder). On peut employer un mélange de 2 p. d'acide sulfurique concentré et de 1 p. d'acide azotique d'une densité de 1,5 : on y introduit par petites portions l'acide benzoïque fondu, et on chauffe le tout pendant une demiheure. L'eau froide précipite de ce mélange des flocons blancs d'acide nitrobenzoïque, sans aucun mélange d'acide dinitrobenzoïque (C. Voit). La meilleure manière de préparer l'acide nitrobenzoïque consiste, suivant Gerland, à broyer 1 p. d'acide benzoïque avec 2 p. d'azotate de potasse, et à ajouter 1 p. d'acide sulfurique en remuant continuellement. La réaction s'effectue avec dégagement de chaleur; on la facilite en chauffant légèrement la masse solide jusqu'à ce qu'elle commence à se ramollir. On sépare l'acide nitrobenzoïque du bisulfate acide de potassium par cristallisation dans l'eau bouillante. On prépare aussi cet acide en introduisant peu à peu dans de l'acide sulfurique, d'une densité de 1,840, un mélange en poudre fine de 1 p. d'acide benzoïque, et de 2 p. d'azotate de potasse. On sépare par fusion l'acide nitrobenzoïque du sulfate acide de potassium; deux cristallisations suffisent pour le purifier (Ernst).

L'acide nitrobenzoïque prend aussi naissance dans le dédoublement de l'acide nitrohippurique par l'acide chlorhydrique, et par l'action de l'acide chromique sur l'hydrure de nitrobenzoyle (Bertagnini).

Il s'obtient en même temps que son isomère, l'acido nitrodracylique, dans l'action de l'acide azotique à l'ébullition sur le nitrotoluène [Beilstein, *Bull. de la Soc. chim.*, 1864, t. II, p. 15]. L'acide nitrobenzoïque se dépose de ses solutions aqueuses à l'état d'une masse grenue, formée de petits cristaux incolores. Il est peu soluble dans l'eau froide, aisément soluble dans l'eau bouillante, 1 p. d'acide nitrobenzoïque se dissout dans 400 p. d'eau à 10°, et dans 10 p. d'eau à 100° : il est très-soluble dans l'alcool et dans l'éther. Les cristaux secs fondent à 127° (Mulder); à 141° ou 142° d'après A. Naumann.

Sous l'eau, ils fondent déjà à une température inférieure à 100°. Ils commencent à se sublimer à 100°, sans altération, s'ils sont purs. Maintenu à l'ébullition, l'acide nitrobenzoïque noircit et se décompose; ses vapeurs sont irritantes et provoquent la toux. L'acide chlorhydrique et l'acide azotique le dissolvent à l'ébullition sans l'altérer. L'acide sulfurique concentré le dissout; si on élève la température, le mélange se colore en rouge et renferme un acide sulfoconjugué, dont le sel de baryte est soluble et qui n'a pas été examiné.

Le perchlorure de phosphore est sans action à froid, mais en élevant la température on observe une réaction très-vive et on obtient le chlorure de nitrobenzoyle $C^7\,H^4\,(Az\,O^2)\,O,\,Cl$ (Cahours). Si l'on absorbe de l'acide nitrobenzoïque, celui-ci se transforme en acide nitrohippurique, qui se retrouve dans les urines (Bertagnini).

Soumis à l'action de l'hydrogène sulfuré, il fournit de l'acide benzamique (oxybenzamique ou amidobenzoïque (Zinin).

Avec l'acide chlorhydrique et l'étain, on obtient un chlorure double d'étain et de acide benzamique [Beilstein et Wilbrand, *Ann. der Chem. u. Pharm.*, nouv. sér., t. LII, p. 257; *Bull. de la Soc. chim.*, 1864, t. I, p. 193].

Lorsque le sel de sodium, en solution aqueuse, est additionné d'amalgame de sodium, le mélange s'échauffe et renferme alors le sel de sodium d'un nouvel acide, l'acide *azobenzoïque* (Strecker).

Lorsqu'on fait bouillir une solution alcoolique d'acide nitrobenzoïque et qu'on y ajoute des fragments de potasse, il y a une vive réaction et formation d'acide azoxybenzoïque $C^{14}H^{10}Az^2O^5$ [Griess, *Zeitsch. für Chem.*, t. VII, p. 194 et 289].

Il est isomérique avec l'acide nitrodracylique ou paranitrobenzoïque longtemps confondu avec lui (voir Dracyliques, combinaisons), et l'acide bétanitrobenzoïque (voir plus bas). L'hydrure de salicyle nitré est aussi isomère de l'acide nitrobenzoïque ; les formules suivantes rendent compte de cette isomérie :

$$C^6H^3(AzO^2)\begin{cases} OH \\ COH \end{cases} \qquad C^6H^4(AzO^2),CO,OH$$

Hydrure de   Acide
salicyle nitré.   nitrobenzoïque.

Quant à l'isomérie de ce dernier avec l'acide nitrodracylique et l'acide bétanitrobenzoïque, elle paraît être du même ordre que celle des acides chlorobenzoïques, et tenir à la place qu'occupe le groupe AzO^2, dans le phényle, relativement au groupe CO,OH.

NITROBENZOATES (Mulder, Sokoloff). — L'acide nitrobenzoïque est un acide énergique, qui déplace plusieurs autres acides de leurs combinaisons. Les nitrobenzoates sont généralement cristallisables, solubles dans l'eau et l'alcool ; ils se décomposent avec explosion et dégagent de la nitrobenzine en se charbonnant.

Le *sel d'ammoniaque* dégage de l'ammoniaque lorsqu'on évapore la solution, et fournit de l'acide qu'on peut sublimer en le chauffant avec précaution. En maintenant en fusion le nitrobenzoate d'ammoniaque, on obtient une petite quantité de nitrobenzamide [Field, *Ann. der Chem. u. Pharm.*, t. LXV, p. 45].

Le *sel de potasse*, $C^7H^4(AzO^2)O^2K, H^2O$, cristallise difficilement en petites aiguilles. Il fond par la chaleur, et se décompose ensuite avec ignition, en dégageant de la benzine. Il se dissout dans 7 p. d'eau froide.

Le *sel de soude* est déliquescent. Lorsqu'on mélange des équivalents égaux de nitrobenzoate de sodium et de protochlorure d'iode, le produit de la réaction semble renfermer du nitrobenzoate d'iode. Si l'on chauffe avec précaution, on observe un dégagement d'acide carbonique, et on trouve dans le résidu, de l'iode, de l'acide nitrobenzoïque, du chlorure de sodium, de la nitrobenzine iodée et du nitrobenzoate de phényle.

Le *sel de baryte*, $[C^7H^4(AzO^2)O^2]^2Ba, 4H^2O$, forme des cristaux brillants, décomposables par la chaleur, avec production de nitrobenzine, solubles dans 19 p. d'eau bouillante, et dans 265 p. d'eau froide.

Le *sel de strontiane* forme des cristaux groupés en aiguilles.

Le *sel de chaux*, $[C^7H^4(AzO^2)O^2]^2Ca, 4H^2O$, est en aiguilles solubles dans 18 p. d'eau bouillante et dans 30 p. d'eau froide.

Le *sel de zinc*, $[C^7H^4(AzO^2)O^2]^2Zn, 4H^2O$, cristallise en aiguilles aplaties, solubles dans 13 p. d'eau bouillante et 63 p. d'eau froide. En mélangeant des solutions de sulfate de zinc et de nitrobenzoate acide d'ammonium, on obtient, outre le sel neutre qui reste dissous, un précipité gélatineux qui constitue un sous-sel.

Le *sel de manganèse* constitue des cristaux incolores, renfermant 4 molécules d'eau ; on les obtient en évaporant un mélange de nitrobenzoate acide d'ammoniaque et de sulfate de manganèse.

Le *sel de cuivre* est une poudre bleue.

Le *sel de fer* (nitrobenzoate ferrique) est anhydre, insoluble même dans l'eau bouillante ; on l'obtient en ajoutant une solution bouillante d'acide nitrobenzoïque au chlorure ferrique. L'acide ne dissout pas l'oxyde ferrique.

Le *sel de plomb* neutre est anhydre ; on l'obtient en ajoutant du sous-acétate de plomb à une solution bouillante d'acide, jusqu'à ce que le précipité ne se redissolve plus ; le liquide abandonne en se refroidissant des rosaces de sel neutre ; il paraît se décomposer par les lavages. On connaît aussi des sels basiques insolubles.

Le *sel d'argent* est anhydre ; il se dissout dans l'eau et cristallise en paillettes nacrées ; la chaleur le décompose, avec formation de nitrobenzine.

ÉTHERS NITROBENZOÏQUES.
Nitrobenzoate de méthyle,

$$C^7H^4(AzO^2)O^2CH^3$$

[Chancel, *Compt. rend. des trav. de Chim.*, 1849, p. 179 ; Bertagnini, *Ann. der Chem. u. Pharm.*, t. LXXIX, p. 269]. — On le prépare en dirigeant un courant de gaz chlorhydrique à travers une solution d'acide nitrobenzoïque dans l'alcool méthylique, qu'on maintient en ébullition. Au bout de quelque temps, le liquide se sépare en deux couches ; l'inférieure est de l'éther méthylnitrobenzoïque qui se solidifie par le refroidissement ; la couche supérieure est une solution dans l'alcool de cet éther qu'on précipite par l'eau ; on l'agite avec une solution chaude de carbonate de soude ; on le lave à l'eau froide, on le comprime et on le fait cristalliser dans l'alcool. Cet éther se produit aussi lorsqu'on mélange le chlorure de nitrobenzoyle avec l'alcool méthylique (Bertagnini).

Il forme des prismes droits rhomboïdaux, blancs, presque opaques, insolubles dans l'eau, assez peu solubles dans l'éther et l'alcool, plus solubles dans l'esprit de bois. Ils fondent à 70°, distillent à 279° ; leur odeur est faible et aromatique, leur saveur fraîche.

Nitrobenzoate d'éthyle, $C^7H^4(AzO^2)O^2C^2H^5$ [E. Kopp, *Compt. rend. des trav. de Chim.*, 1847, p. 199 ; — Chancel, *ibid.*, 1849, p. 177 ; — List et Limpricht, *Ann. der Chem. u. Pharm.*, t. XC, p. 206 ; — Bertagnini, *loc. cit.*]. — Il se produit dans les mêmes conditions que l'éther précédent ; il s'obtient par la dissolution du benzoate d'éthyle dans un mélange d'acide azotique et d'acide sulfurique concentrés (List et Limpricht).

Il est insoluble dans l'eau, très-soluble dans l'alcool et l'éther ; il cristallise en prismes droits rhomboïdaux, transparents, incolores et brillants. Il fond à 42° et entre en ébullition à 298°. Son odeur aromatique rappelle celle de la fraise ; sa saveur est fraîche et légèrement amère. La potasse caustique le saponifie facilement ; avec l'ammoniaque, il fournit la nitrobenzamide (Chancel).

On connaît aussi les nitrobenzoates de bibromophényle et binitrophényle (voyez Phényliques, combinaisons).

ACIDE BÉTANITROBENZOÏQUE [Zinin, *Bull. de l'Acad. des scienc. de Saint-Pétersbourg*, t. V, p. 526 ; *Ann. der Chem. u. Pharm.*, nouv. sér., t. I, p. 218 ; *Répert. de Chim. pure*, 1863, p. 469. — Sokoloff, *Bull. de l'Acad. de Saint-Pétersbourg*, t. VII ; *Journ. für prakt. Chem.*, t. XCIII, p. 425 ; *Bull. de la Soc. chim.*, 1865, t. IV, p. 54].

Obtenu par Zinin dans l'action de l'acide nitrique sur la benzoïne désoxydée, cet acide diffère de l'acide nitrobenzoïque par sa solubilité et par quelques caractères de ses sels.

Le *sel de potasse* se dissout dans 1/2 p. d'eau

bouillante et 3 p. d'eau froide. Il renferme $2H^2O$.
Il cristallise en larges tables rhomboïdales, transparentes.

Le *sel de chaux* est en lamelles brillantes, soluble dans 12 p. d'eau bouillante et 32 p. d'eau
froide. Il renferme 1 molécule d'eau.

Le *sel de baryte* est en aiguilles; il se dissout
dans 2 p. d'eau bouillante, et 250 p. d'eau froide.
Il renferme 2 molécules d'eau.

Le *sel de zinc* contient 1 molécule d'eau; il
cristallise en lamelles brillantes, solubles dans
80 p. d'eau bouillante et 135 p. d'eau froide.

En faisant bouillir une solution ammoniacale
d'acide bétanitrobenzoïque avec le zinc, on obtient un acide azobenzoïque, différant par certains caractères de solubilité de l'acide azobenzoïque ordinaire.

ACIDE BINITROBENZOÏQUE.

$$C^7H^4(AzO^2)^2O^2 = C^6H^3(AzO^2)^2, CO(OH)$$

[Cahours, *Ann. de Chim. et de Phys.*, 1849, (3),
t. XXV, p. 30; — Voit, *Ann. der Chem. u. Pharm.*,
t. XCIX, p. 100; *Ann. de Chim. et de Phys.*, (3),
XLVIII, p. 377]. — On chauffe à 50° ou 60° un mélange à parties égales d'acide sulfurique et d'acide
azotique fumants, et on y projette, par petites
portions, de l'acide benzoïque fondu; quand l'a-
cide est dissous, on chauffe doucement jusqu'à ce
que la liqueur commence à se troubler; on laisse
refroidir, et on ajoute de l'eau à la liqueur acide;
il se précipite des flocons jaunâtres, qui deviennent blancs par les lavages. On comprime le produit, et on le purifie par des cristallisations dans
l'alcool (Cahours). On doit faire bouillir pendant
plusieurs heures le mélange d'acide benzoïque,
d'acide sulfurique et d'acide azotique (Voit).

L'acide binitrobenzoïque se présente sous la
forme de lames miroitantes ou de prismes raccourcis très-brillants, suivant que la cristallisation a été rapide ou lente. Il fond à une température peu élevée, et se sublime sans éprouver
d'altération, sous la forme d'aiguilles déliées.
Presque insoluble dans l'eau froide, il s'y dissout
un peu à l'ébullition; il est assez soluble dans
l'alcool et dans l'éther, surtout à chaud. L'acide
azotique le dissout en forte proportion; l'acide
sulfurique concentré le dissout à une douce chaleur, et le décompose à une température plus
élevée.

Le sulfhydrate d'ammoniaque transforme l'a-
cide binitrobenzoïque en acide diamidobenzoïque
$C^7H^4(AzH^2)^2O^2$ (Voit).

Les *binitrobenzoates* de potassium, de sodium,
d'ammonium, sont solubles et cristallisables; les
sels de plomb et d'argent sont peu solubles.

Le *binitrobenzoate d'ammonium*,

$$C^7H^3(AzO^2)^2O^2. AzH^4,$$

est en aiguilles déliées, d'un éclat soyeux.

L'*éther binitrobenzoïque* ou binitrobenzoate
d'éthyle, $C^7H^3(AzO^2)^2O^2C^2H^5$, se prépare soit en
dissolvant à saturation l'acide binitrobenzoïque
dans l'alcool concentré et bouillant (Cahours), soit
en le chauffant avec de l'alcool et de l'acide sulfurique (Voit). L'addition de l'eau précipite une
huile qui se concrète par le refroidissement. Cet
éther cristallise dans l'alcool sous forme de
longues aiguilles déliées et brillantes. A chaud, la
potasse concentrée le détruit.

DÉRIVÉS PAR RÉDUCTION DES ACIDES NITROBENZOÏQUES.

Le sulfate d'ammoniaque, l'acide chlorhydrique
et l'étain transforment les acides nitrobenzoïque
et binitrobenzoïque en acides amidés (voir plus
bas *Dérivés amidés de l'acide benzoïque*). L'a-
malgame de sodium, en agissant sur l'acide nitro-

benzoïque, donne lieu à une réaction différente
et produit les acides *azobenzoïque* et *hydrazobenzoïque*.

1° ACIDE AZOBENZOÏQUE, $C^{14}H^{10}Az^2O^4$ [Strecker,
Ann. der Chem. u. Pharm., nouv. sér., t. LIII,
p. 129; *Bull. de la Soc. chim.*, 1864, t. II, p. 383].
— Lorsqu'on ajoute de l'amalgame de sodium à une
solution aqueuse et concentrée de nitrobenzoate de
sodium, le mélange s'échauffe beaucoup en se colorant en jaune. Il ne se dégage aucune trace
d'hydrogène, et il ne se forme pas d'ammoniaque.
En ajoutant à la solution de l'acide sulfurique
dilué ou de l'acide acétique, l'acide azobenzoïque
se précipite en une masse gélatineuse, qui devient pulvérulente et, par suite, plus facile à laver,
si la liqueur est bouillante et additionnée d'alcool; il se produit en même temps du glycocolle, lorsque l'acide nitrohippurique est soumis à
la même réaction.

L'acide azobenzoïque est amorphe, jaune clair,
ne perdant rien de son poids, même à 170°; il
fond à une température plus élevée en se décomposant. Il est peu soluble dans l'alcool, dans l'eau
et dans l'éther; il renferme une demi-molécule
d'eau et est alors $2(C^{14}H^{10}Az^2O^4), H^2O$. L'analyse
de son sel d'argent et de son éther conduit à la
formule $C^{14}H^{10}Az^2O^4$.

L'*azobenzoate de baryum* est jaune, cristallin,
presque insoluble dans l'eau et dans l'alcool. Il
renferme à 100° $2(C^{14}H^8Az^2O^4Ba), 5H^2O$, et à
140°, $2(C^{14}H^8Az^2O^4Ba), H^2O$. Le *sel d'argent* est
anhydre, amorphe; il renferme $C^{14}H^8Az^2O^4Ag^2$.

L'*éther azobenzoïque*, $C^{14}H^8Az^2O^4, (C^2H^5)^2$,
s'obtient en réduisant le nitrobenzoate d'éthyle en
solution alcoolique par l'amalgame de sodium. La
réaction terminée, on précipite par l'eau; on lave
à l'ammoniaque aqueuse et on fait cristalliser
dans l'alcool. L'éther azobenzoïque est en belles
aiguilles d'un jaune pur, fusibles un peu au-dessous de 100°; à la distillation le décompose. Il est
insoluble dans l'eau, soluble dans l'alcool et l'é-
ther. La potasse le détruit en donnant de l'azobenzoate de potasse. Chauffé à 100° avec l'ammoniaque, il donne de petits cristaux jaunâtres,
d'un corps analogue à celui qu'on obtient en traitant la nitrobenzamide par l'amalgame de sodium.
C'est probablement l'azobenzamide.

L'azobenzoate de sodium, étant dissous dans un
excès de soude caustique et additionné de sulfate
ferreux, fixe 2 atomes d'hydrogène; il se dépose de l'hydrate ferrique, et la liqueur filtrée
donne par les acides un précipité jaunâtre d'acide
hydrazobenzoïque.

On obtient un autre acide azobenzoïque soit en
faisant bouillir avec du zinc la solution ammoniacale de l'acide bétanitrobenzoïque (Sokoloff), soit
en traitant par la potasse alcoolique le nitrobenzile
$C^{14}H^{10}(AzO^2)O^2$, résultant de l'action de l'acide
azotique sur la benzoïne. La potasse dédouble ce nitrobenzile en acide azobenzoïque et en acide oxybenzoïque. Cet acide azobenzoïque différerait par certains caractères de solubilité de l'acide azobenzoïque
de Strecker (Sokoloff). Le sel de potassium constitue des aiguilles soyeuses, peu solubles dans une
liqueur alcaline, solubles dans l'eau, insolubles
dans l'alcool; le sel d'ammonium ressemble au sel
de potasse. Le sel de baryum est un précipité cristallin, et le sel d'argent est un précipité blanc
[Zinin, *Bull. de l'Acad. des scienc. de Saint-Pétersbourg: Journ. für prakt. Chem.*, t. XCI,
p. 272; *Bull. de la Soc. chim.*, 1864, t. I, p. 466;
— Sokoloff, *Bull. de l'Acad. des sciences de Saint-
Pétersbourg*, t. VII; *Journ. für prakt. chem.*,
t. XCIII, p. 425; *Bull. de la Soc. chim.*, 1865,
t. IV, p. 55].

ACIDE HYDRAZOBENZOÏQUE, $C^{14}H^{12}Az^2O^4$. — Il
prend aussi naissance si l'on traite l'acide nitro-
zoïque par l'amalgame de sodium; mais la transfor-

mation n'est pas complète, il y a en même temps production d'acide azobenzoïque et d'acide amidobenzoïque.

Il est jaune, insoluble dans l'eau, peu soluble dans l'alcool, soluble dans l'ammoniaque et les alcalis ; les solutions alcalines attirent l'oxygène de l'air et renferment alors de l'acide azobenzoïque. L'acide chlorhydrique le décompose en acide azobenzoïque et en acide amidobenzoïque. L'*hydrazobenzoate* de baryum est anhydre, il est en grands cristaux d'un jaune orangé.

Constitution des acides azo- et hydrazobenzoïque.

Ces deux acides dérivent de l'acide nitrobenzoïque comme l'azobenzol et la benzidine dérivent de la nitrobenzine et on peut dresser les deux séries parallèles :

$C^6 H^5 Az O^2$	$C^6 H^4 (Az O^2) CO.OH,$
Nitrobenzine.	Acide nitrobenzoïque.
$2 (C^6 H^5 Az)$	$2 (C^6 H^4 Az, CO.OH),$
Azobenzol.	Acide azobenzoïque.
$2 (C^6 H^6 Az)$	$2 (C^6 H^5 Az, CO.OH),$
Benzidine.	Acide hydrazobenzoïque.
$C^6 H^7 Az$	$C^6 H^6 Az, CO.OH.$
Aniline.	Acide amidobenzoïque.

[Alexeyeff, *Bull. de la Soc. chim.*, 1864, t. I, p. 324].

La seconde série ne diffère de la première que par la substitution de CO.OH monoatomique à un hydrogène du phényle.

M. Wurtz a présenté les vues suivantes sur la constitution de ces composés. Dans l'action de l'amalgame de sodium sur les dérivés nitrés, l'azote, perdant l'oxygène auquel il est uni, se trouve dans un état de saturation incomplet ; dans le cas de l'acide nitrobenzoïque, il se forme un groupe $C^7 H^5 Az O^2$, dont l'azote n'est pas saturé, et qui se fixe alors à un autre groupe $C^7 H^z Az O^2$, pour donner l'acide azobenzoïque ; les deux groupes étant attachés par l'azote, la constitution de l'acide peut être représentée par la formule

$$Az''' - C^7 H^4 O.OH$$
$$Az''' - C^7 H^4 O.OH.$$

Les deux atomes d'azote échangeant deux atomicités, on conçoit qu'ils restent encore unis par une seule atomicité, en fixant chacun un atome d'hydrogène, pour donner l'acide hydrazobenzoïque

$$H - Az''' - C^7 H^4 O.OH$$
$$H - Az''' - C^7 H^4 O.OH.$$

S'il se fixe à chaque azote deux atomes d'hydrogène, la molécule se scinde, les atomes d'azote se séparent, et il y a production de deux molécules d'acide amidobenzoïque $H^2 Az. C^7 H^4 O.OH$ [Wurtz, *Bull. de la Soc. chim.*, 1866, t. V, p. 280 (en note)].

DÉRIVÉS AMIDÉS DE L'ACIDE BENZOÏQUE.

ACIDE AMIDOBENZOÏQUE (Syn. *Acide benzamique, acide oxybenzamique*),

$$C^7 H^7 Az O^2 = C^6 H^4 \begin{cases} Az H^2 \\ CO.OH \end{cases}$$

[Zinin, *Bull. de l'Acad. de Saint-Pétersbourg*, t. II, n°s 18 et 19, 1845. *Journ. für prakt. Chem.*, t. XXXVI, p. 93 ; — Chancel, *Compt. rend. des trav. de Chim.*, 1845, p. 185 ; — Gerland, *Ann. der Chem. u. Pharm.*, nouv. sér., t. X, p. 143 ; t. XV, p. 185 ; *Ann. de Chim. et de Phys.*, t. XXXIX, p. 440 ; t. XLII, p. 195 ; — Cahours, *ibid.*, t. LIII, p. 323 ; *Répert. de Chim. pure*, 1859-60, p. 30].

Cet acide, découvert par M. Zinin et étudié surtout par M. Gerland, se prépare par l'action de divers agents réducteurs sur l'acide nitrobenzoïque.

Préparation. — On sature d'hydrogène sulfuré et d'ammoniaque une solution alcoolique d'acide nitrobenzoïque, et on la soumet à l'ébullition ; la liqueur verdit, se trouble, puis redevient limpide en précipitant du soufre. On sature de nouveau d'hydrogène sulfuré l'alcool ammoniacal qui a passé à la distillation, on l'ajoute au liquide séparé du soufre par décantation, et l'on distille de nouveau. On répète cette opération deux ou trois fois jusqu'à ce qu'il ne dépose plus de soufre. La transformation est alors complète, on concentre la liqueur jusqu'à consistance sirupeuse, et l'on sursature par l'acide acétique concentré ; il se sépare de l'acide amidobenzoïque qu'on dissout dans l'eau bouillante, et qu'on décolore par le charbon animal (Zinin). Suivant Gerland, il suffit de diriger un courant de gaz sulfhydrique dans la solution aqueuse et bouillante de nitrobenzoate d'ammoniaque : on peut aussi transformer celui-ci en acide amidobenzoïque en le faisant bouillir avec du sulfhydrate d'ammoniaque ; la liqueur filtrée et évaporée est additionnée d'acide chlorhydrique ; il se dépose du chlorhydrate d'acide amidobenzoïque [Voit, *Ann. der Chem. u. Pharm.*, nouv. sér., t. XXIII, p. 100 ; *Ann. de Chim. et de Phys.*, (3), t. XLVIII, p. 377 ; — Ernst, *Journ. für prakt. Chem.*, t. LXXXI, p. 96 ; *Répert. de Chim. pure*, 1861, p. 268].

En employant comme agent réducteur le mélange d'acide acétique et de fer, M. Boullet à préparé l'acide amido- et l'acide diamidobenzoïque [*Ann. de Chim. et de Phys.*, (3), t. XLVIII, p. 379 (en note) ; *Compt. rend. de l'Acad.*, t. XLIII, p. 399].

L'acide nitrobenzoïque, traité par l'étain et l'acide chlorhydrique, fournit un chlorure double d'acide amidobenzoïque et d'étain

$$C^7 H^5 (Az H^2) O^2, HCl + Sn Cl^2 ;$$

il est également réduit en acide amidobenzoïque par le zinc, en présence soit de l'acide chlorhydrique, soit d'un alcali libre [Wilbrand et Beilstein, *Ann. der Chem. u. Pharm.*, nouv. sér., t. LII, p. 257 ; *Bull. de la Soc. chim.*, 1864, t. I, p. 193]. Suivant Alexeyeff, en évaporant à siccité du bromobenzoate d'ammoniaque, reprenant par la potasse, puis par l'alcool, on aurait de l'amidobenzoate de potasse [*Bull. de la Soc. chim.*, 1861, p. 71].

L'acide carbanilique de M. Chancel, longtemps confondu avec l'acide anthranilique, n'est autre que de l'acide amidobenzoïque (Gerland). Il a été obtenu par l'ébullition de l'*amidobenzamide*

$$C^7 H^4 (Az H^2)^2 O$$

(*carbanilamide* de Chancel, *phénylurée* de Gerhardt) avec de la potasse.

Propriétés. — L'acide amidobenzoïque cristallise en petits mamelons ou en dendrites, composés d'aiguilles très-fines et qui se transforment en une poudre amorphe par la dessiccation. En le saturant par la potasse, évaporant la solution à siccité, reprenant par l'eau et reprécipitant le sel de potasse par l'acide acétique concentré, on l'obtient en cristaux plus volumineux. De sa solution aqueuse, refroidie lentement, il se dépose en gros cristaux transparents ; de sa solution alcoolique, il se sépare au contraire à l'état amorphe (Gerland).

Il est très-soluble dans l'eau bouillante, dans l'alcool et dans l'éther ; il est sans odeur, d'une saveur douce et un peu aigrelette. Sa solution s'altère au contact de l'air. Il fond par la chaleur, puis se décompose en laissant un résidu abondant de charbon.

Chauffé avec de l'hydrate de potasse, il donne

des vapeurs empyreumatiques et de l'ammoniaque; à une température voisine du rouge, il se produit une petite quantité d'aniline; dans les mêmes conditions, son isomère, l'acide anthranilique, se dédouble facilement en acide carbonique et en aniline. L'action de l'acide nitreux les différencie également; en dirigeant un courant de gaz nitreux dans une solution aqueuse d'acide amidobenzoïque, on obtient de l'acide oxybenzoïque, tandis que l'acide anthranilique fournit de l'acide salicylique. Il se combine avec les acides et donne des combinaisons cristallisables. L'acide azotique fumant le transforme à l'ébullition en acide picrique. Le chlore l'attaque en produisant une substance résineuse; traité par un courant de chlore à chaud, il régénère de l'acide benzoïque. Bouilli en solution aqueuse avec le peroxyde de manganèse, ou traité par le permanganate de potasse, il subit la même transformation (Gerland).

Chauffé en vases clos, à 140°, avec de l'acide acétique, il se convertit en acide acétylamidobenzoïque ou acétoxybenzamique $C^9 H^9 Az O^3$, isomère de l'acide hippurique (Forster). — Voyez plus bas: *Dérivé acétylé de l'acide amidobenzoïque.*

L'azotate de diazobenzine obtenu en faisant passer de l'acide azoteux sur l'azotate d'aniline en bouillie aqueuse, au-dessous de 30°, se combine à l'acide amidobenzoïque lorsqu'on mêle leurs solutions aqueuses. Cette combinaison de diazobenzine et d'acide amidobenzoïque a pour formule $C^6 H^4 Az^2, C^7 H^5 (Az H^2) O^2$. C'est un précipité cristallin, soluble dans l'éther; les acides minéraux le décomposent à l'aide de la chaleur.

Cette combinaison (amidobenzoate de diazobenzine) ne se comporte pas cependant comme un sel de diazobenzine, car elle se combine avec les bases, et fournit avec le chlorure de platine un chloroplatinate cristallin [Griess, *Ann. der Chem. u. Pharm.*, t. CXXXVII, p. 39; *Philos. trans.*, part. III, 1864, p. 680; *Bull. de la Soc. chim.*, 1866, t. VI, p. 74].

Traité en solution alcoolique et à froid par l'acide azoteux, l'acide amidobenzoïque fournit l'acide diazoamidobenzoïque $C^{14} H^{11} Az^3 O^4$ (Griess). — Voyez plus bas.

Soumis à l'action de l'acide chlorhydrique sec, à la température de 200°, il donne, outre du chlorhydrate amidobenzoïque, une partie insoluble dans l'eau, qui paraît être de l'anhydride amidobenzoïque

$$\left. \begin{array}{l} C^7 H^5 Az H^2 O \\ C^7 H^5 Az H^2 O \end{array} \right\} O$$

[Harbordt, *Ann. der Chem. u. Pharm.*, nouv. sér., t. XLVII, p. 287; *Répert. de Chim. pure*, 1863, p. 152].

Le perchlorure de phosphore réagit à chaud sur l'acide amidobenzoïque. En traitant par l'eau, on sépare du phosphate amidobenzoïque, cristallisable en belles aiguilles. Il reste une partie insoluble $C^7 H^5 Az O^2$(?), résinoïde, soluble dans l'ammoniaque et précipitable par l'acide acétique (Harbordt).

Traité par l'eau de brome, il donne de l'acide tribromo-amidobenzoïque et de la tribromaniline. L'acide azotique fumant le convertit en acide trinitroxybenzoïque $C^7 H^3 (Az O^2)^3 O^3$ (Beilstein et Geitner).

Constitution de l'acide amidobenzoïque. — Il est isomérique avec l'acide anthranilique et l'acide amidodracylique; son isomérie avec ce dernier acide est du même ordre que celles des acides chlorobenzoïque et chlorodracylique, nitrobenzoïque et nitrodracylique (Kekulé).

L'isomérie avec l'acide anthranilique se comprend facilement: celui-ci dérive de l'acide carbamique par la substitution du phényle à un

hydrogène de l'azote; il n'est autre que l'acide phénylcarbamique. Les formules suivantes en rendent compte :

$$C^6 H^4 \left\{ \begin{array}{l} CO^2 H \\ Az H^2 \end{array} \right. \qquad CO \left\{ \begin{array}{l} OH \\ Az H (C^6 H^5). \end{array} \right.$$

Acide amidobenzoïque.   Acide phénylcarbamique.

COMBINAISONS DE L'ACIDE AMIDOBENZOÏQUE AVEC LES ACIDES. — *Sulfate amidobenzoïque,*

$$2 (C^7 H^5 O^2 Az H^3) SO^4, 2aq.$$

(Gerland). — L'acide amidobenzoïque, représentant l'ammoniaque où un atome d'hydrogène est remplacé par l'oxybenzoïle, se combine directement aux acides comme l'ammoniaque. Pour préparer le sulfate, on verse de l'acide sulfurique concentré sur l'acide amidobenzoïque; celui-ci se dissout, puis la liqueur se prend en une masse d'aiguilles brillantes qu'on purifie par une nouvelle cristallisation. Ce sel est soluble dans l'eau et dans l'alcool; l'eau le décompose en partie; les alcalis, les carbonates de baryum, de plomb, le dédoublent en acide sulfurique et acide amidobenzoïque.

Azotate amidobenzoïque, $(C^7 H^5 O^2 Az H^3), Az O^3$. — L'acide azotique exempt d'acide azoteux dissout à chaud l'acide amidobenzoïque; ce composé est soluble dans l'eau bouillante et dans l'alcool, cristallise en petites paillettes (Gerland).

Chlorhydrate amidobenzoïque,

$$(C^7 H^5 O^2 Az H^3) Cl$$

(Cahours). — On fait dissoudre l'acide amidobenzoïque dans un excès d'acide chlorhydrique bouillant auquel on ajoute de l'alcool. Par un refroidissement lent, le chlorhydrate se dépose en fines aiguilles d'un aspect satiné, incolores, peu solubles dans l'eau chargée d'acide chlorhydrique, assez solubles dans l'eau pure et dans l'alcool.

Bromhydrate amidobenzoïque,

$$(C^7 H^5 O^2, Az H^3) Br$$

(Cahours). — Il se prépare comme le précédent, auquel il ressemble de tous points.

Chloroplatinate amidobenzoïque,

$$(C^7 H^5 O^2 Az H^3 Cl)^2 Pt Cl^4$$

(Cahours). — Il se présente tantôt sous la forme de belles aiguilles d'un jaune d'or, à éclat soyeux, tantôt sous la forme de petites masses hémisphériques, brunâtres, formées de fines aiguilles. On l'obtient en versant sur un mélange d'acide chlorhydrique et d'acide amidobenzoïque un léger excès de chlorure de platine, le tout se dissout sous l'influence de la chaleur, et le chloroplatinate se dépose par l'évaporation lente de la liqueur.

AMIDOBENZOATES MÉTALLIQUES [Voit, *Ann. der Chem. u. Pharm.*, nouv. sér., t. XXIII, p. 100; *Ann. de Chim. et de Phys.*, (3), t. XLVIII, p. 377]. — L'acide amidobenzoïque est monobasique; ses sels répondent à la formule générale

$$C^7 H^4 (Az H^2) O^2 . M = C^6 H^4 \left\{ \begin{array}{l} CO^2 M \\ Az H^2. \end{array} \right.$$

Ils ont la plus grande ressemblance avec les anthranilates (Gerland).

Amidobenzoate de sodium, $C^6 H^4 (Az H^2) CO^2 Na$ (à 100°). — On décompose le sel de baryum par le sulfate de soude, et on ajoute de l'alcool absolu à la solution aqueuse concentrée; il se dépose des aiguilles déliées d'amidobenzoate de sodium.

Amidobenzoate de baryum,

$$[C^6 H^4 (Az H^2) CO^2]^2 Ba$$

(à 100°). — On le prépare en saturant le chlorhydrate amidobenzoïque par du carbonate de baryum, et évaporant la liqueur filtrée au bain-marie ; l'amidobenzoate cristallise d'abord en prismes volumineux.

Amidobenzoate de strontium,

$$[C^6H^4(AzH^2)CO^2]^2Sr + 2H^2O.$$

—Prismes incolores, très-solubles dans l'eau, peu solubles dans l'alcool, et perdant leur eau de cristallisation à 100°.

Amidobenzoate de calcium,

$$[C^6H^4(AzH^2)CO^2]^2Ca.$$

— Aiguilles déliées, rougissant à l'air.

Amidobenzoate de magnésium,

$$[C^6H^4(AzH^2)CO^2]^2Mg + 7H^2O.$$

— On l'obtient par double décomposition avec le sel de baryum et le sulfate de magnésium. Il constitue de gros prismes transparents, à six pans et à face terminale oblique.

ÉTHERS AMIDOBENZOÏQUES [Chancel, *Compt. rend. de l'Acad. des sciences*, 1850, t. XXX, p. 751 ; — Cahours, *Mém. cit.*, p. 327 et suiv.]. — Ils ont été préparés par réduction des éthers nitrobenzoïques correspondants.

Amidobenzoate de méthyle,

$$C^7H^4(AzH^2)O^2.CH^3 = C^6H^4 \begin{cases} CO^2CH^3 \\ AzH^2. \end{cases}$$

— Substance huileuse, incolore, plus dense que l'eau, qu'on obtient par l'action du sulfhydrate d'ammoniaque sur le nitrobenzoate de méthyle. Ses propriétés sont entièrement comparables à celles de l'amidobenzoate d'éthyle ; comme celui-ci, il fournit avec les acides des composés définis.

Amidobenzoate d'éthyle,

$$C^7H^4(AzH^2)O^2.C^2H^5 = C^6H^4 \begin{cases} CO^2.C^2H^5 \\ AzH^2. \end{cases}$$

— Si on ajoute du sulfhydrate d'ammoniaque à une solution alcoolique d'éther nitrobenzoïque, et que l'on chauffe modérément au bain de sable, il se dépose du soufre, et il se forme un liquide rougeâtre qui n'est autre que l'amidobenzoate d'éthyle. Pour le séparer de l'éther nitrobenzoïque qui aurait pu échapper à la réaction, on le dissout dans l'acide chlorhydrique, puis la solution acide est additionnée d'un excès d'ammoniaque. Il se précipite une substance huileuse, qui est lavée à grande eau et desséchée dans le vide.

Un mélange d'acide acétique et de limaille de fer réduit également l'éther nitrobenzoïque [Limpricht, *Ann. der Chem. u. Pharm.*, nouv. sér., t. XXIII, p. 117 ; *Ann. de Chim. et de Phys.*, (3), t. XLVIII, p. 382].

Cet éther est huileux, dense, presque incolore, à peine soluble dans l'eau, très-soluble dans l'alcool et l'éther. Une solution concentrée de potasse le décompose à l'ébullition ; en contact avec une dissolution aqueuse d'ammoniaque, il disparaît graduellement et fournit l'amidobenzamide. Insoluble dans les lessives alcalines, il se combine avec les acides pour former des sels définis ; ces combinaisons ont été étudiées par M. Cahours.

Chlorhydrate amidobenzo-éthylique ou *benzaméthylique*, $C^7H^4(AzH^2)O^2.C^2H^5HCl$. — L'éther amidobenzoïque se dissout dans l'acide chlorhydrique en quantités considérables ; par l'évaporation lente dans l'air sec, il se dépose une masse cristalline qui, desséchée par expression et recristallisée dans l'alcool, fournit de beaux prismes, à peine colorés, de chlorhydrate benzaméthylique. Il est moins soluble dans l'éther que dans l'alcool. Par la distillation, il se décompose en partie.

Chloroplatinate,

$$(C^7H^4(AzH^2)O^2.C^2H^5HCl)^2PtCl^4.$$

— Si à une dissolution concentrée du sel précédent on ajoute du bichlorure de platine, on obtient le chloroplatinate en aiguilles prismatiques, de couleur orangée.

Azotate amidobenzoéthylique,

$$C^7H^4(AzH^2)O^2.C^2H^5H.AzO^8.$$

— La solution de l'éther amidobenzoïque dans l'acide azotique de concentration moyenne, étant abandonnée à l'air sec, se prend au bout de quelques jours en cristaux fibreux. On les dessèche par compression et on les dissout dans une très-petite quantité d'eau ; on fait évaporer la solution dans le vide.

Ce sel est en prismes très-minces, soluble dans l'eau, l'alcool et l'éther. Il fond par la chaleur, puis se décompose.

PRODUIT DE L'ACTION DE L'ACIDE AZOTEUX SUR L'ACIDE AMIDOBENZOÏQUE. — *Acide diazoamidobenzoïque* ou *diazoïque*, $C^{14}H^{11}Az^3O^4$ [Griess, *Ann. de Chim. et de Phys.*, (3), t. LVII, p. 228 ; *Journ. of the Chem. Soc.*, 1866, (2e sér.), t. III ; *Bull. de la Soc. chim.*, 1866, t. VI, p. 403]. — Un courant d'acide azoteux étant dirigé dans une solution alcoolique froide d'acide amidobenzoïque, il se dépose au bout de quelque temps une poudre cristalline jaune orangé, qui constitue l'acide diazoamidobenzoïque. Pour modérer la réaction, il convient de refroidir avec de l'eau. On purifie le produit par des lavages réitérés à l'alcool chaud. Il s'obtient plus facilement en saturant de l'alcool d'acide nitreux et l'ajoutant à une solution alcoolique d'acide amidobenzoïque, et chauffant le mélange à 30°. L'acide diazoamidobenzoïque se précipite sous forme d'aiguilles microscopiques.

L'acide diazoamidobenzoïque est en petits prismes d'un jaune orangé pur, sans saveur, sans odeur, presque insoluble dans l'eau, l'alcool, l'éther, le sulfure de carbone et le chloroforme. Il se dissout dans les alcalis, il en est reprécipité par les acides ; il chasse l'acide carbonique des carbonates ; les sels qu'il forme renferment 2 atomes de métal ; les acides le dissolvent, mais en l'altérant.

Chauffé doucement avec de l'acide chlorhydrique, il se décompose ; il se dégage de l'azote ; il se précipite de l'acide chlorobenzoïque, et les eaux mères retiennent du chlorhydrate d'acide amidobenzoïque. L'acide iodhydrique agit de la même manière, et il se précipite de l'acide monoïodobenzoïque. Avec le brome sec, il y a réaction violente ; mais si on ajoute cet agent à l'acide divisé et mis en suspension dans l'eau, il se forme, outre une matière résineuse, de l'acide monobromobenzoïque et de l'acide tribromobenzoïque. Avec l'iode, la réaction, plus tranquille, donne naissance à de l'iodhydrate amidobenzoïque, et à de l'acide *iodoxybenzoïque*, $C^7H^5IO^8$.

L'acide azotique agit très-vivement sur l'acide diazoamidobenzoïque, et produit un nouvel acide, l'acide *trinitroxybenzoïque*, $C^7H^3(AzO^2)^8O^3$. L'acide azoteux en présence de l'eau le convertit en acide *nitroxybenzoïque*, $C^7H^5(AzO^2)O^3$, et, en présence de l'alcool, fournit de l'acide benzoïque.

L'éther diazoamidobenzoïque,

$$C^{14}H^9(C^2H^5)^2Az^3O^4,$$

a été obtenu par l'action de l'acide azoteux sur la solution alcoolique de l'éther amidobenzoïque. Il est en magnifiques aiguilles d'un jaune d'or, fusibles à 44°, décomposables par la chaleur. Le diazoamidobenzoate de méthyle se prépare d'une manière analogue.

Constitution de l'acide diazoamidobenzoïque. — Dans l'action de l'acide azoteux sur l'acide amidobenzoïque, l'azote prend dans une molécule la place de 2 atomes d'hydrogène et donne ainsi le composé $C^7 H^5 Az^2 O^2$; mais l'azote est triatomique et il remplace H^2; il a donc une atomicité vacante qu'il satisfait en se saturant avec l'oxyamidobenzoïle, $C^7 H^4 Az H^2 O^3$, résidu monoatomique qu'il emprunte à une autre molécule d'acide amidobenzoïque. La formule suivante montre que dans l'acide diazoamidobenzoïque les deux groupes sont liés par l'azote :

$$Az \begin{cases} C^6 H^4 C O^2 H \\ O . C O C^6 H^4 Az H^2 \end{cases}$$

(Kekulé).

DÉRIVÉ ACÉTYLÉ DE L'ACIDE AMIDOBENZOÏQUE. — *Acide acétoxybenzamique* ou *acétylamidobenzoïque,*

$$C^9 H^9 Az O^3 = C^6 H^4 \begin{cases} C O^2 H \\ Az H C^2 H^3 O \end{cases}$$

[Foster, *Bull. de la Soc. chim.,* 1860, p. 213; *Répert. de Chim. pure,* 1860, p. 422].

Cet acide s'obtient, 1° en chauffant l'acide amidobenzoïque avec l'acide acétique dans un tube scellé; à 130-140° le mélange est liquide, et se solidifie de nouveau à 160°; 2° par l'action du chlorure d'acétyle sur l'amidobenzoate de zinc; 3° en faisant réagir l'acide acétique sur ce même sel. La première méthode est la plus avantageuse. Le produit de la réaction est dissous dans un alcali, et précipité par un acide. On purifie le nouveau composé en le décolorant par le noir animal, et le faisant deux ou trois fois cristalliser dans l'alcool.

L'acide acétylamidobenzoïque est une poudre blanche, formée de cristaux microscopiques. Presque insoluble dans l'eau froide et dans l'éther, il se dissout un peu dans l'eau bouillante; l'alcool bouillant le dissout en grande quantité et l'abandonne presque complétement par le refroidissement. Il fond entre 220° et 230°, et se sublime en partie sans décomposition.

Chauffé avec de l'acide sulfurique étendu à 140°, il se dédouble en ses générateurs. L'acide chlorhydrique dissous dans l'alcool agit de même.

Cet acide est isomère de l'acide hippurique, les formules suivantes montrent la nature de cette isomérie :

$$C^6 H^4 \begin{cases} C O^2 H \\ Az H C^2 H^3 O \end{cases} \qquad C H^2 \begin{cases} C O^2 H \\ Az H C^7 H^5 O \end{cases}$$

| Acide acétoxybenzamique. | Acide hippurique. |

Les *acétylamidobenzoates* de potassium et de sodium sont très-solubles dans l'alcool et dans l'eau, insolubles dans l'éther; ils cristallisent difficilement; le sel de sodium a pour formule

$$C^6 H^4 \begin{cases} C O^2 Na \\ Az H C^2 H^3 O \end{cases}$$

Le *sel de baryum,*

$$[C^6 H^4 (Az H C^2 H^3 O) C O^2]^2 Ba, 3 H^2 O,$$

est en fines aiguilles qui perdent leur eau de cristallisation à 130°.

Le *sel de calcium,* moins soluble que les précédents, a la même constitution que le sel précédent.

L'*éther acétylamidobenzoïque* paraît se former lorsqu'on chauffe à 180° l'acide avec de l'alcool dans un tube scellé à la lampe; il n'a pas été obtenu à l'état de pureté.

M. Foster a aussi tenté de préparer un dérivé benzoïque analogue au dérivé acétique; il a eu un acide peu soluble dans les divers solvants et dont les analyses s'accordent sensiblement avec la composition d'un acide benzoylamidobenzoïque.

DÉRIVÉS CHLORÉ ET BROMÉ DE L'ACIDE AMIDOBENZOÏQUE. — *Acide chloramidobenzoïque,*

$$C^7 H^4 Cl Az H^2 O^2 = C^6 H^3 Cl \begin{cases} C O^2 H \\ Az H^2 \end{cases}$$

[Cunze et Hübner, *Ann. der Chem. u. Pharm.,* nouv. sér., t. LIX, p. 106; *Bull. de la Soc. chim.,* 1866, t. V, p. 374].

L'acide nitrochlorobenzoïque réduit par le sulfure d'ammonium et précipité par l'acide chlorhydrique fournit l'acide chloramidobenzoïque. Celui-ci est en mamelons d'un jaune clair, peu solubles dans l'eau, solubles dans l'alcool et dans l'éther. Il fond en brunissant entre 145° et 148°, il se décompose en partie à une température plus élevée.

Si on le chauffe avec de l'acide sulfurique étendu, et qu'à la solution étendue on ajoute du carbonate de baryum, il se forme des cristaux mamelonnés de *sulfamidochlorobenzoate de baryum,* $C^7 H^3 Cl (Az H^2) S O^5 Ba$.

Dissous dans l'alcool et traité par un courant de gaz nitreux, il fournit l'acide *diazoamidobenzoïque* ou *diazoïque* de Griess, bichloré et appelé par les auteurs *diazochloramidobenzo - amidochlorobenzoïque.*

L'acide diazoïque bichloré, $C^{14} H^9 Cl^2 Az^3 O^4$, est une poudre cristalline d'un jaune rougeâtre.

Les *chloramidobenzoates* sont cristallisés en mamelons arrondis : on a préparé les sels de sodium, de potassium, de magnésium, de baryum, de calcium, de plomb, de cuivre et d'argent.

En réduisant l'éther nitrochlorobenzoïque, on a une combinaison de consistance molle, qui paraît renfermer l'éther. chloramidobenzoïque.

Acide tribromoamidobenzoïque,

$$C^7 H^2 Br^3 Az H^2 O^2 = C^6 H Br^3 \begin{cases} C O^2 H \\ Az H^2 \end{cases}$$

[Beilstein et Geitner, *Ann. der Chem. u. Pharm.,* nouv. sér., t. LXIII]. — Ce corps est assez soluble dans l'eau chaude, peu soluble dans l'eau froide. Il est en aiguilles incolores, brillantes, fusibles à à 169°; à la distillation sèche, il se dédouble en acide carbonique et en tribromaniline.

ACIDE DIAMIDOBENZOÏQUE,

$$C^7 H^4 (Az H^2)^2 O^2 = C^6 H^3 \begin{cases} C O^2 H \\ 2 Az H^2 \end{cases}$$

[Voit, *Mém. cit.*]. — Produit de réduction de l'acide binitrobenzoïque, on l'obtient en faisant passer pendant longtemps un courant d'hydrogène sulfuré dans la solution ammoniacale chaude de l'acide nitré. La liqueur séparée du soufre, évaporée au bain-marie, et sursaturée par l'acide chlorhydrique, laisse déposer au bout de quelque temps des cristaux jaunes de chlorhydrate diamidobenzoïque. On transforme ce chlorhydrate en sulfate en le dissolvant dans l'acide sulfurique étendu, concentrant les liqueurs et faisant recristalliser dans l'alcool le sulfate diamidobenzoïque. Celui-ci étant traité par le carbonate de baryte, on évapore la solution filtrée au bain-marie, puis dans le vide sec; on obtient ainsi l'acide diamidobenzoïque.

M. Boullet l'a préparé en réduisant l'acide binitrobenzoïque par l'acide acétique et le fer.

Ce composé ne présente plus aucun des caractères des acides; ses solutions sont neutres et n'ont aucune saveur. Il ne se combine pas avec les bases et forme avec les acides des sels bien définis et cristallisables. Il se présente sous la forme de petits cristaux prismatiques verdâtres, facilement solubles dans l'eau, l'alcool et l'éther. Ils fondent et noircissent vers 195°.

Chlorhydrate diamidobenzoïque,

$$C^7 H^4 (Az H^2)^2 O^2. 2 H Cl.$$

— On purifie ce composé, dont nous avons dit plus haut la préparation, en le dissolvant dans une petite quantité d'eau froide et en ajoutant à la solution de l'acide chlorhydrique concentré. Il se sépare immédiatement des aiguilles blanches, ou un précipité floconneux qui se transforme en aiguilles. Il est très-soluble dans l'eau, l'alcool et l'éther. Au contact de l'air la solution aqueuse se décompose.

Sulfate diamidobenzoïque,

$$C^7 H^4 (Az H^2)^2 O^2, H^2 S O^4.$$

— Cristaux en tables ou en lames, presque incolores, très-solubles dans l'eau, moins solubles dans l'alcool. Leurs solutions se décomposent promptement.

M. Voit a aussi obtenu l'azotate, l'acétate et l'oxalate diamidobenzoïque. E. G.

BENZOÏQUES (ANHYDRIDES).

ANHYDRIDE BENZOÏQUE OU ACIDE BENZOÏQUE ANHYDRE,

$$C^{14} H^{10} O^3 = (C^7 H^5 O)^2 O$$

[Gerhardt, 1853, *Ann. de Chim. et de Phys.*, (3), t. XXXVII, p. 299].

On fait un mélange équimoléculaire de chlorure de benzoyle et de benzoate de sodium bien desséché, on le place dans un bain de sable et on le porte à la température de 130°. Il se fait une solution qui bientôt dépose du sel marin.

Le produit refroidi et solidifié est lavé à l'eau froide et au carbonate de soude, et il reste une matière blanche, qui n'est autre que de l'anhydride benzoïque. On peut le purifier par distillation ou par dissolution à chaud dans une très-petite quantité d'alcool; il se sépare par le refroidissement sous forme d'une huile qui se concrète et qui cristallise. Il est essentiel de n'employer que très-peu d'alcool; car le contact prolongé de celui-ci avec l'anhydride benzoïque le convertit en éther benzoïque. Aussi, quand on opère sur une quantité un peu notable de cet anhydride, vaut-il mieux le purifier par distillation.

Un moyen rapide de préparer l'anhydride benzoïque consiste à introduire dans du chlorure de benzoyle, de l'oxalate de potassium desséché et réduit en poudre fine. On chauffe uniformément toutes les parties du mélange, et quand on ne sent plus l'odeur du chlorure de benzoyle, on lave le produit à l'eau froide, et on le purifie comme plus haut. La réaction est exprimée par la formule

$$C^2 O^4 K^2 + 2 C^7 H^5 O. Cl$$
$$= C^{14} H^{10} O^3 + 2 K Cl + CO + C O^2.$$

Il est encore plus avantageux d'employer l'oxychlorure de phosphore, auquel on ajoute par petites portions un peu plus de cinq fois son poids de benzoate de sodium desséché, en agitant constamment pour que la réaction s'effectue également dans toute la masse. Puis on place le ballon dans un bain de sable et on chauffe à 150° : avec le perchlorure de phosphore, il y a également formation d'anhydride [Erdmann, *in* Gerhardt, *Traité de Chim.*, t. III, p. 208].

M. Gal a obtenu l'anhydride benzoïque en chauffant du chlorure de benzoyle et de l'oxyde de baryum entre 140° et 150° pendant vingt heures environ [Gal, *Bull. de la Soc. chim.*, 1863, p. 173]. Lorsqu'on distille l'anhydride acétobenzoïque, il se décompose et fournit d'abord de l'anhydride acétique, puis de l'anhydride benzoïque.

L'anhydride benzoïque est en prismes obliques insolubles dans l'eau froide, assez solubles dans l'alcool et dans l'éther; la solution récente est neutre aux papiers réactifs. Il fond à 42°. Fondu sous l'eau, il reste longtemps en surfusion. Il distille sans altération, vers 310°, en une huile incolore qui se prend en rhombes très-aigus ou en prismes aciculaires. En le fondant, le laissant refroidir lentement, et décantant la partie liquide, quand une portion s'est concrétée, on obtient de très-beaux cristaux.

L'eau bouillante le transforme lentement en acide benzoïque; cette transformation est rapide avec les alcalis : chauffé avec de l'ammoniaque aqueuse, il donne de la benzamide; avec l'aniline, il donne de la benzanilide. Si on le mélange avec du formiate de sodium sec, et si on chauffe légèrement le mélange, il se sublime de l'acide benzoïque, et il se dégage de l'oxyde de carbone.

DÉRIVÉS NITRIQUES DE L'ANHYDRIDE BENZOÏQUE [Gerhardt, *loc. cit.*, p. 321].

Anhydride nitrobenzoïque,

$$C^{14} H^8 (Az O^2)^2 O^3 = (C^7 H^4 (Az O^2) O)^2 O.$$

— On mêle 8 p. de nitrobenzoate de sodium sec et 1 p. d'oxychlorure de phosphore, et on abandonne le tout dans une étuve chauffée à 150°, jusqu'à ce que l'odeur du chlorure de nitrobenzoyle ait disparu. Le produit, lavé à l'eau froide, laisse une masse blanche d'anhydride nitrobenzoïque, qui s'altère rapidement dans les lavages, et qui n'a pu être analysé.

Anhydride benzonitrobenzoïque,

$$C^{14} H^9 Az O^2 O^3 = \begin{matrix} C^7 H^5 O \\ C^7 H^4 (Az O^2) O \end{matrix} \Big\} O.$$

— On soumet à une douce chaleur un mélange de 5 p. de chlorure de benzoyle, et de 7 p. de nitrobenzoate de sodium.

Le produit, solide après refroidissement, est lavé avec un peu d'eau chaude pour enlever le chlorure de sodium, puis avec du carbonate de sodium. En le dissolvant dans une très-petite quantité d'alcool, on l'obtient à l'état cristallin. Il est plus stable que le précédent. Il n'a pas été analysé.

ANHYDRIDES MIXTES. — Pour les anhydrides acétobenzoïque, valérobenzoïque, angélobenzoïque, cumidobenzoïque, voyez aux mots ACÉTIQUE, VALÉRIQUE, ANGÉLIQUE, CUMINIQUE, etc.

M. Schutzenberger n'a pas réussi à isoler le benzoate d'iode ou anhydride iodobenzoïque, mais en chauffant du protochlorure d'iode avec du benzoate de sodium bien sec, il a obtenu plusieurs corps qu'on peut considérer comme les produits de décomposition du benzoate d'iode. — Voyez BENZOATE DE SODIUM.

Il en est de même du bromobenzoate et du nitrobenzoate d'iode; on ne connaît que leurs produits de décomposition. — Voyez à ACIDE BENZOÏQUE, ACIDE BROMOBENZOÏQUE et ACIDE NITROBENZOÏQUE. E. G.

BENZOLÉIQUE (ACIDE), OU ACIDE HYDROBENZOÏQUE, $C^7 H^{10} O^2$ [Hermann, *Ann. der Chem. u. Pharm.*, nouv. sér., t. LVI; *Bull. de la Soc. chim.*, 1865, t. IV, p. 126; — Otto, *Ann. der Chem. u. Pharm.*, nouv. sér., t. LVIII, p. 303; *Bull. de la Soc. chim.*, 1866, t. V, p. 380].

Cet acide, intermédiaire entre l'acide benzoïque et l'acide œnanthylique $C^7 H^{14} O^2$, a été découvert par M. Hermann dans l'action de l'hydrogène naissant sur l'acide benzoïque. En faisant bouillir celui-ci avec un peu d'eau, ajoutant de l'amalgame de sodium, et dirigeant dans le mélange un courant d'acide chlorhydrique, on obtient de l'alcool benzylique, un composé $C^{14} H^{14} O^2$, et de l'acide benzoléique. On sépare l'alcool benzylique par distillation, on agite le résidu avec de l'éther pour enlever le corps $C^{14}H^{14}O^2$, et on le précipite ensuite par l'acide chlorhydrique. Il se sépare une huile qui ne se solidifie pas à froid, quand tout l'acide benzoïque a été transformé; dans le cas contraire, on continue l'action de l'hydrogène naissant jusqu'à complète transformation de l'acide benzoïque. L'huile qui se dépose est l'acide benzoléique.

M. Otto, qui l'a nommé acide hydrobenzoïque, l'a préparé en chauffant pendant quelque temps l'acide hydrobenzilurique avec une solution alcaline concentrée. L'acide hydrobenzilurique

$$C^{16}H^{21}AzO^4$$

résulte de l'action de l'hydrogène naissant sur l'acide hippurique, et se décompose suivant l'équation

$$C^{16}H^{21}AzO^4 + H^2O$$
$$= C^2H^5AzO^2 + C^7H^8O + C^7H^{10}O^2.$$

Glycocolle.   Alcool   Acide
benzylique. benzoléique.

L'acide benzoléique se présente sous la forme d'une huile assez fluide, volatile, acide, d'une odeur désagréable rappelant celle de l'acide valérique; plus dense que l'eau, peu soluble dans ce véhicule, très-soluble dans l'alcool et dans l'éther. Il se combine difficilement aux bases; mais chauffé avec les carbonates alcalins, il en chasse l'acide carbonique. Il est très-instable et ne peut être étudié à l'état isolé.

Les *benzoléates de sodium et de calcium* sont peu solubles dans l'alcool bouillant et s'en précipitent par le refroidissement. Ils sont déliquescents et s'altèrent à l'air. Suivant M. Otto, le sel de chaux recristallisé finit par se transformer en benzoate, en perdant 4 atomes d'hydrogène.

En dissolvant l'acide benzoléique dans l'alcool, et dirigeant dans la liqueur un courant d'acide chlorhydrique, on obtient l'*éther benzoléique*, liquide incolore, transparent, fluide, dont l'odeur rappelle celle de l'éther valérique. Il se décompose à l'air (Hermann).

Il est évident que l'acide benzoléique exige de nouvelles recherches, et que son mode de génération et sa formule ne sont pas suffisamment démontrés.   E. G.

BENZONITRILE ou **CYANURE DE PHÉNYLE**,

$$C^7H^5Az = C \begin{cases} C^6H^5 \\ Az \end{cases}$$

[Fehling, *Ann. der Chem. u. Pharm.*, t. XLIX, p. 91]. — Ce composé, découvert par M. Fehling, a été obtenu par la distillation du benzoate d'ammoniaque desséché. Lorsqu'on chauffe doucement celui-ci, il passe de l'eau chargée d'ammoniaque, de l'acide benzoïque et une huile, le benzonitrile. Comme une grande partie de celui-ci reste mêlé au résidu fondu de la cornue, on y ajoute de l'eau additionnée d'un peu d'ammoniaque, et on distille jusqu'à ce qu'il ne passe plus d'huile dans le récipient; celle-ci est lavée à l'acide chlorhydrique, puis à l'eau, séchée sur du chlorure de calcium, et rectifiée.

Suivant Laurent et Chancel, la décomposition est plus facile lorsqu'on fait passer les vapeurs du benzoate d'ammoniaque sur de la baryte chauffée [*Compt. rend. des trav. de Chim.*, 1849, p. 117].

On obtient plus facilement le benzonitrile en distillant la benzamide avec de l'anhydride phosphorique ou de la baryte caustique [Liebig et Wœlher, *Ann. der Chem. u. Pharm.*, t. III, et *Ann. de Chim. et de Phys.*, t. LI, p. 298; — Gerhardt et Chiozza in *Traité de Chim.*, de Gerhardt, t. III, p. 270]. Le perchlorure de phosphore distillé avec la benzamide la transforme également

en benzonitrile [Cahours, *Compt. rend. de l'Acad.*, t. XXV, p. 724]. L'acide hippurique, chauffé avec du chlorure de zinc anhydre, donne du benzonitrile; 30 grammes en fournissent 10 à 12 grammes [Gossmann, *Ann. der Chem. u. Pharm.*, nouv. sér., t. XXIV, p. 69; *Ann. de Chim. et de Phys.*, 1857, (3), t. XLIX, p. 374]. Ce procédé et les deux précédents paraissent être les plus avantageux.

M. Hofmann obtient le benzonitrile en distillant un mélange d'acide oxalique et d'aniline. L'oxyde de carbone provenant de la décomposition de l'acide oxalique, se fixant sur un atome d'hydrogène de l'aniline, donne de la formianilide

$$\begin{matrix} CHO \\ C^6H^5 \\ H \end{matrix} \Big\} Az,$$

qui, perdant H^2O, se transforme en benzonitrile [*Compt. rend.*, 1867, t. LXIV, p. 388].

Il se forme encore du benzonitrile dans les réactions suivantes :

1° Lorsqu'on fait fondre la benzamide avec du potassium, il se produit en même temps du cyanure de potassium (Liebig et Wœhler).

2° Lorsqu'on chauffe un mélange équimoléculaire d'anhydride benzoïque et de benzamide. L'anhydride benzoïque se transforme en acide benzoïque, en s'assimilant les éléments d'une molécule d'eau; il joue le même rôle que l'anhydride phosphorique (Gerhardt et Chiozza).

3° La vapeur de benzamide, dirigée dans un tube de verre chauffé au rouge, fournit une certaine quantité de benzonitrile; l'aniline se comporte de même [Hofmann, *Compt. rend. de l'Acad.*, t. LV, p. 805].

4° Le chlorure de benzoyle, étant chauffé avec la benzamide, produit de l'acide chlorhydrique, de l'acide benzoïque et du benzonitrile [Sokoloff, in *Traité de Chim.*, de Gerhardt, t. I, p. 381].

5° Par la distillation de l'acide hippurique [Limpricht et V. Uslar, *Ann. der Chem. u. Pharm.*, nouv. sér., t. XII, p. 133; *Ann. de Chim. et de Phys.*, 1854, (3), t. XLI, p. 194].

6° Dans l'action du bromure de cyanogène sur le benzoate de potassium :

$$C^7H^5O^2K + CAzBr = CO^2 + KBr + C^7H^5Az$$

Benzoate de   Bromure de   Benzoni-
potassium.   cyanogène.   trile.

[Cahours, *Ann. de Chim. et de Phys.*, (3), t. LII, p. 200].

7° En ajoutant du chlorure de benzoyle à du sulfocyanate de potassium. La réaction est très-vive; il se forme du sulfocyanate de benzoyle qui se dédouble alors en benzonitrile, acide carbonique et sulfure de carbone :

$$2(C^7H^5O, CAzS) = 2C^7H^5Az + CO^2 + CS$$

Sulfocyanate

[Limpricht, *Ann. der Chem. u. Pharm.*, nouv. sér., t. XXIII, p. 117; *Ann. de Chim. et de Phys.*, (3), t. XLVIII, p. 381].

8° Par l'action du chlorure de benzoyle sur l'oxamide (Chiozza) :

$$C^6H^5COCl + C^2O^2H^4Az^2$$
$$= C^7H^5Az + HCl + CAzH + CO^2 + H^2O.$$

Le benzonitrile est liquide, incolore, réfringent; sa densité est de 1,0073 à 15°, de 1,0230 à 0°, et de 1,0084 à 16°,8 (Kopp). A une température élevée, il est moins dense que l'eau et vient surnager celle-ci lorsqu'elle est chauffé·. Il distille sans altération à 190°,6 sous la pression normale [H. Kopp, *Ann. der Chem. u. Pharm.*, t. XCXVIII, p. 367; *Ann. de Chim. et de Phys.*, (3), t. LVIII, p. 509]. Sa densité de vapeur a été trouvée égale à 3,7; il brûle avec une flamme fuligineuse.

Il est peu soluble dans l'eau et se dissout en toute proportion dans l'alcool et dans l'éther. La potasse aqueuse ne l'attaque pas à froid, mais par l'ébullition il se forme du benzoate et il se dégage de l'ammoniaque ; les acides dilués le décomposent également. Il se dissout dans l'acide sulfurique concentré, et si l'on chauffe, on obtient des acides sulfo- et disulfobenzoïques (Buckton et Hofmann).

Si l'on fait passer un courant de gaz sulfhydrique dans une solution alcoolique légèrement ammoniacale de cyanure de phényle, il s'assimile les éléments de celui-ci, et donne ainsi naissance à la benzamide sulfurée [Cahours, *Compt. rend. de l'Acad.*, 1848, t. XXVII, p. 239].

En dirigeant les vapeurs d'anhydride sulfurique sur le benzonitrile, celui-ci se prend en une masse cristalline, principalement composée d'acide sulfobenzamique $C^7 H^5 (Az H^2) SO^4$ [Engelhardt, *Journ. für prakt. Chem.*, t. LXXV, p. 363 ; *Répert. de Chim. pure*, 1858-59, p. 265].

Le benzonitrile se combine directement aux acides bromhydrique et iodhydrique [Louis Henry, *Bull. de la Soc. chim.*, 1867, t. VII, p. 86]. Ces corps, qui n'ont pas encore été décrits, pouvaient être facilement prévus, M. A. Gautier ayant montré précédemment que les nitriles se combinent avec les acides chlorhydrique, bromhydrique, et iodhydrique. Du reste, Gerhardt avait déjà obtenu la combinaison d'acide chlorhydrique et de benzonitrile par l'action du perchlorure de phosphore sur la benzamide, et l'avait appelée chlorure de benzamidyle [*Traité de Chim.*, t. IV, p. 762].

Chauffé avec l'acide azotique fumant, il fournit un produit de substitution, le *nitrobenzonitrile* (Gerland). — Voyez plus bas.

Au contact du potassium, il se colore en cramoisi ; chauffé en vase clos avec ce métal, il donne, à 240°, un sublimé de fines aiguilles (peut-être le diphényle), en même temps que du cyanure de potassium [Burgley, *Journ. für prakt. Chem.*, t. XIII, p. 320 ; *Chemical Gaz.*, 1854, p. 329].

Traité par le zinc et l'acide chlorhydrique en présence de l'alcool, il fixe quatre atomes d'hydrogène ; la base qui en résulte est identique à la benzylamine $C^7 H^9 Az = C^6 H^5, CH^2 H^2 Az$, obtenue depuis par M. Cannizzaro, dans l'action du chlorure de benzyle sur l'ammoniaque [Mendius, *Ann. der Chem. u. Pharm.*, nouv. sér., t. XLV, p. 129 ; *Ann. de Chim. et de Phys.*, (3), t. LXV, p. 127 ; *Répert. de Chim. pure*, 1862, p. 319].

Un isomère du benzonitrile a été obtenu par M. Hofmann en distillant un mélange d'aniline, de chloroforme, et d'une solution alcoolique de potasse. C'est le véritable cyanure de phényle. Il n'appartient pas à la série benzoïque ; la potasse le dédouble en acide formique et en aniline [Hofmann, *Compt. rend.*, t. LXV, p. 335].

PRODUITS DE SUBSTITUTION DU BENZONITRILE. —
Nitrobenzonitrile,

$$C^7 H^4 (Az O^2) Az = C \begin{cases} C^6 H^4 (Az O^2) \\ Az \end{cases}$$

[Gerland, *Handwœrterb. der Chem.*, v. Liebig Poggend. u. Wœhler, *Supplément*, p. 514]. — Le benzonitrile, étant chauffé doucement avec l'acide azotique fumant, s'y dissout ; par l'addition de l'eau, il se précipite du nitrobenzonitrile ; ce corps est en petites aiguilles incolores et soyeuses, assez soluble dans l'eau bouillante, soluble dans les acides d'où l'eau le précipite ; il se décompose à la distillation. Soumis à l'ébullition avec les alcalis, il fixe deux molécules d'eau, et la liqueur renferme du nitrobenzoate. Les acides le décomposent d'une manière analogue. Il n'a pas pu être préparé par la distillation du nitrobenzoate d'ammoniaque.

Chlorobenzonitrile ou *cyanure de chlorophényle*, $C^7 H^4 Cl Az = C^6 H^4 Cl, C Az$ (Limpricht). — Il n'a pas été obtenu par l'action du chlore sur le benzonitrile, mais il se forme quand on distille avec le perchlorure de phosphore la sulfobenzamide ou l'acide sulfobenzamique. Le produit de la réaction est mêlé avec de la potasse aqueuse et rectifié ; le chlorobenzonitrile passe avec les vapeurs d'eau et se solidifie dans le récipient.

Il est en larges prismes incolores, d'une odeur d'essence d'amandes amères, insolubles dans l'eau, très-solubles dans l'alcool et l'éther, fusibles à 40° et se solidifiant à 36°. Il est légèrement volatil à la température ordinaire. Une ébullition prolongée avec l'acide azotique étendu le transforme en acide chlorobenzoïque. Chauffé à 100° en vase clos avec de l'ammoniaque, il donne de la chlorobenzamide.   E. G.

BENZOPHÉNONE [Syn. *Benzone*],

$$C^{13} H^{10} O = C O \begin{cases} C^6 H^5 \\ C^6 H^5 \end{cases}$$

[Chancel, *Compt. rend. des trav. de Chim.*, 1849, p. 87 ; 1851, p. 85.] — La benzophénone est le produit principal de la distillation sèche du benzoate de chaux. Obtenue à l'état impur par M. Peligot, cette substance a été étudiée par M. Chancel [Peligot, *Ann. de Chim. et de Phys.*, t. LVI, p. 59]. C'est l'acétone de l'acide benzoïque :

$$(C^7 H^5 O^2)^2 Ca = C^{13} H^{10} O + C O^3 Ca.$$

Le benzoate de chaux parfaitement desséché et mélangé avec 1/10 de son poids de chaux vive est soumis à la distillation. M. Chancel emploie une bouteille à mercure, munie d'un canon de fusil recourbé. Le liquide fortement coloré en rouge qu'on obtient ainsi étant rectifié, on recueille d'abord de la benzine, puis un peu d'hydrure de benzoyle, mêlé de deux hydrocarbures particuliers présentant la composition de la naphtaline (voyez BENZOATE DE CHAUX). A 315° on change de récipient, et les portions qui passent jusqu'à 325° sont formées de benzophénone à peu près pure qui ne tarde pas à se solidifier. Il est essentiel de ne pas y mêler les produits qui passent au-dessus de 325°, et qui empêchent la benzophénone de cristalliser. On purifie la benzophénone en la faisant cristalliser plusieurs fois dans un mélange d'alcool et d'éther. Un kilogramme de benzoate en fournit à peu près 250 grammes.

La benzophénone est insoluble dans l'eau, assez soluble dans l'alcool, très-soluble dans l'éther ; si on la dissout dans un mélange d'alcool et d'éther, et qu'on abandonne la solution à l'évaporation spontanée, elle cristallise en gros prismes transparents, de 2 à 3 centimètres de longueur et d'une teinte légèrement ambrée. Les cristaux appartiennent au système rhombique.

Elle fond à 46° en une huile épaisse qui ne se solidifie que par l'agitation (Chancel), à 48°, 48°5 (Linnemann). Elle distille sans altération à 315° (Chancel), à 295° sous une pression de $0^m,741$ (Linnemann). Sa vapeur est inflammable. Elle a une odeur éthérée, agréable, analogue à celle du benzoate d'éthyle.

A froid, l'acide sulfurique et l'acide azotique la dissolvent, l'addition de l'eau la sépare inaltérée. A chaud, l'acide azotique la transforme en benzophénone binitrée.

Chauffée à 260° avec la chaux potassée, elle se dédouble nettement en benzine et en benzoate potassique :

$$C^{13} H^{10} O + KHO = C^6 H^6 + C^7 H^5 O^2 K.$$

Le brome ne l'attaque pas à la température ordipaire. En opérant à 150° et en vases clos, et en employant 20 gr. de brome pour 5 gr. de benzo-phénone, il y a réaction, on obtient un liquide sirupeux qui se solidifie au bout de quelque temps. Cette matière étant dissoute dans l'alcool bouil-lant, il se dépose par le refroidissement des cris-taux blancs, très-déliés, qui présentent la compo-sition $C^{26} H^{15} Br^5 O^2$. Ils entrent en ébullition à 125° en se décomposant. Traité par l'amalgame de sodium, ce composé devient huileux et ne ren-ferme plus de brome [Linnemann, 1865, *Ann.*, etc., nouv. sér., t. LVII, p. 1; *Bull. de la Soc. chim.*, 1865, t. IV, p. 268].

La benzophénone dissoute dans l'alcool étendu et mise en contact avec de l'amalgame de sodium fixe de l'hydrogène et se transforme en *benzhy-drol* (Linnemann).

Lorsqu'on traite la solution alcoolique de ben-zophénone par l'acide sulfurique et le zinc, il se produit de la *benzopinakone* (Linnemann).

Benzophénone binitrée, $C^{13} H^8 (Az O^2)^2 O$. — L'acide azotique fumant attaque à chaud la benzo-phénone; il se produit un liquide huileux, épais, restant longtemps liquide à froid. Il se dissout rapidement dans l'éther, et s'en sépare presque aussitôt sous forme d'une poudre cristalline légè-rement jaunâtre, c'est la benzophénone binitrée; le sulfhydrate d'ammoniaque la transforme en *flavine*, $C^{13} H^8 (Az H^2)^2 O$ (Laurent et Chancel). Elle fond à 129°. Elle se produit aussi dans l'action à chaud de l'acide azotique fumant sur le benzhy-drol, $C^{13} H^{12} O$.

Diamidobenzophénone ou flavine,

$$C^{13} H^{12} Az^2 O = CO \begin{cases} C^6 H^4 (Az H^2) \\ C^6 H^4 (Az H^2) \end{cases}$$

[Laurent et Chancel, *Compt. rend. des trav. de Chim.*, 1849, p. 115]. Ce corps, appelé impro-prement *diphénylurée*, s'obtient par l'action du sulfhydrate d'ammoniaque sur la benzophénone binitrée. Il forme de belles aiguilles incolores ou d'un jaune pâle, presque insolubles dans l'eau, so-lubles dans l'alcool. Il dégage de l'aniline par la potasse en fusion.

Le *chlorhydrate* est très-soluble dans l'eau, moins soluble dans l'alcool; il cristallise en lames allongées.

Le *chloroplatinate* est un précipité jaune pul-vérulent. E. G.

BENZOPINAKONE, $C^{26} H^{22} O^2$ [Linnemann, 1855, *Ann. der Chem., u. Pharm.*, nouv. sér., t. XLIX, p. 229; *Bull. de la Soc. chim.*, 1865, t. IV, p. 274]. — Ce composé résulte de l'action de l'hy-drogène naissant dégagé par l'acide sulfurique et le zinc sur la benzophénone. On fait une dissolu-tion alcoolique de benzophénone saturée à la tem-pérature de 15°, et on en mêle une partie à 6 p. d'un mélange formé de 1 p. d'acide sulfurique concentré, 1 p. d'eau et 4 p. d'alcool. On ajoute le zinc; au bout de quelques jours la réaction est terminée. La benzopinakone recouvre le zinc, tan-dis qu'une autre quantité est retenue en dissolu-tion par l'alcool. On évapore celui-ci, on élimine le zinc à l'aide de l'acide sulfurique, et on purifie le résidu de benzopinakone par plusieurs cristal-lisations dans l'alcool bouillant. La benzopinakone représente 2 molécules de benzophénone, plus 2 atomes d'hydrogène,

$$2 C^{13} H^{10} O + H^2 = C^{26} H^{22} O^2;$$

elle dérive de la benzophénone comme la pinakone $C^6 H^{14} O^2$ dérive de l'acétone :

$$2 C^3 H^6 O + H^2 = C^6 H^{14} O^2.$$

Elle cristallise en prismes microscopiques, transparents; elle est peu soluble dans l'alcool bouillant, assez soluble dans l'éther, le sulfure de carbone et le chloroforme. Elle fond entre 170° et 180°. L'acide chromique la transforme en benzo-phénone, l'amalgame de sodium, en benzhydrol. Bouillie avec un excès de chlorure de benzoyle, elle donne une poudre blanche, insoluble dans l'eau, soluble dans l'alcool bouillant, l'éther et la benzine, fusible à 182° et qui est représentée par la formule $C^{26} H^{20} O$. Elle diffère de la benzo-pinakone par perte de 1 molécule d'eau, de même que le corps $C^6 H^{12} O$ préparé avec la pinakone $C^6 H^{14} O^2$ diffère de celle-ci (Friedel).

La pulvérisation, la fusion et la distillation transforment également la benzopinakone en une modification liquide isomère.

L'*isobenzopinakone* est liquide, incolore, siru-peuse, très-réfringente; elle bout à 297°,5 sous la pression de $0^m,733$. Sa densité est de 1,10 à 19°. Elle ne se solidifie pas à 10°, mais elle de-vient solide au bout de quelque temps; alors elle fond à 31°, et passe à la modification liquide, lors-qu'on évapore ses solutions. Liquide ou solide, elle se dissout facilement à froid dans l'alcool, l'éther et la benzine. L'amalgame de sodium la transforme en benzhydrol. E. G.

BENZOYLANILIDE. — Voyez Benzylène-phé-nylamine.

BENZOYLE. — Nom du radical

$$C^7 H^5 O = C^6 H^5, CO$$

qui fonctionne dans les composés benzoïques (acide benzoïque, benzamide, essence d'amandes amères, etc). Par les dédoublements des composés benzoïques, ainsi que par leur synthèse (Harnitz-Harnitzki, Kolbe, Kekulé), le benzoyle peut être considéré comme formé de phényle $C^6 H^5$, et de carbonyle CO. Le remplacement de l'hydrogène par Cl. Br. $Az O^2$, etc., donne les radicaux substi-tués chlorobenzoyle, bromobenzoyle, nitroben-zoyle, etc. Mis en liberté, le benzoyle se double pour constituer la molécule

$$\left. \begin{array}{l} C^7 H^5 O \\ C^7 H^5 O \end{array} \right\},$$

benzoyle libre ou dibenzoyle.

On obtient ce composé en ajoutant de l'amal-game de sodium à du chlorure de benzoyle mêlé d'éther anhydre; la réaction, faible à froid, s'a-chève au bain-marie; après vingt-quatre heures, on filtre la solution éthérée, on la lave à l'eau pour décomposer un reste de chlorure de benzoyle. La solution éthérée concentrée dépose les cristaux de dibenzoyle; on les lave à l'éther froid, et on les fait recristalliser dans l'éther bouillant [G. Briegel, *Ann. der Chem. u. Pharm.*, t. CXXXV, 1865, p. 171, nouv. sér., t. LIX; *Bull. de la Soc. chim.*, 1866, t. V, p. 178].

Le dibenzoyle, $C^{14} H^{10} O^2$, se présente sous la forme de petits prismes incolores, brillants, fu-sibles à 146°. Ils peuvent être sublimés sans alté-ration. Ils sont peu solubles dans l'alcool et dans l'éther.

Par l'action de la potasse alcoolique il paraît se dédoubler en acide benzoïque et en alcool benzy-lique.

Ce corps est isomère du benzile de Laurent, pro-duit par déshydrogénation de la benzoïne.

Bromure de benzoyle,

$$C^7 H^5 O. Br = C^6 H^5. CO Br$$

[Liebig et Wœhler, 1832, *Ann. der Chem. u. Pharm.*, t. III, p. 266, et *Ann. de Chim. et de Phys.*, t. LI, p. 200]. — Il s'obtient facilement lorsqu'on mêle l'hydrure de benzoyle avec du brome; le mélange s'échauffe, dégage des vapeurs d'acide bromhydrique. A l'aide de la chaleur on chasse tout l'acide bromhydrique et l'excès de brome; il peut se préparer aussi en traitant le chlorure de benzoyle par un bromure métallique.

Le bromure de benzoyle est une masse molle,

liquide à la température ordinaire, foudant à une douce chaleur en un liquide jaune brun. Son odeur est plus faible que celle du chlorure et un peu aromatique. Il fume à l'air, l'eau le décompose lentement, il tombe au fond de ce liquide et n'est décomposé en acide benzoïque et en acide chlorhydrique que par une longue ébullition. L'alcool et l'éther lo dissolvent sans l'altérer.

CHLORURE DE BENZOYLE,

$$C^7 H^5 O Cl = C^6 H^5 . C O Cl$$

[Liebig et Wœhler, 1832, *Ann. der Chem. u. Pharm.*, t. III, p. 262, et *Ann. de Chim. et de Phys.*, t. LI, p. 286; —Cahours, *ibid.*, (3), t. XXIII, p. 334]. — Le chlorure de benzoyle a été obtenu pour la première fois par l'action d'un courant de chlore sec sur l'hydrure de benzoyle (Liebig et Wœhler). On le prépare ordinairement par l'action du perchlorure de phosphore sur l'acide benzoïque (Cahours).

On place dans une cornue tubulée un mélange équimoléculaire de perchlorure de phosphore et d'acide benzoïque sec (211 parties du premier et 122 du second), et on chauffe doucement. Il se manifeste bientôt une vive réaction, accompagnée d'un dégagement abondant d'acide chlorhydrique. Lorsque la réaction est calmée, on fixe un thermomètre à la tubulure de la cornue, et l'on soumet le tout à la distillation fractionnée. Il passe d'abord de l'oxychlorure de phosphore entre 109° et 112°, puis un mélange d'oxychlorure et de chlorure de benzoyle jusqu'à 195°. Entre 195° et 200°, on recueille du chlorure de benzoyle presque entièrement pur; il renferme cependant des traces de perchlorure et d'oxychlorure, on l'en débarrasse en le traitant par de petites quantités d'eau froide qui décomposent immédiatement les chlorures de phosphore et n'agit pas sensiblement sur le chlorure de benzoyle. On le soutire ensuite avec une pipette, et on le fait digérer sur du chlorure de calcium fondu.

D'après Gerhardt, l'oxychlorure de phosphore réagit sur le benzoate de sodium, déjà à la température ordinaire; il se produit du phosphate de sodium et du chlorure de benzoyle, suivant l'équation

$$P O Cl^3 + 3 (C^7 H^5 O^2 Na)$$
Oxychlorure   Benzoate de
de phosphore.   sodium.

$$= P O^4 Na^3 + 3 (C^7 H^5 O Cl).$$
Phosphate   Chlorure de
de sodium.   benzoyle.

Il est essentiel d'employer l'oxychlorure en excès ou tout au moins de ne pas prendre plus de 3 molécules de sel pour 1 molécule d'oxychlorure, car le chlorure de benzoyle réagissant sur le benzoate, fournirait de l'anhydride benzoïque [Gerhardt, *Ann. de Chim. et de Phys.*, (3), t. XXXVII, p. 291]. La préparation de l'oxychlorure de phosphore rendrait ce mode opératoire moins praticable que le précédent, mais il permet d'utiliser le mélange d'oxychlorure et de chlorure de benzoïle obtenu dans l'action du perchlorure sur l'acide benzoïque; il suffit de le faire réagir sur le benzoate de sodium, en évitant de ne pas mettre celui-ci en excès [Gerhardt, *Traité de Chim.*, t. III, p. 261]. Le protochlorure de phosphore fait aussi la double décomposition avec les benzoates alcalins, mais il fournit des produits difficiles à purifier (Gerhardt).

Le sous-chlorure de soufre $Cl^2 S^2$ et le benzoate de sodium réagissent en produisant du chlorure de benzoyle, du chlorure de sodium, du sulfate de sodium, et il se dépose du soufre. Avec l'acide benzoïque $C^7 H^6 O^2$, la réaction a lieu à une température élevée et il se dégage de l'acide chlorhydrique

et de l'acide sulfureux [Carius, *Ann. der Chem. u. Pharm.*, nouv. sér., t. XXX, p. 291; *Ann. de Chim. et de Phys.*, (3), t. LIV, p. 235; *Répert. de Chim. pure*, 1858-59, p. 11]. Le chlorure de soufre rouge transforme de même le benzoate de sodium en chlorure de benzoyle (Heintz).

M. Beketoff obtient le chlorure de benzoyle en chauffant à 200° un mélange d'acide benzoïque, de chlorure de sodium, et de bisulfate de sodium. Ce procédé ne donne que de petites quantités de chlorure :

$$C^7 H^5 O^2 + S O^3 + 2 Na Cl$$
$$= C^7 H^5 O Cl + H Cl + S O^4 Na^2$$

[*Ann. der Chem. u. Pharm.*, t. CIX. p. 256].

La synthèse du chlorure de benzoyle a été réalisée par la combinaison de la benzine et du chloroxyde de carbone :

$$C^6 H^6 + C O Cl^2 = C^6 H^5 C O Cl + H Cl.$$

On dirige de l'oxychlorure de carbone pur dans une cornue exposée aux rayons du soleil, et où arrivent en même temps des vapeurs de benzine; il passe dans le récipient un mélange de benzine et de chlorure de benzoyle qui sont séparés par distillation [Harnitz-Harnitzki, *Bull. de la Soc. chim.*, 1865, t. III p. 322].

Le chlorure de benzoyle est un liquide incolore, limpide, d'une odeur extrêmement irritante; sa densité est de 1,196 (Liebig et Wœhler), de 1,250 à 15° (Cahours), de 1,2324 à 0° (H. Kopp). Il bout à 196° (Cahours), de 198°,4 à 198°,7, sous une pression de 760 millimètres (H. Kopp).

Il est inflammable et brûle avec une flamme fuligineuse bordée de vert. Il dissout à chaud le phosphore et le soufre, qui cristallisent par refroidissement, et se mêle en toute proportion avec le sulfure de carbone, sans décomposition. Il tombe au fond de l'eau sans s'y dissoudre, mais avec le temps il se décompose en fournissant de l'acide chlorhydrique et de l'acide benzoïque; il se décompose aussi à l'air humide; cette transformation se fait rapidement par l'ébullition; elle est instantanée avec les alcalis. Mis en contact avec de l'alcool concentré, il donne du benzoate d'éthyle; avec le gaz ammoniac sec, il produit de la benzamide, et avec de l'aniline, de la benzanilide.

Il peut être distillé sur de la baryte ou de la chaux anhydre sans être décomposé.

En le traitant par un bromure, un iodure, un sulfure ou un cyanure, il y a formation d'un chlorure métallique, et de bromure, iodure, sulfure ou cyanure de benzoyle. Avec un grand nombre de sels oxygénés à base d'alcali, il fait une double décomposition et produit des anhydrides (Gerhardt). C'est ainsi qu'avec le benzoate de sodium, il donne de l'anhydride benzoïque :

$$C^7 H^5 O Cl + C^7 H^5 O^2 . Na = \left. \begin{array}{l} C^7 H^5 O \\ C^7 H^5 O \end{array} \right\} O + Na Cl.$$
Anhydride
benzoïque.

Avec le formiate de sodium, on n'obtient que de l'acide benzoïque et de l'oxyde de carbone, qui représentent les éléments du formiate de benzoyle. Le chlorure de benzoyle réagit sur l'oxamide à une température très-élevée; il se produit du benzonitrile, de l'acide cyanhydrique, de l'acide carbonique et de l'eau. Avec l'oxamate d'éthyle, la réaction a lieu à 260° : outre le benzonitrile, l'acide chlorhydrique et le gaz carbonique, il se forme du benzoate d'éthyle (Chiozza).

Chauffé avec de la benzamide, il produit également du benzonitrile (Sokoloff). C'est ce dernier qui prend aussi naissance dans la réaction très-vive du chlorure de benzoyle sur le sulfocyanate de potassium (Limpricht). — Voyez BENZONITRILE.

Si on le met en contact avec de l'hydrure de cuivre bien sec, il y a un vif dégagement de chaleur et formation d'une petite quantité d'hydrure de benzoyle [Chiozza, *in* Gerhardt, *Traité de Chim.*, t. III, p. 263].

Si on délaye dans l'eau des quantités équivalentes de chlorure de benzoyle et de bioxyde de baryum, il y a double décomposition et formation de peroxyde de benzoyle

$$C^7H^5O \atop C^7H^5O \Big\} O^2$$

(Brodie).

En dirigeant un courant lent de gaz chlorhydrique sec à travers de l'amalgame de sodium, recouvert d'une couche de chlorure de benzoyle, M. Lippmann a produit l'alcool benzylique C^7H^8O [*Bull. de la Soc. chim.*, 1865. t. IV, p. 249].

Le chlorure de benzoyle n'est pas attaqué à froid par le potassium ou le sodium; mais si on le mêle avec de l'éther anhydre, qu'on ajoute de l'amalgame de sodium, et qu'on chauffe vingt-quatre heures au bain-marie, l'éther abandonne de petits cristaux de benzoylure de benzoyle ou dibenzoyle $2(C^7H^5O)$ [Briegel, *Ann. der Chem. u. Pharm.*, nouv. sér., t. LIX, p. 171, et *Bull. de la Soc. chim.*, 1866, t. V, p. 278]. Le chlore est sans action sur lui, même à la température de l'ébullition; on n'a pu arriver par l'action prolongée du chlore à former du chlorure de chlorobenzoyle [E. Grimaux et G. Vogt, *Expériences inédites*].

En ajoutant par petites portions de l'aldéhydate d'ammoniaque à du chlorure de benzoyle, et abandonnant la masse à elle-même, l'épuisant par l'eau, puis par un carbonate alcalin, on obtient un résidu qui cristallise dans l'alcool en aiguilles fines et incolores. Ce corps $C^{16}H^{16}Az^2O^3$ est insoluble dans l'eau, facilement soluble dans l'alcool et dans l'éther à chaud, fusible, décomposable par la potasse et l'acide sulfurique qui en séparent de l'acide benzoïque. Chauffé avec du peroxyde de plomb, de l'eau et de l'acide sulfurique, il donne de la benzamide [Limpricht, *Ann. der Chem. u. Pharm.*, nouv. sér., t. XXIII, p. 117, et *Ann. de Chim. et de Phys.*, (3), t. XLVIII, p. 381].

Lorsqu'on chauffe le chlorure de benzoyle avec du cyanate de potassium fondu, on obtient la cyaphénine $3(C^7H^5Az)$, polymère du benzonitrile [Cloëz, *Bull. de la Soc. chim.*, 1859, p. 100].

Le perchlorure de phosphore, chauffé avec le chlorure de benzoyle, donne un liquide d'une odeur irritante (Liebig et Wœhler). Suivant Gerhardt, il n'y a pas de réaction, et le perchlorure cristallise par le refroidissement. Mais si l'on chauffe à 200°, en tubes scellés, un mélange équimoléculaire des deux corps, il se produit le composé $C^7F^4Cl^3 = C^6H^5C.Cl^3$ (voyez CHLORURE DE BENZYLE) [Schischkoff et Rosing, *Compt. rend. de l'Acad.*, t. XLVI, p. 867]. Limpricht chauffe le mélange à 180° pendant quarante-huit heures, et, outre le corps $C^7H^5Cl^3$, il obtient $C^7H^4Cl^4$ et $C^7H^3Cl^5$ [*Ann. der Chem. u. Pharm.*, nouv. sér., t. LVII, p. 55, et *Bull. de la Soc. chim.*, 1866, t. V, p. 51].

Le chlorure de benzoyle, faisant, comme tous les chlorures d'acides, la double décomposition avec un grand nombre de corps, est fréquemment usité en chimie organique. Il sert à remplacer l'hydrogène par le groupe benzoyle, et on a ainsi préparé une foule de dérivés qui seront décrits avec les corps auxquels ils appartiennent. La réaction du chlorure de benzoyle avec les alcools, les amines, etc., est en effet générale. On connaît une combinaison de chlorure et d'hydrure de benzoyle. — Voir ce dernier mot.

CHLORURE DE CHLOROBENZOYLE, $C^7H^4ClO.Cl$ [Limpricht et V. Uslar, *Ann. der Chem. u. Pharm.*, nouv. sér., t. XXVI, p. 259, et *Ann. de Chim. et de Phys.*, (3), t. LII, p. 504]. — Sous ce nom, Chiozza et Gerhardt ont décrit un composé qui fournit en se décomposant l'acide parachlorobenzoïque ou chlorosalicylique, et qui est dérivé de l'acide salicylique (voyez plus bas). Limpricht et V. Uslar ont obtenu le vrai chlorure de chlorobenzoyle en distillant l'acide sulfobenzoïque avec le perchlorure de phosphore: ainsi préparé, il n'est pas encore pur, et bout à 285°. Mais l'eau le transforme en acide monochlorobenzoïque qui, traité par le perchlorure de phosphore, fournit du chlorure de chlorobenzoyle pur. C'est un liquide clair, incolore, réfringent; il bout à 225°, l'eau agit sur lui comme sur tous les chlorures d'acides; dans l'ammoniaque aqueuse il se dissout avec formation de cristaux de chlorobenzamide.

PARACHLORURE DE CHLOROBENZOYLE OU CHLORURE DE SALICYLE. — Il n'a pas été préparé à l'état de pureté et n'a pas pu être analysé; son mode de décomposition indique sa constitution. Il se forme lorsqu'on traite l'acide salicylique par le perchlorure de phosphore, et qu'on rectifie le produit entre 220° et 250°. Il est liquide, huileux, pesant; il réfracte fortement la lumière; l'eau le transforme en acide parachlorobenzoïque [Chiozza, *Ann. de Chim. et de Phys.*, (3), t. XXXVI, p. 102]. Avec l'ammoniaque, il donne des cristaux de *parachlorobenzamide*, et avec l'aniline, la *parachlorobenzanilide*. A chaque distillation, le chlorure de salicyle se décompose en partie, et, plus on le rectifie, plus il devient riche en chlore [Kekulé, *Ann. der Chem. u. Pharm.*, nouv. sér., t. XLI, p. 145, et *Ann. de Chim. et de Phys.*, (3), t. LXII, p. 367; *Répert. de Chim pure*, 1861, p. 308].

CHLORURE DE NITROBENZOYLE,

$$C^7H^4(AzO^2)O.Cl = C^6H^4(AzO^2)CO.Cl$$

[Cahours, *Ann. de Chim. et de Phys.*, (3), t. XXIII, p. 339; — Bertagnini, *Ann. der Chem. u. Pharm.*, t. LXXIX, p. 268, et *Ann. de Chim. et de Phys.*, (3), t. XXXIII, p. 472]. — On chauffe doucement du perchlorure de phosphore avec de l'acide nitrobenzoïque, on rectifie le produit, on lave les dernières portions qui distillent avec un peu d'eau froide, on les sèche sur du chlorure de calcium, et on distille de nouveau (Cahours).

Le même composé se forme par l'action du chlore sur l'hydrure de nitrobenzoyle (Bertagnini).

C'est un liquide jaune, bouillant entre 265° et 268°, plus dense que l'eau; à l'air humide, il s'altère peu à peu avec production d'acide nitrobenzoïque; la potasse bouillante le décompose rapidement. Le gaz ammoniac sec et l'ammoniaque aqueuse le transforment en nitrobenzamide, l'aniline en nitrobenzanilide. Avec les alcools, il donne les éthers nitrobenzoïques; l'éther anhydre est sans action sur lui.

FLUORURE DE BENZOYLE. — Voyez FLUOR.

CYANURE DE BENZOYLE, $C^7H^5O.CAz$. — Liebig et Wœhler l'ont obtenu en distillant du chlorure de benzoyle avec du cyanure de mercure, à l'état d'une huile jaune qui, par la rectification, devient incolore [*Ann. der Chem. u. Pharm.*, t. III, p. 267; *Ann. de Chim. et de Phys.*, 1832, t. LI, p. 292; — Kolbe, *Ann. der Chem. u Pharm.*, t. XCVIII, p. 344; *Ann. de Chim. et de Phys.*, (3) t. XLVIII, p. 189; — Strecker, *Ann. der Chem. u. Pharm.*, t. XC, p. 62].

Suivant Strecker, cette huile, au bout de quelque temps, se prend en une masse cristalline qui, lavée à l'eau jusqu'à ce que tout le sel de mercure soit entraîné, puis comprimée et séchée au-dessus de l'acide sulfurique, constitue le cyanure de benzoyle pur.

Il est incolore, fond à 31° et cristallise par le refroidissement en tables longues comme le pouce. Il bout à 206-208°. Son odeur est irritante. Il est plus lourd que l'eau, inflammable, et brûle avec une flamme blanche fuligineuse. L'eau froide le décompose lentement à froid, rapidement à chaud. Traité par le zinc et l'acide chlorhydrique, il donne de l'hydrure de benzoyle, accompagné d'un peu de benzoïne (Kolbe).

HYDRURE DE BENZOYLE [Syn. *Aldéhyde benzoïque*], $C^7H^6O = C^7H^5O.H$ [Liebig et Wœhler, *Ann. de Chim. et de Phys.*, t. LI, p. 273 ; t. LXIV, p. 185 ; — Robiquet et Boutron-Charlard, *ibid.*, t. XLIV, p. 352]. — Lorsqu'on met les amandes amères en digestion avec de l'eau et qu'on soumet le tout à la distillation, on obtient l'huile essentielle d'amandes amères. MM. Liebig et Wœhler ont étudié les principales métamorphoses de cette essence et montré quelles sont les conditions de sa production. L'essence obtenue des amandes amères est de l'hydrure de benzoyle presque pur. Elle ne préexiste pas dans le tourteau d'amandes ; elle ne se produit qu'après digestion des amandes avec l'eau (Robiquet et Boutron-Charlard). Elle est due à la transformation de l'amygdaline, substance isolée par ces derniers chimistes, et qui produit de l'hydrure de benzoyle, de l'acide cyanhydrique et du glucose sous l'influence d'un ferment particulier, la synaptase ou *émulsine*, également contenue dans les amandes douces et dans les amandes amères (Liebig et Wœhler) :

$$C^{20}H^{27}AzO^{11} + 2H^2O$$
Amygdaline.

$$= C^7H^6O + CHAz + 2C^6H^{12}O^6.$$
Hydrure   Acide   Glucose.
de benzoyle. cyanhy-
        drique.

Si l'on chauffe à 100° le tourteau d'amandes amères, la synaptase est altérée et la réaction n'a plus lieu ; les propriétés de la synaptase sont aussi détruites par l'alcool bouillant. Pour déterminer la transformation de l'amygdaline, il suffit de délayer dans l'eau le tourteau d'amandes amères : aussitôt l'odeur d'acide cyanhydrique se fait sentir ; la réaction est favorisée par une température de 30° à 40° maintenue pendant 6 heures.

On prépare l'hydrure de benzoyle :

1° En le retirant des amandes amères. Les amandes, ayant été écrasées et privées d'huile grasse par expression, sont délayées avec une grande quantité d'eau, et le tout laissé en macération pendant 24 heures ; on effectue la distillation au moyen de la vapeur d'eau dirigée au sein du mélange, et on la continue jusqu'à ce que le produit qui passe dans le récipient ne présente plus l'odeur des amandes amères. L'essence se dépose au fond du liquide, mais l'eau qui surnage en renferme elle-même beaucoup en dissolution. En la soumettant de nouveau à la distillation, l'essence se sépare et passe dans les premières portions.

Ainsi obtenue, l'essence d'amandes amères n'est pas de l'hydrure de benzoyle pur. Elle contient de l'acide cyanhydrique, un peu d'acide benzoïque, de benzoïne et d'hydrure de cyanobenzoyle. On peut séparer l'hydrure par distillation fractionnée ; en abandonnant l'essence d'amandes amères pendant quelques jours avec de l'oxyde de mercure réduit en poudre fine et délayé dans l'eau, et en agitant fréquemment le mélange, l'acide cyanhydrique se fixe à l'état de cyanure de mercure. Une nouvelle rectification fournit alors de l'hydrure de benzoyle pur.

On obtient encore celui-ci en agitant l'essence avec un lait de chaux et une solution de protochlorure de fer, distillant sur ce mélange, séparant l'huile des parties aqueuses, et la rectifiant enfin sur de la chaux vive.

Enfin on peut la transformer en sulfite de benzoylsodium, combinaison cristalline que forment l'hydrure de benzoyle et le bisulfite de soude.

Pour cela, on agite l'huile avec 3 ou 4 fois son volume d'une solution concentrée de bisulfite d'une densité de 1,231 (27° Baumé). On presse la masse cristalline dans une toile, on la lave avec de l'alcool, on la dissout dans la plus petite quantité d'eau possible, et on la décompose par une solution concentrée de carbonate de sodium (Bertagnini).

2° Si l'on maintient pendant quelques heures à 100° un mélange formé de 1 p. de chlorure de benzyle et de 1 p. d'acide azotique à 27°, et de 10 p. d'eau, le chlorure s'oxyde et se transforme en hydrure de benzoyle :

$$C^7H^7Cl + 2AzHO^3$$
$$= C^7H^6O + Az^2O^4 + H^2O + HCl.$$

Il se forme en même temps une notable quantité d'acide benzoïque ; on évite la formation de ce dernier et on augmente le rendement en hydrure de benzoyle en maintenant en ébullition, pendant quelques heures, dans un ballon muni d'un appareil de Liebig qui permet aux vapeurs de refluer, un mélange de 1 p. de chlorure de benzyle, 1 1/2 p. d'azotate de plomb et 10 p. d'eau. Lorsque l'opération est terminée, on distille la moitié du liquide avec lequel passe tout l'hydrure de benzoyle. On le sépare par décantation et on le transforme en sulfite de benzoylsodium, qu'on lave à l'alcool ; ce procédé donne en hydrure de benzoyle près des trois quarts de la quantité théorique [Ch. Lauth et E. Grimaux, *Compt. rend. de l'Acad.*, décembre 1866, et *Bull. de la Soc. chim.*, 1867, t. VII, p. 105].

Comme toutes les aldéhydes, l'hydrure de benzoyle se forme par la distillation sèche d'un mélange équimoléculaire de benzoate et de formiate de calcium (Piria). Le produit de la distillation est sali par une substance oléagineuse jaune ; on purifie l'hydrure en le transformant en sulfite de benzoyl-sodium, et lavant la combinaison à l'alcool.

Il se produit encore dans une foule de réactions, dans l'oxydation de l'alcool benzylique, des éthers benzyliques, de l'amygdaline, de l'acide amygdalique, de l'hydrure de cinnamyle, de l'acide cinnamique, de la styrone, de la styracine, du toluène, etc. Il prend naissance en même temps que d'autres substances dans l'action des agents d'oxydation sur les matières albuminoïdes.

Le cyanure de benzoyle le donne par l'hydrogène naissant. Si on chauffe doucement le cyanure cristallisé avec de l'acide chlorhydrique et qu'on ajoute du zinc métallique, il se dégage de l'acide cyanhydrique et il se forme de l'hydrure de benzoyle (Kolbe). Il est nécessaire d'ajouter successivement une quantité de zinc assez considérable pour opérer cette réduction ; dans cette réaction, il se produit aussi de la benzoïne.

L'hydrure de benzoyle est une huile incolore, réfractant fortement la lumière ; sa saveur est âcre et aromatique, son odeur est celle de l'essence d'amandes amères ; ses vapeurs sont irritantes. Sa densité est de 1,043 (Liebig et Wœhler), de 1,36 (Kopp). Il bout à 179°,4. Il est soluble dans 30 p. d'eau et se mêle en toutes proportions avec l'alcool et l'éther. Il ne se décompose point en passant à travers un tube de verre au rouge ; mais si le tube est rempli de fragments de pierre ponce, il se dédouble en benzine et oxyde de carbone [Barreswil et Boudaut, *Journ. de Pharm.*, (3) t. V, p. 26]. Au contact de l'air, il se transforme en acide benzoïque; chauffé avec de l'hydrate de potasse, il fournit du benzoate en même temps qu'il se dégage de l'hydrogène. Si on le dissout dans une solution alcoolique de potasse, on voit se séparer du benzoate de potassium, et, par l'addition de l'eau, il se dépose un corps oléagineux que Cannizzaro a reconnu être l'alcool benzylique :

$$2\,(C^7H^6O) + KHO = C^7H^5O^2K + C^7H^8O.$$

Chauffé avec l'acide azotique ordinaire, il se transforme difficilement en acide benzoïque; avec l'acide fumant, il y a production d'hydrure de nitrobenzoyle, $C^7H^5(AzO^2)O$ (Bertagnini).

L'acide sulfurique le dissout à chaud en prenant une coloration rouge pourpre, puis il noircit en dégageant du gaz sulfureux. Avec l'anhydride sulfurique, il se forme un acide sulfo-conjugué. On étend d'eau le produit de la réaction, on sature par le carbonate de baryum, et on obtient par l'évaporation un sel de baryum visqueux qui donne des sels cristallisables par double décomposition avec le sulfate de magnésie et le sulfate de zinc. Aucun de ces sels n'a été analysé [Mitscherlich, *Handwœrt der Chem.*, v. Liebig, Poggend. Ann., Suppl., p. 576].

Dans d'autres circonstances mal déterminées, l'hydrure de benzoyle mélangé avec de l'acide sulfurique fumant fournit une substance appelée *benzoate d'hydrure de benzoyle*, dont la nature n'est pas suffisamment connue (voyez plus bas).

Lorsqu'on ajoute du chlorure de calcium pur à de l'essence d'amandes amères anhydre, il se dégage de la chaleur, et il se forme un composé soluble qui se sépare en cristaux facilement décomposables et paraissant renfermer 5 à 6 molécules de chlorure de calcium pour 2 d'hydrure de benzoyle [Ekmann, *Ann. der Chem. u. Pharm.*, t. CXII, p. 151].

L'hydrure de benzoyle ne forme pas de combinaison avec l'acide chlorhydrique, mais l'acide iodhydrique donne une huile qui, débarrassée par le bisulfite de soude de l'hydrure de benzoyle en excès, se prend en une masse cristalline jaune clair. Ces cristaux, fusibles à 28°, sont solubles dans l'alcool et dans l'éther ; ils renferment $C^{21}H^{18}I^4O$. On a appelé ce corps *oxyiodide d'hydrure de benzoyle*. Une solution alcoolique de potasse le décompose peu à peu en donnant, outre l'iodure de potassium et un peu d'acide benzoïque, une huile qui n'a pas été examinée [Geuther et Cartmell, *Ann. der Chem. u. Pharm.*, nouv. sér., t. XXXVI, p. 1; *Répert. de Chim. pure*, 1860, p. 21].

Chauffé à 230° en vases clos avec l'anhydride acétique, l'hydrure de benzoyle s'y combine, et fournit le corps $C^7H^6O,(C^2H^3O)^2O$, identique avec le produit de l'action du chlorobenzol (chlorure de benzylène) sur l'acétate d'argent (Guthrie). — Voyez BENZYLÈNE (combinaisons).

Si l'on chauffe huit à dix heures à 120° et à 130°, en tubes scellés, du chlorure d'acétyle avec de l'hydrure de benzoyle, on obtient de l'acide cinnamique $C^9H^8O^2$ (Bertagnini).

Abandonné pendant quelques jours avec de l'ammoniaque aqueuse, l'hydrure de benzoyle fournit l'hydrobenzamide (Laurent) : avec l'ammoniaque alcoolique de l'amarine, avec l'urée et l'aniline, il donne naissance à la benzoyl-uréide et à la benzylène-phénylamine (Laurent et Gerhardt).

Le chlore sec donne le chlorure de benzoyle; le brome donne le bromure de benzoyle; avec le chlore humide, il se produit le composé appelé benzoate d'hydrure de benzoyle.

Le perchlorure de phosphore transforme l'hydrure de benzoyle en chlorobenzol ou chlorure de benzylène (Cahours).

L'hydrogène sulfuré et le sulfhydrate d'ammoniaque réagissent sur l'hydrure de benzoyle; on obtient l'hydrure de sulfobenzoyle (sulfure de benzylène) et l'hydrure de sulfazobenzoyle (Laurent).

Agité vivement avec une solution concentrée de bisulfite de potassium ou de soude, l'hydrure de benzoyle s'y combine avec élévation de température; le mélange se solidifie en une masse cristalline. Ces combinaisons permettent d'isoler et de purifier l'hydrure de benzoyle (Bertagnini).

L'hydrure de benzoyle étendu d'huile de houille bouillant vers 100° dissout vivement le sodium; il se produit des flocons gélatineux que l'eau décompose en alcool benzylique, en hydrure de benzoyle, et en hydrate de sodium [Church, *Philosophical Magazine*, (4), t. XXV, p. 522; *Ann. der Chem. u. Pharm.*, 1863, nouv. sér., t. LII, p. 205; *Bull. de la Soc. chim.*, 1864, t. I, p. 190].

Additionné d'eau et mis en contact avec de l'amalgame de sodium, il fixe 2 atomes d'hydrogène, et se transforme en alcool benzylique; au bout de quatre ou cinq jours de contact, on obtient une quantité d'alcool égale à près de la moitié de l'hydrure employé (Friedel). En traitant l'hydrure de benzoyle par une solution alcoolique de gaz chlorhydrique, et de la grenaille fine de zinc, on obtient l'hydrobenzoïne $C^{14}H^{14}O^2$ (Zinin) (voyez BENZOÏNE). Par l'amalgame de sodium, Church a obtenu, en même temps que l'alcool benzylique, un corps qu'il représente par la formule $C^{14}H^{16}O^2$ et qu'il appelle à tort *dicrésol*. Ce dicrésol paraît n'être que de l'hydrobenzoïne, les points de fusion sont les mêmes. En traitant l'hydrure de benzoyle en solution éthérée par l'amalgame de sodium pâteux, Claus a recueilli, après dix à douze heures de réaction, un composé cristallin $C^{14}H^{14}O^2$, qui est peut-être identique avec l'hydrobenzoïne, quoique le premier fonde à 100°, et celle-ci est fusible à 130° [Claus, *Ann. der Chem. u. Pharm.*, t. CXXXVII, p. 92 ; *Bull. de la Soc. chim.*, 1866, t. II, p. 136]. Il est à remarquer que le corps $C^{14}H^{14}O^2$ est dans les mêmes rapports avec l'hydrure de benzoyle C^7H^6O que la pinakone $C^6H^{14}O^2$ avec l'acétone C^3H^6O. Si l'on fait agir à chaud l'amalgame de sodium sur l'hydrure de benzoyle, en dirigeant dans le mélange un courant de gaz carbonique sec, il se produit, outre le benzoate de sodium, une substance huileuse, qui bout vers 314°, et correspond à la formule $C^{14}H^{10}O^2$. Sa nature n'est pas encore connue [Alexeyeff, *Ann. der Chem. u. Pharm.*, nouv. sér., t. LIII, p. 347; *Bull. de la Soc. chim.*, 1864, t. II, p. 461].

Constitution. — L'hydrure de benzoyle par toutes ses réactions est l'aldéhyde de l'alcool benzylique; dans la plupart de ses transformations, cette aldéhyde se comporte comme l'hydrure du radical benzoyle C^7H^5O; dans d'autres, le groupement benzoyle est détruit, et c'est le groupement $C^7H^6 = C^6H^5$. CH qui se transporte dans les composés. Dans ce cas, l'aldéhyde benzoïque peut être considérée comme l'oxyde du radical C^7H^6, benzylène ou benzylidène.

Nous étudierons tous les composés de cet ordre sous le titre BENZYLÈNE ET DÉRIVÉS.

Combinaisons de l'hydrure de benzoyle.

BENZOATE D'HYDRURE DE BENZOYLE [Robiquet et Boutron-Charlard (1830), *Ann. de Chim. et de Phys.*, t. XLIV, p. 371; — Liebig, *Ann. der Chem. u. Pharm.*, t. XVIII, p. 324; — Liebig et Pelouze, *Ann. de Chim. et de Phys.*, t. LXIII, p. 145; — Laurent, *ibid.*, t. LXV, p. 192; *Revue scientif.*, t. XVI, p. 386; *Compt. rend. de l'Acad.*, t. XXII, p. 789; — Gerhardt, t. III, p. 165]. — Lorsqu'on fait agir le chlore humide sur l'essence d'amandes amères non privée d'acide cyanhydrique, le liquide s'échauffe et finit par se prendre en une masse cristalline. Ce corps est blanc, cristallin, formé de petits prismes droits à base rectangulaire, il est neutre aux papiers, insoluble dans l'eau, soluble dans l'alcool, très-peu soluble dans l'éther à froid. Il est volatil sans décomposition : une solution alcoolique de potasse le transforme en benzoate : il est représenté par la formule $2 C^7 H^6 O . C^7 H^6 O^2$ (Liebig). Lorsqu'on abandonne l'essence d'amandes amères avec l'acide sulfurique fumant, le même composé prend naissance ; il cristallise alors, tantôt en prismes droits à base rectangulaire, tantôt en prismes obliques rhomboïdaux, mais les cristaux droits peuvent être transformés par fusion, puis par solution dans l'alcool bouillant en prismes obliques (Laurent). Ce dernier chimiste a représenté ce composé par la formule $3 C^7 H^6 O . C^7 H^6 O^2$: plus tard, Laurent et Gerhardt ont proposé la formule $C^{22} H^{18} O^4$ en admettant que l'acide cyanhydrique contribuait à la formation de ce corps, représenté alors par l'équation

$$3 C^7 H^6 O + C A z H + H^2 O = C^{22} H^{18} O^4 + A z H^3.$$

L'étude de l'action que le chlore humide exerce sur l'essence d'amandes amères demande à être reprise.

COMBINAISON DE L'HYDRURE AVEC LE CHLORURE DE BENZOYLE, $C^7 H^6 O, C^7 H^5 O Cl$ [Laurent et Gerhardt, *Compt. rend. des trav. de Chim.*, 1850, p. 123]. — Cette combinaison se produit lorsqu'on fait passer dans l'hydrure de benzoyle une quantité insuffisante de chlore pour le transformer en entier en chlorure ; elle se forme quelquefois avec un excès de chlore. Le produit de la réaction, abandonné à lui-même dans un flacon bouché, se prend peu à peu en une masse cristalline, qu'on purifie en la lavant à l'alcool froid. Ce sont des lames brillantes, incolores, inodores, très-fusibles, humides ; elles se décomposent peu à peu ; l'eau chaude et la distillation les convertissent en hydrure de benzoyle, acide chlorhydrique et acide benzoïque.

COMBINAISONS AVEC LES BISULFITES ALCALINS [Bertagnini, *Ann. der Chem. u. Pharm.*, 1852, t. LXXXV, p. 183, et *Ann. de Chim. et de Phys.*, (3), t. XXXVIII, p. 372].

Sulfite de benzoylammonium. — Le bisulfite d'ammoniaque dissout l'hydrure de benzoyle en s'échauffant, mais il ne se forme pas de combinaison cristalline. La solution de sulfite de benzoylammonium dissout un excès d'hydrure de benzoyle que l'addition de l'eau en sépare. Desséché et di-tillé avec trois ou quatre fois son poids d'hydrate de chaux bien sec, ce composé fournit de la lophine et de l'amarine (Gœssmann).

Sulfite de benzoylpotassium. — Lorsqu'on agite l'hydrure de benzoyle avec une solution de bisulfite de potasse, d'une densité de 1,24 à 1,26, le mélange s'échauffe et se prend en une bouillie cristallisée de sulfite de benzoylpotassium. Les cristaux desséchés sont dissous dans l'alcool étendu et bouillant qui les dépose par le refroidissement sous forme de lamelles allongées, rectangulaires et brillantes. Le composé est très-soluble dans l'eau, moins soluble en présence des sulfites alcalins, complétement insoluble dans une solution saturée de ces sels ; peu soluble dans l'alcool froid, aisément soluble dans l'alcool bouillant. Il ne s'altère pas à l'air ; les solutions se décomposent par une ébullition prolongée, les acides et les alcalis agissent de même en mettant l'hydrure de benzoyle en liberté.

Sulfite de benzoylsodium,

$$(C^7 H^5 Na O S O^2)^2 + 3 H^2 O.$$

— Ce composé se prépare comme le précédent. Il forme de petits prismes brillants, enchevêtrés, fort solubles dans l'eau, insolubles à froid dans l'alcool ordinaire, peu solubles à chaud. Par la distillation, ils se décomposent en dégageant l'hydrure de benzoyle ; les solutions se décomposent également par l'ébullition ou par l'action des acides et des alcalis. La solution aqueuse donne, avec le chlorure de baryum et les sels d'argent et de plomb, des précipités qui paraissent renfermer de l'hydrure de benzoyle.

CYANHYDRATE D'HYDRURE DE BENZOYLE,

$$C^7 H^6 O, C A z H$$

[Voelkel, *Ann. de Poggend.*, 1844, t. LXII, p. 444]. — Lorsqu'on mélange de l'eau distillée d'amandes amères, renfermant par conséquent de l'acide cyanhydrique, avec de l'acide chlorhydrique concentré, et qu'on évapore la liqueur à une température inférieure au point d'ébullition de l'eau, il se dépose, par le refroidissement, une huile jaunâtre qui constitue le cyanhydrate d'hydrure de benzoyle. On le purifie en le lavant à l'eau et en l'abandonnant dans le vide avec de l'acide sulfurique concentré.

Il ne s'altère pas au contact de l'air, il est très-peu soluble dans l'eau, fort soluble dans l'alcool et dans l'éther ; sa solution aqueuse est neutre aux papiers réactifs. — Densité, 1,124. Il s'altère à 100° et bout à 170° en se décomposant en acide cyanhydrique et hydrure de benzoyle ; la potasse caustique amène la même transformation. Évaporé avec de l'acide chlorhydrique concentré, il fournit de l'acide formobenzoylique et de l'ammoniaque :

$$C^7 H^6 O, C A z H + 2 (H^2 O) = C^8 H^8 O^3 + A z H^3.$$

Lorsqu'on distille un mélange de 2 parties d'hydrure de benzoyle, 1 partie de cyanure de mercure et 1 partie d'acide chlorhydrique concentré, il reste dans la cornue une substance que l'on reprend par l'eau. On sépare ainsi une huile d'une densité de 1,90, d'une odeur d'hydrure de benzoyle, et qui bout à 312°. Le produit distillé se concrète par le refroidissement. Cette matière n'a pas été analysée [Prenleloup, *Handw. der Chem. v. Liebig, Poggend. Wœhler, Suppl.*, p. 554].

Produit de substitution de l'hydrure de benzoyle.

HYDRURE DE NITROBENZOYLE,

$$C^7 H^5 (A z O^2) O = C^6 H^4 (A z O^2), C H O$$

[Bertagnini, *Ann. de Chim. et de Phys.*, 1851, (3), t. XXXIII, p. 405]. — On le prépare en versant peu à peu de l'hydrure de benzoyle dans de l'acide azotique fumant, et en précipitant la solution par l'eau après une demi-heure de repos. On peut aussi employer un mélange d'acide azotique de 1,32 de densité et d'acide sulfurique dans la proportion de 1 volume du premier pour 2 volumes du second ; il faut 15 à 20 volumes de ce mélange pour 1 volume d'hydrure. Dans les deux cas, il faut refroidir le vase dans lequel on opère, pour modérer l'énergie de la réaction. L'eau précipite alors des gouttelettes huileuses et jaunâtres, qui se solidifient au bout de deux ou trois jours ; on lave le produit à l'eau froide, et on le débarrasse par compression d'une matière oléagineuse, jaune, d'une odeur forte, qui se forme en même temps. On purifie l'hydrure de nitrobenzoyle en e dissolvant à l'ébullition dans une petite quantité d'alcool faible. Par le refroidissement, il se sépare un liquide jaunâtre qui se solidifie au bout de quelque temps en une masse cristalline ; les eaux mères alcooliques se remplissent en même temps de cristaux.

L'hydrure de nitrobenzoyle, cristallisé de sa solution aqueuse, constitue des aiguilles blanches et brillantes. Sa saveur est piquante, son odeur faible à froid, mais ses vapeurs sont âcres et irritantes. Il fond à 46°; à une température assez élevée, il se volatilise sans décomposition, si l'on opère sur de petites quantités; chauffé fortement au contact de l'air, il s'enflamme. Il est peu soluble dans l'eau froide, assez soluble dans l'eau bouillante, dans laquelle il cristallise par le refroidissement; soluble dans l'alcool et dans l'éther. Il se volatilise en partie avec la vapeur d'eau; il est soluble sans altération dans les acides azotique, sulfurique et chlorhydrique.

Il n'absorbe pas l'oxygène de l'air, mais les agents oxydants énergiques, tels qu'une solution concentrée d'acide chromique, le transforment immédiatement en acide nitrobenzoïque. Avec l'acide chromique, l'action a lieu à froid; avec un mélange d'acide azotique et d'acide sulfurique, elle a lieu lorsqu'on emploie la chaleur. Une solution alcoolique de potasse dissout à froid l'hydrure de nitrobenzoyle, et peu de temps après se prend en une masse gélatineuse de nitrobenzoate de potassium. Avec une solution aqueuse et concentrée, le concours de la chaleur est nécessaire pour amener cette transformation. En même temps que le nitrobenzoate, il se produit une huile nitrée, épaisse, décomposable à la distillation sous la pression ordinaire. C'est probablement de l'alcool nitrobenzylique $C^7H^7(AzO^2)O$. Cependant les analyses du produit distillé dans le vide ont donné trop de carbone [E. Grimaux, *Compt. rend.*, 1867, t. LXV, p. 211].

Le chlore l'attaque à la lumière solaire directe; il se dégage de l'acide chlorhydrique et il se produit du chlorure de nitrobenzoyle

$$C^6H^4(AzO^2),CO,Cl.$$

Le brome, qui est sans action au-dessous de 100°, semble agir comme le chlore à des températures plus élevées.

Si on le mélange avec de l'ammoniaque liquide concentrée, il se transforme, au bout de quatre ou cinq jours, en hydrobenzamide nitrée. En faisant passer un courant d'hydrogène sulfuré dans une solution alcoolique d'hydrure de nitrobenzoyle, on obtient l'hydrure de nitrosulfobenzoyle, ou sulfure de *nitrobenzylène* [voir BENZYLÈNE (SULFURE DE)]. Dissous dans l'alcool ammoniacal et soumis à l'action de l'hydrogène sulfuré, l'hydrure de nitrobenzoyle donne un liquide visqueux, rougeâtre, qui contient du soufre, et dont la nature n'est pas connue. Il est également transformé par le sulfite d'ammoniaque en une matière non étudiée.

L'acide cyanhydrique concentré le dissout immédiatement; en laissant en contact quelques heures, on obtient par l'évaporation un liquide visqueux, soluble dans l'eau chaude, et qui, bouilli avec l'acide chlorhydrique, donne, entre autres produits, du sel ammoniac. Le cyanure de potassium agit promptement sur l'hydrure de nitrobenzoyle; avec l'urée, on obtient un composé analogue à la benzoyluréide, et qui est peut-être la trinitrobenzoyluréide.

Il se dissout dans les bisulfites alcalins, à une chaleur modérée, en fournissant des composés cristallisés, analogues aux combinaisons que forme l'hydrure de benzoyle [Bertagnini, *loc. cit.*].

Le *sulfite de nitrobenzoylammonium,*

$$[C^7H^4(AzO^2)(AzH^4)O,SO^2]^2 + 3H^2O,$$

s'obtient lorsqu'on chauffe légèrement l'hydrure de nitrobenzoyle avec une solution de bisulfite d'ammoniaque de 29° Baumé. Ce sont de petits prismes transparents, inaltérables à l'air, fort solubles dans l'eau froide, aisément solubles dans l'alcool bouillant; les acides et les alcalis les décomposent, surtout à chaud.

Le *sulfite de nitrobenzoylsodium,*

$$C^7H^4(AzO^2)NaO,SO^2 + 6H^2O,$$

s'obtient comme le précédent; il forme des lames brillantes, fort solubles dans l'eau bouillante. Il se décompose par l'ébullition et par l'action des acides et des alcalis.

Dérivés cyanhydriques de l'hydrure de benzoyle.

Outre la combinaison que forme l'acide cyanhydrique avec l'hydrure de benzoyle, Gerhardt range sous ce titre trois composés que Laurent avait appelés *benzimide, benzhydramide* et *azotide benzoylique* [Gerhardt, *Traité de Chim.*, t. III, p. 193].

BENZIMIDE OU HYDRURE DE CYANOBENZOYLE,

$$C^{23}H^{18}Az^2O^2 = 2C^7H^6O, C^7H^6(CAz)^2$$

[Laurent (1835), *Ann. de Chim. et de Phys.*, t. LIX, p. 397; *Revue scientif.*, t. X, p. 120; — Zinin, *Revue scientif.*, t. III, p. 44; — Gregory, *Compt. rend. des trav. de Chim.*, 1845, p. 307; — Laurent et Gerhardt, *ibid.*, 1850, p. 116]. — L'hydrure de benzoyle est mélangé avec 1/4 de son volume d'acide cyanhydrique presque anhydre, et chauffé doucement avec son volume d'une solution concentrée de potasse alcoolique étendue de 6 parties d'alcool. Après quelque temps il se sépare des flocons blancs, caillebottés, qu'on lave à l'eau bouillante, et qu'on fait ensuite dissoudre dans l'alcool. L'hydrure de cyanobenzoyle se rencontre aussi quelquefois dans le résidu résineux que laisse à la rectification l'essence d'amandes amères brutes. En traitant ce résidu par l'alcool bouillant, la liqueur laisse déposer en premier lieu des flocons blancs d'hydrure de cyanobenzoyle.

Il forme une masse blanche, légère, cohérente, peu soluble dans l'alcool et dans l'éther, même à l'ébullition. Il est insoluble dans l'eau, dans la potasse à froid et dans l'acide chlorhydrique. Chauffé, il fond, puis se décompose en laissant un résidu charbonné. Il se dissout dans l'acide sulfurique avec une couleur verte, qui passe au rouge. L'eau le précipite de cette solution. L'acide azotique le décompose. En le chauffant avec l'acide azotique et l'alcool, il se détruit en produisant de l'ammoniaque et du benzoate d'éthyle; l'acide chlorhydrique le transforme à l'ébullition en sel ammoniac, hydrure de benzoyle et probablement en acide formique: chauffé avec les bases énergiques, l'hydrure de cyanobenzoyle fournit de la benzine; avec la potasse humectée d'alcool il donne de l'ammoniaque et du benzoate de potassium.

HYDRURE DE CYANAZOBENZOYLE A OU BENZHYDRAMIDE, $C^{22}H^{18}Az^2O$ [Laurent, *Ann. de Chim. et de Phys.*, t. LXVI, p. 181; — Laurent et Gerhardt, *Compt. rend. des trav. de Chim.*, 1850, p. 113; — Gerhardt, *Traité de Chim.*, t. III, p. 194]. On fait passer de l'ammoniaque sèche dans de l'essence d'amandes amères brute chauffée à 100°; l'essence reste saturée de gaz liquide, mais ne se dissout plus aussi aisément dans l'alcool. En la dissolvant dans un mélange d'alcool et d'éther, et abandonnant la liqueur à elle-même, on recueille au bout de quelques jours un dépôt cristallin. Celui-ci étant traité par l'alcool bouillant, la benzhydramide s'y dissout, tandis qu'il reste une poudre blanche insoluble, qui constitue l'hydrure de cyanazobenzoyle B ou azotide benzoylique. La solution alcoolique dépose par le refroidissement la benzhydramide sous forme de petites aiguilles qu'on lave rapidement avec un peu d'éther alcoolisé, et qu'on fait recristalliser dans l'alcool bouillant.

La benzhydramide constitue de petites aiguilles à quatre faces, terminées par deux facettes qui se coupent sous un angle obtus. Elle est très-fusible, et se prend par le refroidissement en une masse résineuse, insoluble dans l'eau, très-peu soluble dans l'alcool froid, fort soluble dans l'éther.

Elle est inattaquée par les acides à froid; l'acide chlorhydrique bouillant la décompose: il se forme de l'hydrure de benzoyle, de l'acide cyanhydrique et du sel ammoniac. La chaleur détruit la benzhydramide.

La benzhydramide prend également naissance lorsqu'on abandonne l'hydrure de benzoyle avec une solution alcoolique de cyanhydrate d'ammoniaque. Suivant Gerhardt, sa production serait représentée par l'équation

$$3\,C^7H^6O + C\,Az\,H + Az\,H^3 = C^{22}H^{18}Az^2O + 2\,H^2O.$$

La formation de la benzimide et celle de la benzhydramide peuvent être rappochées de celle de l'hydrobenzamide. Dans les trois cas, la réaction a lieu entre 3 molécules d'hydrure de benzoyle et 2 molécules des autres agents; il s'élimine autant de molécules d'eau qu'il y a de fois H^2 dans les molécules réagissantes sur l'hydrure de benzoyle :

$$3\,C^7H^6O + 2\,C\,Az\,H = C^{23}H^{18}Az^2O^2 + H^2O,$$
Benzimide.

$$3\,C^7H^6O + C\,Az\,H + Az\,H^3 = C^{22}H^{18}Az^2O + 2\,H^2O,$$
Benzhydramide.

$$3\,C^7H^6O + 2\,Az\,H^3 = C^{21}H^{18}Az^2 + 3\,H^2O.$$
Hydrobenzamide.

Ces rapprochements indiquent une relation de plus entre l'acide cyanhydrique et l'ammoniaque.

HYDRURE DE CYANAZOBENZOYLE B OU AZOTIDE BENZOYLIQUE, $C^{15}H^{12}Az^2$ [Laurent, *loc. cit.;* — Gerhardt et Laurent, *ibid.;* — Robson, *Ann. der Chem. u. Pharm.*, t. LXXXI, p. 122; — *Chem. Soc. quart. Journ.*, t. IV, p. 225]. — Il se produit en même temps que la benzhydramide; c'est une poudre blanche, qui paraît formée d'un assemblage de petits prismes; il est presque insoluble dans l'alcool bouillant, insoluble dans l'éther, fusible; par le refroidissement la plus grande partie se prend en une masse vitreuse, en même temps qu'il se forme des prismes obliques. L'acide chlorhydrique bouillant en dégage l'acide cyanhydrique. La distillation sèche le décompose.

IODURE DE BENZOYLE, $C^7H^5O.\,I = C^6H^5CO.\,I$ [Liebig et Wœhler, 1832, *Ann. der Chem. u. Pharm.*, t. III, p. 266 ; *Ann. de Chim. et de Phys.*, t. LI, p. 291]. — On l'obtient facilement en chauffant de l'iodure de potassium avec du chlorure de benzoyle ; il distille un liquide coloré en brun, qui cristallise par le refroidissement. A l'état de pureté, il est incolore, facilement fusible, mais en se décomposant un peu, et mettant de l'iode en liberté. Les autres caractères sont ceux du bromure.

PEROXYDE DE BENZOYLE,

$$C^{14}H^{10}O^3 = \left.\begin{array}{c} C^7H^5O \\ C^7H^5O \end{array}\right\} O^2$$

[Brodie, *Ann. der Chem. u. Pharm.*, nouv. sér., t. XXXII, p. 79; *Ann. de Chim. et de Phys.*, (3), t. LV, p. 225; *Répert. de Chim. pure*, 1858-59, p. 225]. — Ce composé est à l'anhydride benzoïque ce que l'eau oxygénée est à l'eau. Pour l'obtenir, on délaye dans l'eau des quantités équivalentes de bioxyde de baryum et de chlorure de benzoyle; la double décomposition a lieu à la température ordinaire.

Le peroxyde de benzoyle est en cristaux brillants; il est soluble dans l'éther. Bouilli avec de la potasse caustique, il se décompose en acide benzoïque et en oxygène. Chauffé au-dessus de 100°, il explosionne légèrement en fournissant de l'acide carbonique. Chauffé avec précaution, il perd CO^2 et il se forme une résine jaune soluble dans l'éther et dans les alcalis, et isomérique avec le benzoate de phényle.

SULFURE DE BENZOYLE. — Voyez THIOBENZOÏQUE (ACIDE). E. G.

BENZOYLURÉIDE, $C^{25}H^{26}Az^8O^4$ [Laurent et Gerhardt, *Compt. rend. des trav. de Chim.*, 1850, p. 119]. — Lorsqu'on délaye de l'urée dans l'hydrure de benzoyle et qu'on chauffe le mélange à une température inférieure à celle de l'eau bouillante, l'urée se dissout d'abord, puis le tout se prend en masse. On lave le produit à l'éther pour enlever l'excès d'hydrure, ensuite on le fait bouillir avec de l'eau pour séparer l'urée non entrée en réaction. Le résidu constitue la benzoyluréide,

$$3\,C^7H^6O + 4\,C\,O\,H^4Az^2 = C^{25}H^{28}Az^8O^4 + 3\,H^2O.$$

Les proportions les plus convenables pour la formation de la benzoyluréide sont 2 p. d'hydrure pour 5 p. d'urée.

La benzoyluréide est une poudre blanche non cristalline, sans saveur, sans odeur, insoluble dans l'eau et dans l'éther, soluble dans l'alcool, qui, par l'évaporation, la dépose en croûtes amorphes. Les acides étendus la décomposent à chaud en urée et en essence d'amandes amères.

La chaleur commence à la décomposer vers 170°; il se dégage de l'essence d'amandes amères; à la distillation sèche, il passe en outre de l'eau chargée d'ammoniaque, et il reste un résidu jaune, insoluble dans l'alcool et dans l'éther, et qui disparaît par une forte chaleur.

L'ammoniaque aqueuse est sans action sur elle; la potasse aqueuse et concentrée la détruit par une longue ébullition; il se dégage de l'ammoniaque, de l'hydrure de benzoyle, et la solution renferme du benzoate potassique. E. G.

BENZULMIQUE (ACIDE), $C^{14}H^{10}O^8(?)$ [Schutzenberger et R. Sengenwald, *Compt. rend.*, t. LIII, p. 974; *Répert. de Chim. pure*, 1862, p. 70.] — Lorsqu'on prépare l'acide oxybenzoïque par l'action de l'acide azoteux sur l'acide amidobenzoïque, on obtient un corps brun, amorphe, friable, soluble dans les alcalis, donnant des sels bruns incristallisables; les acides le précipitent de ses solutions. Quel que soit le nombre des solutions et des précipitations, il fournit à l'analyse des résultats très-concordants. Les auteurs l'ont appelé *benzulmique* et le regardent comme bibasique.

BENZYLAMINES. — BENZYLAMINE PRIMAIRE,

$$C^7H^7.\,H^2Az = \left.\begin{array}{c} C^6H^5C\,H^2 \\ H^2 \end{array}\right\} Az$$

[Mendius, *Ann. der Chem. u. Pharm.*, nouv. sér., t. XLV, p. 128; *Répert. de Chim. pure*, 1862, p. 318; — Cannizzaro, *Compt. rend.*, 1865, t. LX, p. 1207 ; *Bull. de la Soc. chim.*, 1865, t. III, p. 218]. — Elle a été obtenue par M. Mendius en traitant par l'hydrogène naissant le benzonitrile en solution alcoolique; l'hydrogène est dégagé par le zinc et l'acide sulfurique.

Lorsqu'on mêle du chlorure de benzyle avec une solution alcoolique d'ammoniaque, et qu'on laisse le tout en repos pendant quelques jours, il se dépose des cristaux de tribenzylamine, et il se forme en même temps des chlorhydrates de mono- et dibenzylamine. Pour isoler la benzylamine primaire, on filtre le liquide, on distille l'alcool au bain-marie et on traite le résidu par l'eau chaude. La solution aqueuse un peu refroidie dépose un peu de tribenzylamine peu soluble dans l'eau. On filtre, on évapore à siccité et on obtient un mélange de sel ammoniac, de chlorhydrate de benzylamine primaire et d'une autre base qui est probablement la dibenzylamine.

On sépare par cristallisations fractionnées la partie la plus soluble dans l'eau, qui constitue le chlorhydrate de monobenzylamine presque pur. En traitant la solution aqueuse concentrée par la potasse, on sépare la benzylamine qui surnage, on l'enlève avec de l'éther, on laisse en digestion avec un cylindre de potasse fondue pour sécher la base et empêcher l'action de l'acide carbonique de l'air. Après quelques jours, on distille le liquide qui est incolore, bout à 182° et constitue la benzylamine presque pure ; cependant elle se trouble par l'eau, ce qui indique la présence d'un corps insoluble dans ce liquide, peut-être la dibenzylamine.

On l'obtient très-pure en la saturant par l'acide carbonique, en lavant le carbonate à l'éther. On enlève ainsi l'alcaloïde étranger qui ne se combine pas à l'acide carbonique. Traité par l'acide chlorhydrique, le carbonate se transforme en chlorhydrate de benzylamine (Cannizzaro).

La benzylamine, $C^7 H^9 Az$, est un liquide incolore ; elle bout entre 185°,5 et 187°,5 (Mendius), entre 182° et 183° (Cannizzaro). Elle est soluble dans l'eau, l'alcool et l'éther. La potasse la sépare de ses solutions en la colorant légèrement. A l'air elle paraît inaltérable. Elle présente une réaction alcaline énergique ; elle absorbe avec avidité l'acide carbonique en donnant un carbonate cristallisé. Elle fume au contact de l'air et se combine aux acides avec dégagement de chaleur.

Le chlorhydrate cristallise en lames striées, le chloroplatinate est cristallisé en lames orangées.

La benzylamine est isomère de la toluidine : on peut représenter cette isomérie par les formules suivantes :

$$\left. \begin{array}{l} C H^3 C^6 H^4 \\ \quad H^2 \end{array} \right\} Az; \qquad \left. \begin{array}{l} C^6 H^5 C H^2 \\ \qquad H^2 \end{array} \right\} Az.$$

Toluidine.　　　　Benzylamine.

DIBENZYLAMINE, $(C^7 H^7)^2 H Az$ [Limpricht, *Zeitsch. für Chem.*, nouv. sér., t. III, p. 449, et *Bull. de la Soc. chim.*, 1867, t. VIII, p. 363]. — Le chlorhydrate de dibenzylamine est peu soluble dans l'eau froide et très-soluble dans l'eau chaude ; on le sépare par cristallisations fractionnées des chlorhydrates de mono- et de tribenzylamine.

La dibenzylamine est un liquide visqueux, incolore, d'une densité de 1,033 à 14°, soluble dans l'alcool et dans l'éther ; elle prend aussi naissance dans la décomposition à 250° du chlorhydrate de tribenzylamine.

TRIBENZYLAMINE, $(C^7 H^7)^3 Az$. [Cannizzaro, *Nuovo Cimento*, t. II, vol. III; *Compt. rend.*, t. LX, p. 1207]. — Elle se dépose au bout de quelques jours lorsqu'on mélange du chlorure de benzyle à une solution alcoolique d'ammoniaque. On sépare le résidu par le filtre, on le traite par l'eau pour enlever le sel ammoniac, et on fait cristalliser successivement dans l'éther et dans l'alcool bouillant. Les liqueurs alcooliques qui renferment le chlorhydrate de benzylamine primaire ayant été évaporées à siccité et reprises par l'eau chaude, il reste une partie insoluble qui est de la tribenzylamine.

La tribenzylamine est une substance blanche, cristallisée en lames splendides ; elle est peu soluble dans l'eau et l'alcool froid, plus soluble dans l'alcool bouillant, très-soluble dans l'éther.

Elle fond à 91°,3 en un liquide oléagineux, incolore ; à une température supérieure à 300° elle se décompose en partie en produisant diverses substances, entre autres du toluène (Limpricht).

C'est une base faible ; son chlorhydrate est peu soluble dans l'eau froide, un peu plus dans l'eau chaude, très-soluble dans l'alcool. Il cristallise en aiguilles par le refroidissement de la solution aqueuse bouillante. Chauffé à 250°, dans le gaz chlorhydrique, il se décompose en chlorure de benzyle $C^7 H^7 Cl$ et en chlorhydrate de dibenzylamine (Limpricht).

En versant une solution alcoolique concentrée de bichlorure de platine dans la solution alcoolique de chlorhydrate de tribenzylamine, il se dépose des aiguilles orangées de chloroplatinate, $(C^{21} H^{21} Az, H Cl)^2 Pt Cl^4$.

E. G.

BENZYLE. — Nom donné au radical

$$C^7 H^7 = C^6 H^5, C H^2,$$

qui paraît exister dans les combinaisons benzyliques et se transporter par double décomposition d'une combinaison dans l'autre. Les combinaisons benzyliques sont l'hydrure de benzyle (toluène)

$$C^6 H^5, C H^2 (H),$$

l'hydrate (alcool benzylique) $C^6 H^5, C H^2 (O H)$, les éthers benzyliques, les azotures de benzyle ou benzylamines, etc. Par substitution d'un atome d'oxygène à deux atomes d'hydrogène, le benzyle devient le benzoyle $C^7 H^5 O = C^6 H^5, C O$.

Mis en liberté, ce radical se double et constitue le dibenzyle. Le benzylure de benzyle ou dibenzyle

$$C^{14} H^{14} = C^2 H^4 \left\{ \begin{array}{l} C^6 H^5 \\ C^6 H^5 \end{array} \right.$$

a été isolé par Cannizzaro et Rossi [*Compt. rend. de l'Acad.*, t. LIII, p. 541 ; *Répert. de Chim. pure*, 1862, p. 11].

Lorsqu'on fait agir le sodium en excès sur le chlorure de benzyle à 100°, le sodium prend une teinte bleu-violet, le liquide devient jaune et pâteux. Le produit de la réaction étant repris par l'éther, la solution éthérée filtrée abandonne par l'évaporation une matière huileuse, jaunâtre, qui se concrète au bout de quelque temps. On la purifie par compression dans des doubles de papier buvard, puis par cristallisation dans l'alcool ; c'est le dibenzyle $C^{14} H^{14}$.

Le dibenzyle représente l'hydrure d'éthyle diphénylé ; il est au stilbène (diphényl-éthylène) ce que l'hydrure d'éthyle est à l'éthylène. Limpricht et Schwanert, en traitant le stilbène par l'acide iodhydrique, l'ont transformé en dibenzyle.

Le dibenzyle est blanc, bien cristallisé, se déposant de sa solution alcoolique sous forme d'aiguilles, se présentant sous forme de lames ou de prismes accolés et cannelés, quand il se sépare d'un mélange d'alcool et d'éther. Il fond entre 51°,5 et 52°,5. Il bout sans altération vers 284° (Cannizzaro et Rossi).

Ses réactions ont été étudiées par H. Stelling et Fittig [*Ann. der Chem. u. Pharm.*, nouv. sér., t. LXI, p. 257, et *Bull. de la Soc. chim.*, 1866, t. V, p. 169].

L'acide nitrique monohydraté le convertit en *dinitrodibenzyle*, $C^{14} H^{12} (Az O^2)^2$, cristallisable en longues aiguilles fines et jaunâtres, qui fondent entre 160° et 167°. Des eaux mères se précipite un composé isomérique, l'*isonitrodibenzyle*, plus soluble dans l'alcool, fusible à 74°, cristallisant en petites aiguilles très-fines.

Le dinitrobenzyle se réduit facilement par l'étain et l'acide chlorhydrique concentré. La solution laisse déposer des écailles brillantes d'une combinaison de chlorure d'étain et d'une base nouvelle. On précipite l'étain par l'hydrogène sulfuré et dans la solution saturée et concentrée, on ajoute de l'ammoniaque qui produit un précipité blanc de *diamidodibenzyle*,

$$C^{14} H^{16} Az^2 = C^2 H^4 \left\{ \begin{array}{l} C^6 H^4. Az H^2 \\ C^6 H^4. Az H^2 \end{array} \right.$$

On fait cristalliser la base dans une grande quantité d'eau bouillante.

Le *diamidodibenzyle*, homologue de la benzidine, lui ressemble par ses propriétés. Il se dépose de sa solution aqueuse en magnifiques écailles incolores, peu solubles dans l'eau froide, solubles dans l'eau bouillante, très-solubles dans l'alcool. Il fond à 132°. Il forme avec les acides des sels bien définis ; le chlorhydrate renferme

$$C^{14} H^{16} Az^2, 2 H Cl ;$$

le sulfate, $C^{14} H^{16} Az^2, H^2 S O^4$.

La base obtenue par réduction de l'isodinitro-dibenzyle est très-instable et n'a pu être obtenue à l'état de pureté.

En ajoutant du brome à du dibenzyle suspendu dans l'eau, on obtient une masse brune, pâteuse; on la lave à la soude et on la dissout dans l'alcool bouillant. Par le refroidissement, il se sépare des cristaux de *dibromodibenzyle*. L'eau mère évaporée abandonne une huile qui constitue le *monobromodibenzyle*.

Le *monobromodibenzyle* est une huile incolore, épaisse, solidifiable au-dessous de 0°. Il bout au-dessus de 320°. Densité à 9°, 1,318.

Le *dibromodibenzyle*, $C^{14}H^{12}Br^2$, cristallise en prismes durs, incolores, réfringents. Point de fusion situé entre 114° et 115°.

Par l'action d'un excès de brome sur le dibenzyle, il se forme en outre du *tribromodibenzyle*, $C^{14}H^{11}Br^3$, cristallisable en paillettes.

L'action du brome sur le dibromodibenzyle a fourni une combinaison hexabromée $C^{14}H^8Br^6$, cristallisable en prismes incolores.

En traitant à chaud le dibromodibenzyle par l'acide azotique, on obtient le *dinitrodibromodibenzyle*, $C^{14}H^{10}(AzO^2)^2Br^2$. Ce corps est presque insoluble dans l'alcool; on le fait cristalliser dans la benzine. Il fond de 204° à 205°.

L'acide chromique est sans action sur le dibenzyle. MM. Michaelson et Lippmann ont obtenu dans les produits de l'action du brome sur le bromure de benzylidène (bromobenzol), $C^7H^6Br^2$, un carbure $C^{14}H^{14}$ qu'ils ont appelé isobenzyle.

L'isobenzyle ou isodibenzyle cristallise en longs prismes incolores qui fondent vers 52°. Traité en solution éthérée par le brome, il fournit le corps $C^{14}H^{14}Br^2$, cristallisable en petites aiguilles soyeuses, insolubles dans l'eau, très-peu solubles dans l'alcool et dans l'éther. Les auteurs avaient conclu à la non-identité de ce carbure $C^{14}H^{14}$ avec le dibenzyle de Cannizzaro et Rossi; mais les deux carbures paraissent identiques, car avec le dibenzyle en solution éthérée et le brome, on obtient également le bromure, $C^{14}H^{14}Br^2$ (Fittig) [Michaelson et Lippmann, *Bull. de la Soc. chim.*, 1865, t. IV, p. 252]. E. G.

BENZYLÈNE. — Le nom de *benzylène*, *benzylidène*, *benzène* a été donné au groupement $C^7H^6 = C^6H^5,CH$, qui paraît exister dans l'aldéhyde benzoïque et dans certains de ses dérivés. Lorsque le groupement C^7H^6 n'est pas détruit dans les réactions, l'aldéhyde benzoïque se comporte comme un oxyde de benzylène C^7H^6,O. A cet ordre de composés se rattachent le chlorure de benzylène ou chlorobenzol $C^7H^6Cl^2$, le bromure ou bromobenzol, les éthylates et les éthers de benzylène, tels que la diéthyline-benzylénique,

$$\left. \begin{array}{l} C^7H^6 \\ (C^2H^5)^2 \end{array} \right\} O^2,$$

la diacétate de benzylène

$$\left. \begin{array}{l} C^7H^6 \\ 2(C^2H^3O) \end{array} \right\} O^2,$$

la benzylène-phénylamine

$$\left. \begin{array}{l} C^7H^6 \\ C^6H^5 \end{array} \right\} Az,$$

benzoylanilide de Laurent et de Gerhardt.

Nous décrivons donc sous le titre de combinaisons benzyléniques tous les dérivés de l'aldéhyde benzoïque, où le groupe $C^6H^5,CH = C^7H^6$ est conservé, de même qu'au benzoyle se rattachent les composés où fonctionne le groupe C^7H^5O. Quant à l'hydrobenzamide, elle peut être considérée comme le diazoture de tribenzylène

$$3(C^7H^6)Az^2;$$

mais elle est plus connue sous le nom d'hydro-benzamide; nous en renverrons l'étude à ce mot.

COMBINAISONS BENZYLÉNIQUES

BROMURE DE BENZYLÈNE,

$$C^7H^6Br^2 = C^6H^5,CHBr^2$$

[Lippmann et Michaelson, *Bull. de la Soc. chim.*, 1865, t. IV, p. 251]. — On ajoute peu à peu du perbromure de phosphore à de l'hydrure de benzoyle et on fait digérer quelques heures le produit au bain-marie avec un excès de perbromure. On lave avec une solution de potasse, puis avec une solution concentrée de bisulfite de soude. Le liquide séché est distillé dans le vide.

Le bromure de benzylène est un liquide très-réfringent et qui à la lumière se colore fortement en rouge. Il est très-soluble dans l'alcool et l'éther et insoluble dans l'eau. Il se décompose par la distillation à la pression ordinaire; sous une pression de 20 millim. il distille entre 130° et 140°. Le sodium le décompose vers 180°, il se forme du toluène et il reste une résine noire qui, distillée dans un courant de vapeur d'eau, se concrète en une masse cristalline : c'est du dibenzyle $C^{14}H^{14}$.

CHLORURE DE BENZYLÈNE [Syn. *Chlorobenzol, hydrure de chlorobenzoyle, toluène bichloré*],

$$C^7H^6Cl^2 = C^6H^5,CHCl^2$$

[Cahours, 1848, *Ann. de Chim. et de Phys.*, (3), t. XXIII, p. 329; — Wicke, *Ann. der Chem. u. Pharm.*, nouv. sér., t. XXVI, p. 356; *Ann. de Chim. et de Phys.*, (3), t. LIII, p. 48].

Le chlorure de benzylène est le produit de l'action du perchlorure de phosphore sur l'hydrure de benzoyle. La réaction est vive à la température ordinaire, et le mélange s'échauffe assez pour qu'une portion du produit distille. On termine la réaction en chauffant légèrement la cornue. Le produit de la distillation est lavé, séché et rectifié. Il passe à 206° (Cahours).

Il se produit encore dans l'action du chlore sur les vapeurs du toluène; les portions qui distillent entre 200° et 210° donnent les réactions du chlorure de benzylène; dans ce cas il ne se forme pas de chlorure de benzyle chloré, C^6H^7Cl,CH^2Cl; la majeure partie du produit consiste en chlorobenzol [Ch. Lauth et E. Grimaux;—Robert Neuhoff, *Zeitz. für Chem.*, 1866, nouv. sér., t. II, p. 654]. Ce procédé permet de préparer le chlorobenzol, mais il est très-difficile de le purifier par distillation fractionnée et de le séparer entièrement du chlorure de benzyle.

Le chlorure de benzylène est un liquide limpide, incolore, d'une odeur faible à froid, très-forte à chaud. Ses vapeurs irritent vivement les yeux. Il bout à 206° (Cahours, Wicke), 198° (Engelhart, *Journ. für. prakt. Chem.*, t. LXXII, p. 290), 200°,5 à 201°,5 (Beilstein, *Bull. de la Soc. chim.*, 1860, p. 222), à 207° (Limpricht, *Ann. der Chem. u. Pharm.*, 1866, nouv sér., t. LXIII, p. 317). Densité, 1,245 à 16° (Cahours), 1,2557 à 14° (Limpricht). Il est insoluble dans l'eau, facilement soluble dans l'alcool et dans l'éther.

Au bain-marie avec de la potasse alcoolique ou en vase clos avec la potasse aqueuse ou même avec l'eau, il se transforme en aldéhyde benzoïque [Cahours, *Bull. de la Soc. chim.*, 1863, p. 135; *Compt. rend. de l'Acad.*, 1863, t. LVI, p. 222]. La même réaction a lieu avec l'oxyde de mercure et l'oxyde d'argent à froid [Gerhardt, t. IV, p. 727], avec l'ammoniaque à 100° (Wicke), avec l'hydrate de plomb. Si l'on chauffe doucement le chlorure de benzylène étendu d'huile de naphte avec de l'oxalate d'argent, il se dégage de l'acide carbonique et de l'oxyde de carbone, et il se produit de l'essence d'amandes amères [Golowskenski, *Bull. de la Soc. chim.*, 1859, p. 55].

L'azotate d'argent se comporte de la même manière ; avec l'acétate d'argent il se forme de l'acétate de benzylène ; avec le benzoate d'argent, du benzoate de benzylène. La solution alcoolique de sulfhydrate de potassium attaque vivement le chlorure de benzylène en donnant naissance au sulfure de benzylène (Cahours). Avec le sulfocyanate de potassium, il se forme à 100° une huile d'une odeur forte qui n'a pas été analysée.

L'éthylate de sodium et le chlorure de benzylène se décomposent à l'ébullition ; on obtient le diéthylate de benzylène

$$C^6 H^5 . CH \begin{cases} C^2 H^5 O \\ C^2 H^5 O ; \end{cases}$$

il en est de même du méthylate de sodium.

CHLORURE DE BENZYLÈNE CHLORÉ [Syn. *Chlorobenzol monochloré, toluène trichloré*], $C^7 H^5 Cl^3$ [Limpricht, *Ann. der Chem. u. Pharm.*, nouv. sér., t. LIX, p. 80 ; *Bull. de la Soc. chim.*, 1866, t. VI, p. 125 ; — Rosing et Schischkoff, *Compt. rend.*, t. XLVI, p. 379].

Le composé qu'on obtient par l'action du chlore sur le chlorure de benzylène [Cahours, *loc. cit.*] et celui qui résulte de l'action du perchlorure de phosphore sur le chlorure de benzoyle, en tubes scellés et à 200° pendant quelques jours (Rosing et Schischkoff), seraient identiques, suivant Limpricht qui en a étudié les principales réactions.

Il bout entre 215° et 218° (Limpricht) ; d'après Rosing et Schischkoff, c'est un liquide léger, jaunâtre, d'une odeur faible et agréable, beaucoup plus dense que l'eau, se décomposant à la distillation entre 130° et 140°. Ce composé s'obtient lorsqu'on chauffe à 180° pendant quarante-huit heures et en vases clos le perchlorure de phosphore et le chlorure de benzoyle ; on l'isole par la distillation (Limpricht). Le sodium ne l'attaque pas à l'ébullition. Chauffé de 130° à 140° avec une solution aqueuse d'ammoniaque, il se convertit en benzonitrile. En mélangeant une solution éthérée de ce composé avec une solution d'aniline dans l'éther, il se produit une réaction très-vive quand on distille l'éther, et il reste une masse jaune-rougeâtre résineuse, qui, privée de chlorhydrate d'aniline par des lavages à l'alcool froid, se dissout dans l'alcool bouillant, d'où se précipitent par le refroidissement des petites aiguilles incolores de chlorhydrate d'une base $C^{19} H^{16} Az^2$, H Cl. La base, séparée par la soude de la solution alcoolique du chlorhydrate, cristallise dans l'alcool en petits prismes ; elle fond à 142° ; elle est très-soluble dans l'éther.

Le chlorure de benzylène chloré, mêlé avec de l'oxyde d'argent sec délayé dans l'éther, se convertit en acide benzoïque. L'eau en vase clos à 150° lui fait subir la même transformation ainsi que l'alcool absolu à 130° ; dans cette dernière réaction, il se dégage du chlorure d'éthyle.

L'éthylate de sodium le transforme au bout de quelques heures en une éthyline $C^7 H^5 (C^2 H^5)^3 O^3$, liquide incolore, doué d'une odeur agréable et qui bout entre 220° et 225°. Abandonné avec l'acétate d'argent délayé dans l'éther, il perd tout son chlore après plus d'un mois de contact. Le liquide soumis à la distillation a laissé comme résidu un composé qui, concentré dans le vide, s'est converti en petits cristaux que Limpricht représente par la formule

$$\begin{rcases} (C^7 H^5)''' \\ C^2 H^3 O \end{rcases} O^3.$$

ÉTHERS BENZYLÉNIQUES.

DIMÉTHYLATE DE BENZYLÈNE [Syn. *Éther méthylbenzylénique*],

$$C^9 H^{12} O^2 = C^6 H^5 . CH \begin{cases} CH^3 O \\ CH^3 O. \end{cases}$$

— On chauffe 1 molécule de chlorure de benzylène avec 2 atomes de sodium dissous dans l'alcool méthylique anhydre ; au bout de quelques heures, quand le chlorure de sodium s'est séparé, on distille l'excès d'alcool méthylique et on ajoute de l'eau jusqu'à ce que l'éther surnage. Décanté, séché et rectifié, il constitue un liquide transparent, incolore, d'une odeur agréable de géranium, insoluble dans l'eau, soluble dans l'esprit de bois, l'alcool et l'éther ; il bout à 208° (Wicke).

DIÉTHYLATE DE BENZYLÈNE [*Éther éthylbenzylénique*],

$$C^{11} H^{16} O^2 = C^6 H^5 . CH \begin{cases} C^2 H^5 O \\ C^2 H^5 O. \end{cases}$$

— Il s'obtient de la même manière que le précédent, auquel il ressemble par ses propriétés ; il bout à 222° (Wicke).

ACÉTATE DE BENZYLÈNE,

$$C^{11} H^{12} O^4 = C^6 H^5 CH \begin{cases} C^2 H^3 O^2 \\ C^2 H^3 O^2 \end{cases}$$

[Limpricht, *Ann. der Chem. u. Pharm.*, t. XXV, p. 291 ; *Ann. de Chim. et de Phys.*, (3), t. LII, p. 110 ; — Wicke, *loc. cit.*]. — On mélange par trituration 1 molécule de chlorure de benzylène avec un peu plus de 2 molécules d'acétate d'argent sec, et on chauffe très-doucement dans un ballon. La réaction est assez violente pour qu'on ne doive pas employer plus de 10 grammes de sel d'argent à la fois. Le produit refroidi est épuisé par l'éther ; celui-ci étant chassé par la distillation, il reste une huile qu'on lave avec une solution alcaline faible, puis avec l'eau, et qu'enfin on redissout dans l'éther. Celui-ci abandonne par l'évaporation une huile épaisse, dans laquelle apparaissent des cristaux ; l'huile finit par se solidifier complétement.

Les cristaux de l'acétate de benzylène appartiennent au système clinorhombique ; ils sont insolubles dans l'eau, solubles dans l'alcool et l'éther ; les solutions abandonnent l'acétate de benzylène sous forme d'une huile qui ne se solidifie que par l'agitation. Il fond à 36°,6, cristallise par le refroidissement. Il commence à entrer en ébullition à 190°, mais en se décomposant en anhydride acétique et hydrure de benzoyle ; chauffé à 100° en tubes scellés avec la potasse aqueuse ou l'acide sulfurique étendu, il subit la même décomposition ; avec l'ammoniaque et dans les mêmes conditions, outre l'hydrure de benzoyle, il donne de l'acétamide.

Geuther paraît avoir eu le même composé en chauffant à 230°, en vases clos, l'hydrure de benzoyle et l'anhydride acétique, mais il ne l'a pas obtenu cristallisé [Geuther, *Ann. der Chem. u. Pharm.*, nouv. sér., t. XXX, p. 251 ; *Ann. de Chim. et de Phys.*, (3), t. LIV, p. 232]. En ajoutant une parcelle du composé précédent à l'huile obtenue par Geuther, on voit celle-ci se solidifier (Hübner).

BENZOATE DE BENZYLÈNE,

$$C^{21} H^{16} O^4 = C^6 H^5 CH \begin{cases} C^7 H^5 O^2 \\ C^7 H^5 O^2. \end{cases}$$

— S'obtient comme l'acétate ; c'est un liquide huileux, non cristallisable ; la potasse alcoolique le décompose immédiatement en benzoate et en hydrure de benzoyle (Engelhardt).

SUCCINATE DE BENZYLÈNE. — Obtenu comme les précédents ; sa solution éthérée est déjà décomposée quand on la lave avec une solution faible de soude (Wicke).

SULFATE DE BENZYLÈNE. — Huile rouge-brun, non cristallisable.

VALÉRATE DE BENZYLÈNE. — Huile épaisse, jaune, non cristallisable.

SULFURE DE BENZYLÈNE [Syn. *Sulfobenzol*],

$$C^7 H^6 S = C^6 H^5, CH S$$

[Cahours, *loc. cit.*]. — Le chlorure de benzylène

est vivement attaqué par une solution alcoolique de sulfure de potassium ; il se dépose un produit blanc nacré, en même temps que du chlorure de potassium. On les sépare en reprenant par l'eau, la matière insoluble est reprise par l'alcool bouillant, qui la dissout bien, et l'abandonne presque entièrement par le refroidissement sous forme d'écailles brillantes. Le sulfure de benzylène fond à 64° et se prend par le refroidissement en une masse cristalline. Il entre en ébullition à une température élevée, se colorant et se décomposant partiellement. L'acide azotique, même étendu, l'attaque avec violence, avec production d'acide sulfurique et d'une matière cristallisée en écailles jaunes, brillantes, solubles dans les alcalis.

Sous le nom d'*hydrure de sulfobenzoyle*, Gerhardt décrit un composé que Laurent a obtenu par l'action du sulfhydrate d'ammoniaque sur l'hydrure de benzoyle, ou de l'acide sulfhydrique sur l'hydrobenzamide, et qu'il regarde comme isomérique avec le sulfure de benzylène. Comme on ne comprend guère la possibilité de cette isomérie, il est à croire que cet hydrure de sulfobenzoyle est un polymère $n\,C^7H^6S$: ses réactions semblent confirmer cette manière de voir : en même temps que ce composé, le sulfhydrate d'ammoniaque donne, avec l'essence d'amandes amères, de l'*hydrure de sulfazobenzoyle*, dont nous parlerons plus bas.

Hydrure de sulfobenzoyle [Syn. *Sulfure de benzène*],

$$n(C^6H^5, CHS)$$

[Laurent, *Ann. de Chim. et de Phys.*, 1841, (3), t. I, p. 291 ; *Revue scientif.*, t. XVI, p. 373]. — S'obtient en dissolvant 1 volume d'hydrure de benzoyle dans 8 ou 10 volumes d'alcool, puis en y ajoutant peu à peu 1 volume de sulfhydrate d'ammonium. La liqueur se trouble au bout de quelques minutes, en laissant déposer une poudre blanche, semblable à la farine. Si l'on porte d'abord à l'ébullition la dissolution alcoolique de l'essence, l'addition du sulfhydrate fait naître en quelques secondes un volumineux précipité blanc. En lavant le précipité à plusieurs reprises avec de l'alcool bouillant, on obtient l'hydrure de sulfobenzoyle pur. Dans cette préparation, on obtient ordinairement une petite quantité d'hydrure de sulfazobenzoyle (voyez plus bas). Ce composé se forme encore lorsqu'on fait passer un courant de gaz sulfhydrique à travers une solution alcoolique d'hydrobenzamide.

Il est blanc, pulvérulent, n'offrant au microscope que des grains arrondis, sans traces de cristallisation : il communique aux mains qui le manient une odeur d'ail tenace et très-désagréable. Il est insoluble dans l'eau et dans l'alcool. L'addition de l'éther le rend subitement liquide et transparent : il s'y dissout en petite quantité, mais par quelques gouttes d'alcool il redevient à l'instant solide et pulvérulent. Il se ramollit entre 90° et 95°, et se solidifie par le refroidissement en une masse transparente, non cristalline. Par la distillation sèche, il donne du sulfure de carbone, de l'hydrogène sulfuré, du stilbène et du thionnessale.

L'acide chlorhydrique bouillant en dégage lentement de l'hydrogène sulfuré.

L'acide azotique le transforme en hydrure de benzoyle ou acide benzoïque et en acide sulfurique. Le brome l'attaque vivement ; l'acide sulfurique le dissout à chaud avec une couleur rouge carmin très-riche : l'eau précipite de cette solution une matière floconneuse. Une dissolution alcoolique de potasse le décompose lentement : la solution potassique dégage par les acides de l'hydrogène sulfuré.

Sulfure de nitrobenzylène, ou *hydrure de nitrosulfobenzoyle*,

$$C^7H^5(AzO^2)S = C^6H^4(AzO^2), CHS$$

[Bertagnini, *Ann. de Chim. et de Phys.*, 1851, (3), t. XXXIII, p. 473 ; *Ann. der Chem. u. Pharm.*, t. LXXIX, p. 269]. — En dissolvant l'hydrure de nitrobenzoyle dans l'alcool ordinaire et faisant passer dans la solution un courant d'hydrogène sulfuré, on voit peu à peu la liqueur se troubler, et déposer une poudre blanche volumineuse, qu'on purifie en la lavant à l'alcool tiède. Le sulfure de nitrobenzylène est une poudre légère, grisâtre, sans odeur sensible, mais prenant une odeur désagréable par le frottement ; il est insoluble dans les solvants ordinaires.

Il fond dans l'eau bouillante, et les vapeurs aqueuses qui se dégagent possèdent une odeur alliacée. L'alcool bouillant l'agglomère en masse ; l'éther le rend visqueux et demi-transparent. L'acide azotique ordinaire le décompose, à une douce chaleur, en régénérant l'hydrure de nitrobenzoyle : avec l'acide azotique fumant, la réaction est très-violente, même à froid, et peut donner lieu à une explosion. L'ammoniaque gazeuse ou en solution dégage de l'hydrogène sulfuré, et il se forme probablement de l'hydrobenzamide trinitrée.

Sulfazoture de benzylène [Syn. *Thiobenzaldine, hydrure de sulfazobenzoyle*],

$$C^{21}H^{19}AzS^2 = 3(C^7H^6)AzH.S^2$$

[Laurent, *Ann. de Chim. et de Phys.*, 1841, (3), t. I, p. 295 ; *Ibid.*, t. XXXVI, p. 342 ; *Revue scientif.*, t. XVI, p. 393]. — Ce composé, qui s'obtient en petite quantité dans la préparation de l'hydrure de sulfobenzoyle, se prépare par les procédés suivants *qui réussissent presque toujours*, dit Laurent : 1° On dissout l'essence d'amandes amères dans 4 à 5 fois son volume d'éther, on y verse 1 volume de sulfure d'ammonium, et l'on abandonne le tout pendant quinze jours ou un mois. Il se forme une croûte cristalline qu'il faut dissoudre et faire cristalliser dans l'éther pour la purifier.

2° On met 1 volume d'essence en contact avec 1 ou 2 volumes de sulfhydrate d'ammoniaque ; au bout de quinze jours, et quelquefois d'un à deux mois, l'essence se trouve solidifiée en tout ou en partie. On lave le produit solide à l'éther froid, et on le fait cristalliser dans l'éther bouillant. Il arrive quelquefois que l'hydrure de sulfazobenzoyle ne se produit pas et qu'on obtient d'autres matières mal déterminées.

Il est incolore, transparent et cristallisable en prismes obliques à base rectangulaire. Il fond vers 125° ; par le refroidissement, il reste transparent, et avant de se solidifier il se laisse tirer en fils. Il se dissout dans 20 ou 30 fois son poids d'éther ; l'alcool le décompose par l'ébullition ; il se dégage de l'hydrogène sulfuré. L'acide azotique l'attaque avec violence, en produisant une huile qui paraît être de l'hydrure de benzoyle, car par l'ébullition elle se change en acide benzoïque. L'acide sulfurique concentré le dissout à chaud avec une teinte carminée ; en étendant d'eau, la couleur disparaît et il se précipite une matière jaune floconneuse. La potasse alcoolique en dégage de l'ammoniaque par l'ébullition ; l'eau précipite alors une huile qui cristallise au contact de l'air ; la solution dégage de l'hydrogène sulfuré par les acides. Par la distillation sèche, le sulfazoture de benzylène donne les mêmes produits que l'hydrure de sulfobenzoyle.

Benzylène-phénylamine [Syn. *Benzoylanilide*],

$$C^{13}H^{11}Az = \left.\begin{array}{c} C^6H^5.CH \\ C^6H^5 \end{array}\right\} Az$$

[Laurent et Gerhardt, *Compt. rend. des travaux de Chim.*, 1850, p. 117] — Ce composé, qu'il ne faut pas confondre avec la benzanilide, se produit lorsqu'on mêle des volumes égaux d'aniline et d'hydrure de benzoyle, préalablement desséchés, et que l'on chauffe légèrement le mélange. Il se sépare de l'eau qui se rend à la surface. Au bout de quelque temps la matière se concrète; si elle se maintient liquide, ce qui arrive quelquefois, elle se solidifie par l'addition de l'eau. On la purifie par expression et par cristallisation dans l'alcool chaud :

$$C^7H^6O + C^6H^7Az = H^2O + C^{13}H^{11}Az.$$

La benzylène-phénylamine cristallise de sa solution alcoolique en belles paillettes brillantes. Elle est insoluble dans l'eau, fort soluble dans l'alcool et dans l'éther, facilement fusible; elle distille sans altération à une température élevée.

L'acide acétique la rend fluide sans la dissoudre; l'acide chlorhydrique concentré la dissout à chaud. L'acide sulfurique la dissout en la transformant en hydrure de benzoyle et sulfate d'aniline. L'acide azotique la dédouble de la même manière; la potasse bouillante l'attaque à peine. Le brome la décompose immédiatement, et il se dépose des aiguilles de tribromaniline.

En chauffant au bain-marie pendant quelques heures un mélange de benzylène-phénylamine et d'iodure d'éthyle, on obtient une masse rouge qui est dissoute dans l'alcool chaud à 75°, et traitée par le charbon animal. Il reste, après évaporation, une masse résineuse, insoluble dans l'eau, peu soluble dans l'éther et l'alcool faible. C'est l'iodure d'éthyl-benzylène-phénylamine

$$\left.\begin{matrix} C^6H^5 \\ (C^7H^6)'' \\ C^2H^5 \end{matrix}\right\}AzI.$$

Par les oxydes d'argent, de plomb et de potassium, cette substance perd tout son iode et donne une nouvelle matière résineuse, dont la solution alcoolique possède une légère réaction alcaline. Elle ne se combine plus avec l'iodure d'éthyle : M. Borodine, d'après les analyses, la considère comme analogue à l'oxyde d'ammonium

$$(AzH^4)^2O,$$

et l'écrit $Az^2(C^7H^5, C^6H^5, C^2H^5)^2.O$ [Borodine, *Journ. für prakt. Chem.*, 1859, t. LXXVII, p. 19; *Répert. de Chim. pure*, 1859, p. 564]. E. G.

BENZYLIQUE (ALCOOL) [Syn. *Hydrate de benzyle, alcool benzoïque, alcool benzéthylique, hydrate de benzéthyle, hydrate de toluényle*]. [Cannizzaro, 1853, *Ann. der Chem. u. Pharm.*, nouv. sér., t. XII, p. 129; *Ibid.*, 1854, nouv. sér., t. XVI, p. 113; *Il Nuovo Cimento*, t. I, p. 84; *Ibid.*, t. II, p. 212; *Ibid.*, t. II, vol. 3, *Ann. de Chim. et de Phys.*, (3), t. XL, p. 234; *Ibid.*, t. XLIII, p. 349]. — L'alcool benzylique

$$C^7H^8O = \left.\begin{matrix} C^6H^5.CH^2 \\ H \end{matrix}\right\}O$$

a été découvert par M. Cannizzaro; il s'obtient :

1° Par l'action de la potasse alcoolique sur l'hydrure de benzoyle :

$$2 C^7H^6O + KHO = C^7H^5OK + C^7H^8O.$$

Hydrure de benzoyle.	Benzoate de potassium.	Alcool benzylique.

En mélant de l'hydrure de benzoyle pur, étendu de son volume d'alcool absolu, avec une solution alcoolique de potasse d'une densité de 1,02, il se dégage de la chaleur et le tout se prend en une masse cristalline : l'alcool ayant été distillé, on enlève le benzoate potassique à l'aide de l'eau chaude, le résidu est agité avec de l'éther. L'huile brune résultant de l'évaporation de la solution éthérée est séchée sur de la potasse fondue, et purifiée par plusieurs rectifications.

2° Lorsque l'acétate de benzyle, résultant de l'action du chlorure de benzyle sur l'acétate de potassium, est soumis à une longue ébullition avec une solution alcoolique et concentrée de potasse, il se forme de l'acétate de potassium; l'alcool ayant été enlevé par distillation, le résidu se sépare en deux couches, dont la supérieure est séparée et rectifiée, c'est l'alcool benzylique [Cannizzaro, *Ann. de Chim. et de Phys.*, (3), t. XLV, p. 468].

3° Le chlorure de benzyle, chauffé pendant deux heures avec de l'oxyde de plomb hydraté et de l'eau, fournit de l'alcool benzylique :

$$2(C^7H^7)Cl + PbH^2O^2 = 2 C^7H^8O + PbCl^2$$

[Ch. Lauth et E. Grimaux, *Compt. rend.*, déc. 1866, et *Bull. de la Soc. chim.*, 1867, t. VII, p. 105].

4° Scharling a reconnu que la cinnaméine n'est autre que le cinnamate de benzyle; et l'huile qu'on obtient par l'action de la potasse sur la cinnaméine est de l'alcool benzylique, jusque-là confondu avec la styrone ou alcool cinnamique [Scharling, *Ann. de Chim. et de Phys.*, (3), t. XLVII, p. 385].

L'alcool benzylique est liquide, incolore, plus dense que l'eau, fortement réfringent; il bout à 204° (Cannizzaro), 206°,5 (H. Kopp). Sa densité est de 1,051 à 14°,4, 1,063 à 0° (H. Kopp). Insoluble dans l'eau, soluble en toutes proportions dans l'alcool, l'éther, le sulfure de carbone et l'acide acétique.

Dirigé en vapeur sur de l'éponge de platine chauffée au rouge, il donne une huile complexe contenant de la benzine et une matière solide. Agité avec de l'acide sulfurique ordinaire, ou chauffé avec de l'acide phosphorique anhydre ou du chlorure de zinc, il donne une matière résineuse, amorphe, polymère de C^7H^6, le *benzétérène*. Le fluorure de bore agit de même; l'acide borique a deux actions différentes. Sur l'alcool benzylique, à une température élevée, il le transforme en benzétérène. Entre 100° et 120°, il fournit l'oxyde de benzyle

$$\left.\begin{matrix} C^7H^7 \\ C^7H^7 \end{matrix}\right\}O.$$

Distillé avec une solution alcoolique concentrée de potasse, il donne du toluène et du benzoate de potasse.

L'acide azotique ordinaire le transforme, à une douce chaleur, en hydrure de benzoyle; avec l'acide chromique, on obtient de l'acide benzoïque. Si on le traite par un courant de gaz chlorhydrique, il se produit du chlorure de benzyle. Un mélange d'acide acétique et d'acide sulfurique, ajouté à une solution d'alcool benzylique dans l'acide acétique, donne naissance à l'acétate de benzyle. Enfin, avec le chlorure de benzyle ou l'acide benzoïque anhydre, l'hydrate de benzyle fournit le benzoate de benzyle.

Un corps qui paraît être l'*alcool nitrobenzylique* se forme lorsqu'on dissout l'hydrure de nitrobenzoyle dans la potasse alcoolique, et qu'on précipite la solution par l'eau; c'est une huile jaune, transparente, épaisse, se décomposant à la distillation sous la pression ordinaire, passant dans le vide entre 170° et 180°. Elle n'a pu être obtenue à l'état de pureté [E. Grimaux, *Compt. rend.*, 1867, t. LXV, p. 214].

Les éthers de l'alcool benzylique connus à présent sont l'acétate, le benzoate, le bromure, le chlorure, l'iodure, l'oxyde

$$\left.\begin{matrix} C^7H^7 \\ C^7H^7 \end{matrix}\right\}O.$$

l'oxyde mixte d'éthyle et de benzyle

$$\left.\begin{array}{l}C^7H^7\\C^2H^5\end{array}\right\}O,$$

et l'oxyde mixte de phényle et de benzyle

$$\left.\begin{array}{l}C^7H^7\\C^6H^5\end{array}\right\}O.$$

ÉTHERS BENZYLIQUES.

OXYDE DE BENZYLE [Syn. *Éther benzylique*],

$$C^{14}H^{14}O=\left.\begin{array}{l}C^7H^7\\C^7H^7\end{array}\right\}O$$

[Cannizzaro, *Ann. der Chem. u. Pharm.*, t. XCII, p. 113 (nouv. sér., t. XVI); *Ann. de Chim. et de Phys.*, (3), t. XLIII, p. 349]. — On fait une pâte avec l'alcool benzylique et de l'acide borique fondu et pulvérisé; on l'enferme dans un tube scellé et on chauffe pendant quelques heures entre 120° et 125°. Le mélange se colore en brun et durcit; on le lave à l'eau bouillante et au carbonate de potassium pour enlever l'acide borique; il surnage une huile verdâtre qui est séchée et distillée. Les portions qui passent entre 300° et 315° constituent l'oxyde de benzyle.

C'est un liquide oléagineux, incolore, présentant quelques reflets d'un bleu indigo. Avec l'acide phosphorique et l'acide sulfurique, il donne une substance résineuse, analogue à celle que fournissent les mêmes agents avec l'alcool benzylique.

Chauffé au-dessus de 315° en tubes scellés, il se décompose; parmi les produits de sa décomposition, on rencontre du toluène, de l'hydrure de benzoyle, ainsi qu'une matière résineuse.

OXYDE DE BENZYLE ET D'ÉTHYLE [Cannizzaro, *Nuovo Cimento*, 2° année, t. III]. — Si l'on chauffe le chlorure de benzyle avec une solution alcoolique de potasse, dans un appareil qui permet aux vapeurs de refluer, il se forme bientôt un dépôt de chlorure de potassium. Le liquide étant filtré, et l'excès d'alcool chassé par la distillation, l'addition de l'eau amène la formation de deux couches dont la supérieure constitue l'éther mixte de benzyle et d'éthyle.

C'est un liquide incolore, très-mobile, plus léger que l'eau dans laquelle il est insoluble. Il se mêle à l'alcool et à l'éther. Son odeur est agréable. Il bout sans décomposition à 185°.

On connaît un dérivé chloré et un dérivé bromé de l'éther benzyl-éthylique. Lorsqu'on chauffe à 150° dans des tubes scellés du toluène bichloré (chlorure de benzyle chloré) $C^6H^4Cl.CH^2Cl$ avec une solution alcoolique de potasse, il se forme du chlorure de potassium, et on sépare un liquide huileux qui, rectifié entre 215° et 220°, constitue l'*oxyde de chlorobenzyle et d'éthyle* :

$$C^9H^{11}ClO=\left.\begin{array}{l}C^6H^4Cl,CH^2\\C^2H^5\end{array}\right\}O.$$

L'éther chlorobenzyl-éthylique est limpide, d'une odeur aromatique. Il bout sans décomposition entre 215° et 220°, avec un point d'arrêt vers 218°. Sa densité à 14° est égale à 1,121 [A. Naquet, *Bull. de la Soc. chim.*, 1863, p. 74].

Si l'on ajoute 2 molécules de brome au chlorure de benzyle et qu'on laisse en contact pendant plusieurs jours, il se forme du chlorure de benzyle bromé $C^6H^4Br.CH^2Cl$ qui, chauffé en vases clos, à 150°, avec de la potasse alcoolique, donne l'*oxyde de bromobenzyle et d'éthyle*, $C^9H^{11}BrO$. C'est un liquide incolore, d'une odeur aromatique. Il bout sans décomposition entre 228° et 233° [A. Naquet et E. Grimaux, expér. inédites].

OXYDE DE BENZYLE ET DE PHÉNYLE [Syn. *Phénate de benzyle*],

$$\left.\begin{array}{l}C^7H^7\\C^6H^5\end{array}\right\}O.$$

— Il s'obtient par l'ébullition du chlorure de benzyle et du phénate de potassium. Il cristallise en écailles nacrées, qui fondent au-dessous de 40°, et se décomposent à une température élevée. Il présente le phénomène de la surfusion. Il est insoluble dans l'eau, soluble dans l'alcool et dans l'éther. Son odeur est agréable, surtout à chaud [Ch. Lauth et E. Grimaux, *loc. cit.*].

ACÉTATE DE BENZYLE, $C^7H^7.C^2H^3O^2$ (Cannizzaro). — Il se produit, soit par l'ébullition du chlorure de benzyle avec l'acétate de potasse, soit par l'action d'un mélange d'acide sulfurique et d'acide acétique sur l'alcool benzylique. C'est une huile incolore, plus dense que l'eau, d'une odeur agréable; elle bout à 215°.

Le dérivé nitré direct de l'acétate de benzyle n'a pas été préparé, mais on en connaît un isomère obtenu par l'action du chlorure de benzyle nitré sur l'acétate de potasse.

L'*acétate de benzyle nitré* ou *acétate de nitrodracéthyle* $C^6H^4(AzO^2)CH.C^2H^3O^2$ cristallise en feuillets minces, brillants; il est un peu soluble dans l'eau bouillante, très-soluble dans l'alcool et dans l'éther. Il fond à 85° [E. Grimaux, *loc. cit.*].

BENZOATE DE BENZYLE, $C^7H^7.C^7H^2O^2$ (Cannizzaro). — Il se forme lorsqu'on distille l'alcool benzylique avec du chlorure de benzoyle ou de l'anhydride benzoïque. Le produit distillé cristallise en grande partie en aiguilles nageant dans une huile de même composition. Les cristaux fondent à 20° et ne se concrètent ensuite que dans un mélange réfrigérant.

BROMURE DE BENZYLE,

$$C^7H^7Br=C^6H^5,CH^2Br$$

[Kekulé, 1866, *Ann. der Chem. u. Pharm.*, nouv. sér., t. LXI, p. 120; *Ann. de Chim. et de Phys.*, (4), t. VIII, p. 158; *Bull. de la Soc. chim.*, 1866, t. VI, p. 47]. — Ce composé s'obtient facilement par l'action de l'acide bromhydrique sur l'alcool benzylique; la réaction est la même que celle qui donne naissance au chlorure de benzyle.

Il prend encore naissance quand on fait arriver de l'air chargé de vapeurs de brome dans les vapeurs de toluène [Ch. Lauth et E. Grimaux, *Bull. de la Soc. chim.*, 1867, t. VII, p. 107].

Le bromure de benzyle bout de 201°,5 à 202°,5 (corrigé). Sa densité, rapportée à celle de l'eau à zéro, est égale à 1,4380 à 22°. Il est incolore, d'une odeur aromatique agréable à froid; ses vapeurs sont irritantes.

Il échange très-facilement son brome par double décomposition, pour donner naissance aux éthers benzyliques; avec l'ammoniaque alcoolique, il se comporte comme le chlorure de benzyle, et fournit immédiatement de la tribenzylamine.

Il est isomère avec le toluène monobromé, obtenu par l'action à froid du brome sur le toluène C^6H^4Br,CH^3.

CHLORURE DE BENZYLE [Syn. *Toluène monochloré*, $C^7H^7Cl=C^6H^5,CH^2Cl$]. — On le prépare :

1° En faisant passer un courant de gaz chlorhydrique sec dans l'alcool benzylique. Par le repos, le liquide se sépare en deux couches, l'inférieure est une solution aqueuse d'acide chlorhydrique, la supérieure constitue le chlorure de benzyle, qu'on lave à l'eau et au carbonate de potassium, qu'on dessèche, et qu'on rectifie par la distillation [Cannizzaro, *Ann. der Chem. u. Pharm.*, 1853, t. XLVIII, nouv. sér., t. XLII, p. 129; *Ann. de Chim. et de Phys.*, (3), t. XL, p. 234].

2° En distillant le toluène dans un courant de chlore ; M. Deville avait ainsi obtenu le toluène chloré. Formé dans ces conditions, le toluène chloré est identique avec le chlorure de benzyle, et on le prépare en distillant le toluène dans un courant de chlore, recueillant les dernières parties plus denses que l'eau, et répétant l'action du chlore sur les premières parties plus légères [Cannizzaro, *Ann. de Chim. et de Phys.*, (3), t. XLV, p. 468 ; *Il Nuovo Cimento, anno* 2, vol. III].

3° En faisant arriver le chlore dans les vapeurs du toluène ; le ballon qui renferme le toluène est en communication avec un réfrigérant de Liebig qui permet aux vapeurs de refluer dans l'appareil. En maintenant l'atmosphère du ballon de 110° à 130°, le chlore est immédiatement absorbé ; par la rectification on obtient une notable quantité de toluène non attaqué, du chlorure de benzyle, et des produits chlorés supérieurs. Ce procédé est très-avantageux, et le rendement considérable [Ch. Lauth et E. Grimaux, *Compt. rend.*, décembre 1866, et *Bull. de la Soc. chim.*, 1867, t. VII, p. 105].

Le chlorure de benzyle est un liquide oléagineux, incolore, d'une odeur irritante. Sa densité est comprise entre 1,113 et 1,117. Distillé sous la pression atmosphérique, il se décompose légèrement en dégageant de l'acide chlorhydrique et laissant un faible résidu de substance résineuse. Il bout à 170° (Deville) ; entre 175° et 176°, et ne commence à dégager de l'acide chlorhydrique qu'au-dessus de cette température (Cannizzaro). Il bout à 183° (corrigé) et sa densité à 14° est de 1,107 [Limpricht, *Zeitsch. für Chem.*, t. II, p. 280, et *Bull. de la Soc. chim.*, 1865, t. VI, p. 467].

Le chlorure de benzyle échange facilement son chlore par double décomposition ; avec une solution alcoolique de potasse, il donne l'oxyde mixte de benzyle et d'éthyle,

$$\left.\begin{array}{l}C^7H^7 \\ C^2H^5\end{array}\right\} O\,;$$

avec l'acétate et le benzoate de potassium, il fournit l'acétate et le benzoate de benzyle ; et avec le cyanure de potassium, le cyanure de benzyle ; avec le phénate de potassium, il produit du phénate de benzyle.

Chauffé à 100° pendant deux heures avec de l'acide azotique étendu, il se transforme en hydrure de benzoyle ; on obtient en même temps de l'acide benzoïque :

$$C^7H^7Cl + 2AzHO^3 = C^7H^6O + HCl + H^2O + 2AzO^2.$$

Maintenu pendant le même temps et à la même température avec de l'azotate de plomb, il donne également naissance à de l'hydrure de benzoyle.

Chauffé pendant quelques heures avec de l'oxyde de plomb hydraté, il se saponifie, et le produit de la réaction renferme de l'hydrate de benzyle (Ch. Lauth et E. Grimaux) :

$$2C^7H^7Cl + PbH^2O^2 = 2C^7H^8O + PbCl^2.$$

Si on mélange le chlorure de benzyle avec une solution alcoolique concentrée d'ammoniaque, la réaction se fait à froid, et il se dépose immédiatement des cristaux de tribenzylamine, dont la quantité augmente au bout de quelques jours. Il se forme en même temps de la mono- et de la dibenzylamine (Cannizzaro).

Si l'on chauffe en tubes scellés à 100° deux molécules de chlorure de benzyle et une molécule de toluidine, il se forme de la toluidine dibenzylique :

$$Az\left\{\begin{array}{l}C^6H^4CH^3 \\ CH^2C^6H^5 \\ CH^2C^6H^5\end{array}\right.$$

[Cannizzaro, *Compt. rend.*, t. LV, 1862].

Chauffé à 160° pendant vingt-quatre heures avec de l'aniline, le chlorure de benzyle donne du chlorhydrate d'aniline et de la benzylaniline [Fleischer, *Ann. der Chem. u. Pharm.*, 1866, t. CXXXVIII, p. 225, nouv. sér., t. LXII]. Dirigé en vapeurs sur de la chaux sodée, il donne du stilbène $C^{14}H^{12}$ (Limpricht).

Si on le maintient en tubes scellés entre 115° et 120°, en contact avec la rosaniline ou le chlorhydrate de rosaniline, on obtient une matière colorante violette, d'une très-belle nuance. Ce violet est insoluble dans l'eau. La base précipitée de la solution alcoolique du violet est incolore, mais bleuit au contact de l'air (Ch. Lauth et Ed. Grimaux).

Le chlorure de benzyle est isomérique avec le toluène chloré C^6H^4Cl,CH^3, fait à froid, et qui bout à 158° (Beilstein).

DÉRIVÉ NITRÉ DU CHLORURE DE BENZYLE.

Chlorure de nitrodracéthyle,

$$C^6H^4(AzO^2).CH^2Cl$$

[Beilstein et Geitner, *Zeitsch. für Chem.*, nouv. sér., t. II, p. 307, et *Bull. de la Soc. chim.*, 1866, t. VI, p. 468 ; — E. Grimaux, *Compt. rend.*, 1867, t. LXV, p. 211]. — Il se forme dans l'action de l'acide azotique fumant sur le chlorure de benzyle. Il cristallise en fines aiguilles blanches ou en lames nacrées. Il est très-soluble dans l'alcool bouillant et l'éther ; il fond à 70°.

Traité par les oxydants, il donne l'acide nitrodracylique (Beilstein et Geitner). Aussi vaut-il mieux l'appeler *chlorure de nitrodracéthyle* pour rappeler cette transformation et le distinguer de l'isomère encore inconnu, qui donnera, par l'oxydation, l'acide nitrobenzoïque. Chauffé à 180° en vases clos, avec de l'acétate de potasse en solution alcoolique, il donne l'acétate de nitrodracéthyle, $C^6H^4(AzO^2).CH^2Cl$ (E. Grimaux).

DÉRIVÉS CHLORÉS DU CHLORURE DE BENZYLE.

On connaît trois dérivés bichlorés du toluène,

$$C^6H^3Cl^2CH^3, \quad C^6H^4Cl\,CH^2Cl \quad \text{et} \quad C^6H^5CH\,Cl^2$$

[voyez TOLUÈNE (DÉRIVÉS CHLORÉS)]. Les deux derniers peuvent être considérés comme du chlorure de benzyle chloré. Le composé $C^6H^4Cl\,CH^2Cl$ a été rencontré dans les produits de l'action du chlore sur le toluène, à froid et à la lumière ordinaire. Sa constitution est démontrée par l'action de la potasse alcoolique, avec laquelle il donne naissance à l'oxyde mixte d'éthyle et de chlorobenzyle

$$\left.\begin{array}{l}C^7H^4Cl \\ C^2H^5\end{array}\right\} O$$

(Naquet).

Le composé $C^6H^5CHCl^2$ est le chlorobenzol, ou chlorure de benzylène (voyez BENZYLÈNE). Il existe dans les produits de l'action du chlore sur les vapeurs de chlorure de benzyle (Ch. Lauth et Ed. Grimaux). Le point d'ébullition de ces dérivés est environ de 200° à 205° ; ils se décomposent en partie par la distillation.

Le composé $C^6H^4.CCl^3$ (toluène trichloré, chloroforme benzoïque) est du chlorure de benzyle bichloré ou chlorure de benzylène chloré. — Voyez BENZYLÈNE.

CINNAMATE DE BENZYLE. — Voyez CINNAMATES.

CYANURE DE BENZYLE [Syn. *Alphatoluonitrile*], $C^7H^5,CAz.$ — [Cannizzaro, *Ann. de Chim. et de Phys.*, 1855, (3), t. XLV, p. 468 ; *Compt. rend. de l'Acad.*, t. XLI, p. 517 ; *Ibid.*, 1861, t. LII, p. 966 ; *Ibid.*, t. LIV, p. 1225 ; *Répert. de Chim. pure*, 1861, p. 263 ; *Ibid.*, 1863, p. 302]. —

On fait bouillir le chlorure de benzyle avec une solution alcoolique concentrée de cyanure de potassium, jusqu'à ce qu'il ne se dépose plus de chlorure potassique. Celui-ci étant séparé par le filtre, et la majeure partie de l'alcool chassée par la distillation, le liquide se sépare en deux couches; la supérieure est formée de cyanure de benzyle.

Le cyanure, soumis à une longue ébullition avec une solution concentrée de potasse, jusqu'à ce qu'il ne donne plus d'ammoniaque, se transforme en alphatoluate de potassium et non en toluate.

L'acide alphatoluique n'étant qu'isomère du véritable homologue de l'acide benzoïque, on ne peut, dans les composés aromatiques, passer d'une série à la série homologue supérieure, par la méthode des cyanures de radicaux. — Voyez TOLUIQUE (ACIDE).

IODURE DE BENZYLE, C^7H^7I [Cannizzaro, *Ann. der Chem. u. Pharm.*, 1854, t. XC, p. 254]. — Lorsqu'on mélange l'alcool benzylique dissous dans le sulfure de carbone avec une solution de phosphore dissous dans le sulfure de carbone, et qu'on ajoute de l'iode peu à peu, il reste, après la distillation du dissolvant, un liquide qui irrite vivement les yeux, et qui est probablement de l'iodure de benzyle. E. G.

BENZYLIQUE (MERCAPTAN) [Syn. *Sulfhydrate de benzyle*],

$$C^7H^6S = C^6H^5,CH.SH$$

[C. Maercker, *Ann. der Chem. u. Pharm.*, t. CXXXVI, p. 75, et *Bull. de la Soc. chim.*, 1866, t. VI, p. 55].

Il s'obtient par l'action du sulfhydrate de potassium sur le chlorure ou le bromure de benzyle. Il est incolore, très-réfringent, d'une odeur très-désagréable; il irrite vivement les yeux; sa densité à 20° est de 1,058; il bout à 194-195°. Il forme avec l'oxyde mercurique une combinaison $(C^7H^7S)^2Hg$, soluble dans une grande quantité d'alcool où elle cristallise en aiguilles soyeuses. La solution alcoolique du sulfhydrate de benzyle donne, avec le bichlorure de mercure, un précipité renfermant $(C^7H^7S)^2Hg.HgCl^2$. Si on mélange des solutions alcooliques bouillantes de sulfhydrate de benzyle et d'acétate de plomb, on obtient par le refroidissement de grandes lames jaunes $(C^7H^7S)^2Pb$.

Il attire l'oxygène de l'air et il se transforme en bisulfure de benzyle. Avec l'acide azotique, on obtient de l'acide benzoïque et de l'hydrure de benzoyle.

BISULFURE DE BENZYLE, $C^{14}H^{14}S^2$. — Il se produit par l'action de l'air sur le sulfhydrate de benzyle; la transformation a lieu plus rapidement lorsqu'on additionne celui-ci d'ammoniaque. On peut aussi l'obtenir en traitant le chlorure de benzyle par le bisulfure de potassium.

Il cristallise en lamelles brillantes, fusibles à 69°, insolubles dans l'eau, solubles dans l'éther et dans l'alcool bouillant (Maercker).

SULFURE DE BENZYLE,

$$C^{14}H^{14}S = \begin{matrix} C^6H^5.CH^2 \\ C^6H^5.CH^2 \end{matrix} \Big\} S.$$

— Lorsqu'on mélange deux solutions alcooliques, l'une de sulfure de potassium, l'autre de chlorure de benzyle, la liqueur s'échauffe jusqu'à l'ébullition, et l'addition de l'eau précipite des gouttelettes oléagineuses qui se solidifient par le refroidissement. Le sulfure de benzyle cristallise en longues aiguilles blanches ou en écailles. Insoluble dans l'eau, soluble dans l'alcool et dans l'éther, il fond à 40° (Maercker).

OXYSULFURE DE BENZYLE, $C^{14}H^{14}SO$. — L'action de l'acide azotique d'une densité de 1,3 sur le composé précédent fournit l'oxysulfure de benzyle, fusible à 130°, un peu soluble dans l'eau bouillante, très-soluble dans l'alcool et dans l'éther.

Le sulfure et le bisulfure de benzyle, soumis à l'action de la chaleur, se décomposent en produisant du toluène, du sulfhydrate de benzyle, du stilbène $C^{14}H^{12}$, et deux composés, l'un

$$C^{14}H^{10}S = \begin{matrix} C^7H^8 \\ C^7H^8 \end{matrix} \Big\} S,$$

que M. Maercker appelle sulfure de tolallyle; poudre cristalline, fusible à 143-155°; l'autre, $C^{26}H^{18}S$, cristallisable en longues aiguilles blanches, fusibles à 180° (Maercker). E. G.

BÉRANNITE (Min.). — Variété altérée de vivianite.

BERBÉRINE, $C^{20}H^{17}AzO^4$. — La berbérine est un alcaloïde retiré de la racine du *Berberis vulgaris* (famille des Berbéridées), connu vulgairement sous le nom d'épine-vinette, et dont il constitue la matière colorante. On l'extrait encore de la racine de *colombo*.

La découverte de la berbérine doit être attribuée à MM. Chevalier et Pelletan. Dès 1826, en effet, ces chimistes avaient extrait du *Zanthoxylum clava Herculis* une substance désignée par eux sous le nom de *xanthopicrite*, et qu'on reconnut être identique avec cet alcaloïde [*Journ. de Chim. médicale*, 1826, t. II, p. 314].

D'après M. Dyson Perkins, les végétaux suivants contiennent aussi de la berbérine : l'*Hydrastis bonadensis* qui en renferme 4 °/₀ environ; le bois de *voodunpar;* nom donné par les naturels à un bois jaune tinctorial provenant de l'assam supérieur; la racine de *Saint-Jean*, originaire du Rio Grande; une écorce tinctoriale appelée *pachuelo*, croissant dans la Bolivie; la racine de *Coptis teeta* ou *mahmira* (Renonculacées), plante que l'on rencontre dans la Chine et l'Indoustan, et qui peut fournir entre 8 et 9 °/₀ de berbérine cristallisée.

La berbérine se présente sous la forme de petits prismes groupés concentriquement, ou d'aiguilles soyeuses d'un jaune clair. Elle est peu soluble à froid dans l'alcool et dans l'eau, qui n'en dissout que 1/500 de son poids, à 12°; elle est tout à fait insoluble dans l'éther. Chauffée à 100°, elle perd dix molécules d'eau; à une température plus élevée elle fond, et vers 200° elle dégage des vapeurs jaunes et odorantes, qui produisent par la condensation un corps solide, insoluble dans l'eau et très-soluble dans l'alcool; il reste dans la cornue un abondant dépôt de charbon.

L'ammoniaque la colore en brun; une solution bouillante de potasse caustique attaque la berbérine, elle fond et se transforme en une matière résinoïde très-soluble dans l'alcool et à peu près insoluble dans l'eau.

D'après M. Bœdeker, la berbérine distillée avec un lait de chaux ou de l'hydrate de plomb, donnerait de la quinoléine.

Action de l'iode sur la berbérine. — Iodhydrate de biiodoberbérine,

$$C^{20}H^{17}AzO^4I^2,HI.$$

L'iode ajouté à la solution d'un sel de berbérine produit deux sels d'aspects différents, mais qui possèdent, d'après M. Perkins, la même composition chimique.

En léger excès, l'iode produit un précipité rouge brun, insoluble dans l'eau, peu soluble dans l'alcool froid, soluble dans l'alcool bouillant qui l'abandonne cristallisé en prismes transparents par le refroidissement.

L'azotate d'argent précipite entièrement l'iode contenu dans cette combinaison.

Lorsqu'on évite avec soin tout excès d'iode, et qu'on verse dans une solution alcoolique et chaude d'un sel de berbérine une solution étendue d'iode dissous à l'aide d'un peu d'iodure de potassium, il se dépose un sel sous forme de paillettes vertes et brillantes qui possèdent les reflets des élytres des cantharides. Il se forme en même temps des cristaux de sel rouge. Cette réaction est extrêmement sensible et peut servir à caractériser la berbérine.

La berbérine dissoute dans l'alcool à 90° et chauffée en vase clos à 108° ne donne pas de combinaison éthylée; par le refroidissement, il se dépose des cristaux d'iodhydrate de berbérine qui se changent en sel vert lorsqu'on les expose au soleil pendant une heure ou deux; une action prolongée du soleil amène la transformation rouge [Dyson Perkins, *Journ. of the Chem. Soc.*, t. XV, p. 339; *Ann. der Chem. u. Pharm.*, suppl., t. II, p. 171 (1863); *Bull. de la Soc. chim. de Paris*, 1863, p. 423.]

Action de l'hydrogène naissant sur la berbérine. — HYDROBERBÉRINE, $C^{20}H^{21}AzO^4$. — Sous l'influence de l'hydrogène naissant dégagé au sein d'une liqueur alcaline ou acide, mais de préférence dans une liqueur acide, la berbérine absorbe 4 atomes d'hydrogène et se transforme en une nouvelle base, découverte par MM. Hlasiwetz et H. de Gilm, et qu'ils ont désignée sous le nom d'*hydroberbérine*.

Cette base s'obtient en faisant bouillir dans un matras muni d'un réfrigérant qui fait refluer les vapeurs, un mélange de 6 p. de berbérine, 100 p. d'eau, 10 p. d'acide sulfurique distillé, 20 p. d'acide acétique cristallisable, du zinc granulé et quelques lames de platine.

Au bout d'une heure ou deux d'ébullition, la réaction est terminée et la liqueur à peu près décolorée. On redissout à l'aide de l'acide sulfurique le dépôt cristallin qui a pu se former, on filtre et on précipite par l'ammoniaque après le refroidissement complet de la liqueur.

La nouvelle base se dépose, on la purifie à l'aide de plusieurs cristallisations dans l'alcool.

L'hydroberbérine se présente en petits prismes grenus appartenant au type du prisme rhomboïdal oblique, ou en aiguilles plates incolores.

L'acide sulfurique la dissout en se colorant en jaune verdâtre.

La berbérine peut être régénérée en dissolvant l'hydroberbérine dans volumes égaux d'alcool et d'acide chlorhydrique; on ajoute ensuite de l'acide chlorhydrique étendu d'alcool par gouttes, la berbérine régénérée se dépose à l'état de chlorhydrate.

Chauffée en vase clos avec de l'iodure d'éthyle, il se forme de l'*iodhydrate d'éthylberbérine*, $C^{20}H^{20}(C^2H^5)AzO^4,HI$. Ce sel cristallise en prismes rhomboïdaux jaunes groupés en faisceaux.

L'hydroberbérine forme avec les acides des sels cristallisés.

On connaît l'acétate, qui cristallise en prismes, l'azotate, l'oxalate cristallisé en petites tables rhombiques; le tartrate, en aiguilles groupées en mamelons.

Le chlorhydrate, le bromhydrate, l'iodhydrate, sels blancs peu solubles dans l'eau.

Chlorure d'hydroberbérine et de platine, $(C^{20}H^{21}AzO^4,HCl)^2PtCl^4$. — Sel cristallin, jaune orangé, insoluble dans l'eau, un peu soluble dans l'alcool chaud.

Sulfates d'hydroberbérine. — On connaît deux sulfates de cet alcaloïde, le sulfate neutre et le sulfate acide.

Le sulfate neutre cristallise en aiguilles très-solubles dans l'eau.

Le sulfate acide est moins soluble dans l'eau, soluble dans l'alcool.

Ces deux sels paraissent former une combinaison double qui se présente en gros cristaux rhomboédriques, se décomposant sous l'influence de l'eau et qui contiennent 4 molécules d'eau,

$$SO^2 \left\{ \begin{matrix} OHC^{20}H^{21}AzO^4 \\ OHC^{20}H^{21}AzO^4 \end{matrix} \right. \\ SO^2 \left\{ \begin{matrix} OH \\ OHC^{20}H^{21}AzO^4 \end{matrix} \right\} + 4(H^2O)$$

[Hlasiwetz, *Répert. de Chim. pure*, t. IV, p. 367; *Ann. der Chem. u. Pharm.*, suppl., 1863, t. II, p. 191; *Bull. de la Soc. chim. de Paris*, 1863, p. 426].

Préparation de la berbérine. — La berbérine s'obtient de la manière suivante :

La racine de berbéris est épuisée par l'eau bouillante, on concentre les liqueurs et l'extrait est repris par l'alcool à 82/100 bouillant; on filtre, on distille l'alcool et le résidu est abandonné dans un endroit frais.

Lorsque les cristaux de berbérine se sont formés, on les purifie par de nouvelles cristallisations dans l'eau ou dans l'alcool bouillants. On peut retirer ainsi du berbéris 1,3 % d'alcaloïdes.

La berbérine forme avec les acides des sels jaunes et cristallisés.

CHLORHYDRATE DE BERBÉRINE. — Ce sel cristallise en fines aiguilles jaunes; chauffé au bain-marie, il perd 2 molécules d'eau. Lorsque sa solution est additionnée de sulfhydrate d'ammoniaque, il se produit un précipité brun rouge, d'une odeur fétide. Ce précipité est une combinaison sulfurée soluble dans l'eau, qui forme avec les sels de plomb un précipité rouge.

Lorsqu'on mélange des solutions alcooliques et bouillantes de chlorhydrate de berbérine et de glycocolle, on obtient par le refroidissement un dépôt de fines aiguilles orangées qui paraissent renfermer du glycocolle et du chlorhydrate de berbérine.

M. Dyson Perkins a décrit les sels suivants :

AZOTATE DE BERBÉRINE. — Sel cristallisé, d'un beau jaune, assez soluble dans l'eau, peu soluble dans un excès d'acide azotique.

BICHROMATE DE BERBÉRINE,

$$\begin{matrix} CrO^2 \\ CrO^2 \end{matrix} \left\{ \begin{matrix} OHC^{20}H^{17}AzO^4 \\ O \\ OHC^{20}H^{17}AzO^4. \end{matrix} \right.$$

— Ce sel cristallise en aiguilles d'un jaune orangé. On l'obtient en ajoutant du bichromate de potasse à une solution bouillante d'un sel de berbérine.

BROMHYDRATE DE BERBÉRINE. — Cristallise par le refroidissement d'une solution chaude dans l'eau ou l'alcool. Insoluble dans un excès de bromure de potassium, soluble dans un grand excès d'eau; il renferme 3 molécules d'eau.

HYPOSULFITE DE BERBÉRINE ET D'ARGENT,

$$(S^2O)'' \left\{ \begin{matrix} OHC^{20}H^{17}AzO^4 \\ OAg. \end{matrix} \right.$$

— Ce sel cristallise de la solution alcoolique en prismes jaune-citron. Il est soluble dans l'alcool et dans une solution d'hyposulfite de soude. Lorsqu'on le fait bouillir, il se détruit et du sulfure d'argent se dépose.

On l'obtient en ajoutant la solution neutre d'un sel de berbérine à une solution d'hyposulfite de soude saturée par un sel d'argent. Le sel de berbérine et d'argent se précipite sous la forme d'une poudre amorphe.

IODHYDRATE DE BERBÉRINE. — Petites aiguilles jaunes, à peine solubles dans l'eau.

CHLORURE D'OR ET DE BERBÉRINE,

$$AuCl^3(HCl.C^{20}H^{17}AzO^4).$$

— Sel soluble dans l'alcool, cristallise en aiguilles couleur marron.

CHLORURE DE PLATINE ET DE BERBÉRINE,

$$PtCl^4(HCl.C^{20}H^{17}AzO^4)^2.$$

— Cristallise en petites aiguilles; on l'obtient en

ajoutant une solution de chlorure de platine à la solution d'un sel de berbérine.

L'écorce et la racine de berberis sont employées pour la teinture en jaune [Buchner père et fils, *Ann. der Chem. u. Pharm.*, 1837, t. XXIV, p. 228; — Fleitmann, *ibid.*, t. LIX, p. 160; — Bœdeker, *ibid.*, t. LXVI, p. 384; t. LXIX, p. 40; — Kemp, *Chem. Gaz.*, 1847, p. 209; — J. Perrins, *Ann. der Chem. u. Pharm.*, t. LXXXIII, p. 276; *Journ. de Pharm.*, t. XXI, p. 408].   E. C.

BÉRENGÉLITE (Min.) [Syn. *Résine de Berengela*). — Minéral bitumineux trouvé dans la province de Saint-Juan de Berengela, au Pérou, à cent milles environ d'Arica. Elle se présente en masses amorphes d'une grande étendue, formant une espèce de lac bitumineux, comme à la Trinité.

Cassure conchoïdale, couleur brun foncé, éclat cireux, jaune en poudre. Odeur résineuse désagréable, saveur amère. Elle fond vers 100° et reste fluide après le refroidissement; elle est soluble dans l'alcool et l'éther. On l'emploie pour peindre les vaisseaux.

D'après Johnson, sa composition correspond à la formule $C^{20}H^{30}O^4$ (C:72,47. H:9,20 [*Phil. Mag.*, (3), t. XIV, p. 87].   P. S.

BERGAMOTE (ESSENCE DE). — C'est une essence que l'on extrait, par la pression, du zeste d'une variété d'orange, *Citrus bergamia*, que l'on cultive dans le sud de l'Europe. C'est une huile d'un jaune léger, qui peut quelquefois affecter une couleur verdâtre ou jaune brunâtre. Sa densité, est de 0,869, son odeur est aromatique et sa saveur amère. Elle renferme ordinairement des traces d'acide acétique qui lui communiquent une réaction acide. Elle se solidifie à quelques degrés au-dessous de 0° et dépose un stéaroptène à la température ordinaire.

Cette essence paraît être un mélange de deux substances dont la plus volatile est un hydrocarbure, et dont la moins volatile est oxygénée; il est toutefois presque impossible de séparer ces deux corps par la distillation.

L'hydrocarbure répond à la formule $C^{10}H^{16}$. C'est un des nombreux isomères de l'essence de térébenthine.

L'huile oxygénée bout à 183°; sa densité est de 0,856, et sa composition est, suivant Ohme, la même que celle de l'hydrate de citrène

$$(C^{10}H^{16})^3\, 2\,H^2O$$

[*Ann. der Chem. u. Pharm.*, t. XXXI, p. 316]. D'après Soubeyran et Capitaine, cette huile oxygénée serait un mélange de plusieurs corps et donnerait à la distillation fractionnée des produits dont la proportion d'oxygène s'élèverait constamment depuis 3,37 jusqu'à 16,14 % [*Journ. de pharm.*, 1840, t. XXVI, p. 68 et 509]. Mais les auteurs du dictionnaire de Watts pensent que les résultats obtenus par ces derniers observateurs tenaient à ce que l'huile s'oxyde pendant la distillation [*A Dictionary of chemistry*, t. I, p. 580]. Selon les mêmes chimistes (Soubeyran et Capitaine), les premières parties qui passent lorsqu'on distille l'huile essentielle de bergamote sont lévogyres, mais les portions qui passent ensuite ont de moins en moins d'action sur la lumière polarisée et finissent par n'en plus avoir du tout.

L'essence rectifiée, examinée par Ohme, n'était pas attaquée par la potasse; elle fournissait beaucoup de benzine lorsqu'on faisait passer ses vapeurs à travers un tube de porcelaine chauffé au rouge. Elle absorbait l'acide chlorhydrique et donnait un composé liquide qui, agité avec de l'eau, et distillé avec ce liquide, répondait à la formule $(C^{10}H^{16})^6$, $(HCl)^2$, H^2O, possédait une densité de 0,896 et bouillait à 183°.

L'essence de bergamote s'échauffe sur l'acide phosphorique anhydre; le mélange distillé fournit un hydrocarbure pur de la formule $C^{10}H^{16}$. Le résidu contient un acide conjugué qui forme des sels de plomb et de calcium solubles, l'*acide phosphobergamique*.   A. N.

BERGAPTÈNE [Syn. *Stéaroptène de l'essence de bergamote, camphre de bergamote*.] — C'est un corps solide qui se dépose à la longue dans l'essence brute de bergamote. Cette substance fond à 206°, se volatilise sans décomposition et cristallise en aiguilles. Elle est inodore; l'alcool, l'éther et l'eau la dissolvent; l'acide sulfurique concentré la colore en rouge. L'acide azotique la convertit en acide oxalique.

A l'analyse, le bergaptène a donné 66,2 % de carbone et 3,8 d'hydrogène. Ces nombres conduisent à la formule brute $C^8H^6O^2$; mais le poids moléculaire de ce corps n'est pas déterminé [Maldy, *Ann. der Chem. u. Pharm.*, t. XXXI, p. 70; — Ohme, *loc. cit.*, à l'article BERGAMOTE (essence de)].   A. N.

BERGMANNITE (Min.). — Variété de mésotype, blanche ou rouge, contenue dans la syénite zirconienne de Brevig (Norvège). Les cristaux qu'on en connaît sont des épigénies et proviennent, d'après MM. Sæmann et Pisani, de la transformation de la cancrinite.

BERTHIÉRINE (Min.). — Silicate hydraté alumino-ferreux, analogue à la chamoisite; se présente en masses oolithiques ou grenues. Opaque, gris bleuâtre, attirable à l'aimant; difficilement fusible au chalumeau en une scorie noire très-magnétique.

BERTHIÉRITE (Min.). — Antimonio-sulfure ferreux. Les différentes analyses donnent des rapports variables entre le fer, le soufre et l'antimoine. Ces rapports se rapprochent de l'une des formules

$$FeSb^2S^4 = FeS,Sb^2S^3,$$
$$Fe^3Sb^4S^9 = 3FeS,2Sb^2S^3$$
$$\text{et}\quad Fe^3Sb^8S^{15} = 3FeS,4Sb^2S^3.$$

En masses bacillaires, fibreuses ou granulaires, quelquefois en prismes allongés présentant des traces d'un clivage longitudinal. D'un gris foncé, souvent irisé superficiellement, d'un éclat métallique.

Caractères. — Facilement soluble dans l'acide chlorhydrique, avec dégagement d'hydrogène sulfuré. Fond très-facilement sur le charbon en émettant des fumées d'antimoine et en laissant un globule magnétique. Dureté, 2 à 3. Densité, 4 à 4,3.   F. et S.

BERZÉLIITE. — Voyez KUHNITE.

BERZÉLINE (Necker) (Min.) [Syn. *Amphigène octaédrique, marialite, pléonaste blanc*.] — Cristaux octaédriques d'un blanc grisâtre ressemblant beaucoup à l'haüyne et trouvés avec ce minéral à l'Ariccia, près Albano.

Caractères. — Difficilement fusible au chalumeau en un verre bulleux; attaquable par l'acide chlorhydrique et faisant gelée lorsqu'on chauffe. Dureté, 5. Densité, 2,4 à 2,7.

BERZÉLINE (Min.) [Syn. *Berzélianite, cuivre sélénié*]. — Séléniure de cuivre Cu^2Se. Masses compactes, ou enduits cristallins d'un blanc d'argent, très-ductiles. Dans un calcaire, à Skrikerum, en Suède, et à Lerbach, dans le Hartz.

Caractères. — Fond sur le charbon en dégageant l'odeur du sélénium; avec la soude se réduit en globule de cuivre.

BERZÉLITE. — Voyez MENDIPITE.

BÉRYL. — Voyez ÉMERAUDE.

BÉTULINE [Löwitz, 1788, *Ann. de Crell*, t. II, p. 312; — Hunefeld, *Journ. für prakt. Chem.*, t. VII, p. 54; — Hess, *Journ. für prakt. Chem.*, t. XVI, p. 161]. — La bétuline est une substance résineuse retirée de l'écorce externe du bouleau (*Betula alba*, famille des Amantacées). Cette matière se présente sous la forme de petits mamelons cristallins, solubles dans l'alcool chaud et l'éther, insolubles dans les alcalis, fusibles vers 200° en une masse incolore et transparente qui répand des vapeurs dont l'odeur rappelle celle de l'écorce du bouleau. La bétuline est distillable dans un courant d'air.

On l'obtient en épuisant l'écorce externe du bouleau préalablement desséchée par l'eau bouillante; séchée de nouveau, l'écorce est épuisée par l'alcool bouillant qui abandonne la bétuline par le refroidissement. On la purifie en la faisant cristalliser dans l'éther.

L'écorce de bouleau passe pour diurétique et fébrifuge.

M. Kossmann a retiré de la résine du bouleau une matière résinoïde, blanchâtre, douée de propriétés électro-négatives, et pour laquelle il propose le nom d'acide *bétulorétinique*. Cette substance possède une amertume excessive, elle est insoluble dans l'eau, soluble dans l'ammoniaque et les alcalis caustiques, très-soluble dans l'alcool et l'éther. Elle rougit fortement le papier bleu de tournesol et dégage lentement l'acide carbonique du carbonate de soude. Sous l'influence de la chaleur, elle commence à se ramollir vers 70°, et entre en fusion complète à 93°; à une température plus élevée, elle se boursoufle en répandant l'odeur de l'encens. Par le refroidissement, elle se présente sous la forme d'écailles amorphes semi-transparentes, ou de plaques résinoïdes. Chauffée en présence de l'acide sulfurique dilué, elle ne donne pas de sucre de glucose. Sous l'influence de l'acide azotique concentré, elle se transforme en acide picrique. L'acide bétulorétinique forme avec les bases des sels incristallisables. M. Kossmann lui assigne la formule $C^{34}H^{66}O^5$ [Kossmann, *Thèse et Journ. de Pharm. et de Chim.*, t. XXVI, p. 197].　　　　　　　　　　　　E. C.

BEUDANTITE (Min.). — Petits cristaux, rhomboédriques d'après Lévy, noirs et opaques, trouvés à Horhausen dans le Nassau et rapportés à la pharmacosidérite. D'après deux analyses de Percy, ils renferment les acides arsénique, sulfurique et phosphorique, combinés avec du peroxyde de fer, de l'oxyde de plomb et de l'eau. L'angle du rhomboèdre est de 86° 30'.

BEUDANTITE ou **BEUDANTINE**. — Voyez Néphéline.

BEURRE [*Ann. de Chim. et de Phys.*, t. XII; 3e série, t. VII; 4e série, t. IX, p. 108]. — Le beurre est un corps gras et huileux qui, sous forme de globules, se trouve en suspension dans le lait; à cause de sa faible densité, il ne tarde pas à s'élever à la surface de ce liquide, entraînant avec lui du sérum et de la matière caséeuse, avec lesquels il forme la crème. Le beurre frais, d'après M. Chevreul, a la composition suivante :

> Beurre pur............　83,35
> Lait de beurre.........　16,25

Pour en extraire le beurre, M. Chevreul, dans un mémoire qu'il a publié en 1842, se sert du procédé suivant : On fond le beurre frais dans une éprouvette allongée. Après un certain temps, le beurre pur se sépare du lait de beurre et monte à la partie supérieure. On le décante et on le coule dans de l'eau à 40° centigrades; on le lave avec soin, et, après deux ou trois lavages, on peut le considérer comme sensiblement pur.

A cet état, le beurre est un corps jaune, légèrement acide, liquide à la température de 26°, peu soluble dans l'alcool, puisque 100 p. de ce liquide ne dissolvent que 3,5 de beurre.

Sa composition chimique est fort complexe; pour séparer ses éléments, M. Chevreul saponifie le beurre par la potasse, puis il décompose le sa-

von ainsi formé par de l'acide tartrique; les produits de la décomposition sont des acides gras comprenant les acides margarique, stéarique et oléique, des acides volatils qui sont les acides butyrique, caproïque et caprique, et enfin une huile douce formée d'un mélange d'oléine et de butyrine; c'est ce dernier corps qui différencie le beurre des autres corps gras. Sous l'influence de l'oxygène, la butyrine ne tarde pas à donner de l'acide butyrique qui communique aux beurres, habituellement appelés beurres rances, leur odeur repoussante.

En 1843, M. Broméis, voulant compléter les travaux de M. Chevreul sur ce sujet, est arrivé à des résultats à peu près identiques.

D'après ce dernier chimiste, la composition du beurre pur serait en effet :

> Margarine....................　68
> Butyroléine..................　30
> Butyrine, caproïne et caprine..　2

On voit que cette composition est peu différente de celle donnée par M. Chevreul, et que le seul fait nouveau que M. Broméis aurait apporté à l'histoire de ce corps serait la présence dans le beurre d'un acide particulier : l'acide butyrolique, résultant de la combinaison des acides oléique et butyrique.

Fabrication. — Le beurre n'est pas généralement retiré directement du lait, mais bien de la crème qui ne tarde pas à s'élever à la partie supérieure de ce liquide, si on maintient sa température entre 12° et 14°. Pour séparer le beurre de la caséine et du sérum que renferme aussi la crème, on se sert d'appareils en bois appelés barattes, dont la forme varie à l'infini; le lait y est animé d'un mouvement de rotation lent, mais régulier; sous cette action, les globules de beurre ne tardent pas à se rassembler. Ici encore la température influe d'une manière toute particulière; d'après M. Boussingault, elle doit être, pour de la crème douce, de 15°; pour de la crème aigre, de 17°; pour du lait ordinaire, de 18°. Si ces conditions sont remplies, le beurre se rassemble, en moins d'un quart d'heure, au fond de la baratte : on le retire et on le lave avec soin; cette opération a reçu le nom de *délaitage*.

D'après M. Boussingault, qu'on opère sur du lait ou de la crème, il y a toujours environ un quart du poids du beurre qui échapperait à l'agglomération.

Le délaitage peut s'opérer de plusieurs manières; mais il faut toujours avoir soin de ne pas trop pétrir le beurre dans l'eau; on altère alors particulièrement sa couleur et son arome. Le meilleur procédé est celui qui est employé à la Prévalaye; le délaitage s'opère sans eau : on coupe le beurre en lames très-minces, et, au moyen de cuillers plates souvent trempées dans l'eau, pour que le beurre ne s'y attache pas, on manie et remanie le beurre jusqu'à ce que les matières étrangères aient complètement disparu.

La proportion de beurre contenue dans le lait des différents animaux est très-variable; pour 100 p., on trouve 3,5 de beurre dans le lait de la vache, 8,3 dans celui de la brebis, 1,4 dans celui d'ânesse, ce qui explique combien la digestion de ce liquide est facile, et enfin 3,4 dans celui de la femme. Ces quantités peuvent même varier aux différents instants de la traite; pour 100 p. de lait d'ânesse, on trouve 0,96 de beurre au commencement, 1,52 au milieu et 2,95 à la fin de l'opération. On utilise la connaissance de ce fait dans les fermes où se pratique à la fois l'élevage des veaux et la fabrication du beurre; on laisse le veau teter sa mère pendant un certain temps, puis on l'écarte et on recueille les dernières portions de lait pour l'employer à la fabrication du beurre.

Conservation du beurre. — Le beurre frais exposé à l'air ne tarde pas à s'altérer; il rancit d'abord à la surface, puis à l'intérieur. C'est alors un aliment dangereux, car les acides qu'il renferme peuvent réagir sur les vases en cuivre et favoriser leur oxydation; il doit donc être exclu de la consommation. On a proposé, pour obvier à cet inconvénient, divers procédés, dont le plus simple serait de laver le beurre à l'eau de chaux, puis à l'eau fraîche. La préparation de l'eau de chaux offre peu de difficultés, et sa présence en petites quantités suffit pour neutraliser les acides qui se développent dans le beurre. On emploie encore le procédé suivant : On agite vivement le beurre dans une quantité suffisante d'eau contenant 25 à 30 grammes d'hypochlorite de chaux par kilogramme, ce qui n'offre aucun danger, on le laisse reposer pendant quelque temps, et on le bat de nouveau dans l'eau fraîche; le beurre est alors redevenu frais. On conserve parfois encore le beurre pendant quelques jours, en le recouvrant d'eau bouillie contenant en dissolution de la chaux. Mais le procédé généralement employé consiste à faire fondre le beurre, jusqu'à ce que tout l'air interposé se soit dégagé; on décante alors le liquide en laissant au fond du vase les matières azotées qui s'y sont déposées, et on le place dans des vases en grès bien secs que l'on ferme hermétiquement après avoir préalablement disposé à la surface du beurre une couche de sel. Ainsi préparé, ce beurre peut très-bien se conserver d'une année à l'autre.

Le plus souvent, on se contente de saler le beurre pour le conserver; la quantité que l'on doit employer est en moyenne de 500 grammes de sel pour 8 ou 10 kilogrammes de beurre. Le procédé Twamley est un des meilleurs pour la conservation; il consiste dans l'emploi de 1/4 de sucre, 1/4 de nitre et 1/2 de sel fin, le tout bien pulvérisé. On met 30 grammes de ce mélange par demi-kilogramme de beurre bien débarrassé de son petit-lait.

Falsifications du beurre. — Les falsifications du beurre sont souvent les suites de celles qu'ont subies le lait et la crème, mais elles ne se bornent pas là. Il arrive fréquemment que les mottes de beurre contiennent à l'intérieur des beurres rances et sophistiqués et à l'extérieur du beurre frais; dans ce cas la falsification est facile à reconnaître; il en est de même quand on substitue au beurre du fromage. Mais ce ne sont pas seulement là les matières que l'on emploie; on y mêle encore des pierres et du sable, des pommes de terre râpées, des fécules, de la craie, du suif de veau et même, assure-t-on, du carbonate et de l'acétate de plomb. De même que les falsifications du lait, celles du beurre sont très-faciles à reconnaître.

Pour y déceler la présence de matières nuisibles, on porte le beurre à une température voisine de 50°; le beurre fond; quant aux matières étrangères, elles se précipitent au fond du vase. Si l'on avait incorporé du suif de veau, le beurre ne pourrait plus fondre à 50°, et son point de liquéfaction monterait au moins à 70°. Pour y reconnaître la présence de la céruse ou de la craie, on traite la matière infusible par de l'acide chlorhydrique; on obtient ainsi une effervescence, et la liqueur ainsi obtenue précipite en noir par l'hydrogène sulfuré, si le carbonate est à base de plomb; au contraire, elle ne donne aucun précipité avec ce réactif, mais elle précipite en blanc par une dissolution d'oxalate d'ammoniaque, si le carbonate est à base de chaux.

Pour s'assurer de la présence de la fécule ou de l'amidon, on ajoute à la liqueur une petite quantité d'eau iodée; si le beurre est frelaté, il prend une teinte bleue sous l'influence de ce réactif. P.-P. D.

BÉZOARDIQUE (ACIDE) [Syn. *Acide ellagique*]. — [Braconot, *Ann, de Chim. et de Phys.,* (2), t. IX, 187; — Chevreul, *ibid.*, p. 329; — Pelouze, *ibid.*, t. LIV, p. 357; — Wœhler et Merklein, *Ann. der Chem. u. Pharm.*, t. LV, p. 334; — A. Gobel, *ibid.*, t. LXXXIII, p. 280; — Wœhler, *Compt. rend. de l'Acad. des sciences.*, t. XXI, p. 255; *Compt. rend. annuels des progrès de la Chim.*, par Berzelius, édit. française, 7e ann., 1843, p. 286; — Taylor, *Phil. Mag.*, (3), t. XXIV, p. 354, et t. XXVIII, p. 45; — Lipowitz, *Simon's Beiträge zur physiol. u. pathol. Chem.*, t. I, p. 464.] — L'acide bézoardique se produit dans une fermentation particulière de la noix de galle et existe dans des concrétions animales connues sous le nom de *bézoards orientaux;* il répond à la formule $C^{14}H^6O^8 + 2H^2O$.

Lorsqu'on abandonne à l'air une infusion de noix de galle, il s'y forme un précipité fauve qui renferme de l'acide gallique et de l'acide bézoardique. Ce précipité est épuisé par l'eau bouillante qui en sépare l'acide gallique ; puis dissous dans la potasse. L'acide chlorhydrique précipite de l'acide ellagique pur de cette dissolution.

Pour extraire l'acide ellagique des bézoards orientaux, on lave ces concrétions, on les pulvérise après les avoir privées de leur noyau, on les arrose dans un flacon avec une solution concentrée d'hydrate potassique, puis on remplit le flacon d'eau, de manière qu'il n'y reste que fort peu d'air, et on le bouche. La quantité de potasse employée doit être telle, qu'il n'en reste qu'un léger excès dans la liqueur quand l'acide est dissous. On agite continuellement la masse sans chauffer, et, lorsqu'on juge que la dissolution est achevée, on laisse clarifier par le repos et l'on fait ensuite passer la liqueur, au moyen d'un siphon, dans un flacon plein d'anhydride carbonique, de manière à éviter l'action de l'air. A mesure que l'anhydride carbonique sature la potasse, l'ellagate neutre de potasse se dépose sous forme de poudre blanche; ce précipité est recueilli sur un filtre, lavé à l'eau bouillie, puis redissous dans l'eau bouillante. La liqueur filtrée laisse déposer par le refroidissement l'ellagate de potasse en masses cristallines volumineuses qu'on lave avec de l'eau froide, qu'on exprime et qu'on sèche.

Il suffit, pour avoir l'acide ellagique, de redissoudre le sel de potasse dans l'eau et de verser la solution dans l'acide chlorhydrique. Ce produit doit être lavé à l'eau froide.

Suivant Guibourt, l'acide ellagique est contenu en très-petite quantité dans le résidu des noix de galle épuisées par l'éther [*Revue scient.*, t. XIII, p. 32].

Propriétés. — L'acide ellagique pur est en poudre légère, insipide et d'un jaune pâle; vu au microscope, il paraît cristallisé en prismes transparents. Il est à peu près insoluble dans l'eau, se dissout dans l'alcool auquel il communique une coloration jaune et une légère réaction acide. A 100°, il perd son eau de cristallisation.

Réactions. — L'acide ellagique se dissout dans la potasse, qui prend une teinte safranée; cette solution est très-altérable à l'air. Les acides minéraux en précipitent l'acide ellagique.

L'acide sulfurique concentré dissout l'acide bézoardique en se colorant en jaune, l'eau l'en précipite sans altération; à l'air humide, cette solution sulfurique laisse peu à peu l'acide bézoardique se déposer en prismes ténus, allongés et presque incolores.

L'acide azotique convertit l'acide bézoardique en acide oxalique.

L'acide iodique le transforme en un acide nouveau, d'une espèce particulière, avec dégagement d'anhydride carbonique et séparation d'iode.

Une solution bien neutre de chlorure ferrique se colore, en vert d'abord, puis en bleu noirâtre, sous l'influence de cet acide; la liqueur, qui ressemble à de l'encre, ne parait rien renfermer en suspension.

Chauffé avec une solution alcoolique de perchlorure de fer, l'acide ellagique se convertit en caillots d'un beau bleu foncé, semblables au bleu de Prusse ; ce produit, après dessiccation, est noir et insoluble dans l'eau. L'acide chlorhydrique en sépare l'acide bézoardique en se chargeant d'un mélange de protochlorure et de perchlorure de fer.

Sous l'influence de la chaleur, l'acide bézoardique se décompose sans fondre ; la masse charbonnée se recouvre d'aiguilles jaunes. Ces cristaux sont encore plus abondants si l'on opère dans un courant de gaz carbonique.

ELLAGATES MÉTALLIQUES. — Ces sels sont assez mal connus ; beaucoup de ceux que l'on a préparés sont des sels basiques. L'acide ellagique, $C^{14}H^6O^8$, est bibasique. Ses sels neutres renferment $C^{14}H^4O^8(M')^2$; il renferme donc 2 atomes d'oxygène dans le radical, et par conséquent 6 atomes d'oxygène typique ; il est donc hexatomique.

Le *sel de potasse* est une poudre légère, constituée par des prismes microscopiques ; sa formule est $C^{14}H^4O^8K^2$. Lorsqu'on fait digérer ce sel avec une solution alcoolique de potasse, il se forme un autre sel en poudre grise, formée de cristaux microscopiques. Ce dernier paraît avoir pour formule $C^{14}H^4O^8K^2.KHO$, ou peut-être $C^{14}H^3O^8K^3 + H^2O$.

La solution potassique de l'acide bézoardique se colore à l'air, et ne tarde pas à laisser se déposer des flocons volumineux auxquels Wœhler et Merklein donnent le nom de *glaucomélanate potassique* ; bouillis avec de l'eau, ces flocons reproduisent de l'acide ellagique. La composition du corps a été représentée par la formule $C^{12}H^4K^2O^7$, mais la régénération de l'acide bézoardique par l'action de l'eau sur ce corps rend cette formule improbable.

Le *sel sodique*, $C^{14}H^4O^8Na^2$, est une poudre cristalline d'un jaune pâle, moins soluble dans l'eau que le sel de potassium.

Le *sel de baryum*, $2(C^{14}H^4O^8Ba'') + BaH^2O^2$, ou mieux $(C^{14}H^3O^8)^2Ba''^3 + 2H^2O$, est insoluble et d'un jaune citron.

Le *sel de plomb*, $C^{14}H^4O^8Pb'' + Pb''O$, est un précipité jaune, amorphe, qui devient d'un vertolive lorsqu'on le chauffe.

Le *sel de chaux* ressemble au sel de baryte ; le *sel de magnésie* est insoluble et jaune.

BÉZOARDS. — Les bézoards d'où l'on extrait l'acide bézoardique sont les *bézoards orientaux*, qui ne renferment pas d'acide lithofellique ; on les distingue de ceux qui sont formés par cet acide au moyen de la chaleur qui fond ces derniers et sous l'action de laquelle les premiers se charbonnent en se recouvrant de cristaux jaunes.

Ils sont ovoïdes ou réniformes, lisses, cassants, d'une texture conchoïde, et renferment un noyau autour duquel sont déposées des couches concentriques. Leur couleur est vert-olive foncé et quelquefois brune ; leur odeur est faible, agréable, rappelle celle de l'ambre gris et du musc. Elle devient plus intense lorsqu'on les traite par la potasse.

Ces bézoards ont une grosseur qui varie depuis le volume d'une fève jusqu'à celui d'un œuf de poule.   A. N.

BIÈRE (angl. *beer* ; allem. *bier*). — On désigne sous ce nom la liqueur fermentée produite avec les décoctions ou les infusions des matières amylacées modifiées par la germination, et auxquelles on ajoute une certaine quantité de houblon. Le caractère essentiel de la bière, celui qui la différencie des autres boissons alcooliques, c'est qu'elle doit être consommée alors qu'elle est encore en fermentation : elle cesse d'être bière dès qu'elle cesse de fermenter. *La bière a de la vie.*

Cette boisson a été connue par les anciens : les Égyptiens, les Gaulois, les Germains, les Grecs, les Romains savaient préparer la bière ; on la nommait Cerevisia (*Ceres* et *vis*), que nous avons transformé en *cervoise*, nom qu'elle a longtemps porté.

La bière est encore aujourd'hui une des boissons les plus répandues ; c'est presque la seule connue dans les pays du Nord où la vigne ne croît pas et où le vin est par conséquent rare et cher. La production de cette liqueur précieuse a atteint des proportions colossales, et, en raison de cette importance, la construction des appareils, le soin donné aux opérations et surtout l'étude des divers phénomènes qui s'y passent, ont successivement attiré l'attention des brasseurs. Profitant des découvertes de la science, ils ont su les appliquer avec fruit : nous nous trouvons donc en présence d'une véritable *fabrication*, d'où les inconnues tendent chaque jour à disparaître.

Au point de vue chimique, cette fabrication est d'un grand intérêt ; aussi insisterons-nous plutôt sur cette partie de notre travail, renvoyant aux ouvrages spéciaux pour l'examen détaillé des machines et des appareils employés dans la brasserie.

La préparation de la bière comprend diverses opérations : la préparation du malt, l'empâtage ou brassage, la décoction du houblon, la fermentation. Chacune de ces opérations a son importance spéciale ; la préparation du malt cependant doit être considérée comme la plus importante : elle constitue du reste une industrie spéciale. Il existe, surtout en Angleterre, de grandes usines exclusivement consacrées à la fabrication du malt. En France, il y a peu de brasseurs qui ne maltent pas, mais il y en a également peu d'importants qui soient dans le cas de préparer eux-mêmes tout leur malt [1].

PRÉPARATION DU MALT. — Toutes les matières amylacées peuvent être employées dans la fabrication de la bière ; le froment, le maïs, l'orge, le seigle, l'avoine, la pomme de terre (Siémens), toutes les substances, enfin, susceptibles de se dédoubler en dextrine et en sucre, peuvent servir à faire de la bière. Toutes celles que nous venons de nommer sont en réalité employées, selon les circonstances ; mais c'est à l'orge qu'on donne généralement la préférence, et l'on a spécialement donné le nom de malt à l'orge germée et moulue. Les raisons qui militent en faveur de l'orge sont les suivantes : le froment est plus cher et sa germination est très-difficile à conduire ; le seigle et l'avoine donnent une bière qui se clarifie mal et s'aigrit promptement.

Le but de la germination de l'orge est de développer dans cette graine la matière azotée qui doit ultérieurement transformer l'amidon en matière sucrée : cette transformation s'effectue, en partie déjà pendant la germination. Les analyses d'Oudemans démontrent ces deux résultats :

	Orge.	Malt d'orge desséché à l'air.
Dextrine	5,6	8
Amidon	67,0	58,1
Sucre	0	0,5
Matières cellulaires	9,6	14,4
Substances albumineuses	12,1	13,6
Matière grasse	2,6	2,2
Cendres	3,1	3,2

[Mulder, *de la Bière*, 1861, p. 118].

(1) Nous devons beaucoup des renseignements qu'on trouvera dans cet article à l'obligeance de M. Gruber et de M. Charles Schützenberger, brasseurs à Strasbourg.

Le choix d'une orge de bonne qualité est d'une grande importance pour la préparation du malt; le grain doit être lourd (1 hectolitre doit peser de 64 à 67 kilog.), compacte, bien plein; il doit présenter une cassure blanche et farineuse. Les grains qui ont plus d'un an ne fournissent en général pas de bonne bière. Une qualité essentielle d'une bonne orge est de germer régulièrement.

Les diverses opérations qui constituent la préparation du malt sont : le *mouillage des grains*, la *germination*, la *dessiccation*, la *mouture*.

1° *Mouillage*. — Chacun sait que les grains secs peuvent être conservés intacts à peu près indéfiniment et qu'il est indispensable, pour les faire germer, de leur donner une certaine quantité d'humidité : le mouillage a donc pour but de permettre aux différentes substances contenues dans le grain de réagir les unes sur les autres.

L'opération du mouillage se fait dans des réservoirs en briques reliées au moyen de ciment, ou dans des cuves en bois : on met le grain tout entier et avec son enveloppe dans ces réservoirs, puis on y fait arriver une quantité d'eau telle, qu'elle dépasse la couche de grains de quelques centimètres; on agite la masse pendant quelque temps, de façon à mettre tous les grains en contact avec l'eau, et à permettre aux grains vides ou avariés (qui représentent quelquefois 2 % de la quantité employée) de venir surnager le liquide. On les enlève au fur et à mesure, ainsi que toutes les impuretés qui accompagnent forcément l'orge. Après quatre à six heures de contact, on laisse écouler l'eau qui s'est fortement colorée et a pris un goût désagréable, et on renouvelle ce traitement jusqu'à ce que les eaux de lavage soient complètement limpides. A partir de ce moment, qu'il faut s'efforcer d'atteindre promptement pour éviter de dissoudre les parties solubles qui existent déjà dans l'orge, on n'ajoute plus l'eau qu'au fur et à mesure de son absorption par le grain. Il faut avoir soin de la remuer constamment pour que la masse soit humectée uniformément. Après quarante-huit heures environ, plus longtemps en hiver qu'en été, l'orge est saturée d'eau; elle a augmenté d'environ moitié de son poids, et du quart de son volume primitif. L'enveloppe se détache facilement du grain, qui lui-même se laisse écraser entre les doigts.

2° *Germination*. — Quand l'orge est arrivée au point voulu, on la fait tomber directement dans les *germoirs*; la partie inférieure des cuves à mouillage est munie à cet effet d'une sorte de trappe qu'on ouvre à volonté. Les germoirs sont généralement des caves, dallées ou bitumées, disposées de façon à ce que la température puisse y être maintenue constante. On étend le grain par terre, en un tas de 0m,50, et on l'abandonne à lui-même jusqu'à ce que l'on constate une certaine élévation de température : à ce moment, on le remue, et on diminue ensuite peu à peu la hauteur de la couche, en suivant pour cela les progrès de la germination, de façon qu'à la fin elle n'ait pas plus de 0m,10. Vingt-quatre ou quarante-huit heures après que l'orge a été étalée en couches minces, elle commence à germer. On la retourne alors toutes les quelques heures de manière à ce que les grains se trouvent tous dans les mêmes conditions de température et d'aération, et qu'ainsi la germination soit bien uniforme. Il est bon aussi de donner, de temps à autre, accès à l'air dans les germoirs, car l'oxygène y est promptement remplacé par l'acide carbonique, et sans oxygène la germination est impossible. Les expériences de Lefébure ont prouvé que l'atmosphère la plus favorable à la germination doit renfermer 1 d'oxygène et 3 d'azote.

La température à laquelle on opère la germination varie selon les pays. En Hollande, elle est de 12°; en Angleterre, 18°; en Bavière on la laisse monter jusqu'à 20-22°; en Autriche, enfin, pour la préparation de la bière dite de Vienne, on a soin de pousser la germination extrêmement lentement. En général, on laisse toujours la température s'élever à la fin de la germination; ainsi, en Angleterre, fréquemment on atteint 30-34°, tandis que pendant la grande durée de l'opération, on ne la laisse pas dépasser 18°. On est à peu près d'accord sur ce fait, que la germination s'effectue mieux dans des endroits obscurs que dans des endroits très-éclairés.

Après huit à douze jours, quatorze en Angleterre, et jusqu'à vingt et un jours en Écosse, la germination est considérée comme suffisamment avancée. Le caractère qui guide le malteur dans cette appréciation est la longueur de la plumule, qui doit être environ les 2/3 de celle du grain. Sous la plumule, le grain doit présenter une saveur sucrée manifeste.

Lorsque le moment favorable est atteint, il est important d'arrêter la germination, parce que le développement ultérieur des radicelles ne ferait que constituer une perte pour le brasseur. On arrive facilement à ce résultat en refroidissant le grain. On le retire du germoir et, au moyen d'un monte-sacs, on le transporte dans un grenier à air libre, sur le plancher duquel on l'étend par couches minces et où on l'abandonne pendant dix à douze heures. La germination étant arrêtée, l'orge germée demande à être desséchée. On la porte à cet effet dans les touraïlles.

Quel est le rôle de la germination? quels sont exactement les phénomènes chimiques auxquels elle donne lieu? Ces questions sont encore peu élucidées et les opinions des différents chimistes qui s'en sont occupés sont peu concordantes.

Les faits sur lesquels on est d'accord sont ceux-ci : dans l'acte de la germination, il y a absorption d'oxygène, dégagement d'acide carbonique et d'oxyde de carbone, perte de poids d'environ 3 % (les jeunes plantes pèsent moins que les graines dont elles proviennent).

Persoz et Payen admettent que pendant la germination il se développe dans les grains des céréales une substance particulière à laquelle ils ont donné le nom de *Diastase* (voyez ce mot) : cette substance exerce une action énergique sur la matière amylacée; elle commence par en séparer et en dissoudre les particules (de là son nom διάστασις), puis elle les décompose en donnant naissance à de la dextrine et à du glucose. 1 p. de diastase peut saccharifier 2000 fois son poids de matière amylacée [*Ann. de Chim. et de Phys.*, t. LIII, p. 73; t. LVI, p. 337]. C'est donc à la diastase que, d'après Persoz et Payen, appartient exclusivement la propriété de transformer l'amidon.

Mulder n'admet pas qu'il existe une substance particulière douée de cette propriété. Toutes les substances albuminoïdes, à un état déterminé de décomposition, sont susceptibles de saccharifier l'amidon. Th. de Saussure a montré, en effet, qu'il en est ainsi pour le gluten [*Ann. de Chim. et de Phys.*, t. XI, p. 379]. Bouchardat l'a prouvé pour la glutine, l'albumine, la chair putréfiée, etc. [*Ann. de Chim. et de Phys.*, (3), t. XIV, p. 61]; Magendie, pour le sérum [*Compt. rend.*, 1846, t. XXIII, p. 189], etc.

Après avoir ainsi combattu l'existence de la diastase comme principe spécial, Mulder recherche quelle peut être la nature de la substance albumineuse qui agit dans la saccharification de l'amidon. Ses résultats sont exprimés dans le tableau suivant où se trouvent comparées les substances albumineuses de l'orge et du malt

	Orge.	Malt d'orge.
Glutine	0,28	0,34
Substance albumineuse coagulable	0,28	0,45
Substance albumineuse soluble, non coagulable	1,55	2,08
Substance albumineuse insoluble	7,59	6,23
	9,70	9,10

Par l'examen de ce tableau, on voit que par le maltage la substance albumineuse insoluble a diminué dans la même proportion que les trois autres substances albumineuses ont augmenté. Elle peut donc être considérée comme une source de substances albumineuses solubles. On voit, en outre, que la substance albumineuse soluble et coagulable (la diastase n'est pas coagulable) a augmenté dans une forte proportion. La nature de ces diverses substances albumineuses n'a pas été examinée par Mulder, et cette étude reste encore à faire. Selon lui, le rôle de la germination consiste à déterminer la transformation des substances albumineuses insolubles en substances albumineuses solubles, la mise en activité des substances solubles et la transformation de l'amidon. Ces trois actions marchent de front dans la germination [Mulder, loc. cit., p. 157].

3° *Dessiccation de l'orge germée.* — La dessiccation de l'orge germée s'opère de différentes façons, selon les pays. En Belgique, on l'effectue fréquemment à l'air libre, sans le concours de la chaleur. L'orge est étendue sur des plaques de tôle ou de cuivre dans de vastes greniers ouverts de tous côtés, de façon que l'air s'y renouvelle facilement. On retourne les grains plusieurs fois par jour, et on continue ce travail jusqu'à ce qu'ils soient complétement secs, ce qui nécessite dix à quinze jours. En opérant ainsi, il est difficile d'obtenir des bières très-limpides.

En Angleterre, en Bavière et en France, l'orge germée est séchée dans des *tourailles*, sorte de tour carrée, en bois, de 5 à 6 mètres de côté, chauffée à sa partie inférieure, et dans l'intérieur de laquelle sont disposés des plateaux métalliques percés de trous. Toute espèce d'étuve peut servir de touraille aux conditions suivantes : la température doit pouvoir y être réglée facilement; les grains doivent rester à une certaine distance du feu; la vapeur d'eau doit pouvoir être facilement expulsée.

Il est indispensable, pour que le malt acquière toutes ses qualités, que la dessiccation soit dirigée avec le plus grand soin. La température à laquelle les grains sont soumis doit être peu élevée au commencement et monter progressivement jusqu'à ce qu'ils soient complétement secs et qu'ils aient acquis la nuance voulue; si l'on soumet brusquement l'orge germée à une température élevée, l'amidon se transforme en empois qui se racornit ensuite, devient dur et n'est plus susceptible de se laisser plus tard pénétrer par l'eau et d'être saccharifié; en outre, si l'orge germée est soumise à une température élevée avant d'être complétement sèche, les parties albumineuses qu'elle renferme se coagulent et sont absolument perdues. Même pour les malts bruns qui doivent être très-fortement touraillés, il est bien plus avantageux de prolonger la durée de la dessiccation, fût-ce pendant plusieurs jours, que de porter rapidement la température à un degré très-élevé; outre les avantages dont nous avons déjà parlé, on évite toujours ainsi la formation des produits amers qui proviennent d'une torréfaction trop avancée du glucose et de la dextrine.

La disposition généralement adoptée est celle qui a été indiquée par Chaussenot.

La touraille est chauffée au moyen d'un courant d'air chaud produit à la partie inférieure de l'appareil; elle est divisée en deux étages assez distants l'un de l'autre et dont le plancher est formé par des plaques de tôle ou mieux de cuivre, percées de trous suffisamment petits pour empêcher le passage des grains; ceux-ci sont étalés par couche de 0^m,10 à 0^m,15 sur le plancher supérieur, et restent soumis à l'action de l'air chaud jusqu'à ce qu'ils soient complétement secs. L'air, arrivant par la partie inférieure de l'appareil, pénètre par les trous, traverse la couche de grain, lui enlève son humidité et s'échappe par une cheminée d'appel. La température de l'étage supérieur de la touraille doit être de 30° à 35°. On hâte la dessiccation de l'orge en la retournant fréquemment.

Quand elle est complète, on ouvre une trappe disposée au milieu de la touraille et on fait tomber les grains sur les plateaux inférieurs où ils doivent subir l'influence d'une température beaucoup plus élevée. Cette température varie beaucoup selon la nature du malt que l'on doit produire; elle est d'autant plus élevée que le malt doit être plus coloré. Pour le malt pâle elle sera de 40°, pour le malt jaune ou ambré, de 60°; pour le brun, de 70° à 80°, et enfin, pour le malt noir, on devra la pousser jusqu'à 100° et même 200°.

La dessiccation de l'orge germée dure de 12 à 24 heures, elle peut néanmoins exiger 2 et 3 jours. Il est évident qu'elle sera d'autant plus prompte que le courant d'air qui traverse la touraille sera plus rapide.

Généralement, en Angleterre, la dessiccation est opérée autrement qu'en Bavière et qu'en France. L'orge germée passe immédiatement du germoir aux tourailles; celles-ci sont chauffées directement et non pas à l'air chaud. Comme combustible on se sert de coke ou de bois; les produits de la combustion se rendent dans l'intérieur de la touraille et, se trouvant en contact avec le malt, exercent sur lui une action spéciale : dans le cas du bois, les produits empyreumatiques communiquent au malt un goût particulier qui est assez recherché, et par leurs propriétés antiseptiques s'opposent à toute espèce d'altération; mais dans le cas du coke, il se forme toujours de l'acide sulfureux qui, se transformant ultérieurement en acide sulfurique, amène quelquefois des accidents lors de la fermentation. Les inconvénients qui découlent de l'emploi du coke ont fait rechercher d'autres genres d'appareils. Les uns sont chauffés au gaz, les autres à la vapeur. Nous renvoyons aux ouvrages spéciaux le lecteur désireux de connaître les appareils de Hallewell et de Tizard [*Muspratt's Chemistry, Beer*, p. 240 et 241 ; voyez aussi Payen, *Précis de chim. industr.*, Bière, p. 302, pour la description de l'étuve à dessiccation continue de Lacombe et Persac].

Lorsque le malt est suffisamment touraillé, on le soustrait à l'action de la chaleur, soit en abattant le feu et déterminant dans les tourailles un courant d'air froid, soit en le sortant de la touraille et en le laissant refroidir dans un atelier spécial.

Il ne demande plus alors qu'à être nettoyé et dégermé pour se trouver dans l'état où il est livré au commerce. L'enlèvement des germes est indispensable, car ils communiquent à la bière un goût très-désagréable. Il est important de nettoyer le malt bientôt après sa dessiccation, car plus tard les germes reprendraient de l'humidité, par conséquent de la souplesse, et ne se briseraient plus aussi facilement.

On peut nettoyer le malt soit en le faisant piétiner pendant quelque temps et cribler ensuite, soit en le soumettant à l'action d'une machine spéciale, sorte de moulin à hélice dans lequel les grains sont énergiquement frottés les uns contre les autres et à la sortie duquel, à l'aide d'un ventilateur, les parties les plus légères sont enlevées [Ch. Schutzenberger, brevet n° 70009;—Schwalbe, *Jahresb. de Wagner*, 1860, p. 406; — Tonnar, *Dingler's polyt. Journ.*, t. CLXIX, p. 261]. Ces germes ou *touraillons* sont employés comme engrais; il s'en produit journellement des quantités considérables, puisqu'ils représentent environ 3 % du poids de l'orge. L'analyse des touraillons a été faite par Lermer [*Dingler's polyt. Journ.*, t. CLXXIX, p. 71].

Le malt nettoyé et dégermé doit être conservé avec soin à l'abri de l'humidité, pour être employé au fur et à mesure des besoins de la consommation.

Le volume du malt excède de 8 à 9 % celui de l'orge qui a servi à le fabriquer. 100 kilog. d'orge de bonne qualité doivent donner 80 kilog. de malt. Mais la perte n'est pas de 20 %, comme il semblerait au premier abord; l'orge séchée à la même température que le malt perd 12 % d'eau, de telle sorte qu'en réalité la perte due à la transformation de l'orge en malt n'est plus que de 8 %, qu'on estime devoir être partagés comme il suit :

1,5 au mouillage.
3   à la germination et à la touraille;
3   touraillons ;
0,5 pertes de fabrication.

Le malt doit présenter les caractères suivants : il est plus léger que l'eau, le grain est plein, rond, se laisse facilement écraser entre les dents et laisse une marque blanche comme la craie lorsqu'on l'écrase sur du bois; il possède une saveur douce et sucrée (Ure).

Le malt subit par la dessiccation diverses modifications dans sa constitution chimique; en effet, le but qu'on se propose par la dessiccation de l'orge germée n'est pas seulement de pouvoir la conserver facilement, mais encore de continuer à développer en elle les principes que la germination avait commencé à produire.

Le malt, après son passage aux tourailles, renferme en effet une quantité de dextrine beaucoup plus grande qu'avant sa torréfaction. Cette dextrine est due non-seulement à l'action des matières albumineuses sur l'amidon, mais encore à la température élevée à laquelle le malt a été soumis.

Il se produit également dans le passage aux tourailles divers produits colorés en brun et que Mulder désigne sous le nom de *produits de torréfaction*. Ces produits sont variables. Si le malt a été porté encore humide à une température de 60°, c'est de l'*acide apoglucique* qui prend naissance; si le malt, préalablement desséché, a été porté à une température plus élevée, c'est du *caramel* et de l'*assamar* que l'on obtient. Ces divers produits donnent au malt un goût spécial, un parfum de matières empyreumatiques qui se retrouve dans la bière.

On trouvera dans le *Polyt. centralbl.*, 1860, p. 481 et 561, un travail de Stein, et dans le *Jahresb. de Wagner*, 1863, p. 526, un travail de Lermer sur la composition du malt et de l'orge.

4° *Mouture du malt*. — Avant d'être brassé, le malt doit être moulu. On le soumet à l'action d'un moulin concasseur à cylindres unis, en fonte; le malt passe entre ces deux cylindres disposés de telle façon et à une distance l'un de l'autre telle, que le grain soit écrasé, sans que la pellicule externe soit brisée; il est assez important de veiller à ce résultat, car autrement la filtration du moût ne s'effectuerait pas convenablement. Généralement avant la mouture du malt, on le laisse exposé quelque temps au contact de l'air afin qu'il reprenne une certaine dose d'humidité. Autrefois, on broyait le malt à l'aide de meules en pierre et cette pratique nécessitait le *mouillage* du malt à l'aide de 3 % d'eau, opération toujours

assez dangereuse pour la fabrication, car toute négligence ou tout oubli déterminait dans le malt un commencement de fermentation qui ne manquait jamais de passer à la fermentation acétique et lactique.

BRASSAGE. — Le brassage se compose des opérations suivantes : l'*empâtage*, la *cuisson du moût avec le houblon*, le *refroidissement*, la *fermentation*.

1° L'*empâtage*, connu aussi sous le nom de *détrempage, trempe, brassage*, a pour but de dissoudre toutes les matières solubles qui existent dans le malt, et de déterminer, par l'action des matières albumineuses, la saccharification des matières amylacées. Les différents chimistes qui se sont occupés de cette question ne sont pas d'accord sur les phénomènes qui se passent par l'action des matières albumineuses sur l'amidon et la dextrine.

Comme nous l'avons déjà dit, Mulder nie l'existence de la diastase (voyez p. 587). Il admet, de plus, que dans le malt les substances amylacées se trouvent sous divers états particuliers. L'amidon proprement dit a complétement disparu pour faire place à une substance spéciale qu'il désigne sous le nom d'*amylo-dextrine* et qui constitue pour la matière amylacée un état intermédiaire entre l'amidon et la dextrine. On trouve ensuite dans le malt une substance gommeuse qui provient de la torréfaction de l'amidon. Cette *gomme d'amidon torréfié* ne se transforme que lentement en glucose et cette transformation n'est jamais complète. Enfin, il signale la présence de la *dextrine*, qui, sous l'influence des matières albumineuses, se transforme en sucre.

D'après Mulder, de même qu'il existe des substances qui viennent prendre place entre l'amidon et la dextrine, il en existe qu'il faut ranger entre la dextrine et le glucose : telles sont la dextrine-sucre de Ventzke, la maltose de Berthelot, etc. La transformation complète de l'amidon en sucre est impossible.

Musculus n'admet pas ces divers états intermédiaires signalés par Mulder. D'après lui, la matière amylacée se *dédouble*, sous l'influence de la diastase, en glucose et en dextrine, et ne se convertit pas d'abord en dextrine, puis en glucose : ce dédoublement a lieu dans le rapport de 1 p. de glucose pour 2 p. de dextrine. Enfin, la diastase n'a pas d'action sur la dextrine [*Ann. de Chim. et de Phys.*, (3), t. LX, p. 203 et (2), t. VI, p. 177. — Voyez aussi Reischauer, *Dingler's polyt. Journ.*, t. CLXV, p. 452].

L'opinion de Payen est diamétralement opposée à celle de Musculus; suivant lui, le dédoublement indiqué par Musculus ne saurait être admis : l'action de la diastase est bien celle qu'il a indiquée naguère. Elle exerce une action saccharifiante sur la dextrine, mais cette action est entravée par la présence du glucose; vient-on à faire disparaître ce glucose, par exemple par la fermentation, l'action de la diastase se manifeste de nouveau, et il en résulte que l'on peut, à quelques centièmes près, transformer la totalité de la matière amylacée en glucose, alcool et produits accessoires [*Ann. de Chim. et de Phys.*, (4), t. IV, p. 286, et t. VII, p. 382].

Il nous est impossible, en présence d'affirmations aussi divergentes, basées sur des expériences sérieuses, de poser une conclusion satisfaisante; néanmoins, la théorie de Payen, rendant plus facilement compte des phénomènes qui se forment dans la fabrication de la bière, est celle que nous adopterons pour les expliquer.

Le brassage s'effectue, d'une façon générale, en soumettant le malt à l'action de l'eau chaude; la température de cette eau doit, au commencement de l'opération, être assez basse et monter progressivement jusqu'à 60-70°, qui est celle que Payen et Persoz ont indiqués comme étant la plus favorable à la saccharification.

On fait généralement plusieurs trempes sur la même quantité de malt; la première est très-forte, la seconde donne un moût de moitié moins fort que la première, et la troisième un moût de moitié moins fort que le second. Selon la nature du malt, la quantité d'eau employée, la température à laquelle le brassage a lieu et la durée du ce brassage, le rapport entre la dextrine et le glucose est modifié; or, il est important pour le brasseur de pouvoir facilement se rendre compte, d'une part, de la quantité d'extrait que renferme son moût, et, d'autre part, de la proportion relative de la dextrine et du glucose.

Le glucose est, par la fermentation, très-promptement transformé en alcool; la transformation de la dextrine, au contraire, est très-lente. Si donc le moût ne renferme plus de dextrine, la bière qu'il produira sera très-riche en alcool, mais elle sera facilement altérable; chaque fois, en effet, que la bière cesse de fermenter, que par conséquent elle n'est plus préservée, par l'acide carbonique, du contact de l'air, elle ne se conserve pas, elle s'aigrit promptement. Lorsque le brasseur a affaire à un moût pareil, il doit être sûr que la bière qui en résultera soit promptement écoulée; s'il n'a pas cette certitude, il devra y ajouter une certaine quantité de dextrine. L'addition de ce produit donne à la bière un goût spécial, plus d'épaisseur et de corps, toutes choses variables selon l'appréciation du consommateur, mais elle a pour but spécial d'entretenir dans la liqueur une fermentation lente et constante, fermentation qui pourra durer des mois et même des années; elle donne des *bières de conserve*.

Si, au contraire, le moût est trop riche en dextrine, ce qui retarde la fermentation, surtout en hiver et lorsqu'on opère sur de faibles quantités, le brasseur devra y ajouter du glucose.

En réalité, dans la pratique, ces additions de dextrine et de glucose sont rares, parce que le brasseur expérimenté règle la marche de sa fabrication de façon que ses trempes renferment exactement les éléments convenables, dans les proportions voulues.

Diverses méthodes ont été proposées pour juger de la richesse d'un moût en extrait; la plus simple repose sur l'emploi du saccharomètre ou sur celui de l'aréomètre. Le tableau suivant est donné par Payen dans son *Précis de chimie industrielle* :

Degrés de l'aréomètre Baumé à 15°.	Poids d'un hectolit.	Poids de l'extrait par 1 hectolitre.	Poids de l'extrait en centièmes.
1............	100k68	1k41	1k40
2............	101 405	2 92	2 88
3............	102 11	4 45	4 48
4............	102 81	6 43	6 25
5............	103 51	8 24	7 96
6............	104 22	10 19	9 78
7............	104 93	12 56	11 49
8............	105 64	13 92	13 18
9............	106 36	15 91	14 96
10............	107 18	17 74	16 55
11............	107 865	19 964	18 36
12............	108 65	21 90	20 16

(Lacambre).

Lorsqu'on a ainsi apprécié la quantité d'extrait existant dans 100 p. de moût, et que l'on veut rechercher le rapport dans lequel s'y trouvent la dextrine et le glucose, on peut doser l'un et l'autre; souvent on se contente de déterminer l'un. Le glucose est dosé très-exactement au moyen du tartrate cupricopotassique; mais cet essai, quelque simple qu'il soit, prend un certain temps; on préfère donc souvent ne doser que la dextrine. Cet essai se fait au moyen d'un tube gradué, dans lequel on verse une quantité déterminée de moût à laquelle on ajoute ensuite son volume d'alcool; la dextrine, insoluble dans ce véhicule, se précipite à l'état d'une masse dense dont on mesure le volume dans le tube gradué; chaque division de ce tube correspond à un poids déterminé de dextrine, cette graduation ayant été préalablement établie par des observations directes; on peut ainsi connaître très-rapidement et assez exactement la quantité de dextrine existant dans le moût. La différence entre le poids total de l'extrait et le poids de la dextrine indique le poids du glucose.

La manière d'opérer le brassage et la composition du brassin varient selon les pays; de là les différences si sensibles qui existent entre les bières de diverses provenances.

Les différentes manières de brasser peuvent être rapportées à deux types; l'un, dit *brassage par infusion*, est généralement adopté en Angleterre, en Belgique et dans le nord de la France; l'autre, connu sous le nom de *brassage par décoction*, est employé en Bavière, en Autriche et dans l'est de la France. Selon le mode de brassage, on obtient une fermentation particulière : au brassage par infusion correspond la *fermentation superficielle*; au brassage par décoction, la *fermentation par dépôt*.

Le *brassage par infusion* est conduit de la manière suivante : On verse dans la *cuve-matière* de l'eau à 40° environ, puis on y ajoute le malt écrasé, de façon à former une pâte assez épaisse; le mélange est convenablement agité, puis abandonné à lui-même pendant une demi-heure, afin que le malt se pénètre uniformément de liquide; c'est ce qu'on nomme la *trempe préparatoire*. On ajoute alors à la masse la quantité d'eau chaude voulue, à une température telle que le mélange atteigne 60-65°; on brasse fortement et on laisse le tout en contact pendant une heure, en ayant soin de couvrir la cuve-matière. A ce moment, on laisse le moût s'écouler et on le dirige dans la *chaudière*. On recommence la même opération avec une quantité d'eau moindre, mais à une température de 70-75°; une troisième trempe à une température encore plus élevée, soit 80°, quelquefois une quatrième, terminent l'épuisement du malt. Ce qui reste dans la cuve-matière est connu sous le nom de *drèche*; nous y reviendrons.

Les trois trempes sont tantôt réunies et bouillies ensemble, tantôt traitées séparément, et dans ce cas elles donnent chacune une bière spéciale; la première est bien plus forte que les autres; elle renferme le 1/6 de la matière sucrée (Payen). Il est essentiel, dans le brassage par infusion, de faire ces trois trempes promptement et de laisser les moûts le moins possible au contact de l'air, car ils ont une grande tendance à s'acidifier; il est inutile de dire que la présence d'un acide, surtout de l'acide lactique, qui pourrait se former dans ces conditions, est tout à fait nuisible à la fabrication de la bière.

Dans ce mode de brassage, les substances albumineuses ne sont nullement altérées; elles agissent avec tout leur pouvoir décomposant sur l'amidon et la dextrine et les transforment très-promptement, puisque l'on opère à la température reconnue la plus favorable à la saccharification. De cette transformation si prompte et si complète découle la nécessité d'opérer rapidement pour que le glucose formé ne s'altère pas. Il est facile de comprendre qu'en opérant à 60-65°, et même jusqu'à 70°, on obtienne des bières très-alcooliques, mais moins nourrissantes que celles dont nous allons parler. On comprend également qu'en opérant à cette température relativement basse, une partie de l'amidon puisse échapper à la réaction; aussi les drêches des brasseries anglaises en renferment-elles toujours.

Si dans le brassage par infusion on pousse la température jusqu'à 80°, on se rapproche des conditions du brassage bavarois et l'on produit des bières qui tiennent le milieu entre les anglaises et les allemandes.

Dans le *brassage par décoction*, le malt est mélangé à une petite quantité d'eau froide; puis, quand il est mouillé uniformément, on verse dans la cuve-matière la quantité d'eau voulue et à une température telle, que le mélange total atteigne 30-35°; on brasse énergiquement et on laisse reposer une heure, la cuve-matière étant couverte pour éviter les pertes de chaleur. A ce moment, on retire de la cuve-matière, au moyen d'une pompe, le tiers environ de la masse pâteuse (*Dickmaïsche*) et on la dirige dans la chaudière, où on la chauffe progressivement et en agitant constamment, jusqu'au bouillon que l'on maintient une demi-heure; on la fait alors retourner dans la cuve-matière, tout en la laissant bouillir doucement, et on règle les choses de telle sorte, qu'après ce traitement, la température du mélange total ne dépasse pas 40°. On brasse énergiquement, puis on laisse reposer, et on recommence cette opération trois fois, de manière que la température s'élève progressivement jusqu'à 60°. Généralement, la troisième cuite se fait, non plus avec la masse pâteuse, mais uniquement avec le liquide (*Lautermaïsche*). On abandonne alors le tout, pendant une heure, de façon à ce que la saccharification soit complète, puis on laisse écouler le moût et on épuise le résidu par deux traitements successifs à l'eau chaude.

Les trois trempes sont, comme dans le procédé anglais, dirigées vers les chaudières.

Le caractère essentiel de ce mode de brassage consiste, comme on le voit, en l'ébullition du malt avec l'eau; la haute température à laquelle on porte ce mélange détermine la coagulation d'une forte proportion des matières albumineuses, qui deviennent ainsi sans action sur l'amidon; d'autre part, cette température amène la dissolution complète de toutes les matières solubles existant dans le malt, et la transformation de l'amidon en empois, qui est attaqué par les matières albumineuses non coagulées, beaucoup plus énergiquement que l'amidon lui-même; mais ces matières albumineuses n'étant pas assez abondantes pour amener une saccharification complète, la majeure partie de l'amidon n'est transformée qu'en dextrine.

Il résulte donc de ce mode de brassage que le moût ainsi préparé renferme beaucoup moins de glucose et beaucoup plus de dextrine que le moût préparé par infusion; en outre, il contient beaucoup moins de matières albumineuses. Les bières produites avec ces moûts seront donc moins alcooliques, plus nourrissantes et se conserveront mieux que les bières préparées par infusion.

D'après Habich, le brassage par décoction donne naissance à un phénomène d'un ordre particulier; diverses substances azotées y subissent une modification spéciale qui les rend solubles, et c'est à ces substances qu'il convient d'attribuer le moelleux et les propriétés nourrissantes des bières allemandes. Elles ne conservent, du reste, pas indéfiniment cette solubilité : les bières par malt cuit, mises en bouteilles, parfaitement limpides, laissent toujours se former un certain dépôt, qui est, en général, accompagné ou précédé d'un commencement de fermentation acétique; ces phénomènes demandent encore à être étudiés.

Les drêches qui, supposées à l'état sec, représentent environ le tiers du poids du malt, sont utilisées pour l'alimentation des bêtes à cornes; mélangées avec du foin ou de la paille et un peu de sel, elles constituent une nourriture très-convenable (Payen).

Voici l'analyse, donnée par Mulder, d'une drêche provenant d'une brasserie où l'on suit la méthode par infusion.

Drêche d'orge (supposée anhydre) provenant d'un malt	touraillé.	fortem.^t touraillé.
Amidon	44,6	22,1
Matières cellulaires	29,1	44,8
Substances albumineuses	19,2	25,0
Matière grasse	1,9	1,7
Cendres	5,2	6,4
	100,0	100,0

Les quantités et la nature des malts employés dans le brassage varient beaucoup d'après la nature des bières qu'il s'agit de fabriquer. Pour l'ale, la bière de Bavière, la bière de Paris, on n'emploie que des malts clairs ou ambrés; pour le porter, un mélange des trois sortes de malt; pour les bières belges, un mélange de malt et de froment non germé.

Voici les quantités des diverses bières produites avec les mêmes proportions de malt :

	hecto-litres.		kilogr.
Ale	30	malt pâle	2,000
Porter	30	malt pâle... 1,000 / malt ambré. 700 / malt brun.. 300	2,000
Faro	45	malt pâle... 1,000 / froment non germé en farine ténue... 1,000	00
Bière de Strasbourg (façon Bavière)	60	malt ambré	2,000
Bière double de Paris... 60 / Petite bière.... 40 } 100		malt / sirop à 83°	2,000 / 200

La description de tous les appareils usités dans le brassage nous entraînerait dans des détails que le cadre de cet article ne comporte pas : nous ne citerons donc que les principaux.

Dans les petites brasseries, la cuve-matière est une simple cuve en bois munie d'un double fond percé de trous, qui sert à supporter l'orge et à faciliter l'écoulement du liquide. Le brassage y est effectué manuellement au moyen de perches, à crochet, nommées *fourquets*.

Quoique fort souvent les petites brasseries fournissent de meilleure bière que les grandes, ces appareils doivent être considérés comme surannés. Ils nécessitent des précautions très-grandes à cause de la difficulté que l'on éprouve toujours à les nettoyer parfaitement.

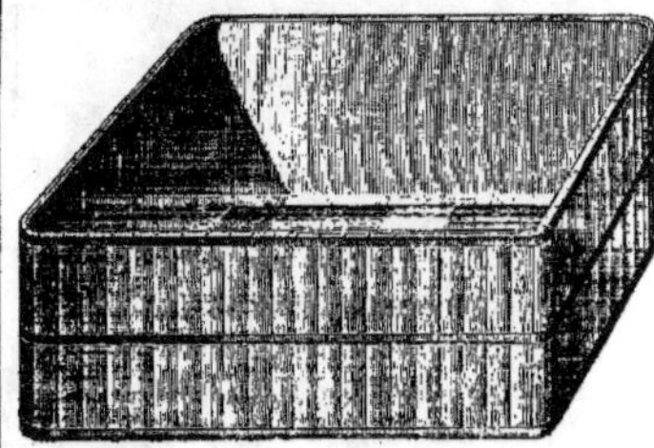

Fig. 81. — Cuve-matière.

Les cuves-matières (fig. 81) généralement employées aujourd'hui sont de grands réservoirs carrés, en tôle, garnis extérieurement d'une chemise de bois pour éviter les pertes de chaleur. A la partie inférieure de cette cuve se trouve un faux-fond, formé d'une série de plaques de cuivre, percées de trous et disposées de telle sorte qu'on puisse facilement les enlever après cha-

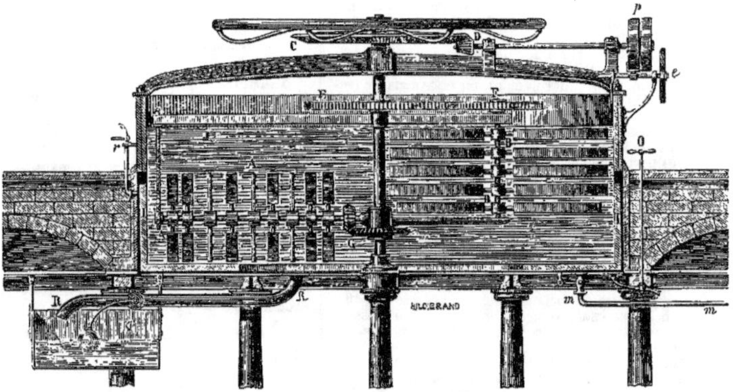

Fig. 82. — Coupe d'une cuve-matière.

A, B Palettes destinées à imprimer un mouvement rotatoire aux liquides, et à briser ce mouvement.
C Roue d'angle, communiquant le mouvement aux palettes.
D Pignon d'angle.
E Roue fixe tournant avec l'arbre.
F Roue faisant mouvoir les palettes B.
G Pignons faisant tourner les palettes A.
I Faux-fond où circule la vapeur.

K Cuve-reverdoir où s'écoule le moût et d'où il est dirigé dans la chaudière à houblon.
l Débrayage.
m, m Retour de vapeur aux chaudières.
o Robinet pour l'arrivée de la vapeur.
p Poulie de commande.
r Robinet purgeur.
R Filtre et tuyau conduisant les trempes à la cuve-reverdoir.

que opération, pour nettoyer la cuve. Ce faux-fond sert de filtre pour l'écoulement du moût.

Dans l'intervalle des deux fonds se trouve le tuyau d'arrivée d'eau chaude et le robinet de vidange. Ce dernier est mis en communication avec une pompe qui conduit le moût dans la *chaudière*.

Enfin, dans l'intérieur de la cuve-matière, se trouve un agitateur mécanique auquel on a donné diverses dispositions. Nous en reproduisons une très-usitée, surtout en Angleterre (fig. 82).

Tout l'appareil est muni d'un couvercle qui doit pouvoir s'enlever et se replacer facilement.

La *chaudière* (fig. 83) usitée dans les brasseries bavaroises pour la cuisson de la dickmaïsche, et qui sert en général aussi pour la cuisson du moût, est une chaudière en cuivre, chauffée à feu nu, quelquefois à la vapeur, et munie d'une *machine à vaguer* qui entretient une agitation constante dans la masse, et s'oppose à ce que le malt puisse adhérer au fond de la chaudière, où, exposé à une haute température, il s'altérerait forcément et prendrait une saveur insupportable.

On trouvera dans *Dingler's polytech. Journ.*, t. CXLIII, p. 133, et dans *Wagner's Jahresb.*, 1862, p. 478, diverses dispositions récemment indiquées pour la fabrication de la bière.

2° *Cuisson du moût.* — Les trempes, au fur et à mesure de leur préparation, sont dirigées dans la chaudière, où elles doivent être soumises à l'ébullition. Il est indispensable de les maintenir à l'abri de l'air jusqu'au moment où elles atteignent la température de 100°; on risquerait fort sans cela de les voir s'aigrir.

Le but de la cuisson du moût est : 1° de transformer les dernières portions d'amidon en dextrine; 2° de l'amener au degré de concentration

Fig. 83. — Chaudière avec sa machine à vaguer.

C Chaudière. — l, l Agitateur, machine à vaguer. — R Pignon pour communiquer le mouvement à l'agitateur. — T Poulie de transmission. — P Contre-poids de la machine à vaguer.

nécessaire ; 3° de déterminer la précipitation de la majeure partie des matières albumineuses (dans le procédé allemand, cette considération a moins de valeur que dans le procédé anglais) ; 4° de mêler au moût une matière qui constitue un des éléments essentiels de la bière, le *houblon*.

Le houblon est la fleur femelle de l'*humulus lupulus* (Urticées). On récolte le houblon avant sa complète maturité, on le dessèche aussi promptement que possible, mais à une basse température, et on le conserve pour l'usage en le comprimant fortement dans des sacs de toile. La partie utile du houblon est une sécrétion aromatique qui se trouve sous forme de granules jaunâtres à la base des bractées des cônes. Elle existe en quantités très-variables dans le houblon. On en a trouvé de 8 à 18 p. %, (Payen et Chevallier). La composition de cette sécrétion est très-complexe. Wagner [*Verdhandl. der physik. medic. Geselschafft*, t. X, p. 82] ; Lermer [*Jahresb. de Wagner*, 1864, p. 462] et différents autres chimistes ont publié d'intéressants travaux sur la composition du houblon. Parmi tous les principes que l'on y a observés, les seuls utiles à la fabrication de la bière sont le tannin, l'huile essentielle et la substance amère à laquelle on a donné le nom de *lupuline*.

Le tannin précipite les matières albumineuses et permet ainsi d'obtenir un liquide limpide, ce qui ne pourrait être réalisé autrement. L'huile essentielle et la substance amère communiquent à la bière le parfum et la saveur qui sont propres à cette boisson, et en même temps contribuent beaucoup à faciliter sa conservation.

La cuisson du moût s'opère, comme nous l'avons dit, dans les chaudières. Généralement, on fait bouillir les liqueurs pendant quelque temps avant d'y ajouter le houblon, et l'on enlève alors l'écume albumineuse qui se forme sous l'influence de l'ébullition.

La quantité de houblon usitée varie de 650 grammes à 1^{kil}200 par hectolitre de moût, selon la nature de la bière à fabriquer et le goût du consommateur. Plus la quantité est forte, plus la bière pourra se conserver. Pour les bières courantes, en hiver, on n'emploie guère plus de 200 à 250 grammes de houblon par hectolitre de moût.

La durée de la cuisson est également très-variable. Pour une bonne bière de conserve, elle dure en général 4 à 5 heures. En Belgique, on la prolonge souvent pendant 10 à 12 heures.

Certains brasseurs préfèrent cuire le moût pendant très-peu de temps et augmenter sa concentration par l'addition de sucre ou de mélasse. Comme nous l'avons déjà dit, ce ne peut être qu'au détriment de la bière de conserve.

D'une façon générale, on estime que la cuisson a été suffisamment prolongée lorsqu'une portion de la liqueur, prélevée dans la chaudière, s'éclaircit rapidement en laissant déposer d'abord un précipité d'abord très-fin, mais qui s'agglomère promptement en grumeaux.

La cuisson fait perdre au moût, en moyenne, 1/6 de son volume, davantage pour les bières fortes, moins pour les bières faibles.

Après la cuisson, le moût est toujours beaucoup plus coloré qu'avant : on sait en effet que le glucose se colore rapidement dans ces conditions. Il résulte de là qu'on ne peut produire des bières blanches qu'en diminuant considérablement la durée de la cuisson : aussi ces bières sont-elles rarement épaisses.

Quelques brasseurs remplacent le houblon par de l'*extrait de houblon* (voyez le travail de Schröder et Rautert dans le *Jahresb. de Wagner*, 1857, p. 302), mais il ne paraît pas que cette modification soit très-avantageuse.

La figure 84 représente une brasserie, dont les dispositions générales sont empruntées à l'article que Turgan a consacré dans les *Grandes usines* à la brasserie Peters, de Puteaux.

3° *Refroidissement du moût*. — Lorsque la cuisson du moût est terminée, on le dirige au moyen de tuyaux en cuivre sur les *refroidissoirs*.

Le refroidissement du moût doit être aussi rapide que possible, afin d'éviter son acidification. Il est indispensable de veiller également à ce que les ustensiles qui servent dans cette opération soient toujours d'une propreté absolue, la moindre impureté pouvant déterminer l'altération du moût.

Les refroidissoirs sont de grands bacs, autrefois en bois, aujourd'hui en tôle ou en cuivre, peu profonds et présentant une surface aussi étendue que possible. On les établit sur des greniers parfaitement aérés où le refroidissement puisse être très-rapide.

Pendant que le moût, soumis ainsi à cette évaporation, se refroidit, il laisse déposer diverses substances qu'il tenait en dissolution ou en suspension : les substances albumineuses coagulées par la cuisson, les combinaisons insolubles que le tannin du houblon a formées, une combinaison particulière de tannin et d'amidon, enfin, d'après Ure, une certaine quantité d'amidon qui s'était dissoute à chaud. On voit ainsi que le refroidissement du moût est accompagné de sa clarification.

Autrefois, on considérait la limpidité du moût comme une condition *sine qua non* de réussite pour la fabrication de la bière, et on avait recours, pour atteindre ce but, soit à des filtrations, soit à des clarifications au moyen de gélatine, de pieds de veau, etc. Les brasseurs ne considèrent plus ces moyens que comme des expédients, lorsqu'il se présente quelque accident de fabrication. La limpidité du moût est inutile. Pourvu qu'il soit rapidement refroidi, soustrait à l'action d'une fermentation spontanée, mis à temps en fermentation, et que les autres opérations aient été bien conduites, il se clarifiera parfaitement. La limpidité de la bière est le résultat, non pas de conditions physiques ou mécaniques, mais bien d'un travail chimique, et, de ce qu'un moût soit parfaitement limpide, il ne résulte pas forcément qu'il donne de la bière claire.

La durée du refroidissement varie naturellement d'après les conditions atmosphériques. En été elle est de trois à quatre heures, quelquefois de huit à dix heures.

Il faut noter ici que, le refroidissement du moût étant dû à l'évaporation, le moût refroidi est plus concentré que chaud ; la différence est d'environ 1/8.

Lorsqu'on juge l'opération suffisamment avancée, on décante le liquide (les dernières portions sont filtrées) et on le dirige sur les appareils où l'on complète le refroidissement. Le principe de ces appareils, parmi lesquels nous citerons ceux de Tamisier, Chaussenot, Kropff et Hagedorn, Baudelot, Pontifex, Bridle, Daxenberger, etc., consiste à faire arriver le moût en nappes minces sur des surfaces métalliques constamment refroidies par un courant d'eau froide.

On arrive ainsi à obtenir des liqueurs assez froides pour pouvoir subir sans danger la fermentation.

4° *Fermentation*. — Le but de la fermentation est la transformation du sucre en alcool (voyez FERMENTATION) et conséquemment du moût en bière. C'est une opération délicate et qui nécessite une grande expérience de la part du brasseur, car c'est d'elle que dépend tout le succès de la fabrication.

Quel que soit le mode de fermentation suivi,

on aura toujours à tenir compte des faits suivants :

La fermentation ne peut être régulière que dans des caves où la température reste constante; plus on opérera en grand, plus on aura de facilité à lutter contre les variations de température; plus la levûre est fraîche, meilleure sera la fermentation; il en faudra d'autant plus que le malt aura été plus touraillé, il en faudra d'autant plus aussi que la température sera plus basse.

Comme nous l'avons déjà dit, du mode de brassage dépendent deux modes de fermentation; la fermentation par dépôt et la fermentation superficielle. Il existe un troisième mode de fermentation suivi en Belgique et que nous décrirons plus bas.

La fermentation par dépôt, telle que nous l'avons vu pratiquer dans les grandes brasseries de Strasbourg, s'effectue de la façon suivante : Le moût refroidi à 10° ou 12° est dirigé dans les *cuves-*

Fig. 84. — Vue d'une brasserie.

guilloires, grandes cuves ouvertes, de 25 à 30 hectolitres, disposées par séries dans des caves profondes et construites de façon à y éviter toute espèce de courant d'air brusque. Des cheminées d'appel communiquent avec le dehors et servent à purger la cave de l'acide carbonique produit par la fermentation.

Chaque cuve reçoit environ 6 à 10 kilogr. de levûre, provenant d'une opération précédente; puis, pour éviter que la fermentation ne soit trop active, on ajoute au moût une quantité de glace telle, que sa température n'excède pas 5° à 6°. Après quelques heures, on constate la production d'une légère écume à la surface du liquide; puis,

peu à peu, il se manifeste un dégagement d'acide carbonique qui augmente jusque vers le cinquième jour, moment où la fermentation est le plus active et où il se produit le plus de levûre. Si l'on a soin de maintenir la température très-basse, le dégagement de gaz n'est jamais tumultueux; la levûre ne s'accumule pas à la partie supérieure du liquide, mais elle retombe au fond de la cuve au fur et à mesure de sa production. Après huit à dix jours, tout phénomène apparent a disparu, l'opération est terminée.

On soutire alors le liquide en ayant soin de le prendre aussi clair que possible et en laissant dans la cuve la levûre qui doit être recueillie avec soin, bien lavée et conservée pour l'usage ou la vente.

La bière ainsi produite peut être vendue en cet état, mais à la condition expresse d'être promptement consommée, car elle ne pourrait être conservée : elle constitue la *petite bière*. Lorsqu'au contraire on veut faire de la *bière de conserve*, on dirige le produit de la première fermentation dans de grands foudres disposés dans des caves où règne une température glaciale. Ces caves sont construites avec les précautions les plus grandes; chacune d'elles est entourée d'une glacière constamment remplie, de telle sorte que les variations de température soient impossibles et que l'on arrive à produire dans ces caves un froid artificiel permanent. La bière est abandonnée dans ces foudres des mois entiers, cinq à six mois en moyenne, souvent un an. Elle subit pendant tout ce temps une fermentation très-lente et constante et elle s'éclaircit complétement. Lorsque le brasseur juge que cette fermentation secondaire a produit tout son effet, la bière est livrée à la consommation. On la tire des foudres et on la transvase dans de petits tonneaux connus sous le nom de *quarts*, et qui sont, chaque fois qu'ils doivent servir, nettoyés à fond, puis revêtus intérieurement d'une couche de poix fondue à laquelle on met le feu : toute trace d'impureté disparaît ainsi.

La fermentation superficielle diffère de la fermentation par dépôt, en ce qu'elle s'opère à une température beaucoup plus élevée, qu'elle est beaucoup plus active et plus prompte. Les causes qui déterminent cette différence tiennent surtout à la nature du moût, beaucoup plus riche en substances azotées et en sucre. La présence de ces deux éléments détermine une fermentation très-rapide, un dégagement tumultueux d'acide carbonique qui soulève la levûre au fur et à mesure de sa fermentation et l'entraîne à la surface du liquide. La nature de la levûre a aussi une influence très-grande sur le mode de fermentation; il a été reconnu que la levûre superficielle donne naissance à la fermentation superficielle et la levûre par dépôt à la fermentation par dépôt. Ces phénomènes sont assez réguliers; ils tiennent sans doute à la nature différente des deux levûres. L'examen microscopique a montré que la levûre par dépôt est formée de cellules juxtaposées, la levûre superficielle de cellules arborescentes.

Dans la fermentation superficielle, le moût refroidi à 20° ou 25° est dirigé dans la cuve guilloire et additionné de levûre superficielle, préalablement délayée dans une petite quantité de moût tiède et en pleine fermentation; la proportion de levûre est à peu près le centième du malt qui a été employé, mais elle varia beaucoup, selon la nature de la bière et sa destination. L'addition de cette levûre détermine presque immédiatement une réaction énergique. La température du liquide s'élève, l'acide carbonique se dégage avec abondance, la liqueur se trouble et la levûre qui se développe avec rapidité vient se rassembler à la surface de la cuve, où on la recueille de temps en temps.

Pour les petites bières, on arrête la fermentation déjà après quelques heures; on transvase le liquide dans des quarts, où on laisse la fermentation complémentaire se produire et se terminer.

Pour les bières de garde, on les laisse dans la cuve-guilloire pendant deux jours environ et, selon la nature de la bière, la température doit y monter plus ou moins.

Quand le brasseur juge que la fermentation principale doit être arrêtée, il transvase la liqueur dans des tonnes de dimensions moindres que la cuve-guilloire et dans lesquelles la fermentation recommence promptement; la levûre sort par l'ouverture supérieure des tonneaux et s'écoule par des conduits disposés à cet effet, dans des réservoirs où elle est lavée et précieusement recueillie.

Les tonneaux sont mis en communication avec une grande cuve pleine de moût, dont le niveau est maintenu à une hauteur telle, qu'il puisse constamment alimenter les tonneaux et les maintenir pleins; la levûre est ainsi forcée de s'échapper et ne peut rester en contact prolongé avec la bière, à laquelle elle communique un mauvais goût. On laisse la fermentation se compléter dans ces tonneaux, puis on soutire la bière et on la livre à la consommation.

Pour ces sortes de bières, il est presque indispensable de les clarifier; on emploie dans ce but l'un des agents que nous avons déjà indiqués et auxquels on ajoute fréquemment une petite quantité d'alun.

Méthode belge. — La préparation du faro et de la lambick est tout à fait différente de celle des bières anglaises et allemandes. Le moût est fabriqué avec du malt et du froment, puis, après refroidissement, il est dirigé non pas dans les cuves-guilloires, mais directement dans les foudres où on l'abandonne à lui-même, *sans addition de ferment* et à une basse température. La fermentation qui s'y développe est très-lente, c'est par conséquent une fermentation par dépôt : la bière reste trouble pendant très-longtemps, mais, quand elle s'est bien éclaircie, elle se conserve très-facilement.

On ne peut guère expliquer cette fermentation autrement qu'en admettant la présence dans le moût de matières albumineuses dont la précipitation par le tannin du houblon a été entravée par l'acide lactique qui existe toujours dans les bières belges (Mulder).

Pendant la fermentation des différentes bières dont nous venons de parler, les brasseurs ajoutent fréquemment diverses substances destinées à leur donner un goût et un arome spécial. Chacun a sa recette à cet égard, nous ne nous y arrêterons pas.

Falsifications de la bière. — Nous ne désignons pas sous ce nom l'addition de produits destinés à donner à la bière plus de force ou de consistance, comme l'alcool, le sucre, etc., mais bien celle de certains principes nuisibles que l'on emploie trop souvent pour économiser l'emploi du houblon ou qui se trouvent dans la bière par suite d'une mauvaise fabrication; dans cette dernière classe peuvent être rangés l'alun, l'acide sulfurique, le cuivre, etc.; on en constate facilement la présence par les moyens ordinairement employés dans l'analyse. Pour remplacer le houblon, on se sert fréquemment d'acide picrique, dont la présence peut être décelée au moyen d'un petit essai de teinture : la laine est teinte en jaune par une bière de ce genre, elle n'est nullement colorée par la bière ordinaire. La strychnine a naguère été employée dans le même but que l'acide picrique; on constate sa présence au moyen du bichromate de potasse et de l'acide sulfurique, qui donne avec la strychnine une coloration violette intense.

Composition de la bière. — La bière est à juste titre fort appréciée; elle renferme, en effet, non-seulement des principes qui la rendent agréable comme boisson, mais elle est excitante et nourrissante, deux caractères qui ne se trouvent réunis dans aucune autre liqueur.

Elle renferme en acide carbonique des quantités très-variables; la bière mousseuse en contient 6 à 8 fois son volume, mais la bière de conserve n'en renferme que son volume.

Les proportions d'alcool varient de 2 à 8 %.

Quant aux matières solides dont une bonne bière renferme environ 5 %, elles sont constituées presque exclusivement par des substances très-utiles au point de vue de l'alimentation. Ce sont surtout des matières azotées, de la dextrine et des sels minéraux qui conviennent parfaitement à l'organisme (100 p. de cendres de bière renferment en moyenne 30 p. d'acide phosphorique).

Voir, pour la composition de la bière : Martius, *Journ. für prakt. Chem.*, t. LXV, p. 117; — Heckmeyer, *Mulder*, 1868, p. 404; — Weissenborn, *Chem. Centralbl.*, 1862, p. 230; — Simpson et Mulligan, *The Dublin quart. Journ. of science*, 1862, april, p. 171; — Jackson et Wonfore, *Chemic. News*, t. III, p. 10; — Feichtinger, *Ann. der Chem. u. Pharm.*, t. CXXX, p. 225; — Vogel, *Buchner's Repert.*, t. XV, p. 52; — Lermer, *Dingler's polyt. Journ.*, t. CLXXXI, p. 134.

BIBLIOGRAPHIE. — Mulder, *de la Bière*. — Balling, *Die Gährungs-Chemie*. — *Muspratt's Dictionary (Beer)*. — *Ures Dictionary (Beer, Brewing, Malting)*. — Lacambre, *Traité complet de la fabrication des bières*. — Payen, *Précis de Chimie industrielle*. — Philippe Heiss, *Die Bierbrauerei*, Augsbourg. — Habich, *Taschenbuch der Chemie des Bieres*, Leipzig. — A. Vogel, *Die Bieruntersuchung*, Berlin. — Siemens, *Fortschritte in der Bierbrauerei*. Сн. L.

BILE. — La bile est un liquide élaboré dans le foie, probablement dans les dernières ramifications des canaux biliaires de cet organe; une partie de cette sécrétion se déverse directement dans l'intestin grêle, au fur et à mesure de sa formation, en suivant le trajet du canal cholédoque; une autre portion s'emmagasine dans la vésicule biliaire, où elle se concentre par la résorption de l'eau. On obtient la bile de divers animaux soit en vidant la vésicule biliaire immédiatement après la mort, soit en déterminant la formation de fistules vésicales, après la ligature et la section du canal cholédoque.

Elle est mucilagineuse, filante, de couleur verte, brune ou jaune, de saveur fade, un peu amère; d'odeur spéciale, légèrement musquée, complétement soluble dans l'eau; elle se putréfie facilement au contact de l'air, mais ce caractère ainsi que la viscosité sont dus à la présence du mucus vésical; ils disparaissent lorsqu'on verse la bile dans de l'alcool fort qui précipite le mucus.

Réaction ordinairement alcaline, quelquefois neutre, plus rarement acide.

Densité variant avec l'état de concentration: en moyenne 1,02.

La bile, même privée de son mucus et étendue d'eau, possède la propriété de mousser par l'agitation; elle ne se coagule pas par la chaleur.

Examen microscopique. — Si l'on porte sous le microscope de la bile prise dans le canal hépatique, on aperçoit : 1° un liquide coloré en jaune verdâtre par une matière qui s'y trouve en dissolution; 2° des granulations moléculaires grisâtres, douées du mouvement brownien, dont le volume ne dépasse pas $0^{mm},001$; 3° des amas ou plaques jaune verdâtre, formées par l'association de ces granulations, d'un diamètre de $0^{mm},002$ à $0^{mm},009$; 4° quelques rares gouttelettes sphériques d'huile grasse; 5° des cellules d'épithélium cylindrique.

Composition chimique de la bile. — La composition de la bile a été étudiée par un grand nombre de chimistes, mais ce sont surtout les travaux de Demarçay et Strecker qui ont jeté la lumière sur cette question délicate; nous ne mentionnerons ici que les résultats définitivement acquis à la science [Haller, *Physiol.*, t. VI, p. 570; — Thenard, *Mém. de la Soc. d'Arcueil*, t. I, p. 46 et 27; — Berzelius, *Ann. de Chim.*, t. LXXXVIII, p. 119; — Tiedemann et Gmelin, *Recherches sur la digestion*; — Demarçay, *Ann. de Chim. et de Phys.*, t. LXVII, p. 177; — Berzelius, *Rapport sur les progrès de la Chim.*, 1843, p. 319; — Braconnot, *Ann. de Chim. et de Phys.*, t. XLII, p. 171; — Chevreul, *Journ. de Chim. médic.*, t. I, p. 135; — Frommherz et Gugert, *Neues Journ. für Chem. von Schweigger*, t. L, p. 8; — Theyer et Schlosser, *Ann. der Chem. u. Pharm.*, t. L, p. 235; — Verdeil, *Journ. de Pharm.*, (3), t. XI, p. 153; — Platner, *Journ. de Pharm.*, (3), t. VI, p. 373].

La bile contient, en combinaison avec la soude, la potasse et quelquefois l'ammoniaque, des acides spéciaux, caractéristiques, azotés ou azoto-sulfurés, formant la majeure partie des matériaux organiques de cette sécrétion.

Le caractère le plus tranché des acides de la bile est la propriété de se dédoubler, avec fixation des éléments de l'eau, soit en *taurine*,

$$(C^2 H^7 Az S O^3),$$

soit en sucre de gélatine $(C^2 H^5 Az O^2)$ et en de nouveaux acides non azotés, très-rapprochés les uns des autres par leurs caractères et leur composition. Savoir :

Acides cholalique, $C^{24} H^{40} O^5$ (biles de la plupart des animaux); hyocholalique, $C^{25} H^{40} O^4$ (bile de porc); chénocholalique, $C^{27} H^{44} O^4$ (bile d'oie); batracholalique (bile de batraciens).

Nous avons d'après cela :

1° L'acide taurocholique, $C^{26} H^{45} Az SO^7$, que les alcalis dédoublent d'après l'équation

$$C^{26} H^{45} Az SO^7 + H^2 O = C^{24} H^{40} O^5 + C^2 H^7 Az SO^3;$$

2° L'acide glycocholique $C^{26} H^{43} Az O^6$, qui donne

$$C^{26} H^{43} Az O^6 + H^2 O = C^{24} H^{40} O^5 + C^2 H^5 Az O^2:$$

3° L'acide hyoglycocholique $C^{27} H^{43} Az O^5$, qui donne

$$C^{27} H^{43} Az O^5 + H^2 O = C^{25} H^{40} O^4 + C^2 H^5 Az O^2;$$

4° L'acide hyotaurocholique (peu connu),

$$C^{27} H^{45} Az SO^6,$$

qui donne

$$C^{27} H^{45} Az SO^6 + H^2 O = C^{25} H^{40} O^4 + C^2 H^7 Az SO^2;$$

5° L'acide chénotaurocholique, $C^{29} H^{49} Az SO^6$, qui donne

$$C^{29} H^{49} Az SO^6 + H^2 O = C^{27} H^{44} O^4 + C^2 H^7 Az SO^3;$$

6° L'acide chénoglycocholique (hypothétique), $C^{29} H^{47} Az O^5$, qui donne

$$C^{29} H^{47} Az O^5 + H^2 O = C^{27} H^{44} O^4 + C^2 H^5 Az O^2;$$

7° L'acide batracholique.

Les biles d'homme, de chien, d'oie (1), de poisson, de reptiles, de grenouilles, ne fournissent guère que la combinaison taurique; la bile de porc ne renferme, au contraire, que très-peu d'acide sulfuré; elle est particulièrement riche en hyocholate de soude (Strecker et Gundelach); celle de bœuf contient à peu près des proportions égales des deux acides (tauro- et glycocholique). Quant à la base à laquelle ces divers acides sont combinés, c'est généralement la soude qui prédomine beaucoup ou existe seule. Fait assez remarquable, dans les poissons et les reptiles de mer, la potasse l'emporte sur la soude, tandis qu'on observe l'inverse pour les poissons d'eau douce. Ce fait, annoncé par Strecker, a été le point de départ d'un travail de M. Wetheril sur la bile des émydes. Il résulte de ses expériences que les tortues d'eau douce renferment un peu plus de potasse que de soude; celles d'eau salée contiennent proportions égales de ces deux bases.

Outre ces sels spéciaux, nous avons encore à

(1) D'après Heintz et Wisliscenus [*Ann. de Poggend.*, t. CVIII, p. 547], la bile d'oie renferme principalement du chénotaurocholate de soude.

mentionner comme produits entrant dans la composition de la bile : *a*, une base organique, la choline $C^8H^{13}AzO$, reconnue identique avec la névrine (voyez ce mot); *b*, la lecithine, substance qui se dédouble par l'eau de baryte en acide phosphoglycérique et acide gras; *c*, l'acide sarcolactique; *d*, la cholestérine : elle se trouve en dissolution, ou en dépôts concrétionnés formant la majeure partie de la plupart des calculs biliaires; *f*, des substances pigmentaires (brunes et vertes); *g*, des graisses neutres et des savons alcalins (oléine, stéarine, margarine); *h*, enfin des sels et des composés minéraux (chlorure de sodium, phosphate de potasse, de soude, de chaux, de magnésie, oxyde de fer, silice).

Ces divers produits se rencontrent dans la bile en proportions très-variables, suivant la nature de l'animal et les conditions physiologiques. Il serait trop long de mentionner ici les nombreuses analyses faites à ce sujet; nous nous contenterons de quelques nombres destinés à fixer les idées.

100 parties de bile ont fourni :

Parties solides.	10 à 18 %	chez l'homme.
—	10 à 18	— le bœuf.
—	10 à 11,8	— le porc.

Les sels spéciaux (tauro- et glycocholate) forment de 55 à 61 % de ce résidu solide chez l'homme; les graisses et la cholestérine y entrent pour 20,5 à 30,5; les parties minérales pour 6,14 % chez l'homme et 12,5 % chez le bœuf.

100 parties de cendre de bile de bœuf contiennent d'après Weidenbusch :

Sel marin	27,70
Phosphate de soude	1,600
— de potasse	7,50
— de chaux	3,02
— de magnésie	1,52
Oxyde de fer	1,52
Silice	0,36

La proportion de mucus est relativement faible (0,15 à 1,5 %).

Quantité de bile sécrétée. — En expérimentant sur différents animaux munis de fistules biliaires, on est arrivé à des résultats qui varient dans des limites assez étendues. Ainsi, pour le chien, on a trouvé, par kilogramme et en vingt-quatre heures, un minimum de 21^{gr},95, contenant 0^{gr},728 de résidu solide, et un maximum de 53^{gr},66 avec 1^{gr},683 de résidu. La sécrétion biliaire est constante, mais elle augmente en quantité trois heures après le repas, pour atteindre sa limite supérieure treize à quinze heures après la dernière prise de nourriture; à partir de ce moment, en cas d'abstinence prolongée, elle diminue de plus en plus. La quantité d'aliments absorbés influe d'une manière positive sur la richesse de la sécrétion. Une nourriture animale produit plus de bile, ou au moins plus de parties solides qu'une alimentation végétale. Une boisson abondante détermine non-seulement l'élimination de plus de liquide, mais encore d'une quantité absolue plus grande de matériaux solides.

Altérations dans la composition de la bile. — Sous l'influence de divers états pathologiques, soit de l'organe sécréteur lui-même, soit du sang qui y pénètre, on observe tantôt l'introduction accidentelle de nouveaux principes dans la bile, étrangers au liquide normal; tantôt une simple variation dans les rapports des éléments constitutifs. Ainsi on a reconnu la présence de quantités notables d'albumine, surtout dans la dégénérescence graisseuse, la maladie de Bright, et après injection d'eau dans le sang (Lehmann, C. Bernard, Frerichs). Bizio a trouvé dans la bile jaune d'un ictérique et Lehmann, dans un cas d'atro-

phie aiguë, une substance rouge, cristallisable, volatile à 40° avec fumées rouges, insoluble dans l'eau et l'éther, soluble dans l'alcool et les acides concentrés (érythrogène).

Plusieurs sels (sulfate de cuivre, iodure de potassium, cyanure jaune), l'essence de térébenthine et le sucre, injectés dans les veines, apparaissent dans la bile.

Dans le tubercule compliqué de dégénérescence graisseuse, la bile est plus concentrée qu'à l'état normal; dans le tubercule simple, elle est souvent moins dense. Dans le typhus, elle est plus riche en matériaux solides; il en est de même dans toutes les maladies où la circulation est ralentie et dans le choléra.

L'urée apparaît dans la bile après l'extirpation des reins, dans la maladie de Bright, le choléra et la dégénérescence graisseuse des reins. Dans les rétentions biliaires et les catarrhes chroniques de la vésicule, on trouve souvent des cristaux d'hématoïdine; la leucine et la tyrosine y apparaissent dans les cas de typhus.

Les calculs biliaires, si fréquents en Angleterre, dans le Hanovre et la Hongrie, mais, du reste, communs à tous les pays, se rencontrent soit dans la vésicule, soit dans les canaux qu'ils peuvent obstruer complétement. Leur forme est généralement irrégulière et leur surface le plus souvent lisse; dans ce cas, ils sont très-riches en cholestérine (90 %), et renferment des noyaux de mucus épithélial et d'une combinaison calcaire de pigment. Souvent aussi, le pigment calcaire et la cholestérine sont également répandus dans la masse. On a encore observé d'autres concrétions où le sel de chaux est l'élément principal à côté de peu de cholestérine; elles ont alors une surface mamelonnée et une couleur noirâtre.

Les recherches de Valentiner ont démontré que ces calculs renferment, outre les pigments unis à la chaux, une ou plusieurs matières colorantes libres, solubles en jaune dans le chloroforme, et se déposant par l'évaporation de ce liquide sous forme de tables rhomboïdales allongées, ou de prismes groupés en masses arrondies, d'une couleur rouge ou rouge brun, la plupart identifiables avec l'hématoïdine. Les calculs d'acide urique, de phosphate et d'oxalate de chaux sont très-rares.

Recherche et analyse de la bile. — On peut être dans le cas de rechercher la présence de la bile dans un liquide animal, tel que le sang. Le procédé le plus sensible est fondé sur la réaction de Pettenkofer. Tous les acides caractéristiques de cette sécrétion et leurs dérivés les plus immédiats donnent avec le sucre et l'acide sulfurique une coloration rouge violacé ou pourpre, qui disparaît après addition d'eau.

Il convient d'opérer sur l'extrait alcoolique sec du produit à analyser. Celui-ci est dissous dans un peu d'eau et additionné de quelques gouttes d'une solution de sucre (1 p. de sucre de canne, 4 p. d'eau), puis on y verse, en refroidissant et goutte à goutte, de l'acide sulfurique concentré, jusqu'à dissolution du trouble qui se forme d'abord; le liquide passe au jaune, puis à l'orangé, au carmin, au pourpre et enfin au violet. Pour la réussite, il convient de ne pas ajouter trop de sucre.

L'analyse quantitative de la bile peut se faire de la manière suivante d'après Lehmann :

La bile est additionnée de son volume d'alcool à 83° centésim. Le mucus et l'épithélium ainsi précipités seuls sont filtrés, lavés à l'alcool, puis à l'eau, séchés et pesés. Le liquide clair est évaporé au bain-marie, et le résidu, séché dans le vide à 100°, est refroidi et pesé à l'abri de l'humidité, car la masse est très-hygroscopique. Après la pesée, on l'épuise par l'éther qui dissout la graisse et un peu de cholates; ces derniers sont éliminées, après évaporation de l'éther, par l'alcool faible et réunis au reste. La partie insoluble dans l'éther est traitée par l'alcool absolu, et le liquide obtenu, concentré fortement, est additionné d'éther; les cholates se séparent, tandis que le liquide éthéré retient un peu de savon alcalin et de sel marin. Le dépôt de cholates peut être traité par le chloroforme, afin d'enlever le plus possible de matière colorante, puis séché et pesé. Sur une partie, on détermine les alcalis, soit par incinération, soit en dissolvant dans l'alcool et en précipitant la soude et la potasse par l'acide sulfurique; sur une autre partie, on dose le soufre de l'acide taurocholique par le procédé qui nous a déjà servi pour la cystine. Ce procédé est très-exact pour la détermination de l'acide taurocholique, vu que la bile ne contient pas de sulfates. Un gramme de soufre équivaut à 16,093 d'acide taurocholique. Le poids de l'acide glycocholique s'obtient par différence.

Rôle de la bile. — Le rôle de la bile n'est pas encore établi d'une manière certaine; tandis que les uns ne veulent y voir qu'une simple excrétion destinée à faire sortir de l'organisme des résidus, devenus inutiles, d'autres lui font jouer un rôle important dans l'acte digestif; la vérité est probablement des deux côtés. Bidder et Schmitt ont constaté qu'en excluant la bile de la digestion, on diminue dans une proportion notable l'absorption de la graisse. Ce fait est d'autant plus remarquable que la bile ne peut ni dissoudre ni saponifier les glycérides naturelles, et que son pouvoir émulsif est faible. Quant aux aliments azotés et hydrocarbonés, on n'a pu constater qu'une action négative.　　　　　　　　　　　　　　　　P. S.

BILE (ACIDES DE LA). — ACIDE GLYCOCHOLIQUE [Syn. *Acide cholique*], $C^{26}H^{43}AzO^6$. — L'acide glycocholique se trouve principalement dans la bile des herbivores, tandis que la bile d'homme et celle de la plupart des carnivores n'en contiennent que très-peu ou pas du tout. Il se trouve combiné à la soude dans la bile de bœuf. On en rencontre également des traces dans les excréments des herbivores et dans l'urine humaine dans les cas d'ictère.

Préparation. — La bile de bœuf est concentrée à consistance sirupeuse (au quart de son volume primitif); le résidu est broyé avec un excès de noir animal et la masse est séchée à 100°; introduite encore chaude dans un matras, on la laisse digérer avec de l'alcool absolu; le liquide décanté, au bout de quelque temps et après une agitation répétée, est filtré; il passe incolore et clair. Additionné d'un excès d'éther, il fournit immédiatement un précipité pulvérulent cristallin, si les véhicules employés ne renferment pas d'eau; dans le cas contraire, le dépôt provoqué par l'éther est résineux, mais il se change après quelques jours en une masse formée de belles aiguilles soyeuses groupées en mamelons. C'est ce que l'on nomme la bile cristallisée de Platner. La solution aqueuse de ces cristaux fournit par l'acétate neutre de plomb un précipité dense de glycocholate de plomb; l'eau mère additionnée d'acétate basique donne un précipité emplastique de taurocholate de plomb (voir plus loin). Le glycocholate de plomb bien lavé est dissous dans l'alcool chaud et décomposé par l'hydrogène sulfuré; le liquide filtré, additionné d'eau, laisse déposer l'acide sous forme de cristaux.

Delffs prescrit d'employer 1 p. d'acétate de plomb cristallisé et 5 p. de bile sèche purifiée, afin d'éviter la consistance emplastique et de précipiter tout le glycocholate de plomb [*Neues Jahresb. Pharm.*, t. VI, p. 65]. Le sel ainsi obtenu est facile à filtrer, à laver et à décomposer par l'hydrogène sulfuré.

On peut aussi, avec plus d'avantage, dissoudre la bile cristallisée de Platner dans un peu d'eau, ajouter de l'acide sulfurique jusqu'à production d'un trouble laiteux persistant. Au bout de quelques heures tout le liquide se prend en masse de fines aiguilles soyeuses que l'on recueille sur un filtre; on exprime, on lave à l'eau, on redissout dans l'alcool et on abandonne à l'évaporation spontanée; l'acide glycocholique se sépare en longues et fines aiguilles incolores. Le produit ainsi obtenu est encore mélangé d'une petite quantité d'acide *paracholique*, isomère de l'acide cholique et qui ne s'en distingue que par son insolubilité dans l'eau bouillante et la forme de ses cristaux qui ont l'apparence de paillettes nacrées ou de tables hexagonales.

On sépare l'acide paracholique en reprenant les premiers cristaux par l'eau bouillante qui ne dissout que l'acide cholique (Strecker, Mulder).

Les cristaux d'acide glycocholique sont incolores et se contractent beaucoup par la dessication à 100°. Il est très-peu soluble dans l'eau froide (3,3 pour 1000 p. d'eau), plus soluble dans l'eau bouillante (8,3 pour 1000); il cristallise par le refroidissement.

L'éther n'en dissout que des traces. L'alcool fort le dissout facilement; cette solution se trouble par l'eau et dépose des flocons et des gouttes huileuses qui se convertissent peu à peu en masses cristallines solides. L'ammoniaque, les alcalis caustiques et les carbonates alcalins le dissolvent facilement en produisant des sels dont les acides précipitent l'acide cholique. Saveur sucrée un peu amère, réaction acide; il décompose les carbonates en chassant l'acide carbonique.

L'acide glycocholique et ses sels dévient à droite le plan de polarisation. Le pouvoir rotatoire spécifique de sa solution alcoolique pour la lumière jaune, ligne D, est égal à $+$ 29,0 pour l'acide, à $+$ 27,2 pour la lumière rouge et à $+$ 25,7 pour le sel de soude.

	Pouvoir rotat. moléculaire. $(\alpha)\,Dm$	$\dfrac{(\alpha)\,Dm}{408}$
Acide glycocholique......	134,85	33,0 (¹)
Glycocholate de soude....	125,16	81,5

Bouilli avec un excès de potasse caustique ou de baryte hydratée, l'acide cholique se dédouble avec fixation des éléments de l'eau, en sucre de gélatine (glycocolle) et en acide cholalique, d'après l'équation :

$$C^{26}H^{43}AzO^6 + H^2O = C^{24}H^{40}O^5 + C^2H^5AzO^2.$$

Acide cholique.	Acide cholalique.	Sucre de gélatine.

Si l'on a employé la baryte, on ajoute de l'acide sulfurique qui précipite un mélange d'acide cholalique et de sulfate de baryte. Le liquide filtré est digéré avec de l'oxyde de plomb pour enlever l'excès d'acide sulfurique et débarrassé du plomb dissous par l'hydrogène sulfuré; en concentrant on obtient des cristaux de sucre de gélatine.

Le même dédoublement s'effectue par l'ébullition avec les acides sulfurique ou chlorhydrique étendus. Par l'action prolongée de l'acide chlorhydrique bouillant, il se forme d'abord de l'acide choloïdique $C^{24}H^{38}O^4$ (?), puis de la dyslysine $C^{24}H^{36}O^3$, qui tous deux ne diffèrent de l'acide cholalique que par les éléments de l'eau en moins.

Une solution d'acide cholique dans l'acide sulfurique concentré et froid laisse déposer l'acide inaltéré par l'addition d'eau; mais si l'on chauffe,

(1) $(\alpha)\,D\,\dfrac{m}{408} =$ pouvoir rotatoire obtenu en ramenant à l'atome complexe $C^{24}H^{40}O^5$ qui est seul actif.

il se sépare des gouttes oléagineuses qui se solidifient peu à peu (acide cholonique),

$$C^{26}\,H^{41}\,Az\,O^5 = C^{26}\,H^{43}\,Az\,O^6 - H^2O.$$
Acide cholonique.   Acide cholique.

D'après Frerichs et Stædeler [*Muller's Arch.*, 1856, p. 55], le cholate de soude recouvert d'acide sulfurique concentré se transforme en une masse résineuse incolore qui se dissout peu à peu à froid avec une coloration jaune safran, à chaud avec une couleur rouge feu ; l'eau précipite alors des flocons incolores, verdâtres ou brunâtres suivant la température à laquelle la dissolution a été faite. Ces produits ne sont ni l'acide cholalique, ni l'acide cholonique. L'acide sulfurique moyennement étendu produit le même effet que l'acide chlorhydrique concentré. L'acide modifié par l'acide sulfurique concentré absorbe rapidement l'oxygène de l'air et se change en une substance rouge, puis bleue et au bout de quelques jours brune.

GLYCOCHOLATES, $C^{26}\,H^{42}\,M'\,Az\,O^6$. — Ils sont tous solubles dans l'alcool. Saveur sucrée et amère. Additionnés d'un peu d'eau sucrée et de quelques gouttes d'acide sulfurique concentré, ils donnent, à une douce chaleur, une coloration violette ou pourpre qui disparaît par l'addition d'eau.

Glycocholate d'ammoniaque. — S'obtient directement en faisant arriver de l'ammoniaque sèche dans une solution alcoolique d'acide. Le sel se dépose en aiguilles, surtout si l'on ajoute de l'éther. Il perd beaucoup d'ammoniaque à l'air ou dans le vide et est très-soluble dans l'eau.

Glycocholate de potassium. — Semblable au sel de soude.

Glycocholate de sodium. — Il constitue en grande partie la bile cristallisée de Platner. On l'obtient pur en agitant une solution alcoolique d'acide cholique avec du carbonate de soude; on évapore, on redissout dans l'alcool absolu et on ajoute de l'éther; le précipité est amorphe. La séparation sous forme de cristaux exige la présence d'un peu d'eau. On produit en quelques minutes de beaux groupes étoilés d'aiguilles en ajoutant assez d'éther pour produire un trouble laiteux, puis en ajoutant assez d'eau pour faire disparaître ce trouble [Stædeler, *Journ. für prakt. Chem.*, t. LXXII, p. 257]. Il est très-soluble dans l'eau, moins soluble dans l'alcool absolu (39 p. pour 1000 à 15°). Ces solutions forment, par l'évaporation spontanée, des croûtes amorphes contre les parois de la capsule. Il fond par la chaleur et brûle à l'air.

Glycocholate de baryum. — Il se sépare de ses solutions sous forme d'une masse blanche et amorphe, par l'évaporation. Pour le préparer on sature l'acide glycocholique par la baryte et on enlève l'excès de baryte par un courant d'acide carbonique.

Glycocholate de strontium. — Sel soluble dans l'eau.

Glycocholate de chaux. — Sel soluble dans l'eau.

Glycocholate de magnésium. — Sel soluble dans l'eau.

Glycocholate de peroxyde de fer. — Flocons jaunâtres, solubles dans l'alcool.

Glycocholate de cuivre. — Précipité blanc bleuâtre.

Glycocholate de plomb. — Précipité floconneux blanc, obtenu par l'addition d'acétate neutre de plomb à une solution de cholate.

La précipitation n'est pas complète et cesse tout à fait en présence d'un excès d'acide acétique.

Avec le sous-acétate la précipitation se fait entièrement. Le glycocholate de plomb est soluble dans l'alcool et dans un excès d'acétate de plomb.

Glycocholate d'argent. — Sel blanc gélatineux obtenu par double décomposition. Dissous dans l'eau bouillante, il se sépare pendant le refroidissement lent sous forme de fines aiguilles.

L'éther transforme aussi la masse gélatineuse en aiguilles.

ACIDE CHOLONIQUE, $C^{26}\,H^{41}\,Az\,O^5$. — Il ne diffère du précédent que par H^2O en moins et se forme par l'action des acides sulfurique ou chlorhydrique concentrés sur l'acide glycocholique. Le mélange, chauffé à une température convenable, se trouble et dépose des gouttes oléagineuses se solidifiant par le refroidissement.

On traite par la baryte, qui forme un sel insoluble facile à débarrasser par lavage des substances étrangères qui l'accompagnent. L'acide cholonique, mis en liberté par l'acide chlorhydrique, est ensuite dissous dans l'alcool, au sein duquel il cristallise sous forme d'aiguilles brillantes.

Les cholonates alcalins sont solubles, les cholonates alcalino-terreux sont insolubles. D'après Strecker, en prolongeant l'ébullition de l'acide glycocholique avec l'acide chlorhydrique, on pourrait encore éliminer H^2O de l'acide cholonique et former un produit de formule $C^{26}\,H^{39}\,Az\,O^4$.

ACIDE TAUROCHOLIQUE OU CHOLÉIQUE,

$$C^{26}\,H^{45}\,Az\,O^7\,S.$$

— L'acide choléique diffère de l'acide cholique en ce que la taurine remplace le sucre de gélatine dans sa constitution. En effet, il se dédouble par l'ébullition avec les alcalis ou les acides étendus en acide cholalique et en un corps sulfuré, la taurine.

La taurine a été formée par synthèse : 1° en chauffant à 200° l'iséthionate d'ammoniaque,

$$C^2\,H^9\,Az\,O^4\,S - H^2O = C^2\,H^7\,Az\,O^3\,S$$
Iséthionate d'ammonium.   Taurine.

(Strecker).

2° Par l'action de l'ammoniaque sur l'acide chloréthyl-sulfurique,

$$C^2\,H^5\,Cl\,S\,O^3 + 2\,Az\,H^3 = Cl.\,Az\,H^4 + C^2\,H^7\,Az\,O^3\,S.$$

La taurine représente donc l'acide amidéthyl-sulfurique.

Voici l'équation de ce dédoublement :

$$C^{26}\,H^{45}\,Az\,O^7\,S + H^2O$$
$$= C^2\,H^7\,Az\,O^3\,S + C^{24}\,H^{40}\,O^5.$$

L'acide choléique combiné à la soude se rencontre dans la bile de bœuf, en proportions un peu moindres que l'acide cholique. La bile de chien ne contient que l'acide choléique et la bile humaine en est très-riche sans exclure tout à fait l'acide glycocholique. Il en est de même des biles de renard, d'ours, de loup, de certains oiseaux et des poissons d'eau douce.

La meilleure méthode, d'après Hoppe-Seyler, pour préparer l'acide choléique, consiste à employer la bile de chien. On précipite par l'alcool en ajoutant du noir animal, on filtre et on lave à l'alcool. Le liquide est évaporé à sec et le résidu est repris par un peu d'alcool absolu. On filtre et on agite le liquide filtré avec un excès d'éther, puis on abandonne au repos; le précipité, d'abord amorphe, finit par devenir cristallin. Ces cristaux égouttés sont dissous dans l'eau, le liquide est précipité par l'acétate de plomb additionné d'ammoniaque. Le précipité lavé est délayé dans l'alcool et décomposé complètement par l'hydrogène sulfuré; on filtre et on évapore à une haute température à consistance sirupeuse.

On peut aussi employer la bile de bœuf.

Après avoir précipité l'acide cholique par l'acétate neutre de plomb, on ajoute au liquide filtré
de l'acétate additionné d'ammoniaque.

Le dépôt dissous dans l'alcool est décomposé
par un excès de soude carbonatée. On évapore à
sec et on reprend par l'alcool absolu qui dissout
le choléate de soude. Le liquide est traité par l'é-
ther, qui précipite une masse d'abord emplastique, mais se changeant en une masse de fines
aiguilles soyeuses.

L'acide taurocholique n'a pas encore été obtenu
cristallisé. Il est facilement soluble dans l'alcool
et l'éther. Sa réaction est fortement acide. Il se
décompose plus facilement que l'acide glycocholique. Il suffit même d'évaporer sa solution
aqueuse à sec pour produire une décomposition.
Le dédoublement en taurine et acide cholalique,
formulé ci-dessus, s'effectue avec infiniment plus
de facilité que la décomposition correspondante de
l'acide glycocholique.

Ce dédoublement est également provoqué par
les agents de putréfaction, pendant le cheminement de la bile à travers le tube digestif. Il est
probable qu'il se produit dans le sang et l'urine
ictérique, car on n'y rencontre que des acides
glycocholique et cholalique et pas d'acide taurocholique.

Les solutions dévient à droite le plan de polarisation.

Pouvoir rotatoire pour la ligne D du taurocholate de soude $+ 24^\circ,5$ (en solution alcoolique).

En solution aqueuse la rotation est moindre et
égale à $+ 21^\circ,5$.

Ce fait se remarque aussi pour l'acide glycocholique.

Les taurocholates alcalins sont très-solubles
dans l'eau et l'alcool, leur réaction est neutre ;
saveur sucrée avec arrière-goût amer ; ils ne précipitent pas par les sels de chaux, de baryte, de
magnésie, ni par l'acétate neutre de plomb. L'a-
cétate basique fournit un dépôt emplastique, soluble dans l'eau bouillante et se séparant par le
refroidissement. Le nitrate d'argent ne les précipite pas. Avec l'acide sulfurique et le sucre, ils
donnent la coloration violette ou pourpre des
cholates.

Le sel de soude peut s'obtenir cristallisé en
suivant la marche indiquée ci-dessus ; il ressemble beaucoup au glycocholate de soude.

Le sel de baryte est très-soluble dans l'eau.

D'après Gorup-Besanez, un mélange de tauro-
et de glycocholate de soude (bile purifiée) se
comporte avec l'ozone comme les savons alcalins
[*Ann. der Chem. u. Pharm.*, t. CXXV, p. 207].

La masse principale reste inaltérée et une petite portion se brûle complétement en donnant
de l'eau et de l'acide carbonique sans formation
de produits secondaires.

ACIDE CHOLALIQUE, $C^{24}H^{40}O^5$. — L'acide cholalique représente le principal produit du dédoublement des acides glyco- et taurocholique. Il
n'existe pas dans la bile fraîche, mais il peut se
former pendant la putréfaction ou dans le canal
digestif, ainsi que dans le sang et l'urine aux dépens des acides biliaires. On le prépare en faisant
bouillir la bile purifiée pendant 12 à 24 heures
avec de la potasse caustique ou mieux de l'hydrate de baryte. Il convient de disposer l'appareil
de manière à faire refluer les vapeurs aqueuses
dans le vase où s'opère la réaction. Le liquide est
sursaturé par l'acide chlorhydrique et le précipité lavé est redissous dans la soude caustique
et reprécipité par l'acide. Enfin le dépôt lavé et
laissé en contact avec de l'éther se change en
une masse cristalline. Celle-ci, égouttée et exprimée, est dissoute dans l'alcool chaud. On ajoute
à la solution assez d'eau pour produire un léger

trouble. Par le refroidissement l'acide cholalique
se sépare en tétraèdres.

L'acide cholalique se présente sous forme
amorphe ou en cristaux.

L'acide amorphe dissous dans l'éther se dépose
par l'évaporation en prismes à quatre pans avec
deux faces pyramidales de chaque côté.

La solution alcoolique chaude le fournit en
octaèdres tétragonaux ou plus souvent en tétraèdres. Les premiers cristaux contiennent 1 molécule d'eau, les seconds 2 molécules et demie (?).
Les cristaux d'acide cholalique sont inaltérables
à l'air, incolores, insolubles dans l'eau, assez
solubles dans l'éther, très-difficilement solubles
dans l'alcool. L'acide amorphe a l'aspect cireux,
est plastique ; il est un peu soluble dans l'eau,
assez soluble dans l'alcool, soluble en toutes
proportions dans l'alcool. La solution de l'acide
cholalique amorphe dans l'alcool absolu ne tarde
pas à déposer des croûtes cristallines formées de
prismes microscopiques d'acide anhydre.

L'acide cholalique est très-soluble dans les alcalis caustiques, il chasse l'acide carbonique des
carbonates alcalins. Il dévie à droite le plan de
polarisation.

Pouvoir rotatoire spécifique pour la ligne D :

1° Acide anhydre cristallisé, $+ 50^\circ$;

2° Acide à 2 molécules et demie d'eau, $+ 35^\circ$.

Le pouvoir rotatoire des sels alcalins varie avec
la concentration, à moins que le dissolvant ne
soit de l'alcool, et il est toujours inférieur à celui
de l'acide. Il est égal à $+ 31^\circ,4$ pour la solution
alcoolique du sel de soude.

L'ébullition avec les acides ou bien une température soutenue de 190° à 200° détermine l'élimination de H^2O et la formation de dyslysine

$$C^{24}H^{36}O^3.$$

Demarçay, Theyer et Schlosser, et Strecker signalent la production, dans les mêmes circonstances, d'un acide particulier, l'acide choloïdique,
$C^{24}H^{38}O^4$, qui se formerait particulièrement en
faisant bouillir la bile étendue de 12 à 15 p. d'eau
avec un excès d'acide chlorhydrique, pendant 3
à 4 heures. L'acide choloïdique qui se sépare est
lavé à l'eau et dissous dans l'alcool. Le liquide
est évaporé à sec et le résidu épuisé par l'éther.
Il se présente sous forme d'une masse solide,
blanche, amorphe, insoluble dans l'eau bouillante,
soluble dans l'alcool, fusible au-dessous de 100°.
Selon Hoppe-Seyler, l'acide choloïdique ne serait
qu'un mélange d'acide cholalique inaltéré, d'acide
cholonique, de dyslysine et des acides biliaires
glyco- et taurocholique non décomposés. En effet
la masse résineuse, obtenue par l'ébullition de la
bile cristallisée avec l'acide chlorhydrique étendu,
donne avec la soude une solution qui, précipitée
par le chlorure de baryum et après l'ébullition
du précipité avec l'eau, fournit une masse assez
considérable d'un sel de baryte amorphe. L'acide
que l'on en sépare est de l'acide cholalique ; il ne
cristallise pas dans l'éther, mais dans l'alcool
[*Journ. für prakt. Chem.*, t. LXXXIX, p. 83].

On obtient le mieux la dyslysine en chauffant l'acide cholalique au-dessus de 200°. La
masse fondue est traitée par la soude et le résidu
est lavé à l'eau et à l'alcool. Elle se présente
sous forme d'une poudre blanche ou jaunâtre, fusible à 140°. Elle est insoluble dans l'eau et l'alcool, les acides acétique et chlorhydrique, un peu
soluble dans l'éther bouillant, soluble dans l'a-
cide cholalique (solution alcoolique) et dans les
cholalates. La dyslysine est plus soluble dans une
solution cholalique concentrée que dans une solution étendue.

Elle se dissout par une ébullition d'une heure
avec une solution alcoolique de potasse en se convertissant en cholalate ; en effet, après expulsion

de l'alcool, on obtient un sel cristallisé d'où l'acide chlorhydrique sépare un acide cristallisable en octaèdres ou en tétraèdres,

$$C^{24} H^{40} O^5 + 2\ 1/2\ H^2O,$$

qui a un pouvoir rotatoire égal à $+35°$.

La distillation sèche transforme l'acide cholalique en huiles aromatiques douées d'odeurs assez agréables.

Les cholalates sont solubles dans l'alcool. Saveur sucrée ou peu amère; ils donnent avec l'acide sulfurique et le sucre la coloration caractéristique des acides biliaires.

Cholalate d'ammoniaque. — Sel peu stable, qui perd facilement son ammoniaque à l'air ou par l'ébullition de sa solution aqueuse. Il se dépose en aiguilles lorsqu'on sature par l'ammoniaque une solution alcoolique d'acide cholalique et que l'on ajoute de l'éther.

Cholalate de potassium, $C^{24} H^{39} O^5 K$. — Se prépare comme le sel ammoniacal et se dépose également en aiguilles par l'évaporation de sa solution alcoolique; la solution aqueuse est précipitée par la potasse concentrée.

Cholalate de sodium. — Semblable au précédent.

Cholalate de baryum, $(C^{24} H^{39} O^5)^2 Ba$. — Pour le préparer, on dissout l'acide cholalique dans l'eau de baryte; l'excès de baryte est précipité par l'acide carbonique, on filtre et on concentre. La liqueur se couvre d'une pellicule mamelonnée à la surface et soyeuse à la partie inférieure. Il se dissout dans 30 p. d'eau froide et 23 p. d'eau bouillante. L'alcool le dissout plus facilement.

Cholalate de calcium, $(C^{24} H^{39} O^5)^2 Ca$. — Se précipite en caillots épais cristallisant par l'éther.

Cholalate de cuivre. — Précipité blanc bleuâtre.

Cholalate de manganèse. — Précipité floconneux semi-cristallin.

Cholalate de plomb. — Précipité blanc, peu soluble dans l'eau, soluble dans l'alcool et l'acide acétique, obtenu par l'action du sous-acétate de plomb sur le cholalate d'ammoniaque.

Cholalate d'argent. — Précipité obtenu avec un cholalate alcalin et le nitrate d'argent. Il est partiellement soluble dans l'eau bouillante et se dépose à l'état cristallin par le refroidissement. Soluble dans l'alcool. A $100°$ il noircit peu à peu.

Cholalates mercureux et mercurique. — Précipités blancs, partiellement solubles à l'ébullition.

ACIDES DE LA BILE DE PORC.

La bile de porc contient, sous forme de sel de soude, deux acides spéciaux qui n'ont encore été rencontrés nulle part ailleurs. Ces deux acides se dédoublent comme les acides biliaires ordinaires : l'un en sucre de gélatine et en un acide particulier, l'acide hyocholalique; l'autre en taurine et en acide hyocholalique.

Leur constitution est donc très-voisine de celle des acides biliaires normaux : la seule différence consiste dans la nature du composé uni au glycocolle et à la taurine.

L'ACIDE HYOGLYCOCHOLIQUE OU HYOCHOLIQUE,

$$C^{27} H^{43} Az O^5,$$

se décompose par l'ébullition avec les alcalis ou les acides, d'après l'équation

$$C^{27} H^{43} Az O^5 + H^2O = C^2 H^5 Az O^2 + C^{25} H^{40} O^4.$$

| Acide hyocholique. | Sucre de gélatine. | Acide hyocholalique. |

Il représente, comme on le voit, l'homologue supérieur de l'acide cholonique ou l'homologue de l'acide cholique moins H^2O.

C'est le principe le plus important de la bile de porc, l'acide taurohyocholique ne s'y rencontrant qu'en très-petites proportions.

On extrait cet acide par le procédé suivant, imaginé par MM. Strecker et Gundelach, et légèrement modifié par Hoppe-Seyler. La bile de porc, décolorée par le charbon animal, est saturée de sulfate de soude cristallisé.

L'hyocholate de soude, devenu insoluble dans une liqueur chargée de sel, se dépose; après l'avoir lavé avec de l'eau chargée de sulfate de soude, on le dissout dans l'eau et on précipite par l'acide chlorhydrique. Le dépôt est ensuite redissous dans l'alcool et la solution est précipitée par l'eau. On répète cette dernière opération plusieurs fois.

L'acide hyocholique se présente sous forme d'une masse résineuse amorphe, incolore, très-soluble dans l'alcool, peu soluble dans l'éther, insoluble dans l'eau; saveur amère. Sa solution alcoolique rougit le tournesol.

L'acide hyocholique se dissout aisément dans l'ammoniaque et les lessives alcalines caustiques ou carbonatées; les agents oxydants l'attaquent à chaud. Avec l'acide nitrique concentré il se forme de l'acide oxalique et de l'acide cholestérique, ainsi que des acides volatils de la série des acides gras.

Par l'ébullition prolongée avec l'acide chlorhydrique on obtient, outre le sucre de gélatine, de l'hyodyslysine insoluble dans les alcalis:

$$C^{27} H^{43} Az O^5 = C^{25} H^{38} O^3 + C^2 H^5 Az O^2.$$

L'acide hyoglycocholique ne dévie que faiblement la lumière polarisée; son pouvoir rotatoire spécifique pour la raie D est égal à $+2°$. Combiné aux alcalis, il est inactif.

Hyocholate d'ammoniaque. — Sel très-soluble dans l'eau, peu soluble dans une liqueur contenant un sel ammoniacal; il se précipite sous forme d'aiguilles lorsqu'on ajoute du sel ammoniac en excès à une solution de bile de porc. Par l'ébullition il perd de l'ammoniaque et devient acide.

Hyoglycocholate de potassium,

$$C^{27} H^{42} Az O^5 K + H^2O.$$

— Pour le préparer, on dissout l'acide dans la potasse caustique et on ajoute du sulfate de potasse à chaud. Par le refroidissement, le sel se précipite en flocons que l'on dissout dans l'alcool absolu; enfin la solution est précipitée par l'éther. Masse amorphe blanche, très-soluble.

Hyoglycocholate de sodium,

$$C^{27} H^{42} Az O^5 Na + H^2O.$$

— Poudre blanche non hygroscopique; saveur amère, persistante. Sa solution alcoolique se dessèche sous forme d'une masse transparente. Sur une lame de platine il fond à la chaleur et brûle avec flamme.

Hyoglycocholate de baryum,

$$(C^{27} H^{42} Az O^5)^2 Ba + H^2O.$$

— Sel peu soluble dans l'eau, soluble dans l'alcool.

Hyoglycocholate de calcium. — Semblable au précédent.

Hyoglycocholate de plomb. — Précipité blanc obtenu par double décomposition entre l'hyoglycocholate de soude (bile de porc purifiée) et l'acétate neutre ou basique de plomb.

Hyoglycocholate d'argent. — Précipité gélatineux, peu soluble dans l'eau, assez soluble dans l'alcool, devenant floconneux par l'ébullition.

ACIDE TAUROHYOCHOLIQUE, $C^{27} H^{45} Az SO^6$, ou *hyocholéique.* — Il se trouve en petites quantités dans la bile de porc, sous forme de sel de soude; on n'a pas encore pu l'isoler à l'état de pureté. Il se dédouble très-facilement en acide hyocholalique et en taurine par l'action des alcalis et des acides [Strecker, *Ann. der Chem. u. Pharm.*, t. LXII, p. 205].

ACIDE HYOCHOLALIQUE, $C^{25}H^{40}O^4$. — C'est le produit du dédoublement des acides biliaires du porc. Jusqu'à présent il n'a pas été rencontré en liberté dans l'organisme. Il est incolore, assez soluble dans l'alcool et dans l'éther, insoluble dans l'eau. Il cristallise difficilement en grains mamelonnés. Les sels alcalins sont précipités de leurs solutions aqueuses par l'addition de sels ; il donne la réaction de Pettenkofer. Bouilli avec l'acide chlorhydrique, il perd de l'eau et se change en *hyodyslysine*, très-rapprochée de la dyslysine par ses caractères.

L'hyocholalate de baryum renferme

$$(C^{25}H^{39}O^4)^2Ba.$$

ACIDES DE LA BILE D'OIE.

ACIDE CHÉNOCHOLÉIQUE OU CHÉNOTAUROCHOLIQUE,

$$C^{29}H^{49}AzSO^6.$$

[Marsson, *Arch. d. Pharm.*, (2), t. LVIII, p. 138 ; — W. Heintz et J. Wislicenus, *Ann. Poggend.*, t. CVIII, p. 517]. — Acide biliaire, signalé pour la première fois par Marsson ; a été étudié par Heintz et Wislicenus. Ces derniers procèdent comme il suit à son extraction de la bile d'oie, où il a été rencontré. Le mucus et la matière colorante sont précipités par l'alcool absolu ; la solution alcoolique est mélangée avec de l'éther ; les sels spéciaux se déposent sous forme d'une masse emplastique, tandis que les graisses restent en solution. Le sel, purifié par un lavage prolongé avec une solution de sulfate de soude, est séché et dissous dans l'alcool absolu.

Le liquide étant additionné d'éther aqueux fournit une masse cristalline déliquescente, composée de petites tables rhombiques et renfermant presque exclusivement du chénotaurocholate de soude ; on précipite la solution alcoolique par l'acétate tribasique de plomb. Le précipité lavé est divisé et décomposé par l'hydrogène sulfuré en présence de l'alcool. Le liquide concentré donne une masse brunâtre. L'acide chénocholique est amorphe, facilement soluble dans l'eau et l'alcool.

Par une ébullition prolongée de 36 heures avec l'hydrate de baryte, il se dédouble en taurine et acide chénocholalique, probablement d'après l'équation

$$C^{29}H^{49}AzSO^6 + H^2O = C^{27}H^{44}O^4 + C^2H^7AzSO^3.$$
Acide chénocholéique.   Acide chéno-   Taurine.
cholalique.

Il donne la réaction de Pettenkofer.

ACIDE CHÉNOCHOLALIQUE, $C^{27}H^{44}O^4$. — Le précipité grenu formé par l'ébullition de l'acide chénocholéique avec la baryte est lavé et décomposé par l'acide chlorhydrique ; il se sépare un acide jaunâtre, non cristallisable, que l'on purifie par des traitements répétés à l'hydrate de baryte. Il est insoluble dans l'eau, soluble dans l'alcool et dans l'éther, d'où il se sépare à l'état amorphe. On l'a obtenu une seule fois en petits cristaux indéterminés, par le repos d'une solution alcoolique additionnée d'eau.

Ce corps est acide ; il fournit avec le sucre et l'acide sulfurique la réaction caractéristique de Pettenkofer. Insoluble à froid dans l'hydrate de potasse concentré, il s'y combine à chaud et fournit un sel soluble dans l'eau et l'alcool.

Le sel de baryum s'obtient en précipitant le chénocholalate de potasse par le chlorure de baryum ; on le purifie en le dissolvant dans l'alcool et en le précipitant par l'éther. Il répond à la formule $(C^{27}H^{43}O^4)^2Ba$.

ACIDE BILIAIRE DU GUANO.

D'après Hoppe-Seyler, on trouve dans le guano du Pérou un acide biliaire, en quantité assez abondante.

A cet effet, on évapore l'extrait aqueux fait à froid, de façon à déterminer la cristallisation de l'oxalate d'ammoniaque. L'eau mère est traitée par l'acide chlorhydrique, le précipité dissous dans l'alcool est décoloré par du noir animal ou évaporé après addition de carbonate de soude, et l'on précipite par le chlorure de baryum. Le précipité, lavé et séché, est traité par l'alcool absolu ; le liquide filtré est débarrassé d'alcool par évaporation ; on obtient ainsi un sel de baryte incristallisable, d'où il est facile de retirer l'acide correspondant. Ce dernier forme une masse amorphe, insoluble dans l'eau, soluble dans l'alcool (cette solution est acide et inactive), soluble dans l'ammoniaque et les alcalis. Bouilli avec l'acide chlorhydrique concentré, il se convertit en produits analogues à l'acide choloïdique et à la dyslysine, solubles dans l'acide sulfurique et donnant des liquides verts, fluorescents. Ces produits, comme l'acide primitif, offrent la réaction de Pettenkofer. Cet acide particulier du guano ne contient ni soufre ni azote. Son sel de baryum a donné : carbone, 70,9 ; hydrogène, 8,2 ; baryum, 12,7 ; azote (traces, 0,5, tenant à une impureté).

La fiente de pigeon contient aussi un acide biliaire.

Il est à noter que le guano ne contient pas de matières colorantes biliaires, mais de la cholestérine [Hoppe-Seyler, *Journ. für prakt. Chem.*, t. LXXXIX, p. 83].

RECHERCHE ET SÉPARATION DES ACIDES BILIAIRES.— Dans la plupart des cas, cette recherche et cette séparation portent sur les acides glyco- et taurocholique et sur l'acide cholalique.

On utilise généralement l'action de l'acétate de plomb. L'acétate neutre précipite les acides cholalique et glycocholique et n'entraîne qu'une petite fraction d'acide taurocholique, que l'on précipite dans le liquide filtré par l'acétate de plomb ammoniacal ; ce précipité est ensuite délayé dans l'alcool, on ajoute du carbonate de soude, on évapore à sec et on reprend le résidu par l'alcool absolu, qui dissout le taurocholate de soude. Pour reconnaître d'une manière plus nette l'acide taurocholique, on le chauffe pendant 12 heures au bain-marie dans un tube fermé, avec de l'hydrate de baryte ; on neutralise l'excès de baryte par l'acide carbonique, on évapore à sec et on reprend par l'eau froide qui dissout la taurine. Le résidu repris par l'eau bouillante fournit du cholalate de baryum. Le moyen le plus simple de reconnaître la taurine consiste dans la recherche du soufre.

Le plus souvent, il suffit de rechercher le soufre et de tenter la réaction de Pettenkofer pour s'assurer si une substance soluble dans l'alcool contient de l'acide taurocholique ; il faut toutefois être certain de l'absence préalable de sulfates.

Hoppe-Seyler utilise le pouvoir rotatoire des produits biliaires comme contrôle de l'analyse d'un mélange de glyco- et de taurocholate [*Journ. für prakt. Chem.*, t. LXXXIX, p. 281]. A cet effet, le mélange précipité par l'éther d'une solution alcoolique est dissous dans l'alcool ; on détermine la rotation, puis on évapore un volume mesuré de la solution, à sec. Le résidu, séché à 120°, est pesé et traité à 100° par l'hydrate de potasse concentré ; on ajoute de l'éther et de l'acide chlorhydrique, on filtre pour séparer l'acide cholalique, qu'on lave et qu'on dissout dans l'alcool. Cette solution, évaporée, donne un résidu que l'on pèse après l'avoir séché à 120°.

Dans le liquide filtré, on dose le soufre sous forme de sulfate de baryum.

100 p. de soufre = 1009,3 acide taurocholique.

100 p. d'acide taurocholique = 79,2 d'acide cholalique;

100 p. d'acide cholalique = 113,9 d'acide glycocholique;

Soit α la rotation pour $0^m,1$; m l'acide taurocholique déterminé au moyen du soufre, on a

$$\text{Acide glycocholique} = \frac{100\alpha - m.25,3}{27,6}.$$

Lorsque l'on veut rechercher la présence des acides biliaires (glycocholique et cholalique) dans un extrait aqueux ou un liquide de l'économie animale, il convient de précipiter par l'acétate de plomb; le précipité lavé est évaporé avec du carbonate de soude. Le sel de soude est épuisé par l'alcool, la solution est évaporée et le résidu est repris par l'eau; l'extrait aqueux sert à la réaction de Pettenkofer. A 3 centimètres cubes de solution, on ajoute 2/3 de volume d'acide sulfurique, puis une goutte de solution sucrée à 10 % et on chauffe vers 70°; la réaction violette apparaît encore avec 1/25 % d'acide biliaire. Elle est encore plus sensible si l'on mélange une goutte de liquide à essayer avec une goutte d'acide sulfurique étendu et une trace de sucre et si l'on évapore à une douce chaleur. On peut ainsi déceler 1/1000 d'acide [Newkomm, *Ann. der Chem. u. Pharm.*, t. CXVI, p. 30].

S'agit-il d'urine, on évapore à sirop, on traite par l'alcool, on filtre et on évapore de nouveau et on reprend par l'alcool absolu, on évapore et on reprend par l'eau pour précipiter par l'acétate de plomb, etc.   P. S.

BILE (MATIÈRES COLORANTES DE LA). [Valentiner, *Schmidt's Jahresb. der Ges., med.*, t. CII, p. 151; — Brücke, *Wien. Acad. Bericht.*, t. XXXV, p. 13.] — Les matières colorantes de la bile ont été particulièrement étudiées dans ces derniers temps par Stædeler; ces travaux ont servi à éclaircir une question restée assez obscure jusqu'à lui [Stædeler, *Vierteljahr. d. nat. Gesels. in Zürich*, 1863, t. VIII, et *Ann. der Chem. u. Pharm.*, t. CXXXII, p. 323].

On admet l'existence de quatre pigments distincts : la *bilirubine*, la *biliverdine*, la *bilifuscine* et la *biliprasine*.

Ces corps ont été extraits des calculs biliaires; on épuise successivement les calculs pulvérisés par l'éther, l'eau chaude, le chloroforme et l'acide chlorhydrique étendu. Le chloroforme bouillant enlève alors au résidu vert brun un principe brun, la bilifuscine et une certaine quantité de bilirubine, tandis que le résidu cède à l'alcool la matière verte (biliprasine). Après ce traitement à l'alcool, le chloroforme dissout le reste de la bilirubine. Pour séparer la bilifuscine de la bilirubine, on chasse le chloroforme; le résidu est repris par l'alcool bouillant, qui dissout la bilifuscine et d'autres principes et laisse de la bilirubine pure. Le résidu de tous ces traitements est de nature humique (bilinumine).

Bilirubine, $C^{16}H^{13}Az^2O^3$. — Elle représente peut-être l'ancienne cholépyrrhine et la biliphéine. Elle se trouve en masse dominante dans les calculs biliaires de l'homme et s'obtient pure par des solutions répétées dans le chloroforme : évaporation du dissolvant, lavage du résidu à l'éther et à l'alcool, redissolution dans le chloroforme et précipitation de la solution concentrée par l'alcool.

C'est une poudre amorphe, rouge orangé, ou une poudre cristalline rouge foncé, insoluble dans l'eau, très-peu soluble dans l'alcool et l'éther, facilement soluble dans le chloroforme, le sulfure de carbone, la benzine, l'essence de térébenthine et les huiles grasses. La solution chloroformique est jaune pur ou rouge orangé; la solution alcoolique est jaune d'or. La bilirubine se dissout dans les liquides alcalins avec une couleur rouge orangé foncé ou jaune; une couche de 15 millimètres d'une solution au 1/100000 est encore jaune; une solution au 40/1000 colore encore la peau en jaune. Les solutions alcalines se décomposent rapidement à la lumière et perdent la propriété de précipiter par l'acide chlorhydrique. Une solution orangé foncé dans la soude caustique donne, avec un excès d'alcalis, des flocons volumineux bruns de bilirubinate de soude.

Une solution chloroformique, agitée avec de l'eau ammoniacale ou sodique, se décolore en cédant la matière colorante à l'eau alcaline.

Si l'on mélange une solution ammoniacale avec du chlorure de calcium, il se précipite des flocons rouille, devenant vert foncé métallique après dessiccation, et répondant à la formule

$$(C^{16}H^{17}Az^2O^3)^2Ca.$$

Cette combinaison, qui forme la majeure partie des calculs biliaires humains, est insoluble dans l'éther, l'alcool et le chloroforme. Les combinaisons barytique et plombique obtenues par cette voie se comportent de même; la combinaison argentique forme des flocons violet pâle, non réductibles à chaud. Avec l'acide azotique à 20 %, la bilirubine se convertit en flocons résineux violet foncé et qui se dissolvent à chaud en jaune; l'acide azotique concentré forme à froid une solution rouge.

Une solution alcaline de bilirubine, additionnée de son volume d'alcool, puis traitée par l'acide nitrique fumant chargé de vapeurs nitreuses, passe au vert, puis successivement au bleu, au violet, au rouge-rubis et enfin au jaune sale; si l'on n'agite pas, les couleurs se forment successivement par couches.

Cette réaction est sensible au 80/1000; une solution ammoniacale mêlée goutte à goutte avec de l'acide azotique nitreux, puis neutralisée à peu près par l'ammoniaque, donne un précipité vert, devenant peu à peu bleu; ce précipité, lavé à l'eau, cède à l'alcool un pigment vert, tandis qu'il reste une poudre bleu très-foncé.

La solution chloroformique de bilirubine, additionnée de 1 à 2 gouttes d'acide nitrique nitreux, se colore peu à peu en rouge rubis, puis en bleu foncé après addition de beaucoup d'alcool, ou aussi en vert et en rouge.

L'acide sulfurique concentré dissout la bilirubine en brun, passant au vert violeté.

L'eau précipite des flocons vert foncé, solubles en violet dans l'alcool. L'acide chlorhydrique forme des corps humiques, bruns. L'amalgame de sodium fait passer au jaune clair la teinte de la solution alcaline de bilirubine.

On considère généralement la bilirubine comme identique avec les cristaux d'hématoïdine formés dans les extravasations sanguines.

Biliverdine. — La solution de bilirubine dans un excès de soude, étant agitée à l'air, se colore en vert et précipite par l'acide chlorhydrique une substance insoluble dans l'éther et le chloroforme, mais soluble en très-beau vert dans l'alcool.

L'acide nitrique colore la solution verte, d'abord en bleu, puis en violet rouge et en jaune sale. Une solution de bilirubine dans la soude étant bouillie à l'abri de l'air donne aussi, par l'acide chlorhydrique, un précipité de biliverdine, dont la composition est exprimée par la formule

$$C^{16}H^{20}Az^2O^5.$$

On a d'après cela :

$$C^{16}H^{18}Az^2O^3 + H^2O + O = C^{16}H^{20}Az^2O^5,$$
$$2(C^{16}H^{18}Az^2O^3) + 2H^2O$$
$$= C^{16}H^{20}Az^2O^5 + C^{16}H^{20}Az^2O^3.$$

La solution alcaline verte devient peu à peu brun foncé; elle donne alors, par l'acide chlorhydrique, un précipité dont la solution alcoolique est verte, et qui redevient brune par les alcalis et qui fournit, par l'acide azotique, le jeu de couleurs de la biliprasine (celle-ci ne diffère de la biliverdine que par H^2O).

La biliverdine ne se rencontre pas dans les calculs biliaires; on en a trouvé sur les bords du placenta du chien.

On l'obtient en feuillets rhombiques par l'évaporation de sa solution dans l'acide acétique glacial. L'acide sulfureux fait passer au jaune sa solution alcaline.

Bilifuscine, $C^{16}H^{20}Az^2O^4$. — La solution chloroformique des calculs étant évaporée à sec, le résidu cède à l'alcool de la bilifuscine; on chasse l'alcool; on reprend par l'éther et le chloroforme; la partie insoluble est dissoute dans l'alcool, enfin le liquide évaporé laisse la bilifuscine sous forme d'une poudre brillante, brun foncé, presque noire. La bilifuscine est insoluble dans l'eau, l'éther, le chloroforme, soluble dans l'alcool et les alcalis étendus, en brun foncé; l'acide chlorhydrique la précipite en flocons bruns.

La solution ammoniacale donne avec le chlorure de calcium un précipité brun; elle se décompose à l'air dans les solutions alcalines.

Biliprasine, $C^{16}H^{22}Az^2O^6$. — La solution alcoolique de la biliprasine, obtenue comme il a été dit plus haut, est évaporée; le résidu pulvérisé est traité par l'éther et le chloroforme et le résidu est dissous dans l'alcool. Le liquide vert foncé donne à l'évaporation la biliprasine en masse cassante, brillante, presque noire (noir verdâtre en poudre). Elle est insoluble dans l'eau, l'éther, le chloroforme, soluble en vert dans l'alcool; cette solution se distingue de celle de la biliverdine parce qu'elle devient brune par l'ammoniaque, et de la bilifuscine en ce que la couleur brune repasse au vert par les acides. Avec l'acide azotique on observe une très-belle succession de couleurs, parmi lesquelles manque le bleu.

La biliprasine est soluble dans les alcalis caustiques, peu soluble dans les carbonates alcalins. Les solutions étendues ont la couleur des urines ictériques brunes et passent au vert par les acides.

Bilihumine. — La bilihumine forme la partie des calculs insolubles dans l'éther, l'eau, les acides étendus, le chloroforme et l'alcool; c'est le produit ultime de la décomposition des pigments biliaires, en solution alcaline, à l'air. Outre ces pigments, il semble en exister d'autres moins bien définis; tels sont : le pigment vert, soluble dans l'éther, retiré par Scherer de l'urine ictérique; un principe vert, peu soluble dans l'éther et plus azoté que les précédents, trouvé par Stædeler dans un calcul.

R. Maly a démontré que le pigment jaune rougeâtre, retiré par Brücke de la bile humaine, au moyen du chloroforme (biliphéine), se comporte comme une amide de la biliverdine. La potasse aqueuse ou alcoolique en dégage de l'ammoniaque déjà à froid; le liquide devient rouge, puis jaune et enfin vert [*Wien. Acad. Bericht.*, t. XLIX (2e livr.), p. 498, et *Ann. der Chem. u. Pharm.*, t. CXXXII, p. 127].

La baryte et la chaux hydratées ne dégagent de l'ammoniaque que sous l'influence de la chaleur, avec précipitation d'un composé barytique vert.

Une solution de cholépyrrhine dans le chloroforme, chauffée 8 à 12 heures à 100° en vase clos, avec 1/2 volume d'acide acétique cristallisable, donne un liquide vert foncé qui cède à l'eau de l'acétate d'ammoniaque, tandis que le chloroforme évaporé laisse un résidu vert foncé de biliverdine.

L'acide chlorhydrique ou l'acide tartrique opèrent aussi le dédoublement.

D'un autre côté, une solution chloroformique de biliverdine, saturée d'ammoniaque, chauffée à 120°, laisse après évaporation un résidu jaune brun de cholépyrrhine.

La bile de bœuf fraîche est verte et produit dans le spectre une raie d'absorption, située entre D et E, plus près de D que de E. Après un certain temps, elle devient dichroïque (verte en couches minces, rouge en couches épaisses), et elle fournit les raies d'absorption, près de C et de D, entre D et E, très-près de E. On n'a pas encore pu isoler le principe qui fournit ces réactions.

Recherche des pigments biliaires. — On verse au fond d'un tube d'essai de l'acide nitrique concentré, chargé de vapeurs nitreuses, et l'on fait arriver à la surface, avec précaution, le liquide à essayer; on abandonne le tube au repos sans remuer et l'on observe si à la zone de séparation il se produit des anneaux colorés qui se succèdent de haut en bas dans l'ordre suivant : vert-bleu, violet, rouge, jaune.

On recherche la bilirubine dans un liquide en l'agitant avec du chloroforme et évaporant le liquide chloroformique qui se réunit à la partie inférieure. P. S.

BINNITE (Min.). [Syn. *Dufrénoysite* (Sartorius de Waltershausen et Heusser). — La dufrénoysite de Damour a été appelée binnite par Heusser et Naumann]

Tennantite en petits cristaux très-brillants, cubiques passant à l'icositétraèdre a^2, et accompagnant dans la dolomie de Binnen la dufrénoysite, le réalgar, etc.

BIOTINE (Min.). — Variété d'anorthite du Vésuve.

BIOTITE (Min.). — Mica à axes optiques rapprochés. — Voyez Mica.

BISMUTH, $Bi = 210$. — La première mention du bismuth comme métal particulier se trouve dans un traité d'Agricola, datant du commencement du xvie siècle (1529); il fut regardé par quelques auteurs comme un argent imparfait; d'autres le considéraient comme une espèce de plomb. En 1739, Pott fit connaître les principales réactions du bismuth, dont les caractères avaient déjà été décrits par Beccher. Les chimistes qui apportèrent leur contingent dans l'histoire du bismuth, dans le milieu du siècle dernier, furent Neumann, Hellot, Dufay et particulièrement Geoffroy le jeune, en 1753, qui présenta plusieurs mémoires à l'Académie des sciences. John Davy [*Philos. transact.*, 1812, p. 169] et Lagerhjelm [*Ann. of. Philos.*, t. I, p. 357] firent connaître les combinaisons de ce métal avec l'oxygène, le soufre, le chlore; combinaisons dont quelques-unes furent étudiées plus tard par Jacquelain [*Ann. de Chim. et de Phys.*, t. LXVI, p. 113; — Stromeyer, *Poggend. Ann.* t. XXVI, p. 549]. Récemment les travaux les plus approfondis sont dus à R. Schneider (bromures, sulfures, iodures, etc.), à Nicklès et à un grand nombre d'autres savants. Matteucci a soumis le bismuth cristallisé à des recherches physiques très-remarquables.

Le bismuth se rencontre généralement à l'état natif et cristallisé dans une gangue quartzeuse, accompagnant les dépôts d'arséniures de cobalt, dans les gîtes argentifères de la Saxe et de la Bohème; on l'a trouvé en masses lamelleuses, allié à 0,042 % de tellure, sur le sommet de Sorato en Bolivie. On le rencontre quelquefois aussi à l'état d'oxyde, de carbonate, de sulfure, de tellurure, d'oxysulfure, etc.

Le bismuth est un métal dur et cassant, blanc, brillant, avec un reflet rougeâtre ; il a une structure lamelleuse et offre une grande tendance à cristalliser. Sa densité est égale à 9,8 et, lorsqu'on le soumet à la compression, elle diminue graduellement au lieu d'augmenter, et devient 9,75. Il fond à 247° (264°, Rudberg) et se dilate beaucoup au moment de sa solidification. Soumis à une haute température, il peut être distillé dans un courant d'hydrogène. Despretz l'a volatilisé sous l'influence d'un courant de 600 éléments Bunsen.

La conductibilité calorifique du bismuth est égale à 61, celle de l'argent étant 1000 (Calvert et Johnson) ; sa conductibilité électrique est 1,19 à 14° (Matthiessen), 1,8 (Wiedemann et Franz) ; celle de l'argent étant 100 à 0°, sa chaleur spécifique est 0,3084 (Regnault) ; ces conductibilités sont variables suivant la direction du clivage (Matteucci) ; le bismuth est fortement diamagnétique (Faraday). Son coefficient de dilatation est 0,001344 (Calvert et Johnson).

Le spectre de l'étincelle électrique éclatant entre des pôles de bismuth présente une multitude de raies brillantes dans le vert, une raie fine et une raie plus forte dans le rouge, et une raie faible dans l'orangé [Masson, *Ann. de Chim. et de Phys.*, (3), t. XXXI, p. 303].

Le bismuth cristallise avec une grande facilité et se présente alors en trémies formées de rhomboèdres se rapprochant beaucoup du cube (G. Rose) ; la surface de ces cristaux est fortement irisée par suite de la formation d'une pellicule d'oxyde. Pour l'obtenir cristallisé, on le fond et on le laisse refroidir lentement et, lorsque la surface a commencé à se figer, on la perce et on décante la portion restée liquide. Pour que la cristallisation soit régulière, il faut que le bismuth soit très-pur, surtout exempt d'arsenic. On peut l'obtenir dans cet état en maintenant pendant quelque temps le bismuth en fusion avec une petite quantité d'azotate de potasse qui oxyde l'arsenic et le soufre. On y arrive encore en fondant, pendant une heure environ, le bismuth avec 3 à 5 % de zinc, et en mettant du charbon à la surface du métal fondu, pour empêcher le zinc de s'oxyder ; le zinc s'empare de l'arsenic, et en reprenant le métal par de l'acide chlorhydrique, la portion insoluble ne renferme plus ni zinc ni arsenic (C. Saint-Pierre).

Par son exposition à l'air, le bismuth se ternit rapidement, mais cette oxydation reste toute superficielle ; il n'agit pas sur l'eau à la température ordinaire, mais, si l'eau est aérée, il s'y oxyde comme à l'air, et, dans le cas de la présence d'acide carbonique, il s'en sépare des paillettes de sous-carbonate. L'ozone oxyde lentement le bismuth en le transformant en acide bismuthique (Schœnbein).

Au rouge, la surface du bismuth se recouvre rapidement à l'air d'une pellicule verte ou jaune d'or s'il est pur, rouge, violette ou bleue s'il est impur (Quesneville) ; en enlevant cette pellicule, l'oxydation continue et tout le bismuth se convertit en oxyde. Au rouge blanc, il décompose lentement l'eau.

Le bismuth s'unit directement au chlore, au brome et à l'iode. L'acide chlorhydrique et l'acide sulfurique, à froid, ne l'attaquent que très-peu ; à chaud, l'acide sulfurique le dissout avec production d'acide sulfureux. L'acide azotique l'attaque très-vivement, ainsi que l'eau régale. Chauffé avec du salpêtre ou du chlorate de potassium, le bismuth est attaqué avec vivacité.

D'après Andrews, le bismuth en contact avec de l'acide azotique de 1,4 de densité l'attaque très-vivement ; mais si on le touche avec une lame de platine, il devient *passif*, l'attaque cesse pour ne recommencer que lorsque le contact du platine cesse ; cependant, pendant cette passivité, le bismuth se recouvre d'une couche brune d'oxyde bismutheux.

Le bismuth est utilisé dans les arts pour la préparation des alliages fusibles. Il s'en fait en outre une consommation notable en médecine, à l'état de sous-nitrate. On a proposé le bismuth pour les essais d'argent par coupellation, à la place du plomb.

Atomicité. — Le bismuth, par son atomicité, se range à côté de l'antimoine dans la famille du phosphore ; c'est le terme le plus extrême de cette série, mais il manifeste encore cette propriété fondamentale d'être triatomique ou pentatomique, quoique, à vrai dire, les composés de ce dernier ordre se bornent, jusqu'à présent, à un acide très-instable. On ne connaît pas, comme pour les autres corps de cette famille, de composé hydrogéné.

ALLIAGES DE BISMUTH. — Le bismuth s'allie très-facilement aux autres métaux et leur communique une grande fusibilité ; c'est lui qui communique aux *alliages fusibles* leur principale propriété.

Bismuthure de potassium. — Cet alliage se prépare, comme l'antimoniure de potassium, en calcinant du bismuth avec de la crème de tartre (Vauquelin). On calcine dans un creuset 20 p. de bismuth pulvérisé et 16 p. de tartrate acide de potassium ; on porte le creuset au rouge blanc et, après le refroidissement, on y trouve un culot métallique, d'un blanc d'argent, à cassure lamelleuse. Cet alliage fond facilement et reste longtemps pâteux ; il est cassant et pulvérisable ; l'eau le décompose facilement (Breed).

Bismuthure de sodium. — Se prépare comme le précédent. Un alliage renfermant environ volumes égaux des deux métaux se dilate fortement au moment de sa solidification (Marx).

Alliage de bismuth avec l'argent, l'or, le platine, le palladium, le rhodium. — Ces alliages sont cassants.

Bismuth et tungstène. — Masse poreuse, cassante, d'un aspect semi-métallique et d'une couleur brunâtre.

Bismuth et antimoine. — Cet alliage possède la propriété, comme le bismuth lui-même, de se dilater par la solidification.

Bismuth et mercure. — Le bismuth forme avec le mercure un amalgame liquide ; si l'on emploie poids égaux des deux métaux, à chaud, on obtient, par le refroidissement, des cristaux octaédriques qui sont, soit un amalgame cristallisé, soit du bismuth libre.

Bismuth et cuivre. — Alliage rouge pâle, cassant.

Bismuth, plomb et étain (alliages fusibles). — La propriété caractéristique de ces alliages, c'est-à-dire leur fusibilité, était déjà connue de Newton, et on connaît sous le nom d'*alliage de Newton* un alliage fusible à 94°,5 et formé de 8 p. de bismuth, 5 p. de plomb et 3 p. d'étain.

L'*alliage de Darcet*, fusible à 93°, est formé de 2 p. de bismuth, 1 p. de plomb et 1 p. d'étain. L'alliage de 5 p. de bismuth, 2 p. d'étain et 3 p. de plomb fond à 91°,6.

L'alliage fusible de Rose renfermant 420 p. de bismuth, 236 p. de plomb et 207 p. d'étain, c'est-à-dire Bi^2, Sn^2Pb, est fusible au-dessous de 100° et prend, longtemps avant cette température, l'état pâteux. Cet alliage se dilate régulièrement de 0° à 35°, puis il se contracte jusqu'à 55° pour se dilater alors de nouveau brusquement jusqu'à 80°, température à partir de laquelle sa dilatation devient régulière.

La présence du cadmium augmente encore la fusibilité de ces alliages. Ainsi un alliage de 1 à 2 p. de cadmium, 2 p. d'étain, 2 p. de plomb et

7 à 8 p. de bismuth, fond entre 66° et 71°; c'est l'alliage de Wood [*Répert. de Chim. appliquée,* t. II, p. 313]. L'alliage de 9 p. de plomb, 15 p. de bismuth, 4 p. d'étain et 3 p. de cadmium est d'un blanc d'argent, d'une densité $= 9,4$, se ramollit de 55° à 60° et est en pleine fusion peu au-dessus de 60° [Lipowitz, *Dingl. polyt. J.,* t. CVIII, p. 376].

Dans tous ces alliages on peut diminuer la fusibilité en faisant varier la proportion des métaux; on les emploie quelquefois en plaques servant de soupape de sûreté aux chaudières à vapeur.

CHLORURES DE BISMUTH. — TRICHLORURE,

$$Bi''' Cl^3 = 316,5.$$

Densité de vapeur par rapport à l'hydrogène, $158,25 = 2$ vol. de vapeur. (Densité par rapport à l'air, 10,96.)

Le chlore se combine directement au bismuth; si l'on opère avec lenteur, on obtient un chlorure $BiCl^2$ ou Bi^2Cl^4; mais avec un excès de chlore on obtient le trichlorure $BiCl^3$ qui distille. On peut aussi distiller la solution acide de chlorure de bismuth, comme on le fait pour la préparation du trichlorure d'antimoine. Enfin il se forme encore par l'action du bismuth métallique sur le bichlorure de mercure

$$3HgCl^2 + Bi = 3HgCl + BiCl^3.$$

Le chlorure de bismuth est une masse blanche, grenue, opaque; il est très-fusible, volatil, déliquescent, soluble dans l'acide chlorhydrique ou dans une très-petite quantité d'eau en donnant une liqueur sirupeuse; une plus grande quantité d'eau le décompose en *oxychlorure*

$$BiOCl \text{ (soit } Bi^2O^3, BiCl^3)$$

correspondant à celui d'antimoine SbO,Cl; ce composé est blanc, tout à fait insoluble dans l'eau pure; lorsqu'on le chauffe, il jaunit momentanément au rouge, il fond sans décomposition; mais, calciné au contact de l'air, il perd du chlore et gagne de l'oxygène, sans toutefois donner de composé bien défini. La potasse étendue ne l'attaque pas; l'acide azotique le dissout; mais, par l'évaporation de cette solution, il se retrouve sans altération.

Lorsqu'on évapore la solution chlorhydrique de chlorure de bismuth, il reste de fines aiguilles blanches qui sont une combinaison d'acide chlorhydrique et de chlorure de bismuth, probablement $BiCl^3, 2HCl$; on connaît de même des chlorures doubles de bismuth et des métaux alcalins [Jacquelain, *Ann. de Chim. et de Phys.,* (2), t. LXII, p. 363, 382]. Le chlorure double de bismuth et de potassium

$$BiCl^3, 2KCl + 2\,1/2\,H^2O \text{ (probablement } 3H^2O)$$

et le chlorure de bismuth et de sodium

$$BiCl^3, 2NaCl + 3H^2O,$$

qui peut aussi cristalliser avec une seule molécule d'eau (Jacquelain), s'obtiennent en laissant évaporer une solution chlorhydrique de chlorure de bismuth additionnée d'une quantité convenable de chlorure alcalin.

Ils sont décomposables par l'eau. Le sel potassique forme des cristaux volumineux appartenant au système rhomboïdal qui ont été déterminés par Rammelsberg [*Poggend. Ann.,* t. CVI, p. 145].

On connaît plusieurs chlorures doubles de bismuth et d'ammonium qu'on obtient comme les précédents, ou par l'action de l'acide chlorhydrique sur les combinaisons ammoniées du chlorure de bismuth (Dehérain), composés dont nous allons d'abord parler.

Lorsqu'on fait passer un courant de gaz ammoniaque sur du chlorure de bismuth, dans un appareil distillatoire, il se forme trois produits différents; l'un d'eux, très-volatil, passe dans le récipient, tandis qu'il reste dans la cornue deux combinaisons: l'une rouge, fusible et cristallisable, a pour composition $AzH^3, 2BiCl^3$; elle est assez stable; l'autre combinaison, restée dans le récipient, est d'un vert sale, difficile à purifier, et sa combinaison a surtout été établie par son dérivé chlorhydrique; elle renferme $2AzH^3, BiCl^3$. Quant au produit volatil, il est blanc et a pour composition $3AzH^3, BiCl^3$ [Dehérain, *Compt. rend.,* t. LIV, p. 724].

Ces dérivés ammoniés se combinent à l'acide chlorhydrique pour former divers chlorures doubles de bismuth et d'ammonium.

Le premier donne le chlorure $AzH^4Cl, 2BiCl^3$ qui forme des aiguilles déliquescentes;

Le second, le chlorure $2AzH^4Cl, BiCl^3$ qui forme des lames hexagonales blanches, légèrement jaunâtres, et qui avait déjà été obtenu par Jacquelain; ce sel double est isomorphe avec la combinaison antimoniée correspondante. D'après Rammelsberg, qui a fait l'étude cristallographique de ce sel, il renferme $2\,1/2\,H^2O$.

Enfin le composé volatil donne naissance au chlorure $3AzH^4Cl, BiCl^3$ cristallisé en lames rhomboïdales (Arppe, Dehérain).

Tous ces sels doubles peuvent être préparés en soumettant à l'évaporation des solutions acides de chlorure de bismuth renfermant du sel ammoniac en proportions convenables. Dans la préparation du dernier de ces composés, les eaux mères fournissent un autre sel qui renferme des cristaux rhomboédriques (avec les angles 113°32' et 102°22') ayant pour composition

$$5AzH^4Cl, 2BiCl^3$$

(Rammelsberg).

Enfin Dehérain a obtenu un chlorure double renfermant à la fois du potassium et de l'ammonium, $2AzH^4Cl, KCl, BiCl^3$ cristallisé en lames rhomboïdales.

Chlorosulfure de bismuth, $BiSCl$. — On obtient ce chlorosulfure en fondant, à l'abri de l'air, du chlorure double de bismuth et d'ammonium avec 1/8 de soufre; après le refroidissement, on reprend la masse par de l'acide chlorhydrique étendu qui laisse le chlorosulfure.

On l'obtient aussi en chauffant à 300° le même chlorure de bismuth ammoniacal dans un courant d'hydrogène sulfuré ou en ajoutant du sulfure de bismuth à du chlorure de bismuth fondu, et reprenant par l'acide chlorhydrique étendu.

Le chlorosulfure de bismuth se présente en aiguilles cristallines blanches, insolubles dans l'eau et dans l'acide chlorhydrique étendu (R. Schneider. — Voyez *Jahresb.,* 1854).

Chloroséléniure de bismuth, $BiSeCl$. — S'obtient comme le chlorosulfure. En ajoutant du séléniure de bismuth à du chlorure double de bismuth et d'ammonium en fusion, il s'y dissout en le colorant en rouge brun et, par le refroidissement, le chloroséléniure cristallise en petits cristaux brillants, d'un gris d'acier, qu'on débarrasse de l'excès de chlorure de bismuth par un lavage à l'acide chlorhydrique faible, dans lequel le chloroséléniure est insoluble ainsi que dans l'eau. L'acide azotique l'attaque en mettant du séléniure de bismuth en liberté (R. Schneider).

BICHLORURE DE BISMUTH, $BiCl^2$ ou Bi^2Cl^4. — On obtient ce chlorure en dirigeant un courant lent de chlore sur du bismuth chauffé à son point de fusion. Il se forme aussi par l'action de divers corps sur le trichlorure de bismuth, comme le bismuth lui-même, le phosphore, le zinc, l'étain, le mercure, les matières organiques. Schneider l'a préparé par l'action du bismuth sur le chlorure mercureux à la température de 400°. C'est une masse cristalline noire, peu volatile. Un excès de chlore le transforme en trichlorure. Ce composé, étant chauffé au contact de l'air, donne du bismuth métallique, du trichlorure de bismuth qui se volatilise et, en outre, une masse cristalline blanche, douce au toucher, qui est un oxychlorure $Bi^4Cl^2O^3$ et qui représente une double molécule du chlorure Bi^2Cl^4 dans laquelle 6 atomes de chlore sont remplacés par 3 atomes d'oxygène [R. Schneider, R. Weber, *Pogg. Ann.*, t. CVII, p. 596; — Dehérain, *Compt. rend.*, t. LIV, p. 724].

CHLORURE DE BISMUTH, Bi^3Cl^8. — Ce composé s'obtient quelquefois lorsque l'on cherche à transformer le produit précédent en trichlorure; c'est un produit rouge jaunâtre, décomposable par l'eau. La chaleur le décompose en chlore, bichlorure et trichlorure de bismuth,

$$2Bi^3Cl^5 = Cl^2 + 2BiCl^3 + 2Bi^2Cl^4$$

[Dehérain, *loc. cit.*].

BROMURE DE BISMUTH, $BiBr^3 = 450$. — Ce composé s'obtient en faisant passer des vapeurs de brome sur du bismuth réduit en poudre; la combinaison se fait avec une extrême énergie; il distille un liquide rouge qui se prend par le refroidissement en une masse cristalline d'un jaune de soufre [R. Weber, *Pogg. Ann.*, t. CVII, p. 596]. On peut aussi l'obtenir en ajoutant du bismuth en poudre à un mélange à volumes égaux de brome et d'éther anhydre; le bromure de bismuth qui est soluble dans l'éther s'en dépose par l'évaporation en prismes déliquescents [Nicklès, *Compt. rend.*, t. XLVIII, p. 837]. Le bromure de bismuth est moins fusible que le chlorure, il fond à 200° en un liquide rouge peu volatil; il cristallise dans le vide en prismes volumineux. L'eau le décompose en donnant de l'oxybromure BiOBr. L'acide azotique le dissout en le décomposant. Comme le chlorure de bismuth, le bromure se combine aux bromures alcalins. Lorsqu'à sa solution sirupeuse on ajoute du bromure d'ammonium, on obtient des tables ou des prismes jaunes. On produit encore ce bromure double en chauffant sous pression les deux bromures dissous dans l'alcool fort; on obtient ainsi des cristaux transparents, dichroïques formés de pyramides rhomboïdales (Nicklès). En faisant agir le brome sur du bismuth en présence d'une solution concentrée de bromure d'ammonium, on obtient des aiguilles jaunes solubles dans l'alcool : ce sont des prismes rhomboïdaux de 135°25′, terminés par une pyramide; ils renferment

$$AzH^4Br, BiBr^3 + H^2O.$$

En fondant le tribromure de bismuth avec la moitié de la quantité de bismuth qu'il renferme, ou avec d'autres métaux, on obtient une masse brune qui, par le refroidissement, se prend en aiguilles cristallines constituant probablement le *bibromure* $BiBr^2$; ce bromure se décompose par l'eau : l'acide chlorhydrique le transforme en tribromure en en séparant du bismuth métallique spongieux [R. Weber, *loc. cit.*].

Éther bromobismuthique. — Le bromure de bismuth chauffé en vase clos à 100° avec de l'éther anhydre, s'y dissout; il se forme deux couches, dont l'inférieure est colorée et renferme une combinaison de bromure de bismuth et d'éther qu'on peut obtenir cristallisée par une évaporation dans le vide sec, en prismes rhomboïdaux, très-déliquescents, renfermant $BiBr^3(C^4H^{10}O), 2H^2O$; ce composé mis en contact avec du papier le détruit [Nicklès, *Compt. rend.*, t. LII, p. 396].

Le chlorure de bismuth se combine également avec l'éther, mais non l'iodure.

IODURE DE BISMUTH, $BiI^3 = 591$. — On l'obtient : 1° en ajoutant de l'iode à du bismuth pulvérisé et chauffé, et, soumettant ensuite le mélange à la distillation, il se produit ainsi une masse lamelleuse, d'un noir brillant et d'un aspect métallique (R. Weber); 2° en distillant le précipité brun qu'on obtient en ajoutant de l'iodure de potassium à une solution étendue d'azotate de bismuth ; 3° en faisant passer des vapeurs d'iode sur du bismuth pulvérisé, mélangé de sable et placé dans un tube chauffé (Nicklès); 4° en chauffant un mélange intime de 1 molécule de trisulfure de bismuth (32 p.) avec 6 atomes d'iode (47 p. 5) ; le mélange fond facilement en perdant un peu d'iode, puis, à une température plus élevée, il bout en répandant des vapeurs rouge brun qui se subliment dans les parties froides de l'appareil en lames brillantes de triiodure de bismuth ; dans cette action, le soufre est mis en liberté et peut être séparé par distillation dans un courant d'acide carbonique ou par calcination à l'air, auquel cas il se forme du gaz sulfureux [R. Schneider, *Pogg. Ann.*, t. XCIV, p. 470].

Le triiodure de bismuth forme de grandes lames hexagonales brillantes, d'un gris noir; chauffé, il donne des vapeurs brunes que l'on peut sublimer et il laisse un résidu de sous-iodure de bismuth; l'eau froide, l'alcool, l'éther, le sulfure de carbone, ne l'altèrent pas ; l'eau bouillante le décompose en donnant un oxyiodure insoluble, la liqueur filtrée est jaune et acide. Les alcalis le décomposent, les sulfures alcalins le transforment en trisulfure de bismuth.

Fondu avec du bismuth, le triiodure de bismuth donne une masse homogène, mais dont la composition ne répond pas à celle du biiodure BiI^2, car elle renferme 7 % de bismuth de plus que n'en exige cette formule (R. Weber).

Iodhydrate d'iodure de bismuth, $BiI^3, HI, 4H^2O$. — Cristaux octaédriques à base rhombe obtenus par l'évaporation d'une solution iodhydrique d'iodure de bismuth (Arppe).

L'iodure de bismuth forme un grand nombre de composés doubles dont l'isomorphisme avec les combinaisons correspondantes d'antimoine est bien constaté ; ces iodures doubles ont été étudiés par Nicklès [*Compt. rend.*, t. L, p. 872; *Journ. de Pharm.*, (3), t. XXXIX, p. 110], et par W. Linau [*Pogg. Ann.*, t. CXI, p. 240].

Voici la liste de ces iodures doubles; ils sont obtenus par l'union directe des iodures, ou par l'action de l'iode sur le bismuth en présence d'un iodure.

1. *Iodure de bismuth et de potassium*,

$$KI, BiI^3 + H^2O.$$

— Aiguilles noires; s'obtient par l'action de l'iode sur le bismuth, en présence d'iodure de potassium (Nicklès).

2. *Iodures de bismuth et de sodium*,

$$NaI, BiI^3 + H^2O.$$

— Cristaux brun noir, efflorescents, rouges à l'état pulvérisé; s'obtient comme le précédent.

3. $NaI(Sb, Bi)I^3 + 2H^2O$. — S'obtient de même, en employant un mélange de bismuth et d'antimoine.

4. $3NaI, 2BiI^3 + 12H^2O$. — Prismes rectangulaires rouge-grenat; s'obtient en ajoutant de l'iodure de bismuth à une solution concentrée d'iodure de sodium et laissant évaporer (Linau).

5. *Iodures de bismuth et d'ammonium*,

$$AzH^4I, BiI^3 + H^2O.$$

— Aiguilles noires qui s'obtiennent comme la combinaison potassique.

6. $AzH^4I(Bi, Sb)I^3 + 2H^2O$. — Cristaux noirs, donnant une poudre rouge.

7. $2AzH^4I, BiI^3 + 2H^2O$. — Se dépose de l'alcool absolu, en cristaux rouges.

8. $2AzH^4I, BiBr^3 + 2 1/2 H^2O$. — S'obtient

en traitant le bismuth par le brome, en présence d'une solution concentrée d'iodure d'ammonium; la solution jaune qui se produit est trop astrin-gente; elle laisse déposer de longs cristaux di-chroïques et déliquescents (Nicklès).

9. $4\,AzH^4I, Bi\,I^3 + 3\,H^2O$. — Prismes rectan-gulaires volumineux, rouge brun foncé; pulvéri-sés, ils sont rouge-cinabre et deviennent noirs par la dessiccation (Linau). S'obtient comme le n° 4.

10. *Iodure de bismuth et de baryum,*

$$Ba\,I^2, Bi\,I^3 + 9\,H^2O.$$

— Petits prismes rhomboïdaux rouges, brillants, devenant noirs par la dessiccation, qui n'a lieu complétement qu'à 250° (Linau).

11. *Iodure de bismuth et de calcium,*

$$Ca\,I^2, Bi\,I^3 + 9\,H^2O.$$

— Prismes rhomboïdaux basés, rouge foncé, bril-lants.

12. *Iodure de bismuth et de magnésium,*

$$Mg\,I^2, 2\,Bi\,I^3 + 12\,H^2O.$$

— Prismes rectangulaires rouge-grenat. Ne perd son eau qu'à 175°.

13. *Iodure de bismuth et de zinc,*

$$Zn\,I^2, 2\,Bi\,I^3 + 12\,H^2O.$$

— Comme le précédent; perd son eau à 100° (Linau).

Ces quatre derniers sels doubles s'obtiennent comme le n° 4. Parmi les cristaux étudiés par Nicklès, ceux qui cristallisent avec H^2O appar-tiennent tous au type orthorhombique $mm = 97°$, et ceux qui renferment $2\,H^2O$, au même type, mais avec un angle mm de 135° 25'; ces derniers sont surmontés d'une pyramide et présentent un grand nombre de faces secondaires. Tous ces sels dou-bles sont plus ou moins déliquescents; décompo-sables par l'eau, et même en partie par l'alcool, on ne peut pas les soumettre à une seconde cris-tallisation. La lumière, surtout les rayons violets, les altère rapidement; leur surface se colore en rouge, altération qu'éprouve l'iodure de bismuth lui-même.

Oxyiodure de bismuth. — L'oxyiodure

$$Bi\,O, I \ (ou\ Bi^2O^3, Bi\,I^3)$$

s'obtient par l'action de l'eau bouillante sur l'io-dure de bismuth précipité. Il se forme par une calcination prolongée de l'iodure de bismuth solide au contact de l'air; ainsi obtenu, il forme une masse cristalline d'un rouge cuivré, formée d'une réunion de lamelles rhomboïdales. Chauffé à l'abri de l'air, l'oxyiodure de bismuth se sublime en par-tie sans décomposition; au contact de l'air, il se transforme en oxyde jaune cristallisé. L'eau bouil-lante, les alcalis caustiques ou carbonatés étendus sont sans action sur lui; l'acide chlorhydrique, l'acide nitrique le dissolvent en le décomposant. L'hydrogène sulfuré le décompose promptement [R. Schneider, *Berlin. Akad. Ber.*, 1860, p. 59].

On connaît un autre oxyiodure beaucoup plus complexe,

$$Bi^{14} \left\{ {O^{15} \atop I^{12}} \right.\ \text{soit}\ 4\,Bi\,I^3 + 5\,Bi^2O^3,$$

jaune orangé, qu'on obtient en versant une solu-tion étendue d'azotate de bismuth dans de l'iodure de potassium.

Iodosulfure de bismuth, $Bi\,S, I$. — Le résidu cristallin qui se forme dans la préparation de l'iodure de bismuth à l'aide du sulfure de ce métal est de l'iodosulfure, mêlé d'iodure de bis-muth. On l'obtient facilement en dissolvant jus-qu'à saturation du sulfure de bismuth dans de l'iodure de bismuth fondu; en reprenant le pro-

duit par de l'acide chlorhydrique étendu, on dis-sout l'iodure de bismuth en excès [R. Schneider, *Pogg. Ann.*, t. CX, p. 147]. D'après Linau, on l'ob-tient sublimé en longues aiguilles en disposant dans un creuset spacieux des couches alternatives d'iode, de soufre et de sulfure de bismuth; par une calcination prolongée, la surface du culot est recouverte de longues aiguilles d'iodosulfure.

L'eau bouillante et les acides étendus sont sans action sur ce corps; l'acide chlorhydrique bouil-lant en sépare de l'hydrogène sulfuré; l'acide azo-tique, de l'iode et du soufre. La potasse lui enlève, à chaud, de l'iode et laisse un résidu d'oxysulfure.

Fluorure de bismuth, $Bi\,Fl^3$.(?). — S'obtient en dissolvant l'oxyde de bismuth dans l'acide fluorhydrique; il se dépose par évaporation à l'état de poudre blanche (Berzelius).

Oxydes de bismuth. — L'oxygène se combine avec le bismuth en quatre proportions, pour don-ner les composés :

Oxydule de bismuth................	Bi^2O^2
Oxyde de bismuth..................	Bi^2O^3
(formant l'hydrate $H^3Bi\,O^3$).	
Peroxyde de bismuth ou bismuthate bismutheux....................	Bi^2O^4
Anhydride bismuthique............	Bi^2O^5

Oxydule de bismuth, Bi^2O^2 ou $Bi\,O$ (1). — Cet oxyde, qui prend naissance par l'action de l'air sur le bismuth chauffé à quelques degrés au-dessus de son point de fusion, peut aussi être obtenu par réduction d'un sel d'oxyde de bismuth. On dissout dans l'acide chlorhydrique, molécule pour molé-cule, de l'oxyde de bismuth Bi^2O^3 et du chlorure stanneux et l'on verse cette dissolution dans de la potasse moyennement concentrée; on obtient ainsi un précipité volumineux brun noir renfer-mant de l'acide stannique et de l'oxydule de bis-muth; la potasse concentrée enlève tout l'acide stannique à ce précipité, et laisse l'oxydule de bismuth [R. Schneider, *Pogg. Ann.*, t. LXXXVIII, p. 45].

Séché à 100°, l'oxydule de bismuth est une poudre cristalline d'un noir gris, très-difficile à réduire, mais s'oxydant facilement; il brûle à l'air comme de l'amadou en donnant de l'oxyde Bi^2O^3.

L'oxydule de bismuth n'est guère salifiable; il existe pourtant à l'état de stannate dans le préci-pité obtenu pour sa préparation. On obtient ce stannate en versant une solution, même étendue, de chlorure stanneux sur de l'azotate de bismuth en poudre; il se produit immédiatement un com-posé jaune foncé. Si l'on opère à froid, ce composé se conserve sans altération pendant plusieurs jours; à chaud, il se convertit en une poudre brune ou gris noirâtre; mais celle-ci se convertit de nouveau quand on la lave avec de l'eau dans la poudre jaune primitive. Celle-ci, séchée à 100°, est jaune orangé ou jaune d'ocre, insoluble dans l'eau et dans l'acide acétique étendu, soluble dans les acides minéraux; cette solution donne avec la potasse un précipité noir. Ce composé renferme

$$Sn\,Bi^4O^6 + 3\,H^2O = {Sn^{iv} \atop 2\,(Bi^2)^{iv}} \left\} O^6 + 3\,H^2O.\right.$$

Chauffé à l'air libre, il se convertit en stannate de bismuth :

$$Sn\,Bi^4O^8 = {Sn^{iv} \atop 4\,Bi} \left\} O^8.\right.$$

La potasse lui enlève l'acide stannique et laisse de l'oxydule noir de bismuth. Cette propriété permet de préparer facilement cet oxydule [H. Schiff, *Ann. der Chem. u. Pharm.*, t. CXIX, p. 331].

Protoxyde de bismuth, $Bi^2O^3 = 468$. — Le pro-

(1) Par analogie avec $Az\,O$.

toxyde de bismuth anhydre s'obtient en précipitant à l'ébullition un sel de bismuth par un alcali; on l'obtient alors sous forme de petites aiguilles microscopiques. Il se forme encore par l'oxydation du métal à l'air ou par la calcination du nitrate, du carbonate, de l'hydrate; dans la calcination du bismuth à l'air, l'oxyde n'est pas toujours pur et peut contenir plus ou moins d'oxyde Bi^2O^4.

L'oxyde de bismuth anhydre est d'un jaune pâle, d'une densité égale à 8,2; il est insoluble dans l'eau, insipide; au rouge, il fond en un liquide brun qui, par le refroidissement, se prend en une masse jaune, cristalline; lorsqu'il est fondu, il s'introduit facilement dans les pores des creusets, comme la litharge, et c'est cette propriété qui a motivé quelquefois son emploi, au lieu de celui du plomb, dans la coupellation de l'or et de l'argent.

Il est facilement réduit par l'hydrogène et par le charbon; le soufre et le chlore l'attaquent, les acides chlorhydrique, azotique et autres le dissolvent avec facilité.

Il se dissout dans l'hydrate de potassium fondu en donnant des composés très-riches en alcali, qui n'ont pas été analysés; ces composés forment des poudres cristallines grisâtres; l'oxyde de bismuth, dans ce cas, s'oxyde facilement et se transforme en anhydride bismuthique, ce que l'on reconnaît à ce que la masse en fusion devient rouge; elle se prend alors, par le refroidissement, en une masse brune renfermant du peroxyde de bismuth Bi^2O^4; en effet, traitée par l'acide azotique, elle se dissout en partie en laissant de l'acide bismuthique [Stan. Meunier, *Compt. rend.*, t. LX, p. 557 et 1233]. Nordenskiöld a obtenu l'oxyde de bismuth cristallisé dans la potasse fondue; ces cristaux sont des prismes orthorhombiques dont le rapport des axes est $a : b : c = 1 : 0,8165 : 1,040$.

Hydrate bismutheux,

$$BiHO^2 = \left.\begin{matrix} \overset{\equiv}{Bi} \\ H \end{matrix}\right\} O^2 = 243.$$

— Lorsqu'on ajoute de la potasse ou de l'ammoniaque à un sel de bismuth, il se forme un précipité floconneux blanc qui est probablement l'hydrate normal

$$BiH^3O^3 = \left.\begin{matrix} \overset{\equiv}{Bi} \\ H^3 \end{matrix}\right\} O^3;$$

par la dessiccation, ce précipité devient plus compacte et donne une poudre blanche amorphe. Porté à l'ébullition en présence d'un alcali, cet hydrate devient anhydre. L'hydrate de bismuth est quelquefois employé dans l'analyse chimique pour transformer les sulfures métalliques en oxydes; c'est ainsi qu'il transforme très-facilement les sulfures d'arsenic en acides arsénieux et arsénique. Lorsqu'on ajoute de l'hydrate de bismuth à une solution renfermant du sesquioxyde de chrome, de fer ou d'aluminium, ces oxydes sont précipités; la liqueur devient neutre et l'oxyde de bismuth lui-même se trouve dans le précipité d'oxydes, à l'état de sel basique; les sels ferreux, de zinc, de cuivre, de plomb, de nickel et de cobalt ne sont au contraire pas précipités par l'oxyde de bismuth qui peut, d'après cela, servir à séparer l'oxyde ferrique de l'oxyde ferreux, du cuivre, etc. [Lebaigue, *Journ. de Pharm.*, (3), t. XXXIX, p. 51].

ANHYDRIDE BISMUTHIQUE (*Acide bismuthique, pentoxyde de bismuth*), $Bi^2O^5 = 500$. — Cet anhydride s'obtient, à l'état de poudre brune, en chauffant à 130° l'hydrate correspondant; à une température un peu plus élevée, il commence déjà à perdre de l'oxygène; il est très-sensible à l'influence des agents réducteurs. L'acide chlorhydrique est décomposé par cet oxyde en donnant du chlore, de l'eau et du trichlorure de bismuth. L'acide sulfurique concentré le décompose instantanément, en dégageant de l'oxygène. L'acide azotique concentré agit de même, mais il est sans action lorsqu'il est étendu; d'après Arppe, l'acide azotique bouillant le transforme en un oxyde intermédiaire vert, Bi^4O^9. Les alcalis aqueux sont sans action sur l'anhydride bismuthique.

L'anhydride bismuthique décompose l'eau oxygénée et est ramené lui-même à l'état d'oxyde intermédiaire Bi^2O^4. L'oxyde Bi^2O^5 prend naissance, suivant Schœnbein, mais seulement d'une manière passagère, dans l'action de l'ozone sur le bismuth.

Acide bismuthique, $HBiO^3 = 259$. — Ce composé, qui correspond, par sa composition, à l'acide azotique $HAzO^3$, prend naissance dans différentes circonstances. 1° On fait passer un courant rapide de chlore dans de l'hydrate bismutheux délayé dans de la potasse bouillante; la liqueur se colore peu à peu et laisse déposer une poudre rouge qu'on lave à l'acide azotique, puis à l'eau, afin d'enlever la potasse et l'hydrate bismutheux non transformé; enfin on sèche le produit à 100°. 2° On ajoute du sous-azotate de bismuth à de la soude en fusion tranquille dans une capsule de fer, on continue de chauffer, en remuant constamment, jusqu'à ce que toute la masse soit devenue noire ou brune; on reprend alors celle-ci par de l'eau bouillante, et l'on fait digérer la poudre qui provient de ce lavage, avec de l'acide azotique froid et étendu, puis on lave le résidu et on le sèche [Boettger, *Journ. prakt. Chem.*, t. LXXIII, p. 494]. 3° On traite une solution d'azotate de bismuth par un excès de cyanure de potassium; il se forme une poudre brun foncé, qu'on lave convenablement, et qui est un hydrate bismuthique $H^4Bi^2O^7 = Bi^2O^5 2H^2O$, correspondant à l'acide pyrophosphorique. Cet hydrate ne perd son eau qu'à 150°, tandis que l'hydrate $HBiO^3$ la perd déjà à 130° [Bœdecker, *Ann. der Chem. u. Pharm.*, t. CXXIII, p. 61]. 4° En chauffant l'oxyde de bismuth avec un mélange de potasse et de chlorate de potassium, on obtient le bismuthate potassique $KBiO^3$.

L'acide bismuthique ne se combine que difficilement aux alcalis; il se dissout cependant assez bien dans la potasse bouillante, et, par une neutralisation convenable, on obtient un précipité rouge qui est du bismuthate acide de potassium,

$$KH(BiO^3)^2 = KHO, Bi^2O^5$$

[Arppe, *Pogg. Ann.*, t. LXIV, p. 237]. Ce bismuthate prend aussi naissance par la calcination de l'oxyde de bismuth avec de la potasse, à l'air (Jacquelain). En somme, ces composés bismuthiques sont encore très-peu connus.

PEROXYDE DE BISMUTH (*Tétroxyde; bismuthate de bismuth*), Bi^2O^4. — Cette combinaison, qui correspond au peroxyde d'azote et à l'antimoniate d'antimoine, doit être regardée comme un bismuthate de bismuthyle,

$$\left.\begin{matrix} (BiO)' \\ (BiO^2)' \end{matrix}\right\} O,$$

l'acide bismuthique étant

$$\left.\begin{matrix} BiO^2 \\ H \end{matrix}\right\} O,$$

et l'hydrate bismutheux

$$\left.\begin{matrix} BiO \\ H \end{matrix}\right\} O.$$

En effet, l'acide azotique froid enlève très-facilement l'oxyde bismutheux, et laisse de l'hydrate bismuthique; en outre, il existe plusieurs autres combinaisons bismuthoso-bismuthiques.

On obtient l'oxyde Bi^2O^4 en faisant chauffer

pendant quelque temps, au contact de l'air, de l'oxyde de bismuth avec de la potasse (Fremy). Il se forme en général toutes les fois que l'oxyde de bismuth est soumis à une influence oxydante, en présence d'un alcali ; le chlore notamment donne lieu à cette oxydation. Lorsqu'on emploie de la potasse de 1,385 de densité, on obtient un produit jaune, rouge ou brun, suivant la quantité de potasse employée, mais qui, traité par l'acide azotique concentré, donne un hydrate jaune-orange, $Bi^2O^4, 2H^2O$ [Schrader, *Ann. der Chem. u. Pharm.*, t. CXXI, p. 204]. Arppe avait obtenu, en saturant de chlore une solution d'azotate ou de chlorure de bismuth et ajoutant ensuite de la potasse, un précipité jaune, hydraté, qui, après dessiccation, avait pour formule

$$Bi^4O^7 = 1/2\,(Bi^2O^3)^3\,Bi^2O^5.$$

SULFURES DE BISMUTH. — Le bismuth forme deux sulfures : le sous-sulfure BiS, correspondant à l'oxydule BiO, et le trisulfure Bi^2S^3, correspondant à l'oxyde de bismuth Bi^2O^3.

SOUS-SULFURE BiS = 242. — On l'obtient en fondant, dans les proportions convenables, un mélange de bismuth et de soufre ; par un refroidissement rapide on obtient une masse cristalline radiée dans laquelle on trouve fréquemment des agglomérations de cristaux bien formés (Mather). On l'obtient également par la fusion d'un mélange de bismuth et de trisulfure ; par le refroidissement, le sous-sulfure cristallise dans l'excès de métal qu'on peut décanter pendant qu'il reste encore en fusion (Wertheim).

Enfin, on peut préparer ce sulfure par voie humide ; à cet effet, on dissout 8 grammes de tartrate de bismuth dans une lessive de potasse qu'on étend, après dissolution, de 1500 centimètres cubes d'eau bien purgée d'air par l'ébullition, et l'on y ajoute une solution alcaline renfermant 2 grammes de chlorure stanneux ; la liqueur devient aussitôt brune, par suite de la formation d'oxydule de bismuth ; en faisant passer alors dans cette liqueur un courant d'hydrogène sulfuré, exempt d'air, on transforme l'oxydule de bismuth en sous-sulfure, ainsi que l'oxyde stanneux ; mais le sulfure stanneux, étant soluble dans une liqueur alcaline, reste dissous, et le sous-sulfure de bismuth se sépare seul à l'état d'un précipité noir qu'on sépare par décantation, qu'on lave à plusieurs reprises avec de l'eau privée d'air et qu'on sèche enfin au bain-marie.

Dans cet état, il renferme $BiS + H^2O$ et forme une poudre noire, terne, mais prenant l'éclat métallique par le frottement. Traité par l'acide chlorhydrique, il donne de l'hydrogène sulfuré, du trichlorure de bismuth et du bismuth, à l'état spongieux, qui se dissout lui-même par une ébullition prolongée [R. Schneider, *Poggend. Ann.*, t. CXVII, p. 480].

Chauffé dans un courant d'acide carbonique, il supporte une haute température sans abandonner de soufre.

Obtenu par voie de fusion, il se présente en aiguilles prismatiques rectangulaires, de couleur grisâtre, douées de l'éclat métallique ; leur densité = 7,3.

Oxysulfures de bismuth. — On a trouvé dans les mines de Sawodinsk, dans l'Altaï, un minéral qu'on a nommé *karélinite*, D = 6,60, et que R. Hermann représente par la formule Bi^2S, Bi^2O^3 et qu'on peut écrire $BiS, 3BiO$ ou Bi^4O^3S, c'est-à-dire qu'il représente une combinaison de sous-sulfure et de sous-oxyde. Il renferme :

$$Bi = 91,26\,\%\,;\quad S = 3,53\,;\quad O = 5,21$$

[*Journ. für prakt. Chem.*, t. LXXV, p. 452].

On obtient un oxysulfure artificiel, en chauffant au rouge sombre un mélange de 40 p. de soufre,

et de 142 p. d'oxyde de bismuth ; il reste une masse métallique grise, assez friable, qui ne renferme pas de bismuth métallique. R. Hermann représente la composition de ce produit par la formule complexe

$$2\,(Bi^2S)\,Bi^2O^3 + 2\,(Bi^2S^3)\,Bi^2O^3,$$

où il admet l'existence d'un sulfure Bi^2S. Cette formule, si toutefois elle répond à un corps de composition constante, s'écrira plus simplement, en y admettant la présence du sulfure BiS,

$$4BiS, Bi^2O^3.$$

SULFURE DE BISMUTH (*Trisulfure, bismuthine, Wismutherz, Wismuthglanz*), Bi^2S^3 = 516. — Ce sulfure se trouve dans la nature, quoique rarement, en masses compactes ou en cristaux isolés ; ces derniers appartiennent au prisme rhomboïdal droit, ils sont isomorphes avec le sulfure d'antimoine naturel ; leur densité est égale à 6,4, ils ont l'éclat métallique ; lorsqu'ils sont en masses, il est d'un gris de plomb, lamelleux et cassant. Il est fusible et facile à griller.

Il existe quelquefois à l'état de sulfure double, ou de *sulfobismuthite*, comme la *kobellite*

$$Pb^3\,(BiS^3)^2,$$

le *nadelerz* ou *aikinite*, $PbCuBiS^3$, et quelques autres dont la formule n'est pas établie. La bismuthine renferme quelquefois du tellure et l'on connaît même un sulfotellurure de bismuth Bi^2Te^2S, qui représente du trisulfure de bismuth dans lequel deux atomes de soufre sont remplacés par du tellure.

On prépare le sulfure de bismuth en fondant du bismuth avec du soufre dans les proportions convenables, mais il est alors généralement mélangé de cristaux de sous-sulfure, même lorsqu'on a employé un excès de soufre.

On l'obtient, probablement à l'état d'hydrate, en précipitant une solution de chlorure de bismuth par l'hydrogène sulfuré ; à cet état c'est un composé noir, floconneux, insoluble dans l'eau.

En chauffant ce sulfure précipité, avec un sulfure alcalin à 200°, il devient anhydre et cristallisé comme le sulfure naturel (De Senarmont).

Le sulfure de bismuth est moins fusible que le bismuth. Chauffé à l'abri de l'air, il abandonne facilement une partie de son soufre. L'acide chlorhydrique concentré le dissout à l'ébullition avec dégagement d'hydrogène sulfuré, et dans l'acide sulfurique avec production de gaz sulfureux ; l'acide azotique l'attaque facilement en mettant du soufre en liberté. Les alcalis et les sulfures alcalins ne l'attaquent pas.

On connaît un chlorosulfure de bismuth

$$(BiS)'\,Cl.$$

— Voyez **CHLORURE DE BISMUTH**, p. 607.

SÉLÉNIURE DE BISMUTH, Bi^2Se^3 = 600. — Il s'obtient en fondant ensemble du sélénium et du bismuth ; après le refroidissement la masse est blanche, brillante et métallique, à cassure cristalline ; sa densité est égale à 6,82 ; l'acide azotique et l'eau régale l'attaquent facilement en mettant du sélénium en liberté ; les autres acides n'agissent pas sur lui. On connaît un séléniochlorure de bismuth $(BiSe)'\,Cl$. — Voyez **CHLORURE DE BISMUTH**, p. 607.

TELLURURE DE BISMUTH. — Le tellure et le bismuth peuvent être fondus ensemble en toutes proportions.

On connaît un sulfotellurure de bismuth naturel, sous le nom de *tétradymite* ; ce minéral a pour composition Bi^2Te^2S, il cristallise en rhomboèdres d'un gris de plomb, doués de l'éclat métallique. Densité, 7,5 à 7,8. Il fond facilement au chalumeau. L'acide azotique l'attaque en mettant du soufre en liberté. Il contient presque toujours un peu de sélénium.

ARSÉNIURE DE BISMUTH. — Le bismuth et l'arsenic ont peu d'affinité l'un pour l'autre; un alliage de ces deux corps, soumis à l'action de la chaleur, perd presque tout son arsenic. On obtient un arséniure de bismuth en faisant passer un courant de gaz hydrogène arsénié dans une solution de bismuth; c'est un composé noir insoluble qui, une fois séché, ne résiste pas à l'action de la chaleur.

PHOSPHURE DE BISMUTH. — Lorsque l'on ajoute du phosphore à du bismuth maintenu en fusion, il ne s'y combine pas; mais on obtient un phosphure noir en traitant une solution de bismuth par l'hydrogène phosphoré; soumis à la distillation, ce phosphure laisse dégager tout son phosphore et il reste du bismuth.

SELS DE BISMUTH.

Le bismuth étant un métal triatomique, il remplace 3 atomes d'hydrogène dans ses sels normaux. Ainsi l'azotate neutre dérive de 3 molécules d'acide azotique $H^3(AzO^3)^3$ et est $Bi'''(AzO^3)^3$; le chlorure $Bi'''Cl^3$ dérive de 3 molécules d'acide chlorhydrique H^3Cl^3. Mais le bismuth a de grandes tendances à former des sels basiques, dont quelques-uns peuvent être envisagés comme renfermant le radical oxygéné bismuthyle $(BiO)'$ analogue au stibyle $(SbO)'$, ainsi l'oxalate basique cristallisé de bismuth est $C^2H(BiO)'O^4$.

CHLORATE. — On ne connaît ce composé qu'en solution; par l'évaporation, il se décompose en produisant de l'acide bismuthique jaune. Il renferme probablement $Bi(ClO^3)^3$.

BROMATE DE BISMUTH, $Bi(BrO^3)^3$. — Comme le chlorate.

IODATE DE BISMUTH, $Bi(IO^3)^3$. — Précipité blanc, insoluble. Il est anhydre.

SULFATES DE BISMUTH. — 1° *Sel neutre,*

$$Bi^2(SO^4)^3 + 3H^2O = Bi^2O^3, 3SO^3 + 3H^2O.$$

— Il s'obtient en dissolvant de l'oxyde de bismuth dans de l'acide sulfurique concentré ou par l'action de cet acide sur le bismuth métallique; celui-ci se dissout avec dégagement d'acide sulfureux; en chassant l'excès d'acide sulfurique par la chaleur, il reste une masse blanche amorphe qui est le sel neutre. Ce produit est soluble dans l'acide sulfurique étendu, et par l'évaporation de cette solution on obtient des aiguilles incolores qui sont probablement le sel suivant :

2° *Sel basique,*

$$Bi^2O^3, 2SO^3 + 3H^2O.$$

— Ce sel peut être regardé comme du sulfate de bismuth et de bismuthyle

$$\left.\begin{array}{l}Bi \\ (BiO)'\end{array}\right\} 2SO^4 + 3H^2O.$$

On l'obtient encore en ajoutant de l'acide sulfurique à une solution d'azotate neutre de bismuth [Heintz, *Poggend. Ann.*, t. LXIII, p. 559].

On peut aussi l'envisager comme du sulfate de bismuthyle acide

$$H.(BiO)SO^4 + H^2O,$$

le suivant étant le sel neutre de bismuthyle [Odling, *Manual of Chem.*, t. 1, p. 371].

3° *Sel basique,*

$$Bi^2O^3, SO^3 = 2(BiO)', SO^4$$

ou sulfate de bismuthyle. — Il s'obtient par la calcination des sels précédents jusqu'à ce qu'ils deviennent jaunes; le résidu redevient blanc par le refroidissement. On le produit aussi à l'état d'une poudre blanche insoluble en traitant le sulfate

neutre par l'eau; dans cet état il renferme $2H^2O$. Calciné, il perd de l'eau, devient momentanément jaune, et si l'on pousse la calcination trop loin il se décompose totalement.

Ces trois sulfates de bismuth peuvent, comme on voit, être dérivés de l'hydrate sulfurique deux fois ou trois fois condensé et renferment à la place de l'hydrogène le bismuth triatomique, ou le bismuthyle monoatomique, ou ces deux radicaux :

$$\left.\begin{array}{l}Bi \\ Bi\end{array}\right\} 3SO^4 + 3H^2O;$$

Sulfate neutre de bismuth.

$$\left.\begin{array}{l}Bi \\ (BiO)'\end{array}\right\} 2SO^4 + 3H^2O \quad \text{ou} \quad \left.\begin{array}{l}(BiO)' \\ H\end{array}\right\} SO^4 + H^2O$$

Sulfate de bismuth et de bismuthyle.   Sulfate acide de bismuthyle (Odling).

$$\text{et} \quad \left.\begin{array}{l}(BiO)' \\ (BiO)'\end{array}\right\} SO^4.$$

Sulfate neutre de bismuthyle.

Ces sels ont, comme on peut s'en assurer, une grande analogie de constitution avec les sulfates d'antimoine obtenus par Peligot. — Voyez ANTIMOINE.

Sulfate de bismuth et de potassium,

$$Bi K^3(SO^4)^3, \text{ ou } Bi^2O^3, (SO^3)^3 + 3(K^2O, SO^3).$$

— Ce sel double s'obtient en ajoutant une solution de sulfate de potassium à une solution nitrique d'azotate de bismuth; il forme un précipité cristallin. Le sulfate de soude ne donne rien de semblable (Heintz). Heintz a encore décrit un autre sulfate double dérivant du second sulfate de bismuth et pour lequel il donne la composition

$$Bi^2O^3, 2SO^3 + 2(K^2O, SO^3) + H^2O$$

et qu'on peut écrire

$$\left.\begin{array}{l}(BiO)' \\ K^2H\end{array}\right\} 2SO^4.$$

SULFITE DE BISMUTH. — Précipité insoluble dans l'eau et dans un excès d'acide sulfureux. Il perd facilement son acide.

ARSÉNIATES, ARSÉNITES DE BISMUTH. — Voyez ARSÉNIATES, ARSÉNITES.

AZOTATES DE BISMUTH. — 1° *Azotate neutre,*

$$Bi(AzO^3)^3 = 1/2 Bi^2O^3, 3Az^2O^5 = 396.$$

— On prépare ce sel en traitant le bismuth par l'acide azotique; l'attaque est très-vive; on concentre la liqueur et on l'abandonne à cristallisation.

On obtient ainsi des prismes volumineux, incolores et transparents, appartenant au système triclinique. Ils renferment $5H^2O$ (Gladstone) ou $4 1/2 H^2O$ suivant quelques auteurs. Ces cristaux se dissolvent bien dans de l'acide azotique ordinaire; par l'eau pure, ils sont décomposés comme tous les sels neutres de bismuth, en produisant un sel basique et une liqueur acide.

Les cristaux d'azotate neutre commencent déjà à se décomposer à 100°; à 150° ce sel est transformé en sel monoacide, en perdant de l'eau et de l'acide azotique, et à 260° il finit par se transformer totalement en oxyde Bi^2O^3, en abandonnant les éléments de l'anhydride azotique, ce dernier se décomposant lui-même à cette température.

2° *Azotate basique,* $Bi(AzO^4) + H^2O$. — La constitution de ce sel est très-remarquable et mérite de fixer l'attention au point de vue théorique. Ce sel représente un azotate *normal* si l'on rapproche l'acide azotique de l'acide phosphorique : en effet, un acide azotique qui correspondrait à l'acide phosphorique ordinaire H^3PO^4 serait H^3AzO^4, l'acide azotique $HAzO^3$ correspondant à l'acide métaphosphorique HPO^3. Les 3 atomes d'hydrogène de l'acide azotique, envisagé de cette manière, étant remplacés par le bismuth triatomique Bi, donnent un sel normal correspondant au phosphate de bismuth $\overset{...}{Bi}PO^4$.

On peut aussi envisager l'azotate de bismuth basique comme renfermant le radical composé *bismuthyle* (BiO)'; ce sel devient alors

$$(BiO)'AzO^3,$$

c'est-à-dire un azotate monoatomique, ou, en tenant compte de l'eau qu'il renferme, un azotate $(BiO)'H^2(AzO^4)$ correspondant aux phosphates acides $M'H^2PO^4$. En général, la constitution des sels basiques de bismuth peut s'expliquer normalement en admettant le radical bismuthyle, et la tendance qu'ont les sels de bismuth à devenir basiques peut s'expliquer par une tendance particulière du bismuth à former un radical composé; la facilité avec laquelle se forment l'oxychlorure BiOCl, le sulfochlorure BiSCl, etc., rendent cette explication plausible. Le bismuth n'est, au reste, pas le seul métal qui offre cette tendance, l'antimoine, l'urane et d'autres, sont dans le même cas.

On a admis l'existence d'un grand nombre d'azotates basiques de bismuth, mais il est à remarquer que presque tous les auteurs, pour ne pas dire tous, ont eu entre les mains, dans le cours de leurs recherches, le sous-azotate le plus simple, c'est-à-dire $BiAzO^4 + H^2O$, qui est formulé généralement $Bi^2O^3, Az^2O^5 + aq$, et c'est par l'action de la chaleur ou par l'action prolongée de l'eau froide ou chaude qu'on arrive à des azotates basiques présentant la composition la plus variée; c'est ainsi qu'on est arrivé aux formules

$$5Bi^2O^3, \ 4Az^2O^5 + 9H^2O;$$
$$6Bi^2O^3, \ 5Az^2O^5 + 9H^2O;$$
$$4Bi^2O^3, \ 3Az^2O^5 + 9H^2O \ (Becker);$$
$$5Bi^2O^3, \ 3Az^2O^5 + 12H^2O \ (Dulk);$$
$$3Bi^2O^3, \ Az^2O^5 \ (Philipps);$$
$$4Bi^2O^3, \ Az^2O^5 + 3H^2O \ (Duflos)$$

et jusqu'à

$$5Bi^2O^3, \ Az^2O^5 + 3H^2O;$$

nous en passons d'autres, en renvoyant le lecteur aux sources, et nous étudierons particulièrement l'azotate basique connu sous le nom de *magister de bismuth, blanc de fard, sous-nitrate de bismuth,* et qui n'est autre que le sous-azotate

$$\overset{...}{Bi}AzO^4 + H^2O.$$

Ce composé constitue un médicament très-usité, et l'on conçoit facilement l'importance qu'il faut ajouter à sa purification; le bismuth renfermant souvent de l'arsenic, il faut le débarrasser de cet élément par un des moyens qui ont été indiqués plus haut avant de l'employer à la préparation du sous-azotate. Voici le procédé que prescrit d'employer le Codex français pour cette préparation : On dissout dans 3 p. d'acide azotique pur, marquant 35°, une partie de bismuth réduit en poudre et purifié; lorsque la dissolution est complète, on évapore le liquide aux 2/3 et on le verse dans 40 à 50 fois son poids d'eau; il se forme un précipité abondant de sous-azotate que l'on sépare par décantation et que l'on fait sécher. La liqueur renferme encore une assez grande quantité d'azotate de bismuth avec excès d'acide azotique; on neutralise en partie cet excès par de l'ammoniaque et l'on précipite ainsi une nouvelle quantité de sous-azotate que l'on joint à la première portion; mais cette seconde quantité est un peu plus basique que la première; aussi, pour avoir un produit constant, vaut-il mieux reprendre cette portion par de l'acide azotique et la précipiter par l'eau (Ritter). Lorsqu'on laisse séjourner pendant 24 neures

le sous-azotate dans son eau mère, il devient cristallin et diminue de volume; il est devenu un peu plus acide. Le premier précipité obtenu en suivant la prescription du Codex a exactement la composition $Bi(AzO^4) + H^2O$; il en est de même si au lieu d'eau froide on emploie de l'eau chaude; seulement, dans ce cas, le précipité est cristallin et argentin (Ritter). Le sous-azotate de bismuth ne peut pas être lavé à l'eau pure sans céder une partie de son acide, et c'est cette circonstance qui donne lieu à la grande variété de sous-azotates de bismuth qui ont été décrits; mais on peut le laver avec de l'eau renfermant 1/500 d'azotate d'ammoniaque sans que sa composition en soit altérée (Loewe).

On a proposé diverses modifications au procédé du Codex. Béchamp et Saint-Pierre dissolvent l'azotate normal de bismuth cristallisé dans de l'acide azotique étendu de 10 p. d'eau, de manière à avoir un gramme d'azotate normal dissous dans 1 centimètre cube de liqueur; en y ajoutant alors 12 1/2 p. d'eau, on précipite une partie du sous-azotate et l'on ajoute à la liqueur surnageante 28 p. de carbonate d'ammoniaque pour 100 p. d'azotate neutre employé. Ce second précipité n'est pas identique au premier, comme on pouvait s'y attendre.

De Smedt (*Bull. de thérap.* 1863) dissout le bismuth dans de l'acide azotique et ajoute à la liqueur acide 80 grammes d'alcool pour 120 grammes de métal; lorsque la réaction de l'alcool sur l'acide est calmée, on évapore et on ajoute de nouveau 80 grammes d'alcool, on évapore à sec et on reprend le produit par 2 litres d'eau distillée. D'après les analyses de Ritter, ce produit est plus acide que celui du Codex.

Le sous-azotate de bismuth récemment précipité est un peu soluble dans l'eau, surtout acidulée, mais après quelque temps la dissolution se trouble et le sel basique se dépose et est alors complétement insoluble dans l'eau. Chauffé à 100°, il perd la moitié de l'eau qu'il contient [Graham, *Ann. der Chem. u. Pharm.*, t. XXIX, p. 16; — Gladstone, *Journ. für prakt. Chem.*, t. XLIV, p. 179; — Feintz, *Poggend. Ann.*, t. LXIII, p. 559; — Becker, *Archiv. der Pharm.*, t. CV, p. 31, 129; — Bechamp et Saint-Pierre, *Journ. de Pharm.* (3), t. XXXII, p. 330; — Ritter, broch. Strasb., 1864; — Ruge, *Journ. für prakt. Chem.*, t. XCVI, p. 115.]

PHOSPHATE DE BISMUTH. — Lorsque l'on fait digérer de l'oxyde de bismuth avec de l'acide phosphorique, il se forme, comme l'a observé Wenzel, un sel soluble qui cristallise par l'évaporation et une poudre blanche insoluble. Le premier est probablement le phosphate neutre

$$\overset{...}{Bi}PO^4 \ (ou \ Bi^2O^3, P^2O^5)$$

et l'autre du phosphate basique ou de bismuthyle

$$\overset{...}{Bi}PO^4 + Bi^2O^3 \ ou \ (BiO)'^3PO^4.$$

Berzelius représente la composition du phosphate de bismuth par $2(Bi^2O^3) \ 3(P^2O^5)$ qui est celle du *pyrophosphate* $\overset{...}{Bi}^4(P^2O^7)^3$.

On obtient ce sel en traitant une solution d'azotate de bismuth par du pyrophosphate de soude; c'est un précipité blanc, amorphe, insoluble dans l'eau et dans l'acide acétique, soluble dans les acides chlorhydrique et azotique; un excès de pyrophosphate de soude le dissout suivant Stromeyer, ne le dissout pas suivant Passerini [*Cim.*, t. IX, p. 84].

PHOSPHITE DE BISMUTH. — Poudre blanche, insoluble dans l'eau, que l'on obtient par double décomposition. Berzelius représente ce sel par la formule $(Bi^2O^3)^2 \ (P^2O^3)^3$, qui est celle d'un pyrophosphite.

Sulfarséniate, Sulfarsénite, Sulfocarbonate, etc. — Voyez Arsenic, Carbone.

Borate de bismuth. — Précipité insoluble dans l'eau.

Carbonate de bismuth. — Précipité blanc ressemblant à l'hydrate de bismuth, mais ne se modifiant pas par l'ébullition; on l'obtient par double décomposition. Il a été employé en médecine. C'est un sel basique qui renferme

$$\ddot{B}i^2(CO^3)^3 + 2\ Bi^2O^3\ (ou\ Bi^2O^3, CO^2);$$

on peut le regarder comme du carbonate neutre de bismuthyle $(BiO)'^2, CO^3$. Il se décompose facilement par la chaleur en perdant de l'anhydride carbonique et en laissant un résidu jaune d'oxyde de bismuth (Heintz). On rencontre dans la Caroline du Sud un carbonate, ou plutôt un hydrocarbonate de bismuth naturel; il renferme

$$3\ Bi^2(CO^3)^3 + 16\ BiHO^2 + 4\ H^2O$$
$$(soit\ 11\ Bi^2O^3, 9\ CO^2 + 12\ H^2O)$$

et une autre variété

$$2\ Bi^2(CO^3)^3 + 10\ BiHO^2 + 3\ H^2O$$
$$(soit\ 7\ Bi^2O^3, 6\ CO^2 + 8\ H^2O).$$

Ces minéraux renferment des traces de fer et de tellure.

Molybdate de bismuth — Voyez Molybdates.

Chromate de bismuth. — Voyez Chromates. — Ce sel insoluble peut servir au dosage du bismuth. (Voir plus bas.)   E. W.

BISMUTH (Réactions et dosage).

RÉACTIONS DES SELS DE BISMUTH. — Les sels normaux de bismuth solubles possèdent tous une réaction acide; ils sont incolores lorsque l'acide n'est pas coloré; l'eau pure les décompose en les transformant en sels basiques insolubles, mais les acides chlorhydrique, azotique, sulfurique empêchent cette précipitation, mais celle-ci a lieu en présence de l'acide tartrique, ce qui distingue nettement les combinaisons de bismuth de celles d'antimoine.

Chauffés au chalumeau, sur le charbon, seuls ou avec addition de carbonate de soude, ils donnent un enduit jaune et un globule de bismuth cassant. Voici les caractères que présentent les sels de bismuth avec les réactifs de la voie humide:

Hydrogène sulfuré. — Précipité noir insoluble dans les acides étendus et dans les sulfures alcalins; les composés insolubles du bismuth sont aussi convertis en sulfure.

Sulfures alcalins. — Précipité noir de sulfure de bismuth insoluble dans un excès de précipitant.

Potasse, soude, ammoniaque. — Précipité blanc d'hydrate de bismuth, devenant anhydre et cristallin par l'ébullition; insoluble dans l'acide tartrique et dans un excès d'alcali.

Carbonates alcalins. Précipité blanc insoluble dans un excès de précipitant.

Carbonates alcalino-terreux. — Ils décomposent complétement les solutions de bismuth en précipitant ce métal à l'état de carbonate.

Ferrocyanure de potassium. — Précipité blanc, insoluble dans l'acide chlorhydrique.

Ferricyanure de potassium. — Précipité jaune sale, soluble dans l'acide chlorhydrique.

Infusion de noix de galle. — Précipité jaune orange.

Chromate de potassium. — Précipité jaune insoluble dans l'eau.

Iodure de potassium. — Précipité brun, soluble dans un excès d'iodure alcalin.

Le bismuth est déplacé de ses combinaisons, à l'état métallique, par le zinc, le cadmium, le cuivre, le fer, l'étain. Une lame de cuivre introduite dans une solution bouillante, même très-

étendue de bismuth, se recouvre d'une couche d'un gris d'acier.

DOSAGE DU BISMUTH. — Généralement, pour le dosage du bismuth, il faut ramener ce métal à l'état d'azotate; aussi, lorsque l'on a affaire à un alliage de bismuth, l'attaque-t-on par de l'acide azotique. Du reste, par ce moyen, on a l'avantage de séparer immédiatement l'antimoine et l'étain qui entrent le plus souvent dans la composition des alliages de bismuth.

On dose le plus souvent le bismuth à l'état d'oxyde en le séparant de ses solutions, soit par le carbonate d'ammoniaque, soit par l'hydrogène sulfuré, et transformant alors le sulfure en oxyde. H. Rose a proposé de le précipiter à l'état d'oxychlorure; d'autres chimistes le précipitent à l'état de chromate, et le dosent même à cet état. On peut aussi doser le bismuth à l'état métallique, par réduction du sulfure ou de l'oxyde par le cyanure de potassium.

Dans le cas le plus simple, et qui peut se présenter fréquemment, où l'on veut doser le bismuth qui se trouve dans un azotate de bismuth, la calcination de ce sel dans un creuset de porcelaine donne très-rapidement un résultat exact, car le résidu est de l'oxyde de bismuth pur Bi^2O^3. Pour doser le bismuth dans un sel organique où il n'est pas accompagné d'autres métaux, on calcine le sel dans un creuset de porcelaine jusqu'à calcination complète de la matière organique et l'on reprend le résidu par de l'acide nitrique; on calcine à nouveau et l'on répète à plusieurs reprises le traitement du résidu par l'acide azotique; on pourrait aussi opérer la calcination du sel dans un courant d'oxygène.

Précipitation du bismuth par le carbonate d'ammoniaque. — Cette précipitation ne doit être faite que lorsque la solution ne renferme ni chlorures ni sulfates, car, dans ce cas, le précipité renfermerait de l'oxychlorure ou du sulfate basique de bismuth qui rendraient le dosage inexact. Si donc la solution ne renferme que des nitrates, on l'étend d'eau sans se préoccuper du trouble qui peut se produire, et l'on y ajoute un excès d'une dissolution de carbonate d'ammoniaque en portant pendant quelques instants à l'ébullition, puis on recueille le précipité sur un filtre, on le lave et on le sèche. Après la dessiccation, on le détache aussi bien que possible du filtre et on le calcine dans un creuset de porcelaine, à une douce chaleur, en évitant de le fondre; on détermine le poids du résidu en y ajoutant celui des cendres provenant de l'incinération du filtre.

Précipitation par l'hydrogène sulfuré. — Dans le cas où la précipitation par le carbonate d'ammoniaque n'est pas possible, ou lorsqu'il s'agit de séparer le bismuth de métaux qui ne sont pas précipités par l'hydrogène sulfuré, on fait passer un courant de ce gaz dans la solution bismuthique étendue d'eau; le sous-sel qui peut se former n'empêche pas la réaction, il faut avoir soin seulement que ce sous-sel ne forme pas un dépôt compacte au fond du vase. Lorsque la précipitation à l'état de sulfure est complète, on recueille le précipité, on le lave avec soin, puis on le délaye dans de l'eau et on l'attaque par l'acide azotique; on filtre la solution nitrique pour séparer le soufre mis en liberté, on le lave soigneusement et on précipite la liqueur filtrée et les eaux de lavage par du carbonate d'ammoniaque.

Le précipité de sulfure de bismuth ne peut pas être pesé tel quel, parce qu'il renferme généralement un excès de soufre provenant de ce que la précipitation a lieu dans une liqueur renfermant presque toujours de l'acide azotique; en outre, il contient de l'eau qu'il ne perd qu'à 200°. Sa réduction par l'hydrogène est très-lente, mais on peut le réduire facilement en le calcinant avec du cyanure du potassium ; la fusion doit être main-tenue pendant quelque temps, et à une tempéra-ture très-élevée ; dans ces circonstances, le bis-muth se réduit en un seul globule qui reste isolé lorsque l'on reprend la masse par l'eau bouillante ; cette dernière doit dissoudre tout le résidu, sauf le bismuth. S'il restait une poudre noire, ce serait un indice d'une réduction incomplète du sulfure, et il faudrait soumettre ce résidu noir à une nou-velle opération [H. Rose, *Pogg. Ann.*, t. CX].

Ce procédé de réduction par le cyanure de po-tassium peut s'appliquer à des combinaisons bis-muthiques autres que le sulfure, notamment à l'oxyde et à l'oxychlorure.

Précipitation à l'état d'oxychlorure de bismuth. — On peut, d'après H. Rose, déterminer bien plus exactement le bismuth en le précipitant à l'état d'oxychlorure $BiOCl(=Bi^2O^3,BiCl^3)$ qui est complètement insoluble dans l'eau et même dans l'acide chlorhydrique étendu ; on peut s'en assurer en ajoutant de l'hydrogène sulfuré à la liqueur filtrée ; celle-ci n'en est pas du tout colo-rée [*Pogg. Ann.*, t. CX].

Pour opérer par cette méthode, il faut que la li-queur acide renfermant le bismuth contienne de l'acide chlorhydrique ou un chlorure ; on ajoute alors de l'eau à la liqueur, et cela en quantité d'autant plus grande que la solution est plus acide ; cela ne peut se faire que par tâtonnement en dé-cantant la liqueur claire et en y ajoutant une nou-velle quantité d'eau ; si la liqueur ne se trouble plus par cette nouvelle addition, c'est que la précipitation est complète. Si la liqueur renfer-mant le bismuth était très-étendue, il faudrait la concentrer en l'évaporant doucement pour que l'acide chlorhydrique, s'il y en a, n'entraîne pas de chlorure de bismuth en se volatilisant. On recueille le précipité d'oxychlorure sur un filtre taré, on le lave, on le sèche à 100° et on le pèse.

Il est bon quelquefois de s'assurer de la quan-tité de bismuth que renferme l'oxychlorure pré-cipité, surtout dans le cas où la liqueur renfer-merait des sulfates, car alors le précipité peut contenir du sulfate basique de bismuth. Il n'est pas possible de déterminer cette quantité en ré-duisant le précipité par l'hydrogène, car il se vola-tilise, pendant cette opération, une quantité con-sidérable de chlorure de bismuth ; il vaut mieux opérer cette réduction par la fusion avec du cya-nure de potassium, et peser le régule de bismuth produit.

Ce procédé s'applique très-bien à la séparation du bismuth d'avec le cuivre, le cadmium, le co-balt et le zinc.

Précipitation à l'état de chromate. — Le chro-mate de bismuth est tout à fait insoluble dans l'eau et à peu près insoluble dans l'acide acétique, dans l'acide azotique étendu et dans la potasse ; il est infusible et indécomposable par la chaleur seule. On a proposé d'employer ce sel au dosage du bismuth [Loewe, *Journ. für prakt. Chem.*, t. LXII, p. 288 et 463 ; — Pearson, *Phil. Mag.*, (4), t. XI, p. 204]. On verse la solution contenant le bismuth dans une solution de chromate neutre de potassium, maintenue en excès ; il se forme un précipité cristallin, jaune, qui renferme, d'après Loewe, $3Bi^2O^3,Cr^2O^6$, et les acides le transfor-ment, d'après le même auteur, en un chromate jaune-orange, Bi^2O^3,Cr^2O^6, devenant vert par la calcination. Ce dernier se forme aussi en ajoutant un sel de bismuth dans du chromate acide de potassium. D'après Pearson, le sel qui se précipite dans ce dernier cas renferme Bi^2O^3,CrO^3. Si la solution bismuthique renferme en outre du plomb ou du baryum, il faut commencer par séparer ceux-ci par l'acide sulfurique.

Pearson a proposé de doser volumétriquement

le bismuth à l'aide d'une solution titrée de chro-mate acide de potassium.

La précipitation par le chromate de potassium peut servir à séparer le bismuth du cadmium, dont le chromate est soluble.

SÉPARATION DU BISMUTH. — Le bismuth se sé-pare facilement d'un grand nombre de solutions métalliques par l'hydrogène sulfuré, qui le préci-pite totalement, dans une liqueur acide, à l'état de sulfure. Nous n'examinerons donc que la sépa-ration du bismuth d'avec les métaux qui sont pré-cipités dans la même circonstance, et encore ne parlerons-nous que de ceux dont les sulfures sont insolubles dans les sulfures alcalins, ceux-ci sé-parant très-facilement les sulfures d'étain, d'anti-moine, d'arsenic, etc., de ceux de bismuth, de cadmium, de plomb, de cuivre, de mercure et d'argent.

Séparation du bismuth et du plomb. — Cette séparation peut se faire en précipitant l'oxyde de plomb par l'acide sulfurique ou par l'acide chlor-hydrique en présence d'alcool qui ne dissout pas du tout de chlorure de plomb. On précipite le bismuth, dans la liqueur filtrée, par l'hydrogène sulfuré.

On peut aussi précipiter le bismuth à l'état métallique par une lame de plomb pesée ; on étend d'eau, de manière à couvrir cette dernière entièrement, et on abandonne le flacon fermé à lui-même pendant 12 heures, puis on détache le bismuth, on pèse de nouveau la lame de plomb ; la perte de poids fait connaître, par une propor-tion, la quantité de bismuth mise en liberté ; on peut aussi redissoudre le bismuth dans de l'acide azotique et le précipiter par le carbonate d'ammo-niaque (Ullgren).

Enfin, on peut séparer le plomb du bismuth en se fondant sur la volatilité du chlorure de bis-muth ; on précipite les deux métaux à l'état d'o-xyde, et on les chauffe dans un courant d'acide chlorhydrique sec.

Bismuth et argent. — L'argent se sépare très-facilement du bismuth à l'état de chlorure. Si l'on a affaire à un alliage de bismuth et d'argent (et de plomb), on peut chauffer celui-ci directe-ment dans un courant de chlore ; le bismuth se volatilise.

Le cyanure de potassium peut très-bien servir à la séparation de ces deux métaux.—Voir plus loin.

Bismuth et mercure. — On peut traiter la li-queur renfermant ces deux métaux, soit par le chlorure stanneux, soit par l'acide phosphoreux ; le mercure se dépose à l'état métallique, et le bis-muth peut alors être précipité à la manière ordi-naire.

Séparation par le cyanure de potassium. — Voyez plus loin.

Bismuth et cuivre. — Cette séparation se fait facilement par le carbonate d'ammoniaque ; le cuivre est dissous et le bismuth est précipité. Il suffit d'observer les règles posées pour le dosage du bismuth par ce réactif.

Un alliage de cuivre et bismuth peut être ana-lysé en le chauffant dans un courant de chlore ; le chlorure de bismuth se volatilise facilement.

Bismuth et cadmium. — Cette séparation s'ef-fectue par le cyanure de potassium ; l'ammoniaque redissout facilement l'oxyde de cadmium et non l'oxyde de bismuth ; il peut donc servir à séparer ces oxydes.

Bismuth et thallium. — Enfin, un dernier mé-tal qui peut, dans certaines circonstances, se pré-cipiter en même temps que le bismuth à l'état de sulfure, le thallium, peut facilement en être séparé en se basant sur la solubilité de son oxyde et de son carbonate. La précipitation du bismuth par le carbonate d'ammoniaque se prête très-bien à cette séparation, pourvu que le thallium existe dans la liqueur à l'état de protoxyde; s'il y est à l'état de peroxyde, il faudra d'abord le réduire par l'acide sulfureux. Il est bon d'opérer dans des liqueurs qui ne soient pas trop concentrées et d'éviter l'addition d'acide chlorhydrique, sans quoi le précipité de bismuth renfermerait du chlorure de thallium. On voit que dans ce cas la précipitation du bismuth à l'état d'oxychlorure n'est guère réalisable.

Si le thallium a été précipité à l'état de sulfure en même temps que le bismuth, on ramènera ces sulfures à l'état de nitrates.

On ne peut pas séparer ces deux métaux en se fondant sur la volatilité du chlorure de bismuth, car le chlorure de thallium est lui-même assez volatil.

Le thallium accompagne assez fréquemment le bismuth (Boettger), il est donc bon de pouvoir en opérer la séparation.

Bismuth, argent, cuivre, mercure, cadmium et plomb. — Si l'on a affaire à un alliage de ces métaux ou à une solution renfermant leurs oxydes, on peut très-facilement opérer leur séparation par le *cyanure de potassium*. On mélange la solution étendue avec du carbonate de soude, puis on y ajoute un excès de cyanure de potassium, on laisse digérer pendant quelque temps à une douce chaleur et l'on filtre. Les cyanures de bismuth et de plomb restent sur le filtre, tandis que les cyanures de mercure, d'argent, de cuivre et de cadmium, se trouvent tous dans la solution filtrée; on les sépare en suivant les opérations qui sont décrites à l'étude de ces métaux. Quant aux cyanures de plomb et de bismuth qui se trouvent sur le filtre, on les lave bien, d'abord avec un peu de cyanure de potassium, puis avec de l'eau pure, et l'on opère la séparation du plomb et du bismuth à la manière ordinaire, en transformant d'abord les cyanures en sulfates par l'hydrogène sulfuré, ou en les détruisant par la calcination.

On peut aussi séparer le bismuth du plomb, du cuivre et du cadmium, en chauffant les nitrates à consistance sirupeuse, jusqu'à ce que le cuivre soit transformé en sous-azotate insoluble comme le sous-azotate de bismuth; on lave ensuite à l'eau renfermant 1/500 d'azotate d'ammoniaque, pour dissoudre les azotates de plomb et de cadmium, puis on traite le résidu par du carbonate d'ammonium ou de cyanure de potassium, pour dissoudre le sous-azotate de cuivre. Le sous-azotate de bismuth reste pour résidu et peut être dosé à cet état, d'après Loewe qui a fait connaître cette méthode [*Journ. für prakt. Chem.*, t.LXXIV, p. 344]. E. W.

BISMUTH (Min.). — Bismuth pur renfermant quelquefois un peu d'arsenic. Se rencontre en masses lamelleuses ou granulaires d'un blanc d'argent rougeâtre et en ramifications dendritiques, dans les filons cobaltifères et argentifères.

Caractères. — Fusible à la flamme d'une bougie. Au chalumeau, brûle en répandant des fumées qui couvrent le charbon d'une auréole jaune.

Soluble dans l'acide azotique concentré; la solution précipite par l'addition d'eau.

Cristallisé en rhomboèdres de 87°40'. Clivages a^1, e^1.

Dureté, 2 à 2,5. Densité : 9,73.

BISMUTH SULFURÉ CUPRIFÈRE. — Voyez Wittichite.

BISMUTH SULFURÉ PLUMBO-CUPRIFÈRE. — Voyez Aikinite.

BISMUTH SILICATÉ. — Voyez Eulytine.

BISMUTH TELLURIFÈRE. — Voyez Bonnine.

BISMUTHÉTHYLES. — Le bismuth forme avec l'éthyle deux combinaisons : l'une, dans laquelle les trois atomicités du bismuth sont satisfaites et qui, par conséquent, ne montre qu'une très-faible tendance à former des combinaisons,

c'est le *bismuth-triéthyle* $(C^2H^5)^3\overline{Bi}$; l'autre, qui ne contient que 1 groupe éthyle pour 1 atome de bismuth; c'est le *bismuthéthyle* $(C^2H^5)\overline{Bi}$, qui doit conserver deux atomicités, et c'est ce qui a lieu, car le bismuthéthyle se combine à 2 atomes de chlore, 2 d'iode, 1 d'oxygène diatomique, etc. Il paraît, en outre, exister un sesquibismuthéthyle $(C^2H^5)^3Bi^2$, mais on ne connaît encore qu'une seule combinaison de ce radical.

Bismuth-triéthyle, $(C^2H^5)^3Bi$. — Ce corps se produit par l'action de l'iodure d'éthyle sur un alliage de bismuth et de potassium.

Cet alliage, dont la préparation a été décrite page 606, est très-fusible et très-oxydable; il décompose l'eau rapidement; néanmoins, on peut le conserver dans des flacons bien clos. Pour faire agir sur lui l'iodure d'éthyle, on le réduit en poudre, on l'introduit dans de petits ballons munis d'un tube à distillation, par portions d'une vingtaine de grammes, et on y ajoute rapidement l'iodure d'éthyle; au bout de quelques minutes, une réaction très-vive se manifeste, le mélange s'échauffe beaucoup et l'excès d'iodure distille. On verse alors sur le résidu renfermant le bismuthéthyle non volatil de l'eau récemment bouillie pour dissoudre l'iodure de potassium formé, on facilite ce lavage en chauffant les ballons au bain-marie. On réunit alors, dans un grand ballon rempli d'acide carbonique, le résidu pâteux renfermé dans les petits ballons, on agite à plusieurs reprises ce résidu avec beaucoup d'éther qui dissout le bismuthéthyle, on ajoute ensuite de l'eau bouillie dans la solution éthérée, on distille l'éther, et le bismuth-triéthyle reste dans la cornue, au fond de l'eau qu'on a ajoutée; pour le purifier, on le distille avec de l'eau, on l'agite avec de l'acide azotique étendu pour dissoudre de petites quantités d'oxyde de bismuth, puis on le dessèche sur du chlorure de calcium. Toutes ces opérations doivent se faire autant que possible à l'abri de l'air.

Le bismuth-triéthyle est un liquide mobile, incolore ou d'un jaune pâle; sa densité est égale à 1,82; il possède une odeur fort désagréable.

Il répand des vapeurs jaunes à l'air et s'enflamme avec une légère explosion en produisant des fumées jaunes d'oxyde de bismuth; cette combustion est très-brillante lorsqu'on répand le bismuthéthyle sur du papier à filtrer.

Versé dans du chlore, le bismuth-triéthyle y brûle avec formation de charbon; il brûle de même au contact du brome. L'acide azotique fumant le décompose avec explosion.

Il est tout à fait insoluble dans l'eau, un peu soluble dans l'éther, mais très-soluble dans l'alcool absolu. Lorsqu'on le chauffe, il commence déjà à bouillir à 50° en dégageant un gaz hydrocarburé, et le vase où l'on opère se recouvre de bismuth métallique; si l'on continue de chauffer, le thermomètre monte jusqu'à 160°, et tout à coup il se produit une vive explosion qui brise l'appareil [Breed, *Ann. der Chem. u. Pharm.*, (2), t. VI, p. 106].

En abandonnant à l'évaporation spontanée une solution éthérée ou alcoolique de bismuthure d'éthyle, il se dépose peu à peu de l'hydrate de bismuth; abandonné à l'air, sous l'eau, il s'oxyde de même, en donnant de l'hydrate de bismuth et de l'alcool; l'eau qui surnage le précipité d'hydrate est très-amère, et si on la traite par l'hydrogène sulfuré, on obtient un précipité jaune de sulfobismuthate de bismuth-triéthyle

$$Bi^2S^3, (C^2H^5)^3Bi.S.$$

Lorsque l'on ajoute de l'azotate d'argent à une solution alcoolique de bismuth-triéthyle, il se produit de l'argent métallique, et la solution renferme probablement le même azotate; mais si l'on évapore cette solution, même à une très-douce chaleur, on obtient un dépôt de sous-azotate de bismuth.

L'acide azotique très-étendu dissout peu à peu le bismuth-triéthyle en dégageant du bioxyde d'azote; au bout de quelque temps la liqueur se remplit de petites aiguilles qui se décomposent rapidement par la dessiccation.

Lorsque l'on mélange des solutions alcooliques de brome et de bismuth-triéthyle, il se forme peu à peu du bromure bismutheux qui se précipite, et la liqueur filtrée donne avec l'hydrogène sulfuré un dépôt de sulfobismuthate de bismuth-triéthyle.

En ajoutant de l'iode à une solution alcoolique de bismuth-triéthyle, la liqueur s'échauffe et il se produit un précipité jaune ou rouge, suivant la concentration de la liqueur; si l'on filtre et si l'on place la liqueur filtrée sur un bain-marie chauffé à 40°, il s'en sépare une petite quantité d'une huile rouge dense; la liqueur décantée de ce produit dépose, par le refroidissement, de grandes quantités d'aiguilles rouges, peu solubles dans l'eau et assez solubles dans l'alcool et dans l'éther. La composition de ces aiguilles est représentée par les rapports $(C^2H^5)^5Bi^3I^5$. Dunhaupt pense que c'est une combinaison d'iodure de bismuth BiI^3 avec l'iodure $(C^2H^5)^3Bi^2,I^2$, c'est-à-dire avec l'iodure de sesquibismuthéthyle. La liqueur qui a laissé déposer cette combinaison renferme de l'iodure d'éthyle.

Lorsque l'on verse une solution azotique de bismuth-triéthyle dans une solution alcoolique de chlorure mercurique, il se produit un précipité de calomel; lorsque l'on verse au contraire une solution alcoolique faible et chaude de chlorure mercurique dans une solution alcoolique faible de bismuth-triéthyle, additionnée de quelques gouttes d'acide chlorhydrique, il ne se produit d'abord aucun précipité; mais, au bout de quelque temps, il se forme un précipité volumineux qui se redissout si l'on chauffe. Il se forme dans ce cas du chlorure de mercuréthyle et du chlorure de bismuthéthyle

$$2\,HgCl^2 + (C^2H^5)^3Bi$$
$$= 2\,(C^2H^5Hg,Cl) + C^2H^5Bi.Cl^2.$$

Lorsque l'on fait bouillir une solution alcoolique de bismuth-triéthyle avec de la fleur de soufre, il se produit du sulfure d'éthyle et un dépôt noir de sulfure de bismuth. Si l'on traite par l'hydrogène sulfuré une solution éthérée de bismuth-triéthyle, elle laisse déposer, au bout de quelques semaines, des cristaux brillants de sulfure de bismuth.

Mais lorsque l'on fait passer un courant d'hydrogène sulfuré dans une solution alcoolique de bismuth-triéthyle ou dans la liqueur aqueuse provenant de l'oxydation à l'air du bismuthéthyle placé sous l'eau, on obtient un précipité jaune qui brunit rapidement et qui possède une odeur désagréable ; ce précipité est du *sulfobismuthate de bismuth-triéthyle* $(C^2H^5)^3BiS,Bi^2S^3$, correspondant au sulfoantimonite de stibéthyle [Dunhaupt, *Journ. für prakt. Chem.*, t. LXI, p. 399].

BISMUTHÉTHYLE, $C^2H^5.Bi.$ — Ce corps se produit à l'état de chlorure $(C^2H^5)BiCl^2$ par l'action du chlorure mercurique sur le bismuth-triéthyle en solution alcoolique. Ce chlorure sert de point de départ pour la préparation des autres composés de bismuthéthyle. Pour cela, on commence par le transformer en iodure en le traitant par l'iodure de potassium.

Le *chlorure de bismuthéthyle*, C^2H^5Bi,Cl^2, au moment de sa préparation, reste en dissolution dans la liqueur, après la séparation du chlorure de mercuréthyle, séparation qui se fait par la concentration de la solution alcoolique au bain-marie.

Si l'on continue après cela la concentration, le chlorure de bismuthéthyle se sépare en petits cristaux blancs. Ceux-ci se décomposent en partie lorsqu'on les reprend par l'eau, en laissant une poudre blanche. La solution donne alors, par l'addition d'iodure de potassium, de l'iodure de bismuthéthyle.

Iodure de bismuthéthyle, C^2H^5Bi,I^2. — Dans cette réaction, l'iodure de bismuthéthyle se dépose en magnifiques paillettes hexagonales; il est à peine soluble dans l'eau et dans l'éther, mais il se dissout assez bien dans l'alcool.

Le *bromure* ne peut pas s'obtenir par l'action du bromure de potassium sur le chlorure de bismuthéthyle.

L'*oxyde de bismuthéthyle*, C^2H^5Bi,O, se sépare sous forme d'un précipité jaunâtre lorsque l'on ajoute de la potasse à une solution d'iodure de bismuthéthyle; ce précipité se redissout facilement dans un très-petit excès de potasse. Lavé rapidement à l'alcool absolu et desséché dans le vide, l'oxyde de bismuthéthyle se présente à l'état d'une poudre amorphe qui prend feu immédiatement au contact de l'air en répandant une épaisse fumée jaune d'oxyde de bismuth.

Le *sulfure de bismuthéthyle* paraît être très-peu stable. Lorsqu'on fait passer un courant d'hydrogène sulfuré dans une solution d'iodure de bismuthéthyle, il se forme une poudre brunâtre douée d'une odeur fétide. Après la dessiccation dans le vide, ce précipité se trouve presque uniquement formé de sulfure de bismuth.

Sulfate de bismuthéthyle. — Ce sel s'obtient en solution lorsqu'on décompose une solution d'iodure de bismuthéthyle dans l'alcool faible par une quantité exacte de sulfate d'argent. Cette solution régénère de l'iodure de bismuthéthyle lorsqu'on y ajoute de l'iodure de potassium. Concentrée au-dessus d'un vase contenant de l'acide sulfurique, elle se décompose en laissant déposer du sous-sulfate de bismuth.

Azotate de bismuthéthyle,

$$C^2H^5Bi,(AzO^5)^2 \text{ ou } C^2H^5BiO,Az^2O^5.$$

— Il s'obtient en mélangeant exactement, en proportions atomiques, des solutions alcooliques d'azotate d'argent et d'iodure de bismuthéthyle. On filtre et on abandonne la liqueur dans le vide sec; il se produit ainsi un sirop épais qui se transforme peu à peu en une masse cristalline radiée, douée d'une saveur métallique et d'une odeur de beurre rance. Récemment obtenu, ce sel se dissout entièrement dans l'eau, mais après quelque temps il laisse une poudre blanche insoluble. La solution aqueuse, chauffée au bain-marie, donne un précipité de sous-azotate de bismuth. A l'état sec, l'azotate de bismuthéthyle se décompose avec ignition, à une très-douce chaleur (Dunhaupt).
E. W.

BISMUTHINE (Min.) [Syn. *Bismuth sulfuré, Wismuthglanz*]. — Sulfure de bismuth, Bi^2S^3. Aiguilles striées longitudinalement et semblables à la stibine, en masses lamelleuses, d'un gris de plomb clair.

Caractères. — Soluble dans l'acide azotique chaud ; la solution, étendue, donne un précipité blanc. Fusible à la flamme de la bougie et volatile sur le charbon en donnant un enduit jaune.

Tendre. Dureté, 2 à 2,5. Densité, 6,4 à 6,5.

Forme cristalline. — Prisme orthorhombique (mm) de 90°40'. Clivages : g^1 très-facile ; h^1 moins facile ; p assez facile.

BISMUTHITE (Min.) [Syn. *Agnésite*]. — Carbonate de bismuth en enduits cristallins ou amorphes, d'une couleur blanche, jaune, jaune verdâtre. Dureté, 4 à 4,5. Densité, 6,9 à 7,6.

BISMUTHOCRE (Min.) [Syn. *Bismuth oxydé*]. — Oxyde de bismuth, Bi^2O^3. Enduits pulvérulents, d'un jaune verdâtre, provenant de l'altération de la bismuthine.

Densité, 4,36. Se réduit facilement sur le charbon en donnant du bismuth.

BITUME ÉLASTIQUE. — Voyez ÉLATÉRITE.

BITUMES (Min.) [Syn. *Asphalte, bitumes solides et visqueux, malthe*, etc.]. — Mélange de substances provenant de la décomposition de matières organiques et consistant surtout en carbures d'hydrogène et en produits plus ou moins oxydés et azotés. Ils se présentent en masses d'un brun noir ou noires, poisseuses, plus ou moins dures, souvent fragiles, à cassure conchoïde, fusibles vers 100°, brûlant avec une flamme fuligineuse. Densité, 1 à 1,7. Partiellement solubles dans l'alcool. On les rencontre sur les bords du lac Asphaltite, à la Trinité, au Pérou, en Auvergne, dans les Landes, à Seyssel (Ain), à Bechelbronn (Bas-Rhin), etc. D'après les recherches de M. Boussingault, le bitume compacte est constitué principalement par un mélange de deux substances définies, l'asphaltène et le pétrolène, la première pouvant être considérée, selon Gerhardt, comme provenant de l'oxydation de la seconde.

Le *pétrolène* isolé du bitume de Bechelbronn, séché sur le chlorure de calcium et rectifié, se présente sous la forme d'un liquide huileux et légèrement jaune, d'une odeur bitumineuse et d'une densité de 0,891 à + 21°. Il ne se solidifie pas à — 12°, et bout à 280°. Son analyse ainsi que la densité de sa vapeur conduisent à la formule $C^{20}H^{32}$. Densité de vapeur trouvée 9,415, calculée 9, 5.

L'*asphaltène*, que l'on obtient pur en volatilisant le pétrolène par une température de 250°, maintenue pendant 48 heures, est une substance solide noire, brillante, qui devient élastique à 300° et se décompose avant de fondre. Il est soluble dans l'alcool, brûle comme une résine et possède une composition qu'on peut représenter par la formule $C^{20}H^{32}O^3$ [Boussingault, *Ann. de Chim. et de Phys.*, (2), t. LXIV, p. 141].

Voici des analyses de différents bitumes :

Boussingault (1).

	C	H	O	Az
Asphalte de Coxitambo (Pérou).	88,6	9,7	1,6	
Pétrolène	87,3	12,1		
Asphaltène	74,2	9,9		

Ebelmen (2).

	C	H	O	Az
Asphalte de Bastennes	78,5	8,8	2,6	1,6
— d'Auvergne	76,1	9,4	10,3	2,3
— des Abruzzes	77,6	7,9	8,3	1,0

Regnault (3).

	C	H	O	Az
Asphalte de Pontnavey	67,4	7,2	24,0	1,1
— de Cuba	81,4	9,6	9	

F. et S.

BIURET, $C^2H^5Az^3O^2 + H^2O$ [Wiedemann, *Poggend. Ann.*, t. LXXIV, p. 67 (1848); — Weltzien, *Ann. der Chem. u. Pharm.*, t. C, p. 191, nouv. série, t. XXIV, novembre 1850; — En extrait *Ann. de Chim. et de Phys.*, t. IV, p. 119; — Finckh, *Ann. der Chem. u. Pharm.*, t. CXXIV, p. 331, (nouv. série, t. XLVIII); décembre 1862 et en extrait *Ann. de Chim. et de Phys.*, t. LXVII, p. 493 et *Bull. de la Soc. chim.*, année 1863, p. 376]. — Pour préparer ce corps (Wiedemann), on soumet l'urée à l'action prolongée d'une température de 150° à 170°, il se dégage de l'eau et de l'ammoniaque tandis que de l'urée régénérée se sublime dans

le col de la cornue. Le résidu est complétement soluble dans l'eau bouillante et la solution laisse déposer, en se refroidissant, des cristaux d'acide cyanurique et d'ammélide. On précipite l'eau mère par le sous-acétate de plomb pour éliminer les dernières traces d'acide cyanurique; on la débarrasse ensuite de plomb par l'hydrogène sulfuré et finalement on l'évapore. Elle donne alors des cristaux de biuret. Le même produit s'obtient en petite quantité par l'action de la chaleur sur l'azotate d'urée.

Propriétés. — Le biuret est très-soluble dans l'eau et l'alcool. De ce dernier liquide il se sépare cristallisé en longs feuillets anhydres, sa solution aqueuse au contraire l'abandonne en cristaux hydratés qui perdent leur eau de cristallisation à l'air sec ou plus rapidement encore par la dessiccation à 100°.

L'acide sulfurique concentré dissout à froid le biuret sans le décomposer. L'acide azotique moyennement concentré ne lui fait subir non plus aucune altération.

Réactions. — Les solutions aqueuses de biuret ne sont précipitées ni par les sels solubles de plomb, ni par le tannin, ni par l'acide gallique. Lorsqu'on y ajoute quelques gouttes d'un sel cuivrique, puis de la potasse, il se produit une coloration rouge intense. Cette coloration se produit même avec les solutions du corps dans les acides ou dans l'ammoniaque.

Lorsqu'on le chauffe, le biuret commence par fondre, puis dégage de l'ammoniaque et finit par laisser de l'acide cyanurique pur :

$$3\ C^2H^5Az^3O^2 = 2\ C^3H^3Az^3O^3 + 3\ AzH^3.$$

Biuret.　　　　Acide cyanurique.　　Ammoniaque.

M. Finckh a en outre observé les réactions suivantes :

Lorsqu'on ajoute du sulfate d'argent, puis de l'ammoniaque à une solution aqueuse de biuret, il se forme un précipité de cyanurate d'argent,

$$(C^3Az^3Ag^3O^3)^2 + H^2O;$$

et la liqueur renferme de l'urée. Ce précipité ne se produit point si l'on n'ajoute pas d'ammoniaque au mélange de sel d'argent et de biuret.

Chauffé à 120° dans un courant de gaz chlorhydrique sec, le biuret absorbe ce gaz et donne un composé dont la formule est $(C^2H^5Az^3O^2)^2HCl$. Cette combinaison est décomposée par l'eau.

Chauffé à 160 - 170° dans un courant de gaz chlorhydrique, le biuret se ramollit d'abord, puis dégage de l'eau et de l'anhydride carbonique. Parmi les produits fixes de la réaction on trouve du sel ammoniac, de la guanidine, CH^5Az^3, à l'état de chlorhydrate, de l'acide cyanurique et du cyanurate d'urée.

L'acide chlorhydrique concentré, bouillant, décompose le biuret. Il en est de même de l'acide azotique concentré. Ce dernier le dédouble en acide cyanurique et nitrate d'urée. Le produit final de cette décomposition est du nitrate d'ammoniaque.

Bouilli avec de l'eau de baryte, le biuret se dédouble en ammoniaque, anhydride carbonique et urée, selon l'équation

$$C^2H^5Az^3O^2 + H^2O = CH^4Az^2O + CO^2 + AzH^3.$$

Biuret.　　Eau.　　Urée.　Anhydride Ammo-
　　　　　　　　　　　　carbonique. niaque.

Constitution du biuret. — Gerhardt [*Traité de Chim. org.*, t. I, p. 423] considérait ce corps comme du bicyanate ammonique $AzH^3(CAzHO)^2$. Plus tard M. Weltzien [*loc. cit.*] a proposé de représenter l'urée par la formule

$$\left.\begin{array}{l}(CH^2AzO)' \\ H \\ H\end{array}\right\} Az$$

(1) *Ann. de Chim. et de Phys.*, (2), t. LXXIII, p. 422.
(2) *Ann. min.*, t. XV, p. 523.
(3) *Dingler's polytechn. Journ.*, t. LXVIII, p. 201.

et le biuret par la formule

$$\left.\begin{array}{l}(CH^2AzO)' \\ (CH^2AzO)' \\ H\end{array}\right\} Az.$$

dans cette hypothèse le biuret serait une amide secondaire renfermant deux fois le radical uret et l'urée une amide primaire contenant le même radical.

M. Finckh [*loc. cit.*] n'a point admis cette hypothèse : en s'appuyant sur les expériences que nous avons citées plus haut, il regarde le biuret comme un isomère du cyanate d'urée, présentant vis-à-vis de ce cyanate les mêmes rapports que l'urée vis-à-vis du cyanate d'ammonium.

Le biuret présente, en effet, des dédoublements qui tendraient à le faire considérer comme du cyanate d'urée; mais M. Finckh a observé que l'acide cyanique et l'urée se combinent en donnant du cyanurate d'urée isomère du biuret, et une petite quantité de biuret :

$$CAzHO + CH^4Az^2O = C^2H^5Az^3O^2.$$

Acide cyanique.   Urée.   Biuret.

La formule de constitution du biuret devrait, dans cette hypothèse, être écrite

$$\begin{array}{c}AzH^2 \\ (\dot{C}O)'' \\ AzH \\ (\dot{C}O)'' \\ AzH^2.\end{array}$$

On connaît un autre isomère du biuret : c'est l'*isobiuret*, découvert par M. Baeyer. (Voyez ce mot.)   A. N.

BIXINE [Chevreul, *Leçons de Chim. appliquée à la teinture;* — Boussingault, *Ann. de Chim. et de Phys.*, (2), t. XXVIII, p. 440; — Kerndt, *Jahresb.*, de Liebig et Kopp, 1849, p. 457; — Bolley et *Mylius, Schweitzerisch-polytechnische Zeitsch.*, 1861; *Répert. de Chim. appliq.*, t. IX, p. 134; — Girardin, *Journ. de Pharm. et de Chim.*, (3), t. XXI, p. 174; cahier de mars 1836]. — La bixine forme la principale partie de la pâte rocou employée comme matière colorante; elle a été étudiée chimiquement par MM. Chevreul, Boussingault, Kerndt, Picard, Bolley et Mylius. Le produit commercial est préparé avec la *pulpe qui entoure les* fruits du *Bixa orellana* (rocouyer), arbuste de la famille des Bixinées. Le rocouyer est exploité dans l'Amérique du Sud, au Mexique, dans la Guyane française et dans les îles des Indes orientales. Il arrive en Europe sous forme de gâteaux du poids de 5 à 8 kilogrammes, enveloppés dans des feuilles de bananier, ou en pains entassés dans des fûts, ou encore dans des boîtes en fer-blanc. Il a l'apparence d'une pâte homogène, grasse et onctueuse au toucher, d'une couleur rouge terne, d'une odeur désagréable, urineuse. Il contient en moyenne : eau, 72; feuilles et substances étrangères, 22; matière colorante, 6. Il est souvent mélangé à des substances minérales rouges (ocres, colcothar, brique pilée).

Le rocou cède à l'eau un principe jaune, soluble également dans l'alcool, insoluble dans l'éther (orelline). Le résidu renferme la principale matière colorante, la bixine. Pour l'isoler, on peut suivre le procédé suivant, indiqué par M. Bolley.

Le rocou de Cayenne, lavé à l'eau et séché, est épuisé par l'alcool concentré et bouillant. Le liquide filtré est évaporé au bain-marie. Le résidu est mis à digérer dans l'éther qui en dissout facilement une partie. Ce qui reste se présente sous forme d'une poudre rouge cinabre, fusible à 100°, soluble dans l'alcool, insoluble dans l'eau, inaltérable à 145° par l'acide sulfurique étendu et

bouillant; soluble en jaune ou en orangé dans les alcalis et l'eau de savon. M. Bolley donne à ce corps la formule $C^5H^6O^2$. D'après Kerndt, l'orelline dériverait de la bixine par une altération subie au contact de l'air et de l'eau. L'acide sulfurique concentré dissout la bixine en se colorant en beau bleu foncé. On voit, d'après ce peu de données certaines, que l'histoire chimique de cette matière colorante est encore bien incomplète.

Le rocou sert à la teinture et à l'impression des tissus, pour colorer les huiles, les graisses, le beurre, le fromage, les vernis et le cirage. Les sauvages de l'Amérique l'emploient pour s'en *frotter le corps. Les nuances qu'il fournit sont belles et vives, elles résistent aux acides et au savon.* Le chlore n'a pas beaucoup d'action sur elles, mais elles sont peu solides à l'air et à la lumière. Seul, il donne des nuances aurore ou orangé. Pour teindre le coton, on dissout le rocou dans un carbonate alcalin ; le bain est porté à l'ébullition; on y maintient le tissu ou les écheveaux pendant un quart d'heure, puis on lave à l'eau acidulée. On arrive à de meilleurs résultats en opérant avec une fibre stannatée et passée au sumac et en neutralisant le bain alcalin par l'acide sulfurique, de façon à ne pas précipiter la matière colorante. La soie se teint sans mordant dans un bain porté à 50° et monté avec parties égales de rocou et de cristaux de soude. La teinte aurore est virée à l'orangé par un passage en jus de citron.   P. S.

BLANC DE BALEINE [De Saussure, *Ann. de Chim. et de Phys.*, (2), t. XIII, p. 340 (1820); — Chevreul, *Recherches sur les corps gras*, p. 171 (1823); — Smith, *Ann. der Chem. u. Pharm.*, t. XLII, p. 247, et *Ann. de Chim. et de Phys.*, (3), t. VI, p. 30 (1842); — Stenhouse, *Journ. für prakt. Chem.*, t. XXVII, p. 253; — Dumas et Peligot, *Ann. de Chim. et de Phys.*, (2), t. LXXI, p. 1) (1836); — Heintz, *Zoochemie*, p. 477 et 1079; *Ann. de Poggend.*, t. LXXXIV, p. 232, et t. CXII, p. 422, 558, *Ann. de Chim. et de Phys.*, (3), t. XXXVII, p. 361, et t. XLII, p. 117; [*Ann. der Chem. u. Pharm.*, t. CXII, p. 291; — Berthelot, *Ann. de Chim. et de Phys.*, (3), t. XLI, p. 219; — Wurtz, *Traité élémentaire de Chimie médicale*. t. II, p. 188, 189, 190]. — Le blanc de baleine ou spermacéti est la partie concrète d'une huile que l'on trouve dans les sinus crâniens du cachalot et d'autres cétacés. On le purifie en le comprimant fortement et en le faisant cristalliser dans l'alcool bouillant. Il se présente alors sous la forme de paillettes nacrées, fusibles à 49°, et se prenant, par le refroidissement, en une masse cristalline, lamelleuse et radiée.

Jusqu'aux travaux de M. Heintz, on a cru que le blanc de baleine était un composé unique, la cétine ou palmitate de cétyle,

$$\left.\begin{array}{l}C^{16}H^{31}O \\ C^{16}H^{33}\end{array}\right\} O.$$

En effet, M. Dumas, M. Chevreul, M. Smith, etc., avaient montré que, saponifié par les alcalis, le blanc de baleine se transforme en éthal ou alcool cétylique, $C^{16}H^{34}O$, et en acide palmitique, $C^{16}H^{32}O^2$. Cette saponification s'opère facilement lorsqu'on fond le blanc de baleine (2 p.) avec de l'hydrate de potassium solide (1 p.).

Dernièrement, M. Heintz a montré : 1° qu'il se forme dans le dédoublement du blanc de baleine, non-seulement de l'acide palmitique, mais encore des acides stéarique, myristique, cocinique et cétique (l'acide cétique aurait pour formule $C^{15}H^{30}O^2$ et serait identique avec l'acide bénique). Il admet conséquemment que le blanc de baleine contient des éthers stéarique, palmitique, cétique, myristique et cocinique.

Comme, en outre, en traitant l'éthal brut par

la chaux potassée à 275° ou 280°, il a obtenu à la fois de l'acide palmitique $C^{16}H^{32}O^2$, de l'acide stéarique $C^{18}H^{36}O^2$, de l'acide myristique $C^{14}H^{28}O^2$ et de l'acide laurostéarique $C^{12}H^{24}O^2$, il admet que le blanc de baleine renferme plusieurs alcools différents auxquels sont dus ces divers acides :

Le léthal, $C^{12}H^{26}O$,
Le méthal, $C^{14}H^{30}O$,
L'éthal, $C^{16}H^{34}O$,
Le stéthal, $C^{18}H^{38}O$.

Le blanc de baleine serait donc un mélange des éthers stéarique, palmitique, cétique, myristique et cocinique de l'éthal, du méthal, de l'éthal et du stéthal, ce qui en ferait une substance fort compliquée.

Toutefois la *cétine* ou palmitate de cétyle en est l'élément constituant.   A. N.

BLANCHIMENT [angl. *bleaching*, allem. *bleichen*]. — On désigne sous ce nom le procédé par lequel on enlève à diverses substances (coton, lin, soie, papier, cire, etc.) les matières colorantes qui les souillent. Dans le cas particulier des fibres textiles, le mot *blanchiment* a un sens plus étendu : il implique non-seulement les opérations par lesquelles on décolore, mais en même temps celles qui, dépouillant les fils ou les tissus de toutes matières étrangères, les rendent plus propres à la teinture et à l'impression.

Quand un tissu sort de fabrication, il est recouvert d'un grand nombre d'impuretés, corps gras, matières résineuses, apprêt, etc; les unes s'opposent à la fixation des couleurs; les autres, au contraire, fonctionnant comme mordants, déterminent cette fixation d'une manière irrégulière, de telle sorte qu'il serait impossible de produire des teintures unies ou des impressions correctes sans leur enlèvement préalable. Quant à la matière colorante, inhérente à la fibre, sa destruction est nécessaire, parce qu'elle lui donne un ton jaunâtre, fauve, désagréable à l'œil, et qu'en même temps elle altère considérablement la pureté et l'éclat des couleurs qui sont déposées sur le tissu.

Le blanchiment repose sur une série d'opérations chimiques; comme les propriétés des diverses fibres textiles sont très-différentes les unes des autres, il est évident que ces opérations ne peuvent être identiques pour la soie, la laine, le coton, etc. Il convient donc tout d'abord d'indiquer quelques-uns des moyens employés pour distinguer les diverses fibres les unes d'avec les autres. On les partage en deux classes : les fibres animales, comprenant la laine et la soie, les fibres végétales, comprenant le coton, le lin, le chanvre, le phormium tenax, etc.

La laine et la soie se distinguent aisément des fibres végétales : 1° Quand on les approche de la flamme d'une bougie, elles se charbonnent sans s'enflammer, et en répandant l'odeur de la corne brûlée; les fibres végétales brûlent sans laisser de résidu sensible et sans donner d'odeur. 2° La laine et la soie se colorent d'une manière intense quand on les plonge dans la solution d'acide picrique, ou mieux encore dans la liqueur qu'on obtient en précipitant par la soude une solution de fuchsine jusqu'à complète décoloration, et filtrant. Dans les mêmes circonstances, les fibres végétales restent sensiblement incolores.

Pour distinguer la laine de la soie, on emploie avec succès le plombite de sodium, qui noircit la laine et ne colore pas la soie, ou l'un des réactifs suivants : le chlorure de zinc basique [J. Persoz, *Répert. de Chim. appl.*, 1863, p. 9], l'oxyde de cuivre ammoniacal [Schweitzer, Schlossberger, *Rép. app.*, 1858, p. 72], l'oxyde de nickel ammoniacal [*Ibid.*], qui dissolvent la soie et sont sans action sur la laine.

Pour distinguer les fibres végétales les unes d'avec les autres, il existe également quelques réactions très-nettes, car, quoique ces fibres, à l'état de pureté absolue, aient une composition chimique identique, il est rare de les rencontrer privées entièrement des matières étrangères spéciales à l'une ou à l'autre, et qui donnent des réactions caractéristiques.

Le lin et le chanvre, plongés dans une solution bouillante de potasse caustique, se colorent en jaune foncé; le coton reste incolore.

Le phormium tenax est coloré en rouge par l'acide nitrique fumant ou par un passage en chlore suivi d'un passage en ammoniaque.

Le chanvre se distingue du coton et du lin par le diamètre de ses fibres, double environ de celui des deux autres.

Tels sont les moyens les plus simples et les plus prompts de reconnaître la nature d'un fil ou d'un tissu.

Nous exposerons d'abord le blanchiment des fibres végétales en commençant par la plus importante d'entre elles, le coton, puis nous aborderons le blanchiment de la laine, celui de la soie, et nous terminerons par quelques mots sur celui des pâtes à papier, de la cire, etc.

BLANCHIMENT DES FIBRES VÉGÉTALES. — *Historique.* — L'art du blanchiment remonte à une époque reculée; les Orientaux et les Égyptiens y avaient acquis une grande habileté; leurs procédés reposaient sur l'emploi des alcalis, de l'urine putréfiée, de certaines plantes mucilagineuses, de l'acide sulfureux, de terres argileuses, et sur l'exposition des tissus au soleil.

Ces mêmes agents sont restés les seuls employés jusqu'à la fin du siècle dernier, époque à laquelle la Hollande avait la réputation de produire les plus beaux blancs. Les colonies avaient également un grand renom dans l'art de blanchir, car Vaublanc dit que les négociants de Bordeaux expédiaient leur toile à Saint-Domingue pour l'avoir plus belle [*Mémoires de Vaublanc*, p. 118]. Le procédé généralement employé alors, et qui l'est encore de nos jours dans certaines localités, consiste à étendre sur un pré la toile écrue, en ayant soin de l'humecter de temps à autre et en lui faisant subir de fréquents passages en lessives bouillantes; ces passages en lessives doivent alterner avec les expositions sur pré : en les répétant pendant un temps plus ou moins long, qui généralement atteint quelques mois, on obtient un tissu parfaitement blanc.

En 1784, Berthollet fit connaître l'action destructive que le chlore exerce sur la plupart des matières colorantes, et montra que cet agent était éminemment propre à blanchir les tissus. Les deux mémoires que Berthollet présenta à l'Académie sur cet objet sont des modèles de sagacité [*Ann. de Chim.*, 1789, p. 151, et t. VI, p. 210]. Il faut bien reconnaître que si les procédés actuels ont acquis un degré de perfection admirable, la théorie est restée bien en arrière et que nous en sommes aujourd'hui, pour l'explication des phénomènes qui accompagnent le blanchiment, à peu de chose près au point que Berthollet, avec son génie, avait atteint il y a près d'un siècle.

Le procédé qu'il indique est le suivant : Laver les tissus à l'eau chaude pour enlever l'apprêt, passer en lessives bouillantes pour dissoudre les matières rendues solubles par le rouissage et l'action de l'air, puis en eau de chlore qui, dit-il, « doit agir comme l'exposition des toiles sur le pré…, c'est-à-dire disposer les parties colorantes de la toile à être dissoutes par l'alcali des lessives, » passer de nouveau en lessives et alterner ces deux passages jusqu'à complète décoloration. Il indique aussi l'emploi du chlore gazeux, ainsi que de la dissolution de chlore dans la soude.

Le procédé de Berthollet, quelque rationnel

qu'il soit, ne fut pas adopté facilement en France ; la routine, l'ignorance des blanchisseurs s'y opposaient, mais il fut presque immédiatement mis en pratique en Écosse, où Watt, qui avait assisté aux expériences de Berthollet, le fit connaître.

En 1798, Ch. Tennant y apporta un perfectionnement important, en préparant la solution de chlore dans l'eau de chaux (*bleaching liquor*) ; enfin, l'année suivante, le chlorure de chaux sec fut découvert et appliqué au blanchiment. Dès lors, le nouveau procédé fut généralement adopté. A Valenciennes, à Rouen, à Lille, en Belgique, se fondèrent de vastes établissements ; peu à peu le rêve de Berthollet fut réalisé et «ces vastes prairies qui, dans les pays les plus fertiles, étaient abandonnées aux toiles qu'il fallait y tenir étendues pendant toute la belle saison, furent conquises à l'agriculture. »

Les principes du blanchiment moderne diffèrent peu de ceux de Berthollet ; les agents employés sont les mêmes, modifiés par les progrès qu'a faits la science, et par les besoins qu'une longue pratique a fait sentir. Le seul progrès réel que nous puissions signaler est la découverte et l'application du savon de résine, dont l'introduction dans l'industrie date de 1836 environ, et qui présente des avantages nombreux et très-importants.

BLANCHIMENT DES TISSUS DE COTON (1). — Un tissu de coton, écru, est recouvert d'un grand nombre de substances étrangères que le blanchiment a pour but de faire disparaître ; les unes sont inhérentes à la fibre, les autres proviennent des opérations de la filature et du tissage ; ce sont :

1° Une matière colorante, insoluble dans les alcalis, mais capable de s'y dissoudre quand elle a été modifiée par les agents oxydants ; la présence de cette matière ternit la pureté des couleurs qui sont déposées sur le tissu, et en même temps elle communique à ce dernier un ton fauve, désagréable à l'œil ;

2° Diverses résines, les unes solubles, les autres insolubles dans les alcalis ; ces matières s'opposent à la pénétration des liquides dans les tissus, agissent comme réserves et empêchent ainsi la décoloration de la fibre ; en outre, elles fonctionnent souvent comme mordants et attirent les matières colorantes des bains de teinture ;

3° Les matières grasses, dont la présence amène des accidents analogues ;

4° L'apprêt de la chaîne du tissu ; il est généralement composé de matières amylacées, amidon, fécule, etc., auxquelles on ajoute quelquefois certains sels métalliques ;

5° Des savons de cuivre et de fer provenant de l'action des corps gras sur les métaux avec lesquels le fil se trouve en contact ;

6° Les produits de la combustion du coton, provenant de l'opération du flambage ;

7° Les impuretés de toutes sortes que le tissu ramasse pendant le cours de la fabrication ;

8° Des oxydes métalliques (fer, cuivre, etc.), provenant évidemment de la même source et dont on peut facilement constater la présence en passant un tissu écru dans une solution acide de ferrocyanure de potassium.

Toutes ces substances doivent disparaître par le blanchiment ; la marche actuellement suivie, et qui permet d'arriver à ce résultat, consiste, d'une manière générale, en :

1° Un traitement alcalin, suivi d'un passage en acide ;

2° Un second traitement alcalin ;

3° Un passage en chlore, suivi d'un passage en acide.

(1) Nous devons à l'obligeance de MM. Hœfely, de Pfaffstadt, Mathias Paraf Javal, de Thann, et Armand Léderlin, de Rothau (Bas-Rhin), une grande partie des renseignements que l'on trouvera dans cet article. Ch. L.

Étudions, au point de vue chimique, l'action que ces divers traitements doivent exercer sur le tissu écru.

Premier traitement alcalin. — Il a pour but d'attaquer les matières grasses renfermées dans le tissu et de les transformer en savons avec élimination de glycérine. Pendant longtemps on a employé pour ce traitement la soude ou la potasse ; aujourd'hui on n'emploie plus que la chaux. Sans parler de l'économie très-importante que l'on réalise ainsi, on arrive au moyen de la chaux à une saponification beaucoup plus prompte et plus complète ; les matières résineuses elles-mêmes sont attaquées ; la matière colorante subit une modification qui rend sa destruction ultérieure plus facile ; enfin le peu de solubilité de la chaux rend son emploi moins dangereux pour l'altération de la fibre, que celui de la soude qui, dans l'état de concentration nécessaire à une bonne saponification, attaque facilement le coton.

Malgré ces nombreux avantages, beaucoup de blanchisseurs ont longtemps hésité à en adopter l'emploi, parce que, disaient-ils, la chaux brûle le tissu. C'est en effet ce qui arrive, et Berthollet l'avait déjà constaté, quand le coton se trouve au contact de l'air et de la chaux en même temps : dans ces circonstances, et probablement sous l'influence d'une oxydation rapide, la cellulose est énergiquement attaquée et promptement détruite ; ce résultat désastreux n'arrive jamais quand on a soin de maintenir les tissus à l'abri de l'air, pendant qu'ils sont en contact avec la chaux.

Passage en acide. — Le passage en acide a pour but de décomposer les savons calcaires, formés dans l'opération précédente, ainsi que les savons métalliques qui existent sur le tissu, et de mettre les acides gras en liberté : il doit, en outre, dissoudre l'excès de chaux, les oxydes métalliques, et une portion de la matière colorante, modifiée comme nous l'avons dit par le passage alcalin. On emploie dans cette opération l'acide sulfurique ou l'acide chlorhydrique : ce dernier paraît devoir être préféré, d'une part à cause de la tendance que possède l'acide sulfurique à former avec le fer des sous-sels qui, se fixant sur le tissu, ne pourraient plus que très-difficilement être enlevés, d'autre part, parce que le chlorure de calcium, étant beaucoup plus soluble que le sulfate, est facilement éliminé : les fabricants qui se servent d'acide sulfurique ne doivent pas oublier qu'il est essentiel d'enlever par un lavage énergique jusqu'aux dernières traces de sulfate de calcium, car, plus tard, en magasin, chaque parcelle de ce corps déterminerait une brûlure du tissu.

Deuxième passage alcalin. — Cette opération a pour but d'enlever du tissu les acides gras qui ont été mis en liberté par le passage en acide. On réalise cet effet au moyen du carbonate de sodium qui, on le sait, dissout avec facilité les acides margarique, oléique, stéarique, et forme avec eux des savons solubles. Ces savons, à leur tour, réagissent sur les dernières portions d'acides gras, qui finissent par être totalement enlevés du tissu. On ne peut remplacer le carbonate de sodium par la soude caustique sans danger pour la fibre.

On a récemment proposé de supprimer le passage en acide et de faire suivre le traitement à la chaux, directement, d'un traitement au carbonate de sodium : il se forme alors du carbonate de calcium et un savon alcalin ; ce mode opératoire ne s'est pas généralisé.

Depuis quelques années, on emploie, pour ce second passage alcalin, le savon de colophane : l'introduction de cet agent dans le blanchiment constitue un perfectionnement très-important. Quoique l'emploi des résines ait été utilisé depuis fort longtemps dans l'économie domestique, ce n'est que depuis peu d'années qu'il a été adopté par l'industrie. « Madame veuve Bruckbœck se fit patenter en 1827 pour cet objet. Le brevet fut vendu à un nommé Heinzelmann qui importa le procédé en Écosse : c'est de là qu'il fut connu en France, vers 1836. » [Schutzenberger, *Traité des matières color.*, t. I, p. 73.]

Le but que l'on se propose dans le traitement au savon de colophane est l'enlèvement ou la destruction de certaines matières résineuses inhérentes à la fibre du coton, insolubles dans les alcalis, et jouissant de la propriété de fonctionner comme mordants : jusqu'à l'époque où les propriétés de la dissolution alcaline de colophane furent connues, la présence de ces matières résineuses donnait lieu à de fréquents accidents de fabrication et rendait impossible l'obtention de fonds blancs dans certains articles (garancine, p. ex.).

Une expérience très-simple rend compte du rôle que remplit le savon de colophane.

Traitons un tissu écru, bien lavé à l'eau bouillante, par de l'alcool, puis dégraissons-le par un passage en carbonate de sodium : si nous teignons le tissu ainsi dépouillé dans un bain de garance, il se comportera exactement comme s'il avait été traité au savon de colophane.

Prenons, d'autre part, un tissu blanchi au savon de colophane et imbibons-le de la liqueur alcoolique qui nous a servi à dépouiller le tissu écru; après dessiccation et lavage à l'eau, ce tissu teint en garance se comportera comme un tissu écru. — C'est donc bien à cette résine, soluble dans l'alcool, qu'appartient la propriété d'attirer la matière colorante de la garance. Le savon de colophane produit le même effet que l'alcool : il enlève cette résine.

Y a-t-il dans l'action du savon de colophane dissolution ou destruction de la résine? Le fait est encore incertain.

Quelques manufacturiers pensent que le savon de colophane agit comme réducteur, et basent leur opinion sur l'analogie qui existe entre son action et celle de diverses substances avides d'oxygène. Tribelhorn et Bolley ont montré, en effet, que la dissolution du protoxyde d'étain dans la soude caustique détruit les résines comme le savon de colophane [*Dingler's polytechn. Journ.*, t. CXXXIV, p. 216].

Il paraît plus vraisemblable d'admettre qu'il agit comme dissolvant ou émulsionnant : de même que les corps gras et les huiles se dissolvent dans les savons gras, de même les résines sont solubles dans les savons de résine. Il s'oppose en outre à la décomposition des stéarates et margarates alcalins qui, comme on sait, se transforment facilement en sels acides, insolubles dans l'eau, surtout chargée de matières étrangères, mais très-solubles dans l'eau chargée de savon ou de corps analogues.

La théorie du savon de colophane est, on le voit, peu élucidée et nécessite de nouvelles recherches. Quoi qu'il en soit, son emploi est très-facile, très-économique, et donne toujours de bons résultats, lorsqu'on opère dans des conditions convenables.

Décoloration. — Si les opérations précédentes ont été convenablement dirigées, le tissu doit être, à ce moment, dépouillé de toutes les matières étrangères qu'il renfermait, à l'exception de la matière colorante. Cette dernière est détruite au moyen du chlore.

Autrefois on employait dans ce but la solution aqueuse de chlore : Persoz a proposé l'emploi du chlore gazeux [Persoz, *Traité de l'Impression*, t. II, p. 57]. — Aujourd'hui l'on emploie toujours la solution du chlorure de chaux; le tissu imprégné de cette solution est exposé à l'air pour que l'acide carbonique réagisse sur l'hypo-

chlorite de calcium et le décompose; on sait que, dans ces circonstances, il se produit de l'acide hypochloreux (J. Kolb). Puis il est traité par un acide faible qui complète cette décomposition et dissout probablement la matière colorante, modifiée par l'action du chlore ou de l'acide hypochloreux.

On emploie généralement l'acide chlorhydrique pour ce dernier traitement, d'une part pour les motifs que nous avons déjà indiqués dans le premier passage en acide, d'autre part parce que le chlorure de chaux renferme fréquemment du *chlorate de calcium* qui, sous l'influence de l'acide chlorhydrique, donne naissance à une forte proportion de chlore qui serait perdu par l'emploi de tout autre acide :

$$Cl^2O^6Ca + 12\,ClH = Cl^2Ca + 6\,H^2O + 12\,Cl.$$

L'action de l'air ou de l'acide chlorhydrique peut être remplacée par celle de la chaleur : un tissu imprégné de chlorure de chaux et soumis à une température élevée est complétement décoloré.

D'après J. Kolb, la solution du chlorure de chaux agit comme décolorant, en dehors du contact de l'air; l'hypochlorite cède son oxygène à la matière colorante et se transforme en chlorure de calcium.

Certains fabricants ont proposé de remplacer le chlorure de chaux par un mélange d'hypochlorite de sodium et de soude caustique, cette dernière variant de 5 à 25 % du poids de l'hypochlorite; l'opération est effectuée à 30-35° [Arrott, *London Journ. of arts*, 1864, april, p. 218. — Voyez aussi plus bas le procédé de Jennings pour le blanchiment du lin].

Après le chlorage, il ne reste plus qu'à bien laver le tissu, pour que le blanchiment soit terminé : ce lavage doit être fait avec grand soin, parce que s'il restait une quantité même très-minime d'acide en contact avec la fibre, cet acide se concentrerait par la dessiccation et amènerait forcément l'altération du tissu.

Un lavage analogue doit être donné après les passages en chaux, en acide et en savon de résine : nous y reviendrons dans la description technique des procédés et des appareils employés.

Pour ce qui regarde la théorie de la décoloration, nous sommes obligé de répéter ce que nous avons dit en parlant du savon de colophane : les faits sont parfaitement établis, les résultats certains, mais, théoriquement, ils sont encore très-obscurs.

Dans le blanchiment par exposition sur pré, trois éléments sont indispensables : l'air, la lumière, l'eau; l'absence de l'un d'entre eux entrave complétement l'action des deux autres. On peut jusqu'à un certain point rendre compte de l'action de l'eau : elle agit, sans doute, par la propriété qu'elle a de pénétrer dans la fibre et de mettre en contact intime avec elle l'air qu'elle tient en dissolution. Comment cet air agit-il ? Quels sont les produits qui prennent naissance? Les faits manquent pour élucider cette question. — Pendant longtemps on a attribué à la rosée une action spéciale, et récemment on a admis que cette action devait être rattachée à la présence d'une certaine quantité d'ozone qui se développerait dans ces conditions ; mais cela est loin d'être démontré et il semble qu'il faille ne faire jouer à la rosée d'autre rôle que celui que nous avons attribué à l'eau.

Dans le blanchiment au chlorure de chaux, l'élément actif est le chlore ou un de ses composés oxydés. Le chlorure de chaux n'agit pas par lui-même, on peut conserver presque indéfiniment, à l'abri de l'air et de la lumière, des tissus écrus imprégnés de chlorure, sans qu'il y ait décoloration. (D'après les expériences récentes que J. Kolb nous a communiquées, ce fait, généralement admis, serait loin d'être exact, du moins pour le lin. — Voyez plus bas BLANCHIMENT DU LIN.

Diverses opinions ont été émises sur l'action que le chlore exerce dans le blanchiment :

1° Le chlore agit sur l'hydrogène de la matière colorante pour former de l'acide chlorhydrique, et de cette déshydrogénation résulte la décoloration. Cette opinion est basée sur ce fait que le chlore, même sec, décolore rapidement les tissus sous l'influence de la lumière solaire (Dr Wilson). Davy avait établi que le chlore sec n'agit pas sur la matière colorante.

2° Le chlore se substitue à l'hydrogène et donne naissance à des matières chlorées, incolores.

Trois autres hypothèses ont été formulées ; elles reposent sur la décomposition de l'eau par le chlore et la formation d'oxygène naissant.

3° L'oxygène brûle une portion de la matière colorante, avec formation d'eau et d'acide carbonique, et laisse le reste à l'état incolore.

4° L'oxygène se combine à la matière colorante et donne naissance à des composés oxydés, incolores, et qui restent fixés sur le tissu.

5° Il forme des composés oxydés, solubles dans l'eau et les alcalis.

D'après Kolb, enfin, le blanchiment repose uniquement sur la décomposition du chlorure de chaux (corps instable) par la matière colorante, qui s'empare de son oxygène et le transforme en chlorure de calcium (corps stable). L'action de l'acide carbonique de l'air est complétement inutile : elle n'est pour le blanchisseur qu'une source de perte de chlore actif. — Voyez BLANCHIMENT DU LIN.

Le chlorure de chaux agit certainement comme oxydant, car on peut le remplacer par différentes substances riches en oxygène (bichromates, manganates, permanganates, eau oxygénée, etc.), mais le problème n'en subsiste pas moins, et les opinions que nous venons de relater demandent de nouvelles observations pour pouvoir être discutées.

D'après R. Wagner, l'oxygène ordinaire est inactif pour le blanchiment et c'est l'ozone seul qui blanchit ; un mélange d'acide chromique et d'eau oxygénée qui, comme on le sait, dégage de l'oxygène ordinaire, est inactif pour le blanchiment [*Handbuch der Technologie*, 1861, t. IV, p. 383].

MARCHE GÉNÉRALE DU BLANCHIMENT DES TISSUS DE COTON. (¹)

A son arrivée dans la blanchisserie, chaque pièce écrue est marquée, afin qu'ultérieurement le fabricant puisse en reconnaître la provenance. La seule qualité exigée d'une bonne encre à marquer est de résister aux diverses opérations du blanchiment. On emploie, soit une encre analogue à l'encre lithographique, soit une dissolution de goudron dans l'essence de térébenthine, soit un mélange de benzine, de caoutchouc et de noir de fumée, soit enfin un mélange de plombagine et de goudron, rendu siccatif par de l'essence de térébenthine. Les pièces marquées sont cousues ensemble, et, à partir de ce moment, elles sont entraînées mécaniquement dans les diverses opérations qu'elles ont à subir, sans que l'ouvrier ait autre chose à faire que les diriger dans telle ou telle direction : c'est là l'essence du blanchiment *continu*, dont les avantages, bien faciles à concevoir, sont tels, qu'il a remplacé partout les anciens procédés.

Les pièces marquées et cousues doivent subir

(1) Nous ne parlerons ici que du blanchiment *continu*, et nous renvoyons aux ouvrages spéciaux pour la description des anciens procédés.

une première opération dite *flambage* ou *grillage*. Son but est d'enlever, de la surface du tissu, tous les nœuds, toutes les parties pelucheuses et duveteuses qui la recouvrent : dans l'impression, ce duvet fait office de réserve mécanique ; sous l'action de la planche ou du rouleau, il est écrasé et il empêche ainsi la couleur d'arriver jusqu'au tissu, puis il se redresse, laissant un blanc et par conséquent une tache à l'endroit qu'il a réservé.

Autrefois on *tondait* les pièces, primitivement à la main et à l'aide de ciseaux courbes, plus tard, au moyen d'une machine admirable, la *tondeuse*, découverte par Courlier. Généralement, aujourd'hui, on ne tond plus les pièces, mais on les soumet à l'opération du grillage, qui consiste à faire passer le tissu au-dessus d'une plaque métallique, chauffée au rouge : on règle la course de la pièce de telle façon que le duvet soit brûlé, et que le tissu lui-même ne subisse aucune altération. Le *flambage* consiste à faire passer sur le tissu la flamme d'un gaz en combustion : autrefois, on employait l'alcool dans ce but, aujourd'hui on ne se sert plus que du gaz d'éclairage mélangé d'air.

Comme ce passage altère toujours plus ou moins la fibre, on a récemment construit une machine dans laquelle la flamme, au lieu de traverser le tissu, ne fait que le lécher, de sorte que le duvet seul peut être attaqué. Pour éviter que les tissus ne s'enflamment après avoir passé au gaz, on les asperge d'eau immédiatement après le flambage ou on les fait circuler dans une caisse remplie de vapeur d'eau.

Certains fabricants font subir ces opérations aux deux faces de la pièce : cela dépend évidemment de la nature du tissu et du genre d'impression qui doit lui être appliqué.

Nous n'entrerons pas dans de plus amples détails sur le grillage et le flambage, qui sont plutôt du domaine de la mécanique. Constatons seulement une modification chimique importante qui s'opère fréquemment dans le grillage : quand cette opération est menée lentement, la résine naturelle du coton subit une transformation particulière qui facilite considérablement sa disparition dans les premières opérations du blanchiment, et qui permet d'obtenir du blanc d'impression parfait sans savon de colophane.

1° *Trempage.* — Les pièces écrues ne se mouillent que difficilement : si on les traitait directement à la chaux, il en résulterait des accidents provenant de l'inégale répartition de cet agent. En Angleterre, on met les pièces écrues dans de vastes réservoirs, avec une quantité déterminée d'eau chaude, et on les abandonne ainsi vingt-quatre heures environ ; il s'établit bientôt une active fermentation qui détruit les parties amylacées de l'apprêt : mais il est assez difficile de la modérer de façon à éviter l'attaque du tissu ou l'altération des matières grasses qui, modifiées, se saponifieraient ensuite très-difficilement. En France, on se contente généralement de mouiller les pièces au *clapot*, appareil très-simple et l'un des plus usités dans les diverses opérations du blanchiment et de la teinture, auxquels il rend de très-grands services. Il consiste essentiellement en deux cylindres de bois A et B de diamètre inégal et dont le supérieur exerce une assez forte pression sur l'autre : on l'établit au-dessus d'une eau courante ou dans un vaste réservoir où l'eau est fréquemment renouvelée. Les pièces arrivent comme l'indique la flèche, passent entre les deux cylindres, plongent dans l'eau, circulent autour du petit rouleau R, remontent entre les deux cylindres qui, tournant en sens inverse, les compriment fortement, font pénétrer l'eau dans leurs pores et en expulsent les matières étrangères. Les pièces décrivent ainsi une série de spirales, jusqu'à l'extrémité ou seulement jusqu'au milieu de l'appareil d'où elles sortent parfaitement nettoyées. CD est une traverse de bois sur laquelle

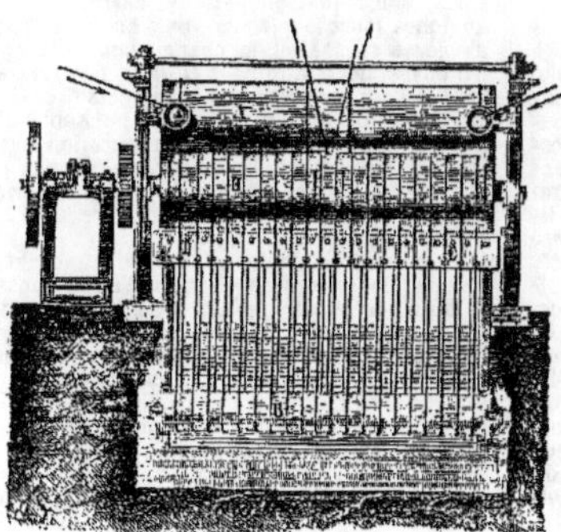

Fig. 85. — Appareil pour laver les pièces au clapot.

sont fixées des chevilles destinées à diriger le tissu et à éviter qu'il ne s'embrouille.

On pourrait, ce nous semble, rendre cette première opération du *trempage* plus utile en appliquant ici le procédé de Mathias Paraf pour désapprêter les tissus, et qui consiste en un passage à 50°, durant vingt minutes, dans une dissolution d'orge germée : on arriverait ainsi tout aussi bien à mouiller uniformément le tissu, et, de plus, lui enlevant les parties constituantes du parement, on faciliterait les traitements subséquents [Paraf, *Répert. de Chim. appliquée*, 1861, p. 96 et 135].

2° *Passage en chaux*. — L'appareil dont on se sert est représenté fig. 86. C'est une cuve à roulettes, rectangulaire, de 1ᵐ,50 de côté environ, surmontée de deux cylindres presseurs (*squeezers*) qui ont pour but d'enlever l'excès de chaux qu'entraîne la pièce et de faire pénétrer le liquide dans les pores de la fibre. Pour 1000 mètres de tissus, soit environ 100 kilogrammes, on emploie 5 kilogrammes de chaux vive, transformée en un lait épais au moyen d'une quantité d'eau convenable. (Dans cette opération comme dans toutes les autres du blanchiment, pour les tissus *forts*, il faut toujours employer des quantités de produits supérieures à celles que l'on doit employer pour le même poids de tissus *légers*.) Le passage en lait de chaux se donne généralement à froid : certains manufacturiers trouvent cependant avantageux de le donner à 50° ou 60°; ils établissent alors la cuve au lait de chaux à une assez grande distance des cuviers, afin que les pièces puissent se refroidir durant le trajet.

3° *Premier traitement alcalin*. — Les tissus imprégnés de lait de chaux doivent être soumis à

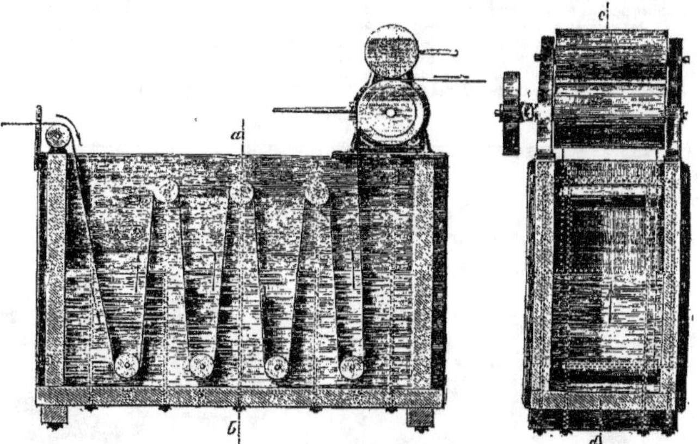

Fig. 86. — Cuve au lait de chaux.

une longue ébullition pour que la décomposition des graisses et leur transformation en savons calcaires puissent s'effectuer. Nous nous trouvons ici en présence de deux systèmes d'appareils très-différents et dont chacun a ses avantages comme ses inconvénients : nous voulons parler des appareils à haute pression et des appareils à air libre ou à basse pression.

Les premiers facilitent considérablement la saponification, mais ils affaiblissent quelquefois le tissu : les seconds ne donnent pas lieu à des accidents de cette nature, mais le nombre et la durée des opérations sont beaucoup plus grands; elles sont donc plus dispendieuses.

Les remarques suivantes s'appliquent aux deux genres d'appareils :

1° Quand on empile les tissus dans les cuviers, il faut avoir soin de les disposer régulièrement, en évitant de laisser des places libres par lesquelles la lessive puisse s'écouler, au lieu de traverser le tissu lui-même.

2° On ne doit jamais oublier que la chaux attaque énergiquement la cellulose en présence de l'air et surtout à une température élevée.

Appareils à basse pression. — Ce sont généralement de vastes cuves en tôle, revêtues intérieurement de bois, afin que le tissu ne se trouve pas en contact avec le métal : elles sont garnies à leur partie inférieure d'un double fond en bois, percé de trous, et sur lequel les pièces sont empilées. Le chauffage se fait au-dessous de ce double fond : sous l'influence de la chaleur, la lessive entre en ébullition ; la vapeur, ne pouvant s'échapper au travers de la couche de tissu qui remplit le cuvier, exerce une pression sur le liquide et l'oblige à s'élever dans un tuyau disposé à cet effet, soit dans le milieu, soit sur les côtés du cuvier, et terminé par une sorte de champignon d'où il se répand à la surface des tissus, filtre à travers la masse et vient se réchauffer de nouveau.

Dans certains appareils le cuvier est chauffé à feu nu, dans les autres, à la vapeur ; quelquefois la lessive est chauffée dans un bouilleur distinct du cuvier et avec lequel il communique par deux tuyaux disposés, l'un à la partie supérieure du cuvier, l'autre au-dessous du double fond ; quelquefois, enfin, on dispose sur le côté de ces cuviers une pompe aspirante et foulante, qui puise la lessive bouillante au-dessous du double fond et la déverse sur le tissu qui est ainsi progressivement chauffé jusqu'à 100° : à ce moment, on cesse de faire fonctionner la pompe, et la lessive continue à circuler par le fait seul de la vapeur produite.

Tous ces appareils ont été décrits un grand nombre de fois et le lecteur les trouvera aisément dans les ouvrages spéciaux. — Voyez l'article LESSIVAGE, rédigé par Troost, dans le *Dictionn. de Harreswil et Girard.* Voyez aussi Persoz, *loc. cit.*

Appareils à haute pression. — L'appareil de *Barlow* consiste en deux chaudières de tôle A et B,

Plus les pièces sont serrées, plus le lessivage se fait régulièrement. Quand les deux chaudières sont remplies, on recouvre la masse d'un drap épais, sur lequel on pose des barres de bois et quelques lourdes pierres ; puis on ferme le trou d'homme *s*, par où le chargement a été opéré. On ouvre alors le robinet N et on fait arriver la vapeur dans le cuvier A. Les robinets N et O sont construits de telle sorte qu'ils puissent, d'une part, mettre le cuvier en communication avec le tuyau D qui amène la vapeur, ou, d'autre part, fermant la vapeur, mettre la partie supérieure d'un cuvier avec la partie inférieure de l'autre cuvier.

La vapeur, à trois ou quatre atmosphères, traverse les pièces en chassant l'air devant elle et finit par se dégager en M ; à ce moment on ferme ce dernier robinet, et l'on effectue la même opération dans la chaudière B. Quand on a ainsi purgé d'air les deux cuviers, on fait rentrer la vapeur dans la chaudière A, et on met le bas de cette chaudière en communication avec le cuvier B, au moyen du robinet O ; la vapeur agit sur le liquide condensé dans la chaudière, le chasse devant elle et le force à monter par le tuyau L qui l'amène dans la chaudière B ; à ce moment, on tourne le robinet N et on ouvre la vapeur en O : la même série d'opérations se renouvelle et l'on continue ainsi à faire passer les liqueurs alcalines d'une chaudière dans l'autre, pendant huit à dix heures.

L'appareil de Sumner est basé sur un principe analogue ; mais, au lieu de deux cuviers, il n'en possède qu'un. La circulation s'établit au moyen de la petite chaudière B, que l'on remplit d'eau de chaux par l'ouverture M. L'opération est du reste identique. La vapeur arrive par D, chasse l'air par I ; quand tout l'air est expulsé, on ferme la vapeur et l'on ouvre E ; le liquide alcalin, préalablement porté à l'ébullition, s'échappe par

Fig. 87. — Appareil de Barlow.

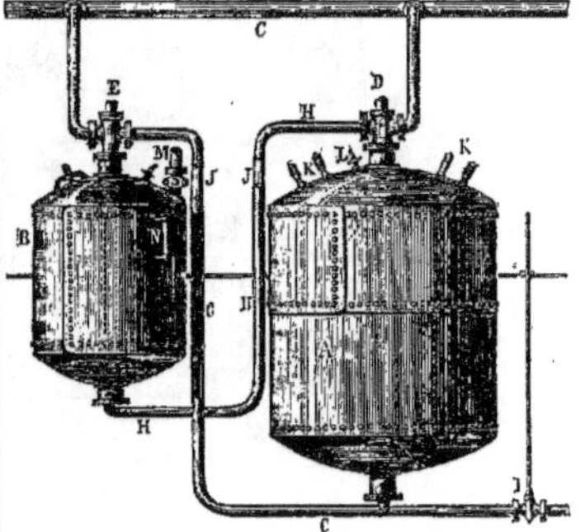

Fig. 88. — Appareil de John Sumner.

pouvant résister à une pression de quelques atmosphères ; on les entoure généralement de maçonnerie pour éviter les déperditions de chaleur. Les pièces, imprégnées de lait de chaux, sont empilées avec le plus grand soin sur le double fond C, avec une sensible inclinaison du centre vers la circonférence ; on les comprime fortement contre les parois de la chaudière, de façon que la masse entière soit bien pressée.

le tuyau H, et se déverse dans la chaudière A. À ce moment, on ferme la vapeur en E et on l'ouvre en D ; la lessive traverse le tissu, et, au moyen du tuyau C, retourne dans la chaudière B.

KK, trous d'homme.

L, robinet qui sert à expulser les dernières portions d'air qui ne se seraient pas échappées par I.

JJ, niveaux qui permettent de surveiller le passage de la vapeur et du liquide.

Le blanchiment réussit d'autant mieux dans ces appareils que le vide y a été mieux fait; cela tient à ce que, dans ces conditions, la porosité du tissu, et par conséquent sa pénétrabilité par les divers agents chimiques, est considérablement augmentée.

Banks et Grisdale ont fait connaître un procédé basé spécialement sur cette action, et pour lequel nous renvoyons au mémoire des auteurs [*Dingler's polyt. Journ.*, t. CLXII, p. 357, et t. CLXIII, p. 450].

Quel que soit l'appareil employé, quand l'opération du lessivage est terminée, on ouvre le trou d'homme et on inonde les pièces d'eau froide, de façon qu'elles ne puissent se trouver en contact avec l'air à une température élevée. Généralement, quand on ouvre les cuviers, on remarque une assez forte odeur ammoniacale, dont l'origine n'a pas encore été convenablement expliquée.

Les tissus, après ce premier traitement alcalin, sortent des cuviers plus colorés qu'ils ne l'étaient en y entrant : cela tient sans doute à une modification de la matière colorante du coton. Dans certains cas, cette coloration doit être attribuée à une autre cause : quand les tissus, chargés d'un liquide alcalin, restent exposés pendant quelque temps au contact de l'air, ils prennent une teinte jaune, plus ou moins foncée, qui peut aller jusqu'au brun, et dont on ne peut rendre compte qu'en admettant l'oxydation de la cellulose sous l'influence des alcalis. Cette coloration est fréquente, surtout après le second passage alcalin : un simple lavage à l'eau ou en acide faible le détruit complètement.

4° *Lavage.* — Les opérations du lavage ou dégorgeage sont de la plus haute importance dans le blanchiment. Pour que chaque opération puisse remplir exactement son but, il faut que le tissu soit privé complètement des substances que l'opération précédente y a introduites.

Autrefois, ces lavages se faisaient manuellement, mais aujourd'hui il existe un grand nombre d'appareils qui exécutent ces opérations mécaniquement.

Nous ne citerons que pour mémoire le *plateau-battoir* et le *foulon*, qui sont généralement abandonnés.

Une des machines les plus usitées dans le lavage est le *clapot*, dont nous avons déjà donné la description. On le remplace quelquefois par le *clapot carré*, dont l'usage est moins avantageux, à cause du temps très-long que nécessite sa mise en marche.

Pour les tissus légers on préfère l'emploi des roues à laver (*dash-wheel*), qui les fatiguent moins que les autres appareils. Ce sont de grands

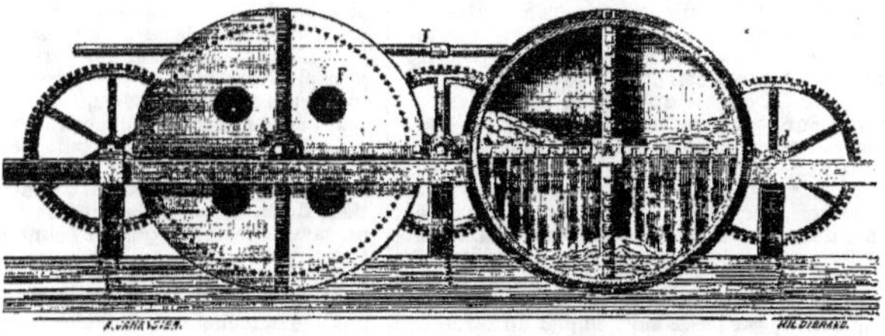

Fig. 89. — Appareil pour laver les tissus légers.

tambours de bois mobiles autour d'un axe A, et établis sur un cours d'eau; ils sont divisés en quatre compartiments, séparés les uns des autres par des cloisons percées de trous. On introduit les tissus à laver dans chacun de ces compartiments par les ouvertures F, F. Quand l'appareil est convenablement rempli, on le met en mouvement et en même temps on fait jaillir sur les pièces un courant d'eau par les ouvertures K, d'une couronne de fonte disposée autour de l'arbre tournant, et mise en rapport avec un réservoir d'eau, au moyen du tuyau I. Les pièces entraînées par la force centrifuge s'élèvent jusqu'au haut de la roue, d'où leur propre poids les fait retomber sur le fond de chaque compartiment; la pression qui résulte de ce choc détermine l'expulsion de l'eau renfermée dans le tissu, laquelle s'écoule par les planchers, et cette eau, se renouvelant incessamment, de même que la chute du tissu, amène, en un quart d'heure, le parfait dégorgeage des pièces.

En Angleterre, on emploie fréquemment un autre appareil, avantageux surtout dans les localités où l'eau n'est pas très-abondante; c'est une série de six ou huit cuves, disposées en gradins les unes à côté des autres, de telle sorte que l'eau, arrivant dans la cuve la plus élevée, s'écoule dans la seconde, de là dans la troisième, et ainsi de suite. Au fond de chaque cuve sont disposées deux roulettes destinées à tendre et à diriger le tissu, et au-dessus de chaque cuve se trouve une paire de squeezers qui expriment l'eau dont il est imprégné. La course des pièces est en sens inverse de celle de l'eau, les pièces arrivent dans la cuve inférieure et sortent de la cuve supérieure, tandis que l'eau parcourt un trajet inverse.

Enfin, un très-bon système de dégorgeage est le suivant : On dispose l'un derrière l'autre huit ou dix squeezers; entre chacun d'eux se trouve un robinet terminé par une pomme d'arrosoir et communiquant avec un réservoir d'eau. Les pièces marchent horizontalement et passent successivement sous les robinets qui les inondent d'eau et entre les rouleaux d'un squeezer, qui exprime cette eau. On arrive ainsi très-rapidement, et avec de très-faibles quantités d'eau, à un lavage parfait.

5° *Passage en acide.* — Les pièces complètement nettoyées dans l'un ou l'autre des appareils que nous venons de décrire doivent être soumises à un traitement acide qui décompose les savons calcaires et mette les acides gras en liberté.

Divers procédés sont usités pour opérer cette transformation. Certains fabricants imprègnent les tissus d'acide au moyen du clapot; on dispose cet appareil au-dessus d'un bassin en pierres de taille cimentées avec du plomb, et renfermant de l'acide chlorhydrique à 12 1/2 ou 20° AD, les pièces, après avoir décrit 7 ou 8 spirales entre les cylindres du clapot, sont entraînées hors de la machine et entassées dans un réservoir analogue à celui qui renferme l'acide; elles restent ainsi imprégnées d'acide pendant six à huit heures.

D'autres fabricants trouvent plus avantageux de soumettre les tissus à un traitement acide par circulation; on les entasse dans des cuves de bois, à la partie inférieure desquelles se trouve un double fond; l'acide chlorhydrique est versé dans ce double fond, puis élevé au moyen d'une pompe qui le déverse sur les pièces; il pénètre peu à peu les diverses couches de tissu et finit par retourner au-dessous du double fond, d'où il est ramené sur le tissu comme précédemment. Après quelques heures d'un traitement analogue, l'opération est terminée. Il faut avoir soin d'ajouter de temps en temps de l'acide au degré indiqué; il est évident que sans cela il ne tarderait pas à être saturé.

Les pièces dans lesquelles les acides gras ont été ainsi mis en liberté doivent être de nouveau soumises à un parfait dégorgeage, puis elles sont ramenées aux cuviers pour y subir la seconde opération alcaline.

6° *Second passage alcalin.* — Les appareils qui servent à ce second traitement alcalin sont les mêmes que ceux qui ont servi au traitement à la chaux; nous n'aurions donc qu'à répéter ce que nous avons dit plus haut. Faisons observer toutefois que divers blanchisseurs qui évitent les appareils à haute pression pour le traitement à la chaux, dans la crainte d'altérer la fibre du coton, les utilisent pour le second passage alcalin. C'est un moyen terme entre le système à haute pression et le système à air libre.

Comme nous l'avons exposé en traitant de la théorie du blanchiment, on peut suivre deux méthodes dans ce second lessivage alcalin. Dans la première, qui ne donne que des blancs ordinaires, on emploie exclusivement les sels de soude. La seconde, utilisée spécialement pour les blancs d'impression, est basée sur l'emploi du savon de colophane.

Quand on se sert du sel de soude, on emploie pour la quantité de tissu que nous avons supposée mise en œuvre, soit 100 kilogr., 3 kilogr. 800 de sel de soude à 82° (Ch. Kestner), et on prolonge l'opération pendant douze heures environ. La solution alcaline est versée dans le cuvier par l'ouverture M (fig. 88), et non pas mise en contact avec le tissu, comme dans le cas de la chaux; il est préférable, au lieu de soude à 82°, de prendre de la soude à 90°, 3 kilogrammes 250; ces dernières, beaucoup plus carbonatées, ne renferment plus ni alumine, ni fer, tandis que les soudes à 82° et à plus forte raison les sels de soude ordinaires en renferment des quantités notables (A. Scheurer-Kestner). — La présence de ces métaux dans la soude est très-nuisible, leur fixation sur le tissu donnant lieu, en teinture, à des accidents auxquels on ne pourrait remédier.

Quand on emploie le savon de colophane, on commence par dissoudre la résine dans la soude; on emploie généralement trois fois le poids de la colophane en sel de soude à 82°; pour 100 kilos de calicot, on prend 1 kilo de colophane; certains fabricants en emploient jusqu'à 2 kilos 500. La dissolution est versée dans le cuvier et étendue d'une quantité d'eau convenable, puis l'appareil est chargé et l'opération mise en train : elle dure de 8 à 12 heures. Dans le cas où l'on opère dans les cuviers à air libre, on recommande le procédé suivant : Faire bouillir pendant 5 heures les tissus avec une lessive préparée à raison de 1 kilogramme de sel de soude pour 100 kilos de tissu sec, puis ajouter en trois fois et à deux heures

d'intervalle la quantité ci-dessus indiquée de savon de colophane (qui dans ce cas sera préparé en faisant bouillir, pendant 7 heures, 100 p. de colophane avec 120 p. de sel de soude). Après l'addition de tout le savon de colophane, on fera bouillir pendant 4 heures, puis on ajoutera 500 grammes de soude fraîche par 100 kilos de tissu, et on fera bouillir de nouveau pendant 12 à 15 heures.

Il est très-important que la circulation de la liqueur alcaline se fasse bien régulièrement dans cette opération; quand elle n'a pas lieu uniformément, certaines parties du tissu refusent les couleurs d'impression; on n'a pas trouvé d'explication à ce fait; il serait inexact de dire qu'il s'est déposé de la résine sur le tissu, car, si cela était, on pourrait en constater la présence au moyen d'une teinture en campêche ou en garance, dont les matières colorantes seraient attirées par la résine; or il a été établi que cela n'a pas lieu.

Une autre observation à noter est la suivante : quand l'ébullition est terminée et la chaudière ouverte, il faut éviter de mettre les pièces directement en contact avec l'eau froide, qui précipiterait une portion de la résine sur le tissu; il vaut donc mieux les arroser d'eau chaude, avant de procéder à l'opération du lavage.

Enfin il est tout à fait indispensable de bien établir les proportions de soude nécessaires à la dissolution de la colophane; si cette proportion n'est pas convenable, le savon de résine se décompose lorsqu'on l'étend d'eau, une partie de la résine se précipite, vient se fixer sur le tissu et y occasionne ultérieurement des accidents plus graves que le mal même auquel on voulait remédier.

Ce second traitement alcalin termine la première phase du blanchiment, le *dégraissage*. Avant que les pièces soient soumises aux opérations de la *décoloration*, il faut leur faire subir un lavage complet, qui se donne comme précédemment.

7° *Deuxième phase du blanchiment : décoloration.* — Comme nous l'avons dit plus haut, le seul procédé actuellement suivi pour la décoloration, consiste en un passage en chlorure de chaux, suivi d'un passage en acide. La solution de chlorure de chaux doit être préparée avec le plus grand soin; quand elle n'est pas parfaitement claire, les parties en suspension se fixent sur le tissu et y déterminent des brûlures pendant le passage en acide. Persoz explique cet accident par la présence dans le chlorure de chaux *d'un chlorate basique ou d'un composé non encore étudié* qui, sous l'influence de l'acide, donne naissance à un corps oxydant des plus énergiques [*Traité de l'impression des tissus*, t. II, p. 61].

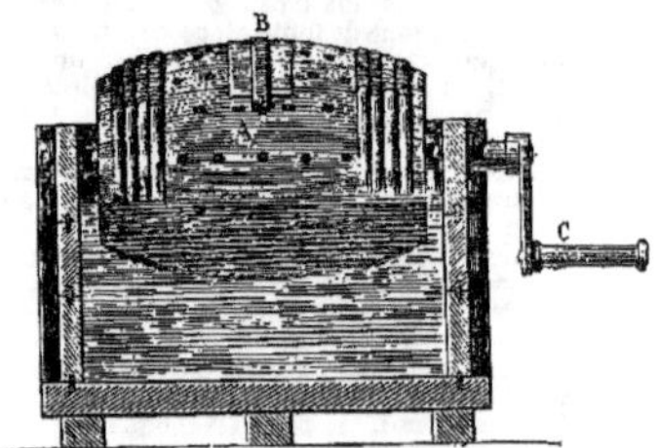

Fig. 90. — Appareil pour la dissolution du chlorure de chaux.

Pour préparer cette solution, on emploie la disposition représentée fig. 90. Le chlorure de chaux sec, mélangé de cailloux, est introduit dans le tonneau A, puis l'ouverture B est fermée et on imprime au tout un mouvement de rotation, au moyen de la manivelle C; le chlorure de chaux se dissout très-promptement dans le liquide qui baigne le tonneau; il suffit de laisser la liqueur s'éclaircir pour qu'elle soit propre à être employée.

On l'étend généralement à 1/2° AB; mais certains fabricants préfèrent l'employer beaucoup plus faible et en élever la température à 40°.

En opérant avec soin et dans les conditions que nous venons d'indiquer, il est rare que le chlorage affaiblisse sensiblement la fibre du coton; cet accident arrive malheureusement encore trop souvent. Karcher, Jung et Tegeler ont fait connaître le procédé suivant qui évite, selon eux, toute chance d'affaiblissement. Les tissus à blanchir sont, après le dégraissage et avant le chlorage, mis en contact avec une solution d'hydrogène sulfuré; le soufre est mis en liberté et l'hydrogène se combine à la matière colorante du coton. Dans le chlorage, ce sera cet hydrogène et non pas celui qui est nécessaire à la constitution de la fibre qui sera attaqué [*Bayer. Kunst. u. Gewerbebl.*, 1865, p. 25]. Cette théorie et le procédé qui en découle ne paraissent pas s'être généralisés.

Les appareils dont on se sert pour le traitement au chlorure de chaux sont analogues à ceux que nous avons décrits jusqu'ici.

Dans certaines maisons on emploie le clapot, au sortir duquel les pièces restent empilées pendant 12 heures, pour que le liquide les pénètre parfaitement et qu'en même temps l'acide carbonique de l'air puisse décomposer peu à peu le chlorure de chaux.

D'autres fois, on empile les pièces dans un réservoir en ciment ou en pierres de taille, percé de trous à sa partie inférieure, et communiquant par là avec un second réservoir, beaucoup plus petit, dans lequel une pompe vient prendre le liquide et le répand à la surface du tissu, qu'il pénètre peu à peu, pour gagner ensuite le fond de la cuve où il est repris par la pompe, et ainsi de suite pendant 12 heures environ.

Enfin on se sert quelquefois d'une cuve à roulettes, au-dessus de laquelle se trouve une paire de *squeezers* : les squeezers (fig. 91), dont nous

les pores du tissu. Les toiles, dont on garnit les cylindres, ont pour but de leur donner une certaine élasticité qui empêche le tissu d'être fatigué.

Quel que soit l'appareil employé, clapot ou cuve à roulettes, les pièces imprégnées de chlorure de chaux, après être restées exposées à l'air pendant 12 heures, sont soumises au traitement acide dans les mêmes appareils; l'acide dont on se sert de préférence est l'acide chlorhydrique, il doit ne marquer que 1/2° AB.

8° *Lavage.* — Il ne reste plus maintenant qu'à faire subir aux pièces un dégorgeage parfait pour que le blanchiment soit terminé. Quelques fabricants le font suivre d'un passage en eau bouillante, qui donne à la fibre plus d'éclat et de souplesse. Quelquefois aussi on termine le blanchiment par un passage en hyposulfite de sodium qui agit comme antichlore, ou un passage en sel de soude ou en savon, qui donne au tissu une teinte jaunâtre, mais le dispose favorablement à la teinture.

J. Kolb a proposé récemment comme antichlore, l'ammoniaque étendue au 1/1000° et employée tiède. Cet agent doit être préféré à l'hyposulfite parce que non-seulement il prive les tissus de toute trace de chlore, mais encore de toute acidité, ce qui n'a pas lieu avec l'hyposulfite.

Telles sont les diverses opérations du blanchiment moderne.

Il est d'usage dans les blanchisseries de constater chaque jour si le blanchiment est réussi; on s'en assure en prélevant sur la masse des tissus de petits coupons que l'on teint ensuite en garance, ou préférablement en campêche; si le blanchiment est réussi, ces coupons ne prendront qu'une couleur très-faible, et se teindront uniformément; s'ils présentent des taches ou des marbrures, on leur fera subir un passage en son bouillant, qui devra les enlever; sinon, ces taches seront dites *taches de blanchiment*, et les opérations de la journée seront considérées comme manquées. L'origine de ces taches, qui présentent un aspect tout particulier, est peu connue; on l'attribue généralement à la présence de savons calcaires ou de matières résineuses non enlevés.

Des accidents de blanchiment. — Outre les taches dont nous venons de parler, il peut arriver un grand nombre d'accidents dans le cours des opérations du blanchiment; les plus préjudiciables sont ceux qui affaiblissent la fibre du coton: cette altération provient tantôt du chlorage, tantôt du passage en acide et d'un lavage incomplet, tantôt enfin de la présence dans le sel de soude d'une forte proportion de soude caustique. Ces divers accidents peuvent être évités en prenant les précautions que nous avons indiquées en traitant de chaque opération. Un autre genre d'accident est celui que l'on observe dans les circonstances suivantes : un tissu blanchi, imprimé et soumis au vaporisage, se colore en fauve; on attribue cette coloration à une faute commise dans le blanchiment, mais on n'a pu jusqu'ici ni l'éviter, ni en rendre compte.

Des opérations qui suivent le blanchiment. — La description de ces opérations toutes mécaniques sort du cadre de cet ouvrage; nous n'en dirons qu'un mot. Les pièces parfaitement lavées sont séchées, soit à l'air libre, soit au tambour à va-

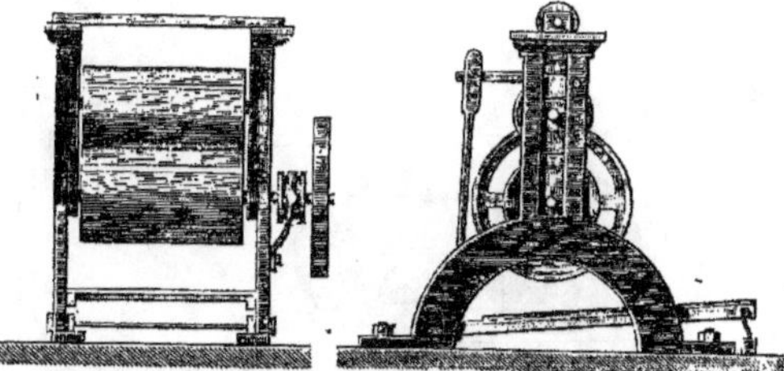

Fig. 91. — Squeezers.

avons déjà parlé, se composent de deux cylindres de bois, sur lesquels se trouvent enroulés et comprimés quelques mètres de tissu grossier; le cylindre inférieur est mis en communication avec la force motrice; le supérieur agit comme presseur au moyen d'un contre-poids que l'on peut charger à volonté. Les pièces, au sortir de la cuve à roulettes, passent entre les deux cylindres qui, par compression, forcent le liquide à pénétrer dans peur, après avoir été préalablement essorées à l'hydro-extracteur ou mieux au squeezer. Lorsqu'elles sont destinées à la vente du blanc, elles doivent être apprêtées; dans cette opération, on a soin d'ajouter à l'apprêt une petite quantité d'outremer ou de bleu de Prusse dissous dans l'acide oxalique ; on masque ainsi les dernières traces de matière colorante qui pourraient avoir résisté au blanchiment.

Voici résumées en quelques lignes les diverses opérations du blanchiment :

A. Blanchiment à 100°.

1. Bouillissage pendant 18 heures avec l'eau de chaux.
2. Deux lavages au clapot.
3. Passage en acide à 2° pendant 6 heures.
4. Deux lavages au clapot.
5. Bouillissage de 10 heures avec le sel de soude.
6. Lavage au clapot.

7. Passage en acide sulfurique à 1° 1/2 pendant 6 heures.
8. Deux lavages au clapot.
9. Bouillissage de 15 heures au savon de résine.
10. Lavage au clapot.
11. Passage de 10 heures au chlorure de chaux.
12. Traitement de 6 heures à l'acide sulfurique à 1°.
13. Deux lavages au clapot.

B. Blanchiment sous pression de 3 atmosphères.

1. Bouillissage de 8 heures à l'eau de chaux.
2. Lavage au clapot.
3. Passage en acide.
4. Lavage.
5. Bouillissage de 8 heures au savon de résine ou sel de soude.
6. Lavage.
7. Passage en chlorure de chaux.
8. Traitement à l'acide.
9. Lavage.

Nous donnons ici le plan général d'un atelier de blanchiment.

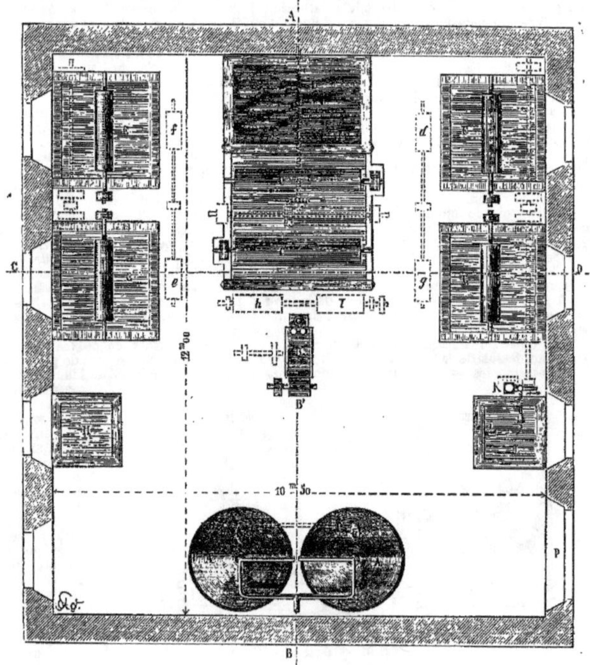

Fig. 92. — Plan général d'un atelier de blanchiment.

A, A' Cuviers: — a, a', trous d'homme; b, b' tuyau de vapeur; c, c' rouleaux conducteurs.
B Cuve au lait de chaux.
B' Squeezer.
C, C' Clapots laveurs, établis sur l'eau courante.
D Caisse servant à renfermer les tissus après leur passage en chlorure de chaux.
E Cuve en pierre, avec clapot, pour le passage en chlorure de chaux.

F Cuve en pierre, avec clapot, pour le passage en acide sulfurique.
G, G' Cuve en pierre, avec clapot, pour le passage en acide chlorhydrique.
H Réserve de chlorure de chaux.
I Réservoir à eau; i tuyau amenant l'eau dans le réservoir.
K Pompe alimentaire des cuviers.
P Porte d'entrée. d e, f, g, h, l Rouleaux conducteurs.

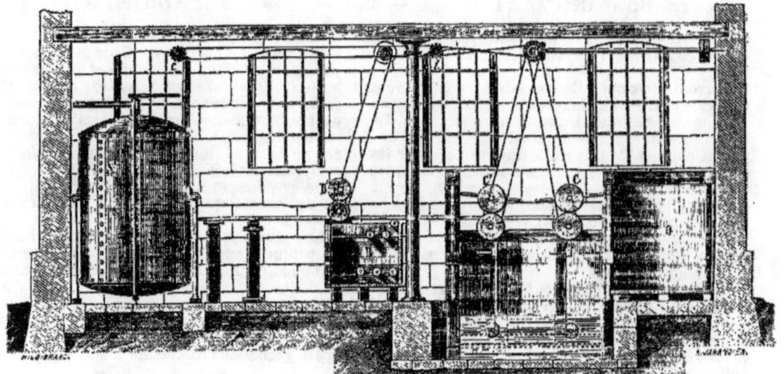

Fig. 93. — Coupe par A B du plan général de l'atelier de blanchiment.

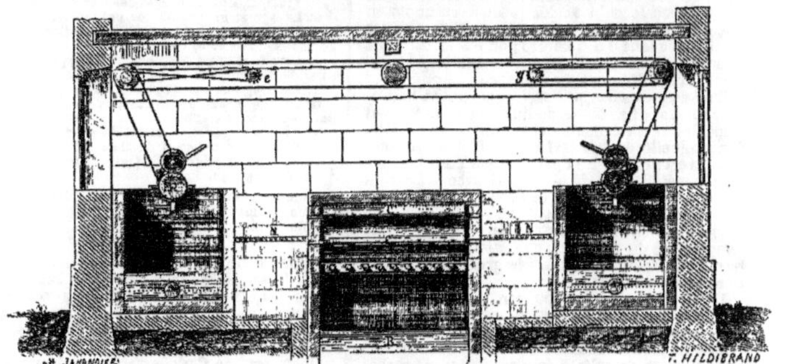

Fig. 94. — Coupe par C D de ce même plan.
N, N Planchers à jour. — R Canal.

BLANCHIMENT DU COTON EN ÉCHEVEAUX , DIT COTON EN PENTES. — Pour les blancs ordinaires, on lave à l'eau bouillante, puis on passe en chlorure de chaux à 1°, en acide chlorhydrique à 2° et on termine par un rinçage. — Pour les blancs fins, on donne un lessivage à 6 % de sel de soude, puis après lavage, un passage en chlorure et en acide comme ci-dessus; on répète ces trois opérations une ou deux fois, puis on lave et on azure.

BLANCHIMENT DU CHANVRE ET DU LIN. — Ces deux fibres se rapprochent par leur composition du coton; ce que nous avons dit au sujet de ce dernier peut donc d'une façon générale s'appliquer à elles, et nous dispensera d'entrer dans de longs détails.

Le chanvre sert à faire des toiles grossières et subit rarement les opérations du blanchiment; elles sont du reste les mêmes que celles que nous allons décrire pour le lin.

Tandis que le coton ne perd au blanchiment que 5 % de son poids, le lin en perd jusqu'à 33 %; le coton brut est de la cellulose presque pure, le lin au contraire renferme une très-forte proportion de matières résineuses, gommeuses et colorantes; d'après Lee, la majeure partie de la matière colorante ne se développe que pendant l'opération du *rouissage*, opération importante, dont il nous faut dire quelques mots.

La tige du lin se compose de deux parties soudées ensemble par une matière agglutinative : la partie externe de la tige est une sorte d'écorce, connue sous le nom de chènevotte, et ne peut produire du fil; la partie interne est composée de fibres soudées les unes aux autres et constitue la partie utilisable du lin. Le but du rouissage est de détruire les parties gommeuses qui soudaient la chènevotte aux fibres et les fibres elles-mêmes entre elles.

Cette opération toujours difficile réussit mieux sur le lin coupé avant sa maturité complète. On la réalise de diverses manières : en Belgique et en Allemagne, on expose les tiges à la rosée, qui détermine, au bout d'un temps plus ou moins long selon la température, une fermentation active, suivie promptement de la destruction des matières étrangères; ce procédé, très-irrégulier, amène souvent l'altération de la fibre elle-même.

En France, on dispose par couches les tiges réunies en bottes d'égale longueur, dans des pièces d'eau dites *routoirs;* on recouvre la dernière couche de lourdes pierres, pour maintenir le tout immergé; après quelques jours, il s'établit une vive fermentation dans la masse, l'eau se trouble et se colore en jaune, en même temps elle répand une odeur fétide ; le rouissage est alors terminé.

Souvent cette opération se fait dans de grandes caisses à claire-voie. Souvent aussi, au lieu d'eaux stagnantes, on utilise des eaux courantes. De toutes façons, le rouissage ainsi pratiqué est imparfait et nuisible à la santé des ouvriers, par les exhalaisons qui se produisent et qui, malgré les assertions de Parent-Duchâtelet, semblent être la cause des fièvres périodiques que l'on observe dans les environs des routoirs ; il présente en outre l'inconvénient de laisser perdre les substances azotées détachées de la filasse et qui constituent un excellent engrais.

On a cherché de bien des manières à remplacer ces divers procédés de rouissage ; on a préconisé l'emploi de la chaux, celui du savon, sans que ces substances soient réellement entrées dans la pratique. Rouchon recommande l'emploi de l'acide sulfurique dilué. On plonge le chanvre et le lin à rouir dans une eau acidulée au 200° pour le premier, au 400° pour le second, et on les laisse en contact avec le bain acide, jusqu'à ce qu'ils en soient bien pénétrés ; puis on les retire et on les entasse pendant 5 à 6 heures ; on les arrose alors d'eau ordinaire et on recommence ces deux traitements jusqu'à complet rouissage.

En Angleterre, on utilise fréquemment le procédé suivant : Les bottes de lin ou de chanvre sont disposées verticalement dans une cuve en tôle, dans laquelle on fait arriver un filet de vapeur ; la cuve est fermée à sa partie supérieure par une plaque métallique refroidie extérieurement par un courant d'eau ; la vapeur se condense contre cette plaque et retombe à l'état d'eau sur les gerbes de plantes : la chute incessante de cette eau et la température de 30-40° qu'elle atteint bientôt déterminent promptement la désagrégation des matières filamenteuses.

Le procédé de Claussen consiste à traiter le lin, aussitôt après sa récolte, par une solution bouillante de soude caustique pendant 2 à 3 heures, puis à le mettre successivement en contact avec des solutions de sulfate de magnésium, de carbonate de sodium, d'acide sulfurique : le dégagement d'acide carbonique qui a lieu dans ces conditions paraît singulièrement activer le rouissage.

Le procédé de Lefébure, de Bruxelles, consiste à soumettre d'abord le lin à l'action énergique d'une broyeuse qui le dépouille des matières ligneuses, puis à celle d'une peigneuse qui enlève les fourches du lin, les pailles, etc., et enfin à un traitement au carbonate de sodium bouillant ; un lavage complet enlève les matières gommeuses rendues solubles par les alcalis et est suivi d'un séchage après lequel on obtient de la filasse presque pure.

Après le rouissage vient le *teillage*, opération mécanique qui a pour but de briser la chènevotte pour la séparer des fibres ; ces dernières subissent alors les divers traitements qui les transforment en fils et en tissus.

Il serait très-désirable que le blanchiment du lin fût toujours opéré sur les fils et non pas sur les tissus, parce que les matières étrangères qui l'accompagnent, s'élevant au tiers environ de son poids, laissent par leur disparition au blanchiment des espaces vides qui nuisent à la solidité du tissu.

La première opération que doit subir un tissu de lin à blanchir est l'enlèvement de l'apprêt ou *parou* : on se sert généralement dans ce but d'une décoction d'orge germée, qui transforme promptement, à 35°, les matières amylacées en dextrine soluble dans l'eau. — La destruction de la matière colorante ne peut s'obtenir qu'au moyen d'un grand nombre d'opérations. Cette matière, en effet, est insoluble dans les alcalis et n'y devient soluble qu'après avoir été oxydée ; comme d'autre part, sous l'influence des agents oxydants, elle peut subir une modification nouvelle qui non-seulement augmente l'intensité de sa couleur, mais encore la rend inattaquable par les alcalis, on comprendra aisément que ce n'est que par une série de passages à l'air, au chlore et à la soude ou au savon, que l'on pourra atteindre le but proposé.

Les procédés modernes sont néanmoins beaucoup plus prompts que les anciens. Autrefois, il ne fallait, pour un blanchiment complet, pas moins de dix ou douze passages en soude, suivis d'autant de lavages et d'un égal nombre d'expositions sur pré ; la dépense en soude s'élevait à 3 kilogr. de soude par 100 mètres de tissus. Aujourd'hui on opère généralement comme il suit :

Pour 1500 kilog. de tissus :

1. Trempage de 24 heures dans une lessive à 2 °/₀.
2. Lavage et exposition sur pré, pendant 48 heures.
3. Lessivage à l'eau de chaux bouillante (30 kilog. de chaux, 2500 litres d'eau).
4. Lavage et passage en acide sulfurique (D = 1,010), suivi d'un dégorgeage complet.
5. Lessivage au sel de soude, 55 kilogr.
6. Lavage et exposition sur pré. — Puis répéter les deux opérations 5 et 6.
7. Nouveau lessivage au sel de soude.
8. Passage en chlorure de chaux. D = 1,002.
9. Passage en acide sulfurique. D = 1,010.
10. Dégorgeage.

(Pour le même poids de tissus, il faut prendre des solutions plus faibles quand il s'agit de tissus légers, batiste, etc.)

Maier a proposé de remplacer dans ces opérations le sel de soude par la soude brute qui est, selon lui, plus avantageuse, non-seulement à cause de son prix, mais encore par l'action des sulfures qu'elle renferme [*Wurtemb. Gewerbebl.*, 1855, n° 22].

Jennings, de Cork, a fait connaître le procédé suivant, dans lequel on voit que les traitements oxydants et alcalins sont simultanés : Après deux lessivages en chaux ou en soude et un traitement à l'acide chlorhydrique faible, passage au clapot dans une solution de sel de soude d'une densité de 1,025, à laquelle on ajoute de l'hypochlorite de sodium jusqu'à ce qu'elle marque 1,050 ; ce passage doit durer 3 à 4 heures ; puis on passe en acide, on lave et on recommence la série de ces opérations jusqu'à complète décoloration [*London Journ. of arts*, octobre 1856, p. 239].

Le procédé de Claussen consiste en un passage en sel de soude et en hypochlorite de magnésium, puis en un nouveau passage en sel de soude, en un traitement acide et en un complet dégorgeage.

J. Kolb a récemment proposé un nouveau mode de blanchiment dont les avantages seront sans doute bientôt reconnus par les industriels, et qui présente, au point de vue théorique, un grand intérêt : il repose sur ce fait que le fil est complétement blanchi par son immersion seule dans la dissolution de chlorure de chaux ; l'acide carbonique de l'air n'est d'aucune utilité dans le blanchiment, il n'est au contraire qu'une source de perte de chlore actif. La décoloration se fait soit à la lumière diffuse, soit dans l'obscurité ; elle a lieu sans le moindre dégagement de gaz et en l'absence de toute trace d'air. L'hypochlorite de calcium est transformée en chlorure de calcium.

Ces faits paraissent établir d'une façon irréfutable que, dans le blanchiment, l'hypochlorite de chaux agit directement comme oxydant énergique. En effet, l'air ne joue aucun rôle dans la réaction et Kolb a montré, d'autre part, que la matière colorante n'agit pas comme acide, la décoloration s'effectuant avec la même facilité lorsqu'on plonge dans la dissolution de chlorure de chaux des fils préalablement bouillis avec une lessive alcaline et laissés très-alcalins (*Communication particulière*).

Tessié du Motay et Maréchal ont, en 1866, mis en pratique un procédé de blanchiment reposant sur l'action des permanganates alcalins; cette action, connue depuis longtemps, n'avait pu jusqu'alors être utilisée à cause du prix élevé de ce produit; les auteurs, après avoir industriellement réalisé la fabrication des manganates et des permanganates, les ont appliqués au blanchiment: leur procédé consiste à dégraisser les fils ou tissus, à les plonger ensuite dans un bain de permanganate, puis à décomposer le peroxyde de manganèse produit dans cette opération, par une solution d'acide sulfureux ou d'eau oxygénée (Brevet n° 69935).

Les appareils usités dans le blanchiment du lin sont les mêmes que ceux que nous avons décrits pour le blanchiment du coton.

BLANCHIMENT DES FIBRES ANIMALES. — Les fibres animales les plus employées dans l'industrie des tissus sont la laine et la soie: ces deux matières, à l'état brut, sont impropres à la teinture, en raison des substances résineuses, grasses et cireuses qui les accompagnent toujours; elles sont, en outre, plus ou moins colorées, et dans les divers cas où elles ne doivent pas subir les opérations de la teinture, la consommation exige d'elles une entière blancheur.

Le blanchiment des fibres animales se compose donc, comme celui des fibres végétales, de deux opérations distinctes: le dégraissage et la décoloration.

L'altérabilité de ces fibres sous l'influence des agents chimiques demande, dans le choix de ces derniers, une grande attention de la part du blanchisseur. Il ne peut naturellement plus être question ici d'alcalis caustiques ou de chaux, comme dans le cas des fibres végétales; c'est au moyen de bains de savon ou de cristaux de soude, fréquemment répétés et à des températures peu élevées, qu'on arrive à purifier la laine et la soie des matières grasses et cireuses.

Quand ce dégraissage est opéré, on procède à la décoloration. Ici encore, on est obligé de renoncer aux procédés usités pour les fibres végétales; on remplace le chlore par l'acide sulfureux. Leuchs a récemment prouvé que cet acide ne détruit pas les matières colorantes, mais qu'il se combine à elles en donnant naissance à des composés solubles dans l'eau et les alcalis. Au moyen de l'acide sulfureux, gazeux ou liquide, on arrive à produire un blanc assez pur pour les besoins de la vente. L'action de l'acide sulfureux doit être ménagée, car si on la prolongeait outre mesure, on déterminerait la formation d'une matière jaune.

Après le soufrage, on lave les fils ou tissus à une température peu élevée, afin de ne pas détruire la combinaison que l'acide sulfureux a formée avec la matière colorante. Un léger azurage au carmin d'indigo ou à l'indigo en poudre termine les opérations du blanchiment.

Telles sont, d'une manière générale, les différentes phases du dégraissage et de la décoloration *des fibres animales*.

BLANCHIMENT DE LA LAINE.

A. Laine en toison. — La laine telle qu'on la prend sur le dos du mouton est appelée laine *surge* ou laine *en suint*: elle est extrêmement impure; outre les matières étrangères, argile, sable, débris de toute nature dont elle est toujours souillée, elle contient une matière colorante fauve, et, de plus, jusqu'à 55 % de son poids d'une substance grasse, douée d'une odeur forte et qu'on nomme *le suint*: c'est le produit de l'exsudation du mouton, plus ou moins modifié par les agents extérieurs. Le blanchiment de la laine a pour but de la débarrasser de toutes ces substances.

Le suint se compose essentiellement d'un savon de potassium, d'un acide gras libre, plus d'une petite quantité de carbonate, d'acétate, de chlorure de potassium, et de sulfate de calcium, enfin d'une matière odorante spéciale (Vauquelin). Maumené et Rogelet ont constaté que le suint ne renferme pas trace de sels de sodium et ont basé sur ce fait un procédé de fabrication de la potasse. Comme presque toutes les substances qui composent le suint sont solubles dans l'eau, il semblerait qu'un simple lavage à l'eau puisse les enlever; mais outre que ce lavage est extrêmement long, on ne réussit pas ainsi à purifier complétement la laine, qui, dans ces circonstances, n'acquiert pas tout le brillant dont elle est susceptible. Néanmoins, comme opération préliminaire, on la lave à l'eau pure; fréquemment cette opération s'effectue sur le dos même du mouton, qu'on conduit à cet effet dans un cours d'eau, ou dans de grands réservoirs disposés convenablement; l'ouvrier chargé de ce travail pétrit et frotte la toison jusqu'à ce que l'eau qui s'en écoule soit limpide: il est bon d'effectuer ce lavage à une température très-douce. Les laines ainsi préparées sont dites *lavées à dos*; elles perdent dans ce traitement de 20 à 30 % de leur poids.

Quand le lavage est opéré sur la laine en toison, il est bon d'opérer non plus à l'eau courante, mais dans des cuves, de façon que le suint puisse s'y accumuler peu à peu: comme il renferme une forte proportion de savons et de corps gras, le dégraissage est considérablement facilité.

De quelque manière que l'on opère, la laine lavée, dessuintée, renferme encore 15 à 20 % de matières grasses, que l'on enlève soit par un passage d'un quart d'heure dans de l'eau tiède renfermant un quart de son poids d'urine putréfiée ou 1/2 % de carbonate d'ammoniaque [Trenn, *Dingler's polyt. Journ.*, t. CLXXXIII, p. 479], soit par un passage d'une heure dans de l'eau tiède renfermant 12 % du poids de la laine en savon vert. Comme ce procédé occasionne une forte dépense de savon, on a songé à remplacer le savon par les corps gras du suint lui-même. On réussit facilement en opérant de la façon suivante: Les laines sont lavées à une température de 30° environ, dans des cuves en bois; quand ce lavage est terminé, on ajoute aux eaux qui viennent de servir un léger excès de soude caustique, de manière à précipiter les terres alcalines et à dissoudre les acides gras. Ce bain ainsi préparé sert à une nouvelle portion de laine, et on continue ainsi, en ayant soin, après chaque lavage, d'ajouter au bain une nouvelle quantité de soude, et de laisser déposer, ou de filtrer; on peut ainsi se servir presque indéfiniment des mêmes eaux, qui deviennent de plus en plus riches en savon, sans dépense autre que celle de la soude (Léonard Schwartz).

Quand le dégraissage est terminé, on donne aux laines un lavage complet, que l'on effectue dans des paniers, percés de trous et établis au milieu d'un cours d'eau; les ouvriers agitent la laine au moyen de longs bâtons, ou, dans certains pays, la manœuvrent avec les pieds, jusqu'à ce qu'elle soit parfaitement lavée; quelquefois aussi on se sert pour ce lavage d'une sorte de râteau mécanique, animé d'un mouvement de va-et-vient.

Divers procédés ont été récemment proposés

pour le remplacement du savon dans le dégraissage. Saiglan (Brevet n° 61008), recommande l'emploi du sulfure de sodium. — Potez aîné (Brevet n° 62181), d'un mélange, par parties égales, de glycérine, de sulfate et de carbonate de sodium. — Artus se sert d'un savon de soude mélangé de sulfite de sodium et, après avoir bien imprégné la laine de ce mélange, la plonge dans un bain très-légèrement acide. — On sait enfin que, dans quelques pays, on blanchit la laine avec l'infusion de certaines plantes, comme par exemple la saponaire blanche, à laquelle on ajoute d'ordinaire un liquide alcalin.

Décoloration. — La décoloration des laines se fait, comme nous l'avons déjà dit, au moyen de l'acide sulfureux gazeux : l'acide liquide n'a pas reçu la sanction de la pratique. Cette opération se fait dans des chambres capables d'être hermétiquement fermées, munies à leur partie supérieure d'une ouverture destinée à laisser échapper l'air et l'azote, et à leur partie inférieure d'une autre ouverture par où l'on introduit le soufre destiné à la production de l'acide sulfureux. Les soufroirs doivent avoir un plafond en forme de voûte, afin que la vapeur qui pourrait s'y condenser puisse couler le long du mur et ne tombe pas sur la laine. Celle-ci est déposée sur des perches et étalée de façon que toutes ses parties soient exposées aux vapeurs acides. Ceci fait, on ferme les portes du soufroir, par l'ouverture inférieure on introduit le soufre et on l'enflamme. L'ouverture supérieure reste ouverte au commencement de l'opération ; aussitôt que l'acide sulfureux s'y dégage, on la ferme et on laisse l'appareil abandonné à lui-même pendant 12 heures ; après ce laps de temps, on ouvre les portes et les différentes ouvertures du soufroir, et on en retire les laines, auxquelles il suffit de donner un léger savonnage destiné à les adoucir, pour que cette dernière phase du blanchiment soit terminée. — L'opération du soufrage est très-simple, elle réussit à coup sûr ; la seule précaution qui soit à observer est d'éviter, pour les laines, le contact direct des vapeurs sulfureuses : le soufre dont on se sert, étant du soufre brut, est très-impur et ces impuretés entraînées par les vapeurs viendraient souiller les laines, si l'on ne prenait la précaution d'étendre au-dessous d'elles des toiles grossières qui tamisent le gaz. — 100 kilogr. de laine nécessitent environ 2 kilogr. de soufre pour être complétement blanchie.

Dullo, de Berlin, a indiqué, en 1865, le moyen suivant pour blanchir la laine, ou plutôt la teindre en blanc. On fait un mélange de 5 kilogr. de sulfate de magnésium, et de 3 kilogr. 500 de bicarbonate de sodium, on plonge la laine dans ce mélange, étendu d'une quantité d'eau convenable ; puis on chauffe progressivement jusqu'à 50°, de manière à décomposer le bicarbonate ; il se forme alors un précipité de carbonate de magnésium qui se combine à la fibre et lui communique une éclatante blancheur.

Quand les opérations du blanchiment sont terminées, les laines sont desséchées, soit à l'hydro extracteur, soit au moyen d'une machine analogue aux squeezers, soit enfin à air libre dans des étendages.

B. Laine filée et tissée. — Les fils et les tissus de laine subissent des opérations analogues à celles que nous venons de décrire ; en général, le blanchiment des tissus donne des résultats meilleurs que celui des laines en toison.

Le fabricant fait presque toujours subir à la laine, avant les opérations de la filature et du tissage, divers traitements destinés à la purifier ; mais, d'autre part, pour les besoins mêmes de la filature, la laine doit être chargée d'une certaine quantité de corps gras (*ensimage*) : il en résulte que les opérations du blanchiment des tissus de laine sont presque aussi longues que celles des laines en toison.

Les appareils usités sont des barques en bois, à roulettes, chauffées à la vapeur au moyen d'un serpentin. Quelques fabricants se servent de chaudières en cuivre, que l'on a soin de garnir intérieurement de toile, pour éviter que le cuivre ne se trouve en contact avec la laine. Dans les différents appareils usités pour le blanchiment de la laine, il est important d'éviter autant que possible l'emploi des métaux et surtout du plomb ; les joints des tuyaux de vapeur faits avec du minium déterminent fréquemment sur les tissus de laine la formation de taches de sulfure de plomb.

Les tissus, après un grillage ou un rasage analogue à celui que nous avons décrit pour le coton, doivent subir un lavage à l'eau tiède, destiné à dissoudre les parties glutineuses qui proviennent de la préparation des chaînes ; ce lavage est donné tantôt après, tantôt avant le grillage, selon les tissus. Puis on procède au dégraissage au moyen d'un mélange de savon et de sel de soude ou de sel de soude seul, en ne perdant jamais de vue que cet agent exerce sur la laine une action très-énergique ; il la saponifie toujours plus ou moins. Lorsqu'on a affaire à des étoffes très-fermes, il ne faut pas craindre d'aller un peu loin dans ce traitement alcalin, mais il faut user de grands ménagements lorsqu'on opère sur des tissus délicats, car la douceur qu'il leur donne n'est que factice ; un simple lavage à l'acide ou l'exposition à l'air rendrait la laine dure au toucher.

Après le dégraissage, on enlève le savon que renferme la laine, au moyen d'un bain tiède de carbonate de soude, puis d'un lavage à l'eau tiède ; les premiers rinçages sont évidemment très-alcalins, et cela est nécessaire à cause des sels calcaires que renferme l'eau ordinaire et qui formeraient sans cela des savons de chaux dont la présence est très-nuisible.

Après ces lavages on enroule les pièces en évitant tout faux pli et en les protégeant contre un refroidissement prompt qui rend la laine beaucoup moins souple.

Le dégraissage est suivi de la décoloration au soufroir.

Voici résumées les diverses opérations du blanchiment des tissus de laine pour le détail desquelles nous renvoyons le lecteur au *Teinturier au XIX° siècle*, de Théophile Grison, Paris, 1860.

1. Lessive de sel de soude, à raison de 5 % du poids de la laine ; ce traitement doit durer une heure au plus et ne pas dépasser 30°.
2. Au sortir de cette lessive et sans lavage, soufrage de 12 heures.
3. Seconde lessive à 8 % de sel de soude.
4. Second soufrage.
5. Passage en acide sulfurique à 2° AB, suivi d'un bon dégorgeage.
6. Traitement au savon faible.
7. Azurage.

Persoz [t. II, p. 101] indique le procédé suivant :

1. Deux passages à 60° dans un bain formé avec 4 kilogrammes de savon et 20 kilogrammes de carbonate de sodium cristallisé.
2. Dégorgeage à l'eau chaude.
3. Deux passages à 60° dans un bain formé avec 10 kilogrammes de cristaux de soude.
4. Dégorgeage à l'eau chaude.
5. Soufrage.
6. Dégorgeage à l'eau chaude.
7. Deux passages à 60° dans un bain formé avec 7 kilogrammes de cristaux de soude.
8. Deux passages à 60° dans un bain formé avec 5,5 de cristaux de soude.
9. Dégorgeage à l'eau chaude.
10. Soufrage.
11. Dégorgeage à l'eau tiède.
12. Azurage.

Claussen a indiqué la série d'opérations suivante :

1. Passage en soude caustique très-faible et à froid.
2. Traitement au sel de soude.
3. Passage en acide sulfurique très-faible.
4. Soufrage.

BLANCHIMENT DE LA SOIE. — La soie *grége* est impropre à la teinture ; elle est toujours souillée par un certain nombre de matières étrangères, des matières grasses et résineuses, une matière colorante, enfin, une sorte de cire, analogue à la cire d'abeilles ; cette substance est soluble dans l'eau, à laquelle elle communique la propriété de mousser ; elle est friable et brûle en répandant l'odeur de corne brûlée ; sa solution aqueuse se colore à l'air et se putréfie rapidement en prenant une odeur fétide (Roard).

Le blanchiment de la soie a pour but de lui enlever ces diverses substances ; mais les moyens employés pour réaliser ce but varient, selon la nature de la fibre que l'on doit traiter, et d'après sa destination. Ainsi, pour ne citer que deux cas, les soies les plus brillantes, de première qualité, sont destinées aux tissus riches ; elles doivent subir les deux opérations du dégommage et de la cuite ; on les appelle *soies cuites*. Celles qui sont de qualité moins belle sont généralement blanchies à l'acide ; on les appelle *soies souples*.

1º *Soies cuites.* — Les opérations que doivent subir les soies de première qualité, qu'elles soient en fils ou en tissus, sont au nombre de deux, quelquefois de trois : le *dégommage*, la *cuite*, et, quand les soies ne sont pas blanchies à l'état brut et qu'elles doivent être teintes en nuances claires, ou être employées blanches, la *décoloration*.

Le *dégommage* ou *décreusage* ne peut pas être effectué avec des alcalis, même carbonatés, sans risque pour la soie ; le seul agent utilisable est le savon, et de préférence le savon surchargé de corps gras. Ces traitements au savon ne doivent pas être prolongés plus qu'il n'est absolument nécessaire : Roard a montré, en effet, que le savon lui-même exerce une action nuisible sur la soie, à laquelle il enlève de la souplesse et du brillant ; il faut donc utiliser le savon jusqu'à complet enlèvement des matières grasses et cireuses, mais ne pas dépasser ce moment. Le rôle que joue le savon dans le blanchiment de la soie est analogue à celui qu'il joue dans le blanchiment du coton et de la laine. Sous l'influence de l'eau, il est décomposé en sous-sels et en acides gras ; ces derniers se portant sur les matières grasses et résineuses s'y combinent, et de cette combinaison résulte pour elles une facilité relativement plus grande à se dissoudre dans les alcalis ou du moins à se mêler à eux.

Le dégommage s'effectue dans des chaudières en cuivre, au-dessus desquelles sont disposées, en travers, des perches de bois ou de longs bâtons de verre. On enfile les matteaux de soie au travers de ces bâtons et on les fait plonger dans la chaudière, en ayant soin de les retourner fréquemment pendant la durée de l'opération. Le bain de dégommage se compose d'une dissolution de savon dans de l'eau aussi pure que possible. On prend 30 º/₀ du poids de la soie en savon. La durée de cette opération doit être de dix minutes, la température du bain, 90-95°. L'ébullition altère l'éclat de la soie, dans l'opération du dégommage. Un second traitement analogue, mais avec 15 º/₀ de savon, termine cette première série d'opérations.

Guinon a constaté que le dégommage amène quelquefois un accident particulier : la soie renferme toujours une petite quantité de chaux ;

cette chaux se combine pendant le dégommage aux corps gras et forme un savon insoluble qui se fixe sur la soie et produit ainsi des taches très-petites d'abord, mais qui s'élargissent et s'étendent ultérieurement, notamment au cylindrage [*Compt. rend.*, t. XLII, p. 239].

Gillet et Tabourin ont proposé de remplacer le savon dans le dégommage, par le mucilage de graines de lin, additionné de cristaux de soude [*Schweiz. polyt. Zeitschr.*, 1864, t. IX, p. 168]. Plus récemment, Tabourin et Lemaire ont indiqué, dans le même but, l'emploi du silicate de sodium [*Bull. de la Soc. chim.*, 1866, t. II, p. 429].

La *cuite* est l'opération que l'on donne aux soies dégommées, après un bon chevillage (ou même à certaines soies non dégommées, comme, par exemple, les soies de Chine blanches), pour leur enlever les dernières portions de matières grasses et cireuses, et leur donner la souplesse et le lustre qui caractérisent les soies de première qualité. On introduit les soies à cuire dans des sacs en toile capables d'en renfermer environ 12 kilogrammes, et on les soumet à une ébullition d'une à deux heures dans de l'eau aussi pure que possible, et renfermant 150 grammes de savon par chaque kilogramme de soie sèche. On peut impunément, pendant la durée de la cuite, pousser la température du bain à 100° ; cela ne pourrait, nous l'avons dit, se faire pendant le dégommage. Certains fabricants se servent des vieux bains de dégommage pour donner la cuite ; d'autres préfèrent ne pas utiliser ces bains, qui sont toujours extrêmement chargés en couleur, et montent pour la cuite un bain nouveau.

Après ces deux opérations, les soies sont lavées à l'eau courante, puis on leur donne un léger passage en acide sulfurique très-faible, et on leur fait subir un dégorgeage complet à l'eau chaude et un autre pareil à l'eau froide. Les soies qui ne doivent pas subir les opérations de la décoloration sont alors complétement terminées ; il ne reste plus qu'à les cheviller et à les sécher.

Les opérations du dégommage et de la cuite font perdre aux soies de 25 à 40 º/₀ de leur poids.

La *décoloration* s'effectue au moyen de l'acide sulfureux, dans des soufroirs analogues à ceux dont nous avons parlé à propos du blanchiment de la laine. Les mêmes précautions doivent être prises ; il faut éviter, pendant la combustion du soufre, que l'air n'arrive en contact avec les soies, car l'acide sulfurique qui pourrait se produire exercerait sur elles une action destructive énergique.

Au sortir du soufroir, on porte la soie protégée par des couvertures, aux *chambres chaudes*, dans lesquelles, à l'abri de la lumière et de l'air, se débarrasse de l'acide sulfureux et se blanchit complétement. Puis on la soumet à un lavage aussi parfait que possible.

Certains fabricants remplacent le soufrage par un passage en eau régale très-faible. Guinon, de Lyon, a proposé, dans le même but, l'emploi de l'acide azoto-sulfurique. D'après cet habile manufacturier, « la dissolution des vapeurs nitreuses dans l'acide sulfurique présente, sous un petit volume, un réactif décolorant des plus énergiques ; il blanchit la soie presque instantanément, à froid et en solution très-étendue » [*Ann. de la Soc. d'agriculture, d'histoire naturelle et des arts utiles*, de Lyon, 1849].

Il existe enfin un autre mode de décoloration qui donne de très-bons résultats. Il consiste à plonger la soie dans une eau chargée d'un bicarbonate terreux, et à faire bouillir. Ce n'est, à vrai dire, pas une décoloration, mais bien une *teinture en blanc*.

Les Chinois, on le sait, ont une habileté extrême

dans la préparation des soies ; leurs procédés nous sont inconnus. On affirme qu'ils blanchissent les soies uniquement par des expositions à l'air et à la lumière.

Dans le Lancashire, le traitement qu'on fait subir à la soie diffère notablement de celui que nous venons de décrire, et qui est généralement employé à Lyon et en Suisse. Il consiste en sept opérations successives.

1. Passage de trois quarts d'heure dans une eau à 90°, renfermant 1 kilog. 500 de savon et 500 grammes de carbonate de sodium pour 10 kilogrammes de soie et 250 litres d'eau.
2. Passage à l'hydro-extracteur et lissage.
3. Les soies, enfermées dans des sacs de toile, sont bouillies pendant 3 heures et demie dans 250 litres d'eau renfermant 1 kilog. 500 de savon.
4. Lavage dans une eau légèrement savonneuse, et à laquelle on ajoute fréquemment de l'argile.
5. Lissage et soufrage de 4 heures.
6. Lavage complet.
7. Passage à l'hydro-extracteur et dessiccation.

Michel, de Lyon, a fait connaître, il y a quelques années, le procédé suivant qui donne, paraît-il, des résultats satisfaisants. On passe les soies dans une dissolution tiède de savon (25 à 30 °/₀ du poids de la soie); puis on les suspend tout imprégnées de cette solution dans un appareil en tôle, capable d'être hermétiquement clos et mis en communication avec une chaudière à vapeur. Quand les soies ont été introduites dans l'appareil, on le ferme au moyen d'un couvercle mobile, et on lâche la vapeur; quand la tension atteint 2 atmosphères, on ouvre un robinet disposé à la partie supérieure de l'appareil, pour permettre la sortie de la vapeur à ce moment de l'opération, et la sortie de l'air au commencement du traitement. On répète plusieurs fois ce traitement et l'on obtient ainsi des soies parfaitement blanches.

Le procédé de Baumé, dispendieux, mais donnant d'excellents résultats, consiste à traiter les soies durant vingt-quatre heures par un mélange de 100 litres d'alcool à 0,840 et de 500 grammes d'acide chlorhydrique pur; en opérant à chaud, dans un autoclave, le blanchiment est assez rapide.

R. Wagner a repris ces expériences et a montré qu'en laissant la soie en contact avec un mélange de 1 p. d'acide chlorhydrique et de 23 p. d'alcool, on obtient un blanchiment parfait, tout en ne faisant perdre à la soie que 2,91 °/₀ de son poids [Dingler's polyt. Journ., t. CXXXVI, p. 313].

2° *Soies souples.* — Le traitement destiné à donner des *souples* présente sur la cuite l'avantage de ne faire perdre aux soies que 18 à 20 °/₀ de leur poids; mais il ne donne jamais que des soies de seconde qualité, destinées à des articles bon marché. Il consiste en un passage de dix minutes dans une eau régale marquant 15° AB, et formée de 80 p. d'acide chlorhydrique et de 20 p. d'acide nitrique. Quand la nuance de la soie a passé au gris, on la retire promptement, on la lave à grande eau; puis on la soufre plusieurs fois, et l'on termine cette série d'opérations par un passage en savon faible (12 °/₀). Les soies ainsi préparées sont cassantes; on les *assouplit* par plusieurs passages successifs à l'eau bouillante.

Ces opérations peuvent être simplifiées, lorsqu'il s'agit de soies blanches : un passage de deux heures, à 30°, dans une eau de savon renfermant 10 °/₀ du poids de la soie, un lavage à l'eau, puis un soufrage de quarante-huit heures, et un assouplissage au moyen d'une eau renfermant 3 grammes par litre, de crème de tartre, donnent un résultat très-satisfaisant.

3° *Soies ordinaires.* — Pour les tissus ordinaires, destinés à être teints en couleur foncée,

on adopte quelquefois le procédé suivant, qui présente sur les autres l'avantage de ne faire perdre à la soie que 12 °/₀ de son poids. C'est un simple passage d'une demi-heure, à 100°, dans un bain renfermant 10 à 12 p. de soude caustique, pour 100 p. de soie ; un simple lavage termine ce procédé, auquel on a donné le nom de *demi-cuite.*

Un traitement à la soude caustique, à 110°, dans un autoclave, est le seul moyen connu d'amener certaines soies très-communes à un état qui permette de les ouvrager.

L'*azurage* est la dernière phase du blanchiment de la soie; cette opération a pour but de masquer les dernières traces de matière colorante qui peuvent se trouver dans la soie, et de lui donner les diverses nuances de blanc que le commerce exige.

Le *blanc d'argent* et le *blanc d'azur* se donnent avec le carmin ou l'acétate d'indigo, ou souvent aussi avec l'indigo lui-même réduit en poudre fine et amené par lévigation à un état de ténuité tel qu'il reste en suspension dans l'eau.

Le *blanc de Chine* se donne avec un bain de savon tenant en dissolution une petite quantité de rocou.

BLANCHIMENT DE LA PATE A PAPIER. — On fabrique le papier au moyen des matières filamenteuses d'origine végétale, qui, désagrégées par une suite d'opérations mécaniques, se transforment en ce que l'on nomme la *pâte à papier.* Elle est constituée par des fibrilles de cellulose, qui s'enchevêtrent et s'enlacent de façon à former un véritable feutre. Nous n'avons à nous occuper ici que du blanchiment de la pâte à papier; son origine végétale nous permet, pour ce qui regarde la théorie du blanchiment, de renvoyer le lecteur au chapitre que nous avons consacré au blanchiment des fibres végétales. Nous ne décrirons ici, que les opérations spéciales à la fabrication du papier, telles que nous les avons vu pratiquer dans la belle usine de MM. Zuber et Rieder, à l'Île Napoléon, près de Mulhouse.

Les matières premières, presque exclusivement consacrées à la fabrication du papier jusqu'à ces dernières années, ont été les déchets de filature et surtout les chiffons; mais la consommation du papier, ayant augmenté dans une proportion considérable, ne se trouve plus en rapport avec la production de ces matières premières : on a donc dû en chercher d'autres, et l'on a appliqué à cette fabrication un très-grand nombre de produits jusqu'ici sans emploi, et dont l'introduction dans l'industrie du papier a permis à cette dernière de suffire à la consommation. Nous ne citerons que comme mémoire les substances suivantes qui ont été successivement proposées : les tiges et les feuilles de genêt (Baud et Delamarre), les algues marines (Nuevens), les feuilles de betteraves (Accerain), les feuilles et les cosses de haricots (Houdayer), les tiges de colza, les racines de luzerne (Caminade), l'amiante elle-même. Les matières auxquelles on donne la préférence aujourd'hui sont la paille, le bois, le phormium tenax, le sparte ou alpha, le palmier nain, le china grass, etc. Ces succédanés du coton, du lin et du chanvre sont entrés dans la consommation sur une large échelle et présentent des avantages réels à cause de la ténacité et de la longueur des fibrilles de certains d'entre eux; ces deux qualités sont indispensables à la production d'un papier résistant et sont la raison qui fait préférer le lin et le chanvre au coton.

La première opération de la fabrication du papier est le triage; chacune des matières employées devant subir un traitement spécial, il est indispensable de les classer avec soin. Ce triage ne s'applique pas seulement à la distinction grossière de matériaux très-différents; il est important, en outre, de séparer le chanvre et le lin d'avec le coton, de diviser chacune de ces classes selon la nature des tissus, d'après les couleurs qui les recouvrent, etc.

Le blanchiment des pâtes à papier comprend deux opérations distinctes : le *bouillissage* et la *décoloration*.

Le *bouillissage* a pour but de dégraisser, d'enlever toutes les substances solubles, de modifier les matières colorantes, et enfin de désagréger les fibres. Cette opération s'effectue dans de vastes chaudières en tôle disposées sur un axe horizontal, mobiles autour de cet axe, et mises en communication avec une chaudière à vapeur. Lorsqu'on opère sur des chiffons, on en met environ 1000 kilogrammes dans la chaudière, puis on y ajoute un lait de chaux clair, on ferme l'appareil et on le met en mouvement; à ce moment on ouvre la vapeur et on continue l'opération pendant 6 à 8 heures, en maintenant la pression intérieure à 3 atmosphères environ; la quantité de chaux employée varie de 8 à 15 % du poids des chiffons employés; celle de l'eau doit être telle, qu'avec l'eau de condensation l'appareil ne soit rempli qu'aux trois quarts. Dans le mouvement de rotation de la chaudière autour de son axe horizontal, les matières employées sont entraînées à la partie supérieure de l'appareil; leur propre poids les fait retomber à la partie inférieure, et de ce choc incessant résulte une désagrégation assez complète des chiffons. Quand le bouillissage est terminé, on donne issue à la vapeur et on remplace le liquide alcalin par de l'eau pure, jusqu'à complet lavage. Les matières ainsi traitées sont portées aux *défileuses*, où elles sont transformées en pâte; amenées à cet état, elles doivent subir les opérations de la décoloration. — Voyez plus bas.

Le traitement que nous venons d'indiquer pour les chiffons est employé également pour le phormium tenax.

Lorsqu'on opère sur la paille, sur l'alpha, etc., le bouillissage doit être plus énergique; il doit durer 12 heures environ et so donner à 4 ou 5 atmosphères. Au lieu de chaux, on emploie de la soude caustique à 7°, dans la proportion de 150 à 175 litres par 100 kilog. de produit employé; ces matières subissent auparavant toute une série d'opérations destinées à les nettoyer, à briser les fibres et à enlever les nœuds et les parties grossières qui ne sauraient être employées sans graves accidents.

Enfin, lorsqu'on veut utiliser le bois comme matière première, cette opération du bouillissage est généralement inutile; le bois est transformé mécaniquement en pâte et décoloré. Neyret, Orioli et Fredet ont proposé une modification intéressante à ce procédé. Ayant observé que la coloration du bois ne s'effectue que sous l'influence des liquides alcalins contenus dans la sève, ils injectent le bois, aussitôt après la coupe, avec des solutions d'acide chlorhydrique faible; ils obtiennent ainsi, d'une part, du bois très-propre à la fabrication du papier, et d'autre part, des liquides capables, par la fermentation, de donner de l'alcool.

La *décoloration* de la pâte à papier est produite au moyen du chlore gazeux ou du chlorure de chaux liquide. Lorsqu'on opère sur des pâtes difficiles à blanchir, comme celle du phormium par exemple, on est obligé de blanchir d'abord au chlore gazeux, puis de donner un lavage alcalin et de terminer la décoloration par un passage en chlorure liquide; mais pour les autres pâtes, une seule opération suffit généralement. Le choix du chlore gazeux ou du chlorure liquide dépend de la qualité du papier que l'on doit produire; le chlore gazeux donne un blanc beaucoup plus écla-

tant que le chlorure liquide, mais ce dernier affaiblit moins la fibre.

Le blanchiment au chlore gazeux s'effectue dans des caisses en bois résineux ou préférablement dans des chambres construites en pierres recouvertes de ciment; le chlore est amené à la partie supérieure de ces appareils, qui sont munis de deux fenêtres placées vers le jour et en regard l'une de l'autre, de manière que l'ouvrier chargé de l'opération puisse reconnaître quand la chambre est pleine de gaz, et quand ce gaz n'est plus absorbé.

Au sortir des défileuses, la pâte est comprimée mécaniquement pour lui enlever la majeure partie de l'eau qu'elle renferme, et pour l'étaler de façon qu'elle ne présente plus qu'une faible épaisseur; dans cet état, on l'enroule sur elle-même et on forme des paquets d'égale grandeur, que l'on dispose les uns au-dessus des autres dans la chambre à chlore. Après 10 à 12 heures, la décoloration est complète; on ouvre la chambre, on en retire la pâte et on la soumet à un lavage complet, qui termine ce qui, dans la fabrication du papier, a trait au blanchiment.

Le blanchiment au chlorure de chaux se pratique dans *les piles*, réservoirs en maçonnerie recouverte de ciment, munis d'un agitateur mécanique qui renouvelle sans cesse les surfaces des matières mises en contact. Pour 100 kilog. de pâte, on emploie 100 litres de chlorure liquide à 6° AB et 1500 litres d'eau; la durée de l'opération est de 12 heures. Certains fabricants ajoutent au chlorure de l'acide chlorhydrique ou sulfurique; cette addition ne doit se faire qu'avec la plus grande circonspection. Didot et Barruel ont proposé l'emploi de l'acide carbonique qui, dirigé dans la solution du chlorure, la décompose promptement sans présenter les dangers des acides minéraux énergiques.

Orioli a préconisé, en 1859, l'emploi de l'hypochlorite d'aluminium, dont la facile décomposition, jointe aux propriétés antiseptiques du métal, paraît présenter des avantages réels. Pour préparer l'hypochlorite d'aluminium, on décompose 150 p. de sulfate d'aluminium par 100 p. de chlorure de chaux dans 2000 p. d'eau. 100 kilog. de défilé exigent, pour leur décoloration, le chlorure provenant d'environ 8 kilog. de sulfate d'aluminium.

On réussit également bien avec un mélange d'hypochlorite de chaux ou de baryte et de sulfate de zinc (Sacc, Warentrapp, R. Wagner). On sait, par les belles expériences de Balard, qu'il se forme dans ces conditions de l'acide hypochloreux.

Quel que soit le procédé employé, la pâte est décolorée après un laps de temps qui varie de 4 à 12 heures, puis elle est soumise à un lavage complet, égouttée, et, dans cet état, propre à la fabrication proprement dite du papier.

La pâte à papier retient souvent d'assez fortes proportions de chlore qu'il est indispensable de faire disparaître. On a recours pour cela aux divers antichlores connus, l'hyposulfite ou le sulfite de sodium, le sulfite de calcium, le nitrite de sodium (Wagner); Uffenheimer employait dès 1818 le gaz de l'éclairage : l'antichlore le plus avantageux paraît devoir être l'ammoniaque (J. Kolb).

La pâte de bois peut, d'après Filghmann, être promptement blanchie par l'action d'une solution aqueuse d'acide sulfureux, à une température supérieure à 100° [*Ann. du génie civil*, avril 1867, p. 271].

Les déchets de papier imprimé peuvent servir à la fabrication du papier blanc, si on les traite successivement par la benzine et la soude faible et bouillante [P. Schutzenberger, brevet n° 76273].

Dans ces diverses opérations, les matières employées perdent considérablement de leur poids; cette perte varie selon leur nature : ainsi, tandis que les cotonnades rendent en *pâte sèche* de 55 à 60 % de leur poids, les chanvres donnent 50 %, le sparte 45 %, la paille 40 %, les droguets 25 à 30 %.

BLANCHIMENT DES HUILES, DE LA PARAFFINE, DES PEAUX, ETC. — *Huiles.* — On les blanchit généralement par l'action de l'air et de la vapeur d'eau à 100°. Brunner propose d'émulsionner les huiles avec une eau gommeuse, à laquelle on ajoute 2 p. de charbon pilé pour 1 p. d'huile; on sèche cette pâte à 100°, puis on la reprend par un solvant convenable qui, après évaporation, laisse l'huile complétement décolorée [*Répert. de Chim. appl.*, 1858, p. 20]. L'huile de palme est blanchie au moyen du chlore gazeux, ou d'un mélange capable d'en dégager, comme le peroxyde de manganèse et l'acide chlorhydrique, ou le bichromate de potassium et l'acide chlorhydrique.

Paraffine. — La paraffine brute est fondue à une température de 50-60°, filtrée au travers d'un feutre épais qui retient les matières goudronneuses, puis décolorée, soit par l'action d'agents oxydants, comme le mélange d'un bichromate et d'acide chlorhydrique (Kernot), soit par plusieurs cristallisations dans le sulfure de carbone (Coignet et Haussoulier), soit par dissolution dans l'alcool amylique et précipitation par l'acide sulfurique (Rohard).

Peaux. — Les *peaux* sont blanchies par l'action oxydante de l'air et de la lumière; Barreswill a proposé de les traiter par le permanganate de potassium, et de les passer, après lavage, en acide sulfureux [*Répert. de Chim. appl.*, 1861, p. 281]. On réussit également bien au moyen d'un passage en hypochlorite de sodium (et non pas de calcium), suivi d'un bain de savon d'huile [*Monit. scientif.*, 1863, p. 801].

Cire. — La *cire* peut être décolorée au moyen du chlore ou d'un mélange chaud d'acide sulfurique et de bichromate de potassium; généralement, on préfère blanchir la cire, réduite en rubans minces, par l'action de la rosée et des rayons solaires. La cire, fondue à une douce température dans le quart de son poids d'essence de térébenthine et exposée à la lumière, est rapidement décolorée.

Ivoire. — L'*ivoire* et la *colle* sont également blanchis sous l'influence de la lumière ou par un contact de quelques jours avec une solution faible de chlorure de chaux.

Éponges. — Les *éponges* sont traitées d'abord par de l'acide chlorhydrique très-faible, puis par de l'hyposulfite de sodium, acidulé par l'acide chlorhydrique. R. Wagner a proposé de les blanchir par un traitement acide suivi d'un lavage alcalin et d'un passage en acide oxalique.

Gomme laque. — La *gomme laque* est dissoute dans de l'alcool ou dans du carbonate de sodium faible, et à cette solution on ajoute de l'hypochlorite de sodium; après un quart d'heure de contact, on verse dans le mélange une petite quantité d'acide chlorhydrique, de manière toutefois à ne rien précipiter, et on expose le tout aux rayons solaires. Quand le blanchiment est complet, on filtre, on ajoute au mélange un peu de sulfite de sodium, puis la quantité d'acide strictement nécessaire pour précipiter la résine.

La *gomme adragante*, la *colle de poisson*, etc., sont blanchies à l'acide sulfureux.

Paille. — La paille tressée pour chapeaux est dégraissée au savon, lavée à l'eau, puis plongée dans une solution renfermant 1 p. d'hyposulfite de sodium dans 12 p. d'eau; après quelques moments de contact, on retire la paille, on ajoute de l'eau au bain, puis on y remet la paille qui est promptement décolorée.

BIBLIOGRAPHIE. — Berthollet, *Ann. de Chim. et de Phys.* — Persoz, *Traité de l'impression des tissus*, t. II. — Gonfreville, *Art de la teinture des laines.* — Alcan, *Essai sur l'industrie des matières textiles.* — Barreswil et Girard, *Dictionn. de Chim. indust.*, article *Blanchiment* de Troost. — Ure's *Dictionary of arts, Bleaching.* — Muspratt's *Chemistry, Bleaching.* — Schutzenberger, *Traité des matières colorantes*, t. I.—*Bull. de la Soc. industrielle de Mulhouse*, t. II, p. 369-392; t. VIII, p. 252; t. X, p. 280; t. XIII, p. 173. — Laboulaye, *Dictionn. des Arts et Manufactures*, article *Blanchiment.* — O' Neill, *Chemistry of Calico printing, bleaching and dyeing.* — Dumas, *Traité de Chimie appliquée aux arts*, 1846, t. VIII, p. 162. — Chevreul, *Compt. rend. de l'Acad. des sciences*, t. X, p. 630; t. XLIII, p. 130; *Chimie appliquée à la teinture*, t. II, p. 139. — Grison, *La Teinture au XIXᵉ siècle.*　Cu. L.

BLATTERERZ. — Voyez NAGYAGITE.

BLAUEISENERZ. — Voyez VIVIANITE.

BLAUEISENSTEIN. — Voyez CROCIDOLITHE.

BLAUSPATH. — Voyez KLAPROTHINE.

BLEINIÈRE ou **BLEINIÉRITE** (Min.). — Antimoniate de plomb hydraté

$$Pb^3Sb^2O^8 + 4H^2O.$$

Nodules réniformes de couleur jaune ou brune. Dureté, 4. Densité, 3,9 à 4,7.

Sur le charbon, fond en donnant des fumées d'antimoine et un globule métallique.

BLENDE (Min.) [Syn. *Zinc sulfuré, marasmolite, przibramite*]. Sulfure de zinc, Zn S. — Cristaux et masses cristallines plus ou moins lamelleuses, très-facilement clivables, quelquefois compactes, fibreuses ou concrétionnées, d'un vif éclat non métallique, et d'une couleur variant du jaune au jaune verdâtre, au brun, au rouge brun et au noir.

La blende est surtout une substance de filons et accompagne presque toujours la galène, la fluorine, la barytine, la pyrite, etc.

Caractères. — Avec l'acide sulfurique à chaud, se dissout lentement en dégageant de l'hydrogène sulfuré. Soluble avec difficulté dans l'acide azotique; la solution donne avec la potasse un précipité blanc, soluble dans un excès de réactif.

Fig. 95. — Blende.

Au chalumeau, décrépite souvent avec force, et ne fond que difficilement sur les bords minces; chauffée longtemps sur le charbon, elle s'entoure d'une auréole jaune à chaud, blanche à froid, qui devient verte lorsqu'on la chauffe après y avoir ajouté une goutte d'azotate de cobalt.

Dureté, 3,5. Poussière blanche. Densité, 3,9 à 4,2.

Cassure lamelleuse ou conchoïdale. Certaines variétés deviennent facilement phosphorescentes dans l'obscurité par le frottement.

Forme cristalline. — Les cristaux appartiennent au type cubique, et présentent ordinairement les faces du dodécaèdre rhomboïdal b^1, souvent accompagnées de celles du tétraèdre ou de l'octaèdre a^1, d'un hémi-icositétraèdre a^3, du cube p, etc. Ils se clivent facilement dans des directions parallèles aux faces du dodécaèdre rhomboïdal b^1. Ils sont presque toujours mâclés parallèlement à une face a^1. F. et S.

BLÖDITE (Min.). — Sulfate double hydraté de magnésie et de soude, venant d'Ischel et se rapportant probablement à l'astrakanite.

BODÉNITE (Min.).—Substance en longs cristaux prismatiques trouvée à Boden, près Marienberg (Saxe), et se rapportant probablement à l'orthite.

BOGHEAD. — On désigne sous ce nom une sorte de schiste bitumineux qui est employé dans la fabrication du gaz et des huiles d'éclairage.

Le boghead d'Écosse est le plus estimé : il est brun noirâtre, se laisse facilement rayer, et donne des traces rougeâtres. Il renferme fréquemment des empreintes de fougères. Le plus avantageux pour la distillation est un boghead très-léger, brun clair et parsemé de marbrures blanches.

Dans le sud de l'Angleterre, on trouve une autre variété de boghead, le south-boghead. Il est d'une qualité inférieure à celle du boghead d'Écosse ; il renferme beaucoup de matières terreuses et une forte proportion de soufre qui communique aux huiles une odeur très-désagréable.

Payen donne, pour la composition du boghead, l'analyse suivante :

Matières bitumineuses et traces de matières azotées	77,00
Silicate d'alumine	20,50
Chaux, magnésie et traces de sulfure de fer	1,67
Eau	0,83
	100,00

Ces matières bitumineuses sont très-peu solubles dans l'essence de térébenthine, le sulfure de carbone, la benzine.

D'après O. Matter, le boghead renferme :

Carbone	60,805
Hydrogène	9,185
Azote	0,780
Oxygène	4,385
Soufre	0,820
Eau	0,395
Silice	18,190
Alumine	9,500
Oxyde de fer	1,220
Chaux	0,270
	100,050

Les schistes bitumineux de Vagnas (Ardèche, et de l'Autunois (Saône-et-Loire) sont analogues au boghead : ils ont une texture compacte et massive comme celle d'une tourbe comprimée : on les utilise comme les bogheads anglais pour la préparation du gaz et des huiles d'éclairage [Simonin, *Ann. du génie civil,* août 1867, p. 533].

Leur composition a été donnée par E. Lormé :

Carbone	8,00
Huiles bitumineuses	6,00
Gaz et vapeurs	2,50
Alumine et oxyde de fer	20,00
Partie terreuse non attaquée	26,80
Silice soluble dans KHO	26,70
Eau ammoniacale	10,00
	100,00

Essais du boghead. — Quoique l'aspect et la densité des diverses variétés de boghead soient des caractères assez nets pour l'estimation de leur valeur, il est bon de s'assurer par un essai préalable de la proportion de matières bitumineuses qu'elles renferment. Cette détermination se fait très-promptement en calcinant au rouge une quantité donnée de boghead, dans un creuset de porcelaine recouvert de son couvercle, et en pesant le résidu de cette calcination.

Fabrication du gaz de boghead. — Nous ne dirons ici, de cette industrie, que ce qui est spécial au boghead, et renvoyons pour tous autres détails à l'article GAZ D'ÉCLAIRAGE.

La distillation du boghead dans le but d'en faire du gaz s'opère dans des cornues surbaissées, en terre, divisées en deux compartiments par une cloison verticale; elles ont généralement $1^m,30$ de longueur sur $0^m,12$ de hauteur. Pour produire la plus forte proportion possible de gaz, on doit exposer brusquement le boghead à une chaleur très-intense, sans quoi l'on obtiendrait beaucoup d'huile et peu de gaz. On commence donc par chauffer les cornues à une température élevée, soit 1000° environ, puis on y introduit le boghead préalablement concassé en morceaux de volume égal, afin que la décomposition soit aussi uniforme que possible. Il est important de ne le diviser qu'au fur et à mesure des besoins, car il donne des rendements beaucoup moins avantageux à la distillation, lorsqu'il a été exposé à l'air pendant longtemps : on sait que le même fait a été observé pour la houille. En tout cas, il doit être distillé sec; s'il a été mouillé, il faut le sécher, parce qu'autrement il se distillerait très-mal. La cornue est immédiatement fermée et la distillation commence. La décomposition du boghead est très-rapide, car après une demi-heure elle est complète et l'opération terminée. On vide les cornues, on les recharge, on les lute, et tout le travail, chargement, distillation, déchargement, ne dure en tout qu'une heure.

100 kilogrammes de boghead fournissent environ 33 mètres cubes de gaz et 18 à 20 kilogrammes de goudron et d'huiles.

Le gaz de boghead est, à volume égal, quatre fois plus éclairant que le gaz provenant du charbon de terre, ce qui tient évidemment à la richesse de ce schiste en matières bitumineuses. On l'utilise spécialement dans l'industrie du *gaz portatif.*

Le goudron et les huiles obtenus dans la fabrication du gaz de boghead sont traités comme nous l'indiquons plus bas.

Quant au résidu que l'on extrait des cornues après la distillation, il peut être employé dans la fabrication des briques réfractaires, ou utilisé comme source d'alumine.

Fabrication des huiles de boghead. — La distillation du boghead dans le but d'en extraire des huiles d'éclairage doit être opérée à une température de beaucoup inférieure à celle qui sert à la production du gaz. Elle ne doit, en tout cas, pas dépasser 400-450°; elle peut même être bien moindre, car la distillation commence déjà à 310°. On se sert fréquemment, pour cette distillation, de cornues chauffées dans un bain de plomb fondu ou de balles de fonte; on régularise ainsi très-facilement la température et l'on obtient un produit supérieur comme quantité et comme rendement. On peut aussi distiller au moyen d'un courant de vapeur surchauffée et obtenir ainsi des huiles très-pures [Young, *Répert. de Chim. appliquée,* 1862, p. 14].

Les cornues qui servent à la distillation du boghead ont $2^m,70$ de longueur, $0^m,70$ de largeur et $0^m,33$ de hauteur; elles reçoivent une charge de 250 kilogr. de boghead à la fois. La flamme ne doit pas passer à leur partie supérieure, car les huiles qui se dégagent du schiste seraient détruites à cette température élevée.

La distillation dure douze heures environ; on reconnaît qu'elle est terminée lorsqu'il distille une huile brune et épaisse, et que le tube de dégagement se refroidit. Elle produit un gaz d'un pouvoir éclairant triple de celui de la houille, et une forte proportion d'huiles très-complexes. Cette proportion varie, selon les procédés, de 30 à 50 % du poids du boghead employé. Les schistes de l'Autunois et ceux de Vagnas ne donnent que 5 à 8 % d'huile brute.

Le résidu de la distillation se compose de :

Charbon	33,00
Silice	39,70
Alumine	26,75
Chaux et magnésie	0,15
Peroxyde de fer	0,40
	100,00

Ce coke est utilisé dans le chauffage des cornues, et le résidu de sa combustion sert aux mêmes usages que le résidu de la fabrication du gaz de boghead.

Depuis quelque temps, on a reconnu que le résidu de la distillation du boghead possède au plus haut degré des propriétés désinfectantes et absorbantes, et dans beaucoup d'industries on l'utilise comme succédané du charbon animal; il est bon, quand on le destine à cet emploi, de le recueillir au sortir des cornues, dans des étouffoirs où on le laisse refroidir à l'abri de l'air.

L'huile brute obtenue par la distillation du boghead possède une odeur très-forte, désagréable; elle présente des reflets verdâtres.

Pour la rendre propre à l'éclairage, on lui fait subir une série d'opérations analogues à celles que nous avons décrites à l'article Benzine (industrie).

On commence par séparer de l'huile brute l'eau ammoniacale qu'elle contient : cette séparation est réalisée par une agitation mécanique destinée à briser les molécules de l'huile, et que l'on fait suivre d'un repos de quelques jours; on décante les eaux qui se sont amassées à la partie inférieure du réservoir, puis on retire les huiles.

Une *première rectification* a pour but de les fractionner en huiles légères et huiles lourdes, et d'en séparer toutes les matières goudronneuses.

Dans cette distillation il faut, après la séparation des huiles légères, maintenir les serpentins à une température suffisante pour éviter la solidification de la paraffine, qui déterminerait l'explosion des appareils.

2000 kilogrammes d'huile brute donnent par ces traitements :

1,177 kilog.	d'huile légère de 0,825-0,830.	
330	—	d'huile paraffineuse à 0,860.
400	—	de goudron.
60	—	d'eau ammoniacale à 1° ou 2° AB.
33	—	de perte et de gaz.

Les huiles légères sont soumises à l'action de l'acide sulfurique (6 %), puis lavées à l'eau, neutralisées à la chaux et fractionnées une seconde fois. Elles ne présentent plus alors de reflets verdâtres, mais bleus. Leur densité doit être de 0,810.

Ce traitement donne des huiles d'éclairage de très-bonne qualité, mais le rendement en est faible : on obtient, en effet, pour 100 p. d'huiles brutes, 58 p. d'huiles à 0,825-0,830; leur épuration leur fait perdre 20 % environ aux traitements acides et alcalins; après ces traitements, elles perdent encore 35 % à la rectification, de sorte que, en réalité, 100 kilogrammes de boghead, fournissant 40 kilogrammes d'huile brute, ne donnent que 12 kilogrammes d'huile légère pour éclairage.

Ces rendements très-faibles font souvent adopter la marche suivante, qui donne une plus forte proportion d'huiles légères, mais dont la qualité est inférieure à celles qui sont obtenues avec le premier procédé. Les huiles brutes, séparées des eaux ammoniacales, sont traitées par 1/6 de leur poids d'acide sulfurique à 66°. Après une agitation convenable et un repos de trente heures, il s'est formé trois couches superposées; la plus lourde renferme tout l'acide, l'intermédiaire est formée de goudron, la supérieure d'huiles; on les recueille isolément, et on traite l'huile par de la chaux hydratée; après vingt-quatre heures de repos, on décante l'huile ainsi purifiée, qui a perdu maintenant 25 % de son poids primitif, et on la soumet à la rectification : on obtient par ce procédé 15 % d'huiles légères. Les huiles lourdes, rectifiées une seconde fois, donnent encore une assez forte proportion d'huiles légères, de telle sorte que le rendement total est d'environ 18 % du poids du boghead.

Elles sont, après ces traitements, propres à être livrées au commerce qui les utilise en immenses quantités, soit pour l'extraction de la benzine, soit pour l'éclairage. Elles présentent sur les huiles végétales une très-grande économie. Mais elles doivent être maniées avec de certaines précautions, car, quoique leur point d'inflammabilité ne soit qu'à 70°, elles dégagent des vapeurs qui forment avec l'air atmosphérique des mélanges détonants. Salleron et Urbain ont fait connaître un moyen d'essai de ces huiles plus rigoureux que la détermination de leur densité et la mesure directe de leur inflammabilité : le moyen qu'ils proposent repose sur la mesure de leur tension de vapeur; ils ont fait connaître un appareil propre à la mesure de ces tensions [*Compt. rend.*, t. LXII, p. 43, 1865].

Les huiles lourdes de boghead (D = 0,835-0,850) servent généralement pour le graissage des voitures, des machines, etc.; on peut avec les lampes Donny les faire servir à l'éclairage.

Les huiles lourdes paraffineuses (D = 0,850-0,870) sont utilisées pour la préparation de la paraffine, dont elles contiennent une forte proportion. On les traite par 8 à 10 % d'acide sulfurique, puis on les lave à l'eau, et on les neutralise par la chaux; on les soumet alors à l'action d'une température aussi basse que possible, afin de déterminer la cristallisation de la paraffine; les pains obtenus sont pressés et ultérieurement épurés. — Voyez Paraffine.

Composition des huiles de boghead. — Les huiles de boghead renferment un grand nombre d'hydrocarbures de diverses séries : les homologues de l'éthylène, la benzine et ses homologues, les carbures de la série $C^n H^{2n+2}$.

La présence de ces hydrocarbures peut être constatée par les procédés suivants : On commence par de nombreuses rectifications et des fractionnements en rapport avec les hydrocarbures que l'on recherche. Puis les différentes portions de ces huiles sont traitées par un léger excès de brome qui forme, avec les homologues de l'éthylène, des combinaisons d'un point d'ébullition élevé. On distille pour séparer ces hydrocarbures bromés; les produits distillés ne renfermant plus maintenant que les radicaux alcooliques, la benzine et ses homologues, sont débarrassés de ces derniers par plusieurs traitements à l'acide nitrique qui forme avec eux des composés nitrés, mais qui est sans action sur les hydrures alcooliques (Greville Williams).

On peut aussi avoir recours à la méthode de Berthelot qui consiste dans l'emploi successif de l'iode et de l'acide sulfurique concentré [*Bull. de la Soc. chim.*, 1860, t. VI, p. 289].

E. Lormé a donné dans le *Manuel du fabricant de produits chimiques* (Roret), t. IV, p. 432, d'intéressants détails sur le boghead et ses produits de distillation. Ch. L.

BOHÉIQUE (ACIDE),

$$C^7 H^{10} O^6 = C^7 H^8 O^4, O^2 H^2$$

[Rochleder, 1847, *Ann. Pharm.*, t. LXIII, p. 202; *Pharm. centr.*, 1848, p. 25].

Suivant Rochleder, cet acide se trouverait en petite quantité dans le thé noir, mêlé à l'acide quercitannique.

Une décoction de thé noir est précipitée à chaud par l'acétate de plomb. Le précipité est filtré, la liqueur laissée 24 heures au repos et filtrée de nouveau. — La liqueur claire est alors saturée par l'ammoniaque. — Le précipité jaune qui se forme est repris par l'alcool absolu et décomposé par l'acide sulfhydrique. Le liquide filtré est desséché dans le vide sec. — Le résidu est repris par l'eau et la solution de nouveau évaporée dans le vide, puis séchée à 100°. — Ce traitement se répète trois fois, et une dernière évaporation dans le vide sec donne l'acide.

C'est une substance jaune pâle qui fond à 100° en une masse visqueuse et qui est déliquescente à l'air. Il colore en brun le chlorure ferrique sans le précipiter. Soluble en toutes proportions dans l'eau et l'alcool. Ces solutions se décomposent à l'air lorsqu'on les évapore.

BOHÉATES. — *Bohéate de baryum,*

$$C^7 H^8 O^6 Ba + H^2 O.$$

— Le bohéate brut de plomb en suspension dans l'eau est traité par l'hydrogène sulfuré. La liqueur filtrée, reprise par l'eau de baryte, donne un précipité jaune qu'on lave à l'abri de l'air avec de l'eau alcoolisée.

Bohéate de plomb, $C^7 H^8 O^6 Pb + H^2 O$. — Le sel normal s'obtient en mêlant la solution alcoolique de l'acide (privé de l'hydrogène sulfuré qui le souille par son séjour dans le vide au-dessus de la potasse), avec l'acétate de plomb alcoolique. Le précipité est lavé à l'alcool et desséché à 100°. Sel blanc grisâtre.

Bohéate basique de plomb, $C^7 H^8 O^6 Pb . PbO$, obtenue par la précipitation de la solution aqueuse de l'acide par une solution ammoniacale d'acétate de plomb précipité jaune. A. G.

BOIS. — On donne le nom de bois au tissu plus ou moins compacte et dur qui constitue la partie sous-corticale des troncs, des branches et des racines des végétaux arborescents [Chevandier, *Ann. de Chim. et de Phys.*, (3), t. X, p. 156, et *Compt. rend. de l'Acad.*, t. XXIV, p. 275, 422; — Liebig, *Jahresb.* 1847 à 1848, p. 1098; — Durocher, *Ann. des mines*, (5), t. IX, p. 356; — Kamarsch, *Mechan. Technolog.* 1866, t. I, p. 625; — Petersen et Schodler, Eman's, *Journ. für prakt. Chem.*, t. VIII, p. 321]. Ce tissu est essentiellement composé de cellules et de fibres, ou vaisseaux plus ou moins allongés, dont les parois sont constituées par de la cellulose accompagnée de matière incrustante. Dans le bois frais ces cellules et ces vaisseaux sont imprégnés d'eau et contiennent dans leurs cavités libres une grande variété de substances organiques et minérales, dont l'espèce dépend de la nature du végétal (résines, gommes, matières sucrées, extractives, colorantes, alcaloïdes, tannin, etc.).

Les différences si caractéristiques dans les propriétés physiques (dureté, compacité, pesanteur spécifique, etc.) offertes par les diverses essences de bois dépendent en partie de leur composition chimique, mais surtout de la structure des fibres et des cellules. Les conifères contiennent principalement des résines, les bois des arbres à feuilles sont riches en substances extractives.

Les bois qui servent au chauffage, aux constructions et à la préparation des objets d'ameublement se partagent généralement en bois durs et en bois tendres. Dans la première catégorie se rangent les bois d'ébénier, de chêne, d'orme, de hêtre, de noyer, de poirier, de prunier, de châtaignier, de frêne, de cornouiller; dans la seconde on classe les bois de sapin, de pin, de tilleul, de peuplier, de saule, etc.

La matière incrustante forme, avec la cellulose, environ les 96 centièmes du ligneux sec. Elle est dure et cassante et c'est à sa prédominance plus ou moins grande, par rapport à la cellulose, qu'il faut attribuer en partie les variations dans la dureté, la pesanteur spécifique, la propriété de se polir plus ou moins facilement. Dans les bois durs elle est plus abondante que dans les tendres, le cœur en contient plus que l'aubier. Comme elle renferme plus de carbone et d'hydrogène par rapport à l'oxygène que la cellulose, on comprend qu'à poids égaux et à l'état sec, les bois durs fournissent plus de calorique que les bois tendres. Une différence de même ordre se remarque dans le rendement en acide acétique pendant la distillation sèche.

La matière incrustante n'offre pas une composition constante et paraît être un mélange de plusieurs produits. Payen admet l'existence de quatre principes auxquels il donne les noms de lignose, lignone, lignin et lignérose.

Ces quatre corps sont, comme la cellulose, insolubles dans l'eau; les deux premiers sont insolubles dans l'alcool, tandis que le lignin et la lignérose s'y dissolvent. La lignone et le lignin sont solubles dans l'ammoniaque, le lignose et le lignérose y sont insolubles. Tous quatre se dissolvent dans les alcalis, la lignérose est seule soluble dans l'éther.

COMPOSITION QUANTITATIVE ET QUALITATIVE DES BOIS.

1° *Eau.* — La quantité d'eau contenue dans les bois varie proportionnellement à la richesse en sève; elle est maximum au printemps, diminue notablement en automne et atteint son minimum en hiver. Il est donc plus avantageux de couper en automne ou en hiver les bois destinés au chauffage et à la carbonisation.

Quantité d'eau p. 100.

	fin janvier.	commencement avril.
Frêne	28,8	38,6
Châtaignier	40,2	47,1
Pinus abies	52,7	61,0

Les branches sont plus aqueuses que le tronc et dans celui-ci les couches externes le sont plus que les internes. Le tableau ci-joint donne les proportions d'eau des diverses essences, d'après Schübler [*Erdm. Journ. f. Chem.*, t. VII, p. 35].

Carpinus betula	(hêtre)	18,6
Salix caprea	(saule)	26,0
Acer pseudo-platanus.	(érable)	27,0
Fraxinus excelsior	(frêne)	28,7
Betula alba	(bouleau)	30,8
Quercus robur	(chêne)	34,7
Pinus abies	(pin)	37,1
Tilia europœa	(tilleul)	47,1
Populus italica	(peuplier)	48,2
Populus nigra	(peuplier noir)	51,8

2° *Carbone et hydrogène.* — Envisagé dans son ensemble, le bois séché complétement, quelle que soit la provenance, renferme plus de carbone et d'hydrogène que la cellulose; ce résultat dérive de la présence de la matière incrustante et d'une foule de principes riches en carbone.

Le tableau suivant donne la composition élémentaire de diverses espèces (Chevandier) :

		Carbone.	Hydro-gène.	Oxy-gène.	Azote.
Hêtre...	tronc	49,89	6,07	43,11	0,93
	tiges	50,08	6,23	41,61	1,08
Chêne...	tronc	50,64	6,03	42,05	1,28
	tiges	50,89	6,16	41,94	1,01
Bouleau.	tronc	50,61	6,23	42,04	1,12
	tiges	51,93	6,31	40,69	1,07
Tremble	tronc	50,31	6,32	42,39	0,98
	tiges	51,08	6,28	41,65	1,05
Saule...	tronc	51,75	6,19	41,08	0,98
	tiges	54,03	6,56	37,93	1,48

On voit qu'en définitif les rapports entre le carbone, l'hydrogène et l'oxygène ne varient pas beaucoup dans les divers bois.

3° *Cendres.* — La proportion des cendres change dans des limites plus étendues d'une espèce à l'autre et sur un même sujet avec la place examinée; ainsi les feuilles et l'écorce fournissent plus de cendres que le bois proprement dit, comme cela résulte des expériences faites par M. Violette sur un poirier.

		Carbone.	Hydro-gène.	Oxygène et azote.	Cen-dres.
Feuilles.............		45,015	6,971	40,910	7,118
Extrémité des tiges.	écorce	52,496	7,312	36,737	?,454
	bois..	48,359	6,605	44,730	0,304
Partie moyenne.	écorce	48,855	6,342	41,121	3,682
	bois..	49,902	6,607	43,356	0,134
Partie inférieure.	écorce	46,871	5,570	44,656	2,903
	bois..	48,003	6,472	45,170	0,354
Tronc........	écorce	46,267	5,930	44,755	2,657
	bois..	48,925	6,460	44,319	0,296
Racine......	écorce	50,367	6,069	41,920	1,129
	bois..	47,390	6,259	46,126	0,234

COMPOSITION DES CENDRES.

D'après Berthier [*Dingler's Journ.*, t. XXII, p. 150] :

		Tilleul.	Bouleau.	Aune.	Sapin	Pin.
Sels solubles........	Acide carbonique...............	2,96	2,72	»	7,76	2,80
	— sulfurique..................	0,81	0,87	1,24	0,80	1,67
	— chlorhydrique	0,19	0,08	0,06	0,08	0,92
	— silicique	0,17	0,16	»	0,20	0,18
	Potasse...................	6,55	12,72	»	16,80	4,41
	Soude.....................					3,53
	Total...............	10,68	16,00	18,80	25,14	13,51
Sels insolubles......	Acide carbonique...............	35,75	26,04	25,17	17,17	32,77
	— phosphorique..............	2,51	3,61	6,25	3,14	0,91
	— silicique..................	1,80	4,62	4,06	5,97	4,19
	Chaux......................	46,53	43,85	40,76	29,72	38,51
	Magnésie	1,97	2,52	2,03	3,28	9,50
	Peroxyde de fer.............	0,09	0,42	2,92	10,58	0,09
	Oxyde de manganèse.........	0,54	2,94	»	4,48	0,35
	Total...............	89,19	84,00	81,81	74,29	86,39

D'après Hartwig [*Ann. der Chem. u. Pharm.*, t. XLVI, p. 97] :

	Hêtre (bois).	Hêtre (écorce).	Sapin (bois).	Sapin (écorce).	Sapin (piquants).
Carb. de pot...	11,72				
— soude.	12,37	3,02	11,30	2,95	29-09
Sulfate de potasse.......	3,49		7,42		
Carb. de chaux.	49,54	64,76	50,94	64-98	15,41
Magnésie	7,74	16,90	5,60	0 93	3,89
Phosp. de chaux.	3,32	2,71	4,43	5,03	
— de magnésie.	2,92	0,66	2,90	4,18	38,36
— de fer.....	0,76	0,46	1,04	1,04	
— d'alumine...	1,51	0,84	1,75	2,42	
— de mangan..	1,59	»	»	»	»
Silice........	2,46	9,04	13,37	17,28	12,36

Si, au lieu de nous placer au point de vue d'une analyse élémentaire, nous envisageons la composition immédiate des bois, nous pouvons diviser les principes constitutifs en deux catégories. La première comprend le tissu ligneux proprement dit (cellulose et matière incrustante), formant de 90 à 96 % du poids sec; dans la seconde se retrouvent les très-nombreux principes immédiats extraits des végétaux et variant avec l'espèce; ils appartiennent plus particulièrement au suc et à la séve; les uns se rangent dans la classe des substances dites hydrocarbonées (gommes, fécules, sucres, etc.), d'autres dans la classe des acides, des alcaloïdes végétaux, des matières résineuses des pigments, des substances albuminoïdes, et des principes peu connus, désignés sous le nom général d'extractif.

En résumé la composition moyenne du bois peut être représentée par le tableau suivant :

	Car-bone.	Hydro-gène.	Oxy-gène.	Cen-dres.	Eau.
Bois sec et privé de matières minérales.........	50	6	44	0	0
Bois sec avec matières minérales..............	49,5	6	43,5	1	0
Bois séché à l'air, avec matières minérales.......	39,6	4,8	34,8	0,8	20

En admettant que dans le bois sec et privé de cendres l'oxygène est combiné à l'hydrogène sous forme d'eau, on trouve : carbone 50, hydrogène 0,5 et eau chimiquement combinée 49,5. Ces nombres ont une certaine importance au point de vue de l'évaluation du pouvoir calorifique du bois. Dans le bois sec la somme des principes utiles comme producteurs de calorique est de 50,5.

Quantité de chaleur dégagée par la combustion d'un kilogramme de bois.

1° Quantité théorique :

	Oxyde de plomb réduit.	Unités de chaleur.	Pouvoir calorif. spécifique. Celui du carbone=1.	Den-sité.
Bois séché à l'air (20 % d'eau)....	»	3600	»	»
Bois mi-séché (10% d'eau)............	»	4100	»	»
Bois sec............	»	4700	»	»
Hêtre séché à l'air..	12,5	3100	0,28	0,770
Chêne rouvre id...	14,05	2400-3000	0,26	0,708
Frêne.......id...	14,50	3000-3500	0,24	0,670
Érable.......id...	14,16	3600	0,23	0,645
Hêtre rouge.......	14,00	3300-3600	0,24	0,591
Pin.............	13,88	2800-3700	0,19	0,472
Tilleul............	14,48	3400-4000	0,18	0,439
Peuplier..........	13,04		0,14	0,387

2° Quantité expérimentale d'après Brix :
1 kilogramme de bois non séché évapore, en la portant de 0° à 100°,

	Eau.	et renferme p. 100 (Eau).
Bois de pin (ancien)	4^k,129	16,1
— (jeune).	3, 620	19,3
Bois d'aune........	3, 818	14,7
— de bouleau...	3, 720	12,3
— de chêne.....	3, 540	18,7
Hêtre rouge (vieux)	3, 390	22,2
— (jeune)	3, 490	14,3
Hêtre blanc.......	3, 620	12,5

On voit par les nombres précédents que le bois sec fournit, à poids égaux, plus de chaleur que le bois humide ; il est, de plus, facile de comprendre qu'un bois contenant 20 % d'eau donnera en brûlant, pour 100 p., moins de chaleur utile que 80 p. de bois sec, une fraction du calorique de combustion étant employée à vaporiser l'eau. Aussi dans certaines usines prend-on soin de dessécher le bois dans des étuves.

Densité de diverses espèces de bois.

	Densité moyenne.	
	Bois frais.	Bois sec.
Érable................	0,893	0,691
Pommier.............	1,048	0,733
Bouleau..............	0,919	0,664
Poirier..............	»	0,689
Hêtre rouge..........	0,980	0,721
Buis	»	0,971
Cèdre...............	»	0,568
Bois d'ébène..........	»	1,259
Taxus................	»	0,775
Chêne...............	0,973	0,785
Aune................	0,901	0,551
Frêne................	0,852	0,692
Pin	0,893	0,428
Pin d'Écosse..........	0,903	0,613
Grenadier............	»	0,973
Cerisier..............	0,928	0,646
Tilleul...............	0,794	0,522
Noyer...............	»	0,735
Peuplier.............	0,857	0,472

La densité de la fibre ligneuse, abstraction faite des pores, est à peu près égale dans toutes les essences et représentée par 1,50 (M. Violette).

Propriétés chimiques du bois. — Les bois étant des produits complexes, leurs propriétés chimiques sont nécessairement la résultante des propriétés des éléments constituants.

Cependant, comme le ligneux forme, dans presque toutes les espèces, la proportion la plus élevée, il en résulte que ces propriétés ne varient que dans certaines limites.

Chauffé au contact de l'air, le bois commence à s'altérer à 140° ; à une température plus élevée, la décomposition devient plus prononcée ; à mesure qu'il se forme des produits volatils combustibles, ceux-ci brûlent et se résolvent en principes plus simples.

Sous l'influence de la distillation sèche, à l'abri de l'air, le bois fournit divers gaz (acide carbonique, oxyde de carbone, hydrogène, carbures d'hydrogène, azote). Les proportions de ces gaz varient suivant qu'on les prend au début, au milieu ou à la fin de la distillation ; ainsi au commencement on trouve :

Acide carbonique................	44,9
Oxyde de carbone...............	36,8
Hydrogène......................	16,8
Azote..........................	1,5

À la fin on trouve :

Acide carbonique...............	29,2
Oxyde de carbone...............	24,9
Hydrogène	44,2
Azote..........................	1,7

La température et la rapidité de la distillation influent également sur la nature des gaz. Outre les gaz, on obtient des produits goudronneux complexes, de l'eau chargée d'acide acétique, de l'alcool méthylique, de l'acétate de méthyle, de l'acétone, etc.

Il reste un résidu de charbon. 100 p. de bois séché fournissent, en moyenne, 35 à 40 p. de charbon (voyez, pour plus de détails, CARBONISATION).

La sciure de bois, traitée par l'hydrate de potasse ou de soude à une température suffisamment élevée, donne un résidu riche en oxalate. Cette réaction sert de base à une exploitation industrielle montée à Manchester sur une grande échelle, en vue de préparer l'acide oxalique.

Conservation des bois. — Les bois morts ou coupés, soumis à l'influence de l'humidité et de l'air atmosphérique, subissent des altérations variées qui finissent par les transformer en une substance pulvérulente plus ou moins foncée, et se rapprochant des matières ulmiques. Avant d'arriver à ce terme avancé de destruction, ils perdent une grande partie de leur solidité et se réduisent facilement en menus fragments. Cette altération est plus ou moins rapide, selon les conditions dans lesquelles le bois est placé. Il est évident que ce résultat presque inévitable rend très-désavantageux l'emploi du bois comme matériel de construction, surtout dans les endroits où il est soumis à la double influence de l'air et de l'humidité. Depuis longtemps on s'est préoccupé des moyens de prévenir la destruction du bois. Une analyse approfondie des causes et des conditions qui favorisent et provoquent la décomposition permet de trouver le remède.

L'action de l'air et de l'eau étant nécessaire à la fermentation putride et à la combustion lente du bois, il suffit de se mettre à l'abri de ces deux agents ou du moins de l'un d'eux.

D'un autre côté, la cause directe de la fermentation est due au développement d'infusoires microscopiques rencontrant au sein du tissu végétal les matières nutritives azotées et autres, nécessaires à leur développement ; se placer dans des conditions chimiques incompatibles à la vie de ces infusoires, c'est encore remplir une indication de premier ordre, d'autant plus que l'on arrivera du même coup à enrayer les ravages des parasites animaux et végétaux d'un ordre plus élevé et dont l'envahissement, souvent prodigieux, n'est pas une des causes les moins intéressantes de l'altération du tissu ligneux.

Les substances si variées qui rentrent dans la classe des antiseptiques sont susceptibles de remplir le but. La difficulté n'est pas là ; mais pour bien préserver il s'agit de faire pénétrer le produit préservateur dans tous les pores du tissu végétal. On a cherché à atteindre ce but de différentes manières ; nous les passerons sommairement en revue, en insistant sur les méthodes qui ont reçu le plus de développement.

Comme substances antiseptiques on a proposé les sulfates et les acétates de fer et de cuivre, le sublimé corrosif, le chlorure de zinc, l'acide arsénieux, les essences, la créosote, les matières goudronneuses plus ou moins riches en phénols.

L'emploi des matières grasses et résineuses que l'on fait pénétrer plus ou moins profondément, ou dont on recouvre seulement le bois, a pour but de le préserver du contact de l'air et de l'influence de l'humidité.

On a cherché à réaliser la pénétration en soumettant le bois à une immersion plus ou moins prolongée dans le liquide conservateur ; des essais ont été tentés dans cette direction par Fagot, en 1740, avec l'alun, le sulfate de fer et divers sels, par Jackson, en 1767, avec le sel marin, mêlé de sulfate de fer, de magnésie et d'alumine.

En 1830, Kyan propose l'emploi d'une solution faible de bichlorure de mercure.

La pénétration peut être favorisée en maintenant le liquide à une température élevée. Ainsi Chauviteau et Knab se servaient d'une solution de sulfate de cuivre de 1,5 °/₀ maintenue à 70°, et le baron Champy arrivait à une pénétration presque complète du bois en le plongeant dans du suif fondu, chauffé à 200°.

On conçoit, en effet, que, dans ces conditions, l'eau qui imprègne le tissu ligneux se trouve complétement vaporisée, et que, par suite du refroidissement, le liquide pourra s'introduire sous l'influence du vide.

Nous ne mentionnons que pour mémoire les procédés de Bréant (1831), de Bethel (1838), de Légé et Fleury-Pironnet. La pénétration s'obtient en plaçant les pièces de bois dans un espace clos, dans lequel on peut faire le vide à 0ᵐ,15 ou 0ᵐ,12 de pression, au moyen de la condensation de la vapeur d'eau; on introduit ensuite le liquide antiseptique et l'on achève de favoriser la pénétration, en exerçant une pression de 8 à 10 atmosphères, à l'aide d'une pompe foulante. Le volume considérable que l'on doit donner aux récipients s'est opposé à l'extension de cette méthode, qui du reste est moins économique que les suivantes. Au lieu de comprimer le liquide antiseptique dans le réservoir, on peut, après avoir fait le vide, laisser pénétrer des vapeurs d'une substance conservatrice volatile telle que la créosote (Moll).

M. Boucherie a cherché à utiliser la force ascensionnelle de la séve pour l'injection des canaux vasculaires du bois. A cet effet, on plonge la section d'un arbre récemment coupé dans le liquide; ou bien on pratique à la base du tronc deux sections opposées laissant entre elles un intervalle de quelques centimètres, on enveloppe les sections d'une bande de toile caoutchoucquée fixée au-dessus et au-dessous par de fortes ligatures. L'espace clos circulaire ainsi formé, au sein duquel se trouvent les sections, est mis en communication avec un réservoir contenant le liquide. Enfin l'arbre entièrement coupé peut être couché horizontalement; la section est enveloppée d'une toile imperméable bien fixée sur un bourrelet de glaise et le sac clos est mis en communication avec le tonneau plein de liquide. Il suffit de laisser à l'extrémité de l'arbre quelques sommités chargées de feuilles pour que l'aspiration se fasse naturellement. De là au procédé par déplacement il n'y a qu'un pas. Le tronc de l'arbre étant couché horizontalement comme tout à l'heure, et sa section étant enveloppée d'un sac imperméable en communication avec le réservoir à liquide, élevons ce réservoir à une certaine distance du sol et nous obtiendrons naturellement une pression qui pourra remplacer l'attraction capillaire; au bout de très-peu de temps le liquide filtrant à travers les vaisseaux du bois, chassant la séve devant lui, viendra s'écouler par la section opposée. Voici une disposition très-ingénieuse adoptée par M. Boucherie. Soit une pièce ou bille de bois ayant deux fois la longueur d'une traverse de chemin de fer; on donne au milieu un trait de scie qui pénètre jusqu'à 3 ou 4 centimètres du côté opposé; soulevant ensuite la pièce par le milieu, au-dessous de la portion ménagée, on fait ouvrir la fente et l'on garnit ses bords d'une corde goudronnée; en enlevant la cale, la corde se trouve pincée et ménage un espace clos que l'on met en communication avec le réservoir élevé en pratiquant un trou de tarière entre le dessus de la pièce et l'espace vide.

Une disposition plus pratique encore est la suivante :

Les pièces à injecter sont placées horizontalement et parallèlement; leurs deux sections sont rafraîchies par un trait de scie. Sur le pourtour du gros bout on applique une corde d'étoupe, puis un plateau épais en bois de chêne que l'on fixe et que l'on serre fortement au moyen de crampons en fer. On ménage ainsi, grâce à la corde, entre la section du bois et celle du plateau, un espace vide de quelques millimètres où le liquide pourra se loger. Le plateau est percé au centre d'un trou circulaire susceptible de recevoir un ajutage ou robignole communiquant avec le réservoir élevé de 8 à 10 mètres. Les nombres suivants peuvent donner une idée de la rapidité avec laquelle l'opération s'exécute. Dans un tronc de hêtre, il a été déplacé, en 24 heures, 3,060 litres de séve pure qui ont été remplacés par 3,210 litres de pyrolignite de fer.

Un peuplier de 40 centimètres à sa base a absorbé en 6 jours 3 hectolitres de pyrolignite.

M. Perrin a proposé de favoriser l'absorption du liquide en produisant un vide partiel autour de la section opposée à celle qui baigne dans le liquide. On enferme cette section dans une boîte en fonte dans laquelle on brûle une étoupe imprégnée d'esprit de bois.

Le procédé Boucherie, tel que nous l'avons décrit en dernier lieu, a rendu et rend encore de grands services pour la conservation des billes de chemin de fer et des poteaux télégraphiques. Il s'agit ici de préserver le bois de la pourriture sèche et humide et d'augmenter sa dureté; le pyrolignite de fer et surtout le sulfate de cuivre sont généralement employés comme liquides conservateurs. Cependant l'administration belge, après avoir expérimenté une douzaine de procédés, s'est décidée à s'en tenir exclusivement, pour l'avenir, à l'usage des billes de chêne à l'état naturel ou dont l'aubier aurait été soumis à la préparation des huiles créosotées du système Bethel ou des billes de hêtre et de sapin rouge préparées d'après ce même procédé.

M. Melsens s'est occupé depuis 1845 du problème de la conservation des bois et a publié à deux reprises différentes les résultats de ses recherches [*Bull. de l'Acad. roy. de Belgique,* août 1848 et 1865].

Il emploie comme substances préservatrices tous les composés organiques fixes insolubles dans l'eau, inaltérables par l'air et l'humidité, fusibles à une température qui ne dépasse pas celle à laquelle les bois se détériorent : goudrons, bitumes, cires, huiles fixes, colophane, etc., ou leur mélange. L'injection s'obtient aisément en employant la chaleur comme dissolvant des matières conservatrices, et comme force mécanique la condensation de la vapeur d'eau produite à une température élevée. Le bois est immergé dans la substance préservatrice préalablement liquéfiée à une température suffisamment élevée; en alternant les effets de chauffe et de refroidissement on peut arriver à le pénétrer complètement.

Les injections partielles sont souvent suffisantes, mais alors il faut donner à la bille, avant l'opération, la forme complète sous laquelle elle servira.

Quand l'injection n'est que partielle, elle se fait toujours dans le même sens, de la même manière et suit le même chemin que la détérioration, de façon que, lorsque celle-ci commencera, elle devra passer par-dessus les portions injectées et préservées avant d'arriver au bois à détériorer. Un grand avantage de l'injection par les matières goudronneuses consiste dans l'emploi qu'on peut faire de bois en grume, équarris, verts, desséchés ou ayant subi des préparations quelconques.

M. Melsens a trouvé que des blocs de 0ᵐ,40 de long sur 0,25 de diamètre étaient restés parfaitement conservés au bout de plus de vingt ans après avoir été soumis d'une manière permanente aux causes qui favorisent le plus la détérioration.

Ces procédés d'injection ne s'appliquent pas également bien à toutes les essences. L'aune, le bouleau, le charme, le hêtre et le saule s'imprègnent facilement; le sapin résiste parfois à une imprégnation complète, les couches du centre restant blanches; le tremble et le chêne offrent une grande résistance.

Les bois parfaitement remplis peuvent absorber de 30 à 50 % de leur poids sec de goudron. Entraîné par les essences, le goudron pénètre dans la masse ligneuse en suivant les contours et les sinuosités des fibres longitudinales qu'il remplit presque complétement, ou il est particulièrement accumulé à toutes les sections transversales, bouchant ainsi les méats qui donnent accès aux agents de détérioration.

Nous ne voulons pas quitter ce sujet sans signaler en passant les bons effets résultant, au point de vue de la conservation, de la carbonisation superficielle. Cette carbonisation rend de meilleurs services encore si on la réalise dans le goudron ou autres substances analogues qui bouchent tous les pores du bois.

Le flambage du bois peut être avantageusement employé pour arrêter les progrès de l'altération à l'intérieur des coques des navires.

L'injection se fait souvent dans un autre but que la conservation. Ainsi, avec les chlorures terreux, on conserve au bois sa souplesse. En introduisant dans les parties du tissu végétal des substances pouvant donner naissance à des matières colorantes par leur décomposition mutuelle, on réalise des effets dont l'ébénisterie peut tirer parti. Ainsi, avec les sels de fer et le cyanure jaune ou le tannin, le chromate de potasse et les sels de plomb, on produit de véritables teintures qui s'accusent sous forme de veinages noirs, bleus, jaunes, etc.

Le bois de chêne prend, sous l'influence du gaz ammoniac, et assez rapidement, une coloration intense. M. Melsens s'est servi de cette curieuse propriété pour indiquer un procédé servant à vieillir le chêne et à imiter les meubles antiques [*Bull. de la Soc. d'encourag.*, 1re série, t. XLVI, p. 448, et t. XLVII, p. 666].

Il décrit à cette occasion une expérience assez curieuse. On écrit en gros caractères un nom sur une tête de chêne, en employant, pour faire les lettres, un vernis épais de colophane et d'essence de térébenthine que l'on applique à chaud. On place le côté écrit du bois au-dessus d'un vase au fond duquel il y a de l'ammoniaque liquide et qui se trouve presque hermétiquement bouché par le bois; le gaz ammoniac agit sur toute la portion du bois qui entoure la lettre et pénètre dans le bois qu'il colore, mais il entre à plusieurs centimètres de bas en haut, tandis qu'il ne fait qu'un très-court trajet de droite à gauche. En opérant ainsi, les lettres qui sont réservées par le vernis paraissent en blanc. En enlevant successivement des tranches, on retrouve donc le nom écrit en blanc dans l'intérieur du bois, car l'action de l'ammoniaque a bruni toutes les fibres qui entourent les lettres. Lorsqu'au contraire on réserve par du vernis toute la portion du bois qui entoure les lettres, le nom se trouve écrit en noir ou en brun foncé.　　P. S.

BOIS DE TEINTURE. — Par bois de teinture on désigne généralement les diverses espèces de bois qui, outre les principes immédiats contenus dans les bois, renferment dans leur parenchyme des matières colorantes ou colorables susceptibles d'être utilisées dans la teinture et l'impression.

Ces bois viennent pour la plupart des pays chauds, des Indes orientales ou occidentales, des Antilles et des îles de l'océan Pacifique ou de l'océan Atlantique situées sous une latitude convenable. Quelques-uns cependant croissent dans nos climats ou peuvent y être acclimatés.

On les divise en catégories suivant la nuance qu'ils sont susceptibles de fournir.

Ce sont : le bois de campêche, les bois rouges, le santal, les bois jaunes, le quercitron, le fustel ou fustet, la rhubarbe, l'épine-vinette, le curcuma.

Ces bois sont réduits en poudre grossière ou en copeaux, au moyen d'une machine connue sous le nom de *varlope*.

Les parties pulvérulentes peuvent être séparées des copeaux par un tamisage préalable et employées directement dans les opérations de teinture, tandis que les copeaux servent à la préparation d'extraits de bois colorants par des méthodes dont nous donnons plus loin la description.

BOIS DE CAMPÊCHE ou *bois d'Inde*. — Bois noir, bois bleu; est fourni par le tronc de l'*Hematoxylon campechianum*. C'est un arbre épineux, de la famille des légumineuses. Il croît dans toutes les parties de l'Amérique méridionale et aux Antilles. La baie de Campêche, au Mexique, lui a donné son nom. Il fut introduit en Europe peu de temps après la découverte de l'Amérique. Les diverses variétés se distinguent par les noms des localités qui les fournissent. Ce sont : 1° le campêche coupe d'Espagne; 2° le campêche coupe anglaise, provenant de la Jamaïque; 3° les campêches coupes de Saint-Domingue et d'Haïti; 4° le campêche d'Honduras; 5° le campêche de la Martinique; 6° le campêche de la Guadeloupe. Ces deux dernières espèces sont moins riches et moins estimées que les autres.

Il nous arrive sous forme de grosses bûches dépouillées, du poids de 200 kilogrammes environ; d'une couleur rouge brun à l'extérieur, beaucoup moins foncé dans les parties internes préservées du contact de l'air. Elles sont très-dures, susceptibles d'un beau poli et offrant de larges crevasses. La saveur du bois est sucrée et astringente; il colore la salive en rouge.

La matière colorante du bois de campêche a été étudiée par Chevreul et Erdmann. Elle existe dans les décoctions aqueuses sous trois formes : 1° à l'état oxydé; 2° à l'état colorable (hématoxyline ou hématine); 3° sous forme de glucoside. La partie oxydée se produit par l'altération du bois au contact de l'air. C'est à elle que les décoctions doivent leur teinte foncée. Cette oxydation peut, du reste, être plus ou moins avancée.

Le pouvoir colorant du bois est très-notablement augmenté à la suite d'une espèce de fermentation qu'on lui fait subir quelquefois, en l'étalant en poudre humectée sur le plancher dallé d'une chambre, sous une épaisseur de 1 mètre à 1^m,50. Il faut avoir soin de renouveler fréquemment les surfaces et d'établir un courant d'air actif, afin d'éviter une trop forte élévation de température. Il est probable que dans cette circonstance les glucosides colorants sont saponifiés, de là l'augmentation du pouvoir colorant.

Une poudre ainsi préparée ne salit plus autant les blancs d'un tissu mordanté.

Une décoction de bois de campêche se comporte comme il suit avec les réactifs :

Les acides étendus la font virer au jaune.

Les acides concentrés la font virer au rouge.

L'hydrogène sulfuré la décolore.

Les acides sulfureux et carbonique la font virer au jaune.

Les alcalis lui communiquent une coloration rouge, puis violacée.

La baryte, la chaux et ses oxydes métalliques hydratés donnent des précipités bleus.

Les sels basiques agissent comme les bases.

Les sels acides se comportent comme les acides.

L'aluminate de soude donne un abondant précipité bleu violacé, insoluble dans un excès d'alcali. Ce caractère est très-sensible et permet de déceler la présence du campêche dans un mélange, le vin par exemple.

L'hydrate stanneux forme une laque violacée.

L'hydrate stannique fait virer la décoction au rouge.

L'alun donne une coloration jaune, puis rouge.

Les sels de fer précipitent en noir bleuâtre.

Les sels de cuivre précipitent en bleu.

Les sels de zinc précipitent en pourpre foncé.

Le sublimé donne un précipité orangé.

Le nitrate de bismuth précipite en violet magnifique.

Le campêche donne, avec les tissus mordancés en alumine, des violets grisâtres assez intenses; avec les mordants de fer, des noirs ou des gris; avec un mélange des deux, un noir préférable pour la teinte à ceux qui ne renferment que du fer. Avec l'acide chromique qu'il réduit, il fournit une laque d'un très-beau noir violeté. Toutes ces nuances, sauf la dernière, sont très-instables et se détruisent sous l'influence de la lumière, du savon, des alcalis et des acides. Il suffit de toucher un violet campêche ou un noir au fer avec un acide un peu concentré pour le faire virer au rouge.

Le campêche sert pour la teinture du coton, de la laine, de la soie, du cuir; dans la préparation de certaines couleurs vapeur. Il donne des nuances assez variées suivant le mode de fixage. On utilise le bois réduit en copeaux ou en poudre, les décoctions de bois plus ou moins concentrées (10° à 20° Baumé) et des extraits secs.

La valeur commerciale de ces produits s'apprécie le mieux en teignant une surface donnée de tissu mordancé avec un poids connu de produit, comparativement avec un type. Ainsi, avec les bandes mordancées usitées en Alsace, on prend 5 grammes de bois pour un échantillon de 25 centimètres carrés.

L'*hématine* ou *hématoxyline* représente la principale matière colorante du bois de campêche. Chevreul l'a isolée pour la première fois en cristaux, en épuisant par l'alcool un extrait aqueux sec de bois. Erdmann traite le bois ou l'extrait aqueux sec mélangé à du sable quartzeux par de l'éther. Dans les décoctions concentrées à 10°, préparées avec la coupe d'Espagne, il se forme, au bout de quelques semaines, un dépôt abondant de cristaux d'hématine que l'on purifie facilement par un lavage à l'eau froide acidulée, et par une ou deux cristallisations faites à chaud. Le campêche coupe d'Espagne paraît renfermer beaucoup d'hématine libre que les autres variétés de bois dans lesquels la matière colorante se trouve en partie à l'état de glucosides. Les cristaux d'hématine sont jaune clair, brillants et transparents; leur poudre est blanc jaunâtre. Ils appartiennent au système tétragonal; saveur sucrée et contiennent 15,1 °/₀ d'eau. Lorsqu'on laisse refroidir dans un flacon bouché une solution d'hématine saturée à chaud, elle dépose, au bout d'un temps assez long, des cristaux grenus, non déterminables, ne contenant que 5,6 °/₀ d'eau. Ces deux formes correspondent à deux états d'hydratation distincts.

En prenant pour l'hématine anhydre la formule $C^{16} H^{14} O^6$ (Erdmann), les prismes renfermeraient 3 molécules d'eau et les cristaux grenus une seule molécule. A 100° ils perdent une partie de leur eau de cristallisation; pour chasser le reste, il convient de chauffer plus fortement. Sous l'influence de la chaleur, l'hématine fond dans son eau de cristallisation et se décompose à une tem-

pérature plus élevée sans se sublimer. L'hématine ne se dissout que lentement et en petites quantités dans l'eau froide; beaucoup mieux dans l'alcool, l'éther ou l'eau bouillante.

L'hématine pure, exempte des produits de son oxydation, fonctionne comme un acide faible et donne, avec les bases, des combinaisons incolores. Mais celles-ci ont une grande tendance à absorber l'oxygène en se colorant. Ainsi l'eau de baryte précipite en blanc une solution d'hématine, mais le dépôt bleuit rapidement au contact de l'air. En saturant une solution d'hématine avec du sel marin et en ajoutant peu à peu de la soude, on voit se former un précipité blanc (hématate de soude) très-oxydable à l'air.

Les acétates neutre et basique de plomb précipitent l'hématine en blanc bleuâtre.

Elle réduit les sels d'or, d'argent; le bichromate de potasse est réduit avec production d'une laque noire.

Le sel d'étain la précipite en rose. L'acide nitrique l'attaque énergiquement avec production d'acide oxalique. Le chlore la convertit en une masse amorphe brune.

Chauffée à 140° avec l'anhydride acétique, l'hématine fournit un dérivé acétique insoluble dans l'eau, soluble dans l'alcool. Une solution d'hématine dans l'ammoniaque caustique étant maintenue à 100° en vases clos, pendant quarante-huit heures, laisse déposer un composé amidé incolore, insoluble dans l'eau, soluble dans les acides et précipitable de ces solutions par les alcalis; il est très-avide d'oxygène et se colore instantanément en violet au contact de l'air.

M. Erdmann donne le nom d'hématéine au produit qui prend naissance lorsque l'hématine absorbe l'oxygène, en présence des alcalis. En agitant pendant quelque temps au contact de l'air, à une douce chaleur, une solution saturée d'hématine dans l'ammoniaque, le liquide prend une coloration rouge cerise foncé et dépose des cristaux grenus d'hématéate d'ammoniaque.

Ce sel, décomposé par l'acide acétique, donne un précipité volumineux, rouge brun, devenant vert foncé à éclat métallique par la dessiccation. La poudre est rouge. L'hématéine est très-peu soluble dans l'eau froide, plus soluble à chaud, soluble dans l'alcool, peu soluble dans l'éther.

Les alcalis et l'ammoniaque la dissolvent en bleu ou en pourpre; le liquide devient brun à l'air par suite d'une oxydation plus avancée. L'hématéate d'ammoniaque constitue une poudre noire, formée de prismes microscopiques transparents, à quatre faces. Il est soluble dans l'eau avec une coloration pourpre, soluble en rouge brun dans l'alcool. A 100° ou dans le vide, audessus de l'acide sulfurique, il perd son ammoniaque. Il précipite la plupart des sels métalliques. Avec le sulfate de cuivre, le précipité est bleu violacé, violet avec le sel d'étain, noir avec l'alun de fer. Il réduit le nitrate d'argent. L'hydrogène sulfuré décolore l'hématéine en se combinant avec elle et sans la transformer en hématine. La composition de l'hématéine est exprimée par la formule $C^{16} H^{12} O^6$.

On a donc lors de la formation :

$$C^{16} H^{14} O^6 + O = H^2 O + C^{16} H^{12} O^6.$$

Hématine.   Hématéine.

Du reste, l'hématéine n'est qu'un premier terme d'oxydation; celle-ci peut aller plus loin et fournir des composés noirs ulmiques, comme cela arrive avec les solutions alcalines ou sous l'influence du bichromate.

BOIS ROUGES OU DE BRÉSIL. — Les arbres qui les fournissent appartiennent à la famille des lé gumineuses et croissent aux Indes orientales, dans l'Amérique méridionale et aux Antilles. Ils arrivent sous forme de bûches, de bâtons ou de souches. Ils sont durs, compactes, de couleur jaune clair à l'intérieur et brune à l'extérieur, sans odeur, saveur douce ou amère et astringente; ils teignent la salive en rouge.

On en distingue plusieurs variétés qui sont :

1° *Le bois de Fernambouc ou Fernambourg.* — Espèce la plus riche et la plus estimée. Il vient du gouvernement de Paraïbo et est produit par le *Cœsalpina crista,* arbre très-abondant dans les forêts du Brésil et de la Jamaïque. Bûches rondes ou aplaties ; ou éclats de toutes grosseurs, depuis 2 jusqu'à 30 kilogrammes. Dur, pesant, compacte, rouge à l'extérieur, jaune pâle dans les parties internes, saveur sucrée, odeur faiblement aromatique. Il colore l'eau en beau rouge.

2° *Le bois de Brésil proprement dit.* — Produit par le *Cœsalpina brasiliensis.* Bûches taillées à la hache et dépouillées de leur aubier. Dur, compacte, d'un rouge de brique dans les sections fraîches et brunissant à l'air. Il est moitié moins riche que le précédent.

3° *Bois de Sainte-Marthe et de Nicaragua.* — Produit par le *Cœsalpina echinatos* des forêts de Sainte-Marthe et de la Sierra-Nevada au Mexique. Bûches d'un mètre de long, de 10 à 20 kilogrammes. Dur, pesant, compacte, couvert d'un aubier blanc. Il tient le second rang parmi les bois rouges au point de vue de la richesse.

4° *Bois de Sapan ou du Japon.* — Fourni par le *Cœsalpina sappan.* Indes, Siam, Moluques, Chine, Japon, Antilles, Brésil. Bûches ou branches avec tissu médullaire central. Dur, compacte, à grain fin, susceptible d'un beau poli; rouge très-pâle. Le bois de Lima, du commerce, n'est qu'une variété de sappan. Les bois de Manille et des autres Philippines sont les plus mauvaises variétés.

5° *Bois de Brésillet.* — Produit par le *Cœsalpina vesicaria.* Guyane, Jamaïque, îles de Bahama. Bâtons de 54 millimètres de diamètre recouverts d'aubier ; couleur rouge; variété peu estimée.

6° *Bois de Californie.*

7° *Bois de terre ferme ou de Colombie.* — Dur, pesant, noueux et tortueux; fibres longitudinales entrelacées, couleur jaunâtre.

8° *Bois de Bahia.* — Bûches coupées carrément et dépouillées; couleur jaune; qualité moyenne; saveur amère astringente.

L'étude chimique des bois rouges laisse encore beaucoup à désirer. Jusqu'à présent on n'a signalé qu'une seule matière colorante dans les nombreuses variétés nommées ci-dessus; mais il n'est nullement prouvé qu'il n'en existe pas d'autres.

La matière colorante du bois de Brésil est soluble dans l'eau et peut être enlevée au ligneux par des décoctions suffisamment répétées. Telle qu'elle existe dans le bois, elle est peu colorée et présente une teinte jaune pâle qui ne laisse nullement supposer sa richesse colorante; au contact de l'air, on voit peu à peu la nuance devenir plus foncée et passer au rouge plus ou moins brun, par suite d'une oxydation lente. Les décoctions offrent un phénomène analogue. La matière colorante existe dans le bois sous forme de glucoside. Ce glucoside colorable, qui est très-abondant dans les décoctions fraîches, ne précipite pas par l'acétate neutre de plomb. Ainsi, si l'on ajoute ce sel à une décoction, on obtient un précipité rouge brique, peu volumineux, qui contient, outre le tannin et quelques substances étrangères, de la brésiline et les matières colorantes déjà oxydées. Le liquide filtré, à peine teinté de jaune, donne en teinture des nuances presque aussi riches et plus belles que les liqueurs primitives, et préci-

pite abondamment en lilas clair par l'acétate basique de plomb.

L'oxydation ne se produit, du reste, que dans des conditions spéciales, et elle est singulièrement favorisée par les alcalis ou les vapeurs ammoniacales.

On peut conserver pendant des mois, dans des vases largement ouverts, des solutions de bois de Bahia, sans que la teinte change beaucoup, tandis que le bois lui-même brunit assez rapidement.

La décoction des bois rouges est tout aussi sensible à l'action des réducteurs qu'à celle des oxydants. Ainsi l'hydrogène sulfuré la décolore. Bouillie avec 1/1000 seulement de sulfite de soude, elle se décolore presque entièrement tout en conservant son pouvoir tinctorial.

Les acides font passer au jaune la nuance du jus de Brésil. Au bout d'un certain temps il se forme un dépôt cristallin jaune ou rouge. Un excès d'acide chlorhydrique concentré fait virer la nuance au rose vif; cette teinte disparaît par addition d'eau. Les alcalis caustiques et l'eau de chaux lui donnent une teinte rouge cramoisi.

L'alun donne au liquide une couleur rouge, mais ne précipite pas.

Le nitromuriate d'étain précipite en rouge clair, passant au rouge carmin.

D'après le docteur Dingler, on peut épurer de leur pigment jaune les bains faits avec du bois de Brésil de qualité inférieure (Sainte-Marthe, Nicaragua, Aniola, etc.), en ajoutant au liquide bouillant de petites quantités de lait écrémé; la caséine se coagule et entraîne la substance jaune. La gélatine peut également servir à la purification.

Ainsi, en arrosant les copeaux avec une eau renfermant 2 kilogrammes de gélatine par quintal métrique, et, en laissant en tas pendant quelques jours, on obtient des bains plus riches que par la méthode ordinaire. On a aussi observé qu'une fermentation humide de quelques semaines améliore la qualité de certains bois (Leuchs).

Les formes sous lesquelles on emploie le bois de Brésil ou sa matière colorante sont :

1° Le bois lui-même réduit en copeaux ou en poudre. Il sert à la teinture en rouge, en rose, en amarante, en cramoisi. Il est souvent ajouté à la garancine, dans la teinture de l'article garancine.

2° Le jus de Brésil ou petites eaux, obtenu par l'ébullition du bois en poudre ou en copeaux avec dix-huit ou vingt fois son poids d'eau, sous l'influence de la vapeur d'eau; ou par un épuisement méthodique du bois par l'eau chaude.

3° Les extraits concentrés à 10° ou 20° Baumé ou même solides. Cette forme commode pour le transport et la préparation des couleurs d'impression commence à se généraliser de plus en plus.

4° Les laques. Elles servent particulièrement pour l'impression des papiers et les divers genres de peinture.

Les teintes que fournissent ces diverses préparations avec les tissus mordancés sont celles de la brésiline; cependant le mordant d'alumine prend avec certains bois rouges, le bahia entre autres, des nuances plus franchement rouges, moins violacées qu'avec la brésiline pure.

La teinture du calicot n'utilise guère la matière colorante des bois rouges, si ce n'est en mélange avec la garancine, ou pour colorer les mordants pendant l'impression. L'usage des extraits rouges, dans ce dernier cas, est fondé sur le peu de stabilité des laques formées; la brésiline disparaît, en effet, entièrement pendant le bousage et le garançage, après avoir rempli son but, celui de permettre à l'ouvrier imprimeur de suivre son travail.

Les décoctions et les extraits servent fréquemment dans l'impression des couleurs variées pour produire des rouges ; outre l'épaississant et la matière colorante, on fait entrer dans ces préparations : 1° de l'acétate d'alumine ; 2° du chlorure stannique et de l'acide oxalique ; 3° des sels de cuivre destinés à provoquer et à hâter l'oxydation pendant le vaporisage. Ces couleurs vapeur renferment donc à l'état de dissolution les éléments de la laque rouge, dont le vaporisage déterminera la précipitation en présence de la fibre et partant l'adhérence.

La teinture de la laine avec les bois rouges s'effectue en mordançant préalablement la fibre à l'étain ou à l'alumine.

On passe pendant une heure au bouillon 10 kilogrammes de laine dans un bain monté avec 2 kilogrammes alun et 20 grammes acide sulfurique, ou avec 1 kilogramme crème de tartre et 2 litres dissolution pour rouge (8 litres eau, 400 grammes sel marin, 1 kilogramme 250 étain, 8 litres acide nitrique).

Essai des bois rouges et des extraits. — On teint, avec 10 grammes de bois en poudre et un quart de litre d'eau, un échantillon de calicot de 25 centimètres carrés, imprimé en bandes et semblable au tissu servant à l'essai des garancines. La teinture se fait au bain-marie bouillant, dans un bocal en verre ; on remue constamment, on lave, on passe en eau de son à 80°, on rince, on sèche et on compare le résultat à celui fourni, en même temps par une teinture faite avec un bain type. Pour les extraits, on opère de même, ou en prenant une dose convenable; l'extrait à 10° Baumé vaut cinq fois le bois.

On peut aussi préparer une couleur avec : extrait, 20 grammes ; mordant rouge (acétate d'alumine à 10°), 200 grammes ; eau, 140 grammes; gomme pilée, 100 grammes; passer au tamis, imprimer au rouleau, sécher, vaporiser et laver.

Bois de santal. — Le bois de santal est fourni par le *Pterocarpus santalinus*, très-bel arbre des Indes orientales, de Ceylan, de Golconde, de Timor et de la côte de Coromandel. Il est dur, pesant, sec, brun noirâtre à l'extérieur et rouge à l'intérieur, et nous arrive en bûches équarries ou en morceaux de diverses grosseurs.

Les fibres sont disposées par couches dirigées alternativement en sens inverse.

Le santal rouge se trouve dans le commerce en poudre rouge plus légère que l'eau, d'une odeur faible, agréable, rappelant l'iris, d'une saveur légèrement parfumée.

La matière colorante est insoluble dans l'eau froide, très-peu soluble dans l'eau bouillante, soluble dans l'alcool, l'éther, l'acide acétique, les alcalis caustiques.

Les jeunes pousses du *Pterocarpus santalinus* sont jaunes à l'intérieur et ne se colorent en rouge que par l'action de l'air.

La santaline, extraite pour la première fois par Pelletier, peut s'obtenir, d'après Meier, en traitant le bois par l'éther. La solution concentrée fournit des cristaux impurs qui sont lavés à l'eau, redissous dans l'alcool. La solution alcoolique est précipitée par l'acétate de plomb ; le précipité, bien lavé à l'alcool bouillant, est décomposé par l'acide sulfurique en présence de l'alcool. Le liquide concentré dépose la santaline sous forme de petits cristaux d'un beau rouge, fusibles à 104°. D'après MM. Weyermann et Haeffely, sa composition serait exprimée par la formule

$$C^{15}H^{14}O^5.$$

Le bois de santal sert à la teinture de certains rouges sur laine et coton mordancés à l'alumine ou à l'oxyde d'étain. On en consomme la plus forte proportion pour la préparation du bleu Nemours ou national sur laine. Cette matière colorante peut se fixer sur laine sans le concours des mordants.

Au bois de santal se rattachent différents bois connus dans le commerce sous les noms de :

1° *Caliatour ou cariatour.* — Venant des Indes orientales sous forme de bûches de 2 à 3 mètres. Il est dur, compacte, pesant, rouge vif et supérieur au santal sous le rapport de la vivacité des nuances.

2° *Bois de Madagascar.* — Rouge vineux, volumineux.

3° *Barwood.* — Fourni par le *Baphia nitida* de Sierra-Leone, en Afrique. Poudre grossière d'un rouge vif, plus riche que le santal. Il donne sur coton une couleur rouge brillante, brunissant par le savon.

4° Le *camwood*, très-voisin du barwood et venant aussi des côtes d'Afrique.

A Elbeuf on emploie ces bois pour la teinture des laines. Ils donnent d'autres nuances que le santal ordinaire [*Ann. der Chem. u. Pharm.,* t. LXXII, p. 316; t. LXII, p. 150; t. LXXIV, p. 226; — *Ann. de Chim. et de Phys.,* t. LI, p. 193, (2); — *Archiv. der Pharm.,* t. LV, p. 285; t. LVI, p. 41 ; — *Dinglers' polytech. Journ.,* t. XCIII, p. 113].

Bois jaunes. — 1° *Bois jaune proprement dit.* — Mûrier des teinturiers, bois de Brésil jaune ; vieux fustic.

Ce bois est dur, léger, cassant, d'un jaune citron pâle ; il arrive en bûches de 50 kilogrammes, sciées à plat aux deux bouts, dépouillées d'écorce. Il est fourni par un arbre de la famille des urticées *Morus tinctoria*, qui croît aux Indes orientales, dans l'Amérique du Sud et dans certaines parties de l'Amérique du Nord.

On en distingue plusieurs variétés, savoir :

Bois de Cuba, c'est le meilleur; bois de Tampico, plus clair que le précédent; bois jaune du Brésil, très-clair et piqué des vers; bois de Portorico, de Carthagène, de Macaraïbo, de Saint-Domingue; bois de la Jamaïque, de Tuspan, des Indes orientales.

Les meilleures qualités sont les plus dures, les moins piquées, celles qui, avec une belle couleur jaune, offrent de nombreuses veines rougeâtres.

Dans le commerce, le bois jaune est souvent réduit en poudre ou en copeaux.

Les décoctions offrent les réactions suivantes :

Alcalis et terres alcalines, coloration jaune orangé foncé, sans précipité.

Acides, léger précipité.

Alun, précipité jaune.

Sulfate ferrique, coloration olive avec précipité noir olive.

Chlorure d'étain, précipité jaune.

Acétate de plomb et de cuivre, précipité jaune.

Gélatine, précipité jaune floconneux.

Les matières colorantes du bois jaune ont été étudiées par Chevreul [*Leçons de chimie appliquées à la teinture,* t. II, p. 150; — Wagner, *Journ. für prakt. Chem.,* t. LI, p. 82;— Hlasiwetz et Pfaundler, *Ann. der Chem. u. Pharm.,* t. CXXVII, p. 351].

On s'accorde généralement à admettre l'existence de deux principes colorants, l'un presque insoluble dans l'eau, et l'autre assez soluble.

Le premier a reçu le nom de morin, le second celui d'acide morintannique ou maclurine.

Pour les extraire et les séparer, on épuise le bois jaune réduit en poudre par l'eau bouillante. Les liqueurs sont concentrées et abandonnées à elles-mêmes pendant plusieurs jours.

Il se forme un dépôt cristallin qu'on lave rapidement à l'eau froide, et que l'on exprime à la presse; il renferme les deux principes. On peut aussi se servir avec avantage des dépôts cristallins jaunes qui se forment le long des tonneaux où l'on conserve les extraits à 10° Baumé, préparés avec le bois jaune.

La masse exprimée est épuisée par l'eau bouillante, la partie insoluble représente le morin accompagné d'une petite quantité d'une combinaison calcaire; l'acide morintannique ou maclurine se dépose de sa solution concentrée après addition d'acide chlorhydrique, et se purifie par plusieurs cristallisations dans l'eau acidulée.

Le morin, traité par l'acide chlorhydrique, est lavé, dissous dans l'alcool. La solution additionnée de 2/3 de son volume d'eau laisse déposer le morin sous forme d'aiguilles cristallines jaunes, que l'on purifie par plusieurs cristallisations dans l'alcool.

La maclurine forme la partie la plus considérable des dépôts cristallins que l'on remarque dans l'intérieur des bûches de bois jaune.

Maclurine ou acide morintannique. — Les cristaux obtenus par le procédé précédent sont jaunes; on peut les décolorer presque entièrement en les exprimant immédiatement après la cristallisation, ou bien encore en ajoutant à la solution aqueuse de l'acide acétique et de l'acétate de plomb, et en faisant passer un courant d'hydrogène sulfuré.

Le sulfure de plomb formé entraîne le peu de matière jaune mélangée.

Une partie de maclurine se dissout dans 6,4 p. d'eau froide et 2,14 p. d'eau bouillante; elle est soluble dans l'alcool, l'esprit de bois, l'éther; elle fond à 200° et se décompose vers 250°.

Elle précipite en noir verdâtre par le sulfate de fer, en jaune par l'acétate de plomb; le précipité est soluble dans l'acide acétique.

Les cristaux ne perdent entièrement leur eau qu'à 130° ou 140°. Sa composition est représentée par la formule $C^{13}H^{10}O^6$. Sous l'influence d'une solution concentrée et chaude d'alcali caustique, la maclurine se dédouble en phloroglucine et en acide protocatéchique :

$$C^{13}H^{10}O^6 + H^2O = C^6H^6O^3 + C^7H^6O^4.$$

Maclurine.   Phloroglucine.   Acide
protocatéchique.

Bouillie avec du zinc et de l'acide sulfurique étendu, elle donne une liqueur d'un rouge intense qui passe ensuite au jaune vineux en se dédoublant en phloroglucine et en machromine. Le liquide, séparé du zinc, est additionné du tiers de son volume d'alcool et agité avec de l'éther, tant que l'éther se colore.

Les extraits éthérés sont évaporés, le résidu est étendu d'eau et le liquide est précipité par l'acétate de plomb qui précipite en jaune la machromine, tandis que la phloroglucine reste en solution. Le précipité plombique, mis en suspension dans l'eau bouillante, est décomposé par l'hydrogène sulfuré; on filtre, et on évapore dans le vide; il se dépose des cristaux grenus qu'on lave à l'eau froide et que l'on dissout dans l'alcool étendu et bouillant. La machromine se sépare sous forme d'aiguilles brillantes; les cristaux et les solutions de machromine se colorent en bleu au contact de l'air et sous l'influence des agents oxydants. Le perchlorure de fer et le bichlorure de mercure y développent une belle couleur violette passant au bleu. Les solutions ammoniacales et alcalines se colorent également en bleu à l'air; le nitrate d'argent est réduit en donnant une liqueur violette; l'acide sulfurique concentré dissout la machromine; la teinte du liquide passe successivement de l'orangé au jaune, puis au vert intense. Les alcalis amènent au violet cette teinte verte.

La machromine possède une composition représentée par la formule

$$C^{14}H^{10}O^5 + 3H^2O.$$

Elle se forme probablement d'après les équations

$$C^{13}H^{10}O^6 + H^2O^2 = C^6H^6O^3 + C^7H^6O^4,$$
$$2C^7H^6O^4 + H^4 = C^{14}H^{10}O^5 + 3H^2O.$$

La matière bleue produite par oxydation se précipite en flocons lorsqu'on ajoute un excès de perchlorure de fer à une solution aqueuse de machromine. Ces flocons lavés, séchés, broyés et épuisés par l'éther, se présentent sous forme d'une masse amorphe, foncée, brillante, soluble en bleu dans l'alcool; cette solution acidulée se décolore par le zinc et l'amalgame de sodium. La matière bleue paraît renfermer $C^{14}H^8O^5$.

Traitée par l'amalgame de sodium, la maclurine dissoute dans un alcali passe du brun foncé au rouge, puis au jaune clair. Le liquide saturé par l'acide chlorhydrique est agité avec de l'éther; la solution éthérée est évaporée, le résidu est repris par l'eau et la solution est précipitée par l'acétate de plomb; le liquide filtré contient de la phloroglucine; le dépôt, lavé et délayé dans l'eau, est décomposé par H^2S; on filtre et on évapore. On obtient ainsi un corps amorphe, soluble dans l'eau, l'alcool et l'éther, renfermant

$$C^{14}H^{12}O^5.$$

La maclurine chauffée avec le chlorure d'acétyle donne la maclurine monoacétique,

$$C^{13}H^9(C^2H^3O)O^6.$$

Une solution de maclurine dans l'acide sulfurique dépose, au bout de quelques heures, de l'acide rufimorique sous forme d'un précipité cristallin rouge brique, soluble en pourpre dans l'ammoniaque. L'acide chlorhydrique bouillant et étendu conduit au même résultat. L'acide rufimorique est soluble dans l'alcool, peu soluble dans l'eau; il peut régénérer la maclurine sous l'influence des alcalis en solution bouillante; il est donc à supposer qu'il représente un isomère de la maclurine.

Morin. — Il est presque insoluble dans l'eau froide, très-peu soluble dans l'eau chaude, soluble dans l'alcool, peu soluble dans l'éther, insoluble dans le sulfure de carbone.

Les alcalis, les borates et les phosphates alcalins le dissolvent en se colorant en jaune; les acides le précipitent de ces solutions; le perchlorure de fer colore en vert olive foncé sa solution alcoolique.

Composition du morin séché à 200°, $C^{12}H^8O^6$; séché à l'air, $C^{12}H^8O^6$ 1/2 H^2O.

Le morin réagit sur les carbonates alcalins pour donner les composés

$$C^{12}H^9KO^6 \text{ et } C^{12}H^9NaO^6.$$

Avec ceux-ci on obtient par double décomposition les composés

$$C^{24}H^{18}Ba_{,,}O^{12}. \quad C^{24}H^{18}Ca_{,,}O^{12}. \quad C^{24}H^{18}Pb_{,,}O^{12}.$$

$$C^{24}H^{18}Zn_{,,}O^{12} + 4H^2O.$$

Le composé zincique se forme dans l'action du zinc sur une solution alcoolique de morin additionnée d'acide sulfurique.

Le morin absorbe l'ammoniaque et augmente de 12,7 % de son poids, en donnant

$$C^{12}H^{10}O^6 + 2Az H^3 - H^2O.$$

Avec le brome il forme le morin bromé

$$C^{12}H^5Br^3O^6.$$

L'hydrogène naissant ou les alcalis fondus le transforment en phloroglucine, sans autre produit secondaire :

$$C^{12}H^{10}O^6 + H^2 = 2C^6H^6O^3.$$

Ainsi, si l'on ajoute de l'amalgame de sodium à une solution alcaline de morin, le liquide devient bleu, puis vert et enfin jaune brun. A ce moment, il ne précipite plus par les acides et ne contient une de la phloroglucine.

Une solution alcoolique et acide de morin, traitée par l'amalgame de sodium, prend une teinte rouge intense passant à l'orangé, au jaune et au blanc jaunâtre. Dans ce cas on trouve également de la phloroglucine; mais, si l'on a soin d'arrêter l'expérience au moment où la coloration pourpre est la plus intense, on obtient par concentration du liquide des prismes pourpre, brillants, solubles en pourpre dans l'alcool, insolubles dans l'eau, peu solubles dans l'éther. La solution alcoolique de ce corps passe au vert sous l'influence des alcalis, et au bout d'un certain temps le morin est régénéré. Il suffit même, pour transformer le corps rouge en morin, de faire bouillir sa solution alcoolique étendue, ou bien encore de le chauffer à sec. La solution du corps rouge, additionnée d'alun, présente un remarquable exemple de dichroïsme; étendue, elle paraît jaune par transparence, avec le reflet vert du verre d'urane.

Une solution de morin dans l'acide sulfurique concentré, additionnée d'eau jusqu'à la limite de la précipitation, fournit de l'isomorin, si l'on y ajoute de la grenaille de zinc.

Ce corps, qui rappelle l'acide rufimorique, paraît être isomère du morin. Hlasiwetz l'appelle isomorin. La transformation inverse en morin n'exige pas le concours de l'air. La formation de l'isomorin, bien qu'accompagnée de circonstances réductives, n'est donc pas la conséquence d'une réduction.

Applications du bois jaune. — Le bois jaune, réduit en poudre ou en copeaux, sert à teindre et à préparer des décoctions plus ou moins concentrées (extraits liquides et solides). On en fait des laques destinées à la peinture et à l'impression des tissus.

Les nuances fournies par les matières colorantes des bois jaunes, avec les divers mordants, sont à peu près les mêmes que celles données par le quercitron, et leur sont également comparables au point de vue de la solidité.

Elles donnent avec l'alumine une teinte jaune serin franc;

Avec l'oxyde de fer, du gris, du vert olive ou un noir spécial, selon la force du mordant;

Avec l'oxyde de chrome, une teinte jaune olivâtre;

Avec un mélange d'alumine et d'oxyde de fer, une teinte réséda;

Avec l'oxyde d'étain, une teinte jaune.

Bois de fustet. — Fustel jeune. Fustic. Bois jaune de Hongrie ou du Tyrol.

Le bois colorant, dépouillé d'écorce, connu sous ces divers noms, provient d'un arbuste de la famille des Térébinthacées (*Rhus cotinus*, sumac à perruque, arbre à perruque). Il croît aux Antilles, dans le Levant, l'Espagne, l'Italie, la Hongrie, dans le Tyrol et le midi de la France. Il est dur, compacte, d'un beau jaune; il arrive en baguettes et en branches refendues, en souches et en branches tortueuses. Le fustet d'Amérique est plus estimé que celui d'Italie. Il contient : 1° une matière colorante jaune incristallisable; 2° une matière rouge; 3° une substance brune et un principe astringent. La substance jaune a été isolée pour la première fois par M. Chevreul, qui lui donna le nom de fustine. M. Bolley, qui a repris l'étude de ce corps, le considère comme identique avec la quercétine [*Schweitzerische, Polytech. Zeitschr.*, t. IX, p. 22]. Pour l'obtenir, on évapore à sec la décoction aqueuse de bois de fustet; le résidu est épuisé par l'alcool; la partie insoluble dans ce dissolvant retient le composé rouge; la solution alcoolique, concentrée et additionnée d'eau, laisse déposer le corps jaune en croûtes cristallines. Celles-ci, lavées à l'eau froide, exprimées, dissoutes dans l'alcool et précipitées par l'alcool, donnent le produit pur. La fustine de M. Bolley, quelque rapprochée qu'elle soit de la quercitine, en diffère cependant par quelques caractères; ainsi avec le protochlorure d'étain elle donne un précipité orangé et non jaune; ses dissolutions alcalines rougissent à l'air. M. Bolley attribue ces phénomènes à la présence d'une petite quantité de matière rouge. Le rouge de fustet n'a été soumis à aucun examen sérieux; il est probable qu'il dérive d'une altération du principe jaune.

La décoction de fustet offre les caractères suivants : ·

Couleur jaune orangé, passant au rouge sous l'influence des alcalis et des terres alcalines; ces dernières donnent, en outre, un précipité.

Le sel d'étain et l'acétate de plomb précipitent en rouge, l'acétate de cuivre en rouge marron ; les acides la colorent en jaune verdâtre.

Le fustet sert surtout à la teinture des laines, des peaux et des cuirs, ainsi qu'au tannage. Il communique aux mordants d'alumine une nuance jaune orangé, aux mordants d'étain une couleur rouge orangé. Ces nuances sont fugaces et virent sous l'influence des alcalis et du savon.

PRÉPARATION DES EXTRAITS DE BOIS COLORANTS.

L'idée de séparer la matière colorante de la grande quantité de ligneux qui l'accompagne et d'offrir aux diverses industries qui utilisent les couleurs un principe plus pur et plus concentré que le bois lui-même paraît au premier abord si heureuse, qu'il est inutile de développer les avantages de cette méthode. L'industrie de la fabrication des extraits de bois colorants date du premier tiers de ce siècle, et n'a fait depuis que se développer.

En principe l'opération est simple; il s'agit d'enlever la matière colorante par un lessivage à l'eau ou à tout autre dissolvant approprié, et de concentrer la solution ainsi obtenue, soit à siccité, soit à un degré aréométrique convenu et accepté dans le commerce. On trouve aujourd'hui dans le commerce des extraits de divers bois colorants (cuba, fustet, bois rouge, campêche) secs ou liquides marquant 10°, 20° ou 30° Baumé.

La première opération est purement mécanique. Elle a pour but de diviser le bois en copeaux plus ou moins fins et même en poudre grossière; il est évident, en effet, que plus la matière ligneuse sera dans un état de division, plus aussi les dissolvants auront de prise sur elle pour éliminer les principes solubles. La division doit être limitée néanmoins, afin de conserver à la poudre destinée au lessivage une certaine porosité, et la propriété de s'égoutter rapidement. On a imaginé à cet effet différentes machines; nous donnerons la description de l'une d'elles. Soit un tambour plein en fonte massive, susceptible de tourner rapidement autour d'un axe horizontal, et portant implantés sur sa surface, parallèlement à ses arêtes ou son axe, des couteaux ou des lames de rabot dentées. Les bûches sont disposées sur une table horizontale en fer et pressées contre le tambour déchireur au moyen d'un plateau vertical en fer, ou plutôt d'un chariot qui avance, à mesure que la division s'effectue, par la rotation de deux vis tournant dans les côtés latéraux du lit en fer.

La tête de chaque vis porte une roue dentée, engrenant avec une roue placée au milieu de l'extrémité de la table; celle-ci est elle-même mise en rotation par une vis sans fin. Les bûches, sciées en billots de 30 à 35 centimètres de long, sont placées verticalement sur la table en fonte; de cette manière elles sont débitées en copeaux, et non en poudre, comme cela arriverait si on les disposait dans le sens de la longueur en les cou- | chant horizontalement, de manière à présenter leur extrémité au tambour dévorateur.

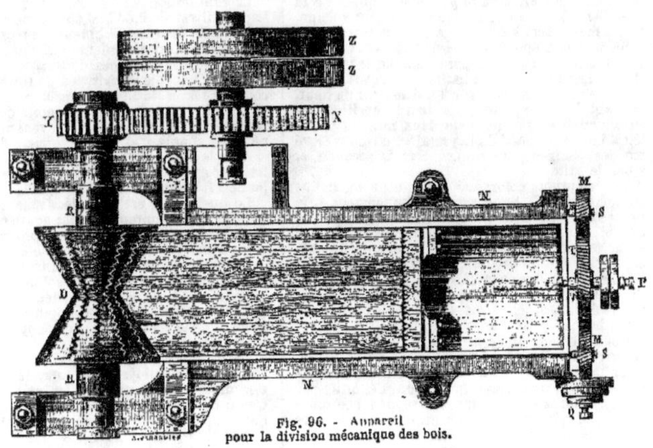

Fig. 96. — Appareil pour la division mécanique des bois.

D, Tambour dévorateur armé de forts couteaux dentelés en lames de scie, tournant avec l'axe horizontal en fer R, maintenu par deux tourillons et recevant son mouvement par les roues dentées Y et X et les tambours de transmission Z.

N, Table en fonte sur laquelle on dispose le bois.

C, Chariot mobile armé de dents d'un côté, pour presser et maintenir le bois en contact avec le tambour déchireur.

SS, Vis qui font avancer le chariot.

MM, P, T, Système mécanique pour mettre le chariot en mouvement.

Au lieu d'un cylindre armé de lames, on peut employer un système rotatif ayant la forme de

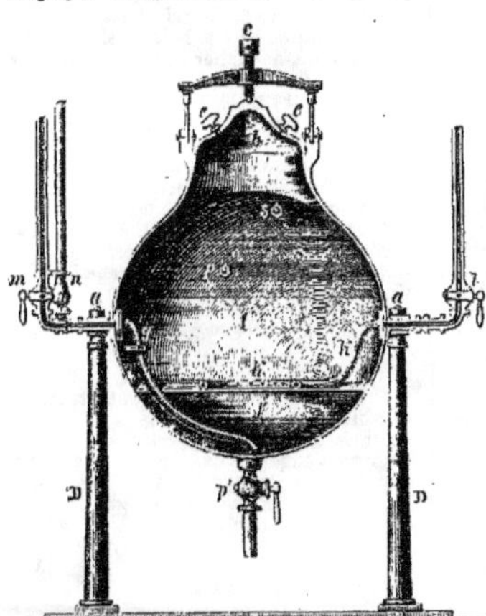

Fig. 97. — Chaudière pour l'épuisement sous pression.

deux troncs de cône adossés par leur petite base et portant des lames disposées suivant leurs arêtes.

On découpe l'extrémité de la bûche, équarrie et réduite en fragments de 3 à 10 centimètres de côté, en coin que l'on engage dans le sommet du V que forment deux couteaux placés sur la même hauteur, sur les deux troncs de cône. Cette disposition a l'avantage d'attaquer le bois dans un sens oblique par rapport aux fibres; elle agit donc d'une manière intermédiaire entre les deux cas de la machine précédente (tambour cylindrique, bois longitudinal, bois disposé verticalement).

Il s'agit maintenant d'extraire la matière colorante du bois divisé.

Dans la fabrication de la plupart des extraits de bois colorants, on emploie l'eau comme dissolvant; quelquefois on ajoute un peu de cristaux de soude pour favoriser la dissolution. Le procédé le plus simple consiste à faire bouillir le bois avec l'eau, en répétant les décoctions avec de nouvelles eaux jusqu'à épuisement; il est évident qu'en pratique, pour arriver à un épuisement complet avec la moindre quantité d'eau, il faut adopter le principe des épuisements méthodiques, et comme l'extraction sera d'autant plus rapide qu'elle aura lieu à une température plus élevée, il est avantageux d'opérer en chaudière close.

L'appareil ci-contre peut servir à cet effet : La chaudière d'extraction C en cuivre a la forme d'une poire; elle repose par deux tourillons a sur les colonnes en fonte D. De cette manière la vidange s'effectue rapidement en ouvrant le trou d'homme supérieur B et en renversant l'appareil. La chaudière reçoit, à une petite distance du fond, un double fond en cuivre percé de trous f et portant un tamis en fils de cuivre. Le tube K, terminé en anneau percé de trous, sert au barbotage de la vapeur. Le tube g est en communication avec deux tubes m et n munis de robinets : m sert à l'introduction de l'eau et n au départ du liquide chargé de couleur sous l'influence d'une pression de vapeur. On peut ainsi faire passer le liquide de la chaudière C dans une seconde chaudière voisine. Le robinet p sert à la vidange et au nettoyage.

Si, au lieu d'épuiser à pression, on veut se contenter d'eau chaude, on peut remplacer la batterie de chaudière par une batterie de cuves en bois de 1 mètre de diamètre sur 3 à 4 mètres de haut, pouvant basculer autour de leurs tourillons de sustentation et disposées sur deux rangées parallèles. Le liquide sorti de la première cuve est élevé par des pompes pour couler dans la seconde, et ainsi de suite.

Les solutions colorantes sont plus ou moins chargées selon la température d'épuisement et la nature du bois. Avec un épuisement à l'eau à 60° ou 70°, elles ne marquent guère plus de 1,5 à 3 à l'aréomètre Baumé. Il convient donc de les concentrer au moins de frais possible. L'évaporation à feu nu dans des chaudières ou à la vapeur offre l'inconvénient d'altérer quelques matières colorantes délicates, telles que celle du bois rouge; elle exige beaucoup de temps et de frais.

Généralement on se sert de la disposition suivante :

Un tambour horizontal en cuivre, creux et ouvert à ses deux extrémités, formé en définitif par deux cylindres concentriques à rayons peu différents, qui laissent entre eux un espace circulaire clos dans lequel on fait circuler de la vapeur ou de l'eau chaude, tourne dans une auge en cuivre ayant la forme d'un demi-cylindre horizontal dont l'axe coïnciderait à peu près avec l'axe du tambour. A chaque mouvement de rotation, le tambour se couvre sur ses deux surfaces, interne et externe, d'une couche de liquide qui s'étale et s'évapore rapidement en couches minces. Pour éviter la dessiccation de l'extrait à la surface non immergée du tambour pendant l'intervalle d'une rotation, on peut disposer 3 à 4 augets, suivant les arêtes du cylindre; on augmente ainsi la quantité de liquide déversé sur la surface de chauffe. Le tambour peut être remplacé par un serpentin horizontal en cuivre ayant le même diamètre.

En résumé, cette méthode consiste à augmenter la surface de chauffe et la surface d'évaporation. Une hotte en bois en forme de cheminée est disposée au-dessus de l'appareil pour enlever les vapeurs d'eau.

Il est bien préférable d'avoir recours à l'évaporation dans le vide, qui permet d'opérer plus rapidement, à une température moins élevée et à l'abri de l'air; c'est-à-dire de s'opposer autant que possible aux causes d'altération des extraits. Tant qu'il ne s'agit que d'extraits liquides marquant de 20° à 30° à l'aréomètre Baumé, on peut faire usage d'appareils en cuivre, semblables aux appareils à double ou à triple effet dont se servent les fabicants de sucre pour l'évaporation de leurs jus sucrés. Il n'en est plus de même lorsque l'on veut évaporer à sec; la masse, une fois pâteuse, s'évapore très-lentement, à moins que l'on ne remue d'une manière continue, puisque les bulles de vapeur ne sont pas susceptibles de vaincre la résistance du liquide visqueux. M. Varillat a eu l'idée de faciliter l'évaporation en mettant l'extrait à demi concentré en mouvement au moyen d'un râteau en bois, mobile dans l'intérieur de l'appareil. Ce râteau se meut sur un plateau en bronze, au-dessous duquel se trouve un bain-marie. On évite ainsi de mettre l'extrait en contact avec de la vapeur à 140° ou 150°. Cet appareil se compose d'un bain-marie, d'un plateau en bronze au centre duquel s'appuie un arbre vertical donnant le mouvement au râteau, d'une calotte sphérique en cuivre, d'un tube d'alimentation, d'une vidange destinée à tirer l'extrait de l'appareil quand il a atteint un degré suffisant de consistance pour durcir après le refroidissement.

La diminution de pression dans l'intérieur de l'appareil est de 0,60 à 0,65 de mercure. Malgré la quantité du produit obtenu, cet appareil offre de nombreux inconvénients qui l'ont fait rejeter dans plusieurs fabriques d'extraits.

Il est dispendieux, fait peu de travail en beaucoup de temps, exige une machine constamment en marche, et est exposé à subir de fréquentes réparations; aussi lui a-t-on souvent préféré les appareils à simple effet à cuire le sucre dans le vide.

Avec le bois de campêche, le rendement en extrait sec est de 15 %; avec les bois rouges, les bois jaunes, il n'est que de 12 à 12,5 %.

Le quercitron est d'un lessivage plus difficile que les bois proprement dits; aussi est-on obligé d'avoir recours à une ébullition prolongée de l'écorce avec l'eau, ébullition suivie d'une filtration.

Les extraits de bois contiennent, outre la matière colorante, tous les sels solubles que renfermait le bois, une matière azotée, des glucosides. Il serait utile d'enlever ces impuretés qui nuisent à l'éclat de la teinte et qui augmentent les frais de transport. **P. S.**

BOL (Min.). — Matière brune, argileuse, ressemblant à l'halloysite et renfermant d'ordinaire une notable proportion de fer et de 22 à 27 % d'eau. Se brise en fragments dans l'eau. En nodules dans les basaltes, les amygdaloïdes, etc.

BOLÉTIQUE (ACIDE). — Ce nom avait été donné par Braconnot à un acide extrait par lui d'une espèce de champignon, le *Boletus pseudo-ignarius*. Mais MM. Boley et Dessaignes, qui ont également trouvé cet acide dans l'amanite ou fausse-oronge et dans l'agaric meurtrier, ont démontré son identité avec l'acide fumarique [Dessaignes, *Compt. rend. de l'Acad. des sciences*, t. XXXVII, p. 782].

BOLORÉTINE [Forchammer, *Ann. der Chem. u. Pharm.*, t. XLI, p. 44]. — Substance terreuse, grisâtre, extraite par Forchammer des débris de sapins des tourbières du Danemark.

Elle se dépose par le refroidissement de la décoction alcoolique de ces bois fossiles. ($C^{20}H^{32}O^3$) ?

Soluble dans l'éther et dans l'alcool chaud.

Elle fond à 75-79°.

BOLTONITE (Min.). — Masses granulaires, clivables facilement dans une direction, moins distinctement dans deux autres. D'un gris bleuâtre, d'un jaune verdâtre, etc.

Dureté, 5,5 à 6. Densité, 2,8 à 3,3. Infusible au chalumeau. Variété de péridot.

BONSDORFFITE (Min.). — Variété altérée de cordiérite renfermant de l'eau.

BORACITE (Min.) [Syn. *Magnésie boratée*]. — Chloroborate de magnésie,

$$Mg^7 Bo^{16} O^{30} Cl^2 = \left. \begin{array}{c} 16\,BoO \\ 7\,Mg \\ Cl^2 \end{array} \right\} O^{14}.$$

Cristaux vitreux, transparents, incolores, quelquefois opaques et blancs ou grisâtres, ou masses amorphes engagées dans le gypse, dans l'anhydrite à Lünebourg (Hanovre) et à Sageberg (Holstein).

Caractères. — Soluble dans l'acide azotique et précipitable par les alcalis. Fusible au chalumeau en un globule vitreux qui se couvre d'aiguilles cristallines en se solidifiant.

Fig. 98. — Boracite.

Dureté, 6,5 à 7. Poussière blanche. Densité, 2,91 à 2,97.

Pyroélectrique avec quatre axes de pyroélectricité parallèles aux grandes diagonales du cube. Les cristaux de boracite renferment une substance qu'on a appelée *parasite* et qui agit sur la lumière polarisée.

Forme cristalline. — Type cubique avec hémiédrie tétraédrique; les formes les plus fréquentes sont le cube p et le dodécaèdre rhomboïdal b^1, avec les facettes du tétraèdre a^1.   F. et S.

BORAX. — Le *borax* existe dans certains lacs de la Chine, de la Perse, de l'île de Ceylan, de l'Inde, du Pérou, etc. Autrefois, ce corps nous venait de l'Asie et de l'Amérique; c'était le borax brut ou *tinkal*. Une fois arrivé en Europe, on le raffinait pour le débarrasser des impuretés qu'il contenait. Aujourd'hui, c'est avec l'acide borique de Toscane que l'on fait presque tout le borax du commerce.

Quelle que soit son origine, le borax raffiné peut se présenter sous deux formes distinctes : tantôt il est en gros prismes hexagonaux contenant 47 °/₀ d'eau, tantôt en octaèdres réguliers ne contenant que 30 °/₀ d'eau. Cette différence dans la forme cristalline et dans l'état d'hydratation tient à la température à laquelle s'est faite la cristallisation. Le borax prismatique ou borax ordinaire, qui a pour formule $Bo^4 O^7 Na^2 + 10 H^2 O$, cristallise à la température ordinaire, tandis que le borax octaédrique, dont la formule est $Bo^4 O^7 Na^2 + 5 H^2 O$, s'obtient par une cristallisation à la température de 60°. Le premier a pour densité 1,7; il se conserve intact dans l'air humide, mais il s'effleurit et devient opaque dans l'air sec. Le second a pour densité 1,8; il ne s'altère pas dans l'air sec, mais absorbe de la vapeur d'eau et devient opaque dans l'air humide [*Ann. de Chim. et de Phys.*, (2), t. XXXVII, p. 409].

Le borax prismatique exige, pour se dissoudre, 12 p. d'eau froide ou seulement 2 p. d'eau bouillante. Il est insoluble dans l'alcool.

Sous l'influence de la chaleur, ces deux variétés de borax fondent dans leur eau de cristallisation en se boursouflant; l'augmentation de volume est plus grande pour le borax prismatique que pour le borax octaédrique. A la température du rouge, ils deviennent anhydres et fondent en un liquide limpide qui se fige par refroidissement en un verre incolore et transparent.

Le borax fondu a la propriété de dissoudre les oxydes métalliques en prenant des couleurs variables, suivant leur nature : ainsi

L'oxyde de manganèse colore le borax en violet;

L'oxyde de cobalt le colore en bleu très-intense;

L'oxyde de nickel le colore en vert émeraude clair;

L'oxyde de chrome le colore en vert émeraude foncé.

On utilise cette propriété, comme on le verra dans les essais au CHALUMEAU, pour reconnaître la composition des minéraux.

Cette même propriété de dissoudre les oxydes métalliques fait employer le borax dans l'orfèvrerie et la bijouterie pour faciliter la soudure des métaux. Pour souder, par exemple, des surfaces de cuivre ou d'argent, on commence par les décaper, puis on les saupoudre avec de la soudure et du borax pulvérisé; on chauffe ensuite, la soudure fond, et s'alliant aux surfaces métalliques, les réunit et les soude l'une à l'autre. Mais pour que ce résultat soit atteint, il faut que les pièces soient restées bien brillantes et n'aient pu se recouvrir d'oxyde; c'est précisément là ce que réalise le borax, soit en dissolvant l'oxyde formé, soit en enveloppant les métaux et les empêchant de s'oxyder à l'air. On utilise également le borax en serrurerie pour braser ou souder le fer et la tôle. On préfère pour ces usages le borax octaédrique au borax prismatique, parce qu'il se réduit plus

facilement en poudre et se boursoufle moins en perdant son eau de cristallisation. La volatilité du borax à haute température jointe à sa propriété de dissoudre les oxydes a été utilisée par Ebelmen pour obtenir des corindons artificiels. Il maintenait à la température des fours à porcelaine un mélange de 1 p. d'alumine et de 3 à 4 p. de borax. Ce sel, après avoir dissous l'alumine, se volatilise peu à peu et abandonne des lamelles hexagonales d'alumine cristallisé. Il a reproduit par le même procédé un certain nombre d'aluminates [*Compt. rend. de l'Acad. des sciences*, p. 211, et t. XXXIII, p. 34].

Le borax entre dans la composition du strass, des émaux, ainsi que des glaçures, des faïences et des grès; il entre également dans la composition des couleurs employées sur verre et sur porcelaine. On prépare à la cristallerie de Clichy des borosilicates de potasse et de zinc, qui constituent un cristal remarquable par sa blancheur et sa pureté.

Préparation du borax artificiel. — Pour préparer le borax artificiel, on introduit dans une cuve en bois doublée de plomb 1200 kilogrammes de carbonate de soude cristallisé et 1500 litres d'eau; on ferme ensuite la cuve et on chauffe à l'ébullition au moyen d'un courant de vapeur d'eau qui, par un serpentin, arrive au fond de la cuve. Une fois la dissolution du sel obtenue, on y ajoute 1000 kilogrammes d'acide borique brut, mais seulement par petites fractions de 4 à 5 kilogrammes, afin que l'effervescence produite par le dégagement de l'acide carbonique ne fasse pas déborder le liquide. La saturation une fois obtenue, on chauffe quelques instants jusqu'à 104-105°, puis on arrête la vapeur et on laisse reposer la liqueur pendant 12 heures. Les matières insolubles déposent au fond de la cuve, on fait écouler le liquide clair dans des cristallisoirs en bois doublés de plomb. Au bout de trois ou quatre jours, la cristallisation étant terminée, on fait écouler l'eau mère dans un bassin où on la puisera pour la faire servir à des opérations nouvelles.

Les cristaux sont détachés avec un ciseau de fer, puis mis à égoutter sur un plan incliné. Le borax ainsi préparé n'est pas encore livré au commerce; il doit subir le raffinage. Pour cela, on porte de l'eau à l'ébullition par un courant de vapeur dans une grande cuve en bois, doublée de plomb; à la partie supérieure et plongeant d'une petite quantité dans le liquide, on met le borax en remplaçant au fur et à mesure qu'il se dissout. La liqueur en dissolvant le sel devient plus dense et tombe au fond de la cuve; on ajoute environ 5 de carbonate de soude cristallisé pour 100 de borax, et on continue ainsi jusqu'à ce que la liqueur marque 22° à l'aréomètre de Baumé (la température étant toujours égale à 100°).

Après 2 heures de repos, on fait écouler le liquide bouillant dans un grand cristallisoir placé dans un lieu très-tranquille, et on le recouvre de manière à ce que le refroidissement soit très-lent. Au bout de 20 à 25 jours la cristallisation est effectuée, on soutire l'eau mère et on a de très-gros cristaux prismatiques. Si l'on voulait avoir des cristaux octaédriques, on aurait dû dissoudre du borax jusqu'à ce que la liqueur marque 30° Baumé à la température de 100°. Cette liqueur amenée bouillante dans le cristallisoir dépose de gros octaèdres dès que la température s'est abaissée à 79°; on laisse l'opération continuer jusqu'à ce que la température soit de 56°; à ce moment on soutire l'eau mère, qui déposera dans d'autres bassins des cristaux prismatiques.

La première grande fabrique de borax artificiel a été établie à Paris par MM. Payen et Costa, vers 1815. C'est aussi M. Payen qui a fait connaître la composition et les conditions de fabrication du borax octaédrique [Payen, *Ann. de Chim. et de Phys.*, t. II, p. 322; — Robiquet et Marchand, *Ann. de Chim. et de Phys.*, (2), t. VIII, p. 359; — Robiquet, *Ann. de Chim. et de Phys.*, (2), t. XI, p. 205; — Laurent. *Ann. de Chim. et de Phys.*, (2), t. LXVII, p. 215].   L. T.

BORAX (Min.) [Syn. *Tinkal, soude boratée*]. — Biborate de soude hydraté,

$$Bo^4 Na^2 O^7 + 10 H^2 O.$$

Se trouve en cristaux isolés, quelquefois très-gros, sur les rives de certains lacs salés du Thibet et de la Californie, etc.

Prismes clinorhombiques, d'un éclat vitreux, transparents, ordinairement effleuris à la surface.

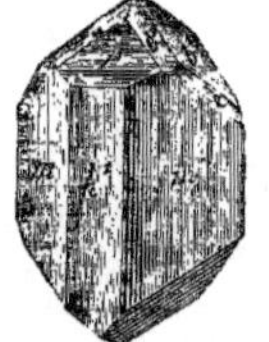

Caractères. — Soluble dans l'eau. Au chalumeau, avec du fluorure de calcium et du bisulfate de potasse, colore la flamme en vert.

Dureté, 2 à 2,5. Densité, 1,71.

Forme cristalline. — Prisme clinorhombique :

$$m\,m = 87°,$$
$$p\,m = 78°40',$$
$$p\,d^{1/2} = 139°30'.$$

Fig. 99. — Borax.

Clivages : h^1 facile ; m plus difficile ; g^1 traces.   F. et S.

BORE. — Le bore a été découvert en 1808 par Gay-Lussac et Thenard [*Recherches physico-chimiques*, t. I, p. 276, et *Gilb. Ann.*, p. 363], peu de temps après par Davy [*Schweigg. Journ.*, t. II, p. 48, et Gilb., t. XXXV, p. 440]. L'analogie de ce corps avec le carbone et le silicium, pressentie par M. Dumas dès 1840, a été établie par MM. Sainte-Claire Deville et Wœhler [*Ann. de Chim. et de Phys.*, (3), t. LII, p. 63].

Ce corps peut exister à l'état amorphe et à l'état cristallin.

Bore amorphe. — A l'état amorphe, c'est une poudre verdâtre, infusible, brûlant rapidement dans l'oxygène ou dans l'air à une température peu élevée en se transformant en acide borique.

Au rouge le bore décompose l'eau avec dégagement de gaz hydrogène.

Avec le soufre et l'acide sulfhydrique, il se conduit comme avec l'oxygène et l'eau.

Avec le chlore et le brome, il donne des chlorure et bromure correspondant à l'acide borique. Les acides chlorhydrique, bromhydrique agissent de même, et il se dégage de l'hydrogène. L'iode et l'acide iodhydrique ne paraissent pas avoir d'action.

Le bore amorphe est un réducteur énergique comme le carbone; chauffé avec du sulfure de plomb, il donne du plomb métallique et du sulfure de bore. Avec le chlorure de plomb, le chlorure de mercure ou le chlorure d'argent, il met de même le métal en liberté et se transforme en chlorure. Il n'agit ni sur l'iodure de mercure ni sur l'iodure d'argent.

La propriété la plus remarquable du bore amorphe, signalée par MM. H. Sainte-Claire Deville et Wœhler, est la faculté qu'il possède d'absorber l'azote au rouge sombre avec dégagement de chaleur et de lumière en donnant de l'azoture de bore [*Compt. rend. de l'Acad. des sciences*, t. XLVI, p. 185].

Si on remplace l'azote libre par le bioxyde d'azote, l'expérience est encore plus brillante.

Le bore, absorbant à la fois l'azote et l'oxygène, donne de l'acide borique et de l'azoture de bore,

$$3 AzO + 5 Bo = Bo^2 O^3 + 3 Bo Az.$$

Bore cristallisé. — Le bore cristallisé ou bore adamantin se présente en octaèdres réguliers [1], quelquefois incolores, mais plus généralement colorés en jaune brun ou en rouge grenat.

La densité de ces cristaux est 2,68; ils sont très-réfringents et très-durs, ils rayent très-facilement le corindon; on a même pu avec du bore cristallisé rayer et polir le diamant, quoique ce corps s'use moins vite que le bore.

Le bore cristallisé contient souvent de petites quantités de carbone pouvant s'élever à 4 %, et l'on remarque que sa transparence est d'autant plus grande qu'il y a plus de carbone, d'où l'on doit conclure, avec MM. H. Sainte-Claire Deville et Wœhler, que le carbone qui se trouve dans le bore y est lui-même à l'état cristallisé.

Le bore cristallisé ne brûle dans l'oxygène ou dans l'air qu'à une température très-élevée et la combustion ne se fait que très-difficilement; elle n'est d'ailleurs que superficielle parce que l'acide borique qui prend naissance protége le reste du bore. Avant de brûler, le bore se gonfle comme le diamant.

Le bore cristallisé brûle dans le chlore au rouge. Il n'attaque ni les acides isolés ni les mélanges d'acide. Il agit au rouge vif sur le bisulfate de potasse, le carbonate de soude ou la soude caustique.

Préparation du bore amorphe. — Gay-Lussac et Thenard préparaient le bore amorphe en chauffant au rouge dans un creuset de l'anhydride borique fondu et du potassium superposés par couches successives [*Recherches physico-chimiques*, t. I, déjà cité]. La réaction est représentée par la formule :

$$2 Bo^2 O^3 + 3 K = 3 Bo O^2 K + Bo.$$

La masse traitée ensuite par l'eau laissait seulement le bore insoluble que l'on recueillait sur un filtre où on le lavait avec de l'eau alcoolisée.

Berzelius a préparé le bore amorphe en faisant réagir le potassium sur le fluorure double de bore et de potassium [*Poggend. Ann.*, t. II, p. 131] :

$$KFl, Bo Fl^3 + 3 K = 4 KFl + Bo.$$

MM. H. Sainte-Claire Deville et Wœhler opèrent de la manière suivante :

Dans un creuset de fonte chauffé au rouge, ils projettent un mélange de 100 grammes d'anhydride borique fondu et pulvérisé et de 60 grammes de sodium coupé en petits morceaux. Ils recouvrent ensuite ce mélange avec 40 ou 50 grammes de sel marin fondu et mettent le couvercle. Il se produit bientôt une vive réaction et la masse entière entre en fusion; le chlorure de sodium ajouté donne de la fluidité à la matière. On agite avec une tige de fer et on coule ensuite la matière fluide dans de l'eau acidulée par de l'acide chlorhydrique. Le borate de soude et le chlorure de sodium se dissolvent, on recueille sur un filtre le bore amorphe et on le lave d'abord avec de l'eau acidulée, puis avec de l'eau pure, jusqu'à ce que la poudre commence à passer à travers le filtre. On le sèche à la température ordinaire; si on chauffait, le bore amorphe brûlerait comme de l'amadou. Cette poudre verdâtre, chauffée dans un courant d'hydrogène, dégage de la chaleur et se change en une poudre brune beaucoup plus stable.

Préparation du bore cristallisé. — On obtient le bore cristallisé lorsque, au lieu de réduire l'anhydride borique par un métal incapable, comme le potassium ou le sodium, de dissoudre le bore formé, on emploie un métal, comme l'aluminium, susceptible de dissoudre le métalloïde.

____

(1) Quadratiques (Q. Sella).

MM. H. Sainte-Claire Deville et Wœhler chauffent, dans un creuset en charbon, entouré d'un creuset en plombagine, 10 p. d'anhydride borique fondu et concassé avec 8 p. d'aluminium en petits lingots. La température doit être maintenue plusieurs heures à la température de fusion du nickel pur. L'alumine formée se dissout dans l'excès d'anhydride borique, et le bore se dissout dans l'excès d'aluminium. La proportion du bore augmentant, tandis que celle de l'aluminium diminue, il arrive un moment où tout le bore ne peut plus rester en dissolution; il cristallise alors à la surface de l'aluminium.

Quand le creuset est refroidi, on brise la couche de borate d'alumine et on trouve le culot d'aluminium dans lequel sont implantés les cristaux de bore. Une dissolution bouillante de soude caustique dissout l'aluminium. On enlève ensuite le fer par l'acide chlorhydrique et le silicium par un mélange d'acide fluorhydrique et d'acide azotique. Les cristaux ainsi purifiés sont très-brillants; ils ont quelquefois 4 à 5 millimètres de diamètre. On peut les chauffer à la température de fusion de l'iridium sans qu'ils s'altèrent.

Le bore forme avec l'aluminium un alliage à équivalents égaux, qui cristallise en lamelles hexagonales d'une couleur jaune d'or [H. Sainte-Claire Deville et Wœhler, *Compt. rend. de l'Acad. des sciences*, t. LXIV, p. 19]. On a, pendant quelque temps, regardé cet alliage comme étant du bore graphitoïde.

ACIDE BORIQUE, ($Bo^{os}O^3H^3$). — L'acide borique a été découvert par Homberg, en 1702 [*Crell. Ann. Chem.*, t. II, p. 265]; se présente sous forme de lamelles brillantes contenant 43,6 °/₀ d'eau. Chauffé, il perd peu à peu son eau; au rouge sombre, il devient anhydre et éprouve la fusion ignée. En se refroidissant, il se prend en une masse vitreuse incolore. L'acide borique fondu perd peu à peu sa transparence au contact de l'air à la température ordinaire, en se recouvrant d'une couche d'acide borique hydraté [Robiquet, *Ann. de Chim. et de Phys.*, (2), t. XVII, p. 216]. L'acide borique anhydre Bo^2O^3 se volatilise lentement au rouge vif.

L'acide borique cristallisé a pour densité 1,48; l'acide fondu a pour densité 1,83.

Il exige pour se dissoudre 35 p. d'eau à 10°, 25 p. à 20° et 12 1/2 p. à 100°

Cette dissolution, soumise à la distillation, entraîne une certaine quantité d'acide borique. Cette propriété nous explique comment les jets de vapeur et de gaz qui s'échappent du sol dans certaines contrées contiennent de l'acide borique.

La dissolution d'acide borique colore à froid la teinture de tournesol en rouge vineux; sa dissolution saturée la colore à chaud en rouge pelure d'oignon comme les acides forts (Malaguti). Ces dissolutions colorent en brun le papier de curcuma comme les alcalis.

L'alcool dissout également l'acide borique et brûle alors une flamme verte; le produit volatil qui se forme en cette circonstance est en réalité un éther borique. La présence d'une base empêche la coloration, parce qu'il ne peut se former d'éther dans ce cas. Plusieurs acides, et entre autres l'acide phosphorique et l'acide tartrique, empêchent également la coloration de la flamme de l'alcool par l'acide borique.

L'acide borique qui, par suite de sa faible solubilité, est chassé à froid de ses combinaisons par la plupart des acides, est capable de chasser ces acides de leurs combinaisons à une température élevée par suite de sa fixité.

Aucun métalloïde n'a d'action sur l'acide borique; mais si l'on fait agir à la fois le chlore, qui peut se combiner au bore, et le carbone, qui peut s'unir à l'oxygène, il y a décomposition et formation de chlorure de bore et d'oxyde de carbone.

Le soufre ou le sulfure de carbone en vapeur réagissent d'une manière analogue sur le mélange d'acide borique et de charbon.

Parmi les métaux, le potassium et le sodium décomposent l'acide borique en donnant du bore amorphe; l'aluminium le décompose et donne du bore cristallisé.

Avec l'acide fluorhydrique concentré, l'acide borique donne du fluorure de bore et de l'eau.

Chauffé avec un peu de fluorure de calcium et d'acide sulfurique, il donne du fluorure de bore qui fume à l'air et colore en vert la flamme de l'alcool.

État naturel, extraction. — L'acide borique existe dans la nature à l'état de borate de soude ou *borax* dans un très-grand nombre de lacs et de sources minérales. C'est à cet état qu'on l'a rencontré dans certains lacs salés des Indes, dans les montagnes du Thibet, dans l'île de Ceylan, en Saxe, dans les eaux thermales de Wiesbaden et d'Aix-la-Chapelle, dans celles de Bagnères, de Luchon, de Barèges, de Cauterets, de Vichy, etc...

On rencontre encore l'acide borique en combinaison avec la magnésie (*Boracite*) et avec la silice et la chaux (borosilicate de chaux).

L'acide borique se trouve quelquefois en écailles brillantes dans les cratères des volcans, mais ordinairement il se trouve en dissolution dans de petits lacs où il est amené par des jets de vapeur qui, sortant des crevasses du sol, abandonnent à l'eau froide l'acide borique qu'elles entraînaient.

Autrefois, l'acide borique était extrait du borax de l'Inde; aujourd'hui on l'extrait des petits lacs (*lagoni*) de la Toscane, et c'est avec cet acide que l'on prépare le borax du commerce.

Le sol d'une partie de la Toscane est crevassé d'un grand nombre de fissures d'où s'échappent sans cesse des jets de gaz et de vapeurs (*suffioni*) dont la température est d'environ 100°.

Hœfer et Mascagny ont les premiers découvert, en 1776, l'importance de ces sources naturelles, qui sont extrêmement nombreuses dans la vallée circulaire qui entoure les monts de Castel-Nuovo. Ces lagoni ne sont exploités régulièrement que depuis 1815. C'est un chimiste italien nommé Claschi qui a créé cette exploitation; il périt l'année suivante en tombant dans un des bassins bouillants qu'il avait creusés lui-même. En 1817, un Français, M. Larderel, obtint le privilége de l'exploitation, qui lui a rapporté une fortune considérable, en même temps qu'elle enrichissait ces provinces jusque-là désertes. La production annuelle est d'environ 750,000 kilogrammes d'acide cristallisé. Pour obtenir l'acide borique, on forme autour de ces suffioni de petits bassins en maçonnerie grossière, garnie avec de la glaise; on fait arriver de l'eau de source; cette eau passe ensuite dans le lagone le plus élevé, successivement dans les autres lagoni étagés comme des gradins.

Ces lagoni, qui ont de 10 à 20 mètres de diamètre, sont distants les uns des autres de 50 à 200 mètres.

L'eau des lagoni pénètre par moments dans les crevasses, mais elle en est bientôt expulsée par les gaz et les vapeurs souterraines dont la température est, d'après M. Payen, comprise entre 92° et 99° [Payen, *Ann. de Chim. et de Phys.*, (2), t. LXXVI, p. 247, et (3), t. I, p. 247]. Au bout de vingt-quatre heures de mouvements tumultueux, cette eau est devenue à peu près bouillante, elle contient alors environ 1 °/₀ d'acide borique. On la conduit par des tuyaux de bois dans un second bassin où elle reçoit encore, pendant le même temps, la vapeur du second suffione, puis elle passe successivement dans les autres bassins où elle s'enrichit de plus en plus jusqu'à marquer 1°,3 à l'aréomètre de Baumé. Elle se rend alors dans des bassins où elle s'éclaircit par le repos, déposant toutes les matières terreuses en suspension. La liqueur est ensuite reçue dans des réservoirs en plomb, chauffés eux-mêmes par la chaleur de suffioni, trop peu importants pour être utilisés autrement.

Depuis quelques années, ces bassins sont généralement remplacés par une immense nappe de plomb de 85 mètres de long sur 2 de large. Cette nappe, légèrement inclinée, présente des ondulations, elle peut évaporer jusqu'à 20,000 litres d'eau par 24 heures; le liquide coule goutte à goutte de la partie la plus basse de cette nappe dans une chaudière où la concentration s'achève. La dissolution convenablement évaporée est amenée dans des cristallisations où l'acide se dépose en paillettes, en même temps que des impuretés, telles que sulfates de magnésie, de chaux, d'ammoniaque et de fer. L'acide borique ainsi obtenu contient de 18 à 25 % d'impuretés. On l'égoutte et on le dessèche dans des étuves chauffées par d'autres suffioni; il est alors propre à la préparation du borax.

L'acide borique des suffioni n'existe probablement pas tout formé dans l'intérieur du sol; il paraît plus naturel de supposer avec M. Dumas que cet acide résulte de l'action de la vapeur d'eau sur du sulfure de bore naturel; il se produit de l'acide borique et de l'acide sulfhydrique :

$$Bo^2S^3 + 6\,H^2O = 2\,BoO^3H^3 + 3\,H^2S.$$

Ce dernier gaz se trouve en effet au nombre de ceux qui se dégagent des crevasses. MM. Ch. Sainte-Claire Deville et Félix Leblanc ont signalé les premiers la présence dans ces gaz de l'hydrogène libre et du protocarbure d'hydrogène [*Compt. rend. de l'Acad. des sciences*, t. XLV, p. 750, et t. XVII, p. 302]. Ils ont trouvé en moyenne :

Acide sulfhydrique	3,90
— carbonique,	91.10
Azote	2,16
Hydrogène	1,43
Gaz des marais	1,41
	100,00

Purification. — Pour purifier l'acide borique impur, on le traite à chaud par le carbonate de soude; il se forme du borate de soude, l'acide carbonique se dégage. La dissolution est ensuite évaporée et on purifie le sel par plusieurs cristallisations. Pour en extraire l'acide borique pur, il suffit de dissoudre 1 p. de borate de soude dans 2 1/2 p. d'eau bouillante et d'y verser de l'acide chlorhydrique jusqu'à ce que la liqueur colore le tournesol en rouge pelure d'oignon. L'acide borique cristallise en se refroidissant; on le lave à l'eau froide, puis on le fait dissoudre de nouveau et recristalliser.

Usages. — L'acide borique est surtout employé à la préparation du borax. Il entre dans la composition de certains verres auxquels il communique des propriétés spéciales.

Une dissolution étendue d'acide borique, mêlée d'acide sulfurique, est employée pour imprégner les mèches des bougies stéariques; la mèche ainsi imprégnée se recourbe en dehors de la flamme, y brûle, et l'acide borique forme, avec les cendres de la mèche, une petite perle vitreuse qui tombe et disparaît. L'acide borique purifié est employé dans les pharmacies pour préparer la crème de tartre soluble. MM. H. Sainte-Claire Deville et Caron, en faisant réagir des fluorures métalliques volatils sur l'acide borique, à très-haute température, ont pu reproduire le corindon, le rubis, le saphir, la zircome, le fer oxydulé, la cymophane, la gahnite, etc. [*Compt. rend. de l'Acad.*

des sciences, t. XCVI, p. 704]. — Voyez à l'article ALUMINE.

BORATES. — Les borates offrent les plus grandes divergences dans les proportions de la base et de l'acide que la théorie dualistique y supposait exister. Un équivalent d'acide peut correspondre à 1, 2, 3... 9 équivalents de base et 1 équivalent de base à 1, 2... 6 équivalents d'acide. La considération du principe de l'atomicité permet de simplifier l'étude des borates qui dérivent des divers anhydrides des acides polyboriques. L'acide borique normal donne des *orthoborates*,

$$BoO^3M^3 = Bo''' \begin{cases} OM' \\ OM' \\ OM' \end{cases}$$

Les *métaborates* dérivent du premier anhydride de l'acide normal et renferment

$$BoO^3M'^3 - M^2O = BoO^2M' = (BoO)'OM'.$$

Tels sont les sels les plus nombreux et les mieux définis.

Mais la polyatomicité du bore permet à cet élément de s'accumuler dans ses combinaisons à la façon du silicium; c'est ainsi que le borax anhydre $Bo^4O^7Na^2$ dérive de l'acide tétraborique idéal ou plutôt de son second anhydride $Bo^4O^7H^2$, comme l'expriment les figures ci-jointes :

$$HO-\overset{''}{Bo}-O-\overset{'''}{Bo}-O-\overset{'''}{Bo}-O-\overset{'''}{Bo}-OH,$$
$$\quad \overset{|}{O}H \qquad \overset{|}{O}H \qquad \overset{|}{O}H \qquad \overset{|}{O}H$$

Acide tétraborique,

$$\overset{''}{Bo}-O-\overset{'''}{Bo}-O-\overset{'''}{Bo}-O-\overset{''}{Bo}.$$
$$\overset{||}{O} \qquad \overset{|}{O}H \qquad \overset{|}{O}H \qquad \overset{||}{O}$$

Second anhydride tétraborique.

Il peut en outre exister des borates à excès de base. Exemples, le composé

$$Bo^2O^3.3\,Al^2O^3 = (Bo'''O^3)^2\overset{VI}{Al^2}.2\,Al^2O^3,$$

qu'Ébelmen a obtenu en chauffant dans un four à porcelaine un mélange d'alumine et de borax, et d'autres borates d'aluminium qu'on obtient en précipitant l'alun avec le borate de soude ou le borax et en lavant à l'eau pour enlever le sel soluble entraîné (H. Rose). Le sel qui se forme dans le premier cas renferme

$$2\,Al^2O^3.Bo^2O^3.3\,H^2O$$
$$= (Bo'''O^3)^2\overset{VI}{Al^2}.\overset{VI}{Al^2}(H'O)^6 = 2\,\overset{VI}{Al^2} \begin{cases} (Bo'''O^3) \\ (O'H)^3 \end{cases};$$

le second $3\,Al^2O^3.2\,BoO^3 + 7\,H^2O$, ou plus vraisemblablement $+ 6\,H^2O$. Cette dernière formule correspond, comme la première, à une combinaison d'hydrate et d'orthoborate

$$2\,[(Bo'''O^3)^2\overset{VI}{Al^2}].\overset{VI}{Al^2}(H'O)^6.$$

Les borates se préparent avec l'acide borique et les oxydes, ou bien en décomposant les carbonates, les sulfates, les chlorures et les autres sels à acides volatils par l'acide ou l'anhydride borique à une haute température.

Les borates de métaux alcalins présentent une réaction alcaline au papier de tournesol, même lorsqu'ils dérivent d'un acide polyborique. Ils sont solubles dans l'eau, d'où l'alcool les précipite. Certains borates sont très-peu solubles, on les obtient par précipitation, comme nous venons de le dire, mais ils entraînent des sels étrangers; l'eau bouillante les altère et leur enlève tout l'acide borique.

Il est aisé de constater cette instabilité des borates, même avec des borates alcalins. Si l'on colore avec du tournesol que l'on rougit très-légèrement une solution très-concentrée de borax, il suffira d'étendre d'eau la solution pour voir apparaître une teinte manifestement bleue. La décomposition est aussi facile que celle de certains éthers.

Les borates solubles précipitent par les chlorures de *baryum*, de *calcium*, l'*alun*, les sels de *zinc*, de *plomb*, de *nickel*, de *manganèse* et de *cobalt*, et les sels *ferriques* et *cuivriques*. Ils ne précipitent pas le sulfate de *magnésie* à froid, mais à chaud il apparaît un précipité qui se redissout par le refroidissement. Le borax en solution concentrée précipite en blanc le *nitrate d'argent*, le précipité est soluble dans un excès d'eau. En solution étendue, il agit sur son alcali et précipite de l'oxyde d'argent. Les borates neutres et étendus agissent de cette dernière manière.

Les borates solubles neutres ou acides donnent avec le *chlorure mercurique* un précipité brun d'oxychlorure; en présence du chlorure d'ammonium le précipité est blanc, ce qui rapproche une fois de plus les borates des carbonates alcalins.

Avec le *nitrate mercureux*, les solutions concentrées donnent un précipité jaune brun soluble. Il est gris noir lorsqu'on emploie les solutions étendues. Pour les réactions au CHALUMEAU, voyez ce mot.

CHLORURE DE BORE. — Le chlorure de bore $BoCl^3$ a été obtenu pour la première fois par M. Dumas [*Ann. de Chim. et de Phys.*, (2), t. XXXI, p. 436, et t. XXXIII, p. 376]. Il faisait passer du chlore sur un mélange intime d'acide borique et de charbon chauffé au rouge vif dans un tube de porcelaine. La réaction est la suivante :

$$Bo^2O^3 + 3\,C + 6\,Cl = 2\,BoCl^3 + 3\,CO.$$

Le chlorure, ainsi mêlé d'oxyde de carbone, n'a pu être liquéfié. M. Despretz, qui a constaté plus tard l'action du chlore sur le bore, l'a regardé également comme un gaz.

MM. H. Sainte-Claire Deville et Wœhler l'ont obtenu à l'état liquide; ils ont préparé le chlorure de bore en faisant passer un courant de chlore sec sur du bore amorphe chauffé dans un tube en verre et condensant les produits dans un récipient en Y entouré d'un mélange réfrigérant et aboutissant par sa partie inférieure dans un petit flacon refroidi. La réaction se fait avec chaleur et lumière. Le chlorure de bore est un liquide très-mobile, très-réfringent, dont la densité est 1,35 à 0°. Il entre en ébullition à 17° sous la pression de 0^m,760. Il est très-dilatable; la densité de sa vapeur est 4,065; elle correspond à 2 volumes. Ce corps prend encore naissance dans l'action de l'acide chlorhydrique sur le bore.

BROMURE DE BORE. — Le bromure de bore, $BoBr^3$, obtenu d'abord en vapeurs par M. Poggiale dans l'action du brome sur un mélange d'acide borique et de charbon, a été préparé à l'état liquide par MM. H. Sainte-Claire Deville et Wœhler, en faisant agir le brome sur le bore amorphe. C'est un liquide très-fluide dont la densité est 2,69; il bout à 90° sous la pression atmosphérique ordinaire. La densité de sa vapeur est 8,78; elle correspond à 2 volumes.

SULFURE DE BORE. — Le sulfure de bore est un corps solide blanc qui cristallise en petits filaments soyeux; il ne paraît pas être plus volatil que l'acide borique. Il se décompose au contact de l'eau en acide borique et acide sulfhydrique suivant la réaction

$$Bo^2S^3 + 6\,H^2O = 2\,BoO^3H^3 + 3\,H^2S.$$

Il a été obtenu d'abord à l'état amorphe par Berzelius [*Poggend. Ann.*, t. II, p. 145] dans l'action de la vapeur de soufre sur le bore. M. Frémy l'a préparé à l'état cristallin en faisant passer un courant de sulfure de carbone en vapeur sur un mélange d'acide borique et de charbon.

FLUORURE DE BORE. — Ce corps a été découvert par Gay-Lussac et Thenard [*Recherches physico-chimiques*, t. II, p. 1]. Le fluorure de bore est un gaz incolore dont la densité est 2,3124. Il est extrêmement avide d'humidité : au contact de l'air il répand des fumées épaisses en absorbant la vapeur d'eau de l'atmosphère. Une éprouvette de ce gaz, ouverte sur la cuve à eau, se brise par suite de l'eau qui monte instantanément jusqu'à son sommet. L'affinité du corps pour l'eau est telle, qu'il peut déterminer la formation de l'eau aux dépens de l'oxygène et de l'hydrogène d'un corps organique; c'est ainsi que le papier se carbonise dès qu'on l'introduit dans une éprouvette de fluorure de bore.

L'eau peut dissoudre environ 800 fois son volume de ce gaz. Le composé qu'elle contient a pour formule $2\,BoFl^3, 3\,H^2O$. Si on ajoute une plus grande quantité d'eau, il se forme de l'acide borique qui se dépose et de l'acide *hydrofluoborique* par la réaction

$$8\,BoFl^3 + 3\,H^2O = Bo^2O^3 + 6\,(BoFl^3, HFl).$$

Cet acide hydrofluoborique est un acide énergique; il forme avec les bases des fluoborates dont la formule est $BoFl^3, MFl$.

Le fluorure de bore n'est pas décomposé par les métaux en général; le potassium le réduit cependant en donnant du bore et du fluorure double de bore et de potassium.

Il absorbe le gaz ammoniac à la température ordinaire en formant un composé solide blanc.

Les oxydes métalliques le décomposent au rouge en donnant des fluorures et des borates.

Le fluorure de bore colore la flamme en vert; cette réaction permet de reconnaître des traces d'acide borique.

Pour préparer le fluorure de bore, Gay-Lussac et Thenard (mémoire déjà cité) calcinaient au rouge vif dans une cornue de porcelaine ou dans un canon de fusil 1 p. d'anhydride borique fondu et 2 p. de fluorure de calcium :

$$4\,Bo^2O^3 + 3\,CaFl^2 = 2\,BoFl^3 + 3\,[(BoO^2)^2Ca].$$

On obtient aujourd'hui ce gaz plus facilement en chauffant dans un petit ballon de verre un mélange d'anhydride borique fondu et pulvérisé avec du fluorure de calcium et un grand excès d'acide sulfurique au maximum de concentration [Humphry Davy et John Davy, *Ann. de Chim.*, t. LXXXVI]. Le gaz se dégage et on le recueille sur la cuve à mercure. L. T.

BORÉTHYLE. — Le boréthyle a été obtenu par MM. Frankland et Duppa en faisant réagir le zinc-éthyle en excès sur le borate d'éthyle, il se produit de l'éthylate de zinc et du boréthyle [*Ann. de Chim. et de Phys.*, (3), t. LX, p. 374] :

$$2\left[\begin{matrix}Bo\\(C^2H^5)^3\end{matrix}\right\}O^3\right] + 3\,[(C^2H^5)^2Zn]$$
Borate d'éthyle.   Zinc-éthyle.

$$= 3\left[\begin{matrix}(C^2H^5)^2\\Zn\end{matrix}\right\}O^2\right] + 2\,[Bo(C^2H^5)^3].$$
Éthylate de zinc.   Boréthyle.

La réaction s'effectue avec dégagement de chaleur. On sépare le boréthyle par distillation, en recueillant les vapeurs qui passent entre 94° et 130°. Ce liquide, rectifié deux fois, donne le boréthyle pur.

M. Frankland a prouvé que cette réaction est bien une double décomposition et non une réduction du borate par le zinc-éthyle, car, en traitant le borate d'éthyle par le zinc-méthyle, il a obtenu du bore-méthyle et de l'éthylate de zinc.

Propriétés. — C'est un liquide incolore, très-fluide, doué d'une odeur piquante; ses vapeurs irritent les muqueuses et provoquent le larmoioment. Sa densité est 0,6961 à 23°; il bout à 95°, la densité de sa vapeur est 3,49 (Th. 3,30).

Il est insoluble dans l'eau; ce liquide le décompose lentement. Les vapeurs de boréthyle produisent au contact de l'air des fumées d'un blanc bleuâtre.

L'acide azotique concentré l'oxyde avec violence au bout de quelques minutes.

Le boréthyle s'enflamme au contact de l'air et brûle avec une belle flamme verte fuligineuse. Au contact de l'oxygène pur, il s'enflamme avec explosion; soumis à une oxydation lente dans un ballon où l'on fait arriver d'abord de l'air sec, puis de l'oxygène, il se transforme en un liquide incolore, bouillant à une température plus élevée. La formule de ce composé est

$$Bo \begin{cases} C^2H^5 \\ OC^2H^5 \\ OC^2H^5. \end{cases}$$

Ce corps se dissout dans l'eau en se dédoublant en alcool et en une substance cristalline blanche, volatile, qui, sublimée dans un courant de gaz acide carbonique, se présente en écailles analogues à celles de la naphtaline. La composition de ce corps est représentée par la formule

$$Bo \begin{cases} C^2H^5 \\ OH \\ OH. \end{cases}$$

Il se dissout facilement dans l'eau, dans l'alcool et dans l'éther. Sous l'influence de la chaleur, il fond, puis entre en ébullition en se décomposant partiellement.

Le boréthyle, chauffé à 99° avec de l'acide chlorhydrique concentré sur le mercure, donne de l'hydrure d'éthyle et du chloréthylure de bore, $Bo(C^2H^5)^2Cl$:

$$Bo(C^2H^5)^3 + HCl = Bo(C^2H^5)^2Cl + C^2H^6.$$

Le boréthyle absorbe le gaz ammoniac sec en formant un *liquide oléagineux* qui a pour formule $AzH^3Bo(C^2H^5)^3$ [Frankland. *Philos. Trans.*, 1862, p. 147]. **L. T.**

BORE-MÉTHYLE. — Ce corps gazeux a été obtenu par M. Frankland en faisant réagir l'éther borique sur le zinc-méthyle [Frankland, *Philos. Trans.*, 1862, p. 147].

Préparation. — 60 grammes d'éther borique sont mélangés avec leur volume d'une solution éthérée de zinc-méthyle dans un petit ballon entouré d'un mélange réfrigérant; au bout de quelques heures la réaction est terminée. On met alors ce ballon en communication avec un premier flacon vide entouré d'un mélange réfrigérant et suivi d'un second flacon, renfermant environ 15 grammes d'une solution ammoniacale saturée. On chasse l'air par un courant d'azote, puis on retire le ballon du mélange réfrigérant et on le place dans de l'eau froide, que l'on chauffe peu à peu. Le gaz qui se dégage se débarrasse, en passant dans le vase refroidi des vapeurs d'éther et du zinc-méthyle; il est ensuite absorbé par l'ammoniaque. Pour le mettre en liberté, il suffit d'ajouter une solution faible d'acide sulfurique à la solution ammoniacale; on le recueille sur le mercure.

Propriétés. — C'est un gaz incolore, d'une odeur désagréable et pénétrante, qui provoque le larmoiement; sa densité est 1,93. Il se liquéfie à 10° sous la pression de 3 atmosphères en un liquide incolore, transparent et très-mobile. Il est peu soluble dans l'eau, mais très-soluble dans l'alcool et l'éther; il s'enflamme spontanément au contact de l'air et brûle avec une flamme brillante, extrêmement fuligineuse. Mêlé rapidement avec de l'air ou de l'oxygène, il détone avec violence;

quand on fait arriver le gaz dans le chlore, il y a inflammation avec explosion.

Le gaz bore-méthyle et le gaz ammoniac se combinent à volumes égaux et forment un composé blanc volatil, cristallin, dont la formule est

$$AzH^3Bo(C^2H^3)^3.$$

La densité de sa vapeur est 1,25; ce corps fond à 56° et bout à 110°.

Le bore-méthyle se combine également avec la potasse, la soude, la chaux et la baryte.

Les combinaisons ainsi formées sont solubles dans l'eau et ont une réaction alcaline. **L. T.**

BORNÉENE. — Pour les sources voyez l'article BORNÉOL. — *Essence de Bornéo, camphre liquide de Bornéo.* — C'est un hydrocarbure répondant à la formule $C^{10}H^{16}$ que sécrète le *Dryabalanops camphora*; il renferme toujours du bornéol en dissolution. On l'emploie en Orient pour combattre les rhumatismes.

Purifié par la distillation, il possède une odeur particulière qui n'est pas celle du camphre, et qui se rapproche beaucoup de celle de l'essence de térébenthine. Il est plus léger que l'eau, ne se dissout pas dans ce liquide et bout à 165° environ. Il absorbe la même quantité d'acide chlorhydrique que l'essence de térébenthine et, comme cette dernière, dévie à droite le plan de polarisation de la lumière, mais avec plus d'intensité.

Abandonné à l'air, il paraît s'oxygéner. C'est au moins ce qu'a cru remarquer Pelouze; mais Gerhardt pense que ce chimiste a été induit en erreur par du bornéol que l'hydrocarbure tenait en dissolution.

Lorsqu'on traite le bornéol par l'anhydride phosphorique, il se produit aussi un hydrocarbure C^4H^{16}. Il est possible que cet hydrocarbure soit le même que celui qui découle des incisions faites au dryabalanops camphora.

Gerhardt a trouvé également un hydrocarbure $C^{10}H^{16}$ mêlé au bornéol dans l'huile essentielle de valériane. Cet hydrocarbure, probablement identique avec le bornéène, fixerait, d'après Gerhardt, les éléments d'une molécule d'eau sous l'influence d'une solution aqueuse ou alcoolique de potasse, et se convertirait en bornéol. L'acide azotique le convertirait en camphre ordinaire. Gerhardt inclinait à croire que ce n'est point par une oxydation directe, mais bien plutôt par une hydratation suivie d'une oxydation que le camphre ordinaire prendrait naissance :

$$C^{10}H^{16} + H^2O = C^{10}H^{18}O,$$

Bornéène.　　Eau.　　Bornéol.

$$C^{10}H^{18}O + O = H^2O + C^{10}H^{16}O.$$

Bornéol.　Oxygène.　Eau.　Camphre.

Ajoutons que ce fait de l'hydratation ou de l'oxydation du bornéène admis par Gerhardt a été fortement contesté depuis.

Enfin M. Jeanjean a extrait de l'alcool de garance une essence volatile à 160°, qu'il considère comme du bornéène, et il a préparé un hydrocarbure de même composition en distillant le lévobornéol, avec de l'acide phosphorique anhydre. Il n'a pas eu assez de matière à sa disposition pour déterminer le pouvoir rotatoire de cette huile.

Le bornéène dérive du bornéol et, si les faits énoncés par Gerhardt sont exacts, il fournit du bornéol par des métamorphoses entièrement semblables à celles dans lesquelles l'éthylène dérive de l'alcool éthylique ou se convertit en cet alcool :

$$C^2H^4 + H^2O = C^2H^6O,$$

Éthylène.　Eau.　Alcool.

$$C^{10}H^{16} + H^2O = C^{10}H^{18}O.$$

Bornéène.　Eau.　Bornéol.　**A. N.**

BORNÉOL, $C^{10}H^{18}O$. — [Pelouze, *Compt. rend. de l'Acad. des sciences* (1841), t. XI, p. 365; en extrait : Berzelius, *Rapport annuel sur les progrès de la Chim.*, année 1842, p. 161 ; — Gerhardt, *Ann. de Chim. et de Phys.*, (3), t. VII, p. 281 ; — Jeanjean, *Compt. rend. de l'Acad. des sciences*, t. XLII, p. 857; *Compt. rend.*, t. XLIII, p. 103; *Ann. der Chem. u. Pharm.*, t. CI, p. 94; — Berthelot, *Compt. rend. de l'Acad. des sciences* (1858), t. XLVII, p. 265 et 266; *Ann. de Chim. et de Phys.*, (3), t. LVI, p. 79; t. LXI, p. 471; t. LXV, p. 396; — Biot, *Compt. rend. de l'Acad.*, t, XI, p. 371, et t. LXII, p. 859. — Cette substance a été extraite du dryabalanops camphora, où elle se trouve déposée dans les cavités du tronc des vieux arbres. Quand les arbres sont jeunes, ils ne renferment pas de camphre solide, mais une huile verdâtre pâle qui en découle lorsqu'on les incise (Pelouze).

Le bornéol existe aussi dans l'essence de valériane humide (Gerhardt). Il paraît y être le produit de l'hydratation d'un hydrocarbure $C^{10}H^{16}$ que cette essence renferme. Toutefois, d'après Pierlot, le corps contenu dans cette essence ne serait pas du bornéol [Pierlot, *Ann. de Chim. et de Phys.*, (3), t. LVI, p. 291].

Le bornéol a été trouvé également dans l'alcool de garance, par M. Jeanjean. M. Berthelot l'a extrait du succin, où il semble exister à l'état d'éther composé, en distillant cette résine fossile avec de la potasse. Il a pu aussi l'obtenir artificiellement au moyen du camphre ordinaire. Le bornéol $C^{10}H^{18}O$ ne diffère en effet que par H^2 du camphre ordinaire $C^{10}H^{16}O$.

Le bornéol de ces diverses provenances est chimiquement identique, mais il diffère par son pouvoir rotatoire. Ainsi :

Pour le bornéol du succin on a $[\alpha] = + 4°,1$.
Pour le bornéol du dryabalanops on a $[\alpha] = + 33°,4$.
Pour le bornéol artificiel on a $[\alpha] = + 44°,9$.
Pour le bornéol de garance on a $[\alpha] = — 33°,4$.

L'isomérie se poursuit dans les dérivés du bornéol. Ainsi le camphre ordinaire que l'on peut produire en oxydant le bornéol, comme nous le verrons plus loin, a un pouvoir rotatoire égal à $+ 9°$, lorsqu'il provient du bornéol de succin, à $+ 45°$ lorsqu'il provient du bornéol du dryabalanops, et il est lévogyre lorsqu'il résulte de l'oxydation du bornéol de garance.

La préparation du bornéol au moyen de la matière extraite du dryabalanops camphora consiste simplement à purifier le produit en le sublimant.

Pour retirer ce corps de l'essence de valériane, il est nécessaire de soumettre cette essence à la distillation fractionnée, de recueillir les dépôts solides qui s'y forment, de les comprimer et de les sublimer. On opère de même pour le retirer de l'alcool de garance.

La préparation du bornéol au moyen du succin est plus compliquée. On prend :

Succin..................... 1000 grammes.
Potasse..................... 250
Eau distillée............... 2500

On fait un mélange intime de ces substances et on distille le tout à une chaleur modérée dans un alambic spacieux. L'eau qui distille est filtrée. Le bornéol reste sur le filtre, on achève de le purifier en le sublimant.

Comme le succin distillé avec de l'eau sans potasse ne fournit pas de bornéol, il est probable que ce dernier corps ne préexiste pas dans le succin et qu'il s'y trouve à l'état d'éther composé. On n'a cependant pas pu extraire cet éther composé pur.

La préparation du bornéol au moyen du camphre des laurinées est plus délicate encore. M. Berthelot opère comme il suit :

On chauffe à 180° pendant plusieurs heures dans des tubes scellés à la lampe du camphre ordinaire, avec une solution alcoolique de potasse. Les tubes étant ensuite ouverts, on ajoute de l'eau à leur contenu et l'on décante l'huile qui se sépare. Dans cette huile, il se dépose bientôt des cristaux que l'on recueille sur un filtre. La partie restée liquide fournit, par la distillation fractionnée, de nouveaux cristaux que l'on réunit aux premiers. Ces cristaux sont un mélange de bornéol et de camphre inaltéré. Pour séparer ces deux substances on se fonde sur ce que le bornéol est un alcool véritable, susceptible de réagir sur les acides, en donnant des éthers composés, tandis que le camphre ordinaire ne jouit pas de propriétés semblables.

Les cristaux sont maintenus à 180° pendant plusieurs heures avec de l'acide stéarique dans un tube scellé. Une partie du bornéol passe à l'état d'éther stéarique, tandis qu'une autre portion de cette substance et la totalité du camphre restent inaltérées. On ouvre les tubes, on pulvérise le contenu et on le maintient dans une capsule à 160°, jusqu'à ce qu'il ne répande plus la moindre odeur camphrée. On l'introduit alors dans une cornue avec la moitié de son poids de chaux sodée en poudre, et l'on chauffe le mélange à 120°, il se forme du stéarate sodique et du bornéol. Ce dernier vient se sublimer sur les parties froides de l'appareil.

Cette méthode de transformation du camphre en bornéol est la même qui a permis à M. Cannizzaro de transformer les aldéhydes benzoïque et toluique en leurs alcools respectifs, et à l'aide de laquelle M. Kraüt a converti l'aldéhyde cuminique en alcool cumylique :

$$2C^{10}H^{16}O + KHO = C^{10}H^{15}KO^2 + C^{10}H^{18}O.$$
Camphre.   Potasse.   Camphate de   Alcool
                        potassium.   campholique
                                       (Bornéol).

Propriétés. — Le bornéol se présente en petits cristaux ou plutôt en fragments de cristaux blancs, transparents, friables, d'une odeur qui rappelle à la fois le camphre des laurinées et le poivre. Sa saveur est chaude et brûlante. Il est insoluble dans l'eau, et se dissout facilement dans l'alcool, l'éther et l'acide acétique. Sa densité est plus faible que celle de l'eau. Ces cristaux sont des prismes à six faces, réguliers et dérivant du système rhomboédrique.

Il fond à 198°, bout à 212° sans altération et répond à la formule $C^{10}H^{18}O$. Cette formule est d'accord avec la densité de vapeur déterminée entre 240° et 250°.

Jeté sur l'eau, le bornéol se met à tourner à la surface de ce liquide comme le camphre ordinaire.

Réactions. — 1° Chauffé légèrement avec de l'anhydride phosphorique ou du chlorure de zinc, le bornéol perd une molécule d'eau et donne un hydrocarbure $C^{10}H^{16}$ peut-être identique avec le bornéène.

2° Lorsqu'on le fait bouillir avec de l'acide azotique étendu, il s'oxyde en répandant des vapeurs rutilantes et se convertit en camphre ordinaire (Pelouze) :

$$C^{10}H^{18}O + O = H^2O + C^{10}H^{16}O.$$
Bornéol.   Oxy-   Eau.   Camphre des
           gène.   laurinées.

Cette réaction est identique à celle d'après laquelle les divers alcools se transforment dans leurs aldéhydes respectives. Nous avons déjà vu que le camphre, préparé au moyen du bornéol de diverses provenances, diffère par son pouvoir rotatoire, comme le produit qui l'a engendré.

Il est à remarquer que la transformation du

oornéol en camphre est la contre-partie de la transformation du camphre en borneol réalisée par M. Berthelot.

Le bornéol est un véritable alcool, dont le camphre ordinaire est l'aldéhyde. Comme tous les alcools, il jouit de la propriété de faire la double décomposition avec les acides, en donnant de l'eau et un éther simple ou composé.

Chauffé avec de l'acide chlorhydrique concentré à la température de 100°, il se convertit intégralement en chlorhydrine $C^{10}H^{17}Cl$. Chauffé à 200° avec les acides benzoïque ou stéarique, il donne des éthers composés, mais alors une portion de l'acide et de l'alcool reste toujours libre, quels que soient la température à laquelle on chauffe le mélange et le temps pendant lequel on prolonge l'action.

M. Berthelot, pour rappeler les liens du bornéol et du camphre ordinaire, a proposé de désigner ce corps sous le nom d'*alcool campholique* ou de *camphol*.

ÉTHERS DE L'ALCOOL CAMPHOLIQUE. — *Éther chlorhydrique*, $C^{10}H^{17}Cl$. Cet éther est isomérique avec le camphre artificiel de térébenthine. Pour l'obtenir il suffit de chauffer pendant 8 ou 10 heures à 100° un mélange de bornéol et d'une solution aqueuse saturée d'acide chlorhydrique. On isole ensuite la matière insoluble dans l'eau, on la lave avec une eau alcaline, on la dissout dans l'éther, on agite la solution éthérée avec un peu de potasse et finalement on la filtre et on l'évapore.

Camphol stéarique. — On le prépare en chauffant l'acide stéarique et le camphol à 200°, pendant 8 à 10 heures, dans un tube scellé; il se sépare de l'eau dans la pointe des tubes, tandis que les deux corps primitifs forment un mélange intime et se dissolvent réciproquement. Au contraire, dans les mêmes circonstances, l'acide stéarique et le camphre ordinaire forment deux couches distinctes, saturée chacune de l'autre principe. On traite la masse par l'éther et la chaux éteinte avec célérité, on filtre et l'on évapore. L'acide stéarique libre reste combiné avec la chaux, tandis que le résidu de l'évaporation de l'éther est un mélange de camphol libre et de camphol stéarique. On maintient ce mélange à l'étuve à 150° pendant une demi-journée, jusqu'à ce qu'il ne possède plus, même à chaud, la moindre odeur camphrée; on prolonge encore l'action de la chaleur pendant quelques heures : le produit qui reste est le camphol stéarique pur.

Récemment préparé, cet éther est une huile neutre vis-à-vis du tournesol dissous dans l'alcool bouillant; il est visqueux, incolore, inodore, peu soluble dans l'alcool froid, plus soluble dans l'alcool bouillant et l'éther. Il se volatilise sans laisser de cendres.

Au bout d'un temps qui varie de quelques jours à quelques mois, le camphol stéarique se transforme en une belle masse solide et cristalline. Il ne s'altère pas à 250°.

M. Berthelot a observé que lorsqu'on chauffe le camphol avec l'acide stéariqu pour former l'éther précédent, et cela dans la proportion de 2 p. d'acide pour 1 d'alcool, 45 % environ de camphol et 27,6 % d'acide réagissent. Le reste demeure à l'état de liberté, par suite de l'influence décomposante de l'eau formée, laquelle balance les affinités des deux substances réagissantes.

Camphol benzoïque. — On l'obtient en opérant comme pour le camphol stéarique. Seulement, au lieu d'éliminer l'excès d'acide par la chaux, on s'en débarrasse en agitant le produit avec un mélange de carbonate de potasse et de potasse caustique.

C'est une huile neutre incolore, inodore, soluble dans l'éther et même l'alcool froid.

Chauffé à 120° avec de la chaux sodée, le camphol benzoïque régénère facilement du camphol qui se sublime et du benzoate alcalin.

DOSAGE DU BORNÉOL. — Le camphre que l'on rencontre dans les diverses huiles essentielles est souvent mêlé de bornéol. M. Berthelot donne le procédé suivant pour doser la quantité de ce dernier corps contenu dans le mélange ; ce procédé est fondé sur la propriété qu'a le bornéol d'être intégralement transformé en chlorhydrine par l'acide chlorhydrique, tandis que cet acide est sans action sur le camphre des laurinées.

On opère comme si l'on se proposait de préparer le camphol chlorhydrique, et l'on dose le chlore que le produit renferme. Le camphol chlorhydrique renfermant 20,6 % de chlore, on peut déduire de ce dosage la proportion de chlorhydrine campholique, et conséquemment la proportion de bornéol que le produit primitif contenait.

Comme complément de cet article, voyez les articles CAMPHRE et CAMPHIQUE (ACIDE). A. N.

BORNINE. — Voyez TÉTRADYMITE.

BOROCALCITE. — Voyez HAYÉSINE.

BOTRYOGÈNE (Min.) [Syn. *Vitriol rouge, néoplase, fer sulfaté rouge*]. — Sulfate ferrosoferrique hydraté, contenant du sulfate de magnésie et du sulfate de chaux.

Petits cristaux ou masses botryoïdes d'un rouge hyacinthe ou d'un brun jaunâtre recouvrant du gypse ou de la pyrite dans les mines de Fahlun.

Caractères. — Partiellement soluble dans l'eau et laissant un résidu ocreux. Dureté, 2 à 2,5. Poussière jaune clair. Densité, 2,04. Translucide.

Forme cristalline. — Prisme clinorhombique, $mm = 119°,56'$, $pm = 113°37'$. Clivages, m.

BOTRYOLITHE (Min.). — Variété concrétionnée de datholithe.

BOUGIE. — Voyez ACIDE STÉARIQUE.

BOULANGÉRITE (Min.) [Syn. *Plumbostibe, embrichtite*]. — Antimoniosulfure de plomb (sulfoantimonite),

$$Sb^2Pb^3S^6 = Sb^2S^3, 3PbS.$$

Masses bacillaires, fibreuses, quelquefois granulaires ou compactes, d'un gris de plomb bleuâtre. Éclat métallique.

Caractères. — Soluble dans l'acide chlorhydrique chaud avec dégagement d'hydrogène sulfuré. Au chalumeau, fond en émettant de l'acide sulfureux et des fumées d'antimoine. Sur le charbon, donne un enduit d'oxyde de plomb.

Dureté, 2,5 à 3. Poussière gris-noir. Densité, 5,75 à 6.

BOURNONITE (Min.) [Syn. *Endellione*, Bournon, *antimoine sulfuré plumbo-cuprifère*, H. *Bleifahlerz, Radelerz*]. — Sulfure d'antimoine, de plomb et de cuivre (sulfo-antimonite),

$$CuPbSbS^3 = 1/2. (Cu^2)Pb^2Sb^2S^6$$
$$ou\ Sb^2S^3(PbS)^2Cu^2S.$$

Cristaux prismatiques ou octaédriques ou masse compacte d'un gris métallique, et d'un vif éclat sur les cassures fraîches. Cassure conchoïdale. Les prismes sont fréquemment cannelés de façon à représenter grossièrement des pignons d'engrenage.

Caractères. — Soluble dans l'acide azotique chaud, en donnant une liqueur bleue et en laissant un résidu d'oxyde d'antimoine et de soufre. Au chalumeau, sur le charbon, décrépite, puis fond en donnant de l'acide sulfureux et des fumées d'antimoine, une auréole de plomb, et laissant un bouton de cuivre, surtout lorsqu'on ajoute un peu de carbonate de soude.

Dureté, 2,5 à 3. Fragile; poussière gris de fer. Densité, 5,70 à 5,87.

Forme cristalline. — Prisme orthorhombique $mm = 93°40'$; $pe^1 = 138°6'$.
Forme habituelle : g^1, h^1, p, avec modifications sur les arêtes.

Fig. 100. — Bournonite.

Clivages : g^1 imparfait, h^1, p moins faciles encore. Macles parallèles à m.   F. et S.

BOUSSINGAULTITE (Min.). — M. Bechi a donné ce nom à un sulfate d'ammoniaque hydraté, renfermant un peu de magnésie et de protoxyde de fer et trouvé dans les *soffioni* de Travalle, en Toscane [*Compt. rend.*, t. LVIII, p. 583].

BRAGITE (Min.). — Cristaux indistincts, probablement quadratiques, bruns, d'un éclat semi-métallique. Ce sont peut-être des zircons altérés.

BRANCHITE (Min.). — Matière résineuse ressemblant à la scheererite, et trouvée dans le lignite du mont Vaso (Toscane).
Fond à 75°; ne cristallise pas en se solidifiant. Soluble dans l'alcool.

BRANDISITE (Min.). — Silicate hydraté d'alumine et de magnésie, contenant du fer et de la chaux. D'après une analyse de M. de Kobell, le rapport entre l'oxygène de la silice, des sesquioxydes, des protoxydes et de l'eau, serait : $3 : 6 : 3 : 1$. Petites tables à six faces, ayant un clivage net parallèle à la base ; d'un vert d'émeraude sous la lumière transmise normalement à cette face, et d'un brun clair sous la lumière transmise parallèlement.
Forme cristalline. — On rapporte la brandisite à un prisme orthorhombique très-voisin de 120°, à cause de son analogie avec le mica.

BRASSIQUE (ACIDE), $C^{22}H^{42}O^2$ [Websky, *Journ. für prakt. Chem.*, t. LVIII, p. 449 ; — Städeler, *Ann. der Chem. u. Pharm.*, nouv. sér., t. XI, p. 133, et *Ann. de Chim. et de Phys.*, (3), t. XLI, p. 491]. — Selon Websky, l'huile de colza est un mélange d'éthers glycériques des deux acides brassique et brassoléique.
Par sa saponification on obtient les deux acides.
L'acide brassique est le seul solide à la température ordinaire. Il donne de longues aiguilles solubles dans l'alcool, fusibles entre 32° et 33°. Ces deux acides peuvent être séparés à l'état de sel de plomb, l'éther dissout le brassoléate et laisse le brassate de plomb.
D'après M. Städeler, l'acide brassique serait identique avec l'acide solide de l'huile de moutarde (acide érucique).
Le sel de soude a donné à l'analyse des nombres correspondant à la formule $C^{22}H^{41}O^2Na$, qui est celle de l'érucate de sodium.
Sous l'influence du peroxyde d'azote, l'acide brassique se transforme en un isomère.
Il ne donne pas d'acide sébacique à la distillation.   A. G.

BRASSOLÉIQUE (ACIDE) [Websky, *Journ. für prakt. Chem.*, t. LVIII, p. 449 ; — Städeler, *Ann. der Chem. u. Pharm.*, nouv. sér., t. XI, p. 133, et *Ann. de Chim. et de Phys.*, (3), t. XLI, p. 494]. — Cet acide s'obtient par la saponification de l'huile de colza en même temps que l'acide brassique. L'éther dissout le brassoléate de plomb.
L'acide brassoléique paraît être identique avec l'acide liquide de l'huile de moutarde ; il diffère de l'acide oléique en ce qu'il ne donne pas d'acide sébacique par la distillation sèche.
Cet acide est liquide ; il ne donne à 0° que des traces de cristallisation ; il se concrète sous l'influence du peroxyde d'azote.   A. G.

BRAUNITE (Min.). — Oxyde manganique Mn^2O^3, mélangé quelquefois d'un peu de silicate manganeux $MnSiO^3$, qui est peut-être isomorphe avec la braunite. La variété silicifère a été appelée *marceline*. Petits cristaux ou masses cristallines d'un gris noir, qu'on trouve en filons irréguliers dans les roches porphyriques.

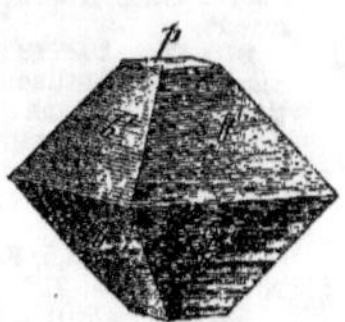

Fig. 101. — Braunite.

Caractères. — Soluble dans l'acide chlorhydrique, en dégageant du chlore. Infusible au chalumeau ; avec les flux, réactions du manganèse. Dureté, 6,5. Fragile ; poussière brun-noir.
Densité, 4,75 à 4,82.
Forme cristalline. — Octaèdre à base carrée, $b^1b^1 = 109°53'$, $b^1p = 125°40'$.
Clivages : b^1 faciles ; ces clivages n'existent pas dans la marceline.   F. et S.

BRÉANE ($C^{20}H^{32}O$)? [Scribe, *Ann. de Chim. et de Phys.*, (3), t. XIII, p. 166]. — La résine icica, entièrement dissoute par l'alcool bouillant, laisse déposer par le refroidissement la bréane à l'état cristallin.
Petites aiguilles neutres, étoilées, incolores, sans saveur, brûlant avec une flamme fuligineuse, insolubles dans l'eau et les alcalis, solubles dans l'alcool bouillant. L'éther en dissout 23 % de son poids.
Elle fond par la chaleur, est liquéfiée complétement à 157°, devient visqueuse en se refroidissant et est entièrement resolidifiée à 105°.
A la distillation sèche elle brunit, donne des huiles empyreumatiques et une substance jaune, solide et volatile, enfin du charbon. L'acide sulfurique la dissout sans l'altérer et se colore en rouge. L'acide nitrique l'attaque à chaud en produisant une matière acide jaune, en partie soluble dans la liqueur.
Les nombres de M. Scribe coïncident avec ceux que donne l'analyse de la cholestérine.   A. G.

BRÉIDINE [Baup, *Ann. de Chim. et de Phys.*, (3), t. XXXI, p. 108 ; *Journ. de Pharm.*, (3), t. XX, p. 321]. — Substance cristalline extraite de la résine de l'arbre à brai. Elle cristallise en prismes rhomboïdaux transparents, terminés par une pyramide surbaissée à 4 pans. L'inclinaison des faces du prisme entre elles est de 78°.
La bréidine se dissout dans 270 p. d'eau à 10°, et dans une moindre quantité à chaud ; soluble dans l'alcool, peu soluble dans l'éther.
Les cristaux, si on les chauffe, deviennent opaques, fondent un peu au-dessus de 100° et se subliment sans décomposition. Leur vapeur est un peu piquante à la gorge.   A. G.

BRÉINE [Baup, *Ann. de Chim. et de Phys.*, (3), t. XXXI, p. 108 ; *Journ. de Pharm.*, (3), t. XX, p. 321]. — L'une des quatre substances cristallisables que M. Baup a retirées de la résine de l'arbre à brai. Elle cristallise lentement de la solution alcoolique de cette résine, préalablement privée de l'amyrine par son refroidissement.
Prismes rhomboïdaux d'environ 70 degrés, terminés par un biseau dont l'angle, au sommet, est d'environ 80 degrés.
Substance neutre, très-soluble dans l'éther. Se dissolvant dans 70 p. d'alcool à 85, à la température

de 20°. Plus soluble dans l'alcool absolu, insoluble dans l'eau. Elle fond à 187° en un liquide transparent et incolore. **A. G.**

BREISLAKITE (Min.). — Fibres très-déliées se trouvant dans les cavités de la lave de Capo di Bove, du trachyte du monte Olibano. Brun-rougeâtre. Offre, d'après Chapman, la forme du pyroxène.

BREITHAUPTITE (Min.) [Syn. *Nickel antimonial*]. — Antimoniure de nickel, Ni Sb. Petites tables hexagonales, ou masses engagées dans du calcaire, d'un aspect métallique et d'un rouge de cuivre violacé. Cassure conchoïdale.

Caractères. — Au chalumeau, donne des fumées d'antimoine.

Dureté, 5 à 5,5. Fragile; poussière d'un brun-rouge. Densité, 7,5.

Forme cristalline. — Double pyramide hexagonale, dont les faces font avec la base un angle de 135°15.

BRÉSILINE. — On donne le nom de *brésiline* à une matière colorante contenue dans les bois de teinture rouges, et isolée pour la première fois par M. Chevreul [*Ann. de Chim.*, t. LXVI, p. 225] (Bois de Lima, de Fernambouc, de Bahia, de Sainte-Marthe, etc.).

Elle existe dans ces bois colorants en partie à l'état libre, en partie sous forme de glucoside.

M. Chevreul obtient la brésiline de la manière suivante : Le bois en poudre est épuisé par l'eau; l'extrait est évaporé à sec, repris par l'eau, et le liquide est agité avec de l'hydrate de plomb, dans le but de saturer les acides fixes. On filtre et on évapore une seconde fois.

On reprend par l'alcool; la solution alcoolique est concentrée, additionnée d'eau et précipitée par la gélatine qui enlève le tannin. On évapore encore une fois à sec et on traite par l'alcool bouillant; la brésiline cristallise alors par refroidissement.

Dans les anciens extraits à 10° ou 20° Baumé conservés dans un endroit frais, on trouve souvent au fond des vases un dépôt cristallin de brésiline. C'est en opérant sur un semblable résidu que M. Bolley a pu étudier d'une manière plus approfondie les caractères et la composition de ce corps [Bolley et Greiff, *Schweiz Polytech. Zeitsch.*, 1864, t. IX, p. 134]. En traitant ces cristaux bruts par de l'alcool absolu bouillant et en évaporant à l'abri de l'air et de la lumière, on obtient des cristaux d'un jaune d'ambre représentant la brésiline pure. Leur forme est celle d'un prisme hexagonal ou clinorhombique. Ils sont solubles dans l'eau, l'alcool et l'éther. La solution aqueuse est un peu plus rougeâtre que la solution alcoolique.

La moindre trace d'ammoniaque suffit pour la colorer en rouge carmin intense.

Les cristaux se colorent en brun sous l'influence de la lumière; il est possible que l'oxygène intervienne dans ce changement.

La solution alcoolique de brésiline, abandonnée longtemps à elle-même ou évaporée lentement, dépose, outre les cristaux jaunes volumineux, des paillettes vert-cantharide contenant de l'azote.

Celles-ci prennent probablement naissance sous l'influence combinée de l'ammoniaque et de l'oxygène.

Les cristaux de brésiline sont anhydres, ils se décomposent entre 130° et 140°; dans l'alcool aqueux ordinaire, on obtient souvent des aiguilles enchevêtrées, jaune d'or, appartenant au système monoclinique et contenant 2 molécules d'eau pour la formule $C^{22}H^{20}O^7$.

M. Bolley n'a obtenu aucun produit de substitution susceptible de contrôler cette formule. D'après lui, la brésiline se combine au bisulfite de soude, et donne un produit cristallin incolore, ce qui la rangerait dans la classe des aldéhydes.

Chauffée à 140° avec de l'anhydride acétique, elle fournit un dérivé acétique insoluble dans l'eau et cristallisant dans l'alcool en aiguilles jaune clair. Sous ce rapport, la brésiline se comporte comme un alcool polyatomique.

Chauffée à 100°, en vase clos et à l'abri de l'air, avec une solution aqueuse d'ammoniaque, elle se convertit peu à peu en un composé amidé incolore, très-altérable à l'air, soluble dans les acides et précipitable par l'ammoniaque [Schützenberger et Paraf, *Bull. de la Soc. industrielle de Mulhouse*, t. XXXI, p. 50].

La formule de M. Bolley rapproche la brésiline de l'hématoxyline, dont elle ne différerait que par les éléments du phénol :

Brésiline.............. $C^{22}H^{20}O^7$
Hématoxyline........ $C^{16}H^{14}O^6$
Différence....... C^6H^6O

Ce rapprochement explique l'analogie de propriétés qui existe entre les deux corps, analogie assez grande pour que certains auteurs aient cru pouvoir admettre l'identité.

Les recherches de M. Bolley, ainsi que les différences *bien tranchées* dans les propriétés tinctoriales, ne permettent pas de s'arrêter à cette idée.

Ajoutons que la brésiline oxydée par l'acide azotique fournit de l'acide picrique, tandis que l'hématoxyline n'en donne pas.

Usages. — La brésiline représente une des matières colorantes des bois rouges et notamment du Fernambouc et du Lima; cependant elle ne paraît pas être la seule, vu que les nuances qu'elle communique aux tissus mordancés, à l'alumine, sont plus violacées que celles que donnent les décoctions de bois et particulièrement celles du Bahia.

La brésiline, peu colorée par elle-même, appartient à la classe des pigments qui ne se fixent sur fibres textiles qu'avec le concours d'un intermédiaire ou d'un mordant. Celui-ci, non-seulement détermine l'adhérence de la matière colorante, mais sert encore à développer la nuance.

Avec l'alumine, elle fournit des rouges et des roses violetés; un violet grisâtre ou un noir avec l'oxyde de fer et un puce avec le mélange des deux; un rouge avec le bioxyde d'étain; une nuance olive avec l'oxyde de chrome. Ces couleurs sont remarquables par leur peu de solidité et leur sensibilité aux réactifs. Les alcalis font immédiatement virer les rouges de brésil au bleu violacé, et les acides les ramènent au jaune. **P. S.**

BREUNNÉRITE. — Voyez MÉSITINSPATH.

BRÉVICITE. — Voyez MÉSOTYPE.

BREWSTÉRITE (Min.) [Syn. *Diagonite*, Breith]. — Silicate hydraté d'alumine, de strontiane et de baryte, renfermant un peu de chaux et une trace de fer :

$$R'' Al^2 Si^6 O^{16} + 5 H^2 O.$$

Petits cristaux jaunâtres ou grisâtres, dans un filon de calcaire et de galène à Strontian (Écosse) et dans les cavités d'une amygdaloïde, à la Chaussée-des-Géants, au Col-du-Bonhomme, etc.

Caractères. — Attaquable par l'acide chlorhydrique avec dépôt de silice pulvérulente. Donne de l'eau dans le tube. Au chalumeau, fond en bouillonnant et donne un émail bulleux.

Fig. 102.
Brewstérite.

Dureté, 4,5 à 5. Poussière blanche. Densité, 2,12 à 2,45.

Forme cristalline. — Prisme clinorhombique

$mm = 136°$, $pe^1 = 176°$. Clivage g^1 parfait, traces suivant h^1.

F. et S.

BREWSTOLINE (Min.). — M. Dana a donné ce nom à l'un des deux liquides que M. Brewster a découverts dans les petites cavités de certaines topazes. Il a un indice de réfraction de 1,211. Son volume augmente d'un quart lorsqu'on élève sa température de 10° à 26°.

BROCHANTITE (Min.) [Syn. *Konigine*, Levy; *Krisuvigite*, Forchhammer]. — Sous-sulfate cuivrique hydraté,

$$Cu^4 S H^6 O^{10} = CuSO^4 + 3 Cu H^2 O^2.$$

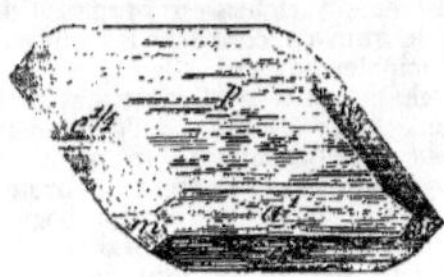

Fig. 103. — Brochantite.

Petits cristaux et masses cristallines ou terreuses, d'un beau vert émeraude, accompagnant la malachite, le cuivre natif, etc., à Catherinebourg (Sibérie), en Cumberland, au Pérou, etc.

Caractères. — Insoluble dans l'eau ; attaquable par les acides; donnant de l'eau par calcination. Au chalumeau, sur le charbon, donne du cuivre.

Dureté, 3,5 à 4. Poussière vert clair. Densité, 3,8 à 3,9.

Forme cristalline. — Prisme orthorhombique $mm = 114°29'$, $a^1p = 104°4'$. Clivages : p net, $e^{1/4}$ traces.

BROMAL. [Syn. *Hydrure d'acétyle tribromé*] :

$$C^2 H Br^3 O = \begin{cases} C Br^3 \\ C O \\ H \end{cases}$$

[Lœwig, *Ann. der Chem. u. Pharm.*, t. III, p. 288]. — Le bromal s'obtient en versant peu à peu 3 à 4 p. de brome dans 1 p. d'alcool absolu refroidi. On distille ce mélange au bout de 10 à 12 jours, on en traite le dernier quart restant par l'acide sulfurique concentré. Le bromal vient nager à la surface.

On peut aussi additionner d'un peu d'eau ce dernier quart. Il se forme de l'hydrate de bromal que l'on purifie comme l'hydrate de chloral (voir ce mot).

On peut encore préparer le bromal en traitant l'éther par le brome.

Le bromal est un corps huileux, incolore, d'odeur vive; il irrite les yeux, il a une saveur brûlante. Il est soluble dans l'eau, l'alcool et l'éther. Densité, 3,34. Il bout au-dessus de 100° et peut se distiller sans décomposition. Les alcalis le transforment en bromoforme et formiate. L'acide sulfurique, nitrique, le chlore, sont sans action sur lui.

La baryte et la chaux chauffées dans sa vapeur donnent, outre des matières charbonneuses, de l'oxyde de carbone, de l'eau, des bromures.

Le bromal dissout le phosphore et le soufre, il se mêle aisément au brome, à l'alcool, à l'éther.

Hydrate de bromal, $C^2 H Br^3 O + 2 H^2 O$. — Cristaux ayant la forme du sulfate de cuivre, très-solubles dans l'eau, que l'on obtient comme l'hydrate de chloral. Ils fondent à la chaleur de la main : l'acide sulfurique les déshydrate.

Parabromalide, $n C^2 H Br^3 O$ [Cloëz, *Ann. de Chim. et de Phys.*, t. III, p. 188]. — Isomère du bromal que l'on obtient en traitant 1 p. d'alcool méthylique absolu et refroidi par 10 à 12 p. de brome.

On lave plusieurs fois à l'eau la couche inférieure qui se forme, et on dessèche le produit lavé dans le vide. Il se prend bientôt en cristaux de parabromalide que l'on purifie par des cristallisations dans l'alcool.

Prismes incolores, fusibles à 67°; densité, 3,107. Insolubles dans l'eau, solubles dans l'alcool concentré et le chloroforme.

Les alcalis donnent avec lui du bromoforme et un formiate.

Ce corps se produit d'après l'équation

$$2 CH^4 O + 4 Br^2 = C^2 H Br^3 O + H^2 O + 5 H Br.$$

A. G.

BROMARGYRE (Min.) [Syn. *Bromite, bromyrite, bromargyrite, argent bromuré*]. — Bromure d'argent, AgBr. Masses cristallines jaunes ou vert olive, ou petits cristaux accompagnant le kerargyre à Chañarcillo (Chili), à Huelgoat (Bretagne), etc.

Caractères. — Soluble à chaud dans l'ammoniaque concentrée.

Fusible au chalumeau. Fondu avec du sel de phosphore additionné d'oxyde de cuivre, colore la flamme en vert bleuâtre.

Dureté, 1 à 2. Se laisse couper au couteau.

Densité, 5,8 à 6.

Forme cristalline. — Cubes ou cubo-octaèdres.

BROME. — Br. = 80 (d'après Dumas), 79,952 (d'après Stas, *Mémoires de l'Acad. royale de Belgique*, t. XXXV).

Le brome ($\beta\rho\tilde{\omega}\mu\circ\varsigma$, *fétidité*) est un corps simple métalloïde, monoatomique, découvert par M. Balard, en 1826, dans les eaux mères des salines de Montpellier, où il existe en petites proportions, sous forme de bromure métallique.

En faisant passer du chlore dans ces eaux mères, on voit se développer une coloration jaune. Le liquide agité avec de l'éther se décolore, en même temps que l'éther surnageant prend une teinte jaune. On décolore l'éther avec de la potasse caustique et l'on évapore à sec. Il reste un résidu composé de bromure et de bromate, d'où il est facile de retirer le brome.

Propriétés physiques. — A la température ordinaire, le brome est liquide. Sa couleur est rouge-brun foncé; il est opaque en couches épaisses et rouge hyacinthe, par transparence, en couches minces.

Densité, 2,966 (Balard), 2,99 à 15° (Lœwig), 3,1872 à 0° (Pierre). ☀ —22° le brome se solidifie en une masse lamelleuse cristalline d'une couleur gris de plomb, à éclat demi-métallique, qui se maintient longtemps solide, même à —12°. Il bout à 63° (Pierre), à 58° (Andrews), 58°6 à 0^m,76 de pression (Landolt, *Ann. de Chim. et de Phys.*, t. CXVI, p. 177), à 45° (Lœwig). Il se volatilise très-facilement, même à la température ordinaire; ses vapeurs sont rutilantes.

Densité de vapeur, 5,54 (Mitscherlich), calculée (5,544 = 80 × 0,0693); par rapport à l'hydrogène = 80. Chaleur latente de vaporisation, 50,95 (Regnault).

Chaleur spécifique de la vapeur de brome : 1° à poids constant, 0,05552; 2° à volume constant, 0,30400 (densité admise, 5,4772) [Regnault, *Relations des expériences*, t. II, p. 205]. Le brome conduit mal l'électricité.

Odeur forte et irritante rappelant le chlore, saveur forte et âcre; il est très-vénéneux : quelques gouttes introduites dans l'économie animale suffisent pour donner la mort.

Propriétés chimiques. — Le brome est peu soluble dans l'eau; une solution saturée contient 31,02 à 31,09 pour 1000 et pèse 1,02367.

Densités de la solution du brome, d'après Slessor [*New Edinb. Phil. Journ.*, t. VII, p. 287] :

Densités.	Quant. de brome pour 1000.	Densités.	Quant. de brome pour 1000.
1,00901	10,72	1,01491	18,70-19,06
1,00931	10,78	1,01585	19,52-20,09
1,00995	12,05	1,01807	20,89-21,55
1,01223	12,3	1,02367	31,02-31,69

Table de solubilité du brome dans l'eau à diverses températures.

Températures.	Quantité maxim. de brome contenu dans 100 p. d'eau.
5°	3,600
10°	3,327
15°	3,226
20°	3,208
25°	3,167
30°	3,126

Il se combine à l'eau à 0° pour former, comme le chlore, un hydrate solide cristallisé contenant Br. 5 H²O, qui ne se décompose que vers 20°. L'eau de brome a une couleur orangée. Le brome est plus soluble dans l'alcool et surtout dans l'éther; la dissolution est rouge hyacinthe.

Ses caractères chimiques le rapprochent du chlore, avec lequel il offre, sous ce rapport, les plus grandes analogies. Comme lui, il ne s'unit pas directement à l'oxygène, et les composés oxygénés que l'on réussit à former sont très-instables; ses principales affinités sont pour l'hydrogène et les métaux; cependant le chlore déplace le brome de ses combinaisons métalliques et de l'acide bromhydrique, tandis qu'inversement le brome peut déplacer le chlore de ses composés oxygénés. La flamme d'une bougie persiste quelques instants dans la vapeur de brome, en se colorant en vert, puis elle s'éteint. En raison de son affinité pour l'hydrogène, le brome agit comme oxydant sur un grand nombre de corps, en présence de l'eau, absolument comme le chlore; c'est ainsi qu'il transforme l'acide sulfureux en acide sulfurique, l'acide arsénieux en acide arsénique, en passant lui-même à l'état d'acide bromhydrique :

$$Br^2 + 2 H^2O + SO^2 = 2 BrH + SO^4H^2.$$

D'après Blomstrand [*Ann. der Chem. u. Pharm.*, t. XXIII, p. 248], le brome, en présence de l'eau et sous l'influence de la lumière, oxyde beaucoup de matières organiques et les transforme en acides.

Tels sont la benzine, le toluène, la mannite, le sucre, la glycérine, l'acide urique.

On explique de cette manière son pouvoir décolorant intense, qui est comparable à celui du chlore. Les matières colorantes sont oxydées par l'oxygène naissant fourni par l'eau.

Le brome en vapeur ou en solution alcoolique étendue d'eau ne décolore pas le papier de tournesol d'une manière persistante. La couleur revient par addition d'ammoniaque [Reinsch, *N. Jahresb. Pharm.*, t. XI, p. 260].

Il décompose l'ammoniaque, les hydrogènes phosphoré, arsénié et sulfuré, en mettant l'azote, le phosphore, l'arsenic, le soufre en liberté. Un mélange de vapeur d'eau et de brome dirigé à travers un tube en porcelaine rouge fournit de l'acide bromhydrique et de l'oxygène. Beaucoup de matières organiques sont énergiquement attaquées par ce corps, soit à la température ordinaire, soit à une température plus élevée; il se dégage de l'acide bromhydrique, et le brome remplaçant l'hydrogène enlevé à la molécule organique, on obtient des produits de substitution. Il colore la peau en jaune persistant jusqu'à la chute de l'épiderme; une action prolongée pro-duit une vive inflammation; l'amidon est coloré en jaune orangé. Le brome déplace l'iode dans l'acide iodhydrique et les iodures métalliques; il s'unit directement au soufre, au sélénium, au tellure, au chlore, à l'iode, au phosphore, à l'arsenic, au bore, au silicium.

État naturel. — Le brome se rencontre, toujours en combinaison avec des métaux, dans l'eau de la mer (bromure de magnésium), et en plus forte proportion dans les eaux mères des marais salants ou des soudes de varech où il se concentre. Les eaux de la mer Morte sont particulièrement riches en bromure de magnésium. On le trouve encore dans les salines du continent, principalement en Allemagne; celles de Theodorshalle, près de Kreuznach, sont particulièrement riches (150 livres d'eaux mères de ces salines fournissent 66 grammes de brome, en moyenne). Généralement le brome accompagne le chlore, mais en proportion beaucoup moindre. D'après Berthier, le minerai argentifère de Saint-Onofre, district de Plateros, dans le Mexique, contient un mélange de bromure et de chlorure d'argent.

Préparation. — On extrait le brome des eaux mères des marais salants, des eaux mères des salines du continent et des cendres de varech.

Nous avons déjà vu comment M. Balard est parvenu à l'obtenir pour la première fois en traitant l'eau mère des salines par du chlore, agitant avec de l'éther et enlevant le brome dissous dans l'éther par une solution de potasse. On répète ces opérations sur de nouvelles eaux mères, jusqu'à ce que la potasse soit saturée, puis on évapore à sec et on calcine pour ramener le bromate à l'état de bromure.

Le sel est ensuite décomposé par un mélange de bioxyde de manganèse et d'acide sulfurique étendu de la moitié de son poids d'eau. On distille, en faisant plonger le col de la cornue au fond d'un récipient plein d'eau froide. Le brome se condense sous l'eau sous forme de gouttelettes pesantes. Si le bromure contient du chlorure, il passe en même temps du chlorure de brome; mais comme il est soluble dans l'eau, on n'a pas à s'en préoccuper.

En grand, ce procédé n'est pas pratique. Les eaux mères des marais salants ou des salines sont, autant que possible, débarrassées de chlorures et de sulfates alcalins, par concentration et cristallisation. Le liquide est ensuite distillé avec un mélange de peroxyde de manganèse et d'acide chlorhydrique. De cette manière, le chlore mis en liberté déplace le brome du bromure de magnésium. Desfosses prescrit, pour éviter la perte en acide bromhydrique due à la décomposition du bromure de magnésium par l'eau pendant les concentrations, de saturer les liquides avec de la chaux. On filtre pour séparer la magnésie précipitée et on achève comme ci-dessus.

Les eaux mères des cendres de varech qui ont déposé leurs chlorures et leurs sulfates alcalins servent à la fois à la préparation du brome et de l'iode; elles contiennent en moyenne 1 p. de brome et 8 p. d'iode. On commence par précipiter l'iode par un courant de chlore que l'on arrête lorsque le liquide filtré ne précipite ni par le chlore ni par l'iodure de potassium. Quelquefois l'iode est précipité par un mélange d'acide sulfureux et de sulfate de cuivre, sous forme d'iodure cuivreux. Le liquide filtré et contenant du bromure est soumis à la distillation avec un mélange d'acide sulfurique et de bioxyde de manganèse en proportions déterminées par un essai préalable.

Le brome liquide qui se condense dans le récipient, sous l'eau, après ces différents traitements, est distillé sur du chlorure de calcium; quant au liquide aqueux surnageant, il peut renfermer du chlorure de brome. Ce liquide peut être traité par l'une ou l'autre méthode suivante : 1° On agite avec son volume d'éther qui s'empare du chlorure de brome ; l'éther décanté est ensuite agité avec de petites quantités d'eau, qui transforment petit à petit le chlore en acide chlorhydrique ; on juge que cet effet est produit en totalité lorsque l'eau qui se sépare commence à renfermer de l'acide bromhydrique, c'est-à-dire à se colorer en jaune par le chlore. On extrait alors le brome de l'éther au moyen de la potasse.

2° Le liquide est neutralisé par de la baryte, évaporé à sec, et le résidu est calciné ; il se compose alors d'un mélange de chlorure et de bromure barytique.

L'alcool concentré dissout le bromure de baryum en laissant le chlorure ; cette méthode peut convenir à la séparation du chlore que renferme le brome du commerce.

Usages. — Jusqu'à présent le brome n'a pas encore reçu d'applications très-importantes ; on le prescrit quelquefois en médecine à la dose de 5 à 50 centigrammes pour 150 grammes d'eau, dans l'angine couenneuse, le croup, comme contrepoison du curaré. Il sert dans les opérations photographiques, à la préparation de quelques dérivés bromés destinés à la fabrication des couleurs artificielles ; enfin les chimistes en font un fréquent usage dans leurs recherches de chimie organique.

Analyse. — On reconnaît le brome libre à son odeur, à sa couleur rouge-brun et à la teinte rutilante de sa vapeur ; il colore l'amidon en jaune orangé. Lorsqu'il existe en petites proportions dans l'eau, on agite avec de l'éther qui s'empare du brome en se colorant en jaune.

On peut doser le brome libre par les mêmes procédés que ceux qui servent à la détermination quantitative du chlore.

1° On transforme le brome en bromure en y versant un excès d'ammoniaque ; la réaction doit être effectuée dans un grand ballon muni d'un tube en S et d'un tube à dégagement plongeant dans une solution étendue d'ammoniaque. On a

$$3\,Br + 4\,AzH^3 = Az + 3\,(Br\,AzH^4).$$

On sursature ensuite par l'acide nitrique et l'on précipite par le nitrate d'argent.

2° On fait arriver le brome en vapeur, ou l'on verse la solution de brome dans un excès d'iodure de potassium et l'on détermine par l'une des méthodes connues la quantité d'iode mise en liberté.

3° Dans le cas d'un mélange de brome libre et de bromure, on en prend une portion pesée qu'on mélange avec un excès d'ammoniaque. On précipite par le nitrate d'argent. On obtient ainsi le poids total du brome. Dans une autre portion pesée on détermine le brome libre par l'iodure de potassium.

On peut aussi verser dans le liquide un excès d'acide sulfureux pur et doser l'acide sulfurique formé d'après l'équation

$$SO^2 + Br^2 + 2\,H^2O = 2\,Br\,H + SO^4H^2.$$

Au moyen de l'azotate de baryum, le liquide séparé par filtration du sulfate de baryte permet de doser la totalité du brome.

COMPOSÉS DU BROME AVEC L'HYDROGÈNE ET LES MÉTAUX. — Le brome forme avec l'hydrogène une seule combinaison, l'acide bromhydrique.

ACIDE BROMHYDRIQUE, $Br\,H = 81$.

1 volume de vapeur de brome + 1 volume d'hydrogène = 2 volumes d'acide bromhydrique.

Gaz incolore, odeur forte, acide, et rappelant celle de l'acide chlorhydrique, saveur acide ; densité par rapport à l'hydrogène calculée, 1/2 (H Br)

= 40,5 ; par rapport à l'air, mesurée 2,71 (Lœwig), calculée, 2,801. Il se liquéfie à — 69° et se solidifie à — 73°. Il est extrêmement soluble dans l'eau ; la solution saturée à 0° a une densité de 1,29 et répand à l'air d'épaisses fumées, comme le gaz lui-même ; cette solution bout à une température au-dessous de 100° en perdant du gaz et en devenant plus aqueuse. Son point d'ébullition atteint 126° et se maintient tel ; l'hydrate qui passe a une densité de 1,480 et répond à la formule $Br\,H.\,5H^2O$. Une solution moyennement concentrée bout au-dessus de 100° ; enfin une solution très-étendue se concentre par la distillation.

Propriétés chimiques. — L'acide bromhydrique n'est pas décomposé par la chaleur ; le chlore lui enlève l'hydrogène et met du brome en liberté ; si le chlore est en excès, on obtient du chlorure de brome. L'iode est sans action ; bien au contraire, le brome déplace l'iode dans l'acide iodhydrique. Une solution aqueuse d'acide bromhydrique fournit du brome libre : 1° lorsqu'elle est exposée à l'air ; 2° par l'action des corps oxydants énergiques, tels que l'acide azotique (l'eau régale, préparée avec un mélange d'acides nitrique et bromhydrique, dissout l'or métallique). L'acide sulfurique concentré est réduit par l'acide bromhydrique avec production d'acide sulfureux :

$$2\,Br\,H + SO^4H^2 = 2\,H^2O + SO^2 + Br^2.$$

Un mélange d'acides bromique et bromhydrique donne de l'eau et du brome :

$$Br\,O^3H + 5\,Br\,H = 3\,H^2O + Br^6.$$

Les peroxydes métalliques ($Mn\,O^2$, $Pb\,O^2$, etc.) fournissent du brome et un bromure métallique :

$$4\,Br\,H + Mn\,O^2 = Br^2Mn + Br^2 + 2\,H^2O.$$

L'acide bromhydrique possède des réactions acides très-prononcées ; il rougit énergiquement le tournesol et fait double décomposition avec les oxydes métalliques :

$$2\,Br\,H + Ag^2O = 2\,Br\,Ag + H^2O \,;$$
$$Br\,H + KHO = Br\,K + H^2O.$$

Beaucoup de métaux le décomposent sous l'influence de la chaleur ou à froid, pour former des bromures, et en mettant de l'hydrogène en liberté (1 volume de Br H donne 1/2 volume H).

Le mercure froid, qui décompose l'acide iodhydrique en très-peu de temps, n'agit que très-lentement sur lui ; il faut presque une année pour que la réaction soit complète ; à 100°, elle l'est en 50 heures. L'acide bromhydrique en solution concentrée dissout beaucoup de brome en se colorant ; l'eau reprécipite la presque totalité de ce corps, qui semble combiné. Il s'unit directement à l'ammoniaque et aux ammoniaques composées pour former des sels ammoniacaux. Avec l'hydrogène phosphoré ($Ph\,H^3$), il donne un composé solide, cristallisant en cubes (bromhydrate d'hydrogène phosphoré) ; enfin il peut se combiner directement à beaucoup d'hydrogènes carbonés non saturés.

Modes de formation et préparation. — Le brome se combine directement à l'hydrogène, mais avec moins de facilité que le chlore. Ainsi, la lumière solaire est sans effet sur un mélange d'hydrogène et de vapeur de brome ; un semblable mélange ne détone pas par l'approche d'un corps en combustion, l'union des deux éléments n'ayant lieu qu'au contact immédiat de la source de chaleur. En faisant passer l'hydrogène mélangé à de la vapeur de brome à travers un tube chauffé au rouge, on obtient de l'acide bromhydrique, ou bien encore en maintenant dans le gaz une spirale de platine portée à l'incandescence par un courant électrique.

L'acide sulfurique concentré, en réagissant sur

un bromure métallique et particulièrement sur un bromure alcalin, échange son hydrogène contre le métal et l'acide bromhydrique prend naissance d'après une équation qui rappelle celle dont on tire parti pour l'obtention industrielle de l'acide chlorhydrique :

$$SO^4H^2 + 2 BrNa = SO^4Na^2 + 2 BrH.$$

Mais nous avons vu plus haut que l'acide bromhydrique réduit l'acide sulfurique concentré, avec mise en liberté de brome et d'acide sulfureux. Cet effet secondaire s'oppose à l'utilisation de ce procédé pour la préparation de l'acide bromhydrique.

On préfère recourir à la décomposition du tribromure de phosphore par l'eau :

$$Br^3Ph + 3 H^2O = 3 BrH + PhO^3H^3.$$

A cet effet, on emploie fréquemment dans les laboratoires l'appareil représenté par la fig. 104 :

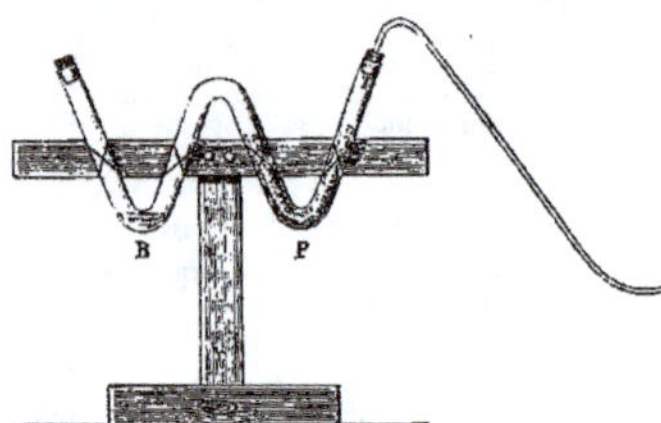

Fig. 104. — Préparation de l'acide bromhydrique.

Il se compose d'un tube à gros diamètre courbé trois fois en M et disposé comme le montre la figure. L'une des extrémités est fermée par un liége, l'autre par un tube de dégagement. Dans la courbure B on verse quelques grammes de brome, tandis que la branche P est remplie de couches alternatives de verre pilé, légèrement mouillé, et de phosphore rouge. En chauffant légèrement le brome, on le met en contact avec le phosphore, mais petit à petit et sous forme de vapeurs. Le bromure de phosphore se décompose, à mesure qu'il prend naissance, au contact de l'humidité du verre, dont la proportion n'est cependant pas suffisante pour tenir l'acide bromhydrique en dissolution. Ces dispositions ont pour but d'éviter la réaction très-vive, accompagnée d'explosion, qui se produit lorsqu'on met le brome liquide directement en contact avec le phosphore.

On obtient aussi beaucoup d'acide bromhydrique par l'action du brome sur la naphtaline, en même temps qu'il se forme de la naphtaline bromée.

S'agit-il de préparer, non le gaz, mais une solution aqueuse de l'acide, on pourra employer soit la méthode de Glover (action de l'acide sulfurique étendu de son volume d'eau sur le bromure de baryum, en proportion équivalente, et filtration du sulfate barytique ou distillation), soit la décomposition de l'hydrogène sulfuré en présence du brome et de l'eau :

$$4 H^2O + 2 SH^2 + Br^{10} = 10 BrH + S + H^2SO^4.$$

On filtre pour séparer le soufre, et on distille le liquide pour enlever l'acide sulfurique qui prend naissance en même temps. On peut aussi décomposer l'acide iodhydrique aqueux par le brome et filtrer pour séparer l'iode.

M. Kekulé prépare l'acide bromhydrique en solution aqueuse pure, en mélangeant du tribromure de phosphore et de l'eau en proportions équivalentes, ou plutôt en laissant un léger excès de PhBr³ ; le produit de la réaction est chauffé et l'on absorbe par l'eau l'acide bromhydrique qui se dégage [*Ann. der Chem. u. Pharm.*, t. CXXX, p. 14].

Analyse. — L'acide bromhydrique est analysé comme l'acide chlorhydrique. On chauffe 1 volume de gaz avec du potassium dans une cloche courbe, et on mesure l'hydrogène restant; il représente exactement la moitié du gaz primitif. En retranchant de la densité expérimentale de l'acide bromhydrique (2,71) la demi-densité de l'hydrogène (0,0347), on trouve

$$2,71 - 0,0347 = 2,6753,$$

qui représente à peu près exactement la demi-densité de la vapeur de brome 5,54. Un volume d'acide bromhydrique renferme donc un demi-volume de vapeur de brome et un demi-volume d'hydrogène ou $Br^{1/2} H^{1/2}$ et BrH correspond à 2 volumes.

Pour les méthodes de dosage et l'analyse qualitative, voir BROMURES.

Usages. — L'acide bromhydrique est sans applications industrielles et se manie rarement dans les laboratoires.

BROMURES MÉTALLIQUES. — Ils ressemblent beaucoup aux chlorures métalliques. Généralement solides, ils ont l'aspect salin; leur couleur varie avec la nature du métal, comme celle des sels.

Beaucoup d'entre eux sont facilement fusibles et volatils; la chaleur seule décompose complétement les bromures d'or et de platine. Le chlore chasse le brome des bromures avec l'aide de la chaleur et se combine au métal; cette réaction est surtout facile en présence de l'eau. Dans certains cas, l'oxygène se comporte de même en formant des oxydes; l'acide sulfurique concentré les décompose avec dégagement d'acide bromhydrique, de brome et d'acide sulfureux, ces deux derniers produits dérivant d'une action secondaire. L'acide nitrique concentré dégage également de l'acide bromhydrique, puis, réagissant partiellement sur lui, met en liberté du brome en se réduisant lui-même à l'état de bioxyde d'azote. L'acide chlorhydrique décompose à chaud les bromures d'après l'équation

$$ClH + BrM = ClM + BrH.$$

Un mélange d'acide sulfurique et de bioxyde de manganèse réagit sur les bromures comme sur les chlorures :

$$2 BrM + MnO^2 + 2 SO^4H^2$$
$$= 2 Br + 2 H^2O + SO^4Mn + SO^4M^2.$$

Un mélange d'acide sulfurique et de bichromate de potassium produit également du brome pur, sans aucun mélange d'acide bromochromique. Le liquide rouge condensé après distillation se décolore complétement par l'acide sulfureux ou par l'ammoniaque caustique, tandis qu'avec les chlorures il se forme de l'acide chlorochromique devenant vert par l'acide sulfureux ou restant jaune après addition d'ammoniaque.

Cette réaction peut être utilisée pour rechercher un bromure à côté d'un chlorure.

Presque tous les bromures sont solubles dans l'eau. Les bromures d'argent et de mercurosum sont insolubles, le bromure de plomb est peu soluble. Les bromures de magnésium, d'aluminium, et d'autres métaux terreux se décomposent pendant l'évaporation de leur solution aqueuse en acide bromhydrique et oxydes.

Modes de formation et de préparation. — 1° Combinaison directe du brome avec le métal. Le brome s'unit directement à la plupart des métaux; l'union se fait à la température ordinaire, quelquefois avec incandescence (arsenic, antimoine, potassium, etc.), ou à une température plus élevée. L'or s'unit peu à peu à froid au brome, mais non le platine.

2° Action de l'acide bromhydrique sur le métal, à froid et en présence de l'eau (métaux qui décomposent l'eau sous l'influence des acides), à chaud et à sec.

3° Action du brome sur les oxydes métalliques. Si l'on opère en présence de l'eau sur les hydrates d'oxydes alcalins et alcalino-terreux, il se forme un mélange de bromure et de bromate ; à sec et à chaud, il se dégage de l'oxygène (oxydes de plomb, d'argent, etc.).

4° Action de l'acide bromhydrique sur un oxyde ou un carbonate.

5° Double décomposition. Les bromures insolubles peuvent être obtenus en versant un bromure alcalin dans un sel soluble du métal. Ainsi l'azotate d'argent et le bromure de sodium donnent de l'azotate de sodium et du bromure d'argent.

Les bromures solubles se forment en versant du bromure de baryum dans une solution de sulfate correspondant. Sulfate de cuivre et bromure de baryum donnent sulfate de baryum et bromure de cuivre.

ANALYSE ET DOSAGE. — Les méthodes d'analyse et de dosage qui suivent s'appliquent aussi bien à l'acide bromhydrique qu'aux bromures métalliques.

Une solution aqueuse de bromure ne précipite pas par le chlorure de baryum dans une liqueur neutre ou acide ; elle précipite par le nitrate d'argent en présence d'un excès d'acide nitrique, précipité blanc, semblable au chlorure d'argent, moins soluble que lui dans l'ammoniaque caustique, insoluble dans l'acide nitrique. Le nitrate mercureux donne un précipité blanc jaunâtre, l'acétate de plomb un précipité blanc soluble dans un excès d'eau. Le nitrate de palladium précipite en noir (bromure palladique) une solution exempte de chlorure ; en présence d'un chlorure soluble il ne se produit rien ; le chlorure de palladium ne donne pas de précipité. Une solution de bromure se colore en jaune orangé plus ou moins foncé par le chlore ; le liquide étant agité avec de l'éther, l'éther surnageant absorbe tout le brome en se colorant en jaune.

Fresenius propose de remplacer l'éther par le chloroforme ou le sulfure de carbone [*Zeitschr. der analyt. Chem.*, t. I, p. 46]. Dans ces véhicules, la solution du brome mis en liberté par le chlore (non en excès) est rouge-orangé s'il y a beaucoup de brome, et jaune pâle s'il y en a peu. Avec une liqueur contenant 1/20000 de brome, l'éther ne se colore pas après addition de chlore, tandis que le chloroforme et le sulfure de carbone deviennent encore jaune clair. Une solution au 1/30000 ne colore plus que le sulfure de carbone. Dans le cas de la présence d'un iodure, on observe d'abord la coloration due à l'iode, et lorsque celle-ci a disparu par addition de plus de chlore, on voit apparaître la teinte jaune due au brome.

On peut encore reconnaître un bromure en le chauffant avec un mélange d'acide sulfurique concentré et de bioxyde de manganèse ou de bichromate de potassium (dégagement de vapeurs de brome), ou avec de l'acide sulfurique seul (dégagement d'acide bromhydrique mélangé de vapeurs de brome). Une perle de sel de phosphore saturée d'oxyde de cuivre et chauffée au chalumeau, avec un bromure, donne un dard bleu bordé de vert ; avec les chlorures, la flamme est bleue bordée de pourpre, et avec les iodures elle est vert émeraude. Mitscherlich reconnaît de petites quantités de brome par le spectre du bromure de cuivre [*Poggend. Ann.*, t. CXXV, p. 629]. On mélange la matière avec 1/2 p. de sulfate

d'ammoniaque et 1/10 d'oxyde de cuivre et on place ce mélange dans la flamme de l'hydrogène. Le spectre offre des raies correspondant aux divisions 105 et 109 et de la lumière aux divisions 85, 88,5 et 92.

En l'absence d'un iodure, le brome est toujours facile à découvrir au moyen des réactions caractéristiques qui précèdent et principalement par la coloration jaune du chloroforme après addition de chlore, mais l'iode masque par sa teinte les phénomènes saillants.

Aussi convient-il de s'en débarrasser. Un procédé commode consiste à précipiter l'iode par le chlorure de palladium. Le liquide filtré est traité par l'hydrogène sulfuré pour éliminer l'excès de palladium ; filtré de nouveau, le liquide est bouilli pour chasser l'excès d'acide sulfhydrique et il sert alors à la recherche du brome.

MM. O. Henry jeune et E. Humbert proposent, pour la recherche du brome dans les eaux minérales, de précipiter par l'azotate d'argent, de laver et sécher le précipité et de le mélanger à du cyanure d'argent [*Journ. de Pharm.*, (3), t. XXXII, p. 40]. Le mélange est introduit dans un long tube dont une partie est entourée de glace. On fait passer du chlore sec. Il se dépose de l'iodure et du bromure de cyanogène. Ce dernier se sublime à 15° et peut être ainsi reconnu et isolé de l'iodure de cyanogène.

DOSAGE. — 1° *Cas d'un bromure soluble, en l'absence de chlorures, iodures et cyanures.* — Le liquide est précipité par un excès de nitrate d'argent et rendu acide par addition d'acide azotique. On chauffe quelque temps à l'ébullition, on filtre, on lave et on sèche. Le bromure d'argent est détaché avec précaution du papier et fondu dans une capsule de porcelaine tarée, puis pesé. Le filtre est roulé en cylindre serré par un fil de platine et brûlé dans la flamme d'un bec de Bunsen. La cendre est pesée à part et comptée comme argent métallique (déduction faite des cendres du filtre). 100 p. de bromure d'argent équivalent à 42,55 de brome et 108 p. d'argent à 80 de brome, ou bien encore le poids du bromure d'argent multiplié par 0,4808 fait connaître la quantité de Br H et par 0,4255 celle du brome. On peut aussi procéder par la méthode des volumes au moyen d'une solution titrée de nitrate d'argent en opérant comme s'il s'agissait d'un chlorure.

Un procédé très-expéditif est fondé sur le principe suivant : Quand on ajoute de l'eau de chlore à la solution d'un bromure, le chlore se substitue au brome, qui devient libre et colore le liquide en jaune ; si l'on chauffe cette liqueur, elle laisse dégager le brome et se décolore. Une nouvelle addition de chlore produit une nouvelle coloration, et le même phénomène se reproduit jusqu'à expulsion complète du brome. La liqueur froide reste alors tout à fait incolore quand on y ajoute de nouveau du chlore.

L'eau de chlore doit être titrée au moment d'en faire usage. A cet effet, on en remplit une burette graduée qu'on entoure d'un papier noir et qu'on ferme incomplétement avec un bouchon de liége, puis on la verse par petites portions dans un matras contenant un poids connu de bromure de potassium dissous dans l'eau et acidifié avec quelques gouttes d'acide chlorhydrique. Après avoir chauffé le ballon jusqu'à décoloration, on laisse refroidir et on ajoute de nouveau du chlore, en recommençant cette opération jusqu'à ce que le liquide ne se colore plus par addition de chlore.

S'agit-il d'une eau minérale, on concentre le liquide et on l'acidule préalablement avec l'acide chlorhydrique.

2° *Cas d'un bromure insoluble.* — On décompose le sel mis en suspension dans l'eau par un courant d'hydrogène sulfuré, on filtre et sur le liquide filtré on procède comme ci-dessus, après avoir éliminé l'excès d'acide sulfhydrique par une addition de sulfate ferrique. Le bromure d'argent est fondu dans un creuset de porcelaine avec un mélange de parties égales de carbonate de sodium et de potassium. L'argent est réduit à l'état métallique et le résidu salin neutralisé par l'acide azotique peut servir au dosage direct du brome. On peut aussi réduire le bromure d'argent par un mélange de zinc et d'acide sulfurique étendu. Le liquide contient alors du bromure de zinc, tandis que l'argent devient libre.

3° *Cas d'un bromure soluble mélangé à un chlorure.* — Le dosage se fait généralement d'une manière indirecte. A cet effet, on précipite par un excès d'azotate d'argent un mélange de chlorure et de bromure argentiques; le précipité lavé, filtré et séché est pesé. On soumet ensuite un poids connu de ce mélange à l'action d'un courant de chlore sec, sous l'influence de la chaleur, dans un tube en verre peu fusible et offrant un renflement. Le tube est pesé avant et après l'opération. Le chlore déplace le brome et la perte de poids permet de calculer le rapport entre le chlore et le brome contenus dans le mélange. Comme contrôle on chauffe une deuxième fois en présence du chlore; le poids ne doit plus varier si l'opération était terminée.

On a la différence d des deux pesées $d = Br - Cl$, d'où $\dfrac{d}{Br} = 1 - \dfrac{Cl}{Br}$; mais $\dfrac{Cl}{Br}$ est évidemment égal au rapport des poids atomiques des deux corps; par conséquent $\dfrac{d}{Br} = 1 - \dfrac{35,5}{80} = \dfrac{80 - 35,5}{80}$ et $Br = d \times \dfrac{80}{80 - 35,5} = 1,795\,d$.

Au lieu de traiter par le chlore le mélange de chlorure et de bromure d'argent, on peut aussi le réduire en le chauffant dans un courant d'hydrogène et peser l'argent métallique qui reste. Le calcul permet de trouver le rapport entre le chlore et le brome.

Soit A le poids du mélange de Cl Ag et Br Ag;
B le poids de l'argent;
x le poids du chlore;
y le poids du brome;

on a
$$\frac{143,5}{35,5}\,x + \frac{188}{80}\,y = A,$$
$$\frac{108}{35,5}\,x + \frac{408}{80}\,y = B,$$

d'où
$$x = 1,3887\,B - 0,7977\,A,$$
$$y = 1,7977\,A - 2,3887\,B.$$

Autre méthode. — Le liquide primitif est partagé en deux portions égales : l'une d'elles est précipitée comme ci-dessus par un excès de nitrate d'argent, le précipité lavé, filtré et séché est pesé; l'autre moitié est également précipitée par un excès de nitrate d'argent, le précipité est lavé par décantation, puis mis à digérer avec une solution de bromure de potassium qui transforme tout le chlorure d'argent en bromure; on lave, on filtre, on sèche et on pèse. La différence de poids entre les deux pesées est encore égale à Br — Cl et l'équation se résout comme ci-dessus.

Lorsque le chlore est en grand excès par rapport au brome, il convient d'en écarter la majeure partie avant de procéder au dosage indirect. A cet effet, on évapore à sec après addition de carbonate de soude (pour éviter la perte de Br H ou Cl H, dans le cas d'un bromure de magnésium); le résidu calciné est traité par l'alcool fort qui dissout les bromures avec peu de chlorures; on évapore l'alcool et on reprend par l'eau. Ce procédé peut s'appliquer au dosage du brome dans l'eau de la mer ou l'eau mère des soudes de varechs; ou bien on précipite le liquide par le sixième seulement de la quantité de nitrate d'argent nécessaire pour une précipitation complète; on agite fortement et l'on recueille le dépôt renfermant tout le brome avec une portion du chlore. Ce précipité, pesé, est décomposé par le chlore sec, comme il a été dit plus haut.

Dosage direct. — On met la solution à analyser dans une éprouvette très-allongée, munie d'un robinet inférieur, on y verse une couche d'éther et l'on fait arriver au fond de l'éprouvette un courant de chlore pur. On bouche et on agite vivement; l'éther se colore en jaune; on laisse écouler l'eau de chlore et on lave à plusieurs reprises avec de l'eau distillée. Enfin on agite avec une lessive faible de potasse caustique, on évapore à sec, on calcine, on reprend par l'eau et on précipite le brome par le nitrate d'argent.

Sur une autre portion du liquide, on précipite simultanément le chlore et le brome par $AzO^3 Ag$:

Br Ag de la première expérience, retranché du poids du mélange de Cl Ag et Br Ag de la deuxième, donne Cl Ag.

4° *Cas d'un bromure soluble mélangé à un iodure.* — On précipite l'iode par le chlorure de palladium ou un mélange de nitrate de palladium et de chlorure alcalin; l'excès de palladium est éliminé par l'hydrogène sulfuré et celui-ci par l'acide azotique ou le sulfate ferrique. Cette méthode offre l'inconvénient d'introduire un chlorure dans la liqueur, ce qui ne permet plus le dosage direct du brome.

Le bromure d'argent étant décomposé par l'iodure de potassium $Br Ag + IK = Br K + IAg$; on suit une méthode indirecte analogue à celle que nous avons décrite pour un mélange de chlorure et de bromure. Le liquide est partagé en deux portions égales; l'une des moitiés est précipitée par le nitrate d'argent, le précipité est lavé, séché et pesé. L'autre moitié est également précipitée par le nitrate d'argent, mais le précipité (mélange d'iodure et de bromure d'argent) est simplement lavé par décantation, mis à digérer avec de l'iodure de potassium, on filtre et on lave, on sèche, on pèse.

On a la différence des deux pesées $d = I - Br$, d'où on tire facilement Br contenu dans la moitié du liquide.

Si la solution contient à la fois des chlorures, des bromures et des iodures, on la divise en trois parties égales et on précipite chacune par le nitrate d'argent. Le premier précipité est pesé directement, le second est pesé après digestion avec du bromure de potassium, et le troisième après digestion avec de l'iodure de potassium. On pèse dans le premier $Cl Ag + Br Ag + I Ag$. Dans le second on pèse $Br Ag + I Ag + Br' Ag$. $Br' Ag =$ le bromure d'argent formé aux dépens de Cl Ag.

Dans le troisième on pèse $I Ag + I' Ag + I'' Ag$. $I' Ag =$ iodure formé aux dépens du chlorure. $I'' Ag =$ iodure formé aux dépens du bromure.

Soient a, a', a'' les résultats des trois pesées; x, y, z les poids respectifs de Cl Ag, Br Ag, I Ag; c, b, i les poids atomiques de Cl Ag, Br Ag, I Ag. On a donc :

$$x + y + z = a,$$
$$\frac{b}{c}\,x + y + z = a', \qquad \frac{i}{c}\,x + \frac{i}{b}\,y + z = a''.$$

De ces trois équations à trois inconnues, on tire facilement :

$$x = \frac{c(a' - a)}{b - c}, \qquad y = \frac{b(q - p)}{i - b},$$
$$z = a - (x + y),$$
$$p = a' - \frac{b(a' - a)}{b - c}, \qquad q = a'' - \frac{i(a' - a)}{b - c}.$$

D'après Reimann [*Ann. der Chem. u. Pharm.*, t. CXV, p. 140] on peut doser le brome par titrage à côté de l'iode et du chlore, au moyen de l'eau de chlore. Soit un mélange d'iodure et de bromure de potassium. On verse peu à peu, en remuant, une eau de chlore titrée, après avoir ajouté assez de chloroforme pour qu'il en reste, non dissous, une goutte de la grosseur d'une noisette.

Le chloroforme prend une teinte bleue ou rose qui disparaît instantanément lorsqu'on a mis 6 équivalents de chlore pour 1 équivalent d'iodure:

$$Cl^6 + IK + 3H^2O = IO^3K + 6ClH.$$

En continuant l'addition de l'eau de chlore, le chloroforme devient jaune, puis orangé, de nouveau jaune et enfin incolore ou blanc jaunâtre, dans le cas de la présence du brome, lorsqu'on a employé 2 équivalents de chlore pour 1 équivalent de brome :

$$BrK + Cl = KCl + BrCl.$$

Dans le cas de la présence d'une matière organique, on neutralise avec de la soude caustique, on évapore à sec et on incinère dans une capsule en argent.

COMBINAISONS DU BROME AVEC LES MÉTALLOÏDES.

COMPOSÉS OXYGÉNÉS. — Le brome ne s'unit pas directement à l'oxygène. Jusqu'à présent on n'a obtenu aucun composé oxygéné anhydre. Les combinaisons connues et isolées, soit sous forme d'hydrates, soit à l'état de sels, sont : 1° l'acide hypobromeux, $BrOH$; 2° l'acide bromique, BrO^3H; 3° l'acide hyperbromique, BrO^4H.

Ces corps sont instables et se décomposent sous l'influence de la chaleur.

1° ACIDE HYPOBROMEUX, $BrOH$. — Un grand nombre d'expériences ne permettent pas de révoquer en doute l'existence de cet acide, bien qu'on n'ait pu encore l'isoler à l'état pur et anhydre, comme l'acide hypochloreux.

Gay-Lussac affirme avoir obtenu du gaz hypobromeux par l'action du brome sec sur l'oxyde de mercure ; mais, suivant Pelouze, on ne dégage que de l'oxygène dans ces conditions.

M. Balard a observé que l'action du brome sur une solution concentrée de potasse caustique fournit d'abord un liquide doué de propriétés décolorantes. Ce n'est qu'en chauffant ce liquide ou en saturant tout l'alcali par du brome que le pouvoir décolorant disparaît en même temps qu'il se forme du bromate. La solution, tant qu'elle possède la faculté de décolorer, réagit sur l'ammoniaque et dégage de l'azote.

D'après J. Spiller [*Chem. News*, 1859, 31 décembre], le brome réagit à froid sur une solution de nitrate d'argent maintenu en excès, il se précipite du bromure d'argent et le liquide surnageant est fortement décolorant et contient BrHO. En le distillant à 40° sous une pression de 50 millimètres, il passe un liquide aqueux, jaune paille, acide, fortement décolorant et ne contenant pas de brome libre. A 60° il se dégage du brome, en même temps qu'il se forme BrO^3H. L'analyse du composé oxygéné de brome, contenu dans ce liquide, faite d'après la méthode de Calvert et Davis, conduit à la formule BrHO. Une solution d'acide hypobromeux additionnée d'azotate d'argent précipite peu à peu du bromure d'argent.

L'eau de brome agitée avec de l'oxyde de mercure donne un liquide jaunâtre, contenant de l'acide hypobromeux distillable dans le vide. Par des additions successives de brome et de l'oxyde de mercure on obtient une solution concentrée d'acide hypobromeux, se décomposant déjà à 30° et qu'on ne peut distiller. Avec le brome et l'oxyde d'argent on obtient aussi de l'acide hypobromeux, à la condition d'isoler rapidement le liquide, c[ar] l'oxyde d'argent réagit sur BrO avec producti[on] de bromure d'argent, d'eau et d'oxygène. [Le] brome en contact avec un excès d'oxyde de me[r]cure s'échauffe fortement. En chauffant les de[ux] corps à 100°, en vase clos, on obtient une poud[re] ayant l'odeur de l'hypochlorite de chaux. Ce[tte] poudre, étant mouillée, offre des propriétés déc[o]lorantes; c'est un mélange de bromure de mercu[re], d'oxyde de mercure et d'hypobromite de mercu[re]. Avec un excès de brome on obtient du brom[ure] de mercure; dans les deux cas, il se dégage bea[u]coup d'oxygène.

On n'a pas réussi à obtenir l'acide hypobrome[ux] anhydre; il se décompose instantanément [en] brome et oxygène.

L'acide hypobromeux se forme aussi par l'acti[on] du brome sur une solution de nitrate mercuriqu[e]. Les sels de plomb et les sels mercureux n'oxyde[nt] pas le brome.

D'après Dancer, le brome, mis en présence d'u[ne] solution concentrée d'hydrate potassique, perd s[on] odeur et sa couleur; le liquide n'est pas décol[o]rant et ne contient que du bromure et du br[o]mate, tandis qu'avec une solution étendue il e[st] décolorant [*Chem. Soc. Journ.*, t. XV, p. 477]. Avec des solutions de carbonate ou de phospha[te] de soude, le brome fournit des liquides jaunes d[é]colorants, qui perdent du brome par la chaleu[r].

L'hydrate de chaux solide absorbe le brome e[t] se changeant en une poudre rouge-brun, à ode[ur] de chlorure de chaux, décolorante et devenant i[n]colore par l'eau; la solution filtrée dégage d[u] brome sous l'influence des acides minéraux éten[dus] et de l'acide carbonique. En faisant passe[r] lentement un courant d'acide carbonique dans l[a] solution et en distillant dans le vide, on obtie[nt] un liquide contenant du brome et de l'acide hypobromeux.

2° ACIDE BROMIQUE, $BrO^3H = 129$. — C'est l[e] composé oxygéné du brome le mieux connu [et] qui se forme le plus facilement. Il ne peut êtr[e] préparé qu'en solution aqueuse. Kammerer signal[e] deux hydrates :

$$BrO^3H + 7H^2O \quad \text{et} \quad BrO^3H + 4H^2O\,(?).$$

La liqueur est acide, rougit, puis décolore l[e] tournesol. La chaleur (100°) la décompose e[n] brome et oxygène. Il est réduit par l'acide sulfu[reux], l'acide phosphoreux, les hydracides :

$$6SO^2 + 5H^2O + 2BrO^3H = 6SO^4H^2 + Br^2,$$
$$5SH^2 + 2BrO^3H = 5S + 6H^2O + 2Br,$$
$$5ClH + BrO^3H = 3H^2O + 5BrCl.$$

Beaucoup de matières organiques sont oxydées ainsi l'alcool et l'éther se transforment en acid[e] acétique.

Modes de production. — 1° Par l'action d[u] brome sur les hydrates alcalins ou alcalino-ter[reux] :

$$Br^6 + 6KHO = BrO^3K + 5BrK + 3H^2O.$$

Le bromate, étant généralement moins soluble que le bromure, se purifie et s'isole par cristallisation :

2° Le pentachlorure de brome donne avec l'eau de l'acide bromique et de l'acide chlorhydrique :

$$BrCl^5 + 3H^2O = BrO^3H + 5ClH.$$

3° Le brome réagit sur l'acide aurique, en donnant un mélange de bromate et de bromure :

$$18Br + 3Au^2O^3 = \left.\begin{array}{c}(BrO^2)^3\\ Au'''\end{array}\right\} O^3 + 5AuBr^3.$$

On isole l'acide bromique en décomposant par l'acide sulfurique étendu une quantité équivalente de bromate de baryum. Le liquide séparé par filtration du sulfate barytique est évaporé à ne douce chaleur. Il ne peut être amené sans décomposition à consistance sirupeuse. Kammerer *Journ. für prakt. Chem.*, t. LXXXV, p. 452] prépare l'acide bromique pur, exempt de sels, par l'action du chlore sur l'eau de brome ou par l'action du brome sur le bromate d'argent :

$$3\,H^2O + 5\,BrO^3Ag + 6\,Br = 5\,BrAg + 6\,BrO^3H.$$

Comme point de départ, on emploie les bromates alcalins obtenus par l'action du brome sur une solution de carbonate de sodium ou de potassium, dans laquelle on a fait passer du chlore jusqu'à ce que l'effervescence commence. Il se dégage du chlore et il se forme du bromate presque pur.

L'acide bromique est monobasique.

Bromates. — Formule générale, BrO³M. Ils sont généralement solubles dans l'eau, cristallisables.

Les bromates mercureux, de plomb et d'argent, sont insolubles.

La solution aqueuse de quelques-uns de ces sels se décompose pendant l'évaporation à chaud.

Chauffés au rouge, ils dégagent de l'oxygène et laissent un résidu de bromures (bromates alcalins, de mercure, d'argent), ou bien ils dégagent du brome, de l'oxygène avec un résidu d'oxyde :

$$(BrO^3)^2 Zn_{,,} = Br + O^5 + Zn_{,,}O.$$

L'acide sulfurique concentré et chaud dégage du brome et de l'oxygène. L'acide sulfurique étendu colore en jaune une solution aqueuse de bromate. Les agents réducteurs, tels que l'acide sulfureux, l'hydrogène sulfuré, les modifient dans le même sens que l'acide bromique. Ils fusent sur le charbon et détonent sous l'influence de la chaleur ou de la percussion, lorsqu'ils sont mélangés à du charbon ou à du soufre. Le chlore est sans action sur eux.

Les solutions des bromates solubles précipitent:

En blanc par l'acétate de plomb, si le liquide n'est pas trop étendu;

En blanc jaunâtre par le nitrate mercureux, précipité insoluble dans l'acide nitrique froid;

En blanc par le nitrate d'argent, précipité insoluble dans l'eau, peu soluble dans l'acide nitrique, soluble dans l'ammoniaque.

Sont caractéristiques : *a* la déflagration sur le charbon; *b* l'action de l'acide sulfurique concentré et chaud; *c* l'action du nitrate d'argent.

Modes de formation et préparation des bromates. — 1° Par l'action de l'acide bromique libre sur les oxydes ou les carbonates; 2° par double décomposition. Ainsi les bromates mercureux, d'argent et de plomb, qui sont peu ou point solubles, s'obtiennent en versant du bromate potassique dans du nitrate de plomb, d'argent ou de mercurosum. Les bromates solubles peuvent se préparer en versant du bromate barytique dans un sulfate soluble. 3° Les bromates alcalins se forment par l'action du brome ou du perchlorure de brome sur l'hydrate d'oxyde :

$$6\,KHO + BrCl^5 = 5\,ClK + BrO^3K + 3\,H^2O,$$

et se séparent par cristallisation du bromure ou du chlorure produits en même temps.

La composition de l'acide bromique et des bromates a été établie en décomposant le bromate de potassium par la chaleur. On mesure l'oxygène dégagé et l'on pèse le résidu de bromure.

Pour le dosage de l'acide bromique, on neutralise par la potasse, on évapore à sec, on calcine et l'on détermine la quantité de bromure que contient le résidu.

3° ACIDE HYPERBROMIQUE. — D'après Kammerer, [*Journ. für prakt. Chem.*, t. XC, p. 190], l'acide hyperchlorique est décomposé par le brome avec dégagement de chlore, et il se forme de l'acide hyperbromique BrO⁴H. La solution de cet acide peut être amenée par évaporation au bain-marie sous forme d'un liquide oléagineux incolore. Il n'est pas décomposé par l'acide chlorhydrique, l'acide sulfureux et l'hydrogène sulfuré. On retrouve l'acide hyperbromique dans les produits de la distillation de l'acide bromique. L'hyperbromate de potasse, préparé directement, est plus soluble que le chlorate de potassium. Les hyperbromates de baryum et de plomb sont cristallisables et peu solubles. L'hyperbromate d'argent est peu soluble à froid, soluble à chaud; il cristallise en longues aiguilles très-réfringentes.

BROMURES DE SOUFRE. — Le brome se combine directement au soufre. Mis en contact avec de la fleur de soufre, il donne un liquide brun foncé, oléagineux et fumant. Soumis à la distillation, le premier tiers qui passe paraît contenir Br³S². Ce qui reste dans la cornue est un mélange de ce corps avec un autre bromure de soufre. Lorsque la distillation est achevée, on trouve encore un résidu visqueux contenant du brome.

L'eau au-dessus de 10° décompose le bromure de soufre avec explosion et production d'acide sulfurique, sulfhydrique et bromhydrique [H. Rose, *Poggend. Ann.*, t. XXVIII, p. 550].

BROMURE DE SÉLÉNIUM. — La combinaison se fait directement avec un notable dégagement de chaleur. Le produit obtenu est solide, jaune-orangé et soluble dans l'eau.

BROMURES DE TELLURE. — On en connaît deux : le protobromure Te,,Br² est solide, noir, très-fusible. Il cristallise par sublimation en fines aiguilles; ses vapeurs sont violettes; l'eau le décompose. Il s'obtient par la distillation du bibromure avec du tellure.

Le bibromure Te,,Br⁴ est solide, jaune foncé, fusible. Il cristallise en aiguilles par fusion ou sublimation. Soluble dans peu d'eau et formant avec elle une combinaison qui cristallise en tables rhomboïdales, d'un rouge-rubis foncé, qui sont très-déliquescentes.

Il se prépare par l'union directe du tellure et du brome (employé en excès). Il est convenable de refroidir le vase avec de la glace, pour éviter un trop vif dégagement de chaleur.

Le brome se combine avec le chlore, l'iode, le fluor, le phosphore, l'arsenic, le silicium, le carbone. — Pour ces combinaisons, voyez ces mots.   P. S.

BROMOFORME, CHBr³ [Lœwig, *Ann. der Chem. u. Pharm.*, t. III, p. 235; — Dumas, *Ann. de Chim et de Phys.*, (2), t. LVI, p. 120; — Lefort, *Compt. rend.*, t. XXIII, p. 229; — Cahours, *Ann. de Chim. et de Phys.*, (3), t. XIX, p. 488; — Berthelot, *Ann. de Chim. et de Phys.*, (3), t. LIII, p. 185]. — Ce composé est l'analogue du chloroforme. Il peut être considéré comme de l'*hydrure de méthyle*, CH³,H (*gaz des marais*), dans lequel 3 atomes d'hydrogène ont été remplacés par 3 atomes de brome, le premier degré de bromuration par substitution n'étant autre que le bromure de méthyle CH³Br. M. Berthelot a effectivement dérivé le bromoforme du gaz des acétates par l'action du brome. Cette constitution, en ce qui concerne le chloroforme, avait d'ailleurs été déjà établie par les travaux de M. Dumas, de M. Regnault, et en dernier lieu par ceux de M. Berthelot.

Indépendamment du mode de production précité, le bromoforme peut être obtenu en traitant l'alcool, l'esprit de bois ou l'acétone par le bromure de chaux. On l'a encore produit par la distillation du bromal avec une dissolution de potasse. Enfin, on constate que le bromoforme est l'un des produits de la réaction du brome sur les citrates ou malates alcalins en dissolution.

Propriétés. — Le bromoforme est un liquide incolore, d'une densité de 2,13; son odeur est agréable, et sa saveur sucrée rappelle celle du chloroforme; il agirait probablement aussi comme anesthésique. Sa volatilité est moindre que celle du chloroforme. Il est à peine soluble dans l'eau; l'alcool, l'esprit de bois, l'éther et les huiles essentielles le dissolvent. Lorsqu'on le soumet à l'ébullition avec une dissolution de potasse ou de soude, il éprouve une décomposition analogue à celle que subit le chloroforme dans ces conditions, c'est-à-dire qu'il se forme du bromure et du formiate du métal alcalin. Cette réaction explique le nom de *bromoforme* donné à la substance qui nous occupe et dont la formule rend facilement compte. Fx L.

BROMO-IODOFORME ou *iodure de méthyle bibromé.* — On l'obtient en traitant l'iodoforme par le brome. C'est un liquide incolore, qui se solidifie vers 0° en une masse cristalline; il est très-volatil. Son odeur est pénétrante, sa saveur sucrée.

BROMOPICRINE, CBr^3AzO^2. — Cette substance est l'analogue de la chloropicrine et s'obtient par un mode de préparation semblable. [Stenhouse, *Ann. der Chem. u. Pharm.*, t. XCI, p. 307.]

On peut l'envisager comme du bromoforme dont l'hydrogène aurait été remplacé par de la vapeur hypoazotique. On pourrait donc l'appeler *bromure de nitrométhyle perbromé.*

Pour l'obtenir, on traite l'acide picrique (*trinitrophénique*) par une solution de bromure de chaux; on distille, on lave le produit condensé avec du carbonate de soude; on l'agite avec du mercure et on dessèche sur du chlorure de calcium.

On peut aussi faire réagir le brome, en présence de l'eau, sur l'acide picrique et distiller, mais, dans ce cas, il se forme en même temps du *bromanile;* il vaut mieux recourir au premier procédé de préparation.

La bromopicrine constitue un liquide incolore, oléagineux, plus dense que l'eau, d'une odeur semblable à celle de la chloropicrine; sa vapeur irrite les yeux. Elle est peu soluble dans l'eau, soluble dans l'alcool et dans l'éther; sa dissolution alcoolique précipite, à chaud, l'azotate d'argent. Chauffée brusquement, la bromopicrine se décompose avec explosion. Fx L.

BRONGNIARDITE (Min.). — Antimonio-sulfure de plomb et d'argent (sulfo-pyroantimonite):

$$Pb\,Ag^2Sb^2S^5 = Pb\,S, Ag^2S, Sb^2S^3.$$

Masses d'un gris de fer, d'un assez vif éclat, non clivables. Attaquable par l'acide azotique. Au chalumeau, décrépite, fond facilement, répand une odeur de soufre et des fumées d'antimoine. Laisse sur le charbon un globule d'argent, entouré d'une auréole de plomb. Dureté, 3 environ; poussière gris-noir. Densité, 5,95.

BRONGNIARTINE. — Voyez GLAUBÉRITE.

BRONZE. — L'alliage de cuivre et d'étain, connu sous le nom de bronze, présente une composition variable avec les usages auxquels on le destine. L'étain rend le cuivre jaunâtre, lui donne beaucoup de dureté sans rien lui faire perdre de sa ténacité. Les anciens se servaient de l'airain pour la fabrication des armes et des instruments tranchants. Aujourd'hui le bronze sert à la fabrication des bouches à feu, des cloches, des objets d'art, des médailles et des miroirs.

Le cuivre et l'étain se combinent difficilement, et si l'on abandonne l'alliage à un refroidissement lent, l'étain se sépare du cuivre. Lorsqu'on chauffe un lingot de bronze jusqu'au point de fusion de l'étain, celui-ci s'écoule, et il reste une masse poreuse qui ne retient que peu d'étain. Cette liquation du bronze est un grand obstacle au moulage des grosses pièces.

L'alliage qui présente à la fois une ténacité et

une dureté suffisantes pour la fabrication des bouches à feu renferme de 8 à 11 p. d'étain pour 100 p. de cuivre. Une plus grande quantité d'étain donne un alliage élastique, sonore et cassant : on l'emploie pour la fabrication des cloches; le rapport des deux métaux est d'ailleurs variable avec les dimensions des cloches. Les plus grosses cloches, qui doivent être les plus riches en cuivre pour rendre le son maximum, renferment 78 p. de cuivre pour 22 p. d'étain. Le métal si sonore des tamtams, des cymbales, renferme 22 p. d'étain pour 80 p. de cuivre.

Refroidi lentement, le métal des cloches, le métal des cymbales et des tamtams durcit. La trempe produit sur ces alliages un effet opposé à celui qu'elle exerce sur l'acier, car, si on les plonge incandescents dans l'eau, ils deviennent malléables.

On rend au bronze sa dureté et sa sonorité par le recuit. Les alliages de cuivre et d'étain se laissent forger à une température voisine du rouge. Le métal blanc, susceptible d'un beau poli, dont on se sert pour la confection des miroirs de télescope, renferme 33 p. d'étain contre 67 p. de cuivre et un peu d'arsenic. Le bronze employé pour le moulage des objets d'ornement renferme une proportion notable de zinc; mais le bronze des médailles n'en contient que quelques millièmes.

Les petits objets en bronze sont toujours coulés dans des moules en sable, et la fonte s'opère toujours au creuset. L'alliage destiné à la fabrication des canons et des pièces en bronze d'un grand volume se fond sur la sole d'un four à réverbère; le chargement du four se compose habituellement de bronzes anciens, d'une petite quantité de cuivre neuf et de la proportion d'étain nécessaire pour mettre la coulée au titre voulu; l'alliage fondu, on le brasse vivement avec des perches et on procède à la coulée dès que le métal a acquis une grande fluidité. Le département de la guerre fait mouler ses bouches à feu dans des moules en terre, la marine les fait mouler en sable : procédé qui permet de réduire l'épaisseur de métal à enlever, qui diminue beaucoup les infiltrations et permet à la rigueur de fabriquer les pièces de bronze comme celles en fonte de fer, sans les tourner ni les ciseler.

BRONZE D'ALUMINIUM. — L'alliage de 90 p. de cuivre et 10 p. d'aluminium, connu dans le commerce sous le nom de *bronze d'aluminium*, est éminemment utile par sa ténacité plus grande que celle du fer, sa dureté et sa malléabilité, qui en font une matière précieuse pour les coussinets des locomotives.

Cet alliage se lamine à froid et à chaud; sa couleur est celle de l'or vert. Le bronze d'aluminium résiste beaucoup mieux aux agents chimiques que les autres alliages de cuivre : résistance qu'on peut regarder comme la conséquence du dégagement de chaleur considérable qui accompagne la combinaison du cuivre et de l'aluminium. Les propriétés de ce curieux composé ont été signalées par M. Debray. P. H.

BRONZITE. — Voyez HYPERSTHÈNE.

BROOKITE (Min.) [Syn. *Titane oxydé rouge lamelliforme, arkansite*, Shepard]. — Acide titanique, mélangé avec un peu d'oxyde de fer, TiO^2. Cristaux aplatis, d'un brun plus ou moins rougeâtre, d'un éclat adamantin. La variété arkansite se présente en doubles pyramides à six faces, opaques, d'un noir de fer.

Caractères. — Inattaquable par les acides; infusible au chalumeau. Fondu avec le sel de phosphore, donne une perle qui devient bleue à la flamme de réduction, et plus facilement lorsqu'on ajoute de l'étain.

Dureté, 5,5 à 6; poussière gris-jaunâtre. Densité, 4,12 à 4,17.

Forme cristalline. — Prisme orthorhombique $mm = 99°50 : b^1 b^1 = 115°43$.

Les angles culminants de l'octaèdre $b^1 b$ [illegible] sont : $101°$ [illegible] et $103°37'$.

Clivages : m difficiles; p encore moins distinct. F. et S.

BRUCINE, $C^{23} H^{26} Az^2 O^4$. — La brucine est un alcaloïde végétal découvert, en 1819, par Pelletier et Caventou, dans une écorce qui fut longtemps désignée sous le nom de *fausse angusture* [Pelletier et Caventou, *Ann. de Chim. et de Phys.*, t. XII, p. 118; t. XXVI, p. 53; — Guibourt, *Hist. nat. des drog. simp.*, t. III, p. 511 et 514].

Lorsque cette écorce fut observée pour la première fois, elle se trouvait mélangée à l'écorce d'angusture vraie, ce qui avait occasionné de graves symptômes d'empoisonnement; or, son origine étant tout à fait inconnue et ses propriétés très-différentes, on lui avait donné à cette époque le nom de *fausse angusture*, pour la distinguer de l'écorce vraie. Plus tard, les naturalistes ayant cru devoir l'attribuer au *Brucea antidysenterica* ou *ferruginea*, arbre observé pour la première fois par Jacques Bruce en Abyssinie, le nom de *brucine* fut donné à l'alcaloïde qui en avait été retiré pour rappeler en même temps son origine et ce célèbre voyageur.

Depuis, on reconnut que cette manière de voir était erronée, et que cette écorce était réellement celle du *Strychnos nux vomica* ou vomiquier, décrit primitivement par Rhude [*Hort. malab.*, vol. I, p. 67, tab. 47], puis par Loureiro et par Roxburgh sous le nom indien de *caniram*. On s'explique ainsi les noms de *vomicine* et de *caniramine* donnés quelquefois à la brucine, et qu'il eût été préférable peut-être de lui conserver, puisque ce dernier perpétue une erreur en histoire naturelle.

La brucine accompagne presque toujours la strychnine; elle existe aussi dans la fève Saint-Ignace, la noix vomique et le bois de couleuvre, végétaux qui appartiennent au genre Strychnos, de la famille des Loganiacées.

La brucine est une substance blanche, cristalline, douée d'une grande amertume, mais moins franche que celle de la strychnine. Elle est plus âcre et persiste plus longtemps; elle ramène au bleu le papier de tournesol rougi par un acide. On l'obtient ordinairement cristallisée sous la forme de prismes rhomboïdaux obliques, quelquefois assez volumineux. Une cristallisation rapide, obtenue par le refroidissement d'une solution aqueuse, abandonne la brucine en masses feuilletées, d'un blanc nacré, ayant l'aspect de l'acide borique; par l'évaporation d'une solution alcoolique, elle affecte souvent la forme de champignons.

La brucine est peu soluble dans l'eau, elle exige pour se dissoudre environ 500 p. d'eau bouillante et 850 p. d'eau froide. Cependant son affinité pour l'eau mérite d'être remarquée : précipitée d'une de ses dissolutions par la soude ou la potasse, elle absorbe une quantité d'eau considérable que la fusion seule peut lui faire perdre; cet effet se produit d'autant plus d'énergie que la brucine est plus pure. Cette affinité de la brucine pour l'eau sert à la débarrasser des matières colorantes qui l'accompagnent et dont on a beaucoup de peine à la priver. Il suffit de la conserver sous l'eau pendant quelque temps; la brucine s'hydrate, durcit, et la matière colorante se dissout. Elle est également soluble dans l'alcool, peu soluble dans les huiles essentielles, et insoluble dans l'éther et les huiles fixes. Ses cristaux contiennent 4 molécules d'eau, soit 15,45 °/₀; ils s'effleurissent à l'air et possèdent la propriété de fondre sans décomposition dans leur eau de cristallisation à une température qui dépasse de

quelques degrés seulement celle de l'eau bouillante. Par le refroidissement, la masse fondue offre l'apparence de la cire; cette masse pulvérisée et conservée sous l'eau s'hydrate de nouveau au bout de quelques jours.

Une solution alcoolique de brucine dévie à gauche le plan de la lumière polarisée

$$[\alpha]_r = -61°,27;$$

les acides diminuent l'intensité d'action de l'alcaloïde [Bouchardat, *Ann. de Chim. et de Phys.*, (3), t. IX, p. 213].

La brucine distillée avec un mélange d'acide sulfurique étendu et de peroxyde de manganèse donne des vapeurs inflammables, de l'acide formique et de l'alcool méthylique. On obtient les mêmes produits avec l'oxyde de mercure, et avec un mélange d'acide sulfurique et de bichromate de potasse; seulement, dans cette dernière réaction, il se forme en même temps une assez grande quantité d'acide carbonique et d'acide formique.

Un mélange de peroxyde de plomb puce et d'acide sulfurique en léger excès bouilli avec de la brucine donne une masse brune ou rouge.

Le chlore n'agit pas immédiatement sur la solution de brucine, elle se colore d'abord en jaune, puis en rouge; peu à peu la solution perd sa couleur, et il se dépose des flocons jaunâtres qui ne peuvent cristalliser.

L'action du brome en solution alcoolique est plus prompte; la brucine se colore en violet, et si l'on emploie des dissolutions étendues de brome et de sulfate de brucine, il se produit de la bromobrucine et une matière résineuse.

L'iode paraît former avec la brucine deux combinaisons amorphes.

L'acide sulfurique concentré attaque la brucine en produisant d'abord une couleur rose, puis jaune et enfin verdâtre.

L'acide azotique concentré exerce sur la brucine une réaction caractéristique qui sert à la distinguer de la strychnine; il se produit à froid une coloration intense rouge de sang, qui devient d'un beau violet lorsqu'on y ajoute un peu de protochlorure d'étain. Il se produit en même temps de l'éther méthylazoteux et une matière cristalline appelée *cacothéline*. Cette réaction de l'acide azotique sur la brucine est d'une sensibilité telle, qu'on pourrait l'utiliser pour indiquer la présence de petites quantités de cet acide. M. Kersting, qui a étudié ce sujet, a fait voir qu'une solution aqueuse, ne renfermant que $1/10000$ d'acide, donne avec la brucine une réaction très-nette qui est encore appréciable quand la solution n'en renferme plus que $1/100000$ [*Ann. der Chem. u. Pharm.*, t. CXXV, p. 254 (nouv. sér., t, XLIX), et *Répert. de Chim.*, t. V, p. 158].

L'expérience se fait de la manière suivante : On prend 1 centimètre cube d'une solution aqueuse de brucine, ne contenant que $1/1000$ d'alcaloïde, on le mélange avec 1 centimètre cube de l'eau à essayer, puis on fait couler avec précaution le long des parois du verre à expérience 1 centimètre cube d'acide sulfurique pur et concentré qui vien se rassembler au fond du vase; s'il existe de l'acide azotique, il ne tarde pas à se manifester au contact de l'eau et de l'acide une coloration rose qui vire au jaune et persiste pendant plusieurs heures.

Cette réaction pourrait peut-être servir à déterminer la présence de petites quantités d'acide azotique dans les eaux potables.

La brucine pure, dissoute dans l'eau à l'aide de l'acide acétique, mais formant une solution neutre, traitée par un certain nombre de réactifs, donne les résultats suivants :

Potasse. — Forme, dans une solution au $1/100$

un précipité blanc amorphe, qui devient cristallin; dans une solution au 1/500, il y a un trouble qui donne quelques cristaux.

Ammoniaque. — Dans une solution au 1/100, pas de précipité immédiat; au bout d'un certain temps, il apparaît quelques cristaux.

Sulfocyanure de potassium. — Solution au 1/100, il se dépose au bout de quelque temps des houppes cristallines, difficilement solubles dans l'acide acétique.

Iodure de potassium. — Il se dépose presque immédiatement des cristaux sous forme de lames.

Chromate de potassium. — Solution au 1/100, précipité jaune abondant cristallisant en aiguilles, et insoluble dans l'acide acétique. Réaction encore sensible dans une solution au 1/1000, à peine sensible au 1/5000.

Bichromate de potassium. — La réaction est la même que la précédente.

Acide tannique. — Solution au 1/100, il se forme un abondant précipité blanc sale, soluble dans l'acide acétique; blanc bleuâtre au 1/1000, peu apparent au 1/10000.

Acide carbazotique. — Solution au 1/100, précipité jaune verdâtre. Encore sensible au 1/1000, peu apparent au 1/10000.

Chlorure d'or. — Précipité jaune amorphe, se manifestant encore dans une solution au 1/20000.

Chlorure de platine. — Précipité jaune clair, d'abord amorphe et se prenant presque immédiatement en cristaux; la réaction ne se manifeste plus au 1/40000. Il est insoluble dans l'acide acétique.

Ferricyanure de potassium. — Il se forme immédiatement un précipité très-caractéristique qui se présente sous la forme de beaux cristaux jaunes. Au 1/500 pas de réaction.

Brome dissous dans l'acide bromhydrique. — Il se dépose un précipité brun amorphe qui vire au jaune et qui se dissout dans l'acide acétique et la potasse.

Iodure de potassium ioduré. — Solution au 1/100, précipité brun-orangé amorphe, soluble dans la potasse, insoluble dans l'acide acétique. Au 1/500000 la réaction est encore sensible, on aperçoit un louche.

Acide sulfurique et azotate de potassium. — Une solution de brucine évaporée à siccité, et le résidu soumis à l'action de l'acide sulfurique, il se produit une coloration rose, qui passe au rouge-orangé si l'on ajoute après l'acide un cristal d'azotate de potassium.

Acide azotique et chlorure d'étain. — Solution au 1/100, l'acide azotique fait naître une belle coloration rouge vif, qui vire au jaune par la chaleur. Le chlorure d'étain la fait virer au pourpre. Au 1/1000, le rouge vire au jaune et la couleur pourpre devient lilas. L'action de l'acide est bien plus sensible que celle du chlorure d'étain; au 1/500000, il se fait encore une coloration appréciable [Wormley, *Chem. News*, 21 juillet, n° 33, t. II, p. 65, et *Répert. de Chim. pure*, 1860, p. 430]. La brucine en solution aqueuse faible et additionnée d'acide tartrique en léger excès n'est pas précipitée par les bicarbonates alcalins. Ce caractère sert encore à distinguer cet alcaloïde de la strychnine, qui donne un précipité dans les mêmes conditions.

Chauffée avec de l'éther méthyliodhydrique, la brucine forme un composé nouveau : l'iodhydrate de méthylbrucine, dont il est difficile de séparer cette dernière.

Soumise à un courant d'acide carbonique en présence de l'eau, la brucine se dissout plus facilement, mais elle ne forme pas de combinaison avec cet acide [Langlois, *Ann. de Chim. et de Phys.*, (3), t. XLVIII, p. 503]. Par double décomposition, le résultat est le même, la brucine seule se dépose.

La brucine, ajoutée à une solution de sulfate de fer ou de sulfate de cuivre, paraît former un sel double, une partie de la base métallique étant précipitée.

La brucine est un poison violent, elle donne comme la strychnine des secousses tétaniques, mais son énergie est moindre.

ACTION DU BROME [Laurent, *Ann. de Chim. et de Phys.*, (3ᵉ série), t. XXIV, p. 314]. — Le brome paraît ne former qu'une seule combinaison avec la brucine. On l'obtient en versant dans une solution de sulfate de brucine du brome dissous dans de l'alcool faible. Il se forme presque aussitôt une matière résineuse. On continue à ajouter la solution bromée jusqu'à ce que le tiers ou le quart environ de la brucine employée soit converti en cette matière. On laisse reposer, on décante la liqueur surnageante, puis on y verse de l'ammoniaque.

Il se forme un précipité qui est redissous dans de l'alcool très-faible. Cette solution, additionnée peu à peu d'eau bouillante alcoolisée, puis d'eau bouillante, est ensuite abandonnée au refroidissement aussitôt qu'un léger trouble commence à paraître. Il se dépose bientôt de petites aiguilles légèrement colorées en brun, c'est la *bromobrucine* $C^{23}H^{25}BrAz^2O^4$; à cet état la brucine a perdu la propriété de rougir par l'acide azotique. Le dosage du brome a donné à Laurent : brome 17,5, la théorie exigeant 16,9.

ACTION DE L'IODE [Pelletier, *Ann. de Chim. et de Phys.*, t. LXIII, p. 170]. — La brucine paraît former avec l'iode deux combinaisons différentes que Gerhardt représente par les formules suivantes :

$$8(C^{23}H^{26}Az^2O^4)3I^2,$$
$$2(C^{23}H^{26}Az^2O^4)3I^2.$$

Le premier composé s'obtient en versant à froid dans une solution alcoolique de brucine de la teinture d'iode; il se forme un précipité jaune-orangé, insoluble dans l'eau, incristallisable; il renferme, d'après Pelletier, 33,3 °/₀ d'iode : le calcul exige 32,4.

La seconde combinaison s'obtient en broyant de la brucine avec un excès d'iode : c'est une poudre brune amorphe, insoluble dans l'eau, soluble dans l'alcool chaud; traitée par un acide étendu, elle dégage de l'iode; traitée par l'azotate d'argent, même étendu d'eau, la coloration rouge caractéristique de la brucine apparaît à l'instant même, puis il se précipite de l'iodure d'argent.

ACTION DE L'ACIDE AZOTIQUE [Gerhardt, *Compt. rend. des Trav. de Chim.*, 1845, p. 111; — Liebig, *Ann. der Chem. u. Pharm.*, t. LVII, p. 94; — Laurent, *Compt. rend. de l'Acad.*, t. XXII, p. 633; *Ann. de Chim. et de Phys.*, (3), t. XXII, p. 463; t. XXIV, p. 315; — Rosengarten, *Ann. der Chem. u. Pharm.*, t. LXV, p. 111; — Hofmann, *ibid.*, t. LXXV, p. 368; — Strecker, *Compt. rend. de l'Acad.*, t. XXXIX, p. 52]. — L'acide azotique exerce sur la brucine une action complexe : cet acide concentré ajouté à de la brucine produit d'abord une magnifique couleur rouge de sang; puis le mélange s'échauffe, il se dégage un gaz incolore, doué d'une odeur de pomme de reinette, et qui doit être, d'après Laurent et d'après Gerhardt, de l'éther azoteux. Plus récemment, M. Strecker ayant fait une étude nouvelle de ce corps, a trouvé pour le carbone et l'hydrogène des quantités correspondantes à celles qu'exige la formule de l'éther méthylazoteux. M. Hofmann a fait voir qu'en distillant une solution de chlorhydrate de brucine avec de l'azotate de potasse, il se dégageait aussi de l'éther *méthylazoteux*.

Lorsque la réaction à froid de l'acide azotique est terminée, il se dépose des cristaux de cacothéline, et il reste de l'acide oxalique dans la liqueur.

M. Strecker représente par cette équation les différentes phases de l'action de l'acide azotique sur la brucine :

$$C^{23} H^{26} Az^2 O^4 + 5 (H Az O^3)$$
Brucine.

$$= C^{20} H^{22} (Az O^2)^2 Az^2 O^5 + C H^3 (Az O^2)$$
Cacothéline. Azotite de méthyle.

$$+ C^2 H^2 O^4 + 2 (Az O) + 2 (H^2 O).$$
Acide oxalique.

Dans cette réaction, il se forme souvent de l'acide carbonique, mais ce gaz est un produit secondaire provenant de l'oxydation d'une partie de l'acide oxalique.

CACOTHÉLINE, $C^{20} H^{22} (Az O^2)^2 Az^2 O^5$. — La cacothéline est un alcali nitré : c'est un produit d'oxydation de la brucine; elle a l'aspect de flocons cristallins d'une couleur jaune-orangé; de l'alcool ajouté à la liqueur rouge qui la surnage aide à sa précipitation. Dissoute dans l'eau à l'aide d'une grande quantité d'acide azotique, elle se dépose peu à peu sous forme de paillettes jaunes. Elle est peu soluble dans l'eau même bouillante, et moins encore dans l'alcool bouillant; elle est insoluble dans l'éther. La chaleur la décompose brusquement à la manière des corps nitrés.

Exposée dans un flacon fermé à la lumière diffuse, elle se couvre assez promptement d'une couche brune à la surface.

La potasse la dissout facilement en prenant une couleur brune.

L'ammoniaque la dissout plus facilement encore en donnant une liqueur jaune qui passe au vert par l'ébullition, puis au brun.

Abandonnée pendant quelques heures au sein du liquide rouge azotique, où elle s'est formée, elle éprouve une transformation : sa couleur passe au jaune de chrome; elle est insoluble dans l'eau et fait explosion par la chaleur.

La cacothéline ne possède qu'une basicité très-faible; ses sels sont décomposés par l'eau; elle forme des combinaisons avec les oxydes métalliques. La baryte donne avec elle une combinaison soluble renfermant une molécule de cacothéline et une molécule d'oxyde de baryum :

$$C^{20} H^{22} (Az O^2)^2 Az^2 O^5, Ba O.$$

Du bichlorure de platine, ajouté à une solution de cacothéline dans l'acide chlorhydrique, donne au bout de plusieurs heures un précipité cristallin qui, d'après Strecker, paraît répondre à la formule

$$[C^{20} H^{22} (Az O^2)^2 Az^2 O^5 H Cl]^2 Pt Cl^4.$$

ACTION DE L'ÉTHER MÉTHYLIODHYDRIQUE SUR LA BRUCINE [Stahlschmidt, *Répert. de Chim. pure*, 1860, p. 135]. — L'iodure de méthyle chauffé avec la brucine forme avec elle une combinaison bien cristallisée se présentant sous forme de lamelles brillantes, contenant un équivalent de brucine et un équivalent d'iodure de méthyle, plus 8 molécules d'eau :

$$C^{23} H^{26} Az^2 O^4, C H^3 I + 8 H^2 O.$$

Traitée par l'oxyde d'argent humide, cette combinaison donne l'hydrate de méthylbrucine, mais on l'obtient très-difficilement, car en présence de l'air il se décompose en se colorant en violet.

Le *bromhydrate de méthylbrucine* se présente sous forme de petits prismes contenant 5 molécules d'eau qu'il perd à 130°. Il est soluble dans l'eau et l'alcool.

Le *chlorhydrate de méthylbrucine* renferme 10 molécules d'eau de cristallisation.

Le *chloroplatinate* et le *chloro-aurate de méthylbrucine* sont anhydres.

Sulfates de méthylbrucine. — Il existe deux sulfates de méthylbrucine : un sulfate neutre qui contient 8 molécules d'eau de cristallisation, et un sulfate acide qui en contient 4. Dans ces conditions, la brucine ayant perdu ses propriétés vénéneuses, on peut en conclure que la base elle-même ne l'est pas non plus.

D'après ces expériences, la brucine doit être considérée comme un alcaloïde tertiaire.

PRÉPARATION. — La brucine est généralement retirée des eaux de lavage qui ont servi à la préparation de la strychnine. Cependant MM. Pelletier et Caventou ont indiqué le procédé suivant pour l'extraire de l'écorce de la fausse angusture, qui ne paraît pas contenir de strychnine : L'écorce réduite en poudre est d'abord traitée par de l'éther pour enlever la matière grasse, puis soumise à diverses reprises à l'action de l'alcool concentré [Pelletier et Caventou, *loc. cit*]. Ces différentes teintures sont réunies, puis distillées pour en séparer l'alcool; il reste une matière extractiforme qui est reprise par l'eau, filtrée et précipitée par le sous-acétate de plomb qui enlève la plus grande partie de la matière colorante; filtrée de nouveau, l'excès de plomb est enlevé par un courant d'hydrogène sulfuré; filtrée encore, on fait bouillir cette solution avec un excès de magnésie; le précipité magnésien est ensuite recueilli sur un filtre et lavé jusqu'à ce que les eaux de lavage passent incolores. On les concentre alors par l'évaporation, et la brucine impure se dépose sous forme d'une masse grenue. Pour la purifier on la sature par l'acide oxalique, et l'oxalate de brucine formé est lavé par de l'alcool absolu refroidi à zéro : la matière colorante ainsi enlevée, le sel reste parfaitement incolore. La brucine peut alors en être isolée à l'état de pureté en redissolvant le sel dans l'eau et en le décomposant par de la chaux ou de la magnésie; reprenant le précipité par de l'alcool, filtrant et abandonnant la solution à une évaporation lente, la brucine se dépose en beaux cristaux incolores.

Quelques modifications ont été apportées pour rendre plus avantageuse et plus économique l'extraction de la strychnine et de la brucine. Ainsi Thenard a proposé de traiter directement l'écorce de fausse angusture par l'eau bouillante, et d'ajouter immédiatement l'acide oxalique dans les décoctions; en faisant concentrer ensuite la liqueur, l'oxalate de brucine se dépose, et on le purifie comme précédemment à l'aide de l'alcool absolu refroidi à 0° [*Traité de Chim.*, 6° édition, t. IV, p. 281].

Coriol a proposé, pour purifier la brucine, de concentrer jusqu'à consistance de sirop les eaux de lavage de la préparation de la strychnine, puis d'y ajouter à froid de l'acide sulfurique, jusqu'à ce que ce dernier soit en léger excès, puis d'abandonner le tout pendant quelques jours [*Journ. de Pharm.*, t. XI, p. 495]. Le mélange se prend peu à peu en une masse cristalline qu'on sépare des eaux mères; on l'exprime, on la dissout dans l'eau bouillante, on la décolore par le charbon animal, et la brucine est enfin séparée à l'aide de l'ammoniaque.

SELS DE BRUCINE. — La brucine se combine avec les acides et forme avec eux des sels cristallisables pour la plupart. Ils possèdent une saveur amère et, comme la brucine, ils prennent une couleur rouge de sang lorsqu'on les met en contact avec de l'acide azotique concentré.

Acétate de brucine. — La brucine forme avec l'acide acétique un sel extrêmement soluble et incristallisable.

Azotate de brucine,

$$C^{23}H^{26}Az^2O^4, HAzO^3 + 2H^2O.$$

— La brucine traitée par une solution étendue d'acide azotique ne se colore pas, et par l'évaporation lente de la liqueur, le sel cristallise sous la forme de prismes quadrilatères terminés par un biseau. Ce sel renferme 2 molécules d'eau, soit 7 °/₀ d'eau qu'il perd par la dessiccation.

Chlorate de brucine. — Le chlorate de brucine est un sel cristallisé en rhombes transparents, incolores et peu solubles dans l'eau; à une température élevée, il se décompose brusquement. Ce sel s'obtient en mettant en contact de la brucine avec une solution étendue d'acide chlorique; lorsqu'on vient à chauffer, il se produit une coloration rouge et les cristaux qui se déposent par le refroidissement sont un peu colorés. Par une seconde cristallisation, on les obtient incolores.

Perchlorate de brucine [Bœdeker, *Ann. der Chem. u. Pharm.*, t. LXXI, p. 62]. — La brucine se combine avec l'acide perchlorique, et donne un sel cristallisé en petits prismes peu solubles dans l'eau froide, plus solubles dans l'eau chaude et dans l'alcool. Chauffé vers 170°, ce sel perd 5,4 °/₀ d'eau; si l'on élève davantage la température, il finit par faire explosion.

Chlorhydrate de brucine, $C^{23}H^{26}Az^2O^4, HCl.$— Ce sel s'obtient en mettant en contact la brucine avec l'acide chlorhydrique; par l'évaporation il se dépose un sel sous forme de petites houppes cristallines très-solubles dans l'eau et inaltérables à l'air.

Chloromercurate de brucine [Hinterberger, *Ann. der Chem. u. Pharm.*, t. LXXXII, p. 313],

$$(C^{23}H^{26}Az^2O^4, HCl), (HgCl^2).$$

— Ce sel s'obtient en mélangeant des dissolutions alcooliques de chlorhydrate de brucine et de bichlorure de mercure, cette dernière concentrée. Il se dépose un magma cristallin qui, repris par de l'alcool et de l'acide chlorhydrique concentré, et chauffé doucement, abandonne par le refroidissement de belles aiguilles, qu'on purifie en les lavant d'abord avec de l'eau, ensuite avec de l'alcool.

Chloroplatinate de brucine,

$$(C^{23}H^{26}Az^2O^4HCl)^2PtCl^4.$$

— Ce sel s'obtient en versant du bichlorure de platine dans une solution de sulfate de brucine, il se forme un beau précipité jaune.

Ferrocyanures de brucine [Brandis, *Ann. der Chem. u. Pharm.*, t. LXVI, p. 266].—Il existe trois combinaisons de ce genre. 1° La première, qui correspond au ferrocyanure de potassium, s'obtient en versant ce sel dans une solution d'azotate de brucine. Ce cyanoferrure se présente sous la forme d'aiguilles brillantes, peu solubles dans l'eau et l'alcool à froid, plus solubles à chaud; chauffée à 100° ou bouillie avec de l'eau, cette combinaison se décompose en produisant de l'acide cyanhydrique et en déposant une matière bleue.

2° En versant une solution alcoolique d'acide ferrocyanhydrique dans une solution de brucine dans l'alcool, il se forme un précipité blanc, n'ayant aucune apparence cristalline, et soluble dans un excès de brucine. Cette combinaison possède une réaction acide, la chaleur la décompose avec une grande rapidité.

3° En faisant un mélange à froid d'une solution d'un sel de brucine avec une solution de ferrocyanure de potassium, il se forme un précipité jaune foncé, d'apparence cristalline, paraissant plus stable que les précédents, et encore peu étudié.

Fluorhydrate de brucine [Elderharst, *Ann. der Chem. u. Pharm.*, t. LXXIV, p. 79]. — Si l'on verse dans une solution d'acide fluorhydrique chaude et peu concentrée une solution de brucine, il se dépose par le refroidissement un sel cristallin sous forme de petits prismes incolores, assez solubles dans l'eau, peu solubles dans l'alcool bouillant. A 100° ce sel perd 3,34 °/₀ d'eau.

Iodate de brucine [Pelletier, *loc. cit.*]. — L'acide iodique peut s'unir directement avec la brucine pour former un sel neutre, mais cette combinaison ne peut exister qu'en solution. Par l'évaporation et par le repos de la solution il se forme deux sels : le premier, opaque, soyeux, ramenant au bleu le tournesol rougi par un acide, est alcalin. Sa tendance à se former est si grande qu'il se dépose quelquefois lorsqu'on fait évaporer une solution de l'iodate acide. Le second se présente en prismes à quatre pans, durs et transparents, c'est le sel acide.

Periodate de brucine [Bœdeker, *Ann. der Chem. u. Pharm.*, t. LXXI, p. 64; — Langlois, *Ann. de Chim. et de Phys.*, (3), t. XXXIV, p. 278]. — On obtient ce sel en mettant en contact une solution alcoolique de brucine avec de l'acide periodique. En abandonnant cette dissolution dans une étuve chauffée, entre 30° et 40°, il se dépose de belles aiguilles incolores, assez solubles dans l'eau et dans l'alcool; leur solution brunit par l'évaporation à l'air, et la chaleur les décompose en produisant un léger bruit; lorsqu'elles sont exposées sur une lame de platine à la flamme d'une lampe à alcool, il ne reste pour résidu que des traces de charbon.

Iodhydrate de brucine,

$$C^{23}H^{26}Az^2O^4, HI + 2H^2O.$$

— Ce sel s'obtient en traitant directement la brucine par l'acide iodhydrique. Il cristallise sous forme de lames carrées ou de prismes à quatre pans très-courts; les cristaux sont transparents, peu solubles dans l'eau froide, plus solubles dans l'eau chaude, se dissolvant plus facilement dans l'alcool que dans l'eau; ils renferment 2 molécules d'eau, soit 6,3 °/₀ qu'ils perdent par la dessiccation.

Oxalate de brucine. — Sel cristallisant en longues aiguilles, surtout en présence d'un excès d'acide.

Phosphate de brucine [Anderson, *The quart. Journ. of the Chem. Soc.*, n° 1, avril 1848, p. 55, et *Ann. der Chem. u. Pharm.*, t. LXVI, p. 58],

$$(C^{23}H^{26}Az^2O^4), H^3PO^4.$$

A 100° la brucine forme plusieurs combinaisons avec l'acide phosphorique : la première est un sel neutre qu'on obtient en faisant dissoudre de la brucine avec de l'acide phosphorique ordinaire ; par la concentration de la liqueur, le phosphate neutre de brucine cristallise sous forme de gros prismes courts, légèrement jaunâtres. Ce sel, neutre aux réactifs colorés, est assez soluble dans l'eau froide, et soluble presque en toutes proportions dans l'eau chaude. Il contient de l'eau de cristallisation qu'il perd par son exposition à l'air; chauffé rapidement à 100°, il éprouve la fusion aqueuse et se prend par le refroidissement en une masse solide, d'apparence résineuse et dont il est difficile de chasser les dernières traces d'eau.

La seconde combinaison est un sel acide qui se forme facilement si l'on emploie un excès d'acide. Il se présente sous la forme de tables rectangulaires, très-solubles et efflorescentes.

La troisième, $C^{23}H^{26}Az^2O^4, Na, H^2PO^4$, est du phosphate de brucine et de soude, qu'on obtient cristallisé en prismes courts et opaques en mettant en contact de la brucine et du biphosphate de soude.

Sulfate neutre de brucine,

$$2(C^{23}H^{26}Az^2O^4)H^2SO^4 + 7(H^2O).$$

— Ce sel s'obtient en saturant de l'acide sulfurique étendu par de la brucine; il se présente sous forme de longues aiguilles, très-solubles dans l'eau et peu solubles dans l'alcool. Il contient 7 molécules d'eau, soit 12 %, qu'on peut lui faire perdre par la dessiccation vers 130° (Regnault).

Sulfate acide de brucine. — Ce sel s'obtient en faisant cristalliser du sulfate de brucine dans un excès d'acide ; on lave ensuite les cristaux obtenus avec de l'éther, pour les débarrasser des eaux mères acides qui les imprègnent.

Tartrates droit et gauche de brucine, sels neutres

$$2 [(C^{23}H^{26}Az^2O^4)^2 C^4H^6O^6] + 11 H^2O,$$
$$+ 16 H^2O, + 28 H^2O$$

[Pasteur, *Ann. de Chim. et de Phys.*, (3), t. XXXVIII, p. 472]. — Le moyen le plus commode pour obtenir ces deux tartrates neutres consiste à faire dissoudre à chaud deux molécules de brucine dans de l'eau contenant une molécule d'acide tartrique en dissolution : on laisse refroidir la liqueur.

Le tartrate droit neutre se précipite presque immédiatement en lames limpides. Le tartrate neutre gauche ne se précipite qu'au bout de plusieurs heures, sous forme de gros mamelons blancs satinés. On peut encore les obtenir en faisant des dissolutions alcooliques de brucine et d'acide tartrique dans les proportions indiquées plus haut. La précipitation se fait de même, seulement les sels produits renferment des proportions d'eau différentes : ainsi le tartrate droit neutre préparé avec de l'eau renferme 16 molécules d'eau ; il en perd quinze à 100° et la seizième à 150°, soit 12,70 % d'eau à 100° et 13,2 % à 150°.

Préparé avec l'alcool, le tartrate droit neutre ne renferme que 11 molécules d'eau, il en perd 10 à 100°, soit 9,2 % d'eau, et la onzième molécule à 150°, soit 10 %.

Le tartrate neutre gauche formé dans l'eau ou dans l'alcool concentré a la même composition ; à 100° il perd 20,66 % d'eau, et entre 140° et 150° il perd encore 1 % d'eau. Il renferme donc 14 molécules d'eau, et sa formule doit être représentée par

$$(C^{23}H^{26}Az^2O^4)^2 C^4H^6O^6 + 14 H^2O.$$

Ces deux sels neutres sont efflorescents, le gauche plus que le droit.

Tartrates acides droit et gauche de brucine. — Ces sels s'obtiennent à l'état cristallin en mélangeant à équivalents égaux des solutions de brucine et d'acide tartrique ; il est indifférent d'employer l'eau ou l'alcool comme véhicule, les sels obtenus ont la même composition : ils sont tous les deux très-solubles dans l'eau chaude et peu solubles dans l'eau froide.

Le tartrate acide droit se dépose immédiatement en une poudre grenue cristalline, il est anhydre ; desséché d'abord à l'air, il perd environ 0,6 % d'eau d'interposition à 100° ; à une plus haute température, il ne perd plus de son poids, seulement vers 200° il se colore très-légèrement en jaune, tout en conservant son aspect cristallin.

Le tartrate acide gauche est plus long à se déposer que le droit, il se présente sous la forme de houppes soyeuses, composées d'aiguilles très-fines. Ce sel perd 13,3 % d'eau à 100°, il perd encore 1 % à 150° ; vers 190° il commence à se décomposer. Il s'effleurit facilement à l'air sec. Il doit être représenté par la formule

$$(C^{23}H^{26}Az^2O^4)^2 C^4H^6O^6 + 5 H^2O.$$

La brucine est un poison des plus redoutables qui provoque de violentes attaques de tétanos; son action se porte sur les nerfs ; cependant elle n'attaque pas le cerveau : l'intelligence reste nette et la parole est entrecoupée. On voit qu'elle agit sur l'économie animale de la même manière que la strychnine, seulement son intensité est beaucoup moindre. D'après Magendie, elle serait de 1,12 ; d'après Andral, de 1,24. La brucine est un médicament dangeureux auquel l'organisme ne s'habitue pas ; quoique moins énergique que la strychnine, elle est cependant peu employée en médecine.   E. C.

BRUCITE (Min.) [Syn. *Talk-hydrat, magnésie hydratée, nemalite*]. — Hydrate de magnésie, MgH^2O^2. Cristaux en lames hexagonales, flexibles, transparentes, d'un éclat nacré, ou masses cristallines quelquefois fibreuses, d'une couleur blanc-grisâtre ou verdâtre, se rencontrant en veines dans la serpentine.

Caractères. — Soluble dans les acides sans effervescence. Dans le tube, donne de l'eau ; infusible au chalumeau.

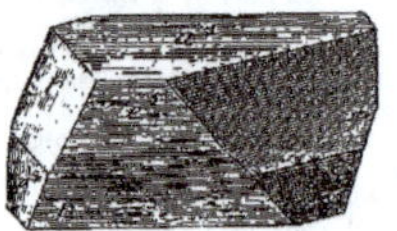

Fig. 105. — Brucite.

Dureté, 1,5 ; poussière blanche. Densité, 2,35.
Forme cristalline. — Rhomboèdres fortement basés de 82°,15'.   F. et S.

BRUNOLIQUE (ACIDE) [Runge, *Ann. de Poggend.*, t. XXI, p. 65 et 315; t. XXXII, p. 308]. — Cet acide a été extrait du goudron de houille.

On traite l'huile de goudron par un lait de chaux, le sel fourni est décomposé par un acide, et la liqueur qui s'en sépare, distillée avec de l'eau ; l'acide phénique est entraîné par les vapeurs, et il reste un résidu brun, poisseux, qui renferme les acides brunolique et rosolique. On le dissout dans l'alcool et on mélange la solution avec du lait de chaux ; le brunolate de chaux se précipite en brun et le rosolate reste en solution.

L'acide brunolique se sépare du brunolate de chaux par l'acide chlorhydrique ; il forme des flocons bruns. Cet acide, ainsi que ses sels, sont mal définis ; ils n'ont pas été obtenus cristallisés.   A. G.

BRYOÏDINE [Baup, *Ann. de Chim. et de Phys.*, t. XXXI, p. 108; *Journ. de Pharm.*, (3), t. XX, p. 321]. — L'une des quatre substances cristallisables retirées par Baup de la résine de l'arbre à brai.

Elle cristallise dans l'eau en filaments blancs et soyeux ; sa saveur est âcre et amère.

Elle fond à 135° en un liquide incolore, se concrétant subitement en une masse fibreuse ; elle se volatilise bien avant que de fondre, et se sublime en aiguilles incolores.

Peu soluble dans l'eau froide, beaucoup plus dans l'eau bouillante, très-soluble dans l'alcool et dans l'éther ; neutre au papier. Elle précipite l'acétate et surtout le sous-acétate de plomb.   A. G.

BRYONINE. — On désigne sous ce nom le principe amer de la bryone (*Bryonica alba* et *B. dioïca*). Pour la préparer, on fait bouillir le suc de la bryone après qu'il a déposé sa fécule, on filtre, on évapore ; on reprend le résidu par l'alcool, on filtre, on évapore la solution alcoolique, on reprend par l'eau, qui abandonne la bryonine [Dulong, *Journ. de Pharm.*, t. XII, p. 158].

Un autre procédé consiste à traiter la racine de bryone par l'eau bouillante, à précipiter l'extrait filtré par le sous-acétate de plomb, à décomposer la combinaison plombique par l'hydrogène sulfuré, évaporer la liqueur filtrée et reprendre par l'alcool [Brandes et Frinhaber, *Archiv. of Pharm.*, de Brandes, t. III, p. 356]. Ainsi obtenue, c'est une masse d'un blanc-jaunâtre, soluble dans l'eau et l'alcool, insoluble dans l'éther, d'une saveur styptique et amère, soluble dans l'acide sulfurique avec une couleur d'abord bleue, puis verte, inaltérable par les alcalis. C'est un purgatif drastique, et, à haute dose, elle agit comme poison.

Suivant Walz, la résine de bryone contiendrait deux principes amers. En traitant l'infusion aqueuse de l'extrait alcoolique avec du sous-nitrate de plomb, celui-ci précipite la *bryonitine* et laisse la *bryonine* en solution.

La *bryonitine* forme une masse cristalline blanche, soluble dans l'eau.

La *bryonine*, purifiée d'une résine qui la salit par des lavages à l'éther, est en grains blancs ou à peine colorés; elle correspondrait à la formule $C^{48}H^{80}O^{19}$; elle paraît être un glucoside, et l'acide sulfurique la dédoublerait en glucose et deux corps amorphes, la *bryorétine*, soluble dans l'éther, et l'*hydrobryorétine*, insoluble dans l'éther, mais se dissolvant dans l'alcool :

$$C^{48}H^{80}O^{19}+2H^2O$$
Bryonine.

$$=C^{21}H^{35}O^7+C^{21}H^{37}O^8+C^6H^{12}O^6.$$
Bryorétine.   Hydro-   Glucose.
bryorétine.

La formule de la bryonine et l'équation de son dédoublement par l'acide sulfurique ne sont pas suffisamment prouvés [Walz, *Chem. cent.*, 1859, p. 5].   E. G.

BUCHOLZITE. — Voyez SILLIMANITE.

BUCKLANDITE. — Variété d'épidote d'Achmatowsk (Oural) et du lac de Laach.

BUCURUMANGA (RÉSINE DE). — Résine fossile, trouvée dans les alluvions aurifères de Bucurumanga, dans la Nouvelle-Grenade.

Jaunâtre, transparente, très-électrique. Insoluble dans l'alcool, elle se gonfle dans l'éther en devenant opaque; fusible et combustible sans résidu. Elle ressemble à l'ambre, mais ne fournit pas comme cette résine de l'acide succinique par la distillation sèche.

Composition. — Carbone, 82,7 ; hydrogène, 10,8; oxygène, 6,5 [Boussingault, *Ann. de Chim. et de Phys.*, (3), t. VI, p. 507].

BUÉNINE. — Substance extraite par Büchner de l'écorce du *Buena hexandra*.

BUKKU (FEUILLES DE). — D'après Gassincourt [*Buch. Repert. Pharm.*, t. XXVI, p. 328], les feuilles du *Diosma crenata*, plante du Cap, de la famille des Rutacées, contiennent, outre la gomme, la résine, 6,6 % d'huile volatile jaune, à odeur et à saveur très-irritantes, soluble dans l'eau et moins dense que l'eau. Brandes y a trouvé les acides oxalique et malique et 8,8 % d'huile volatile, plus une matière amère, jaune-brun, soluble, appelée *diosmine* [*Arch. d. N. Apoth. Ver.*, t. XXII, p. 229]. Enfin Landerer y a trouvé une substance cristalline, soluble dans l'alcool, insoluble dans l'eau [*Büchner's Repert.*, t. LXXXIV, p. 63].

BURATITE (Min.). — Hydrocarbonate de zinc, de cuivre et de chaux ; en masses fibreuses aciculaires, d'un bleu de ciel ou d'un vert grisâtre. Trouvé à Chessy et à Framont, à Volterre et à Temperino (Toscane).

Densité, 3,32.

La composition de la buratite est très-variable; ce minéral est vraisemblablement un mélange.

BUSTAMITE. — Voyez RHODONITE.

BUTIQUE (ACIDE). — [Heintz, *Journ. für prakt. Chem.*, t. LX, p. 301 ; *Ann. de Poggend.*,

t. XC, p. 137]. — Acide gras, obtenu à l'état impur par la précipitation partielle d'une solution alcoolique des acides gras du beurre de vache avec l'acétate de magnésie. Le butate est le moins soluble des sels qui se forment. Selon Heintz, sa composition serait celle de l'acide arachidique, $C^{20}H^{40}O^2$.   A. G.

BUTYLE. — Ce nom appartient à la fois à l'hydrocarbure saturé C^8H^{18}, obtenu par l'action du potassium sur l'iodure de butyle, et au radical hypothétique et non isolable, C^4H^9, dont on peut admettre l'existence dans cet iodure et dans les autres composés butyliques, tels que l'hydrate de butyle, la butylamine, etc. Pour éviter toute confusion, il est préférable de désigner le premier par le nom de *dibutyle*, pour rappeler qu'il prend naissance par le doublement du radical butyle mis en liberté.

M. Kolbe a préparé le dibutyle en électrolysant le valérate de potasse :

$$2C^5H^9O.OK + O + H^2O$$
Valérate de
potasse.

$$=2.CO^3HK+C^4H^9.C^4H^9.$$
Bicarbonate   Dibutyle.
de potasse.

Il a obtenu ainsi une huile insoluble qui, purifiée par l'ébullition avec une solution alcoolique de potasse, et soumise à la distillation, a donné un hydrocarbure bouillant à 108°, d'une densité de 0,694 à 18°. Densité de vapeur, 4,053. Sa composition répond à la formule C^4H^9, ou plutôt C^8H^{18}.

L'acide azotique, même fumant, l'attaque lentement. Quand l'huile a disparu, en neutralisant par le carbonate de baryte, évaporant, reprenant par l'alcool et distillant avec l'acide sulfurique le sel qui s'était dissous dans l'alcool, on obtient un liquide acide ayant l'odeur de l'acide butyrique. Saturée par le carbonate d'argent, cette liqueur acide, filtrée à chaud, donne un sel d'argent qui noircit à l'ébullition.

Le chlore et le brome fournissent des produits de substitution.

M. Kolbe a appelé cet hydrocarbure *valyle* à cause de son origine [*Ann. der Chem. u. Pharm.*, t. LXIX, p. 261].

Le dibutyle a été obtenu par M. Wurtz en faisant chauffer au bain-marie, pendant plusieurs jours, en vase clos, du potassium et de l'iodure de butyle. Le tube étant ouvert, il s'en échappe du butylène, et en chauffant doucement on recueille un liquide passant vers 105° et ayant une composition qui répond à la formule

$$C^8H^{18}=C^4H^9.C^4H^9.$$

On peut aussi opérer avec le sodium et dans un appareil ouvert, muni d'un réfrigérant en serpentin.

Le dibutyle ainsi préparé est un liquide insoluble dans l'eau, bouillant à 106°. Densité à 0°, 0,7057. Densité de vapeur, 4,07. Théorie, 3,939.

Le dibutyle ne régénère pas de composés butyliques [*Ann. de Chim. et de Phys.*, (3), t. XLII, p. 144, et t. XLIV, p. 278].   C. F.

BUTYLÈNE, C^4H^8. — Cet hydrocarbure a été découvert par Faraday, qui l'a obtenu en faisant passer des corps gras en vapeur, dans un tube chauffé au rouge [*Philosoph. Trans.*, 1825, p. 440]. On l'a retrouvé depuis dans un grand nombre de décompositions analogues [Cahours, *Compt. rend.*, t. XXXI, p. 42; — Bouchardat, *Journ. de Pharm.*, t. XXIII, p. 454; — Berthelot, *Ann. de Chim. et de Phys.*, (3), t. LIII, p. 163]. M. Kolbe l'a obtenu en même temps que le butyle dans la décomposition du valérate de potasse par la pile [*Ann. der Chem. u. Pharm.*, t. LXIX, p. 258], et M. Wurtz a signalé sa production ainsi que celle de l'hydrure de butyle dans la réaction du chlorure de zinc sur l'alcool butylique et dans celle du sodium sur l'iodure de butyle [*Ann. de Chim. et de Phys.*, (3), t. XLII, p. 138]. M. Wurtz a également fait voir qu'il se produit du butylène en même temps que plusieurs autres hydrocarbures, dans la décomposition de l'alcool amylique par la chaleur rouge [*Ann. de Chim. et de Phys.*, (3), t. XLI, p. 93]. M. V. de Luynes a préparé des quantités notables en décomposant l'iodhydrate de butylène par l'acétate d'argent, ou par une solution alcoolique de potasse, dans des tubes scellés [*Ann. de Chim. et de Phys.*, (4), t. II, p. 418].

M. Wurtz a réalisé la synthèse du butylène en faisant réagir le zinc-méthyle sur l'iodure d'allyle. Le produit qu'il a ainsi obtenu bout à — 6° et donne un bromure bouillant à 150°. Il est peut-être différent du butylène dérivé de l'alcool butylique, et ce dernier hydrocarbure est lui-même peut-être seulement isomérique avec celui que M. de Luynes a préparé en partant de l'érythrite. On remarque en effet des différences entre les points d'ébullition de ces corps. D'ailleurs, la théorie des hydrocarbures, fondée sur la tétratomicité du carbone, permet de prévoir l'existence de plusieurs (neuf) butylènes semblables par leurs propriétés essentielles, mais différant pourtant entre eux.

M. Chapman a annoncé également avoir obtenu du butylène par l'action de l'éthylène bromé en vapeurs, sur le zinc-éthyle contenu dans une cornue entourée de glace.

Cette réaction, sur l'exactitude de laquelle on avait pu conserver des doutes, paraît se produire, mais seulement à une température plus élevée et dans des conditions qui n'ont pas encore été bien définies.

M. Boutlerow a obtenu un butylène particulier en faisant réagir la potasse alcoolique sur l'iodure de pseudobutyle tertiaire. Ce corps, dont la constitution est définie d'une manière à peu près certaine par son origine, peut être formulé

$$C \begin{cases} (CH^3)^2 \\ CH^2. \end{cases}$$

Il se condense à 15° ou 18° sous 2 à 2,5 atmosphères de pression. Il bout à — 7° ou —8° à 752ᵐᵐ,5. Il peut servir à régénérer, à l'aide de l'acide iodhydrique ou de l'acide sulfurique, l'iodure de pseudobutyle et le triméthylcarbinol ou alcool pseudobutylique tertiaire. Par l'action de l'acide hypochloreux, il fournit un chlorhydrate que l'hydrogène naissant transforme en alcool butylique ordinaire [*Ann. der Chem. u. Pharm.*, t. CXLIV, p. 18].

Propriétés. — Le butylène est gazeux à la température ordinaire; sa densité de vapeur a été trouvée de 1,926. Il se liquéfie facilement par l'action du froid et constitue alors un liquide incolore, d'une odeur alliacée, bouillant à —6° (Wurtz), à +3° (de Luynes). A la température produite, dans le vide, par un mélange d'acide carbonique et d'éther, il se solidifie en une masse blanche, confusément cristallisée. Il est insoluble dans l'eau, assez soluble dans l'alcool et plus soluble dans l'éther.

Il est soluble également dans l'acide acétique cristallisable. L'acide sulfurique le dissout totalement en se colorant en jaune; la liqueur, étendue d'eau, se trouble, et un liquide huileux se sépare à la surface.

Lorsque le butylène passe dans une solution saturée à 0° d'acide iodhydrique, il est absorbé avec production d'*iodhydrate de butylène* C^4H^8HI. Le brome se fixe immédiatement sur lui et four-nit du *bromure de butylène*, $C^4H^8Br^2$, bouillant à 158°.

DÉRIVÉS DU BUTYLÈNE,

Le butylène, étant un carbure non saturé diatomique, est susceptible de fixer 2 atomes monoatomiques. On obtient deux séries distinctes de dérivés, suivant que ces 2 atomes sont identiques (par exemple, le brome Br^2), ou bien différents entre eux (l'acide iodhydrique, par exemple). Nous allons énumérer d'abord les corps de cette dernière série.

COMPOSÉS PSEUDOBUTYLIQUES. — IODHYDRATE DE BUTYLÈNE. — Ce corps a été obtenu par M. de Luynes, en distillant lentement de l'érythrite sèche avec de l'acide iodhydrique, saturé à 0° et additionné de phosphore rouge. En même temps qu'une certaine quantité d'acide iodhydrique non décomposé, il passe à la distillation une substance huileuse que l'on purifie en la lavant, d'abord avec une solution concentrée de potasse, puis avec de l'eau; c'est de l'iodhydrate de butylène, qu'il suffit de distiller encore une fois pour l'avoir pur. L'acide iodhydrique agit comme réducteur sur l'érythrite suivant l'équation

$$C^4H^4.O^4H^4 + 9HI = C^4H^8.HI + 4I^2 + 4H^2O.$$

L'iodhydrate de butylène prend aussi naissance très-facilement, comme on l'a dit plus haut, lorsque le butylène est mis en contact avec une solution concentrée d'acide iodhydrique.

L'iodhydrate de butylène est un liquide d'une odeur agréable, incolore, mais se colorant peu à peu à l'air. Sa densité est de 1,632 à 0° et de 1,584 à 30°; il bout à 118°. Densité de vapeur, 6,52; théorie, 6,327. Il est insoluble dans l'eau, soluble dans l'alcool et dans l'éther.

Il est remarquable par la facilité avec laquelle il régénère le butylène et les corps qui renferment le butylène uni à 2 atomes de chlore, de brome, etc.

Le chlore et le brome le transforment directement en chlorure et en bromure de butylène. Une solution alcoolique de potasse le décompose avec mise en liberté de butylène et formation d'autres produits.

L'acétate d'argent sec réagit sur lui, à la température ordinaire, avec une grande énergie; il se forme de l'iodure d'argent; en même temps, il se dégage du butylène et il se produit une certaine quantité d'acétate de butylène :

$$C^4H^8.C^2H^4O^2.$$

ACÉTATE DE BUTYLÈNE. — Il s'obtient en distillant le mélange d'iodure d'argent et d'acétate brut qui reste dans les tubes, après qu'on a recueilli le butylène. Le produit huileux est lavé avec de l'eau, séché et distillé; il bout de 111° à 113°. Il est moins dense que l'eau et possède une odeur aromatique.

HYDRATE DE BUTYLÈNE, $C^4H^8.H^2O$. — Ce corps se prépare soit par l'action de l'oxyde d'argent, récemment précipité sur l'iodhydrate de butylène, soit par la saponification de l'acétate de butylène; ce dernier procédé est plus avantageux.

L'acétate est chauffé pendant 30 heures, à 100°, dans des tubes scellés, avec une solution concentrée de potasse. Il ne se dégage pas de gaz à l'ouverture des tubes; le liquide forme deux couches dont la supérieure est l'hydrate de butylène; la couche aqueuse inférieure en renferme encore une petite quantité qu'on retire par distillation. Le produit est lavé avec de l'eau chargée de carbonate de potasse, puis séché avec du carbonate de potasse fondu. On achève de le dessécher en le distillant sur un fragment de sodium.

L'hydrate de butylène est un liquide incolore, ayant une odeur forte et une saveur brûlante; il est notablement soluble dans l'eau, mais le carbonate de potasse le sépare de sa solution aqueuse.

Il est miscible en toute proportion à l'alcool et à l'éther. Sa densité à 0° est 0,85; il bout sous la pression ordinaire de 96° à 98°; il dissout le chlorure de calcium; il brûle avec une flamme assez éclairante. L'acide iodhydrique gazeux le transforme immédiatement en iodhydrate de butylène. Chauffé dans des tubes clos pendant quatre à cinq heures, à 200°, il se sépare en butylène et en eau. Ces propriétés le distinguent nettement de son isomère, l'alcool butylique des fermentations, avec lequel il a les mêmes relations que possède le pseudo-alcool amylique de M. Wurtz avec l'alcool amylique.

COMPOSÉS BUTYLÉNIQUES. — BROMURE DE BUTYLÈNE. — Le butylène s'unit directement au brome et fournit un liquide bouillant à 158°, et ayant une composition qui répond à la formule $C^4H^8Br^2$. Le même produit se forme par l'action du brome sur l'hydrate de butylène.

BUTYLGLYCOL, $C^4H^{10}O^2$ ou $C^4H^8(OH)^2$. — Le bromure de butylène, étant mélangé avec de l'acétate d'argent additionné d'acide acétique cristallisable et chauffé quelque temps au bain-marie, donne un produit qui, saponifié par la potasse récemment fondue et pulvérisée, fournit à la distillation le butylglycol. Ce dernier est un liquide incolore, épais, sans odeur, doué d'une saveur à la fois douce et aromatique. Sa densité à 0° est de 1,048. Il bout de 183° à 184°; sa densité de vapeur a été trouvée de 3,188 (théorie, 3,116).

Il se dissout en toute proportion dans l'eau, dans l'alcool et dans l'éther.

Oxydé lentement par l'acide azotique, il paraît fournir de l'acide butylactique $C^4H^8O^3$; il se produit en même temps de l'acide oxalique.

Le butylglycol, réduit par l'acide iodhydrique, fournit de l'iodure de butyle [Wurtz, *Répert. de Chim. pure*, 1862, p. 120].

BUTYLGLYCOL DIACÉTIQUE, $C^4H^8(C^2H^3O^2)^2$. — Cet éther s'obtient par la réaction du bromure de butylène sur l'acétate d'argent; il est probablement alors mélangé avec une certaine proportion de butylglycol monoacétique.

Il est limpide, oléagineux, possède à chaud une légère odeur acétique et se dissout dans l'alcool et dans l'éther. Il est insoluble à chaud, et bout vers 200° [Wurtz, *Ann. de Chim. et de Phys.*, (3), t. LV, p. 456].

BUTYLGLYCOL TRISULFOCARBONIQUE. — *Trisulfocarbonate de butylène*, $C^4H^8.CS^3$ (Hüsemann). — Produit par l'action du bromure de butylène sur le trisulfocarbonate de sodium. Liquide épais, de couleur brun foncé. Densité. 1,26 à 20°. **C. F.**

BUTYLIQUE (ALCOOL), $C^4H^{10}O = C^4H^9OH$ [Syn. *Hydrate de butyle, hydrate de tétryle*]. — Cet alcool, homologue de l'alcool méthylique et de l'alcool vinique, a été découvert par M. Wurtz dans l'alcool amylique du commerce, qui en contient des quantités variables.

Pour isoler ce corps, on soumet d'abord l'alcool amylique à la distillation; on recueille séparément les partics bouillant entre 80° et 105°, entre 105° et 115°, et enfin entre 115° et 125°. La première fraction est lavée à l'eau pour dissoudre l'alcool vinique. La portion non dissoute est rectifiée et les parties bouillant au-dessus de 104° sont réunies à la deuxième fraction; on y réunit aussi tout ce qui, dans une nouvelle rectification de la fraction recueillie entre 113° et 125°, passe avant 115°. Le liquide ainsi séparé est maintenu pendant 48 heures à l'ébullition, avec une solution concentrée de potasse caustique, puis distillé, desséché et rectifié à plusieurs reprises, en ne recueillant que ce qui passe entre 108° et 110°. La distillation se fait dans un ballon surmonté d'un tube à une ou deux boules, dans lequel la vapeur est obligée de passer et où les parties les moins volatiles se condensent pour retomber dans le ballon. Pour purifier encore l'alcool butylique ainsi séparé, on le transforme en iodure de butyle. Cet iodure, purifié par distillation, est lui-même transformé, à l'aide de l'acétate d'argent, en acétate de butyle, et enfin l'éther acétique est saponifié par une longue ébullition avec la potasse caustique.

Propriétés. — Ainsi préparé et séché sur la baryte caustique, l'alcool butylique bout à 109°; il constitue un liquide incolore, plus fluide que l'alcool amylique. Son odeur ressemble à celle de ce dernier alcool, mais est un peu plus vineuse. Il ne possède pas le pouvoir rotatoire; sa densité à 18°,5 est de 0,8032. Sa densité de vapeur a été trouvée de 2,589 (théorie, 2,565). Il brûle avec une flamme éclairante; il se dissout dans 105 p. d'eau à 18°; l'addition de chlorure de calcium, de sel marin, etc., le sépare en couche huileuse. Il dissout le chlorure de calcium et s'y combine.

Constitution. — D'après M. Erlenmeyer, l'alcool butylique de fermentation n'est pas, comme on aurait pu s'y attendre, un alcool de la série normale. En effet, en l'oxydant, on a obtenu de l'acide acétique, des produits non acides et, en outre, de l'*acide isobutyrique* (voyez ce mot). Sa constitution pourrait donc être exprimée par la formule

$$C\begin{cases}CH^3 \\ H \\ CH^2OH \\ CH^2\end{cases}$$

[*Ann. der Chem. u. Pharm.*, suppl., t. V, p. 337, 1867].

Cette différence de constitution permettrait de comprendre l'anomalie qui existe dans le point d'ébullition de l'alcool butylique et de la plupart de ses dérivés.

Il faut ajouter que M. Schöyen a obtenu, par l'action du chlore sur le *diéthyle* :

$$\begin{cases}CH^2CH^3 \\ CH^2CH^3\end{cases}$$

un chlorure de butyle fournissant un produit transformable, selon lui, en acide butyrique ordinaire [*Ann. der Chem. u. Pharm.*, t. CXXX, p. 233].

Modes de décomposition et réactions. — Le potassium l'attaque avec dégagement d'hydrogène et formation de butylate de potassium C^4H^9OK, qui cristallise dans l'excès d'alcool.

L'alcool butylique, tombant goutte à goutte sur de la *chaux sodée* chauffée à 250°, donne du butyrate de soude avec dégagement d'hydrogène.

L'*acide sulfurique* se mélange avec l'alcool butylique en s'échauffant beaucoup : il se produit des hydrocarbures, *butylène* (ou butène), C^4H^8, et ses polymères. Quand on modère la réaction, on obtient de l'acide *butylsulfurique*

$$SO^4\begin{cases}C^4H^9 \\ H.\end{cases}$$

Chauffé en présence d'un excès de *chlorure de zinc*, l'alcool butylique fournit un mélange de butylène et d'hydrure de butyle et, en outre, des hydrocarbures liquides. Ces derniers sont des polymères du butylène mélangés avec d'autres hydrocarbures moins riches en hydrogène.

Le *perchlorure de phosphore* transforme l'alcool butylique en *chlorure de butyle*, C^4H^9Cl, liquide bouillant entre 70° et 75°. Lorsqu'on chauffe au bain-marie une dissolution d'acide chlorhydrique dans l'alcool butylique, on obtient le même produit.

Le *bromure de butyle* et l'*iodure de butyle* se préparent par l'action du brome, ou de l'iode et du phosphore sur l'alcool butylique. Le premier bout à 89°; sa densité à 16° est de 1,971, sa densité de vapeur est égale à 4,700 (théorie, 4,740).

Le second bout à 121°; il passe très-facilement à la distillation avec les vapeurs d'eau; sa densité à 19° est de 1,604; sa densité de vapeur est égale à 6,217 (théorie, 6,343).

L'iodure de butyle étant traité par le potassium, dans un tube scellé fort, à la température du bain-marie, fournit un mélange gazeux qui renferme du butylène et de l'hydrure de butyle, et de plus un liquide bouillant vers 105°; ce liquide est le *butyle* C^8H^{18}.

L'*oxyde de butyle* se produit dans la réaction de l'alcool butylique potassé sur l'iodure de butyle et dans celle de l'oxyde d'argent sur le même iodure. Dans les deux cas, surtout lorsque l'action a été vive et rapide, il se forme en même temps du butylène.

On a obtenu un éther mixte *éthylbutylique*, ou *butylate d'éthyle*, en faisant réagir à froid l'iodure d'éthyle sur le butylate de potassium. C'est un liquide bouillant entre 78° et 80°, d'une odeur agréable, d'une densité de 0,7507.

Les éthers composés de l'alcool butylique ont été obtenus pour la plupart en traitant les sels d'argent des divers acides par l'iodure de butyle.

CARBONATE DE BUTYLE. — Voyez CARBONIQUE (ACIDE).

AZOTATE DE BUTYLE. — Quelques grammes d'azotate d'argent fondu et pulvérisé, mélangés avec un peu d'urée fondue, sont traités à froid dans une petite cornue par de l'iodure de butyle. Une partie du produit distille immédiatement; le reste, quand on chauffe au bain d'huile. Il est prudent d'opérer en petit, la réaction étant très-vive. L'azotate de butyle bout vers 130°; il est plus dense que l'eau; il brûle avec une flamme livide. L'hydrogène sulfuré ne l'attaque pas, mais la potasse alcoolique le saponifie.

ACÉTATE DE BUTYLE. — Voyez ACÉTATES.

SULFATE DE BUTYLE. — Il est très-instable et n'a pu être obtenu à l'état de pureté.

Nous avons dit plus haut que l'acide sulfurique se combine avec l'alcool butylique pour donner de l'*acide butylsulfurique*. Le sel de baryte de cet acide s'obtient en saturant avec du carbonate de baryte le mélange d'alcool et d'acide étendu de dix fois son poids d'eau. Après filtration et évaporation, on obtient de beaux cristaux renfermant $[SO^4(C^4H^9)]^2Ba''+2H^2O$. Ils sont très-solubles dans l'eau.

Le sel de potasse cristallise en paillettes nacrées; il est très-soluble dans l'eau et renferme $SO^4(C^4H^9)K$. Le butylsulfate de chaux est anhydre, très-soluble dans l'eau et cristallise en lamelles hexagonales.

BUTYLAMINE ou BUTYLIAQUE, $C^4H^{11}Az$. — Elle a été obtenue en traitant par la potasse alcoolique le mélange de cyanate et de cyanurate de butyle, qu'on obtient en distillant 2 p. de butylsulfate de potasse avec 1 p. de cyanate de potasse bien sec.

Le produit de la réaction de la potasse sur les éthers cyaniques est recueilli dans l'acide chlorhydrique. On obtient la butylamine sèche et libre en fondant d'abord son chlorhydrate et en le traitant dans un tube en verre vert par la chaux caustique. Elle bout à 69-70°; son odeur est fortement ammoniacale et un peu aromatique; elle brûle avec une flamme éclairante. Au contact de l'acide chlorhydrique, elle forme des fumées épaisses. L'eau, l'alcool et l'éther la dissolvent en toute proportion. Les précipités que sa solution aqueuse forme dans les sels de zinc, de cadmium, de cuivre, se redissolvent dans un excès de réactif; l'alumine gélatineuse s'y dissout également. L'azotate d'argent est d'abord précipité en jaune fauve; le précipité disparaît facilement dans un excès de base. La butylamine dissout sensible-ment la silice gélatineuse. Son chlorhydrate cristallise en paillettes déliquescentes. Il fond au-dessus de 100°; mélangé avec du chlorure de platine, il ne donne pas de précipité, même en solutions concentrées; par évaporation, il donne de belles paillettes d'un jaune orangé, solubles dans l'eau et dans l'alcool, et renfermant

$$(C^4H^{11}AzHCl)^2PtCl^4.$$

Le sel double d'or est également soluble; il cristallise en belles tables rectangulaires d'un jaune pur. Il a pour formule

$$(C^4H^{11}Az.HCl)^2AuCl^3$$

[Wurtz, *Ann. de Chim. et de Phys.*, (3), t. XLII, p. 129].

MERCAPTAN BUTYLIQUE OU SULFHYDRATE DE BUTYLE, $C^4H^{10}S = C^4H^9SH$. — Il s'obtient facilement en distillant au bain-marie une solution de sulfhydrate de potassium et de sulfobutylate de potasse pur. La partie du produit huileux qu'on recueille, bouillant entre 85° et 95°, est le mercaptan butylique. Ce corps bout à 88°; il a une densité de 0,848 à 11°,5, et une densité de vapeur de 3,10 (théorie, 3,11). Il est peu soluble dans l'eau, soluble en toutes proportions dans l'alcool et dans l'éther; il dissout le soufre et l'iode. Traité par le potassium, il donne, avec dégagement d'hydrogène, une matière blanche, grenue, soluble dans l'alcool, C^4H^9SK.

En versant une solution alcoolique de sulfhydrate de butyle dans de l'acétate de plomb, on obtient un précipité jaune cristallin $(C^4H^9S)^2Pb$.

Le mercaptide butylmercurique prend naissance quand on verse une solution alcoolique de mercaptan butylique sur l'oxyde rouge de mercure, $(C^4H^9S)^2Hg$.

URÉTHANE BUTYLIQUE OU CARBAMATE DE BUTYLE. — Voyez CARBAMIQUE (ACIDE).   C. F.

BUTYRAMIDE,

$$C^4H^9Az\,O = Az \begin{cases} C^4H^7O \\ H^2 \end{cases}$$

[Chancel, *Compt. rend.*, t. XVIII, p. 949]. — L'éther butyrique agité longtemps avec l'ammoniaque liquide se dissout peu à peu. En évaporant ensuite le liquide on obtient la butyramide cristallisée. L'acide butyrique anhydre, le chlorure de butyryle, le butyrate d'éthyle en présence de l'ammoniaque donnent aussi la butyramide.

Elle cristallise en lames d'un blanc nacré; elle est incolore, transparente, de saveur fraîche et sucrée avec un arrière-goût amer. Elle fond vers 115°, se volatilise sans se décomposer et bout à 216°. Elle se dissout dans l'eau, dans l'alcool et dans l'éther. Sa vapeur est inflammable.

L'équation de sa production est

$$C^4H^7O^2,C^2H^5 + AzH^3$$
Éther butyrique.
$$= C^4H^7O.AzH^2 + C^2H^5,OH.$$
Butyramide.   Alcool.

Sous l'influence de la chaux au rouge sombre ou de l'acide phosphorique, elle donne le butyronitrile (voyez ce mot) :

$$C^4H^7O.AzH^2 = C^4H^7Az + H^2O.$$
Butyramide.   Butyronitrile.

Sous l'influence des alcalis aqueux, elle donne de l'ammoniaque et un butyrate.

Soumise à l'action de l'acide nitrique, de l'acide nitreux ou du bioxyde d'azote, elle se transforme en acide butyrique et en azote (Piria).

Le perchlorure de phosphore donne avec elle du butyronitrile,

$$C^4H^9AzO + PCl^5 = C^4H^7Az + POCl^3 + 2HCl;$$
Butyramide.   Cyanure
de propyle.

mais en même temps une certaine quantité du butyronitrile se combine à l'acide chlorhydrique.

L'acide sulfurique fumant réagit sur la butyramide en produisant deux acides : l'acide disulfopropiolique $C^3H^8S^2O^6$ et l'acide sulfobutyrique $C^4H^8SO^5$. — Voyez BUTYRONITRILE.

BUTYRAMIDE MERCURIQUE [Dessaignes, *Ann. de Chim. et de Phys.*, (3). t. XXXIV, p. 145],

$$(C^4H^8AzO)^2Hg.$$

— S'obtient en faisant agir l'oxyde de mercure sur la butyramide. Cristaux minces, noirs.

BUTYRANILIDE,

$$C^{10}H^{13}AzO = Az \begin{cases} C^4H^7O \\ C^6H^5. \\ H. \end{cases}$$

— Elle se produit par la réaction de l'aniline sur l'acide butyrique, butyrique anhydre, ou sur le chlorure de butyryle. Ce mélange s'échauffe, puis se concrète en se refroidissant. L'eau aiguisée d'acide enlève l'excès d'aniline et la butyranilide se sépare sous forme d'une couche huileuse qui se solidifie plus tard, surtout par l'agitation ; on la fait recristalliser dans l'alcool.

Belles lames nacrées, insolubles dans l'eau, solubles dans l'alcool et l'éther. Elle fond à 90° et peut se distiller.

La potasse en fusion en dégage de l'aniline (Gerhardt).   A. G.

BUTYRIQUE (ACIDE). — ACIDE BUTYRIQUE ANHYDRE ou *Anhydride butyrique,*

$$C^8H^{14}O^3 = \begin{matrix} C^4H^7O \\ C^4H^7O \end{matrix} \Big\} O.$$

Production. — Cet acide a été découvert par Gerhardt; il a été obtenu par la méthode générale qui a fourni à ce savant une foule d'acides anhydres du type $C^nH^{2n-2}O^3$. On l'obtient facilement en traitant 4 p. de butyrate de sodium desséché par 2 p. de chloroxyde de phosphore et en opérant dans les conditions de la préparation de l'anhydride acétique. On distille après la réaction en rejetant les premières parties distillées qui peuvent contenir de l'acide butyrique hydraté. On peut l'obtenir aussi par l'action du chlorure de butyryle sur le butyrate de soude.

Propriétés. — L'acide butyrique anhydre est un liquide incolore, réfringent, très-mobile; sa densité est de 0,978 à 12°,5; son odeur n'est pas désagréable comme celle de l'acide butyrique hydraté ; elle rappelle celle du butyrate d'éthyle.

Il bout à 190° environ. Sa densité de vapeur est égale à 5,38 et correspond à la formule ci-dessus.

Il n'est pas immédiatement miscible à l'eau, qu'il surnage d'abord ; il passe peu à peu à l'état d'acide butyrique hydraté au contact de l'humidité.

Il réagit sur l'aniline en donnant naissance à la *phényl-butyramide* ou *butyranilide.* — Voyez ce mot.

En traitant l'acide butyrique anhydre par le bioxyde de baryum, M. Brodie a obtenu le peroxyde de butyryle. — Voyez BUTYRYLE ET DÉRIVÉS.

Isomérie. — M. Morkownikoff a signalé un anhydride isomère du précédent. L'auteur l'a obtenu dans la préparation du chlorure d'*isobutyryle*. Il a donné à cet isomère le nom d'acide *isobutyrique* anhydre. Son point d'ébullition est à 180°. — Voyez ACIDE ISOBUTYRIQUE.

Les anhydrides butyriques mixtes s'obtiendraient par la méthode générale de Gerhardt pour la production des acides mixtes anhydres.

Ils ne paraissent pas avoir été étudiés.

BIBLIOGRAPHIE. — Gerhardt. *Ann. de Chim. et de Phys.*, (3), t. XXXVII, p. 318. — Brodie, *Proceedings of the R. Soc.*, t. XII, p. 655. — Morkownikoff, *Zeitschr. f. Chem.*, nouv. sér., t. V, p. 53.

ACIDE BUTYRIQUE HYDRATÉ, $C^4H^8O^2$.

État naturel. Modes de production. — Cet acide se rencontre dans la nature, soit à l'état libre, soit à l'état de combinaison éthylique ou glycérique. Il a été découvert par M. Chevreul dans le beurre, où il existe en petite proportion sous forme de composé glycérique associé à d'autres corps gras neutres. Suivant M. Bromeïs, le beurre de vache frais ne contiendrait que 2 % de butyrine, de caproïne et de caprine.

Il a été signalé, libre ou combiné, dans le liquide de la chair musculaire, dans une urine humaine, dans quelques fruits, notamment dans celui du caroubier, dans le suc laiteux de l'arbre de la vache, dans le fruit de la saponaire et du tamarinier. M. Isidore Pierre a signalé sa présence dans l'eau corrompue d'une mare qui recevait des infiltrations de purin. M. Scherer et M. Kraut l'ont signalé soit dans quelques eaux minérales, soit dans quelques eaux de rivières.

On le retrouve aussi dans les eaux de certains lacs des hautes montagnes; on le rencontre dans le guano, les excréments, certaines excrétions physiologiques de la peau, dans la levûre de bière, dans la cire de Chine, dans certains fruits tels que ceux du *Ginko biloba*, dans les produits de la putréfaction de la farine de blé et de légumineuses, de l'empois, dans la tourbe, dans les semences de coing.

L'acide butyrique peut être produit par des actions oxydantes sur un grand nombre de substances azotées ou non azotées : corps gras, caséine, albumine, acide valérique, etc. M. Wurtz a signalé sa production dans la putréfaction de la fibrine; le butyrate d'ammoniaque a été signalé par M. Zeise dans les produits de condensation de la fumée de tabac.

Les matières ternaires neutres telles que l'amidon, le sucre, le lactose, etc., peuvent fournir facilement et abondamment de l'acide butyrique en présence des ferments; c'est le procédé qui a fourni à MM. Pelouze et Gélis l'acide butyrique dont l'étude a fait de leur part l'objet d'un mémoire important.

L'alcool butylique, découvert par M. Wurtz dans certains alcools amyliques de fermentation, fournit par oxydation ou sous l'influence de la chaux sodée, de l'acide butyrique ou isobutyrique, cet acide étant à l'alcool butylique ce que l'acide acétique est à l'alcool vinique.

Préparation. — M. Chevreul l'a extrait pour la première fois des produits de la saponification du beurre par les alcalis.

M. Lersch saponifie le beurre par la potasse, puis traite par un excès d'acide sulfurique dilué et distille environ la moitié. Ce liquide, saturé par la baryte, fournit un mélange de caproate, caprylate et butyrate barytique. On traite par l'eau bouillante et l'on évapore la partie filtrée. Il se dépose d'abord des aiguilles de caproate et enfin des lames nacrées de butyrate de baryte.

MM. Pelouze et Gélis ont préparé l'acide butyrique par un procédé aujourd'hui généralement suivi dans les laboratoires.

Le sucre, le lactose ou la dextrine sont abandonnés à la fermentation à une température de 25° à 30°, en présence de matières qui provoquent ordinairement la fermentation lactique : caséine, vieux fromage, gluten pourri, etc. On ajoute à la masse de la craie, pour saturer l'acide butyrique au fur et à mesure de sa production. La fermentation lactique s'établit d'abord, et à celle-ci succède ensuite la fermentation butyrique.

M. Pasteur a établi dans ces dernières années que la fermentation butyrique était en corrélation avec l'existence de *vibrions* ou infusoires à l'aide desquels cette fermentation pouvait être provoquée à volonté, tandis que la fermentation lactique est toujours due, suivant le même savant, à des granules analogues mais non identiques à ceux de la levure de bière.

Le procédé de Bensch paraît donner les meilleurs résultats. 3 kilogrammes de sucre de canne et 15 p. d'acide tartrique sont dissous dans 13 kilogrammes d'eau. On ajoute, après quelques jours, à ce mélange 60 p. de vieux fromage, 4 kilogr. de lait écrémé et 1^k,500 de craie, on abandonne le tout dans un lieu maintenu à 30° ou 35°. Il se produit alors un dégagement de gaz, parmi lesquels on trouve de l'hydrogène. On renouvelle l'eau à mesure qu'elle s'évapore. Il se produit d'abord de l'acide lactique, puis de l'acide butyrique. Au bout d'un mois ou deux, le dégagement de gaz ayant cessé, on sursature le tout par 4 kilogrammes de carbonate de soude cristallisé, on sépare le carbonate de chaux par le filtre, on réduit le liquide à 5 kilogrammes, enfin on le sursature par l'acide sulfurique. L'acide butyrique vient surnager la liqueur. Une nouvelle combinaison à la soude permet de le purifier. Les deux équations suivantes donnent la théorie de ces transformations :

$$C^6 H^{12} O^6 = 2(C^3 H^6 O^3);$$

Glucose.   Acide lactique.

$$2 C^3 H^6 O^3 = C^4 H^8 O^2 + 2 CO^2 + 4 H.$$

Acide   Acide
lactique.   butyrique.

Suivant M. Schubert et suivant M. Nicklès, l'opération serait plus prompte et réussirait à toutes les températures en substituant l'empois d'amidon au sucre et la viande au fromage.

D'après M. Stinde [*Zeitschr. f. Chem.*, nouv. sér., t. III, p. 315], un procédé pratique consiste à soumettre à la fermentation à la température de 28° à 30°, 50 kilogrammes de gousses de caroubier concassées et une masse d'eau capable de les réduire en bouillie. On ajoute 12 kilogrammes de craie. Après six semaines, on obtient un beau rendement de butyrate de chaux.

Enfin le charbon animal, sur lequel on filtre la glycérine provenant de la préparation industrielle de l'acide stéarique dans la saponification des corps gras, se charge peu à peu d'une grande quantité de butyrate de chaux que l'on peut en extraire par l'alcool. C'est une précieuse source d'acide butyrique.

Isoméries. — L'acide butyrique est isomère de l'éther acétique,

$$\left. \begin{matrix} C^2 H^3 \\ C^2 H^3 O \end{matrix} \right\} O.$$

Il existe, d'après un travail récent de M. Morkownikoff, un acide isomère de l'acide butyrique qu'il a appelé *isobutyrique*. Il l'a obtenu en traitant le cyanure pseudopropylique par la potasse. — Voyez Acide isobutyrique.

MM. Frankland et Duppa [*Compt. rend.*, t. LX, p. 853, et *Bull. de la Soc. chim.*, t. V, p. 209] font observer qu'on peut obtenir 3 acides isomères de l'acide butyrique : le premier par l'introduction du propyle dans l'acide carbonique,

$$C \left\{ \begin{matrix} C^3 H^7 \\ O \\ O H \end{matrix} \right.$$

(*acide propylcarbonique*); le second par la substitution de l'éthyle à l'hydrogène dans l'acide acétique,

$$C \left\{ \begin{matrix} C \left\{ \begin{matrix} C^2 H^5 \\ H^2 \end{matrix} \right. \\ O \\ O H \end{matrix} \right.$$

(*acide éthacétique*); le troisième par la substitution de 2 méthyles à l'hydrogène dans le même acide,

$$C \left\{ \begin{matrix} C \left\{ \begin{matrix} C H^3 \\ C H^3 \\ H \end{matrix} \right. \\ O \\ O H \end{matrix} \right.$$

(*acide diméthacétique*). Ils ont obtenu le second par l'action du sodium sur l'éther acétique et par la réaction de l'éther sodacétique qui se produit ainsi sur l'iodure d'éthyle. Cette dernière synthèse, des plus importantes, est rendue par l'équation :

$$C \left\{ \begin{matrix} C \left\{ \begin{matrix} Na \\ H^2 \end{matrix} \right. \\ O \\ O C^2 H^5 \end{matrix} \right. + C^2 H^5 I = C \left\{ \begin{matrix} C \left\{ \begin{matrix} C^2 H^5 \\ H^2 \end{matrix} \right. \\ O \\ O C^2 H^5 \end{matrix} \right. + NaI.$$

Il est difficile de dire actuellement auquel de ces trois acides répond l'acide butyrique de fermentation, et si les acides butyriques connus sont tous identiques.

Propriétés. — L'acide butyrique $C^4 H^8 O^2$ est un liquide incolore, mobile, d'une odeur désagréable qui rappelle celle du beurre rance ; sa saveur est très-acide et brûlante. Il est soluble dans l'eau ; les sels avides d'eau le séparent de cette dissolution ; il est miscible en toutes proportions à l'alcool, à l'esprit de bois et à l'éther ; il dissout en proportion notable les corps gras neutres. Son point d'ébullition est à 164° environ à la pression ordinaire (Pelouze et Gélis), 157° à la pression de 0^m,760 d'après M. E. Kopp. Il distille sans altération ; il se solidifie en une masse cristalline dans un mélange d'acide carbonique solide et d'éther.

La densité de l'acide liquide est de 0,988 à 0° et 0,974 à 15°. Sa densité de vapeur varie avec la température et présente, d'après M. Cahours, les mêmes particularités que celle de l'acide acétique. A 261° elle est de 3,47 (Cahours) et ne varie plus à une température plus élevée.

La dilatation de l'acide butyrique a été étudiée par M. Isidore Pierre ; elle diffère notablement de la dilatation de son isomère, l'éther acétique.

D'après MM. Favre et Silbermann, la chaleur de combustion de l'acide butyrique est exprimée par 5647 unités de chaleur, tandis que celle de son isomère, l'éther acétique, est exprimée par 6293 unités.

L'acide sulfurique n'altère pas cet acide à la température ordinaire ; il ne l'attaque que très-peu sous l'influence de la chaleur.

L'acide butyrique est oxydé par l'oxygène du permanganate de potasse [Berthelot, *Bull. de la Soc. chim.*, 1867, t. VIII, p. 392]. Il se forme ainsi des acides carbonique, oxalique et succinique.

L'acide iodique ne l'attaque pas.

Le pentachlorure de phosphore le transforme en chlorure de butyryle ; le pentabromure donne le bromure $C^4 H^7 Br^3$; le pentasulfure produit l'acide thiobutyrique. — Voir plus bas.

Le chlore sec attaque l'acide butyrique ; sous l'influence solaire, on obtient l'acide *bichlorobutyrique* $C^4 H^6 Cl^2 O^2$. L'action prolongée du chlore le convertit en acide butyrique *quadrichloré*, $C^4 H^4 Cl^4 O^2$, cristallisé, fusible vers 140°. — Voyez Dérivés de substitution, p. 684.

Le brome agit sur l'acide butyrique et se substitue à l'hydrogène. MM. C. Friedel et V. Machuca ont décrit l'acide monobromobutyrique, $C^4 H^7 Br O^2$, liquide bouillant vers 215°. — Voyez plus bas.

L'acide azotique dissout à froid l'acide butyrique sans le décomposer, mais si l'on fait bouillir pendant quelque temps, on obtient de l'acide succinique d'après l'équation

$$C^4 H^8 O^2 + 3 O = C^4 H^6 O^4 + H^2 O,$$

ainsi que l'a constaté M. Dessaignes.

L'iode agit à peine sur l'acide butyrique.

L'acide butyrique, même aqueux, s'éthérifie avec une facilité remarquable, en présence d'un peu d'acide sulfurique ou d'acide chlorhydrique. MM. Pelouze et Gélis ont constaté que l'acide butyrique et la glycérine peuvent réagir sous l'influence de l'acide sulfurique à une température peu élevée et à la pression ordinaire, pour former un corps gras neutre, saponifiable, une véritable butyrine ; c'est donc là un premier exemple de synthèse d'un corps gras neutre. En faisant réagir en vase clos et sous pression la glycérine sur l'acide butyrique, M. Berthelot a pu former trois butyrines :

$$(C^3 H^5)'' \begin{cases} O\,C^4\,H^7\,O \\ O\,H \\ O\,H, \end{cases} \qquad C^3 H^5 \begin{cases} O\,C^4\,H^7\,O \\ O\,C^4\,H^7\,O \\ O\,H, \end{cases}$$

$$C^3 H^5 \begin{cases} O\,C^4\,H^7\,O \\ O\,C^4\,H^7\,O \\ O\,C^4\,H^7\,O. \end{cases}$$

Ces résultats s'expliquent par la constitution de la glycérine, envisagée comme un alcool triatomique. On sait l'extension que M. Berthelot a donnée à ce genre de synthèses.

L'acide butyrique, chauffé en vase clos, avec la mannite, peut donner la *mannite monobutyrique* et la *mannite dibutyrique*, suivant la proportion d'acide butyrique employée. Il y a élimination d'eau (Berthelot).

L'acide butyrique, chauffé sous pression avec la cholestérine, donne la *cholestérine butyrique*,

$$C^{30} H^{50} O^4 = C^{26} H^{44} O + C^4 H^8 O^2 - H^2 O$$

(Berthelot).

L'acide butyrique, chauffé sous pression avec de l'éthal, fournit un corps neutre de la nature des éthers composés (Berthelot).

Chauffé, dans ces mêmes conditions, avec le glucose, il fournit des combinaisons qui ont été étudiées par M. Berthelot. La combinaison s'effectue avec élimination d'eau.

L'acide butyrique est à l'acide crotonique ce que l'acide propionique est à l'acide acrylique. Ces deux acides gras diffèrent de leurs isologues par H^2 en plus ; aussi Kekulé [*Ann. der Chem. u. Pharm.*, suppl., t. II, p. 85, août 1862] est-il passé directement de l'acide crotonique à l'acide butyrique. On a

$$C^4 H^5 Br\,O^2 + Na^2 + H^2 = C^4 H^7 O^2 Na + Na Br.$$

Acide monobromocrotonique.	Butyrate de soude.	Bromure de sodium.

D'après M. Scekamp, l'acide pyrotartrique, soumis à l'influence des rayons solaires en présence des sels uraniques, se dédoublerait, suivant l'équation suivante, en acide butyrique et acide carbonique :

$$C^5 H^8 O^4 = C^4 H^8 O^2 + CO^2.$$

Acide pyrotartrique.	Acide butyrique.	Acide carbonique.

L'acide pyrotérébique (voyez ce mot) fournit, sous l'influence de la potasse en fusion, de l'acide butyrique et de l'acide acétique.

BUTYRATES MÉTALLIQUES.

L'acide butyrique est un acide monobasique. La formule générale des butyrates est $C^4 H^7 O^2 M$, dans laquelle M représente un métal. Si M est un radical alcoolique, on a les éthers butyriques, et si le radical substitué à l'hydrogène est un *radical d'acide*, on a l'acide butyrique anhydre ou les anhydrides butyriques mixtes.

Presque tous les butyrates sont solubles dans l'eau ; à l'état humide ils dégagent une odeur de beurre rance. Beaucoup de butyrates donnent de la butyrone à la distillation. — (Voir plus bas.)

BUTYRATE DE POTASSIUM, $C^4 H^7 O^2 K$. — Cristallise confusément sous forme de choux-fleurs. Déliquescent ; se dissout dans 0,8 p. d'eau à 15°. Il donne, lorsqu'on le distille avec l'acide arsénieux, de l'arséniure de trityle.

BUTYRATE DE SODIUM, $C^4 H^7 O^2 Na$ (sec). — Semblable au précédent.

BUTYRATE D'AMMONIUM. — Déliquescent. Chauffé avec l'acide phosphorique anhydre, il donne, comme la butyramide, du *butyronitrile* à la distillation.

BUTYRATE DE BARYUM. — Peut être obtenu cristallisé soit anhydre, soit avec 2 ou 4 atomes d'eau de cristallisation, suivant la température.

BUTYRATE DE STRONTIUM. — Cristallise en longues aiguilles fusibles.

BUTYRATE DE CHAUX, $(C^4 H^7 O^2)^2 Ca$ (à 140°). — Aiguilles transparentes, fusibles. Se dissout dans 5,69 p. d'eau. Soumis à la distillation ménagée, il donne du carbonate de chaux et de la butyrone, mais si on le surchauffe, il se produit, outre de l'éthylène et du propylène, un liquide qui contient, avec le butyral et la butyrone de M. Chancel, l'éthylbutyryle, la méthylbutyrone, l'éthylbutyrone et le butylène. — Voyez BUTYRIQUES (ACÉTONES).

BUTYRATE DE MAGNÉSIE, $(C^4 H^7 O^2)^2 Mg + 5 H^2 O$. — Lames ressemblant à l'acide borique ; très-solubles dans l'eau.

BUTYRATE DE ZINC, $(C^4 H^7 O^2)^2 Zn$ (desséché). — Paillettes brillantes nacrées.

BUTYRATE DE CUIVRE, $(C^4 H^7 O^2)^2 Cu + H^2 O$. — Ce sel a été étudié d'une manière particulière par M. Chancel ; il forme de beaux cristaux verts appartenant au système monoclinique ; il est peu soluble dans l'eau et peut être obtenu par double décomposition. Il cristallise dans l'eau bouillante. L'ébullition peut à la longue le transformer en sous-sel. Chauffé, il donne de l'acide carbonique, de l'hydrogène carboné et de l'acide butyrique pur ; il y a réduction de cuivre, et il se forme en même temps des cristaux blancs de *butyrate cuivreux*.

Wœhler a obtenu une combinaison du butyrate avec l'arsénite de cuivre :

$$(C^4 H^7 O^2)^2 Cu + 2 (As O^2)^2 Cu,$$

précipité amorphe, vert jaunâtre, qu'on obtient en mélangeant le butyrate de cuivre à une solution saturée à l'ébullition d'acide arsénieux [*Ann. der Chem. u. Pharm.*, t. XCIV, p. 44].

BUTYRATE BASIQUE DE FER. — Sel peu connu. Il se produit par l'action du fer sur l'acide butyrique.

BUTYRATE DE PLOMB, sel neutre, $(C^4 H^7 O^2)^2 Pb$. — Fines aiguilles soyeuses qu'on obtient directement avec l'acide et la base.

Sous-sel, $(C^4 H^7 O^2)^2 Pb + 2 Pb O$. — Abondant précipité blanc qui se produit dans les butyrates alcalins par le sous-acétate de plomb.

BUTYRATE DE MERCURE. — Se produit par double décomposition. Paillettes incolores et brillantes.

BUTYRATE D'ARGENT, $C^4 H^7 O^2 Ag$. — Produit par double décomposition. Semblable à l'acétate d'argent, moins soluble que lui dans l'eau.

BIBLIOGRAPHIE (*Acide butyrique et butyrates*).
ACIDE BUTYRIQUE. — Chevreul, *Recherches sur les corps gras*, p. 115, et *Ann. de Chim.*, t. XXII, p. 23. — Brométs, *Ann. de Chim. et de Phys.*, (3), t. VII, p. 245. — Pelouze, et Gélis, *ibid.*, (3), t. X, p. 434. — Lerch, *Ann. der Chem. u. Pharm.*, t. XLIX, p. 217. — Berzelius, *Ann. de Poggend.*, t. XVIII, p. 84. — Morkownikoff, *Zeitschr. f. Chem.*, t. I, p. 107. — R. F. Marchand, *Journ. für prakt. Chem.*, t. XXI, p. 48. — P. A. Favre et J. T. Silbermann, *Ann. de Chim. et de Phys.*, (3), t. XXXIV, p. 439. — Isidore Pierre, *ibid.*, t. XXXVI, p. 125, et *Compt. rend.*, t. XLIX, p. 286. — Kraut, *Ann. der Chem. u. Pharm.*, t. CIII, p. 29. — Scherer, *ibid.*, t. LXIX, p. 196. — Gückelberger, *ibid.*, t. LXIV, p. 39 et 79. —

tedtenbacher, *ibid.*, t. LVII, p. 177, et t. LIX,
p. 41. — Gorup-Besanez, *ibid.*, t. LXIX, p. 369.
Zeise, *ibid.*, t. XXIX, p. 388. — Erdmann et
R. F. Marchand, *ibid.*, t. XXIX, p. 465. — L. L.
Bonaparte, *Compt. rend.*, t. XXI, p. 1076. — La-
roque, *Journ. de Pharm.*, (3), t. VI, p. 349, et
t. X, p. 103. — A. Wurtz, *Ann. de Chim. et de
Phys.*, (3), t. XI, p. 253. — Iljenko et Laskowski,
Ann. der Chem. u. Pharm., t. LV, p. 78, et
XIII, p. 364. — Bensch, *ibid.*, t. LXI, p. 177.
Schubert, *Journ. für prakt. Chem.*, t. XXXVI,
p. 47. — Nicklès, *Compt. rend.*, t. XXII, p. 320.
Dessaignes, *ibid.*, t. XXX, p. 50.

BUTYRATES. — Berthelot, *Ann. de Chim. et de
Phys.*, (3), t. XLI, p. 261; t. XLVII, p. 319; t. L,
p. 96; t. LIII, p. 190; t. LVI, p. 59, 71 et 239;
t. LX, p. 96. — G. Chancel, *Ann. de Chim. et de
Phys.* (3), t. XII, p. 146, et *Compt. rend.*, t. XIX,
p. 1410; t. XX, p. 865, et t. XXII, p. 498. — C.
Friedel et Machuca, *Compt. rend.*, t. LII, p. 1027.
— Schœyen, *Ann. der Chem. u. Pharm.*, t. CXXX,
p. 233. — C. Friedel, *Répert. de Chim. pure*, t. I,
p. 141 (1858). — E. de Gorup-Besanez et T.
Clincksieck, *Ann. der Chem. u. Pharm.*, t. CXVIII,
p. 248. — Limpricht, *ibid.*, t. CVIII, p. 163. —
C. Friedel, *Compt. rend.*, t. XLVII, p. 552. —
Frankland et Duppa, *Compt. rend.*, t. LX,
p. 863.   F. L.

ÉTHERS BUTYRIQUES.

On ne décrira ici que les éthers des alcools de
la série grasse. — Pour les butyrates d'allyle et
les butyrines de la glycérine et du glycol, voyez
ALLYLE, GLYCÉRINE, etc.

BUTYRATE DE MÉTHYLE, $C^4H^7O.O.CH^3$ [Pe-
louze et Gélis, *Ann. de Chim. et de Phys.*, (3),
t. X, p. 454]. — Il s'obtient en mêlant 2 p. d'acide
butyrique, 1 p. d'esprit de bois et 1 p. d'acide sulfurique concentré; on agite longtemps le mélange.
La matière s'échauffe, il se forme deux couches;
la supérieure est l'éther méthylbutyrique, liquide
incolore, d'odeur rappelant les pommes reinettes;
peu soluble dans l'eau, soluble dans l'alcool. Il
bout vers 102°; densité de vapeur exp., 3,52.

BUTYRATE D'ÉTHYLE, $C^4H^7O.O.C^2H^5$ [Mêmes
auteurs, *loc. cit.*; — Pierre, *Ann. de Chim. et de
Phys.*, (3), t. XIX, p. 214]. — L'éthérification de
l'alcool par l'acide butyrique en présence de l'a-
cide sulfurique se fait très-aisément.

Liquide incolore, d'odeur d'ananas, mobile.
Densité à 0°, 0,90193; il est peu soluble dans
l'eau, soluble dans l'alcool. Il bout à 119° à 746^{mm};
densité de vapeur exp., 4,04.

Il se saponifie très-difficilement par les alcalis.

L'ammoniaque donne peu à peu avec lui de la
butyramide.

L'essence factice d'ananas (*pine-apple-oil* des
Anglais) est principalement composée de cet éther;
on l'obtient en saponifiant le beurre par la potasse et distillant ce savon avec un mélange d'alcool et d'acide sulfurique.

Frankland et Duppa (voyez *Compt. rend.*, t, LX,
p. 853) ont obtenu par synthèse un éther butyrique en traitant l'acétate d'éthyle par le sodium,
et l'éther sodacétique, ainsi obtenu, par l'iodure
d'éthyle. Ils ont appelé cet éther *éthacétate d'é-
thyle;* il se produit d'après les deux équations
successives :

$$2\begin{array}{c}CH^3\\ \dot{C}O.O.C^2H^5\end{array} + 2Na = 2\begin{array}{c}CH^2Na\\ \dot{C}O.O.C^2H^5\end{array} + H^2,$$

Acétate d'éthyle.   Éther sodacétique.

$$\begin{array}{c}CH^2Na\\ \dot{C}O.O.C^2H^5\end{array} + C^2H^5I = \begin{array}{c}CH^2.C^2H^5\\ \dot{C}O.O.C^2H^5\end{array} + NaI.$$

Éther sodacétique.   Éther éthacétique.

L'éthacétate d'éthyle bout à 119°.

BUTYRATE DE PROPYLE, $C^4H^7O.O.C^3H^7$ [Ber-
thelot, *Ann. de Chim. et de Phys.*, (3), t. XLIII,
p. 400]. — On l'obtient comme celui de méthyle.
Liquide neutre, plus léger que l'eau; bout au-
dessous de 130°, d'odeur butyrique, de saveur
sucrée et grasse; la potasse le décompose à
100°.

BUTYRATE D'AMYLE, $C^4H^7O.O.C^5H^{11}$ (Delffs). —
On l'obtient comme le précédent. Poids spécifique,
à 15°, 0,852. Indice de réfraction à 1,402; il bout
à 176°.   A. G.

DÉRIVÉS DE SUBSTITUTION.

On en connaît de deux sortes : 1° ceux qui dérivent de la substitution à l'oxygène; 2° ceux qui
dérivent de la substitution à l'hydrogène.

ACIDE THIOBUTYRIQUE, $C^4H^7O.SH$ [Ulrich, *Ann.
der Chem. u. Pharm.*, t. CIX, p. 272, et *Ann. de
Chim. et de Phys.*, (3), t. LVI; — *Répert. de
Chim. pure*, 1859, p. 379]. — Quand on traite l'a-
cide butyrique par le persulfure de phosphore, au
bout de plusieurs heures de contact à une douce
chaleur on obtient un liquide rouge que l'on rectifie.

C'est l'acide thiobutyrique. Il bout vers 130°,
il est incolore, son odeur est persistante et insupportable; il est difficilement soluble dans l'eau,
plus aisément dans l'alcool. Il dissout le soufre.
L'acétate de plomb donne avec lui un thiobutyrate
de plomb ($C^4H^7OS)^2Pb$, soluble dans une grande
quantité d'eau et qui se décompose aisément en
donnant du sulfure de plomb.

ACIDE BUTYRONITRIQUE. — Chancel avait d'abord
donné ce nom à l'acide qui résulte de l'action de
l'acide nitrique sur la butyrone. C'est l'acide nitropropionique. — Voyez ce mot.

ACIDE DICHLOROBUTYRIQUE,

$$C^4H^6Cl^2O^2 = C^4H^5Cl^2O.OH$$

[Pelouze et Gélis, *Ann. de Chim. et de Phys.*, (3),
t. X, p. 454]. — On fait agir le chlore au soleil
sur l'acide butyrique. Au bout de quelques jours,
quand il n'absorbe plus de chlore, on chasse
l'acide chlorhydrique par un courant d'acide
carbonique et le résidu est l'acide dichlorobutyrique.

C'est un corps incolore, peu fluide, d'odeur
butyrique, insoluble dans l'eau, plus dense
qu'elle, soluble dans l'alcool. Il brûle avec une
flamme verte en produisant des vapeurs chlorhydriques.

On peut le distiller, mais une certaine portion
se détruit, quelque précaution qu'on prenne.

Ses sels ammonique, sodique, potassique sont
très-solubles.

Le sel d'argent est très-peu soluble.

Le *dichlorobutyrate d'éthyle* $C^4H^5Cl^2O.O.C^2H^5$
s'obtient en chauffant doucement la solution alcoolique d'acide dichlorobutyrique additionnée
d'acide sulfurique concentré.

Il se sépare une huile aromatique que l'on rectifie.

ACIDE TÉTRACHLOROBUTYRIQUE, $C^4H^4Cl^4O^2$ [Pe-
louze et Gélis, *ibid.*]. — L'action très-prolongée du
chlore au soleil sur l'acide butyrique chauffé produit des cristaux blancs qui se déposent peu à peu
et envahissent la masse. On les comprime, puis on
les fait cristalliser dans l'éther. C'est l'acide tétrachlorobutyrique.

Il cristallise en prismes obliques à base rhombe;
il est insoluble dans l'eau, très-soluble dans l'alcool et l'éther. Il a une odeur butyrique. Il fond
à 110° et paraît distiller sans altération.

Le sel de potasse est soluble; celui d'argent
très-peu soluble et incolore.

Tétrachlorobutyrate d'éthyle,

$$C^4H^3Cl^4O.O.C^2H^5.$$

— On l'obtient comme le dichlorobutyrate d'é-
thyle. Il se forme une masse cristalline qui fond
en deux couches. La plus pesante paraît être le tétrachlorobutyrate d'éthyle.

Odeur aromatique d'ananas. Il brûle avec une
flamme verte en répandant des vapeurs d'acide
chlorhydrique. Soluble dans l'éther et l'alcool,
peu dans l'eau.

ACIDE BROMOBUTYRIQUE, $C^4H^7BrO^2$ [Friedel et
Machuca, *Bull. de la Soc. chim.*, 1861, et *Compt.
rend. de l'Acad. des sciences*, t. LIV, p. 220]. —
Il s'obtient en traitant en tube scellé une molécule
d'acide butyrique par Br^2.

Liquide incolore, d'odeur butyrique bouillant
vers 200° en se décomposant partiellement, et
vers 110° sous 3^mm de pression.

Traité par l'ammoniaque alcoolique, l'acide
monobromobutyrique donne un homologue de
l'alanine et du glycocolle :

$$C^4H^9AzO^2 = Az \begin{cases} C^4H^6O.OH \\ H^2. \end{cases}$$

Une solution de cet acide dans l'alcool, traitée
par un courant d'acide chlorhydrique, s'éthérifie
et donne l'*éther monobromobutyrique*, liquide
incolore, odeur piquante, irritant les yeux; il bout
de 175° à 178°; il est insoluble dans l'eau, soluble
dans l'alcool et l'éther. Densité, 1,345 à 12°. Traité
par l'ammoniaque, il donne un homologue de
l'alanine [Cahours, *Compt. rend. de l'Acad.*,
t. LIV, p. 177].

ACIDE DIBROMOBUTYRIQUE [Friedel et Machuca,
loc. cit.]. — Friedel et Machuca l'obtiennent en
faisant réagir le brome sur l'acide monobromobutyrique et fractionnant ensuite dans le vide. Il
bout vers 140° sous la pression de 3^mm de mercure.

APPENDICE A L'ACIDE BUTYRIQUE.

ACIDE BUTYRACÉTIQUE, $C^2H^4O^2,C^4H^8O^2$ [Nöllner,
Ann. der Chem. u. Pharm., 1841, t. XXXVIII,
p. 229; — Nicklès, *Compt. rend.*, t. XXXIII,
p. 419; — Limpricht et Uslar, *Ann. der Chem. u.
Pharm.*, t. XCIV, p. 321; — Nicklès, *Journ. de
Pharm.*, (3), t. XXXIII, p. 351].

Cet acide, trouvé d'abord par Nöllner dans les
eaux mères de la préparation de l'acide tartrique,
a été résolu pour la première fois en acides butyrique et acétique par Nicklès. Il paraît être un
produit de la fermentation du tartrate de chaux.

Le tartrate de potasse ne donne que de l'acide
acétique. Nicklès l'a obtenu aussi en décomposant
par l'acide sulfurique dilué des solutions équivalentes de butyrate et d'acétate de chaux.

Cet acide se distinguerait d'un mélange de ses
deux composants en ce qu'une solution de chlorure de calcium ne pourrait lui enlever l'acide
acétique; il distille vers 140°, non sans se dissocier et passer partiellement de 120° à 160°. On
n'a pu en obtenir ni un éther, ni un anhydride
défini. Sa constitution paraît devoir être établie
encore par de nouvelles recherches.

Butyroacétate de potassium. — Cristallisation
tabulaire, très-déliquescent.

Butyroacétate de sodium. — Octaèdres déliquescents, difficilement cristallisables.

Butyroacétate de baryum, $C^6H^{10}BaO^4 + H^2O$.
— Il ressemble au propionate avec lequel il est
isomère.

Butyroacétate de chaux, $C^6H^{10}CaO^4$. — Donne
des octaèdres réguliers, efflorescents (Nicklès).

Butyroacétate de zinc. — Soluble dans l'eau;
l'ébullition le décompose.

Butyroacétate de cuivre. — Donne des table[s]
d'un bleu foncé, difficilement solubles dans l'eau
plus dans l'alcool.

Butyroacétate de plomb neutre. — Cristallis[e]
en choux-fleurs de sa solution très-concentrée.

Butyroacétate de plomb basique. — Se produi[t]
en faisant bouillir la solution du précédent avc
l'oxyde de plomb. Petits octaèdres contenan[t]
42 °/₀ d'eau. Solubles dans l'alcool. L'ammoniaqu[e]
précipite de leur solution une poudre cristalline.

Butyroacétate mercureux. — Écailles nacrée[s]
qui rougissent à la lumière.

Butyroacétate d'argent. — Aiguilles brillantes
difficilement solubles dans l'eau, ressemblant [à]
l'acétate qu'on obtient en mélangeant des solutions bouillantes du sel d'ammonium et de nitrat[e]
d'argent.

ACIDE BUTYROLACTIQUE. — Voyez ACIDE LACTI-
QUE.   A. G.

BUTYRIQUES (ACÉTONES). — On connaî[t]
plusieurs acétones où entre le groupe butyryle
La plupart ont été obtenues par la distillation de[s]
butyrates, en particulier de celui de chaux.

Quand on distille des quantités un peu grande[s]
de butyrate de chaux, il se produit du charbo[n]
et un liquide huileux coloré assez abondant. Aprè[s]
saturation par le carbonate de soude, il reste un[e]
huile qui, agitée avec du bisulfite de soude
donne un mélange de cristaux contenant le butyral, le méthyl, l'éthyl et le propyl-butyryle, e[t]
laisse une portion incristallisable contenant la
méthylbutyrone, la butylbutyrone. La partie qui
cristallise est décomposée par les acides ou le carbonate de soude; on en sépare alors par fractionnements les divers produits que nous allons décrire.

Méthylbutyryle, $C^4H^7O.CH^3$ [Friedel, *Compt.
rend. de l'Acad. des sciences*, t. XLVII, p. 552]. —
C'est un des produits qui existent en moindr[e]
quantité. Il bout vers 111°. Densité de vapeur,
3,13. Théorie, 2,97. Densité à 0°, 0,827.

Éthylbutyryle, $C^4H^7O.C^2H^5$ [Friedel, *loc. cit.*].
— Ce produit se forme souvent en aussi notable
quantité que la butyrone. Il bout vers 128°.

C'est une huile limpide, de saveur âcre, d'odeur
aromatique analogue à celle de la butyrone. Densité à 0°, 0,833; densité de vapeur, 3,58. Théorie, 3,45.

Propylbutyryle ou *butyrone*, $C^4H^7O.C^3H^7$
[Chancel, *Compt. rend. de l'Acad.*, t. XVIII,
p. 1023; *Journ. de Pharm.*, (3), t. VII, p. 116,
et t. XIII, p. 462]. — Elle se produit particulièrement quand on distille avec ménagement de
petites quantités de butyrate de chaux. Dans
ces conditions, la réaction se passe comme il suit:

$$(C^4H^7O^2)^2Ca = CO^3Ca + C^7H^{14}O.$$

Butyrate de chaux.	Carbonate de chaux.	Butyrone.

La butyrone se sépare par fractionnement,
comme il a été dit plus haut.

A l'état pur, c'est une huile incolore, limpide,
d'odeur pénétrante et non désagréable. Densité,
0,83.

Elle bout à 144° environ. Densité de vapeur par
exp., 4,00. Elle cristallise dans l'acide carbonique
solide mêlé d'éther.

Elle se dissout très-peu dans l'eau; elle est soluble dans l'alcool.

Elle absorbe très-lentement l'oxygène de l'air.
Elle s'enflamme au contact de l'acide chromique.

Le perchlorure de phosphore donne avec elle
un liquide (chlorobutyrène de Chancel) qui paraît correspondre à l'un de ceux que Friedel a obtenus plus tard avec l'acétone ordinaire. Le chlo-

robutyrène a pour formule $C^7H^{13}Cl$. Il se produit d'après l'équation :

$$C^7H^{14}O + PCl^5 = C^7H^{13}Cl + HCl + POCl^3.$$

Butyrone.   Chlorobutyrène.

C'est un liquide incolore, insoluble dans l'eau, plus léger qu'elle, soluble dans l'alcool, bouillant à 116°.

Sa solution alcoolique ne précipite pas le nitrate d'argent.

La butyrone se combine au bisulfite de soude, mais non à l'ammoniaque. Ses réactions démontrent qu'elle a la constitution d'une acétone. C'est un isomère de l'aldéhyde œnanthylique.

Par l'action de l'acide nitrique, la butyrone donne naissance à de l'acide nitropropionique (voyez ce mot), en même temps qu'à une petite quantité d'un liquide bouillant à 125° environ et qui présente la composition du butyrate de propyle.

Méthylbutyrone, $C^7H^{13}(CH^3)O$ [Limpricht, *Ann. der Chem. u. Pharm.*, t. CVI, p. 262, et t. CVIII, p. 183]. — La méthylbutyrone et le produit suivant ont été retirés de la partie du liquide provenant de la distillation du butyrate de chaux qui ne cristallise pas par le bisulfite de soude. Liquide éthéré, incolore. Densité, 0,827 à 16°. Le sodium s'y dissout, en en dégageant de l'hydrogène. L'acide nitrique donne avec lui de l'acide œnanthylique et un autre acide mal étudié.

Butylbutyrone, $C^7H^{13}(C^4H^9)O$ [Limpricht, *loc. cit.*]. — Liquide d'odeur faible, jaunâtre, se solidifiant vers +12°. Densité à 20° = 0,828. L'acide nitrique le transforme en un mélange d'acide œnanthylique et butyrique.   A. G.

BUTYRIQUE (ALDÉHYDE), C^4H^8O. — On connaît deux corps qui présentent la composition de l'hydrure de butyryle, la butyraldéhyde de Guckelberger et le butyral de Chancel.

BUTYRALDÉHYDE. — L'oxydation de la gélatine, de la fibrine, de la caséine, par un mélange d'acide sulfurique étendu et de peroxyde de manganèse produit, entre autres nombreux corps, la butyraldéhyde. On distille tant que les produits sont odorants; on neutralise par la craie, et on obtient une huile surnageante. Une faible portion passe à la distillation de 60° à 90°; elle contient l'hydrure de propionyle et celui de butyryle, que l'on sépare par agitation avec l'eau, où la première est plus soluble, et par fractionnement [Guckelberger, *Ann. der Chem. u. Pharm*, t. LXIV, p. 52]. Pour l'obtenir pure, on la combine à l'ammoniaque, on comprime les cristaux, on les redissout dans l'eau, et on les décompose par une solution concentrée d'alun.

Michaelson a obtenu par le procédé de Piria et Limpricht une aldéhyde butyrique qui paraît être identique avec celle de Guckelberger [*Bull. de la Soc. chim.*, 1864, t. II, p. 123].

Huile limpide, peu soluble dans l'eau, de saveur brûlante, d'odeur éthérée, un peu piquante. Densité à 15°, 0,80; elle bout de 68° à 75° (73° à 77° Michaelson). Densité de vapeur, 2,53.

Elle s'oxyde complètement et rapidement à l'air en se transformant en acide butyrique; l'acide sulfurique donne avec elle une couleur rouge de sang, la potasse des flocons bruns.

L'ammoniaque se combine à elle pour donner des cristaux de butyrylure d'ammonium.

Butyrylure d'ammonium,

$$C^4H^8O.AzH^3 + 5H^2O.$$

— Cristaux inaltérables à l'air, mais se décomposant et brunissant peu à peu. Leur solution réduit le nitrate d'argent ammoniacal et donne un miroir métallique.

Le butyrylure d'ammonium se compose d'octaèdres aigus, à base rhombe; presque insolubles dans l'eau, très-solubles dans l'éther et l'alcool; l'eau les sépare peu à peu de ce dernier dissolvant. Ces cristaux fondent avant 100° et se subliment un peu au-dessus.

Une combinaison analogue à la thialdine se produit quand le butyrylure d'ammonium en solution alcoolique est traité par l'hydrogène sulfuré. En agitant avec de l'éther, on obtient une huile sulfurée qui donne immédiatement un composé cristallisé avec l'acide chlorhydrique.

La potasse n'expulse pas à froid l'ammoniaque du butyrylure d'ammonium; les acides aqueux et une solution concentrée d'alun en séparent l'aldéhyde.

BUTYRAL. — Ce corps, qui a la même composition que le précédent, s'obtient parmi les produits nombreux de la distillation sèche du butyrate de chaux [Chancel, *Journ. de Pharm.*, (3), t. VII, p. 113]. La partie la plus volatile de l'huile recueillie contient le butyral, qu'on en sépare par rectification.

Liquide incolore très-mobile, de saveur brûlante, d'odeur pénétrante. Il bout vers 95°; densité, 0,821 à 22°; densité de vapeur, 2,61. Il est incristallisable à — 100°; il est soluble dans l'alcool, l'éther, les alcools supérieurs, mais insoluble dans l'eau; l'air, surtout sous l'influence du noir de platine, le transforme rapidement en un acide butyrique.

L'acide sulfurique l'oxyde en dégageant de l'acide sulfureux; il se produit de l'acide butyrique. L'acide nitrique donne de l'acide nitropropionique; les sulfites alcalins donnent avec lui un composé cristallisable, mais l'ammoniaque ne donne pas de butyrylure d'ammonium.

Le perchlorure de phosphore agit avec vivacité sur le butyral et produit un liquide huileux qui, après avoir été lavé à l'eau et au carbonate de potasse, puis séché et rectifié, bout un peu audessus de 100°, et possède la composition C^4H^7Cl. C'est le *butylène chloré*, comparable au propylène chloré, que M. Friedel a obtenu avec l'acétone $C^3H^3O.CH^3$. On voit que toutes ces réactions paraissent assigner au butyral le rôle de l'acétone méthylpropylique

$$\left. \begin{array}{l} C^3H^5O \\ CH^3 \end{array} \right\}.$$

Le *butylène chloré* est doué d'une odeur vive; il est insoluble dans l'eau, qu'il surnage, et est soluble en toutes proportions dans l'alcool et l'éther.

Le chlore et le brome attaquent vivement le butyral et donnent des composés de substitution.

DÉRIVÉS CHLORÉS DU BUTYRAL. — Outre le précédent, C^4H^7Cl, on en connaît trois autres au moins :

Butyral monochloré, C^4H^7ClO. — On fait absorber au butyral, pendant plusieurs heures, un courant de chlore sec en opérant à la lumière diffuse; le liquide s'échauffe, se colore un peu en rouge; quand le chlore n'est plus absorbé, on enlève l'excès par un courant de CO^2 sec, puis on rectifie.

Liquide limpide, incolore, d'odeur vive et pénétrante, insoluble dans l'eau au fond de laquelle il tombe; soluble dans l'alcool et l'éther. Ses vapeurs irritent beaucoup la conjonctive; il bout vers 141°. C'est un isomère du chlorure de butyryle, mais il en diffère en ce qu'il ne donne ni acide butyrique ni butyramide.

Butyral bichloré, $C^4H^6Cl^2O$. — On sature le butyral de chlore au soleil, en s'arrêtant toutefois à un certain moment; on purifie comme précédemment.

Composé huileux qui bout vers 200°.

Butyral tétrachloré, $C^4H^4Cl^4O$. — Il se produit quand on fait passer le chlore dans le butyral exposé à une *vive lumière solaire* et jusqu'à saturation; on remarque alors que le dégagement d'acide chlorhydrique reprend de l'intensité et se prolonge plusieurs jours, surtout si l'on chauffe un peu.

Liquide visqueux très-dense, insoluble dans l'eau, soluble dans l'alcool et l'éther; il se décompose quand on veut le distiller.　A. G.

BUTYRYLE ET DÉRIVÉS. — Le groupement C^4H^7O, qui se trouve dans les divers composés dérivés de l'acide butyrique, tels que l'aldéhyde butyrique, la butyramide, l'acide butyrique, l'acide butyrique anhydre, est un des rares radicaux d'acides que l'on ait réussi à isoler jusqu'à ce jour (on connaît à l'état libre le *butyryle*, le *benzoyle*, le *cuminyle*); toutefois, au moment où il est mis en liberté, le butyryle se double pour former le dibutyryle $(C^4H^7O)^2$. Nous allons décrire ce corps et les chlorure, bromure, iodure, oxyde de butyryle.

DIBUTYRYLE, $(C^4H^7O)^2$ [Freund, *Ann. der Chem. u. Pharm.*, t. CXVIII, p. 33. et *Ann. de Chim. et de Phys.*, (3), t. LXI, p. 492 et t. LXII, p. 373]. — On fait réagir, pour l'obtenir, l'amalgame de sodium (sodium, 1 p.; mercure, 2 p.) sur le chlorure de butyryle. On chauffe d'abord un peu; il se sépare une masse visqueuse. On distille l'excès de chlorure de butyryle, on ajoute une solution de carbonate de soude. Il vient surnager alors une huile qu'on dessèche et qu'on fractionne. Elle passe de 245° à 260°.

C'est une huile d'une odeur aromatique, peu ou pas soluble dans l'eau. Chauffée avec la potasse, elle donne du butyrate et un liquide peu soluble dans l'eau, d'odeur aromatique, qui, fractionné, bout de 175° à 185°. Ce corps a la composition $C^7H^{14}O$ de la butyrone, mais bout plus haut qu'elle et ne se combine ni aux bisulfites ni à l'ammoniaque.

Le bichromate de potasse et l'acide sulfurique donnent avec le dibutyryle de l'acide butyrique et une résine.

Le dibutyryle paraît se produire aussi par l'action du zinc sur une solution de chlorure de butyryle dans l'éther anhydre.

L'équation de sa formation est très-simple:

$$2\,C^4H^7OCl + 2\,Na = 2\,NaCl + (C^4H^7O)^2.$$
Chlorure de butyryle.　Dibutyryle.

HYDRURE DE BUTYRYLE. — Voyez ALDÉHYDE BUTYRIQUE.

OXYDE DE BUTYRYLE. — Voyez ACIDE BUTYRIQUE ANHYDRE.

PEROXYDE DE BUTYRYLE, $(C^4H^7O)^2O^2$ [Brodie, *Proced. of the Roy. Soc.*, t. XII, p. 655, et *Ann. de Chim. et de Phys.*, (3), t. LXIX, p. 503]. — Il se produit en mélangeant dans un mortier, avec un peu d'eau, molécule pour molécule d'acide butyrique anhydre et de peroxyde de baryum; on agite ensuite avec l'éther, on filtre l'éther, on évapore et on obtient un liquide oléagineux, dense, détonant si on le chauffe. Il se produit d'après l'équation

$$2\,[(C^4H^7O)^2O] + BaO^2$$
Acide butyrique anhydre.
$$= (C^4H^7O^2)^2Ba + (C^4H^7O)^2O^2.$$
Peroxyde de butyryle.

Les peroxydes alcalins décomposent cette substance par catalyse.

CHLORURE DE BUTYRYLE, $C^4H^7O.Cl$ [Gerhardt, *Ann. de Chim. et de Phys.*, (3), t. XXXVII, p. 298]. — On introduit peu à peu 2 p. de buty-rate de soude pulvérisé dans 1 p. d'oxychlorure de phosphore; la réaction se fait déjà à froid. On rectifie sur une petite quantité de butyrate nouveau. Il se forme en même temps un peu d'acide butyrique anhydre.

C'est un liquide incolore, très-mobile, très-réfringent; son odeur rappelle celle du chlorure d'acétyle et de l'acide butyrique. Il bout vers 95°.

L'eau le décompose en acides butyrique et chlorhydrique.

Avec l'ammoniaque le chlorure de butyryle donne de la butyramide; avec l'aniline, de la phénylbutyramide.

BROMURE DE BUTYRYLE, $C^4H^7O.Br$. — On le produit par l'action du bromure de phosphore sur l'acide butyrique.

IODURE DE BUTYRYLE, C^4H^7OI (Cahours). — Il a été produit par l'action de l'iodure de phosphore sur le butyrate de potasse. C'est un liquide brun, qui s'altère à l'air humide; il bout de 146° à 148°.

TRIBROMURE BUTYRYLIQUE, $C^4H^7Br^3$ [Berthelot, *Compt. rend. de l'Acad. des sciences*, t. XLVI, p. 422]. — Ce composé, où Br^2 remplace O, a été obtenu en faisant agir un grand excès de perbromure de phosphore sur l'acide butyrique; on a

$$C^4H^7O.OH + 2\,PBr^5$$
$$= 2\,POBr^3 + HBr + C^4H^7Br^3.$$

La potasse et l'eau le transforment de nouveau en acide butyrique.

C'est un isomère du bromure de butyle bromé.　A. G.

BUTYRONITRILE, C^4H^7Az (Syn. : *Cyanure de propyle, cyanure de trityle*) [Dumas, Malaguti et Leblanc, *Compt. rend.*, t. XXV, p. 442 et 658; — Laurent et Chancel, *ibid.*, t. XXV, p. 884]. — Il s'obtient par l'action de l'acide phosphorique anhydre ou de la chaux vive au rouge sombre sur le butyrate d'ammoniaque ou la butyramide:

$$C^4H^7O^2.AzH^4 = 2\,H^2O + C^4H^7Az.$$
Butyrate d'ammonium.　　Butyronitrile.

Huile limpide; densité à 12°, $5 = 0,795$. Elle bout à 118°,5; odeur aromatique agréable.

La potasse bouillante donne avec elle du butyrate de potassium et de l'ammoniaque

$$C^4H^7Az + KHO + H^2O = C^4H^7O^2K + AzH^3.$$

Le potassium donne du cyanure potassique, de l'hydrogène et un hydrocarbure volatil. L'acide sulfurique fumant donne les deux acides bibasiques sulfobutyrique $C^4H^6SO^5$, et disulfopropilique $C^3H^3S^2O^5$, d'après les deux équations

$$C^4H^7Az + H^2O + 2\,SO^4H^2$$
Butyronitrile.
$$= C^3H^6 \left\{ \begin{matrix} CO \\ SO^2 \end{matrix} \right\} (OH)^2 + SO^4 \left\{ \begin{matrix} H \\ AzH^4 \end{matrix} \right.$$
Acide sulfobutyrique.

$$C^4H^7Az + 3\,SO^4H^2$$
Butyronitrile.
$$= C^3H^6 \left\{ \begin{matrix} SO^2 \\ SO^2 \end{matrix} \right\} (OH)^2 + SO^4 \left\{ \begin{matrix} H \\ AzH^4 \end{matrix} \right. + CO^2$$
Acide disulfopropiolique.

[Bukton et Hofmann, *Ann. der Chem. u. Pharm.*, t. C, p. 129, et *Ann. de Chim. et de Phys.*, (3), t. XLIX, p. 501, et t. L, p. 115].

En traitant le butyronitrile par le protochlorure de phosphore ou la butyramide par le perchlorure, Henke a obtenu la combinaison

$$C^4H^7Az.PCl^5.$$

Liquide incolore, réfringent, que l'eau décompose, que la chaleur dissocie [Henke, *Ann. der Chem. u. Pharm.*, t. CVI, p. 272].

Le brome agit à chaud sur le butyronitrile et donne du bromhydrate de butyronitrile bromé $C^4 H^6 Br Az . H Br$. Matière solide, cristalline, sublimable, se décomposant par la chaleur en donnant de l'acide bromhydrique. En faisant réagir l'eau sur ce corps on a obtenu la dibutyramide dibromée, d'après l'équation

$$2(C^4 H^6 Br Az . H Br) + 2 H^2 O$$

$$= Az \begin{cases} C^4 H^6 Br O \\ C^4 H^6 Br O + Az H^4 Br + H Br \\ H \end{cases}$$

[Engler, *Ann. der Chem. u. Pharm.*, t. CXLII, p. 65, et *Bull. de la Soc. chim.*, 1868, t. IX, p. 71]. A. G.

BUXINE [Fauré, *Journ. de Pharm.*, t. XVI, p. 428; — Couerbe, *ibid.*, 1854, p. 51]. — Substance alcaline, extraite de l'écorce du buis (*Buxus sempervirens*). On fait un extrait alcoolique de l'écorce du buis, on dissout cet extrait dans l'eau, on le fait bouillir avec la magnésie, on prend le précipité par l'alcool, on décolore par le charbon animal, on filtre et on évapore. C'est une masse incristallisable, douée d'une saveur amère, provoquant l'éternuement. Elle bleuit le papier de tournesol; elle est presque insoluble dans l'eau, difficilement soluble dans l'éther très-soluble dans l'alcool. L'acide nitrique la décompose. Ses sels sont très-amers et donnent avec les alcalis un précipité gélatineux. Le sulfate est en grains cristallins. Suivant Couerbe, on peut obtenir la buxine cristallisée en traitant le sulfate par l'acide nitrique, qui détruit et précipite une résine qui lui est mélangée, puis en décomposant le sel par un alcali. E. G.

BYSSOLITHE (Min.). — Asbeste d'un gris jaunâtre, accompagnant souvent les cristaux d'albite du bourg d'Oisans.

BYTOWNITE. — Minéral amorphe, d'un blanc verdâtre, à cassure grenue, avec traces de clivage dans deux sens, qui se rencontre en blocs roulés près de Bytown (Canada). Se rapproche de l'anorthite, mais paraît constituer plutôt une roche qu'un minéral défini.